T0181622

LEHRBUCH DER TOPOGRAPHISCHEN ANATOMIE

FÜR STUDIERENDE UND ÄRZTE

VON

H. K. CORNING

ZWANZIGSTE UND EINUNDZWANZIGSTE AUFLAGE

MIT 677 MEIST FARBIGEN ABBILDUNGEN

SPRINGER-VERLAG BERLIN HEIDELBERG GMBH 1942

ISBN 978-3-662-29810-7 ISBN 978-3-662-29954-8 (eBook)
DOI 10.1007/978-3-662-29954-8

URSPRUNGLICH ERSCHIENEN BEI J. F. BERGMANN, MÜNCHEN 1923
SOFTCOVER REPRINT OF THE HARDCOVER 20TH EDITION 1923

Vorwort zur ersten Auflage.

In dem vorliegenden Lehrbuche habe ich mir die Aufgabe gestellt, die topographische Anatomie in knapper Form unter Beigabe von zahlreichen Abbildungen zu bearbeiten. An vorzüglichen Handbüchern fehlt es nicht (Joessel, Merkel, Testut und Jacob), doch verlangt der Studierende in der Regel eine kürzere Darstellung und erst zum Arzt oder zum Operateur herangereift, unternimmt er es, die grösseren Werke oder einzelne Kapitel derselben durchzuarbeiten. Atlanten der topographischen Anatomie, wie diejenigen von Bardeleben und Haeckel, von O. Schultze und von Zuckerkandl, können, so schätzenswert sie auch sind, die Lücke nicht ganz ausfüllen. Der Studierende wünscht eine vollständige, wenn auch knappe Darstellung des Stoffes und daneben Abbildungen, welche ihn in den Stand setzen, das Gelesene als Vorstellung zu verwerten. Von diesen Gedanken ausgehend habe ich das Lehrbuch verfasst.

Die Darstellung ist auf das Wesentlichste beschränkt worden. In einem Lehrbuche der topographischen Anatomie soll noch mehr als in einem Handbuche die Frage nach dem Werte des Geschilderten für die Praxis massgebend sein. Ein Anatom darf sich selbstverständlich nicht ohne weiteres ein Urteil über diesen Punkt anmassen, aber bis zu einem gewissen Grade muss er sich doch darüber Rechenschaft ablegen und wird bei seiner Schilderung eklektisch verfahren. Die zur Erklärung notwendigen Tatsachen aus der deskriptiven Anatomie (Muskelursprünge und -ansätze u. dergl.) habe ich möglichst kurz erwähnt, unter Weglassung alles Unwesentlichen. Etwas ausführlicher, als das bisher in Lehrbüchern geschehen ist, habe ich die Variabilität der Organe berücksichtigt.

Die sechshundert Originalzeichnungen zu den Abbildungen sind unter meiner fortwährenden Leitung teils nach Präparaten aus der Basler anatomischen Sammlung, teils nach Bildern in der Literatur angefertigt worden, und zwar wurden die letzteren in manchen Fällen mehr oder weniger überarbeitet und den speziellen Zwecken des Buches angepasst. Ich habe die Quelle der Bilder in jedem einzelnen Falle angegeben und da, wo ein Bild bloss teilweise benützt wurde, den Vermerk „unter Benützung eines Bildes von ...“ hinzugefügt. Wo eine Angabe fehlt, ist das Bild nach einem Präparate aus der Basler anatomischen Sammlung angefertigt worden. Mein Dank gebührt ganz besonders meinem Zeichner, Herrn Albrecht Mayer, für den Fleiss und die Sorgfalt, mit der er sich seiner Aufgabe gewidmet hat. Der Leser möge selbst über den Erfolg urteilen.

Ferner danke ich Herrn Prof. Kollmann, der mir die Mittel der anatomischen Anstalt zur Verfügung gestellt und mich jederzeit mit seinem wohlwollenden Rate unterstützt hat, und Herrn J. F. Bergmann, welcher die Herstellung einer so grossen Zahl von farbigen Abbildungen gestattet und in zuvorkommender Weise jede Schwierigkeit aus dem Wege geräumt hat. Die Leistungen der Kunstanstalt Schelter & Giesecke in der Ausführung der Abbildungen sprechen für sich. Herrn Kommerzienrat Stürtz danke ich bestens für die sorgfältige Ausführung des Druckes.

Basel, 10. April 1907.

H. K. Corning.

Vorwort zur sechsten Auflage.

In dieser Auflage sind 35 neue Abbildungen als Ersatz für solche eingesetzt worden, die der Verfasser für weniger gelungen erachtete. Wohl bei jedem Lehrbuche werden sich mit der Zeit solche Änderungen in den bildlichen Belegen wie im Texte als wünschenswert, wenn nicht als notwendig erweisen. Als Anhang sind 10 neue Bilder (Abb. 668—677) zusammengestellt, welche die Verbreitung der Hautnerven sowie die Segmentinnervation veranschaulichen sollen. Sie dürften sowohl dem Chirurgen als dem Neurologen erwünscht sein. Die neuen Abbildungen sind sämtlich von Herrn A. Dressler in Strichmanier hergestellt worden. Mein bester Dank gebührt ihm für die vortreffliche Ausführung. Herr cand. med. W. Behrens hat mit grosser Sorgfalt die Korrekturen gelesen.

Basel, 14. Juni 1915. **H. K. Corning.**

Vorwort zur siebenten bis neunzehnten Auflage.

Die siebente bis neunzehnte Auflage sind unverändert nach der sechsten Auflage gedruckt.

München, im März 1939. **Der Verlag.**

Vorwort zur zwanzigsten und einundzwanzigsten Auflage.

Die Auflage ist inhaltlich ein unveränderter Neudruck. Unter fachmännischer Leitung wurden aber die neuen anatomischen Namen in den Text und die Abbildungen eingesetzt. Um auch Ärzten und Studierenden, denen aus ihrem Studium der systematischen Anatomie die neuen Namen noch nicht gebräuchlich sind, die Benützung des Werkes zu erleichtern, sind die alten Namen in Fußnoten dort gebracht, wo die neuen Namen stark von den alten abweichen. Die alten Namen sind auch, und zwar in Kursivschrift, in das alphabetische Sachverzeichnis aufgenommen. So hofft die Verlagsbuchhandlung den Anforderungen, welche man an ein anatomisches Lehrbuch infolge der Einführung der Jenaer Nomina anatomica stellen kann, am besten gerecht zu werden.

Die neuen anatomischen Namen.

Die neuen anatomischen Namen führen die Bezeichnung: Jenaer Nomina anatomica (JNA) und sind an Stelle der bisher geltenden Basler Nomina anatomica (BNA) zu verwenden. Eine vollständige Aufzählung aller jetzt geltenden Namen bringt H. Stieve: Nomina anatomica, 2. verbesserte und erweiterte Auflage, Jena: G. Fischer 1939. Eine alphabetische Gegenüberstellung der alten und neuen Namen hat Fr. Kopsch veröffentlicht unter dem Titel: Die Nomina anatomica des Jahres 1895 nach der Buchstabenreihe geordnet und gegenübergestellt den Nomina anatomica des Jahres 1935, Leipzig: Georg Thieme 1937.

I. Die Namen wurden in verschiedenen Beziehungen geändert. Lage- und Richtungsangaben werden unabhängig von der Stellung des Körpers im Raume bezeichnet.

Die Tabelle bringt eine Gegenüberstellung der alten und neuen Bezeichnungen.

Alte Bezeichnung	Neue Bezeichnung		
	Kopf	Rumpf	Extremitäten
superior	superior, maxillaris	cranialis	proximalis
inferior	inferior, mandibularis	caudalis	distalis
anterior	anterior, frontalis	ventralis	ventralis (volaris)
posterior	posterior, occipitalis	dorsalis	dorsalis
medialis	medialis, nasalis	medialis	ulnaris, tibialis
lateralis	lateralis, temporalis	lateralis	radialis, fibularis

II. Eine große Gruppe bringt Veränderungen rein sprachlicher Natur. Sie beziehen sich hauptsächlich auf Adjektivendigungen an griechischen, aber auch manchen lateinischen Stammwörtern, z. B. laryngicus statt laryngeus, thoracicus statt thoracalis; all diese Änderungen sind ohne weiteres verständlich.

III. Die dritte Gruppe, die auch sehr zahlreiche Namen umfaßt, bringt ganz neue Bezeichnungen, deren Bedeutung auch bei Kenntnis der alten Namen nicht ohne weiteres klar ist.

Ein Mediziner, der nur die alten Namen kennt, kann sich daher in dem Buche, welches die neuen Namen allein verwendet, nur mit großer Mühe zurechtfinden. Ebenso ist das Umgekehrte der Fall, ein Kenner der neuen Namen hat die größten Schwierigkeiten, eine Darstellung, welche die Basler Namen verwendet, zu verstehen.

Um diesem Übelstande abzuhelfen, wurden in der neuen Auflage des Corningschen Lehrbuches im Text und den Abbildungen die neuen Namen eingesetzt, und überall dort, wo sie gegenüber den alten Namen stark geändert sind, diese in Fußnoten angeführt. Im alphabetischen Sachverzeichnis wurden die alten Namen kursiv gedruckt und ihnen die neuen Namen gegenübergestellt, z. B. V. *azygos* siehe V. thoracica longitudinalis dextra. Die Seitenzahlen wurden nur bei den neuen Namen angegeben.

Studierende, welche die neuen Namen in ihrem Lehrbuche für systematische Anatomie gelernt haben, finden die ihnen geläufige Nomenklatur wieder vor, Hörer, die noch nach Büchern mit alter Nomenklatur studierten, ersehen die ihnen vertrauten Namen aus den Anmerkungen und aus dem Sachverzeichnis und werden so auf die neuen Namen hingewiesen. Dasselbe gilt für Ärzte, die in der Praxis stehen und das Buch zu Rate ziehen.

Inhaltsverzeichnis.

Kopf.

Hals.

Brust (Thorax).

Bauch (Abdomen).

Becken.

Rücken.

Obere Extremität.

Untere Extremität.

Kopf.

Allgemeine Bemerkungen über die Topographie des Kopfes.

Der Einschluss des Gehirns durch den Schädel veranlasst zunächst die Unterscheidung einer Pars cerebralis von einer Pars facialis cranii. Im Bereiche der Pars cerebralis sind die Beziehungen zwischen dem Gehirne, den Gehirnhäuten und den Gehirngefässen einerseits und dem Schädel andererseits zu untersuchen (Topographia craniocerebralis), ferner die Topographie der Schädelwandungen selbst und der aufgelagerten Weichteile.

Auf ein Stadium, in welchem die Sinnesorgane bloss in Anlagerung an das knorpelige Primordialcranium des Embryos angetroffen werden, folgt im Laufe der Ontogenie ein engeres Verhältnis, indem die Sinnesorgane samt ihren Nebenapparaten (z. B. der Muskulatur des Auges, den Gehörknöchelchen mit ihrer Muskulatur usw.) von Knochenteilen umschlossen werden, die, ursprünglich als Schutz- oder auch als Stützvorrichtung für die Sinnesorgane entstanden (Gehörkapsel, Nasenkapsel), später in innigem Anschlusse an den knöchernen Schädel oder richtiger als Teile desselben angetroffen werden (Pars tympanica und Pars petromastoidea[1] ossis temporalis, Os ethmoides usw.). In einem zweiten Abschnitte folgt demnach die Schilderung der Topographie der Sinnesorgane und der die Sinnesorgane und ihre Nebenapparate einschliessenden Höhlen (Orbita, Paukenhöhle, Nasenhöhle).

Ein drittes Kapitel umfasst die Topographie derjenigen Partie des Kopfes, welcher die Pars facialis cranii, im Gegensatz zur Pars cerebralis, zugrunde liegt. Die paarigen Öffnungen der Augen- und Nasenhöhlen und die unpaare Mundöffnung zeichnen diese Gegend am macerierten Schädel aus; sie wird am Lebenden durch Weichteile überlagert, welche die Öffnungen einengen und umgeben, z. T. auch verschliessen (z. B. die Augenlider mit dem M. orbicularis oculi und dem Septum orbitale).

In den Bereich des Gesichtsteiles des Kopfes fällt auch der Unterkiefer mit der Kaumuskulatur und den Gefässen und Nerven, welche sowohl zur Kaumuskulatur als zum Unterkiefer gehen.

Die Weichteile des Gesichtes (Gesichtsmuskulatur mit Gefässen und Nerven) sind auch in ihrer Gesamtheit zu behandeln, mit Berücksichtigung der Besonderheiten, welche durch die Beziehungen zu den grossen Öffnungen der Orbita, der Nase und des Mundes entstehen; daran wird sich die Besprechung der seitlichen Gesichtsgegend anschliessen, deren Weichteile hauptsächlich durch die Kaumuskulatur gebildet werden.

---

[1] petrosa.

In den Bereich des Kopfes fallen noch eine Anzahl von Weichteilen, welche die Wandungen des ersten Abschnittes des Eingeweiderohres bilden oder doch zu ihnen in Beziehung stehen. In einem weiteren Abschnitte soll also die Topographie der Mundhöhle, der Zunge und des Rachens abgehandelt werden.

Schädel als Ganzes.

Für das Verständnis der Form des Kopfes sowie für die Schilderung der Topographie einzelner Gegenden besitzt die knöcherne Grundlage eine grössere Bedeutung als an irgendeinem anderen Körperteile. Sie ist nicht nur weithin ausgebreitet, ob wir den Gesichtsteil oder die Wölbung des Kopfes untersuchen; sie liegt auch zum Teil recht oberflächlich (das gilt besonders von der Pars facialis cranii und mit Ausnahme der Basis cranii auch von der Pars cerebralis); sie ist daher auch operativ leicht zu erreichen und bietet auch für die Palpation günstige Bedingungen dar. So lassen sich verschiedene Punkte feststellen, welche für die Bestimmung der Lage gewisser Gebilde (z. B. der Gehirnwindungen, des Sinus maxillaris, des Antrum mastoideum, des Sinus transversus) zur Oberfläche massgebend sind. Dagegen entzieht sich die untere Fläche der Schädelbasis in ihrer grösseren Ausdehnung der direkten Untersuchung, indem bloss die dorsale Pharynxwand bis zu einem gewissen Grade von der Mundhöhle aus zugänglich ist (s. Pharynx).

Wir haben vorhin am Schädel zwei grosse Abschnitte unterschieden; der hintere, obere enthält als Schädelkapsel (Pars cerebralis cranii) das Gehirn; seitlich schliesst sich die knöcherne Hülle des Gehörorgans an, welches sozusagen in die Wandung des Schädels aufgenommen ist, so dass sich wichtige Beziehungen zwischen dem Innen- und Mittelohr einerseits und dem Inhalte der Schädelhöhle (Gross- und Kleinhirn) andererseits ergeben. Der vordere Abschnitt, der Gesichtsteil des Schädels (Pars facialis cranii), enthält das Sehorgan und das Geruchsorgan und begrenzt teilweise die Mundhöhle. Übrigens nehmen die Wandungen der Pars cerebralis cranii gleichfalls noch an der Bildung der Höhlen teil, welche das Seh- und das Geruchsorgan umschliessen, so dass sich Beziehungen zwischen diesen Organen und dem Schädelinnern (Gehirn und Gehirnhäute) ergeben, welche praktisch eine grosse Rolle spielen (s. Topographie der Orbita und der Nasenhöhle).

Die Pars cerebralis cranii zerfällt in die Schädelwölbung (Calvaria) und die Schädelbasis (Basis cranii). Die erstere setzt sich zum Unterschiede von der letzteren aus platten Knochenteilen zusammen, ist auch nicht so massig wie die Schädelbasis; auch wird die Verbindung der einzelnen Knochenteile ausschliesslich durch Nähte (Suturen) hergestellt, die an der Schädelbasis in geringerem Umfange Platz greifen.

Ein weiterer, allerdings für die topographische Beschreibung unwesentlicher Unterschied ist in der Entwicklungsweise der die beiden Abschnitte zusammensetzenden Knochen gegeben. Die Knochen der Schädelbasis entstehen in der Hauptsache auf knorpliger Grundlage als Ossifikationen des Primordialschädels, während sich die platten Knochen des Schädeldaches als direkte Verknöcherungen des Bindegewebes darstellen.

Zusammensetzung beider Abschnitte des Schädels. Die Schädelkapsel (Pars cerebralis cranii) setzt sich in ihrer gewölbten Partie (Calvaria, Schädeldach) aus den beiden Ossa parietalia, der Squama occipitalis, den Squamae temporales, den Alae magnae ossis sphenoidis und der Squama frontalis zusammen. Sie kann von der Schädelbasis abgegrenzt werden mittelst einer Ebene, welche wir durch die Margines aditus orbitae[1] und die Protuberantia occipitalis ext. hindurchlegen oder auch durch eine

[1] Margines supraorbitales.

Linie, welche median am Margo aditus orbitae beginnend dem letzteren entlang zieht, dann dem hinteren Rande des Jochbeins und dem oberen Rande des Jochbogens folgt, als Linea nuchalis terminalis[1] weitergeht und an der Protuberantia occipitalis ext. endigt. Diese Linie lässt sich fast in ihrer ganzen Ausdehnung durch Palpation der Knochenteile feststellen. Die Wölbung des Schädeldaches ist glatt, bloss die Tubera frontalia und parietalia bilden etwas stärkere Vorsprünge, die leicht abzutasten, jedoch als Anhaltspunkte für Bestimmungen auf der Schädelkapsel wertlos sind. Sie entsprechen den ersten Verknöcherungspunkten am membranösen Cranium, von welchen die Bildung der Ossa parietalia und der Squama frontalis ausging. Nach vorn grenzt sich das Schädeldach oberhalb der Margo aditus orbitae von dem Gesichtsteil des Schädels (Pars facialis) ab, seitlich, etwa in der Höhe des Jochbogens, bildet die Crista infratemporalis die Grenze gegen das Planum infratemporale, welches zur Schädelbasis gehört. Von dem hinteren Rande des Processus zygomaticus ossis frontalis zieht die Linea temporalis bogenförmig über die Squama frontalis, das Os parietale und die Squama temporalis zur Wurzel des Processus zygomaticus ossis temporalis. Sie grenzt mit der Crista infratemporalis und dem hinteren Rande des Jochbeins das Planum temporale an der seitlichen Wandung des Schädels ab. Die Linea nuchalis terminalis[1] mit der Protuberantia occipitalis ext. trennt die Wölbung der Schädeldecke von dem Planum nuchale, welches als Ursprungs- und Insertionsfläche der Nackenmuskulatur zur Schädelbasis zu rechnen ist.

Von den Einzelheiten seien an dem Schädeldache erwähnt 1. die Suturen und zwar: die Sutura coronaria zwischen der Squama frontalis und den Ossa parietalia, die Sutura sagittalis zwischen den beiden Ossa parietalia (häufig verstrichen), der obere Teil der Sutura lambdoides, zwischen der Schuppe des Os occipitale und den beiden Ossa parietalia, ferner die Sutura squamalis, sphenofrontalis und sphenoparietalis. Der Wert der Suturen für topographische Bestimmungen am Lebenden ist ein geringer; auch hat es keinen Zweck, die Beziehungen, welche sich zwischen den Suturen und dem Verlaufe von Gehirnwindungen feststellen lassen, besonders aufzuzählen oder durch ein Bild zu belegen. 2. Die Foramina parietalia, zwei Öffnungen beiderseits von der hinteren Strecke der Sutura sagittalis, durch welche die oberflächlichen Venen der Galea mit dem Sinus sagittalis sup. innerhalb des Schädels in Verbindung treten, als Emissaria in gleiche Linie zu stellen mit dem Emissarium mastoideum, welches das For. mastoideum in der Pars petromastoidea[2] ossis temporalis durchsetzt.

Bei der Innenansicht zieht der Sulcus sagittalis, am Foramen caecum beginnend, in der Medianebene auf die Squama frontalis und auf die beiden Ossa parietalia weiter, um an der Protuberantia occipitalis interna der Squama occipitalis ein Ende zu nehmen. Beiderseits vom Sulcus sagittalis liegen Vertiefungen, welche auf die Ausbildung der Granula meningica[3] (Pacchioni) zurückzuführen sind (Foveolae granulares Pacchioni) und je nach der Grösse derselben tiefer oder seichter ausfallen. Im Bereiche dieser Gruben kann auch die Schädeldecke bis auf eine papierdünne Knochenschicht reduziert sein. Die Innenfläche des Schädeldaches weist auch die Furchen auf, in welchen die Zweige der A. meningica media verlaufen (Sulci arteriarum); dieselben geben daher ein recht deutliches Bild der Verzweigung dieser am Foramen spinae[4] in die Schädelhöhle eintretenden Arterie; in der Regel teilt sich eine von dem Foramen spinae an der Schädelbasis ausgehende Furche in zwei Furchen, von denen die vordere sich an der inneren Fläche der Squama frontalis, die hintere am Os parietale weiter verzweigt. Auch sonst sind zahlreiche Varianten vorhanden, die hauptsächlich auf die frühere oder spätere Teilung der von den Foramen spinae ausgehenden Furche zurückzuführen sind. Im übrigen zeigt die Dicke des Schädeldaches starke individuelle Verschiedenheiten, am geringsten ist sie in der Regel über dem Sulcus sagittalis. Die Kenntnis der Zusammensetzung der platten Knochen des Schädeldaches aus einer äusseren und inneren kompakten Schicht (Lamina externa

[1] Linea nuchae superior. [2] Foramen mastoideum. [3] Granulationes arachnoidales. [4] Foramen spinosum.

und interna), welche zusammen die Diploë mit ihren zahlreichen Blutgefässen einschliessen, darf wohl vorausgesetzt werden (Abb. 1).

Die Basis cranii wird gebildet durch das Os occipitale, die Pars petromastoidea ossis temporalis, das Os sphenoides, die Partes orbitales ossis frontalis und das Os ethmoides. Von innen her betrachtet (Basis cranii int.) bilden diese Knochenteile die drei Schädelgruben (Fossa cranii frontalis, media und occipitalis) oder die „Etagen" des Schädelgrundes. Zu ihrer Charakteristik sei bemerkt, dass die vordere Schädelgrube, durch die Partes orbitales der Ossa frontalia, die Lamina cribriformis des Ethmoids und die kleinen Keilbeinflügel gebildet, höher liegt als die mittlere Schädelgrube, während die hintere Schädelgrube wieder tiefer liegt als die mittlere. Die topographischen Beziehungen der drei Schädelgruben sollen später im Zusammenhange geschildert werden, hier sei nur hervorgehoben, dass der Boden der vorderen Schädelgrube die Schädelhöhle von den Augenhöhlen sowie von der Nasenhöhle trennt, indem sich an diesen Abschnitt der Schädelbasis der Gesichtsschädel ansetzt; unter dem Boden der mittleren Schädelgrube befindet sich die Regio infratemporalis; die hintere Schädelgrube geht durch das Foramen occipitale magnum in den Wirbelkanal über. Die untere Fläche der hinteren Schädelgrube bildet als Planum nuchale das Ursprungs- resp. Insertionsfeld für die Nackenmuskulatur; seitlich von dem Foramen occipitale magnum liegen die Condyli occipitales zur Artikulation des Kopfes mit dem Atlas. Auch die Wandung der mittleren Schädelgrube wird unten teilweise durch Muskelansätze bedeckt, zum Teile stellt sie (Corpus ossis sphenoidis und ein Teil der Pars basialis ossis occipitalis) auch die Grundlage der oberen Pharynxwand dar.

Palpation des Schädels. Der Untersuchung durch Palpation sind bloss diejenigen Partien des Schädels zugänglich, welche höchstens von einer mässig dicken Schicht von Weichteilen bedeckt sind. Hierher können wir rechnen: die Schädeldecke mit Ausnahme derjenigen Partie des Planum temporale, welche von einer mächtigeren Schicht des M. temporalis bedeckt wird, ferner die ganze Gesichtsregion, welche von der mimischen Gesichtsmuskulatur überlagert wird. Es gelingt also, besonders wenn das Fettpolster nicht übermässig stark entwickelt ist, grössere Strecken der Schädeldecke und der Gesichtsregion abzutasten, auch einzelne Knochenvorsprünge und Punkte festzustellen, welche für die Orientierung von Wert sind. Als solche können die Tubera frontalia und parietalia beim Erwachsenen nicht bezeichnet werden, während sie beim Neugeborenen eine recht starke Vorwölbung der Schädeldecke bilden. Regelmässig ist die Protuberantia occipitalis ext. zu fühlen, ferner lässt sich von ihr ausgehend die Linea nuchalis terminalis bis zur Pars petromastoidea ossis temporalis verfolgen. Der Proc. mastoides ist durchzufühlen, auch in seiner Abgrenzung gegen den an ihn sich inserierenden M. sternocleidomastoideus deutlich zu erkennen. Vor dem Ohre lässt sich der Jochbogen und, besonders bei tiefem Eindrücken, der obere Rand desselben nachweisen und bis zur Facies malaris des Jochbeins verfolgen. Dass die Umrandung der Orbitalöffnung in ihrer ganzen Ausdehnung leicht zu palpieren ist, davon kann sich jeder sofort überzeugen; unterhalb des Infraorbitalrandes ist der Körper und weiter abwärts der Proc. alveolaris des Oberkiefers zu fühlen. Von dem Unterkiefer lässt sich der ganze Körper abtasten, ferner die Protuberantia mentalis, die Basis und der Angulus mandibulae. Am Ramus mandibulae aufsteigend kann man den hinteren Rand desselben abtasten, sowie bei abwechselndem Öffnen und Schliessen des Mundes das Capitulum des Proc. articularis[1] mandibulae durchfühlen, wenn man den Finger in dem äusseren Gehörgang tief eindrückt.

[1] condyloideus.

Die Wandung der Schädelkapsel in Verbindung mit den Weichteilen.

Wenn man diejenige Partie des Kopfes, welche der oben gegebenen Abgrenzung der Schädelwölbung von der Schädelbasis und dem Gesichtsteile des Schädels entspricht (Calvaria), etwa an einem Frontalschnitte untersucht, so lässt sich zunächst feststellen, dass die Dicke der Wandung und der einzelnen dieselbe zusammensetzenden Schichten im allgemeinen eine ziemlich gleichmässige ist und dass ihre Dickenentfaltung bloss seitlich, von der Linea temporalis an abwärts, durch das Übergreifen des M. temporalis auf die Schädelwand eine beträchtliche Zunahme erfährt. Deshalb pflegt man diese Gegend als Regio temporalis von der übrigen Wölbung des Kopfes abzugrenzen und gesondert zu besprechen. Im übrigen kann man auch eine Regio frontalis, eine Regio occipitalis und eine Regio parietalis unterscheiden, ohne dass eigentlich im Schichtenaufbau der Gegenden eine besondere Veranlassung dazu vorläge. Der Regio frontalis kommt durch die in ihrer Knochenunterlage eingeschlossenen Sinus frontales (Nebenhöhlen der Nase) eine besondere Bedeutung zu.

Im Bereiche derjenigen Partie des Kopfes, welche vorne durch die Margines aditus orbitae[1], seitlich durch die Lineae temporales, hinten durch die Protuberantia occipitalis ext. und die Linea nuchalis terminalis[2] begrenzt wird, ist also die Zusammensetzung, sowie die Dicke der einzelnen Schichten der Wandung eine ziemlich gleichmässige. Sie besteht 1. aus den Weichteilen (Haut, subkutanes Fett- und Bindegewebe, Mm. frontalis und occipitalis sowie deren platten Aponeurose, der Galea aponeurotica; dazu kommen Gefässe und Nerven); 2. aus den platten Knochen des Schädeldaches (Squama frontalis, Ossa parietalia, Squama occipitalis) mit ihrem Perioste (Pericranium).

Weichteile mit Gefässen und Nerven. Die Weichteile bieten sich in dreifacher Schicht dar, 1. die Haut, 2. die Muskulatur (Mm. frontalis und occipitalis, als Mm. epicranii zusammengefasst, mit der flach ausgebreiteten Galea aponeurotica). 3. Als tiefste Schicht kommt noch das Periost an der äusseren Oberfläche der Schädelknochen hinzu (Pericranium). Makroskopisch zeichnen sich die Schichten dadurch aus, dass die zwei oberflächlichen, die Galea (resp. die Muskulatur) und die Haut, innig untereinander verbunden sind und vom topographischen Standpunkte aus als eine einzige Schicht aufgefasst werden können, welche mit dem unterliegenden Pericranium bloss durch lockeres Bindegewebe in Zusammenhang steht. Diese Tatsache ist sofort beim Einschneiden in die weichen Schichten der Kopfwölbung zu erkennen; die Haut lässt sich nur mittelst des Messers von der Galea trennen, während ein Riss genügt (Ablösung der Haut mit der Galea bei Autopsien!), um die beiden oberflächlichen Schichten von dem Pericranium zu trennen. Aus der Abb. 1, welche einen Mikrotomschnitt durch die Wandung der Schädelhöhle darstellt, sind die feineren Strukturverhältnisse ersichtlich. Die äussere Schicht der Galea zweigt sich in Form von senkrecht und schief aufsteigenden Faserbündeln ab, welche sich mit dem Corium verflechten und so eine Verbindung zwischen dem letzteren und der Galea zustande bringen. Zwischen diesen Bindegewebsbalken liegt das subkutane Fettgewebe der Kopfhaut, das also auch seinen Teil dazu beiträgt, um die Verbindung der beiden Schichten inniger zu gestalten. Auch die Haarwurzeln, welche in die subkutane Fettschicht hineinragen, wirken in derselben Richtung. Wenn auch die innigste Verbindung zwischen der Galea und dem Corium besteht, so findet sich doch auch eine Verbindung zwischen der Fascie auf der äusseren Oberfläche der Mm. frontalis und occipitalis und dem Corium. Zwischen der Galea und dem Pericranium dagegen liegt nur eine Schicht lockeren Bindegewebes, in der Abb. 1 durchsetzt von einer Vene, welche mit den Venen der Diploë in Zusammenhang steht. Hier ist die Galea leicht von dem Perioste zu trennen, hier

[1] Margines supraorbitales. [2] superior.

können sich auch Blutergüsse ausbreiten und bei der Verletzung grösserer Gefässstämme eine weite Ausdehnung gewinnen, da das lockere Bindegewebe zwischen der Galea und dem Pericranium kein Hindernis für ihre Ausbreitung darstellt. Die beiden miteinander verbundenen oberflächlichen Schichten werden als Kopfschwarte zusammengefasst; in derselben verlaufen die Nerven und Gefässstämme, welche in grosser Zahl von unten her in sie eintreten.

Die Haut zeichnet sich durch grosse Derbheit aus. Was den Muskelapparat mit seiner kappenförmig der Schädelwölbung aufsitzenden Aponeurose, der Galea, anbelangt, so entspringt der platte Bauch des M. frontalis von der Nasenwurzel, vom Proc. frontalis maxillae, vom Arcus superciliaris und von der Pars frontalis marginis aditus orbitae[1], der M. occipitalis vom Os occipitale, gerade über der Linea nuchalis terminalis[2] bis zur Wurzel des Proc. mastoides. Von den rudimentären Ohrmuskeln entspringt Pars parietalis m. epicranii temporoparietalis[3] von der Galea.

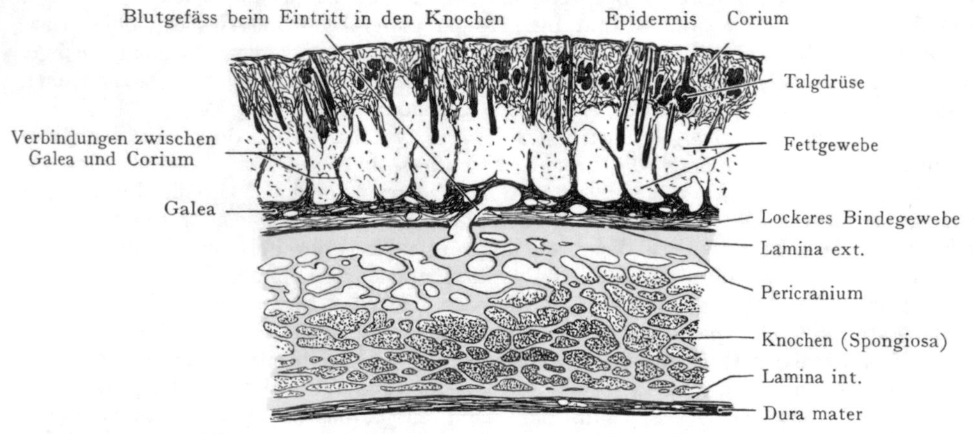

Abb. 1. Schnitt durch die Regio parietalis. Knochen gelb.
Nach einem Mikrotomschnitt.

Seitlich (über der Regio temporalis) löst sich die Galea in mehrere Blätter auf, welche Fettgewebe einschliessen und von denen ein bis zwei noch als recht derbe Lamellen den Jochbogen erreichen, ohne an demselben Ansatz zu gewinnen. (S. Regio temporalis und die Abb. 7, welche einen Frontalschnitt durch die Regio temporalis darstellt.)

Pericranium. Dasselbe bildet die dritte tiefste Schicht der Weichteile. Im Gegensatze zu der lockeren Verbindung zwischen Pericranium und Galea ist die Verbindung des Pericranium mit dem Knochen eine engere. Besonders an den Suturen ist dies beim Kinde in den ersten Lebensjahren der Fall, während die Verbindung mit der äusseren Fläche der Schädelknochen sonst keine so innige ist wie beim Erwachsenen, im Gegenteil durch Blutergüsse, die sich zwischen Schädeldecken und Pericranium ausbreiten, ziemlich leicht aufgehoben wird.

Die geschilderten Tatsachen haben selbstverständlich ihre Begründung in der Rolle, welche die Mm. epicranii spielen sollen, nämlich die Kopfhaut zu bewegen. Auch wenn diese Bewegung nicht mehr willkürlich auszulösen ist, kann man sich leicht davon überzeugen, dass sich die ganze Kopfschwarte passiv auf ihrer Unterlage verschieben lässt. Die Schicht lockeren Bindegewebes zwischen Galea und Pericranium setzt eben diesen Bewegungen keinen Widerstand entgegen.

Gefässe und Nerven der Kopfschwarte. Die Hauptstämme liegen in der Schicht des Fett- und Bindegewebes oberflächlich zur Galea, verzweigen sich auch

[1] Margo supraorbitalis. [2] Linea nuchae superior. [3] M. auricularis superior.

hauptsächlich in diesen Schichten, treten jedoch auch durch die Galea in die Tiefe und anastomosieren mit den Gefässen der Diploë. Von ganz besonderer Bedeutung sind die Verbindungen der Venen der Kopfschwarte mit den Venen der Diploë, ferner auch direkte Verbindungen der ersteren (mittelst der Emissaria parietalia und mastoidea) mit den Sinus durae matris. Die Gefäss- und Nervenversorgung der Kopfschwarte ist keine einheitliche, vielmehr kommen die Gebilde aus verschiedenen Gegenden, nämlich von vorne und unten aus der Orbita, von der Seite aus der Regio temporalis und von hinten her aus der Regio occipitalis. Die Arterien der Kopfschwarte stammen aus den Aa. carotis int. und ext. und zeichnen sich durch den Reichtum ihrer Verzweigung, sowie durch ihre ausgiebige Anastomosenbildung aus, ferner stehen sie mit den intra-

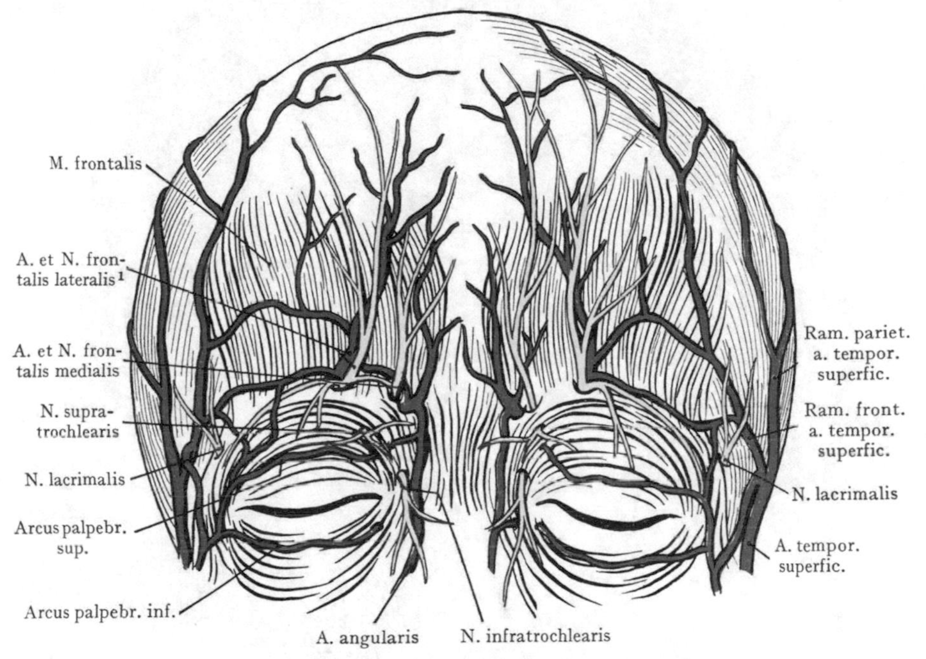

Abb. 2. Gefässe und Nerven der Regio frontalis.

kraniellen Arterien der Schädelwandung, besonders mit der stärksten derselben, der A. meningica media, in Zusammenhang. In den Abb. 2—4 ist der Reichtum der Gefässverzweigung nicht zur Darstellung gebracht, sondern es sind bloss die grösseren Stämme mit ihren Anastomosenbildungen berücksichtigt.

Von den Arterien der Kopfschwarte verzweigen sich die Aa. frontalis medialis und lateralis (aus der A. ophthalmica, also aus dem Gebiete der A. carotis int.) in der Stirngegend, indem sie über dem Margo orbitalis ossis frontalis in der Incisura frontalis lateralis[2], mehr oder weniger senkrecht aufsteigen (Abb. 2) und untereinander sowie mit dem Ram. frontalis der A. temporalis superficialis anastomosieren, auch von hinter her am inneren Augenwinkel eine Verbindung mit der A. angularis aus der A. facialis[3] erhalten. Alle übrigen Arterien der Kopfschwarte entstammen der A. carotis ext., so die A. temporalis superficialis (Abb. 3) mit ihrem nach vorne in die Regio frontalis abbiegenden Ram. frontalis und dem senkrecht aufsteigenden Ram. parietalis, in dessen Begleitung die V. temporalis superficialis und der N. auriculotemporalis vor dem Ohre nach oben verlaufen. Darauf folgt nach hinten die

[1] A. et N. supraorbitalis. [2] Incisura supraorbitalis. [3] A. maxillaris externa.

A. retroauricularis aus der A. carotis ext. (s. Abb. 4), welche unmittelbar hinter dem äusseren Ohre oberflächlich wird, und die A. occipitalis, welche gleich nach ihrem Ursprunge aus der A. carotis ext. nach hinten und oben verläuft, indem sie durch den hinteren Bauch des M. biventer[1], sowie durch die Mm. sternocleidomastoideus, longissimus und splenius capitis bedeckt wird. Am hinteren Rande des M. sternocleidomastoideus tritt sie dicht neben der Basis des Processus mastoides in die Kopfschwarte ein und versorgt die ganze hintere Partie derselben bis zum Scheitel hinauf.

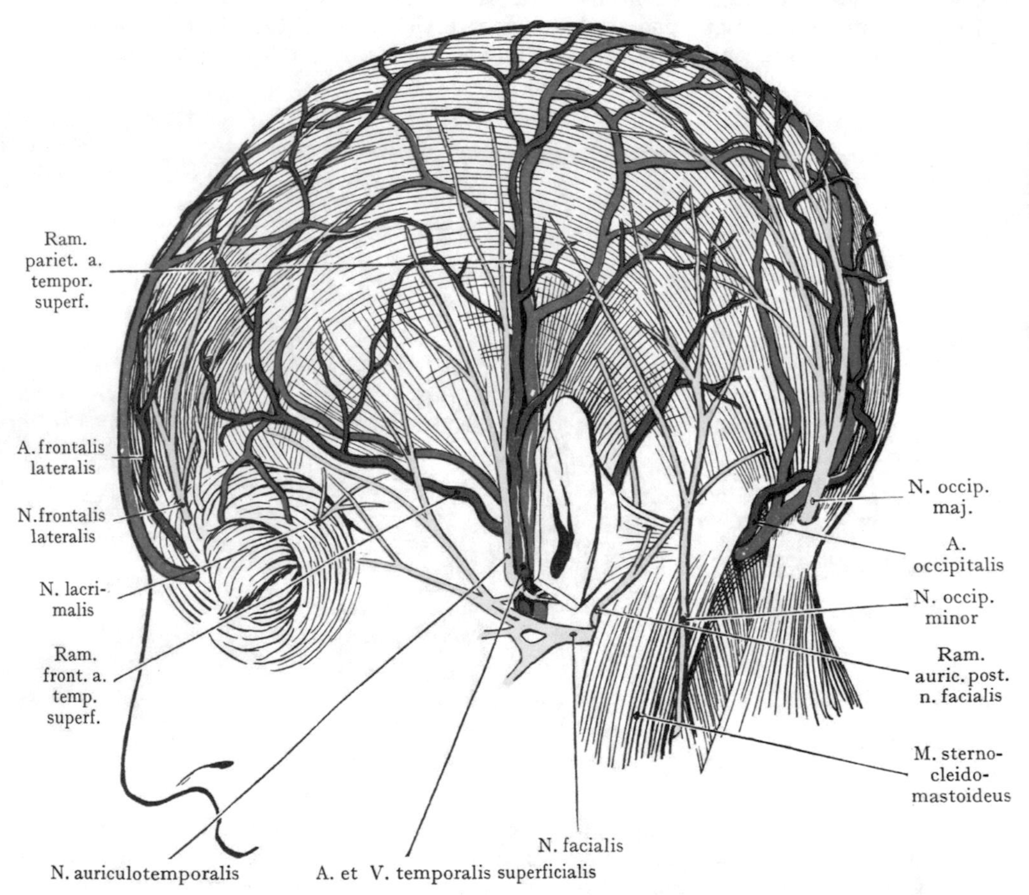

Abb. 3. Nerven und Gefässe des Kopfes (Pars cerebralis), von der Seite gesehen.

Die Venen der Kopfschwarte folgen im ganzen den Arterien, man kann also auch vordere, seitliche und hintere Venenstämme unterscheiden. Die vorderen Venen (Vv. frontales) entsprechen den Aa. frontalis medialis und lateralis[2]; sie münden am inneren Augenwinkel in die V. facialis und verbinden sich auch mit der V. ophthalmica sup. durch Stämme, welche mit den Aa. frontalis medialis und lateralis[2] in die Orbita eintreten. Die seitlichen Venen gehören zum Gebiete der V. temporalis superficialis und folgen dem Stamme der A. temporalis superficialis nach abwärts, um mit der V. facialis zur Bildung der V. jugularis superficialis dorsalis[3] zusammenzufliessen. Die Vv. occipitales münden gleichfalls, der A. occipitalis folgend, in die V. jugularis superficialis dorsalis[3].

[1] M. digastricus. [2] frontalis et supraorbitalis. [3] V. jugularis externa.

Lymphgefässe der Kopfschwarte. Die Lymphgefässe bilden vier grosse Gebiete, deren Abflusswege verschieden sind. Die Lymphgefässe der Stirn bis zum Scheitel hinauf münden in Lymphdrüsen, welche vor dem Ohre, teils auf, teils in der Glandula parotis liegen (Lymphonodi parotidici). Die Lymphgefässe des Gesichtes, des Mundes, der äusseren Nasenöffnungen und der Lippen gehen zu Lymphdrüsen am Unterkieferrande (Lymphonodi submandibulares), auch noch zu den

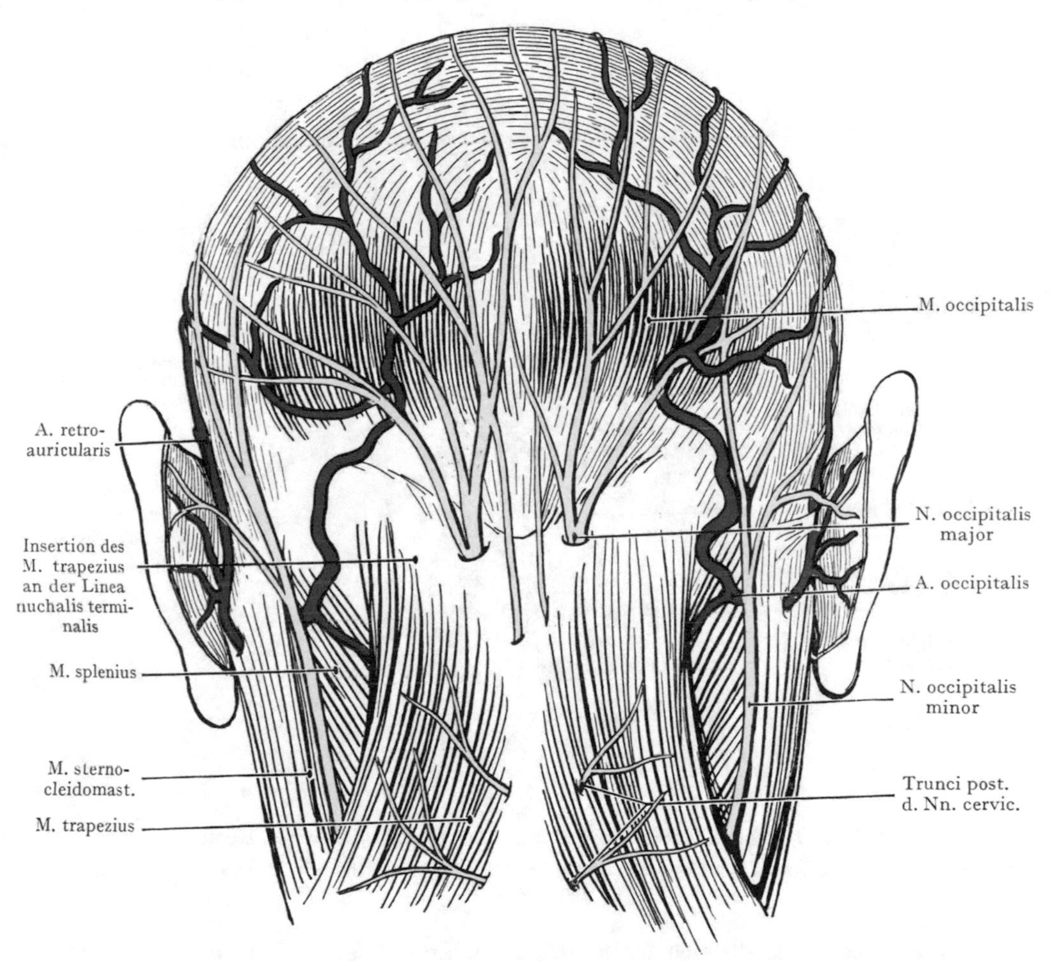

Abb. 4. Gefässe und Nerven der Regio occipitalis.

obersten Drüsen der Halslymphdrüsenkette (Lymphonodi cervicales prof.). In der Abb. 5 sind die Lymphgefässe dieses zweiten Gebietes mit roter Farbe angegeben; sie entsprechen in ihrer Herkunft dem Verzweigungsgebiete der A. facialis[1], während das erste Gebiet sich etwa mit der Verzweigung der A. temporalis superficialis deckt. Einem dritten Gebiete (rot schraffiert) gehören als regionäre Lymphdrüsen die Lymphonodi retroauriculares an, welche unmittelbar hinter dem Ohre liegen und auch abwärts zahlreiche Verbindungen zu den obersten Lymphonodi cervicales aufweisen. Das vierte (occipitale) Lymphgefässgebiet (schwarz schraffiert) mündet in die Lymphonodi occipitales, welche oberflächlich hinter dem Proc.

[1] A. maxillaris externa.

mastoides und der Insertion des M. sternocleidomastoideus angetroffen werden. Ein kleiner medianer Bezirk der Stirne, unmittelbar über der Nasenwurzel, sendet seine Lymphgefässe mit denjenigen des Gesichtes zu den Lymphonodi submandibulares. Man könnte die Lymphgefässbezirke des Kopfes als den facialen, temporalen, parietalen und occipitalen bezeichnen, von denen bloss die drei letzteren der Kopfschwarte angehören. Beachtenswert ist die oberflächliche Lage der Lymphonodi retroauri-

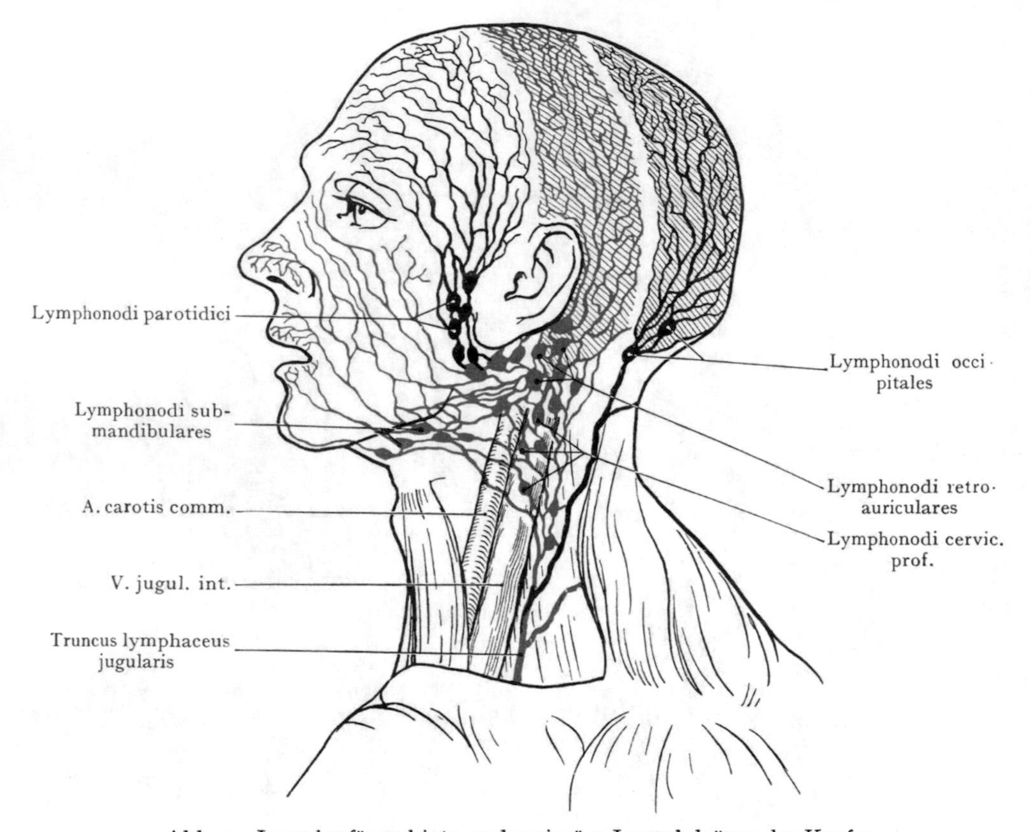

Abb. 5. Lymphgefässgebiete und regionäre Lymphdrüsen des Kopfes.
Mit Benutzung einer Abbildung von Sappey (Anatomie, physiologie et pathologie des vaisseaux lymphatiques, Paris 1874).

culares und occipitales, die sich in vergrössertem Zustande durch Palpation auf resp. hinter dem Proc. mastoides nachweisen lassen.

Nerven der Kopfschwarte. Die Äste des N. facialis zu den Mm. frontalis und occipitalis sind praktisch unwichtig. Die sensiblen Nerven der Kopfschwarte kommen, wie die Arterien, von verschiedenen Seiten, vorne aus dem N. ophthalmicus (N. frontalis medialis und lateralis[1]), seitlich als N. auriculotemporalis aus dem N. mandibularis, hinten aus den Cervikalnerven (Nn. auricularis magnus, occipitalis minor, occipitalis major).

Von den beiden Ästen aus dem N. ophthalmicus geht der N. frontalis lateralis mit der gleichnamigen Arterie durch die Incisura frontalis lateralis[2] zur Stirngegend bis zum Scheitel hinauf. Das Gebiet des N. frontalis liegt weiter medial und erstreckt sich nicht so hoch hinauf; beide Nerven geben Äste zum oberen Augenlide ab (Nn. palpebrales sup.). Der N. auriculotemporalis zweigt sich gleich unterhalb des Foramen

[1] N. frontalis und supraorbitalis. [2] Incisura supraorbitalis.

ovale von dem aus dem Schädel ausgetretenen N. mandibularis ab und verläuft um den Ast des Unterkiefers und den Processus zygomaticus ossis temporalis zur Regio parotidomasseterica. Hier steigt er vor dem Ohre, von der Glandula parotis bedeckt, zur Regio temporalis auf in Begleitung der A. und V. temporalis superficialis (s. Abb. 3). Der N. auricularis magnus gibt einige Äste zur Haut hinter dem Ohre ab (auf Abb. 3 nicht dargestellt), weiter nach oben verbreitet sich der am hinteren Rande des M. sternocleidomastoideus hervortretende N. occipitalis minor, dann folgt dorsal der N. occipitalis major, der R. dorsalis des N. cervicalis II, welcher den Ansatz des M. trapezius an der Linea nuchalis supraterminalis[1] durchbohrt und sich in der Kopfschwarte bis zum Scheitel hinauf verzweigt.

Die Gefässe der platten Schädelknochen stehen sowohl mit dem Gefässgebiete der Kopfschwarte als mit demjenigen der harten Hirnhaut in Verbindung. Diese Verhältnisse besitzen deshalb eine ganz besondere Bedeutung, weil die Blut-

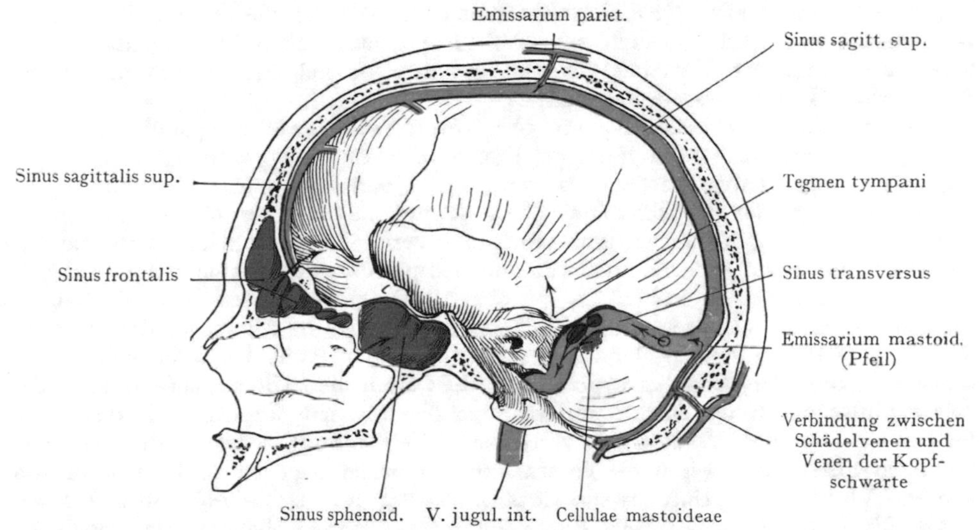

Abb. 6. **Darstellung der Wege, auf welchen Infektionen des Schädelinhaltes (Meningen, Gehirn, Sinus durae matris) stattfinden können. Schema.**

bahnen der Diploë, besonders wohl die Venen, die Wege darstellen, auf welchen Infektionserreger nicht bloss die Schädelknochen, sondern auch die Blutbahnen der Meninx und damit auch die Schädelhöhle erreichen können. Die Venen der Diploë sind ausserordentlich weit und zahlreich; sie sammeln sich auch zu einzelnen grösseren Stämmen (Vv. diploicae) mit inkonstantem Verlaufe, die sowohl mit den Venen der Kopfschwarte als auch mit dem Sinus sagittalis sup. und dem Sinus transversus Verbindungen eingehen. Die grossen Vv. diploicae können auch in die Vv. temporales prof. und in die Vv. occipitales ausmünden (Merkel).

An der Abb. 6 sind zweierlei Infektionswege des Schädelinhaltes durch Pfeile angegeben. Solche gehen zunächst von den lufthaltigen Nebenräumen der Nase und des Mittelohres aus (Sinus frontalis, Sinus sphenoideus, Cellulae mastoideae); wir haben uns später eingehend mit denselben zu beschäftigen (s. Topographie der Sinus Nasales und des Mittelohrs). Von den anderen Wegen, welche den Verbindungen der Gefässe, besonders der Venen, folgen, sind zwei angegeben, welche direkte Verbindungen zwischen den Venen der Kopfschwarte und dem Sinus sagittalis sup. resp. dem Sinus transversus darstellen. Der eine geht durch ein Emissarium parietale,

[1] Linea nuchae suprema.

welches im Os parietale, seitlich von der hintersten Strecke der Sutura sagittalis liegt und die Verbindung der oberflächlichen Venen der Kopfschwarte mit dem Sinus sagittalis sup. herstellt. Der zweite entspricht einer grösseren und gleichfalls konstanten Öffnung (Emissarium mastoideum), welche hinter der Sutura occipitomastoidea und dem Processus mastoides angetroffen wird; durch dieselbe hindurch verbinden sich die oberflächlichen Venen, besonders die in Gesellschaft der A. occipitalis verlaufende V. occipitalis, mit dem Sinus transversus.

Regio temporalis.

Allgemeine Bemerkungen. Die Regio temporalis (Schläfengegend) zeichnet sich dadurch aus, dass infolge der Ausbildung des M. temporalis die Dicke der Weichteile grösser ist als im übrigen Bereiche der Schädeldecke. Der bis zur Linea temporalis reichende M. temporalis schiebt sich gewissermassen zwischen die Galea und die Schädelknochen ein und wird von einer sehr derben aponeurotischen Fascie bedeckt, welche unten am Jochbogen Insertion gewinnt und den Muskel nach aussen hin in einen osteofibrösen Raum einschliessen hilft.

Am Skelet wird die Gegend oben durch die Linea temporalis abgegrenzt, welche, als Fortsetzung des hinteren Randes des Proc. zygomaticus ossis frontalis beginnend, bogenförmig aus dem Os frontale und den Ossa parietalia aufsteigt, dann auf die Schuppe des Schläfenbeines übergeht und sich oft bis zum scharfen oberen Rande des Proc. zygomaticus ossis temporalis verfolgen lässt. Das durch die Linea temporalis oben abgegrenzte Feld (Planum temporale) wird unten durch die Crista infratemporalis von dem Planum infratemporale getrennt. An der Bildung des Planum temporale beteiligen sich die Squama temporalis, die Ala magna des Sphenoids, das Os parietale unterhalb der Linea temporalis, der Proc. frontosphenoideus ossis zygomatici und der Processus zygomaticus ossis frontalis. Die Schuppe des Schläfenbeines bildet gegen die Sutura parietotemporalis hin den dünnsten Teil des Planum temporale. Die obere Partie des letzteren setzt die Wölbung des Schädeldaches seitlich und nach unten fort; gegen die Crista infratemporalis dagegen wird die lateralwärts konvexe Wölbung zu einer lateralwärts konkaven, so dass durch die Crista infratemporalis einerseits, andererseits durch die Spange des Jochbogens, sowie nach vorne hin durch das Jochbein und den Proc. zygomaticus ossis frontalis eine Öffnung begrenzt wird, durch welche der M. temporalis zu seiner Insertion am Proc. muscularis[1] des Unterkiefers gelangt.

Durch die Ausbildung einer derben, aponeurotischen Fascie (Fascia temporalis), welche von der Linea temporalis in ihrer ganzen Ausdehnung ausgeht und sich sowohl am Jochbogen als am hinteren Rande des Os zygomaticum und am Proc. zygomaticus ossis frontalis festsetzt, wird der M. temporalis in einen osteofibrösen abwärts zwischen dem Jochbogen und der Crista infratemporalis sich öffnenden Raum eingeschlossen; die Freilegung des ganzen Muskels erfolgt demnach erst nach der Entfernung der Fascia temporalis und der Resektion des Jochbogens.

Palpation der Gegend. Der M. temporalis springt bei abwechselndem Öffnen und Schliessen des Mundes als deutlich fühlbarer harter Wulst vor. Der obere, ziemlich scharfe Rand des Jochbogens und der hintere Rand des Os zygomaticum lassen sich bei mässiger Ausbildung des Fettpolsters leicht abtasten.

Oberflächliche Schichten. Die Haut zeichnet sich, verglichen mit der übrigen Kopfhaut, durch ihre Feinheit aus; das Fettpolster ist nicht so derb; der Verlauf der A. temporalis und ihrer beiden Hauptäste sind häufig durch die Haut zu erkennen, besonders dann, wenn die Arterie bei mässigem Fettpolster starke Schlängelungen aufweist.

[1] Proc. coronoideus.

Die Gefässe und Nerven liegen geradezu subkutan; sie treten, von unten her kommend, vor dem Ohre in die Gegend ein und gelangen, nach aufwärts und vorne sich verzweigend, zur Kopfschwarte (s. Abb. 3). Es sind die A. temporalis superficialis, die V. temporalis superficialis und der N. auriculotemporalis. Die Arterie entspringt aus der A. carotis ext. und verläuft über den Jochbogen und vor dem Meatus acusticus externus cartilagineus senkrecht empor, in der Begleitung der gleichnamigen Vene sowie des N. auriculotemporalis. Sie wird ein Stück weit (etwa bis zum unteren Rande des Jochbogens) von der Glandula parotis bedeckt oder, richtiger gesagt, in die Parotisloge aufgenommen. (S. Topographie der Gland. parotis.)

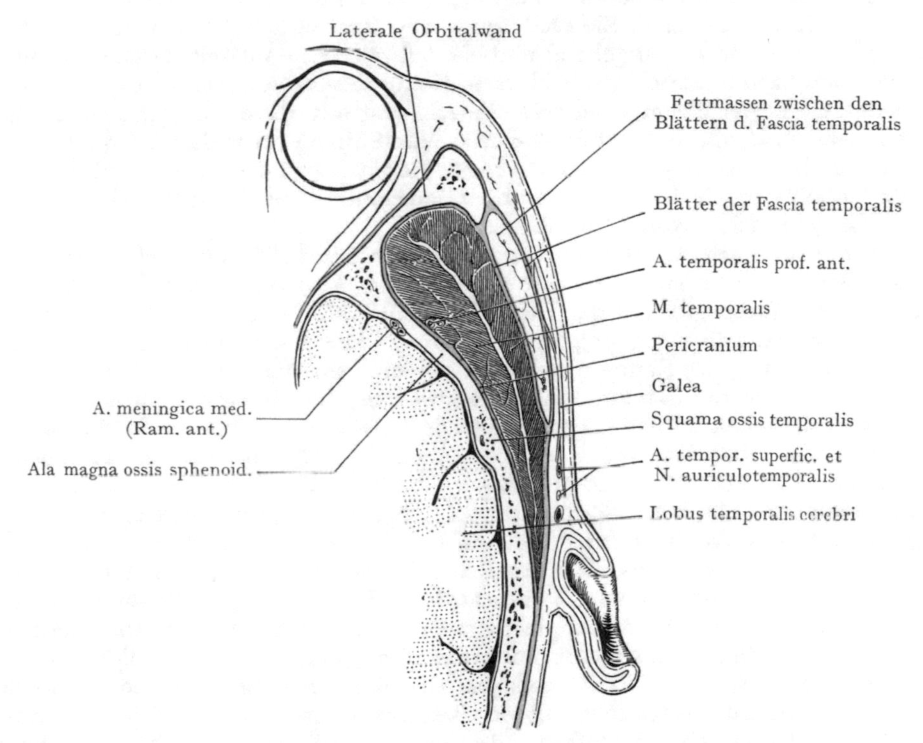

Abb. 7. Horizontalschnitt durch die Regio temporalis nach einem Gefrierschnitte der Basler Sammlung.

Oberhalb des Jochbogens zerfällt sie in den Ramus frontalis und parietalis. Abgesehen von diesen Ästen, welche einen grossen Teil der Kopfschwarte versorgen und anderen Ästen zur Regio faciei, gibt sie auch einen tiefen, die Fascia temporalis durchbohrenden Ast zum M. temporalis ab (A. temporalis media).

Die V. temporalis superficialis liegt gewöhnlich der Arterie nach hinten an; ihre Wurzeln entsprechen den Zweigen der Arterie, ihr Stamm bildet die V. retromandibularis[1], welcher sich mit der V. facialis[2] verbindet.

Die Hautnerven der Regio temporalis stammen teils aus dem N. mandibularis (N. auriculotemporalis), teils aus dem N. maxillaris (N. zygomaticotemporalis, ein Ast des N. zygomaticus). Der erstere trennt sich gleich unterhalb des Foramen ovale von den übrigen Zweigen des N. mandibularis, windet sich um den Proc. articularis[3] mandibulae vor dem Gehörgang nach aufwärts, überschreitet mit den Gefässen zusammen den Jochbogen und tritt in die Regio temporalis ein. Der kleine N. zygomaticotemporalis entspringt aus dem N. zygomaticus innerhalb

[1] V. facialis posteroir. [2] V. facialis anterior. [3] Processus condyloideus.

der Orbita und geht durch den gleichnamigen Kanal im Os zygomaticum zur Haut der Schläfe; seine Aufsuchung geschieht am besten innerhalb der Orbita an deren lateralen Wand entlang.

Die Gefässe und Nerven der Regio temporalis liegen ausserhalb der Galea. Diese bildet hier noch immer eine sehnige nach abwärts in mehrere Blätter sich spaltende Membran, die teils mit der Fascia temporalis Verbindungen eingeht und sich mit der letzteren am oberen Rand des Jochbogens inseriert, teils sich im subkutanen Bindegewebe verliert (s. Abb. 7). Die beiden Muskeln des äusseren Ohres (Mm. auricularis nuchalis et pars parietalis m. epicranii temporoparietalis[1]), welche auf der Galea im Bereiche der Regio temporalis entspringen, sind praktisch unwichtig.

Fascia temporalis. Sie stellt eine derbe, aponeurotische Membran dar, welche von der Linea temporalis ausgehend und hier teilweise den Muskelfasern zum Ursprunge dienend, sich nach abwärts an der hinteren Kante des Proc. zygomaticus ossis frontalis sowie am Os zygomaticum inseriert. Sie schliesst auf diese Weise mit dem Planum temporale einen Raum ab, welcher bloss nach unten hin zwischen dem Arcus zygomaticus und der Crista temporalis offen steht. Dieser Raum (Loge des M. temporalis) wird von der Augenhöhle durch den Processus frontosphenoideus des Os zygomaticum und den Processus zygomaticus ossis frontalis geschieden.

Ein Frontalschnitt zeigt die Temporalisloge als keilförmigen Hohlraum (osteofibrösen Raum), wenn man sich den M. temporalis wegdenkt, der sich nach abwärts, zwischen dem Jochbogen und der Crista infratemporalis, einerseits in die Regio masseterica, andererseits in die Wangengegend öffnet. Die Fascia temporalis ist auch als laterale Begrenzung des Raumes in Parallele gesetzt worden mit dem Perioste, welches die Knochenfläche des Planum temporale überzieht, indem angenommen wurde, dass sich das Pericranium an der Linea temporalis teile und ein äusseres Blatt als Fascia temporalis zur Insertion am Jochbogen verlaufe, während das innere Blatt als Periost das Planum temporale überziehe. Oberhalb des Jochbogens teilt sich die Fascia temporalis in zwei Blätter, welche Fettgewebe zwischen sich einschliessen. Dagegen setzt sich die Fascie wieder als einheitliche Membran an den oberen Rand des Jochbogens fest. Der Muskel füllt den Raum der Schläfenloge je weiter nach abwärts um so vollständiger aus; er wird von dem tiefen Blatte der gespaltenen Fascie durch eine Fettschicht getrennt, welche durch ihren Schwund bei starker Abmagerung das Einsinken der Schläfe unmittelbar oberhalb des Jochbogens zur Folge hat. Diese Fettmasse begleitet den M. temporalis bis zu seiner Insertion am Proc. muscularis[2] des Unterkiefers und hängt hier mit der Fettmasse zusammen, welche als Fettpfropf der Wange (Bichatscher Fettpfropf) der äusseren Fläche des M. bucinatorius aufgelagert ist und vom M. masseter bedeckt wird (s. Wangengegend und Bichatscher Fettpfropf).

Die Arterien für den M. temporalis kommen, mit Ausnahme eines Astes, aus der A. temporalis superficialis, welcher die Fascia temporalis durchbohrt, aus der A. maxillaris[3] als Aa. temporales profundae. Die Venen münden dementsprechend in die Venen des Plexus pterygoideus.

Die Nerven zum M. temporalis, gewöhnlich zwei an Zahl (Nn. temporales profundi), sind Zweige des N. mandibularis, welche gleich nach dem Austritt desselben aus dem Foramen ovale abgehen und von der tiefen Fläche des Muskels aus in denselben eintreten. Gefässe wie Nerven liegen dem Pericranium dicht an.

Die Abb. 7 stellt einen Horizontalschnitt durch die Regio temporalis dar. Oberflächlich liegt die Galea, z. T. in zwei Blätter gespalten. Die Gefässe mit dem N. auriculotemporalis liegen vor dem Ohre und oberflächlich zur Fascia temporalis, welche hier in zwei eine Fettmasse einschliessende Blätter zerfällt. Das Pericranium, welches das Planum temporale überkleidet, ist grün angegeben, unmittelbar auf demselben liegt die A. temporalis profunda ant. Die Loge wird von der Orbita durch die laterale Orbital-

[1] M. auricularis post. et sup. [2] Proc. coronoideus. [3] A. maxillaris interna.

wand getrennt. An der inneren Fläche der das Planum temporale bildenden Knochen liegt der Querschnitt der A. meningica media.

Dura mater und A. meningica media. An die innere Fläche der das Planum temporale bildenden Knochen grenzt die Dura mater, deren Beziehungen zum Knochen und zur Oberfläche besonders wichtig sind, weil hier der Stamm resp. die beiden Hauptäste (Ramus ant. und Ramus post.) der A. meningica media, in die Dura eingeschlossen, nach oben verlaufen. Verletzungen der Arterie oder ihrer Äste infolge von Frakturen des Knochens gehören nicht zu den Seltenheiten;

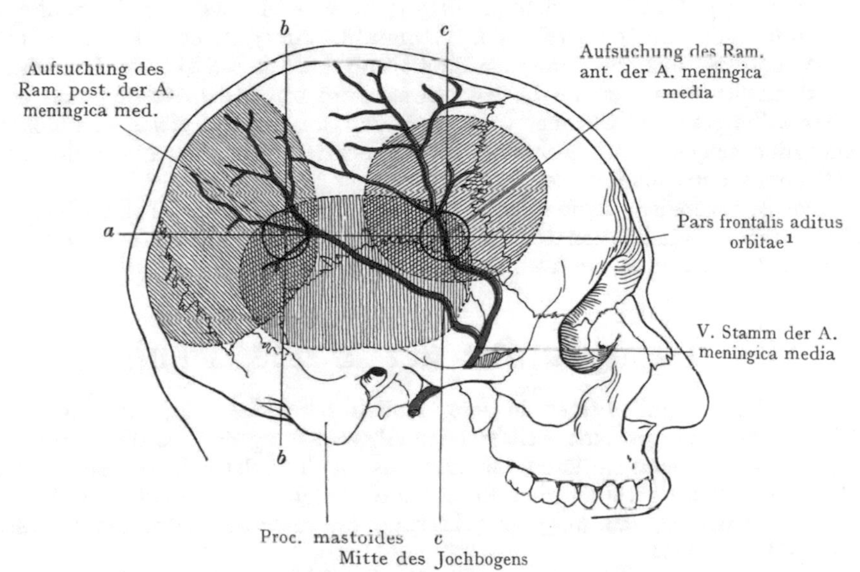

Abb. 8. Projektion der Äste der A. meningica media auf die äussere Oberfläche des Schädels, nebst den Trepanationsstellen zur Aufsuchung der Äste.

(Nach König, Lehrbuch der Chirurgie, und den Angaben von Krönlein.)

sie haben einen Austritt von Blut aus dem verletzten Gefässe zwischen Dura mater und Schädelwandung zur Folge, welcher zu operativem Vorgehen (Trepanation und Unterbindung der verletzten Arterie) auffordert.

Die A. meningica media entspringt aus der A. maxillaris[2], tritt durch das Foramen spinae[3] in die Schädelhöhle, wendet sich im Sulcus arteriosus auf der inneren Fläche der Schläfenbeinschuppe lateralwärts und teilt sich nach einem verschieden langen Verlaufe in einen Ramus anterior und posterior. Die Verlaufsrichtung der Äste ist aus Abb. 8 ersichtlich, ebenso die Richtung, in welcher sich Blutextravasate nach Verletzung der Äste (schraffiert) ausbreiten. Bei Verletzung des Stammes der A. meningica media soll die Arterie an der von Vogt angegebenen Stelle erreicht werden, die in der Abbildung mit V. bezeichnet ist und dem Schnittpunkte zweier Linien entspricht, von denen die eine, horizontale, zwei Finger breit oberhalb des Jochbogens gezogen wird und eine daumenbreit hinter dem Processus frontosphenoideus des Os zygomaticum errichteten Vertikalen schneidet. Nicht selten trifft man jedoch bei früher Teilung der Arterie bloss den Ramus ant. an der Vogtschen Unterbindungsstelle. Der Stamm ist sicherer zu erreichen, wenn man gerade oberhalb der Mitte des Jochbogens eingeht, allerdings unter Durchtrennung des M. temporalis und Gefährdung der oberen Äste des N. facialis. Für die Aufsuchung des Ram. frontalis und des

[1] Margo supraorbitalis. [2] A. maxillaris interna. [3] Foramen spinosum.

Ram. parietalis sind die Angaben von Krönlein die einfachsten; die Trepanationsstelle für den Ramus ant. wird bestimmt durch den Schnittpunkt einer durch den oberen Augenhöhlenrand[1] gezogenen Horizontalen mit einer Vertikalen, welche 3—4 cm hinter dem Processus zygomaticus ossis frontalis errichtet wird. Der Ramus posterior liegt gleichfalls auf der vom oberen Augenhöhlenrande gezogenen Horizontalen, dort, wo dieselbe von einer unmittelbar hinter dem Proc. mastoides gezogenen Vertikalen getroffen wird. In Abb. 8 ist die Ausdehnung der bei Verletzung der Äste entstehenden Hämatome in Gestalt schraffierter Felder angegeben. Die Lage der Arteria meningica media in bezug auf das Ganglion semilunare (Gasseri) ist beim operativen Eingehen auf das Ganglion wichtig. In 59% der Fälle liegt die A. meningica media so weit hinter der Austrittsstelle des N. mandibularis aus dem Foramen ovale, dass der Nerv und mit ihm das Ganglion direkt von aussen erreicht werden können, ohne die A. meningica media zu gefährden. Ausserdem kann die Arterie noch in weiteren 35% der Fälle geschont werden, wenn man von aussen und etwas von vorne her auf das Ganglion eingeht. Zur Sicherheit kann die Arterie aber auch vor der Entfernung des Ganglions unterbunden werden.

Die A. meningica media wird auf ihrem Verlaufe von den beiden Vv. meningicae mediae begleitet, welche sich teils mit dem Plexus pterygoideus teils mit dem Sinus cavernosus in Verbindung setzen.

Topographie der Basis cranii.

Die Basis cranii bietet in ihrer knöchernen Struktur, wie in ihren topographischen Beziehungen eine weit grössere Abwechslung dar, als die übrige Wandung der Gehirnkapsel. Denn sie kann gleichfalls als ein Teil der Schädel- und Gehirnkapsel aufgefasst werden; sie bildet den Boden, auf welchem das Gehirn ruht und durch welchen die Gehirnnerven aus der Schädelhöhle austreten, resp. die Gefässe in die Schädelhöhle gelangen.

Ebensowenig wie im Relief zeigt die Schädelbasis in ihrer Dicke gleichartige Verhältnisse. Während die Mächtigkeit der platten, die Schädeldecke bildenden Knochen auf grosse Strecken hin eine ziemlich gleichmässige bleibt, zeigen die Knochen der Schädelbasis einen grossen Wechsel von dickeren, stärkeren Knochenabschnitten (Pars petromastoidea ossis temporalis) mit solchen, die bloss dünne Lamellen darstellen (Pars orbitalis ossis frontalis, Lamina cribriformis ossis ethmoidis usw.). Der mehr massige Charakter der Schädelbasis als Ganzes erleidet bis zu einem gewissen Grade Abbruch durch die zahlreichen dem Durchtritte von Nerven und Gefässen dienenden Öffnungen, welche auch massige Knochenteile (z. B. die Pyramide des Felsenbeins, die Partes laterales ossis occipitalis) durchsetzen. Auf ihre Bedeutung für den Verlauf von Frakturlinien an der Basis cranii soll unten hingewiesen werden.

Ein weiterer Unterschied gegenüber der Schädeldecke ergibt sich noch daraus, dass der Schädelgrund in die schon früher erwähnten „Etagen" oder Schädelgruben (Fossae cranii) eingeteilt werden kann. Die Bezeichnung als Etagen lässt sich insofern rechtfertigen, als die Abteilungen nicht in derselben Horizontalebene liegen; die vordere liegt höher als die mittlere, diese wieder höher als die hintere. Im ganzen genommen liegt die Schädelbasis nicht horizontal, sondern entspricht bei wagrechter Haltung des Kopfes einer Ebene, welche vorne die Pars frontalis aditus orbitae[1], hinten die Protuberantia occipitalis int. schneidet.

Die vordere Schädelgrube wird von der mittleren abgegrenzt (s. Abb. 9) durch die Alae parvae ossis sphenoidis sowie durch eine Linie, welche die beiden Canales fasciculorum opticorum[2] verbindet. Sie wird gebildet: durch die Lamina cribriformis ossis ethmoidis (mit der Crista galli), die Facies orbitalis ossis frontalis (mit zahlreichen Juga cerebralia),

[1] Margo supraorbitalis. [2] For. optica.

die kleinen Keilbeinflügel und die vordere Partie der oberen Fläche des Keilbeinkörpers. Die Lamina cribriformis trennt sie von der Nasenhöhle, die Partes orbitales der beiden Ossa frontalia bilden das Dach der Orbita und scheiden diesen Raum von der vorderen Schädelgrube. An das Skelet der vorderen Etage fügt sich also nach abwärts der Gesichtsteil des Schädels, welcher mit seiner oberen Partie die Orbitae und die Nasenhöhle bildet.

Die mittlere Schädelgrube wird in ihrer medianen Partie durch die Sella turcica des Sphenoids hergestellt, grenzt sich also hier gegen die vordere Schädelgrube

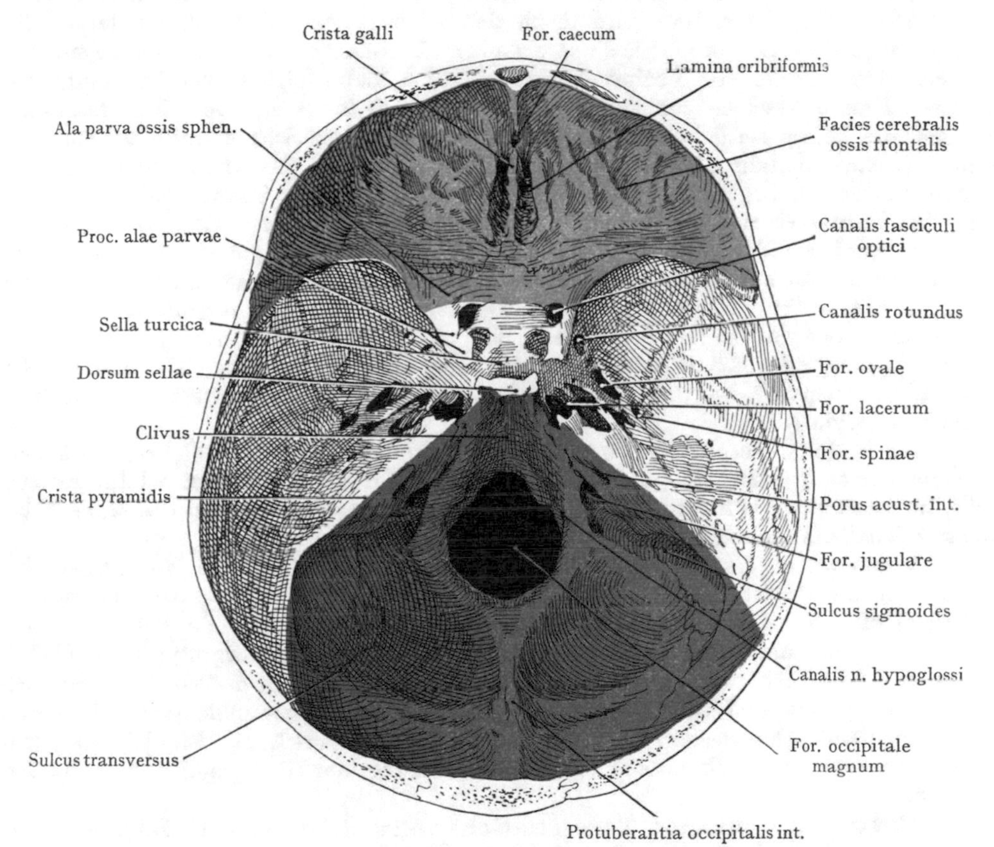

Abb. 9. Schädelbasis, von oben gesehen. (Basis cranii int.)
Vordere Schädelgrube blau, mittlere Schädelgrube weiss, hintere Schädelgrube rot.

durch die Verbindungslinie der beiden Canales fasciculorum opticorum[1] ab, gegen die hintere Schädelgrube durch das Dorsum sellae. Seitlich weitet sich die Grube aus, ihr Boden liegt demnach auch tiefer als die Sella turcica; die seitlichen Ausbuchtungen werden vorn durch die Alae parvae des Sphenoids gegen die vordere Schädelgrube, hinten durch die Crista pyramidis gegen die hintere Schädelgrube abgegrenzt. Die seitlichen Abteilungen der mittleren Schädelgrube werden gebildet durch die grossen Keilbeinflügel, die vordere obere Fläche der Felsenbeinpyramide und einen Teil der Squama temporalis, welche sich in der Fissura petrosquamalis von der Pars petrosa abgrenzt. Aus der seitlichen Abteilung der mittleren Schädelgrube führt die Fissura orbitalis cerebralis[2] in die Orbita, der Canalis rotundus in die Fossa pterygopalatina, das Foramen

[1] Foramina optica. [2] Fissura orbitalis superior.

ovale und das Foramen spinae direkt abwärts in die Regio pterygoidea. Das unregelmässige For. lacerum wird am unmacerierten Schädel durch Faserknorpel ausgefüllt; an der lateralen Fläche des Sphenoidkörpers öffnet sich der in der Spitze der Felsenbeinpyramide eingeschlossene Canalis caroticus. Aus der medianen engeren Abteilung der mittleren Schädelgrube führt der Canalis fasciculi optici in die Orbita.

Die hintere Schädelgrube grenzt sich durch das Dorsum sellae und die Crista pyramidis gegen die mittlere Schädelgrube ab; als Übergangslinie in die Schädeldecke kann man den oberen Rand des Sulcus transversus und die Protuberantia occipitalis int. betrachten. Auch hier ist eine mittlere Abteilung von zwei seitlichen Buchten zu unterscheiden; die erstere wird durch den leicht ausgehöhlten Clivus dargestellt, welcher von dem Dorsum sellae aus als eine abschüssige seichte Rinne gegen den vorderen Umfang des For. occipitale magnum führt, dann folgt das letztere und, vom hinteren Rande desselben zur Protuberantia occipitalis int. ziehend ein Knochenwulst, welcher die beiden seitlichen Ausbuchtungen der hinteren Schädelgrube voneinander trennt (Crista occipitalis int.). Die hintere Schädelgrube wird gebildet: in ihrer medianen Partie hinter der Sella turcica von der hinteren Partie des Corpus ossis sphenoidis und der Pars basialis ossis occipitalis; die seitliche Umgrenzung des For. occipitale magnum wird von der Pars basialis, den Partes laterales und zum kleinsten Teile von der Squama ossis occipitalis geliefert, die seitlichen Ausbuchtungen von der oberen hinteren Fläche der Pars petromastoidea ossis temporalis und zum grössten Teile von der Squama occipitalis. An der hinteren oberen Fläche der Felsenbeinpyramide liegt der Porus acusticus int., unterhalb desselben das Foramen jugulare. Die Partes laterales ossis occipitalis werden durchsetzt von dem Canalis n. hypoglossi und dem Canalis condylicus.

Nach unten bezogen entspricht die hintere Schädelgrube teils dem Planum nuchale (welches Ursprungs- und Insertionsflächen für die Nackenmuskulatur bietet), teils, im Bereiche des Clivus, der oberen Pharynxwand vor der Insertion des M. cephalopharyngicus[1] am Tuberculum pharyngicum.

Wenn wir die Beziehungen der Schädelgruben zusammenfassen, so ergeben sich solche für die vordere Schädelgrube zur Augen- und Nasenhöhle, für die mittlere Schädelgrube zur Regio infratemporalis und pterygoidea, zur Paukenhöhle, zum Labyrinth und zum Sinus sphenoideus, für die hintere Schädelgrube zum Wirbelkanal, teilweise auch zum Pharynx. Die Beziehungen zwischen der vorderen Schädelgrube, der Orbita und der Nasenhöhle sollen später (Topographie der Orbita und der Nasenhöhle) besprochen werden, diejenigen der mittleren Schädelgrube zum Labyrinth und zur Paukenhöhle bei der Schilderung der Topographie dieser beiden Räume.

Festigkeit einzelner Teile des Schädels. Schon die oberflächliche Untersuchung des Schädels von der Seite oder des Schädelgrundes von oben her lässt die Zusammensetzung aus Abschnitten von verschiedener Festigkeit erkennen. Die Tatsache ist von praktischer Wichtigkeit, weil sie Schlüsse ermöglicht über die Resistenz, welche einzelne Abschnitte gegen äussere Gewalt (Schlag auf den Schädel, Fall usw.) aufweisen. So nehmen Frakturen der Schädelbasis einen mehr oder weniger typischen Verlauf, indem sie bestimmte Gebilde (Innen- und Mittelohr, Gefässe) öfter in Mitleidenschaft ziehen.

Bei der Betrachtung des Schädels von der Seite her lassen sich festere „Strebepfeiler" nachweisen (in der Abb. 10 punktiert und mit I—IV bezeichnet), welche einen annähernd vertikalen Verlauf nehmen. Ein vorderer Pfeiler (I) geht vom Processus alveolaris des Oberkiefers in der Gegend des ersten Prämolarzahnes und des Eckzahnes senkrecht nach oben; er wird durch den Körper des Oberkiefers, den Processus frontalis maxillae und die Squama frontalis gebildet. Nach hinten schliesst sich fast

[1] M. constrictor pharyngis sup.

unmittelbar ein zweiter Pfeiler an (II); derselbe geht von dem Proc. alveolaris in der Gegend der Molarzähne aus und wird gleichfalls durch den Oberkieferkörper sowie durch das Jochbein, den Proc. zygomaticus ossis frontalis und die Schuppe des Os frontale gebildet. Die festere Knochenmasse des oberen und unteren Augenhöhlenrandes verbindet die Pfeiler I und II untereinander. Ein dritter kurzer, aber breiter Strebepfeiler (III) geht von dem Proc. mastoides und dem angrenzenden Teile des Os occipitale aus und zieht sich auf dem hintersten Teil des Os parietale weiter. Dieser Pfeiler steht vorn mittelst des Jochbogens mit dem zweiten Pfeiler in Verbindung. Ein vierter Pfeiler endlich (IV) wird in der Medianlinie durch die Schuppe des Os occipitale hergestellt.

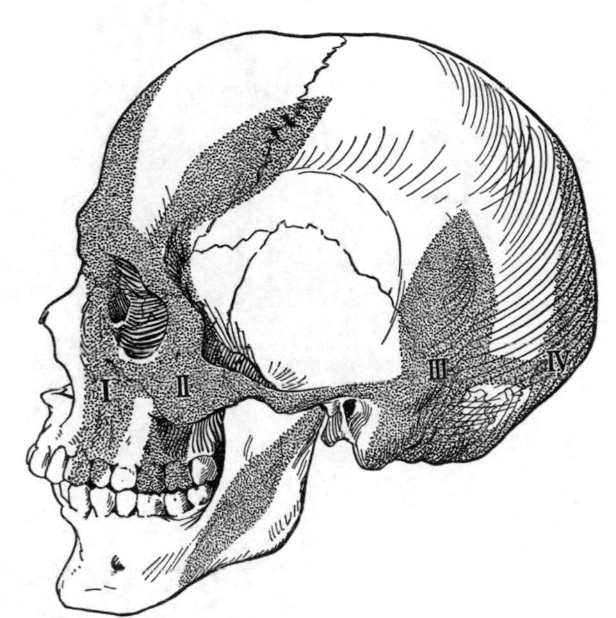

Abb. 10. Seitenansicht des Schädels, mit den festeren Strebepfeilern, I—IV.

Zum Teil nach Poirier. Anatomie chirurgicale 1892.

Eine Schwächung der Schädeldecke durch grössere Öffnungen in den Knochen findet nicht statt. Ganz anders verhält sich die Schädelbasis (Abb. 11). Auch hier wechseln massigere Partien (punktiert angegeben) mit weniger resistenten ab, doch müssen auch die Öffnungen zum Durchtritt der Nerven und Gefässe bei der Abschätzung der Festigkeit der Schädelbasis in Betracht gezogen werden. Sehr häufig zeigen Frakturlinien einen Verlauf, der die festeren Teile der Schädelbasis vermeidet, um dagegen die Öffnungen in mehr oder weniger typischer Weise zu verbinden. Eine mächtige mediane Zone zieht von der Protuberantia occipitalis int. zum hinteren Rande des Foramen occipitale magnum, begrenzt dasselbe und erreicht vorn die Sella turcica. Sie entspricht der Pars basialis, den Partes laterales und der medianen Partie der Squama ossis occipitalis, sowie dem Körper des Sphenoids. Nach hinten geht sie in den hinteren vertikalen Pfeiler (IV der Abb. 10) über. Seitlich von dem For. occipitale magnum hängt diese Zone mit dem III. vertikalen Pfeiler der Schädeldecke zusammen, welcher von der Basis der Pars petromastoidea ossis temporalis ausgeht. Von dem vorderen Ende der medianen Zone an der Lehne des Türkensattels zieht sie sich lateral und nach vorne als eine festere Zone weiter, welche dem vordersten Teile der grossen Keilbeinflügel entspricht und in den II. vertikalen Strebepfeiler der Abb. 10 übergeht. Von den auf Abb. 11 rot angegebenen Frakturlinien verläuft die eine quer durch den Türkensattel (selbstverständlich ist hier die Resistenz des Knochens je nach der Grösse und Ausdehnung des Sinus sphenoideus eine verschiedene) und reicht von dem Canalis rotundus der einen Seite bis zu dem Foramen lacerum und dem Foramen spinae der anderen Seite. Eine zweite Frakturlinie beginnt rechterseits am Canalis hypoglossi und erreicht über das For. jugulare und den Porus acusticus int. das For. spinae, um von hier aus lateralwärts abbiegend die Schuppe des Schläfenbeines zu durchsetzen. Diese Frakturlinie, welche die Spitze der sonst so massigen Schläfenbeinpyramide abtrennt, verbindet also die drei übereinanderliegenden Öffnungen des

Canalis n. hypoglossi, des Foramen jugulare und des Porus acusticus int.; sie wird das Labyrinth eröffnen oder doch dicht an der knöchernen Schnecke vorbei gehen. Eine dritte typische Frakturlinie geht von dem Foramen spinae über das Foramen ovale zum Canalis rotundus und zum Canalis fasciculi optici[1], trennt den Processus alae parvae[2] von dem kleinen Keilbeinflügel und durchsetzt die Pars orbitalis ossis frontalis. Dieser

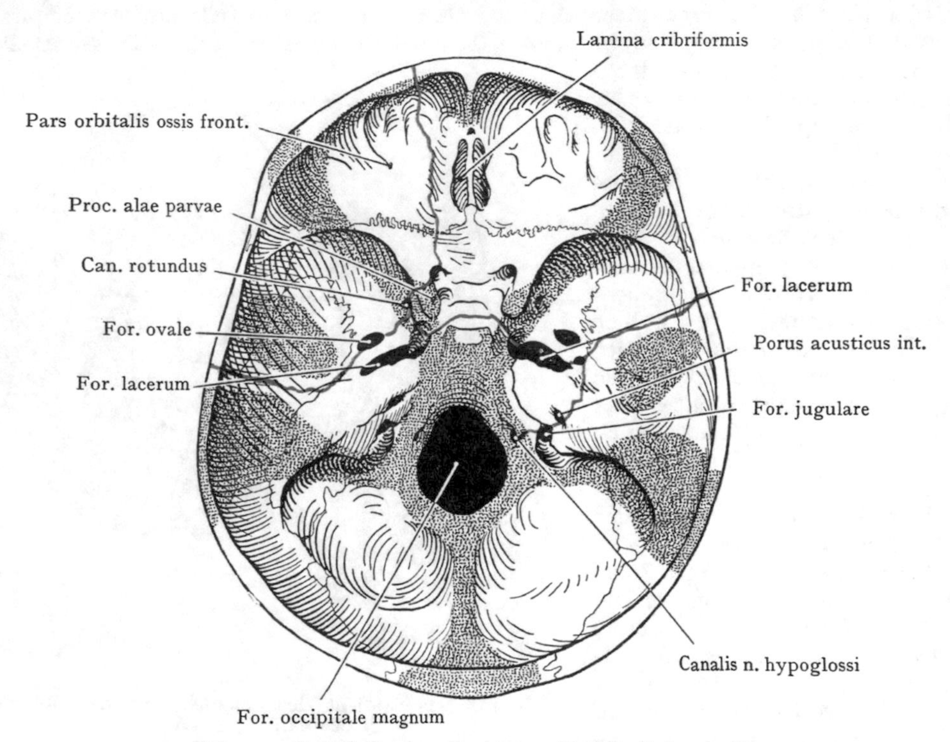

Abb. 11. Schädelbasis mit einigen Frakturlinien (rot).

Die festeren Partien sind punktiert angegeben. Zum Teil nach Poirier, Anat. chirurgicale 1892.

Verlauf ist wichtig, da er, besonders wenn der Processus alae parvae[2] der Gewalt weicht und sich ablöst, die Augenmuskelnerven und den Fasciculus opticus[3] innerhalb der Schädelhöhle gefährdet; auch kann der Sinus cavernosus verletzt werden.

Dura mater und Sinus venosi. Die Dura mater bildet eine Schicht, welche einerseits als Periost in innigem Zusammenhange mit der inneren Fläche der Schädelknochen steht, andererseits zum Gehirne Beziehungen besitzt, indem sie sich durch die Ausbildung von lamellenartigen Fortsätzen zwischen die einzelnen Hirnabschnitte lagert, dieselben stützt und in ihrer Lage erhält. Solche Fortsätze sind die Falx cerebri zwischen den beiden Grosshirnhemisphären, das Tentorium cerebelli zwischen den Lobi occipitales der Grosshirnhemisphären und dem Kleinhirn. Eine weitere Bedeutung kommt der Dura mater dadurch zu, dass sie die grossen venösen Blutleiter (Sinus durae matris) einschliesst, welche teils aus den Schädelwandungen (Vv. diploicae), teils aus der Dura mater selbst (Vv. meningicae) und drittens aus dem Gehirne und der Augenhöhle ihre Zuflüsse erhalten.

Dass die Dura mater in grosser Ausdehnung von den platten Knochen des Schädeldaches abgetrennt werden kann, lässt sich bei Autopsien leicht feststellen. Diese Tatsache erklärt auch die bei Verletzung der A. meningica media auftretende Abhebung

[1] Foramen opticum. [2] Proc. clinoideus ant. [3] N. opticus.

der Dura von den Knochen und die Möglichkeit der Bildung grosser Blutextravasate zwischen Dura mater und Schädeldecke, welche die Aufsuchung und Unterbindung der verletzten Arterien indizieren.

Die Verbindung der Dura mater mit den Knochen der Schädelbasis ist dagegen im allgemeinen eine innigere; besonders dort, wo Nerven die Schädelbasis durchsetzen, hängt die Dura mater mit der Scheide der Nerven zusammen und bewirkt eine Fixation der Nervenstämme in den betreffenden Öffnungen, indem sie sich an die Ränder der letzteren befestigt. Besonders innig hängt die Dura mater an den Nähten mit den Knochen zusammen.

Der doppelten Rolle, welche die Dura mater einerseits als Periost der inneren Fläche des Schädels, andererseits als Hülle des Gehirns spielt, entspricht auch ihre Struktur; die äussere Schicht (Periost) ist mehr locker und enthält eine grössere Menge von kleinen für die Knochen bestimmten Gefässen, die innere Schicht ist derber, sehniger und gefässärmer. Beide Schichten hängen jedoch so innig untereinander zusammen, dass sie bloss präparatorisch voneinander zu trennen sind.

Von den blätterartigen Fortsätzen der Dura mater, welche sich zwischen Hirnteilen einlagern, erstreckt sich die Falx cerebri, an Höhe allmählich zunehmend, von der Crista galli bis zur Protuberantia occipitalis int. (s. Abb. 12). Sie geht von den Rändern des Sulcus sagittalis ab und schliesst mit dem letzteren zusammen den Sinus sagittalis sup. ein, während an ihrem freien, abwärts konkaven Rande der Sinus sagittalis inf. liegt. Hinten verbindet sich die Falx mit dem Tentorium cerebelli und trennt die beiden Grosshirnhemisphären voneinander, indem sie, wenigstens in ihrer hinteren Partie, die obere Fläche des Balkens erreicht.

Von grösserer Bedeutung für die Einteilung des Schädelraumes in topographischer Hinsicht erweist sich das Tentorium cerebelli. Dasselbe geht mit seiner Befestigung von der Protuberantia occipitalis int. längs des Sulcus transversus zur Crista pyramidis und von dort über den in das Cavum semilunare Meckelii an der Felsenbeinspitze eintretenden N. trigeminus, sowie über den Sinus cavernosus hinweg bis zum Proc. alae parvae[1]. Das Tentorium bildet eine Platte, in welcher ein Ausschnitt, Incisura tentorii, dem Hirnstamme den Durchtritt nach oben gestattet. Der freie Rand der Tentoriumplatte begrenzt mit dem Dorsum sellae eine Öffnung, welche sich in Form eines „Spitzbogens" (Gegenbaur) nach hinten auszieht. Man kann das Tentorium als oberste Abgrenzung eines Raumes ansehen, dessen knöcherne Wandungen durch die hintere Schädelgrube geliefert werden. Derselbe geht unten durch das Foramen occipitale magnum in den Rückgratskanal über, während er oben mittelst der Öffnung in der Tentoriumplatte mit dem übrigen Schädelraum in Verbindung tritt. Der durch das Tentorium und die hintere Schädelgrube abgegrenzte Raum kann als Cavum cranii minus von einem Cavum cranii majus unterschieden werden, welches dem übrigen Teile des Cavum cranii entspricht und durch die Falx cerebri eine unvollständige Einteilung in eine linke und eine rechte Hälfte erfährt. Im Cavum cranii minus liegen die Kleinhirnhemisphären, die Medulla oblongata, das Mittelhirn, die Austrittsstellen der grossen Gehirnnerven (mit Ausnahme der Fasciculi optici[2] und Fila olfactoria[3]), und die erste (intracraniale) Strecke ihres Verlaufes. In dem Cavum cranii majus liegen von Hirnteilen: die Grosshirnhemisphären, die Fasciculi optici[2], die Fila olfactoria[3] mit den Bulbi olfactorii. Das Cavum cranii majus steht bloss mit dem Cavum cranii minus in ausgiebiger Verbindung; sein Boden wird durch die mittlere und die vordere Schädelgrube gebildet.

Ausser durch ihren Inhalt unterscheiden sich die beiden Abteilungen auch dadurch, dass die Eröffnung des Cavum cranii majus leicht auszuführen ist, z. B. behufs Aufsuchung der A. meningica media oder der motorischen Bezirke der Grosshirnrinde im Gyrus prae- und postcentralis. An der Basis kann man sogar bis zum Trigeminusganglion vordringen und dasselbe entfernen, während der grösste Teil der unteren Fläche der hinteren Schädelgrube durch die bis zur Linea nuchalis terminalis[4] reichenden

[1] Proc. clinoideus ant. [2] Nn. optici. [3] Nn. olfactorii. [4] Linea nuchae superior.

Ansätze der Rückenmuskulatur bedeckt wird. Von der Seite her ist nur der Sinus transversus hinter dem Processus mastoides zu erreichen.

Topographie der Sinus durae matris und der Grosshirnnerven innerhalb der Schädelhöhle. Die Dura mater begrenzt (s. Abb. 12) ein System von untereinander zusammenhängenden venösen Räumen, welche, in die Dura mater eingeschlossen, ihre Zuflüsse teils aus den Wandungen des Schädels, teils aus dem Gehirn erhalten. Sie zeichnen sich vor den übrigen grossen Venenstämmen des Körpers dadurch aus, dass ihre Wandung durch das Gewebe der Dura mater ersetzt wird; infolge der straffen Beschaffenheit der harten Hirnhaut klafft das Lumen beim Anschneiden und fällt auch bei gesteigertem Drucke innerhalb der Schädelhöhle nicht zusammen.

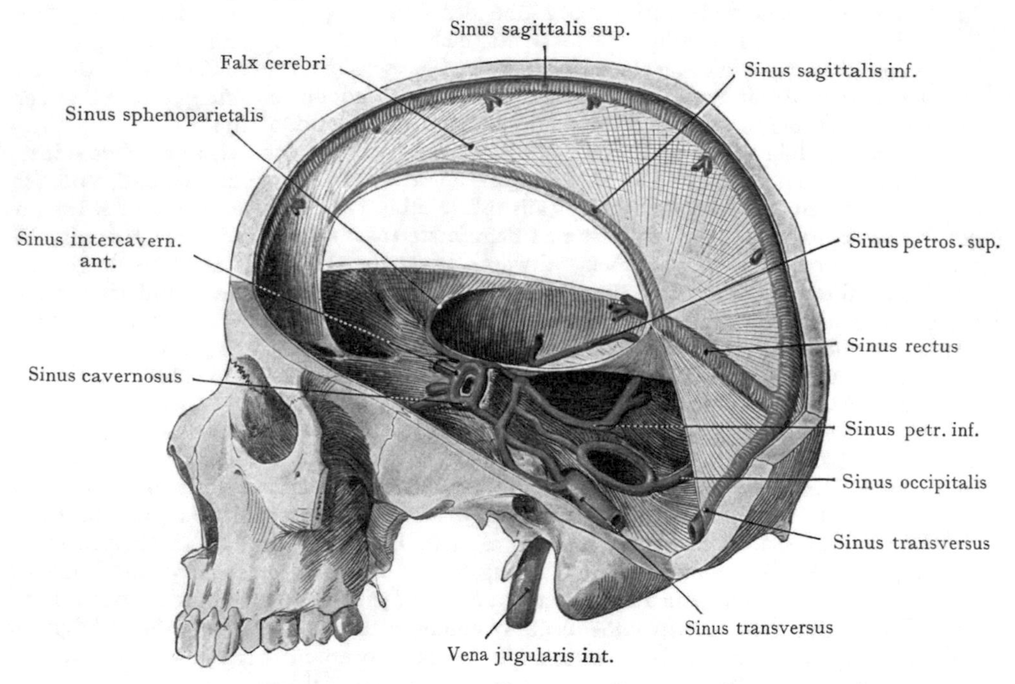

Abb 12. Topographie der Sinus durae matris.

Den Hauptabfluss besitzen sie durch das Foramen jugulare in die Vena jugularis interna; andere Abflüsse stehen mit den Venae vertebrales des Rückenmarkskanals und mittelst der Emissaria mit den Venen der Kopfschwarte in Zusammenhang. Als kleinere, in der Beschreibung nicht weiter zu berücksichtigende Sinusbildungen seien angeführt: der Sinus occipitalis (von der Protuberantia occipitalis int. zum hinteren Umfange des For. occipitale magnum), der Sinus petrosus inf., der Sinus sagittalis inf. (am unteren Rande der Falx cerebri), der Sinus sphenoparietalis. Von den grösseren Sinus sind paarig die Sinus transversi, die Sinus petrosi superiores und die Sinus cavernosi, welch letztere durch die Sinus intercavernosi untereinander in Verbindung stehen.

Von aussen erreichbar kommen für das chirurgische Eingreifen in Betracht bloss der Sinus sagittalis sup. und der Sinus transversus. Der erstere verläuft von dem Foramen caecum bis zur Protuberantia occipitalis int., in der Mehrzahl der Fälle um ein geringes nach rechts von der Medianlinie. Er liegt in der an den Rändern des Sulcus sagittalis angewachsenen Falx cerebri, seine Wandungen werden durch den Sulcus sagittalis und die hier auseinanderweichenden Blätter der Falx cerebri gebildet; er nimmt, abgesehen von zahlreichen Vv. diploicae, auch Venen von der Konvexität der Grosshirnhemisphären in der Nähe der Mantelkante auf, sowie auch Verbindungsäste von den Vv. meningicae mediae. Ausserdem münden die Venen der Emissaria parietalia, welche in den For. parietalia die Schädelkapsel durchsetzen, in den Sinus sagittalis sup. und setzen ihn mit dem Venengeflechte der Kopfschwarte in Verbindung. Zahlreiche seitliche Ausbuchtungen (Lacunae laterales) des Sinus sagittalis sup. nehmen die venösen Zuflüsse auf und lagern sich in die beiderseits von dem Sulcus sagittalis angeordneten Foveolae granulares (Pacchioni). Die Verdünnung der Schädeldecke kann im Bereiche dieser seitlichen Ausbuchtungen eine beträchtliche werden, so dass in vielen Fällen bloss eine dünne Knochenschicht die Lacunae laterales von dem äusseren Perioste der Schädeldecke trennt. Die Lacunae laterales und der Sinus sagittalis sup. zeigen eine Beziehung zu der Arachnoides des Gehirns in der Ausbildung der Granula meningica[1] (Pacchioni), kolbenartiger Wucherungen der Arachnoides, welche sich in die Lacunae laterales vorstülpen und das Lumen derselben häufig ganz in Anspruch nehmen (Abb. 13). Sie finden sich, allerdings seltener, auch im Bereiche anderer Sinus durae matris; beträchtlich gesteigert ist jedoch ihre Zahl an dem Sinus sagittalis sup.

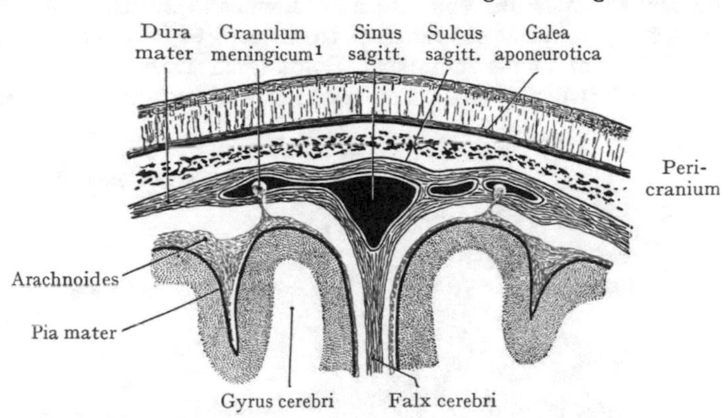

Abb. 13. Frontalschnitt durch die Schädeldecken. Sinus sagittalis sup. und Granula meningica[1] (Pacchioni). Arachnoides rot. Nach einem Mikrotomschnitte.

Der Sinus sagittalis superior erreicht hinten sein Ende an der Protuberantia occipitalis interna. Hier mündet in ihn ein der in dem Ansatze der Falx cerebri an das Tentorium (Abb. 12) verlaufende Sinus rectus, sowie auch der kleine und unwichtige, von dem hinteren Umfange des Foramen occipitale magnum nach hinten zur Protuberantia occipitalis interna verlaufende Sinus occipitalis. Von der Vereinigungsstelle der drei erwähnten Sinusbildungen, dem Confluens sinuum, verläuft der Sinus transversus in dem Sulcus transversus und dem in der Pars petromastoidea ossis temporalis ausgehöhlten Sulcus sigmoides bis zum Foramen jugulare, um hier fast rechtwinklig abzubiegen und in die als Bulbus cranialis venae jugularis ausgeweitete erste Strecke der V. jugularis interna überzugehen. Der rechte Sinus transversus ist in der Regel stärker ausgebildet, eine Tatsache, die sich vielleicht durch die Rückbildung der linken V. cava cranialis beim Menschen erklären lässt (Bluntschli). Der Verlauf des Sinus transversus entspricht nach aussen hin der Linea nuchalis terminalis[2] mit den Ansätzen der Mm. trapezius und sternocleidomastoideus. Die Wandungen dieser Strecke werden durch den Sulcus transversus und durch die beiden Blätter des Tentorium gebildet, welche sich an die Ränder des Sulcus ansetzen. Die erste Strecke des Verlaufes ist eine recht konstante; diejenige Strecke jedoch, welche vom Übergang auf die innere Fläche der Pars petromastoidea ossis temporalis bis zum For. jugulare reicht, zeigt häufige und praktisch sehr wichtige Variationen (s. Gehörorgan), indem der Sulcus transversus (und mit ihm der Sinus) sich verschieden weit lateralwärts in die Pars petromastoidea vorbuchtet. Bald wird der Sinus durch eine mächtige, von den Cellulae mastoideae durchsetzte Knochenschicht von der äusseren Oberfläche des Proc. mastoides getrennt, bald geht die lateralwärts gerichtete Ausbiegung des Sinus so weit, dass die äussere Wand bloss durch eine dünne

[1] Granulationes arachnoidales. [2] Linea nuchae superior.

Knochenlamelle dargestellt wird. Die Zufälle, welche bei der Eröffnung des Antrum mastoideum durch Anstich des Sinus transversus entstehen können, ferner die Aufsuchung des Sinus selbst, sollen später bei der Besprechung der Topographie des Mittelohres abgehandelt und veranschaulicht werden.

Sinus cavernosus. Er liegt dem seitlichen Teile des Türkensattels an (Abb. 14 und 17), indem er sich von der Spitze der Schläfenbeinpyramide bis zur Fissura orbitalis cerebralis[1] erstreckt. Von vorne her kommend mündet die Vena ophthalmica sup. in ihn ein, von hinten her die Sinus petrosus sup. et inf. und die Vv. basiales, welch letztere sich auf dem Clivus sammeln. Beide Sinus cavernosi stehen durch Queranastomosen (Sinus intercavernosus ant. et post.) in Verbindung, und bilden so einen venösen Ring, welcher die Hypophysis umgibt (Sinus circularis). Der Sinus cavernosus zeichnet sich vor den übrigen Blutleitern der harten Hirnhaut dadurch aus, dass sein Lumen von einer grossen Anzahl von Bindegewebsbalken durchsetzt wird, welche auf Querschnitten den Eindruck erwecken, als ob es sich hier um ein echtes kavernöses Gewebe handelte. Auch in seinen topographischen Beziehungen nimmt der Sinus cavernosus eine besondere Stellung ein, indem er sowohl die Endstrecke der A. carotis int. (von der inneren Öffnung des Canalis caroticus auf der Spitze der Schläfenbeinpyramide an) umschliesst, als auch die drei Augenmuskelnerven teils in seine Wand aufnimmt (N. oculomotorius, N. trochlearis), teils umgibt (N. abducens). Auch zwischen den beiden ersten Ästen des N. trigeminus (N. ophthalmicus und N. maxillaris) und dem Sinus cavernosus bestehen innige Beziehungen.

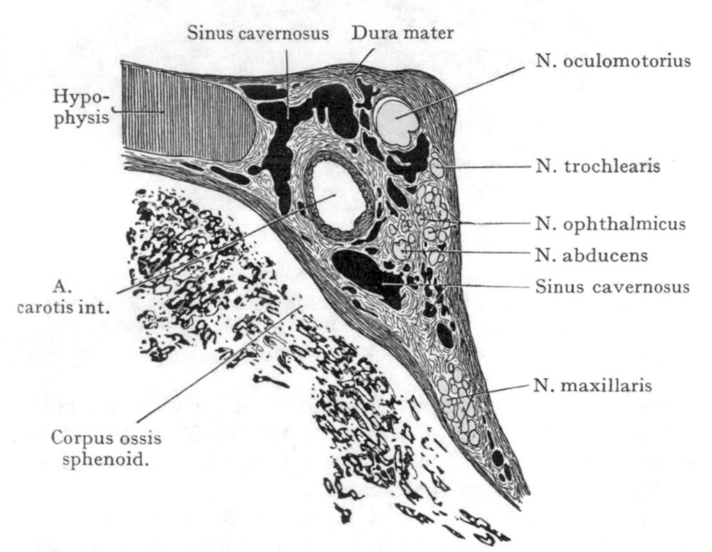

Abb. 14. Frontalschnitt durch die Mitte der Hypophyse und der Sella turcica. A. carotis int., Sinus cavernosus, Augenmuskelnerven N. ophthalmicus und N. maxillaris.

Nach einem Mikrotomschnitte.

Die Abb. 14 veranschaulicht diese Verhältnisse auf einem Frontalschnitte; die Abb. 15 zeigt die Lage der A. carotis int. zu den Nerven nach Entfernung des Sinus cavernosus. Die Bindegewebsbalken, welche den Sinus durchsetzen, heften sich auch an die Wand der A. carotis int.; auf dem in Abb. 14 dargestellten Frontalschnitte sind diese Balken stark ausgebildet und bloss in geringem Umfange tritt der Sinus cavernosus bis an die Arterie heran. Medianwärts liegt der Querschnitt der Hypophysis und das Lumen des Sinus cavernosus. In der Nähe der lateralen Wand der Arterie, aber immerhin durch Bindegewebsmassen davon getrennt, liegt der Querschnitt des N. abducens; der lateralen Wand des Sinus angeschlossen, also in der Dura mater eingelagert (von oben nach unten aufgezählt), die Querschnitte des N. oculomotorius, des N. trochlearis und des N. ophthalmicus. Noch weiter abwärts, kaum noch in Beziehung zur Wand des Sinus cavernosus, liegt der Querschnitt des N. maxillaris. Von dem N. abducens wird hervorgehoben, dass er in dem Sinus eingeschlossen zur Fissura orbitalis cerebralis[1] verläuft, eine Angabe, deren Richtigkeit sich nicht ohne

[1] Fissura orbitalis superior.

weiteres aus der Abb. 14 ergibt, indem die Beziehungen des N. oculomotorius zum Sinuslumen mindestens ebenso eng erscheinen, als diejenigen des N. abducens. Es mag wohl von der Stärke der den Sinus durchsetzenden Bindegewebsbalken abhängen, ob der N. abducens rings vom Sinuslumen umschlossen wird oder nicht. Die Querschnitte der Nn. ophthalmicus und maxillaris stellen nicht solide Massen dar, sondern zahlreiche durch ziemlich starke Bindegewebsbalken voneinander getrennte Bündel.

Die gegenseitige Lage der Nerven und Gefässe geht aus den Abb. 15 und 16 hervor. Der N. oculomotorius geht vor der Brücke in dem Winkel, den die Crura cerebri[1] bilden, von dem Gehirnstamme ab und verläuft zwischen der A. cerebralis post. und der A. cerebellaris sup. gegen den Proc. dorsi sellae[2] lateralwärts, von welchem er in die Dura eintritt. Er gelangt am weitesten oben von sämtlichen Augenmuskelnerven, lateralwärts von der letzten Biegung der A. carotis int., in die Fissura orbitalis cerebralis[3]. Der N. trochlearis ist in Abb. 16 in seinem Ursprunge von dem Gehirn-

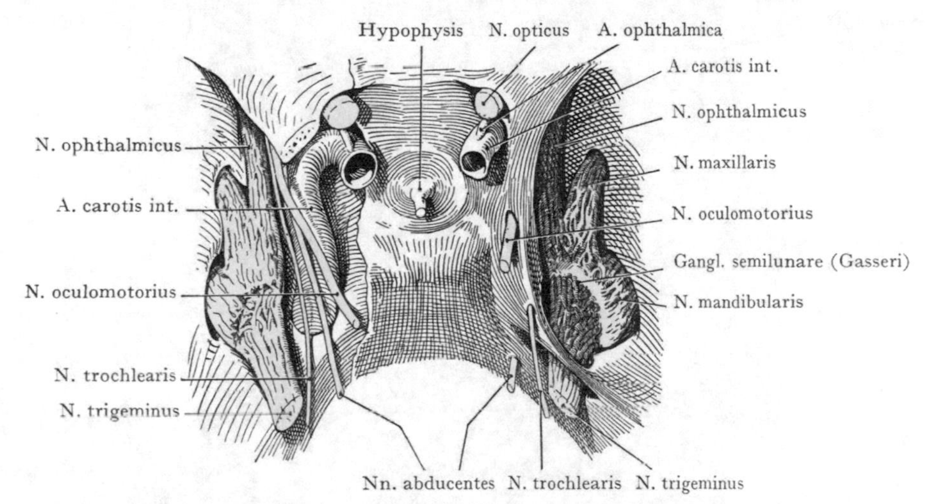

Abb. 15. Topographie der Endstrecke der A. carotis interna, der Augenmuskelnerven und des Ganglion semilunare (Gasseri).

Linkerseits ist die Dura mater entfernt. Die Grenzen des Sinus cavernosus sind nicht dargestellt worden.

stamme hinter den Vierhügeln am Velum medullare ant. dargestellt. Er verläuft um die Crura cerebri[1] lateralwärts zum vorderen Ende der Ansatzlinie des Tentorium, wo er hinter dem N. oculomotorius in die Dura mater eindringt, um fernerhin in der lateralen Wand des Sinus cavernosus, über dem N. ophthalmicus zu liegen, dem er sich im übrigen eng anschliesst. Er geht gleichfalls durch die Fissura orbitalis cerebralis[3] in die Orbita. Der N. trigeminus durchsetzt mit seinem Ursprunge die Brückenarme und gelangt an der Spitze der Schläfenbeinpyramide unter einer Brücke der Dura mater in das Cavum semilunare Meckelii, wo die sensible Portion das Ganglion semilunare (Gasseri) bildet. Das Cavum semilunare Meckelii wird durch eine Spaltung der Dura mater in ihre beiden Blätter begrenzt, indem das eine Blatt als Periost die Impressio trigemini s. Meckelii an der oberen und vorderen Fläche der Schläfenbeinpyramide in der Nähe der Pyramidenspitze überkleidet, das andere Blatt über dem Ganglion semilunare und den drei aus dem Ganglion hervorgehenden Ästen des N. trigeminus hinwegzieht, um sich lateral von dem Foramen ovale und dem Canalis rotundus mit dem tiefen Blatte wieder zu vereinigen. Medianwärts von dem Ganglion semilunare und dem N. ophthalmicus tritt die A. carotis int. aus der inneren Öffnung des Canalis caroticus zur Seite des Sphenoidkörpers empor, vom Sinus cavernosus eingeschlossen, welch letzterer noch

[1] Pedunculi cerebri. [2] Proc. clinoideus post. [3] Fissura orbitalis sup.

an den N. ophthalmicus heranreicht (Abb. 14). Unmittelbar nach hinten von dem sehr kurzen aus dem Foramen ovale austretenden N. mandibularis gelangt die A. meningica media durch das Foramen spinae in die Schädelhöhle. Das Ganglion semilunare wird durch einen Ast der A. meningica media versorgt (R. meningicus access.), welcher ausserhalb des Schädels entspringt und durch das Foramen ovale in das Cavum

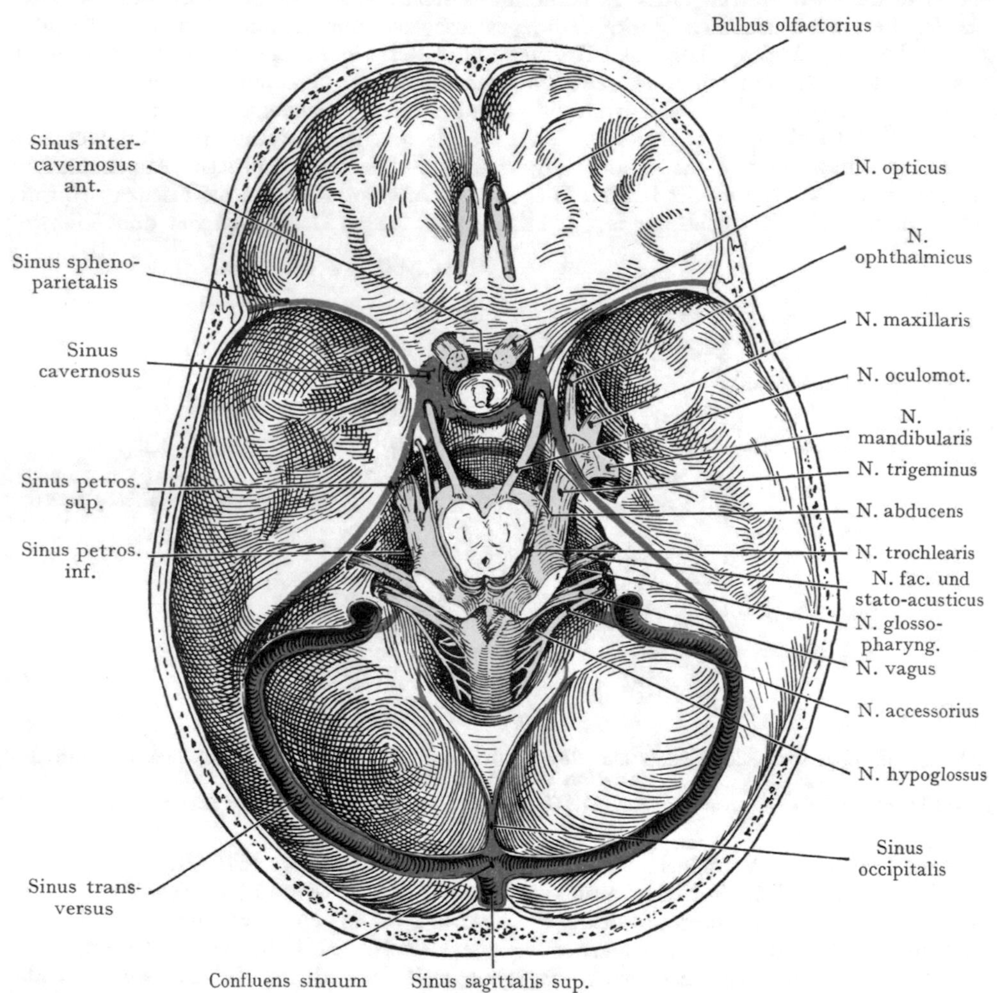

Abb. 16. Schädelbasis mit den Sinus durae matris und den intrakranialen Strecken der Hirnnerven. Nach einem Präparate der Basler Sammlung.

cranii eintritt. Ein stark entwickelter Sinus sphenoideus kann bis an das Cavum semilunare Meckelii heranreichen (s. Topographie der Sinus nasales) und stellt möglicherweise eine Bahn dar, auf welcher eine Entzündung von der Nasenhöhle aus auf das Ganglion semilunare, sowie auf den N. trigeminus übergreifen kann.

Topographie der intrakranialen Strecken der Hirnnerven (Abb. 16). Von den Hirnnerven, welche den Boden der hinteren Schädelgrube durchsetzen, liegen die Austrittsstellen der Nn. VII—XI nahe beisammen. Der N. stato-acusticus[1] und der N. facialis treten in den Porus acusticus internus ein (Abb. 16); etwas tiefer konver-

[1] N. acusticus.

gieren die Nn. glossopharyngicus, vagus und accessorius gegen die vordere Abteilung des Foramen jugulare, noch tiefer gelangt der N. hypoglossus durch den Canalis n. hypoglossi in der Pars lateralis ossis occipitalis nach aussen. Nicht selten verlaufen Frakturlinien der Basis cranii vom Canalis n. hypoglossi aus über das Foramen jugulare und den Porus acusticus internus zum Foramen lacerum und können Läsionen der austretenden Nervenstämme, besonders des N. facialis und des N. stato-acusticus[1], herbeiführen. (S. die Bemerkungen über Verlauf der Basisfrakturen und Abb. 11.)

Topographie der Hypophysis und der Sinus cavernosi. Die Topographie der Hypophysis kann neuerdings, wegen der zur Exstirpation von Hypophysistumoren

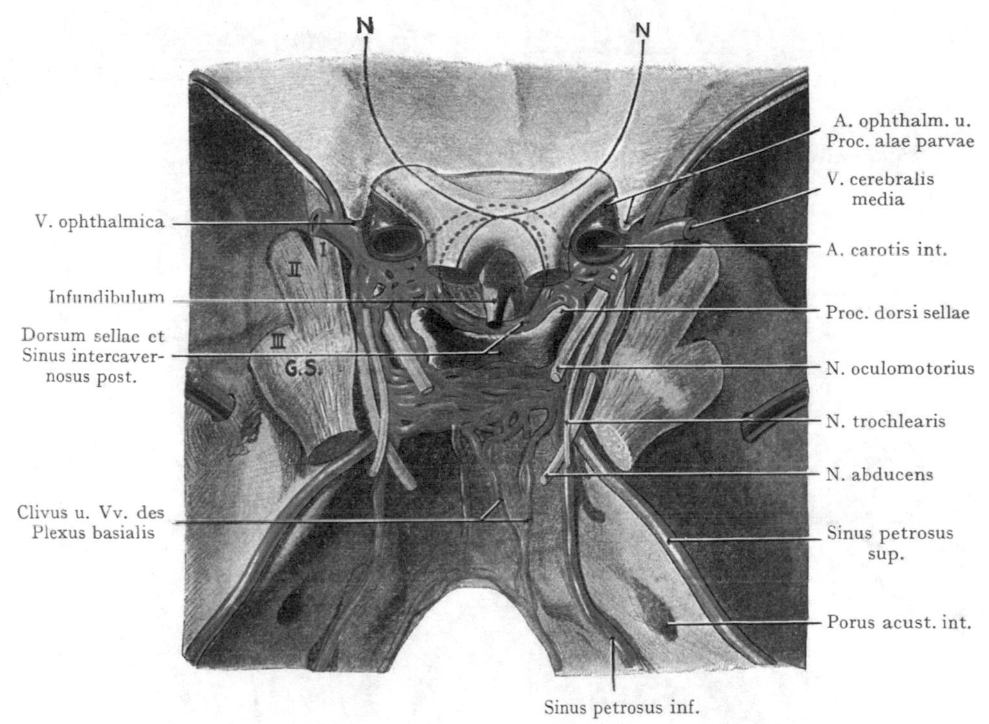

Abb. 17. Topographie der Hypophysis, des Chiasma fasciculorum opticorum und des Sinus cavernosus. Für die Darstellung des Sinus cavernosus ist eine Abbildung von Toldt benützt worden. N N Fasern aus den nasalen Hälften der Retina, die sich im Chiasma fasc. opticorum kreuzen.

vorgenommenen Operationen ein grösseres Interesse beanspruchen. Sie wird durch die Abb. 17 und 18 veranschaulicht.

Die Hypophysis liegt in der Fossa hypophyseos und erstreckt sich von dem Tuberculum sellae bis zur vorderen Fläche des Dorsum sellae; in transversaler Richtung entspricht ihre Ausdehnung etwa der Verbindungslinie der beiden Proc. sellae medii[2]. Das in eine Kapsel eingeschlossene Gebilde besteht aus einem vorderen (drüsigen) Abschnitte, welcher sich aus dem Ektoderm am oberen Ende der Rachenhaut vor dem Durchbruch der letzteren bildet, und einem hinteren (nervösen) durch das Infundibulum mit dem Boden des dritten Ventrikels in Verbindung stehenden Abschnitte.

Von oben her wird die Hypophysis bedeckt und von dem Chiasma fasciculorum opticorum[3] getrennt durch die Dura mater, welche sich von den Proc. alae parvae[4] zu den

[1] N. acusticus. [2] Proc. clinoidei medii. [3] Chiasma opticum. [4] Proc. clinoidei anteriores.

Proc. dorsi sellae[1] und zum Dorsum sellae erstreckt. Diese Platte der Dura mater (Diaphragma sellae) weist in ihrer Mitte eine Öffnung auf, durch welche das Infundibulum hindurchtritt, um sich mit dem hinteren Abschnitte der Hypophysis zu verbinden. Lateralwärts geht die Dura mater auf den Sinus cavernosus über, um dessen obere und laterale Wand zu bilden. Die Sinus cavernosi grenzen mehr oder weniger ausgedehnt an den lateralen Umfang der Hypophysis; es sind diese Verhältnisse insofern auch einer grossen Variabilität unterworfen, als die Sinus cavernosi bei Kindern

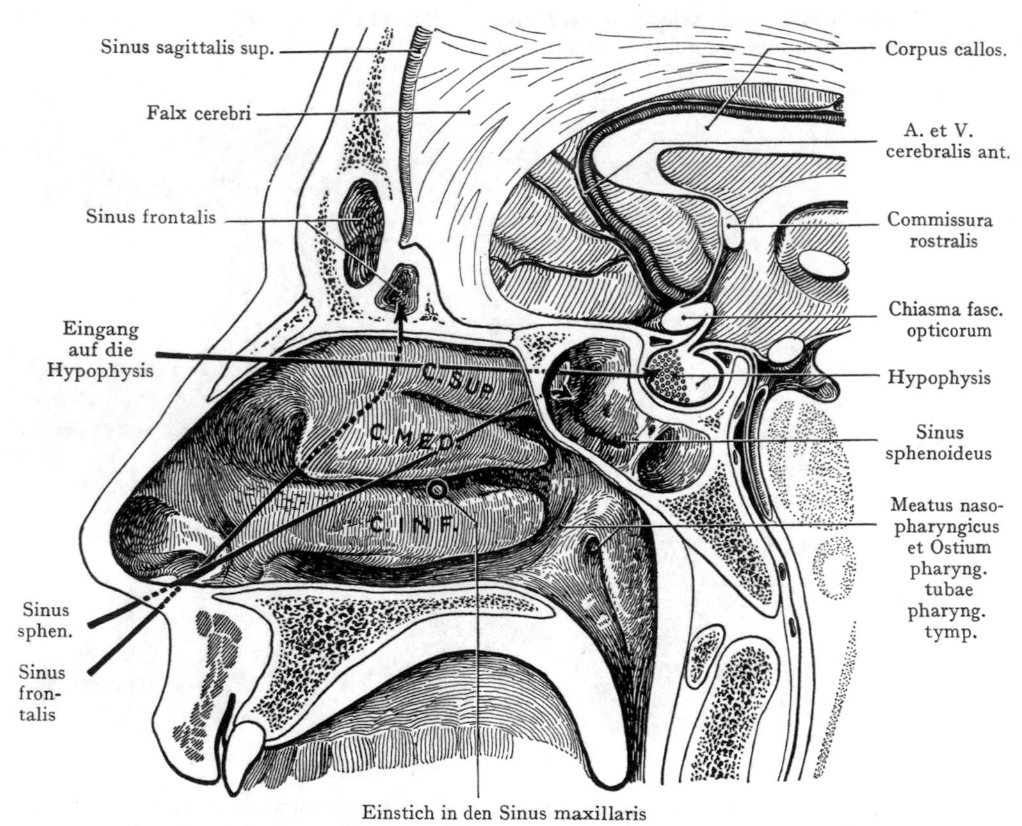

Abb. 18. Medianschnitt durch die Nasenhöhle, den Sinus sphenoideus und die Hypophysis, zur Veranschaulichung der operativen Erreichbarkeit der Hypophysis sowie der Wege, auf welchen eine Sondierung des Sinus frontalis und des Sinus sphenoideus vorgenommen werden kann.

eher aus einem Venengeflechte, beim Erwachsenen dagegen aus sinusartigen Räumen bestehen (Luschka), indem die Scheidewände zwischen den einzelnen Venen sich im Laufe der Zeit reduzieren, so dass die letzteren in weite Kommunikation miteinander treten (Abb. 14 von einem jugendlichen Individuum). In allen Fällen werden die beiden Sinus cavernosi durch Venen, welche bogenförmig vorne und hinten im Diaphragma sellae verlaufen, untereinander in Verbindung gesetzt (Sinus intercavernosi) (Abb. 17). Ausserdem finden sich auch am unteren Umfange der Hypophysis kleinere Venen, welche die Sinus cavernosi verbinden.

Beziehungen der Hypophysis ergeben sich: 1. nach oben zum Chiasma fasc. opticorum und zum Tractus opticus, von welchen die Hypophysis durch das Diaphragma sellae getrennt wird. Dessenungeachtet kann die infolge einer Geschwulstbildung nach oben sich ausdehnende Hypophysis einen Druck auf das

[1] Proc. clinoideus posterior.

Chiasma ausüben, welcher gerade die im Chiasma sich kreuzenden, aus den nasalen Hälften der Retina stammenden (in Abb. 17 mit N N bezeichneten) Fasern treffen wird. Daher die bitemporale Hemianopsie, welche bei Hypophysistumoren häufig angetroffen wird. Die Tractus optici ziehen seitlich, über die Hypophysis aufsteigend, zum lateralen Umfange der Crura cerebri und liegen dabei über dem Dorsum sellae, indem bei der Ansicht von oben her (s. die Ansicht der Orbitae Abb. 65) die Proc. dorsi sellae[1] beiderseits lateral von den Tractus optici sichtbar werden. 2. Hinten legt sich die Hypophysis der vorderen Fläche des Dorsum sellae an. 3. Lateralwärts ergeben sich in wechselnder Ausdehnung (s. oben) Beziehungen zum Sinus cavernosus und zu der im Sinus eingeschlossenen ersten intrakranialen Strecke der A. carotis int. (Abb. 17). Diese Arterie geht lateral vom Übergange des Fasc. opticus[2] in das Chiasma durch die Dura und bildet von hier an die zweite Strecke der Arterie, welche innerhalb des Cavum leptomeningicum[3] liegt. Am Übergange der ersten in die zweite Strecke sind die Beziehungen zum Fasc. opticus besonders innige; hier geht auch die dem unteren Umfange des Fasc. opticus sich anschliessende A. ophthalmica ab (Abb. 17). Die Augenmuskelnerven, welche lateralwärts und oberhalb der ersten im Sinus eingeschlossenen Strecke der A. carotis int. liegen, kommen nicht mehr in Beziehung zum lateralen Umfange der Hypophysis. 4. und 5. Die Beziehungen der Hypophysis nach unten und vorne sind in operativer Hinsicht am wichtigsten, doch variieren sie je nach der Ausbildung des Sinus sphenoideus. Ausser bei starker Reduktion des letzteren wird der vordere Umfang der Hypophysis vom Sinus sphenoideus durch eine Knochenschicht getrennt, welche bei starker Ausbildung des Sinus (s. Abb. 18) sehr dünn sein kann. Erstreckt sich ein solcher Sinus weit nach hinten gegen den Clivus hin, so kann auch der untere Umfang der Hypophysis in dieselbe Beziehung zur Höhle kommen.

Ausser in ganz seltenen Fällen ist also der vordere, manchmal auch der untere Umfang der Hypophysis auf nasalem Wege durch den Sinus sphenoideus hindurch erreichbar (s. Abb. 18). Die äussere Nase mit den Ossa nasalia muss dabei entweder nach oben oder nach der Seite hin zurückgeklappt werden, man eröffnet den Sinus frontalis und geht längs des Daches der Nasenhöhle nach Ausräumung der Sinus ethmoidei[4] auf den Sinus sphenoideus und durch dessen hintere Wand auf die Hypophysis vor.

Topographie des Gehirnes und der Hirnhäute. Den Hauptinhalt der Schädelhöhle bildet das Gehirn mit den Hirnhäuten, welche dasselbe einschliessen.

Hirnhäute. Die deskriptive Anatomie unterscheidet die drei Hirnhäute als Dura mater, Arachnoides und Pia mater.

Die Dura mater ist soeben im Anschluss an die Besprechung der Schädelwandung abgehandelt worden; über ihre Blutgefässversorgung wäre bloss noch nachzutragen, dass zu der A. meningica media, welche die Hauptarterie darstellt, noch die A. meningica frontalis aus der A. ethmoidea ant. (A. ophthalmica) und die A. meningica occipitalis aus der A. pharyngica ascendens hinzukommen. Die Nerven der Dura mater werden einerseits von dem N. ophthalmicus vor seinem Eintritt in die Augenhöhle (R. meningicus), andererseits von dem N. maxillaris und dem N. mandibularis geliefert (Rr. meningici). Der R. meningicus n. ophthalmici geht nach hinten und verzweigt sich zwischen den Blättern des Tentorium cerebelli; der R. meningicus n. maxillaris verläuft mit dem vorderen Aste der A. meningica media; der R. meningicus n. mandibularis entspringt unterhalb des For. ovale und tritt mit der A. meningica media von unten her in die mittlere Schädelgrube ein. Zu diesen drei aus den Trigeminusästen entspringenden Nerven der Dura mater kommt noch der Ram. meningicus vagi, aus dem Ganglion jugulare vagi, der sich an die Wandungen des Sinus transversus und des Sinus occipitalis verzweigt.

---

[1] Proc. clinoidei post. [2] Nervus opticus. [3] Cavum subarachnoidale.
[4] Cellulae ethmoidales.

Arachnoides und Pia mater (Abb. 13). Diese beiden Schichten, welche in der deskriptiven Anatomie getrennt behandelt werden, gehören in topographischer Hinsicht zusammen, insofern sie durch Bindegewebsbalken verbunden werden und auch pathologische Prozesse beide Schichten gleichzeitig ergreifen können. Die Arachnoides überzieht die grossen Furchen und Einsenkungen zwischen einzelnen Hirnabschnitten; so geht sie über die Fissura cerebri lateralis (Sylvii) hinweg, ferner über die Furche zwischen dem Lobus occipitalis und dem Cerebellum, zwischen der Brücke und den Crura cerebri usw. Sie ist im Gegensatze zur Pia mater (der eigentlichen Gefässschicht) gefässarm. Die letztere dringt zwischen alle Furchen, sowohl des Gross- als des Kleinhirns, in die Tiefe, überall feine Gefässe an die oberflächliche graue Substanz abgebend. Beide Membranen hängen durch zahlreiche feine Bindegewebsbalken unter-

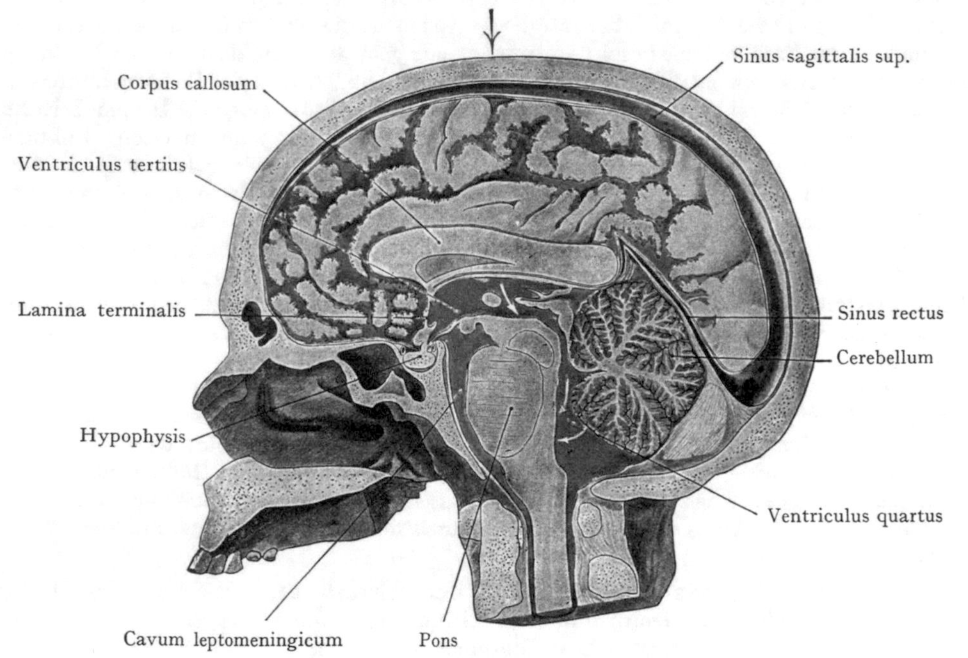

Abb. 19. Ventrikelräume und Cavum leptomeningicum (blau), dargestellt an einem Medianschnitte durch den Kopf. Nach Retzius.

Der Pfeil gibt die Richtung der Fortpflanzung des Druckes bei einer Schädelverletzung an.

einander zusammen und begrenzen so einen weiten mit lymphatischer Flüssigkeit angefüllten Raum, das Cavum leptomeningicum[1]. Die grösseren Arterien des Gehirns treten durch das Cavum leptomeningicum hindurch, um die Pia mater, in welcher sie ihre weitere Verbreitung nehmen, zu erreichen. Die Arachnoides wird von der Dura mater durch einen feinen Spalt (Cavum subdurale) getrennt, welcher wie das Cavum leptomeningicum als Lymphspalt oder Lymphraum zu gelten hat.

Topographie des Cavum subdurale und leptomeningicum[1]. Beide Räume besitzen eine weite Ausdehnung im Bereiche sowohl des Gehirnes als des Rückenmarks. Das Cavum subdurale ist innerhalb der Schädelhöhle zum grössten Teile bloss als Spalt vorhanden, setzt sich dagegen am Foramen occipitale magnum in das weite, sackartige Spatium subdurale des Wirbelkanales fort. Eine Verbindung mit dem Cavum leptomeningicum fehlt, dagegen besteht eine solche mit den Lymphgefässen der Gehirn- und Rückenmarksnerven an den Austrittsstellen derselben aus der

[1] Cavum subarachnoidale.

Schädelhöhle, resp. aus dem Wirbelkanal. Längs des Fasc. opticus[1] (als einer eigentlich zentralen Gehirnbahn) setzt sich die Duralscheide bis zum Bulbus fort und in gleicher Ausdehnung lässt sich auch das Cavum subdurale als Spalt zwischen der Duralhülle und dem Fasc. opticus[1] verfolgen.

Das Cavum leptomeningicum[2] gestaltet sich wesentlich anders. Da die Arachnoides sich nicht bloss von den Kuppen der Grosshirnwindungen über die Sulci hinwegzieht, sondern auch dort, wo sich grössere Vertiefungen zwischen einzelnen Hirnteilen finden, dieselben überbrückt, so liegt sie der Pia mater nur da unmittelbar an, wo beide Häute auf der Kuppe einer Windung zusammentreffen. Die Verbindung wird durch die hier, wie überall sonst im Subarachnoidalraume vorhandenen Bindegewebsbalken hergestellt, dieselben sind jedoch hier viel stärker entwickelt als dort, wo die Pia mater durch einen grösseren Abstand von der Arachnoides getrennt wird.

Das ganze von Bindegewebsbalken durchsetzte Cavum leptomeningicum ist mit lymphatischer Flüssigkeit angefüllt, so dass es mit seiner Begrenzung durch Pia und Arachnoides, nach einem trefflichen Vergleiche, ein um die weichen Massen des Centralnervensystems herumgelegtes Wasserkissen darstellt. Dort, wo grosse Unebenheiten (besonders an der Basis) von der Arachnoides überbrückt werden, ist der Subarachnoidealraum entsprechend weiter und stellt die sog. Cisternae dar. Von solchen werden unterschieden: die Cisterna cerebellomedullaris zwischen der oberen Fläche der Medulla oblongata und der unteren hinteren Fläche des Kleinhirns; sie geht nach unten in den Arachnoidealraum des Rückenmarks über. Die Cisterna cerebellomedullaris kommuniziert auch mittelst der als Foramen Magendii (Apertura mediana rhombencephali) bekannten Öffnung an der Decke des IV. Ventrikels mit dem Raume des IV. Ventrikels und weiter durch den Aquaeductus mesencephali[3] (Sylvii) mit den Gehirnventrikeln (Abb. 19). Vorne erstreckt sich als Fortsetzung des Cavum leptomeningicum[2] des Rückenmarks die Cisterna pontis aufwärts zur Brücke. Vor der Brücke bildet die Arachnoides, indem sie über die Crura cerebri hinwegzieht, die grosse Cisterna intercruralis[4], die beiderseits in einen Subarachnoidalspalt übergeht, welcher der Fissura cerebri lateralis (Sylvii) entspricht. Hier, wie überall am Gehirne, verlaufen die grossen Arterienstämme innerhalb des Subarachnoidalraumes und werden von der Lymphe dieses Raumes umspült; es liegt also in der Cisterna intercruralis[4] der Circulus arteriosus (Willisi), in dem Subarachnoidalraum der Fissura cerebralis lateralis die Arteria cerebri media mit ihren grösseren Zweigen. Blutextravasate, welche von diesen Gefässen ausgehen, werden sich also zunächst in dem Subarachnoidalraume weiter verbreiten.

Die lymphatische Flüssigkeit, welche das ganze Cavum leptomeningicum anfüllt, steht mit der Flüssigkeit der Gehirnventrikel (von dem Plexus chorioideus herstammend) durch Öffnungen in Zusammenhang, von welchen die Apertura mediana in der Decke des Ventriculus IV wohl die wichtigste ist; von geringer Bedeutung sind kleinere laterale Öffnungen dieses Ventrikels, ebenso Verbindungen zwischen dem Ventriculus lateralis der Grosshirnhemisphären und dem Cavum leptomeningicum[2].

Im Zusammenhange betrachtet, stellt das Cavum leptomeningicum mit den Gehirnventrikeln einen grossen Lymphraum dar, dessen Flüssigkeit sowohl in den Höhlen des Gehirns gefunden wird als auch das Gehirn von aussen umspült. Wenn die Flüssigkeit einerseits vom Plexus chorioideus erzeugt wird, so wird sie andererseits durch die Granula meningica[5] (Pacchioni) wieder in den venösen Kreislauf ausgeschieden, so dass sie einem steten Wechsel unterliegen dürfte. Auch andere Abflusswege sind angegeben worden; so sollen Verbindungen mit den Lymphgefässen der Nerven bestehen; längs des Fasc. opticus erstreckt sich der Subarachnoidalraum bis zum Bulbus, ferner längs des N. stato-acusticus bis zum Innenohr, wo er mit dem Spatium perilymphaceum des Labyrinthes in Zusammenhang steht (s. die Bemerkungen über Infektionswege, welche vom Mittel- und Innenohr in die Schädelhöhle führen, p. 175 mit Abb. 145).

---

[1] N. opticus. [2] Cavum subarachnoidale. [3] Aquaeductus cerebri.
[4] Cisterna interpeduncularis. [5] Granulationes arachnoidales.

Topographie des Gehirnes.

Wir unterscheiden:

1. Topographie des Gehirnes für sich (Windungen des Grosshirns, motorische Centren usw.).

2. Topographische Beziehungen zwischen der Grosshirn- und Kleinhirnoberfläche und dem Schädeldache (Topographia craniocerebralis).

3. Gefässversorgung des Gehirnes und Verlauf der grösseren Arterien.

Eine Besprechung der Lage der zentralen grauen Kerne und des Verlaufes der Gehirnfaserung würde uns zu weit führen; es sei hierfür auf die Lehrbücher der deskriptiven Anatomie resp. auf die speziellen Werke über Neurologie verwiesen.

Topographie der Gehirnfurchen und der Gehirncentren (Abb. 20 und 21). Bei der Betrachtung des Gehirnes für sich sei zunächst an die Einteilung in die Hirnlappen (Lobus frontalis, parietalis, temporalis und occipitalis) als für die allgemeine Orientierung dienlich, erinnert. Während die Kenntnis des Oberflächenreliefs des Kleinhirns bisher nur ein geringes praktisches Interesse beanspruchen kann, ist die Anordnung der Grosshirnwindungen, seitdem dieselben zu bestimmten Funktionen in Beziehung gebracht wurden, von höherer Bedeutung geworden. Drei Furchen sind zur Bestimmung der bis jetzt bekanntgewordenen Lokalisationsfelder auf der Grosshirnrinde, wie auch für ihre Projektion auf die Schädelwandung von Bedeutung (in der Abb. 20 stärker ausgezogen): erstens der Sulcus centralis (Rolando), welcher den Gyrus praecentralis von dem Gyrus postcentralis trennt, zweitens die Fissura cerebri lat. (Sylvii) mit ihrem vorderen kürzeren und hinteren längeren Schenkel, drittens der Sulcus parietooccipitalis, welcher mit dem Sulcus calcarinus an der medialen Fläche des Lobus occipitalis den Cuneus abgrenzt (Sehzentrum).

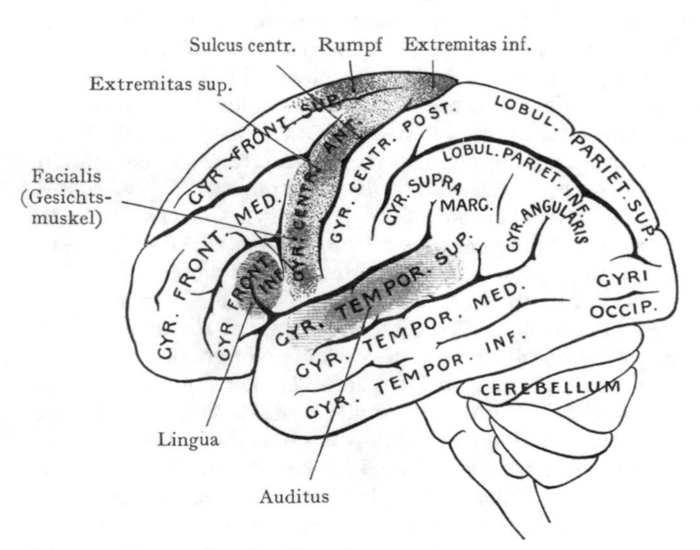

Abb. 20. Konvexität der Grosshirnhemisphäre, mit Angabe der motorischen Centren.

Mit Benützung einer von Merkel (Handbuch der topogr. Anatomie) gegebenen Abbildung von Exner.

Zu diesen Furchen kommen: im Lobus frontalis, an der Konvexität der Grosshirnhemisphäre sichtbar, der Sulcus frontalis sup. und inf., welche den Lobus frontalis in den Gyrus frontalis superior, medius und inferior einteilen, im Lobus temporalis, von der Seite her sichtbar, der Sulcus temporalis sup. und med., zu denen an der unteren Fläche der Hemisphäre noch der Sulcus temporalis inf. kommt. In der Seitenansicht sind demnach die Gyri temporales sup., med. und inf. zu erkennen. Der Sulcus interparietalis grenzt den Gyrus postcentralis nach hinten ab und verläuft dann etwa parallel mit der Mantelkante des Grosshirns bis auf den Lobus occipitalis; er zerlegt den hintersten Teil des Lobus parietalis in einen Lobulus parietalis superior et inferior. Der erstere fällt, teilweise über die Mantelkante übergreifend, mit dem an der medialen Fläche der Grosshirnhemisphäre sichtbaren Cuneus und Praecuneus zusammen.

Auf der medialen Oberfläche der Grosshirnhemisphäre (Abb. 21) zieht parallel mit dem Balken der Sulcus cinguli, welcher am Lobus frontalis den Gyrus frontalis sup. von dem Gyrus cinguli abgrenzt und, gegen die Mantelkante der Grosshirnhemisphäre aufsteigend, hinter dem oberen Ende des Sulcus centralis auf der Mantelkante ausläuft. Oberhalb der hintersten Strecke des Sulcus cinguli liegen die auf die mediale Fläche der Grosshirnhemisphäre übergreifenden und hier ineinander übergehenden Enden des Gyrus prae- und postcentralis (Lobulus paracentralis).

Der zur Mantelkante aufsteigende Abschnitt des Sulcus cinguli (Pars marginalis) und der Sulcus parietooccipitalis grenzen den Praecuneus ab; weiter hinten liegt zwischen dem Sulcus parietooccipitalis und der Sulcus calcarinus der Cuneus. Im Temporallappen folgen der Sulcus temporalis inf., die Gyri temporalis inferior und hippocampi.

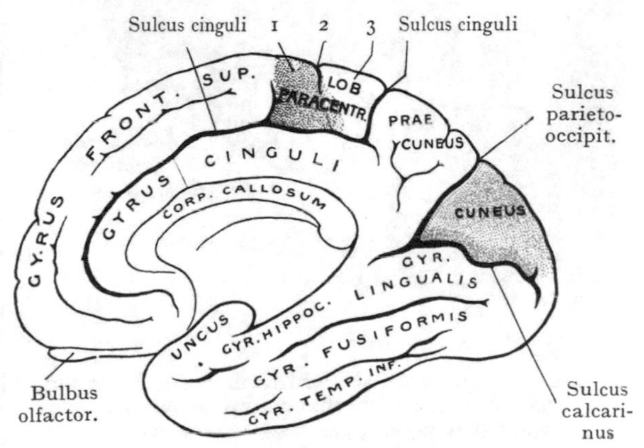

Abb. 21. Mediale Ansicht einer Grosshirnhemisphäre, mit Angabe der Windungen, des Sehcentrums (blau) und des Centrums für die untere Extremität (rot).

1 Gyrus praecentralis. 2 Sulcus centralis (Rolando). 3 Gyrus postcentralis.

Mit Benützung einer von Merkel (Handbuch der topographischen Anatomie) gegebenen Abbildung von Exner.

In den Abb. 20 und 21 sind im Bereiche des Gyrus praecentralis die motorischen Centren mit roter Farbe angegeben; sie stellen ein Feld dar, welches dem Gyrus praecentralis und einem Teile der Gyri frontalis sup. und inf. entspricht. Das Centrum für die Bewegungen der unteren Extremität überschreitet die Mantelkante und umfasst an der medialen Fläche der Grosshirnhemisphäre die vordere Partie des Lobulus paracentralis, in welchem sich der Gyrus prae- und postcentralis vereinigen. Dann folgen nach abwärts, an der Konvexität der Grosshirnhemisphäre, das Centrum für die obere Extremität und dasjenige für die mimische Gesichtsmuskulatur (Facialis). In der Gegend des durch die beiden Äste der Fissura cerebri lat. gebildeten Winkels an der Spitze des Operculum und in dem angrenzenden Teile des Gyrus frontalis inf. befindet sich das motorische Sprachcentrum (Hypoglossuscentrum, auch Brocasches Centrum). Blau angegeben sind das Hörcentrum (Auditus) und das Sehcentrum. Ersteres liegt unterhalb des hinteren Astes der Fissura cerebri lat. in der ersten Temporalwindung, letzteres im Cuneus und in der Umgebung des Sulcus calcarinus, auch teilweise über die Mantelkante auf den Lobulus parietalis superior übergreifend. Die einzelnen Centren sind nicht scharf gegeneinander abgegrenzt, vielmehr trifft wohl die Annahme zu, dass sie allmählich ineinander sowie in die benachbarte graue Hirnrinde übergehen. In Abb. 20 wird im Bereiche der motorischen Zone dieser Übergang durch verschieden dichte Schraffierung der farbigen Felder veranschaulicht.

Die Erreichbarkeit der Konvexität der Grosshirnhemisphären durch Resektion eines Teiles des Schädeldaches leuchtet jedem Laien ein. Für den Praktiker wird es sich bei solchen Eingriffen, welche durch bestimmte Zustände des Gehirnes angezeigt erscheinen, zunächst darum handeln, durch eine genaue, womöglich messende Methode, Punkte an der Oberfläche der Grosshirnhemisphären in ihrer Lage zu der äusseren Oberfläche des Kopfes zu bestimmen, von denen aus sich die Lage der Hauptfurchen und damit auch der grossen Centren feststellen lässt (Topographia craniocerebralis).

Hierbei handelt es sich im wesentlichen um die Projektion des Sulcus centralis und der Fissura cerebri lat. auf die äussere Oberfläche des Kopfes. Damit wird, wie ein Blick auf die Darstellung der motorischen Centren in Abb. 20 zeigt, ohne weiteres die Lage derselben im Gyrus praecentralis gegeben, ferner das Hörcentrum im Gyrus temporalis superior und das Sprachcentrum im Gyrus frontalis inf. Diese Bezirke kommen zunächst bei der Ausführung der Trepanation in Betracht; ihrer Bestimmung gelten zahlreiche in der Literatur niedergelegte Angaben.

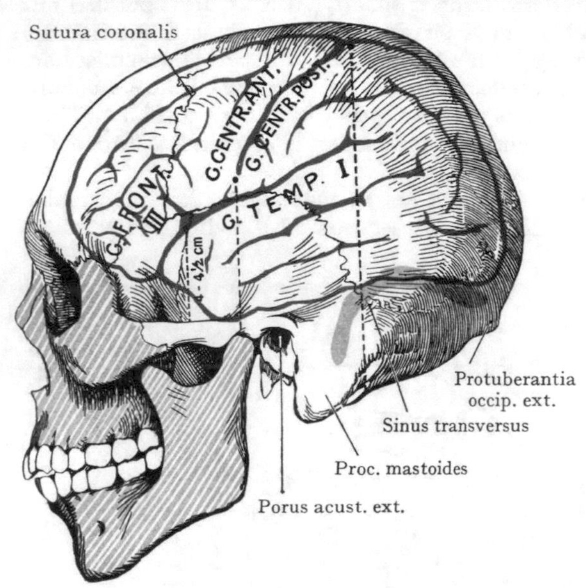

Abb. 22. Topographie der Gehirnwindungen in bezug auf die seitliche Oberfläche des Schädels. Gesichtsteil des Schädels und Sinus transversus blau.

Die Teilungsstelle der Fissura cerebri lat. in einen vorderen und hinteren Schenkel lässt sich innerhalb gewisser Fehlergrenzen feststellen durch die Bestimmung eines Punktes, welcher $4^1/_2$ cm (vergl. Abb. 22) oberhalb der Mitte des Jochbogens liegt. Etwas höher (5 bis $5^1/_2$ cm) liegt in einer auf dem Kiefergelenke errichteten Senkrechten das untere Ende des Sulcus centralis, während das obere Ende als ein dritter Hauptpunkt festgestellt wird, indem man dicht hinter dem Processus mastoides eine Senkrechte errichtet und den Punkt bestimmt, wo dieselbe den Scheitel schneidet. Verbindet man nun die beiden zuletzt gewonnenen Punkte miteinander, so ist der Verlauf des Sulcus centralis und damit die Lage der motorischen Zone im Gyrus praecentralis gegeben.

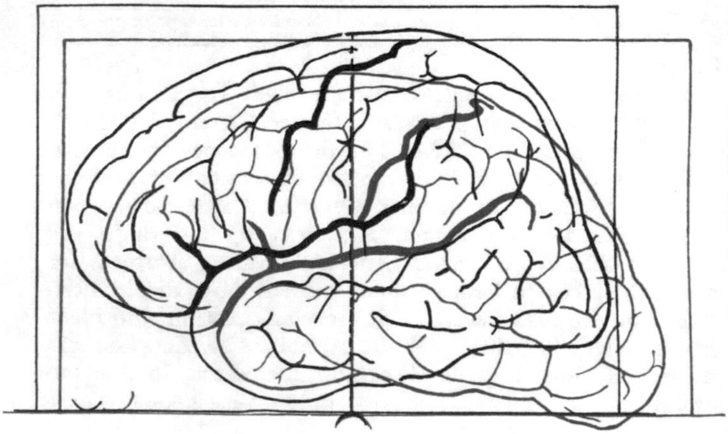

Porus acust. ext.

Abb. 23.

Ein frontipetales (schwarz) und ein occipitopetales (rot) Gehirn, übereinander gezeichnet, bezogen auf eine im Porus acust. ext. errichtete Vertikale. Die Fissura cerebri lat. (Sylvii) und der Sulcus centralis sind stärker angegeben worden als die übrigen Furchen. Es soll die Variation in der Lage des Sulcus centralis bei verschiedenen Schädel- und Gehirnformen veranschaulicht werden. — Nach Froriep. Die Lagebeziehungen zwischen Grosshirn und Schädeldach. Leipzig 1897.

In manchen Fällen mag diese ältere Methode Genügendes leisten, obgleich sie auf grosse Genauigkeit keinen Anspruch erhebt. Je grösser die angebrachte Schädelöffnung, um so leichter ist natürlich die Orientierung auf der Grosshirnhemisphäre und die Wahrscheinlichkeit, das gesuchte Centrum zu finden. Weit genauer sind die in neuerer

Zeit mit manchen Varianten angegebenen relativen Methoden, welche der Tatsache Rechnung tragen, dass sowohl die Form des Schädels als auch diejenige des Gehirnes häufig Variationen aufweisen, welche selbstverständlich mit einer Variation in der Richtung und dem Verlaufe der beiden zu bestimmenden Hauptfurchen verbunden sind.

Froriep hat diese Verhältnisse monographisch dargestellt und seine Angaben sind von Krönlein benutzt worden, um eine Methode für die Feststellung von Punkten an der Grosshirnoberfläche auszubilden, welche der individuellen Verschiedenheit in der Formentwicklung des Schädels und des Gehirnes Rechnung trägt.

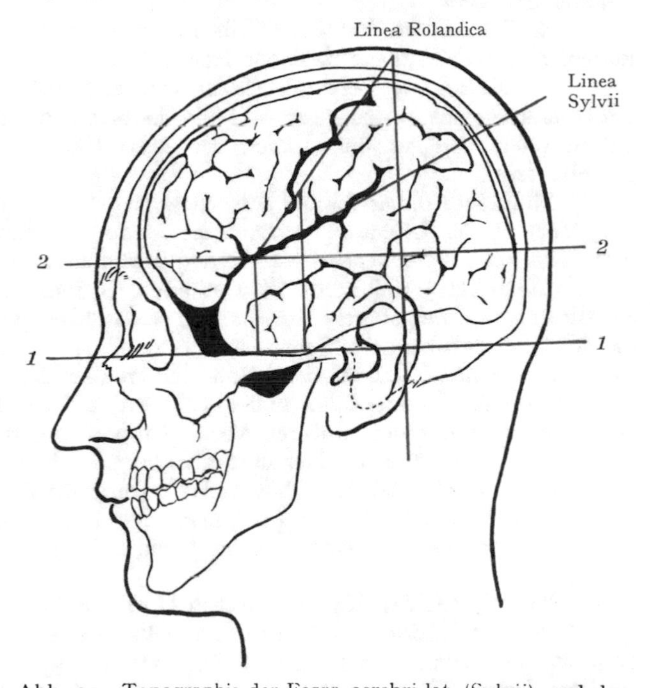

Abb. 24. Topographie der Fossa cerebri lat. (Sylvii) und des Sulcus centralis (Rolandi); frontipetaler Typus.
1, 1. Deutsche Horizontale. (Linea horizontalis auriculoorbitalis.)
2, 2. Obere Horizontale. (Linea horizontalis supraorbitalis.)
Nach R. U. Krönlein in Beiträgen z. klin. Chirurgie, Band XXII.

Froriep unterscheidet einen frontipetalen Typus „mit stirnwärts zusammengedrängtem Hirn und steiler, weit vorn liegender Centralfurche", von einem occipitopetalen Typus „mit nackenwärts gerücktem Gehirn und schräger, weit hinten liegender Centralfurche. Bei langem niedrigem Cranium ist der occipitopetale, bei kurzem hohem Schädel der frontipetale Typus vorherrschend". Nach den Angaben Frorieps lässt sich ein occipitopetaler Typus um so eher erwarten, je grösser der Abstand zwischen der Ohröffnung und der Protuberantia occipitalis ext. ausfällt, je kleiner dieser Abstand, desto sicherer darf man auf einen frontipetalen Typus rechnen. Die Abb. 23 veranschaulicht den Unterschied in der Form und Lage eines occipitopetalen und eines frontipetalen Gehirnes; beide Gehirne sind übereinander gezeichnet und auf eine am Porus acusticus ext. errichtete Vertikale bezogen. Die Unterschiede im Verlaufe des Sulcus centralis und in der Lage der Teilungsstelle der Fissura cerebri lat. (Sylvii) sind augenfällig und rechtfertigen ohne weiteres die Anwendung der Krönleinschen Bestimmungsmethode, welche diese Verhältnisse berücksichtigt.

Dieselbe gestattet uns folgende Punkte an der Konvexität der Grosshirnhemisphäre festzustellen:

a) Die Teilungsstelle der Fissura cerebri lat. sowie das obere Ende des horizontalen Schenkels der Fissura cerebri lat. und damit auch den Verlauf dieses Schenkels.

b) Das untere und obere Ende des Sulcus centralis, damit auch den Verlauf des Sulcus centralis, die Lage des Gyrus prae- und postcentralis und der grossen motorischen Centren.

c) Die Trepanationsstelle für die Aufsuchung von Abscessen im Lobus temporalis, welche vom Labyrinth ausgehen und auf die Grosshirnhemisphäre übergreifen.

Die Linien, welche nach der Krönleinschen Methode zu diesen Feststellungen führen, sind folgende (Abb. 24):

1. Die Grundlinie oder deutsche Horizontale, Linea horizontalis auriculoorbitalis (1,1 Abb. 24), von der Pars maxillaris des Margo orbitalis[1] durch den Jochbogen zum oberen Umfange des Porus acusticus ext. gezogen.

2. Die obere Horizontale (2,2), Linea horizontalis supraorbitalis, von der Pars maxillaris des Margo orbitalis[1] aus parallel zu 1,1.

3. Die vordere Vertikale (Linea verticalis zygomatica), auf der Mitte des Jochbogens errichtet.

4. Die mittlere Vertikale (Linea verticalis articularis), von dem Kopfe des Unterkiefers senkrecht auf die deutsche Horizontale.

5. Die hintere Vertikale (Linea verticalis retromastoidea), hinter der Basis des Processus mastoides senkrecht auf die deutsche Horizontale. Die drei Vertikallinien entsprechen übrigens den Linien der alten Konstruktion, wie sie in Abb. 22 dargestellt sind.

Mit Hilfe dieser Linien werden weiter bestimmt: die Linea Rolandica, welche den Verlauf des Sulcus centralis angibt, und die Linea Sylvii, welche dem hinteren Schenkel der Fissura cerebri lat. (Sylvii) entspricht.

„Die Linea Rolandica wird erhalten, indem der Kreuzungspunkt der vorderen Vertikalen und der oberen Horizontalen verbunden wird mit dem Punkte, in welchem die hintere Vertikale die Scheitellinie schneidet.

Die Linea Sylvii wird erhalten, indem der Winkel, welchen die Linea Rolandica mit der oberen Horizontalen bildet, halbiert und die Halbierungslinie nach hinten bis zur Kreuzung mit der hinteren Vertikalen verlängert wird" (Krönlein).

Wir erhalten so die Teilungsstelle und das obere Ende des horizontalen Schenkels der Fissura cerebri lateralis, sowie das untere und obere Ende des Sulcus centralis. In dem unmittelbar über dem Gehörgange abgegrenzten Rechteck trepaniert man behufs Eröffnung der Abscesse im Schläfenlappen (v. Bergmannsche Resektionsstelle).

Der Vorteil der Krönleinschen Methode liegt darin, dass sie auch bei starker Variation der Schädel- und Hirnform sicher arbeitet und innerhalb geringer Fehlergrenzen die Hauptfurchen in ihrer Projektion angibt. Die Lage der grossen Centren zu den festgestellten Linien ist sofort aus Abb. 20 zu erkennen und bedarf keiner besonderen Beschreibung.

Arterien und Venen des Gehirnes. Die grossen Arterien und Venen des Gehirnes zeigen bedeutende Verschiedenheiten in ihrem Verlaufe. Im allgemeinen verlaufen hier Arterien und Venen nicht zusammen wie an anderen Stellen des Körpers; nicht näher bekannte Verhältnisse bewirken es, dass die grossen Sammelvenen als Sinus durae matris in der äusseren Hülle des Gehirnes eingeschlossen sind und sich unmittelbar der Schädelkapsel anlagern, während die grossen arteriellen Stämme von der Basis cerebri aus in das Cavum leptomeningicum[2] eintreten und sich hier im Anschluss an das Gehirn verzweigen.

Arterien. Sie kommen sämtlich aus zwei Quellen, erstens aus der A. carotis int., welche durch den Canalis caroticus in die Schädelhöhle eintritt, und zweitens aus den beiden Aa. vertebrales, welche durch das Foramen occipitale magnum im Anschluss an die Medulla oblongata in die Schädelhöhle gelangen. Die A. carotis int. wird unmittelbar nach ihrem Austritt aus dem Canalis caroticus in den Sinus cavernosus eingeschlossen (Abb. 17) und macht hier eine S-förmige Biegung, um hinter dem Canalis fasc. optici, lateral vom Fasc. opticus die Dura mater zu durchbrechen und in den Duralraum zu gelangen. Aus der Konvexität dieser letzten Biegung entspringt die A. ophthalmica, welche sich dem unteren Umfange des Fasc. opticus anlegt, und mit demselben durch den Canalis fasc. optici in die Orbita eintritt.

Die A. carotis int. ist von dem Ursprunge der A. ophthalmica an ausschliesslich Hirnarterie; sie teilt sich sofort in zwei Hauptäste, von denen die A. cerebralis ant. nach

[1] Margo infraorbitalis. [2] Cavum subarachnoidale.

vorne zum Balken und zur medialen Fläche der Grosshirnhemisphären verläuft, während die A. cerebralis media sich im grossen Cavum leptomeningicum[1] der Fissura cerebri lat. lateralwärts wendet, um sich an die Insula, an das Operculum und an einen grossen Teil des Frontal- und Parietalhirns zu verzweigen. Das System der Aa. vertebrales und der durch ihre Vereinigung entstandenen A. basialis liegt mit seinen Hauptstämmen gleichfalls an der Basis; es versorgt die Medulla oblongata und das Kleinhirn und gibt den dritten grösseren Arterienstamm zur Grosshirnrinde ab, dic A. cerebralis post., welche sich hinter der Lehne des Türkensattels lateralwärts zur unteren Fläche des Temporallappens wendet.

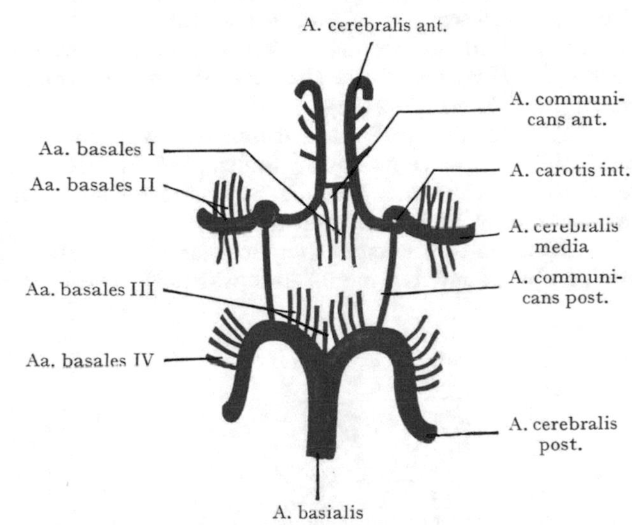

Abb. 25. Äste des Circulus arteriosus cerebri nach Tillaux. Anatomie topographique 1882.

Die drei Hauptstämme, welche aus der Teilung der A. carotis int. und der A. basialis hervorgehen, werden durch Anastomosen (A. communicans ant. zwischen den beiden Aa. cerebrales ant.; A. communicans post. zwischen der A. cerebralis media und der A. cerebralis post.) zu einem Gefässringe geschlossen, dem Circulus arteriosus cerebri, welcher an der Basis des Gehirnes zwischen dem vorderen Umfange des Chiasma fasc. opticorum und der Brücke im Cavum leptomeningicum[1] eingebettet ist. Von diesem Gefässringe aus (Abb. 26) geht die Verzweigung der grossen Stämme sowohl an die Hirnrinde als an die centralen grauen Massen des Grosshirns vor sich. Man kann dabei, je nach ihrer Verlaufsrichtung und ihrer Endigung, zweierlei Äste unterscheiden (s. das Schema Abb. 25). Die ersteren gehen als grössere Stämme im Cavum leptomeningicum[1] lateralwärts und liegen dabei oberflächlich zum Gross- und Kleinhirn und zur Medulla oblongata. Man kann dieselben als Rami corticales bezeichnen; sie versorgen am Grosshirn wie am Kleinhirn die graue Rindensubstanz und teilweise

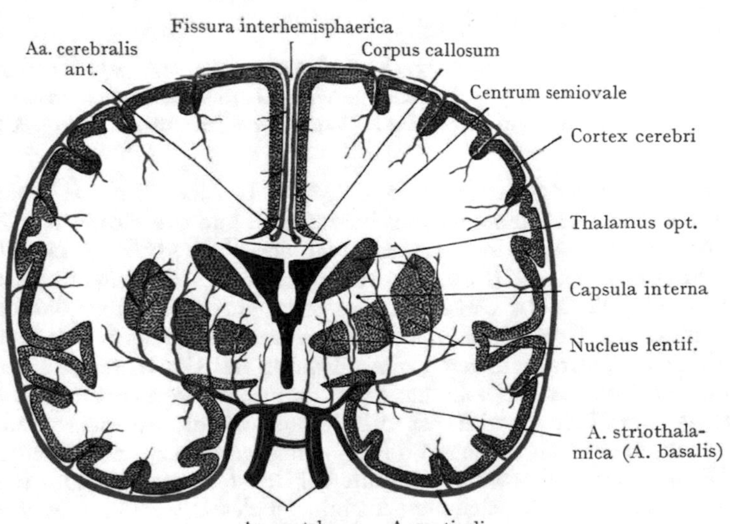

Abb. 26. Schema der Verzweigung der Rami corticales und der Rami basales an den Grosshirnhemisphären.

[1] Cavum subarachnoidale.

auch das Centrum semiovale, indem ihre feinen Äste von der Pia mater aus senkrecht in die Tiefe dringen.

Zweitens entspringen von den basal gelegenen Hauptstämmen oder von dem Circulus arteriosus cerebri eine grosse Zahl von kleinen Ästen, welche senkrecht in das Gehirn und in den Gehirnstamm eindringen, um die centralen grauen Massen, die Kerne der Hirnnerven, die Capsula int. und teilweise auch das Centrum semiovale zu versorgen (Rami basales).

Die Rami corticales lassen sich in solche einteilen, welche an den Grosshirnhemisphären ihre Verzweigung finden, und in solche, welche aus dem Gebiete der Aa. vertebrales resp. der A. basialis herstammend sich zur Medulla oblongata, zur Brücke und zu den Vierhügeln begeben.

Die ersteren entspringen aus den drei grossen Rami corticales des Grosshirns (Aa. cerebralis anterior, media und posterior). Diese drei Arterien sind Endarterien, d. h.

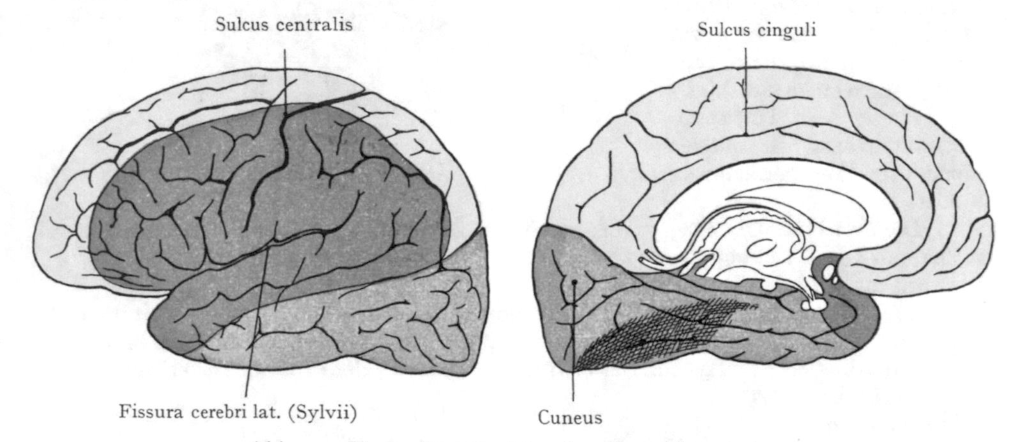

Abb. 27. Verbreitungsbezirke der Grosshirnarterien.
Nach Poirier, Anatomie chirurgicale 1892.
Gelb — A. cerebralis ant. Grün — A. cerebralis media. Blau — A. cerebralis post.

ihre Anastomosen untereinander genügen nicht, um bei Obliteration eines grösseren Astes einen Kollateralkreislauf herzustellen und die Ernährung des betreffenden Bezirkes der Grosshirnrinde zu sichern. Jede derselben versorgt tatsächlich ein bestimmt umschriebenes Gebiet (Abb. 27); die A. cerebralis ant. (gelb) verzweigt sich an die ganz mediale Fläche der Grosshirnhemisphäre und greift über die Mantelkante auf die Konvexität der Hemisphäre über, um Äste an den Gyrus frontalis superior, an den obersten Teil der Centralwindungen einschliesslich des Centrums für die untere Extremität und an den Lobulus parietalis superior abzugeben; von den in Abb. 20 und 21 farbig hervorgehobenen Centren wird also das Centrum für die untere Extremität im oberen Teile der vorderen Centralwindung und im Lobulus paracentralis von der A. cerebralis ant. versorgt. Die A. cerebralis media, ursprünglich beim Fetus bis zum fünften Monat von aussen her sichtbar, wird nach der Ausbildung des Operculum in die Tiefe verlegt (Abb. 28). Beim Fetus ist auch die fächerförmige Teilung der Arterie gut zu verfolgen; die einzelnen Äste treten über den Rand der seichten und breiten Fissura cerebri lat. zur Konvexität der Grosshirnhemisphäre empor. Mit der Ausbildung der Gyri und besonders mit der Entfaltung des Operculum werden sowohl der Stamm als auch die Hauptäste der Arterie verdeckt und können erst durch das Auseinanderdrängen der Ränder der Fissura cerebri lat. sichtbar gemacht werden. Beim Fetus dieses Stadiums (Abb. 28) ist der Charakter der A. cerebralis media und ihrer Äste als Endarterien leichter zu erkennen als beim Erwachsenen; die geringe Anastomosenbildung der Arterien untereinander erklärt es, wie die Verlegung eines Astes unvermeidlich zu einer Zirkulations- und Ernährungsstörung in dem betreffenden Gebiete führen muss. Die A. cerebralis media versorgt die beiden unteren Gyri frontales (also auch das Sprachcentrum), ferner etwa die unteren zwei Drittel des Gyrus prae- und postcentralis (mit dem Centrum für den Arm und für die mimische Gesichtsmuskulatur), die untere Parietalwindung und den Gyrus temporalis superior mit dem Centrum für die Gehörsempfindung. Die A. cerebralis post. entsteht durch die Teilung des vorderen Endes der A. basialis an der vorderen Grenze der Brücke und ihre Äste wenden sich vor dem Ursprunge der Nn. oculomotorii lateralwärts zur unteren Fläche der Lobi temporales und occipitales (Abb. 31). Die A. cerebralis post. versorgt den ganzen Occipitallappen, also auch den Cuneus und das Sehcentrum, sowie den Lobus temporalis mit Ausnahme des Gyrus temporalis sup.

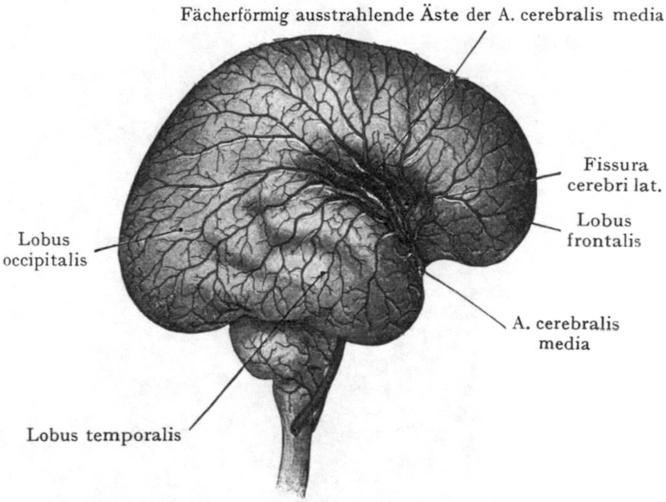

Abb. 28. Verteilung der Äste der A. cerebralis media an die Konvexität der Grosshirnhemisphären bei einem vierwöchentlichen Fetus. Die Fissura cerebri lat (Sylvii) ist noch weit offen.

Von anderen Rami corticales sind die Zweige der Aa. vertebrales und der A. basialis zu nennen, welche den Hirnstamm umgreifen, resp. sich an das Cerebellum verbreiten; die A. cerebellaris superior (aus der A. basialis unmittelbar hinter dem Ursprunge des N. oculomotorius entspringend), die A. labyrinthi[1], welche mit dem N. stato-acusticus und facialis in den Porus acusticus internus eintritt, die Aa. cerebellaris inf. ant. und post. zur unteren Fläche des Kleinhirns. Eine besondere praktische Bedeutung kommt diesen Ästen nicht zu.

Die Rami basales (Abb. 26 und 29) entspringen als zahlreiche kleine Äste aus den grossen Arterienstämmen an der Basis des Gehirnes oder auch aus der ersten Strecke der Rami corticales und treten senkrecht in das Gehirn ein, um sich zu den centralen grauen Massen, zur Capsula interna und zum Centrum semiovale zu begeben. Die Rami basales für das Grosshirn entspringen aus der A. cerebralis ant. und der A. cerebralis media. Die ersteren verlaufen durch die Area olfactoria[2] senkrecht empor zum Kopfe des Nucleus caudatus. Aus der ersten Strecke der A. cerebralis media gehen durch die Area olfactoria[2] eine Reihe von Ästen zum Nucleus lentiformis, zum Nucleus caudatus, zur Capsula interna und zum Centrum semiovale. Der eine oder andere dieser Äste (A. striothalamica, Abb. 26) kann für die Entstehung von Hämorrhagien in Betracht kommen, welche sich in dem Linsenkerne, dem Nucleus caudatus und der Capsula interna in grösserer oder geringerer Ausdehnung verbreiten und, je nachdem, verschiedene Störungen der Motilität oder der Sensibilität zur Folge haben.

Am Mittelhirne und in der Medulla oblongata gehen gleichfalls Rami basales von Arterien an der Basis des Gehirnstammes aus und versorgen, senkrecht aufsteigend, die grauen Kerne am Boden der Rautengrube, sowie die tieferen Schichten des Mittel-

[1] A. auditiva interna. [2] Substantia perforata anterior.

hirns und der Brücke. Zugleich dringen die nach Art der Rami corticales des Grosshirns verlaufenden den Hirnstamm umgreifenden Arterien von der Oberfläche vor, so dass manche Nervenkerne eine doppelte Gefässversorgung erhalten, sowohl durch die corticalen, wie auch durch die basalen Äste der grösseren Stämme. In Abb. 31 sind die senkrecht aufsteigenden Äste dargestellt, die aus den Aa. spinales ventrales sowie

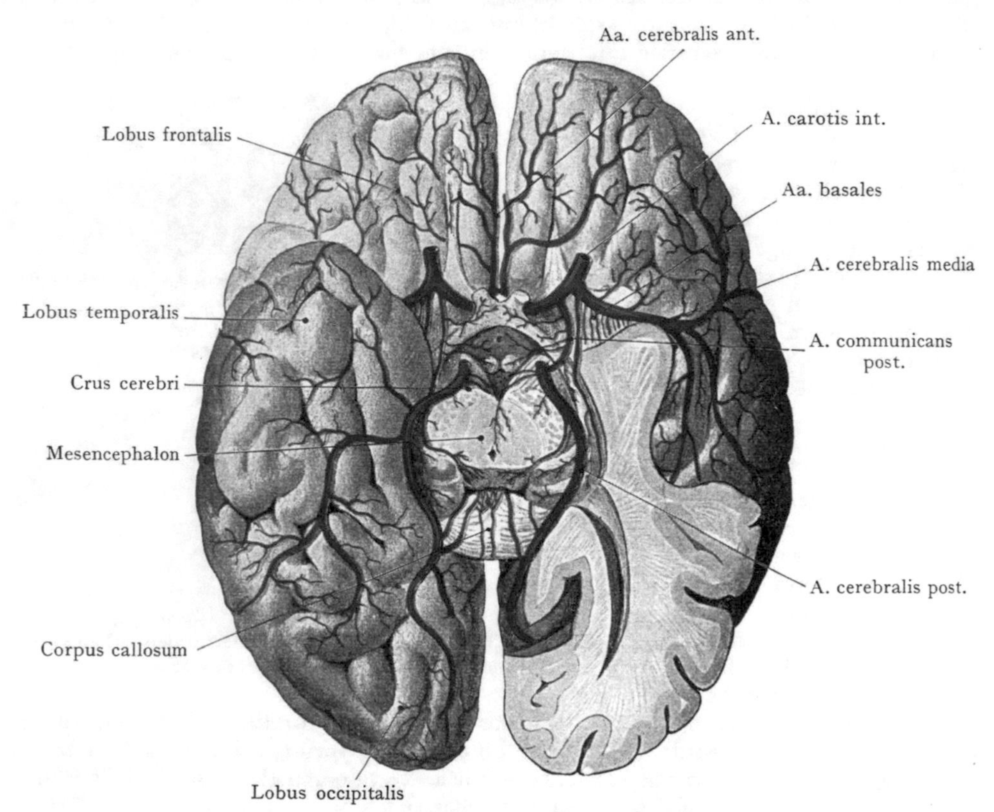

Abb. 29. Verzweigung der Arterien an der Basis cerebri.
Linkerseits ist ein grosser Teil des Lobus temporalis und des Lobus occipitalis abgetragen worden, um den Verlauf und die arterielle Gefässversorgung des Tractus opticus zu zeigen.
Nach Duret, Recherches sur la circulation de l'encéphale. Arch. de physiol. Vol. VI. 1874.

aus den Aa. vertebrales und der A. basialis entspringen; sie durchsetzen den ganzen Hirnstamm, um in den grauen Kernen der Brücke und am Boden des vierten Ventrikels zu endigen.

Ein weiteres Bild der Verzweigung der corticalen und der basalen Arterien wird in Abb. 29 nach Duret gegeben. Man beachte hier die Äste der A. communicans post. zum Chiasma fasc. opticorum und zum Fasc. opticus, zum Infundibulum und zu den Corpora mamillaria, sowie einen Zweig der A. cerebralis media, welcher sich dem Tractus opticus anschliesst und denselben in seiner ganzen Ausdehnung versorgt. Von basalen Ästen sind die von der A. cerebralis med. entspringenden dargestellt, ebenso Äste der A. cerebralis post., welche die Crura cerebri und die Brücke versorgen. Die Darstellung der Hirnarterien wird durch Abb. 30 vervollständigt, welche die Arterien der Konvexität der Grosshirnhemisphären in ihrer Verzweigung zeigt.

Schematisch sind die Aa. basales in Abb. 25 zu sehen, in ihren Hauptgruppen durch römische Zahlen unterschieden. Es sind vier solche Gruppen nachzu-

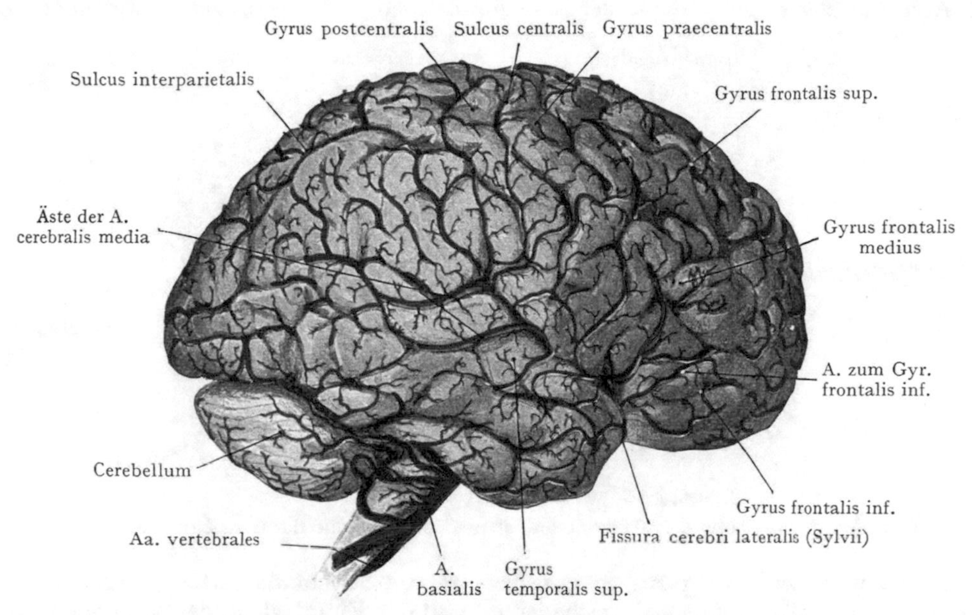

Abb. 30. Arterienverzweigung an der Konvexität der Grosshirnhemisphäre.

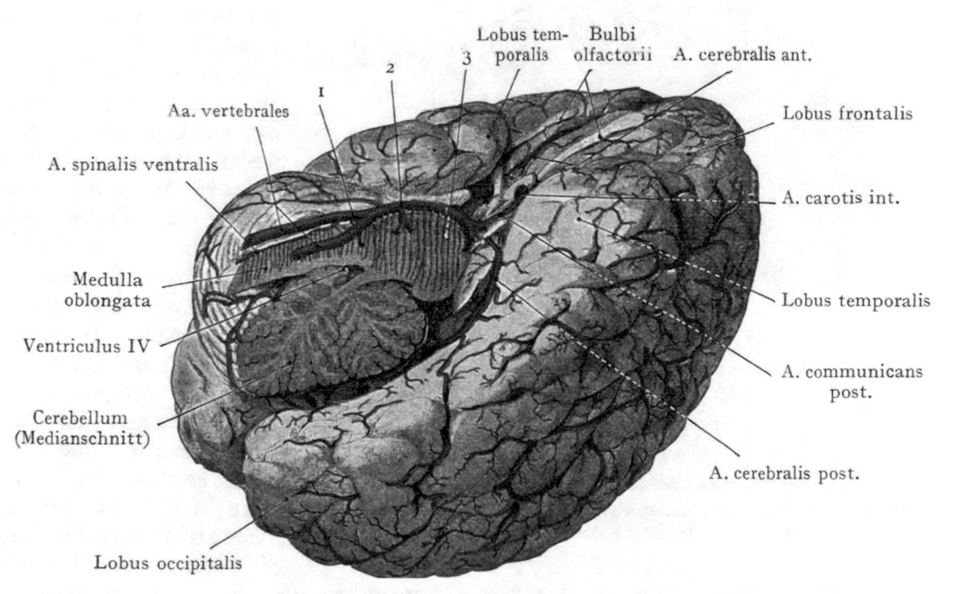

Abb. 31. Verzweigung der Arterien an der Basis cerebri und an der Medulla oblongata.
1 Senkrechte Aa. basales zum Boden des IV. Ventrikels. 2 A. basialis. 3 Senkrechte Aa. basales zur Brücke.

weisen: I. Äste, die aus der A. cerebralis ant. und der A. communicans ant. entspringen; II. Äste aus der ersten Strecke der A. cerebralis med.; III. Äste, welche aus der ersten

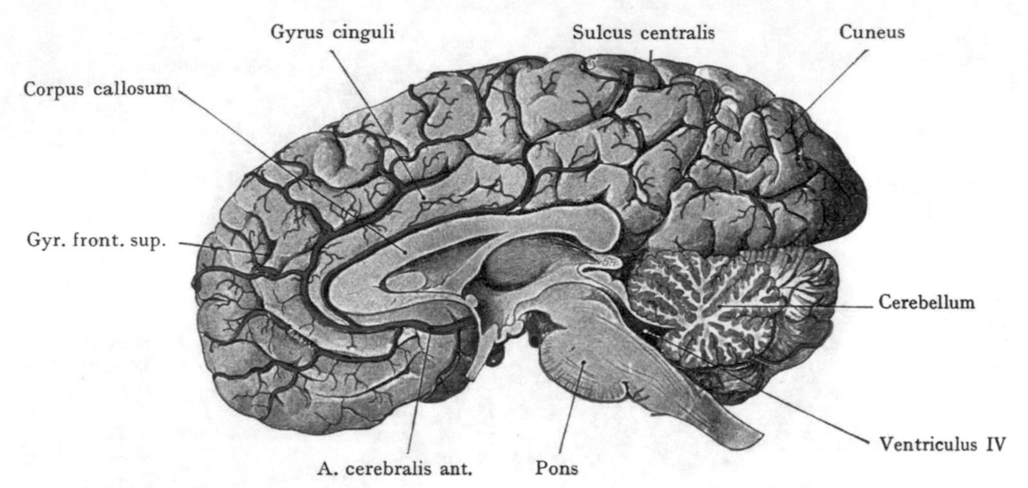

Abb. 32. Verbreitung der Arterien an der medialen Fläche der Grosshirnhemisphäre.

Strecke der A. cerebralis post. entspringen und die Substantia perforata intercruralis[1] durchsetzen; endlich IV. Äste, welche lateral von der Einmündung der A. communicans post. entspringen und in die Brücke und die Crura cerebri eindringen.

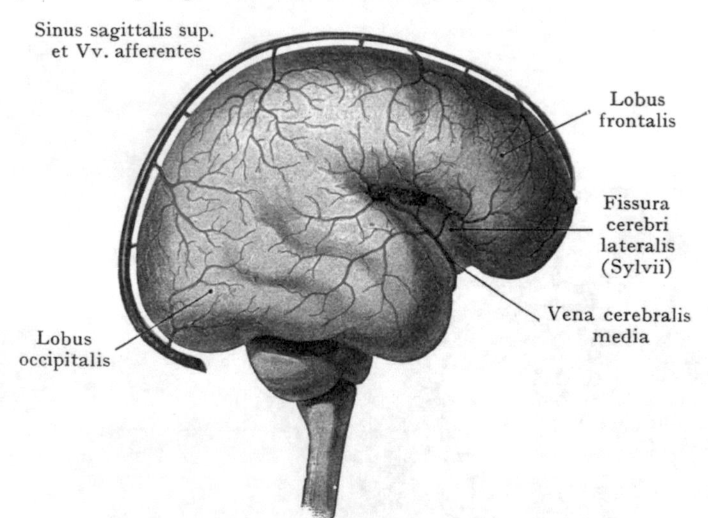

Abb. 33. Venen einer fetalen Grosshirnhemisphäre.
Nach Hédow, Etude anatomique sur la circulation veineuse de l'encéphale. Thèse de Bordeaux 1888.

Venen des Gehirnes. Sie bilden zwei Systeme, die sich in ihrem Verlaufe vollständig unabhängig von den Arterienstämmen verhalten. Die Venen der Grosshirnhemisphären verlaufen entweder nach oben, um in den Sinus sagittalis superior einzumünden, oder sie gehen nach unten gegen die Basis des Gehirns und ergiessen sich in die Sinus durae matris der Schädelbasis. Als weiteres System bildet sich die Vena cerebralis magna (Galeni) aus den Venen der Plexus chorioidei und mündet in den Sinus rectus. Zu dem Gebiete der Vena cerebralis magna (Galeni) gehören auch die Venen der Ventrikelwandung, welche kleine Venen aus dem Nucleus caudatus, dem Nucleus lentiformis usw. aufnehmen. Der Unterschied in dem Verlaufe der Venen und der Arterien der Grosshirnhemisphäre geht aus der Betrachtung der Abb. 33 (Venen der fetalen Grosshirnhemisphäre) hervor, besonders, wenn man dieselbe mit Abb. 28 vergleicht.

Bemerkungen über die Topographie der Hirnbahnen. Die Besprechung des Verlaufes und der Anordnung der Hirnbahnen und der centralen grauen Massen

[1] Substantia perforata post.

des Gehirnes gehört meines Erachtens nicht in ein Lehrbuch der topographischen Anatomie, sondern in die Hand- und Lehrbücher der deskriptiven Anatomie. Bei dem zunehmenden Interesse, welches der Entstehung und der Verbreitung von Hirnabscessen zugewandt wird, sei es jedoch erlaubt, in Kürze auf Strukturverhältnisse hinzuweisen, welche die Verbreitungswege gewisser von den Nebenhöhlen der Nase ausgehender Prozesse beleuchten dürften.

In Abb. 35 ist ein grosser Teil der Hirnrinde abgetragen worden, um die im Crus cerebri zusammentreffende Hirnfaserung (Corona radiata) darzustellen. Von den grossen motorischen Centren ist dasjenige für die untere Extremität ganz, dasjenige für die obere Extremität teilweise erhalten (obere Partie des Gyrus praecentralis). Die Faserung der Corona radiata schiebt sich gegen die Capsula interna in der Weise zusammen, dass die aus dem Frontalhirn stammenden Fasern (frontale Brückenbahn) zuvorderst liegen und den vorderen Schenkel des nach aussen offenen Winkels der Capsula interna herstellen (Abb. 34); dagegen bilden die aus den grossen motorischen Centren stammenden Fasern den hinteren Schenkel der Capsula interna, und zwar liegen diejenigen aus den tiefsten Centren am weitesten nach vorn (Facialis F, Hypoglossus H, Abb. 35), diejenigen aus dem motorischen Sprachcentrum am Winkel der Capsula interna (XII, Abb. 34), die Faserbündel aus den übrigen Centren um so weiter nach hinten im hinteren Schenkel, je höher das betreffende Centrum an der Konvexität der Grosshirnhemisphäre liegt. So folgen aufeinander im hinteren Schenkel der Capsula interna (Abb. 34) die centrale Facialisbahn, die Hypoglossusbahn, die motorischen Bahnen für die obere und diejenigen für die untere Extremität. Die frontalen Brückenbahnen sind in der Abbildung bis in den Gyrus frontalis sup. verfolgt worden. Es ist aus der Abbildung ersichtlich, dass Hirnabscesse, welche in der Grosshirnrinde, z. B. im Gyrus frontalis superior, durch Übergreifen eines Entzündungsprozesses von dem Sinus frontalis auf die Hirnhäute und auf die Hirnrinde entstehen, die Neigung haben werden, sich zwischen den Fasern der Corona radiata einen Weg nach abwärts gegen die Capsula interna zu bahnen, um hier in dem engen Raume, in welchem die Bahnen zusammengedrängt sind, schwere Schädigungen hervorzurufen. Je weiter der Abscess gegen das Crus cerebri vordringt, desto schwerer können die Erscheinungen sein, welche er hier durch Läsion der in der Capsula interna zusammengedrängten Bahnen verursachen wird; je oberflächlicher der Abscess, um so geringer sind die von ihm hervorgerufenen Symptome. Solche Abscesse können von den verschiedensten Stellen der Grosshirnrinde ausgehen; z. B. wie in Abb. 35 von dem erkrankten Sinus frontalis, in anderen Fällen von dem Mittel- oder Innenohr, auch von den Cellulae mastoideae (Abb. 6). Bei Weiterverbreitung des Abscesses in die Tiefe wird demselben durch den Verlauf der Fasern der Corona radiata der Weg gegen die Capsula interna gewiesen: ein Modus der Ausbreitung, welcher nicht aus dem Auge zu verlieren ist.

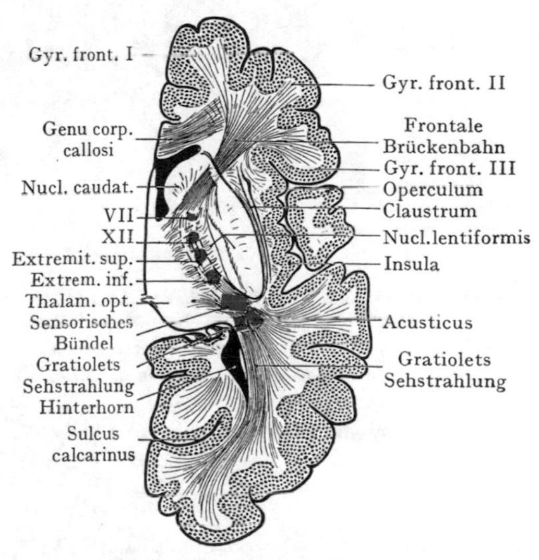

Abb. 34. Horizontalschnitt durch die rechte Grosshirnhemisphäre. Topographie der Faserbündel in der Capsula interna.

VII Facialisbahn. XII Hypoglossusbahn.

Nach von Monakow, Gehirnpathologie.

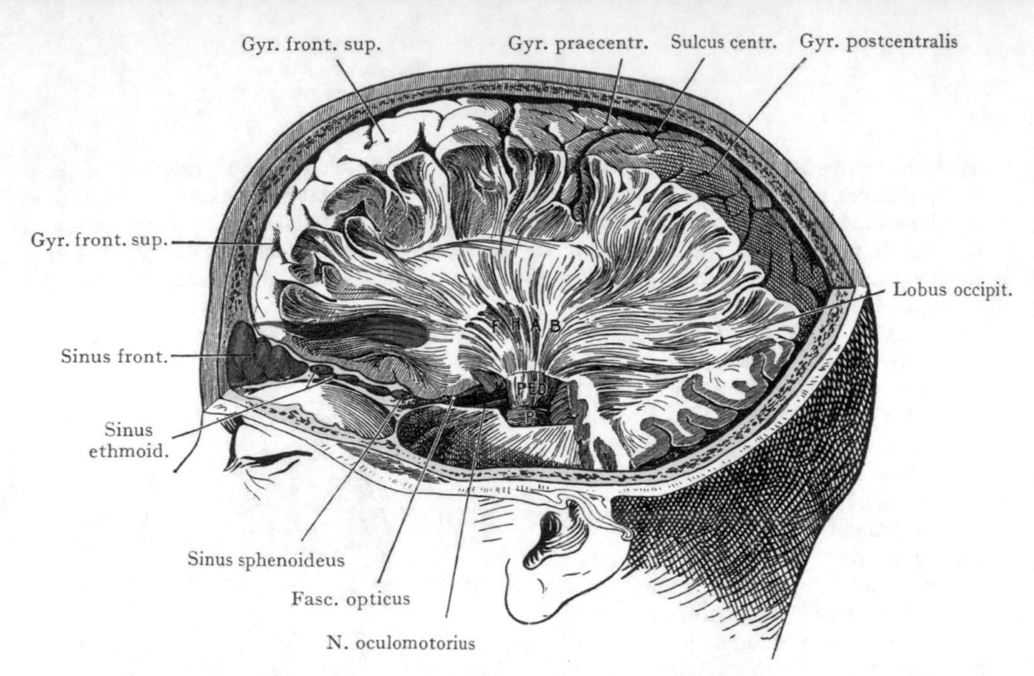

Abb. 35. Die Corona radiata und die Capsula int. von aussen freigelegt, um die Verbreitung eines Hirnabscesses (grün) vom Sinus frontalis aus (blau) zu veranschaulichen.

Ped. Crus, P. Pons, F. H. A. B. Fasern aus dem Facialis-, Hypoglossus-, Arm- und Beincentrum.

Nach einer Abb. von Killian. Die Nebenhöhlen der Nase. 1903.

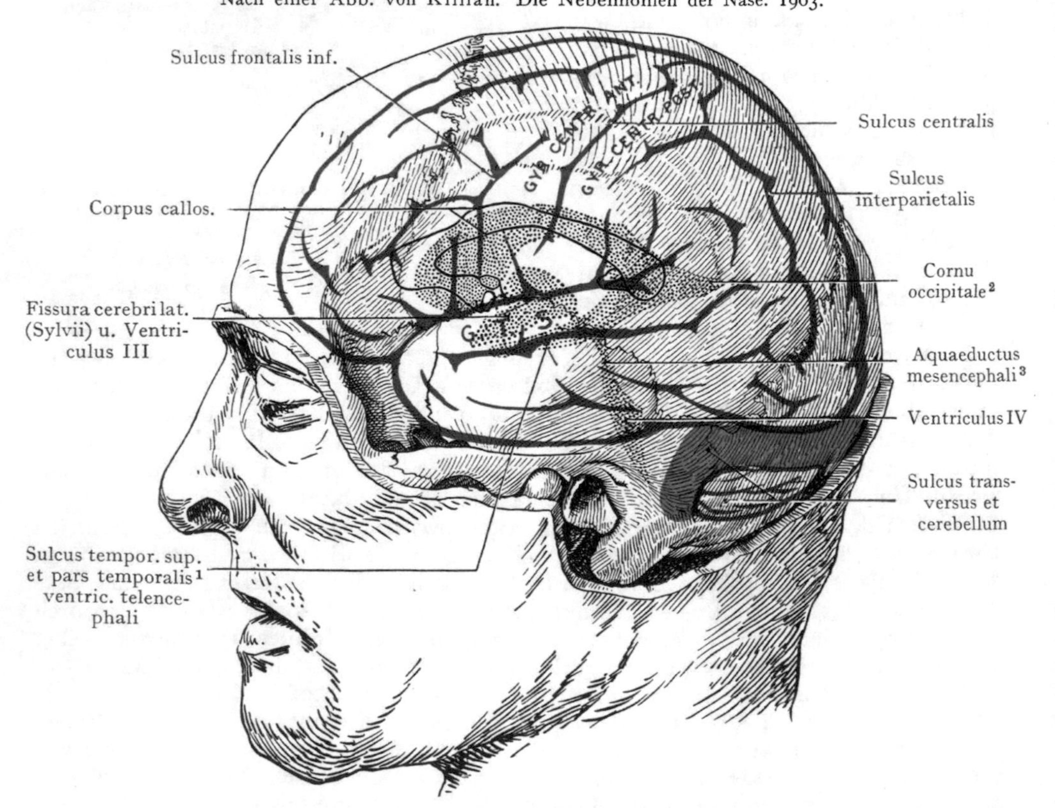

Abb. 36. Topographie der Gehirnventrikel, der Gyri prae- und postcentralis und des Corpus callosum von der Seite.

Nach Hermann. Gehirn und Schädel. Jena 1909.

G. t. s. Gyrus temporalis sup.

---

[1] Cornu inferius. [2] Cornu posterius. [3] Aquaeductus cerebri (Sylvii).

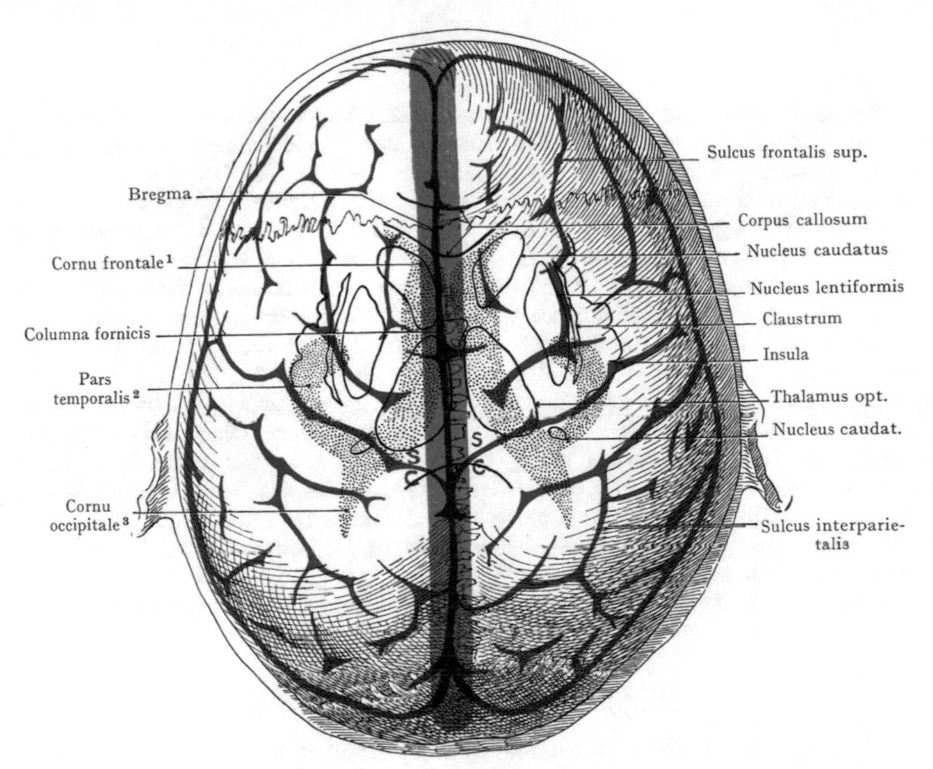

Abb. 37. Topographie der Gehirnventrikel, der Gehirnwindungen und der grossen Stammganglien von oben.

S. C. Sulcus centralis. Sinus sagittalis sup. blau. — Nach Hermann. Gehirn und Schädel. 1909.

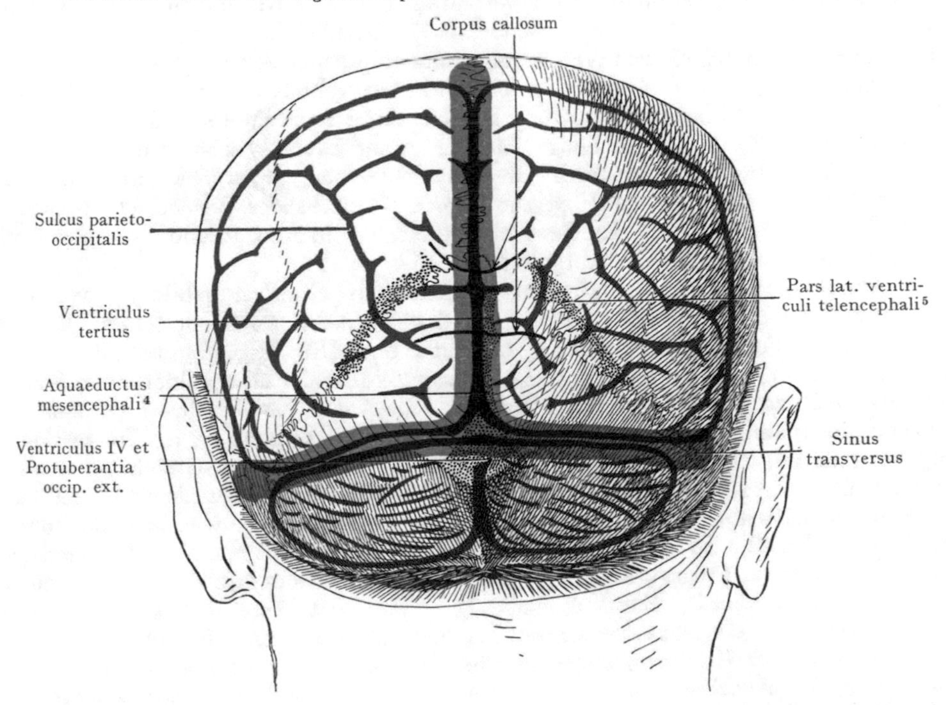

Abb. 38. Topographie der Gehirnventrikel, der Gehirnwindungen und des Sulcus transversus von hinten. Nach Hermann. Gehirn und Schädel. 1909.

---

[1] Cornu anterius. [2] Cornu inferius. [3] Cornu posterius. [4] Aquaeductus cerebri. [5] Ventriculus lateralis.

Topographie der Gehirnventrikel. Die Topographie der Hirnventrikel besonders ihre Projektion auf die äussere Fläche der Schädelkapsel ist neuerdings von einiger Bedeutung geworden wegen der Punktionen, welche z. B. bei Erguss von Flüssigkeit in die Ventrikel ausgeführt werden. Die in Frage kommenden Verhältnisse sind auf den Abb. 36—38 dargestellt; es wäre noch zu erwähnen, dass bei der Ansammlung von Flüssigkeit in den Ventrikeln die Punktion der letzteren viel leichter gelingt, als etwa bei den in den Abbildungen als Norm dargestellten Verhältnissen. Übrigens liegen am normalen Gehirn die Wandungen des Unter- und Hinterhornes aneinander.

Nach den Angaben von Kocher kann man den Einstich sowohl von der Seite als von oben vornehmen. Der Seitenventrikel wird erreicht (Abb. 36), wenn man 3 cm hinter und 3 cm über dem äusseren Gehörgang einsticht, und zwar schräg aufwärts in der Richtung gegen die Spitze der anderseitigen Ohrmuschel. Wenn man oberhalb der Linea temporalis bleibt, so vermeidet man mit Sicherheit den Sinus transversus. In der Tiefe von 4 cm wird das Unterhorn des Seitenventrikels erreicht.

Die Punktion von oben (Abb. 37) wird gemacht „durch Einstich vor dem Bregma (Vereinigungspunkt der Sutura sagittalis und coronaria) 2 cm von der Medianlinie entfernt, nach abwärts und rückwärts. Die Nadel muss 5—6 cm weit eindringen, um den Ventrikel zu treffen, trifft diesen aber auch ganz sicher, wenn er durch Flüssigkeit ausgedehnt ist" (Kocher).

Regio faciei. Gesicht.

Als Regio faciei (Gesichtsteil des Kopfes) können wir die Gegend bezeichnen, welche dem Gesichtsteil des Schädels entspricht. Die Weichteile (Gesichts- und Kaumuskulatur) bedecken das unterliegende Knochengerüst mit einer an den meisten Stellen bloss dünnen Schicht, auch verlaufen grössere Nerven- und Gefässstämme (Zweige des N. facialis, A. facialis[1], V. facialis[2]) oberflächlich, zum Teil geradezu subkutan, und sind infolgedessen Verletzungen mannigfacher Art ausgesetzt.

Als Grenzen der Regio faciei sind anzugeben: die Nasenwurzel und der Arcus superciliaris, in der Fortsetzung des letzteren der hintere Rand des Jochbeins und der untere Rand des Jochbogens bis zu einer Linie, welche senkrecht vor dem äusseren Gehörgang gezogen wird. Die untere Grenze, gegen den Hals hin, ist im unteren Rande des Unterkiefers gegeben. Die Grenzen der Gegend entsprechen im allgemeinen der Ausdehnung des Gesichtsschädels, der in Abb. 39 und 22 in der Ansicht von vorne und im Profil blau schraffiert ist.

Pars faciei cranii. Dieselbe wird durch Knochen gebildet, welche sich nach abwärts dem Hirnschädel, und zwar der vorderen Partie desselben, etwa entsprechend der Fossa cranii frontalis, anschliessen. Die Beschaffenheit der Knochen lässt am Gesichtsschädel zwei Abschnitte unterscheiden: der obere bildet einen Knochenkomplex, welcher, nirgends massig entwickelt, eine Anzahl von Hohlräumen umschliesst, während der untere Abschnitt durch den Unterkiefer dargestellt wird. So werden zwei Sinnesorgane mit ihren Nebenapparaten in die obere Partie des Gesichtsschädels aufgenommen; das Auge mit seinen Muskeln, Gefässen, Nerven usw. liegt in der Orbita, die Riechschleimhaut ist in der Kuppel der Nasenhöhle sowie auf der obersten Muschel entwickelt. Im übrigen trägt die Nasenhöhle mit ihren Nebenräumen (Sinus nasales[3]) in hohem Grade dazu bei, die Knochenmasse des Gesichtsschädels zu reduzieren (Sinus maxillaris, Sinus ethmoidei[4]). Wie weit diese Reduktion geht, zeigt die Abb. 40. Dass sie trotz der starken mechanischen Inanspruchnahme des Gesichtsschädels durch die Kaubewegungen möglich ist, kann nur erklärt werden durch die Anordnung der Knochenbalken, welche dem senkrecht wirkenden Drucke des Unterkiefers einen Widerstand entgegensetzen. Es sei in dieser Hinsicht auch an die Bemerkungen über die festeren Strebepfeiler erinnert, welche sich bei der Untersuchung des

[1] A. maxillaris externa. [2] V. facialis anterior. [3] Sinus paranasales. [4] Cellulae ethmoidales.

Schädels von der Seite her nachweisen lassen, besonders kommen hier die Pfeiler I und II (Abb. 10) in Betracht, welche in den Bereich des Gesichtsteiles des Schädels fallen, indem I etwa in der Gegend des Eckzahnes seinen Anfang nimmt und am medialen Augenwinkel vorbei senkrecht zur Frontalgegend verläuft, während II am 2.—3. Molarzahne beginnt und im Jochbein und im Processus zygomaticus ossis frontalis weiter zieht. Zu diesen Pfeilern kommen bei Frontalschnitten durch den Schädel (Abb. 40) noch hinzu die median eingestellte knöcherne Nasenscheidewand (aus dem Vomer und der Lamina mediana[1] des Ethmoids bestehend) und die laterale Wand der Nasenhöhle, an welche sich oben die mediale Wand der Orbita anschliesst. Die beiden letztgenannten Knochenplatten spielen allerdings infolge ihrer dünnen Beschaffenheit wohl

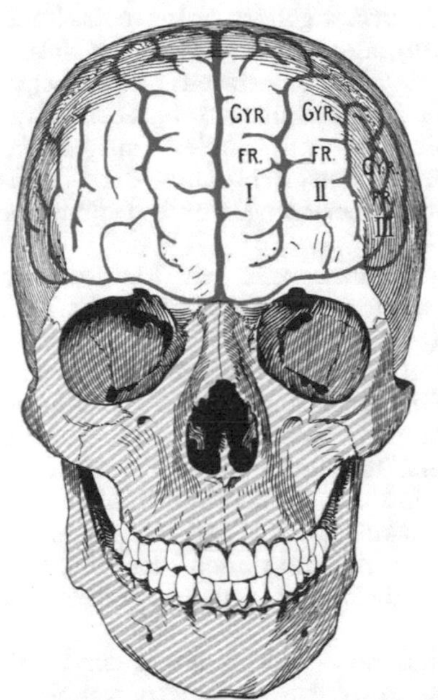

Abb. 39. Topographie der Hirnwindungen, von vorne gesehen. Halbschematisch. Gesichtsteil und Hirnteil des Schädels.

Gesichtsschädel blau. Hirnteil des Schädels weiss.

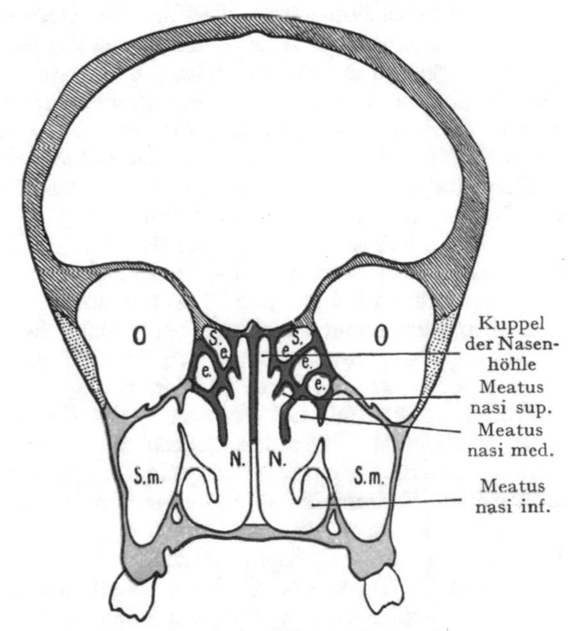

Abb. 40. Frontalschnitt durch den Schädel. (Halbschematisch.)

Ossa frontalia schraffiert. Ossa zygomatica punktiert. Maxillae blau. Os ethmoides rot. Conchae inferiores weiss. Vomer weiss. — O. Orbita. S. m. Sinus maxillaris. S. e. Sinus ethmoidei[2]. N. N. Nasenhöhle.

keine grosse Rolle für die Mechanik des Gesichtsschädels. Dagegen sind in dieser Hinsicht noch die Querverbindungen der festeren Strebepfeiler zu nennen, welche in Abb. 10 zwischen I und II in der Pars frontalis und maxillaris des Margo orbitalis, im Processus palatinus maxillae und im Boden der Orbita gegeben sind.

Im Gegensatz zu dem Knochenkomplexe, welcher die Orbita sowie die Nasenhöhle mit ihren Nebenhöhlen umschliesst, stellt der Unterkiefer einen massigen Knochen dar, welcher mit der unteren Partie des oberen Komplexes (Proc. palatini der Oberkiefer und Laminae palatinae[3] der Gaumenbeine) an der Begrenzung der Mundhöhle teilnimmt und mit seinem unteren Rande die Grenze der Regio faciei gegen den Hals darstellt.

Palpation der Pars faciei cranii. Bei mässiger Ausbildung der Weichteile des Gesichtes gelingt die Feststellung von Knochenteilen, welche zur Orientierung dienen. Der Orbitalrand ist oben, unten, lateral und auch medial bei etwas

[1] Lamina perpendicularis. [2] Cellulae ethmoidales. [3] Partes horinzontales.

tieferem Eindrücken abzutasten, ebenso die obere Partie und der hintere Rand des Jochbogens. Auch der obere und der seitliche Umfang der Apertura piriformis lassen sich feststellen, besonders wenn auf die äussere Nase ein seitlicher Druck nach der entgegengesetzten Richtung ausgeübt wird. Der untere Rand des Unterkiefers lässt sich vom Kinn aus bis zum Angulus mandibulae betasten; von hier an wird der Ast des Unterkiefers teilweise durch die Glandula parotis, teilweise durch den M. masseter bedeckt und so der direkten Palpation entzogen. Doch ist es leicht, auch durch die dicke Schicht der Glandula parotis, die Bewegungen des Unterkiefers beim abwechselnden Öffnen und Schliessen des Mundes zu verfolgen.

Weichteile der Regio faciei. Die Muskulatur, welche sich der Skeletgrundlage der Regio faciei, wenigstens in ihrer vorderen Hälfte, auflagert und mit dem subkutanen Fettpolster die Form des Gesichtes herstellt, gehört ontogenetisch mit dem N. facialis zum zweiten Schlundbogen (Hyoidbogen), also in den Bereich des Halses. Von hier gelangt die Muskelanlage, indem sie über die aus dem ersten Schlundbogen (Mandibularbogen) stammende Kaumuskulatur (Trigeminusmuskulatur) hinüberwächst, in die vordere Gesichtshälfte, um sich hier, unmittelbar dem Skelete aufgelagert, zur mimischen Gesichtsmuskulatur zu differenzieren. Es entspricht auch der Einheit in der Herkunft der Muskulatur die Einheit in ihrer Versorgung durch Blutgefässe und Nerven (N. facialis und A. facialis[1]).

Die mimische Gesichtsmuskulatur ist in Zusammenhang mit dem Platysma am Halse als eine Hautmuskelschicht aufzufassen, die allerdings bedeutend in die Tiefe reicht und unmittelbar dem Knochen aufliegt. Für die Differenzierung sind andere Momente massgebend als diejenigen, welche bei der Ausbildung des weitaus grössten Teiles der Körpermuskulatur mitgewirkt haben. Sie kann selbstverständlich keine Rolle spielen im Sinne einer Verlagerung von Knochen, denn die Knochen des Gesichtsschädels sind, mit Ausnahme des Unterkiefers, fest untereinander verbunden, so dass sie wohl Ursprünge, jedoch nicht Ansätze für die Gesichtsmuskulatur darbieten werden. Dagegen ist die mimische Gesichtsmuskulatur mit der Haut und der subkutanen Fettschicht so innig verbunden, dass die Kontraktionen der einzelnen Muskelindividuen, welche sich aus der ursprünglich einheitlichen Anlage sondern, auf die Gesichtshaut übertragen werden.

Die Öffnungen am Gesichtsschädel erlangen besondere Beziehungen zur mimischen Gesichtsmuskulatur, indem sich aus der letzteren Faserzüge abgliedern, welche die Öffnungen ringförmig umziehen und geradezu als Sphinkteren zu bezeichnen sind; so stellen sich der M. orbicularis oculi und der M. orbicularis oris dar, während die Muskeln in der Umgebung der Nasenöffnungen kaum den Charakter eines Sphinkters noch beanspruchen können. Im Zusammenhang mit den Sphinkteren stehen andere Gruppen von Muskeln, welche als Dilatatoren aufzufassen sind und besonders für die Öffnung des Mundes in Betracht kommen (M. quadratus labii mandibularis, M. triangularis, M. levator nasi et labii maxillaris med. et lat., M. zygomaticus minor[2], M. zygomaticus major).

Die Gefässe und Nerven des Gesichtes. Die Einzelbeschreibung des Verlaufes der Gefässe und Nerven wird später (Augengegend, Nase, Mund usw.) erfolgen; hier sei nur kurz auf den Verlauf der grösseren Stämme hingewiesen. Die Gefässe kommen teils vom Halse (A. facialis[1] und V. facialis[3]), teils aus Ästen der A. maxillaris[4] und der A. ophthalmica, welche Kanäle oder Öffnungen im Gesichtsschädel benützen, um in die Schicht der Weichteile einzutreten (Aa. nasales, A. lacrimalis, A. infraorbitalis, A. mentalis). Die letztgenannten Arterien gehen mit dem Hauptstamme und mit den Ästen der A. facialis[1] zahlreiche Verbindungen ein, welche ein sehr dichtes arterielles Gefässnetz herstellen. Bis zu einem gewissen Grade folgen die Venen den Arterien; sie verbinden sich gleichfalls, und zwar besonders ausgiebig, mit den Venen der Orbita am medialen Augenwinkel (siehe auch die schematische Darstellung der Orbitalvenen Abb. 66).

[1] A. maxillaris externa. [2] M. quadratus labii sup. [3] V. facialis anterior.
[4] A. maxillaris interna.

Der Verlauf der Lymphgefässe sowie die Topographie ihrer regionären Lymphdrüsen soll später behandelt werden (s. die Lymphgefässe der äusseren Nase und der Lippen).

Von den Nerven der Regio faciei kommen die motorischen Zweige für die mimische Gesichtsmuskulatur sämtlich aus dem N. facialis und treten von hinten her in die Region ein (s. die Abb. 41 und das Schema des Facialisverlaufes in Abb. 113). Sie kreuzen in ihrem Verlaufe nach vorne und medianwärts die A. facialis[1] und die V. facialis[2], indem die einzelnen Nervenäste um so mehr divergieren, je weiter sie sich der Medianebene nähern. An der Grenze gegen die Halsregion verläuft der

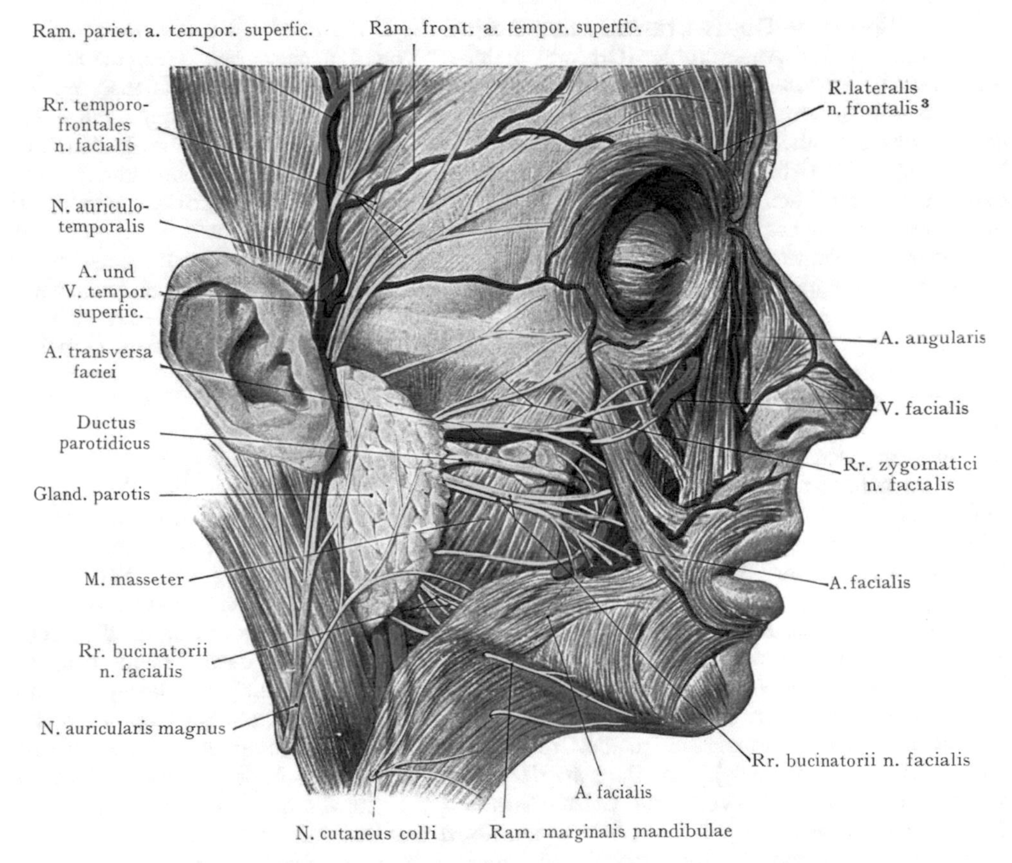

Abb. 41. Topographie der Wangen- und Gesichtsgegend von der Seite.

Ram. marginalis mandibulae aus dem Plex. parotidicus längs des Unterkieferrandes nach vorne. Die Hautnerven der Regio faciei verlaufen teils in der Bahn des N. facialis (Zweige des N. auriculotemporalis und des N. auricularis magnus), teils treten sie in Gemeinschaft mit den schon oben erwähnten Arterien durch Kanäle im Gesichtsskelete zu den Weichteilen (N. zygomaticofacialis, R. nasalis externus, N. infraorbitalis, N. mentalis) und verzweigen sich, die Muskelschicht durchsetzend, zur Haut des Gesichtes, indem sie zahlreiche Verbindungen untereinander eingehen.

Die spezielle Beschreibung der Regio faciei zerlegt die Gegend behufs besserer Gliederung des Stoffes in verschiedene Unterregionen. Wir unterscheiden erstens eine Regio

[1] A. maxillaris externa. [2] V. facialis anterior. [3] N. supraorbitalis.

orbitalis und schliessen daran die Beschreibung der Orbita und des Orbitalinhaltes; zweitens eine Regio nasalis mit der Nasenhöhle und den Nebenhöhlen der Nase; drittens eine Regio parotidomasseterica (auch Regio facialis lateralis), an deren Beschreibung sich diejenige der tiefen seitlichen Gesichtsregion anschliesst (Regio facialis lateralis profunda). Wir beginnen mit der Topographie der Regio orbitalis und der Orbita.

Topographie der Regio orbitalis und der Orbita.

Allgemeine Charakteristik der Gegend. Das Auge liegt mit seinen Nebenapparaten in der Augenhöhle (Orbita), welche, von Knochen des Gesichtsskeletes begrenzt, in Form einer vierseitigen Hohlpyramide ihre Spitze im Canalis fasc. optici[1] nach hinten gegen die Sella turcica, ihre Basis (Basis oder Aditus orbitae) nach vorne und etwas lateralwärts gegen den Gesichtsteil des Schädels richtet. Die knöchernen Wandungen der Orbita werden von Öffnungen durchsetzt, welche Gefässen und Nerven den Eintritt resp. den Austritt gestatten (Canalis fasc. optici[1], Fissura orbitalis cerebralis[2] und sphenomaxillaris[3], Canalis orbito-cranialis und orbito-ethmoideus[4] usw.) und am macerierten Schädel die Orbita mit benachbarten Hohlräumen in Verbindung setzen, so mit der Schädelhöhle, der Fossa pterygopalatina und der Nasenhöhle. Der nach vorne und lateralwärts gerichtete Aditus orbitae (Basis der Orbitalpyramide) grenzt sich am Knochenpräparate in dem Augenhöhlenrande (Margo aditus orbitae) von dem Gesichtsteile des Schädels ab und dient Weichteilen zum Ansatze, welche, mit dem vordersten Segmente des Bulbus oculi zusammengenommen, einen vorderen Abschluss der Orbita herstellen. Zunächst kommt hier ein derbes Fascienblatt (Septum orbitale) in Betracht, welches, an den Rändern des Aditus orbitae befestigt, in den Lidapparat übergeht. Dasselbe schliesst, wie schon die Bezeichnung andeutet, den Inhalt der Augenhöhle am Aditus orbitae ab und bildet die Grenze zwischen der Orbita und denjenigen Weichteilen, welche sich in Form von Muskelschichten (M. orbicularis oculi) der Orbitalöffnung anschliessen und mit ihrer Gefäss- und Nervenversorgung den Weichteilen des Gesichtes angehören. Wir können demnach von vornherein zwei grosse Abschnitte unterscheiden, einerseits die Orbita mit dem Orbitalinhalte, andererseits die Regio palpebralis mit den Augenlidern, dem M. orbicularis oculi und dem Fornix conjunctivae. Diese beiden Abschnitte unterscheiden sich auch wesentlich in Bezug auf ihre Topographie; so entspringen die Gefässe und Nerven der Orbita ausnahmslos aus Stämmen, welche aus dem Cavum cranii in die Orbita eintreten (A. ophthalmica, N. nasociliaris, Augenmuskelnerven usw.). Im Bereiche der Regio palpebralis findet teilweise die Endverzweigung dieser Nerven und Gefässe statt (A. frontalis lat.[5], R. lat. n. frontalis, N. supratrochlearis usw.), teils aber kommen noch Gefässe und Nerven aus der vorderen Gesichtsregion hinzu (N. infraorbitalis, A. angularis, Ram. frontalis der A. temporalis superficialis).

Für die Beschreibung wird sich folgende Gliederung empfehlen:

Knöcherne Orbita, ihre Wandungen und Zugänge.
Abschluss des Aditus orbitae. Augenlider, Gefässe und Nerven der Regio palpebralis.
Conjunctivalsack und Tränenapparat.
Bulbus oculi, Ansätze und Fascien der Augenmuskeln.
Topographie des retrobulbären Abschnittes der Orbita.
Frontal- und Längsschnitte durch die Orbita.

---

[1] Foramen opticum. [2] Fissura orbitalis sup. [3] Fissura orbitalis inf. [4] Foramen ethmoidale ant. und post. [5] A. supraorbitalis.

Knöcherne Orbita, ihre Wandungen und Zugänge.

Die Augenhöhlen werden also mit vierseitigen Pyramiden verglichen, welche symmetrisch zur Medianebene zwischen dem Cavum nasi medianwärts und der Fossa temporalis lateralwärts liegen. Nach unten trennt eine dünne Knochenlamelle (Facies orbitalis maxillae) die Orbita von dem Sinus maxillaris (Antrum Highmori); nach oben bildet die Pars orbitalis des Os frontale das Dach der Orbita und scheidet dieselbe von der Fossa cranii frontalis (Abb. 40).

Die Spitze der Augenhöhlenpyramide liegt in dem Canalis fasc. optici[1], ist also gegen die Fossa cranii media gerichtet, während sich die Basis als Aditus orbitae auf dem Gesichtsteile des Schädels öffnet. Die Achsen beider Orbitae konvergieren also nach hinten und medianwärts und kreuzen sich, in dieser Richtung verlängert, gerade hinter dem Dorsum sellae.

Die Grössenverhältnisse der Orbita sind je nach dem Alter verschieden und unterliegen auch beträchtlichen Variationen bei Individuen desselben Alters. Demgemäss wechseln auch die Angaben; im Mittel beträgt die Entfernung einer durch den Margo aditus orbitae gelegten Ebene von dem Canalis fasc. optici[1], entsprechend der Achse der Augenhöhlenpyramide, annähernd 40—50 mm, die maximale Höhe in der Ebene des Aditus orbitae 35 mm, die maximale Breite an derselben Stelle 40 mm (Testut). Solche Zahlenangaben haben jedoch nur einen bedingten Wert.

Wandungen der knöchernen Orbita. Man pflegt bei dem Vergleiche der Orbita mit einer vierseitigen Pyramide vier Wandungen zu unterscheiden, einen Paries superior, inferior, temporalis und nasalis, dazu eine Spitze (Apex) und als Basis die Öffnung am Gesichtsteil des Schädels (Aditus orbitae). Die Wandungen gehen meist abgerundet ineinander über, so dass ihre Grenzen mehr oder weniger willkürlich angenommen werden müssen. Sie bestehen aus dünnen, zum Teil papierdünnen Knochenlamellen, die von einem derben Perioste (Periorbita) überzogen werden; bloss der den Aditus orbitae begrenzende Margo orbitalis setzt sich aus massigerem Knochen zusammen, welcher übrigens nicht selten durch die starke Ausbildung oben des Sinus frontalis, unten des Sinus maxillaris, eine Schwächung erfährt.

Der Paries superior orbitae (Abb. 42), durch die Pars orbitalis ossis frontalis, sowie in ihrer hinteren Partie durch die Facies orbitalis der Ala parva des Sphenoids gebildet, stellt eine dünne dreieckige Knochenplatte dar, deren Basis an dem Aditus orbitae (Margo orbitalis) und deren Spitze an dem Canalis fasc. optici[1] liegt. Diese Knochenlamelle trennt die Orbita von der Fossa cranii frontalis; sie zerfällt gegen den medialen Teil des Margo orbitalis in zwei Lamellen, welche den Sinus frontalis begrenzen. Bei der starken Variation in der Ausdehnung des letzteren (s. die Topographie der Sinus nasales[2]) ist es nicht möglich, bestimmte Angaben zu machen über den Umfang, in welchem die Pars orbitalis ossis frontalis durch diesen lufthaltigen Nebenraum der Nase in zwei Lamellen zerlegt wird. Der Sinus kann sich in extremen Fällen über das ganze Dach der Orbita bis zum kleinen Keilbeinflügel ausdehnen (Abb. 46) und alsdann wird der Paries superior nicht etwa die Orbita von der Fossa cranii front., sondern von dem Sinus frontalis trennen. Dass, besonders bei starker Reduktion der beiden Knochenlamellen, entzündliche Prozesse von dem Sinus frontalis auf das Cavum cranii, vielleicht auch auf die Orbita, übergreifen können, liegt auf der Hand.

Die obere Wand der Orbita ist sowohl in frontaler als in sagittaler Richtung konkav; lateralwärts ist in unmittelbarem Anschlusse an den Margo orbitalis die seichte Fossa glandulae lacrimalis ausgebildet. Medianwärts, etwa 5 mm hinter der Incisura frontalis lateralis[3], am Übergange des Paries superior in den Paries nasalis, liegt die Foveola trochlearis zur Befestigung der sehnigen Schlinge (Trochlea), in welcher die

[1] Foramen opticum. [2] Sinus paranasales. [3] Incisura supraorbitalis.

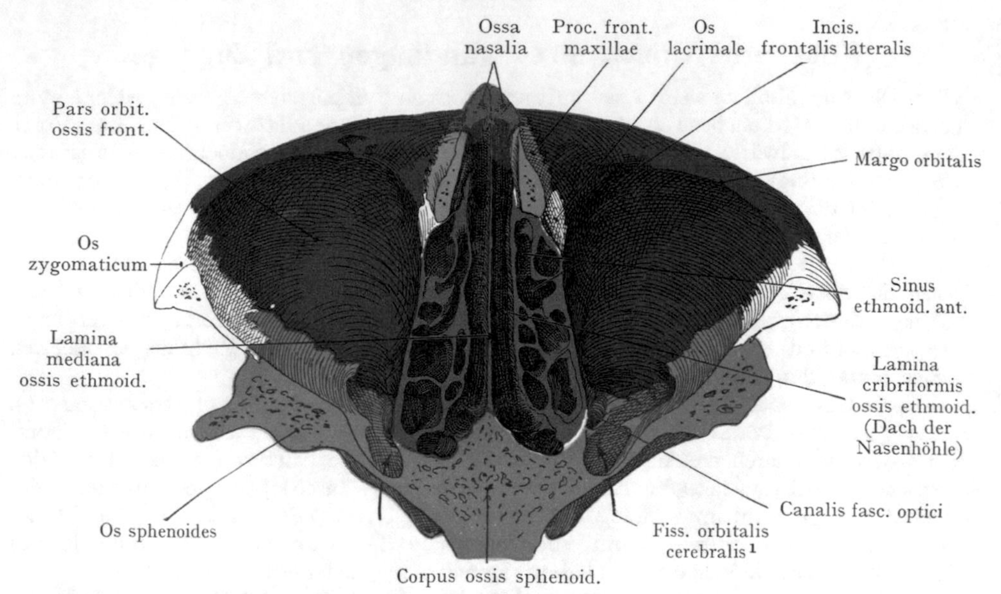

Abb. 42. Paries superior orbitae. (Dach der Orbita.)
Os frontale violett. Os zygomaticum weiss, Os sphenoides grün. Os ethmoides rot. Os lacrimale weiss. Os nasale orange. Maxilla blau.

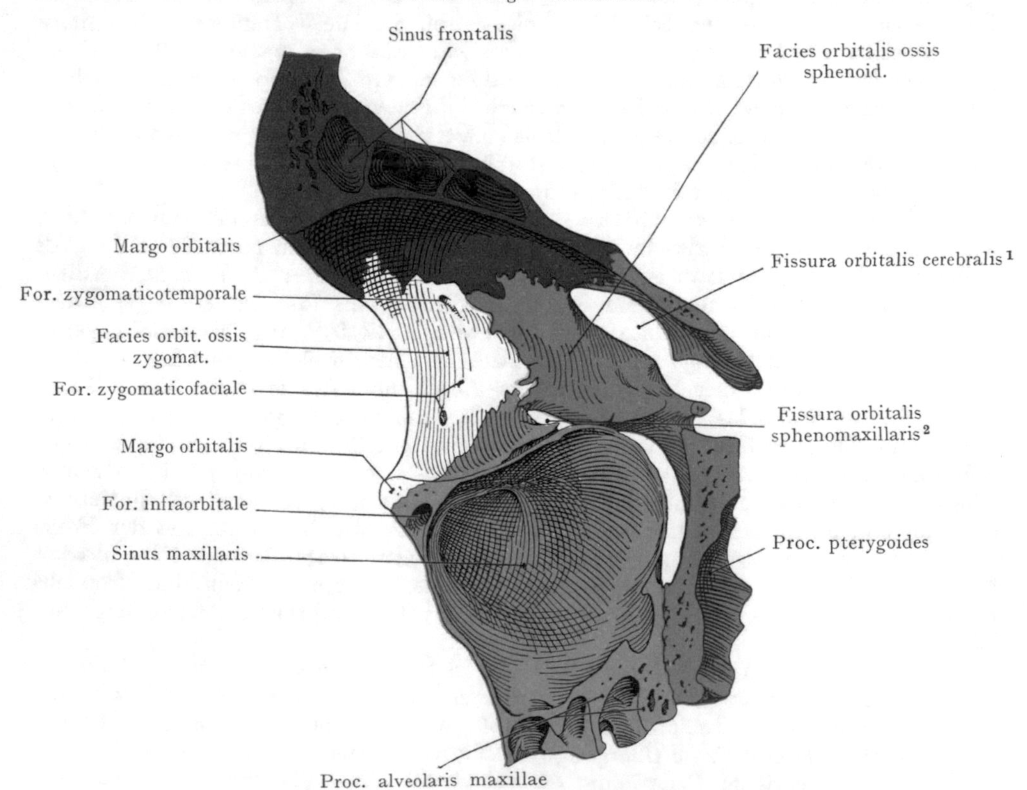

Abb. 43. Paries temporalis orbitae, von innen gesehen.
Os frontale violett. Os zygomaticum weiss. Os sphenoides grün. Maxilla blau.

---

[1] Fissura orbitalis superior. [2] Fissura orbitalis inferior.

Sehne des M. obliquus bulbi superior von der oberen Wand der Orbita nach hinten und lateralwärts umbiegt, um zu ihrer Insertion an dem oberen Umfange des Bulbus zu gelangen. Sehr häufig wird die Foveola trochlearis durch einen kleinen Knochenvorsprung (Spina trochlearis) ersetzt, an welchem sich die Sehnenschlinge befestigt.

Paries temporalis (Abb. 43). Er trennt die Orbita von der Fossa temporalis und stellt, wie der Paries superior, eine annähernd dreieckige Platte dar, deren Spitze im Grunde der Orbita etwa an dem Canalis rotundus[1] liegt, während die Basis durch die entsprechende laterale Strecke des Margo aditus orbitae[2] dargestellt wird. In ihrer hintersten Partie, da, wo sie durch die Fissura orbitalis cerebralis[3] von dem Paries superior

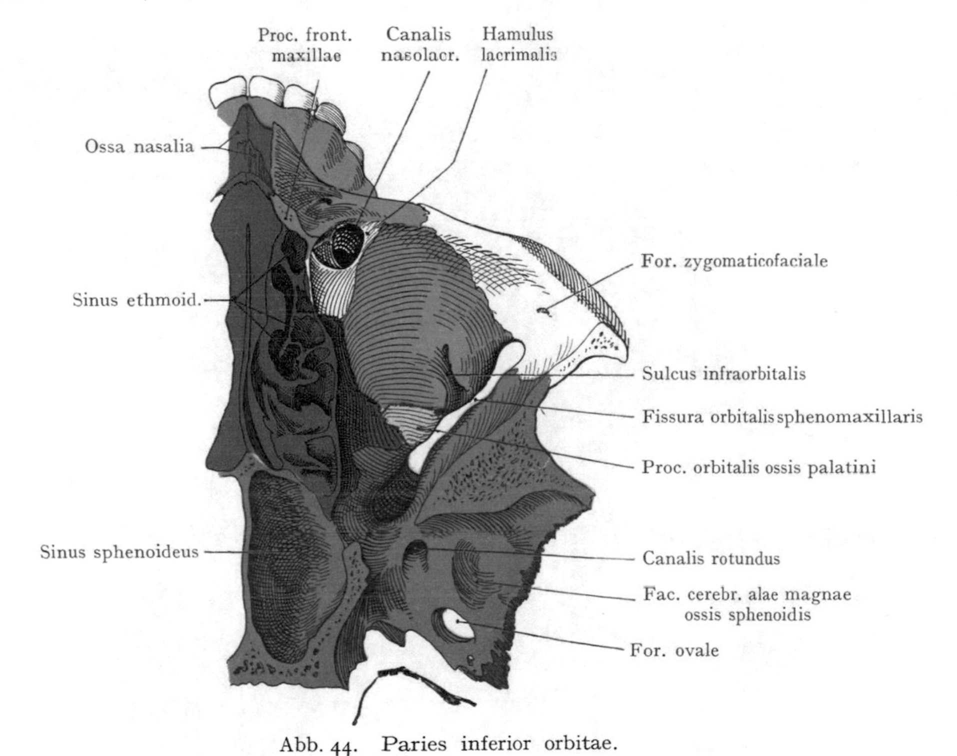

Abb. 44. Paries inferior orbitae.

Ossa nasalia orange. Maxilla blau. Os sphenoides grün. Os palatinum gelb. Os zygomaticum und Os lacrimale weiss.

getrennt wird, findet sich häufig eine scharfe, dornartige Erhebung als Ursprung für die laterale Portion des M. rectus bulbi temporalis (vergleiche die Abb. 47 und das Schema der Augenmuskelursprünge Abb. 60). Der Paries temporalis wird vorn durch die Facies orbitalis des Os zygomaticum und den Processus zygomaticus ossis frontalis, hinten durch die Facies orbitalis des grossen Keilbeinflügels gebildet. Er grenzt sich teilweise in der Fissura orbitalis cerebralis[3] und sphenomaxillaris[4] von dem Paries superior und inferior ab; durchbohrt wird er von zwei das Os zygomaticum durchsetzende Öffnungen, dem Foramen zygomaticofaciale und dem Foramen zygomaticotemporale, durch welche die Nn. zygomaticofacialis und zygomaticotemporalis aus dem N. zygomaticus (N. maxillaris) zur Haut der Wange und der Schläfe gelangen.

Der Paries temporalis ist deshalb praktisch wichtig, weil seine Resektion den Orbitalinhalt in grösserer Ausdehnung zugänglich macht und besonders auch operative Eingriffe an den retrobulbären Gebilden gestattet.

[1] Foramen rotundum. [2] Margo orbitalis. [3] Fissura orbitalis sup. [4] Fissura orbitalis inf.

Der Paries inferior (Abb. 44) ist gleichfalls von dreieckiger Form, seine Basis wird durch den Margo orbitalis maxillae gebildet; seine Spitze liegt an der Öffnung des Canalis fasc. optici in die Orbita. Er besteht aus der Facies orbitalis maxillae und einer kleinen Partie der Facies orbitalis des Jochbeins; nach hinten schliesst sich gegen die Fissura orbitalis sphenomaxillaris[1] der Processus orbitalis ossis palatini an, welcher oft in der Ansicht von vorne her kaum zu sehen ist.

Der Paries inferior stellt beim Erwachsenen in der Regel eine ganz dünne Knochenlamelle dar, welche die Orbita von dem Sinus maxillaris des Oberkiefers

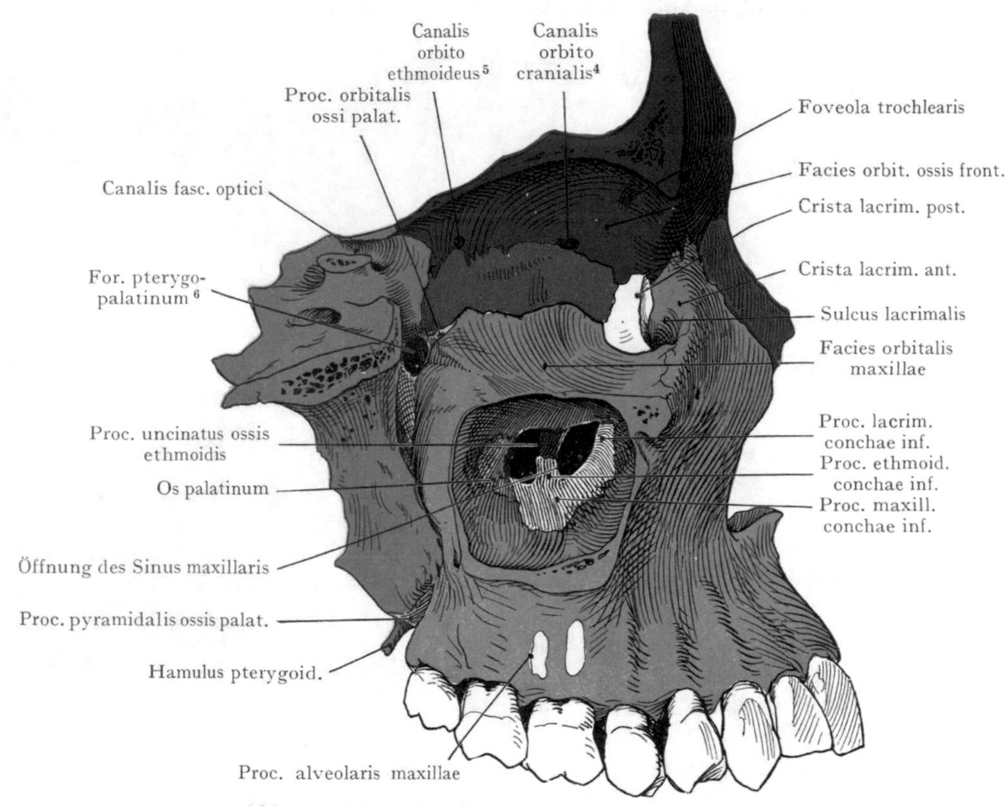

Abb. 45. Paries nasalis orbitae, von aussen gesehen.
Der Sinus maxillaris ist geöffnet worden, um die Fortsätze der Concha inf. zu zeigen.
Os frontale violett. Maxilla blau. Os ethmoides rot. Os lacrimale weiss. Os sphenoides grün.
Os palatinum gelb. Os nasale orange.

trennt. Die hintere Partie des Paries inferior weist den Sulcus infraorbitalis auf, welcher nach vorne hin in den Canalis infraorbitalis übergeht; dieser durchsetzt schief nach vorne und abwärts die untere Wand der Orbita und öffnet sich auf dem Gesichtsteile des Schädels aus, etwa 7—10 mm unterhalb des Margo orbitalis maxillae. Der Sulcus infraorbitalis nimmt mit seiner Fortsetzung im Canalis infraorbitalis den aus dem Canalis rotundus[2] in die Orbita eintretenden N. infraorbitalis und die A. infraorbitalis auf.

Paries nasalis (Abb. 45). Er wird gebildet (von vorne nach hinten untersucht) durch den Processus frontalis maxillae, durch das Os lacrimale, die Lamina orbitalis ossis ethmoidis[3] und die laterale vordere Fläche des Os sphenoides unterhalb des Canalis fasc. optici. Die beiden Abschnitte des Paries nasalis, welche von

[1] Fissura orbitalis inferior. [2] Foramen rotundum. [3] Lamina papyracea.
[4] For. ethmoidale ant. [5] For. ethmoidale post. [6] For. sphenopalatinum.

dem Os lacrimale und dem Os ethmoides geliefert werden, sind ausserordentlich dünne Knochenlamellen, eine Tatsache, die in der Bezeichnung: Lamina papyracea[1] ossis ethmoidis zum Ausdruck kam. Bisweilen wird dieselbe durch stärkere Ausbildung der Sinus ethmoidei[2] leicht in die Orbita vorgewölbt, in den meisten Fällen ist sie plan und grenzt die Orbita von den Sinus ethmoidei[2] anteriores und posteriores ab. Durch die Crista lacrimalis posterior wird das Os lacrimale in zwei Facetten geteilt, von denen genau genommen bloss die hintere an der Bildung des Paries nasalis teilnimmt, während die vordere Fläche vorn durch die Crista lacrimalis anterior und einen Teil des Processus frontalis maxillae zur Fossa sacci lacrimalis ergänzt wird. Bei starker Entwicklung des Sinus sphenoideus wird derselbe durch die an der Begrenzung des Paries medialis teilnehmende Partie des Sphenoids unterhalb des Canalis fasc. optici[3] von der Orbita getrennt (s. Topographie der Sinus nasales[4]). Von besonderer praktischer Wichtigkeit sind aber die Beziehungen zwischen der Orbita und den Sinus ethmoidei[2], welche infolge der oft papierdünnen Beschaffenheit der Lamina orbitalis[5] ossis ethmoidis innige zu sein pflegen, so dass Entzündungen von den Sinus ethmoidei[2] auf den Orbitalinhalt übergreifen und hier eine weite Verbreitung nehmen können.

In der Sutura frontoethmoidea, welche die Lamina orbitalis[5] ossis ethmoidis von der Pars orbitalis ossis frontalis trennt, liegen die Can. orbito-cranialis et -ethmoideus[6], von denen das erstere dem N. ethmoideus ant. und der A. ethmoidea ant. (aus der A. ophthalmica) den Austritt aus der Orbita in das Cavum cranii gestattet (auf die Lamina cribriformis des Siebbeines), während die kleinere A. ethmoidea post. mit dem N. ethmoideus post. das Can. orbito-ethmoideus durchsetzen, um sich an die Wandung hinterer Sinus ethmoidei zu verbreiten. Eine von dem Can. orbito-cranialis nach abwärts an der medialen Orbitalwand gezogene Vertikale gilt als Anhalt zur Bestimmung der Lage der Sinus ethmoidei; vor dieser Linie werden die Sinus ethmoidei anteriores angetroffen, hinter derselben die Sinus ethmoidei posteriores.

Aditus orbitae. Die Basis der Orbitalpyramide (Aditus orbitae) bildet am Gesichtsteile des Schädels eine annähernd vierseitige Öffnung, welche durch den Augenhöhlenrand (Margo aditus orbitae) ihre Abgrenzung erhält. Der letztere beginnt mit dem Margo orbitalis ossis frontalis an der Sutura zygomaticofrontalis und erstreckt sich medianwärts bis zur Sutura frontolacrimalis; sie weist an der Grenze zwischen ihrem medialen und mittleren Drittel die Incisura frontalis lat.[7] auf, welche nicht selten durch eine Knochenspange zu einem Foramen frontale lat. ergänzt wird. Medianwärts von derselben biegt der Margo orbitalis in senkrechter Richtung um und flacht sich gegen den medialen Augenwinkel hin ab. Als Fortsetzung kann die Crista lacrimalis anterior der Maxilla (Processus frontalis) gelten, welche nach unten in den scharfen Margo orbitalis maxillae übergeht. Die Fossa sacci lacrimalis, welche vorne durch die Crista lacrimalis anterior, hinten durch die Crista lacrimalis posterior abgegrenzt wird, liegt noch innerhalb der Orbita, wenn wir die Crista lacrimalis anterior als eine Fortsetzung des Margo orbitalis auffassen.

Der Margo orbitalis maxillae zieht sich als ein scharfer Rand von dem Processus frontalis maxillae auf den Körper des Oberkiefers; annähernd 5—7 mm unterhalb seiner Mitte wird die Öffnung des Canalis infraorbitalis am Gesichte angetroffen. Weiter lateral wird der Orbitalrand durch das Jochbein gebildet, das auch mit dem Processus zygomaticus ossis frontalis die laterale Wand der Orbita herstellt.

Im Gegensatz zu den Wandungen der Orbita selbst besteht der Orbitalrand aus massigerem Knochen, welcher nur bei sehr starker Ausdehnung des Sinus frontalis und des Sinus maxillaris in seiner oberen, resp. unteren Strecke eine Schwächung erfährt.

Spitze der Orbitalpyramide und Verbindungen der Orbita am Knochenpräparate mit benachbarten Gegenden. An der Spitze der Augenhöhlen-

[1] Lamina orbitalis I. N. A. [2] Cellulae ethmoidales. [3] Foramen opticum. [4] Sinus paranasales. [5] Lamina papyracea. [6] For. ethmoidale ant. et post. [7] Incisura supraorbitalis.

pyramide liegt der Canalis fasc. optici[1], welcher in einer Länge von 4—5 mm den Ursprung der Ala parva des Sphenoids schräg durchsetzt. Bemerkenswert sind die Beziehungen, welche zwischen dem Canalis fasc. optici[1] und seinem Inhalte einerseits und einem stark ausgebildeten und in die Alae parvae vordringenden Sinus sphenoideus andererseits bestehen können (s. Sinus nasales[2]). Ein solcher kann (Abb. 46) die Wandung des Canalis fasc. optici auf eine dünne Knochenlamelle reduzieren und bietet die Möglichkeit für die Fortpflanzung von Erkrankungen, welche von der Nasenhöhle und den Sinus nasales[2] ausgehen, auf den Fasc. opticus und auf die Orbita. In diesem Falle reicht die Schleimhaut des Sinus sphenoideus bis an die Opticusscheide heran.

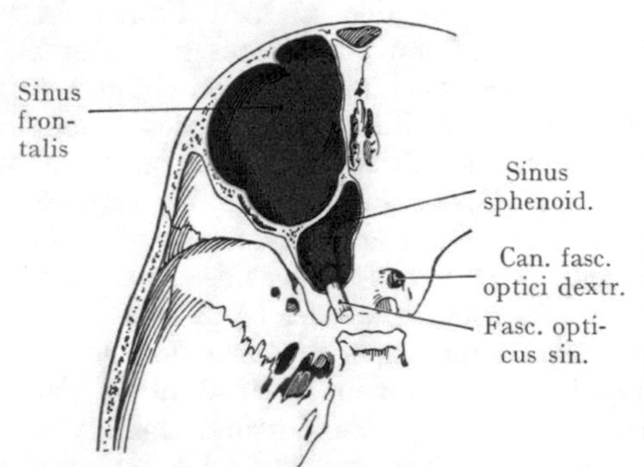

Abb. 46. Stark entwickelter Sinus frontalis, nebst einem Sinus sphenoideus, welcher den Canalis fasc. optici umgibt und bis an die Scheide des Fasc. opticus heranreicht.
Beobachtet auf dem Basler Seziersaale.

In der Nähe der Spitze der Orbitalpyramide finden sich noch drei grössere Öffnungen, von denen die Fissura orbitalis cerebralis[3] und sphenomaxillaris[4] mehr spaltförmig sind, während der Canalis rotundus eine rundliche, die mittlere Schädelgrube mit der Fossa pterygopalatina und der Orbita in Verbindung setzende Öffnung darstellt. Mit Ausnahme des Fasc. opticus und der A. ophthalmica gelangen sämtliche Nerven und Gefässe der Orbita durch diese drei Öffnungen in den Hohlraum.

Die Fissura orbitalis cerebralis[3] bildet einen Teil der Grenze zwischen dem Paries superior und dem Paries temporalis der Orbita; sie liegt zwischen der Ala parva des Keilbeins nach oben und der Ala magna nach unten (Abb. 47). In ihrem medialen Abschnitte ist sie weiter als lateralwärts, wo sie die Benennung „Spalt" eher verdient; beide Abschnitte sind scharf voneinander abgesetzt durch einen Vorsprung (Spina m. recti bulbi temp.), von welchem die laterale Portion des M. rectus bulbi temp. ihren Ursprung nimmt (s. Abb. 60). Die Fissura orbitalis cerebralis[3] ist bald mit einem ❜, bald mit einer Keule verglichen worden, der weitere Abschnitt stellt den Punkt des ❜ oder den Kopf der Keule dar und liegt lateral- und abwärts vom Canalis fasc. optici[1] und über dem Canalis rotundus

Die Fissura orbitalis sphenomaxillaris[4] bildet einen Teil der Grenze zwischen der lateralen und der unteren Wand der Orbita; sie ist länger als die Fissura orbitalis cerebralis[3], mit welcher sie einen lateralwärts offenen Winkel bildet. An ihrer Begrenzung nehmen teil: oben der grosse Flügel des Keilbeins, lateral je nach seiner Ausdehnung auch das Jochbein, ferner der Körper des Oberkiefers und der Processus orbitalis ossis palatini. Die mediale, etwas engere Hälfte der Fissur führt in die Fossa pterygopalatina, hier öffnet sich auch der Canalis rotundus, welcher den seitlichen Abschnitt der Fossa cranii media mit der Fossa pterygopalatina in Verbindung setzt (für den N. maxillaris). Als Fortsetzung des Canalis rotundus nach vorne hin können der Sulcus und der Canalis infraorbitalis gelten. Die laterale Hälfte der Fissura orbitalis sphenomaxillaris[4] ist gewöhnlich weiter als die mediale und verbindet die Orbita mit der Fossa infratemporalis.

Die laterale Wandung der Orbita (Os zygomaticum) wird durch das Foramen zygomaticofaciale und zygomaticotemporale durchsetzt (Abb. 43), welche an der Facies temporalis und facialis des Os zygomaticum ausmünden (für die gleichnamigen Hautäste des N. zygomaticus vom N. maxillaris).

Die Canales orbito-craniales et -ethmoidei[5] sind bereits erwähnt worden. Nicht selten finden sich ferner Defekte in der Lamina orbitalis[6] des Ethmoids oder in dem

[1] Foramen opticum. [2] Sinus paranasales. [3] Fissura orbitalis sup.
[4] Fissura orbitalis inf. [5] For. ethmoidalia ant. et post. [6] Lamina papyracea.

Os lacrimale, welche am Schädel eine Verbindung zwischen der Orbita und den angrenzenden Sinus ethmoidei herstellen. Am Präparate lässt sich nachweisen, dass an solchen Stellen das Periost der Orbitalknochen (Periorbita) direkt an die Schleimhaut der Sinus ethmoidei angrenzt, ein praktisch nicht unwichtiger Befund.

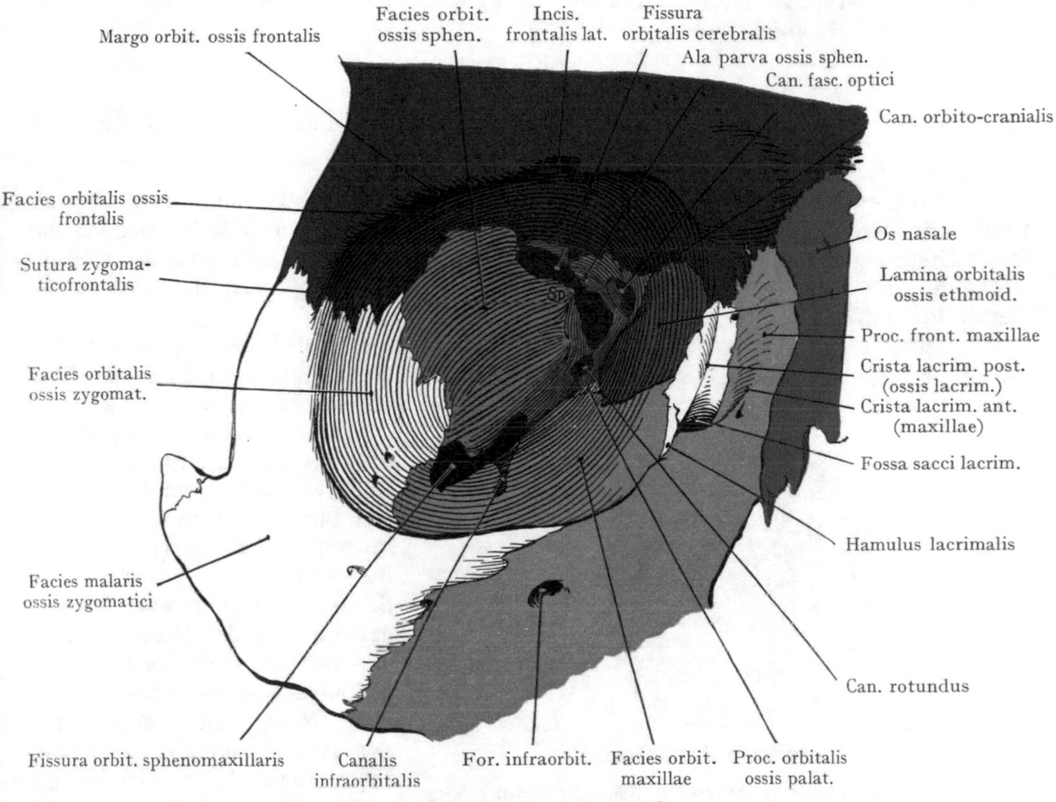

Abb. 47. Orbita, von vorne gesehen.
Os frontale violett. Os sphenoides grün. Os zygomaticum weiss. Maxilla blau. Os ethmoides rot. Os lacrimale weiss. Os nasale orange. Sp. Spina m. recti temp.

Palpation der Gebilde der Orbita. Der Palpation ist vor allem zugänglich die Begrenzung der Basis orbitae in dem Margo aditus orbitae. Derselbe lässt sich mit der grössten Leichtigkeit und Sicherheit in seinem ganzen Verlaufe abtasten. Auch der vorderste Teil der oberen Orbitalwand ist dem tastenden Finger zugänglich, am medialen Augenwinkel ist manchmal die Crista lacrimalis anterior zu fühlen. Der Aditus orbitae wird durch den Bulbus bei weitem nicht ausgefüllt; die Unmöglichkeit mit dem tastenden Finger tiefer einzudringen, ist auf die Ausbildung eines straffen Abschlusses der Orbitalöffnung, des Septum orbitale, zurückzuführen.

Wir haben schon oben darauf hingewiesen, dass der Abschluss des Aditus orbitae durch das Septum zu einer Einteilung der in der Augengegend anzutreffenden Gebilde benutzt werden könne in solche, die h i n t e r, und in solche, die v o r dem Septum gelegen sind. Man wäre fast berechtigt, von einem intraorbitalen und einem extraorbitalen

Abschnitte der Gegend zu sprechen, oder von prä- und postseptalen Gebilden. Die präseptalen Gebilde, welche sich der Orbitalöffnung und dem Septum orbitale anschliessen, gehören zunächst den Augenlidern an, daher wird die Gegend am besten als Regio palpebralis bezeichnet. Die geschlossenen Augenlider werden durch den Saccus conjunctivae von dem vorderen Umfange des Bulbus getrennt; es wird also auch die Conjunctiva und im Anschluss daran die Topographie der Tränenabflusswege in diesem Abschnitte zu behandeln sein.

Abschluss des Aditus orbitae. Augenlider. Gefässe und Nerven der Regio palpebralis.

Abgrenzung und Inspektion der Region. Sie entspricht dem Orbitalrande und den Augenlidern; an ersterem erhalten die Muskeln und Fascien der Gegend ihren Ursprung oder ihren Ansatz. Nach oben grenzt sie an die Regio frontalis, medianwärts an die Regio nasalis, lateralwärts an die Regio temporalis, abwärts an die Regio infraorbitalis.

Inspektion der Regio palpebralis (Abb. 48). Die Augenlider passen sich dem vorderen Segmente des Bulbus an, von welchem sie bloss durch den Spalt des Conjunctivalsackes getrennt sind. Infolge der Elastizität der in den Augenlidern eingeschlossenen, die Rolle von Stützgebilden spielenden Bindegewebsmassen (Tarsus superior und inferior) werden die Augenlider beim Öffnen und Schliessen immer auf der vorderen Fläche des Bulbus streifen und sich der Form des vorderen Bulbussegmentes anpassen.

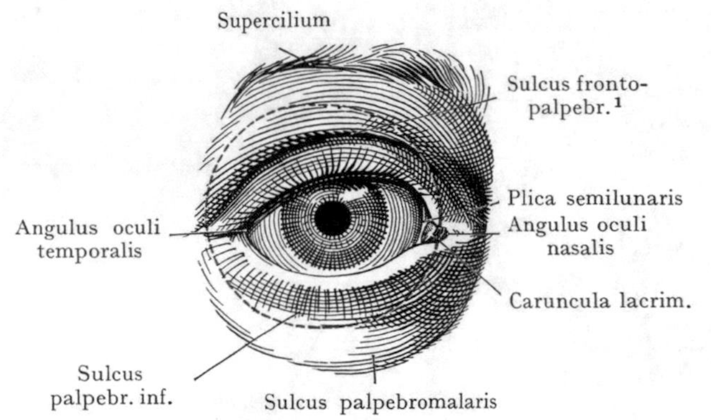

Abb. 48. Augengegend rechterseits: die Ausdehnung des Conjunctivalsackes ist durch eine unterbrochene rote Linie angegeben.

Nach oben grenzt sich das obere Augenlid durch eine Hautfurche ab, welche bei geschlossenen Augenlidern gerade unterhalb des Margo orbitalis liegt (Sulcus frontopalpebralis[1]). Das untere Augenlid grenzt sich weniger deutlich durch eine beim Öffnen des Auges sich vertiefende Furche (Sulcus palpebralis inferior) ab; etwas weiter abwärts verläuft nicht selten eine zweite, dem Sulcus palpebralis inferior parallele Furche, welche als Grenze gegen die Regio malaris angesehen werden kann (Abb. 48, Sulcus palpebromalaris).

Von dem Margo aditus orbitae ausgehend, tritt das Septum orbitale in die Augenlider ein, um sich hier zum Tarsus superior und inferior zu verdichten, welche nicht bloss als Stützgebilde für die Augenlider, sondern geradezu als Teile des Septum orbitale aufgefasst werden können. Aus diesem Verhältnis kann die Unterscheidung eines freien und eines am Orbitalrande befestigten Randes des Augenlides abgeleitet werden. Die freien Ränder der Augenlider zerfallen durch die Ausbildung der kleinen, die Puncta lacrimalia tragenden Papillae lacrimales in einen längeren lateralen und einen kürzeren (4—5 mm langen) medialen Abschnitt (Abb. 53). Bloss der laterale Abschnitt weist Cilien auf; der mediale Abschnitt bildet den Tränensee und den abgerundeten medialen Augenwinkel. Ausser den Cilien trägt der freie Rand der Augenlider auch noch die Ausmündungen der in die Bindegewebsmasse der Tarsi eingeschlossenen Glandulae

[1] Sulcus orbitopalpebralis sup.

tarseae (Meibomi), welche als umgeformte Talgdrüsen den gleichfalls am freien Rande der Augenlider ausmündenden Glandulae sudoriferae ciliares (Molli), die sich von Schweissdrüsen herleiten, gegenüberzustellen sind. Durch Umstülpen des oberen oder des unteren Augenlides werden die Glandulae tarseae in dem unmittelbar unter der Tunica conjunctiva palpebrarum liegenden Tarsus superior und inferior leicht zur Ansicht gebracht.

Am Angulus oculi nasalis geben die Papillae lacrimales die Grenze zwischen den beiden Abschnitten der Augenlider an. Durch die medialen Abschnitte wird der Tränensee sowie der abgerundete Angulus oculi nasalis begrenzt. Eine senkrechte Falte der Conjunctiva schliesst lateral als Plica semilunaris den Tränensee ab; am Boden des letzteren erhebt sich die Caruncula lacrimalis. In den meisten Fällen

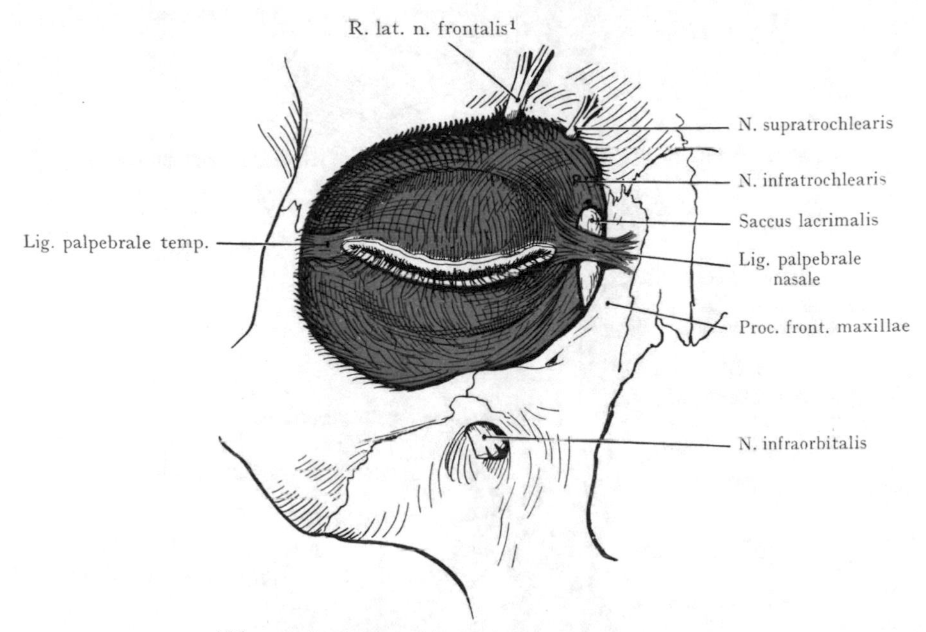

Abb. 49. Septum orbitale (grün). Ansicht von vorn.

liegt das Lig. palpebrale nasale einem horizontalen Wulste zugrunde, der vom Angulus oculi nasalis ausgeht und wenn nicht durch Inspektion, so doch durch Palpation nachweisbar ist.

Septum orbitale. Bei der Präparation der Regio palpebralis lässt sich eine oberflächliche Schicht, bestehend aus der Haut, dem subkutanen Fett- und Bindegewebe und dem M. orbicularis oculi, von einer tiefen Schicht unterscheiden, welche durch das Septum orbitale dargestellt wird. Dasselbe bildet das Befestigungsmittel der Augenlider an den Orbitalrand und geht in die beiden Tarsi über, welche als Massen von verfilzten Bindegewebsfasern eine feste Grundlage für die Augenlider darbieten.

Das Septum orbitale (Abb. 49) entspringt als eine straffe, stellenweise fast sehnige Membran vom Margo aditus orbitae[2] in seiner ganzen Ausdehnung, steht hier mit dem Perioste der Orbita im Zusammenhang und geht in die Augenlider über. Es hängt innig mit dem Tarsus superior und inferior zusammen, und diese Gebilde werden von vielen Autoren geradezu als eine im Sinne der Stützfunktion umgewandelte Partie des Septum orbitale aufgefasst. In Abb. 50 (Sagittalschnitt durch die Regio palpebralis mit dem vorderen Segmente des Bulbus) ist bloss der membranöse, den

[1] N. supraorbitalis. [2] Margo orbitalis.

Orbitalrand mit den beiden Tarsi in Verbindung setzende Abschnitt des Septum samt der Periorbita grün angegeben; in Abb. 49 ist das Septum bis zum freien Orbitalrande mittelst grüner Farbe hervorgehoben.

Die Platte des Septum orbitale ist nicht überall in gleicher Stärke entwickelt, indem sie besonders an der oberen und medialen Strecke des Margo orbitalis Öffnungen aufweist, durch welche Nerven und Gefässe (Ram. palpebralis n. lacrimalis, R. lateralis n. frontalis[1], N. supratrochlearis und N. infratrochlearis, mit den Aa. frontalis lateralis et medialis[2], palpebralis nasalis, dorsalis nasi) aus der Orbita zu den ober-

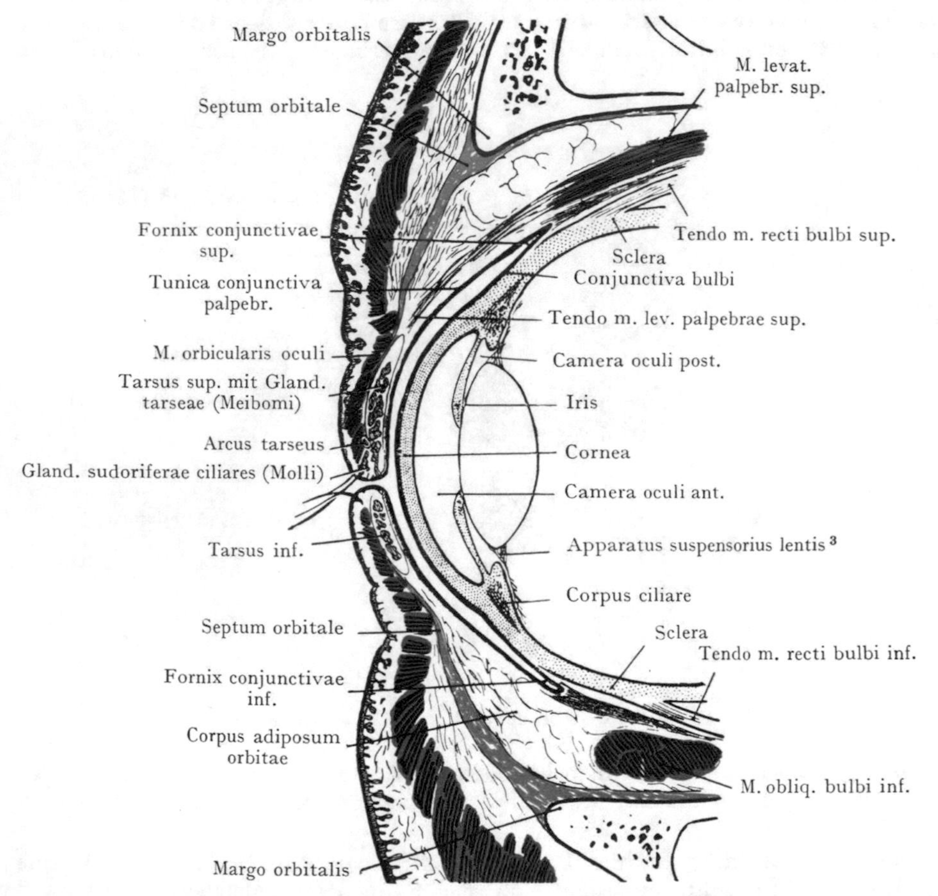

Abb. 50. Sagittalschnitt durch die Augenlider und den vorderen Abschnitt des Bulbus. Nach einem Mikrotomschnitte.

flächlichen Schichten der Regio palpebralis gelangen. Die obere Partie des Septum wird nicht, wie viele Autoren angeben, von Sehnenbündeln des M. levator palpebrae superioris durchbrochen; dagegen inseriert sich ein Teil dieser Sehne am oberen Rande des Tarsus superior.

Die beiden Tarsi setzen das Septum orbitale bis zum freien Rande der Augenlider fort, als Platten von verfilztem Bindegewebe, welche die Glandulae tarseae umschliessen und, in der Mitte am höchsten, gegen den Angulus oculi nasalis und temporalis niedriger werden. Von den medialen wie von den lateralen Enden der Tarsi gehen horizontal verlaufende sehnige Faserzüge aus, welche die Tarsi mit dem Orbitalrande verbinden (Lig. palpebrale nasale und Lig. palpebrale temporale, Abb. 49). Die dadurch

[1] N. supraorbitalis. [2] A. supraorbitalis et frontalis. [3] Zonula ciliaris (Zinni).

gebotene Fixation ist eine straffere, als die nach aufwärts und abwärts durch das Septum orbitale hergestellte Verbindung des oberen und unteren Randes der Tarsi mit der Pars frontalis und maxillaris des Margo orbitalis. Das Lig. palpebrale temporale inseriert sich in der Gegend der Sutura zygomaticofrontalis am lateralen Orbitalrande; das stärkere Lig. palpebrale nasale geht vor dem Tränensacke vorbei zur Crista lacrimalis anterior. Da sich das Septum orbitale an die Crista lacrimalis posterior festsetzt, so kommt der Saccus lacrimalis zwischen zwei sehnige Platten zu liegen, welche infolge ihrer Verbindung mit der tiefen sowie mit der oberflächlichen Portion des M. orbicularis oculi eine wichtige Rolle für die Fortbewegung der Tränenflüssigkeit spielen.

Oberflächliche Schichten der Regio palpebralis. Dieselben sind 1. die Haut mit dem subkutanen Bindegewebe, 2. die Muskelschicht (M. orbicularis oculi), 3. lockeres Bindegewebe zwischen der Muskelschicht und dem Septum orbitale.

Die Haut zeichnet sich durch ihre grosse Zartheit aus, das subkutane Bindegewebe ist sehr locker, entbehrt fast ganz des Fetteinschlusses und lässt sich leicht samt der Haut in Falten emporheben. Sie besitzt eine beträchtliche, bei den Bewegungen der Lider in Betracht kommende Elastizität.

Die Muskelschicht (M. orbicularis oculi) stellt eine Platte dar, welche vom Margo aditus orbitae bis zu den freien Rändern der Augenlider reicht. Eine äussere Partie (Pars orbitalis) wird von einer inneren Partie (Pars palpebralis) unterschieden. Die erstere greift mit ringförmig verlaufenden stärkeren Faserzügen über den Margo aditus orbitae hinaus, welche sich teilweise mit der übrigen mimischen Gesichtsmuskulatur verflechten, so mit dem M. frontalis, dem M. levator nasi et labii maxillaris[1] usw. Die Pars palpebralis entspringt am medialen Augenwinkel, teils von dem an der Crista lacrimalis ant. sich inserierenden Lig. palpebrale nasale (Pars superficialis), teils mittelst des hinter dem Saccus lacrimalis vorbeiziehenden Septum orbitale von der Crista lacrimalis post. (Pars sacci lacrimalis [Horneri]). Diese beiden Ursprungsportionen der Pars palpebralis fassen den Tränensack gleichsam wie eine muskulöse Schleife zwischen sich, indem sie beim Lidschlusse, resp. bei der Lidöffnung, abwechselnd kontrahierend und erweiternd auf den Saccus lacrimalis einwirken und so einen Einfluss auf die Fortbewegung der Tränenflüssigkeit in der Richtung nach abwärts ausüben. Am Angulus oculi temporalis konvergieren die Faserzüge der Pars palpebralis und gehen hier zum grössten Teile an das Lig. palpebrale temporale.

Eine Schicht von lockerem Bindegewebe trennt die Pars palpebralis des M. orbicularis von dem Septum orbitale, resp. dem Tarsus superior und inferior (Abb. 50). Sie geht am Margo aditus orbitae nach oben in die lockere Bindegewebsschicht zwischen der mimischen Gesichtsmuskulatur und dem Os frontale über.

Gefässe und Nerven der Regio palpebralis (Abb. 51). Sie kommen teils aus dem Innern der Orbita (A. frontalis lat.[2], R. lat. n. frontalis[3] und N. infraorbitalis usw.), teils aus Gefässen und Nervenstämmen des Gesichtes (N. facialis, A. facialis[4]). Die arterielle Versorgung ist somit eine sehr ausgiebige, auch ist hier, wie an anderen Stellen des Gesichtes, die Bildung von Anastomosen eine reichliche, ein Umstand, der nicht ohne praktische Bedeutung ist. Die arteriellen Äste kommen aus den Aa. frontalis lat.[2] et med.[5] facialis[4], infraorbitalis und dem Ramus frontalis der A. temporalis superficialis. Zweige dieser Arterien (Aa. palpebrales) bilden zwei in der Nähe des freien Augenlidrandes verlaufende Gefässbogen, den Arcus tarseus superior und inferior. Die Zahl der Äste, welche in die Bildung der beiden Arcus tarsei eingehen, ist variabel; in Abb. 51 sind zwei Aa. palpebrales nasales dargestellt, die oberhalb und unterhalb des Lig. palpebrale nasale aus der Orbita austreten und sich mit einer A. palpebralis temporalis verbinden, dazu kommen Anastomosen mit der A. frontalis lat.[2] und dem Ramus frontalis der A. temporalis.

Die Venen verhalten sich ähnlich wie die Arterien.

[1] M. quadratus labii sup. [2] A. supraorbitalis. [3] N. supraorbitalis.
[4] A. maxillaris externa. [5] A. frontalis.

Lymphgefässe. Von der Conjunctiva und den Lidern gehen Lymphgefässe lateralwärts zu den Lymphonodi parotidici, medianwärts zu den Lymphonodi submandibulares. In zweiter Linie kommen die Lymphonodi cervicales prof. cran. in Betracht, welche der V. jugularis int. in der Höhe der Einmündung der V. facialis anliegen (Most).

Die motorischen Nerven der Regio palpebralis (zum M. orbicularis oculi) kommen aus dem Plexus parotidicus n. facialis, und zwar aus den oberen Ästen desselben;

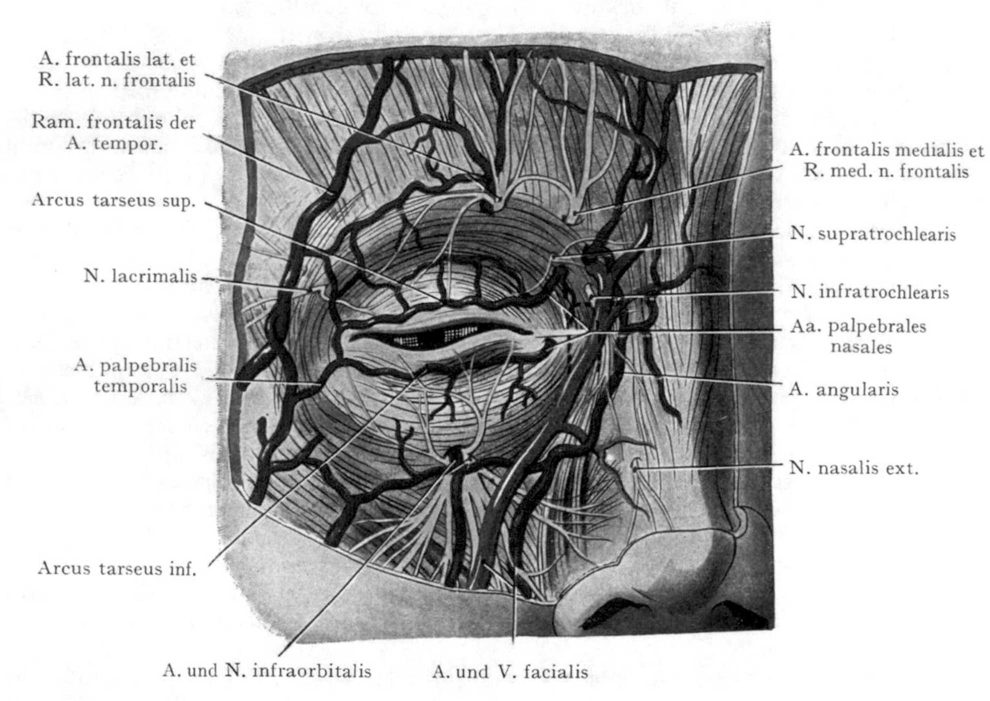

Abb. 51. Nerven und Gefässe der Augenlider und Umgebung (Regio palpebralis).

Saccus lacrimalis punktiert angegeben.

Zum Teil nach Léveillé und Hirschfeld, Iconographie du système nerveux. 2. éd. Paris 1866.

die Rolle, welche der M. orbicularis beim Lidschluss spielt, erklärt den Wunsch, bei Operationen im Gebiete des N. facialis wenigstens die oberen der aus dem Plexus parotidicus abgehenden Äste zu schonen.

Die sensiblen Nerven der Gegend werden vom N. ophthalmicus und N. maxillaris geliefert. Die Grenze zwischen den Gebieten beider Nerven liegt nach Merkel lateralwärts im Lig. palpebrale temporale, medianwärts jedoch geht die Ausbreitung der Nn. supra- und infratrochlearis eine Strecke weit nach abwärts von dem Lig. palpebrale nasale. Der R. lat. n. frontalis tritt mit der A. frontalis lat. in der Incisura frontalis lat. durch das Septum orbitale zur Stirn empor und versorgt, abgesehen von den Hauptzweigen, die zur Haut der Regio frontalis verlaufen, das obere Augenlid. Äste des N. lacrimalis treten etwas oberhalb des Lig. palpebrale temp. durch das Septum orbitale zur Haut des lateralen Augenwinkels; die Haut des unteren Augenlides wird von den nach oben verlaufenden Ästen des N. infraorbitalis versorgt.

Topographie des Conjunctivalsackes (Saccus conjunctivae).

Bei geschlossenen Augenlidern wird der vordere Umfang des Bulbus von der hinteren Fläche der Augenlider durch den Conjunctivalsack getrennt. Die Öffnung des Sackes nach aussen wird durch die Lidspalte gebildet, sie stellt sich selbstverständlich um so weiter dar, je grösser der Abstand zwischen den Lidrändern ist. Bei weit geöffnetem Auge lässt sich ein grosser Teil der Conjunctiva übersehen und durch einen einfachen Handgriff (Zug nach abwärts am unteren Augenlide und Umstülpung des oberen Augenlides) kann auch der Conjunctivalüberzug der hinteren Fläche der Augenlider der Untersuchung zugänglich gemacht werden.

An der den Conjunctivalsack bildenden Bindehaut (Conjunctiva) lassen sich zwei Abschnitte unterscheiden, von denen die Conjunctiva bulbi das vordere Segment des Bulbus (Sclera und Cornea) überzieht und sich in dem Blindsack des Fornix conjunctivae als Conjunctiva palpebrae auf die hintere Fläche der Augenlider umschlägt (Abb. 50).

Ausdehnung des Conjunctivalsackes. Sie wird in Abb. 48 durch eine unterbrochene rote Linie angegeben, welche dem Übergange der Conjunctiva bulbi in die Conjunctiva palpebrae entspricht; medianwärts erreicht sie gerade noch den Angulus oculi nasalis, lateralwärts geht sie um ein Beträchtliches über den Angulus oculi temporalis hinaus. Nach oben überschreitet sie den Sulcus frontopalpebralis; nach unten entspricht sie an unserer Abbildung ziemlich genau dem Sulcus palpebralis inferior. Die Übergangslinie der Conjunctiva bulbi in die Conjunctiva palpebrae verläuft nicht parallel mit dem Cornealrande, so fällt also der Mittelpunkt des rot angegebenen Kreises nicht mit dem Mittelpunkte der Pupille zusammen, sondern liegt lateralwärts und oberhalb desselben. Die Höhe des Conjunctivalsackes ist oben beträchtlicher als unten. Die Conjunctiva bulbi wird von der Conjunctiva palpebrae normalerweise bloss durch eine dünne Flüssigkeitsschicht getrennt; aus diesem Grunde würde sich die Bezeichnung des Raumes als Conjunctivalspalt empfehlen.

Am medialen Augenwinkel fehlt der blindsackartige Übergang der Conjunctiva bulbi in die Conjunctiva palpebrae, denn hier findet sich jene durch den medialen Abschnitt der Augenlider begrenzte Ausbuchtung (Lacus lacrimalis, Tränensee), an deren Grunde sich die Caruncula lacrimalis als kleine Hautinsel erhebt und sowohl Haare als Talgdrüsen aufweisen kann. Der Tränensee öffnet sich lateralwärts in den Conjunctivalsack; die Grenze zwischen beiden kann in der Verbindungslinie der beiden Puncta lacrimalia oder in der Plica semilunaris angenommen werden (Abb. 48).

Tunica Conjunctiva palpebrae. Sie überzieht die hintere, dem Bulbus oculi zugewandte Fläche der Augenlider und geht am Augenlidrande in die äussere Haut über. Ihre Verbindung mit der hinteren Fläche der Tarsi ist eine sehr innige, dagegen wird sie durch lockeres Bindegewebe von der am Tarsus sich inserierenden Sehne des M. levator palpebrae superioris, ebenso auch vom Septum orbitale getrennt.

Conjunctiva bulbi. Sie wird von der Sclera durch eine dünne Schicht von lockerem Bindegewebe getrennt. Auf die Cornea geht die Conjunctiva bloss als Epithel und Lamina limitans externa über.

Fornix conjunctivae. Man unterscheidet am besten einen Fornix conjunctivae superior und inferior, oberhalb und unterhalb einer durch den medialen und lateralen Augenwinkel durchgelegten Linie. Mit dem Fornix conjunctivae stehen Abzweigungen der Fascien der Augenmuskeln in Verbindung (in Abb. 50 nicht bezeichnet), welche den Zweck haben, eine Verschiebung des Fornix im Anschluss an die Augenbewegungen zu bewirken.

Gefässe der Tunica Conjunctiva. Wir unterscheiden zwei Gefässgebiete der Conjunctiva (Abb. 64). Die Conjunctiva palpebrae, der Fornix conjunctivae und der grössere (periphere) Teil der Conjunctiva bulbi erhalten ihre Arterien aus den Aa. palpebrales, während ein kleiner Randbezirk, welcher an die Cornea grenzt, durch die Ramuli ciliares aus dem Gebiete der Arteria ophthalmica versorgt wird. Mit dieser Trennung der Gefässversorgung in zwei Gebiete lassen sich auch gewisse pathologische Erscheinungen in Einklang bringen; so wird bei Erkrankungen der Lider der grösste Teil der Bindehaut in Mitleidenschaft gezogen, während bei Entzündungen der Iris oder des Corpus ciliare die aus den Ramuli ciliares stammenden Conjunctivalgefässe am Cornealrande eine starke Injektion aufweisen. Die Venen verhalten sich ebenso wie die Arterien, die Lymphgefässe gehören zum Lymphgefässgebiete der Augenlider.

Topographie des Tränenapparates.

Der Tränenapparat besteht aus: 1. der Tränendrüse mit ihren in den Conjunctivalsack ausmündenden Ausführungsgängen; 2. den Tränenwegen, welche in den Puncta lacrimalia an der Grenze zwischen der lateralen und der medialen Strecke des Lidrandes beginnen und als Ductuli lacrimales die Tränenflüssigkeit zum Saccus lacrimalis und weiter durch den Ductus nasolacrimalis zur Nasenhöhle ableiten. Der Conjunctivalsack findet sich gewissermassen zwischen dem sezernierenden und dem abführenden Teile des Apparates eingeschaltet, und tatsächlich werden beide Blätter der Conjunctiva normalerweise immer durch eine dünne Schicht von Tränenflüssigkeit getrennt, welche die Verschiebung der Lider auf dem vorderen von der Conjunctiva überzogenen Segmente des Bulbus begünstigt.

Glandula lacrimalis. Lage. Die Tränendrüse wird innerhalb der Orbita in der lateral am Orbitaldache in unmittelbarem Anschlusse an den Margo orbitalis ossis frontalis gelegenen Fossa glandulae lacrimalis angetroffen (Abb. 52). Die Drüsenmasse wird in zwei Abschnitte zerlegt durch eine Ausbreitung der Sehne des M. levator palpebrae superioris, welche lateralwärts bis zum lateralen Orbitalrande in der Gegend der Sutura zygomaticofrontalis reicht und hier eine feste Insertion an den Knochen nimmt. Oberhalb dieses Fascienzipfels liegt die Hauptmasse der Drüse (Pars orbitalis), unterhalb derselben die kleinere Portion (Pars palpebralis).

Pars orbitalis. Sie liegt in einer osteofibrösen Loge, welche gebildet wird: oben im Bereiche der Fossa glandulae lacrimalis durch das Periost der Orbita (Periorbita), unten durch die erwähnte Verbreiterung der Sehne des M. levator palpebrae superioris, vorne durch das Septum orbitale, dessen Durchtrennung es gestattet, die Drüse von vorne her zu erreichen. Sie entspricht hier der lateralen Strecke des Sulcus frontopalpebralis. Nach hinten ist die Loge offen und hängt hier mit dem Zellgewebe und dem Fette der Orbita (Corpus adiposum orbitae) zusammen.

Pars palpebralis. Sie ist bedeutend kleiner als die Pars orbitalis und besteht aus einer Anzahl von Drüsenläppchen, welche oben durch die seitliche Ausbreitung der Sehne des M. levator palpebrae superioris (Abb. 52) von der Pars orbitalis geschieden werden, unten teilweise der Conjunctiva palpebrae, teilweise dem Fornix conjunctivae und dem Zellgewebe der Orbita anliegen. Sie steht mit der Pars orbitalis im Zusammenhang, indem beide Drüsenabschnitte am hinteren Rande der sie trennenden Sehnenausbreitung des M. levator palpebrae superioris ineinander übergehen.

Die Ausführungsgänge der Pars orbitalis, die Ductuli excretorii ziehen nach abwärts durch die Fascienausbreitung der Sehne des M. levator palpebrae sup. und durch die Pars palpebralis der Drüse, um zusammen mit den Ausführungsgängen des letztgenannten Drüsenabschnittes, in den Fornix conjunctivae auszumünden. Die Ausmündungen der Ductuli excretorii sind beim Umstülpen des oberen Augenlides als eine Reihe feiner Pünktchen in der lateralen Strecke des Fornix conjunctivae sup. zu erkennen (Abb. 53).

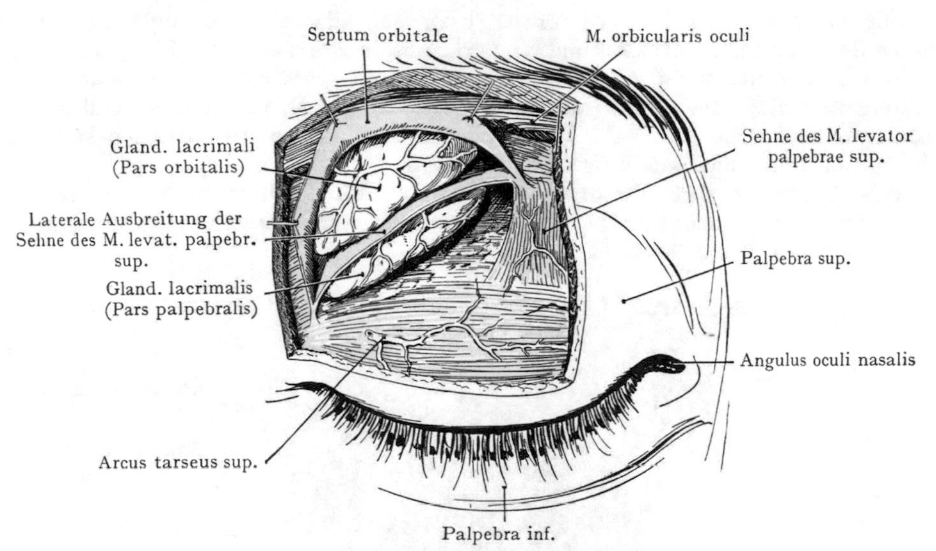

Abb. 52. **Tränendrüse in situ.**

Das Septum orbitale ist teilweise nach oben geschlagen, um die Pars orbitalis und die Pars palpebralis der Tränendrüse zur Ansicht zu bringen.

Zum Teil nach Testut und Jacob, Anatomie topographique. 1905.

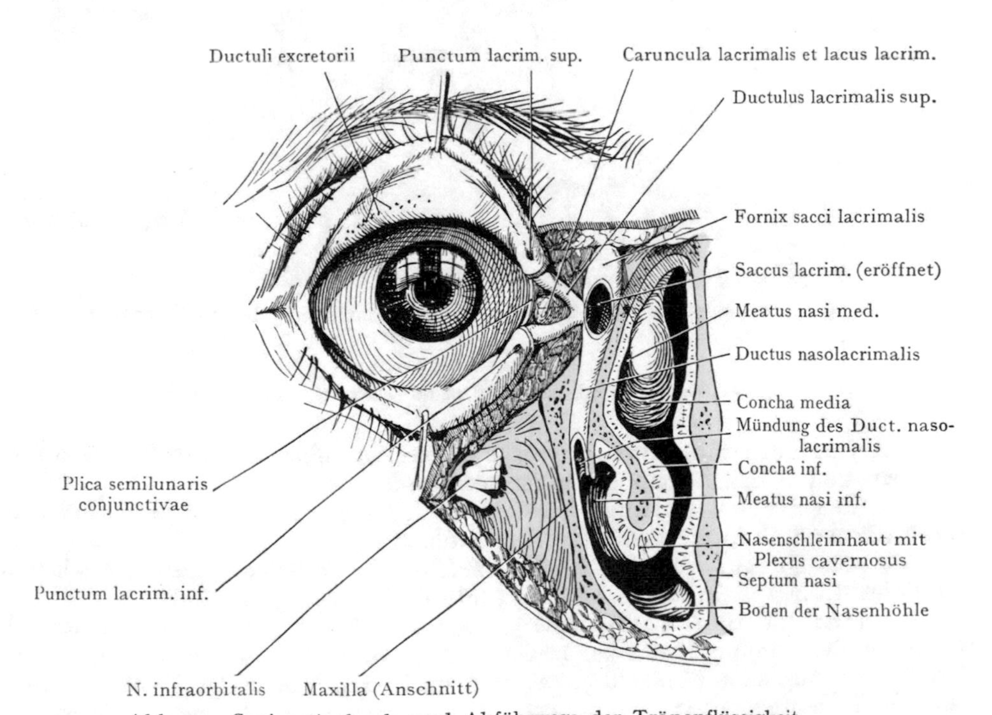

Abb. 53. Conjunctivalsack und Abführwege der Tränenflüssigkeit.

Die äussere Nase ist durch einen Frontalschnitt abgetragen worden, um den Ductus nasolacrimalis und den Saccus lacrimalis freizulegen. Knochen gelb.

Die Gefäss- und Nervenversorgung der Glandula lacrimalis kommt aus Stämmen der Orbita (A. lacrimalis und N. lacrimalis, letzterer aus dem N. ophthalmicus).

Die Pars orbitalis ist leicht von vorne her zu erreichen, indem man parallel dem lateralen Drittel des Margo orbitalis die Haut, den M. orbicularis oculi und das Septum orbitale durchtrennt. Die Pars palpebralis kann von der lateralen Hälfte des Fornix conjunctivae sup. aus aufgesucht werden.

Ausführwege der Tränenflüssigkeit. Man kann zu denselben rechnen:

1. den Lacus lacrimalis, die Ausbuchtung am medialen Augenwinkel, in welcher sich die Tränenflüssigkeit ansammelt;

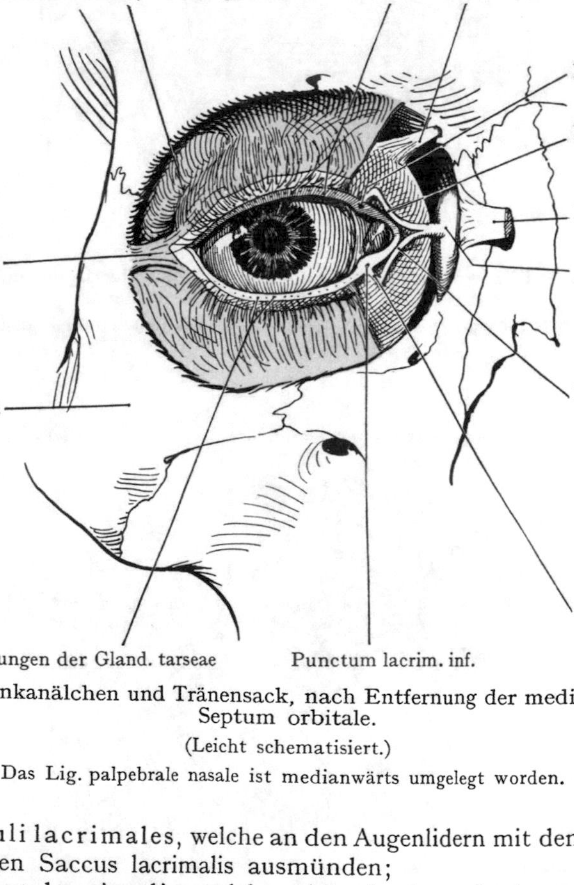

Abb. 54. Tränenkanälchen und Tränensack, nach Entfernung der medialen Partie des Septum orbitale.
(Leicht schematisiert.)
Das Lig. palpebrale nasale ist medianwärts umgelegt worden.

2. die Ductuli lacrimales, welche an den Augenlidern mit den Puncta lacrimalia beginnen und in den Saccus lacrimalis ausmünden;

3. den Saccus lacrimalis, welcher sich als ein nach oben geschlossener, nach unten offener Sack in die Fossa sacci lacrimalis einlagert;

4. den Ductus nasolacrimalis, welcher als Fortsetzung des Saccus lacrimalis die Tränenflüssigkeit in die Nasenhöhle (unterer Nasengang) ableitet.

Lacus lacrimalis (Tränensee). Derselbe bildet gewissermassen eine Ausbuchtung des Conjunctivalsackes medianwärts, welche von der medialen, cilienlosen Strecke der Augenliderränder begrenzt wird und ihren Namen der Tatsache verdankt, dass die Tränenflüssigkeit sich hier ansammelt, um durch die Tränenkanälchen weitergeleitet zu werden.

Ductulus lacrimalis. Die Öffnungen der Ductuli lacrimales in den Conjunctivalsack liegen als Puncta lacrimalia auf kleinen Vorsprüngen (Papillae lacrimales), welche die Grenze zwischen der medialen und der lateralen Strecke der Augenlider angeben und nach hinten gerichtet sind, so dass sie in die Flüssigkeit des Tränensees eintauchen. Jede Änderung in diesem Verhalten muss zu einer Hemmung in dem Abflusse der Tränenflüssigkeit durch die Tränenkanälchen führen. Die letzteren sind feine, etwa 7—9 mm lange Röhrchen und zerfallen in zwei, durch die Richtung ihres Verlaufes unterschiedene Abschnitte. Die ersten, von den Puncta lacrimalia an etwa 2 mm messenden Strecken der Kanälchen divergieren (Partes verticales); die folgenden Strecken verlaufen mehr oder weniger horizontal und medianwärts (Partes horizontales) bis zu der Einmündung in den Saccus lacrimalis, welche entweder für beide Kanälchen getrennt oder mittelst eines kurzen gemeinsamen Kanales erfolgt (in Abb. 54 dargestellt).

Saccus lacrimalis. Er stellt einen Sammelraum dar, welcher die Tränenflüssigkeit aus den Ductuli lacrimales aufnimmt, um sie nach abwärts in den Ductus nasolacrimalis weiterzuleiten. Nach oben blind geschlossen (Fornix sacci lacrimalis) geht er, nach abwärts sich verengernd, in den Ductus nasolacrimalis über; die Grenze liegt dort, wo der Kanal die Fossa sacci lacrimalis an der medialen Orbitalwand verlässt, um in die laterale Wand der Nasenhöhle eingeschlossen zu werden. Die Höhe des Saccus lacrimalis beträgt zwischen 1 und 1,5 cm.

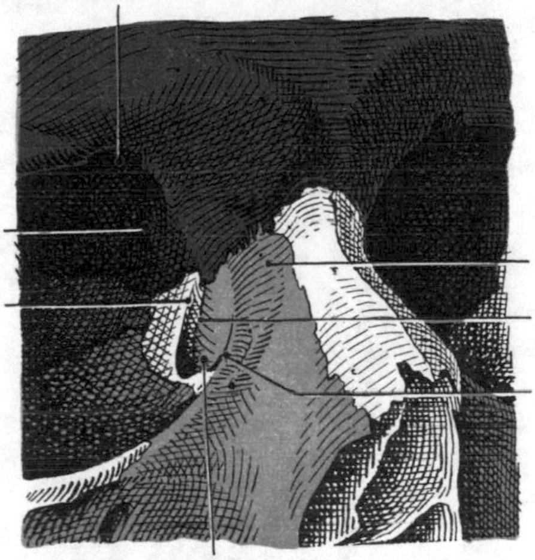

Incisura frontalis lateralis[1]
Fovea trochlearis
Crista lacrim. post.
Proc. frontalis maxillae
Sutura lacrimomaxill.
Crista lacrimalis ant.
Fossa sacci lacrimalis

Abb. 55. Topographie des Sulcus lacrimalis.
Maxilla blau. Os lacrimale weiss. Os nasale weiss. Os frontale violett.

Lage des Saccus lacrimalis. Er wird am medialen Winkel der Orbita (Abb. 55) in die Fossa sacci lacrimalis aufgenommen, welche sich hinten durch die Crista lacrimalis posterior (des Os lacrimale), vorne durch die Crista lacrimalis anterior (des Processus frontalis maxillae) abgrenzt. Lateral wird die Fossa sacci lacrimalis durch den bis zum Margo orbitalis reichenden Hamulus lacrimalis abgeschlossen und damit der obere Anfang des knöchernen Kanals bezeichnet, welcher den Ductus nasolacrimalis aufnimmt.

Die hintere Wand des Saccus lacrimalis steht bindegewebig mit dem Perioste der Fossa sacci lacrimalis im Zusammenhang; besonders innig pflegt diese Verbindung am Fornix sacci lacrimalis auszufallen.

Indem wir das Septum orbitale als vorderen Abschluss der Orbita auffassen, müssen wir den Saccus lacrimalis als ein präseptal gelegenes Gebilde bezeichnen. Das Septum orbitale inseriert sich an der Crista lacrimalis post. mit der tiefen Ursprungsportion des M. orbicularis oculi (Pars sacci lacrimalis) und trennt somit einen Teil der hinteren Wandung des Tränensackes von dem Zellgewebe der Orbita. Die vordere Wand des Sackes wird durch das Lig. palpebrale nasale sowie durch die oberflächliche Ursprungsportion des M. orbicularis oculi gekreuzt. Oberhalb desselben liegt, gerade noch von vorne zu erreichen, der Fornix sacci lacrimalis, unterhalb des Lig. palpebrale nasale bis zum Eingang in den knöchernen Canalis nasolacrimalis ein zweiter Abschnitt, welcher

[1] Incisura supraorbitalis.

direkt unter der Schicht des M. orbicularis oculi angetroffen wird und gleichfalls von vorne her leicht und sicher aufzufinden ist.

Die Fossa sacci lacrimalis wird durch die an ihrer Bildung teilnehmende Fläche des Os lacrimale von den vorderen Sinus ethmoidei getrennt; es ergeben sich so Beziehungen zwischen den letzteren und dem Saccus lacrimalis sowie die Möglichkeit der Fortpflanzung entzündlicher Prozesse von den Sinus ethmoidei auf den Saccus lacrimalis oder umgekehrt.

Der vordere Umfang des Tränensackes wird manchmal berührt durch die Aa. palpebrales nasales, auch können die Vena und die Arteria angularis dicht am Tränensack nach aufwärts verlaufen, um mit den Orbitalgefässen in Verbindung zu treten, Tatsachen, welche bei der Eröffnung des Sackes im Auge zu behalten sind.

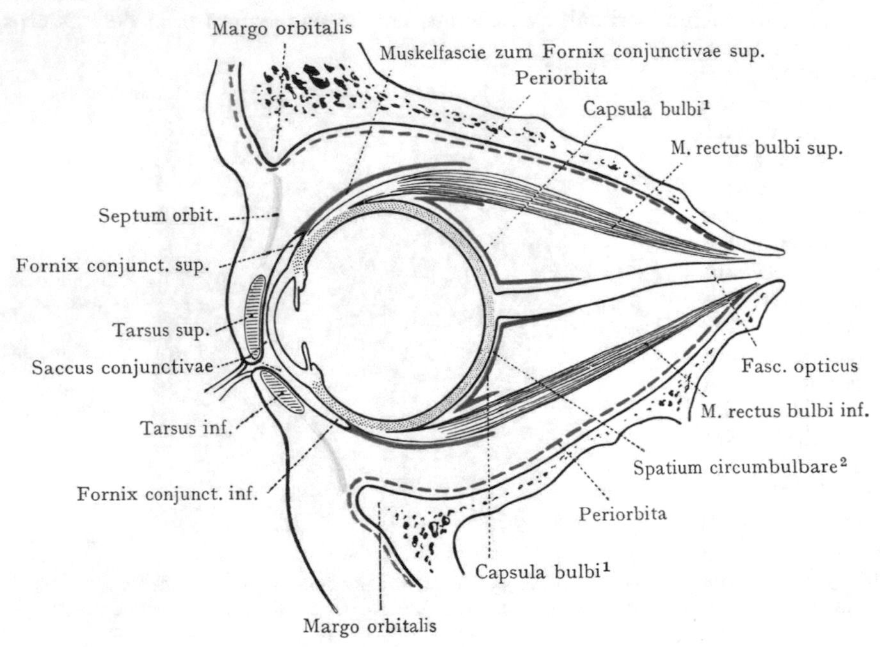

Abb. 56. Schematischer Längsschnitt durch die Orbita.
Capsula bulbi[1] und Muskelfascien blau — Periorbita blau unterbrochen — Septum orbitale grün.
Zum Teil nach Tillaux, Anat. topographique 10 édit. 1900.

Ductus nasolacrimalis. Derselbe setzt den Saccus lacrimalis nach abwärts fort, eingeschlossen in die laterale Wand der Nasenhöhle, welche die letztere von dem Sinus maxillaris trennt. An der Bildung des knöchernen Canalis nasolacrimalis beteiligen sich das Os lacrimale, die Maxilla und die Concha nasalis inf. (s. knöcherne Wandungen der Nasenhöhle). Der von einem Venengeflechte (Abflüsse zu den Venen der Nasenschleimhaut) umgebene Ductus nasolacrimalis mündet in recht variabler Weise in den unteren Nasengang aus, in den meisten Fällen annähernd 1 cm hinter dem vorderen Ende desselben (Abb. 53). Die Ausmündung erfolgt in der Regel nicht an der höchsten Stelle des Meatus nasi inferior, sondern der Ductus verlängert sich nach abwärts in wechselnder Ausdehnung innerhalb des Schleimhautüberzuges der lateralen Wandung des Meatus, so dass die Sondierung des Ganges von unten aus häufig auf Schwierigkeiten stösst, indem sich der Sondenkopf leicht in der weichen und nachgiebigen Mucosa fängt.

[1] Fascia bulbi (Tenoni). [2] Spatium interfasciale (Tenoni).

Die Kenntnis der Verlaufsrichtung des Ductus nasolacrimalis ist für die Ausführung der Sondierung des Ganges von oben her wichtig, doch trifft die gewöhnliche Angabe, dass der Kanal nach unten, hinten und leicht medianwärts verläuft, in vielen Fällen nicht zu, indem der Winkel, den er mit der Frontal-, ebensowohl, wie derjenige, welchen er mit der Sagittalebene bildet, individuell variieren kann; möglicherweise spielen hier auch Rasseneigentümlichkeiten eine Rolle. Merkel, dem wir die letztere Angabe verdanken, gibt als Anhalt für die Bestimmung des Verlaufes beim Lebenden (Deutschen) eine Linie an, welche den medialen Lidwinkel mit der Grenze zwischen dem zweiten Prämolar- und dem ersten Molarzahn verbindet.

Die Beziehungen des Ductus nasolacrimalis sind schon durch die Beschreibung der Zusammensetzung der Wand gegeben, lateralwärts zum Sinus maxillaris, medianwärts zum mittleren und zum unteren Nasengang, manchmal auch, in seiner oberen Partie, zum Sinus frontalis (Killian).

Inhalt der Orbita.

Als Inhalt der vorne durch das Septum orbitale abgeschlossenen Orbita haben wir den Bulbus oculi mit dem Fasciculus opticus[1], den sechs Augenmuskeln, den Gefässen und Nerven, welche teils in den Bulbus eindringen, teils die Augenmuskeln versorgen oder am Orbitalrande aus der Orbita in die Regio palpebralis gelangen. Dazu kommt die im Zusammenhang mit dem Tränenapparate abgehandelte Glandula lacrimalis.

Die Augenhöhlenpyramide wird durch diese zahlreichen Gebilde nur unvollständig ausgefüllt, in die Zwischenräume lagert sich ein Fettgewebe, das sich, von Bindegewebsbalken und Blättern durchsetzt, in der ganzen Orbita ausbreitet, indem es die Muskeln, Nerven und Gefässe umgibt und gleichsam ein Polster bildet, auf welchem der hintere Umfang des Bulbus ruht. Die Bedeutung dieses Orbitalfettes (Corpus adiposum orbitae) für die Mechanik der Bulbusbewegungen wird noch dadurch erhöht, dass teils aus den Fascien der Augenmuskeln, teils aus den Bindegewebsbalken und Membranen, welche das Orbitalfett durchziehen, eine bindegewebige Kapsel oder Pfanne sich bildet, welche die hintere Bulbushälfte vom Kissen des Orbitalfettes trennt und in welcher sich der Bulbus etwa wie bei einem freien Gelenke der Gelenkkopf in der Pfanne, bewegt (Capsula bulbi[2], Abb. 56). Auf diese Weise wird dem Bulbus eine gewisse Sicherung in seiner Lage gewährt. Dazu kommt noch, dass von den Fascien der Augenmuskeln sehnige Züge (in Abb. 56 nicht dargestellt) zum Orbitalrande verlaufen und hier Insertion gewinnen. Man könnte dieselben schematisch als eine an den Augenhöhlenrand gehende Befestigung der Capsula bulbi auffassen und letztere zur ersten Orientierung als eine bindegewebige Pfanne beschreiben, welche hinter dem Septum orbitale in der Orbita ausgespannt, das hintere Segment des Bulbus aufnimmt und demselben Bewegungen nach allen Richtungen gestattet (s. die Zusammensetzung der Capsula bulbi).

Die Capsula bulbi kann auch zu einer Einteilung der Orbita benutzt werden. Zusammengenommen mit ihren Befestigungen am Orbitalrande bildet sie die hintere Abgrenzung einer Loge, deren vordere Wand durch das Septum orbitale dargestellt wird. Dieselbe enthält den Bulbus oculi, dessen vorderes Segment durch den Conjunctivalsack von der hinteren Fläche der Augenlider getrennt wird. Man kann diese Loge als bulbären Abschnitt der Orbita bezeichnen und die Schilderung der Fascia bulbi im einzelnen hier anschliessen. Der zweite Abschnitt der Orbita liegt hinter der Capsula bulbi; es ist dies der retrobulbäre Abschnitt mit den Augenmuskeln und einer Anzahl von Gefässen und Nerven, die im Orbitalfette eingebettet sind.

---

[1] N. opticus. [2] Fascia bulbi seu Tenoni.

Topographie des bulbären Abschnittes der Orbita und der Capsula bulbi[1]. Die Beschreibung der einzelnen den Bulbus oculi aufbauenden Teile soll hier unterbleiben; es sei dafür auf die Lehrbücher der systematischen Anatomie verwiesen.

Wir betrachten den Bulbus als Ganzes.

Lage des Bulbus: Die höchste Wölbung der Cornea liegt in einer Linie, welche den oberen und unteren Augenhöhlenrand in senkrechter Richtung verbindet, dagegen

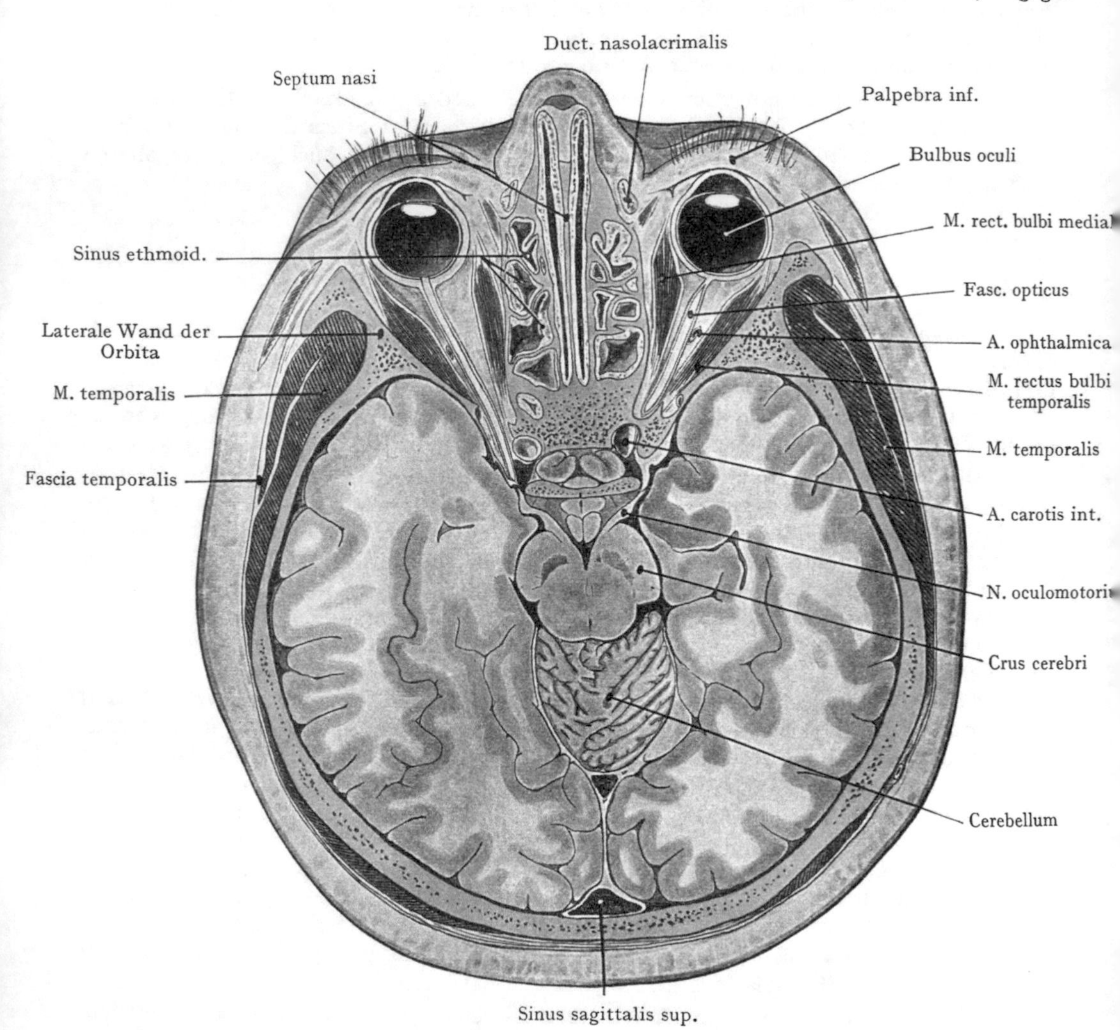

Abb. 57. Horizontalschnitt durch den Kopf eines Erwachsenen.
Nach einem Gefrierschnitte der Basler Sammlung.

überschreitet der Bulbus eine Linie, welche von der Crista lacrimalis post. zum lateralen Augenhöhlenrande etwas unterhalb der Sutura zygomaticofrontalis gezogen wird. Mit anderen Worten, der Schutz, welcher dem Bulbus durch den oberen und unteren Augenhöhlenrand geboten wird, ist ein ausgiebiger, während das vordere Segment des Bulbus lateralwärts weniger sichergestellt erscheint. Der Bulbus reicht bei weitem nicht bis an den Margo orbitalis heran; am geringsten ist der Abstand lateralwärts, deshalb

[1] Fascia bulbi.

können also Stichwunden am Margo orbitalis in der Richtung von vorne nach hinten bis in die Orbita eindringen, ohne den Bulbus zu verletzen.

Topographisch lässt sich der Bulbus in ein vorderes und ein hinteres Segment einteilen, welche sich in ihrer Lage, ihren Beziehungen und ihrer operativen Erreichbarkeit wesentlich voneinander unterscheiden.

Vorderes Segment des Bulbus (Abb. 50). Dasselbe umfasst die Cornea, die vordere Kammer, die Linse, die hintere Kammer und den Apparatus suspensorius lentis[1], wird von der Conjunctiva bulbi überzogen und ist in grosser Ausdehnung sowohl der Untersuchung als dem operativen Eingriffe zugänglich (s. die Topographie des Conjunctivalsackes). Die Conjunctiva bulbi ist mit der Cornea fest, mit der Sclera locker verbunden, im Bereiche der Cornea liefert sie bloss das vordere Epithel und die Lamina limitans externa, dagegen wird sie von der Sclera durch lockeres Bindegewebe getrennt, das nach hinten in das Zellgewebe der Orbita übergeht. Da die Umschlagslinie im Fornix conjunctivae sup. und inf. nicht parallel mit dem Hornhautrande verläuft (nach abwärts beträgt die Entfernung 8, nach oben 10, lateralwärts 14 mm; Angabe von Testut und Jacob), so ist die von der Conjunctiva bulbi überzogene Strecke der Sclera lateralwärts fast doppelt so gross als unten. Die Blutgefässversorgung des vorderen und des hinteren Bulbussegmentes soll später behandelt werden.

Hinteres Segment des Bulbus. Die Grenze zwischen beiden Segmenten entspricht annähernd dem Übergange der Pars ciliaris retinae in die Pars optica, es besteht demnach das hintere Segment aus der Retina, der Chorioides und der Sclera, mit dem Corpus vitreum als lichtbrechendem Medium. Dazu kommen die sehnigen Ansätze der Augenmuskeln und der Übergang des Fasc. opticus in den Bulbus.

Das hintere Segment unterscheidet sich zunächst vom vorderen durch seine tiefe Lage und die daraus sich ergebende Schwierigkeit, dasselbe in grösserer Ausdehnung operativ zu erreichen. Während man vom Conjunctivalsacke aus einen weiten Zugang zum vorderen Segmente hat, so genügt der Raum zwischen dem Bulbus und dem Orbitalrande nicht, um ein tiefes Eindringen in die Orbita zu gestatten. Bloss lateralwärts lässt sich das hintere Segment, etwa bis zum Äquator des Bulbus, palpieren, allein erst nach der Resektion der lateralen Orbitalwand wird der Bulbus mit dem retrobulbären Abschnitte der Orbita in grösserer Ausdehnung zugänglich (s. die Topographie der retrobulbären Gebilde).

Die Sclera wird im Bereiche des hinteren Bulbussegmentes durch einen feinen Spalt (Spatium circumbulbare[2]) von der Capsula bulbi getrennt; letztere wird von den zum Bulbus gelangenden Gefässen und Nerven sowie von den Sehnen der Augenmuskeln durchsetzt. Der Fasc. opticus tritt nach unten und nasalwärts vom hinteren Pol des Bulbus durch die von der innersten Schicht der Sclera gebildete Area cribriformis sclerae[3] während die äusseren Schichten der Sclera in die Scheide des Nerven übergehen. Die Eintrittsstelle wird von einem Kreise von Gefässen und Nerven umgeben (Aa. chorioideae[4] und iridis[5] und Nn. ciliares breves und longi), von denen die Arterien auf dem Schema (Abb. 64) dargestellt sind. Weiter nach vorne, doch noch hinter dem Äquator des Bulbus, durchsetzen die Vv. vorticosae die Sclera und das Spatium circumbulbare[2], um in Wurzelstämme der V. ophthalmica inferior einzumünden.

Die Sehnen der Augenmuskeln gelangen durch die vorderste Partie der Capsula bulbi und des Spatium circumbulbare zu ihren Insertionen an der Sclera. Dieselben liegen annähernd in einer Kreislinie, welche jedoch nicht parallel zum Hornhautrande verläuft, sondern, auf den Mittelpunkt der Cornea bezogen, etwas nach oben und lateralwärts verschoben ist. Die Mm. obliqui bulbi inserieren sich viel weiter hinten als die Mm. recti bulbi.

Capsula bulbi[6] und Spatium circumbulbare[2]. Die Capsula bulbi stellt eine aus dem Bindegewebe der Orbita und aus Abzweigungen der Augenmuskelfascien heraus differenzierte Membran dar, welche am Orbitalrande mit dem

[1] Zonula ciliaris (Zinni). [2] Spatium interfasciale (Tenoni). [3] Lamina cribrosa sclerae. [4] Aa. ciliares post. breves. [5] Aa. ciliares post. longae. [6] Fascia bulbi (Tenoni).

Perioste der Orbita (Periorbita) im Zusammenhang steht und der Form des hinteren Bulbussegmentes sich anpassend einen Boden oder eine Pfanne für dasselbe bildet. Sie reicht vom Fornix conjunctivae bis zur Eintrittsstelle des Sehnerven in die Orbita (H. Virchow) und wird in ihrer Rolle als Pfanne noch verstärkt durch das weichelastische retrobulbäre Fettgewebe, welches sich der hinteren Fläche der Fascie anschliesst. Vom hinteren Umfange des Bulbus wird die Capsula bulbi durch das spaltförmige Spatium circumbulbare[1] getrennt, das als Lymphraum aufzufassen und etwa schematisch mit der Gelenkhöhle eines freien Gelenkes zu vergleichen wäre, in welcher

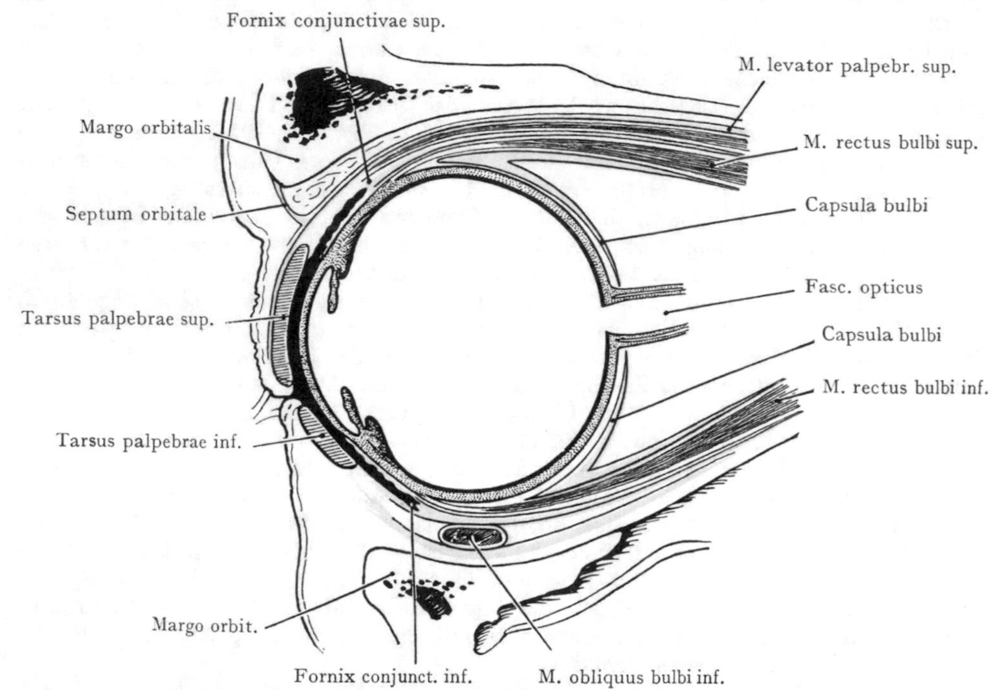

Abb. 58. Schematischer Vertikalschnitt durch den Bulbus und die Augenlider (in der Achse der Orbita). Capsula bulbi[2] und Muskelfascien grün.
Nach Hans Virchow. Abhandlungen der preuss. Akademie der Wiss. 1902.

sich der Bulbus nach Art eines Gelenkkopfes dreht. Der Spalt wird von lockeren, von der Capsula bulbi zur Sclera gehenden Bindegewebsbalken durchzogen und erstreckt sich nach vorne zwischen den Insertionen der Sehnen der geraden Augenmuskeln fast bis zum Cornealrande, er wird also hier von der Conjunctiva bulbi bedeckt; nach hinten hängt er durch Öffnungen an der Stelle, wo der Fasc. opticus die Capsula bulbi durchbricht, mit dem supravaginalen Raume des Fasc. opticus zusammen.

Die Stärke der Capsula bulbi ist keine gleichmässige; am mächtigsten erscheint sie dort, wo sie von den Sehnen der Augenmuskeln durchbrochen wird, am schwächsten dagegen in der Umgebung der Eintrittsstelle des Fasc. opticus; hier schimmert bei der Betrachtung von vorne (nach Entfernung des Bulbus) das retrobulbäre Fett der Orbita durch, auch sind hier die eben erwähnten Lücken in der Kapsel nachzuweisen, welche das Spatium circumbulbare mit dem supravaginalen Lymphraume des Fasc. opticus in Verbindung setzen.

Die Entstehung der Kapsel ist wohl ursächlich den Bewegungen des Bulbus zuzuschreiben, welche auf das dem Bulbus hinten anliegende Zellgewebe einwirken. Mit

[1] Spatium interfasciale (Tenonscher Raum). [2] Fascia bulbi.

diesem verbinden sich die Fascien der Augenmuskeln (Abb. 56). Ferner kommen noch Abzweigungen der Augenmuskelfascien (Fascienzipfel) hinzu, welche sich am Orbitalrande inserieren und einerseits eine gewisse Fixation der Kapsel bewirken, andererseits eine wichtige mechanische Rolle als Hemmungsvorrichtungen für allzuweit gehende Bewegungen des Bulbus übernehmen. Sie sind in der schematischen Abb. 56 nicht dargestellt.

Abb. 58 zeigt die Capsula bulbi in ihrem Zusammenhang mit den Fascien der Mm. recti bulbi superior und inferior (grün angegeben); das Spatium circumbulbare lässt

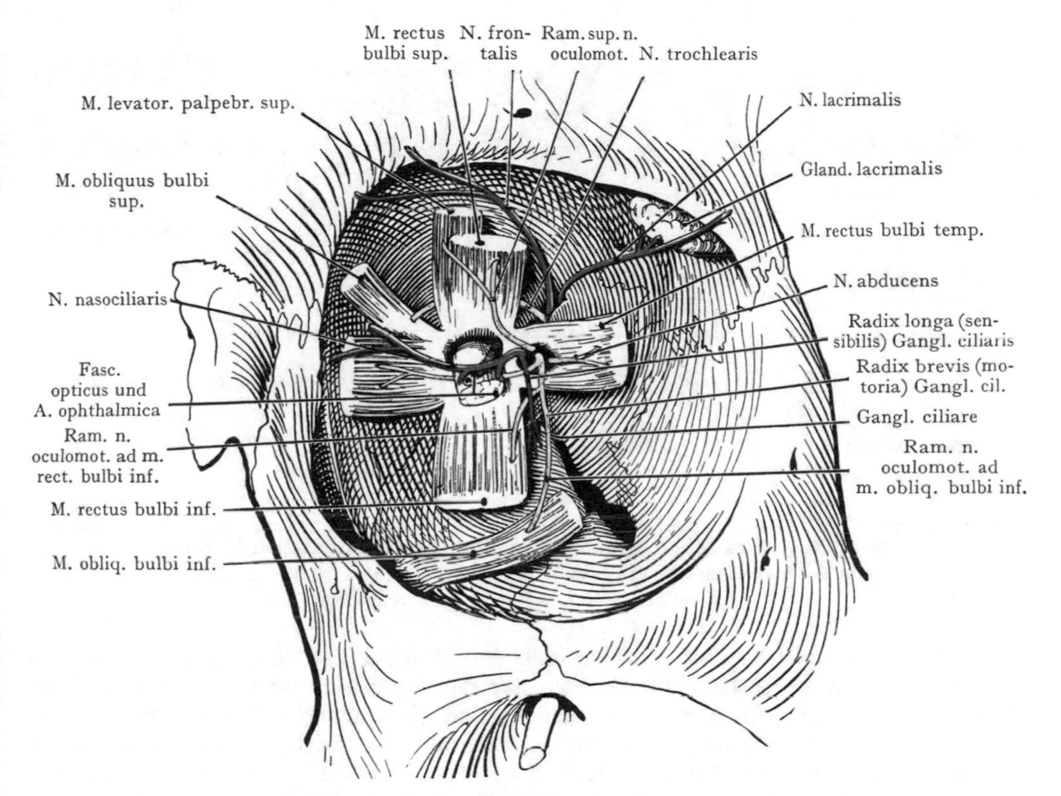

Abb. 59. Ursprung der Augenmuskeln und Eintritt der Augenmuskelnerven und der Trigeminusäste in die Orbita.

Augenmuskelnerven gelb. Zweige des Ram. I n. trigemini blau. Ganglion ciliare grün. Mit Benutzung einer Abbildung von Paterson in Cunningham. Textbook of Anatomy. 1902.

sich als feiner Spalt nach vorne über den Ansatz der beiden geraden Augenmuskeln bis zum Cornealrande verfolgen. Die Fascien an der oberen Fläche des M. rectus bulbi sup. resp. an der unteren Fläche des M. rectus bulbi inf. gehen bis an den Fornix conjunctivae und haben die Aufgabe, bei den Bewegungen des Bulbus nach auf- und abwärts den Fornix conjunctivae in gleichem Sinne zu verlagern.

Die sog. Fascienzipfel gehen von den Fascien ab, welche die der Orbitalwandung zugekehrte Fläche der Augenmuskeln überziehen, bevor die letzteren durch die Capsula bulbi hindurchtreten und bilden ziemlich derbe Membranen, welche sich am Margo orbitalis inserieren. Man kann an jedem der vier geraden Augenmuskeln sowie am M. obliquus bulbi inf. solche Fascienzipfel unterscheiden, besonders stark sind diejenigen der Mm. rectus bulbi nasalis und temporalis, von denen sich der letztere am lateralen Augenwinkel hinter dem Lig. palpebrae temp., der erstere an der Crista lacrimalis posterior, hinter dem Ursprunge der tiefen Portion des M. orbicularis oculi inseriert. Ein unterer Fascienzipfel geht von dem M. rectus bulbi inf. und dem M. obliq. bulbi inf. ab und inseriert sich am unteren Orbitalrande. Die mediale und die laterale Insertion nehmen auch noch Fascienzipfel auf, welche sich von dem M. rectus bulbi sup. und dem M. levator palpebrae superioris abzweigen, die untere dagegen Fascienzipfel von den Mm. rectus bulbi nasalis und temporalis.

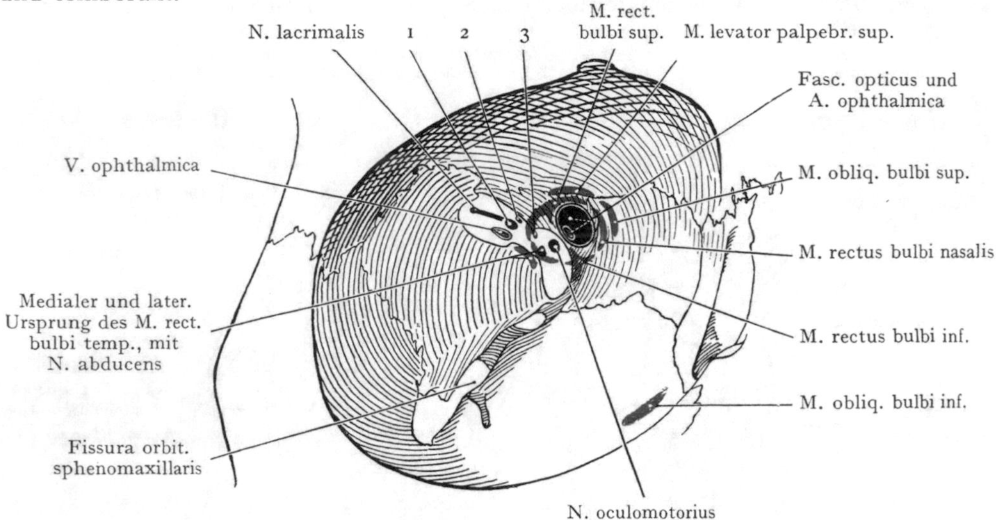

Abb. 60. Ursprünge der Augenmuskeln mit dem Annulus tendineus communis (Zinni), nebst den durch die Fissura orbitalis cerebralis[1] in die Orbita eintretenden Nerven.

Zum Teil nach einer Abbildung von Merkel, Handbuch der topogr. Anatomie.

1 N. frontalis. 2 N. trochlearis. 3 N. nasociliaris.

Die Fascienzipfel spielen eine verschiedene Rolle, je nachdem sie als Hemmungseinrichtungen für zu starke Kontraktionen der Augenmuskeln aufgefasst, oder in ihren Beziehungen zur Capsula bulbi untersucht werden. Französische Autoren haben sogar die Fascienzipfel als Pars palpebralis der Capsula bulbi beschrieben; tatsächlich sind sie für die Fixation der Kapsel und damit auch des Bulbus in der Orbita von allergrösstem Werte; — „beim Abschneiden der Fascienzipfel verliert der Bulbus seinen Halt, er kann in die Orbita zurücksinken und zeigt sich nach allen Richtungen ziemlich frei beweglich“ (Merkel, Topogr. Anatomie).

Topographie der Pars retrobulbosa orbitae.

Allgemeine Orientierung. Die Pars retrobulbosa orbitae wird durch die Capsula[2] bulbi vom Bulbus geschieden. Sie entspricht in der Hauptsache der hinteren Partie der Orbitalpyramide, doch erstreckt sie sich auch am Bulbus vorbei bis zum Orbitalrande. Würde man die Fascienzipfel mit den französischen Autoren als Pars palpebralis der Capsula bulbi auffassen, so müssten dieselben hier, wie am Bulbus, die vordere Grenze der Pars retrobulbosa orbitae bilden.

Als Inhalt finden wir zunächst die sechs Augenmuskeln, welche mit Ausnahme des M. obliq. bulbi inf. am Grunde der Orbita in der Nähe des Canalis fasc. optici entspringen; dann die Gefässe und Nerven, welche dicht zusammengedrängt durch den

[1] Fissura orbitalis superior. [2] Fascia bulbi.

Canalis fasc. optici und die Fissurae orbitalis cerebralis[1] und sphenomaxillaris[2] an der Spitze der Orbitalpyramide aus der mittleren Schädelgrube in den Raum gelangen. Alle diese Gebilde werden von dem weichen, von Bindegewebsbalken und Membranen durchzogenen Fettgewebe der Orbita eingehüllt (Corpus adiposum orbitae).

Sämtliche Gebilde der Pars retrobulbosa orbitae divergieren in ihrem Verlaufe nach vorne, mit einziger Ausnahme des Fasc. opticus und der an ihn sich anschliessenden Gefässe und Nerven, welche annähernd in der Achse der Orbitalpyramide verlaufen. Untersucht man Frontalschnitte, die in verschiedener Entfernung von der Eintrittsstelle des Fasc. opticus liegen, so erkennt man leicht, dass die Entfernung der Gebilde von dem die Achse der Orbita einnehmenden Fasc. opticus, je weiter nach vorne um so grösser wird, eine Tatsache, welche es erklärt, wie eine Läsion um so schwerere Störungen hervorrufen und um so mehr Gebilde interessieren wird, je weiter sie nach hinten in der Orbita liegt.

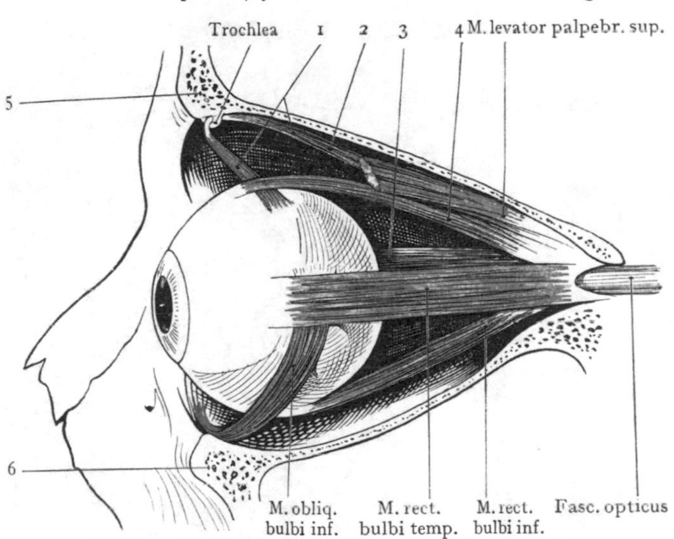

Abb. 61. Augenmuskeln und Bulbus, von der lateralen Seite gesehen. 1, 2 M. obliq. bulbi sup. 3. M. rectus bulbi nasalis. 4 M. rectus bulbi sup. 5 Margo orbitalis. 6 Margo orbitalis.

Muskeln der Orbita (Augenmuskeln). Die vier Mm. recti bulbi, der M. obliq. bulbi sup. und der M. levator palpebrae superioris entspringen am Grunde der Orbita, teils von den Rändern des Canalis fasc. optici, teils von dem bindegewebigen Verschluss der Fissura orbitalis cerebralis[1] und von der Spina m. recti bulbi temp. (Abb. 59, 60). Die sehnigen Muskelursprünge hängen derart untereinander zusammen, dass sie einen vollständigen, den Fasc. opticus bei seinem Eintritte in die Orbita umgebenden Ring herstellen, den Anulus tendineus communis (Zinni), wenigstens gilt dies von den vier Mm. recti bulbi. Ausserhalb dieses Ringes entspringen, noch immer in engem Anschlusse an den Canalis fasc. optici, der M. levator palpebrae superioris und der M. obliquus bulbi sup. Die Ursprünge der Mm. recti bulbi temp. und sup. greifen auch auf das die Fissura orbitalis cerebralis abschliessende derbe Bindegewebe über, so dass der sehnige Ursprungsring nicht bloss den Canalis fasc. optici, sondern auch noch einen Teil der Fissura orbitalis cerebralis in seinen Bereich zieht (Abb. 60). Ferner erhält der M. rectus bulbi temp. auch einen lateralen Kopf, welcher von der Spina m. recti bulbi temp., also vom lateralen Rande der Fissura orbitalis cerebralis entspringt.

Wenn wir uns die Vorstellung machen, dass die vom Anulus tendineus communis entspringenden Augenmuskeln, indem sie zu ihren Insertionen am Bulbus verlaufen, einen Hohlkegel bilden, dessen Basis vorne liegt und dessen Spitze abgeschnitten ist in der Linie des Anulus tendineus communis, so können wir eine Anzahl von Gefässen und Nerven unterscheiden, welche durch diese letztere Öffnung in das Innere des Muskelkegels eintreten, von anderen, welche ihren Verlauf nach vorne hin ausserhalb desselben fortsetzen. Da nun der sehnige Ursprungsring der Muskeln den Canalis fasc. optici und einen Teil der Fissura orbitalis cerebralis in seinen Bereich zieht (Abb. 60), so wird der Fasc. opticus mit der A. ophthalmica durch den Canalis fasc.

[1] Fissura orbitalis superior. [2] Fissura orbitalis inferior.

optici, der N. oculomotorius, der N. nasociliaris und der N. abducens durch die Fissura orbitalis cerebralis in den Muskelkegel eintreten. Alle übrigen durch die Fissura orbitalis cerebralis aus der mittleren Schädelgrube in die Augenhöhle gelangenden Gefässe und Nerven (N. frontalis, N. lacrimalis, N. trochlearis und V. ophthalmica) bleiben sowohl bei ihrem Eintritt in die Orbita als auch weiterhin ausserhalb des Augenmuskelkegels.

Von der Lage der Nerven zueinander und zum Sehnenringe geben die Abb. 59 und 60 eine Vorstellung. Der N. abducens schliesst sich sofort nach seinem Eintritte in die Orbita der medialen Fläche des M. rectus bulbi temp. an und beginnt seine Verzweigung in demselben. Am höchsten tritt der N. lacrimalis durch die Fissura orbitalis cerebralis ein.

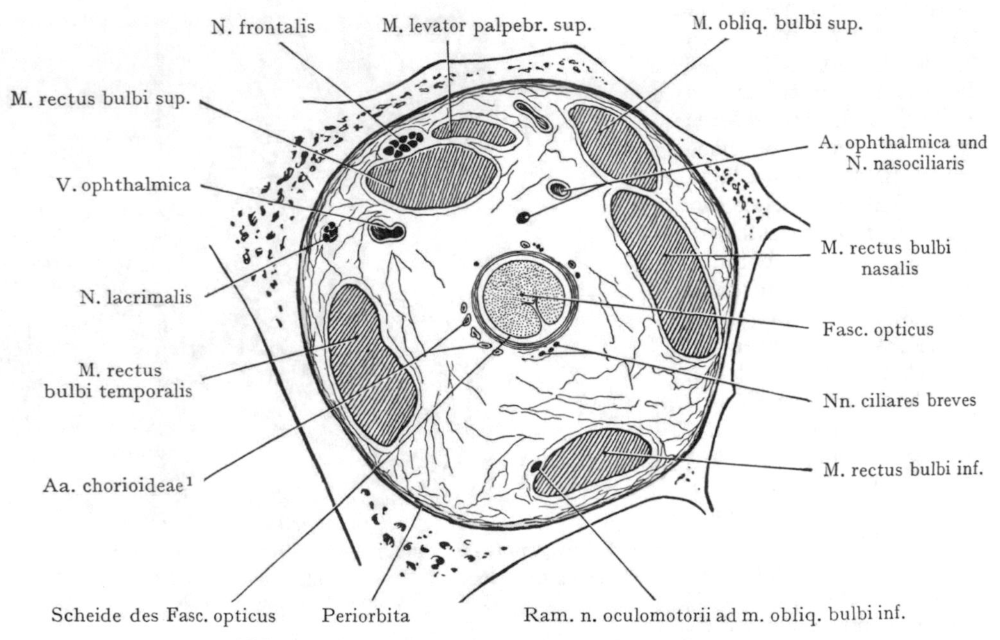

Abb. 62. Frontalschnitt durch die rechte Orbita.
Periorbita grün. Nach einem Mikrotomschnitte.

Der Anulus tendineus communis geht bald in das Fleisch der Muskeln über, welche zunächst noch mit ihren Rändern gegenseitig in Berührung stehen, alsdann aber gegen ihre Ansätze am Bulbus hin zu divergieren beginnen. Sie platten sich alle stark ab, indem ihr Verlauf parallel mit der betreffenden Wandung der Orbita geht. Zwischen der oberen Wandung und dem M. rectus bulbi sup. schiebt sich der M. levator palpebrae sup. ein. Die Mm. recti bulbi durchbrechen schlitzförmig die Capsula bulbi und treten damit aus der retrobulbären Loge aus, um ihre Insertion am Bulbus und mittelst der Fascienzipfel auch am Orbitalrande zu finden (s. oben). Am engsten schliesst sich der M. obliquus bulbi sup. der oberen Orbitalwand an, um an der Trochlea in seine Endsehne überzugehen, hier lateralwärts und nach hinten umzubiegen und sich am Bulbus zu inserieren. Von dem M. obliquus bulbi inf. sei bloss sein Ursprung, lateral von dem Eingange in den knöchernen Canalis nasolacrimalis und sein Verlauf, schräg lateralwärts und nach oben zur Insertion am Bulbus, erwähnt.

Gefässe und Nerven der Orbita. Zur Übersicht dient ein Frontalschnitt (Abb. 62), welcher unmittelbar hinter dem Eintritte des Fasc. opticus in den Bulbus durch

[1] A. ciliares post. breves.

die Orbita geführt wurde. Die Muskeln haben sich hier vom Fasciculus opticus entfernt; sie sind den Wandungen der Orbita bei ihrem Verlaufe nach vorne treu geblieben, während der Fasc. opticus in der Achse der Orbita verläuft. Der Querschnitt des M. obliquus bulbi sup. liegt dem M. rectus bulbi med. oben an, derjenige des M. levator palpebrae superioris dem M. rectus bulbi sup. Im übrigen werden die Muskeln von dem Corpus adiposum

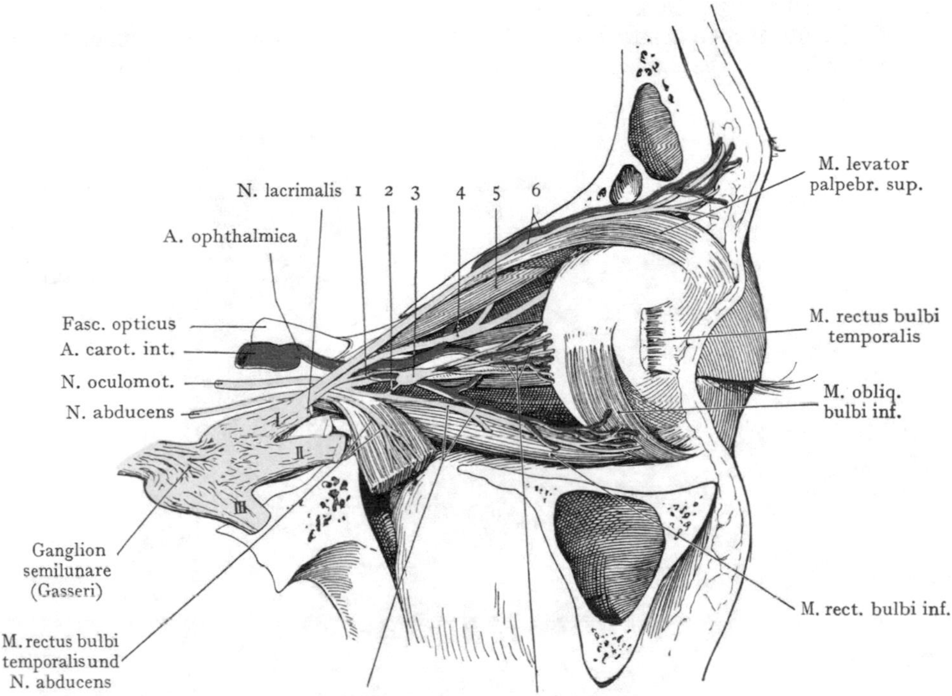

Abb. 63. Topographie der Orbita, von der Seite her dargestellt.
Zum Teil nach einer Abbildung von Fr. Arnold in den Tabulae anatomicae 1838.
1 Radix longa gangl. ciliaris. 2 Radix brevis gangl. ciliaris. 3 Gangl. ciliare. 4 N. nasociliaris. 5 M. rectus bulbi sup. 6 A. frontalis lat. et R. lat. n. frontalis
I N. ophthalmicus. II N. maxillaris. III N. mandibularis.

orbitae eingehüllt und voneinander getrennt; zwischen den Muskeln steht das ausserhalb des Muskelkonus liegende Zellgewebe mit dem Inhalte des Muskelkegels im Zusammenhang.

Dem von seiner Scheide umgebenen Fasc. opticus schliessen sich die Nn. ciliares longi und breves und die Aa. chorioideae et iridis[2] an. Die Zweige der Augenmuskelnerven treten sehr weit hinten in ihre Muskeln ein, fallen also mit Ausnahme des zum M. obliquus bulbi inf. verlaufenden Oculomotoriusastes nicht in den Schnitt. Der N. trochlearis nimmt seinen kurzen Verlauf ausserhalb des Muskelkegels, der N. abducens liegt gleich bei seinem Eintritte in die Orbita der medialen Fläche des M. rectus bulbi temporalis an, der obere Ast des N. oculomotorius gelangt oberhalb des Fasc. opticus zum M. rectus bulbi sup. und zum M. levator palpebrae sup. Der untere Ast gibt Zweige zu den Mm. rectus bulbi nasalis und bulbi inf., sowie die Radix brevis zum Ganglion ciliare, weit hinten in der Orbita ab; an unserem Frontalschnitte ist bloss am lateralen Rande des M. rectus bulbi inf. der zum M. obliquus bulbi inf. verlaufende Ast zu erkennen. Der Hauptstamm der A. ophthalmica liegt mit dem N. nasociliaris oberhalb des Fasc. opticus, die V. ophthalmica

[1] A. et N. supraorbitalis. [2] Aa. ciliares posteriores breves et longae.

sup. lateral, in der Lücke zwischen den Mm. rectus bulbi sup. et temp. Der Wandung der Orbita schliessen sich an: die A. frontalis lateralis[1] (sie wurde in Abb. 62 nicht bezeichnet, liegt aber etwas einwärts vom M. levator palpebrae sup.), der R. lateralis n. frontalis[2] oberhalb der Mm. rectus bulbi sup. und levator palpebrae superioris und der N. lacrimalis lateral von der V. ophthalmica, der Periorbita unmittelbar angeschlossen. Die am Boden der Orbita gleichfalls ausserhalb des Muskelkegels gelegene V. ophthalmica inferior ist nicht angegeben.

Gefässe der Orbita. Die A. ophthalmica versorgt den ganzen Inhalt der Orbita und geht mit ihren Endzweigen noch als A. frontalis medialis und lateralis[3] und

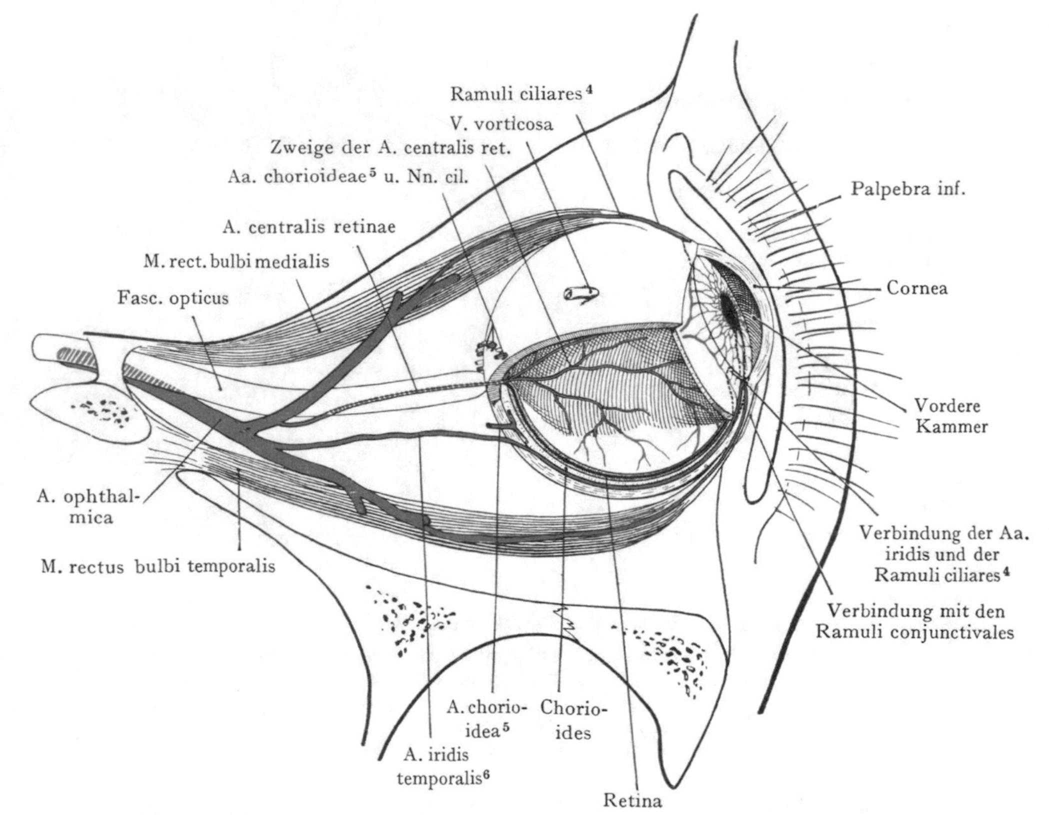

Abb. 64. Schema der arteriellen Versorgung des Bulbus. (Horizontalschnitt.)
Mit Benutzung der Abbildung von Leber. (Graefe und Saemisch, Handbuch der Augenheilkunde, Band I.)

A. dorsalis nasi in das Gefässnetz des Gesichtes, der Regio palpebralis und der Regio nasalis über. Sie entspringt etwa in der Höhe des Processus alae parvae von der vierten Biegung der A. carotis int., gelangt, dem unteren Umfange des Fasc. opticus anliegend, durch den Canalis fasc. optici in die Augenhöhle und kommt zunächst an der Spitze der Augenhöhlenpyramide (Abb. 60) in den Winkel zu liegen, welchen der M. rectus bulbi temp. mit dem Fasc. opticus bildet. Sodann kreuzt sie, nach vorne und medianwärts verlaufend, den oberen Umfang des Fasc. opticus, schliesst sich der medialen Wand der Orbita an und gibt als Endäste ab: die Aa. palpebrales nasales zu den Augenlidern, die Aa. frontalis medialis und lateralis[3] zur Stirne und die A. dorsalis nasi zur Haut der Nasenwurzel und der Nase. Diese Äste bilden Anastomosen mit der zum medialen Augenwinkel verlaufenden A. angularis aus der A. facialis.

---

[1] A. supraorbitalis. [2] N. supraorbitalis. [3] A. frontalis und supraorbitalis.
[4] Aa. ciliares anteriores. [5] A. ciliaris posterior brevis. [6] A. ciliaris posterior longa.

Die Zahl der Äste der A. ophthalmica beträgt 9—10 (Abb. 63 und 65). Aus der ersten Strecke, lateral von dem Fasc. opticus, entspringen die A. centralis retinae und die A. lacrimalis, von denen die letztere zwischen den Mm. rectus bulbi sup. und temp. zur Glandula lacrimalis verläuft. Eine Verbindung zwischen der A. lacrimalis und der A. meningica media geht häufig durch die Fissura orbitalis cerebralis[1] und kann die A. ophthalmica ganz oder teilweise ersetzen, so dass die letztere dann aus der A. meningica media entspringt, eine praktisch nicht unwichtige Anomalie (Fr. Meyer). Aus dem

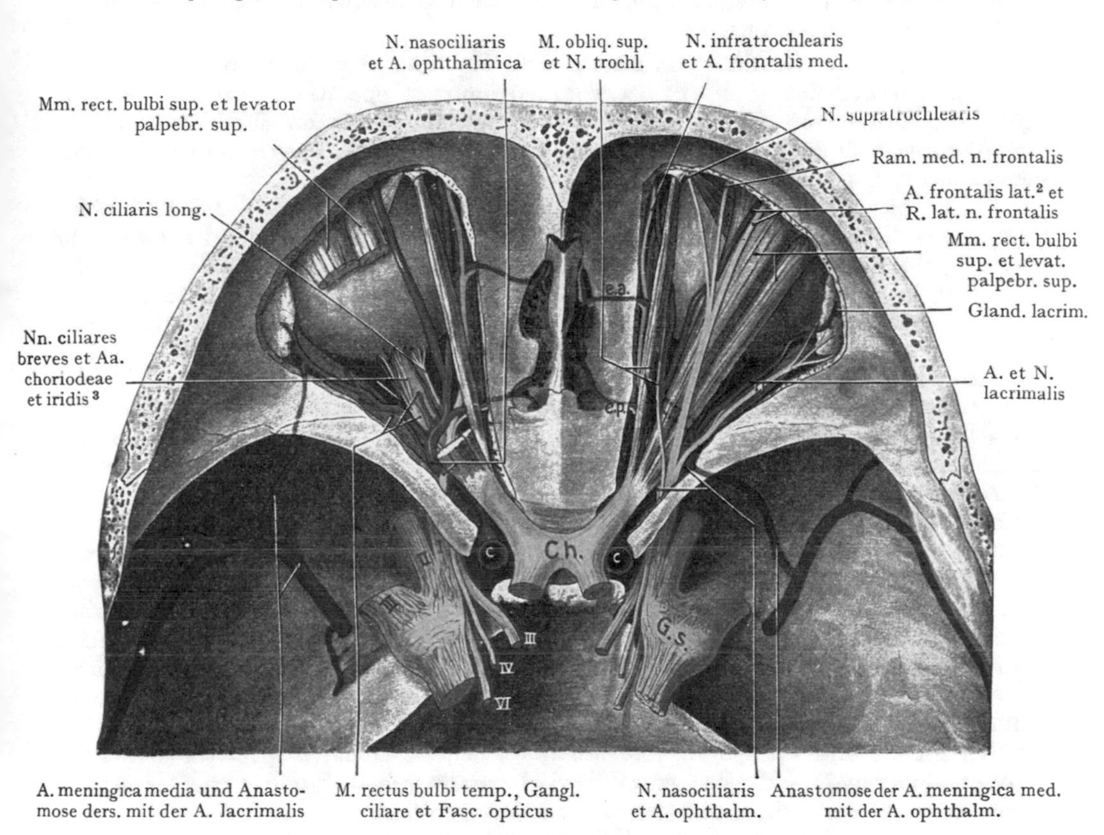

Abb. 65. Ansicht des Inhaltes der Orbitae von oben her.
Linkerseits sind die Mm. rectus bulbi sup. und levator palpebrae sup. abgetragen worden.
C. C. A. carotis int. Ch. Chiasma fasc. opticorum. G. s. Ganglion semilunare (Gasseri).

über den Fasc. opticus verlaufenden Bogen der Arterie entspringen die A. frontalis lateralis[2], welche unter dem Dache der Orbita zur Incisura frontalis lat. verläuft, die Aa. chorioideae et iridis[3], welche in der Nähe der Eintrittsstelle des Fasc. opticus die Sclera durchbohren, und endlich die Rami musculares. Zu den Endästen des Stammes gehören die Aa. ethmoideae, von denen die stärkere A. ethmoidea anterior im Anschluss an den N. nasociliaris durch den Canalis orbito-cranialis[4] in die Schädelhöhle auf die Lamina cribriformis des Ethmoids gelangt, von wo aus sie durch eine vordere Öffnung der Lamina cribriformis in die Nasenhöhle tritt, um sich an deren Wandung zu verzweigen, während die schwächere A. ethmoidea posterior durch den Canalis orbito-ethmoideus[5] zu den hinteren Sinus ethmoidei verläuft (Abb. 65).

[1] Fissura orbitalis superior. [2] A. supraorbitalis. [3] Ciliares post. breves et longae.
[4] Foramen ethmoidale anterius. [5] Foramen ethmoidale posterius.

Die Lage und Verteilung der in den Bulbus eintretenden Arterien ist in Abb. 64 dargestellt. In der Umgebung des Fasc. opticus durchbohren die Aa. chorioideae und iridis[1] die Sclera und bilden, gegen das Corpus ciliare verlaufend, die Lamina capillarium[2]. Die zwei Aa. iridis gehen etwas weiter vorn als die Aa. chorioideae durch die Sclera zum Ciliarkörper, wo sie mit den Ramuli ciliares anastomosieren. Die letzteren kommen aus den Muskelästen der Mm. recti bulbi; sie versorgen den Ciliarkörper und geben auch Äste zur Conjunctiva bulbi. Die Gefässe des Ciliarkörpers verbinden sich in der Lamina capillarium mit dem Gefässgebiete der Aa. chorioideae (in Abb. 64 nicht dargestellt).

Ansicht der Orbita von oben. Die Kenntnis der Topographie der Orbita in der lateralen Ansicht (Abb. 63) ist wohl vorläufig in operativer Hinsicht die wichtigste. Die Ansicht von oben ist aber auch von grossem Werte für das Verständnis der Lage der innerhalb der Orbita verlaufenden Gebilde zueinander sowie zu den der Orbita benachbarten Gegenden.

Ein solches Bild wird in Abb. 65 geboten. Hier ist die Decke der Orbita beiderseits entfernt worden, linkerseits wurden auch die Mm. rectus bulbi superior und levator palpebrae superioris nahe an ihrem Ursprunge von dem Canalis fasc. optici bis knapp vor ihrem Ansatze an den Bulbus resp. an das obere Augenlid abgetragen.

Rechterseits wird der Muskelkegel durch die Mm. obliquus bulbi sup., rectus bulbi sup., nasalis, inferior und levator palpebrae superioris angedeutet. Oberflächlich, unmittelbar unter der das Dach der Orbita überziehenden Periorbita verläuft der N. frontalis nach vorne, über den Mm. rectus bulbi sup. und levator palpebrae sup.; von demselben gehen über der Trochlea zur Haut am medialen Augenwinkel der N. supratrochlearis und der R. lat. n. frontalis[3] ab. Mit dem R. med. und lat. n. frontalis verläuft die A. frontalis lateralis[4] aus der A. ophthalmica nach vorne. Lateral vom Bulbus ist die Pars orbitalis glandulae lacrimalis gerade noch sichtbar mit der zur Drüse verlaufenden A. lacrimalis und dem N. lacrimalis aus dem N. ophthalmicus. Zum M. obliquus bulbi sup. verläuft der durch die Fissura orbitalis cerebralis in die Augenhöhle eintretende N. trochlearis. Seitlich schliesst sich der N. nasociliaris der medialen Wand der Orbita an und gibt durch die Canales orbito-cranialis et -ethmoideus[5] die entsprechenden Nn. ethmoideus ant. und post. ab, von denen der N. ethmoideus post. zu hinteren Siebbeinzellen verläuft, während der N. ethmoideus ant. auf die Lamina cribriformis gelangt, dann durch eine vordere Öffnung derselben zur Wandung der Nasenhöhle tritt, um hier die Rr. nasales ant. abzugeben. Mit den Nerven verlaufen entsprechende Äste der A. ophthalmica und als Endäste gehen die A. frontalis medialis[6] und der N. infratrochlearis zur Haut der Stirne und des medialen Augenwinkels.

Linkerseits sind verschiedene Gebilde in tieferer Ebene dargestellt: Der Verlauf und die Äste der A. ophthalmica sind im Zusammenhange erkennbar. Die Arterie geht, dem unteren Umfange des Fasc. opticus angeschlossen, durch den Canalis fasc. optici, wendet sich sodann innerhalb der Orbita im Bogen um den lateralen und oberen Umfang des Nerven und gibt, abgesehen von Rami musculares, die Aa. chorioideae et iridis[1], die A. frontalis und die A. lacrimalis ab. Die Aa. chorioideae dringen rings um die Eintrittsstelle des Fasc. opticus in den Bulbus ein. Von Nerven sind linkerseits bloss dargestellt der N. nasociliaris mit seinen Ästen, sowie das zwischen dem lateralen Umfange des Fasc. opticus und dem M. rectus bulbi temporalis liegende Ganglion ciliare und die vom Ganglion zum Bulbus verlaufenden Nn. ciliares breves.

Venen der Orbita. Die Venen sind in bezug auf Verlauf und Anastomosenbildung weit variabler als die Arterien. In der Regel bilden sie zwei grössere Stämme oder Bezirke (Abb. 66), von denen der obere (V. ophthalmica sup.) dem Verlaufe der Arterie mehr oder weniger folgt, um ausserhalb des Anulus tendineus communis durch

[1] Aa. ciliares post. breves et longae. [2] Lamina choriocapillaris. [3] N. supraorbitalis. [4] A. supraorbitalis. [5] Foramina ethmoidale ant. et post. [6] A. frontalis.

die Fissura orbitalis cerebralis[1] zu treten und in den Sinus cavernosus zu münden. Die V. ophthalmica inf. schliesst sich der unteren Wand der Orbita an und mündet in die V. ophthalmica sup. unmittelbar vor dem Eintritte derselben in die Fissura orbitalis cerebralis.

Die Verbindungen der Augenhöhlenvenen mit den Venen der benachbarten Regionen sind deshalb von praktischer Bedeutung, weil sie die Möglichkeit bieten zur Fortleitung einer Infektion (z. B. bei Gesichtserysipel) auf die Orbita und weiterhin auf den Sinus cavernosus und auf das Gehirn. In der Regio palpebralis lassen sich

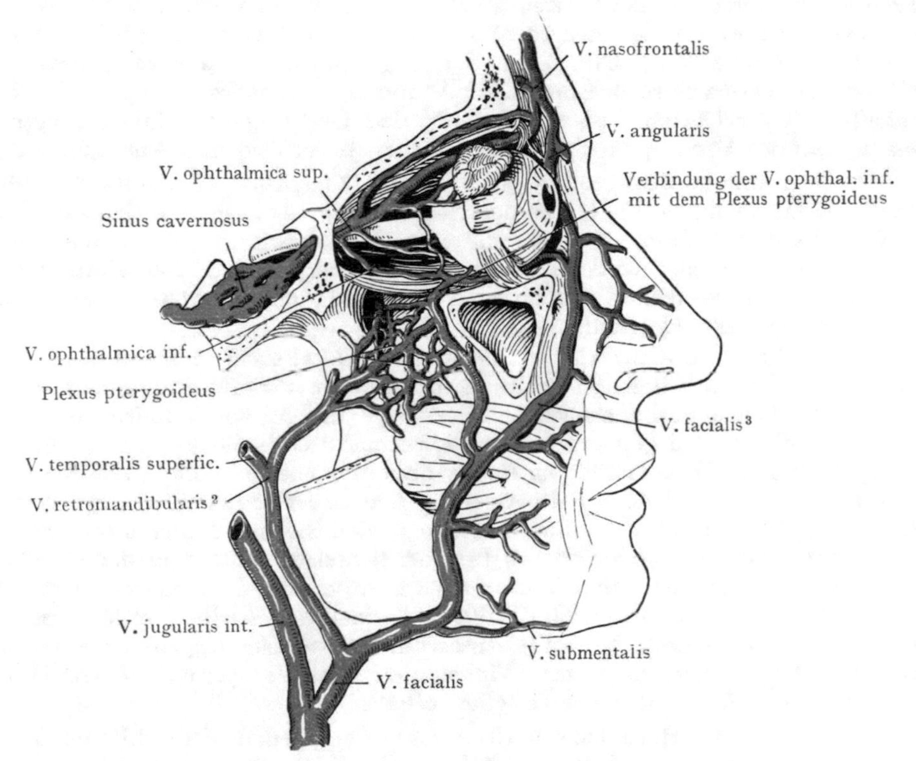

Abb. 66. Topographie der Vv. ophthalmicae und der Gesichtsvenen. (Halbschematisch.)
Zum Teil nach Henle. Handbuch der systemat. Anatomie, mit Zuhilfenahme einer Abbildung von Sesemann. (Arch. für Anat. 1869.)

ausgiebige Verbindungen der V. ophthalmica sup. und der V. ophthalmica inf. mit der V. facialis[3] nachweisen. Die Fissura orbitalis sphenomaxillaris[4] gestattet eine Verbindung der V. ophthalmica inf. mit dem Plexus pterygoideus; ferner verbinden sich Wurzeln der V. ophthalmica sup. mit den Venen der Nasenhöhle, Verbindungen, welche in Abb. 66 nicht zur Darstellung kommen konnten.

Nerven der Orbita (Abb. 63). Wir unterscheiden 1. den Fasc. opticus, 2. die motorischen (Augenmuskelnerven) und die sensiblen Nerven der Orbita.

1. Fasciculus opticus[5]. Der Fasc. opticus erstreckt sich in einer Länge von ca. 5 cm vom Chiasma fasc. opticorum zum Bulbus. Dieser Verlauf lässt sich in drei Strecken einteilen, eine intrakraniale Strecke, eine Strecke innerhalb des Canalis fasc. optici und eine intraorbitale Strecke.

[1] Fissura orbitalis sup. [2] V. facialis post. [3] V. facialis ant. [4] Fissura orbitalis inf. [5] Nervus opticus.

a) Die intrakraniale Strecke liegt, im Cavum leptomeningicum[1] eingebettet, dem Diaphragma sellae auf. In dem lateralwärts offenen Winkel, welchen der Fasc. opticus mit dem Chiasma fasc. opticorum und dem Tractus opticus derselben Seite bildet, steigt die letzte Windung der A. carotis int. empor; aus ihr entspringt die A. ophthalmica, welche im Canalis fasc. optici unter dem Nerven liegt und erst innerhalb der Orbita an die laterale Seite des Nerven tritt (Abb. 65).

b) Die im Canalis fasc. optici eingeschlossene Strecke ist sehr kurz (5—7 mm) und wird vollständig vom Knochen umgeben, daher die Möglichkeit der Verletzung des Nerven bei Frakturen der Basis cranii, welche sich auf die Proc. alae parvae[2] erstrecken. Bemerkenswert sind die Beziehungen zum Sinus sphenoideus, welcher bei starker Ausdehnung fast den ganzen Canalis fasc. optici umgeben kann; in anderen Fällen erreicht der Sinus sphenoideus bloss medianwärts die Wandung des Canalis fasc. optici; bei dünner Beschaffenheit der letzteren ist ein Weg für den Übergang von Entzündungen vom Sinus aus auf den Fasc. opticus gegeben (s. Sinus sphenoideus und Abb. 46).

c) Intraorbitale Strecke (2,5—3 cm lang). Innerhalb der Orbita verläuft der Sehnerv in Krümmungen, die teils in der Horizontal-, teils in der Vertikalebene liegen. Von den Horizontalkrümmungen geht die erste lateralwärts, die zweite medianwärts; die vertikale Krümmung wird als „bajonettartig“ beschrieben. Der Eintritt in den Bulbus liegt 3 mm nasalwärts vom hinteren Pole und 1 mm unterhalb einer durch den hinteren Pol gelegten Horizontalebene.

Der Fasciculus opticus wird von der derben Duralscheide eingeschlossen, welche beim Eintritt des Nerven in die Orbita sowohl mit der Periorbita als mit dem Anulus tendineus communis zusammenhängt. Hier liegt die A. ophthalmica dem Nerven lateral an (Abb. 65) und gibt die A. centralis retinae ab, welche dem Fasc. opticus treu bleibt, während der Hauptstamm im Bogen über den oberen Umfang des Nerven hinweg zur medialen Wand der Orbita verläuft. Die A. centralis retinae liegt dem Fasc. opticus bis etwa 1 cm hinter der Eintrittsstelle in den Bulbus an, hier dringt sie jedoch in den Nerven ein und verbreitet sich teils an denselben, teils, von der Papilla fasc. optici aus, an die Retina. Man kann also zwei Abschnitte der Arterie unterscheiden; der erste (hintere) liegt ausserhalb des Fasc. opticus, der zweite (vordere) ist in den Fasc. opticus eingeschlossen (Abb. 64). Ausserhalb der Scheide begleiten die Aa. chorioideae et iridis[3] den Nerven. In dem Winkel, den der Fasc. opticus mit dem M. rectus bulbi temporalis bildet, liegt das Ganglion ciliare.

2. Die motorischen und sensiblen Äste der innerhalb der Orbita verlaufenden Nerven treten alle durch die Fissura orbitalis cerebralis ein und besitzen hier die im Anschlusse an Abb. 59 und 60 besprochenen Beziehungen zum Anulus tendineus communis sowie zum Augenmuskelkonus. Der N. abducens gelangt sofort an die mediale Fläche des M. rectus bulbi temporalis; der N. trochlearis schliesst sich, ausserhalb des Augenmuskelkonus verlaufend (Abb. 65), dem oberen Rande des M. obliquus bulbi sup. an. Von den drei Augenmuskelnerven gibt also bloss der N. oculomotorius Zweige ab, welche sich auf grössere Entfernung innerhalb der Orbita verfolgen lassen. Der Ram. sup. n. oculomotorii verläuft über den Fasc. opticus hinweg zu den Mm. rectus bulbi sup. und levator palpebrae sup.; die Äste des Ramus inf. gelangen unterhalb des Fasc. opticus zu den Mm. rectus bulbi nasalis et inf. und am weitesten nach vorne zum M. obliquus bulbi inf. Der untere Ast des N. oculomotorius gibt endlich die Radix brevis seu motoria zum Ganglion ciliare ab (Abb. 63).

Sensible Äste innerhalb der Orbita. Sie kommen aus dem N. ophthalmicus (N. frontalis, Nn. nasociliaris und lacrimalis) und aus dem N. maxillaris. Bloss die Zweige des ersteren sind in dem Schema Abb. 67 blau angegeben.

Die Teilung des N. ophthalmicus erfolgt noch innerhalb der Schädelhöhle; von den drei Ästen tritt der N. nasociliaris durch die im Bereiche des Anulus tendineus

[1] Cavum subarachnoidale. [2] Proc. clinoideus ant. [3] Aa. ciliares post breves et longae.

communis liegende Strecke der Fissura orbitalis cerebralis in die Orbita, der N. lacrimalis und der N. frontalis durch die obere Abteilung der Fissur.

Der N. lacrimalis verläuft, der lateralen Wand der Orbita angeschlossen, oberhalb des M. rectus bulbi temporalis nach vorne und versorgt die Glandula lacrimalis sowie den lateralen Augenwinkel und die Conjunctiva. Der N. frontalis liegt über dem M. levator palpebrae sup., unmittelbar unter der Periorbita des Orbitaldaches. Von seinen Endzweigen geht der R. lat. n. frontalis[1] durch die Incisura frontalis lat.[2] und der R. med. n. frontalis[3] weiter medial zur Stirne, der N. supratrochlearis oberhalb der Trochlea zu den Augenlidern und zur Haut der Nasenwurzel. Der N. nasociliaris gelangt allein von den Ästen des N. ophthalmicus durch den Anulus tendineus communis in den Augenmuskelkonus, und liegt hier zwischen dem N. oculomotorius und dem N. abducens. Er kreuzt sodann schräg medianwärts verlaufend, den oberen Umfang des Fasc. opticus, gibt die Radix longa (sensibilis) zum Ganglion ciliare ab sowie die Nervi ciliares longi, welche mit den Nervi ciliares breves aus dem Ganglion ciliare, im Orbitalfette um den Sehnerven angeordnet, nach vorne verlaufen und die Sclera in der Nähe der Eintrittsstelle des Sehnerven durchbohren (Abb. 63 und 65). Die Fortsetzung des N. nasociliaris gelangt an die mediale Orbitalwand, gibt hier den N. ethmoideus post. zu den hinteren Siebbeinzellen und den N. infratrochlearis zur Haut am medialen Augenwinkel sowie zum Tränensacke und zu den Augenlidern ab. Der stärkste Ast des Nerven ist der N. ethmoideus ant., welcher durch das Canalis orbitocranialis[4] auf die Siebbeinplatte tritt, dann wieder die Siebbeinplatte durchbohrt, um sich teils innerhalb der Nase als Rami nasales ant. septi und lat. zum vorderen Teil der seitlichen Wandung der Nasenhöhle und zum Nasenseptum zu verzweigen, teils unter dem Schutz des Nasenbeins zur knorpligen Nase und zur Haut der Nasenspitze zu gelangen (Ramus nasalis externus).

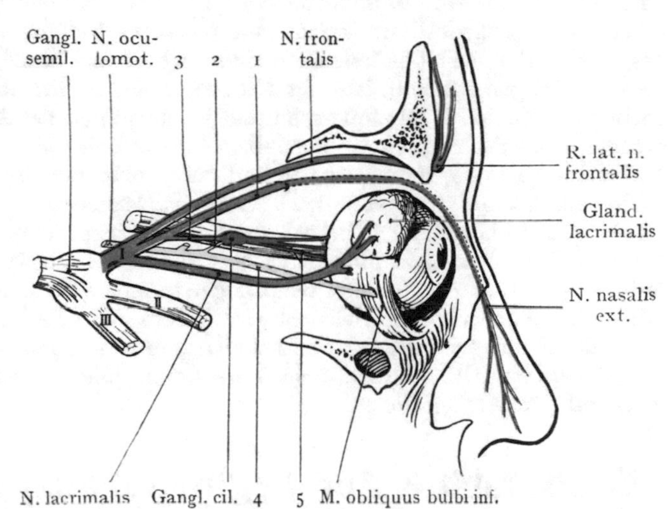

Abb. 67. Schema der Verzweigung des N. ophthalmicus (blau) und der Bildung des Ganglion ciliare (grün). Der untere Ast des N. oculomotorius gelb; der obere Ast ist abgeschnitten worden.

1 N. nasociliaris. 2 Radix brevis (motoria) ganglii ciliaris. 3 Radix longa (sensibilis) ganglii ciliaris. 4 Ram. inferior n. oculomotorii. 5 Nn. ciliares breves.

Der aus dem N. maxillaris stammende N. zygomaticus geht vom Stamme des Nerven in der Fossa pterygopalatina ab, bevor er in den Canalis infraorbitalis eintritt, gelangt an die laterale Wand der Orbita und verläuft mit seinen Endzweigen durch das Foramen zygomaticotemporale zur Haut der Schläfe und durch das Foramen zygomaticofaciale zur Haut der Wange. Der Nerv kann vom lateralen Augenwinkel aus aufgesucht werden, wenn man sich direkt an die Periorbita der lateralen Orbitalwand hält.

Besprechung von Frontalschnitten durch die Orbita. Abb. 68 soll die Beziehungen der Orbita zu benachbarten Gegenden darstellen. Das Dach der Orbita

[1] N. supraorbitalis. [2] Incisura supraorbitalis. [3] R. frontalis. [4] For. ethmoidale ant.

trennt den Raum von der Schädelhöhle und dem Frontalhirn; die laterale Wand trennt die Orbita von der Fossa temporalis und dem M. temporalis. Der Boden der Orbita schliesst den N. infraorbitalis ein (in Abb. 68 nicht bezeichnet) und bildet medial eine äusserst dünne Lamelle, welche die Scheidewand zwischen dem Sinus maxillaris und der Orbita darstellt. An die mediale Orbitalwand grenzen die Sinus ethmoidei (E. E.) in der Ausdehnung der Lamina orbitalis[1] des Ethmoids, sie werden nach oben durch die Pars orbitalis ossis frontalis gegen die Schädelhöhle hin abgeschlossen.

Der in Abb. 69 dargestellte Frontalschnitt geht gerade noch vor dem vorderen Ende der Fissura orbitalis sphenomaxillaris[2] durch, welche die Orbita in weite Verbindung mit der Fossa temporalis und infratemporalis setzt. Sie wird also hier noch allseitig knöchern begrenzt. Die Muskelquerschnitte sind dichter zusammengedrängt als in dem weiter vorne durchgelegten Schnitte der Abb. 68, auch ist ihr Abstand von dem Fasc. opticus geringer. Von den Muskelquerschnitten ist derjenige des M. rectus bulbi temporalis der grösste. Ausserhalb des Muskelkonus liegen unter dem Orbitaldache der N. frontalis und der N. lacrimalis, sowie, dem lateralen und unteren Rande des M. rectus bulbi inferior angeschlossen, der am weitesten nach vorne verlaufende Ast des N. oculomotorius zum M. obliquus bulbi inferior. Oberhalb des Fasc. opticus, etwas medianwärts verlagert, finden wir den Stamm der A. ophthalmica mit dem N. nasociliaris. Zwischen dem M. rectus bulbi sup. und M. rectus bulbi temp. liegen mehrere Venenlumina, welche der V. ophthalmica superior angehören, vielleicht auch einem Aste der V. ophthalmica inferior, welche zur Einmündung in die V. ophthalmica superior nach oben verläuft. Wenigstens ist an der unteren Orbitalwand kein Venenlumen nachzuweisen, das sich als V. ophthalmica inf. ansprechen liesse.

Topographie der Regio nasalis, des Cavum nasi und der Sinus nasales[3].

Die Nasenhöhle wird durch das mediane Septum nasi in zwei Hälften geteilt, welche hohe, durch Vorsprünge ihrer lateralen Wandung in einzelne Abteilungen (Nasengänge) zerfallende Räume darstellen; dieselben münden nach vorne in die äusseren Nasenöffnungen (Nares), nach hinten (Choanae) in den oberen Teil des Rachenraumes aus. Beim macerierten Schädel werden die Nasenhöhlen teilweise durch den sagittal eingestellten Vomer mit der Lamina mediana[4] des Ethmoids voneinander getrennt (Pars ossea septi nasi); als Vervollständigung kommt beim Lebenden di Pars castilaginea septi nasi hinzu, welche teilweise in die äussere Nase übergeht und sich bis zur Nasenspitze erstreckt. Die letztere setzt sich an die Ränder der Apertura piriformis, welche am macerierten Schädel von vorne her in die Nasenhöhle führt, und besteht aus dem knorpligen Gerüste der äusseren Nase mit Weichteilen (Muskeln, Gefässe, Nerven), die sich von Gebilden des Gesichtes ableiten.

Wir unterscheiden demnach die äussere Nase von der inneren Nase oder der Nasenhöhle. Zur letzteren gehören auch die Ausbuchtungen, welche als lufthaltige Nebenhöhlen der Nase (Sinus nasales) in benachbarte Gegenden vordringen. Ihre Zugehörigkeit zur Nasenhöhle wird erstens durch ihre Entwickelung begründet, indem sie, allerdings erst während der ersten Lebensjahre, durch Ausstülpung der Nasenschleimhaut unter weitgehender Resorption der an die Wandungen der Nasenhöhle angrenzenden Knochenmassen entstehen, zweitens spricht auch ihre Pathologie dafür, sie im Anschluss an die Nasenhöhle abzuhandeln, indem sehr häufig Erkrankungen der Nasenhöhle auf die Sinus nasales übergreifen, und auf diesem Wege Gegenden erreichen, welche sonst in keiner Beziehung zur Nasenhöhle stehen (Sinus sphenoideus und Schädelhöhle, Sinus frontalis und Frontalhirn, Sinus ethmoidei[5] und Orbita).

[1] Lamina papyracea. [2] Fissura orbitalis inf. [3] Sinus paranasales.
[4] Lamina perpendicularis. [5] Cellulae ethmoidales.

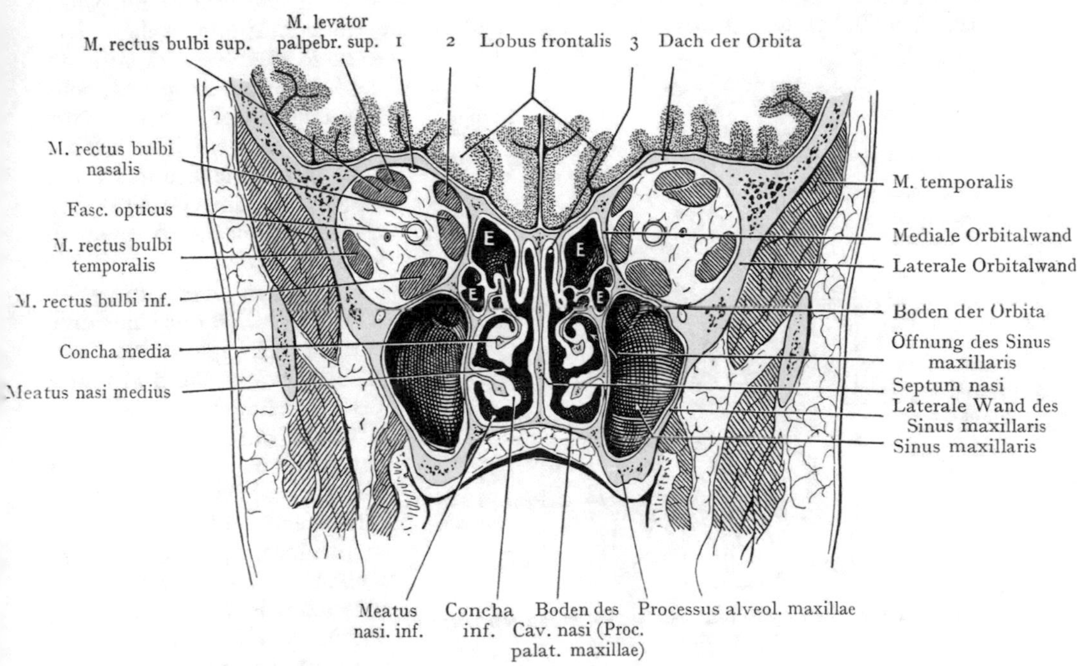

Abb. 68. Frontalschnitt durch den Kopf gerade hinter der Eintrittsstelle des Fasc. opticus in den Bulbus. Beziehungen zwischen der Orbita, dem Sinus maxillaris und den Sinus ethmoidei.

Nach einem Gefrierschnitt der Basler Sammlung.

1. N. frontalis. 2 M. obliq. bulbi sup. 3 Rima olfactoria.

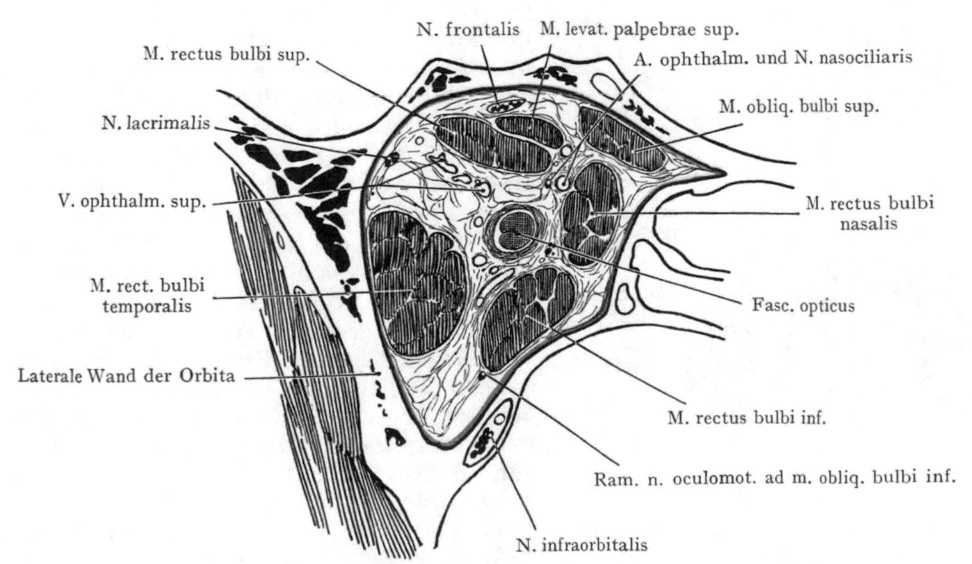

Abb. 69. Frontalschnitt durch die Orbita. Nach einem Mikrotomschnitte.

Periorbita grün.

Äussere Gegend der Nase. Grenzen: Nach oben die Verbindungslinie der medialen Enden der Augenbrauen, nach unten eine Horizontallinie, welche dem Ansatze des Septum nasi an der Oberlippe entspricht, seitlich eine Linie, welche vom medialen Augenwinkel schräg nach unten zieht und in eine die Nasengegend von der Wange trennende Furche (Nasolabialfalte) übergeht.

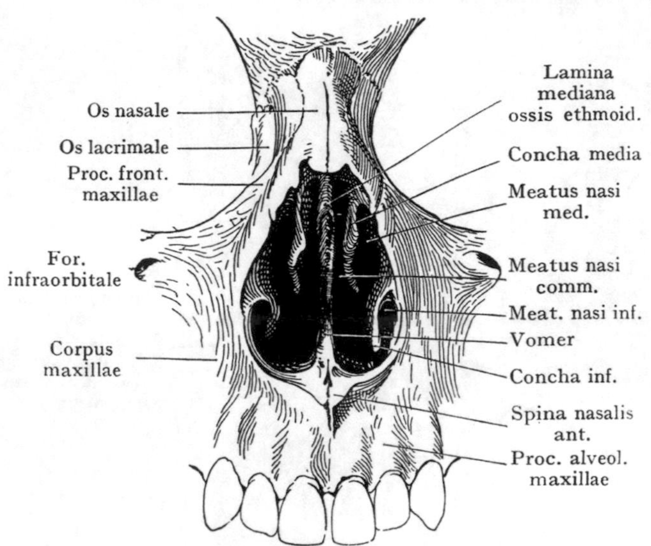

Abb. 70. Apertura piriformis und Skelet der Nase von vorn gesehen.

Form der äusseren Nase. Sie wird mit einer dreiseitigen Hohlpyramide verglichen, deren Basis mit dem Gesichtsschädel verbunden ist, während ihre Höhle durch die mediane, die knöcherne Nasenscheidewand von vorne fortsetzende Platte die Pars cartilaginea septi nasi (Septum mobile) in zwei nach aussen mündende Räume zerlegt wird, welche nach hinten in die paarigen Nasenhöhlen führen.

Die äussere Nase setzt sich nicht bloss an die Ränder der Apertura piriformis fest, sondern ihre Grundlage wird zum Teil gebildet und ihre Form wesentlich beeinflusst durch die an der Abgrenzung der Apertura piriformis teilnehmenden Knochen. Oben sind es die Ossa nasalia, welche die Wölbung des Nasenrückens bestimmen. Die Seitenteile der äusseren Nase werden (Abb. 70) teilweise durch die Processus frontales der Oberkiefer hergestellt, teilweise durch knorplige Platten (Cartilagines apicis nasi[1] und Laminae dorsi nasi[2]), als Überreste des knorpligen Primordialcranium, welche ursprünglich mit der Pars cartilaginea septi nasi zusammen einen wesentlichen Teil der knorpligen Nasenkapsel bildeten. Den unteren Abschluss der Apertura piriformis bilden die in der Spina nasalis ant. zusammenstossenden Oberkiefer. Während im Bereiche der Nasenhöhle der Knorpel bis auf einen kleinen Teil der Pars cartilaginea verschwunden ist, wird das Skelet der äusseren Nase wesentlich durch Knorpelplatten aufgebaut, von denen ein oberes Paar, die Laminae dorsi nasi[2], den oberen Winkel der Apertura piriformis ausfüllt und mit dem Septum verbunden ist. Sie setzen die durch die Ossa nasalia gegebene Wölbung des Nasenrückens gegen die Nasenspitze hin fort. Als Grundlage der Nasenflügel haben die Cartilagines apicis nasi[1] den direkten Zusammenhang mit der Pars cartilaginea aufgegeben,

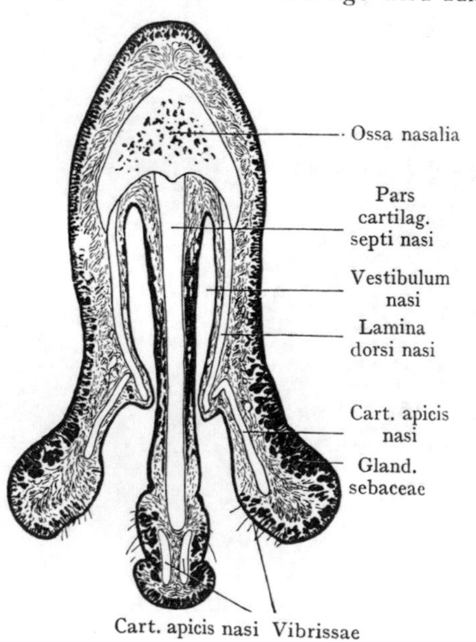

Abb. 71. Frontalschnitt durch die Nase. Nach einem Mikrotomschnitte.

[1] Cartilago alaris. [2] Cartilago lateralis nasi.

sie biegen hakenförmig nach vorne in die Nasenspitze um, infolgedessen sie auf Frontalschnitten durch die Pars mobilis nasi doppelt getroffen werden (Abb. 71), sowohl in den Nasenflügeln, als medianwärts, wo sich ihre hakenförmigen Enden die Pars cartilaginea septi anlegen. Kleinere accessorische Knorpelplatten zwischen den Laminae dorsi nasi und den Cartilagines apicis nasi sind ohne praktische Bedeutung.

Die Erhaltung einer normalen Wölbung des Nasenrückens wird in erster Linie durch das Septum nasi besorgt, mit welchem die Laminae dorsi nasi sich in der Medianlinie verbinden. Eine Schwächung der Pars cartilaginea septi wird eine Änderung in der Form des Nasenrückens zur Folge haben, welche sogar zur Bildung der sog. Sattelnase führen kann.

Weichteile der Nasengegend. Die Haut dieser Gegend ist auf dem Nasenrücken leicht verschiebbar und lässt sich hier in Falten emporheben; im Bereiche der Nasenflügel ist ihre Unterlage derber und mächtiger. Sie zeichnet sich, besonders an den Nasenflügeln, durch ihren Reichtum an Talgdrüsen aus (Abb. 71), die sich auch an dem untersten, mit der Oberlippe verwachsenen Teile des Septum weiterziehen sowie eine Strecke weit an der medialen Fläche der Nasenflügel in Gesellschaft der grossen als Vibrissae bezeichneten Haare. Die Muskelschicht der Gegend ist ohne praktische Bedeutung; sie gehört zur Gesichtsmuskulatur (Mm. nasalis und Origo nasalis m. orbic. oris[1] und besitzt einen gewissen Einfluss als Erweiterer und Verengerer der Nasenöffnungen. Im ganzen trägt die Nasenmuskulatur des Menschen einen rudimentären Charakter zur Schau.

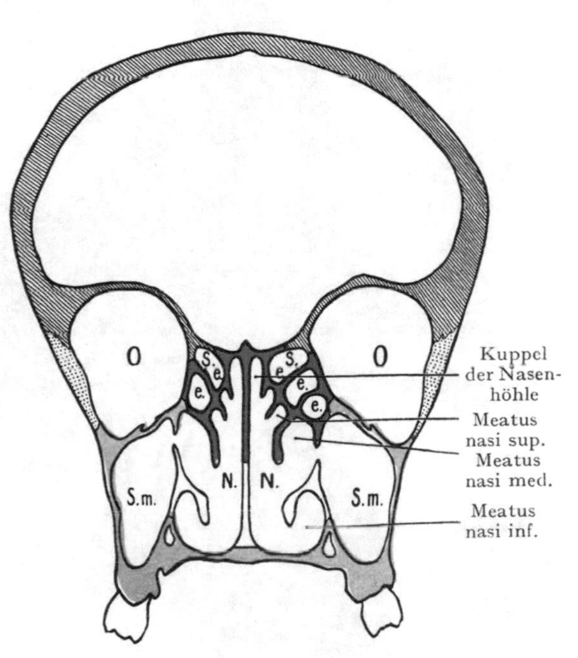

Abb. 72. Frontalschnitt durch den Schädel. (Halbschematisch.)

Ossa frontalia schraffiert. Ossa zygomatica punktiert. Maxillae blau. Os ethmoides rot. Conchae inferiores weiss. Vomer weiss. — O. Orbita. S. m. Sinus maxillaris. S. e. Sinus ethmoidei. N. N. Nasenhöhle.

Gefässe und Nerven. Die äussere Nase ist sehr reichlich vaskularisiert; die Arterien kommen 1. aus der A. dorsalis nasi, einem Endaste der A. ophthalmica, welche über dem Lig. palpebrale nasale zur Haut der Nasenwurzel und des Nasenrückens gelangt, und 2. aus Ästen der zum medialen Augenwinkel verlaufenden A. facialis[2] (A. angularis). Die Venen finden ihren Abfluss zu der V. facialis, die Lymphgefässe zu den Lymphonodi parotidici und submandibulares (s. Lymphgefässe des Gesichtes). Das Netz, aus welchem die Lymphgefässe der äusseren Nase entspringen, kommuniziert nach innen mit den Lymphgefässen des Vestibulum nasi und der Nasenschleimhaut. Lymphgefässe, die über der Nasenwurzel entspringen, gehen in weitem Bogen über dem oberen Augenlide zu oberen Lymphonodi parotidici. Die Lymphgefässe des Nasenrückens und z. T. auch der Nasenwurzel gehen zu unteren Lymphonodi parotidici. Am stärksten ausgebildet sind Lymphgefässe, die von der ganzen äusseren Nase entspringen und sich mit den Lymphonodi submandibulares verbinden. Motorische Zweige des N. facialis innervieren die Nasenmuskulatur, sensible

[1] M. depressor septi. [2] A. maxillaris externa.

Äste kommen teils aus dem N. ethmoideus ant. (zur Nasenspitze und zu den Nasenflügeln), teils aus dem N. infraorbitalis.

Topographie der Nasenhöhle (innere Nase). Die Nasenhöhle stellt einen durch das Nasenseptum in zwei Hälften getrennten Raum dar, welcher sich zwischen dem harten und weichen Gaumen und der Lamina cribriformis des Siebbeins ausdehnt, seitlich teilweise durch die mediale Wand der Orbita abgegrenzt wird, teilweise mit seiner mächtigsten Nebenhöhle (dem Sinus maxillaris) den Körper der Maxilla

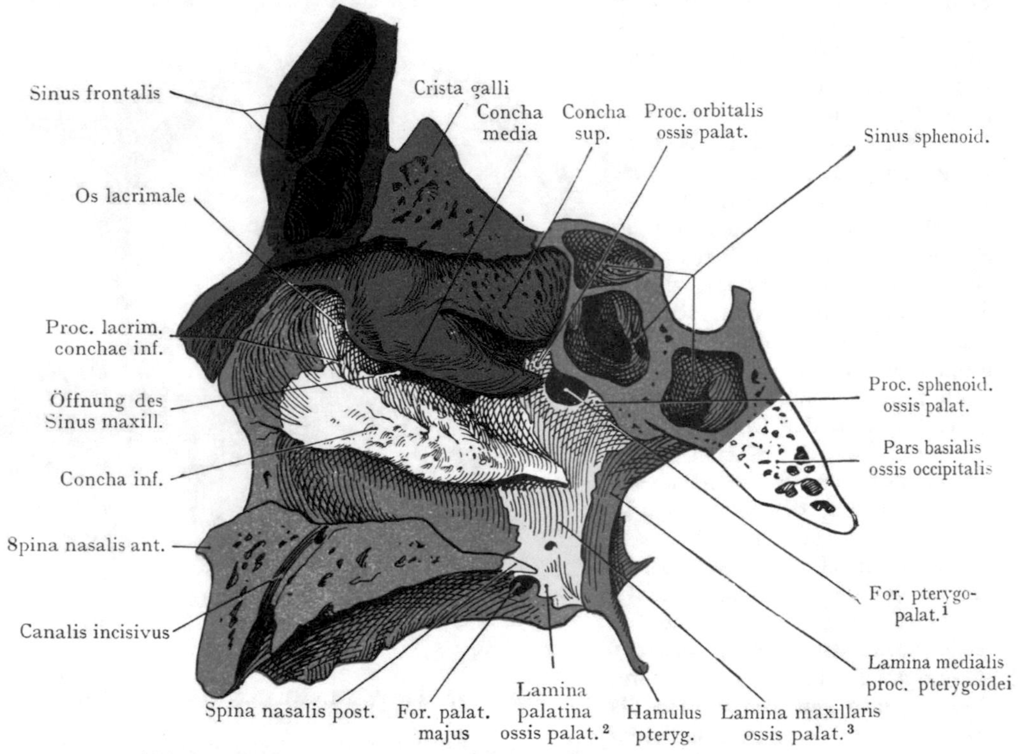

Abb. 73. **Skelet der lateralen Wand der Nasenhöhle, von innen gesehen.**
Os nasale orange. Maxilla blau. Os ethmoid. rot. Os frontale violett. Os palatinum gelb. Os sphenoid. grün. Os lacrimale weiss. Concha inf. weiss. Pars basialis ossis occipitalis weiss.

für sich in Anspruch nimmt. Vorne setzen sich die beiden Abteilungen der Nasenhöhle in die äussere Nase fort, um in den Nares nach aussen zu münden; hinten öffnen sie sich durch die Choanen in den obersten Abschnitt des Pharynx (Pars nasalis pharyngis).

Wandungen der Nasenhöhle. Sie bestehen meist aus dünnen Knochenlamellen mit einem Schleimhautüberzuge, welcher auch die von der Nasenhöhle ausgehenden Nebenhöhlen auskleidet. Die knöcherne Grundlage der Wandung wird in der Hauptsache durch den Oberkiefer und das Siebbein geliefert, dazu kommen auf kleinere Strecken die Ossa nasalia, lacrimalia und palatina, os frontale. Die schematische Abb. 72 zeigt auf einem Frontalschnitte, wie die untere und ein Teil der lateralen Wand der Nasenhöhle durch die Maxilla (blau), die obere und ein Teil der seitlichen Wandung durch das Ethmoid (rot) hergestellt wird.

Da der Schleimhautüberzug sich meist recht eng dem Knochen anschliesst, so gibt schon das Relief der knöchernen Wandungen die Form der Nasenhöhlenwandungen

[1] For. sphenopalatinum. [2] Pars horizontalis. [3] Pars perpendicularis.

des Präparates wieder. Wir unterscheiden eine laterale, eine obere, eine untere und eine mediale Wand (Septum nasi) an jeder Hälfte der Nasenhöhle, dazu eine vordere, am Skelet beiden Hälften gemeinsame Öffnung am Gesichtsteil des Schädels (Apertura piriformis) und zwei hintere Öffnungen (Choanae).

Knöcherne Grundlage der lateralen Wand. Dieselbe bietet infolge der Ausbildung der Muscheln das verschiedenartigste Relief dar. Abgesehen von den Muscheln kann man die Wand mit einer viereckigen Platte vergleichen, die sich nach hinten durch eine senkrechte Furche (Meatus nasopharyngicus) unmittelbar vor dem Ostium pharyngicum tubae vom Pharynx abgrenzt (Abb. 76). Nach vorne wird, entsprechend einer durch die Apertura piriformis gelegten Ebene, die laterale Wand der Nasenhöhle durch die Seitenwand der äusseren Nase gebildet.

Die knöcherne Grundlage (Abb. 73) besteht aus dünnen Knochenlamellen, welche der Maxilla, dem Ethmoid, dem Os palatinum und der Concha inf. angehören. In der Reihenfolge von vorne nach hinten aufgezählt, haben wir die mediale und etwas nach hinten sehende Fläche der Ossa nasalia, sodann die mediale Fläche des Oberkieferkörpers und seines Processus frontalis, welcher seitlich und abwärts den Ausschnitt der Apertura piriformis begrenzt, während die Processus palatini der Oberkiefer den Boden der Nasenhöhle bilden, indem sie in der Medianebene zusammenstossen. Die Lamina orbitalis[1] des Siebbeins, welche als obere Partie der lateralen Wandung die Nasenhöhle von der Orbita trennt, wird in Abb. 73 von den beiden oberen Muscheln überlagert; zwischen dem Processus frontalis maxillae und der Siebbeinplatte ist die mediale, der Nasenhöhle zugekehrte Fläche des Os lacrimale sichtbar. Unterhalb der mittleren Muschel wird ein Teil der Wandung durch die dünne Knochenlamelle des Oberkieferkörpers gebildet, welche die Nasenhöhle von dem Sinus maxillaris trennt. In die weite Lücke, durch welche sich beim isolierten Oberkiefer der Sinus maxillaris medianwärts öffnet, legt sich der Processus maxillaris conchae inf. und bewirkt einen teilweisen Verschluss der Öffnung, welcher durch den Processus lacrimalis conchae inf. sowie durch das Os palatinum ergänzt wird (Abb. 45, Ansicht der medialen Wand des Sinus maxillaris von aussen gesehen). An unserem Präparate wird die Öffnung durch den Processus uncinatus des Ethmoids in einen vorderen und einen hinteren Abschnitt zerlegt. Nach hinten folgt die Lamina maxillaris[2] ossis palatini (gelb), welche mit ihrem Processus orbitalis und sphenoideus, zusammengenommen mit dem Körper des Sphenoids, das Foramen pterygopalatinum[3] begrenzt; dieses setzt die Fossa pterygopalatina mit der knöchernen Nasenhöhle in Verbindung. Als hinterster Bestandteil der lateralen Knochenwand der Nasenhöhle ist die mediale Lamelle des Processus pterygoides des Sphenoids zu erwähnen (grün), welche mit ihrem scharfen hinteren Rande die laterale Begrenzung der Choanen bildet.

Die laterale Wand trennt in ihrer unteren Partie die Nasenhöhle vom Sinus maxillaris; überall als eine dünne Lamelle ausgebildet, kann sie hier leicht durchbrochen werden, um eine tiefliegende Verbindung zwischen dem Sinus maxillaris und der Nasenhöhle zu schaffen. Die obere Partie der seitlichen Wandung schliesst die Sinus ethmoidei[4] ein (Abb. 81), welche, durch die Lamina orbitalis[1] des Ethmoids und das Os lacrimale von der Orbita getrennt, oben durch die Pars orbitalis ossis frontalis abgeschlossen werden (Siebbeinlabyrinth). Von den Öffnungen dieser Räume in die Nasenhöhle sind bloss die hinteren im oberen Nasengange zu erkennen. Die Sinus ethmoidei[4] drängen das Ethmoid blasenartig in die Lichtung der Nasenhöhle vor und verengern hier den obersten Teil des Nasenraumes um ein Beträchtliches.

Die beiden oberen Muscheln gehören dem Ethmoid an, die untere ist die selbständige Concha inferior. Die vorderen Enden der drei Muscheln liegen in einer schiefen, etwa parallel mit den Nasenbeinen verlaufenden Linie; am weitesten nach vorne reicht die untere Muschel. Die hinteren Enden liegen in einer Vertikalen, welche

[1] Lamina papyracea. [2] Pars perpendicularis. [3] Foramen sphenopalatinum. [4] Cellulae ethmoidales.

dicht vor dem Foramen pterygopalatinum[1] gezogen wird. In der Ansicht des Knochenpräparates von vorne (Abb. 70) sind die vorderen Enden der unteren und der mittleren Muschel zu sehen, während die Ossa nasalia die obere Muschel verdecken.

Knöcherne Grundlage der oberen Wand (Dach). Sie besteht, von vorne nach hinten aufgezählt (Abb. 42), aus den Ossa nasalia, dem Frontale, der Lamina cribriformis ossis ethmoidis und dem Körper des Sphenoids mit den Conchae ossis sphenoidis (Ossicula Bertini), welche sich von vorne her dem Keilbeinkörper auflagern und die Öffnungen des Sinus sphenoideus in die Nasenhöhle begrenzen.

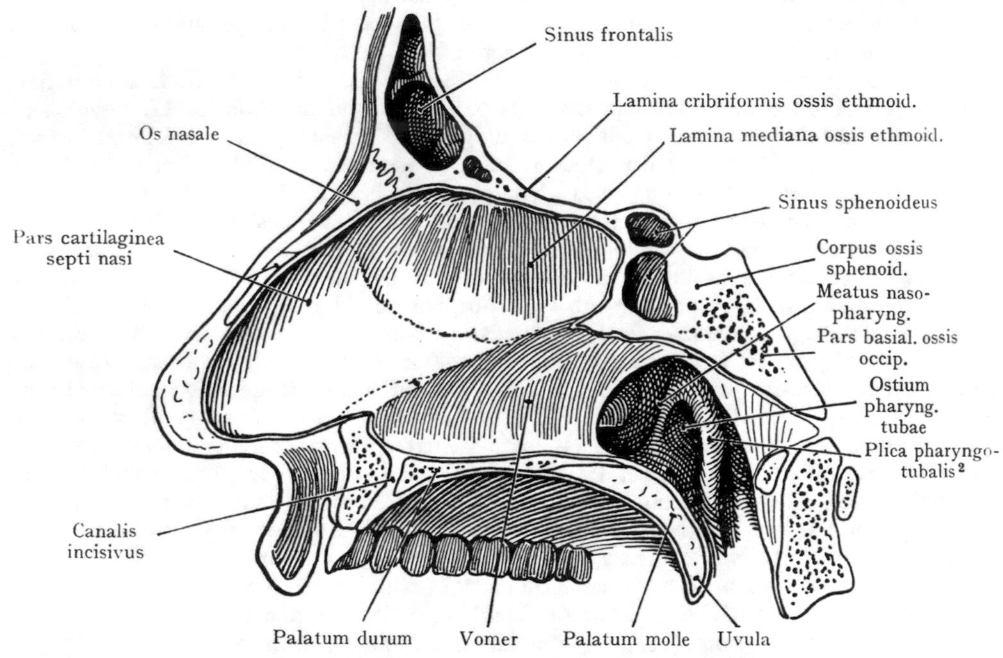

Abb. 74. Zusammensetzung des Septum nasi.

Die Ausdehnung dieser oberen Wand wechselt mit der Form des Schädels; ein kurzes Ethmoid oder ein stark nach vorne sich ausbuchtender Keilbeinkörper wird den Raum verkürzen. Beachtenswert ist der Winkel, welchen die Lamina cribriformis des Ethmoids mit dem vorderen Umfang des Keilbeinkörpers bildet (Recessus sphenoethmoideus); an demselben liegt der Eingang in den Sinus sphenoideus und manchmal auch in einen Sinus ethmoideus post. Die Lamina cribriformis trennt am Knochenpräparate die Nasenhöhle von der Schädelhöhle.

Knöcherne Grundlage der unteren Wandung (des Bodens). Sie stellt eine beiderseits vom Septum nasi liegende Rinne dar, deren Anfangsteil etwas tiefer steht als die Spina nasalis anterior; sie wird durch die in der Sutura palatina zusammenstossenden Proc. palatini der Oberkiefer, hinten durch die Laminae palatinae der Ossa palatina hergestellt. Die letzteren bilden in der Medianlinie die Spina nasalis posterior. Der Boden der Nasenhöhle ist vorne am engsten, wird nach hinten breiter und nimmt dann gegen die Choanen hin wieder an Breite ab; er bildet zugleich das knöcherne Dach der Mundhöhle.

Skelet der medialen Wand der Nasenhöhle (Septum nasi). Dasselbe trennt, als eine senkrechte, median eingestellte Platte, die beiden Hälften der Nasenhöhle voneinander. Sie besteht (Abb. 74) aus dem Vomer, welcher sich unten mit

[1] Foramen sphenopalatinum. [2] Plica salpingopharyngea.

dem Boden der Nasenhöhle, oben mit dem Dache (untere Fläche des Sphenoidkörpers) verbindet. Nach vorne und oben fügt sich die Lamina mediana des Ethmoids an; dieselbe verbindet sich mit dem oberen Rande der Vomerplatte, mit dem Rostrum sphenoideum, und oben und vorne mit dem Os frontale und den Ossa nasalia. Der nach vorn offene Winkel, welchen die Lamina mediana des Siebbeins mit der Vomerplatte bildet, wird durch die Lamina septi cartilaginis septodorsalis ausgefüllt, welche die Nasenscheidewand in die äussere Nase fortsetzt.

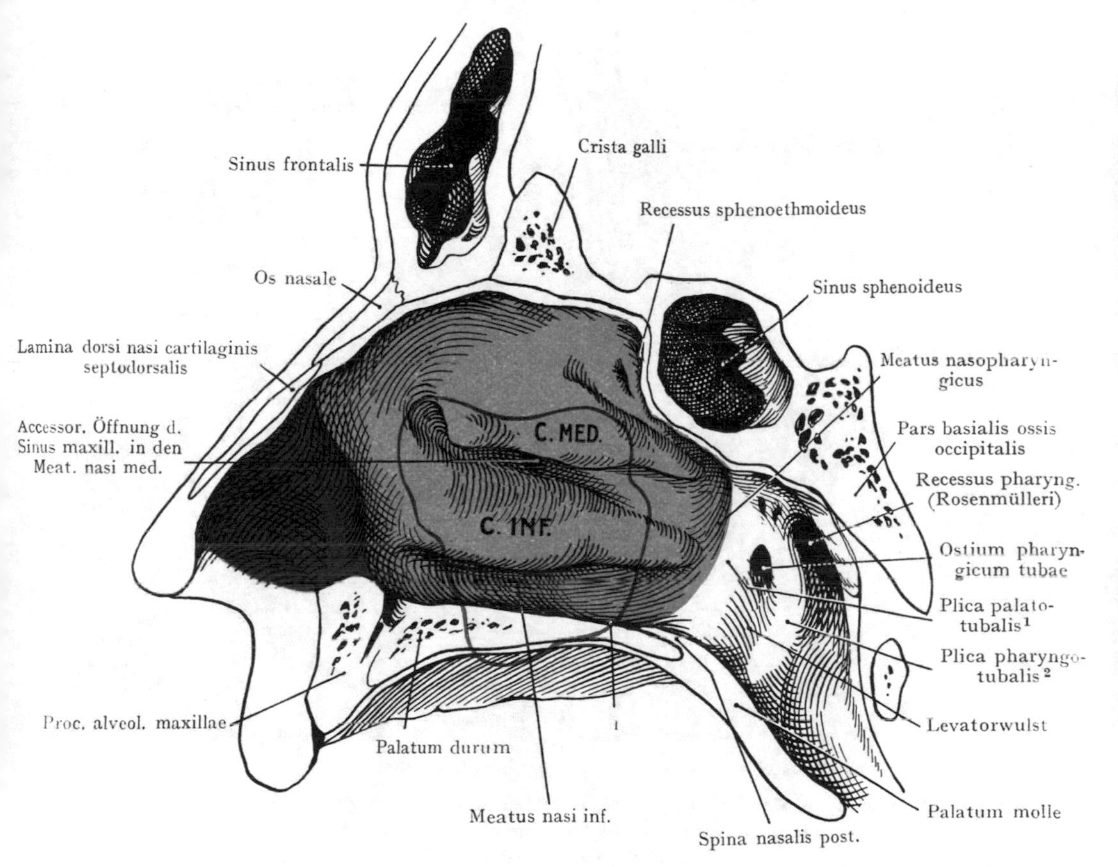

Abb. 75. Laterale Wand der rechten Nasenhöhle, von innen gesehen.
Vestibulum nasi violett. Innere Nasenhöhle blau.
1 Projektion der Umrisse des Sinus maxillaris (rot).

Nasenhöhle. An die Betrachtung der Skeletgrundlage der Nasenwandungen schliesst sich die Betrachtung der Nasenhöhle und ihrer mit Schleimhaut überzogenen Wandungen an.

An der Nasenhöhle lassen sich zwei Abschnitte unterscheiden, die in Abb. 75 durch Farbenunterschiede hervorgehoben sind. Der vorderste Abschnitt (Vestibulum, violett) liegt in der Pars mobilis nasi, findet also eine hintere Grenze in dem Rande der Apertura piriformis. Der zweite weitaus grössere Abschnitt, die innere Nasenhöhle, umfasst die Nasenmuscheln und die Nasengänge und grenzt sich in den Choanen gegen die Pars nasalis pharyngis ab.

---

[1] Plica salpingopalatina. [2] Plica salpingopharyngea.

Das Vestibulum bildet, wie der Name besagt, einen Vorraum, durch welchen die Luft hindurchstreicht, um zu der durch die Ausbildung der Muscheln vergrösserten Oberfläche des inneren Nasenraumes zu gelangen. Die Nasenlöcher sind schon oben besprochen worden, das Vestibulum buchtet sich seitlich etwas in die Nasenspitze vor; im übrigen ist die Wandung glatt.

Innere Nasenhöhle. Das Relief der mit Schleimhaut überzogenen Wandungen entspricht demjenigen der knöchernen Grundlage; wir können also das Bild der lateralen Wandung der Nasenhöhle ohne weiteres auf das Skeletbild beziehen.

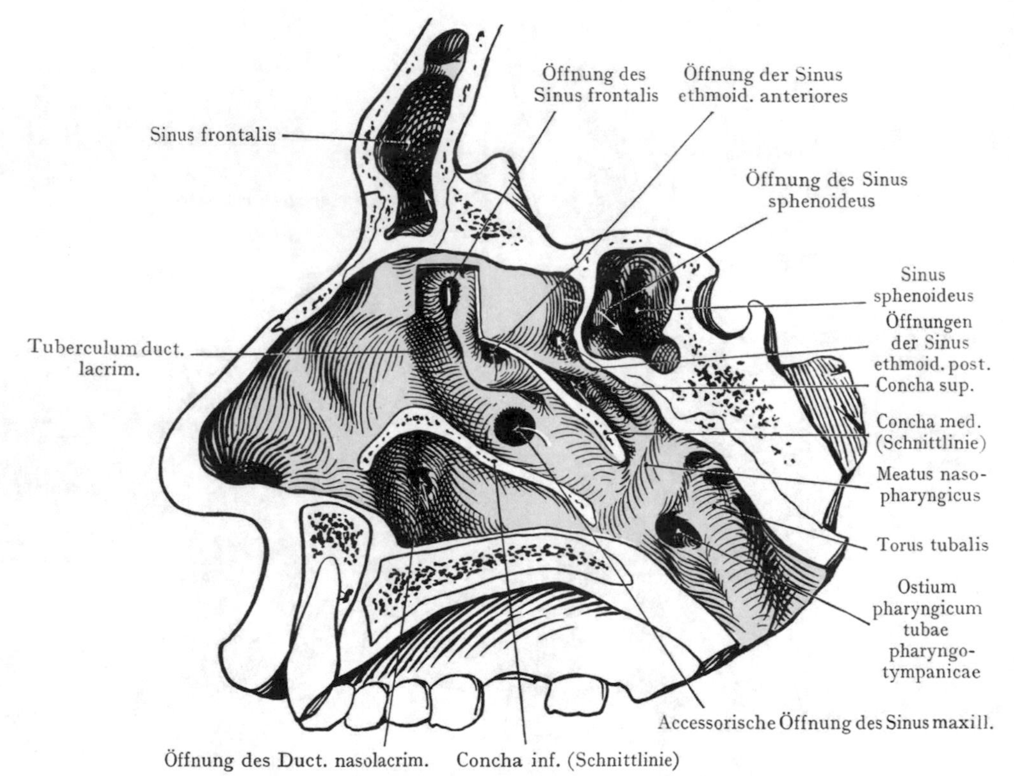

Abb. 76. Laterale Wand der Nasenhöhle, nach Abtragung der unteren und der mittleren Muschel. Die Öffnungen der Sinus nasales sind zu sehen. Mit Benutzung des Modelles von Killian.

Die Muscheln begrenzen mit der seitlichen und der unteren Wandung des Nasenraumes die Nasengänge (Meatus nasi inferior, medius und superior). An einem Frontalschnitte durch die Nasenhöhle (Abb. 68) erkennt man, dass die Nasengänge sich medianwärts in einen Raum öffnen, welcher sich als Meatus nasi communis zu beiden Seiten des Septum nasi nach hinten zieht.

Der untere Nasengang wird medianwärts durch die stark eingerollte untere Muschel begrenzt, lateralwärts wird er durch die laterale Wand der Nasenhöhle von dem Sinus maxillaris getrennt; in seinen vordersten Teil mündet der Ductus nasolacrimalis aus. Die Ansatzlinie der Concha inf. an der lateralen Wand steht nicht horizontal, sondern stellt eine nach unten konkave Linie dar; folglich ist (Abb. 76) der Meatus inferior am vorderen und hinteren Ende der Muschel enger als dort, wo der Ductus nasolacrimalis in ihn einmündet. Man hat den Meatus inf. auch als einen trichterförmigen Raum beschrieben, dessen Spitze an der höchsten Stelle der Muschelinsertion liegt. Das hintere Ende der unteren Muschel liegt etwa 1 cm vor dem Ostium pharyngicum tubae pharyngotympanicae[1].

Der mittlere Nasengang wird medianwärts durch die stark umgerollte mittlere Muschel begrenzt, lateralwärts durch die laterale Nasenwandung, welche den Raum von dem Sinus maxillaris und zum Teile von der Orbita und dem Canalis nasolacrimalis trennt. Der Ansatz der Concha media stellt, wie derjenige der Concha inferior, eine nach unten konkave Linie dar, nur ist die maximale Höhe des Ganges eine beträchtlichere. An der höchsten Stelle mündet von oben her (Abb. 76) der Sinus frontalis aus, weiter hinten und bedeutend tiefer (in Abb. 75 bedeckt durch die mittlere Muschel) der Sinus maxillaris. In Abb. 75 und 76 findet sich noch eine accessorische Öffnung des Sinus. Über der Öffnung des Sinus maxillaris münden die vorderen Siebbeinzellen in den mittleren Nasengang aus.

Oberer Nasengang. Die obere Muschel erscheint im Vergleich zu den beiden anderen rudimentär, noch mehr trifft dies für eine etwaige vierte Muschel zu. In den oberen Nasengang münden hintere Siebbeinzellen ein (in Abb. 76 ist die Öffnung sichtbar); oberhalb der dritten Muschel, in dem Winkel, welchen die Lamina cribriformis mit der vorderen Fläche des Sphenoids bildet (Recessus sphenoethmoideus) öffnet sich der Sinus sphenoideus in die Nasenhöhle, nicht selten auch ein Sinus ethmoideus posterior.

Dach der Nasenhöhle (obere Wandung). Die obere Wandung trennt die Nasenhöhle von der Schädelhöhle und bildet mit den angrenzenden Teilen der medialen und lateralen Wand eine schmale Rinne, welche die Nasenhöhle nach oben abschliesst (Rima olfactoria, Abb. 68). Sie ist gewölbt, sieht mit ihrer Konkavität abwärts und setzt sich nach vorne in den Ossa nasalia und den Laminae dorsi nasi[2] bis zur Nasenspitze fort, nach hinten in der unteren Fläche des Sphenoids auf den Pharynx.

Die Wölbung ist keine gleichmässige, sehr häufig setzt sich eine vordere, durch die Ossa nasalia und das Os frontale gebildete Strecke winklig von einer mittleren Strecke, und diese wieder (im Angulus sphenoethmoideus) von einer hinteren Strecke ab. Von diesen stellt die mittlere Strecke die höchste Partie des Daches dar; sie wird teilweise durch das Os frontale, teilweise durch die Lamina cribriformis gebildet und trennt sowohl den Sinus frontalis als die vordere Schädelgrube von der Nasenhöhle. Die mittlere Strecke wird von vorne durch die Ossa nasalia bedeckt und kann erst durch die Abtragung der letzteren zugänglich gemacht werden. Die hinterste durch den Körper des Sphenoids dargestellte Strecke setzt sich, je nach der Ausbildung des Angulus sphenoethmoideus, scharf von der Lamina cribriformis ab. Etwa $^{1}/_{2}$ cm unterhalb dieser Stelle öffnet sich der Sinus sphenoideus in die Nasenhöhle.

Mediale Wand der Nasenhöhle. Die mediale Wand der Nasenhöhle (Septum nasi) zeigt ausserordentlich häufig Verbiegungen, sowohl im knöchernen als im knorpligen Abschnitte. Dieselben können zu einer hochgradigen Einengung der einen Hälfte des Nasenraumes führen, so dass diese sich entweder gar nicht, oder nur in geringem Grade an der Atmung beteiligt. „Die Deviation kommt in frühester Jugend nicht vor, die früheste Deviation bemerkte Welcker im 5., Zuckerkandl im 7. Jahre. Die Periode, in welcher der Septumschiefstand am häufigsten zur klinischen Geltung kommt (15. Lebensjahr), fällt zugleich in die Jahre, in welchen das Gaumengewölbe, das bekanntlich in frühester Jugend mehr flach ist, und zur Zeit der zweiten Dentition sein Höhenwachstum beginnt, seine grösste Höhe erreicht" (Schaus).

Die Schleimhaut der Nasenscheidewand ist reichlich vaskularisiert und hängt innig mit dem Knochen, lockerer mit dem Knorpel zusammen. Etwa 1 cm hinter der Spina nasalis ant. liegen am Boden der Nasenhöhle, beiderseits vom Septum, kleine Ausbuchtungen der Schleimhaut, welche den Eingang in den Canalis incisivus bezeichnen, darüber manchmal, auf der Nasenscheidewand selbst, ein kleiner, nach hinten geschlossener, den Rest des Jakobsonschen Organes darstellender Blindsack.

[1] Ostium pharyngeum tubae auditivae. [2] Cartilagines nasi lat.

Untere Wand der Nasenhöhle. Der knöcherne Boden der Nasenhöhle wird nach hinten durch das Palatum molle fortgesetzt, das hinter der Choanenöffnung von der Lamina palatina ossis palat.[1] und der Spina nasalis post. ausgeht. Vorne grenzt der Boden der Nasenhöhle an den Proc. alveolaris des Oberkiefers mit den Wurzeln der Schneidezähne, unten trennt er die Nasenhöhle von der Mundhöhle. Lateralwärts erreicht häufig der Sinus maxillaris ein tieferes Niveau als der Boden der Nasenhöhle; in den meisten Fällen kann der Sinus maxillaris eröffnet werden, wenn man die laterale Wand der Nasenhöhle gerade über dem Boden durchsticht oder durchbricht. Am Boden der Nasenhöhle entlang lässt sich leicht eine Sonde in die Pars nasalis pharyngis einführen (Sondierung der Tuba pharyngotympanica[2]).

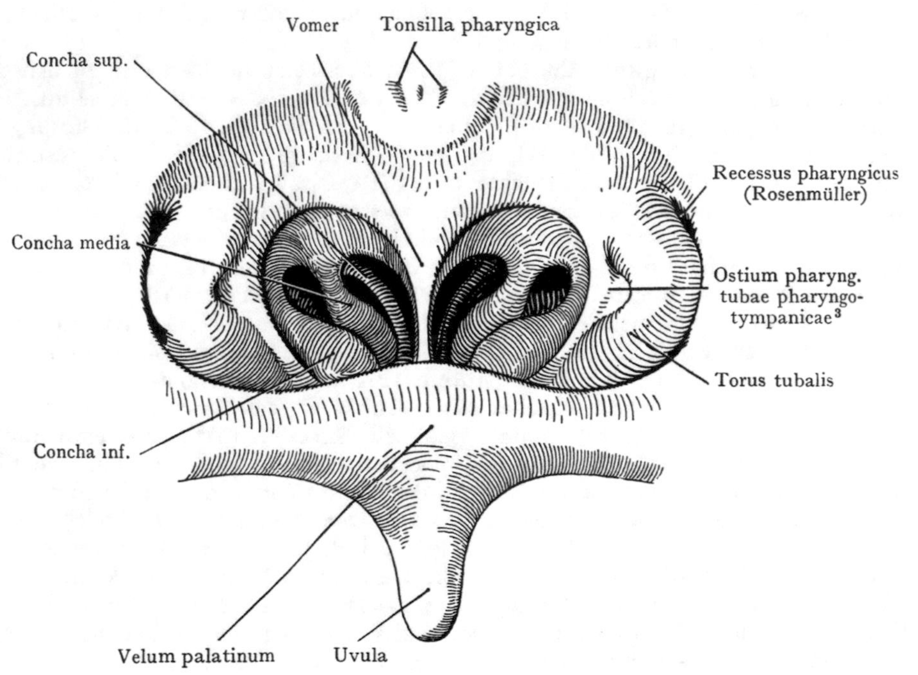

Abb. 77. Bild der Choanen bei der Rhinoscopia posterior.
Nach M. Schmidt, Krankheiten der oberen Luftwege, III. Aufl. 1903.

Schleimhaut der Nase. Die Schleimhaut ist überall dort, wo ihre Gefässe nicht reichlich entwickelt sind, ziemlich dünn und verbindet sich enge mit ihrer knöchernen Unterlage. Auf den beiden unteren Muscheln bilden die dicht zusammengedrängten Gefässe eine Art Schwellgewebe, dem für die Pathologie der Nasenhöhle eine wichtige Rolle zukommt. Auf die mikroskopischen Strukturverhältnisse, welche es gestatten, eine obere Partie der Schleimhaut, die Regio olfactoria, von einer unteren Partie, der Regio respiratoria, zu unterscheiden, sei nur kurz hingewiesen. Die Ausdehnung der Regio olfactoria ist sehr variabel, sie beschränkt sich jedoch im allgemeinen auf die schmalen Kuppeln der Nasenhöhlen (Rimae olfactoriae). Bei maximaler Ausdehnung nimmt sie die mediale Fläche der oberen und mittleren Muschel sowie den oberen Nasengang und die Nasenscheidewand in derselben Ausdehnung in Anspruch.

Hintere Öffnungen der Nasenhöhle, Choanen. Die Begrenzung der Choan wird geliefert, unten durch den hinteren Rand der Lamina palatina[1] ossis palat., medial durch den hinteren Rand der Vomerplatte, oben durch die untere Fläche des Sphenoidkörpers, lateral durch die mediale Lamelle des Processus

[1] Pars horizontalis ossis palat. [2] Tuba auditiva. [3] Ostium pharyngeum tubae auditivae.

pterygoides. An dem mit Weichteilen überkleideten Präparate, oder noch besser bei dem am Lebenden mittelst der Rhinoscopia post. gewonnenen Bilde (Abb. 77), erscheinen

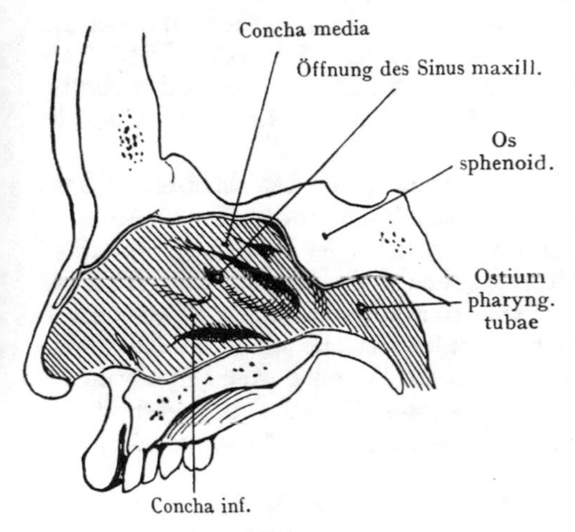

Abb. 78. Nasenhöhle mit stark reduzierten Muscheln.
Sinus frontalis und Sinus sphenoideus fehlen.
Sehr niedrige Choanen.

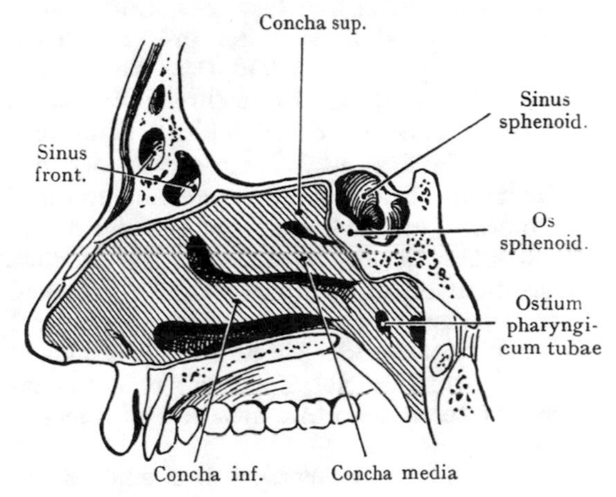

Abb. 79. Lange und niedrige Nasenhöhle, niedrige Choanen infolge starken Vorsprunges des Sphenoidkörpers nach unten.

die Öffnungen der Choanen kleiner als am Knochenpräparate, auch werden sie je nach dem Stande des Palatum molle in grösserer oder geringerer Ausdehnung sichtbar sein. Man erkennt die Scheidewand zwischen den Choanen (Vomer), in der Öffnung einer Choane das hintere Ende der unteren Muschel und, je nach dem Stande des Velum palatinum mehr oder weniger verdeckt, das hintere Ende der mittleren Muschel und, weniger deutlich, die obere Muschel.

Die Choane grenzt sich seitlich (Abb. 75) im Meatus nasopharyngicus gegen die Pars nasalis pharyngis ab, in welche sie übergeht (siehe Pharynx).

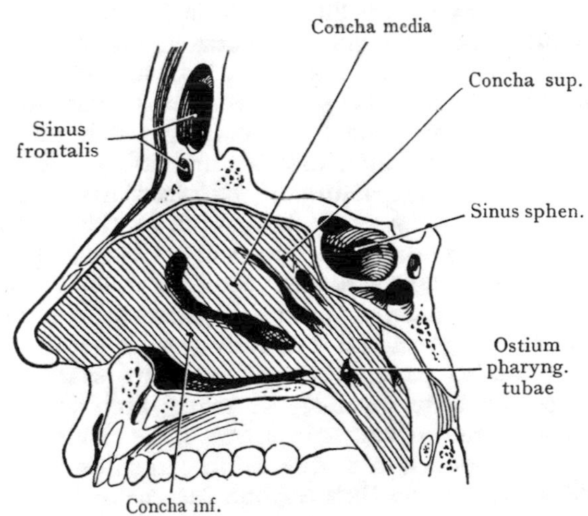

Abb. 80. Kurze und hohe Nasenhöhle.
Hohe Choanen.

Variationen in der Form der Nasenhöhle und in der Ausbildung der Muscheln. Sie sind ausserordentlich häufig; die Abb. 78 bis 80 veranschaulichen einige Fälle. Eine hochgradige Reduktion der Muscheln und damit auch der Nasengänge zeigt Abb. 78; hier sind die Choanen sehr niedrig. In Abb. 79 ist die Nasenhöhle sehr lang und, ebenso wie die Choanen, niedrig, die Muscheln entsprechen der Norm. In Abb. 80 ist die Nasenhöhle hoch und kurz; die Choanen sind hoch. Selbstverständlich werden Variationen in der Höhe der Choanen nicht ohne Einfluss auf das durch die Rhinoscopia post. gewonnene Bild sein.

Nasenhöhle des Kindes. Die Ausbildung der Nasenhöhle weicht bei Kindern nicht unerheblich von den für Erwachsene beschriebenen Verhältnissen ab. „Die Conchae nasales eilen beim Kinde im Wachstum der Höhe der Nase voraus. Beim Kinde ist daher die Regio respiratoria nicht nur absolut kleiner, sondern die Concha nasalis inf. ist auch relativ grösser und engt den Meatus nasi inf. ein. Diese Tatsache erklärt den Umstand, dass die Obstruktion der Nase bei Rhinitis acuta des Kindes eine so vollständige ist, während Erwachsene bei akuter Rhinitis meist nicht an absolutem Nasenverschluss leiden“ (Tandler).

Gefäss- und Nervenversorgung der Wandungen der Nebenhöhlen. Gefässe: Die Arterien stammen 1. aus der A. ophthalmica, mittelst der Aa. ethmoideae (ant. und post.); 2. aus der A. maxillaris[1], mittelst der A. pterygopalatina[2] (Hauptast für die Nasenhöhle). Die Aa. ethmoideae gehen durch die mediale Wand der Orbita in die Canales orbitocranialis et ethmoideus[3] zu den Siebbeinzellen, die A. ethmoidea ant. versorgt auch, die vordere Partie der Nasenscheidewand und einen Teil der seitlichen Nasenwand. Die A. pterygopalatina[2] tritt durch das Foramen pterygopalatinum[4] zur Nasenhöhle, gibt einen Ast zur Schleimhaut des Sinus sphenoideus ab und verteilt sich mit weiteren Ästen (Aa. nasales post. laterales et septi) an die laterale Nasenwand und an das Septum nasi.

Die Venen entsprechen zunächst den Arterien; es finden sich also Abflüsse längs der Aa. ethmoideae in die V. ophthalmica sup. und längs der Äste der A. pterygopalatina[2] zu den Venen, welche die A. maxillaris[1] begleiten, endlich nach vorne zu der V. facialis.

Lymphgefässe. Von der Nasenwandung gehen dieselben (Most): 1. zu den obersten längs der V. jugularis int. angeordneten Lymphonodi cervicales prof.; 2. zu retropharyngealen Lymphdrüsen; 3. von der äusseren Nase und den Nasenöffnungen zu den Lymphonodi submandibulares.

Nerven. Die Fila olfactoria dringen durch die Öffnungen der Lamina cribriformis in die Nasenhöhle ein und verzweigen sich an die Schleimhaut der Regio olfactoria. Die sensiblen Nerven kommen: 1. aus dem N. ethmoideus ant. (N. ophthalmicus), nachdem derselbe durch eine vordere Öffnung der Lamina cribriformis in die Nasenhöhle eingetreten ist; diese Äste verzweigen sich als Rami nasales ant. septi und laterales an die vordere Partie des Septum nasi und der lateralen Nasenwandung; 2. aus dem Ganglion pterygopalatinum[5] (N. maxillaris); es sind dies Äste, welche teils direkt durch das For. pterygopalatinum in die Nasenhöhle gelangen (Rami nasales posteriores, septi et laterales), teils mit dem im Canalis pterygopalatinus gelegenen N. palatinus eine Strecke weit verlaufen, um dann in die Nasenhöhle zu gelangen (Nn. nasales post. inf.). Diese unter 2. zusammengefassten Äste treten von hinten her zu den Muscheln und zum Septum nasi und versorgen den grössten Teil der Nasenschleimhaut. Von den Nn. nasales posteriores septi geht ein starker Ast als N. naso palatinus (Scarpae) längs der Nasenscheidewand schräg nach vorne und abwärts, durchsetzt den Canalis incisivus und nimmt sein Ende in der Schleimhaut des Palatum durum.

Topographie der Sinus nasales[6]. Die Nebenhöhlen der Nase sind entwickelungsgeschichtlich Ausbuchtungen der Nasenhöhle, die sich in benachbarte Knochen oder Knochenkomplexe vordrängen. Die Öffnungen in die Nasenhöhle liegen entweder an der lateralen oder an der oberen Wandung; folglich kann man die Nebenhöhlen einteilen in solche, welche die laterale Wand der Nasenkapsel ausbuchten (Sinus ethmoidei und Sinus maxillaris) und solche, welche nach oben gehen (Sinus frontales und Sinus sphenoidei). Über die topographischen Beziehungen der Sinus nasales lässt sich im allgemeinen sagen, dass sie mit der Ausdehnung dieser Räume wechseln und an der starken Variabilität teilnehmen, welche die Nebenhöhlen überhaupt auszeichnet. Die Tatsache, dass die Schleimhaut der Sinus nasales eine Fortsetzung der Nasenschleimhaut darstellt, erklärt ihre häufige Erkrankung im Anschlusse an

[1] A. maxillaris interna. [2] A. sphenopalatina. [3] For. ethmoidale ant. et post. [4] For. sphenopalatinum. [5] Ganglion sphenopalatinum. [6] Sinus paranasales.

Nasenaffektionen sowie auch die Möglichkeit (s. Orbita) der Übertragung solcher Prozesse auf weit von ihrer Ursprungsstätte entfernte Gegenden.

Wir können verschiedene Sinus nasales unterscheiden, die in beistehender Abb. 81 mittelst Farben hervorgehoben sind. Es sind: 1. die Sinus ethmoidei[1]; 2. die Sinus frontales; 3. die Sinus sphenoidei; 4. die Sinus maxillares.

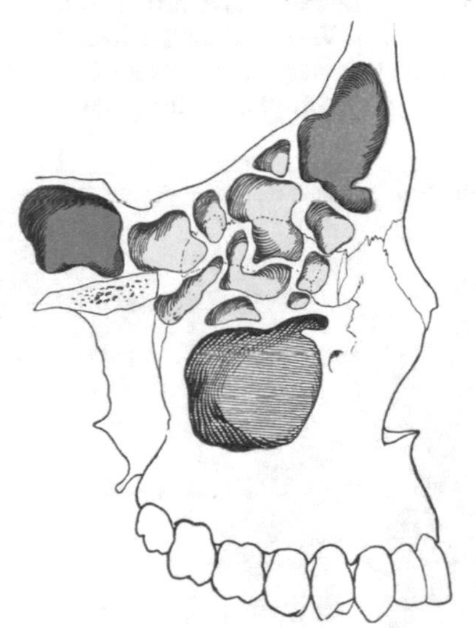

Abb. 81. Schema der Anordnung der Sinus nasales.

Zum Teil nach Testut und Jacob, Anatomie topogr. 1905. — Sinus ethmoidei gelb. Sinus frontalis blau. Sinus sphenoideus grün. Sinus maxillaris schraffiert.

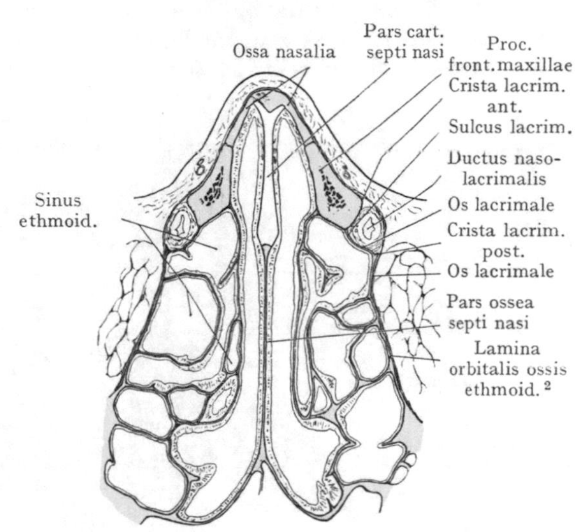

Abb. 82. Horizontalschnitt durch die Nasenhöhle. Sinus ethmoidei und Ductus nasolacrimales.

Nach einem Mikrotomschnitte.

Sinus ethmoidei[1]. Sie stellen unregelmässige, im mittleren und oberen Nasengange, selten oberhalb der Concha sup. mit der Nasenhöhle kommunizierende Hohlräume dar, welche einen grossen Teil des Ethmoids einnehmen und die Zusammensetzung dieses Knochens aus papierdünnen Lamellen verursachen (Siebbeinlabyrinth). Die Siebbeinzellen liegen zwischen der Nasenhöhle medianwärts (deren laterale Wandung oben durch das Ethmoid gebildet wird) und der Orbita lateralwärts (hier werden die Sinus durch die Lamina orbitalis[2] des Ethmoids sowie durch das Os lacrimale abgeschlossen). Die oberen Sinus ethmoidei werden durch die Pars orbitalis ossis frontalis von der Schädelhöhle getrennt (Abb. 68), nach abwärts schliesst sich der Körper des Oberkiefers und nach hinten derjenige des Sphenoids an. In alle diese an das Ethmoid grenzenden Knochen können sich die Sinus ethmoidei ausdehnen.

Die Anordnung der Hohlräume und die papierdünne Beschaffenheit ihrer Wandungen ist aus dem in Abb. 82 dargestellten Horizontalschnitte zu ersehen, doch schwankt die Zahl und die Grösse der Sinus ausserordentlich; es dürfte die Angabe von 10 Zellen auf dem Schema Abb. 81 annähernd dem Mittel entsprechen.

Wir unterscheiden eine vordere und eine hintere Gruppe von Siebbeinzellen, welche auch in ihren Verbindungen mit der Nasenhöhle unabhängig voneinander sind, indem die vorderen Zellen in den mittleren, die hinteren in den oberen Nasengang oder noch höher ausmünden (Abb. 83). An der medialen Orbitalwandung wird eine in dem Canalis orbitocranialis[3] gefällte Vertikale die vorderen Siebbeinzellen von

[1] Cellulae ethmoidales. [2] Lamina papyracea. [3] Foramen ethmoidale ant.

den hinteren trennen; die ersteren reichen bis an das Os lacrimale, welches sie gegen den Sulcus lacrimalis und den Tränensack abgrenzt.

Die Abb. 83 stellt das von der medialen Seite her eröffnete Siebbeinlabyrinth dar, dessen vordere Sinus (auch Siebbeinzellen des mittleren Nasenganges genannt) blau angegeben sind, während die hinteren (Siebbeinzellen des oberen Nasenganges) durch rote Farbe gekennzeichnet sind. Die Ausdehnung beider Abschnitte unterliegt einer beträchtlichen Variation, ebenso die Grösse und das Verhalten einzelner Zellen. Wenn wir in der Abb. 83 von dem Infundibulum ethmoideum ausgehen, welches, von der mittleren Muschel bedeckt, in seiner tiefsten Partie die Hauptmündung des Sinus

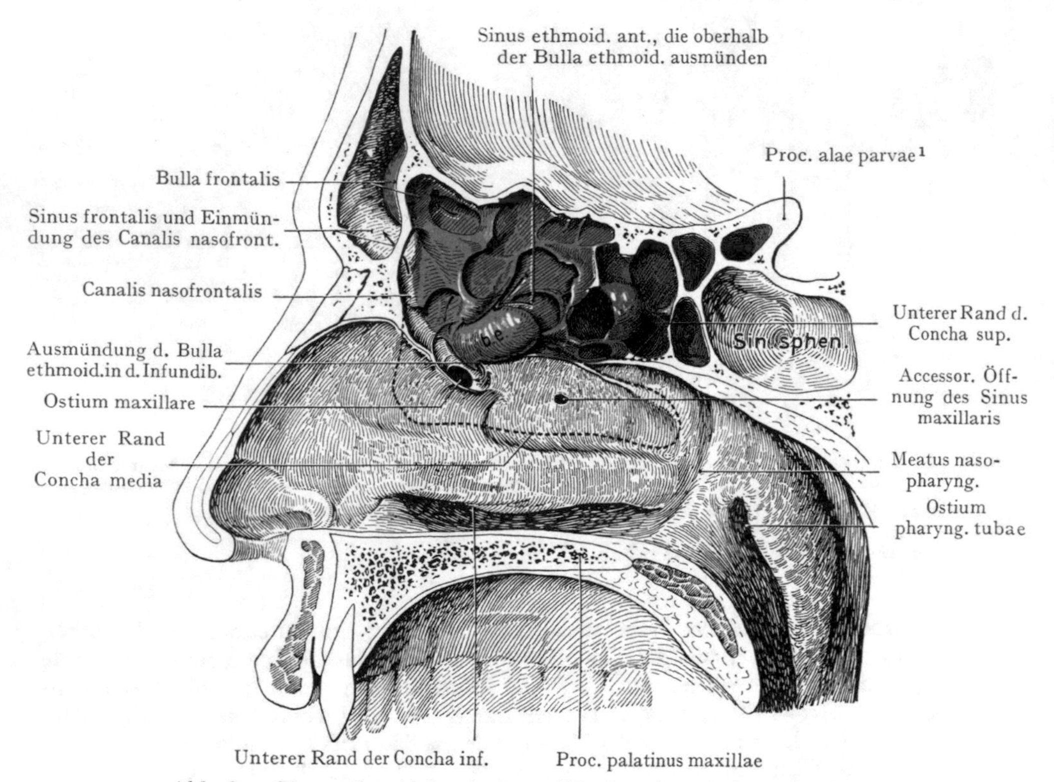

Abb. 83. Sinus ethmoidei anteriores (blau) und posteriores (rot).
Dieselben sind von der medialen Seite her eröffnet.
Die Projektion der mittleren und der oberen Muschel ist mit punktierten Linien angegeben.
b. e. Bulla ethmoidea.

maxillaris aufweist, so zieht sich von hier aus der Ductus nasofrontalis aufwärts, um den Sinus frontalis mit dem Meatus nasi medius in Verbindung zu setzen. Von den blau angegebenen vorderen Siebbeinzellen mündet die mässig grosse, gegen die Concha media medianwärts vorgewölbte Bulla ethmoidea an der tiefsten Stelle des Infundibulum ethmoideum aus. Über derselben, in dem Spalte, den die Bulla ethmoidea mit der lateralen Fläche der Concha media bildet, münden zwei Sinus ethmoidei aus, andere vor der Bulla ethmoidea in das Infundibulum. Häufig wird der Ductus nasofrontalis durch Siebbeinzellen eingeengt, welche sich auf seine Kosten ausdehnen. Eine vordere obere Siebbeinzelle dehnt sich nicht selten in ähnlicher Weise auf Kosten des Sinus frontalis aus, indem sie die hintere Wand desselben vorbuchtet, ein Verhalten, das auf unserem Bilde dargestellt ist (Bulla frontalis).

[1] Proc. clinoideus ant.

Die hinteren Siebbeinzellen münden, wie gesagt, in den oberen Nasengang; nur ganz ausnahmsweise findet sich die Öffnung einer hinteren Siebbeinzelle oberhalb der oberen Muschel. In unserem Präparate haben sich die hinteren Siebbeinzellen auch noch in das Sphenoid vorgeschoben.

Beziehungen der Sinus ethmoidei[1]. Es bestehen solche: 1. nach oben zum Boden der Fossa cranii ant. und zum Frontalhirn; hier werden die Sinus ethmoidei durch die oft recht dünne Lamelle der Pars orbitalis ossis frontalis, an welche sich

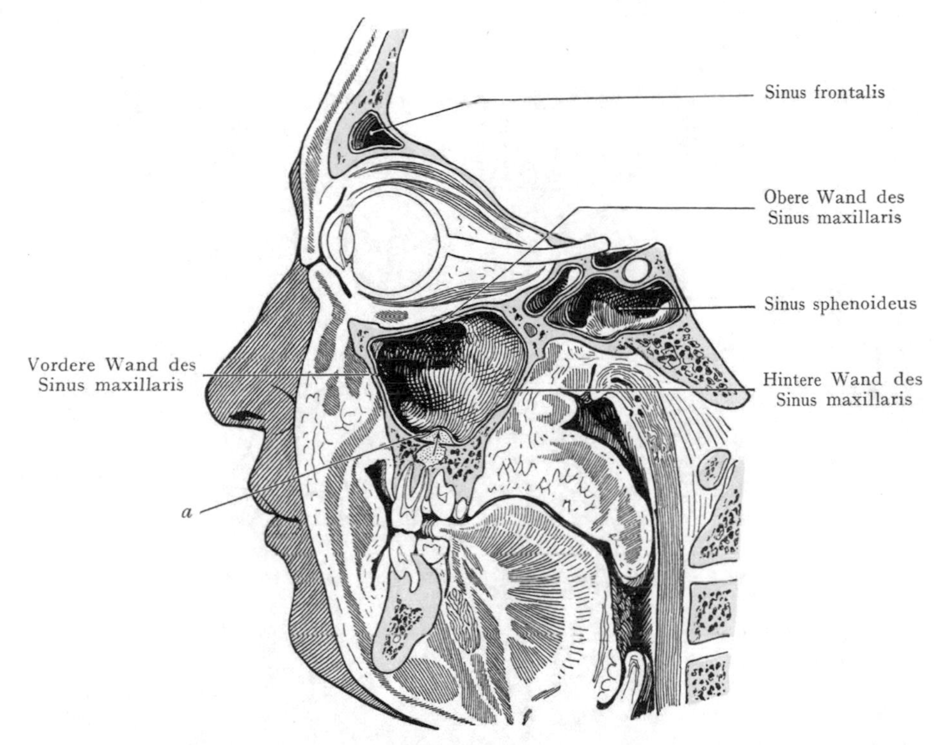

Abb. 84. Schrägschnitt durch den Kopf, entsprechend einer durch die Achse der Orbita gelegten Vertikalebene.
Der Schnitt veranschaulicht die Beziehungen zwischen den Zähnen und dem Sinus maxillaris.
a Boden des Sinus maxillaris, durch einen vom Zahn ausgehenden Abscess emporgehoben.
Nach einem Gefrierschnitte der Basler Sammlung.

die Siebbeinplatte anlegt, abgeschlossen und von der Schädelhöhle getrennt; 2. zur Orbita; sie sind schon erwähnt worden (Orbita); 3. nach unten zum Sinus maxillaris, von welchem die unteren Siebbeinzellen der hinteren Gruppe häufig bloss durch eine dünne Knochenlamelle geschieden werden.

Sinus maxillaris. Die in den Oberkiefern eingeschlossenen, mit der Nasenhöhle in den mittleren Nasengängen zusammenhängenden Sinus maxillares sind die grössten Nebenhöhlen der Nase, auch diejenigen, welche mit den Sinus frontales die Eigenschaft teilen, von aussen her am leichtesten zugänglich zu sein. Wie alle Sinus nasales zeigen sie eine grosse Variation in bezug auf Form und Grösse; einerseits können wir auch beim Erwachsenen kleine Sinus maxillares antreffen, andererseits kann das Volumen ein beträchtliches sein, indem der Körper des Oberkiefers bis auf dünne Knochenlamellen reduziert wird und Ausbuchtungen des Sinus sich nach

[1] Cellulae ethmoidales.

oben (in den Processus frontalis maxillae) oder nach hinten in das Os zygomaticum oder sogar in die Lamina palatina ossis palatini[1] erstrecken.

Wandungen des Sinus maxillaris und ihre Beziehungen. Der Sinus maxillaris wird oft mit einer liegenden, vierseitigen Pyramide verglichen, deren Basis medianwärts gerichtet ist. Dieser Vergleich, obgleich häufig nicht zutreffend, mag der Beschreibung zugrunde gelegt werden.

Vordere Wandung. Sie wird (Abb. 84) durch die Facies anterior (facialis) des Oberkiefers gebildet, beginnt unterhalb des Margo orbitalis und reicht, je

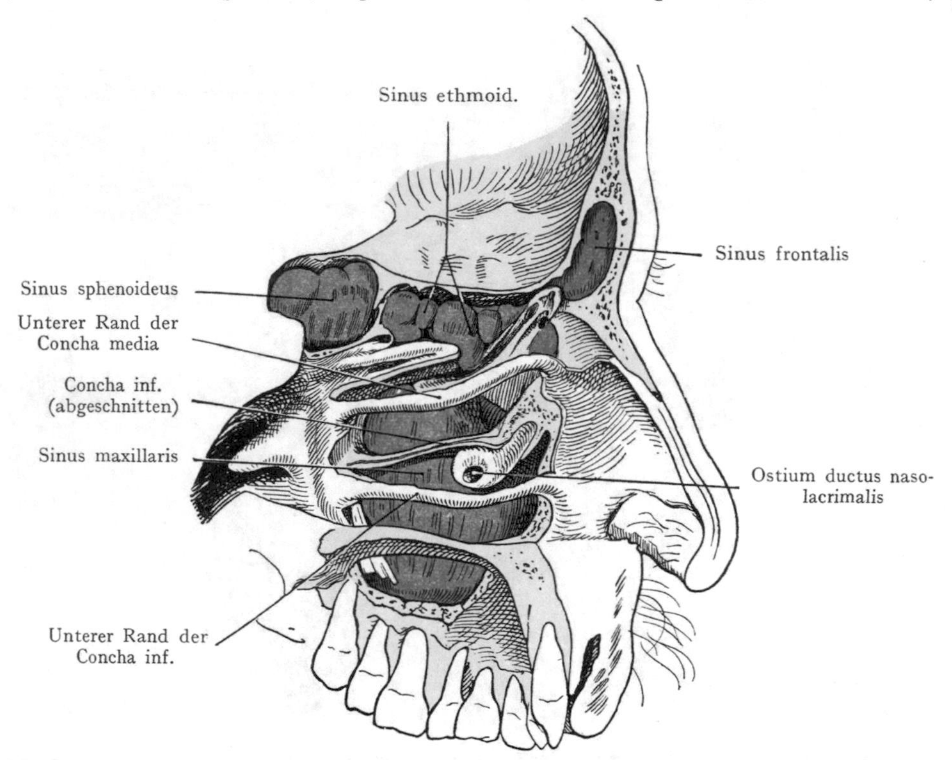

Abb. 85. Die Sinus nasales, dargestellt nach Entfernung der lateralen Wand der Nasenhöhle sowie eines Teiles des Os ethmoides.
Nach G. Killian. Die Nebenhöhlen der Nase in ihren Beziehungen zu den Nachbarorganen. 1903. Taf. V.

nach der Grösse des Sinus, verschieden weit nach unten, indem sie abgerundet in die untere Wand übergeht, welche bei stark ausgedehntem Sinus durch die mit einer dünnen Knochenschicht überkleideten Zahnwurzeln ein Relief erhält. Die untere Wand geht wieder abgerundet in die hintere Wand über, welche den Sinus von der Fossa pterygopalatina trennt. Die obere Wand wird durch den Boden der Orbita gebildet, sie schliesst in ihrer vorderen Strecke den Canalis infraorbitalis ein und ist oft sehr dünn, an einzelnen Stellen geradezu durchscheinend, so dass ein Übergreifen einer Entzündung vom Sinus maxillaris auf den N. infraorbitalis (Neuralgie des N. infraorbitalis), oder gar auf das Zellgewebe der Orbita, vorkommen kann. Die mediale Wand („Basis" der Pyramide) scheidet den Sinus maxillaris von der Nasenhöhle, entspricht der lateralen Wandung des mittleren und des unteren Nasenganges (Abb. 85) und trennt in ihrer hinteren Partie den Sinus maxillaris von den hinteren Sinus ethmoidei. Die knöcherne Grundlage der medialen Wand besteht (Abb. 73) aus dem Körper des Oberkiefers, aus den Processus maxillaris, ethmoideus und lacrimalis

[1] Pars horizontalis ossis palatini.

conchae inf., dem Processus uncinatus des Ethmoids und einem Teile der Lamina maxillaris ossis palatini[1]. Aus praktischen Rücksichten unterscheidet man eine obere und eine untere Partie der medialen Wandung, deren Grenze durch die Ansatzlinie der Concha inferior gebildet wird. Der Sinus mündet oberhalb dieser Linie mit einer kreisrunden Öffnung (ausnahmsweise kommen zwei Öffnungen vor) in den mittleren Nasengang aus (Abb. 83). Da nun der tiefste Punkt eines mässig ausgedehnten Sinus maxillaris häufig tiefer liegt als der Boden der Nasenhöhle, so ist es selbstverständlich, dass eine Flüssigkeitsansammlung im Sinus sich nicht auf natürlichem Wege in die Nasenhöhle entleeren kann. Für die Anlegung einer künstlichen Öffnung kommen drei Stellen in Betracht: erstens kann man die untere Partie der medialen Wand auf dem Niveau des Nasenbodens durchbohren, und zwar entsprechend der Mitte der unteren Muschel (Kocher, Mikulicz), um die Ausmündung des Canalis nasolacrimalis, die etwa $^1/_2$ bis 1 cm hinter dem vorderen Ende der Muschel liegt, zu vermeiden; zweitens kann man vom Munde aus in der Fossa canina den Sinus eröffnen und drittens nach Extraktion eines Zahnes durch die Alveole eine Öffnung schaffen.

Die Beziehungen zwischen der unteren Wand des Sinus und den Zahnwurzeln wechseln, je nach der Ausdehnung des ersteren nach unten und der Dicke der Knochenschicht, welche die Schleimhaut des Sinus von den Zahnwurzeln trennt. Häufig wird die untere Wand von Abscessen durchbrochen, welche, von den Zahnwurzeln ausgehend, die Schleimhaut des Sinus emporheben (Abb. 84) oder in den letzteren durchbrechen.

Sinus sphenoidei. Sie folgen als Ausbuchtungen der oberen Wand der Nasenhöhle auf die hintersten Sinus ethmoidei und stellen zwei unregelmässige, in dem Corpus ossis sphenoidis ausgesparte Hohlräume dar, welche durch eine median eingestellte knöcherne Scheidewand voneinander getrennt sind. Nach vorne werden sie durch die Conchae ossis sphenoidis (Ossicula Bertini) von der Nasenhöhle geschieden; sie entsprechen, je nach ihrer Ausdehnung, einer grösseren oder kleineren Partie der oberen Fläche des Keilbeinkörpers und liegen über der Pars nasalis pharyngis. In Abb. 86 sind stark ausgedehnte Sinus sphenoidei dargestellt, welche den ganzen Keilbeinkörper ausgeweitet haben und nach hinten die Grenze zwischen dem Keilbein und der Pars basialis ossis occipitalis erreichen.

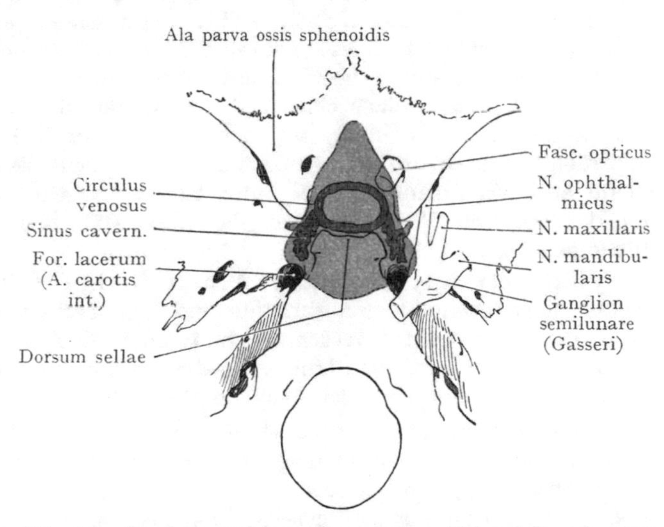

Abb. 86. Stark ausgedehnte Sinus sphenoidei und Beziehungen derselben zum Fasc. opticus, zur Hypophysis, zum Sinus cavernosus, zum Ganglion semilunare und zum Clivus.

Beobachtungen auf dem Basler Seziersaale.

Die Sinus sphenoidei stellen, sei ihre Ausbildung stark oder schwach, den weitesten Vorstoss der Nasenhöhle nach hinten und oben, in die Gegend der mittleren und hinteren Schädelgrube dar. Je nach ihrer Grösse werden auch ihre Beziehungen wechseln. Sie dehnen sich in den ersten Lebensjahren auf Kosten des Sphenoidkörpers aus und können auch in benachbarte Knochen eindringen, so auch die Wandung des Canalis fasc. optici erreichen und denselben sogar umwachsen (Abb. 46). Stark aus-

[1] Pars perpendicularis ossis palatini.

gedehnte Sinus sphenoidei (Abb. 86) nehmen den ganzen Keilbeinkörper für sich in Anspruch, ihre Wände werden alsdann bloss durch dünne Knochenlamellen gebildet, welche die Höhlen von der Nasenhöhle nach vorne, der Schädelhöhle nach oben und der Pars nasalis pharyngis nach unten trennt. Die Beziehungen solcher Höhlen sind recht verschiedenartige, wie man aus der Abb. 86 ersehen kann, welche die Projektion von grossen Sinus sphenoidei nach oben darstellt. Hier erstrecken sich die Hohlräume bis zum Canalis fasc. optici, liegen unter der Hypophysis und den Sinus intercavernosi seitlich unter dem Sinus cavernosus und reichen bis an das Ganglion semilunare heran. Solche Fälle sind zu berücksichtigen, wenn es sich darum handelt, Thrombosen des Sinus cavernosus oder Neuralgien des N. trigeminus zu erklären, für welche eine andere Ätiologie nicht aufzufinden ist.

Von solchen extremen Fällen kann man die mittelgrossen und die kleinen Sinus trennen; je nach der Grösse der Höhlen ist selbstverständlich die Mächtigkeit ihrer Knochenwandungen und die Innigkeit der Beziehungen zur Schädelhöhle, zum Fasc. opticus und zum Sinus cavernosus einem Wechsel unterworfen.

Wandungen des Sinus sphenoideus. Als mediale Wand kann die Scheidewand zwischen den beiden Sinus sphenoidei aufgefasst werden; sie weicht sehr häufig von der ursprünglich medianen Einstellung ab. Die laterale Wand entspricht der seitlichen Fläche des Sphenoidkörpers, welche vorne die vom Canalis fasc. optici durchsetzten kleinen Keilbeinflügel abgehen lässt, hinten der A. carotis int. und dem Sinus cavernosus zur Anlagerung dient. Die hintere Wand verbindet sich knöchern mit der Pars basialis ossis occipitalis, man könnte ihr noch zurechnen die oberste Strecke des am Dorsum sellae beginnenden Clivus, welcher der hinteren Schädelgrube angehört. Diese hintere Wand ist gewöhnlich mächtig und wird nur bei sehr grossen Sinus sphenoidei auf eine dünne Knochenlamelle reduziert. Auch die untere Wand, welche einen Teil der oberen Begrenzung der Choanen sowie der Pars nasalis pharyngis bildet, ist von beträchtlicher Dicke. Die vordere Wand wird hauptsächlich durch die dünnen Conchae ossis sphenoidis (Ossicula Bertini) dargestellt, welche auch die Öffnungen der Sinus in die Nasenhöhle teilweise begrenzen. Ein Teil der vorderen Wand schliesst die hintersten Sinus ethmoidei von dem Sinus sphenoideus ab.

Lage der Apertura sinus sphenoidei. Dieselbe wird etwas unterhalb des Angulus sphenoethmoideus angetroffen und liegt recht verborgen (Abb. 76), kann aber durch eine Sonde erreicht werden, welche in einer die Spina nasalis ant. mit der Mitte der Concha media verbindenden Linie vorgestossen wird (Zuckerkandl). Die Entfernung der Apertura sinus sphenoidei vom Nasenloch beträgt ca. 7 cm (Abb. 18).

Sinus frontales. Von allen Nebenhöhlen der Nase sind die Sinus frontales am leichtesten in grosser Ausdehnung zu erreichen, doch spielt auch hier die Variabilität in der Ausdehnung und in der Form (Zerlegung in einzelne Räume durch das Auftreten von Knochensepten) eine wichtige Rolle. In 7,5% der Fälle sollen sie bei Europäern überhaupt fehlen, bei Australier- und Maorischädeln in 30—37% der Fälle.

Die Öffnung eines Sinus frontalis in die Nasenhöhle (Ostium frontale) liegt im vordersten und höchsten Teile des mittleren Nasenganges (Abb. 76 und 83), und zwar von der mittleren Muschel bedeckt, hinter dem senkrecht oder schräg an der lateralen Nasenwand verlaufenden, durch den knöchernen Ductus nasolacrimalis hergestellten Wulst des Tuberculum ductus lacrimalis. Nach hinten schliessen sich die Öffnungen der gleichfalls in den Meatus nasi medius ausmündenden Sinus ethmoidei anteriores an.

Von dem Ostium frontale aus führt der Canalis nasofrontalis schräg nach oben und vorne in den Sinus frontalis. Derselbe ist in diejenige Partie des Os frontale eingeschlossen, welche den medialen Teil des Arcus superciliaris bildet; die untere Grenze des Sinus wird durch die Sutura nasofrontalis und frontomaxillaris bezeichnet

(Abb. 87); für die Ausdehnung in lateraler Richtung längs des Margo orbitalis, sowie nach hinten in der Pars orbitalis ossis frontalis, ist keine bestimmte Grenze anzugeben. Das die beiden Sinus frontales voneinander trennende Septum ist sehr häufig nicht median eingestellt, sondern zeigt eine Deviation, welche wohl in der stärkeren Entwicklung eines Sinus seinen Grund hat. Eine ungleiche Ausbildung, verbunden mit einer Asymmetrie der beiden Sinus gehört zu pen häufigsten Befunden, ferner kann ein Sinus durch sekundäre, partielle Scheidewände in mehrere Unterabteilungen oder Buchten zerlegt werden (Abb. 87).

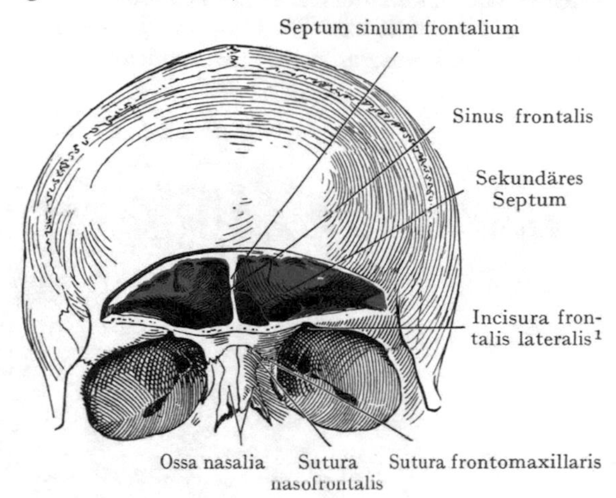

Abb. 87. Stark ausgebildete Sinus frontales, durch Wegmeisseln ihrer vorderen Wand dargestellt.

Form und Wandungen der Sinus frontales. Die Räume sind mit dreiseitigen Pyramiden verglichen worden, deren Spitze nach aufwärts gerichtet ist und an welchen wir eine vordere, eine hintere, eine obere und eine untere Wand (Basis) unterscheiden können.

Wie für die Sinus nasales überhaupt, so ergeben sich auch hier für die Wandungen sehr verschiedene topographische Beziehungen, je nachdem der Sinus stärker oder schwächer ausgebildet ist. Ein kleiner Sinus beschränkt sich auf jenen Teil des Os frontale, welcher oberhalb der Nasenwurzel der medialen Partie des Arcus superciliaris entspricht. Eine Vergrösserung des Sinus ist nach zwei Richtungen hin möglich, lateralwärts, parallel mit dem Margo orbitalis, und nach hinten innerhalb des durch die Pars orbitalis ossis frontalis gebildeten Orbitaldaches. Es kommen Sinus frontales vor, welche sich längs des Margo orbitalis bis zum Processus zygomaticus ossis frontalis erstrecken, dann wieder solche, welche nach hinten den vorderen Rand der kleinen Keilbeinflügel erreichen und die Pars orbitalis ossis frontalis in zwei Lamellen teilen. Mit dieser Variationsbreite muss der Praktiker rechnen.

Die vordere Wand entspricht, je nach der Grösse des Sinus, dem unmittelbar auf die Nasenwurzel nach oben folgenden Teile des Os frontale und einer längeren oder kürzeren Strecke des Arcus superciliaris. Am sichersten ist der Sinus frontalis am medialen Ende der Augenbraue durch Trepanation zu eröffnen, doch ist hier in etwa $^1/_3$ der Fälle die vordere Wand kaum ausgebildet, indem der Sinus sich hauptsächlich nach hinten in die Pars orbitalis ossis frontalis ausdehnt (Sieur und Jacob), ein Verhalten, welches bei der Eröffnung des Sinus im Auge zu behalten ist. Die obere Wand trennt den Sinus frontalis von der Fossa cranii frontalis, dem Lobus frontalis des Gehirnes und dem vom Foramen caecum aufsteigenden Sinus sagittalis superior. Durch diese Wand hindurch können sich Infektionen vom Sinus aus auf den Lobus frontalis oder auf die Meningen fortpflanzen, vielleicht längs der Venen der Schleimhaut, welche mit den Venen der Dura mater in Zusammenhang stehen. Die hintere Wand ist immer, auch bei stark reduzierten Sinus frontales, ausgebildet und dehnt sich um so weiter aus, je mehr sich der Sinus auf Kosten der Pars orbitalis des Stirnbeins nach hinten vergrössert. In solchen Fällen kann diese Wand häufig bis auf eine papierdünne Lamelle reduziert werden. Die untere Wand (Boden des Sinus frontalis) grenzt den Sinus von der Nasenhöhle, sowie am medialen Ende des Margo orbitalis von der Augenhöhle ab. An der letztgenannten Stelle ist die untere Sinuswand dünn, so dass

[1] Incisura supraorbitalis.

hier ein Weg zwischen dem Sinus frontalis und der Orbita gegeben ist, auf welchem eine Infektion das Zellgewebe der Orbita erreichen kann. Die untere Wand grenzt auch zum Teil die vordersten Siebbeinzellen ab, welche bei starker Ausbildung einen Vorsprung in die Stirnhöhle herstellen (Bulla frontalis) und auch den Canalis nasofrontalis von hinten her einengen können.

Abb. 88 stellt die Variation in der Grösse und Ausdehnung der Sinus frontales sowie ihre Beziehungen zu den Sinus ethmoidei dar. Die Sinus frontales und spheno-

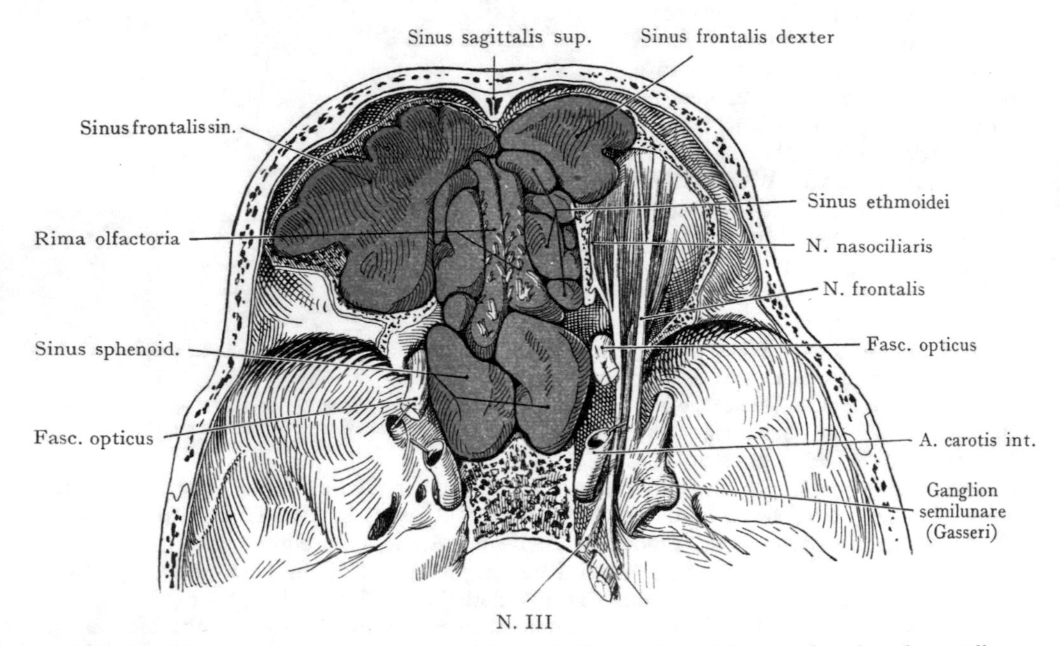

Abb. 88. Sinus frontales, Sinus sphenoidei und Sinus ethmoidei, von oben her dargestellt. Linkerseits ein sehr starker, fast die ganze Orbita überlagernder Sinus frontalis. Rechterseits ist das Dach der Orbita entfernt worden. Die Knochenlamellen, welche die einzelnen Sinus voneinander trennen, sind nicht dargestellt.

Nach Killian. Die Nebenhöhlen der Nase. 1903. Taf. VIII, Abb. 10 mit geringfügigen Änderungen.

idei sowie die Sinus ethmoidei[1] sind von oben her durch Abmeisseln des Knochens freigelegt worden. Linkerseits hat der Sinus frontalis bei maximaler Ausdehnung die kleinen Keilbeinflügel erreicht; medianwärts wird er durch eine dünne Knochenlamelle von den Sinus ethmoidei ant. und post. getrennt; lateralwärts dehnt er sich bis zum Os zygomaticum aus. Rechterseits ist der Sinus frontalis bedeutend kleiner und liegt nur dem Orbitaldache, nasalwärts von der Incisura frontalis lat. an. Linkerseits erreicht ein Sinus ethmoideus die vordere Wand des Sinus sphenoideus; rechterseits ist das nicht der Fall. Beide Sinus sphenoidei stossen an die (gleichfalls blau angegebene) Rima olfactoria.

[1] Cellulae ethmoidales.

Topographie der Mundgegend und der Mundhöhle.

Die Mundgegend wird, wie die Regio palpebralis und in geringerem Grade die Regio nasalis durch die Ausbildung einer kreisförmig die Mundöffnung umziehenden Muskulatur (M. orbicularis seu sphincter oris) in ihrem Aufbau bestimmt. Mit den ringförmig angeordneten Muskelfasern verflechten sich andere radiär verlaufende, welche als Erweiterer der Mundöffnung gelten können. Zusammen mit der Haut und dem subkutanen Fettgewebe bildet die Muskelschicht Falten, welche als Lippen die Mundhöhle nach vorne abschliessen.

Die Mundhöhle unterscheidet sich dadurch von der Nasenhöhle, dass ihre Wandungen bloss teilweise aus Knochen bestehen, die dagegen in ausgiebigem Masse durch Weichteile eine Ergänzung finden. Die untere, ausschliesslich durch Weichteile gebildete Wandung (Boden der Mundhöhle) grenzt unten an den Hals (Regio submandibularis). Seitlich wird die Wandung durch den M. bucinatorius und die Schichten der Regio buccalis dargestellt.

Nach hinten öffnet sich die Mundhöhle in den gemeinsamen Luftspeiseweg des Pharynx, der allerdings die Grenze des Kopfes nach unten überschreitet, indem er von den Choanen bis zum Kehlkopfeingange reicht, am zweckmässigsten jedoch als Ganzes im Zusammenhang mit der Topographie des Kopfes abgehandelt wird.

Mundgegend. Regio oralis.

Schichten: Die Haut dient den Muskelfasern teilweise zur Insertion und wird beim Manne von Barthaaren durchsetzt, welche ihr eine derbere Beschaffenheit ver-

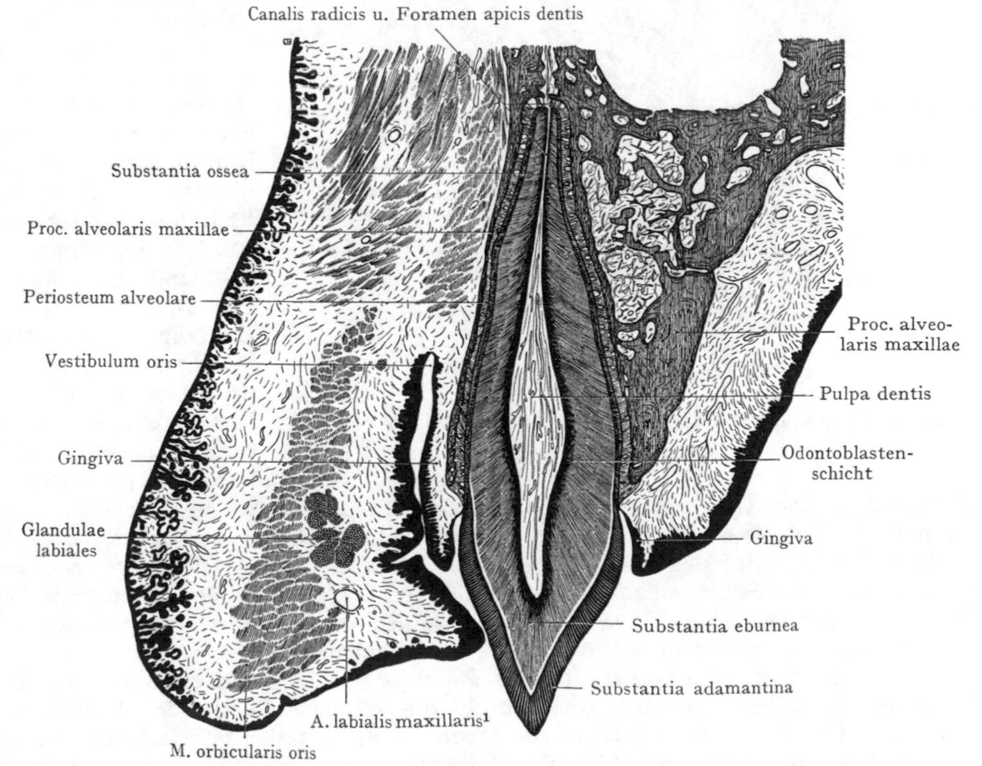

Abb. 89. Schnitt durch die Oberlippe sowie durch einen Schneidezahn in seiner Alveole. Nach einem Mikrotomschnitte.

[1] A. labialis superior.

leihen. Zahlreiche Talgdrüsen münden an ihr aus. Die Muskelschicht setzt sich teils aus den ringförmig verlaufenden Fasern des M. orbicularis oris (Sphincter oris), teils aus Fasern zusammen, welche radiär die ersteren durchflechten (Dilatatores oris) und durch die Mm. triangularis, quadratus labii mandibularis, levator nasi et labii max. med. et lat., zygomaticus minor et major[1] und caninus dargestellt werden.

Auf der inneren, von der Schleimhaut überzogenen Fläche der Lippen münden eine Anzahl kleiner acinöser Speicheldrüsen aus, die bei starker Ausbildung eine fast kontinuierliche Drüsenschicht unter der Muskellage bilden. In Abb. 89, welche einen Mikrotomschnitt durch die Oberlippe und den Processus alveolaris des Oberkiefers mit Schneidezahn darstellt, sind nur zwei solche Drüsen getroffen.

Die Schleimhaut der Lippen schlägt sich in das Zahnfleisch (Gingiva) über, welches die vordere Fläche des Processus alveolaris bekleidet und den Zahnhals bei seinem Austritt aus der Alveole ringförmig umfasst (Abb. 89). Der Umschlag erfolgt oben und unten in einem Blindsack, dem Fornix vestibuli oris superior und inferior.

Gefässe und Nerven. Die Arterien werden als Aa. labialis maxillaris et mandibularis[2] von der A. facialis[3] geliefert und anastomosieren ausgiebig miteinander, so dass ein den Lippenrändern paralleler arterieller Gefässring zustande kommt. Die Arterien liegen unter der Muskelschicht in der Submucosa.

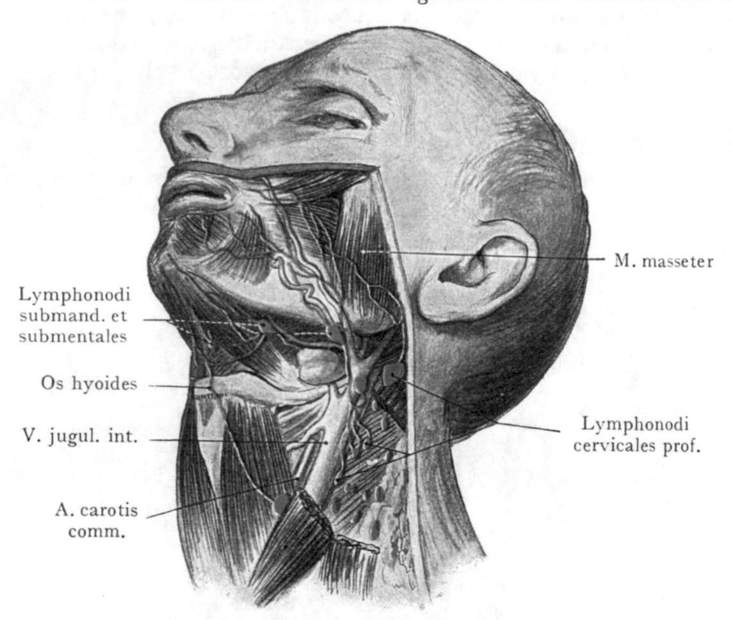

Abb. 90. Lymphgefässe und regionäre Lymphdrüsen der Lippen. Nach Küttner.

Die Lymphgefässe (Abb. 90) der Oberlippe verlaufen mit der V. facialis und dem Stamme der A. facialis[3] nach unten zu den Lymphonodi submandibulares, welche unterhalb des Unterkieferrandes im Trigonum submandibulare liegen. Die Lymphgefässe der Unterlippe münden teils in Lymphonodi submandibulares, teils in Lymphdrüsen oberhalb des Corpus ossis hyoidis (Lymphonodi submentales). Die Lymphgefässe der Oberlippe kreuzen nicht die Medianlinie und treten auch nicht über die Medianlinie hinüber miteinander in Verbindung, dagegen ist das bei den Lymphgefässen der Unterlippe der Fall. Daher sollten bei Carcinom der Unterlippe die Submandibulardrüsen beiderseits entfernt werden. Die motorischen Nerven kommen aus dem N. facialis, die sensiblen aus Ästen des N. infraorbitalis (N. maxillaris) und aus dem N. mentalis (N. mandibularis).

Der Mundgegend schliesst sich die Kinngegend, Regio mentalis, an. Die knöcherne Grundlage derselben wird durch die mediane Partie des Unterkiefers gebildet, welche von der Mundhöhle aus sowie an ihrem unteren Rande von aussen her leicht zu palpieren ist. Die Weichteile werden dargestellt durch die Haut mit ihren Talgdrüsen und die subkutane Fett- und Bindegewebeschicht, welche innig

[1] M. quadratus labii sup. et zygomaticus. [2] A. labialis sup. et inf. [3] A. maxillaris externa.

mit der durch die mimische Muskulatur gebildeten Muskelschicht (Mm. triangularis und quadratus labii mandibularis[1]) zusammenhängt. Die Gefässe kommen erstens aus der A. mentalis, welche als Endast der im Canalis mandibulae eingeschlossenen A. alveolaris mandibularis[2] mit dem N. mentalis aus dem Foramen mentale austritt, zweitens aus der A. labialis mandibularis[3] und der A. submentalis, beides Äste der A. facialis[4]. Die sensiblen Nerven kommen aus dem N. mentalis, die motorischen, für die Mm. triangularis und quadratus labii mandibularis[1], aus dem N. facialis.

Topographie der Mundhöhle.

Die Mundhöhle stellt einen Raum dar, welcher zwischen der Nasenhöhle und der obersten Partie der Halsregion liegt; vorne an der Mundöffnung (Rima oris) durch den Lippenrand abgegrenzt, wird er hinten am Isthmus faucium vom Pharynx geschieden. Bei geschlossenem Munde und aufeinandergepressten Zähnen erscheint der Raum der Mundhöhle spaltförmig und zerfällt in eine vordere Abteilung (Vestibulum oris), welche ihre Begrenzung durch die Zahnreihen, die Lippen und die Weichteile der Wange erhält, und eine hintere Abteilung (Cavum oris die eigentliche Mundhöhle, von deren Boden sich die Zunge erhebt, und die nach hinten am Isthmus faucium in den Pharynx übergeht. Beide Abteilungen stehen bei geschlossenen Zähnen bloss hinter den Zahnreihen, zwischen dem letzten Molarzahne und dem Aste des Unterkiefers sowie mittelst Spalten zwischen den Zähnen miteinander in Verbindung. Beim Öffnen des Mundes dagegen gehen die beiden Abschnitte der Mundhöhle mit weiter durch die Zahnreihen begrenzter Öffnung ineinander über; ihr Lumen, das bei aufeinandergepressten Zähnen bloss virtuell vorhanden war, wird aktuell, besonders wenn Nahrung die aus Weichteilen bestehenden Partien der Wandung ausdehnt.

Vestibulum oris.

Dasselbe bildet bei aufeinandergepressten Zähnen einen hufeisenförmigen Spalt, welcher teils durch die Zahnreihen und die Schleimhaut des Processus alveolaris des Oberkiefers und der Pars alveolaris des Unterkiefers, teils durch die Lippen und die Weichteile der Wange (als Grundlage der M. bucinatorius) begrenzt wird. Ganz hinten lässt sich der Ast des Unterkiefers und der vordere, scharfe Rand seines Processus muscularis[5] betasten.

Die Schleimhaut der Lippen schlägt sich ungefähr in der halben Höhe der Alveolen auf den Ober- und Unterkiefer über, indem sie den Fornix vestibuli sup. und inf. bildet. Der Sinus maxillaris reicht nicht bis zum Fornix vestibuli sup. herab, doch kann leicht eine Öffnung in das Vestibulum angelegt werden, wenn man unterhalb der Fossa canina die Schleimhaut durchtrennt und die dünne vordere Wand des Sinus bis zum Foramen infraorbitale hinauf abmeisselt. Auf diese Weise wird der Sinus an seinem tiefsten Punkte eröffnet und der Abfluss von Eiter bei einer chronischen Entzündung gesichert.

In das Vestibulum oris münden, abgesehen von den Glandulae labiales (Abb. 89), noch eine Anzahl kleiner Drüsen (Glandulae buccales), welche dem M. bucinatorius aussen aufliegen und denselben mit ihren Ausführungsgängen durchsetzen; ferner mündet der Ductus parotidicus gegenüber dem zweiten oberen Molarzahne aus.

Lage und Beziehungen der Zähne. Die Zahnreihen bilden die eigentliche Grenze (bei geschlossenem Munde und aufeinandergepressten Zähnen) zwischen dem Vestibulum und dem Cavum oris. Man hat zu untersuchen 1. die Beziehungen des Zahnes zur Alveole, 2. die Beziehungen zum Zahnfleisch.

[1] M. quadratus labii inf. [2] A. alveolaris inf. [3] A. labialis inf. [4] A. maxillaris ext.
[5] Processus coronoideus.

Die Unterscheidung einer Krone, eines Halses und einer Wurzel an jedem Zahne ist, wie Merkel hervorhebt, eine topographische, indem sie durch die Beziehungen des Zahnes zum Zahnfleisch und zur Alveole gegeben wird. Der frei hervorragende Abschnitt des Zahnes (Zahnkrone, Corona dentis) besteht aus Dentin mit einem Schmelzüberzuge; die Zahnhöhle mit der Zahnpulpa erstreckt sich noch bis in die Zahnkrone hinein. Der Zahnhals (Collum dentis) setzt sich, je nach dem zur Untersuchung gewählten Zahne, mehr oder weniger deutlich von der Krone ab; hier fehlt der Schmelz und wird durch eine dünne Schicht von Cement (Knochen) ersetzt, auch wird der Hals (Abb. 89) von dem derb entwickelten Zahnfleisch umfasst und an die Ränder der Alveole angepresst. Die Zahnwurzel endlich, aus Dentin und Cement bestehend, steckt in der Alveole.

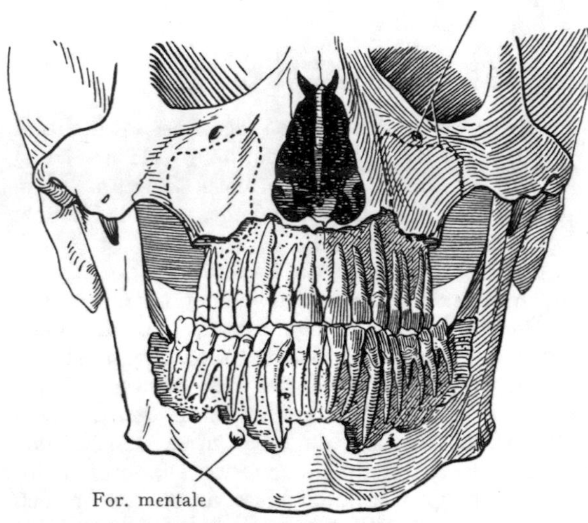

Abb. 91. Topographie der Zahnwurzeln.
Nach einem Präparate der Basler Sammlung.

Die Besprechung der Form der einzelnen Zähne gehört nicht hierher; die Lage eines Zahnes in der Alveole und seine Beziehungen zum Zahnfleisch sind in Abb. 89 dargestellt. Der Schmelzüberzug der Zahnkrone wird unten von dem derben Zahnfleisch umfasst, welches im Bereiche des Zahnhalses direkt an die Cementschicht grenzt. Wenn das Zahnfleisch sich zurückzieht, so wird die Cementschicht freigelegt und damit auch den Schädlichkeiten ausgesetzt, welche zur Zahnkaries führen. Zwischen der Cementschicht und der Wand der Alveole liegt das Periosteum alveolare, welches, oberflächlich mit dem Zahnfleisch zusammenhängend, die ganze Wandung der Alveole auskleidet und das eigentliche Befestigungsmittel des Zahnes darstellt. Tatsächlich wird auch von manchen Autoren das Periosteum alveolare als ein Band aufgefasst, welches den Zahn in der Alveole festhält (Ligament alveolo-dentaire der französischen Autoren) und demselben doch eine gewisse Beweglichkeit gestattet.

Von besonderer praktischer Bedeutung sind die Beziehungen zwischen dem Sinus maxillaris und den Wurzeln der oberen Zahnreihe (Abb. 84). Je nach der Grösse des Sinus können die Zahnwurzeln durch eine stärkere oder schwächere Knochenschicht von demselben getrennt werden. Bei starker Ausdehnung kann es vorkommen, dass die Zahnwurzeln die Schleimhautauskleidung des Sinus fast erreichen, ein Zustand, welcher selbstverständlich den Übergang eines entzündlichen Prozesses von der Zahnwurzel auf den Sinus begünstigt.

Die Abb. 91 zeigt die beträchtliche Ausdehnung, welche die Zahnwurzeln bei vollständigem und gut ausgeprägtem Gebiss gewinnen können. Ganz besonders fällt die Länge der Incisivi auf; die Wurzeln der oberen Incisivi reichen fast bis auf den Boden der Nasenhöhle heran. Das Verhältnis der Wurzeln der Oberkieferzähne zum punktierten Umriss der Projektion des Sinus maxillaris nach vorne ist ohne weitere Besprechung ersichtlich.

Zähne beim Kinde. Bei Neugeborenen und bei älteren Feten (Abb. 92) liegen die Zahnanlagen noch in den Zahnsäckchen des Ober- und Unterkiefers, bedeckt von einer schwieligen Verdickung der Mundschleimhaut (Crista gingivalis), welche beim

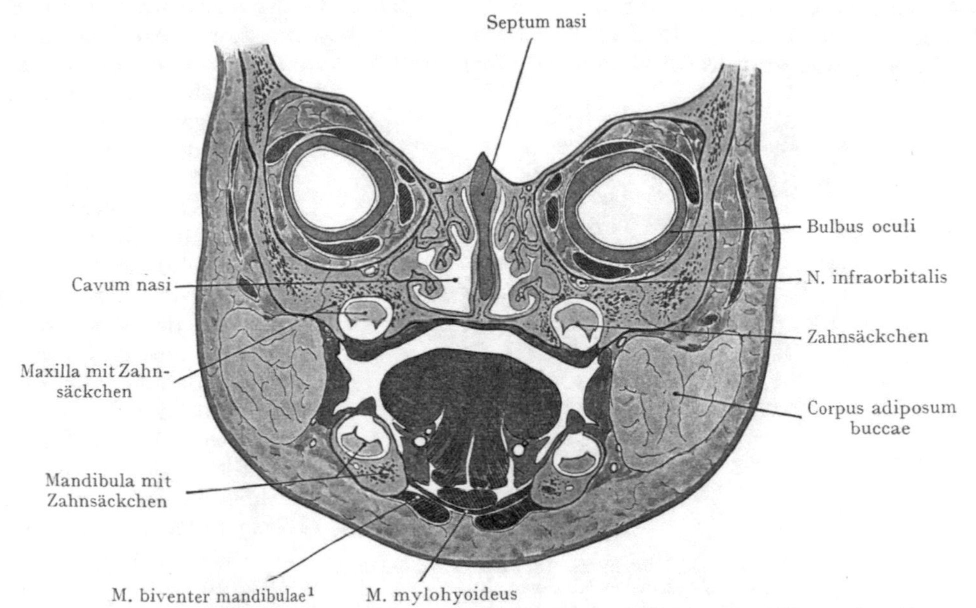

Abb. 92. Frontalschnitt durch den Kopf eines neunmonatigen Fetus. Ausbildung der Nasenhöhle, der Zahnsäckchen und des Corpus adiposum buccae.
Nach einem Mikrotomschnitte.

Auswachsen des Zahnes durchbrochen wird und das Zahnfleisch liefert. Die Sinus nasales sind in diesem Stadium noch nicht entwickelt, auch ist der Oberkiefer sehr niedrig; auf der rechten Seite wird das Zahnsäckchen bloss durch eine dünne Knochenschicht von dem N. infraorbitalis getrennt.

Der Ablauf der Dentition kann hier nicht geschildert werden, jedoch sind die Abb. 93 und 94 beigegeben worden, um die Lage der Milchzähne zu den bleibenden Zähnen im Ober- und Unterkiefer zu veranschaulichen. Die Ersatzzähne sind in Zahnsäckchen eingeschlossen, welche vollständig vom Knochen umgeben, somit auch von den Wurzeln der Milchzähne getrennt sind. Erst nach der Resorption dieser Knochenschicht kann sich der Druck auf die Wurzeln der Milchzähne geltend machen, welcher zur Resorption derselben führt und den Durchbruch der Ersatzzähne gestattet.

Bei dem in Abb. 94 dargestellten Präparate vom $4^1/_2$jährigen Kinde sind die Ersatzzähne in ihrer Lage zueinander und zum Milchgebiss zu übersehen, ferner die Beziehungen beider zu den sie beherbergenden Knochen.

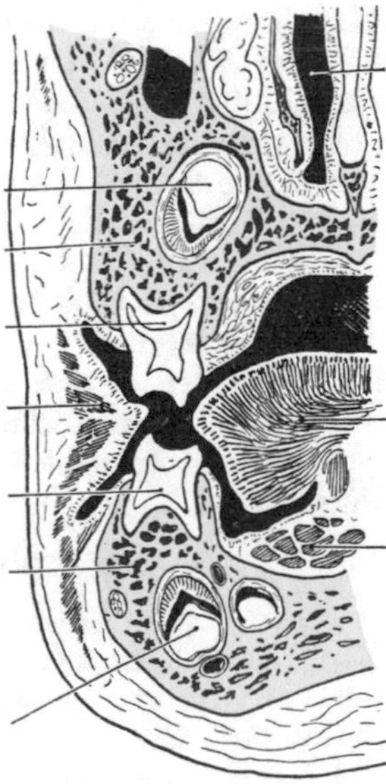

Nasenhöhle
Ersatzzahn
Maxilla
Milchzahn
M. bucinatorius
Lingua
Milchzahn
Glandula sublingualis
Mandibula
Ersatzzahn

Abb. 93. Frontalschnitt durch Ober- und Unterkiefer eines $2^3/_4$jährigen Kindes. Milch- und Ersatzzähne.
Nach einem Mikrotomschnitte.

[1] M. digastricus.

Man vergleiche damit die Abb. 91, welche das Gebiss des Erwachsenen und die Beziehungen der Zahnwurzeln darstellt. Beim Kinde wird bis zum Ablauf des Zahnwechsels ein viel grösserer Abschnitt des Ober- und des Unterkiefers von dem Gebiss in Anspruch genommen als später, ganz besonders gilt dies für den Oberkiefer. Es ist gesagt worden (Henke), dass der Oberkiefer, welcher im Mittelpunkte der ganzen Gesichtsbildung steht, von allen Knochen am unfertigsten auf die Welt kommt und sich erst nach der Geburt ausdehnt und an Grösse zunimmt, indem er auch ganz wesentlichen Einfluss auf die Gestaltung des Gesichtsschädels gewinnt. Beim Neugeborenen ist der Körper des Oberkiefers nicht vorhanden, auch beim $4^1/_2$-jährigen Kinde ist derselbe, wie Abb. 94 zeigt, kaum angedeutet; die am höchsten stehenden Ersatzzähne reichen fast bis an den Canalis infraorbitalis heran. Diese Tatsache erklärt die geringe Höhe des Gesichtsschädels beim Neugeborenen und auch noch bei Kindern in den ersten Lebensjahren.

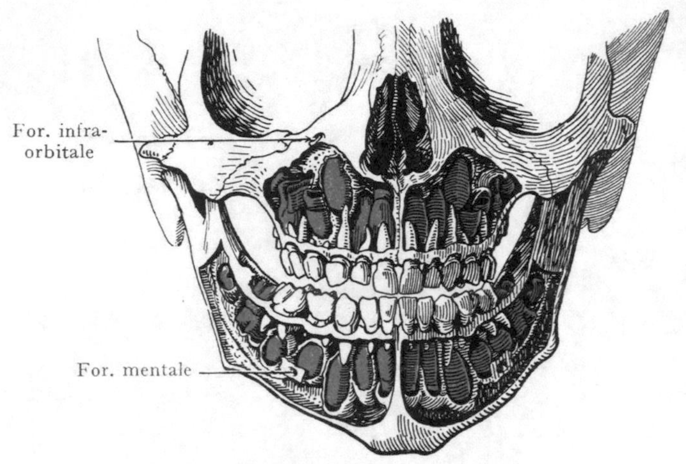

Abb. 94. Topographie des Milchgebisses und der Ersatzzähne eines $4^1/_2$jährigen Kindes.
Nach einem Präparate der Basler Sammlung.

Auch in der Richtung nach hinten geht das Wachstum des Oberkiefers wie des Unterkiefers noch um ein beträchtliches über den beim Neugeborenen vorliegenden Zustand hinaus; es muss noch Raum geschaffen werden für die neuen Zähne, welche die Zahl der Milchzähne (20) auf diejenige des bleibenden Gebisses (32) erhöhen.

Arterien und Nerven der Zähne. Die Zähne des Unterkiefers werden von der im Canalis mandibulae eingeschlossenen A. alveolaris mandibularis[1] versorgt, diejenigen des Oberkiefers teilweise von der A. alveolaris maxillaris post.[2], teilweise von den Aa. alveolares maxillares ant.[2] aus der A. infraorbitalis. In letzter Linie kommen also die Arterien für die Zähne aus der A. maxillaris[3]. Die Lymphgefässe der Zähne des Oberkiefers gehen z. T. durch das For. infraorbitale auf die äussere Kieferfläche und enden in Submandibulardrüsen. Die Lymphgefässe der Zähne des Unterkiefers verlaufen im Canalis alveolaris und gelangen zu Lymphonodi cervic. prof. und zu den submandibularen Lymphdrüsen (G. Schweizer). Die Nerven der Unterkieferzähne werden von dem N. alveolaris mandibularis[4] aus dem N. mandibularis geliefert, der N. infraorbitalis (ein Zweig des N. maxillaris) versorgt die Zähne des Oberkiefers mittelst der Rr. alveolares maxillares posteriores medius et ant.[5].

Topographie des Cavum oris.

Die Form des Cavum oris ist, je nach der Stellung der Kiefer zueinander sowie die Lage der Zunge, eine sehr verschiedene. Die Abgrenzung gegen das Vestibulum oris verschwindet bei Öffnung des Mundes und zugleich vergrössert sich der Höhendurchmesser des Raumes. Die Zunge beeinflusst durch ihre Stellung die Form der Mundhöhle, indem die letztere spaltförmig erscheint, wenn bei geschlossenem Munde die Zunge dem harten und weichen Gaumen anliegt, oder bei stark geöffnetem Munde und vorgestreckter Zunge, etwa einen trichterförmigen Raum darstellt, welcher in der Höhe der Gaumenbogen in den Pharynx übergeht.

[1] A. alveolaris inferior. [2] A. alveolaris superior ant. et post. [3] A. maxillaris int.
[4] N. alveolaris inferior. [5] Nn. alveolares superiores ant. et post.

Abgrenzung des Cavum oris. Vorne und seitlich wird die Mundhöhle bei aufeinandergepressten Zähnen durch die letzteren von dem Vestibulum oris geschieden. Das Dach der Mundhöhle, von dem Palatum durum und molle gebildet, trennt den Raum von der Nasenhöhle und teilweise auch von der Pars nasalis pharyngis. Der Boden der Mundhöhle wird von der Zunge gebildet sowie von der Muskulatur, welche von verschiedenen Seiten her in die Zunge eintritt (Mm. genioglossus, hyoglossus,

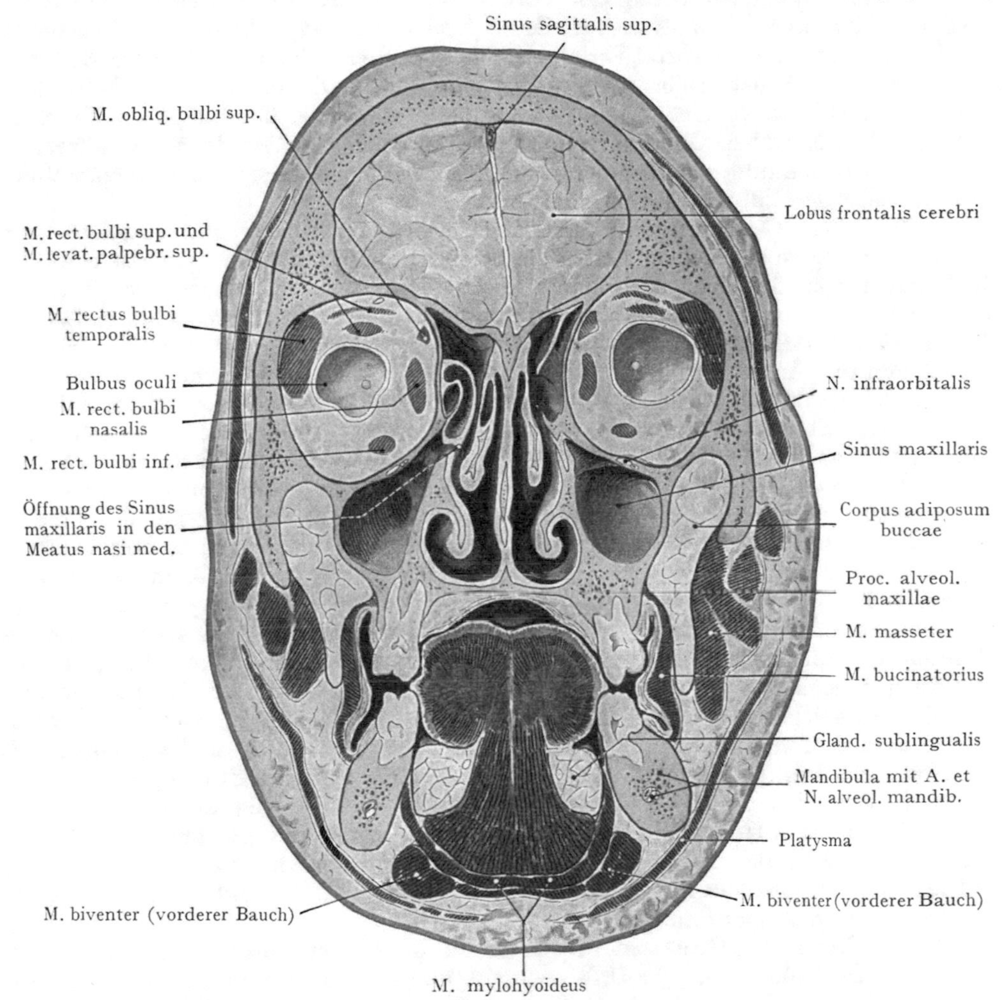

Abb. 95. Frontalschnitt durch den Kopf eines Erwachsenen.
Nach einem Gefrierschnitte der Basler Sammlung.

styloglossus usw.). Als Grenze der Zunge und damit auch des Kopfes gegen den Hals wird gewöhnlich der M. mylohyoideus (diaphragma oris) angenommen (Abb. 95); alles, was oberhalb des M. mylohyoideus liegt, gehört zum Boden der Mundhöhle, resp. zur Zunge; unterhalb des Muskels beginnt der Hals, speziell die Regio submentalis und die beiden Trigona submandibularia. Gegen den Pharynx grenzt sich das Cavum oris im Isthmus faucium ab; als scharfe Grenze können wir den Arcus glossopalatinus annehmen, welcher seitlich, von dem Palatum molle aus, herunterzieht.

Dach der Mundhöhle. Dasselbe trennt als Gaumen die Mundhöhle von der Nasenhöhle und der Pars nasalis pharyngis, in welche die Nasenhöhle an den Choanen übergeht. Die Grundlage der vorderen $^2/_3$ des Gaumens (Palatum durum) wird durch die Processus palatini der Oberkiefer und die Laminae palatinae der Gaumenbeine gebildet, das hintere Drittel, welches die Mundhöhle von der Pars nasalis pharyngis trennt, durch das Palatum molle.

Form und Ausdehnung des Gaumens. Die Platte des Palatum durum ist sowohl in der transversalen als auch in der sagittalen Richtung gebogen; die Konkavität der Bogen sieht nach abwärts. Variationen in der Breite des harten Gaumens sowie in der Höhe des Transversalbogens kommen häufig vor und stehen in Korrelation zum Abstand der Orbitae voneinander, zur Breite der Nasenhöhle, überhaupt zur Gesichtsbildung. Mit dem hohen Gaumen (Hypsostaphylie) kommt in der Regel eine allgemein schmale Gesichtsbildung vor (Leptoprosopie), ferner schmale Nasenhöhlen (Leptorhinie) und schmale Augenhöhlen (A. Grossheintz).

Der harte Gaumen wird vorne und seitlich durch die Proc. alveolares der Oberkiefer abgegrenzt. Median stossen die beiden Proc. palatini der Oberkiefer sowie, als Fortsetzungen derselben nach hinten, die beiden Laminae palatinae der Gaumenbeine in der Sutura palatina mediana zusammen. Gegen die Nasenhöhle bilden die oberen Ränder der Sutura palatina einen kielartigen Vorsprung, an welchen sich der Vomer ansetzt. Am vorderen Ende der Sutur geht beim Kinde von dem Foramen incisivum eine Naht ab, welche zur Grenze zwischen dem zweiten Schneidezahn und dem Eckzahn verläuft und das Os incisivum lateral abgrenzt (Sutura incisiva). Durch die Lamina palatina des Gaumenbeines und den Processus alveolaris des Oberkiefers wird die untere Öffnung des Canalis pterygopalatinus (For. palat. maj.) abgegrenzt; dieselbe geht häufig in eine nach vorne sich ausziehende Rinne über, in welcher die aus dem Canalis pterygopalatinus zum Gaumen tretende A. palatina major mit den N. palatini verläuft. Der weiche Gaumen geht von dem hinteren Rande des harten Gaumens aus und trennt (s. Pharynx) die Mundhöhle von der oberen Etage des Pharynx. Seine Lage wechselt; bei ruhiger Respiration hängt er fast senkrecht herab und scheidet alsdann die Mundhöhle nicht bloss von der Pars nasalis, sondern, mit dem Arcus glossopalatinus zusammen genommen, auch von der Pars oralis pharyngis. Bei der Schluckbewegung hebt sich der weiche Gaumen und trennt die Pars nasalis von der Pars oralis pharyngis; beim Saugen legt sich der weiche Gaumen dem Zungengrunde an und schliesst damit tatsächlich die Mundhöhle gegen den Pharynx ab. Als typische Stellung des weichen Gaumens dürfen wir zum Zwecke der Beschreibung etwa diejenige annehmen, welche sich an Medianschnitten durch gefrorene Köpfe (Abb. 97) bei geschlossenem Munde findet. Hier hängt das Palatum molle senkrecht herab, berührt die Basis der Zunge, und legt sich der hinteren Pharynxwand an, so dass die untere Partie der Pars nasalis pharyngis geradezu spaltförmig erscheint.

Schichten des Gaumens. Im Bereiche des harten Gaumens haben wir drei Schichten: die Schleimhaut, die Drüsenschicht und die Knochen des harten Gaumens mit ihrem Periost. Die Schleimhaut ist sehr derb, besonders seitlich, wo sie auf dem Proc. alveolaris des Oberkiefers in das Zahnfleisch übergeht. Die Drüsenschicht setzt sich aus acinösen Drüsen zusammen, welche zu beiden Seiten der Sutura palatina eine ziemlich mächtige Masse bilden. Die knöcherne Grundlage des harten Gaumens ist bereits besprochen worden.

Der weiche Gaumen setzt sich zusammen aus einer oberen und einer unteren Schleimhaut-Drüsenschicht und einer Muskelschicht. Die Muskelschicht besteht aus den miteinander verflochtenen Fasern folgender Muskeln: Mm. levator veli palatini und M. tensor veli palatini, M. uvulae, M. glossopalatinus (im vorderen Gaumenbogen) und M. pharyngopalatinus (im hinteren Gaumenbogen). Von diesen bildet der M. glossopalatinus mit den Fasern des M. transversus linguae zusammen einen fast vollständigen muskulösen Ring, welcher sich von der Raphe des weichen Gaumens oben bis zum Septum linguae nach unten erstreckt. Der M. pharyngopalatinus liegt in dem Arcus pharyngopalatinus und geht nach unten in die Pharynxmuskulatur über. Der M. uvulae entspringt von der Spina nasalis post. und endigt in der Uvula. Der M. levator veli palatini entspringt vor der unteren Öffnung des Canalis caroticus an der unteren Fläche der Pars petromastoidea ossis temporalis sowie von dem Knorpel der Tuba pharyngo-tympanica[1], hebt den Gaumen und verengert das Ostium pharyngicum tubae. Der M. tensor veli palatini entspringt hinter dem Foramen ovale von der unteren Fläche der Ala magna ossis sphenoidis, von dem Tubenknorpel und von der Membran, welche den unteren Abschluss der Tube bildet. Der Muskel erweitert die Tube, im Gegensatz zum M. levator veli palatini, welcher sie verengert. Der platte Muskelbauch liegt dem M. pterygoideus medialis[2] von innen an; die Endsehne verläuft um den Hamulus pterygoideus und geht, medianwärts ausstrahlend, in den weichen Gaumen über sowie auch an eine derbe, aponeurotische Membran (Aponeurosis palatina), welche der vorderen Partie des weichen Gaumens zugrunde liegt. Die letztere inseriert sich am hinteren Rande des harten Gaumens sowie am Processus pterygoides und wird bei der Kontraktion des M. tensor veli palatini gespannt, worin auch die Hauptwirkung des Muskels zu erblicken ist.

Arterien und Nerven des Gaumens. Die Arterien des harten Gaumens kommen aus der A. palatina descendens (Ast der A. maxillaris[3]), welche am Foramen pterygopalatinum[4] in den Canalis pterygopalatinus eintritt und am Foramen palatinum majus auf die untere Fläche des harten Gaumens übergeht, nachdem sie die Aa. palatinae minores nach hinten zum weichen Gaumen abgegeben hat. Die A. palatina major verläuft in einer Rinne dicht an der Grenze zwischen der Gaumenplatte und dem Proc. alveolaris unmittelbar auf dem Knochen. An den weichen Gaumen gehen noch, abgesehen von den Aa. palatinae minores, die A. palatina ascendens und Äste der A. pharyngica ascendens (beide aus der A. carotis ext.). Die Lymphgefässe des harten und des weichen Gaumens verlaufen nach hinten gegen den Isthmus faucium und die Tonsillen und endigen mit den Lymphstämmen der Tonsillen in den oberen Lymphonodi cervicales prof. Die sensiblen Nerven des Gaumens kommen durch Vermittlung des Ganglion pterygopalatinum[5] aus dem N. maxillaris als N. palatinus major (zum harten Gaumen) und Nn. palatini minores zum weichen Gaumen, die motorischen Nerven gleichfalls aus dem Ganglion pterygopalatinum[5], und zwar stellen sie Fasern dar, welche aus dem N. petrosus superficialis major des N. facialis stammen und in der Bahn des N. palatinus major verlaufen. Sie innervieren den M. levator veli palatini und den M. uvulae. Der M. tensor veli palatini erhält seine Innervation aus dem N. mandibularis, und zwar aus dem Ganglion oticum, welches unmittelbar unterhalb des Foramen ovale dem N. mandibularis medianwärts anliegt.

Boden der Mundhöhle. (Zunge und Regio sublingualis.) Bei geschlossenem Munde wird die Mundhöhle fast ganz von der Zunge ausgefüllt (Abb. 95). Die Muskeln, welche die Masse der freibeweglichen Zunge bilden, treten von verschiedenen Seiten in dieselbe ein (M. styloglossus von hinten und oben, M. genioglossus von vorn und unten, M. hyoglossus von unten, M. glossopalatinus von oben und seitlich). Die beiden Hälften des M. mylohyoideus entspringen von den Lineae mylohyoideae der medialen Unterkieferfläche und gehen in eine mediane Raphe über, so dass sie nach Art eines Diaphragma (daher auch M. diaphragma oris genannt) den durch beide Hälften des Unterkiefers gebildeten Winkel ausfüllen. Diese Muskelplatte trennt (Abb. 96) die Zungenmuskulatur vom Halse, speziell von der Regio submentalis und dem Trigonum submandibulare.

Wenn wir als Boden der Mundhöhle alle Weichteile zusammenfassen, welche oberhalb des Diaphragma oris und einer als Fortsetzung desselben nach hinten ver-

[1] Tuba auditiva. [2] M. pterygoideus internus. [3] A. maxillaris int.
[4] For. sphenopalatinum. [5] Ganglion sphenopalatinum.

längerten Ebene liegen, so können wir die gesamte Muskulatur dieser Gegend als Zungenmuskulatur bezeichnen. In der oberen Partie erhebt sich die von der Schleimhaut überzogene Zunge; darunter liegt eine Region, welche erst dann von oben her zugänglich wird, wenn man die Zungenspitze nach aufwärts und hinten schlägt (Regio sublingualis). Sie wird zum grössten Teile aus der Zungenmuskulatur zusammengesetzt, welche nach oben in den Zungenkörper ausstrahlt. Wir legen diese Einteilung in Zunge und Regio sublingualis der Beschreibung zugrunde.

Zunge. Vom topographisch-anatomischen Standpunkte aus lassen sich zwei Abschnitte der Zunge unterscheiden, welche auch entwicklungsgeschichtlich verschiedener Herkunft sind; ein vorderer, ausschliesslich der Mundhöhle angehörender Ab-

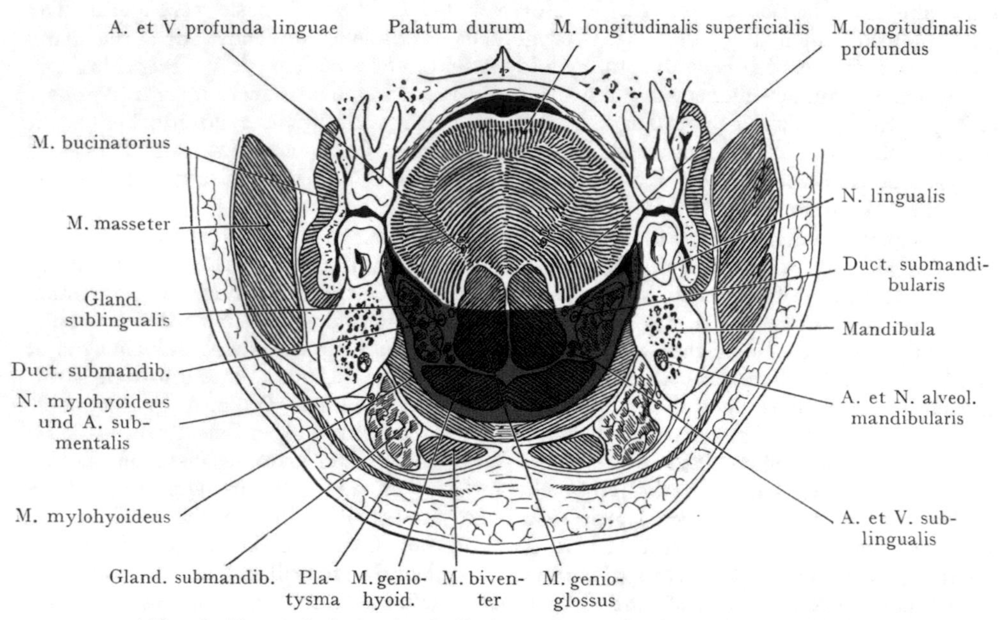

Abb. 96. Frontalschnitt durch die Zunge und die Regio sublingualis (rot). Nach einem Gefrierschnitte.

schnitt (Corpus linguae), und ein hinterer Abschnitt, welcher teilweise gegen die hintere Pharynxwand sieht (Radix linguae). Die Grenze zwischen beiden Abschnitten wird durch das V der Papillae circumvallatae dargestellt. Auch sonst lässt sich die Unterscheidung eines Corpus linguae von einer Radix linguae rechtfertigen, das erstere ist wesentlich Geschmacksorgan, die letztere zeigt das Relief der Balgdrüsen, einer fast kontinuierlichen Schicht von lymphatischem Gewebe, welche als Tonsilla lingualis bezeichnet wird. Das Corpus linguae lässt sich in seiner ganzen Ausdehnung übersehen, es ist auch von der Mundhöhle aus operativ leicht zugänglich, während die Radix linguae, namentlich in ihrer hinteren an den Aditus laryngis grenzenden Partie, mittelst des Kehlkopfspiegels untersucht werden muss und auch operativ weniger leicht erreichbar ist.

Corpus linguae. Es legt sich bei geschlossenem Munde oben an den Gaumen, seitlich an die Zahnreihen. Wir unterscheiden eine obere und eine untere Fläche, zwei seitliche Ränder und eine Spitze. Die obere Fläche zeigt, ebenso wie die seitlichen Ränder, ein Relief in Form der Papillae fungiformes und filiformes, sowie, an der Grenze gegen den Zungenrand, die Papillae circumvallatae, 9—14 an Zahl, welche als ein nach vorne offenes V angeordnet die Grenze gegen die Radix linguae bilden. An der Spitze des V liegt das Foramen caecum, den Rest der Einstülpung darstellend, von welcher die Bildung der Glandula thyreoidea ausging. In seltenen Fällen mündet hier der mit der Thyreoidea in Zusammenhang stehende Ductus thyreoglossus in die Mundhöhle. Die obere Fläche der Zunge zeigt eine mediane Furche, welche sich bis zum Foramen caecum erstreckt. An den seitlichen Rändern geht die obere in die untere Fläche über. Die Ränder sind gegen die Zahnreihen gerichtet; die untere Fläche zeigt im Gegensatze zur oberen einen glatten Schleimhautüberzug,

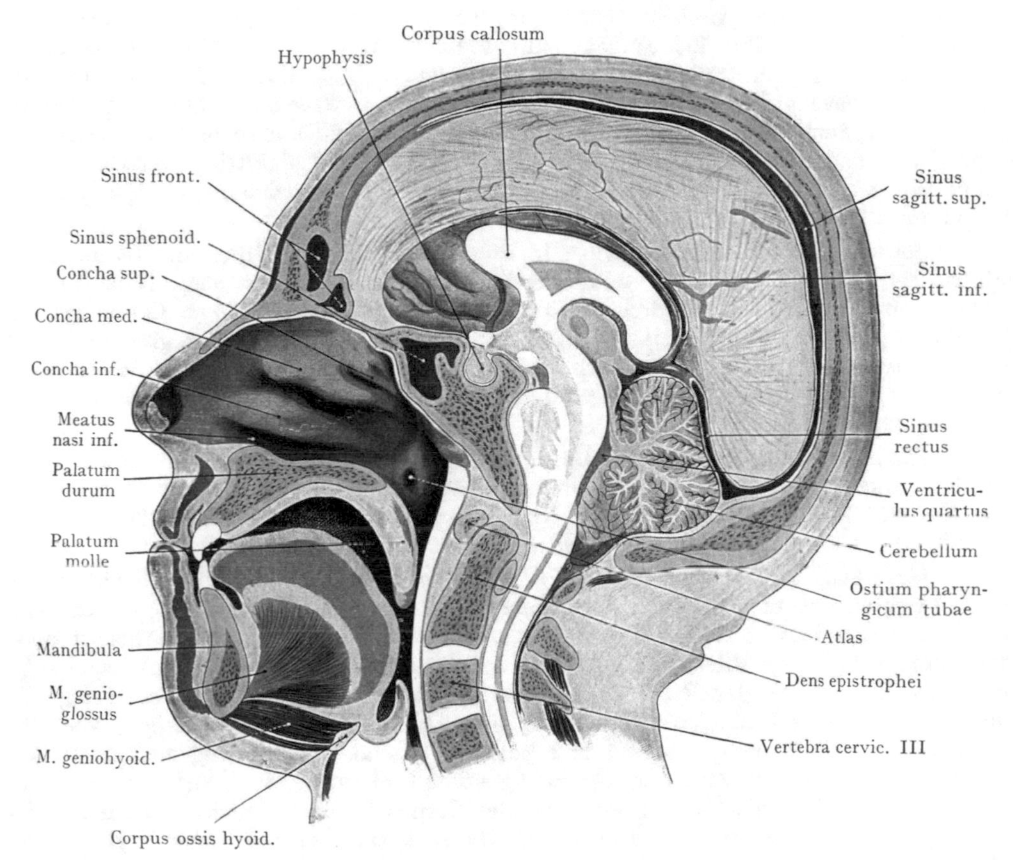

Abb. 97. Sagittalschnitt durch den Kopf.
Nach W. Braune. Atlas der topogr. Anat. Taf. I.

welcher gegen die Schleimhaut der Regio sublingualis sieht und erst dann zu übersehen ist, wenn die Zungenspitze nach oben geschlagen wird. Median verläuft an der unteren Fläche eine Schleimhautfalte (Frenulum linguae) von der Zungenspitze aus nach hinten, welche auf die Schleimhaut der Regio sublingualis übergeht und hier die Mündungen des Ductus sublingualis major und des Ductus submandibularis auf einer besonderen Erhebung der Schleimhaut zeigt (Papilla salivaria sublingualis). Seitlich von dem Frenulum linguae schimmert häufig die V. sublingualis durch die Schleimhaut (Abb. 98).

Radix linguae (Abb. 105). Sie wird vorne durch das V der Papillae circumvallatae von dem Corpus linguae abgegrenzt, nach hinten reicht sie bis zur Epiglottis, auf deren vordere Fläche die Schleimhaut sich von den Valleculae epiglottidis umschlägt.

Im Gegensatze zu dem Corpus linguae, welches mit seiner oberen Fläche annähernd horizontal liegt, sieht die Radix linguae nach hinten gegen die hintere Pharynxwand und die vordere Fläche der Epiglottis; sie ist demnach vertikal oder nahezu vertikal eingestellt. Bei geschlossenem Munde und ruhiger Atmung liegt ihr die Uvula und ein Teil des Palatum molle an; zusammen mit der nach unten auf den Kehlkopfeingang sich senkenden Epiglottis bildet sie beim Schlucken eine schiefe Ebene, auf welcher der Bissen in den Oesophagus befördert wird.

Die Radix linguae, oft auch als Basis linguae bezeichnet, zeigt eine starke Ausbildung von lymphatischem Gewebe in Form der sog. Balgdrüsen (Folliculi linguales), Erhebungen der Schleimhaut, mit kleinen, auch für das blosse Auge wahrnehmbaren Öffnungen. Beim Kinde sehr stark entwickelt, nimmt diese als Tonsilla lingualis zusammengefasste Schicht von lymphatischem Gewebe späterhin ab; besonders medianwärts, unmittelbar hinter dem Foramen caecum, findet man beim Erwachsenen eine glatte Partie der Schleimhaut, welche sich bis zur Epiglottis erstreckt. Diese Reduktion ist mit derjenigen der Tonsilla pharyngica zu vergleichen (Topographie der Regio tonsillaris).

Seitlich geht die Radix linguae in den Arcus glossopalatinus und in die Tonsillarnische über; hier fehlen selbstverständlich die freien Ränder. Nach hinten ziehen von der Radix linguae drei Schleimhautfalten mit bindegewebiger Grundlage zur Epiglottis (Plicae glossoepiglotticae); die Plica glossoepiglottica mediana grenzt mit den Plicae glossoepiglotticae laterales zwei Gruben ab, deren Grund durch die Schleimhaut der Radix linguae sowie durch die vordere Fläche der Epiglottis gebildet wird (Valleculae epiglottidis).

Regio sublingualis. Der Besprechung der Zungenmuskulatur sowie ihrer Gefässe und Nerven muss die Beschreibung der Regio sublingualis vorausgeschickt werden, weil diese Gebilde teilweise die Regio sublingualis durchsetzen um in die Zunge einzutreten, also beiden Gegenden angehören.

Grenzen. Die Regio sublingualis (Abb. 96) wird nach unten durch die in der Raphe sich verbindenden, zwischen dem Unterkiefer und dem Hyoid ausgespannten Teile des M. mylohyoideus von dem Trigonum submandibulare getrennt. Letzteres gehört topographisch zum Halse, alles, was oberhalb des Diaphragma oris liegt, zur Regio sublingualis. Die Grenze der Regio sublingualis gegen die Mundhöhle ist erst bei geöffnetem Munde und hinaufgeschlagener Zunge (Abb. 98) als ein dreieckiges, von der Mundschleimhaut überzogenes Feld zu erkennen, welches rinnenförmig ausgehöhlt mit der unteren Fläche der Zunge in Berührung steht und nach hinten auf dieselbe übergeht. Sie entspricht also hier einem Teile des Corpus linguae. Seitlich wird die Regio sublingualis durch die mediale Fläche des Unterkiefers über der Linea mylohyoidea abgegrenzt.

Bei der Inspektion der Regio sublingualis (bei offenem Munde und nach oben geschlagener Zungenspitze, Abb. 98) lässt sich erstens der Übergang des Frenulum linguae von der unteren Fläche der Zunge auf die Region erkennen. Am unteren Ende derselben erhebt sich die Papilla salivaria sublingualis[1] mit der Ausmündung des Ductus submandibularis. An der Papilla salivaria beginnt ein nach beiden Seiten hin parallel mit dem Unterkiefer verlaufender Wulst, Plica sublingualis, auf dessen Höhe sich die kleineren Ausführungsgänge der Glandula sublingualis (Ductus sublinguales minores) öffnen. Der Hauptausführungsgang (Ductus sublingualis major seu Bartholini) mündet mit dem Ductus submandibularis auf der Höhe der Papilla salivaria sublingualis aus.

Die Untersuchung der Regio sublingualis ist sowohl durch Inspektion als durch Palpation leicht auszuführen, man kann sich so über den Zustand der Speicheldrüsen und ihrer Ausführungsgänge unterrichten (Cystenbildungen, Geschwülste usw.).

[1] Caruncula sublingualis.

Inhalt der Regio sublingualis (Abb. 96). Die Region wird zum Teil von den Zungenmuskeln durchzogen, welche von dem Unterkiefer und dem Hyoid entspringen. Die Mm. geniohyoideus und genioglossus bilden zusammen einen Fächer, welcher von der Spina mandibulae[1], beiderseits von der Medianebene, ausgeht und teils in die Zunge ausstrahlt (M. genioglossus), teils am Hyoid sich inseriert (M. geniohyoideus). Der M. hyoglossus entspringt am oberen Rande des Hyoidkörpers sowie von dem grossen Horne und geht, den M. genioglossus lateralwärts überlagernd, zum Zungenrande.

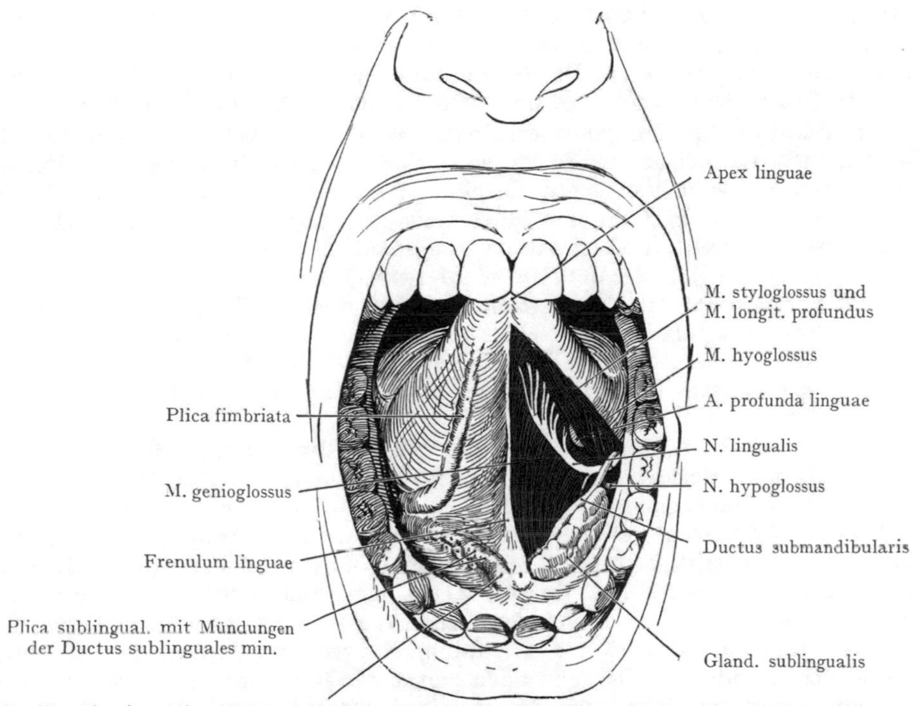

Abb. 98. Topographie der Regio sublingualis.

Die Zunge ist bei weit geöffnetem Munde nach oben geschlagen; linkerseits ist die Schleimhaut abpräpariert worden, um den N. lingualis, die Gland. sublingualis und den Ductus submandibularis zu zeigen. Der innerhalb der Regio sublingualis gelegene obere Fortsatz der Gland. submandibularis ist entfernt worden.

Abgesehen von dem Stiele der durch die Mm. geniohyoidei und genioglossi gebildeten fächerförmigen und median eingestellten Muskelplatte enthält die Regio sublingualis noch folgende Gebilde: 1. die Glandula sublingualis und den Ductus sublingualis maj., 2. den Ductus submandibularis und einen Teil der Gland. submandibularis, 3. Gefässe und Nerven, welche im Zusammenhang mit denjenigen der Zunge zu behandeln sind.

Die Glandula sublingualis liegt zwischen dem Unterkiefer (lateral), dem M. geniohyoideus (unten) und dem M. genioglossus (medial). Die Drüse wird durch lockeres Bindegewebe umhüllt, welches sich in ihrer unmittelbaren Umgebung zur Drüsenkapsel verdichtet. Nach oben erzeugt sie am Boden der Mundhöhle die Plica sublingualis, auf deren Höhe die Ductus sublinguales minores ausmünden, während ein grösserer Ausführungsgang (Ductus sublingualis maj. seu Bartholini) auf der Papilla salivaria sublingualis[2] ausmündet. Medianwärts liegt zwischen der Gland. sublingualis und dem M. genioglossus, unmittelbar unter der Schleimhaut des Mundbodens,

[1] Spina mentalis. [2] Caruncula sublingualis.

der Ductus submandibularis (seu Whartoni). Derselbe verläuft aus dem Trigonum submandibulare um den hinteren Rand des M. mylohyoideus und wird eine Strecke weit von einem Fortsatze der Glandula submandibularis begleitet, welcher mit der hinteren Partie der Glandula sublingualis in Kontakt tritt, so dass beide Speicheldrüsen eine fast kontinuierliche Masse bilden, welche um den hinteren Rand des M. mylohyoideus abgebogen, teilweise in dem Trigonum submandibulare, teilweise in der Regio sublingualis liegt. Der Ductus submandibularis mündet gleichfalls auf der Papilla salivaria sublingualis, medianwärts vom Ductus sublingualis maj.

In der nächsten Nachbarschaft der Gland. sublingualis liegen (Abb. 96) die A. und V. sublingualis, etwas tiefer als der Ductus submandibularis, der lateralen Fläche des M. genioglossus angeschlossen. Der N. lingualis (aus dem N. mandibularis) umgreift Abb. 98) den Ductus submandibularis und geht im Bogen nach oben zur Zunge.

Topographie der Zungenmuskulatur sowie der Gefässe und Nerven der Zunge. Die Grundlage der Zunge wird durch Muskelbündel gebildet, welche, nach den verschiedensten Richtungen durchflochten, entweder innerhalb der Zunge entspringen und endigen (z. B. die Mm. transversus und longitudinalis linguae) oder von mehr oder weniger festen Knochenpunkten ausgehen. Solche sind: 1. der Processus styloides (M. styloglossus), 2. der Unterkiefer (M. genioglossus) und 3. das grosse Zungenbeinhorn (M. hyoglossus). Mit dem weichen Gaumen steht die Zungenmuskulatur mittelst des im Arcus glossopalatinus eingeschlossenen M. glossopalatinus im Zusammenhang. Die Bewegung der Zunge nach vorne (Hinausstrecken der Zunge aus dem Munde) wird durch den M. genioglossus besorgt. Die Mm. styloglossus und hyoglossus ziehen die Zunge nach hinten.

Wie die Muskeln, so kommen auch die Nerven von verschiedenen Seiten und stehen in bestimmter Beziehung sowohl zu den Muskeln als zu den Gefässen. Eine schematische Darstellung gibt Abb. 99. Die A. lingualis entspringt gerade über dem grossen Horne des Zungenbeines aus der A. carotis ext. (s. die Astfolge der A. carotis ext. am Halse). Sie tritt auch über dem grossen Zungenbeinhorne in die Zungenmuskulatur, indem sie lateralwärts durch den M. hyoglossus bedeckt und von dem Arcus n. hypoglossi getrennt wird. Ihre Äste sind: 1. Rami dorsales linguae, kleine zum Zungengrunde gehende Zweige, 2. die A. sublingualis, welche zwischen dem M. genioglossus und der Glandula sublingualis nach vorne verläuft (Abb. 96), indem sie den M. genioglossus und hyoglossus, überhaupt die Regio sublingualis, versorgt, 3. die A. profunda linguae, die den stärksten Ast der A. lingualis bildet und sich, wie die A. sublingualis, der lateralen Fläche des M. genioglossus anschliesst, nur liegt sie höher und steigt allmählich gegen den Zungenrücken und die Zungenspitze auf. Ausgiebige Anastomosen zwischen den beiderseitigen Aa. profundae linguae sind nicht vorhanden, wie überhaupt der Kollateralkreislauf in der Zunge nach Unterbindung des Stammes der einen A. lingualis bloss mittelst einer Anzahl kleinerer Anastomosen zwischen den Ästen der A. lingualis zustande kommt; auch eine Verbindung der A. sublingualis mit der A. submentalis spielt dabei eine Rolle.

Die Nerven der Zunge versorgen das Organ mit dreierlei Fasern: 1. motorischen aus dem N. hypoglossus, 2. sensiblen aus dem N. lingualis, 3. spezifischen (Geschmacksfasern) aus dem N. glossopharyngicus und der in der Bahn des N. lingualis verlaufenden Chorda tympani. Alle drei Nerven gelangen von oben und hinten her zur Zunge (Abb. 99).

Der N. hypoglossus verläuft von seinem Austritte aus dem Schädel durch den Canalis n. hypoglossi in der Pars lateralis oss. occipit., oberflächlich zur A. carotis ext. und ihrer Astfolge sowie zum N. vagus (s. Hals), im Bogen nach vorne, gelangt über dem grossen Zungenbeinhorne in die Regio sublingualis, etwas oberhalb des Stammes der A. und V. lingualis und liegt weiterhin oberhalb des M. mylohyoideus. Er wird durch den M. hyoglossus, dem er lateralwärts anliegt, von der A. lingualis getrennt, während die V. lingualis mit dem Nerven verläuft. Der letztere verzweigt sich an sämtliche Zungenmuskeln.

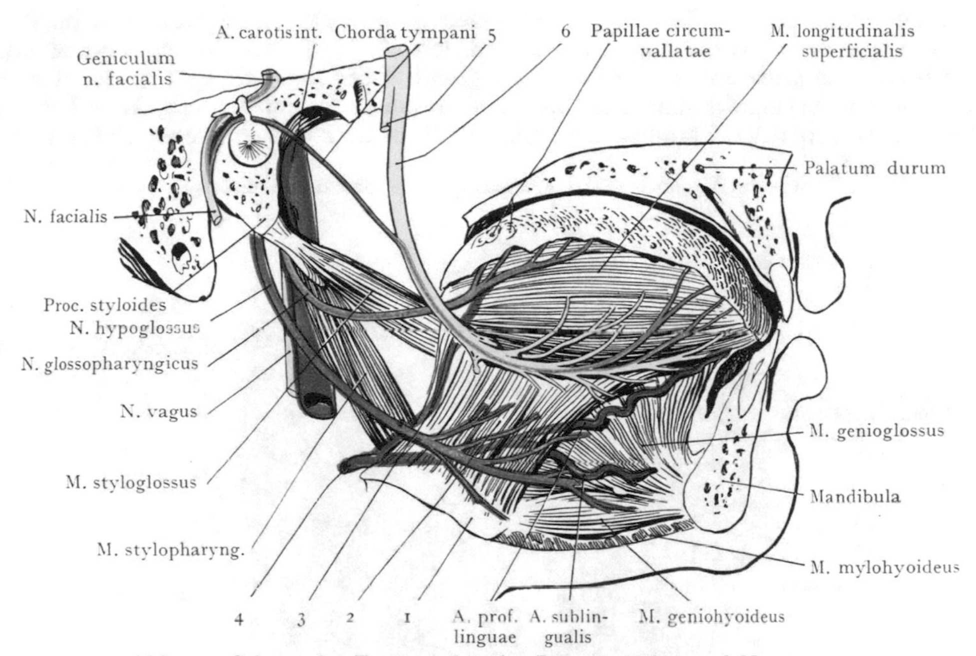

Abb. 99. Schema der Topographie der Zungenarterien und Nerven.
Zum Teil nach Hirschfeld und Léveillé (Iconographie du système nerveux. Paris 1866).
Gelb: N. lingualis (aus dem N. mandibularis). Grün: N. glossopharyngicus und Chorda tympani.
Braun: N. hypoglossus.
1 Corpus ossis hyoidis. 2 M. hyoglossus. 3 Ram. dorsalis linguae. 4 A. lingualis. 5 N. alveolaris mandibularis[1].
6 N. lingualis.

Sensible Fasern erhält die Zunge von dem N. lingualis und in einem kleinen Bezirke hinter dem Zungengrunde, welcher den Valleculae und der übrigen vorderen Fläche der Epiglottis entspricht, von dem N. laryngicus cranialis n. vagi (Abb. 100). Der N. lingualis führt bei seinem Ursprunge aus dem N. mandibularis, unterhalb des Foramen ovale, nur sensible Fasern. Etwa 1—1,5 cm unterhalb dieser Stelle (tiefe seitliche Gesichtsregion) schliesst sich die von hinten her aus der Fissura petrotympanica kommende Chorda tympani an, welche aus der letzten Strecke des N. facialis, kurz oberhalb des For. stylomastoideum abgeht. Die Chorda tympani enthält spezifische und sensible Fasern; die ersteren entstammen auf Umwegen (Verbindung des Plexus tympanicus des N. glossopharyngicus mit dem Knie des N. facialis) dem N. glossopharyngicus; deshalb sind beide Nerven in

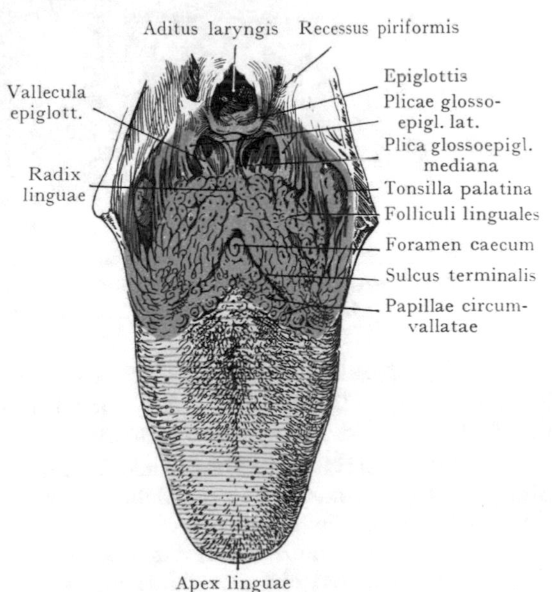

Abb. 100. Spezifische und sensible Nervenversorgung der Zunge.
N. glossopharyngicus grün. N. vagus (N. laryngicus cranialis) blau. N. trigeminus (N. lingualis) gelb.

[1] N. alveolaris inferior.

Abb. 99 auch mit derselben Farbe (grün) angegeben. Der N. lingualis geht im Bogen nach vorne und oben zur Zunge, lateral von dem M. hyoglossus, oberhalb des M. mylohyoideus und höher als der Arcus n. hypoglossi. Hier liegt er, etwa in der Höhe des 2. Molarzahnes, unmittelbar unter der Schleimhaut des Mundbodens, lateral von der hintersten Partie der Glandula sublingualis. Sodann kreuzt er den unteren Umfang

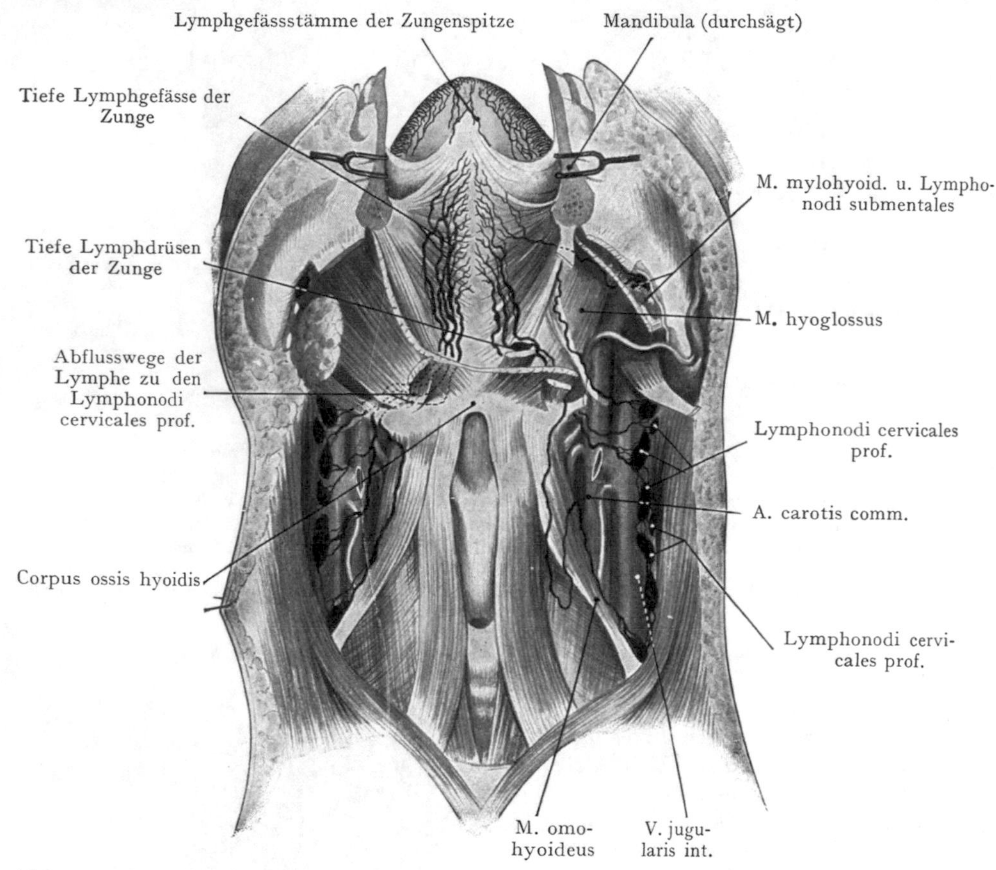

Abb. 101. Lymphgefässe der Zunge mit ihren regionären Lymphdrüsen, von vorn dargestellt. Der Unterkiefer wurde median durchsägt; die beiden Hälften sind auseinandergezogen. Nach Poirier. Gazette hebdomadaire de médecine et de chirurgie 1902.

des Ductus submandibularis (Abb. 98) und gibt Zweige nach oben ab an die Schleimhaut des Corpus linguae vor dem V der Papillae circumvallatae und nach unten an die Schleimhaut der Regio sublingualis.

Die spezifischen Geschmacksfasern kommen teils direkt aus dem N. glossopharyngicus, teils aus der in der Bahn des N. facialis und des N. lingualis verlaufenden Chorda tympani. Die letztere versorgt die Partie der Zungenschleimhaut mit Geschmacksfasern, welche vor dem V der Papillae circumvallatae liegt, der N. glossopharyngicus dagegen die Papillae circumvallatae und die Zungenbasis. Der Stamm des N. glossopharyngicus tritt vor der V. jugularis int. durch die vordere Abteilung des Foramen jugulare, bildet einen Bogen, welcher von der Astfolge der A. carotis ext. bedeckt wird und steigt medial vom Bogen des N. lingualis zur Schleimhaut des Zungengrundes und zu den Papillae circumvallatae empor.

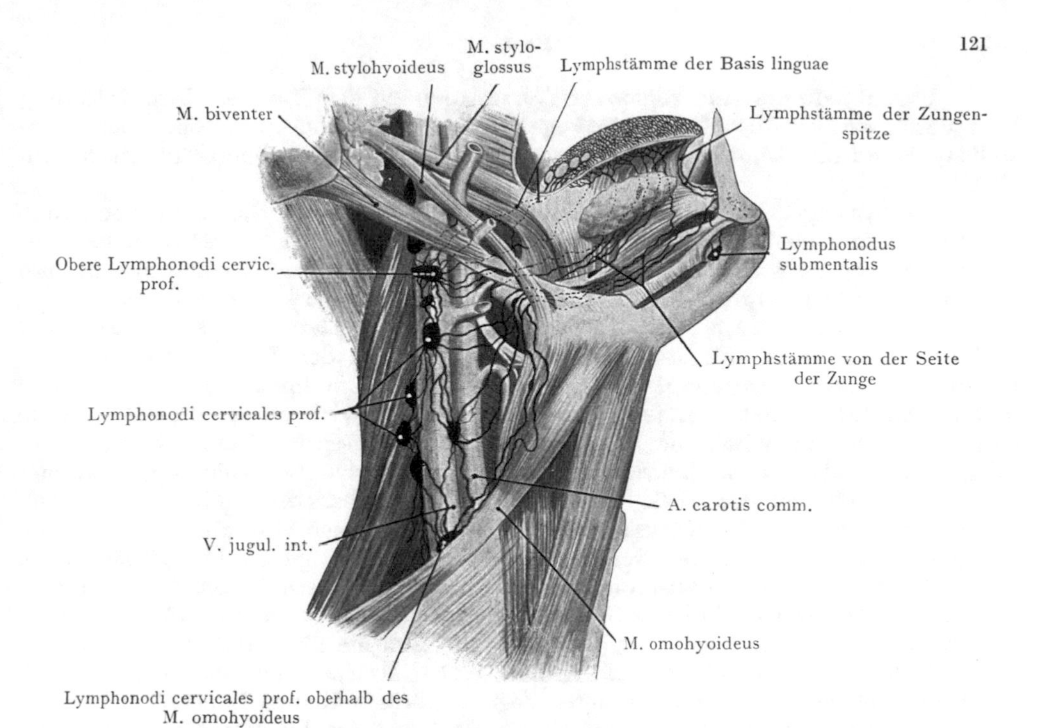

Abb. 102. Lymphgefässe der Zunge mit ihren regionären Lymphdrüsen, von der Seite her dargestellt.
Nach Poirier. Gazette hebdomadaire de médecine et de chirurgie 1902.

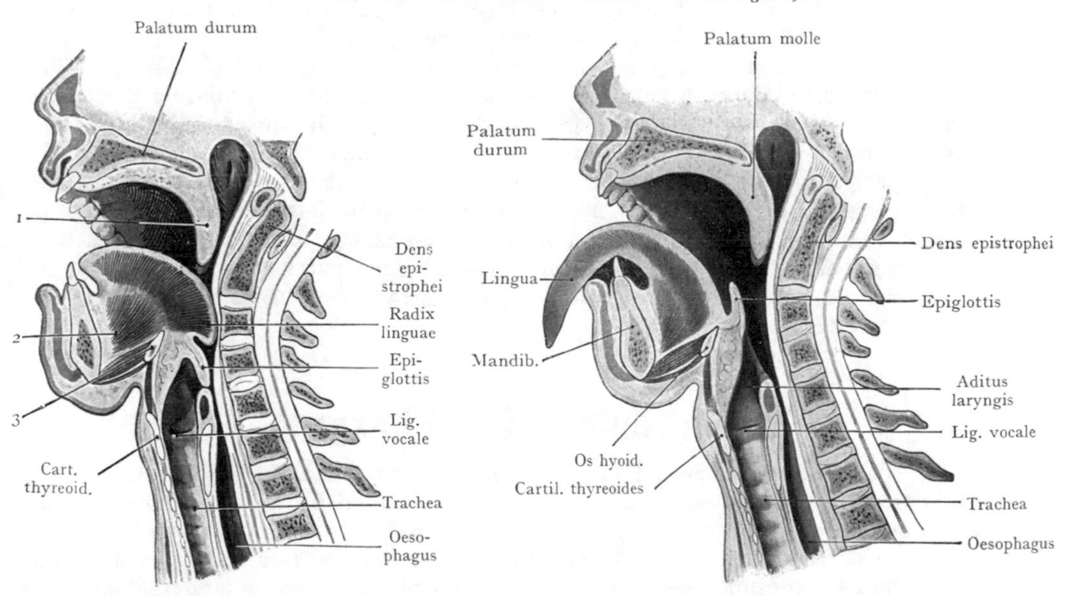

Abb. 103. Sagittalschnitt durch den Kopf bei Senkung des Zungengrundes und der Epiglottis. Verschluss des Aditus laryngis.
Zum Teil nach Pirogoff. Anatomia topographica 1854.
1 Palatum molle. 2 M. genioglossus. 3 Corpus ossis hyoidis.

Abb. 104. Lage der Epiglottis bei gesenktem Unterkiefer und stark nach vorn gezogener Zunge.
Zum Teil nach Pirogoff. Anatomia topographica 1854.

Lymphgefässe und regionäre Lymphdrüsen der Zunge. Ihre Bedeutung liegt darin, dass sie die Verbreitungswege bösartiger Neubildungen (Carcinome) darstellen; die genaue Kenntnis ihres Verlaufes ist folglich für den Operateur von hohem Werte.

Die Lymphgefässe der Zungenschleimhaut sind ausserordentlich dicht und bilden ein von der Zungenspitze bis zur Grenze gegen die Zungenwurzel sich erstreckendes Netz. In der Medianlinie stehen sie untereinander in ausgiebigstem Zusammenhange und ebenso mit tiefen Lymphgefässen, welche zwischen den Zungenmuskeln liegen.

Aus diesen beiden Gebieten gehen die Lymphstämme hervor (Abb. 101 und 102), welche sich mit den regionären Lymphdrüsen der Zunge verbinden. Die Lymphgefässe der Zungenspitze verlaufen im Frenulum linguae nach unten und münden entweder (nach Poirier), indem sie den M. mylohyoideus durchbohren, in eine unmittelbar unterhalb des Unterkiefers median gelegene Drüse (Lymphonodus submentalis), oder nach hinten in einen Lymphonodus cervicalis prof., welcher der V. jugularis int. unterhalb des hinteren Biventerbauches aufliegt (Abb. 102). Die Lymphdrüse nimmt auch aus anderen Teilen der Zunge eine grosse Anzahl von Lymphgefässen auf. Von den Seitenrändern der Zunge gehen Lymphstämme zu den Lymphonodi submandibulares im Trigonum submandibulare, besonders zu den vordersten derselben, welche durch die Glandula submandibularis bedeckt werden. Die dritte und grösste Gruppe der regionären Lymphdrüsen sind die längs der V. jugularis int. angeordneten Lymphonodi cervicales prof., eine Tatsache, die aus beiden Abbildungen ersichtlich ist; sogar weiter unten liegende Drüsen können Zungenlymphgefässe aufnehmen, besonders solche, die aus der Schleimhaut des Dorsum linguae und des Zungenrandes stammen. Am wichtigsten ist die erwähnte, gerade unterhalb der Kreuzung der V. jugularis int. und des hinteren Biventerbauches gelegene Lymphdrüse, weil sie die zahlreichsten und auch die grössten Lymphgefässe aufnimmt.

Lage der Zunge. Bei geschlossenem Munde und ruhiger Respiration liegt das Dorsum linguae dem Gaumen an, der Luftstrom geht aus der Nasenhöhle durch den Pharynx zum Aditus laryngis. Sinkt jedoch die Zunge nach hinten (Abb. 103), was bei der Narkose vorkommen kann, so wird der Zungengrund den Kehldeckel abwärts drängen, den Aditus laryngis versperren und die Atmung unterbrechen. Der zur Beseitigung dieses Übelstandes angewandte Handgriff besteht darin, die Zunge stark nach vorne zu ziehen, um den hintenübergesunkenen Zungengrund zu heben, und die Epiglottis, welche dem Zuge der Plicae glossoepiglotticae folgt, aufzurichten. Abb. 104 zeigt als Erfolg des Handgriffes die Verlagerung des Zungengrundes und der Epiglottis nach oben.

Topographie des Pharynx.

Der Pharynx stellt einen Raum mit muskulösen Wandungen dar, in welchen oben und vorne die Nasenhöhle und die Mundhöhle einmünden und welcher nach unten in den Oesophagus und in den Larynx übergeht. Im Pharynx kreuzen sich Luft- und Speiseweg; er ist zum Durchgang des Bissens stark erweiterungsfähig. Die embryonal sich vollziehende Trennung der primitiven Mundhöhle in einen oberen und unteren Abschnitt, durch Ausbildung des harten und des weichen Gaumens, erstreckt sich auch teilweise auf den Pharynx, wo die oberste Etage (Pars nasalis pharyngis) durch das Palatum molle von der Mundhöhle geschieden wird.

Lage und Ausdehnung des Pharynx. Der Pharynxraum liegt vor den ersten Halswirbeln; der obere Teil seiner muskulösen Wandung (M. cephalopharyngicus [1]) entspringt von der Schädelbasis und schliesst dadurch, dass er hinten in die Raphe pharyngis übergeht (Insertion am Tuberculum pharyngicum der unteren Fläche der

[1] M. constrictor pharyngis sup.

Pars basialis ossis occipitalis), den Raum nach hinten gegen die vordere Fläche der Halswirbelsäule ab. Der oberste Teil des Pharynxraumes (Pars nasalis pharyngis oder Cavum pharyngonasale) folgt unmittelbar nach hinten auf die Nasenhöhle, von der er in den Choanen abgegrenzt wird; nach unten wird er durch das Palatum molle von der Mundhöhle und, je nach der Einstellung des weichen Gaumens, auch von dem übrigen Pharynx getrennt. Vollständig wird die Trennung beim Schlucken, indem der

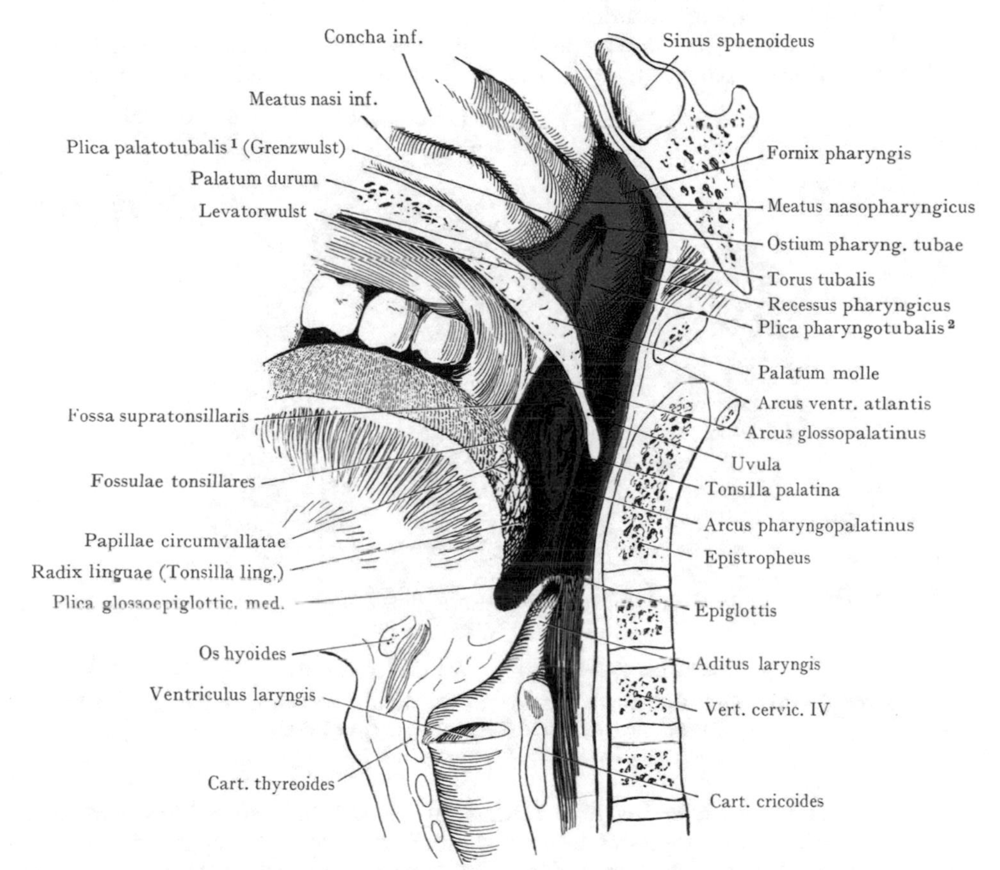

Abb. 105. Die „Etagen" des Pharynx, durch farbigen Überdruck hervorgehoben.
Pars nasalis: rot. Pars oralis: violett. Pars laryngica: blau.

weiche Gaumen sich nach oben schlägt, die hintere Wand des Pharynx erreicht und das Übertreten der Speisen in die Pars nasalis und in die Nasenhöhle verhindert.

In den zweiten Abschnitt des Pharynx, die Pars oralis pharyngis, geht die Mundhöhle über (violett in Abb. 105); die Grenze beider Räume wird durch den Isthmus faucium gebildet. Hier ziehen die Gaumenbogen von dem Palatum molle seitlich herab, der vordere, Arcus glossopalatinus, zum Zungenrücken, der hintere, Arcus pharyngopalatinus, an der seitlichen Wand der Pars oralis pharyngis. Beide Falten begrenzen ein dreieckiges Feld an der seitlichen Pharynxwand, dessen Spitze oben liegt; dasselbe enthält die Tonsilla palatina. Das Feld ist bei weiter Öffnung des Mundes zu übersehen, ebenso die beiden Gaumenbogen und der Isthmus faucium, an welchem die Mundhöhle

[1] Plica salpingopalatina. [2] Plica salpingopharyngea.

in die Pars oralis pharyngis übergeht. Wir werden sie zur Wandung der letzteren rechnen, jedoch als Regio tonsillaris besonders beschreiben.

Als dritten Abschnitt des Pharynx unterscheiden wir die Pars laryngica (Abb. 105 blau); sie bildet die unterste Etage, verbindet sich im Aditus laryngis mit dem Larynx, während sie hinten, im Anschluss an die Halswirbelsäule trichterförmig in den Oesophagus übergeht. Die Grenze gegen den Oesophagus wird am unteren Rande der Cartilago cricoides angenommen, welche, auf die Halswirbelsäule bezogen, dem oberen Rande des VI. Halswirbelkörpers entspricht.

Die Länge des Pharynxraumes beträgt, von den Choanen bis zum Übergang in den Oesophagus gemessen, etwa 14 cm. Für die Form des Pharynx lässt sich

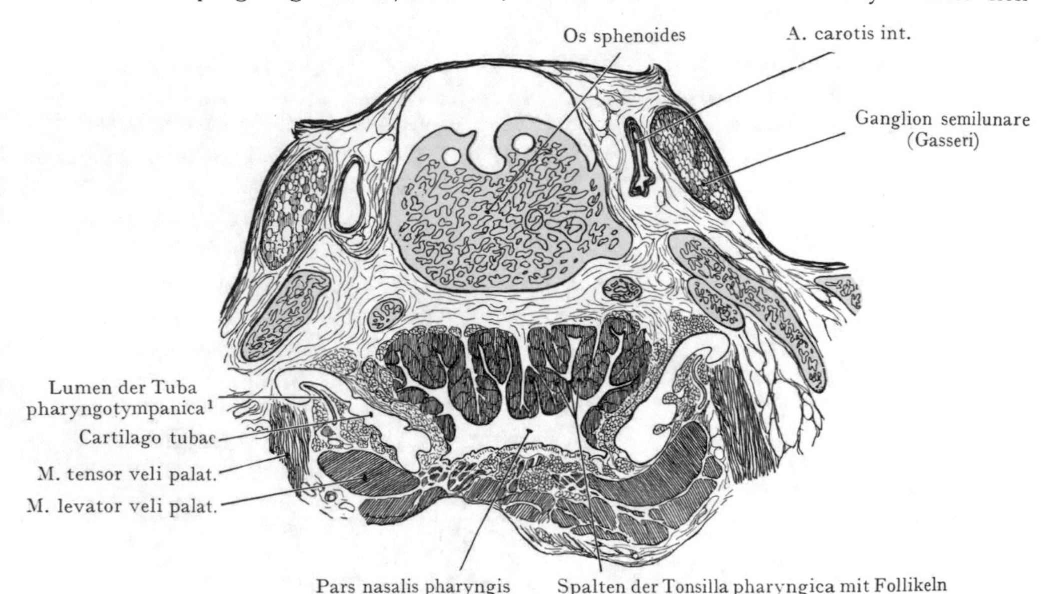

Abb. 106. Frontalschnitt durch die mittlere Schädelgrube bei einem einjährigen Kinde. Tonsilla pharyngica und Tuba pharyngotympanica[1]. Nach einem Mikrotomschnitte.

um so weniger ein passender Vergleich finden, als sie sich bei den Schluckbewegungen beträchtlich ändert. Am weitesten erscheint die Pars nasalis pharyngis; das hat Veranlassung dazu gegeben, dass man den Pharynxraum als keulenförmig bezeichnete (Merkel).

Wandungen des Pharynx. Bloss die obere Wand der Pars nasalis pharyngis erhält eine knöcherne Grundlage (untere Fläche des Corpus ossis sphenoidis und der Pars basialis ossis occipitalis vor dem Tuberculum pharyngicum), welche der Schleimhaut direkt anliegt. Im übrigen ist die Wandung muskulös (Mm. constrictores pharyngis); sie liegt allerdings der vorderen Fläche der Halswirbelsäule auf, doch ist die Verbindung mit der letzteren bloss eine lockere, welche der Verschiebung der Pharynxwand kein Hindernis entgegensetzt.

Die muskulöse Pharynxwand besteht aus den Mm. constrictores und levatores pharyngis (stylopharyngicus und pharyngopalatinus). Die Unterscheidung der drei Constrictores als Mm. cephalo-, hyo- und laryngopharyngicus weist auf die in den Ursprüngen der Muskulatur gegebene Befestigung des Pharynx an Skeletteilen hin. Der M. constrictor superior oder cephalopharyngicus entspringt an der Schädelbasis, und zwar an der Lamina medialis des Proc. pterygoidis, an der Raphe bucopharyngica[2] und am

[1] Tuba auditiva. [2] Raphe pterygomandibularis.

hinteren Ende der Linea mylohyoidea des Unterkiefers; seine Fasern umgreifen den Pharynx und gehen in die Raphe über, welche sich am Tuberculum pharyngicum an der unteren Fläche der Pars basialis ossis occipitalis inseriert. Die Lamina pharyngobasialis[1] ergänzt oben den M. cephalopharyngicus[2], so dass ein vollständiger Abschluss des Pharynx hinten und seitlich zustande kommt (Abb. 109). Die hintere und seitliche Wand wird abwärts durch die Mm. hyo- und laryngopharyngicus[3] fortgesetzt; eine vordere Wand fehlt in grosser Ausdehnung, indem sich von vorne her die Nasenhöhle und die Mundhöhle in den Pharynx öffnen. Nur die nach hinten sehende

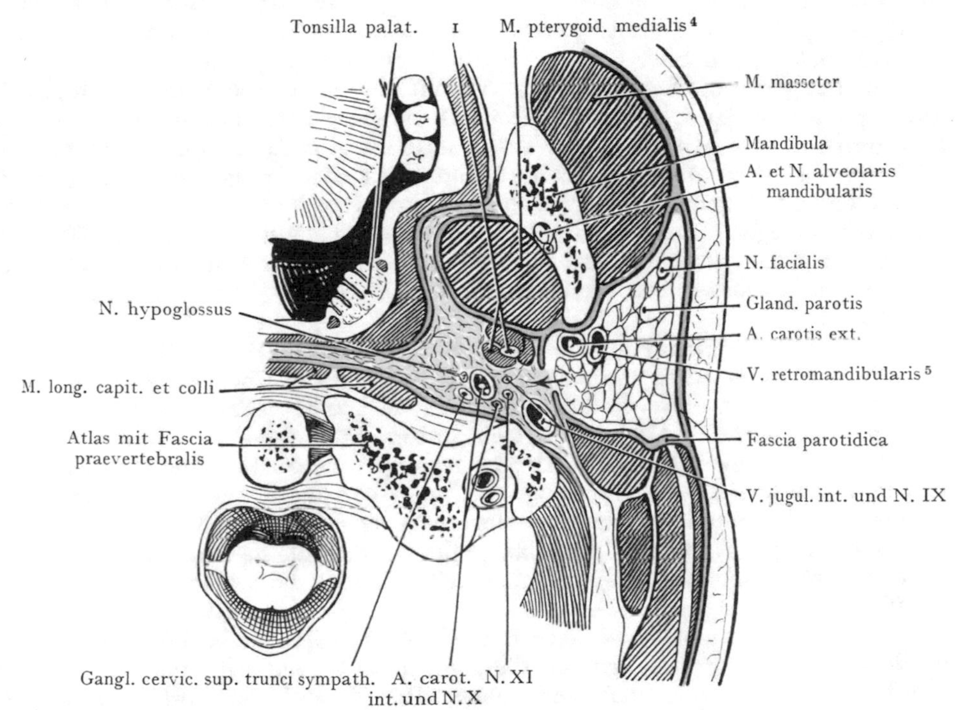

Abb. 107. Parotisloge und Topographie des Spatium parapharyngicum.
Horizontaler Gefrierschnitt der Basler Sammlung.
1 Proc. styloides und Mm. stylohyoideus, styloglossus und stylopharyngicus.

Fläche der Radix linguae sowie die hintere Wand des Kehlkopfes mit der Platte des Cricoidknorpels und den Cartilagines arytaenoides kommen für die vordere Abgrenzung des Pharynx in Betracht.

Der Pharynx ist also gewissermassen an der Schädelbasis aufgehängt, ferner wird er durch den Ursprung der Mm. hyo- und laryngopharyngicus an das Hyoid und den Kehlkopf befestigt, so dass Muskeln, welche das Hyoid und die Cartilago thyreoides bewegen, auch auf die Stellung des Pharynx Einfluss gewinnen, ebenso die Mm. stylopharyngicus und pharyngopalatinus, welche als Heber des Pharynx senkrecht in seine Wandung übergehen.

Die Muskulatur wird an ihrer äusseren Fläche von der Fascia pharyngica überzogen; dieselbe ist nicht gleichmässig entwickelt, auch sind ihre Beziehungen zu dem Fett- und Bindegewebe ihrer Umgebung nach den Seiten hin inniger als hinten, wo sie bloss durch lockeres Zellgewebe mit der die vordere Fläche der Halswirbelsäule überziehenden Fascia praevertebralis zusammenhängt, so dass eine Ver-

[1] Fascia pharyngobasilaris. [2] M. constrictor pharyngis sup. [3] M. constrictor pharyngis medius et inferior. [4] M. pterygoideus internus. [5] V. facialis post.

schiebung der hinteren Pharynxwand längs der Wirbelsäule (Hebung und Senkung des Pharynx) ohne Schwierigkeit vor sich geht. Der Bindegewebsspalt zwischen der Fascia pharyngica und der Fascia praevertebralis (Spatium retropharyngicum) soll beim Halse abgehandelt werden; hier sei nur darauf hingewiesen, dass er an der unteren Fläche der Pars basialis ossis occipitalis beginnt (hinter dem Ansatze der Raphe am Tuberculum pharyngicum), und sich nach unten am Halse in das lockere Bindegewebe fortsetzt, welches die Fascia praevertebralis mit dem Oesophagus verbindet, so dass auch dem letzteren eine beträchtliche Verschiebung in der Längs- und Querrichtung ermöglicht wird. Die retropharyngealen Lymphdrüsen (die regionären Lymphdrüsen für das Lymphgefässgebiet der Tonsillen, des Ostium pharyngicum tubae und der Wandung der Nasenhöhle) liegen hoch oben im Spatium retropharyngicum.

Seitlich grenzt die Fascia pharyngica einen Bindegewebsraum ab (Abb. 107), dessen Wandungen lateral durch den M. pterygoideus medialis[1] mit dem Aste des Unterkiefers, hinten durch die vordere Fläche der Massa lateralis atlantis mit der Fascia praevertebralis vervollständigt werden. Derselbe hängt mehr oder weniger vollständig mit dem Spatium retropharyngicum zusammen (gelb); lateralwärts grenzt er an die Kapsel der Parotis (Parotisloge). Dieser Bindegewebsraum enthält die A. carotis int., die V. jugularis int., die Mm. styloglossus, stylopharyngicus und stylohyoideus an ihrem Ursprunge von dem Proc. styloides; wir bezeichnen denselben als Spatium parapharyngicum (s. unten).

Genauere Schilderung der Abschnitte (Etagen) des Pharynx.

Pars nasalis pharyngis. Sie grenzt sich in den Choanen gegen die Nasenhöhle ab; seitlich wird die Grenze durch den senkrecht verlaufenden Meatus nasopharyngicus angegeben (Abb. 105). Nach unten kann man als Grenze gegen die Pars oralis pharyngis den bei Schluckbewegungen horizontal eingestellten weichen Gaumen annehmen. Eine vordere Wand ist nicht vorhanden; hier liegen die Choanen. Wir unterscheiden eine obere und eine hintere Wand, seitliche Wände und eine untere Wand, die, wie gesagt, nur bei Schluckbewegungen die Pars nasalis von der Pars oralis trennt, während beim ruhigen Atmen eine weite Öffnung die beiden Pharynxabschnitte verbindet.

Die obere Wand hat als knöcherne Grundlage die Pars basialis ossis occipitalis (vor dem Tuberculum pharyngicum), die Synostosis sphenooccipitalis und einen Teil der unteren Fläche des Corpus ossis sphenoidis. Je nach der Ausbildung des Sinus sphenoideus wird der Pharynx durch eine verschieden mächtige Knochenschicht von demselben getrennt. Das Relief der oberen Wand ist variabel; je nachdem das Sphenoid stärker aufgetrieben ist, ändert sich die Form der oberen Wandung und auch die Höhe der Pars nasalis pharyngis (Abb. 78—80).

Die Schleimhaut der oberen Wand zeigt eine starke Entwicklung von lymphatischem Gewebe, welches bei Kindern in den ersten Lebensjahren geradezu als Tonsille (Tonsilla pharyngica) ausgebildet ist und sich fast an der ganzen oberen Wand ausbreitet. Querschnitte (Abb. 106) zeigen ein äusserst zierliches Bild, indem die Schleimhaut in Längsfalten angeordnet ist, zwischen welchen die Lymphfollikel zur Entwicklung kommen. Nach hinten konvergieren die Furchen gegen eine tiefere Einsenkung (Bursa pharyngica), welche trotz der in den ersten 10 Lebensjahren ablaufenden Rückbildung der Rachentonsille bestehen bleibt und späterhin noch häufig beim Erwachsenen als eine kleine Bucht nachzuweisen ist. Die Rachentonsille spielt während der ersten Lebensjahre eine sehr wichtige Rolle in der Pathologie der Pars nasalis pharyngis (Entzündung und Schwellung der Rachentonsille, Verlegung der Choanenöffnungen usw.). Die obere Wand geht ohne scharfe Grenze in die hintere Wand über, welche dem Bogen des Atlas und der vorderen Fläche der Mm. longi colli und capitis entspricht. Die untere Wand ist bloss dann vollständig, wenn der weiche Gaumen sich beim Schluckakte wagrecht einstellt; beim ruhigen Atmen und in der Leiche hängt das

[1] M. pterygoideus internus.

Palatum molle senkrecht herab und die Pars nasalis pharyngis öffnet sich weit in die Pars oralis.

Das Relief der seitlichen Wand wird bestimmt durch die Einmündung der Tuba pharyngotympanica[1] (Ostium pharyngicum tubae) und durch die Muskulatur (M. levator veli palatini), welche von der Schädelbasis zum Palatum molle hinabzieht (Abb. 105). Unmittelbar hinter dem die Grenze zwischen der Nasenhöhle und der Pars nasalis pharyngis bildenden Meatus nasopharyngicus wird die vordere Lippe der Tubenöffnung durch eine Schleimhautfalte angedeutet, die, häufig nur schwach ausgeprägt (Plica palatotubalis[2], auch Grenzwulst genannt), von der Decke der Pars nasalis zum weichen Gaumen herabzieht. Dagegen wird hinten die Tubenöffnung scharf umrandet durch einen starken Vorsprung, der dem medialen Ende des Tubenknorpels seine Entstehung verdankt (Tubenwulst, Torus tubalis); nach unten verläuft derselbe an der seitlichen Wand des Pharynx als eine Schleimhautfalte (Plica pharyngotubalis[3]) weiter. Hinter dieser Falte liegt der Recessus pharyngicus (Rosenmülleri), welcher oben durch den stark vorspringenden Tubenwulst mit der Plica pharyngotubalis[3] und der hinteren Wand der Pars nasalis pharyngis gebildet wird. Unterhalb der Tubenöffnung endlich findet sich ein senkrecht zum Palatum molle herabsteigender Wulst, welchem der M. levator veli palatini zugrunde liegt (Levatorwulst). Einen wichtigen Anhaltspunkt bei der Sondierung der Tube bietet der Tubenwulst, welcher die Öffnung der Tube von dem hinter ihr gelegenen Recessus pharyngicus trennt; bei der Sondierung der Tuba pharyngotympanica[1] soll die Sonde vor dem Tubenwulste auf die Tubenöffnung stossen; wird dieselbe über den Tubenwulst nach hinten geführt, so verfängt sie sich im Recessus pharyngicus.

Pars oralis pharyngis (in Abb. 105 violett). Sie wird oben durch eine der horizontalen Einstellung des Palatum molle entsprechende Ebene von der Pars nasalis abgegrenzt, unten etwas willkürlich durch eine Horizontalebene, welche die Spitze der aufrechten Epiglottis berührt, von der Pars laryngica. Die vor der Epiglottis liegenden Valleculae epiglottidis werden noch zur Pars oralis gerechnet. Nach vorne verbindet sich die Pars oralis im Isthmus faucium mit der Mundhöhle. Ein Teil der Radix linguae sieht direkt nach hinten und nimmt an der Begrenzung der Pars oralis pharyngis teil.

Der Isthmus faucium bildet mit der zwischen den Gaumenbögen eingelagerten Tonsilla palatina gewissermassen eine Übergangsregion vom Munde zum Pharynx. Wenn man die vordere Grenze des letzteren am Arcus glossopalatinus annimmt, so gehört die Gegend zur Pars oralis pharyngis, von welcher sie einen Teil der seitlichen Wand darstellt. Die übrigen Wandungen bieten nichts Bemerkenswertes. Die Basis der Zunge ist schon beschrieben worden, ebenso die Abgrenzung der Valleculae epiglottidis. Die hintere Wand wird durch den retropharyngealen Bindegewebsspalt von der Fascia praevertebralis getrennt; also bleibt bloss noch die laterale Wand mit dem Isthmus faucium und der Tonsille übrig, die wir als Regio tonsillaris bezeichnen (Abb. 105).

Regio tonsillaris. Sie ist bei weit geöffnetem Munde sowohl der Inspektion als der Palpation zugänglich. Ihre Begrenzung erhält sie durch die beiden Arcus palatini, welche oben und seitlich von dem Gaumensegel ausgehen und nach unten divergieren, indem der vordere (Arcus glossopalatinus) zur Zunge, unmittelbar hinter dem V der Papillae circumvallatae verläuft, während der hintere (Arcus pharyngopalatinus) sich auf der seitlichen Wand der Pars oralis pharyngis verliert. Beide Gaumenfalten zusammen begrenzen eine Nische an der seitlichen Pharynxwand, deren Spitze an der Abgangsstelle der Gaumenfalten von dem Palatum molle liegt und die nach unten in die laterale Wand der Pars oralis pharyngis übergeht (Sinus tonsillaris). Der Boden der Tonsillarnische wird durch die Schichten der seitlichen Pharynxwand gebildet (Schleimhaut, M. cephalopharyngicus[4] und Fascia pharyngica); an ihr lässt sich ein vorderer von einem hinteren Abschnitte unterscheiden; im hinteren liegt, an den Arcus

---

[1] Tuba auditiva. [2] Plica salpingopalatina. [3] Plica salpingopharyngea.
[4] M. constrictor pharyngis sup.

pharyngopalatinus anstossend, die Tonsille; im vorderen, mehr glatten Abschnitte finden sich einzelne Anhäufungen lymphatischer Elemente (Fossulae tonsillares), welche nach unten in die Balgdrüsen der Tonsilla lingualis am Zungengrunde übergehen. Neben der Tonsille liegt eine individuell verschieden ausgebildete Einsenkung, welche sich bis zur Spitze der Tonsillarnische erstreckt (Fossa supratonsillaris).

Die Tonsille (T. palatina) bildet ursprünglich bloss einen Teil jenes Ringes von lymphatischem Gewebe, welcher den Übergang von Mund- und Nasenhöhle in den Pharynx kennzeichnet. An der Bildung desselben beteiligen sich drei grössere Massen von lymphatischem Gewebe, von denen zwei einer totalen oder partiellen Rückbildung beim Erwachsenen unterliegen. Es sind dies die Tonsilla pharyngica und die Tonsilla lingualis (Waldeyer), während die Tonsilla palatina zeitlebens ihre volle Ausbildung beibehält.

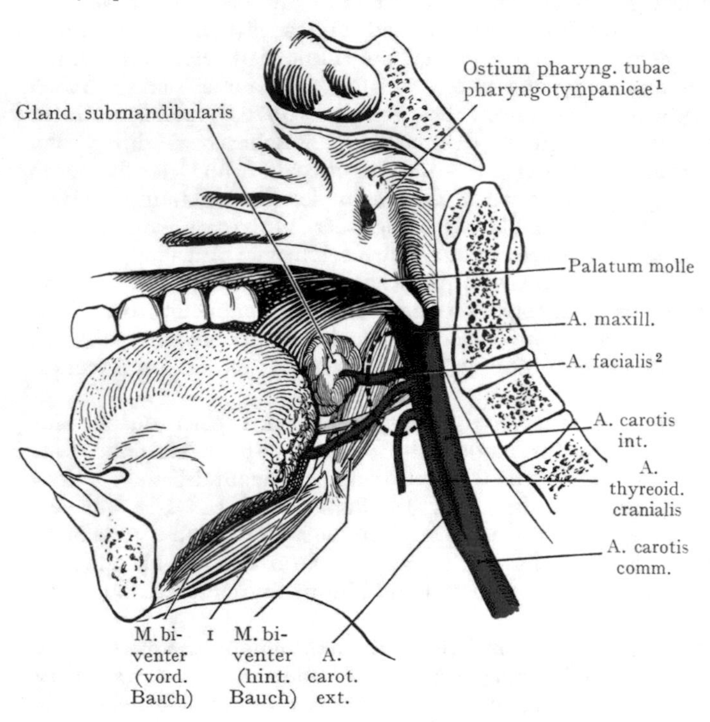

Abb. 108. Topographie der Tonsilla palatina (Umrisse mit einer unterbrochenen Linie angegeben) und der Äste der A. carotis ext. Ansicht von der medialen Seite. Schematisch.
1 A. lingualis und N. hypoglossus.

Die Form der Tonsillen ist ausserordentlich verschieden, doch ist wohl manche Variation auf Rechnung der so häufigen pathologischen Prozesse zu setzen. Nach hinten liegt sie dem Arcus pharyngopalatinus und dem M. pharyngopalatinus an; nach vorne finden wir zwischen dem vorderen Rande der Tonsille und dem Arcus glossopalatinus die als Fortsetzung der Tonsilla lingualis nach oben aufzufassenden Fossulae tonsillares.

Die freie, mediale gegen die Pharynxhöhle sehende Fläche ist der Inspektion wie der Palpation zugänglich; sie zeigt die Öffnungen der die Tonsille zusammensetzenden Balgdrüsen. Die laterale Fläche wird durch lockeres submuköses Bindegewebe von der Pharynxmuskulatur getrennt; hier treten die Gefässe und Nerven in die Tonsille ein.

Beziehungen der Tonsille zum Spatium parapharyngicum. Die Tonsille wird durch die laterale Pharynxwand (M. cephalopharyngicus[3] und Fascia pharyngica) von dem Spatium parapharyngicum (Abb. 107) getrennt. Zwischen der lateralen Pharynxwand und der medialen Fläche des M. pterygoideus medialis[4] liegt lockeres Bindegewebe, welches dorsalwärts in das Spatium parapharyngicum übergeht. Der grösste Abschnitt des letzteren wird dargestellt durch einen Bindegewebsraum, welcher medial durch die Pharynxwandung, vorne durch den M. pterygoideus medialis[4], hinten durch die Fascia praevertebralis, lateral durch die Kapsel der Parotis abgegrenzt wird; in demselben verlaufen die A. carotis int. und in der Höhe des in Abb. 107 dargestellten Schnittes um die Arterie angeordnet, die Nn. hypoglossus, vagus, glossopharyngicus und accessorius, denen sich lateral die V. jugularis int. anschliesst.

[1] Tuba auditiva. [2] A. maxillaris externa. [3] M. constrictor pharyngis sup.
[4] M. pterygoideus internus.

Keines dieser Gebilde liegt der Pharynxwand direkt an: der Abstand ist ein wechselnder, aber in jedem Falle ein beträchtlicher, so dass sich die Gefahr der Verletzung der A. carotis int. und der die Arterien umlagernden Nervenstämme auf ein Minimum reduziert, wenn man bei Eröffnung eines Tonsillarabscesses direkt lateralwärts einschneidet. Die Projektion der Tonsille lateralwärts ist schematisch in Abb. 108 dargestellt; das Projektionsfeld deckt z. T. die Aa. maxillaris und facialis[1] sowie die A. lingualis und den N. hypoglossus, doch liegen diese Gebilde soweit von der lateralen Fläche der Tonsille entfernt, dass sie praktisch nicht in Betracht kommen. Die Tiefenverhältnisse konnten in dem Schema Abb. 108 nicht gehörig dargestellt werden. Bloss die A. facialis soll manchmal (Merkel) in einer S-förmigen Biegung bis nahe an die Tonsille herankommen.

Gefässe der Tonsille. Die Arterien kommen hauptsächlich aus den Aa. palatina ascendens und pharyngica ascendens. Die Lymphgefässe gehen nach hinten zu den längs der V. jugularis interna angeordneten oberen Lymphonodi cervicales profundi.

Pars laryngica pharyngis. Als unterste Etage der Pharynxhöhle wird sie gegen die Pars oralis durch eine Horizontalebene abgegrenzt, welche die Spitze der aufgerichteten Epiglottis schneidet (Abb. 105). Am unteren Rande der Cricoidplatte geht sie an der oberen Enge des Oesophagus in letzteren über (Oesophagus).

Der oberste Teil des Larynx mit dem Aditus laryngis ist in die Pars laryngica pharyngis gleichsam vorgestülpt, so dass die Pharynxschleimhaut lateral und hinten die Wandungen des Kehlkopfes bekleidet. Wir unterscheiden eine vordere Wand, an welcher bei aufgerichteter Epiglottis der Aditus laryngis in den Kehlkopf führt; sie entspricht der hinteren Fläche der Epiglottis, den Aryknorpeln mit den Mm. arytaenoidei und der Platte des Cricoidknorpels. Die seitlichen Wandungen bilden die beiderseits vom Kehlkopf gelegenen Recessus piriformes (Abb. 166), an deren Grund die Plica n. laryngici den Verlauf des Ram. int. n. laryngici cranialis andeutet. Die hintere Wand wird durch das Spatium praevertebrale und die Fascia praevertebralis von den III.—V. Halswirbelkörpern und dem M. longus colli und capitis getrennt.

Beziehungen der Wandungen des Pharynx als Ganzes. Die Beziehungen der vorderen Pharynxwandung zur Einmündung der Nasenhöhlen (Choanen), der Mundhöhle (Isthmus faucium) und des Larynx (Aditus laryngis) sind oben geschildert worden, ebenso die Beziehungen der oberen Wand zum Corpus ossis sphenoidis, zur Synchondrosis oder Synostosis sphenooccipitalis und zur Pars basialis ossis occipitalis. Die Beziehungen der hinteren Wand zum Spatium praevertebrale und zu der die vordere Fläche der Halswirbelsäule überkleidenden Fascia praevertebralis bleiben sich in der ganzen Ausdehnung des Pharynx gleich, nur sind sie, bei der grösseren Breite des oberen Pharynxabschnittes, oben ausgedehnter als weiter unten.

Am wichtigsten sind die Beziehungen der lateralen Wand des Pharynx zu den grossen Nerven und Gefässen, welche vom Halse zur Schädelbasis oder umgekehrt verlaufen (A. carotis int., V. jugularis int., N. vagus, N. accessorius), oder aus dem Schädel austreten, um nach vorne zu Gebilden des Halses und des Kopfes zu gelangen (Nn. hypoglossus und glossopharyngicus). Die Beziehungen derselben zur lateralen Pharynxwand sind verschieden, je nach der Höhe, in welcher wir untersuchen. Im allgemeinen können wir sagen: je höher oben an der lateralen Pharynxwand, desto mehr Gebilde finden wir zusammengedrängt, desto weiter liegen dieselben jedoch von der Pharynxwand entfernt. Wir betrachten diese Beziehungen der einzelnen Abschnitte des Pharynx von unten nach oben.

Pars laryngica. Im Bereiche der Pars laryngica reicht die A. carotis communis bis an die Pharynxwand heran; sie trennt die letztere von der V. jugularis interna.

[1] A. maxillaris int. und ext.

Hinter den Gefässen liegt der N. vagus. Der hintere Umfang der Lobi laterales der Glandula thyreoidea liegt der Pharynxwand an.

Pars oralis pharyngis. Es ergeben sich Beziehungen zur A. carotis interna, welche manchmal unmittelbar nach ihrem Ursprunge aus der A. carotis communis medianwärts ausbiegt und sich der Pharynxwand nähert. Sie liegt jedoch hinter der Tonsille, ist also für die Blutungen, welche bei Tonsillotomien vorkommen können, nicht verantwortlich zu machen. Die A. lingualis kann in ihrem Ursprunge bis nahe

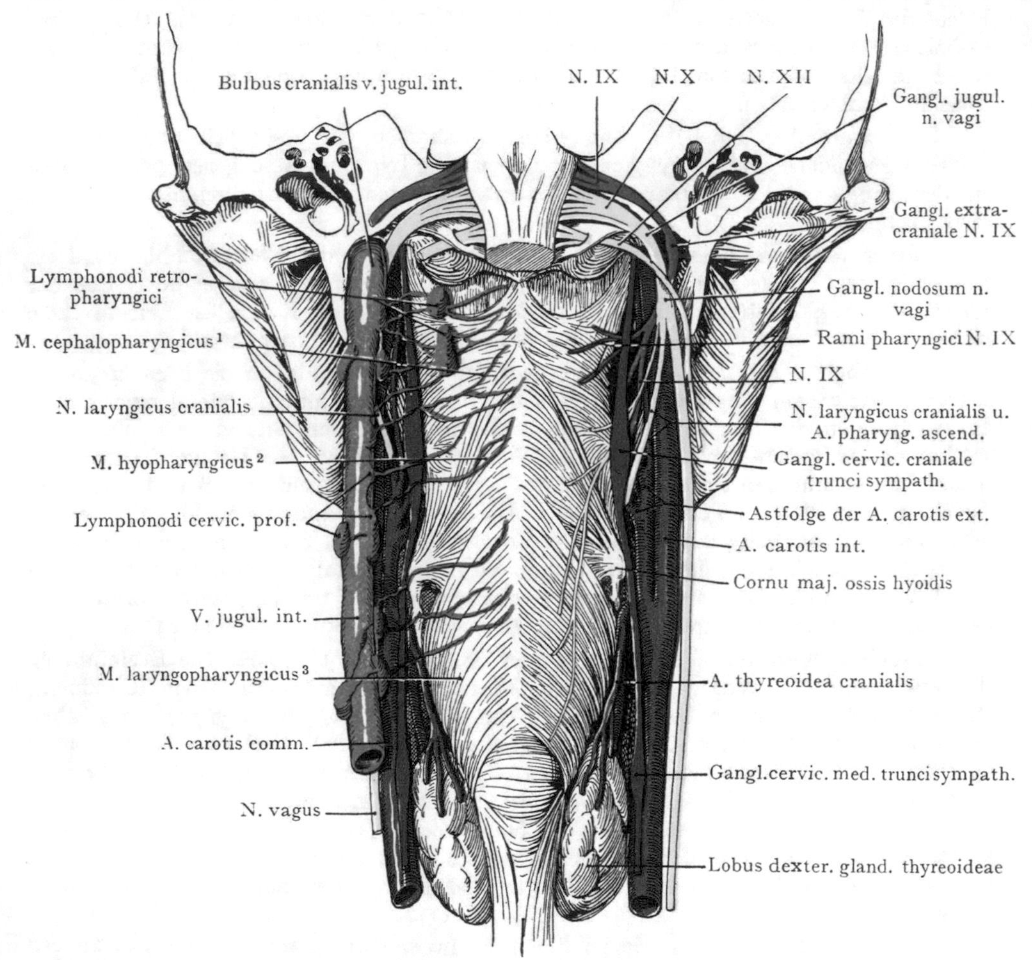

Abb. 109. Topographie der hinteren Wand des Pharynx.

an den Pharynx herankommen. Die V. jugularis int. liegt der A. carotis int. lateralwärts und nach hinten an; zwischen beiden Gefässen liegt der N. vagus.

Pars nasalis pharyngis. Dieselbe grenzt (Abb. 107) lateralwärts an das Spatium parapharyngicum, welches mit dem die grossen Gefässstämme im Trigonum caroticum einhüllenden Bindegewebe im Zusammenhang steht und als eine Ausbreitung desselben nach oben angesehen werden kann. Die Grenzen des Raumes ergeben sich aus der Abb. 107: medial die Pharynxwandung, dorsal die Fascia praevertebralis, vorne der Unterkieferast mit dem M. pterygoideus medialis[4], lateral das tiefe Blatt der Fascia parotidica, welches die Parotisloge von dem Spatium parapharyngicum

[1] M. constrictor pharyngis sup. [2] M. constrictor pharyngis med.
[3] M. constrictor pharyngis inf. [4] M. pterygoideus int.

trennt. Der Proc. styloides ragt mit seinen Muskelursprüngen von oben in das Spatium parapharyngicum herab; der M. stylopharyngicus durchzieht dasselbe, schräg medianwärts an den Pharynx verlaufend, eine Tatsache, die man dazu benutzt hat, um die Loge in eine vordere und eine hintere Abteilung zu zerlegen, indem die Fascia pharyngica sich häufig zwischen der Pharynxwand, dem Processus styloides und dem M. stylopharyngicus ausspannt und eine frontal eingestellte Scheidewand herstellt, welche besonders nach unten oft gut entwickelt ist. In Abb. 107 ist sie nicht dargestellt. Die Lage der V. jugularis int. und der A. carotis int. zur Pharynxwand ist aus dem Horizontalschnitte (Abb. 107) sowie aus Abb. 109 ersichtlich, ebenso die Lage der Nervenstämme, welche aus der vorderen Abteilung des For. jugulare austreten und sich um den Querschnitt der A. carotis interna anordnen.

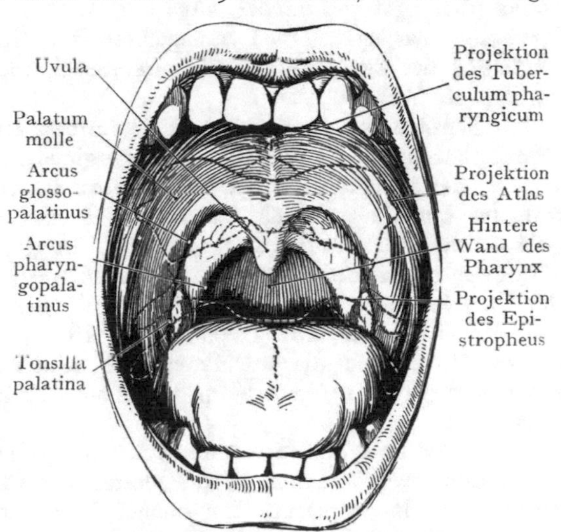

Abb. 110. Weicher Gaumen, Gaumenbogen und Tonsillen. Isthmus faucium.
Mit der Projektion von Atlas und Epistropheus nach vorn (rot).

Beim Eintritt in die untere Mündung des Canalis caroticus (Abb. 109) liegt die A. carotis int. vor und etwas medianwärts von der V. jugularis int.; die letztere legt sich nach unten der lateralen Wand der Arterie an. Der Grenzstrang des Sympathicus mit seinem Ganglion cervicale craniale verläuft hinter der Arterie auf der Fascia praevertebralis zur Halsregion (s. Lage der Pars cervicalis trunci sympathici am Halse). Drei Nerven treten durch die vordere Abteilung des Foramen jugulare aus der Schädelhöhle, die Nn. glossopharyngicus, vagus und accessorius, dazu kommt aus dem Canalis n. hypoglossi, vor dem Condylus occipitalis und lateral von demselben der N. hypoglossus. Alle vier Nerven liegen bei ihrem Austritte aus dem Schädel der A. carotis int. hinten an, doch ändert sich das Verhältnis rasch, wenn wir die Arterie nach unten verfolgen. Nur der N. vagus und der Grenzstrang des Sympathicus gehen in annähernd derselben Lage zur A. carotis int. auf den Hals weiter. Die Nn. glossopharyngicus und accessorius entfernen sich (Abb. 109) schon hoch oben im Spatium parapharyngicum von der A. carotis int; der letztere gibt den motorischen Ram. med. zum N. vagus ab, wendet sich dann lateral- und abwärts, indem er den vorderen Umfang der V. jugularis int. kreuzt, durchbohrt den M. sternocleidomastoideus und gelangt, die obere Partie des lateralen Halsdreieckes schräg durchziehend, zum M. trapezius (Trigonum colli lat. mit Abbildungen). Der N. glossopharyngicus verläuft nach vorne in einem Bogen, welcher den N. vagus und den lateralen Umfang der A. carotis int. kreuzt, von hinten um den M. stylopharyngicus und gelangt als spezifischer Nerv zur Zunge (s. die Aufsuchung des N. glossopharyngicus vom Halse aus). Der N. hypoglossus kreuzt gleich nach seinem Austritt aus dem Canalis n. hypoglossi den hinteren Umfange der A. carotis int. und den N. vagus und geht in einem oberflächlichen, der Astfolge der A. carotis externa aussen aufliegenden Bogen nach vorne in das Trigonum submandibulare und zur Zunge. Von den beiden Nerven, die auf den Hals weitergehen, liegt der Grenzstrang des Sympathicus mit dem Ganglion cervicale craniale hinter der A. carotis int. und unter der Fascia praevertebralis; der N. vagus liegt in seinem weiteren Verlaufe zwischen der A. carotis und der V. jugularis int., also lateral von der Arterie; er gibt hoch oben im Spatium parapharyngicum die Rami pharyngici ab, welche mit Ästen des N. glossopharyngicus den Plexus pharyngicus bilden; hier entspringt auch der N. laryngicus cranialis, welcher hinter der A. carotis int. schräg abwärts gegen die Membrana hyothyreoidea verläuft.

Längs der V. jugularis int. verläuft die Kette der Lymphonodi cervicales prof., in welche die Vasa efferentia der Lymphonodi retropharyngici einmünden (Abb. 109).

Nerven und Gefässe des Pharynx. Die A. pharyngica ascendens aus der A. carotis ext. stellt die Hauptarterie des Pharynx dar. Zweige der A. palatina ascendens gehen zur Tonsille (Ramus tonsillaris) und zur Umgebung des Ostium pharyngicum tubae pharyngotympanicae[1]. Aus der A. thyreoidea cran. gehen kleine Äste zur Pars laryngica pharyngis. Die Lymphgefässe der Pharynxwandung gehen, oben durch Vermittelung der Lymphonodi retropharyngici, unten direkt, zu den Lymphonodi cervicales prof. (Abb. 109).

Sensible und motorische Äste kommen aus den Nn. vagus und glossopharyngicus (Plex. pharyngicus); der N. glossopharyngicus innerviert auch den M. stylopharyngicus.

Inspektion und Palpation der Pharynxwandung. Der Isthmus faucium mit der Tonsilla palatina und auch die hintere Wand der Pars oralis sind bei weitgeöffnetem Munde und herabgedrückter Zunge der direkten Inspektion zugänglich. Die Wandungen der Pars nasalis können mittelst der Rhinoscopia posterior, diejenigen der Pars laryngica und der unteren Partie der Pars oralis mittelst des Laryngoskopes untersucht werden. Die Palpation der Pharynxwandung lässt sich besonders im Bereiche der Pars oralis ausführen; die hintere Wand der Pars oralis und nasalis entspricht (Abb. 110) den Körpern der vier obersten Halswirbel und ist der Betastung zugänglich.

Es sei an dieser Stelle auch auf das gelegentliche Vorkommen einer knöchernen Verbindung zwischen dem Proc. styloides des Os temporale und dem kleinen Horn des Zungenbeins hingewiesen. Ein solcher Knochenteil kann gegen die Tonsille drücken und Schlingbeschwerden verursachen.

Seitliche Gesichtsregion (Regio faciei lateralis).

Grenzen. Die Regio faciei lateralis ist abzugrenzen: hinten durch eine unmittelbar vor dem Ohre durchgelegte Vertikale, oben durch den oberen Rand des Jochbogens, unten durch den unteren Rand des Unterkiefers, nach vorne durch eine Senkrechte, welche durch den am weitesten lateral gelegenen Punkte des Margo aditus orbitae gezogen wird. Durch Palpation lässt sich häufig der obere Rand des Jochbogens verfolgen; der Margo aditus orbitae ist in seiner ganzen Ausdehnung zu fühlen, ebenso der untere Rand des Unterkiefers. Ganz oberflächlich liegt auch die Facies malaris des Jochbeins.

Wir betrachten die Gegend als Ganzes, obgleich sich bei der oberflächlichen Präparation eine vordere Regio buccalis von einer hinteren Regio parotidomasseterica unterscheiden lässt. Der Unterkieferast bildet die Grenze zwischen den oberflächlichen und tiefen Gebilden der Gegend; die letzteren sind erst nach Entfernung des Ramus mandibulae oder nach Exartikulation des Unterkiefers zu übersehen (Abb. 118 und 119). Wir unterscheiden demnach eine Regio faciei lateralis superficialis und profunda.

Regio faciei lateralis superficialis. Die Region geht nach oben in die Regio temporalis, nach vorne in die Regio faciei anterior, nach unten in die hintere Partie des Trigonum submandibulare und hinter dem Unterkieferaste in die Regio retromandibularis über.

In unmittelbarem Anschlusse an das Ohr sowie an den vorderen und unteren Umfang des Meatus acusticus externus cartilagineus liegt die von der Fascia parotidica eingeschlossene **Glandula parotis.** Dieselbe ist nicht bloss für sich, in ihrer

[1] Ostium pharyngeum tubae auditivae.

Lage, Ausdehnung, Form usw. von Wichtigkeit, sondern auch dadurch, dass sie eine Anzahl von Gebilden, welche von hinten und auch von unten her in die Gegend eintreten, bedeckt oder einschliesst, so dass dieselben erst nach Durchtrennung der Drüse in ihrem ganzen Verlaufe darzustellen sind. Solche Gebilde sind: der N. facialis mit dem Plexus parotidicus n. facialis und einem Teil seiner fächerförmig zur lateralen und zur vorderen Gesichtsgegend sowie zur Regio temporalis ausstrahlenden Äste, ferner die A. temporalis superficialis mit ihren Ästen, Lymphgefässe des Gesichtes, welche zu

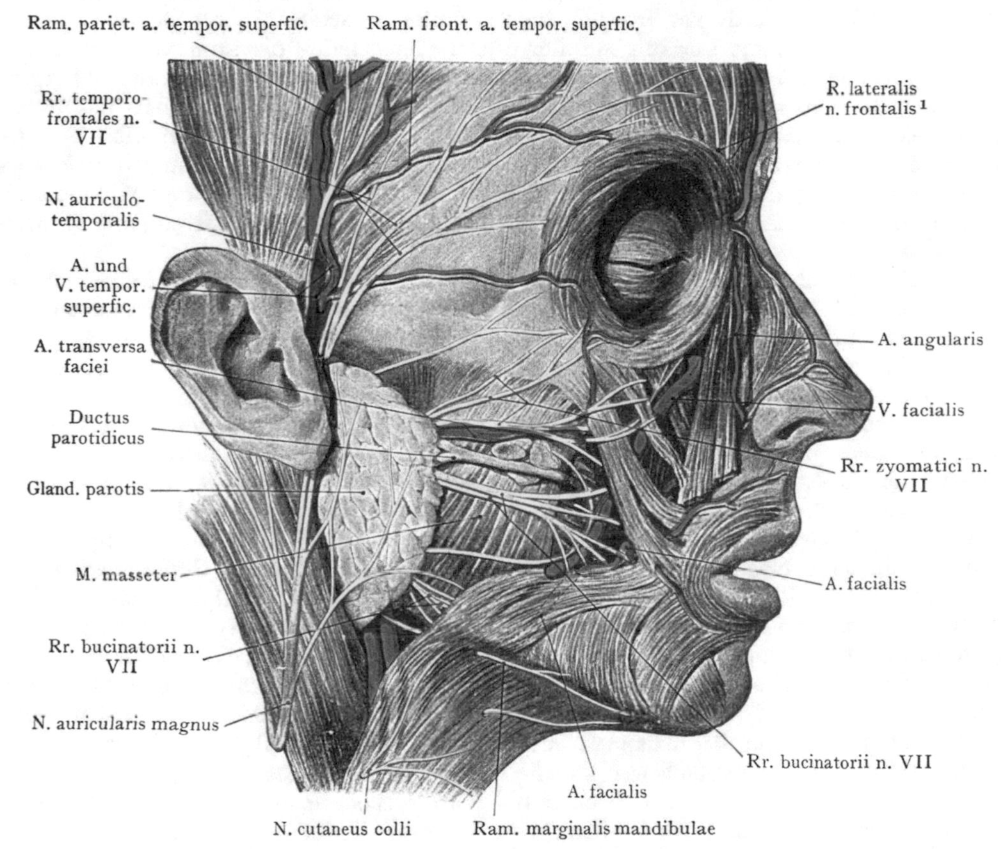

Abb. 111. Topographie der Wangen- und Gesichtsgegend von der Seite.

Lymphonodi parotidici verlaufen usw. Die Topographie der Glandula parotis wird demnach fast für alle in der Regio faciei lateralis sich verbreitenden Arterien, Nerven und Venen bedeutungsvoll sein. Bloss in der vorderen Partie der Region kommen noch Äste der schräg zum Angulus oculi nasalis verlaufenden A. und V. facialis[2] in Betracht.

Nach Entfernung der Haut des subkutanen Fett- und Bindegewebes liegt die von ihrer Kapsel (Fascia parotidica) umschlossene Drüse vor. Sie reicht (Abb. 111) fast bis zum Jochbogen hinauf, während sie vorne einen Teil der lateralen Fläche des M. masseter bedeckt, von welcher sie durch die Fascia masseterica getrennt wird. Sie bedeckt auch die laterale Fläche des Unterkieferastes hinter dem M. masseter sowie das Unterkiefergelenk und füllt die hinter dem Unterkieferaste gelegene Regio retromandibularis aus. Die letztere wird oben durch den Meatus acusticus externus cartilagineus

[1] N. supraorbitalis. [2] A. maxillaris externa und V. facialis anterior.

vorne durch den Unterkieferast und den M. pterygoideus medialis (Abb. 107) hinten durch den M. sternocleidomastoideus und den hinteren Bauch des M. biventer begrenzt. Am vorderen und am oberen Rande der Drüse werden dort, wo sie den Schutz der Drüse verlassen, der Ductus parotidicus und die A. transversa faciei oberflächlich angetroffen, etwa kleinfingerbreit unterhalb des Jochbogens, parallel mit dem letzteren verlaufend. Häufig werden sie von einem Fortsatze der Glandula parotis oder von vereinzelten Drüsenmassen begleitet. Die A. transversa faciei anastomosiert ausgiebig mit der A. facialis und kann sogar bei starker Ausbildung die letztere teilweise ersetzen, indem dann ihr Gebiet bis zur Oberlippe reicht. Der Ductus parotidicus verläuft auf der Fascia masseterica bis zum vorderen Rande des M. masseter, wo er in die Tiefe umbiegend den M. bucinatorius durchbohrt und gegenüber dem zweiten oberen Molarzahne in die Mundhöhle ausmündet. Ober- und unterhalb des Ductus parotidicus, gleichfalls auf der Fascia masseterica, verlaufen Äste des fächerförmig ausstrahlenden N. facialis zur Oberlippe, zur Nase und zum M. orbicularis oculi; am oberen Rande der Drüse treten, dicht vor dem Ohre, die A. und V. temporalis superficialis mit dem N. auriculotemporalis und den oberen Facialisästen (zum M. orbicularis oculi) in die Regio temporalis ein.

Die A. und V. facialis[1] kommen für die Regio faciei lateralis kaum noch in Betracht; die Arterie kreuzt dicht vor der Insertion des M. masseter den unteren Rand des Unterkiefers, wird hier vom Platysma bedeckt und verläuft schräg gegen den medialen Augenwinkel empor. Sie wird teilweise von den Mm. zygomaticus major et minor und levator nasi et labii maxill. med. et lat.[2] überlagert.

Parotis und Parotisloge. Die Drüse wird allseitig von einer ziemlich derben Kapsel (Fascia parotidica) umhüllt, welche die Parotisloge abschliesst. In derselben liegen: die Drüse, der N. facialis mit dem Plexus parotidicus n. facialis, die A. temporalis superficialis und eine Strecke der A. transversa faciei, der N. auriculotemporalis und eine Anzahl von Lymphdrüsen (Lymphonodi parotidici), welche Lymphgefässe von der äusseren Nase und der Haut der vorderen und seitlichen Gesichtsregion aufnehmen. Diese Gebilde werden teilweise so von der Parotis umhüllt, dass es nicht gelingt, sie bei der Entfernung der Drüse (Exstirpation von Drüsentumoren) zu schonen; besonders gilt dies von dem Plexus parotidicus und den Ästen des N. facialis.

Mit Rücksicht auf diese aus der Parotisloge zum Gesichte und in die Regio temporalis eintretenden Gebilde wird die Topographie der Drüse bei der Beschreibung der Regio faciei lateralis behandelt, obgleich ein grosser Teil derselben sich in die Regio retromandibularis einlagert, welche wir dem Halse zurechnen.

Die Parotisloge reicht nach oben bis zum Jochbogen, nach unten bis zur Höhe des Angulus mandibulae; vorne überschreitet sie den hinteren Rand des M. masseter. Der obere und vordere Teil der Drüse bedeckt in der Regio faciei lateralis den Unterkieferast und einen Teil der lateralen Fläche des M. masseter; der untere und hintere Teil legt sich in die Rinne der Regio retromandibularis, die begrenzt wird (Abb. 107) vorne durch den Ast des Unterkiefers und den M. pterygoideus medialis[3], hinten durch den M. sternocleidomastoideus, oben durch den äusseren Gehörgang. Medianwärts liegen in der Fossa retromandibularis der Processus styloides und die von demselben entspringenden Muskeln; die Glandula parotis überschreitet häufig diese Grenze, indem sie einen tiefen medianwärts gerichteten Fortsatz aussendet, welcher die laterale Pharynxwand fast erreicht.

Fascia parotidica. Die Drüse wird von einer Fascie (oder Kapsel) eingeschlossen, welche die Parotisloge abgrenzt und mit den Fascien benachbarter Muskeln zusammenhängt, so vorne mit der Fascia masseterica, hinten mit der Fascie des M. sternocleidomastoideus, in der Tiefe mit dem Processus styloides und der Fascie der am Processus styloides entspringenden Muskeln, mit dem hinteren Rande des Unterkiefers und mit der Fascie des M. pterygoideus medialis[3]. Die Fascia parotidica kleidet

[1] A. maxillaris externa und V. facialis anterior. [2] M. zygomaticus und quadratus labii sup. [3] M. pterygoideus internus.

also die Regio retromandibularis aus (s. letztere); wir können einen oberflächlichen, den lateralen Umfang der Drüse überziehenden Abschnitt als Lamina superficialis fasciae parotidicae von einer Lamina profunda unterscheiden. Die Lamina profunda trennt die Parotis von der V. jugularis int. und von den Nn. vagus, accessorius und hypoglossus. Medianwärts, am Proc. styloides, steht die Parotisloge durch eine Öffnung in dem tiefen Blatte der Fascia parotidica mit dem Spatium parapharyngicum in Verbindung (Abb. 107).

Die Beziehungen der Parotis sind, entsprechend der Ausdehnung ihrer Kapsel, sehr mannigfache. Die Form der Loge lässt sich auf dem Horizontalschnitte (s. Abb. 107) als unregelmässig rechteckig beschreiben, mit einer lateralen, medialen, vorderen und hinteren Wand. Dazu kommt ein oberer und ein unterer Abschluss. Die vordere Wand liegt der lateralen Fläche des M. masseter, dem Aste des Unterkiefers hinter dem M. masseter, endlich noch dem hinteren Rande des M. pterygoideus medialis an. Die mediale Wand grenzt an den Processus styloides und an die dort Ursprung nehmende Muskulatur, im übrigen an das Spatium parapharyngicum. Die V. jugularis int. liegt (Abb. 107) hier der Fascia parotidica fast unmittelbar an; die A. carotis int. mit den Nervenstämmen wird etwas weiter medianwärts angetroffen, doch können die Beziehungen bei stark ausgebildeter Drüse inniger werden. Die hintere Wand grenzt an den M. sternocleidomastoideus und an den hinteren Bauch des M. biventer; sie reicht noch bis zum Processus mastoides. Die laterale Wand wird bei der oberflächlichen Präparation freigelegt; hier ist die Fascia parotidica weniger derb als in der Tiefe der Regio retromandibularis und wird direkt von der subkutanen Fettschicht bedeckt, in welcher kleine Hautäste aus dem N. auricularis magnus mit Hautvenen verlaufen. Die obere Wand der Loge reicht vor dem Ohre bis zum Arcus zygomaticus hinauf, teils legt sie sich hinten und unten an die Kapsel des Kiefergelenkes sowie an den unteren Umfang des äusseren Gehörganges (Meatus acusticus externus osseus et cartilagineus; s. Topographie des äusseren Gehörganges). Der untere Abschluss der Parotisloge trennt dieselbe von der Loge der Glandula submandibularis (Topographie des Trigonum submandibulare).

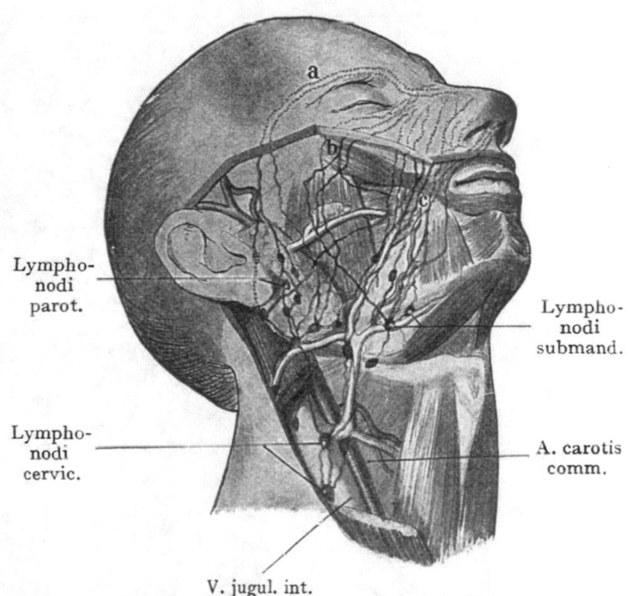

Abb. 112. Lymphgefässe der äusseren Nase, mit den regionären Lymphdrüsen.
a obere, b mittlere, c untere Lymphgefässe der Nase.
Nach Küttner, Beiträge zur klinischen Chirurgie XXV. 1899.

Inhalt der Parotisloge. Die Glandula parotis füllt die Loge fast vollständig aus und verbindet sich recht innig mit der Fascia parotidica, die ja teilweise als Drüsenkapsel aufzufassen ist. Innerhalb der Loge treffen wir noch an: 1. die A. carotis ext. mit ihren Ästen, welche in verschiedener Richtung die Loge verlassen, 2. den N. facialis mit seinem Plexus parotidicus, 3. die V. jugularis superfic. dors., 4. Lymphdrüsen und Lymphgefässe.

Die A. carotis ext. tritt von der tiefen medialen Fläche der Loge in dieselbe ein, wird hier vollständig von Drüsengewebe umhüllt und gibt nach vorne die A. maxillaris ab, welche von dem Ramus mandibulae bedeckt zur Regio faciei lat. profunda gelangt. Nach hinten geht die A. retroauricularis[1] und nach oben als Fortsetzung des Stammes die A. temporalis superficialis, welche am oberen Ende der Drüse mit dem N. auriculotemporalis in die Regio temporalis eintritt, nachdem sie fingerbreit unterhalb des Jochbogens die A. transversa faciei abgegeben hat. Die V. jugularis

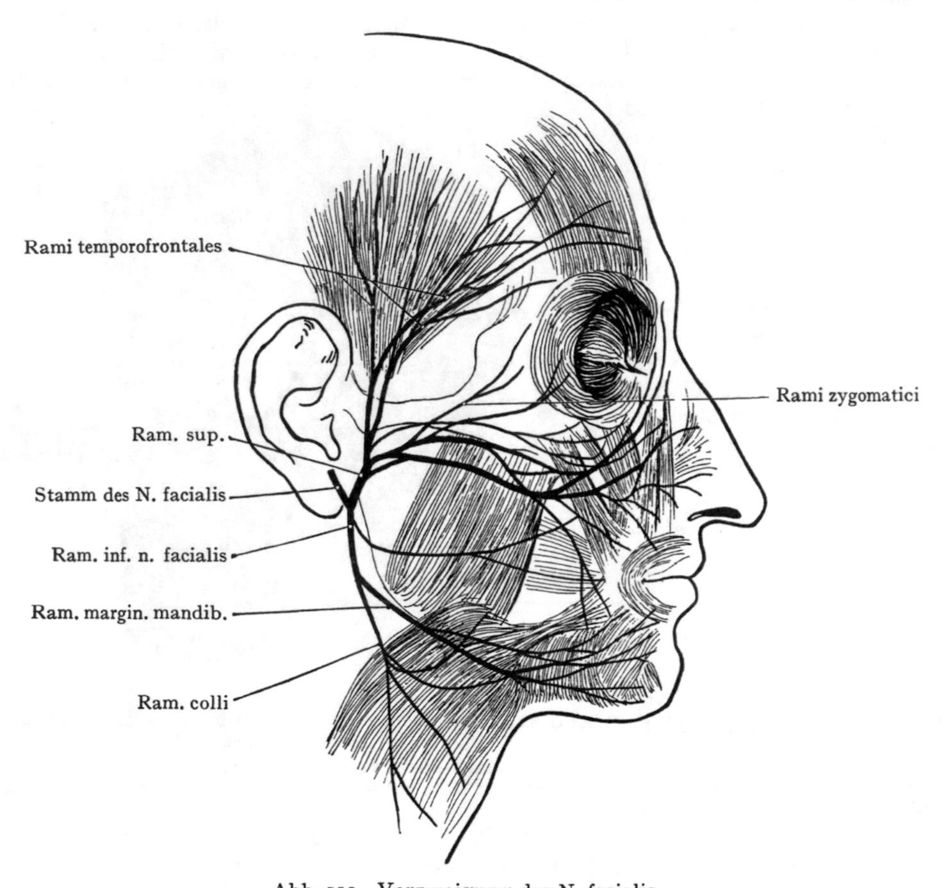

Abb. 113. Verzweigung des N. facialis.
Mit Benutzung der Abbildungen von Fr. Frohse (Die oberflächl. Nerven des Kopfes: I.-D. Berlin 1895) und von Ph. Bockenheimer (Arch. f. klin. Chirurgie, Band 72, 1904).

superficialis dors.[2] setzt sich hinter dem Ramus mandibulae aus der V. maxillaris und der V. temporalis superficialis zusammen, und verläuft, etwas oberflächlicher als die A. carotis externa, nach unten. Die Lymphonodi parotidici liegen teils oberflächlich (jedoch noch innerhalb der Parotisloge), teils in der Tiefe und nehmen (Abb. 112) Lymphgefässe vom Gesichte, der äusseren Augengegend, besonders den Augenlidern, der Regio temporalis, dem äusseren Gehörgange und der Wangengegend auf. Abwärts verbinden sie sich längs der A. carotis externa mit der Kette der Lymphonodi cervicales prof., welche sich der V. jugularis interna und der A. carotis communis anschliessen.

Nerven. In die Parotisloge gelangen der N. auriculotemporalis und der N. facialis. Der erstere geht gleich unterhalb des Foramen ovale von dem N. mandi-

[1] A. auricularis post. [2] V. jugularis ext.

bularis nach hinten ab (Abb. 119), umgreift die A. meningica media und gelangt hinter dem Unterkieferaste in die Parotisloge. Hier gibt er eine Verbindung zum N. facialis ab, ferner Äste zur Parotis und zum äusseren Gehörgange und zieht dann in Begleitung der A. temporalis superfic. senkrecht zur Haut der Regio temporalis empor. Der N. facialis gelangt sofort nach seinem Austritt aus dem For. stylomastoideum in die Parotisloge, wo er oberflächlich zu den grossen, in der Loge liegenden Gefässstämmen

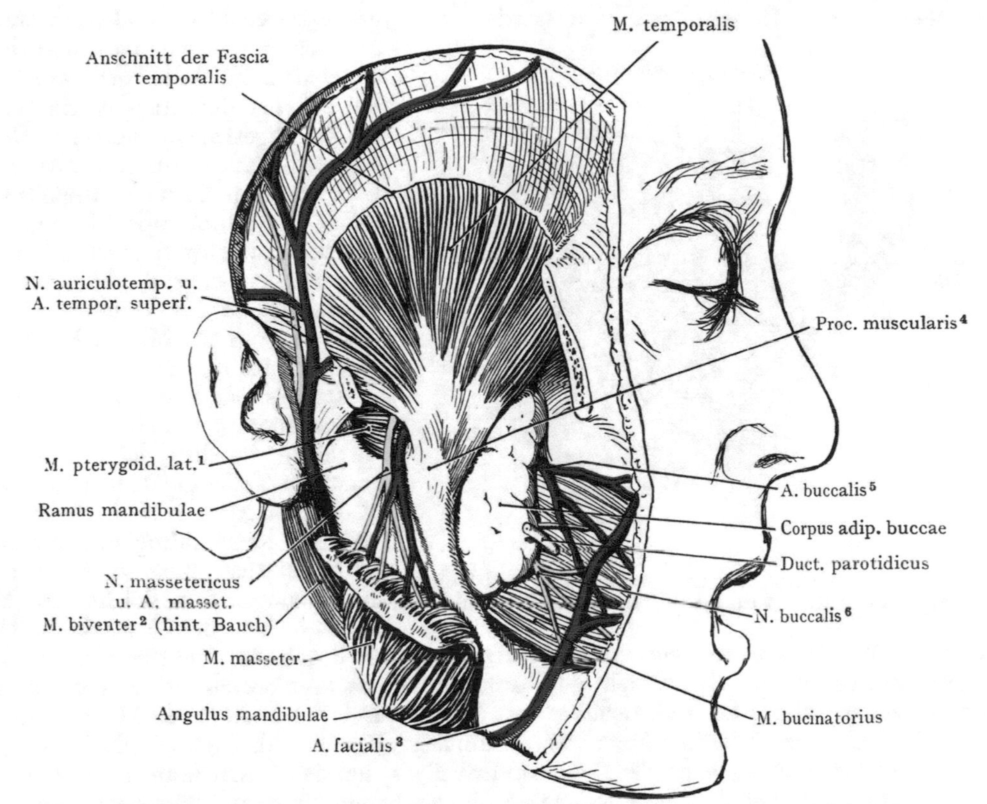

Abb. 114. Gefässe der seitlichen Gesichtsgegend, nach Abtragung des Jochbogens dargestellt.

nach vorne verläuft, indem er, ebenso wie die erste Strecke seiner fächerförmig aus strahlenden, den Plexus parotidicus bildenden Äste, allseitig von Drüsensubstanz umgeben wird, so dass eine Entfernung der Drüse ohne Verletzung des Plexus nicht ausführbar ist.

Der Verlauf der aus dem Plexus parotidicus hervorgehenden Äste ist praktisch von Wichtigkeit, da man dieselben, ganz besonders die oberen, welche den M. orbicularis oculi innervieren, bei operativen Eingriffen möglichst schonen muss. Die Verhältnisse sind nach neueren Untersuchungen in Abb. 113 dargestellt. Der Facialisstamm teilt sich innerhalb der Parotisloge in einen Ramus superior und inferior. Der letztere verläuft nach unten, gibt den Ramus colli zum Platysma ab und geht als Ramus marginalis mandibulae am unteren Rande des Unterkiefers zu den Muskeln des Kinnes und der Unterlippe. Der Ramus superior teilt sich in obere Äste, Rami temporofrontales[7], die über den Jochbogen zu den Mm. frontalis und orbicularis oculi emportreten, und in untere Äste, welche parallel mit dem unteren Rande des

[1] M. pterygoideus ext. [2] M. digastricus. [3] A. maxillaris ext. [4] Processus coronoideus. [5] A. buccinatoria. [6] N. buccinatorius. [7] Rr. temporales.

Jochbogens verlaufen; letztere umfassen die Rami zygomatici zum M. orbicularis oculi und die Rami bucinatorii[1] zur Muskulatur der Oberlippe und der Nase. Senkrecht verlaufende Schnitte werden also in der Regio faciei lateralis eine grössere Zahl von Facialisästen durchtrennen als Schnitte, welche einen von dem vorderen Umfang des Ohres ausgehenden radiären Verlauf nehmen.

Zur Regio faciei lat. superficialis gehören noch Gefässe und Nerven, welche erst nach Ablösung des M. masseter von seinem Ursprunge und Herunterziehen desselben sichtbar werden. In Abb. 114 ist ausserdem der Jochbogen entfernt und der untere Teil der am Jochbogen und am Processus muscularis[2] des Unterkiefers sich inserierenden Fascia temporalis abgetragen worden. Von grösseren Gefässstämmen wird die dicht vor dem Ohre, in Begleitung des N. auriculotemporalis emporziehende A. temporalis superficialis angetroffen, ferner die blossgelegte äussere Fläche des Unterkieferkörpers und, den M. bucinatorius schräg kreuzend, die A. facialis. Der Ansatz des M. temporalis an dem Proc. muscularis[2] ist sichtbar, hinter demselben, in der Incisura mandibulae, ein Teil des M. pterygoideus lat. Hier tritt der N. massetericus (aus dem N. mandibularis) mit der A. masseterica (aus der A. maxillaris[3]) zur tiefen Fläche des M. masseter. Vor dem Unterkieferaste wird der M. bucinatorius teilweise von einer lobulären, durch eine deutliche Fascie abgegrenzten Fettmasse, dem Corpus adiposum buccae, bedeckt, welche hinter den Unterkiefer weiter zieht und die Gebilde der Regio faciei profunda bedeckt oder auch einhüllt (vgl. den Frontalschnitt des kindlichen Kopfes, Abb. 92, sowie Abb. 95). Über denselben hinweg geht der Ductus parotidicus, um den M. bucinatorius zu durchbohren und gegenüber dem zweiten oberen Molarzahne in die Mundhöhle auszumünden. Auf der äusseren Fläche des M. bucinatorius verbreiten sich die Äste der A. buccalis (aus der A. maxillaris[3]), sowie des N. buccalis[4] (aus dem N. mandibularis), welche unter dem Corpus adiposum buccae hervortreten. Hier liegen ausserdem kleine Speicheldrüsen, deren Ausführungsgänge den M. bucinatorius durchsetzen, um in die Mundhöhle auszumünden, und kleine Lymphdrüsen (Lymphonodi buccales), welche ihre Vasa efferentia zu den Lymphonodi submandibulares und parotidici abgeben (Abb. 115).

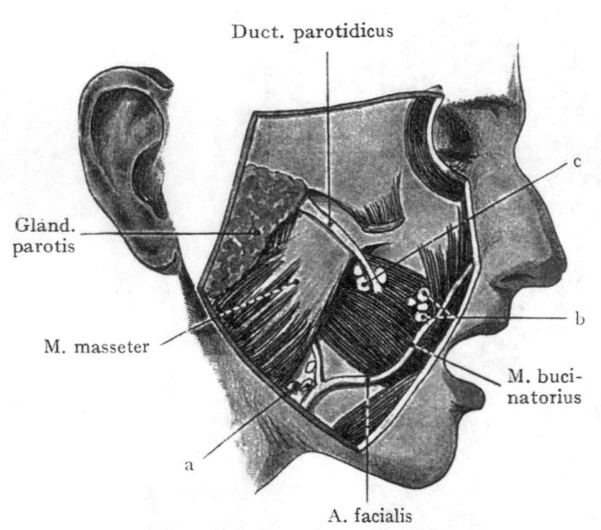

Abb. 115. Lymphonodi buccales auf d. äusseren Fläche des M. bucinatorius und des Unterkiefers (a, b, c).

Regio faciei lateralis profunda.

Sie gelangt erst dann zur Ansicht, wenn bei der anatomischen Präparation, nach Entfernung des Jochbogens, der vordere Teil des Unterkieferastes mit dem Processus muscularis[2] und die untere Partie des M. temporalis abgetragen werden. Eine allerdings beschränkte Übersicht wird erhalten, indem man, nach Resektion des Jochbogens, bloss den Proc. muscularis durchsägt und denselben mit dem M. temporalis nach oben zieht.

Die knöcherne Grundlage der Gegend wird (Abb. 116) durch die laterale Lamelle des Processus pterygoides ossis sphenoidis, die Facies infratemporalis des

[1] Rr. buccales. [2] Proc. coronoideus. [3] A. maxillaris int. [4] N. buccinatorius.

grossen Keilbeinflügels und das Tuber maxillae dargestellt. Von aussen wird die Gegend teils durch den Ast des Unterkiefers, teils durch den Jochbogen bedeckt. Auf den Schädel bezogen entspricht sie der Facies infratemporalis; sie umfasst hier das Foramen ovale und das Foramen spinae und steht durch die Fissura orbitalis sphenomaxillaris[1] mit der Orbita, durch das Foramen pterygopalatinum[2] mit der knöchern begrenzten Nasenhöhle in Zusammenhang.

Muskulatur: Sie besteht aus den Mm. pterygoideus lat.[3] und med.[4] und dem M. bucinatorius (s. Abb. 117). Die beiden durch einen Spalt voneinander getrennten Portionen

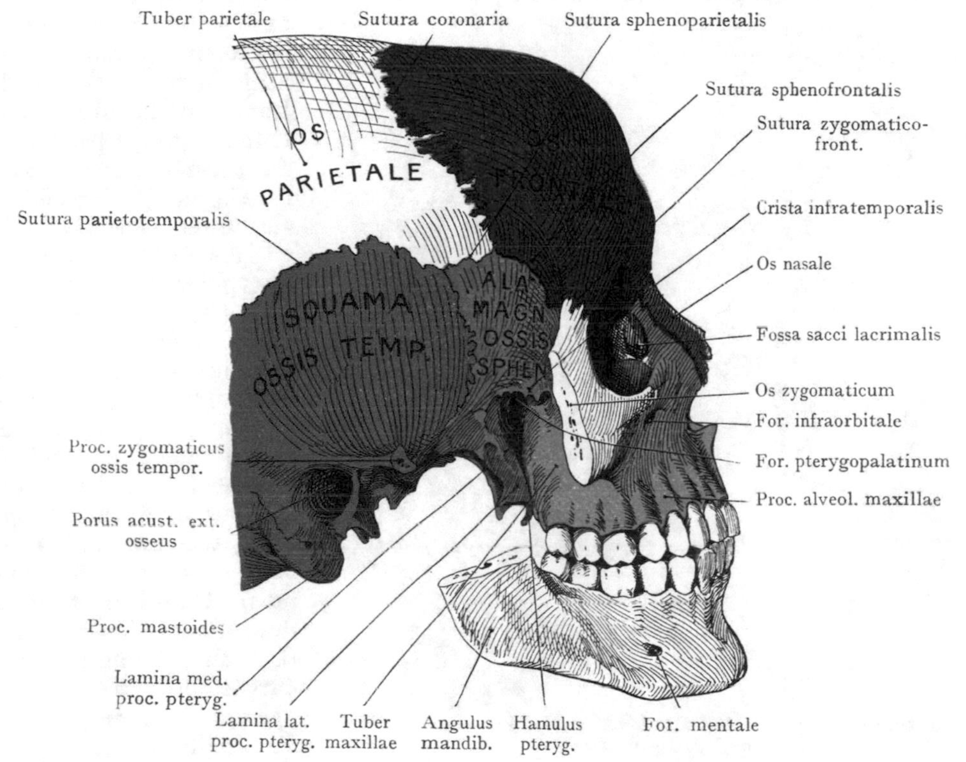

Abb. 116. Gesichtsteil des Schädels von der Seite gesehen, nach Abtragung des Jochbogens und des Ramus mandibulae.

des M. pterygoideus lat.[3] inserieren sich am Collum mandibulae. Die untere Portion des M. pterygoideus lat.[3], der hintere Rand des in der Fossa pterygoidea entspringenden M. pterygoideus med.[4] und der Unterkiefer begrenzen eine dreieckige Lücke, durch welche (Abb. 118) die A. maxillaris auf die äussere Fläche des M. pterygoideus lat.[3], die Nn. alveolaris mandibularis und lingualis auf die äussere Fläche des M. pterygoideus med.[4] gelangen. Der M. bucinatorius entspringt in hufeisenförmiger Linie am Alveolarfortsatze des Oberkiefers, vom zweiten oberen Molarzahn angefangen nach hinten bis zum Processus pterygoides, ferner von dem Raphe buccopharyngica[5] und von der äusseren Fläche der Pars alveolaris mandibulae bis zum zweiten unteren Molarzahn. Nach vorne geht der Muskel in die Lippen über und bildet den lateralen Abschluss des Vestibulum oris.

Ausdehnung und Beziehungen der Region. Sie wird lateralwärts durch den Ramus mandibulae von der Regio faciei lateralis superficialis getrennt, nach

[1] Fissura orbitalis inf. [2] For. sphenopalatinum. [3] M. pterygoideus ext.
[4] M. pterygoideus int. [5] Raphe pterygomandibularis.

hinten grenzt sie in der Regio retromandibularis an die Parotisloge, nach oben entspricht sie der Facies infratemporalis des grossen Keilbeinflügels, welche der Schädelbasis angehört. Medianwärts reicht sie bis an die laterale Wand der Pars nasalis pharyngis heran, von welcher sie jedoch durch den am medialen Umfange des Foramen ovale und von der Spina ossis sphenoidis[1] entspringenden M. tensor veli palatini getrennt wird, ferner an die muskulöse Wand der Tonsillarnische. Der aus dem Foramen ovale austretende N. mandibularis liegt also noch innerhalb der Region.

Gefässe und Nerven (Abb. 118 und 119). Wir treffen zunächst den Stamm und die Verzweigungen der A. maxillaris an. Der Stamm kreuzt bei seinem schräg nach oben und vorne gerichteten Verlaufe, von dem hinteren Rande des Ramus mandibulae bis zum Foramen pterygopalatinum[2], die grossen Nervenstämme der Gegend (N. lingualis und alveolaris mandibularis[3]), von denen er durch den M. pterygoideus lat. getrennt wird (Abb. 118). Die Ausbreitung der Äste des N. mandibularis geht teils nach unten (Nn. alveolaris mandibularis, lingualis, buccalis, massetericus, pterygoidei), teils nach oben (Nn. temporales profundi zum M. temporalis), teils nach hinten und oben (N. auriculotemporalis). Dazu kommt endlich das dichte Venengeflecht (in Abb. 118 und 119 nicht dargestellt) des Plexus pterygoideus, welches die V. maxillaris hervorgehen lässt, während Verbindungen einerseits mit den Sinus durae matris, andererseits durch die Fissura orbitalis sphenomaxillaris[4] mit der V. ophthalmica inferior bestehen (Abb. 66).

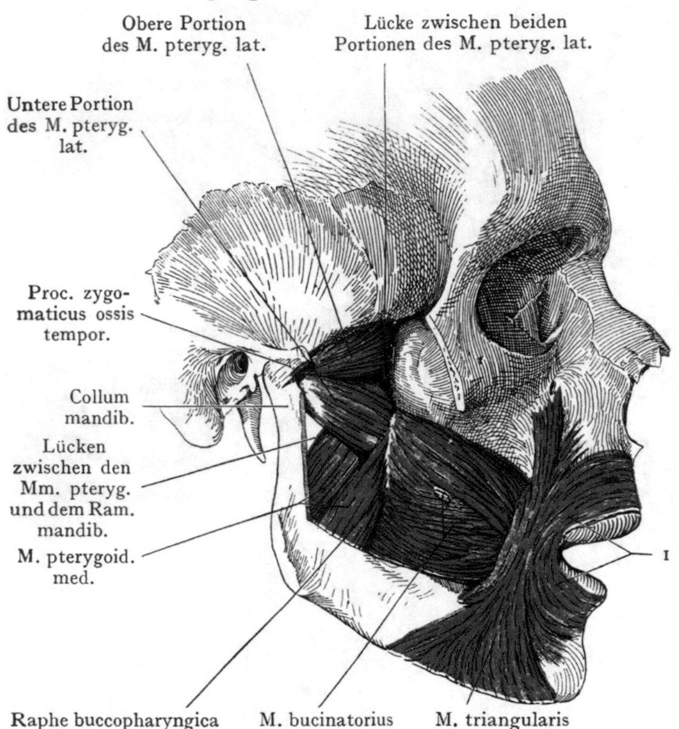

Abb. 117. Ansicht der Kaumuskulatur und des M. bucinatorius, von aussen.
1 M. orbicularis oris.

Alle diese Gebilde sind in lockeres Fett- und Bindegewebe eingehüllt. Eine grössere Masse von lobulärem Fettgewebe liegt zwischen dem Unterkieferaste und den Mm. pterygoidei und hängt mit der die äussere Fläche des M. bucinatorius bedeckenden Fettmasse zusammen (Corpus adiposum buccae).

Topographie der A. maxillaris[5]. Die Arterie entspringt etwas unterhalb des Unterkieferhalses aus der A. carotis ext. innerhalb der Parotisloge und verläuft hinter dem Unterkieferaste in die Regio faciei lateralis profunda eintretend, gegen das Foramen pterygopalatinum[2] hinauf. Wir unterscheiden drei Strecken des Verlaufes. In der ersten liegt die Arterie hinter dem Unterkieferhalse, in der zweiten zwischen der äusseren Fläche des M. pterygoideus lat. und dem M. temporalis; die dritte Strecke liegt in der Fossa pterygopalatina und endet am Foramen pterygopalatinum, wo die Arterie in ihre beiden Endäste die A. pterygopalatina[6] und die A.

[1] Spina angularis. [2] For. sphenopalatinum. [3] N. alveolaris inf.
[4] Fissura orbitalis inf. [5] A. maxillaris int. [6] A. sphenopalatina.

palatina descendens zerfällt. Ausnahmsweise verläuft die Arterie auf der tiefen Fläche des M. pterygoideus lat.[1] und tritt in diesem Falle zwischen den beiden Ursprungsportionen dieses Muskels oberflächlich hervor, um in die dritte Strecke überzugehen.

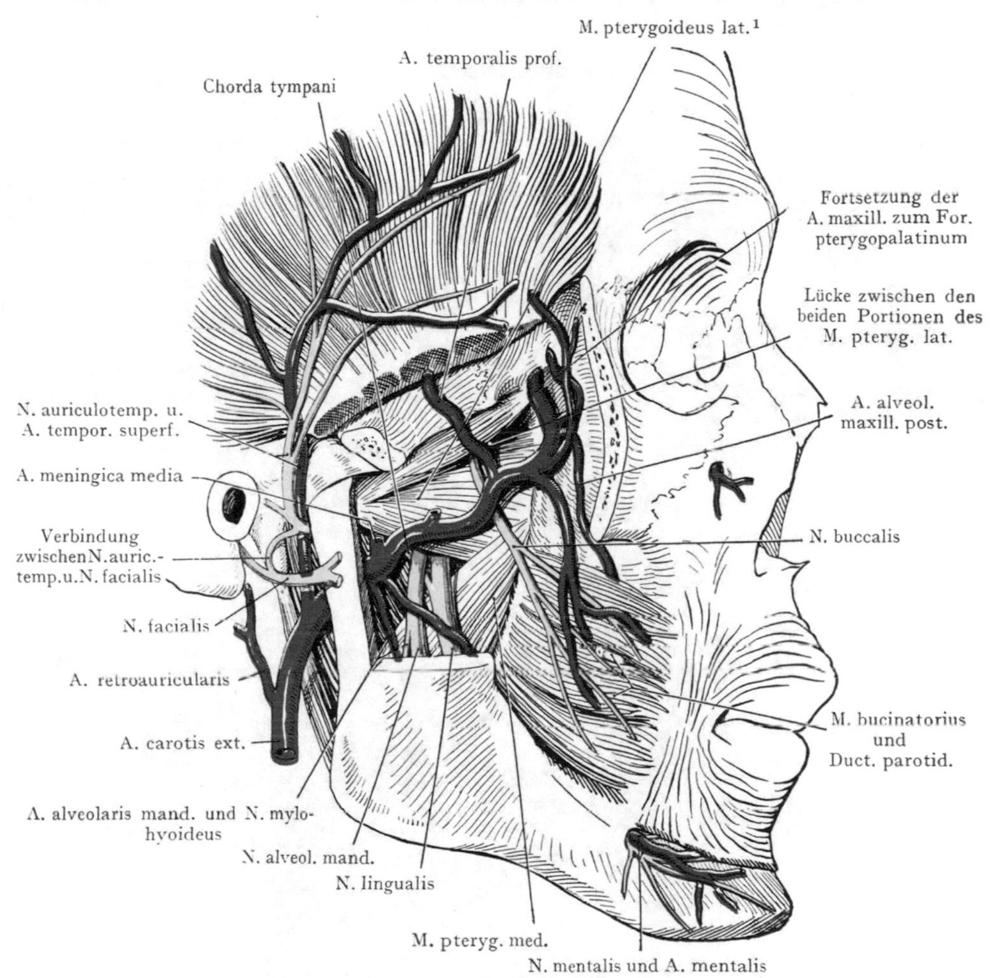

Abb. 118. Topographie der tiefliegenden Gebilde der seitlichen Gesichtsgegend. Der Jochbogen ist ganz, der Unterkieferast teilweise entfernt worden.

Die Arterie gibt gegen 15 Äste ab, welche nach oben, unten, vorne und hinten verlaufen und ihre Verbreitung zum kleinsten Teile in der Gegend selbst finden. Nach oben gehen die Aa. temporales prof. zum M. temporalis, die A. tympanica anterior (in Abb. 118 nicht angegeben) durch die Fissura petrotympanica zur Trommelhöhlenwandung, die A. meningica media durch das Foramen spinae zur Dura mater, die A. meningica parva (Ramus meningicus accessorius) durch das Foramen ovale zum Ganglion semilunare (Gasseri). Nach unten verläuft die A. alveolaris mandibularis[2] im Anschlusse an den N. alveolaris mandibularis[2] zum Foramen mandibulae des Unterkiefers; die A. masseterica und die Rr. pterygoidei sind Muskeläste, ebenso die A. buccalis[3]

[1] M. pterygoideus ext. [2] A. N. alveolaris inf. [3] A. buccinatoria.

welche mit dem N. buccalis[1] auf der äusseren Fläche des M. bucinatorius verläuft und mit der A. transversa faciei und der A. facialis[2] anastomosiert. Aus der dritten Strecke entspringt die A. palatina descendens, welche in dem Canalis pterygopalatinus zum harten und weichen Gaumen gelangt. Nach vorne geht die A. alveolaris maxillaris post., welche Äste zu den Molares superiores abgibt, ferner die A. infra-

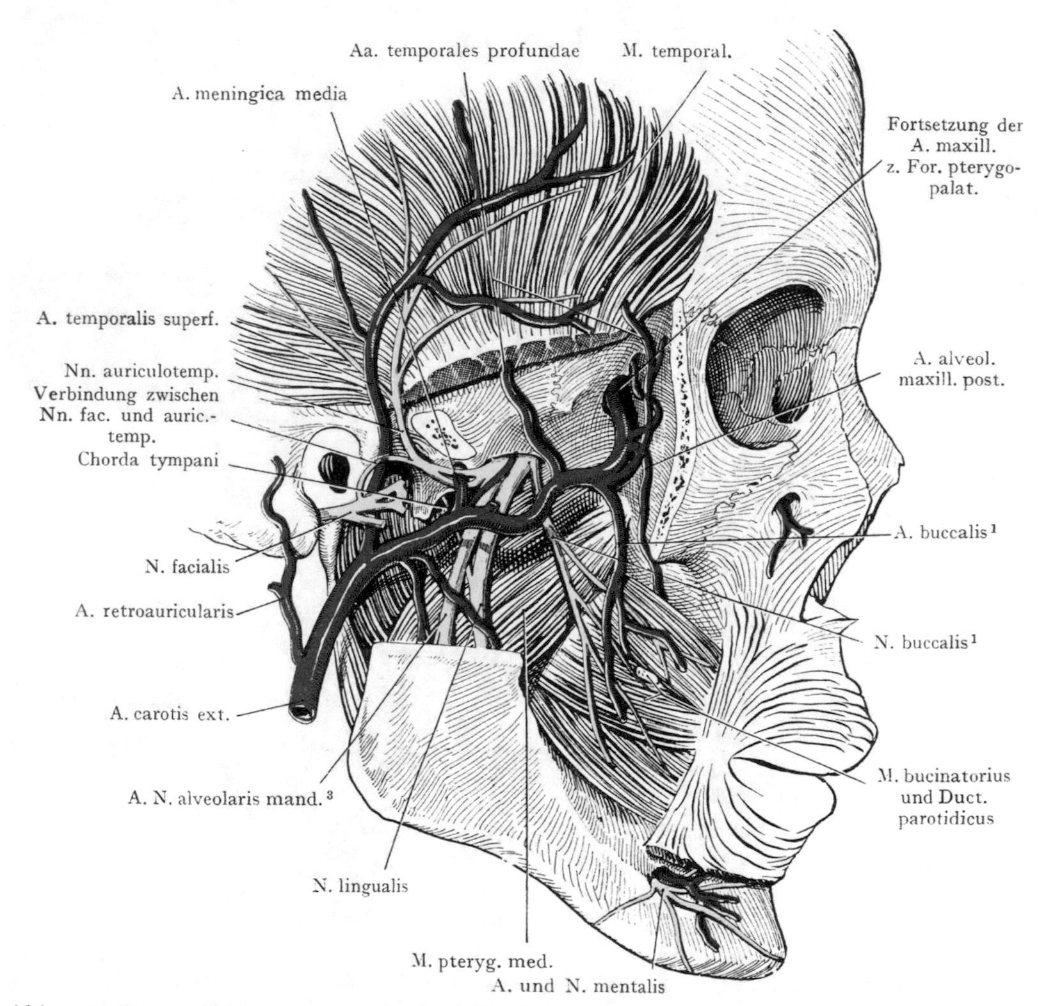

Abb. 119. Topographie der A. maxillaris und der Zweige des N. mandibularis nach Entfernung des Jochbogens, des Unterkieferastes und des M. pterygoideus lat. dargestellt.

orbitalis, welche, wie die A. alveolaris maxill. post. aus der dritten Strecke der Arterie entspringt und, in dem Canalis infraorbitalis eingeschlossen, zum Gesichte und mit den Aa. alveolares maxill. ant. zu den Zähnen des Oberkiefers gelangt. Nach hinten geht durch den Canalis pterygoideus (Vidii) des Sphenoids die A. canalis pterygoidei zum Ostium pharyngicum tubae.

Am dichtesten zusammengedrängt gehen die Äste von der ersten Strecke des Stammes hinter dem Halse des Unterkiefers ab; hier entspringen: die A. tympanica (sie schliesst sich der Chorda tympani in Abb. 119 an), die A. meningi a media (durch die Ursprungsbündel des N. auriculotemporalis umschlossen), der R. meningicus access.[4]

[1] A. N. buccinatorius. [2] A. maxillaris ext. [3] A. N. alveolaris inf. [4] A. meningea parva.

und die A. alveolaris mandibularis, auch häufig die A. masseterica. Aus der zweiten Strecke entspringen die Arterien zur Kaumuskulatur, ferner die A. buccalis, sowie die A. alveolaris maxillaris post.; aus der dritten Strecke am Foramen pterygopalatinum[1] die A. pterygopalatina[1], infraorbitalis und palatina descendens.

Nerven. Sämtliche, innerhalb der Regio faciei lateralis prof. verlaufende Nerven kommen aus dem N. mandibularis, welcher durch das Foramen ovale in die Gegend eintritt. Im allgemeinen liegen die Nerven in einer tieferen Ebene als der Stamm der A. maxillaris und werden von der letzteren in ihrem schrägen Verlaufe gekreuzt; zwischen Arterien und Nerven schiebt sich der M. pterygoideus lat.[2] ein.

Stamm des N. mandibularis. Die extrakranielle, in unserer Region gelegene Strecke ist sehr kurz, oft weniger als 1/2 cm lang, indem der Nerv bald nach seinem Austritt aus dem Foramen ovale in seine Äste zerfällt. Medial wird er (Abb. 137) von der Tuba pharyngotympanica durch die dünne Platte des von dem hinteren Umfange des Foramen ovale sowie von der Spina ossis sphenoidis entspringenden M. tensor veli palatini getrennt. Lateralwärts liegt dem Stamme sowie seinen Ästen in der ersten Strecke ihres Verlaufes der M. pterygoideus lateralis[2] auf, der bei der anatomischen Präparation entfernt werden muss, um den Stamm und seine Verzweigung vollständig zu übersehen. Hinter der Austrittsstelle des N. mandibularis aus dem Foramen ovale steigt die A. meningica media zum Foramen spinae empor; in das Foramen ovale tritt der R. meningicus access. ein. Die Nähe der A. meningica media ist bei Operationen an der extrakraniellen Strecke des Nerven zu berücksichtigen.

Medianwärts von dem N. mandibularis liegt, unmittelbar unterhalb des Foramen ovale, zwischen dem Nervenstamme und dem M. tensor veli palatini, das Ganglion oticum, welches seine motorischen Fasern als N. pterygoideus med.[3] aus dem N. mandibularis erhält und an den M. pterygoideus med.[4], den M. tensor veli palatini und den M. tensor tympani weiter gibt. Das Ganglion kann selbstverständlich bloss von der medialen Seite aus dargestellt werden; es wird bei der Durchschneidung des N. mandibularis nicht geschont, so dass diese Operation eine gänzliche Lähmung der Kaumuskulatur der betreffenden Seite zur Folge haben muss.

Von den Ästen des N. mandibularis gehen der N. temporalis prof. post. und ant. und der N. massetericus oberhalb des M. pterygoideus lat.[2] zum M. temporalis und zum M. masseter (sie sind in Abb. 118 nicht dargestellt). Der N. buccalis[5] geht gewöhnlich durch den Spalt zwischen beiden Portionen des M. pterygoideus lateralis[2] zur Aussenfläche des M. bucinatorius und verbreitet sich hauptsächlich an die Wangenschleimhaut. Der N. pterygoideus med.[3] ist oben erwähnt worden. Nach hinten und oben verläuft der N. auriculotemporalis, welcher die A. meningica media umfasst und oberhalb der A. maxillaris um den Hals des Unterkiefers in die Parotisloge eintritt. Er tritt im Anschlusse an die A. temporalis superficialis wieder aus der Loge, indem er über dem Jochbogen in die Regio temporalis verläuft und hier seine Verbreitung findet. Er gibt eine starke Anastomose hinter dem Unterkieferaste an den N. facialis ab.

Die beiden grössten, nach unten verlaufenden Äste des Nerven (N. alveolaris mandib. und N. lingualis) werden an ihrem Abgange vom Stamme und auf der ersten Strecke ihres Verlaufes, durch den M. pterygoideus lat. von dem Stamme der A. maxillaris getrennt. Eine Strecke weit liegen die Nerven (der N. lingualis vorn) zwischen den Mm. pterygoideus lat.[2] und med.[4], dann treten sie durch die dreieckige Lücke, welche die beiden Muskeln mit dem Ramus mandibulae bilden, hervor (Abb. 118) und werden häufig von dem Stamme der A. maxillaris gekreuzt. Sodann verlaufen auf der äusseren Fläche des M. pterygoideus med.[4] nach unten: der N. alveolaris mand. zum For. mandibulae, in welches er nach Abgabe des N. mylohyoideus eintritt, der N. lingualis bogenförmig nach vorne in die Regio sublingualis (s. diese), wo er lateral-

[1] For. und A. sphenopalatina. [2] M. pterygoideus ext. [3] N. pterygoideus int. [4] M. pterygoideus int. [5] N. buccinatorius.

wärts und oberhalb des in die Regio sublingualis vordringenden Fortsatzes der Glandula submandibularis, unmittelbar unter der Schleimhaut, angetroffen wird. Zu beachten ist noch, dass die Chorda tympani, die aus der Fissura petrotympanica austritt, den medialen Umfang des N. alveolaris mandibularis kreuzt, um sich, schräg nach unten und vorne verlaufend, dem N. lingualis anzuschliessen.

Die Venen der Gegend begleiten zunächst die Arterien, indem sie zahlreiche Anastomosen untereinander bilden. Zwischen den Mm. pterygoidei liegt ein dichtes Geflecht (Plexus pterygoideus, in Abb. 119 nicht dargestellt), welches mittelst der paarigen die gleichnamigen Arterien begleitenden Vv. meningicae mediae mit den Venen der Dura mater, und durch eine in der Fissura orbitalis sphenomaxillaris[1] verlaufende Vene mit der V. ophthalmica inf. in Verbindung steht (Abb. 66). Der Plexus pterygoideus kann sich von der Spina ossis sphenoidis[2] bis zur Basis des Proc. pterygoides erstrecken und wird bei der Resektion des N. mandibularis in Betracht kommen. Aus dem Plexus geht die V. retromandibularis[3] hervor, welche sich mit der V. facialis[4] vereinigt.

Topographie des Gehörorgans (Organon status et auditus).

Für die Schilderung der topographischen Anatomie des Gehörorganes behält die aus der deskriptiven Anatomie bekannte Einteilung in äusseres, mittleres und inneres Ohr ihre Berechtigung. Das äussere Ohr (Auricula und Meatus acusticus ext.) stellt

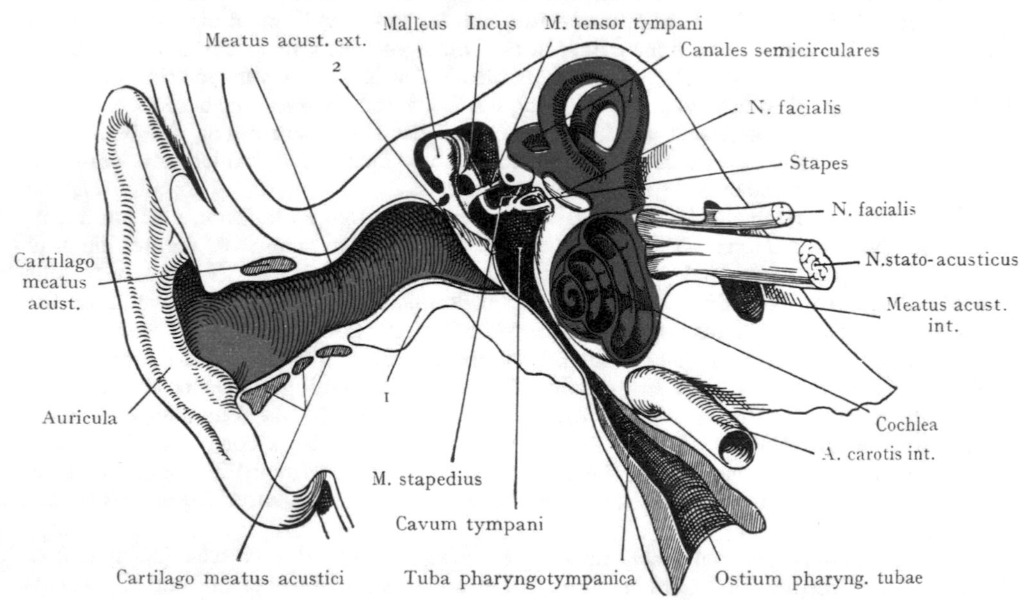

Abb. 120. Schematische Darstellung der drei Abschnitte des Gehörorganes.
Mit Benutzung einer Abbildung von Albrecht Burckhardt-Merian.
1 Pars tympanica. 2 Membrana tympani.
Äusseres Ohr blau. Mittleres Ohr schwarz. Inneres Ohr rot.

den schallaufnehmenden und sammelnden Apparat dar, welcher durch das Trommelfell gegen das Mittelohr abgeschlossen wird. Von aussen ist es sowohl der Untersuchung als dem direkten chirurgischen Eingriffe leicht zugänglich; seine Struktur wie seine topographischen Beziehungen sind verhältnismässig einfache. Das Mittelohr

[1] Fissura orbitalis inferior. [2] Spina angularis. [3] V. facialis posterior. [4] V. facialis anterior.

(Cavum tympani, Paukenhöhle) ist ein lufthaltiger, vollständig im Felsenbeine eingeschlossener Raum, welcher mittelst der Tuba pharyngo-tympanica[1] mit dem Pharynx im Zusammenhang steht, nach hinten in die als Nebenräume der Paukenhöhle etwa mit den Sinus nasales zu vergleichenden Cellulae mastoideae übergeht. Die topographischen Beziehungen der Paukenhöhle sind mannigfaltige; sie umschliesst die Kette der Gehörknöchelchen, welche die Schallwellen vom Trommelfell zum Innenohr weiterleiten; die Beziehungen zum Pharynx mittelst der Tuba pharyngo-tympanica[1] erklären das häufige Übergreifen von Erkrankungen der Rachenschleimhaut auf die Schleimhautauskleidung der Paukenhöhle und ihrer lufthaltigen Nebenräume. Für die Kenntnis dieser Prozesse sind die Beziehungen der Paukenhöhle medianwärts zum Innenohr und nach oben zum Gehirne von der grössten Bedeutung, ebenso die Ausdehnung und die Beziehungen der lufthaltigen Nebenräume des Mittelohrs usw. Der dritte grosse Abschnitt des Gehörorganes, das Innenohr (Auris int.), ist vollständig in der Pyramide des Schläfenbeins eingeschlossen und von dichten Knochenmassen umgeben, welche dasselbe lateralwärts von dem Mittelohr, nach oben von der mittleren, medianwärts von der hinteren Schädelgrube scheiden. Der Untersuchung und den operativen Eingriffen schwer zugänglich, bietet dennoch das Innenohr eine Menge von Beziehungen zum Mittelohr, zur vorderen und hinteren Schädelgrube, zur A. carotis int. usw., deren Kenntnis für den Praktiker wichtig ist.

Äusseres Ohr. Auris externa.

Dasselbe besteht aus dem schallsammelnden und dem schalleitenden Abschnitte (Auricula und Meatus acusticus ext.).

Auricula (Ohrmuschel). Die Ohrmuschel bildet eine Hautfalte mit einer Knorpelplatte als Skeletgrundlage, die sich trichterförmig verengt, um in den äusseren Gehörgang überzugehen. Sie umgibt also den Eingang in den äusseren Gehörgang und stellt den schallsammelnden Apparat dar, im Gegensatze zum äusseren Gehörgange, welcher die Weiterleitung der Schallwellen bis zu seinem medialen Abschlusse durch das Trommelfell übernimmt.

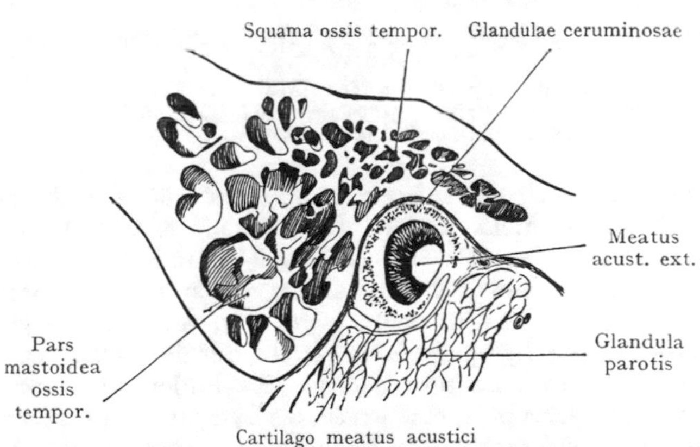

Abb. 121. Sagittalschnitt durch den Meatus acusticus externus cartilagineus an dem Übergange in den Meatus osseus.

Auf den Schädel bezogen liegt die Ohrmuschel zwischen dem Kiefergelenke nach vorne und dem Processus mastoides nach hinten; der letztere wird teilweise von der Ohrmuschel überlagert und kann erst durch starkes Anziehen derselben nach vorne zugänglich gemacht werden. Für die Form der Ohrmuschel sowie für ihre Variationen sei auf die Lehr- und Handbücher der deskriptiven Anatomie verwiesen; es kommt denselben wohl kaum eine praktische Bedeutung zu, ebensowenig den rudimentären Muskeln, welche, vom Schädel entspringend, sich an der Ohrmuschel inserieren und dieselbe als Ganzes bewegen (Mm. auricularis nuchalis, pars temporalis et parietalis m. epicranii temporoparietalis[2]).

Die Gefässversorgung ist wie diejenige der Nase eine überaus reichliche; es beteiligen sich daran vorne die A. temporalis superficialis, hinten die A. retroauricularis[3],

[1] Tuba auditiva. [2] Mm. auricularis post. ant. et sup. [3] A. auricularis post.

beides Äste der A. carotis ext., welche die Richtung des Stammes nach oben fortsetzen.

Die Lymphgefässe der Ohrmuschel sowie deren regionäre Lymphdrüsen sind auf Abb. 122 dargestellt. Die Lymphgefässe, welche sich von der medialen Fläche der Ohrmuschel sowie von dem hinteren Umfange des Meatus acusticus ext. sammeln, gehen erstens zu den hinter dem Ohre, auf der Pars mastoidea des Schläfenbeins liegenden Lymphonodi retroauriculares (oder mastoidei), deren Vasa efferentia den M. sternocleidomastoideus kurz unterhalb seines Ansatzes an dem Proc. mastoides und der Linea nuchae terminalis[1] durchsetzen, um sich mit Lymphonodi cervicales prof. superiores zu verbinden, welche von dem M. sternocleidomastoideus bedeckt werden. Zweitens gehen auch Lymphgefässe direkt von der medialen Fläche der Ohrmuschel und dem hinteren Umfange des äusseren Gehörganges zu Lymphonodi cervicales prof. craniales. Von der Haut der lateralen Fläche der Ohrmuschel sowie von dem vorderen Umfange des Meatus acusticus externus begeben sich die Lymphgefässe teils zu den unmittelbar vor dem Tragus gelegenen Lymphonodi auriculares anteriores, teils zu den Lymphonodi parotidici, die auf der Parotis liegen oder in ihr eingeschlossen sind, teils endlich nach unten direkt zu den Lymphonodi cervicales prof. craniales. Da die letzteren auch Vasa efferentia aus den Lymphonodi parotidici aufnehmen, sowie solche aus den Lymphonodi retroauriculares, so stellen sie einerseits die zweite Etappe der Lymphgefässe des äusseren Ohres dar, andererseits können sie, da sie auch direkte Zuflüsse von Lymphgefässen sowohl der lateralen, als der medialen Fläche erhalten, auch die erste Etappe bilden. „Es bilden nicht etwa die Lymphonodi parotidici und auriculares post. eine erste, die Lymphonodi cervicales prof. superiores eine zweite Station, sondern alle drei Gruppen sind parallel zu stellen“ (Stahr).

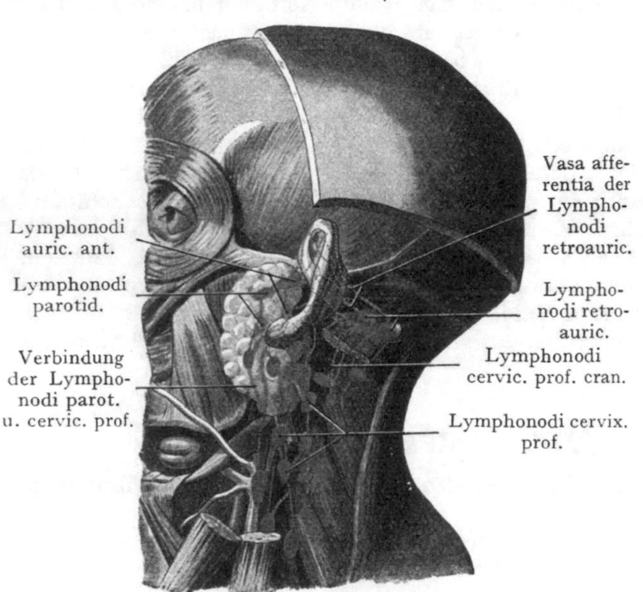

Abb. 122. Lymphgefässe und regionäre Lymphdrüsen des äusseren Ohres.
Mit Benützung der Angaben von Most (Anat. Anz. XV, 1899) und einer Abbildung von Poirier. (Lymphatiques, in Poirier und Charpy, Traité d'Anatomie humaine Fasc. 4, 1902.)

Äusserer Gehörgang (Meatus acusticus ext.). Der äussere Gehörgang (Abb. 123) erstreckt sich von der Ohrmuschel bis zu der Membrana tympani, welche ihn von der Paukenhöhle scheidet. Der Gang zerfällt in den Meatus cartilagineus mit knorpliger und bindegewebiger Grundlage und den Meatus osseus, dessen Wandung durch die Pars tympanica und einen Teil der Pars squamalis ossis temporalis gebildet wird.

Verlaufsrichtung des Ganges. Derselbe liegt annähernd horizontal, zeigt jedoch sowohl in der Horizontal- als in der Frontalebene Biegungen. Die Konkavität der ersten Biegung in der Horizontalebene geht nach hinten, darauf folgt eine zweite Biegung, deren Konkavität nach vorne sieht. Der Frontalschnitt zeigt eine Biegung am Ende des Ganges, deren Konkavität nach abwärts gerichtet ist. Die Krümmungen bilden übrigens kein Hindernis für die Untersuchung des äusseren Gehörganges und

[1] Linea nuchae sup.

des Trommelfelles, indem sie nur geringeren Grades sind und teilweise durch Zug an der Ohrmuschel (nach oben und hinten) und an dem Meatus cartilagineus ausgeglichen werden können.

Die Länge des Ganges beträgt (Tröltsch) etwa 24 mm, von denen 8 mm auf den Meatus cartilagineus und 16 mm auf den Meatus osseus entfallen. Bei der schiefen Einstellung der Membrana tympani in den Gehörgang ist die obere Wand kürzer als die untere, was bei jedem Frontalschnitte (Abb. 123) leicht zu erkennen ist. Das Lumen ist elliptisch; nach Bezold nehmen die Durchmesser des knorpligen Teiles gegen den Übergang in den knöchernen hin ab. Von dieser Stelle an (der engsten des

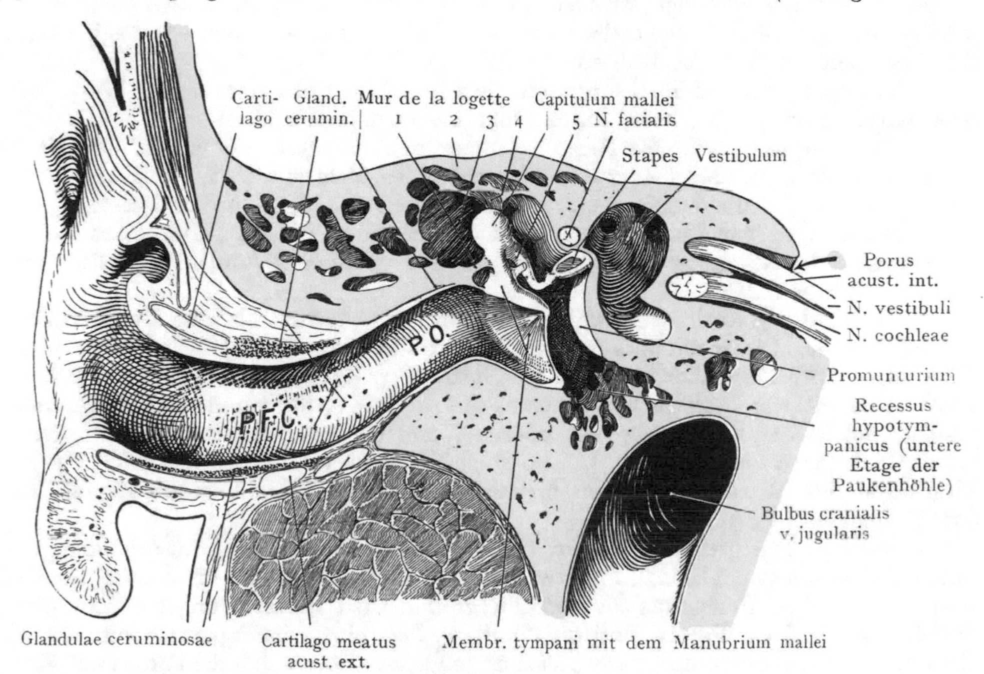

Abb. 123. Frontalschnitt durch das Gehörorgan.
1 Lig. mallei laterale. 2 Paries tegmentalis. 3 Recessus epitympanicus (obere Etage der Paukenhöhle). 4 Lig. capituli mallei sup. 5 Crus longum incudis. P. F. C. Meatus acust. ext. cartilagineus. P. O. Meatus acust. ext. osseus.

Ganges) wird das Lumen wieder weiter, um am Ansatze der Membrana tympani eine abermalige Verengerung zu erfahren. Übrigens kommen zahlreiche individuelle Variationen in der Weite des Ganges vor.

Wandungen des äusseren Gehörganges. Die Grundlage oder das Skelet der Wandung ist in den beiden Abschnitten verschieden. Im Meatus cartilagineus erhält die untere und vordere Wandung eine Stütze durch eine nach oben konkave Knorpelplatte, welche sich mit der Pars tympanica ossis temporalis verbindet und zwei durch straffes Bindegewebe verschlossene Einschnitte oder Spalten, die For. cartilaginis meatus acust.[1], aufweist. Die Grundlage des oberen Umfanges des Meatus cartilagineus wird durch eine gebogene Platte von derbem Bindegewebe dargestellt, welche ihre Konkavität nach unten richtet und sich mit den Rändern der erwähnten Knorpelplatte verbindet. Im Meatus osseus wird das Skelet hinten, unten und vorne durch die Pars tympanica, oben durch die Pars squamalis ossis temporalis gebildet. Der Gang wird von der äusseren Haut ausgekleidet, welche sich im Bereiche des Meatus

[1] Incisurae cartilaginis meatus auditorii (Santorini).

cartilagineus (Abb. 123) durch die Ausbildung einer 3—4 mm dicken Schicht von umgewandelten Talgdrüsen (Glandulae ceruminosae) auszeichnet. Die Auskleidung des Meatus osseus dagegen wird allmählich dünner, indem sich die Cutis mit dem Perioste verbindet, und die äussere Fläche der Membrana tympani wird nur noch von der Epidermisschicht überzogen.

Gefässe und Nerven des Meatus acusticus ext. Die Arterien des Meatus cartilagineus kommen aus den gleichen Ästen wie die Arterien der Ohrmuschel (Aa. temporalis superficialis und retroauricularis). Der Meatus osseus wird durch die A. auricularis prof. aus der A. maxillaris versorgt. Die sensiblen Nerven kommen aus dem N. auriculotemporalis, welcher mit der A. temporalis superficialis vor dem Meatus cartilagineus zur Schläfe emporzieht und aus dem Ramus auricularis n. vagi, welcher sich besonders an dem Meatus osseus verzweigt.

Topographische Beziehungen des Meatus acusticus ext. Wir können Beziehungen nach vorne, oben, hinten und unten unterscheiden:

Nach vorne grenzt die Regio retromandibularis und die Kapsel des Kiefergelenkes sowohl an den Meatus cartilagineus wie an den Meatus osseus, eine Tatsache, von der man sich leicht überzeugen kann, indem man einen Finger in den äusseren Gehörgang einführt und den Mund abwechselnd öffnet und schliesst; dabei lassen sich die Bewegungen des Capitulum mandibulae an der vorderen Wand des Meatus cartilagineus verfolgen.

Die obere Wand des knöchernen Gehörganges trennt als eine Knochenschicht von wechselnder Dicke die mittlere Schädelgrube und das Mittelohr von dem Lumen des Ganges. In dieser Wand können sich lufthaltige Räume ausbilden, welche in den oberen Abschnitt der Paukenhöhle (Recessus epitympanicus) ausmünden und die Knochenschicht, welche die letztere von der oberen Wand der des Meatus osseus ext. trennt, beträchtlich verdünnen (Abb. 123). Die Ausbildung dieser Hohlräume erklärt es, wie Eiterungen des Mittelohres in den äusseren Gehörgang durchbrechen können, ohne das Trommelfell zu perforieren.

Nach unten grenzt die Wand des Meatus in ihrer ganzen Ausdehnung an die Glandula parotis (s. Abb. 123), und zwar unmittelbar, indem hier die Kapsel der Drüse fehlt. Von einiger Bedeutung für das Übergreifen einer Entzündung von dem Meatus cartilagineus auf die Parotis sind die Spalten (Foramina cartilaginis meatus acust.) in dem knorpligen Skelete der unteren Wand; umgekehrt kann sich die Parotis auf Kosten des Meatus cartilagineus nach oben ausdehnen und einen Druck auf denselben ausüben.

Die hintere Wand zieht gegen den Processus mastoides; hier wird das Lumen des Meatus osseus von den Cellulae mastoideae durch eine Knochenlamelle getrennt, was jedoch nicht ausschliesst, dass sich Eiteransammlungen in den Cellulae mastoideae einen Weg nach vorne in den äusseren Gehörgang bahnen können.

Membrana tympani. Sie ist als Abschluss der Paukenhöhle gegen den äusseren Gehörgang in den letzteren eingesetzt. Die Untersuchung des Trommelfells von aussen mittelst des Otoskopes lässt so wichtige Schlüsse auf den Zustand der Schleimhaut und anderer Gebilde innerhalb der Paukenhöhle zu, dass eine ins einzelne gehende Beschreibung der Struktur und Lage der Membran gerechtfertigt erscheint.

Lage und Einteilung der Membrana tympani. Das Trommelfell ist niemals senkrecht zur Achse des äusseren Gehörganges eingesetzt, sondern zeigt gegen dieselbe eine Neigung, welche beim Erwachsenen etwa 40—50° beträgt; beim Fetus liegt das Trommelfell fast horizontal, beim Neugeborenen beträgt die Neigung schon 30—35°; es findet also eine beim Fetus beginnende, erst beim Erwachsenen ihren Abschluss erreichende Aufrichtung des Trommelfells statt.

Die äussere Fläche setzt die Wölbung der oberen Wand des äusseren Gehörganges fort (s. Abb. 123); es wird daher angezeigt sein, Instrumente (z. B. Sonden) längs der oberen Wand einzuführen und sie von oben längs des Trommelfells abwärts gleiten zu lassen. Individuelle Variationen in der Neigung des Trommelfells sind übrigens nichts Seltenes.

Das Trommelfell ist im Sulcus anuli tympanici der Pars tympanica ossis temporalis eingelassen und befestigt. Die straffen Fasern, welche die Membran auszeichnen, finden sich bloss so weit, als die Wandung des Meatus acusticus ext. von der Pars tympanica gebildet wird, fehlen also in ihrem oberen Teile, dort wo die Wandung teilweise durch die Schuppe des Schläfenbeines hergestellt wird, welche die Pars tympanica zum Ringe ergänzt. Hier stösst die Schleimhaut der Paukenhöhle direkt mit der die äussere Fläche der Membrana tympani überkleidenden Epidermisschicht zusammen und vervollständigt so, beim Fehlen strafferer Faserzüge, den Abschluss der Paukenhöhle gegen den äusseren Gehörgang. Wir unterscheiden demnach (Abb. 124) die untere, grössere, in den Rahmen der Pars tympanica eingespannte Partie des Trommelfells als Pars tensa, von der oberen, der straffen Fasern entbehrenden Partie, der Pars flaccida. Die letztere wird in die Lichtung der Paukenhöhle vorgewölbt, kann aber auch umgekehrt, wenn der Druck innerhalb der Paukenhöhle stärker wird, sich in den Gehörgang vorbuchten und bildet dann eine gegen die Paukenhöhle hin offene Tasche, auf deren Lage und Beziehungen wir später zurückkommen. Bei der Ansicht des Trommelfells von aussen wird die Pars flaccida durch zwei Schleimhautfalten abgegrenzt (Abb. 124), welche in die Paukenhöhle vorspringen und bei der Untersuchung mittelst des Otoskops zu erkennen sind (Stria membranae tympani ant. et post.[1]).

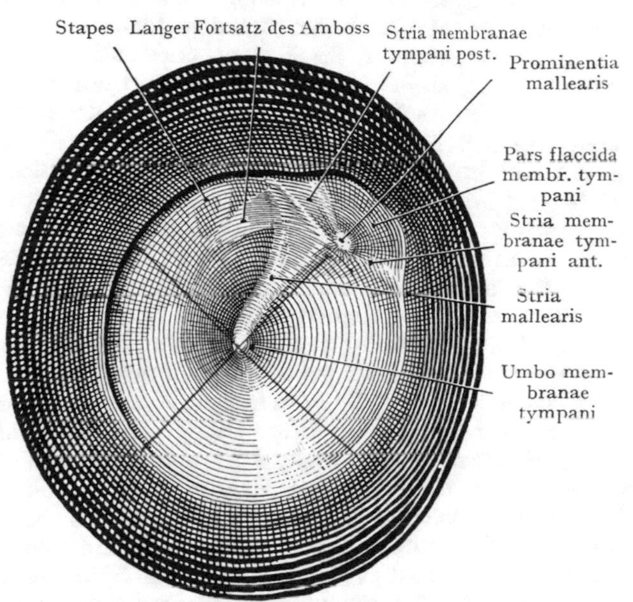

Abb. 124. Rechtes Trommelfell von aussen, mit Angabe der Trommelfellquadranten.

Der Steigbügel und der lange Fortsatz des Ambosses sind bei der Betrachtung mittelst des Otoskopes nicht sichtbar.

Zum Teil nach Testut und Jacob.

Das Relief des Trommelfells wird durch die Verbindung hervorgerufen, welche der Stiel des Hammers (Manubrium mallei) und der Processus brevis mallei mit der Membran eingehen. Der Proc. brevis mallei (Abb. 124) liegt an der Spitze des nach vorne und oben offenen von den beiden Striae membranae tympani gebildeten Winkels und erscheint als eine kleine Erhebung, von welcher im otoskopischen Bilde die Striae membranae tympani als weissliche Stränge ausgehen, um mit der an der Bildung des äusseren Gehörganges teilnehmenden Pars squamalis ossis temporalis die Pars flaccida membranae tympani abzugrenzen. Von dem Buckel des Processus brevis mallei zieht sich ein gelblich weisser Streifen nach unten und hinten hin; derselbe wird durch den Griff des Hammers erzeugt, welcher mittelst straffer Fasern an die gegen die Paukenhöhle sehende Fläche des Trommelfells befestigt ist.

Die erwähnten Details sind bei normalen Verhältnissen regelmässig mittelst der otoskopischen Untersuchung festzustellen, in günstigen Fällen kommen noch Einzel-

[1] Plica membranae tympani ant. et post.

heiten hinzu. Es sind dies: 1. die Chorda tympani, welche innerhalb der Trommelhöhle (Abb. 125), dem Trommelfell angelagert, bogenförmig zwischen dem langen Fortsatze des Ambosses und dem Stiel des Hammers gegen die Fissura petrotympanica (Glaseri) nach vorne und unten verläuft. Dieser Bogen liegt oberhalb der dem Proc. brevis mallei entsprechenden Erhebung und der weissen Linie der Stria membranae tympani post. 2. In einigen Fällen ist auch der Proc. longus des Hammers, wenigstens teilweise, als ein heller, von dem Processus brevis mallei ausgehender, nach vorne und unten verlaufender Streifen zu erkennen (in Abb. 124 nicht dargestellt). 3. Das Promunturium, etwas nach hinten von dem unteren Ende des Hammergriffes.

Das Trommelfell zeigt von aussen betrachtet eine trichterförmige Vertiefung, deren tiefste Stelle (Umbo membranae tympani) dem Ende des Hammergriffes entspricht und in die Paukenhöhle vorspringt, um sich der medialen Wand derselben in der Gegend des Promunturium zu nähern. Je nach dem Spannungszustande des Trommelfells wechselt die Wölbung desselben und damit auch die Verengerung der Paukenhöhle, welche durch die Annäherung des Umbo an das Promunturium zustande kommt.

Beziehungen des Trommelfells. Von den beiden am Trommelfell unterschiedenen Abschnitten grenzt die Pars flaccida als eine dünne Membrana den Kuppelraum der Trommelhöhle (Recessus epitympanicus, Abb. 128) teilweise gegen den äusseren Gehörgang ab; sie stellt gegen die Lichtung des Mittelohrs hin den Grund der durch den Hammerkopf und die Plica mallearis ant. und post.[1] bedeckten sogenannten Taschen von Tröltsch dar (s. die Besprechung der Trommelfelltaschen).

Die Pars tensa zeigt, wie oben dargestellt wurde, unmittelbare Beziehungen zu dem Stiele und dem Proc. brevis des Hammers, welche mit der medialen Fläche der Membran verbunden sind. Mittelbar steht sie ferner in Beziehung zum langen Fortsatze des Ambosses, zum Steigbügel und zum Promunturium. Zur Lokalisation dieser Beziehungen bei Beschreibung des Befundes am Trommelfell (Otoskopie) pflegt man die Pars tensa durch zwei Linien, von denen die eine durch den Stiel des Hammers, die andere senkrecht darauf durch den Umbo gezogen wird (Abb. 124), in vier Quadranten einzuteilen. Im Bereiche des oberen hinteren Quadranten ergeben sich Beziehungen des Trommelfells zum Griff des Hammers, zum langen Fortsatze des Ambosses und zum Steigbügel. Die übrigen drei Quadranten werden durch die Lichtung der Paukenhöhle von dem Promunturium und der medialen Wand der Paukenhöhle (Paries labyrinthicus cavi tympani) getrennt. Man wird folglich bei der Eröffnung (Paracentese) der Membrana tympani den oberen hinteren Quadranten vermeiden und es vorziehen, den Anstich in einem der anderen Quadranten vorzunehmen, und zwar, zur Sicherung des Abflusses von Eiter, an einem der beiden unteren Quadranten.

Die Gefässe des Trommelfells bilden zwei Netze, ein inneres, dessen Arterien aus der auch die Paukenhöhlenschleimhaut versorgenden A. tympanica anterior kommen, und ein äusseres, welches durch Äste der A. auricularis prof. (Ast der A. maxillaris hergestellt wird. Die Nerven der äusseren Fläche des Trommelfells kommen aus dem N. auriculotemporalis und dem Ram. auricularis n. vagi, diejenigen der inneren gegen die Paukenhöhle sehenden Fläche aus dem Plexus tympanicus.

Mittelohr. Auris media.

Das Cavum tympani stellt einen lufthaltigen, nach vorne und unten mittelst der Tuba pharyngotympanica[2] mit der Pars nasalis pharyngis in Verbindung stehenden Raum dar. Lateralwärts durch die Membrana tympani von dem Meatus acusticus ext. getrennt, tritt er hinten mittelst der weiten Öffnung des Antrum mastoideum[3] mit den lufthaltigen, von Schleimhaut ausgekleideten, im Proc. mastoides eingeschlossenen Cellulae mastoideae in Verbindung. Dieselben gehören zum Mittelohr in demselben Sinne, wie die Sinus nasales zur Nasenhöhle; hier wie dort sind die Beziehungen

[1] Plica malleolaris ant. und post. [2] Tuba auditiva. [3] Antrum tympanicum.

der erst postnatal sich ausbildenden lufthaltigen Nebenräume von besonderer Wichtigkeit für die Fortleitung und Weiterverbreitung von Prozessen (Eiterungen), die von der Haupthöhle ihren Ausgang nehmen. So sind die lufthaltigen Nebenräume des Mittelohres in ihrer Pathologie vielfach abhängig von dem Mittelohr, und die Tuba pharyngo-tympanica[1] bildet eine Verbindung mit dem Pharynx, durch welche Entzündungen des letzteren bis zur Trommelhöhle fortgeleitet werden können, um von hier aus in den lufthaltigen Nebenräumen eine weitere Verbreitung zu finden. Wir sind also auch vom Standpunkte des Praktikers aus wohl berechtigt, die Topographie des Mittelohres mit Einschluss der Nebenräume und der Tube im Zusammenhang zu behandeln und dabei drei Abteilungen zu unterscheiden: die Paukenhöhle, die lufthaltigen Nebenräume derselben und die Tuba pharyngo-tympanica[1].

Trommelhöhle (Tympanum). (Cavum tympani.)

Das Cavum tympani stellt einen unregelmässigen, lufthaltigen Raum dar, welcher sich zwischen dem durch die Membrana tympani abgeschlossenen äusseren Gehörgang lateralwärts und dem knöchernen Labyrinthe medianwärts einschiebt. Die obere Wand (Paries tegmentalis seu tegmen tympani) trennt den Raum von der seitlichen Abteilung der mittleren Schädelgrube und dem Lobus temporalis des Grosshirns. Von der hinteren Schädelgrube und dem Cerebellum wird die Paukenhöhle durch das knöcherne Labyrinth getrennt. Von der Paukenhöhle geht schief nach vorne und medianwärts die Tuba pharyngo-tympanica[1] ab, hinten stehen die Nebenräume mittelst des Antrum mastoideum mit der Paukenhöhle in Zusammenhang.

Wandung des Cavum tympani. Wir können an derselben sechs Abschnitte unterscheiden, davon sind bereits erwähnt worden: die laterale Wand (Paries membranaceus), in welche die Membrana tympani eingesetzt ist; die mediale Wand (Paries labyrinthicus), welche die Paukenhöhle von dem Innenohr trennt; die obere Wand (Paries tegmentalis seu tegmen tympani), die vordere Wand (Paries caroticus) mit der Öffnung der Tuba pharyngo-tympanica[1] in die Paukenhöhle; die hintere Wand (Paries mastoideus) mit dem Antrum mastoideum. Dazu kommt als sechster Abschnitt die untere Wand oder der Boden der Paukenhöhle (Paries jugularis). Die einzelnen Wände sind nun in ihrer Zusammensetzung und in ihren Beziehungen zu untersuchen.

Paries membranaceus (lateralis). Er wird teils durch das Trommelfell, teils durch die angrenzenden Knochenteile gebildet, welche von innen her gesehen das Trommelfell einrahmen. Die Höhe dieser Knochenfläche ist oberhalb des Trommelfells am beträchtlichsten; während nach unten das Trommelfell fast bis auf den Boden der Trommelhöhle reicht, kommt sein oberer Umfang etwa 5—6 mm unterhalb des Paries tegmentalis zu liegen (Abb. 125). In dieser Ausdehnung wird die laterale Wand durch die Schuppe des Schläfenbeins gebildet, welche hier den oberen Umfang des äusseren Gehörgangs von dem oberhalb der Membrana tympani gelegenen, den Kopf von Hammer und Amboss aufnehmenden Kuppelraum oder Recessus epitympanicus der Paukenhöhle trennt (in Abb. 128 blau). Dieser Scheidewand kommt bei der Eröffnung der Paukenhöhle vom äusseren Gehörgang aus eine grosse praktische Bedeutung zu; tatsächlich kann der Recessus epitympanicus durch Abmeisselung eines Teiles der lateralen Paukenhöhlenwand oberhalb des Trommelfelles operativ erreicht werden (Abb. 123).

Unterhalb des Trommelfells wird die laterale Wand in wechselnder Höhe durch Knochen dargestellt (1—2 mm dick), in Abb. 125 mit roter Farbe angegeben. Das Trommelfell reicht also nicht bis zum Boden der Trommelhöhle herab, vielmehr können wir immer einen Abschnitt oder eine Etage der letzteren unterscheiden, welche unterhalb des Niveaus des Trommelfells liegt (Recessus hypotympanicus) und so einen Gegen-

[1] Tuba auditiva.

satz zu dem grösseren, oberhalb des Trommelfells gelegenen, die Gehörknöchelchen aufnehmenden Recessus epitympanicus bildet.

Der Paries labyrinthicus seu medialis trennt die Paukenhöhle vom Innenohr und zeigt dementsprechend ein in seinen Einzelheiten praktisch sehr wichtiges Relief (Abb. 126). Als Orientierungspunkt benützt man am besten das Promunturium, welches durch die Basalwindung der Schnecke gebildet wird und, auf den Paries membranaceus der Paukenhöhle bezogen, dem Umbo membranae tympani entspricht. Das

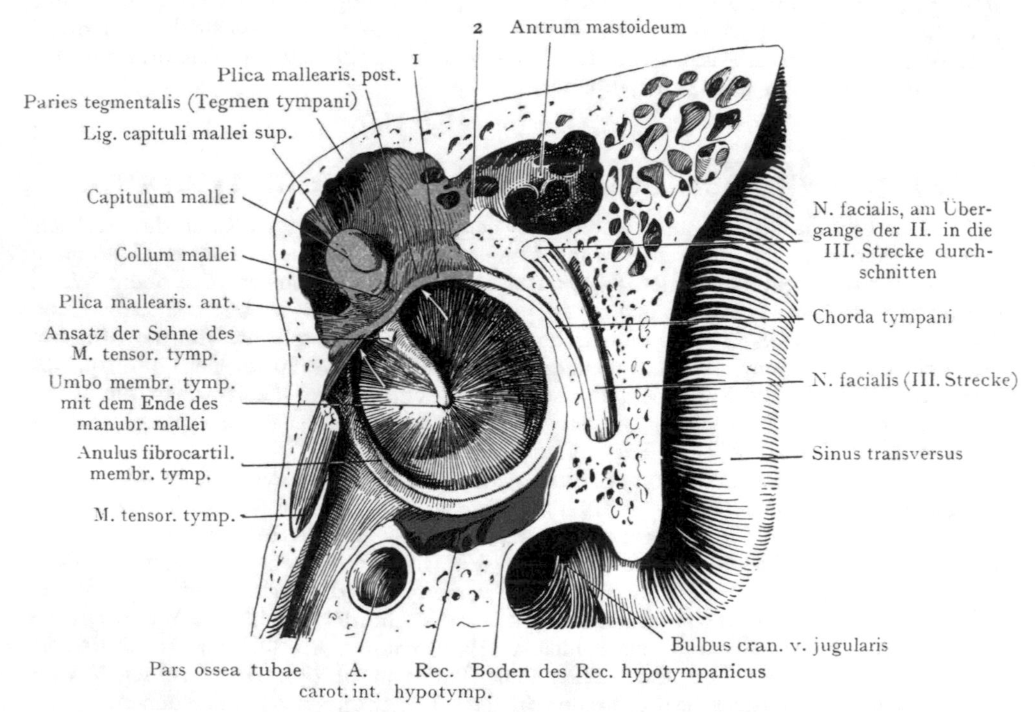

Abb. 125. Der Paries membranaceus der Paukenhöhle nach Entfernung des Ambosses.
Der Eingang in die Trommelfelltaschen ist mittelst Pfeilen angegeben.
Recessus epitympanicus blau. Recessus hypotympanicus rot.
1 Chorda tympani. 2 Aditus ad antrum mastoideum.

trichterförmig in die Paukenhöhle vorgetriebene Trommelfell erreicht fast das Promunturium (Abb. 123). Dies ist die engste Stelle der Paukenhöhle und zugleich die einzige Partie des Paries labyrinthicus, welche bei starker Beleuchtung des Trommelfells mittelst des Otoskopes zu erkennen ist. Vor und über dem Promunturium liegt am knöchernen Präparate die Rinne des Semicanalis m. tensoris tympani, unmittelbar über dem Promunturium in den Processus cochleariformis übergehend. Nach hinten schliesst sich dem Processus cochleariformis die Einsenkung der Fossula fenestrae vestibuli mit der Fenestra vestibuli an, in welche sich die Platte des Steigbügels einfügt. Oberhalb der Fossula fenestrae vestibuli folgt ein schräg abwärts und nach hinten verlaufender Wulst, welcher der lateralen Wand des Canalis n. facialis entspricht, soweit derselbe an die Paukenhöhle grenzt (Abb. 126). Die Wand des Kanales zeigt nicht selten Defekte, was zur Folge hat, dass die Scheide des N. facialis direkt mit der Paukenhöhlenschleimhaut in Berührung tritt und allen Schädlichkeiten ausgesetzt ist, welche von der letzteren ausgehen können (Lähmung des Nerven bei chronischer Entzündung der

Paukenhöhlenschleimhaut). Unterhalb des Promunturium liegt die Fenestra cochleae, welche sich nach hinten und abwärts öffnet und etwa in derselben Höhe wie die Fenestra vestibuli ragt die Eminentia pyramidalis von hinten in die Paukenhöhle vor; aus der an ihrer Spitze befindlichen feinen Öffnung tritt die Sehne des M. stapedius zum Capitulum stapedis.

Oberhalb des durch den Canalis n. facialis erzeugten Wulstes, annähernd parallel mit demselben, findet sich die von dem lateralen Bogengange des Labyrinthes erzeugte

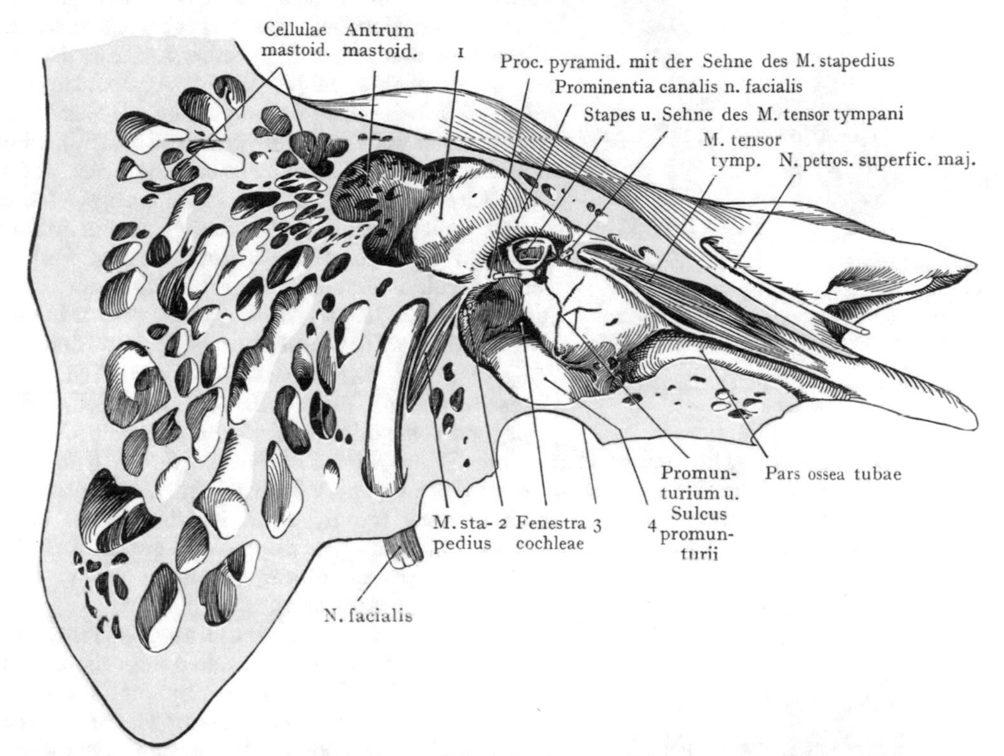

Abb. 126. Der Paries labyrinthicus (medialis) der Paukenhöhle mit den Cellulae mastoideae.
1 Prominentia canalis semicircularis lat. 2 Chorda tympani. 3 Fossa jugularis. 4 Paries jugularis (inferior) cavi tympani, durch den Bulbus cranialis v. jugularis nach oben vorgebuchtet.

Prominentia canalis semicircularis lateralis, welche die mediale Begrenzung des Aditus ad antrum mastoideum bildet.

Der Paries tegmentalis seu superior seu tegmen tympani trennt als eine oft papierdünne Knochenlamelle die Paukenhöhle von der mittleren Schädelgrube; sie stellt einen Teil der Pars petromastoidea dar, welche bei jugendlichen Individuen durch die Fissura petrosquamalis von der Pars squamalis ossis temporalis getrennt wird (Abb. 127). An dieser Stelle bestehen Anastomosen zwischen den Gefässen der Paukenhöhlenschleimhaut und denjenigen der Dura mater; die erwähnte Entzündung der Paukenhöhlenschleimhaut kann sowohl längs dieser Gefässverbindungen als auch durch die dünne Platte des Paries tegmentalis auf die Dura mater und auf den Lobus temporalis des Gehirns übergreifen. Nicht selten schimmert bei der Betrachtung von oben die Paukenhöhlenschleimhaut am frischen Präparate durch, ja es sind sogar Lücken in dem Paries tegmentalis beschrieben worden, in deren Bereich die Schleimhaut der Paukenhöhle direkt an die Dura mater grenzt, ein für die Fortpflanzung der Paukenhöhlenentzündung auf die Dura mater und auf den Temporallappen des Gehirns recht wichtiger Befund.

Paries jugularis seu inferior. Er wird von der Pars petromastoidea ossis temporalis gebildet und stellt eine Rinne dar, deren Boden tiefer liegt als der untere Umfang des Trommelfells (Abb. 128). Seine Mächtigkeit ist sehr variabel; besonders in der hinteren Partie ist er oft beträchtlich verdünnt, je nach der Grösse des Bulbus cranialis v. jugularis, welcher ihr von unten in der Fossa jugularis (von der Schädelbasis aus gesehen medianwärts vom Proc. styloides) anliegt. Dieser Boden der Paukenhöhle zeigt häufig Ausbuchtungen, welche das ihrige dazu beitragen, um die Knochenschicht noch weiter zu verdünnen (Abb. 128). Hier kann sich bei chronischer Entzündung der Schleimhaut Eiter ansammeln; auch kann längs kleiner Venen, welche aus der Paukenhöhlenschleimhaut stammen und direkt nach unten in den Bulbus venae jugularis münden, eine Infektion der Vena jugularis int. oder des Sinus transversus mit sich anschliessender Thrombenbildung stattfinden.

Proc. cochleariformis
Paries tegmentalis
SQUAMA
PETRO SUM
TYMPANI CUM
Proc. zygomaticus
Fenestra cochlea

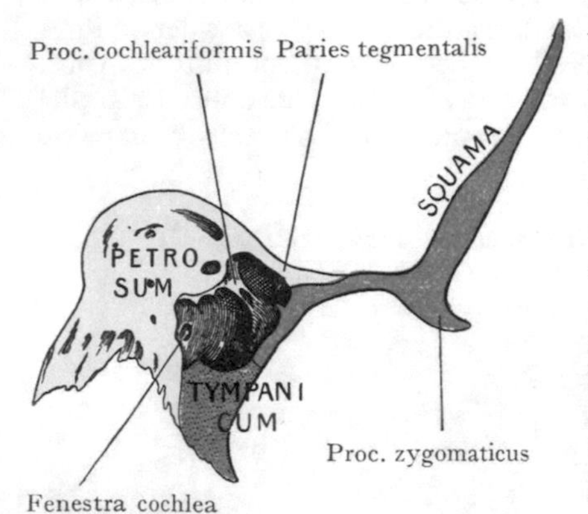

Abb. 127. Os temporale auf dem Frontalschnitte, zur Veranschaulichung der Zusammensetzung der Paukenhöhlenwandung.
(Nach Gegenbaur, Lehrbuch der menschl. Anatomie.)

Paries caroticus seu anterior. An demselben liegt oben die Öffnung der Tuba pharyngo-tympanica[1] in die Trommelhöhle (Ostium tympanicum tubae). Die untere Partie der Wand wird durch eine dünne Knochenlamelle gebildet, welche die Paukenhöhle von der ersten Windung der A. carotis int. und dem die Arterie umgebenden Plexus venosus trennt, auch ist die Gefahr einer Infektion dieser Venen, welche nach oben hin mit dem Sinus cavernosus im Zusammenhang stehen, nicht ausgeschlossen.

Lig. mallei lat.
Rec. epitymp.
Paries tegmentalis
Lig. capituli mallei sup.
Langer Fortsatz d. Amboss
N. facialis
Basis stapedis in der Fenestra vestibuli
Meatus acust. ext.
Vestibulum
Promunturium
Recessus hypotympanicus
Paries jugularis cavi tymp.
Bulbus cranialis v. jugularis

Abb. 128. Frontalschnitt durch die Paukenhöhle mit den Gehörknöchelchen.
Recessus epitympanicus blau. Recessus hypotympanicus rot.

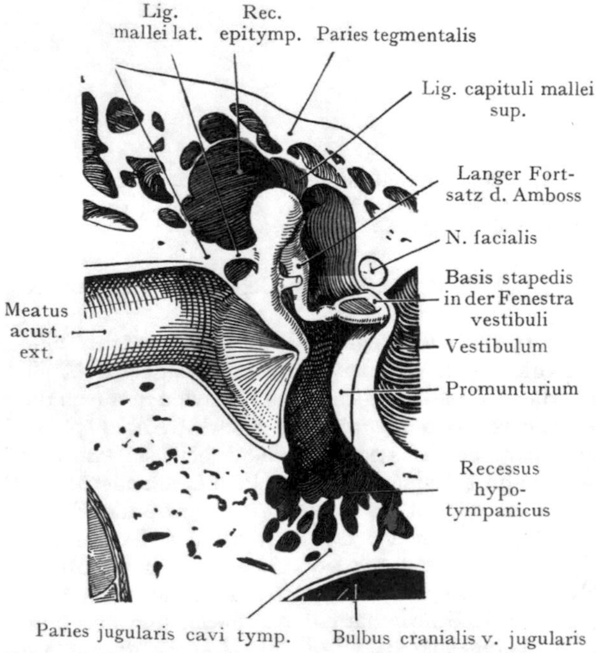

Mit den Lymphgefässen der Paukenhöhle stehen auch diejenigen der Tube in Verbindung; für beide bilden die Lymphonodi retropharyngici die ersten regionären Drüsen (daher die Möglichkeit der Entstehung eines retropharyngealen Abscesses bei der Mittelohrentzündung des Kindes). Die tiefen Lymphonodi cervicales stellen eine erste und zweite Etappe für die Lymphgefässe des Cavum tympani dar, die ausserdem mit den Lymphgefässen des Trommelfells und durch diese mit den Lymphgefässen des äusseren Gehörganges in Zusammenhang stehen. Für diese kommen die infraaurikularen Lymphdrüsen als regionäre Drüsen in Betracht. ,,Bei Kindern scheint nach klinischen Erfahrungen der Hauptweg zu den retropharyngealen und tiefen cervicalen Lymphdrüsen zu gehen, beim

[1] Tuba auditiva.

Erwachsenen zu den letzteren sowie zu den Lymphonodi infraauriculares" (Most).

Paries mastoideus seu posterior. Oben liegt die Öffnung des Antrum mastoideum, welche medial durch den Wulst des äusseren Bogenganges oberhalb der Prominentia canalis n. facialis begrenzt wird (Abb. 126). Unterhalb der Öffnung ist die hintere Wand unregelmässig buchtig, und hier findet sich eine kleine Fläche zur Anlagerung des kurzen Fortsatzes des Ambosses sowie eine Öffnung (Apertura tympanica canaliculi chordae), welche die aus der letzten Strecke des N. facialis kurz vor seinem Austritte aus dem For. stylomastoideum abgehende Chorda tympani benutzt, um in die Paukenhöhle zu gelangen.

Tunica mucosa tympanica. Die knöchernen Wandungen der Paukenhöhle werden von einer Schleimhaut überzogen, welche einerseits durch die Tuba pharyngo-tympanica[1] mit der Pharynxschleimhaut im Zusammenhang steht, andererseits sich durch das Antrum mastoideum in die Schleimhautauskleidung der Cellulae mastoideae fortsetzt. Dieser Zusammenhang erklärt die weite Ausdehnung von Entzündungsprozessen, welche, sei es vom Pharynx (längs der Tuba pharyngo-tympanica[1]), sei es vom äusseren Gehörgange aus, die Schleimhaut der Paukenhöhle und der Cellulae mastoideae ergreifen können. Die Schleimhaut ist fest mit dem Perioste der knöchernen Paukenhöhlenwandung verbunden.

Gefässe und Nerven der Paukenhöhle. Die Arterien kommen aus verschiedenen, der Paukenhöhle benachbarten Ästen der Aa. carotis int. und ext.; so nehmen an der Versorgung teil: die A. tympanica ant. aus der A. maxillaris[2], welche durch die Fissura petrotympanica in die Paukenhöhle gelangt, die A. stylomastoidea aus der A. retroauricularis, die A. meningica media, welche feine Äste durch die Fissura petrosquamalis zu der Schleimhaut des Paries tegmentalis sendet und so die praktisch wichtige Verbindung zwischen den Arterien der Paukenhöhle und denjenigen der Dura mater herstellt.

Die Venen haben ihre Abflüsse zu den verschiedenen, ausserhalb der Trommelhöhle liegenden, grossen Venenstämmen, so zu den Vv. meningicae mediae, zu dem die A. carotis int. im Canalis caroticus begleitenden Venengeflechte, zum Bulbus cranialis v. jugularis, auch zum Plexus pharyngicus.

Die Nerven sind sensible (zur Paukenhöhlenschleimhaut) und motorische (zu den Mm. stapedius und tensor tympani). Die sensiblen Äste werden durch den Plexus tympanicus (Jacobsoni) dargestellt, dessen Fasern zum grössten Teil von dem N. tympanicus geliefert werden. Dieser geht vom Ganglion extracraniale[3] n. glossopharyngici ab und gelangt von unten her durch den Canaliculus tympanicus in die Paukenhöhle, wo er im Sulcus promunturii am Paries labyrinthicus (Abb. 126) verläuft. Mit dem Plexus tympanicus treten also in Verbindung die Nn. caroticotympanici, der N. tympanicus und der N. petrosus superficialis minor; ihre Herkunft und ihr Verlauf werden in den Lehrbüchern der deskriptiven Anatomie ausführlich geschildert.

Von den beiden motorischen Nerven entspringt der N. stapedius aus der dritten, senkrechten Strecke des N. facialis innerhalb des Canalis n. facialis und gelangt sofort zu dem im Knochen eingeschlossenen M. stapedius. Der Ast zum M. tensor tympani kommt aus dem N. mandibularis (Ganglion oticum). Der Verlauf der die Paukenhöhle durchsetzenden Chorda tympani soll später im Zusammenhang mit der Ausbildung der Schleimhautfalten und der Taschen des Trommelfells besprochen werden.

Lage und Beziehungen der Gehörknöchelchen. Die Kette der drei Gehörknöchelchen wird durch die Tunica mucosa tympanica, welche sich von den Wandungen der Paukenhöhle auf sie umschlägt, vollständig umschlossen. Das Verhältnis erinnert an den Einschluss des Darmrohres oder einzelner Baucheingeweide durch die Serosa;

---

[1] Tuba auditiva. [2] A. maxillaris int. [3] Ganglion petrosum.

denn in derselben Weise wie dort die Eingeweide werden hier die Gehörknöchelchen durch Falten der einhüllenden Membran (der Schleimhaut) mit den Wandungen des Hohlraumes (also der Paukenhöhle) verbunden. Die Schleimhautfalten umschliessen Bindegewebsstränge, welche von der Wand der Paukenhöhle zu den Gehörknöchelchen ziehen und Hemmungsbänder für allzu starke Bewegungen darstellen.

Die drei gelenkig miteinander verbundenen Gehörknöchelchen reichen vom Trommelfelle bis zur Stapesplatte in der Fenestra vestibuli. Ihre Lage, von aussen dargestellt, ist in Abb. 124 zu erkennen. Der Griff des Hammers (mit dem Proc. brevis) ist mit der inneren Fläche des Trommelfells verbunden und erstreckt sich vom Umbo membranae tympani bis zu dem durch die Stria membranae tympani ant. et post.[1] gebildeten Winkel, welcher die Pars tensa von der Pars flaccida abgrenzt. Parallel mit dem Stiele des Hammers verläuft der lange Fortsatz des Ambosses, entsprechend dem hinteren oberen Quadranten des Trommelfells; der Stapes ist, obgleich von aussen nicht sichtbar, gleichfalls in die Abbildung eingezeichnet. Nach unten und vorne ragt gegen den Paries jugularis der Processus longus mallei[2], welcher vermittelst des Lig. proc. longi mallei[3] in der Fissura petrotympanica (Glaseri) befestigt ist.

Die Hauptmasse der Gehörknöchelchen (Kopf des Hammers und Amboss) erheben sich über den oberen Rand des Trommelfells und kommen so in den Recessus epitympanicus (Abb. 128) zu liegen. Der lange Fortsatz des Amboss steigt allerdings wieder in die mittlere, von dem Trommelfell lateralwärts begrenzte Etage der Paukenhöhle herunter, um mit dem in der Fenestra vestibuli eingesetzten Stapes zu articulieren. Der Kopf des Hammers erreicht fast den Paries tegmentalis, an welchen er durch das Lig. capituli mallei superius befestigt wird.

Lateral verbindet sich die Reihe der Gehörknöchelchen im Manubrium mallei mit der Membrana tympani. Der Stapes ist als mediales Endglied der Reihe mit seiner Platte in die Fenestra vestibuli eingefügt und hier durch eine Bandmasse (Lig. anulare baseos stapedis) befestigt. Nach oben geht vom Kopfe des Hammers zum Paries tegmentalis das Lig. capituli mallei sup., nach unten ist der Hals des Hammers durch den Proc. longus mallei und das Lig. proc. longi mallei mit der Fissura petrotympanica verbunden, lateral erhält der Hals des Hammers noch durch das Lig. mallei laterale (Abb. 128) eine Befestigung an die laterale Wand des Recessus epitympanicus, oberhalb des Trommelfellansatzes.

Von der grössten Bedeutung für die Mechanik der Gehörknöchelchen und für die Topographie des Hammers und des Trommelfells sind jedoch die Fasern, welche vom Halse des Hammers ausgehen und sich sowohl hinten und oben als unten und vorne inserieren, also den Hals des Hammers gewissermassen zwischen sich fassen (Ligamenta mallei). 1. Das Lig. Processus longi mallei[3] entspringt von der Spina ossis sphenoidis[4] und enthält auch Fasern aus der Fissura petrotympanica, welche sich mit dem Processus longus mallei verbinden; das Band inseriert sich am Collum mallei. 2. Das Lig. mallei post. entspringt gemeinsam mit dem Lig. mallei lat. von der äusseren Wandung des Recessus epitympanicus oberhalb des Trommelfells und inseriert sich gleichfalls am Halse des Hammers an der Crista mallei. Neuerdings wird bloss ein Lig. mallei lat. aufgeführt, dessen hintere Züge das frühere Lig. mallei post. darstellen. Die Ligg. processus longi mallei[3] und post. bilden zusammen das sogenannte Achsenband (Helmholtz) des Hammers, um welches die zu einer Spannung resp. zu einer Erschlaffung des Trommelfells führenden Bewegungen des Hammers stattfinden. Die Sehnen der beiden an den Gehörknöchelchen sich inserierenden Muskeln verlaufen, von der Schleimhaut überzogen, durch die Paukenhöhle. Die Sehne des M. tensor tympani tritt aus dem knöchernen, den Muskelbauch umschliessenden Semicanalis m. tensoris tympani am Processus cochleariformis aus und biegt im rechten Winkel lateralwärts um, indem sie ihre Insertion am obersten Teile des Manubrium mallei in der Nähe

---

[1] Plica membranae tympani ant. et post. [2] Processus anterior mallei.
[3] Lig. mallei ant. [4] Spina angularis.

des Processus brevis mallei nimmt. Der M. stapedius ist in die hintere Wand der Paukenhöhle eingeschlossen und lässt seine Endsehne durch die Öffnung an der Spitze der Eminentia pyramidalis austreten, um zu seiner Insertion am Capitulum stapedis zu gelangen.

Die von dem Halse des Hammers ausgehenden Bandfasern erhalten, wie alle übrigen in die Lichtung der Paukenhöhle vorspringenden Gebilde, einen Überzug durch die Schleimhaut, welche sich auf der Grundlage der sehnigen Fasern zu Falten erhebt (Plica mallearis ant. und post[1].). Dieselben entsprechen in ihrem Abgange von dem Paries membranaceus cavi tympani der Grenze zwischen der Pars tensa und der Pars flaccida des Trommelfells, welche auf dem otoskopischen Bilde zu erkennen ist (Abb. 124). Die beiden an den Hammerhals gehenden Schleimhautfalten sehen mit ihren freien Rändern nach unten und schliessen hier die Chorda tympani ein, welche, aus der dritten Strecke des N. facialis entspringend, durch eine kleine Öffnung an der hinteren Paukenhöhlenwand (Apertura tympanica canalic. chordae) unter die Schleimhaut gelangt und weiterhin, in dem freien Rande der Plica mallearis ant. et post. eingeschlossen, bogenförmig nach vorne verläuft, um die Paukenhöhle durch die Fissura petrotympanica (Glaseri) zu verlassen (Abb. 125). Die Chorda liegt dabei oberhalb des Processus brevis mallei, zwischen dem langen Fortsatze des Amboss und dem Stiele des Hammers. In Abb. 124 (Ansicht des Trommelfelles von aussen) ist die Chorda tympani (in der Abbildung nicht bezeichnet) oberhalb der Stria membranae tympani post.[1] zu sehen.

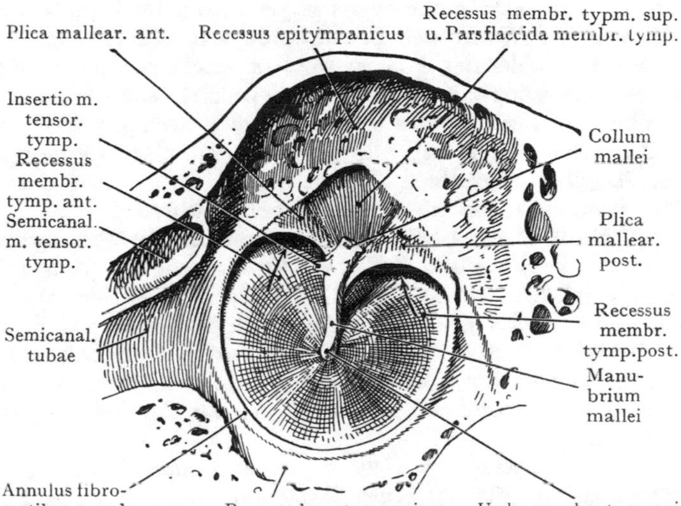

Abb. 129. Trommelfell und Paries membranaceus der Paukenhöhle von innen.

Der Kopf des Hammers ist abgetragen worden, um die Pars flaccida membr. tymp. zu zeigen.

Die Schleimhautfalten der Plica mallearis ant. et post.[2], deren freie Ränder nach unten sehen, begrenzen mit der oberen Partie der Pars tensa membranae tympani (s. Abb. 129) zwei Buchten, welche abwärts in weiter Kommunikation mit der Trommelhöhle stehen, die Recessus membranae tympani anterior und posterior (vordere und hintere Trommelfelltasche); sie sind in der Abbildung durch Pfeile angegeben. Der Recessus ant. ist seicht und nach oben abgeschlossen; seine praktische Bedeutung gering. Der Recessus post. dagegen ist tiefer; sehr häufig zeigt sich auch in der Plica mallearis posterior eine Öffnung, welche nach oben in eine durch die Pars flaccida membranae tympani gegen den äusseren Gehörgang hin abgeschlossene Bucht (Recessus membranae tympani sup.) führt. Die letztere, auch obere Trommelfelltasche oder Prussaksche Trommelfelltasche genannt, wird gegen den oberhalb des Trommelfelles liegenden Kuppelraum der Trommelhöhle durch das von der Schleimhaut überzogene Lig. mallei laterale getrennt (s. den Frontalschnitt der Abb. 128), medial wird sie durch den Hals des Hammers abgegrenzt, lateralwärts durch die Pars flaccida membranae tympani von dem äusseren Gehörgange geschieden. In der Regel besteht

[1] Plica membranae tympani post. [2] Plica malleolaris ant. et post.

eine mehr oder weniger ausgiebige Verbindung mit dem Kuppelraume (Recessus epitympanicus).

Die beschriebenen Buchten der Schleimhaut haben eine praktische Bedeutung, weil sie geeignet sind, bei chronischen Entzündungsprozessen die Eiteransammlung zu begünstigen und den Ausgangspunkt für das Übergreifen solcher Prozesse auf die knöchernen Wandungen der Paukenhöhle zu bilden. Als ein weiterer derartiger Raum (Gipfelbucht oder Recessus culminis Merkel) ist ein Teil der oberen Etage der Paukenhöhle beschrieben worden (Abb. 128), welcher unten durch das Lig. mallei laterale, medial durch die in die obere Etage der Paukenhöhle aufsteigenden Teile von Hammer und Amboss, lateral durch die Wand der Paukenhöhle abgegrenzt wird. Dieser Raum wird mehr oder weniger durch Schleimhautfalten vervollständigt, welche sich von der Wand der Paukenhöhle auf Hammer und Amboss umschlagen. Eine genauere Schilderung können wir uns ersparen; die Gipfelbucht ist als ein Teil des Recessus epitympanicus aufzufassen, welcher sich, je nach der Ausbildung der zuletzt erwähnten Schleimhautfalten, mehr oder weniger vollständig gegen den Raum der Paukenhöhle abschliesst. Es können auch hier langwierige Eiterungen bestehen, die den Knochen angreifen, oder sich nach unten ausdehnen und eine Perforation der Pars flaccida membranae tympani herbeiführen.

Einteilung und topographische Beziehungen des Tympanum[1]. Die Form der Paukenhöhle auf einem Frontalschnitte (Abb. 128) ist mit einer bikonkaven Linse verglichen worden, deren konkave Flächen einerseits durch die Membrana tympani, andererseits durch den Paries labyrinthicus mit dem Promunturium dargestellt werden. Am engsten ist die Lichtung der Paukenhöhle dort, wo sich der Umbo membranae tympani bis auf ca. 2 mm dem Promunturium nähert; aufwärts und abwärts gegen die Decke und den Boden hin, nimmt die Weite in transversaler Richtung zu (bis zu 5 mm).

Mit Rücksicht auf die topographischen Beziehungen des Raumes, sowohl zu seinem Inhalte als zu seiner Umgebung, lässt sich die Paukenhöhle in drei übereinanderliegende, in Abb. 128 durch Farbenunterschiede angegebene ,,Etagen" einteilen. Die untere Etage (Recessus hypotympanicus) liegt unterhalb des Trommelfells, sie wird unten durch den Paries jugularis abgeschlossen (in Abb. 128 rot). Die mittlere Etage (Pars media) entspricht in ihrer Höhenausdehnung dem Trommelfelle. Die obere Etage (Recessus epitympanicus mit der Pars cupularis cavi tympani) liegt oberhalb des Trommelfells (in Abb. 128 blau); sie wird durch den Paries tegmentalis von der Schädelhöhle getrennt. Die Beziehungen der einzelnen Etagen sind besonders zu besprechen.

1. Die untere Etage (Recessus hypotympanicus) bildet eine Rinne, welche oft kleine, abwärts gerichtete Ausbuchtungen aufweist, so dass die untere Wand der Paukenhöhle (Paries jugularis) beträchtlich verdünnt wird. Häufig wird der Bulbus cranialis venae jugularis, welcher dem Boden anliegt, nur durch eine dünne Knochenlamelle von der Paukenhöhle getrennt (Abb. 125).

2. Die mittlere Etage (Pars media) entspricht lateral dem Trommelfell als Abschluss des äusseren Gehörganges, medial dem Promunturium, der Fenestra vestibuli und der Fenestra cochleae. Hier liegt die engste Partie der Trommelhöhle und hier ergeben sich auch Beziehungen des Paries labyrinthicus zu dem häutigen Labyrinth, indem die Scala vestibuli in der Fenestra vestibuli durch die Platte des Steigbügels und das Lig. anulare baseos stapedis, die Scala tympani in der Fenestra cochleae durch die Membrana tympani secundaria von der Paukenhöhle getrennt werden.

3. Die obere Etage (Recessus epitympanicus und Pars cupularis) ist ein kleiner, aber praktisch sehr wichtiger Raum oberhalb des Trommelfelles (in Abb. 128 blau angegeben). Die Grenze gegen die mittlere Etage stellt eine Horizontalebene dar, welche durch den Processus brevis des Hammers gelegt wird, also ungefähr der

[1] Cavum tympani.

Grenze zwischen der Pars tensa und der Pars flaccida des Trommelfells entspricht. Die laterale Wandung des Raumes wird durch die Pars flaccida des Trommelfells gebildet und oberhalb derselben durch die Schläfenbeinschuppe, welche im Anschluss an die Pars flaccida den Raum von dem äusseren Gehörgange trennt. Die obere Wand wird durch den Paries tegmentalis seu cerebralis hergestellt, die mediale Wand dehnt sich abwärts bis zur Höhe der Fenestra vestibuli aus; an ihr bemerken wir die Wülste der Prominentia canalis n. facialis und des Canalis semicircularis lateralis (Abb. 126 und 128). Nach hinten geht der Recessus epitympanicus in das Antrum

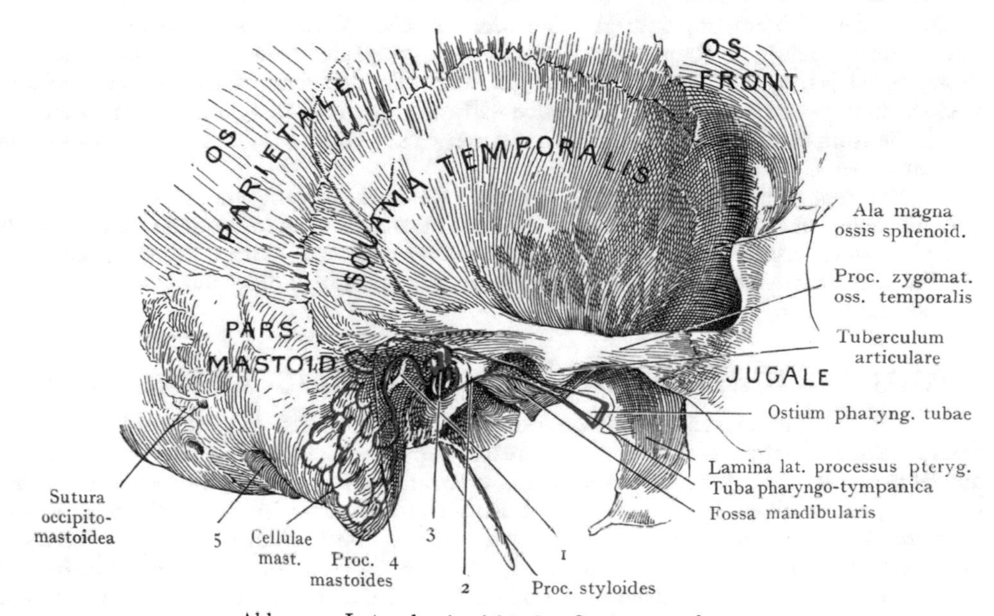

Abb. 130. Laterale Ansicht des Os temporale.
Die Umrisse der Projektion des Mittelohres sind rot angegeben.
1 Spina supra meatum. 2 Fissura petrotympanica. 3 Cavum tympani. 4 Antrum mastoideum. 5 Incisura mastoidea.

mastoideum über, vorne wird er eine kurze Strecke weit durch die vordere Wand oberhalb der Einmündung der Tuba pharyngo-tympanica[1] in die Paukenhöhle begrenzt.

Wenn man diejenigen Teile von Hammer und Amboss, welche in den Recessus epitympanicus hinaufragen, entfernt, so geht der Raum nach unten breit in die mittlere Etage der Paukenhöhle über; werden dagegen die Gehörknöchelchen mit ihren Schleimhautfalten in situ belassen, so bleibt bloss eine enge Verbindung mit der mittleren Etage übrig, welche bei Entzündung und Anschwellung der Schleimhaut verlegt wird. Nach hinten geht der Recessus epitympanicus in das Antrum mastoideum über, welches tatsächlich eine Ausbuchtung der oberen Etage der Paukenhöhle darstellt und etwas willkürlich an der Prominentia canalis semicircularis lat. von derselben abgegrenzt wird. An der lateralen Wand des Recessus öffnen sich eine Anzahl von lufthaltigen Zellen, welche einen Teil der Schläfenbeinschuppe einnehmen; auch am Paries tegmentalis kann durch die Ausbildung solcher Buchten eine beträchtliche Verdünnung dieser Knochenlamelle, welche den Recessus epitympanicus von der mittleren Schädelgrube trennt, erfolgen.

Die Gehörknöchelchen mit ihren Bändern, den Ligg. capituli mallei sup. und mallei lat.[2], ferner die straffe Verbindung zwischen dem kurzen Fortsatze des Amboss und der

[1] Tuba auditiva. [2] Lig. mallei sup. et lat.

hinteren Wand des Recessus, gliedern den Kuppelraum in einzelne Abteilungen, welche durch mehr oder weniger weite Öffnungen untereinander in Verbindung stehen. Es gelingt nicht, eine Regelmässigkeit in der Ausdehnung oder in der Verbindung dieser Buchten nachzuweisen. Die tiefste Partie des Raumes befindet sich zwischen dem Collum mallei und der Pars flaccida membranae tympani (Abb. 128), sie bildet hier die früher beschriebene obere (Prussaksche) Trommelfelltasche, welcher deshalb eine besonders grosse praktische Bedeutung zukommt, weil bei chronischer Entzündung der Schleimhaut im Bereiche des Recessus epitympanicus der Eiter sich häufig in die Prussaksche Tasche senkt und durch die nachgiebige Pars flaccida des Trommelfells in den äusseren Gehörgang gelangt. Die anatomischen Verhältnisse erklären es jedoch, wie in dem buchtigen Raume des Recessus epitympanicus eine chronische Eiterung fortbestehen kann, auch nachdem der Durchbruch der Pars flaccida eine Öffnung nach aussen geschaffen hat. Eine breite Öffnung des Raumes kommt erst zustande durch die Abmeisselung der knöchernen Aussenwand (Abb. 123), welche den Raum von dem äusseren Gehörgange trennt.

Die topographischen Beziehungen des Recessus epitympanicus nach oben zur Schädelhöhle, nach hinten zu den Cellulae mastoideae, medianwärts zum Canalis n. facialis sind bereits erwähnt worden; es sei aber nochmals darauf hingewiesen, dass sie für die Verbreitung der Eiterungen von der Trommelhöhle aus die wichtigsten Bahnen darstellen.

Antrum mastoideum[1] und Cellulae mastoideae.

Die Cellulae mastoideae bilden den zweiten Abschnitt der lufthaltigen Räume des Mittelohres, welche sich in ausserordentlich variabler Ausbildung im Proc. mastoides ausdehnen. Als Nebenräume des Cavum tympani besitzen sie eine Schleimhautauskleidung; sie münden in eine grössere centrale Höhle (Antrum mastoideum[1]), welche mittelst einer weiten Öffnung (Aditus ad antrum mastoideum) mit dem Recessus epitympanicus in Verbindung steht. Während das Antrum mastoideum schon bei der Geburt vorhanden ist, beginnen sich dagegen die Cellulae mastoideae erst beim Neugeborenen zu entwickeln, so dass man zur Annahme berechtigt ist, das Antrum stelle wirklich einen Teil der Paukenhöhle, und zwar des Recessus epitympanicus dar, während bloss die Cellulae mastoideae als Nebenräume der Paukenhöhle aufzufassen seien.

Gestalt und Lage des Antrum mastoideum[1]. Das Antrum liegt hinter und über dem Meatus acusticus externus osseus als eine ovale Höhle, deren Wandungen durch die Pars petromastoidea ossis temporalis gebildet werden und deren Längsachse sich mehr oder weniger vertikal einstellt. Individuelle Variationen der Lage sind häufig, auch soll das Antrum beim Neugeborenen höher liegen, als beim Erwachsenen. Die Grösse des Raumes variiert noch mehr als seine Lage; es kann weit und buchtig oder auch stark reduziert sein, wie auch die Ausbildung der von ihm ausgehenden Cellulae mastoideae eine sehr verschiedene ist. Nirgends hat übrigens die Variationsbreite von Gebilden eine grössere praktische Wichtigkeit als gerade im Bereiche der Cellulae mastoideae und des Antrum mastoideum.

Das Antrum mastoideum[1] ist ein kurzer, aber relativ weiter Kanal, welcher die Cellulae mastoideae mit dem Cavum tympani in Verbindung setzt. Die Länge desselben beträgt etwa 3—4 mm; er wird gegen den Recessus epitympanicus durch die am Paries labyrinthicus der Paukenhöhle sichtbare Prominentia canalis semicircularis lateralis abgegrenzt. Oben wird er durch den Paries tegmentalis, lateral durch die Schuppe des Schläfenbeines gebildet, welche letztere sich in die laterale Wand des Recessus epitympanicus fortsetzt.

Wände des Antrum mastoideum[1]. Die laterale Wand entspricht der Projektion des Antrum auf die äussere Oberfläche des Mastoids (Abb. 130), und zwar wird

[1] Antrum tympanicum.

man in den meisten Fällen das Antrum erreichen, wenn man hinter der Spina supra meatum, einem kleinen, dem höchsten Punkte des Meatus acusticus externus osseus entsprechenden, hinter dem Porus acusticus ext. gelegenen Knochenvorsprunge, den Meissel genau medianwärts einschlägt (s. Abb. 130). Die Mächtigkeit der lateralen Wand des Antrum beträgt nach Kocher ungefähr 1,5 cm, doch sind hier die individuellen Unterschiede oft recht beträchtliche.

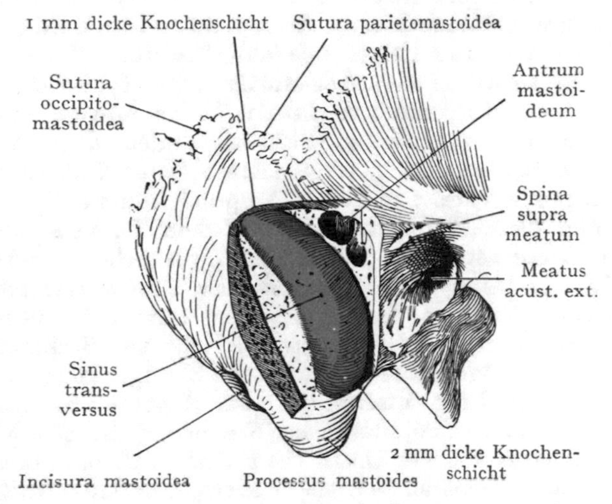

Abb. 131. Beziehungen zwischen dem Antrum mastoideum und dem Sinus transversus, bei einem weit lateralwärts ausbiegenden, fast den ganzen vorderen Teil der Pars mastoidea ossis temporalis in Anspruch nehmenden Sinus transversus, und gänzlichem Fehlen der Cellulae mastoideae.

Die Dicke der den Sinus transversus lateralwärts bedeckenden Knochenschicht beträgt zum Teil bloss 1—2 mm.

Die obere Wand ist nichts anderes als eine Fortsetzung des Paries tegmentalis cavi tympani; sie trennt das Antrum von der mittleren Schädelgrube und entspricht, nach aussen projiziert, etwa der Linea temporalis, welche die obere Kante des Jochbogens über dem Porus acusticus ext. osseus nach hinten fortsetzt. Die Linea temporalis wird also eine Grenze angeben, die man beim Aufmeisseln des Antrum nicht aufwärts überschreiten darf, ohne sich der Gefahr auszusetzen, die mittlere Schädelgrube zu eröffnen. Man kann die Operationsstelle für die Eröffnung des Antrum etwa angeben als einen nach hinten offenen rechten Winkel, der oben durch die horizontal verlaufende Linea temporalis und vorne durch eine in der Spina supra meatum abwärts gezogene Senkrechte gebildet wird.

Die mediale Wand trennt das Antrum von dem Sulcus transversus und von derjenigen Partie der medialen Fläche der Pars petromastoidea, welche an der Bildung der hinteren Schädelgrube teilnimmt und den Kleinhirnhemisphären angrenzt. Die Mächtigkeit der trennenden Knochenschicht ist sehr verschieden; so kann sie bei mässig grossem Antrum und seichtem Sulcus transversus recht beträchtlich sein, bei tief ausgehöhltem Sulcus transversus und kleinem Antrum mastoideum drängt sich der Sinus transversus lateralwärts vor, reduziert die mediale

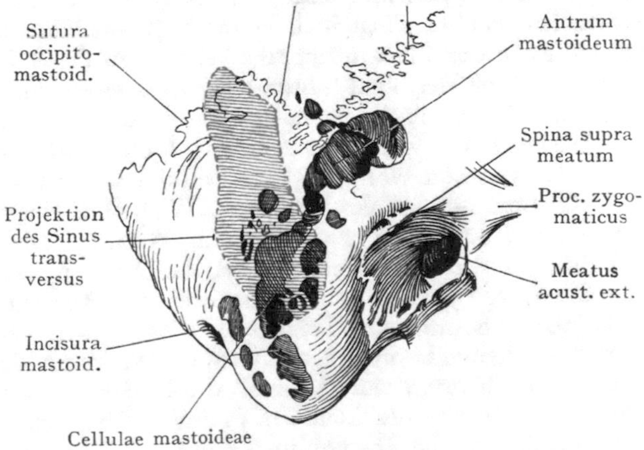

Abb. 132. Beziehungen zwischen den Cellulae mastoideae und dem Antrum mastoideum einerseits und dem Sinus transversus andererseits, bei starker Ausbildung der Cellulae mastoideae und mässiger Tiefe des Sulcus transversus.

Die Cellulae mastoideae sind durch Abtragung ihrer lateralen Wand freigelegt worden. Der Sinus transv. ist in der Projektion blau schraffiert.

Wand des Antrum und wird (allerdings in seltenen Fällen) bloss durch eine dünne Knochenschicht von der äusseren Oberfläche der Pars petromastoidea getrennt sein. Das kleine Antrum liegt dann oben und vorne von dem Sinus transversus, in der Höhe der Spina supra meatum. Ein solcher Fall ist in Abb. 131 dargestellt. Es wird hier bei starker Reduktion des Antrum mastoideum ein grosser Teil der Pars petromastoidea durch den lateralwärts weit ausgebuchteten Sinus transversus eingenommen. Beim Aufmeisseln der Pars petromastoidea an der typischen Stelle, gerade hinter der Spina supra meatum, trifft man zunächst das kleine Antrum mastoideum an. Die Cellulae mastoideae sind so gut wie gar nicht vorhanden; dagegen befindet sich hinter dem Antrum der stark lateralwärts vorgebuchtete Sinus transversus, welcher fast den ganzen Processus mastoides für sich in Anspruch nimmt. Derselbe wird bloss durch eine 1 bis 2 mm dicke Knochenschicht von dem Perioste der äusseren Fläche des Processus mastoides getrennt. Solche Fälle („gefährliche" Schläfenbeine) mahnen zur höchsten Vorsicht bei der Aufmeisselung der Processus mastoides, da der Meissel leicht die laterale Wand des Sinus transversus durchbrechen und den Sinus eröffnen kann. Wir haben (Okada) keinen sicheren Anhalt zur Bestimmung der „gefährlichen" Schläfenbeine; sie kommen rechts bedeutend häufiger vor als links, auch ist an solchen Schläfenbeinen der Proc. mastoides in der Regel klein. Der Befund kann als ein infantiler bezeichnet werden, indem bei Kindern meist eine geringe Knochenschicht den Sinus transversus von der Oberfläche trennt. In Abb. 132 ist ein anderer Befund dargestellt, welcher, abgesehen von einem etwas weit hinaufreichenden Antrum mastoideum, der Norm entspricht. Hier liegt das Projektionsfeld des Sinus transversus auf der Oberfläche der Pars petromastoidea hinter dem Antrum, und der Sinus wird von den Cellulae mastoideae durch eine ziemlich mächtige Knochenschicht getrennt; beim Aufsuchen des Antrum hinter der Spina supra meatum droht also keine Gefahr von seiten des Sinus. Dass übrigens von dem Antrum oder den Cellulae mastoideae aus ein Entzündungsprozess seinen Weg in den Sinus transversus nehmen und dort zur Bildung eines Thrombus führen kann, erklärt sich ohne weiteres aus den erwähnten anatomischen Verhältnissen.

Aufsuchung des Sinus transversus. Die zuletzt erwähnten Vorgänge können eine Indikation für die Aufsuchung des Sinus transversus darbieten. Man bestimmt die Stelle der Trepanation nach Kocher, indem man den vorragendsten Punkt der Basis des Proc. mastoides aufsucht, welcher nach hinten von dem Rande der Ohrmuschel sich erhebt. Fingerbreit höher liegt das kammartig schräg nach hinten emporsteigende Ende der Linea temporalis. Zwischen dieser Kante und jener Vorragung liegt auf der Innenseite der Sinus transversus, welcher entlang dem hinteren Teile des mittleren Drittels des Proc. mastoides noch eine Strecke weit abwärts verfolgt werden kann.

Die untere Wand des Antrum bietet nichts Beachtenswertes dar; von ihr, wie von den anderen Wänden, gehen Cellulae mastoideae aus.

Die Beziehungen der hinteren Wand zu einem lateralwärts stark ausgebuchteten Sinus transversus werden durch Abb. 131 veranschaulicht. An dem oberen Abschnitte der vorderen Wand mündet das Antrum mastoideum ein.

Die Abb. 133 stellt ein Gesamtbild der Beziehungen dar, welche zwischen dem Antrum mastoideum, dem Sinus transversus, dem Temporalhirn und der Kleinhirnhemisphäre einerseits und der lateralen Wandung des Schädels andererseits nachzuweisen sind. Eingezeichnet ist auch die Projektion lateralwärts der dritten, senkrecht verlaufenden Strecke des Canalis n. facialis. Oberhalb der Linea temporalis ist die Trepanationsstelle für die Abscesse in der unteren Temporalwindung angegeben, welche bei Fortleitung eines Entzündungsprozesses von der Paukenhöhle aus nach oben durch den Paries tegmentalis hindurch entstehen können. Es ist ersichtlich, dass man bei Eröffnung des Antrum mastoideum die Schädelhöhle vermeiden und eine Verletzung des Temporalhirns ausschliessen kann, wenn man unterhalb der Linea temporalis, in der Höhe der hier stark ausgebildeten Spina supra meatum, vorgeht. Hier ist am sichersten die Verletzung des Sinus transversus, auch in Fällen, wo derselbe sich lateralwärts in die Pars petromastoidea[1] ossis temporalis vorbuchtet, zu vermeiden. Das Projektionsfeld

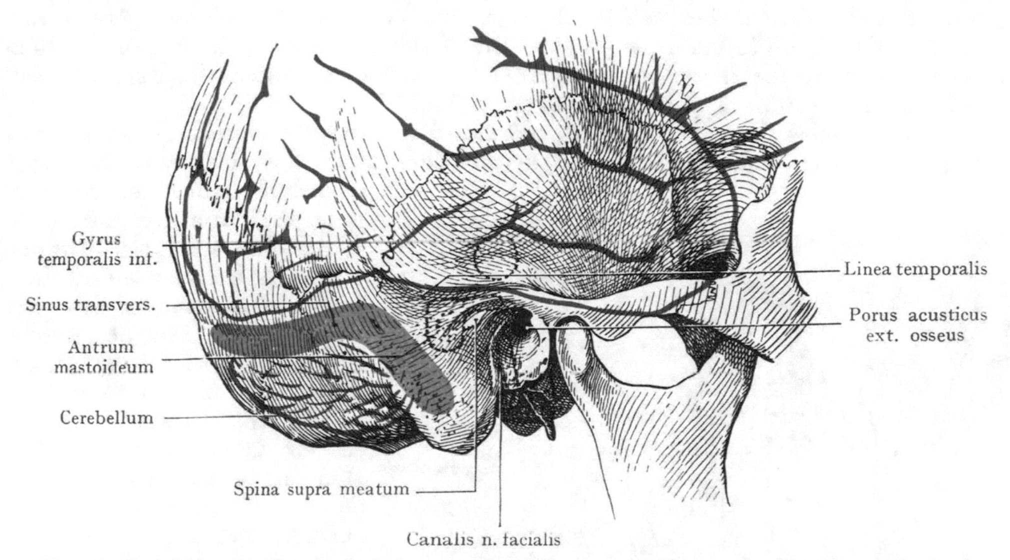

Abb. 133. Projektion der Temporalwindungen, des Antrum mastoideum, des Sinus transversus, des Kleinhirns und der dritten, senkrecht verlaufenden Facialisstrecke auf die seitliche Schädelwandung.

des Sinus transversus nimmt die hintere Partie der Pars petromastoidea[1] in Anspruch, biegt dann etwa in der Höhe der Spina supra meatum nach hinten um und lässt sich in annähernd horizontalem Verlaufe an der Squama ossis occipitalis verfolgen. Unterhalb desselben liegt das Kleinhirn, oberhalb desselben der Lobus occipitalis des Grosshirns.

Topographie und Beziehungen der Cellulae mastoideae. Die Cellulae mastoideae gehen von dem Antrum mastoideum als wuchtige, vielfach untereinander zusammenhängende Räume ab, die in ihrer Ausbildung eine grosse Variabilität aufweisen. Sie können einerseits fast die ganz Pars petromastoidea in Anspruch nehmen, ja bei sehr starker Ausbildung auf die benachbarten Teile des Os occipitale und der Squama ossis temporalis übergreifen. Das Extrem nach der anderen Richtung hin stellen Fälle dar, wie der in Abb. 131 abgebildete, bei welchem der Processus mastoides und ein grosser Teil der Pars petromastoidea aus hartem Knochen bestand und die Cellulae ganz fehlen oder auf ein Minimum reduziert waren. Es gibt natürlich alle möglichen Übergänge zwischen einem stark ausgehöhlten (pneumatisierten) Mastoid und einem solchen, bei welchem die Cellulae fehlen; leider ist es nicht möglich aus der Form des Knochens ein Urteil über die Beschaffenheit und Ausdehnung der lufthaltigen Räume zu gewinnen.

Antrum mastoideum

Abb. 134. Pars petromastoidea ossis temporalis rechterseits, mit sehr starker Ausbildung des Antrum mastoideum und der Cellulae mastoideae.

Die ganze Pars petromastoidea wird, bis auf eine papierdünne Lamelle, durch die Cellulae mastoideae eingenommen; dieselben werden bloss durch eine dünne Knochenschicht von dem Sinus transversus getrennt. Das Projektionsfeld des Sinus lateralwärts ist blau angegeben.

[1] Pars petrosa + mastoidea.

Die Abb. 134 zeigt eine sehr stark pneumatisierte Pars petromastoidea. Eine Abgrenzung des Antrum mastoideum von den Cellulae lässt sich hier nicht nachweisen, vielmehr wird die ganze Pars petromastoidea von einer buchtigen Höhle in Anspruch genommen, die durch eine auffallend enge, das Antrum vorstellende Öffnung mit dem Cavum tympani in Verbindung steht. Die Wandungen der Höhle sind, sowohl nach aussen als gegen die hintere Schädelgrube papierdünn, besonders diejenige Strecke, welche die Höhle von dem Sinus transversus scheidet.

Die Cellulae mastoideae lassen sich in drei Gruppen einteilen, eine untere Gruppe, welche sich hauptsächlich gegen die Spitze des Processus mastoides ausdehnt, indem sie mit der unteren Partie des Antrum in Verbindung steht, eine hintere Gruppe, welche von der hinteren Wand ausgeht und eine vordere obere Gruppe, welche sich häufig oberhalb des Meatus acusticus ext. ausbreitet und einen beträchtlichen Umfang erreichen kann. Am regelmässigsten finden sich die Cellulae der unteren Gruppe; sie sind auch auf dem Übersichtsbilde Abb. 130 allein dargestellt. Einzelheiten über die Lage und Beziehungen der drei Gruppen sowie über ihre Variationen möge man in den Handbüchern (Merkel, Testut und Jacob) nachsehen.

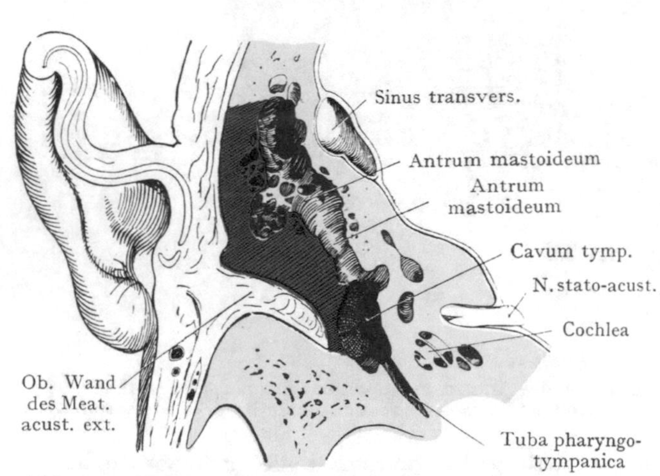

Abb. 135. Horizontalschnitt durch das Gehörorgan, etwas oberhalb des Meatus acust. ext., zur Veranschaulichung der Knochenteile, welche entfernt werden müssen, um das Mittelohr weit zu öffnen. (Stackesche Operation.)

Die Abb. 135 stellt einen Horizontalschnitt durch die Paukenhöhle und das Antrum mastoideum dar, bei welchem die laterale Wand des Mittelohres rot schraffiert ist. Dieselbe hat eine hohe praktische Bedeutung, indem ihre Abtragung durch die sog. Stackesche Operation es gestattet, die ganzen lufthaltigen Partien des Mittelohres auszuräumen und damit, allerdings unter Entfernung der Gehörknöchelchen, die chronisch entzündlichen Prozesse der Paukenhöhle und ihrer Nebenräume gründlich und erfolgreich zu beseitigen.

Tuba pharyngo-tympanica[1].

Die Tuba pharyngo-tympanica verbindet als langer nach vorne und abwärts verlaufender Kanal die Paukenhöhle mit der Pars nasalis pharyngis. Als Funktion der Tube ist die Regulierung des innerhalb der Trommelhöhle herrschenden Druckes anzusehen, indem bei Schluckbewegungen das sonst spaltförmige Lumen sich erweitert und der Luft freien Zutritt zur Paukenhöhle gestattet. Diese Rolle tritt besonders in dem häufigen Falle einer Verengerung des Lumens hervor, indem alsdann durch Resorption der Luft der Druck innerhalb der Paukenhöhle sinkt, das Trommelfell in die Trommelhöhle vorgetrieben und die Hörfunktion beeinträchtigt wird.

Einteilung und Länge der Tube. Wir unterscheiden, je nach der Beschaffenheit der Wandung, zwei Abschnitte der Tube, eine Pars ossea und eine Pars cartilaginea tubae pharyngo-tympanicae. Die Pars ossea bildet das in das Felsenbein eingeschlossene, von der Paukenhöhle am Ostium tympanicum tubae ausgehende Drittel der Tube, welches nach vorne und abwärts in die der Schädelbasis unten anliegende Pars cartilaginea über-

[1] Tuba auditiva (Eustachii).

geht, die sich trichterförmig erweitert, um am Ostium pharyngicum tubae in die Pars nasalis pharyngis auszumünden. Die Gesamtlänge der Tube beträgt 3,5—4,5 cm; ihr Lumen ist am weitesten an den beiden Ostien, während es gegen den Übergang der Pars ossea in die Pars cartilaginea abnimmt. Hier liegt die engste Stelle (Isthmus tubae), welche bei der Vornahme von Sondierungen das Instrument häufig aufhält, indem der Durchmesser bis auf 1 mm sinken kann. Man hat auch die Tube mit zwei

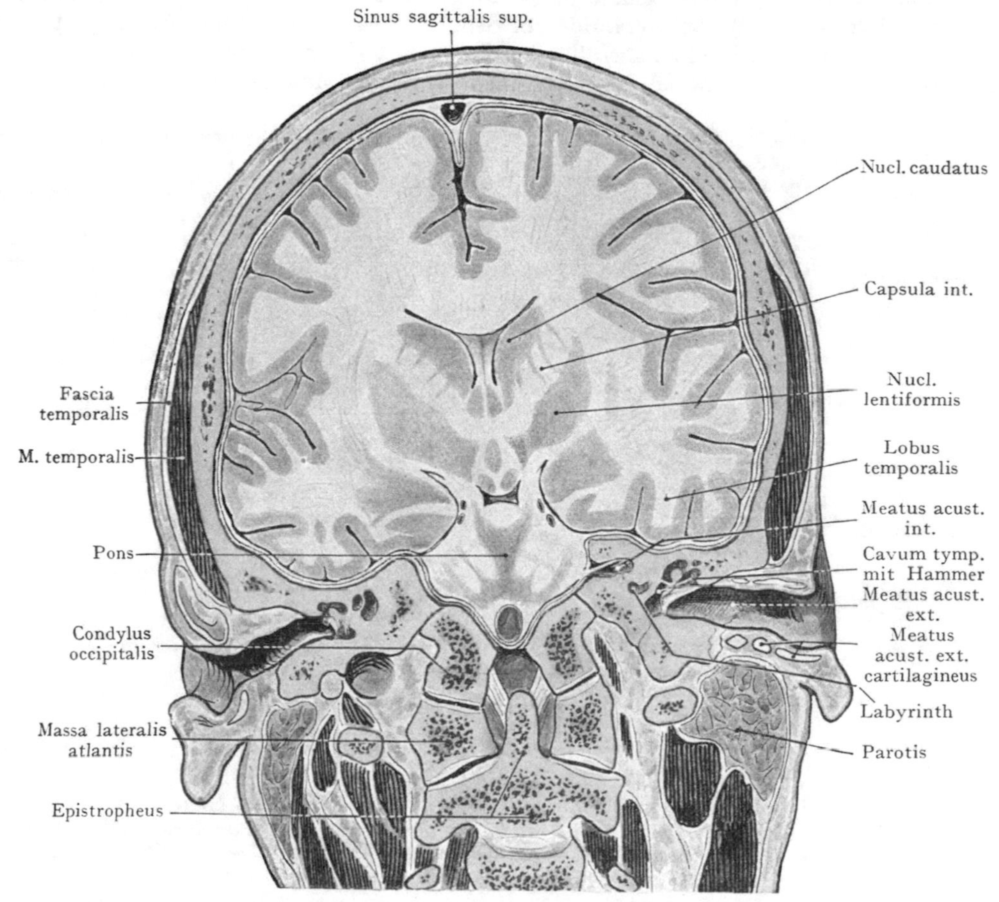

Abb. 136. Frontalschnitt durch den Kopf eines Erwachsenen.
Nach einem Gefrierschnitte der Basler Sammlung.

Trichtern verglichen, deren Ausflussöffnungen gegeneinander gerichtet sind und den Isthmus tubae darstellen.

Die Form des Lumens ist verschieden in der Pars ossea und der Pars cartilaginea. In der ersteren ist infolge der knöchernen Beschaffenheit der Wand jederzeit ein Lumen vorhanden; in der Pars cartilaginea liegen, bei ruhigem Atmen ohne Schluckbewegungen, die mediale und laterale Wand aufeinander und erst durch die Kontraktion des an der Schluckbewegung teilnehmenden M. tensor veli palatini, welcher teilweise an der lateralen unteren Wand der Tube entspringt, erweitert sich das Lumen.

Topographie der Pars ossea tubae pharyngo-tympanicae[1]. Die Pars ossea (Übersichtsbild Abb. 120) ist in den unteren und vorderen Teil der Felsenbeinpyramide eingeschlossen und liegt als Semicanalis tubae unterhalb des für den M. tensor tympani

[1] Tuba auditiva.

bestimmten Semicanalis m. tensoris tympani. Nach hinten und medianwärts wird die knöcherne Tube oft nur durch eine dünne Knochenlamelle von der im Canalis caroticus eingeschlossenen A. carotis int. getrennt.

Topographie der Pars cartilaginea tubae pharyngo-tympanicae[1]. Die Pars cartilaginea wird unten und lateral durch eine Membran abgeschlossen, von welcher Fasern des M. tensor veli palatini entspringen, um durch ihre Kontraktion eine Erweiterung der Tube zu bewirken. Der Tubenknorpel wird (s. Abb. 137) durch fibröses Gewebe mit der unteren Fläche der Felsenbeinpyramide vor dem Eingang in den Canalis caroticus, ferner mit dem das Foramen lacerum ausfüllenden Gewebe sowie mit dem hinteren Rande des grossen Keilbeinflügels medial vom Foramen ovale verbunden. Das verdickte Ende

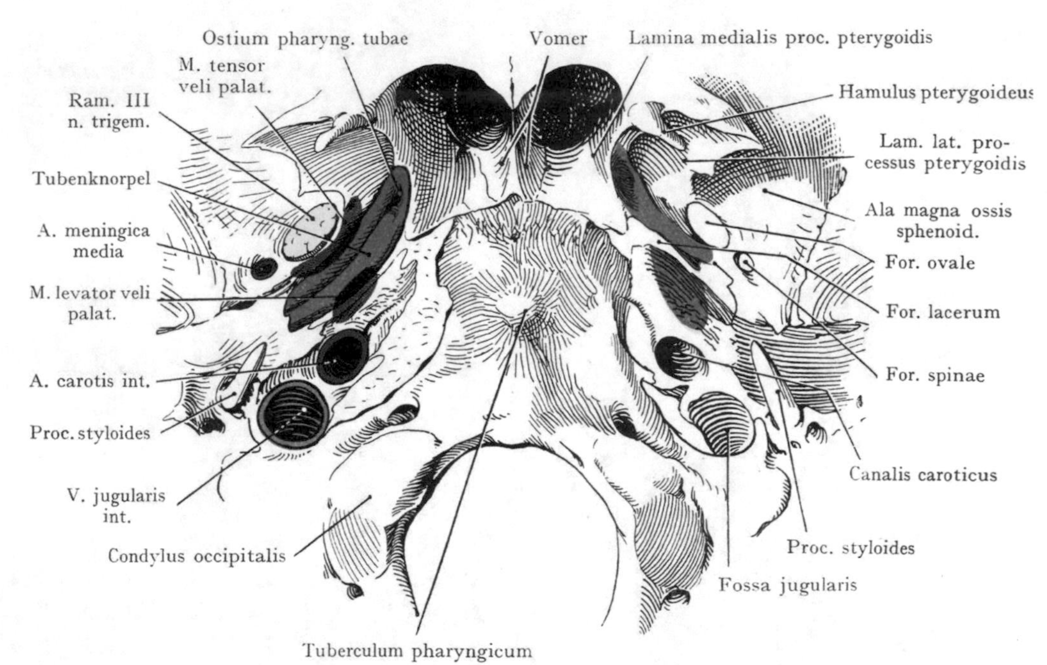

Abb. 137. Schädelbasis von unten.

Topographie der Pars cartilaginea tubae pharyngo-tympanicae (grün).

Rechterseits ist dieselbe entfernt, und die Fläche, an welche sich die knorplige Tubenrinne anlegt, mit grüner Farbe angegeben worden. Die Ursprungsfelder der Mm. tensor und levator veli palatini sind rot schraffiert.

des Knorpels endet medianwärts an der Wurzel des Processus pterygoides. Die Beziehungen der Pars cartilaginea tubae ergeben sich aus der Abb. 137; lateral liegt die A. meningica media in dem Foramen spinae und der N. mandibularis in dem Foramen ovale. Zwischen dem letzteren und der Tube, teilweise in seinem Ursprunge auf den Tubenknorpel und die Tubenmembran übergreifend, liegt der M. tensor veli palatini (Erweiterer der Tube). Hinten und medial liegt das Ursprungsfeld des M. levator veli palatini (Verengerer der Tube), zwischen der unteren Öffnung des Canalis caroticus und der Tubenrinne, gleichfalls auf den Tubenknorpel übergreifend.

Mündungen der Tube. Das Ostium tympanicum tubae pharyngo-tympanicae liegt oben (s. die Besprechung der Wände des Cavum tympani) an der vorderen Wand der Paukenhöhle und ist weit, da sich die Pars ossea von dem Isthmus tubae an gegen die Paukenhöhle hin trichterförmig erweitert.

Für die Praxis wichtiger ist das Ostium pharyngicum tubae. Es ist der direkten Besichtigung durch die Mundhöhle zugänglich, ferner können auf dem Wege

[1] Tuba auditiva.

des Meatus nasi inf. Sonden oder sondenförmige Spritzenansätze in das Ostium pharyngicum und in die Tube eingeführt werden. Es genüge der Hinweis auf die Bedeutung des

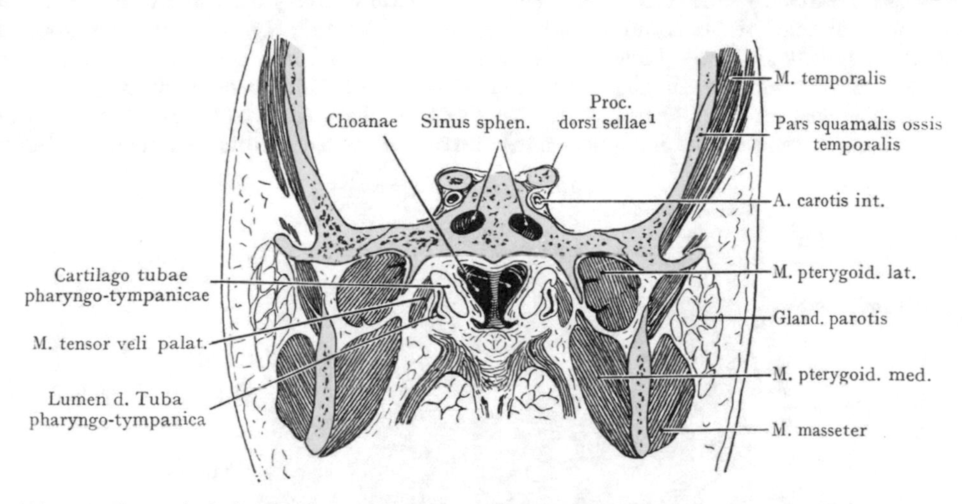

Abb. 138. Frontalschnitt durch den Schädel zur Veranschaulichung der Lage der Tuba pharyngo-tympanica[2] kurz hinter der Ausmündung in den Pharynx. Ansicht von vorn.
Nach einem Gefrierschnitte der Basler Sammlung.

Ostium pharyngicum tubae als Eintrittspforte für Krankheitserreger, welche von der Pars nasalis pharyngis ausgehen und in das Mittelohr längs der Tube vordringen können.

Die Öffnung liegt an der seitlichen Wandung des oberen Pharynxabschnittes, unmittelbar hinter der im Meatus nasopharyngicus gegebenen Grenze der Nasenhöhle gegen den Pharynx, in einer Vertiefung, welche hinten durch einen stark vorspringenden, auf den Tubenknorpel zurückzuführenden Wulst (Tubenwulst, Torus tubalis), vorn durch eine einfache Schleimhautfalte (Plica palatotubalis[3]) abgegrenzt wird (Abb. 105). Abwärts von der Tubenöffnung zieht in senkrechter Richtung gegen das Palatum molle der Levatorwulst, dem der M. levator veli palatini zugrunde liegt. Der Tubenwulst trennt die Tubenöffnung von dem Recessus pharyngicus an der dorsalen Pharynxwand, der je nach der Höhe des Tubenwulstes tiefer oder seichter ausfällt

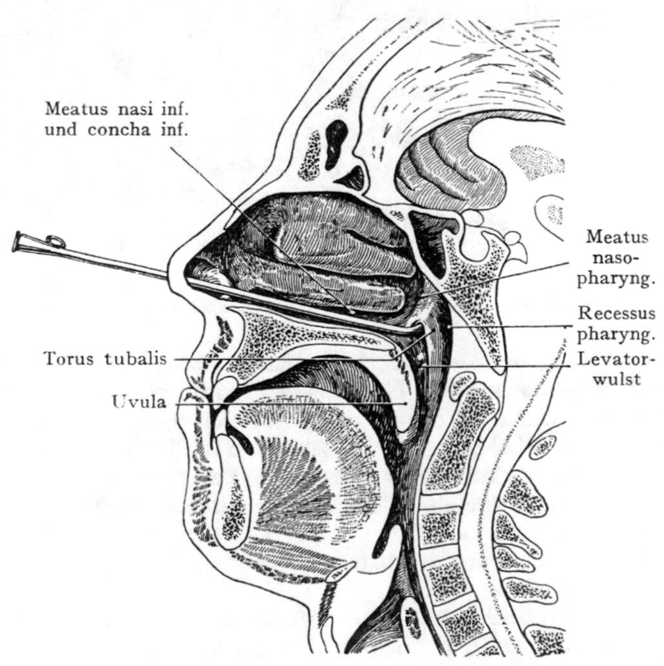

Abb. 139. Sondierung der Tuba pharyngo-tympanica[2].

[1] Proc. clinoideus post. [2] Tuba auditiva. [3] Plica salpingopalatina.

(s. die Besprechung der Pars nasalis pharyngis). Er kann bei starker Ausbildung die in die Tuba pharyngo-tympanica[1] einzuführende Sonde auffangen.

Die Richtung der Tube geht von dem Ostium pharyngicum an schräg nach aussen und hinten, bei horizontaler Kopfhaltung leicht aufsteigend. Am macerierten Schädel entspricht sie einer Linie, welche von dem oberen Ende der Fossa pterygoidea schief lateralwärts und nach hinten zur Spina supra meatum gezogen wird.

Beachtenswert ist es, dass sich das Ostium pharyngicum tubae während der intrauterinen Entwicklung und auch noch intra vitam nach oben verschiebt. Beim

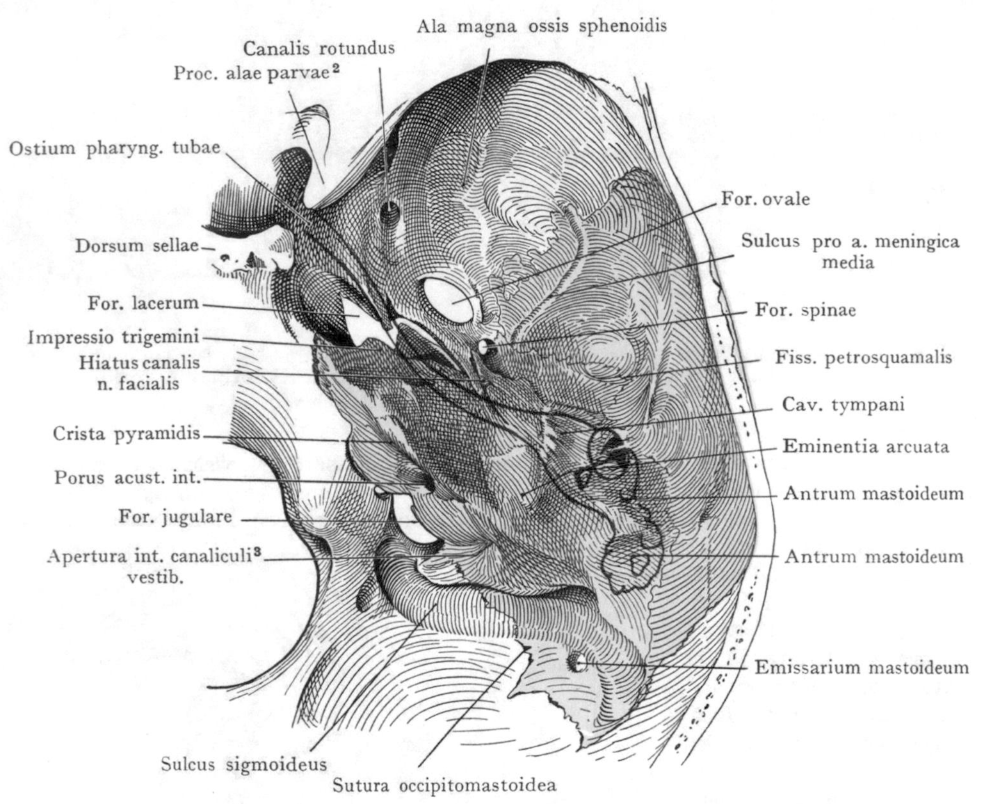

Abb. 140. Rechte Hälfte der mittleren Schädelgrube von oben.
Projektion der Paukenhöhle, des Antrum mastoideum und der Tuba pharyngo-tympanica[1] nach oben.

Fetus liegt es unterhalb, beim Neugeborenen im Niveau des Gaumens, beim 4jährigen Kinde 3—4 mm, beim Erwachsenen 10 mm oberhalb des Gaumens. Diese Verschiebung kommt nicht etwa durch aktive Wanderung des Ostium zustande, sondern durch verschiedenes Wachstum der Abschnitte der Pharynxwandung.

Die Richtung der Tube beim Neugeborenen stimmt nicht mit derjenigen beim Erwachsenen überein. Beim Neugeborenen verläuft sie fast horizontal oder bildet höchstens einen Winkel von 10° mit der Horizontalebene. Beim $4^1/_2$jährigen Kinde ist ein Winkel von höchstens 20° vorhanden, beim Erwachsenen ein solcher von 45° (Symington).

Die Schilderung der Gefässe und Nerven der Tube kann wohl unterbleiben. Es sei bloss auf den Zusammenhang der Lymphgefässe und Venen der Tube mit denjenigen des Pharynx einerseits und der Paukenhöhle andererseits hingewiesen, sowie

[1] Tuba auditiva. [2] Proc. clinoideus ant. [3] Apertura ext. aquaeductus vestibuli.

auf das besonders bei Kindern stark entwickelte lymphatische Gewebe am Ostium pharyngicum.

Untersuchung der Tube. Das Ostium pharyngicum lässt sich mittelst der Rhinoscopia posterior übersehen. Die Einführung von Sonden in die Tube wird längs des Bodens der Nasenhöhle, im Meatus nasi inferior, vorgenommen (Abb. 139). Das Ostium pharyngicum entspricht annähernd der Höhe des hinteren Endes der unteren Muschel.

Projektion des Mittelohres nach oben. Die Abb. 140 und 141 stellen die Beziehungen der Paukenhöhle, der Tuba pharyngo-tympanica und des Antrum mastoideum zur mittleren Schädelgrube dar. In Abb. 140 ist das Mittelohr nach oben projiziert (in roten Umrissen); man beachte die Verlaufsrichtung der Tube, die Ausdehnung und die Lage des Antrum mastoideum und die Beziehungen zwischen der Fissura petrosquamalis und der Projektionsfläche der Paukenhöhle. In Abb. 141 ist das Mittelohr von oben gesehen in seinem Lageverhältnisse zum Ganglion semilunare, zur A. carotis int. und zum Sinus transversus dargestellt. Man beachte die starke lateralwärts gehende Ausbiegung des letzteren, ferner die Nachbarschaft der ersten Windung der A. carotis int. und der Tuba pharyngo-tympanica (Pars ossea).

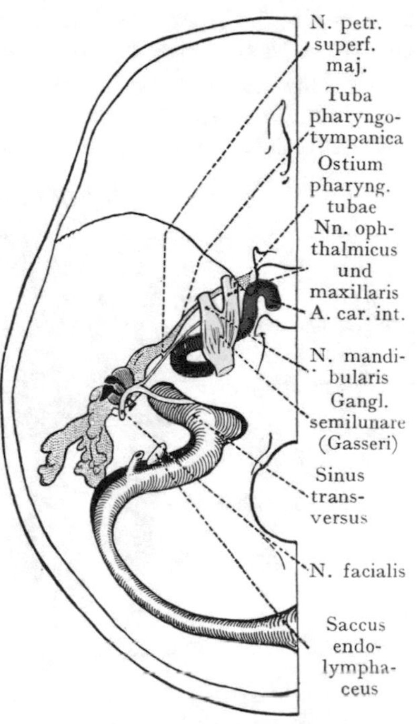

Abb. 141. Topographie des Mittelohres, der Tuba pharyngo-tympanica, des Ganglion semilunare und des Sinus transversus, in der Projektion nach oben auf die mittlere und hintere Schädelgrube. Frontipetaler Typus. Nach Fr. W. Müller, Über die Lage des Mittelohrs im Schädel. Wiesbaden 1903. Taf. VII.

Innenohr (Labyrinth).

In dreifacher Hinsicht ist für den Praktiker die Lage des Labyrinthes und seiner Verbindungen von Wichtigkeit. Erstens handelt es sich darum, diejenigen Teile des Labyrinthes, welche an den Paries labyrinthicus cavi tympani angrenzen (lateraler Bogengang, Fenestra vestibuli), bei operativen Eingriffen im Bereiche der Paukenhöhle und des Antrum mastoideum zu vermeiden. Zweitens ist die genaue Kenntnis der Projektion des Labyrinthes auf den Paries labyrinthicus der Paukenhöhle in all' jenen Fällen erforderlich, wo es sich um ein operatives Eingehen auf das Labyrinth selbst handelt (z. B. Trepanation desselben). Drittens bietet die perilymphatische Flüssigkeit des Labyrinthes ein Medium für die Verbreitung von Entzündungserregern, welche durch den Verschluß der Fenestra vestibuli von der Paukenhöhle ausgehend das Labyrinth in Mitleidenschaft ziehen und auch bis in das Innere der Schädelhöhle gelangen können. Es handelt sich also hier um die Verbindungen des Labyrinthes nach verschiedenen Richtungen in bezug auf ihre Bedeutung für pathologische Vorgänge.

Bemerkungen über die Struktur des Innenohres. Über die Zusammensetzung des Labyrinthes sei kurz folgendes erwähnt: Wir unterscheiden das knöcherne Labyrinth von dem darin eingeschlossenen häutigen Labyrinthe. Der Raum zwischen knöchernem und häutigem Labyrinthe (Spatium perilymphaceum) wird von der perilymphatischen Flüssigkeit (Perilympha) ausgefüllt.

Das häutige Labyrinth setzt sich zunächst aus zwei Hohlräumen zusammen, von denen der grössere, hintere (Utriculus) die Bogengänge (Ductus semicirculares) abgibt (oberer, lateraler und hinterer), der vordere (Sacculus), mittelst des engen Ductus reuniens (Hensen) mit der ersten Windung der häutigen Schnecke in Verbindung steht. Von dem Sacculus wie von dem Utriculus aus geht je ein feiner Kanal nach hinten und medianwärts, die sich verbinden, um den Ductus endolymphaceus zu bilden; dieser durchzieht die Pars petrosa nach hinten und medianwärts und erweitert sich ausserhalb der Apertura int. canaliculi vestibuli[1] in der hinteren Schädelgrube, von der Dura mater bedeckt, zum Saccus endolymphaceus.

Das knöcherne Labyrinth stellt bei oberflächlicher Betrachtung, wenn es aus dem Knochenpräparate herausgemeisselt oder auch wenn ein Ausguss der Höhle mittelst leicht schmelzbarer Metallegierungen hergestellt wird, ein vergrössertes und

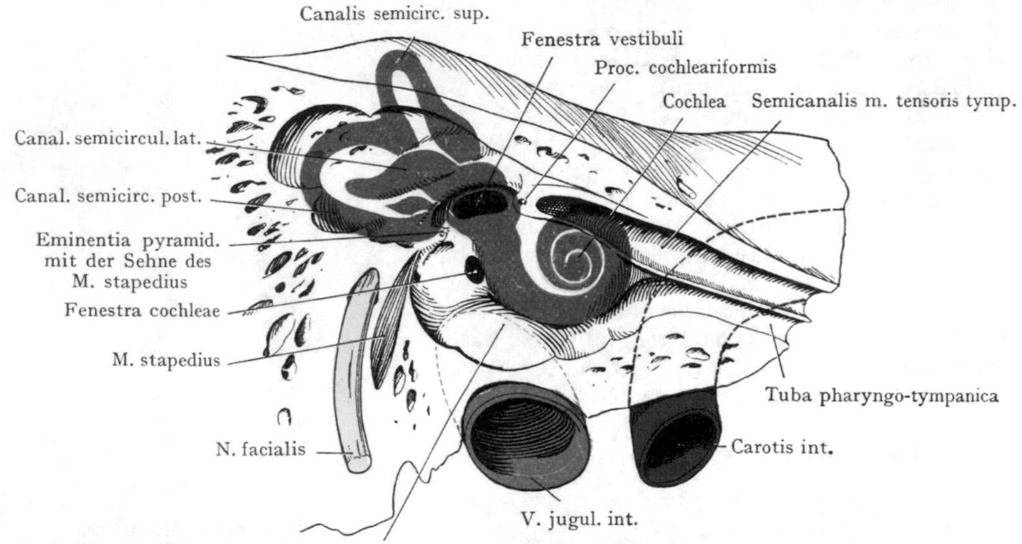

Abb. 142. Beziehungen der medialen Wand der Paukenhöhle zum Labyrinthe, zur V. jugularis int. und zur A. carotis int.

Das knöcherne Labyrinth (grün) ist auf die mediale Wand der Paukenhöhle projiziert. Die Ausdehnung des Bulbus cranialis venae jugularis ist mittelst einer blau punktierten Linie angegeben.

etwas plumpes Modell des häutigen Labyrinthes dar, mit dem Unterschiede jedoch, dass Sacculus und Utriculus in dem gemeinsamen Hohlraume des Vestibulum eingeschlossen sind, von welchem die knöchernen Bogengänge und die Scala vestibuli sowie der Canaliculus vestibuli[2] gegen die hintere Schädelgrube, der Canaliculus cochleae gegen die untere Fläche der Felsenbeinpyramide abgehen.

Lage des knöchernen Labyrinthes. Das Vestibulum liegt (Abb. 142) zwischen dem Promunturium (mit der Fenestra vestibuli und der Fenestra cochleae) lateralwärts und dem Fundus meatus acustici int. medianwärts. Es ist vollständig in das Felsenbein eingeschlossen; die innerste Schicht seiner Wandung besteht aus besonders massivem Knochengewebe, so dass es, beim Erwachsenen allerdings nicht so leicht wie beim Kinde, gelingt, das Vestibulum im Zusammenhang mit den von seinem hinteren Umfange abgehenden Canales semicirculares und der nach vorne sich ansetzenden knöchernen Schnecke herauszupräparieren.

An der Fenestra vestibuli wird der perilymphatische Raum des Labyrinthes bloss durch den Abschluß der Fenestra vestibuli von dem Cavum tympani getrennt; am Anfange

[1] Apertura externa aquaeductus vestibuli. [2] Aquaeductus vestibuli.

der ersten knöchernen Schneckenwindung wird ein ähnlicher Abschluss gegen die Scala tympani durch die in die Fenestra cochleae eingelassene Membrana tympani secundaria bewirkt.

Canales semicirculares. Der obere Bogengang bewirkt an der vorderen Fläche der Schläfenbeinpyramide den Vorsprung der Eminentia arcuata. Er ist demnach, ebenso wie der hintere Bogengang, senkrecht eingestellt; diese beiden Bogengänge sind in operativer Hinsicht weniger wichtig als der dritte, horizontale oder laterale Gang.

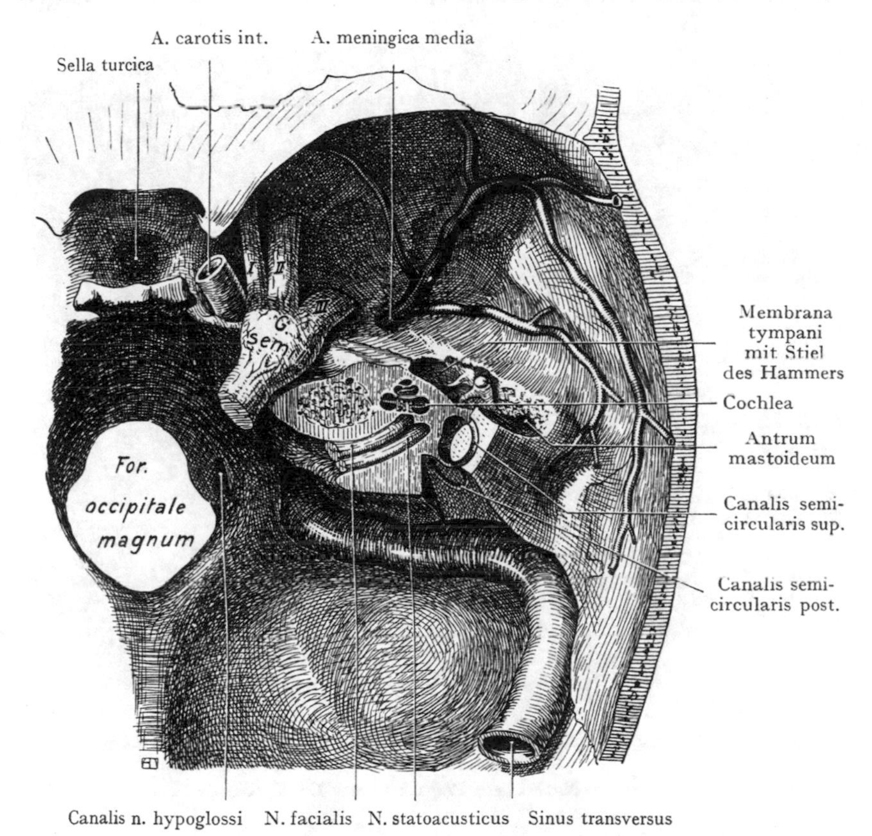

Abb. 143. Topographie der Cochlea, der Bogengänge und des Cavum tympani (von oben gesehen). Nach einem von stud. med. Alfr. Bader hergestellten Präparate der Basler Sammlung.

Derselbe bildet an der medialen Wand des Recessus epitympanicus die Prominentia canalis semicircularis lat. (Abb. 126), welche sich oberhalb des durch den Canalis facialis hergestellten Wulstes (Prominentia canalis n. facialis) und parallel mit demselben erstreckt. Hier sind der laterale Bogengang und der N. facialis bei der Eröffnung des Antrum mastoideum der Verletzung durch den Meissel ausgesetzt; ebenso auch bei Operationen, welche den Zweck haben, hartnäckige eitrige Katarrhe des Antrum, des Recessus epitympanicus und des Cavum tympani durch Herausmeisselung der lateralen Wand dieser Räume zu beseitigen (Schwarze-Stackesche Operation, Abb. 135).

Die Cochlea liegt, von der vorderen Wand des Vestibulum abgehend, zwischen dem Vestibulum und der ersten Biegung der A. carotis int. (Abb. 142). Die Achse, um welche die Schneckenwindungen gelegt sind, kann als eine Fortsetzung der Richtung des Meatus acusticus int. gelten; der Anfang der basalen Schneckenwindung bildet die Wölbung des Promunturium, die Fenestra cochleae entspricht dem Anfangsteile der Windung, wo die Lichtung des perilymphatischen Raumes (Scala tympani) bloss durch die Membrana tympani secundaria von dem Raume der Paukenhöhle getrennt wird. Die in dem Canalis caroticus eingeschlossene Windung der A. carotis int. liegt medial von dem Ostium tympanicum tubae und wird bloss durch eine oft recht dünne Knochenlamelle von der Paukenhöhle getrennt. Die Entfernung der Carotisbiegung von der Schnecke kann gleichfalls eine geringe sein. Ein stark ausgebildeter Bulbus

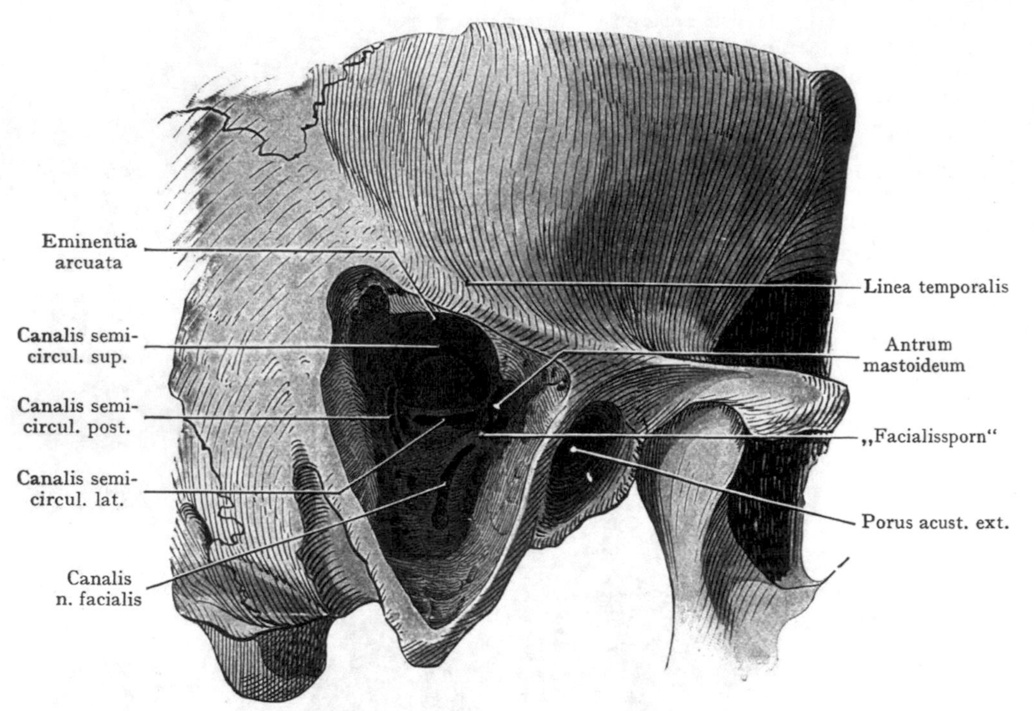

Abb. 144. Darstellung der Bogengänge und der senkrechten Strecke des Canalis n. facialis von der äusseren Fläche des Proc. mastoides aus.
Nach einem Präparate von Dr. E. Ruppanner.

cranialis v. jugularis, welcher die mediale Wand der Paukenhöhle unterhalb des Promunturium vorbuchtet, kann von unten her bis an die erste Schneckenwindung heranreichen (Abb. 142).

Von grosser Wichtigkeit ist die Lage der Bogengänge in bezug auf das Antrum mastoideum und die laterale hintere Oberfläche der Pars petromastoidea ossis temporalis bei denjenigen Operationen (Zaufal und Stacke), welche darauf hinzielen, durch eine breite Eröffnung des Antrum mastoideum, der Cellulae mastoideae und der Paukenhöhle die chronischen Mittelohrempyeme radikal zu beseitigen. Das Verfahren besteht darin, dass man nach Eröffnung des Antrum mastoideum in die Tiefe dringt, den Aditus ad antrum durch Wegmeisselung der hinteren Wand des Meatus acust. ext. osseus in eine breite Kommunikation mit der Trommelhöhle setzt, und die erkrankten Knochenmassen in der Pars petromastoidea entfernt.

Es ist selbstverständlich, dass man sich auch bei dieser Operation hüten muss, den Sinus transversus anzumeisseln oder die mittlere Schädelgrube zu eröffnen. Der ersten Gefahr geht man aus dem Wege, indem man, in Anbetracht der variablen Ausdehnung des Sinus lateralwärts, mit grosser Vorsicht aufmeisselt und sich vor der Absprengung grösserer Knochenmassen mit *einem* Hammerschlage hütet. Die Verletzung der Dura mater der mittleren Schädelgrube wird nicht erfolgen, solange man *unterhalb* der Linea temporalis vorgeht. Zu diesen beiden Gefahren kommen bei der Radikaloperation (Abb. 142 und 143) noch zwei weitere hinzu, nämlich die Möglichkeit, einen Bogengang (vor allem den lateralen) anzumeisseln (Folgen für den Patienten: Schwindel und Nystagmus) oder den N. facialis in der dritten Strecke seines Verlaufes zu verletzen.

Der N. facialis verläuft im Canalis n. facialis, von der Bildung des Ganglion geniculi aus (Geniculum n. facialis) an der medialen Wand der Paukenhöhle, z. T. unterhalb des lateralen Bogenganges. Hinter der Fenestra vestibuli, welche unterhalb des Canalis n. facialis an der medialen Wand der Paukenhöhle liegt, biegt der Nerv in vertikaler Richtung ab und geht in die dritte Strecke des Verlaufes im vertikalen Abschnitte des Canalis n. facialis über. Nicht selten erhebt sich an der Übergangsstelle ein nach oben gegen das Antrum mastoideum vorspringender Knochenwulst (auch als Facialissporn bezeichnet), welcher in der Abb. 144 deutlich zu sehen ist. Von hier an ist die dritte Strecke des Canalis n. facialis aufgemeisselt worden.

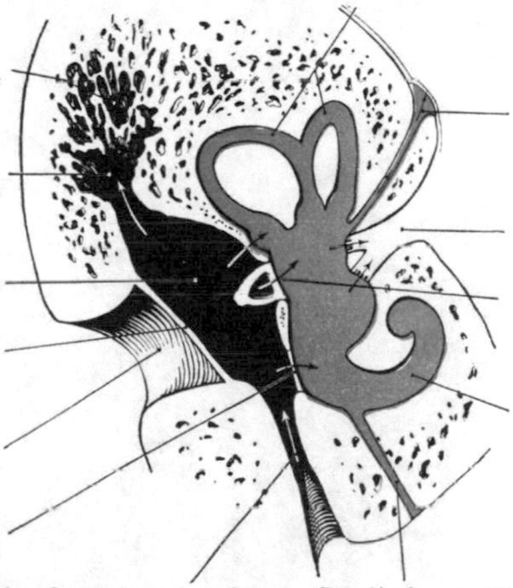

Abb. 145. Schematische Darstellung der Wege, auf welchen eine Infektion von dem Mittelohr auf das Labyrinth und von hier auf die Schädelhöhle übergreifen kann. (Perilymphe blau). (Schematischer Horizontalschnitt.)

Von den Bogengängen kommt zunächst der laterale in Betracht, welcher auch unmittelbar an das Antrum mastoideum grenzt und sich am weitesten lateralwärts vorschiebt. In der Abbildung ist zu erkennen, dass der obere Bogengang in grösserer Tiefe liegt; der hintere Bogengang ist allerdings am Knochenpräparate auch dargestellt, wird jedoch bei der Ausführung der Radikaloperation weniger in Betracht kommen, da man bei derselben nur ausnahmsweise so weit nach hinten gelangen wird.

Die Tiefe der in Frage stehenden Gebilde variiert, auch wechseln ihre Beziehungen zum Antrum mastoideum und zu den Cellulae mastoideae, je nach der Ausbildung dieser sehr variablen Hohlräume. Bei dem der Abb. 144 zugrunde liegenden Präparate wurde der „Sporn" des Canalis n. facialis, d. h. der gegen das Antrum mastoideum gerichtete Knochenvorsprung am Übergang der zweiten in die dritte Strecke des Kanales, in einer Tiefe von 12 mm angetroffen, von einer Stelle gemessen, die unmittelbar hinter der Spina supra meatum lag. Der laterale Bogengang liegt noch ca. 3 mm tiefer; die Kuppe des hinteren Bogenganges etwa in derselben Querebene, wie diejenige des lateralen Bogenganges. Am tiefsten wird der obere Bogengang angetroffen.

Meatus acusticus int. Der Meatus acusticus int. erstreckt sich von dem Porus acusticus int., an der die hintere Schädelgrube teilweise begrenzenden hinteren Fläche der Felsenbeinpyramide, in einer Länge von etwa 10 mm, schräg nach vorne und abwärts.

Sein laterales blindes Ende (Fundus meatus acustici int.) zeigt zwei übereinanderliegende, durch eine Knochenleiste (Crista transversa) getrennte Gruben. In der oberen Grube liegt vorne der Introitus canalis nervi facialis[1], welcher den N. facialis und den N. intermedius aufnimmt, um sie an der oberen, dann an der lateralen Wand des Vestibulum vorbei nach unten zum Foramen stylomastoideum zu leiten; hinten findet sich die Austrittsöffnung für einen Zweig des N. vestibuli (Nervus utriculoampullaris). In der unteren Ausbuchtung (Area cochleae) liegt der Tractus spiralis foraminosus für den Austritt der Zweige des N. cochleae, das Foramen singulare

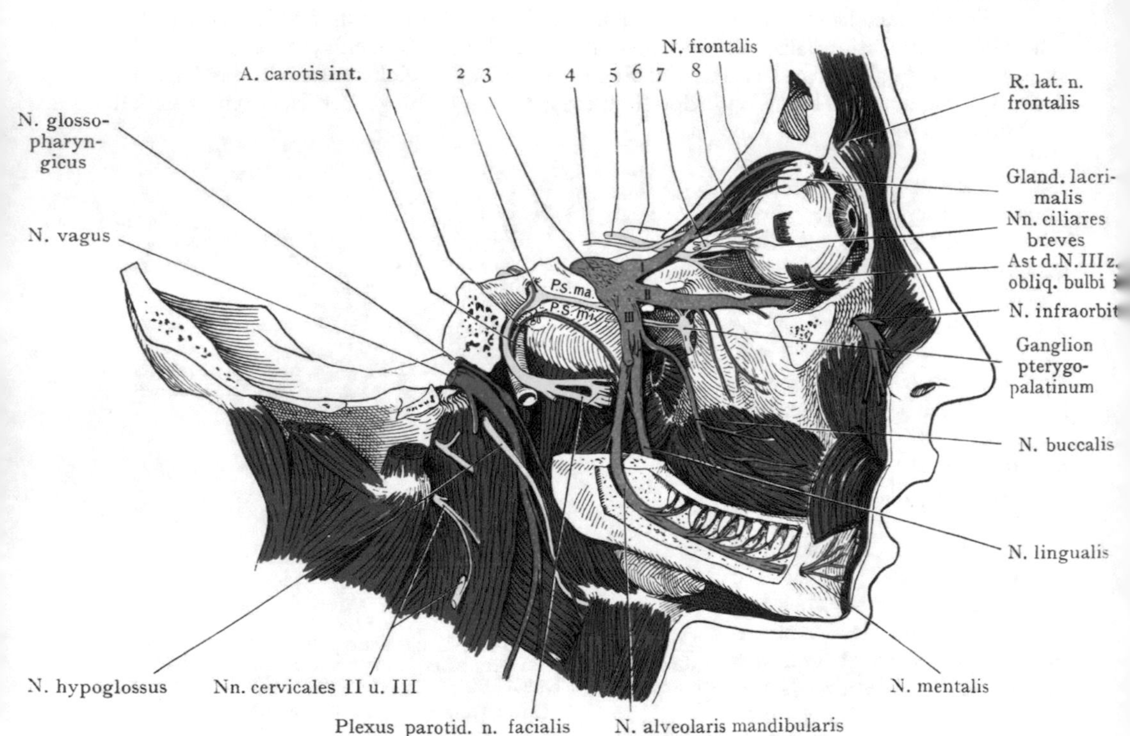

Abb. 146. Die Gehirnnerven in ihrer Verbreitung, von der Seite gesehen.
Halbschematisch, unter Benutzung der Abbildungen von Hirschfeld und Léveillé (Iconographie du système nerveux 2. éd. Paris 1866) und von N. Rüdinger (Anatomie des menschl. Gehirnes 1868).
1 Chorda tympani 2 Geniculum n. facialis 3 Ganglion semilunare 4 N. trochlearis 5 N. oculomotorius 6 Fasc. opticus 7 Ganglion ciliare 8 N. lacrimalis P. s. ma, P. s. mi. N. petrosus superfic. major et minor.

für den N. ampullae post. und die Area vestibularis saccularis für den N. sacculi. Die Durchtrittsstellen der Nerven in den perilymphatischen, das häutige Labyrinth umgebenden Raum können bei Eiterung im Labyrinthe einen Weg für die Weiterverbreitung des Prozesses auf die Dura mater der hinteren Schädelgrube und auf das Kleinhirn darstellen.

Perilymphatischer Raum des Labyrinthes. Abgesehen von den Beziehungen des knöchernen Labyrinthes zum Paries labyrinthicus der Paukenhöhle sind hauptsächlich die Verbindungen des perilymphatischen Raumes von Wichtigkeit für den Praktiker.

Die perilymphatische Flüssigkeit füllt den Raum zwischen den Wandungen des knöchernen und des häutigen Labyrinthes aus. Im Bereiche des Vestibulum, des Sacculus und des Utriculus wird das Spatium perilymphaceum von zahlreichen Bindegewebsbalken durchsetzt, welche das häutige Labyrinth mit dem Perioste des knöchernen

[1] Area n. facialis.

Labyrinthes in Verbindung setzen, während im Bereiche der Schnecke diese Verbindungen fehlen oder nur schwach ausgebildet sind.

Es ist schon mehrmals hervorgehoben worden, dass bei Infektion des Labyrinthes von dem Cavum tympani oder von dem Antrum mastoideum aus die Entzündungserreger in der perilymphatischen Flüssigkeit ein Medium finden, in welchem sie sich rasch ausbreiten und in kurzer Zeit das ganze Labyrinth ergreifen können. Die Ein-

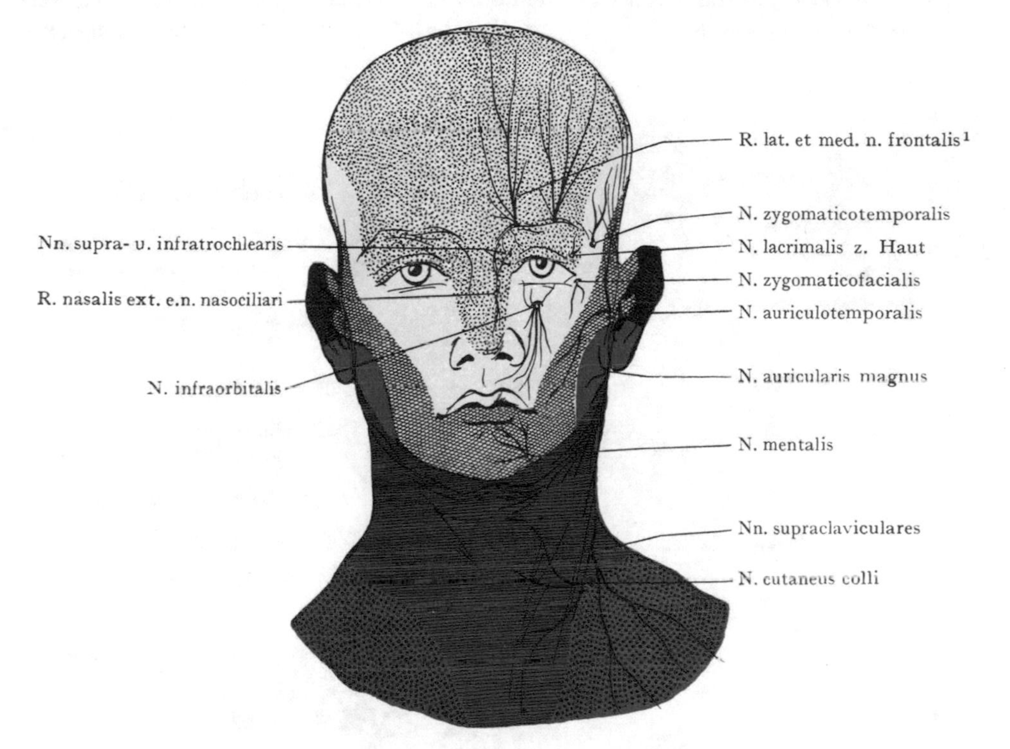

Abb. 147. Hautnerven von Kopf und Hals. Ansicht von vorn.

Trigeminus gelb. N. ophthalmicus punktiert. N. maxillaris Farbe. N. mandibularis schraffiert. Cervikalnerven rot.

Zum Teil nach Frohse, Kopfnerven. I.-D. Berlin 1895.

gangspforten für solche Infektionen von der Paukenhöhle aus sind (Abb. 145): die Prominentia canalis semicircularis lat., die Fenestra vestibuli und die Fenestra cochleae. Für die Weiterverbreitung in das Innere des Schädels stehen zwei Wege offen; der eine geht längs der Scheiden des N. cochleae und des N. vestibuli in den Meatus acusticus int.; den zweiten stellt der Canaliculus vestibuli[2] dar, welcher den Ductus endolymphaceus umschliessend von dem Vestibulum medianwärts und nach hinten abgeht, um sich spaltförmig hinter dem Porus acusticus int. auf der hinteren Fläche der Felsenbeinpyramide zu öffnen. Beide Wege führen demnach in die hintere Schädelgrube und ihre Infektion kann hier die Entzündung der Meningen, resp. die Bildung eines Kleinhirnabscesses zur Folge haben. Der obere Bogengang, welcher als Eminentia arcuata die vordere Fläche der Pyramide vorwölbt, kann eine Eiterung auf die mittlere Schädelgrube und auf den Temporallappen des Gehirnes überleiten; solche Fälle sind jedoch selten.

[1] N. supraorbitalis et R. frontalis. [2] Aquaeductus vestibuli.

Nach Boesch verhält sich der Prozentsatz der Infektionen folgendermassen:

Porus acusticus int.	49,2 %
Canaliculus vestibuli[1]	33,84%
Porus acust. int. u. Canaliculus vest.	1,5 %
Canaliculus cochleae	3,5 %
Bogengangfisteln	12,0 % .

In Abb. 145 sind die von der Paukenhöhle aus durch den perilymphatischen Raum zur Schädelhöhle führenden Infektionswege schematisch mittelst Pfeilen angegeben,

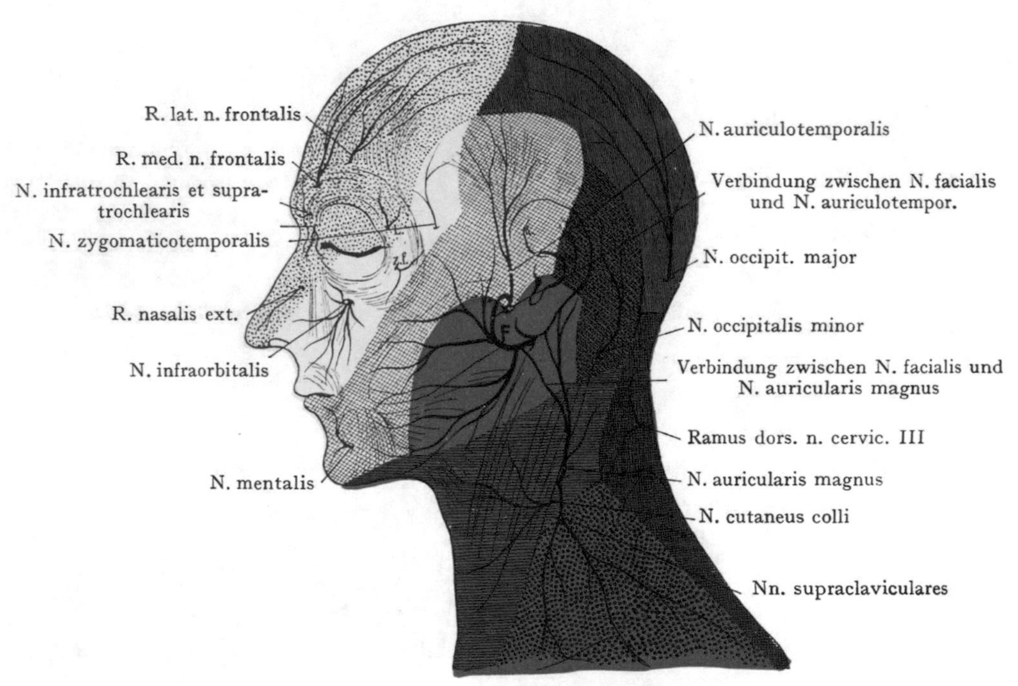

Abb. 148. Hautnerven von Kopf und Hals.

Gelb N. trigeminus { N. ophthalmicus punktiert, N. maxillaris Farbenton, N. mandibularis schraffiert }

Zum Teil nach Fr. Frohse, Kopfnerven. I.-D. Berlin 1895.
L. N. lacrimalis. z.f. N. zygomaticofacialis. F. N. facialis.

welche durch die Fenestra vestibuli, die Fenestra cochleae und die Ampulle des lateralen Bogenganges sowie aus dem Vestibulum in den Porus acusticus int. und längs des Canaliculus vestibuli zum subdural gelegenen Saccus endolymphaceus führen.

Inspektion und operative Erreichbarkeit des Labyrinthes. Von der lateralen Wand des Labyrinthes kann bloss das Promunturium manchmal mittelst des Otoskopes erkannt werden. Operativ wird das Labyrinth erst zugänglich nach Abtragung der lateralen Wand des Mittelohres in grosser Ausdehnung (s. Abb. 135).

[1] Aquaeductus vestibuli.

Innervation der Haut des Kopfes.

Die Abb. 146—149 sollen die Hautnervengebiete am Kopfe darstellen. Sie sind als Übersichtsbilder am Schlusse der Besprechung des Kopfes zusammengestellt worden; es geht zunächst daraus hervor, dass ein grosser Teil der Kopfhaut (s. besonders Abb. 148) von Ästen der Cervicalnerven versorgt wird, die teils selbständig nach oben gehen (Nn. occipitales major et minor, auch Äste des N. auricularis magnus), teils den Facialisästen sich anschliessen (Zweige des N. auricularis magnus). Gewisse

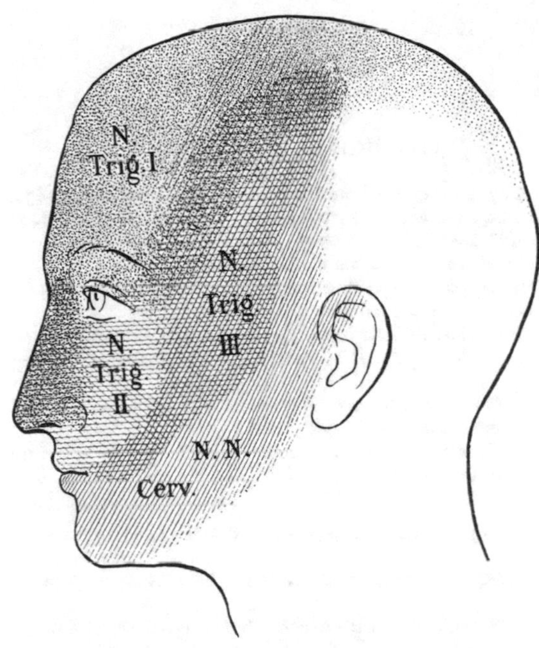

Abb. 149. Die Ausbreitungsgebiete der Trigeminusäste.
Schwarz punktiert Ram. I n. trigemini (N. ophthalmicus). Rot schraffiert Ram. II n. trigemini (N. maxillaris). Schwarz schraffiert Ram. III n. trigemini (N. mandibularis).
Nach R. Zander, Anat. Hefte, IX. Band, 1897.

Variationen in der Ausdehnung der einzelnen Gebiete kommen wohl häufig vor; eine bestimmte Abgrenzung derselben ist auch deshalb unmöglich, weil sie sich zum Teile decken und die Grenzgebiete folglich eine doppelte Innervation erhalten, wie dies aus dem Zanderschen Bilde (Abb. 149) hervorgeht. Hier sind die drei Trigeminusgebiete angegeben sowie die Ausdehnung der Cervicalnerven auf das Gebiet des Ram. III n. trigemini (N. mandibularis). Die Ausfallserscheinungen in der Sensibilität sind bei Resektion eines Trigeminusastes bedeutend geringer, als das bei der Angabe bestimmter abgegrenzter Bezirke anzunehmen wäre, eine Regel, die übrigens wahrscheinlich für alle sensiblen Nervengebiete gilt.

Literatur.

I. Handbücher. Atlanten usw.

Pirogoff, N., Anatomia topographica. Atlas mit Text. 4 Vol. St. Petersburg 1854.
Pirogoff, N., Anatomia chirurgica truncorum arterialium nec non fasciarum fibrosarum. 50 Taf. Reval 1841.
Braune, Atlas der topographischen Anatomie 1875.
Symington, The topographical Anatomy of the child. Edinburgh 1887.
Watterton, Edinburgh stereoscopic Atlas of Anatomy. 250 cards. London 1905.
Richer, Anatomy artistique. Paris 1890, mit Atlas.
Merkel, Handbuch der topographischen Anatomie. 3 Bände. 1885—1907.
Joessel-Waldeyer, Lehrbuch der topographisch-chirurgischen Anatomie. 1884—1899 (es fehlt die Topographie des Kopfes.
Testut et Jacob, Anatomie topographique. 2 vols. Paris 2 édit. 1909.
Tillaux, Traité d'anatomie topographique. X. éd. 1904.
Cohn, Toby, Die palpablen Gebilde des normalen menschlichen Körpers und deren methodische Palpation. Teil I—II. Die Extremitäten. Berlin 1905—1908. Teil III Hals und Kopf. 1911.

II. Kopf. Gehirn. Circulation.

Duret, Recherches anatomiques sur la circulation de l'encéphale. Arch. de physiol. norm. et path. II. Série T. I. 1874.
Duret, Sur la distribution des artères nourricières du bulbe rachidien. 2 Taf. Arch. de physiol. norm. et path. V. 1873.
Heubner, Zur Topographie der Ernährungsgebiete der einzelnen Hirnarterien. Centralbl. f. med. Wiss. 1872.
Heubner, Die luetischen Erkrankungen der Hirnarterien. Leipzig 1874.
Beevor. Charles E., On the Distribution of the different Arteries supplying the human brain. Philos. Transactions of the Royal Society. Series B. Vol. 200. 1908.
Killian, Die Nebenhöhlen der Nase. Jena 1903.

III. Topographie der Sinus durae matris.

Trolard, Recherches sur l'Anatomie du système veineux de l'encéphale et du crâne. Thèse de Paris 1868.
Langer, C., Der Sinus cavernosus. Sitz.-Ber. der Wiener Akad. d. Wiss. Math.-phys. Kl. 1884.
Browning, The Veins of the Brain and its Envelopes. Brooklyn 1884.
Hédon, Recherches sur la circulation veineuse de l'encéphale. Thèse de Bordeaux 1886.

IV. Topographia craniocerebralis.

Waldeyer, W., Hirnfurchen und Hirnwindungen. Bonnet und Merkels Ergebnisse V. 1896. VI. 1897.
Müller, Fr. W., Über die Beziehungen des Gehirnes zum Windungsrelief an der Aussenseite der Schläfengegend beim menschlichen Schädel. 6 Taf. Arch. f. Anat. und Entw.-G. 1908.
Froriep, Aug., Zur Kenntnis der Lagebeziehungen zwischen Grosshirn und Schädeldach. Fol. Leipzig 1897.
Krönlein, R. U., Zur craniocerebralen Topographie. Beitrag zur klin. Chirurgie XXIII.
Krönlein, R. U., Über die Trepanation bei Blutungen aus der A. meningea media. Deutsche Zeitschr. für Chir. XXIII.

V. Topographie der Orbita.

Sesemann, Die Orbitalvenen des Menschen und ihr Zusammenhang mit den oberflächlichen Venen des Kopfes. Arch. f. Anat. u. Physiol. 1869.
Most, A., Lymphgefässe und Lymphdrüsen der Bindehaut und der Lider. Arch. f. Anat. u. Entw.-Gesch. 1905.
Festal, Recherches anatomiques sur les veines de l'orbite. Thèse de Paris 1887.
Gurwitsch, Über die Anastomosen zwischen Gesichts- und Orbitalvenen. Arch. f. Ophthalm. 29. 1883.
Meyer, Fr., Zur Anatomie der Orbitalarterien. 2 Taf. Morph. Jahrb. XII. 1887.
Virchow, Hans, Über Tenonschen Raum und Tenonsche Kapsel. Abhandlungen der preuss. Akad. d. Wiss. 1902.

VI. Cavum nasi und Sinus nasales.

Zuckerkandl, Normale und pathologische Anatomie der Nasenhöhle. 2. Aufl. Wien 1895.
Killian, G., Die Nebenhöhlen der Nase in ihren Lagebeziehungen zu den Nachbarorganen. Mit 15 Tafeln. Jena 1903.
Hajek, Pathologie und Therapie der Nebenhöhlen der Nase. Leipzig, Wien 1890.
André, Contribution à l'étude des lymphatiques du nez et des fosses nasales. Thèse de Paris 1905.
Bertémus, Etude anatomo-topographique du sinus sphénoidal. Thèse de Nancy 1900.

VII. Topographie der Mundhöhle.

Symington, J. and Rankin, J. C., Skiagrams illustrating the teeth. 4°. London, Longmans 1908.
Küttner, H., Über die Lymphgefässe und Lymphdrüsen der Zunge, mit Beziehung auf die Verbreitung des Zungencarcinoms. 4 Taf. Beitr. z. klin. Chir. XXI. 1898.
Polya und Navratil, Lymphbahnen und Wangenschleimhaut. Deutsche Zeitschr. f. Chir. 66.
Hasse, C., Die Speichelwege und die ersten Wege der Ernährung und der Atmung beim Säugling und im späteren Alter. 2 Taf. Arch. f. Anat. und Entw.-Gesch. 1905.
Poirier, Lymphgefässe der Zunge, in Gazette hebdomadaire de médecine et de Chir. 1902, auch in Nicolas und Charpy, Anatomie humaine II. 4. Lymphatiques.
Zuckerkandl, Anatomie der Mundhöhle mit besonderer Berücksichtigung der Zähne. Wien 1891.
Schweizer, G., Die Lymphgefässe des Zahnfleisches und der Zähne beim Menschen und bei Säugetieren. Arch. f. mikr. Anat. 69. 1907, 74. 1907.

VIII. Gehörorgan.

Schönemann, A., Die Topographie des menschlichen Gehörorgans, mit besonderer Berücksichtigung der Korrosions- und Rekonstruktionsanatomie des Schläfenbeins. Wiesbaden 1904.
Bockenheimer, Der N. facialis in Beziehung zur Chirurgie. Arch. f. klin. Chir. 72. 1904.
Hartmann, Die Freilegung des Kuppelraumes. Berlin 1890.
Heine, B., Die Operationen bei Mittelohreiterungen und ihre Komplikationen. Berlin 1904.
Stahr, H., Über den Lymphapparat des äusseren Ohres. Anat. Anz. XV. 1899.
Hammer, J. Aug., Allgemeine Morphologie der Schlundspalten beim Menschen. Entwicklung des Mittelohrraumes und des äusseren Gehörganges. 4 Taf. Arch. f. mikr. Anatomie 59. 1902.
Kunkel, A., Die Lageveränderung der pharyngealen Tubenmündung während der Entwicklung. Hasse, Anat. Studien I. 1873.
Siebenmann, Die Blutgefässe im Labyrinth des menschlichen Ohres. Wiesbaden 1894.
Boesch, Der Aquaeductus vestibuli als Infektionsweg. I.-D. Basel. 1905 (ausp. Siebenmann).
Müller, Fr. W., Über die Lage des Mittelohres im Schädel. 17 Taf. Wiesbaden 1903.
Most, A., Topographisch-anatomische und klinische Untersuchungen über den Lymphgefässapparat des äusseren und inneren Ohres. Arch. f. Ohrenheilk. 64. 1905.
Okada, W., Zur otochirurgischen Anatomie des Schläfenbeins. Arch. f. klin. Chirurgie 58. 1899.

Hals.

Allgemeines.

Abgrenzung des Halses. Die Grenze gegen den Kopf wird vorne durch den unteren Rand des Unterkiefers und den hinteren Rand des Ramus mandibulae gebildet. Vom Unterkiefergelenke zieht sie auf dem Processus mastoides und der Linea nuchalis terminalis weiter bis zur Protuberantia occipitalis ext. Von der Brustregion wird der Hals vorne durch die Incisura jugularis sterni und die oberen Ränder der Schlüsselbeine abgegrenzt, seitlich und hinten nehmen wir als Grenze eine Linie an, welche beiderseits von dem Articulus acromioclavicularis zum Processus spinalis des VII. Halswirbels (Vertebra prominens) verläuft.

Form des Halses. Sie wird durch die Weichteile, in erster Linie durch die Muskulatur und den Kehlkopf, bestimmt. Im allgemeinen verbreitert sich der Hals abwärts, indem die von der Halswirbelsäule entspringenden und an den Rippen und dem Schultergürtel sich inserierenden Muskeln schräg lateral- und abwärts verlaufen (Mm. scaleni, levator scapulae, trapezius); folglich ist der Querschnitt des Halses an der oberen Grenze etwa kreisförmig, dagegen an der mittleren Grenze queroval.

Einteilung und Charakteristik des Halses. Der Hals lässt sich in eine vordere und eine hintere Abteilung zerlegen, deren Grenze äusserlich angegeben wird durch eine vom Processus mastoides zum Acromion gezogene Linie. Die hintere Abteilung wird als N a c k e n (Regio nuchae) von der vorderen Abteilung, der Regio colli sensu strictiori, unterschieden. Als Grundpfeiler bietet die Halswirbelsäule Ursprünge und Ansätze für Muskeln beider Abteilungen; im Nacken ist die Muskulatur massiger ausgebildet als am Halse sensu strictiori und besteht aus den Rückenmuskeln, welche beiderseits von der Linie der Processus spinales die Wirbelbogen bedecken und ihrerseits durch die Mm. splenius und trapezius überlagert werden. In der vorderen Abteilung finden sich erstens Muskelmassen, welche von der Halswirbelsäule und dem Schädel zum Schultergürtel, zu den Rippen und zur Brustwirbelsäule verlaufen (Mm. sternocleidomastoideus, scaleni, longus colli et capitis). Zweitens werden hier die beiden Kanäle angetroffen, welche als Fortsetzung des Pharynx die Halsgegend in senkrechter Richtung durchziehen, der Larynx mit seinem Knorpel- und Muskelapparat, nach unten in die Trachea übergehend und der Oesophagus, welcher sich unmittelbar der vorderen Fläche der Halswirbelsäule anschliesst. In dritter Linie kommen für die

Topographie des Halses die grossen Gefässe und Nerven in Betracht, welche die Gegend in ihrer ganzen Längsausdehnung, von der Apertura thoracis cranialis bis zum Kopfe oder umgekehrt, durchziehen, so die Aa. carotides comm., die Vv. jugulares int., die Nn. vagi, die Grenzstränge des Sympathicus usw., ferner die Stämme des Plexus cervicalis und des Plexus brachialis, welche entweder zu Halsgebilden gehen oder aus der Halsgegend zur oberen Extremität gelangen.

Auch in anderer Beziehung weist die vordere Halsgegend eine grössere Mannigfaltigkeit auf, als die in der Hauptsache aus grossen Muskelmassen bestehende Nackengegend. Die Beweglichkeit der Halswirbelsäule ist eine ziemlich beträchtliche; Verschiebungen des Larynx in sagittaler Richtung und allenfalls auch Ausweitungen des Oesophagus sind notwendige Begleiterscheinungen des Schluckens. Verschiebungen dieser Eingeweide nach der Seite sind gleichfalls möglich. Ferner folgen sowohl der Oesophagus als der Larynx bis zu einem gewissen Grade den Streck- und Beugebewegungen der Halswirbelsäule, welche auch mit einer gewissen Dehnung und Verschiebung der grossen Gefässstämme einhergehen. Diese Verhältnisse hängen damit zusammen, dass die median gelegenen Gebilde des Halses keine Fixation in einer bestimmten Lage erhalten, sondern von lockerem Bindegewebe eingehüllt werden, welches eine Verschiebung auf der Halswirbelsäule, sowohl in der Längs- als auch in der Transversalrichtung gestattet.

Die Anordnung und die Verbindungen des lockeren Bindegewebes am Halse verdienen mehr Beachtung als denselben in der Regel geschenkt wird. Längs der Speiseröhre steht dasselbe im Zusammenhang mit dem lockeren Bindegewebe des Spatium parapharyngicum, längs der vorderen Fläche der Halswirbelsäule mit dem Gewebe des hinteren Mediastinalraumes, längs der grossen Gefässstämme, einerseits mit dem vorderen Mediastinalraume (A. carotis comm.), andererseits, längs der A. subclavia und der grossen Stämme des Plexus brachialis, mit dem Bindegewebe der Achselhöhle. In der Ausbildung solcher Bindegewebsräume und in ihrem Zusammenhange mit benachbarten Räumen besteht ein auch für die Praxis bedeutungsvoller Unterschied zwischen der Halsregion sensu strictiori und der Nackenregion.

Wir untersuchen zunächst die Topographie der Regio colli sensu strictiori; diejenige der Regio nuchae soll später in Zusammenhang mit der Topographie des Rückens behandelt werden.

Regio colli sensu strictiori.

Einteilung der Regio colli; Inspektion und Palpation. Als Grenze gegen die Regio nuchae haben wir eine Linie vom Processus mastoides zum Acromion gezogen. Nach einer anderen Auffassung wird die Grenze durch den, häufig der Palpation zugänglichen, selten, und dann nur bei recht mageren Individuen durch die Inspektion zu erkennenden vorderen Rand des M. trapezius bezeichnet. Die Grenze gegen den Kopf, am unteren Rande des Corpus und am hinteren Rande des Ramus mandibulae, lässt sich ohne Schwierigkeit feststellen. Als Grenze gegen die Brust liegt die Clavicula unmittelbar unter der Haut und der subkutanen Fettschicht; ebenso lässt sich die Incisura jugularis sterni ohne weiteres durch die Palpation feststellen.

Bei kräftiger Ausbildung der Muskulatur und mässigem Fettpolster wird die Halsregion durch den vom Processus mastoides zur Incisura jugularis sterni und zum sternalen Ende der Clavicula herabziehenden M. sternocleidomastoideus in zwei grössere Dreiecke geteilt (Abb. 153 und 154), ein mediales, dessen Basis, oben liegend, durch den unteren Rand des Unterkiefers gebildet wird (Regio colli ventralis), und ein laterales (Trigonum colli laterale), dessen Basis durch die Clavicula dargestellt wird.

Der vordere Rand des M. sternocleidomastoideus setzt sich deutlich durch eine Furche ab (Abb. 150), welche vor dem Ohre und hinter dem Unterkieferaste beginnt und, schräg median- und abwärts verlaufend, in der durch die konvergierenden Mm. sternocleidomastoidei und die Incissura jugularis sterni gebildeten Fossa jugularis endigt. In der halben Höhe dieser Furche lässt sich am medialen Rande des Muskels der Puls der A. carotis comm. fühlen; hier ist auch die Arterie am leichtesten zu erreichen. In der medianen Partie der Region sind (Abb. 150) bei stark nach hinten geworfenem Kopfe eine Anzahl von Einzelheiten festzustellen. Mittelst der

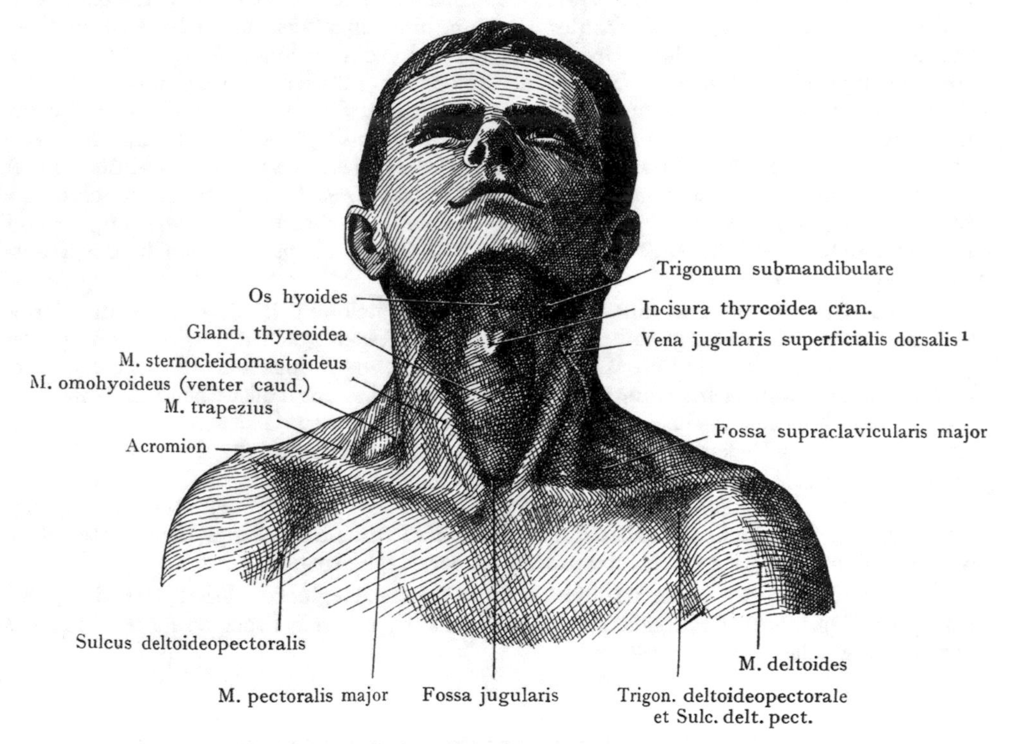

Abb. 150. Brust und Hals von vorn.

Palpation lässt sich die Lage des Zungenbeinkörpers bestimmen, und seitlich sind bei mageren Individuen die grossen Hörner des Zungenbeins zu fühlen. Unterhalb des Zungenbeinkörpers liegt der starke Vorsprung der Cartilago thyreoides (Prominentia laryngica) und bei günstigen Verhältnissen können sowohl die Incisura thyreoidea cranialis als auch die vordere Fläche der Thyreoidknorpelplatte palpiert werden. Der Cricoidknorpel wird von dem Isthmus glandulae thyreoideae bedeckt; die Trachea entfernt sich weiter von der Oberfläche, kann jedoch häufig noch bis zur Höhe der Incisura jugularis sterni palpiert werden.

Im seitlichen Halsdreiecke macht sich eine Vertiefung (Trigonum colli laterale) unmittelbar oberhalb der Clavicula bemerkbar, welche ihre Grenzen unten durch die Clavicula, medial durch den M. sternocleidomastoideus und lateral durch den vorderen Rand des M. trapezius erhält. In Abb. 150 (Aktabbildung) ist, in dem Winkel zwischen der Clavicula und dem M. sternocleidomastoideus, bei Anspannung des Muskels, eine kleine Grube zu sehen (in der Abbildung nicht bezeichnet), welche die Pars sterno-

[1] V. jugularis externa.

mastoidea von der Pars cleidomastoidea trennt (Fossa supraclavicularis minor). Nur selten wird der untere Bauch des M. omohyoideus im Trigonum colli laterale sichtbar sein; er ist auf der Abb. 150 dargestellt und begrenzt das Trigonum omoclaviculare (Fossa supraclavicularis major).

Die Normalstellung des Halses, bei wagrechter Haltung des Kopfes, unterscheidet sich von der in Abb. 150 dargestellten durch eine, in der Höhe des Hyoidkörpers rechtwinklige, zum Kinn ziehende Abbiegung der medianen Partie des Halses. Dieselbe wird bei stärkerem Fettpolster (häufig bei Weibern) durch eine Horizontalfurche der Haut angedeutet, welche, selbst bei gestrecktem Halse, zu bemerken ist. Für die topographisch-anatomische Schilderung ist dieselbe nicht von Belang: übrigens hält man sich sowohl für die Beschreibung als auch für die Abbildung an die Stellung bei stark nach hinten geworfenem Kopfe.

Fascien und Bindegewebsräume der Regiones colli. Als knöcherne Grundlage des Halses bildet die Halswirbelsäule einen gegliederten, in seinen einzelnen Abschnitten beweglichen Pfeiler, welcher allseitig von Weichteilen umgeben ist, indem bloss die Dornfortsätze der beiden unteren Halswirbel (besonders des VII., der Vertebra prominens) oberflächlicher liegen und sowohl für die Inspektion als für die Palpation die Grenze zwischen Hals und Brustteil der Wirbelsäule angeben. Die grosse Masse der umgebenden Weichteile wird einerseits durch die Muskeln, andererseits durch den Kehlkopf, die Trachea und den Oesophagus dargestellt. Die letzteren liegen vor der Wirbelsäule und werden von den Muskelmassen des Halses eingeschlossen, nehmen aber doch, wie oben hervorgehoben wurde, wenigstens in der oberflächlich gelegenen Prominentia laryngica, an der Bildung der Halsform teil. Wir können die vordere Halsgegend etwa mit einem zum grössten Teil aus Muskulatur gebildeten Hohlzylinder vergleichen, dessen Wandung durch die vordere Fläche der Halswirbelsäule eine Ergänzung erhält und welcher den Kehlkopf, die Trachea und den Oesophagus umschliesst. An der Bildung dieses Muskelmantels (Abb. 151) beteiligen sich die Mm. sternohyoidei, sternothyreoidei, sternocleidomastoidei, scaleni und longus colli und capitis, von denen die beiden letzteren einen Teil der vorderen Fläche der Halswirbelsäule und der Querfortsätze bedecken. Innerhalb des Muskelhohlzylinders liegen nicht bloss die Pars laryngica pharyngis, der Larynx und die Pars cervicalis oesophagi,

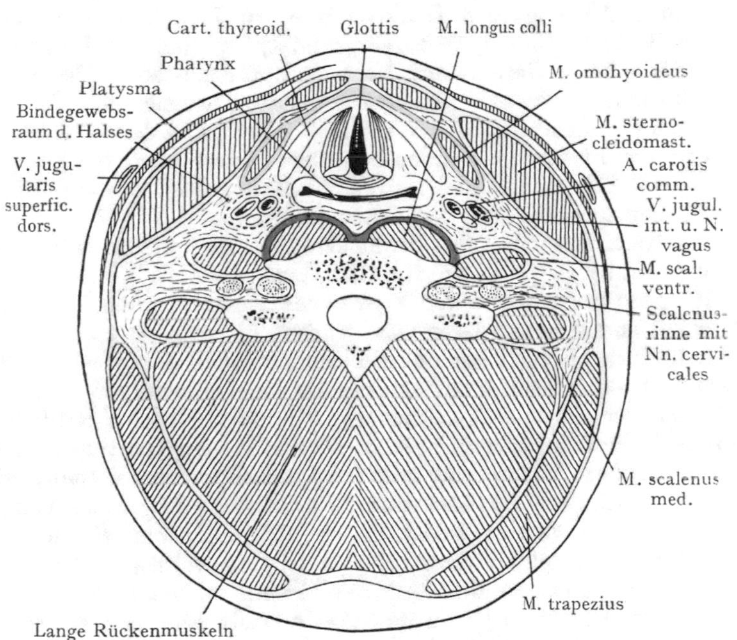

Abb. 151. Querschnitt durch den Hals. Halbschematisch. Halsfascien und Bindegewebsräume des Halses.

Fascia colli superficialis grün. Fascia colli media gelb. Fascia colli prof. (Fascia praevertebr.) blau.

sondern auch die grossen Gefäss- und Nervenstämme, welche aufwärts und abwärts verlaufen und sich bloss teilweise an die Halsgebilde verzweigen, im übrigen die vordere Halsgegend durchziehen, um zum Kopfe (A. carotis comm.) oder zur Brust (V. jugularis int., N. phrenicus, N. vagus) zu gelangen.

Diese Schilderung gilt als schematische Zusammenfassung bloss für den mittleren Teil der vorderen Halsgegend, indem nach oben gegen den Kopf, nach unten gegen die Brust und den Ansatz der Extremitäten hin das Bild durch neue Beziehungen verändert wird (Bildung des Plexus brachialis, Verlauf der A. und V. subclavia über die Pleurakuppel hinweg zur Achselhöhle, resp. zum Thorax usw.). Im Bereiche der Regio nuchae ist der Aufbau ein relativ einfacher; hier treffen wir grosse Muskelmassen an, welche sich in verschiedene, durch Muskelfascien voneinander getrennte Schichten zerlegen lassen. Der Nacken dient nicht als Durchgangsstation für grössere Nerven- und Gefässstämme; hier finden sich nur Nerven und Gefässe, welche sich an die Muskelschichten der Gegend verzweigen, eine Tatsache, welche das operative Eindringen auf die Halswirbelsäule von hintenher leichter gestaltet.

Das Bindegewebe des Halses wird teilweise, besonders im Anschluss an die Muskulatur und die grossen Gefässstämme, zu Fascienblättern differenziert, teilweise ist es als lockeres Bindegewebe ausgebildet, welches die Verschiebung der Eingeweide und der grossen Gefäss- und Nervenstämme gestattet. Die Fascien bilden, indem sie die Muskulatur einschliessen, grosse Blätter, welche zum Teil an der Halswirbelsäule Ansätze gewinnen und so eine wirkliche Einteilung der vorderen Halsgegend in Fascienlogen oder Bindegewebsräume bewirken. Diese sind, wie an anderen Gegenden, deshalb von Bedeutung, weil sie die Wege angeben, auf welchen sich gewisse Prozesse (z. B. Senkungsabscesse) ausbreiten können.

Nach dem von alters her üblichen Schema werden drei Halsfascien unterschieden, eine Fascia colli superficialis, eine Fascia colli media und eine Fascia colli profunda seu Fascia praevertebralis (Abb. 151). Es ist neuerdings von Merkel darauf hingewiesen worden, dass die mittlere Halsfascie die einzige ist, welche sich über den Rang einer gewöhnlichen Muskelfascie erhebt, indem sie eine aponeurotische Struktur besitzt und deshalb als Halsaponeurose von den übrigen Bindegewebsblättern der Regio colli zu trennen ist. Sie spielt auch zweifellos eine wichtige mechanische Rolle (Einwirkung auf den Druck in den Halsvenen nach Merkel), indem sie mit Muskeln in Verbindung tritt (Mm. omohyoideus, sternohyoideus und sternothyreoideus), welche als Spanner derselben wirken. Abgesehen von dieser gewiss unleugbaren Tatsache dienen jedoch die oberflächliche und die tiefe Halsfascie, wenn auch schwächer ausgebildet, dazu, um die Bindegewebslogen abzugrenzen und so eine Einteilung der Gegend in einzelne grosse Räume zu bewirken.

Die Fascia colli superficialis stellt eine recht schwache Bindegewebslamelle dar, welche erst nach Entfernung der subkutanen Fettschicht und des Platysma zur Ansicht gebracht wird (s. Abb. 151). Sie zeigt zahlreiche Lücken, durch welche Nerven zur Haut treten (Rami craniales et caud. n. cutanei colli, N. auricularis magnus, N. occipitalis minor), auch Verbindungen zwischen den extrafascial, also subkutan, verlaufenden Venen (V. jugularis superfic. dors.[1]) und den tiefen Venen (Vv. thyreoideae usw.). In dem schematischen Querschnitte der Abb. 151 ist der Verlauf der Fascia colli superficialis mittelst grüner Farbe angegeben; sie umscheidet vorne den M. sternocleidomastoideus und reicht, mit der Fascia colli media verschmolzen, bis zur Medianebene. Hinten überbrückt sie das durch den M. sternocleidomastoideus, den vorderen Rand des M. trapezius und die Clavicula gebildete Trigonum colli laterale, scheidet den M. trapezius ein und verbindet sich hinten in der Medianebene mit dem Septum nuchae[2]. In dem Trigonum colli laterale, unterhalb des unteren Omohyoideusbauches, liegen die beiden Blätter der Fascia superficialis und der Fascia media unmittelbar aufeinander oder sind nur durch

---

[1] V. jugularis externa. [2] Lig. nuchae.

Fettgewebe voneinander getrennt. Die Fascia colli superficialis geht nach oben auf das Trigonum submandibulare und die Regio parotidomasseteria über; nur gewinnt sie dabei einen Ansatz an den Körper und an das grosse Horn des Hyoids, so dass das Trigonum submandibulare und die Regio submentalis einen Abschluss nach unten erhalten. Unten setzt sich die Fascie am oberen Rande der Clavicula, am Acromion und an der Spina scapulae fest, endlich medianwärts zwischen den beiden Mm. sternocleidomastoidei, an der Incisura jugularis sterni.

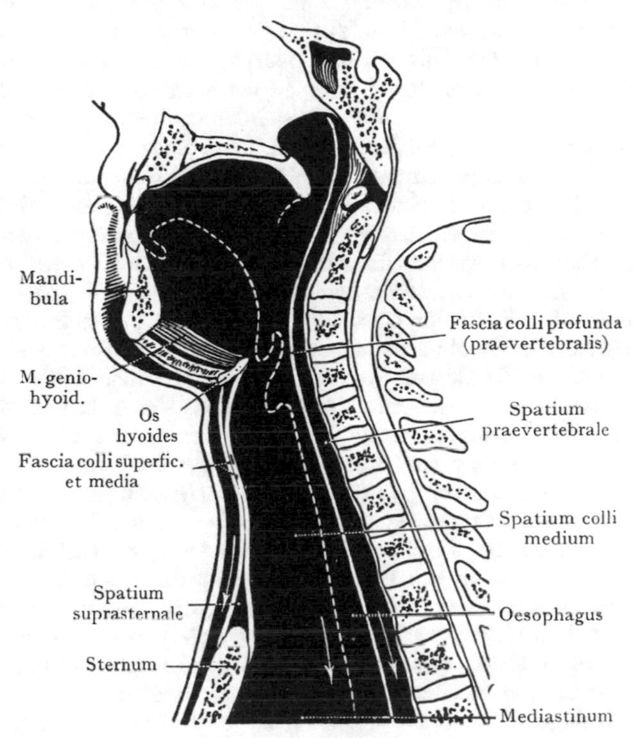

Abb. 152. Fascienräume am Halse.
Schema, zum Teil nach Testut-Jacob, Anatomie topographique. Vol. I.

Die Fascia colli media trägt, wie oben hervorgehoben wurde, einen ganz anderen Charakter als die Fascia superficialis; ihre Ausdehnung ist eine beschränkte, indem sie sich bloss in dem Felde findet, welches durch den Körper des Os hyoides, durch die beiden Bäuche der M. omohyoidei, durch die sternalen Hälften der Claviculae und die Incisura jugularis sterni begrenzt wird (Abb. 153). Sie entsteht in einem frühen Stadium der fetalen Entwicklung und ist wahrscheinlich auf eine Muskelschicht zurückzuführen, welche bei niederen Säugetieren ausgebildet, beim Menschen reduziert oder bloss noch als Varietät (M. cleidohyoideus) vorhanden ist (Gegenbaur). Darauf weist auch schon ihre derbe Beschaffenheit hin, welche sie als eine wahre Aponeurose erkennen lässt. Sie befestigt sich oben am Hyoid (siehe den schematischen Längsschnitt der Abb. 152), seitlich umscheidet sie den M. omohyoideus und verläuft vor den Mm. sternohyoidei und sternothyreoidei, indem sie mit dem die ventrale Fläche dieser Muskeln überziehenden Fascienblatte eine Verbindung eingeht. Die Fascia colli media wird überlagert durch die Fascia colli superficialis, welche den M. sternocleidomastoideus umscheidet; beide Fascienblätter zusammen begrenzen einen von lockerem Bindegewebe ausgefüllten Spalt (siehe den schematischen Längsschnitt, Abb. 152). Abwärts setzen sich sowohl die Fascia colli superficialis als die Fascia colli media an der Incisura jugularis sterni fest, indem sie durch einen von Fett und lockerem Bindegewebe ausgefüllten Raum, das Spatium suprasternale, voneinander getrennt werden (siehe die Beziehungen desselben zur Trachea).

Medial schliesst sich der Fascia colli media und dem M. omohyoideus (Abb. 151) der Nervengefässstrang des Halses an, nämlich die A. carotis comm., lateral davon die Vena jugularis int. und zwischen beiden Gefässen, etwas nach hinten verlagert, der N. vagus. Diese Stämme sind in die Gefässscheide eingeschlossen, welche mit der Fascia colli media durch lockeres Zellgewebe in Verbindung steht, sowie in der Tiefe mit der die Mm. longi colli et capitis überkleidenden Fascia colli profunda.

Das dritte Blatt der Fascia colli, die Fascia colli profunda, überzieht die Mm. longi colli et capitis sowie die vordere Fläche der Halswirbelkörper (daher auch Fascia praevertebralis genannt); seitlich hängt sie mit der die Mm. scaleni einschliessenden Fascie zusammen (Abb. 151). Sie reicht nach oben bis zum Ansatze der Mm. longi capitis an das Tuberculum pharyngicum, nach unten in den Thorax, bis zum Ursprunge der Mm. longi colli an der vorderen Fläche des III. Brustwirbelkörpers. Mit der vorderen Fläche der Halswirbel schliesst sie eine osteofibröse Loge ab (Spatium praevertebrale), welche die Mm. longi colli et capitis enthält.

Fascienräume am Halse. Die Fascienräume der vorderen Halsregion, welche durch die drei Schichten der Fascia colli begrenzt werden, sind folgende (s. Abb. 151 und 152): Zwischen der Fascia superficialis und der Fascia media liegt ein Bindegewebsspalt, welcher über der Incisura jugularis sterni und hinter dem sternalen Ansatze des M. sternocleidomastoideus als Spatium suprasternale, dagegen über dem sternalen Ende der Clavicula, im Dreiecke, welches durch die Clavicula, den unteren Bauch des Omohyoideus und den lateralen Rand des M. sternocleidomastoideus begrenzt wird, als Spatium supraclaviculare ausgebildet ist. Im übrigen sind die beiden Blätter in so innigem Kontakte, dass man kaum von einem dieselben trennenden Bindegewebsspalte sprechen kann, wenigstens nicht von einem solchen, welcher für die Ausbreitung von Abscessen in Betracht käme.

Ein weiterer praktisch sehr wichtiger Bindegewebsraum (Spatium colli medium) liegt unterhalb des Hyoidkörpers, zwischen der Fascia colli media und superficialis einerseits und der Fascia colli profunda seu praevertebralis andererseits. Er wird dorsal zum Teil durch die Fascia colli profunda abgeschlossen, welche die Mm. longi colli et capitis und die vordere Fläche der Halswirbelsäule überzieht; zum Teil hängt er hinten mit dem Bindegewebe zusammen, welches in der Rinne zwischen den Mm. scalenus ventralis und med. die Stämme des Plexus brachialis umgibt. Dieser Raum enthält: erstens den Larynx mit der Trachea, sowie der letzteren hinten angeschlossen und durch lockeres Bindegewebe an die Fascia colli profunda befestigt, den Oesophagus; zweitens den untersten Teil des Larynx und, die ersten Trachealringe bedeckend, die Glandula thyreoidea; drittens den Nervengefässstrang, bestehend aus der A. carotis comm., der V. jugularis int. und dem N. vagus, Gebilde, welche von einer gemeinsamen Gefässscheide eingehüllt werden. Im übrigen wird der Raum durch lockeres Bindegewebe ausgefüllt, von welchem Verdichtungen als eine besondere Hülle für Larynx, Trachea und Oesophagus beschrieben werden. Abwärts geht der Raum an der oberen Thoraxapertur in den Mediastinalraum, aufwärts, längs der grossen Gefässe, besonders der A. carotis comm. in das Spatium parapharyngicum und in die Regio retromandibularis über, im unteren Teile des Halses, längs der A. und V. subclavia und der Stämme des Plexus brachialis, in die Fossa axillaris.

Ein weiterer Bindegewebsraum liegt unterhalb des Unterkiefers (Spatium submandibulare[1]) und entspricht bei oberflächlicher Präparation dem durch den Unterkieferrand und die beiden Bäuche des M. biventer[2] abgegrenzten Trigonum submandibulare (Abb. 156). Die Fascia colli superficialis geht, nachdem sie ihre Befestigung am Körper des Hyoids genommen, über diese Gegend hinweg zum Gesichte; die den Boden des Trigonum submandibulare bildende untere Fläche des M. mylohyoideus hat gleichfalls einen Fascienüberzug, welcher mit der Fascia colli superficialis zusammen die Submandibularloge begrenzt. Dieselbe ist bloss hinten, da wo die Gefässe in sie eintreten (A. facialis[3]), offen, indem sie hier mit dem grossen Bindegewebsraume des Halses zusammenhängt.

Die tiefste Bindegewebsloge wird durch die Fascia colli profunda seu praevertebralis und den vorderen Umfang der Halswirbelsäule gebildet; dieser osteofibröse Raum

[1] submaxillare. [2] M. digastricus. [3] A. maxillaris externa.

nimmt am Arcus ventralis des Atlas seinen Anfang und erstreckt sich längs der Hals- und der oberen Partie der Brustwirbelsäule bis in den Thoraxraum. Er wird fast vollständig durch die Mm. longi colli et capitis ausgefüllt; lateralwärts schliessen sich die Mm. scaleni an. Seine Ausdehnung vom Atlas bis zum III. Brustwirbel entspricht der Ausdehnung der Mm. longi colli et capitis und der Raum stellt den Weg dar, auf welchem Senkungsabscesse, die von den Halswirbelkörpern ausgehen, absteigen und bis in den Brustraum gelangen können.

Muskulatur der vorderen Halsgegend. Dieselbe bildet, wenn man den Befund in schematischer Form zusammenfasst, einen Hohlzylinder, in welchem die in lockerem Bindegewebe eingebetteten Hohlorgane nebst Gefäss- und Nervenstämmen verlaufen. Wenigstens gilt das für den unterhalb des Hyoidkörpers gelegenen Teil des Halses. Unmittelbar unterhalb des Unterkieferkörpers haben wir median die Regio submentalis, lateralwärts das Trigonum submandibulare, weiter nach hinten die Regio retromandibularis. Diese Gegenden bilden den obersten Teil der Regio colli ventralis.

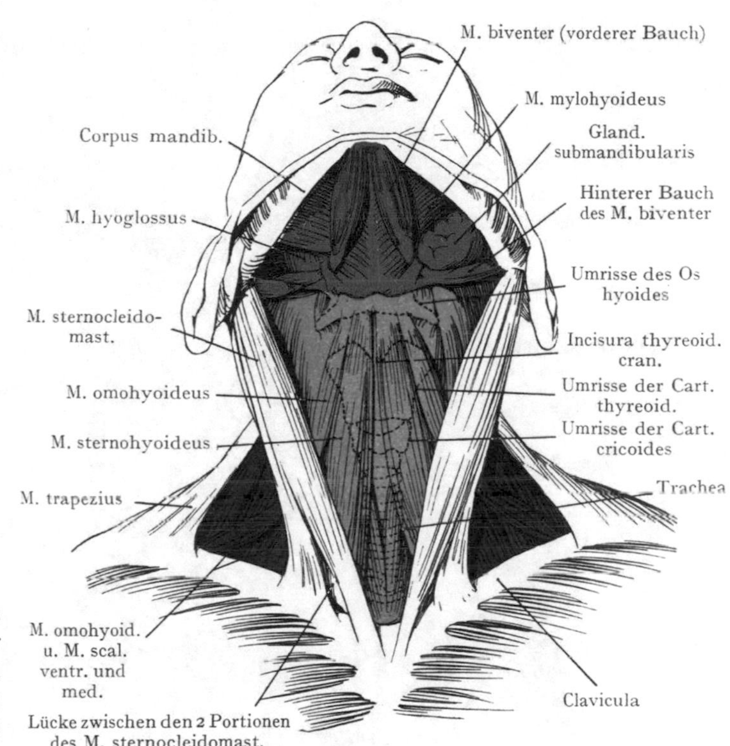

Abb. 153. Einteilung des Halses in Regionen. Muskelbild.
Regio colli ventralis { Trigonum suprahyoideum rot, Trigonum infrahyoideum blau.
Regio colli lateralis = Trigonum colli laterale violett.

Bei der Ansicht der Halsmuskulatur von vorn, wie von der Seite (Abb. 153 u. 154) fällt zunächst der recht breite M. sternocleidomastoideus auf, welcher schräg vom Processus mastoides und der Linea nuchalis terminalis aus zu seinem Ursprunge an dem Manubrium sterni und am sternalen Ende der Clavicula zieht. Medianwärts erstrecken sich, vom Körper des Hyoids und von der Seitenfläche des Thyreoidknorpels, die Mm. sternohyoideus, sternothyreoideus und omohyoideus nach unten bis zum Manubrium sterni und zur Incisura scapulae. Der untere Bauch des M. omohyoideus verläuft fast horizontal und bildet mit der Clavicula und dem lateralen Rande des M. sternocleidomastoideus die Fossa supraclavicularis major[1]. Die unterste Partie der Mm. sternohyoidei und sternothyreoidei wird durch den M. sternocleidomastoideus überlagert, ebenso auch die Zwischensehne des M. omohyoideus.

In der Medianlinie kommen die Mm. sternohyoidei entweder zur Berührung, oder es bleibt, besonders bei Vergrösserung der durch die Muskeln bedeckten Glandula

[1] Trigonum omoclaviculare.

thyreoidea, ein Lücke übrig, welche durch die hier miteinander verschmolzenen Fasciae colli superficialis und media ausgefüllt wird. Dann kann durch einen medianen Längsschnitt der Thyreoidknorpel, der Isthmus glandulae thyreoideae, und weiter unten die Trachea leicht erreicht werden. Der M. sternocleidomastoideus wird durch die Fascia colli superficialis umscheidet und bildet, besonders in seinem mittleren Drittel, die direkte Begrenzung des grossen Bindegewebsraumes des Halses; man kann hier auch

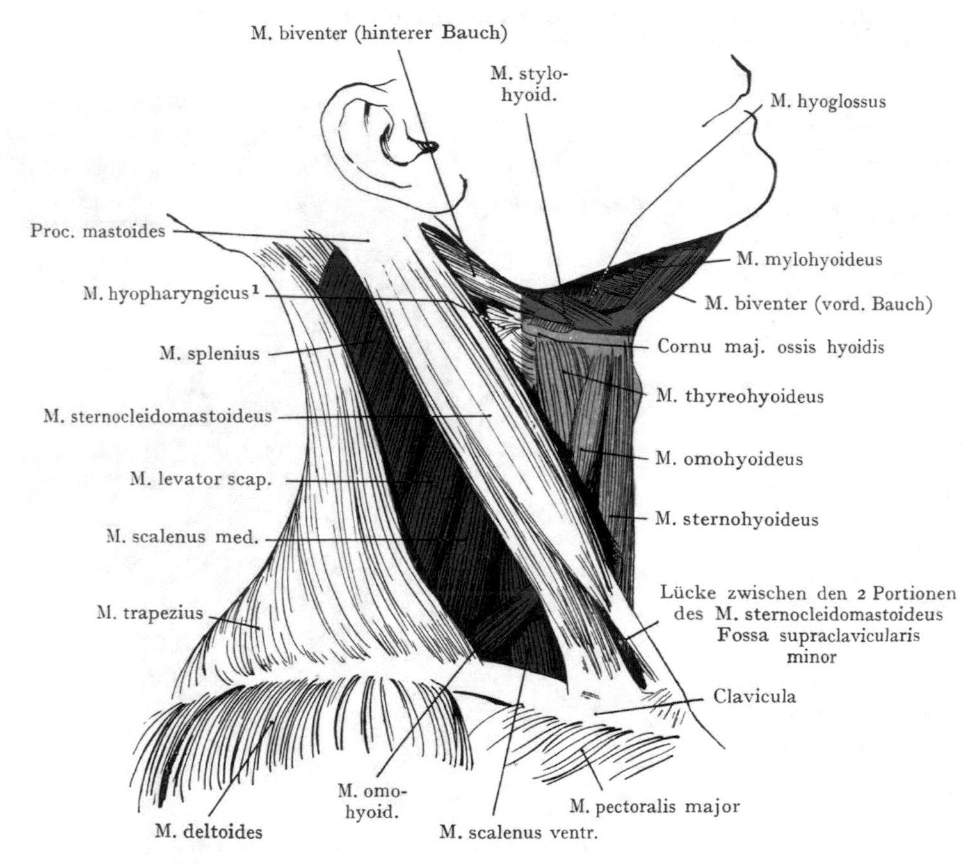

Abb. 154. Muskulatur des Halses, von der Seite gesehen.

Trigonum suprahyoideum rot. Trigonum colli mediale (Trigonum infrahyoideum) blau. Trigonum colli laterale violett. M. sternocleidomast. weiss. Fossa retromandibularis weiss.

am leichtesten durch einen dem medialen Rande des M. sternocleidomastoideus entlang geführten Schrägschnitt auf den Raum eindringen, wobei der Muskel lateralwärts abgezogen, und je nachdem man medial oder lateral von dem M. omohyoideus eingeht, sowohl die Fascia colli superficialis als die Fascia colli media oder bloss die erstere durchtrennt wird. Man kommt dabei in der halben Höhe des M. sternocleidomastoideus auf den Nervengefässstrang (siehe die Aufsuchung der A. carotis int.); durch Abziehen der Mm. sternohyoidei und sternothyreoidei medianwärts kann man jedoch noch ausgiebiger die in dem Bindegewebsraume liegenden Gebilde zugänglich machen.

[1] M. constrictor pharyngis medius.

In der gleichen Schicht wie der M. sternocleidomastoideus liegt der M. trapezius; beide Muskeln begrenzen mit dem oberen Rand der Clavicula ein mehr oder weniger dreieckiges Feld (Trigonum colli laterale). Im Bereiche desselben, und zwar in einer tieferen Schicht, sind von der Seite her (Abb. 154) und in der Reihenfolge von oben nach unten zu sehen: die Mm. splenius, levator scapulae, scalenus med. und scalenus ventralis, welche gewissermassen den Boden des Trigonum colli laterale bilden.

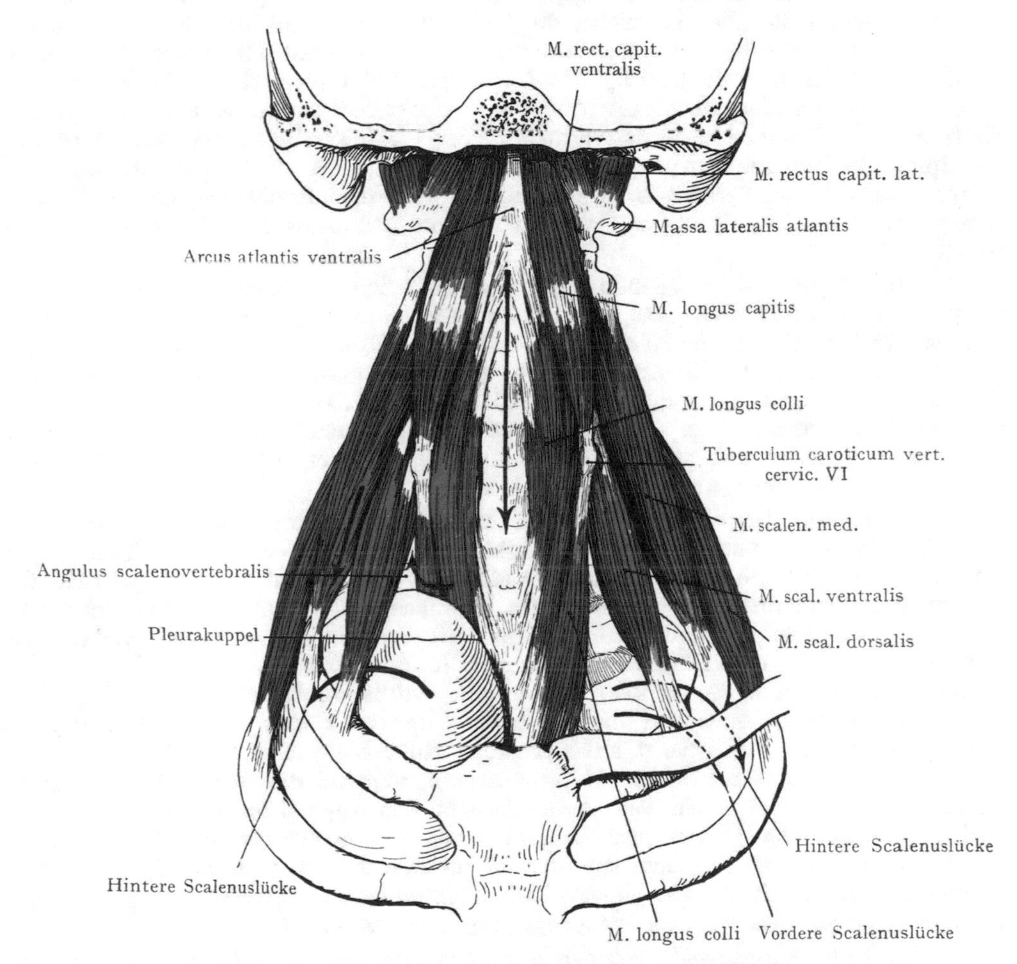

Abb. 155. Ansicht der tiefen Halsmuskulatur von vorn.
Rechterseits ist die Clavicula entfernt und die Pleurakuppel dargestellt worden.

Dieses erhält nach unten gegen die Clavicula eine grössere Tiefenausdehnung (Fossa supraclavicularis) und wird hier durch den unteren Bauch des M. omohyoideus gekreuzt.

Die tiefste Muskelschicht der vorderen Halsregion wird durch die Mm. longi colli et capitis dargestellt, welche sich auf der vorderen Fläche der Halswirbelsäule von dem dritten Brustwirbel bis zum Tuberculum pharyngicum des Hinterhauptbeines erstrecken (Abb. 155). Lateralwärts und hinten schliessen sich weitere Muskeln an: erstens der M. scalenus ventralis (Ursprung an den vorderen Höckern der Proc. costotransversarii[1]

[1] Processus transversi.

des III.—VI. Halswirbels), dann der M. scalenus medius (Ursprung an den hinteren Höckern der Querfortsätze von 6—7 Halswirbeln) und der M. scalenus dorsalis (an den hinteren Höckern der Querfortsätze der zwei bis drei untersten Halswirbel). Die Mm. longi colli et capitis bilden mit dem M. scalenus medius in der Höhe der obersten Halswirbel eine Rinne (Abb. 155), welche sich abwärts in eine durch die Mm. scalenus ventralis und medius gebildete Rinne fortsetzt. Da, wo diese beiden Muskeln zu ihren Insertionen an der ersten Rippe auseinanderweichen, geht die Rinne in die hintere Scalenuslücke über, in welcher die Nn. cervicales zur Bildung des Plexus cervicalis und des Plexus brachialis zusammentreten. Der mediale Rand des M. scalenus ventralis und der laterale Umfang des M. longus colli bilden einen abwärts offenen Winkel (Angulus scalenovertebralis, Abb. 155), in welchem die A. vertebralis zu ihrem Eintritt in das Foramen costotransversarium[1] des VI. Halswirbels cranialwärts verläuft; die Spitze des Winkels entspricht etwa dem Halse der ersten Rippe; hier wird die Unterbindung der A. vertebralis vorgenommen; ausserdem findet sich hier der Grenzstrang des Sympathicus mit dem Ganglion medium und caudale (s. Trigonum scalenovertebrale).

Einteilung der vorderen Halsgegend. Wir unterscheiden zunächst die beiden grossen Halsdreiecke, das Trigonum colli ventrale (Grenzen: der M. sternocleidomastoideus, der untere Rand des Unterkiefers und die Medianlinie) und das Trigonum colli laterale (Grenzen: der M. sternocleidomastoideus, der vordere Rand des M. trapezius und der obere Rand der Clavicula, Abb. 153 und 154). Im Trigonum colli ventrale unterscheiden wir weiter eine Region oberhalb des Hyoidkörpers und des grossen Hyoidhornes, als Trigonum suprahyoideum, von dem unterhalb des Hyoids liegenden Trigonum infrahyoideum.

Beide Gegenden unterscheiden sich in ihrem Charakter ganz wesentlich voneinander; das Trigonum suprahyoideum bildet den Übergang vom Halse zum Kopfe und setzt sich äusserlich durch die bereits erwähnte, bei horizontaler Haltung des Kopfes nachweisbare Hautfurche in der Höhe des Hyoidkörpers von der übrigen Halsregion ab. Der grosse, beiderseits in dem Hauptbindegewebsraum des Halses verlaufende Arterienstamm (A. carotis comm.), teilt sich in der Höhe des oberen Randes des Thyreoidknorpels in die A. carotis ext. und int., welche cranialwärts in das Trigonum colli suprahyoideum eintreten; die A. carotis int. setzt hier den Verlauf der A. carotis comm. fort und gelangt mit der Vene zur Schädelbasis, um hier durch den Canalis caroticus in die Schädelhöhle einzutreten, während die oberflächlich gelegene A. carotis ext. eine Anzahl von Ästen abgibt (Aa. thyreoidea cranialis, lingualis, facialis[2], occipitalis), welche nach verschiedenen Richtungen (vorne, abwärts, oben, hinten) zum Teil das Trigonum suprahyoideum durchsetzen (Aa. facialis[2], lingualis, occipitalis), um nach Abgabe einiger kleiner Äste ihre Hauptverbreitung in Kopfgebilden (Zunge, Gesicht, tiefe Wangengegend usw.) zu finden.

Zur Regio suprahyoidea können wir noch eine Region rechnen, welche gleichfalls einen Übergang zum Kopfe bildet und gewissermassen als Anhang der Regio suprahyoidea gelten dürfte, die Regio oder Fossa retromandibularis (Abb. 154 weiss). Da dieselbe einen Teil der Glandula parotis enthält, so kann sie auch zur Regio parotidomasseterica, folglich zum Kopfe, gerechnet werden; wir betrachten sie als die am höchsten hinaufreichende Region des Halses.

---

[1] Foramen transversarium. [2] A. maxillaris externa.

Trigonum suprahyoideum.

Grenzen der Region. Unten werden dieselben dargestellt durch eine Horizontale, welche durch das Corpus ossis hyoidis gezogen wird, oben durch den unteren Rand des Unterkiefers. Die Gegend kann als ein Dreieck beschrieben werden, dessen Spitze am Kinn und dessen Basis in der Horizontalen des Hyoidkörpers liegt. Als Anhang kann die Regio retromandibularis betrachtet werden, welche ihre Grenzen in dem hinteren Rande des Unterkiefers und dem vorderen Rand des M. sternocleidomastoideus erhält.

Inspektion und Palpation des Trigonum suprahyoideum. Bei der Horizontalstellung, noch mehr bei der Neigung des Kopfes nach vorne, sind die Muskeln und Fascien der Gegend entspannt und bieten günstige Bedingungen für die Palpation. Bei Dorsalflexion des Kopfes dagegen (wie in Abb. 150) wird die Übersicht erleichtert, auch treten bei mässigem Fettpolster einzelne Details besser hervor. Nicht selten lässt sich der vordere Bauch des M. biventer erkennen (Abb. 150) und in dem Winkel, welchen derselbe mit dem Unterkiefer bildet, bewirkt manchmal die Glandula submandibularis eine leichte, durch Inspektion oder Palpation wahrnehmbare Erhebung. Der untere Rand des Unterkiefers, auch der Hyoidkörper, der Angulus mandibulae und der hintere Rand des Unterkieferastes können palpiert werden, ebenso der Processus mastoides und der vordere Rand des M. sternocleidomastoideus, welche zusammen die Regio retromandibularis nach hinten abgrenzen.

Oberflächliche Gebilde des Trigonum suprahyoideum. Die Haut ist stark dehnbar und leicht in Falten emporzuheben, eine Eigenschaft, die sie überhaupt mit der Haut der vorderen Halsgegend teilt und wohl der Ausbildung des Platysma verdankt. Diese Muskelschicht, welche sich vom Gesichte auf den Hals und bis unterhalb der Clavicula erstreckt, ist mit der Fascia colli superficialis nur locker, dagegen mit dem Corium fest verbunden, eine Tatsache, welche die grosse Beweglichkeit der Haut auf ihrer Unterlage erklärt und übrigens auch bei der Präparation des Muskels berücksichtigt wird, indem man die Haut zusammen mit dem Fettpolster und der Fascie des Platysma abzieht. Das Platysma erstreckt sich (Abb. 151) über den ganzen Hals, mit Ausnahme eines medianen Bezirkes, der abwärts an Breite zunimmt. Die oberflächlichen Gefässe sind praktisch unwichtig, als Nerven haben wir den Ramus colli n. facialis, welcher sowohl motorische Fasern für das Platysma aus dem N. facialis, als sensible Fasern für die Haut aus den Nn. auricularis magnus und cutaneus colli führt.

Nach Entfernung der Haut- und Platysmaschicht liegt die Fascia superficialis colli vor. Dieselbe befestigt sich (s. oben) an dem unteren Rande des Unterkiefers, unten an dem Körper des Hyoids und teilt sich am vorderen Rande des M. sternocleidomastoideus zur Bildung der Muskelscheide in zwei Blätter; im Bereiche der Regio retromandibularis überzieht sie die Glandula parotis und geht als Fascia parotidomasseterica aufwärts auf die seitliche Gesichtsgegend weiter. Sie hängt mit den Fascien der Muskeln zusammen, besonders innig mit derjenigen, welche die Mm. mylohyoideus und hyoglossus bedeckt und sich an der Linea mylohyoidea des Unterkiefers inseriert (Abb. 156). Diese Fascie bildet mit der medialen Fläche des Unterkiefers und der Fascia superficialis colli eine Loge (Submandibularloge), welche durch den Ansatz des Fascienblattes am unteren Rand des Unterkiefers und am Corpus ossis hyoidis nach oben und nach unten geschlossen wird. Den Hauptinhalt der Loge stellt die Glandula submandibularis dar; von hinten dringt die A. facialis[1] in den Raum ein, um am vorderen Rande des M. masseter auf dem Unterkiefer zum Gesichte zu verlaufen.

---

[1] A. maxillaris externa.

Muskeln des Trigonum suprahyoideum (Abb. 153). Wir treffen vier für die Orientierung wichtige Muskeln an, die Mm. biventer und stylohyoideus, fast in einer Ebene gelegen, und die Mm. mylohyoideus und hyoglossus in einer tieferen Ebene. Die beiden Bäuche des M. biventer bilden mit ihrer Zwischensehne einen aufwärts

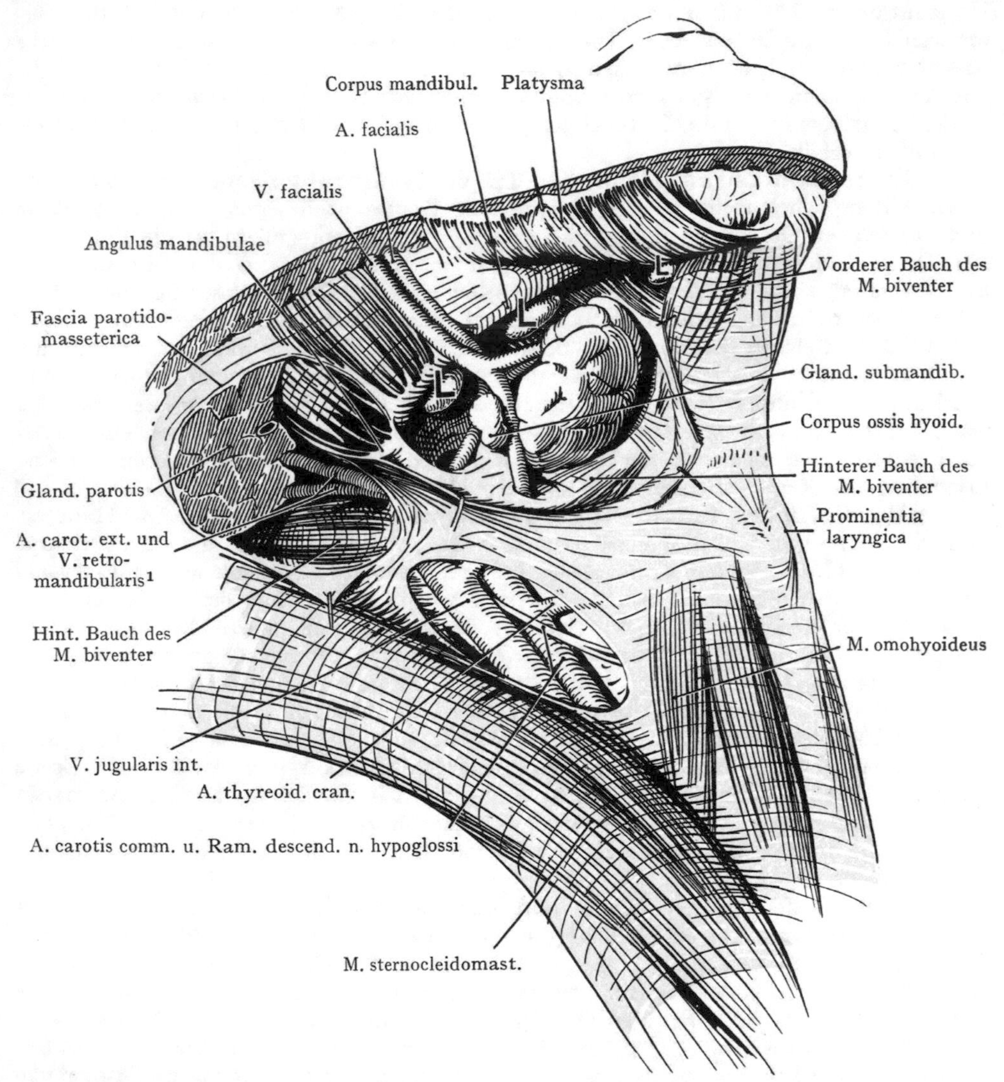

Abb. 156. Submandibularloge und Parotisloge, nach Entfernung des oberflächlichen Teiles der Fascia colli und des Platysma.
L L L Lymphonodi submandibulares.

offenen Winkel, dessen Spitze, durch die Zwischensehne dargestellt, mittelst einer Fascienschlinge an das Corpus ossis hyoidis fixiert ist. Der M. stylohyoideus wird von der Sehne des M. biventer durchbohrt und inseriert sich am kleinen Hörne des Zungenbeins. Mit dem unteren Rande des Unterkiefers begrenzen die Muskeln ein Dreieck, dessen Basis oben im Unterkieferrande gegeben ist, während die Spitze etwa am Abgange des kleinen Zungenbeinhornes zu suchen ist (Trigonum submandibulare).

[1] V. facialis post.

Dasselbe entspricht der oben erwähnten Loge, in welcher sich die Glandula submandibularis einbettet; ihr Boden wird (Abb. 153) durch die Mm. mylohyoideus und hyoglossus samt dem Fascienüberzuge ihrer unteren Fläche gebildet. Der M. mylohyoideus oder diaphragma oris weist schon durch die letztere Bezeichnung auf seine Rolle hin als Abschluss der Mundhöhle resp. der Regio sublingualis gegen den Hals (Abb. 96); er entspringt von der Linea mylohyoidea und inseriert sich teils am oberen Rande des Corpus ossis hyoidis, teils stossen seine Fasern mit denen des anderseitigen Muskels in einer Linie (Raphe) zusammen, welche sich als sehniger Streifen von den Spinae mandibulae bis zum Corpus ossis hyoidis erstreckt. Auf dem medialen Teile der so gebildeten Muskelplatte liegen die vorderen Bäuche der Mm. biventeres; zwischen denselben kommt die untere Fläche des M. mylohyoideus direkt mit der Fascia colli superficialis in Berührung. Der M. hyoglossus (Abb. 153) entspringt mit seinen vorderen Fasern am oberen Rande des Corpus ossis hyoidis, mit seinen hinteren Fasern am grossen Horne des Zungenbeins. Die vordere Partie des Muskels wird bei der Ansicht von unten durch den M. mylohyoideus bedeckt; bloss die hintere Partie erscheint als ein Teil des Bodens des Trigonum submandibulare.

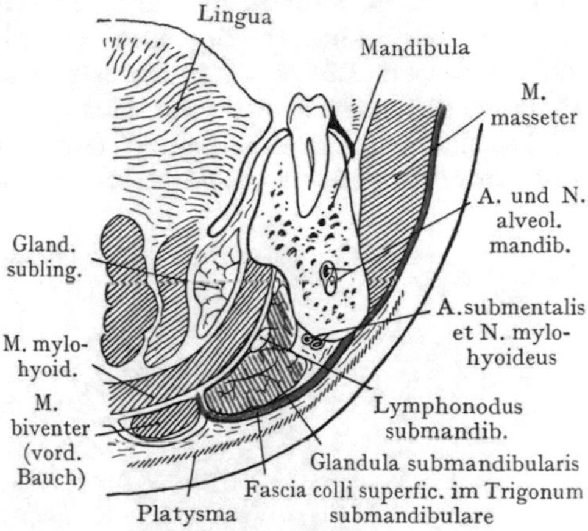

Abb. 157. Frontalschnitt durch das Trigonum submandibulare (vorn).
Nach einem Mikrotomschnitte.
Fascia und Gland. submandibularis grün.

Glandula submandibularis[1] und Gefässe und Nerven des Trigonum submandibulare. Nach Entfernung der Fascia colli superficialis trifft man die Glandula submandibularis an, umhüllt von ihrer Kapsel und im Zusammenhang mit den zur Drüse verlaufenden Gefässen und Nerven (Abb. 156). Der laterale-obere Umfang der auf dem Frontalschnitte etwa dreieckigen Drüse legt sich der inneren Fläche des Unterkieferkörpers unterhalb des Ursprunges des M. mylohyoideus (Linea mylohyoidea) an (Abb. 156). Die laterale-untere Fläche tritt mit der oberflächlichen Halsfascie in Berührung; die mediale Fläche der Drüse liegt auf dem M. mylohyoideus und dem M. hyoglossus; sie kann auch, je nach ihrer Grösse, über die Grenzen des Trigonum submandibulare hinausreichen und überlagert dann einen Teil des hinteren Biventerbauches sowie das grosse Horn des Hyoid.

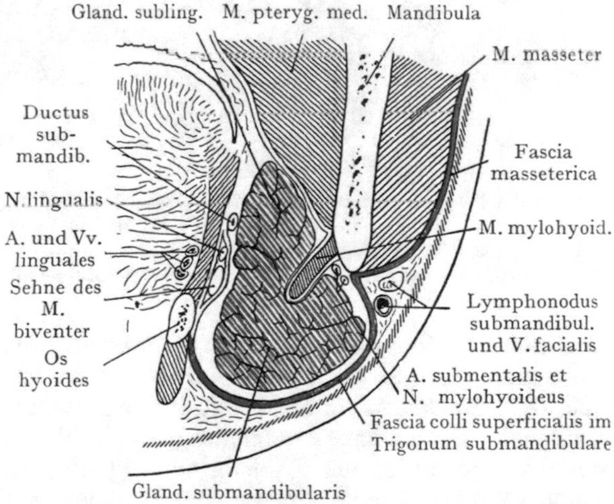

Abb. 158. Frontalschnitt durch das Trigonum submandibulare (hinten). Verbindung der Gland. submandibularis mit der Gland. sublingualis.
Nach einem Mikrotomschnitte.

[1] Glandula submaxillaris et trigonum submaxillare.

Die Glandula submandibularis überschreitet aber auch nach einer anderen Richtung das Trigonum submandibulare. Die Loge, in welcher sie sich befindet, wird nach hinten, gegen die Regio retromandibularis, durch einen in die Tiefe gehenden Fortsatz der Fascia colli superficialis fast vollständig abgeschlossen und von der in der Regio retromandibularis liegenden Glandula parotis getrennt (Abb. 156). Dagegen findet sich eine Lücke oder richtiger gesagt ein Spalt am hinteren Rande des M. mylohyoideus, zwischen diesem Muskel und dem M. hyoglossus, welcher die Loge des Trigonum submandibulare mit der Regio sublingualis in Verbindung setzt. Durch diese Lücke dringt auch ein Fortsatz der Glandula submandibularis mit dem Ductus sub-

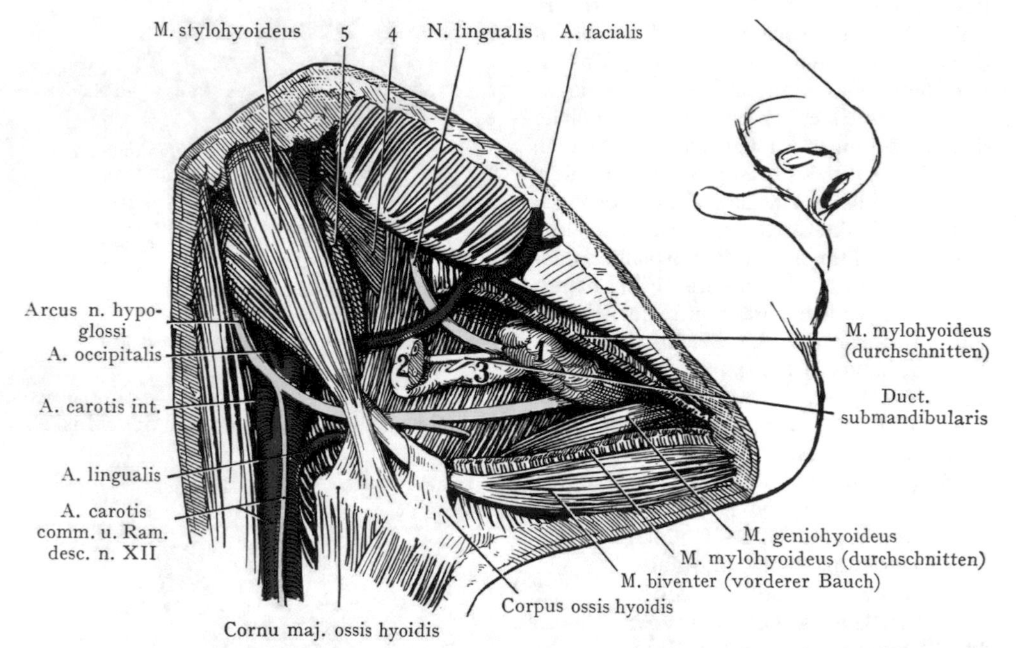

Abb. 159. Gland. sublingualis und tiefe Gebilde des Trigonum submandibulare nach Entfernung des M. mylohyoideus.

1 Gland. sublingualis. 2 Gland. submandibularis, am hinteren Rande des M. mylohyoideus umbiegend. 3 Verbindung zwischen der Gland. submandibularis und sublingualis. 4 M. styloglossus. 5 M. stylopharyngicus.

mandibularis (Whartonianus) um den hinteren Rand des M. mylohyoideus in die Regio sublingualis ein und lagert sich hier dem hinteren Ende der Glandula sublingualis an (Abb. 157); der Ductus submandibularis verläuft dann an der medialen Fläche der Glandula sublingualis bis zu seiner Ausmündung an der Papilla salivaria sublingualis[1] (s. Regio sublingualis). So bildet die Glandula sublingualis, mit der Glandula submandibularis zusammengenommen, eine Drüsenmasse, welche gleichsam hakenförmig um den hinteren Rand des M. mylohyoideus abgebogen ist; die Glandula sublingualis mit dem oberen Fortsatze der Glandula submandibularis liegt oberhalb, die Hauptmasse der Glandula submandibularis unterhalb des M. mylohyoideus. In Abb. 159 ist die Regio sublingualis nach Entfernung des M. mylohyoideus von unten her dargestellt. Der durch die erwähnte Lücke zwischen den Mm. mylohyoideus und hyoglossus zur Regio sublingualis verlaufende Fortsatz der Glandula submandibularis (3) ist in seiner Abbiegung um den hinteren Rand des M. mylohyoideus (2) und in seinem Anschlusse an die Glandula sublingualis (1) zu sehen; von oben tritt der N. lingualis zwischen dem M. mylohyoideus und dem M. hyoglossus nach vorne, und weiter unten verläuft oberhalb

[1] Caruncula sublingualis.

des grossen Zungenbeinhornes, in derselben Lage zu den beiden eben erwähnten Muskeln, der Arcus n. hypoglossi.

Blutgefässe, Lymphgefässe, Lymphdrüsen und Nerven des Trigonum suprahyoideum. Von diesen Gebilden liegen die Lymphdrüsen und Lymphgefässe am oberflächlichsten. Von Lymphdrüsen (Lymphonodi submandibulares) finden sich etwa 3—6 (Abb. 156); die vordersten, auf der Raphe der Mm. mylohyoidei gelegenen, werden auch als Lymphonodi submentales bezeichnet. Die übrigen Lymphdrüsen

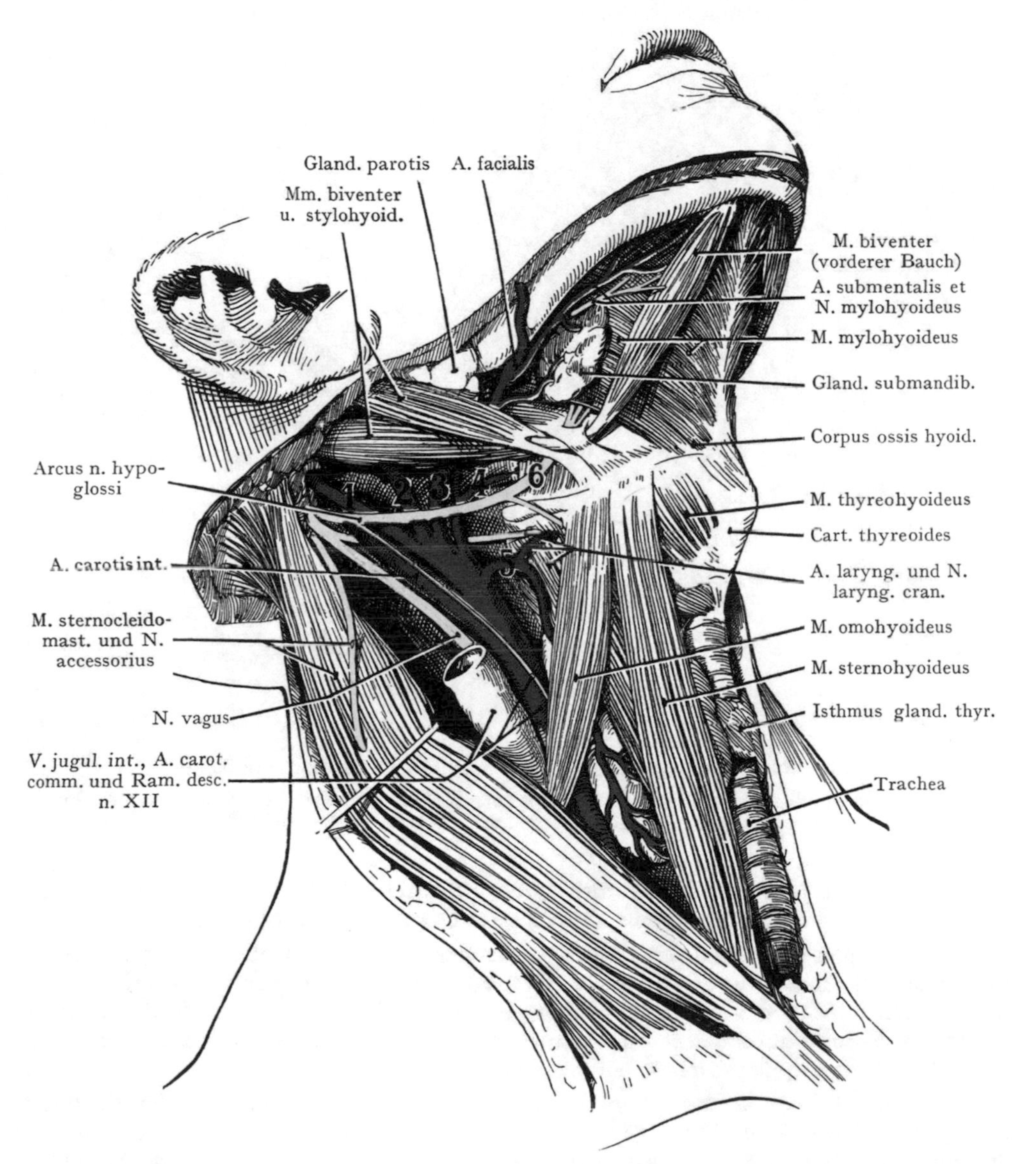

Abb. 160. Regio colli ventralis, dargestellt nach Entfernung der oberflächlichen Schichten (Fascia colli superficialis und media).

1 A. occipitalis. 2 A. carotis ext. 3 A. facialis. 4 A. lingualis. 5 A. thyreoidea cran. 6 M. hyoglossus und Arcus n. hypoglossi.

liegen unter der Fascia colli superficialis, längs des unteren Randes des Unterkiefers, aber ausserhalb der Kapsel der Glandula submandibularis; die grösste Drüse findet sich gewöhnlich dort, wo die A. facialis[1] mit der V. facialis auf das Gesicht übergeht.

Die Lymphonodi submandibulares stellen die regionären Lymphdrüsen der Nase (Abb. 112), der Lippen (Abb. 90), und der vorderen Partie der Seitenränder der Zunge (Abb. 102) dar. Die Vasa efferentia dieser Drüsen verlaufen nach hinten und

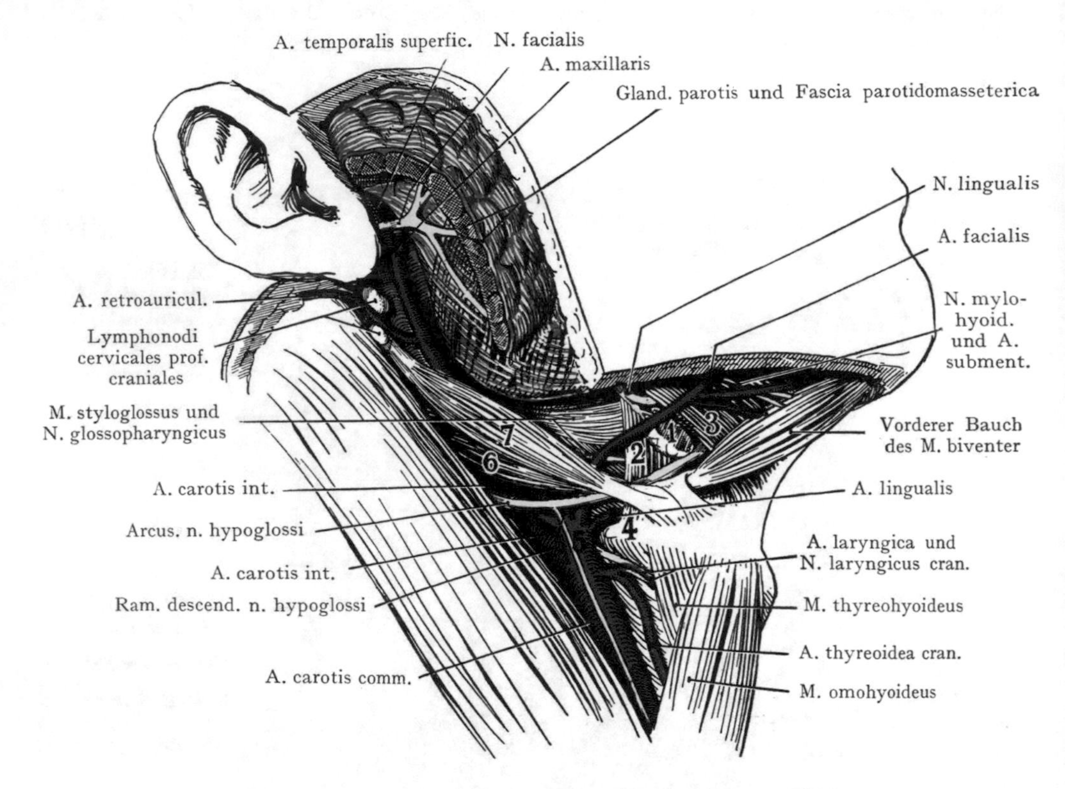

Abb. 161. Regio retromandibularis und Trigonum submandibulare.

1 Gland. submandibularis (abgeschnitten). 2 M. hyoglossus. 3 M. mylohyoideus. 4 Cornu majus ossis hyoidis. 5 A. carotis ext. 6 Hinterer Bauch des M. biventer. 7 M. stylohyoideus.

unten zu den Lymphonodi cervicales profundi, welche in der Höhe der Teilung der A. carotis comm. am oberen Rande der Cartilago thyreoides liegen (Poirier).

Neben den oberflächlichen, direkt unter der Fascia anzutreffenden Lymphdrüsen sind auch solche nachzuweisen (Leaf), welche, von der Glandula submandibularis bedeckt, der unteren Fläche des M. mylohyoideus auflagern. Es ist also die Entfernung der Lymphonodi submandibulares nur dann als eine vollständige zu bezeichnen, wenn auch diese tiefgelegenen Drüsen berücksichtigt wurden.

Nach Entfernung der Lymphdrüsen und der Glandula submandibularis liegen die grossen Nerven und Blutgefässstämme der Gegend vor (Abb. 161). Von Arterien haben wir die A. facialis[1] und die A. lingualis, von Venen die V. facialis und die V. lingualis, von Nerven den N. hypoglossus, den N. lingualis (aus dem N. mandibularis) und den N. mylohyoideus (aus dem N. alveolaris mandibularis, also auch aus dem N. mandibularis).

[1] A. maxillaris externa.

Bei der in Abb. 160 dargestellten Ansicht ist, nach Entfernung der Glandula submandibularis, die A. facialis zu sehen, welche aus der A. carotis ext. oberhalb des grossen Zungenbeinhornes entspringt und von dem hinteren Bauche des M. biventer sowie von dem M. stylohyoideus bedeckt in die hintere Partie des Trigonum submandibulare eintritt. Hier verläuft sie schräg nach vorne und oben, um den unteren Rand des Unterkiefers etwa an der vorderen Grenze des M. masseter zu kreuzen und in die Regio faciei überzugehen. Die Arterie wird von der Glandula submandibularis (Abb. 156) bedeckt, ja sie kann geradezu in die Drüsenmasse aufgenommen werden, eine Tatsache, welche bei der Exstirpation der Glandula submandibularis oder bei der Aufsuchung von tiefliegenden Lymphdrüsen zu beachten ist. Die Arterie kreuzt den (tiefer gelegenen) N. lingualis. Die V. facialis[1] liegt oberflächlich zur Arterie.

Von Ästen der A. facialis[2] geht die A. palatina ascendens am tiefsten ab und verläuft senkrecht nach oben zur Regio palatina und zur Tonsille (sie ist in Abb. 161 nicht zu sehen). Kleine Äste (Rami submandibulares) versorgen die Gland. submandibularis; ein starker Ast verläuft als A. submentalis mit einer gleichnamigen Vene, parallel zum unteren Rande des Unterkiefers auf dem M. mylohyoideus nach vorne (Abb. 160), versorgt diesen Muskel sowie den vorderen Biventerbauch und bildet mit der A. lingualis Anastomosen, welche bei der Unterbindung der letzteren für das Zustandekommen des Kollateralkreislaufes von Bedeutung sind. Die zweite grosse Arterie der Gegend, die A. lingualis, liegt eigentlich nur eine ganz kurze Strecke weit in dem Trigonum submandibulare und kommt bei typischer Präparation desselben gar nicht zur Ansicht. Sie entspringt (Abb. 160 und 161) etwa in der Höhe des grossen Zungenbeinhornes aus der A. carotis ext. und verläuft eine kurze Strecke weit oberhalb des Zungenbeinhornes, um dann, von dem M. hyoglossus bedeckt, an der medialen Fläche dieses Muskels in die Regio sublingualis einzutreten. Sie gehört also dieser letzteren Region fast in ihrem ganzen Verlaufe an, daher sei auf das dort Gesagte verwiesen. Die Richtung ihres Verlaufes ist in Abb. 99 angegeben. Oberhalb der Arterie, aber auf der äusseren Fläche des M. hyoglossus, verläuft der Bogen des N. hypoglossus (Arcus n. hypoglossi) in Gesellschaft der V. comitans n. hypoglossi nach vorne und tritt in Begleitung des Fortsatzes der Glandula submandibularis sowie des Ductus submandibularis durch den Spalt zwischen den Mm. hyoglossus und mylohyoideus in die Regio sublingualis ein. Handelt es sich nun darum, die Arterie vor der Abgabe ihrer Äste zu unterbinden, so wird die Operation dort vorgenommen, wo das Gefäss, noch unbedeckt von dem M. hyoglossus, oberhalb des Cornu majus ossis hyoidis liegt. In einem solchen Falle ist die Lage des N. hypoglossus und der V. sublingualis, wie sie in Abb. 160 dargestellt sind, im Auge zu behalten (s. Unterbindung der A. lingualis).

Die Lage der Venen in bezug auf die Arterien ist schon erwähnt worden; die V. facialis[1] liegt oberflächlicher als die A. facialis[2], direkt unter der Fascia colli superficialis; sie wird also nicht von der Glandula submandibularis bedeckt, sondern zieht, von dem unteren Rande des Unterkiefers, wo sie hinter der Arterie angetroffen wird, schräg nach unten, kreuzt die äussere Fläche des hinteren Biventerbauches und vereinigt sich etwas oberhalb des hinteren Endes des Cornu maj. ossis hyoidis mit der V. sublingualis, um mit einem kurzen gemeinsamen Stamme in die V. jugularis int. zu münden. Dieselbe kann die A. lingualis an ihrem Ursprunge sowie in der ersten zur Unterbindung bevorzugten Stelle ihres Verlaufes bedecken. Die V. sublingualis zeigt ebensowenig einen mit der gleichnamigen Arterie übereinstimmenden Verlauf, sondern gelangt ebenso wie der Arcus n. hypoglossi durch den Spalt zwischen den Mm. hyoglossus und mylohyoideus aus der Regio sublingualis in das Trigonum submandibulare, wo sie auf der äusseren Fläche des erstgenannten Muskels bis zur Spitze des Cornu majus ossis hyoidis verläuft, um hier mit der V. facialis[1] zusammenzumünden.

[1] V. facialis anterior. [2] A. maxillaris externa.

Von den drei Nervenstämmen der Gegend zeigen zwei, der N. lingualis und der N. hypoglossus, einen bogenförmigen Verlauf; die Konkavität des Bogens richtet sich in beiden Fällen aufwärts (Abb. 159). Der N. mylohyoideus zweigt sich von dem N. alveolaris mandibularis[1] kurz vor dem Eintritt des letzteren in den Canalis mandibulae ab, verläuft im Sulcus mylohyoideus, dann an der äusseren Fläche des M. mylohyoideus nach unten und versorgt diesen Muskel sowie den vorderen Bauch des M. biventer. Seine Äste verlaufen mit Zweigen der A. submentalis. Der Bogen des N. lingualis liegt höher als derjenige des N. hypoglossus, gleichfalls auf der äusseren Fläche des M. hyoglossus (Abb. 159), aber oberhalb der Gland. submandibularis, resp. des vorderen, in die Regio sublingualis eintretenden Fortsatzes dieser Drüse; er gibt an dieselbe Äste ab, welche mit dem kleinen Ganglion submandibulare in Verbindung stehen. Bloss eine ganz kurze Strecke weit liegt der Nerv in der Regio submandibularis (Abb. 159 und 161), um alsbald zwischen dem M. mylohyoideus und dem M. hyoglossus in die Regio sublingualis einzutreten. Der Arcus n. hypoglossi ist in grösserer Ausdehnung zu sehen; derselbe verläuft oberflächlich zur A. carotis ext. (Abb. 160), auf welcher er den in die Arterienscheide eingeschlossenen Ram. descendens n. hypoglossi abgibt; dann wendet er sich oberhalb der Vena sublingualis nach vorne und tritt zwischen dem hinteren Biventerbauche und der äusseren Fläche des M. hyoglossus in das Trigonum submandibulare, liegt hier oberhalb des grossen Zungenbeinhorns der äusseren Fläche des Muskels auf und geht zwischen diesem und dem M. mylohyoideus in die Regio sublingualis hinauf. Vor dem Durchtritt unter den hinteren Biventerbauch zweigt sich von dem Arcus n. hypoglossi der Ramus thyreohyoideus ab, der schräg nach vorn und abwärts zum M. thyreohyoideus gelangt. Der Arcus n. hypoglossi wird im Trigonum submandibulare von der Gland. submandibularis bedeckt.

Trigonum colli infrahyoideum.

Dem Trigonum suprahyoideum entspricht ein Trigonum infrahyoideum (auch Trigonum colli mediale genannt, Abb. 153), dessen Basis in der auf der Höhe des Hyoidkörpers gezogenen Horizontalen gegeben ist, während die Schenkel des Dreiecks durch die medialen Ränder der Mm. sternocleidomastoidei dargestellt werden und die Spitze an der Incisura jugularis sterni liegt. Die Gegend zeichnet sich dadurch aus, dass sie durch die in ihr eingelagerten Kehlkopfknorpel ein bestimmtes, für topographische Feststellungen wertvolles Relief erhält. Massgebend müssen für die Betrachtung eines grossen Teiles der Region der Luftweg und der demselben sich anschliessende Oesophagus sein. Seitlich von diesen liegen, teilweise durch die Mm. sternocleidomastoidei bedeckt, die grossen in der Längsrichtung verlaufenden Gefässe und Nerven des Halses.

Das Relief der Gegend hat schon oben seine Besprechung gefunden.

Von den **oberflächlichen Gebilden** (Abb. 162) münden die Venen in die Vv. jugulares superficiales ventrales[2] (dieselben können auch durch eine V. mediana colli vertreten sein), welche, beiderseits von der Medianlinie, extrafascial nach unten verlaufen und entweder in die V. jugularis superficialis dorsalis[3] oder auch, die Fascie oberhalb der Incisura jugularis sterni durchbohrend, in die V. subclavia der betreffenden Seite einmünden. Die oberflächlichen Venen liegen bald ausserhalb des Platysma, bald von demselben bedeckt, unmittelbar auf der Fascia colli superficialis; sie können eine starke Ausweitung erfahren und sind alsdann bei Operationen im Bereiche des Kehlkopfes zu beachten.

Die Fascia superficialis überzieht die ganze Gegend, von dem unteren Rande des Hyoidkörpers bis zur Incisura jugularis sterni. Am medialen Rande des M. sternocleidomastoideus teilt sich die Fascie in zwei Blätter, welche die Scheide dieses Muskels bilden. Mit der Fascia colli superficialis verbindet sich die in dem Dreieck zwischen dem Hyoidkörper, dem M. omohyoideus, der Incisura jugularis sterni und der Clavicula aus-

[1] N. alveolaris inferior. [2] V. jugularis anterior. [3] V. jugularis externa.

gespannte Fascia colli media (Abb. 151). Oberhalb der Incisura jugularis weichen beide Fascienblätter auseinander, indem sich das oberflächliche Blatt vorne, das mittlere hinten an der Incisura jugularis befestigen und so das von lockerem Fett und Bindegewebe ausgefüllte (Abb. 152) Spatium suprasternale herstellen. Die Grenzen desselben sind nach beiden Seiten hin die gegen die Incisura jugularis konvergierenden medialen Ränder der Mm. sternocleidomastoidei, oben die horizontale Verbindungslinie derselben. Seitliche Ausbuchtungen erstrecken sich unter die sternale Portion

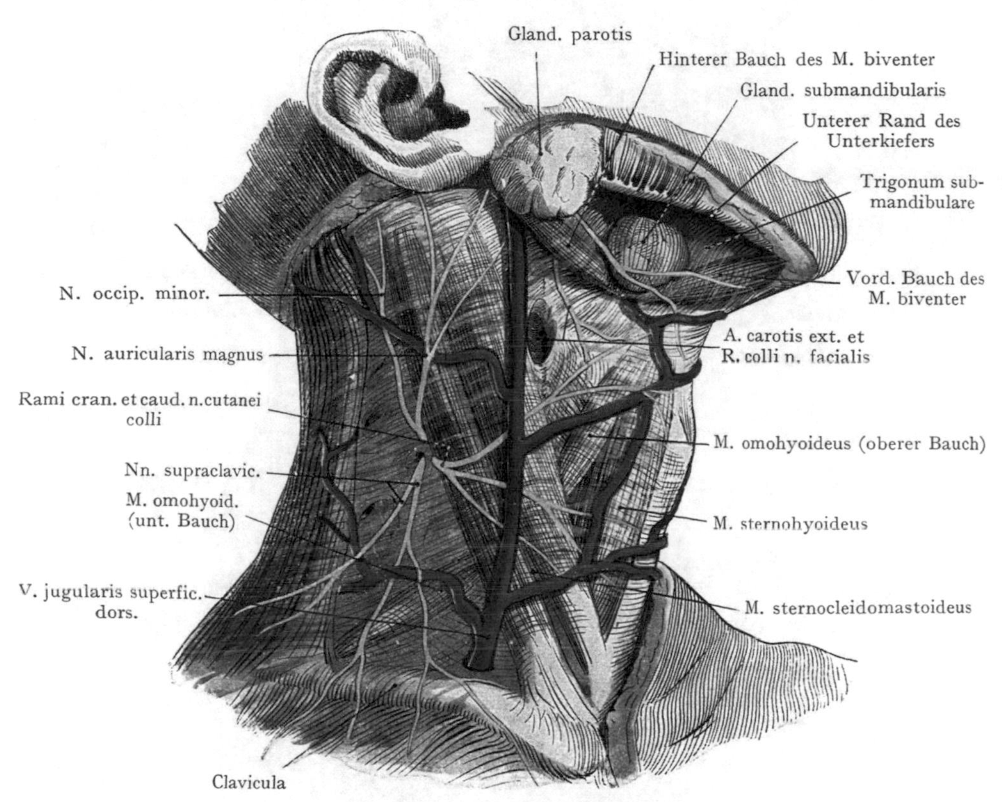

Abb. 162. Fascia colli superficialis mit den oberflächlichen Gebilden des Halses, nach Entfernung des Platysma.

des Muskels. Als Inhalt findet sich im Spatium suprasternale, abgesehen von kleinen Lymphdrüsen (Lymphonodi suprasternales), nur lockeres Fett- und Bindegewebe sowie einige kleine Venen.

Unter der Fascia colli superficialis, resp. dem Fascienblatte, welches aus der Verschmelzung der Fascia colli superficialis und der Fascia colli media hervorgegangen ist, gelangen wir zu den Muskeln der Gegend, welche in der deskriptiven Anatomie als vordere lange Halsmuskeln zusammengefasst werden. Dieselben sind, im Gegensatze zu den Muskeln des Trigonum suprahyoideum, welche von Kopfnerven versorgt werden (Ram. III n. trigemini), echte, aus Cervicalmyotomen herstammende Halsmuskeln, was sie durch die Innervation aus dem Ramus descendens n. hypoglossi (Fasern der oberen Cervicalnerven) bekunden. Auch in bezug auf ihre Funktion gehören sie zusammen, indem sie durch ihren Ursprung an dem Skelet (Sternum und Scapula) befähigt sind, eine Senkung des Kehlkopfes und des Hyoids zu bewirken. Sie werden bedeckt durch die Fascia colli superficialis, welche sich einerseits mit der Muskelfascie, andererseits mit der Fascia colli media verbindet, so dass man auch von einer Umscheidung der Muskeln durch die Fascie gesprochen hat. Der M. sternohyoideus entspringt von der hinteren Fläche des Manubrium sterni sowie vom sternalen Ende der Clavicula und inseriert sich an der Basis ossis hyoidis (Abb. 153). Er wird in seiner unteren Partie von dem M. sternocleidomastoideus bedeckt und lagert seinerseits den Mm. sterno-

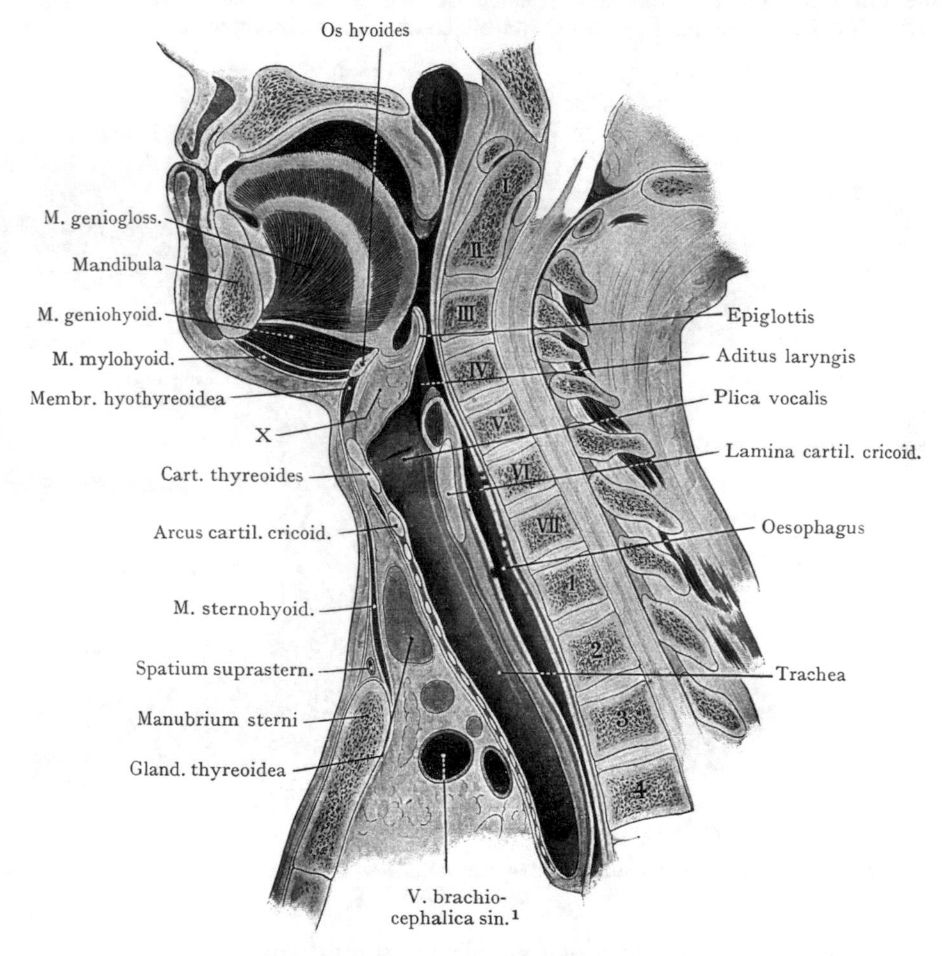

Abb. 163. Sagittalschnitt durch den Hals des Erwachsenen.
Nach Braune. Atlas der topogr. Anatomie. Taf. I.
X Fettmasse zwischen der Membrana hyothyreoidea und der Epiglottis.
I Epistropheuszahn.

thyreoideus und thyreohyoideus auf. Der M. sternothyreoideus entspringt etwas tiefer und weiter medial als der M. sternohyoideus; beide Mm. sternothyreoidei berühren sich in der Medianlinie und bedecken von vorne her die Trachea. Nach oben divergieren die Muskeln und setzen sich in einer schrägen Linie an dem Thyreoidknorpel fest; einige Fasern gehen auch in den M. laryngopharyngicus[2] über. Der M. thyreohyoideus setzt den Muskel bis zum Hyoid fort, indem er von der Ansatzlinie des M. sternothyreoideus entspringt und sich am Körper des Os hyoides inseriert.

[1] V. anonyma sinistra. [2] M. constrictor pharyngis inferior.

Die vorderen langen Halsmuskeln bedecken von vorne her die Trachea, die Glandula thyreoidea und den Kehlkopf. Man kann folglich diese Gegend auch als Regio laryngica bezeichnen. Zwischen dem oberen Rande der Cartilago thyreoides und dem unteren Rande des Hyoid lässt sich eine Regio subhyoidea abgrenzen, welche, genau genommen, weder zur Regio laryngica, noch zur Regio submentalis gehört und als eine besondere Unterregion, etwa gleichwertig mit der Regio laryngica, zu erwähnen wäre.

Regio subhyoidea. Sie wird oben durch das Corpus ossis hyoidis mit den grossen Zungenbeinhörnern, unten durch den oberen Rand der Cartilago thyreoides abgegrenzt. Durch Palpation lässt sich die Lage des Körpers und, beim seitlichen Umgreifen des Pharynx, auch diejenige der grossen Hörner des Zungenbeins feststellen. Die Incisura thyreoidea cranialis der Cart. thyreoides ist gewöhnlich zu fühlen, weniger deutlich oder auch gar nicht der obere Rand des Knorpels, welcher durch den M. thyreohyoideus bedeckt wird.

Das Os hyoides wird von der medialen Halsmuskulatur so eingeschlossen, dass es bei den Kontraktionen der Muskeln (z. B. beim Schlucken) in Zusammenhang mit dem Larynx eine beträchtliche Verschiebung erfährt. Es bildet gewissermassen einen Mittelpunkt, von welchem nach oben Muskulatur zur Zunge und zum Unterkiefer ausgeht, die von Kopfnerven ihre Innervation erhält, während sich an seinem unteren Umfange die von Cervicalmyotomen ableitbare vordere lange Halsmuskulatur ansetzt.

Die Membrana hyothyreoidea verbindet den oberen Rand der Cartilago thyreoides mit dem hinteren Rande des Corpus ossis hyoidis sowie mit den grossen Zungenbeinhörnern. Die Membran wird von dem M. thyreohyoideus, welcher sie seitlich überlagert, durch lockeres Fett- und Bindegewebe sowie durch die Bursa m. thyreohyoidei getrennt; diese zeigt in ihrer Ausbildung beträchtliche Variationen, bald ist sie gross, bald klein; auch sind Asymmetrien nichts Seltenes. Die hintere Fläche der Membrana hyothyreoidea wird seitlich von der Schleimhaut des Recessus piriformis überzogen, in der Medianebene wird sie durch eine Fett- und Bindegewebsmasse von dem unteren Teile der Epiglottis getrennt (Abb. 163 X). Sie zeigt zahlreiche elastische Einlagerungen.

Gefässe und Nerven. Unmittelbar unter der Fascia colli superficialis verläuft, über dem grossen Zungenbeinhorne absteigend, der Ram. thyreohyoideus, welcher sich dort von dem Arcus n. hypoglossi abzweigt, wo derselbe über der Spitze des grossen Zungenbeinhornes nach vorne verläuft, um auf die äussere Fläche des M. hyoglossus zu treten (Abb. 160). Parallel mit dem Zungenbeinkörper und häufig auf demselben verläuft, etwa horizontal, der Ram. hyoideus der A. lingualis medianwärts; die A. laryngica cran. geht mit dem N. laryngicus cran. zwischen dem M. thyreohyoideus und der Membrana hyothyreoidea nach vorne und abwärts. Der innere Ast des N. laryngicus cranialis gelangt mit der Arterie oberhalb des Schildknorpelrandes durch die Membrana hyothyreoidea in das Innere des Kehlkopfes. Die A. carotis comm. oder die beiden aus ihr hervorgegangenen Stämme liegen zu weit lateral, als dass sie noch in den Bereich der Gegend fallen würden.

Topographie des Larynx und der Trachea.

Unterhalb der durch den oberen Rand der Cartilago thyreoides und den unteren Rand des Corpus ossis hyoidis begrenzten Regio subhyoidea folgt die Regio laryngica. Ihr Relief wird hervorgerufen durch die scharf vorspringenden, in der Medianlinie als Prominentia laryngica zur Vereinigung kommenden Platten des Schildknorpels, ferner durch die Glandula thyreoidea, welche unterhalb der Cartilago thyreoides dazu beiträgt, die Rundung des Halses zu erzeugen, häufig auch infolge ihrer Vergrösserung eine stärkere Wölbung beiderseits von der Medianlinie verursacht.

Der Larynx kann von zwei Gesichtspunkten aus betrachtet und in bezug auf seine topographischen Beziehungen untersucht werden; erstens als Teil der Regio colli media, im Hinblick auf die operative Zugänglichkeit von aussen, und zweitens als Begrenzung eines Hohlraumes, welcher der laryngoskopischen Untersuchung zugänglich ist.

Allgemeines über die Lage des Kehlkopfes. Das Gerüst des Kehlkopfes setzt sich aus einer Anzahl von Knorpeln zusammen, welche durch Bänder untereinander zusammenhängen und auch in bestimmter Gelenkverbindung stehen. An diesem Gerüst inserieren sich Muskeln, welche entweder den Kehlkopf als Ganzes, sowohl beim Schlucken

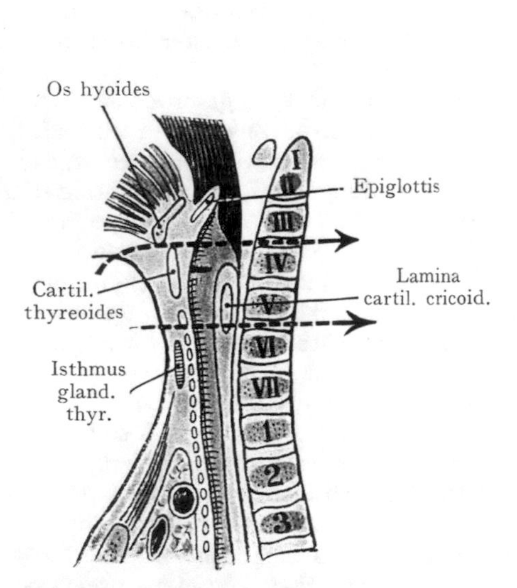

Abb. 164. Sagittalschnitt durch den Hals eines 1jährigen Kindes.

Nach Symington. Anatomy of the child. Edinburgh 1887.
I Dens epistrophei.

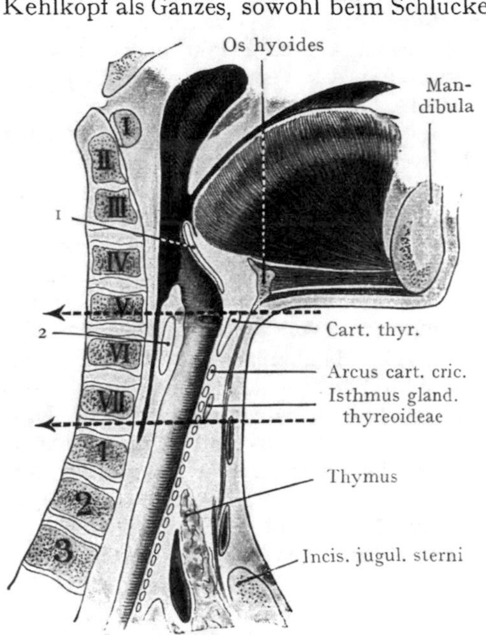

Abb. 165. Medianschnitt durch den Hals eines 6jährigen Knaben.

Nach Symington. Anatomie of the child. Plate II.
1 Epiglottis. 2 Lamina cartil. cricoidis.
I Arcus ventralis atlantis.

als während der Phonation, in der Längsrichtung des Halses bewegen (Hebung und Senkung) oder auch die Stellung der einzelnen Knorpel zueinander verändern. Dazu kommen die Gefässe und Nerven sowohl des Kehlkopfes als der Glandula thyreoidea und die Beziehungen, welche der Kehlkopf zu benachbarten Gebilden, so zur Pars cervicalis oesophagi, zu den grossen Arterien und Nervenstämmen des Halses usw. eingeht.

Lage des Kehlkopfes. Der Kehlkopf liegt unterhalb des Os hyoides, oberhalb der Trachea, vor der Pars laryngica pharyngis und dem obersten Teile der Pars cervicalis oesophagi, welcher am unteren Rande des Cricoidknorpels aus dem Pharynx hervorgeht. Die obere Grenze, welche durch den oberen Rand der Cart. thyreoides gebildet wird, liegt bei gerader Stellung des Halses und horizontal gehaltenem Kopfe am oberen Rande des V. Halswirbels; die untere Grenze (unterer Rand des Cricoidknorpels) am unteren Rande des VI. Halswirbels; demnach entspricht die Ausdehnung des Kehlkopfes beim Erwachsenen dem V. und VI. Halswirbelkörper.

Diese Angaben stellen selbstverständlich nur den Durchschnitt dar, indem zahlreiche Variationen vorkommen. Sehr bemerkenswert ist der Unterschied im Höhenstande des Kehlkopfes in verschiedenen Lebensaltern (Mehnert). Es wird geradezu von einem

„Altersdescensus" des Kehlkopfes gesprochen, welcher sich über 4—5 Halswirbelkörper erstrecken kann. Beim Fetus und beim Neugeborenen steht der Kehlkopf höher als beim Erwachsenen, und zwar liegt beim Neugeborenen der untere Rand des Cricoidknorpels in der Höhe des III.—IV. Halswirbelkörpers, beim Erwachsenen unterhalb des IV. Halswirbelkörpers bis zum VII. Halswirbelkörper; bei Greisen tritt eine weitere Senkung ein, die im Maximum bis zum VII. Halswirbelkörper gehen kann. Ein ähnlicher Prozess spielt sich bei der Trachea und den Lungen ab (s. die Besprechung dieser Gebilde). So findet man die Bifurkation der Trachea beim Fetus und beim Neugeborenen vor dem II. Thorakalwirbel, beim Erwachsenen im Mittel vor dem V. Thorakalwirbel, während sie beim Greise vor dem VII. Thorakalwirbel stehen kann.

Die Abb. 164 und 165 veranschaulichen die Altersvariationen. In Abb. 163 (vom Erwachsenen) entspricht der untere Rand des Cricoidknorpels etwa der Mitte des VII. Halswirbelkörpers, der obere Rand des Thyreoidknorpels der halben Höhe des V. Halswirbelkörpers. Vergleichen wir hiermit die Abb. 164, so ergibt sich für das einjährige Kind ein Stand des unteren Randes des Cricoidknorpels an der Bandscheibe zwischen dem V. und VI. Halswirbel, des oberen Randes des Thyreoidknorpels zwischen dem III. und IV. Halswirbelkörper. In Abb. 165 (6jähriges Kind) steht der obere Rand des Thyreoidknorpels auf dem V. Halswirbelkörper, der untere Rand des Cricoids zwischen VI. und VII. Halswirbelkörper, also etwa wie beim Erwachsenen. Diese Angaben beziehen sich übrigens auf die Leichenstellung; es ist wahrscheinlich, dass beim Lebenden der Kehlkopf etwa um eine Wirbelhöhe tiefer steht (Testut und Jacob).

Die Fixation des Kehlkopfes wird durch seinen Zusammenhang, oben mit dem Hyoid, unten mit der Trachea bewirkt, ferner durch die Muskeln und Bänder, welche die Kehlkopfknorpel mit dem Hyoid einerseits, mit dem Sternum und der Clavicula andererseits verbinden. Dessenungeachtet ist die aktive und die passive Beweglichkeit des Larynx eine beträchtliche. Physiologisch spielt die Bewegung in der Längsrichtung sowohl bei der Phonation als bei den Schluckbewegungen eine Rolle, passiv lässt sich der Larynx auch seitlich verschieben; beide Bewegungen, passive wie aktive, beruhen darauf, dass erstens der Kehlkopf und der Pharynx bloss locker mit der Fascia praevertebralis in Verbindung stehen, und zweitens die Fixationsmittel des Kehlkopfes in longitudinaler Richtung hauptsächlich aus Muskeln bestehen, welche die Verschiebung bis zu einem gewissen Grade zulassen.

Form und Wandungen des Larynx. Der Larynx kann mit einer dreiseitigen Pyramide verglichen werden, deren Basis oben am Aditus laryngis liegt, während die Spitze sich am Übergange in die Trachea befindet. Demnach können wir eine hintere Wand von zwei seitlich-vorderen Wänden unterscheiden.

Die hintere Wand tritt in Kontakt mit dem Pharynx und bildet gleichzeitig die vordere Wand der Pars laryngica pharyngis, welche an der oberen Enge des Oesophagus in diesen übergeht. Die Basis der Pyramide ist in den Pharynxraum vorgeschoben und zeigt hier den durch die Epiglottis, die Plicae aryepiglotticae und die Incisura interarytaenoidea begrenzten Aditus laryngis (Abb. 166). Die hintere Wand schliesst als Grundlage die Lamina cartil. cricoidis ein, welche hinten von den Mm. cricoarytaenoidei dorsales bedeckt wird; weiter oben bilden die Cartilagines arytaenoides mit der Pars obliqua und Pars transversa des M. arytaenoideus eine Fortsetzung der hinteren Wand. Seitlich liegen die Recessus piriformes (Abb. 166), vorne, auf beiden Seiten der Plica glossoepiglottica mediana, die Valleculae epiglottidis (s. Pharynx).

Die seitlich-vordere Wand des Larynx kommt für Operationen am Larynx unmittelbar in Betracht. In der oberen Partie wird das Larynxskelet durch die Platten des Thyreoidknorpels gebildet, welche vorne in einem der Prominentia laryngica zugrunde liegenden spitzen Winkel zusammentreffen. Der untere Rand der Cartilago thyreoides wird durch die Lig. cricothyreoideum mit dem Arcus cartilaginis cricoidis in Verbindung gesetzt, welcher den unteren Teil des Skeletes der vorderen Larynxwand herstellt und durch das Lig. cricotracheale an dem obersten Trachealringe befestigt wird. Der seitliche Teil des Cricoidringes sowie des Conus elasticus wird durch den M. cricothyreoideus überlagert, so dass nur der mediane

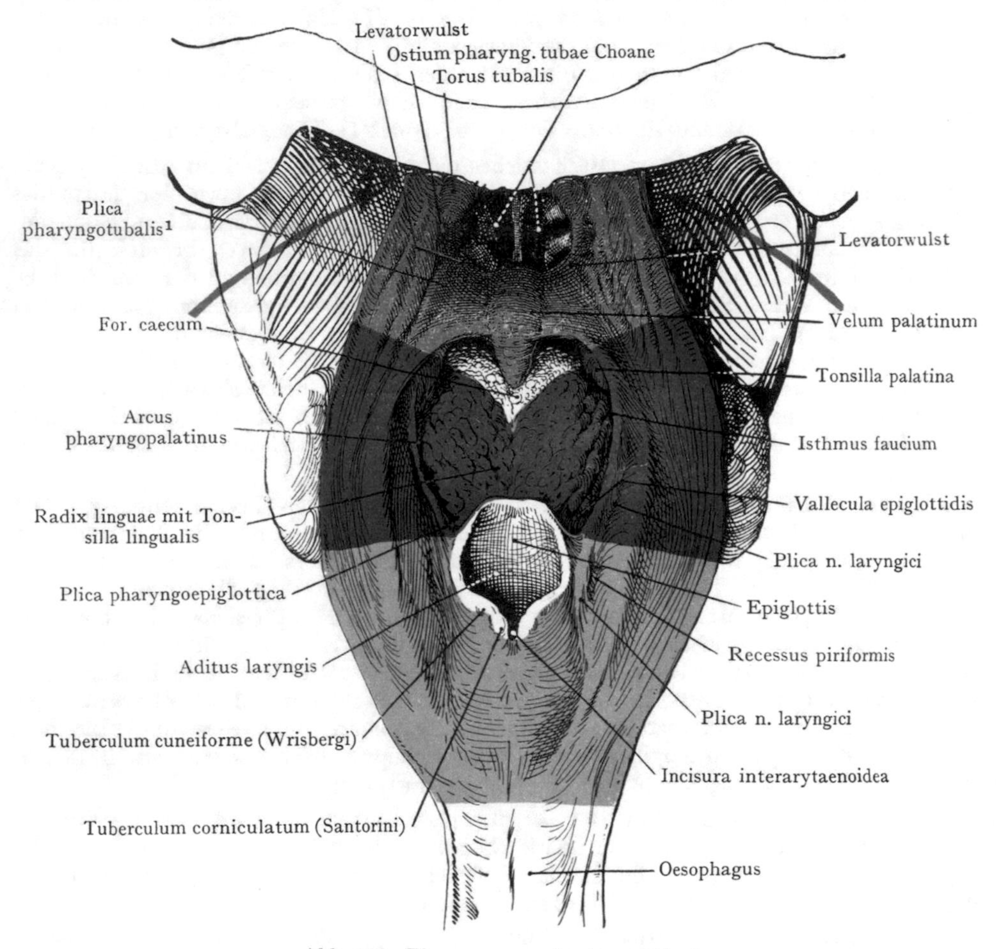

Abb. 166. Pharynx, von hinten eröffnet.
Rot „obere Etage“, Pars nasalis pharyngis. Violett „mittlere Etage“, Pars oralis pharyngis. Blau „untere Etage“, Pars laryngica pharyngis.

Teil des Conus (Lig. cricothyreoideum) als stark elastisches Band bei der Freilegung der Gegend von vorne her, zwischen den beiden Mm. cricothyreoidei, zum Vorschein kommt.

Ein Teil des Arcus cartilaginis cricoidis wird auch durch die Glandula thyreoidea überlagert (s. Gland. thyreoidea). Die Drüse wird ihrerseits durch die Mm. sternohyoidei und sternothyreoidei bedeckt, von denen die letzteren sich in schräg von unten und vorne nach oben und hinten aufsteigenden Linien an den Laminae cartilaginis thyreoidis ansetzen. Oberhalb dieser Linien wird der Thyreoidknorpel und das Lig. hyothyreoideum teilweise auch durch die Mm. thyreohyoidei bedeckt.

[1] Plica salpingopharyngea.

Nach aussen projiziert entspricht der Ansatz der Stimmbänder einem Punkte, welcher etwas unterhalb der Incisura thyreoidea cranialis liegt. Ein Medianschnitt unterhalb dieser Stelle wird also den Raum des Kehlkopfes eröffnen, und zwar die untere Etage desselben (Abb. 167); verlängert man den Schnitt in der Medianebene nach oben, so werden die Stimmbänder vollständig geschont und der ganze Kehlkopf kann von dem Hyoid bis zum Cricoidknorpel gespalten werden, ohne wichtige Gebilde zu verletzen (Laryngofissur).

Ebensowenig bietet sich in der Gegend zwischen dem unteren Rande der Cartilago thyreoides und dem oberen Rande der Cartilago cricoides ein Hindernis für das Vordringen in das Innere des Kehlkopfes dar. Von Gefässen wird höchstens der R. cricothyreoideus verletzt; man kann dabei den Cricoidknorpel spalten oder am unteren Rande des Knorpels eingehen und denselben mit den oberen Trachealknorpeln in der Medianebene durchtrennen. Es ist dabei auf die Glandula thyreoidea zu achten, deren Isthmus den obersten Trachealringen aufliegt, so dass die letzteren erst dann zur Ansicht kommen, wenn man die Drüsenmasse nach unten zieht.

Topographie des Cavum laryngis. Die Höhle des Kehlkopfes wird in der deskriptiven Anatomie gewöhnlich mit zwei Trichtern verglichen, welche mit ihren Ausflussöffnungen in der Höhe der Glottis zusammenmünden und hier die Kehlkopfenge darstellen. Wir können eine obere, mittlere und untere Etage des Kehlkopfes unterscheiden; die obere Etage (oberer Trichter) verbindet sich im Aditus laryngis mit der Pars laryngica pharyngis; die mittlere Etage wird durch die Plicae vocales begrenzt; die untere Etage (unterer Trichter) geht in die Trachea über.

Obere Etage des Kehlkopfes. In Abb. 167 mit roter Farbe angegeben, beginnt sie am Aditus laryngis und nimmt ihr unteres Ende an der Plica ventricularis (falsches Stimmband), welches oben den Ventriculus laryngis abgrenzt. Die obere Etage des Larynx entspricht dem „oberen Trichter" der deskriptiven Anatomie; sie wird auch als Vestibulum laryngis bezeichnet.

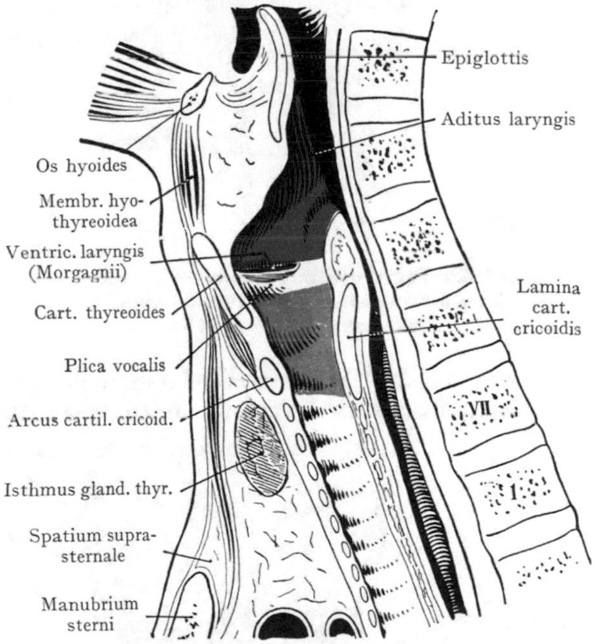

Abb. 167. „Etagen" des Larynx, auf einem Medianschnitte dargestellt.
Rot „obere Etage", Vestibulum laryngis. Weiss „mittlere Etage", Rima glottidis. Blau „untere Etage".

Der Aditus laryngis sieht nach hinten und oben und stellt eine bei ruhigem Atmen weite Öffnung dar, welche bei der Schluckbewegung durch den abwärts und nach hinten sich senkenden Kehldeckel bedeckt wird. Er wird gebildet: (Abb. 166) vorne durch die Epiglottis, seitlich durch die Plicae aryepiglotticae, welche die seitlichen Ränder der Epiglottis mit den Spitzen der Arytaenoidknorpel verbinden. Seitlich von denselben sind in Abb. 169 die Recessus piriformes zu sehen, welche lateralwärts durch das Cornu majus des Hyoid, die Membrana hyothyreoidea und die

Platte des Thyreoidknorpels abgegrenzt werden. Von der Epiglottis gehen nach vorne die Schleimhautfalten der Plicae glossoepiglotticae zur Zunge (Abb. 169). Das untere, spitz zulaufende Ende der Epiglottis (Petiolus epiglottidis) wird durch die Fasern des Lig. thyreoepiglotticum an die Incisura thyreoidea cranialis befestigt, oberhalb der Stelle, wo die wahren Stimmbänder ihre Insertion nehmen. Im Spiegelbilde ist die Wölbung des oberen Epiglottisrandes und gleich unterhalb desselben das durch den Petiolus erzeugte Tuberculum epiglottidis zu sehen. Seitlich schliessen sich der Epiglottis die Plicae aryepiglotticae an, welche schräg nach hinten zu den medianwärts umgebogenen, oft als Höcker (Tubercula corniculata) erkennbaren Spitzen der Arytaenoidknorpel hinziehen (als eigene Knorpelteile von den letzteren gesondert; Cartilagines corniculatae seu Santorini). Vor denselben liegen Höcker (Tubercula cuneiformia), welche auf die in der Plica aryepiglottica eingebetteten Cartilagines cuneiformes (Wrisbergi) zurückzuführen sind. Die im Spiegelbilde durch die Cartilagines corniculatae hervorgerufenen Höcker werden durch eine Schleimhautfalte verbunden, die beim ruhigen Atmen recht lang ist und füglich als Commissura oder Plica interarytaenoidea bezeichnet wird.

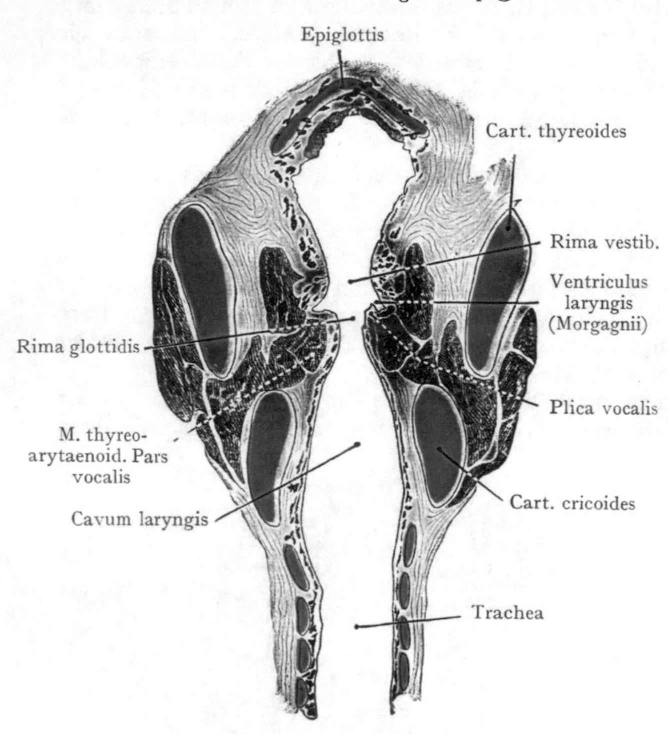

Abb. 168. Frontalschnitt durch den Kehlkopf. Glandulae tracheales und laryngeales schwarz. Nach einem Mikrotomschnitte.

Die Recessus piriformes liegen lateral von den Plicae aryepiglotticae, gehören also streng genommen *nicht* zum Kehlkopf, sondern zur Pars laryngica pharyngis. Die laterale Wand eines Recessus piriformis wird von dem Ram. internus n. laryngici cranialis mit der A. laryngica cranialis (aus der A. thyreoidea cranialis) durchsetzt.

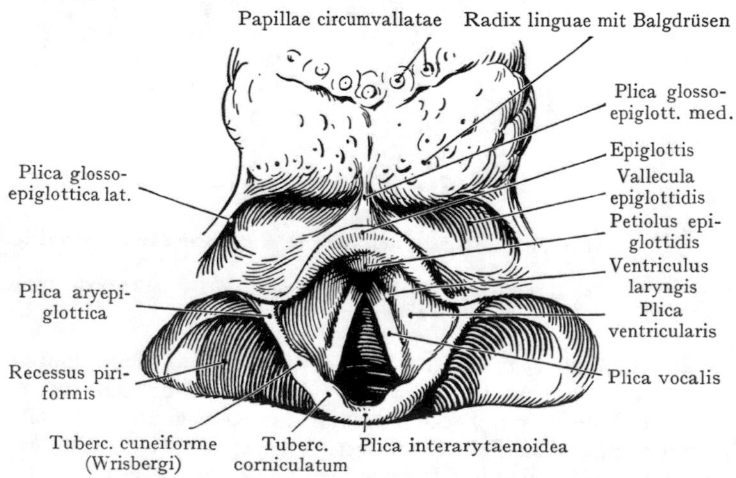

Abb. 169. Bild des Kehlkopfeinganges und seiner Umgebung, von oben. Z. T. nach M. Schmidt. Die Krankheiten der oberen Luftwege. 3. Aufl. 1902.

Dieselben treten durch die Membrana hyothyreoidea und bewirken (besonders der Nerv. laryngicus cranialis) am Boden des Recessus piriformis eine Schleimhautfalte (Plica n. laryngici), welche abwärts und nach hinten zieht.

Zur oberen Etage des Larynx gehören auch die als Plicae ventriculares (Taschenfalten) bezeichneten Schleimhautfalten, welche die Rima vestibuli begrenzen. Sie sind auf dem Spiegelbilde (Abb. 169) als zwei Falten zu sehen, welche bei ruhiger Atmung parallel zur Medianebene eingestellt sind und von oben gesehen mit den Plicae vocales Spalten begrenzen, welche in die Ventriculi laryngis führen.

Die **mittlere Etage des Larynx** hat ihre obere Grenze an der durch die beiden Plicae ventriculares (Taschenfalten) begrenzten Rima vestibuli, ihre untere Grenze an der Rima glottidis, welche, durch die Plicae vocales gebildet, je nach der Stellung der Aryknorpel eine weite Verbindung der mittleren mit der unteren Kehlkopfetage oder auch einen engen Spalt darstellt. Zwischen der Plica ventricularis und der Plica vocalis einer Seite öffnet sich der Ventriculus laryngis (Morgagnii) in die mittlere Etage, als eine blinde, mehr aufwärts gehende Ausbuchtung der Schleimhaut, welche über die Höhe der Plicae ventriculares hinaufreicht.

Die von den Labia vocalia getragenen Plicae vocales befestigen sich vorne etwas unterhalb des Winkels, welchen die vorne zusammenstossenden Laminae cartilag. thyreoidis bilden (Incisura thyreoidea cranialis), hinten dagegen an den Processus vocales der Aryknorpel. Die vordere Ansatzstelle liegt beim Manne etwa 8,5, beim Weibe etwa 6,5 mm unterhalb der Incisura thyreoidea. Im Spiegelbilde des Kehlkopfes (Abb. 169) konvergieren die Stimmbänder nach vorne, während sie nach hinten gegen ihren Ansatz an die Proc. vocales der Aryknorpel divergieren. Nach hinten folgen auf die Plicae vocales, als Begrenzung des hinteren Glottisabschnittes, die medialen von Schleimhaut überzogenen Flächen der Aryknorpel; wir können daher einen vorderen, durch die Stimmbänder begrenzten Abschnitt als Pars intermembranacea rimae glottidis von einem hinteren, zwischen den Aryknorpeln liegenden Abschnitt, der Pars intercartilaginea unterscheiden. Für den Wechsel, welchen die Form der Glottis bei der Phonation sowie bei verschiedener Tiefe der Respiration erleidet und der zu einer spaltförmigen Verengerung oder zu einer Erweiterung noch über die in Abb. 169 dargestellte Breite hinausführen kann, sei auf die Lehrbücher der Physiologie verwiesen; die Leichenstellung ist nicht etwa mit der Ruhestellung beim Lebenden zu vergleichen, sondern entspricht einer Stellung der Stimmbänder, welche bei Paralyse beider Nn. laryngici caudales angetroffen wird.

Die **untere Etage des Larynx** entspricht dem unteren Trichter (Conus elasticus); sie hat ihre obere Grenze an den Stimmbändern, ihre untere Grenze am unteren Rande des Cricoidknorpels. Die Wandung wird vorne und seitlich von den Laminae cartilaginis thyreoidis gebildet, unterhalb des vorderen Ansatzes der Stimmbänder, ferner durch den Conus elasticus sowie durch den Arcus cartilaginis cricoidis, der sich nach hinten zur Lamina cartilaginis cricoidis erhebt und die recht unnachgiebige hintere Wandung darstellt. Dieselbe trennt, zusammen mit den Mm. cricoarytaenoidei dorsales welche der Platte hinten aufliegen, die untere Larynxetage von dem in den Oesophagus übergehenden untersten Abschnitte des Pharynx. Die Trichterform der Höhle wird durch den Vorsprung der Stimmbänder bedingt; seitlich und oben bildet (s. den Frontalschnitt Abb. 168) der M. thyreoarytaenoideus einen Teil der Wandung des Trichters.

Die Abb. 170 und 171 stellen Horizontalschnitte durch den Larynx dar, Abb. 170 in der Höhe des Ventriculus laryngis (Morgagnii), Abb. 171 etwa durch die Glottis und die Plicae vocales. Man beachte die reichliche Ausbildung von Drüsen, welche sich in den Ventriculus laryngis öffnen; ferner in Abb. 171 die beiden Abteilungen der Rima glottidis, sowie den Ansatz der Plicae vocales an dem durch die beiden Hälften des Thyreoidknorpels gebildeten, nach hinten offenen Winkel.

Gefäss- und Nervenversorgung des Larynx. Die Aa. laryngicae kommen aus den Aa. thyreoideae craniales und caudales. Die A. laryngica cran. verläuft mit der gleichnamigen Vene und geht von dem starken Stamme der A. thyreoidea cran. oberhalb des oberen Randes des Thyreoidknorpels ab, durchbohrt mit dem N. laryngicus cran. die Membrana hyothyreoidea und verbreitet sich an die obere Etage des Larynx (Abb. 160).

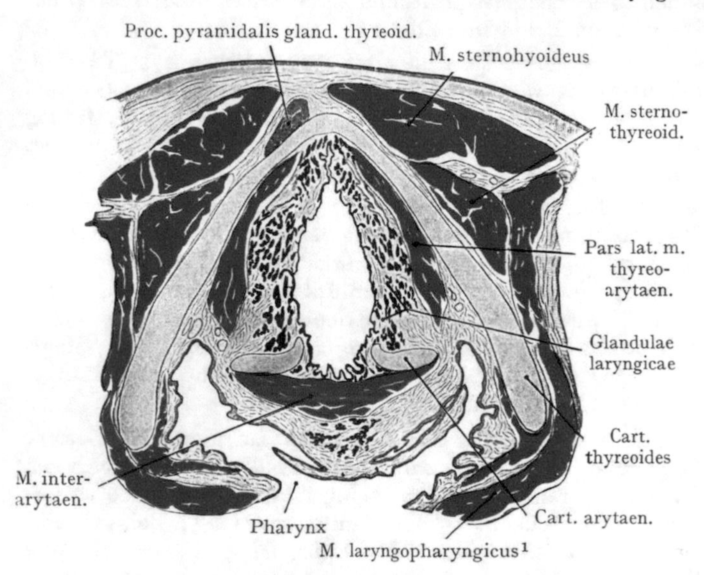

Abb. 170. Horizontalschnitt durch den Kehlkopf oberhalb der Glottis. Nach einem Mikrotomschnitte.

Als A. laryngica media (auch R. cricothyreoideus) kann ein Ast der A. thyreoidea cran. bezeichnet werden, welcher, in der Höhe des Cricoidringes entspringend, nach vorne verläuft, den Conus elasticus durchbohrt und die Wandung der unteren Larynxetage versorgt. Eine A. laryngica caud. endlich kommt aus der A. thyreoidea caud.; sie verläuft als kleiner Ast aufwärts hinter dem Articulus cricothyreoideus und gibt Zweige an den M. cricoarytaenoideus dorsalis sowie Anastomosen zu den Aa. laryngicae media und cran. ab.

Von den entsprechenden Venen gehen die beiden oberen gewöhnlich zur V. thyreoidea cranialis, die untere zu einer V. thyreoidea caudalis.

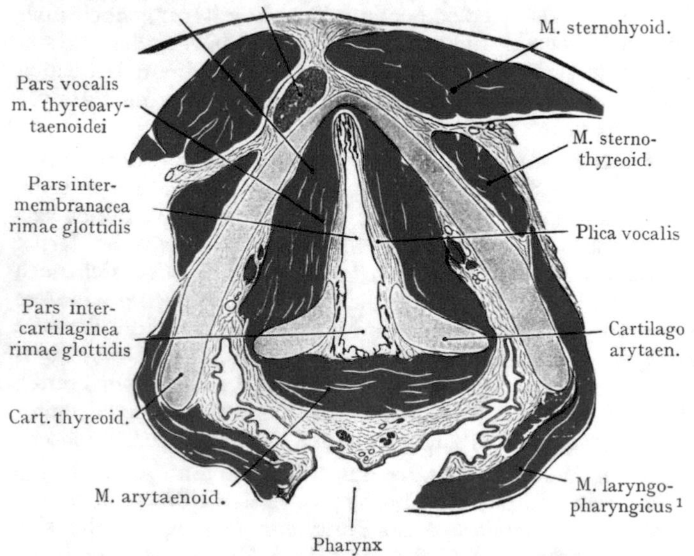

Abb. 171. Horizontalschnitt durch den Kehlkopf in der Höhe der Plicae vocales. Nach einem Mikrotomschnitte.

Lymphgefässe und regionäre Lymphdrüsen des Larynx. An der Schleimhaut des Kehlkopfes lassen sich ein oberes und ein unteres Lymphgefässgebiet unterscheiden, welche sich an den wahren Stimmbändern, wo die Lymphgefässe spärlich und sehr zart sind, voneinander abgrenzen. „Von den wahren Stimmbändern aus

[1] M. constrictor pharyngis inferior.

lassen sich häufig beide Lymphgefässgebiete injizieren, immer jedoch das obere" (Most).

Aus dem oberen Lymphgefässgebiete sammeln sich Stämme, welche (Abb. 172) die Membrana hyothyreoidea durchbohren und im Anschlusse an die A. laryngica cranialis lateralwärts verlaufen, um in die längs der Vena jugularis int. angeordneten Lymphonodi cervicales prof. einzumünden, und zwar ungefähr in der

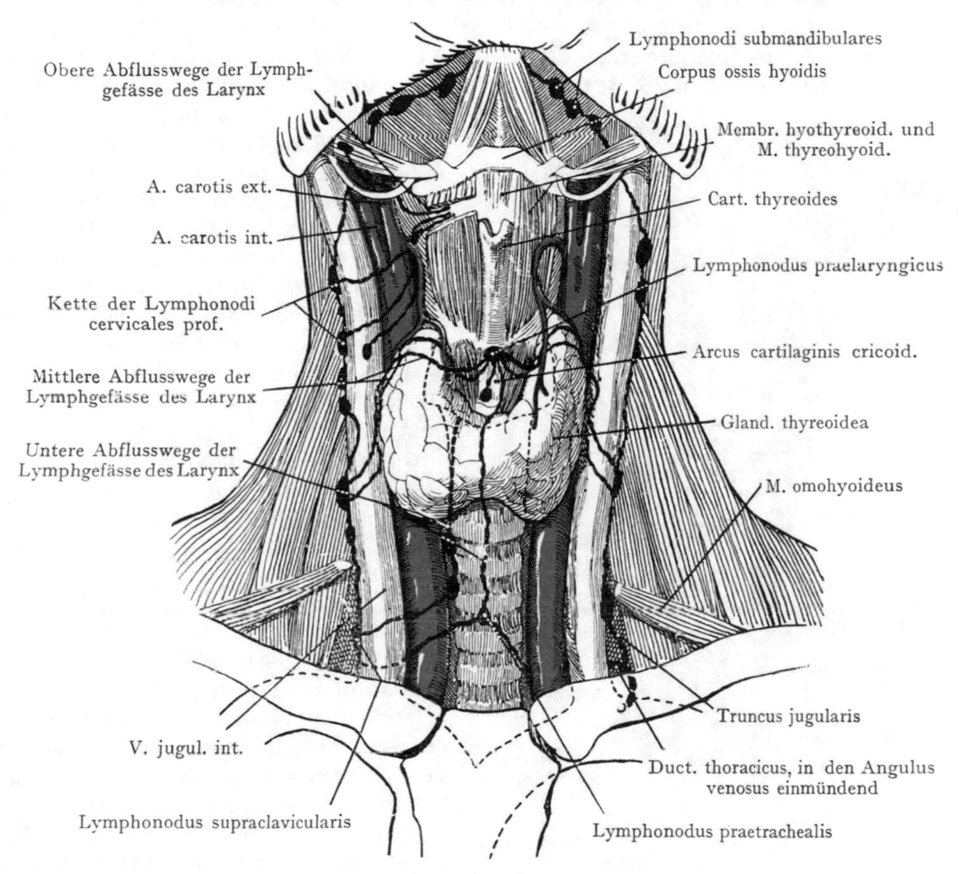

Abb. 172. Abflusswege der Lymphe aus dem Larynx, mit den regionären Lymphdrüsen. Nach Abbildungen von L. Roubaud (Thèse de Paris 1902) zusammengestellt.

Höhe der Teilung der A. carotis comm. Einige Äste können auch (Most) zu einer Lymphdrüse gehen, welche hoch oben dem hinteren Bauche des M. biventer aufliegt.

Die Stämme, welche sich aus dem unteren Lymphgefässgebiete sammeln, verlaufen sowohl oberhalb als unterhalb des Cricoidknorpels; oberhalb desselben treten Lymphgefässe durch das Ligamentum cricothyreoideum aus, verbinden sich mit einigen vor dem Lig. cricothyreoideum liegenden Lymphdrüsen (Lymphonodi praelaryngici), sodann mit den längs der V. jugularis int. angeordneten mittleren Cervicaldrüsen, endlich auch (nach Most) über den Isthmus der Glandula thyreoidea hinweg mit praetrachealen Lymphdrüsen. Unterhalb des Cricoidknorpels gehen Lymphstämme durch das Lig. cricotracheale und münden in die längs des N. recurrens vagi liegenden Lymphonodi tracheales, welche in der von der Trachea und dem Oesophagus gebildeten Rinne liegen. Von diesen aus gehen Verbindungen zu den unteren Cervicallymphdrüsen (Abb. 172).

Abgesehen von den Lymphonodi tracheales kommen also in allererster Linie als regionäre Lymphknoten für den Kehlkopf die längs der V. jugularis int. angeordneten Lymphonodi cervicales prof. in Betracht.

Nervenversorgung des Kehlkopfes (Abb. 173). Die Nn. laryngici cranialis und caudalis aus dem N. vagus führen sowohl sensible als motorische Fasern.

Der N. laryngicus cran. geht von dem unteren Ende des Ganglion nodosum vagi ab, welches den Querfortsätzen der beiden ersten Halswirbel aufliegt. In Abb. 109 wird er linkerseits durch die V. jugularis int. von hinten her bedeckt; er verläuft im Bogen nach vorne und abwärts, am tiefen Umfange der Astfolge der A. carotis ext. vorbei, gegen die Membrana hyothyreoidea. Auf diesem Wege teilt er sich in seine beiden Endäste, den Ramus ext. zum M. laryngopharyngicus[1] und zum M. cricothyreoideus und den Ramus internus, welcher mit der A. laryngica cran. und der gleichnamigen Vene zusammen die Membrana hyothyreoidea durchbohrt und die Schleimhaut der oberen Larynxetage sowie zum Teil auch des Zungengrundes versorgt. Er bildet am Grunde des Recessus piriformis die Plica n. laryngici (Abb. 166).

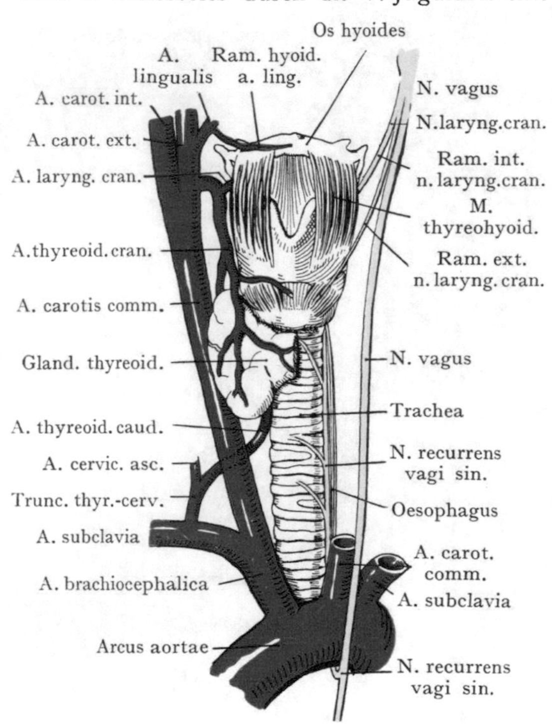

Abb. 173. Arterien und Nerven des Kehlkopfes von vorne. (Halbschematisch.)
Präparat der Basler Sammlung.

Der N. laryngicus caud. bildet einen Hauptast des N. recurrens, dessen Ursprung aus dem N. vagus eine Verlagerung nach unten erfährt, linkerseits bis in den Brustraum (Abb. 173), wo er den Arcus aortae umgreift, rechterseits gelangt er nicht so weit caudalwärts, da er beim Eintritt des Vagusstammes in den Thoraxraum um den hinteren Umfang der A. subclavia nach oben verläuft (s. das Trigonum colli laterale). Beide Nn. recurrentes schliessen sich dem Oesophagus an; der rechte legt sich in die von dem Oesophagus und der Trachea gebildeten Rinne, während der linke infolge der Ausbiegung des Oesophagus nach links, der vorderen Fläche des Oesophagus aufliegt. Sie werden von dem Strange der trachealen Lymphdrüsen und in der obersten Strecke ihres Verlaufes auch von der A. laryngica caud. aus der A. thyreoidea caud. begleitet. Der Nerv gibt Äste an das Herz (Rami cardiaci caud.), an den Oesophagus (Rami oesophagici) und an die Trachea (Rami tracheales) ab und setzt sich kranialwärts als N. laryngicus caud. fort, welcher Äste zu allen Muskeln des Kehlkopfes hervorgehen lässt, mit Ausnahme des M. cricothyreoideus, dessen Innervation durch den Ram. ext. n. laryngici cran. soeben erwähnt wurde.

Operative Zugänglichkeit des Larynx und der Trachea. Der Larynx lässt sich in grosser Ausdehnung bei Eröffnung in der Medianebene (Laryngotomia mediana) übersehen; dabei werden die Stimmbänder geschont und bloss einige kleinere Gefässe (Ramus hyoideus der A. lingualis, ferner der Ramus cricothyreoideus) kommen

[1] M. constrictor pharyngis inferior.

unter das Messer. Wenn auch der Isthmus gland. thyreoideae durchschnitten wird, so lässt sich das Kehlkopfinnere von dem Aditus laryngis bis in den Anfang der Trachea überblicken. Andere Schnitte gewähren einen Zugang zu einzelnen Abschnitten des Larynx, wie die Führung der Pfeile in Abb. 174 zeigt. Ganz besonders ausgiebigen Zugang verschafft ein Querschnitt unterhalb des Zungenbeinkörpers und der grossen Zungenbeinhörner (Pharyngotomia subhyoidea). Wenn man sich unmittelbar an den unteren Rand dieser Knochenteile hält, so vermeidet man mit Sicherheit den N. laryngicus cran., welcher die Membrana hyothyreoidea durchsetzt, um in das Innere des Larynx zu gelangen. Bei Ausführung dieses Schnittes übersieht man den ganzen Aditus laryngis, den Zungengrund und die seitliche und hintere Wand des Pharynx bis zur Uvula hinauf. Einen weiteren Zugang verschafft man sich durch Eingehen unterhalb der Cart. thyreoides, indem man das Ligamentum cricothyreoideum und auch den Arcus cartilaginis cricoidis durchtrennt (Cricotomie); dieser Zugang führt direkt unterhalb der Glottis in den untersten Teil des Conus elasticus. Oder man geht oberhalb des die obersten Trachealringe bedeckenden Isthmus gland. thyreoideae ein, zieht denselben abwärts und spaltet die obersten Trachealringe (Tracheotomia superior). Oder man geht endlich auch unterhalb des Isthmus gland. thyreoideae auf die Trachea ein (Tracheotomia inf.), spaltet die Haut und die tiefe Fascie, zieht die kleinen, quer oder längs verlaufenden Venen zurück und gelangt in die Trachea (nach Kocher beim Erwachsenen oft erst in einer Tiefe von 6 oder mehr cm). Die drei zuletzt genannten Schnitte können selbstverständlich keinen solchen Überblick über das Innere des Larynx und der Trachea gewähren, wie die beiden ersten.

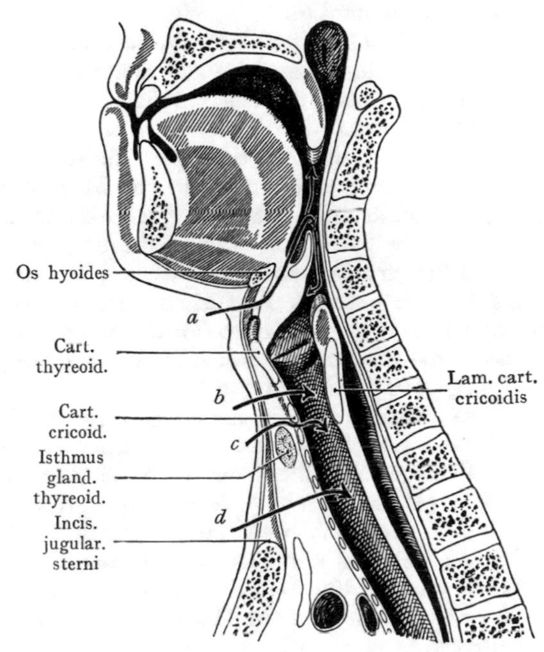

Abb. 174. Das Bild veranschaulicht die operative Zugänglichkeit des Pharynx, des Larynx und der Trachea von vorne.

Mit Benützung eines Bildes von W. Braune, Atlas der topographischen Anatomie 1875.

a Zugang zwischen dem Hyoid und der Cart. thyreoidea.
b Zugang zwischen der Cart. thyreoides und cricoides.
c Zugang unterhalb der Cart. cricoides.
d Tracheotomia inf.

Trachea (Pars cervicalis) und Glandula thyreoidea.

Auf den Larynx folgt in der unteren Partie des Trigonum infrahyoideum die Trachea, vorne teilweise bedeckt und seitlich umschlossen durch die Glandula thyreoidea, während sie hinten durch lockeres Bindegewebe mit dem vorderen Umfange der Pars cervicalis oesophagi im Zusammenhang steht.

Vorne wird die Trachea durch die Fasciae colli superficialis et media überlagert, welche oberhalb der Incisura jugularis durch das Fett- und Bindegewebe des Spatium suprasternale voneinander getrennt sind (Abb. 152). Das obere Ende der Trachea entspricht beim Erwachsenen (Horizontalstellung des Kopfes vorausgesetzt) dem oberen Rande des VII. Hals- oder des I. Brustwirbelkörpers, die Bifurkation der Trachea dem Körper des V. Brustwirbels. In ihrem ersten Abschnitte wird die Trachea durch die Glandula thyreoidea bedeckt, welche in so überwiegendem Masse das Interesse des Praktikers auf sich zieht, dass man die Gegend auch als Regio thyreoidea bezeichnet hat.

An der Trachea lässt sich ein cervicaler Abschnitt von einem thorakalen unterscheiden, welche dort gegeneinander abzugrenzen wären, wo die Luftröhre in die Ebene der Apertura thoracis cranialis eintritt.

Der Verlauf der Trachea am Halse ist annähernd senkrecht, womit in Zusammenhang steht, dass das Rohr allmählich weiter von der Oberfläche abweicht, wie man das ohne weiteres an jedem Medianschnitt erkennen kann (Abb. 163 und 167). Im Thoraxraume geht dies noch weiter, so dass die Teilung der Trachea etwa in einer Tiefe von 6—7 cm liegt, während die Entfernung von der Oberfläche in der Höhe der Incisura jugularis sterni etwa 4 cm, am Übergang des Larynx in die Trachea etwa 1,5—2 cm beträgt. Abgesehen von der Tatsache, dass Operationen im Bereiche des unteren Teiles der Pars cervicalis tracheae durch die Nachbarschaft der grossen Gefässstämme erschwert werden, sind die ersten Trachealringe wegen ihrer oberflächlichen Lage viel leichter zugänglich.

Das Bindegewebe in der Umgebung der Trachea ist locker und gestattet recht beträchtliche Verschiebungen im Anschluss an die Bewegungen des Kehlkopfes. Dieses lockere Bindegewebe hängt mit dem Zellgewebe des grossen Halsbindegewebsraumes zusammen (Abb. 151), in welchem die grossen Halsgefässe eingebettet sind, sowie abwärts mit dem Zellgewebe des vorderen Mediastinalraumes. Nach hinten geht der Bindegewebsüberzug der Trachea auf den Oesophagus über und setzt sich zwischen demselben und der Fascia praevertebralis (Fascia colli profunda) fort, was die Beweglichkeit des Oesophagus auf der Halswirbelsäule in longitudinaler und transversaler Richtung erklärt.

Beziehungen der Trachea. Vorne werden die obersten Trachealringe durch den Isthmus glandulae thyreoideae überlagert, während die seitlichen Lappen der Drüse sich teils dem lateralen Umfang der Trachea anlegen, teils mit der vorderen seitlichen Wandung des Larynx und mit dem Oesophagus in Kontakt treten. Weiter abwärts wird die Trachea durch eine recht starke Masse von Fett- und Bindegewebe (Abb. 167) sowie durch die Fascia colli media von den Mm. sternothyreoidei getrennt; noch oberflächlicher liegen die Mm. sternohyoidei, die Fascia colli superficialis und die Haut. In unmittelbarer Nähe der Trachea liegen aber ausserdem in dieser Höhe (Abb. 179) die Vv. thyreoideae caudales und manchmal die V. brachiocephalica[1] sinistra; es ist also begreiflich, wenn man der Eröffnung der Trachea weiter oben, in der Höhe der oberen oder mittleren Trachealringe, den Vorzug gibt.

Hinten liegt die Trachea in ihrer ganzen Ausdehnung dem Oesophagus auf. Die Ausbiegung der Pars cervicalis oesophagi nach links bringt es mit sich, dass sie über den linken Rand der Trachea hinausreicht (s. die Aufsuchung des Oesophagus am Halse).

Lateralwärts wird die obere Partie der Trachea durch die seitlichen Lappen der Glandula thyreoidea umgriffen, welche nach hinten fast bis an den Oesophagus heranreichen (s. den Querschnitt Abb. 175), seitlich auch noch die A. carotis comm. überlagern. In den Winkeln, welche die Trachea mit dem Oesophagus bildet, liegen die beiden Nn. recurrentes, welche, aus dem Thoraxraume auf den Hals übergehend, mit den Aa. laryngicae caud. aus den Aa. thyreoideae caud. zum Kehlkopf emporziehen. Dem unteren Teile der Pars cervicalis tracheae benachbart liegt das grosse Gefässnervenbündel des Halses, welches die A. carotis comm., die V. jugularis int. und den N. vagus umfasst. In der Höhe des Sternum sind diese Beziehungen unmittelbare, indem die Stränge beim Übergang von dem Thorax auf den

[1] V. anonyma.

Hals der Medianebene näher liegen, dagegen kopfwärts divergieren (Abb. 176). Der thorakale Abschnitt der Trachea wird (s. Situsbilder der Brust), oberhalb der Bifurkation durch den Arcus aortae gekreuzt und die A. brachiocephalica[1] wendet sich schräg nach rechts und kopfwärts über den vorderen Umfang der Trachea hinweg, um sich hinter dem rechten Sternoclaviculargelenke in die A. subclavia dextra und die A. carotis comm. dextra zu teilen. Die A. carotis comm. sin. zieht schräg nach links und kopfwärts über den vorderen Umfang der Pars thoracica tracheae. Die A. carotis comm. wird also beiderseits den unteren Ringen der Pars cervicalis tracheae näher liegen als den oberen. Den letzteren schliesst sich dagegen die A. thyreoidea caudalis (aus der A. subclavia) an, bei ihrem Verlaufe aufwärts zur hinteren Fläche der Glandula thyreoidea; ferner liegen in dem Winkel, welchen die Trachea mit dem Oesophagus bildet, der N. recurrens vagi sowie die Kette der trachealen Lymphdrüsen, welche sich von unten her aus den Lymphonodi tracheobronchales fortsetzen. Die Arterien der Trachea kommen aus der Art. thyreoidea caudalis.

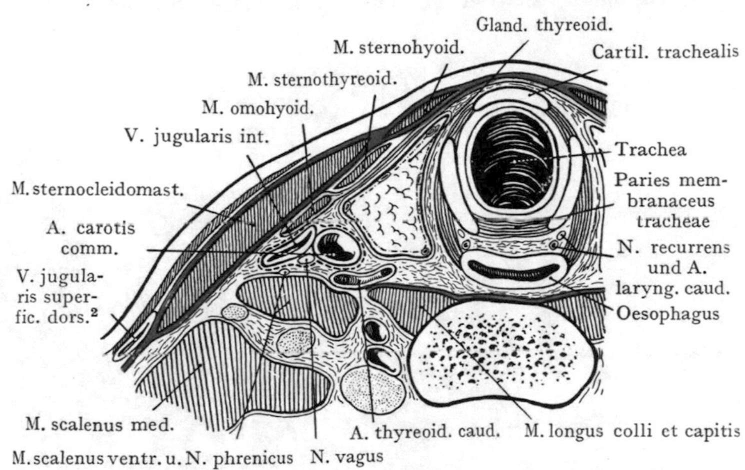

Abb. 175. Horizontalschnitt durch den Hals, in der Höhe des ersten Trachealknorpels.

Topographie der Glandula thyreoidea. Die Schilddrüse besteht aus zwei seitlichen Lappen, welche durch ein schmäleres Querstück (Isthmus) verbunden sind. Sie ist auch mit einem H verglichen worden; die senkrechten Striche stellen die Lappen, der Querstrich den Isthmus dar. Die Drüse ist in der Höhe des II. bis III. Trachealringes um die Trachea abgebogen, so dass sie im Horizontalschnitte etwa einem nach hinten konkaven Halbmonde, oder auch einem Hufeisen gleicht. Die Form weist übrigens, auch abgesehen von den häufigen pathologischen Veränderungen, zahlreiche Variationen auf, welche in erster Linie den Isthmus betreffen, indem derselbe häufig den Lobus pyramidalis, bald in der Medianebene, bald auch etwas seitlich, nach oben sendet (Abb. 177). Bei starker Ausbildung kann der Lobus pyramidalis die Incisura thyreoidea oder den Körper des Hyoid erreichen, ja über das Hyoid hinauf bis gegen das Foramen caecum der Zunge reichen und so die Drüse mit ihrer Bildungsstätte am Zungengrunde in Verbindung setzen. (Ductus thyreoglossus von His.)

Beziehungen der einzelnen Abschnitte der Schilddrüse. Der Isthmus nimmt an den Variationen der Form, welche oben Erwähnung fanden, in hohem Grade teil. Abgesehen von der Ausbildung eines Lobus pyramidalis kann er höher oder niedriger sein, ja scheinbar fast ganz fehlen, indem sich die beiden Lappen in der Medianebene aneinanderlegen und in grösserem Umfange die Trachea oder selbst die Cartilago cricoides von vorne überlagern. Solche Verhältnisse verdienen bei Operationen in dieser Gegend Berücksichtigung. Meistens ist der obere Rand des Isthmus leicht ausgehöhlt (kopfwärts konkav), der untere Rand steht etwa zwei Finger breit (2,5—3 cm nach Testut und Jacob) über der Incisura jugularis sterni. Der

[1] A. anonyma. [2] V. jugularis externa.

Isthmus liegt den beiden ersten Trachealringen auf, nicht selten auch dem Cricoidknorpel. Vorne wird der Isthmus durch die Mm. sternohyoidei (Abb. 176), oberflächlicher durch die Fasciae colli superficialis et media und die Haut bedeckt. In der Medianlinie wird der Isthmus durch Fett- und Bindegewebe von den miteinander

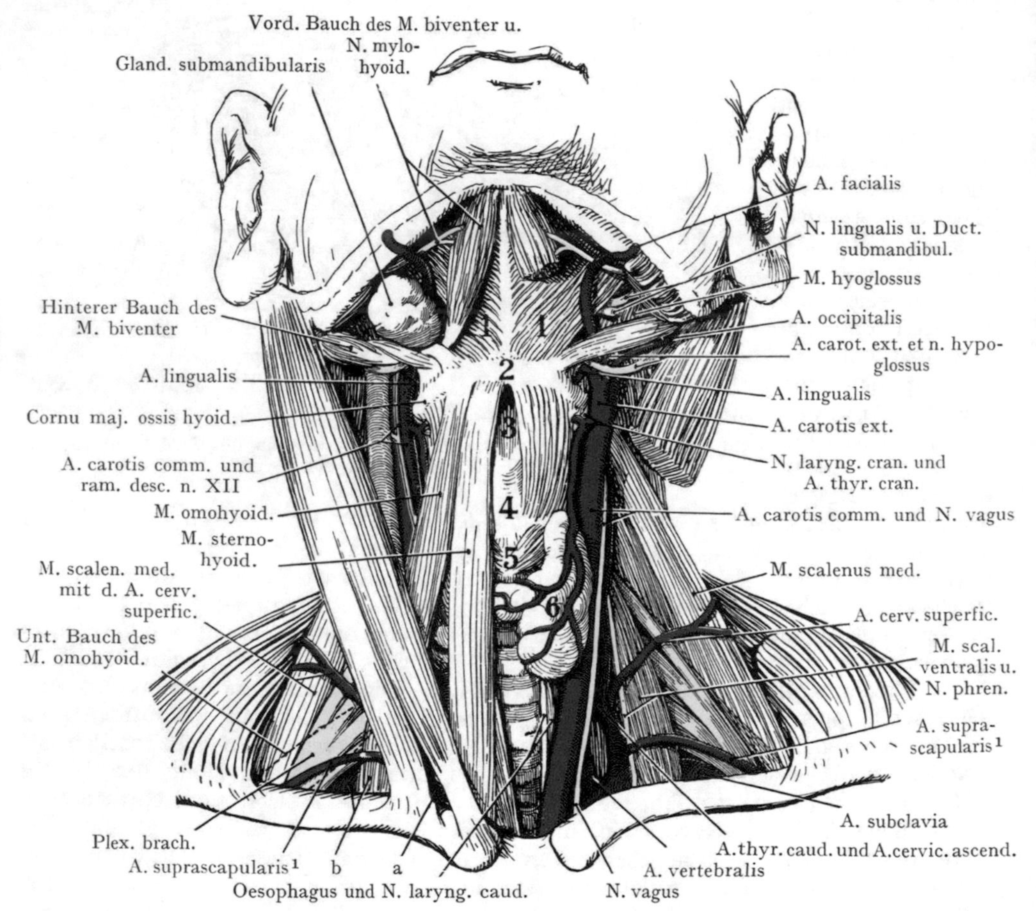

Abb. 176. Topographie des Halses von vorne, nach Entfernung der oberflächlichen Schichten sowie linkerseits des M. sternocleidomastoideus.

1 M. mylohyoideus. 2 Corpus ossis hyoidis. 3 Membrana hyothyreoidea. 4 Cartilago thyreoides. 5 Cart. cricoides. 6 Lobus sinister gland. thyreoideae. a A. subclavia in der Lücke zwischen den beiden Portionen des M. sternocleidomastoideus freigelegt. b A. subclavia nach dem Austritte aus der hinteren Scalenuslücke mit dem M. scalenus ventralis.

verschmolzenen Blättern der Fasciae colli media und superficialis getrennt (s. den Sagittalschnitt Abb. 163).

Die seitlichen Lappen (Lobi laterales) stellen längliche Massen dar, welche sich seitlich dem obersten Teil der Trachea anschliessen, nach oben dem Cricoidknorpel und der hinteren Partie der Laminae cartil. thyreoidis (s. auch die Ansicht von hinten; Abb. 248). Die Beziehungen der seitlichen Lappen werden also auch mannigfache sein; sie haben nicht bloss eine beträchtliche Höhenausdehnung, sondern sie reichen hinten bis zum Oesophagus und berühren seitlich den Gefässnervenstrang des Halses (A. carotis comm., V. jugul. int., N. vagus), auch wenn sie nicht von vorne her die

[1] A. transversa scapulae.

A. carotis comm. bedecken (s. den Querschnitt Abb. 175). Die Beziehungen der seitlichen Lappen sind praktisch von der allergrössten Wichtigkeit, da sie im vergrösserten Zustande sowohl den Larynx und die Trachea als auch den Oesophagus verengern und Schluck- wie Atembeschwerden verursachen können. Von solchen Kompressionserscheinungen werden die grossen Gefässe nicht betroffen, da sie, in lockeres Bindegewebe eingelagert, dem Drucke leicht ausweichen.

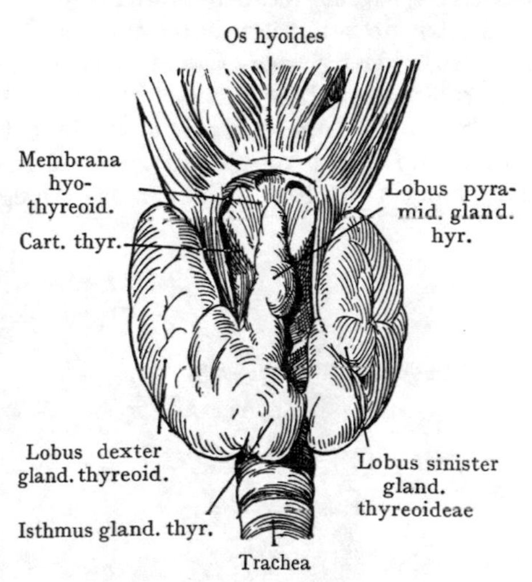

Abb. 177. Lage des Lobus pyramidalis der Gland. thyreoidea.

Wir können der Einfachheit halber zwei Flächen an den seitlichen Lappen unterscheiden, eine laterale-vordere und eine mediale-hintere, welche hinten breit ineinander übergehen.

Die laterale-vordere Fläche wird durch das vorhin erwähnte lockere Fett- und Bindegewebe von der Fascie getrennt, welche, im Zusammenhang mit der Fascia colli media, die Mm. sternohyoideus und sternothyreoideus überzieht. Diese beiden Muskeln, seitlich der M. omohyoideus, bedecken den grössten Teil der vorderen Fläche und werden bei Hypertrophic der Drüse verbreitert und verdünnt oder können schliesslich fast ganz atrophieren. Als weitere Schicht (siehe den Querschnitt Abb. 175) treffen wir die Fascia colli superficialis und den M. sternocleidomastoideus an, endlich das subkutane Fett- und Bindegewebe, das Platysma und die Haut.

Die mediale-hintere Fläche der Drüse zeigt die oben aufgeführten unmittelbaren Beziehungen zu dem seitlichen Umfange der oberen Trachealringe, des Cricoidknorpels und der Cartilago thyreoides. Hinten reicht diese Fläche bis zum Oesophagus; sie bedeckt die Rinne zwischen Oesophagus und Trachea, in welcher der N. recurrens mit der Kette der trachealen Lymphdrüsen angetroffen wird. Der breite, mehr abgerundete Übergang der medialen-hinteren in die laterale-vordere Fläche wird auch als hintere Fläche des Lappens bezeichnet; dieselbe liegt dem Gefässnervenbündel des Halses oder mindestens der A. carotis comm. auf, welche häufig eine Furche an dieser Fläche der Drüse erzeugt. Dass die beiden Carotiden sowie die denselben lateral anliegenden Nn. vagi bei Operationen (Ausschälung, Entfernung des Lappens) berücksichtigt werden müssen, bedarf nach dem Hinweise auf die Querschnittsbilder keiner weiteren Begründung.

Über die Spitze des seitlichen Lappens verläuft die A. thyreoidea cranialis abwärts, um durch die Drüsenkapsel zu treten und sich besonders an die vordere Fläche des Lappens zu verbreiten. Dasselbe gilt von der V. thyreoidea cranialis. Der Ramus externus aus dem N. laryngicus cranialis geht über dem Drüsenlappen schräg abwärts zum M. cricothyreoideus (Abb. 173).

Das untere Ende des Lappens bleibt, bei normaler Grösse der Drüse, in einer Entfernung von 1,5—2 cm oberhalb der Incisura jugularis sterni; hier dringt auch die A. thyreoidea caudalis von der Seite und von unten her in die Drüse ein, um sich vorzugsweise an den hinteren Umfang derselben zu verbreiten.

Kapsel der Glandula thyreoidea. Es sind zwei Kapseln der Drüse unterschieden worden (Capsula ext. und int.) (Abb. 178). Die recht derbe Capsula ext. bewirkt durch ihre Verbindung mit der Trachea, der Cartilago cricoides und den Fascien der Mm. sternohyoidei und sternothyreoidei die Fixation der Drüse

Die Kenntnis der beiden Kapseln sowie des durch dieselben begrenzten Spaltes ist für das operative Eingehen auf die Schilddrüse von der grössten Wichtigkeit. Von nicht geringer Bedeutung ist auch die Lage der Glandulae parathyreoideae (s. unten). Dieselben werden in der Regel ausserhalb der die eigentliche Drüsenkapsel darstellenden Capsula thyreoidea interna angetroffen in dem durch die beiden Kapseln begrenzten Spalt, wo sie besonders innig mit der Capsula ext. verbunden sind. Geht man nun bei der Ausschälung der Gland. thyreoidea innerhalb des Spaltes vor, indem man die zahlreichen hier anzutreffenden Venen vor ihrem Durchtritt durch die Capsula int. in das Innere der Schilddrüse unterbindet, so wird man mit grosser Wahrscheinlichkeit die Gland. parathyreoideae schonen, indem dieselben an der Capsula thyreoidea ext. hängen bleiben. Geht man dagegen ausserhalb der Capsula ext. vor, so

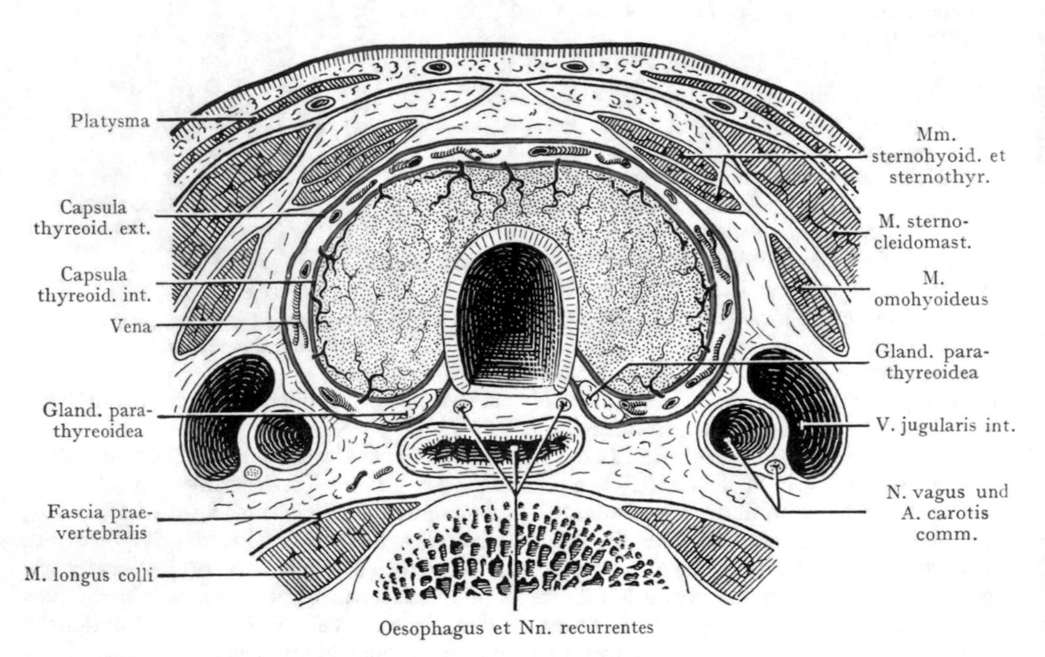

Abb. 178. Horizontalschnitt durch die Gland. thyreoidea. (Halbschematisch.)
Capsulae gland. thyreoideae, Vv. thyreoideae und Gland. parathyreoideae (Epithelkörperchen).
Mit teilweiser Benützung einer Abbildung von Testut und Jacob, Anatomie topographique.

werden die Gland. parathyreoideae höchstwahrscheinlich mit entfernt. Die Einsicht, dass das Fehlen dieser Gebilde schwere Zustände zur Folge haben kann (Tetanie), fordert zur grössten Vorsicht auf. Die Capsula ext. wird von den zur Drüse gelangenden Gefässen und Nerven durchbohrt. Die Capsula int. steht als eine echte Drüsenkapsel in Zusammenhang mit dem bindegewebigen Gerüste der Drüse und ist als Differenzierung desselben anzusehen, während die Capsula ext. ein Derivat des Halsbindegewebes darstellt.

Gefässe und Nerven der Glandula thyreoidea. In Anbetracht der Häufigkeit operativer Eingriffe an der Gland. thyreoidea ist die genaue Kenntnis der Gefässversorgung von besonderem Werte, auch sind die Beziehungen dieser Gefässe zu benachbarten Nervenstämmen, wie dem N. laryngicus caudalis und dem Grenzstrange des Sympathicus, nicht ausser acht zu lassen.

Arterien: An die Schilddrüse verzweigen sich zwei paarige Arterien (Aa. thyreoideae craniales et caudales) und nicht selten die unpaare A. thyreoidea ima. Von diesen Arterien wird die A. thyreoidea cranialis konstant angetroffen, während die A. thyreoidea caud. in 2% der Fälle fehlen kann, indem sie durch andere Äste ersetzt wird.

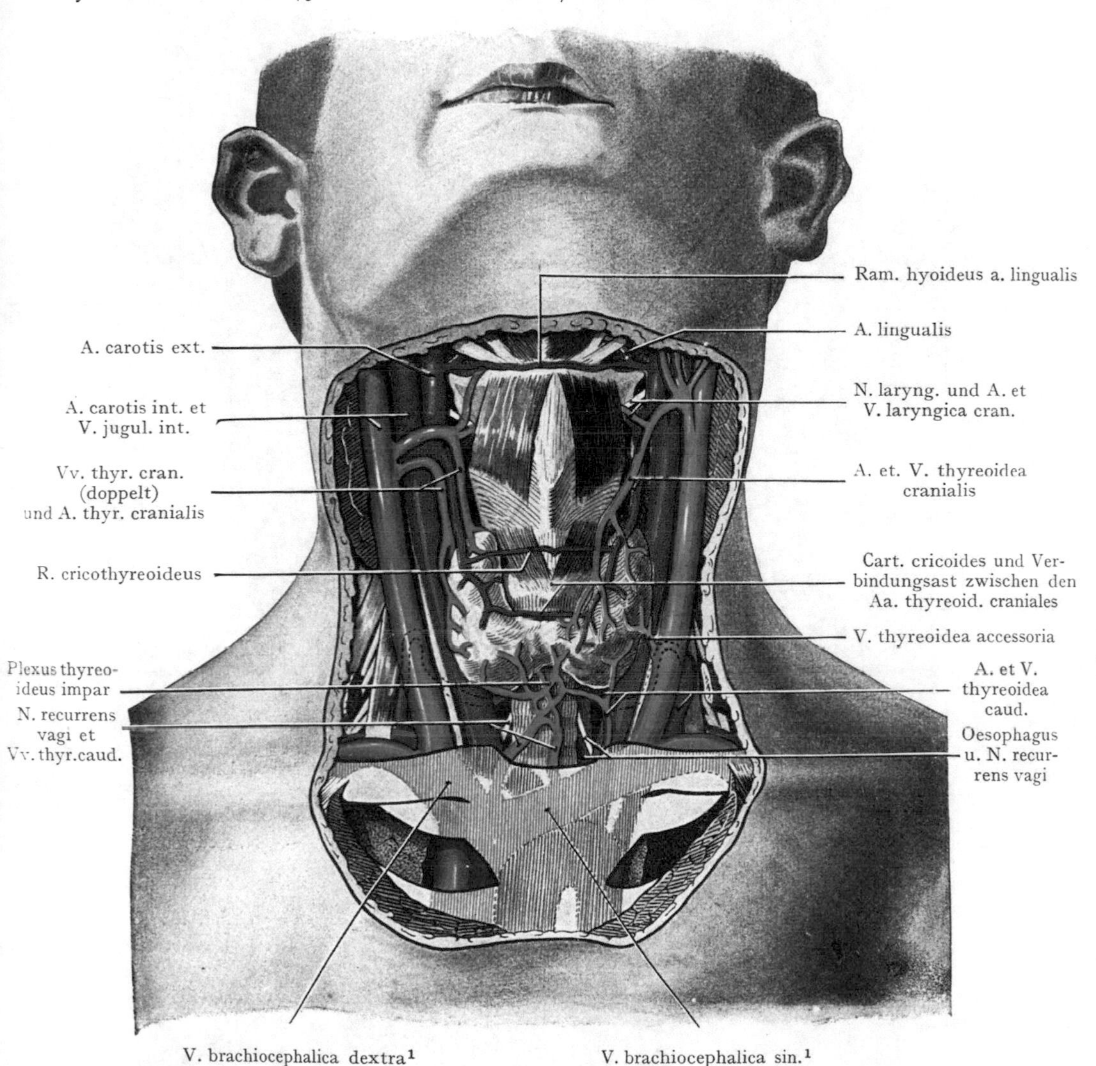

Abb. 179. Ansicht des Halses von vorn, nach Abtragung der Mm. sternocleidomastoidei. Vv. et Aa. thyreoideae.

Die A. thyreoidea cran. entspringt (Abb. 179) aus der A. carotis ext., dicht oberhalb der Teilungsstelle der A. carotis comm., verläuft zunächst horizontal unterhalb des grossen Zungenbeinhornes nach vorne, sodann im Bogen abwärts zum oberen Pole des Lobus lateralis gland. thyreoideae. Sie verteilt sich vorzugsweise an die vordere Fläche des Lobus, geht aber auch mit einem Ramus dorsalis an die hintere Fläche und verbindet sich mit der A. thyreoidea caudalis sowie mit der A. thyreoidea cranialis der anderen Seite.

[1] V. anonyma dextra et sinistra.

Der Verlauf und die Beziehungen der Art. thyreoidea caudalis sind weniger leicht verständlich, als diejenigen der A. thyreoidea cranialis. Sie geht aus dem Truncus thyreocervicalis hervor, welcher unmittelbar medial von der hinteren Scalenuslücke aus

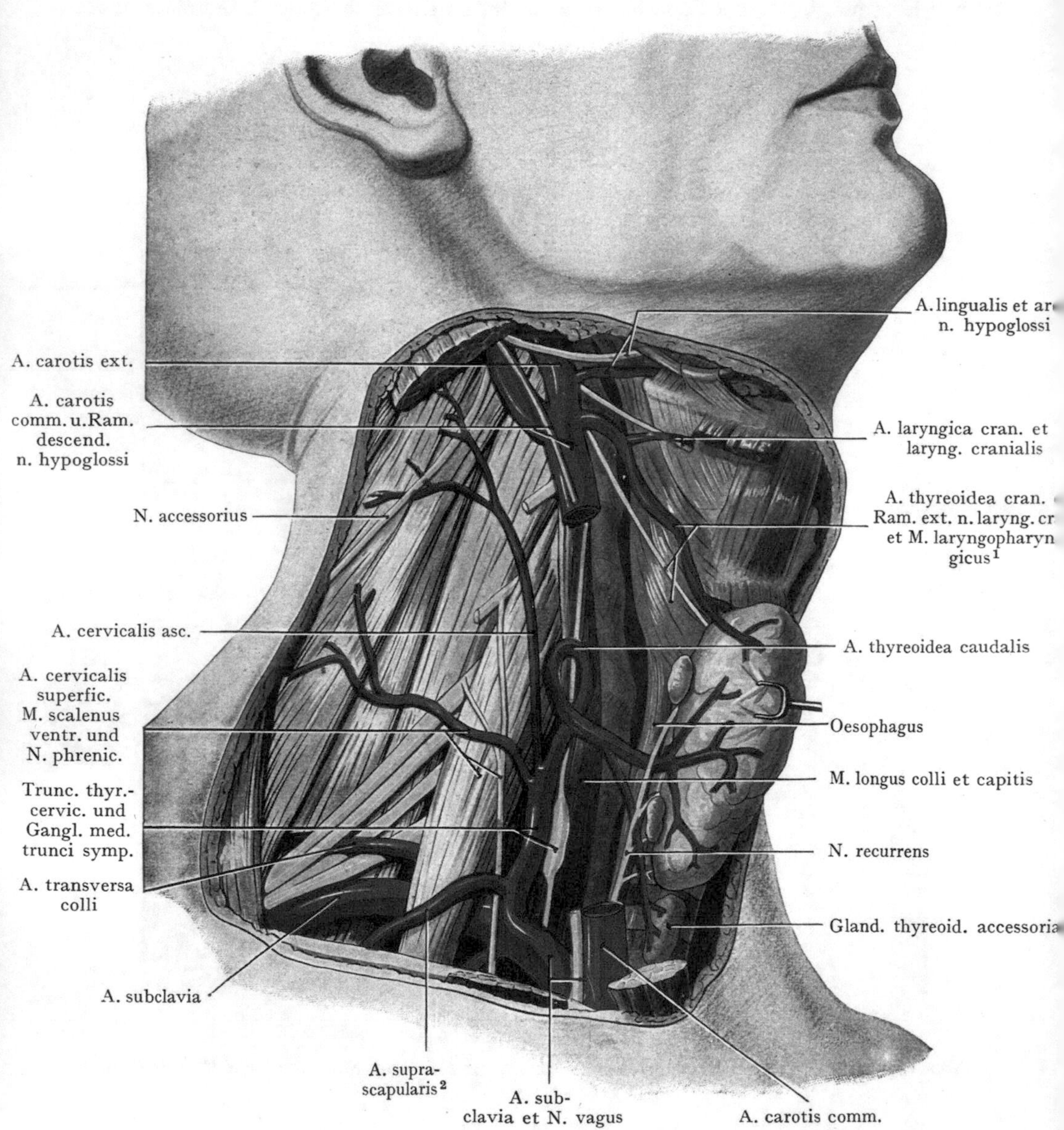

Abb. 180. Topographie der Aa. thyreoideae rechterseits.
Man beachte die nicht bezeichneten, der Schilddrüse anliegenden, Gland. parathyreoideae.
Mit Benützung einer Abbildung von Wölffler.

der A. subclavia entspringt. Der Truncus thyreocervicalis verläuft zunächst eine kurze Strecke weit am medialen Rande des M. scalenus ventralis kranialwärts und teilt sich dann in die A. cervicalis ascendens, welche die Verlaufsrichtung des Truncus

[1] M. constrictor pharyngis inferior. [2] A. transversa scapulae.

fortsetzt, und die A. thyreoidea caudalis. Die letztere wendet sich medianwärts in einem gewöhnlich nach oben konvexen Bogen, um die hintere Fläche des Lobus lateralis zu erreichen und sich hier in Rami glandulares aufzulösen. Der Bogen der Arterie kreuzt die A. vertebralis oder bedeckt sie auch von vorne (Abb. 193, wo die

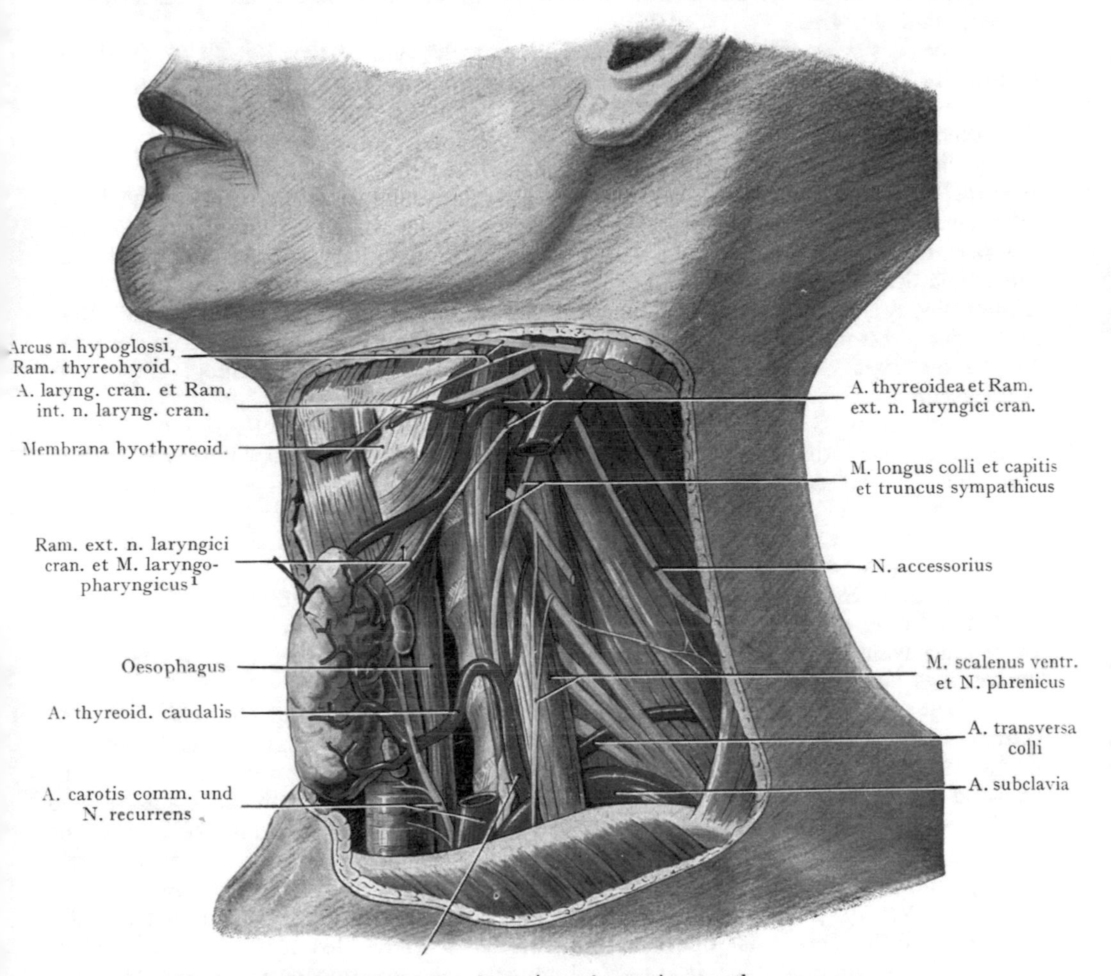

Abb. 181. Topographie der Aa. thyreoideae und des N. recurrens vagi linkerseits. Mit Benützung einer Abbildung von Wölffler.
Die Gland. thyreoidea ist nach vorne umgelegt und die Gland. parathyreoideae sind sichtbar.

A. thyreoidea caudalis zwei Bogen bildet, bevor sie zur Gland. thyreoidea gelangt) und verläuft dann hinter der A. carotis comm. und der V. jugularis interna. Hier wird die Arterie auch von der Pars cervicalis trunci sympathici gekreuzt, welche öfters vor als hinter der Arterie verläuft (das letztere Verhalten ist in Abb. 180 dargestellt). Hinter der Arterie findet sich häufig an dieser Stelle das Ganglion medium trunci sympathici, wenn es überhaupt ausgebildet ist (es fehlt nach Taguchi in 17 Fällen 5mal).

Die Arterie gibt Rami glandulares von der hinteren Fläche der Gland. thyreoidea aus an die Drüse ab, ausserdem Rami pharyngici, oesophagici und

[1] M. constrictor pharyngis inferior.

tracheales sowie die A. laryngica caudalis zur hinteren Wand des Kehlkopfes. Die A. thyreoidea caudalis anastomosiert längs des oberen und des unteren Randes der Drüse mit der A. thyreoidea cranialis und der A. thyreoidea caudalis der anderen Seite, ferner sind auch innerhalb der Drüse Anastomosen nachzuweisen, so dass die Annahme, es hätten die zur Gland. thyreoidea gehenden Arterien als Endarterien zu gelten, hinfällig wird.

Die letzte Strecke der A. thyreoidea caudalis, vor ihrem Zerfall in die Rami glandulares, weist praktisch sehr wichtige Beziehungen zum N. recurrens vagi auf. Dieser Nerv verläuft rechterseits, nach seinem Abgang von dem N. vagus, um die A. subclavia herum, dann schräg hinter der A. carotis comm. zu der Rinne, welche durch die Trachea und den Oesophagus gebildet wird und in dieser kranialwärts zum Larynx (N. laryngicus caudalis). Während seines Verlaufes in der Oesophagus-Trachealrinne gibt der N. recurrens die Rami tracheales und oesophagici ab. Der N. laryngicus caudalis (Endast des N. recurrens) geht durch den M. laryngopharyngicus[1] und teilt sich hinter dem Cricothyreoidgelenk in die zum Kehlkopf gehenden Rami ventralis und dorsalis. Linkerseits, wo der N. recurrens um den Arcus aortae abbiegt, verläuft der Nerv hinter der A. carotis comm. sin., dann auf der von vorne sichtbar zu machenden vorderen Fläche der Pars cervicalis oesophagi in derselben Weise zum Kehlkopf empor wie rechterseits.

Auf beiden Seiten trifft der Nerv in der Nähe des unteren Randes des Seitenlappens der Schilddrüse oder an der hinteren medialen Fläche derselben die A. thyreoidea caudalis oder die Rami glandulares; in 27% der Fälle verläuft er vor der Arterie, in 36% hinter der Arterie, in 37% zwischen den Ästen der Arterie (Taguchi). Diese Beziehungen sind bei der Unterbindung der A. thyreoidea unmittelbar vor ihrem Eintritt in die Schilddrüse genau im Auge zu behalten.

Dass die Nn. recurrentes dem hinteren Umfange des Lobus lateralis direkt anliegen, ist schon früher erwähnt worden; die Gefahr, dass sie bei Operationen an der Gland. thyreoidea verletzt werden, ist um so ernster, als sie oft von der vergrösserten Drüse umwachsen sind.

Venen. Die Venen der Glandula thyreoidea (Abb. 179) sind sehr zahlreich und bilden, indem sie durch die Capsula thyreoidea int. hindurchtreten, zahlreiche, in dem Spalte zwischen der Capsula int. und ext. liegende Anastomosen. Die durch die Capsula thyreoidea ext. tretenden Venen lassen sich in Vv. thyreoideae craniales und Vv. thyreoideae caudales unterscheiden; dazu kommen, weniger konstant und kleiner, die Vv. thyreoideae accessoriae, die aus den seitlichen Partien der Lobi laterales hervorgehen, und endlich die V. thyreoidea ima zur V. brachiocephalica[2] sinistra.

Die V. thyreoidea cranialis stellt den Hauptstamm dar; sie sammelt sich auf der Vorderfläche der Drüse und verläuft mit der A. thyreoidea cranialis kranialwärts, um in die V. facialis oder in die V. jugularis int. zu münden. Die V. thyreoidea caudalis verläuft nicht mit der gleichnamigen Arterie, sondern geht, nachdem sie sich von dem unteren Pole und der hinteren Fläche des seitlichen Lappens gesammelt hat, von den Mm. sternothyreoidei und sternohyoidei bedeckt, nach unten, um in die V. brachiocephalica[2] dextra und sinistra einzumünden. Gewöhnlich besteht eine Verbindung mit der V. thyreoidea cranialis. Die beiderseitigen Vv. thyreoideae caudales bilden unterhalb des Isthmus gland. thyreoideae ein Geflecht auf der vorderen Fläche der Trachea (Plexus thyreoideus impar), in welches auch die Vv. laryngicae caudales einmünden.

Seitlich gehen noch kleine, in ihrer Ausdehnung ziemlich inkonstante Venen aus der Gland. thyreoidea hervor, welche sich gewöhnlich zu einem in die V. jugularis int. mündenden Stamm vereinigen (V. thyreoidea accessoria oder V. thyreoidea media, Kocher). Eine V. thyreoidea ima geht von dem Isthmus als unpaares Gefäss abwärts, um in die V. brachiocephalica[2] sinistra oder in eine V. thyreoidea caudalis auszumünden.

[1] M. constrictor pharyngis inferior. [2] V. anonyma.

Im allgemeinen weisen die Venen eine grössere Variation auf, als die Arterien, so kann z. B. die V. thyreoidea ima sehr stark entwickelt sein und beim Fehlen der Vv. thyreoideae caudales allein die Abfuhr des venösen Blutes nach unten übernehmen.

Die Nerven der Schilddrüse kommen zum grössten Teile aus dem Halssympathicus in Form von Geflechten, welche die Arterien umgeben. Dazu kommen Äste des N. vagus, welche in der Bahn der Nn. laryngicus cranialis und caudalis zur Drüse verlaufen. (Für die Lymphgefässe s. die Lymphgefässe und Lymphdrüsen des Larynx.)

V. jugul. int. et
A. carotis
comm.
Obere Oesophagusenge
Gland. parathyreoideae
Trachea
N. vagus
Cornu maj. ossis hyoidis
Gland. parathyreoideae
Truncus thyreocervicalis
N. recurrens dexter
N. vagus dexter

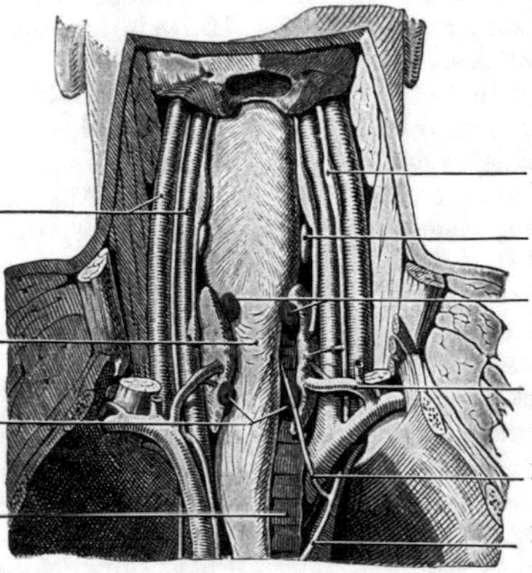

Abb. 182. Gland. parathyreoideae (Epithelkörperchen) von hinten.

Glandulae thyreoideae accessoriae. Als Glandulae thyreoideae accessoriae bezeichnet man Massen, welche in ihrem mikroskopischen Bau mit der Glandula thyreoidea übereinstimmen, aber entweder gar keinen Zusammenhang mit der Hauptdrüse haben oder nur durch einen dünnen Strang mit derselben in Verbindung stehen. Sie leiten sich auch von denselben Anlagen her, welche die Hauptdrüse bilden und sind in ihrer Zahl und Lage sehr verschieden. Nicht selten findet man solche Massen oberhalb des Isthmus; in diesem Falle sind sie von dem mittleren Lappen der Gland. thyreoidea abzuleiten (Ductus thyreoglossus) und können an irgendeinem Punkte der Strecke zwischen dem Foramen caecum der Zunge und dem Isthmus gland. thyreoideae vorkommen, selbst noch in der Basis der Zunge eingebettet sein. Seltener werden sie unterhalb des Isthmus gland. thyreoideae angetroffen, so zeigt Abb. 180 einen solchen Knoten, welcher auf der Trachea liegt und deutliche Zeichen der Kolloiddegeneration aufwies. Derselbe steht ausser Zusammenhang mit der Gland. thyreoidea. Die Tatsache, dass eine solche Degeneration durchaus nicht auf die

Corpus
vertebrae
cervic.
Oesophagus
A. carotis
comm.
Lobus
dext. gland.
thyreoid.
Trachea
Mm. sternohyoid. und sternothyreoideus

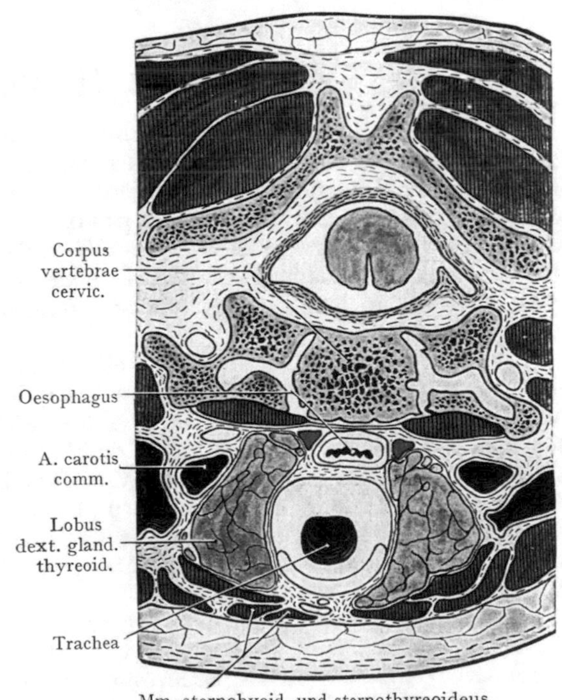

Abb. 183. Horizontalschnitt durch den Hals, zur Veranschaulichung der Lage der Gland. parathyr. (grün). Nach einem Mikrotomschnitte. (Neugeborenes Kind.)

Hauptdrüse beschränkt zu sein braucht, sondern auch die Glandulae accessoriae ergreifen kann, rechtfertigt den Hinweis auf das Vorkommen derselben und auf ihre Lagebeziehungen.

Glandulae parathyreoideae (Epithelkörperchen). In engem Anschlusse an die Gland. thyreoidea werden die Gland. parathyreoideae angetroffen, kleinerbsengrosse Gebilde, welche aus der dritten und vierten Schlundtasche entstehen und konstant, aber in sehr verschiedener Lage und Ausbildung beim Erwachsenen nachzuweisen sind. In der Regel finden sich zwei Paare, doch ist ein asymmetrisches Verhalten durchaus nichts Seltenes. Das obere Paar liegt nach Welsh auf der hinteren Fläche des Oesophagus, etwa in der Höhe des unteren Randes des Cricoidknorpels, gerade medial von dem Lobus lateralis der Schilddrüse, das untere Paar häufig etwas weiter lateral als das obere, nicht selten auf der Trachea, von dem Lobus lateralis der Schilddrüse bedeckt, ein Verhalten, das in den Abb. 180 und 183 dargestellt ist. Beide Gland. parathyreoideae liegen vor der Fascia praevertebralis, aber ausserhalb der Capsula int. gland. thyreoideae, so dass man dieselben beim Herausschälen der Drüse leicht schonen kann, wenn man sich unmittelbar an diese Kapsel hält.

Sie zeigen, wie gesagt, zahlreiche Variationen in ihrer Lage und Grösse, was ganz besonders von dem unteren Paare gilt. Dieselben können lateralwärts verschoben sein, häufig liegen sie vor der A. thyreoidea caudalis und dem N. laryngicus caudalis; sie werden auch in grösserer Entfernung von der Schilddrüse angetroffen, sogar in der Höhe des 8.—10. Trachealringes, manchmal der vorderen Fläche der Trachea angeschlossen. Die Abb. 183 zeigt das obere Paar in einem Querschnitte durch den Hals eines neugeborenen Kindes, hier liegen sie ziemlich asymmetrisch zwischen den Lobi laterales der Schilddrüse und dem Oesophagus.

Oesophagus (Pars cervicalis).

Der Halsteil des Oesophagus schliesst sich der Trachea dorsal an und wird bloss durch eine Schicht recht lockeren Bindegewebes von der Fascia praevertebralis getrennt. Er geht in der Höhe des unteren Randes des Cricoidknorpels, also an der unteren Grenze des Kehlkopfes, aus der Pars laryngica pharyngis hervor; nach hinten bezogen entspricht diese Stelle bei Erwachsenen dem VI. Halswirbelkörper. Der Übergang in die Pars thoracica oesophagi entspricht etwa dem III. Brustwirbelkörper, dort, wo eine durch die Incisura jugularis sterni durchgelegte Horizontalebene die Brustwirbelsäule schneidet.

Die Pars cervicalis oesophagi teilt in hohem Grade die Beweglichkeit, welche auch der Trachea zukommt, indem ihre Elastizität als Muskelschlauch und ihre lockere Verbindung mit der Fascia praevertebralis eine Dehnung sowie auch eine Verschiebung längs der vorderen Fläche der Halswirbelsäule gestattet. Auch in seitlicher Richtung ist die Verschiebbarkeit resp. Ausdehnungsfähigkeit eine beträchtliche; hier stösst der Oesophagus an lockeres Bindegewebe, und auch die Gland. thyreoidea, deren seitliche Lappen häufig bis an den Oesophagus heranreichen, stellt der seitlichen Ausdehnung kein Hindernis entgegen. Die Ausweitung des Oesophagus kann beim Passieren des Bissens eine recht beträchtliche sein.

Die Länge der Pars cervicalis beträgt etwa 5 cm. Der Abgang von dem Pharynx liegt in der Medianebene und bildet eine engere Stelle (obere oder Kehlkopfenge), auf welche ein bis zur Kreuzungsstelle des Oesophagus mit der Aorta (Aortenenge) reichender weiterer Abschnitt folgt. Die Pars cervicalis verläuft nicht in der Medianebene, sondern biegt nach links aus, demnach ist die Bedeckung durch die Trachea keine vollständige, sondern der linke Rand und ein Teil der vorderen Fläche sind links von der Trachea in der Ansicht von vorne zu sehen und operativ zu erreichen. Überhaupt stellt die Pars cervicalis denjenigen Abschnitt des Oesophagus dar, welcher von aussen am zugänglichsten ist und auch tatsächlich am häufigsten aufgesucht wird.

Beziehungen der Pars cervicalis oesophagi. Sie wird von lockerem Bindegewebe umgeben, welches sich abwärts in das Bindegewebe des Mediastinalraumes fortsetzt, doch lässt sich eine eigentliche Scheide für den Oesophagus nicht nachweisen. Beziehungen nach vorne: An dem Abgange vom Pharynx wird der Oesophagus von vorne vollständig durch die Trachea überlagert. Weiter abwärts wird er infolge der Ausbiegung nach links zum Teil von vorne her sichtbar; in der Rinne, welche Oesophagus und Trachea beiderseits miteinander bilden, verläuft der N. recurrens vagi; im obersten Teile der Rinne gesellt sich zu ihm die A. laryngica caudalis aus der A. thyreoidea caudalis Beziehungen lateralwärts: Das grosse Gefässnervenbündel des Halses liegt 1—2 cm von dem Oesophagus entfernt, doch ist linkerseits, infolge der Krümmung des Oesophagus nach links, der Abstand etwas geringer als rechts (s. die Querschnittsbilder des Halses). Näher liegt der Grenzstrang des Sympathicus und die zweite bogenförmige Strecke der A. thyreoidea caudalis. Endlich wird der Oesophagus noch von der hinteren Fläche der seitlichen Lappen der Glandula thyreoidea erreicht (s. den Querschnitt, Abb. 183). Beziehungen nach hinten: Der Oesophagus ruht der vorderen Fläche der Halswirbelsäule und den Mm. longi colli et capitis oder, richtiger gesagt, der diese Muskeln bedeckenden Fascia colli profunda seu praevertebralis auf.

Die Nerven und Gefässe der Pars cervicalis des Oesophagus kommen aus den Nn. vagi und den Aa. thyreoideae caudales.

Regio sternocleidomastoidea.

Bei dem in Abb. 153 gegebenen Muskelbilde werden drei grosse Abteilungen des Halses durch Farbenunterschiede hervorgehoben. Es sind dies, medianwärts von dem M. sternocleidomastoideus, die Regio mediana colli, welche die Regio suprahyoidea und infrahyoidea umfasst (auch Trigonum suprahyoideum und infrahyoideum genannt), lateralwärts von diesem Muskel das Trigonum colli laterale. Der M. sternocleidomastoideus stellt ein breites, von dem Processus mastoides und der Linea nuchalis terminalis[1] schräg nach unten und vorne ziehendes Muskelband dar. Als scharfe Grenze zwischen der Regio colli ventralis und der Regio colli lateralis ist also der Muskel nicht zu brauchen; man hat daher die Gegend, welche demselben entspricht, als eine besondere Regio sternocleidomastoidea unterschieden. Die Verlaufsrichtung des Muskels ist bei seitlicher Wendung des Kopfes leicht kenntlich als ein von dem Proc. mastoides schräg abwärts gegen die Incisura jugularis sterni ziehender Wulst. Dem vorderen, für die Aufsuchung der grossen Gefässe und Nerven wichtigen Rande des Muskels entspricht eine von dem Processus mastoides zur Incisura jugularis sterni gezogene Linie. Die beiden Portionen des Muskels sind häufig gegen ihren Ursprung am Manubrium sterni und am sternalen Ende der Clavicula voneinander getrennt.

Die untere Hälfte des M. sternocleidomastoideus bedeckt eine Rinne, welche durch die Halseingeweide einerseits (Larynx, Trachea und Oesophagus) und die vordere Fläche der Wirbelsäule mit der Fascia praevertebralis andererseits gebildet wird (in dem schematischen Querschnitte Abb. 151 zu erkennen). Sie enthält das grosse Gefässnervenbündel des Halses (A. carotis comm., V. jugularis int., N. vagus) und wird von einigen Autoren geradezu als Sulcus caroticus bezeichnet. Durch die Verbreiterung des Kehlkopfes in der Höhe des Thyreoidknorpels wird der Gefässstrang lateralwärts abgedrängt (Abb. 176); bei stark ausgebildetem M. sternocleidomastoideus wird er

[1] Linea nuchae superior.

bis zur Teilungsstelle der A. carotis comm. in die Aa. carot. int. und ext., in der Höhe des oberen Randes des Thyreoidknorpels durch den Muskel bedeckt. Mehr seitlich überlagert der Muskel die zwischen den Mm. scaleni ventralis et medius austretenden Stämme der Cervicalnerven (s. unten Trigonum colli laterale). Auf den obersten Teil der Regio sternocleidomastoidea folgt die Regio oder das Trigonum retromandibulare. Der Muskel wird nach den klassischen Schilderungen von dem oberflächlichen Blatte der Halsfascie umscheidet und in seinen oberen $^2/_3$ von dem Platysma bedeckt. Der Fascia colli superficialis liegt (Abb. 162) die Vena jugularis superficialis dorsalis[1] auf, welche sich aus der V. retromandibularis[2] und der V. occipitalis zusammensetzt und annähernd senkrecht nach unten zieht, um in dem Winkel, den der hintere Rand des M. sternocleidomastoideus mit der Clavicula bildet, die Fascia colli superficialis und media zu durchbohren und in die V. jugularis int. zu münden. Ungefähr in der halben Höhe des hinteren Muskelrandes wird die Fascie durchsetzt von den Hautnerven des Halses

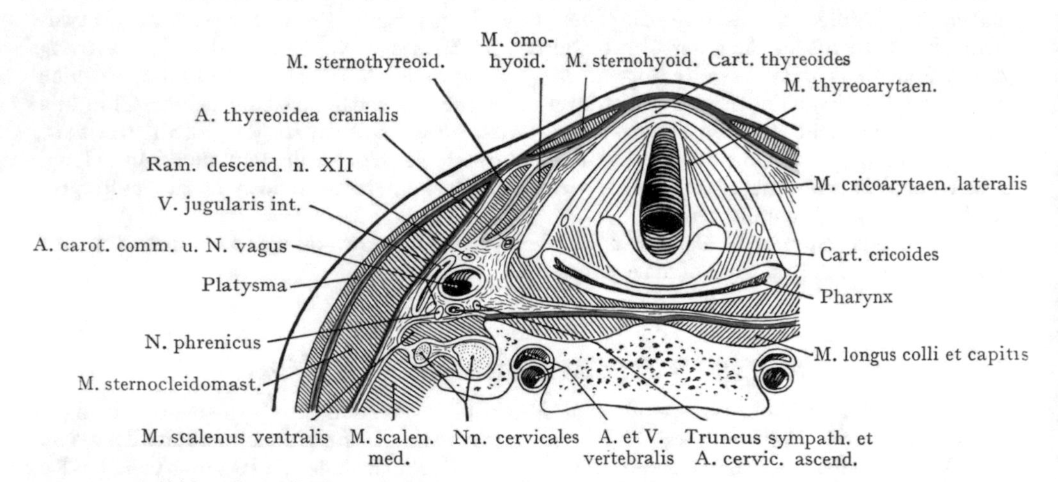

Abb. 184. Horizontalschnitt durch den Hals, unterhalb der Glottis.
Grün: Fascia colli superficialis. Gelb: Fascia colli media. Blau: Fascia colli profunda (praevertebralis).

(aus dem Plexus cervicalis), von denen die Nn. auricularis magnus und occipitalis minor senkrecht nach oben, die Rami craniales und caudales des N. cutaneus colli nach vorne und unten verlaufen. Alle diese Gebilde werden von dem Platysma bedeckt. Die nach unten verlaufenden Hautäste der Cervicalnerven (Nn. supraclaviculares) treten gleichfalls am hinteren Rande des M. sternocleidomastoideus, etwas abwärts von der Mitte desselben, an die Oberfläche und verlaufen zur Haut des Trigonum colli laterale und über die Clavicula hinweg zur Haut der Brust.

Tiefliegende Gebilde der Gegend. Sie sind leicht darzustellen, wenn am medialen Rande des M. sternocleidomastoideus ein Schrägschnitt durch die Haut und die Fascia colli superficialis geführt wird, welcher es erlaubt, den Muskelbauch lateralwärts abzuziehen. Alsdann erhält man das in Abb. 185 dargestellte Bild. Noch übersichtlicher wird das Bild, wenn man den M. sternocleidomastoideus aus seiner Fascienhülle herausschält und die unteren $^2/_3$ des Muskels abträgt. Alsdann liegt der ganze Gefässnervenstrang des Halses frei vor, wie es die Abb. 176 linkerseits zeigt.

Gefässnervenstrang des Halses. Derselbe besteht (s. die typischen Horizontalschnitte durch den Hals, Abb. 175 und 184) aus der A. carotis comm., der V. jugularis int., welche sich der Arterie lateral anschliesst, und dem N. vagus, welcher zwischen den beiden Gefässen, etwas nach hinten verlagert, angetroffen wird. Dazu kommt in der oberen Hälfte des Verlaufes der A. carotis comm. der Ramus

[1] V. jugularis externa. [2] V. facialis posterior.

descendens n. hypoglossi, welcher dem vorderen Umfange der Arterie aufliegt. Alle vier Gebilde sind in eine gemeinsame Scheide eingeschlossen. Der Gefässnervenstrang lässt sich in zwei Abschnitte zerlegen, von denen der untere (Abb. 176) von dem M. sternocleidomastoideus bedeckt wird, während der obere, kürzere Abschnitt unter dem vorderen Rande des Muskels hervortritt; hier erfolgt in der Höhe des oberen Randes der Cartilago thyreoides die Teilung der Arterie in die A. carotis int. und ext. Die erstere setzt die Richtung der A. carotis comm. aufwärts fort und verläuft in dem Bindegewebe des Spatium parapharyngicum (Abb. 107) zur unteren Öffnung des Canals caroticus. Die A. carotis ext. dagegen gibt in der Höhe des grossen Zungenbeinhornes oder selbst etwas tiefer eine Anzahl von fächerförmig auseinandergehenden Ästen ab (Abb. 176), die abwärts (A. thyreoidea cranialis), aufwärts (Aa. facialis[1] und lingualis) oder nach hinten verlaufen (A. occipitalis), während der stark reduzierte Stamm der Arterie seinen Weg aufwärts unter den hinteren Bauch des M. biventer in die Regio retromandibularis nimmt. Oberflächlich zur Astfolge der A. carotis ext. verläuft der Arcus n. hypoglossi und hinter der Astfolge der N. laryngicus cranialis. In dieser Gegend sind die topographischen Verhältnisse diejenigen eines Grenzgebietes, bestimmt durch den Übergang der Gefässe und Nerven auf den Kopf oder doch in Gegenden, welche dem Kopfe angrenzen.

Der Verlauf des Nervengefässstranges wird durch die Ausbildung des Kehlkopfes beeinflusst, indem der Strang bei seinem Übergang aus der Brust auf die Halsregion weiter medial liegt als in der Höhe der Carotisteilung, wo die Stämme durch die breiten Platten des Thyreoidknorpels lateralwärts gedrängt werden (Abb. 176). Das Gefässbündel liegt im grossen Bindegewebsraume des Halses, welcher medial durch die Halseingeweide, hinten durch die vordere Fläche der Halswirbelsäule, die Mm. longi colli und capitis (von der Fascia praevertebralis überzogen) und den M. scalenus ventralis, lateral und vorne durch den M. sternocleidomastoideus begrenzt wird. Das Bindegewebe, welches die Gefässe und ihre Gefässscheide umgibt, hängt (s. die allgemeine Beschreibung der Fascienräume am Halse und Abb. 151) seitlich mit dem Bindegewebe des Trigonum colli laterale, abwärts längs der Gefässstämme und des Oesophagus mit dem Mediastinalraume, aufwärts längs der A. carotis int. und des N. vagus mit dem Bindegewebe des Spatium parapharyngicum zusammen.

Untersuchen wir einen typischen Querschnitt durch den Hals, etwa entsprechend der halben Höhe des M. sternocleidomastoideus (Abb. 184), so finden wir hier im Gefässnervenstrang 1. die V. jugularis int., welche am weitesten lateral liegt und mit der die tiefe Fläche des M. sternocleidomastoideus bekleidenden Fascie in Kontakt steht; 2. die A. carotis comm., medial von der V. jugularis int. Der hintere Umfang der Arterie entspricht dem M. scalenus ventralis und den Querfortsätzen der Halswirbel; doch liegt sie denselben nicht direkt an, sondern wird durch lockeres Bindegewebe von ihnen getrennt. Der Arterie und der Vene schliesst sich dorsalwärts 3. der N. vagus an, während vor der Arterie, gleichfalls in die Gefässscheide eingeschlossen, 4. der Ramus descendens n. hypoglossi liegt, welcher die vorderen langen Halsmuskeln versorgt. Lateral und vor der V. jugularis int. sind kettenförmig die Lymphonodi cervicales prof. angeordnet, welche die Lymphgefässe des Kopfes, der Zunge und des Larynx (Abb. 172) aufnehmen. Die Vasa efferentia dieser Lymphdrüsen gehen kaudalwärts in den Truncus jugularis über.

An dieser Stelle ist die A. carotis comm. behufs Unterbindung am leichtesten zu erreichen. Bei der Aufsuchung der Arterie führt man den Schnitt längs des vorderen Randes des M. sternocleidomastoideus; man kommt nach Durchtrennung des hinteren Blattes der Muskelscheide direkt auf den Gefässnervenstrang. „Da innerhalb der Gefässscheide noch Zellschichten die Arterie von der V. jugularis int. und

[1] A. maxillaris externa.

dem N. vagus trennen, so kommt alles darauf an, nur die Loge der Arterie zu eröffnen" (Braune).

Der Gefässnervenstrang des Halses findet sich in gleichartiger Zusammensetzung vor dem Eintritt der A. carotis comm. in die Halsregion, hinter dem Articulus sternoclavicularis, bis zur Höhe des oberen Randes der Cart. thyreoides. Beide Gefässstämme zeichnen sich dadurch aus, dass sie weder Äste abgeben, noch solche aufnehmen (höchstens wären die Vv. thyreoideae accessoriae seu mediae zu nennen, welche in die Vv. jugulares int. einmünden können); die arterielle Versorgung des Halses kommt entweder aus Ästen der A. subclavia (Truncus thyreocervicalis, Aa. transversa colli und suprascapularis[1]) oder von oben aus den Ästen der A. carotis ext. Die Gleichartigkeit der Lagerung und der Beziehungen des Gefässnervenstranges hat auch Veranlassung dazu gegeben, dass die ganze Region als Regio carotica beschrieben wurde.

Beziehungen des Gefässnervenstranges als Ganzes. Wir können, da der Bindegewebsraum des Halses auf dem Querschnitte annähernd dreieckig erscheint, Beziehungen lateralwärts, medianwärts und dorsalwärts unterscheiden.

Lateralwärts wird der Strang durch das tiefe Blatt der Scheide des M. sternocleidomastoideus, ferner durch diesen Muskel selbst, durch das äussere Blatt seiner Scheide (Fascia colli superficialis) und durch das Platysma bedeckt. Er wird in seiner halben Höhe durch den oberen Bauch des M. omohyoideus gekreuzt (Abb. 185), und in seiner unteren Hälfte noch durch die zwischen den Mm. omohyoidei ausgespannte Fascia colli media bedeckt. Zu erreichen ist der Gefässnervenstrang durch einen längs des vorderen Randes des M. sternocleidomastoideus geführten Schnitt; dabei wird der Muskel (Abb. 156) lateralwärts abgezogen, das tiefe Blatt der Muskelscheide und, je nachdem man unterhalb oder oberhalb des M. omohyoideus vordringt, auch die mittlere Halsfascie gespalten. Alsdann wird der Strang sichtbar sowie lateral davon die der V. jugularis int. angeschlossenen Lymphonodi cervicales profundi.

Dorsal wird der Strang durch lockeres Bindegewebe von der die Mm. longi colli et capitis sowie den M. scalenus ventralis überziehenden Fascia praevertebralis getrennt. Nach hinten entspricht die Arterie den Processus costotransversarii[2] der Halswirbel, gegen welchen eine Kompression des Gefässes möglich ist (besonders gegen den Processus costotransversarius[2] des VI. Halswirbels). Auf dem M. scalenus ventralis liegt, direkt hinter dem Gefässnervenstrang, von der Höhe des dritten Halswirbels abwärts, der N. phrenicus und in grösserer Entfernung, mehr medianwärts, auf der Fascia praevertebralis oder von derselben umschlossen der Grenzstrang des Sympathicus (Abb. 184). Das unterste Drittel des Gefässnervenstranges zeigt nach hinten Beziehungen zu der A. thyreoidea caudalis, deren Bogen hinter der A. carotis comm. gegen den seitlichen Umfang der Trachea zieht, indem sie die tiefer gelegene, gerade aufwärts zum Foramen costotransversarium[3] des VI. Halswirbels verlaufende A. vertebralis (aus der A. subclavia), sowie den Grenzstrang des Sympathicus kreuzt (s. Abb. 193). Alle diese Gebilde sind in dem Winkel zusammengedrängt, welchen der M. scalenus ventralis mit dem M. longus colli bildet (s. das Muskelbild Abb. 155). Eine besondere Besprechung erfährt die Topographie dieser tiefliegenden Gebilde später (s. Trigonum scalenovertebrale).

Medianwärts liegt der Nervengefässstrang in einiger Entfernung (1—1$^{1}/_{2}$ cm) von dem Oesophagus und der Trachea (Abb. 150); die seitlichen Lappen der Glandula thyreoidea bedecken die Arterie ganz oder teilweise von vorne (Abb. 178); der M. sternocleidomastoideus überlagert die Arterie von vorne bis zur Grenze zwischen dem mittleren und oberen Drittel des Muskels, wo sie den vorderen Rand desselben überschreitet, um sich hier, bloss von der Fascia colli superficialis, dem Platysma und dem subkutanen Fett- und Bindegewebe bedeckt, in die Aa. carotis int. und ext. zu teilen. Die unterste Strecke des Arterienstammes, unmittelbar über dem Articulus

[1] A. transversa scapulae. [2] Processus transversus. [3] Foramen transversarium.

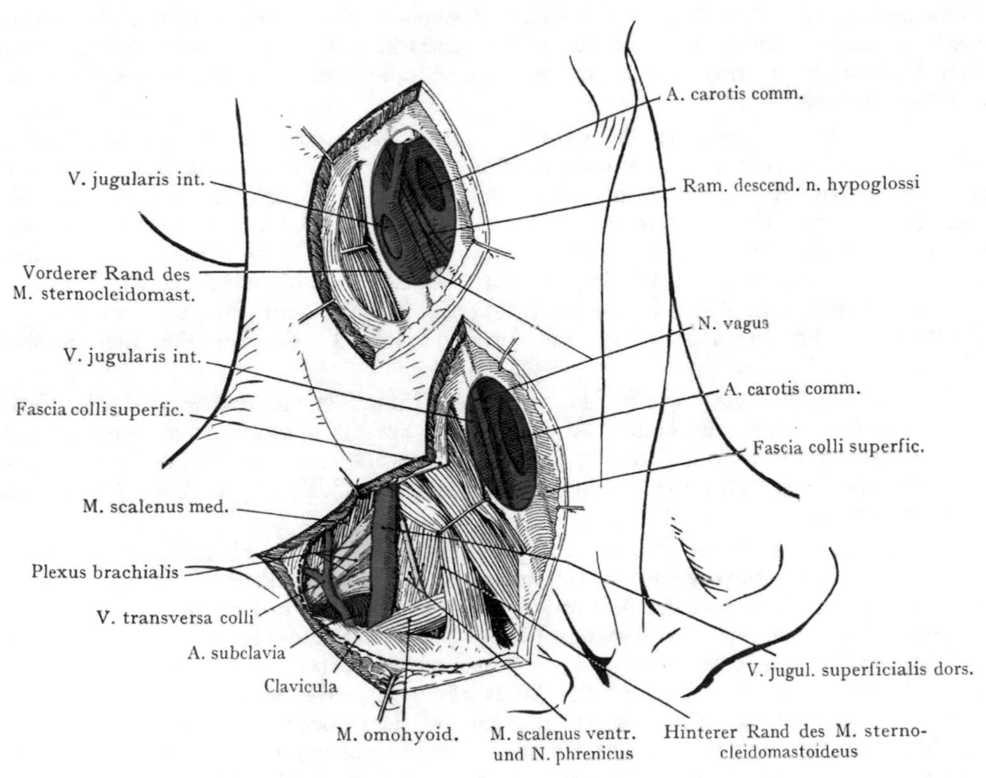

Abb. 185. A. carotis comm. mit der V. jugularis int. in der Gefässscheide. Trigonum colli laterale mit der A. subclavia und den Stämmen des Plexus brachialis.

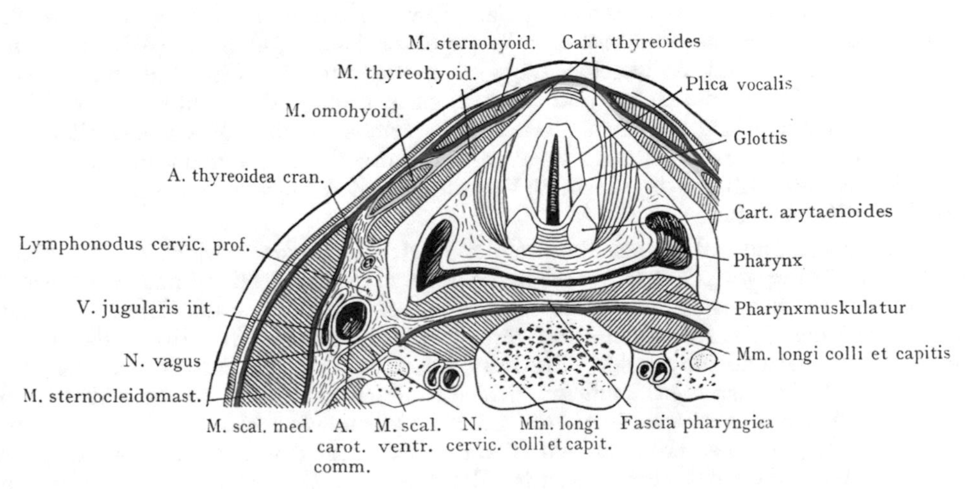

Abb. 186. Horizontalschnitt durch den Hals, oberhalb der Glottis.
Fascia colli superficialis grün. Fascia colli media gelb. Fascia colli profunda (praevertebr.) blau.

sternoclavicularis, entspricht der Lücke zwischen beiden Portionen des M. sternocleidomastoideus bei seinem Ursprunge von dem sternalen Ende der Clavicula und dem Manubrium sterni; hier entspringt die Arterie rechterseits aus dem Truncus brachiocephalicus[1].

Bei der Teilung der A. carotis comm. liegt die A. carotis int. lateral (Abb. 176), sie schiebt sich aber bald medianwärts hinter die A. carotis ext. und verläuft senkrecht im Spatium parapharyngicum zur unteren Öffnung des Canalis caroticus empor. Die A. carotis ext. hat nur einen relativ kurzen Verlauf (von der Teilungsstelle der A. carotis comm. bis zum Halse des Unterkiefers), auf welchem sie eine grosse Anzahl von Ästen abgibt. Ihre Astfolge liegt oberflächlich zur A. carotis int., unmittelbar unter der Fascia colli superficialis und dem Platysma, so dass die einzelnen Äste an ihrem Ursprunge aus der A. carotis ext. der Unterbindung ziemlich leicht zugänglich sind.

Als Hauptabflussweg des Blutes aus den Sinus durae matris geht die Vena jugularis int. durch die hintere Abteilung des Foramen jugulare und schliesst sich dem lateralen und hinteren Umfange der A. carotis int. an. Das Gefäss ist sehr ausdehnungsfähig und kann, wenn es strotzend mit Blut gefüllt ist, auch die Arterie von vorne bedecken.

Der Ramus descendens n. hypoglossi hat nur zur oberen Hälfte des Gefässnervenstranges Beziehungen. Der Arcus n. hypoglossi kreuzt (Abb. 176) als ein aufwärts konkaver Bogen die Astfolge der A. carotis ext., indem er oberflächlich zu derselben liegt, um auf der äusseren Fläche des M. hyoglossus mit der V. comitans n. hypoglossi in die Regio sublingualis einzutreten (Abb. 160). Dort, wo er die Astfolge der A. carotis ext. erreicht, gibt der Arcus den Ramus descendens n. hypoglossi ab, welcher in die Arterienscheide eingeschlossen auf dem vorderen Umfange der Arterie abwärts verläuft, um sich in der Höhe der Zwischensehne des M. omohyoideus mit dem N. cervicalis descendens zur Ansa n. hypoglossi zu verbinden und die vorderen langen Halsmuskeln sowie den M. omohyoideus zu innervieren.

Der N. vagus liegt in seinem ganzen Verlaufe zuerst der A. carotis int., dann der A. carotis comm. enge an und wird mit der V. jugularis int. in die gemeinsame Gefässscheide eingeschlossen. Schon in dem Spatium parapharyngicum wird der Nerv zwischen der A. carotis int. und der V. jugularis int. angetroffen (Abb. 107); noch weiter abwärts besitzt er dieselbe Lage in bezug auf die Vene und ist entweder zwischen der V. jugularis int. und der A. carotis int. oder hinter den Gefässen, entsprechend der Lücke zwischen denselben zu finden (s. die Querschnittsbilder vom Halse). Hoch oben geht aus dem unteren Ende des Ganglion nodosum vagi der N. laryngicus cranialis ab, welcher in seinem Verlaufe zum Kehlkopf die Astfolge der A. carotis ext. in der Tiefe kreuzt.

In der Höhe des oberen Randes der Cart. thyreoides erleidet die einheitliche Zusammensetzung des Gefässnervenstranges eine Änderung. Hier findet zunächst die Teilung der A. carotis comm. in die A. carotis int. und ext. statt. Die erstere setzt den Verlauf der A. carotis comm. aufwärts fort, bis zu ihrem Eintritt in den Canalis caroticus der Felsenbeinpyramide. Sie liegt lateral von der A. carotis ext. und etwas tiefer; die V. jugularis int. schliesst sich ihr hinten an. Bei der Ansicht von der Seite her wird der N. vagus durch die beiden Gefässe verdeckt. Die A. carotis ext. hat in der Regel bloss einen kurzen Verlauf, von der Teilungsstelle der A. carotis comm. in der Höhe des oberen Randes der Cartilago thyreoides bis zur Höhe des Unterkieferhalses. Sehr häufig scheint die Arterie gleich nach ihrem Ursprunge in einen ganzen Fächer von Ästen zu zerfallen, unter denen man den senkrecht verlaufenden, in die A. temporalis superficialis übergehenden Ast als die Fortsetzung des Stammes ansehen kann. In Abb. 160 ist die Teilung der Arterie mit den topo-

[1] A. anonyma.

graphischen Verhältnissen ihrer Äste dargestellt. Gleich nach der Teilung geht die A. thyreoidea cranialis bogenförmig abwärts zur vorderen Fläche der Gland. thyreoidea. Sie gibt die A. laryngica cranialis ab, welche unterhalb des grossen Zungenbeinhornes mit dem N. laryngicus cranialis die Membrana hyothyreoidea durchbohrt, um in das Innere des Kehlkopfes einzutreten. Oberhalb des grossen Zungenbeinhornes und parallel mit demselben geht die A. lingualis (4) zur medialen Fläche des M. hyoglossus, während der N. hypoglossus oberflächlich zur Arterie auf der lateralen Fläche des Muskels mit der V. comitans n. hypoglossi zur Regio sublingualis verläuft. Nach oben geht die A. facialis[1] (3) unter dem hinteren Bauch des M. biventer und dem M. stylohyo-

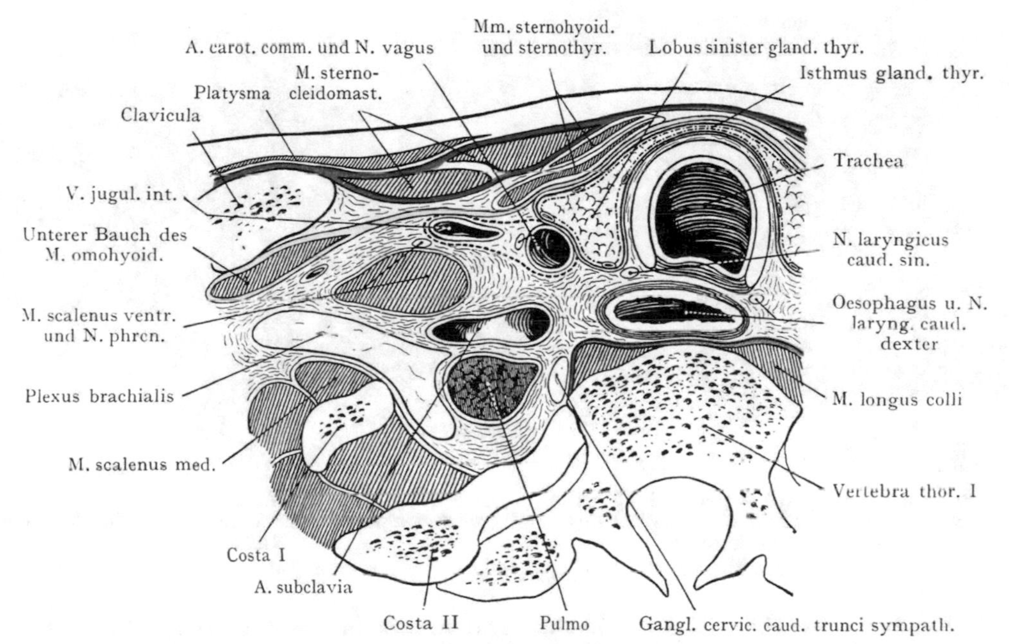

Abb. 187. Horizontalschnitt durch den Hals in der Höhe des ersten Brustwirbelkörpers. Fascia colli superficialis grün. Fascia colli media gelb. Fascia colli profunda (praevertebralis) blau.

ideus in das Trigonum submandibulare, und die durch die Abgabe der grossen Zweige stark geschwächte Fortsetzung der A. carotis ext. (2) gleichfalls unter dem hinteren Bauch des M. biventer und dem M. stylohyoideus empor in die Regio retromandibularis. Die A. occipitalis (1) wendet sich, von dem M. sternocleidomastoideus bedeckt nach hinten zur Nackengegend, indem sie die A. carotis int. und die V. jugularis int. lateralwärts kreuzt. Die A. pharyngica ascendens (Abb. 160 nicht sichtbar) entspringt in der Höhe des Abganges der A. lingualis und geht zur Pharynxwand und zu der Umgebung des Ostium pharyngicum tubae pharyngo-tympanicae[2].

Alle erwähnten Äste der A. carotis ext. liegen recht oberflächlich und werden in einem Dreiecke angetroffen, welches seine Abgrenzung durch den M. stylohyoideus nach oben, den M. sternocleidomastoideus nach hinten und den oberen Bauch des M. omohyoideus nach vorne und abwärts erhält. Oberflächlich zur ganzen Astfolge der A. carotis ext. verläuft der Arcus n. hypoglossi (Abb. 160, 6); derselbe muss bei der Aufsuchung der Arterienäste in Betracht kommen, besonders bei der Aufsuchung der A. lingualis, indem dieselbe dort, wo sie oberhalb des grossen Zungenbeinhornes an die mediale Fläche des M. hyoglossus gelangt, nur durch diesen Muskel

[1] A. maxillaris externa. [2] Ostium pharyngeum tubae auditivae.

von dem gleichfalls gerade oberhalb des großen Zungenbeinhornes liegenden N. hypoglossus getrennt wird. Der Arcus n. hypoglossi gibt den Ram. thyreohyoideus ab, welcher in seinem Verlaufe abwärts und nach vorne zum M. thyreohyoideus das große Zungenbeinhorn kreuzt.

Hinter der Astfolge der A. carotis ext. verläuft der N. laryngicus cranialis, welcher von dem Ganglion nodosum n. vagi, also hoch oben, abgeht und abwärts und nach vorne verläuft, um seinen Ramus ext. zum M. cricothyreoideus zu entsenden, während der Ram. internus unterhalb des großen Zungenbeinhornes mit der A. laryngica cranialis

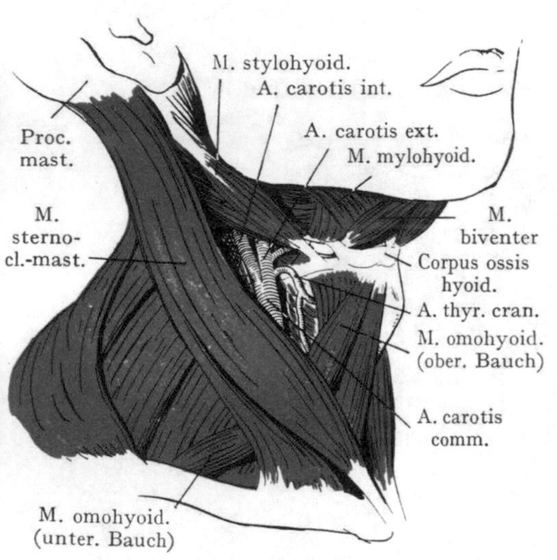

Abb. 188a. Topographie der Teilung der A. carotis comm. rechterseits bei Wendung des Kopfes nach rechts.
Zum Teil nach Henke.

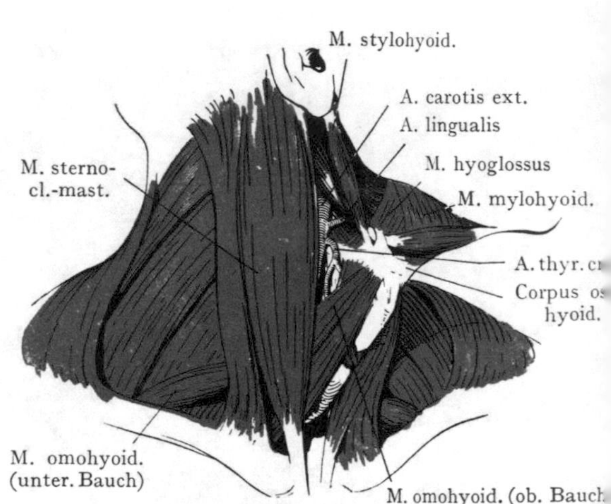

Abb. 188b. Topographie der Teilung der A. carotis comm. rechterseits bei Wendung des Kopfes nach links.
Zum Teil nach Henke.

die Membrana hyothyreoidea durchbohrt und in das Innere des Kehlkopfes gelangt. Im Recessus piriformis erzeugt der Nerv die Plica n. laryngici (Abb. 166).

Zu erwähnen wären noch in dieser Gegend die Lymphonodi cervicales prof., welche, längs der V. jugularis int. angeordnet, Lymphgefässe aus dem Rachen, der Zunge und dem Kehlkopf aufnehmen (Abb. 172).

Die Venen der Gegend entsprechen den Arterien, sie liegen oberflächlich zu denselben und können die Aufsuchung der Arterien erschweren. Die Zungenvene verläuft nicht mit der A. lingualis an der medialen Fläche des M. hyoglossus, sondern liegt als V. comitans n. hypoglossi und V. sublingualis auf der lateralen Fläche dieses Muskels.

Die A. carotis comm. und die von der A. carotis ext. in der Höhe des grossen Zungenbeinhornes abgehenden Äste sind nicht bei jeder Stellung des Halses mit gleicher Leichtigkeit zu erreichen. Bei Drehung des Kopfes nach derselben Seite (Abb. 188a) wird der M. sternocleidomastoideus in geringerer Ausdehnung die A. carotis comm. und ihre beiden grossen Äste bedecken, als bei Wendung des Kopfes nach der entgegengesetzten Seite (Abb. 188b).

Regio (seu Fossa) retromandibularis. Dieselbe kann (Abb. 161) als eine Übergangsregion vom Halse zum Kopfe angesehen werden; manche rechnen sie auch zum Kopfe, speziell zur Regio parotidica. Sie erhält ihre Grenzen vorne durch den hinteren Rand des Unterkieferastes, hinten durch den vorderen Rand des M. sternocleidomastoideus, abwärts durch den hinteren Bauch des M. biventer und den M. stylohyoideus.

Die Regio retromandibularis stellt eine Loge dar, welche als Hauptinhalt die hinter dem Unterkieferaste gelegene Partie der Glandula parotis aufnimmt (s. Topographie der Gland. parotis). In Abb. 156 ist der unterste Teil der Loge dargestellt, indem die Parotis in halber Höhe abgetragen wurde. In Abb. 161 ist die hintere und untere Partie der Parotis entfernt worden, um die in der Tiefe der Regio retromandibularis verlaufenden Gefässe und Nerven darzustellen.

Die Lage und Ausdehnung der Gland. parotis sind schon früher besprochen worden, ebenso ihre Beziehungen zum Spatium parapharyngicum, zur V. jugularis int. und zur A. carotis interna. Wenn wir die Regio retromandibularis als Fortsetzung des Halses betrachten, so werden wir zunächst dem Stamme der A. carotis ext. folgen, welcher (Abb. 160) senkrecht emportretend unter dem hinteren Bauche des M. biventer in die Regio retromandibularis und damit in die Parotisloge gelangt. Die Arterie wird vollständig von der Parotis umgeben, an welche sie kleine Äste abgibt; von grösseren Ästen entspringen innerhalb der Regio retromandibularis die A. retroauricularis[1] und die A. maxillaris[2], welch letztere am Halse des Unterkiefers zur medialen Fläche dieses Knochens tritt, um zur tiefen lateralen Gesichtsregion zu verlaufen. Die A. temporalis superficialis setzt die Verlaufsrichtung des Stammes nach oben fort, indem sie oberflächlich zur Regio temporalis emporzieht (s. Regio temporalis). Die V. jugularis superficialis dorsalis[3] entspricht in ihrem Verlaufe der A. carotis ext.; sie bildet sich in dem obersten Teile der Regio retromandibularis aus den Vv. temporales superficiales und der V. maxillaris[2] und liegt, wie die A. carotis ext. von der Parotis umschlossen, lateral von der Arterie. In der Regio retromandibularis finden wir eine Anzahl von Lymphdrüsen, welche sich teils der A. carotis ext. anschliessen (Abb. 161), teils oberflächlicher liegen, aber immerhin noch von der Parotis umgeben sind.

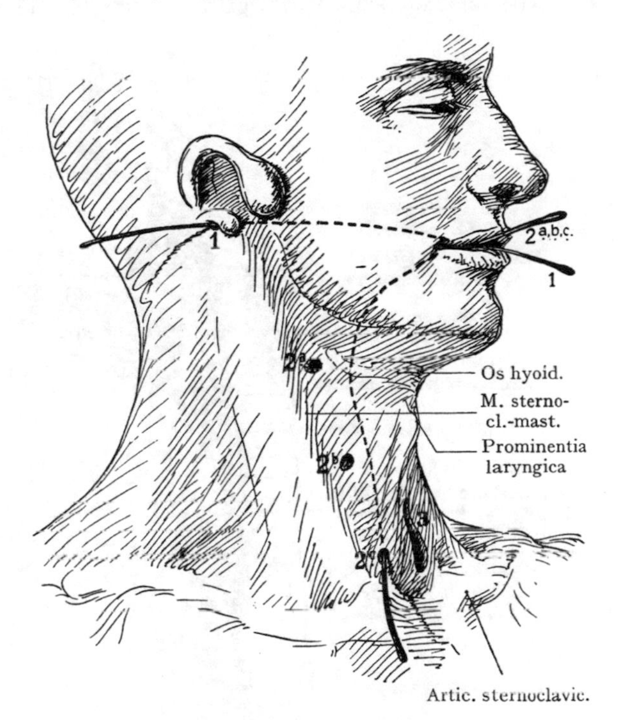

Abb. 189. Schema der äusseren Öffnungen der Halsfisteln.
1 Fistel der ersten Kiemenspalte (R. Virchow in Virchows Archiv XX). 2a 2b 2c: Fisteln der zweiten Kiemenspalte, unter Vermittlung des Sinus cervicalis, vielleicht auch (2c) der dritten Kiemenspalte. 3 Fistula colli mediana, über der Incisura jugularis sterni.

Zu den beiden grossen Gefässstämmen kommen zwei Nervenstämme hinzu, der N. facialis und der N. auriculotemporalis. Der erstere tritt aus dem Foramen stylomastoideum fast unmittelbar in die Gland. parotis ein, verläuft dann annähernd horizontal, aber oberflächlicher werdend nach vorne, um am hinteren Rande des Unterkieferastes nach vorne auf die seitliche Gesichtsregion überzugehen und hier den gleichfalls in die Parotis eingeschlossenen Plexus parotidicus n. facialis zu bilden. Der N. auriculotemporalis aus dem N. mandibularis verläuft im obersten Teile der

[1] A. auricularis posterior. [2] A. V. maxillaris interna. [3] V. jugularis externa.

Regio retromandibularis empor und tritt über den Arcus zygomaticus in die Regio temporalis, wo er in der Gesellschaft der A. und der Vv. temporales superficiales angetroffen wird. Der Nerv ist, wie der Plexus parotidicus, vollständig von der Gland. parotis umschlossen.

Fistelbildungen im Bereich des Halses und deren topographische Beziehungen. In der Regio colli kommen Fistelbildungen vor, welche wegen ihrer praktischen Wichtigkeit eine kurze Beschreibung verdienen. Es sind dies die sog. Halsfisteln. In ihrer Entstehung zurückzuführen auf die Vorgänge, welche bei der Entwicklung und Rückbildung der Kiemenspalten auftreten, durchsetzen sie in ihrer vollendetsten,

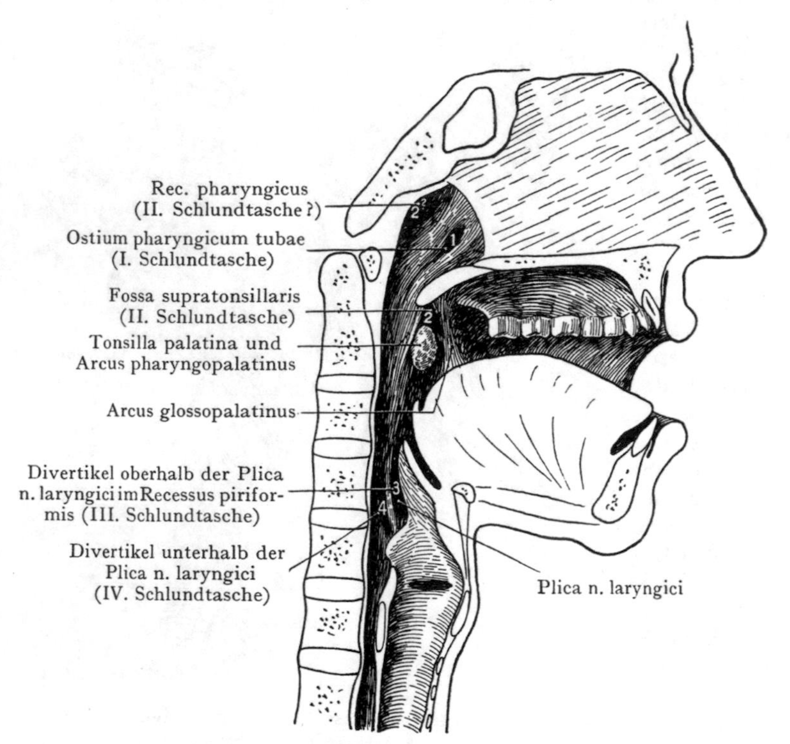

Abb. 190. Laterale Wandung des Pharynx mit Angabe der Stellen, wo Pharynxdivertikel auftreten können, die auf die Persistenz von Schlundspalten und Schlundtaschen zurückzuführen sind. (Schema.)

Mit Benützung der Angaben von K. v. Kostanecki, Zur Kenntnis der Pharynxdivertikel des Menschen, mit besonderer Berücksichtigung der Divertikel im Nasenrachenraum. Virch. Arch. 177, 1889.

allerdings seltensten Form die seitliche Wandung des Halses, um sich in den Pharynx zu öffnen. Solche Spaltbildungen sind in ihren äusseren Öffnungen in Abb. 189, mit ihren inneren Öffnungen in Abb. 190 dargestellt. Die äusseren Öffnungen liegen ohne Ausnahme am vorderen Rande des M. sternocleidomastoideus, vom Meatus acusticus ext. angefangen, bis dicht über dem Brustbein; die inneren Öffnungen an verschiedenen Stellen des Pharynx, die, wie die äusseren Öffnungen, mit der Zahl der betreffenden Schlundspalte bezeichnet sind. In Abb. 189 ist mit 1,1 ein Fall dargestellt, bei welchem eine Fistel der ersten, zur Bildung des Mittelohres und der Tuba pharyngo-tympanica[1] beitragenden Schlundspalte bestand. Mit 2a, 2b, 2c Fisteln der zweiten Schlundspalte, die sich nach aussen am vorderen Rande des M. sternocleidomastoideus, nach innen am Recessus pharyngicus oder in der Fossa supratonsillaris öffnen können. Es ist fraglich, ob durchgängige Fisteln der III. Spalte überhaupt vorkommen.

[1] Tuba auditiva.

Dagegen finden sich nicht selten unvollständige Fisteln, die entweder von aussen, oder von innen ein Stück weit in die Halswandungen vordringen. Solche Ausbuchtungen im Recessus piriformis oberhalb der Plica n. laryngici werden auf die 3., solche unterhalb der Plica auf die 4. Schlundspalte oder Furche zurückgeführt. Unvollständige äussere Fisteln können auch in die beim Überwachsen der Kiemenbogen durch den Proc. opercularis des Hyoidbogens entstehenden Spalt (Sinus cervicalis) hineinführen, der sogar eine Erweiterung erfahren kann. Auf die recht komplizierten embryologischen Verhältnisse einzugehen ist hier nicht der Ort; es sei dafür auf die Lehrbücher der Embryologie verwiesen.

Topographie des Trigonum colli laterale (Regio colli lateralis).

Die Ausdehnung der Gegend ist aus den Muskelbildern (Abb. 153, 154) ersichtlich, wo sie mit violetter Farbe hervorgehoben ist. Vorne wird sie durch den hinteren Rand des M. sternocleidomastoideus abgegrenzt, unten durch die Clavicula, hinten durch eine Linie, welche vom Processus mastoides zum acromialen Ende der Clavicula auf dem M. trapezius gezogen wird. Die Grenzen der Gegend umschliessen ein annähernd gleichschenkliges Dreieck, dessen Basis durch die Clavicula gebildet wird, während die Spitze den hinteren Umfang des Proc. mastoides erreicht. Bei muskulösen Individuen mit dünner Haut und schwach entwickeltem Fettpolster vertieft sich das Trigonum colli laterale nach unten, so dass oberhalb der Clavicula eine, besonders bei Vorwärtsrotation der Scapula um den Brustkorb recht deutliche Grube sichtbar wird. Dieselbe entsteht dadurch, dass die bei den an der Begrenzung des Trigonum colli laterale teilnehmenden Muskeln (Mm. sternocleidomastoideus und trapezius) sich oberflächlicher inserieren, einerseits an der Pars sternalis claviculae und am Manubrium sterni, andererseits an der Pars acromialis claviculae, am Acromion und an der Spina scapulae, während sich die Mm. scaleni, welche eine tiefere Schicht bilden, an der oberen Fläche der ersten und zweiten Rippe inserieren. Zwischen den Ansätzen des M. sternocleidomastoideus und des M. trapezius an der Clavicula fehlt eine oberflächliche Muskelschicht, indem hier die Mm. scaleni bloss durch das subkutane Fett- und Bindegewebe und die Fascia colli superficialis bedeckt werden. Bei mässiger Ausbildung der Fettschicht ist die Grube oberhalb der Clavicula recht deutlich; häufig gelingt es dann, den lateralen Rand des M. sternocleidomastoideus und den medialen Rand des M. trapezius mittelst der Inspektion oder der Palpation nachzuweisen.

Muskulatur des Trigonum colli lat. (Abb. 154). Innerhalb des Rahmens, den der hintere Rand des M. sternocleidomastoideus und der vordere Rand des M. trapezius mit der Clavicula bilden, sind nach Abpräparation der oberflächlichen Gebilde mit der Fascia colli superficialis, von oben nach unten zu sehen die schief verlaufenden Fasern: 1. des M. splenius, 2. des M. levator scapulae, 3. der Mm. scalenus medius und ventralis. Der M. levator scapulae entspringt von den hinteren Höckern der Querfortsätze der vier oberen, der M. scalenus medius von den hinteren Höckern der Querfortsätze aller Halswirbel; der M. scalenus ventralis endlich von den vorderen Höckern der Querfortsätze des III.—VI. Halswirbels. Die Mm. scaleni med. und ventralis begrenzen zusammen eine Rinne (Abb. 155), welche der Austrittstelle der Stämme der Cervicalnerven entspricht und sich kranialwärts zwischen dem M. scalenus medius und den der vorderen Fläche der Querfortsätze und der Wirbelkörper aufgelagerten Mm. longi colli et capitis fortsetzt. Diese Rinne wird abwärts, gegen die Insertion der Mm. scaleni ventralis und medius an der oberen Fläche der ersten Rippe weiter und geht in die Lücke über, welche von den beiden Mm. scaleni und der ersten Rippe begrenzt wird (hintere Scalenuslücke). Diese führt aus dem obersten Teile des Thoraxraumes, wo die Pleurakuppel sich auf den Hals erstreckt, lateralwärts und nach vorne und entspricht da, wo sie von der ersten Rippe begrenzt wird, der Spitze der Achselhöhlenpyramide (s. Axilla). Die letztere steht also hinter der Clavicula mit dem seitlichen Halsdreiecke sowie durch die hintere Scalenuslücke mit dem Thoraxraume in Verbindung. Die Sehne des M. scalenus ventralis begrenzt mit der einwärts von dem Tuberculum scaleni liegenden Strecke der ersten Rippe sowie mit der Clavicula und dem der letzteren unten anliegenden M. subclavius, eine zweite Lücke (vordere Scalenuslücke), durch welche gleichfalls eine Verbindung des Thoraxraumes mit der seitlichen Halsgegend zustande kommt (in Abb. 155 durch den vorderen Pfeil linkerseits angegeben), die lateralwärts in die Spitze der Achselhöhlenpyramide übergeht.

Der M. scalenus ventralis bildet mit der unteren Partie des M. longus colli einen Winkel, dessen Spitze an dem Querfortsatze des VI. Halswirbels liegt (Angulus scalenovertebralis). Derselbe besitzt eine besondere Bedeutung für die tiefgelegenen Gebilde der Region (A. und V. vertebralis, Gangl. cervicale medium et caudale trunci sympathici usw.).

Oberflächliche Gebilde des Trigonum colli laterale (Abb. 162). Die untere Partie der Gegend wird noch von dem Platysma bedeckt. Von den oberflächlichen Gefässen und Nerven, welche das Platysma, resp. die Fascia superficialis und das Platysma, durchbohren, um sich an die Haut und das subkutane Gewebe zu verbreiten, ist zu nennen die Vena jugularis superficialis dorsalis[1], welche (Abb. 162) senkrecht auf dem M. sternocleidomastoideus abwärts verläuft und im Winkel, welchen der hintere Rand dieses Muskels mit der Clavicula bildet, in die Tiefe zur Einmündung in die Vena subclavia gelangt. Die Hautnerven aus dem Plexus cervicalis treten in der halben Höhe des M. sternocleidomastoideus an die Oberfläche und gehen teils abwärts als Nn. supraclaviculares, teils aufwärts als N. occipitalis minor und N. auricularis magnus.

Die Fascia colli superficialis setzt sich (Abb. 151) von dem hinteren Rande des M. sternocleidomastoideus, nach Umscheidung dieses Muskels, auf das Trigonum colli laterale fort, um, am vorderen Rande des M. trapezius angelangt, eine Scheide für den Muskel zu liefern. Nach unten geht die Fascie auf die Brustgegend als Fascia pectoralis superficialis weiter.

Nach Entfernung der Fascia colli superficialis bieten sich verschiedene Verhältnisse dar, je nachdem man die obere oder die untere Partie des Trigonum colli laterale ins Auge fasst. Der untere Bauch des M. omohyoideus, an welchen sich die Fascia colli media ansetzt (Abb. 162), durchzieht schräg den untersten Teil des Trigonum colli laterale, indem er mit dem lateralen Rande des M. sternocleidomastoideus und mit der Clavicula zusammen ein Dreieck bildet, welches als T r i g o n u m o m o c l a v i c u l a r e (Fossa supraclavicularis major) bezeichnet wird. Hier kann man unterhalb des Omohyoideus-Bauches, aber oberhalb der Clavicula, auf die grossen Gefässe eindringen, welche aus dem Thoraxraume durch die vordere und hintere Scalenuslücke in die Spitze der Achselhöhlenpyramide eintreten (A. und V. subclavia). Die mittlere Halsfascie, bedeutend stärker als die oberflächliche, wird von der letzteren durch lockeres Zellgewebe getrennt.

Die oberflächliche und die tiefe Halsfascie schliessen zusammen einen grossen Bindegewebsraum nach aussen ab, welcher oben bis zur Spitze des Trigonum colli laterale hinter dem Processus mastoides hinaufreicht, medianwärts mit dem grossen vorderen Bindegewebsraume des Halses, in welchem der Gefässnervenstrang eingebettet ist, zusammenhängt, und abwärts, an der hinteren Scalenuslücke mit dem Bindegewebsraum der Achselhöhle sowie unter der Clavicula mit dem Bindegewebsspalt zwischen den Mm. pectoralis maj. und minor in Verbindung steht. Der Boden dieses Bindegewebsraumes wird durch die oben aufgezählten Muskeln gebildet, von denen die Mm. scaleni ventralis und med., höher oben der M. scalenus med. und die Mm. longi colli et

[1] V. jugularis externa.

capitis, die abwärts breiter werdende Rinne begrenzen, in welcher sich die Stämme der Nn. cervicales zum Plexus cervicalis und zum Plexus brachialis vereinigen. Nach unten, gegen den oberen Rand der Clavicula, wird die Loge nicht bloss weiter, sondern auch tiefer.

Die schematische Abb. 151 zeigt die Loge etwa in der Höhe des V. Halswirbels. Hinten wird dieselbe hier durch den M. scalenus med. abgegrenzt, welcher von

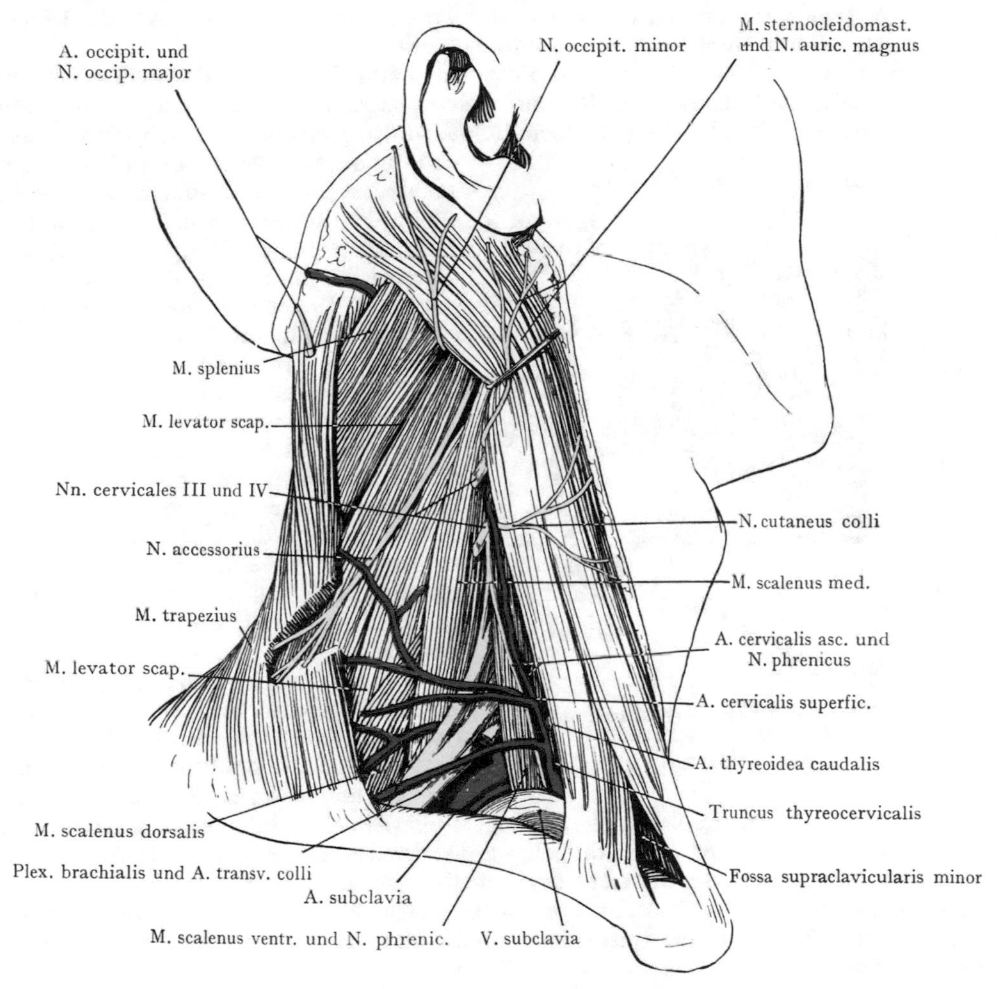

Abb. 191. Topographie des Trigonum colli laterale.

den hinteren Höckern der Querfortsätze entspringt, vorne durch den M. scalenus ventralis (von den vorderen Höckern entspringend). In der Rinne zwischen beiden Muskeln gelangen die Stämme des Plexus brachialis in den Raum. Nach aussen schliesst die zwischen den Mm. sternocleidomastoideus und trapezius ausgespannte Fascia colli superficialis den Raum ab. Die Verbindung nach vorne mit dem grossen durch den M. sternocleidomastoideus bedeckten Bindegewebsraum des Halses ist eine weite, ebenso die Verbindung nach hinten mit dem Bindegewebsraume unter dem M. trapezius, welcher in die Nackenregion fällt.

Der Abschluss des Raumes nach unten ist, wie gesagt, kein vollständiger. Er entspricht einerseits der Ebene des oberen Thoraxeinganges, welche durch das erste Rippenpaar und die Incisura jugularis sterni durchgelegt wird und schief abwärts und nach vorne verläuft. Hier erhebt sich von unten her die Pleurakuppel und kommt, wenn wir an der äusseren Abgrenzung des Halses von der Brust am oberen Rand der Clavicula festhalten, in den Bereich des Halses zu liegen. Nach vorne und abwärts geht der Raum teils in den Bindegewebsraum der Achselhöhle über, teils in den durch den M. pectoralis major und die Fascie der Mm. intercostales ext. sowie die Rippen abgegrenzten Bindegewebsspalt der Regio pectoris.

Subfasciale Gebilde in dem Trigonum colli laterale. Die weitaus grössere von den beiden Abteilungen der Region, welche oberhalb des unteren Omohyoideus-Bauches liegt, enthält als wichtigste Gebilde die in der Scalenusrinne zum Plexus cervicalis und zum Plexus brachialis zusammentretenden Nervenstämme. Das kleine, durch den hinteren Rand des M. sternocleidomastoideus, die Clavicula und den unteren Bauch des M. omohyoideus abgegrenzte Dreieck entspricht denjenigen Strecken der A. und V. subclavia, welche lateral von den beiden Scalenuslücken zusammentreffen und in die Spitze der Achselhöhlenpyramide eintreten. Die den Plexus brachialis bildenden Nervenstämme gelangen von oben her an den hinteren und lateralen Umfang der Arterie und treten mit derselben in die Achselhöhlenpyramide ein, um sich hier zu den drei Fasciculi des Plexus brachialis zu vereinigen (F. ulnaris, radialis et dorsalis).

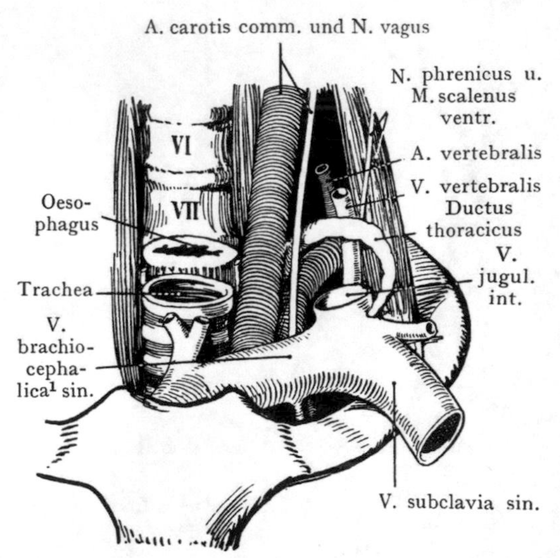

Abb. 192. Einmündung des Ductus thoracicus in den Angulus venosus sin. Nach Poirier.

Lage und Beziehungen der Arteria subclavia. Die A. subclavia entspringt (s. Brust) rechterseits aus dem Truncus brachiocephalicus[1], linkerseits aus dem Aortenbogen, so dass also die erste Strecke der Arterie innerhalb des Thorax liegt; beide Arterien bilden einen aufwärts konvexen, der Wölbung der Pleurakuppel entsprechenden Bogen, an welchen wir drei Abschnitte unterscheiden. Der erste liegt medial von der hinteren Scalenuslücke, der zweite innerhalb der Scalenuslücke, der dritte nach dem Austritt aus der Scalenuslücke bis zum Eintritt in die Spitze der Achselhöhlenpyramide, am unteren Rande der ersten Rippe.

Der Bogen der A. subclavia ist kurz, doch ist die Zahl der aus ihr entspringenden Äste eine so grosse, dass auf kleinem Raume eine bedeutende Komplikation entsteht. Die Äste entspringen fast ausnahmslos aus den beiden ersten Strecken des Stammes, und zwar werden in der Regel acht aufgeführt, von denen die A. vertebralis und cervicalis profunda sowie der Truncus thyreocervicalis nach oben, die Aa. intercostalis suprema und thoracica int.[2] nach unten, die Aa. transversa colli und suprascapularis[3] lateralwärts verlaufen. Die beiden letztgenannten sind es, welche sich, zusammen mit Ästen der A. cervicalis profunda, unter der Fascia colli media in dem Trigonum colli laterale verbreiten. Ihr Ursprung aus der A. subclavia ist recht variabel, so können die Aa. suprascapularis[3] und transversa colli vor oder nach dem Durchtritt durch die hintere Scalenuslücke aus dem Bogen der A. subclavia entspringen, nicht selten mit einem

[1] A. V. anonyma. [2] A. mammaria interna. [3] A. transversa scapulae.

gemeinsamen Stamme, von dem sich auch die A. thyreoidea caudalis abzweigen kann. In Abb. 191 ist ein Präparat dargestellt, in welchem ein grosser Ast gerade medial von der Scalenuslücke aus der A. subclavia entspringt, um sich alsbald in eine A. thyreoidea caudalis, eine A. cervicalis ascendens und einen dritten Ast zu teilen, welcher vor dem M. scalenus ventralis lateralwärts verläuft und einen Teil des Verbreitungsgebietes der A. suprascapularis[1] übernimmt. Die A. suprascapularis[1] entspringt hier aus einem

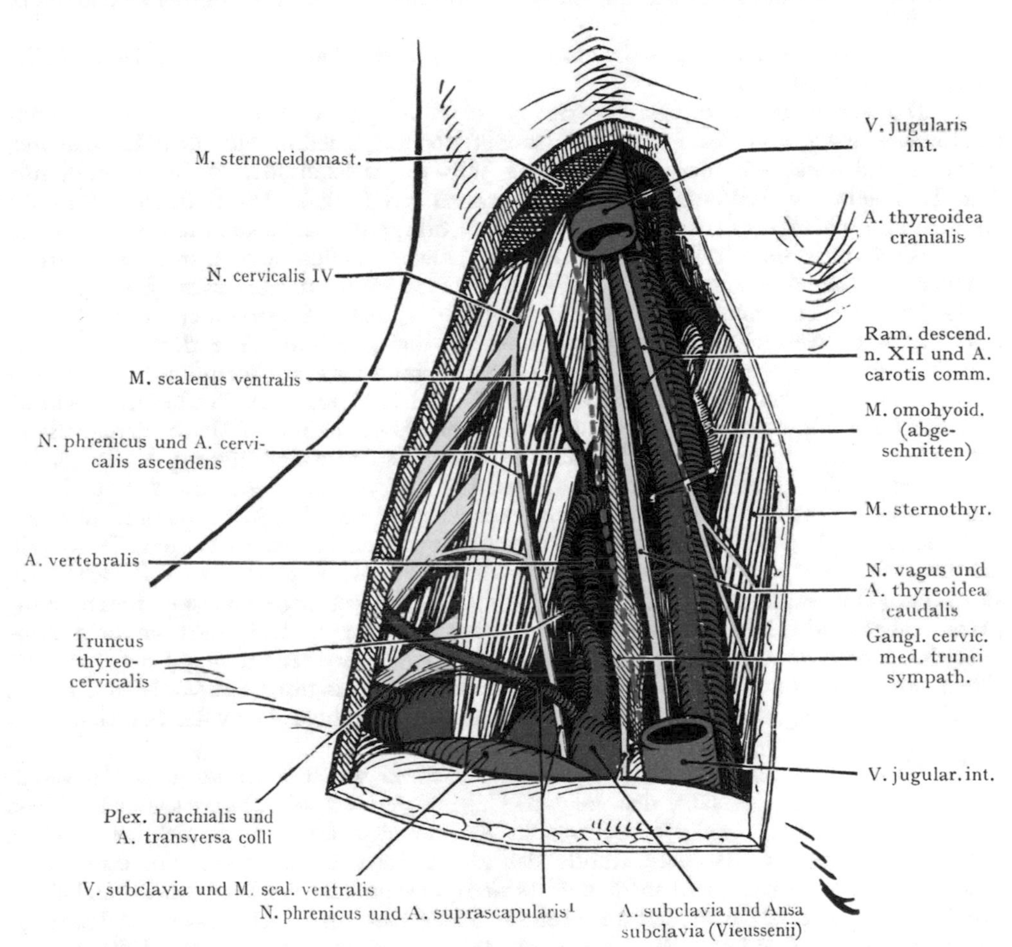

Abb. 193. Seitliches Halsdreieck, nach Entfernung des M. sternocleidomastoideus und des M. omohyoideus. Die A. transv. colli geht nicht durch den Plexus brachialis.

mit der A. cervicalis ascendens gemeinsamen Stamme; in der Regel entspringt die eigentliche A. transversa colli aus der A. subclavia diesseits oder jenseits der Scalenuslücke und geht (ein sehr häufiger Befund) zwischen den zum Plexus brachialis sich vereinigenden Ästen der Cervicalnerven hindurch lateralwärts, um unter den M. trapezius zu treten und sich in einen Ramus ascendens und descendens zu teilen, die der Nackenregion und dem Rücken angehören und sich an die oberflächlichen Rückenmuskeln verzweigen. Die A. suprascapularis[1] liegt (Abb. 191) der Clavicula näher als die A. transversa colli und verläuft, häufig von der Clavicula bedeckt, lateralwärts, indem sie Äste an das Rete acromiale abgibt, welche mit Ästen aus der A. thoraco-

[1] A. transversa scapulae.

acromialis (A. axillaris) anastomosieren; sodann gelangt sie über dem Lig. transversum scapulae an der Incisura scapulae (der N. suprascapularis liegt unter dem Ligament) in die Fossa supra und infra spinam, wo sie mit Ästen der Aa. circumflexa scapulae und transversa colli anastomosiert. Es kommt ihr auf diese Weise eine Rolle für die Herstellung des Collateralkreislaufs nach Unterbindung der A. axillaris zu. Die A. suprascapularis wird, besonders wenn sie medial von der Scalenuslücke entspringt, bei der lateral von dem M. scalenus ventralis ausgeführten Aufsuchung der A. subclavia angetroffen.

Beziehungen der A. subclavia: Sie sind verschieden, je nach der Strecke, welche wir untersuchen.

Die erste Strecke der Arterie liegt (Abb. 193) von dem M. sternocleidomastoideus sowie von der Fascia colli media bedeckt, medial von dem M. scalenus ventralis und entspricht der Öffnung jenes Winkels, welchen der M. longus colli mit dem M. scalenus ventralis bildet (Angulus scalenovertebralis). Die Spitze des Winkels liegt am Proc. costotransversarius[1] des VI. Halswirbels; gegen denselben hinauf ziehen die A. vertebralis und die A. thyreoidea caudalis, welche medial von dem M. scalenus ventralis aus der A. subclavia entspringen. Die A. subclavia wird auf der ersten Strecke ihres Verlaufes teilweise durch die V. subclavia bedeckt, deren Bogen oberflächlicher und zugleich etwas weiter abwärts liegt, so dass er zum grössten Teile durch die Clavicula von vorne her überlagert wird. Die Vene wird erst bei starker Anfüllung mit Blut die Konkavität des Bogens der A. subclavia bedecken. Die V. jugularis int. bedeckt rechterseits den Ursprung der Arterie aus dem Truncus brachiocephalicus[2]. Der vordere Umfang der ersten Strecke der Arterie wird (Abb. 193 und die spätere Schilderung des Trigonum scalenovertebrale) von drei Nerven gekreuzt; am weitesten medial von dem N. vagus, welcher zwischen der A. carotis comm. und der V. jugularis int. abwärts verlaufend die A. subclavia erreicht und rechterseits den N. recurrens um die Arterie herum nach oben abgibt. Etwas weiter lateral wird die Arterie durch die als Ansa subclavia (Vieussenii) bezeichnete, von dem Ganglion cervicale caudale trunci sympathici abgehende Nervenschlinge umfasst. Noch weiter lateral, hart an dem Eintritt der Arterie in die hintere Scalenuslücke, verläuft der senkrecht auf der vorderen Fläche des M. scalenus ventralis herabziehende N. phrenicus über den vorderen Umfang der Arterie hinweg, um sich zwischen der A. und V. subclavia in die Brusthöhle zu begeben.

Vorne wird die erste Strecke der A. subclavia von der Haut, dem Platysma, der Fascia colli superficialis, den beiden Ursprüngen des M. sternocleidomastoideus und der Fascia colli media bedeckt. Die Arterie liegt hier in beträchtlicher Tiefe und ist entweder vom lateralen Rande des M. sternocleidomastoideus aus erreichbar, indem man diesen Muskel stark medianwärts zieht, oder auch in der Lücke zwischen beiden Portionen des Muskels, allerdings an letzterer Stelle bloss in beschränkter Ausdehnung. In jedem Falle ist auf die drei Nerven zu achten, welche den vorderen Umfang der Arterie kreuzen, sowie auf die nach oben abgehenden Äste (Aa. vertebralis und thyreoidea caudalis) und auf die Aa. transversa colli und suprascapularis[3], welche häufig aus dieser ersten Strecke der A. subclavia entspringen. Auch dürfen die beiden abwärts verlaufenden Äste, die Aa. thoracica int.[4] und intercostalis suprema, von denen die letztere häufig als Truncus costocervicalis mit der A. cervicalis profunda gemeinsam entspringt, nicht ausser acht gelassen werden.

Die zweite Strecke der A. subclavia liegt zwischen den Mm. scalenus ventralis und medius in der hinteren Scalenuslücke; hier liegt die Arterie der oberen Fläche der ersten Rippe auf, vorne wird sie durch den M. scalenus ventralis von der V. subclavia getrennt. Nach hinten und oben schliessen sich die in der Furche zwischen den Mm. scalenus ventralis und medius zum Vorschein kommenden ventralen Äste der Cervicalnerven an, welche sich lateral von der dritten Strecke der Arterie zum Plexus

[1] Processus transversus. [2] A. anonyma. [3] A. transversa scapulae.
[4] A. mammaria interna.

brachialis vereinigen. Der N. phrenicus, welcher sich aus dem III. und IV. Cervicalnerven zusammensetzt (indem er manchmal noch einige Fasern aus dem N. cervic. V bezieht), verläuft senkrecht auf dem M. scalenus ventralis nach unten und kreuzt die A. subclavia unmittelbar vor ihrem Eintritte in die hintere Scalenuslücke. An dem in Abb. 193 dargestellten Präparate wird die äussere Fläche des M. scalenus ventralis, gerade oberhalb des Bogens der A. subclavia, von der A. suprascapularis gekreuzt.

Die dritte Strecke der A. subclavia reicht von ihrem Austritte aus der hinteren Scalenuslücke bis zu ihrem Eintritte in die Spitze der Achselhöhlenpyramide. Hier liegt die Arterie in der Fossa supraclavicularis major, oberflächlicher als in den beiden ersten Strecken ihres Verlaufes, so dass sie hier relativ leicht aufzusuchen ist. Sie liegt der oberen Fläche der ersten Rippe auf, unmittelbar lateral von dem Tuberculum m. scaleni, an welchem sich der M. scalenus ventralis inseriert. Dorsal und lateral legen sich die derben Stränge des Plexus brachialis der Arterie an, mit welcher sie in die Spitze der Achselhöhlenpyramide eintreten. Vorne wird die Arterie teilweise von der V. subclavia bedeckt, welche weiter abwärts durch die vordere Scalenuslücke zwischen dem M. scalenus ventralis und der Clavicula hindurchtritt (Abb. 191). Vor der Arterie liegt sehr häufig die A. suprascapularis[1], besonders wenn dieselbe aus der ersten Strecke der A. subclavia oder aus einem mit der A. thyreoidea caudalis gemeinsamen Stamme entspringt. Die V. jugularis superficialis dorsalis[2] kann bei ihrer Umbiegung in die Tiefe, in dem Winkel, den die Clavicula mit dem hinteren Rand des M. sternocleidomastoideus bildet, bis dicht an die Arterie herankommen (Abb. 185). Ferner wird die Arterie durch den unteren Bauch des M. omohyoideus gekreuzt und bedeckt durch die Fascia colli media, die Fascia colli superficialis und das subkutane Fett- und Bindegewebe. In Abb. 185 ist die Arterie im Trigonum colli laterale durch einen Fensterschnitt aufgesucht und in ihren topographischen Beziehungen dargestellt worden.

Vena subclavia. Über den Verlauf und die Beziehungen der V. subclavia ist das Wichtigste schon gesagt worden. Ihre Vereinigung mit der V. jugularis int. zur Bildung der V. brachiocephalica[3] erfolgt hinter dem Sternoclaviculargelenke. Der Verlauf der V. subclavia ist fast transversal; sie stellt die Sehne des Bogens dar, den die A. subclavia beschreibt und liegt dieser vorne und abwärts an, indem bloss der M. scalenus ventralis die Vene von der zweiten in der hinteren Scalenuslücke liegenden Strecke der Arterie trennt. Die Vene tritt bei ihrem Verlaufe lateralwärts durch die vordere Scalenuslücke, welche durch den M. scalenus ventralis, die erste Rippe und die untere Fläche der Clavicula mit dem M. subclavius gebildet wird; dabei hängt die Wandung der Vene mit der aponeurotischen Fascia colli media, welche sich an der Clavicula festsetzt, zusammen, so dass die Vene, aber nicht die Arterie, eine Fixation an diesen Knochen erhält. Die Verbindung mit der Fascia colli media hat wohl eine gewisse Bedeutung für die venöse Zirkulation am Halse; auch wird die Vene durch die Fixation ihrer Wandung beim Anschneiden klaffend erhalten.

Lymphgefässe und Lymphdrüsen. Rechterseits wie linkerseits münden grosse Lymphstämme in die V. subclavia. Rechterseits ist es der Truncus bronchomediastinalis, welcher die Lymphgefässe der rechten hinteren Thoraxwandung sammelt und durch den Tr. lymphaceus dexter in den Angulus venosus dexter abführt, linkerseits der Ductus thoracicus, welcher (s. Thorax), der Wirbelsäule angeschlossen, bis zur Höhe des VII. Halswirbelkörpers verläuft, dann im Bogen nach vorne über die erste Strecke der A. subclavia hinweggeht, um in den Angulus venosus (Vereinigung der V. subclavia sin. und der V. jugularis interna) oder in die V. subclavia sin. einzumünden (Abb. 192). Der Ductus thoracicus gehört also zu denjenigen Gebilden, welche, wie der N. vagus, die Ansa subclavia (Vieussenii) und der N. phrenicus zu dem vorderen Umfange der ersten Strecke der A. subclavia in Beziehung treten.

In den Angulus venosus oder in die V. subclavia münden beiderseits noch ein: der Truncus jugularis, welcher die Lymphe von den längs der V. jugularis angeord-

---

[1] A. transversa scapulae. [2] V. jugularis externa. [3] V. anonyma.

neten Lymphonodi cervicales prof. sammelt und der Truncus subclavius, welcher von den Lymphonodi axillares Abflüsse erhält und, der V. subclavia angeschlossen, aufwärts verläuft. Sowohl der Truncus jugularis als der Truncus subclavius verbinden sich mit Lymphdrüsen, welche in dem lockeren Bindegewebe der Region unter der Fascia colli media, auch zwischen der letzteren und der Fascia superficialis liegen (Lymphonodi cervicales prof. caudales[1]). Für die Rolle, welche diese Drüsen bei Carcinom der Mamma für die Weiterverbreitung der bösartigen Neubildung spielen können, siehe die Lymphgefässe und die regionären Lymphdrüsen der Mamma!

Nerven. Es kommen in Betracht: der N. phrenicus (aus dem III., IV. und V. Cervicalnerven, hauptsächlich aus dem IV.) und die Stämme des Plexus brachialis.

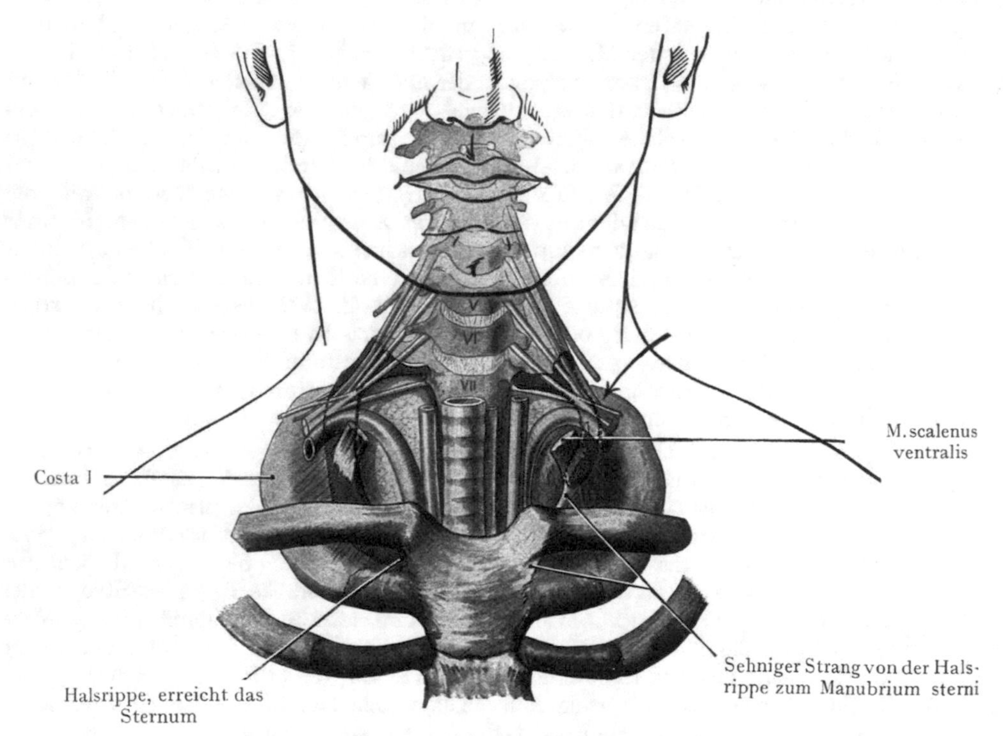

Abb. 194. Topographie der Halsrippen (rot).
Kombiniert nach Abbildungen von Luschka (Denkschr. d. math.-phys. Kl. der Akad. d. Wiss. zu Wien XVI, 1859) und W. Gruber (Mém. de l'Acad. imp. des Sciences de St. Pétersbourg, VII. Serie. T. XIII, 1869). Der Pfeil gibt die Richtung des auf den Plexus brachialis wirkenden Druckes an.

Der N. phrenicus verläuft auf der vorderen Fläche des M. scalenus ventralis abwärts. Da der Verlauf des Nerven annähernd ein senkrechter, derjenige der Muskelfasern dagegen ein schräg abwärts und lateralwärts gerichteter ist, so muss der Nerv, dessen Fasern sich in der durch die Mm. scalenus ventralis und medius gebildeten Rinne von den Cervicalnerven abzweigen, allmählich an den medialen Rand des M. scalenus ventralis gelangen und wird hier die A. subclavia vor ihrem Eintritte in die hintere Scalenuslücke kreuzen (Abb. 193), indem er zwischen A. und V. subclavia in den Thoraxraum eintritt (s. Brust).

Die Rami ventrales der vier letzten Cervicalnerven und des ersten Thorakalnerven bilden den Plexus brachialis. Die Stämme treten aus den Foramina intervertebralia in die durch die Mm. scalenus ant. und medius gebildete Rinne, in welcher sie

[1] Lgl. supraclaviculares.

abwärts gegen den lateralen Umfang der A. subclavia, gleich nach dem Austritt derselben aus der hinteren Scalenuslücke verlaufen. Die Stämme des Plexus vereinigen sich noch oberhalb der Clavicula zu drei grösseren Strängen (Fasciculi), einem radialen (er setzt sich aus den Nn. cervicales V, VI, VII zusammen), einem ulnaren (aus dem N. cervicalis VIII und Th. I) und einem dorsalen Strange (er setzt sich aus allen in die Bildung des Plexus eingehenden Nervenstämmen zusammen). Die Bezeichnung der drei Fasciculi bezieht sich auf ihre Lage zur Arterie, dort wo dieselbe in die Spitze der Achselhöhlenpyramide eintritt, indem die dritte Strecke der A. subclavia bloss mit ihrem lateralen und hinteren Umfange zu den Stämmen des Plexus brachialis Beziehungen eingeht; hinter der Arterie liegen die Stämme des VIII. Cervical- und des ersten Thorakalnerven. Von einem Einschluss der Arterie durch die sekundären Stränge des Plexus kann also hier nicht die Rede sein.

Topographie der Halsrippen. Nicht allzu selten wird durch das Auftreten von Halsrippen das Verhalten der A. subclavia und des Plexus brachialis beeinflusst. Halsrippen gehen von dem VII. Halswirbel aus und können in sehr verschiedener Weise ausgebildet sein. Recht häufig finden wir Rippenrudimente, die sich von dem VII. Halswirbel ganz selbständig gemacht haben, aber durch ihre geringe Länge auffallen (2—2,5 cm). Ferner kommen Halsrippen vor, welche eine grössere Länge besitzen, ohne jedoch das Brustbein zu erreichen. Beträgt ihre Länge mehr als 5,5 cm, so verläuft die A. subclavia mit dem Plexus brachialis über der Rippe; diese kann frei endigen, oder sich auch fibrös oder knorplig mit der ersten (Thorakal-) Rippe verbinden. Oder es kann eine fibröse Verbindung mit dem Sternum stattfinden, oberhalb des Ansatzes der ersten (Thorakal-) Rippe; das sehen wir in Abb. 194 links. Sodann kommen, allerdings am seltensten, Halsrippen vor, welche sich bis zum Brustbein erstrecken und eine knorpelige Verbindung mit demselben eingehen (Abb. 194 rechts).

Die Bedeutung der Halsrippen, insofern sie eine Länge von mehr als 5,5 cm aufweisen, besteht darin, dass der Bogen der A. subclavia sowie die Pleurakuppel weiter in die Halsregion hinaufgerückt werden und damit auch oberflächlicher zu liegen kommen, und dass der Plexus brachialis über die Halsrippe verläuft und leicht durch den Druck von auf der Schulter getragenen Lasten (Gewehr beim Militär usw.) verletzt werden kann. Diese Verhältnisse können sogar zum chirurgischen Eingriffe auffordern.

Oberer Teil des Trigonum colli laterale. Derselbe ist (Abb. 191) im Vergleiche mit dem unteren Abschnitte an wichtigen Gebilden arm. Oberflächlich, d. h. ausserhalb der Fascia colli superficialis, welche die ganze Gegend überzieht, haben wir bloss einige Hautvenen (Abb. 162), sowie die Hautnerven des Plexus cervicalis, welche ungefähr in der Mitte des hinteren Sternocleidomastoideus-Randes die Fascie durchbohren und sich nach vorne zur vorderen Halsregion (Rami craniales et caudales n. cutanei colli), nach oben (Nn. auricularis magnus und occipitalis minor) und nach unten (Nn. supraclaviculares) verbreiten. Nach Entfernung der oberflächlichen Gebilde samt der Fascia colli superficialis erhalten wir das in Abb. 191 dargestellte Bild. Die Gegend wird vorne durch den M. sternocleidomastoideus, hinten durch den M. trapezius abgegrenzt. Beide Muskeln konvergieren kranialwärts gegen den hinteren Umfang des Processus mastoides. Nach unten wird die Gegend durch den unteren Bauch des M. omohyoideus zu einem Dreiecke ergänzt (Abb. 162). In dem so gebotenen Rahmen liegen als zweite Schicht die Mm. splenius, levator scapulae und scalenus medius.

Nach Abtragung der Fascie finden wir Äste der A. cervicalis ascendens (aus dem Truncus thyreocervicalis) und der A. transversa colli. Die Äste des Plexus cervicalis, welche zu den Muskeln verlaufen, erfordern keine besondere Besprechung; sie versorgen die Mm. scalenus ventralis und med., die Mm. longi colli et capitis sowie einen Teil des M. levator scapulae. Bei Operationen in der Gegend ist jedoch der Verlauf des N. accessorius stets im Auge zu behalten; sein Ramus lateralis[1] (der Ramus med.[2] geht

[1] R. externus. [2] R. internus.

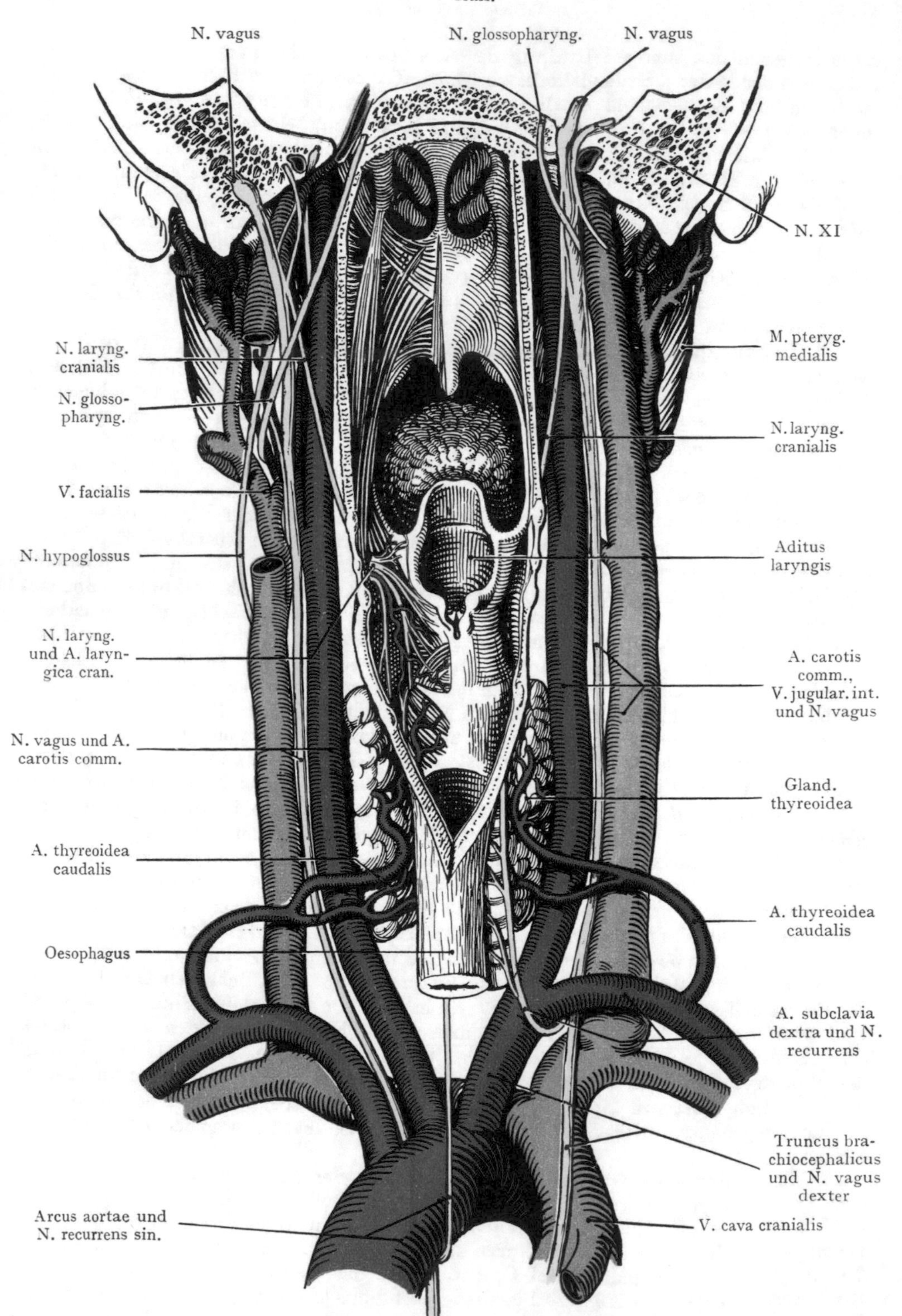

Abb. 195. Beziehungen zwischen dem von hinten eröffneten Pharynx und den grossen Gefässstämmen des Halses. Nach Luschka.

gleich nach dem Austritt des Nerven aus dem Foramen jugulare in das Ganglion nodosum n. vagi ein), verläuft (Abb. 159) hinter der V. jugularis int. zur medialen Fläche des M. sternocleidomastoideus, gibt an denselben einen Ast ab und durchbohrt häufig den Muskel, um ziemlich hoch oben am hinteren Rande desselben in das Trigonum colli laterale einzutreten. Er erhält Verbindungen von dem III.—IV. Cervicalnerven und durchsetzt das Trigonum, indem er schräg abwärts und nach hinten zum vorderen Rande des M. trapezius verläuft und sich von der tiefen Fläche des Muskels aus in demselben verbreitet.

Zu erwähnen wären noch im Trigonum colli laterale Lymphdrüsen und Lymphgefässe, welche ihren Abfluss zu den längs der V. jugularis int. angeordneten Lymphonodi cervicales prof. finden.

Trigonum scalenovertebrale (Trigonum subclaviae von Waldeyer). Die Abb. 155 stellt die Halswirbelsäule von vorne dar mit den Mm. longi colli und capitis, den Mm. scaleni und den beiden ersten Rippen. Rechterseits ist die Clavicula abgetragen worden, die Wölbung der Pleurakuppel ist dargestellt; linkerseits wurde die Pleurakuppel entfernt, dagegen die Clavicula in ihrer Verbindung mit dem Manubrium sterni belassen. Die Scalenuslücken sind mittelst Pfeilen angegeben; ein Pfeil führt parallel mit dem Verlaufe des M. scalenus ventralis abwärts und gibt die Rinne zwischen den Mm. scalenus ventralis und medius an.

Der M. scalenus ventralis bildet mit der unteren Portion des M. longus colli einen abwärts offenen Winkel, welcher durch einen Pfeil angedeutet ist. Die Spitze des Winkels liegt an dem vorderen Höcker des VI. Halswirbelquerfortsatzes, dort, wo die unterste Zacke des M. scalenus ventralis entspringt (Angulus scalenovertebralis), er wird durch die Pleurakuppel zu einem Dreiecke (Trigonum scalenovertebrale) ergänzt.

Die Unterscheidung dieser Gegend ist deshalb berechtigt, weil sie eine Anzahl von tiefliegenden Gebilden aufnimmt, welche in typischer Anordnung angetroffen werden (Abb. 193). Sie wird durch die Fascia colli media sowie durch den untersten Teil des M. sternocleidomastoideus bedeckt. Die Basis des Dreieckes entspricht der Pleurakuppel oder der ersten Strecke der A. subclavia, welche über die Pleurakuppel zum Eintritte in die hintere Scalenuslücke verläuft. Die im Dreieck liegenden Gebilde sind 1. die A. vertebralis, von ihrem Ursprunge aus der A. subclavia bis zu ihrem Eintritt in das Foramen costotransversarium[1] des VI. Halswirbels, 2. die Pars cervicalis trunci sympathici mit dem Ganglion cervicale medium und caudale, 3. die A. thyreoidea caudalis, welche, oberflächlich zur A. vertebralis eine oder auch zwei Biegungen bildet und nach oben und medianwärts verläuft, um die A. carotis communis und die V. jugularis int. dorsal zu kreuzen, die Glandula thyreoidea zu erreichen und sich an die hintere Fläche derselben zu verbreiten (s. Gland. thyreoidea).

Diese Gebilde werden von vorne durch die V. jugularis int. (Abb. 193 abgetragen) überlagert, zum Teil auch durch die A. carotis communis, den N. vagus und den M. omohyoideus.

Nach Entfernung der V. jugularis int. sowie des unteren Bauches des M. omohyoideus, stellen sich die Gebilde der Gegend wie in Abb. 193 dar, nur sind die Tiefendimensionen auf der Abbildung nicht ganz der Wirklichkeit entsprechend wiedergegeben. Die A. vertebralis geht senkrecht von ihrem Ursprunge aus der A. subclavia zum Foramen costotransversarium[1] des VI. Halswirbels empor, begleitet von einer V. vertebralis, welche sie gewöhnlich von vorne bedeckt und bei der Aufsuchung der Arterie erst isoliert werden muss, bevor man die letztere erreicht. Man kann sowohl von dem medialen als von dem lateralen Rande des M. sternocleidomastoideus aus auf die Arterie vordringen, indem man den überlagernden Gefässnervenstrang (A. carotis comm., V. jugularis int. und N. vagus) entweder median oder lateralwärts abzieht. Medial von der Arterie liegt der Grenzstrang des Sympathicus mit den beiden unteren Cervicalganglien, oberflächlich zur A. vertebralis der Bogen der

[1] Foramen transversarium.

A. thyreoidea caudalis, welcher die A. vertebralis auf dem in Abb. 193 abgebildeten Präparate zweimal kreuzt.

Der Grenzstrang des Sympathicus verläuft am Halse auf der Fascia praevertebralis (Fascia colli profunda) oder, richtiger gesagt, mittelst oberflächlicher Fascienzüge in dieselbe eingeschlossen, abwärts, und zwar medial von den vorderen Höckern der Proc. costotransversarii auf den Mm. longi colli et capitis. Der Grenzstrang lässt sich also leicht von den in einer gemeinsamen Scheide eingeschlossenen grossen Gefässstämmen trennen, auch ist eine Verwechslung mit dem N. vagus so gut wie ausgeschlossen, wenn man sich daran erinnert, dass der letztere in engem Anschlusse an die V. jugularis int. und die A. carotis comm. verläuft.

Der sympathische Grenzstrang kreuzt oberflächlich die A. thyreoidea caudalis, längs welcher er Äste zur Glandula thyreoidea abgibt. Häufig liegt in dieser Höhe das Ganglion cervicale medium (es fehlte bei dem in Abb. 193 abgebildeten Präparate). Das Ganglion cervicale caudale liegt bedeutend tiefer, vor dem Halse der ersten Rippe im Anschluss an die Pars costovertebralis pleurae; von demselben geht vorne die Ansa subclavia (Vieussenii) ab, welche die A. subclavia umschlingt und sich wieder mit dem Grenzstrang vereinigt. In Abb. 193 ist die tiefe Lage der beiden Ganglien nicht genügend zum Ausdruck gekommen.

Horizontalschnitte durch den Hals (Abb. 196—198). Der erste Horizontalschnitt (Abb. 196) ist in der Höhe des VI. Halswirbels durchgeführt. In der dorsalen Hälfte des Schnittes fällt die massige Entwicklung der Nackenmuskulatur auf, sowie die geringe Grösse der durchschnittenen Blutgefässe. In dem Raume zwischen dem hinteren Rande des M. sternocleidomastoideus und dem vorderen Rande des M. trapezius liegt der Querschnitt des N. accessorius. Der Kehlkopf ist gerade unterhalb der Rima glottidis getroffen; ventral in ihrer ganzen Breite die Cartilago thyreoides; der hintere Abschluss wird von der Lamina cartilaginis cricoidis gebildet. Die Pars laryngica pharyngis bildet einen quergestellten Spalt, welcher bloss durch die Fascia praevertebralis (Fascia colli profunda) von dem die vordere Fläche der Halswirbelkörper bedeckenden M. longus colli getrennt wird. Die Mm. scalenus ventralis und med. sind getroffen; sie bilden eine Rinne, in welcher die Rami ventrales der Nn. cervicales liegen. Die Querschnitte der vorderen langen Halsmuskeln (Mm. sternohyoideus, sternothyreoideus, omohyoideus) bedecken vorne die Cartilago thyreoides; hinten schliesst sich der M. sternocleidomastoideus an, als oberflächliche Schicht wird das Platysma angetroffen. In dem durch den M. sternocleidomastoideus bedeckten Bindegewebsraume des Halses liegt

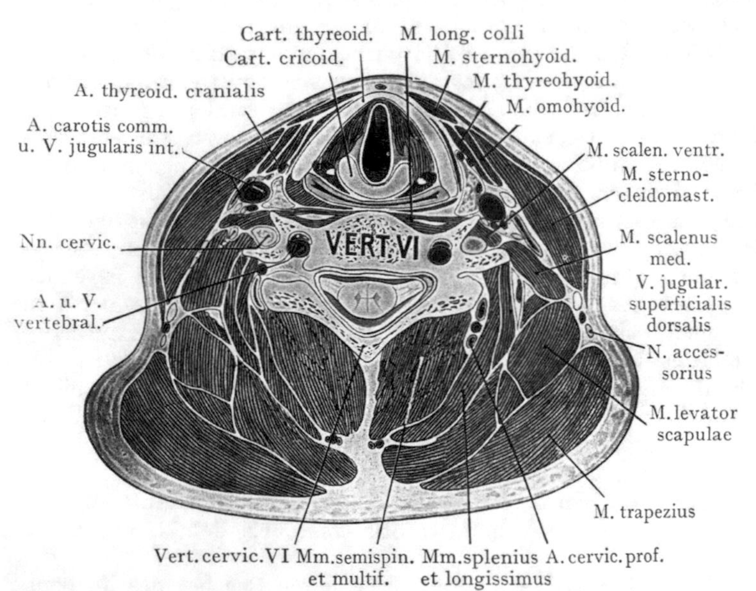

Abb. 196. Horizontalschnitt durch den Hals in der Höhe des VI. Halswirbelkörpers, unterhalb der Rima glottidis.
Nach Braune, Atlas der topogr. Anat. Taf. VI.

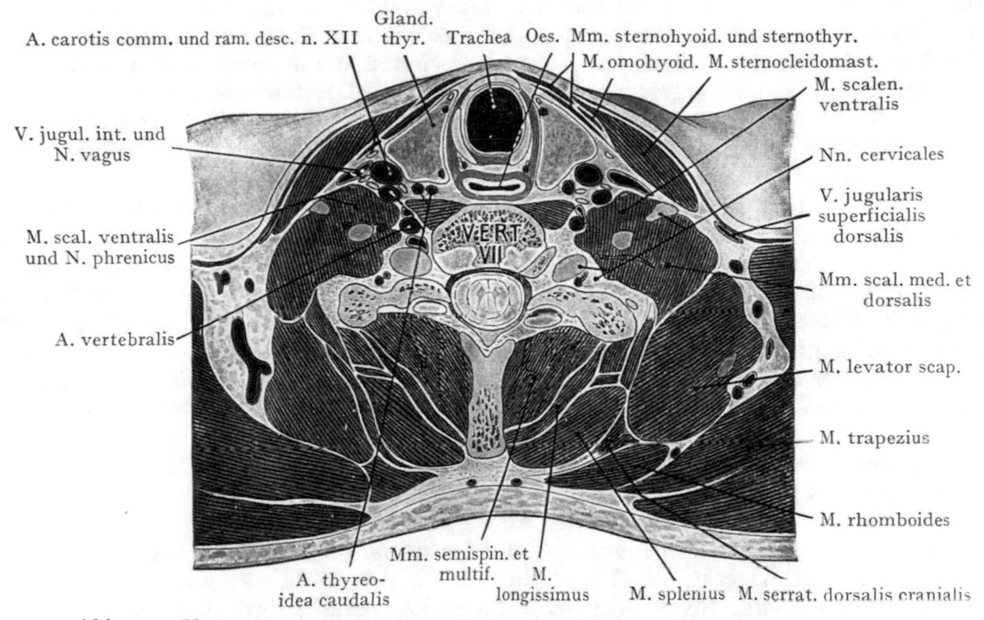

Abb. 197. Horizontalschnitt durch den Hals in der Höhe des VII. Halswirbelkörpers. Nach W. Braune, Atlas. Taf. VII.

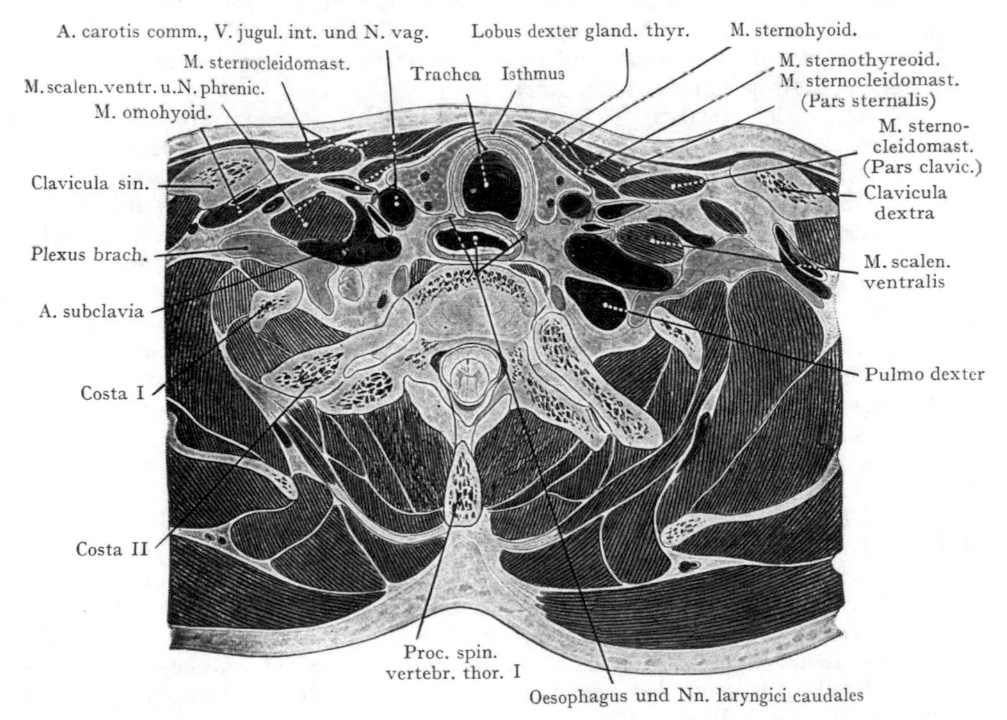

Abb. 198. Horizontalschnitt durch den Hals in der Höhe des ersten Brustwirbelkörpers. Nach W. Braune, Atlas. Taf. VIII.

die A. carotis comm., lateral von derselben die V. jugularis int., medial der Querschnitt des Lobus lateralis gland. thyreoideae. Auf dem Querschnitte der Arterie liegt vorne der Ram. descendens n. hypoglossi, hinten, zwischen der A. carotis comm. und der V. jugularis int., der N. vagus; gleichfalls hinter den Gefässstämmen und auf der Fascia praevertebralis der Grenzstrang des Sympathicus. (Die Querschnitte der Nerven sind nicht bezeichnet.) Der Querschnitt der A. thyreoidea cranialis ist gerade vor dem Lobus lateralis gland. thyreoideae zu sehen.

Abb. 197 (Schnitt in der Höhe des VII. Halswirbelkörpers). Die Masse der Nackenmuskulatur ist ebenso beträchtlich, wie bei dem in Abb. 196 dargestellten Schnitte. Der Processus spinalis des VII. Halswirbels (vertebra prominens) liegt oberflächlich. Seitlich geht der Hals in die Schulterregion über. Der Oesophagus liegt gerade hinter der Trachea und in den Rinnen zwischen diesen Gebilden werden die Nn. recurrentes angetroffen. Der Oesophagus liegt der Fascia colli profunda auf, welch letztere die Mm. longi colli und capitis und die vordere Fläche der Halswirbelsäule überzieht. Seitlich von dem Oesophagus und der Trachea treffen wir die Lobi laterales gland. thyreoideae an; dieselben werden vorne durch die Mm. sternohyoidei und sternothyreoidei bedeckt, auch teilweise durch die Mm. sternocleidomastoidei überlagert, welche seitlich den Bindegewebsraum des Halses abschliessen. In demselben finden wir beiderseits, in der gleichen relativen Lage zueinander, wie auf der Abb. 196, die A. carotis comm., die V. jugularis int. und den N. vagus. Auf der vorderen Fläche des M. scalenus ventralis liegt, von der V. jugularis int. bedeckt, der N. phrenicus. Die A. carotis comm. legt sich dem Lobus lateralis gland. thyreoideae an. Hinter der Arterie und dem Lobus lateralis gehören drei Arterienquerschnitte dem Bogen der A. thyreoidea caudalis an. Zwischen den Mm. scalenus ventralis und medius treten die Rami ventrales der Cervicalnerven zur Bildung des Plexus brachialis zusammen; zwischen dem M. longus colli und dem M. scalenus medius (etwa entsprechend der Spitze des Trigonum scalenovertebrale) liegt der Querschnitt der A. vertebralis, und rechterseits, vor der V. vertebralis, der Grenzstrang des Sympathicus (nicht bezeichnet).

Abb. 198. Der Schnitt ist in der Höhe des ersten Brustwirbelkörpers durchgeführt. Der Oesophagus liegt dem vorderen Umfange des Wirbelkörpers auf; er ist hier nach links verschoben und wird von der Trachea nur unvollständig bedeckt, indem der Querschnitt des Oesophagus die Trachea links überragt und hier an den Lobus sinister der Glandula thyreoidea angrenzt. In den beiden Rinnen, welche die Trachea mit dem Oesophagus bildet, liegen die Querschnitte der Nn. recurrentes. Die seitlichen Lappen der Gland. thyreoidea werden durch den die oberen Trachealringe von vorne bedeckenden Isthmus gland. thyreoideae verbunden. Die Schilddrüse wird vorne durch die vorderen langen Halsmuskeln bedeckt, zum Teil auch durch den M. sternocleidomastoideus, dessen zwei Portionen deutlich unterschieden sind. Der M. scalenus ventralis, auf dessen vorderer Fläche wir den N. phrenicus antreffen, trennt die vordere von der hinteren Scalenuslücke. Durch die letztere verläuft die A. subclavia, und dem dorsalen und lateralen Umfang der Arterie schliessen sich die Stränge des Plexus brachialis an. Von der A. subclavia sin. gehen einige Äste kranialwärts ab (nicht bezeichnet), nämlich der Truncus thyreocervicalis, die A. vertebralis und die Aa. transversa colli et suprascapularis[1], welche hier von der ersten, medianwärts von der Scalenuslücke gelegenen Strecke der Arterie entspringen. Die A. carotis comm. wird vorne vollständig von dem Lobus lateralis gland. thyreoideae bedeckt, lateral von der Arterie liegt die V. jugularis int., zwischen beiden der N. vagus. Die V. subclavia ist hier nicht angeschnitten, denn ihr Bogen liegt dem Thoraxeingang näher als der Bogen der A. subclavia. Rechterseits ist gerade noch die Lungenspitze getroffen, über welche die A. subclavia verläuft.

[1] A. transversa scapulae.

Literatur.

I. Allgemeines.

Taguchi, K., Der suprasternale Spaltraum des Halses. 1 Taf. Arch. f. Anat. u. Entw.-Gesch. 1890.
Henke, W., Zur Topographie der Bewegungen am Halse bei Drehung des Kopfes nach der Seite. Festschrift für Henle. 1882.
Delitzin, S., Über die Verschiebung der Halsorgane bei verschiedenen Kopfbewegungen. Arch. f. Anat. u. Entw.-Gesch. 1890.
Stahr, Die Zahl und Lage der submaxillaren und submentalen Lymphdrüsen vom topographischen und allgem. anat. Standpunkte. Arch. f. Anat. u. Entw.-Gesch. 1898.
v. Brunn, Die Lymphknoten der Unterkieferspeicheldrüse. Arch. d. chir. Klin. der Univ. Berlin. 2 Abb. 1904.
Waldeyer, W., Das Trigonum subclaviae. Abh. d. Berl. Akad. d. Wiss. 1903.

II. Halsfascien.

Dittel, Die Topographie der Halsfascien. Wien 1857.
Sebilleau, P., Note sur les aponévroses du cou. La capsule et les ligaments du corps thyréoide. Bull. de la Soc. anat. de Paris. Année 73. 1888.
Merkel, F., Über die Halsfascien. Anat. Hefte. I. 1891.

III. Gland. thyreoidea.

Verdun, Contribution à l'étude des glandules satellites de la thyréoide chez les mammiferes et en particulier chez l'homme. Thèse de Toulouse. 1897.
Kocher, Th., Über Kropfexstirpationen und ihre Folgen. Langenbecks Arch. 1883. (Gefässe der Gland. thyreoidea.)
Drobnik, Die Unterbindung der A. thyreoidea inf. Wiener med. Wochenschr. 1887.
Welsh, Concerning the parathyreoid glands. A critical anatomical and experimental study. Journ. of Anatomy and Physiol. 32. 1898.
Drobnik, Topograph.-anat. Studien über den Halssympathicus, mit besonderer Rücksicht auf das Terrain der Kropfoperationen. 1 Tafel. Arch. f. Anat. u. Entw.-Gesch. 1887.
Taguchi, K., Die Lage des N. recurrens vagi zur A. thyreoidea inf. Arch. f. Anat. u. Entw.-Gesch. 1889.

IV. Larynx.

Roubaud, L., Contribution à l'étude anatomique des lamphatiques du larynx. Thèse de Paris. 1903.
Most, A., Über die Lymphgefässe und Lymphdrüsen des Kehlkopfes. Anat. Anz. XV. 1899.
Taguchi, Die Lage des N. recurrens vagi zur A. thyreoidea inf. Arch. f. Anat. u. Entw.-Gesch. 1889.

V. Halsrippen.

Gruber, W., Über die Halsrippen des Menschen. Mém. de l'acad. imp. des Sciences de St. Pétersbourg. 7e Série. Vol. XIII. 1869.
Luschka, H., Die Halsrippen und die Ossa suprasternalia des Menschen. Denkschr. d. Wien. Akad. d. Wiss. Math.-phys. Klasse. Vol. XVI. 1859.
Fischel, A., Untersuchungen über die Wirbelsäule und den Brustkorb des Menschen. Anat. Hefte 31. 1906.

Brust (Thorax).

Allgemeines.

Abgrenzung der Brust. Als Brust wird derjenige Abschnitt des Rumpfes bezeichnet, welcher am Skelet durch den knöchernen Thorax dargestellt wird. Dagegen entspricht die Höhle des Thoraxraumes beim Lebenden wie bei der Leiche keineswegs der Ausdehnung des knöchernen Thorax; vielmehr reicht von unten der Bauchraum, resp. die Bauchhöhle, entsprechend der Wölbung des Zwerchfells, über die in dem unteren Rippenbogen gegebene Grenze oder genauer gesagt, über die Ebene der unteren Thoraxapertur (s. Stand des Zwerchfelles) empor, während andererseits die Brusthöhle die von vorne abzutastende, von den Schlüsselbeinen dargestellte Grenze in kranialer Richtung überschreitet und auf den Hals übergreift.

Mit diesem Vorbehalte können als untere Grenzen der Brust angegeben werden der Rippenausschnitt (Rippenbogen) mit dem Processus ensiformis[1] sterni und als Fortsetzung dorsalwärts eine Linie, welche die Spitzen der drei letzten Rippen untereinander verbindet und den Processus spinalis des XII. Brustwirbels erreicht. Kranial wird die Grenze gegen den Hals gebildet; durch die Incisura jugularis sterni, die Clavicula und eine Linie, welche vom Articulus acromioclavicularis zum Processus spinalis des VII. Halswirbels (Vertebra prominens) verläuft.

Form der Brust. Für die Ausbildung der Brustform ist in erster Linie der knöcherne Thorax bestimmend, in zweiter Linie die Stellung der Schulterblätter sowie die Ausbildung der vom Thorax zu den oberen Extremitäten gehenden Muskulatur. (Mm. pectoralis major und minor, latissimus dorsi.)

Der knöcherne Thorax setzt sich zusammen aus den Brustwirbeln, den Rippen und dem mittelst der Rippenknorpel und dem Rippenbogen mit den neun oberen Rippen in Verbindung stehenden Brustbein. Die in den Spatia intercostalia gebotenen Lücken werden am präparierten Thorax durch die Mm. intercostales ausgefüllt und durch die Ursprünge der thoracohumeralen Muskeln sowie auch teilweise der Bauchmuskulatur überlagert. Wir unterscheiden einen oberen und einen unteren Zugang zum Thoraxraume (Apertura thoracis cranialis und caudalis). Die Apertura thoracis cranialis wird begrenzt durch die Incisura jugularis sterni, durch die obere Fläche der ersten Rippen sowie noch, als dorsaler Abschluss, durch den Körper des ersten Brustwirbels; die Apertura thoracis caudalis durch den Processus ensiformis[1] sterni, den Rippenbogen und eine Linie, welche den letzteren fortsetzend, die Spitzen der drei letzten Rippen untereinander verbindet und am XII. Brustwirbelkörper endigt. Ebenen, welche durch die Grenzen

[1] Processus xiphoideus.

der oberen, wie der unteren Thoraxapertur hindurchgelegt werden, weichen von der Horizontalen nicht unbeträchtlich ab; in der Ebene der oberen Thoraxapertur steht der Körper des I. Brustwirbels höher als die Incisura jugularis sterni; es entspricht also ihr Verlauf etwa demjenigen des ersten Rippenpaares; die Ebene der unteren Thoraxapertur fällt in umgekehrter Richtung ab, indem der XII. Brustwirbel tiefer steht als der Processus ensiformis[1] sterni. Beide Ebenen würden sich, ventralwärts fortgesetzt, vor dem Brustkorbe schneiden.

Der von den Weichteilen überkleidete Brustkorb wird häufig mit einem Kegel verglichen, an dessen Basis sich der Hals und die Extremitäten ansetzen, während die Spitze in den Bauchabschnitt des Rumpfes übergeht. Der aus den Weichteilen herauspräparierte, im Zusammenhang mit den Mm. intercostales belassene Thorax zeigt gerade das umgekehrte Verhältnis, indem die weitere Öffnung unten, die engere oben liegt. Die gröbere Masse von Weichteilen (Muskeln) umgibt den kranialen Teil des Brustkorbes, indem hier der Schultergürtel und die oberen Extremitäten mit dem Thorax in Verbindung treten und Muskeln von den Thoraxwandungen entspringen, um sich am Humerus und an der Scapula zu inserieren. Von geringerer Massenentfaltung sind die von dem kaudalen Thoraxabschnitte entspringenden Bauchmuskeln.

Die Form der Brust zeigt eine nicht unbeträchtliche Variation, indem die einzelnen Durchmesser (Sagittaldurchmesser, Querdurchmesser) sowie auch die Höhe des Thorax wechseln können, ohne dass man deshalb berechtigt wäre, von pathologischen Verhältnissen zu sprechen. Im allgemeinen geben eine starke Wölbung und ein grosser Sagittaldurchmesser einen kräftigen Thoraxbau an, während umgekehrt ein abgeflachter Thorax, oder gar ein solcher, an welchem in der Höhe der Verbindung zwischen Corpus und Manubrium sterni eine Einknickung vorhanden ist (Angulus sterni), als schwächlich bezeichnet wird. Durch den Gebrauch des Korsetts kann, ganz besonders beim Weibe, die Thoraxform in hohem Grade verändert werden, indem die untere Partie zusammengeschnürt wird und in allen Durchmessern abnimmt, die mittlere und obere Partie dagegen normale oder sogar vergrösserte Sagittal- und Transversaldurchmesser aufweist.

„Die Form des Thoraxquerschnittes beim Erwachsenen wird mit einem Kartenherz verglichen, hervorgebracht durch das Vorspringen des Wirbelkörpers und das Zurückweichen der Rippenanfänge. Schon Hyrtl hat bemerkt, dass diese Form mit der Bestimmung des Menschen zum aufrechten Gange zusammenhängt, da bei dieser Form der Schwerpunkt der Brusteingeweide näher an die Stütze des Stammes rückt. Bei Tieren fehlt dieser Vorsprung. Beim Neugeborenen, dessen Wirbelsäulenkrümmung = 0 ist, ist diese Kartenherzform des Brustkastendurchschnittes schon vorhanden. Beim neugeborenen Kinde verhält sich der Tiefendurchmesser zum Breitendurchmesser wie 1:2, beim erwachsenen Manne wie 1:3, bei einem alten Manne wie 1:2,5.“ (Braune.)

Masse am Thorax. Die Angabe von Massen hat für den Praktiker nur einen beschränkten Wert, indem derselbe sich bei der Beurteilung der Thoraxform wohl in erster Linie auf den Augenschein verlassen wird. Dagegen sind gewisse Messungen für Militäraushebungen sowie für die Kriminalstatistik von Bedeutung. Man pflegt zu messen:

1. den Sagittaldurchmesser (Diameter sagittalis); er beträgt in der Mitte des Thorax 19,23 cm,
2. den Querdurchmesser (Diameter transversa); er beträgt in der Mitte des Thorax 26,17 cm,
3. den Umfang (die Perimeter)
   a) an der höchsten Stelle der Achselhöhle = 89,5 cm
   b) in der Höhe der Brustwarzen = 86,6 „
   c) am unteren Ende des Corpus sterni = 81,9 „

[1] Processus xiphoideus.

Bei den Untersuchungen, die zum Zwecke der Einreihung in den Militärdienst angestellt werden, wird in der Regel bloss die mittlere Perimeter (b) gemessen, die bei jungen und kräftigen Männern 84,1—85,7 cm beträgt.

Geschlechtsunterschiede der Brustform werden zunächst durch die Ausbildung der weiblichen Brustdrüse verursacht, auch ist die Diameter transversa der unteren Partie des Thorax normaliter, d. h. wenn der Missbrauch des Korsetts nicht verunstaltend eingewirkt hat, beim Weib grösser als beim Manne.

Einteilung der Brust. Zur Feststellung von Befunden an der Brust kann man zunächst die leicht abzutastenden Rippen benützen. Zur Angabe der Entfernung von der Medianlinie, ventral- und dorsalwärts, wird man sich gewisser senkrecht über den Thorax gezogener Linien bedienen, welche durch leicht kenntliche Punkte gezogen werden. Diese Orientierungslinien sind in Abb. 199 dargestellt. Wir haben

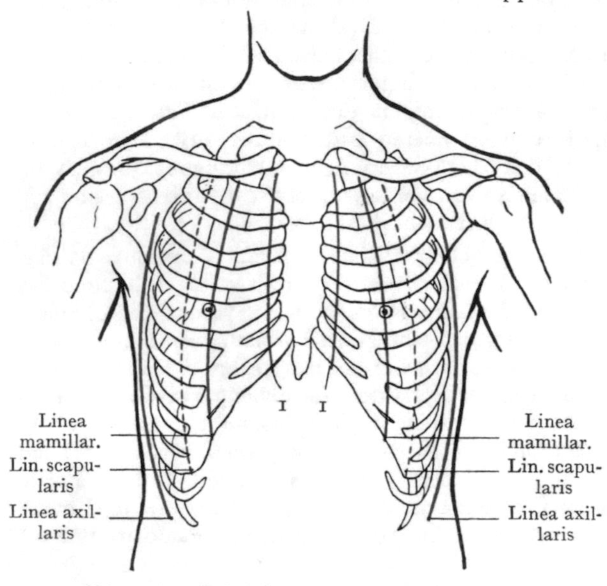

Abb. 199. Orientierungslinien am Thorax. I Lineae parasternales.

1. die Linea mediana ventralis (nicht angegeben); sie teilt das Sternum in zwei symmetrische Hälften.
2. Die Linea parasternalis, in der Mitte zwischen der Linea mediana ventralis und der Linea mamillaris.
3. Die Linea mamillaris; sie geht durch die Brustwarze.
4. Die Linea axillaris; sie geht senkrecht von dem höchsten Punkte der Achselhöhle nach unten.
5. Die Linea scapularis, als Fortsetzung der in der Basis scapulae gegebenen Linie (in Abb. 199 punktiert dargestellt).
6. Die Linea mediana dorsalis, durch die Reihe der Processus spinales angegeben.

Die Einteilung der Brust in einzelne Unterregionen hat für die Feststellung eines Befundes nur geringen Wert. Genauer ist immer die Bezeichnung mittelst der Rippen und der angegebenen Längslinien. Zum Zwecke der Beschreibung der Wandungen der Brust können wir jedoch eine Regio ventralis, zwei Regiones thoracicae laterales und ein Regio dorsalis unterscheiden, doch unterlassen wir es, eine eigene Regio mammalis, scapularis, interscapularis usw. aufzuzählen und in bezug auf ihre Sonderheiten zu schildern.

Cavum thoracis. Der durch die Thoraxwandungen abgegrenzte Raum wird als Thoraxraum bezeichnet und zu dem Bauchraume in Parallele gestellt. Der Thoraxraum schliesst aber nicht wie der Bauchraum, einen grossen, einheitlichen serösen Sack ein, dessen Inhalt durch eine grosse Zahl von Eingeweiden mit fast vollständigem serösem Überzug gebildet wird, sondern es bilden sich zwei paarige seröse Säcke (Pleurasäcke), nebst einem zwischen den Pleurasäcken gelegenen medianen Sack (Pericardialsack), von denen jeder einen grossen Eingeweideteil umgibt. Abgesehen von diesen serösen Säcken mit ihrem Inhalt, sind noch Gebilde im Brustraum eingeschlossen, welche nur einen unvollständigen oder auch keinen Überzug durch die Serosa der Pleura oder des Pericards erhalten. Diese Organe sind daher bis zu einem gewissen Grade mit den retroperitonealen Organen des Bauchraumes zu vergleichen; man bezeichnet dieselben in ihrer Gesamtheit als mediastinale Organe und nimmt an, dass dieselben zwischen den Pleurasäcken in einem durch lockeres Bindegewebe ausgefüllten Mediastinalraume liegen.

Aus diesen Betrachtungen ergibt sich die Einteilung des Stoffes, welcher in diesem Kapitel zu behandeln ist.

Auf die allgemeinen Bemerkungen über Grenzen, Form, Masse, Einteilung des Thorax folgt:

I. Die Besprechung der Wandungen des Thorax (Muskeln, Gefässe, Nerven und Skelet), ferner des Reliefs, welches die dem knöchernen Thorax aufgelagerten Weichteile erzeugen.

II. Thoraxraum. Hier kommt zunächst die Besprechung der drei serösen Höhlen mit ihrem Inhalte (Lungen und Herz), sowie ihre Beziehungen zur Thoraxwandung, darauf die Besprechung des Mediastinalraumes und der mediastinalen Organe (Oesophagus, Trachea und Bronchen, Nn. vagi, Aorta usw.).

III. Besprechung des Situs viscerum thoracis, in der Ansicht von vorne, von rechts, von links und von hinten.

I. Wandungen des Thorax.

Inspektion und Palpation. Durch die Palpation, häufig auch durch die Inspektion, lässt sich die obere Grenze des Thorax in der Vorderansicht feststellen. Dieselbe wird median durch die Incisura jugularis sterni, lateral durch die beiden Claviculae gebildet, welche sich leicht bis zum Articulus acromioclavicularis verfolgen lassen, indem ihr vorderer Umfang oberflächlich, ja geradezu subkutan liegt. In der ventralen Medianlinie lassen sich das Corpus sterni und der Proc. ensiformis[1] palpieren, im Anschluss daran die am Proc. ensiformis[1] zur Bildung des Angulus arcuum costarum[2] zusammenstossenden Rippenbogen (Arcus costarum). Von den Muskeln, welche zum Relief der vorderen Thoraxansicht beitragen, grenzt sich bei idealen Verhältnissen (s. Aktbild im Beginn des Kapitels über die Topographie des Bauches) der M. pectoralis major durch eine in der Mitte der Clavicula als eine leichte Einsenkung (Trigonum deltoideopectorale) beginnende, auf dem vorderen Umfang des Oberarms weiterziehende Furche (Sulcus deltoideopectoralis) gegen den Wulst des M. deltoides ab. Nach unten setzt sich der Muskel scharf gegen eine Fläche ab, welche dem Ursprunge des M. rectus abdominis an der Vorderfläche des V.—VII. Rippenknorpels entspricht. Nach beiden Seiten verläuft die sogenannte Gerdysche Linie, welche auf das zickzackförmige Ineinandergreifen der Ursprünge der Mm. serratus lateralis[3] und obliquus abdominis ext. zurückzuführen ist, schief über den seitlichen Umfang des Thorax.

Dorsal lässt sich die ganze Reihe der Processus spinales der Brustwirbel abtasten, angefangen mit dem stark vorspringenden Processus spinalis des VII. Halswirbels. Eine von dem letzteren zum Acromion gezogene Linie gibt dorsal die Grenze zwischen Hals und Thorax an. Ferner lassen sich, abgesehen von Fällen starker Fettentwicklung, der Margo vertebralis und die Spina scapulae abtasten; von Muskelumrissen sind in dem Aktbild im Kapitel über die Topographie des Rückens diejenigen der Mm. trapezius, latissimus dorsi und deltoides angegeben. Die langen Rückenmuskeln bilden zu beiden Seiten der Processus spinales einen Wulst, welcher weniger mächtig erscheint als in der Lendengegend. Infolge dieser Wulstbildung liegen die Processus spinoales in einer Furche, welche sich caudalwärts vertieft (Rückenrinne).

Schichten der Thoraxwandung. Der Thorax hat in seinem Aufbau die ursprünglich vorhandene metamere Zusammensetzung des Rumpfes in höherem Grade

[1] Processus xiphoideus. [2] Angulus infrasternalis. [3] M. serratus anterior.

bewahrt als das bei den Bauchwandungen der Fall ist. Besonders in den tieferen Schichten tritt die Metamerie nicht bloss in der Anordnung der Nerven und Gefässe, sondern auch in den Rippen und in den die Spatia intercostalia ausfüllenden Mm. intercostales klar zutage. Am Bauche sind dagegen Anklänge an die Metamerie nur in dem Verlaufe der segmentalen Nerven und Gefässe sowie in den Inscriptiones tendineae des M. rectus abdominis zu finden. Doch ist auch am Thorax die segmentale Herkunft der oberflächlichen Schichten der Muskulatur verwischt, indem dieselben teils von der oberen Extremität, teils von dem Bauche her auf den Thorax übergreifen und von demselben ihren Ursprung nehmen.

Wir können am Thorax folgende Schichtenkomplexe unterscheiden:

1. Als oberflächliche Schicht die Haut, das subkutane Fettpolster und die Muskelfascien.

2. Mittlere Schichten, die in den verschiedenen Gegenden des Thorax in ihrer Mächtigkeit wechseln; sie werden in der Hauptsache durch die Rücken-, Bauch- und Extremitätenmuskulatur dargestellt, welche ihre Insertion oder ihren Ursprung am knöchernen Thorax nehmen.

3. Die tiefen Schichten, die in der ganzen Ausdehnung des Thorax insofern dieselbe Beschaffenheit zeigen, als sie aus segmental angeordneten, also sich stets wiederholenden Gebilden bestehen, oder sich leicht aus solchen ableiten lassen (knöcherner Thorax mit Intercostalmuskeln, -nerven und -gefässen).

1. Die oberflächlichen Schichten des Thorax. Von der Haut ist, abgesehen von ihrer Behaarung, nichts Bemerkenswertes zu erwähnen. Besonders dicht ist dieselbe bei Männern in der vorderen Medianlinie auf dem Sternum, auch seitlich in der Gegend der Brustwarzen kann der Haarwuchs beträchtlich sein und oben in denjenigen der Regio axillaris übergehen. Vom Fettpolster ist zu erwähnen, das es beim Weibe in der Regel, bei Männern sehr häufig eine Abrundung der Formen bewirkt, welche das in den beiden Aktabbildungen dargestellte Muskelrelief durch Ausfüllung der die Muskel abgrenzenden Furchen und Vertiefungen verdeckt.

Oberflächliche Gefässe und Nerven. Die oberflächlichen Arterien (Hautarterien) kommen teils aus den segmental angeordneten Aa. intercostales, teils aus der A. subclavia (Äste der A. thoracica interna[1]) und der A. axillaris (s. die Besprechung der tiefen Arterien der Thoraxwandung). Die oberflächlichen Nerven des Thorax werden im Zusammenhange mit jenen des Bauches als segmentale Hautnerven des Rumpfes besprochen. Die Lymphgefässe der Thoraxwandung, besonders der Brustdrüse, finden unten eine zusammenhängende Besprechung (Mamma).

Von den Gebilden der oberflächlichen Schichten des Thorax ist es vor allem die Brustdrüse, und zwar die weibliche Brustdrüse, deren Lage, Beziehungen zu den Muskelfascien und Gefässversorgung eine grosse praktische Bedeutung besitzen. In erster Linie verdankt sie dieselbe den relativ häufigen Erkrankungen des Drüsengewebes an bösartigen Neubildungen (Carcinom) und der Verbreitung der Geschwulst auf die nähere und fernere Umgebung.

Topographie der weiblichen Brustdrüse. Die weibliche Brustdrüse (Mamma) liegt bei der Erwachsenen in der Höhe der 3.—7. Rippe und erstreckt sich in querer Richtung von der Linea parasternalis bis fast zur Linea axillaris. Sie liegt zum grössten Teile der Fascie des M. pectoralis major, zum kleinsten Teile der Fascie des M. serratus lateralis[2] auf, in Fettmassen eingehüllt und von Fett teilweise durchsetzt, was ihre Form ganz wesentlich bestimmt.

Die einzelnen Drüsenläppchen (Abb. 200) werden von einem dichten Bindegewebsstroma umgeben, welches sich als Ganzes aus der Fetthülle der Drüse herauspräparieren lässt. Die Form des so dargestellten Gebildes ist recht unregelmässig, doch

[1] A. mammaria interna. [2] M. serratus anterior.

lässt sich häufig ein Fortsatz der Drüsenmasse unterscheiden, welcher lateral- und aufwärts gegen die Fossa axillaris hinzieht.

Die Ausführungsgänge (Ductus lactiferi) münden an der Brustwarze (Papilla mammae), einer konischen, stark pigmentierten, von dem Warzenhofe umgebenen Erhebung. Die Höhe derselben wechselt ungemein; es kommen sogar Fälle vor, bei denen die Erhebung überhaupt fehlt (eingezogene Warze) und die Ausführungsgänge in einer Mulde oder auf einem nur leicht gewölbten Höcker ausmünden. Während der

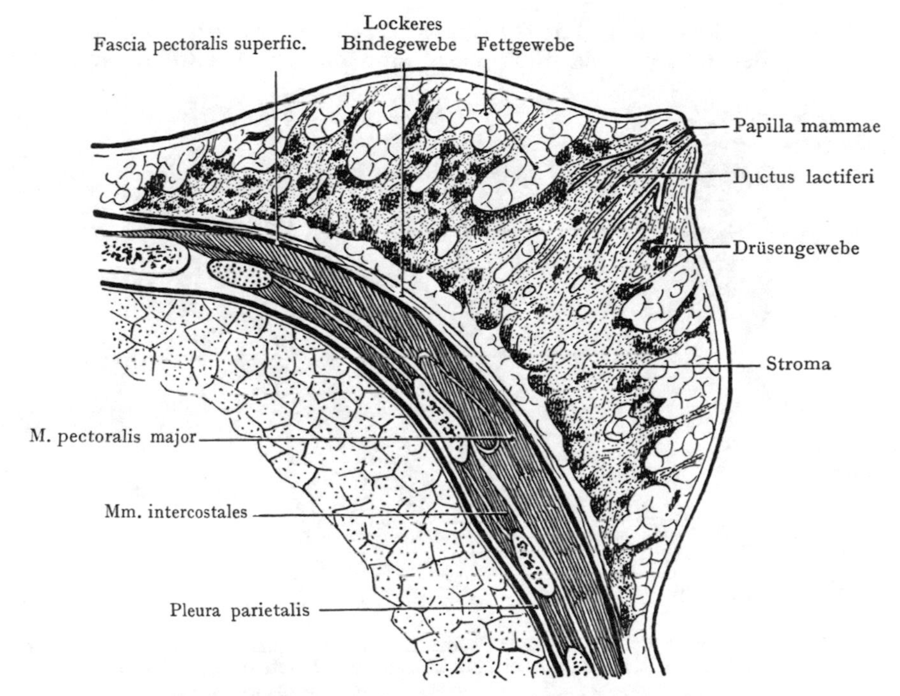

Abb. 200. Sagittalschnitt durch die weibliche Brustdrüse.

Schwangerschaft nimmt das Drüsengewebe an Masse bedeutend zu, dagegen tritt im Vergleich damit das Stroma der Drüse zurück; das Umgekehrte ist der Fall, wenn die Drüse sich nicht in Tätigkeit befindet.

Die Mamma liegt auf der Fascia pectoralis superficialis, welche den M. pectoralis major überzieht und steht mit ihr durch lockeres, leicht dehnbares Bindegewebe im Zusammenhang (Abb. 200). Die normale weibliche Brustdrüse lässt sich auf ihrer Unterlage verschieben, und es erfolgt bei Lockerung der Verbindung mit der Muskelfascie (z. B. nach einer Schwangerschaft oder in höherem Alter) häufig eine Senkung der Drüse (Hängebrust).

Gefässe der Mamma. Die Arterien gelangen aus drei Quellen zur Mamma: 1. Aus der A. thoracica int.[1], einem Aste der A. subclavia, 2. aus der A. thoracica lateralis, einem Aste der A. axillaris; 3. aus der 3.—7. A. intercostalis. Die A. thoracica int.[1] gibt im III., IV. und V. Intercostalraume Aa. perforantes ab, von denen Rami mammarii lateralwärts verlaufend in die Drüse eintreten. Aus den Aa. intercostales kommen Rami mammarii laterales, Äste der Rami cutanei laterales sowie Rami mammarii mediales, welche die Mm. pectorales major und minor durchbohren, um an

[1] A. mammaria interna.

der tiefen, der Fascia pectoralis zugewandten Fläche der Drüse in dieselbe einzudringen. Die A. thoracica lat. versorgt, an der lateralen Wand des Thorax herabverlaufend, hauptsächlich den lateralen Umfang der Mamma mit den Rr. mammarii externi. Alle diese Arterien zeigen während der Gravidität eine beträchtliche Volumenzunahme.

Venen. Mit den Rami perforantes der A. intercostales verlaufen Vv. perforantes zu den Vv. intercostales; sie sammeln sich aus den tiefen, der Fascia pectoralis anliegenden Partien der Drüse; andere Venen finden als Vv. subcutaneae ihren Abfluss zur V. axillaris.

Lymphgefässe der Thoraxwandungen, insbesondere der Mamma. Von grösserer Bedeutung als die Blutgefässe sind für den Praktiker die Abflusswege

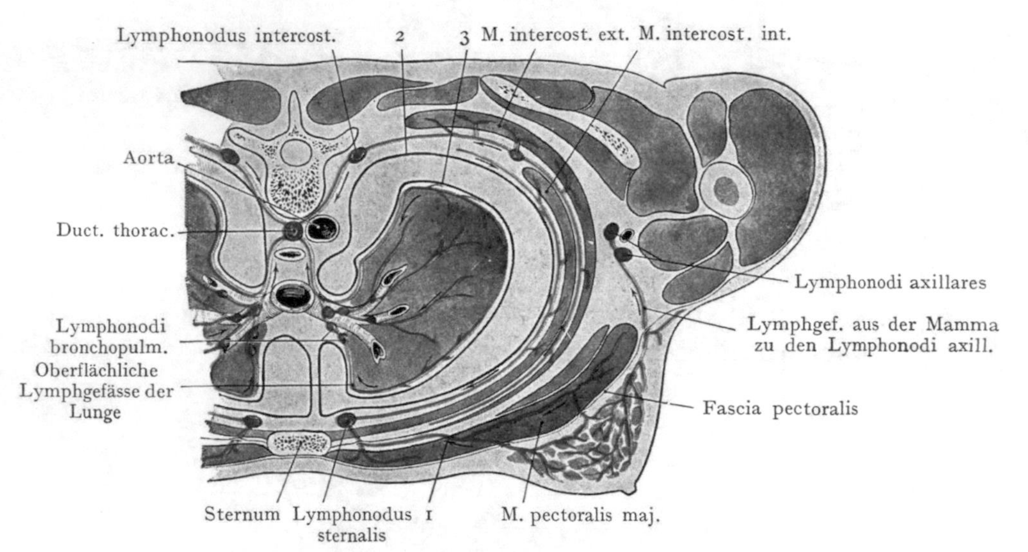

Abb. 201. Schema der Lymphgefässe und Lymphdrüsen der Lungen und der Brustwandungen inklusive der Mamma, an einem Horizontalschnitte durch die Brust.

Die Richtung des Lymphstromes ist durch Pfeile angegeben.

1 Lymphgefässe aus der Mamma und dem M. pectoralis major zu den Lymphonodi sternales. 2 Pleura parietalis. 3 Pleura pulmonalis.

der Lymphflüssigkeit. Die Carcinome der Mamma verbreiten sich hauptsächlich auf dem Wege der Lymphbahnen, zunächst bis zu den regionären Lymphdrüsen, in welche die aus der Mamma stammenden Lymphgefässe einmünden, sodann weiter über diese hinaus. Nicht zum mindesten sind die günstigeren Resultate, welche die neuere Operationstechnik zu verzeichnen hat, auch darauf zurückzuführen, dass man diesen, in den Lymphgefässen und Lymphdrüsen gegebenen Verbreitungsbahnen der bösartigen Neubildung nachgeht und durch ihre Entfernung der Möglichkeit zu begegnen sucht, dass Geschwulstkeime, die sich bereits in mehr oder weniger entfernten Lymphdrüsen oder Lymphgefässen eingenistet haben, von hier aus weiter gelangen oder sekundäre Carcinomknoten bilden.

Wir fassen die Schilderung sämtlicher Thorakallymphgefässe zusammen, wie sie halbschematisch in der Abb. 201 zur Darstellung gebracht sind.

Die Lymphgefässe der Thoraxwandungen haben, je nach den Schichten aus welchen sie sich sammeln, einen verschiedenen Verlauf. Wir unterscheiden drei grosse Gebiete:

1. Aus den Mm. intercostales int. jedes Intercostalraumes sammeln sich Lymphgefässe zu einem Stamme, welcher direkt unter der Pleura ventralwärts zieht und in

Lymphdrüsen am ventralen Ende des Intercostalraumes einmündet (Lymphonodi sternales). Dieselben ziehen mit der A. und den Vv. thoracicae int.[1] aufwärts und ihre Vasa efferentia ergiessen sich linkerseits in den Ductus thoracicus, rechterseits in den Truncus bronchomediastinalis dexter.

2. Aus der Schicht der Mm. intercostales ext. sammeln sich Lymphgefässe zu Stämmen, welche an die Aa. und Vv. intercostales angeschlossen dorsalwärts gehen, auf der letzten Strecke ihres Verlaufes direkt der Pars costovertebralis pleurae[2] anliegen,

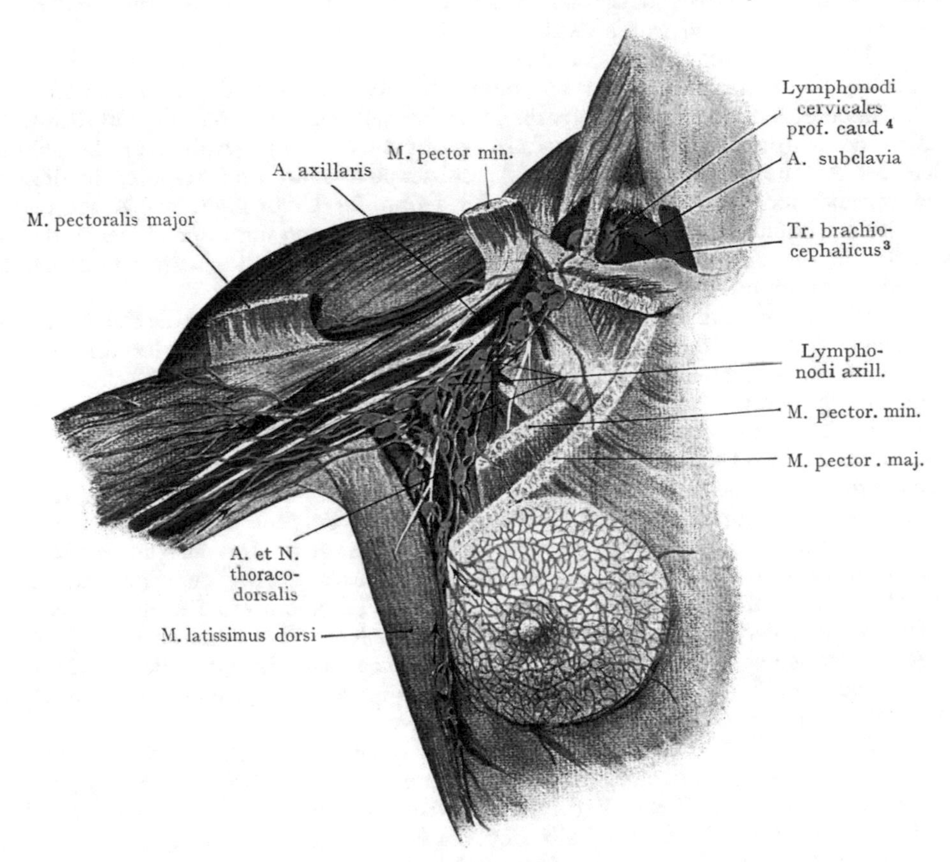

Abb. 202. Lymphdrüsen und Lymphgefässe der Achselhöhle im Zusammenhang mit den Lymphgefässen der Mamma.
Nach einer Abbildung von Poirier (in Poirier und Charpy, Anatomie humaine. II. 4).

indem sie hier durch Lymphdrüsen (Lymphonodi intercostales) unterbrochen werden und in den Ductus thoracicus einmünden.

3. Zu diesen Lymphgefässen kommen noch diejenigen hinzu, welche sich aus den Mm. pectorales major und minor sammeln sowie die subkutanen Lymphgefässe aus der Cutis und der im oberflächlichen Fettpolster eingelagerten Mamma. Die Lymphgefässe der Mm. pectorales ziehen medianwärts und verbinden sich mit den Lymphonodi sternales; in dieselben münden auch einzelne Lymphgefässe, welche aus den medialen und aus den tiefen Partien der Mamma stammen. Die Hauptlymphbahnen der Mamma gehen jedoch aus dem lateralen und oberen Umfange der

[1] A. und V. mammaria interna. [2] Pleura costalis. [3] A. anonyma.
[4] Lymphoglandulae supraclaviculares.

Drüse hervor und sind als Hautlymphgefässe aufzufassen, welche gegen die Fossa axillaris emporziehend, die Fascia axillaris durchbohren und mit den Lymphonodi axillares in Verbindung treten.

Diese zur Achselhöhle verlaufenden Lymphgefässe stellen die Bahnen dar, auf welchen in der Mehrzahl der Fälle die Weiterverbreitung eines Mammacarcinoms erfolgt. Zwar kann die Geschwulst direkt von der tiefen Fläche der Drüse aus in den M. pectoralis maj. vordringen, auch ist eine Verschleppung von Carcinomzellen in die Lymphonodi sternales denkbar, aber tatsächlich kommt eine solche ungleich seltener vor als eine Verschleppung in die axillaren Lymphdrüsen.

Die Lymphgefässe, welche hier in Betracht kommen, vereinigen sich in der Regel zu 2—3 Stämmen, welche aus dem lateralen Umfange der Drüse austreten und sich den oberen Zacken des M. serratus lateralis[1] anlagern, um parallel mit dem unteren Rande des M. pectoralis major zur Achselgrube zu verlaufen (Abb. 202). Sie schliessen sich der A. thoracodorsalis aus der A. subscapularis an und münden in diejenigen Lymphonodi axillares, welche etwa in der Höhe des Ursprunges der A. subscapularis aus der A. axillaris liegen, sowie in die grossen Lymphstämme der oberen Extremität, welche mit der A. und V. axillaris unter der Clavicula in die Fossa supraclavicularis zu den Lymphonodi cervicales prof. caud.[2] gelangen.

Die ersten Axillarlymphdrüsen, in welche die aus der Mamma sich sammelnden Lymphstämme einmünden (Abb. 202), liegen etwa in der Höhe der dritten Rippe, auf der entsprechenden Zacke des M. serratus lateralis[1], von dem M. pectoralis maj. bedeckt. Sie werden auch in der Regel zuerst in Mitleidenschaft gezogen, wenn eine Verschleppung von carcinomatösen Massen stattfindet. Doch gehen durchaus nicht alle in der Mamma entspringenden Lymphbahnen durch diese Drüsen, sondern es sind auch direkte Abflusswege der Lymphe nach oben in die längs der A. und V. axillaris angeordneten Lymphdrüsen nachgewiesen worden. Folglich ist die Annahme nicht zulässig, dass beim Fehlen von carcinomatösen Massen in den auf der dritten Rippe liegenden Lymphdrüsen auch die Axillarlymphdrüsen intakt sein müssen. Im allgemeinen wird bei Exstirpation der Mamma wegen Carcinom ein Rezidiv um so seltener auftreten, je vollständiger man die Lymphdrüsen der Achselhöhle entfernt, ja es kann sogar in manchen Fällen angezeigt erscheinen, nach Durchsägung der Clavicula auch die Lymphonodi cervicales prof. caud.[2] zu exzidieren, da sie eine weitere Station bei der Verbreitung des Carcinoms darstellen können.

Die gründliche Ausräumung der Lymphonodi axillares erscheint auch deshalb ratsam, weil Varietäten in dem Verlauf der mammaren Lymphgefässe vorkommen, welche eine direkte Verbindung zwischen dem Lymphgefässnetz der Mamma und den obersten, dicht unterhalb der Clavicula liegenden Lymphdrüsen herstellen können (Abb. 202). Auf diesem Wege, welcher von dem oberen Umfange der Brustdrüse sowie von der mit der Fascia pettoralis in Berührung tretenden Fläche derselben ausgeht, verlaufen Lymphstämme durch den M. pectoralis maj., über die beiden obersten Rippen und die oberen Intercostalräume hinweg, um dicht unterhalb der Clavicula in die Axillarlymphdrüsen oder auch in den mit der A. subclavia verlaufenden Truncus subclavius einzumünden. Da die obersten Lymphonodi axillares der Palpation unzugänglich sind, so kann eine Metastasenbildung stattfinden, ohne dass eine Infektion der axillaren Lymphdrüsen nachzuweisen wäre. Solche Fälle sind allerdings selten, doch fordern die anatomischen Verhältnisse zu Vorsicht in der Beurteilung der Befunde auf. Von Seite der Praktiker ist die Bedeutung dieser Tatsachen schon lange erkannt worden. „In einer ganzen Reihe von Fällen werden die supraclavicularen Lymphdrüsen und in wieder anderen die Lymphdrüsen der Achselhöhle überhaupt nicht befallen, sondern es kommt direkt zu inneren (Lungen-, Leber-) Metastasen. Es kann auch vorkommen, dass neben den gleichnamigen Achsellymphdrüsen alsbald auch die der anderen Seite erkranken. Es sind auch Fälle gesehen worden,

[1] M. serratus anterior. [2] Lymphoglandulae supraclaviculares.

bei denen die gleichseitigen Lymphdrüsen überhaupt nicht, sondern sofort die der anderen Seite ergriffen wurden. Es handelt sich um Carcinome am medialen (sternalen) Teile der Drüse; die hier gelegenen Lymphgefässe kommunizieren mit denen der anderen Seite" (König).

Mittlere und tiefe Schicht der Thoraxwandung. Als mittlere Schicht haben wir diejenige Muskulatur bezeichnet, welche von dem Schultergürtel und den Extremitäten auf den Thorax übergreift, als tiefe Schicht den knöchernen Thorax mit den Mm. intercostales und der Fascia endothoracica.

2. Mittlere Schicht. Die Muskeln, welche zusammen mit ihren Fascien die mittlere Schicht der Thoraxwandung bilden, zeichnen sich dadurch aus, dass sie zum grössten Teil (abgesehen von den Rückenmuskeln) ihre segmentale Herkunft bloss noch in ihrer Innervation zur Schau tragen.

Wir unterscheiden a) Muskeln, die dem vorderen und dem seitlichen Umfange des Thorax aufliegen von solchen, b) die sich als Rückenmuskeln der Brustwirbelsäule und dem dorsalen Umfange des Thorax anschliessen.

a) Hierher gehören die Mm. pectoralis maj., pectoralis min., serratus lateralis[1] rectus abdominis und obliquus abdom. ext.

Die Mm. pectoralis maj. und min. tragen wesentlich zur Bildung des Reliefs der vorderen oberen Thoraxwandung bei. Der M. pectoralis maj. wird lateralwärts gegen den M. deltoides durch den Sulcus deltoideopectoralis abgegrenzt, welcher, etwa in der Mitte der Clavicula, als eine bei fettarmen und muskelstarken Individuen nachzuweisende Einsenkung (Trigonum deltoideopectorale) beginnt und als Sulcus m. bicipitis brachii radialis[2] auf den Oberarm weitergeht. Der untere Rand des Muskels bildet die vordere Achselhöhlenfalte. Er entspringt vom sternalen Anteil der Clavicula, von dem Sternum, von den Knorpeln der sechs oberen Rippen und mit einer Zacke von der Scheide des M. rectus abdominis und inseriert sich an der Crista tuberculi majoris humeri. Von dem M. pectoralis maj. bedeckt, entspringt der M. pectoralis min. von der 3.—5. Rippe und inseriert sich am Processus coracoides scapulae.

Der M. rectus abdominis überschreitet mit seinen Ursprüngen vom 5.—7. Rippenknorpel den Thoraxrand zu beiden Seiten der Medianlinie; die von den sieben bis acht unteren Rippen entspringenden Zacken des M. obliquus abdominis ext. bedecken die laterale Grenze der unteren Thoraxapertur.

Die Fascie des M. pectoralis maj. (Fascia pectoralis) setzt sich oben an der Clavicula, medial an der vorderen Fläche des Corpus sterni fest und geht als Fascia abdominis superficialis auf die Bauchgegend, als Fascia axillaris auf die Regio axillaris weiter. Die Mamma steht durch lockeres Bindegewebe mit der Fascia pectoralis in Verbindung, doch ist sie auf derselben verschiebbar, eine Tatsache, die zunächst dafür spricht, dass eine etwa bestehende Neubildung noch keine Verwachsung mit dem M. pectoralis maj. eingegangen hat. Der M. pectoralis minor wird von einer Fascie umscheidet (Fascia coracocleidopectoralis), welche von dem oberen Rande des Muskels zur Clavicula und zum M. subclavius weiterzieht und später, bei der Besprechung der Topographie des Trigonum deltoideopectorale, genauere Berücksichtigung erfährt.

Der M. serratus lateralis[1] entspringt mit acht bis neun Zacken von den acht bis neun oberen Rippen und liegt dem lateralen Umfange des Thorax an, indem seine Fasern dorsalwärts konvergieren, um sich am Margo vertebralis scapulae festzusetzen.

b) Die Muskeln am dorsalen Umfange des Thorax. Sie werden als Rückenmuskeln zusammengefasst. In oberflächlichster Schicht haben wir die Mm. latissimus dorsi und trapezius; der erstere ist ein Extremitätenmuskel, welcher seine Ursprünge vom Thorax (von den drei letzten Rippen und den Processus spinales der unteren Brust- und aller Lendenwirbel) sowie von der Crista ilica erhält und seine Zugehörigkeit zur oberen Extremität durch seine Innervation aus dem Plexus brachialis kundgibt; der zweite ein Kiemenmuskel, dessen Herkunft gleichfalls aus seiner Innervation

[1] M. serratus anterior. [2] Sulcus bicipitalis lateralis.

(N. accessorius) erhellt, während er sich in seinem Ursprunge von der Linea nuchalis terminalis[1] bis zum X. Brustwirbel längs des Septum nuchae[2] und der Processus spinales der Brustwirbel ausdehnt, um sich an der Spina scapulae, am Acromion und an der Extremitas acromialis claviculae zu inserieren. Dazu kommen die von den Processus spinales des VII. Hals- und der vier oberen Brustwirbel zum Margo vertebralis scapulae verlaufenden Mm. rhomboides maj. et min. sowie die Mm. serratus dorsalis cranialis und caudalis[3]. Eine genauere Schilderung des Verlaufes dieser Muskeln sowie der eigentlichen Rückenmuskeln (Mm. sacrospinalis, spinalis, semispinalis) hat für praktische Zwecke wenig Wert. Sie bilden eine Masse, welche zu beiden Seiten der Processus spinales die Sulci dorsales des knöchernen Thorax vollständig ausfüllt und den Wirbelbogen, den Ligg. interarcualia[4], den Processus transversi und den Rippenwinkeln aufliegt.

Gefässe und Nerven der mittleren Schicht der Thoraxwandung. Sie stammen, entsprechend der verschiedenen Herkunft der Muskeln, aus sehr verschiedenen Quellen. Die Rückenmuskeln werden von den Rami dorsales der Nn. intercostales versorgt (Abb. 204), welche R. cutanei mediales und laterales durch die Muskulatur hindurch an die Haut abgeben. Der M. trapezius wird von dem N. accessorius innerviert, der sich an die tiefe, dem Thorax zugewandte Fläche des Muskels verzweigt (Abb. 191). Die Muskeln, welche der anterolateralen Partie des knöchernen Thorax aufliegen, werden von Ästen des Plexus brachialis innerviert; so verlaufen die Nn. thoracici ventrales aus dem V.—VII. Cervicalsegmente (Rami ventrales) unter der Clavicula (in dem Winkel zwischen der Clavicula und der ersten Rippe) zu den Mm. pectorales maj. und min. Den M. latissimus dorsi innerviert ein N. subscapularis aus dem Plexus brachialis (s. Topographie der Achselhöhle, sowie Abb. 202); der Nerv wird in der Achselhöhle von den Lymphdrüsen umgeben, welche längs der A. subscapularis angeordnet sind und unterliegt der Gefahr einer Verletzung bei der Ausräumung der Achselhöhlenlymphdrüsen. Zum M. serratus lateralis geht der N. thoracicus longus, welcher sich hoch oben in der Achselhöhle von den Stämmen des Plexus brachialis abzweigt, um sich der äusseren Fläche des M. serratus lateralis anzuschliessen. Die Mm. rectus abdominis und obliquus abdominis ext. erhalten Zweige aus den Nn. intercostales (s. Bauchwandungen).

Von Arterien haben wir: a) Die Arteria thoracoacromialis, die aus der A. axillaris, unmittelbar nach dem Durchtritt der letzteren zwischen der Clavicula und der ersten Rippe entspringt, die Fascia coracocleidopectoralis durchbohrt und Zweige zum Acromion (Ramus acromialis), zum M. pectoralis major und minor (Rami pectorales), sowie zum M. deltoides abgibt (Ramus deltoideus im Sulcus deltoideopectoralis).

b) Die A. thoracica lateralis, welche aus der unterhalb des M. pectoralis minor gelegenen dritten Strecke der A. axillaris entspringt und mit dem N. thoracicus longus auf dem M. serratus lateralis verläuft. Sie gibt Rami mammarii externi ab.

c) Annähernd parallel mit der A. thoracica lateralis verläuft am vorderen Rande der Scapula, als Fortsetzung der A. subscapularis, die A. thoracodorsalis (Abb. 202), welche sich hauptsächlich an die Mm. latissimus dorsi und serratus lateralis verzweigt, indem sie sich sowohl mit der A. thoracica lateralis als mit den Rami cutanei laterales der Intercostalarterien verbindet.

d) Rami dorsales der Aa. intercostales zu den Rückenmuskeln (Sacrospinalis usw.). In Abb. 204 sind zwei Rami dorsales dargestellt, von denen der eine den Ramus spinalis durch das Foramen intervertebrale zum Rückenmark und zu den Rückenmarkshüllen entsendet, während der andere direkt zur Rückenmuskulatur gelangt.

Die Venen der mittleren Schicht der Brustwandung entsprechen im ganzen den Arterien.

3. Tiefe Schicht der Thoraxwandung. Die tiefe Schicht der Thoraxwandung wird von segmental angeordneten Gebilden dargestellt, welche sich am ganzen

[1] Linea nuchae superior. [2] Ligamentum nuchae. [3] M. serratus posterior superior et inferior. [4] Ligamenta flava.

Thorax in derselben typischen Anordnung wiederholen. (Knöcherner Thorax mit Intercostalmuskulatur, Intercostalgefässen und Nerven.)

Knöcherner Thorax mit der Intercostalmuskulatur. Die Zusammensetzung und Abgrenzung des knöchernen Thorax hat schon oben eine kurze Besprechung erfahren. Wir können für unsere Zwecke an der Wandung desselben einen dorsalen, zwei seitliche und einen ventralen Abschnitt unterscheiden, ferner die obere und die untere Thoraxapertur (Apertura thoracis cranialis et caudalis).

Die dorsale Wand des Thorax ist bedeutend höher als die ventrale; man vergleiche die Länge der Brustwirbelsäule mit derjenigen des Sternum. Sie enthält als eigentlichen Träger des Thorax die Brustwirbelsäule, mit welcher die Rippen in den Articuli costovertebrales gelenkig verbunden sind. An dem Querschnitte springen die Körper der Brustwirbel stark in die Lichtung des Thoraxraumes vor, so dass zu beiden Seiten der Wirbelsäule Vertiefungen entstehen, welche von dem seitlichen

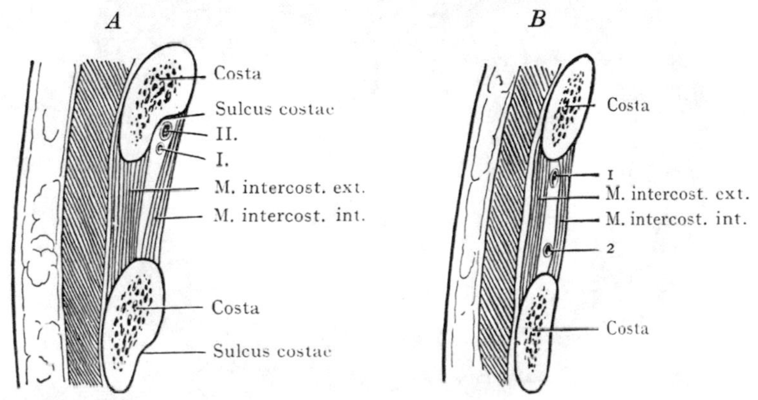

Abb. 203. Lage der A. intercostalis zur Rippe dorsal (*A*) und ventral (*B*) von der Axillarlinie. (Halbschematisch.)

I. A. intercostalis. II. V. intercostalis. 1 Oberer Ast der A. intercostalis. 2 Unterer Ast der A. intercostalis.

Umfange der Brustwirbelkörper, den Artikulationen der Rippenköpfchen mit den Brustwirbeln, samt den Ligg. capituli costae radiata und den Rippenbogen bis zu den Anguli costarum hergestellt werden. Die median gelegene Säule der Brustwirbel nimmt caudalwärts an Mächtigkeit zu, indem die ersten Brustwirbel höher, aber weniger breit sind als die folgenden.

Von der Seite betrachtet springt die Reihe der Processus spinales stark vor und begrenzt mit den Wirbelbogen und den Rippen, bis zu den Anguli costarum, die Sulci dorsales, welche die Masse der langen Rückenmuskeln aufnehmen.

Die seitliche Wandung des skeletierten Thorax wird durch die Rippenspangen, die ventrale Wandung durch die Rippenknorpel und das Sternum dargestellt. Die Verbindung der sechsten bis neunten Rippe im Rippenbogen erklärt es, wie der ventrale Abschluss des Thorax im Sternum niedriger ausfällt, als die dorsale Wandung in der Brustwirbelsäule. Der knöchern-knorplige Brustkorb erhält eine Vervollständigung durch die von einer Rippe zu der nächstfolgenden verlaufenden Mm. intercostales ext. und int. mit ihrem Fascienüberzuge. Zwischen beiden Muskelschichten liegen die Aa. und Nn. intercostales (Abb. 204), begleitet von den Lymphgefässen, welche sich hauptsächlich aus den Mm. intercostales ext. sammeln. Die Schicht der Mm. intercostales ext. beginnt dorsal an den Articuli costotransversarii, nimmt aber schon am Übergang der Rippen in die Rippenknorpel ein Ende, indem sie von hier an bis zum lateralen Rande des Sternum durch die glänzenden, sehnigen Ligg. intercostalia ext. ersetzt wird. Die Mm. intercostales int. dagegen beginnen unmittelbar am lateralen Sternalrande, reichen jedoch dorsalwärts nicht über die Anguli costarum hinaus. Auch in bezug auf Ursprung und Ansatz unterscheiden sich die beiden Muskelschichten. Die Mm. intercostales ext. entspringen von der unteren Kante einer Rippe und setzen sich an den oberen Rand der nächstfolgenden Rippe, während die Mm. intercostales int. oberhalb des Sulcus costae, von der dem oberen Thoraxlumen zugewandten Fläche einer oberen Rippe entspringen und sich am oberen Rande einer nächstfolgenden Rippe

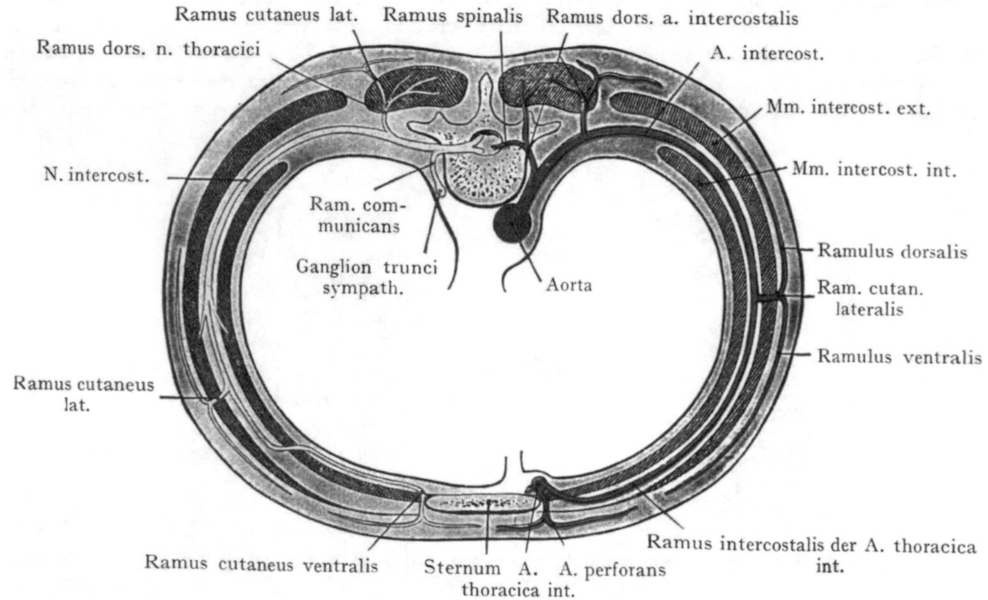

Abb. 204. Schema der Nerven und Gefässverzweigungen in der Brustwand.
Zum Teil nach Toldt (Atlas).

inserieren. Sie bedecken also, von der Innenfläche der Thoraxwandung aus betrachtet, den Sulcus costae sowie die im Sulcus costae verlaufenden Gebilde (A., V., N. intercostalis).

Die Schicht der Mm. intercostales ext. wird aussen von der Fascia intercostalis ext. überzogen, welche auch in Abb. 203 nicht besonders angegeben ist. Dagegen wird die dem Thoraxinneren zugewandte Fläche der Mm. intercostales int. und der Rippen von einer Bindegewebsschicht bedeckt, welche sich auf die hintere Fläche des Sternum, den vorderen Umfang der Brustwirbelkörper und die obere Fläche des Diaphragma fortsetzt. Dieselbe darf als innerer Abschluss der Thoraxwandung gelten, indem sie der Serosa (Pars costovertebralis und diaphragmatica pleurae, sowie Pars sternocostalis und diaphragmatica pericardii) als Grundlage dient und von dem vorderen und seitlichen Umfang der Brustwirbelkörper in das Bindegewebe des Mediastinum übergeht. Wir bezeichnen sie als Fascia endothoracica und stellen sie in Parallele mit der Fascia transversalis und der Fascia intrapelvina[1], die den inneren Abschluss der Wandungen des Bauch- und Beckenraumes bildet.

Gefässe und Nerven der tiefen Schicht der Thoraxwandungen (Abb. 204 und 205). Die Nerven, welche die tiefe Schicht der Thoraxwandung ver-

[1] Fascia endopelvina.

sorgen, sind als Nn. intercostales segmental angeordnet. Die Arterien dagegen kommen aus zwei Quellen, erstens aus der Aorta thoracica (Aa. intercostales), als segmentale, je einem Intercostalraum entsprechende Gebilde, und zweitens aus der A. subclavia durch Vermittlung der A. thoracica int.[1] (Rami intercostales) und der A. intercostalis suprema (Aa. intercostales I et II). Beide Gefässbezirke stehen in ausgiebigster Anastomose untereinander.

Auf diese Weise wird ein arterieller (und auch ein entsprechender venöser) Gefässring in jedem Intercostalraume, besonders typisch in den 6 ersten, gebildet,

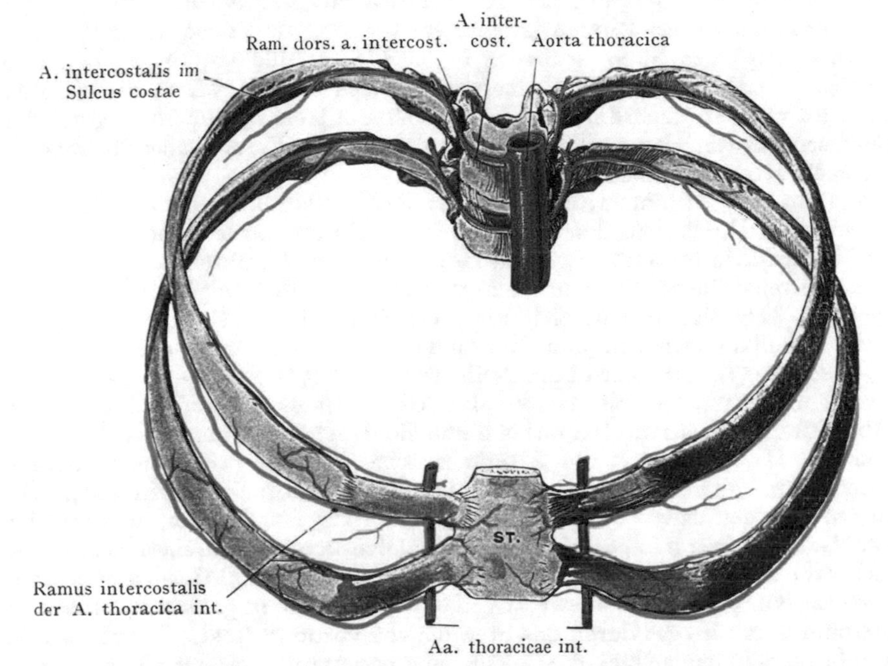

Abb. 205. Beziehungen der Intercostalarterien und ihrer Verzweigungen zu den Rippenbogen. (Halbschematisch.)

der, von dem senkrecht in der Linea parasternalis abwärts verlaufenden Stamme der A. thoracica int.[1] aus dorsalwärts bis zur Aorta führt. Die von der Aorta thoracica abgegebenen Zweige sind die Aa. intercostales, während die mit ihnen anastomosierenden Äste der A. thoracica int.[1] als Rami intercostales dieser Arterie von vorne her in die Spatia intercostalia eintreten.

Die Aa. intercostales sind in der Neunzahl vorhanden; sie verlaufen rechterseits, der vorderen Fläche der Brustwirbelkörper angeschlossen, dorsal von dem Oesophagus, dem Ductus thoracicus und dem Grenzstrange des Sympathicus (s. Abbildung des Brustraumes von links, nach Entfernung der Pars mediastinalis pleurae[2]), lateralwärts zu den Rippenhälsen. Linkerseits liegen sie in dieser Abbildung dorsal von der V. thoracica longitudinalis sinistra[3] und dem Grenzstrange des Sympathicus. Die obersten Aa. intercostales, welche aus der Aorta thoracica entspringen, verlaufen unmittelbar nach ihrem Ursprunge schief kranial- und lateralwärts, die folgenden dagegen mehr horizontal. Sie geben zunächst Rami dorsales ab, die nach Versorgung der Rückenmuskulatur als Rami cutanei zur Haut des Rückens gelangen. In Abb. 204 sind zwei Rami dorsales dargestellt, von denen einer den Ramus spinalis durch das Foramen intervertebrale

[1] A. mammaria interna. [2] Pleura mediastinalis. [3] V. hemiazygos.

zum Rückenmark und zu den Rückenmarkshüllen entsendet. Nachdem der Hauptstamm jeder A. intercostalis die Rippe erreicht hat, legt er sich der gegen das Innere des Thorax sehenden Fläche derselben an und verläuft im Sulcus costae bis zur Axillarlinie ventralwärts. Gegen das Thoraxlumen wird die Arterie durch die Mm. intercostalis int. und die Fascia endothoracica bedeckt (Abb. 203 *A*). Ventralwärts von der Linea axillaris dagegen tritt die Arteria intercostalis in den Intercostalraum und teilt sich häufig in einen oberen, stärkeren und einen unteren, schwächeren Ast, die, nicht mehr unter dem Schutze der Rippenspangen, im Intercostalraume verlaufen und sich mit den Rami intercostales aus der A. thoracica int. verbinden.

Dieses Verhalten zu den Rippen ist insofern wichtig, als Stiche, die dorsal von der Axillarlinie durch einen Intercostalraum in die Pleurahöhle vordringen, kaum je ein Intercostalgefäss oder einen Intercostalnerven verletzen werden, während umgekehrt Stiche, die ventral von der Axillarlinie den Intercostalraum treffen, eine Blutung aus der Arterie veranlassen können. Man wird folglich Einstiche wie die Punktion der Pleurahöhle womöglich dorsal von der Axillarlinie vornehmen.

Die A. thoracica int. entspringt von dem unteren Umfange der A. subclavia, unmittelbar vor dem Durchtritte derselben durch die hintere Scalenuslücke und wird hier von der V. subclavia bedeckt. Sie wird lateral von dem N. phrenicus angetroffen, mit welchem sie eine kurze Strecke weit verläuft. An der vorderen Wand des Thorax angelangt, liegt sie am ventralen Ende der Spatia intercostalia, etwas lateral von der Parasternallinie, zwischen den Mm. intercostales int. und der Fascia endothoracica. Der letzteren liegt zunächst beiderseits die Pars costovertebralis pleurae[1] linkerseits in der Höhe des dritten bis vierten Intercostalraumes auch das Pericardium an (s. die Abbildung des Horizontalschnittes durch die Brust am Schlusse des Kapitels). Abwärts von der III. Rippe liegt die Arterie zwischen dem M. transversus thoracis einerseits, den Mm. intercostales int. und den Rippenknorpeln andererseits. Die Arterie schliesst sich dem lateralen Rande des Sternum an, ist also hier, im ventralen Teile der vier bis fünf oberen Intercostalräume, leicht aufzusuchen durch einen Horizontalschnitt, welcher die sternalen Ursprünge des M. pectoralis maj. und die Ligg. intercostalia ext. durchtrennt. Nur ganz ausnahmsweise verläuft die Arterie in grösserer Entfernung von dem Sternum oder wird gar durch das Sternum von vorne bedeckt. In dem zweiten bis dritten Intercostalraume gelingt die Aufsuchung der Arterie leichter als im vierten bis sechsten, da die Höhe der vorderen Abschnitte der Intercostalräume, vom dritten bis vierten an, infolge des schrägen Verlaufes der Rippenknorpel abnimmt. Die Arterie gibt dorsalwärts verlaufende Äste zur Thymus, zum Mediastinum und zum Pericard (Aa. thymicae, mediastinales ventrales, und die A. pericardiacophrenica), ventralwärts, in der Parasternallinie die Aa. perforantes zur Haut und zum subkutanen Fettgewebe, endlich lateralwärts je zwei in den Intercostalräumen zur Anastomose mit den Aa. intercostales verlaufende Rr. intercostales (Abb. 205). Die Fortsetzung des Stammes teilt sich, am Rippenbogen angelangt, in die A. musculophrenica und die A. epigastrica cranialis. Erstere verläuft den costalen Ursprüngen des Zwerchfells entlang, um sich sowohl an das Zwerchfell als an den Ursprung des M. transversus abdominis zu verzweigen. Die A. epigastrica cranialis (s. vordere Bauchwand) tritt durch das hintere Blatt der Rectusscheide und schliesst sich in ihrem weiteren Verlaufe der hinteren Fläche des M. rectus abdominis an, um mit der A. epigastrica caudalis aus der A. ilica ext. die arterielle Längsanastomose der vorderen Bauchwand zu bilden.

Die Venen der Brustwandung entsprechen in ihrem Verlaufe den Arterien. Die 10 unteren Vv. intercostales dextrae münden in die V. thoracica longitudinalis dextr., die beiden oberen rechten in die V. dextra[2], die linken in die V. brachiocephalica[4] sinistra. Die unteren Vv. intercostales sin. münden in die V. thoracica longitudinalis sinistra[2]. Ventralwärts anastomosieren die Vv. intercostales mit den Vv. thoracicae int.[3], welche zu beiden Seiten der betreffenden A. thoracicae int. kranialwärts zur Einmündung in die V. brachiocephalica[4] ziehen.

[1] Pleura costalis. [2] V. azygos et hemiazygos. [3] V. mammaria interna. [4] V. anonyma.

Die Lymphgefässe sind schon im Zusammenhang besprochen worden (Abb. 201).

Die Nn. intercostales entsprechen in ihrem Verlaufe und in ihren Beziehungen zur vorderen Thoraxwand den Aa. intercostales. Die Verzweigung eines typischen Intercostalnerven (etwa des fünften bis sechsten) ist aus dem Schema der Abb. 204 ersichtlich. Sofort nach seinem Austritt aus dem Foramen intervertebrale gibt er den Ramus communicans zur Bildung des sympathischen Grenzstranges ab und teilt sich dann in den Ramus dorsalis und den Ramus ventralis. Ersterer versorgt die Rückenmuskeln und endigt als Ramus cutaneus medialis und lateralis in der Haut des Rückens zu beiden Seiten der Medianlinie. Der Ramus ventralis verläuft eine Strecke weit unmittelbar unter der Pleura, weiterhin in dem Sulcus costae zwischen den Schichten der Mm. intercostales. Die unmittelbaren Beziehungen zur Pars costovertebralis pleurae[1] erklären es, wie die Intercostalnerven bei Pleuritis in Mitleidenschaft gezogen werden können (Intercostalneuralgien). Weiterhin gibt der Ramus ventralis Äste an die Mm. intercostales ab und in der Axillarlinie einen Ramus cutaneus lat., welcher die Mm. intercostales ext. sowie den M. serratus lateralis oder den M. obliquus abdominis ext. durchbohrt und an die Haut gelangt. Die Endstrecke des N. intercostalis durchbohrt den M. intercostalis int., um bis zum lateralen Rande des Sternum zu verlaufen und am ventralen Ende der Intercostalräume als Ramus cutaneus ventralis die Haut beiderseits von der ventralen Medianlinie zu erreichen.

Unterer Abschluss der Thorax (Diaphragma). Die topographischen Beziehungen des Diaphragma finden erst bei der Besprechung der Wandungen des Bauchraumes eine genauere Berücksichtigung. Hier sei bloss hervorgehoben, dass es als unterer Abschluss der Brusthöhle eine aufwärts stark gewölbte Platte darstellt (Kuppel des Zwerchfells), die rechterseits bis zu einer durch den oberen Rand des Sternalansatzes des IV. Rippenknorpels durchgelegten Horizontalebene reicht, linkerseits um die Höhe eines Rippenknorpels tiefer steht. Die Öffnungen im Zwerchfell dienen teils zum Durchtritt von Gebilden des Thoraxraumes in den Bauchraum (Aorta, Oesophagus, Grenzstrang des Sympathicus), teils umgekehrt zum Übertritt von Gebilden aus dem Bauchraume in den Thorax (V. cava caudalis, Ductus thoracicus, Vv. thoracica longitudinalis dextra et sinistra[2]).

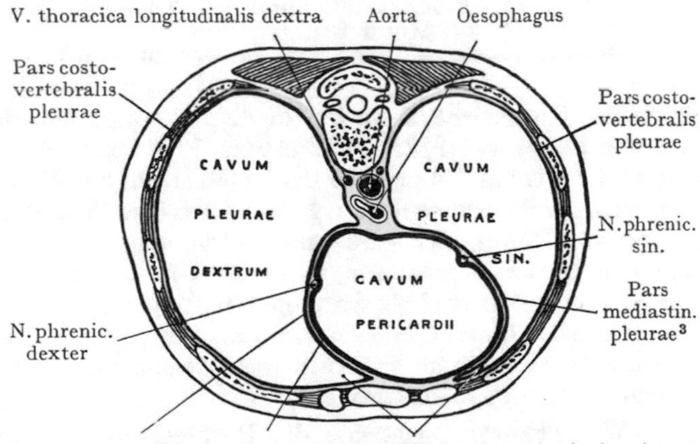

Abb. 206. Horizontalschnitt durch die Brust eines $2^3/_4$jährigen Kindes.
Nach einem Mikrotomschnitte.
Die Fascia endothoracica und das Bindegewebe des Mediastinalraumes grün.

II. Thoraxraum.

Allgemeines über den Thoraxraum und seinen Inhalt (Abb. 206 und 207). Der Thoraxraum, welcher vorn, seitlich und dorsal von den Thoraxwandungen, caudal von dem Diaphragma begrenzt wird, kann, wenn man als inneren Abschluss der Wandung die Fascia endothoracica annimmt, mit dem Bauchraume verglichen werden. Er schliesst aber nicht, wie der Bauchraum, bloss eine einzige seröse Höhle ein, sondern hier finden sich drei seröse Höhlen, welche entwicklungsgeschichtlich aus dem ursprünglich in der ganzen Ausdehnung des Rumpfes einheitlichen

---
[1] Pleura costalis. [2] V. azygos et hemiazygos. [3] Pleura mediastinalis.

Cölom hervorgegangen sind. Neben den drei serösen Höhlen mit ihrem Inhalte (Herz und Lungen) sind im Brustraume eine Anzahl von grösseren Gebilden eingeschlossen, welche in der Hauptsache einen Längsverlauf zeigen: sie liegen ausserhalb der serösen Höhlen, erhalten höchstens streckenweise einen Überzug durch das parietale Blatt des Pericardium oder der Pleura und sind in lockeres Bindegewebe eingehüllt, welches mit der Fascia endothoracica im Zusammenhang steht (Abb. 207). Solche Gebilde sind: die Aorta thoracica, die Trachea, der Oesophagus, die Nn. vagi, der Ductus thoracicus, die Grenzstränge des Sympathicus und die grossen Gefässe, wie der Tr. brachiocephalicus[4], die A. carotis und die A. subclavia sinistra mit den grossen, zur Vena cava cranialis zusammentretenden Venen. Wenn wir in dem in Abb. 206 dargestelltenQuerschnitte zunächst bloss die Pleurahöhlen berücksichtigen, so grenzen die medialen Wandungen derselben, Partes mediastinales pleurae[2], einen Raum ab, welcher sich von der vorderen Fläche der Brustwirbelkörper bis zu dem Sternum und den Rippenknorpeln sowie den ventralen Enden der Spatia intercostalia I—VI erstreckt. In diesem Raume lagern sich ventral der Pericardialsack mit dem Herzen, dorsal die erwähnten, mehr oder weniger längsverlaufenden, ausserhalb der serösen Säcke liegenden Gebilde ein. Wir bezeichnen den ganzen Raum, der links und rechts von der medianwärts sehenden Partie der Pleurasäcke, dorsal von dem vorderen Umfang der Brustwirbelkörper, ventral von dem Sternum, den fünf bis sechs oberen Rippenknorpeln und den ventralen Enden der fünf bis sechs oberen Intercostalräume begrenzt wird, als Mediastinum, die darin enthaltenden Gebilde als Mediastinalgebilde und die Pleura, welche beiderseits den Raum begrenzt, als Pars mediastinalis pleurae.

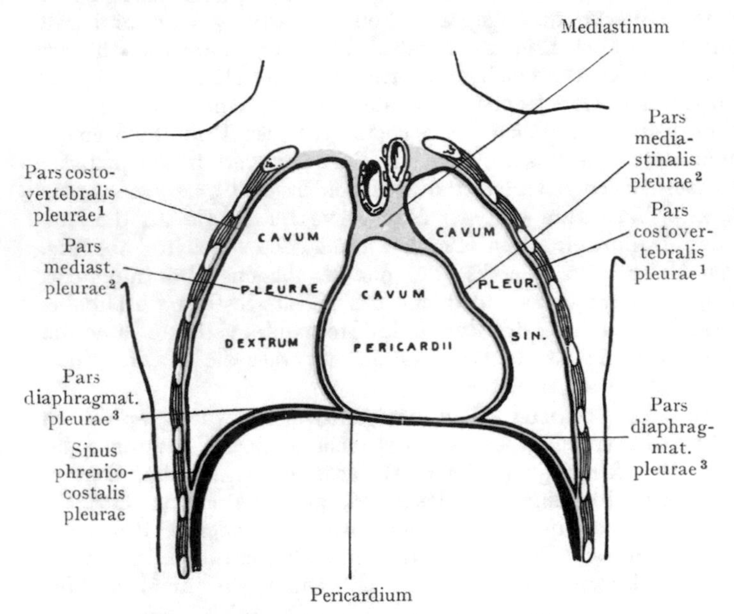

Abb. 207. Frontalschnitt durch den Thorax. (Halbschematisch.)
Fascia endothoracica und Bindegewebe des Mediastinum grün.

Wir gliedern demgemäss die Besprechung des Thoraxinhaltes in folgende Abschnitte:

A. Topographie der Pleura und der Pleurahöhlen.
B. Topographie der Lungen.
C. Topographie des Pericardialsackes und des Herzens.
D. Topographie des Mediastinum.

[1] Pleura costalis. [2] Pleura mediastinalis. [3] Pleura diaphragmatica. [4] A. anonyma.

A. Topographie der Pleura und der Pleurahöhlen.

Die beiden Pleurahöhlen stellen, in ähnlicher Weise wie die Peritonaeal- und Pericardialhöhle, seröse Säcke dar, welche durch Eingeweideteile, und zwar von dem medialen Umfang der Säcke aus, eingestülpt werden. Demgemäss unterscheiden wir einen Abschnitt der Pleura, welcher die Lungen unmittelbar überzieht und fest mit ihnen verwachsen ist, als Pleura pulmonalis, von einem Abschnitte, welcher sich der innersten Schicht der Thoraxwandung, der Fascia endothoracica anlegt, der Pleura parietalis. Die Pleura pulmonalis und die Pleura parietalis begrenzen den Pleuraspalt (Cavum pleurae) und gehen dort ineinander über, wo die Lunge den Pleurasack eingestülpt hat, und die Gefässe, Nerven usw. aus dem Mediastinalraum zur Lunge gelangen (Lungenhilus).

Von topographischem Werte ist die Unterscheidung verschiedener Abschnitte an der Pleura parietalis (Abb. 203 und Abb. 207). Derjenige Teil, welcher im Anschlusse an die Fascia endothoracica die Rippen, die Intercostalräume und teilweise auch die hintere Fläche des Sternum überzieht, wird als Pars costovertebralis pleurae[1] derjenige Abschnitt, welcher, links und rechts in verschiedener Ausdehnung, gleichfalls unter Vermittlung der Fascia endothoracica, mit der oberen Fläche des Diaphragma verbunden ist, als Pars diaphragmatica pleurae[2] bezeichnet. Die Pars mediastinalis pleurae[3] endlich begrenzt nach beiden Seiten das Mediastinum und geht am Hilus pulmonis in die Pleura pulmonalis über.

Diese drei grossen Abschnitte der Pleura parietalis lassen sich mehr oder weniger genau voneinander abgrenzen. Untersuchen wir die Verhältnisse, wie sie uns in den schematischen Abb. 206 und 207 entgegentreten, so sehen wir die Grenzlinie der Pars costovertebralis pleurae[1] ventralwärts in Abb. 206 mit scharfem Winkel in die Pars mediastinalis pleurae[3] übergehen, während dorsal der Übergang, entsprechend der Ausbuchtung der Thoraxwandung auf beiden Seiten der Brustwirbelsäule, ganz allmählich stattfindet, so dass man erst die Artikulationsstelle der Rippen mit den Wirbelkörpern feststellen muss, um die Grenze zwischen der Pars costovertebralis pleurae und der Pars mediastinalis angeben zu können. In dem Frontalschnitte Abb. 207 erkennen wir erstens, dass der Übergang der Pars costovertebralis in die Pars diaphragmatica pleurae am Grunde eines tiefen Spaltes liegt, welcher sich zwischen dem Diaphragma und der Thoraxwandung abwärts zieht, und zweitens, dass die Pars mediastinalis pleurae[3] fast rechtwinklig in die Pars diaphragmatica pleurae[2] übergeht.

Ausbuchtungen, resp. Spalten der Pleurahöhle, an deren Grund die verschiedenen Abschnitte der Pleura parietalis ineinander übergehen, werden als Sinus pleurae angeführt, und zwar als Sinus costomediastinalis pleurae und Sinus phrenicocostalis pleurae. In beiden Sinus pleurae verschieben sich bei der Inspiration die Lungenränder, so dass sie durch ihre Beziehungen zur vorderen und zur seitlichen Brustwand für praktische Zwecke in Betracht kommen. Die Linie, in welcher die Pars costovertebralis vorne in die Pars mediastinalis übergeht, sowie auch ihre Fortsetzung am seitlichen und dorsalen Umfange des Thorax, welche den Übergang der Pars costovertebralis in die Pars diaphragmatica angibt, bestimmen die Ausdehnung der Pleurahöhle nach vorne und unten. Diese Umschlagslinien sind in den Abb. 215—218 in ihren Beziehungen zum Sternum, zu den Rippen und zu den Lungenrändern angegeben.

Die Linie des vorderen Pleuraumschlages verläuft rechts und links verschieden, beiderseits geht sie (grün) von dem Articulus sternoclavicularis aus, indem die Linien gegen den Übergang des Manubrium in das Corpus sterni, etwas links von der Medianlinie, konvergieren. Es wird also an der hinteren Fläche des Manubrium sterni ein dreieckiges Feld von dem Pleuraüberzuge frei bleiben, dessen Basis durch die Incisura

[1] Pleura costalis. [2] Pleura diaphragmatica. [3] Pleura mediastinalis.

jugularis sterni gebildet wird und welches direkt an das lockere Bindegewebe des Mediastinalraumes grenzt. Von der Verbindung des Manubrium mit dem Corpus sterni aus verlaufen die Pleuralinien parallel nebeneinander an der hinteren Fläche des Corpus sterni bis etwa zur Höhe der sternalen Enden des IV. Rippenknorpel. Hier divergieren sie; die linke Pleuragrenze verläuft in leicht geschwungenem Bogen lateralwärts bis zum VI. Rippenknorpel, indem die ventralen Enden des IV. und V. Intercostalraumes des Pleuraüberzuges entbehren; von der Höhe des sternalen Endes des VI. Rippenknorpels an geht die Linie in diejenige des unteren Pleuraumschlages über. Rechterseits dagegen verläuft die Linie ohne laterale Ausbiegung, annähernd parallel dem Rippenbogen, bis zum Ansatze der VII. Rippenknorpels. Von dieser Stelle an geht

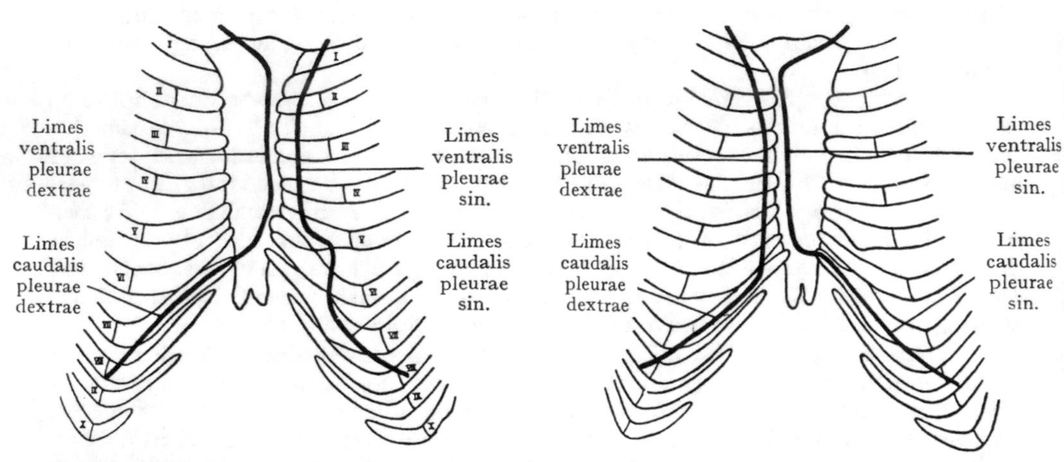

Abb. 208. Schema der extremen Verschiebung der Pleuragrenzen an der vorderen Brustwand. Verschiebung nach links.
Nach Tanja. Morph. Jahrb. XVII. 1891.

Abb. 209. Schema der extremen Verschiebung der Pleuragrenzen an der vorderen Brustwand. Verschiebung nach rechts.
Nach Tanja. Morph. Jahrb. XVII. 1891.

beiderseits die untere Grenze der Pleurahöhle, der tiefsten Ausbuchtung des Sinus phrenicocostalis entsprechend, in abwärts konvexem Bogen lateral- und dorsalwärts; sie liegt in der Mamillarlinie etwa am unteren Rande der VII. Rippe, in der Axillarlinie schneidet sie die X. Rippe und erreicht die Brustwirbelsäule in der halben Höhe des XII. Brustwirbels, unterhalb der Artikulationsstelle der XII. Rippe. Die letztere wird also durch die untere Grenzlinie der Pleura gekreuzt, so dass in der Abb. 218 etwa $^1/_3$ der Rippe oberhalb der Kreuzungsstelle und $^2/_3$ unterhalb derselben liegen. (Über die Bedeutung dieses Verhältnisses für Operationen an den Nieren, sowie über Variationen der Länge der XII. Rippe siehe Topographie der Niere.)

Der Verlauf der Pleuragrenze an der vorderen Brustwand lässt zwei Stellen von dem Pleuraüberzuge frei. An die obere, welche dem dreieckigen Felde an der hinteren Fläche des Manubrium sterni entspricht, legt sich beim neugeborenen Kinde die Thymus; beim Erwachsenen findet sich hier das fettreiche die Thymusreste enthaltende Bindegewebe des Mediastinum. Die untere Stelle entspricht den ventralen Enden des IV. und V. linken Intercostalraumes und dem angrenzenden Teile des Corpus sterni bis zum Abgang des Processus ensiformis[1], hier legt sich der Pericardialsack direkt an die vordere Brustwand und kann bei typischem Befunde ohne Verletzung der Pleura erreicht werden. Man wird bei der Punktion oder der Eröffnung des Pericardialsackes (bei starken pericarditischen Ergüssen oder bei Operationen am Herzen) von dieser Stelle aus vorgehen, also etwa dicht neben dem Sternum das Spatium intercostale IV oder V eröffnen.

[1] Processus xiphoideus.

Variationen im Verlaufe der vorderen Pleuragrenze. Dieselben sind recht beträchtlich; man vergleiche beistehende Abbildungen, welche extreme Fälle darstellen; in Abb. 208 eine starke Verschiebung der Grenze nach links, in Abb. 209 eine solche nach rechts, Variationen, welche für operative Eingriffe, wie z. B. für die Eröffnung des Pericardialsackes, von grosser Bedeutung sind.

Nachdem wir die Ausdehnung der Pleurahöhle sowie ihre Grenzen in bezug auf die Thoraxwandungen festgestellt, hätten wir nunmehr die Beziehungen der einzelnen Abschnitte der Pleura zu untersuchen.

Pars costovertebralis pleurae[1]. Sie ist beim Erwachsenen mit der Fascia endothoracica verwachsen und mittelst derselben mit den Rippenknorpeln und den Rippen so straff verbunden, dass es ohne Einriss der Pleura nicht gelingt, den Pleurasack von den Rippen und den Mm. intercostales int. abzupräparieren. Beim Neugeborenen ist dagegen die Fascia endothoracica weniger derb, folglich auch die Verbindung mit den Rippen eine lockere, so dass es möglich ist, die Pars costovertebralis pleurae[1] von den Thoraxwandungen abzulösen und den Pleurasack präparatorisch darzustellen.

Die Arterien und Venen der Pars costovertebralis gehören teils zum Gebiete der A. thoracica int.[2] und der gleichnamigen Venen, teils zu demjenigen der Aa. und Vv. intercostales. Die Lymphgefässe verlaufen (Abb. 201) hauptsächlich ventralwärts zu den Lymphonodi sternales.

Die Pars mediastinalis pleurae[3] erstreckt sich von dem Umschlage der Pars costovertebralis[1] an der vorderen Brustwand dorsalwärts bis zur Wirbelsäule oder bis zu einer Linie, welche den Articuli costovertebrales entspricht. Nach unten reicht sie bis zum Diaphragma, um hier in die Pars diaphragmatica überzugehen. Sie wird in der Höhe des Hilus pulmonis durch die zur Lunge verlaufenden Gebilde eingestülpt (Bronchus, A. und V. pulmonalis usw.) und geht auf dieselben sowie auf die Lunge als Pleura pulmonalis über, dabei bildet sie eine vom Lungenhilus an abwärts bis zum Diaphragma verlaufende, auf die Facies mediastinalis der Lunge übergehende dreieckige Falte (Plica mediastinopulmonalis[4]), durch welche die Facies mediastinalis der Lunge sowohl mit der Pars mediastinalis als auch mit der Pars diaphragmatica in Verbindung steht.

Die Pars mediastinalis pleurae[3] stellt beiderseits die Grenze des mediastinum dar und tritt zu einer Anzahl mediastinaler Gebilde in Beziehung. Ventral legt sich (Abb. 206) die Pleura dem Pericardium an, mit welchem sie durch spärliches Bindegewebe in Zusammenhang steht und wird in diesem Bereiche als Pars pericardiaca pleurae[5] bezeichnet. Zwischen den beiden serösen Blättern, dem Pericardium einerseits, der Pars pericardiaca andererseits verläuft rechts wie links der N. phrenicus. Im übrigen ist das Verhalten der Pars mediastinalis rechts und links verschieden. Rechterseits überzieht sie (man vergleiche die von der Seite her aufgenommenen Situsbilder der Mediastinalgebilde, auch die Horizontalschnitte durch die Brust am Schlusse des Kapitels) den rechten Umfang der V. cava cranialis sowie den der V. cava cranialis lateral angeschlossenen N. phrenicus dexter mit der A. und den Vv. pericardiacophrenicae dextrae, den rechten Umfang des Tr. brachiocephalicus[6], ferner den rechten Umfang der Trachea unmittelbar oberhalb der Bifurkation, endlich in grösserer Ausdehnung die auf den Brustwirbelkörpern aufwärts ziehende V. thoracica longitudinalis dextra[7] sowie den Grenzstrang des Sympathicus. Linkerseits überzieht die Pars mediastinalis den linken Umfang der Aorta thoracica, den linken Grenzstrang des Sympathicus und die V. thoracica longitudinalis sinistra[8], sowie den linken Umfang der A. subclavia sin. Streckenweise kann die Pars mediastinalis pleurae dextra und sin. auch noch bis an den Oesophagus heranreichen, und zwar unterhalb seiner Kreuzung durch den Arcus aortae.

Die Pars diaphragmatica pleurae[9] überzieht beiderseits denjenigen Teil der oberen Fläche der Zwerchfellkuppel, welcher von der Pars diaphragmatica pericardii freigelassen wird. Entsprechend der Verlagerung des Herzens nach links ist die von der

[1] Pleura costalis. [2] A. mammaria interna. [3] Pleura mediastinalis. [4] Lig. pulmonale. [5] Pleura pericardiaca. [6] A. anonyma. [7] V. azygos. [8] V. hemiazygos. [9] Pleura diaphragmatica.

Pars diaphragmatica pleurae[1] überzogene Partie der Zwerchfellkuppel rechterseits grösser als linkerseits. Die Pleura ist mit dem Diaphragma mittelst der Fascia endothoracica fest verwachsen.

Pleurakuppel und Reserveräume der Pleurahöhle. Der oberste Teil der Pleurahöhle, welcher, nach vorne projiziert, über die vordere Abgrenzung des Thorax durch die Incisura jugularis und die Clavicula in die Halsgegend hinaufragt, wird recht passend als Pleurakuppel (Cupula pleurae) bezeichnet (Abb. 210). Sie entspricht in ihrer Wölbung der Lungenspitze, welche sich von unten in den Kuppelraum erhebt und denselben vollständig ausfüllt. Die Pleurakuppel wird nicht bloss durch die Verlötung ihrer Wandung mit der Fascia endothoracica in ihrer Lage fixiert, sondern auch

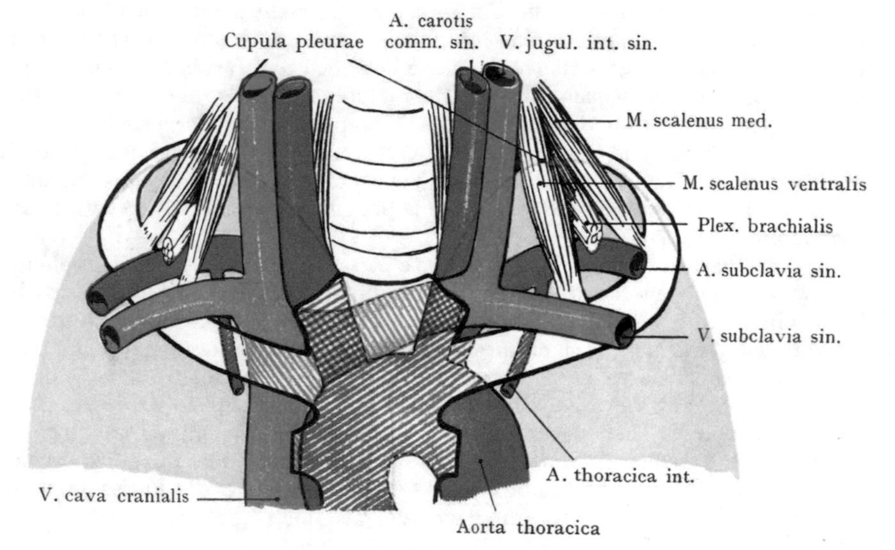

Abb. 210. Topographie der Pleurakuppel. (Halbschematisch.)

durch derbe Faserzüge, welche sich von der straffen Fascia praevertebralis (Fascia colli prof.) abzweigen und mit der Wandung der Pleurakuppel verbinden. Dorsal liegt sie dem Köpfchen und dem Halse der I. Rippe sowie dem in seinem Ursprunge bis zum III. Brustwirbelkörper herabreichenden M. longus colli an, der von der Fascia praevertebralis überzogen wird. Der Grenzstrang des Sympathicus und sein dem Köpfchen der I. Rippe aufgelagertes Ganglion cervicale caudale stehen gleichfalls in unmittelbarem Kontakte mit der Pleura (s. Trigonum scalenovertebrale). Die Mm. scaleni gehen über den vorderen und lateralen Umfang der Pleurakuppel zu ihren Insertionen an der oberen Fläche der ersten und zweiten Rippe; sie begrenzen die hintere Scalenuslücke und die Rinne, in welcher von oben her die Stämme des Plexus brachialis abwärts verlaufen, um sich der A. subclavia anzuschliessen. Rechterseits legt sich der Tr. brachiocephalicus[2] sowie seine direkte Fortsetzung nach oben zum Halse, die A. carotis comm. dextra, an den medialen Umfang der Pleurakuppel, linkerseits die A. carotis comm. sin., während beiderseits die A. subclavia über den vorderen oberen Umfang der Pleurakuppel zur hinteren Scalenuslücke hinwegzieht. Sie wird von vorne teilweise durch die V. subclavia überlagert, welche von dem Angulus venosus, wo sich die V. brachiocephalica[3] durch den Zusammenfluss der V. subclavia und der V. jugularis int. bildet, zur vorderen Scalenuslücke (zwischen dem M. scalenus ventralis und der Clavicula) verläuft. Die A. und V. subclavia treten abwärts in die Spitze der Achselhöhlen-

[1] Pleura diaphragmatica. [2] A. anonyma. [3] V. anonyma.

pyramide ein. Die Clavicula legt sich mit ihrer Pars sternalis vor die Gefässe, gelangt aber nicht in unmittelbare Berührung mit der Pleurakuppel. Letztere überragt eine durch die Clavicula gelegte Horizontalebene um 2—3 cm, kann also ebenso wie die A. und V. subclavia, welche sich der Pleurakuppel anlagern, von oberhalb der Clavicula eindringenden Stich- oder Schussverletzungen erreicht werden.

Zwei Äste der A. subclavia treten in Beziehung zur Pleurakuppel, erstens die A. thoracica int.[1], welche abwärts zieht, um sich dem Sternum anzulegen (Abb. 210) und zweitens die A. vertebralis, welche gegen den Winkel hinaufzieht, der durch den M. scalenus ventralis und den M. longus colli gebildet wird (Angulus scalenovertebralis) und hier in das Foramen costotransversarium[2] des VI. Halswirbels eintritt.

Die Pleurakuppel, in welche sich die Lungenspitze einlagert, ist also nicht bloss tief gelegen, sondern steht zu einer Anzahl von wichtigen Gebilden in Beziehung. Die Lungenspitze füllt den Raum sowohl bei der Inspiration als bei der Exspiration vollständig aus; die Wandungen sind infolge ihrer Fixation durch die erwähnten Faserzüge der Fascia praevertebralis weniger nachgiebig als andere Partien der Pleura, so dass die Lungenspitze ihre Lage bei In- und Exspiration nur wenig ändert. Man spricht infolgedessen geradezu von einer geringeren Ventilation der Lungenspitze und führt, ob mit Recht sei dahingestellt, die Häufigkeit des Auftretens tuberkulöser Prozesse in der Lungenspitze auf die erwähnten Beziehungen der Pleurakuppel zurück.

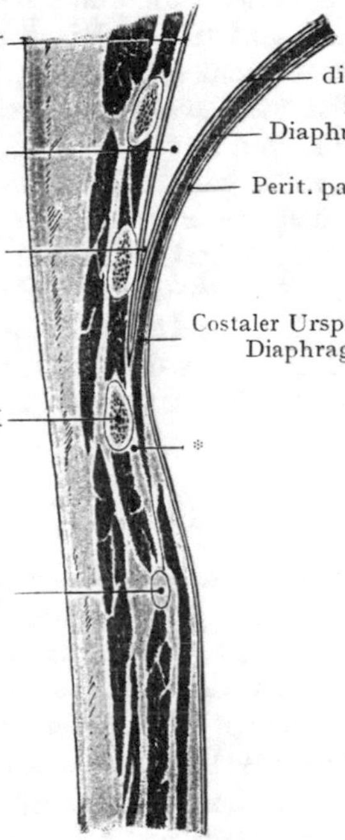

Abb. 211. Sinus phrenicocostalis.
Nach einem frontalen Gefrierschnitte durch den Rumpf.

Reserveräume der Pleurahöhle. Die beiden Sinus pleurae, der Sinus phrenicocostalis und der Sinus costomediastinalis bilden Reserveräume der Pleurahöhle, in welche sich bei der Inspiration die Lunge vorschiebt, während sich diese bei der Exspiration aus ihnen zurückzieht. Bei dem letzteren Vorgange legen sich die beiden den Sinus bildenden Pleurablätter aneinander, bei der Inspiration werden sie dadurch voneinander getrennt, dass der Lungenrand in den Sinus vordringt.

Die Ausdehnung der Sinus pleurae ist in den Abb. 215—218 durch grüne Punktierung angegeben; die Umrisse der Lungen bei mittlerer Inspiration sind schwarz, diejenigen der Pleura grün gehalten. Aus den Abbildungen geht ohne weitere Erklärung hervor, dass die beiden Sinus pleurae eine recht verschiedene Ausdehnung besitzen, je nachdem wir dieselben vorn, seitlich oder dorsal untersuchen. Der Sinus costomediastinalis bildet einen Reserveraum, welcher bei der Inspiration fast vollständig ausgefüllt wird, indem die Grenzen der Lunge mit den Grenzen der Pleura zusammenfallen. Bloss linkerseits, wo in Abb. 215 ein starker Ausschnitt am vorderen Lungenrande der Ausbiegung der Pleuragrenze lateralwärts im Bereiche des IV. und V. Intercostalraumes entspricht, wird der Reserveraum grösser, und die Untersuchung der Respirationsbewegungen ergibt, dass derselbe niemals, auch nicht bei forcierter Inspiration, vollständig von der Lunge ausgefüllt wird. In noch höherem Grade gilt dies für den Sinus phrenicocostalis, dessen Höhe (bei mittlerer Exspirationsstellung der Lungen gemessen) wechselt, je nachdem man

[1] A. mammaria int. [2] Foramen transversarium.

in den verschiedenen senkrechten Orientierungslinien des Thorax untersucht. Die Höhe des Sinus beträgt nach Luschka:

in der rechten Sternallinie 2 cm,
" " " Mamillarlinie 2 cm,
" " " Axillarlinie 6 cm,

neben der Wirbelsäule, am unteren Rande des XII. Brustwirbels, 2,5 cm.

Der Sinus phrenicocostalis wird unter normalen Verhältnissen auch bei forcierter Inspiration niemals vollständig von der Lunge ausgefüllt; immer bleiben die Pleurablätter am unteren Teile des Sinus miteinander in Kontakt. Wenn wir Frontalschnitte des Rumpfes etwa dort, wo der Sinus seine maximale Höhe besitzt (in der Linea axillaris), in bezug auf diesen Punkt untersuchen, so sehen wir (Abb. 207) zunächst den Ursprung des Diaphragma von der X. Rippe und die Schrägschnitte der VII. bis IX. Rippe. Der Sinus pleurae reicht nicht bis zu den Ursprüngen des Zwerchfells von den Rippen hinunter, vielmehr ist das Zwerchfell durch Bindegewebe eine Strecke weit mit den Mm. intercostales int. verlötet (* in Abb. 211). An dem Sinus phrenicocostalis pleurae lassen sich hier zwei Abschnitte unterscheiden. Im Bereiche des unteren Abschnittes berühren sich die Pars diaphragmatica und costovertebralis pleurae, indem sie bloss durch einen Spalt, in welchem die Lunge niemals herabsteigt, voneinander getrennt werden. Der obere Abschnitt erscheint bei der Exspiration gleichfalls als Spalt, dagegen drängt sich bei der Inspiration der untere Lungenrand zwischen die Pleurablätter nach unten und erweitert den Spalt, so dass er dann einen wirklichen Reserveraum für die sich ausdehnende Lunge darstellt.

B. Topographie der Lungen.

Die Lungen verhalten sich zur Pleurahöhle in derselben Weise wie etwa das Herz zur Pericardialhöhle oder ein Darmteil zur Peritonaealhöhle. Am Hilusfelde gelangen zu- und abführende Blutgefässe und Nerven mit dem Bronchus zur Lunge, indem sie, aus dem Mediastinum austretend, sich zum Lungenstiel zusammenlegen (Radix pulmonis) und einen Überzug von der Pars mediastinalis pleurae erhalten, welcher hier als Pleura pulmonalis auf die Lunge übergeht.

Das weiche Lungengewebe schmiegt sich den Thoraxwandungen, genauer gesagt der von der Pleura parietalis gebildeten Wandung der Pleurahöhle, eng an und erhält in ähnlicher Weise wie andere Eingeweide Eindrücke, die teils von Gefässen (A. subclavia und Aorta) teils von anderen Eingeweiden (Herz, Oesophagus) herrühren. Solche Eindrücke (Impressiones) können durch die Injektion der Blutgefässe mit erhärtenden Flüssigkeiten (Formol oder Chromsäure) in der Leiche fixiert werden; dabei wird die Form der Lungen im ganzen am besten erhalten und die topographischen Beziehungen lassen sich zum Teil auch ohne weiteres an derartigen Präparaten ablesen.

Man vergleicht in der Regel eine in situ gehärtete, am Hilus abgetrennte und aus der Pleurahöhle entfernte Lunge mit einem Conus, dessen Basis der Wölbung des Zwerchfells aufliegt, während die Spitze den Raum der Pleurakuppel ausfüllt. Der Vergleich mit einem Conus ist jedoch kein genauer, indem wir an jeder Lunge bestimmte Flächen (Facies) unterscheiden können, die an mehr oder weniger scharfen Kanten (Margines) ineinander übergehen, so eine Facies diaphragmatica (Basis pulmonis), eine Facies costalis und eine Facies mediastinalis. Dieselben entsprechen der Einteilung der Pleura parietalis in eine Pars diaphragmatica, eine Pars costovertebralis und eine Pars mediastinalis pleurae. Ferner haben wir einen Margo sternalis (er fügt sich in den Sinus costomediastinalis ein), einen stumpfen hinteren Rand (er liegt neben der Wirbelsäule) und einen Margo diaphragmaticus (er entspricht dem Sinus phrenicocostalis). Dazu kommt die Lungenspitze (Apex pulmonis). Sämtliche Flächen der Lunge werden von der Pleura pulmonalis überzogen; nur das Hilusfeld an der Facies mediastinalis, wo der durch die Pars mediastinalis gelieferte Überzug der Hilusgebilde auf die Lunge übergeht, macht hiervon eine Ausnahme.

Abgesehen von den Impressiones, welche durch benachbarte Organe an den Lungen erzeugt werden, erhält das Relief derselben noch eine gewisse Abwechslung durch die Lungenfurchen (Fissurae interlobares[1]), durch welche die rechte Lunge in drei Lappen (Lobus ventrocranialis[2], medius und dorsocaudalis[3]), die linke Lunge in zwei Lappen (Lobus ventrocranialis[2] und dorsocaudalis[3] eingeteilt wird. Der Verlauf der Fissurae interlobares und die Ausdehnung der einzelnen Lungenlappen in ihrer Projektion auf die Brustwandung sind praktisch von nicht geringer Wichtigkeit (Abb. 215—218).

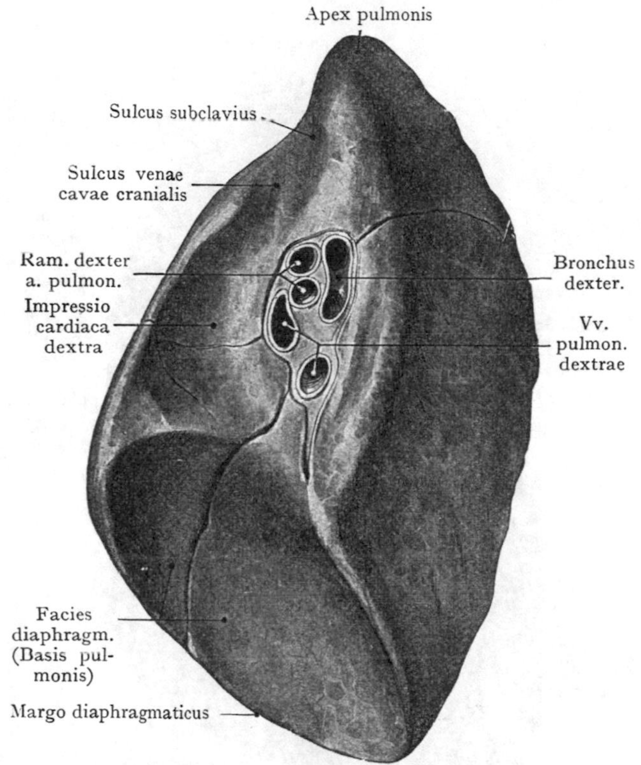

Abb. 212. Mediale Ansicht der rechten Lunge. Nach dem Hisschen Gipsabguss, unter Zuhilfenahme eines Formolpräparates.

Besprechung der Lungenflächen und Lungenkanten (Abb. 212 und 213). Facies costalis. Sie tritt beiderseits in Beziehungen zu der vorderen, lateralen und dorsalen Wandung des Brustkorbes durch Vermittlung des Pleuraspaltes und der Pars costovertebralis pleurae. Folglich ergeben sich Beziehungen: vorn zum Corpus sterni und den Rippenknorpeln, seitlich zu den knöchernen Rippenspangen bis zur Linie, in welcher die Articuli costovertebrales liegen und die Facies costalis der Lunge in die Facies mediastinalis übergeht. Die Facies costalis erhält durch die Rippen Vorwölbungen, welche sehr schön am gehärteten Präparat zu erkennen sind. Entsprechend den Intercostalräumen finden sich dagegen leichte Vertiefungen an der Facies costalis der Lunge. Auf der Lungenwand lastet von innen der atmosphärische Druck, welcher sie auszudehnen sucht, ihm wirkt entgegen der elastische Zug der Bronchen und des gesamten Lungengewebes, welches bestrebt ist, die Lunge gegen den Hilus hin zu kontrahieren und auf ein kleineres Volumen zu reduzieren. Dies gelingt, wenn der Pleuraspalt etwa durch Stichwunden eröffnet wird, indem damit ein Gleichgewicht zwischen dem von aussen und von innen auf die Lunge einwirkenden atmosphärischen Druckes eintritt, welcher dem elastischen Lungengewebe das Übergewicht verleiht: die Lunge collabiert. Der Luftdruck wirkt auch in demselben Sinne auf die weiten Intercostalräume und bringt so die Vertiefungen auf der Facies costalis der Lunge hervor, die oben erwähnt wurden. Die Beziehungen zu den Rippen kommen manchmal auch in einer ungleichmässigen Ausbildung des Lungenpigmentes

[1] Incissurae interlobulares. [2] Lobus superior. [3] Lobus inferior.

zum Ausdruck, indem dasselbe entsprechend den Intercostalräumen etwas schwächer ausgebildet ist, als an den Stellen, die von den Rippenspangen bedeckt sind. Die Facies costales beider Lungen sind, entsprechend der Thoraxwandung, sowohl in transversaler als in sagittaler Richtung gewölbt.

Die Facies costalis zeigt infolge der Ausbildung der Fissurae interlobares[1] eine Einteilung in Lappen (Lobi pulmonales). Beiderseits ist eine Hauptfurche zu verfolgen, welche von dem dorsalen Umfange der Lunge, etwa in der Höhe, wo die Spina ihren Anfang am Margo vertebralis scapulae nimmt, schräg ventralwärts verläuft, um am vorderen Rande, beiderseits etwa am VII. Rippenknorpel, auf die Facies mediastinalis überzugehen (siehe die Situsbilder der Brusteingeweide von der Seite). Während die linke Lunge durch diese Furche in einen oberen und einen unteren Lappen geteilt wird, kommt an der rechten Lunge eine zweite Fissur (Fissura accessoria) hinzu, welche von der ersten etwa in ihrer halben Länge abgeht, horizontal gegen den Margo sternalis verläuft und einen keilförmigen, bloss von vorn und von der Seite sichtbaren, mittleren Lappen abgrenzt.

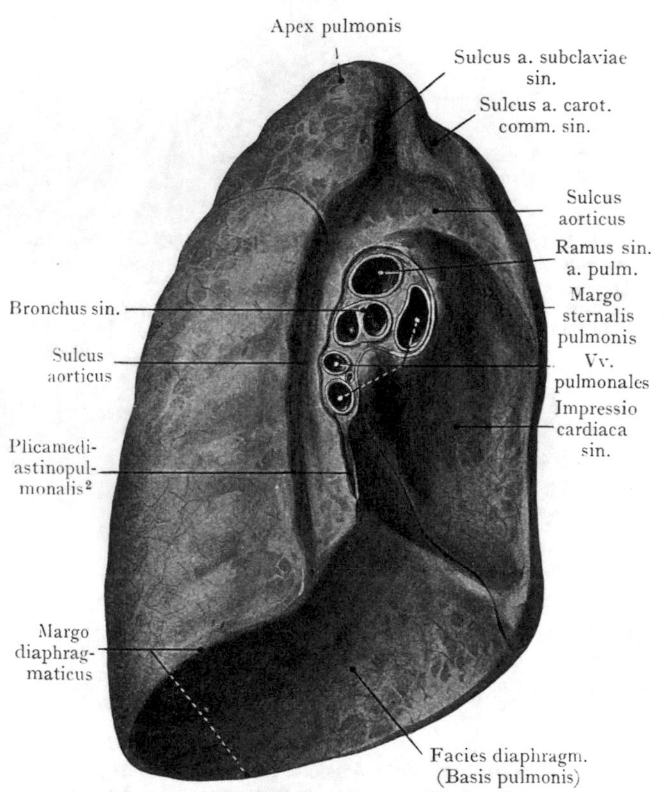

Abb. 213. Mediale Ansicht der linken Lunge.
Nach dem Hisschen Gipsabguss, unter Zuhilfenahme eines Formolpräparates.

Facies mediastinalis. Ihr Relief (Abb. 212 u. 213) wird durch ihre Beziehungen zu den von der Pars mediastinalis bedeckten Gebilden des Mediastinum bestimmt; es ergeben sich demnach für beide Lungen verschiedene Verhältnisse. Rechts wie links findet sich, etwa in der halben Höhe der Facies mediastinalis der dorsalen Kante näher als der ventralen, das ovale Hilusfeld mit senkrecht gestellter Längsachse. Von den Rändern des Hilusfeldes aus schlägt sich die Pleura visceralis auf die Gebilde über, welche die Radix pulmonis bilden und am Hilusfelde in die Lunge eintreten (Bronchus, Verzweigungen der A. pulmonalis, Vv. pulmonales, Vasa lymphacea pulmonis und Plexus pulmonalis ventralis und dorsalis n. vagi). Von der unteren Grenze des Hilusfeldes zieht sich das Plica mediastinopulmonalis[2] als eine Pleuraduplikatur abwärts zum Diaphragma, medianwärts zur Pars mediastinalis.

Die Gebilde, welche am Hilusfelde in die Lunge eintreten, zeigen rechts und links eine verschiedene Anordnung. Rechterseits (Abb. 212) liegt, etwas dorsal- und kranialwärts, der Querschnitt des rechten Bronchus, ventral davon zwei Äste des Ram. dexter a. pulmonalis und an diese sowie an den Bronchus sich anschliessend, gegen den unteren (caudalen) Umfang des Hilusfeldes die Querschnitte der beiden

[1] Incisurae interlobares. [2] Ligamentum pulmonale.

Venae pulmonales. Linkerseits (Abb. 213) haben wir im Hilusfelde kranial den Querschnitt des Ramus sinister a. pulmonalis, caudal davon den Querschnitt des Bronchus sinister, sowie im kaudalen Teile des Feldes, gegen den Abgang des Plica mediastino-pulmonalis[1] hin, die Venae pulmonales.

Abgesehen von dem Hilusfelde zeigt das Relief der Facies mediastinalis, an den in situ gehärteten Lungen, rechterseits und linkerseits weitere Verschiedenheiten. Es ist möglich, aus den vorhandenen Eindrücken ohne weitläufige Untersuchung die Beziehungen zu den Gebilden des Mediastinalraumes zu erkennen. An der Facies mediastinalis der rechten Lunge findet sich eine ventral von dem unteren Teile des Hilusfeldes und der Plica mediastino-pulmonalis[1] liegende Vertiefung (Abb. 212), die Impressio cardiaca, in welche sich der laterale Umfang des rechten Vorhofes einbettet. Die Impressio cardiaca grenzt ventral an den vorderen Lungenrand. Kranialwärts geht sie in eine ventral von dem Hilusfelde liegende Furche über, die zur Aufnahme der V. cava cranialis bestimmt ist. Dorsal von dem Hilusfelde, dem hinteren Lungenrande angrenzend, ist eine seichte Längsfurche zu sehen, welche teils den Brustwirbelkörpern, teils dem Oesophagus ihre Entstehung verdankt.

An der Facies mediastinalis der linken Lunge wird eine tiefere Impressio cardiaca durch die Verlagerung des Herzens nach links hervorgerufen, welche den linken stumpfen Herzrand sowie den linken Ventrikel aufnimmt. Sie liegt ventral von dem Hilusfelde und der Plica mediastino-pulmonalis[1] und grenzt vorn unmittelbar an den vorderen Lungenrand. Von der Impressio cardiaca geht kranialwärts eine Furche aus, welche bogenförmig die obere Grenze des Hilusfeldes umzieht, um dorsal von demselben, dem Lungenrand entlang bis zum Margo diaphragmaticus zu verlaufen. Diese Furche wird in dem bogenförmigen Teile ihres Verlaufes durch den Arcus aortae hervorgerufen, im übrigen durch die Aorta thoracica (Sulcus aorticus). Von der höchsten Stelle derselben gehen zwei weitere Furchen aus, von denen die eine senkrecht gegen den Apex pulmonis hinaufzieht (Sulcus arteriae carotidis comm. sin.), während die zweite bogenförmig auf die Facies costalis der Lunge, etwas unterhalb des Apex pulmonis übergeht (Sulcus arteriae subclaviae).

Die Facies diaphragmatica der Lungen (auch Basis pulmonum) liegt der Wölbung der Zwerchfellkuppel auf und wird in ihrer Form durch dieselbe bestimmt. Rechterseits und linkerseits sind die Verhältnisse insofern verschieden, als durch die Verlagerung des Herzens nach links die Facies diaphragmatica der linken Lunge kleiner ausfällt als diejenige der rechten Lunge, wie überhaupt auch die Masse der linken Lunge, infolge der Lage der Hauptmasse des Herzens links von der Medianebene, eine geringere ist. Die Facies diaphragmatica wird durch den scharfen, dem Sinus phrenicocostalis eingelagerten unteren Lungenrand von der Facies costalis getrennt, von der Facies mediastinalis dagegen durch die Fortsetzung dieses Randes, welche den Sinus phrenicomediastinalis ausfüllt. Die Form der Lungenbasis wird durch die Kuppel des Zwerchfells modelliert, so dass sie nur in geringem Grade von denjenigen Organen, welche der unteren Fläche des Zwerchfells anliegen, Eindrücke erhält.

Beziehungen der Facies pulmonum. Zum Teil sind dieselben an den bei gehärteten Lungen nachweisbaren Impressiones erkennbar.

Facies costalis. Es ergeben sich durch Vermittlung der Pars costovertebralis pleura und der Fascia endothoracica Beziehungen zur inneren Fläche der Rippen und zu den Gebilden der Spatia intercostalia.

Beziehungen der Facies mediastinalis. Dieselbe tritt rechterseits in Beziehung zum rechten Umfange des rechten Vorhofes, sowie im Anschluss daran zur Vena cava cranialis und zum N. phrenicus dexter, welcher dem lateralen Umfange der V. cava cranialis angeschlossen nach abwärts verläuft. Dorsal von dem Hilusfelde legt sich der Oesophagus eine Strecke weit in den parallel mit dem hinteren Lungenrand verlaufenden Sulcus oesophagicus. Diese Beziehungen verstehen sich natürlich mit der Einschränkung,

[1] Ligamentum pulmonale.

dass sich zwischen der Facies mediastinalis und den erwähnten Organen die Pars mediastinalis pleurae einschiebt und dazu, im Bereiche der Impressio cardiaca, auch noch das Pericardium.

Die Beziehungen der linken Facies mediastinalis ergeben sich gleichfalls zunächst aus den Impressiones. In die Impressio cardiaca kommt der linke stumpfe Herzrand, also in der Hauptsache der linke Ventrikel und dazu auch noch ein Teil der vorderen Fläche des rechten Ventrikels zu liegen. Der Sulcus aorticus wird von dem Arcus aortae eingenommen, die Impressio carotica und die Impressio subclavia von der A. carotis comm. sin. und der A. subclavia sin. In den Sulcus aorticus legt sich die Aorta thoracica.

Facies diaphragmatica. Sie hat unmittelbare Beziehungen zur oberen Fläche des Diaphragma, mittelbare Beziehungen zu denjenigen Organen der Bauchhöhle, welche der unteren Fläche des Diaphragma anliegen, so zur Leber, zum Magen und zur Milz. Ausserdem kommen auch die Nieren in Betracht, welche in einem Teile ihrer dorsalen, direkt dem Zwerchfell (s. Topographie der Nieren) angelagerten Fläche mittelbare Beziehungen zur Facies diaphragmatica der Lungen und zur Pars diaphragmatica pleurae besitzen.

Die Facies diaphragmatica der rechten Lunge und die Pars diaphragmatica dextra pleurae werden durch das Zwerchfell von der oberen Fläche (Facies diaphragmatica) des rechten Leberlappens bis zu dem annähernd median eingestellten Mesohepaticum ventrale[1] getrennt. Der Sinus phrenicocostalis reicht dorsal so weit nach unten, dass er noch in den Bereich des oberen Drittels der dorsalwärts projizierten rechten Niere fällt, auch kann sich der untere Lungenrand bei starker Inspiration noch über dieses Projektionsfeld wegschieben, so dass eine von hinten direkt auf den oberen Nierenpol vordringende Stich- oder Schusswunde sowohl den Sinus phrenicocostalis als auch die rechte Lunge verletzen kann, bevor sie die Niere erreicht. Die Facies diaphragmatica der linken Lunge steht in Beziehung zu einem Teile der oberen Fläche des linken Leberlappens, welcher nicht von der Facies diaphragmatica des Herzens überlagert wird, ferner je nach dem Füllungszustande des Magens, zu einem grösseren oder kleineren Teile des sich nach oben der Wölbung des Diaphragmas anschliessenden Fundus ventriculi, endlich zur Facies diaphragmatica der Milz, die, je nach dem Stande der Respiration (s. Milz), zu mehr als $^2/_3$ ihres Projektionsfeldes von dem linken Sinus phrenicocostalis oder zu $^1/_3$ von dem unteren Rande der linken Lunge überlagert wird. Das Verhältnis der Niere zur Pleurahöhle ist auf beiden Seiten dasselbe, jedoch mit dem Unterschiede, dass die linke Niere weiter kranialwärts reicht, als die rechte Niere, so dass sie in grösserer Ausdehnung von dem linken Sinus phrenicocostalis sowie von dem linken unteren Lungenrande überlagert wird. Selbstverständlich wechseln diese Beziehungen rechts wie links mit den Variationen im Höhenstande der Nieren.

Beziehungen zur Lungenspitze. Die Lungenspitze (Apex pulmonis) ragt über eine Horizontalebene, welche durch den oberen Rand des mit dem Sternum in Verbindung tretenden ersten Rippenknorpels gelegt wird, hinaus und entspricht so der Ausdehnung der Pleurakuppel. Nach vorne projiziert, wird also der Apex pulmonis in den Bereich der Halsregion fallen, wenn wir als untere Grenze der letzteren die Incisura jugularis sterni und den oberen Rand der Clavicula annehmen. Die topographischen Beziehungen der Lungenspitzen sind dieselben, wie diejenigen der Pleurakuppel (Abb. 210), also nach vorne zu den Mm. scaleni, der V. und der A. subclavia, welch letztere auf dem vorderen Umfange des Apex den Sulcus a. subclaviae zurücklässt. Die Stämme des Plexus brachialis, welche in der Rinne zwischen den Mm. scaleni ventralis und med. aus den For. intervertebralia herauskommen, ziehen über den lateralen und vorderen Umfang der Pleurakuppel, um mit der A. subclavia zwischen der Clavicula und der ersten Rippe in die Achselhöhle einzutreten. Vor der Pleurakuppel verläuft die A. thoracica int.[2] abwärts, medial ziehen linkerseits die A. carotis comm. und die A. vertebralis

[1] Lig. falciforme hepatis. [2] A. mammaria interna.

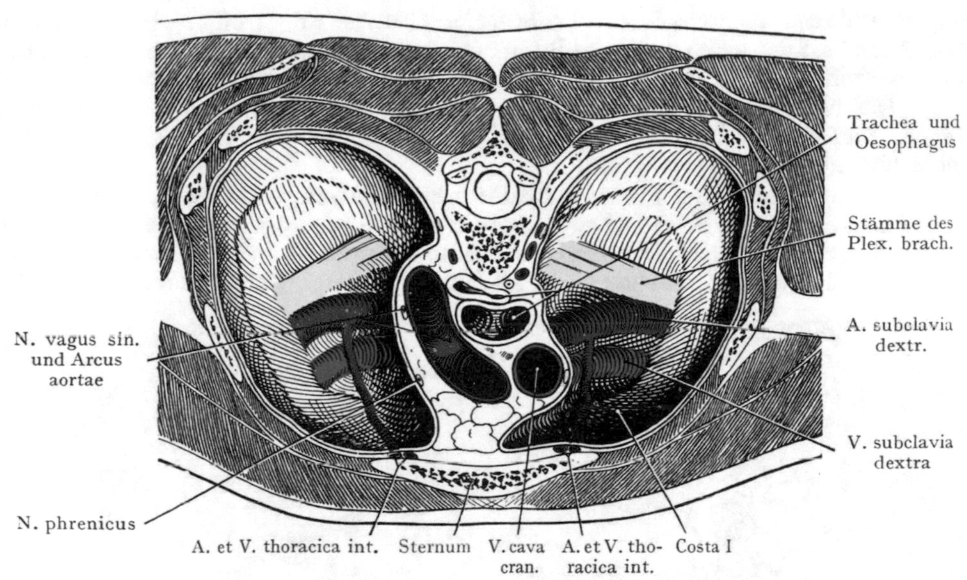

Abb. 214. Topographie der Pleurakuppeln, von unten gesehen.

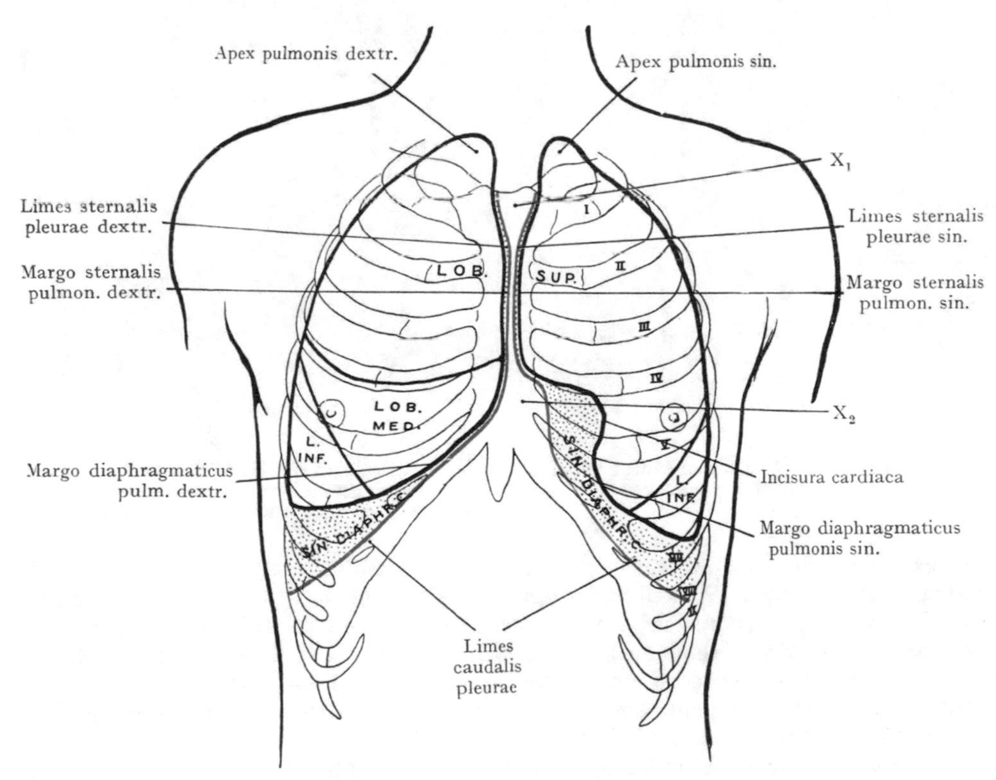

Abb. 215. Lungen und Pleuragrenzen, von vorn gesehen.
X_1 Der dreieckige, von der Pleura unbedeckte Bezirk der hinteren Fläche des Manubrium sterni. X_2 Bezirk, in welchem das Pericard direkt an die vordere Brustwandung anstösst.
Abb. 215—218 zum Teil nach Merkel. — Sin. diaphr. c. = Sinus phrenicocostalis.

empor, während rechterseits der Tr. brachiocephalicus[1] angetroffen wird. Dorsal von dem Apex liegt der Grenzstrang des Sympathicus mit seinem Ganglion cervicale caudale, welches eben noch auf dem Köpfchen der ersten Rippe von oben her zu erreichen ist.

Die Abb. 214 gibt die Ansicht der Pleurakuppel von unten mit den grossen Nerven- und Gefässstämmen, welche über die Pleurakuppel zum Eintritt in die Achselhöhle hinwegziehen.

Topographie der Lungenränder und der Lungenlappen, bezogen auf den Thorax (Abb. 215—218). Der Verlauf des Margo sternalis und des Margo diaphragmaticus ist von praktischer Wichtigkeit, weil man denselben beim Lebenden feststellen kann. Man darf zwar nicht ohne weiteres den Leichenbefund als Typus schildern, denn

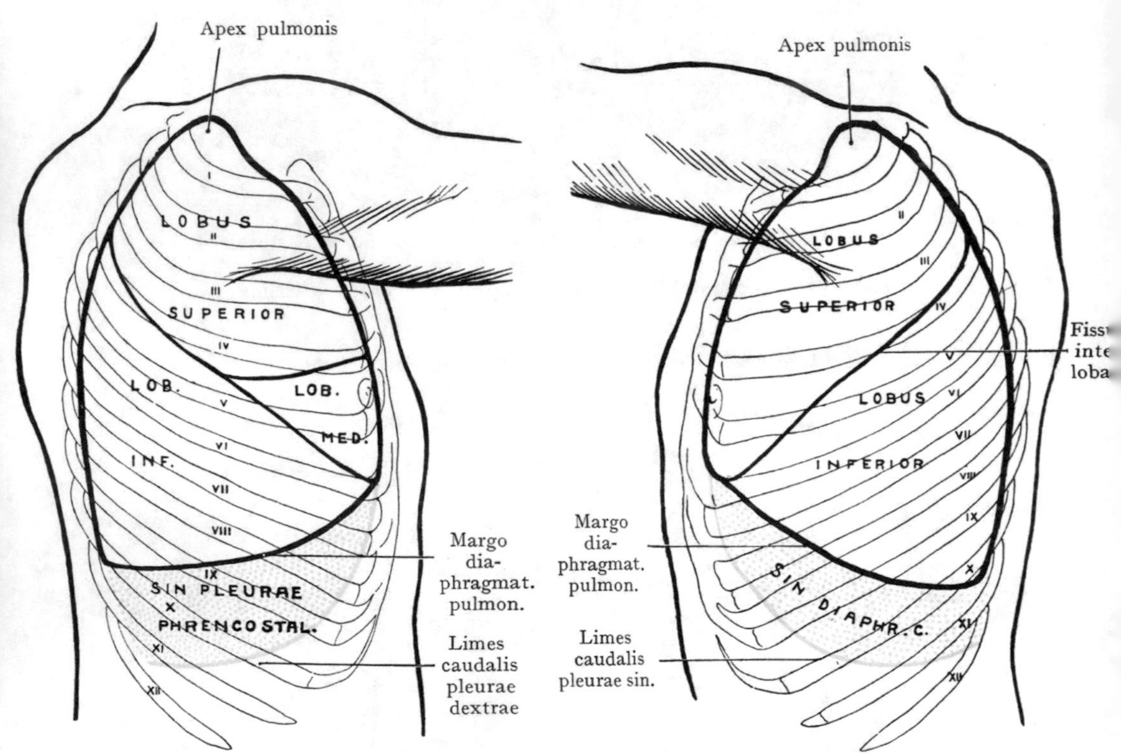

Abb. 216. Grenzen der rechten Lunge[2] und untere Pleuragrenze, von rechts gesehen.

Abb. 217. Grenzen der linken Lunge[2] und untere Pleuragrenze, von links gesehen.
Sin. diaphr. c. = Sinus phrenicocostalis.

derselbe stellt die Lungengrenzen bei äusserster Exspirationsstellung dar; zur Erlangung einer richtigen Vorstellung empfiehlt es sich eher, mittelst der Perkussionsmethode die Lungengrenzen beim Lebenden festzustellen und auf dem Thoraxschema einzutragen. Aus einer Kombination des Befundes an der Leiche und am Lebenden sind die Abb. 215—218 entstanden, bei welchen die Lage der Lungenränder in mittlerer Exspirationsstellung sowie auch der Verlauf der Pleuragrenzen und die Sinus pleurae (letztere grün punktiert) dargestellt sind.

Die vorderen Ränder beider Lungen entsprechen insofern den vorderen Pleuragrenzen, als sie von den Lungenspitzen aus nach unten konvergieren, um von der Grenze zwischen Corpus und Manubrium sterni, also etwa von der Höhe des Ansatzes des II. Rippenknorpels an das Sternum bis etwa zur Höhe des Ansatzes des IV. Rippenknorpels, parallel zu verlaufen. Sodann weichen sie ebenso wie die vorderen Pleuragrenzen auseinander; der vordere Rand der linken Lunge zeigt die Incisura cardiaca

[1] A. anonyma. [2] Lobus superior = ventrocranialis, Lobus inferior = dorsocaudalis.

sin., welche dem sternalen Ende des IV. und V. Intercostalraumes entspricht und etwa (Abb. 215) bis zur Linea parasternalis reicht. Am VI. Rippenknorpel geht die Incisura cardiaca in den unteren Lungenrand über. Der vordere Rand der rechten Lunge verläuft senkrecht bis etwa zum Ansatze des VI. Rippenknorpels an das Sternum, um hier, in derselben Höhe wie linkerseits, in den unteren Lungenrand überzugehen. Manchmal entspricht der Incisura cardiaca des linken Lungenrandes eine kleinere Incisura cardiaca rechterseits.

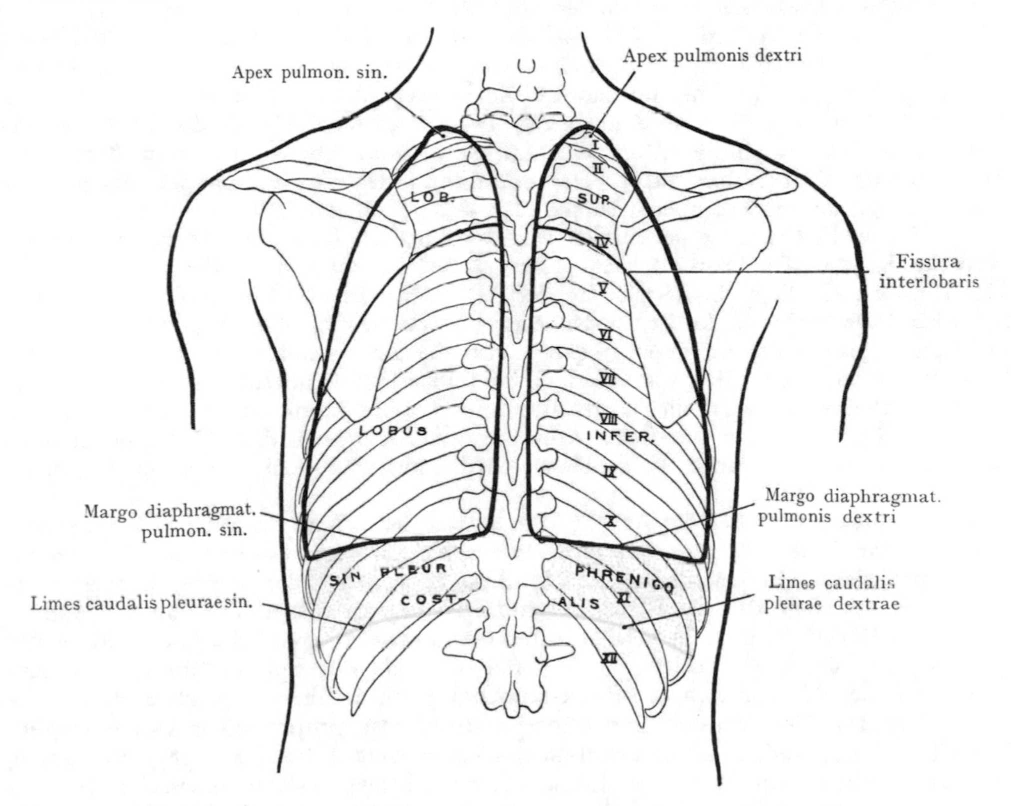

Abb. 218. Lungen von hinten; untere Grenze der Lungen und der Pleura.

Von dieser Stelle an verläuft der untere Lungenrand in sanftem Bogen lateral- und dorsalwärts bis zur Artikulationsstelle der XI. Rippe mit dem XI. Brustwirbel (Abb. 216—218).

Es bleiben also zwei Bezirke der vorderen Brustwand übrig, an welche die Lunge bei mittlerer Inspiration nicht heranreicht. Der eine (X_1 Abb. 215) entspricht etwa dem Dreieck am Manubrium sterni, welches von der Pleura freibleibt, der andere (X_2 Abb. 215) den sternalen Enden des IV. und V. Intercostalraumes linkerseits sowie dem angrenzenden Teile des Corpus sterni, also der Incisura cardiaca der linken Lunge und der lateralwärts gehenden Ausbiegung der linken vorderen Pleuragrenze in der Höhe des IV. und V. Intercostalraumes. Der hier vorhandene Reserveraum der Pleurahöhle wird durch den Lungenrand, auch bei der stärksten Inspiration, nicht ganz ausgefüllt; es bleibt immer ein Pleuraspalt übrig, dessen Wandungen miteinander in Berührung stehen.

Über die Bestimmung der Grenzen einzelner Lungenlappen, sowie über den Verlauf der die Lappen voneinander trennenden Furchen sind folgende Angaben zu machen. Die Fissura interlobaris der linken Lunge beginnt (Abb. 213) auf der Facies mediastinalis oberhalb des Hilusfeldes, verläuft dorsalwärts auf die Facies costalis und schräg über dieselbe hinweg zum Übergange des vorderen in den unteren Lungenrand und, die Impressio cardiaca kreuzend, zum Hilus zurück. Die Richtung ihres Verlaufes wird beim Lebenden durch eine Linie angegeben, die von dem Processus spinalis des III. Brustwirbels bis zum Übergang der VI. Rippe in den Rippenknorpel gezogen wird (Abb. 215 u. 218). Alles, was oberhalb dieser Linie liegt, gehört zum oberen Lappen, alles, was unterhalb derselben liegt, zum unteren Lappen.

Rechterseits verläuft die Hauptfissur in derselben Richtung wie die Fissura interlobaris der linken Lunge. Durch eine zweite Fissur, Fissura accessoria, welche von der Hauptfissur dort abgeht, wo dieselbe die Linea axillaris schneidet (Abb. 216) und annähernd horizontal bis zum Ansatze des IV. Rippenknorpels an das Sternum verläuft, wird eine Einteilung der rechten Lunge in einen oberen, einen mittleren und einen unteren Lappen hergestellt. Der obere und der mittlere Lappen entsprechen zusammengenommen dem oberen Lappen der linken Lunge.

Für die Bestimmung der Ausdehnung der einzelnen Lungenlappen gelten folgende einfache Regeln. Der Anfang der Fissura interlobaris an dem Proc. spinalis des III. Brustwirbels liegt beiderseits in der Höhe der leicht durchzufühlenden Spina scapulae (Abb. 218). Links ist, in der Ansicht von hinten, alles, was oberhalb einer die Spinae scapularum an ihrem Abgange von der Basis scapulae verbindenden Linie liegt, zum Oberlappen, alles, was unterhalb derselben liegt, zum Unterlappen zu rechnen. In der Seitenansicht wird die Grenze durch eine Linie bestimmt, die man von dem medialen, hinteren Ende der Spina scapulae zum Übergange der VI. Rippe in ihren Knorpel zieht. Die ganze Vorderfläche wird linkerseits vom Oberlappen gebildet (Abb. 215).

Rechterseits ist bei der Ansicht von hinten der Befund derselbe wie linkerseits. Seitlich sowie in der Ansicht von vorne lassen sich alle drei Lappen auf die Thoraxwand projizieren; in der Seitenansicht (Abb. 216) findet der obere Lappen seine untere Grenze längs der IV. Rippe, der mittlere Lappen entspricht, von der Axillarlinie an ventralwärts, dem V. und VI. Intercostalraume, während die obere Grenze des Unterlappens durch die schräg vom dorsalen Ende der Spina scapulae bis zum Übergange der VI. Rippe in den Rippenknorpel gezogene Linie angegeben wird.

Gefässe, Nerven und Bronchen in ihren topographischen Beziehungen. Dieselben bilden, indem sie aus dem Mediastinum zum Hilus der Lunge übertreten, die Lungenwurzel (Radix pulmonis), einen kurzen Strang, welcher einen Überzug von der Pars mediastinalis pleurae mitnimmt. Die Lage der einzelnen Gebilde am Hilusfelde ist oben im Anschluss an Abb. 212 und 213 geschildert worden; ihr Verlauf im Mediastinum selbst findet später Berücksichtigung (s. Gebilde des Mediastinum).

Die Blutgefässe der Lunge sind zu unterscheiden in solche, welche zur respiratorischen Funktion in Beziehung stehen, und in solche, welche den Stoffwechsel des Lungengewebes besorgen. Zu den ersteren gehören die Äste der A. pulmonalis sowie die Vv. pulmonales, zu den letzteren die Aa. und Vv. bronchales.

Die A. pulmonalis entspringt aus der rechten Kammer und bildet einen 3 bis 4 cm langen, links von der Aorta ascendens gelegenen Stamm, welcher in einen Ramus dexter und einen Ramus sinister zerfällt. Der Ramus dexter verläuft dorsal von der Aorta ascendens zur rechten Lunge; der Ramus sin. geht, durch die Chorda ductus arteriosi[1] mit der Konkavität des Arcus aortae in Verbindung gesetzt, zur linken Lunge. Am Hilusfelde angelangt, teilt sich der betreffende Ast der A. pulmonalis in sekundäre Äste, die mit den grossen Bronchen zu je einem Lungenlappen gehen. Rechterseits werden also drei, linkerseits zwei sekundäre Äste angetroffen.

Die Vv. pulmonales kommen aus dem Kapillarnetz sowohl der Lungenläppchen als der kleineren Bronchen; sie verlaufen mit den Bronchen und liegen am Querschnitte der letzteren auf der entgegengesetzten Seite, wie die Äste der A. pulmonalis. Im

[1] Lig. arteriosum (Botalli).

Lungenhilus bedecken der betreffende Ast der A. pulmonalis und die Vv. pulmonales den Bronchus von vorne.

Gefässe, welche die Ernährung und den Stoffwechsel des Lungengewebes übernehmen, sind die Aa. und Vv. bronchales. Die Aa. bronchales sind Äste der Aorta thoracica, welche, je eine für jede Lunge, dem dorsalen Umfange des Bronchus anliegen und den Verzweigungen desselben folgen. Die Vv. bronchales entsprechen in ihrem Verlaufe den Arterien und beziehen ihr Blut hauptsächlich aus der Wandung der grossen und mittelgrossen Bronchen. Ein Teil der aus dem Kapillarnetz der Bronchen stammenden Venen mündet in die Vv. pulmonales. Übrigens hängen diese mit Venenstämmen zusammen, welche den Oesophagus als Venae oesophagicae begleiten;

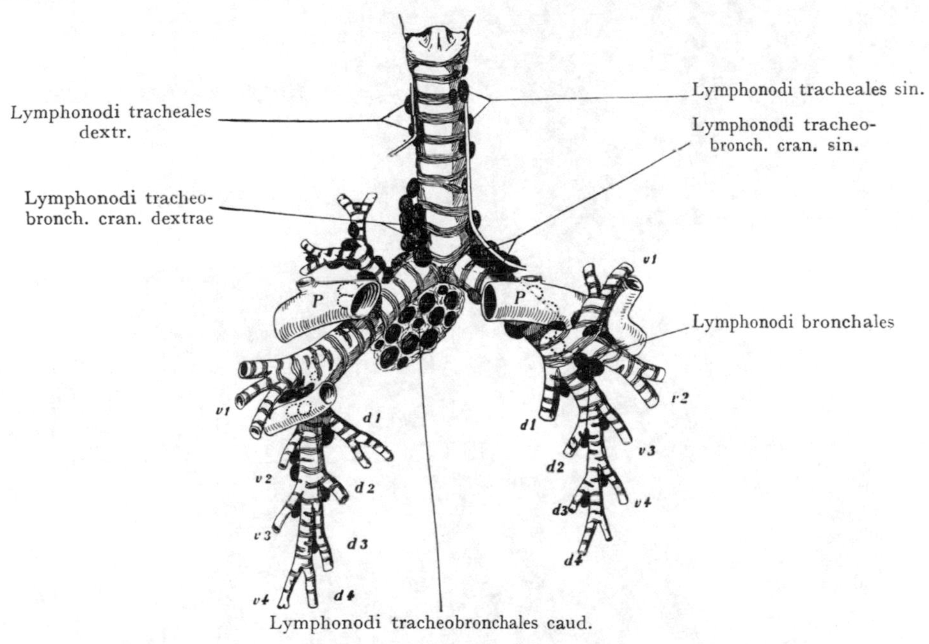

Abb. 219. Topographie der tracheobronchalen und bronchopulmonalen Lymphdrüsen, von vorn gesehen.

Die punktierten Lymphdrüsen und Lymphgefässe sind von vorn nicht sichtbar.

Nach W. Sukiennikow. I.-D. Berlin 1903.

P. P. A. pulmonalis; d_1 d_2 erster, zweiter dorsaler Seitenbronchus; v_1 v_2 erster, zweiter ventraler Seitenbronchus.

ja es gelingt sogar, Injektionsmasse von den Vv. pulmonales aus bis in die Magenvenen (also in das Pfortadersystem) vorzutreiben.

Die Lymphgefässe der Lunge lassen sich in oberflächliche und tiefe unterscheiden (Abb. 201). Die oberflächlichen bilden unter der Pleura visceralis ein Netz, welches sich mit den Lymphdrüsen am Hilus pulmonis verbindet und von hier aus mit den tiefen Lymphgefässen der Lunge gemeinsame Abflusswege längs der Bronchen und der Trachea nach oben hat. Die tiefen Lymphgefässe und Lymphdrüsen der Lunge sind, wie aus Abb. 219 hervorgeht, mit einer gewissen Regelmässigkeit angeordnet; sie schliessen sich der Trachea, den Hauptbronchen und den Verzweigungen derselben an. Wir können zwei grössere, ineinander übergehende Systeme unterscheiden, erstens die Ln. bronchales und bronchopulmonales mit den dieselben verbindenden Lymphgefässen, zweitens die Lymphonodi tracheobronchales, welche das erstgenannte System längs der beiden Hauptbronchen und der Trachea nach oben fortsetzen. Die Lymphonodi bronchales, welche als die ersten Stationen für die aus den Lungenläppchen längs der Bronchen sich sammelnden Lymphgefässe anzusehen sind, liegen einzeln oder auch in der Zwei- oder Dreizahl an dem Abgange der sekundären Bronchen (Abb. 219), und zwar in den durch den Hauptbronchus und die sekundären Bronchen gebildeten Winkeln; sie stellen eine Kette dar, welche sich

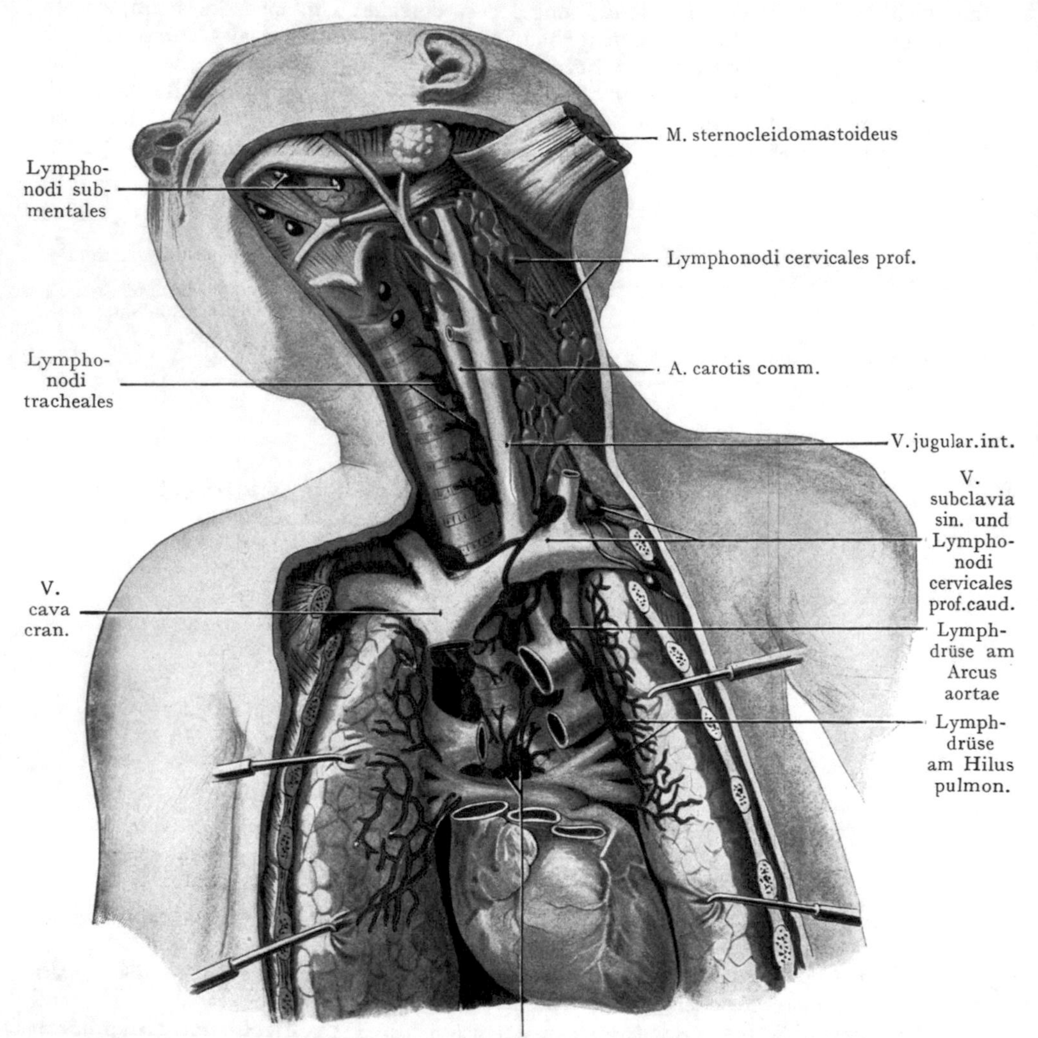

Abb. 220. Topographie der cervicalen, trachealen und pulmonalen Lymphbahnen.
Nach einer Abbildung von A. Most. Untersuchungen über die Lymphbahnen an der oberen Thoraxapertur und am Brustkorbe. Arch. f. Anat. u. Entw.-Gesch. 1908.
Blau: die regionären Lymphdrüsen des Rachens, der Zunge und der oberen Kehlkopfgegend. Rot: die regionären Lymphdrüsen der Trachea und der Lungen, welche gegen den Angulus venosus ziehen.

gegen die Bifurkationsstelle der Trachea hinaufzieht. Hier liegen drei grössere Gruppen von Lymphdrüsen in den drei Winkeln (Angulus tracheobronchalis caudalis, dexter und sinister), welche gebildet werden: erstens durch die beiden divergierenden Hauptbronchen, zweitens und drittens durch den rechten oder linken Hauptbronchus und die Trachea. Diese Lymphdrüsen sind die Lymphonodi tracheobronchales caud., craniales dextrae und craniales sinistrae (Abb. 219). Von ihnen aus setzt sich eine Lymphdrüsenkette (Lymphonodi tracheales) beiderseits längs der Trachea nach oben fort. Dieselben finden sich nach Most (Abb. 220) in der ganzen Länge der Trachea; sie stellen die regionären Drüsen der Trachealwandungen und der Trachealschleimhaut dar und liegen in der Furche, welche die Trachea mit dem Oesophagus bildet. Von allen Lymphonodi tracheales gehen die abführenden Gefässe zu den Lymphonodi cervicales prof. caudales (supraclaviculares); von den oberen ziehen die Gefässe schief abwärts, von den unteren schief aufwärts (Abb. 220); sie münden entweder in einen Lymphonodus cervicalis prof. caudalis oder direkt in den Bulbus valvularis venae jugularis.

Aus den unteren und mittleren Lungenpartien gehen die abführenden Lymphgefässe zu den Lymphonodi tracheobronchales caud.; aus den mittleren und oberen Lungenpartien zu den Lymphonodi tracheobronchales dextrae und sin. Von dem Apex pulmonis verlaufen die Lymphgefässe an der medialen Fläche der Lunge herab zum Hilus und zu den dort liegenden Drüsen. Linkerseits gelangen sie dann weiter zu den lateral von dem Aortenbogen und der A. pulmonalis liegenden Drüsen, von denen die Abflusswege subpleural, längs der A. carotis comm. zu den Lymphonodi cervicales prof. caud.[1] verlaufen. Rechterseits ziehen die Lymphgefässe des Apex zu den Lymphonodi tracheobronchales dextrae. Von den letzteren sowie von den Lymphonodi tracheobronchales sin. ziehen 1—3 grössere Stämme aufwärts hinter den grossen Venenstämmen, um am Angulus venosus auszumünden oder sich mit den Lymphonodi cervicales prof. caudales zu verbinden.

Die Lymphonodi cervicales prof. caudales stellen also die dritte Station der Lungenlymphgefässe dar, im Falle die aus den Lymphonodi tracheobronchales dextrae und sin. hervorgehenden Stämme nicht direkt in den Angulus venosus einmünden.

Die Nerven der Lunge stammen aus Ästen des sympathischen Grenzstranges und des N. vagus der betreffenden Seite. Die ersteren gelangen mit den Verzweigungen der A. pulmonalis zur Lunge, die letzteren gehen dort aus dem Vagusstamme hervor, wo derselbe die zur Radix pulmonis zusammentretenden Gebilde dorsal kreuzt und bilden mit den Ästen aus dem Sympathicus die beiden längs der Bronchen sich verzweigenden Plexus pulmonales ventralis und dorsalis, welche vielfach ineinander übergehen und sich besonders längs des vorderen (ventralen) Umfanges der Bronchen bis zum Übergange derselben in die Alveolen erstrecken.

Untersuchung der Lungen und der Lungengrenzen beim Lebenden. Durch das Beklopfen des Thorax unter Vermittlung eines aufgelegten Fingers oder eines Elfenbeinplättchens (Plessimeter), wird über dem lufthaltigen Lungengewebe ein heller Schall erzeugt, welcher sich deutlich von dem dumpfen Schall unterscheidet, der beim Beklopfen solider oder mit Blut gefüllter Organe (Leber, Herz, grössere Muskelmassen) entsteht, sowie von dem sog. tympanitischen Schalle, der beim Beklopfen eines mit Luft oder Gasen gefüllten Magens oder eines Darmteiles wahrgenommen wird. Die Grenzen des Gebietes, in welchem der „Lungenschall“ erzeugt wird, entsprechen für alle praktischen Zwecke den Grenzen der Lungen, allerdings ist dabei zu berücksichtigen, dass eine dünne Schicht von Lungengewebe, wie wir sie z. B. am unteren Lungenrande oder an der Incisura cardiaca des linken vorderen Lungenrandes antreffen, nicht mehr zur Geltung kommen kann, indem der Schall eines darunter liegenden Organes, in diesem Falle Herz und Leber, den Lungenschall überwiegt. Das gleiche gilt, wenn grössere Massen von Muskulatur oder Knochen die Lunge überlagern, ein Zustand, welcher der Wirbelsäule entlang vorhanden ist, infolge der Masse der in die Furchen zu beiden Seiten der Dornfortsätze eingelagerten Muskeln. Auch hier wird die Abgrenzung des Lungenschalls, entsprechend dem Hinderrand der Lunge, entweder gar nicht oder nur schwer gelingen. Dagegen lassen sich beim Lebenden mittelst der Perkussion die Ausdehnung der Lungenspitzen, der Incisura cardiaca und der unteren Ränder der Lunge feststellen. Die vorderen durch das Sternum bedeckten Ränder der Lunge

[1] Lymphonodi supraclaviculares.

liegen einander zu nahe, als dass der die Pleuraspalten trennende schmale Streifen von Gewebe bei der Schallerzeugung zur Geltung käme. Die für die Ausdehnung der Lungen gewonnenen Aufschlüsse sind jedoch, auch abgesehen von derartigen Einschränkungen, von der allergrössten Wichtigkeit; sie sind in Abb. 221 zur Darstellung gebracht.

Durch die Perkussion lässt sich auch der wechselnde Stand des unteren Lungenrandes bei den Respirationsbewegungen verfolgen. Allerdings ist die Verschiebung des unteren Lungenrandes bei ruhiger Respiration eine zu geringe (1—2 cm), als dass sie

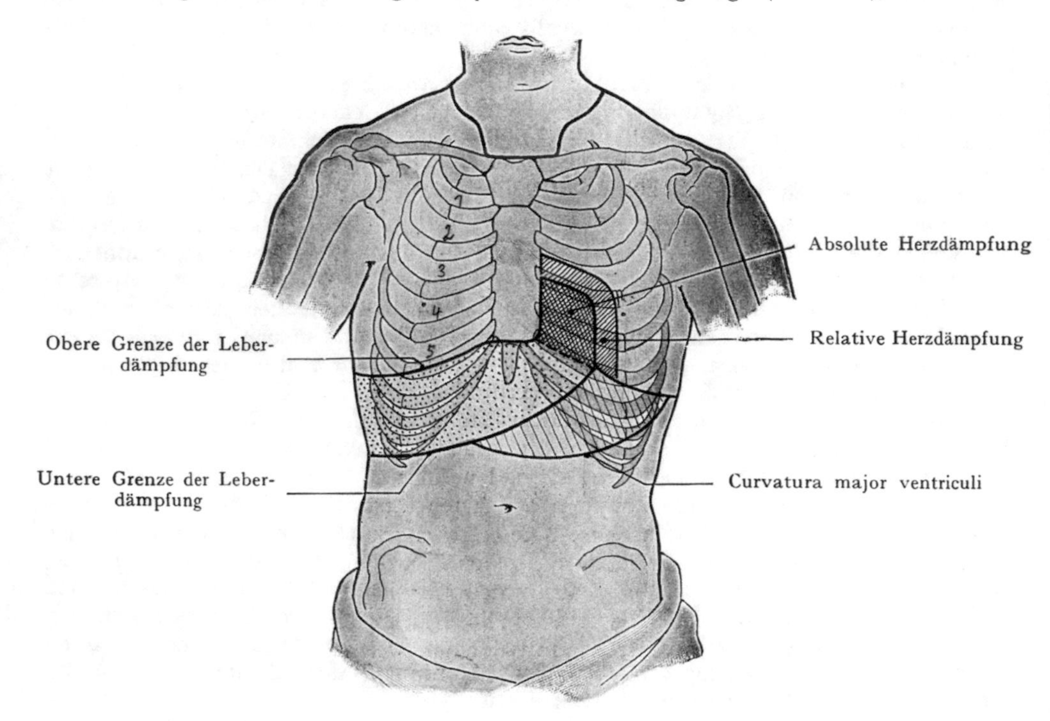

Abb. 221. Die Perkussionsgrenzen des Herzens, der Leber, des Magens und der Lungen, von vorn gesehen.
Nach Weil, Handbuch und Atlas der topograph. Perkussion. 1880.
Feld der Leberdämpfung punktiert. Magenfeld weit schraffiert.

immer durch die Perkussion nachzuweisen wäre, dagegen gelingt der Nachweis recht leicht bei forcierter Inspiration und Exspiration, wo der Unterschied zwischen den beiden Extremen 9—10 cm betragen kann. Wir pflegen die bei ruhiger Respiration gefundene Grenze als Norm anzugeben.

Die Perkussion der Lungenspitze weist die oberste Grenze in einer Höhe von 3—5 cm über der Clavicula nach; bei Männern steht sie etwas höher als bei Weibern.

Die dünne untere Lungenpartie verläuft beiderseits annähernd in derselben Höhe; sie kommt bei der Perkussion nicht voll zur Geltung. Der untere Lungenrand steht nach dem Perkussionsbefunde: in der Mamillarlinie an der VI. Rippe, in der Axillarlinie an der VIII. Rippe, in der Scapularlinie an der X. Rippe und an der Wirbelsäule in der Höhe der Artikulation der XI. Rippe mit dem XI. Brustwirbel (Abb. 221).

Der Höhenstand des unteren Lungenrandes schwankt beträchtlich, je nach dem Alter des untersuchten Individuums. Sowohl bei gesunden Kindern als bei

Greisen zeigen die Befunde Abweichungen von der für den Erwachsenen aufgestellten Norm, welche darauf schliessen lassen, dass sich während des Lebens eine physiologische Senkung der Lungen abspielt. Dieselbe hängt mit der Senkung des Zwerchfells und einer Verminderung der Elastizität des Thorax zusammen, welche auch die Tatsache erklärt, dass die Rippen beim Greise einen schrägeren Verlauf zeigen als beim Manne in den mittleren Lebensjahren oder gar beim Kinde. Dass sich damit ein Wechsel in dem Höhenstande des Herzens verbinden muss, ist selbstverständlich. Die beistehende Abb. 222 wird die fraglichen Verhältnisse besser als eine lange Beschreibung vor Augen führen; die Ebene c, welche den Stand des Zwerchfells beim Greise angibt, steht um einen Intercostalraum tiefer als die entsprechende Ebene beim Erwachsenen in mittleren Jahren (b) und die letztere wieder um mindestens $1^1/_2$ Intercostalräume tiefer als beim neugeborenen Kinde (s. auch die Bemerkungen über die physiologische Senkung des Kehlkopfes).

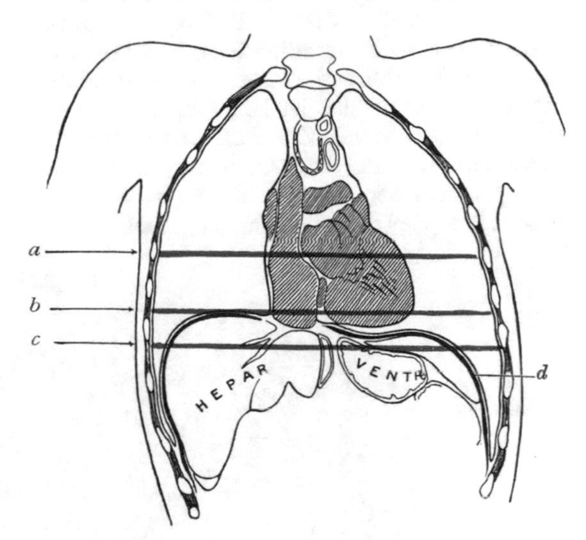

Abb. 222. Höhenstand des Diaphragma in verschiedenen Lebensaltern.

Nach Mehnert, Über topographische Altersveränderungen des Atmungsapparates. Jena 1901.

a beim Neugeborenen. *b* bei einem 36jährigen Manne. *c* bei einem 72jährigen Manne. *d* Diaphragma.

C. Topographie des Herzens und des Pericardialsackes.

Das Herz liegt, in dem Pericardialsacke eingeschlossen, im Mediastinalraum zwischen den beiden Blättern der Pars mediastinalis pleurae (s. die schematische Abb. 206). Er reicht von der vorderen Fläche der Wirbelsäule in ventraler Richtung bis zu der hinteren Fläche des Corpus sterni und des IV. und V. linken Intercostalraumes; während also die vordere Fläche und die Herzspitze infolge ihrer Anlagerung an die vordere Brustwand der Untersuchung zugänglich sind, treten der dorsale Umfang des Pericardialsackes und des Herzens in Beziehungen zu den längs der Wirbelsäule im hinteren Teile des Mediastinum verlaufenden Gebilden. Unten ruht das Herz auf dem Zwerchfell, mit welchem die Pars diaphragmatica des Pericardium verwachsen ist.

1. Topographie des Pericardialsackes.

An dem Pericardium unterscheidet man wie an jeder serösen Membran zwei grössere Abschnitte, das Pericardium viscerale, oder Epicard, welches den Herzmuskel überzieht und das Pericardium parietale, oder Pericard, welches die äussere Wand der Pericardialhöhle oder des Pericardialspaltes bildet und zu der Umgebung in Beziehung tritt. Beide Blätter des Pericards gehen in einer besonders an der hinteren Fläche des Herzens verlaufenden Linie ineinander über, so dass sie zusammen einen Sack darstellen, welcher durch das Herz eingestülpt wird.

Das Epicardium (Pericardium viscerale) überzieht als dünne Schicht den Herzmuskel, sowie die in den Furchen eingelagerten Gefässe des Herzens; sie ist mit ihrer Unterlage enge verwachsen und lässt sich nur schwer von derselben abpräparieren.

Das Pericardium (Pericardium parietale), welches für die Erkenntnis der Beziehungen des Pericardialsackes in erster Linie in Betracht kommt, steht durch lockeres Bindegewebe (Abb. 206 und 207) mit benachbarten Gebilden im Zusammenhang, so unten mit der oberen Fläche des Diaphragma, vorne mit der hinteren Fläche des Corpus sterni, auf beiden Seiten mit der Pars mediastinalis pleura (Pars pericardiaca) dorsal mit der Aorta thoracica und dem Oesophagus. Man kann aus diesen Verhältnissen die Berechtigung entnehmen, verschiedene Abschnitte des Pericardium zu unterscheiden, und zwar eine Pars diaphragmatica, eine Pars sternocostalis und eine Pars lateralis

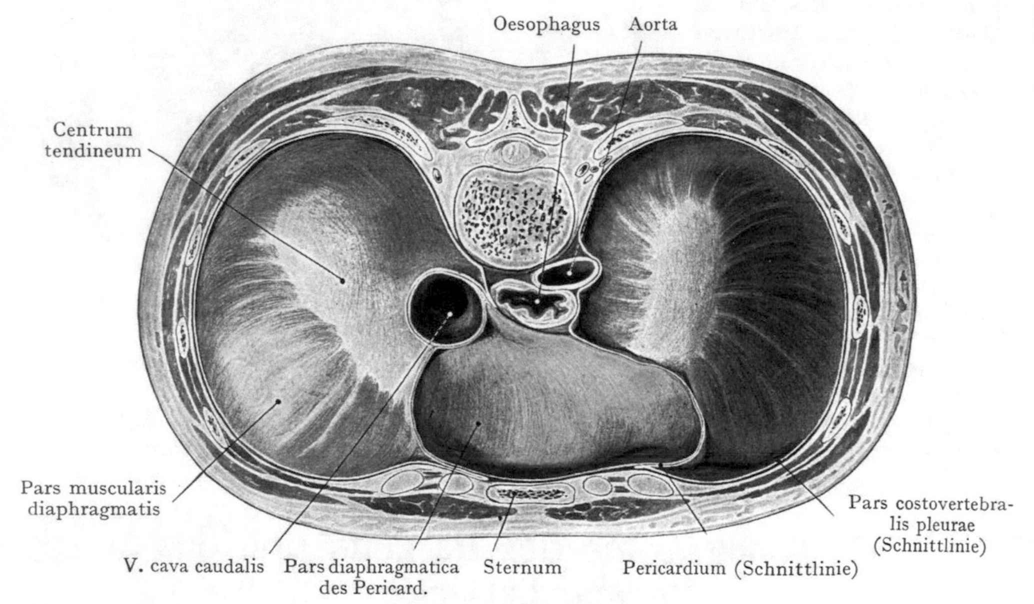

Abb. 223. Diaphragma von oben gesehen, überzogen von der Pars diaphragmatica pleurae und der Pars diaphragmatica pericardii (grün).
Nach einem Formolpräparate.

Die Pars diaphragmatica pericardii ist (Abb. 223) mit der mittleren Partie des Centrum tendineum sowie mit der nach vorne angrenzenden Partie der Pars muscularis diaphragmatis verwachsen. Vorne geht sie in die Pars sternocostalis, lateral- und dorsalwärts in die Pars lateralis pericardii über. Rechts und etwas dorsal von dem Felde, in welchem die Pars diaphragmatica pericardii mit der oberen Fläche des Diaphragma verbunden ist, tritt die V. cava caudalis durch das Zwerchfell und gelangt nach kurzem Verlauf in den Pericardialsack. Dorsal liegt der Oesophagus dem Verwachsungsfelde an.

Die von dem Pericard überzogene Partie der oberen Fläche des Diaphragma bildet eine Ebene, die von rechts und dorsal schief ventralwärts und nach links abfällt (Planum inclinatum oder Planum cardiacum diaphragmatis). Auf derselben schiebt sich die Facies diaphragmatica des Herzens bei der Systole und Diastole hin und her. Das Planum cardiacum bildet mit der von der Pars sternocostalis des Pericards überzogenen Partie der vorderen Brustwand eine Rinne, die wir insofern mit den Sinus pleurae als Reserveraum vergleichen dürfen, als der durch den rechten Ventrikel gebildete, scharfe, rechte oder untere Herzrand bei der Systole oder Diastole bald aus der Rinne nach oben emporweicht, bald dieselbe vollständig ausfüllt.

Die Pars sternocostalis pericardii ist der kleinste Abschnitt des Pericards; sie legt sich auch nur in recht beschränktem Umfange der vorderen Brustwand an, im Bereiche eines Feldes, welches (Abb. 215) durch die beiden auseinander weichenden vorderen Pleuragrenzen umrandet wird. Dasselbe entspricht dem untersten Teile des Corpus sterni sowie den ventralen Enden des IV. und V. linken Intercostalraumes. Häufig fehlt eine direkte Beziehung der Pars sternocostalis pericardii zu den Intercostalräumen, indem die linke Pleuragrenze sich bis an das Sternum vorschiebt (die Abb. 209) und der Pleuraspalt das Pericard von der vorderen Brustwand abdrängt. Man ist daher keineswegs sicher, am linken Sternalrande im IV. oder V. Intercostalraume das Pericard anzutreffen und wird sich bei der Eröffnung des Pericardialsackes am besten eines in der Höhe des IV. und V. Intercostalraumes am Sternalrande geführten Schnittes bedienen, anstatt, wie das früher angegeben wurde, bei Exsudaten den Troicart hier einzustossen. Bei dem letzteren Operationsmodus ist auch eine Verletzung der 1—1$^1/_2$ cm vom Sternalrande entfernt verlaufenden A. und V. thoracica int.[1] nicht ausgeschlossen. Der längs des Sternalrandes geführte Schnitt wird den M. pectoralis major an seinem sternalen Ursprunge durchtrennen; sodann werden der IV. und V. Rippenknorpel nahe am Sternum reseziert, der M. transversus thoracis durchtrennt und der vordere Umfang des Pericardialsackes erreicht und eröffnet. „Bei der Punktion eines stark gefüllten Herzbeutels ist gerade die Stelle zu vermeiden, wo das Pericardium parietale der vorderen Brustwand direkt anliegt, da man hier auch unmittelbar auf die vordere Fläche des Herzens stösst. Dagegen sammeln sich Ergüsse rechts und besonders links vom Herzen an und dehnen den Herzbeutel lateralwärts resp. nach links und hinten aus" (Kocher). Nach Curschmann soll man linkerseits im V. oder VI. Intercostalraum an der Mamillarlinie, eventuell noch weiter lateral punktieren und gelangt so direkt, allerdings unter Durchbohrung beider Pleurablätter, in das Exsudat.

Die Pars lateralis (mediastinalis pericardii) bildet weitaus den grössten Teil des Pericards, welches nach beiden Seiten, zum Teil auch nach vorne hin, bloss durch lockeres Bindegewebe von der Pars mediastinalis pleurae getrennt wird. Dieses Bindegewebe steht dorsal mit dem mediastinalen Bindegewebe, ventral mit der Fascia endothoracica im Zusammenhang (Abb. 206 und 207 die grün gehaltene Schicht). Zwischen der Pars lateralis pericardii und der Pars mediastinalis pleurae verlaufen beiderseits die Nn. phrenici mit der A. und den Vv. pericardiacophrenicae an dem Herzbeutel vorbei zum Diaphragma. Rechterseits ist der Verlauf der Nerven ein annähernd senkrechter (Abb. 232), linkerseits, entsprechend der Verlagerung der grössten Masse des Herzens nach links, in weitem lateralwärts gehendem Bogen. Die Nn. phrenici gehen rechts und links von dem Pericardialsack an der Grenze zwischen dem Centrum tendineum und der Pars muscularis zum Diaphragma (in Abb. 223 nicht dargestellt). Die A. und die Vv. pericardiacophreniciae (aus den Vasa thoracica interna[1]) geben Äste zur Pars mediastinalis pleurae, zum Pericardium und in beschränktem Umfange zum Diaphragma ab.

Dorsal grenzt die Pars lateralis pericardii an das lockere Bindegewebe, welches die im unmittelbaren Anschluss an die Wirbelsäule verlaufenden Gebilde des Mediastinalraumes umhüllt (Abb. 206). Sowohl der Oesophagus als die V. thoracica longitudinalis dextra[2] und die Aorta thoracica liegen dem Pericardialsacke an, welcher bloss durch diese Gebilde von der Brustwirbelsäule getrennt wird. An dem Situsbilde der Brusteingeweide von hinten sind die Beziehungen der Aorta thoracica und des Oesophagus zum Pericardialsacke zu übersehen; ganz konstant ist das Verhältnis zum Oesophagus, während die Aorta thoracica in wechselnder Ausdehnung an den Pericardialsack herantritt (s. Aorta).

Der Übergang des Pericardium parietale in das Pericardium viscerale (Epicardium) lässt sich vorn und hinten verfolgen. Vorne liegen die Verhältnisse recht einfach, indem der Umschlag in einer Linie erfolgt, welche (Abb. 225) am rechten

[1] A. u. V. mammaria interna. [2] V. azygos.

Umfange der V. cava cranialis unmittelbar oberhalb ihrer Einmündung in den rechten Vorhof beginnt und nach links über den vorderen Umfang der Aorta ascendens bis etwa 1 cm unterhalb des Ursprunges des Truncus brachiocephalicus[1] verläuft. Von hier aus tritt die Umschlagslinie auf die vordere Fläche der A. pulmonalis, unterhalb der Chorda ductus arteriosi[2] und erreicht den rechten Umfang der Arterie etwas oberhalb ihres Ursprunges aus dem rechten Ventrikel.

Weniger einfach verläuft die Umschlagslinie an der hinteren Fläche des Herzens (Abb. 224).

Die Kenntnis der Entwicklung des Herzens ist zum Verständnis der Verhältnisse unerlässlich (Gaupp, Barge). Das Herz entsteht ursprünglich aus zwei Endothelröhrchen, welche vom kranialen Abschnitte der linken und rechten Leibeshöhle umgeben werden. Diese bilden nach der Entstehung des Septum transversum und des Zwerchfells zunächst die Pleurapericardialhöhlen. Sie zerfallen durch Entstehung

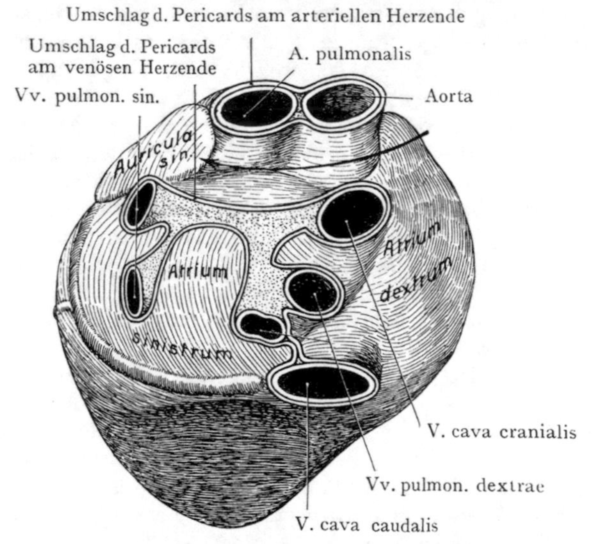

Abb. 224.

eines mehr oder weniger frontal eingestellten Septum in die beiden Pleurahöhlen und in die Pericardialhöhle. Letztere wird noch eine Zeitlang durch eine, das nunmehr einheitliche Endothelrohr einschliessende Pericardialduplicatur durchsetzt, welche dorsal vom Rohr das Mesocardium dorsale, ventral das Mesocardium ventrale darstellt. Beide Mesocardia bilden sich frühzeitig zurück, so dass sich nunmehr bloss eine vordere Umschlagslinie des Pericardium parietale findet, dort wo die grossen arteriellen Gefässstämme aus dem Herzen austreten (Abb. 224), an der Porta arteriosa (Gaupp) und eine hintere Umschlagslinie, dort wo die Venen in das Herz eintreten (Porta venosa). Mit der weiteren Entwicklung wird nun die Porta venosa dorsal vom Herzschlauch in kranialer Richtung verlagert (S-förmige Herzkrümmung) und der Porta arteriosa genähert. Dabei wird der ventrale Teil der Pericardialhöhle ein Übergewicht über den dorsalen Teil erlangen, welcher bloss dem konkaven Teil des stark gebogenen Herzschlauches anliegt. Sie wird zwischen den beiden einander genäherten arteriellen und venösen Ansatzröhren zusammengepresst und zu einem relativ engen, beiderseits mit der grösseren ventralen Partie der Pericardialhöhle kommunizierenden kanalförmigen Raum, den wir am ausgewachsenen Herzen als Sinus transversus pericardii kennen.

Am fertigen Herzen hat die Porta venosa die Form eines liegenden T, dessen longitudinaler Schenkel die V. cava cranialis et caudalis und die Vv. pulmonale dextrae umzieht, der horizontale Schenkel dagegen die Einmündungsstellen der linken Vv. pul-

[1] A. anonyma. [2] Lig. arteriosum (Botalli).

monales in das Herz (Abb. 224). An der Porta arteriosa verläuft die Umschlagslinie hinten bis zum oberen Umfange der A. pulmonalis an ihrer Teilungsstelle. Der hintere Umfang der V. cava cranialis, in welchen die V. thoracica longitudinalis dextra[1] einmündet, entbehrt des Pericardialüberzuges, ebenso der hintere und vordere Umfang des Ramus dexter und sin. a. pulmonalis. Die Umschlagslinie zieht sich abwärts zur V. cava caudalis, welche jedoch nur an ihrem vorderen Umfange vom Epicard überzogen wird.

2. Topographie des Herzens.

Wir unterscheiden an dem in situ fixierten Herzen (Formolinjektion) (Abb. 225 und 226) eine Facies sternocostalis, dorsalis und diaphragmatica, eine Herzspitze (Apex cordis), einem linken stumpfen Herzrand (Margo sinister) und einen rechten scharfen Herzrand (Margo dexter). Als Gegensatz zur Herzspitze ist die Herzbasis (Basis cordis) zu erwähnen, von welcher die grossen Gefässstämme ausgehen (V. cava cranialis, Aorta, A. pulmonalis, Vv. pulmonales). Die Herzbasis gehört grösstenteils der Facies dorsalis an.

Das Herz liegt schief im Brustraume, indem die Basis nach rechts und etwas dorsal-, die Spitze nach links und ventralwärts gerichtet ist, um im fünften Intercostalraume medial von der Mamillarlinie die vordere Brustwand zu erreichen. Eine von der Mitte der Basis zur Herzspitze gezogene Linie wird als Achse des Herzens bezeichnet; sie gibt, auf eine Horizontalebene bezogen, den Schiefstand des Herzens an.

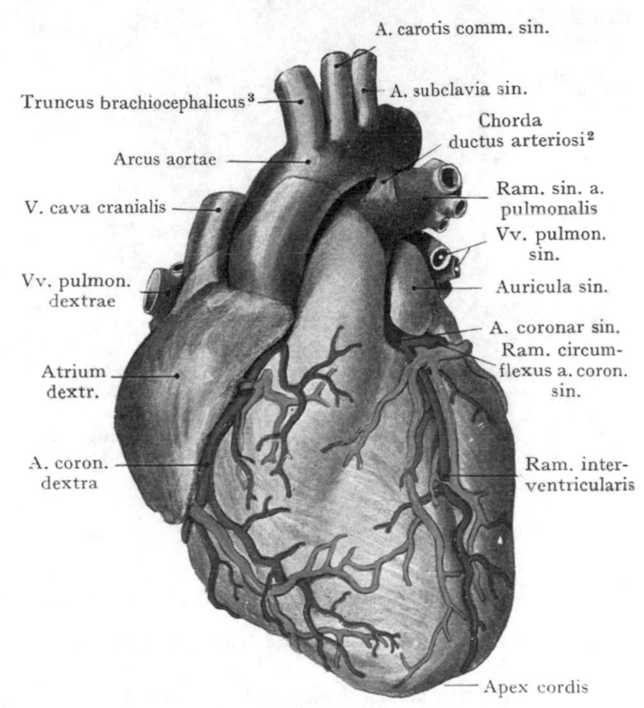

Abb. 225. Herz von vorn, nach einem in Formol gehärteten Präparat.

Die vordere Fläche liegt der vorderen Wand des Thorax teilweise an und wird zum Teil durch den Pleuraspalt bedeckt, welcher rechterseits wie linkerseits den vorderen Lungenrand aufnimmt. Die hintere Fläche (Facies dors.) sieht gegen die Brustwirbelsäule, die untere Fläche ruht auf dem vom Pericardium überzogenen Planum cardiacum des Zwerchfells. Das Herz ist zum grössten Teile in die weichen elastischen Lungen eingebettet, Beziehungen, welche in der Ausbildung einer Impressio cardiaca an beiden Lungen zum Ausdrucke kommen.

Die Facies sternocostalis (Abb. 225) wird zum grössten Teile von der vorderen Wand des rechten Ventrikels gebildet, von welchem der kurze Stamm der A. pulmonalis abgeht. Dazu kommt, rechts und oben, die vordere Wand des rechten Vorhofs mit dem rechten Herzohr, welches sich der Aorta ascendens vorne auflagert und den Ursprung derselben teilweise verdeckt; der rechte Vorhof wird von der rechten Kammer durch den Sulcus coronarius cordis getrennt, in welchem die A. coronaria cordis dextra um den rechten scharfen Rand zur Facies diaphragmatica und zum

[1] V. azygos. [2] Ligamentum arteriosum (Botalli). [3] A. anonyma.

Sulcus interventricularis dors. verläuft. Der linke Ventrikel beteiligt sich nur mit einem schmalen Streifen an der Bildung der vorderen Fläche des Herzens, zum grössten Teile bildet er den linken Herzrand und die Facies diaphragmatica. Die Grenze zwischen linkem und rechtem Ventrikel im Sulcus interventricularis ventr.[1] ist in der Ansicht von vorne zu sehen; in demselben lassen sich der Ramus interventricularis der A. coronaria sinistra mit kleinen in die V. cordis magna mündenden Venen bis zur Herzspitze verfolgen. Die Vene verläuft mit dem Ramus circumflexus der A. coronaria sin. im Sulcus coronarius cordis um den linken Herzrand zur Einmündung in den Sinus coronarius. Nur mit der Spitze der Aurikel beteiligt sich der linke Vorhof an der Bildung der vorderen Herzfläche; dieselbe legt sich von links her dem Stamme der A. pulmonalis an.

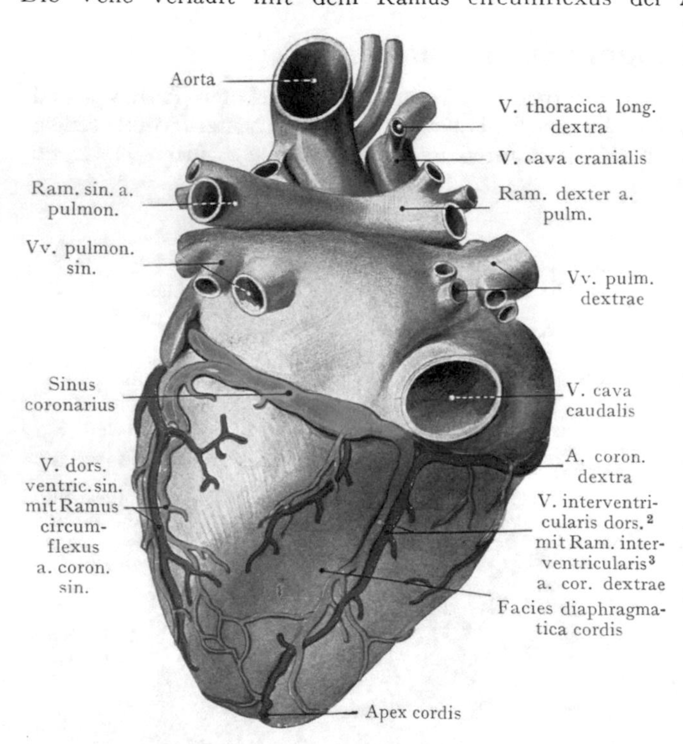

Abb. 226. Herz von hinten, nach einem in Formol gehärteten Präparat.

Abb. 225 und 226 mit Benützung des Hisschen Gipsabgusses.

Die Facies dorsalis cordis (Abb. 226) wird in der Hauptsache durch die hintere Wandung des linken Vorhofes dargestellt, dazu kommt noch ein kleiner Teil der Wandung des linken Ventrikels und des rechten Vorhofes. Die Vorhöfe werden von den Ventrikeln durch den Sulcus coronarius cordis abgegrenzt, in welchem sich der Sinus coronarius und der Ram. circumflexus der A. coronaria cordis sin. einlagern. An die Facies diaphragmatica treten von rechts und links die Vv. pulmonales zur Einmündung in den linken Vorhof heran, kranial liegen die beiden Äste der A. pulmonalis.

Die Facies diaphragmatica cordis, welche dem Planum cardiacum des Diaphragma aufruht (daher auch Facies diaphragmatica genannt), wird von dem linken Ventrikel und zum kleineren Teile auch von dem rechten Ventrikel gebildet (Abb. 226), ferner von einem Teile der Wandung des rechten Vorhofs, in welchen die Vena cava caudalis einmündet. Die Facies diaphragmatica wird durch den rechten scharfen Herzrand von der Facies sternocostalis getrennt, die Grenze gegen die hintere Fläche ist nach links nicht so scharf, indem sie hier durch den stumpfen linken Herzrand gebildet wird, der zu einem kleinen Teile in die Bildung der Facies diaphragmatica einbezogen wird. Der rechte Vorhof wird von der rechten Kammer durch den Sulcus coronarius abgegrenzt, in welchem die A. coronaria dextra bis zum Sulcus interventricularis dors.[4] verläuft, um in dem letzteren mit der V. interventricularis dors[2]. die Herzspitze zu erreichen. Die Facies diaphragmatica des in situ gehärteten Herzens erhält ihr Relief von dem Planum cardiacum des Diaphragma, wird sich also mehr abgeflacht darstellen als die beiden anderen Herzflächen.

Man hat das Herz als Ganzes von alters her mit einem Conus verglichen, von dessen Basis die A. pulmonalis und die Aorta entspringen, während die beiden Vorhöfe sich hier mit dem Herzen verbinden und mit den Vv. pulmonales sowie den Vv.

[1] Sulcus longitud. ant. [2] V. cordis media. [3] R. descendens post. [4] Sulcus longitudinalis post.

cavae cran. et caudalis das Bild vervollständigen. Sie bilden zusammen die Basis cordis; die Spitze des Conus wird durch die Herzspitze dargestellt. Der Herzconus stellt sich schief in dem Thoraxraume ein, indem die Basis rechts und dorsal, der Apex links und ventral liegt und die vordere Thoraxwand im V. Intercostalraume etwas medial von der Mamillarlinie erreicht. Diese schiefe Lage geht sowohl aus Sagittal- wie aus Frontalschnitten hervor. Durch einen Medianschnitt wird das Herz in zwei ungleiche Teile zerlegt (Abb. 227); es besteht demnach eine Asymmetrie der Lage, indem annähernd $^2/_3$ der Herzmasse links, $^1/_3$ rechts von der Medianebene angetroffen werden. Rechts von der Medianebene liegen: der rechte Vorhof, ein kleiner Teil der rechten Kammer und ein kleiner Teil des linken Vorhofes; links: ein grosser Teil der rechten Kammer, die ganze linke Kammer, die grösste Partie des linken Vorhofes und das rechte Herzohr. Auf Horizontalschnitten (s. die Abbildung am Schlusse des Kapitels) erkennt man sofort, dass die Basis des Herzens und die Vorhöfe weiter dorsal im Thoraxraume liegen, als die an die vordere Brustwand anstossende Herzspitze.

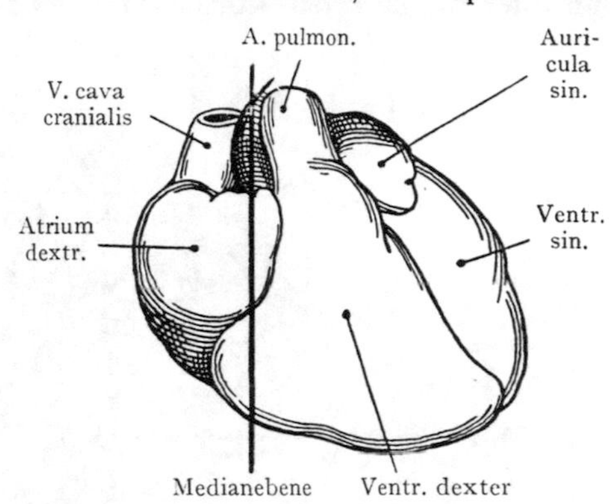

Abb. 227. Massenverteilung des Herzens in bezug auf die Medianebene.
Nach Braune. Atlas der topogr. Anatomie.

Die Herzflächen in ihren topographischen Beziehungen. Von den drei Herzflächen ist die vordere für praktische Zwecke insofern die wichtigste, als ihre Projektionsfigur an der vorderen Brustwand durch Perkussion direkt nachzuweisen ist und sich daraus bestimmte Schlüsse über die Grösse und Lage des Herzens ergeben. Ferner wird man bei chirurgischen Eingriffen von vorne her das Herz erreichen, und endlich ist die Lage der Ostien in Beziehung auf die vordere Brustwand von der grössten Wichtigkeit für die Auskultation der an den Ostien erzeugten Klappentöne.

Die Beziehungen der vorderen Fläche ergeben sich aus Abb. 228. Eine kleine Partie, welche der vorderen Wand des rechten Ventrikels angehört, stösst direkt an die vordere Brustwand (ventrale Enden der IV. und V. Intercostalräume und hintere vom M. transversus thoracis überdeckte Fläche des Sternum). Im übrigen wird das Herz, resp. das Pericardium, von der vorderen Brustwand durch den Sinus costomediastinalis getrennt, in welchem sich die vorderen Lungenränder einlagern. Es treten also in Beziehung zur vorderen Fläche des Herzens: 1. die vordere Brustwand, 2. die Pleurahöhle und 3. beide Lungen (Abb. 206).

Mittelst der Perkussionsmethode ist am Lebenden ein der vorderen Herzfläche zum Teil entsprechendes Feld nachzuweisen, in dessen Bereich ein dumpfer, durch die starken Wandungen des Herzens hervorgerufener Schall erzeugt wird (Feld der absoluten Herzdämpfung, Abb. 221). Die Grenze dieses Feldes erstreckt sich von dem Sternalansatze des IV. Rippenknorpels lateralwärts bis über die Parasternallinie hinaus, sodann senkrecht nach unten zum VI. Rippenknorpel, dann längs dieses Rippenknorpels medianwärts zum Sternum und längs des linken Sternalrandes weiter zum Ansatze des IV. Rippenknorpels. Das Feld der absoluten Herzdämpfung ist demnach grösser als derjenige Teil der vorderen Fläche der Herzwandung, welcher mit der vorderen Brustwand in direkte Berührung tritt, ein Umstand, der sich dadurch erklärt, dass der dünne vordere Rand der linken Lunge, welcher sich in den linken Sinus costomediastinalis auf der Höhe des IV. und V. Intercostalraumes einlagert, zu dünn ist, als dass er eine wesentliche Änderung des dumpfen Herzschalles bewirken könnte. Eine solche Beeinflussung kommt dagegen in einem Felde zustande, welches die obere und die laterale Grenze des Feldes der absoluten Herzdämpfung etwa daumenbreit umzieht: hier mischt sich der Schall der Lunge mit demjenigen des Herzens, so dass der erzeugte Schall heller ist als innerhalb des Feldes der absoluten Herzdämpfung, aber dumpfer als über der Lunge (Feld der relativen Herzdämpfung). Die untere Grenze

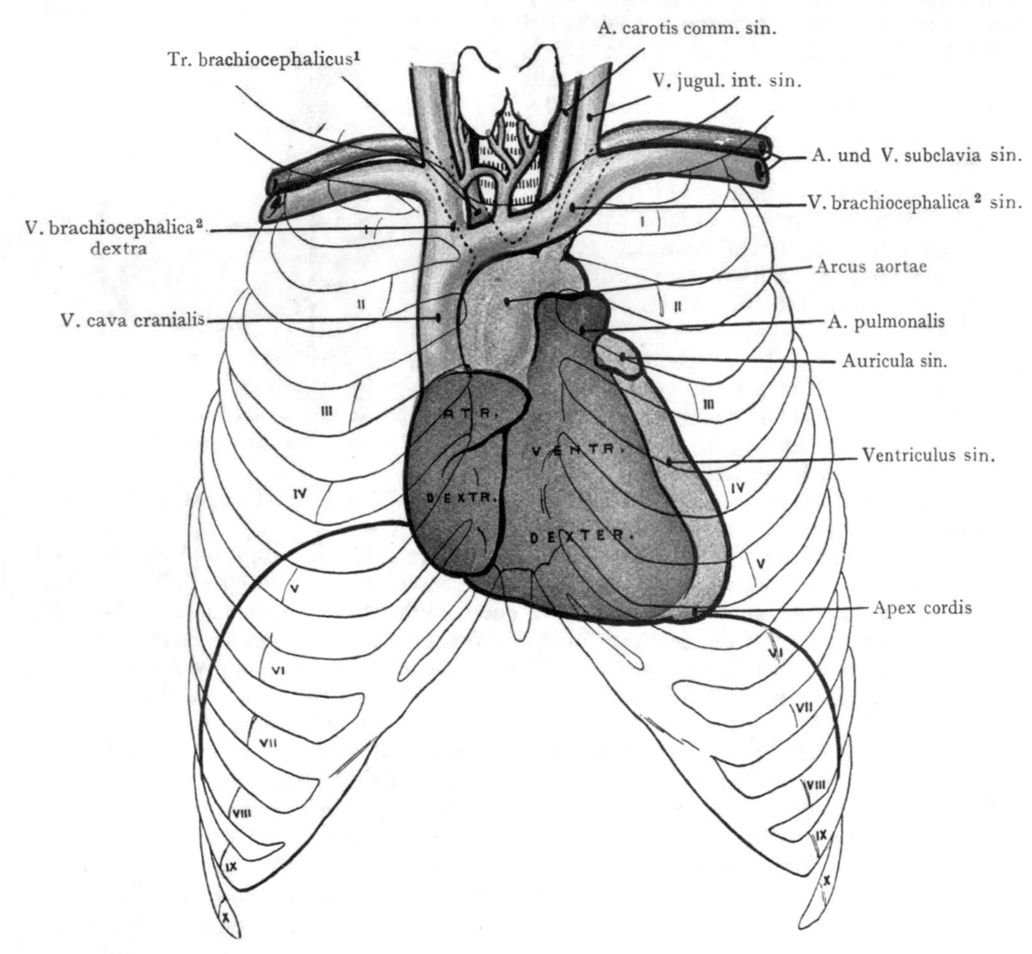

Abb. 228. Herz und grosse Gefässstämme in ihrer Lage zur vorderen Brustwand. (Halbschematisch.)

der absoluten Herzdämpfung geht abwärts, längs des VI. Rippenknorpels, in das Feld der Leberdämpfung über (Abb. 221).

Die Facies diaphragmatica cordis, welche dem Planum cardiacum des Diaphragma aufliegt, wird durch das Diaphragma von der oberen Fläche des linken Leberlappens getrennt, an welcher bei Härtung der Organe in situ häufig eine Impressio cardiaca nachzuweisen ist. Ferner können sich auch Beziehungen zum Magen ergeben, die allerdings je nach der Ausdehnung des linken Leberlappens wechseln, indem derselbe sich zwischen dem Magen und dem Zwerchfell im Bereiche des Planum cardiacum einlagern kann. Nur ein Teil der Herzspitze entspricht nach unten der oberen Fläche des Magens. In diesem Zusammenhange wird gewöhnlich angeführt, dass ein stark ausgedehnter Magen das Zwerchfell und damit auch das Herz empordrängen und die Herztätigkeit beeinflussen kann. Auch kann die Flexura coli sin. einen Einfluss auf

[1] A. anonyma. [2] V. anonyma.

die Brusteingeweide gewinnen, indem sie, bei starker Anfüllung mit Gasen, besonders dann, wenn der Magen leer ist, in die Höhe steigt und einen tympanischen Perkussionsschall in der linken unteren Brusthälfte erzeugt.

Die Facies dorsalis cordis hat Beziehungen zu den Gebilden, welche in der Pars dorsalis mediastini liegen. Der Oesophagus und die Aorta thoracica können, bei in situ gehärteten Brusteingeweiden, einen leichten Eindruck am hinteren Umfange des linken Vorhofes erzeugen (Abb. 249); im übrigen tritt die Facies dorsalis in Beziehung zur Facies mediastinalis der Lungen, unterhalb des Hilus.

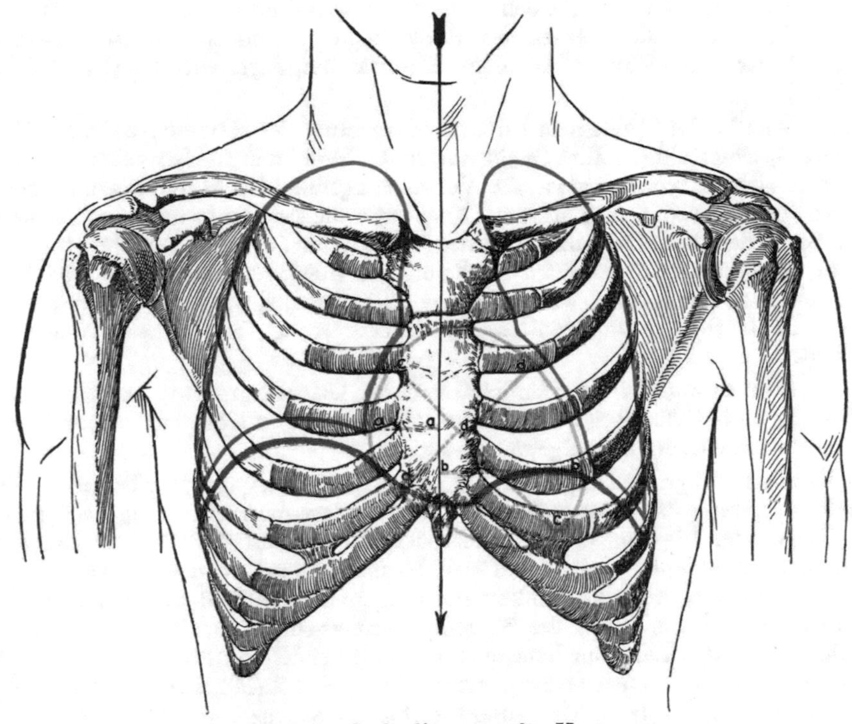

Abb. 229. Orthodiagramm des Herzens.
Nach Müller-Seifert, Medizin. Diagnostik 1907.
Blau: Grenzen der Lungenprojektion. Grün: Grenzen des Projektionsfeldes des Herzens. Rot: Diaphragma. aa Breite der Herzprojektion rechts von der Medianebene. bb Breite der Herzprojektion links von der Medianebene. cc Längsdurchmesser des Herzprojektionsfeldes. ddd Breite des Herzprojektionsfeldes.

Je nach der Höhe, in welcher wir untersuchen, sind die Verhältnisse etwas verschieden; auch wechseln sie mit den Variationen in der Lage des Oesophagus und der Aorta thoracica zueinander. So sehen wir in Abb. 248 die Facies dorsalis cordis in Beziehung sowohl zum Oesophagus und zur Aorta thoracica als auch zu den beiden Nn. vagi und zum Ductus thoracicus. In diesem Situsbilde der Brustorgane von hinten reichen der Ductus thoracicus und der N. vagus dexter nicht bis an den dorsalen Umfang des Pericardialsackes heran.

Untersuchung des Herzens beim Lebenden mittelst Röntgenstrahlen. Die Lage des Herzens in der Leiche weicht in nicht unerheblichem Grade von dem Befunde ab, den wir mittelst der Röntgenstrahlen am Lebenden aufnehmen können. Besonders wertvoll ist die in neuerer Zeit von Moritz ausgebildete orthodiagraphische

Aufnahme des Herzens geworden, welche eine direkte und genaue Messung der auf die vordere Brustwand projizierten Herzabbildung gestattet (Abb. 229). Während bei der Aufnahme des Herzschattens bei festgestelltem Röntgenrohr und vorne der Brust aufgelegter Platte der Herzschatten um so grösser ausfällt, je näher das Rohr dem Rücken des zu untersuchenden Individuums liegt, so wird beim orthodiagraphischen Verfahren die Röntgenröhre in einer dem Rücken des horizontal gelagerten Patienten parallelen Ebene nach allen Richtungen bewegt. „Durch Arme, welche über den Patienten herübergreifen, ist mit dieser beweglichen Röntgenröhre ein Visierungsapparat fest verbunden; dieser steht der Röntgenröhre gegenüber und macht alle ihre Bewegungen in demselben Sinne mit. Indem man den Visierungsapparat über den Thorax des Patienten vorschiebt, kann man die Grenzen des Herzschattens abtasten und auf einem durchsichtigen Papier aufzeichnen, das dem Thorax aufgelegt wird." (F. Müller und O. Seifert.)

Auf diese Weise erhält man ein Orthodiagramm des Herzens, welches (Abb. 229) ein längliches, schief eingestelltes Ovoid darstellt. Man kann in demselben einen Längsdurchmesser ziehen, welcher etwa der Verbindungslinie der Herzbasis und der Herzspitze entspricht. Durch zwei auf die Längsdurchmesser rechtwinklig gezogene Linien wird die Breite des rechts und links von der Medianlinie liegenden Abschnittes der Herzsilhouette angegeben, welche durch Addition die maximale Breite des Herzschattens ergeben. Zwei weitere Linien, welche rechtwinklig auf die Medianlinie gezogen werden, geben die Breite des Herzabschnittes an, welcher rechts und links von der Medianebene liegt.

Zur Beurteilung der am Herzschatten des Orthodiagramms gewonnenen Masse ist namentlich zu berücksichtigen, dass sie mit zunehmender Körpergrösse und besonders auch mit zunehmendem Körpergewichte steigen.

„Das Orthodiagramm zeigt, dass die Lage des Herzens mit dem Stand des Zwerchfells wechselt. Steht das Zwerchfell sehr hoch, so dass die rechtsseitige Kuppe bis zur dritten Rippe oder bis zum dritten Intercostalraum hinaufreicht, so ist die eiförmige Herzsilhouette mehr quergelagert und der Längsdurchmesser des Herzens bildet mit der Medianlinie einen grösseren Winkel: bei langem Thorax und tiefstehendem Zwerchfell, dessen rechtseitige Kuppe der V. Rippe entspricht, hängt das Herz steil in der Brusthöhle herab, sein Längsdurchmesser bildet mit der Medianlinie einen spitzen Winkel und der Transversaldurchmesser des Herzens ist gering." (Müller und Seifert.)

Lage der einzelnen Herzabschnitte in bezug auf die vordere Brustwand und die Brustwirbelsäule (Abb. 225). Rechter Vorhof. Er wird durch den vorderen Rand der rechten Lunge sowie durch den Sinus costomediastinalis von der vorderen Brustwand getrennt. Auf dieselbe projiziert, reicht er vom III. bis zum VI. Rippenknorpel und ragt 1—2 cm über die rechte Sternallinie nach rechts hinaus. Das rechte Herzohr liegt in der Höhe des III. Intercostalraumes, hinter dem Sternum.

Rechte Kammer: Die vordere Fläche der rechten Kammer wird teilweise durch den Sinus costomediastinalis und die vorderen Lungenränder von der vorderen Brustwand getrennt; ihr Projektionsfeld reicht vom III. bis zum VI. linken Rippenknorpel und entspricht der linken Hälfte des Sternum und den III., IV. und V. Intercostalräumen medial von der Parasternallinie; der rechte Ventrikel bildet den grössten Teil der vorderen Wand, ist also bei Stich- und Schusswunden, welche von vorne eindringen, am meisten gefährdet.

Linker Vorhof: Von demselben ist in der Ansicht von vorne bloss das linke Herzohr zu sehen, welches sich in der Höhe des Sternalansatzes des III. Rippenknorpels linkerseits projiziert. Der dorsale Umfang des linken Vorhofes liegt in der Höhe des VII.—IX. Brustwirbels.

Linke Kammer: Von vorne ist (Abb. 228) nur ein schmaler Streifen zu sehen, welcher vom III. bis zum VI. Rippenknorpel reicht und die Herzspitze bildet. Dieselbe liegt bei der Systole des Herzens im V. Intercostalraume, etwas medial von der Mamillarlinie. Tief- oder Hochstand des Diaphragma (s. Altersvariationen im Stande des Diaphragma und der Lungen) bringen selbstverständlich eine Änderung dieser Angaben um 1—1½ Intercostalräume mit sich.

Lage der Herzostien, bezogen auf die vordere Thoraxwand. In dem Situsbilde Abb. 245 sind die Herzostien an einem in situ gehärteten Herzen dargestellt;

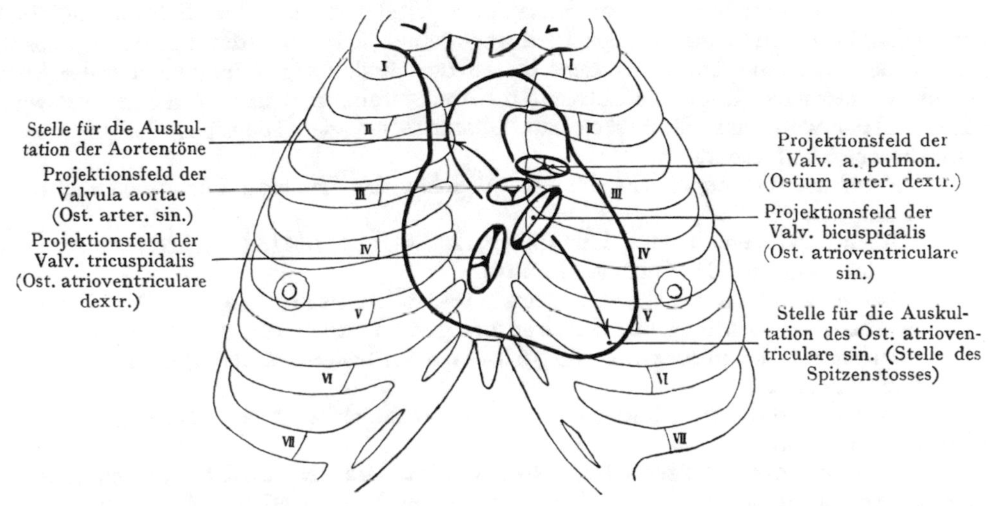

Abb. 230. Projektion der Herzostien und der Klappen auf die vordere Brustwand. (Halbschematisch.)

die Abb. 230 gibt dieselben in ihrer Projektion auf die vordere Brustwand wieder, mit Angabe derjenigen Stellen, an denen man die Auskultation der betreffenden Ostien vorzunehmen pflegt.

Das Projektionsfeld des Ostium venosum dextrum (Ostium atrioventriculare dextrum) liegt auf einer Linie, welche von dem sternalen Ende des III. linken Rippenknorpels bis zum Sternalansatze des VI. rechten Rippenknorpels gezogen wird, und zwar etwas abwärts von der Mitte dieser Linie; man setzt daher zur Auskultation der an dem Ostium erzeugten Töne das Stethoskop auf das Sternum, in der Höhe des Ansatzes des V. rechten Rippenknorpels oder in der Höhe des sternalen Endes des IV. rechten Intercostalraumes.

Die Projektionsfelder der übrigen Herzostien liegen nahe zusammen, und zwar links von der Medianlinie am Sternalansatze des III. und IV. Rippenknorpels sowie hinter dem Sternum in der Höhe des III. Intercostalraumes.

Das Ostium arteriosum dextrum (Ostium pulmonale) wird am oberflächlichsten (vergl. das Situsbild Abb. 245), unmittelbar hinter dem Ansatze des III. linken Rippenknorpels an das Sternum angetroffen, dementsprechend liegt auch das Projektionsfeld, und, da die Töne des Ostium pulmonale direkt an diese Stelle der vorderen Brustwand fortgeleitet werden, so werden sie auch hier am besten auskultiert. Man setzt das Stethoskop gewöhnlich am sternalen Ende des II. linken Intercostalraumes, dicht neben dem Sternum auf.

Das Ostium venosum sinistrum (Ostium atrioventriculare sinistrum) und das Ostium arteriosum sinistrum (Ostium aortae) liegen tiefer im Thoraxraume als das Ostium arteriosum dextrum (Abb. 245). Das Ostium arteriosum sin. wird teilweise durch das Ostium arteriosum dextrum überlagert, noch tiefer liegt das Ostium venosum sinistrum. Das Projektionsfeld des letzteren entspricht dem sternalen Ansatze des IV. linken Rippenknorpels und teilweise dem sternalen Ende des III. Intercostalraumes, doch sind die Töne der Valvula bicuspidalis in dem Projektionsfelde des Ostium nicht deutlich von den Tönen des oberflächlicher gelegenen Ostium pulmonale zu unterscheiden. Man pflegt daher zur Auskultation der Valvula bicuspidalis das Stethoskop an der Stelle des Spitzenstosses im V. linken Intercostalraum, gerade medial von der Mamillarlinie aufzusetzen, da erfahrungsgemäss die Töne mittelst der Wandung des linken Ventrikels bis zu dieser Stelle fortgeleitet werden. Die Richtung der Fortleitung ist in Abb. 230 durch einen Pfeil angegeben. Die Töne des Ostium arteriosum sin. werden durch die Aorta ascendens bis zu der Stelle fortgeleitet, wo sich der Arcus aortae am sternalen Ende des II. rechten Intercostalraumes der vorderen Brustwand nähert. Hier wird das Stethoskop zur Auskultation der Töne des Ostium arteriosum sinistrum aufgesetzt.

Wenn wir die Regeln für die Auskultation der Herztöne kurz wiederholen, so sind es folgende:

Ostium atrioventriculare dextrum (Valv. tricuspidalis) rechterseits am Sternum, in der Höhe des IV. Intercostalraumes.

Ostium atrioventriculare sinistrum (Valv. bicuspidalis) an der Stelle des Spitzenstosses, im V. linken Intercostalraume, gerade medial von der Mamillarlinie.

Ostium arteriosum dextrum (A. pulmonalis) linkerseits neben dem Sternum im II. Intercostalraum.

Ostium arteriosum sinistrum (Aorta) rechterseits neben dem Sternum im II. Intercostalraum.

Fixation des Herzens in seiner Lage. Das Herz wird hauptsächlich durch den Druck benachbarter Eingeweideteile in seiner Lage erhalten. Hier kommen vor allem die Lungen in Betracht; sie bilden beiderseits weiche Kissen, in welche sich das Herz einbettet, indem es die als Impressiones cardiacae bezeichneten Eindrücke an den Facies mediastinales beider Lungen erzeugt. Unten kommen die Zwerchfellkuppel und die oberen Baucheingeweide (Leber, Magen und Milz) in Betracht, welche sich der Wölbung der Zwerchfellkuppel anlegen und damit auch den Höhenstand des Herzens im Thoraxraum beeinflussen. Dass dagegen die Kontraktionen des Zwerchfells bei der Atmung nur eine geringe Verlagerung des Herzens zur Folge haben, wird sofort klar, wenn man sich vergegenwärtigt, dass das Centrum tendineum (und damit auch das Planum cardiacum) seine Einstellung nicht so stark ändert, indem es hauptsächlich die Pars muscularis ist, welche durch ihre Kontraktion bei der Inspiration den Thoraxraum erweitert. Eine gewisse Fixation an das Diaphragma erhält der rechte Vorhof wohl durch die V. cava caudalis, deren Wandung mit dem Umfange des Foramen venae cavae verwachsen ist; eine weitere Fixation erhält die Basis cordis durch den Ein- und Austritt der grossen Gefässe.

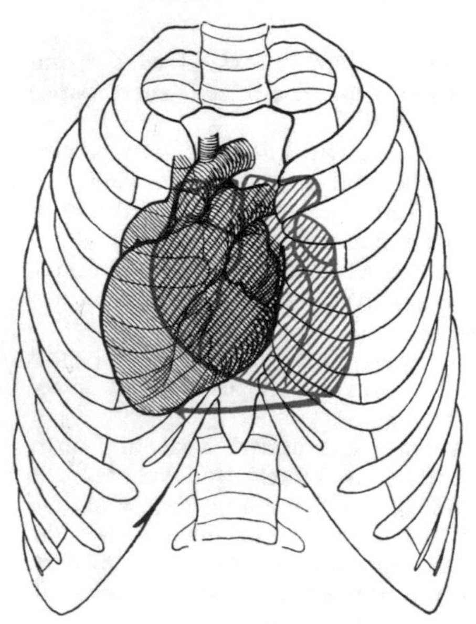

Abb. 231. Starke Verlagerung des Herzens nach rechts, verursacht durch ein linksseitiges Pleuraexsudat.

Nach W. Braune. Atlas d. topogr. Anat.

Unter pathologischen Verhältnissen genügen diese Einrichtungen jedoch nicht, um das Herz in seiner Lage zu erhalten. Besonders können starke Ergüsse in die Pleurahöhle einer Seite eine hochgradige Verlagerung des Herzens nach der anderen Seite herbeiführen, bei welcher die Herzspitze eine Bogenlinie beschreibt. Ein solcher

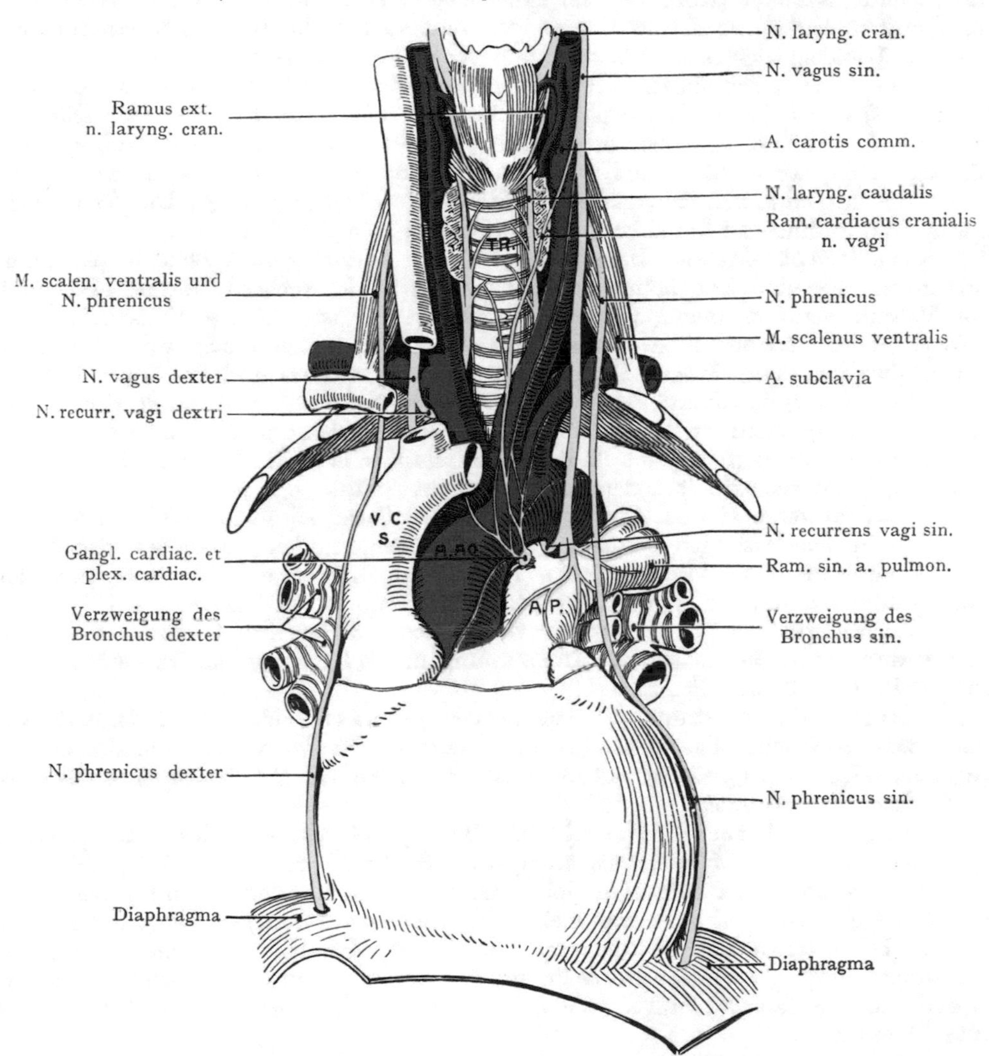

Abb. 232. Topographie der Nn. vagi und phrenici und der grossen Gefässstämme im Thoraxraume.
Mit Benützung einer Abbildung von Leveillé und Hirschfeld.
V. C. S. Vena cava cran. Tr. Trachea. A. Ao. Arcus aortae. A. P. Arteria pulmonalis.

Fall ist in Abb. 231 dargestellt, wo die Hauptmasse des Herzens rechts von der Medianebene liegt und die Herzspitze im V. rechten Intercostalraume angetroffen wird. Die Verlagerung der Herzbasis ist in solchen Fällen infolge der Fixation, welche sie durch den Ansatz der grossen Gefässe erhält, eine geringere, als diejenige der Herzspitze.

Gefässe und Nerven des Herzens (Abb. 225 und 226). Arterien. Das Herz wird mit arteriellem Blute durch die Aa. coronaria cordis dextra und sinistra versorgt. Die A. coronaria dextra entspringt aus dem rechten, die A. coronaria sin. aus dem linken Sinus aortae (Valsalvae). Die Ursprünge der Arterien werden vorne von dem rechten Herzohr und dem Ursprung der A. pulmonalis bedeckt.

Die A. coronaria dextra verläuft im Sulcus coronarius zwischen rechtem Vorhofe und rechter Kammer (Abb. 225) um den rechten Herzrand herum zur Facies diaphragmatica cordis, wo sie als Ramus interventricularis die Herzspitze erreicht. Sie gibt zur Wandung des rechten Vorhofs und der rechten Kammer Äste ab.

Die A. coronaria sinistra wird an ihrem Ursprunge aus dem linken Sinus aortae (Valsalvae) durch die A. pulmonalis bedeckt. Der kurze Stamm (Abb. 225) teilt sich in einen Ramus interventricularis[1], welcher in dem Sulcus interventricularis ventr. bis zur Herzspitze verläuft und einen Ramus circumflexus, welcher in dem Sulcus coronarius um den linken Herzrand zur Facies diaphragmatica gelangt. Die Verzweigung findet hauptsächlich an die linke Kammer und den linken Vorhof statt.

Die Hauptvene des Herzens ist die V. cordis magna, welche in den Sinus coronarius übergeht. Die Mündung des letzteren in den rechten Vorhof wird durch die Valvula sinus coronarii (Thebesii) eingeengt; er ist als die Endstrecke eines embryonal vorhandenen linken Ductus Cuvieri aufzufassen und liegt im Sulcus coronarius, zwischen dem hinteren Umfange des linken Ventrikels und des linken Vorhofs. Die V. cordis magna nimmt an der Herzspitze ihren Anfang, verläuft in dem Sulcus interventricularis ventr., dann im Sulcus coronarius um den linken Herzrand abbiegend zum Sinus coronarius (Abb. 226). In denselben münden noch kleinere Venen (V. obliqua atrii sin., V. interventricularis dors.[2] und V. parva cordis).

Von grösseren Gefässstämmen, die auf der Facies sternocostalis verlaufen und etwa von Stichverletzungen betroffen werden können, sind hervorzuheben: der Stamm der A. coronaria sin., und der Ram. interventricularis[1] mit dem entsprechenden Venenstamme, ferner die erste Strecke der A. coronaria cordis dextra.

Lymphgefässe des Herzens. Sie ziehen am dorsalen Umfange des Arcus aortae und der A. pulmonalis zur Einmündung in die Lymphonodi tracheobronchales an der Bifurkation der Trachea.

Nerven des Herzens. Die Herznerven (Abb. 232) bilden ein Geflecht (Plexus cardiacus), an welches Fasern der Nn. vagi und der sympathischen Grenzstränge sich begeben. Mit den Vagusästen verlaufen Äste aus allen drei Cervicalganglien des sympathischen Grenzstranges.

Lage des Herzens beim Kinde. Der Spitzenstoss liegt bis zum 4. Lebensjahre lateral von der Mamillarlinie, wenigstens in der Mehrzahl der Fälle; dieser Befund wird während der folgenden Jahre nach und nach seltener und kommt vom 13. Lebensjahre an überhaupt nicht mehr vor. Im ersten Lebensjahre liegt der Spitzenstoss im IV. Intercostalraume, dann nimmt dieser Befund an Häufigkeit ab. Im V. Intercostalraume liegt der Spitzenstoss während der beiden ersten Lebensjahre sehr selten, in den nächsten Jahren häufiger, vom 7. an in der Mehrzahl der Fälle, vom 13. an fast ausschliesslich.

D. Topographie des Mediastinalraumes.

Als Mediastinum (in medio stans) bezeichnen wir den Raum, welcher nach beiden Seiten durch die Pars mediastinalis pleurae[3], dorsal durch die Brustwirbelsäule und die Rippenhälse, ventral durch das Sternum abgegrenzt wird. Der Mediastinalraum geht aufwärts in die mediane Halsregion über, unten bildet das Diaphragma einen Abschluss.

Vom Standpunkte des topographischen Anatomen aus betrachtet, stellt das Mediastinum einen einheitlichen Raum dar, d. h. es fehlt eine Trennung in einzelne

[1] R. descendens ant. [2] V. cordis media. [3] Pleura mediastinalis.

Abteilungen durch Fascienblätter oder Muskelmassen. Man hat jedoch, mittelst einer Ebene, welche frontal durch die Trachea und die Bronchen gelegt wird, den Mediastinalraum in eine hintere und eine vordere Abteilung zerlegt (Pars ventralis et dorsalis mediastini[1]), eine Unterscheidung, welcher, wie gesagt, die anatomische Grundlage durchaus fehlt, obgleich sie zum Zwecke der Beschreibung eines Befundes nicht ohne Wert ist.

Die Höhe des Mediastinalraumes wird ventral durch die Länge von Manubrium plus Corpus sterni angegeben, dorsal entspricht sie den zehn bis elf obersten Brustwirbeln. Der sagittale Durchmesser nimmt nach unten zu, indem der Abstand der Incisura jugularis sterni von den oberen Brustwirbeln geringer ist, als derjenige der Verbindung zwischen dem Corpus sterni und dem Processus ensiformis[2] von den unteren Brustwirbeln. Der Transversaldurchmesser ist gleichfalls sehr verschieden, je nach der Höhe, in welcher untersucht wird (man vergleiche die Querschnittsbilder Abb. 259—262); so ist der Transversaldurchmesser oben, am Übergange in die mediane Halsregion, geringer als unten, wo das Herz den grössten Teil des Mediastinalraumes einnimmt. Durch die schräge Lage des Herzens kommt auch eine gewisse Asymmetrie in der Ausbildung der unteren Partie des Raumes zustande.

Allgemeines über die Lage der Gebilde im Mediastinalraume. Sehen wir zunächst vom Herzen ab, so ist von den Hauptgebilden des Mediastinum im allgemeinen zu sagen, dass sie, entsprechend der Höhenentfaltung des Raumes, vorwiegend einen Längsverlauf aufweisen. Hier sind zu nennen: der Oesophagus, die Aorta thoracica, die Nn. vagi et phrenici, die Grenzstränge des Sympathicus, die Trachea, der Ductus thoracicus, die V. cava cranialis. Doch gibt es zahlreiche Ausnahmen. Die vom Herzen ausgehenden, resp. zum Herzen gelangenden grossen Gefässstämme zeigen bald einen Längsverlauf (V. cava cranialis), bald sind sie mehr quer (Vv. pulmonales und Äste der A. pulmonalis) oder schräg (Arcus aortae, A. pulmonalis, Tr. brachiocephalicus[3]) und Vv. brachiocephalicae[3] in den Mediastinalraum eingestellt. Die Trachea verläuft in der Längsrichtung, die grossen Bronchen dagegen schräg, zum Teil gleichfalls schräg die Aa. und Vv. intercostales.

Der Übersicht halber halten wir an der ersten Einteilung des Raumes fest und unterscheiden Gebilde des ventralen und des dorsalen Mediastinum; zu den ersteren rechnen wir den Thymus, den Arcus aortae, die A. pulmonalis, die Nn. phrenici, die Trachea und die Bronchen, zu den letzteren den Oesophagus, die Aorta thoracica, die Vv. thoracicae longitudinales dextra et sinistra[4], ferner die beiden Nn. vagi und den Ductus thoracicus. Das Herz liegt teils im hinteren, teils im vorderen Mediastinalraume.

1. Gebilde in der Pars ventralis mediastini[5].

Nach Wegnahme des Sternum und der Rippenknorpel sowie des M. transversus thoracis liegt der Zugang zum Mediastinalraume von vorne her frei. Die A. und Vv. thoracicae[6] int. schliessen sich der vorderen Wand des Thorax an; sie sind schon früher besprochen worden, denn sie liegen ausserhalb des Mediastinalraumes teils unmittelbar an der Pars costovertebralis pleurae[7], teils durch den M. transversus thoracis von der letzteren getrennt. Sie geben aber Äste zu Mediastinalgebilden ab, so zum Thymus (Aa. thymicae) und zum Fettgewebe des vorderen Mediastinum (Aa. mediastinales ventr.).

Der Zugang zum Mediastinum von vorne wird durch die beiderseitigen vorderen Pleuragrenzen angegeben (Abb. 206). Bloss hinter dem Manubrium sterni, in dem dreieckigen, des Pleuraüberzuges entbehrenden Felde, sowie an dem Corpus sterni linkerseits von der Medianebene in der Höhe des V. und VI. Rippenknorpels, tritt das Gewebe des Mediastinum mit dem Fettgewebe, welches sich oft in ziemlich beträchtlichen Mengen zwischen dem Sternum und den Pleurasäcken einlagert, in Verbindung.

[1] Cavum mediastinale ant. et post. [2] Proc. xiphoideus. [3] A. Vv. anonyma. [4] V. azygos et hemiazygos. [5] Cavum mediastinale. ant. [6] A. V. mammaria interna. [7] Pleura costalis.

In der Höhe des II., III. und IV. Rippenknorpels erreichen sich die beiderseitigen Pleurasäcke, so dass hier der Mediastinalraum nach vorne ganz abgeschlossen erscheint.

Hinter der vom Pleuraüberzuge freien dreieckigen Fläche des Manubrium sterni liegt zunächst lockeres Fett- und Bindegewebe mit Resten des Thymus, welche nicht selten die Form der Drüse wiedergeben, wenngleich starke Veränderungen in dem Gewebe selbst erfolgt sind. Das war bei dem 21jährigen Manne der Fall, dessen Thymus in Abb. 242 abgebildet ist. Ihre maximale Ausbildung besitzt die Drüse am Ende des zweiten Lebensjahres, dann treten Rückbildungsprozesse auf, welche das lymphatische Thymusgewebe bis auf geringe Reste zum Schwunde bringen. Diese Reste liegen in dem lockeren Fett- und Bindegewebe, welches die grossen Gefässstämme im Pars ventralis mediastini[1] überlagert. Die Aa. des Thymus kommen aus den Aa. thoracicae[2] int. (Aa. thymicae), die Venen gehen zu den benachbarten Venenstämmen (Vv. brachiocephalicae, thoracicae int.). Beim Neugeborenen sowie beim Kinde während der zwei bis drei ersten Lebensjahre, setzt sich der relativ grosse Thymus aus zwei mehr oder weniger miteinander verschmolzenen Lappen zusammen, die sich von der oberen Thoraxapertur bis zur vorderen Umschlagslinie des Pericards auf die grossen Gefässe erstrecken. In dieser Lage bedecken sie die V. cava cranialis, zum Teil auch die Vv. brachiocephalicae[3], ferner den Arcus aortae und die A. pulmonalis. Sie können nach oben bis zum unteren Rande der Glandula thyreoidea reichen.

Nach Entfernung der Thymusreste, sowie nach Eröffnung der Pleurasäcke und Abziehen des Lungenrandes lateralwärts, gelangen die grossen im vorderen Mediastinalraume verlaufenden Gefässe zur Ansicht (Abb. 243). In oberflächlicher Schicht liegen unter allen Umständen die zur Bildung der V. cava cranialis zusammenmündenden Vv. brachiocephalicae[3], welche die grossen aus dem Arcus aortae entspringenden Stämme (Tr. brachiocephalicus[4] und die Aa. carotis comm. sin. und subclavia sin.) überlagern. In der leicht schematisch gehaltenen Abb. 228 bedeckt die V. brachiocephalica[3] sin. den Abgang und die erste Strecke des Verlaufes der aus dem Arcus entspringenden Stämme, die Aorta ascendens und der Arcus aortae bleiben dagegen frei und werden bloss durch den Sinus costomediastinalis von der hinteren Fläche des Sternum getrennt. (Man vergleiche auch die Darstellung der Pleuragrenze in Abb. 215.) Links von der Aorta ascendens liegt der kurze Stamm der A. pulmonalis, deren Teilung in den Ramus dexter und sinister eben noch sichtbar ist. Rechts von der Aorta ascendens und dem Übergange in den Arcus aortae verläuft die V. cava cranialis annähernd senkrecht abwärts zur Einmündung in den rechten Vorhof. Bei dem den Situsbildern Abb. 243 und 244 zugrunde liegenden Präparate waren die Venen in der Pars ventralis mediastini[1] maximal gefüllt und verdeckten in grösserer Ausdehnung die tiefer gelegenen Arterienstämme sowie den Arcus aortae.

Über die Lage der V. cava cranialis, der Aorta ascendens und der A. pulmonalis zueinander gibt ein Horizontalschnitt Aufschluss (Abb. 233). Derselbe ist in der Höhe des VI. Brustwirbels durchgeführt, und trifft noch den obersten Teil der Pericardialhöhle sowie die A. pulmonalis und die Aorta gerade über ihren Klappen. Das Pericard wird vorne durch das Fett- und Bindegewebe des Pars ventralis mediastini[1] überlagert; die beiden Sinus costomediastinales pleurae kommen hinter dem Sternum fast bis zur Berührung. Von den drei grossen Gefässstämmen liegt die A. pulmonalis am oberflächlichsten (sie gibt hier den hinter der Aorta ascendens und der V. cava cranialis zum rechten Lungenhilus verlaufenden Ramus dexter ab), dann folgt die Aorta ascendens und nach rechts der Querschnitt der V. cava cranialis, welche von den drei grossen Gefässstämmen am tiefsten im Thoraxraume liegt. Gegen die obere Thoraxapertur hin liegt die V. cava cranialis und der Arcus aortae etwas oberflächlicher (Abb. 233), doch werden beide Gefässe normalerweise immer durch die Sinus costomediastinales pleurae und die Lungen von der vorderen Thoraxwand getrennt.

[1] Cavum mediastinale ant. [2] A. mammaria interna. [3] V. anonyma. [4] A. anonyma.

Die **Vena cava cranialis** setzt sich aus einer längeren V. brachiocephalica[1] sinistra und einer kürzeren V. brachiocephalica[1] dextra zusammen, welche sich in der Höhe des Sternalendes der ersten Rippe oder am sternalen Ende des ersten rechten Intercostalraumes vereinigen. In den Winkel, den die beiden Vv. brachiocephalicae[1] miteinander bilden (oder auch in eine V. brachiocephalica) mündet häufig die V. thyreoidea ima ein, welche sich von dem unteren Umfange der Glandula thyreoidea sammelt und nicht selten durch ihre beträchtliche Grösse auffällt (s. auch das Situsbild Abb. 244). Sie liegt direkt vor der Trachea und kommt bei der Eröffnung der Trachea unterhalb der Glandula thyreoidea in Betracht.

Die Vv. brachiocephalicae bilden sich ihrerseits durch den Zusammenfluss der V. jugularis int. und der V. subclavia (Angulus venosus), welcher beiderseits hinter dem Articulus sternoclavicularis stattfindet. Die V. brachiocephalica sin. ist die längere, da die Bildung der V. cava cranialis rechterseits vom Sternum stattfindet; sie verläuft von dem linken Articulus sternoclavicularis schräg an der hinteren Fläche des Manubrium sterni vorbei zum sternalen Ende des ersten rechten Intercostalraumes, kreuzt also den Stamm der A. subclavia sin. und der A. carotis comm. sin. sowie den Tr. brachiocephalicus[4], kurz nach dem Ursprunge derselben aus dem Arcus aortae.

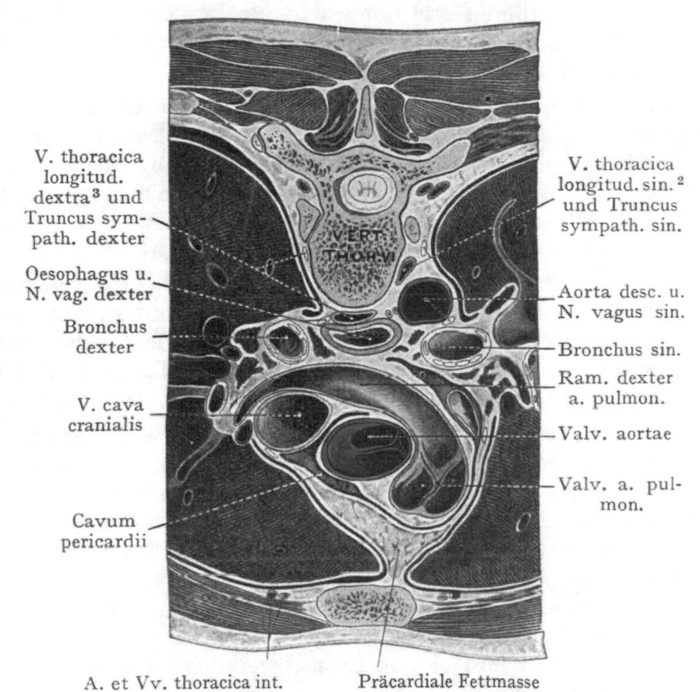

Abb. 233. Querschnitt durch das Mediastinum, in der Höhe des VI. Brustwirbelkörpers.
Nach W. Braune. Topogr. anat. Atlas.

Die Vena cava cranialis bildet einen kurzen (4—5 cm), aber mächtigen Stamm, welcher, auf die vordere Brustwand projiziert (Abb. 228), den ventralen Enden des ersten und zweiten Intercostalraumes sowie dem sternalen Ende der dritten Rippe entspricht, also dem rechten Sternalrande angrenzt. Sie wird an ihrem vorderen Umfang unmittelbar über ihrem Eintritte in den Vorhof vom Pericard überzogen, ihr dorsaler und ihr lateraler Umfang liegen ausserhalb der Pericardialhöhle (Abb. 224). Sie wird durch den rechten Pleurasack von der vorderen Brustwand getrennt, ihr rechter Umfang wird von der Pars mediastinalis pleurae überzogen, und hier verläuft zwischen der V. cava cranialis und der Pleura der N. phrenicus dexter senkrecht zum Zwerchfell hinunter.

Die **A. pulmonalis** liegt von den drei grossen mit der Basis cordis in Verbindung tretenden Stämmen am oberflächlichsten und am weitesten links; sie entspringt in der Höhe des Sternalansatzes des dritten linken Rippenknorpels aus der rechten Herzkammer und bildet einen Teil einer Spirale, deren direkte Fortsetzung

[1] V. anonyma. [2] V. hemiazygos. [3] V. azygos. [4] A. anonyma.

durch den Ramus dexter der Arterie dargestellt wird. Die Spirale ist, ebenso wie diejenige des Arcus aortae, schräg in den Thoraxraum eingestellt, aber in einer Richtung, welche die letztere kreuzt, indem der Ramus dexter a. pulmonalis dorsal von der Aorta ascendens und der V. cava cranialis zum rechten Lungenhilus geht (Abb. 233). Der Ramus sinister verläuft auf dem kürzesten Wege zum linken Lungenhilus, indem er den linken Bronchus kreuzt. Der Ramus dexter entspricht in seiner Stärke der grösseren Entfaltung der rechten Lunge; er gibt einen oberen Zweig zum oberen, einen unteren Zweig zum mittleren und unteren Lungenlappen. Der Ram. sinister bedeckt von vorne den linken Bronchus und teilt sich am Lungenhilus in zwei Äste, die je zum oberen und unteren Lungenlappen gelangen.

Von der Konkavität des Aortenbogens, in der Nähe des Ursprunges der A. carotis comm. sin., geht zur Teilungsstelle der A. pulmonalis oder auch zum Ramus sinister die Chorda ductus arteriosi[1], welche während des Fetallebens als Ductus Botalli (Abb. 247) eine Verbindung zwischen dem Arcus aortae und der A. pulmonalis herstellte, um das Blut aus der rechten Kammer, mit Umgehung des Lungenkreislaufs, direkt in die Aorta und damit in den Körperkreislauf zu leiten.

Das Projektionsfeld der A. pulmonalis auf die vordere Brustwand erstreckt sich linkerseits von dem Ansatze des dritten bis zum Ansatze des zweiten Rippenknorpels an das Sternum (Abb. 228), entspricht also dem vorderen Ende des zweiten Intercostalraumes und dem benachbarten Teile des Sternum, von welchem die Arterie durch den Pleurasack sowie durch den vorderen Rand der linken Lunge getrennt wird.

Aorta ascendens, Arcus aortae und Aorta thoracica. Der dritte der drei in der Höhe des Schnittes Abb. 233 nebeneinander gelagerten Gefässstämme ist die Aorta. Man unterscheidet an derselben innerhalb des Thoraxraumes drei Abschnitte: 1. Die Aorta ascendens, von dem Ursprunge aus dem linken Ventrikel bis zur Stelle, wo (etwa 1 cm unterhalb des Tr. brachiocephalicus[2]) der Pericardialüberzug des Gefässes ein Ende nimmt; 2. den Arcus aortae, d. h. den bogenförmigen Abschnitt, welcher, schief im Mediastinalraume eingestellt, von dem Ende der Pars ascendens bis zum linken Umfange des vierten Brustwirbelkörpers verläuft; endlich 3. die Aorta thoracica, welche von dem vierten Brustwirbelkörper bis zum Hiatus aorticus des Diaphragma am elften Brustwirbel reicht.

Die Aorta ascendens entspringt aus dem linken Ventrikel in der Höhe des dritten Intercostalraumes hinter dem Sternum; die Projektion ihres Ostiums auf die vordere Brustwand reicht bis zum linken Sternalrande (Abb. 230). Der Ursprung liegt tiefer im Thoraxraume als derjenige der A. pulmonalis (s. die Darstellung der Herzostien im Situspräparate Abb. 245). Die Aorta ascendens bildet mit dem Arcus aortae einen Teil einer Spiralwindung, welche in der Tiefe, am Ostium arteriosum sin. (aorticum) beginnend gegen das sternale Ende des zweiten rechten Intercostalraumes aufsteigt, dann in einen kranialwärts konvexen Bogen, entsprechend dem Manubrium sterni, dorsalwärts und nach links verläuft, um die Wirbelsäule am linken Umfange des vierten Brustwirbels zu erreichen und hier in die Aorta thoracica überzugehen. Die Konvexität der Spirale sieht also ventralwärts und nach rechts.

Die Beziehungen der Aorta sind auf den beiden ersten Strecken ihres Verlaufes sehr mannigfaltige. Der Ursprung der Aorta ascendens wird durch das Ostium arteriosum dextrum (Ostium pulmonale) teilweise überdeckt. Rechts liegt die V. cava cranialis, links die A. pulmonalis. Das rechte Herzohr berührt den vorderen Umfang der Aorta ascendens. Von rechts und links legen sich die Pleurasäcke dem vorderen Umfange des Arcus aortae auf und schliessen denselben von der Berührung mit der hinteren Fläche des Sternum aus. Die Konvexität des Bogens mit den Ursprüngen der grossen Arterien wird von der V. brachiocephalica[2] sin. bedeckt und in die Konkavität des Arcus legt sich der Ramus dexter a. pulmonalis, welcher dorsal von der Aorta

[1] Lig. arteriosum (Botalli). [2] A. anonyma.

ascendens zum rechten Lungenhilus geht (Abb. 233). Die Teilungsstelle der A. pulmonalis wird mittelst der Chorda ductus arteriosi[1] mit der Konkavität des Aortenbogens verbunden.

Der Aortenbogen kreuzt den linken Umfang der Trachea an der Bifurcatio tracheae, ferner in der Höhe des III. Brustwirbels den Oesophagus, welcher, dorsal von der Trachea gelegen, die Aorta mit seinem linken Umfange gerade noch berührt. Von dem Arcus aortae werden von vorne die Lymphonodi tracheobronchales craniales sinistri bedeckt. Man vergleiche Abb. 235, welche die Lagebeziehungen zwischen Arcus aortae, Trachea und Oesophagus darstellt. Die Aorta thoracica verläuft am linken Umfange der Brustwirbelkörper, indem sie in recht verschiedener Höhe von dem Oesophagus ventral gekreuzt wird und tritt durch den Hiatus aorticus am XI. Brustwirbelkörper aus der Brust- in die Bauchhöhle.

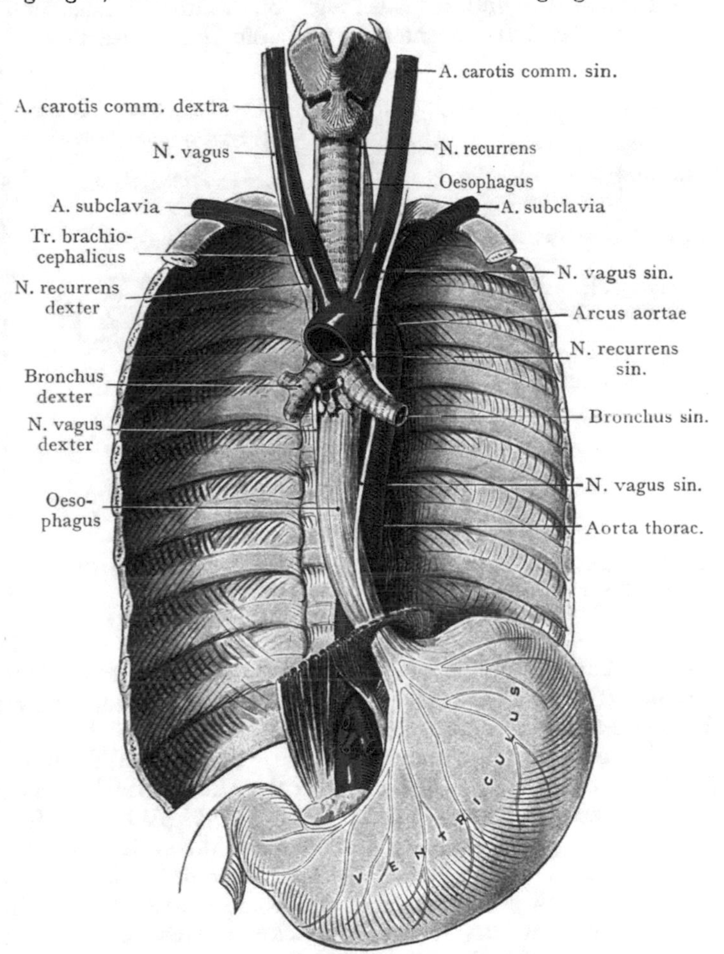

Abb. 234. Topographie von Oesophagus, Trachea, Nn. vagi und Aorta von vorn gesehen.

Lage der grossen aus dem Arcus aortae entspringenden Stämme. Von rechts nach links aufgezählt entspringen aus dem Aortenbogen: der Tr. brachiocephalicus[2], die A. carotis comm. sin. und die A. subclavia sin. Die schräge Einstellung des Arcus in dem Thoraxraum erklärt die Tatsache, dass die Ursprungsstellen des Tr. brachiocephalicus[2] und der A. carotis comm. sin. oberflächlicher liegen, als diejenige der A. subclavia sin. Der Ursprung des Tr. brachiocephalicus[2] liegt, auf die vordere Brustwand bezogen, in der Höhe des sternalen Endes des II. rechten Rippenknorpels; er verläuft (Abb. 234) schräg über den vorderen Umfang der Trachea als kurzer kaum 2 cm langer Stamm, der von vorne her von der V. brachiocephalica[3] sin. und teilweise auch von der V. cava cranialis überlagert wird und sich in die A. subclavia dextra und die A. carotis comm. dextra teilt. Letztere setzt die Richtung des Tr. brachiocephalicus[2] fort, während die A. subclavia dextra bogenförmig über die Pleurakuppel zur hinteren Scalenuslücke und zur Fossa supraclavicularis

[1] Lig. arteriosum (Botalli). [2] A. anonyma. [3] V. anonyma.

major gelangt. Die Arterie wird vorne teilweise von der V. subclavia bedeckt. Der rechte Umfang des Tr. brachiocephalicus[1] wird von der Pars mediastinalis pleurae[2] dextrae überzogen, auch liegt die A. subclavia unmittelbar der Pleurakuppel auf (s. die Besprechung der Facies mediastinalis der rechten Lunge S. 273). Die A. carotis comm. sin. kreuzt gleichfalls den vorderen Umfang der Trachea oberhalb der Bifurkation und geht links von der Trachea und dem Oesophagus durch die obere Thoraxapertur zum Halse empor. Die A. subclavia sin. endlich entspringt am weitesten links und dorsal aus dem Arcus aortae und verläuft bogenförmig über die linke Pleurakuppel zur hinteren Scalenuslücke und zur Fossa supraclavicularis. Beide Gefässe werden von der Pars mediastinalis pleura[2] sin. überzogen (Abb. 255).

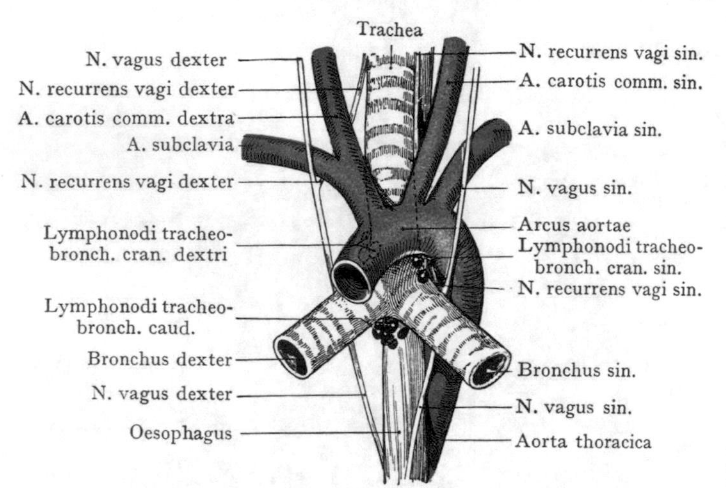

Abb. 235. Topographie der Trachea, des Arcus aortae, des Oesophagus und der Lymphonodi tracheobronchales. (Halbschematisch.)

Topographie des Thymus. Der Thymus ist ein Organ, welches während der beiden ersten Lebensjahre seine maximale Entwicklung erlangt, um vom Ende des zweiten Jahres an eine Rückbildung zu erfahren, so dass beim Erwachsenen bloss noch geringe Reste des ursprünglich voluminösen Gebildes nachweisbar sind. Nur ganz ausnahmsweise bleibt das Organ nicht bloss bestehen, sondern nimmt eine der Körpergrösse entsprechende weitere Entwicklung (Status thymicus), welcher neuerdings besonders von dem Pathologen ein erhöhtes Interesse zugewandt wird.

Beim Neugeborenen zeigt der aus zwei Lappen zusammengesetzte Thymus eine Länge von ca. 5, eine Breite von $1^1/_2$ cm. Die beiden Lappen sind selten symmetrisch zur Medianebene entwickelt; das Organ liegt (Abb. 237) im oberen Teile der Pars ventralis mediastini doch reicht es noch über die Incisura jugularis sterni in den unteren Teil des Halses und kann die Gland. thyreoidea berühren oder sogar lateral von der letzteren noch höher hinaufreichen. Nach Entfernung des Sternum und der Rippenknorpel sieht man den Thymus im lockeren Gewebe des Mediastinum vorliegen; ein grosser Teil seiner vorderen und lateralen Fläche ist von der Pars mediastinalis pleurae[2] bedeckt, hier wird die Drüse von ihren aus der A. und V. thoracica interna[3] kommenden Gefässen erreicht. Sie bedeckt von vorne die im vorderen Mediastinalraume liegenden grossen Gefässstämme, also die Vv. brachiocephalicae[4] zum Teil, dann die V. cava cran., den Arcus aortae und die grossen aus dem Arcus aortae entspringenden Stämme. Endlich reicht sie bis auf den vorderen und lateralen Umfang des Pericardialsackes herab, den sie in stark wechselnder Ausdehnung bedeckt.

Abweichend von dem gewöhnlichen Verhalten, bei dem der Thymus des Neugeborenen nur in die unmittelbar oberhalb der Incisura jugularis sterni liegende Partie des Halses hinaufreicht, kann er ausnahmsweise die Höhe des Zungenbeins erreichen (Abb. 236) und hier grössere oder geringere Massen darstellen (Thymus accessorius), die mit der unteren Hauptmasse der Drüse durch eine schmälere Verbindungsbrücke im Zusammenhang stehen. Der Zustand ist im Anschluss an die embryonalen Ver-

[1] A. anonyma. [2] Pleura mediastinalis. [3] A. V. mammaria interna. [4] V. anonyma.

hältnisse zu beurteilen, indem der Thymus aus einer epithelialen Ausstülpung der III. Schlundtasche hervorgeht, die ursprünglich in dieser Höhe lag, so dass der Fall gewissermassen als ein Erhaltenbleiben der Verbindung mit dem Mutterboden aufgefasst werden kann.

Die **Nn. vagi und phrenici** (Abb. 232) gehen bestimmte Beziehungen zu den grossen Gefässen ein, auf welche an dieser Stelle kurz hingewiesen sei (s. Topographie des Halses). Die Nn. vagi treten beiderseits zwischen der A. carotis comm. und der V. jugularis int. in den Thoraxraum; der rechte Vagus kreuzt den vorderen Umfang der A. subclavia dextra unmittelbar nach ihrem Ursprunge aus dem Tr. brachiocephalicus[1] (er wird hier von der V. subclavia überlagert), gibt den N. recurrens dexter um den dorsalen Umfang der A. subclavia dextra oder des Tr. brachiocephalicus[1] ab und verläuft, dem rechten Umfange der Trachea angeschlossen, dorsal von der Radix pulmonis zum Oesophagus, an dessen dorsale Fläche er sich verzweigt und mit welchem er durch das Foramen oesophagicum zum Magen gelangt. Der N. vagus sin. kreuzt den vorderen Umfang des Arcus aortae unterhalb der Chorda ductus arteriosi[2] und gibt um die Konkavität des Arcus links von der Chorda den N. recurrens sin. ab, welcher in der Rinne zwischen Trachea und Oesophagus zum Larynx emporzieht. Sodann verläuft der Stamm dorsal von der linken Lungenwurzel weiter, gibt den Plexus pulmonalis zum linken Bronchus und schliesst sich zuerst dem linken, dann dem vorderen Umfang des Oesophagus an, mit welchem er durch das Foramen oesophagicum hindurchtritt, um die vordere Wand des Magens als Plexus gastricus ventralis zu innervieren und mit einigen Ästen auch noch in den Plexus suprarenalis und renalis sin. einzutreten.

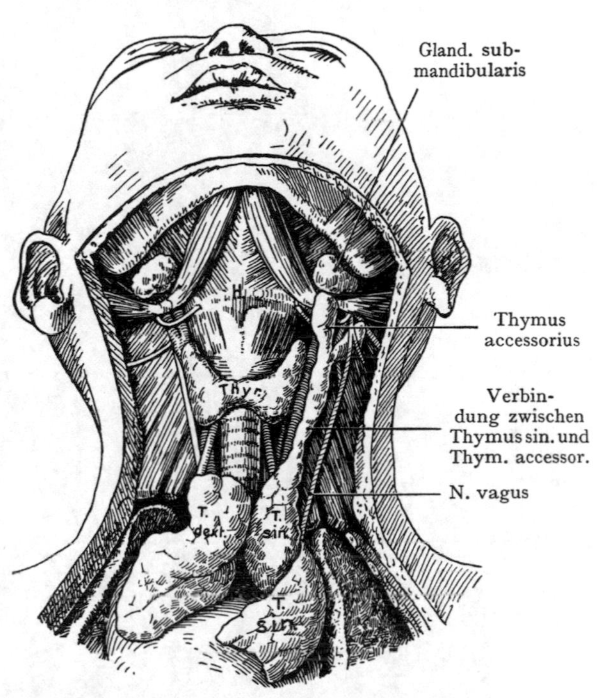

Abb. 236. Starke Ausbildung eines Thymus accessorius, der bis an das Os hyoides heranreicht.

Nach Gertrud Bien. Über accessor. Thymuslappen im Trigonum caroticum. Anat. Anz. XXIX. 1906.

H. Corpus ossis hyoidis. Thyr. Gland. thyreoidea. T. dext. T. sin. Thymus dexter und sinister.

Die Nn. phrenici liegen im Bereiche des Halses beiderseits der vorderen Fläche der Mm. scaleni ventrales auf, nähern sich dann (s. Abb. 232) am Thoraxeingange dem medialen Rande der Muskeln und treten zwischen der A. und V. subclavia in den Thorax- resp. in den Mediastinalraum ein. Der Nerv kreuzt also linkerseits wie rechterseits die A. subclavia, unmittelbar vor ihrem Eintritte in die hintere Scalenuslücke und liegt hier lateral vom Vagusstamme. Der N. phrenicus dexter verläuft mehr senkrecht, der N. phrenicus sin. in weit lateralwärts gerichtetem Bogen zum Zwerchfell. Der N. phrenicus dexter kreuzt die A. thoracica[3] int., liegt dann zwischen dem rechten Umfange der V. cava cran. und der Pars mediastinalis pleurae dextrae und, von der Einmündungsstelle der V. cava cran. in den rechten Vorhof an, zwischen der Pars lateralis

[1] A. anonyma. [2] Lig. arteriosum (Botalli). [3] A. mammaria interna.

pericardii und der Pars mediastinalis pleurae[1], entsprechend der lateralen Wandung des rechten Vorhofes. Der N. phrenicus sin. verläuft, nachdem er die A. thoracica int.[2] gekreuzt, der Pars mediastinalis pleurae sin. angeschlossen, dann zwischen dieser und dem Pericard im Bogen dem linken stumpfen Herzrande entlang zum Diaphragma. Er liegt

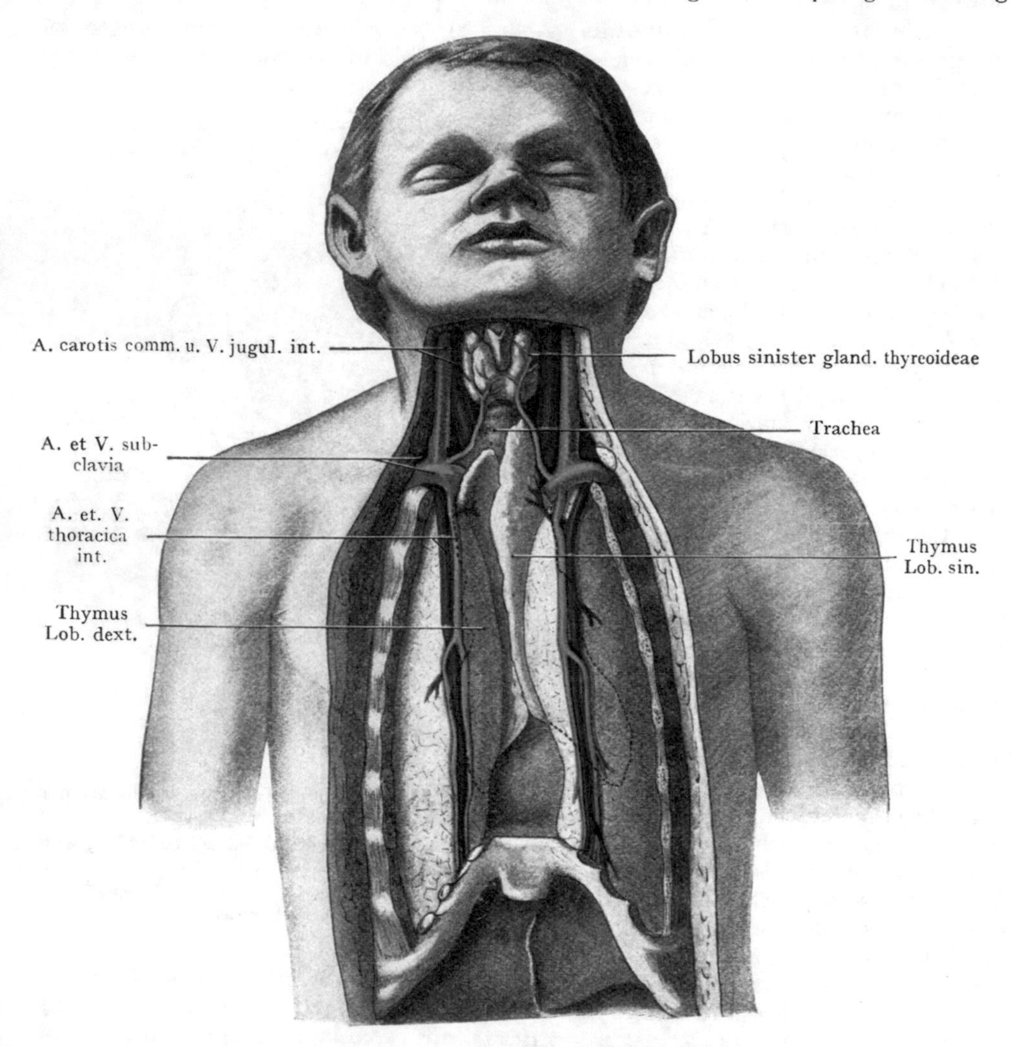

Abb. 237. Topographie des Thymus beim Neugeborenen.
Nach Luschka, Topographie der Brustorgane.
Umrisse des Thymus punktiert.

tiefer im Thorax als der N. phrenicus dexter und verteilt sich hauptsächlich an die untere Fläche des Diaphragma, indem er dasselbe durchsetzt, während der N. phrenicus dexter zur oberen Fläche des Diaphragma geht. Die Nn. phrenici verlaufen also ventral von den zur Bildung der Radices pulmonum zusammentretenden Gebilden, die Nn. vagi dagegen dorsal von denselben.

Topographie der Trachea und der grossen Bronchen (Abb. 238). Auf die Wirbelsäule bezogen nimmt die Trachea ihren Anfang in der Höhe der Interverte-

[1] Pleura mediastinalis. [2] A. mammaria interna.

bralscheibe zwischen dem VI. und VII. Halswirbel, ihr unteres Ende (die Bifurkation der Bronchen) entspricht dem IV.—V. Brustwirbelkörper. Ihre Gesamtlänge beträgt beim Erwachsenen ca. 13 cm.

Die Trachea setzt sich aus Knorpelringen und elastischem Gewebe zusammen, welche, abwechselnd angeordnet, ein recht dehnbares Rohr herstellen; sie kann deshalb bei Beugung und Streckung in der Halswirbelsäule den Bewegungen des Halses und des Kopfes folgen, indem ihre Elastizität eine Verlängerung des Rohres zulässt und eine Zerrung oder Verlagerung der an die Lungenwurzeln sich ansetzenden Lungen ausschliesst. Die Dehnbarkeit in die Länge beträgt (Messungen an der Leiche) $2^1/_2$ cm, beim Lebenden ist sie wohl etwas grösser; sie erklärt das starke Klaffen der Trachealwunden bei Streckung der Halswirbelsäule.

Wir unterscheiden an der Trachea eine Pars cervicalis von einer Pars thoracica. Die Pars cervicalis liegt oberflächlicher (s. Hals), von der Fascia colli superficialis und media, sowie von den vorderen langen Halsmuskeln (M. sternohyoideus und sternothyreoideus) bedeckt. Die 2—3 oberen Trachealringe werden von dem Isthmus glandulae thyreoideae überlagert, von dessen unterem Umfang die Vv. thyreoideae caudales zur Einmündung in die V. brachiocephalica[1] sin. herabziehen. Dorsal und etwas nach links von der Trachea liegt am Eintritt derselben in den Thoraxraum der Oesophagus (Abb. 259).

Von praktischer Bedeutung ist die veränderte Lage zur Oberfläche, welche die Pars cervicalis bei abwechselnder Beugung und Streckung der Halswirbelsäule einnimmt; es wird dadurch auch die Stellung der Trachea am Übergange in den Thoraxraum beeinflusst. Bei starker Streckung (Hebung des Kinnes und Dehnung der Trachea) liegt der untere Teil der Pars cervicalis oberflächlicher und wird für operative Eingriffe leichter zugänglich. Überhaupt werden bei Streckung der Hals- und Brustwirbelsäule (Dorsalflexion) diejenigen Gebilde, welche in der Pars ventralis mediastini[2] hinter dem Manubrium sterni liegen (Aortenbogen und Tr. brachiocephalicus[3]), der oberen Thoraxapertur genähert und sind vom Halse aus leichter zu erreichen als bei gesenktem Kopfe. Die Trachea weicht, wie aus Abb. 187 zu ersehen ist, etwas nach rechts hin von der Medianebene ab; ihr Durchmesser ist am Anfange geringer als in der Mitte und nimmt gegen die Bifurkation hin etwas ab (Braune und Stahel), so an dem in Abb. 238 dargestellten Präparate, wo sie vielleicht infolge der Methode der Herstellung (Ausgiessen mit Woodschem Metall) etwas übertrieben erscheint.

Unmittelbar nach ihrem Eintritt in den Thoraxraum erhält die Pars thoracica tracheae Beziehungen zu den aus dem Arcus aortae entspringenden grossen Arterienstämmen (Abb. 235). Der Arcus aortae legt sich an ihren linken Umfang gerade oberhalb der Bifurkation, der Tr. brachiocephalicus[3] verläuft schräg über ihren vorderen Umfang und setzt sich in die A. carotis comm. dextra aufwärts fort. Die A. carotis comm. sin. schliesst sich bei ihrem Ursprunge aus dem Arcus aortae der Trachea nach links an, um sich erst am Halse von ihr zu entfernen.

Im oberen Thoraxeingange liegt der Oesophagus dorsal und etwas links von der Trachea (Abb. 187); er ist also hier von vorne am leichtesten zu erreichen; in die Rinne, welche sein vorderer Umfang mit der Trachea bildet, legen sich die Nn. recurrentes vagi, von denen der rechte um die A. subclavia dextra verlaufend, weiter oben an die Trachea gelangt, während der linke um den Arcus aortae und die Chorda ductus arteriosi[4] zieht und um 1—2 Fingerbreiten weiter abwärts als der Nerv der anderen Seite die Trachea erreicht. Unten berührt die letzte Strecke der V. cava cran. den rechten Umfang der Trachea und kreuzt den rechten Bronchus und den Ramus dexter a. pulmonalis, um in den rechten Vorhof einzumünden. Über den rechten Bronchus verläuft die V. thoracica longitudinalis dextra[5], die in den dorsalen Umfang der V. cava cranialis einmündet (Abb. 253). In den beiden Winkeln, welche die Trachea mit den Bronchen bildet, liegen die Lymphonodi tracheobronchales craniales; in dem

[1] V. anonyma. [2] Cavum mediastinale ant. [3] A. anonyma. [4] Lig. arteriosum. [5] V. azygos.

Winkel, welchen die beiden Bronchen miteinander bilden, die Lymphonodi tracheobronchales caudales.

Die Bifurkation der Trachea, aus welcher die Stammbronchen hervorgehen, entspricht dem IV.—V. Brustwirbelkörper und liegt unmittelbar über der höchsten Stelle des linken Vorhofes, indem sie vorne durch den Ramus dexter a. pulmonalis überlagert wird, welcher zwischen dem Arcus aortae und der Trachea zum rechten Lungenhilus verläuft. Der rechte Stammbronchus besitzt, entsprechend der grösseren Entfaltung der rechten Lunge, auch ein grösseres Kaliber, ferner zeichnet er sich durch seinen kürzeren Verlauf aus (s. Abb. 247). Er wird vorne teilweise von

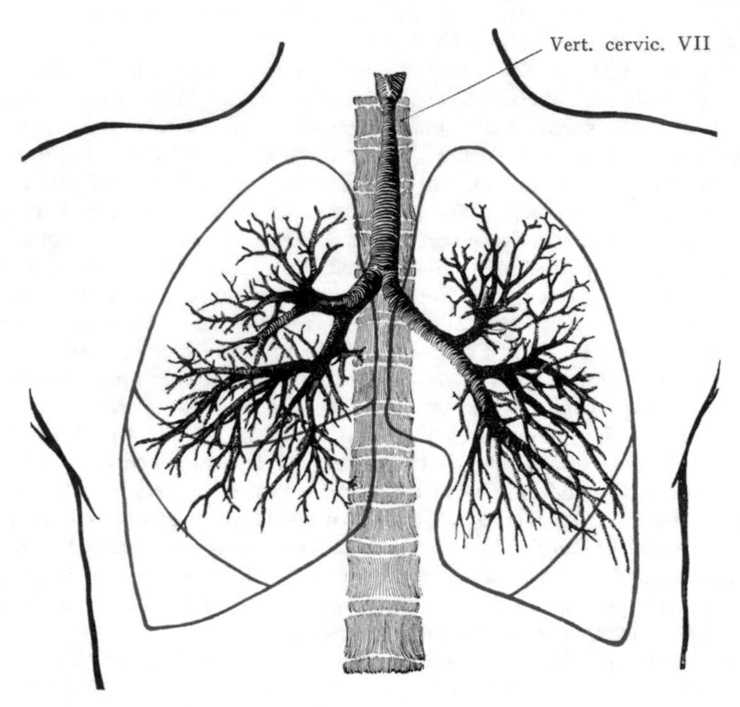

Abb. 238. Trachea und Verzweigung der grossen Bronchen.
Nach einem Röntgenbilde des mit Metall ausgegossenen und in situ belassenen Bronchialbaumes, von Dr. Stegemann in Freiburg i. Br., mit Zuhilfenahme eines Bronchialausgusses der Basler Sammlung.
Lungengrenzen rot.

dem Ram. dexter a. pulmonalis bedeckt, und über seinen dorsalen Umfang zieht die V. thoracica longitudinalis dextra[1] zur Einmündung in die V. cava cran., welche den rechten Stammbronchus und den rechten Ast der A. pulmonalis vorne kreuzt. Der linke Stammbronchus, von geringerem Kaliber, aber etwas länger als der rechte, wird vorne von dem linken Aste der A. pulmonalis gekreuzt. Der Arcus aortae legt sich oberhalb des linken Bronchus in den Winkel zwischen diesem und der Trachea ein. Abwärts grenzen die Vv. pulmonales an die Bronchen (Abb. 247).

Die Lymphonodi tracheobronchales haben schon früher eine Besprechung erfahren (Lymphgefässe der Lungen). Sie nehmen die Lymphgefässe auf, welche längs der Bronchen nach oben ziehen und mit den Lymphonodi bronchales (in den spitzen Winkeln der Bronchalverzweigungen) das tiefe Lymphgefässsystem der Lunge herstellen.

Die Verzweigung der Bronchen in den Lungen ist eine gesetzmässige (Aeby). Dieselbe ist im Schema in Abb. 219 und in Abb. 238 nach einem in situ

[1] V. azygos.

injizierten Bronchalausgusse und einer Röntgenaufnahme dargestellt. Es ist sofort zu ersehen, dass rechterseits wie linkerseits der Stammbronchus seine Richtung gegen die Lungenbasis fortsetzt und im spitzen Winkel dorsale und ventrale Seitenbronchen abgibt. Ein starker Ast, von welchem nicht festgestellt ist, ob er als dorsaler oder ventraler Seitenbronchus aufzufassen sei, geht bald nach dem Eintritt des Stammbronchus in die Lunge zur Lungenspitze und zum oberen Lungenlappen (Abb. 238). Der erste ventrale Seitenbronchus rechterseits gelangt zum mittleren Lappen, die übrigen dorsalen und ventralen Seitenbronchen gehen mit der Fortsetzung des Stammbronchus in den Unterlappen. Die beiden Äste der A. pulmonalis kreuzen die Stammbronchen, indem sie an den lateralen Umfang derselben gelangen. Der Ramus dexter verläuft dabei unterhalb, der Ramus sinister oberhalb der Abgangsstelle des apikalen (zur Lungenspitze gehenden) Bronchus, man stellt deshalb den rechten apikalen und eparteriellen Seitenbronchus dem linken apikalen Seitenbronchus, sowie allen übrigen Seitenbronchen beider Lungen als hyparteriellen Bronchen gegenüber. Eine praktische Bedeutung hat diese Unterscheidung nicht, wohl aber der Verzweigungstypus der Bronchen überhaupt, und zwar für die neuerdings ausgeführten Sondierungen der Luftwege, wobei es gelingt, bis zu einer Tiefe von 35 cm vom Zahnrande in den unteren Lungenlappen vorzudringen.

2. Gebilde in der Pars dorsalis mediastini[1].

Wenn wir an der etwas gekünstelten, aber für praktische Zwecke doch wertvollen Einteilung in einen vorderen und hinteren Mediastinalraum festhalten, so erübrigt sich nunmehr die Untersuchung derjenigen Gebilde, die wir im Anschlusse an die Wirbelsäule in der Pars dorsalis mediastini[1] antreffen. Wir finden hier den Oesophagus mit der Fortsetzung der beiden Nn. vagi, da, wo sie nach Abgabe der Rami bronchales den Oesophagus erreichen, ferner die Aorta thoracica in sehr inniger Beziehung zum Oesophagus einerseits und zum vorderen Umfange der Brustwirbelsäule andererseits, dann den Ductus thoracicus, die Vv. thoracicae longitudinalis dextra et sinistra[2] und endlich die der Vv. und Aa. intercostales.

a) Oesophagus und Aorta thoracica.

Zur Veranschaulichung der Verhältnisse dient die Abb. 240.

Der Oesophagus erstreckt sich von seinem Abgang aus dem Pharynx in der Höhe des VI. Halswirbels (bei mittlerer Kopfhaltung), bis zu dem Übergange in die Cardia des Magens auf der Höhe des XI. Brustwirbels, etwa 3 cm unterhalb des Foramen oesophagicum[3] des Zwerchfells. Wir treffen also den Oesophagus am Halse, in der Brust- und in der Bauchhöhle an und unterscheiden demnach eine Pars cervicalis, eine Pars thoracica und eine Pars abdominalis. Für die Pars cervicalis und die Pars thoracica ist bei dem Wechsel der sonstigen topographischen Beziehungen der enge Anschluss an den vorderen Umfang der Wirbelkörper auf einer grossen Strecke des Verlaufes bezeichnend, indem erst der unterste Abschnitt der Pars thoracica durch die Aorta descendens von der Wirbelsäule abgedrängt wird. Die Strecke, innerhalb welcher diese engeren Beziehungen zur Wirbelsäule bestehen, reicht vom VI. Hals- bis zum IX. Brustwirbel. Der Oesophagus bildet ein muskulöses Rohr mit einer inneren Ring- und äusseren Längsmuskelschicht; die Schleimhaut steht durch eine lockere Submucosa mit der Muscularis in Verbindung und begrenzt in leerem Zustande des Rohres ein sternförmiges Lumen, indem die Schleimhaut sich in Falten zusammenlegt.

L ä n g e d e s O e s o p h a g u s. Der Oesophagus geht am unteren Rande des Cricoidknorpels aus der Pars laryngica pharyngis hervor, auf die Wirbelsäule bezogen in der Höhe

[1] Cavum mediastinale posterius. [2] V. azygos et hemiazygos. [3] Hiatus oesophageus.

des Processus costotransversarius des VI. Halswirbels (Tuberculum caroticum), einem Punkte, dessen Entfernung von dem Zahnwall annähernd 15 cm beträgt. Der Übergang der Pars abdominalis in den Magen findet am linken Umfange des XI. Brustwirbelkörpers statt, der, ventralwärts projiziert, dem Ansatze des VII. Rippenknorpels an das Sternum entspricht. Die Länge des bei mittlerer Kopfhaltung in situ gemessenen Oesophagusrohres beträgt 25 cm, addiert man dazu 15 cm (die Entfernung vom Zahnwalle bis zum Anfang des Oesophagus am unteren Rande des Cricoidknorpels), so erhalten wir bei Erwachsenen 40 cm als die Entfernung vom Zahnwalle bis zur Cardia, eine Zahl, welche bei Sondierungen des Oesophagus im Gedächtnis zu behalten ist. Es ist selbstverständlich, dass diese Zahlen nur ein Mittel für den Erwachsenen darstellen und dass neben individuellen Variationen abweichende Masse zu verzeichnen sein werden, z. B. bei Kindern. Es ist daher von Wert beim Lebenden die Länge des Oesophagus abschätzen zu können. Joessel hat dafür folgende Angaben gemacht: „Man lässt den zu Untersuchenden mit nach hinten gebeugtem Kopfe sich niedersetzen und misst mit der Sonde den Abstand von dem Dornfortsatze des XI. Brustwirbels bis zur Vertebra prominens und von hier aus über die Schulter zum Mund." Hiermit ist die Gesamtlänge des Oesophagus gegeben.

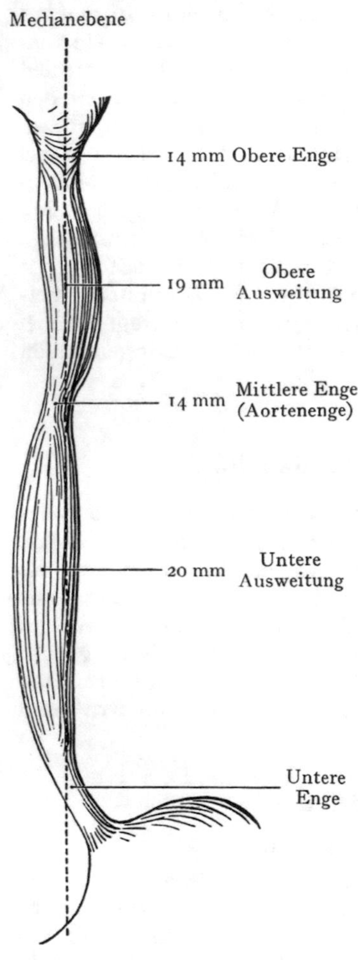

Abb. 239. Oesophagus von vorn, mit den „Engen" und „Weiten". Nach einem mittelst Formolinjektion der Arterien in situ gehärteten Oesophagus eines 21jährigen Mannes. Medianebene punktiert.

Biegungen des Oesophagus. Zum Zwecke der Sondierung kann man den Verlauf des Oesophagus als geradlinig betrachten, doch weicht er in Wirklichkeit nicht unerheblich von einer Geraden ab. Bei in situ mit Gips ausgegossenen Speiseröhren finden wir transversale Krümmungen (nach rechts und links) und sagittale Krümmungen, welche sich der Krümmung der Wirbelsäule anschliessen. Die letzteren sind selbstverständlich von grosser Regelmässigkeit, während die Transversalkrümmungen eine verschiedene Ausbildung zeigen können, aber doch im ganzen konstant sind. Auf den in der Medianlinie gelegenen Anfang des Oesophagus folgt in der Höhe der letzten Hals- und der oberen Brustwirbel eine Ausbiegung nach links, welche ihr Maximum etwa auf der Höhe des III. Brustwirbels erreicht. Dieselbe ist in Abb. 239 dargestellt und überragt, von vorne betrachtet, den linken Rand der Trachea, so dass der Oesophagus an dieser Stelle leichter aufzusuchen ist, als rechterseits (s. Hals). Am IV. Brustwirbel, wo der Oesophagus durch den in die Aorta descendens übergehenden Arcus aortae gekreuzt wird, liegt er wieder in der Medianebene und behält diese Lage bis zur Höhe des VII. Brustwirbels bei, wo er wieder nach links abweicht, um in der Höhe des XI. Brustwirbels links von der Medianebene in den Magen überzugehen.

Weite des Oesophagusrohres. Dieselbe ist nicht gleichmässig, sondern schwankt, je nach der Höhe, in welcher untersucht wird, von 7—22 mm (Mouton). Diese Masse sind aus Gipsabgüssen entnommen, welche von dem in situ befindlichen Oesophagus hergestellt wurden, sie entsprechen also nicht absolut den Verhältnissen beim Lebenden. Auch an Präparaten, die durch Gefässinjektion mittelst Formol in situ gehärtet wurden, lassen sich Unterschiede der Weite in verschiedener Höhe nachweisen. Von einem solchen Präparate stammt die Abb. 239. Die Weite des Oesophagus, besonders des Halsabschnittes, ändert sich, je nach der Stellung der Wirbel zueinander. „Bei hintenüber gebeugtem Kopfe wird die Speiseröhre zwischen Trachea und Wirbelsäule eingeklemmt und dadurch der etwaige Inhalt nach unten ausgepresst. Der Ringknorpel legt sich dabei so fest auf die Wirbelsäule, dass man Mühe hat, mit einer Schlundsonde an ihm vorbeizukommen" (Merkel).

Erweiterungen und Verengerungen (Oesophagusweiten und Oesophagusengen) sind in jeder Höhe am Oesophagus beobachtet worden, am häufigsten jedoch an drei Stellen (Abb. 239), nämlich erstens am Anfang der Pars cervicalis (obere Enge), zweitens hinter der Bifurkation der Trachea, dort, wo der Arcus aortae den Oesophagus kreuzt, um in der Höhe des IV. Brustwirbels mit der Wirbelsäule in Kontakt zu treten (mittlere Oesophagusenge oder Aortenenge). Die dritte Enge findet sich an jenem Abschnitte, welcher durch das Foramen oesophagicum[1] in die Bauchhöhle eintritt. Die Engen wechseln mit Weiten ab, so haben wir eine Hals- und Brustweite (obere und untere Weite).

Die obere (Hals) Enge entspricht in der Regel dem hinteren Umfange oder dem unteren Rande der Cartilago cricoides, also dem Übergange der Pars laryngica pharyngis in den Oesophagus. Darauf folgt im Bereiche der unteren Hals- und oberen Brustwirbel ein erweiterter Abschnitt (obere Weite), welcher nach links ausbiegt und am IV. Brustwirbel in die mittlere Enge (Aortenenge) übergeht (Abb. 239 und das Situsbild von hinten Abb. 248). Darauf folgt ein weiterer Abschnitt, der vom IV.—IX. Brustwirbel reicht und dann, im Foramen oesophagicum[1], die untere Enge. Dieselbe beansprucht die ganze Pars abdominalis oesophagi und endigt an der Cardia des Magens.

Die Engen des Oesophagus sind geeignet, verschluckte Fremdkörper (Knochenstückchen usw.) aufzuhalten, indem dieselben sich in die Oesophaguswand einkeilen. Dabei ist zu bedenken, dass die oberste Enge (am Cricoid) operativ erreichbar, die untere Enge ausserordentlich dilatationsfähig ist, so dass sie seltener die Bedingungen für eine Einkeilung der Fremdkörper darbietet. Zweitens kommen an den Engen die Folgen von Verletzungen der Oesophaguswandung (Verschlucken von Salzsäure usw.), besonders stark auch die dadurch bedingte Narbenbildung, zur Geltung. Bösartige Neubildungen (Carcinome) sollen auch häufiger an den Engen als an anderen Stellen des Oesophagus auftreten.

Die Bestimmung der Ausdehnungsfähigkeit des Oesophagusrohres ist für die Sondierung wichtig; dabei ist selbstverständlich für die Grösse der eingeführten Sonden die engste Stelle massgebend. Die beiden oberen Engen lassen sich in der Leiche bis auf 18—19 mm ausdehnen, die untere bis auf 22 mm, einzelne Stellen bis auf 35 mm im Maximum, doch sind derartige Angaben nicht ohne weiteres auf den Lebenden zu übertragen. Man darf jedenfalls auf eine minimale Weite von 10 mm rechnen.

Die Bedingungen für die Entstehung der Oesophagusweiten und -engen sind unbekannt. Nach einer Hypothese von Mehnert sollen sie embryonal in segmentaler Anordnung vorhanden sein und im Laufe der Ontogenese an Zahl abnehmen, eine Annahme, welche die starke Variabilität in ihrer Anordnung erklären würde.

Beziehungen des Oesophagus in seinen einzelnen Abschnitten. Pars cervicalis: Sie reicht vom VI. Halswirbel bis zum II. Thoracalwirbel und liegt der Fascia praevertebralis an, welche die vordere Fläche der Hals- und Brustwirbelkörper, sowie die Mm. longi colli et capitis überzieht (Abb. 187). Mit der Fascie steht die Wand des Oesophagus in einer lockeren Verbindung, welche seitliche Verschiebungen bis zu einem gewissen Grade gestattet. Ventral wird die Pars cervicalis sowie der

[1] Hiatus oesophageus.

obere Teil der Pars thoracica bis zur Höhe des IV. Thoracalwirbels, von der Trachea überlagert, dessen stark elastischer Paries membranaceus mit dem vorderen Umfange des Oesophagusrohres durch Bindegewebe im Zusammenhang steht. Die Ausbiegung der Pars cervicalis nach links ist mehrmals erwähnt worden (s. Hals). In den durch den Oesophagus und die Trachea gebildeten Rinnen verlaufen beiderseits die Nn. recurrentes, der linke etwas oberflächlicher, der rechte von der Trachea vollständig überlagert. Beiderseits treten die Lobi laterales der Glandula thyreoidea mit dem lateralen Umfange der Pars cervicalis in Kontakt.

Die beiden Aa. carotides comm. entfernen sich je weiter nach oben um so mehr vom Oesophagus, schiebt sich doch in der Höhe des unteren Randes des Cricoidknorpels die Glandula thyreoidea mit ihren Seitenlappen zwischen den Oesophagus und die A. carotis comm. ein (Abb. 248). Auf der Höhe des II. Thoracalwirbels kreuzt die A. carotis comm. sin. den Oesophagus (Abb. 235), und in der Höhe des VI. Halswirbels liegen die Aa. carotides comm. etwa 12 mm von dem Oesophagus entfernt. Beim Eingehen auf die Pars cervicalis ist die Lage der A. carotis comm. sin. zu beachten. Die A. thyreoidea caudalis aus dem Truncus thyreocervicalis der A. subclavia verläuft dorsal von der A. carotis comm. am lateralen Umfange der Pars cervicalis oesophagi zur Glandula thyreoidea. Der Grenzstrang des Sympathicus mit seinem Ganglion cervicale medium et caudale hat keine unmittelbaren Beziehungen zum Oesophagus; er liegt ca. 1 cm lateral von demselben auf oder in der Fascia praevertebralis.

Pars thoracica. Sie liegt bis zur Höhe des VIII. oder IX. Thoracalwirbels dem vorderen Umfange der Wirbelkörper an (prävertebrale Lage) und entfernt sich dann allmählich von der Wirbelsäule, um das Foramen oesophagicum[1] des Zwerchfells zu erreichen, dessen Entfernung von der Wirbelsäule 2—3 cm beträgt. Nicht selten verläuft nach Mehnert die Aorta auf dem linken seitlichen Umfange der Thoracalwirbelkörper, ein Verhalten, das besonders bei älteren Individuen angetroffen wird und das im Gegensatz zur prävertebralen Lage als paravertebrale Lage zu bezeichnen wäre. Vielleicht findet mit der Zeit eine Verschiebung der Aorta nach links statt. Zwischen die Wirbelsäule und den Oesophagus schiebt sich vom VIII.—IX. Brustwirbelkörper an nach unten die Aorta thoracica ein (Abb. 234). Das Verhältnis zwischen Aorta und Oesophagus ist einer starken Variation unterworfen; in den als Norm beschriebenen Fällen verläuft die Aorta thoracica von dem linken Umfange des IV. Brustwirbelkörpers an (Abb. 234), nach abwärts, um durch den median gelegenen Hiatus aorticus in den Bauchraum einzutreten. Das Gefäss wird also eine Strecke weit mit dem linken Umfange des Oesophagus in Berührung stehen, und erst allmählich schiebt es sich zwischen Wirbelsäule und Oesophagus ein, um beim Austritt aus dem Thoraxraume entweder dorsal (ist beim Situsbilde von hinten, Abb. 248, der Fall) oder auch rechts von dem Oesophagus zu liegen.

Die aus der Aorta descendens entspringenden Aa. intercostales sin. haben keine Beziehungen zum Oesophagus, dagegen ziehen die Aa. intercostales dextrae quer an der vorderen Fläche der Wirbelkörper, also an dem dorsalen Umfange des Oesophagus vorbei, zu den Spatia intercostalia dextra. Sie kreuzen den Ductus thoracicus, welcher in der Rinne zwischen Oesophagus und Aorta der Wirbelsäule anliegt (s. Situsbild von hinten Abb. 248) und dann weiter oben, zwischen dem Oesophagus und der A. subclavia sin. aufwärts zur Einmündung in den Angulus venosus sin. verläuft (s. Ductus thoracicus).

Vorne wird die Pars thoracica bis zur Höhe des IV. Brustwirbels von der Trachea überlagert, und mit dem linken Umfange des Oesophagus tritt in dieser Höhe der Arcus aortae in Berührung sowie etwas weiter kranial die A. carotis comm. sin. und die A. subclavia sin. (Abb. 234). Unterhalb der Bifurkation der Trachea berührt der Oesophagus das Pericardium, entsprechend der dorsalen gegen die Wirbelsäule sehenden Wandung des linken Vorhofes (s. Situsbild Abb. 248); hier

[1] Hiatus oesophageus.

schliessen sich die Stämme der Nn. vagi dem Oesophagus an (Abb. 247), nachdem sie dorsal die Hauptbronchen gekreuzt haben. Der N. vagus dexter geht an den dorsalen Umfang des Oesophagus, mit welchem er durch das Foramen oesophagicum[1] zur hinteren

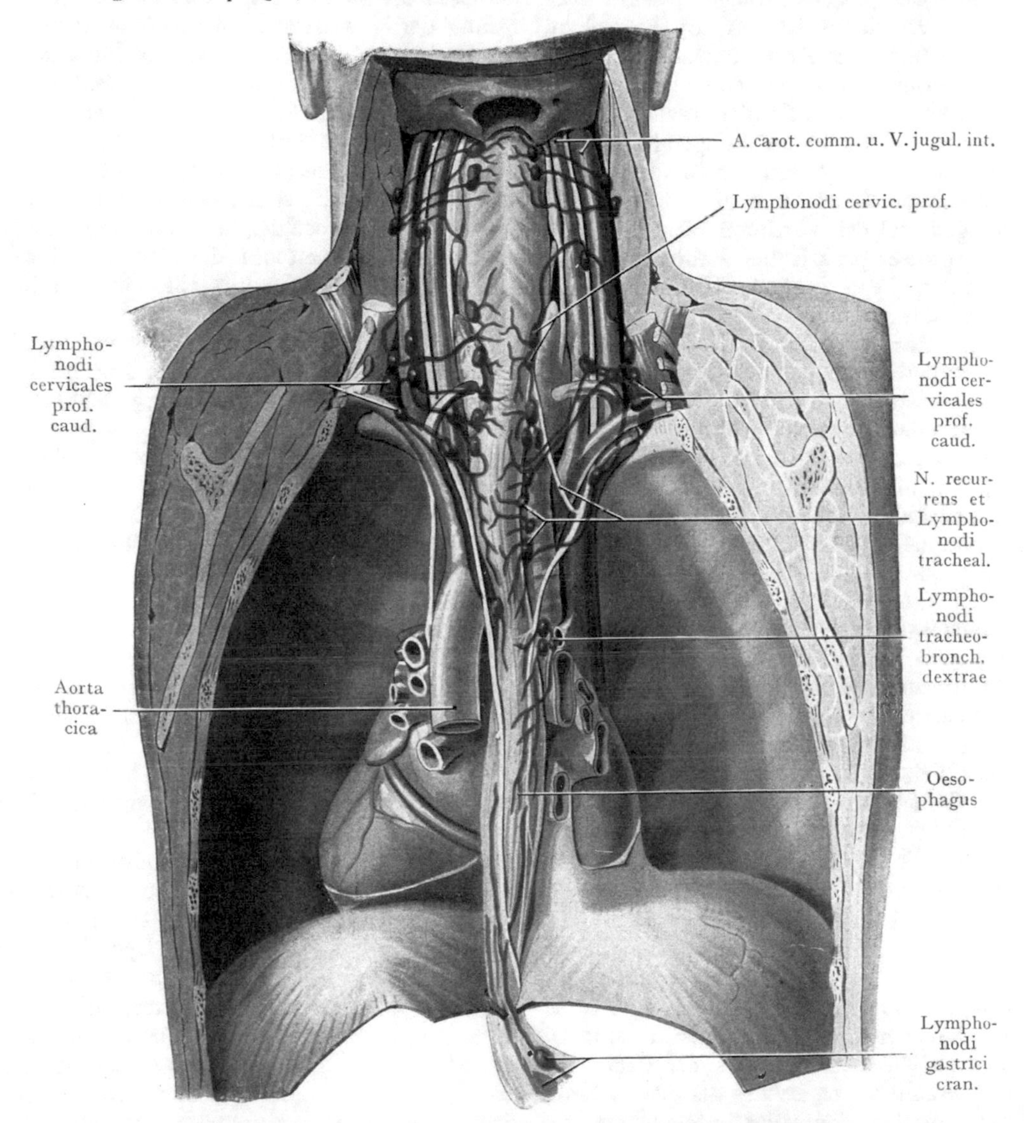

Abb. 240. Lymphgefässe und regionäre Lymphdrüsen des Oesophagus. (Ansicht von hinten.) Mit Benützung der Angaben und Abbildungen von Sakata. Mitteilungen aus den Grenzgeb. der Med. u. Chir. XI. 1903.

Fläche des Magens verläuft (Plexus gastricus dorsalis); der N. vagus sinister gelangt an den linken und vorderen Umfang des Oesophagus und hilft den Plexus gastricus ventralis bilden.

Die Beziehungen der Pars thoracica oesophagi zur Pars mediastinalis pleurae[2] sind je nach der Höhe, in welcher wir dieselben untersuchen, verschieden. Man orientiert

[1] Hiatus oesophageus. [2] Pleura mediastinalis.

sich am besten an den Situsbildern (Abb. 251 bis Abb. 253), welche die Gebilde des Mediastinalraumes von der Seite her mit und ohne Überzug durch die Pars mediastinalis pleurae[1] darstellen. Aus Abb. 255 (von links) ist ersichtlich, dass nur ein Teil des linken Oesophagusumfanges mit der Pars mediastinalis pleurae[1] in Kontakt steht und dass diese sich weiterhin auf den linken Umfang der A. subclavia sin., der A. carotis comm. sin., des Arcus aortae und der Aorta descendens begibt. Erst kurz oberhalb des Foramen oesophagicum[2] wird der Oesophagus wieder eine kurze Strecke weit von der Pars mediastinalis pleurae sinistrae überzogen. Rechterseits wird (Abb. 251) der Oesophagus unterhalb der Lungenwurzel an seinem rechten und teilweise auch an seinem dorsalen Umfange von der Pars mediastinalis pleurae überzogen (s. den Horizontalschnitt Abb. 262). Es ist auch diese Ausbuchtung der Pleura, welche sich zwischen den Oesophagus und den vorderen Umfang der Brustwirbelkörper einschieben kann (Abb. 262), von grosser praktischer Bedeutung beim operativen Eingehen auf die Pars thoracica oesophagi von hinten. Übrigens weisen diese Verhältnisse zahlreiche individuelle Variationen auf.

Pars abdominalis oesophagi. Sie erstreckt sich vom Foramen oesophagicum[2] bis zum Übergang des Oesophagus in den Magen als ein 2—3 cm langer Abschnitt, welcher mit den Rändern des Foramen oesophagicum[2] in lockerer Verbindung steht und einen vollständigen Peritonealüberzug erhält. Dorsal liegt sie dem linken Zwerchfellschenkel auf, ventral berührt sie den Lobus caudatus (Spigeli) und den linken Leberlappen, an deren hinterer Fläche sie die Impressio oesophagica bildet (s. Leber). Die A. phrenica abdominalis sin. (aus der Aorta abdominalis) verläuft dorsal von der Pars abdominalis oesophagi zum Diaphragma; der N. vagus dexter liegt auf dem hinteren, der N. vagus sin. auf dem vorderen Umfange des Rohres.

Gefässe und Nerven des Oesophagus. Die Aa. und Vv. gehören den verschiedensten Gefässgebieten an. Zur Pars cervicalis gehen Äste aus dem Truncus thyreocervicalis (Ast der A. subclavia), zur Pars thoracalis 7—8 kleine Aa. oesophagicae direkt aus der Aorta thoracica. Die Pars abdominalis endlich erhält Äste aus der A. gastrica sin. sowie aus der linken A. phrenica abdominalis. Dass die Arterien des Oesophagus zahlreiche Anastomosen untereinander bilden, ist selbstverständlich. Die Venen bilden einen Plexus, welcher nach unten zur V. coronaria ventriculi Abflüsse hat (also in das Gebiet der V. portae), nach oben zu verschiedenen Venen (Vv. thoracica longitudinalis dextra et sinistra[3], V. thyreoidea caudalis).

Die Lymphgefässe des Oesophagus sowie seine regionären Lymphdrüsen sind in Abb. 240 dargestellt. Die in verschiedener Höhe liegenden regionären Lymphdrüsen erhalten die Lymphe nicht immer aus gleich hohen Teilen des Oesophagus. Ein Teil der Drüsen liegt der Oesophaguswand direkt an, so die Lymphonodi bronchales und mediastinales dors., andere in grösserer Entfernung von dem Oesophagus, so die Lymphonodi cervicales prof. caudales (supraclaviculares) in dem Winkel, den die V. jugularis int. mit der V. subclavia bildet. Diese Drüsen erhalten Lymphgefässe sowohl aus der Pars cervicalis oesophagi als aus der Pars thoracica; die letzteren steigen oft als dicke Stämme zu den Lymphonodi cervicales prof. caud. auf. In diese Lymphstämme sind Lymphdrüsen besonders rechterseits eingeschaltet, welche den N. recurrens dexter umgeben. Aus dem Brustabschnitte gehen Lymphgefässe zu den an der Bifurkation der Trachea gelegenen Lymphonodi tracheobronchales sowie zu Lymphonodi tracheales, welche in dem Winkel liegen, den der Oesophagus mit der Trachea bildet (auch zu Lymphonodi mediastinales dorsales). Aus dem untersten Teil der Pars thoracica oesophagi, sowie aus der Pars abdominalis gehen die Lymphgefässe abwärts zu Lymphdrüsen, die der Cardia anliegen (Lymphonodi gastrici craniales).

Die Nerven des Oesophagus kommen sämtlich aus den Nn. vagi, im Bereiche der Pars cervicalis durch Vermittlung der Nn. recurrentes, an der Pars thoracica

[1] Pleura mediastinalis. [2] Hiatus oesophageus. [3] V. azygos et hemiazygos.

und abdominalis direkt aus den Vagusstämmen. Diese Nerven bilden einen Plexus oesophagicus.

Variabilität des Oesophagus in bezug auf Lage, Form und Beziehungen. Die Variationen des Oesophagus in bezug auf Lage und Form sind wie folgt einzuteilen:

1. Altersveränderungen.
2. Individuelle Variationen.
3. Physiologische Lageveränderungen, verursacht durch die Verschiebung benachbarter Organe.

Die Angabe über die Lage des Oesophagusumfanges, bezogen auf die Halswirbel, gilt nur bei einer mittleren Kopfhaltung, indem bei Beugung, resp. Streckung eine Verschiebung des Oesophagusumfanges um eine ganze Wirbelhöhe stattfinden kann. Die Variationsbreite in der Lage der Cardia ist eine recht beträchtliche; sie beträgt drei Brustwirbel oder eine Höhe von etwa 8 cm, d. h. es kann die Differenz in der Höhenlage der Cardia, bezogen auf die Wirbelsäule, bei zwei Individuen mittleren Lebensalters bis 8 cm betragen. Zieht man die Altersveränderungen in Betracht, die durch die Senkung des Zwerchfells beim Greise entstehen, so nimmt die Variationsbreite noch zu.

Die seitlichen Krümmungen des Oesophagus sind gleichfalls individuell recht verschieden, in manchen Fällen können sie fast ganz fehlen, indem der Oesophagus einen geradlinigen Verlauf aufweist. Auch die Engen und Weiten des Oesophagus sind in sehr verschiedener Höhe ausgebildet. Ausser an den drei typischen Stellen (am Oesophagusanfange, in der Höhe der Bifurkation der Trachea und am Foramen oesophagicum[1]) können in verschiedener Höhe abwechselnd Engen und Weiten vorkommen; von Mehnert ist durch Kombination der beobachteten Fälle die Möglichkeit der Bildung von 13 Engen in verschiedener Höhe festgestellt worden.

b) Venen, Nerven und Lymphgefässe der Pars dorsalis mediastini[2].

Wir fassen hier eine Anzahl von Gebilden zusammen, welche der Wirbelsäule, resp. den Rippenköpfchen und den dorsalen Abschnitten der Intercostalräume unmittelbar anliegen. Wir sehen dabei von der Aorta descendens und dem Oesophagus ab. Solche Gebilde sind die Vv. thoracica longitudinalis dextra und sinistra[3], die Aa. und Vv. intercostales, der Ductus thoracicus, die beiden Grenzstränge des Sympathicus mit ihren Ganglien und die Nn. splanchnici major und minor. Alle diese Gebilde sind in dem lockeren Bindegewebe des Mediastinum eingeschlossen.

Vv. thoracica longitudinalis dextra und sinistra[3]. Sie bilden ein System von zwei parallelen, longitudinal verlaufenden Venen, welche beiderseits die Vv. intercostales aufnehmen und durch eine schräg über den Körper des VIII.—IX. Brustwirbels verlaufende Anastomose verbunden sind. Da die V. thoracica longitudinalis dextra regelmässig über den rechten Bronchus emporzieht, um in die V. cava cran. auszumünden, so wird das Blut aus der V. thoracica longitudinalis sinistra in die Dextra und in die V. cava cran. seinen Weg finden. Nicht selten besteht auch eine Verbindung der V. thoracica longit. sin. mit der V. subclavia sin. oder mit der V. brachiocephalica[4] sin.

Die Vv. thoracica longit. dextra und sinistra setzen die Vv. lumbales ascendentes in die Brusthöhle fort. Die letzteren nehmen in sehr verschiedener Ausbildung ihre Zusammensetzung aus den segmental angeordneten Vv. lumbales, oder, richtiger gesagt, sie bilden eine der vorderen Fläche der Lendenwirbelsäule aufliegende Längsanastomose dieser Venen. Diese gelangt beiderseits durch Spalten im medialen (vertebralen) Zwerchfellschenkel mit dem N. splanchnicus major in den Brustraum, um, die V. thoracica longit. sin. links, die dextra rechts, auf den Brustwirbelkörpern kranialwärts zu verlaufen. Die V. thoracica longit. dextra liegt dabei rechts von der Aorta und vom Ductus thoracicus, kreuzt die Aa. intercostales dextrae, indem sie ventral von denselben liegt, und biegt auf der

[1] Hiatus oesophageus. [2] Cavum mediastini post. [3] V. azygos und hemiazygos. [4] V. anonyma.

Höhe des III. Brustwirbels im Bogen ab, um über dem rechten Bronchus in die V. cava cran. auszumünden (Abb. 252). Die V. thoracica longit. sin.[1] entsteht aus der V. lumbalis ascendens sin. und aus den drei bis fünf unteren linken Vv. intercostales; sie wird durch die Aorta descendens von der V. thoracica longit. dextra[2] getrennt, mit welcher sie durch die starke Anastomose am VIII.—IX. Brustwirbelkörper in Verbindung tritt. Mit derselben Anastomose verbindet sich auch der kraniale Abschnitt der V. thoracica longit. sin., welcher die drei bis sieben oberen linken Intercostalvenen aufnimmt und an der linken Seite der Brustwirbelkörper abwärts verläuft.

Die Vv. thoracica longit. dextra und sinistra nehmen, abgesehen von den Vv. intercostales, auch noch Vv. bronchales dorsales, oesophagicae und Mediastinalvenen auf.

Es soll später die Bedeutung des Systems der Vv. thoracica longit. dextra und sinistra bei Unwegsamwerden der V. cava caud. hervorgehoben werden. In diesem Falle können die Vv. thoracica longit. dextra und sinistra zusammen mit den oberflächlichen und tiefen Venen der vorderen Bauchwand einen Ausgleich des venösen Kreislaufes der unteren Körperhälfte herstellen. Verbindungen mit der V. cava caud. und den Vv. lumbales ascendentes sind ja in grosser Zahl vorhanden und können in kurzer Zeit eine starke Ausweitung erfahren.

Ductus thoracicus. Er geht in der Höhe des 1.—2. Lumbalwirbels aus der Cisterna chyli hervor, in welche von unten die beiden längs der Lumbalwirbelsäule aufwärts ziehenden Trunci lumbales, von vorne der aus den Lymphonodi coeliaci sich bildende Truncus intestinalis einmünden.

Aus der Cisterna chyli verläuft der Ductus thoracicus (s. Abb. 241, sowie das Situsbild in der Ansicht von hinten, Abb. 248) rechts von der Aorta, häufig von derselben überlagert, durch den Hiatus aorticus in die Brusthöhle und liegt hier auf den Brustwirbelkörpern, zwischen der Aorta thoracica links und der V. thoracica longit. dextra[2] rechts, von dem Oesophagus ventral bedeckt. In dieser Lage verbleibt er bis zur Höhe des III.—IV. Brustwirbels, dann wendet er sich etwas nach links, indem er den Arcus aortae kreuzt, um weiter kranial über die A. subclavia sinistra kurz vor dem Ursprunge der A. vertebralis im Bogen ventralwärts abzubiegen und in den Angulus venosus sin. oder in die V. brachiocephalica[3] sin. einzumünden. Im Bereiche der letzten Strecke seines Verlaufes ist der Ductus thoracicus Verletzungen ausgesetzt, welche denselben von vorne gerade oberhalb der Clavicula erreichen können.

Aus den 6—7 unteren Lymphonodi intercostales sammeln sich zwei Trunci descendentes, welche mit der Aorta durch den Hiatus aorticus verlaufen und in die Cisterna chyli münden. Gleich nach dem Durchtritt in die Brusthöhle gehen einige Lymphgefässe von der oberen Fläche der Leber zum Ductus thoracicus, dann solche aus den oberen Lymphonodi intercostales sin. (aus der linken Lunge und Pleura). Die Lymphgefässe der oberen Lymphonodi intercostales dextri und der rechten Lunge sammeln sich zu einem Stamme, welcher rechterseits von der Medianebene aufwärts verläuft und mit den Lymphstämmen des Halses und der oberen Extremität den in den Angulus venosus dexter mündenden Truncus lymphaceus dexter bildet.

Grenzstränge des Sympathicus. Sie liegen von allen Gebilden des hinteren Mediastinalraumes am weitesten lateral, auf den Rippenköpfchen und der Fascia endothoracica, bedeckt von der Pleura, unter welcher sie leicht zu erkennen sind (die Situsbilder des Mediastinum von der Seite, Abb. 253 und 257).

Der Halsteil des Grenzstranges geht am Köpfchen der ersten Rippe in den Thoracalteil über. Derselbe weist 10—11 Ganglien auf, von denen das erste, auf dem ersten Rippenköpfchen gelegene, das mächtigste ist und häufig mit dem Ganglion cervicale caudale verschmilzt. Dasselbe gibt Äste zu benachbarten Arterien (A. subclavia und ihre Äste), sowie zum Herzen ab (N. cardiacus caudalis). Aus den Grenzsträngen gehen Äste zum Plexus aorticus und zu den Plexus pulmonales, ferner zwei grössere Nerven,

[1] V. hemiazygos. [2] V. azygos. [3] V. anonyma.

welche aus mehreren Ästen des Brustsympathicus innerhalb der Brusthöhle entstehen und das Diaphragma durchsetzen, um zu den sympathischen Geflechten der A. coeliaca und der A. mesenterica cran. zu gelangen. Es sind dies die Nn. splanchnicus major und minor. Der erstere entsteht aus Ästen, welche sich vom 5.—9. Ganglion thoracicum

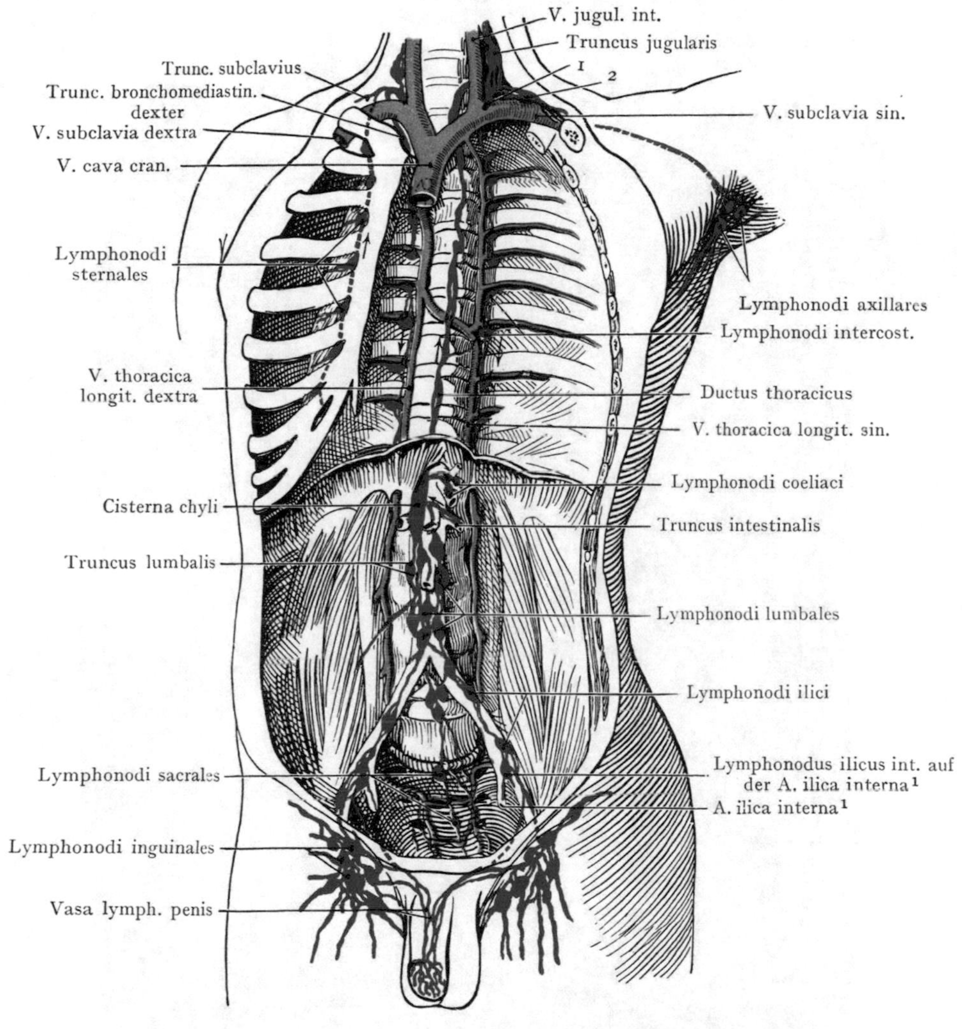

Abb. 241. Topographie der grossen Lymphgefässstämme innerhalb der Brust- und Bauchhöhle. (Schematisch.)
1 Einmündung des Ductus thoracicus in den Angulus venosus sin. 2 Lymphonodi cervicales prof. caudales[2].

abzweigen (Abb. 253 und 257), verläuft schief median- und kaudalwärts und gelangt durch dieselbe Öffnung im Zwerchfell, in welcher rechts die V. thoracica longit. dextra[3], links die V. sinistra[3] durchtritt, in den Bauchraum, um sich mit dem Plexus coeliacus in der Höhe des Ursprunges der A. coeliaca aus der Aorta zu verbinden. Der N. splanchnicus minor wird durch Äste aus den beiden untersten Thoracalganglien gebildet; er durchsetzt das Zwerchfell lateral von dem N. splanchnicus major und gibt Fasern zum Plexus coeliacus und zum Plexus renalis.

[1] A. hypogastrica. [2] Lymphoglandulae supraclaviculares. [3] V. azygos et hemiazygos.

Situs der Brustorgane.

1. Brustsitus von vorn (Abb. 242—247). Abb. 242. Hier wurden zur Darstellung des Situs viscerum thoracis das Brustbein, die Rippenknorpel, sowie der ventrale Teil der Rippenspangen abgetragen, das sternale Ende der Clavicula

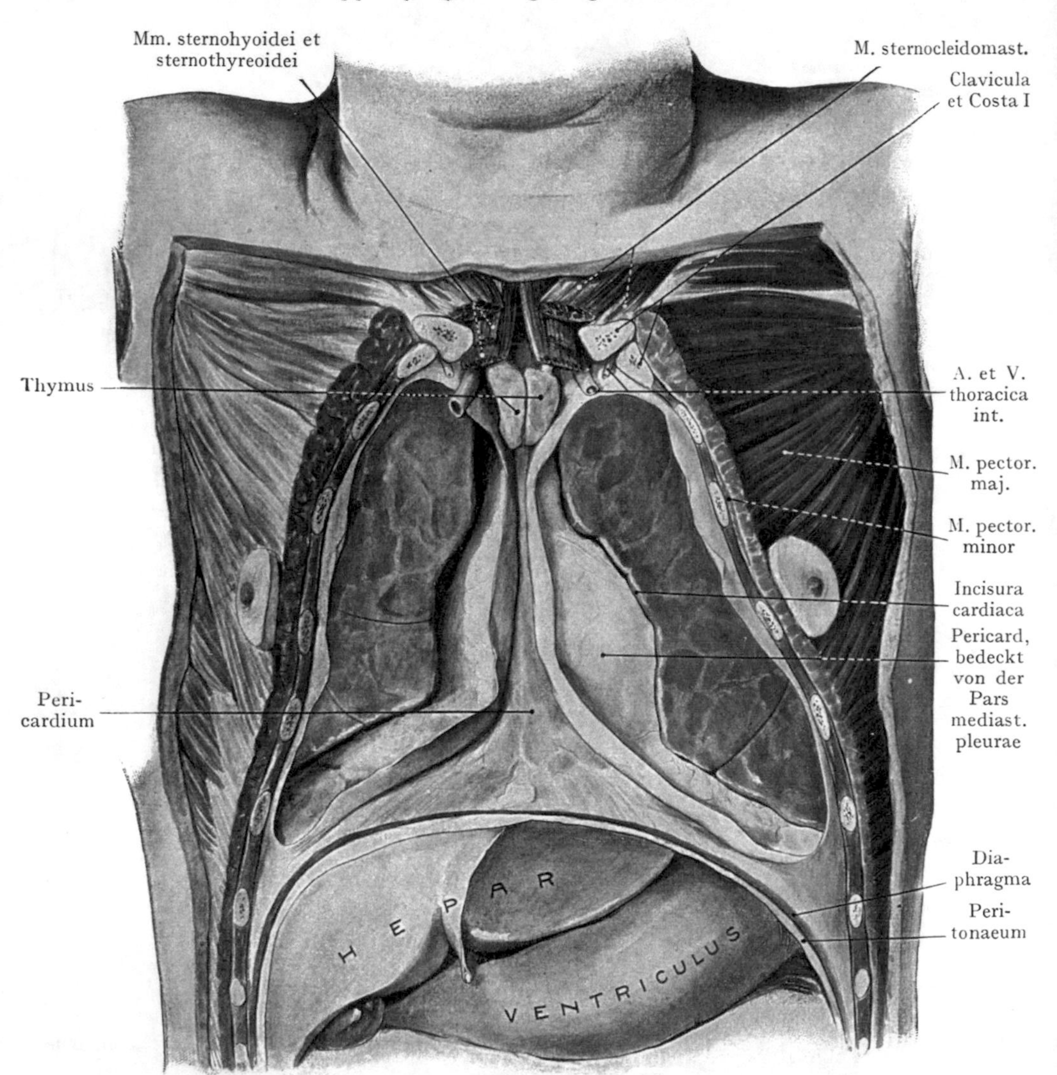

Abb. 242. Ansicht der Brustorgane von vorn nach Entfernung des Sternum und der Rippenknorpel. Die Pleurahöhlen sind eröffnet. Formolpräparat von einem 21jährigen Manne.

reseziert. Der sternale Ursprung des M. sternocleidomastoideus ist durchtrennt worden, ebenso die Mm. sternohyoidei und sternothyreoidei, welche den oberen medialen Abschluss bilden. Von den Muskelschichten der Thoraxwandung sind die Mm. pectoralis maj. und min., sowie die Mm. intercostales durchschnitten; unten wird das Bild durch das Diaphragma und das Peritonaeum abgeschlossen, an welche sich Leber und Magen anlegen. Die Pleurasäcke sind eröffnet und die vorderen Lungenränder zur Ansicht gebracht worden, allerdings in stark retrahiertem Zustande (Leichenstellung). Man beachte die Impressiones cardiacae dextra und sinistra der vorderen Lungenränder sowie den Übergang der letzteren in die unteren Lungen-

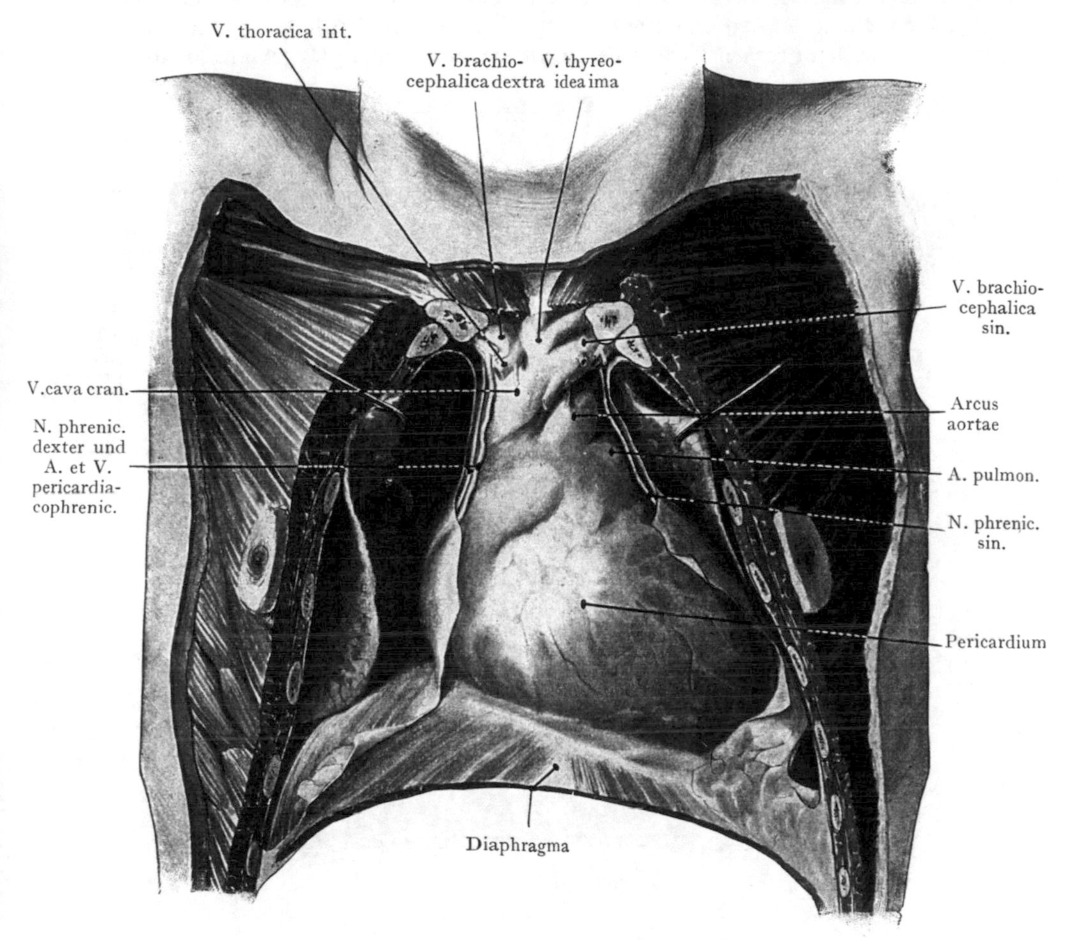

Abb. 243. Ansicht der Brusteingeweide von vorn.
Die Pleurahöhlen sind eröffnet, die Pars mediastinalis pleurae ist teilweise entfernt worden, um den Herzbeutel zur Ansicht zu bringen. Der Thymus ist abgetragen worden. Die grossen Venen sind strotzend gefüllt.
Formolpräparat von einem 21jährigen Manne.

ränder. Zwischen den beiden Impressiones cardiacae macht sich die Wölbung der Facies sternocostalis des Herzens bemerkbar, welche vom Pericardium und ausserdem von der Pars mediastinalis pleurae[1] bedeckt wird. Man beachte die Übergangslinien der Pars costovertebralis[2] in die Pars mediastinalis pleurae; oben lagern sich zwischen denselben, entsprechend der hinteren Fläche des Manubrium sterni, die Thymusreste; die Aa. und Vv. thoracicae int.[3] sind auf dem vorderen Umfange der Pleurakuppel durchschnitten. Das Pericardium tritt nur in einem ganz eng begrenzten Felde, zwischen den divergierenden vorderen Grenzen der Pleurasäcke, an die vordere Brustwand, so dass, bei dieser Leiche wenigstens, die Eröffnung der Pericardialhöhle durch Einstich am

[1] Pleura mediastinalis. [2] Pleura costalis. [3] A. u. V. mammaria int.

vorderen Ende des V. linken Intercostalraumes nicht ohne Verletzung der Pleura erfolgt wäre.

Abb. 243. Die Pars mediastinalis pleurae ist beiderseits zurückpräpariert, und die Lungen sind lateralwärts abgezogen worden, um den Pericardialsack zur Ansicht zu bringen. Der Thymus wurde entfernt. Einzelne Teile des Herzens sind durch das Pericard zu erkennen, so die Abgrenzung des rechten Vorhofes gegen den rechten Ventrikel. Von den grossen Gefässen sind die nebeneinander gelagerten, in Abb. 242 von

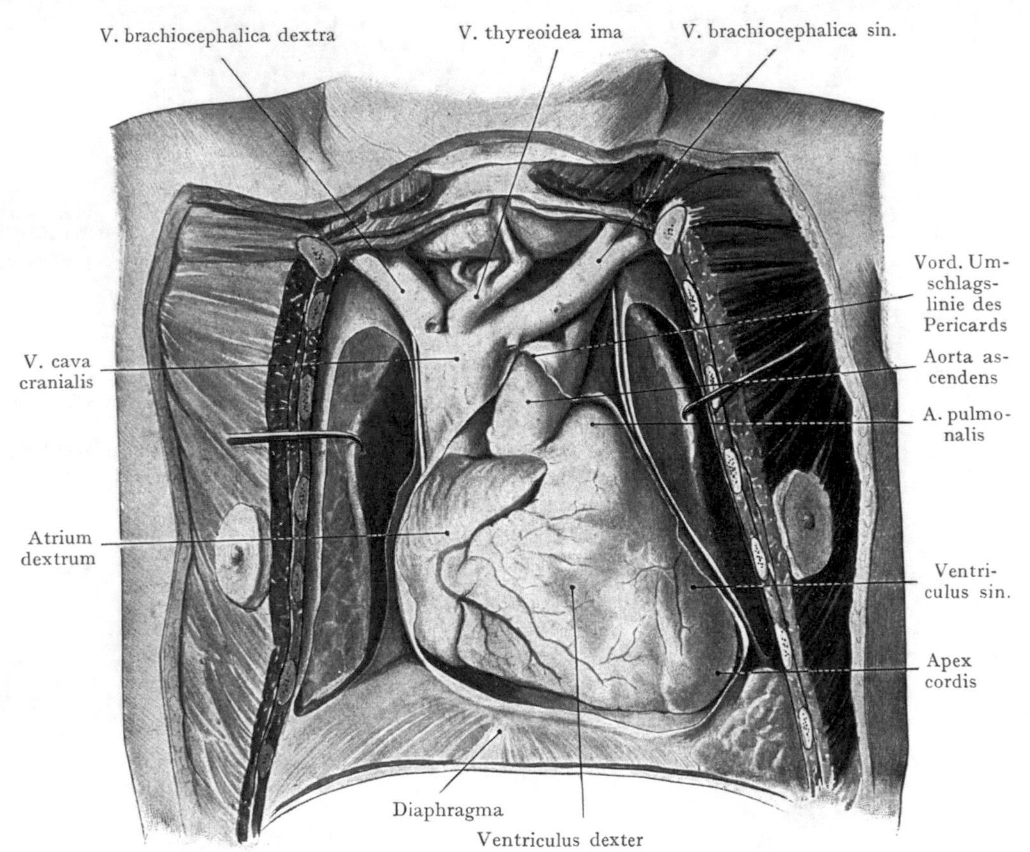

Abb. 244. Ansicht der Brusteingeweide von vorn.
Der Pericardialsack ist eröffnet, die untere Grenze der etwas vergrösserten Gland. thyreoidea ist freigelegt worden. Die vorderen Lungenränder sind lateralwärts abgezogen.

der Pleura bedeckten Stämme der V. cava cran., der Aorta ascendens und der A. pulmonalis zu erkennen; die V. cava cran., am meisten rechts und am oberflächlichsten gelegen, ist durch die Injektion stark ausgedehnt, sie entsteht aus der Vereinigung der Vv. brachiocephalica[1] dextra und sin., in welche eine sehr starke V. thyreoidea ima einmündet (es war eine mässige Vergrösserung der Gland. thyreoidea vorhanden). Die drei grossen Äste des Arcus aortae werden von der V. brachiocephalica[1] sin. vollständig bedeckt. Der Ursprung der A. pulmonalis aus dem rechten Ventrikel ist gerade noch zu erkennen. Die Aa. und Vv. thoracicae[2] int. sind kurz abgeschnitten, man beachte rechterseits und linkerseits die Nn. phrenici, die sich zwischen Pericardium und Pars mediastinalis pleurae lagern, rechterseits am lateralen Umfange der V. cava cran. in Gesellschaft der A. pericardiacophrenica aus der A. thoracica int.

[1] V. anonyma. [2] A. V. mammaria interna.

Abb. 244. Das Pericardium ist über der vorderen Fläche des Herzens entfernt worden. Man sieht den rechten Vorhof, die rechte Kammer, den Sulcus interventricularis ventralis[1], einen schmalen Streifen der linken Kammer mit der Herzspitze, endlich die grossen mit dem Herzen in Verbindung tretenden Gefässe sowie die Umschlagslinie des Pericards auf die letzteren, am höchsten auf der Aorta, nach beiden Seiten

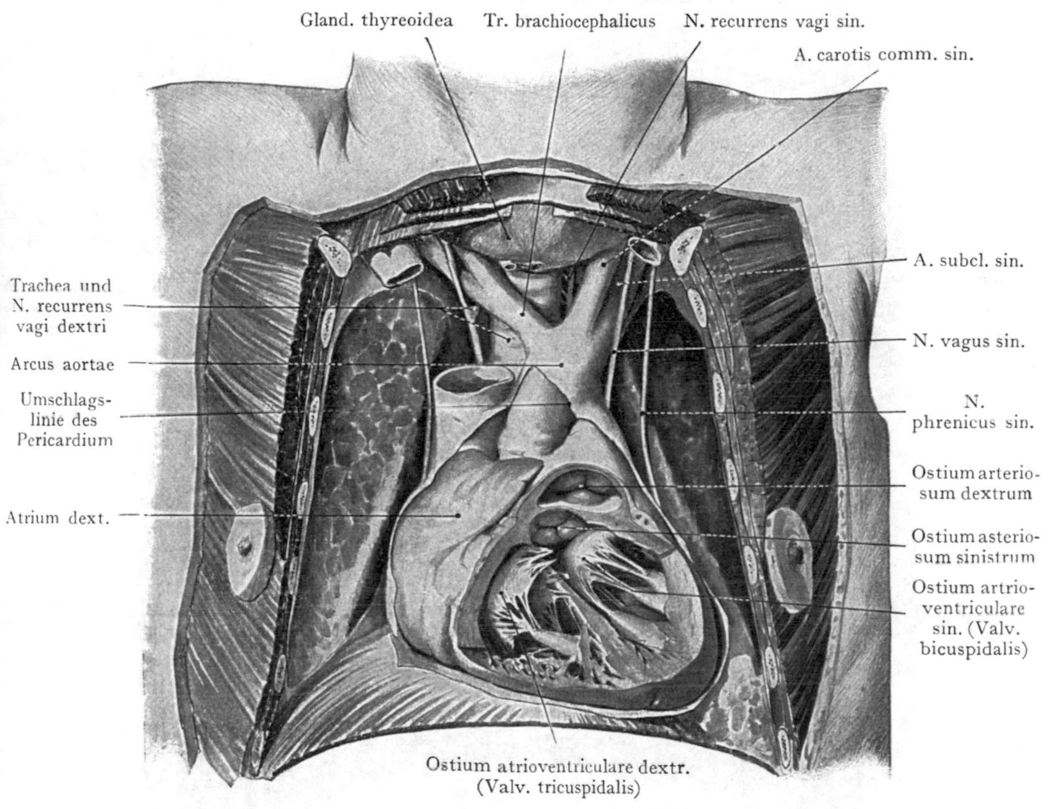

Abb. 245. **Herz in situ, nach Eröffnung des Pericardialsackes und Abtragung der vorderen Wand der Ventrikel. Lage der Herzostien.**

Die Gland. thyreoidea ist etwas hypertrophisch.

Formolpräparat. 21jähriger Mann.

auf die V. cava cranialis und die A. pulmonalis abfallend. Die Nn. phrenici sind in derselben Lage, wie in Abb. 243 sichtbar.

Abb. 245. Die vordere Wand beider Ventrikel ist abgetragen worden, um die Herzostien zu zeigen, ferner die Vv. brachiocephalicae[2] und der oberste Abschnitt der V. cava cranialis, um den Arcus aortae und die drei grossen, aus demselben entspringenden Stämme, sowie die Trachea zur Ansicht zu bringen.

Die Herzklappen und die Herzostien sind zu übersehen. Am oberflächlichsten liegt das Ost. arteriosum dextrum (pulmonale), etwas tiefer und weiter medial das Ostium arteriosum sin. (aorticum); noch tiefer das Ostium atrioventriculare sin. (Valv. bicuspidalis), oberflächlich und rechts das Ostium atrioventriculare dextrum (Valv. tricuspidalis). Diese Abbildung liegt dem Schema Abb. 230 (Projektion der Ostien auf die vordere Brustwand) zugrunde.

[1] Sulcus longitudinalis ant. [2] V. anonyma.

Die Äste des Arcus aortae überlagern zum Teil die Trachea; dieselbe wird schräg gekreuzt durch den Tr. brachiocephalicus[1], während der Arcus aortae nach links über ihren vorderen Umfang verläuft, um sich im Bogen oberhalb des Bronchus sin. zur Wirbelsäule zu wenden (Abb. 235). Die A. subclavia sin. steht in keiner Beziehung zur Trachea; die A. carotis comm. sin. entfernt sich rasch von ihrem linken Rande.

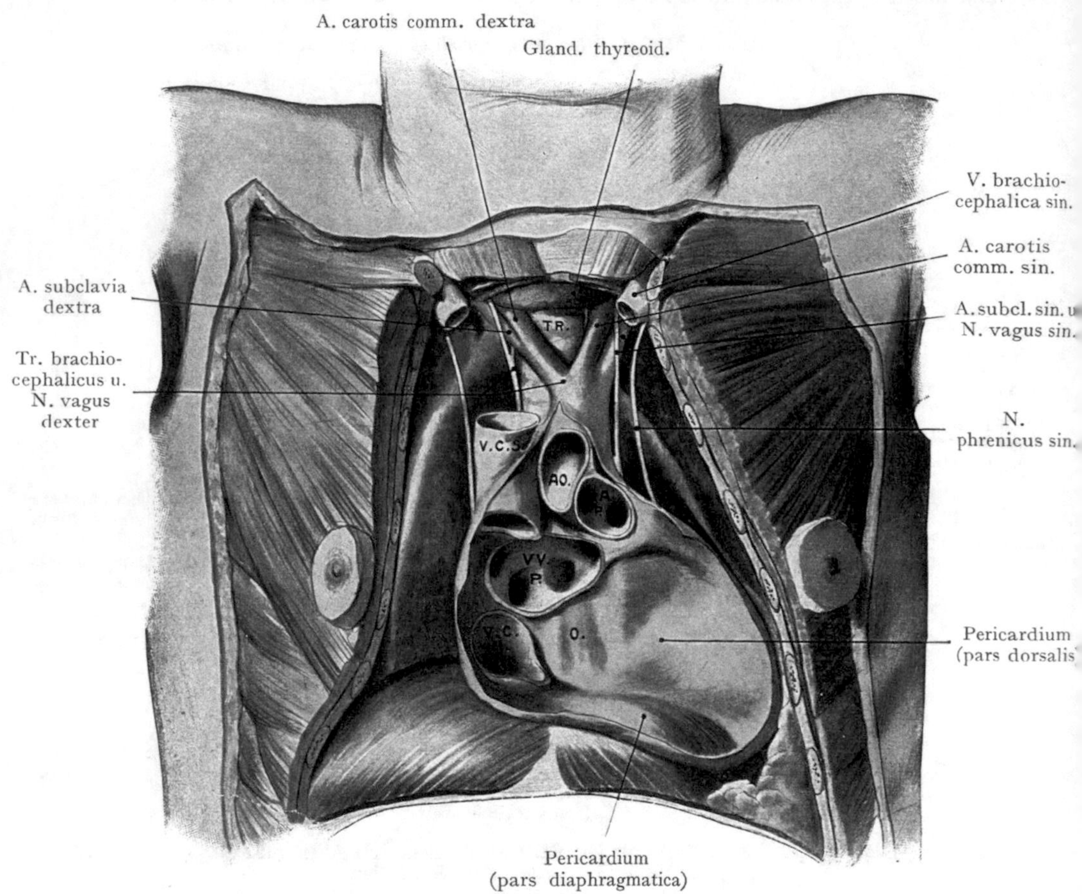

Abb. 246. Topographie des Pericardium und der grossen Gefässe nach Herausnahme des Herzens.
Tr. Trachea. V. c. s. V. cava cranialis. Ao. Aorta. A. p. A. pulmonalis. V. c. i. V. cava caudalis.
Vv. p. Venae pulmonales. O. Oesophagus.
Formolpräparat. 21jähriger Mann.

Die Nn. phrenici sind beiderseits dargestellt. Der N. vagus sin. verläuft über die A. subclavia abwärts und gibt den N. recurrens sin. um den Aortenbogen herum zur linksseitigen, von der Trachea und dem Oesophagus gebildeten Rinne ab, wo der Nerv eben noch in der Tiefe sichtbar ist. Rechterseits kreuzt der N. vagus die A. subclavia und gibt den N. recurrens dexter um die Arterie nach oben ab.

Abb. 246. Die in Verbindung mit dem Herzen stehenden Gefässstämme sind durchtrennt und das Herz entfernt worden; wir sehen von vorne in den Pericardialsack und haben die grossen Gefässstämme bei ihrem Austritte aus demselben vor uns. Oben liegen die V. cava cranialis (V. c. s.) und die Aorta (Ao.), sowie das Lumen der A. pulmonalis (A. p.), in welche wir bis zur Teilungsstelle hineinsehen. Darauf folgen in

[1] A. anonyma.

einem gemeinsamen Felde, dessen Grenze durch die Umschlagslinie des Pericards dargestellt wird, die Vv. pulmonales (Vv. p.), endlich am Zwerchfell das Lumen der V. cava caudalis (V. c. i.). Zwei flache Wülste unterhalb der Vv. pulmonales entsprechen der Anlagerung des Oesophagus (O.) (rechts) und der Aorta descendens (links) an das Pericardium.

Abb. 247. Hier sind nach vollständiger Entfernung des Pericardium die austretenden Gefässstämme durchschnitten und die Lungen lateralwärts abgezogen

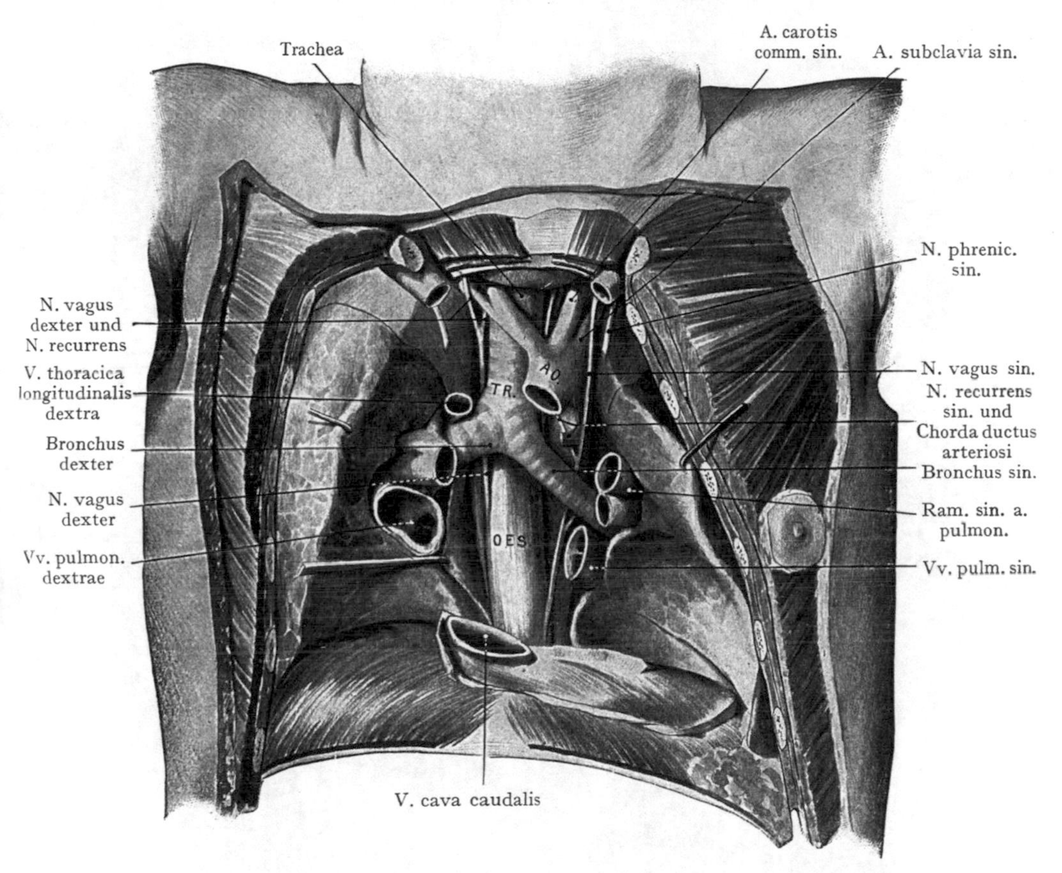

Abb. 247. Topographie der retrocardialen Gebilde des Mediastinum nach Entfernung des Pericardialsackes mit dem Herzen.

Formolpräparat. 21jähriger Mann.

Ao. Arcus aortae. Tr. Trachea. Oes. Oesophagus.

worden, so dass man die Hilusgebilde in ihrer gegenseitigen Lagerung erkennt. Beiderseits werden die Bronchen vorne von dem Ramus dexter und sinister der A. pulmonalis bedeckt, dagegen treten die Vv. pulmonales weiter unten in das Hilusfeld ein. Die Trachea, die Bifurkation und die beiden Bronchen liegen vor, der rechte etwas kürzer und stärker als der linke; der Oesophagus ist von der Bifurkation der Trachea an eine Strecke weit zu sehen, links davon die Aorta thoracica; zwischen der Trachea und dem Arcus aortae bestehen dieselben Beziehungen, wie in den früheren Abbildungen. Die Stämme der Nn. vagi sind, von ihrem Eintritt in den Thorax bis zu

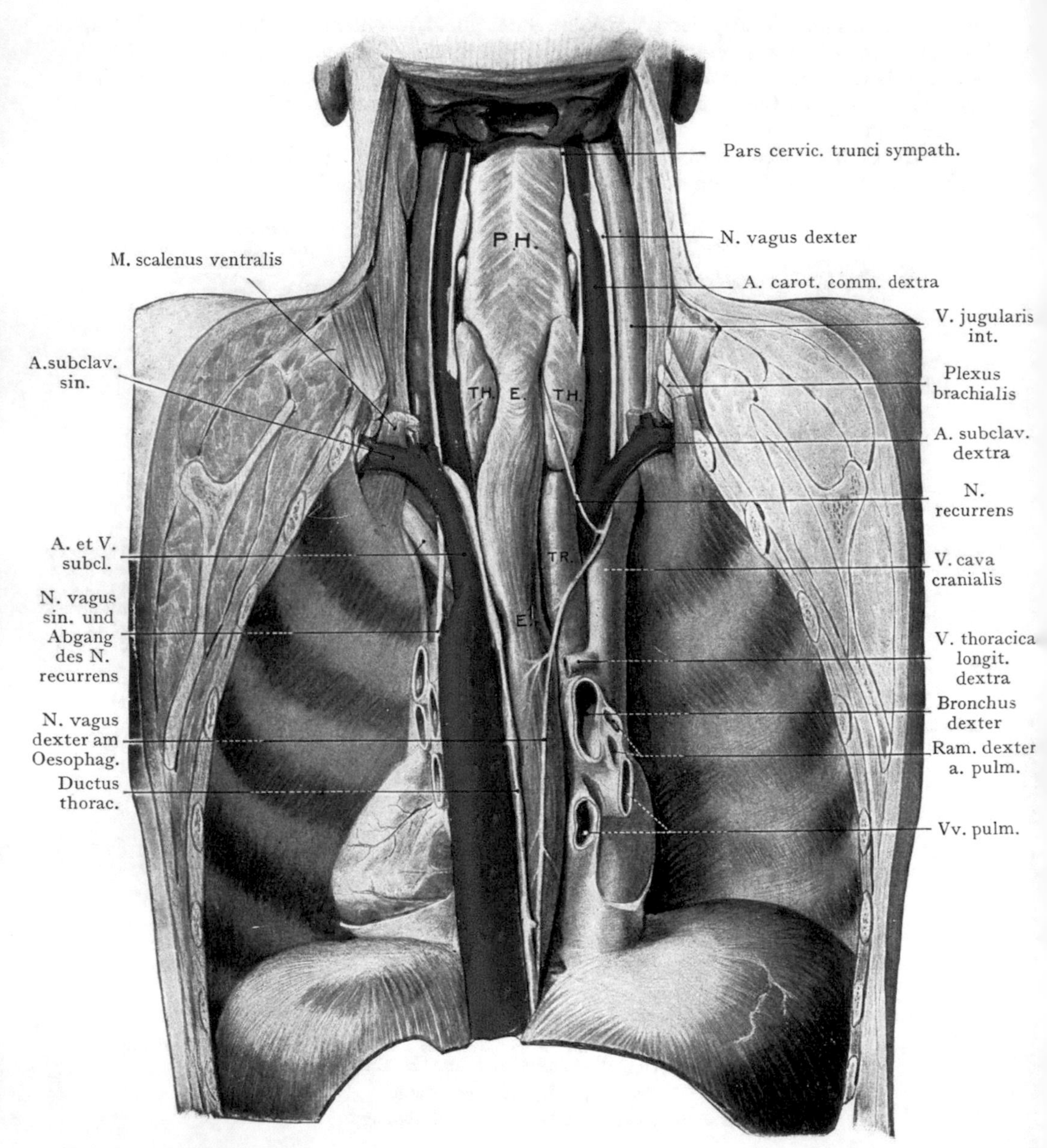

Abb. 248. Ansicht der Gebilde des Mediastinum und des Halses von hinten nach Entfernung der Hals- und Brustwirbelsäule sowie der dorsalen Hälften der Rippenspangen.
PH. Pharynx. TH. Gland. thyreoidea. E E[1]. Obere und mittlere Oesophagusenge.
Formolpräparat von einem 23jährigen Manne.

der Stelle, wo sie sich dem Oesophagus anschliessen, zu verfolgen, ebenso der Verlauf der Nn. recurrentes, rechterseits um die A. subclavia, linkerseits um den Arcus aortae, unterhalb der Chorda ductus arteriosi[1].

2. Situs viscerum thoracis in der Ansicht von hinten (Abb. 248). Das Präparat ist durch die Entfernung der Hals- und Brustwirbelsäule, nebst der dorsalen

[1] Lig. arteriosum (Botalli).

Hälfte der Rippenspangen, der Scapula, der Hals- und Schultermuskulatur hergestellt worden. Die Lungen sind ganz, das Pericardium ist teilweise abgetragen worden.

Man verfolge zunächst den Oesophagus, von seinem Abgang aus dem Pharynx bis zu der Stelle, wo er sich von der Wirbelsäule entfernt, um das Foramen oesophagicum[1] zu erreichen. Die obere Enge (nach beiden Seiten grenzen die seitlichen Lappen der Gland. thyreoidea an dieselbe) und die mittlere Enge (Aortenenge) sind typisch ausgebildet; zwischen der Hals- und der Aortenenge liegt die obere, unterhalb der Aorten-

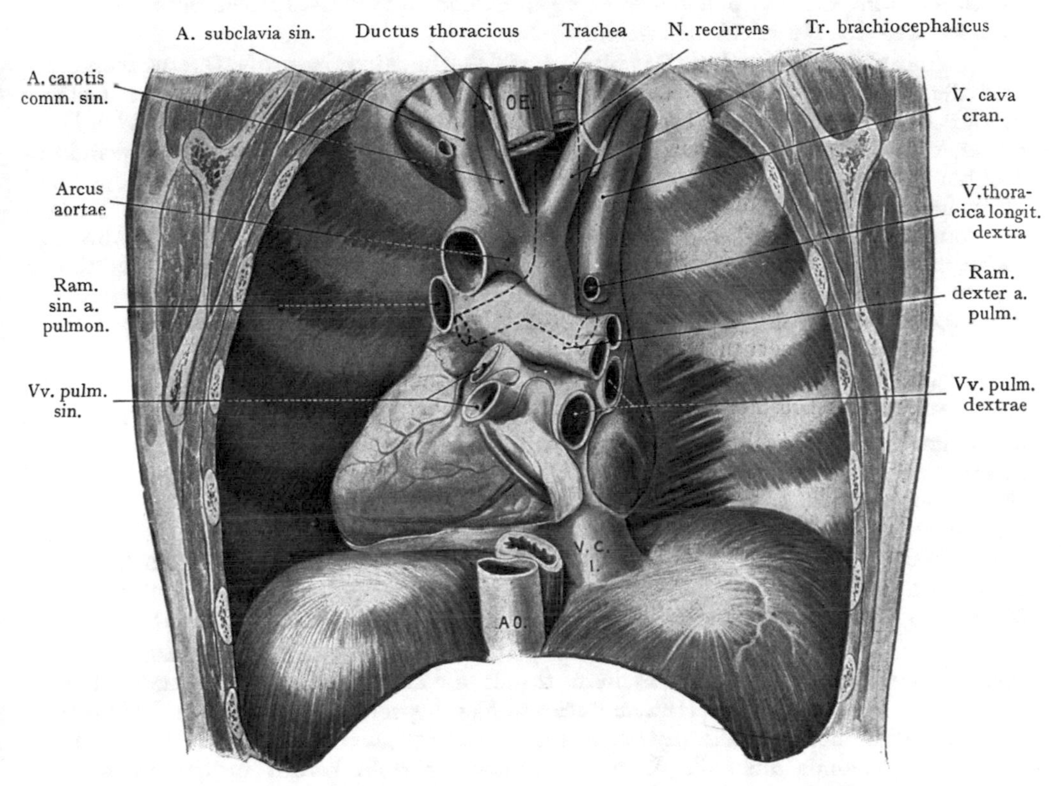

Abb. 249. Herz und grosse Gefässstämme in situ von hinten gesehen.
Trachea und grosse Bronchen punktiert. Der Oesophagus und die Aorta descendens sind entfernt worden.
OE. Oesophagus. AO. Aorta. V.C.I. Vena cava caudalis.
Formolpräparat von einem 23jährigen Manne.

enge die untere Oesophagusweite. Dem Oesophagus liegen oberhalb der Aortenenge, linkerseits die A. subclavia sinistra, sowie die Endstrecke des Ductus thoracicus an; rechterseits ist ein Teil des hinteren Umfanges der Trachea zu sehen, denn in dieser Höhe (s. Hals) geht die Ausbiegung des Oesophagus nach links, so dass ein Teil der Trachea in der Ansicht von hinten zu erkennen ist. Unterhalb der Aortenenge legt sich die Aorta thoracica eine Strecke weit dem linken Umfange des Oesophagus an, nachdem der Arcus aortae den Oesophagus an der Aortenenge erreicht und gekreuzt hat. In der von dem Oesophagus und der Aorta thoracica gebildeten Rinne finden wir den Ductus thoracicus bei seinem Verlaufe von dem Hiatus aorticus aus kranialwärts. Die Aorta schiebt sich, je weiter abwärts um so mehr an den dorsalen Umfang des Oesophagus, welcher auf diese Weise von der Wirbelsäule abgedrängt wird.

[1] Hiatus oesophageus.

Der ganze thorakale Verlauf des N. vagus dexter ist zu übersehen, auch die Abgabe des N. recurrens dexter um die A. subclavia dextra, ferner die Verzweigung des Stammes an die dorsale Wand des Oesophagus. Von dem linken Vagus ist bloss eine kurze Strecke zwischen der A. subclavia sin. und dem linken Lungenhilus zu sehen.

Die V. cava cran. grenzt links an die Trachea und nimmt die im Bogen über den rechten Bronchus verlaufende V. thoracica longit. dextra[1] auf. Die Gebilde beider Radices pulmonum sind kurz vor ihrem Eintritt in die Lungen durchtrennt; die Anordnung derselben ist eine typische, indem der Bronchus ventral von den Ästen der A. pulmonalis überlagert wird, die Vv. pulmonales dagegen erst im Anschluss an den Bronchus in den distalen Teil des Hilusfeldes eintreten.

Abb. 249. Hier sind der Oesophagus, die Aorta descendens, der Ductus thoracicus und die Trachea vollständig entfernt worden, um das Herz und die grossen Gefässe in der Ansicht von hinten darzustellen. Von dem Herzen ist die hintere Wand des linken Ventrikels und des linken Vorhofes zu sehen, ferner ein Teil der hinteren Wand des rechten Vorhofes mit der Einmündung der Vv. cavae cranialis und caudalis, das linke Herzohr, der Sulcus coronarius mit dem Sinus coronarius. Man beachte den Verlauf der Umschlagslinie des Epicards in das Pericard, welcher dem Schema der Abb. 224 entspricht. Die Trachea ist in ihren Beziehungen zum Herzen mittelst punktierter Linien angegeben; sie wird oberhalb ihrer Bifurkation nach vorne von dem Arcus aortae überlagert; den Bronchen liegen die beiden Äste der A. pulmonalis ventralwärts an.

3. Situs viscerum thoracis von rechts (Abb. 250 bis 253).

Abb. 250. Ansicht der rechten Lunge (von aussen) nach Abtragung der seitlichen Wand des Brustkorbes, sowie der rechten oberen Extremität und der Schultermuskulatur. Die erste Rippe ist mit dem Ansatz des M. scalenus ventralis erhalten. Man beachte die Anordnung der Gebilde in der hinteren Scalenuslücke (A. subclavia und Stämme des Plexus brachialis), sowie in der vorderen Scalenuslücke die V. subclavia, welche vorne durch den M. subclavius, die Clavicula und den clavicularen Ursprung des M. pectoralis major überlagert wird. An der lateralen Fläche der Lunge ist die Einteilung in drei Lappen zu erkennen. Die Lunge befindet sich in Leichenstellung (äusserster Exspiration) und vom unteren Lungenrande an ist das Diaphragma zu sehen.

Abb. 251. Die Lunge ist am Lungenhilus abgetrennt und entfernt worden. Man sieht die Gebilde des Mediastinum durch die Pars mediastinalis pleurae[2] durchschimmern, ventralwärts das Herz im Pericardialsacke, sowie, zwischen dem Pericardium und der Pars mediastinalis pleurae[2], den N. phrenicus dexter. Vor den Gebilden der Radix pulmonis zieht die V. cava cranialis senkrecht herab; in dieselbe mündet die V. thoracica longit. dextra[1] ein. Dorsal von dem Herzen liegt der an seinem rechten Umfange von der Pars mediastinalis pleurae[2] überzogene Oesophagus, auf welchem die Plica mediastinopulmonalis[3] vom Hilus pulmonis abwärts zum Diaphragma zieht. Auf den Rippenköpfchen schimmern der rechte Grenzstrang des Sympathicus und der N. splanchnicus major durch.

Die Gebilde der Radix pulmonis sind: oben und dorsal der Bronchus dexter, vorne bedeckt von dem Ramus dexter a. pulmonalis, weiter unten die Vv. pulmonales. Von dem unteren Teile des Hilus zieht die Plica mediastinopulmonalis[3] zum Diaphragma.

Abb. 252. Dasselbe Bild, nach Entfernung der Pars mediastinalis pleurae[2] nebst eines Teiles der Pars diaphragmatica pleurae. Auf dem rechten Umfange des Herzbeutels verläuft vor dem Lungenhilus der N. phrenicus dexter, oben schliesst er sich der V. cava cran. an und gelangt lateral von der V. cava caud. zum Diaphragma. Die V. thoracica longit. dextra[1] zieht im Bogen über den rechten Bronchus zur Einmündung in die V. cava cran. Der N. vagus dexter gibt um die eben noch sichtbare A. subclavia dextra den Ramus recurrens dexter ab und verläuft zunächst im Anschlusse an die Trachea weiter, dann

[1] V. azygos. [2] Pleura mediastinalis. [3] Lig. pulmonale.

dorsal vom rechten Lungenhilus, um zum dorsalen Umfange des Oesophagus zu treten. Der letztere ist dorsal von dem Pericardialsacke zu sehen; er liegt der Wirbel-

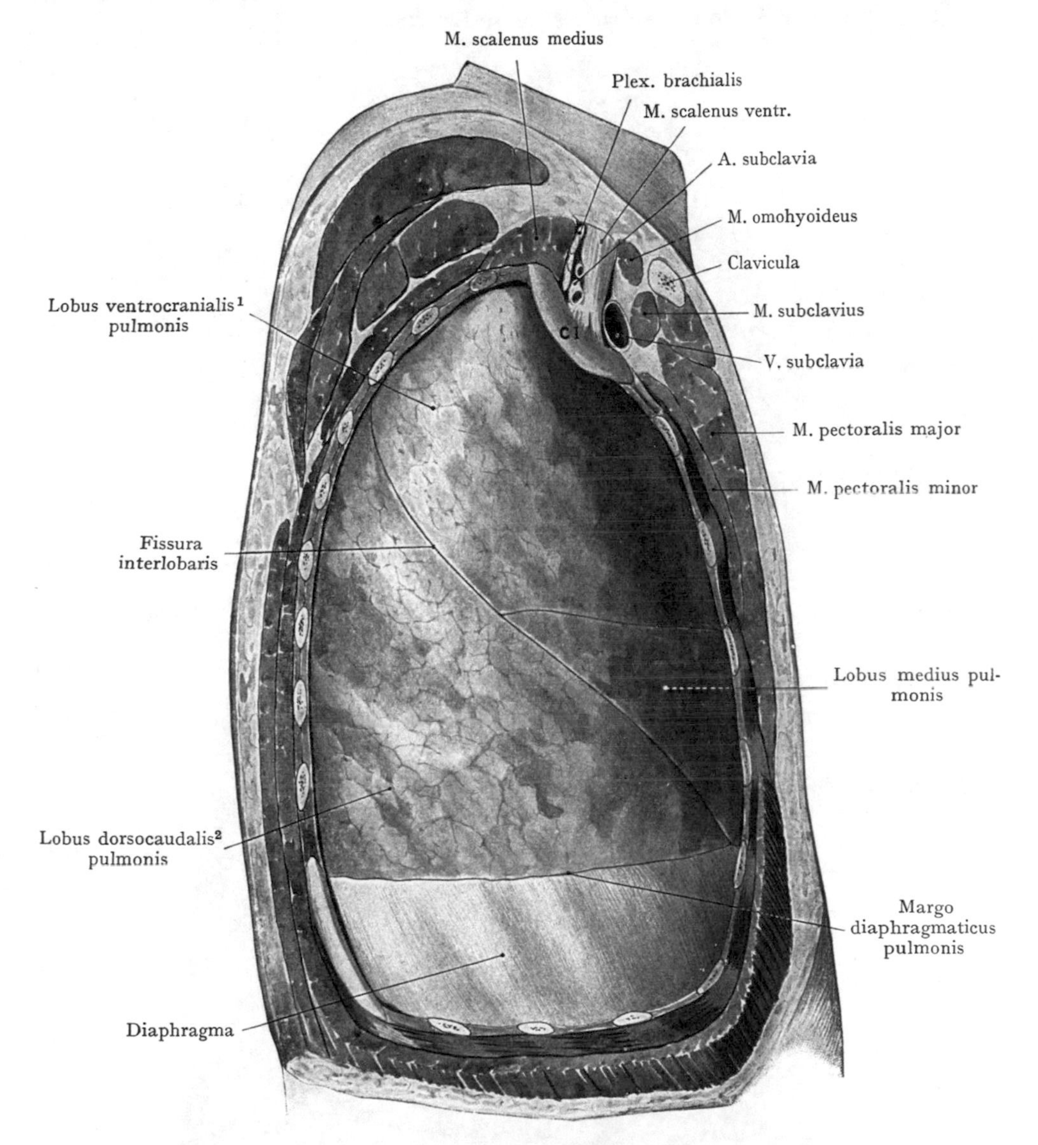

Abb. 250. Ansicht der rechten Lunge in situ, von der Seite gesehen, nach Abtragung der 2. bis 10. Rippe, der Scapula und der lateralen Hälfte der Clavicula.

Abb. 250—254. Formolpräparate eines 23jährigen Mannes.

C I Costa I.

säule und teilweise der V. thoracica longitudinalis dextra[3] auf. Die Vv. und Aa. intercostales verlaufen zu den Intercostalräumen und werden durch den Grenzstrang des Sympathicus und den N. splanchnicus major gekreuzt.

[1] Lobus superior. [2] Lobus inferior. [3] V. azygos.

Abb. 253. Dasselbe Bild nach Entfernung des rechten Umfanges des Pericardialsackes. Man beachte den Umschlag des Epicardium auf die V. cava cran. und auf die Aorta ascendens, nach unten auf die V. cava caudalis, deren laterale und hintere Wand ausserhalb des Pericardialsackes zu liegen kommt.

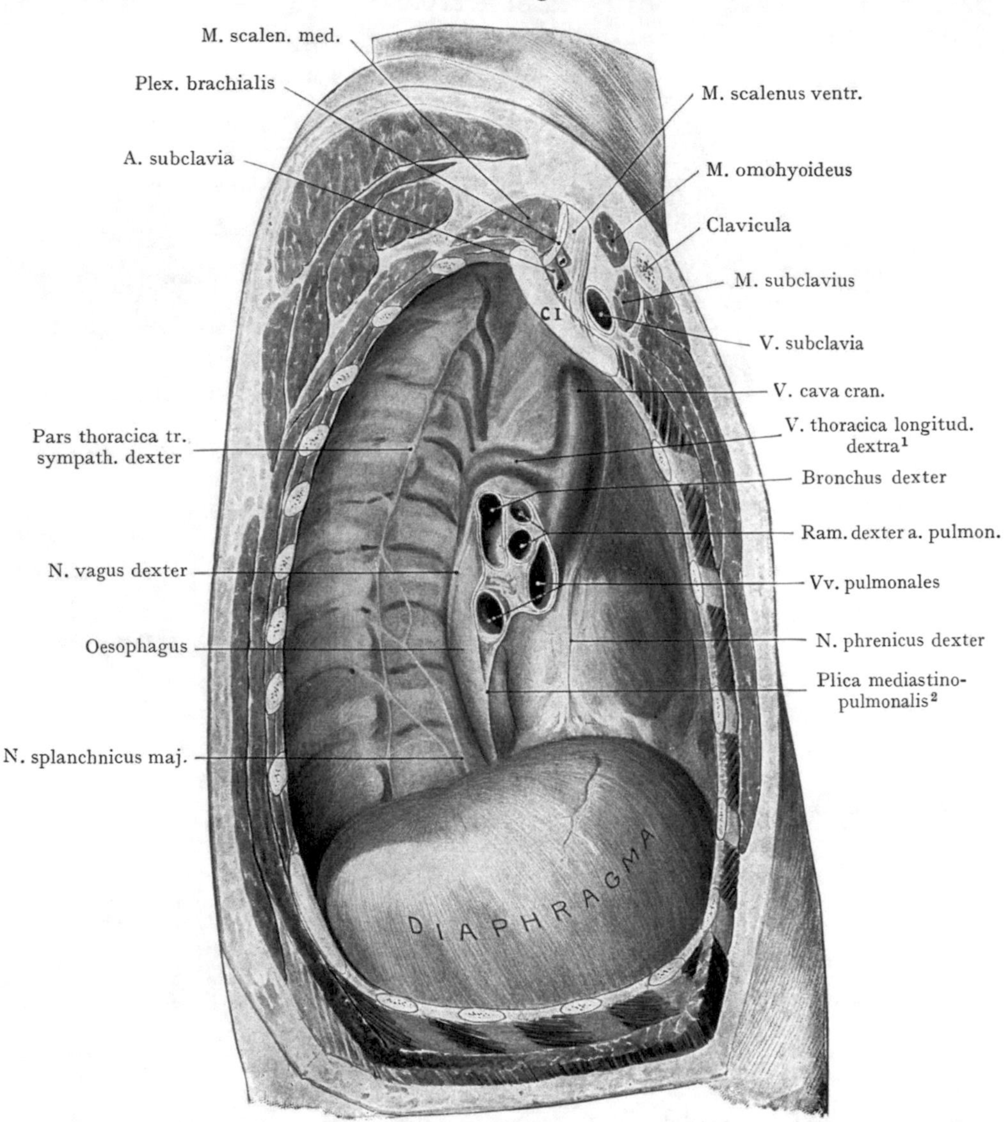

Abb. 251. Brustraum von rechts, nach Entfernung der seitlichen Brustwandung sowie der rechten Lunge.
Pleura grün.

4. **Situs viscerum thoracis von links** (Abb. 254 bis 257).

Abb. 254. Man überblickt die laterale Fläche der linken Lunge mit der Fissura interlobaris, welche schräg gegen den unteren Lungenrand verläuft. Das Präparat ist auf dieselbe Weise gewonnen, wie dasjenige, welches der Abb. 250 zugrunde liegt. Man beachte den wagerechten Verlauf des unteren Lungenrandes.

---
[1] V. azygos. [2] Lig. pulmonale.

Abb. 255. Die linke Lunge ist am Hilus abgetrennt worden, so dass man von links verschiedene im Mediastinum liegende Gebilde sieht, welche durch die Pars mediastinalis pleurae[1] durchschimmern. Ventral sind im Pericardialsacke die Umrisse

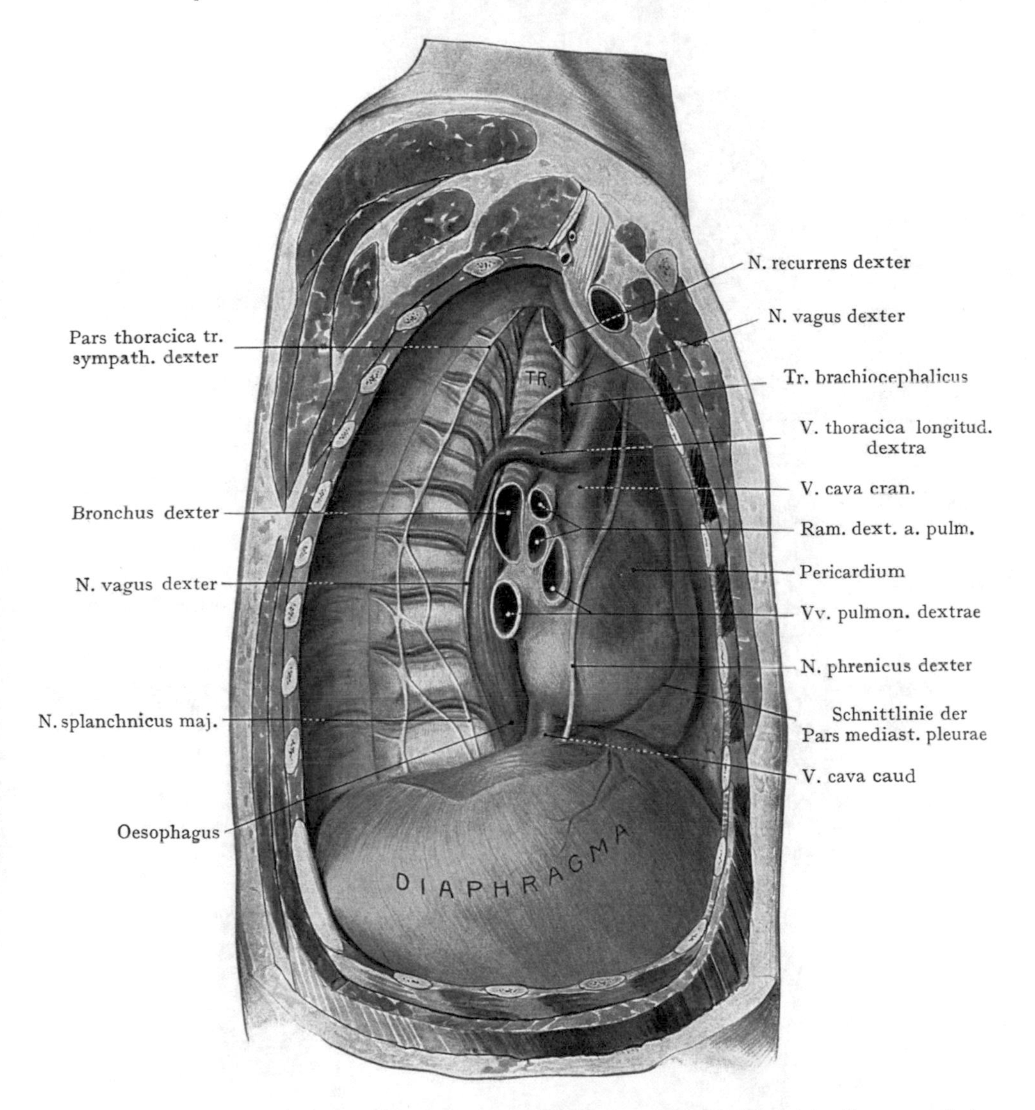

Abb. 252. Brustraum von rechts nach Entfernung der Brustwandung, der rechten Lunge und eines Teiles der Pars mediastinalis pleurae und diaphragmatica.

Pleura grün. Der Pericardialsack ist nicht eröffnet worden.

Tr. Trachea.

des linken stumpfen Herzrandes und an demselben, abwärts zum Diaphragma verlaufend, der N. phrenicus sinister zu sehen (vor der Radix pulmonis). Derselbe liegt zwischen dem Pericardium und der Pars mediastinalis pleurae. Dorsal von der Radix pulmonis zieht der Arcus aortae und die Aorta thoracica, von der Pars media-

[1] Pleura mediastinalis.

stinalis pleurae bedeckt, nach unten. Auch der Grenzstrang des Sympathicus und die Nn. splanchnici major und minor schimmern durch die Pars mediastinalis pleurae.

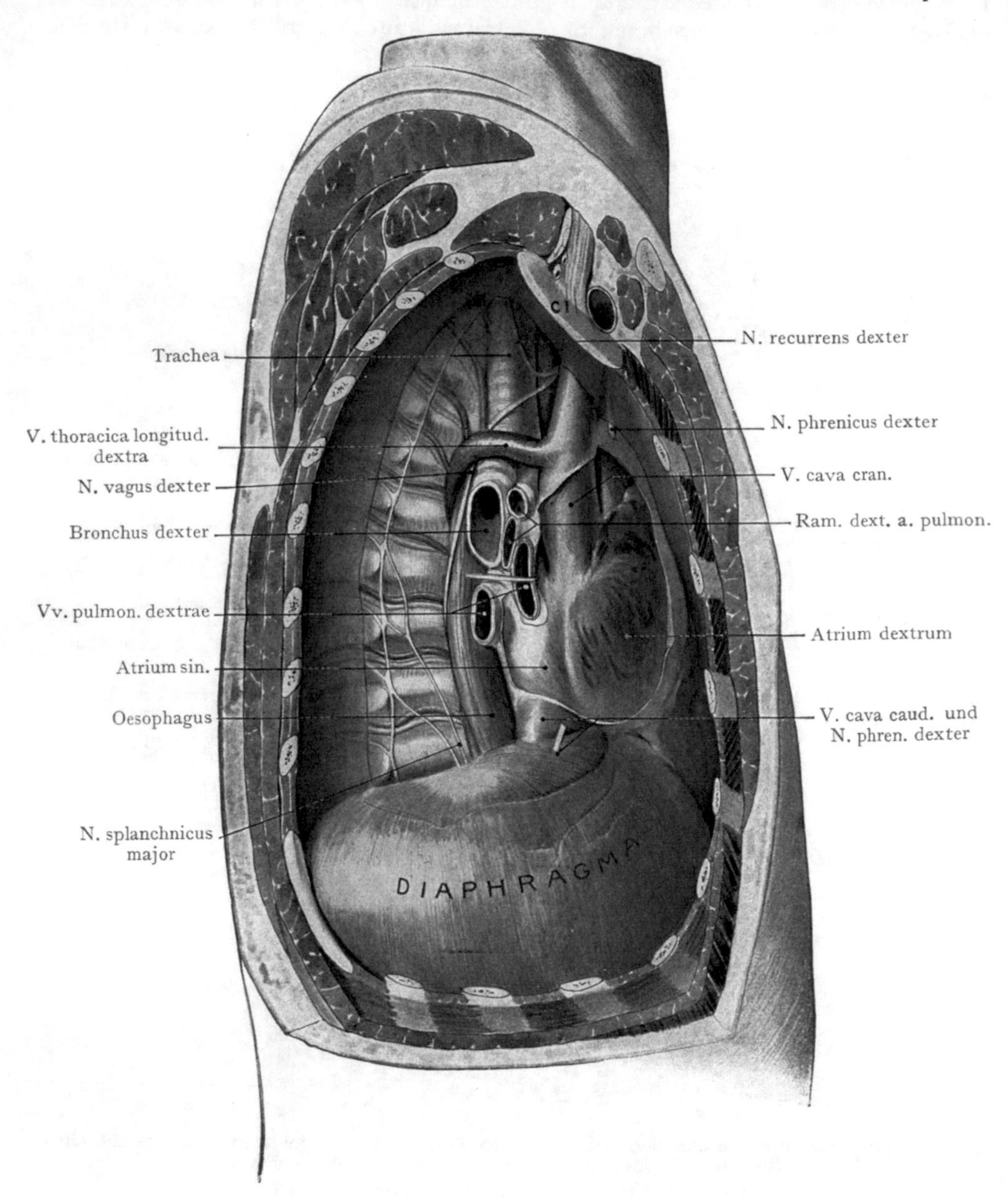

Abb. 253. Ansicht der Gebilde des Mediastinum von rechts, nach Abtragung der rechten Lunge, der Pars mediastinalis pleurae und des Pericardium.

Abb. 256. Die Pars mediastinalis pleurae ist entfernt worden. Am Querschnitt der Radix pulmonis liegt oben das Lumen des Ramus sin. a. pulmonalis, weiter unten, von einer V. pulmonalis vorne bedeckt, der Querschnitt des Bronchus sin. Der Arcus aortae zieht über den Ramus sinister a. pulmonalis, um sich als Aorta thoracica der Wirbelsäule anzulagern. Aus der Aorta kommen die Aa. intercostales (mit Ausnahme der A. intercostalis suprema); die aus der ersten Strecke der Aorta thoracica entspringenden verlaufen schräg kranialwärts, um ihre Intercostalräume

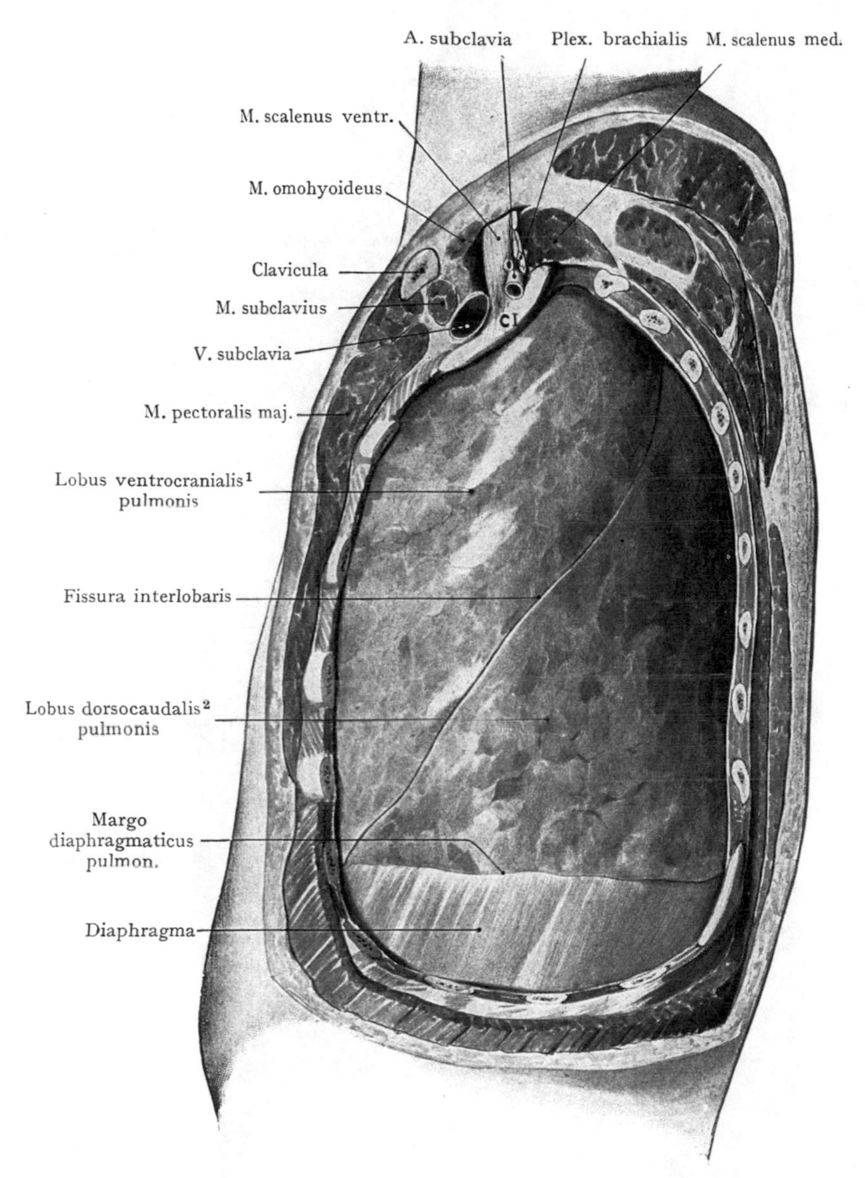

Abb. 254. Ansicht der linken Lunge in situ, von der Seite gesehen, nach Abtragung der 2.—10. Rippe, der Scapula und der Extremitas acromialis claviculae.

zu erreichen, die folgenden dagegen quer. An die Aa. intercostales schliessen sich die Vv. intercostales an, welche in die V. thoracica longit. sinistra[3] einmünden. In der oberen Partie des Bildes erkennt man die nach links ausbiegenden, im Anschluss an die obere Weite des Oesophagus verlaufenden Aa. carotis comm. sin. und subclavia sin., sowie den

[1] Lobus superior. [2] Lobus inferior. [3] V. hemiazygos.

N. vagus, welcher den Arcus aortae kreuzt und um die Konkavität desselben den N. recurrens sin. nach oben abgibt.

Abb. 257. Hier ist nur noch das Pericardium entfernt worden, um die Ansicht

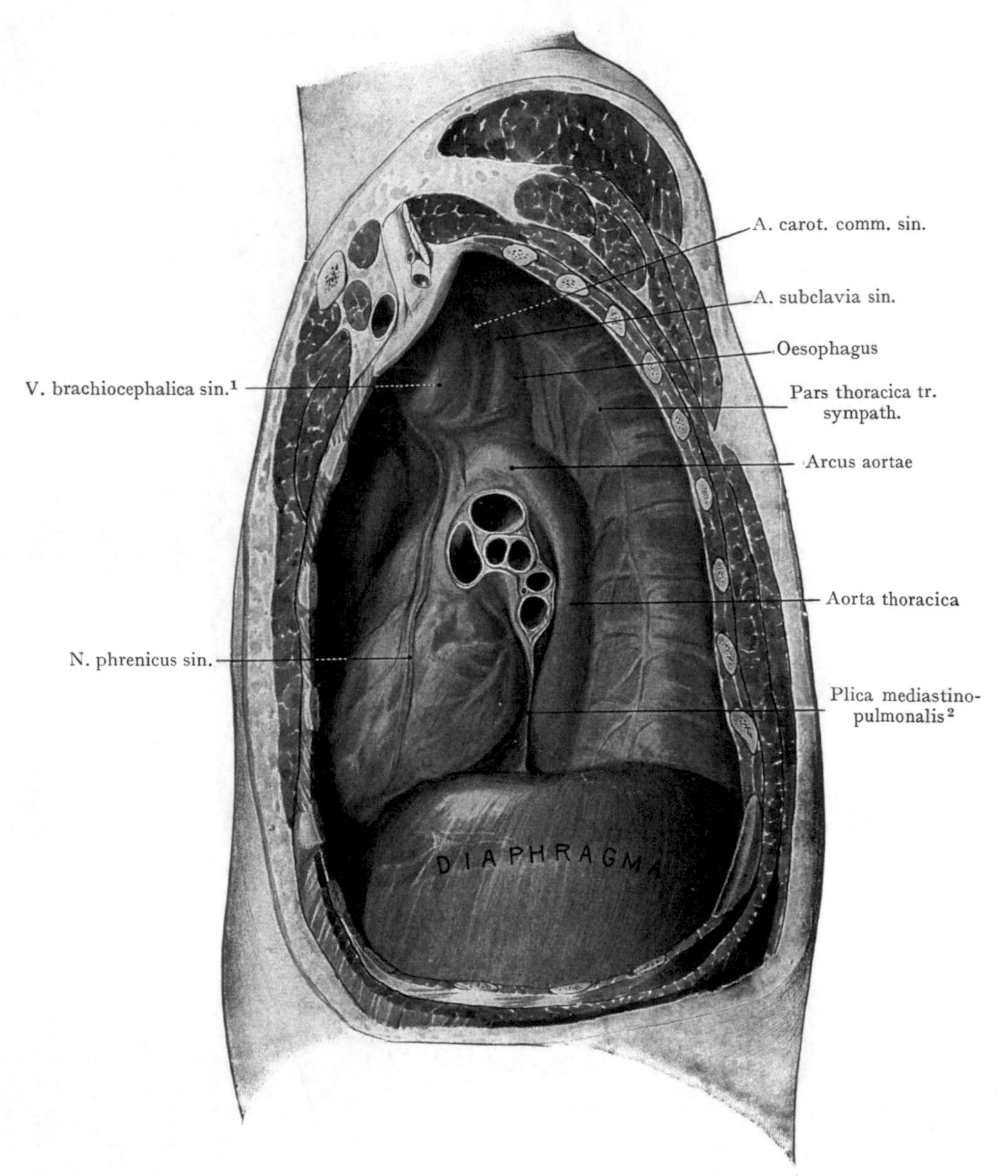

Abb. 255. Brustraum von links, nach Entfernung der Brustwandung und der linken Lunge. Die Pars mediastinalis pleurae (grün) überzieht die von links sichtbaren Gebilde des Mediastinalraumes.

des Herzens von links zu erhalten. Man hat vor sich den Ursprung der A. pulmonalis, eine kleine Partie der rechten Kammer, den Sulcus interventricularis ventr. mit dem Ram. interventricularis[3] der A. coronaria cordis sin., den linken Umfang des linken Ventrikels, das linke Herzohr und eine kurze Strecke des Sinus coronarius. Ferner

[1] V. anonyma sinistra. [2] Ligamentum pulmonale. [3] Ram. descendens ant.

beachte man den unmittelbaren Anschluss der Aorta thoracica an den dorsalen Umfang des Pericardialsackes.

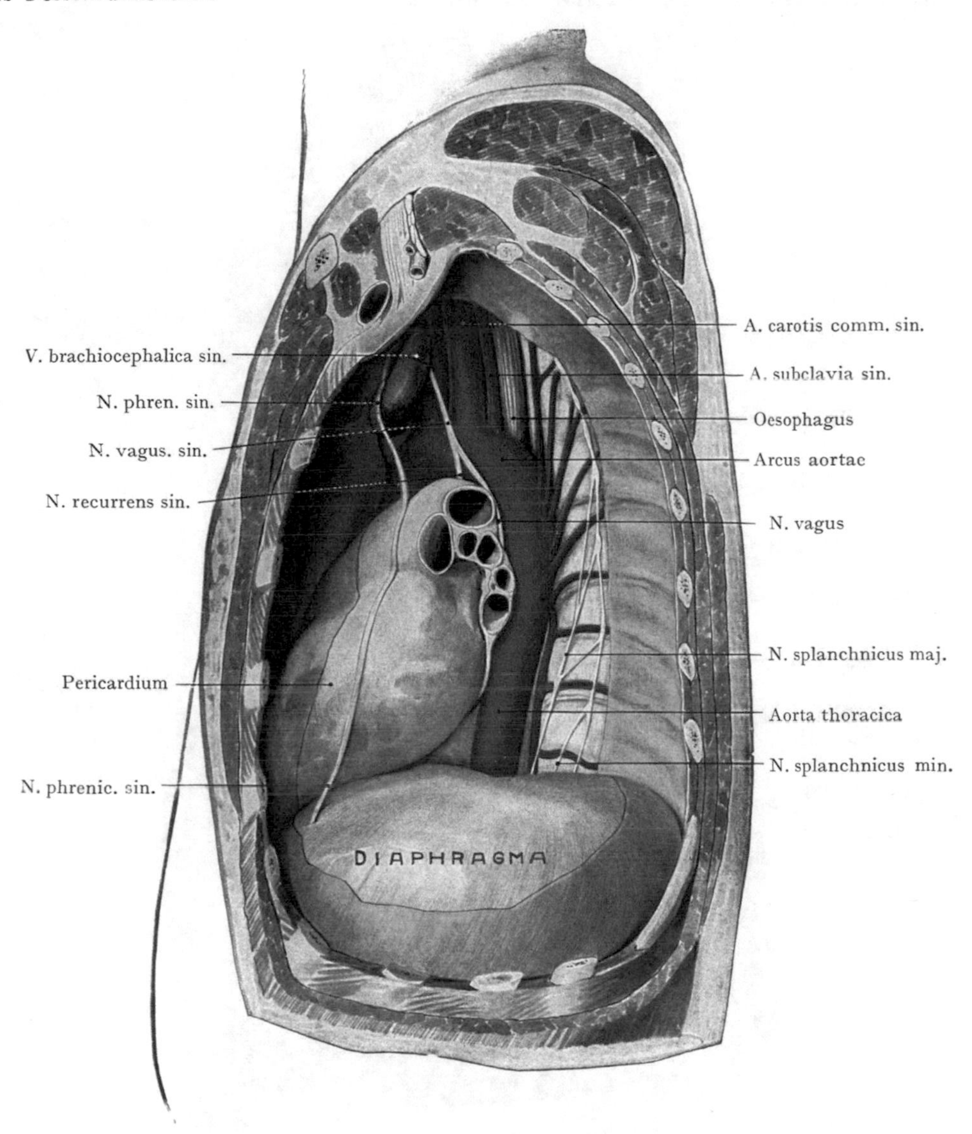

Abb. 256. Brustraum von links nach Entfernung der linken Lunge und eines Teiles der Pars mediastinalis pleurae.
Der Pericardialsack ist nicht eröffnet worden.
Die Aa. intercostales 7, 8, 9 entspringen aus einem gemeinsamen Stamme (Varietät).

5. Horizontalschnitte durch die Brust (Abb. 258 bis 262).

Abb. 258. Der Schnitt geht durch den oberen Rand des III. Brustwirbels. Die sternalen Enden der Claviculae und das Manubrium sterni sind gerade unterhalb der

Incisura jugularis sterni getroffen. Die erste Rippe ist schräg durchschnitten; dorsal geht der Schnitt durch den Körper des III. Brustwirbels, sowie durch einen Teil der Bandscheibe zwischen II. und III. Brustwirbel.

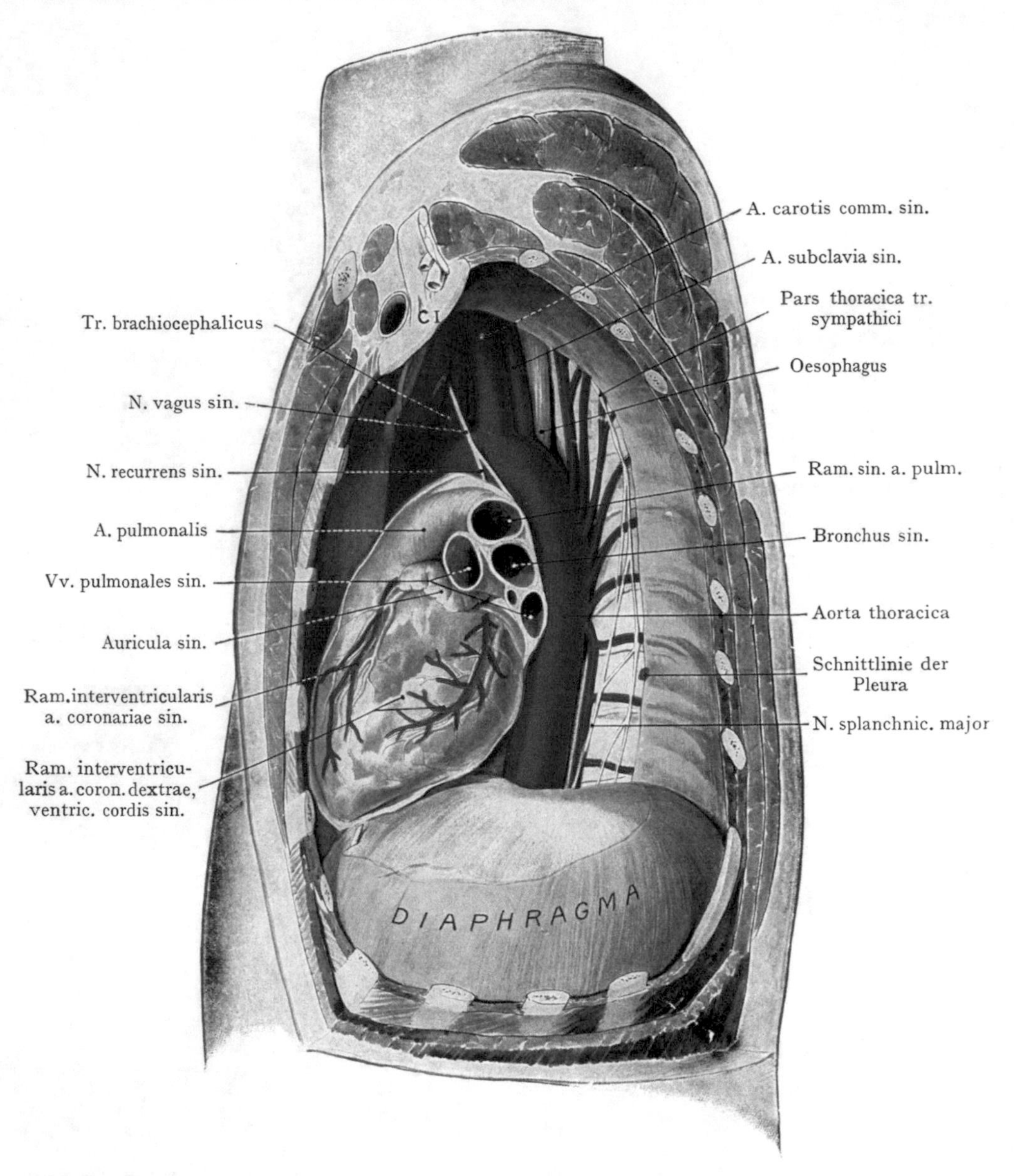

Abb. 257. Brustraum von links nach Entfernung der linken Lunge und eines Teiles der Pars mediastinalis pleurae.
Das Pericard ist teilweise abgetragen worden, um den linken Umfang des Herzens zur Ansicht zu bringen. Die Aa. intercostales 7, 8, 9 entspringen aus einem gemeinsamen Stamme (Varietät).

Das Mediastinum wird nach beiden Seiten durch die Pleura abgegrenzt, welche einen Teil der vorderen Fläche des Wirbelkörpers überzieht, dann ventralwärts abbiegt, um zur ersten Rippe zu verlaufen. Im Mediastinum haben wir ventral, dem

Manubrium sterni und der Clavicula angeschlossen, die Querschnitte der Mm. sternohyoidei und sternothyreoidei. Linkerseits bedecken dieselben den Querschnitt des linken Lappens der etwas vergrösserten Glandula thyreoidea, welche bis in das Mediastinum hinunterreicht. Durch dieselbe ist die Trachea etwas nach rechts verschoben, der Oesophagus schliesst sich, direkt der Wirbelsäule aufliegend, dorsal an, und in den durch den Oesophagus und den hinteren Umfang der Trachea gebildeten Winkeln

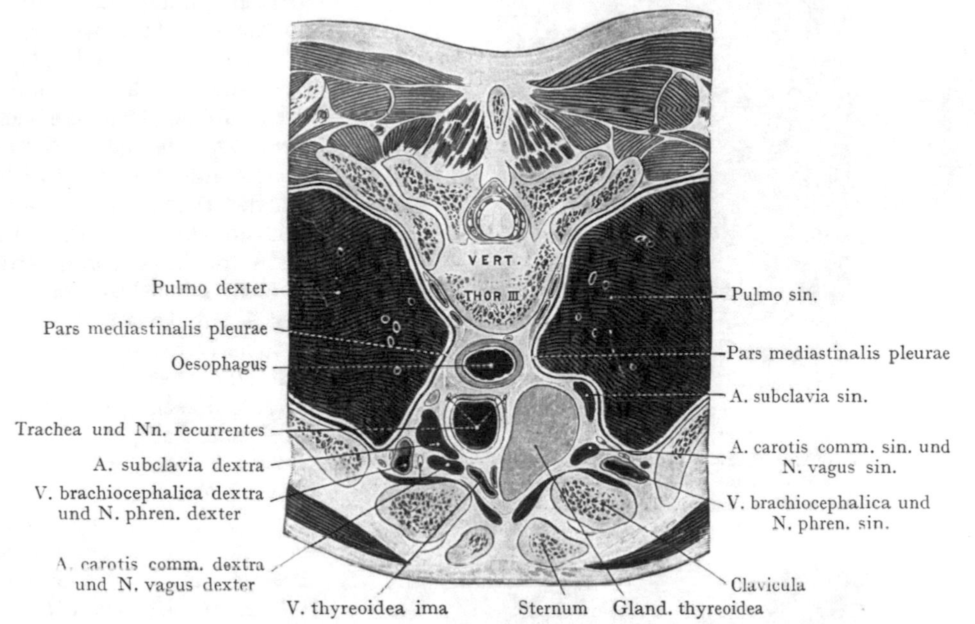

Abb. 258. **Horizontalschnitt durch das Mediastinum in der Höhe des unteren Randes des dritten Brustwirbelkörpers.**
Nach W. Braune, Topogr. anat. Atlas.

liegen beiderseits die Nn. recurrentes. Von Gefässen finden wir mehr oberflächlich von rechts nach links aufgezählt, die V. brachiocephalica[1] dextra und die A. carotis comm. dextra zwischen beiden den N. vagus dexter, etwas tiefer, dem rechten Umfange der Trachea angelagert, die A. subclavia dextra und vor der Trachea eine starke V. thyreoidea ima. An den linken Umfang der Gland. thyreoidea legt sich die A. carotis comm. sin. mit dem N. vagus; etwas oberflächlicher befindet sich die V. brachiocephalica[1] sinistra, welche von vorne den N. phrenicus sin. bedeckt. Noch tiefer liegt der Querschnitt der A. subclavia sin.

Abb. 259. Der Schnitt geht durch den unteren Rand des III. Brustwirbels. Das Manubrium sterni ist gerade unterhalb der Incisura jugularis durchschnitten; die Mm. sternohyoidei und sternothyreoidei sind noch getroffen. Hinter dem Manubrium sterni und der Extremitas sternalis claviculae liegt der Schrägschnitt der V. brachiocephalica sin.[1] und zwischen der letzteren und der Pleura der N. phrenicus sin. In demselben Verhältnis zur Oberfläche liegen rechts die V. thyreoidea ima und die V. brachiocephalica dextra[1], an deren lateralen Umfang sich der N. phrenicus dexter anschliesst. Der Querschnitt der Trachea wird genau in der Medianebene angetroffen; dorsal und in diesem Falle stark nach links verschoben, der Querschnitt des Oesophagus; links, in der Rinne, die der Oesophagus und die Trachea miteinander bilden, der N. recurrens sin. Der dorsale Umfang des Oesophagus wird gerade noch von dem Pleuraspalte des linken Sinus costomediastinalis

[1] V. anonyma dextra et sinistra.

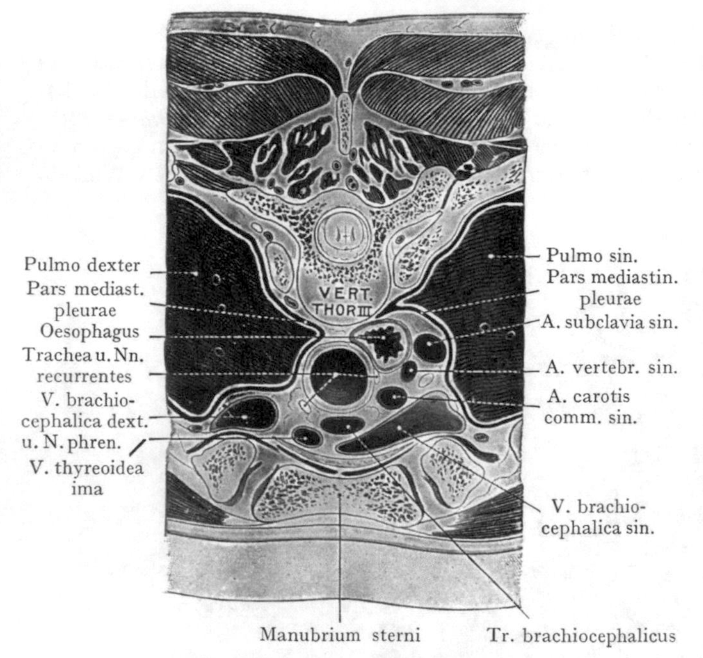

Abb. 259. Horizontalschnitt durch das Mediastinum in der Höhe des dritten Brustwirbelkörpers.
Nach W. Braune, Topogr. anat. Atlas.

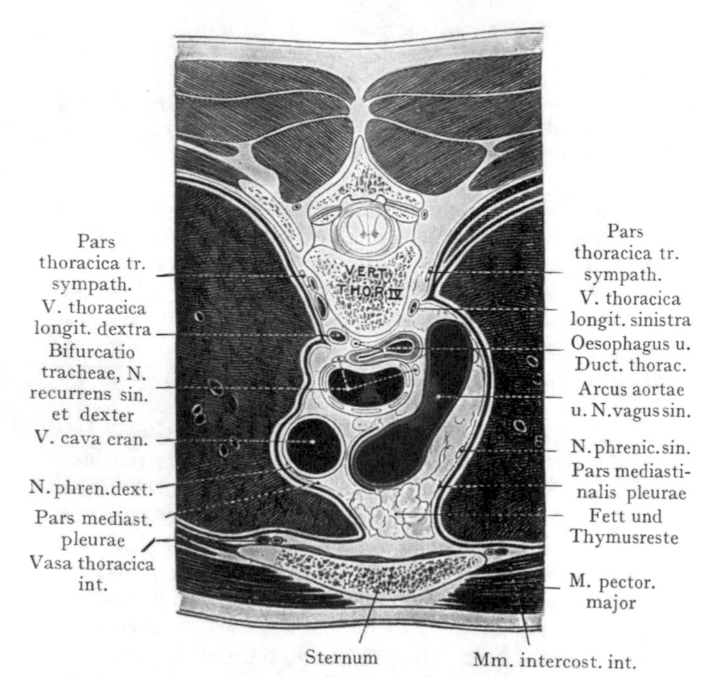

Abb. 260. Horizontalschnitt durch das Mediastinum in der Höhe des vierten Brustwirbelkörpers.
Nach W. Braune, Topogr. anat. Atlas.

erreicht. Um den vorderen und linken Umfang von Oesophagus und Trachea angeordnet und von dem Schrägschnitt der V. brachiocephalica sin. bedeckt, finden sich die Querschnitte der drei grossen Äste des Arcus aortae: zwischen Oesophagus und Pars mediastinalis pleurae[1] die A. subclavia sin., dem linken Umfange der Trachea anliegend die A. carotis comm. sin. und gerade vor der Trachea der Tr. brachiocephalicus[2]. Dazu kommt noch die A. vertebralis sin. zwischen den Querschnitten der A. subclavia und der A. carotis comm. sinistra, unmittelbar dem Oesophagus angeschlossen; sie entspringt in diesem Falle, abweichend von der Norm, direkt aus dem Arcus aortae.

Abb. 260. Die Querschnittsbilder werden, je weiter abwärts, um so einfacher. Der Schnitt der Abb. 260 liegt in der Höhe des IV. Brustwirbels; das Sternum ist rechterseits in der Höhe eines Rippenansatzes durchschnitten; am Sternalrande, der Pleura angrenzend, liegen die Querschnitte der Aa. u. Vv. thoracicae[3] int. und beiderseits von der Medianebene die Sinus costomediastinales, fast ganz von den Lungen ausgefüllt. In dieser Höhe (hinter dem Manubrium sterni) berühren sich die Umschlagslinien der Pars costovertebralis[4] in die Pars mediastinalis pleurae noch nicht. Weder der Oesophagus, noch die Trachea werden von der Pars mediastinalis berührt. Vorn im Mediastinum findet sich, zwischen

[1] Pleura mediastinalis. [2] A. anonyma. [3] Vasa mammaria interna. [4] Pleura costalis.

der hinteren Fläche des Sternum und den grossen Gefässen, lockeres Fett- und Bindegewebe. Von Gefässen haben wir in dieser Höhe den Arcus aortae und einen Teil der von dem Pericard bedeckten Aorta ascendens; die letztere wird durch den Pericardialspalt von dem Querschnitt der V. cava cran. getrennt. Lateral von dieser finden wir den N. phrenicus dexter. Der Übergang des Arcus aortae in die Aorta thoracica wird durch Fett- und Bindegewebe von dem Körper des IV. Brustwirbels getrennt und liegt dem lateralen Umfange, sowohl der Trachea als des Oesophagus, eng an. Man sieht von oben auf die Bifurkation der Trachea. Der Oesophagus liegt, von vorn nach hinten etwas abgeplattet, dorsal von der Trachea, unmittelbar auf dem Körper des IV. Brustwirbels und bedeckt etwas rechts von der Medianebene den Querschnitt des Ductus thoracicus.

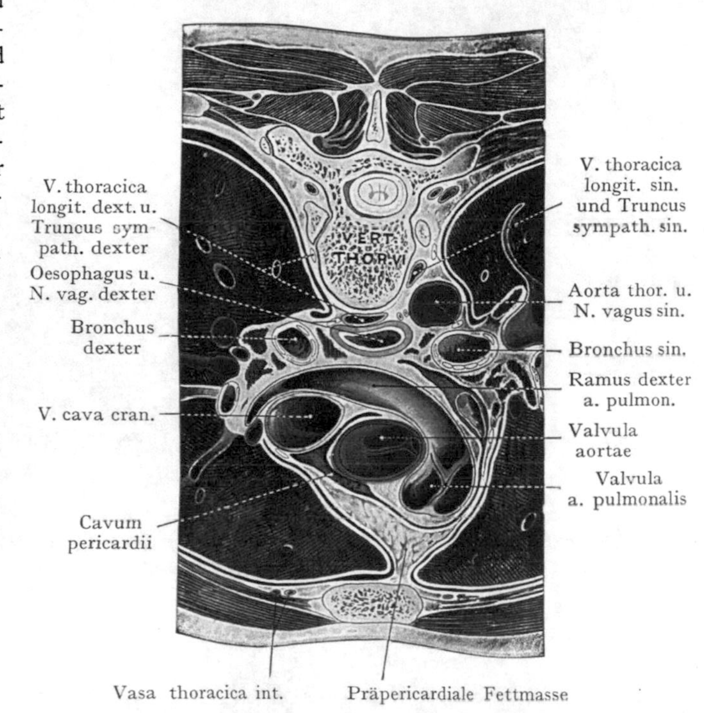

Abb. 261. Querschnitt durch das Mediastinum, in der Höhe des VI. Brustwirbelkörpers.
Nach W. Braune, Topogr. anat. Atlas.

Die V. thoracica longitudinalis dextra[1] liegt gleich lateral von dem Ductus thoracicus, der N. recurrens dexter rechterseits in der von dem Oesophagus und der Trachea gebildeten Rinne, in entsprechender Lage linkerseits der N. recurrens vagi sin.

Abb. 261. Der Schnitt geht durch den VI. Brustwirbel und trifft die Aorta und die A. pulmonalis knapp über ihrem Ursprunge aus dem Herzen, so dass man von oben auf die Klappen des Ostium arteriosum sin. und des Ostium arteriosum dextr. sieht. Das Sternum ist entsprechend einem Intercostalraume getroffen; lateral vom Sternalrande liegen die Querschnitte der A. und V. thoracica int.[2]. Die Umschlagslinien der Pars costovertebralis pleurae[3] in die Pars mediastinalis rechts und links kommen einander fast bis zur Berührung nahe. Die Anordnung der drei grossen Gefässstämme ist typisch, am weitesten links und am oberflächlichsten die A. pulmonalis, in der Mitte die Aorta, rechts und am tiefsten die V. cava cran. Der Ramus dexter a. pulmonalis ist in seinem ganzen Verlauf, dorsal von der Aorta und der V. cava cran., bis zum rechten Lungenhilus getroffen. Das Epicardium überzieht den vorderen Umfang der Gefässe sowie eine kurze Strecke des Ramus dexter a. pulmonalis. Links liegt zwischen dem Pericardialsacke und der Pars mediastinalis pleurae der N. phrenicus sin., rechts zwischen der V. cava cran. und der Pars mediastinalis pleurae der N. phrenicus dexter. An den Querschnitt des Oesophagus, welcher fast bis zum Ram. dexter a. pulmonalis heranzieht, schliesst sich rechts und dorsal der N. vagus dexter, dagegen hat der N. vagus sin. den Oesophagus in dieser Höhe noch nicht erreicht, sondern liegt dorsal von dem Querschnitt des linken Bronchus,

[1] V. azygos. [2] A. V. mammaria interna. [3] Pleura costalis.

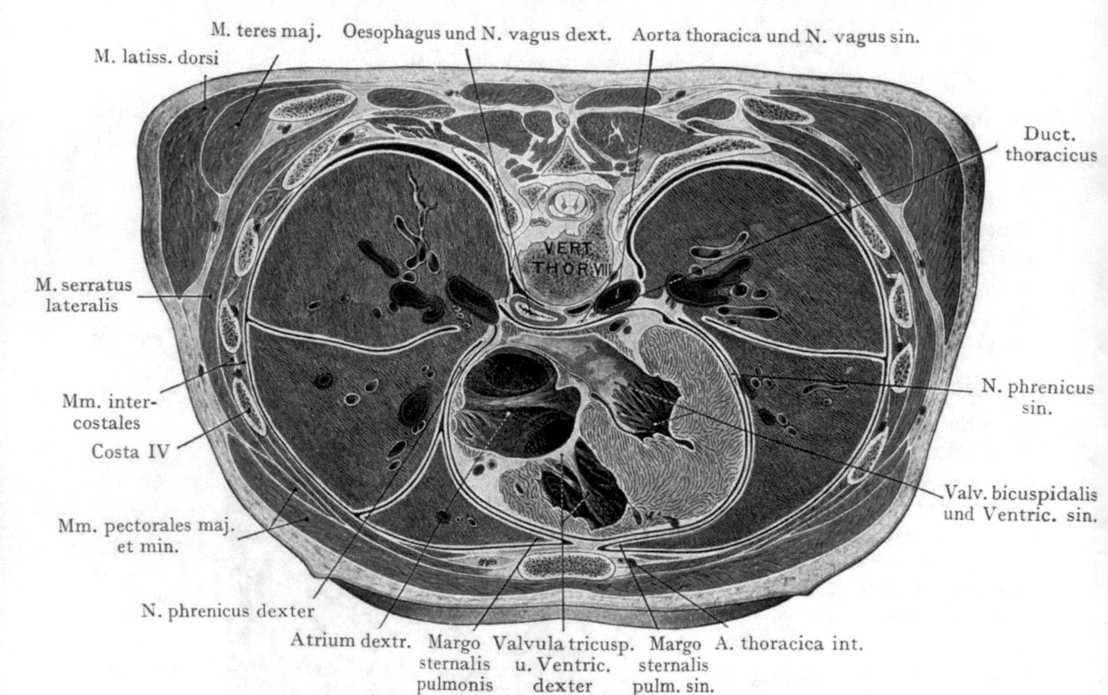

Abb. 262. Horizontalschnitt durch die Brust, in der Höhe des VIII. Brustwirbelkörpers.
Nach W. Braune, Topogr. anat. Atlas.

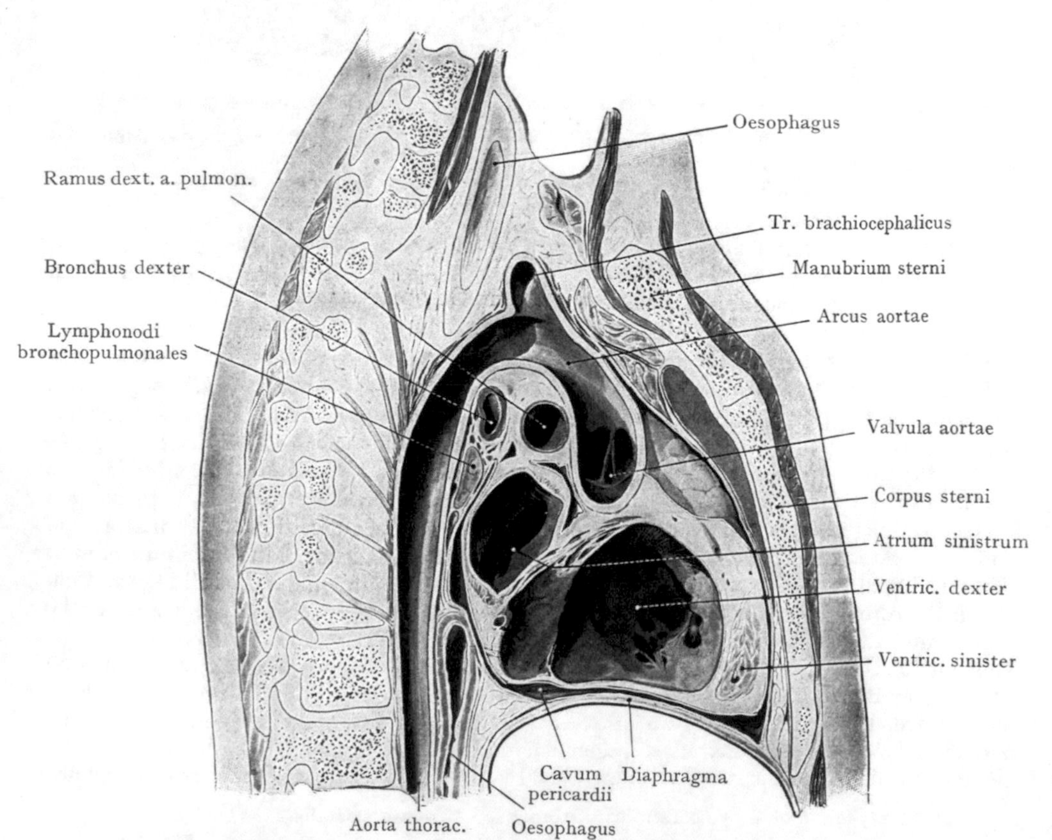

Abb. 263. Sagittalschnitt durch den Thorax (nicht ganz genau median).
Gefrierschnitt aus der Basler Sammlung.

da, wo derselbe zum Eintritt in den linken Lungenhilus schräg über den vorderen Umfang der Aorta thoracica hinwegzieht. Beide Bronchen sind in der Radix pulmonum schräg durchschnitten, hier finden sich auch Quer- und Schrägschnitte von Lungengefässen, Hilusdrüsen usw. Links grenzt an den Oesophagus der Querschnitt der Aorta thoracica, deren linker Umfang von den Pars mediastinalis pleurae überzogen wird. Zwischen Aorta und Oesophagus liegt das infolge einer Inselbildung doppelte Lumen des Ductus thoracicus; rechts und links finden wir an der Wirbelsäule, entsprechend der Artikulation der Rippen mit den Wirbelkörpern, die Grenzstränge des Sympathicus.

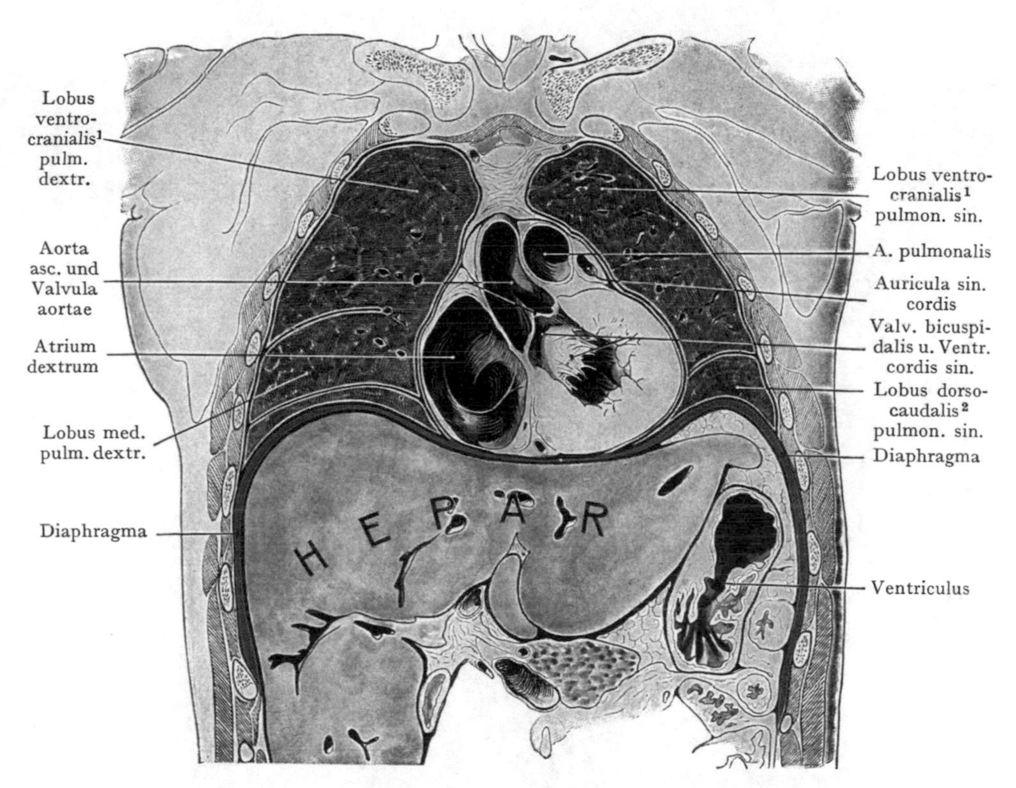

Abb. 264. Frontalschnitt durch den Thorax eines 26jährigen Mannes in der Mitte zwischen Mamillar- und Axillarlinie (von vorn gesehen).

Gefrierschnitt aus der Basler Sammlung.

Abb. 262. Schnitt in der Höhe des VIII. Brustwirbels. Das Herz ist in seiner maximalen Ausdehnung in dorsoventraler Richtung getroffen, es reicht von der hinteren Fläche des Sternum fast bis zur Wirbelsäule. Hinter dem Sternum kommen die vorderen Umschlagslinien der Pleura fast zur Berührung miteinander. Man beachte die tiefer ausgehöhlte Impressio cardiaca der linken Lunge. Das Herz ist, entsprechend seiner Schieflage, auch schief durchschnitten, wir sehen den Anschnitt beider Kammern mit dem Ostium atrioventriculare dextrum und sinistrum und einen Teil des rechten Vorhofes. Das Herz wird fast vollständig von dem Pericardialsack eingeschlossen, mit welchem ein grosser Abschnitt der Pars mediastinalis pleurae durch Bindegewebe im Zusammenhang steht. Zwischen dem Pericardium und der Pars mediastinalis pleurae sind beiderseits die Nn. phrenici eingeschlossen.

[1] Lobus superior. [2] Lobus inferior.

Die Gebilde, welche dorsal von dem Pericardialsacke liegen, werden in ihrer Lage und Form durch die starke Ausdehnung des Herzens in dorsoventraler Richtung beeinflusst. Der Querschnitt des Oesophagus und der Aorta thoracica liegen nebeneinander an der Wirbelsäule; zwischen beiden der Querschnitt der V. thoracica longit. dextra[1]. Der ventrale Umfang des Oesophagus wird von dem Pericardium überzogen und ein Teil seines dorsalen Umfanges grenzt an die Pleura, welche in dieser Höhe fast

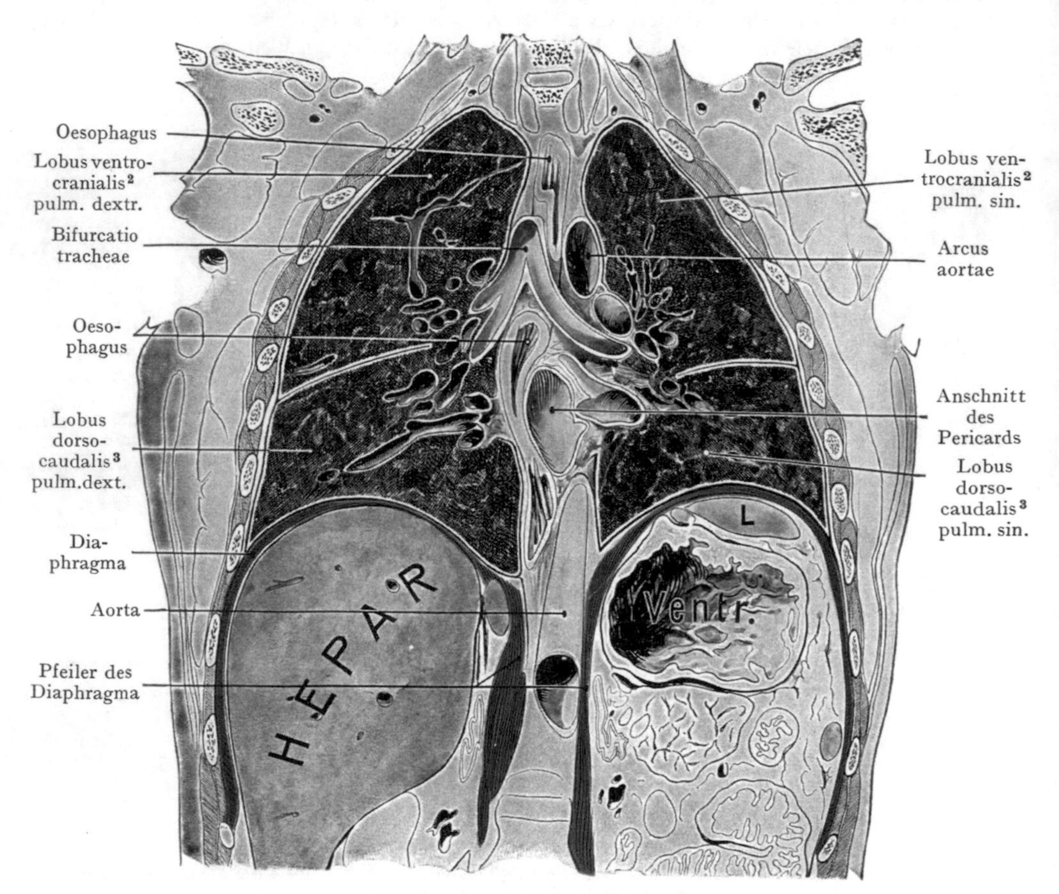

Abb. 265. Frontalschnitt durch den Thorax eines 26jährigen Mannes in der Axillarlinie, von vorn gesehen.
Gefrierschnitt aus der Basler Sammlung.
L Milz.

bis zur Medianlinie reicht. Die Aorta thoracica wird ventral gleichfalls vom Pericardium bedeckt.

Medianschnitt durch die Brust.

Abb. 263. Der Schnitt zeigt das Verhalten des Herzens und des Herzbeutels zur vorderen Brustwand in der Medianebene. Ventral wird der Brustraum durch das Sternum, dorsal durch die Brustwirbel, unten durch das Diaphragma begrenzt. Das Pericardium ist grün angegeben. Vom Herzen ist die rechte Kammer und die linke dorsal gelegene Vorkammer angeschnitten. Man beachte die dem Diaphragma sich anpassende Facies diaphragmatica cordis, sowie die Facies dorsalis und die Facies sternocostalis; die letztere zum Teil durch den rechten, über die Medianlinie hinüber-

[1] V. azygos. [2] Lobus superior. [3] Lobus inferior.

greifenden Lungenrand von der hinteren Fläche des Sternum getrennt. Der ganze Arcus aortae und die Aorta thoracica sind getroffen und man sieht von rechts auf die Valvula aortae. Aus dem Arcus entspringt der Tr. brachiocephalicus[1]. An die Aorta ascendens schliesst sich das Lumen des Ram. dexter a. pulmonalis; noch weiter dorsal liegt, die erste Strecke der Aorta thoracica kreuzend, der Schiefschnitt des rechten Bronchus. Der Oesophagus liegt in der unteren Partie der Abbildung direkt vor der Aorta thoracica und grenzt hier an das Pericardium.

Frontalschnitte durch die Brust.

Abb. 264. Der Schnitt geht zwischen der Mamillarlinie und der Axillarlinie durch. Man beachte die Rippen mit der Intercostalmuskulatur, den costalen Ursprung des Diaphragma mit dem tiefen Sinus phrenicocostalis, die Anlagerung der Leber an die untere Fläche des Zwerchfells, sowie der Pars diaphragmatica pericardii und der Facies diaphragmatica des Herzens an die obere Fläche. Das Herz ist zwischen die beiden Lungen eingebettet; von den Höhlen des Herzens und den Herzgefässen sind angeschnitten: der linke Ventrikel, der rechte Vorhof, die Aorta ascendens, die A. pulmonalis und das linke Herzohr.

Abb. 265. Der Schnitt geht durch die Axillarlinie; beide Lungen sind in maximaler Ausdehnung getroffen, die Lungenspitzen in den Pleurakuppeln, die Lungenbasen dem Zwerchfell aufruhend. Die Trachea ist in ihrer Bifurkation getroffen, die Bronchen sind bis zu ihrem Eintritt in die Lungenhili zu verfolgen. Der Oesophagus ist in grösserer Ausdehnung zweimal angeschnitten. Der dorsale Umfang des Pericardialsackes liegt noch im Bereiche des Schnittes. An die untere Fläche des Zwerchfells legen sich rechterseits der rechte Leberlappen, linkerseits der Magen und die Milz (L).

[1] A. anonyma.

I. Brustwandung.

Mehnert, E., Über topographische Veränderungen des Atmungsapparates und ihre mechanischen Verknüpfungen an der Leiche und am Lebenden untersucht. G. Fischer. 1901.

Sorgius, Über die Lymphgefässe der weiblichen Brustdrüse. I.-D. Strassburg 1890.

Sandmann, S., Über das Verhalten der A. mammaria int. zum Brustbein. I.-D. Königsberg 1894.

Gerota, Nach welchen Richtungen kann sich der Brustkrebs weiterverbreiten? Arch. f. klin. Chir. 1895.

Rieffel, De quelques points rélatifs aux récidives et aux généralisations des cancers du sein de la femme. Thèse de Paris 1890.

Oelsner, Anat. Untersuchungen über die Lymphwege der Brust, mit Bezug auf die Ausbreitung des Mammacarcinoms. I.-D. Breslau 1901. Auch Arch. f. klin. Chir. 64. 1901.

II. Herz und Pericardium.

Luschka, H., Der Herzbeutel und die Fascia endothoracica. Denkschr. d. Wiener Akad. d. Wiss. Band XVII. 1859.

Henke, W., Die Konstruktion des Herzens in der Leiche. Programm. Tübingen 1883.

Luschka, H., Der Brustteil der unteren Hohlader. Arch. f. Anat. 1860.

Gaupp, E., Zum Verständnis des Pericardium. Anat. Anz. 43. 1913. 562—568.

Dietlen, Hans, Über Grösse und Lage des normalen Herzens und ihre Abhängigkeit von physiologischen Bedingungen. Deutsch. Arch. f. klin. Med. 88. 1907.

III. Pleura.

Ruge, G., Die Grenzlinien der Pleurasäcke und die Lagerung des Herzens bei Primaten, insbesondere bei den Anthropoiden. Zeugnisse für die metamere Verkürzung des Rumpfes. 40 Abb. Morph. Jahrb. XIX. 149—249.

Schmidt, C., Über die abweichenden Verhältnisse der unteren Lungengrenzen in verschiedenen Lebensaltern, nach den Ergebnissen der Perkussion. I.-D. Giessen 1864.

Sick, C., Einige Untersuchungen über den Verlauf der Pleurablätter am Sternum, die Lage der arteriellen Herzklappen zur Brustwand und den Stand der rechten Zwerchfellkuppe. Arch. f. Anat. u. Entw.-Gesch. 1885.

Luschka, H., Über das Lagerungsverhältnis der vorderen Mittelfelle. Virchows Arch. XV. 1858.

Pansch, Ad., Über die unteren und oberen Pleuragrenzen. Arch. f. Anat. u. Entw.-Gesch. 1881.

Tanja, Über die Grenzen der Pleurahöhlen bei den Primaten und bei einigen Säugetieren. Morph. Jahrb. XVII. 1891.

IV. Lungen.

Lejars, La forme et la calibre physiologique de la trachée. Revue de Chir. 1891.

Braune, W. und Stahel, Über das Verhältnis der Lungen als zu ventilierender Lufträume zu den Bronchien als luftzuleitenden Röhren. Arch. f. Anat. u. Entw.-Gesch. 1886.

Aeby, Der Bronchialbaum der Säugetiere und des Menschen. Leipzig 1880.

Zuckerkandl, O., Über die Anastomosen der Vv. pulmonales mit den Bronchialvenen und mit den mediastinalen Venennetzen. Sitz.-Ber. d. k. k. Akad. d. Wiss. zu Wien. Bd. 84. 1881.

Feitelberg, Der Stand der normalen unteren Lungenränder in den verschiedenen Lebensaltern, nach den Ergebnissen der Perkussion. I.-D. Dorpat 1884.

Krönig, Die Frühdiagnose der Lungentuberkulose. Deutsche Klinik XI. 1907.

V. Mediastinum.

Sakata, K., Über die Lymphgefässe des Oesophagus und über seine regionären Lymphdrüsen, mit Berücksichtigung der Verbreitung des Carcinoms. 3 Taf. Grenzgeb. der Med. u. Chir. XI. 1903.

Kolster, Rud., Über Längenvarietäten vom Oesophagus und deren Abhängigkeit vom Alter. Zeitschr. f. Morphol. u. Anthr. VII.

Mehnert, L., Über die klinische Bedeutung der Oesophagus- und Aortenvarietäten. Arch. f. klin. Chir. 58.

Mouton, Du calibre de l'oesophage et du cathéterisme oesophagien. Thèse de Paris 1874.

Enderlen, E., Ein Beitrag zur Chirurgie des hinteren Mediastinum. Deutsche Zeitschr. f. Chir. 61.

Wood, J., The topographical relations of the Arch. of the Aorta and the posterior mediastinum to the vertebral column. Journ. of Anat. u. Physiol. III.

Waldeyer, Die Rückbildung der Thymus. Sitz.-Ber. der Berl. Akad. der Wiss. XXV. 1890.

Bauch (Abdomen).

Abgrenzung des Bauches.

Als Bauch wird derjenige Abschnitt des Rumpfes bezeichnet, welcher abwärts auf die Brust folgt, um seine untere Grenze an dem Becken und am Ligamentum inguinale zu finden. Äusserlich werden diese Grenzen dargestellt: gegen die Brust durch die untere Thoraxapertur, gegen die Oberschenkel und die Beckenregion durch sichtbare oder fühlbare Teile des grossen Beckens, die Crista ilica, die Symphyse mit dem Tuberculum pubicum und dem zwischen der Symphyse und der Spina ilica ventralis ausgespannten Lig. inguinale (Pouparti), welchem äusserlich die Leistenbeuge entspricht.

Bauchraum. Peritonaealhöhle (Bauchhöhle) und Retroperitonaealraum. Der von den Wandungen des Bauches eingeschlossene Raum wird als Bauchraum bezeichnet; seine Wandungen bestehen aus der Haut mit dem subkutanen Fett- und Bindegewebe, den Schichten der breiten Bauchmuskulatur, der Lendenwirbelsäule und der unteren Partie der Rückenmuskulatur. Seine Ausdehnung entspricht nicht den soeben angegebenen, von aussen sichtbaren oder fühlbaren Grenzen des Bauches, vielmehr greift er oben, in der Wölbung des Zwerchfells auf die Brust, unten an den Darmbeinschaufeln auf das grosse Becken über. Streng genommen gehört zum Bauchraum auch der Raum des kleinen Beckens (Cavum pelvis), doch pflegt man aus praktischen Rücksichten den letzteren mit seinem Inhalte in einem besonderen Kapitel zu behandeln.

Innerhalb des Bauchraumes unterscheiden wir einen ventralen, durch den Peritonaealsack dargestellten Abschnitt als Cavum peritonaei (Bauchhöhle) von einem dorsalen zwischen dem Peritonaealsacke und der dorsalen und lateralen Wand des Bauchraumes gelegenen Abschnitt, dem Cavum oder Spatium retroperitonaeale (Retroperitonaealraum). Das Peritonaeum schlägt sich als Peritonaeum viscerale auf die in der Bauchhöhle liegenden Eingeweideteile über und verbindet dieselben durch Peritonaealduplikaturen, Mesenterien, mit dem Peritonaeum parietale. Das letztere legt sich oben und unten, sowie ventral- und lateralwärts den entsprechenden Wandungen des Bauchraumes an, mit welchen es durch mehr oder weniger lockeres Bindegewebe (Fascia transversalis[1]) verbunden wird. Dorsalwärts sind dagegen die Beziehungen zwischen dem Peritonaeum parietale und der Wandung des Bauchraumes insofern andere, als sich hier Eingeweide befinden, welche an ihrem ventralen Umfange einen Überzug durch das Peritonaeum erhalten, während sie dorsal direkt der hinteren Wand des Bauchraumes anlagern. Diese retroperitonaealen Organe (Nieren, Nebennieren, Aorta abdominalis, V. cava caudalis, Ureteren)

[1] Fascia endogastrica, subperitonealis, endoabdominalis.

sind in Fett- und Bindegewebe oder auch in besondere Differenzierungen der Fascia transversalis eingehüllt (Fascia renalis), entweder vor oder auf beiden Seiten der Lumbalwirbelsäule. Wenn wir uns dieselben mitsamt ihren Hüllen entfernt denken, so erhalten wir zwischen dem Peritonaealsacke und der hinteren Wandung des Bauchraumes einen zweiten, innerhalb des letzteren liegenden, Raum, den Retroperitonaealraum (Cavum retroperitonaeale). Wir hätten also aus praktischen Rücksichten eine Einteilung des Bauchraumes in die Peritonaealhöhle (= Bauchhöhle) und den Retroperitonaealraum vorzunehmen und bei der topographischen Beschreibung durchzuführen. Eine zusammenhängende Höhlenbildung erblicken wir nur in der Peritonaealhöhle, während der Retroperitonaealraum durch die in ihm eingelagerten Eingeweideteile sowie durch Fett und lockeres Bindegewebe vollständig ausgefüllt wird und eher als ein grosser Bindegewebsraum aufzufassen ist.

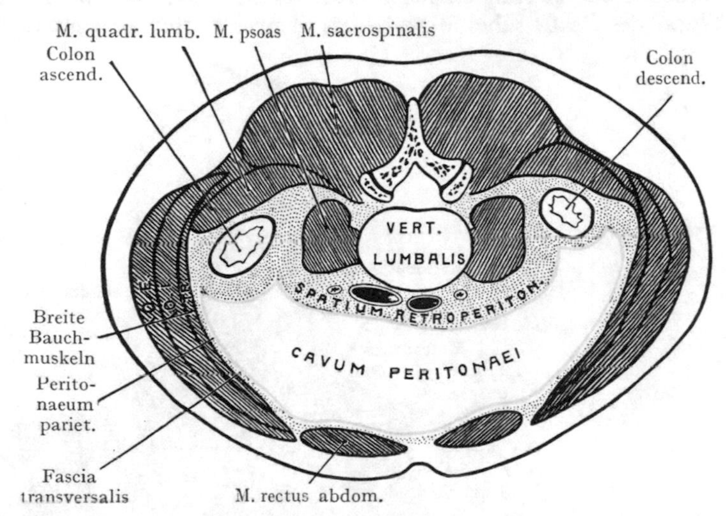

Abb. 266. Horizontalschnitt durch den Rumpf, in der Höhe des Nabels. Peritonaeum parietale grün. Das Spatium retroperitonaeale und die Fascia transversalis sind punktiert angegeben, die Wandungen des Bauchraumes schraffiert. (Schematisch.)

Die Schilderung der Topographie des Bauches zerfällt demnach in drei Abschnitte:

A. Topographie der Wandungen des Bauchraumes.

B. Topographie der Peritonaealhöhle und der von dem Peritonaeum viscerale überzogenen Eingeweide.

C. Topographie des Retroperitonaealraumes und der in demselben gelegenen Eingeweide, Gefässe und Nerven.

A. Wandungen des Bauchraumes.

Allgemeine Bemerkungen über Form und Einteilung des Bauches und der Wandung des Bauchraumes.

Form des Bauches. Sie wird bedingt, einerseits durch Weichteile (Muskulatur, Sehnen, subkutanes Fett, Bindegewebe und Baucheingeweide), andererseits durch die Ausbildung der von aussen sichtbaren knöchernen Grenzen des Bauches (untere Thoraxapertur und grosses Becken). Die Fettschicht wird, je nach ihrer Ausbildung, die Form des Bauches verschieden gestalten; eine stärkere Fettschicht trägt dazu bei, die abgerundeten Formen herzustellen, die den weiblichen Bauch auszeichnen, so dass die Muskelumrisse selten zur Geltung kommen und nur ausnahmsweise für die topographische Orientierung von Wert sind. Bloss bei fettarmen und zugleich muskulösen Individuen kann von bestimmten, die Grenzen einzelner Muskeln darstellenden Linien gesprochen werden (Abb. 267). Die Linea alba wird durch eine von dem Processus ensiformis[1] bis zur Symphyse verlaufende seichte Furche angedeutet, welche etwas unterhalb ihrer Mitte durch die Nabelgrube unterbrochen wird; sie entspricht den

[1] Processus xiphoideus.

medialen Rändern der Mm. recti abdominis. Die lateralen Ränder dieser Muskeln bilden gleichfalls eine Furche, welche der Linie entspricht, in welcher die Aponeurosen der breiten Bauchmuskeln auseinanderweichen, um die vordere und hintere Wand der Rectusscheide zu bilden. Endlich gibt eine dritte zickzackförmig über die

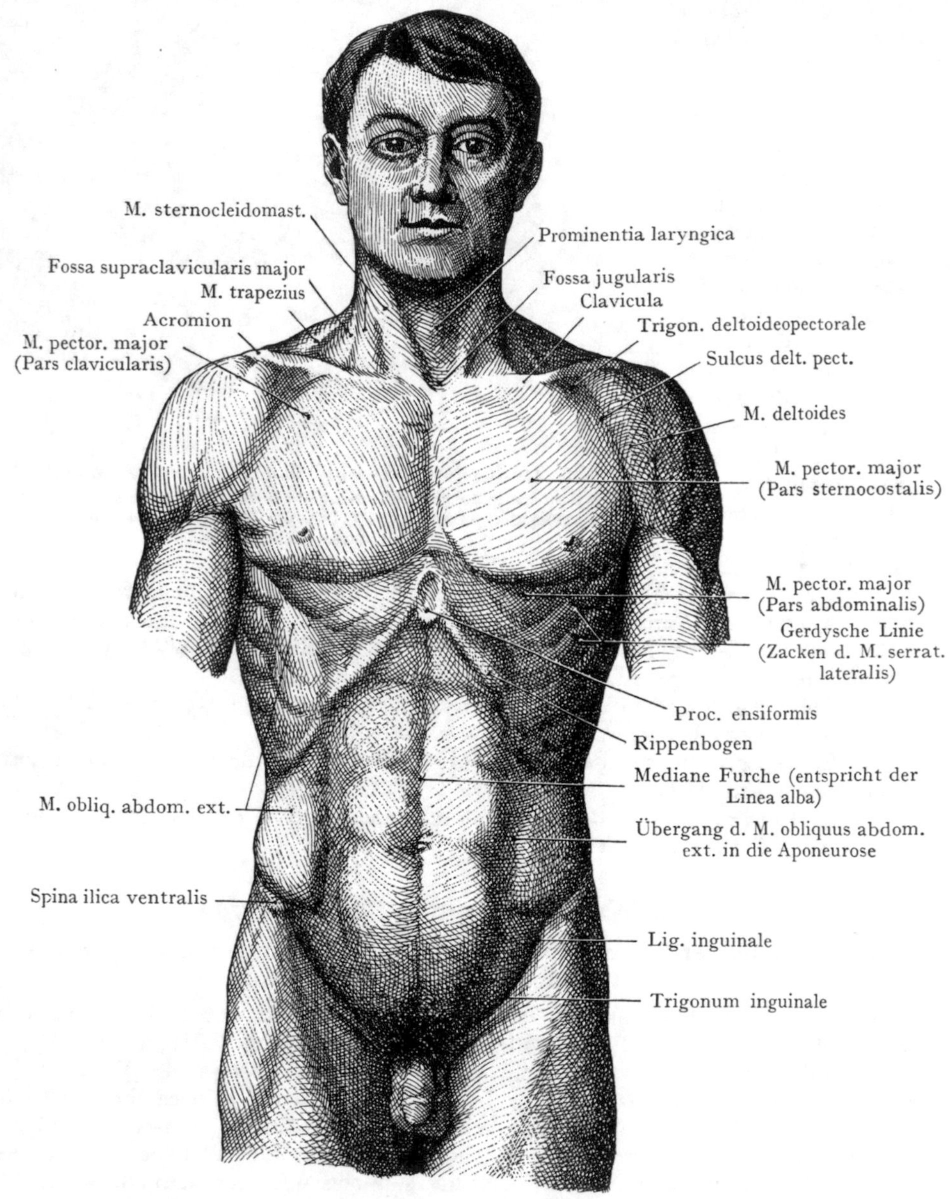

Abb. 267. Rumpf eines muskulösen Mannes von vorn.

untere Partie der lateralen Thoraxwand herunterziehende Linie die ineinandergreifenden Ursprungszacken der Mm. obliquus abdominis ext. und serratus lateralis[1] an (Gerdysche Linie). Manchmal entsprechen den Inscriptiones tendineae der Mm. recti zwei bis drei querverlaufende Furchen an der vorderen Partie des Bauches und ganz ausnahms-

[1] M. serratus anterior.

weise setzt sich bei Athleten der platte Bauch des M. obliquus abdominis ext. von seiner Sehne in einer an der unteren Hälfte des Bauches sichtbaren Furche ab.

In der Regel wird der Bauch durch das Fettpolster gleichmässig abgerundet und die erwähnten Furchen versagen dann jeden Dienst für die topographische Orientierung. Häufig kann man übrigens die medialen Ränder der Mm. recti abdominis auch in Fällen durchfühlen, wo die Inspektion den Nachweis der Muskelgrenzen nicht liefert, und zwar dann, wenn nach lange andauernder Ausdehnung des Bauches die Bauchdecken plötzlich in einen schlaffen Zustand übergehen und die Mm. recti, die auseinandergedrängt waren, sich noch nicht zusammenschliessen konnten (Diastase der Mm. recti abdom. während und nach der Schwangerschaft).

Was das weitere für die Formgestaltung in Betracht kommende Moment anbelangt, nämlich die Ausbildung des in der unteren Thoraxapertur sowie in dem grossen Becken gegebenen Rahmens, in welchen die weichen Bauchdecken eingespannt sind, so bestimmt derselbe den Typus des Bauches. Bei grosser unterer Thoraxapertur und schmalem Becken, ein Verhalten, das wir bei Neugeborenen beiderlei Geschlechtes antreffen, erscheint die obere Partie des Bauches im Vergleiche mit der unteren etwas aufgetrieben. Als Ursache dieser Erscheinung haben wir beim Neugeborenen, nebst der relativ geringen Grösse des Beckens hauptsächlich die mächtige Entfaltung der Leber anzusehen, welche die untere Thoraxapertur ausweitet. Dieser Typus der Bauchform (männlicher Typus) findet sich, allerdings weniger stark ausgeprägt, auch beim Manne, dessen untere Thoraxapertur im Vergleiche zum Becken weiter ist als beim Weibe. Bei letzterem dagegen bedingt die starke Breitenentfaltung des Beckens auch eine grössere Breite der unteren Partie des Bauches (weiblicher Typus). In diesem Zusammenhange werden gewöhnlich auch die Veränderungen in der Form des Bauches genannt, welche der Gebrauch des Korsetts mit sich bringt. Dieselben machen sich im Sinne einer Verstärkung des weiblichen Typus geltend, indem die untere Thoraxapertur durch den an der engsten Stelle des Korsetts erzeugten Ring eingeschnürt und verkleinert wird, folglich werden die Baucheingeweide nach unten gedrängt und der untere Abschnitt des Bauches nimmt sowohl im Transversal- als im Sagittaldurchmesser zu.

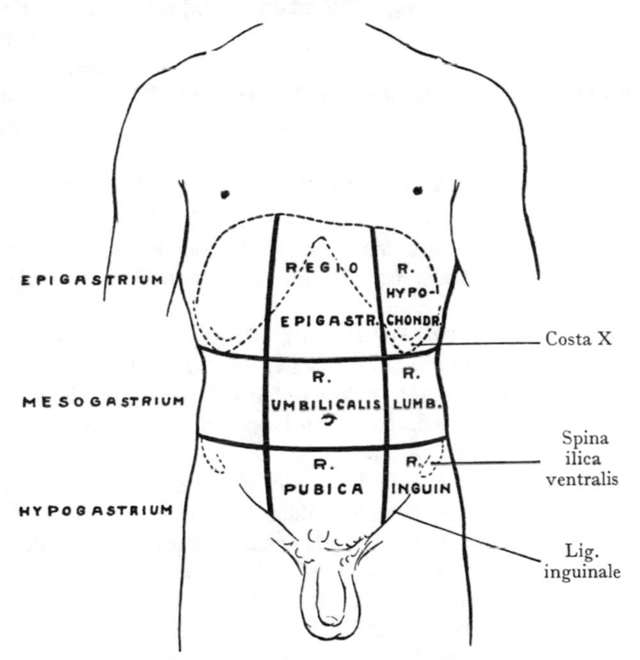

Abb. 268. Einteilung des Bauches in Regionen[1].

Einteilung des Bauches in einzelne Gegenden. Der Bauch wird in althergebrachter Weise durch Linien, welche bestimmte Punkte (meist Knochenvorsprünge) verbinden, in einzelne Felder oder Gegenden (Regiones) eingeteilt. Dieselben sind zur Beschreibung eines Befundes von Wert (Abb. 268). Zwei Horizontallinien, von denen die obere die tiefsten Punkte des zehnten Rippenpaares, die untere dagegen die höchsten von vorne sichtbaren Punkte der Cristae ilicae verbindet, teilen

[1] Neue Bezeichnungen siehe S. 346.

den Bauch in drei Abschnitte ein, die man zu „Etagen" ergänzt, wenn man Horizontalebenen in der Höhe dieser Linien durchlegt. Diese „Etagen" werden als Regio abdominis cranialis[1], media[2] und caudalis[3] bezeichnet. Die Regio abdominis cranialis[1] reicht über die in den Rippenbogen gegebenen, von aussen sichtbaren Grenzen des Bauches nach oben in die Wölbung des Zwerchfells hinauf. Die Regio abdominis caudalis[3] findet ihre untere Grenze an der Symphyse, den Ligg. inguinalia und den Cristae ilicae. Durch Zuhilfenahme von zwei weiteren je auf der Mitte der Ligg. inguinalia errichteten Senkrechten werden die drei Etagen des Bauches in neun Gegenden (Regiones) zerlegt. Eine Übersicht gibt Abb. 268, sowie folgende Zusammenstellung:

Regio abdominis cranialis[1]	Regio hypochondrica dextra. „ mesogastrica. „ hypochondrica sin.
Regio abdominis media[2]	Regio lateralis dextra. „ umbilicalis. „ lateralis sinistra.
Regio abdominis caudalis = hypogastrica[3]	Regio inguinalis dextra. „ pubica. „ inguinalis sinistra.

Unterscheidung einzelner Abschnitte an der Wandung des Bauchraumes.

Der Bauchraum wird durch Wandungen begrenzt, die zum grössten Teile aus Weichgebilden, zum kleineren Teile aus Knochen bestehen. Wir unterscheiden behufs der topographisch-anatomischen Beschreibung folgende grössere Abschnitte der Wandung:

a) Die ventrolaterale Wand des Bauchraumes (Bauchdecken),
b) die dorsale Wand (auch unterster Teil des Rückens),
c) die craniale Wand (durch das Diaphragma dargestellt),
d) die caudale Wand, gebildet durch die Darmbeinschaufeln mit den M. iliopsoas.

Die ventrolaterale Wand unterscheidet sich dadurch von der hinteren Wand, dass sie bloss aus Weichgebilden (Haut, subkutanes Fettpolster, Muskeln und Fascien) besteht, während die hintere Wand, zugleich der unterste Abschnitt des Rückens, die Lendenwirbelsäule einschliesst, ein Pfeiler, welchem sich hinten die Masse der langen Rückenmuskeln, seitlich der M. quadratus lumborum und der M. psoas anlagern, während die Zwerchfellschenkel auf der vorderen Fläche der Lendenwirbelkörper weit abwärts reichen. Die obere Wand besteht bloss aus der Muskelplatte des Diaphragma, welche die Grenze zwischen Brust- und Bauchraum bildet. Einen besonderen Charakter verleihen ihr die Öffnungen (Foramen oesophagicum[4], Hiatus aorticus, Foramen venae cavae), welche zum Durchtritt längsverlaufender Gebilde aus dem Brustraum zum Bauchraum (oder umgekehrt) dienen. Die untere Wand besteht in der Hauptsache aus den Darmbeinschaufeln und den Mm. ilici. Sie ist infolge der Einfügung des kleinen Beckens, gegen welches sie sich an der Linea terminalis abgrenzt, unvollständig.

Ventrolaterale Wand. Sie grenzt sich von der dorsalen Wand durch eine von der Spitze der letzten Rippe senkrecht nach unten zur Crista ilica gezogene Linie ab. Die Grenze gegen die Brust wird durch die Rippenbogen dargestellt, diejenige gegen den Oberschenkel und die Regio glutaea durch die Symphyse, das Lig. inguinale und die Crista ilica.

Die Bauchmuskulatur ist gewissermassen in einen Rahmen eingespannt, der oben durch die Begrenzung der unteren Thoraxapertur (Rippenbogen und Processus ensiformis[5]), unten durch die Cristae ilicae, die Spinae ilicae ventrales und die Ligg. inguinalia mit der Symphyse gebildet wird. Dorsal kommen noch die Proc.

[1] Epigastrium. [2] Mesogastrium. [3] Hypogastrium. [4] Hiatus oesophageus.
[5] Processus xiphoideus.

costarii der Lendenwirbel in Betracht. Der Ursprung resp. die Insertion der breiten Bauchmuskeln am Thorax, an der Lendenwirbelsäule und am Becken, sowie ihr Übergang ventralwärts in breite Aponeurosen, welche in der Linea alba zur Verschmelzung kommen, schafft Verhältnisse, wie wir sie anderswo im Körper nicht antreffen, indem die so erzeugte Muskelplatte mit mehr oder weniger fixierten Ursprüngen, resp. Ansätzen, einen Hohlraum umschliesst und durch ihre Kontraktion, resp. ihre Erschlaffung den im Hohlraume herrschenden Druck bald erhöht, bald herabsetzt (Bauchpresse). In welcher Weise die Anordnung der Muskelbündel und der Aponeurosen dieser Funktion angepasst ist, wird später Erwähnung finden. Wir unterscheiden an der ventrolateralen Bauchwand folgende Schichten:

Oberflächliche Schicht: Haut mit subkutanem Fett- und Bindegewebe und der Fascia superficialis.
Mittlere Schicht: Bauchmuskulatur.
Tiefe Schicht: Fascia transversalis und Peritonaeum.

Oberflächliche Schicht (Haut, subkutanes Fett- und Bindegewebe und Fascia abdominis superficialis). C. Langer hat zuerst darauf hingewiesen, dass die Spannung der menschlichen Haut in zwei aufeinander senkrechten Richtungen verschieden ist, so dass die Ränder eines in gewisser Richtung angelegten Schnittes klaffen, während die Ränder eines senkrecht dazu angelegten Schnittes in Berührung miteinander bleiben. Die anatomischen Struktureigentümlichkeiten, welche diesem Verhalten zugrunde liegen, sind noch nicht klargestellt; wahrscheinlich spielt der Verlauf der Bindegewebsbalken in der Cutis sowie die Anordnung der elastischen Fasern eine Rolle. Bei der Anlegung von Operationsschnitten ist immer die Berücksichtigung der Spaltbarkeit der Haut zu empfehlen, wenn nicht gewisse Umstände eine bestimmte Schnittrichtung vorschreiben. So wird die fächerförmige Verzweigung des N. facialis am Gesichte in allen Fällen, wo dieser Nerv geschont werden soll, eine Schnittführung erfordern, welche den Facialisästen parallel verläuft. Im allgemeinen werden jedoch wegen des Verlaufes der Spaltlinien in der Haut gewisse Normalschnitte (Kocher) angegeben, bei deren Ausführung die Schnittränder möglichst wenig klaffen und infolgedessen nur eine geringe oder gar keine Narbenbildung erfolgt.

Die Spaltrichtung der Bauchhaut geht im allgemeinen von oben und lateral nach unten und medial, während sie am unteren Teile des Thorax fast horizontal verläuft.

Die Behaarung ist besonders auf der Linea alba eine dichte; sie kann hier vom Mons pubis bis zum Nabel oder sogar bis zum Sternum reichen und in die beim Manne oft stark entwickelte Behaarung der vorderen Brustwand übergehen.

Die Mächtigkeit des subkutanen Fettpolsters ist individuell ausserordentlich verschieden; bei starkem Fettpolster kommt es häufig zur Bildung von einzelnen Fettschichten, welche durch Fascienblätter voneinander getrennt werden. Die letzteren stehen durch Bindegewebsbalken mit der Fascia abdominis superficialis, welche den M. obliq ext., resp. die Rectusscheide, bedeckt, in Zusammenhang; besonders an der Linea alba sind diese in dem starken Fettpolster entstandenen Fascien mit ihrer Unterlage fester verwachsen und können sich bei fettreichen Individuen auf den Oberschenkel und das Scrotum weiter erstrecken. Sie sind als Differenzierungen des subkutanen Bindegewebes zu betrachten und unterscheiden sich dadurch wesentlich von der Fascia abdominis superficialis, welche im Anschluss an die Muskulatur entsteht. Mit letzterer können sie jedoch auf den ersten Blick verwechselt werden, so dass man häufig beim Einschneiden in die Bauchdecken schon die Fascia superficialis und damit den Muskel oder die Aponeurose erreicht zu haben glaubt, während die Fettschicht noch nicht ganz durchtrennt ist.

Die Fascia abdominis superficialis setzt sich als Abschluss der Muskelschicht auf alle benachbarten Regionen weiter fort, so nach oben als Fascia pectoralis superficialis auf die Mm. pectoralis major und serratus lateralis[1], nach unten als Fascia

[1] M. serratus anterior.

cremasterica (Cooperi) auf das Scrotum und auf den Samenstrang, als Fascia penis auf den Penisschaft und als Fascia perinei superficialis auf das Perineum. Sie befestigt sich an das Lig. inguinale, an die Ränder des Anulus inguinalis subcutaneus und an das Labium ext. cristae ilicae. Über der Symphyse bildet sie durch stärkere Entwicklung von elastischen, mit der Linea alba im Zusammenhang stehenden Fasern das Lig. suspensorium penis.

Oberflächliche Gefässe und Nerven. Die oberflächlichen Gefässe gehören teils in das Gebiet der segmental angeordneten, zwischen den Schichten der Muskulatur verlaufenden Aa. und Vv. intercostales, resp. lumbales, die besonders lateral mit Rami perforantes an die Oberfläche gelangen, teils treffen wir zwei längsverlaufende Arterien (A. epigastrica superficialis und A. circumflexa ilium superficialis), die aus der A. femoralis gleich unterhalb des Lig. inguinale entspringen. Die A. epigastrica superficialis verläuft etwa bis zur Nabelhöhe, indem sie zahlreiche feine Zweige abgibt, während die A. circumflexa ilium superficialis die Richtung gegen die Spina ilica ventralis einschlägt. Dazu kommen noch Äste der A. epigastrica caudalis (aus der A. ilica ext.) und der A. epigastrica cran. (aus der A. thoracica int.[1]), welche die vordere Wand der Rectusscheide durchbohren, um sich in den Hautdecken zu verbreiten. Dementsprechend verlaufen auch die Venen. Sie bilden auf der Fascia abdominis superficialis, sowie in der subkutanen Fettschicht, ein ziemlich dichtes Netz, welches sich bei Stauungen im Gebiete der V. cava caudalis oder bei Verschluss dieser Vene ausweiten und einen Kollateralkreislauf für das venöse Blut der unteren Körperhälfte herstellen kann. Es geht dann das venöse Blut aus den unteren Extremitäten durch die oberflächlichen, in die V. femoralis einmündenden Vv. epigastricae superfic. und circumflexae ilium superfic. sowie durch die Vv. epigastricae caudales nach oben in die Vv. thoracicae internae[1] und damit in die Vv. brachiocephalicae[2] oder auf dem Wege der Vv. intercostales in die Vv. thoracicae longitudinalis dextra et sinistra[3].

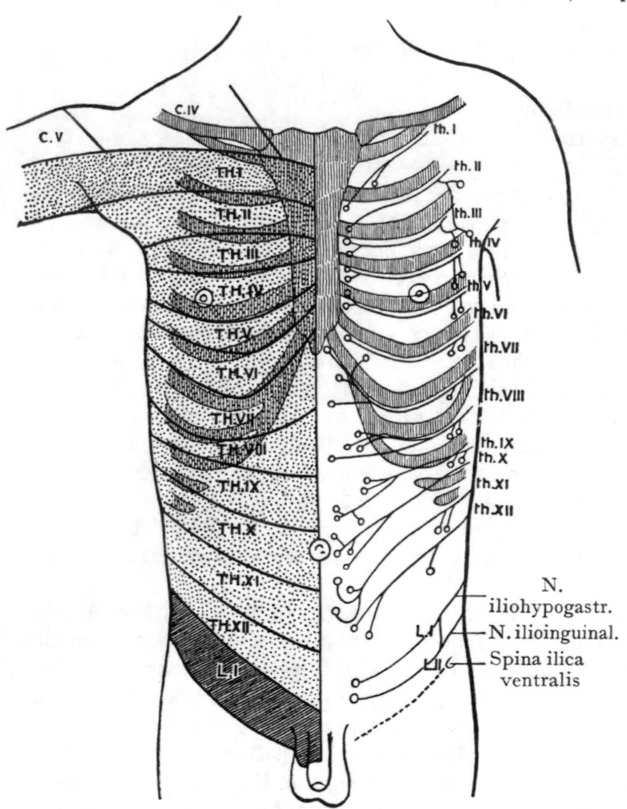

Abb. 269. Rumpf von vorn mit der Darstellung der Dermatome (nach Bolk) und des Verlaufes der Intercostalnerven (nach Grosser und Fröhlich, Morph. Jahrb. Bd. 30, 1912). Rechts die Dermatome, links der Verlauf des segmentalen Nerven. Die Eintrittstellen der Hautnerven in das subkutane Gewebe sind durch Kreise angegeben.

Die Nerven (Abb. 269) entstammen als Rami cutanei den Rami ventrales der Nn. intercostales. Die Rami cutanei laterales der 6 unteren Intercostalnerven treten in der zackigen Ursprungslinie des M. obliquus abdominis ext. durch die Fascia abdominis superficialis und teilen sich entweder vor oder gleich nach ihrem Durchtritt in einen stärkeren Ramus ventralis und einen schwächeren Ramus dorsalis. Die Ram. cutanei

[1] A. V. mammaria interna. [2] V. anonyma. [3] V. azygos et hemiazygos.

ventrales kommen aus den unteren Intercostalnerven und gelangen, häufig in der Zweizahl, an die Oberfläche; ein Ast durchbohrt die Linea alba, während ein zweiter seitlich vom lateralen Rande des M. rectus abdominis durch die Aponeurose des M. obliquus externus zur Haut geht. Die von den Hautnerven des Rumpfes versorgten Bezirke (Dermatome), sowie die Verteilung der Hautnerven an dieselben sind aus Abb. 269 ersichtlich; die Eintrittstellen der Hautnerven in das subkutane Gewebe sind mittelst Kreisen angegeben. Es muss übrigens hervorgehoben werden, dass die einzelnen Segmentgebiete nicht scharf gegeneinander abgegrenzt sind; denn in jedem einzelnen Segmente verbreiten sich zugleich auch die Spinalnerven des nächst höheren und des nächst tieferen Segmentes, so dass jeder Punkt der Haut von drei, vielleicht auch von vier Spinalnerven innerviert wird (Seifferth). Die zugehörigen Rückenmarksegmente liegen höher als die Segmentbezirke der Haut; diese Tatsache erklärt sich aus dem absteigenden Verlaufe sowohl der Nervenwurzeln zu den Foramina intervertebralia als auch der Spinalnerven zur Haut. Der Höhenunterschied zwischen den Rückenmarksegmenten und den Segmentbezirken der Haut nimmt kaudalwärts zu.

Die Lymphgefässe (Abb. 270) gehen aus der oberen Hälfte der oberflächlichen Schichten im Bereiche der ventrolateralen Bauchwand zu den Lymphonodi axillares, dagegen aus der unteren Hälfte zu den Lymphonodi inguinales; sie stehen auch in Verbindung mit den Lymphstämmen, welche zwischen den Schichten der breiten Bauchmuskeln längs der Aa. und Vv. intercostales zu den Lymphonodi intercostales sowie zu den Lymphonodi lumbales verlaufen.

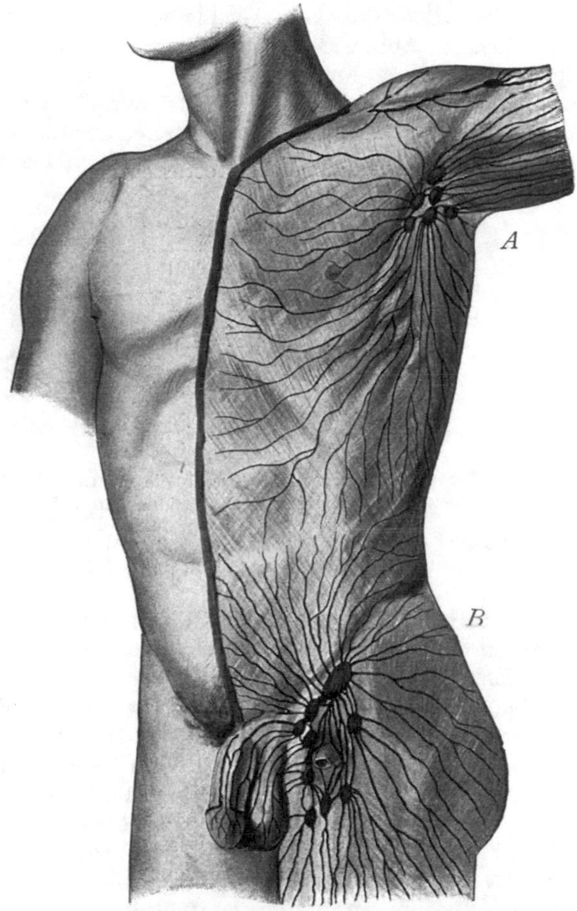

A

B

Abb. 270. Lymphgefässgebiete der vorderen Brustwand. Nach Sappey, Anat. Physiol. et Pathol. des vaisseaux lymphatiques.
A Gebiet der in die Lymphonodi axillares ausmündenden oberflächlichen Lymphgefässe. *B* Gebiet der in die Lymphonodi subinguinales superficiales ausmündenden oberflächlichen Lymphgefässe.

Mittlere Schicht: Bauchmuskulatur. Die Anordnung der Bauchmuskulatur entspricht ihrer Funktion als Bauchpresse; es sind Längs-, Rings- und Schrägfasern, die sich in Schichten sondern. Die Längenmuskulatur (M. rectus abdom. und M. pyramidalis) ist auf die ventrale Partie der Wandung beiderseits von der Medianlinie beschränkt; die schräg und rings verlaufende Muskulatur dagegen ist in dreifacher Schicht (Mm. obliquus abdom. ext., obliquus abdom. int. und transversus abdom.) angeordnet und beteiligt sich auch noch (M. transversus abdom.) an der Bildung der hinteren Wand des Bauchraumes.

M. rectus abdominis und Rectusscheiden. Der M. rectus bildet einen platten Muskelbauch, welcher von seinem Ursprunge am fünften bis siebenten Rippenknorpel, sowie am Proc. ensiformis[1], nach unten gegen seine Insertion am Os pubis zwischen Tuberculum pubicum und Symphyse etwas schmäler wird. Der M. pyramidalis entspringt am Os pubis, zum Teil vor der Rectusinsertion und geht nach oben zur Linea alba als Spanner derselben.

Die 3—4 Inscriptiones tendineae des M. rectus sind mit der vorderen Wand der Rectusscheide verwachsen. Beide Muskeln liegen in einem durch die Aponeurosen der breiten Bauchmuskeln gebildeten Sacke oder einer Loge (Rectusscheiden und Rectusloge, s. Abb. 272). Diese Aponeurosen ziehen vor und hinter dem M. rectus gegen die ventrale Medianlinie, wo sie mittelst ihrer Durchflechtung den sehnigen, von dem Processus ensiformis[1] bis zur Symphyse sich erstreckenden, die beiden Rectusschläuche voneinander trennenden Streifen der Linea alba herstellen. Was die Beschreibung der einzelnen zur Bildung der Rectusscheiden beitragenden Aponeurosen anbelangt, so

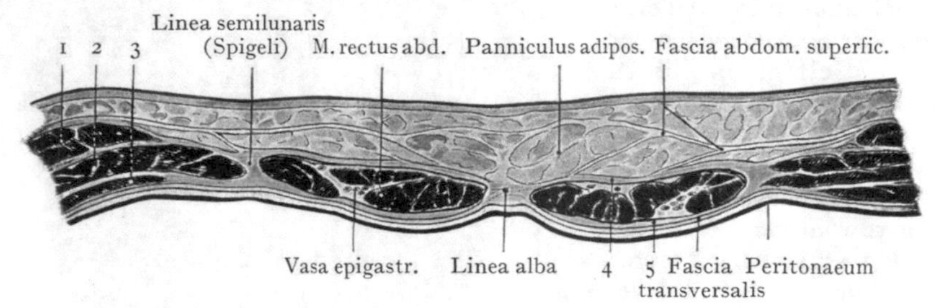

Abb. 271. Querschnitt durch die vordere Bauchwand oberhalb des Nabels. Mm. recti abdominis in ihren Scheiden. Linea alba und Fascia abdominis superficialis. Nach einem Mikrotomschnitte.
1 M. obliq. abd. ext. 2 M. obliq. abd. int. 3 M. transv. abd. 4 Vordere Wand der Rectusscheide. 5 Hintere Wand der Rectusscheide.

sei hier nur daran erinnert, dass die vordere Wand der Scheide eine derbe, sehnige Membran darstellt, mit welcher die Inscriptiones tendineae verwachsen sind, so dass, nach Entfernung der Fettschicht, seichte, querverlaufende, den Inscriptiones entsprechende Furchen zu sehen sind. Die hintere Wand der Scheide ist dagegen bloss in ihrer oberen Partie sehnig; unterhalb einer nach abwärts vom Nabel quer, oder leicht bogenförmig verlaufenden Linie (Linea semicircularis Douglasi) wird sie bloss noch von einer gewöhnlichen Fascie dargestellt, welche sich als die der inneren Fläche des M. transversus anliegende Muskelfascie erweist (Fascia transversalis). An diese unterhalb der Linea semicircularis (Douglasi) liegende Partie der hinteren Wand der Scheide stösst sofort das durch lockeres Gewebe mit derselben verbundene parietale Peritonaeum an. Im Anschluss an die Fascia transversalis, welche allein unterhalb der Linea semicircularis die hintere Wand der Rectusscheide bildet, findet sich in der Regel eine gewisse Menge von Fettgewebe, das sowohl mit der Fascia transversalis als mit dem Peritonaeum locker zusammenhängt. Die hintere Wand der Scheide ist niemals mit der hinteren Fläche des M. rectus verwachsen, höchstens findet sich ein leicht zu trennender Zusammenhang mittelst lockeren Bindegewebes.

Gefässe und Nerven des M. rectus. In den Rectusschlauch treten von der Seite zu den Mm. rectus und pyramidalis die Nn. intercostales mit den Vv. und Aa. intercostales, von unten die A. epigastrica caudalis mit den Vv. epigastricae caudales (aus der A. und V. ilica ext.), von oben aus der A. thoracica int.[2] die A. epigastrica cranialis mit ihren Begleitvenen. Die Aa. intercostales werden in der Hauptsache durch die A. epigastrica cran. und caud. ersetzt, doch dringen auch die vorderen Enden der segmentalen Arterien in den Rectusschlauch ein, indem

[1] Processus xiphoideus. [2] A. mammaria interna.

sie die Nn. intercostales begleiten und mit den beiden längsverlaufenden Stämmen anastomosieren.

An dem in Abb. 272 dargestellten Präparate ist die vordere Wand der Rectusscheide, sowie ein grosser Teil des M. rectus beiderseits abgetragen worden, um die Linea semicircularis (Douglasi), die Linea semilunaris (Spigeli) und die längsverlaufende, durch die Aa. epigastricae cran. und caud. gebildete Anastomosenkette zu zeigen, sowie

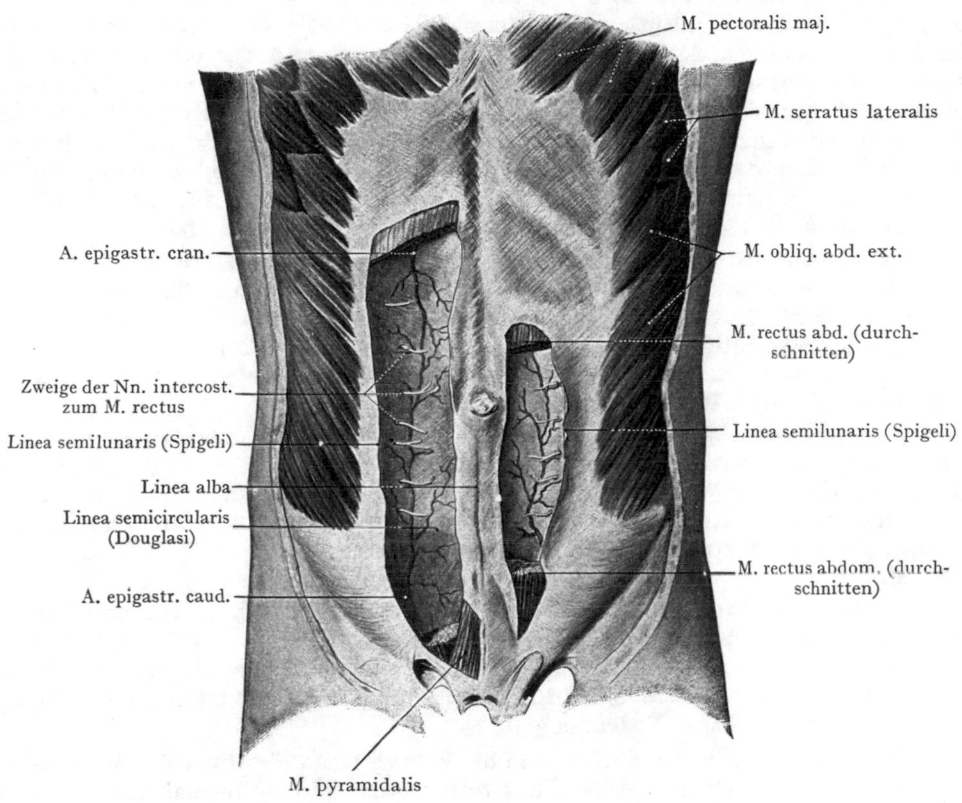

Abb. 272. Bauchwandung von vorn.

Die vordere Wand der Rectusscheiden ist entfernt worden, um die Aa. epigastricae cran. et caud., sowie die zum M. rectus gehenden Äste der Nn. intercostales zur Ansicht zu bringen.

deren Verbindung mit den Aa. intercostales und den Eintritt der letzteren mit den Nn. intercostales in die Rectusloge.

Die A. epigastrica caud. entspringt aus der A. ilica ext. unmittelbar vor ihrem Durchtritte unter dem Lig. inguinale in das Trigonum iliopectineum des Oberschenkels und verläuft medial von dem Anulus inguinalis praeperitonaealis[1], zwischen der Fovea inguinalis medialis und lateralis (s. Trigonum inguinale und Abbildungen), nach oben. Kurz nach ihrem Ursprunge wird die Arterie von dem Ductus deferens gekreuzt, welcher von dem Anulus inguinalis praeperitonaealis[1] zum Rande des kleinen Beckens verläuft. Die A. epigastrica caud. liegt zuerst, unmittelbar nach der Kreuzung mit dem Ductus deferens, zwischen der Fascia transversalis und dem Peritonaeum und erzeugt häufig die Plica epigastrica, welche für die Abgrenzung der Fovea inguinalis medialis von der Fovea inguinalis lat. eine gewisse Bedeutung besitzt. Sodann tritt sie durch die Fascia

[1] Annulus inguinalis abdominalis.

transversalis in die Rectusloge und verläuft, der hinteren Fläche des Muskels angeschlossen, nach oben, indem sie mit den Aa. intercostales und der A. epigastrica cranialis Anastomosen eingeht.

Die aus der A. subclavia entspringende A. thoracica int.[1] verläuft dicht neben dem lateralen Rande des Sternum hinter den Rippenknorpeln, den Mm. intercostales int. angeschlossen, resp. zwischen denselben und dem M. transversus thoracis, nach unten, um sich am Rippenbogen in die A. musculophrenica (zum Diaphragma) und die in die Rectusloge von oben eintretende A. epigastrica cran. zu teilen. Das knorpelige Ende der VII. Rippe entspricht der Eintrittstelle der Arterie in die Loge. Hier liegt sie zwischen der hinteren Fläche des Muskels und der hinteren Wand der Rectusscheide, verzweigt sich an den M. rectus und verbindet sich mit den Aa. intercostales und der A. epigastrica caud. Die vordersten Enden der sechs untersten Intercostalarterien gelangen mit den zugehörigen Nerven von der Seite her in die Rectusloge. Die Venen entsprechen in ihrem Verlaufe den Arterien und besitzen, wie die oberflächlichen Bauchvenen, eine gewisse praktische Bedeutung für die Herstellung eines venösen Kollateralkreislaufes bei Verlegung der V. cava caudalis.

Im allgemeinen lässt sich über die Anordnung der Gefässe in der Rectusloge sagen, dass durch einen Medianschnitt zur Eröffnung der Bauchhöhle grössere Gefässe nicht durchtrennt werden, bei Querschnitten dagegen die Längsanastomose der Aa. epigastrica cran. und caud., bei seitlichen Längsschnitten die in die Rectusloge eindringenden Aa. intercostales mit den Nn. intercostales. Am empfehlenswertesten dürfte daher ein medianer Längsschnitt sein.

Die Lymphgefässe verlaufen teils mit der V. epigastrica caud. zu den untersten Lymphonodi ilici längs der A. ilica ext., teils gehen sie längs der Vv. epigastricae cran. zu der Kette der Lymphonodi sternales, welche in Begleitung der Vv. thoracicae int.[1] in den ventralen Enden der Intercostalräume nach oben ziehen und ihre Lymphe linkerseits in den Ductus thoracicus, rechterseits in den Truncus lymphaceus dexter ergiessen.

Der M. rectus wird von den vorderen Ästen des VII. bis XII. Intercostalnerven innerviert, sowie noch von einem Zweige des Ramus ventralis des I. Lumbalnerven. Die Nerven gelangen zwischen dem M. transversus abdominis und dem M. obliquus int. ventralwärts, durchsetzen die Rectusscheide und verzweigen sich unter Bildung mehrerer schlingenförmiger Verbindungen.

Linea alba. Die Linea alba kommt dadurch zustande, dass die Aponeurosen der breiten Bauchmuskeln, welche die Rectusscheibe bilden, medial von den Mm. recti zur Vereinigung kommen, sich durchflechten und so eine sehnige Platte bilden, welche sich in der Medianlinie von dem Processus ensiformis[2] bis zur Symphyse erstreckt. Ihre Breite ist am grössten in der Höhe des Nabels, wo sie sich auch durch die Ausbildung des Nabelringes (s. unten) auszeichnet.

Bei Erhöhung des intraabdominellen Druckes kann sich die Linea alba bedeutend verbreitern, indem die Mm. recti auseinander weichen (Diastase der Mm. recti); der Zustand kommt physiologisch bei der Schwangerschaft, dann aber auch bei verschiedenen Erkrankungen vor, die eine hochgradige Ausdehnung der Bauchhöhle herbeiführen.

Nabel und Nabelring. Der Nabel liegt beim Erwachsenen ungefähr in der Mitte einer von der Basis des Processus ensiformis[2] bis zur Symphyse gezogenen Linie. Auf die Wirbelsäule projiziert entspricht er der Bandscheibe zwischen dem dritten und vierten Lendenwirbel.

Von aussen betrachtet stellt er eine Grube dar, in deren Tiefe der Rest des Ansatzes der Nabelschnur als eine kleine Papille zu erkennen ist. Die Nabelgrube kommt dadurch zustande, dass im Bereiche der Papille das Fettpolster

[1] A. V. mammaria interna. [2] Processus xiphoideus.

fehlt, so dass die Papille unter das Niveau der Bauchhaut zu liegen kommt, welch letztere mit ihrem Fettgewebe den Rand der Grube bildet. Dieselbe entspricht einer in der Linea alba ausgesparten, scharfrandigen Lücke, dem Anulus umbilicalis, der seine Begrenzung durch bogenförmig verlaufende sehnige Fasern erhält. Die äussere Haut zieht sich von den Rändern der Nabelgrube in dieselbe hinein und verwächst mit der Nabelpapille, so dass der Boden der Grube durch ein narbenartiges, wenig elastisches Gewebe gebildet wird (Nabelplatte Abb. 273). Gegen die Bauchhöhle wird die Nabelplatte von der Fascia transversalis abdominis überzogen, mit welcher das Peritonaeum der vorderen Bauchwand ziemlich eng verbunden ist.

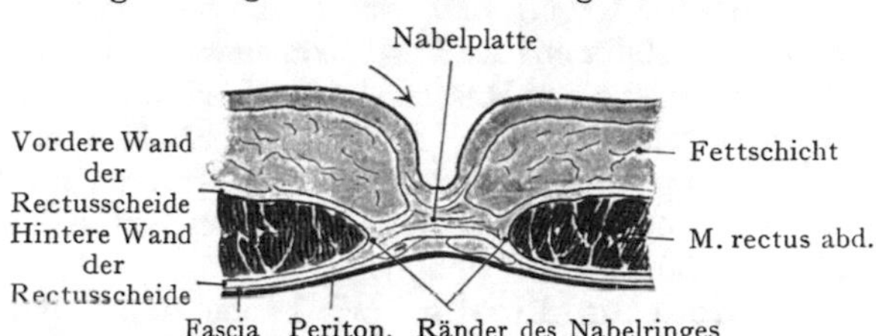

Abb. 273. **Horizontalschnitt durch den Nabel eines Erwachsenen.**
Nach einem Mikrotomschnitte.

Gegen den Anulus umbilicalis konvergieren vier der vorderen Bauchwand anliegende, vom Peritonaeum überzogene Stränge (Abb. 274). Drei derselben kommen von dem seitlichen und oberen Umfange der Harnblase (Chordae arteriae umbilicalis[1] und Chorda urachi[2]), ein vierter zieht als Chorda venae umbilicalis[3] von der Fissura longitudinalis sin. der Leber im freien abwärts konkaven Rande des Mesohepaticum ventrale[4] zum Nabel. Diesen vier am Nabelringe zusammentreffenden Strängen liegen Gebilde zugrunde, die während des fetalen Lebens wichtige Bestandteile der Verbindung zwischen Mutter und Frucht bilden. Die Chordae arteriae umbilicalis[1] gehen aus den obliterierten Aa. umbilicales hervor, welche als Zweige der A. ilica interna[5] zu beiden Seiten des spindelförmig zur Harnblase erweiterten Urachus gegen den Nabelring verlaufen, um hier in den Nabelstrang einzutreten und zur Placenta zu gelangen. Die Chorda urachi[2] stellt den obliterierten Urachus dar, welcher vom Apex der Harnblase zum Nabel verläuft, und beim Neugeborenen sowie beim Fetus, infolge der Hochlagerung und der spindelförmigen Gestalt der Harnblase relativ kürzer erscheint als beim Erwachsenen. Die Chorda venae umbilicalis[3] geht aus Resten der durch die Nabelpforte eintretenden V. umbilicalis hervor, welche beim Fetus in späteren Monaten der Entwicklung in den linken Ast der V. portae einmündet und arterielles Blut aus der Placenta führt; als Fortsetzung geht der Ductus venosus (Arantii) an der unteren Fläche der Leber in der linken Längsfurche zur V. cava caudalis, welche so mit dem linken Aste der V. portae in Verbindung gesetzt wird. Durch Obliteration der V. umbilicalis entsteht der derbe Strang der Chorda venae umbilicalis[3], welcher sich von oben an den Nabelring begibt und mit der Nabelplatte verschmilzt. Abgesehen von den Resten der unwegsam gewordenen V. umbilicalis verlaufen

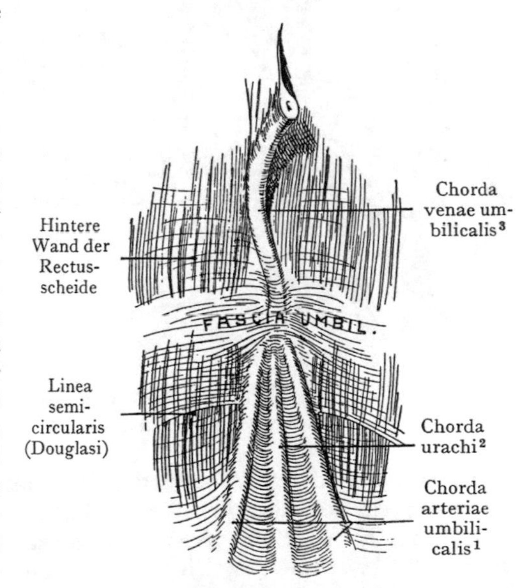

Abb. 274. Innenansicht der Bauchwand in der Gegend des Nabels.

[1] Lig. umbilicale lat. [2] Lig. umbilicale medium. [3] Lig. teres hepatis.
[4] Lig. falciforme hepatis. [5] A. hypogastrica.

in der Chorda venae umbilicalis[1] noch eine Anzahl kleiner Venen (Vv. adumbilicales[2]), welche bei Störungen des Kreislaufes der V. cava caud. oder der V. portae (z. B. bei gewissen Leberkrankheiten) ausgeweitet werden, um eine Verbindung zwischen den Venen der vorderen Bauchwand und dem Pfortaderkreislauf herzustellen.

Die vier gegen den Nabel konvergierenden Stränge werden (Abb. 274) von sehnigen Faserbündeln der Fascia transversalis (Fascia umbilicalis) überzogen, und an die hintere Fläche der Rectusscheide oberhalb der Linea semicircularis (Douglasi) sowie an den Nabelring fixiert. Ausserdem erhalten sie durch das Peritonaeum parietale einen Überzug, welcher sich über den Strängen als Faltenbildung erhebt. Die Stränge gehen durch den in der Linea alba ausgesparten Nabelring und verschmelzen mit dem Narbengewebe der Nabelpapille.

Hernia umbilicalis. Wir haben den Nabel als ein Punctum minoris resistentiae aufzufassen, an welchem Eingeweideteile die Bauchwand ausstülpen und einen Eingeweidebruch (Nabelbruch, Hernia umbilicalis) bilden können. Die Entstehung derartiger Brüche wird in vielen Fällen durch den Umstand begünstigt, dass die Nabelpapille mit den in sie übergehenden Enden der erwähnten Stränge ein Narbengewebe darstellt, dem nur eine geringe Elastizität zukommt, und welches zusammen mit der Fascia transversalis (Fascia umbilicalis) und dem Peritonaeum parietale den einzigen Abschluss der im Nabelring vorhandenen Lücke darstellt. Man unterscheidet Hernienbildungen, die nach vollendetem Abschluss des Nabels entstehen, als Herniae acquisitae von solchen, die auf einer Entwicklungshemmung mit unvollkommenem Verschluss des Nabelringes beruhen, den Herniae congenitae. Im dritten Monate der embryonalen Entwicklung entsteht physiologisch eine Nabelhernie dadurch, dass das Längenwachstum des Darmes der Raumentfaltung der Bauchhöhle vorauseilt, so dass Darmschlingen das weiche Gewebe des Ansatzes der Nabelschnur an die Bauchwandung ausbuchten und innerhalb der ersten Strecke der Nabelschnur und ausserhalb der eigentlichen Bauchhöhle angetroffen werden (Mall). Bei normalem Ablaufe der Entwicklung ziehen sich diese Darmschlingen wieder in die Bauchhöhle zurück, der Bruchsack, welcher sich in der ersten Strecke der Nabelschnur gebildet hatte, verschwindet und die im Nabelring gegebene Bruchpforte schliesst sich. Anormalerweise kann jedoch dieser Verschluss ausbleiben, wenn die physiologische Nabelhernie sich in höherem oder geringerem Grade erhält und bei der Geburt den congenitalen Nabelbruch bildet. Derselbe unterscheidet sich von dem erworbenen Nabelbruch dadurch, dass der Bruchsack innerhalb der Nabelschnur liegt und seinen Abschluss nach aussen durch den Amnionüberzug der Nabelschnur erhält, nicht wie bei der Hernia acquisita, durch das Narbengewebe der Nabelpapille und die Haut der Umgebung der Nabelgrube.

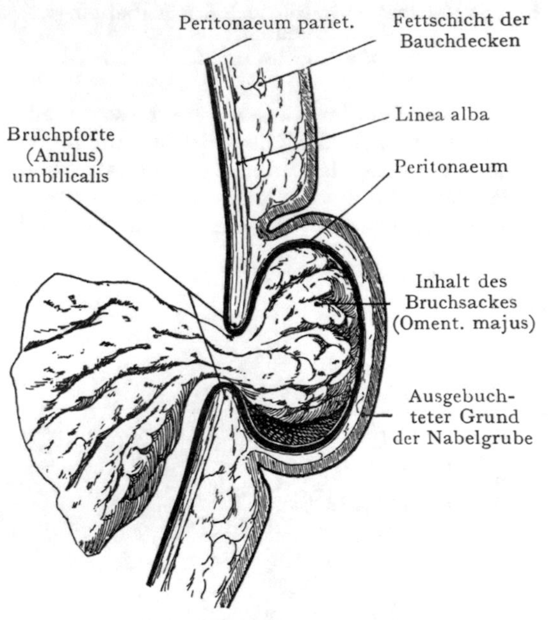

Abb. 275. Hernia umbilicalis acquisita, Längsschnitt. Nach Nuhn, chirurgisch-anatom. Atlas.

Eine Prädisposition zur Entstehung der Nabelhernien wird dadurch gegeben, dass das Gewebe der Nabelpapille in der ersten Zeit nach der Geburt weich ist und

[1] Lig. teres hepatis. [2] Vv. parumbilicales.

der infolge starken Schreiens des Kindes stattfindenden Erhöhung des intraabdominellen Druckes oft keinen genügenden Widerstand entgegenzusetzen vermag. Bei Erwachsenen können, allerdings weit seltener, Nabelhernien zur Ausbildung kommen, wenn die Bauchwandung bei rasch aufeinander folgenden Schwangerschaften usw. eine Schwächung erfährt.

In allen Fällen wird die Austrittspforte (Bruchpforte) durch den in der Linea alba ausgesparten sehnigen Ring des Anulus umbilicalis dargestellt. Die Nabelbrüche der Kinder gehen gewöhnlich von dem oberen Umfange des Nabelringes rechts oder links von dem Ansatze der Chorda venae umbilicalis[1] aus.

Ein häufig anzutreffender Befund bei Nabelhernien ist in Abb. 275 dargestellt. Die Bruchpforte des Nabelringes ist hier nicht durch die Einlagerung grosser Mengen von Darmschlingen in den Bruchsack ausgeweitet; dieser wird nach der Oberfläche teils durch das Gewebe der Nabelpapille, teils durch die angrenzende Haut mit der subkutanen Fettschicht gebildet. Als Inhalt haben wir einen Teil des grossen Netzes (Omentum majus), welches häufig in Umbilicalhernien angetroffen wird.

Breite Bauchmuskeln. Die breiten Bauchmuskeln bilden, in drei Schichten angeordnet, einen Teil der ventrolateralen und der hinteren Bauchwand. Der M. transversus abdominis stellt die innerste Schichte dieser Wandung dar und reicht bei Horizontalschnitten in der Höhe des Nabels, von der Linea alba bis zu den Processus costarii der Lendenwirbel.

Die Beschreibung wird sich zunächst mit dem Ursprung, dem Verlauf und der Insertion der breiten Bauchmuskeln zu beschäftigen haben, sodann mit der Zusammensetzung und den topographischen Beziehungen der vorderen Bauchwand in einem dreieckigen, über dem medialen Drittel des Lig. inguinale gelegenen Felde (Trigonum inguinale), wo Eingeweidebrüche (Herniae inguinales) häufig entstehen.

M. obliquus abdom. ext. Der Übergang des platten Muskels in seine Aponeurose findet in einer Linie statt, die in Abb. 267 deutlich zu verfolgen ist, wo sie bogenförmig von dem lateralen Rande des M. rectus abwärts verläuft. Unterhalb des Nabels weicht diese Linie weit von dem lateralen Rande des M. rectus ab, so dass in einem Felde, welches unten von den medialen zwei Dritteln oder der medialen Hälfte des Lig. inguinale, medial von dem lateralen Rande des M. rectus und lateral von der erwähnten bogenförmig verlaufenden Linie begrenzt wird, das Muskelfleisch in dieser Schicht fehlt. Hier wird die Bauchwandung (abgesehen von der oberflächlichen Schicht) gebildet durch die Aponeurose des M. obliquus ext., durch die von dem lateralen Drittel des Lig. inguinale entspringenden Fasern des M. obliquus int., und durch die Fascia transversalis mit dem Peritonaealüberzuge der vorderen Bauchwand (s. unten die ausführliche Besprechung des Trigonum inguinale).

Die breite flache Aponeurose geht auf den M. rectus als Teil der vorderen Wand seiner Scheide über und hilft die Linea alba bilden. Sie zeigt, besonders in ihrer unteren Partie, zahlreiche schräg medianwärts verlaufende Fasern, welche den straffen, von der Spina ilica ventralis zum Tuberculum pubicum verlaufenden Strang des Lig. inguinale bilden. Von dem medialen Ende des Lig. inguinale zweigen sich Sehnenfasern ab, welche die dreieckige, am Pecten ossis pubis sich inserierende Platte des Lig. lacunare (Gimbernati) herstellen. Dasselbe füllt den durch das Pecten ossis pubis und das Lig. inguinale gebildeten Winkel aus, sein konkaver freier Rand sieht lateralwärts und die Platte liegt bei aufrechter Körperhaltung annähernd horizontal (Abb. 279).

Unmittelbar oberhalb der Stelle, wo sich das Lig. lacunare von dem Lig. inguinale abzweigt, also im Trigonum inguinale, wird die Aponeurose des M. obliquus ext. von dem Schlitze des Anulus inguinalis subcutaneus durchbrochen, der dadurch zustande kommt, dass die Fasern der Aponeurose auseinanderweichen, um dem Ductus

[1] Lig. teres hepatis.

deferens und den Samenstranggebilden beim Manne, der Chorda uteroinguinalis[1] beim Weibe den Durchtritt zu gestatten.

Der M. obliquus abdom. int. entspringt an der ganzen Linea intermedia des Darmbeinkammes bis zur Spina ilica ventralis[2], ferner von der lateralen Hälfte des Lig. inguinale, sowie dorsal von der Aponeurosis lumbalis[3]. Die hintersten Fasern verlaufen annähernd senkrecht zu den knorpligen Enden der X. bis XII. Rippe; die übrigen Bündel gehen in die Aponeurose über, welche die vordere und hintere Wand der Rectusscheide bilden hilft und sich oben am Rippenrande befestigt. Die Aponeurose spaltet sich im Bereiche desjenigen Teiles des M. rectus, welcher oberhalb der Linea semicircularis (Douglasi) liegt, in zwei Lamellen, von denen die vordere in die Bildung der vorderen Wand der Rectusscheide eingeht, die hintere zur hinteren Wand der Scheide verläuft. Unterhalb der Linea semicircularis geht die ganze Aponeurose des M. obliquus int. in die Bildung der vorderen Wand der Rectusscheide ein. Die untersten, von der lateralen Hälfte des Lig. inguinale entspringenden Muskelbündel gehen zum Teil nicht an die Aponeurose, sondern bilden den M. cremaster, welcher sich zum Samenstrang und zu den Hodenhüllen begibt (Abb. 280); sie werden im Bereiche des Trigonum inguinale von der untersten Partie der Aponeurose des M. obliquus ext. bedeckt.

Die Faserrichtungen der Mm. obliquus ext. und int. kreuzen sich rechtwinklig, und es lässt sich nachweisen, dass Sehnenbündel des M. obliquus ext. der einen Seite in Sehnenbündel des M. obliquus int. der anderen Seite übergehen, so dass beide Muskeln sich nach Art eines M. biventer ergänzen und dementsprechend bei der Bauchpresse zusammenwirken (Luschka).

Der M. transversus abdominis bildet die innerste Schicht der muskulösen Bauchwand und auch für sich genommen den vollständigen Abschluss des Bauchraumes (ventral-, lateral- und dorsalwärts), welcher durch einen einzelnen Muskel hergestellt wird. Er entspringt von der Innenfläche der Knorpel der 6 untersten Rippen, alternierend mit Zacken des Zwerchfells, mittelst der Aponeurosis lumbalis[3] von den Processus costarii der Lendenwirbel, von dem Labium int. cristae ilicae und von dem lateralen Drittel des Lig. inguinale. An der Linea semilunaris (Spigeli) geht der Muskel in seine Aponeurose über, die oberhalb der Linea semicircularis hinter dem M. rectus verläuft und einen Teil der hinteren Wand der Rectusscheide bildet, während sie unterhalb der Linea semicircularis mit der vorderen Wand der Scheide verschmilzt.

Der M. transversus abdom. wird auf seiner tiefen, dem Bauchraum zugewendeten Fläche von der Fascia transversalis überzogen, auf welche nach innen das Peritonaeum folgt. Die Fascie geht über den Bereich des M. transversus hinaus auf den oberen im Diaphragma gegebenen Abschluss des Bauchraumes weiter, ferner auf den M. iliopsoas, auf den vorderen Umfang der Lumbalwirbelsäule, sowie in das kleine Becken hinunter. Im Bereiche des Retroperitonaealraumes steht sie mit dem Bindegewebe im Zusammenhang, welches die retroperitonaeal gelagerten Organe umhüllt. Man kann also die Fascia transversalis als einen Teil der Bindegewebsschicht auffassen, welche die innerste Schicht des Bauchraumes bildet und dem Peritonaeum zur Grundlage dient. Dieselbe wird mit einer ähnlichen Schicht des Thoraxraumes (Fascia endothoracica) und des kleinen Beckens (Fascia intrapelvina[4]) verglichen und in ihrer Gesamtheit als Fascia transversalis[5] bezeichnet.

Gefässe und Nerven der Muskelschichten der ventrolateralen Bauchwandung. Für die arterielle Versorgung kommen die sechs letzten Intercostalarterien und alle vier Lumbalarterien in Betracht. Die Hauptstämme verlaufen mit den Nn. intercostales zwischen dem M. transversus und dem M. obliquus int. Rami cutanei laterales der Arterien gehen mit den gleichnamigen Zweigen der Nerven zur Haut. Die Arterien bilden in der Rectusloge Anastomosen mit den längs-

[1] Lig. teres uteri. [2] Spina iliaca ant. sup. [3] Tiefes Blatt der Fascia lumbodorsalis. [4] Fascia endopelvina. [5] Fascia endogastrica, endoabdominalis subperitonealis, transversa abdominis.

verlaufenden Aa. epigastricae cran. et caud. Die Nn. intercostales verlaufen zunächst mit den Gefässen in den Spatia intercostalia, dann zwischen den Mm. transversus und obliquus int., indem sie die Rami cutanei laterales abgeben, und endigen in dem M. rectus, sowie mit einem Ram. cutaneus ventralis in der Haut beiderseits von der Linea alba.

Die Venen und die Lymphgefässe schliessen sich in ihrem Verlaufe den Arterien an, die Lymphgefässe münden teils in die Lymphonodi lumbales, teils in den Ductus thoracicus. Die tiefen Lymphgefässe des Nabels schliessen sich in ihrem Verlaufe der A. epigastrica caud. an und gehen zu den längs der A. ilica ext. angeordneten Lymphonodi ilici. Die Lymphgefässe des Nabels verbinden sich längs der Chorda v. umbilicalis mit den Lymphgefässen der Leber und längs der Chorda urachi[1] mit den Lymphgefässen der Harnblase. Längs der A. epigastrica caud. liegen einige kleine Lymphdrüsen.

Die Gefässe und besonders auch die Nerven der tiefen Schichten der ventrolateralen Bauchwand verdienen Berücksichtigung bei der Ausführung von Schnitten zur Eröffnung der Bauchhöhle. Die Vorzüge des ventralen Medianschnittes sind bereits hervorgehoben worden. Durch seitliche Längsschnitte oder durch Schrägschnitte, welche die Verlaufsrichtung der Nerven in rechtem Winkel kreuzen (also von der Linea alba aus schräg dorsalwärts und nach unten ziehen), werden die Nerven ebenso wie bei der Ausführung von seitlichen Längsschnitten in grosser Zahl durchtrennt. Das hat eine partielle Lähmung des M. rectus und der breiten Bauchmuskeln der betreffenden Seite zur Folge. Bei der Ausführung der Punktion der Bauchhöhle hat man auf die Gefässe zu achten; der Einstich wird gewöhnlich in der halben Entfernung des Nabels von der Spina ilica ventralis[2] vorgenommen. Hier vermeidet man die A. epigastrica caud., welche, der hinteren Fläche des M. rectus angeschlossen, nach oben verläuft und die vom Nabel zur Spina ilica ventralis[2] gezogene Linie auf der Grenze zwischen ihrem oberen und mittleren Drittel kreuzt; ausserdem durchsticht man an dieser Stelle bloss die zur vorderen Wand der Rectusscheide sich vereinigenden Aponeurosen der breiten Bauchmuskeln sowie die dünne Muskelschicht des M. obliquus int.; man vermeidet also die Verletzung von grösseren Muskelmassen und Arterien.

Tiefe Schicht der ventrolateralen Bauchwand. Das Peritonaeum überzieht die gegen das Innere des Bauchraumes sehende Fläche der ventrolateralen Bauchwand und ist mit der Fascia transversalis (endoabdominalis), der sie aufliegt, mehr oder weniger verbunden. Mit der Linea alba ist das Peritonaeum fest verwachsen, ganz besonders auch mit der Fascia umbilicalis und der Umgebung des Nabels, während im übrigen die Verbindung teilweise eine so lockere ist, dass es leicht gelingt, sie mit stumpfen Instrumenten oder mit dem Finger zu lösen. Im allgemeinen ist dieses Verhalten unterhalb des Nabels deutlicher als oberhalb desselben und steht in Zusammenhang mit der Ausdehnung der sich füllenden Harnblase längs der inneren Fläche der vorderen Bauchwand, wobei sich das Organ zwischen Fascia transversalis und Peritonaeum einschiebt. Das Peritonaeum überzieht die von der Harnblase zum Nabel verlaufenden Stränge (Chorda arteriae umbilicalis et Chorda urachi), um mit denselben Falten zu bilden[3] und so bestimmte Felder an der Innenfläche der vorderen Bauchwand unterhalb des Nabels abzugrenzen, die eine besondere Beziehung zu den Austrittstellen der Herniae inguinales besitzen (s. unten).

Schnitte zur Eröffnung der Bauchhöhle. Es ist durchaus nicht gleichgültig, in welcher Richtung und an welcher Stelle die Bauchhöhle eröffnet wird. Abb. 276 veranschaulicht die Verhältnisse. Die Schnitte 1, 2, 3 liegen in der Linea alba; sie empfehlen sich erstens, weil hier keine grösseren Gefässe und Nerven verlaufen, und zweitens, weil ein Schnitt sich hier sowohl kranial- als kaudalwärts verlängern lässt, ohne dass wichtige Gebilde durchtrennt werden. Der Schnitt 4 liegt parallel mit dem lateralen Rande des M. rectus abdominis, derselbe ist mit dem Nachteile verknüpft, dass er zum M. rectus verlaufende Nervenäste durchtrennen

[1] Lig. umbilicale medium. [2] Spina iliaca ant. sup. [3] Lig. umbilicale laterale et medium.

wird. Die Schnitte 5 und 6 trennen den M. obliquus ext. parallel mit seiner Faserrichtung, die Mm. obliquus int. und transversus werden quer zu ihrer Faserrichtung durchtrennt, doch ist es bei kleineren Incisionen auch möglich, die Wundränder auseinander zu ziehen und in dem so gebotenen Rahmen die Mm. obliquus int. und transversus gleichfalls parallel zu ihrer Faserrichtung zu durchtrennen, ohne eine grössere Zahl von Nervenstämmen zu verletzen. Der Schnitt kann auch durch den M. rectus bis zur Medianlinie verlängert werden. Schnitt 7 verläuft quer zu den Fasern des M. obliquus ext.; auch hier gelingt es oft, nach Durchtrennung dieser Fasern parallel mit den Fasern der Mm. obliquus int. und transversus und unter Schonung der Intercostalnerven die Bauchhöhle zu eröffnen. Schnitt 7 führt auf die Gallenblase. Schnitt 8 entspricht linkerseits dem Schnitte 7. Schnitt 9 verläuft parallel zu den Rectusfasern und durchtrennt die zu den betreffenden Partien des Rectus verlaufenden Äste der Intercostalnerven.

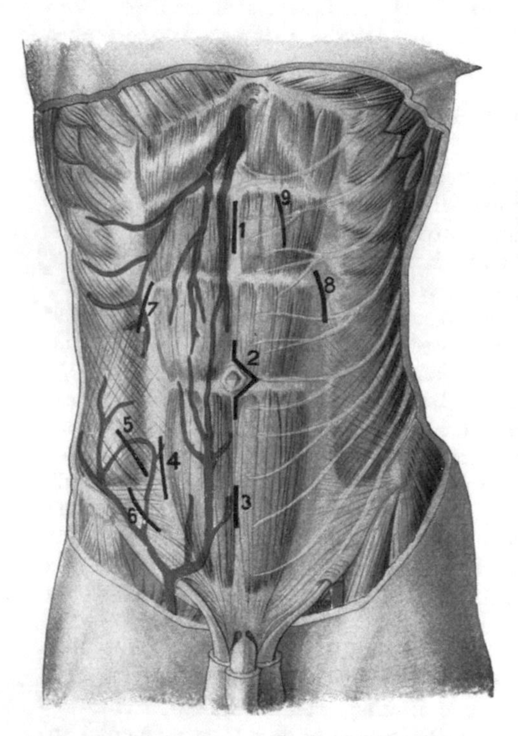

Abb. 276. Schema des Verlaufes der Gefässe und Nerven an der vorderen Bauchwand mit Angabe verschiedener Laparotomieschnitte.
Z. T. nach Piersol, Human Anatomy, Philadelphia 1907.

Trigonum inguinale.

Als Trigonum inguinale bezeichnen wir eine Gegend der vorderen Bauchwand, welche oben durch eine horizontale an dem Übergange von dem lateralen zum mittleren Drittel des Lig. inguinale beginnende Linie, medial durch den lateralen Rand des M. rectus, unten durch die medialen $^2/_3$ des Lig. inguinale abgegrenzt wird (Abb. 277). Die Struktur der Bauchwandung im Bereiche dieses Dreiecks sowie die Beziehungen zu durchtretenden Gebilden (Ductus deferens, A. und V. spermatica usw. beim Manne, Chorda uteroinguinalis[1] beim Weibe) bewirken hier von vornherein eine Schwächung der Bauchwand. Dazu kommen häufig entwicklungsgeschichtliche Vorgänge, resp. Hemmungsbildungen höheren oder geringeren Grades, die eine Ausstülpung der Peritonaealhöhle an dieser Stelle veranlassen und die Bildung von Eingeweidebrüchen (Herniae inguinales) begünstigen.

Wir besprechen:

1. Die Schichten der Bauchwand im Bereiche des Trigonum inguinale.
2. Das Verhalten des Peritonaeum an der inneren Fläche der Bauchwand, entsprechend dem Trigonum inguinale.
3. Gebilde, welche das Trigonum inguinale durchsetzen, in ihren Beziehungen zu den Schichten der Bauchwand an dieser Stelle.
4. Die Entstehung von Hernien im Bereiche des Trigonum inguinale.

Schichten der Bauchwandung im Trigonum inguinale. Die oben erwähnte Schwächung der Bauchwand im Bereiche des Trigonum inguinale ist auf zwei Momente zurückzuführen. Erstens fehlt hier die mächtige Muskelschicht des M. obliquus ext., welcher schon an der lateralen Grenze des Trigonum in seine als Teil der vorderen Wand der Rectusscheide zur Linea alba verlaufende Aponeurose übergeht, und

[1] Lig. teres uteri.

zweitens erfährt das Trigonum inguinale bei der Senkung der Keimdrüsen (Descensus testiculorum und Descensus ovariorum) eine Ausstülpung. Hier liegt schon in frühfetaler Zeit die Ansatzstelle des Leitbandes der Urniere (Gubernaculum testis beim Manne, Chorda uteroinguinalis[1] beim Weib), welches durch die Bauchwand hindurch nach aussen vorgestülpt wird, so dass es bei beiden Geschlechtern an den Grund eines die Bauchwand ausstülpenden Peritonaealsackes (Processus vaginalis peritonaei) zu liegen kommt. Während sich dieser Sack beim weiblichen Fetus vollständig schliesst, nimmt er beim männlichen Fetus den Hoden auf, welcher dem Leitbande der Urniere folgend die Bauchwand durchsetzt und liefert die seröse, durch das Periorchium[2] begrenzte, den Hoden umgebende Höhle. Der Kanal, welcher diese Höhle mit der Bauchhöhle in Verbindung setzte, schliesst sich nach der Geburt.

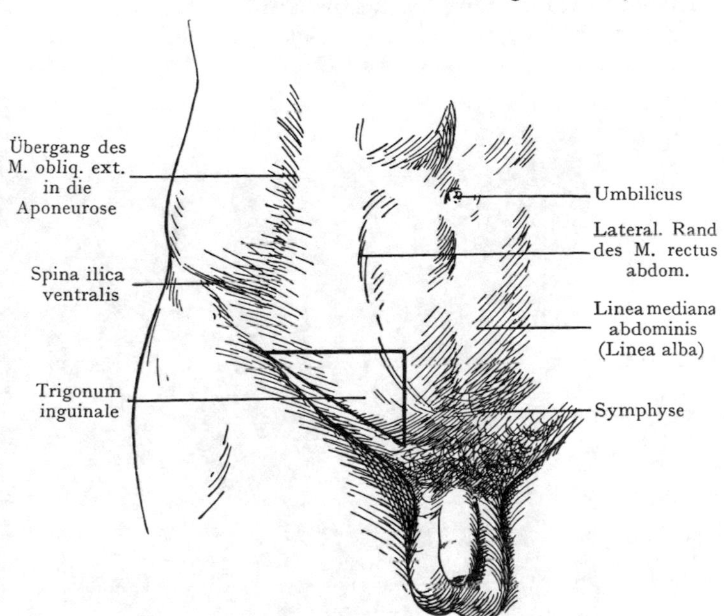

Abb. 277. Relief der vorderen Bauchwand rechterseits, mit Angabe des Trigonum inguinale.

Die Ausstülpung der Bauchwand, welche mit dem Descensus der Keimdrüsen einhergeht, ist beim Manne beträchtlicher als beim Weibe, indem die Ovarien bloss bis in den Raum des kleinen Beckens herabsteigen, während die Hoden dem Gubernaculum testis folgen und von einer Ausstülpung der Bauchwand aufgenommen werden, welche von allen Schichten derselben gebildet wird. Selbstverständlich nimmt der Hoden seine Gefässe und Nerven (A. und V. spermatica, Plexus spermaticus, Vasa lymphacea) sowie den Ductus deferens mit; alle diese Gebilde durchsetzen die Bauchwand in schiefer Richtung, indem sie einen Überzug durch die ausgestülpten Schichten erhalten. Dieselben bilden den Funiculus spermaticus, welcher den Canalis inguinalis durchläuft. Beim Weibe sind die Verhältnisse insofern einfachere, als bloss die Chorda uteroinguinalis[1] in Begleitung des in der Haut der grossen Labien endigenden R. genitalis (aus dem N. genitofemoralis) durch den Canalis inguinalis tritt.

Nach diesen einleitenden Bemerkungen soll zunächst die Schilderung der Schichten, einschliesslich des Peritonaeum, sodann die Beschreibung des Canalis inguinalis und der in demselben die Bauchwand durchsetzenden Gebilde erfolgen.

Schichten im Bereiche des Trigonum inguinale beim Manne. Nach Entfernung der Haut, des Fettpolsters und der Fascia superficialis tritt die Faserung in der Aponeurose des M. obliquus ext. deutlich zutage (Abb. 278). Die Muskelplatte geht in einer leicht gebogenen, ihre Konvexität medianwärts richtenden Linie in ihre Aponeurose über. Die Grenzen des Trigonum inguinale sind leicht festzustellen: unten das Lig. inguinale am Grunde der Leistenbeuge, oben eine Horizontale,

[1] Lig. teres uteri. [2] Tunica vaginalis propria.

welche von der Grenze zwischen lateralem und mittlerem Drittel des Lig. inguinale ausgeht. Die mediale, in dem lateralen Rande des M. rectus gegebene Grenze ist in Abb. 278 infolge der starken Ausbildung der Muskulatur etwas lateralwärts verschoben. Im Bereiche des Trigonum inguinale haben wir erstens Fasern der Aponeurose des M. obliquus ext., welche den schrägen Verlauf der Muskelbündel fortsetzen und in die vordere Wand der Rectusscheide übergehen, zweitens solche, welche vom Lig. inguinale abbiegend senkrecht oder schräg die ersteren kreuzen und gleichfalls in die Bildung der Rectusscheide übergehen. Eine schematische Darstellung des Faserverlaufes gibt Abb. 279. Diejenigen Fasern, welche die Richtung der Muskelbündel fortsetzen, weichen oberhalb des medialen Drittels des Lig. inguinale aus-

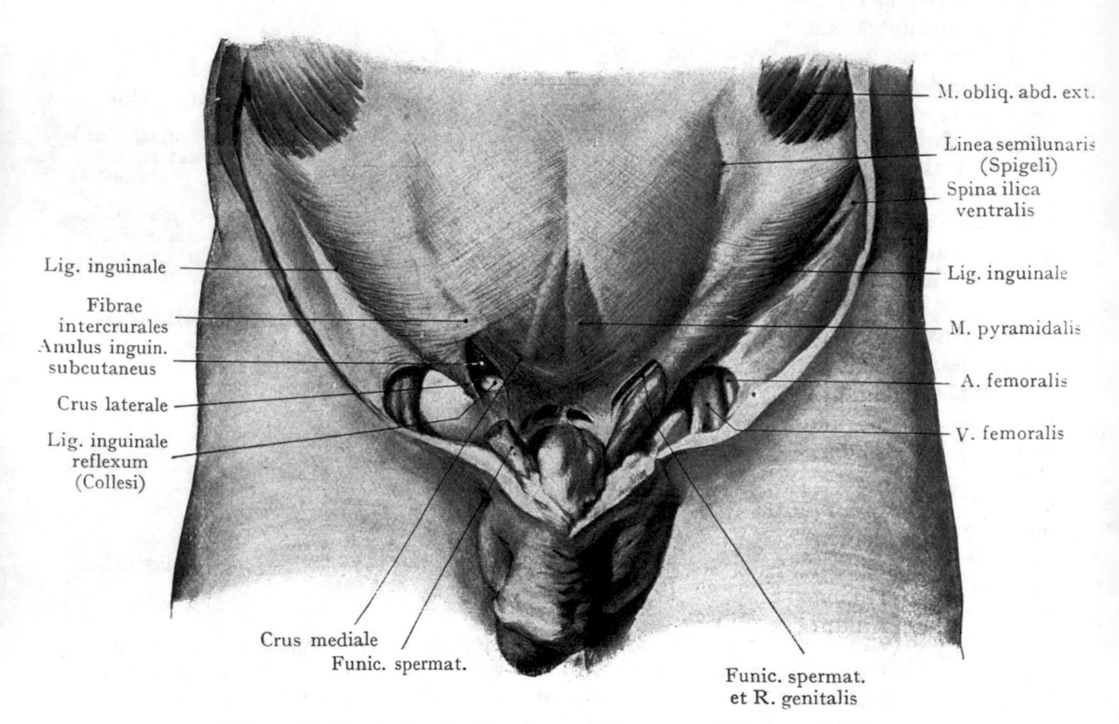

Abb. 278. Regio inguinalis eines muskulösen 21jährigen Mannes. Formolpräparat.

einander, um die schlitzförmige Öffnung des Anulus inguinalis subcutaneus in der Aponeurose des M. obliquus ext. zu begrenzen. Dieselbe wird erst recht deutlich, wenn wir den Samenstrang entfernen (Abb. 278) rechts. Diese Fasern der Aponeurose bilden als Crus mediale und Crus laterale die mediale und die laterale Umgrenzung des Anulus inguinalis subcutaneus. Als Vervollständigung derselben kommen noch sehnige Faserzüge hinzu (Fibrae intercrurales), welche sich von dem Lig. inguinale ablösen und schräg nach oben oder auch horizontal verlaufend, den Anulus inguinalis subcutaneus lateral und oben abschliessen. Durch diese Fasern werden die Crura dort, wo sie zur Bildung des Anulus inguinalis subcutaneus auseinanderweichen, zusammengehalten, folglich müssen die Fibrae intercrurales durchtrennt werden, bevor eine Erweiterung des Schlitzes nach oben und lateralwärts möglich wird. Die Ausbildung dieser Fasern ist sehr verschieden; am schönsten werden sie bei muskulösen Individuen angetroffen.

Medial und unten wird der Anulus inguinalis subcutaneus durch Fasern abgeschlossen, welche von der Insertion des Lig. lacunare an das Pecten ossis pubis ausgehen und gewissermassen eine Fortsetzung dieser dreieckigen Bandplatte nach oben und medianwärts darstellen. Diese Fasern kreuzen sich an der Linea alba mit entsprechenden Fasern der anderen Seite und bilden das Lig. inguinale reflexum seu Collesi (Abb. 279).

Als offener Ring oder Schlitz erscheint der Anulus inguinalis subcutaneus erst dann, wenn man die Fascia abdom. superficialis vollständig entfernt und den aus der Öffnung herausgezogenen Samenstrang abträgt. Die Fascia superficialis ist die ober-

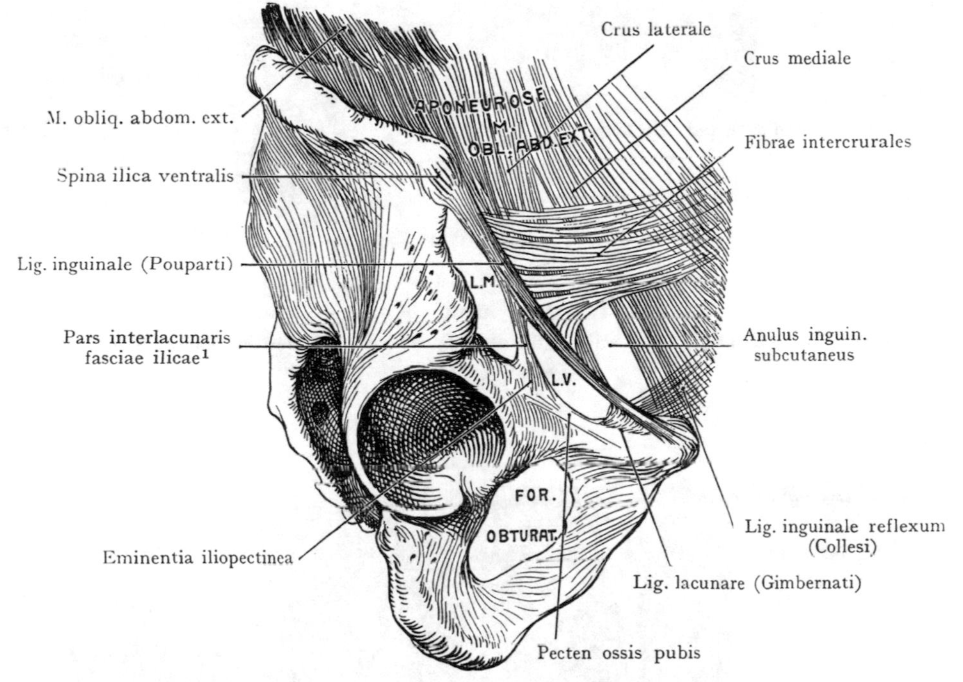

Abb. 279. Lig. inguinale von vorn mit der Aponeurose des M. obliquus abdom. ext., dem Anulus inguinalis subcutaneus, der Lacuna vasorum (L. v.) und der Lacuna musculorum (L. m.). Schema.

flächlichste Schicht der vorderen Bauchwand, welche bei dem Descensus testium ausgestülpt wird und als Fascia cremasterica (Cooperi) auf den Samenstrang und den Hoden übergeht. Sie verbindet sich fest mit den sehnigen Rändern des Anulus inguinalis subcutaneus, welcher sich folglich erst nach Entfernung der Fascie als Öffnung darstellen lässt.

Die in Abb. 280 und 281 abgebildeten Präparate geben den Schichtenbau im Bereiche des Trigonum inguinale wieder. In Abb. 280 ist der M. obliquus ext. entfernt und die Schicht des M. obliq. int. dargestellt worden. In Abb. 281 ist der M. obliquus int. durchtrennt und zurückgeschlagen worden, um die Schicht des M. transversus und die Fascia transversalis zur Ansicht zu bringen.

In Abb. 280 ist die untere mediale Partie des M. obliquus int. zu sehen, welche von der Spina ilica ventralis[2] und der lateralen Hälfte des Lig. inguinale entspringt. Sie bildet eine dünne, aber ziemlich vollständige Schicht im Bereiche des Trigonum inguinale. Von ihr zweigen sich Muskelbündel an den lateralen Umfang der

[1] Lig. iliopectineum. [2] Spina iliaca anterior superior.

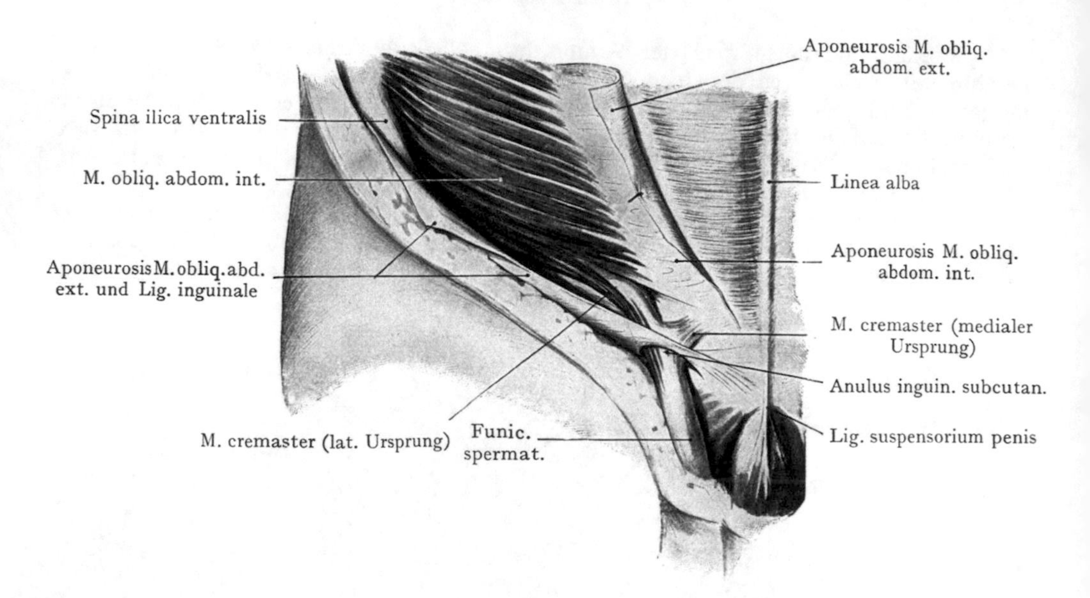

Abb. 280. Trigonum inguinale beim Manne.
Der M. obliquus abdom. ext. ist entfernt worden, um den Samenstrang und den M. obliq. abd. int. zu zeigen. Formolpräparat.

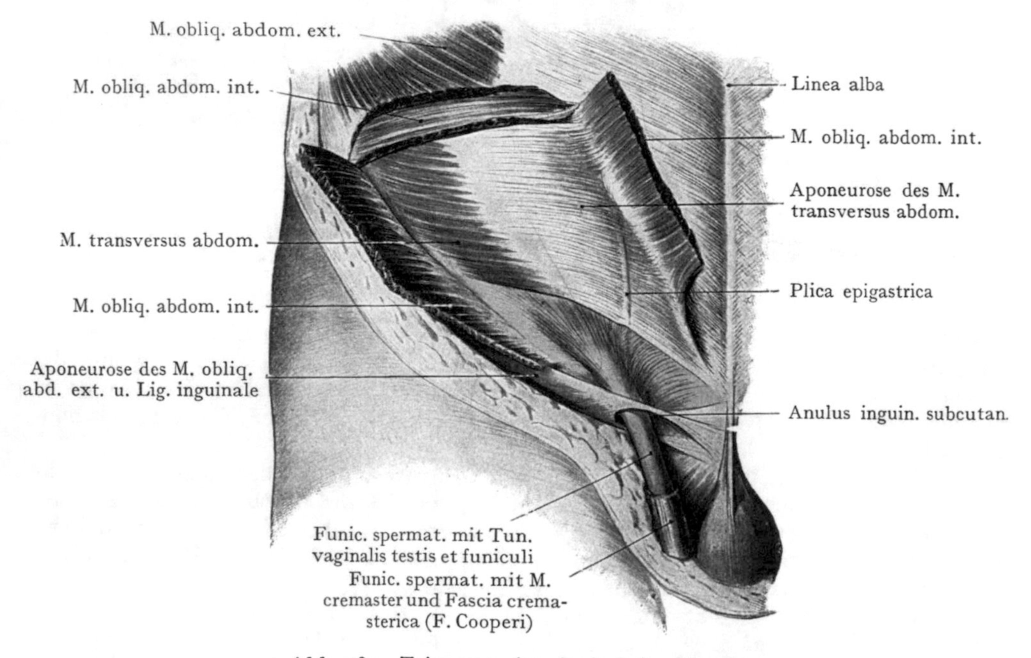

Abb. 281. Trigonum inguinale beim Manne.
Schicht des M. transversus abdominis und der Fascia transversalis (letztere grün). Formolpräparat.

den Samenstrang zusammensetzenden Gebilde ab, um dieselben sowie die Hüllen des Hodens als M. cremaster schleifenförmig zu umgeben. Die Muskelplatte des M. obliquus int. zieht horizontal oder leicht absteigend zum lateralen Rande des M. rectus, wo sie in ihre zur Bildung der vorderen Wand der Rectusscheide beitragende Aponeurose übergeht. Der Muskel lässt für den Durchtritt des Samenstranges eine Lücke frei, die oben durch den Rand der Muskelplatte, unten durch das Lig. inguinale, medial durch das Lig. inguinale reflexum (Collesi) begrenzt wird. Zwischen dem M. obliquus int. und der Aponeurose des M. obliquus ext. verläuft der N. ilioinguinalis aus dem I. Lumbalnerven (in Abb. 280 nicht dargestellt); in der ersten Strecke seines Verlaufes liegt er zwischen dem M. obliquus int. und dem M. transversus, und erst unterhalb der Spina ilica ventralis durchbohrt er den M. obliquus int., um dann zwischen diesem Muskel und der Aponeurose des M. obliquus ext. an den lateralen Umfang des Samenstranges zu gelangen, mit demselben durch den Anulus inguinalis subcutaneus zu treten und in der Haut des Mons pubis zu endigen.

Nach Abtragung resp. nach Durchtrennung und Auseinanderziehen des M. obliq. int. kommt als tiefste Schicht des Trigonum inguinale der M. transversus zum Vorschein. Die Muskelschicht wird hier in grosser Ausdehnung durch die Fascia transversalis ersetzt, welche jedoch nicht wesentlich zur Verstärkung der Bauchwandung beitragen kann (Abb. 281). Diejenigen Bündel des M. transversus nämlich, welche von der Spina ilica ventralis sowie von dem lateralen Drittel des Lig. inguinale entspringen, endigen an einer abwärts konkaven Linie. Zwischen dieser und dem Lig. inguinale wird die Schicht nur noch durch die von der hinteren (tiefen) Fläche des M. transversus abdom. weiterziehende Fascia transversalis dargestellt (Abb. 281 grün), welche als Tunica vaginalis testis et funiculi spermatici[1] trichterförmig auf den Samenstrang übergeht. Medial von dem Trigonum inguinale stellt die Fascia transversalis den einzigen Bestandteil der hinteren Wand der Rectusscheide dar, den wir unterhalb der Linea semicircularis antreffen.

Die dritte und tiefste Schicht der Bauchwandung im Bereiche des Trigonum inguinale wird also in der Hauptsache bloss durch die dünne und wenig resistente Fascia transversalis gebildet, an welche sich innen das Peritonaeum anschliesst.

Canalis inguinalis. Wenn wir nun bei der Präparation der oberflächlichen Schicht, wie sie in Abb. 278 zur Darstellung gebracht wurde, den Samenstrang nach Lösung der Verbindung zwischen der Fascia abdom. superficialis und dem Rande des Anulus inguinalis subcutaneus nach abwärts ziehen und entfernen, so stellen wir künstlich den Canalis inguinalis dar, welcher die Bauchwand schräg durchsetzt. Man kann sich durch Einführung des Fingers von dem Vorhandensein des Kanals, von seiner Weite und von seiner Verlaufsrichtung überzeugen. Wenn man das Peritonaeum, welches das Trigonum inguinale innen überzieht, entfernt, so erhält man für den Canalis inguinalis zwei Öffnungen (Anulus inguinalis subcutaneus und praeperitonealis[2]) und vier Wandungen, eine vordere, obere, hintere und untere.

Die vordere Wand wird hauptsächlich durch die Aponeurose des M. obliquus ext. gebildet, besonders durch die Fasern, welche sich als Fibrae intercrurales von dem Lig. inguinale ablösen.

Die untere Wand wird durch das Lig. inguinale hergestellt, welches sich rinnenförmig einrollt, so dass die nach oben sehende Konkavität der Rinne den Samenstrang aufnimmt.

Die obere Wand wird von der Muskelschicht des M. obliq. int. und des M. transversus gebildet (s. Abb. 280 und 281).

Die hintere Wand besteht hauptsächlich aus jenem Teile der Fascia transversalis, welcher den Muskel abwärts bis zum Lig. inguinale ergänzt und als Tunica vaginalis testis et funiculi spermatici[1] auf den Samenstrang übergeht.

[1] Tunica vaginalis communis. [2] Anulus inguinalis abdominalis.

Trigonum inguinale, von hinten gesehen. Die Bildung und die Beziehungen des Anulus inguinalis subcutaneus sind besprochen worden; zum Verständnis der Beziehungen des Anulus inguinalis praeperitonealis[1] ist es notwendig, die vordere Bauchwand von innen sowie das Verhalten des Peritonaeum zu derselben zu schildern (Abb. 282 und 283).

Die Abb. 282 entspricht der Abb. 278 (von hinten gesehen), nach Entfernung des Peritonaeum parietale der vorderen Bauchwandung. Es sind zu sehen: die hintere Fläche der beiden Mm. recti, das Lig. inguinale mit der dreieckigen Platte des Lig.

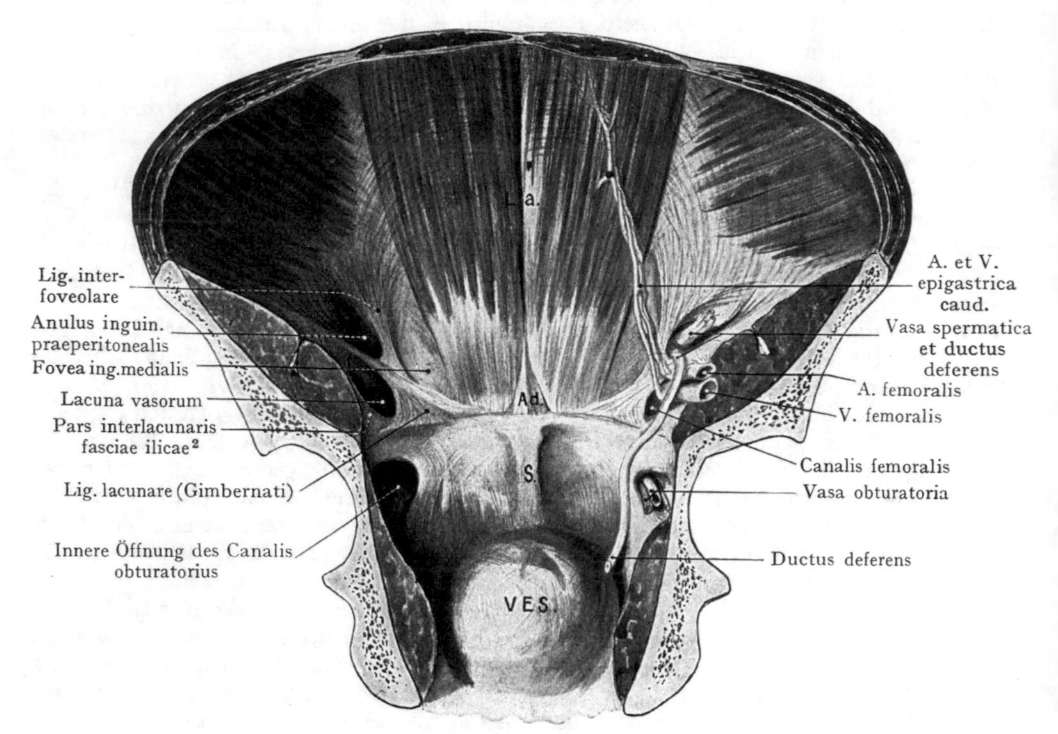

Abb. 282. Ansicht der unteren Partie der vorderen Bauchwand von hinten, nach Entfernung des Peritonaeum.

Linkerseits sind auch die Vasa spermatica, die Vasa epigastrica, der Ductus deferens mit der A. und V. femoralis und der A. und V. obturatoria entfernt worden, um die Bruchpforten in dieser Gegend darzustellen. La. Linea alba. Ad. Adminiculum lineae albae. S. Symphyse. Ves. Vesica.

lacunare, linkerseits, unterhalb des Lig. inguinale, die Pars interlacunaris fasciae ilicae[2] welches die Lacuna musculorum (für den M. iliopsoas und den N. femoralis) von der Lacuna vasorum (für die A. und V. femoralis) trennt. Oberhalb des Lig. inguinale ist linkerseits die tiefste Schicht im Bereiche des Trigonum inguinale dargestellt, welche, nach Entfernung des Peritonaeum, von der Fascia transversalis gebildet wird. Dieselbe erhält unmittelbar oberhalb der Platte des Lig. lacunare eine Verstärkung durch sehnige Fasern, welche, von dem Lig. inguinale breit ausgehend, ein geschlossenes nach oben verlaufendes Bündel herstellen und dann allmählich in die Fascia transversalis übergehen (Lig. interfoveolare Hesselbachi). Einzelne Züge lösen sich von dem Ligamente ab und gehen bogenförmig zur Linea alba, indem sie an der Bildung der Linea semicircularis teilnehmen.

Durch die in dem Lig. interfoveolare gegebene sehnige Verstärkung der Fascia transversalis erfährt das Trigonum inguinale in der Ansicht von hinten eine Scheidung

---

[1] Anulus inguinalis abdominalis. [2] Lig. iliopectineum.

in zwei Felder, die sich an Präparaten mit in situ belassenem Peritonaealüberzuge als leichte Einsenkungen oder Gruben bemerkbar machen und als Foveae inguinales medialis et lateralis eine grosse Rolle bei der Bildung der Leistenbrüche spielen. In unserer Abb. 282 hat der lateral von dem Lig. interfoveolare gelegene Abschnitt des Trigonum folgende Begrenzung: medial das Lig. interfoveolare, unten das Lig. inguinale, lateral Züge der Fascia transversalis, welche ringförmig verlaufen, so dass eine ovale Öffnung (Anulus inguinalis praeperitonealis[1]) zustande kommt, welche gerade medial von der Mitte des Lig. inguinale liegt. Hier treffen die Hauptgebilde des Samenstranges zusammen (Ductus deferens, A. und V. spermatica; in Abb. 282 rechterseits dargestellt), um in den Canalis inguinalis einzutreten. Die A. und V. spermatica liegen auf dem M. iliopsoas, lateral von der A. und V. ilica ext., während der Ductus deferens (in der Richtung von seiner Ausmündung in die Pars prostatica urethrae gegen den Hoden hin verfolgt) an der lateralen Wand des kleinen, Beckens emporzieht, dann oberhalb des Beckenrandes die A. und V. ilica ext. kreuzt um den scharfen, die mediale Begrenzung des Anulus inguinalis praeperitonealis[1] bildenden Rand des Lig. interfoveolare verläuft und in den Canalis inguinalis eintritt.

Die mediale Abteilung des Trigonum inguinale, die Fovea inguinalis medialis (Abb. 282) bildet eine seichte Grube, die begrenzt wird: unten durch das Lig. inguinale, lateral durch das Lig. interfoveolare und medial durch den lateralen Rand des M. rectus. Sie stellt den unteren medialen Winkel des Trigonum inguinale dar und entspricht, nach vorne projiziert, annähernd dem Anulus inguinalis subcutaneus. Die Schichten, welche die Fovea inguinalis medialis von dem Annulus inguinalis subcutaneus trennen, sind bloss die Fascia transversalis und die untere, stark verdünnte Partie der Muskelplatte des M. obliquus int. (Abb. 280 und 281). Es ist begreiflich, dass die Resistenz dieser Schichten gegen erhöhten intraabdominellen Druck eine geringe sein wird und tatsächlich kommen hier nicht selten Ausbuchtungen der Bauchwand vor (Herniae inguinales mediales), welche nach aussen hin gegen den Anulus inguinalis subcutaneus die Bauchwandung vorstülpen und dann direkt unter die Haut zu liegen kommen.

Gebilde, welche sowohl in operativer Hinsicht als auch wegen ihrer Bedeutung als Leitgebilde Interesse beanspruchen, liegen der Fascia transversalis entsprechend dem Lig. interfoveolare auf. Es sind das die A. und die Vv. epigastricae caudales, welche dort aus den Vasa ilica ext. entspringen, wo dieselben unter dem Lig. inguinale in der Lacuna vasorum zum Oberschenkel verlaufen (Abb. 282 rechts). Sie halten annähernd die Richtung des Lig. interfoveolare inne, indem sie manchmal den obersten Teil der Fovea inguinalis medialis schräg kreuzen, um die hintere Fläche des M. rectus zu erreichen und in die Rectusloge einzutreten. Mit dem Lig. interfoveolare geben sie die Grenze zwischen der Fovea inguinalis medialis und lat. an. Dort, wo sie über dem Lig. inguinale emportreten, werden sie durch den Ductus deferens gekreuzt, welcher aus dem Anulus inguinalis praeperitonealis[1] tretend sich um das Lig. interfoveolare und die A. et Vv. epigastricae caudales medianwärts herumbiegt und in das kleine Becken herabsteigt. Mit diesen Gefässen verlaufen auch die Lymphgefässe der Nabelgegend und der tiefen Schichten der vorderen Bauchwand zu den Lymphonodi ilici.

Die zweite, der Erläuterung dieser Verhältnisse dienende Abb. 283 stellt die vordere Bauchwand und das Trigonum inguinale von hinten gesehen im Zusammenhang mit ihrem Peritonaealüberzuge dar.

Hier wird durch die Ausbildung von Peritonaealfalten die vordere Bauchwand unterhalb des Nabels in bestimmte topographisch wichtige Felder eingeteilt. Von dem Apex der Harnblase gehen zum Nabel die spulrunde Chorda urachi[2], sowie beiderseits, von dem seitlichen Umfange der Harnblase aus, die Chordae arteriae umbilicalis[3].

---

[1] Anulus inguinalis abdominalis. [2] Lig. umbilicale medium. [3] Lig. umbilicale laterale.

Die alte Bezeichnung „Ligament" bezog sich nicht bloss auf die Stränge, sondern auch auf das Peritonaeum, welches sich faltenförmig auf denselben erhebt; man ging bei der Bezeichnung von der Vorstellung aus, dass diese Falten eine Rolle für die Sicherung der Harnblase in ihrer Lage spielen müssten.

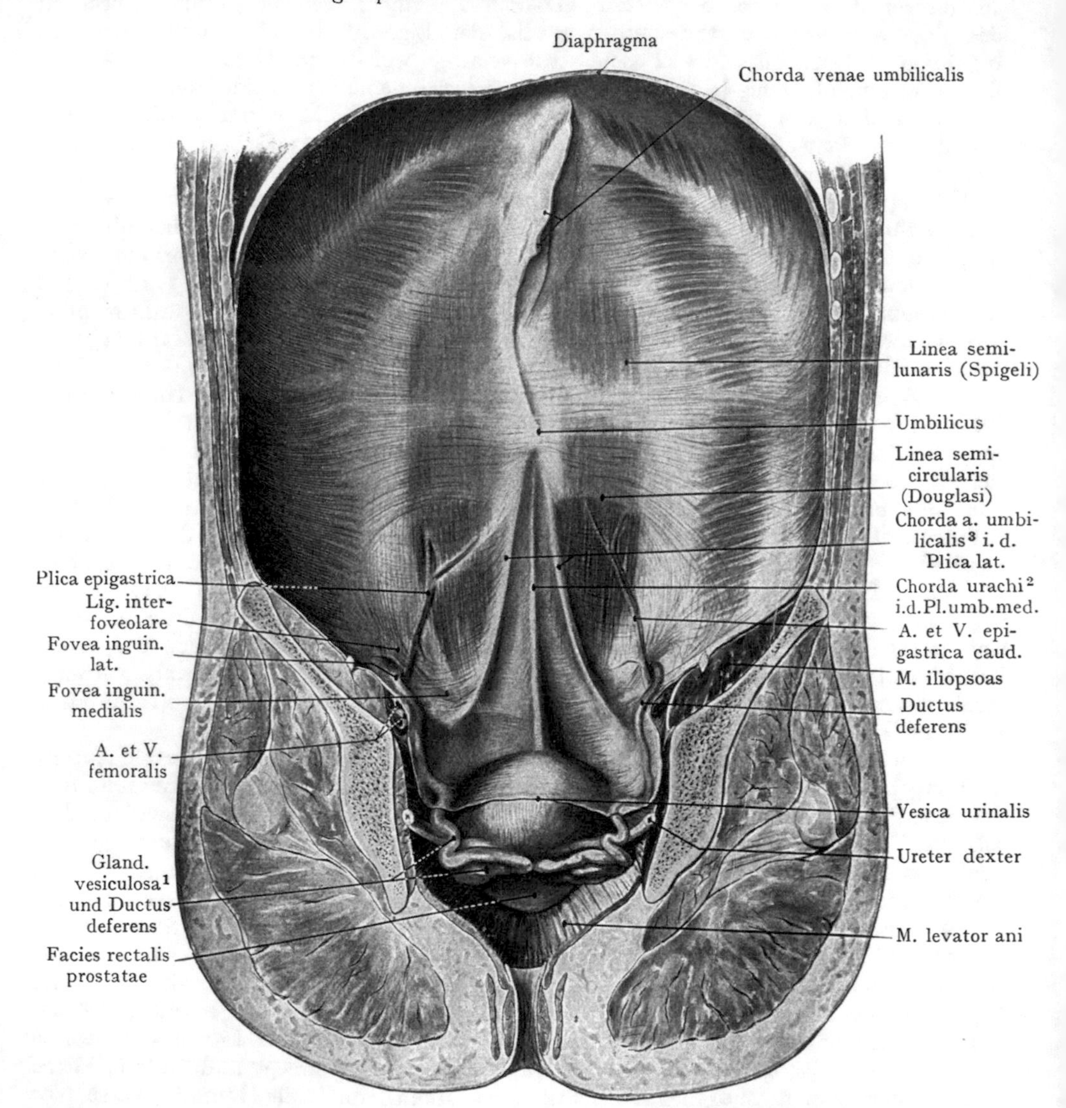

Abb. 283. Ansicht der vorderen Bauchwand von hinten.
Die dorsale Beckenhälfte ist behufs Darstellung der Harnblase und der Chordae arteriae umbilicalis[3] et urachi[2] in den Plicae umb. med. et lat. entfernt worden. Zwischen den Plicae umb. und der Harnblase die Fovea supravesicalis. Formolpräparat von einem 21jährigen Manne.

Zu den drei Plicae kommt noch als weitere Orientierungslinie der Gefässstrang der A. et Vv. epigastricae caudales hinzu, welcher an der Grenze zwischen der Fovea inguinalis medialis und lateralis hinaufzieht. Häufig schimmert er durch das Peritonaeum hindurch, in anderen Fällen erhebt sich das Peritonaeum auf demselben in Gestalt einer Falte (Plica epigastrica).

[1] Vesicula seminalis. [2] Lig. umbilicale medium. [3] Lig. umbilicale laterale.

Durch diese fünf mehr oder weniger senkrecht verlaufenden Stränge erhalten wir eine Einteilung der vorderen Bauchwand, unmittelbar über der Symphyse und der medialen Hälfte des Lig. inguinale, in einzelne Felder, welche zu den hier entstehenden Eingeweidebrüchen (Leistenhernien, Herniae inguinales) in bestimmter Beziehung stehen. Das dreieckige Feld, welches unmittelbar oberhalb der Symphyse zu beiden Seiten der Chorda urachi[1] Plica umb. med. liegt und lateralwärts durch die Chorda arteriae umbilicalis[2] Plica umb. lat. abgegrenzt wird, ist die Fovea supravesicalis. Ihr Boden wird durch die untere Partie des zu seinem Ansatze am Os pubis sich verschmälernden M. rectus, ferner durch die Fascia transversalis und das Peritonaeum gebildet. Die leichte Einbuchtung, welche sich zwischen der Chorda arteriae umbilicalis[2] und der Plica epigastrica unmittelbar über der medialen Strecke des Lig. inguinale befindet, ist die Fovea inguinalis medialis. Die Schichten der Bauchwandung innerhalb ihres Bereiches sind oben aufgeführt worden; auch wurde erwähnt, dass sie, auf die Oberfläche der Bauchwandung projiziert, dem Anulus inguinalis subcutaneus entspricht. Lateral von der Plica epigastrica liegt, gleichfalls unmittelbar über dem Lig. inguinale, als dritte Vertiefung, dic Fovea inguinalis lat., welche dem Anulus inguinalis praeperitonealis[3] ihre Entstehung verdankt. Man sieht hier, durch das Peritonaeum durchschimmernd, den Ductus deferens, welcher sich um die A. und Vv. epigastriae caud. und das Lig. interfoveolare herumschlingt und den Anulus inguinalis praeperitonealis[3] erreicht. Nicht selten zieht sich an der Fovea inguinalis lat. eine kurze, trichterförmige Ausbuchtung der Peritonaealhöhle in den Canalis inguinalis als Andeutung des schräg median- und abwärts gehenden Processus vaginalis peritonaei, welcher während der fetalen Entwicklung den absteigenden Hoden bis in den Hodensack umgab und später bloss noch als Epi- und Periorchium[4] erhalten bleibt; eine ähnliche Divertikelbildung kommt manchmal auch beim Weibe vor (Diverticulum ilei).

Herniae inguinales. Ausbuchtungen im Bereiche des Trigonum inguinale führen zur Bildung von Herniae inguinales (Leistenbrüchen), welche immer oberhalb des Lig. inguinale entweder von der Fovea inguinalis medialis oder von der Fovea inguinalis lat. aus entstehen. Die Fovea supravesicalis kommt so gut wie gar nicht in Betracht, oder doch so selten, dass eine nähere Beschreibung der in ihrem Bereiche entstehenden Hernien unterbleiben darf. Die beiden Mm. recti, die sich hier nahe zusammenschliessen und ausserdem noch eine Verstärkung durch die Mm. pyramidales erhalten, genügen vollständig, um auch einem stark erhöhten intraabdominellen Drucke Widerstand zu leisten. Anders steht es mit der Bauchwandung im Bereiche der Fovea inguinalis medialis und lat. Hier ist erstens durch den Verlauf des Canalis inguinalis, zweitens infolge der Reduktion der Muskelschicht (Ersatz des Muskelfleisches des M. obliquus ext. durch seine Aponeurose und des M. transversus abdom. durch die Fascia transversalis) eine relative Schwächung der Bauchwandung gegeben, die zu Hernienbildung führen kann oder richtiger gesagt zur Bildung von Hernien prädisponiert. Beide Foveae inguinales sind als Puncta minoris resistentiae anzusehen und als solche in bezug auf ihre anatomische Beschaffenheit zu prüfen; es ergeben sich daraus bestimmte Anhaltspunkte zur Unterscheidung der hier auftretenden Hernien, die sowohl für die Diagnose als auch für das operative Vorgehen von Wichtigkeit ist.

Die Herniae inguinales mediales und laterales unterscheiden sich voneinander zunächst durch die Richtung, in welcher sie die Bauchwand vorstülpen. Die Herniae inguinales lat. bilden eine Vorstülpung der Fovea inguinalis lat., welche dem Anulus inguinalis praeperitonealis[3] entspricht. Sie werden bei ihrem Vordringen dem Verlaufe des Leistenkanales folgen, also schräg von oben und lateral nach unten und medianwärts die Bauchwandung durchsetzen (daher auch als H. inguinales obliquae bezeichnet), um in Fällen stärkerer Ausbildung den Leistenkanal auszuweiten und am Anulus inguinalis subcutaneus zum Vorschein zu kommen. Die Herniae inguinales mediales dagegen bilden sich von der Fovea inguinalis medialis aus,

[1] Lig. umbilicale medium. [2] Lig. umbilicale laterale. [3] Anulus inguinalis abdominalis.
[4] Tunica vaginalis propria testis.

welche, auf die äussere Oberfläche der Bauchwandung projiziert, dem Anulus inguinalis subcutaneus entspricht. Hier wird die Bauchwandung bloss durch das parietale Peritonaeum, die Fascia transversalis und die Muskelschicht des M. obliquus int. gebildet, folglich wird eine hier entstehende Hernie, der Linie des geringsten Widerstandes folgend, gerade abwärts vordringen und an der äusseren Mündung des Leistenkanals zum Vorschein kommen. (Herniae inguinales mediales oder Herniae inguinales directae). Zweitens unterschieden sich die beiden in Frage stehenden Hernienarten durch ihre Beziehungen zu den Vasa epigastrica caudalia und zum Ductus deferens.

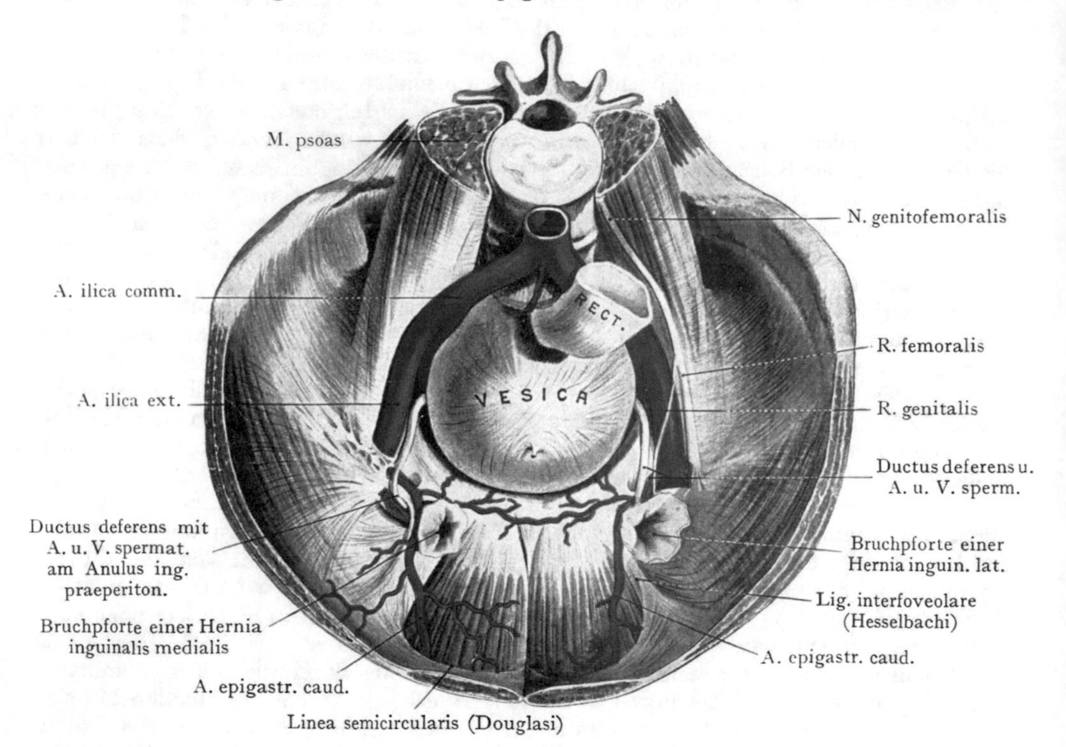

Abb. 284. **Inguinalgegend von innen.**
Rechterseits (im Bilde) eine Hernia inguinalis lateralis (obliqua), linkerseits eine Hernia inguinalis medialis (directa).
Nach Nuhn, Atlas der chirurg. Anatomie.

Dieselben wurden in Abb. 284 veranschaulicht. Hier ist die vordere Bauchwand oberhalb der Symphyse und der Ligg. inguinalia dargestellt, mit der Bruchpforte einer Hernia inguinalis medialis linkerseits im Bilde und einer Hernia inguinalis lat. rechterseits im Bilde. Bei der Hernia inguinalis lat. liegen die Vasa epigastrica auf dem Lig. interfoveolare medial, bei der Hernia inguinalis medialis dagegen lateral von dem Bruchsackhalse. Die Vasa spermatica (A. spermatica und V. spermatica) und der Ductus deferens liegen direkt unterhalb der Bruchpforte bei einer Hernia inguinalis lat., während sie lateral von der Bruchpforte einer Hernia inguinalis medialis liegen. Drittens unterscheiden sich die beiden Hernienarten auch dadurch, dass die Herniae inguinales mediales immer erworben sind (Herniae acquisitae) und vorzugsweise beim Erwachsenen entstehen, während die Herniae inguinales lat. sowohl erworben als congenital vorkommen können und häufig, besonders wenn sie in der ersten Zeit nach der Geburt entstehen, mit den im Anschluss an den Descensus der Keimdrüsen erfolgenden Entwicklungsvorgängen zusammenhängen. Die Herniae inguinales lat.

werden demgemäss häufig bei Kindern angetroffen. Viertens ergibt sich ein Unterschied zwischen den beiden Hernienarten in der Häufigkeit ihres Vorkommens. Unter 100 Fällen von Inguinalhernien finden wir 80% Herniae inguinales lat. und bloss 20% Herniae inguinales mediales. Die ersteren sind übrigens bei Männern häufiger als bei Weibern. Fünftens findet sich ein Unterschied in den Schichten, welche ausgestülpt werden (Abb. 285). Die Hernia inguinalis medialis, links im Bilde, erhält einen Überzug durch das Peritonaeum, welches die innerste Schicht des Bruchsackes bildet,

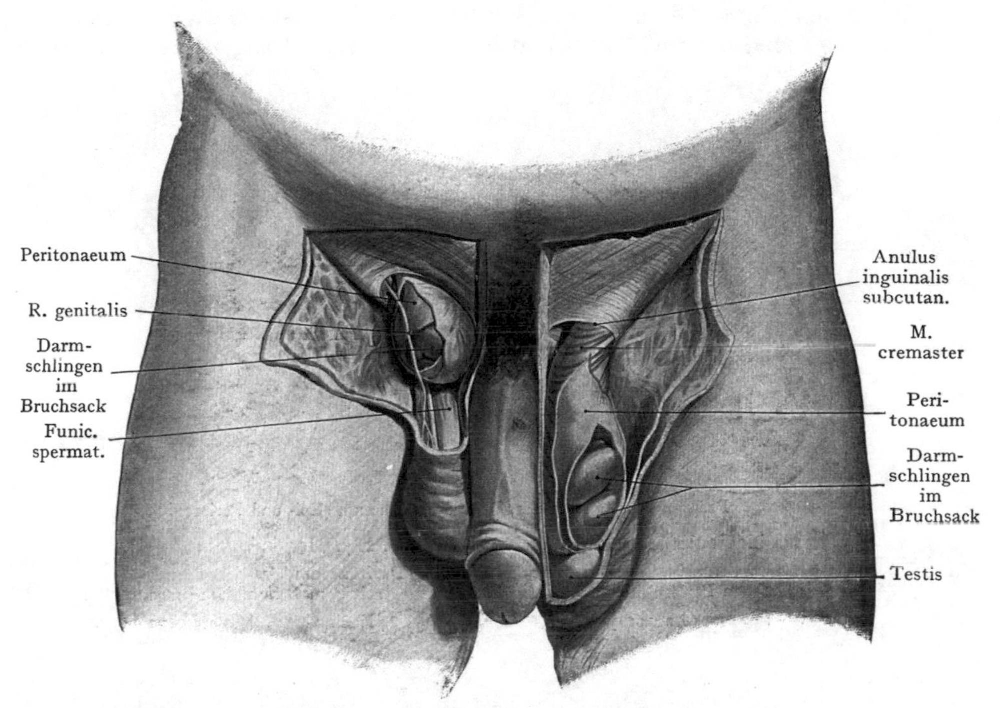

Abb. 285. Regio inguinalis, von vorn gesehen.
Rechts im Bilde eine Hernia inguinalis lat. (obliqua), links eine Hernia inguinalis medialis (directa).
Nach Nuhn, Chirurgisch-anatom. Atlas.

dann durch die Fascia transversalis und etwa noch durch die Muskelschicht des M. obliquus int., endlich durch die Fascia superficialis abdominis, welche an dem Anulus inguinalis subcutaneus ausgestülpt wird. Der Samenstrang liegt dem lateralen Umfange einer typischen Hernia inguinalis medialis an. Ganz anders verhält sich die Hernia inguinalis lat. (Abb. 285, rechts im Bilde). Bei der häufigen Form der Hernia congenita wird die peritonaeale Schicht des Bruchsackes von dem Processus vaginalis peritonaei gebildet, welchen der Hoden bei seinem Descensus einstülpt, um den serösen Überzug des Periorchiums[1] zu erhalten. Angenommen, es bliebe das Lumen dieser Ausstülpung auf der ganzen Strecke zwischen dem Anulus inguinalis praeperitonealis[2] und dem Hoden erhalten, so würde damit ein präformierter Raum gegeben sein, der bloss ausgeweitet zu werden braucht, um die innerste Schicht eines Herniensackes herzustellen. Bei einer Hernia inguinalis lat. congenita (Abb. 286) wird der ganze Kanal ausgeweitet, indem sich die den Bruchinhalt bildenden Eingeweideschlingen in demselben nach unten senken und in den Hodensack gelangen. Die übrigen Schichten des Bruchsackes werden in einem solchen Falle durch dieselben Teile

[1] Tunica vaginalis propria. [2] Anulus inguinalis abdominalis.

der Bauchwand, welche wir als Hüllen des Samenstranges oder des Hodens finden, dargestellt. Es folgt also auf das Peritonaeum die Fascia transversalis, dann die von dem M. obliquus int. gelieferte Schicht des M. cremaster, die Fascia abdominis superficialis (Fascia Cooperi) und als Abschluss die Tunica dartos und das Scrotum. Tatsächlich ist die Unterscheidung der Schichten bei einem Bruchsacke nicht immer durchführbar, indem bei grossen Hernien eine Verdickung oder eine Verschmelzung, auch eine Rückbildung einzelner Schichten erfolgen kann, so dass die schematische Beschreibung nicht immer zutrifft. Die Herniae inguinales lat. acquisitae (Abb. 287) gehen häufig von einer kleinen, in den Leistenkanal sich erstreckenden Ausbuchtung des Peritonaeum aus, die jedoch nicht mehr den Zusammenhang mit der den Hoden

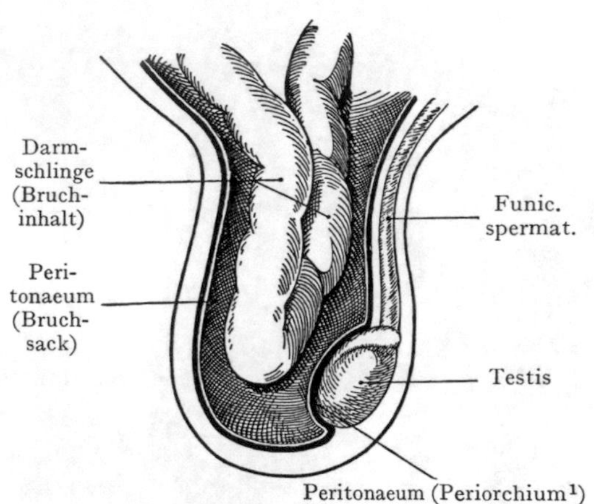

Abb. 286. Hernia inguinalis lat. congenita.
Die Wandung der peritonaealen Schicht des Bruchsackes hängt continuierlich mit dem Periorchium[2] zusammen.
Nach Gray, Human Anatomy.

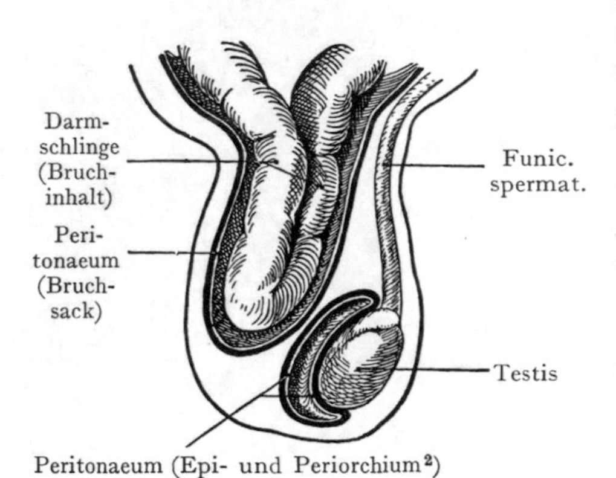

Abb. 287. Hernia inguinalis lat. acquisita.
Das Peritonaeum des Bruchsackes hängt nicht mit dem Periorchium[2] zusammen.
Nach Gray, Human Anatomy.

umgebenden serösen Höhle besitzt, sondern bloss noch die Stelle bezeichnet, von welcher ursprünglich beim Descensus testium die Ausbuchtung der Bauchwand ausging. Dieser Rest des Processus vaginalis peritonaei wird dann abwärts in der Substanz des Samenstranges vergrössert, tritt durch den Leistenkanal und stellt die innerste Schicht eines Bruchsackes dar, welcher sich bis in das Scrotum erstreckt und dieselben Verhältnisse in bezug auf die Schichtenbildung (selbstverständlich auch mit derselben Einschränkung) aufweist, wie sie soeben für die Hernia inguinalis lat. congenita geschildert wurden (Abb. 286). Endlich kann es auch zur Bildung einer Hernie in der Fovea inguinalis lat. kommen, ohne dass auch nur die Andeutung eines Processus vaginalis peritonaei vorhanden wäre.

Dass unser anatomisches Schema bei der Ausbildung sehr grosser Herniensäcke eine gewisse Änderung erleiden muss, geht aus der Erwägung hervor, dass grosse Herniensäcke infolge ihrer Schwere die Neigung zeigen werden, ihre Bruchpforte zu vergrössern. Beide Hernienarten werden den Anulus inguinalis subcutaneus erweitern, so dass es bei starker Grössenzunahme schwer sein kann, die ursprüngliche Richtung der Ausstülpung zu erkennen. Immer liegt jedoch die Bruchpforte einer Hernia inguinalis, gleichgültig ob medialis oder lateralis, oberhalb des Lig. inguinale, dessen Nachweis ohne weiteres die Unterscheidung von jenen Hernienbildungen ermöglicht, welche unterhalb des Lig. inguinale in der durch das Lig. lacunare, die Pars interlacunaris fasciae ilicae[3] und

[1] Tunica vaginalis propria. [2] Lamina visceralis et parietalis tunicae vaginalis propriae. [3] Lig. iliopectineum.

das Lig. inguinale begrenzten Lacuna vasorum mit der A. und V. femoralis auf die vordere Fläche des Oberschenkels gelangen (s. Herniae femorales).

Das Trigonum inguinale beim Weibe. Es zeigt in bezug auf Lage und Schichtenbau dieselben Verhältnisse wie beim Manne, ebenso sind von der Peritonaealhöhle aus eine Fovea supravesicalis, eine Fovea inguinalis medialis und lateralis zu erkennen. Auch entspricht ein Canalis inguinalis mit einem Anulus inguinalis praeperitonealis[1] und subcutaneus, bis auf Grössenverhältnisse und Inhalt, den gleichnamigen Bildungen beim Manne. Die Weite des Canalis inguinalis ist jedoch beim Weibe bedeutend geringer, indem derselbe bloss zum Durchtritt der Chorda uteroinguinalis[2] bestimmt

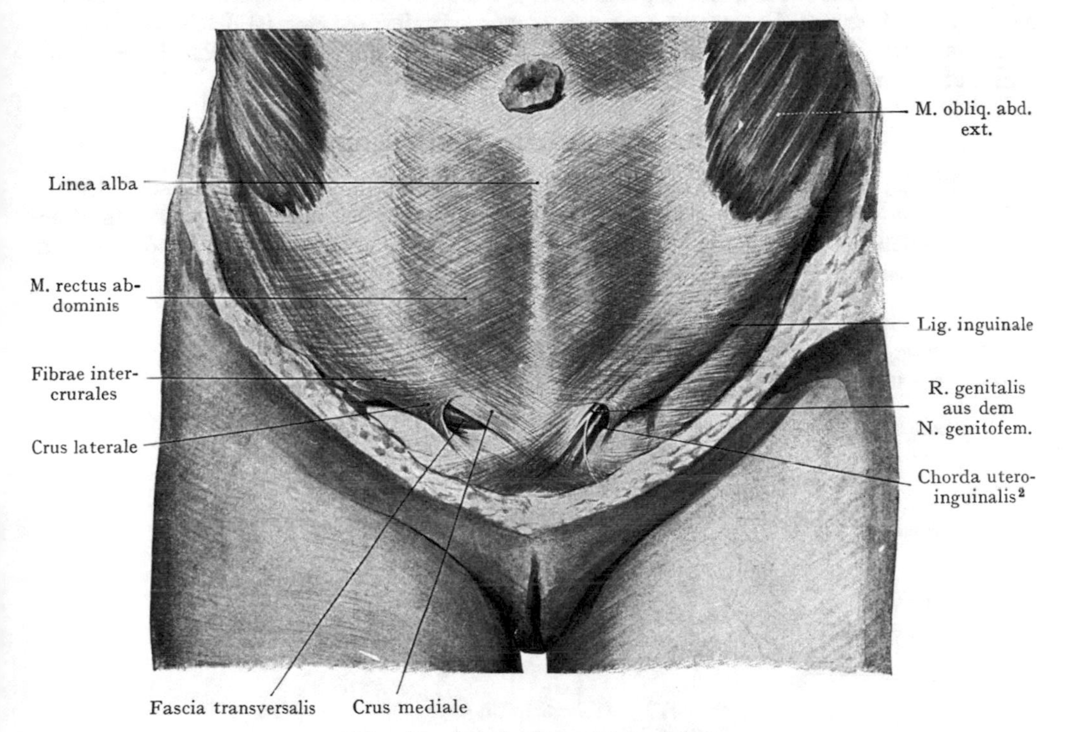

Abb. 288. Inguinalgegend beim Weibe.
Linkerseits im Bilde ist, nach Entfernung der Chorda uteroinguinalis[2], der Anulus inguinalis subcutaneus dargestellt worden.
Formolpräparat eines 23jährigen Weibes.

ist und nicht durch einen ausserhalb der Bauchhöhle fortgesetzten Descensus der Keimdrüse eine Ausweitung erfährt. Die Bildung des Kanales, sowie die Faserung, welche den Anulus inguinalis subcutaneus und praeperitonealis[1] herstellt, ist dieselbe; so kann man (Abb. 288) am Anulus inguinalis subcutaneus ein Crus mediale von einem Crus laterale unterscheiden, ferner Fibrae intercrurales, die sich vom Lig. inguinale abzweigen, endlich die Fasern des Lig. inguinale reflexum (Collesi). Die Chorda uteroinguinalis[2] geht von dem Winkel aus, den das Corpus uteri mit der Tube bildet (Tubenwinkel) und liegt zunächst zwischen den Blättern der Plica lata uteri[3], gelangt sodann an die seitliche Wandung des kleinen Beckens, wo es die A. und Vv. obturatoriae und den N. obturatorius kreuzt, um, wie der Ductus deferens, vom Peritonaeum bedeckt, über das Lig. inguinale emporzuziehen und, die A. und V. epigastrica caud. kreuzend, den Anulus inguinalis praeperitonealis[1] zu erreichen. Der spulrunde Strang verläuft durch den

[1] Anulus inguinalis abdominalis. [2] Lig. teres uteri. [3] Lig. latum uteri.

Leistenkanal und tritt am Anulus inguinalis subcutaneus aus, um sich in dem Fett- und Bindegewebe der grossen Labien zu verlieren. Dem oberen Umfange der Chorda uteroinguinalis[1] angeschlossen, verläuft im Leistenkanal der R. genitalis aus dem N. genitofemoralis; er verbreitet sich an die Haut der grossen Labien.

Die Chorda uteroinguinalis[1] besteht zum grossen Teile aus glatten Muskelfasern und soll für die Sicherung des Uterus in seiner Lage von einer gewissen Bedeutung sein. Die Funktion des Stranges knüpft sich wohl an die Ausbildung der glatten Muskulatur und geht verloren, wenn dieselbe infolge andauernder Dehnung eine Atrophie erleidet. In neuerer Zeit ist die Aufsuchung der Chorda uteroinguinalis[1] ausserhalb des Anulus inguinalis subcutaneus bei der sogenannten Alexanderschen Operation zur Fixation eines retroflektierten Uterus vorgenommen worden; der Strang ist leicht zu finden, wenn man von der Spina ilica ventralis[2] zum Tuberculum pubicum eine Linie zieht und auf der medialen Hälfte derselben einschneidet.

Hintere Wand des Bauchraumes.

Dieselbe wird durch die Lendenwirbelsäule und die an die Lendenwirbelsäule sich anschliessende Muskulatur gebildet. Die Lendenwirbelsäule stellt gewissermassen einen „medianen Strebepfeiler" (Luschka) dar, welcher den Muskeln und Fascien (resp. Aponeurosen) Ursprung oder Ansatz gewährt.

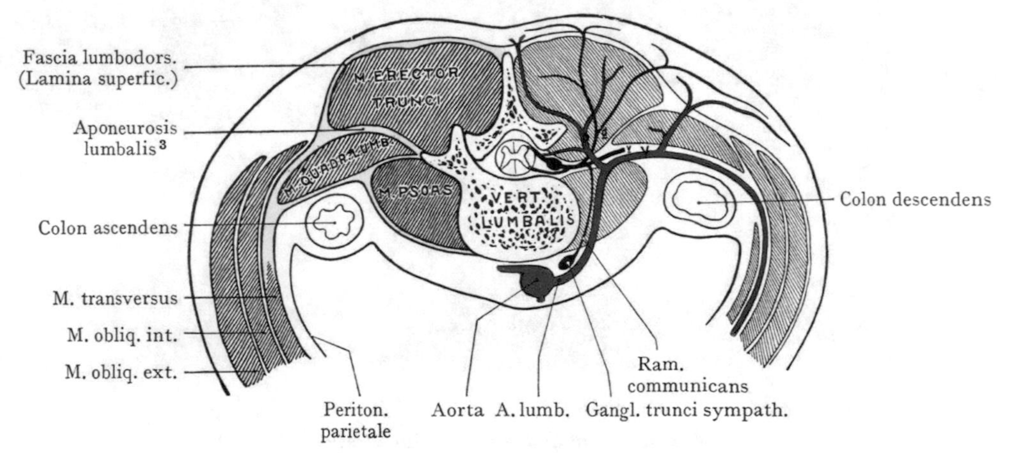

Abb. 289. Horizontalschnitt durch das Spatium retroperitonaeale und die hintere Wand des Bauchraumes.

Rechts der Verlauf der Muskeln und Fascienblätter, links derjenige der Gefässe und Nerven. Halbschematisch.

D. Ram. dorsalis a. lumbalis. V. A. lumbalis. d. Ram. dorsalis nervi lumbalis. v. Ram. ventralis nervi lumbalis.

Die **Muskulatur** wird durch den Ursprung des M. transversus abdominis von den Processus costarii der Lendenwirbel in zwei grosse Abteilungen getrennt. Dieser Ursprung (s. Abb. 289) bildet eine derbe, platte Aponeurose, welche erst in einiger Entfernung von den Processus costarii in die Muskelplatte des M. transversus übergeht. Diese Aponeurosis lumbalis (früher Lamina profunda fasciae lumbodorsalis genannt) scheidet eine ventral gelegene Muskulatur, bestehend aus dem M. quadratus lumborum und dem M. iliopsoas, von einer dorsalen Muskelmasse, welche sich aus dem M. sacrospinalis und dem M. latissimus dorsi zusammensetzt.

Diese beiden Muskelgruppen werden durch Fascien, resp. Aponeurosen, in Logen eingeschlossen (dorsale und ventrale Muskelloge der hinteren Wandung des Bauchraumes).

[1] Lig. teres uteri. [2] Spina iliaca ant. sup. [3] Tiefes Blatt der Fascia lumbodorsalis.

Von dem aponeurotischen Ursprunge des M. transversus (Abb. 289) zweigt sich einerseits ein Fascienblatt ab, welches die ventrale Fläche der Mm. quadratus lumborum und psoas überzieht und sich mit den Lendenwirbelkörpern verbindet. Diese Fascie grenzt mit der Aponeurose des M. transversus und dem lateralen Umfange der Lendenwirbel-

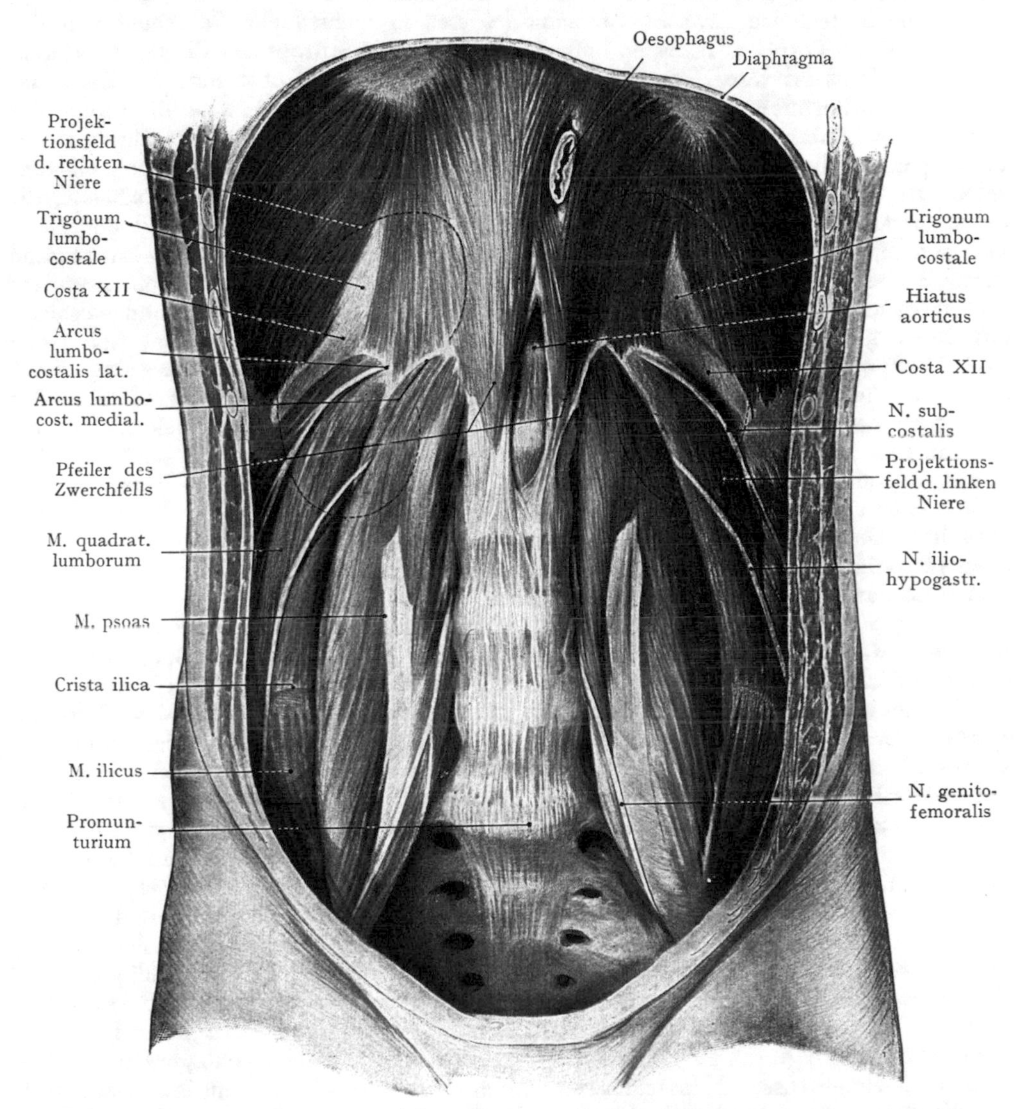

Abb. 290. Hintere Wand des Bauchraumes mit den lumbalen Ursprüngen des Zwerchfells.
Nach dem Formolpräparate eines 21jährigen Mannes.

körper eine ventrale Loge ab, welche die Mm. quadratus lumborum und psoas enthält. Eine zweite Fascie, welche geradezu aponeurotischen Charakter besitzt, zweigt sich von der dorsalen Fläche der Transversusaponeurose ab (Abb. 289), bedeckt den M. sacrospinalis und inseriert sich an den Processus spinales der Lendenwirbel. Dieselbe wird als Lamina superficialis fasciae lumbodorsalis bezeichnet, zum Unterschiede von der Aponeurose, welche den Ursprung des M. transversus von den Processus costarii der Lendenwirbel vermittelt, der Aponeurosis lumbalis[1]. Beide Blätter zusammengenommen begrenzen mit den Bogen der Lendenwirbel eine Loge für den M. sacrospinalis. Dieselbe wird oberflächlich noch überlagert von dem an der Pars aponeurotica fasciae lumbodorsalis entspringenden Teil des M. latissimus dorsi.

Die hintere Bauchwand unterscheidet sich in mehrfacher Beziehung von der ventrolateralen Wand. Erstens enthält sie als medianen Stützpfeiler die Lendenwirbelsäule. Zweitens ist ihre Höhe eine geringere; während die Entfernung der Basis des Processus ensiformis[2] von der Symphyse etwa 30 cm beträgt, wird die Höhe der Lendenwirbelsäule auf 17—18 cm angegeben. Drittens ist die hintere Bauchwand weit mächtiger als die vordere Wand; besonders trifft das für den medialen Teil derselben zu, während lateralwärts die Dicke der Schichten abnimmt, eine Tatsache, die beim operativen Eingehen Beachtung verdient (s. operative Erreichbarkeit der Niere von hinten). Ein vierter Unterschied besteht darin, dass der hinteren Bauchwand verschiedene Eingeweideteile direkt anliegen (siehe das Verhalten des Colon ascendens und descendens in Abb. 289), die von hinten ohne Eröffnung des Peritonaealsackes zugänglich sind, während man von vorne und von der Seite her die Eingeweide erst nach Eröffnung des Peritonaealsackes erreicht. Mit anderen Worten, man gelangt nach Durchtrennung der hinteren Bauchwand nicht in die Peritonaealhöhle, sondern in den Retroperitonaealraum und zu den retroperitonaeal gelegenen Eingeweiden (Nieren, Nebennieren, Pankreas, Aorta, V. cava caud., Colon ascendens und descendens). Die Zugänglichkeit derselben von hinten her wird nach dem Gesagten um so grösser sein, je weiter lateral sie liegen, da die Mächtigkeit der hinteren Bauchwandung lateralwärts abnimmt. Gebilde, die median vor der Lendenwirbelsäule liegen, sind nicht von hinten aus zu erreichen, da die Lendenwirbelsäule in der Medianebene ein nicht zu überwindendes Hindernis für das operative Vorgehen bildet.

Loge der Streckmuskulatur des Rumpfes. Die dorsale Muskelloge enthält den M. sacrospinalis (Abb. 289); ihr äusserer Abschluss wird durch die Pars aponeurotica fasciae lumbodorsalis hergestellt, welche den Ursprung für einen Teil des M. latissimus dorsi bietet. Die Fascie setzt sich medianwärts an den Processus spinales der Lendenwirbel, abwärts am Labium ext. cristae ilicae, an der Spina ilica ventralis[3] und an der hinteren Fläche des Sacrum fest. In dieser durch die Fascia lumbodorsalis, den lateralen Umfang der Wirbelbogen mit den Processus costarii und dem aponeurotischen Ursprunge des M. transversus von den Processus costarii (Aponeurosis lumbalis[1]) gebildeten osteofibrösen Loge, liegt der gemeinsame Bauch des M. sacrospinalis, aus welchem, im Bereiche des Thorax und des Halses, die Mm. longissimus (dorsi, cervicis und capitis) und iliocostalis (lumborum, dorsi und cervicis) hervorgehen. Bei sehr muskelstarken Individuen fällt der laterale Rand des Muskelbauches steil ab, so dass derselbe mit den breiten Bauchmuskeln (M. obliquus ext.) eine Einsenkung begrenzt (s. Abb. 289), welche in der Regel durch Fett ausgefüllt und am Lebenden bloss bei starker Ausbildung der Muskulatur zu sehen ist. Man kann jedoch leicht durch Palpation den M. sacrospinalis lateralwärts abgrenzen und hier ohne Verletzung grösserer Muskelmassen, durch einen parallel mit dem lateralen Rande des Muskels geführten Schnitt, den Retroperitonaealraum eröffnen.

M. transversus abdom. Er schiebt sich mit seinem breiten aponeurotischen Ursprunge von den Processus costarii der Lendenwirbel zwischen der Muskelloge des M. sacrospinalis und derjenigen der Mm. quadratus lumborum und psoas ein, indem er beide Logen voneinander trennt. Der Ursprung des Muskels erfolgt an der XII. Rippe an der Spina ilica dorsalis cranialis und der Crista ilica. Die Aponeurosis lumbalis (früher als tiefes Blatt der Fascia lumbodorsalis bezeichnet) vereinigt sich lateral von der durch den steilen Abfall des M. sacrospinalis erzeugten Rinne mit der von den Processus spinales ausgehenden Pars aponeurotica fasciae lumbo-

[1] Lamina profunda fasciae lumbodorsalis. [2] Processus xiphoideus. [3] Spina iliaca ant. sup.

dorsalis zu einer breiten sehnigen Platte, von welcher sowohl der M. latissimus dorsi als der M. obliquus int. Ursprungsfasern beziehen.

Ventrale Muskelloge. Sie wird ventralwärts (Abb. 289) durch eine Fascie abgeschlossen, welche sich von der Ursprungsaponeurose des M. transversus abzweigt und zu dem vorderen Umfange der Lendenwirbelkörper begibt. Die Loge enthält die Mm. quadratus lumborum und psoas.

Der M. quadratus lumborum wird in seiner medialen Partie von dem ventralwärts liegenden M. psoas überlagert. Letzterer entspringt von dem seitlichen Umfange des letzten Brust- und der 4 oberen Lendenwirbel sowie von den Processus costarii aller 5 Lendenwirbel. Die Fascie, welche den M. psoas ventral abgrenzt und sich an dem vorderen Umfange der Lendenwirbelkörper befestigt (Fascia m. psoas), geht auch auf den M. ilicus über und befestigt sich an der Linea terminalis des Beckens, sowie an dem Labium internum cristae ilicae. Es kommt auf diese Weise eine osteofibröse Muskelloge zustande (Loge des M. iliopsoas), welche von der höchsten Stelle des Psoasursprunges bis zum Ansatz des M. iliopsoas an dem Trochanter minor des Femur reicht und für die Ausbreitung von Abscessen, die an der Lendenwirbelsäule entstehen, den Weg angibt (s. Fossa ilica).

Gefässe und Nerven der hinteren Bauchwand (Abb. 289). In beiden Logen werden die Gefässe und Nerven von segmentalen Gebilden geliefert; die Arterien kommen direkt aus der Aorta als Aa. lumbales, die Venen (Vv. lumbales) münden in die V. cava caud., resp. in die Vv. lumbales ascendentes; die Nerven kommen aus den Nn. lumbales, resp. aus dem Plexus lumbalis.

In der dorsalen Muskelloge verbreiten sich die Rami dorsales der Nn. lumbales, welche teils den M. sacrospinalis versorgen, teils die Fascia lumbodorsalis durchbrechen, um zur Haut des Rückens beiderseits von den Processus spinales der Lendenwirbel zu gehen. Die Rami dorsales der beiden letzten Lumbalnerven gelangen überhaupt nicht mehr bis zur Haut, sondern sind nur motorisch; von den drei oberen gehen auch Äste (Nn. clunium craniales) über die Crista ilica in die Glutaealgegend. Mit den Nerven verlaufen zwischen den Processus costarii der Lendenwirbel die Rami dorsales der Aa. lumbales, die sich teils an den M. sacrospinalis, teils an die Haut verbreiten.

Das Verhalten der Gebilde in der ventralen Loge ist weniger einfach (Abb. 289). Die Aa. lumbales gelangen durch Öffnungen, welche in dem Ansatze der Fascie des M. psoas ausgespart sind, in die Psoasloge und geben hier die Rami dorsales ab. Diese entlassen einen Ramus spinalis durch das Foramen intervertebrale zum Rückenmark und verlaufen selbst dorsal von dem M. quadratus lumborum zu den breiten Bauchmuskeln.

Die Rami ventrales der Nn. lumbales, welche den Plexus lumbalis und einen Teil des Plexus sacralis bilden, kommen aus dem I.—IV. Lumbalnerven, an welche sich noch ein Teil des XII. Thorakalnerven (N. subcostalis) anschliesst. Die Nerven treten zwischen dem M. psoas und dem M. quadratus lumborum zum Plexus lumbalis zusammen; teilweise liegt derselbe auch im Fleische des M. psoas. Über die ventrale Fläche des M. quadratus lumborum verlaufen die beiden ersten Nerven des Plexus, Nn. iliohypogastricus und ilioinguinalis, häufig zu einem einheitlichen Stamme vereinigt (Abb. 290); beide Nerven durchbohren den M. transversus abdom., um weiterhin zwischen diesem Muskel und dem M. obliquus int. ihren Weg ventralwärts zu nehmen. Der N. genitofemoralis bildet sich aus dem I. und II. Lumbalnerven innerhalb des M. psoas und verläuft dann auf der vorderen Fläche des M. psoas abwärts. Der N. cutaneus femoris fibularis kommt bereits unterhalb der Crista ilica lateral von dem M. psoas zum Vorschein und nimmt seinen Weg über dem M. ilicus gegen die Spina ilica ventralis. Der N. obturatorius entsteht aus dem II., III. und IV. Lumbalnerven, liegt in der Muskelmasse des Psoas und gelangt medial von dem

Muskel an die seitliche Wand des kleinen Beckens, wo er zur oberen Öffnung des Canalis obturatorius verläuft. Der N. femoralis setzt sich aus Fasern des I.—IV. Lumbalnerven zusammen, liegt in dem Muskelbauch des Psoas und gelangt dort, wo der Psoas sich mit dem M. ilicus zum M. iliopsoas vereinigt, in der Rinne zwischen den beiden, zur Lacuna musculorum und zum Oberschenkel.

Trigonum lumbale. Über der hinteren Strecke der Crista ilica befindet sich eine Stelle, wo, allerdings sehr selten, Brüche entstehen oder Abscesse des Retro-

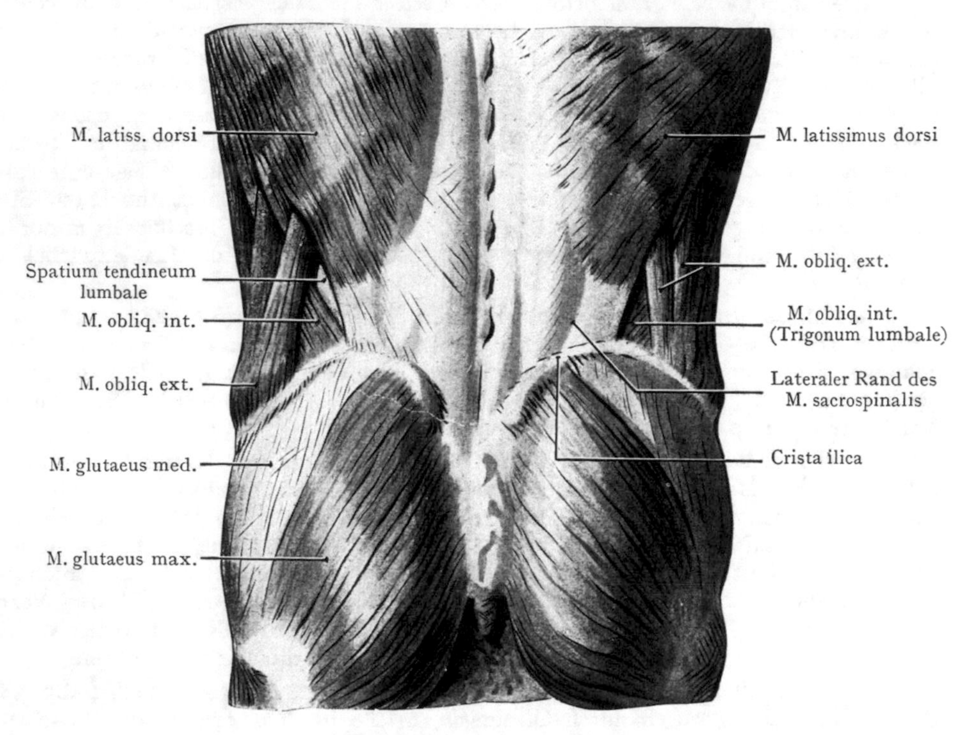

Abb. 291. Regio lumbalis.

Rechterseits ist ein Trigonum lumbale, linkerseits ein Teil des Spatium tendineum lumbale oberhalb des M. obliquus int. zu sehen.

Beobachtet in dem Basler Seziersaal.

peritonaealraumes ihren Weg nach aussen nehmen können. Es ist dies das sog. Trigonum lumbale. Dasselbe ist in etwa $^2/_3$ der Fälle vorhanden als ein dreieckiges Feld, dessen Basis durch die Crista ilica gebildet wird, während die beiden Schenkel hergestellt werden: medial durch die platte, an der Crista ilica entspringende Aponeurose des M. latissimus dorsi, lateral durch den hinteren Rand der Muskelplatte des M. obliquus abd. ext., welcher senkrecht von der letzten Rippe zur Crista ilica verläuft. In dem so begrenzten Dreieck liegt der M. obliquus abd. int. vor (Abb. 291 rechterseits). In einem Drittel der Fälle schliessen sich die Ränder der Mm. obliquus abd. ext. und latissimus dorsi zusammen, so dass das Dreieck nicht nachzuweisen ist (Baracz). Oberhalb des Dreiecks, das zuerst 1774 von J. L. Petit beschrieben wurde, befindet sich, von dem M. latissimus dorsi bedeckt, ein Feld, in welchem sowohl der M. obliquus abdom. ext. als der M. obliquus abdom. int. fehlen, und die Wandung des Bauchraumes, abgesehen von dem M. latissimus dorsi, bloss von der Aponeurosis lumbalis gebildet wird. Dieses Feld (Spatium tendineum lumbale) ist in ca. 93% der Fälle nachzuweisen und wird kranial durch die XII. Rippe mit dem unteren Rande des

M. serratus dorsalis caudalis begrenzt (Abb. 292), medial durch den M. sacrospinalis, lateral durch den M. obliquus abdom. ext. und den M. obliquus int.; im Grunde des Feldes liegt die Aponeurose des M. transversus abdom. (Aponeurosis lumbalis[1]). Bedeckt wird es von dem M. latissimus dorsi.

Im Bereiche des Spatium tendineum lumbale treten die A. und V. subcostalis mit dem N. subcostalis durch die Aponeurose des M. transversus abdominis und bewirken eine Schwächung der Fascie, welche zur Bildung von Hernien an dieser Stelle führen kann, ferner aber auch den Senkungsabscessen, welche von den Lendenwirbeln ausgehen, die Möglichkeit bietet, hier an die Oberfläche zu gelangen. Im Trigonum lumbale werden die Verhältnisse wegen der grösseren Resistenz der am Grunde des Dreiecks vorliegenden Muskelplatte (M. obliquus abdom. int.) weniger günstig sein.

Bei dem in Abb. 291 abgebildeten Präparate fand sich linkerseits ganz ausnahmsweise ein Spatium tendineum lumbale, das den obersten Teil des Petitschen Dreiecks einnahm und vom M. latissimus dorsi nicht bedeckt war; hier tritt die Aponeurose des M. transversus abdom. in direkten Kontakt mit der subkutanen Fettschicht und es ist ersichtlich, dass dadurch die Entstehung einer Hernienbildung begünstigt wird.

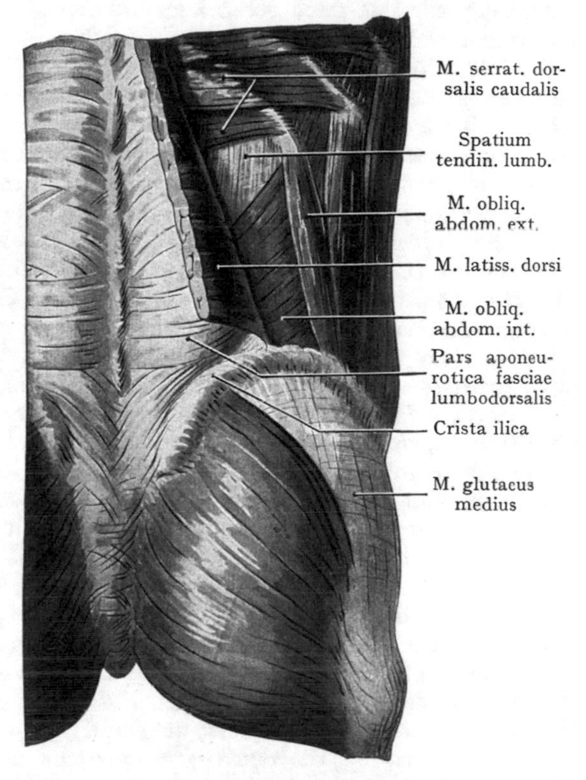

Abb. 292. Der M. latissimus dorsi ist durchtrennt und medianwärts umgelegt worden, um das von dem M. sacrospinalis, dem unteren Rande des M. serratus dorsalis caudalis und dem oberen Rande des M. obliq. abd. int. begrenzte Spatium tendineum lumbale zu zeigen, in dessen Bereiche die Aponeurosis lumbalis[1] zutage tritt.

Oberer Abschluss des Bauchraumes durch das Diaphragma.

Das Diaphragma kann entweder als oberer Abschluss des Bauchraumes oder als unterer Abschluss des Brustraumes beschrieben werden. Aus praktischen Rücksichten wird die Beschreibung an dieser Stelle vorgenommen, da sich von unten aus die Ursprünge des Zwerchfells, sowie die verschiedenen Öffnungen in demselben samt den durchtretenden Gebilden, am vollständigsten übersehen lassen.

Das Diaphragma bildet eine gewölbte, abwärts konkave Platte mit sehnigem Zentrum (Centrum tendineum) und muskulösen Randteilen (Pars muscularis). Sie ist in die untere Thoraxapertur, von deren Rand sie entspringt, eingelassen, und ragt mit ihrer Konvexität in den Thoraxraum hinauf. Die topographische Anatomie kann die Einteilung der Platte in eine Pars tendinea und eine Pars muscularis annehmen oder einen mehr oder weniger horizontalen zentralen Abschnitt (Pars horizontalis) von einem Randabschnitte unterscheiden, welcher senkrecht (Pars verticalis) oder doch ziemlich

[1] Lamina profunda fasciae lumbodorsalis.

steil nach oben verläuft, um in die Pars horizontalis überzugehen. Die Pars verticalis entspricht bloss einem Teile der Pars muscularis, die Pars horizontalis entspricht der Pars tendinea und einem Teile der Pars muscularis. Die Pars verticalis zeigt vorne die geringste Höhe, nach den Seiten und dorsalwärts nimmt ihre Höhe zu, um an der Lendenwirbelsäule das Maximum zu erreichen.

Ursprünge des Diaphragma. Das Zwerchfell entspringt in drei Portionen, von dem Processus ensiformis[1] (Pars sternalis), von der Innenfläche der sechs unteren Rippen (Pars costalis) und von der vorderen Fläche der Lendenwirbel sowie von sehnigen Faserzügen, welche vom Körper zum Processus costarius des ersten Lendenwirbels und von diesem zur letzten Rippe ziehen (Pars lumbalis). Die einzelnen Ursprungsportionen werden durch grössere oder kleinere Lücken voneinander getrennt, ferner sind in der aus den Ursprüngen hervorgehenden Platte noch Öffnungen, zum Teil mit sehniger Umrandung, vorhanden, durch welche verschiedene aus der Bauchhöhle zur Brusthöhle oder umgekehrt verlaufende Gebilde hindurchtreten (Oesophagus, Aorta abdominalis, Ductus thoracicus, V. cava caudalis).

1. Pars sternalis: Ein paar kleine Muskelzacken, die von der hinteren Fläche des Proc. ensiformis[1] entspringen und in das Centrum tendineum übergehen.

2. Die Pars costalis entspringt von der Innenfläche der Knorpel der sechs untersten Rippen, alternierend mit Zacken des M. transversus abdom. Zwischen der Pars sternalis und der Pars costalis bleibt eine kleine Lücke von geringer praktischer Bedeutung übrig (Spatium sternocostale oder Larreysche Spalte).

3. Pars lumbalis (Abb. 290): Sie zerfällt in eine Pars medialis und eine Pars lateralis. Die Pars medialis entspringt aus zwei mit dem Lig. longitudinale commune ventrale[2] der Lendenwirbel verschmolzenen Sehnen, von welchen die rechte bis auf die vordere Fläche des dritten bis vierten, die linke auf den zweiten bis dritten Lumbalwirbel hinunterreicht. Die aus diesen Sehnen hervorgehenden Muskelbündel kreuzen sich und begrenzen mit dem XII. Brust- und I. Lendenwirbel den Hiatus aorticus. Dieselben Bündel, welche den Hiatus aorticus bilden, weichen oberhalb desselben wieder auseinander, um das Foramen oesophagicum[3] zu umranden. Dieser Öffnung fehlt die sehnige Begrenzung, die den Hiatus aorticus auszeichnet; wir sind vielleicht durch diesen Umstand berechtigt anzunehmen, dass die Kontraktionen des Zwerchfells das Lumen des Oesophagus an dem Foramen oesophagicum[3] etwas einschnüren dürften, während eine Unterbrechung des Blutstromes in der Aorta infolge der Ausbildung der sehnigen Umrandung des Hiatus aorticus ausbleibt.

Die Pars lateralis entspringt von zwei sehnigen Bogen, Arcus lumbocostalis medialis und lateralis (Abb. 290), die als Verstärkungen in den Fascienüberzug der Mm. psoas und quadratus lumborum eingeflochten sind. Der Arcus lumbocostalis medialis geht vom Körper zum Processus costarius des ersten Lendenwirbels, überbrückt also den M. psoas; eine Fortsetzung wird durch den Arcus lumbocostalis lateralis gebildet, welcher von dem Processus costarius des ersten Lendenwirbels ausgehend, den M. quadratus lumborum überbrückt und sich an der letzten Rippe inseriert. Von beiden Arcus lumbocostales entspringen platte Muskelbündel, welche aufwärts in die Pars muscularis übergehen. Zwischen dieser Portion des Zwerchfells und der Pars costalis findet sich oberhalb der letzten Rippe eine dreieckige Lücke (Abb. 290), das Trigonum lumbocostale diaphragmatis.

Das Centrum tendineum, in welches als zentraler Teil der gewölbten Platte die Pars muscularis übergeht, wird gewöhnlich mit einem Kleeblatte verglichen, an welchem ein vorderer Abschnitt von zwei seitlichen Abschnitten zu unterscheiden ist. Zwischen mittlerem und rechtem Abschnitte liegt das Foramen venae cavae mit sehnigen Rändern rechts und weiter ventral als das Foramen oesophagicum[3].

Lücken im Zwerchfell. Von den angeführten Lücken zwischen den Ursprungsportionen des Diaphragma hat das Spatium sternocostale (Larreysche Spalte)

[1] Processus xiphoideus. [2] Lig. longitudinale ant. [3] Hiatus oesophageus.

zwischen der Pars costalis und der Pars sternalis keine praktische Bedeutung. Dasselbe ist in der Regel sehr schwach entwickelt und wird gegen den Bauchraum von dem Peritonaeum parietale, gegen den Brustraum von dem Pars diaphragmatica pericardii überzogen.

Eine grosse praktische Bedeutung kommt dem Trigonum lumbocostale zwischen der Pars lumbalis und der Pars costalis diaphragmatis zu (Abb. 290). In der Regel legen sich diejenigen Ursprungsbündel des Zwerchfells, welche von der lateralen Strecke des Arcus lumbocostalis lat. entspringen, nicht unmittelbar an die erste costale Ursprungszacke, so dass zwischen beiden eine Lücke in Form eines gleichschenkligen Dreieckes übrig bleibt, dessen Basis von dem oberen Rande der XII. Rippe gebildet wird, während die Spitze des Dreieckes kranialwärts liegt. Diese Lücke wird von seiten des Brustraumes ganz oder teilweise von der Pleura überlagert, von seiten des Bauchraumes liegt ihr die hintere Fläche der Niere oder, genauer gesprochen, die Capsula adiposa renis an. Dieselbe wird also bloss durch eine dünne Bindegewebsschicht von der Pleura und der Pleurahöhle getrennt und gerade diese Lücke kann von Eiterungen, welche von der Niere oder von der Capsula adiposa renis ausgehen, benutzt werden, um sich nach oben durch das Zwerchfell auszubreiten und die Pleurahöhle in Mitleidenschaft zu ziehen (subphrenische Abscesse, s. Niere).

Ausser den erwähnten Lücken kommen auch solche innerhalb der Pars lumbalis vor. Regelmässig findet sich in der Pars medialis eine Lücke zwischen der Portion, welche von dem vorderen Umfange der Lendenwirbelkörper entspringt und den lateralwärts sich anschliessenden Fasern. Diese Lücke dient rechts der V. thoracica longitudinalis dextra[1] und dem N. splanchnicus major dexter, links der V. thoracica longitudinalis sinistra[2] und dem N. splanchnicus major sin. zum Durchtritte. Weiter lateral findet sich in der Pars lateralis eine Öffnung für den Durchtritt des sympathischen Grenzstranges. Der N. splanchnicus minor verläuft entweder mit dem N. splanchnicus major oder auch durch eine besondere Öffnung in der Pars medialis.

Bedingungen für die Bildung von Zwerchfellhernien (Herniae diaphragmaticae). Ausbuchtungen des Zwerchfells oder das Fehlen einzelner Partien

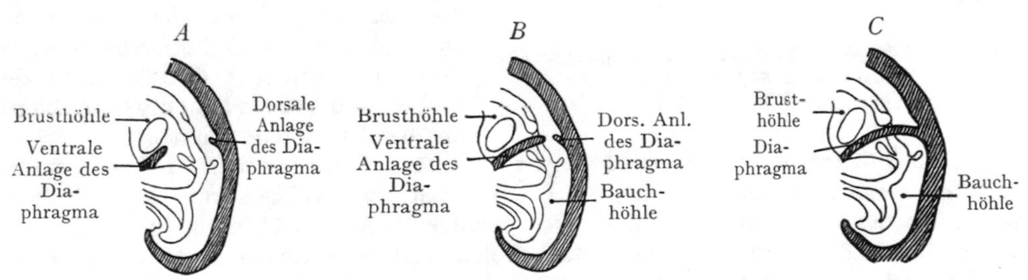

Abb. 293. Entwicklung des Diaphragma. Schema.
Nach Poirier und Charpy, Anat. humaine.

der Platte können die Veranlassung zur Bildung von Zwerchfellbrüchen (Herniae diaphragmaticae) geben. Dieselben sind im ganzen selten; sie können erworben oder angeboren sein. Nicht selten treten die Herniae diaphragmaticae acquisitae im Anschluss an Stich- oder Schussverletzungen des Diaphragma auf, dagegen beruhen die Herniae diaphragmaticae congenitae auf einer Hemmungsmissbildung, bei welcher der Abschluss der Diaphragmaplatte nur unvollständig erfolgte. Ein Verschluss solcher Defekte durch das Bindegewebe der Fascia transversalis erweist sich nicht als genügend, um dem intraabdominellen Drucke Widerstand zu leisten und es werden alsdann Baucheingeweide die Pars diaphragmatica pleurae ausbuchten und in den Raum der Brusthöhle hinaufrücken.

---
[1] V. azygos. [2] V. hemiazygos.

Die Diaphragmaplatte stammt, wie ihre Innervation durch den N. phrenicus (aus dem III., IV. und V. Cervicalnerven) angibt, aus Halsmyotomen, welche abwärts wandern. Bei dem Vorgange, welcher zum Abschluss einer Pleuropericardialhöhle von einer Peritonaealhöhle führt (Abb. 293), wachsen eine dorsale und eine ventrale Anlage einander entgegen, und zwar wird der grössere Teil des Diaphragma von der ventralen Anlage geliefert. Es ist selbstverständlich, dass bei unvollständiger Entwicklung der einen oder der anderen Anlage eine Lücke bestehen bleibt, durch welche sich die Baucheingeweide nach oben in den Brustraum vordrängen können.

Lage der Offnungen im Zwerchfell. Der Hiatus aorticus liegt etwas links von der Medianebene und der sehnige Rand der Öffnung reicht bis zur Mitte des XII. Brustwirbelkörpers hinauf. Mit demselben ist die Aorta inniger verbunden als mit dem vorderen Umfange der Wirbelkörper. Rechts und etwas dorsal von der Aorta verläuft der Ductus thoracicus durch den Hiatus aorticus in den Brustraum.

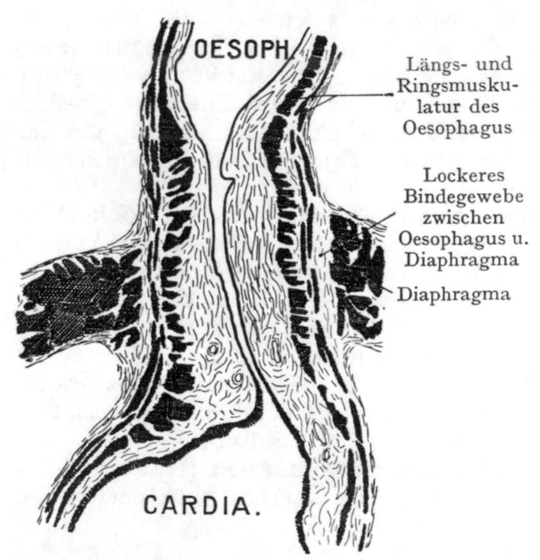

Abb. 294. Längsschnitt durch den Oesophagus im Foramen oesophagicum[1].
Nach einem Mikrotomschnitte.

Das Foramen oesophagicum[1] liegt gleichfalls links von der Medianebene, etwas weiter ventral als der Hiatus aorticus; seine Umrandung wird von Muskulatur gebildet, welche durch lockeres Bindegewebe mit dem Oesophagus in Verbindung steht (Abb. 294). Die Verbindung ist leicht zu lösen, eine Tatsache, welche dann von Bedeutung werden kann, wenn man bei gewissen Operationen am Magen die innerhalb der Bauchhöhle gelegene Pars abdominalis des Oesophagus (normalerweise bloss 2—3 cm lang) durch Herabziehen des thoracalen Anteiles des Oesophagus zu verlängern wünscht (Totalexzision des Magens und Verbindung des Oesophagus mit der Duodenalschlinge).

Das Foramen venae cavae liegt rechts von der Medianebene und noch weiter ventral als das Foramen oesophagicum[1], zwischen dem rechten und dem mittleren Abschnitte des Centrum tendineum. Der sehnige Rand der Öffnung hängt mit der Wand der V. cava caud. innig zusammen, welch letztere gewissermassen in dem durch das Foramen dargebotenen Rahmen eingespannt ist und, wohl infolge dieser innigen Verbindung mit dem Zwerchfell, bei der Respiration abwechselnd erweitert und verengt wird (Hyrtl).

Gefässe und Nerven des Zwerchfells. Die Arterien kommen entweder aus der A. thoracica int.[2] (Aa. pericardiacophrenicae und Aa. musculophrenicae) oder aus der Aorta abdominalis (Aa. phrenicae abdominales), ferner gelangen von der Seite her kleine Äste der Aa. intercostales zur Pars costalis.

Die A. musculophrenica geht von vorne, dort wo die A. thoracica int.[2] unter dem Rippenbogen hervortritt, gerade nach hinten zum Diaphragma. Die Aa. pericardiacophrenicae (Abb. 243) kommen beiderseits aus der ersten Strecke der A. thoracica int.[2] und verlaufen mit dem N. phrenicus zum Zwerchfell. Die Aa. phrenicae abdominales entspringen aus der Aorta unmittelbar nach ihrem Eintritt in die Bauchhöhle und verlaufen beiderseits über die medialen Pfeiler des Zwerchfells zur Pars lumbalis.

[1] Hiatus oesophageus. [2] A. mammaria interna.

Die Venen stimmen in ihrem Verlaufe mit den Arterien überein.

Die Lymphgefässe verbinden sich mit denjenigen der Pleura und des Peritonaeum, daher kann auch eine Entzündung der einen serösen Höhle auf die andere übergreifen, indem sie das Zwerchfell durchsetzt. Die Lymphgefässe sammeln sich zu vorderen und hinteren Stämmen; die ersteren gehen zu den Lymphonodi sternales, die, an der Basis des Processus ensiformis[1] gelegen, ihre Abflusswege aufwärts längs der Vv. thoracica int.[2] rechterseits in den Truncus bronchomediastinalis, linkerseits in den Ductus thoracicus senden. Die hinteren Stämme enden in den am Eintritt der Aorta in die Bauchhöhle liegenden Lymphonodi coeliaci. Ausgedehnte Verbindungen lassen sich zwischen den Lymphgefässen der Leber und denjenigen des Zwerchfells nachweisen; starke Lymphstämme gehen im Mesohepaticum ventrale[3] zum Diaphragma, durchbohren dasselbe nahe an seinem vorderen Rande und ziehen mit den Vasa thoracica int.[2] (Lymphonodi sternales) aufwärts, um in der Regel zur linken, seltener zur rechten Fossa supraclavicularis major zu gelangen.

Nerven. Die Nn. phrenici, aus dem III. und IV. Cervicalnerven, manchmal auch noch aus dem V., zeigen die ursprüngliche Herkunft des Diaphragma aus Cervicalmyotomen an. Über ihren Verlauf am Halse s. Abb. 232; innerhalb der Brusthöhle verlaufen sie zwischen dem Pericardium parietale und der Pars mediastinalis pleurae[4], der rechte mehr senkrecht, der linke, entsprechend der Verlagerung des Herzens nach links, in einem weiten Bogen. Deshalb wird auch linkerseits der N. phrenicus weiter lateral das Zwerchfell erreichen als rechterseits. Der N. phrenicus sin. durchbohrt das Zwerchfell und verbreitet sich an die untere Fläche desselben, während sich der N. phrenicus dexter an die obere Fläche verzweigt.

Höhenstand des Diaphragma. Man hat strenge zu unterscheiden zwischen dem Höhenstande des Diaphragma an der Leiche und am Lebenden. Der erstere lässt sich mittelst der Methode der Gefrierschnitte leicht und sicher bestimmen; er ist ein für allemal gegeben und entspricht der forcierten Exspirationsstellung beim Lebenden. Der Höhenstand des Diaphragma beim Lebenden schwankt, je nach der Tiefe der Respiration, man muss daher die letztere angeben, und spricht von dem mittleren Höhenstand des Diaphragma und von dem Höhenstand bei (mässiger) Exspiration und Inspiration.

Leichenstellung des Diaphragma. Der höchste Punkt der Zwerchfellkuppel steht in den Leichen gesunder Menschen aus den mittleren Lebensjahren rechterseits in der Höhe einer Horizontalebene, welche gerade über dem Sternalansatze der IV. Rippenknorpel durchgelegt wird, linkerseits um einen Intercostalraum tiefer (Luschka). In der Regel steht das Zwerchfell bei jugendlichen Individuen höher, indem die Kuppel eine Horizontalebene erreichen kann, welche dem Sternalansatze des III. Rippenknorpels entspricht. Bei älteren Personen dagegen kann sich die Zwerchfellkuppel bis zu einer Horizontalebene senken, die durch den Sternalansatz des V. Rippenknorpels durchgelegt wird. Der Altersdescensus des Zwerchfells beträgt demnach 2 Intercostalräume oder, auf die Wirbelsäule bezogen, mehrere Wirbelhöhen. Der Descensus hängt mit der grösseren Neigung der Rippen beim Greise zusammen, während die Rippen des Neugeborenen mehr wagerecht verlaufen (vgl. die Beschreibung der physiologischen Senkung der Hals- und Brustorgane mit zunehmendem Alter, sowie Abb. 222). Im allgemeinen ist aber auch die Variationsbreite im Höhenstande des Diaphragma beim Menschen in demselben Lebensalter nicht unbeträchtlich. Die bekannten Variationen in der Form des Brustkorbes sind natürlich auch mit Variationen in dem Höhenstande des Zwerchfells verknüpft.

Höhenstand des Zwerchfells beim Lebenden. Respiratorische Verschiebungen. Die seitlichen Teile des Diaphragma (Pars verticalis) erfahren bei der Respiration stärkere Lageveränderungen als das Centrum tendineum (Abb. 295a und b). Bei der Inspiration verlieren sie ihre Wölbung; „sie verlaufen auf dem

[1] Processus xiphoideus. [2] Vasa mammaria interna. [3] Lig. falciforme hepatis. [4] Pleura mediastinalis.

kürzesten Wege von ihrem Ursprunge an der seitlichen Thoraxwand bis zu ihrem Übergang in das Centrum tendineum" (Henke). Der einerseits durch Rippen und Intercostalmuskulatur, andererseits durch das Zwerchfell begrenzte Spalt (Sinus phrenicocostalis) wird dabei zu einem Raume, welcher der Lunge die Ausdehnung abwärts gestattet. Das Centrum tendineum muss eine gewisse Senkung bei der Inspiration erfahren, doch ist dieselbe unbeträchtlich, besonders bleibt der Teil des Diaphragma, auf welchem das Herz ruht, fast unverändert.

Die Kontraktion des Zwerchfells bei der Inspiration hat eine Form- und Volumenveränderung des Thoraxraumes zur Folge. Derselbe wird erstens infolge des Verhaltens der Pars verticalis diaphragmatis unten und seitlich erweitert; zweitens wird das Diaphragma bei seiner inspiratorischen Kontraktion die vorderen Enden der sechs

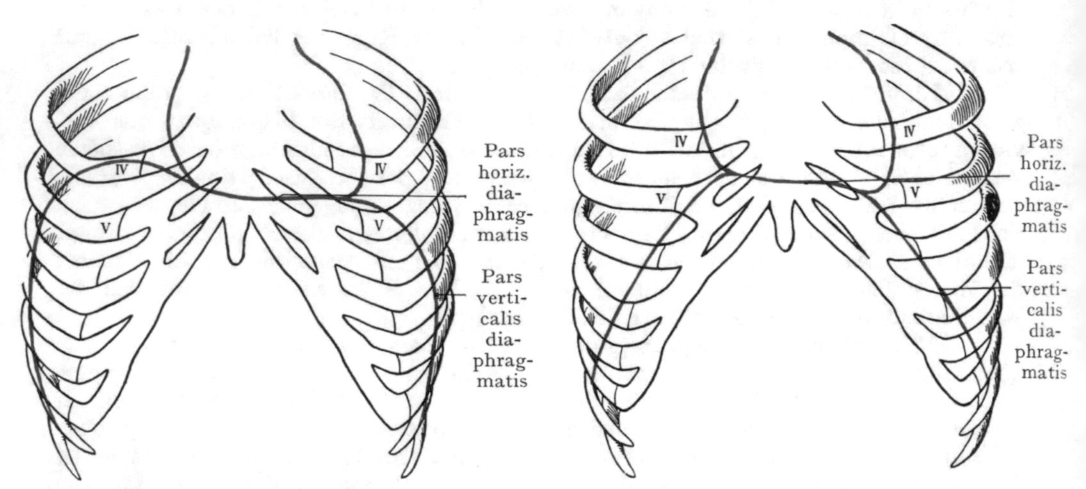

Abb. 295a. Stellung des Zwerchfells bei der Exspiration.
Schema.

Abb. 295b. Stellung des Zwerchfells bei der Inspiration.
Schema.

letzten Rippen heben und da dieselben schief abwärts verlaufen, werden sowohl der transversale als der dorsoventrale Durchmesser eine Vergrösserung erfahren: die untere Thoraxapertur wird weiter, und das Sternum mit den Ansätzen der Rippenknorpel hebt sich.

Form und Höhenstand des Diaphragma werden zum Teil durch die Eingeweide, welche sich demselben von seiten der Brust- wie der Bauchhöhle anlagern, bestimmt. Von seiten der Bauchhöhle sind es die obere und die hintere Fläche der Leber, der Fundus des Magens und die Facies diaphragmatica der Milz, welche sich in die Wölbung der Zwerchfellkuppel hineinlegen. Der mächtigeren Entfaltung des rechten Leberlappens ist es auch zuzuschreiben, dass die rechte Hälfte der Kuppel etwa um die Höhe eines Intercostalraumes weiter in den Thoraxraum hinaufreicht als die linke Hälfte. Von seiten des Thoraxraumes treten das Herz mit seiner Facies diaphragmatica, sodann die beiden Lungen mit ihrer Basis in Beziehung zur oberen Fläche des Zwerchfells. Das Herz lagert einem Teile des Centrum tendineum auf und schiebt sich mit seinem nach rechts und abwärts sehenden Rande (rechter Herzrand) in den Spalt, der durch die vordere Brustwand und die vordere Partie der Pars verticalis diaphragmatis gebildet wird. Es ruht auf dem nach vorne und links abfallenden Planum cardiacum und erzeugt durch das Zwerchfell hindurch eine leichte Delle auf der oberen Fläche der Leber (Impressio cardiaca hepatis), welche bei Formolinjektion der Arterien besonders deutlich ist. Die Bases pulmonum legen sich vollständig der oberen Wölbung des Zwerchfells an.

Verhalten der serösen Häute (Peritonaeum, Pleura und Pericard) zum Diaphragma. Die obere und die untere Fläche des Diaphragma werden von einer Bindegewebsschicht überzogen, die wir, auf der unteren Seite der Fascia transversalis, auf der oberen Seite der Fascia endothoracica zurechnen. Sie gehört zur innersten bindegewebigen Auskleidung des Bauchraumes wie des Brustraumes und dient der serösen Schicht, welche als Peritonaeum, Pleura oder Pericard das Diaphragma überzieht, als Grundlage.

Das Peritonaeum bedeckt den grössten Teil der gegen die Bauchhöhle sehenden Fläche des Diaphragma, fehlt jedoch in dem Felde, wo die hintere Fläche des rechten Leberlappens sich direkt mittelst der Fascia transversalis mit dem Diaphragma in Verbindung setzt (s. Leber). Auch am Eintritt des Oesophagus in den Bauchraum fehlt der Peritonaealüberzug in einem kleinen Felde links von dem Foramen oesophagicum. Das Foramen venae cavae liegt noch innerhalb des grossen Feldes, in dessen Bereich die hintere Fläche der Leber in direkten Kontakt mit dem Zwerchfell tritt (Abb. 397, Ausbreitung des Peritonaeum an der hinteren Bauchwand am Schluss des Kapitels). Die ganze Pars lumbalis sowie die von der letzten Rippe entspringende Zacke der Pars costalis entbehrt des Peritonaealüberzuges; hier legen sich beiderseits von der Wirbelsäule die Nieren und die Nebennieren unter Vermittlung ihrer Capsula adiposa an das Diaphragma, indem sie die Lücke zwischen der costalen und lumbalen Ursprungsportion bedecken. Ferner liegen der Pars lumbalis unmittelbar an: die V. cava caud., das Pankreas und das Duodenum (im Retroperitonaealraume), so dass wir unterhalb einer die oberen Nierenpole verbindenden Querlinie einen Peritonaealüberzug der Pars lumbalis vermissen. Die Beziehungen der Pars diaphragmatica pleurae[1] und der Pars diaphragmatica pericardii zur oberen Fläche des Zwerchfells haben bei der Besprechung der Topographie der Pleural und Pericardialhöhle Berücksichtigung erfahren.

B. a) Topographie des Peritonaeum und der Peritonaealhöhle.

Die Peritonaealhöhle (Cavum peritonaei) ist in der Weise im Bauchraume eingeschlossen, dass ihre ventrolaterale und ihre obere Wandung sich unmittelbar an die gleichnamigen Wandungen des Bauchraumes anschliessen und durch die Fascia transversalis mit ihnen verbunden werden. Nach unten reicht der Peritonaealsack in das kleine Becken und bildet hier einen Abschnitt, den wir als Cavum pelvis peritonaeale unterscheiden. Die hintere Wand des Peritonaealsackes dagegen legt sich nicht unmittelbar an die hintere Wandung des Bauchraumes, sondern hier schieben sich eine Anzahl von Eingeweideteilen ein, welche in Fett- und Bindegewebe oder auch in Fascien eingehüllt, höchstens an ihrem ventralen Umfange einen Peritonaealüberzug erhalten. Dieselben liegen im Cavum retroperitonaeale (Abb. 266).

Das Peritonaeum bildet einen serösen Sack, welcher besonders an seiner dorsalen und an seiner oberen Wandung von verschiedenen Eingeweideteilen eingestülpt wird. Man unterscheidet folglich den Abschnitt, welcher an die Wandungen des Bauchraumes resp. des Retroperitonaealraumes anstösst, als Peritonaeum parietale von dem Abschnitte, welcher die in den Peritonaealsack sich einstülpenden Eingeweide überzieht, dem Peritonaeum viscerale.

Bei der Einstülpung des Peritonaeum durch Eingeweide nehmen dieselben ihre Gefässe und Nerven mit; diese liegen in den Mesenterien, welche die Darmteile an das Peritonaeum parietale befestigen, und entspringen aus den grossen Stämmen des Cavum retroperitonaeale, resp. gehen zu denselben.

[1] Pleura diaphragmatica.

Zwischen dem Peritonaeum parietale und der inneren Schicht der Bauchwandung liegt, die Verbindung beider vermittelnd, die Fascia endotransversalis, welche auch als subperitonaeales Bindegewebe die Unterlage für das Peritonaeum parietale darstellt. Man könnte an dieser Schicht, wie am Peritonaeum selbst, wieder eine parietale und eine viscerale Abteilung unterscheiden; die letztere umhüllt die Gefässe, welche in den Mesenterien zu den verschiedenen in den Peritonaealsack eingestülpten Eingeweideteilen verlaufen und hängt dorsalwärts mit der parietalen Abteilung zusammen. Während die Ausbildung der visceralen Abteilung in allen Mesenterien ziemlich gleich bleibt, indem hier ein spärliches, die Gefässstämme umgebendes Bindegewebe vorhanden ist, das mit Fett mehr oder weniger durchsetzt ist, zeigt die parietale Abteilung recht weitgehende lokale Unterschiede. Besonders in der Wandung des kleinen Beckens, in der Fossa ilica sowie im Retroperitonaealraume, ist diese subperitonaeale Schicht von Bindegewebe mächtig entwickelt, während sie im Bereiche der ventrolateralen Partie des Peritonaealsackes spärlicher auftritt. Längs der Linea alba sowie besonders auch am Nabel, zeigt sie straffere Fasern (Fascia umbilicalis), die inniger mit der Wandung des Bauchraumes zusammenhängen. Überall da, wo eine stärkere Verschiebung des Peritonaeum stattfindet, besteht die Fascia endoabdominalis aus lockerem Bindegewebe, so an der vorderen Bauchwand oberhalb der Symphyse, wo bei stärkerer Füllung der Harnblase das Peritonaeum in grösserer Ausdehnung von der vorderen Bauchwandung abgehoben wird. Auch innerhalb des Beckens ist wohl die lockere Beschaffenheit der Fascia intrapelvina[2], welche die Fortsetzung der Fascia endoabdominalis bildet, auf den wechselnden Füllungszustand der Eingeweide zurückzuführen.

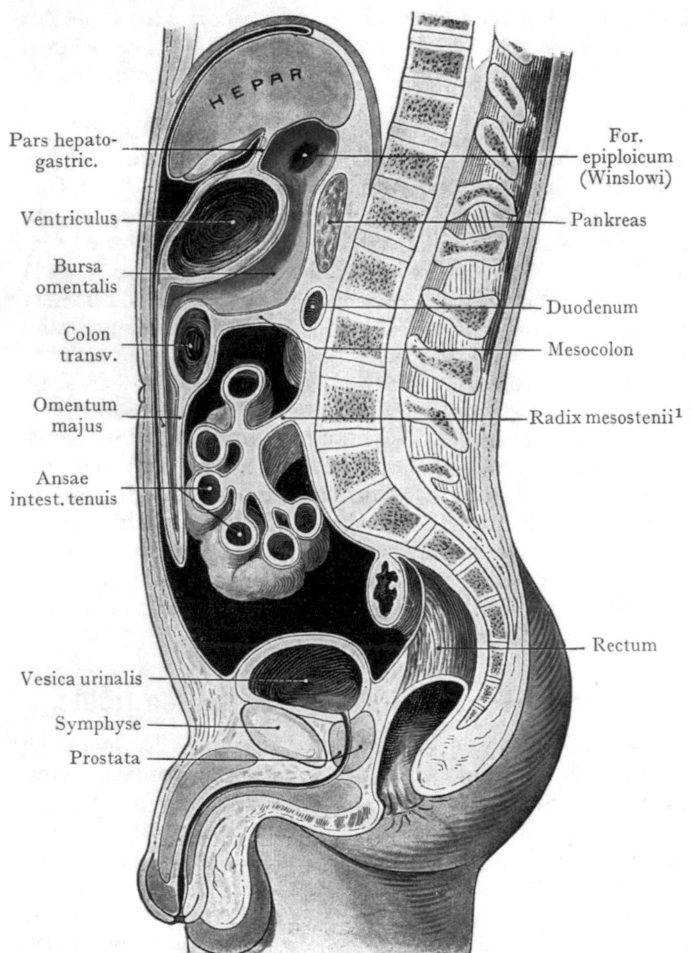

Abb. 296. Medianschnitt durch die Bauchhöhle. Topographie des Peritonaeum.
Bursa omentalis grün.
Mit Benützung einer Abbildung von W. Braune, Atlas der topograph. Anatomie.

Der Peritonaealsack umgrenzt einen grossen einheitlichen Hohlraum, von welchem jedoch manche Spalten und Buchten ausgehen. Wir können den Raum von zwei Gesichtspunkten aus einteilen. Durch Vorgänge, die später in Zusammenhang zu

[1] Radix mesenterii. [2] Fascia endopelvina.

besprechen sind, wird der obere Teil des in der Medianebene verlaufenden dorsalen Mesenterium, an welchem der in früheren Stadien der Entwicklung spindelförmige Magen befestigt ist, nach links ausgestülpt. Indem dieser Prozess weitergeht und die dorsale Wandung der Ausstülpung mit dem Peritonaeum parietale verwächst, wird ein Sack gebildet, der durch eine engbegrenzte Öffnung mit der übrigen Peritonaealhöhle in Verbindung steht und von der letzteren, dem Cavum peritonaei sensu strictioni als Bursa omentalis unterschieden wird. Dieselbe ist in Abb. 296 durch einen grünen Ton angegeben; beide Abteilungen der Peritonaealhöhle stehen durch das Foramen epiploicum (Winslowi) miteinander in Verbindung.

Eine andere Einteilung der Bauchhöhle erhalten wir durch die beiden grossen Peritonaealduplikaturen, welche den Darm an die dorsale Wandung des Peritonaealsackes befestigen. Quer in die Bauchhöhle eingestellt, zieht die Haftlinie des Mesocolon transversum, welche rechterseits von der Pars descendens duodeni und dem Pankreaskopfe ausgeht, über die Lendenwirbelsäule hinweg bis zur linken Niere (Abb. 397 des Peritonaeum parietale der hinteren Bauchwand am Schluss des Kapitels). Ferner erstreckt sich von der Bandscheibe zwischen dem II. und III. Lumbalwirbel linkerseits die Radix mesosteni[1] schräg über die Wirbelsäule bis zur rechten Fossa ilica. Wenn wir den unterhalb der Linea terminalis des kleinen Beckens gelegenen Teil des Peritonaealsackes als Cavum pelvis peritonaeale unterscheiden, so erhalten wir innerhalb des Cavum peritonaeale proprium drei Abteilungen, die jedoch in weiter Verbindung untereinander stehen; erstens eine Abteilung oberhalb des Mesocolon transversum, zweitens und drittens je eine Abteilung rechts und links zwischen dem Mesocolon oben und der Beckeneingangsebene unten und dem schräg eingestellten Mesostenium[2] medianwärts, endlich viertens, unterhalb der Beckeneingangsebene, das Cavum pelvis peritonaeale. Für die Schilderung der Topographie der Baucheingeweide ist diese Unterscheidung von geringem Werte, praktisch kann es von einiger Wichtigkeit sein, festzustellen, ob ein Befund sich oberhalb oder unterhalb des Mesocolon, rechts oder links von dem Mesostenium[2] lokalisieren lässt.

Die Art und Weise, wie sich die Befestigung der einzelnen Eingeweideteile an die dorsale Wandung des Peritonaealsackes vollzieht, bestimmt die Beweglichkeit derselben sowohl unter normalen als auch (z. B. bei Bildung von Eingeweidebrüchen) unter pathologischen Bedingungen. Bei ausgiebiger und direkter Befestigung eines Eingeweideteiles an die Wandung des Bauchraumes (z. B. der hinteren Leberfläche an das Zwerchfell) wird eine Verlagerung des Eingeweideteiles bloss dann stattfinden, wenn der betreffende Teil der Wandung seine Lage ändert (Verschiebungen der Leber auf oder abwärts infolge der Respirationsbewegungen des Zwerchfells), oder wenn die Verbindung des Eingeweideteiles mit der Wandung sich lockert. Die Verbindung mit der dorsalen Wand des Peritonaealsackes durch ein Mesenterium (Dünndarm, Colon transversum und Colon sigmoides) bringt eine Beweglichkeit des Darmteiles mit sich, die mit der Länge des Mesenteriums wächst. Infolgedessen ist es nicht möglich, von einer konstanten Lage dieser Darmabschnitte zu sprechen, sondern höchstens von einer typischen Lage, die etwa bei gewissen Füllungszuständen der Eingeweide angetroffen wird. Eine solche typische Lage (besonders des Darmes) kann von anderen Lagen unterschieden werden, ohne jedoch die letzteren als abnorm zu bezeichnen.

Entwicklung des Peritonaeum. Dem Verständnis der Ausbildung des Peritonaeum beim Erwachsenen, sowie der Lage des Dünndarms dienen folgende Bemerkungen über die Entwicklung des Peritonaeum sowie des Darmes in seinen Hauptzügen, welche durch Abb. 297—299 veranschaulicht werden.

Der Darm verläuft in frühen Stadien der Entwicklung in gerader Richtung von dem Kiemendarme bis zur Kloake und wird in seiner ganzen Ausdehnung durch

[1] Radix mesenterii. [2] Mesenterium des Dünndarmes.

ein dorsales Mesenterium mit der dorsalen Wandung der embryonalen Bauchhöhle verbunden, ferner in seiner kranialen Partie bis zu der Stelle, wo sich Leber und Pankreas durch Ausstülpungen des Darmes entwickeln, auch durch ein Mesenterium ventrale mit der ventralen Brust- und Bauchwand. Durch die Ausbildung des Diaphragma wird die ursprünglich einheitliche Pleuroperitonaealhöhle in die Peritonaealhöhle und die Pleuropericardialhöhle getrennt. Die Leberanlage beginnt zwischen die Blätter des ventralen Mesenteriums auszuwachsen, die Pankreasanlage in der Hauptsache in das dorsale Mesenterium.

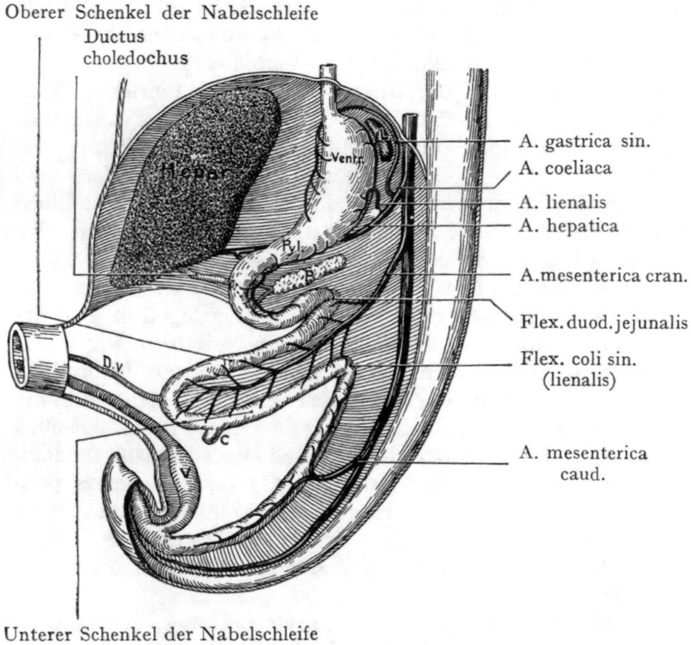

Abb. 297. Schema der Verlagerung der einzelnen Abschnitte des Darmrohres sowie der Verteilung der Blutgefässe an dieselben. Mit Benützung der Schemata von Toldt. Schema I.

In der sechsten Woche der Entwicklung (annähernd dem Schema Abb. 297 entsprechend) besitzt das Darmrohr im wesentlichen noch einen sagittalen Verlauf, zeigt aber bereits eine Gliederung in einzelne Abschnitte, die schon den grossen Darmabschnitten beim Erwachsenen entsprechen. Unterhalb des Diaphragma folgt auf eine kurze Pars abdominalis oesophagi eine Ausweitung des Darmrohres, welche schon deutlich die Magenform erkennen lässt; doch ist die kleine Kurvatur ventral-, die grosse Kurvatur dorsalwärts gerichtet. Der Fundus und der Pylorus sind bereits angedeutet. Die Milzanlage liegt als ein bohnenförmiger Körper zwischen den beiden Blättern des dorsalen Mesenterium (Mesogastrium) und schliesst sich der grossen Kurvatur des Magens an. Auf den Pylorus folgt eine Biegung des Darmes, welche, sagittal eingestellt, ihre Konkavität dorsalwärts richtet (Duodenum oder Pars duodenalis) und mit einer scharfen Biegung (Flexura duodenojejunalis) in die folgenden Abschnitte übergeht. In das Duodenum mündet von vorne der Ductus choledochus als Ausführungsgang der Leberanlage, welche, zwischen den beiden Blättern des ventralen Mesenterium eingeschlossen, ventral von der kleinen Kurvatur des Magens liegt. Aus der zwischen den beiden Blättern des dorsalen Mesenterium eingeschlossenen Pankreasanlage geht der Ductus pancreaticus (Wirsungi) hervor und mündet in die Duodenalschlinge aus.

Der folgende Abschnitt bildet eine grosse Schleife (Nabelschleife), deren Konvexität ventralwärts gerichtet ist, indem ihre Kuppe bis in die Gegend des Nabels reicht, wo der Ductus vitellointestinalis als die ursprüngliche Verbindung zwischen Darm und Dottersack von ihr abgeht. Man unterscheidet an der Nabelschleife, die durch ein teilweise sehr langes Mesenterium an die dorsale Bauchwand gefestigt wird, einen oberen und einen unteren Schenkel und an dem letzteren als kleine Ausbuchtung die erste Anlage des Caecum. Die Nabelschleife geht mit einer scharfen Biegung, welche als Flexura coli sin. erhalten bleibt, in den Endabschnitt des Darmes über. Die Strecke zwischen der Flexura duodenojejunalis und der Anlage des Caecum wird zum Dünndarm, der übrige Teil des unteren Schenkels zum Colon ascendens und transversum; der Endabschnitt des Darmes von der Flexura coli sin. bis zur Ausmündung in die Kloake liefert das Colon descendens, das Colon sigmoides und das Rectum.

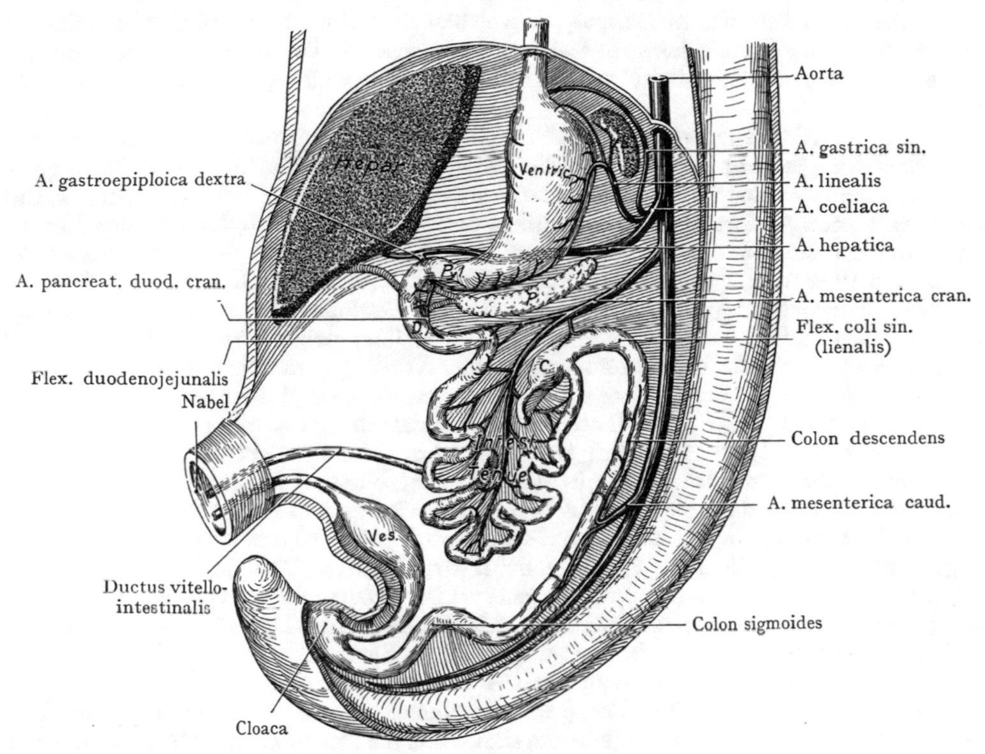

Abb. 298. Schema der Verlagerung der einzelnen Abschnitte des Darmrohres sowie der Verteilung der Blutgefässe an dieselben.
Mit Benützung der Schemata von Toldt.
Schema II.

Entsprechend den in diesem Stadium abgegrenzten grösseren Darmabschnitten kann man auch einzelne Abschnitte des Mesenterium, sowie die zum Darm tretenden Gefässe unterscheiden.

Ein Mesogastrium dorsale verbindet die grosse Kurvatur des Magens mit der dorsalen Wandung der Bauchhöhle, ein Mesogastrium ventrale geht von der Curvatura minor und dem Duodenum bis zur Einmündungsstelle des Ductus choledochus zur ventralen Wand der Bauchhöhle sowie zur unteren Fläche des Diaphragma. Die beiden Blätter des Mesogastrium ventrale werden durch die an Masse rasch zunehmende Leber immer weiter auseinander gedrängt; die im Mesogastrium dorsale eingeschlossene Milz legt sich der Cardia des Magens an. An den durch das Mesogastrium dorsale und ventrale mit der Bauchwand in Verbindung stehenden Teil des Darmes (Pars abdominalis oesophagi, Magen und Duodenum) verzweigt sich die A. coeliaca, deren Äste an die Curvatura minor des Magens (A. gastrica sin.), zur Curvatura major und zur Milz (A. lienalis), endlich zum Pankreas, zur Leber und zur Duodenalschlinge verlaufen (A. hepatica).

Unterhalb des Duodenum fehlt das Mesenterium ventrale; von hier an ist nur noch das Mesenterium dorsale vorhanden. Das lang ausgezogene Mesenterium der Nabelschleife schliesst zwischen seinen Blättern den Stamm und die Äste der zum unteren Teil des Duodenum sowie zu beiden Schenkeln der Nabelschleife verlaufenden A. mesenterica cran. ein, deren Verbreitungsgebiet später den Dünndarm, das Caecum, das Colon ascendens und etwa die Hälfte des Colon transversum umfasst.

Der Endabschnitt des Darmes, in welchen die Nabelschleife mittelst der Flexura coli sin. übergeht, hat ein kürzeres Mesenterium, welches die A. mesenterica caud. einschliesst. Dieser Endabschnitt wird zum Colon descendens, Colon sigmoides und Rectum.

Der in Abb. 297 veranschaulichte Zustand des Darmes kann insofern noch ein primitiver genannt werden, als die Schleifen, in welche der Darm sich gelegt hat, noch nicht wesentlich aus der Medianebene abweichen. Bei der weiteren Entwicklung werden Änderungen herbeigeführt, erstens durch das ungleichmässige Längenwachstum der einzelnen Darmabschnitte, verbunden mit einer Schlingenbildung derselben und einer Verlagerung dieser Schlingen in der Peritonaealhöhle; zweitens durch sekundäre Verwachsungen einzelner Abschnitte des Peritonaeum parietale und viscerale, so dass eine Fixation gewisser Darmabschnitte in ihrer neuerworbenen Lage zustande kommt. Erst durch die Berücksichtigung dieser Vorgänge werden die Lage der Baucheingeweide, der Verlauf des Peritonaeum beim Erwachsenen und die häufig anzutreffenden Variationen in der Lage und Fixation der Darmabschnitte verständlich.

Veränderungen am Magen und am Mesogastrium dorsale. Der Magen dreht sich zunächst aus der in Abb. 297 abgebildeten Stellung um seine Längsachse, und zwar so, dass die ursprünglich dorsalwärts gerichtete grosse Kurvatur nach links und abwärts rückt, indem sich die rechte Fläche des sagittal eingestellten Magens dorsalwärts, die linke Fläche ventralwärts wendet. Das dorsale Mesogastrium, welches beim sagittal eingestellten Magen in der Medianebene von der Wirbelsäule zur grossen Kurvatur verlief, macht gleichfalls infolge der Drehung des Magens eine Verlagerung durch und wird frontal eingestellt, erfährt dabei eine beträchtliche Verlängerung und stellt eine Ausbuchtung der Peritonaealduplikatur dar, die sich nach links erstreckt und rechts mit der Peritonaealhöhle in weiter Kommunikation steht. Diese Bucht wird dadurch bedeutend vertieft, dass die Peritonaealduplikatur unterhalb ihres Ansatzes an die Curvatura major bedeutend auswächst, so dass ein weiter Sack entsteht, in welchem man von der rechts offenen Einstülpungsstelle des ursprünglich in der Medianebene liegenden dorsalen Mesogastrium gelangt. Dieser Sack, das Omentum majus, zeigt dann eine vordere und eine hintere Wand, die am blinden Ende des Sackes, nach links, sowie abwärts, ineinander übergehen. In der die hintere (dorsale) Wand bildenden Peritonaealduplikatur liegt das von dem Duodenum ausgehende Pankreas, in der vorderen Wand, nahe am Fundus des Magens, die Milz. Die Wandungen der Bursa omentalis sind zunächst nach allen Richtungen frei, später tritt eine sekundäre Verwachsung der dorsalen Wand mit dem parietalen Peritonaeum auf, durch welche das in der dorsalen Wand der Bursa omentalis eingeschlossene Pankreas quergelagert und an die Wirbelsäule sowie an die hintere Wandung der Bauchhöhle fixiert wird.

Das Mesogastrium ventrale, welches von der kleinen Kurvatur des Magens zur vorderen Bauchwand und zum Diaphragma verläuft, erfährt durch die Drehung des Magens gleichfalls eine Änderung in seiner Einstellung. Der Abschnitt, welcher sich von der kleinen Kurvatur sowie vom Duodenum zur unteren Fläche der Leber erstreckt, bildet die spätere Pars hepatogastrica[1] und hepatoduodenalis des Omentum minus von denen die letztere den Ductus choledochus, die A. hepatica und die V. portae einschliesst. Der Verlauf des Mesogastrium ventrale erfährt eine weitere

[1] Lig. hepatogastricum.

Änderung durch die mächtige Entfaltung der Leber, welche die Blätter der Peritonaealduplikatur auseinander drängt und bloss noch schmale Streifen des Mesogastrium ventrale übrig lässt, durch welche die Leber mit der vorderen Bauchwand, resp. mit dem Diaphragma in Verbindung steht. Einen solchen Rest stellt das von der oberen Fläche der Leber zum Zwerchfell und zur vorderen Bauchwand verlaufende Mesohepaticum ventrale[1] dar, ferner das Mesohepaticum laterale dextrum et sinistrum[2].

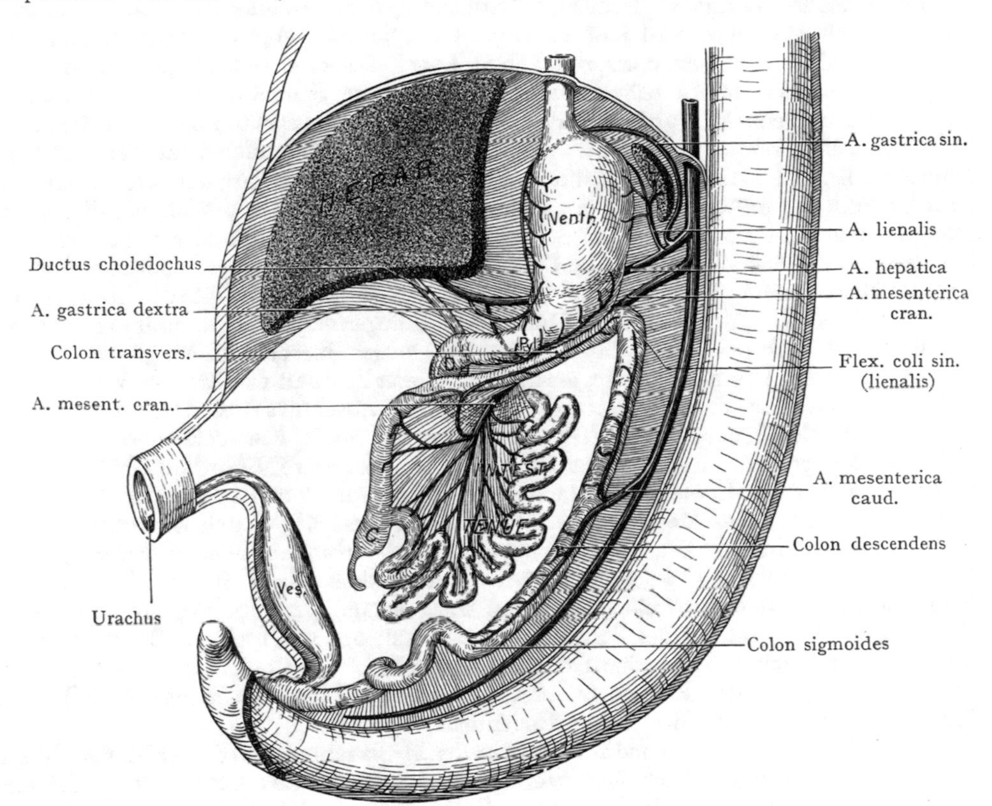

Abb. 299. Schema der Verlagerung der einzelnen Abschnitte des Darmrohres sowie der Verteilung der Blutgefässe an dieselben.

Mit Benützung der Schemata von Toldt.

Ductus vitellointestinalis nicht dargestellt.

Schema III.

L. Lien. Pyl. Pylorus. C. Caecum. D. Duodenum.

Die Ausdehnung, besonders des rechten Leberlappens, ist eine so beträchtliche geworden, dass die Blätter des Mesogastrium ventrale vollständig auseinandergedrängt werden und ein grosser Teil der hinteren Fläche des rechten Lappens unmittelbar an das Diaphragma anstösst und durch Bindegewebe an dasselbe befestigt wird.

Die Duodenalschleife, welche ihre Konkavität dorsalwärts richtet und durch die als Mesoduodenum bezeichnete Fortsetzung des Mesogastrium dorsale an die dorsale Bauchwand befestigt ist, besitzt zunächst eine freie Beweglichkeit. Allmählich geht dieselbe verloren, indem der ursprünglich sagittal eingestellte Darmteil sich erstens

[1] Lig. falciforme hepatis. [2] Lig. coronarium und triangulare dextrum et sinistrum.

nach rechts verlagert und zweitens die ursprünglich nach rechts sehende Fläche des Mesoduodenum mit dem parietalen Peritonaeum der dorsalen Bauchwandung verwächst.

Die Veränderungen an der Nabelschleife (Abb. 298) bestehen zunächst in einem starken Längenwachstum des oberen Schenkels, welcher sich in Windungen legt (Dünndarmschlingen). Damit geht einher, erstens eine entsprechende Verlängerung des an die Dünndarmschlingen gehenden Mesenterium, durch welche denselben eine freiere Beweglichkeit gesichert wird und zweitens eine Verdrängung des unteren Schenkels der Nabelschleife aus seiner ursprünglichen Lage. Derselbe hat in geringerem Grade an dem Längenwachstum teilgenommen als der obere Schenkel und wird durch die in der unteren rechten Partie der Peritonaealhöhle eingelagerten Dünndarmschlingen aufwärts verschoben, so dass die Anlage des Caecum zunächst in die Höhe des Nabels zu liegen kommt, dann in die Höhe der grossen Kurvatur des Magens und sich zum Schlusse der unteren Fläche des linken Leberlappens nähert. Während dieses Vorganges nimmt der Colonschenkel der Schleife an Länge zu und senkt sich nach Erreichung der unteren Leberfläche durch die Caecumausstülpung, an dem Duodenum und der rechten Niere vorbei, bis in die rechte Fossa ilica (Abb. 299). Dabei wird der Darmabschnitt über das ganze Paket der Dünndarmschlingen nach rechts hinübergeschlagen, ist aber noch frei beweglich, da er an einem langen Mesocolon hängt, welches das Mesostenium[1] der Dünndarmschlingen kreuzt. Dieser Zustand erfährt eine Veränderung, indem der auf das Caecum nach oben folgende Abschnitt des Darmes durch die Verwachsung der rechten Fläche seines Mesocolon sowie des Peritonaeum viscerale mit der dorsalen Wandung der Bauchhöhle eine sekundäre Fixation erhält und das Colon ascendens des Erwachsenen darstellt, welches von dem Caecum bis zur Flexura coli dextra reicht. Das Mesocolon, welches das quergestellte Stück der grossen Colonschleife mit der hinteren Wand der Peritonaealhöhle verbindet, bleibt erhalten, gewinnt aber eine neue Haftlinie, welche sich von der Pars descendens duodeni bis etwa zum Hilus der linken Niere erstreckt (Mesocolon transversum) (s. Abb. 397, am Schlusse des Kapitels, das den Verlauf des Peritonaeum parietale an der hinteren Bauchwand darstellt). Der quergelagerte Abschnitt der Colonschleife ist das Colon transversum, welches sich nach rechts in der Flexura coli dextra von dem Colon ascendens, nach links in der Flexura coli sin. von dem Colon descendens abgrenzt.

Die Flexura coli sin. stand zunächst in der Medianebene, wird aber bei der Bildung der Dünndarmschlingen nach links verlagert, zusammen mit dem letzten Abschnitt des Darmes, welcher von der Flexura coli sin. bis zur Kloake reicht. Ähnlich wie rechterseits entsteht auch hier eine Verwachsung des Mesocolon und des Peritonaeum viscerale mit dem Peritonaeum parietale, welche sich von der Flexura coli sin. bis in die linke Fossa ilica erstreckt. Abwärts von dieser Stelle beginnt im Laufe des dritten Monats der embryonalen Entwicklung eine Schlingenbildung, die an einem langen Mesenterium befestigt ist; sodann lassen sich die beim Erwachsenen abzugrenzenden Abschnitte erkennen, das Colon descendens, von der Flexura coli sin. bis zur Fossa ilica sin. oder bis zum Darmbeinkamme reichend, dann das Colon sigmoides mit dem Mesosigmoideum und, als letzter Abschnitt, das Rectum mit unvollständigem oder gänzlich fehlendem Peritonaealüberzug.

Man kann die Vorgänge, welche zur Ausbildung der Topographie der Baucheingeweide führen, in ihrem zeitlichen Ablauf mehr oder weniger genau in drei Stadien einteilen. Das erste Stadium ist dasjenige der Verlängerung des Darmes, das zweite dasjenige der Verlagerung einzelner Darmabschnitte, in dem dritten Stadium erfahren einzelne Darmteile durch die sekundäre Verwachsung ihres Peritonaealüberzuges sowie ihrer Mesenterien eine Fixation an die dorsale Wandung der Peritonaealhöhle, während die übrigen Teile des Mesenterium, welche aus dem ursprünglich sagittal verlaufenden Mesenterium dorsale hervorgegangen sind, ihre Haftlinien ändern; so verläuft das

[1] Mesenterium des Dünndarmes.

Mesocolon transversum in der oben erwähnten Richtung fast quer, das Mesostenium[1] der Dünndarmschlingen dagegen schief, von dem linken Umfange des zweiten Lumbalwirbels bis zur Fossa ilica dextra.

Die Vorgänge, welche in der dritten Periode zur Fixation der Darmteile durch die sekundäre Verwachsung voneinander zugewandten Peritonaealblättern führen, bieten die Erklärung für einige später zu besprechende Variationen in der Befestigung des Darmes, besonders des Colon ascendens, descendens und sigmoides.

Die dorsale Wand der Bursa omentalis, welche das Pankreas einschliesst, verwächst mit dem parietalen Peritonaeum, dadurch erhält das Pankreas seine Fixation an die dorsale Bauchwandung. Nach links geht die Verwachsung bis zur Milz, welche auf diese Weise an das Diaphragma fixiert wird (Plicae phrenicolienales[2]).

Die Fixation der Duodenalschlinge an die dorsale Wand der Peritonaealhöhle beginnt an der Flexura duodenojejunalis und geht allmählich nach oben weiter bis über die Stelle hinaus, wo die Papilla duodeni (Santorini) die Einmündung des Ductus choledochus und des Ductus pancreaticus in das Duodenum bezeichnet. Der ursprünglich nach rechts sehende Umfang des Duodenum und der rechte Umfang des Mesoduodenum werden in der Höhe des rechten Nierenhilus an die hintere Bauchwand befestigt.

Die Verwachsung des Colon ascendens und descendens mit der hinteren Wand der Bauchhöhle beginnt am Ende des vierten Monats der Entwicklung. Das Caecum und der Proc. vermiformis bleiben frei. Der obere Teil des Colon ascendens verwächst mit der bereits an die hintere Bauchwand fixierten Pars descendens duodeni, sowie mit dem Peritonaealüberzuge der vorderen Fläche der rechten Niere; je nachdem sich diese Verwachsung mehr oder weniger weit nach unten erstreckt, kann ein grösserer oder geringerer Abschnitt des Colon ascendens frei bleiben oder durch ein Mesocolon ascendens an die hintere Bauchwand befestigt sein. Die Befestigung des Colon descendens beginnt an der unteren Hälfte der linken Niere, und zwar so, dass zuerst das Peritonaeum viscerale des Colon descendens mit dem Peritonaeum parietale verwächst, dann erst das ursprünglich freie Mesocolon descendens. Die Folge davon ist, dass zunächst zwischen dem Colon descendens und der Abgangslinie seines Mesocolon eine Tasche mit abwärts gerichteter Öffnung gebildet wird, die sich später durch Verklebung ihrer Wandungen fast ganz schliesst. Eine Andeutung derselben findet sich noch beim Erwachsenen in dem Recessus intersigmoideus (s. Colon sigmoideum), der sich abnormerweise als Blindsack an der linken Seite der Lendenwirbelsäule bis zur Höhe des unteren Poles der linken Niere erstrecken kann.

Das Endresultat der Umlagerung und sekundären Fixation der Eingeweide, welches wir beim Erwachsenen vor uns sehen, erleidet in allerdings sehr seltenen Fällen eine Störung, indem eine sekundäre Fixation der Eingeweide überhaupt ausbleiben kann. Die Eingeweide nehmen eine normale Lage ein; die einzelnen Abschnitte sind voneinander unterschieden, aber die Ausbildung der Mesenterien steht auf embryonaler Stufe, indem der ganze Eingeweideschlauch unterhalb des Pylorus an einem freien, nirgends mit dem Peritonaeum parietale verwachsenen Mesenterium aufgehängt ist (Mesenterium commune). Dem entspricht auch der Verlauf der Gefässe; der Ansatz des Mesenterium findet in der Medianlinie statt. Ein derartiges Verhältnis ist bei einigen Säugetieren als Norm nachgewiesen, so z. B. bei der Fledermaus (Faraboeuf), deren Darm vollständig an einem Mesenterium commune aufgehängt ist und jeder sekundären Fixation an die Bauchwand entbehrt.

---

[1] Mesenterium. [2] Lig. phrenicolienale.

Baucheingeweide und Bauchwand.

Die Beziehungen der Baucheingeweide zur ventrolateralen Bauchwand sind entweder unmittelbare oder mittelbare. Einzelne Eingeweide liegen der inneren Fläche der ventrolateralen Bauchwand direkt an, folglich sind sie der Untersuchung von aussen ohne weiteres zugänglich (Inspektion, Palpation, Perkussion, Auskultation). Andere liegen in der Tiefe und sind deshalb der Untersuchung weniger zugänglich, ohne sich ihr jedoch ganz zu entziehen. Alle Organe der Bauchhöhle lassen sich auf die Ober-

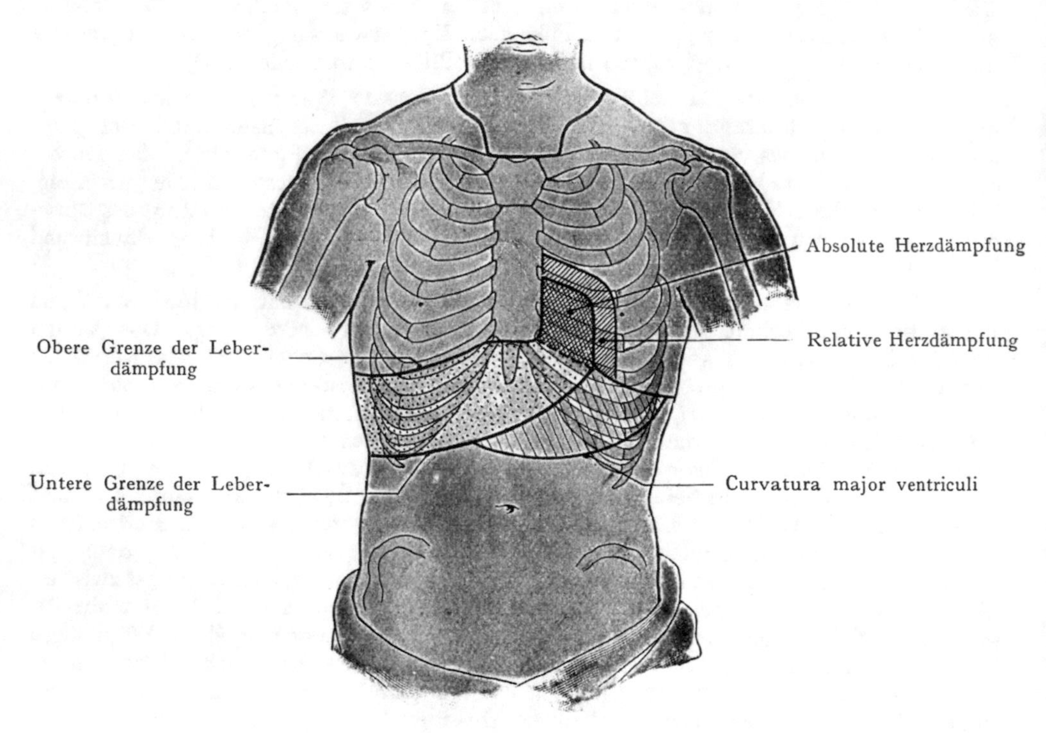

Abb. 300. Die Perkussionsgrenzen des Herzens, der Leber, des Magens und der Lungen, von vorn gesehen.
Nach Weil. Handbuch und Atlas der topograph. Perkussion. 1880.
Feld der Leberdämpfung punktiert. Magenfeld weit schraffiert.

fläche des Körpers projizieren und so in ihrer Lage zur Bauchwand feststellen; selbstverständlich sind verschiedene Projektionsabbildungen von ein und demselben Eingeweideteil auf verschiedene Abschnitte der Bauchwand möglich, so könnte man von Leber und Magen ein Projektionsfeld auf die ventrolaterale und ein solches auf die hintere Wand unterscheiden, die selbstverständlich recht verschieden ausfallen müssten. Man pflegt nun bei Besprechung der Topographie besonders diejenigen Projektionsfelder zu berücksichtigen, welche für die Untersuchung des Zustandes der Organe (z. B. Feststellung der Ausdehnung der Leber und des Magens durch Perkussion) oder für operative Eingriffe an denselben von Wichtigkeit sind (Projektion der Nieren auf die hintere, der Harnblase, der Leber, des Magens auf die vordere Wand des Bauchraumes). Die Grösse des Projektionsfeldes eines Hohleingeweides wird selbstverständlich von seinem Füllungszustande abhängen; wir müssen deshalb bei Bestimmung des

Projektionsfeldes einen mittleren Füllungszustand als Norm annehmen, von welchem aus das Verhalten des leeren oder des stark gefüllten Organes zu beurteilen ist.

Durch die Methode der Perkussion, d. h. der Erzeugung eines Schalles durch Beklopfen der Bauchwandung, welcher je nach der Beschaffenheit des unterliegenden

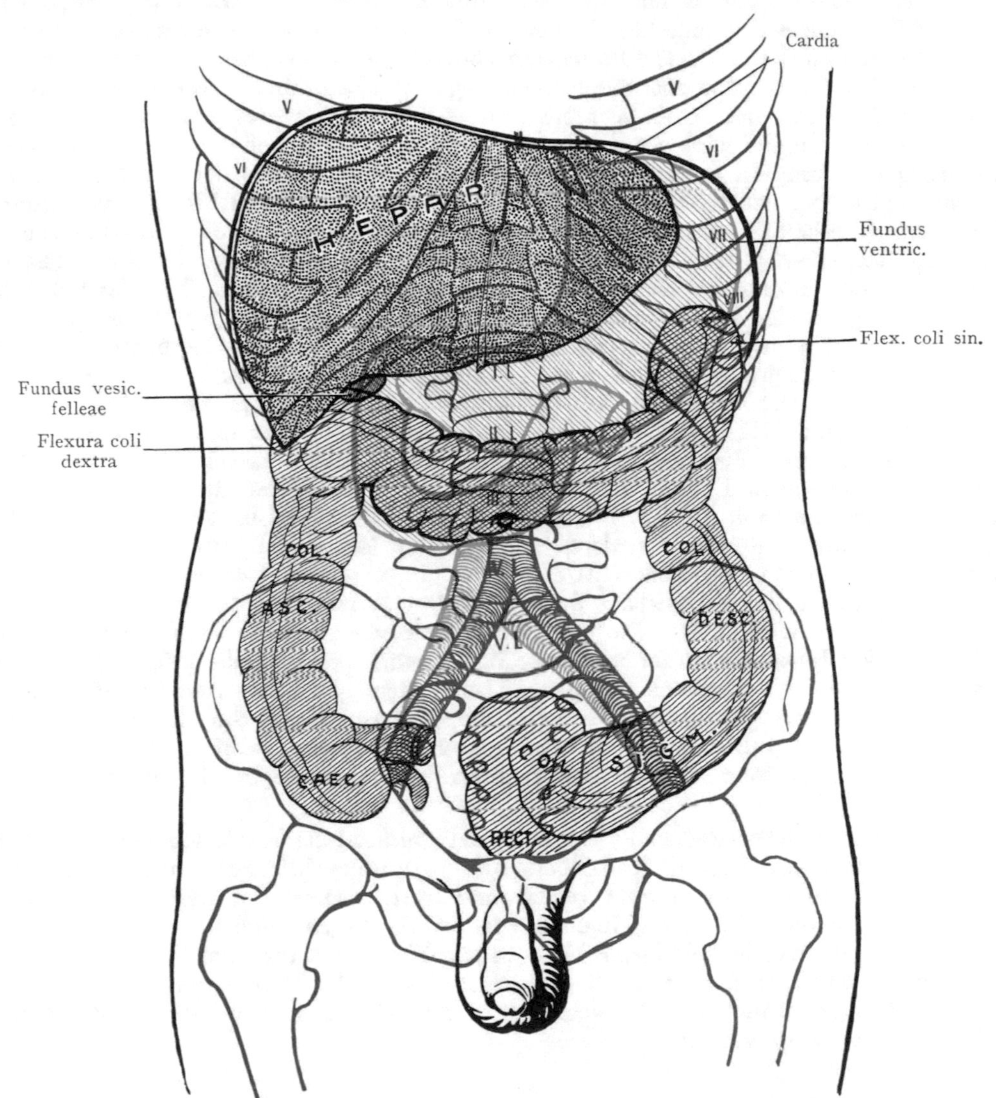

Abb. 301. Baucheingeweide, in ihrer Projektion auf die vordere Bauchwand. Schema. Mit Benützung der Gipsabgüsse von His.

Organes wechselt (der Magen erzeugt einen hellen, die Leber einen dumpfen Schall), lassen sich die Projektionsfelder verschiedener Bauchorgane, besonders solcher, die der unteren Bauchwand unmittelbar anliegen, leicht bestimmen. Die Abb. 300 gibt solche Felder für Leber und Magen an, die bei der Besprechung der Topographie der einzelnen Organe besondere Berücksichtigung finden sollen. Wenn wir teils nach den

Befunden der Perkussion, teils nach der Untersuchung von in Formol gehärteten Leichen, die Beziehungen zwischen den Baucheingeweiden und der ventrolateralen Bauchwand kurz zusammenfassen, so ergibt sich folgendes (Abb. 300 und 301):

Die Leber liegt mit ihrer Hauptmasse in der Regio hypochondrica dextra und der Regio mesogastrica und zieht sich zum Teil noch in die Regio hypochondrica sin. hinüber, indem der linke Leberlappen die Curvatura minor und einen Teil der vorderen Magenfläche bedeckt. Ihre Projektionsabbildung auf die vordere Bauch- und Brustwand ist eine grosse, kann aber durch die einzige beim Lebenden anwendbare Methode, diejenige der Perkussion, bloss in ihrem unteren Teile nachgewiesen werden, denn der obere Teil des Organs wird von der Lunge überlagert, deren heller Schall bei der Beklopfung den dumpfen Leberschall überwiegt. Die untere Partie der vorderen Leberfläche liegt der vorderen Bauchwand direkt an. Von der vorderen Wand des Magens liegt eine dreieckige Partie (Abb. 300 schraffiert) der vorderen Bauchwand unmittelbar an (sog. Magenfeld); durch Bestimmung derselben, besonders ihrer unteren Grenze, kann die Ausdehnung des Magens nach unten angegeben werden. Die Cardia des Magens liegt in der Höhe des X. Thorakalwirbels, auf die Bauchwand bezogen annähernd gegenüber dem Ansatze des VII. Rippenknorpels an den Rippenbogen. Der Pylorus liegt rechts von dem ersten Lumbalwirbel und wird vorne von der Leber bedeckt. Die Duodenalschlinge liegt mit ihrer Pars descendens rechts von dem II. und III. Lumbalwirbel, die Pars ascendens kreuzt den dritten Lumbalwirbel, um in die Flexura duodenojejunalis überzugehen, welche links von der Verbindung zwischen I. und II. Lumbalwirbel liegt. Die Pars descendens und die Pars caudalis duodeni werden vorne von dem Colon transversum überlagert; bestimmte Beziehungen zur vorderen Bauchwand lassen sich für dieselben nicht feststellen. Zuweilen liegt die Gallenblase der vorderen Bauchwand direkt an in einem kleinen Felde unterhalb des Rippenrandes rechterseits, in der Höhe des VIII.—IX. Rippenknorpels. Die mittlere Partie des Colon transversum gewinnt direkte Beziehungen zur vorderen Bauchwand, während die beiden Flexurae coli der hinteren Bauchwand anliegen. Das letztere gilt auch vom Colon ascendens und vom Colon descendens. In der unteren Hälfte des Bauches kommt, je nach seinem Füllungszustande, das Caecum mit der rechten Bauchwandung in Kontakt, und zwar oberhalb des rechten Lig. inguinale in der rechten Regio inguinalis.

In der mittleren Region des Bauches, entsprechend der Regio umbilicalis, finden wir Dünndarmschlingen, von denen die Jejunumschlingen mehr links und oben, die Ileumschlingen mehr rechts und unten angetroffen werden. Über der Symphyse und dem linken Lig. inguinale ist häufig die Schlinge des Colon sigmoides zu finden, welche bei starker Füllung mit Kotmassen bis zum Nabel oder sogar bis zur Curvatura major ventriculi aufsteigen kann. Die Harnblase liegt je nach ihrem Füllungszustande in sehr wechselnder Ausdehnung der vorderen Bauchwand oberhalb der Symphyse an.

B. b) Topographie der Baucheingeweide.

Wir halten uns hier an die Unterscheidung von Eingeweiden, die von dem Peritonaealsack eingeschlossen sind (Eingeweide der Bauchhöhle), und solchen, die hinter dem Peritonaealsack im Retroperitonaealraume liegen (Eingeweide des Retroperitonaealraumes). Wir beschreiben hier alle diejenigen Eingeweide, welche beim Erwachsenen oder während der fetalen Entwicklung einen vollständigen Peritonaealüberzug erhalten. Zu demselben gehören auch die Duodenalschlinge und das Pankreas, das Colon ascendens und descendens, welche beim Erwachsenen mit der hinteren

Bauchwand verlötet sind und in dieser Hinsicht eigentlich ebensogut die Bezeichnung „retroperitonaeale Organe“ verdienen, wie etwa Nieren, Nebennieren und Ureteren.

Man pflegt die Eingeweide der Bauchhöhle in obere und untere Baucheingeweide einzuteilen. Die oberen Baucheingeweide liegen zwischen dem Diaphragma, als oberer Abschluss der Bauchhöhle und der quer eingestellten Lamelle des Mesocolon transversum; hierher gehören die Leber mit der Gallenblase, der Magen, die Milz, das Duodenum und das Pankreas. Die unteren Baucheingeweide liegen zwischen dem Mesocolon transversum und der Linea terminalis des kleinen Beckens, umfassen also den Dünndarm, das Caecum mit dem Processus vermiformis, das Colon ascendens, transversum, descendens und sigmoides.

Obere Baucheingeweide.

Dieselben (Magen, Leber, Duodenum, Pankreas und Milz) gehören auch entwicklungsgeschichtlich zusammen, indem sie aus jener Strecke des Darmes (Magen und Duodenalschleife) hervorgehen, welche ursprünglich ein dorsales und ventrales Mesenterium besass; auch sind sie durch Peritonaealduplikaturen untereinander verbunden und beeinflussen sich gegenseitig in ihrer Form und Lage. So wird die untere Fläche des linken Leberlappens durch die vordere Fläche des Magens geradezu modelliert; die Milz gestaltet sich dem Raum entsprechend, welcher zwischen Magen, Diaphragma und oberem Pole der linken Niere übrig bleibt und folgt auch den Verschiebungen des Magens; der Anfangsteil des Duodenum wird bei stärkerer Füllung des Magens bald sagittal eingestellt, bald verläuft er bei leerem Zustande des Magens mehr transversal usw.

Magen.

Die spindelförmige Erweiterung des Mitteldarms, welche in frühen Embryonalstadien den Magen darstellt, ändert ihre Form schon vor der Drehung des Magens um seine Längsachse (Abb. 297 und 299), indem die dorsale Ausbiegung der Spindel stärker ausgebuchtet erscheint als die ventrale und sich scharf von der Pars abdominalis oesophagi absetzt. Sehr frühzeitig lässt sich also ein Fundusabschnitt, eine dorsalwärts gerichtete Curvatura major und eine ventralwärts gerichtete Curvatura minor unterscheiden.

Nach erfolgter Drehung des Magens sieht die grosse Kurvatur nach links und abwärts, die kleine Kurvatur nach rechts gegen die Wirbelsäule, der Übergang der Pars abdominalis oesophagi in den Magen setzt sich deutlich als Cardia ab. Nach oben legt sich der Fundus an das Diaphragma; der Übergang des Magens in das Duodenum (Pylorus) markiert sich durch den ringförmigen Sulcus pyloricus.

Form des Magens. Der mässig gefüllte Magen ist mit einem Posthorn verglichen worden, das der vorderen Fläche der Wirbelsäule in der Höhe des XII. Brust- und I. Lendenwirbelkörpers angelagert ist. Die weite Öffnung des Hornes würde bei diesem Vergleiche der Cardia und dem Fundus entsprechen, welch letzterer tief in der linken Regio hypochondrica der unteren Fläche des Diaphragma anliegt, das Mundstück entspricht dem Pylorus und der mittlere Teil ist um den letzten Brust- und den ersten Lendenwirbel abgebogen. Die wirkliche Form des Magens ist nur dann zu erhalten, wenn bei Belassung der Eingeweide in situ eine Injektion der ganzen Leiche von der A. carotis comm. oder von der A. femoralis aus mit Formol vorgenommen wird. Die Form wird wesentlich durch den Druck bestimmt, welchen die benachbarten

Eingeweide (Leber, Milz, Pankreas) sowie die Wandungen des Bauchraumes (ventrolaterale Bauchwand und Diaphragma) auf den Magen ausüben, ferner auch durch den Füllungszustand, welcher sich jedoch während des Verdauungsprozesses ändert, indem der Speisebrei allmählich in den Dünndarm übergeht. Die Befunde an der Leiche sind deshalb ausserordentlich verschieden, was die zahlreichen voneinander abweichenden Angaben in der Literatur erklärt (s. unten: Fixation des Magens in seiner Lage).

Lage des Magens. Der Magen liegt zu $^3/_4$ in der linken Regio hypochondrica und zu $^1/_4$ in der Regio mesogastrica (Abb. 301). Bei mässiger Füllung steigt die vom

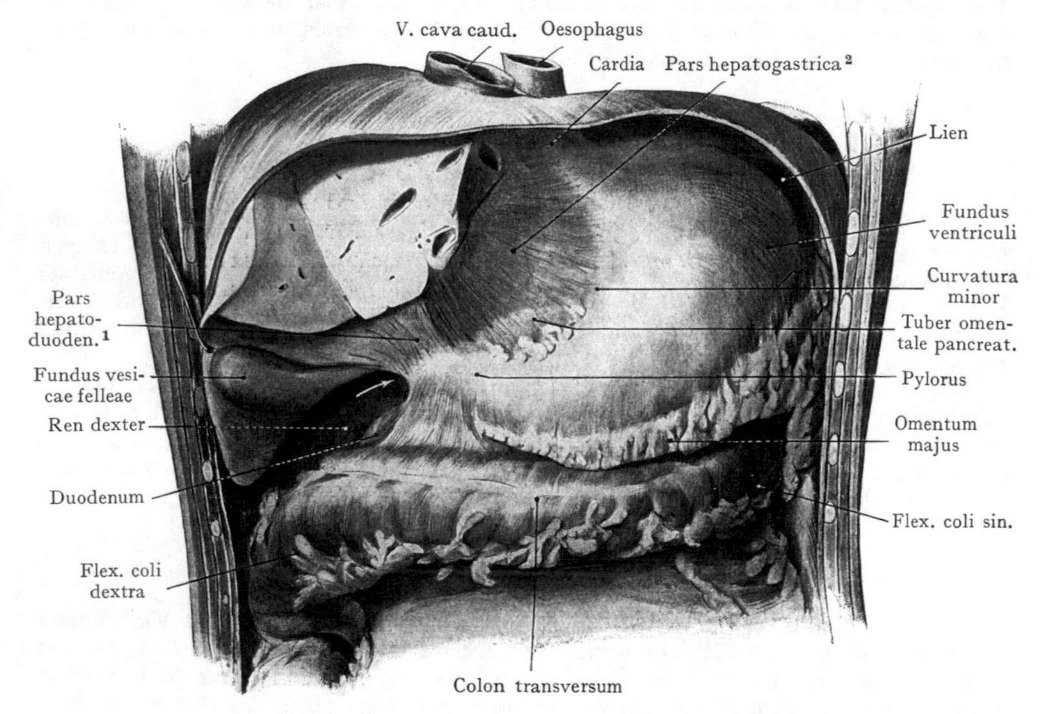

Abb. 302. Vordere Fläche des Magens, Flex. coli dextra und sin. und Colon transversum in situ.

Der ganze linke und ein Teil des rechten Leberlappens sind entfernt, das Omentum majus ist knapp unterhalb seines Abganges von der Curvatura major durchtrennt worden. Durch die Pars hepatogastrica schimmert das Tuber omentale des Pankreas durch. Der Eingang in das Foramen epiploicum (Winslowi) ist mittelst eines Pfeiles angedeutet.

Formolpräparat eines 21jährigen Mannes.

Pylorus zur Cardia gezogene Verbindungslinie schräg von unten, vorne und rechts nach oben, hinten und links empor. Die Längsachse des Magens bildet eine nach rechts abfallende Spirallinie (Luschka).

Die typische Lage des mässig gefüllten Magens ist eine mehr oder weniger senkrechte, indem sich der Fundus an die untere Fläche des Diaphragma links von dem Foramen oesophagicum[3] anlegt, während die kleine Kurvatur nach rechts gerichtet ist und parallel mit der Wirbelsäule verläuft; der Pylorusteil des Magens kreuzt die Wirbelsäule etwa in der Höhe der Bandscheibe zwischen XII. Thorakalwirbel und I. Lendenwirbel. Die Cardia liegt etwa 3 cm unterhalb des Foramen oesophagicum[3] entsprechend dem linken Umfange des X. Thorakalwirbels, ein Punkt, der nach vorne hin projiziert, den VII. linken Rippenknorpel 3 cm lateral von seinem Sternalansatze trifft. Die Cardia und die kleine Kurvatur ändern bei der Füllung des Magens ihre

[1] Lig. hepatoduodenale. [2] Lig. hepatogastricum = Omentum minus. [3] Hiatus oesophageus.

Lage gar nicht oder nur wenig. Der Pylorus liegt bei mässig gefülltem Magen dem Lobus quadratus der Leber an, etwa 3 cm nach rechts von der Medianebene. Bei starker Füllung des Magens entfernt sich der Pylorus 6—7 cm von der Medianebene; bei leerem Magen rückt er in die Medianebene und liegt in letzterem Falle gegenüber dem Körper des I. Lumbalwirbels. Der Fundus legt sich in die Wölbung der linken Zwerchfellhälfte hinein, und zwar etwas dorsal, auch etwas lateral von der Stelle, wo das Herz dem Diaphragma aufruht. Diese Lagebeziehungen des Magenfundus und des Herzens zur linken Hälfte des Diaphragma erklären den Einfluss, den ein stark

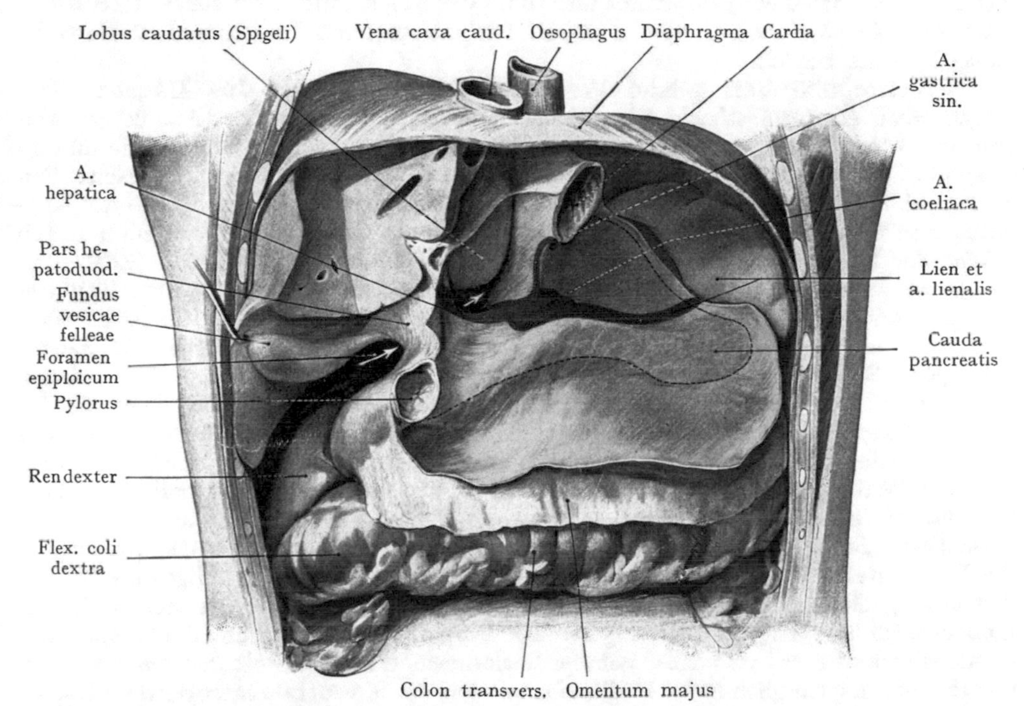

Abb. 303. **Ansicht der dorsalen Wand der Bursa omentalis (grün) nach Abtragung des ganzen linken sowie eines Teiles des rechten Leberlappens.**

Der Magen ist vollständig entfernt worden. Der Eingang in das Foramen epiploicum (Winslowi) ist durch einen Pfeil angegeben. Verzweigung der dorsal von der Bursa gelegenen A. coeliaca. Die Ausdehnung der Verwachsung der dorsalen Wand der Bursa omentalis mit dem Peritonaeum parietale ist durch eine punktierte Linie angegeben.

Das Omentum majus ist unterhalb seiner Befestigung an das Colon transversum abgetragen worden.

Formolpräparat. 21jähriger Mann.

gefüllter, die linke Zwerchfellhälfte aufwärts drängender Magen auf die Herztätigkeit ausüben kann.

Der Verlauf der Curvatura minor, insbesondere die Beziehung derselben auf die vordere Bauchwand ist nicht von praktischer Bedeutung. Ganz anders steht es dagegen mit der Curvatura major. Sie ist es, welche bei Anfüllung des Magens verschoben wird; ihr Stand lässt sich auch mittelst der Perkussion nachweisen, da sie die untere Grenze desjenigen Feldes angibt, in dessen Bereiche die vordere Magenwand direkt der vorderen Bauchwand anliegt (Abb. 300 und 301). Das Magenfeld, oder das Magendreieck, hat bei mittlerer Füllung des Magens folgende Grenzen: rechts den scharfen Rand des linken Leberlappens, der sich gegen das Magenfeld durch seinen dumpfen Schall abgrenzt; oben wird das Magenfeld durch den unteren Rand der linken Lunge begrenzt oder durch eine Linie, welche von dem lateralen Ende des VI. Rippenknorpels schräg lateralwärts zieht, um in der Axillarlinie die VIII. Rippe zu schneiden. Die untere Grenze des Magenfeldes wird durch eine abwärts leicht geschweifte Linie dargestellt, welche in der Medianlinie etwa in der halben Entfernung zwischen der Spitze des Processus ensiformis[1] und dem Nabel beginnt und zum unteren Lungenrande in der Axillarlinie verläuft. In diesem Felde wird man einen mässig oder stark gefüllten Magen immer erreichen können, wenn man parallel mit dem VII. bis VIII. Rippenknorpel etwa fingerbreit unterhalb des Rippenrandes einschneidet. Nur der ganz leere Magen zieht sich vom Kontakt mit der vorderen Bauchwand im Bereiche dieses Dreiecks zurück.

Peritonaealüberzug und Peritonaealverbindungen des Magens. Der Magen erhält einen vollständigen Peritonaealüberzug, der sich in der Linie der grossen und der kleinen Kurvatur ansetzt und von hier aus auf die vordere und auf die hintere Magenfläche übergeht. Die Peritonaealduplikatur, welche den Magen in frühfetalen Stadien einhüllt, geht als das ursprüngliche Mesenterium ventrale von der kleinen Kurvatur, von dem Pylorus und von dem Anfangsteil des Duodenum weiter zur unteren Fläche der Leber sowie zur unteren Fläche des Diaphragma (Abb. 297). Zieht man die Leber aufwärts gegen das Diaphragma und trägt man einen grossen Teil des rechten und den ganzen linken Lappen ab, so gewinnt man eine Übersicht über diese von dem Magen und dem Duodenum zur Leber ziehende Peritonaealduplikatur (Abb. 302). Soweit sie vom Magen abgeht (Pars hepatogastrica[2] des Omentum minus), ist sie ganz dünn und durchsichtig und lässt in der Regel das Tuber omentale des retroperitonaeal gelegenen Pankreas, das sich über die Curvatura minor des Magens erhebt, durchschimmern. Diejenige Partie der Peritonaealduplikatur, welche von dem Anfangsteile des Duodenum zur Porta hepatis verläuft (Pars hepatoduodenalis des Omentum minus[3]) ist derb, da sie die A. hepatica, den Ductus choledochus und die V. portae einschliesst. Rechts begrenzt sie mit einem scharfen konkaven Rande den Eingang in die Bursa omentalis (Foramen epiploicum Winslowi) und dient als Leitgebilde bei der Aufsuchung dieser Öffnung mittelst des längs der unteren Fläche des rechten Leberlappens nach links eingeführten Fingers. Die Pars hepatogastrica[2] und die Pars hepatoduodenalis des Omentum minus[3] gehören zusammen, indem sie mit der Pars phrenicogastrica das ursprünglich in der Medianebene verlaufende ventrale Mesogastrium bilden, welches von der ventralwärts gerichteten kleinen Kurvatur des Magens zur Leber geht und erst durch die Drehung des Magens eine frontale Einstellung gewinnt.

Von der grossen Kurvatur des Magens ging die Peritonaealduplikatur in Stadien, wo die Drehung des Magens sich noch nicht vollzogen hatte, direkt als Mesogastrium dorsale an die dorsale Bauchwand weiter und heftete sich längs der Wirbelsäule in der Medianebene an (ursprüngliche Haftlinie des Mesogastrium dorsale). Durch die Ausbildung der Bursa omentalis sowie durch die sekundäre Verlötung der dorsalen Wand derselben mit dem parietalen Peritonaeum ändert sich dieses Verhalten; später entspricht die ursprüngliche Haftlinie des Mesogastrium dorsale dem Verlaufe der A. gastrica sin. (Abb. 303), welche von dem Stamme der A. coeliaca senkrecht nach oben verläuft, um die Curvatura minor in der Nähe der Cardia zu erreichen. Die sekundäre Haftlinie des Mesogastrium dorsale wird in Abb. 303 durch die nach links ausbiegende punktierte Linie dargestellt, welche an der Cardia beginnend, in die Haftlinie des Mesocolon transversum übergeht und nach rechts verlaufend an den Pylorus zurückkehrt. Dadurch, dass das Mesogastrium dorsale als Bursa omentalis über das Colon transversum abwärts wächst, um im Anschluss an das Mesocolon transversum die Wirbelsäule wieder zu erreichen (s. die Besprechung der Bursa omentalis und Abb. 296), wird die grosse Kurvatur des Magens mit dem Colon transversum durch eine Peritonaealduplikatur (Pars gastromesocolica des Mesogastrium dorsale[4]) in Verbindung gesetzt,

[1] Processus xiphoideus. [2] Lig. hepatogastricum = Omentum minus.
[3] Lig. hepatoduodenale. [4] Lig. gastrocolicum.

die einen Abschnitt der vorderen Wandung der Bursa omentalis darstellt (Abb. 302, wo das Omentum majus abgetrennt ist, um das Colon transversum, sowie die Verbindung mit der grossen Kurvatur zur Ansicht zu bringen).

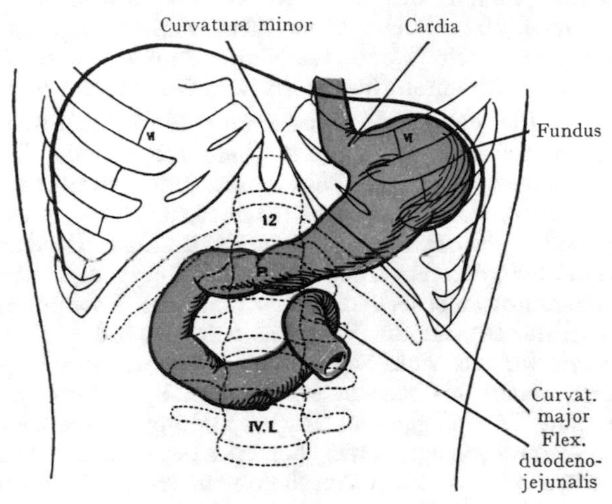

Abb. 304. Leerer oder fast leerer Magen in situ. Pylorus (P) in der Medianebene. Mit Benützung der Angaben und Abbildungen von W. His, Arch. f. Anat. u. Entw.-Gesch. 1903.

Fixation des Magens in seiner Lage und Änderung der Form bei Änderung des Füllungszustandes. Die Peritonaealduplikaturen, welche von der grossen und der kleinen Kurvatur ausgehen, sind wohl ohne Bedeutung für die Fixation des Magens. Am ehesten könnte dies noch von der Pars hepatogastrica und der Pars hepatoduodenalis behauptet werden, von denen die letztere infolge ihrer Einschlüsse (A. hepatica, Ductus choledochus und V. portae) eine derbere Beschaffenheit zeigt. Die Leber wird ihrerseits weniger durch die sog. „Ligamenta" hepatis (Mesohepaticum ventrale[1]), als durch die Verwachsung der hinteren Fläche des rechten Lappens mit der unteren Fläche des Diaphragma in ihrer Lage fixiert. Durch die, allerdings etwas dehnbare, Verbindung des Oesophagus mit dem Diaphragma, sowie des Pylorus und des Duodenum mit der Porta hepatis mittelst der Pars hepatoduodenalis, wird eine gewisse Fixation der kleinen Kurvatur erzielt, allerdings mit der Einschränkung, dass der Pylorusteil je nach dem Füllungszustande des Magens einen beträchtlichen Spielraum besitzt und in der Medianebene (bei leerem Magen) oder bis zu 6—7 cm rechts von der Medianebene (bei stark gefülltem Magen) anzutreffen ist. Da die dem Magen oben und rechts anliegende Leber eine Ausdehnung nach dieser Richtung verhindert, so wird die Hauptausdehnung des sich füllenden Magens entsprechend der grossen Kurvatur nach oben und links (Fundus) sowie nach unten gehen. Hier liegt die grosse Kurvatur dem Colon transversum an; ein Teil der dorsalen Fläche ruht auf dem Mesocolon transversum, welches bei seiner queren Einstellung in der Bauchhöhle gewissermassen ein Bett für die Auflagerung des Magens abgibt (Abb. 303). Bei der Ausdehnung des Organs wird

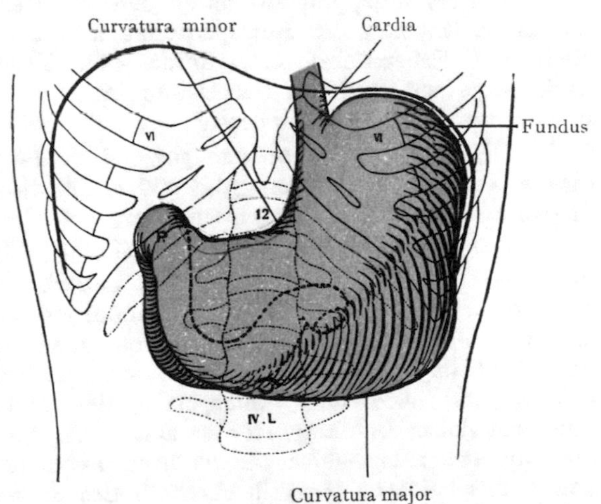

Abb. 305. Stark gefüllter Magen in situ. Pylorus (P) 6—7 cm rechts von der Medianebene. Die Pars cranialis des Duodenum ist sagittal eingestellt. Nach einer Abbildung von W. His (Arch. f. Anat. u. Entw.-Gesch. 1903) und den Angaben von W. Braune (Topogr.-anat. Atlas).

[1] Lig. falciforme, coronarium und triangulare hepatis.

folglich das Colon transversum mit dem Mesocolon abwärts verschoben; umgekehrt können diese Gebilde bei Entleerung des Magens wieder aufwärts rücken und bei starker Füllung des Colon transversum mit Gasen kann dasselbe sogar einen Teil der vorderen Magenfläche überdecken. Kurz gesagt, es besteht zwischen Magen und Colon transversum ein Wechselverhältnis, indem bei stark gefülltem Magen das Colon transversum nach unten, bei leerem oder fast leerem Magen dagegen nach oben rücken kann.

Die Form und Ausdehnung eines gefüllten und eines leeren Magens werden durch die Abb. 304 und 305 veranschaulicht. Die Form hängt von drei Faktoren ab: erstens von dem Füllungszustande, zweitens von der physiologischen Tätigkeit, in welcher sich der Magen befindet, drittens von dem Drucke, den benachbarte Eingeweide auf den Magen ausüben. Das Zusammenwirken dieser drei Faktoren, wobei bald der eine, bald der andere überwiegt, erklärt die Schwierigkeit, eine typische Magenform aufzustellen. Wenn man aus Beobachtungen an der Leiche und aus Tierexperimenten auf die Vorgänge beim lebenden Menschen einen Schluss ziehen darf, so haben wir uns wohl vorzustellen, dass ein stark gefüllter Magen sich allmählich entleert, indem bis zuletzt im Fundus Speisebrei verweilt, welcher durch die peristaltischen Bewegungen der Magenwandung gegen den Pylorus befördert wird und in das Duodenum gelangt. Ausgenommen bei einem sehr stark angefüllten Magen (Abb. 305), können wir also zwei Abschnitte unterscheiden: erstens ein Reservoir für den Speisebrei und zweitens einen mit der fortschreitenden Entleerung des Magens auf Kosten des ersten Abschnittes länger werdenden Teil, welcher an dem Pylorus in das Duodenum übergeht. Beide Abschnitte sind in Abb. 304, wo die Entleerung des Magens schon weit fortgeschritten ist, recht deutlich zu erkennen.

Beziehungen des Magens zu anderen Eingeweiden (Syntopie des Magens). Der Magen hat Beziehungen: nach oben zum Zwerchfell und zur Leber, nach links zur Milz, dorsalwärts zu den von der hinteren Wand der Bursa omentalis bedeckten Organen des Retroperitonaealraumes (Pankreas, A. und V. lienalis, linke Niere und Nebenniere), nach unten zum Mesocolon und zum Colon transversum, nach vorne zur vorderen Bauchwand im Bereiche des Magenfeldes und zur unteren Fläche des linken Leberlappens.

Die beiden Abb. 306 und 307 geben die Beziehungen des Magens zu benachbarten Eingeweiden wieder. Abb. 306 stellt die Beziehungen der vorderen, Abb. 307 diejenigen der hinteren Magenwand dar.

Beziehungen der vorderen Wand. Annähernd die obere Hälfte derselben mit dem Pylorus wird von dem linken Leberlappen überlagert, dessen Tuber omentale sich auf das Omentum minus (Pars hepatogastrica[1]) und in die kleine Kurvatur des Magens einbettet, während der Lobus quadratus mit dem Pylorus in Berührung tritt (Abb. 325). Nach rechts liegt der Fundus der Gallenblase diesem Abschnitte des Magens sowie dem Anfangsteile des Duodenum an. Auch die Cardia wird von dem linken Leberlappen überlagert: die Pars abdominalis oesophagi legt sich in die Impressio oesophagica der hinteren Leberfläche und grenzt hier nach rechts an den Lobus caudatus (Spigeli) oberhalb des Processus papillaris (Abb. 324 und die Beschreibung der hinteren Leberfläche). Dem nach links sehenden Fundus liegt die Pars gastrica der Facies visceralis der Milz an. Sie ist in Abb. 302 eben noch von vorne sichtbar. Die Beziehungen der grossen Kurvatur zum Mesocolon und zum Colon transversum sind erwähnt worden. Ganz ausnahmsweise kann bei starker Ausdehnung durch Kot oder Gase die Schleife des Colon sigmoide so weit aufsteigen, dass sie, das Omentum majus beiseite schiebend, die grosse Kurvatur des Magens, ja sogar den unteren Leberrand erreicht.

Die Organe, welche zur vorderen Wand des Magens Beziehungen erlangen, werden, wie der Magen selbst, von dem Peritonaeum überzogen. Das gleiche gilt von

[1] Lig. hepatogastricum.

den Organen, welche der hinteren Fläche des Magens anliegen, indem dieselben sämtlich von der hinteren Wand der Bursa omentalis bedeckt sind; in Abb. 307 sind sie in ihrer Projektion auf den hinteren Umfang des Magens dargestellt. Abgesehen von der Milz, deren Pars gastrica der Facies visceralis sich dem Fundus anschliesst, kommt hier vorzugsweise das Pankreas mit seinem Körper und seinem Schwanze in Betracht, dazu die A. et V. lienalis (in Abb. 307 ist bloss die A. lienalis dargestellt), soweit sie nicht in ihrem Verlaufe nach links von dem Pankreaskörper bedeckt sind. In grösserer Tiefe und von einer Schicht fettreichen Gewebes vorn überlagert, wäre noch ein Teil der linken Nebenniere und der obere Pol der linken Niere zu erwähnen. Durch den Peritonaealspalt der Bursa omentalis wird die hintere Fläche des Magens von den dorsal gelegenen Organen getrennt. Es ist sehr lehrreich, diese Verhältnisse an Formolleichen zu untersuchen, bei denen durch Abtrennung und Entfernung des Magens die hintere Wand der Bursa zur Ansicht gebracht wurde (Abb. 303). Die der hinteren Magenfläche anliegenden retroperitonaealen Organe werden durch den Magen gewissermassen modelliert, so daß sie eine Unterlage oder ein Bett für den dorsalen Umfang der Magenwandung bilden, welches abwärts durch das Mesocolon transversum fortgesetzt wird. Ein grosser Teil des Magens mit dem Fundus legt sich in die tiefe Bucht, welche nach links von der Wirbelsäule durch den Pankreasschwanz und die Pars gastrica der Facies visc. lienis geboten wird. Der übrige Teil des Magens bedeckt von vorn den Pankreaskörper, der sich in der Regel mit dem Tuber omentale pancreatis etwas über die Linie der kleinen Kurvatur erhebt und hier nach Durchtrennung der Pars hepatogastrica leicht zugänglich ist. Die Beziehungen der hinteren Magenwand zu der A. und V. lienalis sind ausserordentlich verschieden, je nachdem die letzteren mehr oder weniger von dem Pankreas bedeckt sind; in der Regel liegen die Gefässe, eine Strecke weit vor ihrem Eintritt in den Hilus der Milz, unmittelbar unter dem Peritonaeum der Bursa omentalis und werden hier bloss durch den spaltförmigen Raum der Bursa von der

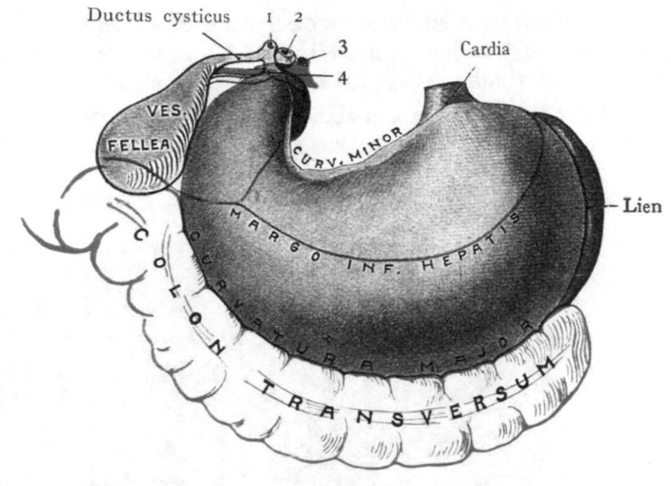

Abb. 306. Syntopie des Magens. Ansicht von vorn. Halbschematisch, mit Benützung des Hisschen Gipsabgusses. 1 Ductus choledochus. 2 V. portae. 3 A. hepatica. 4 Ductus hepaticus.

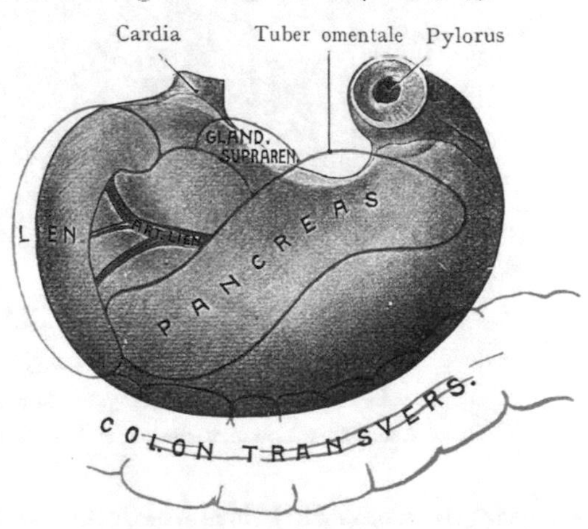

Abb. 307. Syntopie des Magens. Ansicht von hinten. Halbschematisch, mit Benützung des Hisschen Gipsabgusses.

hinteren Fläche des Magens getrennt, eine Beziehung, welche bei gewissen Erkrankungen des Magens (Ulcus rotundum) von Wichtigkeit sein kann, indem Fälle bekannt sind, in welchen eine Geschwürbildung vom Magen auf die A. lienalis übergriff und durch Arrosion derselben eine tödliche Blutung verursachte.

Gefäss- und Nervenversorgung des Magens. Die Arterien und die Lymphgefässe des Magens haben ihren Ursprung, resp. ihren Abfluss, an einer Stelle, die unmittelbar unterhalb des Hiatus aorticus gelegen ist.

Die Strecke der Aorta abdominalis zwischen dem Hiatus aorticus und dem Tuber omentale pancreatis ist sehr kurz, in der Regel kaum mehr als 1—2 cm lang. Hier

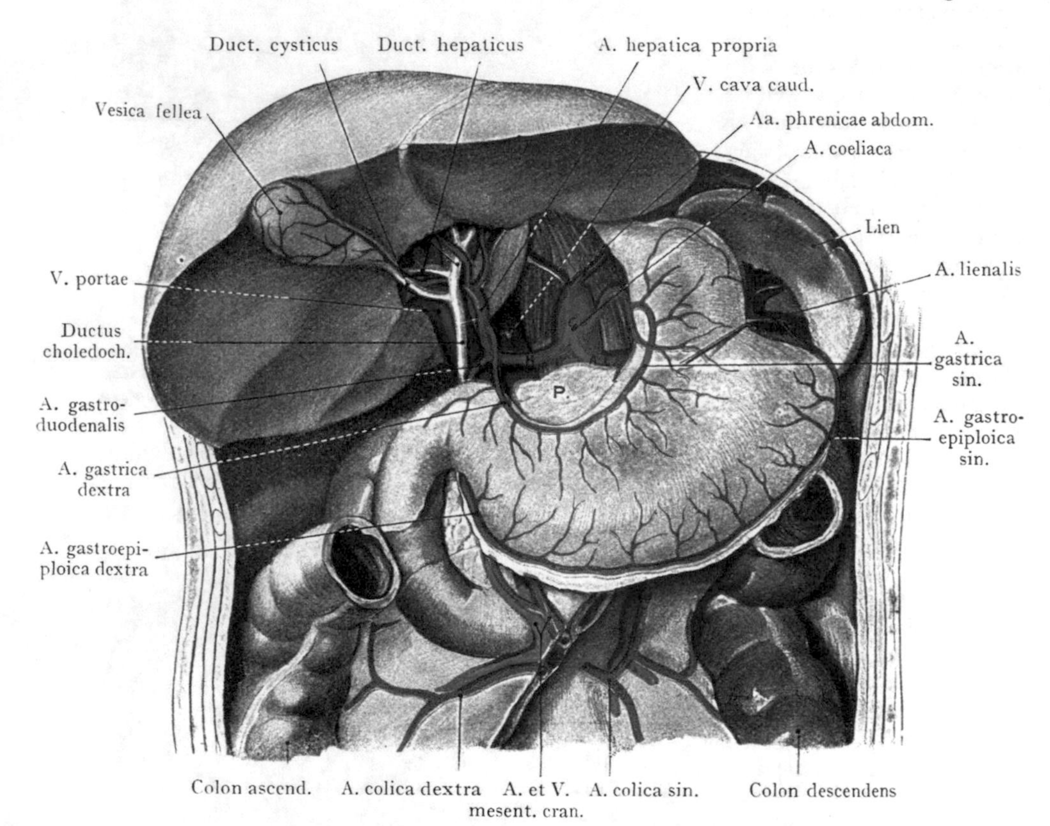

Abb. 308. Gefässverzweigung an Magen und Leber.

Die Leber ist nach oben gezogen. Mit Benützung des Hisschen Gipsabgusses.

H = A. hepatica. C = A. coeliaca. A L = A. lienalis. P = Tuber omentale des Pankreas.

entspringen erstens die beiden Aa. phrenicae abdom., welche über die Zwerchfellschenkel zur lumbalen Portion des Zwerchfells verlaufen (Abb. 308) und zweitens der bloss 1—$1^1/_2$ cm lange Stamm der A. coeliaca.

Von den drei Ästen der letzteren verläuft die A. gastrica sin., von dem Peritonaeum der hinteren Wand der Bursa omentalis bedeckt (Abb. 303), nach oben gegen den Anfang der Curvatura minor an der Cardia des Magens und biegt hier abwärts um, indem sie, längs der Curvatura minor verlaufend, Äste an die vordere und an die hintere Fläche des Magens abgibt, mit der A. gastrica dextra aus der A. hepatica propria anastomosiert und den Arterienring der kleinen Kurvatur schliesst.

Die A. lienalis verläuft von ihrem Ursprunge aus der A. coeliaca quer oder etwas aufsteigend, zum Teil durch das Tuber omentale, dann durch die hintere Wand der Bursa omentalis bedeckt zum Hilus der Milz. Von hier aus gelangen in der Peritonaealduplikatur, welche die Milz mit dem Fundus des Magens in Verbindung setzt (Pars gastrolienalis[1] der dors. Mesogastrium) die Rami gastrici breves zum Fundus. Ein starker Endast, der A. lienalis verläuft vom Schwanze des Pankreas nach rechts zur grossen Kurvatur als A. gastroepiploica sin., um mit der A. gastroepiploica dextra aus der A. hepatica

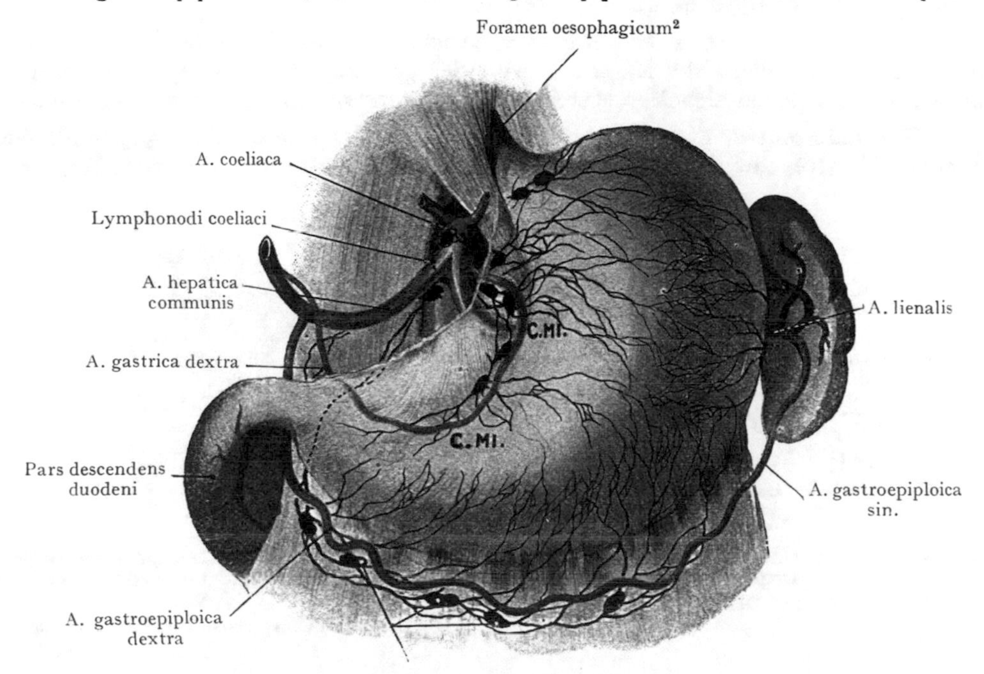

Abb. 309. Lymphgefässe und Lymphdrüsen des Magens mit ihren Abflusswegen.
Nach Cuneo und Delamare. Journal de l'anat. Vol. 36. 1900. Taf. 12.
C.MI. C.MI. Lymphgefässe und Lymphdrüsen längs der Curvatura minor (Lymphonodi gastr. cran.).

zu anastomosieren und den Arterienring längs der grossen Kurvatur zu schliessen, welcher Rami gastrici zum Magen und Rami epiploici zum Omentum majus abgibt.

Der dritte Ast der A. coeliaca, die A. hepatica communis, wendet sich nach rechts und teilt sich hinter dem Pylorus oder etwas oberhalb desselben in die A. hepatica propria und die A. gastroduodenalis. Die A. hepatica propria verläuft, in der Pars hepatoduodenalis[3] omenti minoris eingeschlossen, zur Porta hepatis empor, indem sie die A. gastrica dextra abgibt, welche zur kleinen Kurvatur gelangt und mit der A. gastrica sin. den Gefässring der Curvatura minor schliesst. Die A. gastroduodenalis geht zwischen dem Pylorus und dem Kopfe des Pankreas abwärts und gibt die A. gastroepiploica dextra zur grossen Kurvatur ab sowie die A. pancreaticoduodenalis cran. zum Kopfe des Pankreas und zur Duodenalschlinge.

Die Venen des Magens gehören zum Gebiete der V. portae; sie entsprechen in ihrer Anordnung den Magenarterien und bilden an der kleinen und der grossen Kurvatur zwei anastomosierende Gefässstämme. Der Stamm der V. portae setzt sich

[1] Lig. gastrolienale. [2] Hiatus oesophageus. [3] Lig. hepatoduodenale.

hinter dem Kopfe des Pankreas aus der V. mesenterica cran. und der V. lienalis zusammen. Die V. gastroepiploica mündet links in die V. lienalis, rechts in die V. mesenterica cran.; eine V. coronaria sin. fehlt, doch kommt an der Cardia eine Verbindung vor zwischen den Magenvenen (zum Gebiete der V. portae gehörig) und den Vv. oesophagicae, welche in die V. thoracica longitudinalis dextra[1] ihren Abfluss haben (s. Oesophagus). Die längs der kleinen Kurvatur nach rechts verlaufende V. coronaria ventriculi mündet in den Stamm der V. portae, unmittelbar nach ihrer Bildung aus der V. mesenterica cran. und der V. lienalis.

Lymphgefässe des Magens. Die Anordnung der Lymphgefässe und der regionären Lymphdrüsen des Magens ist von der grössten Wichtigkeit, da sie Bahnen darstellen, auf welchen sich Magencarcinome weiter verbreiten (metastasieren) können.

Wir unterscheiden am Magen drei Lymphgefässgebiete (Abb. 309 und das Schema Abb. 310), aus denen sich die Lymphgefässe in grösseren Stämmen längs der

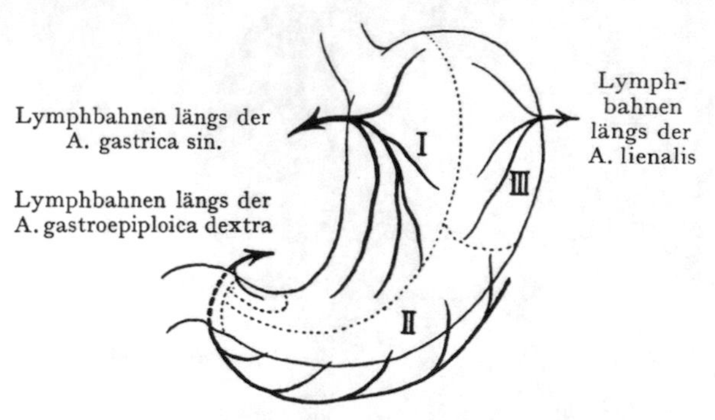

Abb. 310. Lymphgefässgebiete am Magen und Abflusswege derselben.
Schema nach Cuneo und Delamare.

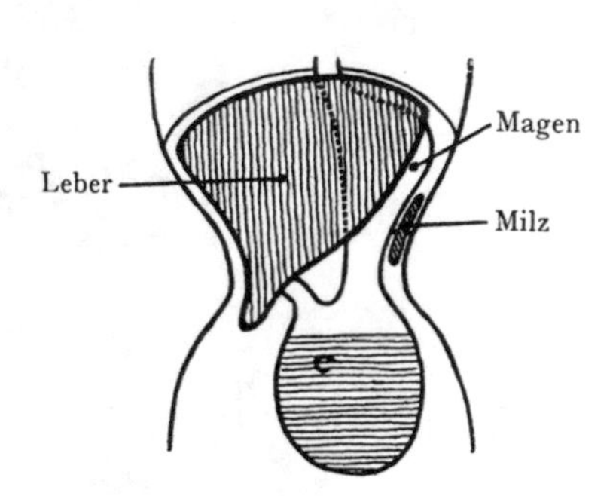

Abb. 311. Hochgradige Deformation des Magens und der Leber durch das Korsett.
Nach Chapotot, Thèse de Lyon 1891.

Curvatura major und minor sammeln. In diese Stämme sind kleine Lymphdrüsen eingeschaltet, welche kettenförmig angeordnet sind. Das erste der drei Lymphgefässgebiete (Abb. 309 und Abb. 310 I) umfasst die Gegend der Curvatura minor; ihre Lymphgefässe sammeln sich in Lymphdrüsen (Lymphonodi gastricae cran.) und Lymphstämmen, welche mit der A. gastrica sin. bis zum Ursprunge derselben aus der A. coeliaca verlaufen, wo sie sich mit den hier gelegenen Lymphonodi coeliaci verbinden. Die Vasa efferentia dieser Drüsen gehen zum Ductus thoracicus, welcher durch den Hiatus aorticus in den Brustraum eintritt.

Ein zweites grösseres Gebiet (Abb. 310 II) umfasst die grosse Kurvatur mit den angrenzenden Partien der vorderen und hinteren Magenfläche. Die Lymphgefässe dieses Gebietes sammeln sich in Stämmen und Lymphdrüsen, welche mit der A. gastroepiploica dextra nach rechts hinter dem Pylorus verlaufen (Lymphonodi gastrici caud.) und sich weiterhin dem Stamme der A. hepatica communis anschliessen, um zu den Lymphonodi coeliaci zu gelangen. Ein drittes Gebiet (Abb. 310 III) umfasst den Fundus; die abführenden Stämme verlaufen in der Pars gastrolienalis des Mesogastrium dorsale[2] zum Hilus der Milz und münden hier in die Lymphonodi pancreaticolienales, welche sich längs der A. und V. lienalis bis zur A. coeliaca erstrecken. Diese Bahn ist von geringerer praktischer Wichtigkeit als die beiden anderen. Die Lymphonodi gastrici cran. und caud. sowie die Lymphonodi pancreaticolienales sind die ersten regionären Lymphdrüsen des Magens; die zweite Station erblicken wir in den Lymphonodi coeliaci, welche um den Stamm der A. coeliaca angeordnet sind.

[1] V. azygos. [2] Lig. gastrolienale.

Nerven des Magens. Sie kommen, wie diejenigen der Leber, aus zwei Quellen, einerseits aus den beiden mit dem Oesophagus in die Bauchhöhle gelangenden Nn. vagi, andererseits aus den sympathischen Geflechten, welche die zum Magen verlaufenden Äste der A. coeliaca begleiten. Die Fasern verbinden sich zu einem Plexus gastricus ventr. und dorsalis. Der linke Vagus geht, entsprechend seiner Lage an der vorderen Fläche des Oesophagus, in den Plexus gastricus ventr., der N. vagus dexter in den Plexus gastricus dorsalis über.

Altersveränderungen am Magen. Schnürmagen. Variationen der Form und Lage sind beim Magen sehr häufig und müssen wohl auf verschiedene Ursachen zurückgeführt werden. Im allgemeinen hat der Magen bei älteren Personen einen tieferen Stand als bei jugendlichen Individuen; eine Tatsache, welche mit der Senkung der Hals- und Brustorgane sowie mit dem Tiefstande des Diaphragma bei zunehmendem Alter in Verbindung stehen dürfte (für den physiologischen Tiefstand der Brust- und Bauchorgane als Altersveränderung s. Brustorgane).

Der weibliche Magen verläuft in der Regel steiler als der männliche, doch steht es nicht fest, ob dies von der verschiedenen Bekleidung herrührt oder einen wirklichen Geschlechtsunterschied darstellt. Ohne Zweifel wird der Gebrauch des Korsetts in vielen Fällen eine steilere Lage sowie ausserdem noch gewisse charakteristische Formänderungen am Magen herbeiführen. Abb. 311 gibt einen solchen „Schnürmagen“ wieder, welcher stark in die Länge gezogen ist und durch eine auf die Wirkung des Korsetts zurückzuführende Einschnürung in einen oberen und unteren Abschnitt zerfällt. Eine ähnliche, nur weniger weitgehende Einschnürung erleidet die Leber.

Operative Erreichbarkeit des Magens. Der mässig gefüllte Magen liegt normalerweise den Bauchdecken direkt an im Bereiche eines Dreiecks, welches begrenzt wird links oben von dem Rippenbogen, rechts und oben von dem unteren scharfen Rande des linken Leberlappens, unten von dem querverlaufenden Colon transversum. Die Feststellung dieses Dreiecks und der Nachweis der Anlagerung der vorderen Magenwand an die Bauchdecken gelingt leicht mittelst der Perkussion.

Hier wird der Magen am besten durch einen Schnitt erreicht, welcher parallel mit dem linken Rippenrande in der Höhe des Knorpels der VIII. Rippe durchgelegt wird oder auch durch einen Schnitt, welcher vom Rippenrande senkrecht abwärts verläuft. Dabei werden die drei breiten Bauchmuskeln sowie das Peritonaeum parietale durchtrennt. Zur Aufsuchung des Pylorus, welcher bei mässiger Füllung des Magens etwa 3 cm rechts von der Medianebene liegt, wird ein Längsschnitt von der Spitze des Processus ensiformis[1] gegen den Nabel in der Medianlinie geführt, man kommt hier auf den unteren Leberrand und die vordere Fläche des Magens (Pylorusteil), welcher nach rechts verfolgt wird, indem man den Lobus quadratus nach oben schlägt. Der Pylorus legt sich der unteren Fläche des Lobus quadratus links von dem Fundus der Gallenblase an. Durch Auseinanderziehen der Schnittränder gelingt es, den ganzen Pylorusteil zur Ansicht zu bringen; besonders bei leerem Magen weicht der Pylorus nur wenig von der Medianebene nach rechts ab, während sich bei gefülltem Magen der Übergang in das Duodenum sogar 6—7 cm nach rechts von der Medianebene verschieben kann.

Duodenum.

Das Duodenum bildet eine nach links hin konkave Darmschleife, welche eine Länge von annähernd 25—30 cm erreicht. Das beim Fetus in frühen Stadien vorhandene Mesoduodenum besass eine Haftlinie an der Wirbelsäule (s. Abb. 298); dasselbe gestattete dem Darmstück eine freiere Beweglichkeit, welche in späteren Stadien dadurch verlorengeht, dass sich die Duodenalschleife auf der rechten Seite der Wirbelsäule der hinteren Wand des Peritonaealsackes anlagert und durch die Verschmelzung seines

[1] Processus xiphoideus.

Peritonaealüberzuges sowie der ursprünglich nach rechts sehenden Lamelle des Mesoduodenum mit dem Peritonaeum parietale eine sekundäre Fixation erhält.

Infolge dieses Vorganges liegt das Duodenum beim Erwachsenen eigentlich retroperitonaeal, indem bloss seinem vorderen Umfange ein Peritonaealüberzug zukommt, der hintere dagegen direkt durch Bindegewebe an den Hilus der rechten Niere sowie an die Aorta und die V. cava caud. fixiert wird. Dadurch, dass sich ferner die Flexura coli dextra und der Anfangsteil des Colon transversum von vorne dem Duodenum auflagern, wird die Verborgenheit seiner Lage noch erhöht; das Darmstück liegt so tief, dass man sogar den Vorschlag gemacht hat, dasselbe von hinten her operativ zu erreichen. Charakteristisch für das Duodenum ist, abgesehen von der histologischen Struktur seiner Wandung (starke Ausbildung der tubuloacinösen Glandulae duodenales, welche bis zur Flex. duodenojejunalis reichen), die Verschiedenartigkeit seiner topographischen Beziehungen (Einmündung des Ductus choledochus und des Ductus pancreaticus, Beziehungen zum Pankreaskopf, zum Hilus der rechten Niere, zur V. cava caud. und zur Aorta).

Die relative Kürze des Duodenum und die retroperitonaeale Lage des Darmabschnittes finden sich erst bei den Primaten; bei den übrigen Säugetieren bildet das Duodenum eine Schlinge mit gut entwickeltem Mesoduodenum.

Form und Lage des Duodenum. Die Form ist individuell ausserordentlich verschieden, so dass die Aufstellung eines allgemein gültigen Typus nicht möglich ist. Die Duodenalschlinge ist bald mit einem Hufeisen, bald mit einem Ringe, oder mit der Windung einer Spirale verglichen worden, doch scheint im allgemeinen die Ringform insofern die ursprünglichste zu sein, als sie bei Feten und Neugeborenen die Regel bildet. Von dieser eigentlich infantilen Form führen eine Reihe von Übergängen zu einer Form, die man mit einem horizontal gestellten U verglichen hat.

Von alters her hat man am Duodenum drei Abschnitte unterschieden. Bei einer typischen U-Form, welche annähernd mit der nach altem Brauche mit einem Hufeisen verglichenen Form übereinstimmt, folgt der erste Abschnitt als Pars cranialis unmittelbar auf den Pylorus und geht rechtwinklig in die ziemlich parallel mit der Wirbelsäule in der Höhe des II.—III. Lumbalwirbels verlaufende Pars descendens über, auf welche der dritte, die Wirbelsäule in der Höhe des dritten Lendenwirbels kreuzende Abschnitt, die Pars caudalis, folgt. Das Endstück biegt häufig kurz vor der Flexura duodenojejunalis nach oben um und wird dann noch als Pars ascendens bezeichnet. Der Übergang eines Abschnittes in den nächstfolgenden kann bald in einem Winkel stattfinden, bald mehr oder weniger abgerundet sein. Wir halten an dieser Einteilung fest, auch sind die Beziehungen der einzelnen Abschnitte verschiedene und müssen besonders beschrieben werden.

Wie die Form, so unterliegt auch die Lage einer starken Variation, besonders auch die Höhenlage, bezogen auf die Wirbelsäule. Das als Schulfall beschriebene Verhalten ist in Abb. 312A dargestellt, wo das Duodenum (eine U-Form) am Pylorus des Magens als Pars cranialis etwas rechts von dem Körper des ersten Lendenwirbels beginnt und nach einem Verlaufe von etwa 3—4 cm mit scharfer Biegung in die Pars descendens übergeht. Bei mässig oder stark gefülltem Magen verläuft die Pars cranialis fast genau sagittal, bei leerem Magen dagegen quer, indem sich der Pylorus in die Medianebene einstellt (s. die Schemata der Topographie des Magens bei wechselnder Füllung, Abb. 304 und 305). Die Pars descendens liegt rechterseits neben der Wirbelsäule in der Höhe des II. Lumbalwirbels, und der Übergang in die Pars caudalis in der Höhe des III. Lumbalwirbels, welch letzterer von dem Darmabschnitt gekreuzt wird. Der letzte Abschnitt steigt häufig wieder auf (er wird von einigen Autoren auch als Pars ascendens unterschieden, Abb. 312D), so dass die Flexura duodenojejunalis am linken Umfange des II. Lendenwirbels angetroffen wird, wo auch die schräg über die Lendenwirbelsäule zum oberen Ende des rechten Articulus sacroilicus hinwegziehende Radix mesostenii [1] ihren Anfang nimmt.

Die **Variationen der Form** werden durch die Abb. 312A-E veranschaulicht. Abb. 312A stellt eine U-Form, B eine unvollständige, D eine fast vollständige Ringform dar. C und E sind Variationen, die seltener vorkommen; in C fehlt eine Pars caudalis, indem die Pars descendens direkt in eine Pars ascendens übergeht, bei E fehlt sogar eine Pars descendens und die Schleife besteht bloss aus einem oberen und einem unteren Schenkel, deren Umbiegungsstelle weit nach rechts hin verschoben ist.

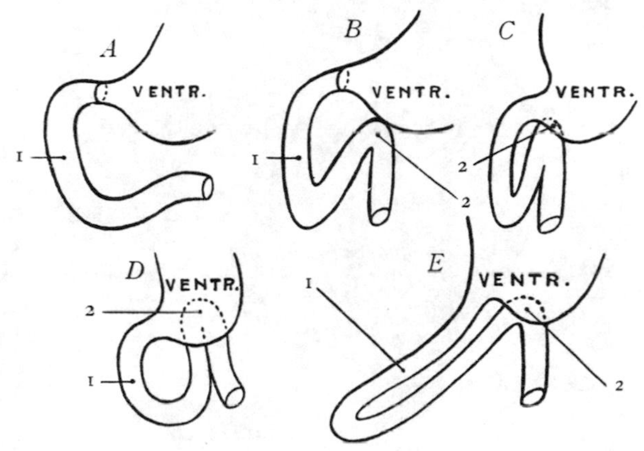

Abb. 312. Variationen in der Form des Duodenum. Nach Fromont, Thèse de Lille 1890.
1 Duodenum. 2 Flex. duodenojejunalis.

Variationen in der Form des Duodenum gehen selbstverständlich mit Variationen in der Lage und den Beziehungen des Darmstückes einher. Die Stelle, an welcher die Pars caudalis die Wirbelsäule kreuzt, weicht häufig von der Norm ab; sie kann in extremen Fällen am Promunturium liegen, seltener rückt sie aufwärts auf den Körper des I. Lendenwirbels (Tiefstand und Hochstand des Duodenum). In beiden Fällen ändern sich mit der Verschiebung des Duodenum die Beziehungen seiner Abschnitte zur Niere, zur Nebenniere, zur V. cava caud. usw.

Duodenum und Peritonaeum. Beim Erwachsenen besitzt bloss die unmittelbar auf den Pylorus folgende Strecke der Pars cranialis einen vollständigen Peritonaealüberzug, indem sich von oben her die Pars hepatoduodenalis [2] des Omentum minus an diesen Abschnitt ansetzt und die Peritonaealduplikatur des Omentum majus, das hier einen noch freien Abschnitt des Mesoduodenum darstellt, von dem Darmstück abwärts an das Colon transversum weiterzieht. Dieser erste Abschnitt verhält sich in bezug auf seine Beweglichkeit wie ein Teil des Magens und liegt auch, je nach dem Füllungszustand des Magens, bald transversal (bei ganz leerem Magen), bald sagittal (bei stark gefülltem Magen). Die anderen Abschnitte zeigen bloss an ihrem vorderen Umfange einen Peritonaealüberzug, welcher dieselben an die hintere Bauchwand fixiert. Eine weitere Sicherung in seiner Lage erhält das Duodenum noch dadurch, dass die Haftlinie des Mesocolon transversum an dem vorderen Umfange der Pars descendens beginnt und nach links hin auf den Kopf und die vordere Kante des Pankreaskörpers übergeht. Wenn man noch berücksichtigt, dass der Kopf des Pankreas in die Konkavität der Duodenalschlinge eingelagert ist und mit der Wandung derselben durch Bindegewebe im Zusammenhang steht, dass ausserdem die A. und V. mesenterica cran. den vorderen Umfang der Pars caudalis kreuzen (Abb. 308) und eine weitere Fixation derselben bewirken, so versteht man, dass die Beweglichkeit der einzelnen Abschnitte des Duodenum (die Pars cranialis ausgenommen) eine geringe sein muss. Am meisten in seiner Lage fixiert ist die Pars caudalis, während das Colon ascendens bei starker Füllung die Pars descendens von rechts nach links der Medianebene zuschieben kann (Braune).

Beziehungen des Duodenum zu benachbarten Gebilden (Syntopie des Duodenum). Die Duodenalschlinge weist Beziehungen zu einer Anzahl von Gebilden auf, welche teils im Retroperitonaealraume (Hilus der rechten Niere, rechte

[1] Radix mesenterii. [2] Lig. hepatoduodenale.

Nebenniere, V. cava caud., Pankreaskopf), teils in der Peritonaealhöhle (untere Fläche der Leber, Gallenblase, Colon transversum, Dünndarmschlingen) liegen. Zu den einzelnen Organen wechseln, wie gesagt, die Beziehungen, je nach dem Höhenstand der Duodenalschlinge; wir gehen bei der Schilderung von dem als Norm bezeichneten Verhalten aus, bei welchem die Pars caudalis die Lendenwirbelsäule in der Höhe des III. Lendenwirbels kreuzt (Abb. 313).

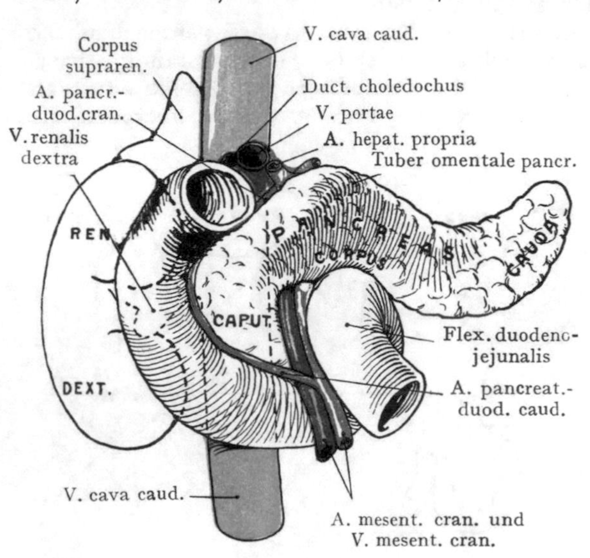

Abb. 313. Duodenum mit Pankreas und rechter Niere, von vorn.
Norm. Nach dem Hisschen Gipsabguss.

Die Pars cranialis liegt in der Höhe des I. Lendenwirbels, ausnahmsweise des XII. Brustwirbels, bei leerem Magen transversal, bei vollem Magen sagittal eingestellt. Nach oben ruft sie durch ihre Anlagerung an die untere Fläche der Leber im Bereiche der hinteren Partie des Lobus quadratus die Impressio duodenalis hervor (Abb. 325); dann kreuzt sie den rechten Ast der A. hepatica und den Ductus hepaticus, um dorsal oder etwas nach rechts von dem Halse der Gallenblase in die Pars descendens überzugehen. Selbstverständlich wechseln diese Beziehungen bis zu einem gewissen Grade bei verschiedener Einstellung der Pars cranialis, doch findet in fast allen Fällen ein Kontakt des Duodenum mit dem Halse der Gallenblase statt (daher die Möglichkeit des Durchbruchs von Gallensteinen in das Duodenum). Abwärts berührt die Pars cranialis den oberen Umfang des Pankreaskopfes sowie des Colon transversum, besonders wenn letzteres stark ausgedehnt und nach oben gedrängt ist. Dorsalwärts verlaufen die in der Pars hepatoduodenalis[1] des Omentum minus eingeschlossenen Gebilde (der Ductus choledochus rechts, die A. hepatica links, die V. portae hinten) herab (Abb. 314), um unterhalb der Pars cranialis auseinanderzuweichen, indem sich der Ductus choledochus in die Rinne zwischen dem hinteren Umfange der Pars descendens und dem Kopfe des Pankreas zur Einmündung an der Papilla duodeni (Santorini) begibt, während die V. portae hinter dem Pankreaskopfe aus der V. mesenterica cran. und der V. lienalis entsteht.

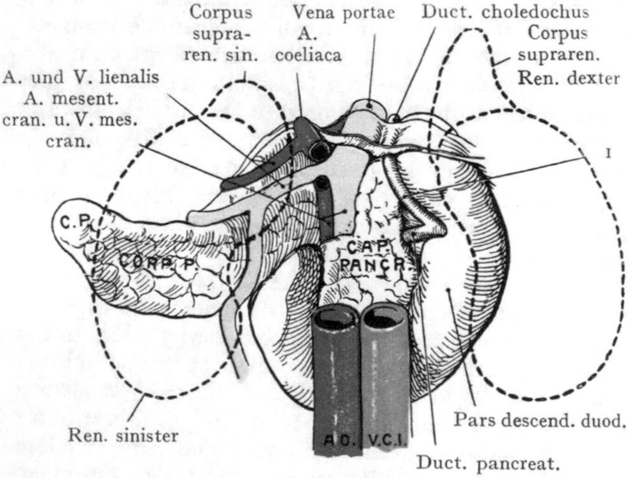

Abb. 314. Topographie des Duodenum und des Pankreas. Ansicht von hinten.
Die Umrisse der beiden Nieren und Nebennieren sind punktiert angegeben; sie legen sich von hinten den Organen auf.
1 Duct. choledochus. Ao. Aorta. V.c.i. Vena cava caud.
Halbschematisch, mit Benützung der Hisschen Gipsabgüsse.

[1] Lig. hepatoduodenale.

Die Pars descendens entspricht in der Norm dem rechten Umfange des III. Lumbalwirbelkörpers, bei Tiefstand dem III.—IV., bei Hochstand dem I. Lumbal wirbel. Dorsal bedeckt sie den Hilus der rechten Niere (Abb. 313), bei starker Ausbiegung der Duodenalschlinge lateralwärts auch noch einen Teil der vorderen Nierenfläche, ferner das Nierenbecken und den obersten Teil des Ureters. Medial streift sie gerade noch die V. cava caud. Der Übergang der Pars cranialis in die Pars descendens berührt die rechte Nebenniere. Der Ductus choledochus liegt in der Rinne zwischen dem Pankreaskopfe und der Pars descendens duodeni, wo er sich mit dem Ductus pancreaticus vereinigt, um etwa in der halben Höhe der Pars descendens an der Papilla duodeni auszumünden (s. Verlauf und topographische Beziehungen des

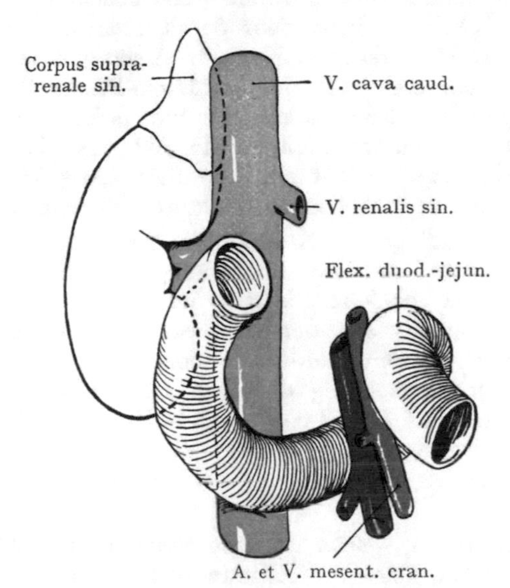

Abb. 315. Duodenum und rechte Niere. Tiefstand des Duodenum.
Zum Teil nach D. J. Cunningham, Manual of practical Anatomy 1893.

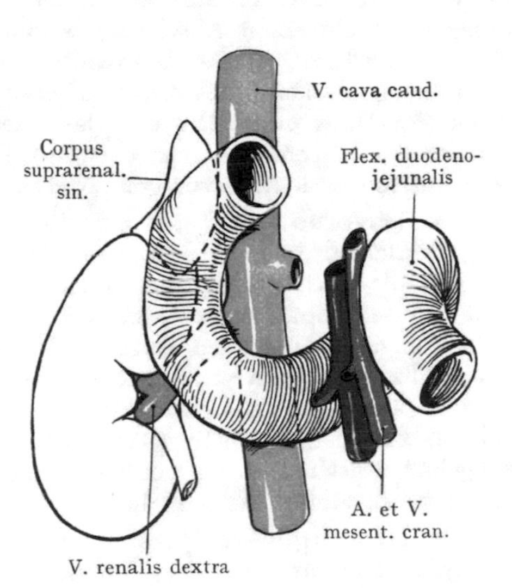

Abb. 316. Duodenum und rechte Niere. Hochstand des Duodenum.
Zum Teil nach D. J. Cunningham, Manual of practical Anatomy 1893.

Ductus choledochus). Der vordere Umfang der Pars descendens wird etwa in der halben Höhe des Darmabschnittes von der hier beginnenden Haftlinie des Mesocolon transversum gekreuzt (Abb. 397, Verlauf des Peritonaeum parietale am Schlusse des Kapitels), welche sich auf den Pankreaskopf und die vordere Kante des Pankreas weiterzieht. Links grenzt die Pars descendens an den Pankreaskopf und ist etwa zur Hälfte ihres Umfanges mit der Pankreaskapsel innig verbunden. In der Rinne zwischen Pankreaskopf und vorderem Umfang der Pars descendens verläuft die A. pancreaticoduodenalis cran. aus der A. gastroduodenalis der A. hepatica und anastomosiert hier mit der A. pancreaticoduodenalis caud. aus der A. mesenterica cran. (Abb. 313).

Die Pars caudalis mit der in die Flexura duodenojejunalis übergehenden Pars ascendens kreuzt etwas aufsteigend den III. Lumbalwirbel, so dass die höchste Stelle der Flex. duodenojejunalis links auf dem II. Lumbalwirbel oder auf der Scheibe zwischen I. und II. Lumbalwirbel liegt. Über den vorderen Umfang der Pars caudalis verlaufen die am unteren Rande des Pankreas austretenden Vasa mesenterica cran. (Abb. 313), von denen die A. mesenterica cran. links, die V. mesenterica cran.

rechts liegt. Die Gefässe, welche unmittelbar unterhalb der Pars caudalis in die Radix mesostenii[1] eintreten, bilden mit der Aorta abdominalis einen Winkel, in welchen sich die Pars caudalis duodeni einlagert. Die Pars ascendens, wenn man eine solche unterscheiden will, erstreckt sich von dem Übertritte der A. und V. mesenterica cran. auf den vorderen Umfang der Pars caudalis bis zum Anfang des Jejunum, d. h. bis zu jener Stelle, wo der Darm ein Mesenterium und damit auch eine freiere Beweglichkeit erhält.

Dorsal liegen der Pars caudalis die Aorta (links), die V. cava caud. (rechts) an; aufwärts grenzt sie an den Pankreaskopf (Abb. 314). Die vordere Fläche wird vom Peritonaeum überzogen und von Dünndarmschlingen überlagert.

Abb. 315 und 316 veranschaulichen extreme Lagevariationen des Duodenum im Sinne des Hoch- und Tiefstandes. Es ist selbstverständlich, dass damit auch die Beziehungen der einzelnen Abschnitte wechseln. So steht bei Hochstand eine grössere Partie der vorderen Fläche der rechten Nebenniere sowie der vorderen Fläche der rechten Niere, unterhalb des rechten Nierenpoles, im Kontakt mit der Pars descendens, während der Hilus der Niere und das Nierenbecken frei bleiben. In Abb. 315 (Tiefstand) ist der Nierenhilus zwar ebenfalls frei, dagegen legt sich die Pars descendens an die untere Partie der vorderen Nierenfläche medial von dem unteren Nierenpole.

Gefässversorgung des Duodenum. Längs der Konkavität der Duodenalschlinge verlaufen in der Rinne zwischen dem Duodenum und dem Pankreaskopf (Abb. 313) die beiden Aa. pancreaticoduodenales, die cranialis aus der A. gastroduodenalis der A. hepatica entspringend, die caudalis aus der A. mesenterica cran., dort, wo dieser Stamm den vorderen Umfang der Pars caudalis duodeni kreuzt, um in die Radix mesostenii[1] einzutreten. Die Gefässversorgung des Duodenum hängt so innig mit derjenigen des Pankreas zusammen, dass für Einzelheiten auf die letztere verwiesen werden muss, hier genüge die Bemerkung, dass die Duodenalschlinge als ein Grenzgebiet zwischen der A. coeliaca und der A. mesenterica cran. aus beiden annähernd gleich starke Äste erhält.

Die Lymphgefässe gehen zu Lymphdrüsen, welche vor und hinter dem Pankreaskopfe liegen und ihre abführenden Stämme längs der A. pancreaticoduodenalis cran. und der A. hepatica communis zu den Lymphonodi coeliaci senden.

Erreichbarkeit des Duodenum. Das Duodenum ist, wenigstens theoretisch, sowohl von der ventralen als von der dorsalen Bauchwandung aus zu erreichen. Von hinten wird man bei Nierenexstirpationen (rechts) bis zu der Pars descendens vordringen, welche bei mittlerem Höhenstande des Darmteils (s. die Norm Abb. 314) sich vor dem Nierenhilus und dem Nierenbecken befindet; ohne Nierenexstirpation ist jedoch das Duodenum von hier aus nicht zu erreichen. Es muss also der Weg von vorne eingeschlagen werden. Die Pars cranialis ist relativ leicht im Anschluss an die Aufsuchung des Pylorus zu finden, auch die Pars ascendens auf der linken Seite des II. Lumbalwirbels; die Pars descendens dagegen wird etwa in ihrer halben Höhe von der Flexura coli dextra oder von dem Anfang des Colon transversum und der Haftlinie des Mesocolon transversum überlagert, was ihre Aufsuchung nicht unerheblich erschwert.

Pankreas.

Das Pankreas (Abb. 313) stellt eine längliche Drüsenmasse dar, welche von der Pars pancreatica der Facies visc. lienis linkerseits bis in die Konkavität der Duodenalschlinge rechterseits reicht und um die Lendenwirbelsäule abgebogen ist. Wir unterscheiden das stark aufgetriebene, der Duodenalschlinge angelagerte Caput pancreatis von dem in der Höhe des II. Lumbalwirbels um die Wirbelsäule abgebogenen Corpus, das sich teilweise

[1] Radix mesenterii.

als Tuber omentale pancreatis über die kleine Kurvatur des Magens erhebt, endlich den schmächtigen, zungenförmigen Pankreasschwanz (Cauda pancreatis), welcher bis zum Milzhilus reicht.

Die Form des Pankreas, wie sie sich uns an Formolleichen darbietet, wird wesentlich durch den von benachbarten Organen (Leber, Magen, Milz, grossen Gefässen) auf die weiche Drüsenmasse ausgeübten Druck bestimmt; so passt sich das Pankreas, soweit es von der dorsalen Lamelle der Bursa omentalis überzogen wird, der hinteren Fläche des Magens an und bildet einen Teil des sog. Magenbettes (Abb. 303).

In dem Sagittalschnitte zeigt der Pankreaskörper einen prismatischen Durchschnitt, so dass wir eine hintere (dorsale), eine vordere und eine untere Fläche unterscheiden können. Die vordere und die untere Fläche stossen in einer vorderen Kante zusammen, an welcher sich das Mesocolon transversum befestigt (Haftlinie des Mesocolon transversum; s. Abb. 397, Verlauf des Peritonaeum parietale). Der Pankreaskopf ist in dorsoventraler Richtung etwas abgeplattet und bildet eine breite, oft mit einem Hammerkopfe verglichene Masse, welche ihre Grenze gegen den Körper dort findet, wo die A. und V. mesenterica cran. an ihrem unteren Rande auf den vorderen Umfang der Pars caudalis duodeni übertreten, um in die Radix mesostenii [1] zu gelangen (Abb. 313). Hier ist auch der Kopf durch eine Furchenbildung gegen den Körper der Drüse abgesetzt.

Die hintere Fläche des Pankreas sieht gegen die Lendenwirbelsäule und erhält durch diese sowie durch die Aorta und die V. cava caud. einen sagittal verlaufenden Eindruck; ein solcher wird auch durch die A. und V. mesenterica cran. hervorgerufen, welche zwischen dem unteren Rande des Pankreas und der Pars caudalis duodeni in die Radix mesostenii [1] eintreten.

Lage und Beziehungen der einzelnen Abschnitte des Pankreas. Der Kopf legt sich in die Konkavität der Duodenalschlinge und verbindet sich besonders innig mit der Pars descendens duodeni, in welche auf halber Höhe der Ductus pancreaticus, nach seiner Vereinigung mit dem Ductus choledochus, an der Papilla duodeni ausmündet. Die Konkavität der Schlinge wird nicht vollständig durch den Pankreaskopf ausgefüllt, vielmehr ist, etwa entsprechend der Grenze zwischen Pars caudalis und Pars ascendens duodeni, eine Lücke ausgespart (Abb. 313), durch welche die V. mesenterica cran. aus der Radix mesostenii [1] nach oben verläuft, um mit der V. lienalis zur Bildung der V. portae zusammenzumünden. Durch dieselbe Lücke gelangt in umgekehrter Richtung die A. mesenterica cran. zur Radix mesostenii [1]. In der von vorne sichtbaren Rinne zwischen dem Caput pancreatis und der Konkavität der Duodenalschlinge liegt eine Anastomose der A. pancreaticoduodenalis caud. (aus der A. mesenterica cran.) mit der A. pancreaticoduodenalis cran. (aus der A. gastroduodenalis). Die Anastomose stellt einen Gefässbogen her, welcher die arteriellen Gefässe für das Caput pancreatis und für das Duodenum liefert.

Der dorsale Umfang des Pankreaskopfes (Abb. 313 und 314) überlagert die V. cava caud. und die V. renalis dextra, ferner, gegen die Medianebene, auch die durch die Zusammenmündung der V. lienalis und der V. mesenterica cran. entstandene V. portae auf der ersten Strecke ihres Verlaufes (etwa 1 cm), bevor sie zwischen die Peritonaealblätter der Pars hepatoduodenalis [2] des Omentum minus tritt, um hier ihren Weg aufwärts zur Porta hepatis zu nehmen. Der Ductus choledochus liegt rechts von der V. portae in der Rinne zwischen dem dorsalen Umfange des Pankreaskopfes und dem Duodenum bis zur halben Höhe der Pars descendens (Abb. 314), wo er sich in der Regel mit dem horizontal verlaufenden, aus der Drüsenmasse des Pankreaskopfes heraustretenden Ductus pancreaticus vereinigt. Sehr häufig ist der Ductus choledochus vollständig in die Drüsenmasse des Kopfes eingeschlossen.

Pankreaskörper. Die vordere Fläche des Pankreaskörpers (Abb. 303) wie des Pankreasschwanzes wird von dem Peritonaeum der dorsalen Wand der Bursa

[1] Radix mesenterii. [2] Lig. hepatoduodenale.

omentalis überzogen und durch diesen Peritonaealspalt von der hinteren Fläche des Magens getrennt. Die hintere (dorsale) Fläche ist über den II. Lumbalwirbel und die Zwerchfellschenkel abgebogen und hier durch retroperitonaeales Bindegewebe fixiert. Der hinteren Fläche des Pankreaskörpers angelagert (Abb. 314), verlaufen die A. und V. lienalis nach links gegen den Hilus der Milz; in der Regel treten beide Gefässe am Pankreasschwanze über den oberen Rand der Drüse hervor, so dass sie in der Ansicht von vorne durch die dorsale Wand der Bursa omentalis durchschimmern. Die untere Fläche des Pankreaskörpers ist schmal; sie wird von der oberen Fläche durch die vordere Kante, auf welcher die Haftlinie des Mesocolon transversum verläuft, getrennt

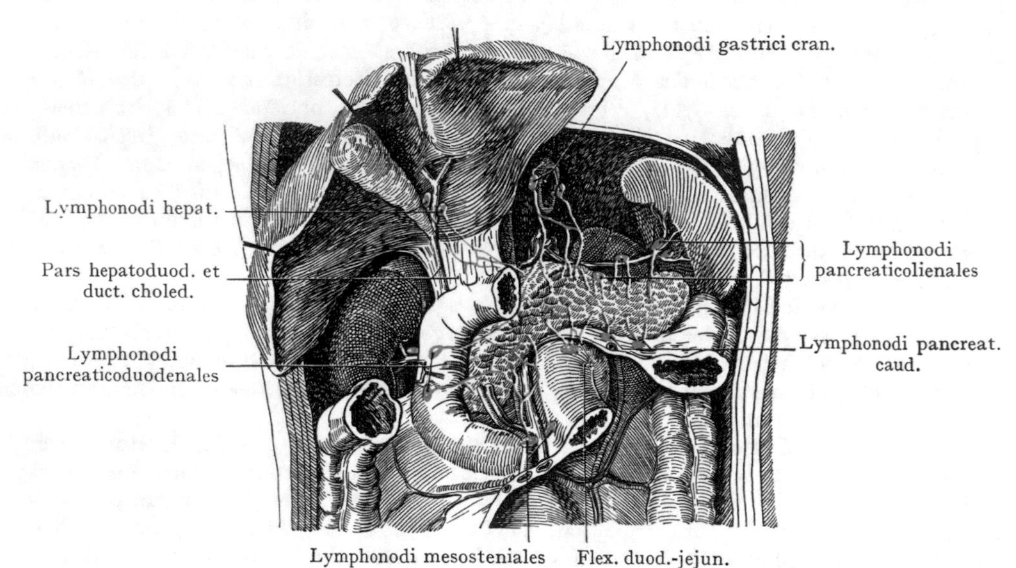

Abb. 317. Topographie der Lymphgefässe und der regionären Lymphbahnen des Pankreas, leicht schematisiert.

Mit Benützung einer Abbildung von P. Bartels: Über die Lymphgefässe des Pankreas III. Die regionären Lymphgefässe des Pankreas beim Menschen. Arch. f. Anat. u. Entw.-Gesch. 1907.

und erhält einen Überzug von dem Peritonaeum parietale. Von unten treten Dünndarmschlingen mit ihr in Kontakt.

Der Pankreasschwanz ist zur Aufnahme des Fundus ventriculi ausgehöhlt und zieht sich retroperitonaeal (Abb. 303) bis zur Milz, um sich, unterhalb des Hilus, der Pars pancreatica der visceralen Milzfläche anzulagern. Der Pankreasschwanz bedeckt die A. und V. renalis sin. ganz oder teilweise, sowie auch den Hilus und die vordere Fläche der linken Niere derart, dass oft nur die untere Hälfte der Niere, manchmal nur der untere Nierenpol, bei in situ belassenem Pankreas von vorne zu sehen ist. Übrigens wechseln diese Beziehungen sehr stark, je nach dem Höhenstand der Niere. (Man vergleiche die Bemerkungen über die Variationsbreite in dem Höhenstand der Nieren.)

Gefässe des Pankreas und Gefässstämme in der Nähe des Pankreas. Infolge der zentralen Lage des Pankreas und auch wegen seiner langgestreckten Gestalt erhält eine Anzahl von Gefässstämmen topographische Beziehungen zur Drüse. Die A. coeliaca, welche unmittelbar oberhalb des Pankreaskörpers aus der Aorta abdominalis entspringt, teilt sich manchmal oberhalb des Pankreas, manchmal hinter demselben in ihre drei Äste, von denen die A. gastrica sin. gar nicht in Beziehung zum Pankreas tritt, die A. hepatica communis manchmal am oberen Rande, manchmal hinter dem Pankreas zur Pars hepatoduodenalis[1] des Omentum minus verläuft. Die A. pancreaticoduodenalis verläuft in der Rinne zwischen Pankreaskopf und Duodenum abwärts und gibt an beide Äste ab. An der hinteren Fläche und am oberen Rande des Körpers und Schwanzes zieht die A. lienalis zum Hilus der Milz. Die A. mesenterica cran. entspringt

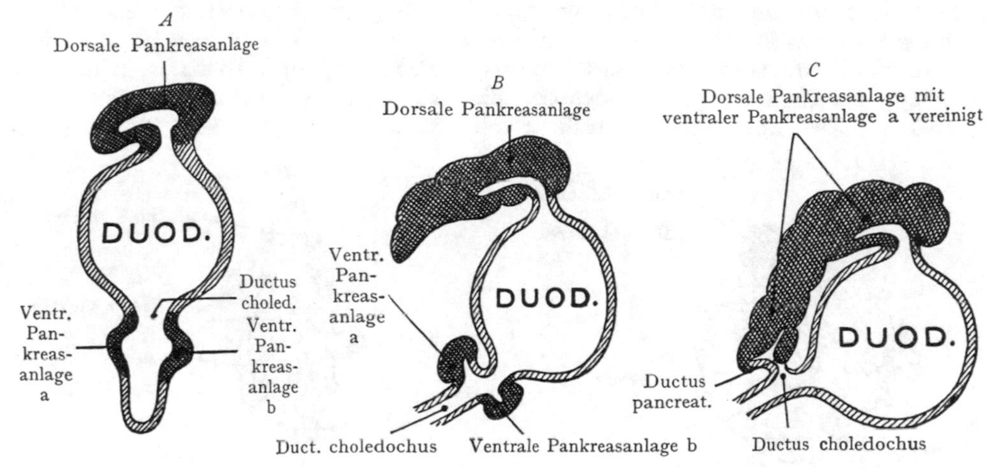

Abb. 318. Schema der Entwicklung des Pankreas aus einer ventralen und einer dorsalen Anlage. Nach Charpy in Poirier et Charpy, Traité d'anat. humaine.

dorsal vom Pankreaskörper und verläuft nach unten und etwas nach rechts, um mit der V. mesenterica cran. zwischen der Pars caudalis duodeni und dem Pankreaskopf auszutreten. Dabei kreuzt der Stamm die V. mesenterica caud., welche gleichfalls an der hinteren Fläche des Pankreaskopfes bis zu ihrer Einmündung in den durch die Vv. mesenterica cran. und lienalis gebildeten Winkel verläuft. Diese beiden Venen und die aus ihnen hervorgehende V. portae liegen dorsal vom Pankreaskopfe und vor der V. cava caud. Wenn wir noch die A. pancreaticoduodenalis caud. nennen, welche aus der A. mesenterica cran. gleich nach ihrem Durchtritt zwischen dem Pankreaskopfe und der Pars caud. duodeni hervorgeht, so haben wir sämtliche Gefässstämme erwähnt, welche in Beziehung zur Drüse treten und arterielle Äste an dieselbe abgeben, resp. Venen aus ihr aufnehmen. Von Arterien haben wir, abgesehen von der A. pancreaticoduodenalis cran. und caud., noch kleine Äste aus der A. lienalis. Die Venen des Pankreas gehen zum Stamme der V. portae oder zur V. lienalis.

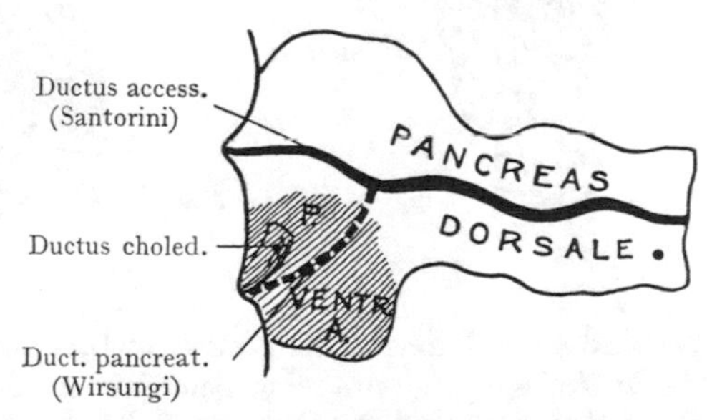

Abb. 319. Schema der Entwicklung des Pankreas und seiner Ausführungsgänge. Nach Charpy in Poirier et Charpy, Traite d'anatomie humaine.

Die Lymphgefässe des Pankreas (Abb. 317) verlaufen nach links zu den Lymphonodi pancreaticolienales am Hilus der Milz, nach rechts zu den Lymphonodi pancreaticoduodenales, nach unten zu den Lymphonodi aortici, mesosteniales, mesocolici, pancreatici caud., nach oben zu den Lymphonodi pancreatici craniales resp. pancreaticolienales, ferner zu den Lymphonodi gastrici craniales, besonders zu den der Cardia dicht anliegenden Drüsen. Kaum ein anderes Organ der Bauchhöhle besitzt so weit auseinanderliegende regionäre Lymphdrüsen.

[1] Lig. hepatoduodenale.

Entwicklung des Pankreas und Topographie seiner Ausführungsgänge. Die Lage des Pankreas und die Topographie seiner Ausführungsgänge finden ihre Erklärung in der Entwicklung der Drüse. Wir unterscheiden (Abb. 318) eine dorsale Anlage von zwei ventralen Anlagen. Die dorsale Anlage, früher als die einzige angesehen, wächst in denjenigen Teil des Mesogastrium dorsale aus, welcher bei der Entstehung der Bursa omentalis die hintere, mit dem Peritonaeum parietale verschmelzende Wand der Bursa darstellt. Die beiden ventralen Anlagen bilden sich als eine links- und rechtsseitige Ausstülpung des Ductus choledochus, unmittelbar vor der Einmündung desselben in das Duodenum, die sich durch sekundäre Sprossenbildung vergrössern. Die linksseitige ventrale Pankreasanlage (b) gibt sehr frühzeitig ihre

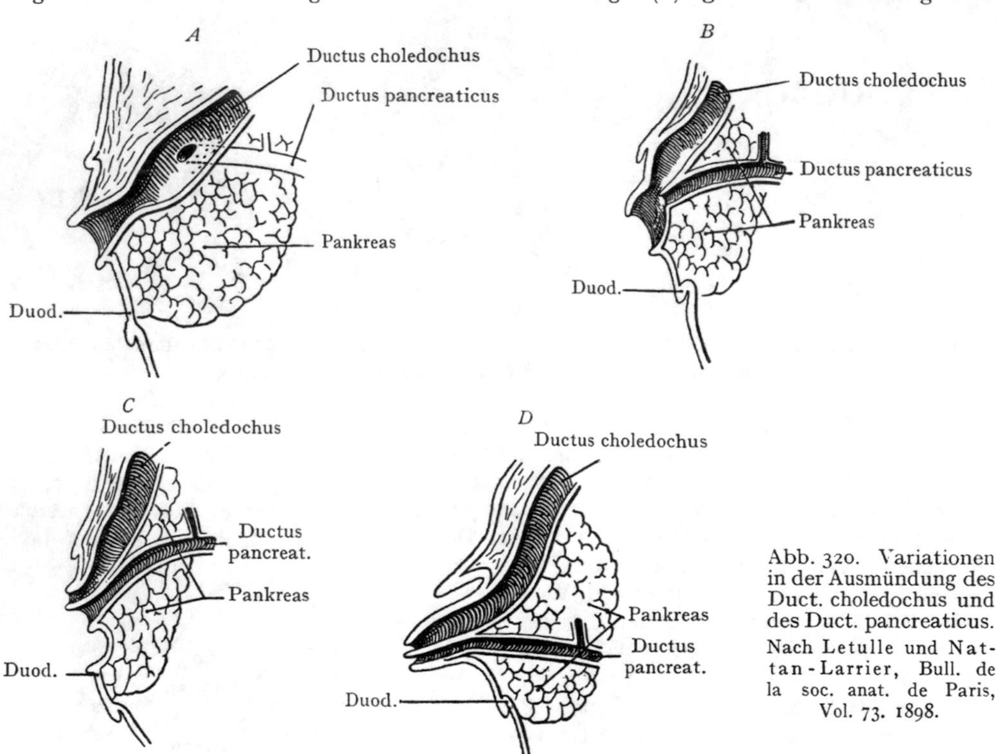

Abb. 320. Variationen in der Ausmündung des Duct. choledochus und des Duct. pancreaticus. Nach Letulle und Nattan-Larrier, Bull. de la soc. anat. de Paris, Vol. 73. 1898.

Verbindung mit dem Ductus choledochus auf und verschmilzt mit der rechtsseitigen ventralen Anlage (a), um eine gemeinsame Drüsenmasse zu bilden, welche dorsalwärts auswächst und sich der dorsalen Pankreasanlage anschliesst. Der Ausführungsgang der letzteren verliert dagegen seine Verbindung mit dem Duodenum und gibt seine Rolle an den Ausführungsgang der rechtsseitigen ventralen Anlage ab, welcher mit dem Ductus choledochus vereinigt an der Papilla duodeni ausmündet (Ductus pancreaticus seu Wirsungi). Der häufig vorkommende, oberhalb des Ductus pancreaticus in das Duodenum ausmündende Ductus pancreaticus accessorius seu Santorini stellt den persistierenden Ausführungsgang der dorsalen Hauptanlage dar, welcher nicht, wie das der Norm entspricht, rückläufig wird, um sich mit dem Ductus pancreaticus zu verbinden, sondern das ursprüngliche Verhalten wahrt und direkt in das Duodenum ausmündet. Seltener bleibt der Ductus accessorius als alleiniger Ausführungsgang erhalten oder übertrifft den Ductus pancreaticus (Wirsungi) an Durchmesser und Länge.

In der Regel verläuft der Ductus pancreaticus, der hinteren Fläche der Drüse näher als der vorderen, von links nach rechts, um im Kopfteil den Ductus accessorius aufzunehmen und mit dem Ductus choledochus zusammen an der Papilla duodeni auszumünden. Das Verhältnis der beiden Pankreasgänge zueinander, in Beziehung auf ihre Herkunft aus den dorsalen und ventralen Anlagen, wird durch die Abb. 319 veranschaulicht.

Die Art und Weise der Ausmündung in das Duodenum variiert sehr stark (Abb. 320). Sehr häufig münden beide Gänge zusammen und bilden die Erweiterung, welche als Diverticulum Vateri bezeichnet wird (Abb. 320A). Von diesem Zustande führen Übergänge (Abb. 320B) zu Zuständen, bei denen die beiden Gänge mit oder ohne Bildung einer Papille getrennt in das Duodenum ausmünden. Niemals mündet der Duct. pancreaticus über dem Ductus choledochus aus. Am häufigsten findet sich nach Letulle und Nattan-Larrier der in Abb. 320 B und C dargestellte Befund, am seltensten derjenige in Abb. 320 A.

Erreichbarkeit des Pankreas. Bei Operationen am Pankreas verursachen die Beziehungen zu den grossen Gefässen, sowie die tiefe und verborgene Lage des Organs, nicht geringe Schwierigkeiten. Praktisch sehr wichtig sind die Beziehungen zwischen dem Pankreas und den grossen Gefässstämmen, welche der Drüse anlagern oder doch in nächster Nähe derselben angetroffen werden. (Man vgl. Abb. 387 und 388.) Abgesehen von der Verbindung der beiden Aa. pancreaticoduodenales in der Rinne zwischen der vorderen Fläche des Kopfes und dem Duodenum liegt die A. renalis dextra der dorsalen Fläche des Kopfes an, während die A. renalis sin., je nach dem Höhenstand des Pankreaskörpers, bald von denselben bedeckt ist, bald an seinem unteren Rande zum Vorschein kommt. Die Aa. hepatica communis und lienalis werden auf der ersten Strecke ihres Verlaufes von dem Pankreas bedeckt; das gleiche gilt von den Vv. lienalis, renalis dextra und sin. sowie von der V. mesenterica caud. Die V. portae setzt sich hinter dem oberen Teile des Kopfes aus den Vv. lienalis, mesenterica cran. und mesenterica caud. zusammen. Auch die V. cava caud. und die Aorta liegen der dorsalen Fläche des Pankreaskopfes, resp. des Pankreaskörpers an. Die Gefässstämme werden jedoch durch eine derbe Bindegewebsschicht (Kapsel des Pankreas) von der Drüse getrennt, so dass eine Ausschälung der letzteren ohne Verletzung der angelagerten Gefässstämme möglich ist.

Bei stark abwärts gezogenem Magen oder auch bei Tiefstand dieses Organes (Gastroptose) kann man oberhalb der kleinen Kurvatur nicht bloss das Tuber omentale pancreatis, sondern auch einen Teil der vorderen Fläche des Korpus übersehen (s. Abb. 308). Es ist also möglich, nach Durchtrennung der Pars hepatogastrica[1] des Omentum minus an dieser Stelle auf das Pankreas vorzudringen, doch kann von hier aus weder der Pankreaskopf noch der Pankreasschwanz erreicht werden. Am ausgiebigsten legt man die Drüse frei, wenn man, nach Durchtrennung der Pars gastromesocolica[2] des Mesogastrium dorsale unterhalb der grossen Kurvatur und oberhalb der Platte des Mesocolon transversum in die Tiefe vordringt; dabei werden bloss die unwichtigen zum Omentum majus verlaufenden Rami epiploici der Aa. gastroepiploicae durchtrennt und man kann, besonders wenn die grosse Kurvatur aufwärts gezogen wird, die ganze vordere Fläche des Pankreas von der Konkavität der Duodenalschlinge rechterseits bis zum Hilus der Milz linkerseits übersehen. Der Zugang zum Pankreas von unten, nach Durchtrennung des Mesocolon, ist deshalb zu verwerfen, weil die Anastomosenbildungen zwischen den Ästen der A. colica media (Ast der A. mesenterica cran.) und der A. colica sin. (aus der A. mesenterica caud.), welche das Colon transversum versorgen, nicht genügend sind, um bei Durchtrennung der im Mesocolon transversum verlaufenden Stämme die Blutzufuhr zu sichern und eine Gangrän des Darmabschnittes zu verhindern.

Bei der Exstirpation der rechten Niere wird man bis an den Pankreaskopf gelangen, besonders in jenen Fällen, wo die Pars descendens duodeni weit lateralwärts dem Nierenhilus aufliegt und der Pankreaskopf dementsprechend bis auf die Niere oder bis an das Nierenbecken heranreicht (s. Topographie der Niere).

[1] Lig. hepatogastricum. [2] Lig. gastrocolicum.

Leber.

Die Leber liegt, unmittelbar der unteren Fläche des Zwerchfells angeschlossen, im oberen Teile der Bauchhöhle und wird von den Rippen in grosser Ausdehnung bedeckt, indem sich nur ein kleiner Teil ihrer vorderen Fläche in direktem Kontakte mit der vorderen Bauchwand befindet. Ihre Hauptmasse liegt in der Regio hypochondrica dextr. und mesogastrica, doch reicht der linke Lappen bis in die Regio hypochondrica sin. hinüber (Abb. 321). Das Mesohepaticum ventrale[1], welches die Grenze zwischen rechtem und linkem Leberlappen angibt, entspricht in seinem Ansatz an die obere Leberfläche der Medianebene, so dass der rechte Leberlappen rechts, der linke Lappen links von der Medianebene zu liegen kommt und ein Medianschnitt durch den Bauch die beiden Lappen voneinander trennen wird.

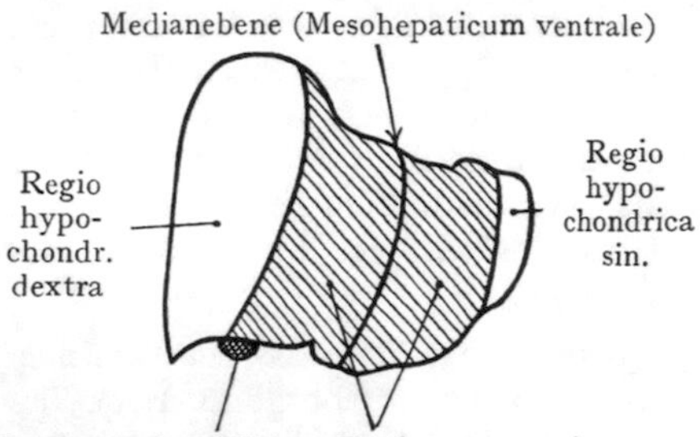

Abb. 321. Verteilung der Leber auf die Regio mesogastrica und auf die linke und rechte Regio hypochondrica.
Nach Cunningham, Manual of practical Anatomy 1893.

Form und Lagebeziehungen der Leber im allgemeinen. Für die Untersuchung der Form der Leber sowie ihrer Beziehungen zu anderen Organen ist es unbedingt notwendig, der Herausnahme des Organs die Härtung in situ vorauszuschicken. Die weiche Drüsenmasse erhält von benachbarten Organen Eindrücke (Impressiones), welche die Form bestimmen, zum Teil auch die Beziehungen des Organes angeben und an der weichen aus ihrem Zusammenhange gelösten Leber nicht mehr nachweisbar sind.

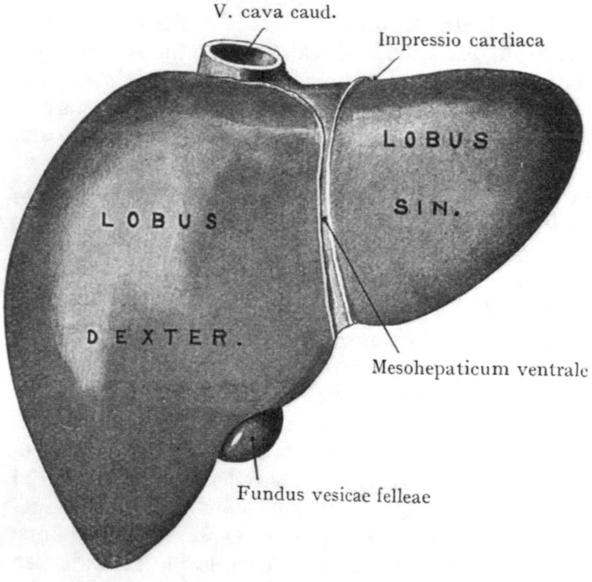

Abb. 322. Facies superior hepatis.
Mit Benützung des Hisschen Gipsabgusses.
Peritonaeum grün.

Die Untersuchung einer solchen in situ gehärteten Leber ergibt, besonders im Bereiche des rechten Lappens, eine Keilform, die auch an Medianschnitten gefrorener Leichen zu erkennen ist. Die Schneide des Keils sieht nach vorn und abwärts, die Basis liegt dorsalwärts der Wirbelsäule und der Pars lumbalis des Zwerchfells an; sie ist dort am höchsten, wo sich die V. cava caud. der Leber anschliesst, um durch das Foramen venae cavae in die Brusthöhle zu gelangen. Wir unterscheiden also, besonders im Bereiche des rechten Lappens, eine obere, eine untere und eine dorsale (hintere) Leberfläche sowie einen vorderen, einen oberen und einen unteren Leberrand[2]. Die beiden letztgenannten Ränder gehen am linken Lappen in den hinteren stumpfen Leberrand über.

Der vordere Rand ist immer scharf, der obere und der untere Rand sind mehr oder weniger abgerundet. Die obere Fläche (Abb. 322) legt sich in die Wölbung

[1] Lig. falciforme hepatis. [2] Die neue Nomenklatur unterscheidet nur zwei Flächen und einen Rand. Die Facies diaphragmatica entspricht der bisherigen oberen und hinteren Fläche, die Facies visceralis der unteren. Der untere Rand heißt Margo ventralis.

der Zwerchfellkuppel auf der rechten Seite sowie an das Centrum tendineum, ferner an die vordere Bauchwand unterhalb des rechten Rippenbogens. Sie wird durch den Ansatz des von dem Zwerchfell zur Leber ziehenden Mesohepaticum ventrale[1] (ein Teil des Mesogastrium ventrale) in einen rechten und linken Lappen zerlegt und durch das Diaphragma von der Basis der Lungen sowie von der Facies diaphragmatica des Herzens getrennt, welch letztere einen seichten Eindruck auf der oberen Fläche des linken Leberlappens hervorruft (Impressio cardiaca). Während die obere Fläche durch ihre Anpassung an das Zwerchfell eine mehr gleichmässige Wölbung erhält, gestaltet

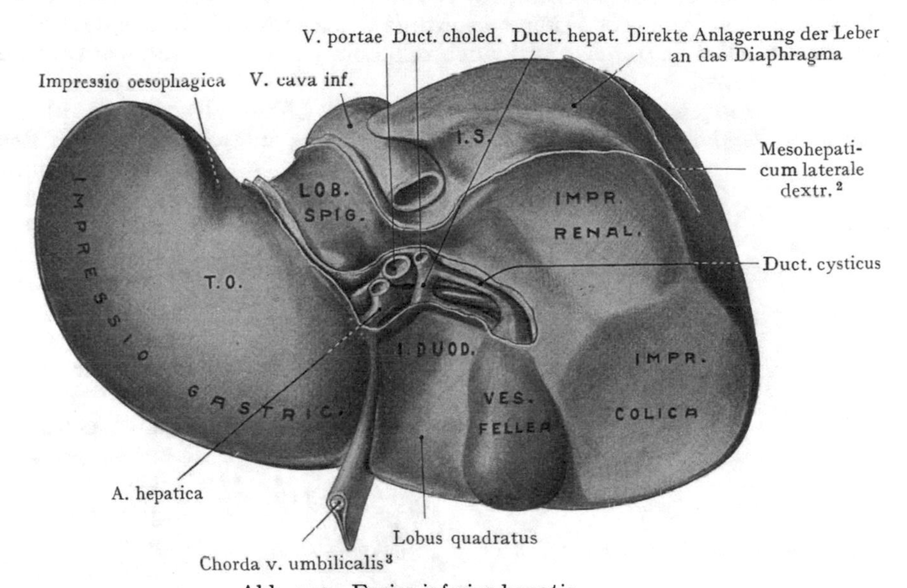

Abb. 323. Facies inferior hepatis.

Peritonaeum grün. Mit Benützung des Hisschen Gipsabgusses.

T. O. Tuber omentale. I. S. Impressio suprarenalis. I. DUOD. Impressio duodenalis.

sich das Relief der unteren Fläche (Abb. 323) unregelmässiger, indem erstens die grossen Gefässe hier an der Porta hepatis in die Leber eintreten und zweitens die der unteren Fläche anliegenden Eingeweide Eindrücke erzeugen, welche für die Kenntnis der topographischen Beziehungen wichtig sind (Impressio gastrica, duodenalis, colica, renalis, suprarenalis). Dazu kommen Furchen, die sich mit der Porta hepatis verbinden [Fossa vesicae felleae et v. cavae caudalis und Fissura sagittalis (sin.)]. Diese H-förmig untereinander zusammenhängenden Furchen teilen die untere Leberfläche in Felder ein, die für die erste Orientierung sowie für die Beschreibung von Befunden wichtig sind. Die Fissura sagittalis (sinistra) entspricht der Ansatzlinie des Mesohepaticum ventr.[1] auf der oberen Leberfläche; sie trennt den linken von dem rechten Leberlappen und zerfällt in zwei Abschnitte. Der vordere, Pars chordae v. umbilicalis (Abb. 323), enthält die vom Nabel zur Leber hinaufziehende obliterierte V. umbilicalis, welche als Chorda v. umbilicalis im Mesohepaticum ventr. eingeschlossen ist und ursprünglich an der Porta hepatis in den linken Ast der V. portae einmündete. Die hintere Hälfte der Fissura sagittalis sin. (Pars chordae ductus venosi) enthält den Rest des Ductus venosus (Arantii), welcher den linken Ast der V. portae mit der V. cava caud. in Verbindung setzte. Die Fissura sagittalis dextra zerfällt in einen vorderen und hinteren Abschnitt; der vordere ist als Fossa vesicae felleae zur Aufnahme der Gallenblase erweitert; in den hinteren Abschnitt, die Fossa venae cavae, legt sich die V. cava caud.

[1] Lig. falciforme. [2] Lig. triangulare dextrum. [3] Lig. teres hepatis.

Die Porta hepatis bildet eine transversal verlaufende Einsenkung, an welcher die Äste der A. hepatica propria und der V. portae in die Leber eindringen, während der Ductus hepaticus die Drüse verlässt. Das Feld, welches seitlich durch den vorderen Abschnitt beider Fissurae sagittales, hinten durch die Porta hepatis und vorne durch den Leberrand abgegrenzt wird, ist der Lobus quadratus. Durch die Porta hepatis nach vorne und die hinteren Abschnitte der beiden Fissurac sagittales nach beiden Seiten wird ein Abschnitt an der unteren Leberfläche begrenzt, der sich teilweise auf die hintere Leberfläche als Lobus caudatus (Spigeli) weiterzieht. Unmittelbar hinter der Porta hepatis erhebt sich der Processus papillaris. Der übrige Teil der unteren Leberfläche rechts von der Fissurae sagittalis dextra wird als Lobus dexter bezeichnet, obgleich der Lobus dexter eigentlich auch den Lobus quadratus und den Lobus caudatus, (Spigeli) umfasst.

Die topographischen Beziehungen der Leber. Facies diaphragmatica (Abb. 322). Verglichen mit der hinteren oder gar mit der unteren Fläche ist ihr Relief etwas einförmig und wird durch die Wölbung des Zwerchfells bestimmt, dem sie zum grösstenTeile anliegt. Hier zeigt die obere Leberfläche die von der Facies diaphragmatica des Herzens herrührende Impressio cardiaca, welche hauptsächlich dem linken Leberlappen angehört.

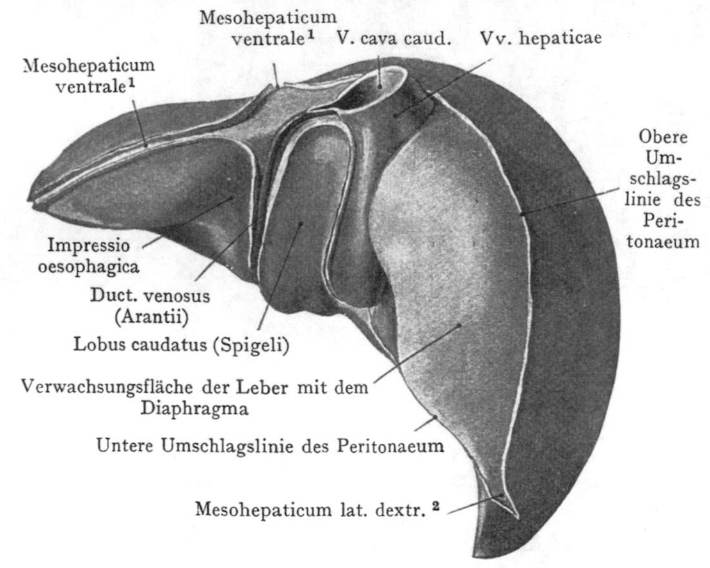

Abb. 324. Facies diaphragmatica hepatis. Mit Benützung des Hisschen Gipsabgusses. Peritonaeum grün.

Die obere Leberfläche liegt unten und vorn den costalen Zwerchfellursprüngen bis zum Rippenbogen an. Unterhalb des Rippenbogens gewinnt sie direkte Beziehungen zur vorderen Bauchwand im Bereiche des durch die beiden Rippenbogen gebildeten Winkels. Hier wird sie von den Mm. recti abdominis, obliquus ext. und int., transversus, der Fascia transversalis und dem Peritonaeum bedeckt. Die Ausdehnung dieses unterhalb des Rippenbogens liegenden Feldes kann beim Lebenden mittelst der Perkussion nachgewiesen werden (Abb. 300); der im Bereiche desselben erzeugte dumpfe Schall grenzt sich oben deutlich von dem hellen Lungenschalle sowie unten von dem durch die Eingeweide und den Magen erzeugten Schalle ab.

Die Facies inferior kann (Abb. 323) auch, im Hinblick auf ihre Beziehungen zu den Baucheingeweiden, als Facies visceralis bezeichnet werden. Ihr Relief wird durch anliegende Eingeweide bestimmt, sei es, dass dieselben solide Massen darstellen (rechte Niere und Nebenniere), sei es, dass sie als Hohlorgane einem Wechsel in ihrem Füllungszustande sowie in der Spannung ihrer Wandung unterliegen (Magen, Colon transversum, Flexura coli dextra, Duodenum). So entstehen an der unteren Leberfläche die erwähnten Impressiones, welche zusammen mit der durch die Fissura sagittalis dextra und sinistra und die Porta hepatis bewirkten Einteilung ein charak-

[1] Lig. coronarium et falciforme. [2] Lig. triangulare dextrum.

teristisches Relief herstellen. Die Leber wird durch die ihr anliegenden Eingeweide geradezu modelliert, allerdings in sehr verschiedener Weise, je nach dem Füllungszustande derselben. Wir beschreiben die Verhältnisse bei Annahme eines mittleren Füllungszustandes von Magen, Duodenum und Colon transversum.

Der unteren Fläche des Lobus sinister liegt ein Teil der vorderen Wand des Magens mit der Curvatura minor an. Die Wölbung der Magenwandung (bei mässiger oder starker Füllung) erzeugt hier die Impressio gastrica, welche annähernd parallel mit dem scharfen vorderen Leberrande verläuft (Abb. 323). Andererseits legt sich die Leber in den Ausschnitt der kleinen Kurvatur und bildet hier einen Wulst (Tuber omentale hepatis), welcher dorsalwärts gerichtet ist, und bloss durch die Pars hepatogastrica des Omentum minus von der Bursa omentalis sowie von dem der dorsalen Wand der Bursa anliegenden Tuber omentale des Pankreas getrennt wird.

Selbstverständlich wird, je nach dem Füllungszustande des Magens, ein grösserer oder geringerer Teil der unteren Leberfläche mit der vorderen Magenwand in Berührung treten. Der Pylorusteil des Magens (Abb. 325) und der durch den Pylorus markierte Übergang des Magens in das Duodenum liegen dem Lobus quadratus links von dem Fundus und dem Halse der Gallenblase an (Impressio pylorica). Die Pars cranialis duodeni kreuzt den rechten Ast des Ductus hepaticus, der A. hepatica und der V. portae sowie den Ductus cysticus und legt sich dem rechten Umfange des Gallenblasenhalses an, indem sie auf der unteren Fläche des rechten Leberlappens und des Lobus quadratus die Impressio duodenalis erzeugt. Diese Beziehungen erklären die Tatsache, dass Gallensteine nach Verlötung der Wandungen der Gallenblase und des Duodenum in den letztgenannten Darmabschnitt durchbrechen können.

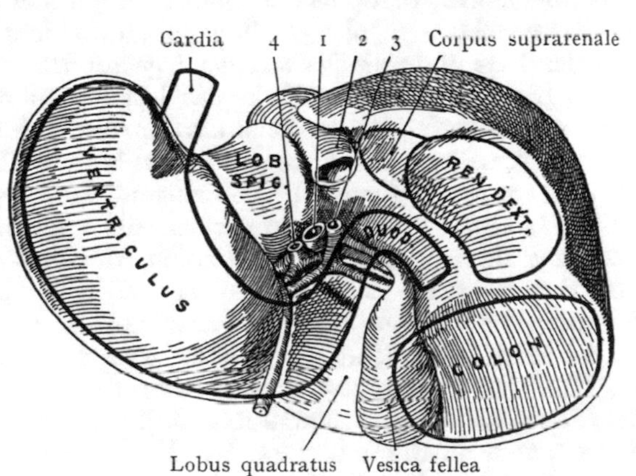

Abb. 325. Projektion der Baucheingeweide auf die untere Leberfläche.

Mit Benützung einer Abbildung von A. Charpy in Poirier et Charpy. Traité d'anatomie humaine. Vol. IV.

1 Vena portae. 2 V. cava caud. 3 Ductus choledochus. 4 A. hepatica propria.

Der unteren Fläche des rechten Leberlappens, rechts von dem Gallenblasenkörper, legt sich, in grösserer oder geringerer Ausdehnung, das Colon transversum an (Impressio colica); auch hier kann ein Durchbruch von Gallensteinen in den Darm stattfinden.

Dorsal von dem Colon transversum und der Flexura coli dextra erzeugen die rechte Niere und Nebenniere an der unteren Fläche des rechten Lappens die Impressio renalis und die Impressio suprarenalis. Die letztere grenzt unmittelbar an den rechten Umfang der V. cava caud., dort, wo das Gefäss die hintere Fläche des rechten Leberlappens erreicht, um in der Fossa venae cavae zum Foramen venae cavae des Zwerchfells zu verlaufen. Häufig greift die Impressio suprarenalis auf die hintere Fläche der Leber über, indem hier ein Peritonaealüberzug fehlt, so dass sich die Kapsel der Nebenniere direkt mit der Leberkapsel verbindet, dagegen wird der grösste Teil der Impressio renalis von dem Peritonaeum überkleidet.

Die Facies posterior (ein Teil der Facies diaphragmatica) (Abb. 324), deren Beziehungen auch in der Bezeichnung Facies diaphragmaticovertebralis zusammengefasst werden könnten, ist bloss im Bereiche des rechten Leberlappens vorhanden, während sie am linken Leberlappen in einen zunächst stumpfen, dann nach links schärfer werdenden Rand übergeht. Sie legt sich in der Höhe des X.—XII. Brustwirbels an die vordere Fläche der Zwerchfellschenkel, weiter lateral direkt an die Pars lumbalis des Zwerchfells, mit welcher sie durch Bindegewebe verlötet ist. Links wird dieses Feld durch die tiefe, sagittal verlaufende, zur Aufnahme der V. cava caud. bestimmte Fossa venae cavae (dem hinteren Abschnitte der Fissura sagittalis dextra) von demjenigen Teile des Lobus caudatus getrennt, welcher der hinteren Leberfläche angehört, im Gegensatze zu dem unmittelbar hinter der Porta hepatis liegenden Processus papillaris. Der Lobus caudatus besitzt einen Peritonaealüberzug, welcher sich erst in der Höhe der oberen Leberkante auf die untere Fläche des Zwerchfells überschlägt. Links von dem Lobus caudatus zieht der Ductus venosus (Arantii) nach oben, um in die V. cava caud. unmittelbar vor ihrem Durchtritte durch das For. venae cavae überzugehen. Ebenfalls links von dem Lobus caudatus wird die hintere Fläche der Leber durch die sagittal verlaufende Impressio oesophagica ausgehöhlt, welche die Pars abdominalis oesophagi aufnimmt. Auch hier ist ein Peritonaealüberzug vorhanden. In dieser Höhe wird also die V. cava caud. bloss durch die Breite des Lobus caudatus von der Pars abdominalis oesophagi getrennt.

Die ganze hintere Fläche des Lobus caudatus bildet einen Teil der Begrenzung der Bursa omentalis; man kann also durch Einführen des Fingers in das Foramen epiploicum dorsal von der Leber, einerseits bis zum Foramen venae cavae, andererseits bis zum Foramen oesophagicum[1] vordringen. Links von der Impressio oesophagica ist eine hintere Leberfläche nicht mehr nachzuweisen, indem die obere und die hintere Leberfläche zusammenfliessen, um einen stumpfen, dorsalwärts gerichteten Rand zu bilden. Ein Teil der Impressio suprarenalis liegt an der hinteren Leberfläche, rechts von dem Stamme der V. cava caud. im Anschluss an das untere Ende der Fossa venae cavae.

Projektionsfeld der Leber auf die vordere Bauchwand. Da die Leber im Bereiche eines grossen Teiles ihrer hinteren Fläche eine direkte Verbindung mit dem Zwerchfell eingeht, Pars affixa, und sich im übrigen, Pars libera der Facies diaphragmatica, enge an die untere von dem Peritonaeum überzogene Fläche des Zwerchfells anschliesst, so wird ihre Stellung in der Bauchhöhle ganz wesentlich auch durch den Höhenstand des Zwerchfells bestimmt. Bei der Exspiration rückt sie aufwärts, bei der Inspiration abwärts, und zwar betragen diese respiratorischen Verschiebungen, an dem vorderen Leberrande gemessen, bis 3 cm. Rechterseits wird also, entsprechend dem Stande des Zwerchfells, die Leber höher stehen als linkerseits, und wenn wir die früher für das Zwerchfell gemachten Angaben auch für die Leber gelten lassen, so ist anzunehmen, dass in der Leiche ihre obere Fläche rechterseits bis zu einer durch den Sternalansatz des IV. rechten Rippenknorpels durchgelegten Ebene reicht, während sie linkerseits um eine Rippe tiefer steht. Der oberen Fläche der Leber entsprechend lagern sich die Basen beider Lungen der oberen, von der Pars diaphragmatica pleurae überzogenen Fläche des Zwerchfells auf, die Basis der rechten Lunge in grösserer Ausdehnung als diejenige der linken Lunge (Abb. 223); der linke Leberlappen reicht bloss etwa bis zur linken Mamillarlinie in die linke Regio hypochondrica hinüber. Wenn man die obere Fläche der Leber auf die anterolaterale Bauch- und Brustwand projiziert, so kann man an der so gewonnenen Projektionsabbildung drei Abschnitte unterscheiden. Oben wird die Leber von der Lunge bedeckt, welche sich bei der Respiration im Sinus phrenicocostalis verschiebt; eine Stich- oder Schussverletzung, welche hier von vorne eindringt, wird die Pleurahöhle eröffnen, die Lunge verletzen und durch das Diaphragma auch die Bauchhöhle und die Leber erreichen. Weiter unten wird die Leber nur noch von demjenigen Abschnitt des Sinus phrenicocostalis bedeckt, in welchen der untere Lungenrand höchstens bei extremen Inspirationsbewegungen herabsteigt; eine Verletzung wird hier bloss die Pleurahöhle eröffnen und durch das Zwerchfell in die Bauchhöhle und auf die Leber vordringen. In einem dritten Felde endlich liegt die Leber der vorderen Bauchwandung

[1] Hiatus oesophageus.

direkt an; hier wird eine Verletzung bloss die Bauchhöhle und die Leber betreffen und hier ist auch die Leber operativ ohne weiteres zugänglich.

Die Projektion der Leber auf die ventrolaterale Brustwand ist beim Lebenden nur insoweit nachzuweisen, als das Organ nicht durch eine mächtige Schicht von Lungengewebe überlagert wird, dessen heller Schall den dumpfen Ton der tiefer gelegenen soliden Drüsenmasse übertönt. Das durch die Perkussion nachweisbare Feld der Leberdämpfung hat folgende Grenzen (Abb. 300). Die obere Grenze beginnt rechterseits am Sternalrande des VI. Rippenknorpels, entspricht dem Verlaufe des Knorpels bis zum Übergang desselben in die VI. Rippe und steigt an der seitlichen und hinteren Brustwand schräg abwärts, um neben der Wirbelsäule die XI. Rippe zu erreichen. Diese Linie entspricht annähernd der unteren Grenze der rechten Lunge. Die untere Grenze des Leberfeldes entspricht dem Verlaufe des vorderen, scharfen Leberrandes; sie wird angegeben durch eine gleichfalls bogenförmig verlaufende Linie, welche linkerseits etwa in der Mitte zwischen Parasternallinie und Mamillarlinie beginnt, in der Medianlinie die Entfernung zwischen der Basis des Processus ensiformis[1] und dem Nabel halbiert, in der rechten Mamillarlinie den Rippenbogen schneidet und in der Scapularlinie die XI. Rippe erreicht.

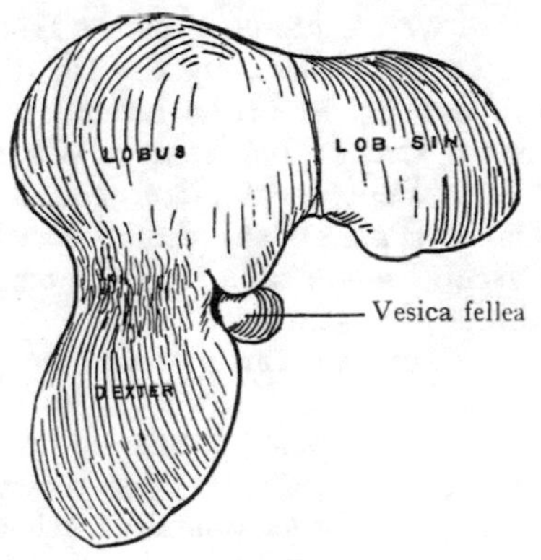

Abb. 326. Schnürleber, von vorne gesehen.

Die Bestimmung des Projektionsfeldes der Leber mittelst der Perkussion, besonders auch diejenige der unteren Grenze, lässt bestimmte Schlüsse auf die Grösse und Lage des Organes zu. Bei Vergrösserung der Leber, ebenso bei Senkung derselben, wird die untere Grenze abwärts rücken, wobei jedoch zu berücksichtigen ist, dass die Leber, wie auch die Brusteingeweide und das Zwerchfell, eine physiologische Senkung in höherem Lebensalter erfährt, bei welcher selbstverständlich die untere Lebergrenze abwärts verschoben wird. Der Nachweis der oberen Grenze ist für die Kenntnis der Lage der Leber nicht entscheidend, da ihre Bestimmung wesentlich von der Ausdehnung der Lunge abhängt. Bei stark ausgedehnter Lunge kann z. B. die obere Grenze der Leberdämpfung abwärts rücken, ohne dass man deshalb berechtigt wäre, eine Verlagerung oder eine Vergrösserung der Leber anzunehmen, solange die untere Grenze einen normalen Verlauf zeigt.

Innerhalb gewisser Grenzen kommen normalerweise Veränderungen in der Lage der Leber vor. Die Respiration beeinflusst gleichzeitig die Lage von Leber, Magen und Milz. Bei der Inspiration findet eine Kompression der Leber, bei der Exspiration eine Ausdehnung derselben statt, die wohl nicht ohne Bedeutung für den Abfluss des venösen Blutes durch die Vv. hepaticae in die V. cava caud. erscheint. Der respiratorischen Verschiebungen ist oben schon gedacht worden; sie betragen (bei ruhiger Respiration) 2—3 cm und sind durch die Feststellung des unteren Leberrandes mittelst der Perkussion nachzuweisen.

Die Leber wird sich auch bei Änderung der Körperlage bis zu einem gewissen Grade verschieben. Bei horizontaler Lage wird sie die Neigung zeigen, sich der dorsalen Bauchwand zu nähern, bei vertikaler Körperhaltung sich zu senken. Für praktische Zwecke kommen jedoch diese Verlagerungen nicht in Betracht.

Von pathologischen Änderungen der Leberform sei hier nur die Schnürleber erwähnt, welche häufig gleichzeitig mit dem Schnürmagen auftritt. Die Abb. 311 und 326 veranschaulichen die Beeinflussung der Leberform durch den Druck der ringförmigen Einschnürung. Eine typische Schnürleber ist hoch und schmal, die untere

[1] Processus xiphoideus.

Lebergrenze verläuft steil und der rechte Leberlappen zeigt eine ringförmige Furche, die, je nach dem Grade der Einschnürung, seichter oder tiefer ausfällt. Dass diese Veränderung bei Weibern häufiger vorkommt als bei Männern, ohne jedoch bei letzteren ausgeschlossen zu sein, bedarf keiner näheren Begründung.

Peritonaealüberzug der Leber. Die Leber besitzt als Ausstülpung der ventralen Wand der Duodenalschleife zwischen die Blätter des Mesogastrium ventrale einen in frühen Stadien vollständigen Peritonaealüberzug, der sich ventral- und aufwärts zur vorderen Bauchwand und zum Diaphragma fortsetzt (Mesohepaticum ventrale[1]), und dorsalwärts die Porta hepatis mit der kleinen Kurvatur des Magens und mit dem Duodenum in Verbindung setzt (Pars hepatogastrica und hepatoduodenalis des Omentum minus, Abb. 302 und 303). Bei der Vergrösserung der Leber werden immer grössere Teile der das Mesogastrium ventrale bildenden Peritonaealblätter zur Bedeckung der Oberfläche des Organs herangezogen, so dass eine merkliche Verkürzung der übrigbleibenden Abschnitte eintritt. Ausserdem drängt der mächtige rechte Lappen bei seinem Wachstum gegen die untere Fläche des Diaphragma die beiden Peritonaealblätter vollständig auseinander und lagert sich mit seiner hinteren Fläche (Pars affixa) direkt dem Diaphragma an, indem hier die Leberkapsel mit der Fascia transversalis, welche die untere Fläche des Diaphragma überzieht, eine Verbindung eingeht.

An dem fertigen Organe (Abb. 322—324) können wir Peritonaealduplikaturen, die sagittal und frontal verlaufen, von einer solchen unterscheiden, die transversal von der Leber abgeht. Beide sind aus dem ursprünglichen Mesogastrium ventrale hervorgegangen, jedoch ist die transversale Duplikatur sekundär durch die Breitenentfaltung der Leber zustande gekommen, während die sagittale und die frontale Duplikatur (Pars hepatogastrica und hepatoduodenalis[2] und Mesohepaticum ventrale[1]) das ursprüngliche Mesogastrium ventrale darstellen. Die Pars hepato- und gastroduodenalis[2] war ursprünglich auch sagittal eingestellt; die Änderung ist nicht etwa wie bei der Verwachsungsstelle auf das Breitenwachstum der Leber zurückzuführen, sondern ist mit der Bildung der Bursa omentalis sowie mit der Drehung des Magens und des Duodenum aus ihrer ursprünglich medianen Lage verknüpft (s. Entwicklung des Peritonaeum).

Das Mesohepaticum ventrale[1] hat noch am meisten das frühere Verhalten des Mesogastrium ventrale bewahrt, indem es vom Nabel ausgeht und in seinem konkaven, dorsalwärts gerichteten, scharfen Rande die obliterierte Umbilicalvene (Chorda venae umbilicalis[3]) enthält, welche in der linken Fissura sagittalis an die untere Leberfläche tritt, um in den linken Ast der V. portae einzumünden. Beide Blätter des Mesohepaticum ventrale[1] gehen auf die obere Leberfläche über, um dieselbe zu überziehen; die Linie des Ansatzes verläuft annähernd median. Ventral setzt sich das Mesohepaticum ventrale[1] an das Zwerchfell und an die vordere Bauchwand in der Medianebene fest.

Die Pars hepatogastrica und hepatoduodenalis[2] (Omentum minus) sind morphologisch bloss Teile der einheitlichen Peritonaealduplikatur, welche von dem rechten Umfang der Cardia ausgeht und längs der Curvatura minor bis zum Duodenum weiterzieht, um den Magen mit der Leber in Verbindung zu setzen. Die Unterscheidung von zwei Abschnitten wird durch Strukturdifferenzen gerechtfertigt. Während die Pars hepatogastrica eine Peritonaealduplikatur darstellt mit spärlichen Einschlüssen (Bindegewebe und Ästen der Plexus gastrici der Nn. vagi, die zur Leber verlaufen), stellt die Pars hepatoduodenalis, die nach rechts mit freiem Rande endigt, einen derben Strang dar, welcher die an der Porta hepatis ein- oder austretenden Gebilde, die V. portae, die A. hepatica propria und den Ductus choledochus einschliesst (s. Topographie der Porta hepatis und der Pars hepatoduodenalis des Omentum minus).

Die Pars hepato-gastrica und -duodenalis[2] verläuft von ihrem Ansatze am Magen, resp. an der Pars cranialis duodeni, in schräger oder frontaler Einstellung zur Porta hepatis sowie zur hinteren Abteilung der Fissura sagittalis sinistra (Abb. 302). Die Blätter

[1] Lig. falciforme hepatis. [2] Lig. hepatogastricum und hepatoduodenale.
[3] Lig. teres hepatis.

der Peritonaealduplikatur weichen an der Leberpforte auseinander, um die untere Leberfläche und den unteren Umfang der in der Fossa vesicae felleae eingelagerten Gallenblase zu überziehen. Die Pars hepatogastrica[1], deren Peritonaealblätter an der hinteren Abteilung der Fissura sagittalis sinistra, links von dem Lobus caudatus, auf den letzteren sowie auf die untere und hintere Leberfläche übergehen, schliesst an seiner Ansatzlinie den vom linken Pfortaderaste zur V. cava caud. verlaufenden Ductus venosus (Arantii) ein.

Die auf Breitenwachstum der Leber zurückzuführende transversale Peritonaealduplikatur ist in Abb. 324 (hintere Fläche der Leber) zu verfolgen. An dem linken Leberlappen ist eine von dem linken Umfange der V. cava caud., dort, wo der Ductus venosus (Arantii) ursprünglich einmündet, ausgehende Peritonaealduplikatur vorhanden, die zur unteren Fläche des Zwerchfells zieht und seitlich als Mesohepaticum lat. sin.[2] ausläuft. An der hinteren Fläche des rechten Leberlappens liegen die Verhältnisse anders, indem hier die Peritonaealblätter, welche die Facies diaphragmatica und die Facies visceralis überziehen, überhaupt nicht mehr zur Vereinigung kommen (Abb. 324), sondern die erwähnte für die Fixation der Leber sehr wichtige direkte Verlötung des Organs mit der unteren Fläche des Zwerchfells stattfindet.

Rechts von dieser Stelle vereinigen sich der Peritonaealüberzug der diaphragmalen und der visceralen Fläche zu einer Duplikatur, welche als Mesohepaticum lat. dextrum[2] auf dem Zwerchfell ausläuft.

Fixation der Leber in ihrer Lage. Die Bezeichnung der von benachbarten Organen, von der vorderen Bauchwandung und vom Zwerchfell zur Leber ziehenden Peritonaealduplikaturen als „Bänder" (Ligamenta) ist eine irreleitende. Peritonaealduplikaturen können bloss dann die Rolle eines Befestigungsapparates übernehmen, wenn sie bindegewebige Einschlüsse derberen Charakters besitzen. Von den an die Leber gelangenden Peritonaealduplikaturen kommt bloss der Pars hepatoduodenalis[3] diese Eigenschaft zu; doch stellt dieselbe, da sie von der Porta hepatis aus abwärts verläuft, eher eine Befestigung für die Pars cranialis duodeni und den Pylorus dar, als für die Leber, welche infolge ihrer Schwere doch die Neigung haben wird, sich zu senken.

Die Fixation der Leber wird in erster Linie durch die Verbindung der hinteren Fläche des rechten Leberlappens mit der unteren Fläche des Diaphragma bewirkt, in zweiter Linie durch den Druck, den die der Facies visceralis angelagerten Eingeweide von unten her auf die Leber ausüben. Man kann geradezu sagen, dass die Leber an der unteren Fläche des Zwerchfells aufgehängt ist und auf einem weichen durch verschiedene Eingeweideteile gebildeten Kissen ruht. Dazu kommt drittens der Druck der Bauchwandung. Bei Veränderungen im Stande des Zwerchfells oder der oberen Baucheingeweide kann die Fixation der Leber eine ungenügende werden, sie senkt sich sodann und wird besonders in denjenigen Fällen, wo ihre straffere Verbindung mit dem Zwerchfell nachgibt, eine nicht unbeträchtliche Dislokation erfahren (Wanderleber, Hepar mobile). Es verlängert sich das Mesohepaticum, indem die Peritonaealüberzüge der oberen und der unteren Leberfläche sich auch im Bereiche der hinteren Fläche des rechten Lappens mehr oder weniger zusammenschliessen. Die ausführliche Schilderung dieser Veränderungen gehört nicht hierher.

Topographie der Porta hepatis and der Pars hepatoduodenalis omenti minoris[3]. In die Porta hepatis tritt die A. hepatica propria und der Stamm der V. portae ein, während der Ductus hepaticus als Ausführungsgang die Leber verlässt, um sich unterhalb der Porta hepatis in der Pars hepatoduodenalis[3] mit dem Ductus cysticus zum Ductus choledochus zu vereinigen. Die Lage der Gebilde an der Porta hepatis geht aus Abb. 323 hervor. Am weitesten rechts liegt der Ductus hepaticus, der sich aus einem Ramus sin. und einem Ramus dexter zusammen-

[1] Lig. hepatogastricum. [2] Lig. triangulare dextr., sin. [3] Lig. hepatoduodenale.

setzt. Dieselben liegen vor den Zweigen der A. hepatica propria. Am tiefsten, unmittelbar vor dem Processus papillaris des Lobus caudatus, tritt die V. portae in die Leber ein und teilt sich gleichfalls in einen linken und rechten Ast, die von den Verzweigungen der A. hepatica propria und des Ductus hepaticus in der Ansicht von vorne bedeckt werden. Alle diese Gebilde sowie die an der Porta hepatis ein- resp. austretenden Lymphgefässe und Nerven werden durch Bindegewebe zusammengefasst, welches

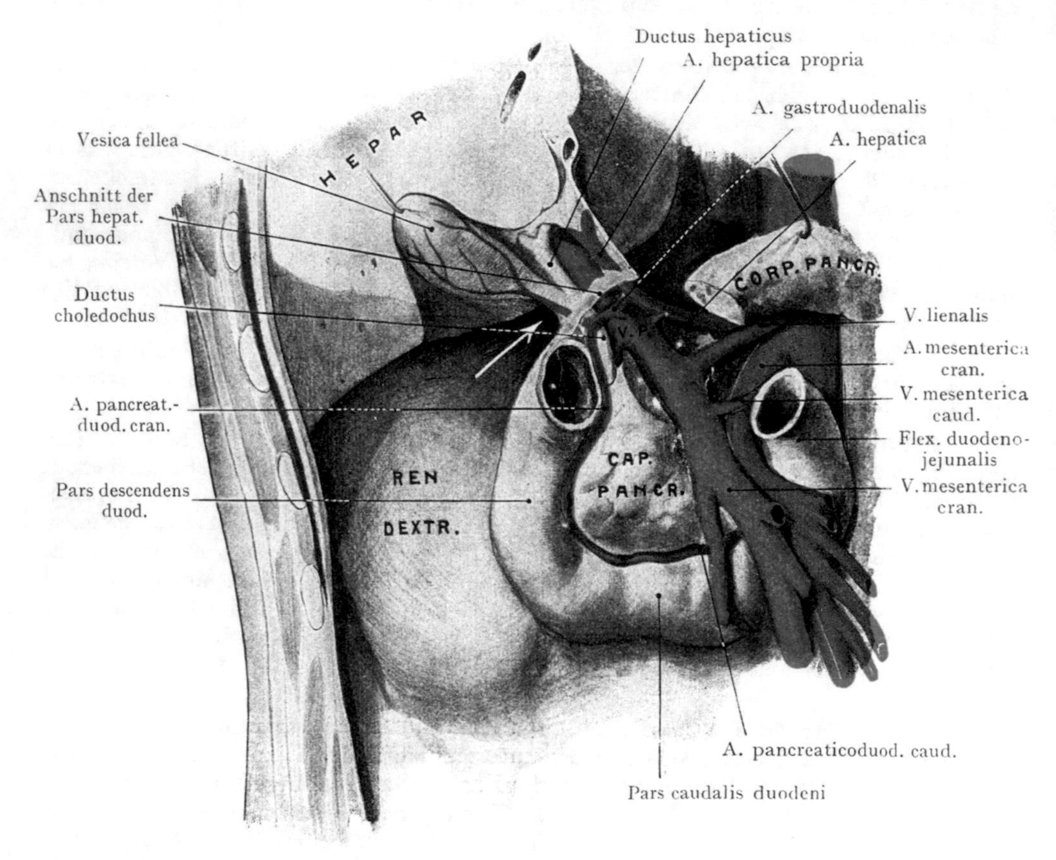

Abb. 327. Topographie der Pars hepatoduodenalis omenti minoris[1] und der V. portae. Ein Teil des Pankreaskörpers ist abgetragen worden. Der Pfeil gibt das Foramen epiploicum an. V. P. V. portae. Nach einem Formolpräparate.

die Verzweigungen der V. portae, der A. hepatica propria und des Ductus hepaticus begleitet (Capsula fibrosa Glissoni).

Die Gebilde, welche an der Porta hepatis ihre Verzweigung beginnen, sind in der Pars hepatoduodenalis[1] eingeschlossen (Abb. 327), wo sie, durch Bindegewebe zusammengehalten, einen von der Porta hepatis bis zur Pars cranialis duodeni verlaufenden Strang bilden. Die Pars hepatoduodenalis[1] des Omentum minus stellt die vordere Wand des For. epiploicum (Winslowi) her, welches aus dem Cavum peritonaei nach links in die Bursa omentalis führt. Man kann den Strang leicht zwischen die Finger fassen, wenn man an der unteren Fläche des rechten Leberlappens entlang, etwa entsprechend dem Halse der Gallenblase, den Finger nach links in das For. epiploicum einführt; dabei liegt die Pars

[1] Lig. hepatoduodenale.

hepatoduodenalis[1] dem Finger ventralwärts auf. Die Übersicht wird erleichtert, wenn man den Magen und die Pars cranialis duodeni entfernt, indem man das vordere Blatt der Pars hepatoduodenalis[1] von dem Duodenum loslöst, das Pankreas am Übergange des Kopfes in den Körper durchtrennt und die beiden Teile auseinanderzieht. Ein solches Bild ist in Abb. 327 dargestellt. In der Pars hepatoduodenalis[1] sind die Gebilde so angeordnet, dass zunächst, nach der Vereinigung des Ductus hepaticus und des Ductus cysticus zum Ductus choledochus, der letztere rechts am freien Rande der Pars hepatoduodenalis[1] liegt, um weiter abwärts in der Rinne zwischen der hinteren Fläche des Pankreaskopfes und dem hinteren Umfang des Duodenum zur Papilla duodeni zu gelangen. Links von dem Ductus choledochus, jedoch in derselben Ebene, liegt die A. hepatica propria, welche an unserem Präparate die aus einem gemeinsamen Stamme entspringende A. pancreaticoduodenalis cran. und die A. cystica abgibt. In einer tieferen Ebene liegt die V. portae, die sich hinter dem Pankreaskopf aus der V. mesenterica cranialis und der V. lienalis zusammensetzt. Die erstere verläuft aus der Radix mesostenii[2] über die Pars caudalis duodeni, dann, der dorsalen Fläche des Pankreas angelagert, nach oben, um mit der von links kommenden, gleichfalls von dem Pankreas überlagerten V. lienalis zusammen zu münden. Der Stamm der V. portae hat eine Länge von annähernd 5 bis 6 cm, was nach Abzug von 1—2 cm für diejenige Strecke, welche von dem Pankreaskopfe bedeckt wird, eine Länge der Pars hepatoduodenalis[1] von etwa 4 bis 5 cm ergibt.

Variationen der Leberarterie sind im ganzen selten und stellen sich gewöhnlich als eine mehr oder weniger frühzeitige Teilung der A. hepatica propria in der Pars hepatoduodenalis[1] dar. Andere Fälle, bei denen sich die A. mesenterica cran. an der Versorgung der Leber beteiligt, sind praktisch nicht unwichtig. Ich habe zwei Fälle beobachtet, in welchen die A. mesenterica cran. bei normalem Verlaufe der A. hepatica propria einen Ast zur Leber sandte. In dem einen Falle kreuzte der aus der A. mesenterica cran. entspringende Ast den vorderen Umfang der Pars cranialis duodeni, um weiterhin in der Pars hepatoduodenalis[1] zu verlaufen, in die Porta hepatis einzutreten und den Ram. cysticus abzugeben. In einem anderen Falle (Abb. 328) entsprang eine sehr starke, der A. hepatica propria an Grösse fast gleich-

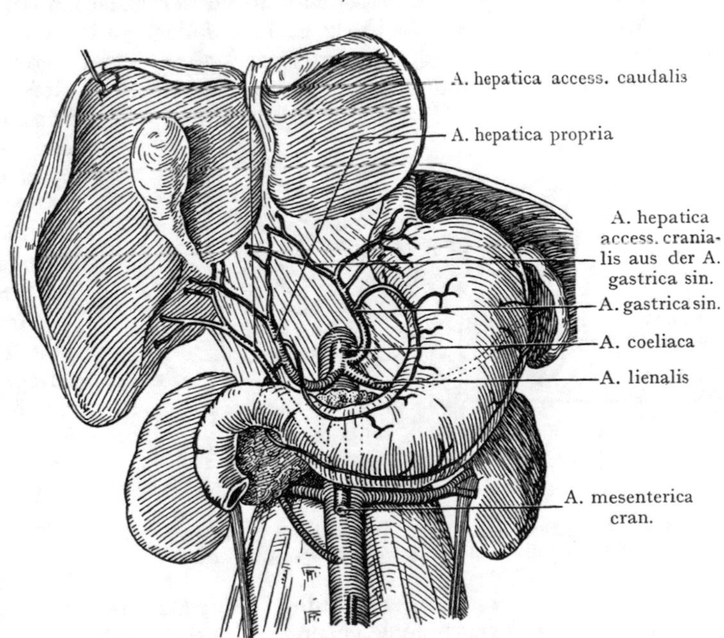

Abb. 328. Accessorische Aa. hepaticae.

Eine obere (kraniale) accessorische Leberarterie kommt aus der A. gastrica sin., eine untere (kaudale) accessorische Leberarterie aus der A. mesenterica cran. Die A. hepatica propria ist nicht stärker als die untere (kaudale) A. hepatica accessoria.

Beobachtet in dem Basler Seziersaale.

[1] Lig. hepatoduodenale. [2] Radix mesenterii.

kommende Arterie aus der A. mesenterica cran., verlief hinter dem Pankreaskopfe und der Pars cranialis duodeni zur Pars hepatoduodenalis[1] empor, an deren freiem, nach rechts sehenden Rande sie angetroffen wurde. Sie gab gleichfalls die A. cystica ab. In diesem Falle fand sich auch ein der A. hepatica propria an Volumen gleichkommender Ast aus der A. gastrica sin., welche in der Pars hepatogastrica[2] zur Porta hepatis verlief und sich an den rechten Leberlappen verzweigte.

Lymphgefässe der Leber. Man unterscheidet oberflächliche und tiefe Lymphgefässe. Die oberflächlichen Lymphgefässe der Konvexität der Leber sammeln sich zu Stämmen, welche die V. cava caud. begleiten und in unmittelbar über der Durchtrittsstelle der Vene auf der oberen Fläche des Zwerchfells gelegene Lymphdrüsen endigen. Andere Stämme, die sich von der Oberfläche des linken Lappens sammeln, gelangen zur Pars abdominalis oesophagi und münden in Lymphdrüsen, welche unterhalb des Diaphragma liegen. Tiefe Lymphgefässe sammeln sich längs der Verzweigungen der A. hepatica propria und finden zum Teil ihre erste Station in Lymphdrüsen an der Porta hepatis, teils verlaufen sie längs der A. hepatica propria zu den Lymphonodi coeliaci an dem Ursprunge der A. coeliaca. Die Lymphgefässe der Gallenblasenwandung verlaufen in der Pars hepatoduodenalis[1], teils zu den Drüsen am Pylorus, teils zu der Lymphdrüsenkette längs der A. gastroduodenalis, zu welcher sich auch die Lymphgefässe des Duodenum und des Pankreaskopfes begeben.

Topographie der Gallenblase.

Die birnförmige Gallenblase liegt im vorderen Abschnitte der rechten Längsfurche der Leber (Abb. 323), die als Fossa vesicae felleae zu ihrer Aufnahme ausgeweitet ist, zwischen dem Lobus quadratus und dem Lobus dexter hepatis. Der Stiel der Birne bildet den Hals (Collum vesicae felleae); derselbe ist dorsalwärts gegen die Porta hepatis gerichtet und geht in den 2—3 cm langen Ductus cysticus über, welcher sich unmittelbar unterhalb der Porta hepatis in der Pars hepatoduodenalis[1] mit dem Ductus hepaticus zum Ductus choledochus vereinigt (Abb. 327). Wir unterscheiden an der Gallenblase ausser dem Halse (Collum vesicae felleae) noch den Körper (Corpus) und den blinden nach vorn und abwärts gerichteten Fundus. Die Gallenblase hat eine Länge von 7 bis 8 cm und am Fundus einen Durchmesser von 2—3 cm. Der Fundus überragt bei normaler Füllung der Blase den vorderen scharfen Leberrand, welcher hier eine leichte Einbuchtung aufweist (Abb. 322). Die obere Wandung ist durch Bindegewebe mit der Leberkapsel verlötet; das den Lobus quadratus und den Lobus dexter hepatis überkleidende Peritonaeum geht bloss auf die untere Wandung weiter, indem nur der Fundus in seinem ganzen Umfange vom Peritonaeum überzogen wird. Gegen die Porta hepatis hin reicht der Peritonaealüberzug der unteren Wandung bis zum Abgang des Ductus cysticus aus der Gallenblase.

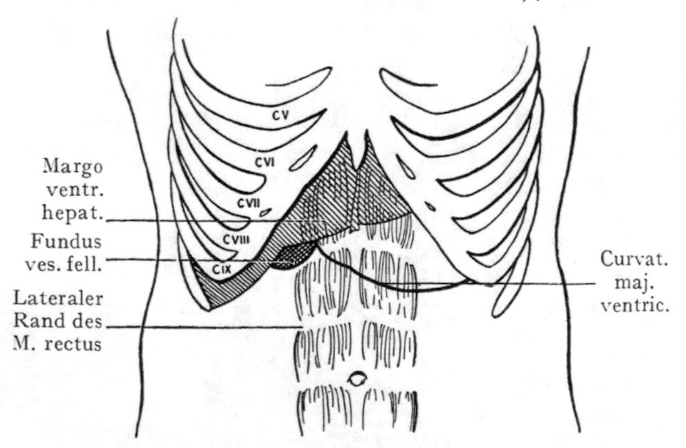

Abb. 329. Projektion der Leber, des Magens und des Fundus vesicae felleae auf die vordere Bauchwand.

[1] Lig. hepatoduodenale. [2] Lig. hepatogastricum.

Der Fundus vesicae felleae entspricht, auf die vordere Bauchwand bezogen, dem Winkel, den der Rippenbogen der rechten Seite mit dem lateralen Rande des M. rectus bildet, etwa in der Höhe des Überganges des VIII. Rippenknorpels in den Rippenbogen (Abb. 329). Die vordere Fläche der Leber, mithin auch der Fundus, im Falle derselbe den vorderen Leberrand überragt, stossen direkt an das Peritonaeum parietale der vorderen Bauchwand; bei starker Ausdehnung der Gallenblase (etwa durch Gallensteine) werden diese direkten Beziehungen zwischen der Gallenblase und der vorderen Bauchwand in noch grösserer Ausdehnung statthaben, so dass in manchen Fällen die Gallenblase mittelst der Perkussion oder sogar der Palpation nachweisbar wird.

Topographische Beziehungen der Gallenblase. Nach rechts und abwärts bilden die Flexura coli dextra und das Colon transversum (Abb. 301), wenn sie stark gefüllt sind, ein Kissen, auf dem die Gallenblase ruht. Medial liegen der Pylorus und die Pars cranialis duodeni, welche sich noch bis zum rechten Umfange des Collum vesicae weiterzieht, um hier in die Pars descendens überzugehen (Abb. 325). Die Pars cranialis duodeni kreuzt den rechten Ast des Ductus hepaticus. Diese Lagebeziehungen werden häufig an der Leiche dadurch markiert, dass der Pylorus, die Pars cranialis duodeni und die Flexura coli dextra von der diffundierenden Galle eine gelbliche Färbung annehmen.

Gefässe der Gallenblase. Die Wandungen der Gallenblase werden mit arteriellem Blute versorgt durch die A. cystica (Abb. 327), welche aus der A. hepatica propria oder aus ihrem rechten Hauptaste oder auch aus der A. gastroduodenalis entspringt und am Halse der Gallenblase in einen rechten und einen linken Ast zerfällt, die gegen den Fundus vesicae verlaufen. Die Lymphgefässe sammeln sich in einer Drüse am Collum, deren Vasa efferentia sich mit den Lymphdrüsen hinter dem Pankreaskopfe und dem Pylorus verbinden.

Erreichbarkeit der Gallenblase. Der Fundus ist leicht zu erreichen durch einen Schnitt, welcher in der Höhe des Ansatzes des VIII.—IX. Rippenknorpels an den rechten Rippenbogen in einer Entfernung von 4—6 cm, dem letzteren parallel geführt wird (Abb. 329). Es werden durchtrennt: die Haut, das subkutane Fett- und Bindegewebe, die Fascia superficialis abdominis, die Mm. obliquus ext., obliquus int. und transversus abdominis. Die A. epigastrica cran. (aus der A. thoracica int.[1]) verläuft, dem hinteren Umfange des M. rectus angeschlossen, nach unten, kommt aber, so lange dieser Muskel bei der Schnittführung geschont wird, nicht in Betracht. Nach Eröffnung der Peritonaealhöhle wird der vordere Leberrand, häufig auch die Gallenblase sichtbar, besonders in Fällen von Gallenstauung oder beim Vorhandensein von Gallensteinen, welche eine Vergrösserung der Gallenblase bewirken.

Verlauf und Topographie des Ductus choledochus. Der Ductus choledochus stellt eine direkte Fortsetzung des Ductus hepaticus dar, indem die Gallenblase mit dem Ductus cysticus als blind endender Anhang des eigentlichen Gallenganges aufzufassen ist. Die Länge des Ductus choledochus beträgt 4—5 cm; er verläuft in der Pars hepatoduodenalis schräg ventralwärts und etwas nach rechts, indem er mit der Achse der Gallenblase einen nach rechts und abwärts offenen Winkel bildet, der in Abb. 327 durch die Verlagerung der Leber und der Gallenblase nach oben ausgeglichen ist. In der Pars hepatoduodenalis liegt der Ductus choledochus rechts von der A. hepatica propria und vor der V. portae im freien Rande der Peritonaealduplikatur und gelangt mit der A. hepatica propria (Abb. 308 und 327) hinter die Pars cran. duodeni, um sich in die Rinne einzulagern, welche der hintere Umfang der Pars descendens mit dem Pankreaskopfe bildet. In 75% der Fälle wird hier der Ductus choledochus von dem Pankreasgewebe vollständig umschlossen. Die Ausmündung mit dem Ductus

[1] A. mammaria interna.

pancreaticus (Wirsungi) an der Papilla duodeni (Santorini) liegt etwa in der halben Höhe der Pars descendens duodeni.

Wir unterscheiden an dem Ductus choledochus einen oberen Abschnitt, welcher in der Pars hepatoduodenalis oberhalb der Pars cranialis duodeni liegt, als Pars supraduodenalis ductus choledochi, von einem unteren Abschnitt, Pars infraduodenalis, welcher den hinteren Umfang der Pars cranialis duodeni kreuzt, um sich der Pars descendens duodeni und dem Pankreaskopfe anzulegen. Die Beziehungen der Pars supraduodenalis zu der A. hepatica propria und der V. portae, mit welchen sie in der Pars hepatoduodenalis zusammenliegt, sind oben erwähnt worden. Die Pars infraduodenalis liegt dort, wo sie die Pars cranialis duodeni kreuzt, der ersten Strecke der

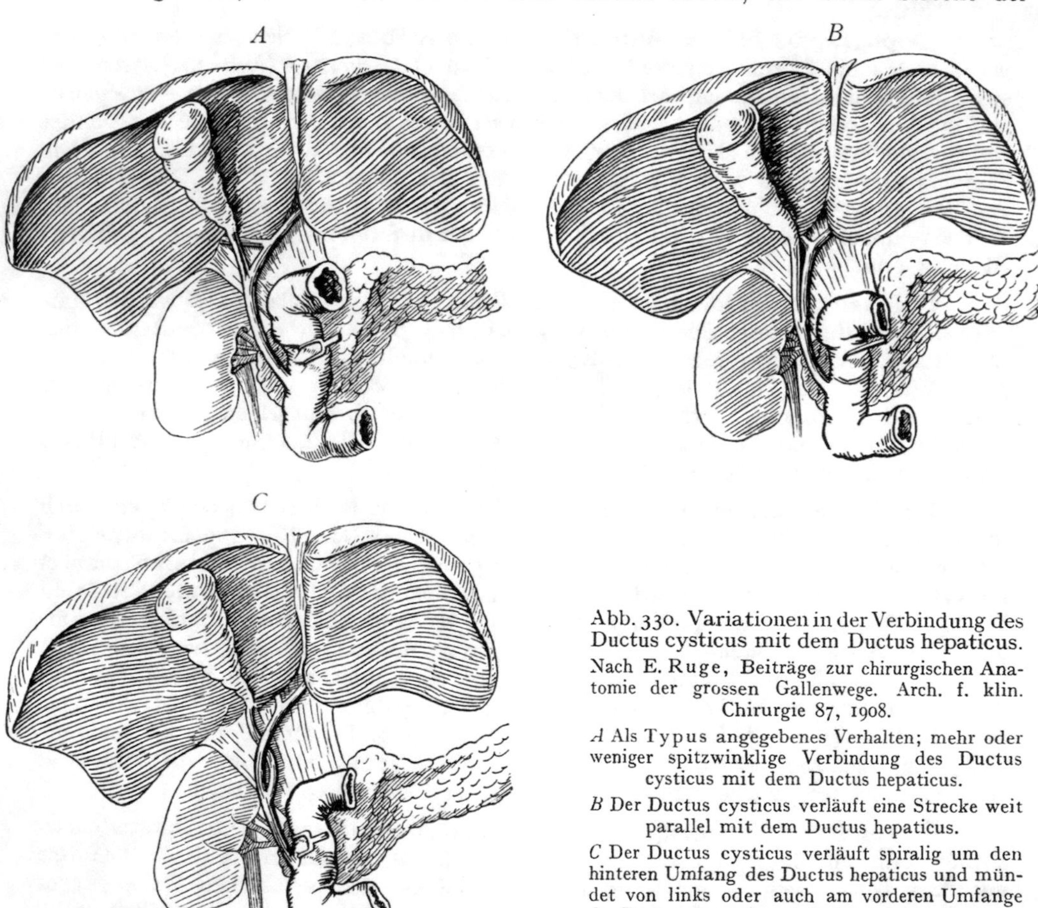

Abb. 330. Variationen in der Verbindung des Ductus cysticus mit dem Ductus hepaticus.
Nach E. Ruge, Beiträge zur chirurgischen Anatomie der grossen Gallenwege. Arch. f. klin. Chirurgie 87, 1908.
A Als Typus angegebenes Verhalten; mehr oder weniger spitzwinklige Verbindung des Ductus cysticus mit dem Ductus hepaticus.
B Der Ductus cysticus verläuft eine Strecke weit parallel mit dem Ductus hepaticus.
C Der Ductus cysticus verläuft spiralig um den hinteren Umfang des Ductus hepaticus und mündet von links oder auch am vorderen Umfange des Ductus hepaticus mit letzterem zusammen.

V. portae unmittelbar nach rechts an (Abb. 327) und wird dorsalwärts häufig bloss durch eine Bindegewebsschicht von der V. cava caud. getrennt. Über die Variationen in der Ausmündung des Ductus choledochus und des Ductus pancreaticus siehe Abb. 320 A—D.

Variationen in der Verbindung des Ductus cysticus und des Ductus hepaticus zum Duct. choledochus. Dieselben sind im Hinblicke auf die Häufigkeit operativer Eingriffe an den Gallenwegen von erheblichem Interesse. E. Ruge unterscheidet (Abb. 330 A, B, C) dreierlei Typen der Verbindung des Ductus cysticus mit dem Ductus hepaticus:

1. Eine spitzwinklige Einmündung (A), die früher überhaupt als typisch beschrieben und abgebildet wurde; sie findet sich in 30% aller Fälle.

2. Beide Gänge verlaufen auf eine längere Strecke parallel und sind in eine gemeinsame Scheide eingeschlossen (B). Dieses Verhalten wird in ca. 27% der Fälle angetroffen.

3. Der Ductus cysticus geht um den hinteren Umfang des Ductus hepaticus spiralig herum, um an dem hinteren oder dem linken oder dem vorderen Umfange des Ductus hepaticus auszumünden (C). Die Spirale ist in allen Fällen eine rechtsgewundene. Der Typus 3 fand sich in 40% der Fälle.

Die Durchschnittslänge des Ductus cysticus betrug 4,3 cm und diejenige des Ductus hepaticus 7,4 cm, bei einer Variationsbreite von 2—12 cm.

Topographie der Milz.

Die Milz entwickelt sich im Anschluss an den Fundus des Magens zwischen den Blättern des Mesogastrium dorsale, welches sich zur Bildung der Bursa omentalis nach links ausbuchtet. Nachdem sich die dorsale Wand der Bursa omentalis sekundär mit dem Peritonaeum parietale verlötet hat, wird die Milz sowohl mit der

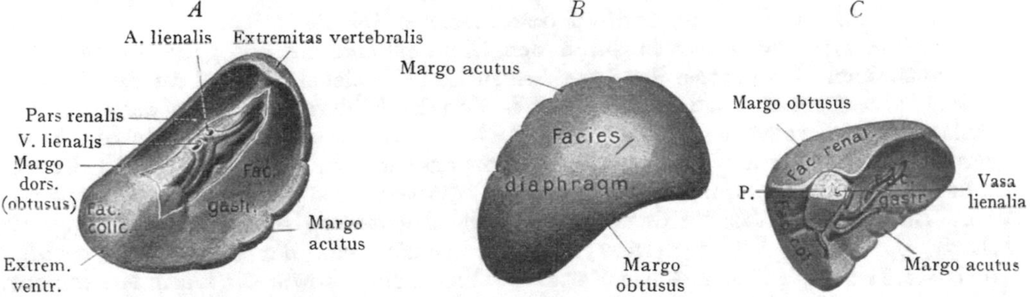

Abb. 331. *A, B* mediale und laterale Ansicht der Milz des Erwachsenen.
Nach den Hisschen Gipsabgüssen.
C mediale Ansicht der Milz eines Kindes.
Nach einem Gipsabguss von D. J. Cunningham.
P. Cauda pancreatis.

dorsalen Wandung der Bauchhöhle als auch mit dem Fundus des Magens durch Peritonaealduplikaturen in Verbindung gesetzt (Plicae phrenicolienales[1] und Pars gastrolienalis des Mesogastrium dorsale[2]).

Form der Milz. Die Milz liegt in der Tiefe der Regio hypochondrica sinistra oben und lateral der unteren Fläche der linken Zwerchfellhälfte, medial und vorne dem Magenfundus, medial und dorsal der linken Niere und Nebenniere, nach unten dem Colon transversum und der Flexura coli sin. angelagert.

In der Leiche weich, oft zerfliesslich, zeigt das Organ bei Härtung in situ bestimmte Formverhältnisse, indem es in derselben Weise von den Nachbarorganen modelliert wird, wie wir das auch für die Leber nachweisen konnten. Die so erzeugten Eindrücke (Pars gastrica, renalis, colica faciei visceralis) werden, soweit sie auf Hohlorgane (Magen, Colon) zurückzuführen sind, je nach dem Füllungszustande der letzteren, verschieden ausfallen.

Die Milz ist mit einem regelmässigen Tetraëder verglichen worden (Cunningham), dessen Basis unten liegt und dessen Spitze aufwärts gerichtet ist

[1] Lig. phrenicolienale. [2] Lig. gastrolienale.

(Abb. 331 C), eine Form, welche am deutlichsten bei Kindern zur Ausbildung kommt. Beim Erwachsenen ist die Milz mehr in die Länge gezogen, auch lassen sich die einzelnen Felder und Eindrücke nicht so scharf voneinander unterscheiden. Wir sprechen von einer lateralen dem Diaphragma anliegenden Fläche, der Facies diaphragmatica, und einer medialen Fläche, der Facies visceralis. Die letztere wird durch einen längsverlaufenden Wulst in ein vorderes Feld (Pars gastrica) und ein hinteres Feld (Pars renalis) eingeteilt. Im Anschluss an den Längswulst findet sich im Bereiche der Pars gastrica der Hilus lienis, wo die A. und V. lienalis mit den Lymphgefässen und Nerven eintreten. An der unteren Partie der medialen Milzfläche ist noch ein leichter Eindruck nachzuweisen, welcher durch das Colon transversum hervorgerufen wird (Pars colica). Die längliche Milz des Erwachsenen zeigt ein oberes und ein unteres abgestumpftes Ende, Extremitas vertebralis und Extremitas ventralis, ferner einen vorderen Rand, Margo acutus, und einen hinteren Rand, Margo obtusus.

Sei es nun, dass die Milz die in Abb. 331 C dargestellte kindliche Form bewahrt, sei es, dass sie beim Erwachsenen eine mehr längliche Form aufweist, so bleiben ihre Beziehungen zu benachbarten Organen dieselben. Die Facies diaphragmatica legt sich der Pars costalis des Zwerchfells in der Höhe und entsprechend dem Verlaufe der IX.—XI. Rippe an (s. Abb. 332), folglich wird die Milz, solange ihre Grösse und Fixation normal bleiben, nirgends in Kontakt mit der ventrolateralen Bauchwand treten, sondern es fällt ihr Projektionsfeld auf den untersten Teil der seitlichen Wandung des Thorax. Sie wird von derselben durch den Sinus phrenicocostalis getrennt und teilweise auch durch den unteren Rand der linken Lunge, welcher sich bei der Respiration im Sinus phrenicocostalis auf und ab bewegt. Von den Feldern, welche auf der medialen Fläche der Milz wahrnehmbar sind, legt sich das vordere umfangreichste (die Pars gastrica) dem Fundus des Magens an; es geht an unserer Abb. 331 A ohne scharfe Grenze in das untere in Berührung mit dem Colon transversum stehende Feld (Pars colica) über. Beim Kinde (Abb. 331 C) ist dagegen die Abgrenzung beider Felder eine recht scharfe, ebenso der Wulst, welcher die Pars gastrica von der Pars renalis trennt. Die letztere legt sich dem lateralen Rand der linken Niere sowie der linken Nebenniere an. Am Hilus der Milz, welcher entweder auf dem die Pars gastrica von der Pars renalis trennenden Wulste oder auf der Pars gastrica liegt, treten die grossen Gefässe (A. und V. lienalis) und mit ihnen das Peritonaeum zur Milz heran; unterhalb des Hilusfeldes berührt der Pankreasschwanz die Milz im Bereiche ihrer Pars pancreatica.

Lage der Milz. Sie ist eine recht verborgene, wenigstens in bezug auf die Erreichbarkeit des Organs von der vorderen Bauchwand aus. Stich- und Schussverletzungen ist sie dagegen relativ leicht zugänglich, da sie linkerseits in der Höhe der IX.—XI. Rippe nur durch die fast senkrecht aufsteigende, zum Teil mittelst Bindegewebes mit der seitlichen Thoraxwand verlötete costale Ursprungsportion des Zwerchfells sowie durch den Spalt des Sinus phrenicocostalis von der unteren Partie der seitlichen Brustwand getrennt wird. Der obere Teil der Milz wird ausserdem durch den bei der Inspiration absteigenden unteren Rand der linken Lunge bedeckt, so dass Stich- oder Schusswunden, welche etwa im X. Intercostalraume auf die Milz eindringen, sowohl die Pleurahöhle erreichen als auch die Lunge und das Zwerchfell verletzen werden, bevor sie die Milz erreichen. Dagegen werden Stiche, welche die untere Partie des Projektionsfeldes der Milz treffen, bloss die mit der lateralen Thoraxwand bindegewebig vereinigten costalen Ursprungszacken des Zwerchfells durchdringen und ohne Verletzung der Pleurahöhle die Bauchhöhle eröffnen.

Die Lage der Milz wird wesentlich beeinflusst durch den Füllungszustand des Magens und des Colon transversum sowie durch den Stand des Zwerchfells. Als klassische Beschreibung ihrer Lage gilt folgendes: Die Längsachse des Organs verläuft parallel mit der IX.—XI. linken Rippe, ist also schief von dorsal und kranial, ventral- und kaudalwärts gerichtet; das Projektionsfeld der Milz auf die seitliche Brustwand entspricht dem IX. und X. linken Intercostalraume. Dorsalwärts erreicht sie die Wirbelsäule nicht und ventralwärts soll die vordere Grenze ihrer Projektionsabbildung bei normaler Grösse und Beweglichkeit des Organs eine Linie nicht überschreiten, welche von dem linken Articulus sternoclavicularis bis zur Spitze der XI. Rippe gezogen wird (Linea costoarticularis, Abb. 332). Der vordere und untere Teil des Pro-

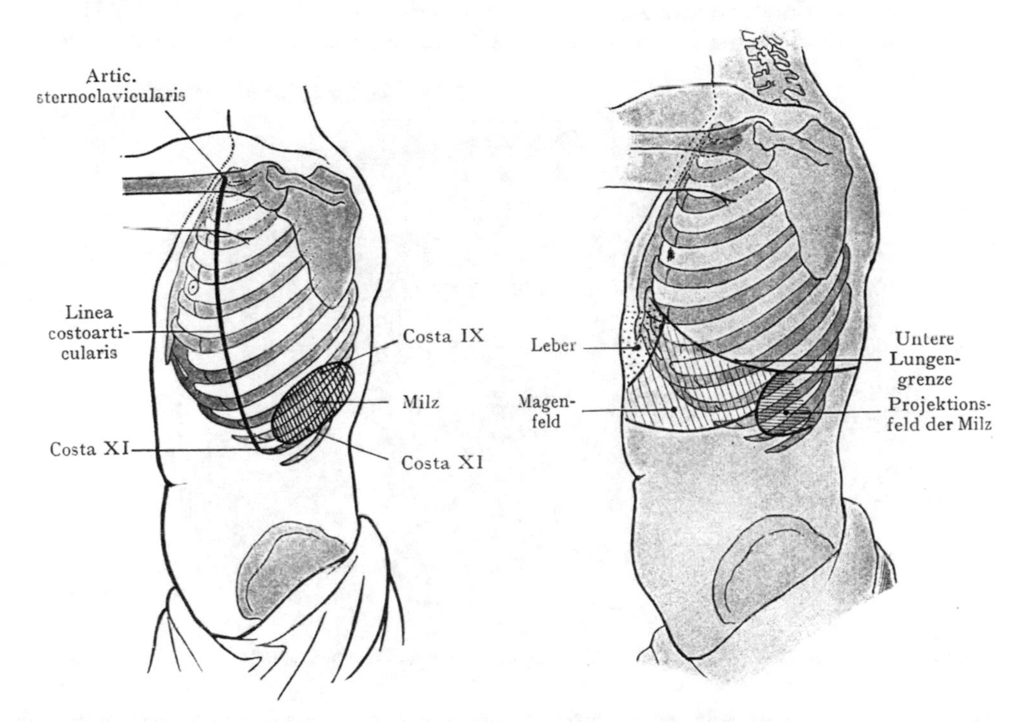

Abb. 332. Lage der Milz mit der Linea costaarticularis.

Mit Benützung einer Abbildung von Weil, Handbuch u. Atlas der topogr. Perkussion 1880.

Abb. 333. Perkussionsgrenzen des Magens, der Milz und der linken Lunge, von links gesehen.

Nach Weil, Handbuch und Atlas der topogr. Perkussion 1880.

jektionsfeldes lässt sich durch die Perkussion abgrenzen, während der obere von der mächtigen Muskulatur des Rückens überlagerte Teil sich der Feststellung entzieht.

Besonders eng schliesst sich die Milz dem Fundus des Magens an, und nach Massgabe der Ausdehnung und der Lage dieses Organes ändert sich auch die Lage der Milz bis zu einem gewissen Grade. Bei stärkerer Füllung des Magens stellt sie sich mehr vertikal ein, bei starker Ausdehnung des Colon transversum dagegen zeigt sie das Bestreben, eine horizontale Lage einzunehmen. Die Respirationsbewegungen des Zwerchfells beeinflussen gleichfalls die Lage der Milz; bei der Inspiration rückt sie in der Richtung ihrer Längsachse nach unten und ventralwärts, bei der Exspiration in umgekehrter Richtung nach oben und dorsalwärts. Eine in normaler Stellung befindliche Milz ist bei ruhiger Respiration unter dem linken Rippenrand nicht zu palpieren; dagegen kann bei starker Inspiration und damit verbundener Senkung der Milz der direkte Nachweis mittelst der Palpation gelingen.

Peritonaealüberzug der Milz. Die Milz erhält einen fast vollständigen Peritonaealüberzug, der bloss den Hilus und das abwärts davon befindliche Feld, wo der Pankreasschwanz sich anlagert, frei lässt. Zur links sich ausbiegenden Ansatzlinie der Bursa omentalis erstreckt sich vom Hilus aus die als Teil der Wandung der Bursa aufzufassende Plica phrenicolienalis[1], nach vorne zur grossen Kurvatur am Magenfundus die Pars gastrolienalis[2] des Mesogastrium dorsale, welch letztere nach unten in die Pars gastromesocolica[3] übergeht. Diese drei Peritonaealduplikaturen sind als Abschnitte der Wandung der Bursa omentalis aufzufassen und ihre Verbindung mit dem Zwerchfell, dem Magenfundus und dem Colon transversum als sekundär erfolgende Verwachsungen (Abb. 336). Zwischen den Blättern der Plica phrenicolienalis[1] eingeschlossen erreichen der Pankreas-

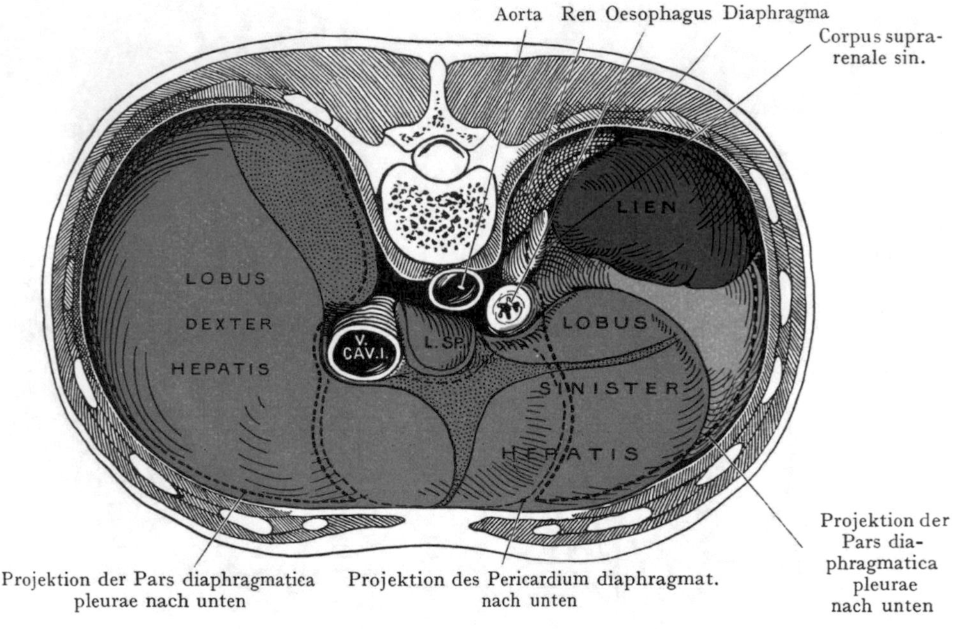

Abb. 334. **Leber, Magen, Milz und linke Niere, von oben gesehen, nach Abtragung des Zwerchfells. Projektion des Herzens und der Lungen auf die obere Fläche von Leber, Magen und Milz.** Leber rot, Magen blau, Milz violett.
Nach einem Formolpräparate mit Benützung der Hisschen Gipsabgüsse.

schwanz, die A. lienalis und die V. lienalis den Milzhilus; in der Pars gastrolienalis[2] gehen die aus der A. lienalis kurz vor ihrem Eintritt in die Milz entspringenden Aa. gastricae breves zum Magenfundus, während die Lymphgefässe des Fundus auf demselben Wege zu den Lymphonodi pancreaticolienales am Hilus lienis gelangen.

Eine wirkliche Fixation erhält die Milz durch keine der genannten Peritonaealduplikaturen. Sie kommt zustande erstens durch den Druck der benachbarten Eingeweide und zweitens durch die Plica phrenicocolica[4], welche von der Flexura coli sin. zur unteren Fläche des Zwerchfells verläuft (s. Abb. 397 des Verlaufes des Peritonaeum parietale an der dorsalen Wand der Bauchhöhle). Dasselbe bildet eine etwa horizontal eingestellte Platte, auf welcher der untere Pol der Milz aufruht; sie wird oft durch die Milz zu einem kranialwärts offenen Sacke ausgestülpt und wirkt der Senkung des Organes entgegen. Bei bedeutender Verlagerung der Milz (Wandermilz) kann das Organ im kleinen Becken angetroffen werden, doch bloss unter Verlängerung der Peritonaealverbindungen sowie der im Hilus eintretenden Gefässstämme.

---

[1] Lig. phrenicolienale. [2] Lig. gastrolienale. [3] Lig. gastrocolicum. [4] Lig. phrenicocolicum.

Die **Beziehungen der Milz zu benachbarten Eingeweiden (Syntopie)** (man vergleiche die Situsabbildungen am Schlusse des Kapitels) finden in der Bezeichnung ihrer Flächen einen Ausdruck. Die Facies diaphragmatica legt sich an die Pars costalis der linken Zwerchfellhälfte in der Höhe des IX.—X. Intercostalraumes und wird durch das Zwerchfell von der linken Lunge getrennt, welche, auf die Facies diaphragmatica projiziert, die obere Hälfte oder die oberen zwei Drittel derselben bedeckt, je nachdem bei Inspiration oder Exspiration untersucht wird. Die Beziehungen der Pars gastrica faciei visceralis zum Magenfundus sind konstante und bis zu einem gewissen Grade durch die Pars gastrolienalis gesicherte; bei Ausdehnung resp. bei Entleerung des Magens bleibt die Pars gastrica der Milz in Kontakt mit dem Fundus. Die Pars renalis faciei visceralis legt sich dem lateralen Rande und der vorderen Fläche der linken Niere an, soweit dieselbe einen Peritonaealüberzug erhält. Die linke Nebenniere wird nur in geringem Umfange oder auch gar nicht von der Milz überlagert. Etwas unterhalb des Hilus tritt der Pankreasschwanz (Pars pancreatica faciei visceralis lienis) und das Colon transversum mit der Milz in Berührung.

Gefässe der Milz. Oberhalb der Stelle, wo sich der Pankreasschwanz der medialen Fläche der Milz anlagert, liegt der Hilus lienis, die Eintritts- resp. Austrittstelle der Milzgefässe. Der Verlauf der aus der A. coeliaca entspringenden A. lienalis ist auch früher erwähnt worden; in der Regel kommt die Arterie erst kurz vor dem Hilus lienis unter dem Pankreas hervor und wird von vorne sichtbar (Abb. 337). Ähnlich verhält sich die V. lienalis; beide Gefässe liegen also eine Strecke weit unmittelbar unter dem Peritonaeum, welches die dorsale Wandung der Bursa omentalis bildet. Kleine, vor der Endverzweigung der A. lienalis abgehende Äste verlaufen als Aa. gastricae breves zum Fundus des Magens.

Die Lymphgefässe der Milz münden in Lymphdrüsen (Lymphonodi pancreaticolienales), welche sich vom Hilus aus längs der A. lienalis bis zu den Lymphonodi coeliaci hinziehen (s. Lymphgefässgebiete des Magens).

Topographie der Bursa omentalis.

Die Bursa omentalis erfordert eine besondere Besprechung, welche sich erstens auf ihre Ausdehnung und zweitens auf die Gebilde bezieht, die von ihren Wandungen überzogen sind.

Wenn wir ohne Rücksicht auf die früher behandelte Entwicklung der Bursa die Zustände ins Auge fassen, wie sie uns beim Erwachsenen entgegentreten, so können wir die Bursa omentalis als eine Ausstülpung der zum Magen gehenden Peritonaealduplikatur bezeichnen, welche bloss noch durch die enge Öffnung des For. epiploicum (Winslowi) mit der Bauchhöhle in Verbindung steht. In bezug auf die sekundäre Verklebung ihrer dorsalen Wandung mit dem Peritonaeum parietale und dem Mesocolon transversum sowie über das Auswachsen der Bursa nach unten vor dem Colon transversum, sind dem früher Gesagten noch einige Bemerkungen hinzuzufügen, zu deren Erläuterung die Abb. 335 A B C dienen. Sie stellen als Medianschnitte die Vergrösserung der Bursa omentalis und ihre Fixation an die dorsale Wand der Peritonaealhöhle dar.

In Abb. 335 A ist die Bursa omentalis noch frei und reicht bis gerade unterhalb der Curvatura major des Magens, letzterer ist zwischen den beiden Blättern der vorderen Wand der Bursa eingeschlossen, während in der hinteren Wand das Pankreas liegt. Der Ursprung des die Bursa bildenden Mesogastrium dorsale, ebenso der Abgang des Mesocolon von der Wirbelsäule, sind zu sehen. In Abb. 335 B ist die Bursa nach unten weitergewachsen und stellt in dem Medianschnitte einen

Schlauch dar, welcher das Colon transversum und das Mesocolon vorne bedeckt. In Abb. 335 C endlich hat sich die dorsale Wandung der Bursa mit dem Peritonaeum parietale verlötet (die ursprüngliche Trennung ist durch punktierte Linien angedeutet), und ebenso ist weiter unten die ursprünglich hintere Wand mit der oberen Fläche des Mesocolon sowie mit dem Colon transversum verwachsen. Erst spät kommt die Verwachsung der unterhalb des Colon transversum die Dünndarmschlingen überdeckenden vorderen und hinteren Wandung des Sackes zustande, so dass nur ausnahmsweise beim Erwachsenen hier noch eine Fortsetzung der Bursa omentalis vorhanden ist, während in der Mehrzahl der Fälle die Blätter des fettreichen, schürzenförmig herabhängenden Omentum majus miteinander sowie mit dem Mesocolon transversum verwachsen sind.

Das Foramen epiploicum (Winslowi) ist für 1—2 Finger durchgängig; man gelangt in dasselbe, indem man an der unteren Fläche des rechten Leberlappens die Hand nach links führt, die Pars hepatoduodenalis omenti minoris[1] aufsucht und

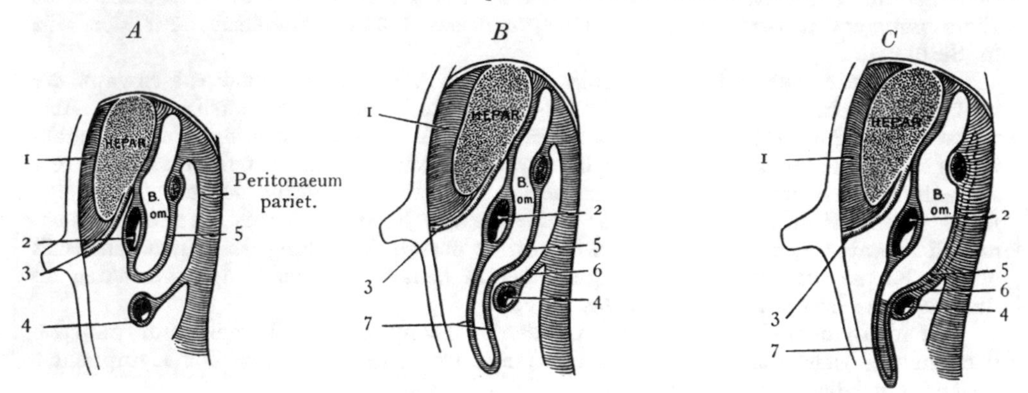

Abb. 335. Schemata, zur Erläuterung der Bildung der Bursa omentalis (B. om.). Zum Teil nach Kollmann, Lehrbuch der Entwicklungsgeschichte 1898.
1 Mesohepaticum ventrale[2]. 2 Ventriculus und vordere Wand der Bursa omentalis. 3 Chorda venae umbilicalis[3]. 4 Colon transversum. 5 Hintere Wand der Bursa omentalis. 6 Mesocolon. 7 Blätter des Omentum majus, in Abb. 335 C verschmolzen.

hinter derselben einen Finger vorschiebt. Die Öffnung wird begrenzt (Abb. 303) vorne durch den derben Strang der Pars hepatoduodenalis[1] des Omentum minus oben durch den Lobus caudatus (Spigeli), dorsal durch die V. cava caud., welche hier, bevor sie die hintere Fläche der Leber erreicht, auf eine kurze Strecke weit einen Peritonaealüberzug erhält, unten durch die Pars cranialis duodeni. Nicht selten wird der Eingang in das Foramen epiploicum durch eine Peritonaealduplikatur, welche die untere Fläche des rechten Leberlappens mit dem oberen Pol der rechten Niere verbindet schärfer markiert.

Das Lumen der Bursa omentalis stellt normalerweise bloss einen Spalt dar, indem die ventrale und die dorsale Wandung sich berühren, und dehnt sich (Abb. 303, in welcher die ventrale Wandung zusammen mit dem Magen entfernt worden ist) nach links bis zur Milz und zur Flexura coli sinistra, nach unten bis zum Colon transversum aus, nach oben reicht sie an demjenigen Teile des Lobus caudatus, welcher zur hinteren Fläche gehört (Abb. 324), fast bis zur Höhe des For. venae cavae hinauf.

Die vordere Wand der Bursa omentalis wird durch die Pars hepatogastrica[4] und hepatoduodenalis[1] ferner durch die dorsale Wandung des Magens und die von der Curvatura major zum Colon transversum verlaufende, mit letzterem verwachsene Pars gastromesocolica[5] des Mesogastrium dorsale gebildet, welche sich nach unten in das Omentum

[1] Lig. hepatoduodenale. [2] Lig. falciforme hepatis. [3] Lig. teres hepatis. [4] Lig. hepatogastricum. [5] Lig. gastrocolicum.

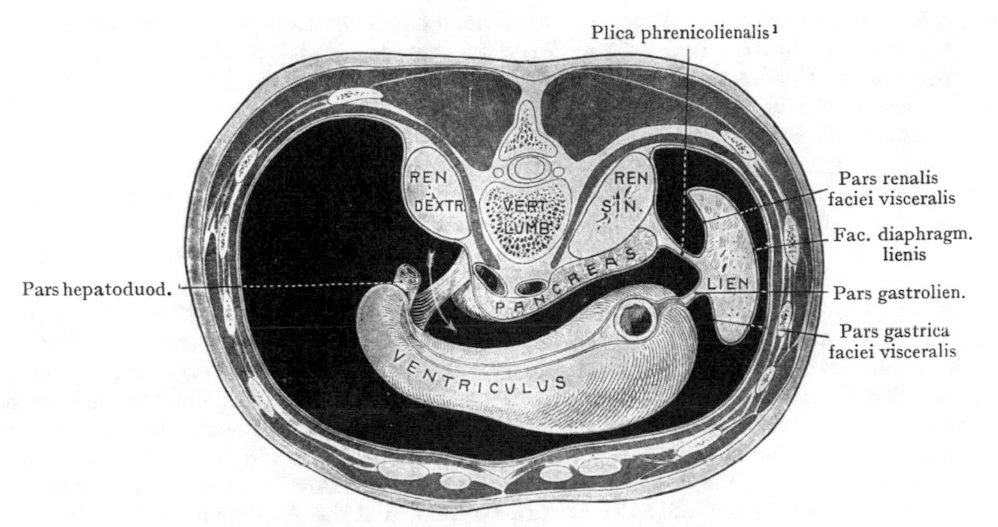

Abb. 336. Wandungen der Bursa omentalis auf einem Horizontalschnitte durch den Bauch

Schematisch.

Der Pfeil führt durch das For. epiploicum (Winslowi) in die Bursa omentalis.

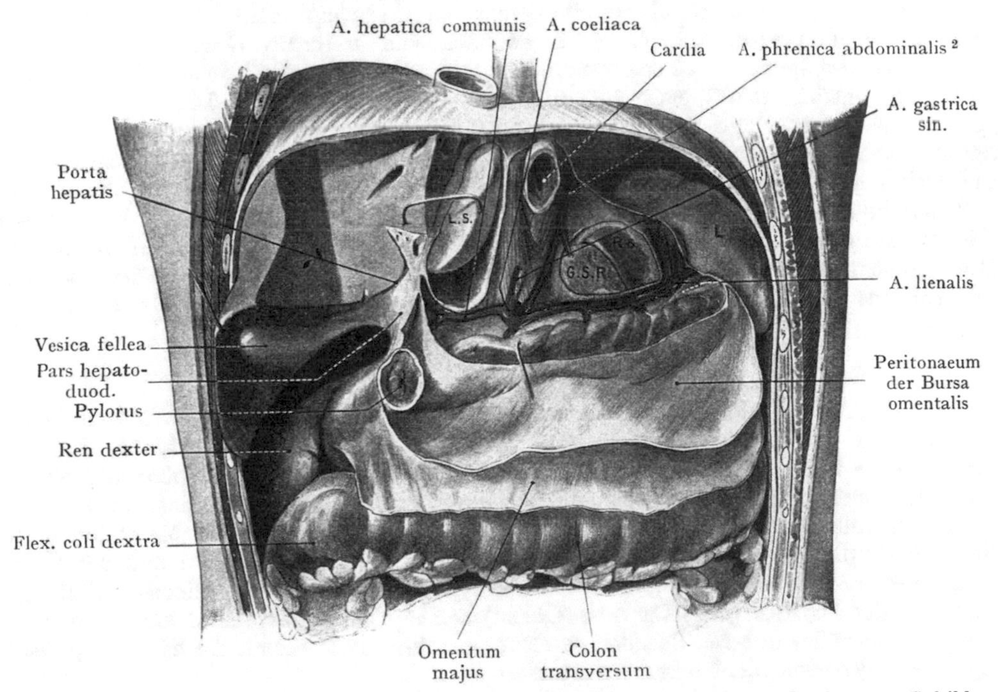

Abb. 337. Topographie der Bursa omentalis. Darstellung der retroperitonaeal gelegenen Gebilde, nach Abtragung der hinteren Wand der Bursa omentalis. Verzweigung der A. coeliaca.

Der obere Pol der linken Niere mit der linken Nebenniere ist nach Abtragung der Capsula adiposa renis dargestellt.

L. s. Lobus caudatus, R. s. Ren sinister, G. s. r. Corpus suprarenale sinistrum[3] L. Lien.

Formolpräparat von einem 21jährigen Manne.

[1] Lig. phrenicolienale. [2] A. phrenica inferior. [3] Glandula suprarenalis.

majus fortsetzt. Oben wird die vordere Wand noch durch den Lobus caudatus dargestellt. Die hintere resp. hintere und untere Wand ist mit dem Peritonaeum parietale sowie mit der oberen Fläche des Mesocolon transversum verwachsen. In Abb. 303 ist die Grenze der Verwachsungsfläche mit dem Peritonaeum parietale durch eine punktierte Linie angegeben, auf welche nach unten die Verwachsungsfläche mit dem Mesocolon transversum folgt. In derselben Abbildung ist die dorsale Wand der Bursa mittelst grüner Farbe hervorgehoben worden. Gerade oberhalb der Haftlinie des Mesocolon transversum, welche durch den annähernd wagerechten Teil der punktierten Linie dargestellt wird, sind der Körper und der Schwanz des Pankreas sowie der Vorsprung des Tuber omentale sichtbar. Dieselben werden durch die Auflagerung des Magens modelliert, indem die links und oben liegende, der Aufnahme des Fundus dienende Partie besonders tief ausgehöhlt ist. Man sieht in Abb. 302 auch den Abgang der Partes hepatoduodenalis[1] und hepatogastrica[2] des Omentum minus von der Porta sowie von der hinteren Strecke der Fissura sagittalis sin. hepatis. Über dem Tuber omentale ist auch durch die hintere Wand der Bursa hindurch die A. coeliaca zu sehen, sowie die drei von ihr abgehenden Äste, nämlich die A. hepatica (nach rechts und oben in die Pars hepatoduodenalis[1] eintretend), die A. gastrica sin., die gerade kranialwärts geht und umbiegend die kleine Kurvatur in der Nähe der Cardia erreicht, und die A. lienalis, welche in dem vorliegenden Falle, vom Pankreas unbedeckt und in ihrer ganzen Länge sichtbar, gegen den Hilus der Milz verläuft.

Bei dem in Abb. 337 dargestellten Präparate ist ein grosser Teil der dorsalen Wand der Bursa entfernt worden, um die Beziehungen zu dorsal gelegenen Gebilden zu zeigen. Der obere Rand des Pankreas ist freigelegt und etwas nach unten gezogen; die drei grossen Äste der A. coeliaca sind in ihrem Ursprunge und ihrem Verlaufe zu verfolgen, dazu kommt eine A. phrenica abdominalis[3] welche direkt aus der A. coeliaca entspringt und einen Ast zur linken Nebenniere abgibt. Die A. coeliaca entspringt knapp unterhalb des Hiatus aorticus; es ist also weder dieser noch die Aorta abdominalis zu sehen. Die vordere Fläche der linken Niere sowie die linke Nebenniere sind nach Entfernung der Fettkapsel freigelegt; sie werden durch die letztere von der hinteren Wand der Bursa omentalis getrennt, so dass also bei linksseitiger Nierenexstirpation (von hinten) erst dann eine Verletzung der dorsalen Wand der Bursa omentalis zu befürchten sein wird, wenn man die Fettkapsel an der vorderen Nierenfläche entfernt.

Untere Baucheingeweide.

In der unteren Partie der Bauchhöhle liegt das Konvolut der Dünndarmschlingen, welches von dem Dickdarm gleichsam eingerahmt wird. Diese unteren Baucheingeweide besitzen zum grössten Teil eine weitgehende Verschiebbarkeit, wovon bloss das Colon ascendens und descendens eine Ausnahme machen, indem ihnen in der Regel der vollständige Peritonaealüberzug sowie die Ausbildung eines Mesocolon fehlt. Folglich ist die Lage der Dünndarmschlingen, des Colon transversum und des Colon sigmoides einem starken Wechsel unterworfen, welcher in dem verschiedenen Füllungszustande des Darmes (mit Kot oder Gasen) seinen Grund hat. Man kann von einer typischen Lage der unteren Baucheingeweide sprechen, darf jedoch die häufigen physiologischen Varianten nicht ausser acht lassen.

Topographie des Dünndarms.

Die Dünndarmschlingen liegen unterhalb des Mesocolon transversum, zum grössten Teile in der Regio umbilicalis, mit einzelnen Schlingen in dem Raume des kleinen Beckens, soweit der Füllungszustand der Beckeneingeweide dies zulässt. Sie werden von dem

[1] Lig. hepatoduodenale. [2] Lig. hepatogastricum. [3] A. phrenica inferior.

Omentum majus bedeckt, welches schürzenförmig von dem Colon transversum herabhängt, so dass erst nach Abtrennung des Omentum majus am Colon transversum oder nachdem man das Colon transversum mit dem Omentum majus nach oben gechlagen hat, die Dünndarmschlingen zur Ansicht kommen (Abb. 395). In Übereinstimmung mit der landläufigen Schilderung ist anzugeben, dass das Konvolut der Dünndarmschlingen von dem Colon ascendens, transversum und descendens „eingerahmt" wird, ein Verhalten, das bei Anblick des Situsbildes nicht ohne weiteres als richtig anerkannt wird, indem, wie an dem mit Formol injizierten Präparate, welches der Abb. 395 zugrunde lag, das Colon ascendens und descendens häufig, das Colon transversum seltener, von Dünndarmschlingen überlagert sind. In der Regel grenzt das Colon transversum nach oben hin das Bild ab.

Lage der Dünndarmschlingen bei der Untersuchung des Situsbildes. Die Lage der Dünndarmschlingen ist, wie gesagt, einem beträchtlichen Wechsel unterworfen, so dass von den in einer Bauchwunde vorliegenden Schlingen nicht ohne weiteres festgestellt werden kann, ob dieselben dem Jejunum oder dem Ileum angehören. Eine sichere Entscheidung wird bloss ermöglicht durch die Verfolgung des Mesenterium

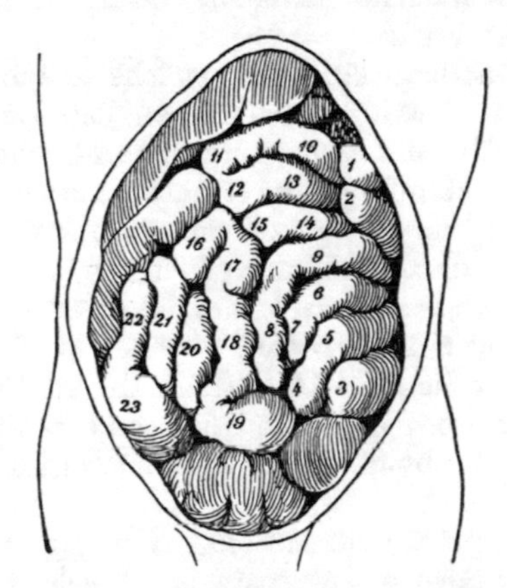

Abb. 338. Lage der Dünndarmschlingen in ihrer Reihenfolge mittelst Zahlen angegeben.

Nach Sernoff aus Raubers Lehrbuch der Anatomie. 6. Auflage.

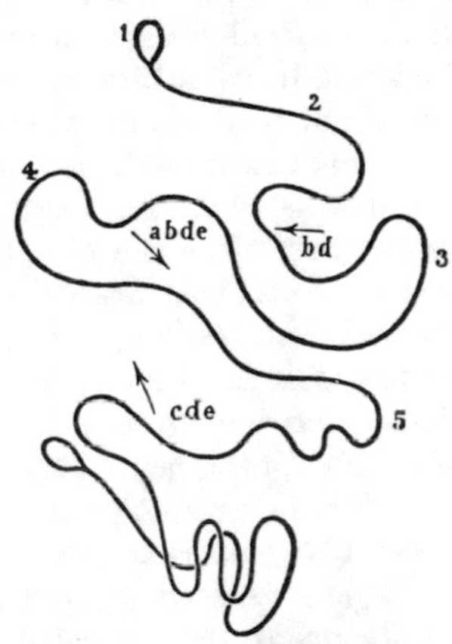

Abb. 339. Schema der Variation in der Lage der Dünndarmschlingen.

Die Pfeile zeigen die Abweichungen an; a und b sind die häufigsten Variationen.

Nach Mall, Arch. f. Anat. u. Entw.-Gesch. Suppl.-Band 1897.

entweder bis zur Flexura duodenojejunalis oder bis zum Übergange des Ileum in das Caecum. Doch hat man schon lange die Erkenntnis gewonnen, dass die Schlingen der beiden grossen Abteilungen des Dünndarms sich bis zu einem gewissen Grade auf bestimmte Gebiete der Bauchhöhle beschränken und auch in ihrer Anordnung eine gewisse Beständigkeit aufweisen. In der Regel lässt sich feststellen (Abb. 338, sowie das Situsbild Abb. 395 und der Frontalschnitt durch den Bauch Abb. 406), dass diejenigen Schlingen, welche nach unten auf das Colon transversum folgen, horizontal und zugleich transversal verlaufen; dasselbe gilt für die Dünndarmschlingen, die sich im kleinen Becken einlagern, während die nach rechts und links von der Wirbelsäule gelegenen Schlingen mehr sagittal angeordnet sind. Am unregelmässigsten verlaufen diejenigen Schlingen, welche man in der Regio umbilicalis antrifft. Die links gelagerten Horizontal und Sagittalschlingen, sowie ein Teil der am Nabel gelegenen Schlingen gehören zum Jejunum, die rechts von der Wirbelsäule liegenden Sagittalschlingen und die Schlingen, welche im kleinen Becken angetroffen werden, gehören zum Ileum. In

Abb. 338 (nach Sernoff) ist die Reihenfolge der Schlingen mittelst Zahlen angegeben worden.

Diese Angaben beziehen sich bloss auf einen Typus in der Anordnung der Dünndarmschlingen und die zahlreichen Ausnahmen sind teils als individuelle Variationen aufzufassen, teils als Verschiebungen und Verlagerungen einzelner Darmabschnitte, welche mit dem Füllungszustande derselben im Zusammenhang stehen. Auch die Beziehungen zum Colon und zum Caecum unterliegen einem steten Wechsel, indem besonders das Colon ascendens und descendens sich bald der vorderen Bauchwand nähern und dann Dünndarmschlingen verdrängen, bald sich im leeren Zustand dorsalwärts zurückziehen und dann von Dünndarmschlingen bedeckt werden. Die Abb. 339 gibt schematisch den Verlauf der Mesenterialfalten und der Darmschlingen an (sie beginnen bei 1 an der Flexura duodenojejunalis). Die Pfeile deuten die Richtungen der häufigsten Lagevariationen an.

An zwei Stellen erfährt der Dünndarm eine Fixation an die dorsale Wandung der Bauchhöhle, welche gestattet, diese Teile des Darmes als festgelegt zu betrachten, nämlich: 1. am Übergang des Duodenum in das Jejunum, entsprechend dem linken Umfange des zweiten Lendenwirbelkörpers (Flex. duodenojejunalis) und 2. am Übergange des Ileum in das Caecum in der rechten Fossa ilica.

Ein besonderes Interesse verdienen die Dünndarmschlingen, welche sich in den Raum des kleinen Beckens einlagern, da sie in nähere Beziehung zu den Beckeneingeweiden treten und auch als Inhalt der vom Raume des kleinen Beckens ausgehenden Hernien angetroffen werden. Beim Fetus befinden sich infolge der geringen Entwicklung des Beckenraumes bloss die eigentlichen Beckenorgane in demselben; doch legen sich bald nach der Geburt Darmschlingen in den Raum, die dem Ileum angehören, und zwar demjenigen Teile desselben, welcher das längste Mesostenium[1] und infolgedessen die freieste Beweglichkeit besitzt; hier können Schlingen angetroffen werden, welche am Mesostenialansatze[2] gemessen 2—3 m auseinander liegen. Die Länge der im Becken sich einlagernden Schlingen ist selbstverständlich sowohl von dem Füllungszustande des Dünndarms als von demjenigen der Beckeneingeweide abhängig; sie kann unter günstigen Verhältnissen bis 2 m betragen (Treves).

Die Lageveränderungen der Dünndarmschlingen überhaupt sind abhängig: 1. von der Länge des gesamten Dünndarms, 2. von der Länge des Mesostenium[1] welches den Darm an die dorsale Wandung der Bauchhöhle befestigt.

Die mittlere Länge des Dünndarms beträgt, nach den Angaben von Treves, im Alter von 20—25 Jahren 6,75 m, dabei sind Variationen zwischen Längen von 9,5 m als Maximum und von 4,5 m als Minimum nachgewiesen. Möglicherweise hängt die grosse Variationsbreite mit physiologischen Faktoren zusammen, indem die Art der Nahrung bis zu einem gewissen Grade das Längenwachstum des Dünndarms beeinflussen dürfte.

Das Mesostenium bildet jene Peritonaealduplikatur, welche ursprünglich (Abb. 297 und 298) den bis zur Anlage des Caecum reichenden Abschnitt der Nabelschleife mit der dorsalen Wand der Bauchhöhle verband und sich hier in einer median verlaufenden Haftlinie ansetzte. Sie schliesst die zum Dünndarm gehenden Äste der A. mesenterica cran. ein, ferner die Wurzeln der V. mesenterica cran. sowie Lymphgefässe und mesosteniale Lymphdrüsen. Ihre ursprünglich sagittale Haftlinie wird mit der Zunahme der Länge des Dünndarms verlagert und geht dann als Radix mesostenii von der Flexura duodenojejunalis am linken Umfange des II. Lumbalwirbelkörpers schief nach rechts und abwärts zum rechten Articulus sacroilicus oder bis in die rechte Fossa ilica, wo das Ileum in das Caecum übergeht. In die Radix mesostenii treten die am unteren Pankreasrande zum Vorschein kommenden grossen Gefässstämme ein, welche über die vordere Fläche der Pars caudalis duodeni abwärts verlaufen (Abb. 308); dabei liegt die V. mesenterica cran. rechts, die A. mesenterica cran. links.

[1] Mesenterium des Dünndarmes. [2] Mesenterialansatz (Radix mesenterii).

Durch diese Stämme sowie durch die eingelagerten Lymphdrüsen (Lymphonodi mesosteniales[1]) und das reichliche Fettgewebe wird die Radix mesostenii[2] zu einer dicken Platte, deren Mächtigkeit erst allmählich gegen den Ansatz am Darme hin abnimmt. Man kann an ihr ein rechtes oberes und ein linkes unteres Blatt unterscheiden, welche lateralwärts als Peritonaeum parietale weiterziehen und die Organe des Retroperitonaealraumes überkleiden. Die schräg verlaufende Linie der Radix mesostenii[2] kreuzt die Aorta gerade oberhalb ihrer Teilung in die Aa. ilicae communes auf dem Körper des IV. Lumbalwirbels, sodann den Stamm der V. cava caud. oder auch die V. ilica communis dextra, den rechten Ureter und die Vasa spermatica dextra (s. Situsbilder).

Die Länge der Radix mesostenii beträgt etwa 15 cm und die Länge des von ihr abgehenden Mesostenium[3] nimmt von dem oberen Ende der Radix mesostenii an der Flexura duodenojejunalis nach unten rasch zu, um schon in einer Entfernung von 30 cm von dem genannten Punkte 15 cm zu betragen und weiterhin ein Maximum von 20—23 cm zu erreichen (Treves). Die längste Partie des Mesostenium geht zu Dünndarmschlingen, die, längs des Mesostenialansatzes am Darm gemessen, 1,8—3,3 m von der Flexura duodenojejunalis entfernt liegen; auf dieser Strecke erreicht das Mesostenium nicht selten eine Länge von 25 cm.

Die Länge des Mesostenium ist unter normalen Verhältnissen nie so gross, dass Dünndarmschlingen durch einen künstlich erweiterten Canalis inguinalis in das Scrotum oder durch den Canalis femoralis auf die vordere Fläche des Oberschenkels heruntergezogen werden könnten (Treves). Bei der Entstehung einer Femoral- oder Inguinalhernie, in welcher sich Dünndarmschlingen als Inhalt vorfinden, muss vielleicht eine abnorme Länge des Mesostenium angenommen werden. Nicht selten findet man in den Leichen von Frauen in mittleren Lebensjahren ein sehr langes Mesostenium, welches gestattet, Dünndarmschlingen durch den Canalis inguinalis oder femoralis abwärts auf die vordere Fläche des Oberschenkels zu ziehen.

Den Variationen in der Lage der Dünndarmschlingen entsprechen selbstverständlich auch Variationen in dem Verlaufe des Mesostenialansatzes an den Dünndarm. Sie sind in Abb. 339 dargestellt. Das Mesostenium legt sich gegen den Ansatz am Darme in Falten, die mit 1—5 bezeichnet sind und deren Verlauf in 50% aller Fälle der stark ausgezogenen Linie entspricht. Die Richtung der Abweichungen von diesem als Norm zu bezeichnenden Verlaufe und damit verbunden auch der Lage der Dünndarmschlinge ist durch Pfeile angegeben und mit Buchstaben sind diejenigen Abweichungen von der Norm bezeichnet, welche gleichzeitig vorkommen. So erfolgt z. B. bei der Anomalie d d d eine Abweichung der zweiten Schlinge nach rechts, der vierten Schlinge nach links, der fünften und sechsten Schlinge nach oben.

Einteilung des Dünndarms. In der deskriptiven Anatomie werden die oberen $^3/_5$ des Dünndarms zum Jejunum, die unteren $^2/_5$ zum Ileum gerechnet; beide Abschnitte gehen ohne scharfe Grenze ineinander über. Das Lumen des Dünndarms ist an der Flexura duodenojejunalis etwas weiter als in den unteren Partien, die Plicae circulares (Kerkringsche Falten) sind oben dichter zusammengelagert als unten, die Menge von lymphatischem Gewebe (Solitärfollikel und Lymphonoduli aggregati[4], Peyersche Plaques) nimmt abwärts zu. Die Peyerschen Plaques liegen immer am freien Teile des Darmumfanges.

Flexura duodenojejunalis und Übergang des Ileum in das Caecum. Diese Stellen sind als fixe Punkte des Dünndarms anzusehen, welche durch die schräg verlaufende Linie der Radix mesostenii untereinander verbunden werden (Abb. 397). Die Flexura duodenojejunalis liegt in der Regel am linken Umfang des II. Lumbalwirbelkörpers als Übergang der mit der hinteren Wand der Bauchhöhle verlöteten Pars caudalis duodeni in den vom Peritonaeum umgebenen, an ein Gekröse befestigten Dünndarm. Die Variationen in der Form und Lage des Duodenum bedingen auch

[1] Lymphoglandulae mesenteriales. [2] Radix mesenterii. [3] Mesenterium. [4] Noduli lymphatici aggregati.

häufig Variationen in dem Höhenstande der Flex. duodenojejunalis (Abb. 315 und 316). Links von der Flexur finden sich im Übergang des Peritonaeum viscerale auf das Peritonaeum parietale zwei Falten (Abb. 340), welche gewöhnlich eine, die Kuppe des kleinen Fingers aufnehmende Grube abgrenzen (Recessus duodenomesocolicus cranialis[1]) Dieselbe wird erst dann sichtbar, wenn man die obersten Jejunumschlingen nach rechts hinüberschlägt. In der oberen der beiden Falten (Plica duodenomesocolica cranialis [2]) verläuft häufig die V. mesenterica caud. Anstatt einer einheitlichen Vertiefung kann man oft eine obere von einer unteren Bucht unterscheiden und wird dann von einem Recessus duodenomesocolicus cran. und caud. sprechen. Die Bedeutung dieser Zustände liegt in der Gelegenheit, welche sie für die Entstehung der allerdings sehr seltenen Herniae

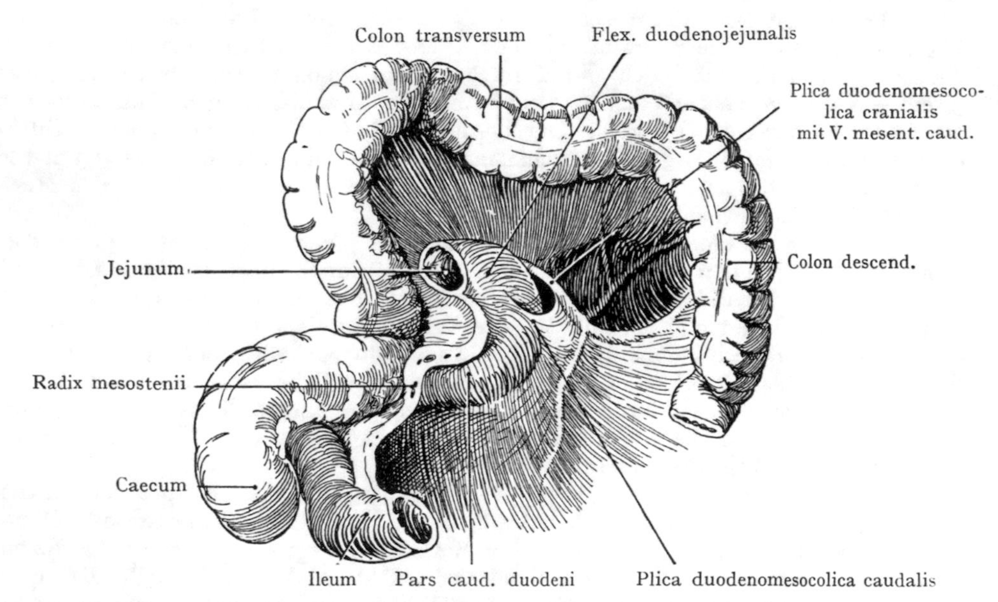

Abb. 340. Recessus duodenomesocolicus bei einem einjährigen Kinde. Formolpräparat.

retroperitonaeales (Treitzsche Hernien) darbieten, wobei der Recessus duodenomesocolicus zu einem Bruchsack ausgeweitet wird, der durch die erwähnten Peritonaealfalten gegen die Peritonaealhöhle hin seine Abgrenzung erhält.

Die Fixation der Flexura duodenojejunalis in ihrer Lage wird, ausser durch den Übergang des Peritonaeum viscerale in das Peritonaeum parietale auch noch durch den M. suspensorius duodeni (Treitz) hergestellt, welcher von dem Bindegewebe in der Nähe der A. coeliaca sowie von dem linken Zwerchfellschenkel entspringt und in die Längsmuskulatur des Dünndarms an der Flexur übergeht.

Der Übergang des Ileum in den Dickdarm (Caecum) liegt in der rechten Fossa ilica, indem das Ileum sich aus dem Raume des kleinen Beckens, in welchem bei mässiger Füllung der Beckeneingeweide seine letzten Schlingen gelagert sind, emporschlägt und den M. psoas dexter sowie die A. und V. ilica communis dextra kreuzt, um in den Dickdarm überzugehen. An der Einmündungsstelle ist das Ileum gewissermassen in das Lumen des Dickdarms eingestülpt, so dass Falten entstehen, an deren Bildung jedoch bloss die Schleimhaut, die Submucosa und die Ringfaserschicht der Muskulatur teilnehmen, während die Längsmuskulatur und das Peritonaeum gleichmässig von dem Ileum auf den Dickdarm übergehen. Gewöhnlich wird eine obere und eine untere, die Öffnung des Ileum in den Dickdarm umrandende Lippe

[1] Recessus duodenojejunalis. [2] Plia duodenojejunalis sup.

(Labium cran. und caud. valvulae coli) gebildet, die eine schlitzförmige Öffnung begrenzen; übrigens ist die Ausbildung der Klappe sowie die Form der Öffnung variabel.

Die Gefässe und Nerven des Dünndarms sollen später mit demjenigen des Dickdarms zusammen abgehandelt werden.

Colon.

Das Colon mit dem Enddarm wird schon sehr früh als ein besonderer Darmabschnitt abgegrenzt, welcher mit der Caecumausbuchtung des unteren Schenkels der Nabelschleife beginnt und in seiner ganzen Länge ein Mesenterium dorsale besitzt (Abb. 297).

Es unterscheidet sich schon durch seine makroskopische Struktur von dem Dünndarm, so dass wir zur Vergleichung der beiden Darmabschnitte in bezug auf ihre mit blossem Auge zu erkennenden Merkmale aufgefordert werden (Abb. 341 und 342).

1. Der Durchmesser des mit Faeces oder Gasen gefüllten Dickdarms ist im allgemeinen grösser als derjenige des Dünndarms, doch unterliegt der Dickdarm in seinem Füllungszustande einem ganz ausserordentlichen Wechsel; es können stark erweiterte auf stark kontrahierte Strecken folgen, sowohl an der Leiche als höchstwahrscheinlich auch beim Lebenden.

Abb 341. Ein Stück Dünndarm.

2. Während das Lumen einer Dünndarmschlinge mehr gleichmässig ist, kann der Dickdarm mit einem durch Längsbänder zusammengerafften Puffärmel verglichen werden; als Bänder stellen sich die drei Tänien dar, $^3/_4$—1 cm breite Streifen glatter Muskulatur, welche am Abgang des Processus vermiformis ihren Anfang nehmen, in der ganzen Länge des Colon transversum verlaufen und sich erst an der Grenze des Colon gegen das Rectum in die gleichmässig angeordnete Längsmuskulatur des Rectum auflösen. Am Caecum und am Colon ascendens unterscheiden wir eine vordere von einer hinteren-medialen und einer hinteren-lateralen Tänie. Am Colon transversum rückt die vordere Tänie abwärts (Taenia omentalis), die hintere-laterale Tänie wird zu einer Taenia posterosuperior (Taenia mesocolica) und die Taenia postero-interna zu einer Taenia posteroinferior (Taenia libera). Am obersten Teile des Rectum sind nur noch zwei Tänien vorhanden, eine vordere und eine hintere. Im Gegensatz zu diesen Verhältnissen ist die Längsmuskulatur des Dünndarms durchweg gleichmässig ausgebildet.

3. Der durch die Tänien zusammengeraffte Puffärmel des Colon zeigt Ausbuchtungen (Haustra coli), welche mit Einschnürungen abwechseln. Die letzteren bilden faltenartige Vorsprünge in das Lumen des Darmes (Plicae semilunares coli), welche wohl kaum mit den durch die Wandungen des Dünndarms sichtbaren Plicae circulares verwechselt werden können (Abb. 341 und 342).

4. Als viertes Unterscheidungsmerkmal sind die Appendices epiploicae anzuführen, die am Colon ascendens und descendens längs der vorderen und medialen-hinteren Tänie

[1] Mesenterium.

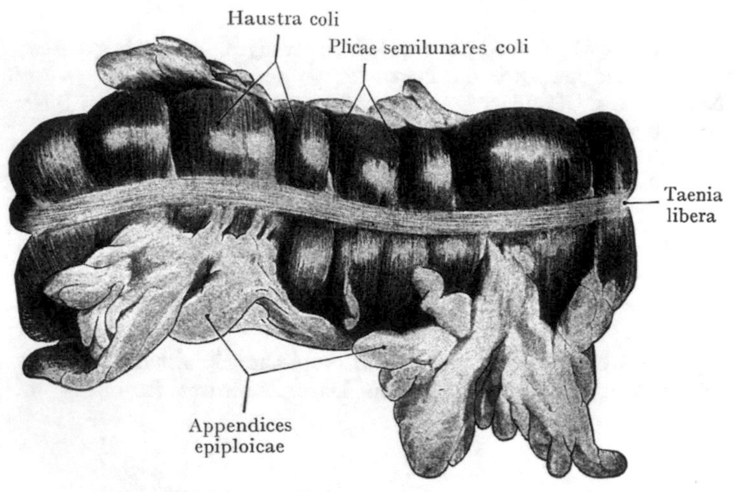

Abb. 342. Ein Stück Dickdarm.

in zwei Reihen angeordnet sind, während sie am Colon transversum nur eine Reihe bilden. Solche gestielte Fettmassen fehlen am Dünndarm gänzlich.

5. Die Farbe. Beim Lebenden ist der Dünndarm rosarot, der Dickdarm grau.

Durch die Beachtung dieser fünf Merkmale wird man wohl kaum bei der Unterscheidung der Darmschlingen fehlgehen. Zur letzten Entscheidung kann immer noch die Untersuchung einer grösseren Darmstrecke und die Feststellung des Verhaltens des Peritonaeums, resp. des Mesenteriums vorgenommen werden.

Die Länge des Dickdarms, von der Spitze des Processus vermiformis bis zu der Stelle, wo das Colon sigmoides sein Mesocolon verliert und an der vorderen Fläche des III. Sacralwirbels in das Rectum übergeht, beträgt im Mittel 1,45 m (bei einer Variationsbreite von 1,1—2,0 m). Davon entfallen auf das Colon ascendens + Caecum 25 cm, auf das Colon transversum 50 cm, auf das Colon descendens 25 cm und auf das Colon sigmoides 45 cm. Am meisten variiert die Länge des Colon transversum (Variationsbreite 30—83 cm) und des Colon sigmoides (15—67 cm). Beim Neugeborenen ist das Colon sigmoides relativ sehr lang, im Mittel 35 cm, die Länge aller übrigen Colonabschnitte zusammen bloss 30 cm. Während die Gesamtlänge des Colon innerhalb der vier ersten Lebensmonate zunimmt, wird das Colon sigmoides

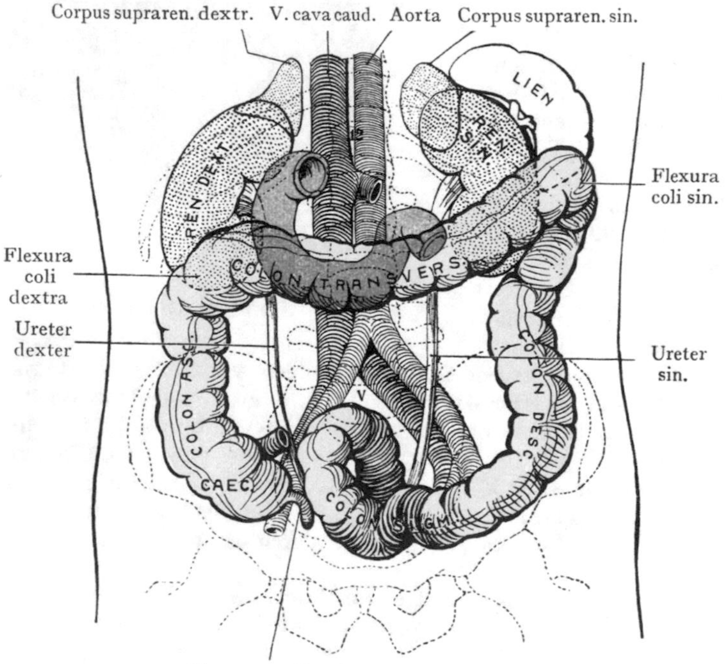

Abb. 343. Verlauf und Beziehungen des Dickdarms (gelb). Duodenum blau; in der vom Colon transversum bedeckten Partie grün. 12 Zwölfter Thorakalwirbel. V Fünfter Lumbalwirbel. Halbschematisch.

relativ kürzer; mit anderen Worten, das Längenwachstum des Colon ascendens, transversum und descendens ist in den ersten Monaten nach der Geburt stärker als dasjenige des Colon sigmoides (Treves).

Der Durchmesser des Dickdarms nimmt allmählich vom Caecum gegen das Colon sigmoides hin ab; der Durchmesser des Caecum beträgt ca. 5 cm, derjenige des Colon sigmoides 3,8 cm. Am engsten ist der Übergang des Colon sigmoides in die Pars ampullaris recti (Treves).

Die Lage des Colon und sein Verhalten zum Peritonaeum deutet die Trennung in einzelne Abschnitte an, welche, jeder für sich, in ihren topographischen Beziehungen zu besprechen wären (s. auch die Entwicklung des Darmes und Abb. 343). Wir unterscheiden 1. Caecum, 2. Colon ascendens, 3. Colon transversum, 4. Colon descendens, 5. Colon sigmoides (Flexura sigmoidea seu S romanum).

1. Caecum. Das Caecum ist derjenige Abschnitt des Colon, welcher unterhalb der Einmündungsstelle des Ileum in den Dickdarm liegt. Die obere Lippe der Valvula coli gehört dem Colon, die untere dem Caecum an. Es stellt ursprünglich einen läng-

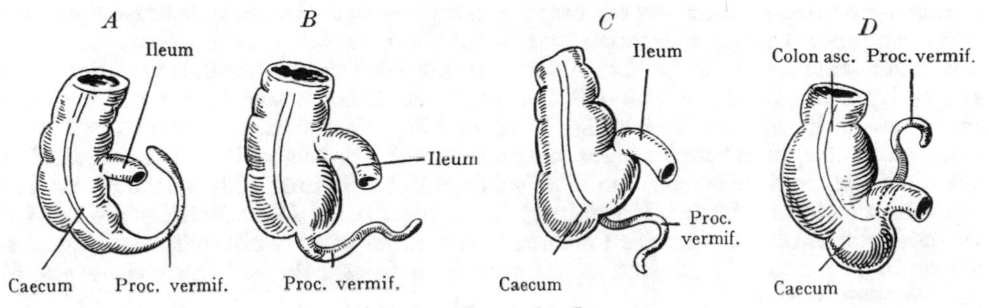

Abb. 344. Typen des Caecum.
Nach Treves, British medical journal, 1885.

lichen Sack mit gleichförmigem Lumen dar (primitives Caecum), denn erst im dritten Monat der embryonalen Entwicklung beginnt die Abgrenzung des Processus vermiformis.

Form des Caecum. Es ist fast unmöglich, eine typische Form des Caecum anzugeben; im allgemeinen lässt sich bloss sagen, dass es einen Blindsack darstellt, welcher die charakteristischen Merkmale des Dickdarms an sich trägt (Tänien, Haustren) und von dessen Wandung, besonders von dem unteren Umfange derselben, der blind endende Anhang des Processus vermiformis ausgeht. Die Form des Caecum und des Processus vermiformis sind einer so starken Variation unterworfen, dass eine genauere Schilderung notwendig wird. Wir fassen die Variationen nach Treves in vier Haupttypen zusammen (Abb. 344).

1. Typus (fetaler); derselbe stellt mit dem Proc. vermiformis einen Conus dar, indem der Proc. vermiformis sich nicht scharf gegen den übrigen Teil des Caecum absetzt (Abb. 344 A). Die drei Tänien des Colon ascendens gehen in gleichen Abständen voneinander auf das Caecum und auf den Proc. vermiformis weiter.

2. Typus (Abb. 344 B). Eine buchtige Form. Der Processus vermiformis ist scharf von dem übrigen Caecum abgesetzt und geht von der tiefsten Stelle desselben ab. Das gleiche Verhalten der Tänien wie bei Typus 1.

3. Typus (Abb. 344 C). Der rechte Umfang der Wandung ist stärker gewachsen als der linke, ebenso die vordere Wandung stärker als die hintere; dadurch wird der wahre Apex des Caecum, von welchem bei Typus 1 und 2 der Proc. vermiformis abgeht, gegen den Winkel, den das Ileum mit dem Caecum bildet, verschoben. Je nach

den Wachstumsvorgängen an der vorderen und hinteren Wand wird die Abgangsstelle des Processus vermiformis mehr oder weniger weit nach hinten verlagert und ist in vielen Fällen von vorne nicht zu sehen. Typus 3 findet sich, verschieden stark ausgebildet, in der Mehrzahl der Fälle.

4. Typus (Abb. 344 D). Übermässige Entwicklung des rechten Umfanges des Caecum. Die Taenia libera verläuft zu dem Winkel, den das Ileum mit dem Caecum bildet und hier geht auch der Processus vermiformis ab.

Die verschiedensten Formen des Caecum werden auf verschiedene Wachstumsintensität der einzelnen Abschnitte der Wandung zurückgeführt und zur Erklärung der letzteren ist auch angenommen worden, dass der rascher wachsende Teil der Wandung unter günstigeren Ernährungsbedingungen stehe. So sollen die Hauptäste der A. ileocolica in der Regel zu demjenigen Abschnitte der Wandung gehen, welcher rechts von der Taenia libera liegt, womit die Annahme verknüpft wird, dass dieser Abschnitt der Wandung günstigere Ernährungsbedingungen aufweise (Treves).

Lage des Caecum und des Proc. vermiformis. Das Caecum liegt auf dem M. iliopsoas dexter, z. T. in der rechten Fossa ilica, und zwar so, dass es bei mässiger Füllung den mittleren Rand des M. psoas gerade überragt. In einem solchen Falle wird das Caecum nur geringe oder auch gar keine Beziehungen zum M. ilicus aufweisen. Gewöhnlich entspricht der Apex einem Punkte, der etwas medial von der Mitte des Lig. inguinale liegt. In vielen Fällen steht das Caecum weder zum M. ilicus noch zum M. psoas in näherer Beziehung, sondern hängt frei über den Rand des kleinen Beckens hinunter, ja es kann ganz ins kleine Becken hinabsteigen, indem es dem Beckenboden aufliegt und teils mit den Endschlingen des Ileum, teils mit den Beckeneingeweiden (Rectum, Uterus, Harnblase) in Kontakt tritt. Diese Verhältnisse erklären sich durch die Tatsache, dass das Caecum in der Regel einen vollständigen Peritonaealüberzug besitzt und infolgedessen ausserordentlich beweglich ist. Das gleiche gilt für den Processus vermiformis. Bei 10% der untersuchten Leichen fand Treves Verhältnisse, die es erlaubten, das Caecum mit der unteren Leberfläche sowie mit der linken Beckenwandung in Berührung zu bringen, ja es sind sogar Fälle beschrieben worden, bei denen das Caecum als teilweiser Inhalt einer linksseitigen Schenkelhernie angetroffen wurde. In mehreren Fällen konnte Treves das Darmstück bis in die Höhe des Trochanter major herunterziehen.

Der **Processus vermiformis** bildet einen Anhang des Caecum, welcher sich im Laufe des dritten Monats der embryonalen Entwicklung dadurch abgrenzt, dass er im Vergleiche mit dem übrigen Caecum im Wachstum zurückbleibt. Die durchschnittliche Länge des Processus beträgt 9 cm, bei einer Variationsbreite von 2,5—24 cm. Die mit dem Wachstum der Caecumwandung in Verbindung stehende Variabilität in dem Abgange des Processus wurde oben erwähnt; einem ebenso starken Wechsel ist auch die Lage dieses Gebildes unterworfen. Als typisch wird der in Abb. 396 dargestellte Befund angesehen, bei welchem der Proc. vermiformis frei über den Rand des kleinen Beckens herabhängt. In anderen Fällen kann er sich vor oder hinter das Caecum hinaufziehen, auch lateral dem Caecum angelagert sein, häufig durch eine sekundäre Verwachsung seiner Serosa mit dem Peritonaeum parietale in einer solchen Lage fixiert. Von besonderer Bedeutung ist die retrocaecale Lage des Processus vermiformis mit sekundärer Fixation an das Peritonaeum parietale für die Entstehung von retrocaecalen Abscessen, bei Entzündungen des Processus vermiformis (Abb. 350 C).

Beim Weibe tritt der Processus vermiformis häufig im kleinen Becken in Beziehung zu der hinteren Fläche der Plica lata uteri[1] oder auch zum oberen Umfange der Harnblase.

Von grosser praktischer Bedeutung sind die Verlagerungen des Caecum und des Proc. vermiformis während der Schwangerschaft. Häufig, wenn nicht in der Regel, wird dabei das Caecum mit dem Proc. vermiformis gehoben (Füth), indem das Colon

[1] Lig. latum uteri.

ascendens eine fast transversale Richtung erhält und das Caecum der unteren Leberfläche genähert wird. Diese Verlagerung bleibt selbstverständlich so lange aus, als der Uterus noch nicht über die Beckeneingangsebene emporgetreten ist; erst vom vierten oder fünften Monate an gewinnt der sich stärker ausdehnende Uterus einen Einfluss auf die Lage des Caecum. Erkrankungsherde, welche von dem Caecum ausgehen, werden sich dann beträchtlich höher in der Bauchhöhle befinden, als es bei Nicht-Graviden in der Regel der Fall ist.

Diese Verhältnisse werden durch die Abb. 345 veranschaulicht. Hier ist bei einer Gravida vom achten Monate das Caecum weit über die Verbindungslinie der Spinae ilicae ventrales[1] gehoben worden, nähert sich dem unteren Leberrande und wendet sich etwas medianwärts. Der Proc. vermiformis ist nach hinten geschoben und infolgedessen nicht sichtbar.

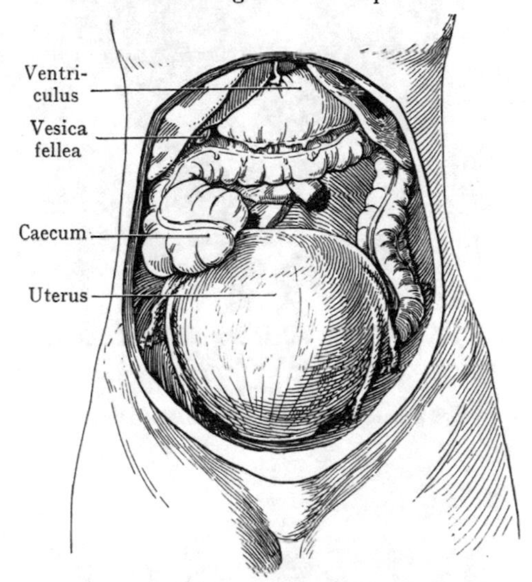

Abb. 345. Verlagerung des Caecum und des Proc. vermiformis nach aufwärts während der Gravidität. Nach einem Diapositive von His.

Die Variation in der Lage des Caecum und des Proc. vermiformis werden durch die Abb. 346—349 belegt. In Abb. 346 liegt das Caecum normgemäss in der rechten Fossa ilica. Der 12 cm lange Processus vermiformis geht links von dem tiefsten Punkte des Caecum ab, macht eine kleine, von vorne sichtbare Biegung, deren Konkavität nach rechts sieht und verschwindet hinter dem Caecum, wo er mit dem Peritonaeum parietale verwachsen ist (zum Teil ist dies auch mit der hinteren Wand des Caecum der Fall); dann wird er am lateralen Rande des Colon ascendens wieder sichtbar, ist auch hier mit der Wand des Darmes verwachsen und zieht sich in dieser Lage bis zur Flexura coli dextra hinauf. Die sonst durch die Ausbildung des Mesenteriolum gesicherte Beweglichkeit des Proc. vermiformis ist in diesem Falle vollständig verlorengegangen.

Abb. 347 zeigt ein höchst eigenartiges Verhalten sowohl des Proc. vermiformis als des Colon sigmoides. Das Caecum steht hoch, indem es mit seinem tiefsten Punkte bis etwas unterhalb der Crista ilica hinunterreicht. Der 12 cm lange Proc. vermiformis geht nach rechts hin ab und ist mit der Radix mesostenii[2] der er sich von unten her anschliesst, vollständig verwachsen; das blinde Ende liegt am Anfang der Radix in der Höhe des linken Umfanges des zweiten Lumbalwirbels. Das Colon sigmoides liegt zu einem grossen Teile in der rechten Fossa ilica; es wendet sich gleich unterhalb der Crista ilica sinistra nach rechts, erhält ein zunächst kurzes, dann allmählich höher werdendes Mesosigmoideum und verläuft quer über den fünften Lumbalwirbel zur rechten Fossa iliaca, wo es eine mit einem langen Mesosigmoideum versehene Schlinge bildet, die sich von rechts her in das kleine Becken begibt und ins Rectum übergeht. Auf der vorderen Fläche des V. Lendenwirbelkörpers öffnet sich ein 5 cm langer, den Zeigefinger aufnehmender Recessus intersigmoideus.

Zwei weitere Abbildungen (Abb. 348 und 349) zeigen Verlagerungen des Caecum und des Proc. vermiformis beim Vorhandensein eines direkt vom Ileum weiterziehenden Mesocolon ascendens (sog. Mesenterium ileocaecale commune). Dasselbe hat auch an der Flex. coli dextra eine Länge von 4—5 cm und infolgedessen (s. die Bemerkungen

[1] Spina iliaca ant. sup. [2] Radix mesenterii.

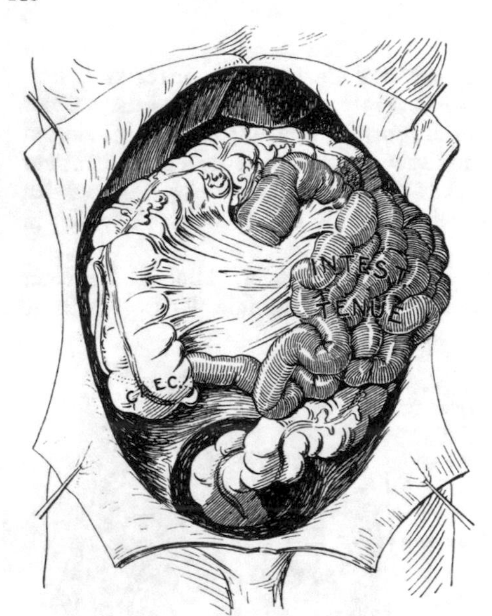

Abb. 346. Beispiel einer atypischen Lage des Proc. vermiformis.
s. Text.
Beobachtet auf dem Basler Seziersaale.

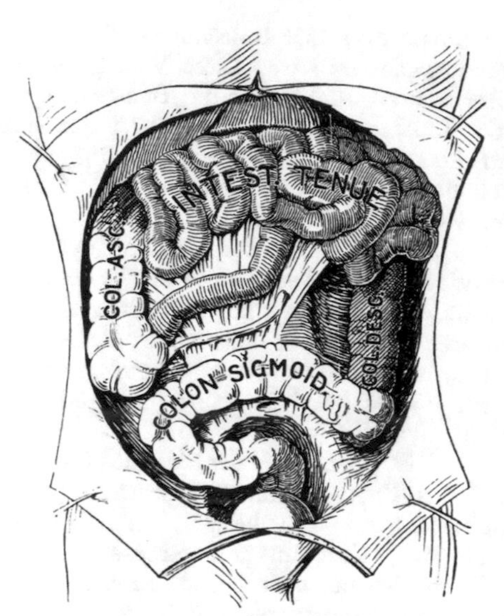

Abb. 347. Anomalie der Lage des Colon sigmoides, des Caecum und des Proc. vermiformis bei einem 45jährigen Manne.

Das Colon sigmoides ist in der rechten Fossa ilica durch ein Mesosigmoideum befestigt. Das Caecum steht in der Höhe der Crista ilica, der Proc. vermiformis ist an die Radix mesostenii fixiert.

Beobachtet auf dem Basler Seziersaale.

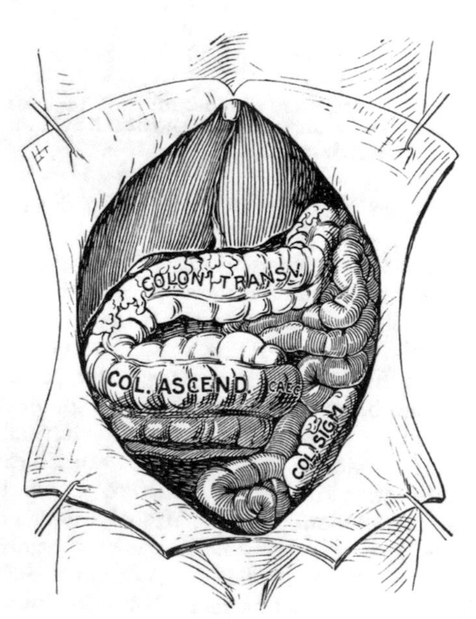

Abb. 348. Mesenterium ileocaecale commune bei einem 13jährigen Knaben. Verlagerung des Caecum nach links; dasselbe ist ausserordentlich beweglich.

Beobachtet auf dem Basler Seziersaale.

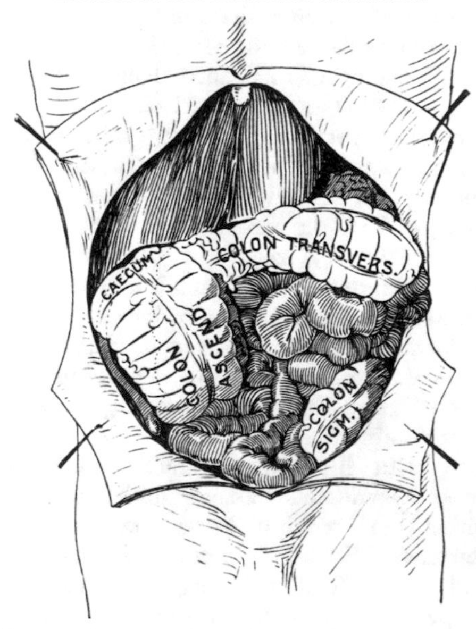

Abb. 349. Mesenterium ileocaecale commune bei einem 13jährigen Knaben. 13 cm langer Proc. vermiformis.

Das Caecum ist nach oben geschlagen und berührt die untere Fläche des rechten Leberlappens. Der Proc. vermiformis verläuft lateral vom Caecum nach unten.

Beobachtet auf dem Basler Seziersaale.

über Mesenterialbildungen und Beweglichkeit des Darmes p. 438) ist sowohl das Caecum als auch der mit einem langen Mesenteriolum versehene Proc. vermiformis ausserordentlich beweglich und kann ganz ungezwungen und ohne Zerrung in die verschiedensten Lagen

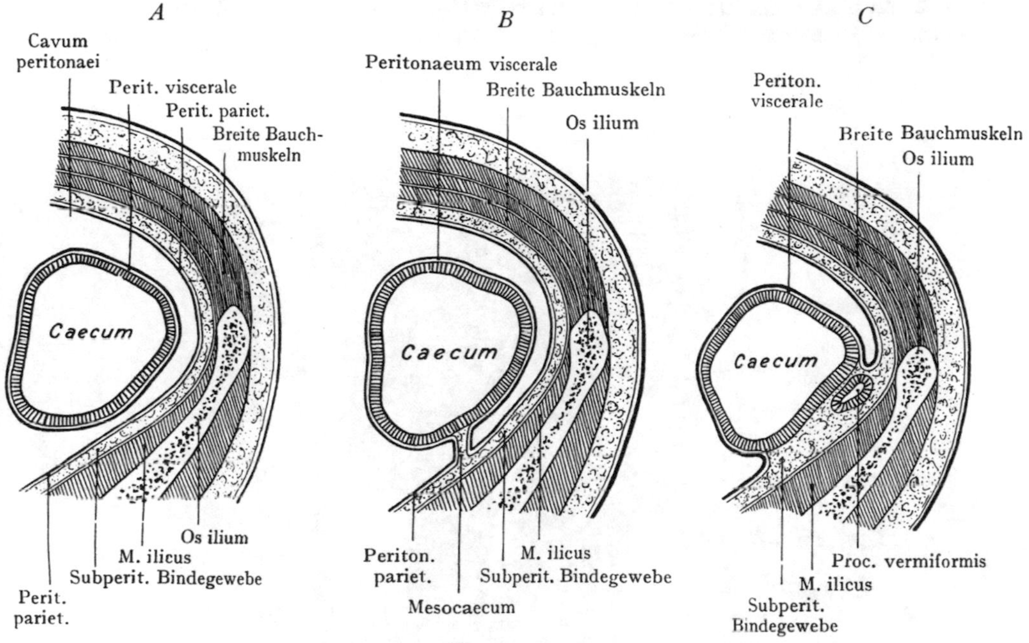

Abb. 350. Verhalten des Caecum zum Peritonaeum.
Z. T. nach Testut und Jacob.

gebracht werden. Bei einer derselben (Abb. 348) verläuft das Colon ascendens nach links, der Abgang der Proc. vermiformis liegt links von der Medianebene und ist von vorne nicht sichtbar; der Processus zieht nach rechts und endigt in der Höhe der Spina ilica ventralis[1]. Bei dem in Abb. 349 dargestellten Verhalten ist das Caecum mit dem Abgang des Proc. vermiformis nach oben geschlagen und legt sich an die untere Fläche des rechten Leberlappens und an die vordere Fläche der rechten Niere. Der Proc. vermiformis zieht lateral von dem Caecum abwärts und erreicht das Lig. inguinale.

Verhalten des Peritonaeum zum Caecum und zum Processus vermiformis. In der überwiegenden Mehrzahl der Fälle (92%) besitzen Caecum und Processus vermiformis einen vollständigen Peritonaealüberzug; in einer geringen Zahl von Fällen (8%) ist das Peritonaeum viscerale an dem dorsalen (hinteren) Umfang des Caecum mit dem Peritonaeum parietale mehr oder weniger verwachsen, ausnahmsweise liegt die

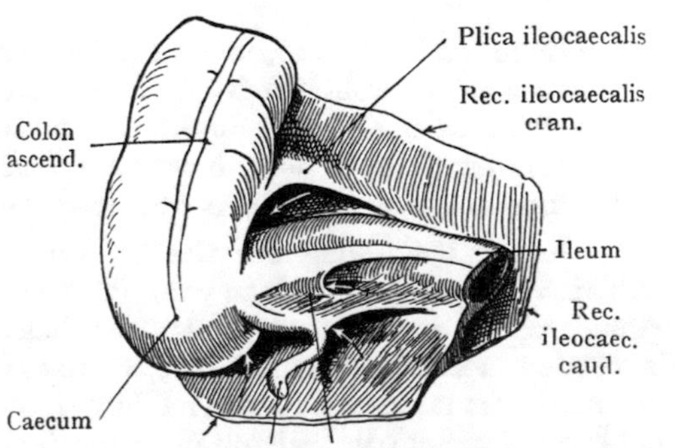

Abb. 351. Die Peritonaealfalten und Peritonaealtaschen in der Umgebung des Caecum.
Nach einer Abbildung von Lockwood und Rolleston im Journ. of Anat. and Physiology. Vol. 26. 1892.

[1] Spina iliaca ant. sup.

hintere Wand des Caecum geradezu retroperitonaeal. Es kann auch zur Bildung eines Mesocaecum kommen, welches als Peritonaealduplikatur das Caecum an die hintere Bauchwand befestigt. In der Regel ist eine solche Bildung für den Proc. vermiformis nachzuweisen (Mesenteriolum), durch welche derselbe an das Caecum, häufig auch an die Endstrecke des Ileum befestigt wird. Alle drei Zustände des Peritonaeum werden durch die Abb. 350 A—C veranschaulicht; Abb. 350 A stellt das

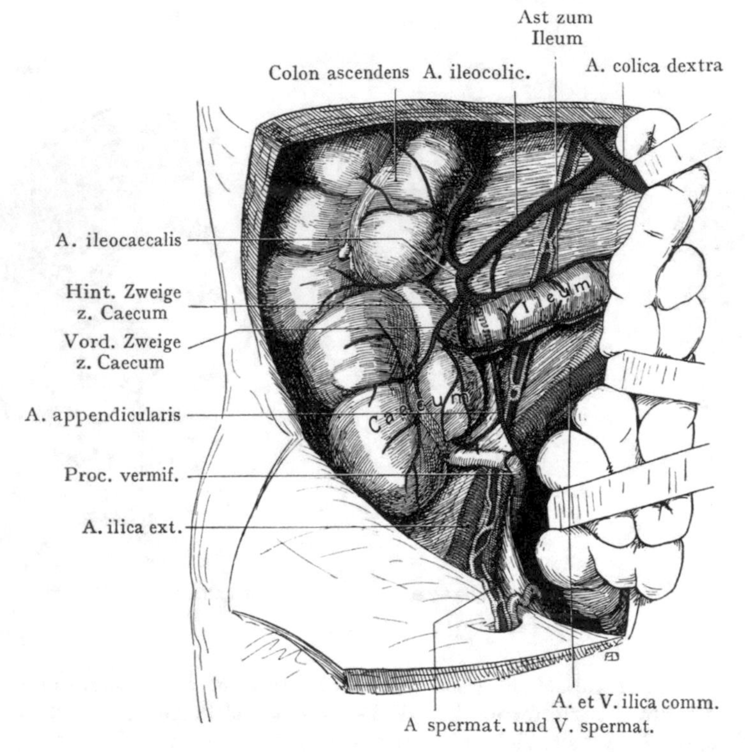

Abb. 352. Verzweigung der Arterien an das Caecum und den Proc. vermiformis.

gewöhnliche Verhalten dar, bei welchem das Caecum einen vollständigen Peritonaealüberzug erhält, in Abb. 350 B ist ein Mesocaecum dargestellt, in Abb. 350 C grenzt die hintere Wand des Caecum direkt an das subperitonaeale Bindegewebe, auch ist der Proc. vermiformis nach oben hinter das Caecum verlagert und hier fixiert. Abb. 350 C stellt einen für das Entstehen von retrocaecalen Abscessen sehr wichtigen Fall dar.

In der Umgebung des Caecum und des Processus vermiformis finden sich eine Anzahl von Buchten, welche von Peritonaealfalten begrenzt und in recht verschiedenem Grade ausgebildet sind; eine halbschematische Darstellung gibt Abb. 351. Es werden unterschieden: 1. ein Recessus ileocaecalis cran. in dem oberen Winkel, den das Ileum mit dem Dickdarm bildet, 2. ein Recessus ileocaecalis caud. zwischen dem Mesenteriolum, dem Ileum und einer die beiden verbindenden Peritonaealduplikatur, 3. ein Recessus retrocaecalis (auch Fossa caecalis); derselbe reicht hinter dem Caecum bis zum Umschlag des Peritonaeum viscerale in das Peritonaeum parietale. Dass die Ausbildung dieser Peritonaealtaschen sehr variabel ist, geht aus dem über den Peritonaealverlauf Gesagten hervor; in seltenen Fällen kann von denselben die Bildung von Herniae retroperitonaeales ausgehen (s. Recessus duodenomesocolicus [1].

[1] Recessus duodenojejunalis.

Beziehungen des Caecum und des Proc. vermiformis. Es ist schon hervorgehoben worden, dass dieselben durchaus nicht konstant sind, was erstens mit der freien Beweglichkeit des Darmteiles und zweitens mit seinem wechselnden Füllungszustande zusammenhängt (Kot oder Gase). In Abb. 343 und 395 ist der Inhalt des Caecum nur gering und die Lage und Beziehungen desselben sind diejenigen, welche man als typische zu beschreiben pflegt, auf dem M. psoas dexter, zum Teil auf dem M. ilicus, dabei kreuzt der Proc. vermiformis die A. und V. ilica communis und erreicht den Rand des kleinen Beckens. Häufig überlagert das Caecum oder der Proc. vermiformis den Ureter dexter an der Stelle, wo er die A. und V. ilica communis kreuzt, um an die seitliche Wandung des kleinen Beckens zu gelangen (Abb. 343). Vorne wird das Caecum in leerem Zustande von Dünndarmschlingen bedeckt, bei starker Anfüllung mit Kot oder Gasen drängt es dagegen die Dünndarmschlingen zurück und tritt direkt mit der Innenfläche der vorderen Bauchwand oberhalb der Mitte des Lig. inguinale in Kontakt.

Blut- und Lymphgefässe des Caecum und des Processus vermiformis. Von Arterien (s. arterielle Versorgung von Dünn- und Dickdarm) kommt die A. ileocolica aus der A. mesenterica cran. in Betracht, welche den untersten Teil des Ileum, das Caecum und den Proc. vermiformis versorgt (Abb. 352). Sie verläuft gegen den Winkel, welchen das Ileum mit dem Caecum und dem Colon ascendens bildet und teilt sich hier in vier Äste, die zum Ileum, zum vorderen und hinteren Umfange des Caecum und zum Proc. vermiformis (A. appendicularis) verlaufen. Das Gebiet der A. appendicularis ist insofern abgeschlossen, als sich nur feine Verbindungszweige mit den Ästen zum Caecum nachweisen lassen. Die V. ileocolica begleitet die A. ileocolica aufwärts und mündet in die V. mesenterica cran. ein.

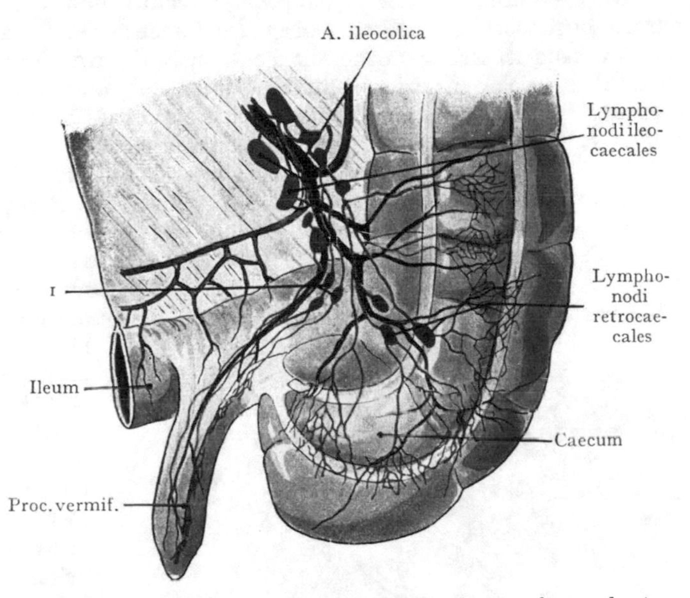

Abb. 353. Hintere Wand des Caecum, mit den ileocaecalen und retrocaecalen Lymphdrüsen und den Verzweigungen der A. ileocolica. Nach Poirier in Poirier et Charpy, Traité d'anat. humaine, Vol. II. 1 Lymphonodi ileocaecales.

Die Lymphgefässe gehen (Abb. 353) sowohl vom Caecum als von dem Proc. vermiformis zu Lymphdrüsen, die in dem Winkel zwischen dem Colon ascendens und dem Ileum längs der A. ileocolica liegen (Lymphonodi ileocaecales). Dieselben können bei Entzündungsprozessen am Proc. vermiformis anschwellen. Ferner befinden sich auch einzelne Lymphdrüsen hinter dem Caecum (Lymphonodi retrocaecales). Ob Lymphgefässe vom Proc. vermiformis und vom Caecum aus längs des Colon ascendens nach oben ziehen und durch das Zwerchfell hindurch mit den Lymphgefässen an der oberen Fläche des Zwerchfells und mit der Pleurahöhle kommunizieren, ist nicht sicher nachgewiesen; von einigen Autoren wird dies behauptet und für die Erklärung des Vorkommens von perinephritischen Abscessen oder von rechtsseitiger Pleuritis bei Appendicitis herangezogen (Lockwood, Sallet u. a.).

2. Colon ascendens. Das Colon ascendens stellt denjenigen Abschnitt des Dickdarms dar, welcher oberhalb der Einmündung des Ileum beginnt und bis zur Flexura coli dextra reicht, wo er in das Colon transversum übergeht. Das Colon ascendens hat einen annähernd senkrechten Verlauf und geht von der rechten Fossa ilica aus über die Crista ilica empor, um sich in die von den Mm. quadratus lumborum und transversus abdominis einerseits und den M. psoas andererseits gebildete Rinne einzulagern und den unteren Pol der rechten Niere zu erreichen (Abb. 343). Hier vermittelt die Flexura coli dextra, welche die untere Partie der rechten Niere und die Pars descendens duodeni kreuzt, den Übergang in das Colon transversum. Die durchschnittliche Länge des Colon ascendens beträgt 20 cm, doch ist dieselbe recht verschieden, je nachdem der Anfang am Caecum und das Ende an der Flexura coli dextra hoch oder tief stehen. Liegt das Caecum im kleinen Becken, so verläuft das Colon ascendens schräg durch die Fossa ilica dextra; liegt dagegen das Caecum hoch, so wird das Colon ascendens entweder kurz sein oder sich in sagittal und frontal eingestellte Windungen legen (das war bei dem in Abb. 396 dargestellten Präparate der Fall). Es spielen bei diesen Variationen neben der Verlagerung nach unten, welche auch die rechte Niere durch die mächtige Entfaltung des rechten Leberlappens erfährt, die entwicklungsgeschichtlichen Vorgänge eine Rolle, indem, je nach dem Grade der Senkung der Colonschleife, das Caecum einen höheren oder tieferen Stand einnimmt.

Colon ascendens und Peritonaeum. Das Colon ascendens und descendens zeigen insofern dasselbe Verhalten zum Peritonaeum, als beide in der Mehrzahl der Fälle nur an ihrem vorderen Umfange einen Peritonaealüberzug aufweisen, während ihr hinterer Umfang direkt an retroperitonaeales Gewebe grenzt. Dies ist aus Abb. 397 zu ersehen, welche den Verlauf des Peritonaeum an der hinteren Wand der Bauchhöhle zeigt. Hier ist links und rechts die senkrecht verlaufende Rinne dargestellt, in welche sich die hintere Wand des Colon ascendens rechterseits, des Colon descendens linkerseits einlagert und von deren Rändern das Peritonaeum über den vorderen Umfang der Darmteile hinwegzieht.

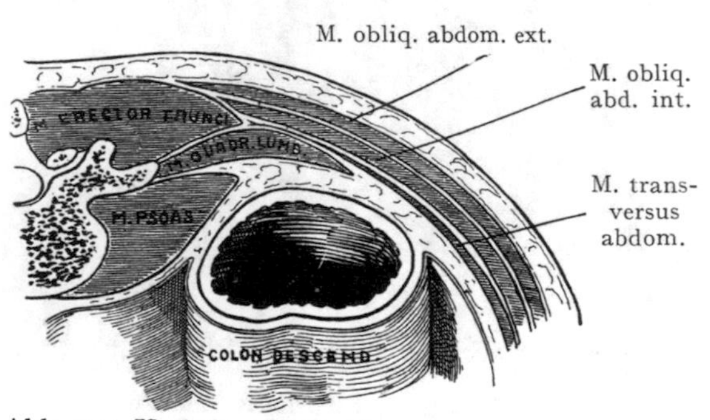

Abb. 354. Verhalten des Peritonaeum zum Colon descendens bei starker Füllung desselben. Halbschematisch. Peritonaeum grün.

Wir können jedoch sowohl physiologische als individuelle Variationen in dem Verhalten des Peritonaealüberzuges an den beiden senkrecht verlaufenden Abschnitten des Dickdarms nachweisen. Physiologisch wechselt das Verhalten ganz erheblich, je nach der Füllung und der Ausdehnung des Darmes. Diese Tatsache wird durch die Abb. 354 und 355, welche sich auf das Colon descendens beziehen, veranschaulicht. Bei dem Colon ascendens und descendens wird eine starke Füllung zur Folge haben, dass der Peri-

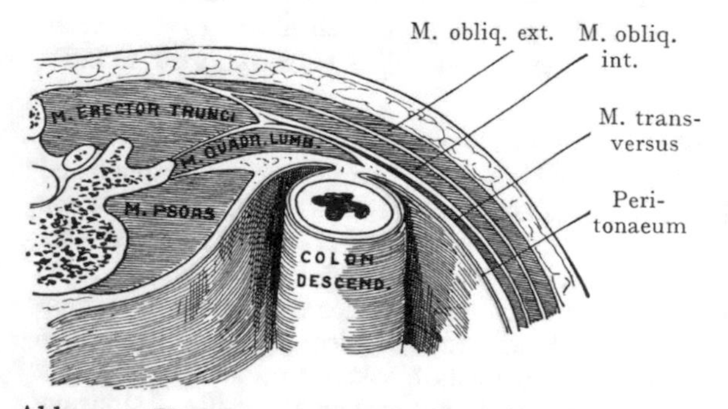

Abb. 355. Verhalten des Peritonaeum zum leeren Colon descendens. (Schematisch.)

tonaealüberzug der vorderen Fläche des Darmteiles gedehnt wird und ein grösserer Abschnitt der hinteren Fläche in direkten Kontakt mit retroperitonaealem Gewebe tritt (Abb. 354). Bei leerem oder gar bei stark kontrahiertem Darme wird der Peritonaealüberzug ausreichen, um den grösseren Teil der Wandung zu bedecken, so dass nur ein kleiner Abschnitt derselben retroperitonaeal zu liegen kommt (Abb. 355). Für die Aufsuchung des Darmteiles von hinten (Colotomie), besonders des Colon descendens, sind diese physiologischen Variationen von einiger Bedeutung. Daneben kommen auch individuelle Variationen vor. In 52% der Fälle findet sich weder rechts noch links ein Mesocolon, sondern die hintere Fläche des Colon ascendens und descendens grenzt direkt, wie oben beschrieben wurde, dem retroperitonaealen Gewebe an. In 48% der Leichen, also in fast der Hälfte der Fälle, findet sich entweder ein Mesocolon ascendens oder descendens; d. h. der Darmteil wird durch eine Peritonaealduplikatur an die hintere Bauchwand befestigt. In 36% sämtlicher Fälle findet sich ein Mesocolon ascendens, in 26% ein Mesocolon descendens (Treves). Es wird also das als klassisch beschriebene Verhalten (unvollständiger Peritonaealüberzug) beim Colon ascendens in etwa $^2/_3$, beim Colon descendens in etwa $^3/_4$ der Fälle angetroffen.

Flexura coli hepatica (dextra). Die Flexura coli dextra bildet den Übergang von dem Colon ascendens zum Colon transversum. Sie geht dort aus dem Colon ascendens her-

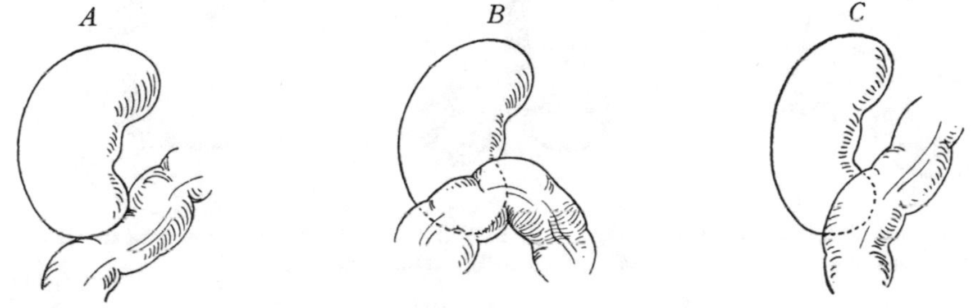

Abb. 356. Variationen in den Beziehungen zwischen der Flexura coli dextra und der rechten Niere.
Nach Helm, I.-D. Berlin 1895.

vor, wo dasselbe den unteren Pol der rechten Niere erreicht (Abb. 343), doch wird nicht selten eine scharfe Ausbiegung des Colon ascendens beim Übergang in das Colon transversum vermisst.

Die Flexur liegt gewöhnlich im Bereiche der vorderen Fläche des unteren Drittels der Niere und der hintere Umfang des Darmes befindet sich hier in direkter Berührung mit der Capsula adiposa renis (Abb. 397). Sodann kreuzt die Flexur die Pars descendens duodeni, mit deren vorderer Wandung sie gleichfalls bindegewebig vereinigt ist, biegt nach links um, erhält am Pankreaskopfe ein Mesocolon und bildet von hier an das Colon transversum.

Das Verhalten der Flexura coli dextra zu rechten Niere weist so häufig individuelle Variationen auf, dass man Bedenken tragen könnte, von einer Norm zu sprechen. Sehr oft zeigt die Flexur geradezu das Bestreben, dem unteren Nierenpole auszuweichen, ein Verhalten, welches die Abb. 356 A veranschaulicht; in anderen Fällen wird bloss der untere Nierenpol von der Flexur überlagert (Abb. 356 C).

3. Colon transversum. Das Colon transversum bildet den quer oder schräg verlaufenden Abschnitt, welcher sich zwischen den beiden Flexurae coli ausdehnt und, an einem langen Mesocolon aufgehängt, eine grössere Beweglichkeit besitzt als der übrige Dickdarm, mit Ausnahme vielleicht des Colon sigmoides. Die Länge des Colon transversum beträgt im Mittel 50 cm, mit einer Variationsbreite von 30—83 cm (Treves) es verläuft leicht aufsteigend (Abb. 343) aus der rechten Regio hypochondrica durch die Regio umbilicalis in die linke Regio hypochondrica, wo die Flexura coli sin. den Übergang in das Colon descendens vermittelt. An beiden Enden des Colon transversum in den Flexurae coli ist das Darmstück an die hintere Wandung der Bauchhöhle fixiert; dagegen legt sich das Colon transversum der Innenfläche der vorderen Bauchwand an und bildet einen Bogen, dessen Konkavität dorsalwärts gerichtet ist.

Mesocolon und Colon transversum. Der Darmabschnitt wird durch die Peritonaealduplikatur des Mesocolon transversum an die dorsale Wand der Bauchhöhle befestigt. Dasselbe stellt eine Platte dar, mit deren oberer Fläche die hintere untere Wand der Bursa omentalis verwachsen ist; die Haftlinie der Platte geht (Abb. 397) von der Pars descendens duodeni aus, leicht nach links aufsteigend, dem vorderen Rande des Pankreas entlang und erreicht in sehr verschiedener Höhe die vordere Fläche der linken Niere, wo das Colon descendens sich direkt dem vorderen und lateralen Umfange der Niere anlegt. Die Haftlinie des Mesocolon bildet die kürzeste Verbindung zwischen den beiden Enden des im Anschluss an die vordere Bauchwand bogenförmig verlaufenden Colon transversum; die längste Partie des Mesocolon geht

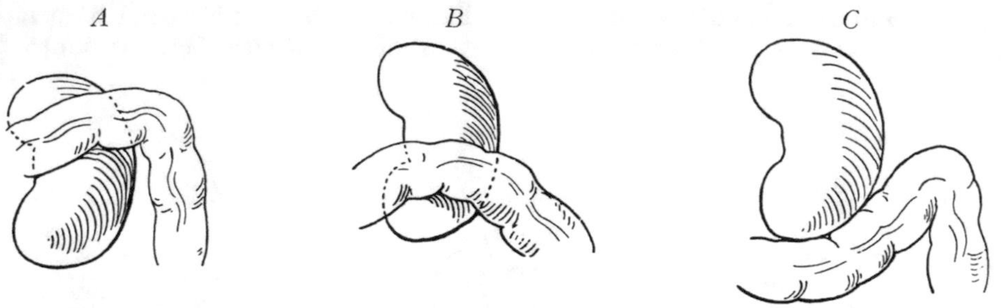

Abb. 357. Variationen in den Beziehungen zwischen der Flexura coli sinistra und der linken Niere. Nach Helm, I.-D. Berlin 1895.

zu der mittleren Strecke, indem die Länge der Peritonaealduplikatur nach beiden Seiten abnimmt. Da nun die Beweglichkeit eines Darmteiles in hohem Grade von der Länge der Peritonaealduplikatur abhängt, welche dasselbe an die Bauchwand befestigt, so ergibt das Verhalten des Mesocolon eine grössere Beweglichkeit für die mittlere Partie (etwa die mittleren $^2/_4$) des Colon transversum, als für das rechte und das linke Viertel; auch werden besonders diese mittleren zwei Viertel (s. die Besprechung der Variation der Lage des Darmes) in den verschiedensten Lagen angetroffen. Die Länge des Mesocolon beträgt in der Mitte 10—16, an beiden Enden 2—3 cm, erreicht also nicht die maximale Länge des Mesostenium [1].

Die **Flexura coli lienalis (sinistra)** liegt, entsprechend der geringeren Entfaltung des linken Leberlappens, bedeutend höher als die Flexura coli dextra; ferner bildet sie einen spitzeren Winkel als die letztere. Sie ist während der embryonalen Entwicklung schon sehr frühzeitig nachzuweisen als der Übergang des unteren Schenkels der Nabelschleife in denjenigen Abschnitt des Dickdarms, welcher mittelst einer sagittal eingestellten Peritonaealduplikatur an die Wirbelsäule befestigt ist (Abb. 297); auch ändert sie ihre Form und Lage nur wenig während der Ausbildung und Verlagerung des Colonschenkels der Nabelschleife. Ihre Beziehungen zur linken Niere sind recht variabel; im allgemeinen zeigt sie das Bestreben, über die vordere Fläche der Niere hinweg an deren lateralen Rand zu gelangen, wo sie in das Colon descendens übergeht. Die Niere wird in verschiedener Höhe gekreuzt, nur selten (Abb. 357 C) umzieht die Flexur den oberen oder unteren Pol, ohne mit der vorderen Fläche in Kontakt zu treten, immer liegt aber der Anfang des Colon descendens weiter lateral als das Ende des Colon ascendens.

[1] Mesenterium des Dünndarmes.

Lage des Colon transversum. Für das Colon transversum lässt sich ebensowenig wie für den Dünndarm eine bestimmte Lage als Norm angeben; auch hier sind die Variationen teils physiologische durch den wechselnden Füllungszustand des Darmteiles bedingte, teils individuelle und bleibende. Bei den letzteren findet sich eine Ausbiegung des Colon transversum nach unten in Form eines V oder eines U, wobei die Spitze des V oder die Konvexität des U manchmal bis zur Harnblase hinunterreicht. Nicht selten sind zwei Schlingen statt einer einzigen grossen Schleife vorhanden. Solche Ausbiegungen des Colon transversum nach unten kommen bei Frauen $3^1/_2$mal häufiger vor als bei Männern. Physiologische Verschiebungen sind innerhalb sehr weiter Grenzen möglich, so kann sich der Darmteil bei starker Anfüllung mit Gasen vor den Magen lagern, auch in das kleine Becken hinabsteigen oder mit dem Colon sigmoides zusammen in der Fossa ilica sinistra angetroffen werden. Eine recht eigentümliche Lage des Colon transversum zeigt Abb. 358; hier ist der Darmteil oder wenigstens die Flexura coli dextra vor der Leber emporgestiegen und bedeckt einen Teil des rechten Leberlappens. Bei sehr weitgehenden Verlagerungen des Colon transversum, z. B. in Fällen, wo Teile desselben als Inhalt von Inguinal- oder Femoralhernien angetroffen werden, ist vielleicht eine Verlängerung des Mesocolon anzunehmen, welche auf eine Dehnung desselben durch das mit Kotmassen stark angefüllte Colon zurückzuführen ist (chronische Obstipation). Verlagerungen des Colon transversum sollen beim Weibe häufiger vorkommen als beim Manne.

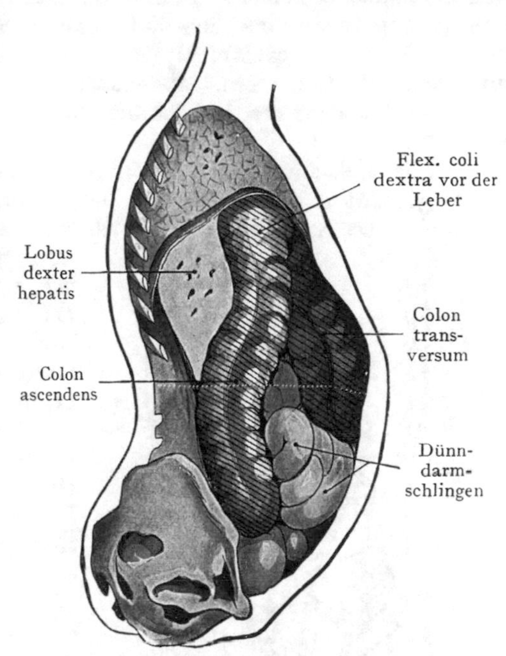

Abb. 358. Abnorme Lage des Colon transversum. Die vordere Fläche der Leber wird von einer enormen Colonschlinge überlagert. Nach Curschmann, Archiv f. klin. Medizin. Vol. 53. 1894.

Beziehungen des Colon transversum und der Flexurae coli zu anderen Baucheingeweiden. Die Flexura coli dextra und der Anfangsteil des Colon transversum lagern sich der unteren Fläche des rechten Leberlappens im Bereiche der Impressio colica an (Abb. 323). Bei mässiger Füllung des Darmes und der Gallenblase wird die letztere mit dem Colon transversum in Berührung treten. Bei typischem bogenförmigem Verlaufe legt sich das Colon transversum der Curvatura major des Magens an, mit welcher sie durch das von der grossen Kurvatur über die vordere Fläche des Colon transversum herabverlaufende und mit dem Darm verwachsene Omentum majus (zwischen Curvatura major und Colon transversum als Pars gastromesocolica[1] bezeichnet) verbunden ist. Die direkten Beziehungen zwischen der Flexura coli dextra, der Pars descendens duodeni und dem Pankreaskopfe sind früher erwähnt worden. Nach links reicht das Colon transversum bis zur Milz, an deren Facies visceralis die Flexura coli sin. sich anlegt. Nach unten steht das Colon transversum in Beziehung zu Dünndarmschlingen, die sowohl dem Ileum als dem Jejunum angehören.

4. Colon descendens. Das Colon descendens erstreckt sich von der Flexura coli sin. bis zur Crista ilica, wo das Colon sigmoides seinen Anfang nimmt. Ebenso inkonstant in bezug auf seine Höhenlage wie der Anfang des Colon descendens ist auch

[1] Lig. gastrocolicum.

sein Ende; gewöhnlich erhält der Dickdarm in der Höhe der Crista ilica ein Mesocolon und bildet die bewegliche Schleife des Colon sigmoides, doch kann der Anfang dieses Darmteiles bis zur Mitte der Fossa ilica vorrücken oder weiter unten an dem Articulus sacroilicus stattfinden. Das Colon descendens wird in der Regel weiter lateral angetroffen als das Colon ascendens, besonders in seiner oberen Strecke. Nach unten liegt es lateral von dem M. psoas, auf dem M. quadratus lumborum und dem M. transversus abdominis, vorne wird es von Dünndarmschlingen überlagert und kommt nur bei starker Füllung mit der vorderen Bauchwand in direkten Kontakt.

Die Beziehungen des Peritonaeum zum Colon descendens sind oben erwähnt worden.

5. Colon sigmoides. Das Colon sigmoides (Flexura sigmoidea, S romanum) erstreckt sich gewöhnlich von einem Punkte der Crista ilica, welcher bald weiter medial, bald weiter lateral liegt, bis zu der Stelle (Grenze zwischen II. und III. Sacralwirbel), wo das Mesosigmoideum ein Ende nimmt und der Darm nunmehr nur einen unvollständigen Peritonaealüberzug besitzt. Hier beginnt das Rectum.

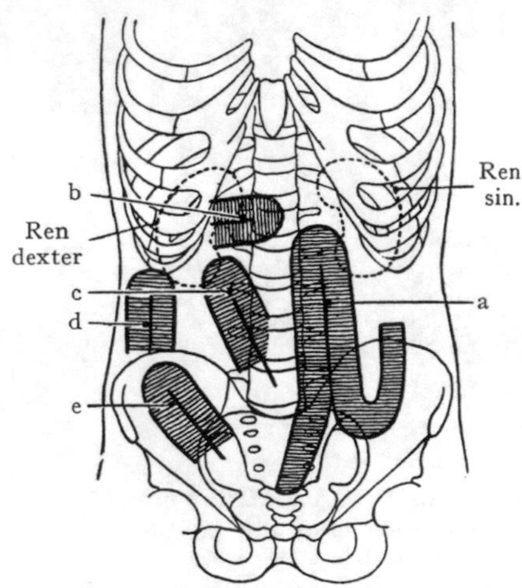

Abb. 359. Variationen in der Lage des Colon sigmoides (a—e).
Nach von Samson, Arch. f. klin. Chirurgie. Vol. 24. 1892.

Charakteristisch für das Colon sigmoides ist der Besitz eines Mesocolon, welches dem Darmabschnitte eine freiere Beweglichkeit gestattet. Dieser bildet, wenn wir ihn nach oben schlagen, eine grosse Schleife, welche eher einem Ω als einem Σ gleicht (Abb. 362), doch lassen sich häufig bei Untersuchung in situ zwei Schlingen unterscheiden, so dass eine gewisse Ähnlichkeit mit einem Σ oder mit einem S zu erkennen ist. Die obere Strecke wird als Colonschleife, die untere als Rectumschleife bezeichnet.

Die mittlere Länge des Colon sigmoides beträgt 45 cm mit einer Variationsbreite von 15—67 cm (Treves).

Die **Lage des Colon sigmoides** ist infolge des wechselnden Füllungszustandes sowohl des Darmabschnittes selber als auch der benachbarten Bauch- und Beckeneingeweide ausserordentlich verschieden. Bei leerem Zustande von Colon sigmoides, Rectum und Harnblase hängt das Colon sigmoides in das Cavum pelvis peritonaeale hinunter und tritt hier mit dem Beckenboden, den Ileumschlingen, dem vorderen Umfange des Rectum oder auch mit der Harnblase in Kontakt. Der Darmabschnitt kann aus der Beckenhöhle in die Bauchhöhle aufsteigen, entweder wenn die Beckeneingeweide infolge stärkerer Füllung den Raum des kleinen Beckens für sich in Anspruch nehmen, oder wenn das Colon sigmoides durch Kotmassen oder Gase ausgedehnt ist; alsdann wird sich die Kuppe der Schlinge zunächst in die Fossa ilica dextra einlagern, bei starker Ausdehnung in die Regio umbilicalis aufsteigen und schliesslich das Colon transversum oder die untere Fläche des rechten Leberlappens erreichen. Ein solcher Fall ist in dem Situsbilde Abb. 360 dargestellt. Die Lage eines solchen stark ausgedehnten Colon sigmoides beim Erwachsenen erinnert an diejenige des mit Meconium angefüllten Darmabschnittes beim reifen Fetus.

Die Variationen der Lage werden durch das Schema Abb. 359 veranschaulicht, in welchem die Kuppe der Schleife in den verschiedensten Lagen dargestellt ist. Tatsächlich kann der Darmteil innerhalb weiter Grenzen angetroffen werden, wie es die Abbildung ohne weitere Erklärung zeigt. Als typische Lage bei mässiger Füllung ist folgende festgestellt: Der Darmabschnitt geht am lateralen Rande des M. psoas, dort, wo der Muskel über die Crista ilica abwärts tritt, aus dem Colon descendens hervor, verläuft schräg über den M. psoas zum Rande des kleinen Beckens linkerseits, senkrecht an der Beckenwandung hinunter in die Excavatio rectovesicalis, resp. rectouterina, biegt bis zur Medianebene um und geht an der Grenze zwischen dem II.—III. Sacralwirbel in das Rectum über.

Die Abb. 360 stellt ein Colon sigmoides dar, das sich durch seine beträchtliche Länge und Beweglichkeit auszeichnet. Der Gesamtdarm hatte eine Länge von 11,55 m, das Colon sigmoides mass 1 m. Der Recessus intersigmoideus war sehr gross (in der Abbildung punktiert angegeben) und reichte bis zum unteren Rande des II. Lumbalwirbels hinauf. Die grosse Schlinge des Colon sigmoides liess sich nach oben bis zur unteren Fläche der Leber und zur Curvatura major ventriculi hinaufschlagen und grenzte in dieser Lage rechts an das Colon ascendens, indem es die Dünndarmschlingen und das Omentum majus bedeckte.

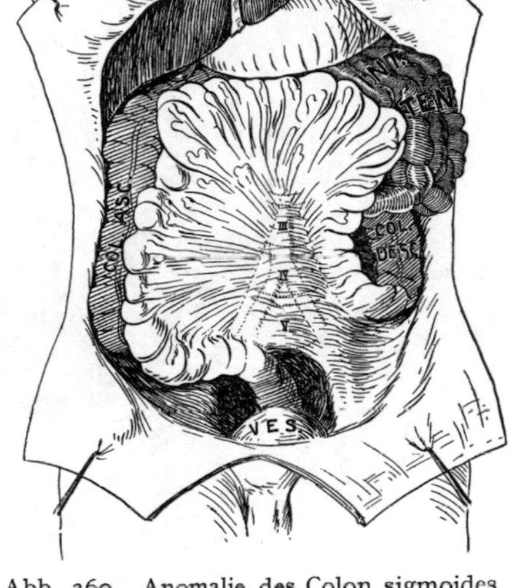

Abb. 360. Anomalie des Colon sigmoides. Gesamtlänge des Darmes 11 m 55 cm. Länge des stark ausgedehnten bis zur Curvatura major ventriculi und zur unteren Leberfläche hinaufreichenden Colon sigmoides 1 m. Beobachtet auf dem Basler Seziersaale.

Mesosigmoideum. Charakteristisch für das Colon sigmoides ist seine Verbindung mit dem Peritonaeum parietale durch ein langes Mesosigmoideum, welches dem Darmteil eine für dasselbe geradezu charakteristische freiere Beweglichkeit sichert. Die maximale Länge des Mesosigmoideum beträgt ca. 9 cm; seine Haftlinie beginnt (Abb. 361) an der Crista ilica und bildet eine zickzackförmige Linie, deren erste kürzere Zacke auf dem M. ilicus nach unten verläuft und am lateralen Rande des M. psoas in die zweite Zacke übergeht, welche einen spitzen, nach unten offenen Winkel darstellt. Die Linie der zweiten Zacke kreuzt die vordere Fläche des M. psoas und den Ureter, indem die Spitze des Winkels beim Erwachsenen etwa in der Höhe des Promunturium

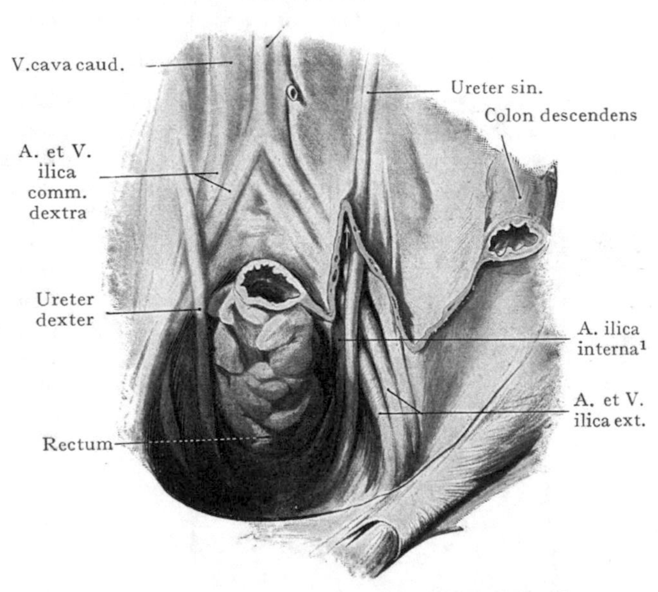

Abb. 361. Verlauf der Haftlinie des Mesosigmoideum (grün). Formolpräparat. 21jähriger Mann. Der Pfeil führt in den Recessus intersigmoideus.

[1] A. hypogastrica.

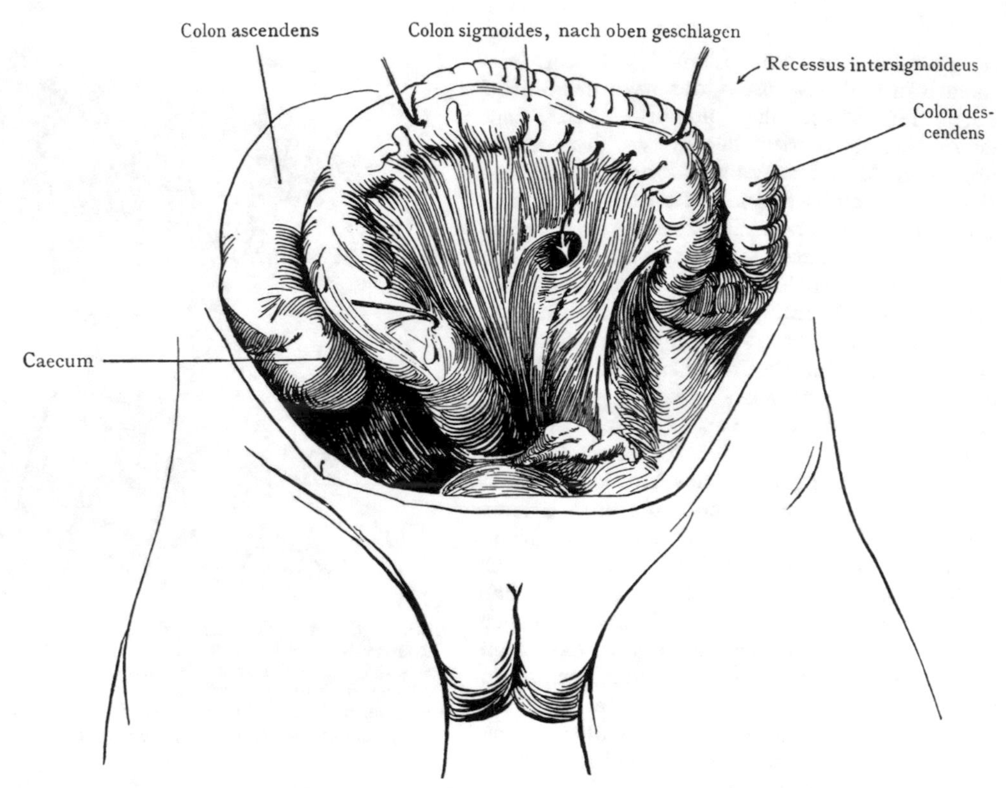

Abb. 362. Recessus intersigmoideus bei einem einjährigen Kinde. Das Colon sigmoides ist nach oben geschlagen worden.

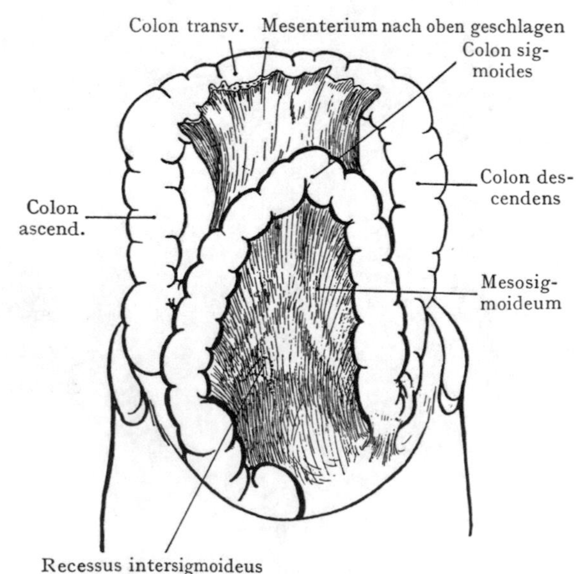

Abb. 363. Anomalie in der Lage des Colon sigmoides; Verlagerung desselben nach rechts und oben und sekundäre Fixation an das Peritonaeum parietale bis zur Radix mesostenii[1] hinauf.

[1] Radix mesenterii.

liegt, beim Neugeborenen etwas höher. Von diesem höchsten Punkte aus geht die Haftlinie wieder nach unten, kreuzt die A. und V. ilica communis unmittelbar über ihrer Teilung und gelangt in der Medianebene auf die vordere Fläche des I. und II. Sacralwirbels, wo sie ein Ende nimmt, indem das Rectum keinen vollständigen Peritonaealüberzug und infolgedessen auch kein Mesorectum besitzt.

An dem durch die zweite Zacke der Haftlinie gebildeten Winkel findet sich eine Peritonaealausbuchtung, welche gewöhnlich kaum die Kuppe des kleinen Fingers aufnimmt und am deutlichsten zu erkennen ist, wenn man die Schleife des Colon sigmoides nach oben und rechts umlegt (Abb. 362). Dies ist der Recessus intersigmoideus, dem nur ganz ausnahmsweise eine Bedeutung für die Bildung von retroperitonaealen Hernien zukommt (s. Recessus duodenomesocolicus [1]).

Eine wohl recht seltene Anomalie in der Befestigung des Colon sigmoides ist in Abb. 363 dargestellt. Hier ist dasselbe nach rechts und aufwärts geschlagen, indem die Kuppe der Schlinge sich von unten dem Mesocolon transversum anlegt und in dieser Lage fixiert ist; der ursprünglich nach rechts schauende Umfang des Mesosigmoideum ist vollständig mit dem Peritonaeum parietale und mit der Radix mesostenii [2] verwachsen.

Das Colon sigmoides ist der Untersuchung vom Anus aus mittelst der Einführung von Sonden sowie des Rectoskops zugänglich; auf diese Weise können Verengerungen des Darmabschnittes nachgewiesen oder auch eine Inspektion der Wandung vorgenommen werden. Solche Untersuchungen bestätigen auch beim Lebenden die starken physiologischen Lagevariationen des Colon sigmoides, wie aus Abb. 364 A und B hervorgeht, an denen durch Zahlen die Stellen, bis zu welchen das Rectoskop vordringt, sowie ihre Entfernung von dem Anus angegeben sind. Sie entsprechen dem Übergang des Rectumschenkels in den Colonschenkel oder auch der höchsten Stelle der einheitlichen Sigmoidschlinge.

Blutgefässversorgung des Darmes. Der Darm wird mit arteriellen Gefässen versorgt durch die Aa. mesenterica cran. und caud., deren Gebiet mit der A.

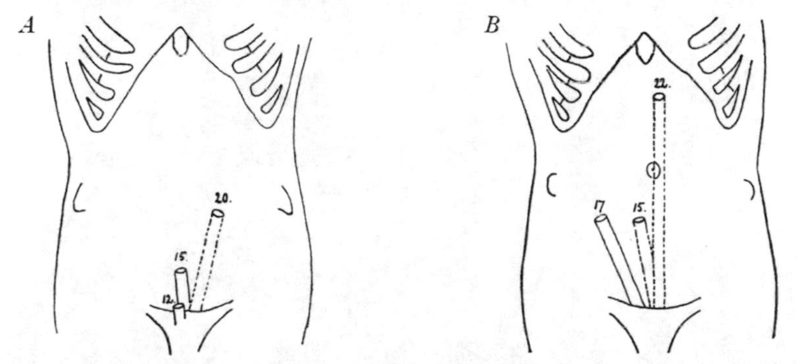

Abb. 364. Lage der höchsten Stelle des Colon sigmoides nebst Angabe der Entfernung vom Anus (in cm). Feststellung der Verhältnisse durch Einführung des Rectoskopes.
Nach Jul. Schreiber, Die Recto-Romanoskopie. Berlin 1903.

pancreaticoduodenalis caud. an der unteren Hälfte des Duodenum beginnt und mit der A. rectalis cranialis [3], deren Äste fast bis zum Anus reichen, endigt. Die Venen sammeln sich nach oben in die Vv. mesenterica cran. und caud., welche den Gebieten der Aa. mesenterica cran. und caud. entsprechen.

Die A. mesenterica cran. tritt mit der V. mesenterica cran. hinter dem Pankreaskopfe zusammen, indem die Arterie links, die Vene rechts liegt (Abb. 365). In dieser Lagerung kommen die Gefässe am unteren Rande des Pankreaskopfes zum Vorschein und verlaufen über die vordere Fläche der Pars caudalis duodeni abwärts, um in die Radix mesostenii [2] einzutreten. Da, wo die Arterie die Pars caudalis duodeni kreuzt, gibt sie nach oben zum Duodenum und zum Pankreaskopfe die A. pancreaticoduodenalis caud. ab. Die zu Dünndarmschlingen verlaufenden Äste der Arterie gehen aus dem linken Umfange des Stammes hervor, während rechterseits die A. ileocolica, die zum Colon ascendens verlaufende A. colica dextra und die A. colica media entspringen, von denen die letztere etwa $^2/_3$ des Colon transversum versorgt und mit der A. colica sin. aus der A. mesenterica caud. anastomosiert.

Für die arterielle, wie für die venöse Gefässversorgung des Darmes sind die Anastomosen der zwischen den Blättern des Mesenterium eingeschlossenen Gefässe

[1] Recessus duodenojejunalis. [2] Radix mesenterii. [3] A. haemorrhoidalis sup.

von Wichtigkeit (Gefässarkaden). Ein typisches Bild ihrer Anordnung gibt für eine Dünndarmschlinge die Abb. 366. Man sieht, dass, je näher der Radix mesostenii[1] ein Schnitt von gegebener Länge liegt, desto grössere Äste durchschnitten werden und

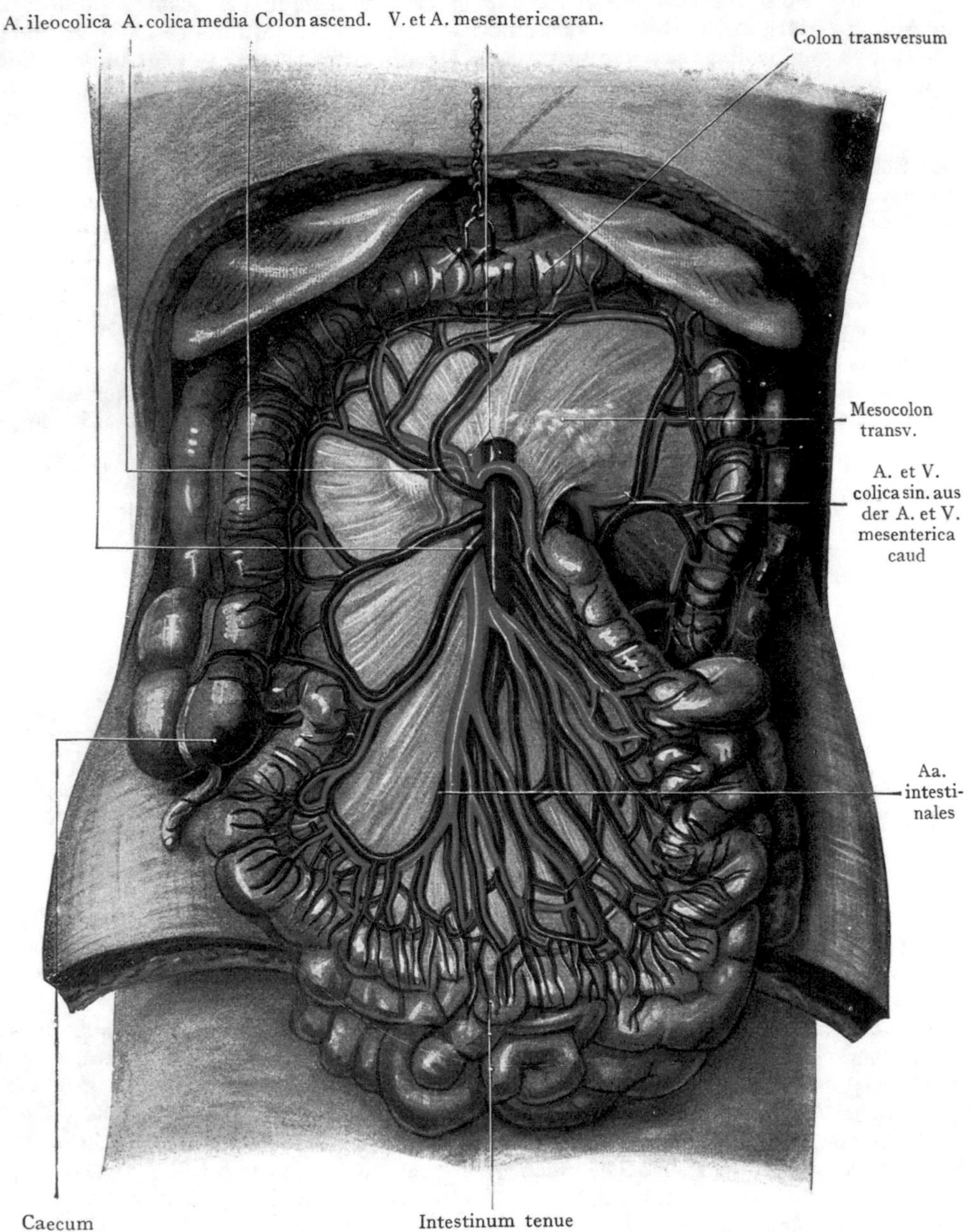

Abb. 365. Arterien und Venen des Dünn- und Dickdarms.
Das Colon transversum ist nach oben geschlagen.

desto schwieriger auch die Herstellung eines Kollateralkreislaufes werden muss. Physiologisch haben die Arkadenbildungen wohl den Zweck, für die Ausgleichung der Blutzufuhr bei verschiedenen Füllungszuständen des Darmes zu sorgen.

[1] Radix mesenterii.

Die A. mesenterica caud. verläuft mit der V. mesenterica caud. und ist im wesentlichen die Arterie desjenigen Darmabschnittes, welcher unterhalb der Flex. coli sinistra liegt, also des Colon descendens, des Colon sigmoides und des Rectum. Die Vene

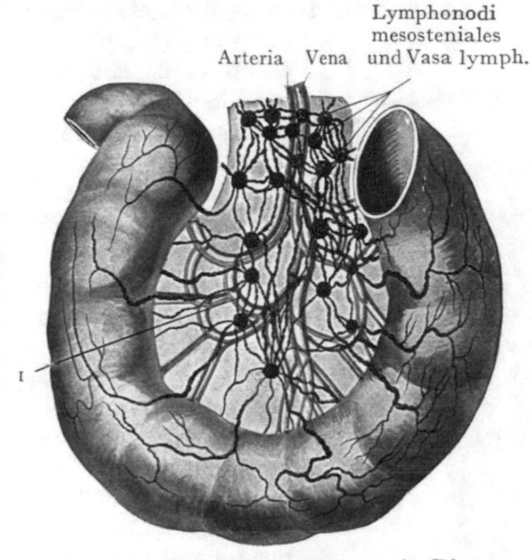

Abb. 366. Dünndarmschlinge mit Blutgefässen, Lymphgefässen und Lymphdrüsen.

Nach Sappey, Atlas des vaisseaux lymphatiques.
1 Arkadenbildungen der Vene und Arterie.

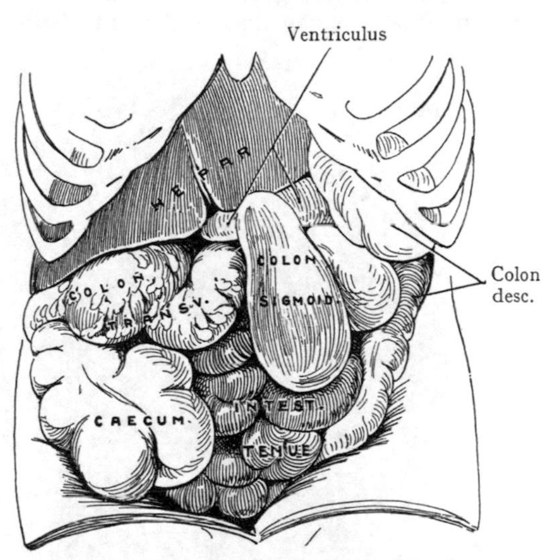

Abb. 367. Situs der Baucheingeweide eines 29jährigen Mannes.

Die stark gefüllte Schlinge des Colon sigmoides reicht bis zum unteren Rande des linken Leberlappens hinauf.

ist häufig links von der Flex. duodenojejunalis durch das Peritonaeum parietale hindurch zu erkennen (Abb. 365); ein oberer Ast der A. mesenterica caud. geht als A. colica sin. an das linke Drittel des Colon transversum und verbindet sich mit der A. colica media; nach unten versorgt derselbe das Colon descendens; weitere Äste (Aa. sigmoideae)

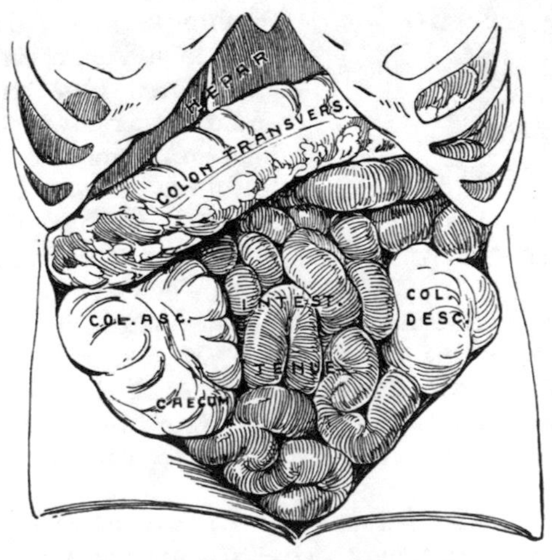

Abb. 368. Situs der Baucheingeweide eines 23jährigen Mannes.

Der Dickdarm ist durch Gase ziemlich stark ausgedehnt. Verschiebung des Colon transversum nach oben bis zum unteren Leberrande.

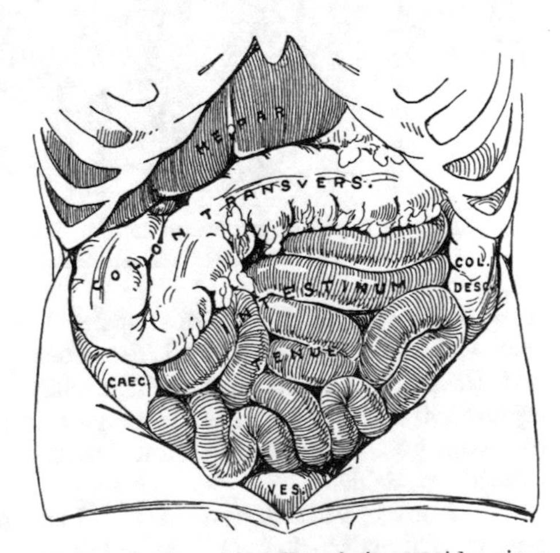

Abb. 369. Situs der Baucheingeweide eines 40jährigen Mannes nach Abtragung des Omentum majus.

Magen stark retrahiert, Schlingenbildung des Colon transversum.

verlaufen im Mesosigmoideum zum Colon sigmoides und als Endast geht die A. rectalis cranialis[1] zum Rectum. Denselben Verlauf wie die Arterien zeigen auch die Venen.

Die Lymphgefässe des Dünndarms nehmen als Chylusgefässe in den Darmzotten ihren Anfang und bilden innerhalb der Darmwandung zwei Lymphgefässplexus (Plexus lymphaceus submucosus und subserosus), aus welchen die Lymphstämme zwischen den Blättern des Mesostenium[3] gegen die Radix verlaufen, um in Lymphdrüsen einzumünden, welche, je näher der Radix, desto grösser und zahlreicher werden. Die Vasa efferentia dieser Drüsen bilden den Truncus intestinalis, der mit den Trunci lumbales zusammen in die Cisterna chyli einmündet.

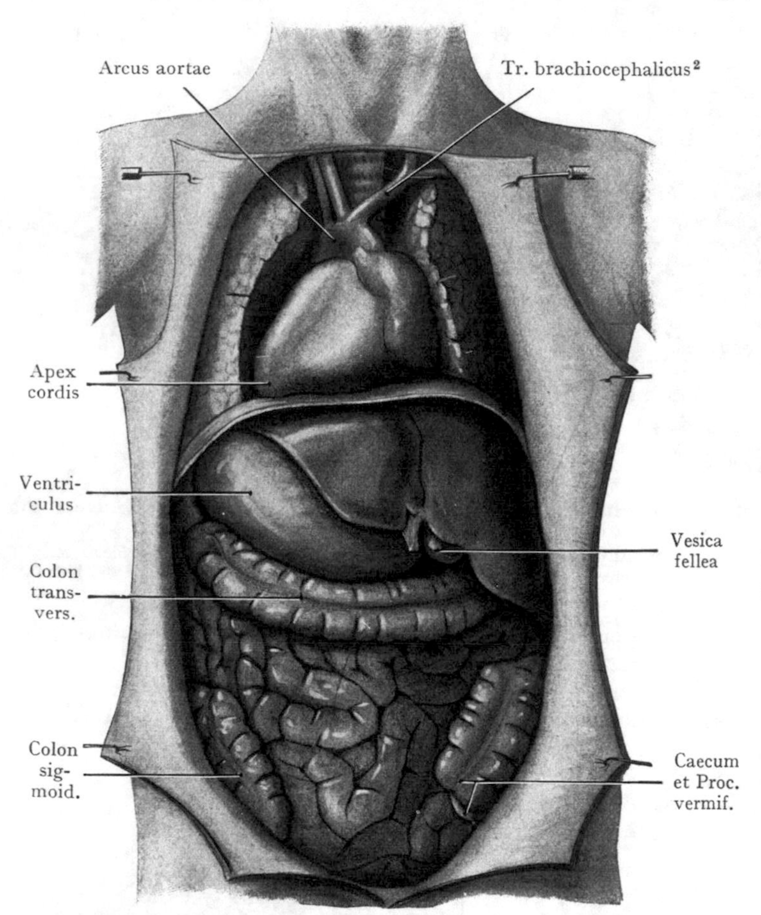

Abb. 370. Situs inversus totalis thoracis et abdominis. Präparat aus der Basler anatom. Sammlung (Fall Koller).

Variation in der Lage der Darmschlingen. Die Abb. 367—369 sollen die Lagevariationen veranschaulichen, welche wohl zum grössten Teil auf den wechselnden Füllungszustand der einzelnen Darmschlingen durch Gase und mehr oder weniger flüssige Massen zurückzuführen sind. Die Bilder sprechen für sich; sie sind bald nach dem Tode aufgenommen worden, um den Einfluss der Leichenveränderungen möglichst auszuschliessen. Das Colon transversum und das Caecum waren bei den in Abb. 367 und 368 dargestellten Präparaten durch Gase stark ausgedehnt; in Abb. 367 ist auch das Colon sigmoides stark nach oben verlagert und bedeckt zum Teil das Colon transversum. In Abb. 369 bildet das Colon transversum eine mit ihrer Konvexität nach unten gerichtete Schleife.

Andere Variationen in der Lage des Darmes beruhen auf Bildungsanomalien, welche entweder den Darm selbst oder die Befestigung desselben an die Bauchwand betreffen. Unter den ersteren ist die seltenste die totale Inversion der Baucheingeweide, welche mit einer solchen der Brusteingeweide aufzutreten pflegt (Abb. 370). Hier sind sämtliche Eingeweide normal ausgebildet, nur bieten sie das Spiegelbild des gewöhnlichen Befundes dar. Die Herzspitze liegt rechts, die linke

[1] A. haemorrhoidalis sup. [2] A. anonyma. [3] Mesenterium.

Lunge weist drei Lappen auf, die V. cava cran. liegt links von der Medianebene, die Leber mit ihrer Hauptmasse wird links angetroffen, ebenso die Gallenblase. Der Fundus des Magens liegt der Wölbung des Zwerchfells rechterseits an, die Konvexität der Duodenalschlinge wendet sich nach links und erreicht den Hilus der linken Niere. Caecum und Colon ascendens liegen links, das Colon sigmoides rechts. Die V. cava caud. verläuft links, die Aorta abdominalis rechts auf der Wirbelsäule. Solche Fälle sind auch intra vitam beobachtet worden und bieten nicht geringes Interesse für den Praktiker.

Weit häufiger als der Situs inversus totalis kommt die abnorme Lagerung des Darmes allein vor. So kann der Dickdarm hinter dem Dünndarm liegen, ein Verhalten, das sich durch eine fehlende Drehung der Nabelschleife (Abb. 299) erklärt. Bei unvollständiger Drehung der Nabelschleife wird der ganze Dickdarm auf der linken Seite der Bauchhöhle angetroffen, manchmal an einem Mesenterium commune aufgehängt, manchmal unter mehr oder weniger vollständiger Verlötung des dem Dickdarm zukommenden Mesenterium mit dem Peritonaeum parietale. Wenn die Drehung der Nabelschleife sich vollständig, aber in unrichtigem Sinne, vollzieht, so erhalten wir eine Überkreuzung von Dünn- und Dickdarm mit verkehrter Anlage (Situs inversus abdominalis) nach links, statt nach rechts. Geringere Grade der verschiedenen Anomalien sind nicht selten, so ist schon früher (S. 446 und Abb. 348) auf die Bedeutung des im Bereiche des Caecum und des Colon ascendens in 10% aller Fälle vorkommenden Mesenterium ileocaecale commune hingewiesen worden, welches dem Caecum und mit ihm auch dem Proc. vermiformis eine grössere Beweglichkeit gestattet und damit auch die Freiheit, die verschiedensten Lagen innerhalb der Bauchhöhle einzunehmen.

C. Spatium retroperitonaeale (Retroperitonaealraum).

Bei der allgemeinen Beschreibung des Bauches ist die Unterscheidung eines Cavum peritonaei und Spatium retroperitonaeale begründet worden.

Die Eingeweide des Retroperitonaealraumes können von vornherein als wandständig bezeichnet werden; sie liegen alle zwischen der hinteren Wand des Bauchraumes und dem hinteren Umfange des Peritonaealsackes, von welchem sie in verschiedener Ausdehnung einen Überzug ihrer vorderen Fläche erhalten. Es kommen hier in Betracht: die Nieren, Nebennieren und Ureteren, ferner die grossen, längs der Wirbelsäule verlaufenden Gefässstämme (Aorta und Vena cava caud.), die Grenzstränge des Sympathicus usw.

Im weitesten Sinne könnten wir als retroperitonaeal alle diejenigen Eingeweide bezeichnen, welche von hinten ohne Verletzung des Peritonaealsackes zu erreichen sind (an der Leiche). Diese Definition schliesst auch das Colon ascendens und descendens, das Duodenum und das Pankreas ein, doch sind diese Organe im Hinblick auf ihre Entwicklungsgeschichte und ihre sekundär erfolgende Anlagerung an die hintere Wand des Bauchraumes im Zusammenhang mit den Eingeweiden des Cavum peritonaei abgehandelt worden.

Grenzen und Ausdehnung des Retroperitonaealraumes. Die dorsale Wand des Retroperitonaealraumes fällt mit der dorsalen Wand des Bauchraumes zusammen. Dieselbe ist in der Ansicht von vorne in Abb. 290 dargestellt. Querschnitte geben Abb. 266 und 289. Bei der Ansicht von vorne haben wir median den Pfeiler der Lendenwirbelkörper mit den beiden Schenkeln des Zwerchfells, seitlich den M. psoas mit dem M. quadratus lumborum, welcher der Ursprungsaponeurose des M. transversus abdominis (Aponeurosis lumbalis[1]) aufgelagert ist oben diejenige Partie der Pars lumbalis diaphragmatis, welche von dem über die Mm. psoas und quadratus lumborum hinwegziehenden Arcus lumbocostalis lateralis entspringt; dazu kommt

[1] Tiefes Blatt der Fascia lumbodorsalis.

die dreieckige Lücke zwischen der Pars lumbalis und der Pars costalis diaphragmatis oberhalb der letzten Rippe, sowie endlich, etwas links von der Medianebene, die Öffnung des Hiatus aorticus.

Der vordere Abschluss des Retroperitonaealraumes wird durch das dorsale Peritonaeum parietale gebildet.

Die Ausdehnung des Retroperitonaealraumes geht in proximaler Richtung bis zu der Stelle, wo sich das Peritonaeum auf Leber, Magen und Milz überschlägt; die distale Grenze kann am Promunturium angenommen werden. Das lockere Bindegewebe des Retroperitonaealraumes steht mit dem lockeren Bindegewebe der Fossae ilicae im Zusammenhang; seitlich zieht sich das Bindegewebe des Retroperitonaealraumes als Fascia transversalis, d. h. als innerste Schicht der anterolateralen Bauchwand weiter.

Inhalt des Spatium retroperitonaeale. Die Organe, welche wir im Spatium retroperitonaeale finden, betten sich in Bindegewebe ein oder sind auch zum Teil durch eigene Bindegewebsmembranen eingehüllt, welche sie an die Lendenwirbelsäule und an die Muskeln der dorsalen Wandung des Bauchraumes befestigen (z. B. die Fascia renalis). Wir besprechen in diesem Abschnitte die Topographie folgender Organe:

Die Nieren, Nebennieren und Ureteren.

Die grossen Gefässstämme der Bauchhöhle (Aorta abdominalis, V. cava caud. mit ihren paarigen und unpaaren Wurzeln).

Die Pars lumbalis des sympathischen Grenzstranges und die Verzweigungen der sympathischen Nerven.

Die Lymphonodi lumbales und die Cisterna chyli.

Nieren und Nebennieren.

Die abgeflacht bohnenförmigen Nieren liegen mit den kranialwärts sich anschliessenden Nebennieren im obersten Teile des Spatium retroperitonaeale auf beiden Seiten der oberen Lenden- und der unteren Brustwirbel. Man unterscheidet eine Facies ventralis, welche dem Peritonaealsacke zugewendet ist und einen teilweisen Überzug von dem Peritonaeum parietale erhält, und eine Facies dorsalis, welche der hinteren Wandung des Bauchraumes anliegt, ferner einen oberen und einen unteren Nierenpol (Extremitas cran. und caud.), einen lateralen und einen medialen Rand (Margo lateralis und medialis) und an dem letzteren den Nierenhilus (Hilus renalis). Die vordere Fläche der Nieren kann an dem in situ gehärteten Präparate schwache Eindrücke aufweisen, welche von den benachbarten Organen (Pankreas, Milz, Leber und Magen) herrühren.

Die Längsachsen der Nieren verlaufen schief nach oben und etwas ventralwärts. Der Abstand der unteren Nierenpole voneinander beträgt ca. 11 cm, derjenige der oberen Pole ca. 7 cm. Auf die Wirbelsäule bezogen, entsprechen die Nieren den beiden letzten Brust- und den drei oberen Lendenwirbeln; die klassische Angabe lautet: die linke Niere erstreckt sich von der Höhe des XI. Brustwirbels bis zur Intervertebralscheibe zwischen dem II. und III. Lendenwirbel; die rechte Niere liegt infolge der mächtigeren Entfaltung des rechten Leberlappens in $^2/_3$ der Fälle tiefer, indem sie von der Höhe des XII. Brustwirbels bis zur Mitte des III. Lendenwirbels reicht. Der Unterschied in der Höhenlagerung beider Nieren lässt sich an der Leiche mittelst Palpation von dem Sinus phrenicocostalis aus nachweisen. Die rechte Niere lässt sich nur wenig abtasten, während die linke Niere in ihren oberen $^2/_3$ durchzufühlen ist. Der mediale Rand der Niere erreicht gerade noch die Processus costarii der Lendenwirbel. Die hintere Fläche liegt (Abb. 290) der Pars lumbalis des Diaphragma, der letzten Rippe und einem Teile der Pars costalis des Diaphragma an, ferner dem obersten Teile der vorderen Fläche der Mm. psoas und quadratus lumborum und bedeckt die zwischen Pars lumbalis und Pars costalis diaphragmatis oberhalb der letzten Rippe vorhandene Lücke im Zwerchfell (Trigonum lumbocostale), wo die Fascia transversalis und die Fascia endothoracica aneinander grenzen. Dorsalwärts pro-

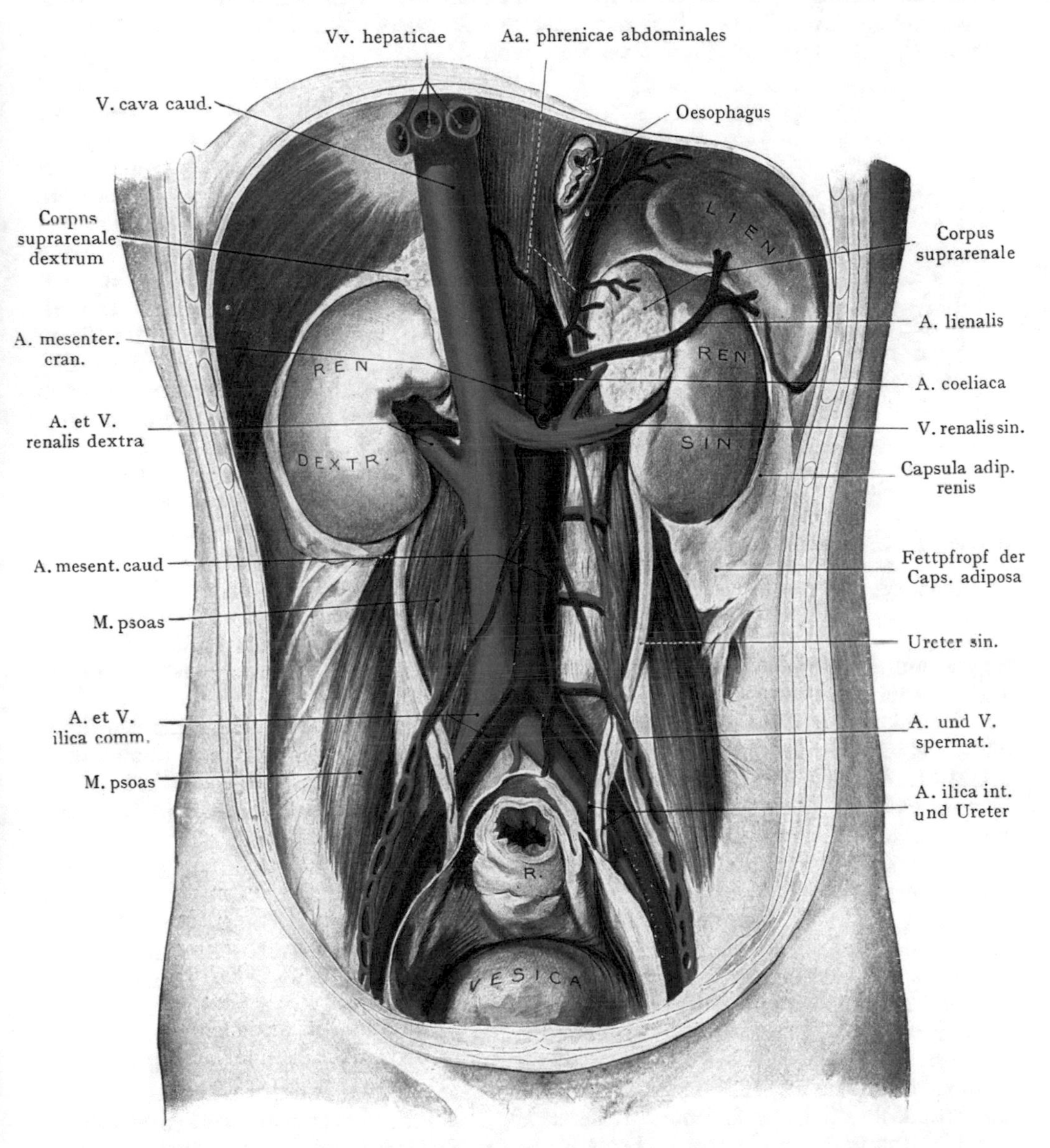

Abb. 371. Ansicht der hinteren Bauchwand nach Entfernung des Peritonaeum. Nieren, Nebennieren und grosse Gefässstämme.
Nach einem Formolpräparate.

jiziert ragen die Nieren etwas über den lateralen Rand der langen Rückenmuskeln hinaus, was die Unmöglichkeit eines ganz genauen perkussorischen Nachweises der Nierenprojektion auf die dorsale Rumpfwand erklärt, indem der durch die tiefliegende

Niere erzeugte Schall sich nicht von demjenigen der darüber liegenden Muskelmasse abgrenzen lässt.

Variationen im Höhenstande der Nieren. Dieselben sind recht beträchtlich; ganz besonders ist es die Lage des unteren Nierenpols in bezug auf die Crista ilica, welcher Aufschluss über den Stand der Niere gibt. Die Abb. 372 fasst in schematischer Form die Ergebnisse einer von Helm ausgeführten Untersuchung zusammen. Es sind beiderseits je zwei Nieren dargestellt; die obere kürzere zeigt die äusserste Variation in der Ausdehnung der Niere in proximaler Richtung, während die lange, durch Schraffierung gekennzeichnete Niere in distaler Richtung die Crista ilica beträchtlich überschreitet und mit ihrem unteren Pole in die Fossa ilica fast auf der Höhe des Promunturium zu liegen kommt. Die Variationsbreite in der Lage der Nieren ist demnach eine beträchtliche, indem dieselben in der Ausdehnung der zwei untersten Brust- und aller 5 Lendenwirbel angetroffen werden können. Häufiger als der Hochstand ist der Tiefstand. Bei Männern erreicht die rechte Niere den Darmbeinkamm einmal in 9 Fällen, bei Weibern rechterseits einmal in $2^1/_2$ Fällen, linkerseits einmal in 7 Fällen (Helm). Übrigens kann die Crista ilica auch dann überschritten werden, wenn von einem eigentlichen Tiefstand der Niere, bezogen auf die Lendenwirbelsäule, nicht die Rede sein kann; man muss in solchen Fällen eher von einem Hochstand der Crista sprechen.

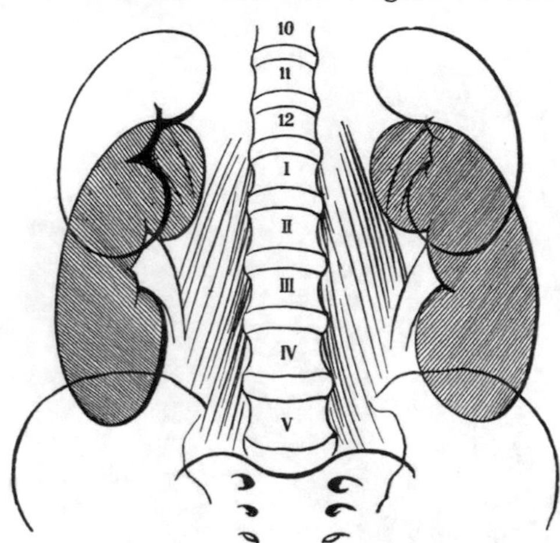

Abb. 372. Extreme der Variationen in der Länge und der Lage der Nieren.
Mit Benützung der Angaben von Fr. Helm, I.-D. Berlin 1895.

Beim Neugeborenen sind die Nieren relativ gross, während die Lendenwirbelsäule relativ kurz ist, so dass eine Tieflage der Nieren in bezug auf die Cristae ilicae statthat. Es mag dabei auch die Grösse der Leber eine Rolle spielen. Die Lage der Nieren ein paar Jahre nach der Geburt ist nicht wesentlich verschieden von derjenigen beim Erwachsenen (Symington).

Die **Nebennieren, Corpora suprarenalia** sind mit den Nieren innig verbunden, indem sie einem Teile des oberen Poles und der vorderen Fläche der Nieren aufliegen und in bindegewebigem Zusammenhang mit der Nierenkapsel stehen. Die rechte Nebenniere stellt eine dreieckige Pyramide dar (Abb. 371), während die linke Nebenniere die Form eines Halbmondes besitzt. Dementsprechend sind die Beziehungen zu den Nieren rechts und links verschieden; rechterseits sitzt die Nebenniere dem oberen Nierenpole kappenförmig auf, linkerseits liegt sie der vorderen Nierenfläche und dem medialen Nierenrande bis zum Hilus auf. Von den Flächen der linken Nebenniere sieht die eine nach vorne, die andere nach hinten; von den Flächen der dreiseitigen Pyramide der rechten Nebenniere bedeckt die Basis den oberen Nierenpol, eine Fläche sieht nach vorne, eine Fläche nach hinten und lateralwärts und eine Fläche nach hinten und medianwärts.

Der enge Anschluss an die Nieren beeinflusst selbstverständlich die Lage der Nebennieren im Sinne des Hoch- oder Tiefstandes. Nach der klassischen Angabe entsprechen sie dem XI. und XII. Brustwirbel; die rechte Nebenniere liegt (Abb. 371) mit ihrer hinteren und medialen Fläche der Pars lumbalis des Diaphragma auf und ist mit der die untere Fläche des Diaphragma überziehenden Fascia transversalis verbunden. Von der linken Nebenniere tritt ein Teil der hinteren Fläche in Beziehung zur vorderen Fläche der linken Niere, ein anderer Teil zu der Pars lumbalis des Diaphragma, mit dessen Fascie sie gleichfalls Verbindungen eingeht.

Hüllen und Befestigung der Nieren und Nebennieren. Die in Betracht kommenden Organe werden in Hüllen eingeschlossen, welche teils jedem Organe für sich zukommen, teils beide Organe zusammen umfassen. Besonders an der Niere ist die eigentliche Drüsenkapsel, welche jeder Drüse zukommt, als Tunica fibrosa renis stark ausgebildet.

Die Hüllen, welche beide Organe umfassen (Abb. 373), sind die Capsula adiposa renis und die Fascia renalis. Die erstere besteht aus lobulärem Fettgewebe, welches sich in besonderer Mächtigkeit an der dorsalen Fläche der Nieren und Nebennieren entwickelt, an der Konvexität der vorderen Fläche dagegen sehr dünn ist oder ganz fehlt, indem das Bauchfell bloss durch die Fascia renalis von der Tunica fibrosa getrennt wird. Nach unten setzt sich die Capsula adiposa in eine Fettmasse fort, welche (Abb. 371) sich in die Furche zwischen M. psoas und M. quadratus lumborum einlagert und rechterseits mit dem hinteren Umfange des Colon ascendens, linkerseits mit dem Colon descendens in Berührung tritt.

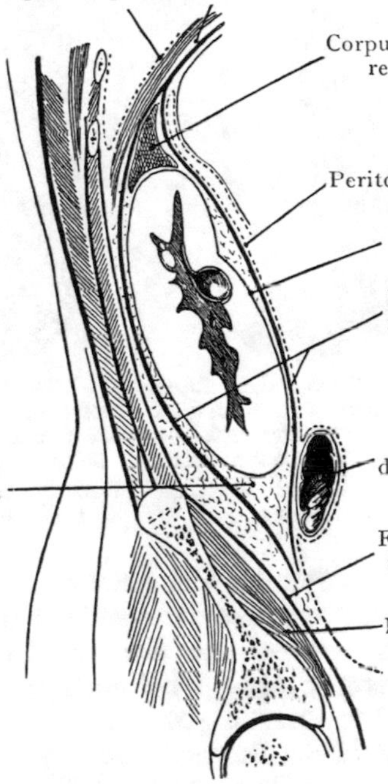

Abb 373. Längsschnitt durch die Niere, Nebenniere und Fascia renalis. Nach Gerota.

Die zweite der Niere und der Nebenniere gemeinsame Hülle, welche ganz wesentlich auch zur Fixation dieser Organe in ihrer Lage beiträgt, ist die Fascia renalis (Abb. 373). Dieselbe umhüllt als eine Verdichtung des retroperitonaealen Bindegewebes beide Organe samt ihrer Capsula adiposa und zieht von den Nieren aus als einheitliches Blatt medianwärts zum vorderen Umfange der Lendenwirbelkörper, während sie nach oben und lateralwärts in die Fascia transversalis übergeht. Im Bereiche der Nieren und Nebennieren trennt sich die Fascia renalis in ein ventrales und ein dorsales Blatt, von denen das erstere dem Peritonaeum zur Unterlage dient.

Die Fascia renalis kommt durch ihre Verbindung mit den Lendenwirbeln und dem Zwerchfell für die Befestigung der Nieren und Nebennieren in Betracht. Im gleichen Sinne wirkt auch die Verwachsung der Nebennierenkapsel mit der Fascia transversalis im Bereiche der Pars lumbalis des Zwerchfells, sowie mit dem Bindegewebe, welches die Aorta (linke Nebenniere) und die V. cava caud. (rechte Nebenniere) umgibt. Die Fettkapsel ist nicht unmittelbar für die Befestigung der beiden Organe von Wert, doch folgt auf einen plötzlichen Schwund derselben häufig eine Erschlaffung der Fascia renalis, so dass dann die Niere in einem Sacke liegt, welcher ihr eine gewisse Beweglichkeit gestattet. Sie wird infolge ihrer Schwere die Neigung haben, sich zu senken, besonders dann, wenn eine Erschlaffung der Bauchdecken hinzutritt, z. B. beim Weibe nach wiederholten und rasch aufeinanderfolgenden Schwangerschaften, eine Tatsache, welche die grössere Häufigkeit von Verlagerungen der Nieren (sog. Wandernieren) beim weiblichen Geschlechte erklärt. Rechterseits kommt die Wanderniere häufiger vor als linkerseits; sie kann in die Fossa ilica, ja sogar bis in den Raum des kleinen Beckens hinabsteigen.

Beziehungen der Nieren und der Nebennieren zu benachbarten Organen (Syntopie der Nieren und Nebennieren). Die Beziehungen sind rechts und links verschieden. Die Abb. 374 und 375 stellen die beiden Nieren von vorne, nach Härtung in situ dar. Wie an der unteren Fläche der Leber, so können auch hier die benachbarten Organe Reliefverhältnisse hervorrufen, welche die Beziehungen der Nieren und Nebennieren ohne weiteres angeben. Die obere Hälfte der rechten Niere und die vordere Fläche der rechten Nebenniere erzeugen an der unteren Fläche der Leber, sowie an ihrer hinteren Fläche dicht neben der V. cava caud., die Impressio renalis und suprarenalis. Die entsprechende Partie der vorderen Nieren- und Nebennierenfläche ist als Facies hepatica abzugrenzen (Abb. 374 Hepar); dieselbe wird an der Niere von dem Peritonaeum überzogen, während die Facies hepatica der Nebenniere sich direkt mit der Leberkapsel verbindet. Die untere Hälfte der vorderen Nierenfläche (rechts) wird von der Flexura coli dextra (Facies colomesocolica) und der Pars descendens duodeni überlagert (Facies duodenalis). Das letztere Feld liegt bei mittlerem Höhenstande des Duodenum lateral vom Hilus der Niere. Die Beziehungen zum Duodenum und zur Flexura coli dextra sind unmittelbare, d. h. die beiden Darmabschnitte liegen der Fascia renalis direkt an und das Duodenum bedeckt in der Regel auch das Nierenbecken und den Abgang des Ureters aus demselben.

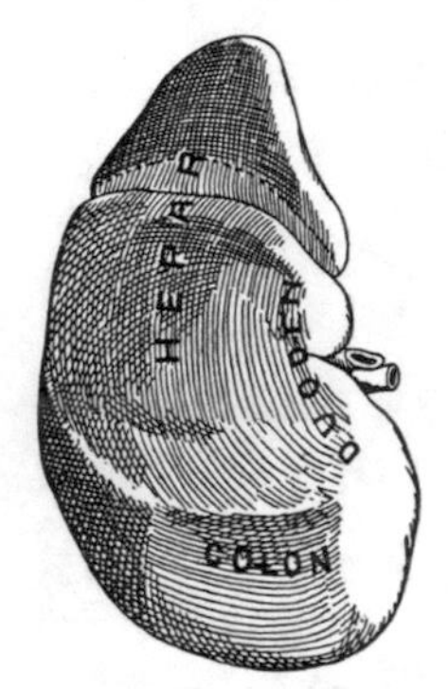

Abb. 374. Rechte Niere eines Kindes von vorn mit den Feldern, an welche sich benachbarte Organe anlegen. Nach Cunningham, Practical Anatomy, 1893.

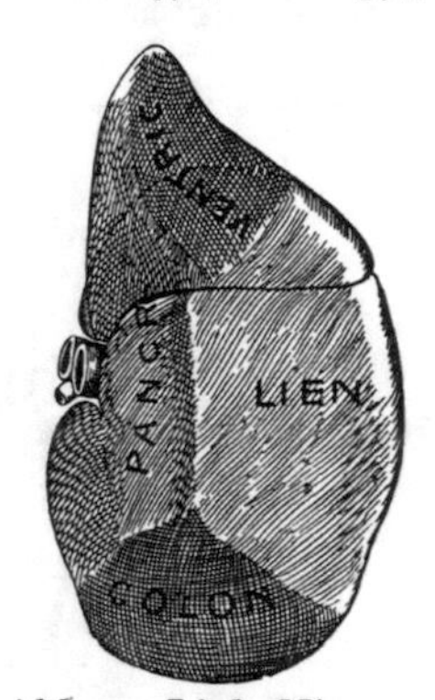

Abb. 375. Linke Niere von vorn mit den Feldern, an welche sich benachbarte Organe anlegen. Nach Cunningham, Practical Anatomy, 1893.

Die V. cava caud. streift, je nach dem Höhenstande der rechten Niere und der Einstellung ihrer Achse, den medialen Rand des oberen Nierenpoles; regelmässig steht die Wandung der Vene mit der medialen-hinteren Fläche der Nebenniere durch Bindegewebszüge im Zusammenhang.

Die Beziehungen der linken Niere und Nebenniere sind noch mannigfaltigere (Abb. 375). Hier kommen in Betracht: die Milz, der Magen, das Pankreas, die Flexura coli sinistra und das Colon descendens. An die vordere Fläche der Nebenniere, sowie an die obere Partie der vorderen Nierenfläche legt sich der Fundus des Magens (Facies gastrica), allerdings nicht unmittelbar, sondern getrennt durch den Spalt der Bursa omentalis sowie durch die Fascia renalis und die Capsula adiposa renis (Abb. 337). Lateral und unten folgt die Facies lienalis für die Anlagerung der Pars renalis der Facies visceralis der Milz, dann wird ein Feld (Facies pancreatica) in der Höhe des Nierenhilus von dem Pankreas bedeckt, dessen Schwanz bis zum Hilus lienis hinaufzieht; dabei steht die dorsale Fläche des Pankreas direkt mit der Fascia renalis in Kontakt. Der untere Pol der linken Niere und ein Teil ihrer vorderen Fläche wird von der Flexura coli sinistra (Facies colomesocolica) überlagert, deren Wandung gleichfalls direkt an die Fascia renalis grenzt.

Es muss noch hervorgehoben werden, dass diese als typisch geschilderten Beziehungen individuell stark variieren können, indem mit den Variationen in der Lage und dem Verlaufe des Duodenum und der Flexurae coli (Abb. 315—316) auch die Beziehungen dieser Organe zur vorderen Nierenfläche andere werden.

Beziehungen der Nieren und Nebennieren zum Peritonaeum. Dieselben sind linkerseits und rechterseits verschieden. In Abb. 376 und 377 sind die Beziehungen zwischen dem Peritonaeum und der vorderen Fläche der Nieren und Nebennieren dargestellt (das Peritonaeum ist mit grüner Farbe angegeben). Rechterseits erhält ein Teil der vorderen Nieren- und Nebennierenfläche, welcher der Facies hepatica entspricht, einen Peritonaealüberzug. Der grösste Teil der vorderen Fläche der Nebenniere liegt in der Impressio suprarenalis, rechts von der V. cava caud., der hinteren Leberfläche direkt an. Der Facies duodenalis fehlt der Peritonaealüberzug, ebenso einem Teile des unteren Drittels der Niere, wo sich die Flex. coli dextra anlagert; dagegen kommt dem unteren Nierenpole in kleiner Ausdehnung ein Peritonaealüberzug zu. Man vergleiche mit diesem Bilde die Ansicht des dorsalen Peritonaeum parietale (Abb. 397). Der Peritonaealüberzug der Facies hepatica zieht sich nach links über den Stamm der V. cava caudalis hinweg als Begrenzung des For. epiploicum (Winslowi).

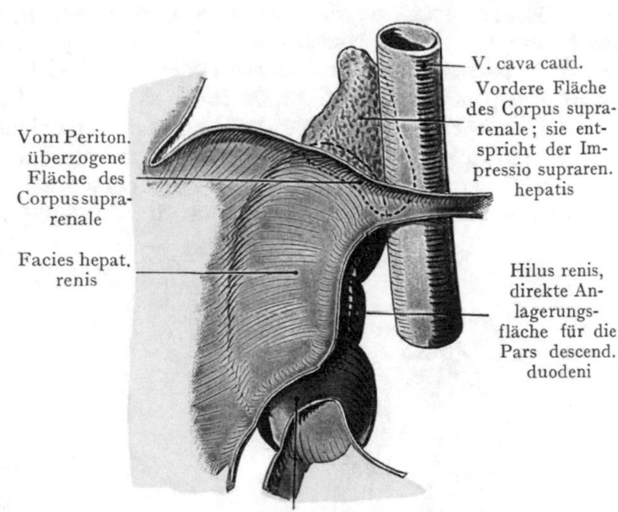

Abb. 376. Beziehungen zwischen dem Peritonaeum parietale und der vorderen Fläche der rechten Niere.
Peritonaeum grün. Halbschematisch.
Mit Benützung einer Abbildung von D. J. Cunningham, Practical Anatomy, 1893.

Linkerseits (Abb. 377) erhält die Facies lienalis einen Peritonaealüberzug und ebenso auch die Facies gastrica der Niere und der Nebenniere. Der Schwanz des Pankreas überlagert den Nierenhilus und biegt mit der A. und V. lienalis zwischen den beiden Peritonaealblättern der Bursa omentalis zum Hilus der Milz ab. Am vorderen Rande des Pankreas verläuft das Mesocolon transversum bis zur Niere und über das untere Drittel derselben hinweg; die hintere Wand des Colon descendens legt sich gerade noch dem lateralen Rande der Niere an. Im übrigen wird das untere Drittel der Niere (Facies colomesocolica) vom Peritonaeum überzogen.

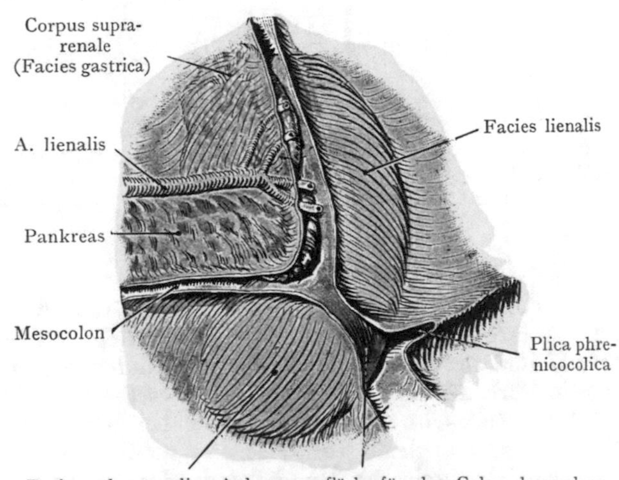

Abb. 377. Beziehungen zwischen dem Peritonaeum parietale und der vorderen Fläche der linken Niere.
Peritonaeum grün. Halbschematisch.
Mit Benützung einer Abbildung von Cunningham, Practical Anatomy, 1893.

Von der Stelle, wo das Mesocolon transversum ein Ende nimmt, läuft die Peritonaealduplikatur als Plica phrenicocolica lateralwärts auf das Zwerchfell aus und bildet den Boden, auf welchem die Extremitas ventralis der Milz ruht (Saccus lienalis).

Nierenbecken, Nierenhilus und Nierengefässe. Am Nierenhilus treten das Nierenbecken, die Nierenvene und die Vasa lymphacea renalia aus, die Nierenarterie ein. Das Nierenbecken geht aus den Nierenkelchen hervor, in welche die Nierenpapillen einmünden, und geht nach unten trichterförmig in den Ureter über.

Die Form des Nierenbeckens ist verschieden (Abb. 378A—C). Die Nierenkelche können kürzer oder länger sein und je nachdem ist auch das Nierenbecken geräumiger oder geringer entwickelt; durch die Verschmelzung einzelner Nierenkelche untereinander entsteht die gespaltene Form des Nierenbeckens (Abb. 378 C).

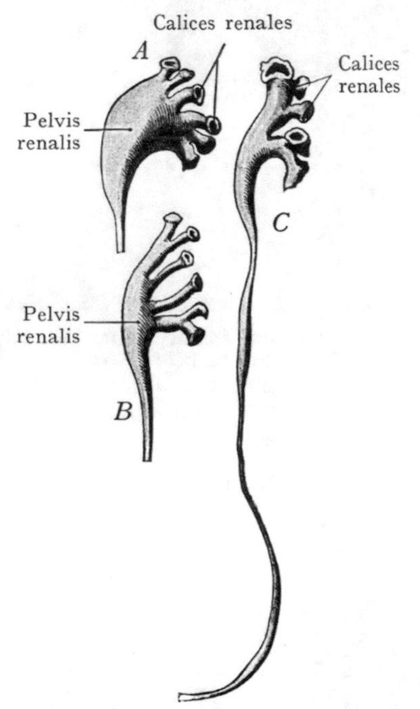

Abb. 378. Ausgüsse des Nierenbeckens. Nach Poirier in Poirier et Charpy, Traité d'anat. humaine. Vol. V.

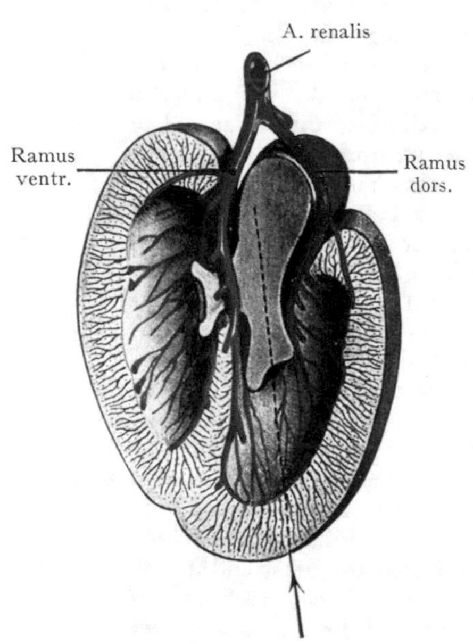

Abb. 379. Gefässversorgung der Niere, in einem Querschnitte dargestellt.
Der Ramus ventr. a. renalis versorgt $^3/_4$, der Ramus dors. $^1/_4$ der Nierenmasse.
Nach M. Brödel.

Vorne wird das Nierenbecken von der A. und V. renalis überlagert, die hier in ihre Endäste zerfallen. Die Vene liegt am weitesten ventral, dann folgt die Arterie und dorsal von der letzteren das Nierenbecken. Wenn bloss eine einzige Nierenarterie vorhanden ist, so teilt sich dieselbe am Hilus renis in Rami ventrales und dorsales (Abb. 379), indem die Arterie bei der Teilung auf dem Nierenbecken reitet; die Äste sind ungleich stark, so dass annähernd $^3/_4$ der Blutzufuhr durch die Rami ventrales, $^1/_4$ durch die Rami dorsales übernommen wird. Diese typische Verteilung der Arterien, denen die Venenstämme entsprechen, ist von praktischer Bedeutung für die Eröffnung des Nierenbeckens, welches von dem lateralen Rande der Niere aus (in der Richtung des Pfeiles in Abb. 379) ohne Durchtrennung grösserer Gefässstämme erreichbar ist, indem man auf der Grenze zwischen dem vorderen und hinteren Gefässgebiete einschneidet.

Das Situsbild, Abb. 371, stellt beiderseits eine einzige Nierenarterie dar, welche die Niere und zum Teil auch die Nebenniere mit arteriellem Blute versorgt, ein Verhalten, welches wir als typisch bezeichnen können. Die Höhe des Ursprunges der Arterie aus der Aorta ist, je nach der Lage der Niere, eine verschiedene; in etwa $^2/_3$ aller Fälle entspringt sie in der Höhe der Bandscheibe zwischen I. und II. Lendenwirbel; in der Hälfte der Fälle entspringen beide Nierenarterien in gleicher Höhe und bei verschieden hohem Ursprung entspringt die rechte Arterie meist höher als die linke.

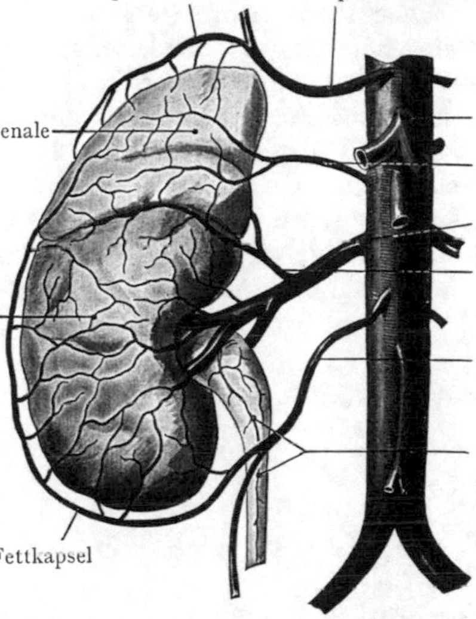

R. supraren. cran.
A. phrenica abdominalis
Corpus suprarenale
A. coeliaca
A.suprarenalis
A. renalis
R.suprarenalis caudalis
Capsula adiposa renis
A. spermatica
Äste der A. spermatica zum Ureter
Äste zur Fettkapsel

Abb. 380. Arterien der Niere, der Nebenniere und der Capsula adiposa renis. Norm.
Nach Schmerber, Thèse de Lyon 1895.

Die arterielle Verzweigung an die Nieren und Nebennieren in einem typischen Falle ist in Abb. 380 dargestellt. Hier ist die A. renalis die einzige in die Niere eindringende Arterie (Endarterie). Sie gibt ausserdem Äste an die Fettkapsel ab, welche mit Ästen aus benachbarten Arterien anastomosieren, ferner einen R. suprarenalis caud., sowie Äste an das Nierenbecken. Die A. spermatica, resp. die A. ovarica, gibt einen Ast zur Capsula adiposa, welcher am lateralen Rande der Niere und der Nebenniere verläuft und mit den anderen zur Fettkapsel gelangenden Ästen anastomosiert, ferner gehen auch kleinere Äste an das Nierenbecken und an die obere Strecke des Ureters. Das Corpus suprarenale erhält seine arteriellen Äste aus drei verschiedenen Quellen: 1. aus einem R. suprarenalis cran.[1] (gewöhnlich ein Ast der A. phrenica abdominalis [2]), 2. aus einer A. suprarenalis [3] welche direkt aus der Aorta kommt und 3. aus dem R. suprarenalis caud.[4], einem Zweig der A. renalis. Übrigens variieren die Aa. suprarenales noch mehr als die Aa. renales.

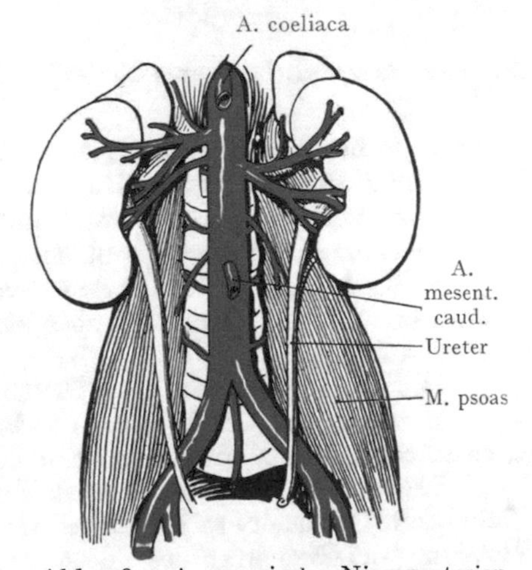

Abb. 381. Accessorische Nierenarterien.

In etwa 25% aller Fälle kommen accessorische Nierenarterien vor, deren Entstehung vielleicht auf frühfetale oder embryonale Vorgänge zurückzuführen ist, indem die Niere sich aus einzelnen Lappen zusammensetzte, von denen jede ihre eigene Arterie besass. Der Vorgang der Konzentration und Verschmelzung der Lappen war wohl auch von einer Konzentration der Arterien begleitet, die mit der Bildung einer einzigen Nierenarterie den höchsten Grad erreichte. Fälle mit einer oder auch mehreren accessorischen Nierenarterien bilden dazu Übergänge. Solche

[1] A. suprarenalis sup. [2] A. phrenica inferior. [3] A. suprarenalis media.
[4] A. suprarenalis inf.

Variationen, welchen bei Nierenoperationen eine gewisse Bedeutung zukommt, sind in Abb. 381—383 dargestellt; denselben lagen Präparate zugrunde, die kurz nacheinander zur Beobachtung kamen. In einem Falle ist der Stamm der A. renalis sehr kurz und teilt sich sofort nach seinem Ursprunge in mehrere Äste (Abb. 381, linkerseits), in anderen Fällen sind mehrere Aa. renales vorhanden, welche selbständig aus der Aorta entspringen (Abb. 383, beiderseits). Die Eintrittsstellen der accessorischen Aa. renales sowie der Äste einer frühzeitig sich teilenden einzigen A. renalis bleiben nicht immer auf den Hilus renis beschränkt, im Gegenteil, es können die Arterien sowohl gegen den oberen als gegen den unteren Nierenpol, also ausserhalb des Hilusfeldes, in die Nieren eintreten.

Die Nierenvenen liegen weiter ventral und auch weiter unten als die Arterien. Infolge der Lage der V. cava caud. rechts von der Medianebene ist die V. renalis sin. bedeutend länger als die V. renalis dextra und geht vor der Aorta, unterhalb des

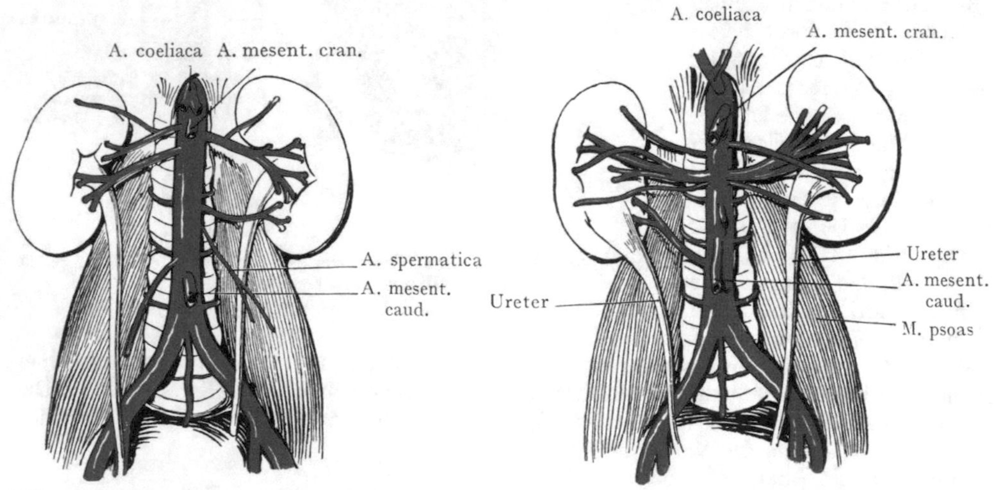

Abb. 382. Accessorische Nierenarterien.

Abb. 383. Accessorische Nierenarterien.

Ursprunges der A. mesenterica cran., zum Hilus der linken Niere. In die V. renalis sin. mündet die V. spermatica sin., die V. spermatica dextra dagegen verbindet sich direkt mit der V. cava caud. unterhalb der V. renalis dextra. Die Anordnung der Venenwurzeln ist im wesentlichen dieselbe, wie diejenige der Arterien, so dass auf die Beschreibung der letzteren verwiesen werden kann. Accessorische Nierenvenen kommen vor, brauchen aber nicht in Gesellschaft von accessorischen Nierenarterien aufzutreten.

Die Lymphgefässe der Nieren treten am Hilus zu mehreren Stämmen zusammen, welche mit der V. renalis verlaufen, um sich mit den längs der Aorta und der V. cava caud. angeordneten Lymphonodi lumbales zu verbinden.

Lage der Nieren zur hinteren Wand des Bauchraumes. Von besonderer Wichtigkeit für das operative Eingehen auf die Nieren ist die Lage derselben zur dorsalen Wandung des Bauchraumes, denn obgleich sie von vorne gleichfalls zu erreichen sind, muss doch dabei die Peritonaealhöhle eröffnet werden und ein operativer Eingriff wird ausserdem noch durch die Organe erschwert, welche die vordere Fläche der Nieren überlagern. Dem Wege von hinten stehen solche Bedenken nicht entgegen; hat man einmal die Schichten der dorsalen Bauchwand durchtrennt, so liegt die Capsula adiposa renis vor, aus welcher sich die Niere leicht ohne Verletzung des Peritonaeum herausschälen lässt.

Die mediale Hälfte oder die medialen zwei Drittel der Nieren werden von der mächtigen Masse der langen Rückenmuskeln überlagert (Abb. 384), welche sich im Sulcus dorsalis beiderseits von den Processus spinales der Lendenwirbel einbetten. Sie kommen für die Niere bloss insofern in Betracht, als ihr lateraler Rand die Linie angibt, in welcher man durch die Schichten der breiten Bauchmuskeln auf den lateralen Rand der Niere vordringt. Oberflächlich zu den langen Muskeln liegt die Pars aponeurotica[1] fasciae lumbodorsalis, von welcher der M. latissimus dorsi entspringt. Die laterale

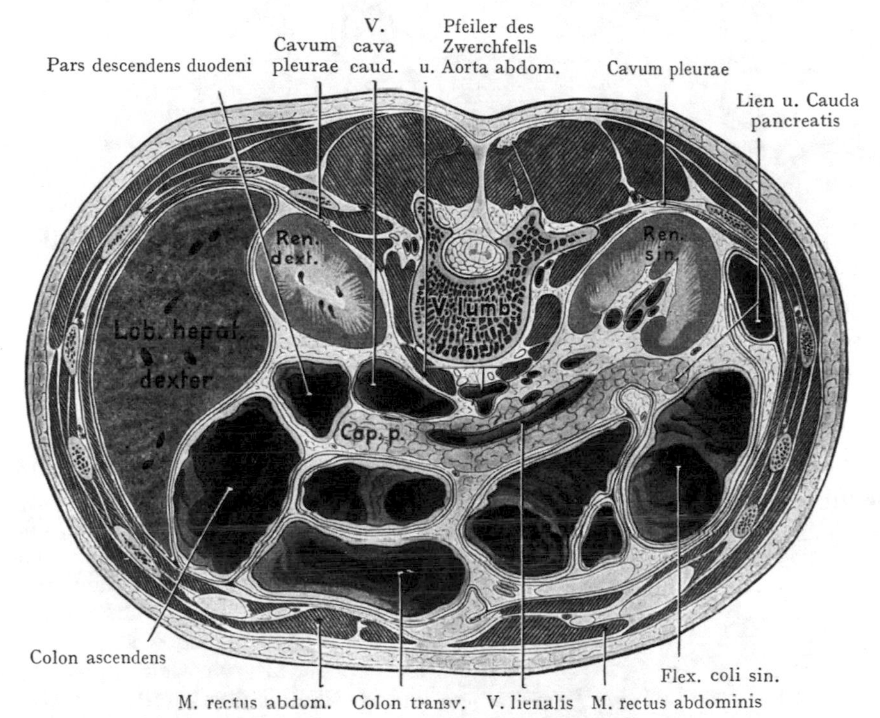

Abb. 384. Horizontalschnitt durch den Bauch, in der Höhe des 1. Lumbalwirbels. Nach W. Braune, Atlas der topogr. Anat. 1875.

Partie der hinteren Nierenfläche wird von den breiten Bauchmuskeln überlagert (Abb. 384); hier kommen die Mm. obliquus int. und transversus abdominis in Betracht, ferner der M. quadratus lumborum, auf dessen vorderer Fläche die Niere teilweise ruht und dessen lateralen Rand sie überschreitet, um mit dem M. transversus abdominis in direkte Berührung zu treten. In dem Fette, welches hinter der Niere und ausserhalb der Fascia renalis auf dem M. quadratus lumborum liegt, verlaufen schräg lateral- und abwärts die Nn. subcostalis, ilioinguinalis und iliohypogastricus, welche bei entzündlichen Veränderungen an der Nierenkapsel oder in dem umgebenden Gewebe (perinephritische Abscesse) in Mitleidenschaft gezogen werden können.

Die obere Partie der hinteren Nierenfläche liegt dem Zwerchfell an und bedeckt die Lücke zwischen der Pars costalis und lumbalis diaphragmatis, welche wir als Trigonum lumbocostale bezeichnet haben (Abb. 290). Das Zwerchfell vermittelt also auch Beziehungen zwischen den Nieren und den Sinus phrenicocostales pleurae. Für die Ausführung der Nierenexstirpation sind diese Beziehungen, sowie die Lage der Nieren in bezug auf die beiden letzten Rippen im Auge zu behalten (Abb. 385). Die hintere Fläche

[1] Oberflächliches Blatt der Fascia lumbodorsalis.

beider Nieren wird oben von dem Spalt des Sinus phrenicocostalis überlagert, indem die Umschlagslinie der Pleura normalerweise etwas unterhalb der Artikulations-

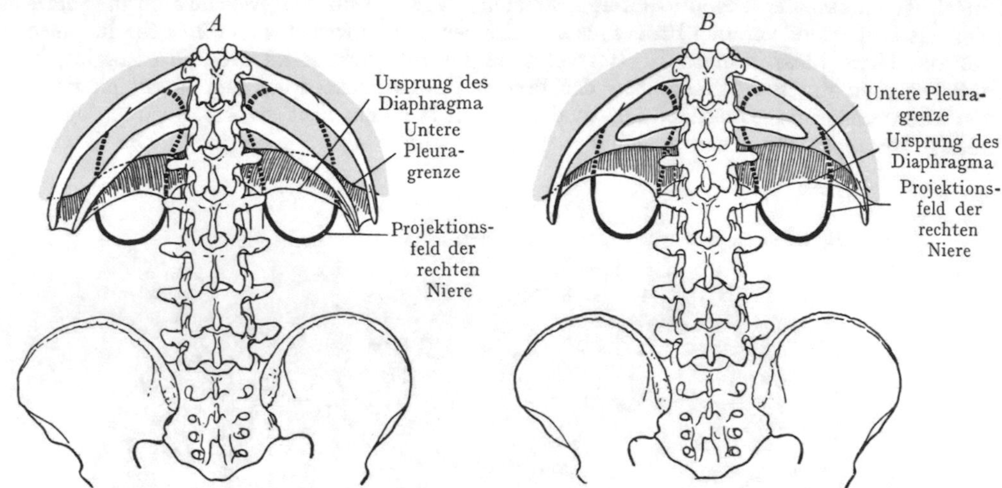

Abb. 385. Beziehungen zwischen den Nieren einerseits und der unteren Pleuragrenze mit der XII. Rippe andererseits, bei verschiedener Länge der XII. Rippe.
A entspricht der Mehrzahl der Fälle.
Nach Récamier, Thèse de Paris. 1889.

stelle der XII. Rippe mit dem XII. Brustwirbel beginnt und in annähernd horizontalem Verlaufe die XII., XI. und X. Rippe kreuzt. Da die XII. Rippe regelmässig, ausser bei Tiefstand der Niere, die hintere Fläche der letzteren erreicht, so muss ein Teil der hinteren Nierenfläche über die Umschlagslinie der Pleura zu liegen kommen und wird dorsal von dem Sinus phrenicocostalis überlagert. Der letztere wird niemals gänzlich durch den bei der Respiration auf- und absteigenden unteren Lungenrand ausgefüllt, so dass wir an den Nieren, wie an der Milz, einen Abschnitt unterscheiden können, der von der Lunge und der Pleurahöhle überlagert wird, einen Abschnitt, welcher bloss von dem Sinus phrenicocostalis überlagert wird, und einen Abschnitt, der sich direkt den Muskeln der hinteren Wandung des Bauchraumes anlegt.

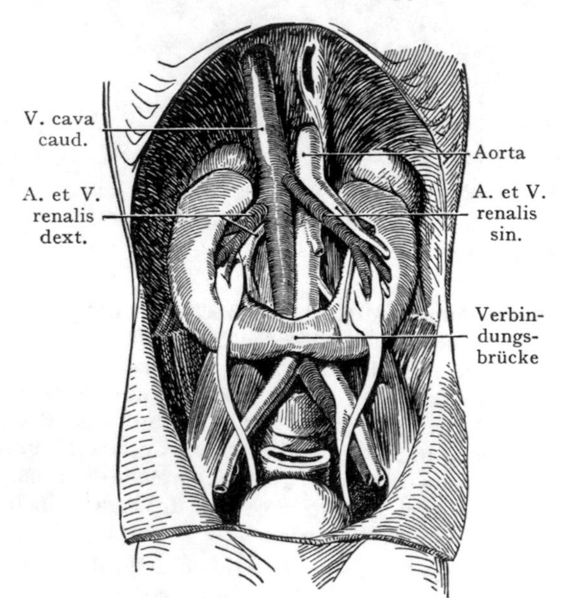

Abb. 386. Topographie einer Hufeisenniere.
Beobachtet in dem Basler Seziersaale.

Die XII. Rippe zeigt in bezug auf Länge und Verlauf Variationen, deren Beachtung sich für den Chirurgen empfiehlt. In Abb. 385 stellen A und B extreme Fälle dar. Die Länge der XII. Rippe schwankt zwischen 1,5 und 14 cm. Ist die XII. Rippe lang, so wird sie der XI. Rippe parallel und schief nach unten verlaufen (Abb. 385 A); ist sie dagegen kurz, so verläuft sie mehr horizontal (Abb. 385B). Von einer langen XII. Rippe kann man beim Eingehen auf die Niere, zur Vergrösserung des Operationsfeldes, das laterale Drittel resezieren, ohne dabei Gefahr zu laufen, die Pleurahöhle zu eröffnen; bei kurzer XII. Rippe würde eine Resektion des lateralen Endes der Rippe die Eröffnung der Pleurahöhle zur Folge haben. Man muss sich also in allen Fällen zunächst von der Länge und dem Verlaufe der Rippe überzeugen, bevor man etwa, zur Vergrösserung des Operationsfeldes, die Resektion derselben vornimmt.

In bezug auf das Situsbild der Nieren von hinten vgl. man Abb. 405.

Anomalien der Nieren. Abgesehen von den Verschiedenheiten im Höhenstande der Nieren, deren normale Variationsbreite durch Abb. 372 veranschaulicht wird, kommen auch Dystopien und andere abnorme Formentwicklungen der Nieren vor, die praktisch von grosser Bedeutung sind. Am häufigsten findet man eine mehr oder weniger weitgehende Verschmelzung beider Nieren, deren höchster Grad durch die sog. Kuchenniere dargestellt wird, mit zwei aus einer einheitlichen Masse von Nierensubstanz hervorgehenden Ureteren. Bei der in Abb. 386 dargestellten Hufeisenniere dagegen wird die Verbindung beider Nieren bloss durch eine von den beiden unteren Polen ausgehende Brücke hergestellt, welche in solchen Fällen entweder rein fibrös ist oder auch aus Nierengewebe bestehen kann. Diese Brücke legt sich quer vor die untere Strecke der Aorta abdominalis und der V. cava caud. Die Ureteren gehen beiderseits aus der vorderen Fläche der Nieren hervor, indem, gewissermassen durch eine Drehung der letzteren um ihre Längsachse, der Nierenhilus nicht medianwärts, sondern ventralwärts sieht.

Grosse Gefässstämme, Grenzstränge des Sympathicus und Ureteren im Retroperitonaealraume.

Die beiden seitlichen Abschnitte des Retroperitonaealraumes, in deren oberster Partie die Nieren und Nebennieren sich einlagern, werden verbunden durch einen median vor der Lendenwirbelsäule gelegenen Abschnitt, welcher sich bis zum Promunturium erstreckt. In demselben sind die grossen längsverlaufenden Gefässstämme eingelagert (Aorta und V. cava caud.), deren paarige Äste (Aa. und Vv. renales und suprarenales) in die seitlichen Abteilungen des Retroperitonaealraumes eintreten, während die grossen unpaaren Äste der Aorta direkt nach vorne abgehen (Aa. coeliaca, mesenterica cran. und caud.). Dazu kommen die Grenzstränge des Sympathicus sowie die längs der grossen Äste der Aorta verlaufenden sympathischen Geflechte.

Die erwähnten Gebilde sind von lockerem Bindegewebe umgeben und in der oberen Strecke ihres Verlaufes vorne von dem Pankreas und der Pars caudalis duodeni bedeckt; weiter abwärts erhalten sie einen Überzug von dem Peritonaeum. In der schräg über die Aorta und die Vv. cava caudalis verlaufenden Linie der Radix mesostenii[1] begibt sich das Peritonaeum von der hinteren Wand der Bauchhöhle zu den Dünndarmschlingen.

Aorta abdominalis und V. cava caud. Beide Stämme sind mit ihren Verzweigungen in Abb. 371 dargestellt, während die Abb. 387 und 388 Einzeldarstellungen der Aorta und der grossen Venenstämme geben. In der Höhe des II.—IV. Lumbalwirbels liegen Aorta und V. cava caud. nebeneinander; in der Höhe der unteren Hälfte des IV. oder der Bandscheibe zwischen IV. und V. Lumbalwirbel findet die Teilung in die Vasa ilica communia statt; in der Höhe der Scheibe zwischen I. und II. Lumbalwirbel weicht die V. cava caud. nach rechts und ventralwärts ab, indem sie an der rechten Nebenniere und dem obersten Teile der rechten Niere vorbei zum Foramen venae cavae emporzieht. Die Aorta abdominalis gelangt etwas links von der

[1] Radix mesenterii.

Medianebene durch den Hiatus aorticus am vorderen Umfange des XII. Brustwirbelkörpers in den Retroperitonaealraum.

Im ganzen genommen ist also der Verlauf der Aorta etwa senkrecht, derjenige der V. cava caud. schief und noch dazu nicht gerade, indem die Strecke vom For. venae cavae bis zum I. Lendenwirbel einen Winkel mit der unteren Strecke bildet, welche letztere auf dem II.—III. Lendenwirbelkörper annähernd parallel mit der Aorta verläuft.

Die **Aorta abdominalis** reicht von dem Hiatus aorticus bis zu ihrer Teilung in die Aa. ilica comm. dextra und sinistra auf der unteren Hälfte des IV. Lumbalwirbelkörpers; auf dieser Strecke, welche nur den unteren $^2/_3$ der V. cava caud. entspricht,

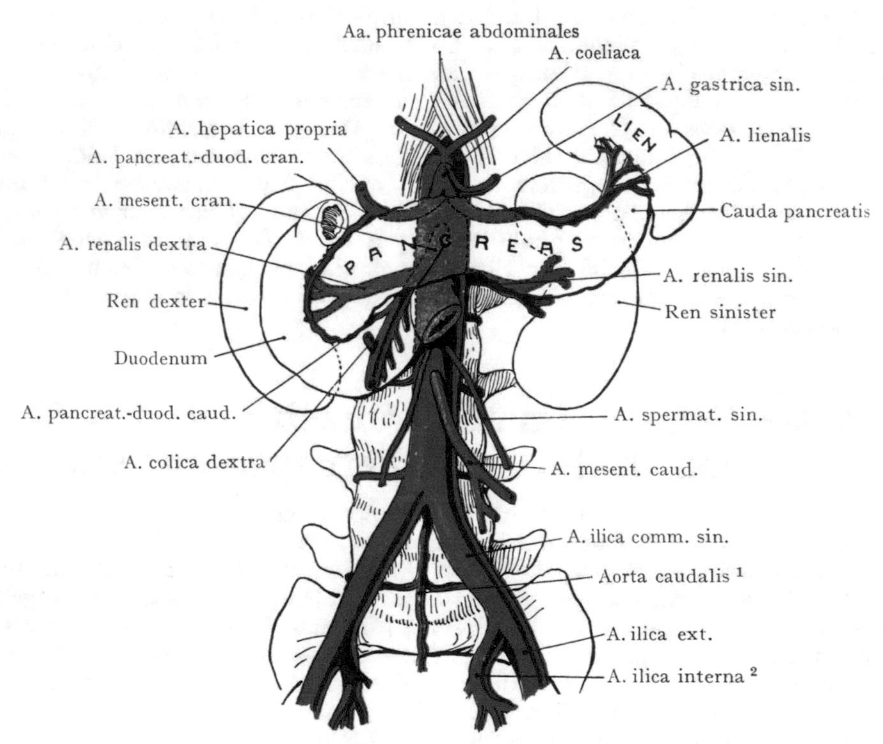

Abb. 387. Topographie der Aorta abdominalis und ihrer Äste.

entspringen sowohl paarige als unpaarige Äste. Unpaare Äste gehen ausschliesslich ventralwärts zum Darme. Es sind dies die Aa. coeliaca, mesenterica cranialis und mesenterica caudalis.

Der Ursprung der A. coeliaca findet unmittelbar unterhalb des Hiatus aorticus von dem vorderen Umfange der Aorta statt; in den meisten Fällen liegt das Peritonaeum der dorsalen Wand der Bursa omentalis dem 1—2 cm langen Stamme direkt an, während die beiden grösseren Äste (A. hepatica communis und A. lienalis) von dem Pankreas überlagert sind und die A. gastrica sin. direkt nach oben zur Cardia des Magens und zur Curvatura minor gelangt (Abb. 308).

Die A. mesenterica cran. entspringt in der Höhe des I. Lumbalwirbels, manchmal in unmittelbarem Anschlusse an die A. coeliaca (Abb. 387). Sie wird in ihrem Ursprunge und in der ersten Strecke ihres Verlaufes bis zu der Stelle, wo sie am unteren Rande des Pankreas und oberhalb der Pars caudalis duodeni zum Vorschein kommt,

[1] A. sacralis media. [2] A. hypogastrica.

vorne von dem Pankreaskörper bedeckt, welcher sich zwischen der A. coeliaca und der A. mesenterica cran. einschiebt und an seiner dorsalen Fläche eine Furche zur Aufnahme der A. und V. mesenterica cran. aufweist. Rechts von der Flex. duodenojejunalis tritt die A. mesenterica cran. über die Pars caudalis duodeni in die Radix mesostenii[1] ein. Als Variation ist das Vorkommen eines gemeinsamen Ursprungsstammes für die A. coeliaca und die A. mesenterica cran. anzuführen.

Der Ursprung der A. mesenterica caud. liegt in den meisten Fällen zwischen dem Abgange der Aa. lumbales III und IV; sie entspricht dem III. Lumbalwirbel.

Paarige Äste der Aorta. Wir haben die Aa. phrenicae abdominales[2], suprarenales, renales, spermaticae resp. ovaricae und lumbales. Von diesen entspringen die Aa. phrenicae abdominales[2] unmittelbar nach dem Durchtritt der Aorta durch den Hiatus aorticus und gehen an die Pars lumbalis des Zwerchfells, indem sie in der Regel je einen R. suprarenalis cran. zu den Nebennieren abgeben. Die Aa. renales und suprarenales sind schon besprochen worden; die A. renalis dextra wird häufig auf ihrem ganzen Verlaufe von dem Pankreaskopfe überlagert (Abb. 387), die A. renalis sin., je nachdem sie höher oder tiefer entspringt, von dem Pankreaskörper; oder sie kommt auch am unteren Rande des Pankreas in der Ansicht von vorn zum Vorschein. Die Aa. spermaticae entspringen aus derjenigen Strecke der Aorta, welche zwischen dem Ursprunge der Aa. mesenterica cran. und caud. liegt; die A. spermatica dextra verläuft im retroperitonaealen Bindegewebe auf dem Stamme der V. cava caud. gegen den rechten Umfang der Vene und trifft hier mit der V. spermatica dextra zusammen (Abb. 371), welch letztere die Arterie als Plexus pampiniformis umgibt. Sodann kreuzen die A. und V. spermatica dextra zusammen den Ureter und begeben sich, lateral von den Vasa ilica ext., zum Anulus inguinalis praeperitonealis[3]. Abgesehen von den Beziehungen zur V. cava caud. gilt das Gesagte auch für die A. spermatica sin. und den Plexus pampiniformis der linken Seite.

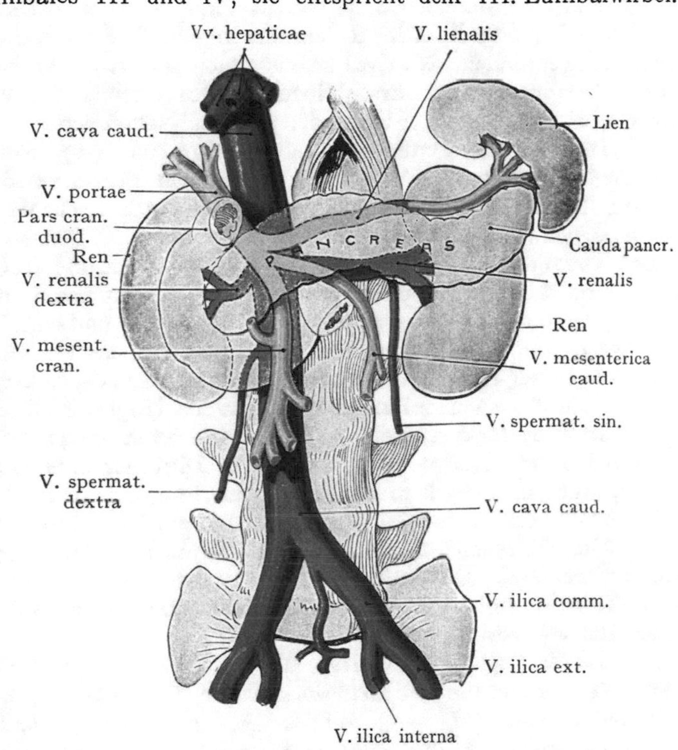

Abb. 388. Topographie der V. cava caud. (blau) und der V. portae (grün). Schematisch.

Die vier Aa. lumbales verlaufen quer über die Körper der Lendenwirbel, um am medialen Rande des M. psoas unter die sehnigen Bogen zu treten, welche in den Ursprüngen des Muskels am lateralen Umfange der Lendenwirbelkörper ausgespart sind. Eine A. lumbalis gibt den Ramus dorsalis zu den Rückenmuskeln ab und verläuft zwischen den Mm. transversus und obliquus int. ventralwärts (Abb. 289). Die letzte

[1] Radix mesenterii. [2] A. phrenica inf. [3] Annulus inguinalis abdominalis.

Lumbalarterie anastomosiert mit der A. iliolumbalis und der A. circumflexa ilium profunda.

Die **Vena cava caud.** zeigt während ihres Verlaufes von dem unteren Rande des IV. Lumbalwirbelkörpers bis zum For. venae cavae eine Reihe von wichtigen Beziehungen. Dorsal liegt sie dem rechten Umfange der Lendenwirbelkörper auf, zum Teil von ihnen getrennt durch den rechten Truncus sympathicus, die Aa. und Vv. lumbales und den rechten Zwerchfellpfeiler. Ventralwärts ergeben sich Beziehungen zu der Radix mesostenii, von der die Vene in der Höhe des III. Lumbalwirbelkörpers schräg überkreuzt wird, dann wird sie von der Pars caudalis duodeni, dem Kopfe des Pankreas und der V. portae überdeckt, endlich in die Fossa venae cavae der hinteren Leberfläche aufgenommen. Medial schliesst sich die V. cava caud. der Aorta an. Lateralwärts berührt sie die Pars abdominalis des Ureters, den medialen Rand der rechten Niere und die mediale Fläche der rechten Nebenniere.

Die Vena cava caud. hat nur paarige Äste resp. Wurzeln, indem die V. portae mit ihren Wurzeln die Ableitung des venösen Blutes aus dem Darm zur Leber übernimmt. Diese paarigen Wurzeln entsprechen im Bereiche des Spatium retroperitonaeale den paarigen Ästen der Aorta abdominalis; demnach können wir Vv. phrenicae abdominales[1], Vv. suprarenales, Vv. renales, Vv. spermaticae und Vv. lumbales unterscheiden. Die Vv. lumbales stehen durch längsverlaufende Anastomosen untereinander in Verbindung und werden durch die Vv. thoracica longitud. dextra und sinistra[2] innerhalb der Brusthöhle fortgesetzt, so dass ein doppelter Abflussweg für das venöse Blut des Retroperitonaealraumes zustande kommt, erstens durch die V. cava caud., zweitens durch die im hinteren Mediastinalraume verlaufenden Vv. thoracica longitudinalis dextra und sinistra[2] zur V. cava cran. Eine starke Ausbildung der zweiten Bahn ist dann zu erwarten, wenn bei Unwegsamwerden der V. cava caud. das venöse Blut der unteren Körperhälfte neue Bahnen suchen muss, die es teils in der V. thoracica longit. dextra und sinistra[2], teils in der Kette von Anastomosen zwischen den Venen der vorderen Bauchwand findet (Abb. 389).

Die Vv. renales nehmen auch kleine Äste aus der Capsula adiposa renis und den Nebennieren auf. Die linke V. renalis ist bedeutend länger als die rechte und verläuft über die Aorta hinweg zur Niere. In Abb. 371 wird die linke A. renalis von der linken V. renalis von vorne bedeckt.

Die Vv. spermaticae resp. die Vv. ovaricae gehen aus dem Hilus des Hodens resp. des Ovarium als ein Geflecht kleinerer Venen hervor, die sich innerhalb des Cavum retroperitonaeale auf 2—3 mit der A. spermatica verlaufende Stämme reduzieren. Für ihre Lage gilt das oben von der A. spermatica Gesagte. Hervorzuheben ist die Einmündung der linken V. spermatica in die linke V. renalis, während die V. spermatica dextra sich direkt mit der V. cava caud. verbindet.

Die Vv. hepaticae münden als 2—3 kurze aber starke Stämme in den vorderen Umfang der V. cava caud. aus, unmittelbar unterhalb ihres Eintrittes in das Foramen venae cavae.

Verbindungen zwischen dem Gebiete der Vv. cava caud. und cran. einerseits und der V. portae andererseits. In Abb. 389 sind in schematischer Form die Verbindungen der Venen der Körperwandungen mit den grossen Eingeweidevenen dargestellt. Die Abbildung dient auch dazu, um die ventralen Längsanastomosen innerhalb der Bauchdecken zu veranschaulichen, welche die V. ilica ext., resp. die V. femoralis, mit der V. subclavia und dem Gebiete der V. cava cran. eingeht. An diesen Anastomosen beteiligen sich unten die Vv. epigastrica superficialis und caudalis, oben die V. thoracica int.[3], welche in die V. subclavia mündet. Man beachte auch die Verbindung zwischen diesen Längsvenen der Bauchwand und der V. portae, welche in der Chorda venae umbilicalis[4] als Vv. adumbilicales[5] nachzuweisen sind, und besonders bei Verlegung des Pfortaderkreislaufes innerhalb der Leber eine Ausweitung erfahren. Noch an zwei anderen Stellen verbinden sich Wurzeln der Pfortader mit

[1] Vv. phrenicae inf. [2] Vv. azygos und hemiazygos. [3] V. mammaria int.
[4] Lig. teres hepatis. [5] Vv. parumbilicales.

solchen der Körpervenen, erstens an der Cardia des Magens, wo die V. coronaria ventriculi mit den in die V. thoracica longitudinalis dextra[1] Abfluss findenden Vv. oesophagicae anastomosiert, und zweitens im Bereiche des Rectum, wo die V. rectalis cranialis[2] (eine Wurzel der V. mesenterica caud.) sich im Plexus rectalis[3] mit den Vv. anales[4] aus der V. pudendalis int. verbindet.

Lymphgefässe und Lymphdrüsen im Retroperitonaealraum. Der Retroperitonaealraum ist ganz besonders reich an Lymphdrüsen und Lymphgefässen. Es sammeln sich hier: 1. die Lymphgefässe der unteren Extremitäten und der Beckenorgane, 2. die Lymphgefässe eines grossen Teiles der tieferen Schichten der Bauchwandung, 3. die Lymphgefässe (Chylusgefässe) des Darmes, welche an der Radix mesostenii[5] resp. der Haftlinie des Mesocolon transversum, längs der Aa. mesenterica cran. und caud. in den Retroperitonaealraum treten, 4. die Lymphgefässe aus den Nieren, Nebennieren und der unteren Fläche des Diaphragma, 5. die Lymphgefässe aus Magen, Pankreas, Leber und Milz, welche sich mit den am Ursprung der A. coeliaca gelegenen Lymphonodi coeliaci verbinden.

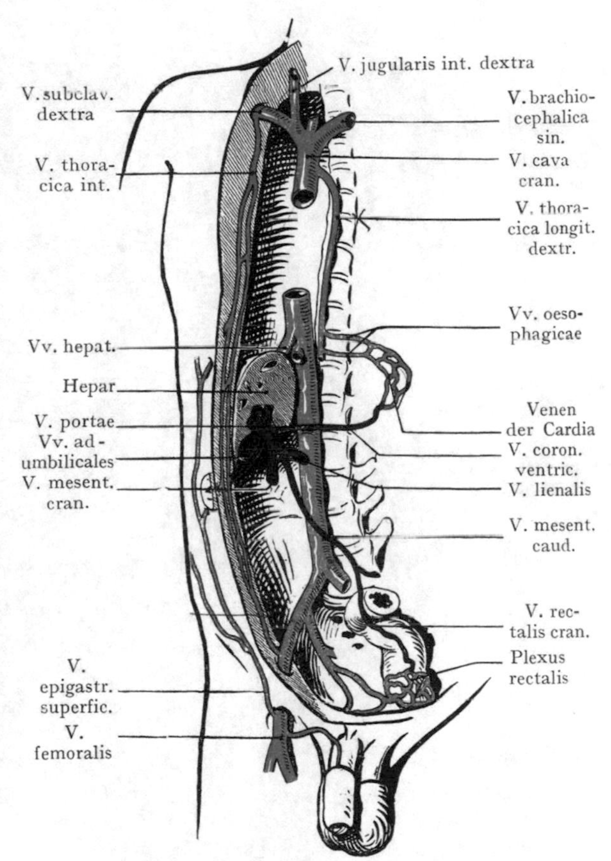

Abb. 389. Anordnung der grossen Rumpfvenen und Verbindungen derselben mit dem Pfortaderkreislauf.
Mit Benützung einer Abbildung von O. Schultze, Atlas der topographischen Anatomie.

Die Lymphdrüsen des Retroperitonaealraumes bilden mit längsverlaufenden Lymphstämmen zusammen eine Kette, die sich längs der Aorta abdominalis und der Vena cava caud. hinaufzieht (Lymphonodi lumbales). Mit diesen Lymphdrüsen setzen sich von unten die längs der A. und V. ilica communis verlaufenden Lymphonodi ilici in Verbindung. Die beiden Trunci lumbales münden mit dem Truncus intestinalis, welcher die Lymphgefässe des Dünndarms sammelt, zusammen und bilden, gewöhnlich auf dem Körper des I. Lumbal- bis XII. Thorakalwirbels, die Cisterna chyli, aus welcher der Ductus thoracicus hervorgeht. Dieser verläuft rechterseits von der Aorta abdominalis durch den Hiatus aorticus, um innerhalb der Brusthöhle zwischen der Aorta thoracica und der V. thoracica longitudinalis dextra[1] seinen Verlauf kranialwärts fortzusetzen (s. Brusthöhle).

Nervenstämme und Nervengeflechte im Retroperitonaealraume. In dem Retroperitonaealraume liegen von Nervenstämmen und Nervengeflechten (Abb. 390): 1. die Pars lumbalis des sympathischen Grenzstranges beiderseits von der Medianlinie auf den Lendenwirbelkörpern, 2. die längs der grossen Gefässe zu den verschiedenen

[1] V. azygos. [2] V. haemorrhoidalis sup. [3] Plexus haemorrhoidalis.
[4] V. haemorrhoidalis media. [5] Radix mesenterii.

Baucheingeweiden ziehenden Plexus sympathici, 3. die Äste der Nn. vagi, welche zum Plexus coeliacus, resp. zu den Ganglia coeliaca verlaufen.

Die Grenzstränge des Sympathicus (Abb. 390) gehen zwischen dem medialen und dem lateralen Zwerchfellschenkel aus der Brust- in die Bauchhöhle und

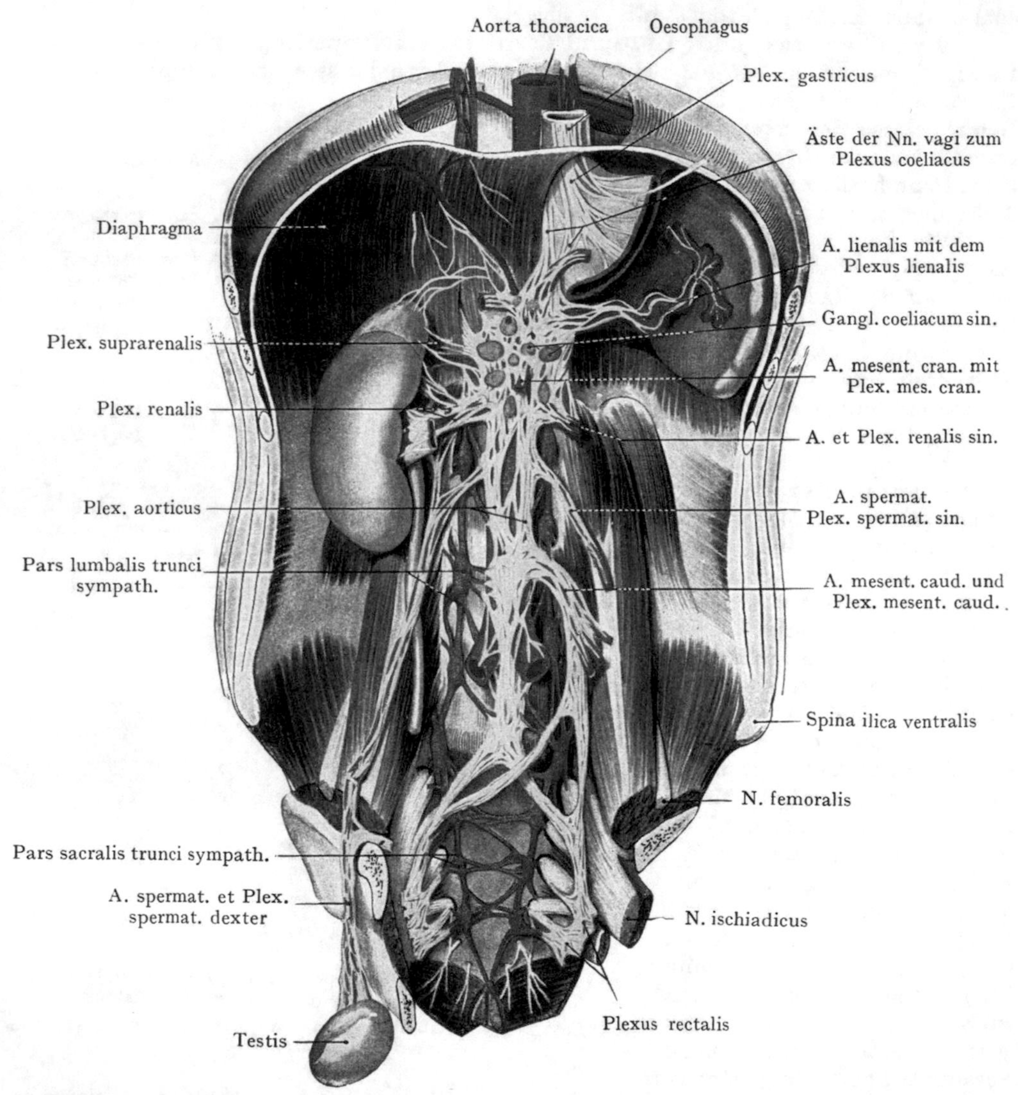

Abb. 390. Topographie der sympathischen Grenzstränge und der sympathischen Geflechte in der Bauch- und Beckenhöhle.
Sympathische Geflechte gelb, Grenzstrang braun.
Nach L. Hirschfeld und J. B. Léveillé, Traité et iconographie du système nerveux. 2 éd. Paris 1866.

liegen im Retroperitonaealraume der vorderen Fläche der Lendenwirbelkörper an; die Rami viscerales der Lumbalnerven, welche den Grenzstrang zusammensetzen, verlaufen mit den Aa. lumbales in den im Ursprunge des M. psoas ausgesparten von Sehnenbündeln überbrückten Öffnungen. In der Regel finden sich vier Ganglien in der Pars lumbalis. Von den Grenzsträngen gehen Fasern zur Bildung der sympathischen Nervengeflechte ab.

Die sympathischen Nervengeflechte liegen der Aorta abdominalis in ihrer ganzen Länge auf und geben sekundäre, die Arterien der Eingeweide umspinnende Geflechte ab. Wir können also zunächst einen Plexus aorticus unterscheiden, der in der Höhe des Abganges der A. coeliaca infolge der Einlagerung grauer Massen besonders mächtig ist. In der Regel lassen sich zwei grössere Ganglien darstellen (Ganglia coeliaca) auf den vertebralen Ursprungsschenkeln des Zwerchfells, zwischen den Nebennieren und der Aorta, und oberhalb des Pankreas (s. auch die Ansicht von der dorsalen Seite, Abb. 405). Vorne werden sie von der hinteren Wand der Bursa omentalis bedeckt. Mit dem Ganglion coeliacum einer Seite tritt der ganze N. splanchnicus major der betreffenden Seite in Verbindung (aus den 6—8 oberen Ganglien der Pars thoracica des Grenzstranges hervorgehend), ferner ein Ast des gleichfalls aus der Pars thoracica (2—3 unteren Ganglien) kommenden N. splanchnicus minor sowie ein Ast des N. vagus. Aus dem konvexen, nach unten sehenden Umfange der Ganglia coeliaca entspringt eine grosse Zahl von Ästen, die sich in der Höhe des Ursprunges der Aa. coeliaca und mesenterica cran. durchflechten und, mit kleineren Anhäufungen grauer Substanz untermengt, die Aorta fast vollständig verdecken (Abb. 390). Von diesem Plexus gehen nach verschiedenen Richtungen Äste ab, so dass er, im ganzen herauspräpariert, früher die Bezeichnung als Plexus solaris erhielt.

Der Verlauf der sekundären Plexusbildungen ist aus Abb. 390 ohne eingehende Beschreibung ersichtlich. Allen aus der Aorta entspringenden Stämmen schliessen sich sympathische Geflechte an, die je nach dem Gefässstamme benannt werden; so der Plexus suprarenalis, renalis, hepaticus, lienalis, mesentericus cran. und caud., spermaticus.

Der Plexus aorticus (Stammplexus) teilt sich nach unten, entsprechend der Teilung der Aorta, in zwei Plexus, die sich längs der A. ilica interna[1] in den Beckenraum erstrecken.

Verlauf und Beziehungen der Ureteren im Retroperitonaealraume (Abb. 371). Wir unterscheiden an den Ureteren eine Pars abdominalis von einer Pars pelvina; bloss die erstere kommt hier in Betracht. Sie liegt der Fascie auf, welche die vordere Fläche des M. psoas überzieht und wird hier von dem Peritonaeum parietale bedeckt. Das Nierenbecken und sein Übergang in den Ureter werden vorne beiderseits von den Nierengefässen, ferner rechterseits von der Pars descendens duodeni, linkerseits auch von dem Colon transversum überlagert. Variationen in der Lage dieser Darmteile sind natürlich bei dieser Angabe zu berücksichtigen (s. oben). Die Ureteren kommen nach Entfernung der oberen und unteren Baucheingeweide sowie des Peritonaeum parietale am medialen Nierenrande unterhalb des Hilus, manchmal erst am unteren Nierenpole (so in Abb. 371), zum Vorschein und verlaufen schräg medianwärts und nach unten, häufig auch mit leichter lateralwärts gerichteter Biegung, der vorderen Fläche des M. psoas angeschlossen, gegen den Rand des kleinen Beckens. Sie werden von der A. und V. spermatica der betreffenden Seite ventral gekreuzt und erhalten von der A. spermatica einen kleinen R. uretericus. Sodann kreuzt der Ureter die A. und V. ilica communis, annähernd in der Höhe ihrer Teilung in die A. und V. ilica ext. und interna[1], rechterseits etwas weiter unten als linkerseits (die Kreuzung kann rechterseits auch unterhalb der Teilungsstelle liegen) und tritt im Anschluss an die Wandung des kleinen Beckens als Pars pelvina die zweite Strecke seines Verlaufes an (s. Becken). Die A. und V. colica sin. kreuzen bei ihrem Verlaufe lateralwärts zum Colon descendens sowie zum Colon sigmoides die Pars abdominalis ureteris und können bei der Aufsuchung der letzteren durchschnitten werden. Der rechte Ureter kann die V. cava caud. streifen.

Anomalien der Ureteren. Eine Anomalie, welche in sehr verschiedenem Grade ausgebildet sein kann, ist die Spaltung des Ureters. Dieselbe kann sich auf den

[1] A. hypogastrica.

obersten Teil des Ureters beschränken und ist mit einer Teilung des Nierenbeckens verknüpft, sie kann sich auch weiter gegen die Blase hin erstrecken, ja es kommen Fälle vor, in denen der ganze Ureter verdoppelt ist. So fanden sich bei einem im Basler Seziersaale beobachteten Falle (Abb. 391) rechterseits zwei Ureteren, welche erst 5 cm oberhalb der Ausmündung in die Harnblase in einen weiten gemeinsamen Abschnitt übergingen. Linkerseits fanden sich gleichfalls zwei Ureteren, die jedoch

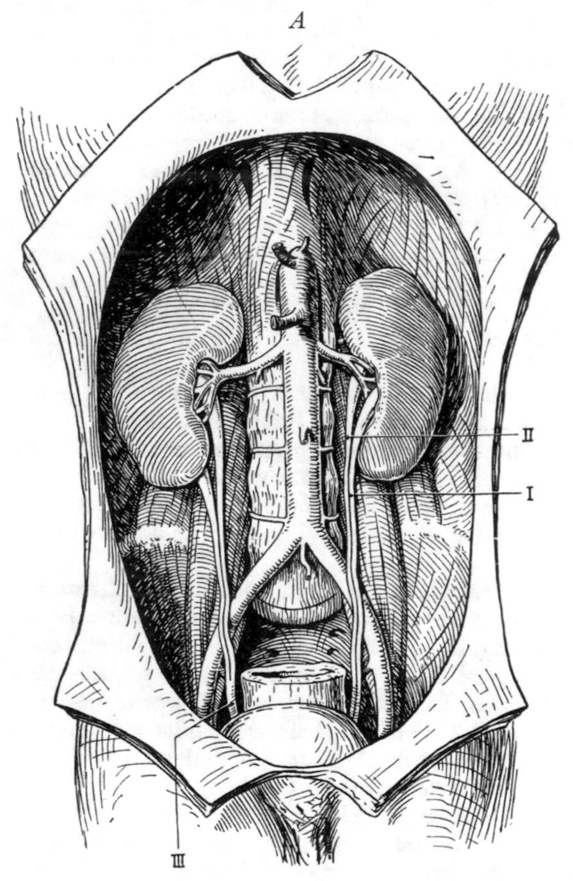

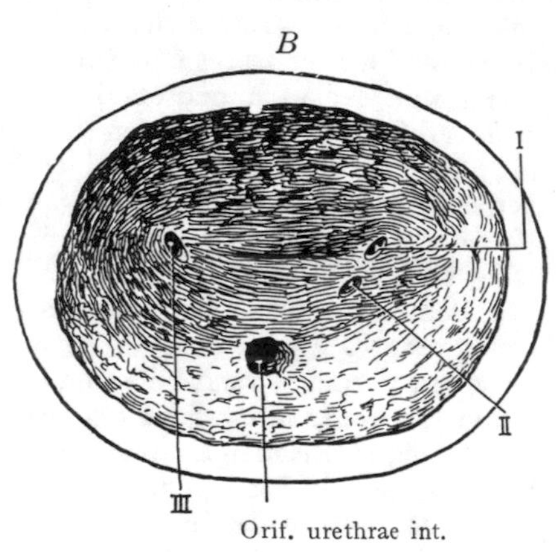

Abb. 391. Beiderseitige Verdoppelung des Ureters.

Auf der linken Seite münden beide Ureteren getrennt in die Harnblase (B); eine der beiden Einmündungsstellen liegt normal und gehört dem von der kaudalen Partie der Niere herkommenden Ureter an (I links Hauptureter); der aus der kranialen Partie der linken Niere kommende Ureter (II) mündet zwischen der Mündung von I und dem Orificium urethrae int. in die Harnblase. Rechterseits ist eine ca. 5 cm lange Strecke kranial von der normal gelegenen Einmündungsstelle in die Harnblase einfach vorhanden (III).

vollständig getrennt voneinander in die Harnblase ausmündeten; der eine an normaler Stelle, der andere in der Nähe des Orificium urethrae int. In allen Fällen von doppeltem Ureter entspricht die tiefer liegende Ausmündungsstelle in die Blase dem Ureter, der vom oberen Nierenbecken kam, die andere demjenigen, der vom unteren Nierenbecken entspringt.

Topographie der Fossa ilica. Die Besprechung der Fossa ilica schliesst sich an diejenige des Retroperitonaealraumes an; sie hätte auch bei der Schilderung der hinteren Wandung des Bauchraumes, von welcher sie, streng genommen, einen Abschnitt darstellt, erfolgen können.

Die knöcherne Grundlage der Region wird durch die Fossa ilica der Darmbeinschaufel gebildet, an welcher der M. ilicus seinen Ursprung nimmt. Mit demselben vereinigt sich der M. psoas (Ursprung von dem lateralen Umfange der Lendenwirbelkörper sowie von den Processus costarii der Lendenwirbel) zu dem gemeinsamen Muskelbauche des M. iliopsoas, welcher durch die Lacuna musculorum unter dem Lig. inguinale zum Trochanter minor femoris verläuft.

Der M. ilicus und der M. psoas gehören nicht bloss infolge der Verschmelzung zu einer gemeinsamen Muskelmasse zusammen, sondern sie sind auch in eine gemeinsame oesteofibröse Loge eingeschlossen, welche durch die Fossa ilica des Darmbeins, den lateralen Umfang der Lendenwirbelkörper und die Fascien beider Muskeln gebildet wird. Der M. psoas wird von einer Fascie eingehüllt, welche (Abb. 392) sich an die Lendenwirbelkörper und die Processus costarii ansetzt und nach unten in die an der Crista ilica sich inserierende Fascia ilica übergeht. Medial von dem M. psoas, dort, wo der Muskel den Rand des kleinen Beckens erreicht, wird die Fascie geradezu sehnig (oder richtiger gesagt, die Sehne des M. psoas minor geht hier in sie über) und befestigt sich an der Linea terminalis des kleinen Beckens. Auf diese Weise kommt ein osteofibröser Raum (Loge des M. iliopsoas) zustande, welcher sich von dem höchsten Ursprunge des M. psoas an dem XII. Brustwirbel bis zum Trochanter minor erstreckt.

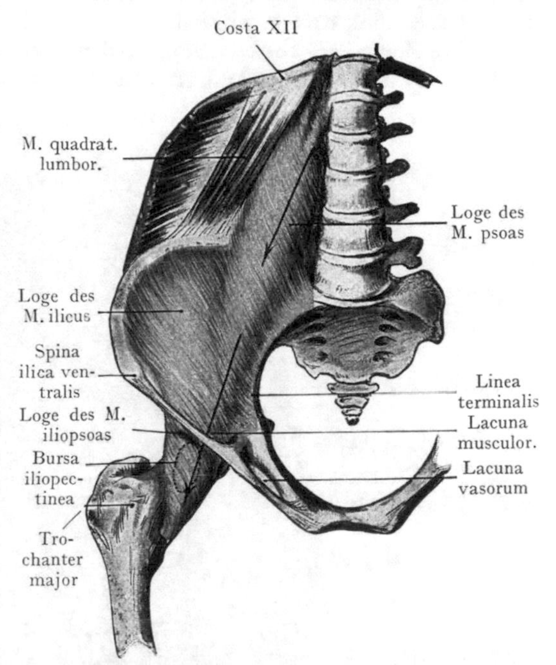

Abb. 392. Loge des M. iliopsoas (blau).
Die Pfeile geben die Richtung an, welche die Psoasabscesse bei ihrer Senkung einschlagen.. Halbschematisch.

Dieser Raum hat eine Bedeutung für die Ausbreitung von Eiterungen, welche von der Lendenwirbelsäule ausgehen. Solche Psoasabscesse zeigen die Neigung, sich innerhalb des M. psoas gegen die Lacuna musculorum zu senken; dabei werden sie durch den sehnigen Ansatz der Fascie an der Linea terminalis von dem Eintritt in das kleine Becken abgehalten und müssen da, wo sie dem geringsten Widerstande begegnen, nämlich im Muskelfleische des Psoas, ihren Weg durch die Lacuna musculorum gegen den Trochanter minor hin nehmen. Auf dieser Strecke, die in Abb. 392 mittelst Pfeilen angegeben ist, kann der Abscess auch in die durch den M. iliopsoas überlagerte Bursa iliopectinea am vorderen Umfange der Kapsel des Hüftgelenkes durchbrechen und, falls die Bursa mit der Gelenkhöhle in Verbindung steht, auch auf die letztere übergreifen.

Die Gefässe und Nerven der Fossa ilica liegen teils innerhalb, teils ausserhalb der osteofibrösen Loge. Innerhalb der Loge liegen die grossen Nervenstämme des Plexus lumbalis nebst kleineren Gefässstämmen; ausserhalb der Loge in erster Linie die A. und V. ilica communis und ext., der N. genitofemoralis und die A. spermatica sowie die V. spermatica.

Der vorderen und medialen Fläche des M. psoas (Abb. 393) liegen die A. und V. ilica communis an sowie in ihrer Fortsetzung nach unten die A. und V. ilica ext. Die V. ilica communis dextra liegt eine kurze Strecke weit lateral von der gleichnamigen Arterie und wird bei ihrer Teilung in die V. ilica ext. und interna von der A. ilica ext. gekreuzt, so dass die V. ilica ext. dextra medial von der gleichnamigen Arterie zu liegen kommt. Die V. ilica communis sin. dagegen wird an ihrer Zusammenmündung mit der V. ilica comm. dextra zur Bildung der V. cava caud. von der A. ilica comm. dextra gekreuzt und legt sich weiter unten der A. ilica ext. sin. medial an. Mit den Blutgefässen verläuft die Kette der Lymphonodi ilici (in Abb. 393 nicht dargestellt), welche teils die Lymphe der unteren Extremität, teils diejenige der Beckenorgane nach oben führt. Mit der A. und V. ilica comm. verläuft auch der N. genitofemoralis, welcher innerhalb des M. psoas aus den Rami ventrales des I. und II. Lumbalnerven entsteht, die Muskelfascie durchbricht und sich dem vorderen Umfange der A. ilica comm. anschliesst.

Die A. und V. ilica comm. werden beiderseits kurz vor ihrer Teilung von dem Ureter gekreuzt (Abb. 371); lateralwärts liegt der Strang der A. spermatica und der

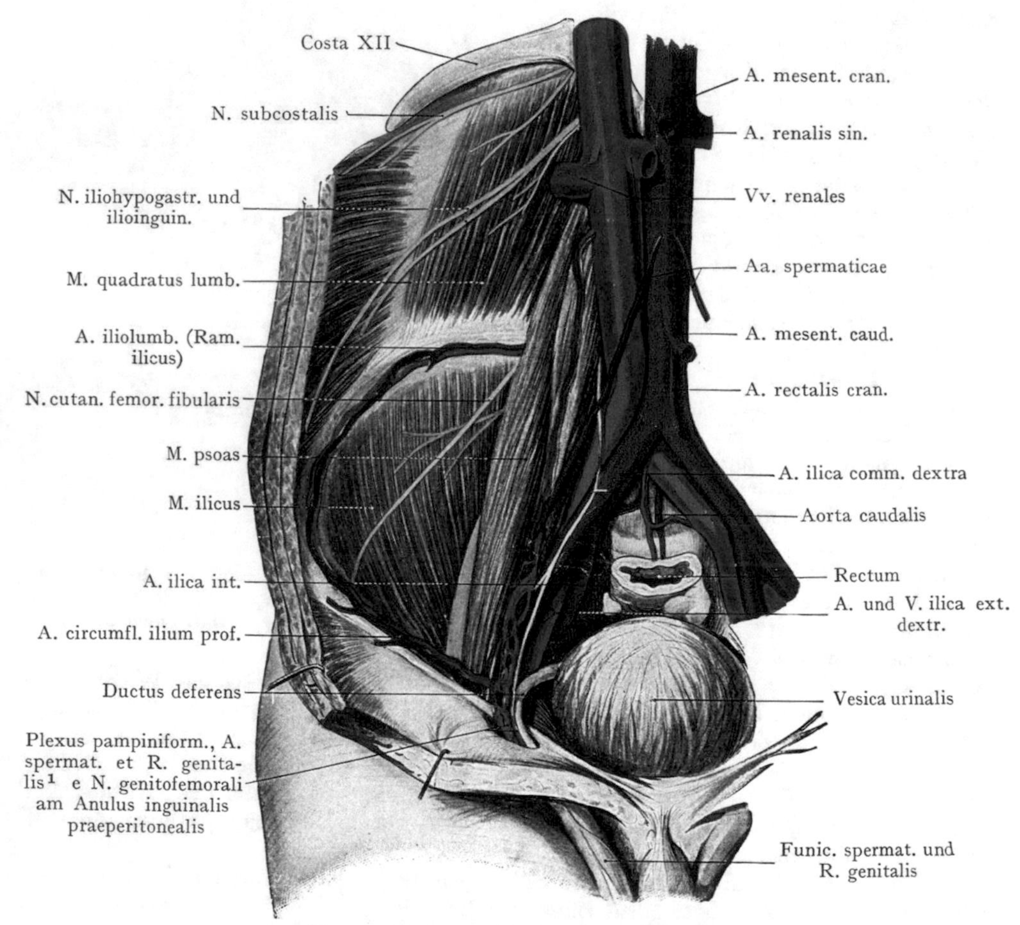

Abb. 393. Topographie der Fossa ilica dextra.
N. genitofemoralis medianwärts abgezogen.

V. spermatica, welcher zuerst auf der vorderen Fläche des M. psoas abwärts zieht und sich dann auf den grossen Gefässen zum Anulus inguinalis praeperitonealis [2] begibt.

Die A. und V. ilica comm., die A. und V. ilica ext. sowie die A. und V. spermatica werden unmittelbar von dem Peritonaeum parietale überzogen und liegen im subperitonaealen Bindegewebe der derben Fascie des M. psoas auf; es gelingt deshalb auch, von einem parallel von dem Lig. inguinale und oberhalb desselben durchgeführten Schnitte aus das Peritonaeum zurückzuschieben und bis an die Stelle vorzudringen, wo der Ureter die A. ilica comm. kreuzt. Die A. ilica ext. kann auf diese Weise ohne Eröffnung des Peritonaealsackes unterbunden werden.

[1] N. spermaticus externus. [2] Annulus inguinalis abdominalis.

Innerhalb der Loge des M. iliopsoas liegen:

1. die Stämme des Plexus lumbalis, die sich in dem M. psoas aus den Rami ventrales der Lumbalnerven zusammensetzen (Nn. femoralis, genitofemoralis, obturatorius, cutaneus femoris fibularis),
2. die Verzweigungen der A. circumflexa ilium profunda und der A. iliolumbalis.

Für die Bildung des Plexus lumbalis kommen in Betracht: der XII. Thorakalnerv, die drei oberen Lumbalnerven und ein Teil des IV. Lumbalnerven, während ein Teil des IV. und der ganze V. Lumbalnerv über den Rand des kleinen Beckens herabziehen und zur Bildung des Plexus sacralis beitragen. Von den Stämmen des Plexus tritt der N. obturatorius alsbald nach seiner Bildung aus dem II., III. und IV. Lumbalnerven, von dem M. psoas und der A. und V. ilica comm. bedeckt, medianwärts in das kleine Becken, um, der seitlichen Wandung desselben angeschlossen, die innere Mündung des Canalis obturatorius zu erreichen.

Der N. cutaneus femoris fib. (aus dem II. und III. Lumbalnerven) wird zunächst von dem M. psoas bedeckt, kreuzt dann den M. ilicus in der Richtung gegen die Spina ilica ventralis und tritt hier unter dem Lig. inguinale zur Haut am lateralen Umfange des Oberschenkels.

Der N. femoralis setzt sich, von dem M. psoas bedeckt, aus sämtlichen Wurzeln des Plexus lumbalis zusammen (also aus Th. XII. + L. I—IV), legt sich sodann in die durch die Mm. psoas und ilicus gebildete Rinne (in Abb. 393 ist der Nerv von vorne gerade noch sichtbar) und geht durch die Lacuna musculorum an den Oberschenkel. Die Bildung des N. genitofemoralis innerhalb des M. psoas sowie der Verlauf an der seitlichen Beckenwand ist oben erwähnt worden.

Von Gefässen haben wir innerhalb der Loge: erstens die Aa. und Vv. lumbales, die aus der Aorta, resp. der V. cava caud. entspringen, in den an den Ursprüngen des M. psoas ausgesparten Öffnungen in die Loge eintreten und nach Abgabe von Ästen an den M. psoas zur breiten Bauchmuskulatur weiterziehen. Die A. iliolumbalis entspringt aus der A. ilica interna[1] und tritt sofort in die Loge des M. iliopsoas ein, wo sie sich in den Ram. lumbalis und den längs der Crista ilica zur Anastomose mit der A. circumflexa ilium prof. verlaufenden Ramus ilicus teilt. Die A. circumflexa ilium prof. entspringt an der Durchtrittsstelle der A. ilica ext. durch die Lacuna vasorum unter dem Lig. inguinale und verläuft, den Stamm des N. femoralis kreuzend, gegen die Spina ilica ventralis[2] und längs der Crista ilica zur Anastomose mit der A. iliolumbalis.

Situs viscerum abdominis.

Auf die Besprechung der Topographie einzelner Baucheingeweide folgt als Zusammenfassung die Schilderung des nach der Eröffnung der Bauchhöhle von vorne, von den Seiten und von hinten sichtbaren Situs. Zur Veranschaulichung dienen die Abb. 394—405 (nach Formolpräparaten), welche die Eingeweidetopographie in der Ansicht von vorne, von rechts, von links und von hinten darstellen.

Situs viscerum abdominis von vorne (Abb. 394—397). Abb. 394 stellt den Situs der Baucheingeweide eines 21jährigen Mannes von vorne dar nach Abtragung der vorderen Bauchwand. Oben wird das Bild durch den Rippenrand und den Processus ensiformis[3] sterni abgeschlossen, seitlich sind die Schichten der Bauchwandung (Mm. obliq. ext., obliq. int., transversus, die Fascia transversalis und das Peritonaeum) etagenweise abgetragen. Unten sind die Mm. recti quer durchtrennt, ebenso die Chordae urachi et arteriarum umbilicalium[4].

In dem so geschaffenen Rahmen ist oben rechts derjenige Teil der oberen und vorderen Leberfläche zu sehen, welcher der vorderen Bauchwand unmittelbar anliegt, mit dem unteren scharfen Leberrande, dem Mesohepaticum ventr.[5] und der Chorda venae umbilicalis[6]

[1] A. hypogastrica. [2] Spina iliaca ant. sup. [3] Processus xiphoideus. [4] Lig. umbilicalia. [5] Lig. falciforme hepatis. [6] Lig. teres hepatis.

(letztere durchtrennt). Entsprechend dem VIII.—IX. Rippenknorpel sieht der Gallenblasenfundus am unteren scharfen Leberrand hervor. Links liegt ein Teil der vorderen Magenfläche, die unten in der Curvatura major ihren Abschluss findet. Von der letzteren

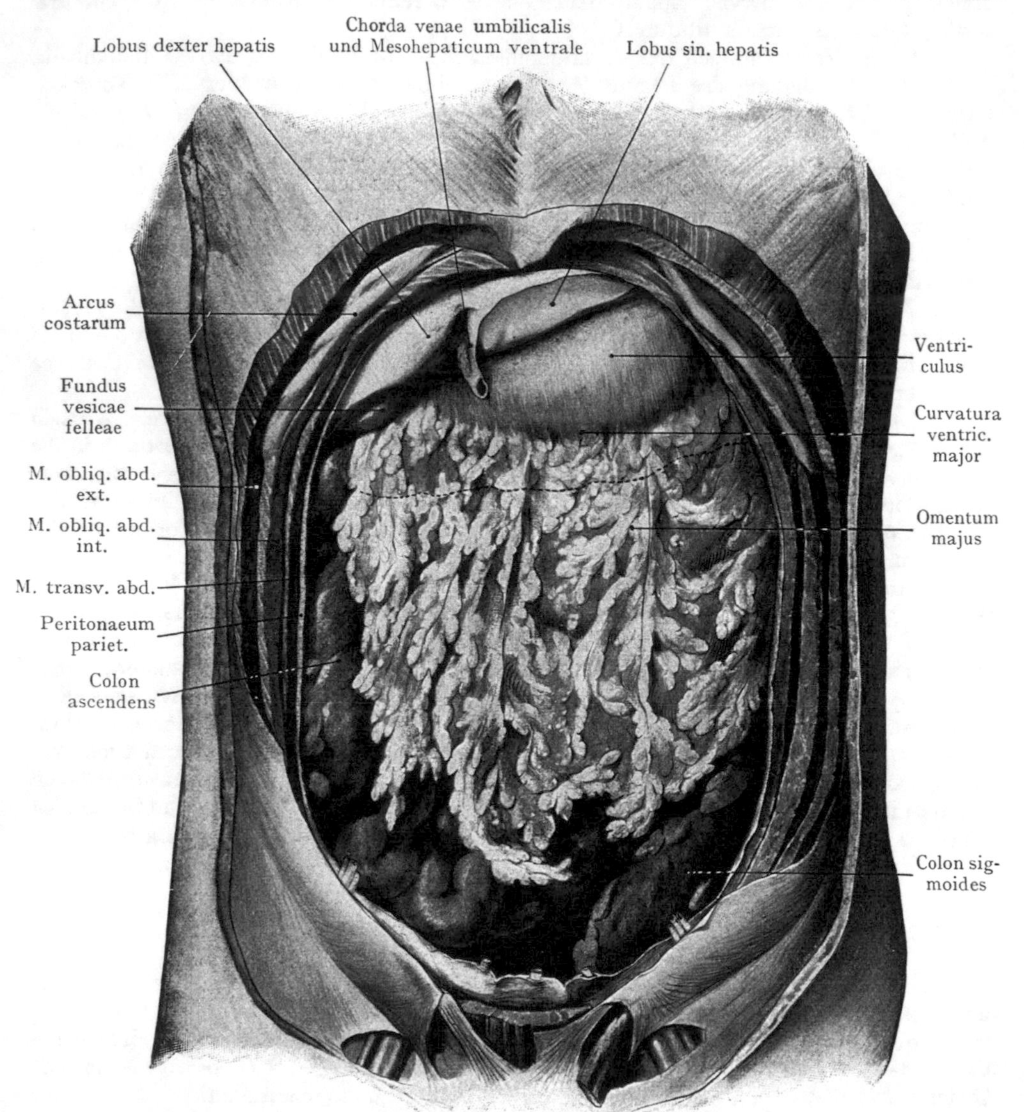

Abb. 394. Ansicht der Baucheingeweide und des grossen Netzes von vorn nach Abtragung der vorderen Bauchwand.

Die untere Grenze des (leeren) Colon transversum ist punktiert angegeben.

Formolpräparat. 21jähriger Mann.

hängt das Omentum majus herunter, schürzenförmig die Dünndarmschlingen bedeckend; letztere sind teilweise in Umrissen zu erkennen. Nur wenige Darmschlingen bleiben von dem Omentum majus unbedeckt, darunter das Colon ascendens sowie ein Teil des Colon descendens und des Colon sigmoides.

Abb. 395. An dem Präparate, welches der Abb. 394 zugrunde lag, wurde das Omentum majus am Colon transversum abgetrennt und dieses nach oben geschlagen; sodann waren die Dünndarmschlingen in typischer Anordnung zu übersehen, links, mehr horizontal angeordnet, Jejunumschlingen, rechts, mehr vertikal gelagert, die Schlingen

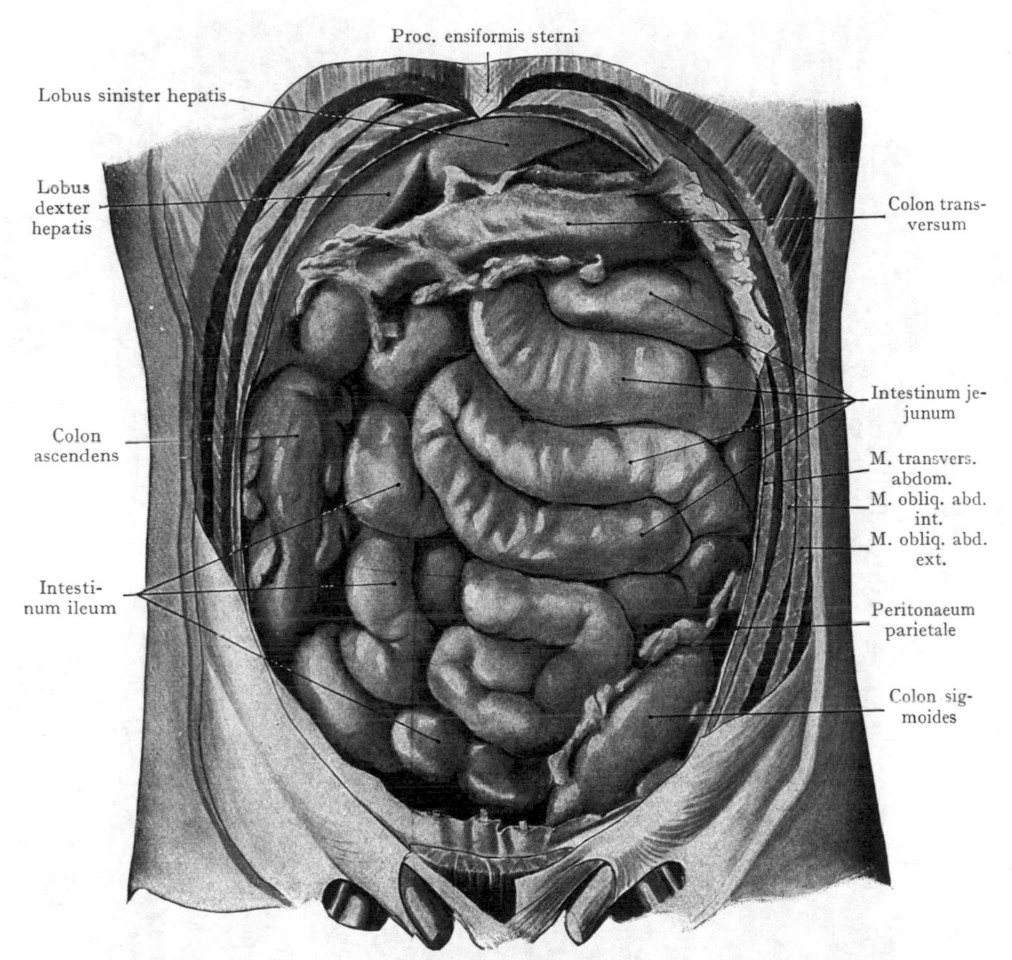

Abb. 395. Baucheingeweide, von vorn gesehen, nach Abtragung der vorderen Bauchwand und Entfernung des grossen Netzes.

Das Colon transversum, etwas nach oben geschlagen, bedeckt teilweise die vordere Fläche des Magens. Typische Lagerung der Dünndarmschlingen.

Formolpräparat. 21jähriger Mann.

des Ileum. Das mässig gefüllte Colon ascendens ist sichtbar; das fast leere Colon descendens sowie das Caecum werden von Dünndarmschlingen überlagert.

Abb. 396. Die Dünndarmschlingen sind entfernt worden; man übersieht den Dickdarm in seinem ganzen Verlaufe, vom Caecum angefangen, dessen Processus vermiformis, die A. und V. ilica ext. dextra kreuzend, gerade noch den Eingang in das kleine Becken erreicht. Der Dickdarm ist fast leer; seine einzelnen Abschnitte, Colon ascendens, transversum, descendens und sigmoides mit den beiden Flexurae coli sind leicht zu erkennen. Durch das Peritonaeum parietale schimmern die Äste der A. und V. mesenterica caud. Von dem Duodenum ist die Pars caudalis zu sehen

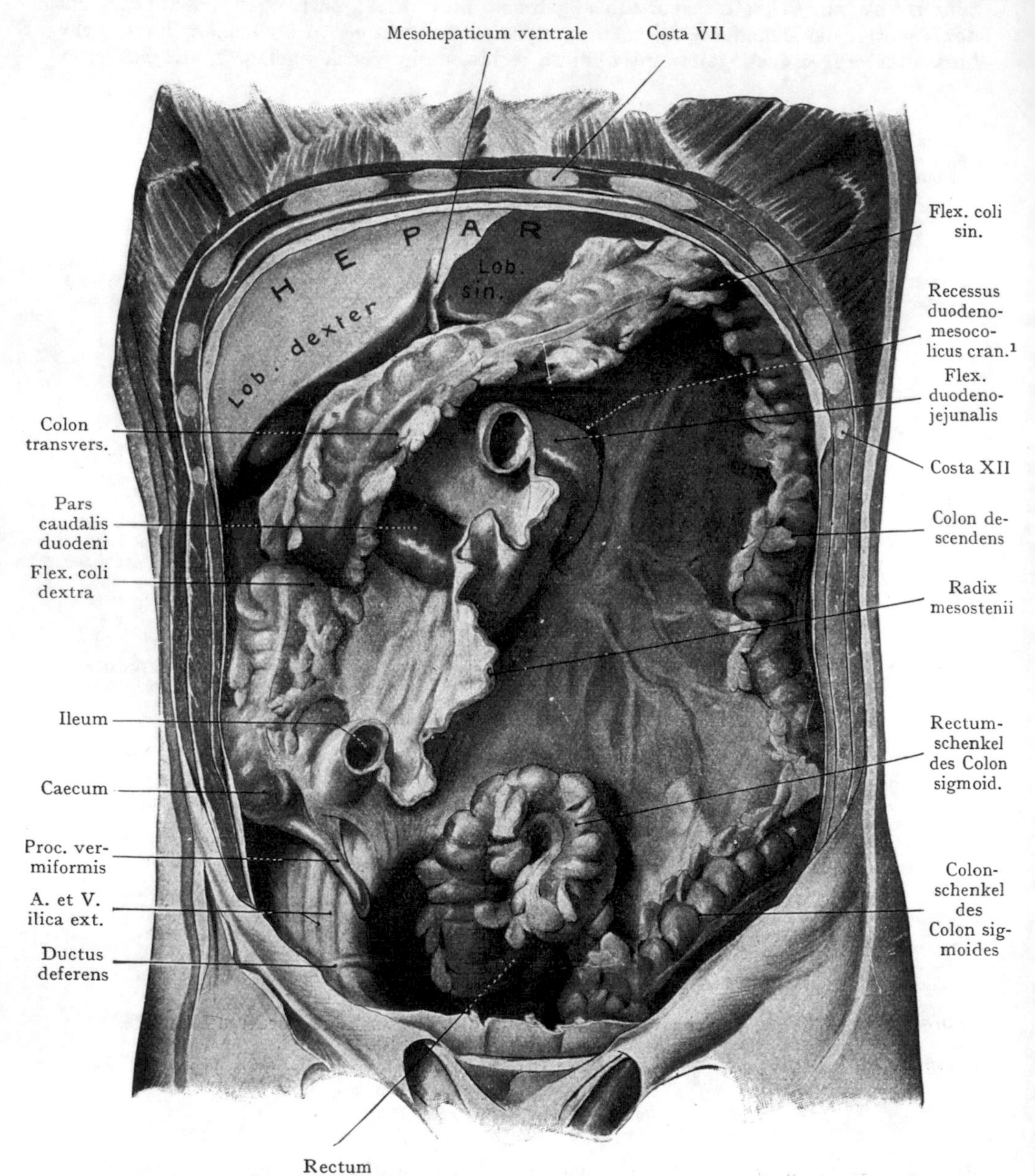

Abb. 396. Situs viscerum abdominis nach Entfernung des ganzen Dünndarms.
Die vordere Fläche des Magens wird von dem nach aufwärts geschlagenen Colon transversum bedeckt. Formolpräparat. 21jähriger Mann.

sowie die Flex. duodenojejunalis; von dieser aus zieht sich bis zum Caecum in der Fossa ilica dextra die Radix mesostenii[2] welche die Wirbelsäule, die V. cava caud. und die Aorta schräg kreuzt.

[1] Recessus duodenojejunalis. [2] Radix mesenterii.

In Abb. 397 ist ein Situsbild wiedergegeben, welches nach Abtragung der Dünndarmschlingen, des Dickdarms, des Magens und der Leber den Verlauf des Peritonaeum

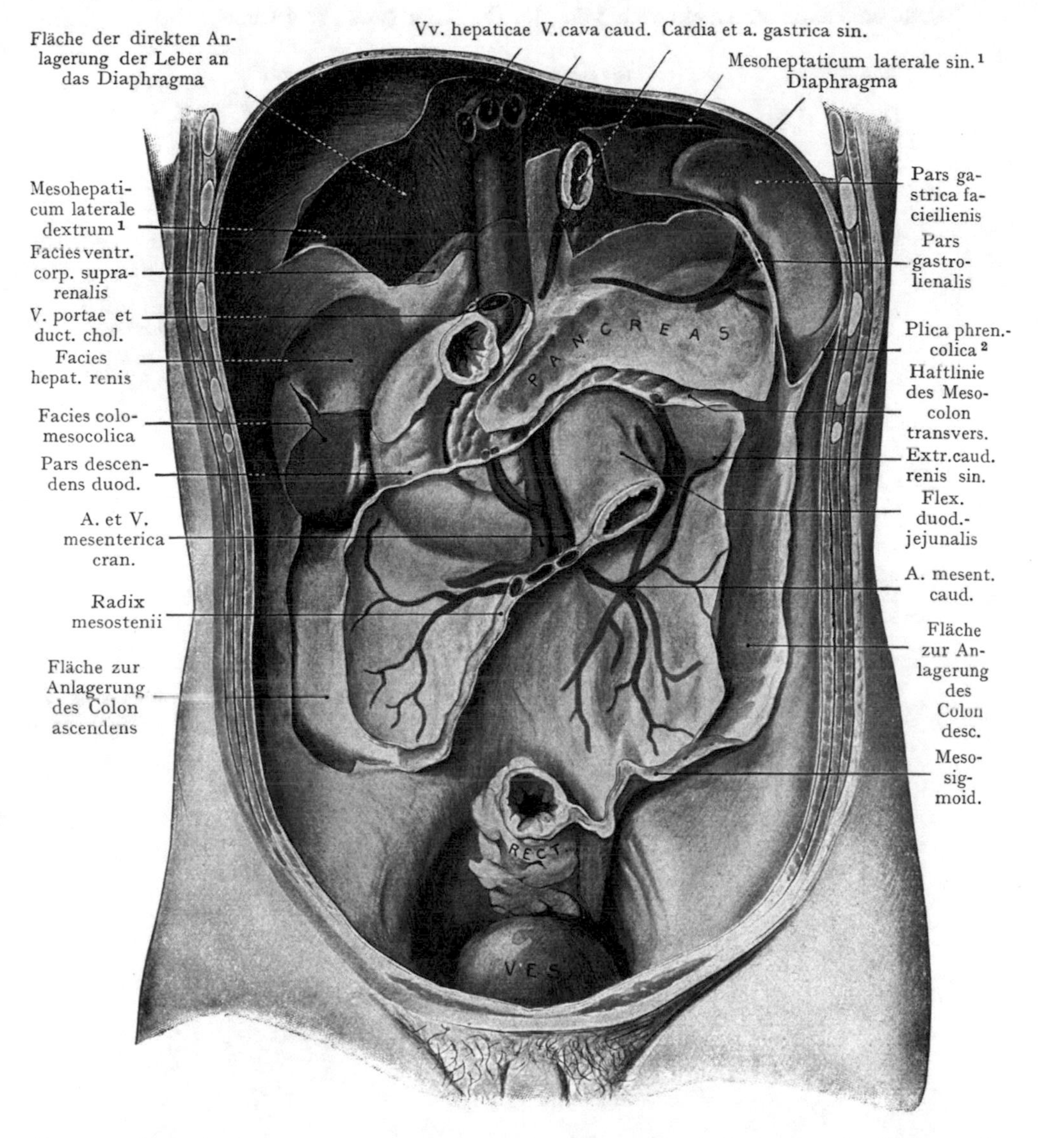

Abb. 397. Verlauf des Peritonaeum an der hinteren Bauchwand nach Entfernung des Dünn- und Dickdarms, der Leber und des Magens.
Formolpräparat. 21jähriger Mann.
Einzelnes nach dem Hisschen Gipsabguss.

(grün angegeben) an der dorsalen Wandung des Bauchraumes darstellt sowie die Haftlinien der beiden grossen Peritonaealduplikaturen (Mesocolon transversum und Radix mesostenii [3]). Rechts oben ist das dreieckige Feld zu sehen, in dessen Bereich die dorsale Fläche des rechten Leberlappens direkt mit der unteren Fläche des

[1] Lig. triangulare dextr. et sinistrum. [2] Lig. phrenicocolicum. [3] Radix mesenterii.

Diaphragma in Verbindung tritt, sowie die oberste Strecke der V. cava caud., welche sich in die Fossa venae cavae der hinteren Leberfläche einlagert. Nach links und rechts läuft dieses Feld in das Mesohepaticum laterale sin. et dextrum[1] aus. Die dorsale Wandung der Bursa omentalis erstreckt sich von der V. cava caud. rechterseits bis zum Hilus

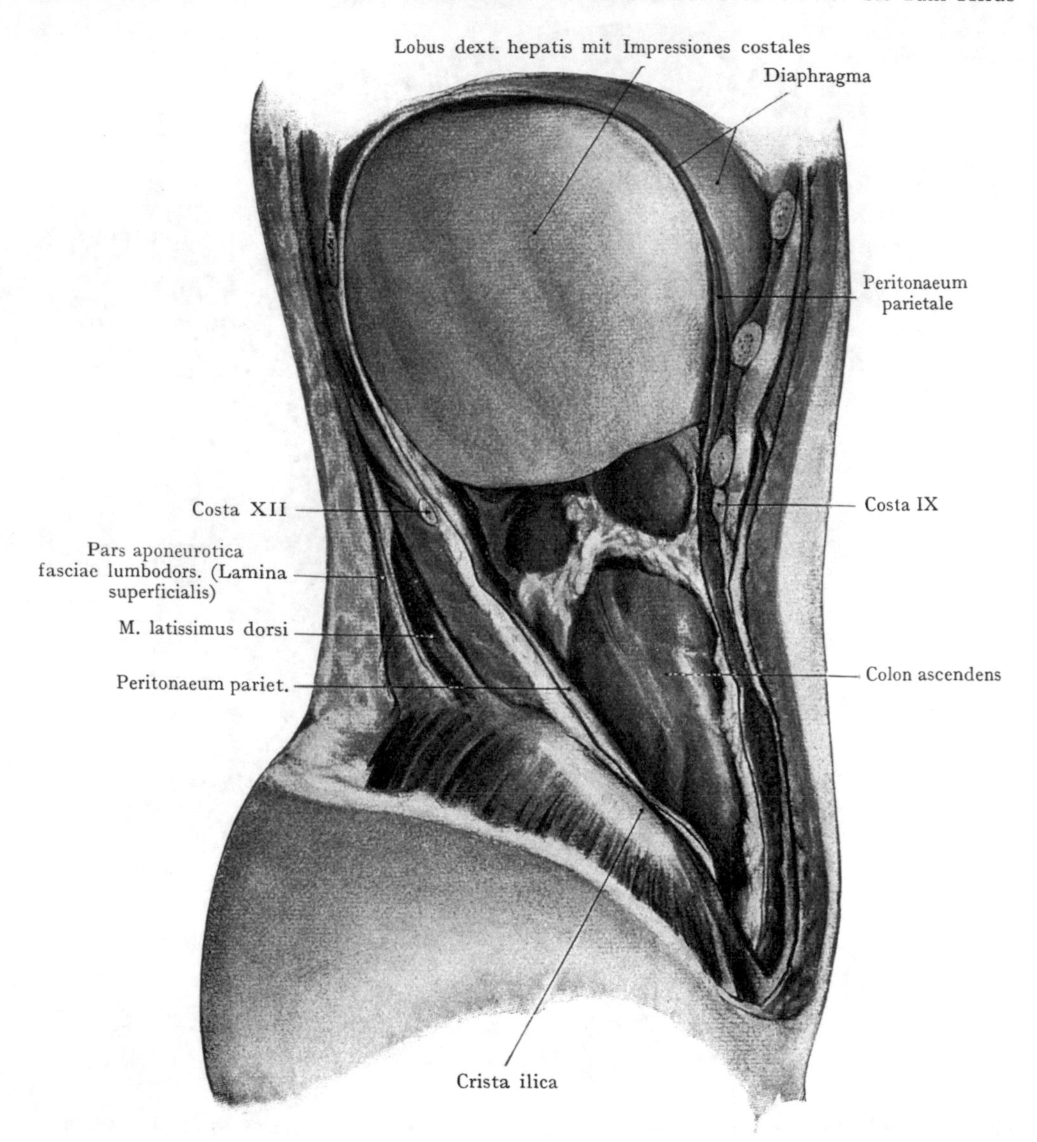

Abb. 398. Ansicht der Baucheingeweide von rechts nach Entfernung der seitlichen Bauchwand. Formolpräparat. 21jähriger Mann.

der Milz linkerseits, nach oben, neben der V. cava caud., entsprechend dem Lobus caudatus (Spigeli) der Leber, bis zum Foramen oesophagicum[2], nach unten bis zur Haftlinie des Mesocolon transversum. Die letztere verläuft, von rechts nach links leicht ansteigend, von dem unteren Pole der rechten Niere über die Pars descendens duodeni und längs des vorderen Pankreasrandes bis etwa zum Hilus der linken Niere.

[1] Lig. triangulare sin. et dextr. [2] Hiatus oesophageus.

Rechts und links lassen sich die Flächen nachweisen, innerhalb welcher das Colon ascendens und das Colon descendens bei mässiger Füllung direkt an retroperitonaeales Gewebe anlagern; dazu kommt die schräg verlaufende Linie der Radix mesostenii

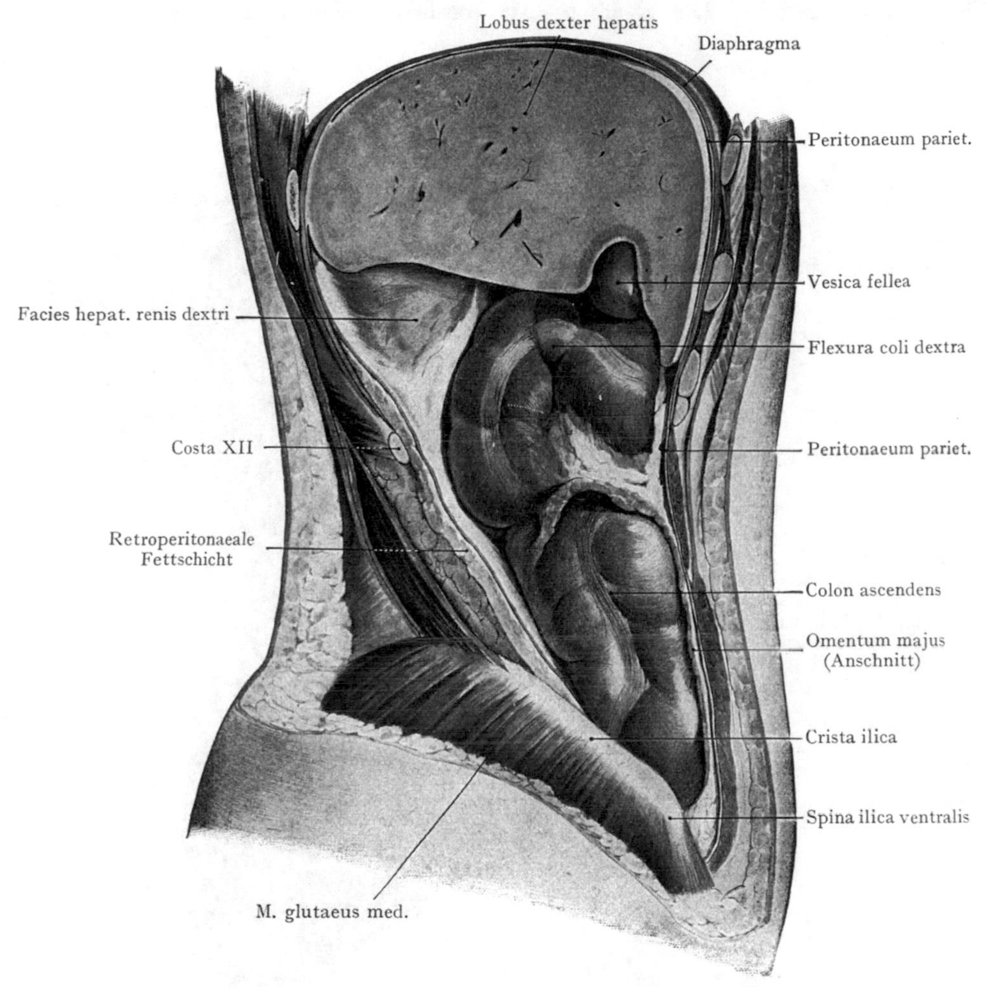

Abb. 399. Ansicht der Baucheingeweide von rechts nach Abtragung der seitlichen Bauchwandung sowie eines grossen Teiles des rechten Leberlappens.
Formolpräparat. 21jähriger Mann.

und das Mesosigmoideum. Rectum und Harnblase sind im Raume des kleinen Beckens sichtbar.

Situs viscerum abdominis von rechts (Abb. 398—400).

Abb. 398. Die seitliche Bauchwand ist rechterseits vollständig entfernt worden, und zwar von der Crista ilica bis zur Höhe der Zwerchfellkuppel. Die unteren Rippen sind zum Teil abgetragen worden, doch sieht man noch den Ursprung des Zwerchfells von der letzten Rippe. Der rechte Leberlappen schliesst sich der Wölbung des Zwerchfells unten an und zeigt die Impressiones costales. Auf die Leber folgt unten der laterale Umfang des Colon ascendens, leicht kenntlich an der Taenia und den

Haustren. Das mächtig entwickelte Omentum majus schiebt sich zwischen dem Colon ascendens und der vorderen Bauchwand ein.

Abb. 399. Hier ist ein grosser Teil des rechten Leberlappens abgetragen worden, um die Flexura coli dextra zur Ansicht zu bringen sowie die Gallenblase, welche der Flexur aufgelagert ist. Die Facies hepatica renis ist teilweise sichtbar.

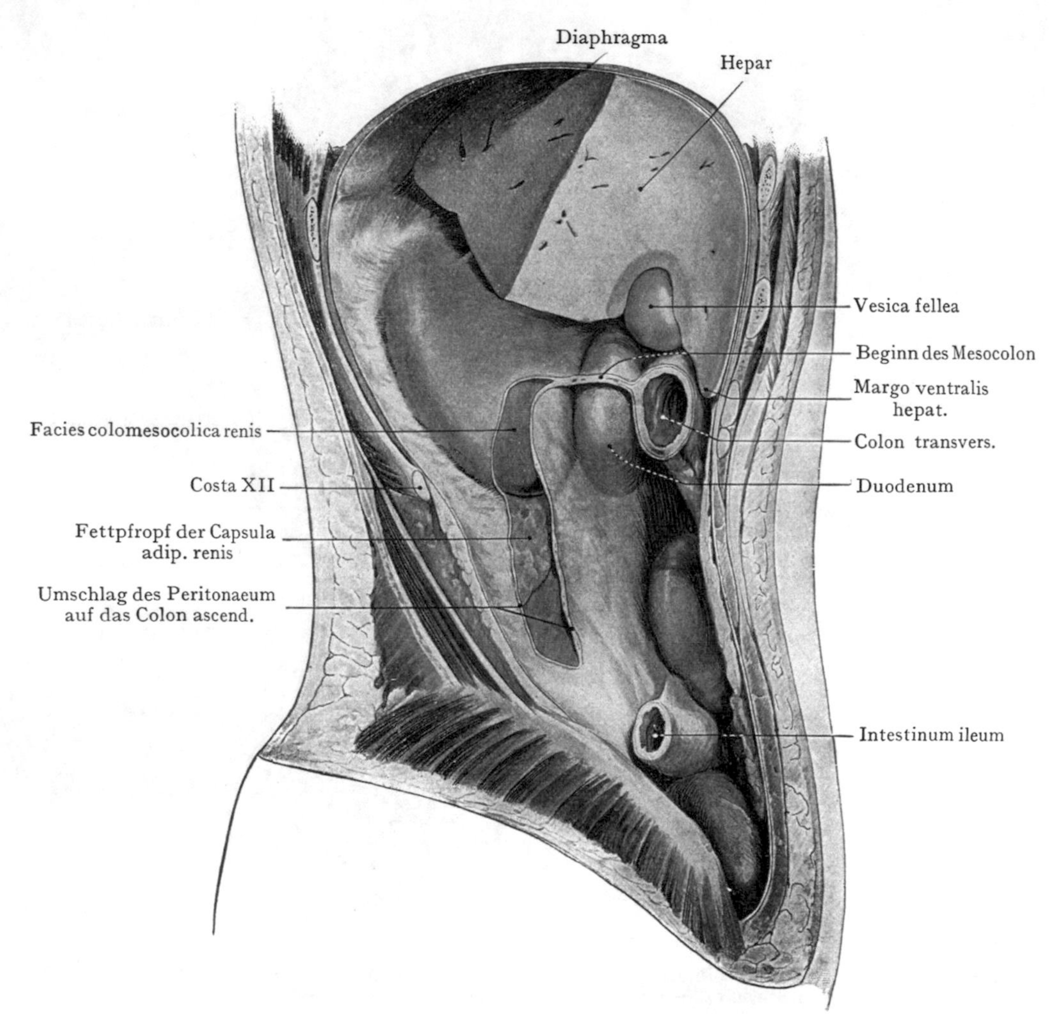

Abb. 400. Ansicht der Bauchhöhle von rechts nach Entfernung des Caecum, des Colon ascendens der Flex. coli dextra und des Intestinum ileum.
Ein grosser Teil des rechten Leberlappens ist entfernt worden.
Formolpräparat. 21jähriger Mann.

Abb. 400. Das Colon ascendens und das Caecum sind samt der Flexura coli dextra entfernt worden. Der Lobus dexter hepatis wurde noch weiter abgetragen, um die von dem Peritonaeum überzogene Facies hepatica renis und die Pars descendens duodeni zu zeigen. Das Feld, in welchem das Colon ascendens direkt mit retroperitonaealem Gewebe in Berührung tritt, ist durch die Entfernung des Darmteiles dargestellt; die zum Colon ascendens verlaufenden Gefässe sind durchtrennt worden, der Fettpfropf ist zu sehen, welcher die Capsula adiposa renis nach unten fortsetzt, sowie auch ein Teil der Tunica fibrosa renis, mit welcher der dorsale Umfang des Colon ascendens in Berührung tritt. Der untere Teil des Feldes wird durch den M. quadratus lumborum gebildet. Von der Niere aus zieht sich die Haftlinie des Mesocolon transversum quer auf die Pars descendens duodeni; hier ist auch der Querschnitt des Colon

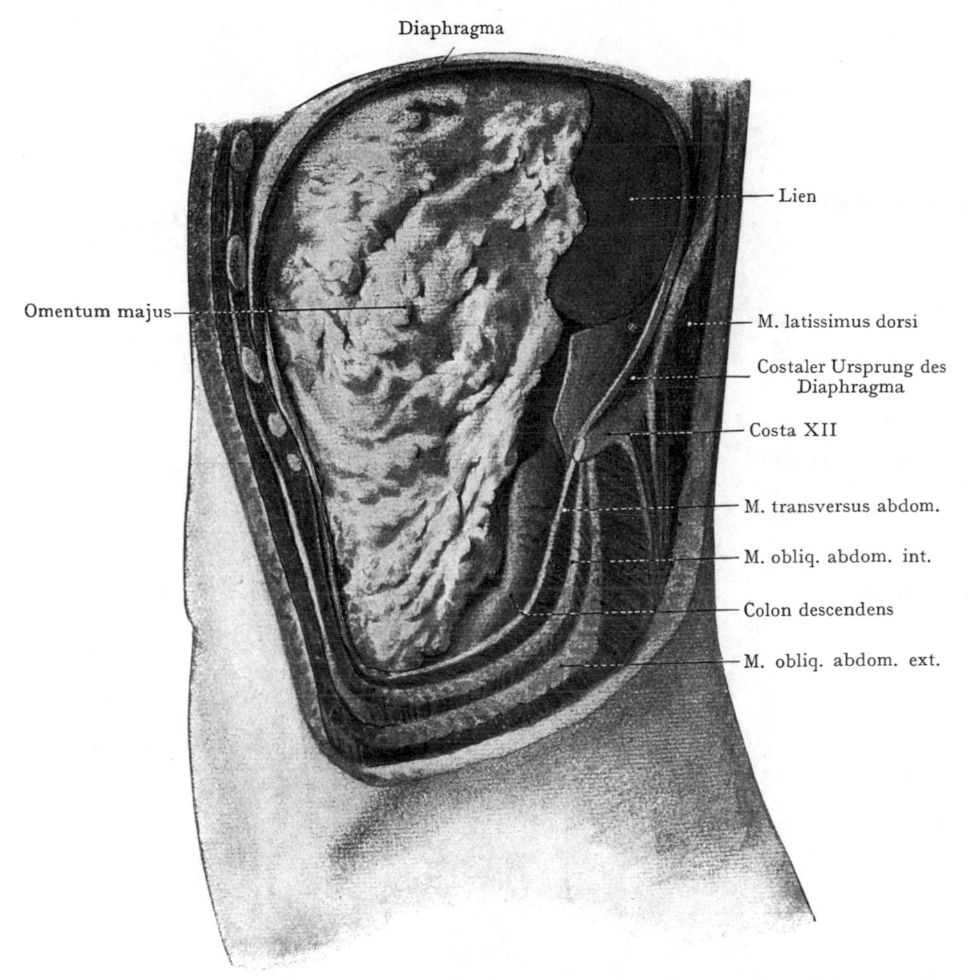

Abb. 401. Ansicht der Baucheingeweide von links nach Entfernung der seitlichen Bauchwandung. Formolpräparat. 21jähriger Mann.

transversum sichtbar. Die Gallenblase liegt sowohl dem Duodenum als auch dem Colon transversum an.

Situs viscerum abdominis von links (Abb. 401—404).

Abb. 401. Die linke Wand des Bauchraumes und ein Teil der Zwerchfellkuppel sind abgetragen worden. Die Schichten der Wandung wurden über der Crista ilica etagenweise durchtrennt. In grosser Ausdehnung sind die Darmschlingen von dem Omentum majus bedeckt; nur ein Teil des Colon descendens ist sichtbar, sodann die der Zwerchfellwölbung angeschlossene Facies diaphragmatica der Milz.

Abb. 402. Das Omentum majus wurde am Colon transversum abgetragen, um die Flexura coli sin. und das Colon descendens zur Darstellung zu bringen; am Colon descendens sind eine Tänie und zahlreiche Appendices epiploicae sichtbar. Die Facies diaphragmatica der Milz ist in grosser Ausdehnung sichtbar. Ventral vom Colon descendens liegen Jejunumschlingen, die durch den Anschnitt des Omentum majus von der vorderen Bauchwand getrennt sind.

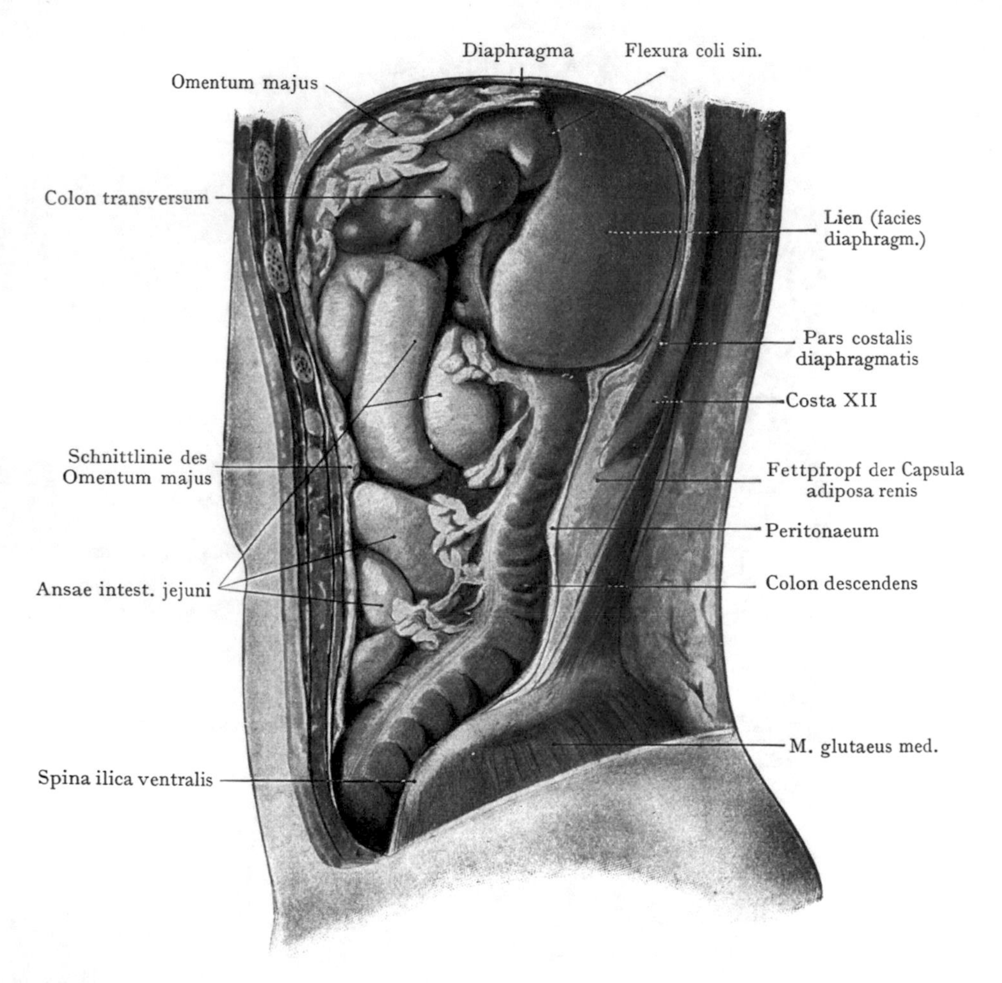

Abb. 402. Ansicht der Baucheingeweide von links nach Entfernung der seitlichen Bauchwandung und des Omentum majus.

Formolpräparat. 21jähriger Mann.

Abb. 403. Hier sind die in Abb. 402 sichtbaren Dünndarmschlingen entfernt worden, ebenso das linke Drittel des Colon transversum und die obere Hälfte des Colon descendens mit der Flexura coli sin. Das Omentum majus wurde dicht am Abgang von der Curvatura major abgetragen, der rechte Umfang des Magens und der Spalt der Bursa omentalis mit deren unteren Abgrenzung durch das Mesocolon transversum sind zu erkennen. Die Milz wurde an ihrem Hilus abgetrennt und entfernt. Die linke Strecke des Mesocolon transversum, dann weiter unten das Feld, innerhalb dessen das Colon descendens direkt an retroperitonaeales Gewebe angrenzt, ist sichtbar sowie die zum Colon descendens verlaufenden Äste der A. colica sin. (aus der A. mesenterica caud.) und der V. mesenterica caud.

Abb. 404. Das Colon descendens, die Milz und das Peritonaeum parietale wurden in grösserer Ausdehnung entfernt, um die linke Niere und den Schwanz des Pankreas

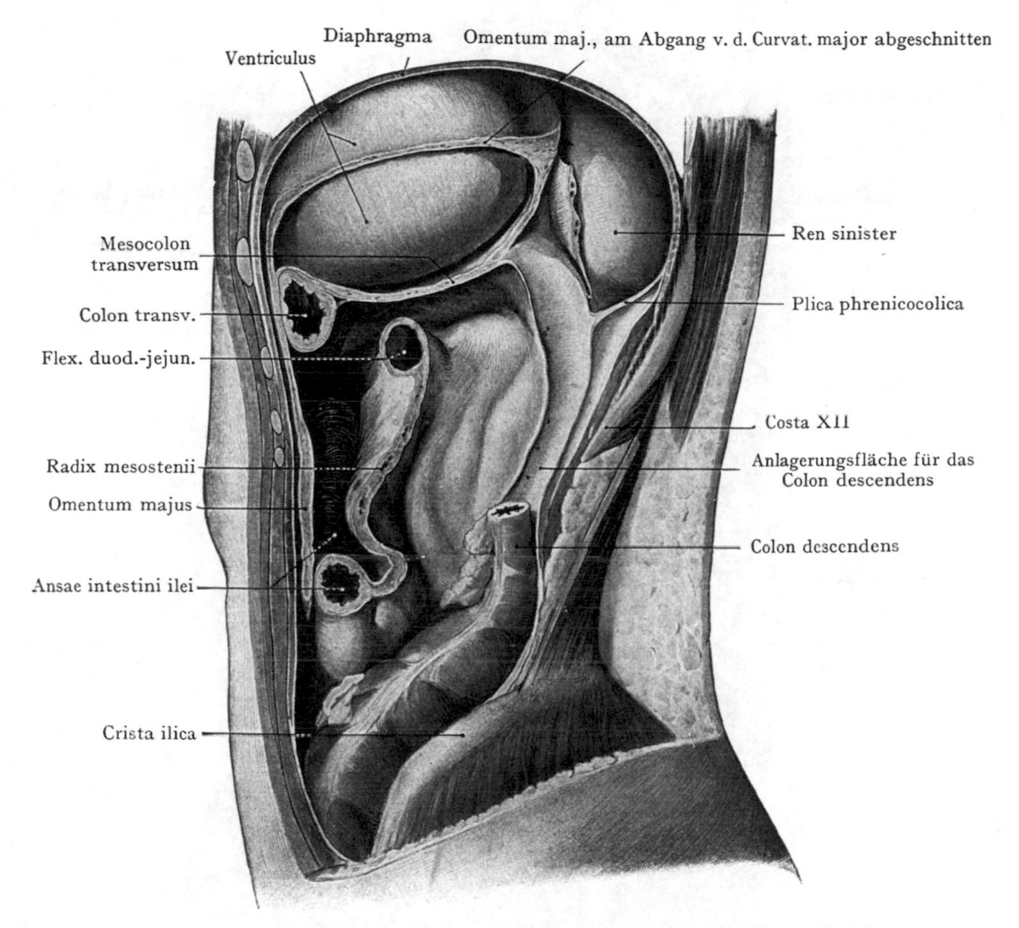

Abb. 403. Bauchhöhle von links nach Entfernung der Milz, des linken Endes des Colon transversum und der Flex. coli sin. sowie des grössten Teiles des Intestinum jejunum.

Formolpräparat. 21jähriger Mann.

sowie die Capsula adiposa renis darzustellen. Die letztere ist auf der Niere entfernt; sie setzt sich vom unteren Nierenpole nach unten als Fettpfropf fort.

Situs viscerum abdominis in der Ansicht von hinten (Abb. 405).

Das Bild ist nach dem Formolpräparate der Leiche eines 23jährigen Mannes gezeichnet worden. Die Lenden- und ein Teil der Brustwirbelsäule mit der dorsalen Hälfte der Rippen wurden entfernt; ebenso die dorsale Hälfte des Beckenringes mit dem Sacrum. Die vertebralen Ursprünge des Zwerchfells wurden in der Höhe der oberen Nierenpole abgetragen.

Die Lage der Nieren ist eine durchaus typische, indem die Entfernung der unteren Pole voneinander eine beträchtlich grössere ist als die der oberen Pole. Dem lateralen Rande der linken Niere schliesst sich die Milz an. Die rechte Niere zeigt in ausgedehntem Masse Beziehungen zur unteren Fläche des rechten Leberlappens (Impressio renalis); der untere Pol wird von dem Colon ascendens erreicht, und mit dem

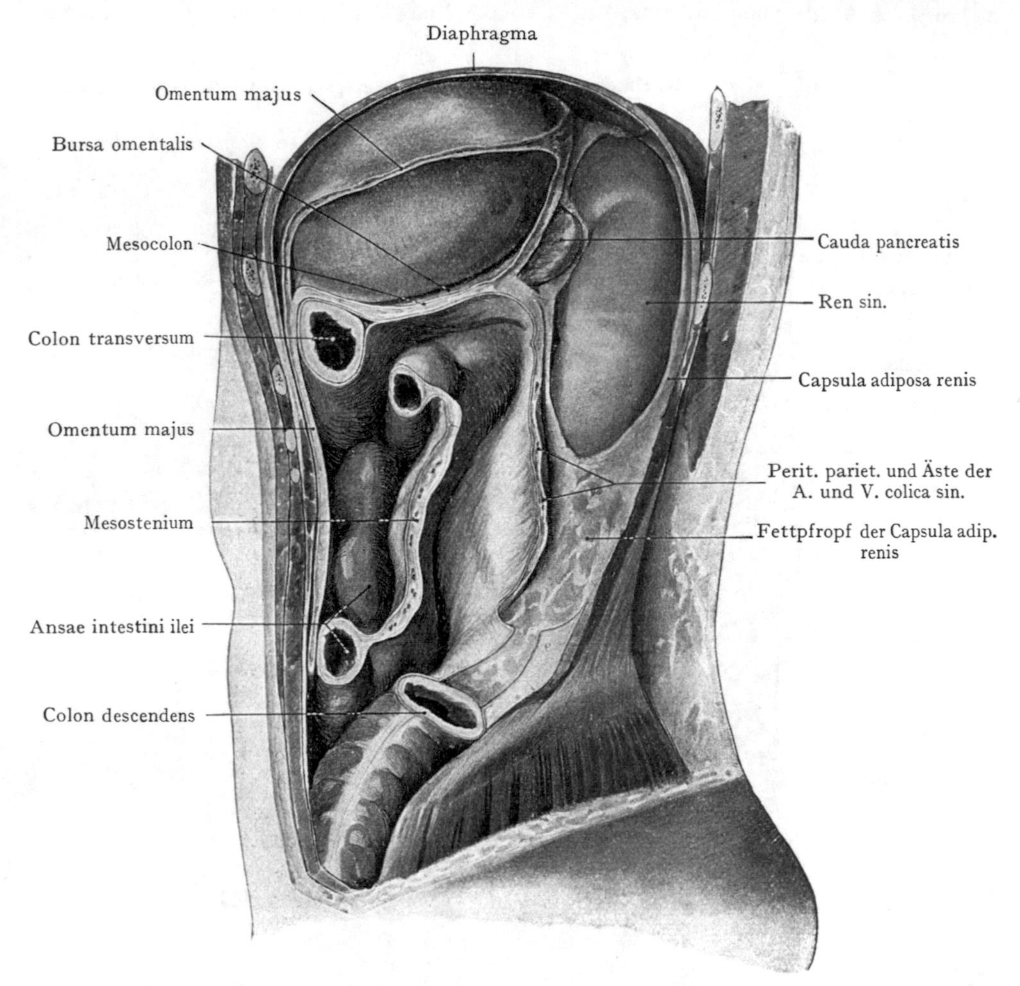

Abb. 404. Bauchhöhle von links, nach Entfernung der Milz, der Flex. coli sinistra, des Colon descendens und einer Anzahl Dünndarmschlingen.
Die linke Niere ist freigelegt worden.
Formolpräparat. 21jähriger Mann.

Hilus tritt die Pars descendens duodeni in Berührung. Die V. cava caud. streift den oberen Pol der rechten Niere.

Die Aorta und die Vena cava caud. bedecken einen grossen Teil des Pankreaskörpers sowie des Duodenum. In der Höhe der oberen Nierenpole liegen die Ganglia coeliaca, das eine links von der Aorta, das andere dem dorsalen Umfange der V. cava caud. aufgelagert. Von der Aorta entspringen die Aa. renales und in die V. cava caud. münden in sehr ungleicher Höhe (linkerseits viel tiefer als rechterseits) die Vv.

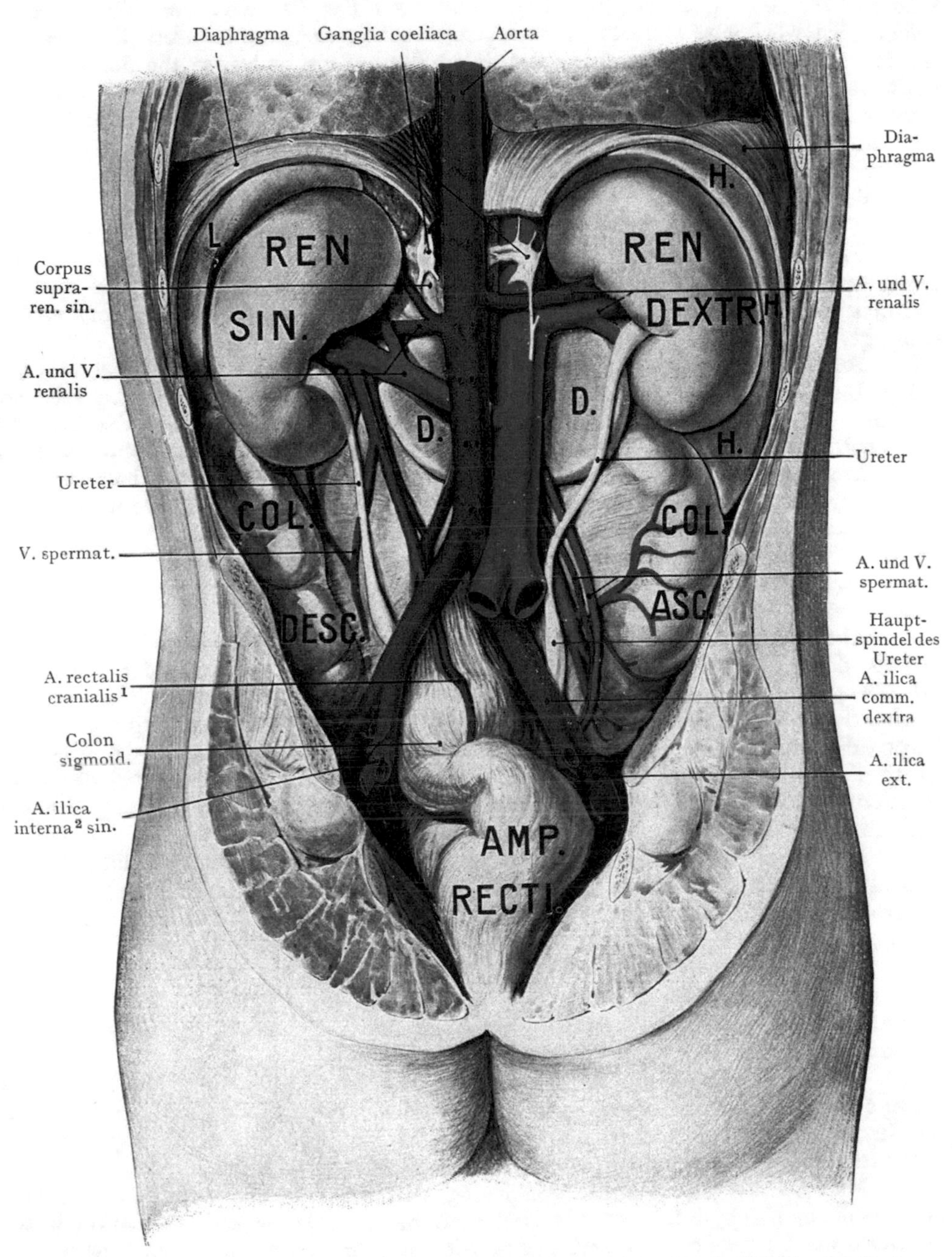

Abb. 405. Situs viscerum abdominis von hinten nach Entfernung der dorsalen Hälfte des Beckenringes, der Lendenwirbelsäule und der unteren Brustwirbel mit den Rippen und den Ursprüngen der Pars lumbalis diaphragmatis.

D. D. Duodenum. L. Lien. H. H. Hepar.

Formolpräparat. 23jähriger Mann.

---

[1] A. haemorrhoidalis superior. [2] A. hypogastrica. Amp. recti = Pars ampullaris recti.

renales. Die Unmöglichkeit, das Duodenum und das Pankreas von hinten zu erreichen, ist wohl ohne weiteres zu verstehen. Rechterseits, vom unteren Nierenpole an, ist das Colon ascendens, linkerseits das Colon descendens, und zwar die dorsale (retroperitonaeale) Wand desselben zu sehen, im Raume des kleinen Beckens die Pars ampullaris recti[1]. Der rechte Ureter streift die Pars descendens duodeni und bildet vor dem Eintritt in das kleine Becken und über der Stelle, wo er die A. und V. ilica communis kreuzt, eine spindelförmige Erweiterung, die sich auch am linken Ureter annähernd in derselben Höhe findet.

Frontalschnitt und Querschnitt durch den Bauch (Abb. 406—407).

Der Frontalschnitt (Abb. 406) erhält einen oberen Abschluss durch das Diaphragma; unten ist die Symphyse angeschnitten und nach beiden Seiten wird der Rahmen des Bildes durch die seitlichen Wandungen mit dem Diaphragma vervollständigt.

Rechts oben schmiegt sich die Leber der Konkavität des Zwerchfells an. Den linken Lappen berührt unten der Magen, welcher sich in mässig ausgedehntem Zustande befindet. Der unteren Fläche des rechten Leberlappens liegt die Gallenblase an, links, in nächster Nähe derselben das Duodenum, noch weiter unten das Colon ascendens. Links vom Duodenum ist der Körper des Pankreas angeschnitten und unterhalb desselben die A. mesenterica cranialis (nicht bezeichnet). Die Schlingen des Dünndarms (Jejunum) sind linkerseits horizontal angeordnet (s. auch Abb. 395), rechterseits ist eine typische Anordnung nicht nachzuweisen; hier liegt der Längs- und Schrägschnitt des Colon ascendens den Bauchwandungen unmittelbar an. Über der Symphyse ist die Chorda urachi[2] angeschnitten.

Abb. 407 stellt einen Querschnitt durch die Bauchhöhle in der Höhe des XI. Brustwirbels dar. Verglichen mit Querschnitten durch die untere Partie der Bauchhöhle (Abb. 384) sind die Verhältnisse relativ einfache. Der Rahmen des Bildes wird zunächst durch die Schichten der unteren Partie der Thoraxwandung hergestellt, dorsal durch die Masse der Rückenmuskulatur mit dem M. latissimus dorsi. Das Diaphragma bildet einen vollständigen Ring, der durch den Pleuraspalt von der Brustwandung getrennt wird; gegen die Bauchhöhle erhält es einen Überzug von dem Peritonaeum parietale.

Bloss drei grössere Baucheingeweide sind angeschnitten, nämlich die Leber, der Magen und die Milz. Die rechte Hälfte der Bauchhöhle wird von dem rechten Leberlappen vollständig ausgefüllt; an den linken Lappen schliesst sich dorsal und links der in dieser Höhe vollständig von demselben bedeckte Magen an. Von dem Magen zur Porta hepatis erstreckt sich die Pars hepatogastrica[3] des Omentum minus. Der Lobus caudatus (Spigeli) wird durch die höchste Ausbuchtung der Bursa omentalis von dem Diaphragma getrennt. Rechts vom Lobus caudatus liegt der Querschnitt der V. cava caud., welche fast unmittelbar an die untere Fläche des Diaphragma anstösst.

Mit der Wandung des Magens wird nach links die Milz durch die Pars gastrolienalis[4] des Mesogastrium dorsale verbunden; am Hilus lienis sind die A. und V. lienalis durchschnitten. Die Facies diaphragmatica der Milz legt sich dem Diaphragma an, von welchem sie durch den Spalt der Peritonaealhöhle getrennt wird.

Man beachte den starken Vorsprung, den der Brustwirbel bildet. Demselben liegt ventral, gleich links von der Medianebene, der Querschnitt der Aorta (gerade oberhalb des Hiatus aorticus) auf, rechts von der Aorta findet man den Ductus thoracicus (doppeltes Lumen) und mehr seitlich die Grenzstränge des Sympathicus.

Die Abb. 408 und 409 stellen den Bauchsitus eines neugeborenen Kindes in zwei Ansichten dar.

Abb. 408 gibt das Bild wieder, welches sich darbietet, wenn man nach Ausführung eines Kreuzschnittes die Bauchdecken auseinander legt. Vor allem imponiert die mächtige Leber, welche mehr als die Hälfte der im Rahmen der Bauchdecken dar-

[1] Ampulla recti. [2] Lig. umbilicale medium. [3] Lig. hepatogastricum. [4] Lig. gastrolienale.

gebotenen Fläche einnimmt und bis weit unterhalb des Rippenbogens herabsteigt. Der linke Lappen tritt zwar an Grösse gegenüber dem rechten Lappen zurück, doch dehnt er sich, im Vergleich mit dem Zustande beim Erwachsenen, nicht bloss beträchtlich weiter nach unten, sondern auch weiter nach links aus. Er überlagert den aller-

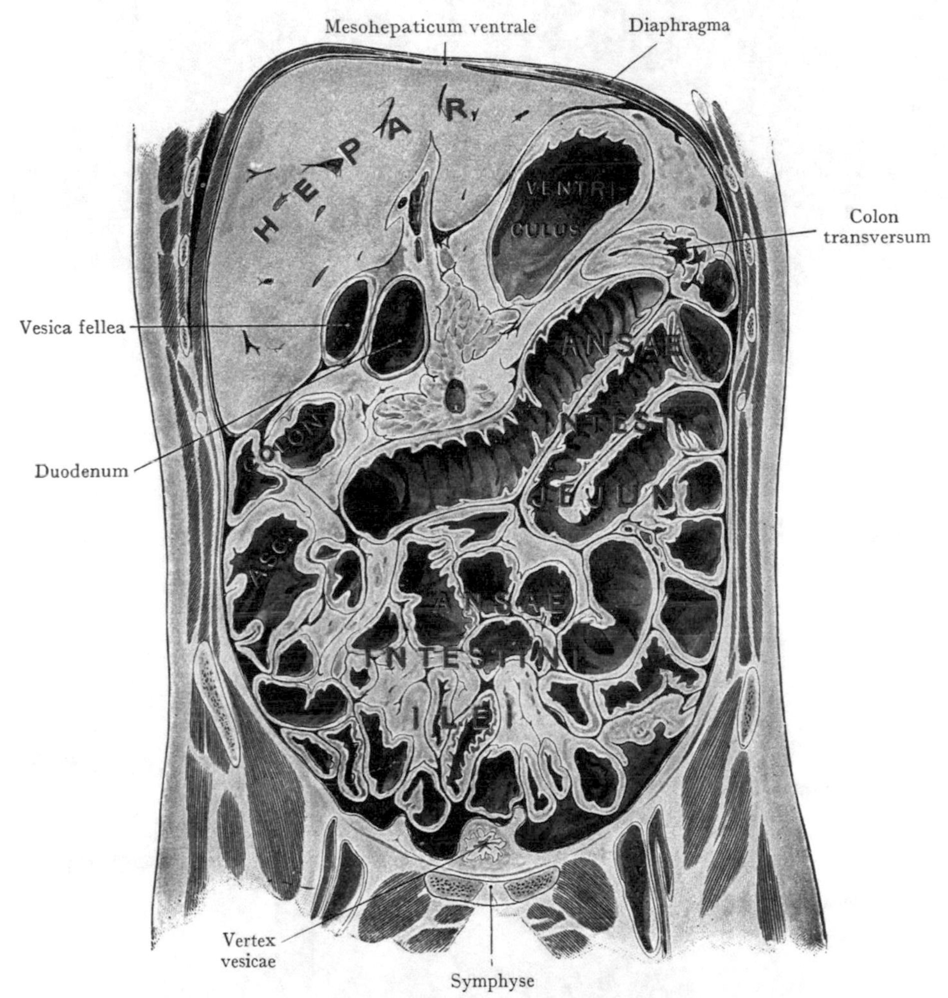

Abb. 406. **Frontalschnitt durch die Bauchhöhle.** (Ansicht von vorne.)
Nach einem Gefrierschnitte aus der Basler Sammlung.

dings stark kontrahierten Magen so vollständig, dass von dem letzteren nichts zu sehen ist. Auch das Colon transversum wird von der Leber bedeckt, wie überhaupt von dem Dickdarm bloss eine Strecke des Colon sigmoides zu sehen ist, die sich der Harnblase und der vorderen Bauchwand oberhalb der Symphyse anlagert. Die Gallenblase erreicht den unteren Leberrand nicht, indem ihr Fundus, wie eine Untersuchung der unteren Leberfläche lehrt, besonders tief in die Lebersubstanz eingelagert ist. Das Verhalten ist nicht typisch, denn in den meisten Fällen überragt der Fundus der Gallenblase den unteren Leberrand.

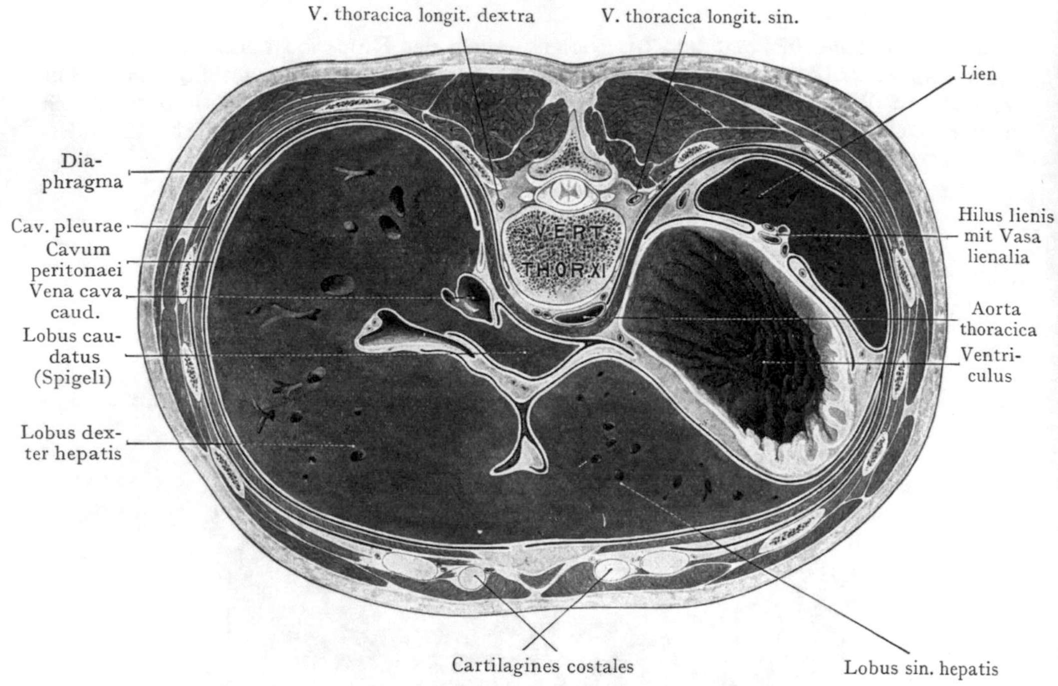

Abb. 407. Horizontalschnitt durch die Bauchhöhle, in der Höhe des XI. Brustwirbelkörpers. Nach W. Braune, Atlas der topogr. Anatomie.

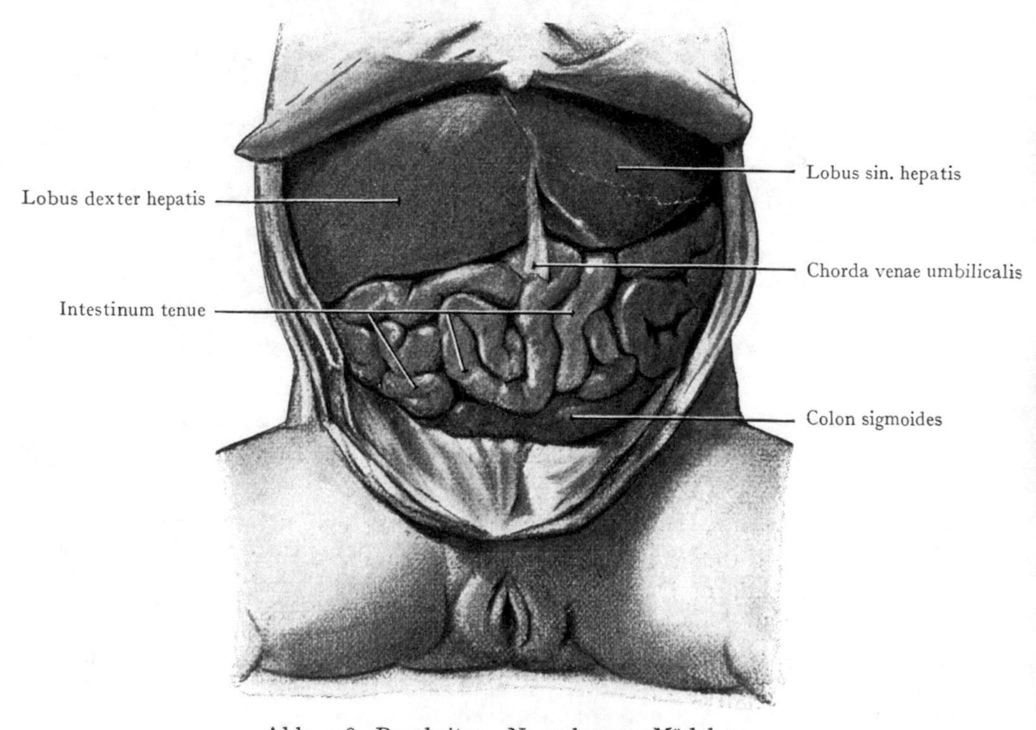

Abb. 408. Bauchsitus. Neugeborenes Mädchen.

Die Abb. 409 stellt das Bild dar, welches nach Entfernung eines grossen Teiles der Leber sowie des ganzen Dünndarms gewonnen wurde. Das Omentum majus ist knapp unterhalb der grossen Kurvatur des Magens abgetrennt worden. Der Magen hat einen steilen Verlauf, indem sich die kleine Kurvatur annähernd parallel mit der Wirbelsäule hinzieht. Der obere Teil mit dem Fundus ist stärker ausge-

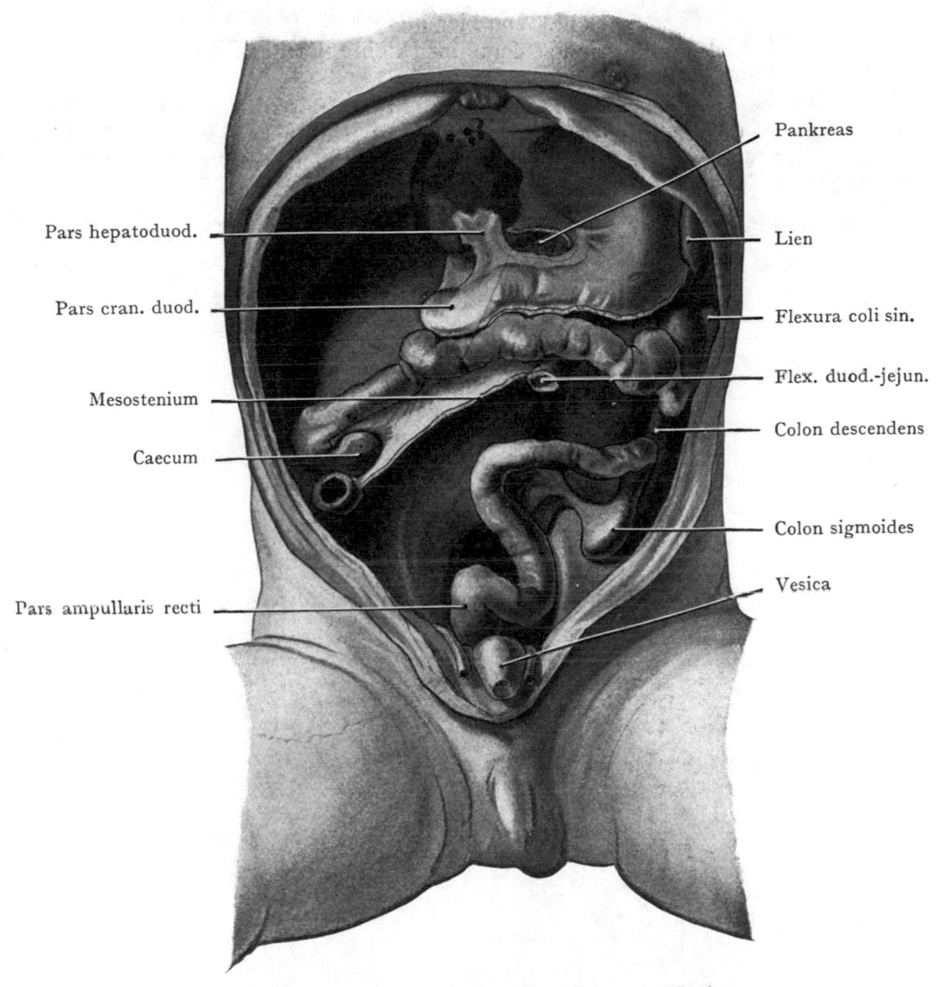

Abb. 409. Bauchsitus. Neugeborener Knabe.
Gipsabguss aus der Basler anatomischen Sammlung.

dehnt als der untere gegen den Pylorus sich hinziehende Abschnitt, welcher sich im Volumen kaum von der Pars cranialis duodeni unterscheidet. Verhältnismässig lang erscheint das Colon. Das Caecum mit dem Processus vermiformis steht hoch, entsprechend etwa dem Körper des IV. Lumbalwirbels. Ein Colon ascendens ist als solches eigentlich gar nicht vorhanden, indem der auf das Caecum folgende Darmteil mit einer Ausbiegung nach rechts in das Colon transversum übergeht. Die Verlaufsrichtung dieses Darmteiles ist, wie beim Erwachsenen, eine nach links leicht ansteigende; am linken Ende finden sich zwei vertikal eingestellte Schleifen und der Übergang in das Colon descendens erfolgt in spitzem Winkel. Das Colon descendens markiert sich gegen das Colon sigmoides scharf ab, indem letzteres etwa in der Höhe der Crista ilica seinen Anfang nimmt, dort wo die Peritonaealblätter den Darm wieder vollständig umschliessen, um ein Mesosigmoideum herzustellen. Das Colon sigmoides wendet sich zunächst in einer scharfen Biegung kranialwärts, dann verläuft es annähernd transversal bis zu einem Punkte, welcher, nach hinten projiziert, der Mitte des I. Lendenwirbelkörpers entspricht. Von hier aus wendet es sich kaudalwärts, streift den Beckeneingang links und gelangt dann ins kleine Becken, um in die Pars ampullaris [1] recti überzugehen.

Das Colon sigmoides erscheint, wenn man es mit dem Colon transversum oder gar mit dem Colon descendens vergleicht, unverhältnismässig lang; tatsächlich ist die relative Länge des Darmteiles, bezogen auf das Colon transversum, grösser als beim Erwachsenen (Treves).

[1] Ampulla recti.

Literatur.

I. Wandungen des Bauches.

Mall, Development of the ventral abdominal walls in man. Journ. of Morphology 1898.

Zuckerkandl, E., Über den Scheidenfortsatz des Bauchfells. Arch. f. klin. Chirurgie 1877.

II. Magen und Duodenum.

Cunningham, D. J., The varying form of the stomach in man and the anthropoid apes. 4 plates. Transact. Roy. Soc. Edinburgh. Vol. 45. 1906.

Luschka, H., Die Lage des menschlichen Magens. Prager Vierteljahrsschrift 101. 1869.

Luschka, H., Die Lage der Bauchorgane des Menschen. Karlsruhe 1873.

Cunéo und Delamare, Les lymphatiques de l'estomac. Journ. de l'anat. et de la physiol. Année 36.

Chapolet, L'estomac. et le corset. Thèse de Lyon 1892.

Braune, W., Über die Beweglichkeit des Pylorus und des Duodenum. Arch. f. Heilkunde 1874.

Mehnert, E., Welches ist die normale Lage des menschlichen Magens? Verh. d. Ges. deutscher Naturforscher und Ärzte in München 1899. Vol. 2, 2. Hälfte.

Braune, W., Über die Ringform des Duodenum. Arch. f. Anat. u. Entw.-Gesch. 1877.

Braune, W., Über die operative Erreichbarkeit des Duodenum. Arch. f. Heilkunde 17. 1876.

Ballowitz, Bemerkungen über die Form und Lage des menschlichen Duodenum. Anat. Anz. X. 1895.

Poisson, J., Les fossettes périduodénales et leur rôle dans la pathologie des hernies rétropéritonéales. Thèse de Lille 1895.

Schiefferdecker, Beiträge zur Topographie des Darms. Arch. f. Anat. u. Physiol. Anat. 1886.

III. Leber.

Symington, S., On certain physiological variations in the shape and position of the liver. Edinburgh. med. Journ. 1888.

Faure, De l'apparail suspenseur du foie. Thèse de Paris 1892.

Luschka, H., Die Lage der Bauchorgane des Menschen. 1873.

Luschka, H., Die Pars intestinalis des gemeinsamen Gallenganges. Prager Vierteljahrsschrift f. prakt. Heilkunde. 1869.

Ruge, G., Die äusseren Formverhältnisse der Leber bei den Primaten. VI. Die Leber des Menschen. Morph. Jahrb. XXXVII.

IV. Colon.

Treves, Fr., Hunterian Lectures. Brit. med. Journ. 1885.

Waldeyer, W., Die Colonnischen, die Aa. colicae und die Arterienfelder der Bauchhöhle etc. Abh. der Kgl. Akad. d. Wiss. in Berlin 1900.

Toldt, C., Die Formbildung des menschlichen Blinddarms und die Valvula coli. 3 Taf. Denkschr. der Wien. Akad. d. Wiss. Math.-phys. Kl. B. 103.

Samson, C. v., Einiges über den Darm, besonders die Flex. sigmoidea. Arch. f. klin. Chir. 1892, auch I.-D. Dorpat 1890.

Lockwood, C. B. und Rolleston, H. D., On the fossae around the Caecum and the position of the vermiform appendix, with special reference to retroperitoneal hernia. Journ. of Anat. and Physiol. 26. 1892.
Symington, J., The relations of the peritonaeum to the descending Colon in the human subject. Journ. of Anat. and Physiol. 26. 1892.
Cohn, M., Der Verlauf der appendikulären Lymphgefässe. Arch f. Anat. u. Entw.-Gesch. 1895.
Funke, K., Über die Lymphgefässe des Dickdarms. Arch. f. Anat. u. Entw.-Gesch. 1910.

V. Nieren.

Zondek, Zur Topographie der Niere. Berlin 1903.
Helm, Beiträge zur Kenntnis der Nierentopographie. I.-D. Berlin 1895, auch Anat. Anz. XI. 1896.
Cunningham, D. J., On the form of the spleen and kidneys. Journ. of Anat. and Physiol. 29. 1895.
Récamier, J., Etude sur les rapports du rein et son exploration chirurgicale. Thèse de Paris 1889.
Holl, Die Bedeutung der XII. Rippe bei der Nephrotomie. Arch. f. klin. Chir. 25. 1880.
Gerota, Beiträge zur Kenntnis des Befestigungsapparates der Nieren. Arch. f. Anat. u. Entw.-Gesch. 1895.
Tuffier, La capsule adipeuse du rein au point de vue chirurgicale. Rev. de chir. X. 1890.
Brödel, Max, The intrinsic blood vessels of the kidney and their significance in nephrotomy. Proc. Assoc. Amer. Anatomists. 1900.
Schmerber, F., Recherches sur l'artère rénale. Thèse de Lyon 1895.
Kolster, R., Studien über die Nierengefässe. Zeitschr. f. Morph. u. Anthrop. Bd. IV. 1902.
Stahr, Der Lymphapparat der Nieren. Arch. f. Anat. u. Entw.-Gesch. 1900.

Becken.

Allgemeine Bemerkungen über die Topographie des Beckens.

Das Becken umfasst im Sinne des topographischen Anatomen die Wandungen des kleinen Beckens mit dem Inhalte desselben. Die Grenzen der Region entsprechen folglich nicht den Grenzen des als Becken bezeichneten Knochenkomplexes, indem das grosse Becken, welches über der Linea terminalis liegt, teils die Grundlage der Fossa ilica, teils diejenige der Regio glutaea liefert und entweder zu den Wandungen des Bauchraumes oder zur unteren Extremität gerechnet wird.

Die Berechtigung der Unterscheidung und besonderen Besprechung der Beckenregion entnehmen wir zunächst den für die Praxis massgebenden Verhältnissen. Die Beckeneingeweide bilden einen Komplex, dessen einzelne Teile sich dadurch von den Baucheingeweiden unterscheiden, dass physiologische und pathologische Prozesse von bestimmtem Charakter an ihnen ablaufen (Füllung der Harnblase, Vergrösserung und Verlagerung des Uterus durch Schwangerschaft, ferner Erkrankungen des Uterus, der Ovarien, der männlichen Harnröhre usw.), welche die Topographie des ganzen Beckeninhaltes mehr oder weniger beeinflussen können. Ferner werden gewisse typische Operationen an den Beckeneingeweiden vorgenommen, welche zur Ausbildung von Spezialfächern mit eigener Technik Veranlassung gegeben haben (Gynäkologie, Geburtshilfe, Urologie). Die operativen Zugänge zum Beckenraume sind so zahlreich (von oben und unten, vorne, hinten) und in ihren topographischen Beziehungen so eigenartig, dass auch aus diesem Grunde eine gesonderte Besprechung der Beckentopographie erforderlich wird.

Die innerhalb des kleinen Beckens liegenden Eingeweide sind zunächst solche, die aus der Bauchhöhle in den Beckenraum hinuntersteigen, bei gewissen Füllungszuständen der Becken- und Baucheingeweide jedoch über den Rand des kleinen Beckens den Rückweg in die Bauchhöhle nehmen (Dünndarmschlingen und Colon sigmoides). Dieselben werden, da sie ihre Befestigung innerhalb der Bauchhöhle erhalten (Mesostenium, Mesosigmoideum), zu den Baucheingeweiden gerechnet. Andere Eingeweide dagegen erhalten durch die Muskeln und Fascien der Beckenwandungen und besonders des Beckenverschlusses eine Befestigung und damit auch den Charakter von Beckeneingeweiden (Harnblase, Prostata, Samenblasen, Rectum beim Manne; Uterus, Ovarien, Harnblase, Rectum beim Weibe). Je nach der Art der Befestigung sind die Eingeweide auf das Becken beschränkt oder können (Harnblase, Uterus) bei stärkerer

Anfüllung aus dem Raume des kleinen Beckens in die Bauchhöhle aufsteigen und sich hier ausdehnen. Bei diesem Vorgange werden jene Darmschlingen, welche sich bei leerem Zustande der Beckeneingeweide sensu strictiori in den Raum des kleinen Beckens einlagern, in die Bauchhöhle zurückgedrängt (Dünndarmschlingen und Colon sigmoides). Es ist also bei den Beckeneingeweiden in noch höherem Grade als bei den Baucheingeweiden der Füllungszustand sowohl für die Lage als auch für die topographischen Beziehungen (Syntopie) der Organe massgebend.

Das kleine Becken bildet einen Kanal mit einer oberen Öffnung (Beckeneingang) und einer unteren Öffnung (Beckenausgang). Die innere Fläche des knöchernen Beckenkanales wird durch Muskeln, Fascien und Bänder vervollständigt, welche mit dem Knochen zusammengenommen die Wandung des Beckenkanales herstellen. Der Beckenausgang wird durch Schichten von Muskeln und Fascien verschlossen (als Beckenboden zusammengefasst), welche beim Manne eine Unterbrechung durch die Urethra und das Rectum erfahren, beim Weibe durch die Urethra, die Scheide und das Rectum. Von unten betrachtet haben wir in der Ebene des Beckenausganges den Damm (Perineum), an welchem beim Weibe hinten der After, vorne die Öffnung des Sinus urogenitalis liegt. Beim Manne rückt dagegen die Mündung des Sinus urogenitalis infolge des Verschlusses der Penisrinne auf die Glans penis. Bei beiden Geschlechtern wird die Topographie der äusseren Geschlechtsteile und der Keimdrüsen im Anschluss an die Topographie des Beckens resp. der Regio perinealis abgehandelt.

I. Bänderbecken.

Bänderbecken. Das Bänderbecken im Zusammenhang mit seinen Weichteilen (Muskeln, Fascien usw.) ist mit zwei Hohlzylindern verschiedener Grösse verglichen

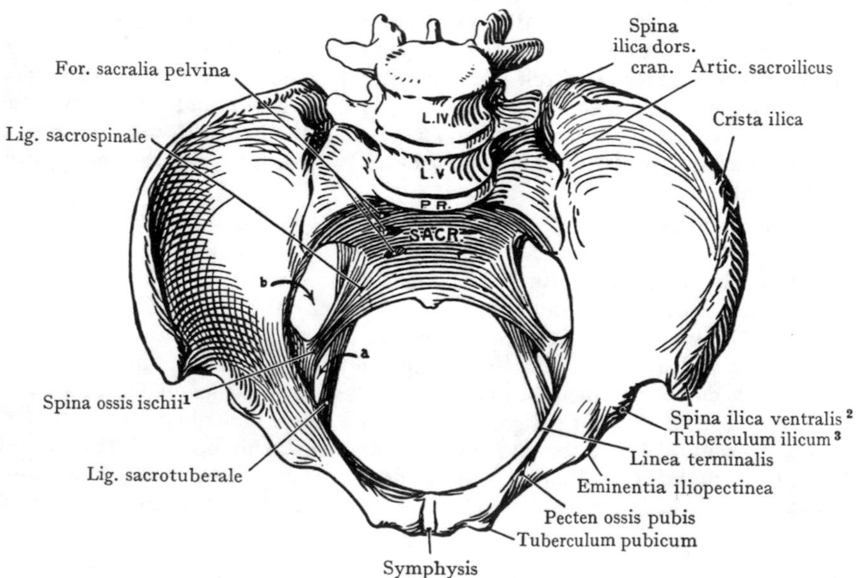

Abb. 410. Weibliches Bänderbecken, von oben gesehen.
a Foramen ischiadicum minus. b Foramen ischiadicum majus. Pr. Promunturium. Sacr. Sacrum.

worden, von denen der kleinere (kleines Becken) in den Boden des grösseren (grosses Becken) eingelassen ist, während sein unterer Abschluss (Beckenbodenmuskulatur)

[1] Spina ischiadica. [2] Spina iliaca ant. sup. [3] Spina iliaca ant. inf.

von dem Anus und der Mündung des Sinus urogenitalis durchbrochen wird. Wenn wir uns nun denken, dass die innere Oberfläche des kleineren Hohlzylinders von Weichgebilden (Muskeln und Fascien) überzogen wird, so erhalten wir ein Schema, welches ziemlich genau den wirklichen Verhältnissen entspricht.

Die Wandung beider Abschnitte weist Lücken auf; am grossen Becken sehen wir den vorderen Ausschnitt zwischen den beiden Spinae ilicae ventrales[1], am kleinen Becken das Foramen obturatum und die Incisura ischiadica major und minor. Diese Lücken werden aber, wenigstens zum Teil, durch Bandmassen verschlossen, welche in ihrer mächtigen Entfaltung und straffen Beschaffenheit den fehlenden Knochen ersetzen, so durch die Ligg. sacrospinale und sacrotuberale und die Membrana obturans, von denen die letztere geradezu als Membrana interossea aufzufassen ist.

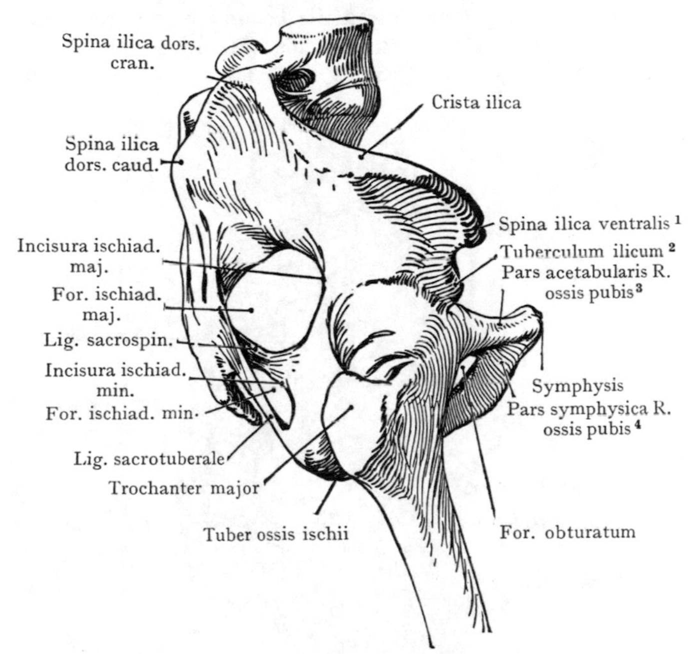

Abb. 411. Weibliches Bänderbecken von der Seite.

Die beiden Abteilungen des Beckens werden durch die **Linea terminalis** voneinander abgegrenzt (Abb. 410). Dieselbe zieht sich von der Symphyse bis zum Promunturium, indem sie den Eingang in das kleine Becken angibt. Die oberhalb der Linie sich ausbreitenden Knochenteile (in der Hauptsache die Darmbeinschaufeln) bilden das grosse Becken, die unterhalb der Linie liegenden Knochenteile dagegen stellen mit den breiten Bändern des Beckens zusammen die Wandungen des kleinen Beckens oder den Beckenkanal der Geburtshelfer dar.

Grosses Becken. Dasselbe wird durch die Darmbeinschaufeln dargestellt, zwischen welchen sich die stark verbreiterten Partes laterales ossis sacri einlagern. Wir unterscheiden eine mediale resp. obere Fläche als Fossa ilica, eine laterale resp. äussere Fläche (Abb. 410 und 411), einen oberen Rand (Crista ilica mit dem Labium int. und ext. und der Linea intermedia), der vorne als Spina ilica ventralis[1] endigt und von hier aus in einem scharf markierten Ausschnitte zum Tuberculum ilicum[2] abfällt. Hinten endigt die Crista in der Spina ilica dors. cran.; darunter liegt die Spina ilica dors. caud.

Die Fossa ilica, in ihrer vorderen Partie glatt und leicht ausgehöhlt, geht unten an der Linea terminalis in diejenige Fläche des Os ilium über, welche sich an der Bildung der Wandung des kleinen Beckens beteiligt. Die hintere Partie der medialen Fläche artikuliert in der Facies auricularis mit dem Sacrum, während die Tuberositas ilica eine rauhe Fläche bildet, welche mit dem Sacrum durch die Ligg. sacroilica dors. verbunden ist. An der Aussenfläche des Os ilium entspricht eine Einteilung in Felder (durch die Linea glutaea cran., dors. und supraacetabularis[5]) dem Ursprunge der Glutaealmuskeln (s. Regio

[1] Spina iliaca ant. sup. [2] Spina iliaca ant. inf. [3] Ram. sup. ossis pubis. [4] Ram. inf. ossis pubis. [5] Linea glutaea ant., post. und inf.

glutaea). Die Aussenfläche der Darmbeinschaufel geht in denjenigen Abschnitt des Knochens über, welcher den Beckenkanal begrenzen hilft. Zwischen den beiden Spinae ilicae ventrales[1] fehlt der grossen Beckenhöhle die vordere Wand, doch wird der hier vorhandene grosse Ausschnitt teilweise durch das vom Tuberculum pubicum zur Spina ilica ventralis verlaufende Lig. inguinale überbrückt und erhält im übrigen einen Verschluss durch die Mm. recti und obliqui abdominis sowie durch die unterhalb des Lig. inguinale durch die Lacuna musculorum und die Lacuna vasorum zum Oberschenkel verlaufenden Gebilde (M. iliopsoas, A. und V. femoralis); zur Begrenzung des grossen Beckens kann man auch noch den nach oben sehenden Umfang des Os pubis mit dem Tuberculum pubicum und dem Pecten ossis pubis, ferner die Eminentia iliopectinea rechnen.

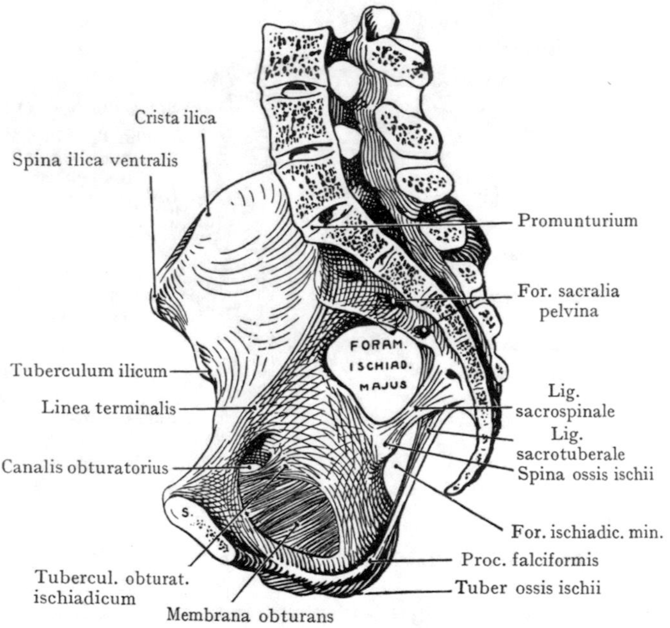

Abb. 412. Rechte Hälfte eines weiblichen Bänderbeckens, von innen gesehen.

Wandung des kleinen Beckens. Die knöcherne Wandung wird durch einen in der Höhe des Beckeneinganges vollständigen, nur in zwei Knochenverbindungen (Symphyse und Articulus sacroilicus) unterbrochenen Knochenring gebildet, der, je nachdem man vorne, seitlich oder hinten untersucht, verschiedene Mächtigkeit aufweist (Abb. 410). Der Ring wird durch die Partes acetabulares[2] der beiden in der Symphyse zusammenstossenden Ossa pubis gebildet, ferner noch durch die Ossa ilium sowie durch die Partes laterales ossis sacri und die ersten Sacralwirbel. Dieser Knochenring entspricht der Linea terminalis, welche das kleine von dem grossen Becken abgrenzt.

Die knöcherne Wandung des Pelvis minor, die wir als eine Fortsetzung des in der Höhe der Linea terminalis gelegenen Knochenringes ansehen dürfen, setzt sich verschieden weit nach unten fort, so dass dementsprechend die Höhe der Wandung verschieden ausfällt. Am niedrigsten ist sie vorne in der Medianebene, wo sie bloss durch die Symphyse dargestellt wird; seitlich nimmt die Höhe der Wandung zu, indem sie hier teils durch die Umrandung des For. obturatum (Schambeinkörper mit der Pars acetabularis und symphysica R. ossis pubis sowie das Os ischii) mit der Membrana obturans gebildet wird, teils durch das Os ischii mit dem Tuber ossis ischii[3]. Diese Partie ist die mächtigste, und ihre lateralwärts sehende Fläche ist als Acetabulum zur Aufnahme des Femurkopfes ausgehöhlt. Hinter demselben ist die seitliche Wandung, soweit ihre knöchernen Teile in Betracht kommen, auf den Knochenring des Beckeneinganges beschränkt, denn es werden bei der Betrachtung des halbierten Beckens von der medialen Seite her (Abb. 412) die seitlichen Massen des III.—V. Sacralwirbels von dem durch das Os ischii gebildeten senkrechten Knochenpfeiler durch einen tiefen Einschnitt getrennt,

[1] Spina iliaca ant. sup. [2] Rami superiores der Ossa pubis. [3] Tuber ischiadicum.

an dessen vorderer Grenze die Spina ossis ischii[1] einen spitzen Vorsprung darstellt. Von dieser geht das Lig. sacrospinale aus, um sich breit und fächerförmig am Sacrum zu inserieren, und vom Tuber ossis ischii verläuft das Lig. sacrotuberale zu den seitlichen Massen der letzten Sacralwirbel, indem seine Fasern diejenigen des Lig. sacrospinale kreuzen. So wird ein gewisser Ersatz für die fehlende Knochenwand geliefert, indem die Lücke zwischen dem Os ischii und dem Sacrum durch die beiden Bänder in zwei Öffnungen zerlegt wird, For. ischiadicum majus und For. ischiadicum minus, welche beim Bänderbecken aus dem Beckenkanal lateralwärts führen. Wenn wir das Os ischii als seitlichen Pfeiler der Beckenwandung bezeichnen, so kommt als

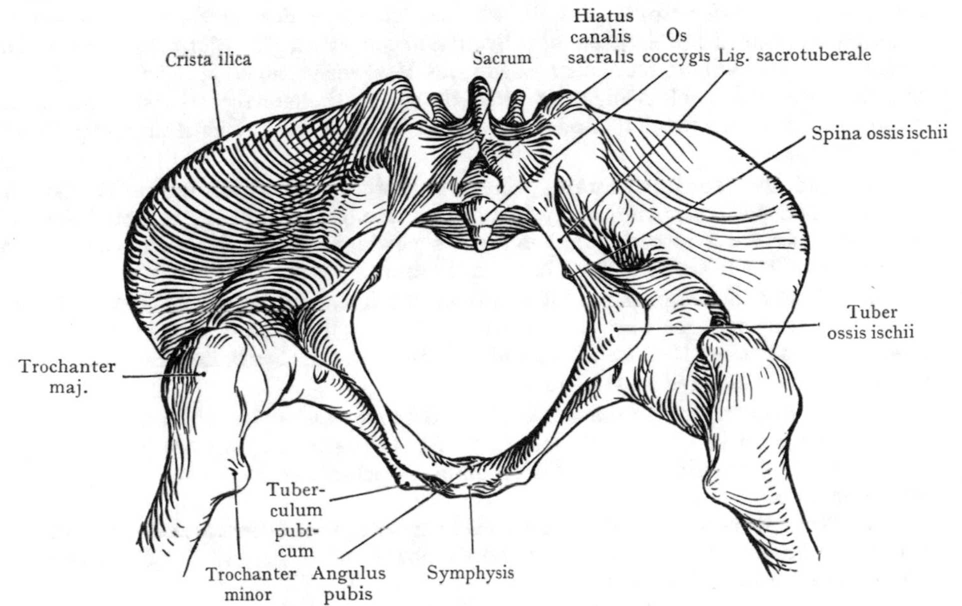

Abb. 413. Weibliches Bänderbecken von unten.

hinterer Pfeiler das Sacrum mit seiner Fortsetzung, dem Steissbein dazu, welche eine keilförmige Ergänzung des Beckenringes bilden, denselben dorsalwärts abschliessen und mit ihrer vorderen konkaven Fläche einen beträchtlichen Abschnitt der Wandung des Beckenkanales herstellen.

Aus den geschilderten Verhältnissen lassen sich in bezug auf die Resistenz einzelner Teile des Beckens gegen äussere Gewalt Schlüsse ableiten, welche für den Verlauf von Beckenfrakturen massgebend sind (s. auch die Bemerkungen über Frakturen der Schädelbasis). Die Frakturlinien vermeiden in der Regel den Körper des Schambeins sowie den lateralen und den hinteren Knochenpfeiler des kleinen Beckens. Häufig gehen sie dagegen durch die von den Schambeinästen gebildete Umgrenzung des For. obturatum oder auch in der Nähe des Articulus sacroilicus hindurch. Bei jugendlichen Individuen kann die einwirkende Gewalt die Knorpelfuge des Acetabulum sprengen und das Gelenk eröffnen. Die mechanischen Verhältnisse und die exponierte Lage des Knochenteiles erklären die Häufigkeit der Frakturen des Steissbeines.

Beckenkanal. Wir können den Raum des kleinen Beckens, besonders dann, wenn die Ergänzung der Wandungen durch die Membrana obturans, die Ligg. sacrospinalia und sacrotuberalia geschont wird, als einen Kanal bezeichnen mit einer oberen und einer unteren Öffnung. Die obere Öffnung (Aditus pelvis) wird von

[1] Spina ischiadica.

der Linea terminalis begrenzt und kann als eine Ebene dargestellt werden, welche durch das Promunturium (Bandscheibe zwischen dem V. Lumbal- und dem I. Sacralwirbel), den oberen Rand der Symphyse und die Linea arcuata gelegt wird (Ebene des Beckeneinganges). Die untere Öffnung (Exitus pelvis) erhält ihre Begrenzung (Abb. 413) hinten durch die Spitze und die Seitenränder des Steissbeins, durch die Ligg. sacrotuberalia, die Tubera ossium ischii[1], die aufsteigenden Sitz- und absteigenden Schambeinäste und den Symphysenwinkel mit dem Lig. arcuatum pubis. Der Beckenausgang stellt demnach zwei Dreiecke dar, deren gemeinsame Basis von der Verbindungslinie der Tubera ossium ischii[1] gebildet wird; die Spitze des hinteren Dreieckes liegt an der Spitze des Steissbeins, diejenige des vorderen Dreieckes am Symphysenwinkel. Die Grenzen des Beckenausganges liegen nicht in einer Ebene, deshalb vermeiden wir es, von einer Ebene des Beckenausganges zu sprechen; übrigens dient die Ebene des Beckeneinganges bloss dazu, die Beckenneigung festzustellen, und für die Praxis genügen die Ausdrücke Beckeneingang und Beckenausgang (Aditus und Exitus pelvis[2]).

Masse im Beckenkanale. Sie erleichtern den Vergleich des männlichen und weiblichen Beckens, auch sind einige in der Praxis von Bedeutung, indem sie den Geburtshelfer über die Weite des Beckenkanales sowie über das Bestehen von etwaigen Hindernissen für die Geburt des Kindes aufklären.

Die letztere Erwägung wird uns zunächst auf die Prüfung des Beckeneinganges und des Beckenausganges hinweisen, denn in der Regel wird bei normaler Grösse der Masse an diesen Stellen kein weiteres Hindernis für den Durchtritt des kindlichen Kopfes nach unten vorliegen (Abb. 414—415).

Am Beckeneingang unterscheiden wir folgende Masse (Durchmesser: Diameter):

1. Den geraden Durchmesser (Diameter mediana, gewöhnlich Conjugata vera genannt), d. h. die kürzeste Verbindung zwischen der Mitte der Symphyse und dem Promunturium (C. V. = 11 cm),

2. den queren Durchmesser (Diameter transversa = D. tr.) als Verbindung der beiden am weitesten voneinander abstehenden Punkte der Linea terminalis (in der Querrichtung) (D. tr. = $13^1/_2$ cm),

3. den schrägen Durchmesser (Diameter obliqua = D. obl.) von dem Articulus sacroilicus der einen Seite zur Eminentia iliopectinea der anderen Seite (D. obl. = $12^3/_4$ cm).

Am Beckenausgang unterscheidet man:

1. Die Diameter mediana, von der Spitze des Steissbeins zum Angulus pubis (9—$9^1/_2$ cm); sie kann beim Austritt des kindlichen Kopfes durch Zurückdrängen des Steissbeins um etwa 2 cm zunehmen,

2. die Diameter transversa, welche die beiden Tubera ossium ischii[1] verbindet (11 cm).

Auch noch in einer anderen Ebene, nämlich derjenigen der sog. „Beckenweite", werden eine Diameter transversa und mediana gemessen. Diese Ebene wird durch die Mitte der Symphyse, die höchsten Punkte der Acetabula und die Verbindung zwischen II. und III. Sacralwirbel gelegt.

Wenn man (Abb. 415) die am Beckeneingang, in der Ebene der Beckenweite und am Beckenausgang gezogenen geraden Durchmesser halbiert und durch eine Linie verbindet, so gibt dieselbe die Verlaufsrichtung des Beckenkanales an und entspricht der Richtung, in welcher der Kopf des Kindes bei der Geburt im Becken tiefer tritt; die Führungslinie des Beckens. Diese bildet einen Bogen, dessen Konkavität gegen die Symphyse sieht.

Die oben angegebenen Masse sind diejenigen des weiblichen Beckens, welche für die Beurteilung des Geburtsverlaufes in Betracht kommen. Beim männlichen

[1] Tuber ischiadicum. [2] Apertura pelvis superior und inferior.

Becken sind die Zahlen durchweg um $1^1/_2$—2 cm kleiner; übrigens ist ihre praktische Bedeutung eine geringe, daher die Angabe von genauen Zahlen überflüssig erscheint.

Die Beckenmasse sind nicht alle unmittelbar an der Lebenden zu messen. Ohne weiteres lässt sich die Grösse, die Diameter transversa und die Diameter mediana des Beckenausganges feststellen. Der Messung unzugänglich sind die Diameter transversa und obliqua des Beckeneinganges. Ebensowenig kann die Conjugata vera (Diameter mediana des Beckeneinganges), welche für die Feststellung der Form des Beckens weitaus am wichtigsten ist, direkt an der Lebenden gemessen werden. Dagegen kann man durch Einführung eines Fingers in die Scheide das Promunturium erreichen und die Entfernung

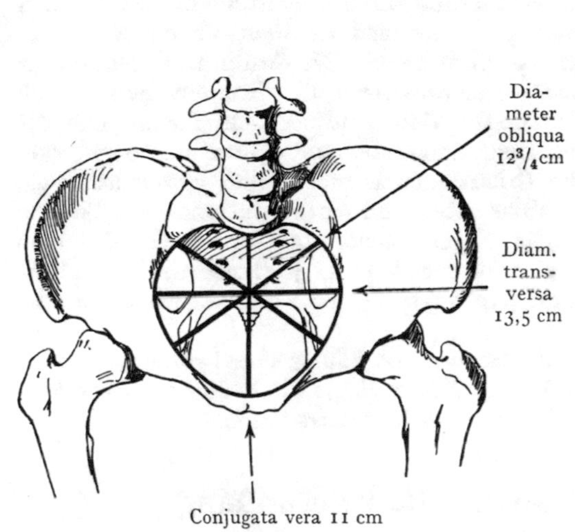

Abb. 414. Beckeneingang beim Weibe mit Angabe der Beckenmasse.
Nach E. Bumm.

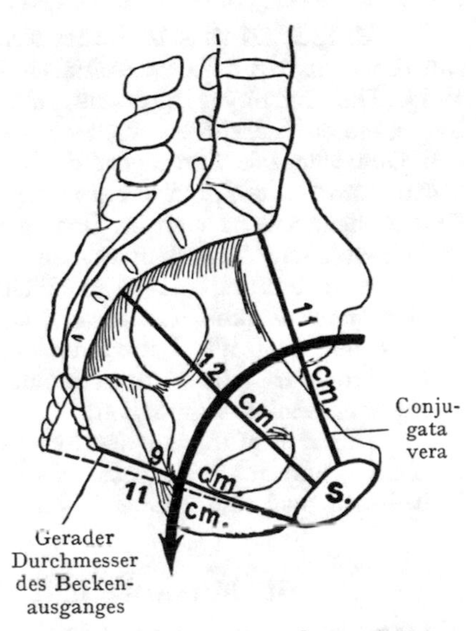

Abb. 415. Linke Hälfte des weiblichen Bänderbeckens. Beckenmasse und Führungslinie des Beckens (Pfeil).
Nach E. Bumm.

desselben von dem Symphysenwinkel feststellen. Diese (Diameter diagonalis[1]) beträgt ca. 13 cm, also etwa $1^1/_2$—2 cm mehr als die Conjugata vera, welche sich leicht daraus berechnen lässt.

Beckenneigung. Die Stellung des Beckens im Körper wird durch den Winkel angegeben, welchen die Ebene des Beckeneinganges mit der Horizontalebene bildet (Inclinatio pelvis). Derselbe ist an Medianschnitten direkt messbar, schwankt übrigens bei demselben Individuum je nach der Stellung der Femora im Hüftgelenke. Bei Rotation nach einwärts beträgt er 40—45°, beim gewöhnlichen Stehen 54—55° (Schröder).

Das skeletierte Becken wird die im Lebenden bei aufrechter Körperstellung eingenommene Lage dann erhalten, wenn die Spinae ilicae ventrales und die Symphyse sich in derselben Frontalebene befinden.

Geschlechtsunterschiede zwischen männlichem und weiblichem Becken. Geschlechtsunterschiede treten erst zur Zeit der Pubertät stärker hervor, wenngleich schon vom 5. Monate der fetalen Entwicklung an die sekundären Geschlechtsmerkmale des Beckens in ihren Anfängen zu erkennen sind. Der Angulus pubis des männlichen Neugeborenen ist spitzer als derjenige des Mädchens; auch erscheint bei der Betrachtung von vorne das Becken des ersteren höher und schmäler, beim Mädchen

[1] Conjugata diagonalis.

niedriger und breiter. Erst nach der Pubertät machen sich diese Unterschiede auch in der äusseren Erscheinung geltend. Es genügt, sie kurz anzudeuten. In der Regel ist der weibliche Beckenkanal niedriger und weiter als der männliche, die Darmbeinschaufeln sind flacher, die Wandungen mehr senkrecht, während der Beckenkanal des Mannes nach unten etwas enger wird. Der Angulus pubis des männlichen Beckens beträgt 70—75°, derjenige des weiblichen Beckens 90—100° (Arcus pubis). Zu diesen Unterschieden kommen noch diejenigen hinzu, welche durch die Verschiedenheit der Beckenmasse ausgedrückt werden, indem dieselben beim Weibe durchwegs grösser sind als beim Manne. Die Form des Beckeneinganges ist beim Weibe mehr oval, beim Manne mehr herzförmig, mit stark vorspringendem Promunturium.

Palpation des knöchernen Beckens. Der Palpation des knöchernen Gesamtbeckens tritt selbstverständlich die Überlagerung durch Weichteile hindernd in den Weg. Die Symphyse und das Tuberculum pubicum sind in allen Fällen zu fühlen, bei mageren Individuen auch die Eminentia iliopectinea. Die Adduktorenmuskulatur des Oberschenkels überlagert die Membrana obturans sowie die Grenzen des Foramen obturatum. Die Spina ilica ventralis ist immer durchzufühlen; an ihr beginnt die Crista ilica, welche sich in ihrer ganzen Ausdehnung bis zur Spina ilica dors. cran. verfolgen lässt. Von dem Sacrum ist die Crista sacralis media und gewöhnlich auch der dorsale Umfang der Bogenbildungen abzutasten und als Fortsetzung des Sacrum in der tiefen Furche (Crena ani), welche die Nates trennt, auch das Steissbein. Vom Gesäss aus sind die Tubera und Rami der Sitzbeine und, je nach der Entfaltung des Fettpolsters, die Pars acetabularis und symphysica[1] der Schambeinäste bis zum Symphysenwinkel zugänglich.

Durch Einführung des Fingers in die Scheide ist häufig das Promunturium zu erreichen, und durch Palpation im Rectum lässt sich auch, je nach den speziellen Verhältnissen, noch die seitliche Wand des Beckenkanales untersuchen.

II. Muskeln und Fascien der Beckenwandung.

Die Wandung des Beckenkanales erhält einen Überzug und seine Vervollständigung durch Muskeln und Fascien, während für den Beckenausgang ein Verschluss geliefert wird, der bloss an jenen Stellen eine Durchbrechung erfährt, wo Eingeweideteile (Urethra, Rectum, Scheide) denselben durchsetzen. Wir können also diese Weichgebilde in zwei Abteilungen bringen, je nachdem sie sich den Wandungen des Beckenkanales anschliessen, ohne unmittelbar zu den Eingeweiden in Beziehung zu treten (parietale Muskeln und Fascien des Beckens, s. Schema Abb. 417), oder an den Beckenwandungen entspringen und zu den aus dem Becken austretenden Eingeweiden verlaufen, indem sie in die Wandungen derselben übergehen und einen Abschluss des kleinen Beckens nach unten herstellen (viscerale Muskeln und Fascien des Beckens). Teils besorgen sie die Fixation der Eingeweide (s. Diaphragma urogenitale und Urethra), teils beeinflussen sie die Lage derselben (M. levator ani).

Parietale Muskeln des Beckens. Die parietale Muskulatur des Beckens besteht aus den Mm. obturator int. und piriformis, welche von den Wandungen des Beckenkanales entspringen und durch die als For. ischiadicum majus und minus beschriebenen Lücken der Wandung aus dem Becken in die Regio glutaea eintreten, um zu ihren Insertionen am Femur zu gelangen.

Der M. obturator int. entspringt von der Begrenzung des For. obturatum (Abb. 416), von der inneren Fläche der Membrana obturans und von der medialen Fläche des Os pubis, soweit dasselbe an der Begrenzung des For. obturatum teilnimmt, ferner auch von der medialen Fläche des Os ischii bis zur Incisura ischiadica major hinauf. Die Muskelbündel konvergieren stark gegen das For. ischiadicum minus, welches sie fast

[1] R. inferior und superior ossis pubis.

vollständig ausfüllen, indem sie aus dem Becken austreten und mit den beiden ausserhalb des Beckens an der Spina ossis ischii[1] und am Tuber ossis ischii[2] entspringenden Mm. gemelli zur Insertion an der Innenfläche des Trochanter major gelangen. Der M. piriformis entspringt von der Vorderfläche des II.—IV. Sakralwirbels lateral von dem II.—IV. Foramen sacrale pelvinum; seine Fasern konvergieren nach unten, um durch das For. ischiadicum maj. aus dem Becken auszutreten und sich mittelst einer runden Sehne an der medialen Fläche des Trochanter major oberhalb der Insertion des M. obturator int. zu inserieren.

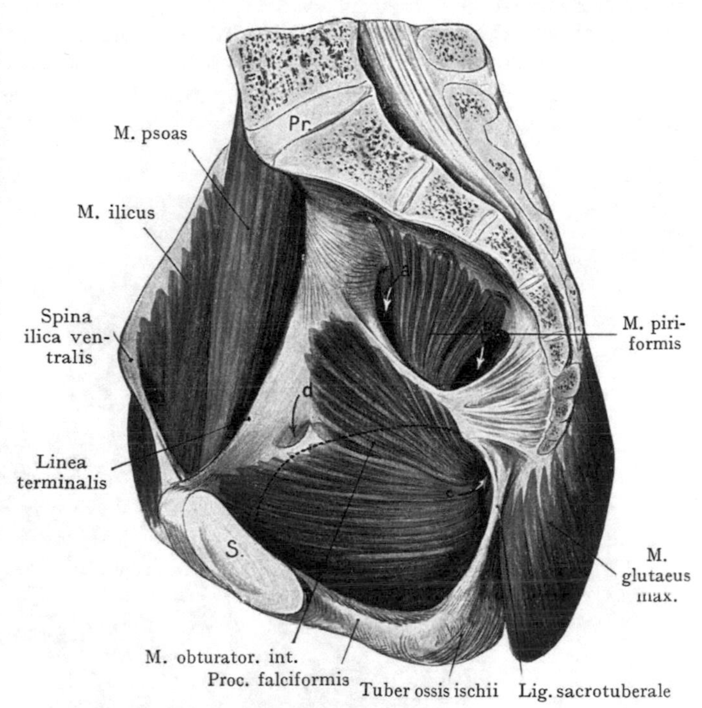

Abb. 416. Seitliche Wandung des Beckens, von der Muskulatur überkleidet.

Der Ursprung des M. levator ani (Arcus tendineus) ist punktiert angegeben. Die Pfeile bezeichnen die Lücken in der seitlichen Beckenwandung. a Obere Abteilung des For. ischiad. maj. (For. suprapiriforme). b Untere Abteilung des For. ischiad. maj. (For. infrapiriforme). c For. ischiadicum minus. d Canalis obturatorius. S. Symphyse. Pr. Promunturium.

Die stark zusammengedrängten Fasern des M. obturator int. füllen das For. ischiadicum minus fast vollständig aus, dagegen wird durch den M. piriformis das Foramen ischiadicum majus bloss in eine obere und eine untere Abteilung zerlegt (Abb. 416a und b), das For. supra- und infrapiriforme. Wir erhalten auf diese Weise drei Öffnungen an der seitlichen, von der parietalen Beckenmuskulatur überzogenen Wand, zu welchen als vierte der Canalis obturatorius hinzukommt, von dessen unterem Rande Fasern des M. obturator int. entspringen. Diese vier Öffnungen dienen zum Durchtritt von Gefässen und Nerven, die entweder in die Regio glutaea (durch das Foramen supra- und infrapiriforme) oder in die Regio perinealis (For. ischiadicum minus) oder zur medialen Partie des Oberschenkels (Canalis obturatorius) verlaufen. Auf die Bedeutung dieser Lücken als Puncta minoris resistentiae, an denen sich, allerdings recht selten, Brüche bilden können, sei jetzt nur vorübergehend hingewiesen.

Das For. suprapiriforme wird begrenzt durch die Incisura ischiadica major und den oberen Rand des M. piriformis, dem man eine gewisse Nachgiebigkeit gegen austretende Eingeweideteile zuschreiben darf. Das For. infrapiriforme wird (Abb. 416) oben durch den unteren Rand des M. piriformis, unten durch die Spina ossis ischii[1] und das Lig. sacrospinale gebildet. Das Foramen ischiadicum minus wird von der Fasermasse des M. obturator int. fast vollständig ausgefüllt, indem derselbe um die Incisura ischiadica minor zum Austritt aus dem Becken verläuft. Die innere Öffnung des Canalis obturatorius wird unten durch einen scharfen Ausschnitt der Membrana obturans gebildet, von welchem Fasern des M. obturator int.

[1] Spina ischiadica. [2] Tuber ischiadicum.

entspringen, oben durch den Anfang des Sulcus obturatorius, welcher sich parallel mit der Linea terminalis zum oberen Umfange des For. obturatum weiterzieht und mit der Membrana obturans zusammen den Canalis obturatorius begrenzt (s. Topographie des Canalis obturatorius). Der starren, unnachgiebigen Beschaffenheit der Membran ist es zuzuschreiben, wenn ein hier austretender Eingeweidebruch (Hernia obturatoria) zwar in der Regel klein bleibt, dagegen leicht durch den scharfen Rand der Membrana obturans abgeschnürt wird, so dass ein operativer Eingriff von der vorderen Fläche des Oberschenkels aus notwendig erscheint.

Fascia pelvis[1] (im engeren Sinne). Die parietale Muskulatur des Beckens (Mm. obturator int. und piriformis) wird von einer Fascie überzogen, die als Fascia

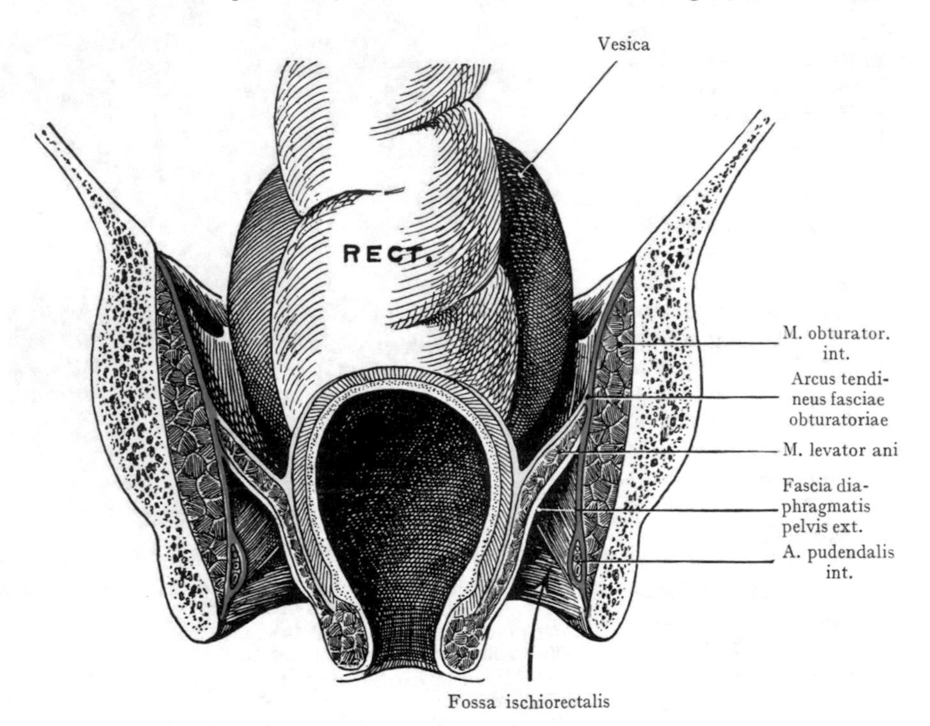

Abb. 417. Frontalschnitt durch das männliche Becken (hinten). Rectum und Beckenfascien. Fascia m. obturatoris blau. Fascia diaphragmatis pelvis int. und Fascia intrapelvina grün. Halbschematisch. Nach Drappier, Thèse de Paris 1893.

pelvis (im engeren Sinne) im Zusammenhang zu schildern ist. Sie verbindet sich (Abb. 417) sowohl mit dem Fett- und Bindegewebe, welches die aus den Öffnungen der Beckenwandung austretenden Gebilde umhüllt, als auch mit den Rändern dieser Öffnungen selbst. Sie bildet folglich den Abschluss der Beckenwandung nach innen und wird am For. supra- und infrapiriforme, am Foramen ischiadicum minus und an der inneren Öffnung des Canalis obturatorius nicht etwa von den austretenden Gebilden durchbrochen, sondern schlägt sich auf dieselben über, indem sie mit der Scheide der Gefässe und Nerven verschmilzt. Das Verhältnis wird durch beistehendes Schema, Abb. 418, erläutert und gilt nicht bloss für die Beziehungen zwischen der Fascia pelvis[1] und den aus dem Becken austretenden Gefässen und Nerven, sondern auch für den Überschlag der Beckenfascien auf die aus dem Beckenraum austretenden

[1] Lamina parietalis fasciae pelvis.

Eingeweideteile (in Abb. 421 grün angegeben). Dieselben erhalten eine Verstärkung ihrer bindegewebigen Hülle durch die Fascie; nirgends zeigt die letztere etwa Öffnungen, durch welche Eingeweide austreten, sondern stets schlägt sie sich auf die Eingeweideteile über. Diese erhalten dadurch eine gewisse Fixation im Beckenraume, welche im Zusammenhang mit der Pars visceralis der Beckenmuskulatur und der Beckenfascie zu behandeln ist.

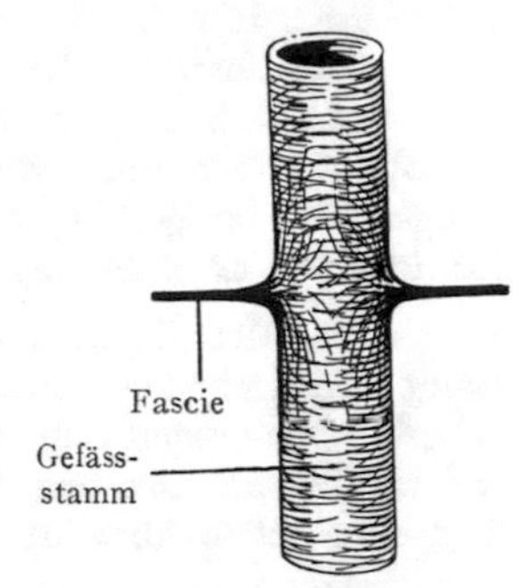

Abb. 418. Verhalten der Beckenfascie zu einem aus dem Becken austretenden Gefässe. Schema.

Viscerale Muskulatur des Beckens. Als viscerale Muskulatur des Beckens wird eine Muskelplatte bezeichnet (M. levator ani), deren Fasern in einer bogenförmigen, von dem hinteren Umfang des Schambeinkörpers bis zur Spina ossis ischii[1] reichenden Linie (Abb. 419), von dem durch die Fascia pelvis[2] (im engeren Sinne) dargestellten Abschlusse der seitlichen Beckenwandung entspringen. Die Fasern dieser Muskelplatte konvergieren gegen den Beckenausgang (Abb. 419) und gehen teilweise auf das Rectum über, indem sie sich mit der Muskelschicht desselben durchflechten, teilweise am Rectum vorbei zum Steissbein.

Die Ursprungslinie des M. levator ani reicht als eine sehnige Verstärkung der Fascie des M. obturator int. (Arcus tendineus fasciae obturatoriae[3]) von der hinteren Fläche des

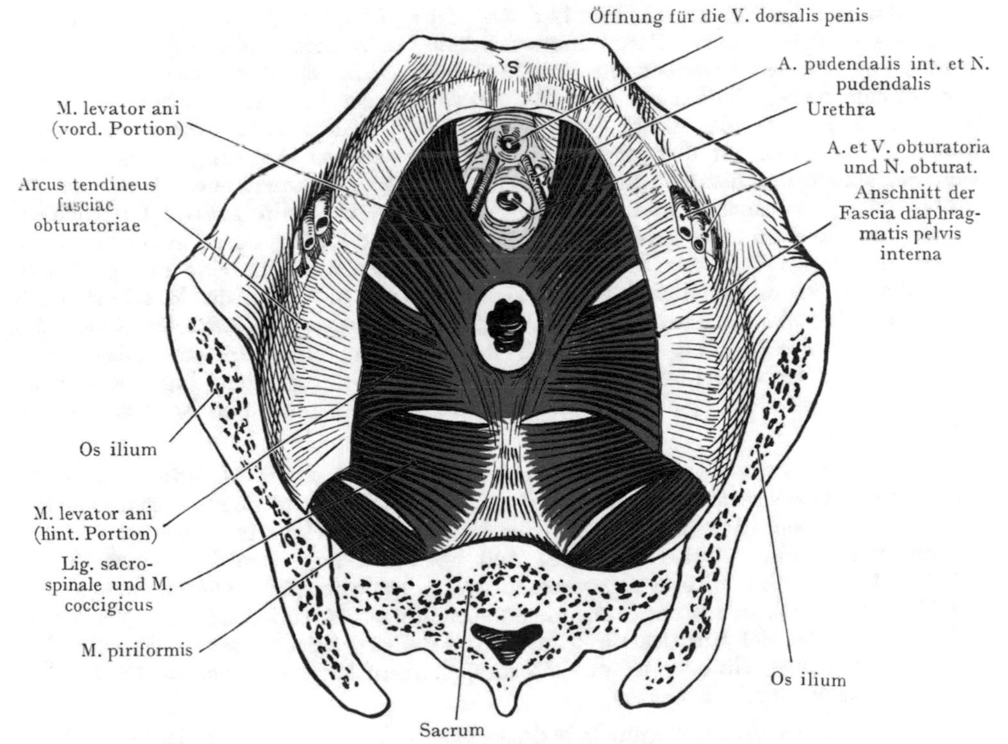

Abb. 419. Diaphragma pelvis und urogenitale von oben; die Fascia diaphragmatis pelvis interna ist gleich unterhalb des Arcus tendineus fasciae obturatoriae abgeschnitten, die Harnblase und die Pars ampullaris recti sind entfernt worden.

Diaphragma pelvis: pars muscularis rot; Diaphragma urogenitale: grün.

Halbschematisch.

[1] Spina ischiadica. [2] Lamina parietalis fasciae pelvis. [3] Arcus tendineus m. levatoris ani.

Schambeinkörpers bis zur Spina ossis ischii. Sie ist in Abb. 419, welche den Ursprung und Verlauf des M. levator ani in der Ansicht von oben darstellt, zu erkennen, sowie auch in Abb. 420 und 421, wo der Muskel im Zusammenhang mit den ihn überziehenden Fascienblättern belassen ist. Die dreieckige Lücke, welche vorne, entsprechend dem Angulus pubis, zwischen den beiden Platten des M. levator ani übrigbleibt, wird von einer sehnigen, im Angulus pubis eingelassenen Membran (Diaphragma urogenitale) ausgefüllt, an welcher wir ein oberes und ein unteres Blatt nachweisen können (Fascia diaphragmatis urogenitalis int. und ext.).

Der Musc. levator ani und das Diaphragma urogenitale werden unter der Bezeichnung „Beckenboden" zusammengefasst, an welchem wir ein Diaphragma pelvis und ein Diaphragma urogenitale unterscheiden können. Der Beckenboden wird von Eingeweideteilen (Rectum, Urethra, Vagina) durchsetzt und trennt den Beckenkanal in eine obere und eine untere Abteilung.

Die obere Abteilung umfasst erstens denjenigen Abschnitt der Peritonaealhöhle, welcher sich unterhalb der Linea terminalis im Raume des kleinen Beckens befindet (Cavum pelvis peritonaeale), zweitens einen Bindegewebsraum, der sich zwischen dem Peritonaeum und der oberen Fläche des Diaphragma pelvis ausdehnt (Spatium pelvis subperitonaeale). Unterhalb des Diaphragma pelvis folgt als unterste Abteilung des Beckenraumes die Fossa ischiorectalis, die vom Damme aus zu erreichen ist (Abb. 422).

An der Platte des M. levator ani (diaphragma pelvis) lässt sich eine vordere von einer hinteren Partie unterscheiden. Die vordere (Abb. 419) verläuft beim Manne am lateralen Umfange der Prostata, beim Weibe an dem lateralen Umfange der Scheide vorbei, indem sie beim Manne sowohl zur Prostata als zur Harnblase, beim Weibe zur Scheide, einige Fasern abgibt, in der Hauptsache aber in die Längsmuskulatur des Rectum übergeht. Ein Teil dieser vorderen Ursprungsportion schliesst sich den Fasern der hinteren Portion an und gewinnt mit ihnen einen Ansatz an der Spitze des Steissbeins. Von der hinteren Portion verläuft ein grosser Teil trichterförmig zum Rectum und geht in die längsverlaufende Rectal- resp. Analmuskulatur über; der übrige Teil des Muskels geht hinter dem Anus in eine sehnige Platte über, die von den an der Steissbeinspitze sich inserierenden Fasern des M. sphincter ani von unten bedeckt ist und sich an der Spitze sowie an dem lateralen Rande des Steissbeins inseriert. Man könnte auch noch den M. coccygicus zum Diaphragma pelvis des Beckenbodens rechnen (Abb. 419); derselbe liegt dem Lig. sacrospinale oben auf und geht als eine dünne Muskelplatte von der Spina ossis ischii zum Rande des Steissbeins.

Aus dem Verlaufe der Fasern geht nun hervor, dass der M. levator ani nicht bloss die Pars analis recti heben, sondern sie auch nach vorne und oben gegen die vordere Beckenwand anziehen muss, so dass die Analöffnung rückwärts gewendet und die hintere Rectalwand, welche zuerst mit den abwärts drängenden Kotmassen in Berührung kommt, über dieselben gewissermassen abgestreift wird. Die hinterste Partie des Muskels, welche sich, ohne Beziehungen zur Pars analis recti einzugehen, am Steissbein inseriert oder sich mit den Muskelfasern der anderen Seite in der Raphe verbindet, besitzt wohl wenig Einfluss auf das Rectum, sondern hat hauptsächlich als ein Teil des Diaphragma pelvis Bedeutung.

Das Diaphragma urogenitale des Beckenbodens soll später bei der Besprechung des Dammes genauer geschildert werden; hier sei nur hervorgehoben, dass es von unten her die Lücke ausfüllt, welche hinter dem Körper des Schambeins zwischen den beiden Hälften des M. levator ani übrigbleibt und dass es beim Manne von der Urethra, beim Weibe von der Scheide und der Urethra durchsetzt wird.

Fascia diaphragmatis pelvis interna[1]. Die Fascia diaphragmatis pelvis interna liegt der oberen Fläche des M. levator ani auf. In Abb. 420 und 421 ist sie mit grüner Farbe angegeben. Die Fascia obturatoria (blau) zieht sich von der Linea terminalis bis zum Beckenausgange hin, wo sie sich an das Tuber ossis ischii, an das Lig. sacrotuberale und an den Angulus pubis befestigt. In Abb. 420 geht von dem Ursprunge des M. levator ani an dem Arcus tendineus fasciae obturatoriae[2] auch die Fascia diaphragmatis pelvis interna aus und verläuft, die obere Fläche des M. levator ani überziehend, medianwärts gegen die Beckeneingeweide, um sich auf dieselben umzuschlagen. Der Übergang des Fascienblattes beim Manne auf die Harnblase und das Rectum ist schematisch in Abb. 423 dargestellt; ebenso in einfachster Weise an dem schematischen Frontalschnitte der Abb. 417. Der Umschlag der Fascia diaphragmatis in die Fascia intrapelvina[3] findet so statt, dass die letztere nach oben wie nach unten eine Verstärkung der Scheide des Eingeweideteiles bildet.

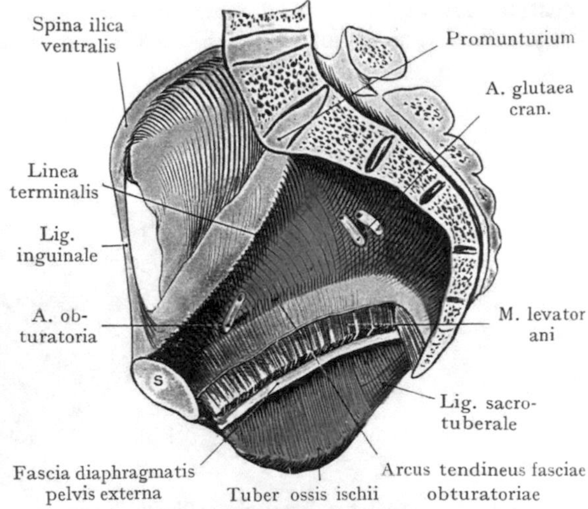

Abb. 420. Beckenfascien, halbschematisch dargestellt. Mit Benützung einer Abbildung von Cunningham (Manual of practical Anatomy).
Die Fascien des Diaphragma pelvis und der M. levator ani sind nach Entfernung der Beckeneingeweide durchtrennt worden.
Fascia obturatoria blau.
Fascia diaphragmatis pelvis interna grün.

Die eingehende Besprechung der einzelnen Beziehungen sowie die Abschätzung ihrer Bedeutung für die Fixation der Eingeweideteile kann erst nach der Schilderung der letzteren erfolgen (s. Fascien und männliche Beckeneingeweide mit Abbildungen). Vorläufig sind, nebst dem Verlaufe der Fascia diaphragmatis pelvis int. und obturatoria sowie ihren Beziehungen zur parietalen und visceralen Beckenmuskulatur, noch einige Bemerkungen über die daraus sich ergebende Einteilung des Beckens in topographischer Hinsicht anzufügen. Wir lassen dabei vorderhand die Geschlechtsunterschiede ausser Betracht.

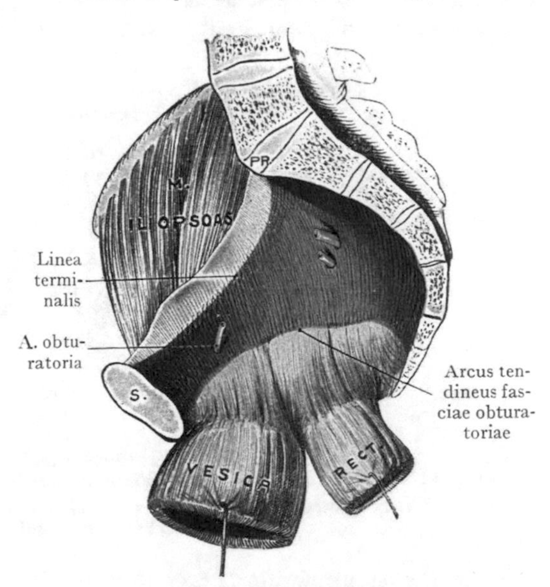

Abb. 421. Beckenfascien. Umschlag der Fascia diaphragmatis pelvis interna auf die Harnblase und das Rectum.
Mit Benützung einer Abbildung von Cunningham (Manual of practical Anatomy).
Fascia obturatoria blau.
Fascia diaphragmatis pelvis und intrapelvina grün.
Pr. Promunturium. S. Symphyse.

Abb. 422 stellt einen schematischen Frontalschnitt durch das weibliche Becken mit Uterus und Scheide dar. Das Peritonaeum ist als Abschluss nach oben in seinem Übergang auf den Uterus dar-

[1] Fascia diaphragmatis pelvis superior. [2] Arcus tendineus m. levatoris ani.
[3] Fascia endopelvina.

gestellt, ferner der M. levator ani mit der Fascia diaphragmatis pelvis interna, welche gegen die Pars analis recti zieht. Seitlich ist der Muskelüberzug des Beckenkanales (M. ob-

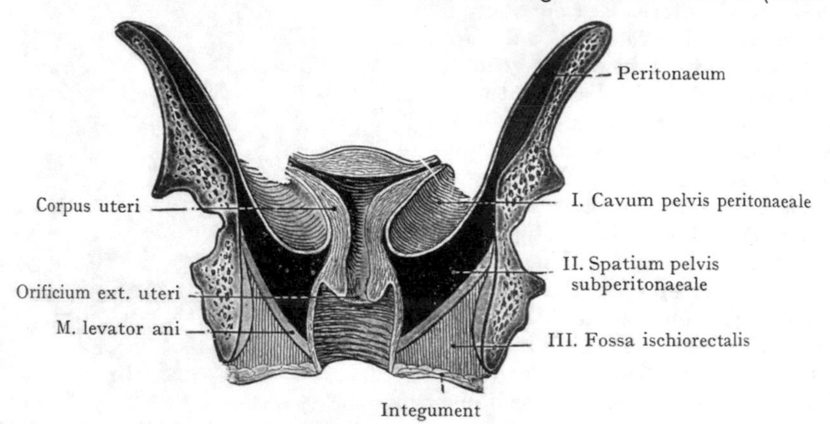

Abb. 422. Schematischer Frontalschnitt durch das weibliche Becken, mit den drei „Etagen" des Beckens (Cavum pelvis peritonaeale, Spatium pelvis subperitonaeale und Fossa ischiorectalis). Nach einer Abbildung von Bandl in A. Martin, Pathologie und Therapie der Frauenkrankheiten.

turator int.) mit der Fascia (Fascia obturatoria) dargestellt. Unten wird das Bild von der Fascia perinei superficialis und der Haut abgegrenzt.

Wir können an einem solchen Schema drei grosse Abteilungen oder „Etagen" des Beckenraumes unterscheiden. Die oberste „Etage" wird begrenzt von der Beckeneingangsebene und dem Peritonaeum, welches sich in das Becken hinab begibt und

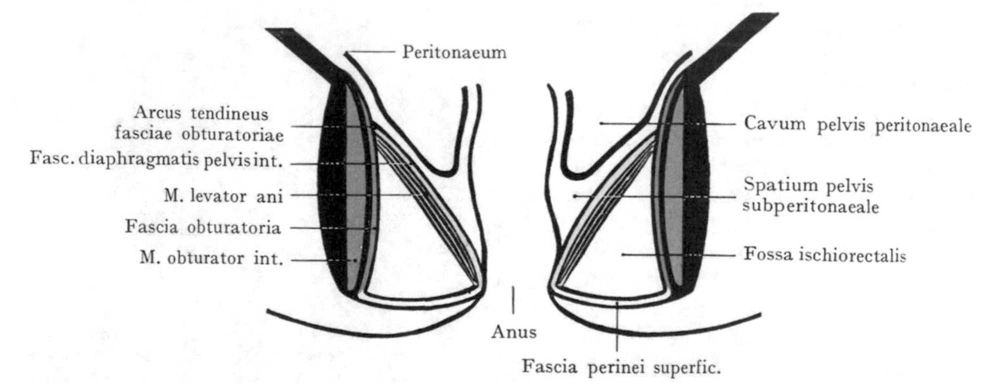

Abb. 423. Schematischer Frontalschnitt durch das Becken, zur Veranschaulichung der Einteilung in das Cavum pelvis peritonaeale, Spatium pelvis subperitonaeale und Fossa ischiorectalis. Grün: viscerale Gebilde (M. levator ani und seine Fascie), blau: parietale Gebilde (M. obturator int. und seine Fasciae).

auf die Beckeneingeweide (Blase, Rectum, Uterus usw.) überschlägt. Diese Abteilung wird als Cavum pelvis peritonaeale bezeichnet. Eine zweite, in dem Schema Abb. 422 schwarz gehaltene Etage wird durch das Peritonaeum sowie durch die von der Fascia diaphragmatis pelvis interna überzogene obere Fläche des M. levator ani begrenzt. (Spatium pelvis subperitonaeale): hier befinden sich eine grosse Anzahl von Gefässen und Nerven, besonders solche, die zu den Beckeneingeweiden verlaufen, eingehüllt in lockeres Bindegewebe, welches sowohl dem Peritonaeum zur Grundlage dient als auch mit der parietalen und visceralen Lamelle der Fascia pelvis in Zusammenhang steht. Eine dritte „Etage", die unterste, liegt auf beiden Seiten des austretenden Eingeweideteiles; im vordersten Teile des Beckenausgangs ist ihr Transversaldurchmesser geringer als hinten, wo sie entsprechend der Diameter transversa am breitesten ist. Sie bildet die Fossa ischiorectalis, welches seine Grenzen erhält: oben durch die untere Fläche des Diaphragma pelvis (M. levator ani), seitlich durch denjenigen Teil der Beckenwandung, welcher unterhalb der Ursprungslinie des Diaphragma pelvis liegt, unten durch die Fascia perinei superficialis und die Haut des Dammes.

Man pflegt die beiden oberen „Etagen" im Zusammenhang mit den Beckeneingeweiden zu beschreiben und in einem besonderen Kapitel die dritte Etage (Fossa ischiorectalis) als Dammgegend, Reg. perinealis, abzugrenzen und mit den äusseren Genitalien zu behandeln.

Nerven und Gefässe im Becken. Die Nerven und Gefässe des Beckens liegen entweder oberhalb oder unterhalb des Diaphragma pelvis. Oberhalb desselben sind sie in dem Bindegewebe des Spatium pelvis subperitonaeale eingebettet; zum Teil treten sie mit ihren Endästen durch das Diaphragma (z. B. die A. pudendalis int. und der N. pudendalis) und liegen alsdann auf ihrem weiteren Verlaufe in der Fossa ischiorectalis Diejenigen Gefässe und Nerven, welche oberhalb des Diaphragma pelvis liegen, werden als Gefässe und Nerven des Beckens bezeichnet; diejenigen Stämme, welche das Diaphragma pelvis durchbohren und ihren weiteren Verlauf in der Fossa ischiorectalis nehmen, werden zur Regio perinealis gerechnet und mit dieser sowie mit den äusseren Geschlechtsteilen besprochen.

Die Gefäss- und Nervenstämme, welche wir im Spatium pelvis subperitonaeale antreffen, können wir, wie die Muskeln und Fascien, in parietale und viscerale einteilen. Die ersteren liegen demjenigen Teile der seitlichen Wandung des Beckenkanales an, welcher oberhalb des Arcus tendineus fasciae obturatoriae von der Fascia obturatoria überzogen wird (Abb. 424). Sie versorgen die Muskeln und Fascien der Beckenwandung. Von ihnen entspringen die Rami viscerales, welche auf der oberen Fläche des Diaphragma pelvis zu den Beckeneingeweiden verlaufen. Zweitens treten Stämme, sowohl der Nerven als der Blutgefässe, durch das Diaphragma pelvis nach unten in die Fossa ischiorectalis. Drittens endlich gelangen andere Stämme durch die Öffnungen in der Wandung des Beckenkanales aus dem Beckenraume, entweder durch das For. supra- und infrapiriforme in die Regio glutaea oder durch den Canalis obturatorius zur Adduktorenmuskulatur am Oberschenkel.

Sämtliche Nerven und Gefässe des Beckens sind in mehr oder weniger reichliches Bindegewebe eingehüllt und einer gewissen Verschiebbarkeit fähig, welche dem stark wechselnden Füllungszustande der Beckeneingeweide entspricht. Die Verschiebbarkeit der grossen Nervenstämme ist eine geringere als diejenige der Gefässe, so dass bei der physiologischen Vergrösserung, welche der Uterus während der Schwangerschaft erfährt, nicht selten, besonders beim Durchtritt des kindlichen Kopfes durch den Beckenkanal, ein Druck auf die den Beckenwandungen anliegenden Stämme des Plexus ischiadicus resp. auf den N. obturatorius ausgeübt wird, der sich in Parästhesien und Anästhesien im Bereiche dieser Nerven kundgibt, oder sogar zu Lähmungen einzelner Muskelgruppen führen kann.

Parietale Gefässe und Nerven. Als Hauptarterie des Beckens entspringt die A. ilica interna[1] aus der A. ilica communis und geht medial von dem M. psoas, entsprechend der Gelenklinie des Articulus sacroilicus in das kleine Becken hinab (Abb. 424), um hier alsbald in eine Anzahl von Ästen zu zerfallen. Von diesen verlaufen als Rami parietales die A. obturatoria parallel mit der Linea terminalis zur inneren Öffnung des Canalis obturatorius, die Aa. glutaeae cran. und caud. durch das For. supra- und infrapiriforme zur Regio glutaea, die A. pudendalis int. durch

[1] A. hypogastrica.

das For. infrapiriforme und um die Spina ossis ischii zur Fossa ischiorectalis und zu den äusseren Geschlechtsteilen; ausserdem sind die Aa. iliolumbalis und sacralis lat. anzuführen. Als Rami visceralis gehen: die A. uterina zum Uterus und zur Scheide, die Aa. vesicales zur Harnblase, zur Prostata und zum Ductus deferens, die A. rectalis caudalis [1] zum Rectum. Den Arterien schliessen sich die Venen an; die parietalen Venen sind je in der Zweizahl, entsprechend den Arterien vorhanden, die visceralen Venen bilden die Plexus venosi des Beckens (Plexus rectalis [2], Plexus vesicalis, Plexus pudendalis, Plexus uterovaginalis), deren mächtige Entfaltung

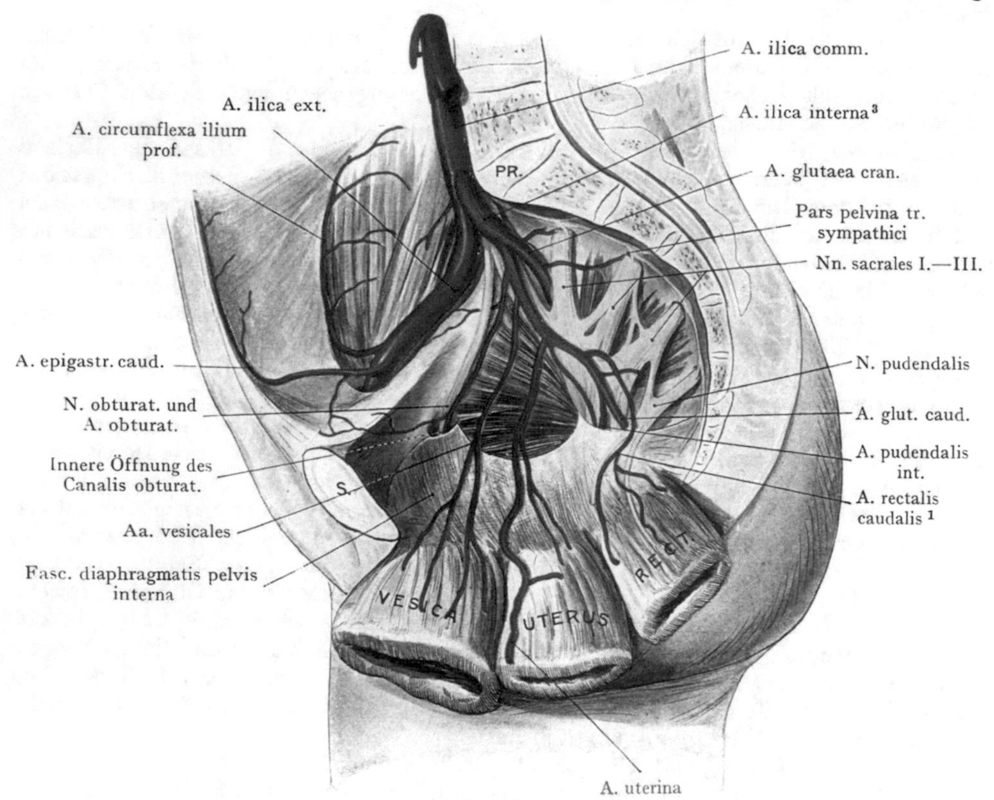

Abb. 424. Seitliche Wandung des kleinen Beckens beim Weibe von innen mit den Gefässen und Nerven.

Die Beckeneingeweide sind im Zusammenhang mit der Fascia intrapelvina belassen.

wohl im Zusammenhang mit dem starken Wechsel im Füllungszustande der Beckenorgane steht. Die Venen sammeln sich zur V. ilica interna, welche sich dem entsprechenden Arterienstamme hinten anschliesst.

Die **Nervenstämme des Beckens** liegen der Wandung enger an als die Aa. und Vv., von welchen sie an ihrem medialen Umfange gekreuzt werden. Abgesehen von den Partes pelvinae der Grenzstränge des Sympathicus sind es (Abb. 424): 1. der N. obturatorius, aus den Nn. lumbales II—IV, der am medialen Rande des M. psoas, entsprechend dem Articulus sacroilicus, an die seitliche Wandung des kleinen Beckens gelangt, von der A. und V. ilica interna [3] überlagert, um parallel mit der Linea terminalis, etwas oberhalb der A. obturatoria zur inneren Öffnung des Canalis obturatorius zu verlaufen; 2. der sacrale Abschnitt des Plexus lumbosacralis,

[1] A. haemorrhoidalis media. [2] Plexus haemorrhoidalis. [3] A. V. hypogastrica.

der sich aus einem Teile des Truncus lumbosacralis des IV. Lumbalnerven, aus dem V. Lumbal- und dem I.—III. Sacralnerven zusammensetzt. Diese Stämme treten über die Linea terminalis, resp. aus den For. sacralia pelvina, in das kleine Becken hinab. Aus dem Plexus gehen hauptsächlich Äste hervor, welche die beiden Abteilungen des For. ischiadicum majus (For. supra- und infrapiriforme) benutzen, um das Becken zu verlassen; durch das For. suprapiriforme geht mit der A. glutaea cran. der N. glutaeus cran. und durch das For. infrapiriforme die Nn. glutaeus caud., cutaneus femoris dors. und ischiadicus mit der A. glutaea caud. Diesen Gebilden schliesst sich ferner der N. pudendalis aus dem II., III. und IV. Sacralnerven an, indem er gleichfalls, und zwar mit der A. pudendalis int., durch das For. infrapiriforme aus dem Becken austritt, um sich weiterhin an die Dammgegend und an die äusseren Genitalien zu verbreiten.

Charakteristisch für die parietalen Gefässe und Nerven ist die Lage der Hauptstämme in der Höhe des Articulus sacroilicus oder auf den Partes laterales des Sacrum. Diese Stelle entspricht dem lateralen und hinteren Umfange der Wandung des Beckenkanales über dem höchsten Punkte der Incisura ischiadica major. Von hier aus verlaufen Äste zu den Beckenwandungen und zu den Eingeweiden des Beckens oder durch das For. supra- und infrapiriforme zur Glutaealgegend und zur Dammgegend.

Im einzelnen sind zu besprechen: der Verlauf der A. und des N. obturatorius an der Wandung des Beckens und im Canalis obturatorius, die Lage der durch das For. supra- und infrapiriforme austretenden Gefässe und Nerven und die Erreichbarkeit der grossen Stämme (besonders der A. ilica interna[1]) in operativer Hinsicht.

N. obturatorius, A. und V. obturatoria und Canalis obturatorius. Parallel mit der Linea terminalis verlaufen der Nerv und die Arterie zur inneren Mündung des Canalis obturatorius. Der Nerv liegt etwas höher, d. h. dem Beckeneingang näher, als die Arterie und ihre Begleitvenen. Die Arterie entspringt entweder direkt aus dem Stamme der A. ilica interna[1] kurz nach ihrem Eintritt in das Becken oder aus einem Hauptaste derselben, z. B. der A. glutaea cran. oder caud. Beachtenswert ist der nicht seltene Ursprung der A. obturatoria aus der A. epigastrica caud., indem die normalerweise vorhandene, in Abb. 425 links angegebene Anastomose der Rami pubici beider Arterien sich zu einem starken Stamme ausbildet. In Umkehr dieses Verhältnisses kann auch die A. epigastrica caud. aus der A. obturatoria entspringen. Die A. obturatoria entspringt in 75% der Fälle aus der A. ilica interna[1], in 25% der Fälle aus der A. epigastrica caudalis.

Das Peritonaeum überzieht die Wandung des Beckenkanales von der Linea terminalis an bis zum Arcus tendineus fasciae obturatoriae[2], um sich, der oberen Fläche der Fascia diaphragmatis pelvis interna folgend, auf die Beckeneingeweide überzuschlagen; es werden daher sowohl die A. und Vv. obturatoriae mit dem N. obturatorius als auch die innere Mündung des Canalis obturatorius von dem Peritonaeum überzogen; ein Umstand, welcher für die Bildung des Bruchsackes einer Hernia obturatoria in Betracht kommt.

An der inneren Mündung des Canalis obturatorius bildet die Pars acetabularis r. ossis pubis[3] den Beginn des nach unten gegen das For. obturatum offenen Sulcus obturatorius. Den unteren Rand der inneren Öffnung des Kanales stellt ein scharfer Ausschnitt der Membrana obturans dar. Der Kanal selbst hat eine Länge von 2—3 cm und einen schrägen, von oben und lateral nach unten und medianwärts gehenden Verlauf; seine Begrenzung erhält er einerseits durch den Sulcus obturatorius, andererseits durch die Membrana obturans, die sich an die Ränder des Sulcus ansetzt. Der Membrana obturans schliesst sich gegen das Lumen des Beckenkanales der M. obturator int., gegen den Oberschenkel der M. obturator ext. an. Der Inhalt des Kanales besteht aus den Nerven und Gefässen und einem Fettpfropfe, welcher die Gefässe mehr oder weniger einhüllt und mit dem subperitonaealen Bindegewebe in Zusammenhang steht. Die Gefässe und der Nerv teilen sich schon innerhalb

[1] A. hypogastrica. [2] Arcus tendineus m. levatoris ani. [3] Ramus sup. ossis pubis.

des Kanales in Äste, die in typischer Verteilung zu der Adduktorenmuskulatur des Oberschenkels verlaufen.

Foramen ischiadicum majus. Die Stämme des Plexus sacralis, welche den N. ischiadicus zusammensetzen, bilden infolge ihrer Mächtigkeit eine nicht unwesentliche Verstärkung der Beckenwandung. Sie liegen zum Teil der Innenfläche des M. piriformis an, also auch der Fascia pelvis, und sind von dem lockeren Bindegewebe des Spatium pelvis superitonaeale umgeben. Medial werden sie von einem Teile der Astfolge der A. und V. ilica interna[1] überlagert.

Von den aus dem Plexus sacralis hervorgehenden grösseren Stämmen verlassen vier das Becken. Es sind dies: durch das For. suprapiriforme der N. glutaeus

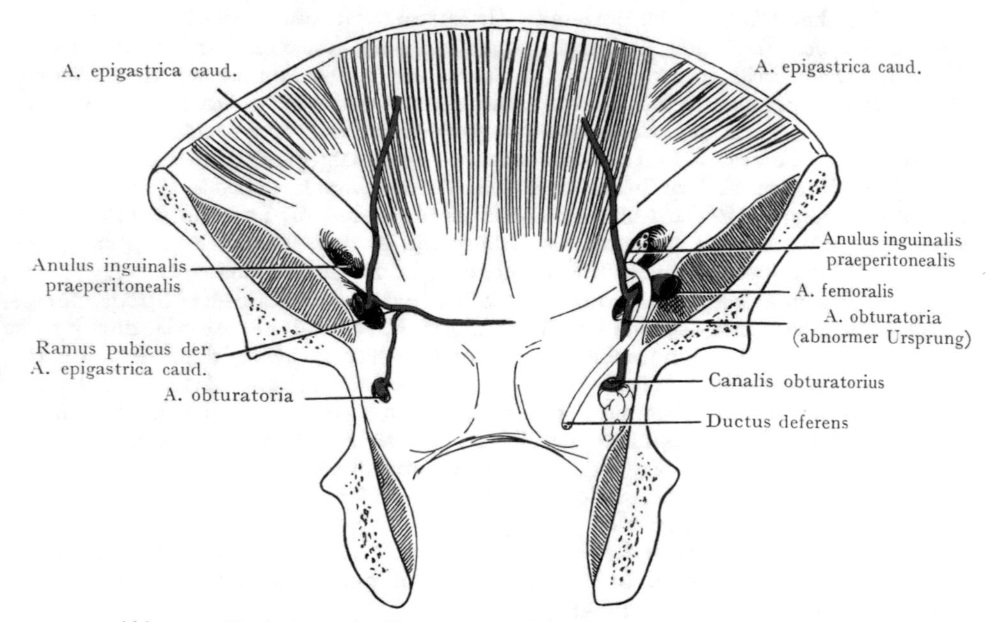

Abb. 425. Variationen im Ursprunge und im Verlaufe der A. obturatoria.
Linkerseits die Norm mit der von den Rami pubici der Aa. obturatoria und epigastrica caud. gebildeten Anastomose; rechterseits entspringt die A. obturatoria aus der A. epigastrica. Rechterseits ist auch der Ductus deferens dargestellt.

cran. mit der A. glutaea cran. und den zugehörigen Venen, durch das For. infrapiriforme die Nn. ischiadicus, glutaeus caud., cutaneus femoris dors. hierzu kommt aus dem Plexus pudendus des N. pudendalis mit den Aa. glutaea caud., pudendalis int. und den Begleitvenen dieser Arterien. Über die Lage der austretenden Gebilde in dem For. supra- und infrapiriforme sei erwähnt, dass die A. glutaea cran. häufig in dem Winkel zwischen dem V. Lumbal- und dem I. Sacralnerven verläuft, um sich hier dem N. glutaeus cran., der aus dem Truncus lumbosacralis (IV. Lumbalnerv und einem Aste des N. sacralis I) entsteht, anzuschliessen. Nerv und Arterie liegen dem Knochenausschnitte der Incisura ischiadica major eng an (siehe Regio glutaea).

Die zur Bildung des N. ischiadicus beitragenden Stämme konvergieren nach unten gegen das For. infrapiriforme. Sowohl der N. ischiadicus als seine Wurzeln liegen der inneren Fläche des M. piriformis auf. Die Aa. glutaea caud. und pudendalis int. mit ihren Begleitvenen liegen gegen das Innere des Beckenkanales dem N. ischiadicus auf und Abb. 424 zeigt beide Arterien von einem gemeinsamen Stamme entspringend;

[1] A. V. hypogastrica.

die A. pudendalis int. verläuft um die äussere Fläche der Spina ossis ischii[1], indem sie durch das Foramen ischiadicum minus in die Fossa ischiorectalis eintritt. Mit der A. pudendalis int. verläuft der N. pudendalis aus dem II.—IV. Sacralnerven (siehe Topographie der Regio glutaea). Mit dem N. ischiadicus verlassen der N. glutaeus caud. (aus dem I.—III. Sacralnerven) und der N. cutaneus femoris dors. (aus dem III. Sacralnerven) das Becken; der letztere wird von dem Stamme des N. ischiadicus vorne bedeckt.

Erreichbarkeit der parietalen Gefässe und Nerven des Beckens. Was die Aufsuchung der Arterien zum Zwecke der Unterbindung anbelangt, so kommt wohl bloss der Stamm der A. ilica interna[2] hier in Betracht. Unterbindungen der aus dem Becken tretenden Äste der A. ilica interna[2] können von der Regio glutaea (Aa. glutaea cran. und caud.) oder von dem Damme (A. pudendalis int.) oder von der vorderen Seite des Oberschenkels aus (A. obturatoria) vorgenommen werden. Dagegen wird die Unterbindung der A. ilica interna[2] innerhalb des Beckens ausgeführt, und zwar an der Stelle, wo der kurze, kaum mehr als 4—5 cm lange Stamm in der Höhe des Articulus sacroilicus die Wandung des kleinen Beckens erreicht. Er kreuzt hier den N. obturatorius und in der Regel auch den Truncus lumbosacralis, die beide dem Stamme lateral anliegen. Hinten wird die V. ilica interna[2] angetroffen und unmittelbar vor der Arterie der Ureter, dort, wo er an der Teilung der A. ilica comm. den Rand des kleinen Beckens erreicht und in seine Pars pelvina übergeht (s. Ureter).

Unter Berücksichtigung dieser Beziehungen kann die A. ilica interna[2] sogar extraperitonaeal durch einen Schnitt aufgesucht werden, der die Bauchdecken parallel mit dem Lig. inguinale durchtrennt.

Die Beckenvenen sammeln sich nach oben zu der V. ilica interna, einem höchstens 5 cm langen Stamme, welcher der A. ilica interna hinten anliegt und die oberen Stämme des Plexus sacralis kreuzt. Ihre Wurzeln entsprechen im allgemeinen den Ästen der A. ilica interna; sie gehen zahlreiche Anastomosen untereinander ein, die an der Beckenwandung, noch mehr aber in jenen Abschnitten der Beckenvenen, welche den Eingeweiden unmittelbar anliegen, den Charakter venöser Geflechte annehmen (s. Uterus und Harnblase).

Die Lymphgefässe der Beckenwandung folgen meist dem Verlaufe der Venen und weisen eingeschaltete Lymphdrüsen auf, von denen diejenigen im Winkel der Teilung der A. ilica comm. (Lymphonodi ilici interni[3]) als Sammelstelle einer grossen Anzahl von Lymphgefässen aus den Beckeneingeweiden eine praktische Bedeutung besitzen. Die Topographie der Beckenlymphgefässe und -drüsen im einzelnen soll bei der Besprechung der Beckeneingeweide Berücksichtigung finden (Lymphgefässe der Harnblase, der Prostata, des Rectum, des Uterus, der Scheide usw.).

Viscerale Gefässe und Nerven des Beckens. Eine eingehende Beschreibung derselben kann erst im Zusammenhang mit der Topographie der Beckeneingeweide erfolgen. Im allgemeinen sei hier auf ihre Lage in dem lockeren Bindegewebe des Spatium pelvis subperitonaeale hingewiesen, sowie auf die Herkunft der Arterien aus dem Stamme der A. ilica interna und auf die Plexusbildung seitens der Venen, die zum grössten Teil in die V. ilica interna ihren Abfluss haben. Dieselben erstrecken sich von der Symphyse bis zum Rectum, auf beiden Seiten der Beckeneingeweide oberhalb des Diaphragma pelvis. Sie sind sowohl topographisch wie funktionell als ein Ganzes aufzufassen und zeichnen sich, besonders beim Weibe an den seitlichen Wandungen des Uterus, durch eine reichliche Entfaltung von glatten Muskelzellen aus, welche ihnen geradezu den Charakter von Schwellgewebe verleiht. Sie sind in lockerem Bindegewebe eingebettet, welches wegen seiner praktischen Wichtigkeit für Entzündungsvorgänge im Becken, besonders beim Weibe, genauer zu berücksichtigen sein wird (s. Topographie des Beckenbindegewebes).

---

[1] Spina ischiadica. [2] A. V. hypogastrica. [3] Lymphoglandulae hypogastricae.

Die visceralen Nerven des Beckens kommen aus den sympathischen Nervengeflechten, welche die grossen Gefässe, so die A. mesenterica caud., die A. ilica interna[1] und ihre Äste umgeben (Abb. 390). Sie erhalten Verstärkungen durch Fasern aus dem sacralen Abschnitte des sympathischen Grenzstranges. An den Eingeweiden angelangt, werden die einzelnen visceralen Nervenplexus nach dem betreffenden Eingeweideteil unterschieden und benannt, so der Plexus vesicalis, rectalis[2], uterinovaginalis usw.; dieselben sind dort am dichtesten, wo sie in Begleitung der Gefässe zuerst an die Eingeweide herantreten, unmittelbar oberhalb des Diaphragma pelvis (s. Nervenversorgung des Uterus und der Harnblase).

III. Eingeweide des männlichen Beckens.

Als Eingeweide des männlichen Beckens pflegen wir diejenigen Organe zu bezeichnen, welche erstens eine Fixation durch die viscerale Muskelplatte oder Fascienplatte des Beckens erhalten und zweitens bei mittlerem Füllungszustande im Raume des kleinen Beckens, und zwar im Cavum pelvis peritoneale, oberhalb des Diaphragma pelvis, angetroffen werden. Hierher gehören: das Rectum, die Harnblase, die Prostata, die Samenblasen und die Ductus deferentes.

Diejenigen Baucheingeweide (Ileumschlingen, Colon sigmoides, Proc. vermiformis), welche sich bei gewissen Füllungszuständen der Becken- und Baucheingeweide in dem Beckenraume einlagern, unterscheiden sich dadurch von den eigentlichen Beckeneingeweiden, dass sie ihre Fixation ausserhalb des Beckens an den Wandungen der Bauchhöhle erhalten und, bei Ausdehnung der Beckeneingeweide, aus dem Cavum pelvis peritonaeale nach oben in die Bauchhöhle zurückgedrängt werden.

Intestinum rectum.

Allgemeines über das Rectum. Das Rectum stellt als Endabschnitt des Darmes einen „Kotschlauch" dar (Ampulla), welcher in einen bloss während der Defäkation erweiterten, sonst schlitzförmigen Kanal, die Pars analis recti, übergeht, um sich am Anus zu öffnen.

Die Grenze des Rectum gegen das Colon sigmoides liegt dort, wo das Mesosigmoideum ein Ende nimmt und infolgedessen ein Teil des hinteren Umfanges des Darmes direkt mit dem Bindegewebe, welches die vordere konkave Fläche des Sacrum überzieht, in Kontakt kommt. Diese Stelle liegt in der Höhe des III. Sacralwirbelkörpers. Ein Mesorectum ist also nicht anzunehmen, denn soweit der Darm durch eine Peritonaealduplikatur an die vordere Fläche des Sacrum befestigt wird, müssen wir ihn zum Colon sigmoides rechnen.

Das Mesosigmoideum erreicht das Sacrum (Abb. 426) am Promunturium und verläuft von hier an median- und abwärts auf der vorderen Fläche der beiden ersten Sacralwirbel, allmählich an Höhe abnehmend, bis es am III. Sacralwirbel ein Ende nimmt, indem die Peritonaealblätter auseinanderweichen und einen nach unten immer grösser werdenden Teil der hinteren Darmwandung freilassen. Es müsste also auch streng genommen der unterste Abschnitt des Colon sigmoides, von dem Promunturium an bis zum III. Sacralwirbel, den Beckeneingeweiden zugerechnet werden; tatsächlich wird auch von vielen Seiten (auch B.N.A.) die Abgrenzung des Rectum gegen das Colon sigmoides dort angenommen, wo das Mesosigmoideum etwas nach links von der Medianebene das Promunturium erreicht, und so wird auch folgerichtig von einem Mesorectum gesprochen. Diese Einteilung entspricht jedoch weder der Verschiedenheit der Struktur beider Darmabschnitte noch ihrer Funktion. Das wesentliche Merkmal, gerade des Colon sigmoides, ist seine Beweglichkeit, welche auf der Ausbildung eines „Meso" beruht; das Kennzeichen des Rectum, wenigstens der Pars ampullaris[3], ist

[1] A. hypogastrica. [2] Plexus haemorrhoidalis. [3] Ampulla recti.

die Dilatationsfähigkeit, welche durch die Ausbildung eines Mesorectum nicht erhöht, durch das lockere Bindegewebe, an welches die Wandung des Darmabschnittes angrenzt, nicht verringert wird. Es ist folglich die Abgrenzung eines als Kotschlauch dienenden Darmabschnittes am III. Sacralwirbel auch für die Betrachtung vom Standpunkte des Praktikers aus zweckmässiger als die willkürliche Grenze, welche in dem Übergang der Haftlinie des Mesosigmoideum auf die Wandung des kleinen Beckens gegeben ist.

Einteilung des Rectum. Das Rectum erstreckt sich in einer Gesamtlänge von 12 bis 14 cm von der Vorderfläche des III. Sacralwirbelkörpers bis zum Anus und zerfällt in zwei Abschnitte, welche sich in bezug auf ihre Struktur, ihre Funktion und ihre Lage unterscheiden. Der obere Abschnitt, die Pars ampullaris[1] recti, ist als der eigentliche Kotbehälter einer sehr beträchtlichen Ausdehnung fähig. Der untere als Pars analis recti bezeichnete Abschnitt klafft bloss bei der Defäkation und bildet sonst einen sagittal eingestellten Spalt, dessen Wandungen sich von beiden Seiten aneinander legen. Selbstverständlich ist diese Tatsache bloss an Frontalschnitten zu erkennen, an Sagittalschnitten dagegen (Abb. 430 vom Manne, und die entsprechende Abb. 477 vom Weibe) setzt sich das Lumen der Pars analis ohne weiteres in dasjenige der Ampulle fort.

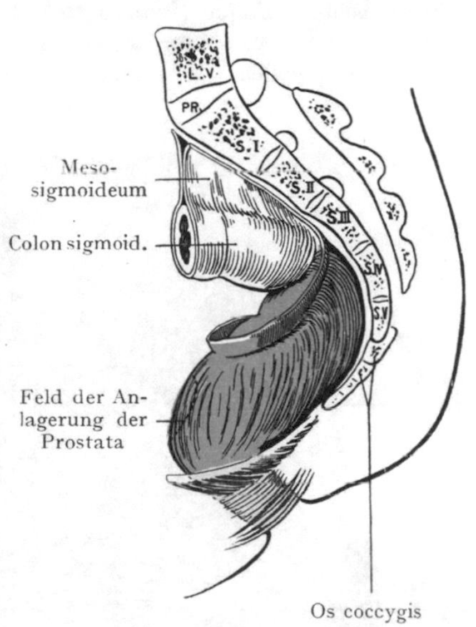

Abb. 426. Rectum, von der Seite gesehen. Pars ampullaris blau, Pars analis gelb. Umschlag des Peritonaeum auf die Pars ampullaris. Die letztere ist durch Kotmassen stark ausgedehnt.

Auch von dem Standpunkte des topographischen Anatomen aus erscheint die Einteilung des Rectum in die beiden erwähnten Abschnitte insofern berechtigt, als die Pars ampullaris[1] oberhalb des Diaphragma pelvis, also im Cavum pelvis liegt, dagegen die Pars analis caudal vom Beckenboden in der Regio perinealis. Folglich wird sich die Unterscheidung einer Pars pelvina und einer Pars perinealis recti mit der auf der Funktion und der Morphologie des Darmabschnittes beruhenden Unterscheidung einer Pars ampullaris und einer Pars analis decken. Eine dritte, den Verlauf der Abschnitte kennzeichnende Unterscheidung ist diejenige einer Flexura sacralis recti und einer Flexura perinealis recti. Die erstere geht an der vorderen Fläche des Sacrum und des Steissbeins bis etwa 2 cm über die Steissbeinspitze nach vorne hinaus; die Konkavität des Bogens richtet sich gegen die Symphyse. Am Durchtritte durch das Diaphragma pelvis wendet sich das Rectum nach hinten und bildet einen kürzeren Bogen, dessen Konkavität nach hinten und oben sieht (Flexura perinealis).

Es stimmen also die Einteilungen des Rectum, welche wir vom physiologischen, topographisch-anatomischen oder rein deskriptiven Standpunkte aus vornehmen, miteinander überein. Pars ampullaris recti = Pars pelvina = Flexura sacralis; Pars analis recti = Pars perinealis = Flexura perinealis.

Abgesehen von Differenzen in der Ausdehnbarkeit, der Lage zum Diaphragma pelvis und dem Verlaufe zeigen die beiden Abschnitte des Rectum auch noch Verschiedenheiten der Struktur. Die Wandung der Ampulle bilden die an 2 bis 3 Stellen quer oder schräg verlaufenden, in die Richtung des Darmes vorspringenden Plicae transversae recti (früher oft auch unter der ganz unrichtigen Bezeichnung: „Klappen" des Rectum aufgeführt). Dieselben sind nicht einfache Schleimhautfalten,

[1] Ampulla recti.

sondern bleibende Bildungen, von denen die eine, von dem rechten Umfange der Ampulle ausgehende, etwa 6 cm über der Analöffnung durch ihre beträchtliche Höhe sowie durch ihre derbe Beschaffenheit auffällt. Sie ist auf dem medianen Sagittalschnitt durch das männliche Becken zu sehen (Abb. 430). Die Plicae transversae verdanken ihre Entstehung dem Umstande, dass das Rectum ursprünglich, wie das Colon, starke Ausbuchtungen (Haustren) besass, welche später zum Teil ausgeglichen wurden. Die Falten der Wandung, welche die Haustren voneinander trennten, können bestehen bleiben und bilden die Plicae transversae oder „Rectumklappen", denen eine ihrem

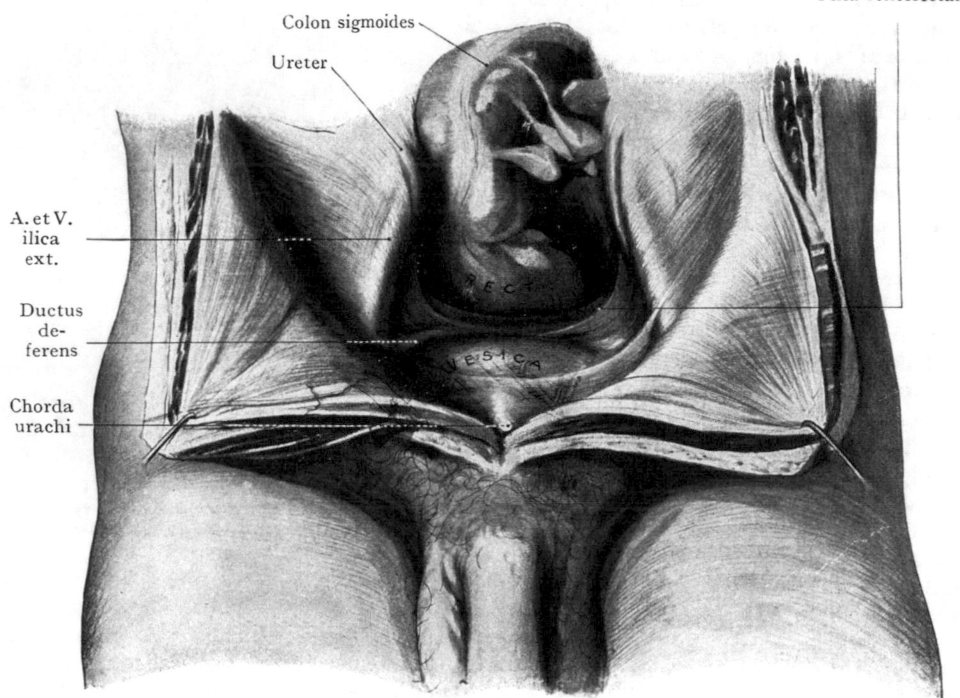

Abb. 427. Eingang in das männliche Becken. Formolpräparat.

Namen entsprechende Funktion selbstverständlich abgeht. Bei anormaler Entwicklung derselben können Verengerungen des Lumens entstehen, welche von praktischer Bedeutung sind (Stenosen des Rectum).

Die am Colon als Tänien ungleichmässig ausgebildete glatte Längsmuskulatur verteilt sich beim Übergang auf die Pars ampullaris recti und bildet eine gleichmässige Schicht, mit deren Fasern sich im Bereiche der Pars analis die Fasern des M. levator ani verflechten. Die glatte Ringmuskelschicht ist an der Pars analis als M. sphincter ani int. verstärkt, während aussen, im untersten Teile der Pars analis und um die Analöffnung herum, die Fasern des M. sphincter ani ext. eine weitere Verstärkung bilden. In der Pars analis finden sich, an Stelle der Quer- oder Schrägfalten der Ampulle, die Längsfalten oder Längswülste der Columnae rectales (Morgagni), welche der Ausbildung von Venengeflechten oder Venenkonvoluten ihre Entstehung verdanken (s. unten die Venen des Rectum und Abb. 429). Die Columnae rectales werden durch Vertiefungen (Sinus rectales) voneinander getrennt.

An der Pars analis können wir drei Abschnitte unterscheiden (F. P. Johnson), nämlich

1. eine Zona columnaris mit einfachem und geschichtetem Cylinderepithel, nach unten in geschichtetes Plattenepithel übergehend. Hier ist die Schleimhaut in Längsfalten gestellt, die Columnae rectales, welche, durch die Sinus rectales voneinander getrennt, besondere Erweiterungen der Venae anales[1] beherbergen;

2. die Zona intermedia. Hier findet sich geschichtetes Plattenepithel mit Papillen, aber ohne Haare und Schweissdrüsen. Diese Zone setzt sich von der Zona columnaris ziemlich scharf ab;

3. die Zona cutanea mit Schweissdrüsen und circumanalen Drüsen; sie entspricht im wesentlichen dem vom Ectoderm zur Bildung des Rectum gelieferten Anteil.

Embryonal bildet die Pars analis einen viel beträchtlicheren Abschnitt des Rectum, als das später der Fall ist; auch steht sie bedeutend höher im Becken.

Zu den genannten Merkmalen kommt noch der Unterschied in der Ausdehnungsfähigkeit und der Beweglichkeit beider Abschnitte hinzu. Die Pars ampullaris wird in dem oberen Abschnitte ihrer vorderen und lateralen Wand von dem Peritonaeum überzogen; dagegen grenzt der übrige Teil der Wandung direkt an das lockere Zellgewebe des Beckens; der hintere Umfang des Rectum wird durch dasselbe von der vorderen Fläche des Sacrum getrennt.

Die Pars ampullaris kann sich demgemäss nicht nach hinten, wohl aber nach den Seiten und nach vorne ausdehnen. Bei der Ausdehnung nach vorne erfahren die Prostata, der Harnblasenfundus und das Orificium urethrae int. eine Verlagerung, die nach den Versuchen von Garson (s. Harnblase) in einer Hebung dieser Gebilde im Beckenraume besteht. Eine stark gefüllte Ampulla kann mehr als die Hälfte des Beckenlumens einnehmen. Die Beziehungen, welche dieselbe zu den parietalen Beckengebilden eingeht, sollen später berücksichtigt werden.

Verglichen mit der Pars ampullaris lässt sich die Pars analis nur in geringer Ausdehnung verschieben, auch ist die Ausdehnung dieses Darmabschnittes beim Durchtritt der Faeces eine gleichmässigere; seitliche Verschiebungen sind dabei so gut wie ausgeschlossen.

Beziehungen der Pars ampullaris recti[2] zum Beckenbindegewebe und zum Peritonaeum. Die Fascia diaphragmatis pelvis interna verläuft, der oberen Fläche des M. levator ani angeschlossen, zum Rectum und schlägt sich als Fascia intrapelvina auf dasselbe über, indem sie mit seiner bindegewebigen Hülle verschmilzt (Abb. 417). Sie setzt sich aber auch am vorderen und hinteren Umfange des Rectum fort, mit der gleichnamigen Fascie der anderen Seite Lamellen oder Septa bildend, welche die Umscheidung des Rectum durch die Fascie vervollständigen. Besonders stark ist das Septum vorne entwickelt, wo es als derbe Membran (Septum rectovesicale) die vordere Wand des Rectum von dem hinteren Umfange der Prostata, der Samenblasen und der Harnblase trennt (s. Topographie des Beckenbindegewebes). Der hintere Umfang des Rectum wird dagegen nur durch lockeres Zellgewebe mit der vorderen Fläche des Sacrum verbunden, eine Tatsache, welche die Blosslegung des Rectum von hinten nach Resektion der unteren Sacralwirbel erleichtert (Abb. 437).

Rectum und Peritonaeum. Das Peritonaeum senkt sich zwischen der Pars ampullaris recti und dem hinteren Umfange der Harnblase zur Bildung der Excavatio rectovesicalis ein; dabei erhält ein Teil der hinteren Harnblasenwand einen Überzug, desgleichen die Spitzen der Samenblasen (Abb. 432 punktierte Linie), während normalerweise die Prostata nicht mehr von dem Peritonaeum erreicht wird. Nach hinten liefert das Peritonaeum der Excavatio rectovesicalis einen partiellen Überzug für die oberen $^2/_3$ der Pars ampullaris, und zwar so, dass von dem Übergang des Colon sigmoides in die Pars ampullaris (wo der Peritonaealüberzug noch ein vollständiger ist) das Peritonaeum sich zuerst von dem seitlichen, dann von dem vorderen Umfange der Pars ampullaris

[1] Vv. haemorrhoidales inferiores. [2] Ampulla recti.

zurückzieht, so dass es sich am Grunde der Excavatio rectovesicalis von dem Rectum auf die Samenblasen sowie auf die hintere Wand der Harnblase umschlägt. Der Umschlag erfolgt in einer Linie, welche annähernd die Kuppen der Samenblasen verbindet.

Die Ausdehnung des Peritonaealüberzuges am seitlichen und vorderen Umfange der Pars ampullaris ist individuellen Variationen unterworfen, indem die Tiefe der Excavatio rectovesicalis wechselt. Beim Neugeborenen überzieht das Peritonaeum die hintere Fläche der Harnblase, die Samenblasen in toto und einen Teil der hinteren Fläche der Prostata (Zuckerkandl), reicht also bedeutend weiter nach unten als beim Erwachsenen, wo das Vorkommen einer tiefen Excavatio rectovesicalis sich als Persistenz fetaler Zustände deuten lässt.

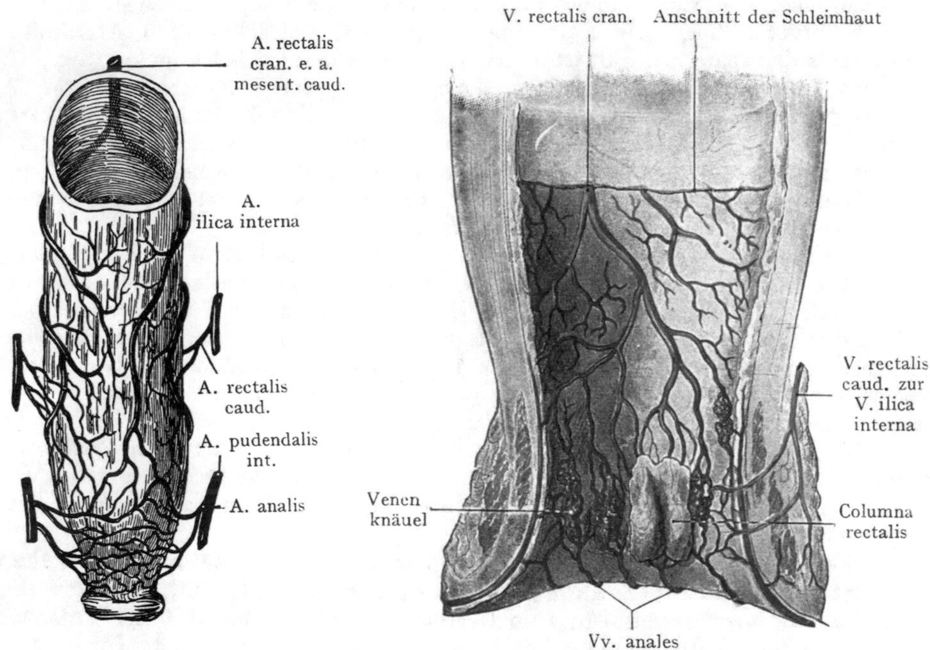

Abb. 428. Arterien des Rectum, von vorne gesehen.
Nach Bougery und Jacobs.

Abb. 429. Venen des Rectum.
Halbschematisch. Zum Teil nach Mariau, Thèse de Lyon 1893.
Venenknäuel des Anulus haemorrhoidalis.

Wahrscheinlich reichte bei einem gewissen Stadium der fetalen Entwicklung die Excavatio rectovesicalis bei beiden Geschlechtern bis zum Diaphragma pelvis hinab. Ein Stehenbleiben auf dieser Entwicklungsstufe wird vielleicht die Bildung der allerdings seltenen Eingeweidebrüche begünstigen, welche von der Excavatio rectovesicalis ausgehend entweder seitlich am Anus (Herniae perineales) oder in der Gegend der grossen Schamlippen beim Weibe (Herniae labiales post.) zum Vorschein kommen, auch die hintere Wand der Scheide (Enterocele vaginalis) ausstülpen können.

Wenn man bei mässig gefülltem Rectum die Excavatio rectovesicalis von oben her untersucht (Abb. 427), so erblickt man zwei Peritonaealfalten, welche von dem seitlichen Umfange der Harnblase beiderseits zur Pars ampullaris recti verlaufen und den Eingang in die Excavatio rectovesicalis von dem übrigen Cavum pelvis peritonaeale abgrenzen. Diese Peritonaealduplikaturen (Plicae vesicorectales) enthalten Züge glatter Muskulatur, auch ist ihnen eine Rolle für die Befestigung der Harnblase zugeschrieben worden, auf welche die alte Bezeichnung als Ligg. vesicorectalia hinweist.

Sie sind jedoch wohl bloss als Reservefalten des Peritonaeum aufzufassen, die bei stärkerer Füllung der Beckenorgane zur Bedeckung derselben Verwendung finden. Bei leerer Pars ampullaris recti und mässig gefüllter Harnblase liegt beiderseits von der oberen Partie der Pars ampullaris eine Einbuchtung des Peritonaeum, welche lateral von dem Peritonaeum parietale begrenzt wird (Fossa pararectalis) und bei starker Füllung der Pars ampullaris recti verschwindet.

Arterien, Venen und Lymphgefässe des Rectum. Das Rectum wird von einer unpaaren Arterie (A. rectalis cran.[1] aus der A. mesenterica caud.) und je zwei paarigen Arterien (A. rectalis caudalis[2] aus der A. ilica interna[3] und A. analis[4] aus der A. pudendalis int.) versorgt. Die Zweige der Arterien stehen durch zahlreiche Anastomosen untereinander in Verbindung, folglich wird die Unterbindung selbst ziemlich grosser Gefässstämme am Rectum nicht zu einer beträchtlichen Störung der Zirkulation führen, wie sie am Dünndarm oder am Colon vorkommen kann.

Die A. rectalis cranialis[1] ist die Hauptarterie der Pars ampullaris recti und reicht in ihrer Verbreitung bis zur Pars analis herab (Abb. 428). Der Stamm schliesst sich am Übergange des Colon sigmoides in das Rectum dem hinteren Umfange des letzteren an und teilt sich alsbald in 2—3 Äste, von denen einer gewöhnlich hinter der Ampulle weiter verläuft, während die beiden anderen sich am seitlichen und vorderen Umfange derselben verzweigen.

Die Aa. rectales caudales[2] entspringen entweder direkt aus dem Stamme der A. ilica interna[3] oder aus der A. pudendalis int. und gelangen zur unteren Partie der Ampulle, indem sie auch Zweige zur Prostata und zu den Samenblasen abgeben.

Die Aa. anales[4] aus der A. pudendalis int. sind im wesentlichen Hautarterien, welche von beiden Seiten her zur Analöffnung verlaufen, um diese sowie den M. sphincter ani zu versorgen.

Venen des Rectum. Sie sammeln sich aus den Plexus venosi anales[5] zu Stämmen, welche mit den Arterien verlaufen. Wir hätten also eine V. rectalis cran.[1], zwei Vv. rectales caudales[2] und zwei Vv. anales[4] zu unterscheiden. Die Plexus venosi, aus denen sich die Venen sammeln, liegen teils in der Submucosa, teils ausserhalb der Muskelschicht des Rectum (Plexus rectalis). Die V. rectalis cran.[1] bildet den Hauptweg für den Abfluss des venösen Blutes, und ihre untersten Wurzeln kommen aus einer Anzahl von submukös gelegenen Venenknäueln, welche die Wülste der Columnae rectales unmittelbar über dem Anus hervorrufen (Abb. 429). Regelmässig zeigen diese Venenknäuel Erweiterungen oder Venenampullen, welche unter pathologischen Bedingungen eine beträchtliche Vergrösserung erfahren und miteinander in Verbindung treten können (Bildung von Hämorrhoidalknoten). Die Erweiterungen finden sich niemals bei neugeborenen Kindern, dagegen konstant bei Erwachsenen; ihre Entstehung wird also wohl durch den auf die Venen der Pars analis wirkenden Druck veranlasst, welcher bei hochgradiger Steigerung die Venenampullen zu den Hämorrhoidalknoten erweitern kann.

Die Gesamtheit der Columnae rectales stellt einen Ring unmittelbar über der Analöffnung dar (Anulus haemorrhoidalis). Ausser in der V. rectalis cranialis[1] haben die Venenknäuel der Columnae noch nach zwei Richtungen hin Abflüsse, erstens in Äste, welche die Muskelschicht der Pars analis horizontal durchsetzen und in die Vv. rectales caudales[2] münden (Abb. 429), zweitens in Venen, welche, unter der Schleimhaut gelegen, um den Sphincter ani zu den Vv. anales[4] und den Vv. scrotales verlaufen.

Wenn nun aus irgendeiner Ursache die den Columnae rectales zugrunde liegenden Venenknäuel anschwellen, so erfolgt eine Reizung der Schleimhaut, welche eine reflektorische Kontraktion der Sphinkteren der Pars analis und einen Verschluss der unteren Abflusswege des venösen Blutes herbeiführt. Besteht auch noch

[1] A. V. haemorrhoidalis sup. [2] A. V. haemorrhoidalis med. [3] A. V. hypogastrica. [4] A. V. haemorrhoidalis inf. [5] Plexus haemorrhoidalis.

Verstopfung, so drücken die Fäkalmassen auf die seitlich und nach oben gehenden Vv. rectales craniales und caudales[1] und hemmen auch hier den Abfluss des Blutes. Die Folge davon wird sein, dass die Ausdehnung der Venenampullen und die Vergrösserung der Columnae sich steigern muss; dieselben bilden förmliche Geschwülste, welche zunächst in das Lumen der Pars analis hineinhängen, dann, durch die Analöffnung sich

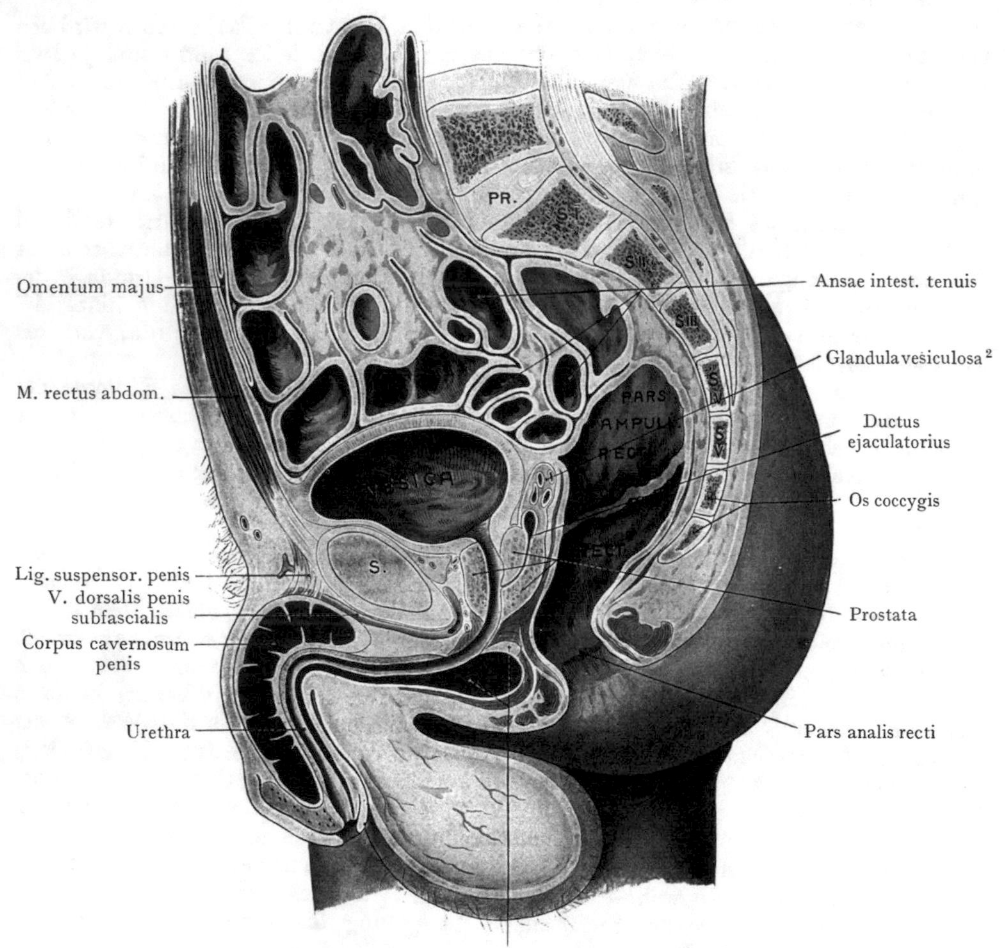

Abb. 430. Medianschnitt durch das männliche Becken.
Nach Braune, Atlas der topogr. Anatomie.

vordrängen und von seiten des M. sphincter ani ext. eine Einschnürung erfahren können (äussere Hämorrhoidalknoten). Überhaupt kommt wohl dem M. sphincter ani ext. eine wichtige Rolle für die Entstehung und für die Vergrösserung der Hämorrhoidalknoten zu.

Lymphgefässe und regionäre Lymphdrüsen des Rectum. Drei Lymphgefässgebiete sind zu unterscheiden: 1. Die Lymphgefässe des Anus entsprechen den Aa. und Vv. anales[3] und gehen zu den Lymphonodi subinguinales, superficiales, und zwar meist zu der oberen medialen Gruppe derselben; 2. die Lymphgefässe, welche sich aus

[1] V. haemorrhoidales sup. und mediae. [2] Vesicula seminalis.
[3] A. V. haemorrhoidales inferiores.

der Schleimhaut und der Muscularis sowohl der Pars ampullaris als der Pars analis recti sammeln, schliessen sich weiterhin entweder der A. rectalis cranialis [1] oder den Aa. rectales caudales [2] an. Die ersteren werden durch einige an der hinteren Wand des Rectum gelegene, von der Fascia intrapelvina bedeckte Lymphonodi anorectales unterbrochen, während die erste Hauptstation für die übrigen Lymphgefässe des Rectum von den Lymphonodi sacrales gebildet wird, welche im untersten Teile des Mesosigmoideum liegen; 3. Lymphgefässe aus der Gegend des Anulus haemor-

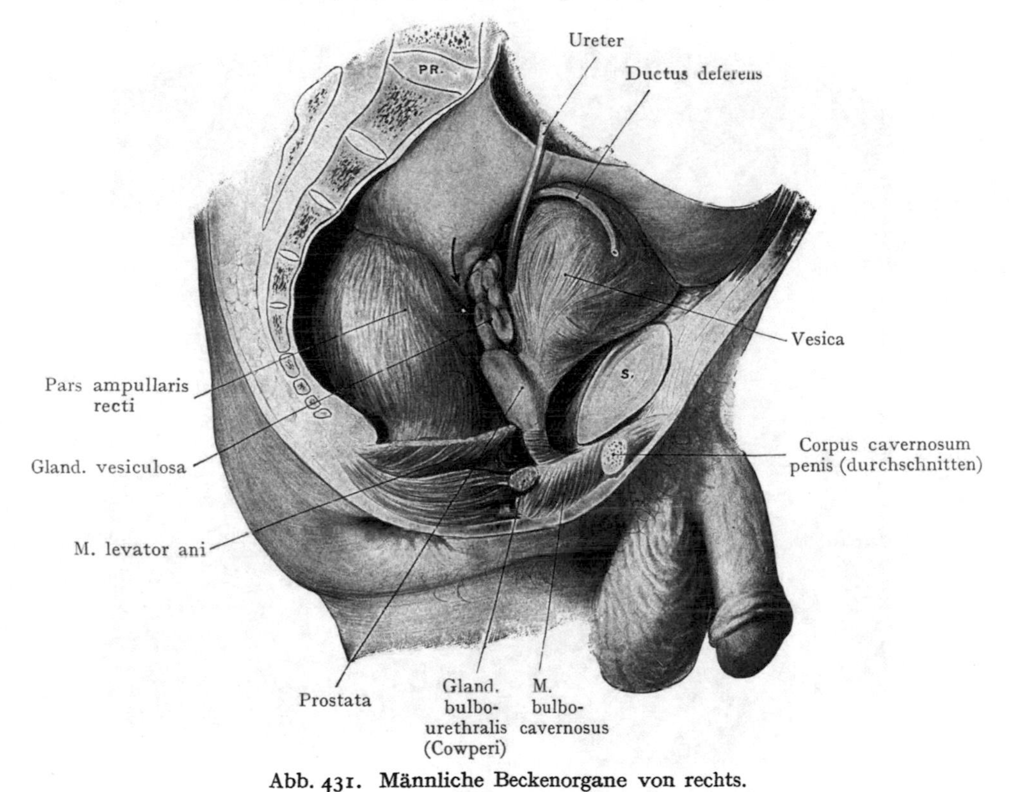

Abb. 431. Männliche Beckenorgane von rechts.
Harnblase und Rectum stark gefüllt. Verhalten des Peritonaeum (grün) zur Harnblase und zum Rectum. Der Pfeil gibt die Excavatio rectovesicalis an.

rhoidalis verlaufen mit den Aa. rectales caudales [2] zu Lymphdrüsen, welche längs des Stammes der A. ilica interna [3] angeordnet sind (Lymphonodi ilici interni [4]). Wir hätten also am Rectum drei Lymphgefässgebiete zu unterscheiden, ein unteres (Anus) mit Abfluss zu den Lymphonodi subinguinales superficiales, ein mittleres, entsprechend den Columnae rectales, mit Abfluss zu den Lymphonodi ilici interni [4] und ein oberes, welches einen Teil der Pars analis und die ganze Ampulle umfasst, mit Abfluss zu den Lymphonodi sacrales.

Nerven des Rectum. Sie stammen aus den sympathischen Geflechten, welche die Aa. rectales begleiten. Als Stammplexus kommen in Betracht: der Plexus mesentericus caud. (er gibt Äste längs der A. rectalis cran. zum Rectum ab), der Plexus rectalis cranialis [5] (die Äste verlaufen mit den Aa. rectales caud. und den Aa. anales),

[1] A. haemorrhoidalis sup. [2] A. haemorrhoidalis med. [3] A. hypogastrica.
[4] Lymphoglandulae hypogastricae. [5] Plexus hypogastricus.

endlich Äste aus den Nn. anales des N. pudendalis, welche die Hautpartie des Anus versorgen.

Beziehungen des Rectum zu benachbarten Eingeweideteilen (Syntopie des Rectum). Dieselben sind für beide Abschnitte verschieden; auch wechseln sie bei der Pars ampullaris [1], je nach dem Füllungszustande derselben.

Pars ampullaris [1] recti. Beziehungen nach hinten. Die Pars ampullaris wird hinten durch die Fascia intrapelvina und die Fascia pelvis sowie durch lockeres Bindegewebe von der vorderen Fläche des III.—V. Sacralwirbels und des Steissbeins getrennt;

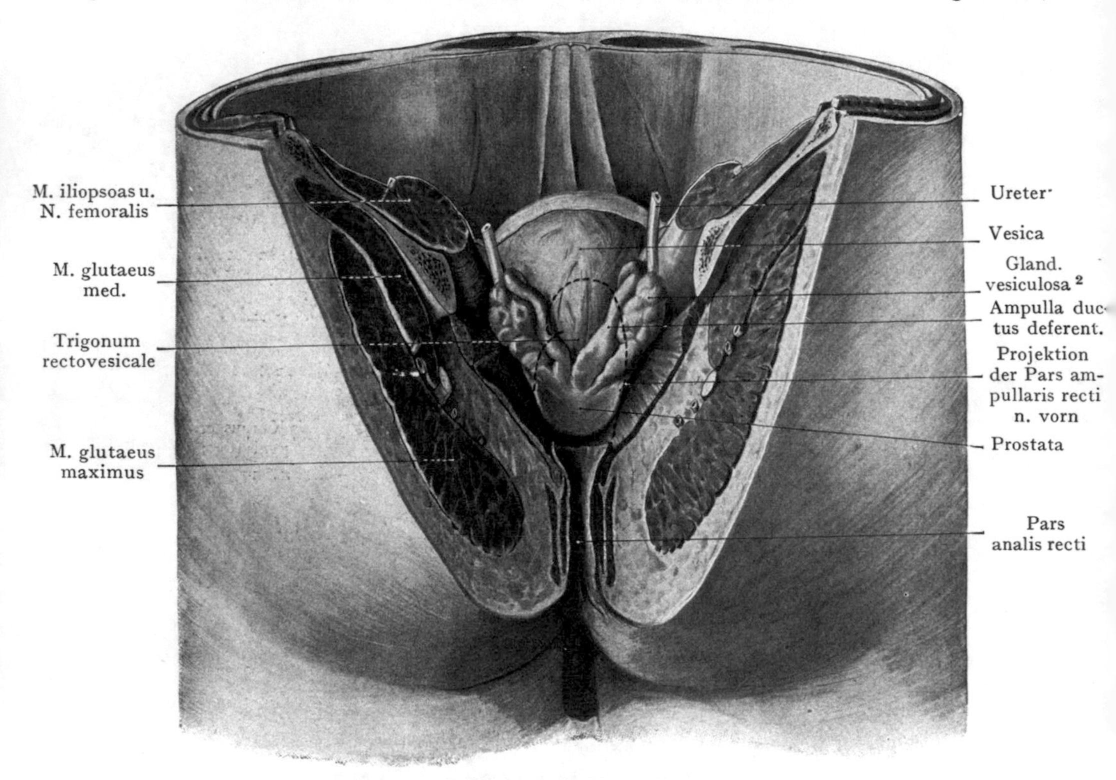

Abb. 432. Harnblase, Prostata, Samenblasen und Ductus deferentes von hinten nach Abtragung der hinteren Hälfte des Beckens sowie des Rectum.
Formolpräparat. 21jähriger Mann.

es ergeben sich daraus Beziehungen zur Pars pelvina der sympathischen Grenzstränge, zur Aorta caudalis [3] (direkte Fortsetzung der Aorta abdominalis) und zu den Aa. sacrales laterales aus der A. ilica interna [4].

Abwärts von der Steissbeinspitze ruht die untere Partie der Pars ampullaris auf der muskulös-sehnigen Platte, welche durch die hinter dem Anus zur Vereinigung kommenden Fasern der beiden Mm. levatores ani gebildet wird. Abwärts von dieser Muskelplatte, welche den hintersten Abschnitt des Diaphragma pelvis darstellt, liegt im Anschluss an die Steissbeinspitze und dieselbe gewissermassen fortsetzend, eine derbe, von Muskelfasern durchzogene Fettmasse (anococcygeale Fettmasse, Abb. 430), um welche das Rectum als Pars analis in der scharfen, nach hinten konkaven Biegung der Flexura perinealis zum Anus verläuft.

[1] Ampulla recti. [2] Vesicula seminalis. [3] A. sacralis media. [4] A. hypogastrica.

Seitlich von der mässig ausgedehnten Pars ampullaris recti befinden sich die beiden Fossae pararectales des Cavum peritonaei, in denen bei leeren oder mässig gefüllten Beckenorganen die Rectumschlinge des Colon sigmoides und Schlingen des Ileum sich einlagern. Bei stärkerer Ausdehnung der Pars ampullaris recti werden die Darmschlingen aus den Fossae pararectales verdrängt, das Peritonaeum der Fossae wird teilweise zur Bedeckung der Ampulla verwendet und die letztere kann dann direkte Beziehungen erlangen sowohl zum Plexus sacralis als auch zu den in der unteren Abteilung des For. ischiadicum majus aus dem Becken austretenden Aa. glutaea caud. und pudendalis int. Bei starker Ausdehnung (s. die Horizontalschnitte durch das männliche Becken, Abb. 433 und 434) füllt die Pars ampullaris fast den ganzen hinteren Abschnitt des Beckens aus und kann auf die seitlich gelegenen Gefässe, besonders auf die dünnwandigen Venen, einen Druck ausüben.

Nach vorne hat die Rectumampulle Beziehungen zum Peritonaeum der Excavatio rectovesicalis und den eingelagerten Darmschlingen, ferner, von dem Grunde der Excavatio an nach unten, zur hinteren Wand des Fundus vesicae, zur Prostata, zu den Samenblasen und zu den Ductus deferentes. Form und Inhalt der Excavatio wechseln: bei starker Füllung der Rectumampulle und der Harnblase ist sie mehr spaltförmig, indem sich die Darmschlingen, welche häufig als Inhalt vorgefunden werden, in die Bauchhöhle zurückziehen. Der vordere Umfang der Pars ampullaris recti wird durch die Fascia intrapelvina, welche eine Scheide für das Rectum abgibt, von der Prostata, den Samenblasen und dem Fundus vesicae getrennt; hier ist die Fascie häufig recht derb ausgebildet und stellt das Septum rectovesicale dar, welches nicht bloss einen Teil der Fascienscheide für die Rectumampulle abgibt, sondern auch die Ductus deferentes und die Samenblasen einhüllt (s. Fascien der männlichen Beckeneingeweide).

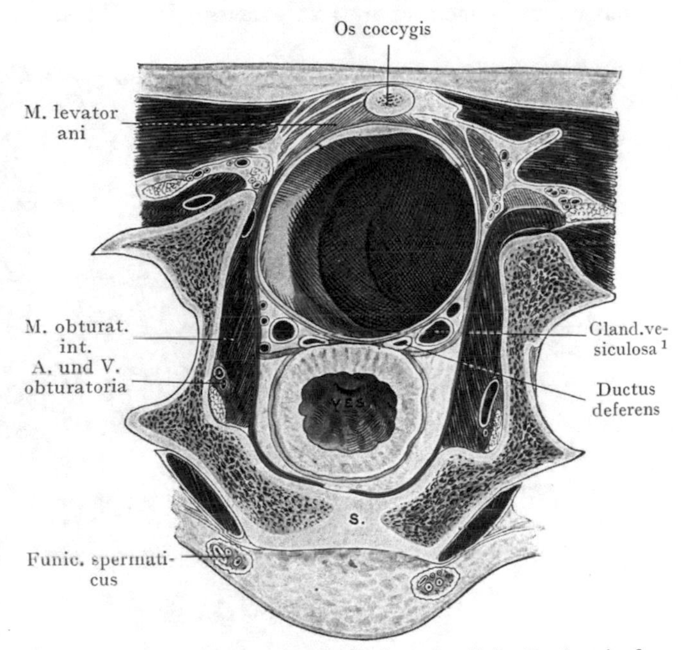

Abb. 433. Horizontalschnitt durch das männliche Becken in der Höhe des oberen Randes der Symphyse und der Incisurae ischiad. minores.

Rectumampulle stark ausgedehnt.

Nach Pirogoff, Anat. topogr. Fasc. III, Taf. 16, Abb. 1.

Fascia pelvis blau.

Fascia intrapelvina und Fascia diaphragmatis pelvis interna grün.

Abb. 432 stellt die Prostata und die Samenblasen nach Wegnahme des Septum rectovesicale von hinten her dar, mit Angabe der Beziehungen, welche der vordere Umfang der Pars ampullaris recti (punktierte Linie) zu denselben eingeht. Unmittelbare Beziehungen zur hinteren Wand der Harnblase bestehen bloss in einem dreieckigen Felde, welches oben als Basis etwa die Verbindungslinie der Kuppen der Samenblasen, als seitliche Begrenzungen die Ductus deferentes resp. deren Ampullen aufweist (Trigonum rectovesicale). Die Basis des dreieckigen Feldes entspricht

[1] Vesicula seminalis.

der Umschlagslinie des Peritonaeum von der hinteren Wand der Harnblase auf die vordere Wand der Pars ampullaris recti am Grunde der Excavatio rectovesicalis; die Höhe des Dreiecks beträgt im Maximum 2,5 cm. Im Bereiche desselben wird die vordere Wand der Pars ampullaris recti bloss durch das Septum rectovesicale von der hinteren Wand der Harnblase getrennt; es wäre also, wenigstens theoretisch, möglich, die Harnblase von dieser Stelle aus ohne Verletzung des Peritonaeum zu eröffnen. Die Samenblasen, die Ampullen der Ductus deferentes und der hintere Umfang der Prostata werden in ihrer Form durch die Pars ampullaris recti beeinflusst, was in Abb. 432 (nach einem Formolpräparat) zu erkennen ist. Bei starker Erweiterung der Rectum-

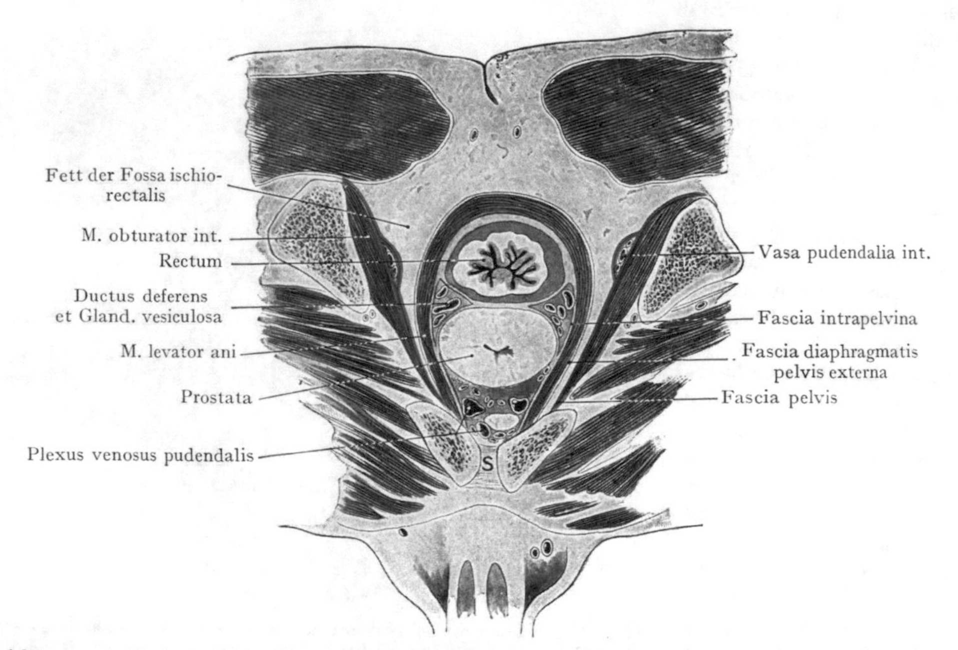

Abb. 434. Horizontalschnitt durch das männliche Becken in der Höhe der Mitte der Symphyse der Tubera ossium ischii und der Trochanteres majores.
Nach Pirogoff, Anatome topogr. Fasc. III, Taf. 17, Abb. 3.
Fascia pelvis blau. Fascia intrapelvina grün.

ampulle liegen die Samenblasen und die Ductus deferentes in grösserer Ausdehnung der vorderen Wand derselben an; in Abb. 432 ist das Verhalten bei mittlerer Füllung des Rectum angegeben.

Die Pars pelvina der Ureteren liegt beiderseits noch im Bereiche der Fossae pararectales an der seitlichen Wandung des Becken. Bei leerem Rectum beträgt die Entfernung zwischen dem lateralen Umfange der Pars ampullaris recti und dem Ureter beiderseits 2—2$^1/_3$ cm; bei Füllung der Ampulle nimmt die Entfernung ab. Unmittelbare Beziehungen zwischen den Ureteren und der Wandung der Rectumampulle sind jedoch niemals vorhanden; bei dem schiefen Verlaufe der Ureteren an der seitlichen Beckenwandung nach vorne und abwärts kommen sie zwischen Samenblasen und hinterer Wand der Harnblase zu liegen, werden also von dem Kontakte mit der vorderen Wandung der Ampulle ausgeschlossen (Abb. 432).

Beziehungen der Pars analis recti. Die Pars analis zeichnet sich durch die muskulöse Verstärkung der Wandung aus, welche teils von den beiden Sphinkteren

(M. sphincter ani int. aus glatter, M. sphincter ani ext. aus quergestreifter Muskulatur bestehend), teils von dem M. levator ani geliefert wird.

Auf beiden Seiten der Pars analis bilden die Fossae ischiorectales mit ihrem nachgiebigen, aus Fett- und Bindegewebe bestehenden Inhalte (s. Regio perinealis) zwei Polster, welche der Erweiterung des Analschlitzes bei der Defäkation keinen Widerstand entgegensetzen. Hinten ruht die Pars analis der anococcygealen Fettmasse auf, welche bis zu einem gewissen Grade eine Fortsetzung des Steissbeins als Unterlage für die hintere Wand des Rectum bildet. Die Pars analis verläuft etwas nach hinten (Abb. 430, vielleicht noch deutlicher am Medianschnitt durch das weibliche Becken zu sehen), ihre vordere Wandung wird bloss durch die im Centrum tendineum perinei zusammenstossende Muskulatur von dem Bulbus corporis cavernosi urethrae getrennt (Abb. 430). Eine in die Harnröhre eingeführte und bis zur Harnblase vorgestossene Sonde kann, besonders wenn sie nach hinten gedrängt wird, durch den in die Pars analis eingeführten Finger gefühlt werden.

Untersuchung des Rectum. Für die Dehnbarkeit sowohl der Pars analis als auch der Pars ampullaris spricht die Tatsache, dass in der Narkose mehrere Finger in das Rectum eingeführt werden können, so dass die Schleimhaut sowie die der Rectumwand angrenzenden Organe der Palpation zugänglich werden. Tumoren der hinteren Hälfte der Beckenwandung können nachgewiesen werden, auch der Blasengrund, besonders wenn derselbe durch eine Steinbildung eine Erweiterung erfahren hat, ferner der hintere Umfang der Prostata mit den Samenblasen (Prostatavergrösserungen, Erkrankungen der Samenblasen). Zur Untersuchung einer vergrösserten Prostata genügt häufig die blosse Einführung eines Fingers, indem die Kuppe desselben die ca. 6 cm oberhalb des Anus gelegene Prostata noch erreichen kann.

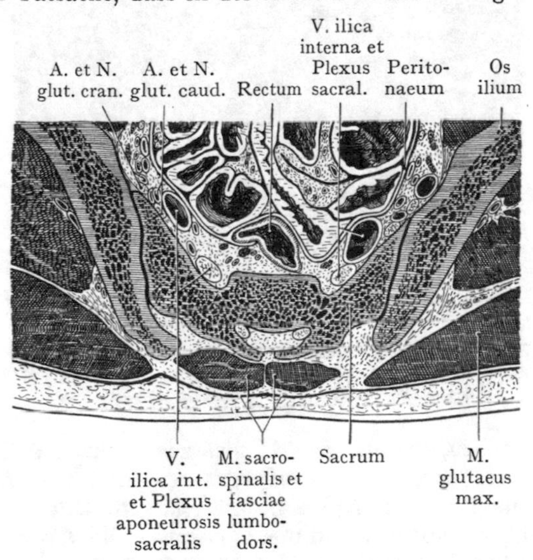

Abb. 435. Horizontalschnitt durch das männliche Becken. Beziehungen zwischen dem Peritonaeum, dem Rectum und dem Sacrum.

In neuerer Zeit ist auch die Endoskopie des Rectum und des Colon sigmoides ausgebildet worden (Schreiber), mittelst welcher es gelingt, die Schleimhaut sowohl der Pars ampullaris als zum Teil auch noch der Rectumschlinge des Colon sigmoides genauer zu untersuchen. „Bei starker Füllung des Rectum fühlt man dasselbe linkerseits in der Gesässspalte als einen in der Regel reichlich daumendicken, oder noch etwas dickeren Wulst, welcher lateral von der Steissbeinspitze oder noch etwas höher beginnend sich zum Anus erstreckt" (Epstein). Nach Merkel handelt es sich um die Füllung des letzten der Ausbuchtungen, welche sich linkerseits an der unteren Fläche der Pars ampullaris recti befindet.

Operative Erreichbarkeit des Rectum. Ein operatives Eingehen auf die Pars ampullaris recti von vorne oder von der Seite ist nicht möglich; es bleibt also bloss der Zugang von unten, von oben (Beckeneingang) oder von hinten. Die letztgenannte Methode, welche die ausgedehntesten operativen Eingriffe am Rectum gestattet, erfordert eine genaue Kenntnis der Topographie des hinteren und lateralen Umfanges der Rectumampulle sowie der Schichten, welche dieselbe hinten bedecken (Abb. 435 bis 437).

Das Rectum wird durch lockeres Fett- und Bindegewebe von der vorderen Fläche des Sacrum und des Steissbeines getrennt und kann leicht nach Entfernung dieser Knochen dargestellt werden. Das Verhältnis der Knochen zum Rectum ist aus Abb. 437 ersichtlich. Die Schilderung der Operationsmethoden gehört nicht hierher; man ist dabei bis zum zweiten Foramen sacrale hinauf gegangen und kann sogar 20 cm der hinteren Fläche des Rectum blosslegen. Dabei kommen die beiden N. coccygici und der unterste Teil der Grenzstränge des Sympathicus in Betracht, ferner die genau median auf der vorderen Fläche des Sacrum verlaufende Aorta caudalis[1]. Weiter lateral liegen die Stämme des Plexus ischiadicus bei ihrem Austritte aus den For. sacralia pelvina (Abb. 437) sowie medial an dieselben angeschlossen, die Aa. pudendalis int. und glutaea caud. (in Abb. 437 ist mit dem Sacrum auch noch ein Teil des Os ilium abgetragen worden). Unmittelbar der hinteren Wand des Rectum angelagert verläuft die A. rectalis cranialis[2], die sich weiter in ihre beiden, den seitlichen Umfang der Ampulle umgreifenden Äste teilt; den Arterien schliessen sich die Vv. rectales craniales[2] an. Auch die Aa. rectales caudales[3] sind in Abb. 437 zu sehen. Beiderseits von der Pars ampullaris recti bildet das Peritonaeum die Fossae pararectales; die Ureteren sind von der Stelle an zu sehen, wo sie, die A. ilica comm. kreuzend, in das Becken herabtreten bis dort, wo sie nach vorne konvergierend, an der stark gefüllten Rectumampulle vorbei zur Einmündung in die Harnblase gelangen. Zur Freilegung der hinteren Wand des Rectum gehört selbstverständlich auch noch die Abtrennung des M. levator ani von seinem Ansatze am seitlichen Rande und an der Spitze des Steissbeins.

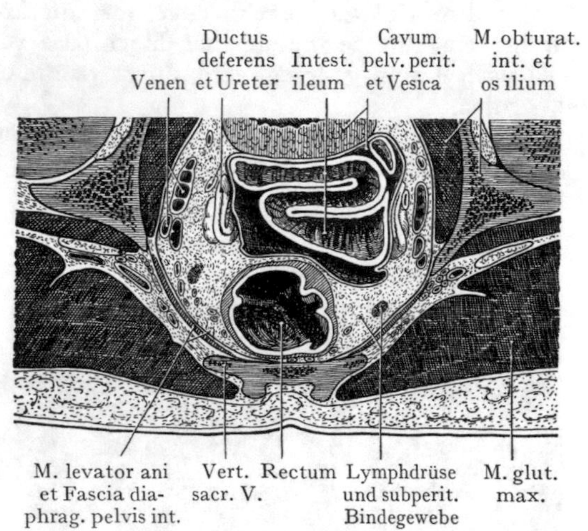

Abb. 436. Horizontalschnitt durch das männliche Becken. Beziehungen zwischen dem Rectum, dem Peritonaeum und dem letzten Sacralwirbel.

Missbildungen des Rectum. Das häufige Vorkommen derselben rechtfertigt wohl in den Augen der Praktiker eine kurze Darstellung ihrer Ausbildung, welche durch die Abb. 438 und 439 veranschaulicht wird. Der Enddarm und die vor Bildung der Nieren in frühembryonaler Zeit allein bestehenden Wolffschen und Müllerschen Gänge münden in einen gemeinsamen Raum, die entodermale Kloake, welche durch die aus einer ectodermalen und einer entodermalen Epithellamelle bestehende Kloakenmembran nach aussen abgeschlossen wird (Abb. 438 A). Dieser ursprünglich einheitliche Raum wird durch die Ausbildung einer zunächst als Falte von der oberen und lateralen Strecke der Wandung ausgehenden frontalen Scheidewand (Septum urorectale) in einen ventralen Hohlraum, aus dem ein Teil der Harnblase sowie der Sinus urogenitalis entstehen, und einen dorsalen Hohlraum, das Rectum, geschieden. Die während der Entwicklung des Sinus urogenitalis bestehende Kommunikation zwischen beiden Räumen wird allmählich, infolge des Auswachsens des Septum urorectale eingeengt (Abb. 438 B und C), und endlich, nachdem das Septum die Kloakenmembran erreicht hat und mit derselben verschmolzen ist, wird die Scheidung zwischen den beiden Hohlräumen eine vollständige (Abb. 438 D).

[1] A. sacralis media. [2] A. V. haemorrhoidales sup. [3] Aa. haemorrhoidales mediae.

Die Kloakenmembran wird seitlich durch Mesodermwucherungen eingeengt, so dass sie in etwas späteren Stadien (Abb. 438 C) nicht mehr wie früher eine beträchtliche Breitenentfaltung besitzt, sondern einen hohen Epithelkiel darstellt, welcher auch auf den unteren Umfang des an der vorderen Grenze der Kloakenplatte auftretenden Geschlechtsgliedes übergeht, und hier beim männlichen Fetus zur Pars cavernosa urethrae ausgehöhlt wird.

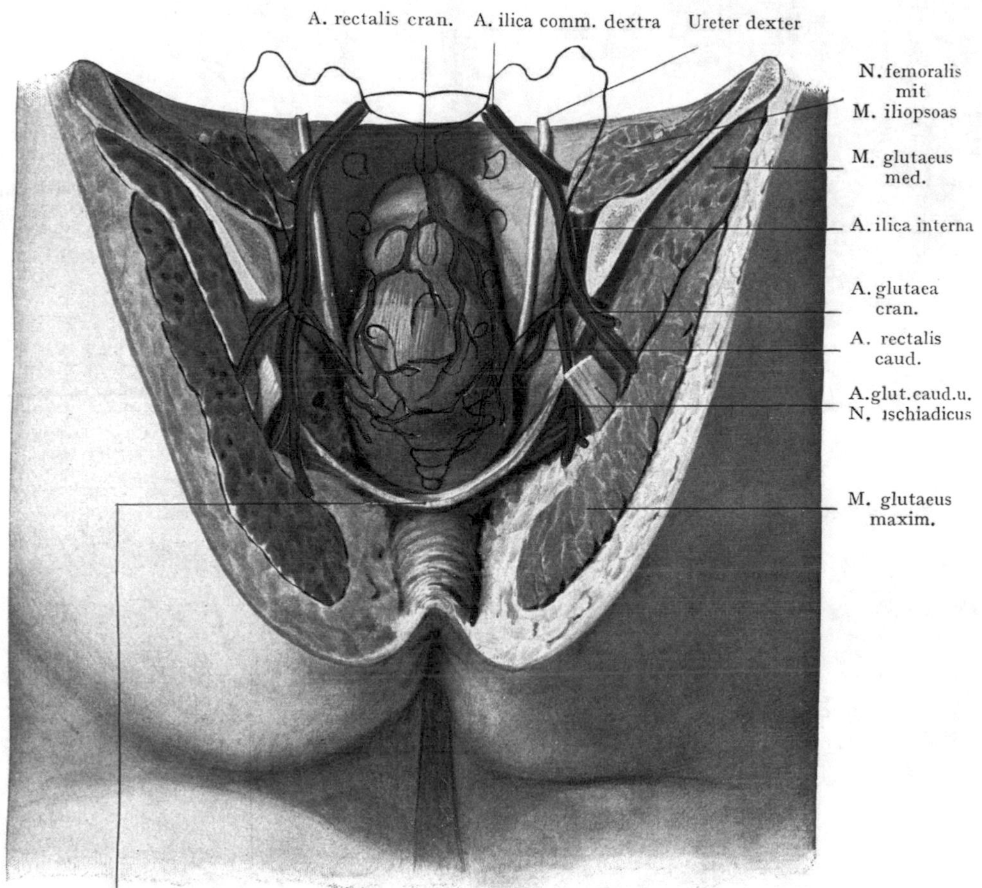

Abb. 437. Ansicht des Rectum mit den Beckengefässen und dem Ureter von hinten nach Abtragung der hinteren Wandung des Beckens.
Peritonaeum grün.

Die Kloakenplatte wird nicht durchbrochen, solange die Kloake noch nicht durch das Auswachsen des Septum urorectale in die Harnblase und den Sinus urogenitalis einerseits, in die Pars ampullaris recti andererseits aufgeteilt wurde. Nachdem das Septum mit der Kloakenmembran verschmolzen ist, erfolgt ein doppelter Durchbruch der Epithellamelle, zuerst vor dem Damm, sodann, bedeutend später, hinter demselben.

Der Damm kommt dadurch zustande, dass nach Verschmelzung des Septum urorectale mit der Kloakenmembran seitliche Mesodermwülste vorwachsen, welche in der Medianebene miteinander sowie mit dem unteren Ende des Septum urorectale zur Vereinigung kommen.

An beide, durch das Septum urorectale voneinander geschiedene Hohlräume werden nach dem Durchbruch Abschnitte angefügt, welche sich vom Ectoderm der

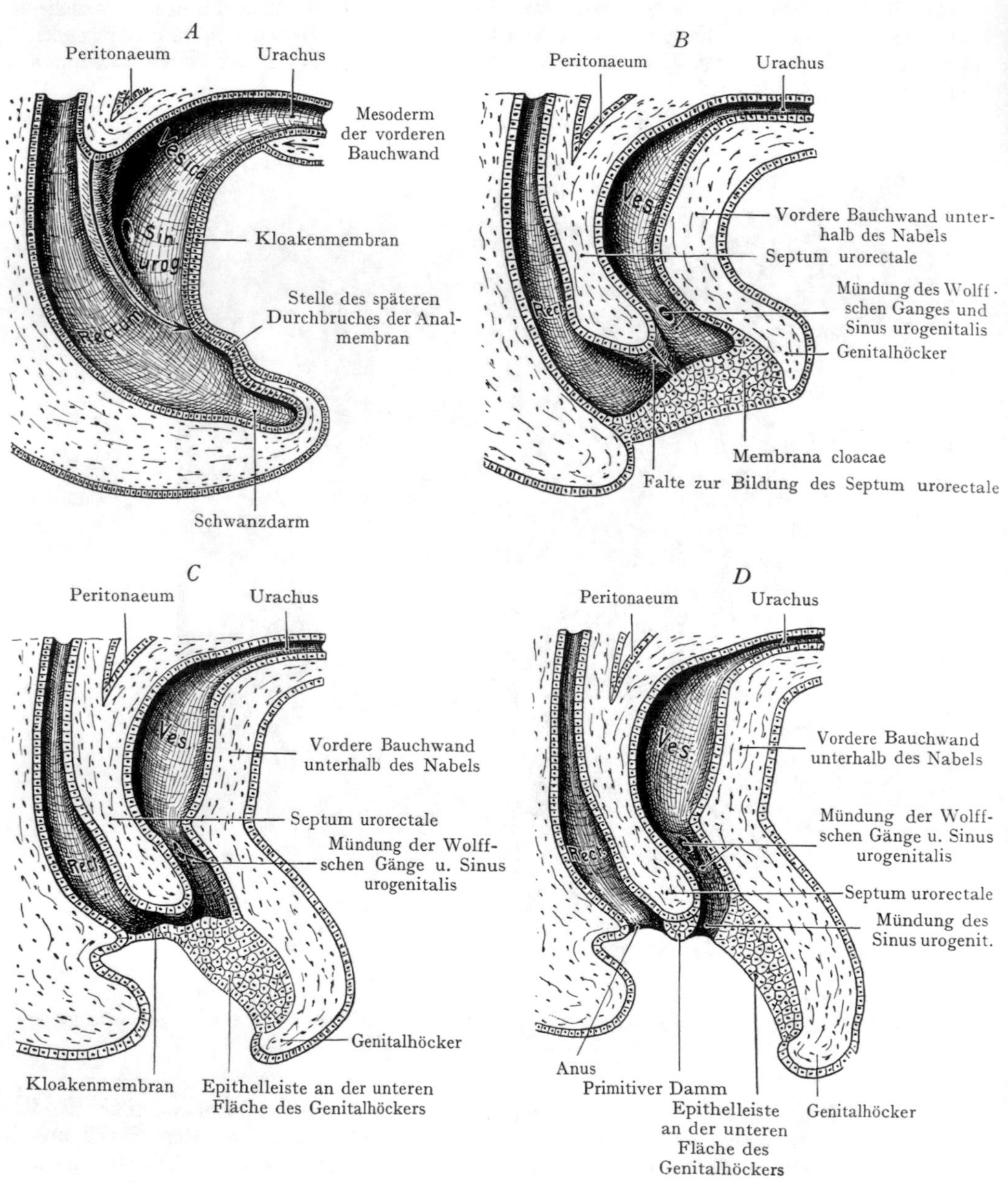

Abb. 438. Entwicklung des Rectum und der Harnblase. Schemata.

Grube bilden, in deren Tiefe die Kloakenmembran ursprünglich lag. An den Sinus urogenitalis schliesst sich beim männlichen Fetus, aus dem Ectoderm stammend, wahrscheinlich die ganze Pars cavernosa urethrae an, beim Weibe ein Teil des Vestibulum vaginae. Was die vom Ectoderm gelieferte Ergänzung des Rectum anbelangt, so wird von einigen Autoren angenommen, dass ein grosser Teil der Pars analis vom Ectoderm gebildet wird, während andere die Beteiligung des Ectoderms auf die Aftergrube beschränken, soweit ein mehrschichtiges Plattenepithel reicht.

Aus der Entwicklungsgeschichte des Rectum ergibt sich auch die Erklärung der am häufigsten hier vorkommenden Missbildung, der Atresia ani. Dieselbe ist als eine Hemmungsbildung aufzufassen, die zum Ausbleiben des Durchbruches der Analmembran, verbunden mit dem Mangel der Pars ectodermalis ani führt. Häufig verknüpft sich mit

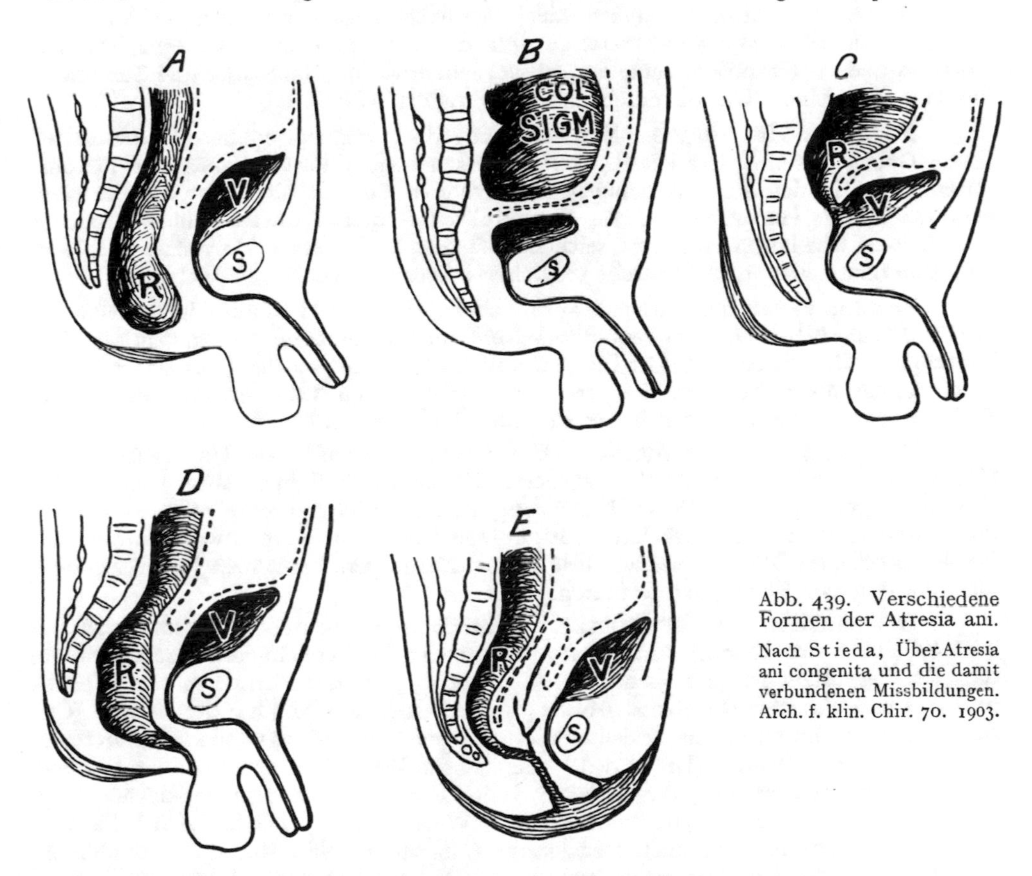

Abb. 439. Verschiedene Formen der Atresia ani.

Nach Stieda, Über Atresia ani congenita und die damit verbundenen Missbildungen. Arch. f. klin. Chir. 70. 1903.

der Atresia ani auch eine abnorme Verbindung des Rectum mit dem Sinus urogenitalis, indem das Septum urorectale den vollständigen Abschluss des Rectum nach vorne nicht mehr bewirkt. In Abb. 439 A—E sind einige Formen dieser besonders auch den Chirurgen interessierenden Missbildungen dargestellt. Abb. 439 A zeigt eine typische Atresia ani, bei welcher das Rectum weit herabreicht, um blind zu endigen. In Abb. 439 B fehlt das Rectum überhaupt; wahrscheinlich hat es eine sekundäre Rückbildung erfahren. In Abb. 439 C öffnet sich das Rectum in den Sinus urogenitalis des männlichen Fetus. In Abb. 439 D ist nur eine kleine fistelartige Öffnung hinter dem Scrotum vorhanden; in Abb. 439 E führt ein Fistelgang aus dem blind endigenden Rectum in die Scheide. Bei niederen Graden der Atresia ani (z. B. Abb. 439 A und D) kann ein operativer Eingriff Erfolg haben, bei anderen Fällen (Abb. 439 B und C) versagt die Kunst des Chirurgen.

Topographie der Harnblase.

Die Harnblase liegt mit der Prostata, welche als Ring den ersten Abschnitt der Harnröhre (Pars prostatica urethrae) umgibt, sowie mit den Samenblasen und den Ampullen der Ductus deferentes, oberhalb des Diaphragma pelvis zwischen der Symphyse nach vorne und der Pars ampullaris recti nach hinten. Ihre hauptsächlichste Befestigung erhält sie am Blasenfundus, indem hier verstärkte Züge der Fascia diaphragmatis pelvis interna als Ligg. puboprostatica von der hinteren Fläche der Symphyse zur Prostata und zur Harnblase verlaufen; ausserdem erhält die Harnröhre und damit auch die Harnblase eine Fixation durch das Diaphragma pelvis.

Form der Harnblase. Man vergleicht die mässig ausgedehnte Harnblase mit einem Ovoid, dessen Spitze (Vertex) oben, dessen breitere Partie (Basis oder Fundus) unten liegt. In den Fundus münden die Ureteren ein und hier geht am Orificium urethrae int. die Harnröhre ab. An der gefüllten Harnblase unterscheiden wir ferner eine vordere, eine hintere und zwei seitliche Flächen, an der leeren Harnblase eine obere und eine untere Fläche, die mittelst seitlicher Ränder ineinander übergehen.

Von dem Vertex der Harnblase zum Nabel verläuft die Plica umbilicalis media mit der Chorda urachi[1] als ein Rest des obliterierten Urachus, ferner gehen von dem seitlichen Umfange der Harnblase die beiden Plicae umbilicales laterales mit den Chordae arteriarum umbilicalium[2] als Reste der obliterierten Nabelarterien zum Nabel empor. Der unterste Teil des Fundus vesicae ist mit der Prostata innig verbunden.

Kapazität der Harnblase. Die Harnblase besitzt als Harnbehälter eine Kapazität, welche ausserordentlich variiert. Es werden Füllungszustände von 40 bis 510 ccm angegeben, bei welchen Harndrang auftritt, während eine stärkere Füllung bei Lähmung der Blasenmuskulatur vorkommen kann, ohne dass eine Ruptur erfolgt. Bei künstlicher Anfüllung der Harnblase (Ausspülungen usw.) soll man jedoch nie mehr als 200—300 ccm Flüssigkeit einführen.

Innenansicht der Harnblase. Bemerkenswerte Einzelheiten im Relief der inneren Fläche der Harnblasenwandung bieten sich im Bereiche des Fundus vesicae dar. Bei Besichtigung dieser Partie von oben her an einer mit Formol mässig gefüllten und in situ gehärteten Harnblase (Abb. 440) wird durch den Abgang der Urethra (Orificium urethrae int.) und die beiden schlitzförmigen Einmündungsstellen der Ureteren, das Trigonum vesicae (Lieutaudi) angegeben. Die Spitze desselben liegt vorne, im Orificium urethrae int., die Basis wird durch einen transversal verlaufenden, die beiden Öffnungen der Ureteren verbindenden Wulst gebildet, welcher sich beiderseits in die Plicae uretericae fortsetzt. Den letzteren liegen die schief durch die Harnblasenwandung verlaufenden Ureteren zugrunde. Der Wulst zwischen den Uretermündungen[3] begrenzt eine nach hinten sich anschliessende Ausbuchtung der Harnblasenwand (Fossa retroureterica), deren Tiefe recht verschieden sein kann. Unmittelbar hinter dem Orificium urethrae int. liegt der Wulst der Uvula vesicae, welcher durch den Isthmus der Prostata hervorgerufen wird und bei älteren Leuten häufig eine stärkere Entwicklung erfährt. Die Schleimhaut ist im Bereiche des Trigonum vesicae (Lieutaudi) glatt und unterscheidet sich recht auffällig von der übrigen Partie der Harnblasenwandung, welche durch die innerste Schichte der Tunica muscularis ein netzförmiges Relief erhält. Der Querwulst zwischen den Ureterenmündungen verdankt seinen Ursprung der stärkeren Ausbildung glatter Muskelfasern. Auf der Plica ureterica liegen die schlitzförmigen Mündungen der Ureteren.

Diese Verhältnisse unterliegen sehr starken individuellen Variationen. Oft fehlt ein eigentlicher Querwulst, welcher die beiden Plicae uretericae verbindet; alsdann

[1] Lig. umbilicale medium. [2] Lig. umbilicalia lateralia. [3] Plica interureterica.

ist die Fossa retroureterica nur undeutlich abgegrenzt. Je nach der Tiefe der Fossa retroureterica ist der dieselbe vorne begrenzende Wulst höher oder niedriger. Besonders bei der Bildung eines Steines in der Harnblase kann eine Ausweitung der Fossa retroureterica stattfinden, indem der Stein sich hier in die tiefste Partie der Harnblase einlagert. Sie entspricht etwa der Partie der hinteren Harnblasenwandung (Trigonum rectovesicale), von welcher die vordere Wand der Rectumampulle bloss durch das Septum rectovesicale getrennt wird (Abb. 444). Bei stärkerer Füllung der Harnblase nimmt die Grösse des Trigonum vesicae zu, indem die Mündungen der Ureteren auseinander rücken.

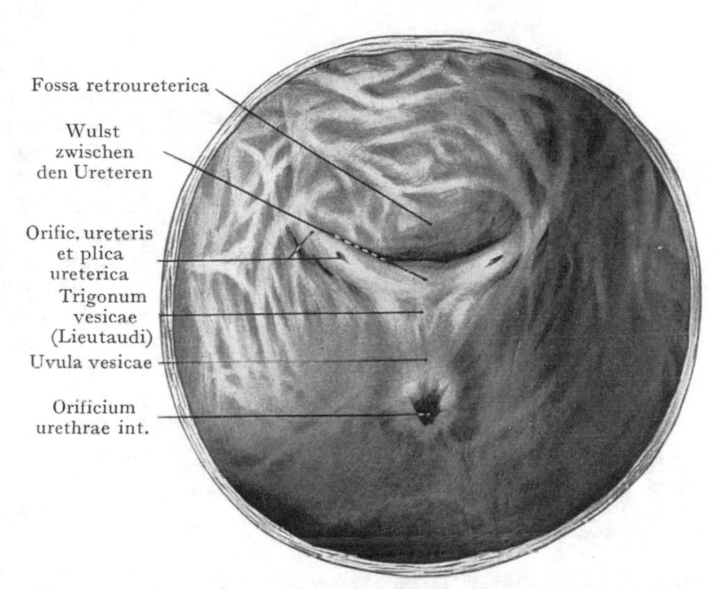

Abb. 440. Blasenfundus von innen.
Durch eine mässige Füllung der Harnblase mit Formol in situ gehärtet.

Das Trigonum vesicae leitet sich entwicklungsgeschichtlich von demjenigen Teile der Kloakenwand ab, auf welchem die Wolffschen Gänge ausmünden (Waldeyer). Durch Wachstumsvorgänge in dieser Strecke erlangen die als Ausbuchtungen des untersten Abschnittes der Wolffschen Gänge entstandenen Ureteren eine eigene, von derjenigen der Wolffschen Gänge unabhängige Ausmündung in die Harnblase, während sich die Mündungen der Wolffschen Gänge, welche später die Ductus deferentes vorstellen, nach unten auf die hintere Wand der Pars prostatica urethrae verschieben und als Ductus ejaculatorii auf dem Colliculus seminalis ausmünden.

Fixation der Harnblase. Die Harnblase ist, wie aus den oben angegebenen Zahlen hervorgeht, einer beträchtlichen Ausdehnung durch den sich ansammelnden Harn fähig. Die Richtung, in welcher die Ausdehnung vor sich geht, wird erstens durch die Lage des Organs in bezug auf die Beckenwandungen und die übrigen Beckeneingeweide, zweitens durch die Art und Weise seiner Befestigung im Becken bestimmt.

Als Fixationsmittel der Harnblase kommen in Betracht:

1. Der vorderste Anteil des caudal vom Diaphragma pelvis liegenden Diaphragma urogenitale. Vor der Durchtrittsstelle des Urethra ist dieses zum Lig. praeurethrale verstärkt[1].

2. Der Umschlag der Fascia diaphragmatis pelvis interna auf die Harnblase.

3. Die Chordae urachi et arteriarum umbilicalium[2]. Durch 1 und 2 wird der Harnblasenfundus und mit demselben die erste Strecke der Harnröhre so fixiert, dass sich ihre Lage im ganzen nur wenig ändert. Durch 3 wird der sich ausdehnenden Harnblase der Weg nach oben gewiesen, oberhalb der Symphyse im Anschluss an die vordere Bauchwand.

Diaphragma urogenitale. Dasselbe stellt eine dreieckige, derbe Faserplatte dar, welche als Ergänzung des durch den M. levator ani gebildeten Teiles des Diaphragma pelvis (Abb. 419 und 441) die Lücke zwischen den vordersten

[1] Lig. transversum pelvis. [2] Lig. umbilicalia.

Ursprüngen des M. levator ani ausfüllt. Sie trägt geradezu den Charakter einer Membrana interossea, welche in dem Angulus pubis eingespannt, ihre Spitze nach vorne, ihre Basis nach hinten richtet und in einer etwas tieferen Ebene liegt als das Diaphragma pelvis. Mit dem Lig. arcuatum pubis zusammen bildet sie eine Öffnung (Abb. 441), durch welche die V. dorsalis penis subfascialis von der dorsalen Fläche des Penis in das Becken tritt, um in die Bildung des Plexus vesicopudendalis einzugehen. Unmittelbar hinter dieser Öffnung liegt die Durchtrittsstelle der Harnröhre. Fasern des membranösen Anteiles des Diaphragma gehen auf die Harnröhre über und fixieren dieselbe und mit ihr den Harnblasenfundus an die obere Fläche des Diaphragma urogenitale und nach vorne an den Angulus pubis.

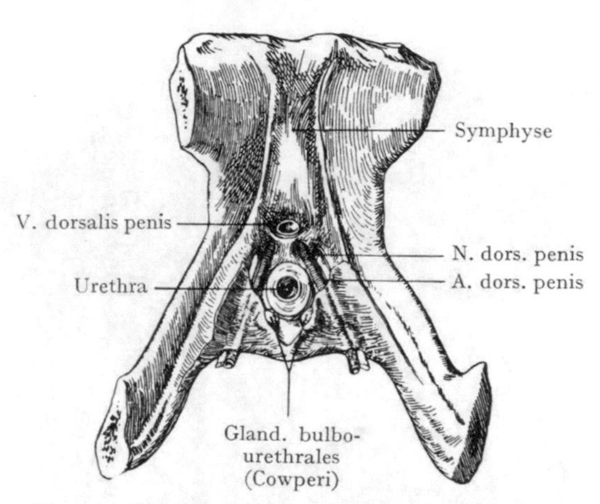

Abb. 441. Diaphragma urogenitale beim Manne, von oben gesehen, zum Teil bedeckt von der Fascia diaphragmatis urogenitalis int. (grün). Zum Teil nach dem Hisschen Gipsabguss.

Die Fascia intrapelvina trägt in noch höherem Grade als das Diaphragma urogenitale zur Fixation der Prostata und des Blasenfundus im Beckenausgang bei. Die Verhältnisse sind in Abb. 442 schematisch dargestellt. Von der blau angegebenen Fascia pelvis aus zieht die Fascia diaphragmatis pelvis interna (grün), der oberen Fläche des M. levator ani angeschlossen, zur Harnblase und zur Prostata, indem sie für beide eine Scheide abgibt, Fascia intrapelvina, welche sich bis zur oberen Fläche des Diaphragma urogenitale nach unten erstreckt. Den vordersten Teil des Fascienblattes, welcher beiderseits neben der Symphyse von dem Os pubis ausgeht, bilden zwei sehnige Streifen, welche an den vorderen Umfang der Prostata sowie an den Fundus vesicae verlaufen (Ligg. pubovesicalia resp. puboprostatica); hauptsächlich der Wirkung dieser Bänder ist es zuzuschreiben, wenn die Verlagerung des Fundus bei Ausdehnung der Harnblase eine relativ geringe ist.

Die Fascia diaphragmatis pelvis interna gibt, indem sie sich auf die Prostata und die Harnblase umschlägt, eine vollständige Scheide für beide Gebilde ab, sowie auch für die Samenblasen und für die letzte Strecke der Ductus deferentes mit ihren Ampullen. Hier verdichtet sie sich zur Bildung der Fascienmembran, welche den vorderen Umfang der Pars ampullaris recti von der hinteren Wand der Harnblase, der Samenblasen und der Prostata trennt (Septum rectovesicale). Dieselbe ist nichts anderes als der durch die Fascia intrapelvina gebildete Überzug der Samenblasen, der Harnblase und der Prostata. Eine besonders derbe Beschaffenheit zeigt die Umhüllung der Prostata, daher dieselbe häufig auch als Capsula prostatica bezeichnet wird.

Die Chorda urachi und die Chordae arteriarum umbilicalium[1] stellen ziemlich derbe, von der Spitze und dem seitlichen Umfang der Harnblase bis zum Nabel emporziehende Stränge dar, denen die obliterierten Nabelarterien und der Urachus zugrunde liegen. Sie liegen in den Plicae umbilicales. Für ihren Verlauf von der Harnblase zum Nabelringe vergleiche man Abb. 283. Sie können kaum als „Bänder" der Harnblase betrachtet werden, höchstens geben sie den Weg an, auf welchem die sich füllende Harnblase im Anschluss an die vordere Bauchwand aus dem Becken in die Bauchhöhle emporsteigt.

Verhalten des Peritonaeum zur Harnblase. In letzter Linie kommt noch das Peritonaeum für die Fixation der Harnblase in Betracht. Es steht durch lockeres Bindegewebe mit der Harnblasenwandung, besonders mit der durch die

[1] Lig. umbilicalia.

Fascia intrapelvina gelieferten Scheide im Zusammenhang, kann jedoch leicht von derselben abpräpariert werden. Dieser Umstand deutet darauf hin, dass bei der Füllung der Harnblase eine beträchtliche Verschiebung des Peritonaeum stattfinden muss, um die Bedeckung grösserer Flächen zu ermöglichen. Wenn wir von dem Zustande mittlerer Füllung ausgehen (Abb. 443 und 444), so haben wir einen Peritonaealüberzug der oberen Wandung, welcher sich (s. auch Abb. 430) oberhalb der Symphyse auf die Harnblase umschlägt und, an dem Medianschnitte verfolgt, die obere und zum Teil auch die hintere Wand überzieht bis etwa zu der Höhe einer Linie, welche

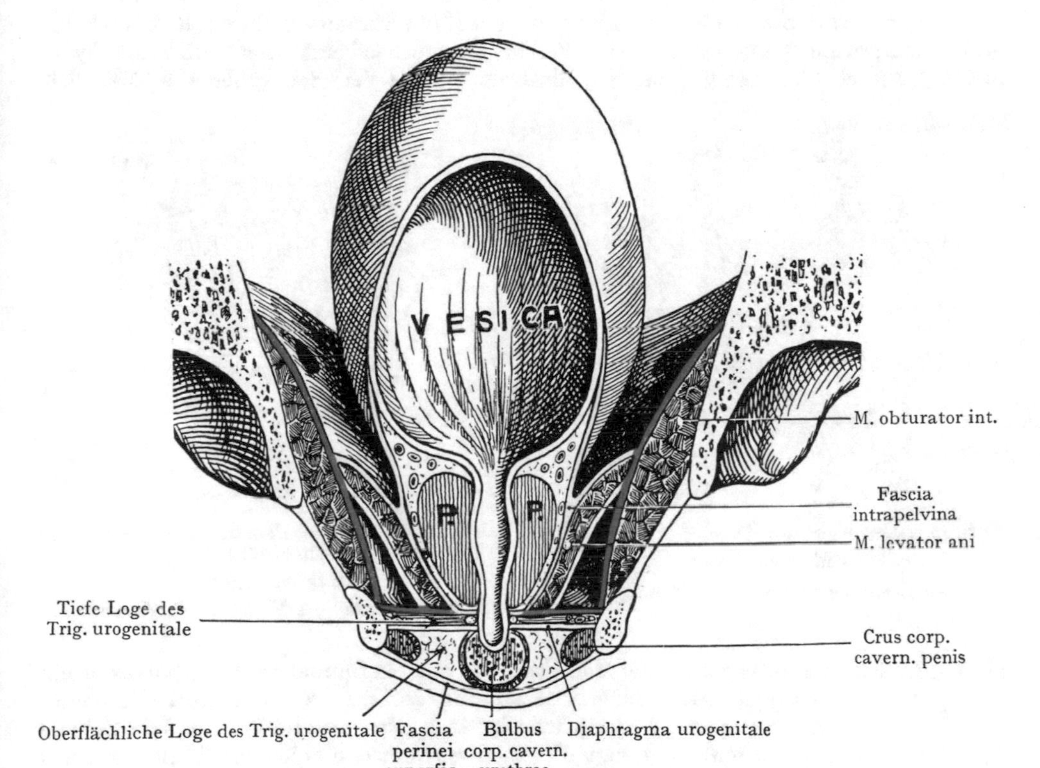

Abb. 442. Frontalschnitt durch das männliche Becken (vorne). Harnblase und Prostata (P.) in ihren Beziehungen zur Fascia intrapelvina.

Fascia pelvis[1] blau. Fascia diaphragmatis pelvis int. und intrapelvina grün.

Schematisch, nach Drappier, Thèse de Paris 1893.

die Eintrittsstellen der Ureteren verbindet. Dabei werden die Ductus deferentes in ihrem Anschlusse an die hintere Wand der Harnblase bis zu der Stelle überzogen, wo sie sich zu ihren Ampullen erweitern; auch die Kuppen der Samenblasen erhalten einen Überzug, dagegen erreicht das Peritonaeum beim Erwachsenen nur ganz ausnahmsweise die Prostata. Seitlich reicht das Peritonaeum nicht über die durch die obliterierten Nabelarterien gebildeten, mit der Chorda urachi nach oben zum Nabel verlaufenden Chordae arteriarum umbilicalium hinaus.

Falten des Peritonaeum, welche von dem Rectum (Plicae rectovesicales) oder von der seitlichen Wandung des Beckens auf die Harnblase übergehen, haben lediglich die Bedeutung von Reservefalten und finden bei der Ausdehnung der

[1] Lamina parietalis fasciae pelvis.

Harnblase Verwendung. Die Bezeichnung derselben als Ligamente entspricht also durchaus nicht ihrer Funktion.

Beziehungen der Harnblase zu benachbarten Organen (Syntopie). An die obere und die hintere Wand der Harnblase, soweit sie einen Peritonaealüberzug erhalten, lagern sich Schlingen des Ileum sowie, je nach ihrer Füllung, die Rectumschlinge des Colon sigmoides. Ferner kann es vorkommen, dass der seitliche Umfang der sich ausdehnenden Harnblase rechterseits mit dem Proc. vermiformis und dem Caecum in Berührung kommt.

Vorne wird die leere oder mässig ausgedehnte Harnblase durch lockeres Fett- und Bindegewebe von der hinteren Fläche des Schambeinkörpers und der Symphyse getrennt (Abb. 430). Von der hinteren Fläche der Schambeine schlägt sich

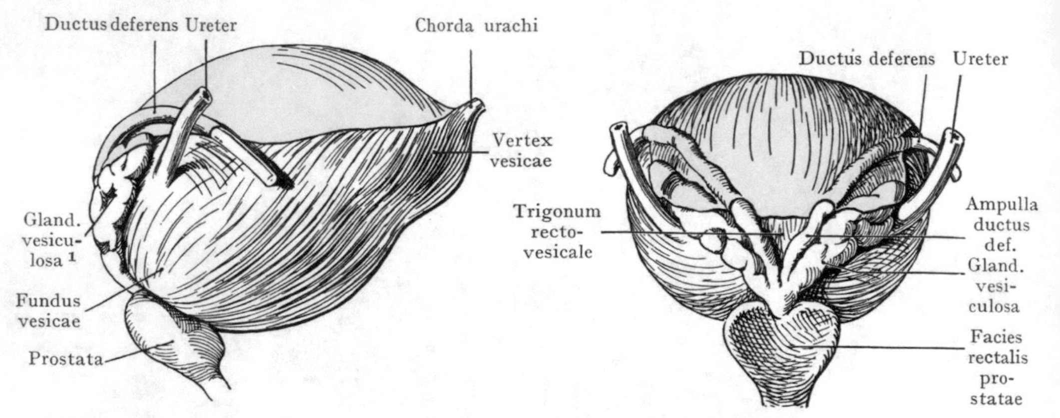

Abb. 443. Harnblase und Prostata von der Seite. Peritonaeum grün. Mit Benützung des Hisschen Gipsabgusses.

Abb. 444. Harnblase, Prostata und Samenblasen von hinten. Peritonaeum grün. Mit Benützung des Hisschen Gipsabgusses.

die Fascia diaphragmatis pelvis interna in Form der straffen Bündel der Ligg. pubovesicalia und puboprostatica auf den Fundus vesicae und auf die Prostata über. Schneidet man knapp über der Symphyse die Bauchmuskulatur (Mm. pyramidales und die Sehnen der Mm. recti) quer durch, so gelangt die an der hinteren Fläche der Symphyse nach abwärts vorgestossene Hand in einen durch lockeres Fett- und Bindegewebe ausgefüllten Raum (Spatium praevesicale Retzii), welcher nach vorne durch die hintere Fläche der Schambeine und die Symphyse, hinten durch die Wandung der Harnblase, unten durch die Ligg. puboprostatica begrenzt wird. Das Bindegewebe des Spatium praevesicale geht oberhalb der Symphyse in die Fascia transversalis über, welche (s. Bauchwandungen) dem Peritonaealüberzuge der vorderen Bauchwand zur Unterlage dient. Die Verbindung zwischen Peritonaeum und Fascia transversalis ist jedoch eine derart lockere, dass die bei ihrer Füllung längs der hinteren Fläche der Mm. recti aufsteigende Harnblase das Peritonaeum abhebt und als Überzug in Anspruch nimmt.

Die untere Fläche der Harnblase besitzt einerseits enge Beziehungen zur Prostata, welche sich ringförmig um den ersten Abschnitt der Harnröhre herumlegt, andererseits zum Plexus vesicopudendalis welcher, von der Fascia intrapelvina bedeckt, die Prostata und den Fundus vesicae umgibt und hinten mit den Vv. rectales[2] in Verbindung steht. Der seitliche Umfang des Fundus vesicae berührt ausserdem den M. levator ani, dessen vordere Portion an der Prostata und dem Fundus vesicae vorbeizieht, um zum Anus zu gelangen.

[1] Vesicula seminalis. [2] V. haemorrhoidales.

In leerem Zustande geht die Harnblase keine engeren Beziehungen zu den Gebilden an der seitlichen Wand des kleinen Beckens ein. Von der A. und den Vv. obturatoriae und der inneren Mündung des Canalis obturatorius wird sie durch das Spatium paravesicale getrennt, welches auch bei starker Ausdehnung der Harnblase niemals ganz verstreicht.

An den hinteren unteren Umfang der Harnblase schliessen sich die letzten Strecken der Ductus deferentes mit ihren Ampullen an. Dieselben werden mit den lateralwärts anliegenden Samenblasen in die Fascia intrapelvina eingeschlossen, welche die Harnblase hinten und unten überzieht und als Septum rectovesicale von dem Rectum trennt. Der Übergang des Peritonaeum auf diese Gebilde ist oben erwähnt und durch die Abb. 444 veranschaulicht worden, ebenso die Anlagerung der vorderen Wand der Pars ampullaris recti an das kleine Dreieck der hinteren Blasenwand, welches oben durch den Umschlag des Peritonaeum, seitlich durch die beiden Ampullen der Ductus deferentes begrenzt wird.

Verhalten der leeren und der gefüllten Harnblase. Die Füllung der Harnblase bedingt eine Änderung in den Beziehungen des Organs, indem dasselbe im Anschluss an die vordere Bauchwand in die Bauchhöhle aufsteigt. Wenn wir die einzelnen Teile der Harnblase in bezug auf ihre Ortsveränderung während dieses Vorganges untersuchen, so ist festzustellen, dass das Orificium urethrae int. bei mässiger Füllung seine Lage kaum ändert. Dasselbe liegt ca. 6 cm von dem oberen Rande der Symphyse entfernt, etwa 2 cm höher als eine durch den Angulus pubis und das untere Ende des Sacrum durchgelegte Ebene. Im allgemeinen steht das Orificium urethrae int. beim Manne etwas höher als beim Weibe; auch ist der Höhenstand je nach dem Alter des untersuchten Individuums verschieden. Beim Neugeborenen beiderlei Geschlechts steht es sehr hoch, sogar in der Ebene des Beckeneinganges, und erlangt seinen späteren Tiefstand durch einen physiologischen Senkungsprozess, der während der ersten Lebensjahre ziemlich rasch vor sich geht, dann bis zur Pubertät stillsteht und schliesslich bis zur Vollendung des Wachstums wieder fortschreitet (Descensus vesicae). Wahrscheinlich wirken dabei zwei Momente mit, erstens die zunehmende Schwere der gefüllten Harnblase, welche ein Herabsinken derselben bei aufrechter Körperhaltung zur Folge hat, und zweitens Wachstumsvorgänge in den Wandungen des kleinen Beckens, welche einen Tiefstand des mit der Prostata und der Harnröhre in Verbindung stehenden Diaphragma urogenitale bewirken.

Bei der ausgiebigeren Fixation des Blasenfundus geht die Ausdehnung der Harnblase hauptsächlich nach oben, nach hinten und lateralwärts vor sich. Vorne wird die Ausdehnung durch die Symphyse, unten durch das Diaphragma urogenitale gehemmt, während der Grad der Ausdehnung nach hinten von dem Füllungszustande der Pars ampullaris recti abhängt. Ist letztere leer, so kann die aufs Maximum ausgedehnte Harnblase fast den ganzen Raum des Cavum pelvis für sich in Anspruch nehmen; die Excavatio rectovesicalis wird zu einem Spalte, die Dünndarmschlingen werden in die Bauchhöhle zurückgedrängt, und die Harnblase steigt im Anschluss an die Fascia transversalis und an die hintere Fläche der Mm. recti in die Bauchhöhle empor.

Die ganz leere Harnblase (Abb. 445) zeigt in der Regel eine obere, von den auflagernden Dünndarmschlingen dellenförmig eingedrückte Fläche und eine untere, der Symphyse und der Prostata angelagerte Fläche; beide gehen an den seitlichen Rändern ineinander über. Besonders häufig finden wir diese Form beim Weibe, indem der Uteruskörper sich der oberen Fläche der Harnblase auflagert. Die Harnblase kann sich auch gleichmässig zusammenziehen; überhaupt sind Verschiedenheiten in der Form der leeren Harnblase nicht von wesentlicher Bedeutung. Sehr wichtig ist aber die Tatsache, dass sich bei leerer oder mässig gefüllter Harnblase der Peritonaealüberzug der oberen Wand knapp oberhalb der Symphyse als innerste Schicht der vorderen Bauchwandung nach oben umschlägt. Die leere Harnblase ist ohne Eröffnung der Peritonaealhöhle von vorne her durch einen Einschnitt oberhalb der Symphyse erst dann zu erreichen, wenn man das Peritonaeum von dem oberen Rande der Symphyse abhebt.

Bei der Füllung der Harnblase erhebt sich die obere Fläche, während die seitlichen Ränder sich zu seitlichen Flächen abrunden. Je nach dem Grade ihrer Füllung steigt die Harnblase über die Beckeneingangsebene empor oder bleibt auf den Becken-

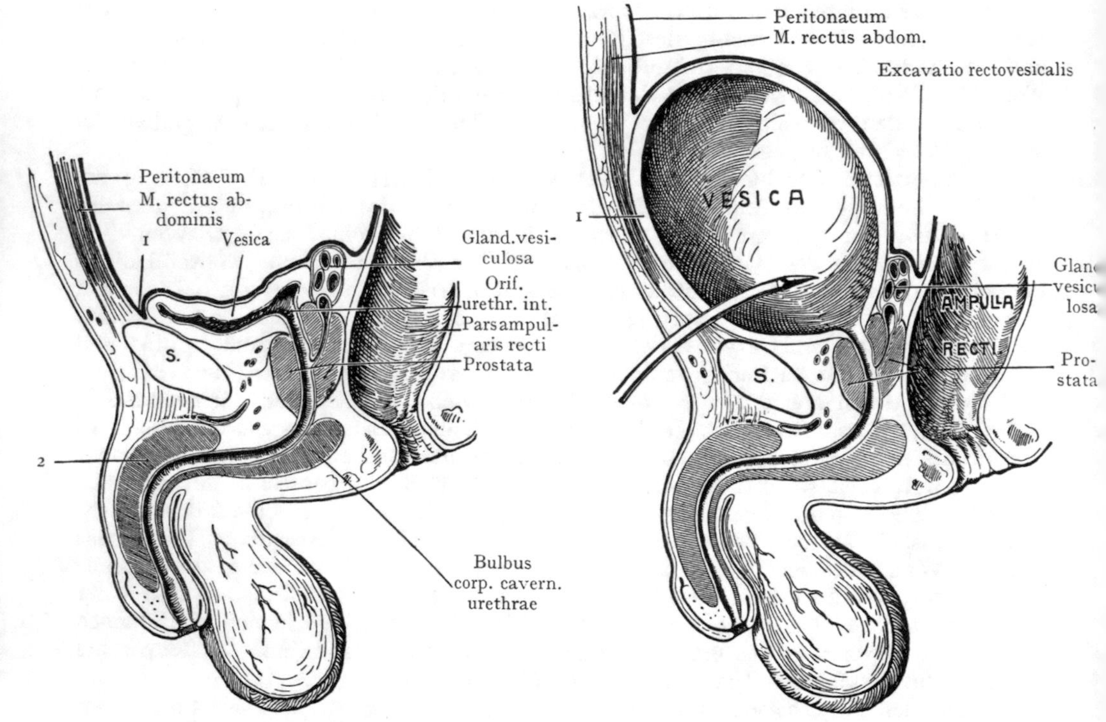

Abb. 445. Medianschnitt durch das männliche Becken, Harnblase, Peritonaeum und vordere Bauchwand bei leerer Harnblase.
Halbschematisch.
1 Umschlagstelle des Peritonaeum der vorderen Bauchwand auf die Harnblase. 2 Corpus cavernosum penis.
S. Symphyse.

Abb. 446. Harnblase, Peritonaeum und vordere Bauchwand bei stark gefüllter Harnblase.
Halbschematisch.
1 Vordere Wand der Harnblase.

raum beschränkt. Beim Emporsteigen hebt sie das nur locker mit der Fascia transversalis verbundene Peritonaeum von der vorderen Bauchwand ab, indem sie dasselbe zur Bedeckung ihrer oberen und hinteren Wand verwendet. Ihre vordere Wand liegt dann direkt der hinteren Wand der Rectusscheide (durch die Fascia transversalis gebildet) unterhalb der Linea semicircularis (Douglasi) an, folglich ist sie auch von vorne her ohne Eröffnung der Peritonaealhöhle zu erreichen (Abb. 446, wo durch die Einführung eines Troicarts auf diesen Umstand besonders hingewiesen wird).

Bemerkenswert ist die Tatsache, dass die Höhenlage der Harnblase in nicht unbeträchtlichem Grade von dem Füllungszustande der Pars ampullaris recti abhängt. Die Abb. 447 und 448 (nach Garson) stellen zum Vergleich Medianschnitte durch zwei männliche Becken bei leerer und gefüllter Rectumampulle dar. In letzterem Falle wird das Orificium urethrae int., welches den in seiner Lage sonst am wenigsten veränderlichen Punkt der Harnblase darstellt, emporgehoben, bis es sich in die Horizontale des oberen Symphysenrandes einstellt.

Harnblase des Kindes. Die Harnblase entsteht als eine spindelförmige Erweiterung des Allantoisganges (Urachus) und besitzt diese Form noch beim Neugeborenen. Entsprechend dem Höhenstande der Harnblase beim Kinde befindet sich der obere Teil innerhalb der Bauchhöhle, in engem Anschlusse an die vordere Bauchwand, mit welcher ihre vordere Fläche, auch in leerem Zustande des Organs, durch Bindegewebe verlötet ist (Abb. 449). Das Orificium urethrae int. liegt natürlich gleichfalls höher als beim Erwachsenen, häufig in der Ebene des Beckeneinganges,

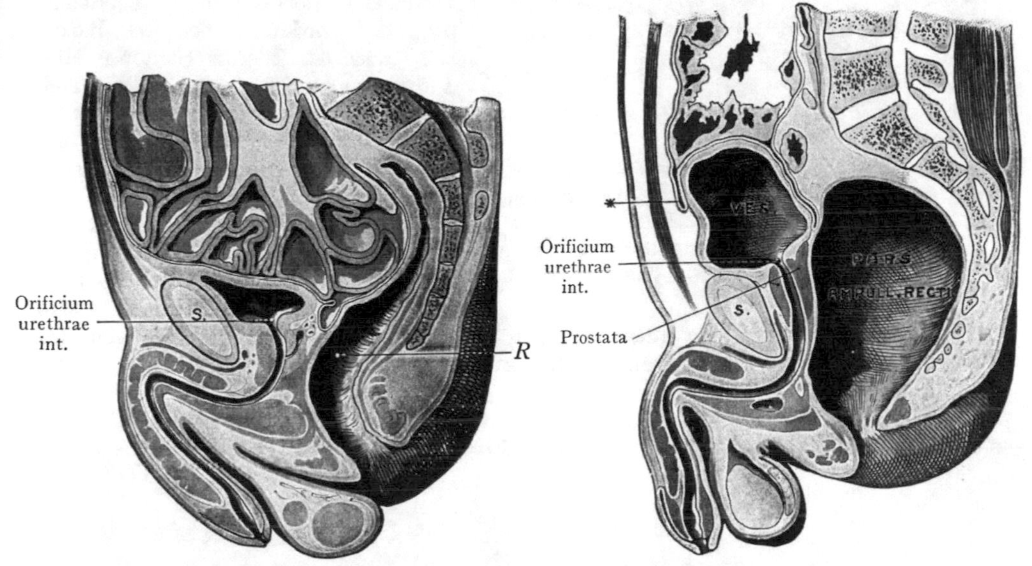

Abb. 447. Medianschnitt durch ein männliches Becken, den Tiefstand des Orificium urethrae int. bei leerer Pars ampullaris recti (R) zeigend.
Nach Garson, Arch. f. Anat. u. Entw.-Gesch. 1878.

Abb. 448. Medianschnitt durch ein männliches Becken bei gefüllter Pars ampullaris recti.
Die stark ausgedehnte Rectumampulle hat einen Hochstand des Orificium urethrae int. bewirkt.
* Umschlag des Peritonaeum pariet. auf die vordere Wand der Harnblase.
Nach Garson.

in Abb. 449 etwas unterhalb derselben; in derselben Höhe liegen auch die Einmündungsstellen der Ureteren. Der Fundus der Harnblase fehlt beim Kinde oder ist nur schwach ausgeprägt. Der enge Anschluss an die Bauchwand erleichtert die Eröffnung der kindlichen Harnblase oberhalb der Symphyse ohne Verletzung des Peritonaeum.

Gefässe und Nerven der Harnblase. Sie gelangen als Zweige der parietalen Stämme des Beckens an den Blasenfundus, indem sie oberhalb des Diaphragma pelvis durch das Spatium subperitoneale zur Blase verlaufen. Vom Fundus aus verbreiten sie sich an die Harnblasenwandung bis gegen den Vertex vesicae.

Die Arterien kommen zunächst aus dem noch durchgängigen Abschnitte der A. umbilicalis als Aa. vesicales craniales, welche hauptsächlich die obere Partie der Blase bis zum Vertex vesicae versorgen. Die A. vesicalis caudalis entspringt, direkt aus der A. ilica interna und geht zum Fundus vesicae sowie zur unteren Partie des Blasenkörpers. Kleine Äste aus der A. rectalis caudalis[1] gelangen zur Prostata und in geringer Ausdehnung auch zum Fundus vesicae.

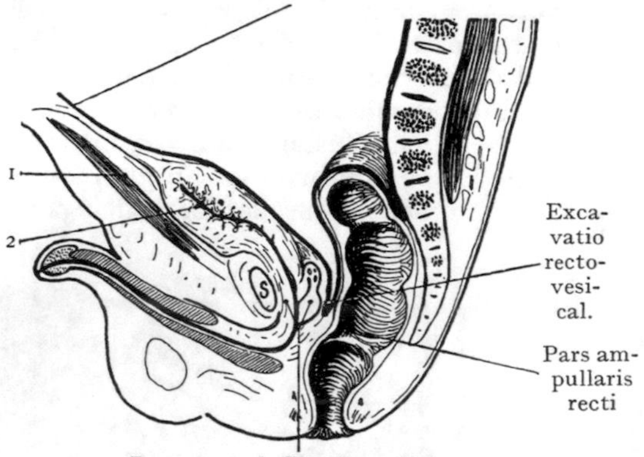

Peritonaeum
1
2
Excavatio recto-vesical.
Pars ampullaris recti
Prostata und Gland. vesiculosa

Abb. 449. **Medianschnitt durch das Becken eines neugeborenen Knaben.**
Gefrierschnitt aus der Basler Sammlung.
1 M. rectus abdominis. 2 Vesica.

Die Venen der Harnblase münden in den dichten, dem seitlichen und unteren Umfange des Fundus sowie der Prostata eng anliegenden Plexus vesicalis. Von unten mündet die unmittelbar unterhalb der Symphyse durch das Diaphragma urogenitale hindurchtretende V. dorsalis penis subfascialis ein; der vorderste Teil des Plexus wird auch als Plexus Santorini oder Plexus pudendalis bezeichnet; nach hinten steht er mit den Vv. rectales im Zusammenhang. Die Prostata und die Pars diaphragmatica urethrae[2] sind von dem Venengeflechte dicht umgeben, indem dasselbe durch die Fascia intrapelvina (hier als Capsula prostatica ausgebildet) gegen das Spatium subperitoneale abgeschlossen wird (Abb. 442). Die Ureteren werden an ihrer Einmündung in die Harnblase von den Venen des Geflechtes umsponnen, welches auch die Venen der Samenblasen und der Ductus deferentes aufnimmt.

Die abführenden Venen des Plexus vesicopudendalis gehen zur V. ilica interna indem sie den Arterien der Blase entsprechen, aber zahlreiche Anastomosen untereinander bilden.

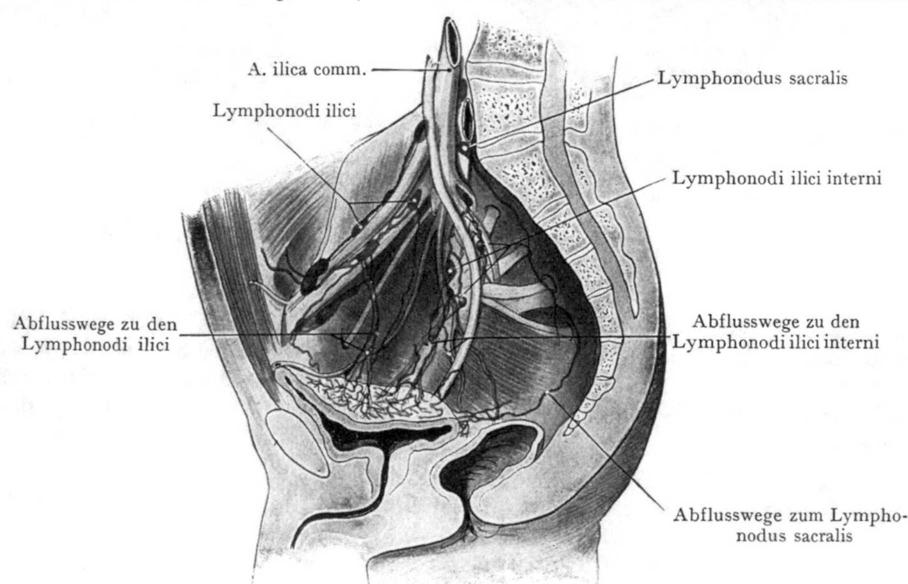

Abb. 450. **Lymphgefässe und regionäre Lymphdrüsen der Harnblase beim Manne.**
Nach Cunéo und Marcille in Poiriers Système lymphatique.
(Poirier-Charpy, Traité d'anat. humaine. Vol. II.)

[1] A. haemorrhoidalis media. [2] Pars membranacea urethrae.

Die venösen Plexus der Harnblase entleeren sich in die Vv. ilicae internae. Es bestehen Zusammenhänge mit den Venen des Rectum und eine Verbindung des vordersten Abschnittes des Plexus zur V. obturatoria.

Lymphgefässe der Harnblase (Abb. 450). Die Lymphgefässe, welche aus der oberen Wand der Harnblase kommen, gehen teils, indem sie die A. obturatoria und die Vv. obturatoriae kreuzen, zu den längs der A. ilica ext. angeordneten Lymphonodi ilici, teils zu den Lymphdrüsen, die längs der A. ilica interna[1] angeordnet sind (Lymphonodi ilici interni[2]); endlich verlaufen einzelne Stämme, welche sich aus dem Fundus vesicae sammeln, mit Stämmen aus der Prostata und den Samenblasen am Rectum vorbei zu unteren Lymphonodi lumbales, besonders zu einem dem Promunturium aufliegenden Lymphonodus sacralis. In die Lymphgefässe der Harnblasenwandung sind auch einzelne kleine Lymphdrüsen (Lymphonodi vesicales) eingestreut.

Nerven der Harnblase. Sie stammen erstens aus dem die Arterien umspinnenden Teile des sympathischen Plexus ilicus, welcher auch Fasern aus den beiden oberen Lumbalnerven erhält, zweitens aus dem III.—IV. Sacralnerven. Die Nervenäste aus beiden Quellen vereinigen sich zu einem Plexus vesicalis, welcher sich von dem seitlichen Umfange des Blasengrundes aus verbreitet.

Untersuchung der Harnblase beim Lebenden. Dieselbe kann von drei verschiedenen Stellen aus vorgenommen werden:

1. Bei starker Ausdehnung der Harnblase lässt sich ihr Projektionsfeld auf die vordere Bauchwand oberhalb der Symphyse mittelst der Perkussion feststellen,

2. lässt sich die Untersuchung von der Urethra aus durch die Einführung von Sonden, Kathetern oder des Cystoskops vornehmen (s. Urethra),

3. kann auch eine Untersuchung vom Rectum aus erfolgen. Auf diesem Wege gelingt es, mittelst des in den Anus eingeführten Zeigefingers den hinteren Umfang der Harnblase sowie der Samenblasen und der Prostata in grösserem Umfange zu palpieren. Besonders bei Steinbildungen, welche sich in die Fossa retroureterica einlagern, bei Vergrösserungen der Prostata und Erkrankungen der Samenblasen sind auf diesem Wege wertvolle Aufschlüsse zu erhalten.

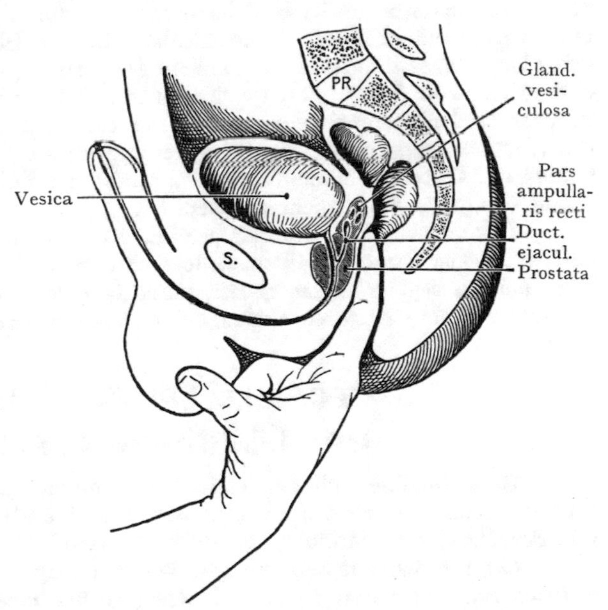

Abb. 451. Palpation der Prostata und der Samenblasen per rectum.

Abb. 451 veranschaulicht die Untersuchung per rectum. Die Tiefe der Excavatio rectovesicalis ändert sich mit dem Füllungszustande von Harnblase und Rectum; sind beide leer, so liegt ihr Grund etwa 6 cm, sind beide gefüllt, etwa 9 cm über dem Anus. Da man den Füllungszustand beider Organe beeinflussen kann, so dürfte die erstgenannte Zahl für die Rectaluntersuchung der hinteren Harnblasenwandung massgebend sein. Bei einer Länge des Zeigefingers von 8 cm wird man die unterhalb des Peritonaealumschlages der Excavatio rectovesicalis liegenden Gebilde untersuchen können.

[1] A. hypogastrica. [2] Lgl. hypogastricae.

Operative Zugänglichkeit der Harnblase. Die Harnblase ist von zwei Stellen aus operativ zugänglich, erstens von oben und vorne unmittelbar über der Symphyse, zweitens vom Damme aus. Der erstere Weg führt, unter Vermeidung des Peritonaeum, direkt auf die vordere Wand der stark gefüllten Harnblase (Abb. 446) und gestattet nach Eröffnung der Harnblase ein Vordringen bis zum Blasengrunde. Der perineale Weg führt von unten aus zur Pars diaphragmatica[1] urethrae sowie zur Prostata (s. Erreichbarkeit der Prostata vom Damme aus).

Topographie der Pars pelvina des Ureters beim Manne. Im Verlaufe des Ureters vom Nierenbecken an bis zur Einmündung in die Harnblase unterscheiden wir zwei grössere Abschnitte, eine Pars abdominalis (im Retroperitonaealraume) und eine Pars pelvina (an der seitlichen Wandung des kleinen Beckens). Mit letzterer haben wir uns hier zu beschäftigen.

Von der 29—30 cm betragenden Gesamtlänge des Ureters entfällt etwas weniger als die Hälfte auf die Pars pelvina. Dieselbe geht am Beckeneingang in einer Krümmung aus der Pars abdominalis hervor (Abb. 371). Diese Biegung kreuzt entweder den untersten Teil der A. ilica comm. oder auch die erste Strecke der A. ilica ext.; in der Regel liegt die Kreuzungsstelle des rechten Ureters mit den Gefässen etwas weiter vorne als diejenige des linken Ureters, so dass der letztere häufiger die A. ilica comm. kreuzt, als das bei dem rechten Ureter der Fall ist.

An der seitlichen Wandung des kleinen Beckens verläuft die Pars pelvina, von dem Peritonaeum bedeckt, medial von sämtlichen Nerven und Gefässen zum Fundus der Harnblase. Sie kreuzt auf ihrem Verlaufe die A. obturatoria und die Vv. obturatoriae, den N. obturatorius und die obliterierte, als Chorda arteriae umbilicalis zur seitlichen Harnblasenwand ziehende A. umbilicalis. In der Höhe der Spina ossis ischii biegen beide Ureteren medianwärts ab und konvergieren gegen den Blasenfundus, indem sie, am oberen Ende der Samenblasen vorbeiziehend, die vor ihnen gelegenen Ductus deferentes kreuzen und die Harnblasenwand schräg durchsetzen, um an der Plica ureterica in die Harnblase auszumünden. Bei leerer Harnblase beträgt der Abstand der Eintrittsstellen der Ureteren in die Wand etwa 3 cm; bei Füllung der Harnblase kann der Abstand 6 cm oder noch mehr erreichen.

Der unterste Teil der Pars pelvina ureteris wird von den Venen des Plexus vesicalis umsponnen und erhält ausserdem eine Scheide von der Fascia intrapelvina; die Pars pelvina liegt in ihrem ganzen Verlaufe direkt unter dem Peritonaeum, zum Teil am lateralen und hinteren Umfange der Fossa pararectalis.

Prostata, Ductus deferentes und Glandulae vesiculosae[2].

Diese Gebilde gehören insofern zusammen, als sie sich dem Fundus und der hinteren Wand der Harnblase anschliessen und mittelst der Fascia intrapelvina enger mit der Harnblasenwandung verbunden werden.

Die **Prostata** ist ein drüsiges, von mächtigen Muskelbalken durchsetztes Organ, welches ringförmig den Anfangsteil der Urethra umschliesst. Sie liegt innerhalb des Cavum pelvis, also oberhalb des Diaphragma pelvis, und wird im Zusammenhang mit dem Blasenfundus durch den Umschlag der visceralen Lamellen der Beckenfascie in ihrer Lage fixiert.

Form der Prostata. Sie wird häufig mit einer Kastanie verglichen. Wir unterscheiden die nach unten gerichteten Spitze von der nach oben dem Harnblasenfundus anlagernden Facies vesicalis[3], ferner eine Facies rectalis und die Partes laterales. Die lateralen Flächen sind leicht gewölbt und stossen vorne in der stumpfen vorderen Kante zusammen. Unten bildet ein Vorsprung der vorderen Kante den sogenannten

[1] Pars membranacea. [2] Vesiculae seminales. [3] Basis prostatae.

Prostataschnabel. Die hintere Fläche ist zur Anpassung an die vordere Wand der Pars ampullaris recti leicht ausgehöhlt (Abb. 432). Die Spitze sieht gerade abwärts und liegt der oberen Fläche des Diaphragma urogenitale auf.

Die Prostata wird erstens von der Pars prostatica der Harnröhre, zweitens von den Ductus ejaculatorii durchsetzt. Die Harnröhre tritt mit dem Orificium urethrae int. ungefähr in der Mitte der Facies vesicalis in die Prostata ein und verlässt dieselbe unmittelbar vor deren Spitze. In ihrem Verlaufe durch die Prostata beschreibt die Urethra einen nach vorne konkaven Bogen und liegt auch der oberen Partie der vorderen Kante näher als der hinteren Fläche, so dass weitaus der grösste Teil des Drüsenkörpers seitlich und hinten die Harnröhrenwandung umgibt.

Die Ductus ejaculatorii entstehen durch die Vereinigung der auf die Pars ampullaris folgenden engeren Strecken der Ductus deferentes mit den aus den Samenblasen hervorgehenden Ductus excretorii und treten an der Grenze zwischen der Facies vesicalis und der hinteren Fläche in die Prostata ein, indem sie medianwärts konvergieren, um auf der Höhe des Colliculus seminalis in die Pars prostatica urethrae oder auch in den Utriculus prostaticus auszumünden. Der keilförmige, durch die beiden Ductus ejaculatorii abgegrenzte Teil der Prostata stellt den Isthmus prostatae[1] dar; die Basis des Keiles liegt oben dem Fundus vesicae an und erzeugt die Uvula vesicae, welche unmittelbar hinter dem Orificium urethrae int. in das Lumen der Harnblase vorspringt.

Bei jüngeren Individuen ist die Uvula vesicae häufig nur schwach ausgeprägt, wenn jedoch, was bei älteren Leuten häufig erfolgt, der Isthmus prostatae an Umfang zunimmt (Prostatahypertrophie), so kann die Uvula eine beträchtliche Höhe erlangen.

Als unpaare in die Prostata eingeschlossene Höhlenbildung mündet der Utriculus prostaticus in die Pars prostatica urethrae aus (Abb. 466); er entspricht der Scheide und reicht von den Öffnungen der Ductus ejaculatorii auf dem Colliculus seminalis fast bis zur Basis der Prostata hinauf.

Gefässe der Prostata. Ihrer Blutgefäss- und Nervenversorgung nach gehört die Prostata zur Harnblase; so kommen die Arterien aus den Aa. vesicales caud. und den visceralen Ästen der Aa. rectales caudales[2], während die zahlreichen und weiten Venen sich in den Plexus vesicalis ergiessen, welcher die ganze Prostata, und zwar in unmittelbarem Anschlusse an die äussere Muskelschicht umgibt.

Die Lymphgefässe der Prostata finden, wie diejenigen des Blasengrundes, ihren Abfluss nach drei Seiten hin (Abb. 450). Ein Abflussweg geht längs der Ductus deferentes an der seitlichen Beckenwandung empor zu den Lymphonodi ilici[3], ein zweiter zu den Lymphonodi ilici interni[4] ein dritter längs der vorderen Fläche des Sacrum zu den untersten Lymphonodi lumbales.

Fixation der Prostata. Die Lage der Prostata erfährt durch die Ausdehnung der Harnblase nur eine geringe Veränderung. Sie wird unten an das Diaphragma urogenitale fixiert durch den Übergang von Fasern dieser Membran auf die Harnröhre, nach vorne an die Symphyse durch den Überschlag der Fascia diaphragmatis pelvis interna auf die Prostata in den Ligg. puboprostatica. Der Überzug, welcher dadurch dem Organe geliefert wird, ist ein recht derber, so dass man von einer Capsula prostatae sprechen kann, welche die Prostata samt dem vordersten Teile des Plexus vesicalis einschliesst (Abb. 442). Hinten bildet dieselbe einen Teil der Membran, welche die Pars ampullaris recti von dem hinteren Umfang der Harnblase, der Samenblasen und der Prostata trennt (Septum rectovesicale).

Die **Lagebeziehungen der Prostata (Syntopie der Prostata)** sind folgende: Die Facies vesicalis liegt dem Fundus vesicae und dem Blasenhalse an, ferner erreichen die Samenblasen und die Ampullen der Ductus deferentes die Kante, welche die Facies vesicalis von der Facies rectalis der Prostata trennt (Abb. 432). Die Beziehungen des

[1] Lobus medius. [2] A. haemorrhoidalis media. [3] Lymphoglandulae iliacae externae. [4] Lymphoglandulae hypogastricae.

Organs zum Diaphragma urogenitale sind nicht unmittelbare, indem sich die Pars dia phragmatica urethrae[1] und der M. sphincter urethrae diaphragmaticae[2] dazwischen lagern (s. Pars diaphragmatica urethrae[1]). Seitlich wird die Prostata durch die am Schambein entspringende Portion des M. levator ani gestreift, welche nach hinten zum Rectum vorbeizieht. Ausserdem liegt der Prostata seitlich, und zwar unter der durch die Fascia intrapelvina gebildeten Prostatakapsel das Venengeflecht des Plexus vesicalis an.

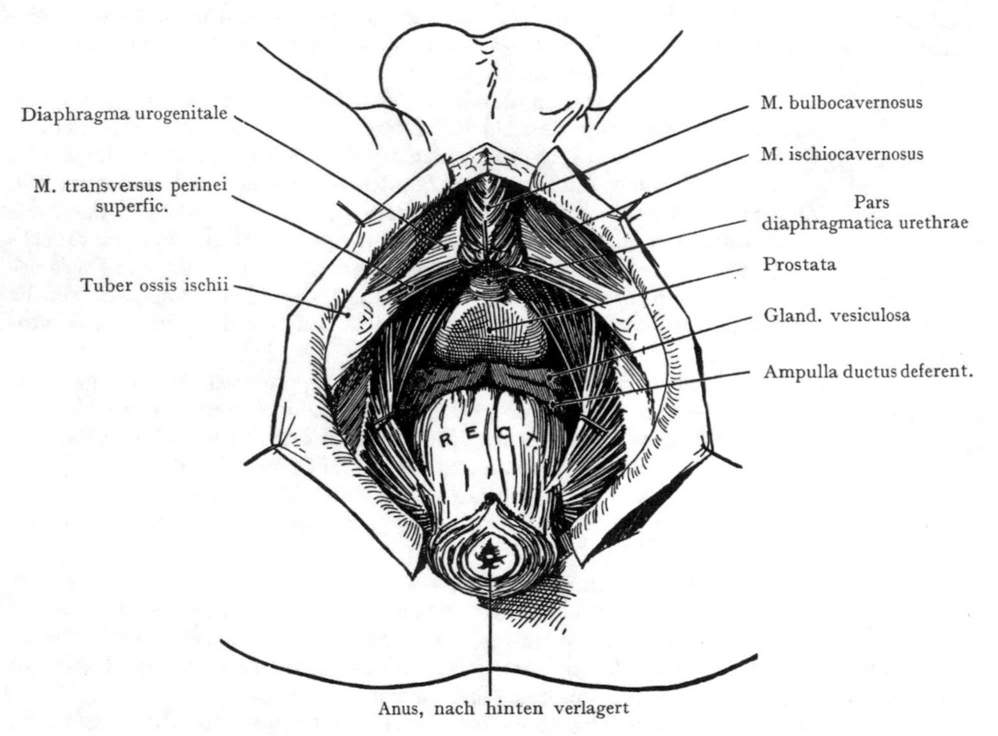

Abb. 452. Prostata, Samenblasen und Ductus deferentes von unten.
Rectum und M. sphincter ani ext. stark nach hinten, der Bulbus corp. cavernosi urethrae nach vorne gezogen. M. levator ani seitlich auseinandergezogen.

Die hintere, leicht ausgehöhlte Fläche wird durch das Septum rectovesicale, als Verstärkung der von der Fascia intrapelvina gelieferten Scheide, von der vorderen Wand der Pars ampullaris recti getrennt. Diese Fläche lässt sich noch vom Anus aus abtasten (Abb. 451).

Operative Erreichbarkeit der Prostata. Die Prostata kann von oben her über der Symphyse nach Blosslegung und Spaltung der vorderen Blasenwand erreicht werden. Man wird dabei das Relief des Trigonum vesicae (Lieutaudi), das Orificium urethrae int. und die Fossa retroureterica überblicken (Abb. 440). Auf dem zweiten Wege, vom Damm aus, kann der untere und der hintere Umfang der Prostata in grösserer Ausdehnung freigelegt werden. Die Abb. 452 stellt die Ansicht der Prostata und der Samenblasen von unten dar; das Rectum ist nach hinten stark abgezogen, nachdem die Verbindung des M. sphincter ani ext. mit dem Diaphragma urogenitale durchtrennt wurde; der Bulbus corporis cavernosi[3] urethrae ist nach vorne verlagert und die hintere Fläche der Prostata mit den Samenblasen ist, allerdings in starker Verkürzung, zu übersehen.

[1] Pars membranacea urethrae. [2] M. sphincter urethrae ext. [3] Bulbus urethrae.

Glaudulae vesiculosae[1] **und Ductus deferentes.** Die Glandulae vesiculosae[1] liegen als längliche Hohlgebilde zwischen dem vorderen Umfange der Pars ampullaris recti und der hinteren Wand der Harnblase. Ihre Länge beträgt 6—7 cm. Das obere Ende liegt in einiger Entfernung von der Medianebene der letzten Strecke des Ureters an, kurz vor seiner Einmündung in die Harnblase (Abb. 444). Die Längsachse einer Samenblase ist schief von oben und lateral nach unten und medial gegen die Facies vesicalis der Prostata gerichtet, wo das untere Ende in den Ductus excretorius der betreffenden Seite übergeht. Die beiden Ductus excretorii münden mit den Ductus deferentes zur Bildung der Ductus ejaculatorii zusammen, welche (20—25 mm lang) die Prostata durchsetzen und sich am Colliculus seminalis in die Pars prostatica urethrae öffnen. Man kann an jeder Samenblase eine vordere Fläche, welche sich der Harnblasenwand anschliesst, von einer hinteren Fläche unterscheiden, welche durch das Septum rectovesicale von der vorderen Wand der Rectumampulle getrennt wird; die Flächen gehen mit einem lateralen und einem medialen Rande, welche sich bei starker Ausdehnung der Samenblasen abrunden, ineinander über.

Gefässe der Glandulae vesiculosae. Die arteriellen Äste kommen teils aus den Aa. vesicales caud., teils aus den Aa. rectales caudales[2]. Die Venen ergiessen sich in den Plexus vesicalis. Die Lymphgefässe schliessen sich denjenigen des Harnblasenfundus an.

Beziehungen der Samenblasen. Ihre Beziehungen zum hinteren Umfange der Harnblase sind inniger als diejenigen zur vorderen Wand der Pars ampullaris recti, indem sie in die Fascia intrapelvina eingeschlossen sind, welche die hintere Wandung der Harnblase überzieht. Ihre Spitzen erreichen gerade noch das Peritonaeum am Grunde der Excavatio rectovesicalis; lateral berühren sie die Endstrecken der Ureteren; medial liegen ihnen die Ductus deferentes mit ihren Ampullen an, die sich mit den Ductus excretorii der Samenblasen zu den Ductus ejaculatorii vereinigen.

Das Peritonaeum überzieht in der Regel bloss die Kuppen der Samenblasen, und nur ausnahmsweise findet sich, bei grösserer Tiefe der Excavatio rectovesicalis, auch ein Peritonaealüberzug für die hintere Fläche. Beim Kinde (Abb. 449) ist, entsprechend der grösseren Tiefe der Excavatio rectovesicalis, der vom Peritonaeum bedeckte Teil der Samenblasen grösser als beim Erwachsenen.

Bei stärkerer Füllung der Harnblase und leerer Ampulla recti werden die Glandulae vesiculosae[1] etwas nach unten verschoben und schliessen sich der vorderen Wand der Rectumampulle enger an, eine Tatsache, die bei der Untersuchung der Samenblasen per anum wohl ins Gewicht fallen dürfte.

Ductus deferens. Der Ductus deferens verläuft, von dem Anulus inguinalis praeperitonealis[3] an von dem Peritonaeum bedeckt, medianwärts über den Beckenrand in das kleine Becken (Abb. 283), indem er zunächst die A. et Vv. epigastricae caud. kreuzt, dann oberhalb der A. et V. ilica externa zum seitlichen Rande des kleinen Beckens zieht, um hier, nach hinten und unten verlaufend, die A. et Vv. obturatoriae mit dem N. obturatorius, die obliterierte A. umbilicalis, die Aa. vesicales craniales zu kreuzen und zwischen Ureter und Harnblasenwandung vorbei an die mediale Kante der Samenblasen zu gelangen (Abb. 432). Hier erweitert sich der Ductus deferens zur Ampulla ductus deferentis. Die beiden Ampullen konvergieren abwärts und verbinden sich mit den Ductus excretorii der Samenblasen zu den in die Facies vesicalis prostatae eindringenden Ductus ejaculatorii. Während ihrer Annäherung erweitern sich die Ductus deferentes, zeigen auch einige Biegungen in der Ampulla, kurz, sie unterscheiden sich in ihrem Charakter von dem spulrunden Strang, welcher sich von der inneren Mündung des Leistenkanales bis zur Kreuzungsstelle mit dem Ureter erstreckt.

[1] Vesicula seminalis. [2] A. haemorrhoidalis media.
[3] Annulus inguinalis abdominalis.

Die Kreuzung der A. und Vv. epigastricae caud., gleich nachdem der Ductus deferens die innere Mündung des Leistenkanales verlassen hat (Abb. 283), ist bei Operationen im Bereiche des Trigonum inguinale zu berücksichtigen (s. Regio inguinalis). Der Ductus deferens wird in die gemeinsame Scheide für die Prostata und die Samenblasen eingeschlossen, welche sich als Septum rectovesicale zwischen dem vorderen Umfange der Rectumampulle einerseits und dem hinteren Umfange der Harnblase, der Samenblasen, der Prostata und der Ampullen der Ductus deferentes andererseits, einschiebt. Solange bei Operationen das Septum rectovesicale geschont wird, solange ist auch die Gefahr einer Verletzung der Samenblasen oder der Ampullae ductuum deferentium ausgeschlossen.

Ausdehnung der Excavatio rectovesicalis nach unten Die Entfernung der tiefsten Stelle der Excavatio rectovesicalis von dem Anus beträgt $5^1/_2$—11 cm; eine Variationsbreite, die nicht unbeträchtlich ist, und mit der auch die Beziehungen der Samenblasen und der Prostata zum Peritonaeum sich ändern. Bei dem Minimum von $5^1/_2$ cm werden die Samenblasen nicht bloss an ihren Kuppen, sondern auch weiter herab einen Peritonaealüberzug erhalten, welcher sich sogar bis unterhalb der Facies vesicalis prostatae auf die hintere Fläche dieses Organs erstrecken kann.

Ausnahmsweise kommen sogar Fälle vor, bei denen die Excavatio rectovesicalis bis auf den Beckenboden herabreicht und erst kurz (1—2 cm) oberhalb des Anus ein Ende nimmt. In die Excavatio legen sich Darmschlingen, die eine Ausbuchtung höheren oder geringeren Grades, ja eine Hernienbildung am Damme (Hernia perinealis) erzeugen können.

Dieser abnorme Tiefstand des Peritonaeum ist wohl im Hinblick auf die beim Fetus bis zum 5. Monate anzutreffenden Verhältnisse als eine Hemmungsbildung aufzufassen. Im 4.—5. Monate des intrauterinen Lebens reicht die Excavatio bis zum Beckenboden herab, „beim Neugeborenen findet sie ihre obere Grenze an der Facies vesicalis der Prostata; gegen Ende des 2. Jahres ist sie bereits bis zur Einmündungsstelle der Ureteren emporgestiegen" (Träger). Wahrscheinlich verschwindet dieser untere, bei Feten im 4.—5. Monate noch erhaltene Abschnitt der Excavatio rectovesicalis dadurch, dass die denselben begrenzenden Peritonaealblätter sich verlöten und späterhin bloss das Septum rectovesicale darstellen. Bleibt aber der frühfetale Zustand erhalten, so bildet er ein prädisponierendes Moment für die Entstehung von Perinealhernien, etwa in ähnlicher Weise, wie das Offenbleiben des Processus vaginalis peritonaei die Bildung von Leistenhernien begünstigt.

Regio perinealis.

Die Regio perinealis entspricht dem Abschnitte des Beckenraumes, welchen wir als Fossa ischiorectalis unterschieden haben (Abb. 423). Sie wird oben durch das Diaphragma pelvis abgegrenzt und von dem Cavum pelvis getrennt; den unteren Abschluss bildet die Haut des Dammes. Im Zusammenhang mit der Regio perinealis soll auch die Topographie der äusseren Geschlechtsteile abgehandelt werden.

Die bei der Untersuchung mittelst Palpation festzustellenden **Grenzen der Regio perinealis** entsprechen denjenigen des Beckenausgangs (Abb. 413), d. h. dem Symphysenwinkel, der Pars symphysica r. ossis pubis[1] und der Pars pubica r. ossis ischii[2], den Tubera ossis ischii, den Ligg. sacrotuberalia, dem unteren Ende des Sacrum und dem Steissbein. Diese Grenzen bilden annähernd eine Raute, welche durch die Verbindungslinie der Tubera ossis ischii in zwei Dreiecke geteilt wird, ein vorderes (Trigonum urogenitale) und ein hinteres (Trigonum rectale) (Abb. 453). Die beiden

[1] Ramus inferior ossis pubis. [2] Ramus inferior ossis ischii.

Dreiecken gemeinschaftliche Basis wird durch die Verbindungslinie der Tubera gebildet. In dem Bereiche des Trigonum urogenitale nimmt der Durchtritt der Harnröhre durch das Diaphragma urogenitale und der Ansatz der äusseren Geschlechtsteile (Scrotum, Corpora cavernosa penis und urethrae) das Interesse in Anspruch; im Trigonum rectale der Anus und die Flexura perinealis recti.

Bei der **Inspektion und Palpation** der Gegend ergibt sich folgendes: Die beiden Tubera ossis ischii sind immer leicht durchzufühlen, ebenso das Steissbein und die Pars symphysica r. ossis pubis[1]. Der Angulus pubis wird von den Corpora cavernosa penis und dem Bulbus corporis cavernosi urethrae[2] bedeckt. Seitlich wird die Region gegen die Regio glutaea durch den Sulcus glutaeus abgegrenzt, welcher dem medialen, über dem Lig. sacrotuberale verlaufenden Rande des M. glutaeus max. entspricht. Im Bereiche des Trigonum urogenitale ist bei gespanntem Damme eine leichte mediane Anschwellung zu bemerken, welche unmittelbar vor dem Anus beginnt, nach vorne auf die Wurzel des Penis übergeht und durch den Bulbus corporis cavernosi urethrae[2] hervorgerufen wird; auf derselben verläuft vom Anus aus die bräunlich pigmentierte Raphe, welche auf das Scrotum weiterzieht. Scrotum und Penis können als besondere Region (Regio pudendalis) unterschieden werden, welche nach vorne auf das Perineum folgt. Der Anus liegt zwischen den durch die Glutaealmuskulatur gebildeten Wölbungen der Nates in einer schlitzförmigen Vertiefung und wird erst bei stärkerer Spannung des Dammes sichtbar.

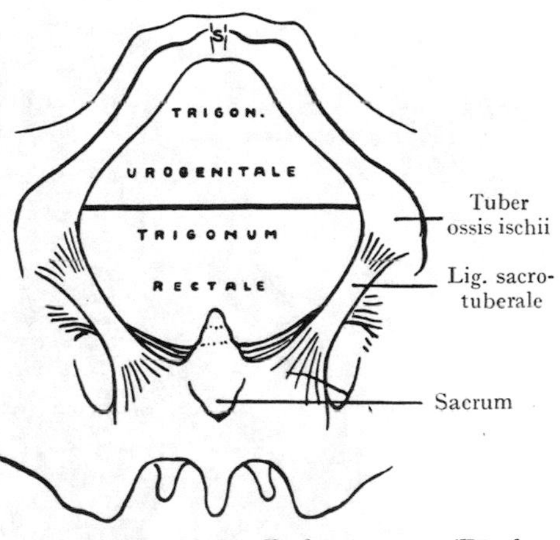

Abb. 453. Männlicher Beckenausgang (Bänderbecken) mit der Einteilung in das Trigonum urogenitale und das Trigonum rectale. S. Symphyse.

Die Strecke der Regio perinealis, welche sich zwischen dem vorderen Umfange des Anus einerseits und dem Zusammentritte der drei Corpora cavernosa zur Bildung des Penisschaftes andererseits ausdehnt, wird als Perineum oder Damm bezeichnet; dieser entspricht in der Hauptsache dem Trigonum urogenitale, bildet folglich bloss einen Teil der Regio perinealis.

In der Regio perinealis werden zweierlei Gebilde angetroffen, erstens solche, die das Diaphragma pelvis bei ihrem Austritt aus dem Spatium pelvis subperitonaeale durchsetzen (die Urethra, das Rectum, die Äste der A. pudendalis int. und des N. pudendalis), zweitens diejenigen Gebilde, welche von vornherein in der Regio perinealis liegen, so die Crura corporis cavernosi penis[3] und das Corpus cavernosum urethrae mit den Mm. bulbocavernosi und ischiocavernosi und die Fettmassen, welche beiderseits vom Anus die Polster der Fossae ischiorectales bilden.

Untere Fläche des Beckenbodens. Der Beckenboden verhält sich in den beiden die Regio perinealis zusammensetzenden Dreiecken verschieden (Abb. 454). Das Diaphragma pelvis wird durch den M. levator ani dargestellt, dessen untere Fläche von einer Muskelfascie, Fascia diaphragmatis pelvis externa überzogen wird; dieselbe bildet die mediale Abgrenzung eines auf beiden Seiten des Anus gelegenen, in dem Frontalschnitte (Abb. 417) keilförmigen Raumes, dessen laterale Wand durch die den M. obturator int. überziehende Fascia m. obturatoris hergestellt wird. Die Schneide des Keils liegt oben an dem Arcus tendineus fasciae obturatoriae[4] die Basis unten, beiderseits von der Analöffnung. Im Bereiche des Trigonum urogenitale dagegen wird der Abschluss des Beckens durch das in dem Angulus pubis eingespannte Diaphragma urogenitale dargestellt,

[1] Ramus inferior ossis pubis. [2] Bulbus urethrae. [3] Crura penis.
[4] Arcus tendineus m. levatoris ani.

welches Öffnungen für den Durchtritt der Urethra sowie der Vasa dorsalia penis aufweist.

Der Charakter der beiden Trigona ist also grundverschieden. Im Trigonum rectale der Anus, auf beiden Seiten desselben die Fossae ischiorectales, weit hinaufreichend bis zum Ursprunge des M. levator ani; im Bereiche des Trigonum urogenitale ist ein Abschluss gegen das Becken durch das Diaphragma urogenitale gegeben, dem die Crura

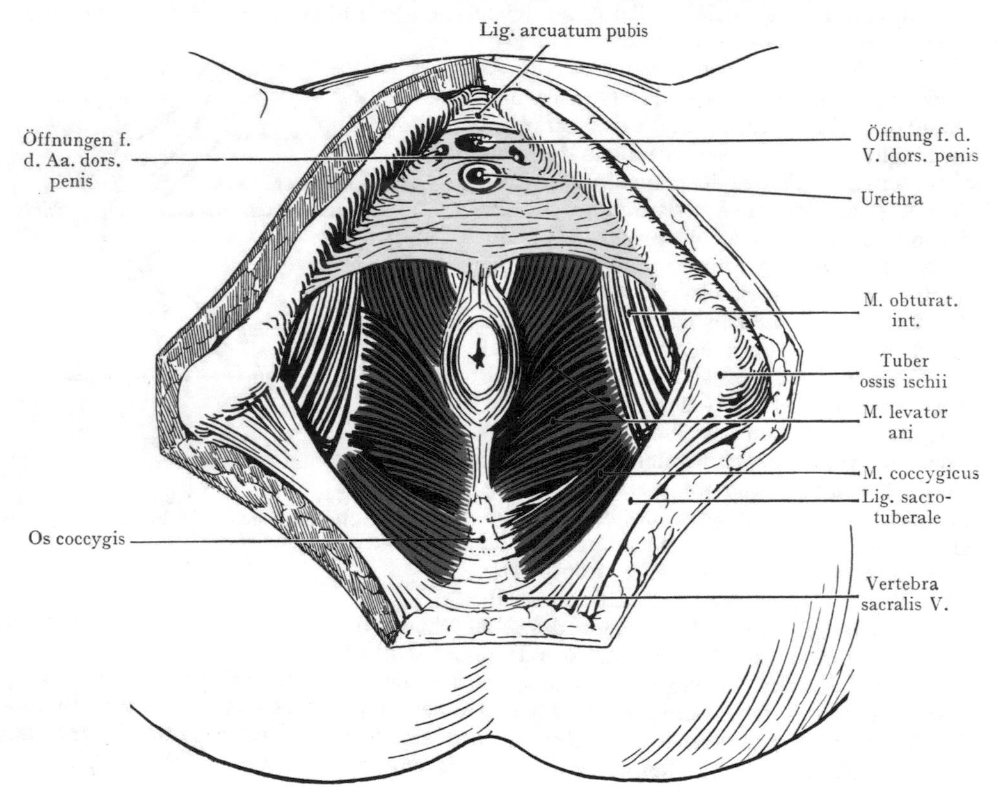

Abb. 454. Beckenboden beim Manne, von unten gesehen. Diaphragma pelvis rot. Diaphragma urogenitale grün. Halbschematisch.

corporis cavernosi penis[1] und der Bulbus corporis cavernosi urethrae[2] aufgelagert sind. Kurz gesagt, im Bereiche des Trigonum rectale werden die Verhältnisse durch die Ausmündung des Rectum (Anus) beherrscht, im Bereiche des Trigonum urogenitale durch die Urethra sowie durch die Wurzelgebilde des Penisschaftes.

Topographie des Trigonum urogenitale. Die Abgrenzung des Trigonum urogenitale ergibt sich aus den allgemeinen Bemerkungen über die Regio perinealis; dasselbe entspricht den bis zu den Tubera ossis ischii fortgesetzten Schenkeln des Angulus pubis und der Verbindungslinie der Tubera.

Das Diaphragma urogenitale bildet den Boden einer dreieckigen Loge, in welcher die erste Strecke der Pars cavernosa urethrae, die Crura corporis cavernosi penis[1] und der Bulbus corporis cavernosi urethrae[2] eingelagert sind (Abb. 455—457). Nach Wegnahme der Haut und des subkutanen Fett- und Bindegewebes gelangt man auf die Fascia perinei superficialis. Dieselbe setzt sich, nach Art jeder Fascia superficialis, von der Nachbarschaft auf

[1] Crura penis. [2] Bulbus urethrae.

das Perineum fort (also von der Regio glutaea, von der Regio abdominalis und von der Regio pudendalis) und befestigt sich an die knöchernen Grenzen der Region, d. h. an die Ränder des Beckenausganges, indem sie sowohl das Trigonum rectale als das Trigonum urogenitale gegen die subkutane Fettschicht abschliesst. Nur vorne, dort, wo die Crura corporis cavernosi penis und das Corpus cavern. urethrae zusammentreten, um den Penisschaft zu bilden, unterbleibt die Verbindung mit dem Knochen, oder, richtiger gesagt, die Fascie geht hier sowohl auf den Penis (als Fascia penis) wie auf das Scrotum (als Tunica dartos) über. Sie zeigt reichliche Fetteinlagerungen, so dass manchmal zwei Fascienblätter unterschieden werden können. Besonders fettreich ist die Fascie über den Fossae ischiorectales, indem sie mit dem Fettpfropfe, welcher den Inhalt derselben bildet, zusammenhängt. Auf den Tubera ossis ischii ist die Fascie bedeutend verdickt und schliesst oft eine Bursa synovialis ein, welche den Tubera gewissermassen als Polster aufliegt. Im Bereiche des Trigonum urogenitale dagegen verliert die Fascie ihren Fettreichtum und am Scrotum treten allmählich glatte Muskelfasern auf, welche die Tunica dartos bilden.

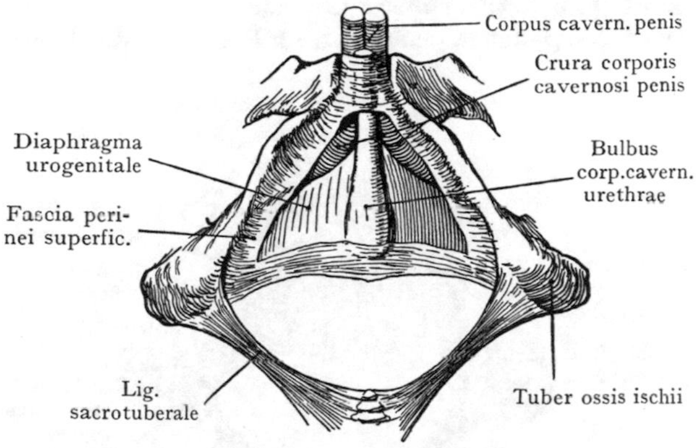

Abb. 455. Fascienloge des Trigonum urogenitale. Die Fascia perinei superficialis ist zum Teil abgetragen worden, um die in der Loge liegenden Crura corporis cavernosi penis und den Bulbus corp. cavernosi urethrae zu zeigen. In der Tiefe das Diaphragma urogenitale. Schematisch.
Nach Cunningham, Manual of practical Anatomy 1893.

Hinten gewinnt die Fascia perinei superficialis eine Befestigung an die Basis des Diaphragma urogenitale (Abb. 455), so dass sie dann mit diesem eine Loge abgrenzt, welche hinten abgeschlossen ist, während der Schaft des Penis sich durch den Zusammentritt der zwei innerhalb der Loge gelegenen Corpora cavernosa bildet und aus der Fascienloge oder dem Sacke des Trigonum urogenitale nach vorne austritt. Die Abb. 455 und 456 stellen diese Verhältnisse dar; Abb. 455 die Loge des Trigonum mit den Crura corporis cavernosi penis und dem Corpus cavernosum urethrae als Inhalt; die Fascia superficialis ist teilweise entfernt worden; Abb. 456 den Boden des Fasciensackes nach Abtragung der Crura corporis cavernosi penis und des Bulbus corporis cavernosi urethrae mit den Öffnungen in dem Diaphragma urogenitale, durch welche die Urethra und die zu den Corpora cavernosa gelangenden Endäste der A. pudendalis int. in den Raum eintreten.

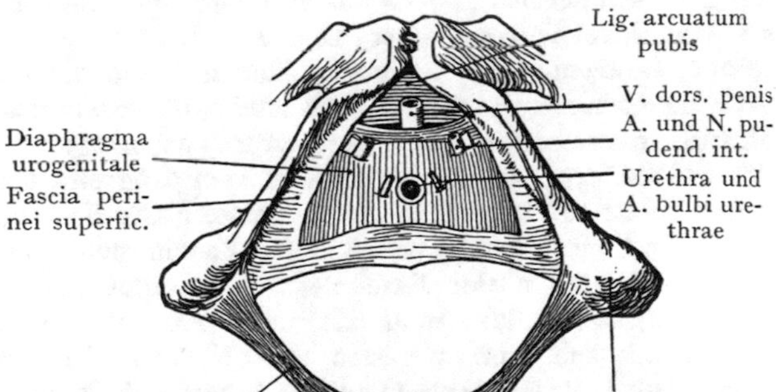

Abb. 456. Fascienloge des Trigonum urogenitale nach Entfernung der Crura corporis cavernosi penis und des Bulbus urethrae, mit dem Diaphragma urogenitale und den dasselbe durchsetzenden Gefässen und Nerven. Schematisch.
Nach Cunningham, Manual of practical Anatomy 1893.

Als **Inhalt der Fascienloge des Trigonum urogenitale** finden wir erstens die Crura corporis cavernosi penis[1] und den Bulbus corporis cavernosi urethrae[2], von den Mm. ischiocavernosi und bulbocavernosi bedeckt, zweitens Äste der A. pudendalis int. und des N. pudendalis, welche das Diaphragma urogenitale durchsetzen, um in der Fascienloge zum Bulbus corp. cavern. urethrae (Aa. bulbi urethrae), zu den Crura corporis cavernosi penis (A. profunda penis) und zur Rückseite des Penisschaftes (Aa. dorsales penis) zu verlaufen. Dazu kommt die V. dorsalis penis subfascialis, welche durch die vorderste Öffnung in dem Diaphragma urogenitale nach oben zur Einmündung in den Plexus vesicalis gelangt.

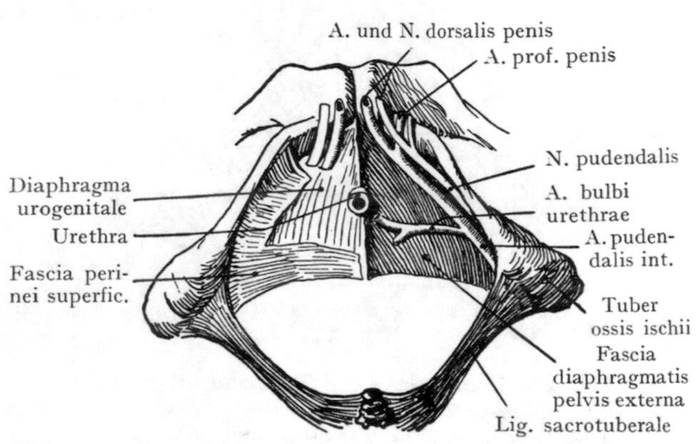

Abb. 457. Tiefe Fascienloge des Trigonum urogenitale beim Manne.

Auf der rechten Seite des Bildes ist das Diaphragma urogenitale entfernt worden, um die Gefäss- und Nervenstämme in der tiefen Loge zu zeigen. (A. pudendalis int. und N. pudendalis.) Schematisch.

Nach Cunningham, Manual of practical Anatomy 1893.

Corpus cavernosum penis und Bulbus corporis cavernosi urethrae[2]. Das Corpus cavernosum penis entspringt mit den Crura corporis cavernosi penis als spindelförmigen Verdickungen von der Pars symphysica r. ossis pubis[3] und wird von der Tunica albuginea eingehüllt, einer derben, sehnigen Membran, die festen Ansatz an den Knochen gewinnt. Die Crura werden (Abb. 458) durch die Mm. ischiocavernosi überlagert, welche von der Pars pubica r. ossis ischii[4] und der Pars symphysica r. ossis pubis[3] entspringen und in die Tunica albuginea des gleichseitigen Schwellkörpers übergehen. Der Bulbus corp. cavernosi urethrae[2] erreicht mit seinem hinteren, kolbig angeschwollenen Ende die Basis des Diaphragma urogenitale und hängt hier mit dem M. sphincter ani zusammen, welcher einige Fasern an den M. bulbocavernosus abgibt. Der letztere entspringt von der Raphe auf der unteren Seite des Bulbus corp. cavernosi urethrae, den er umgreift, um auf seiner dorsalen Fläche in ein Sehnenblatt überzugehen; die vordersten Bündel dagegen umgreifen den Schaft des Penis und gehen am Dorsum in die Fascia penis über.

Die drei in der Fascienloge eingeschlossenen Schwellkörper sind so dicht zusammengelagert, dass man erst durch Auseinanderziehen derselben das Diaphragma urogenitale mit den Gefässen und Nerven der Loge darstellen kann (Abb. 459). Sämtliche Arterien kommen aus der A. pudendalis int., deren Stamm in der Fossa ischiorectalis medial vom Tuber ossis ischii etwa 4—5 cm oberhalb des Beckenausgangs in Gesellschaft des N. pudendalis angetroffen wird, dort, wo beide Gebilde um die Spina ossis ischii[5] verlaufen (s. auch Abb. 462, welche die Arterien und Venen des Penis darstellt). Der Stamm geht, der Pars pubica r. ossis ischii[4] angeschlossen, gegen den Angulus pubis, in der Rinne, welche der Knochen mit der als Lig. falciforme zum Angulus pubis verlaufenden Fortsetzung des Lig. sacrotuberale bildet. Die Arterie liegt bei diesem Verlaufe oberhalb des Diaphragma urogenitale und zerfällt hier in ihre Endäste (Abb. 457): 1. die A. bulbi urethrae, welche lateral vom Bulbus corp. cavernosi urethrae das Diaphragma durchbohrt, um in den Bulbus einzutreten; 2. die A. profunda penis, welche durch den vordersten Teil des Diaphragma urogenitale zur medialen oder zur unteren Fläche des Corpus cavernosum penis gelangt; 3. die A. dorsalis penis, welche beiderseits von der V. dorsalis penis subfascialis durch den vordersten Teil des Diaphragma

[1] Crura penis. [2] Bulbus urethrae. [3] Ramus inferior ossis pubis.
[4] Ramus inferior ossis ischii. [5] Spina ischiadica.

urogenitale in die Fascienloge eintritt und sich mit der V. dorsalis penis subfascialis in den Sulcus dorsalis penis einlagert.

Trigonum rectale. Dasselbe hat als Grenzen vorne die Basis des Diaphragma urogenitale, seitlich die Tubera ossis ischii, die Ligg. sacrotuberalia und die seitlichen Ränder des Steissbeins.

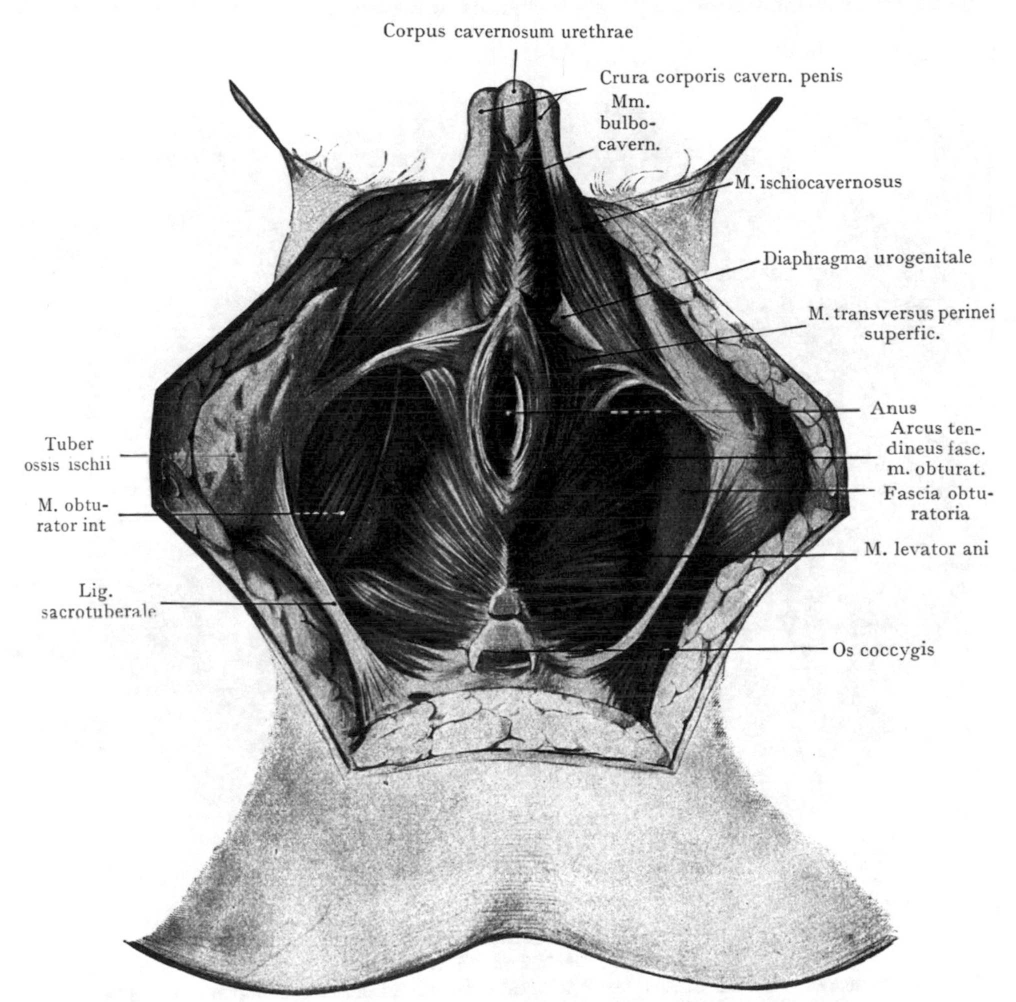

Abb. 458. Muskulatur des Beckenausganges von unten.
Mit Benützung des Hisschen Gipsabgusses.
Pfeil: Fossa ischiorectalis.

Im Trigonum rectale liegt, etwa 5 cm vor der Spitze des Steissbeins, der Anus (Abb. 458); zwischen Anus und Steissbein die Platte, in welcher sich die Fasern der hinteren Portion des M. levator ani vereinigen, und, nach vorne sich anschliessend, diejenigen Fasern des M. levator ani, welche sich mit der Längsmuskulatur der Pars analis recti verflechten. Dieselben bilden die mediale Wand der Fossa ischiorectalis, jenes an dem Frontalschnitte keilförmigen Raumes auf beiden Seiten des Anus, dessen laterale Wand vom caudalen Teil der Fascia obturatoria hergestellt wird (s. den schematischen Frontalschnitt Abb. 423).

Anus. Derselbe liegt unmittelbar hinter der Basis des Diaphragma urogenitale, welches sich hier zu einem kleinen Vorsprung auszieht und dem M. sphincter ani ext. Ursprung gewährt. Dieser Muskel befestigt sich hinten an die Spitze des Steissbeins, so dass seine Fasern ringförmig den Anus umziehen. Er liegt teilweise der hinteren

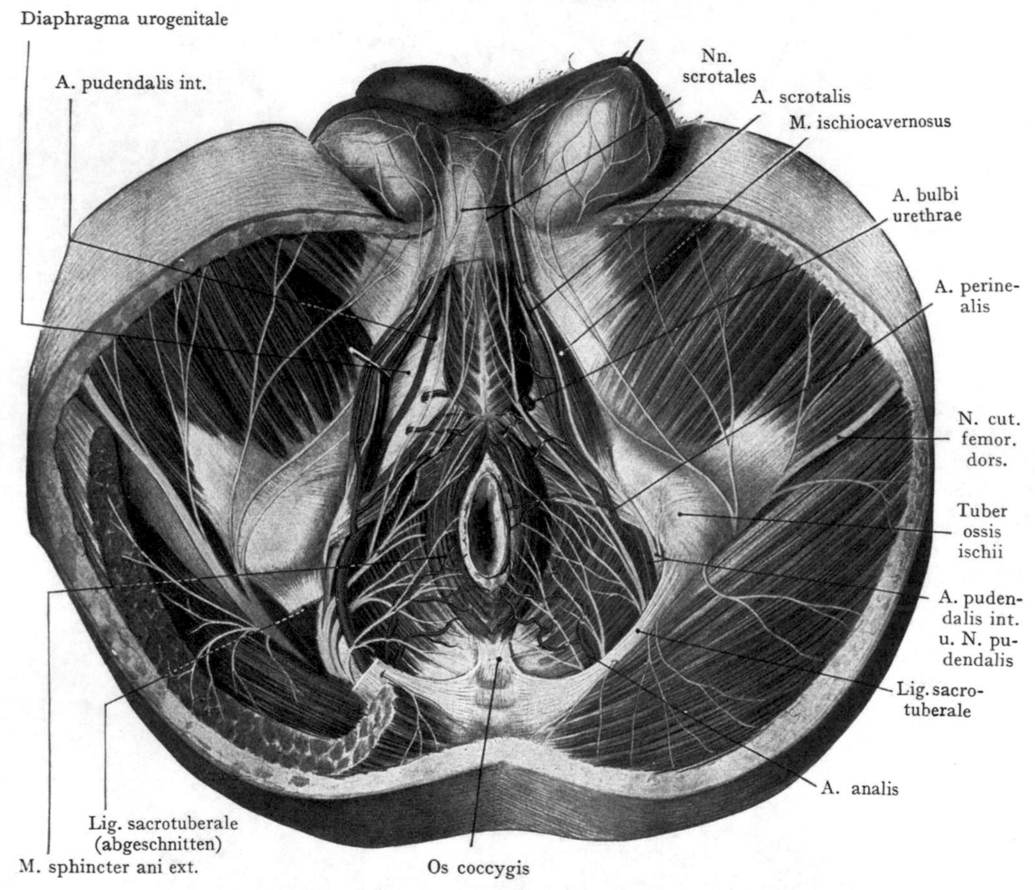

Abb. 459. Regio perinealis des Mannes mit Arterien und Nerven.
Nach Léveillé und Hirschfeld.
Das Crus dextrum corp. cavern. penis der rechten Seite ist lateralwärts abgezogen worden, um das Diaphragma urogenitale und den Verlauf der A. pudendalis int. oberhalb desselben zu zeigen.

Partie jener durch den M. levator ani gebildeten sehnigen Platte auf und bedeckt auch von unten her die Steissdrüse, welche unmittelbar vor der Steissbeinspitze auf der Sehnenplatte des M. levator ani oder in einer Ausbuchtung derselben liegt. An den kleinen Vorsprung der Basis des Diaphragma urogenitale setzt sich auch der M. transversus perinei superficialis an, welcher von der medialen Fläche des Os ischii entspringt und quer medianwärts verläuft. Ausserdem gewinnen sowohl der M. sphincter ani ext. als der M. transversus perinei superficialis Ansatz an den Überzug des Bulbus corp. cavernosi urethrae, so dass hier eine Fasermasse entsteht, welche häufig als zentraler Punkt des Dammes bezeichnet wird.

Der Anus wird in der Regel erst beim Auseinanderziehen der Nates sichtbar; der Übergang der Schleimhaut in die äussere Haut ist scharf, die Haut in der Umgebung reichlich pigmentiert und in radiär vom Anus ausgehende Falten gelegt.

Die **Nerven und Gefässe** des Anus kommen von den in der Fossa ischiorectalis verlaufenden Stämmen der A. pudendalis int. und des N. pudendalis (Abb. 459). Dieselben geben kleine Äste (A. analis [1] und Nn. anales [1]) zur Haut des Anus und zum M. sphincter ani ext. ab (s. unten).

Fossa ischiorectalis. Sie wird lateral durch die Fascia obturatoria begrenzt, welche den M. obturator int. bis zu seinem Austritte aus dem Becken überzieht; medial durch den Fascienüberzug der unteren Fläche des M. levator ani (Fascia diaphragmatis pelvis externa, Abb. 417). Der Raum reicht an der Wandung des Beckens bis zum Ursprung des M. levator ani von dem Arcus tendineus fasciae obturatoriae [2] empor, also bis 5—6 cm oberhalb der Ebene des Beckenausgangs. Die Fossa ischiorectalis wird unten durch die Fascia perinei superficialis geschlossen, welche mit dem Fettinhalt der Fossa in Verbindung steht. Der letztere bildet eine beträchtliche, von Bindegewebsbalken durchzogene Masse, welche die von den grösseren Stämmen quer zum Anus verlaufenden Gefässe und Nerven einhüllt. Diese Stämme (A. pudendalis int. sowie der N. pudendalis) verlassen das Becken durch das For. infrapiriforme, die Arterie und die Vene etwas medial von dem Nerven und liegen der äusseren Fläche der Spina ossis ischii auf, um welche sie verlaufen, um durch das For. ischiadicum minus (Abb. 459) wieder in das Becken einzutreten und oberhalb des Diaphragma urogenitale den Angulus pubis zu erreichen. Die Endäste der Arterie gehen durch das Diaphragma zu den Schwellkörpern des Penis und der Urethra (Aa. profunda penis, bulbi urethrae und dorsalis penis). In ihrem Verlauf um die Spina ossis ischii liegen die Stämme in der Regio glutaea und werden vom M. glutaeus max. bedeckt; dort, wo sie in die Fossa ischiorectalis eintreten, sind sie etwa 3—4 cm über dem Tuber ossis ischii anzutreffen und werden durch Faserzüge der Fascia obturatoria an diese befestigt. Die Arterie kann entweder von der Regio glutaea aus behufs Unterbindung aufgesucht werden oder in der Fossa ischiorectalis durch einen medial von dem Tuber ossis ischii geführten Schnitt.

Quer durch das Fett der Fossa ischiorectalis verlaufen die Äste der A. und V. pudendalis int. zum Anus und zur Haut des Trigonum rectale (Aa. und Vv. anales [1]); mit ihnen die Nn. anales zum M. sphincter ani und zur Haut der Umgebung des Anus. Für die Hautinnervation der Gegend kommen noch die Rr. perineales aus dem N. cutaneus femoris dors. in Betracht, von denen einer lateral von den Nn. scrotales bis zum Scrotum verläuft.

Die Lymphgefässe des Anus verlaufen nach vorne und gehen mit den oberflächlichen Lymphgefässen des Scrotum und des Penis zu den Lymphonodi subinguinales superfic.

Die Fossa ischiorectalis stellt eine Loge dar, welche mit ihrem Inhalt an Fett- und Bindegewebe ganz besonders geeignet erscheint, den Boden für entzündliche Prozesse abzugeben und denselben eine weitere Verbreitung zu sichern. Ein hier entstehender Abscess kann sich senken und auf beiden Seiten des Anus die Haut durchbrechen, in anderen Fällen auch die Pars analis recti mit der Oberfläche durch Fistelbildungen (Analfisteln) in Verbindung setzen.

Glomus coccygicum. In den Bereich des Trigonum rectale fällt auch das Glomus coccygicum (Steissdrüse). Dieselbe hat eine Länge von 4 und eine Breite von 3 mm und liegt unmittelbar vor dem Steissbein. Hier bilden die beiden Hälften des M. levator ani bei ihrem Ansatze an dem Steissbein eine mediane, rinnenförmige Vertiefung, in welcher die Steissdrüse, bedeckt von der hinteren Partie des M. sphincter ani ext. angetroffen wird. Sie wird von einem Aste der Aorta caudalis [3] versorgt.

Oberflächliche Gebilde der Regio perinealis. Sie sind in der Gesamtabbildung 459 dargestellt. Von oberflächlichen zur Haut tretenden Arterien haben wir

[1] A. V. N. haemorrhoidalis inf. [2] Arcus tendineus m. levatoris ani.
[3] A. sacralis media.

die A. analis[1], die A. perinei und die Aa. scrotales, alle aus der A. pudendalis int.; von Nerven: hinten die Rr. perineales aus dem N. cutaneus femoris, dors. im übrigen Bereiche des Trigonum rectale die Nn. anales[1] aus dem N. pudendalis und, nach vorne über dem Trigonum urogenitale zum Scrotum verlaufend, die Nn. scrotales.

Regio pudendalis.

Die Besprechung der äusseren Geschlechtsteile des Mannes schliesst sich naturgemäss an diejenige der Regio perinealis an, erstens weil die beiden Gegenden aneinander grenzen, zweitens weil die Gefäss- und Nervenstämme der Regio perinealis zum Teil erst in der Regio pudendalis ihr Ende finden (A. pudendalis int. und N. pudendalis). Hier ist auch im Zusammenhang der Verlauf und die Topographie der Urethra zu schildern.

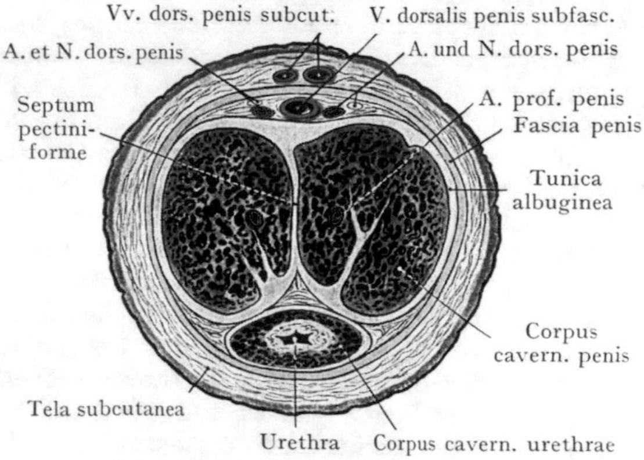

Vv. dors. penis subcut. V. dorsalis penis subfasc. A. et N. dors. penis A. und N. dors. penis Septum pectiniforme A. prof. penis Fascia penis Tunica albuginea Corpus cavern. penis Tela subcutanea Urethra Corpus cavern. urethrae

Abb. 460. Querschnitt durch den Penis.
Das Corpus cavernosum penis und das Corpus cavernosum urethrae sind mit Talg injiziert worden. Fascia penis grün. Nach einem Mikrotomschnitte.

Die Besprechung zerfällt in folgende Abschnitte:

1. Penis (anhangsweise die Topographie der Urethra).
2. Hoden und Hodenhüllen.
3. Samenstrang und Ductus deferens (ausserhalb des Beckens).

Penis. Der Penis wird durch das Corpus cavernosum penis und das Corpus cavernosum urethrae gebildet. Soweit dieselben innerhalb der Loge des Trigonum urogenitale liegen und entweder an die Schenkel des Angulus pubis oder an das Diaphragma urogenitale befestigt sind, bilden sie die Pars fixa penis; diese geht, dort wo die drei Schwellkörper unter der Symphyse aus der Loge austreten, in die Pars mobilis penis (Penisschaft) über, indem die beiden Crura corporis cavernosi penis sich dorsal dem Corpus cavernosum urethrae auflagern. Die Glans penis setzt sich mit ihrem aufgeworfenen Rande (Corona glandis) und dem Collum glandis von dem Penisschafte scharf ab.

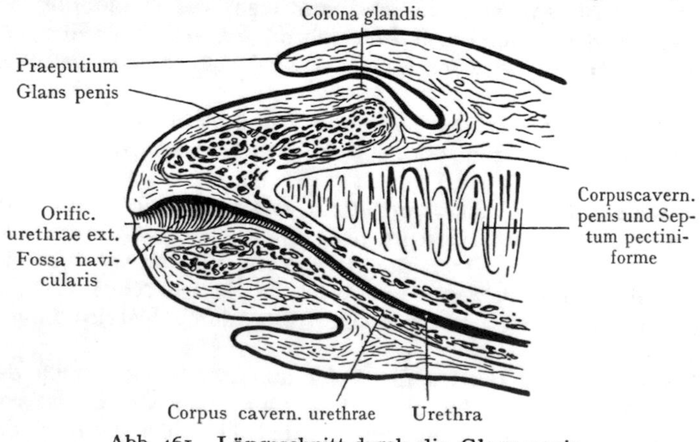

Abb. 461. Längsschnitt durch die Glans penis.
Nach einem Mikrotomschnitte.

Die Beziehungen der Crura corporis cavernosi in dem Trigonum urogenitale sind oben geschildert worden. Beim Austritte aus der Loge unterhalb der Symphyse erhalten sie als gemeinsamen Überzug die Fascia penis, welche eine Fortsetzung der Fascia perinei

[1] A. N. haemorrhoidalis inferior.

bildet und mit der Haut des Penis durch lockeres Bindegewebe im Zusammenhang steht. Das Corpus cavernosum penis wird nach aussen hin durch die sehnige Tunica albuginea abgegrenzt, welche dort, wo die beiden Hälften des Corpus zur Berührung kommen (Abb. 460), das derbe, unvollständige Septum pectiniforme corp. cavern. penis bildet. Auf dem Dorsum penis liegt die V. dorsalis penis subfascialis, zwischen den beiden Aa. dorsales penis (Abb. 460); unten legt sich das Corpus cavernosum urethrae an,

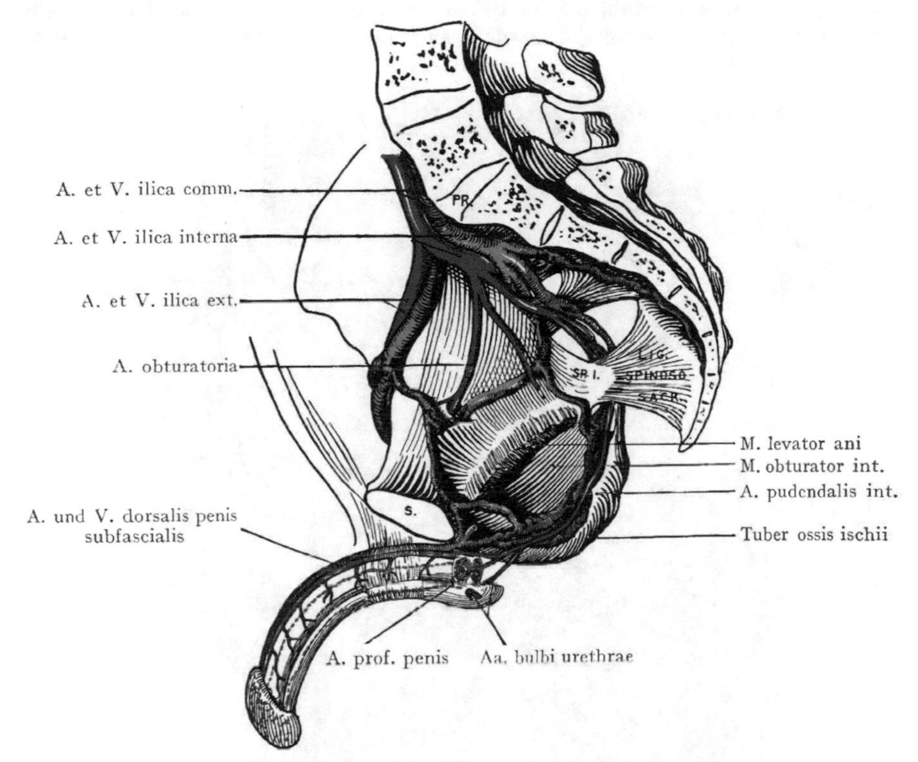

Abb. 462. Parietale Beckengefässe mit den Gefässen des Penis.
Nach einem Präparat aus der Basler Sammlung, mit Benützung einer Abbildung von Testut.

welches an Grösse hinter dem Corpus cavernosum penis zurücksteht, auch ist das Schwellgewebe weniger reichlich und die Tunica albuginea dünner.

Die Haut des Penis ist sehr dehnbar, das subkutane Bindegewebe fettarm und elastisch, so dass eine Verschiebung der Haut auf der Fascie in grösserem Umfange stattfinden kann.

Der Penis erhält eine Befestigung durch die Ausbildung von Faserzügen an zwei Stellen. Durch eine Verstärkung der Fascia penis dort, wo die Pars fixa in die Pars mobilis übergeht, wird der Penis an den Angulus pubis befestigt. Eine weitere Befestigung wird durch eine Abzweigung von Fasern der Fascia abdominis superficialis dargestellt, welche vor der Symphyse zum Dorsum penis verlaufen und, durch starke elastische Einlagerungen ausgezeichnet, das Lig. suspensorium penis bilden, welches sich von der Linea alba zum Dorsum penis erstreckt.

Gefässe und Nerven des Penis. Die Arterien des Penis kommen sämtlich aus der Endstrecke der A. pudendalis int. und gelangen schon innerhalb der Loge des Trigonum urogenitale zu den Corpora cavernosa (siehe oben), indem sie das Diaphragma urogenitale durchbohren. Es kommen hier (Abb. 462) die Aa. bulbi urethrae, die Aa. profundae penis und die Aa. dorsales penis in Betracht. Was ihre Verbreitung an die Pars mobilis penis anbelangt, so können wir zwei Gebiete unterscheiden, welche in der Glans penis ausgedehnte Verbindungen untereinander eingehen; einerseits das Gebiet der Aa. profundae penis und der Aa. dorsales penis und andererseits das Gebiet der Aa. bulbi urethrae. Die Aa. profundae penis verlaufen, in die beiden Hälften des Corpus cavernosum penis eingeschlossen, bis an deren vorderes Ende; die Aa. dorsales penis, welche von der Fascia penis bedeckt werden, gehen zur Glans penis als Hauptarterien

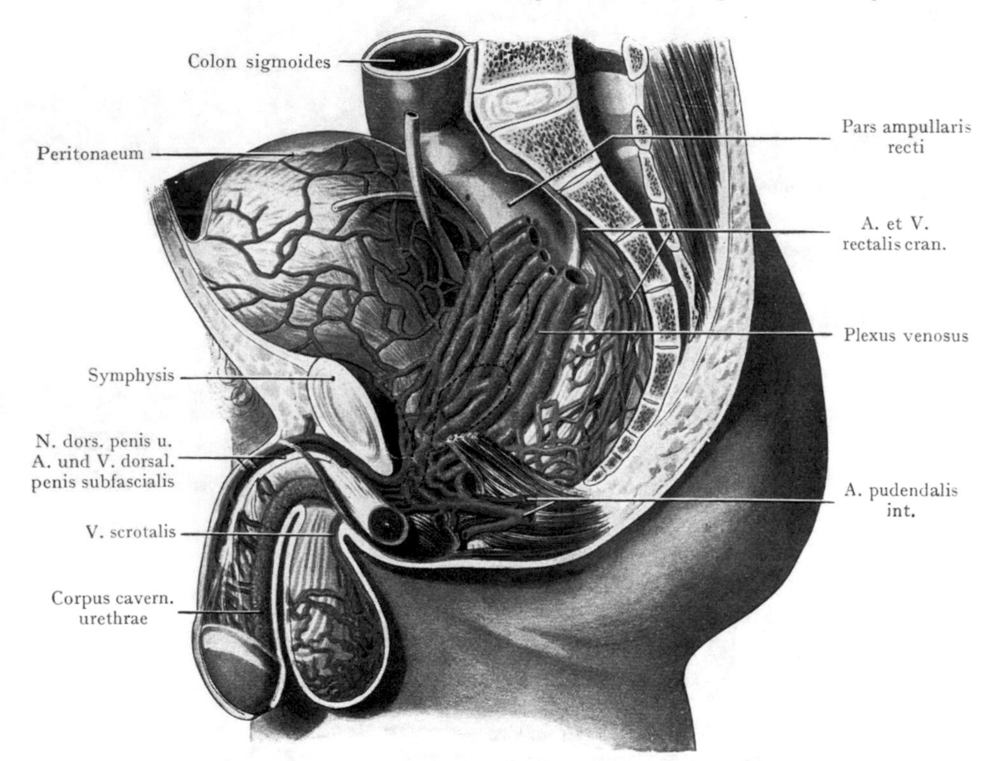

Abb. 463. Venen der männlichen Beckeneingeweide, von links gesehen, nach Abtragung der linken Beckenhälfte.
Nach Nuhn, Chirurgisch-anatom. Tafeln. Mannheim 1846.

derselben, indem sie reifenförmig um das Corpus cavernosum penis verlaufende Äste abgeben, welche von den Seiten her in dasselbe eindringen und mit den Ästen der Aa. profundae penis anastomosieren. Die Aa. bulbi urethrae beschränken sich in der Hauptsache auf das Corpus cavernosum urethrae, gehen aber doch Verbindungen mit dem Gefässbezirk der A. profunda und dorsalis penis ein.

Die Venen des Penis lassen sich in oberflächliche und tiefe einteilen. Die oberflächlichen liegen ausserhalb der Fascia penis und vereinigen sich in der Regel zu 2—3 oberflächlich verlaufenden Ästen, welche von der Wurzel des Penis lateralwärts ziehen und in die V. saphena magna einmünden, auch wohl durch die Lamina cribriformis der Fossa ovalis direkt zur V. femoralis gelangen (Vv. pudendales externae). Die Abb. 463 stellt die Abflüsse der aus den äusseren Geschlechtsteilen sich sammelnden Venen im Zusammenhang mit den parietalen und visceralen Venen des männlichen Beckens dar (s. letztere).

Die tiefen Venen sammeln sich aus den Corpora cavernosa und liegen subfascial. Die Venen der Glans penis verbinden sich an der Corona glandis mit den oberflächlichen Venen und lassen die V. dorsalis penis subfascialis hervorgehen, welche als Hauptvene zwischen den Aa. dorsales penis zum Angulus pubis verläuft (Abb. 463), hier durch das Diaphragma urogenitale in das Cavum pelvis gelangt und einen Hauptzufluss des Plexus vesicopudendalis darstellt. Sie erhält Zuflüsse aus dem Corp. cavernosum penis.

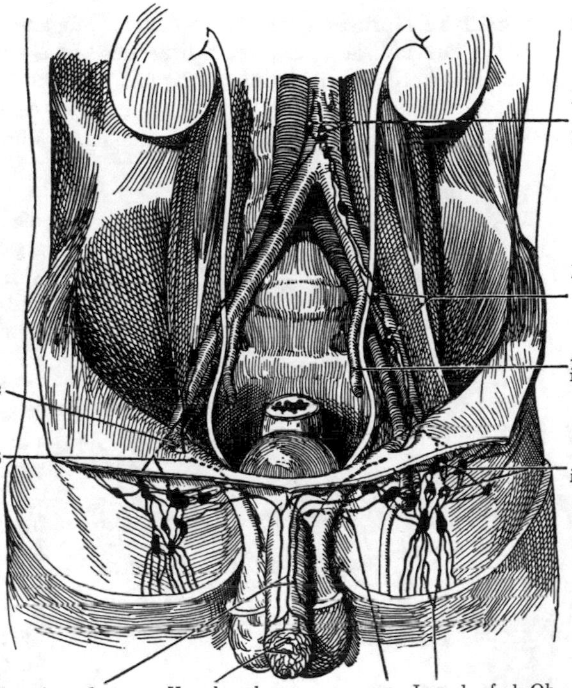

Lymphgefässe des Penis (Abb. 464). Wir unterscheiden oberflächliche und tiefe Lymphgefässe. Die oberflächlichen bilden ein Geflecht am Praeputium und stellen mit ihren Abflüssen zwei bis drei ausserhalb der Fascia penis verlaufende Stämme her, welche von der Haut des Penis weitere Zuflüsse aufnehmen und sich mit der medialen Gruppe der Lymphonodi subinguinales superfic. verbinden. Von dem dorsalen oberflächlichen Stamme kann auch eine direkte Verbindung durch den Canalis inguinalis zu den Lymphonodi ilici (längs der A. ilica ext.) mit Umgehung der Lymphonodi subinguinales superficiales gelangen. Diese Tatsache erklärt das allerdings recht seltene Vorkommen von Fällen syphilitischer Infektion, bei denen eine Allgemeininfektion auf dem Wege der Lymphbahnen eintritt ohne bemerkbare Schwellung der inguinalen Lymphdrüsen.

Lymphonodi lumbales
Lymphonodi ilici
A. ilica interna
Lymphonodi subinguinales superfic.
2
3
Vasa lymphac. dors. penis
Vasa lymphac. glandis
1 Lymphgef. d. Oberschenkels

Abb. 464. Lymphgefässe und regionäre Lymphdrüsen des Penis. Nach Horovitz und Zeissl, Wiener mediz. Presse 1897.
1 Abflusswege der Lymphgefässe des Penis zu den Lymphon. subinguinales. 2 Anulus inguinalis praeperiton. 3 Direkte Verbindung der Vasa lymphat. penis mit den Lymphon. ilici.

Die tieferen Lymphgefässe bilden auf der Glans penis ein dichtes Netz, welches an der Corona glandis in einen Ringstamm einmündet. Derselbe steht einerseits mit dem Lymphgefässnetz des Praeputium in Verbindung, andererseits geht aus ihm ein subfascial verlaufender Lymphstamm (Truncus dorsalis prof.) hervor, welcher mit der V. dorsalis penis subfascialis und den Aa. dorsales penis zur Wurzel des Penis verläuft und von hier aus entweder zu den Lymphonodi subinguinales superficiales (dicht unterhalb des Lig. inguinale) oder durch den Canalis inguinalis zu den Lymphonodi ilici seinen Abfluss findet.

Nerven des Penis. Sie sind entweder spinaler oder sympathischer Herkunft. Von den ersteren versorgt der N. ilioinguinalis einen kleinen dorsalen an der Wurzel des Penis gelegenen Bezirk. Der N. pudendalis gibt innerhalb des Trigonum urogenitale Äste ab zum Corpus cavernosum urethrae und zu den Crura corporis cavernosi penis, dann verläuft die Fortsetzung des Stammes mit der A. dorsalis penis als N. dorsalis penis bis zur Glans und versorgt die Haut des Penis sowie die Glans. Die sympathischen Fasern verlaufen mit den Arterien.

Topographie der Urethra beim Manne.

Die männliche Harnröhre besitzt von ihrem Abgang aus der Harnblase (Orificium urethrae int.) bis zur Mündung auf der Spitze der Glans penis (Orificium urethrae ext.) eine Länge von ca. 26 cm. Sie bildet ein Rohr mit ungleichmässiger Lichtung, in welchem engere und weitere Abschnitte abwechseln (Abb. 465). Eine „Enge" findet sich am Orificium urethrae int.; eine zweite dort, wo die Urethra durch das Diaphragma urogenitale tritt; „Weiten" sind in der Pars prostatica, ferner unterhalb des Diaphragma urogenitale, dort, wo die Harnröhre in den Bulbus corp. cavernosi urethrae[1] eintritt (Ampulla urethrae[2]), nachzuweisen, endlich unmittelbar vor dem Orificium urethrae ext. (Fossa navicularis).

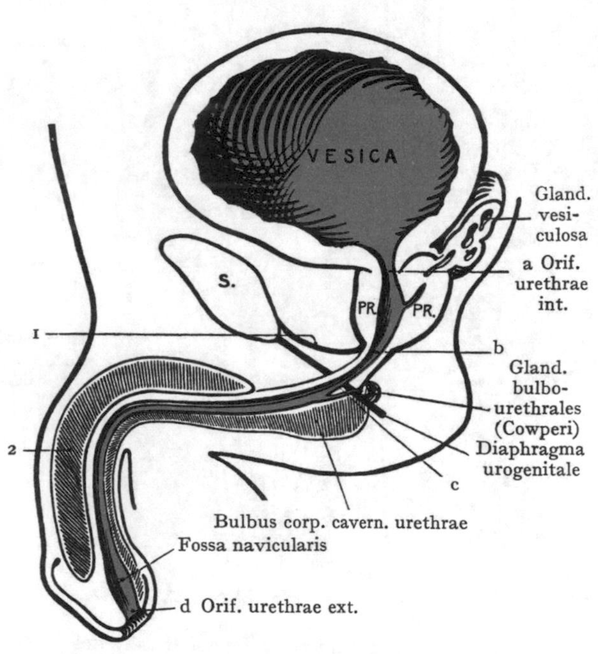

Abb. 465. Männliche Urethra; halbschematisch.
a—b Pars prostatica urethrae. b—c Pars diaphragmatica urethrae. c—d Pars cavernosa urethrae. 1 Lig. puboprostaticum 2 Corpus cavernosum penis.

Die männliche Urethra zeigt in Medianschnitten gefrorener Leichen zwei Krümmungen, die obere (Curvatura pubica) richtet ihre Konkavität nach vorn gegen die Symphyse und reicht von dem Orificium urethrae int. bis zu der Stelle, wo die Urethra unter dem Angulus pubis in die Pars fixa penis eintritt; die untere Krümmung ist im Penisschafte eingeschlossen (Curvatura penis) und richtet ihre Konkavität nach hinten. Bei Annäherung des Penis an die Bauchdecken werden diese Krümmungen in eine einheitliche Krümmung übergeführt, deren Konkavität nach vorne und oben gerichtet ist (Abb. 467).

Einteilung der Urethra. Wir können die Urethra, wie in der deskriptiven Anatomie, je nach der Beschaffenheit der Gebilde, von welchen sie umschlossen wird, in drei Abschnitte einteilen: 1. Die Pars prostatica (hier wird die Urethra von der Prostata eingeschlossen), 2. die Pars diaphragmatica[3] (hier entbehrt die Wandung einer Verstärkung), 3. die Pars cavernosa (die Urethra ist von dem Schwellgewebe des Bulbus corporis cavernosi urethrae[1], dann des Corpus cavernosum urethrae umgeben). Oder wir unterscheiden eine Pars fixa urethrae (im Cavum pelvis und im Diaphragma urogenitale) von einer Pars mobilis urethrae (im Penisschafte eingeschlossen). Endlich kann eine Pars pelvina von einer Pars perinealis und einer Pars penis unterschieden werden, je nachdem der betreffende Abschnitt innerhalb des Beckens, in der Regio perinealis oder im Penisschafte liegt. Die erstgenannte Einteilung in eine Pars prostatica, eine Pars diaphragmatica[2] und eine Pars cavernosa ist wohl die gebräuchlichste und wird auch unserer Darstellung zugrunde gelegt. Sie deckt sich auch beispielsweise mit der von

[1] Bulbus urethrae. [2] Fossa bulbi. [3] Pars membranacea urethrae.

anderen Gesichtspunkten aus vorgenommenen Einteilung, indem die Pars prostatica und Pars diaphragmatica[1] der Pars pelvina entsprechen, während die Pars cavernosa sowohl die Pars perinealis als die Pars penis umfasst.

Pars prostatica urethrae. Sie folgt in einer Länge von etwa 4 cm auf das Orificium urethrae int. und zeichnet sich dadurch aus, dass sie vollständig von der Prostata umschlossen ist. Das Orificium urethrae int. ist von der Ringmuskulatur umgeben (M. sphincter vesicae[2]) und ihr Lumen ist enger als das der übrigen Pars prostatica (Abb. 465). Das Lumen der letzteren erscheint auf dem Sagittalschnitte mehr

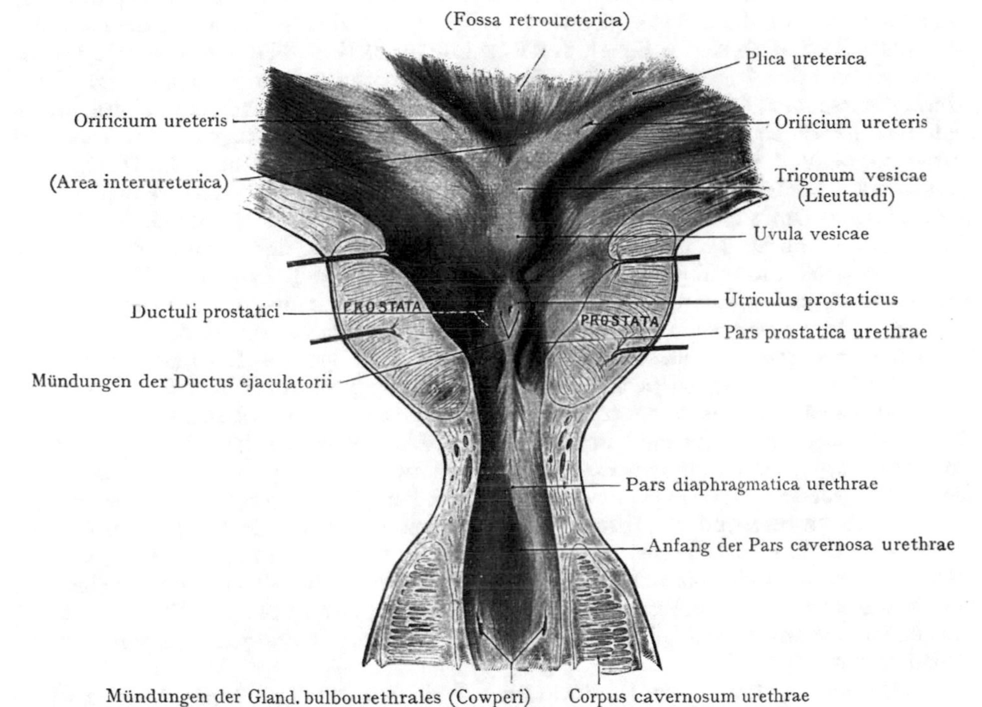

Abb. 466. Hals der Harnblase und Pars diaphragmatica urethrae von vorn aufgeschnitten. Formolpräparat. 24jähriger Mann.

oder weniger spindelförmig; das Rohr ist als Teil der Curvatura pubica um die Symphyse abgebogen. Nach unten geht die Pars prostatica in die Pars diaphragmatica[1] über, welche den engsten Abschnitt der Harnröhre darstellt. Die weichelastische Prostata gestattet eine gewisse Ausdehnung der ohnedies weiten Harnröhre, welche der vorderen Kante der Prostata näher liegt als der hinteren Fläche, so dass die Hauptmasse der Drüse hinter der Harnröhre angetroffen wird.

An der hinteren Wand der Pars prostatica springt die längliche Erhebung des Colliculus seminalis in die Lichtung der Harnröhre vor (Abb. 466). In den Vertiefungen auf beiden Seiten des Colliculus münden die aus den Seitenlappen der Prostata kommenden Ductuli prostatici aus, auf der Höhe des Colliculus seminalis der Utriculus prostaticus. Derselbe zieht sich in einer Länge von 1—1½ cm in die Prostata hinauf und mündet verengt in die Harnröhre. Die zwischen dem Isthmus prostatae[3] und den Partes laterales verlaufenden Ductus ejaculatorii münden schlitzförmig gerade innerhalb der Mündung des Utriculus prostaticus oder auf der Höhe des Colliculus seminalis.

[1] Pars membranacea urethrae. [2] M. sphincter urethrae internus. [3] Lobus medius.

Da dieser stark in die Lichtung der Harnröhre vorspringt, so wird sich bei Horizontalschnitten eine halbmondförmige Figur des Lumens ergeben, deren Konkavität sich nach hinten richtet.

Pars diaphragmatica urethrae. Sie bildet den kürzesten (etwa 1 cm langen) und zugleich engsten Abschnitt, und ihre Wandung erhält durch die anlagernden Gebilde nur eine geringe Verstärkung; sie reicht von der Stelle, wo die Harnröhre die Prostata verlässt (Abb. 465), bis zur Durchtrittsstelle durch das Diaphragma urogenitale, liegt also oberhalb des Diaphragma pelvis, und zwar in einem Raume, welcher unten von dem Diaphragma urogenitale, oben von der Fascia diaphragmatis pelvis int. (Ligg. puboprostatica) begrenzt wird. In diesem Raume oder richtiger gesagt Spalte liegen: 1. die Pars diaphragmatica urethrae, 2. die Fasern des M. sphincter urethrae diaphragmaticae[1], welche beiderseits von den Schenkeln des Angulus pubis entspringend die Pars diaphragmatica[2] urethrae umspinnen und dessen Faserbündel keine einheitliche Muskelplatte bilden, indem sich zwischen ihnen 3. die Venen des Plexus vesicopudendalis einlagern, in welchen von unten her die V. dorsalis penis subfascialis durch die vorderste Öffnung im Diaphragma urogenitale durchtretend, einmündet; 4. liegen die Glandulae bulbourethrales (Cowperi) dem hinteren Umfange der Pars diaphragmatica unmittelbar vor ihrem Durchtritte durch das Diaphragma urogenitale an; die Ausführgänge der Drüsen durchbohren das Diaphragma und münden in die Pars cavernosa urethrae, 5. finden wir hier die Endstrecke der A. pudendalis int. (Abb. 419) mit dem N. pudendalis, auch entspringen hier die drei Endäste der Arterie (A. bulbi urethrae, A. profunda penis und A. dorsalis penis) und gelangen durch das Diaphragma urogenitale in die Loge des Trigonum urogenitale.

Die Pars diaphragmatica erhält durch das Diaphragma urogenitale eine Befestigung im Beckenausgange. Fasern desselben schlagen sich sowohl nach oben auf die Pars prostatica als nach unten auf die Pars cavernosa urethrae über, so dass der Übergang der Pars diaphragmatica in die Pars cavernosa geradezu in den Angulus pubis eingespannt wird. Infolgedessen ist auch die Beweglichkeit der Pars diaphragmatica nur eine geringe.

Pars cavernosa urethrae. Sie erstreckt sich von der Durchtrittsstelle der Urethra durch das Diaphragma urogenitale bis zum Orificium urethrae ext., setzt sich also aus einer Pars perinealis und einer Pars penis zusammen. Sie wird in das Schwellgewebe des Corpus cavernosum urethrae aufgenommen, dessen hinterer bis zum Centrum perinei reichender kolbenförmiger Abschnitt als Bulbus corporis cavernosi urethrae[3] unterschieden wird.

Der untere Umfang der Urethra tritt sofort nach dem Durchtritt durch das Diaphragma urogenitale in Berührung mit dem Bulbus corporis cavernosi urethrae (Abb. 430), erfährt aber erst jenseits der Durchtrittsstelle einen vollständigen Einschluss durch das Schwellgewebe des Bulbus. In dieser Ausdehnung liegt die obere Fläche der Urethra direkt der unteren Fläche des Diaphragma urogenitale an. Die Ausführgänge der Glandulae bulbourethrales (Cowperi) verlaufen eine Strecke weit zwischen dem unteren Umfange der Harnröhre und dem Bulbus corporis cavernosi urethrae, um in einiger Entfernung von dem Übergange der Pars diaphragmatica in die Pars cavernosa in die letztere auszumünden.

Die Pars cavernosa liegt excentrisch in dem Corpus cavernosum urethrae, dem oberen Umfange näher als dem unteren. Sie besitzt zwei Erweiterungen, von denen die eine (Ampulla urethrae[4]) im Bulbus corporis cavernosi urethrae, die andere (Fossa navicularis) in der Glans penis liegt; auf der Zwischenstrecke ist das Lumen der Harnröhre gleichmässig und etwas weiter als in der Pars diaphragmatica. Das Orificium urethrae ext. ist wieder enger. An dem dorsalen Umfange der Pars cavernosa sind die Lacunae urethrales (Morgagnii) als Vertiefungen in der Schleimhaut nachzuweisen.

Gefässe der Urethra. Die Aa. kommen aus den verschiedenen Quellen. Äste der Aa. rectales caudales[5] und der Aa. vesicales caud. gehen zur Pars prostatica; die Pars cavernosa wird von den Aa. bulbi urethrae und perinealis versorgt, beides Äste der A. pudendalis int.

---

[1] M. sphincter urethrae externus. [2] Pars membranacea urethrae. [3] Bulbus urethrae. [4] Fossa bulbi. [5] Aa. haemorrhoidales mediae.

Syntopie der einzelnen Abschnitte der Urethra. Pars prostatica. Sie liegt bei aufrechter Körperhaltung hinter der Symphyse, und zwar entspricht sie deren unterer Hälfte, indem das Orificium urethrae int. annähernd in der halben Höhe der Symphyse angetroffen wird. Sie ist vollständig von der Prostata umschlossen.

Pars diaphragmatica[1]. Die Pars diaphragmatica liegt in der Loge oder dem Spalte zwischen dem Diaphragma urogenitale und der Fascia diaphragmatis pelvis int.; sie ist umgeben von den Bündeln des M. sphincter urethrae diaphragmaticae und den Venen des Plexus vesicopudendalis; hinten liegen ihr die Glandulae bulbourethrales (Cowperi) an, auf beiden Seiten die Aa. pudendales int. mit den Nn. pudendales; vor der Pars diaphragmatica tritt die V. dorsalis penis subfascialis durch das Diaphragma urogenitale, um sich in den Plexus pudendalis zu ergiessen.

Pars cavernosa. Ihre Beziehungen zum Bulbus corporis cavernosi urethrae sind schon hervorgehoben worden.

Krümmungen der Harnröhre. Die männliche Harnröhre weist zwei Krümmungen auf, von denen die obere von dem Orificium urethrae int. bis zur Peniswurzel reicht (Curvatura pubica), die zweite am Übergange der Pars fixa in die Pars mobilis penis liegt (Curvatura penis). Die Curvatura pubica, deren Konkavität nach vorn und oben gegen die Symphyse sieht, ist eine bleibende, indem die Harnröhre durch das Diaphragma urogenitale eine Fixation erhält; dagegen lässt sich die Curvatura penis, deren Konkavität nach hinten und unten sieht, leicht in eine Fortsetzung der Curvatura pubica umwandeln, wenn der Penis gegen die Bauchdecken hinaufgeschlagen wird. Eine derartige Ausgleichung beider Krümmungen wird bei der Einführung eines Katheters oder einer Sonde

[1] Pars membranacea.

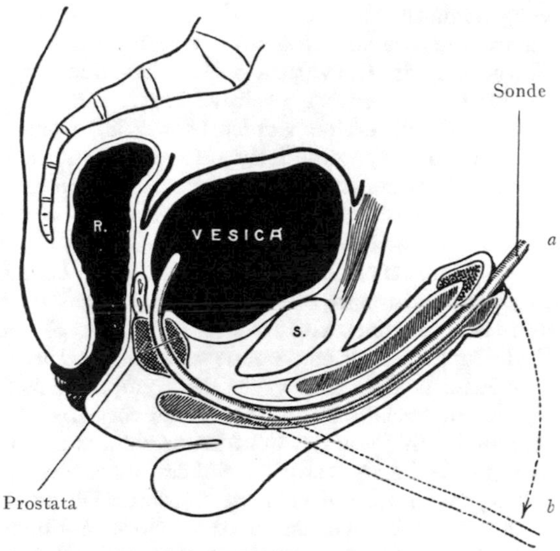

Abb. 467. Harnblase und Harnröhre, zur Veranschaulichung der Einführung der Sonde und des Katheters.
a Ausgleichung der Harnröhrenkrümmung. Einführung einer elastischen Sonde. b Lage des Metallkatheters beim Abfluss des Harns.
Z. T. nach Le Gendre, Anatomie chirurgicale, Paris 1858.

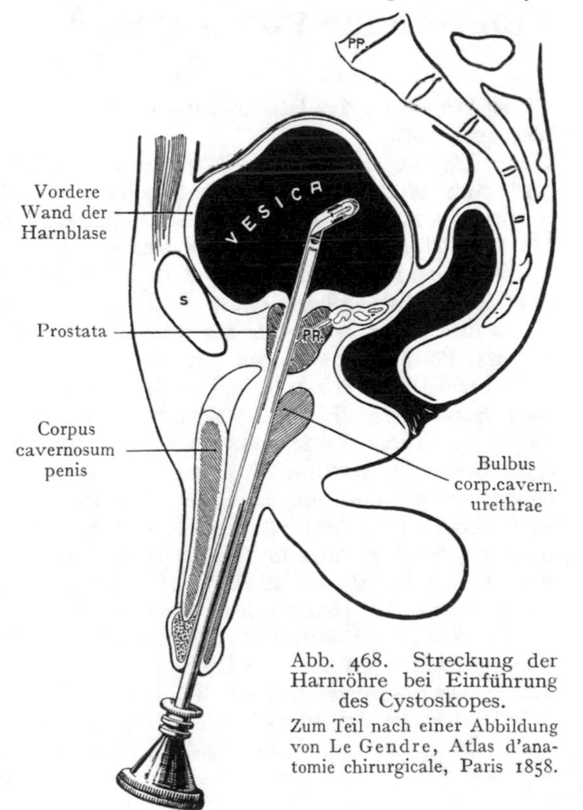

Abb. 468. Streckung der Harnröhre bei Einführung des Cystoskopes.
Zum Teil nach einer Abbildung von Le Gendre, Atlas d'anatomie chirurgicale, Paris 1858.

vorgenommen. In Abb. 467a ist der Penis nach oben geschlagen und eine elastische Sonde bis in die Harnblase eingeführt worden, in Abb. 467b ist ein Katheter dargestellt, dessen Krümmung der Curvatura pubica entspricht, während der gerade Schaft des Katheters in der Pars cavernosa urethrae liegt. Ein Ausgleich der Krümmungen kann in noch höherem Grade erzielt werden (Abb. 468), wenn man den Penis stark nach unten zieht; sodann gelingt es, gerade Sonden oder auch ein Cystoskop in die Harnblase einzuführen und mit Hilfe des letzteren die Harnblasenschleimhaut zu beleuchten und zu untersuchen.

Die Krümmung am Schnabel des Katheters soll der Curvatura pubica der Urethra entsprechen.

Operative Erreichbarkeit der Urethra. Die Pars prostatica, die Pars diaphragmatica und die erste Strecke der Pars cavernosa urethrae sind von der Regio perinealis aus operativ zu erreichen. Die Eröffnung der Pars cavernosa gelingt ohne Verletzung des Bulbus corporis cavernosi urethrae durch einen Medianschnitt, welcher vor dem After beginnt und gegen den Symphysenwinkel verläuft. Nach Durchtrennung der Fascia superficialis kann der Bulbus corporis cavernosi urethrae lateralwärts abgezogen und die Urethra von der Seite her erreicht werden. Zur Aufsuchung der Pars diaphragmatica und der Pars prostatica wird ein bogenförmig verlaufender Schnitt vor dem Anus angelegt; man geht zwischen der vorderen Wand des Rectum und dem hinteren Ende des Bulbus corporis cavernosi urethrae ein und findet über dem Diaphragma urogenitale die Pars diaphragmatica, mit den hinten anliegenden Gland. bulbourethrales (Cowperi), umgeben von den Fasern des M. sphincter urethrae diaphragmaticae und den Venen des Plexus pudendalis. Weiter oben kommt man auf die derbe Prostatakapsel (von der Fascia intrapelvina geliefert), nach deren Spaltung die Prostata vorliegt.

Topographie von Hoden, Nebenhoden, Samenstrang und Scrotum.

Wir fassen die Beschreibung dieser Gebilde, als zur Regio pudendalis gehörend, hier zusammen.

Hoden. Sie liegen, von den Hodenhüllen umgeben, schräg in dem Hodensacke, und zwar in der Weise eingestellt, dass die oberen Enden vorne und lateral, die unteren Enden, von welchen das Gubernaculum testis (Hunteri) zum Scrotum verläuft, hinten und medial liegen. Der linke Hoden hängt etwas tiefer als der rechte. Der Kopf des Nebenhodens (Caput epididymidis), welcher sich aus den Ductuli efferentes des Rete testis (Halleri) bildet, liegt dem oberen und hinteren Umfange des Hodens an, während der Schwanz, aus welchem der Ductus deferens hervorgeht, gegen den unteren Pol des Hodens verläuft.

Die Drüsensubstanz des Hodens wird durch die derbe Tunica albuginea testis nach aussen abgeschlossen, welche ihrerseits von dem Peritonaeum (Epiorchium) überzogen wird. Das letztere verdankt seine Entstehung den Vorgängen, welche sich bei dem Descensus testium abspielen. Es sei kurz daran erinnert, dass bei dem Descensus sowohl die Schichten der Bauchwand im Bereiche der Regio inguinalis als auch das Peritonaeum von dem Hoden ausgestülpt werden. Auf diese Weise kommt derselbe, vom Peritonaeum überzogen, in einen serösen Sack zu liegen, dessen Verbindung mit der Bauchhöhle später obliteriert. Sodann finden wir einen abgeschlossenen serösen Raum oder Spalt, welcher den Hoden umgibt und an dessen Wandungen wir, genau wie an der Wand der Pleurahöhle oder der Pericardialhöhle, eine viscerale (Epiorchium) und eine parietale (Periorchium) Lamelle unterscheiden können, von denen die letztere die Höhle nach aussen abschliesst. Mit dem Kopfe des Nebenhodens verbindet sich die kleine bläschenförmige Appendix testis (Morgagnische Hydatide).

Die genauere Schilderung des Descensus testium gehört nicht hierher; es sei dafür auf die Lehrbücher der Entwicklungsgeschichte verwiesen. Abb. 470 zeigt die Lage der Hoden vor dem Eintritt in den Canalis inguinalis bei einem 5monatigen Fetus; man beachte die relative Grösse der Hoden, ihre Befestigung unten durch das Gubernaculum testis, oben durch das Zwerchfellband.

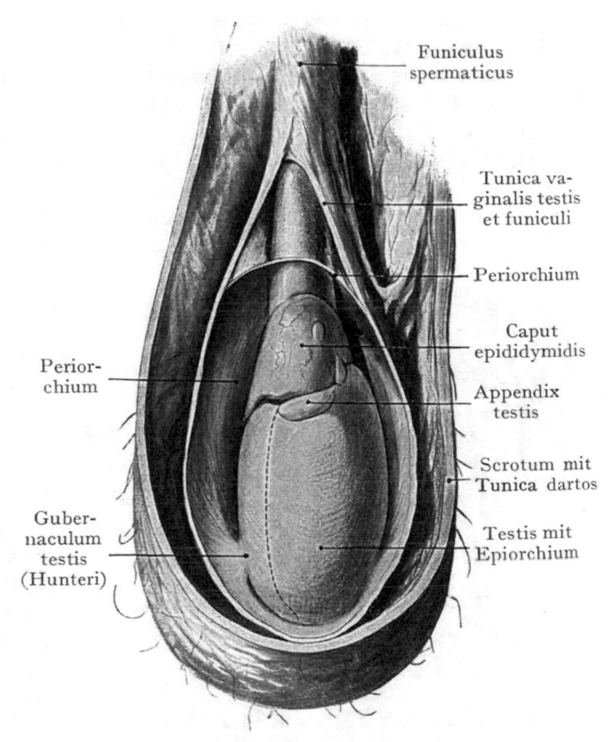

Abb. 469. Rechter Hoden und seine Hüllen. Peritonaeum (Epiorchium und Periorchium [1]) grün.

Gefässe und Nerven der Hoden. Sie entspringen innerhalb der Bauchhöhle und weisen, wie die Hüllen, auf eine hohe Anlage der Drüse hin. Die eigentliche Hodenarterie ist die A. spermatica aus der Aorta abdominalis (siehe ihren Verlauf innerhalb der Bauchhöhle, Abb. 371). Der Ductus deferens wird durch die A. deferentialis aus der A. vesicalis caud. versorgt. Beide Arterien verbinden sich am Kopfe des Nebenhodens durch eine Anastomose, welche jedoch bloss bis zu einem gewissen Grade einen Kollateralkreislauf bei Unterbindung der A. spermatica herstellen kann; die letztere ist also strenggenommen keine Endarterie, wie z.B. die A. renalis. Auch die am Anulus inguinalis praeperitonealis [2] aus der A. epigastrica caud. entspringende und an die Hodenhüllen sich verzweigende A. m. cremasteris [3] verbindet sich regelmässig am Kopfe des Nebenhodens mit der A. spermatica. Am Hodenhilus zerfällt die A. spermatica in 4—5 Äste, welche in den Hoden eindringen.

Die Venen des Hodens sammeln sich, entsprechend den Endästen der Arterie, zu 4—5 Stämmen, welche sich mit den aus dem Nebenhoden kommenden Venen als Vv. spermaticae oder Plexus pampiniformis (seu spermaticus int.) um den Ductus deferens legen und im Samenstrange nach oben verlaufen. Sie gehen Verbindungen mit den Vv. epigastricae caud. ein und münden rechterseits in die V. cava caud., linkerseits in die V. renalis.

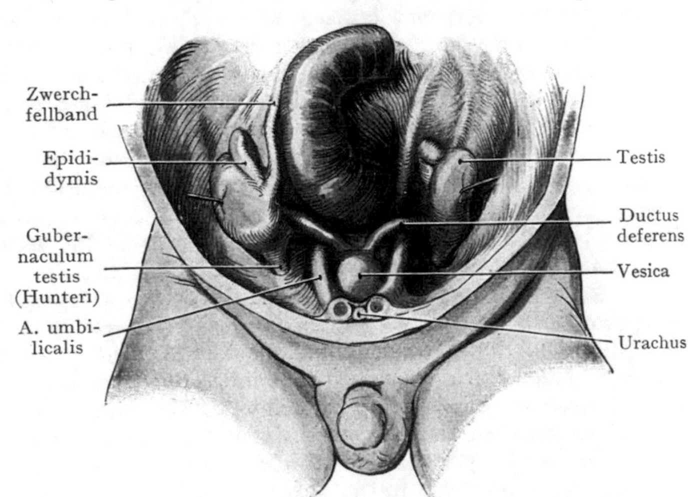

Abb. 470. Topographie des Hodens bei einem 5monatigen Fetus. Die Hoden liegen innerhalb der Bauchhöhle.

[1] Tunica vaginalis propria. [2] Annulus inguinalis abdominalis. [3] A. spermatica externa.

Die Lymphgefässe verlaufen mit den Venen und verbinden sich mit den Lymphonodi lumbales, welche in der Nähe der Cisterna chyli liegen.

Der Nebenhode (Epididymis) schliesst sich dem hinteren und oberen Umfange des Hodens an; sein oberes, kolbenförmig angeschwollenes Ende (Caput epididymidis) geht allmählich in den Körper (Corpus) über, auf welchen nach unten der Schwanz (Cauda) folgt. Der letztere geht in den Ductus deferens über, welcher ausserhalb des Periorchium [1] wieder nach oben zieht, um den wesentlichsten Bestandteil des Samenstranges darzustellen. Der Kopf des Nebenhodens ist mit dem Hoden, dem er kappenförmig aufsitzt, durch die aus dem Rete testis austretenden Ductuli efferentes testis verbunden, ausserdem wird er, wie der Hode, von dem Epiorchium [2] überzogen. Der Körper des Nebenhodens wird jedoch durch eine Ausbuchtung der serösen Hülle von dem Hoden getrennt.

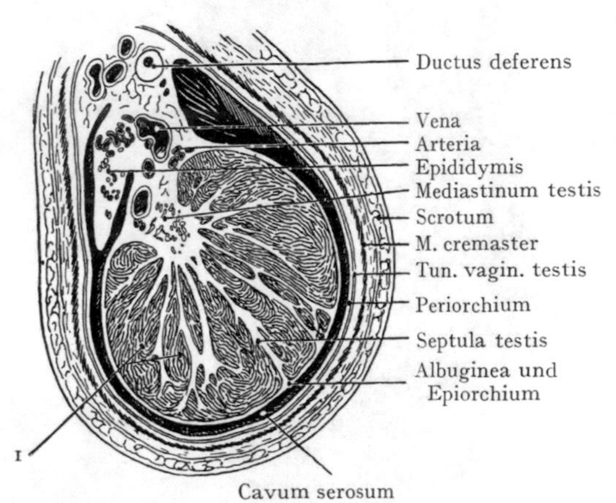

Abb. 471. Rechter Hoden und seine Hüllen auf einem Querschnitte.
I Lobulus testis.
(Nach einem Mikrotomschnitte.)

Der Ductus deferens und der Nebenhode sind häufig mit grosser Deutlichkeit durch die Hodenhüllen zu palpieren.

Hüllen des Hodens. Sie stehen entweder direkt mit der Oberfläche des Hodens in Verbindung oder werden durch einen serösen Spalt von demselben getrennt; es ergibt sich so ein Unterschied zwischen den unmittelbaren und mittelbaren Hüllen. Zu den unmittelbaren Hüllen (Abb. 471) gehören: 1. die Tunica albuginea, 2. das viscerale Blatt der Serosa, das Epiorchium [2]. Zu den mittelbaren Hüllen: 1. das parietale Blatt der Serosa, das Periorchium [1], 2. die Tunica vaginalis testis et funiculi spermatici [3], eine Bindegewebsschicht, welche der Fascia transversalis abdom. entspricht, 3. der M. cremaster, durch die Ausstülpung des M. obliquus int. und des M. transversus abdom. beim Descensus testium entstanden; 4. eine äussere Bindegewebsschicht, die Fascia cremasterica (Cooperi), welche eine Fortsetzung des Aponeurose des M. obliquus ext. darstellt, endlich 5. das Scrotum mit einer im Unterhautbindegewebe ausgebildeten Schicht glatter Muskulatur (Tunica dartos); Scrotum und Tunica dartos bilden das Integument. Die verschiedenen Schichten der Hodenhüllen können mittelst des Messers voneinander getrennt werden (Abb. 469).

Die Nerven- und Gefässversorgung der Hodenhüllen ist, entsprechend ihrer Herkunft aus den Bauchdecken, verschieden von derjenigen des Hodens und Nebenhodens. Von Nerven haben wir den R. genitalis [4] aus dem N. genitofemoralis und, von der Regio perinealis auf das Scrotum übertretend, die Nn. scrotales aus dem N. pudendalis und die Aa. scrotales aus der A. pudendalis int.

Samenstrang. Die Leitgebilde des Samenstrangs (Ductus deferens und A. und V. spermatica) treffen am Anulus inguinalis praeperitonealis [5] zusammen (Abb. 473) und durchlaufen den Leistenkanal, um am Anulus inguinalis subcutaneus eine Vervollständigung durch diejenigen Schichten der Bauchwandung zu erhalten, welche beim Descensus eine Ausstülpung erfahren. Wir können also die Gefässe und Nerven zusammen mit dem Ductus deferens von den Hüllen des Samenstrangs unterscheiden.

Von denjenigen Gebilden, welche zum Hoden resp. zum Nebenhoden in Beziehung treten, ist der Ductus deferens weitaus das wichtigste; es lässt sich deshalb durchaus rechtfertigen, wenn derselbe als „Leitgebilde" des Samenstrangs bezeichnet wird. Es bildet einen spulrunden, ziemlich derben Strang, welcher häufig im Samen-

[1] Lamina parietalis tunicae vaginalis propriae. [2] Lamina visceralis tunicae vaginalis propriae. [3] Tunica vaginalis communis. [4] N. spermaticus ext. [5] Annulus inguinalis abdominalis.

strang zu palpieren ist, besonders unterhalb des Anulus inguinalis praeperitonealis, wo der Samenstrang über das Pecten ossis pubis verläuft und der Ductus deferens sich auf dem Knochen hin- und herrollen lässt.

Wir unterscheiden vier Abschnitte seines Verlaufes: 1. eine Pars epididymica (im Anschluss an den Hoden und Nebenhoden), 2. eine Pars funicularis im Samenstrange, nach oben bis zum Anulus inguinalis subcutaneus reichend, 3. eine Pars inguinalis, im Canalis inguinalis, 4. eine Pars pelvina, an der Wandung des kleinen Beckens von dem Anulus inguinalis praeperitonealis bis zur Ampulla ductus deferentis. Von diesen Abschnitten kommen hier bloss 1. und 2. in Betracht; für die beiden anderen vergleiche man die Topographie des Canalis inguinalis sowie die Topographie der Beckeneingeweide.

Die Pars epididymica hat eine Länge von $2^1/_2$ cm (Waldeyer), sie geht aus dem Schwanze des Nebenhodens hervor und verläuft, dem medialen Umfange des Nebenhodens angeschlossen, nach oben, um dort, wo die Hodenhüllen sich auf den Samenstrang umschlagen (Abb. 469), in letzteren einzutreten. Die Pars funicularis liegt im Querschnitte des Samenstranges (Abb. 472) dem hinteren Umfange näher als dem vorderen und wird von den Venen des Hodens und Nebenhodens geflechtartig umsponnen. Beim Eintritt in den Canalis inguinalis liegt der Ductus deferens medial von den Nerven und Gefässen.

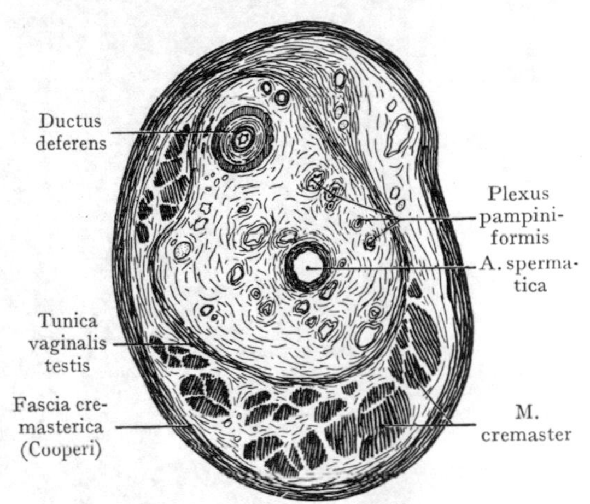

Abb. 472. Querschnitt des Samenstrangs. Nach einem Mikrotomschnitte.

Gefässe und Nerven des Samenstrangs. Von Arterien sind zu nennen: die A. spermatica, die A. deferentialis und als Zweig der A. epigastrica die A. m. cremasteris [1], welche den M. cremaster und die Hüllen des Samenstrangs versorgt. Der Plexus pampiniformis (V. spermatica) schliesst sich dem Ductus deferens besonders eng an. Von Nerven verläuft mit der A. spermatica int. der Plexus spermaticus als Abzweigung des Plexus aorticus (Abb. 390). Der R. genitalis [2] aus dem N. genitofemoralis verbreitet sich an die Hüllen des Samenstranges, insbesondere an den M. cremaster.

Sämtliche Gebilde des Samenstrangs liegen in lockerem Fett- und Bindegewebe, welches von Hüllen des Stranges eine Abgrenzung nach aussen erhält (Abb. 472). Selbstverständlich setzen sich die Hüllen sowohl von der äusseren Mündung des Leistenkanales als von dem Hoden kontinuierlich auf den Samenstrang fort, doch fehlt in der ganzen Ausdehnung des letzteren die Serosa, welche ursprünglich den Spalt zwischen Peri- und Epiorchium mit der Peritonaealhöhle in Verbindung setzte, mit Ausnahme einer kleinen, von der Fovea inguinalis lat. vordringenden trichterförmigen Ausbuchtung der Peritonaealhöhle (Processus vaginalis peritonaei), die sich beim Neugeborenen häufig, beim Erwachsenen selten findet und für die Bildung der Herniae inguinales in Betracht kommt. Von eigentlichen Hüllen des Samenstrangs finden sich: als äussere, bindegewebige Schicht die Fascia cremasterica (Cooperi), welche der Aponeurose des M. obliquus ext. entspricht, die Muskelschicht als M. cremaster und die Tunica vaginalis testis et funiculi spermatici [3], welche aus der innersten Schicht der Bauchdecken, der Fascia transversalis hervorgegangen ist.

Männliche Beckeneingeweide und visceraler Teil der Fascia pelvis.

Die Abb. 474 und 475 veranschaulichen das Verhalten der visceralen Beckenfascie

[1] A. spermatica ext. [2] N. spermaticus ext. [3] Tunica vaginalis communis.

zu den Beckeneingeweiden. In Abb. 474 (schematischer Medianschnitt) ist das Diaphragma urogenitale und ausserdem die Fascia intrapelvina mit grüner Farbe angegeben. Hinter der Symphyse bedeckt die letztere die Prostata und die Harnblase, zieht dann von dem hinteren Umfange der Prostata weiter, indem sie den Samenblasen

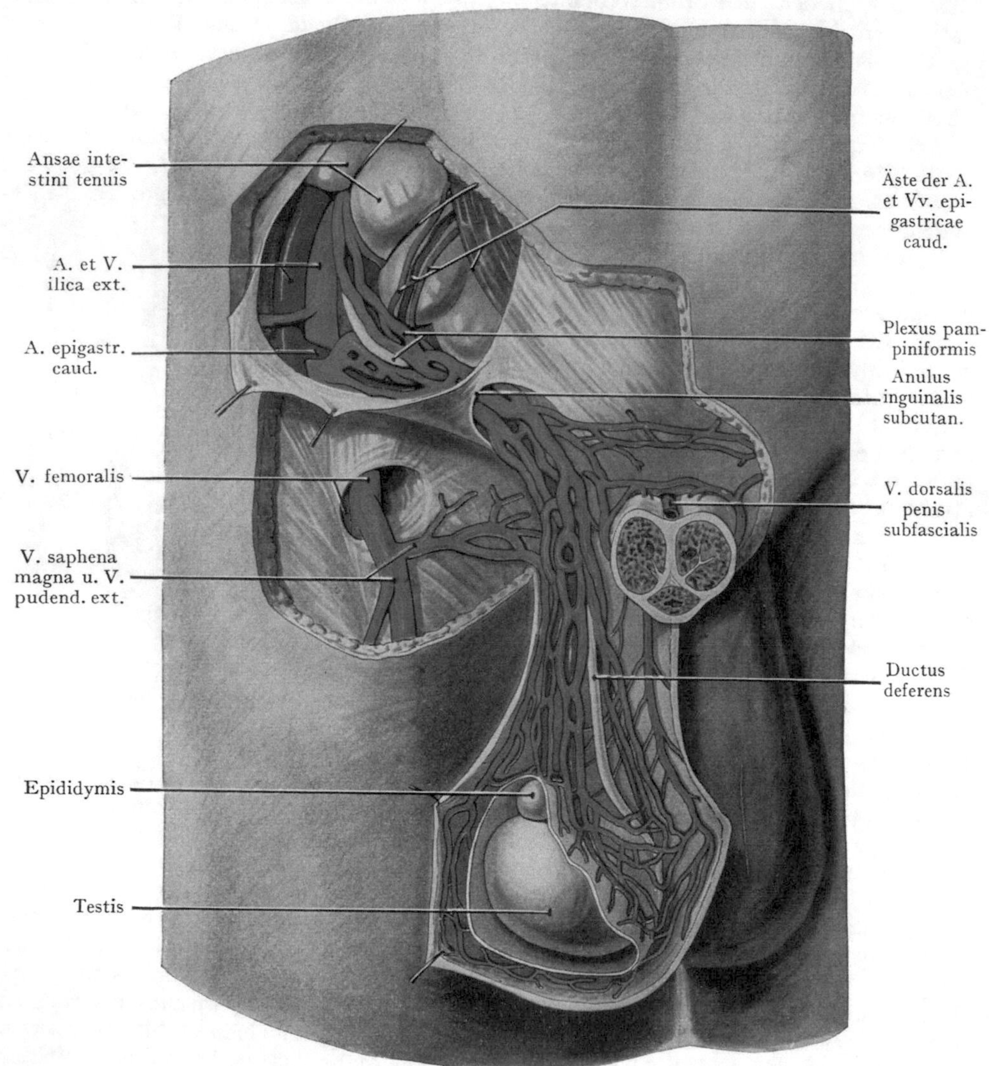

Abb. 473. A. spermatica und Plexus pampiniformis.
Nach Ch. Perier, Thèse de Paris 1864.

eine Scheide abgibt, auf die hintere Wand der Harnblase. Sie trennt also die letztere sowie die Prostata und die Samenblasen von dem vorderen Umfange der Pars ampullaris recti, geht übrigens, wie das für die Pars analis recti angedeutet ist, auch seitlich auf das Rectum über und hängt mit dem lockeren Bindegewebe zusammen, welches das Rectum von der vorderen Fläche des Sacrum trennt.

Mit dem Diaphragma urogenitale zusammen begrenzt der auf die Prostata übergehende Teil der Fascia diaphragmatis pelvis interna (Lig. puboprostatica) die Loge, in welcher die Pars diaphragmatica urethrae mit den Fasern des M. sphincter urethrae diaphragmaticae[1], dem Plexus pudendalis, der A. pudendalis int. und dem N. pudendalis eingelagert sind, sowie die Glandulae bulbourethrales (Cowperi), welche letztere bloss durch das Diaphragma urogenitale von dem Bulbus corp. cavern. urethrae getrennt

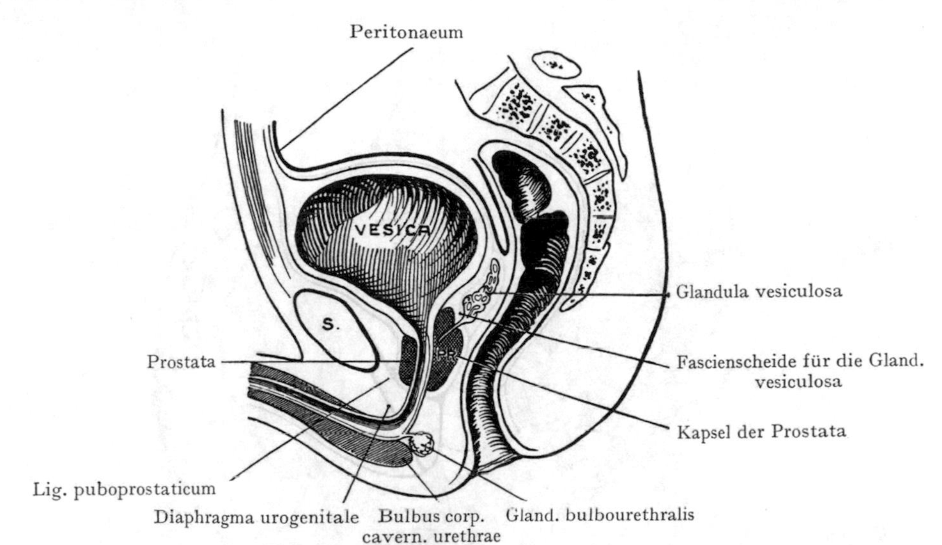

Abb. 474. Die Beckenfascie in ihren Beziehungen zur Harnblase, zur Prostata, zu den Samenblasen und zum Rectum.

In einem Sagittalschnitte dargestellt. Schematisch.

Mit Benützung einer Abbildung von Cunningham, Practical Anatomy.

Pr. Prostata.

werden. Der untere Überzug des Bulbus corp. cavern. urethrae durch die Fascia perinei superficialis ist gleichfalls grün angegeben.

In Abb. 475 sind die Beziehungen der Fascia intrapelvina zur Harnblase, zur Prostata, zu den Samenblasen und zum Rectum körperlich dargestellt. Hier ist auch die Fascia perinei superficialis und die Fascia penis angegeben. In dem Raume zwischen den Lig. puboprostatica und dem Diaphragma urogenitale sieht man die Pars diaphragmatica urethrae und die Glandulae bulbourethrales (Cowperi).

In Abb. 476 kommt eine schematische Ansicht der seitlichen Beckenwandung zur Darstellung, in welcher die Stellen angegeben sind, wo sich Hernien bilden können. Abgesehen von den drei typischen Bruchstellen oberhalb der Linea terminalis (Hernia inguinalis medialis, E., Hernia inguinalis lateralis, F. und Hernia femoralis, D.) sind noch angegeben: die Austrittsstellen einer Hernia obturatoria (C.) durch

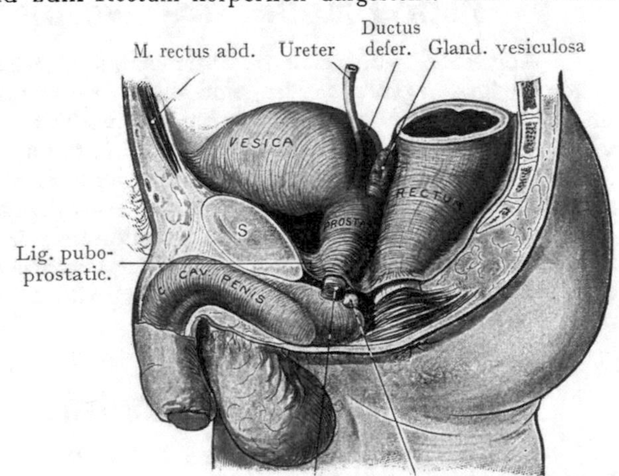

Abb. 475. Verlauf der Fascia intrapelvina. Verhalten derselben zur Harnblase, zur Harnröhre, zur Prostata und zum Rectum.

Die Fascia penis ist gleichfalls grün angegeben.

[1] Sphincter urethrae externus.

die innere Mündung des Canalis obturatorius, einer Hernia ischiadica (A.) durch das For. infrapiriforme mit dem N. ischiadicus und einer Hernia glutaea durch das For. suprapiriforme mit der A. glutaea cran. (B.).

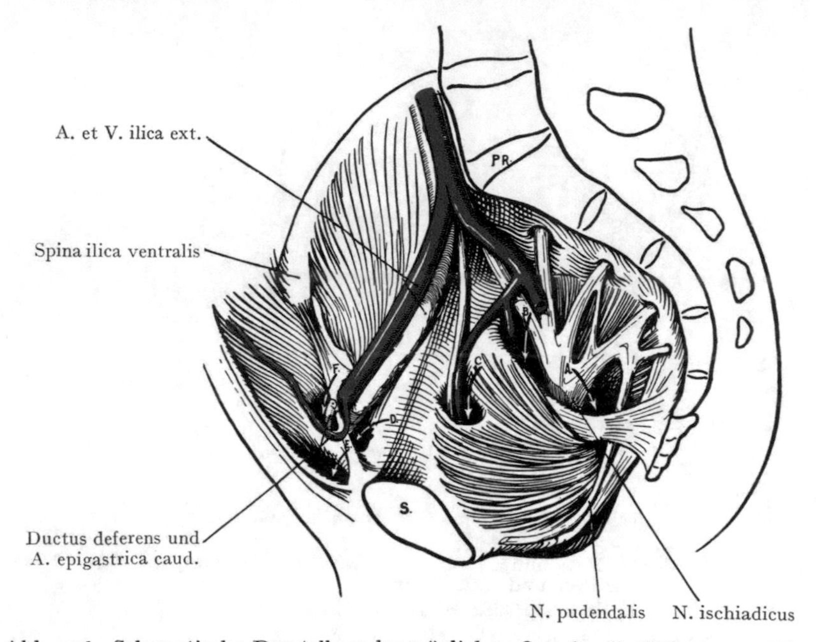

Abb. 476. Schematische Darstellung der möglichen Orte für die Bildung von Hernien in der Regio inguinalis sowie an der seitlichen Wandung des kleinen Beckens.
A. Hernia ischiadica. B. Hernia glutaea. C. Hernia obturatoria. D. Hernia femoralis. E. Hernia inguinalis medialis. F. Hernia inguinalis lat.

Topographie des weiblichen Beckens.

Abgesehen von einigen Unterschieden, welche in den Massen des weiblichen Beckens gegeben werden, sind die parietalen Gebilde dieselben, welche wir im männlichen Becken antreffen; anders verhält es sich selbstverständlich mit den visceralen Muskeln, Gefässen und Nerven, die im Anschluss an die weiblichen Genitalien ganz andere Verhältnisse aufweisen. So wird die vordere membranöse Abteilung des Beckenbodens in so grosser Ausdehnung von der Scheide durchbrochen, dass von der Platte des Diaphragma urogenitale nur wenig übrigbleibt. Das Verhalten der Fascia intrapelvina zu den weiblichen Beckeneingeweiden ist derart verschieden, dass sie später eine besondere Besprechung erfahren wird.

Rectum beim Weibe.

Die Beschreibung des Rectum beim Weibe kann auf diejenigen Einzelheiten beschränkt werden, welche von den beim Manne konstatierten Verhältnissen abweichen, so auf die Beziehungen zur Scheide und zum Uterus, zum Peritonaeum usw. In allem übrigen, wie Verlauf des Rectum, Unterscheidung verschiedener Abschnitte, Blut- und Lymphgefässversorgung, Fascien usw., sei auf das bereits Gesagte verwiesen. Wir hätten in der Hauptsache bloss in zwei Punkten die frühere Schilderung zu ergänzen; sie betreffen: 1. die Beziehungen des Peritonaeum zum Rectum, 2. die Lagebeziehungen des Rectum zu den anderen Eingeweiden des weiblichen Beckens.

Rectum und Peritonaeum beim Weibe. An Stelle der Excavatio rectovesicalis des Mannes finden sich beim Weibe infolge der Einschiebung von Uterus und

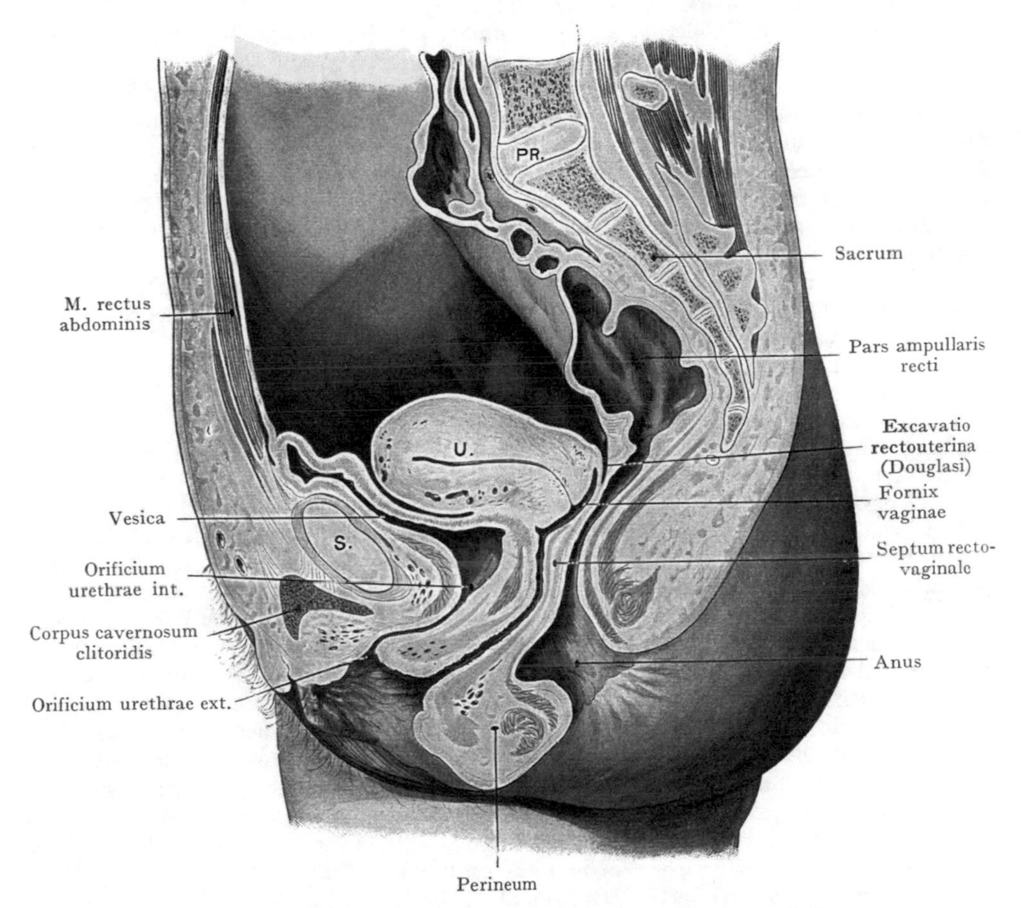

Abb. 477. Medianschnitt durch das Becken eines 21jährigen Weibes. Peritonaeum grün. Gefrierschnitt aus der Basler Sammlung. S. Symphyse. U. Uterus. Pr. Promunturium.

Scheide zwischen Harnblase und Rectum zwei Ausbuchtungen, eine vordere, zwischen Harnblase und Uterus (Excavatio vesicouterina) und eine hintere (Excavatio rectouterina seu cavum Douglasi) zwischen der Pars ampullaris recti einerseits, dem Uterus und der Scheide andererseits. Vom Gesichtspunkte des Praktikers aus betrachtet hat die Excavatio rectouterina eine ganz besondere Bedeutung. Das Peritonaeum (Abb. 477) welches die ganze hintere Fläche des Uteruskörpers sowie das hintere Scheidengewölbe und einen Teil der hinteren Wand der Scheide überzieht, schlägt sich auf den vorderen Umfang des Rectum über, so dass zwischen dem Uterus und dem obersten Teil der Scheide einerseits und der Pars ampullaris recti andererseits eine tiefe, nach unten gehende Bucht der Peritonaealhöhle entsteht. Dieselbe wird von dem übrigen Cavum pelvis peritonaeale durch zwei Peritonaealfalten abgegrenzt, welche horizontal von dem seitlichen und hinteren Umfange des Uteruskörpers zum seitlichen Umfang der Rectumampulle verlaufen (Plicae rectouterinae). Dieselben stellen nicht bloss Reservefalten des Peritonaeum dar, sondern besitzen auch infolge der Einlagerung von glatten Muskelfasern (M. rectouterinus) eine gewisse Bedeutung für die Fixation des Uterus an das Rectum und an das Sacrum.

Die tiefste Stelle der Excavatio rectouterina liegt etwas 5—6 cm über dem Anus, ist also für die Untersuchung per anum und per vaginam zugänglich. Bei Neugeborenen und bei Kindern in den ersten Lebensjahren liegt der Grund der Excavatio bedeutend tiefer, ein Zustand, der sich ausnahmsweise noch bei Erwachsenen findet. Durch die Untersuchungen Zuckerkandls ist es wahrscheinlich geworden, dass beim Embryo in einem gewissen Stadium der peritonaeale Blindsack der Excavatio rectouterina konstant den Beckenboden erreicht. Nicht selten reicht noch beim neugeborenen Kinde das Peritonaeum bis zur Mitte der Höhe der hinteren Scheidenwand herab.

Der Inhalt der Excavatio rectouterina ist von dem Füllungszustande des Uterus und des Rectum abhängig, genau wie beim Manne der Inhalt der Excavatio rectovesicalis von der Füllung der Harnblase und des Rectum. In der Regel sind hier Dünndarmschlingen (Ileum) und der Rectumschenkel des Colon sigmoides anzutreffen, welche bei Volumenzunahme von Uterus oder Rectum in die Bauchhöhle aufsteigen. Im weiblichen Becken haben wir eben drei Organe, welche infolge ihrer wechselnden Füllung sowohl ihre gegenseitige Lage ändern als auch die Lage der in den Beckenraum herabsteigenden Baucheingeweide beeinflussen können.

Lagebeziehungen des Rectum. Die Beziehungen der hinteren und der seitlichen Wand ändern sich nicht mit dem Geschlechte, dagegen sind diejenigen der vorderen Wand infolge der Einschiebung des Uterus und der Scheide wesentlich andere als beim Manne. Die hintere Wand des Uterus sowie das hintere Scheidengewölbe werden durch die Excavatio rectouterina von dem vorderen Umfange der Pars ampullaris recti getrennt. In der Excavatio rectouterina liegen die Schlingen des Dünndarms und des Colon sigmoides, welche sich bei leerem Uterus und mässig gefüllter Rectumampulle unmittelbar dem vorderen Umfange der letzteren anschliessen. Am Grunde der Excavatio rectouterina legen sich die Wandungen des Raumes aneinander, so dass hier ein Spalt entsteht (Abb. 477), in welchen die Darmschlingen nicht mehr eindringen können. Unmittelbare Beziehungen ergeben sich zwischen der vorderen Wand der unteren, nicht mehr vom Peritonaeum überzogenen Strecke der Pars ampullaris und analis recti zur hinteren Wand der Scheide. Rectum und hintere Scheidenwand sind in grosser Ausdehnung miteinander verbunden durch Bindegewebe, welches als eine Membran ausgebildet ist (Septum rectovaginale) und sich seitlich in die Fascia diaphragmatis pelvis interna fortsetzt. Die maximale Dicke der durch Rectumwand und hintere Scheidenwand gebildeten Schicht beträgt (Abb. 477) etwa 1 cm; nach unten geht sie in den Damm (Perineum) über, welcher sich als eine starke Masse von Muskel-, Fett- und Bindegewebe zwischen dem vorderen Umfange des Anus und der Öffnung des Sinus urogenitalis (Vestibulum vaginae) erstreckt

Über die Rolle, welche diese Verbindung von Scheide und Rectum für die Erhaltung der ersteren in ihrer Lage spielt, vergleiche man die Bemerkungen über die Fixation des Uterus und der Scheide. Die Verbindung zwischen Scheide und Rectum kann sich bei den während des Gebäraktes auftretenden, oft weit hinaufreichenden Einrissen der hinteren Scheidewand in der Linie des Septum rectovaginale lösen, ohne dass dabei die Wand des Rectum beteiligt ist. Diese kann dann geradezu freipräpariert in der Wunde vorliegen. Erst bei hochgradigen Einrissen wird auch die vordere Wand des Rectum eine Kontinuitätstrennung aufweisen.

Topographie der Harnblase beim Weibe.

Für die Harnblase ergeben sich zahlreichere durch das Geschlecht bedingte Differenzen als für das Rectum; in noch höherem Grade gilt dies für die Topographie der Urethra und der Ureteren; die erstere wird vollständig in die vordere Wand der Scheide aufgenommen, die letzteren besitzen unmittelbare und praktisch sehr wichtige Beziehungen zum Uterus, zur Scheide und zur A. uterina.

In der **Form der weiblichen Harnblase** macht sich, infolge der Anlagerung von Uterus und Scheide, eine gewisse Abplattung in der Richtung von vorne nach hinten geltend. Übrigens ist die Form der Blase je nach ihrem Füllungszustande sehr verschieden; bei voller Blase legt sich die vordere Fläche des Uteruskörpers dem hinteren Umfange der Harnblase an, bei leerer Harnblase sinkt der Uteruskörper nach vorne über und liegt der Harnblase auf (Abb. 477). Füllung und Entleerung der Harnblase haben eine Lageveränderung des Uteruskörpers im Gefolge, indem bei Füllung der Harnblase der Uteruskörper aufgerichtet wird, bei leerer Harnblase dagegen nach vorne sinkt.

Das innere Relief des Harnblasenfundus ist infolge Fehlens der Prostata ein anderes als beim Manne. Die Uvula, welche beim Manne auf die Ausbildung des mittleren Prostatalappens zurückzuführen ist, fehlt; auch ist der Übergang der Harnblase in die Urethra am Orificium urethrae int. mehr trichterförmig und das Trigonum vesicae hebt sich nicht so scharf von der übrigen Wandung der Harnblase ab wie beim Manne.

Harnblase und Peritonaeum. Von der vorderen Bauchwand (Abb. 477) schlägt sich das Peritonaeum auf die obere Wandung der Harnblase über und in derselben Weise wie beim Manne wird die Umschlagsstelle bei Ausdehnung der Harnblase nach oben verschoben, so dass sich dann die vordere Wand in direktem Kontakte mit der Fascia transversalis befindet. Zwischen der hinteren Wand der Harnblase (bei mässiger Füllung) und dem vorderen Umfange des Corpus uteri bildet das Peritonaeum die Excavatio vesicouterina. Der Peritonaealüberzug der Harnblase reicht an der hinteren Wand nicht bis zur Höhe des Orificium urethrae int. herab, indem das untere Drittel der vorderen Wand des Uteruskörpers sowie die Cervix uteri mit dem hinteren Umfange der Harnblasenwandung verlötet ist. Diese Verbindung erstreckt sich weiter abwärts, einerseits auf die vordere Wand der Scheide, andererseits auf die Urethra, und ist hier so innig, dass man geradezu von einem Einschlusse der Urethra in die vordere Scheidenwand gesprochen hat.

Variationen in der Tiefe der Excavatio vesicouterina kommen häufig vor und sind zum Teil wohl als Persistenz der während der fetalen Entwicklung bestehenden Zustände aufzufassen. Beim Fetus und auch noch beim Neugeborenen ist die ganze hintere Wand der Harnblase bis in die Höhe des Orificium urethrae int. vom Peritonaeum überzogen, ein Zustand, welcher sich eben dadurch ändert, dass die Harnblase bei ihrem auch im weiblichen Geschlechte erfolgenden Descensus den Peritonaealüberzug ihrer hinteren Wand teilweise abstreift, so dass die Umschlagslinie des Peritonaeum von der Harnblase auf den Uterus bei der Erwachsenen bedeutend höher zu liegen kommt. Der Vorgang ist ein allmählicher und vollzieht sich hauptsächlich während der ersten Lebensjahre.

Lagebeziehungen der Harnblase (Syntopie). Nach vorne sind die Beziehungen wesentlich dieselben wie beim Manne. Beim Weibe liegt die Harnblase jedoch etwas tiefer, gleichfalls hinter der Symphyse, von derselben durch lockeres Fett- und Bindegewebe getrennt. Die Fascia diaphragmatis pelvis interna schlägt sich von dem hinteren Umfange der Symphyse und des Corpus oss. pubis auf die Harnblase über und bildet hier die Ligg. pubovesicalia. Unterhalb derselben liegt der Plexus pudendalis, welcher die V. dorsalis clitoridis subfascialis als Zufluss aufnimmt. Der Plexus pudendalis bildet den vordersten Teil eines mächtigen Plexus venosus, welcher oberhalb des Diaphragma pelvis dem Fundus vesicae, der Scheide (Plexus uterovaginalis) und dem Rectum anliegt und teilweise mit dem Plexus vesicopudendalis beim Manne zu vergleichen ist. Oben legen sich der vollen Harnblase Dünndarmschlingen an, bei leerer Harnblase die vordere Fläche des Uteruskörpers.

Nach hinten ergeben sich bei gefüllter Harnblase Beziehungen zur vorderen Fläche des Uteruskörpers (Facies vesicalis uteri), welche zum grössten Teil durch die Excavatio vesicouterina von der Harnblase getrennt wird. Der untere Teil der Facies vesicalis uteri und der vordere Umfang der Cervix sowie die vordere Wand der Scheide sind mit der hinteren Wand der Harnblase, insbesondere auch mit dem Fundus vesicae in dem Bereiche des Trigonum vesicae verwachsen. Die Endstrecken der Ureteren liegen zwischen dem Harnblasenfundus und der vorderen Wand der Scheide (siehe Topographie der Ureteren beim Weibe).

Der Blasenfundus wird von den Venen des Plexus vesicalis umgeben.

Uterus und Vagina, Ovarien und Tuba uterina.

Der Uterus und die Scheide liegen zwischen der Harnblase und der Urethra (vorne) und dem Rectum (hinten). Die Ovarien und die Tuben stehen sowohl mit dem Uteruskörper als mit den seitlichen Wandungen des Beckens durch die Peritonaealduplikatur der Plica lata uteri[1] in Verbindung, welche die zum weiblichen Genitaltractus verlaufenden (visceralen) Gefässe und Nerven zum Teil einschliesst und das lockere Bindegewebe des Spatium subperitonaeale pelvis mit dem das Corpus uteri umhüllenden Bindegewebe in Zusammenhang setzt. Wir untersuchen zuerst die Topographie von Uterus und Scheide, dann im Zusammenhang die Beziehungen dieser Gebilde zur Fascia pelvis.

Uterus und Vagina.

Der Uterus wird häufig als birnförmig beschrieben, der Stiel liegt unten und ist in den oberen Teil des Scheidenkanales eingestülpt (Abb. 479). Wir unterscheiden am Uterus drei Abschnitte: das Corpus uteri, mit dem Fundus uteri oberhalb der Einmündung der Tuben, einen mittleren Abschnitt, den Isthmus uteri, welcher nach unten in die Cervix uteri übergeht. Die seitlichen Ränder des Uterus trennen eine vordere Fläche (Facies vesicalis) von einer hinteren Fläche (Facies rectalis); erstere sieht gegen die Blase, letztere gegen die Pars ampullaris recti.

Die Cervix und der Isthmus uteri (Abb. 479) sind zylindrisch, manchmal scharf vom Korpus abgesetzt, manchmal allmählich in dasselbe übergehend. Ihre Länge beträgt etwa 3 cm; wir unterscheiden den unteren, in die Scheide eingestülpten Teil als Portio vaginalis cervicis von dem oberhalb der Scheide liegenden Teil, der Portio supravaginalis cervicis. Die Öffnung in die Scheide, das Orificium externum uteri, ist bei Nulliparae annähernd rund, dagegen bei Frauen, die mehrfach geboren haben, in einen queren Schlitz verwandelt, welcher durch die vordere und hintere Muttermundslippe begrenzt wird. Das Orificium externum uteri sieht gegen die hintere Scheidenwand, indem die Cervix nicht an der höchsten Stelle der Scheidenwölbung, sondern etwas nach vorne von derselben in die Scheidenwand eingelassen ist.

[1] Lig. latum uteri.

Die Höhle des Uterus ist, entsprechend der äusseren Form des Organs, in dem Frontalschnitte (Abb. 479) dreieckig; nach unten geht sie an dem Orificium interum in den Canalis isthmi[1] über, der sich in den Canalis cervicis fortsetzt. Die

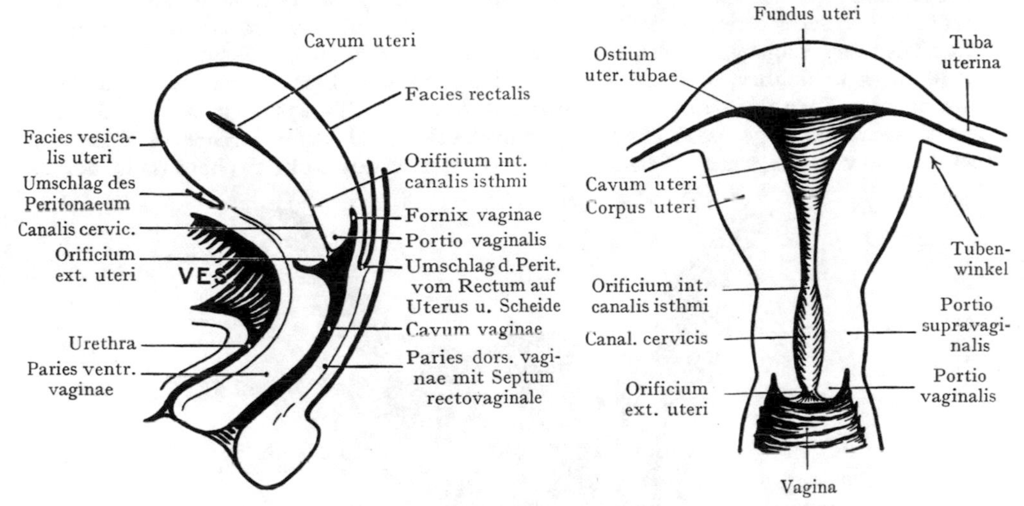

Abb. 478. Sagittalschnitt durch Uterus und Scheide. Schematisch.

Abb. 479. Frontalschnitt durch den Uterus[2]. Schematisch.

Weite des letzteren ist nicht gleichmässig, indem die Öffnungen enger sind als die Mitte des Kanales, welcher infolgedessen eine spindelförmige Gestalt aufweist.

Die Wandung des Uterus besteht, von innen nach aussen an einem Horizontalschnitte untersucht, aus folgenden Schichten (Abb. 480):

1. der Schleimhaut (Mucosa) (Endometrium),
2. der glatten Muskulatur (Myometrium),
3. dem subperitonaealen Bindegewebe, resp. dem Beckenbindegewebe (Parametrium),
4. dem Peritonaealüberzuge des Corpus und des Fundus uteri (Perimetrium).

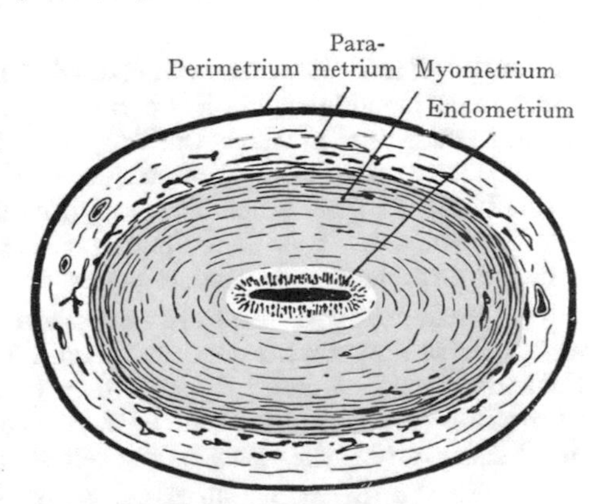

Abb. 480. Querschnitt durch den Uterus. Schichten der Uteruswandung. Schema.

Bei schwacher Vergrösserung oder auch mit blossem Auge sind in dem Myometrium eine Anzahl von Gefässdurchschnitten zu erkennen, hauptsächlich von Venen, welche in den Plexus venosus uterovaginalis einmünden.

Vagina. Sie schliesst sich nach unten der Cervix uteri an, tritt durch den Beckenboden und öffnet sich in das Vestibulum vaginae. Die Achse der Scheide bildet mit der Achse des Uterus einen nach vorne offenen Winkel, dessen Grösse im Mittel mehr als 90° beträgt, aber mit den Lageveränderungen des Uterus zu- oder abnehmen kann; bei leerer Harnblase und nach vorne gesunkenem Uterus ist der Winkel kleiner als bei voller Harnblase und aufgerichtetem Uterus. Normalerweise berühren sich die vordere und hintere Wand der Scheide, infolgedessen

[1] Orificium uteri int. [2] Das Orificium ext. canalis isthmi ist im Schema nicht angegeben, so dass Canalis isthmi und cervicis nicht unterscheidbar sind.

in Medianschnitten (Abb. 477) das Lumen als Spalt erscheint. Die Cervix uteri tritt vor der höchsten Stelle des Scheidenkanales durch die Wandung; folglich liegt der höchste Punkt des Scheidenkanales hinter der Portio vaginalis cervicis und bildet die Ausbuchtung des Scheidengewölbes (Fornix vaginae), welcher eine kleinere Ausbuchtung vor der Portio vaginalis cervicis entspricht. Die letztere ist praktisch nicht von Bedeutung, dagegen ist das Scheidengewölbe für den in die Scheide eingeführten Finger noch erreichbar, und da die Scheidenwand hier bloss noch von dem Peritonaeum der Excavatio rectouterina überzogen wird (Abb. 477), so lassen sich vom Scheidengewölbe aus gewisse Veränderungen nachweisen, welche im Bereiche der Excavatio rectouterina vor sich gehen. Die vordere Wand der Scheide ist um $1^1/_2$ bis 2 cm kürzer als

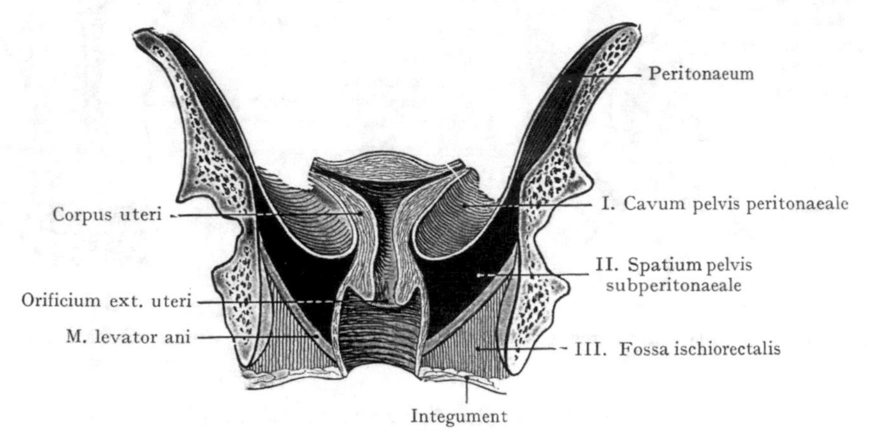

Abb. 481. Schematischer Frontalschnitt durch das weibliche Becken, welches die drei „Etagen" des Beckens (Cavum pelvis peritonaeale, Spatium pelvis subperitonaeale und Fossa ischiorectalis) zeigt.
Nach einer Abbildung von Bandl in A. Martin, Pathologie und Therapie der Frauenkrankheiten.

die hintere Wand. Die untere Grenze wird durch die bei manchen Frauen nachweisbaren Carunculae hymenales als Reste des Hymen angegeben. Die Wandung der Scheide ist muskulös; ihr hinterer Umfang ist, abgesehen von dem oberen Viertel, welches einen Überzug von dem Peritonaeum der Excavatio rectouterina erhält, mit der vorderen Wand der Pars ampullaris recti mittelst des Septum rectovaginale verbunden; die vordere Wand ist mit dem Fundus vesicae und der Urethra nicht bloss verbunden, sondern umschliesst die letztere sogar vollständig.

Beziehungen des Peritonaeums zu Uterus und Scheide. Der durch Uterus und Scheide dargestellte Genitalschlauch hat (Abb. 481) Beziehungen zu allen drei im Becken unterschiedenen „Etagen", dem Cavum pelvis peritonaeale, dem Spatium pelvis subperitonaeale und der Fossa ischiorectalis; der Uterus, für sich betrachtet, bloss zu den beiden ersten, die Scheide dagegen zu allen dreien.

Das Peritonaeum überkleidet, in einem Medianschnitte (Abb. 477) verfolgt, von der Harnblase auf den Uterus weiterziehend, die vordere und die hintere Fläche des Corpus uteri sowie den Fundus, ferner die hintere Fläche der Portio supravaginalis vervicis, das Scheidengewölbe und das obere Viertel der hinteren Scheidenwand. Der cordere Umfang der Portio supravaginalis ist mit der Harnblasenwandung direkt verbunden.

Die seitlichen Kanten des Uterus sind durch die Plica lata uteri[1] mit der seitlichen Wandung des Cavum pelvis peritonaeale in Verbindung gesetzt. Dieselbe überzieht nach oben die Tube. Bei voller Harnblase und aufgerichtetem

[1] Lig. latum uteri.

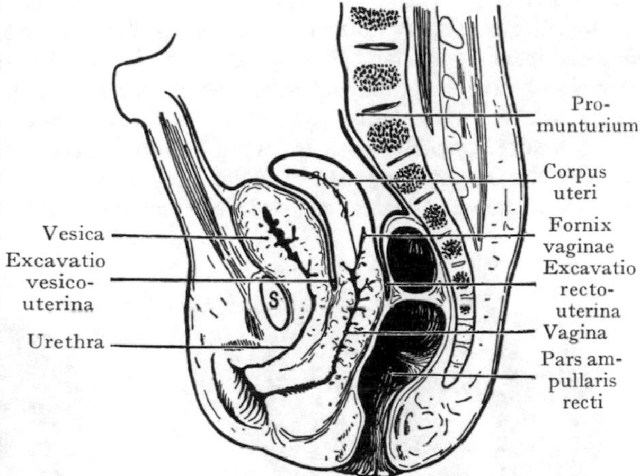

Abb. 482. Sagittalschnitt durch das Becken eines neugeborenen Mädchens.
Gefrierschnitt aus der Basler Sammlung.

Uterus ist die Plica lata frontal eingestellt und bildet, mit dem Uterus zusammengenommen, eine transversale Scheidewand in dem Cavum pelvis peritonaeale. Bei leerer Blase dagegen liegt die Plica lata mehr horizontal; übrigens ist sowohl ihre Lage als auch ihre Einstellung in dem Becken zunächst von der Stellung des Uterus abhängig. Sie schliesst zwischen ihren Blättern eine gewisse Menge von Bindegewebe ein, welches mit dem lockeren Bindegewebe der seitlichen Wand des Beckens im Zusammenhang steht (Parametrium). An der Basis der Plica lata verlaufen die Gefässe des Uterus von der seitlichen Beckenwand zur Cervix, eingehüllt in Bindegewebe, das sowohl für die Fixation des Uterus als für die Fortleitung von Erkrankungen der Uteruswand auf die seitliche Beckenwandung von hervorragender Bedeutung ist.

In bezug auf die Art der Verbindung zwischen Uteruswandung und Peritonaeum ist zu bemerken, dass sie im Bereiche des Corpus uteri eine innige ist, indem die bindegewebige Schicht des Parametrium hier schwach entwickelt ist, so dass der Peritonaealüberzug an dem Myometrium haftet und nicht im Zusammenhang abzupräparieren ist. Dagegen gelingt dies recht leicht am hinteren Umfange der Cervix uteri, wo eine grosse Menge von lockerem subperitonaealem Bindegewebe den Zusammenhang vermittelt; je weiter wir dagegen von der Cervix aus nach oben gehen, desto schwieriger wird es, das Peritonaeum von der Uteruswand loszulösen.

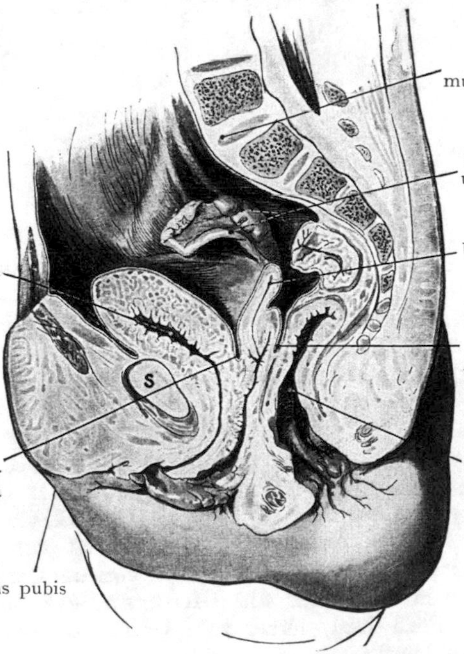

Abb. 483. Sagittalschnitt durch das Becken eines 1jährigen Mädchens.
Gefrierschnitt aus der Basler Sammlung.

Gefässe und Nerven des Uterus und der Scheide.

Der Uterus wird versorgt durch die A. uterina, aus der A. ilica interna[1] oder einem ihrer grösseren Äste, und die A. ovarica aus der Aorta abdominalis, welche mit der A. uterina anastomosiert.

[1] A. hypogastrica.

Die A. uterina entspringt häufig aus der nicht obliterierten Strecke der A. umbilicalis und verläuft median- und abwärts zum seitlichen Umfange der Cervix uteri, eingeschlossen von dem Bindegewebe an der Basis der Plica lata[1], welchem als Lig. cardinale uteri von manchen Autoren eine wichtige Rolle für die Befestigung des Uterus zugeschrieben wird (Abb. 492). An der Cervix uteri angelangt, gibt die Arterie die A. vaginalis ab, welche nach unten zur Scheide verläuft (Abb. 484 und 487). Die A. uterina selbst geht im Ansatze der Plica lata an den seitlichen Rand des Corpus uteri nach oben; ein Ramus ovaricus anastomosiert in der Plica lata[1] mit der A. ovarica, und ein

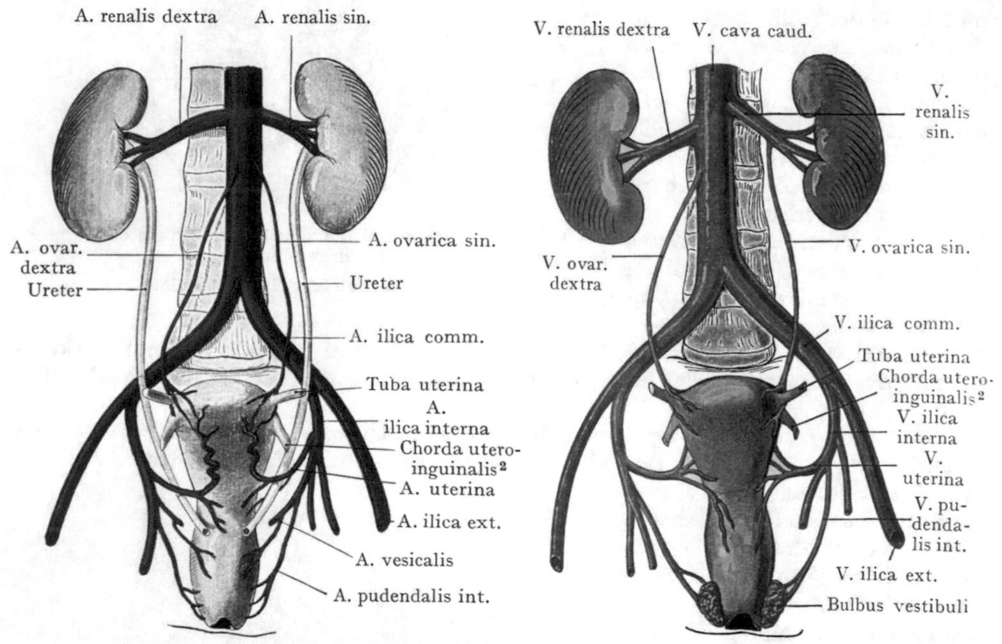

Abb. 484. Arterien des Uterus und der Scheide. Schema.

Abb. 485. Venen des Uterus und der Scheide. Schema.

Ramus tubalis geht zur Tube; die A. vaginalis, welche am lateralen Umfange der Scheide nach unten verläuft, anastomosiert mit der A. vesicalis caudalis und der A. rectalis caudalis[3], beides Äste der A. ilica interna, welche sich an den unteren Teil der Scheide verzweigen.

Die A. uterina liegt in der ersten Strecke ihres Verlaufes in Begleitung der Vv. uterinae der seitlichen Beckenwandung an. Sie wird hier von dem Peritonaeum parietale bedeckt und liegt vor dem Ureter, welcher, ebenso wie beim Manne, an der Teilungsstelle der A. ilica comm. in die Aa. ilica externa und interna in das Becken herabtritt (Abb. 487). Dort, wo die Arterie die seitliche Wandung des Beckens verlässt, um an der Basis der Plica lata[1] zur Cervix zu verlaufen, wird sie von dem Ureter gekreuzt, indem der letztere hier medial von der Arterie angetroffen wird. Die Kreuzungsstelle liegt ca. 2 cm lateral von der Cervix uteri.

Neben den Ästen zum Uterus und zur Scheide gibt die A. uterina auch noch Äste zur Plica lata, ferner zum Ureter an der Kreuzungsstelle sowie zur hinteren Wand der Harnblase.

Venen des Uterus (Abb. 485). Sie bilden den mächtigen Plexus utero-vaginalis, welcher an den seitlichen Rändern des Uterus und der Scheide nach oben

[1] Lig. latum uteri. [2] Lig. teres uteri. [3] A. haemorrhoidalis media.

mit den Venen des Ovarium (V. ovarica), nach unten mit den Venen des Bulbus vestibuli (V. pudendalis int.) im Zusammenhang steht. Vorne verbinden sich die Uterusvenen mit dem Plexus pudendalis und dem Plexus vesicalis, hinten mit dem Plexus rectalis. Auch hängen die beiderseitigen venösen Plexus des Uterus und der Scheide durch zahlreiche Anastomosen untereinander zusammen, so dass wir eigentlich das ganze Venensystem der weiblichen Beckeneingeweide als einen grossen zusammenhängenden Venenplexus aufzufassen berechtigt sind. Der Plexus uterovaginalis setzt sich aus äusserst dünnwandigen, spiralig gewundenen Venenstämmen

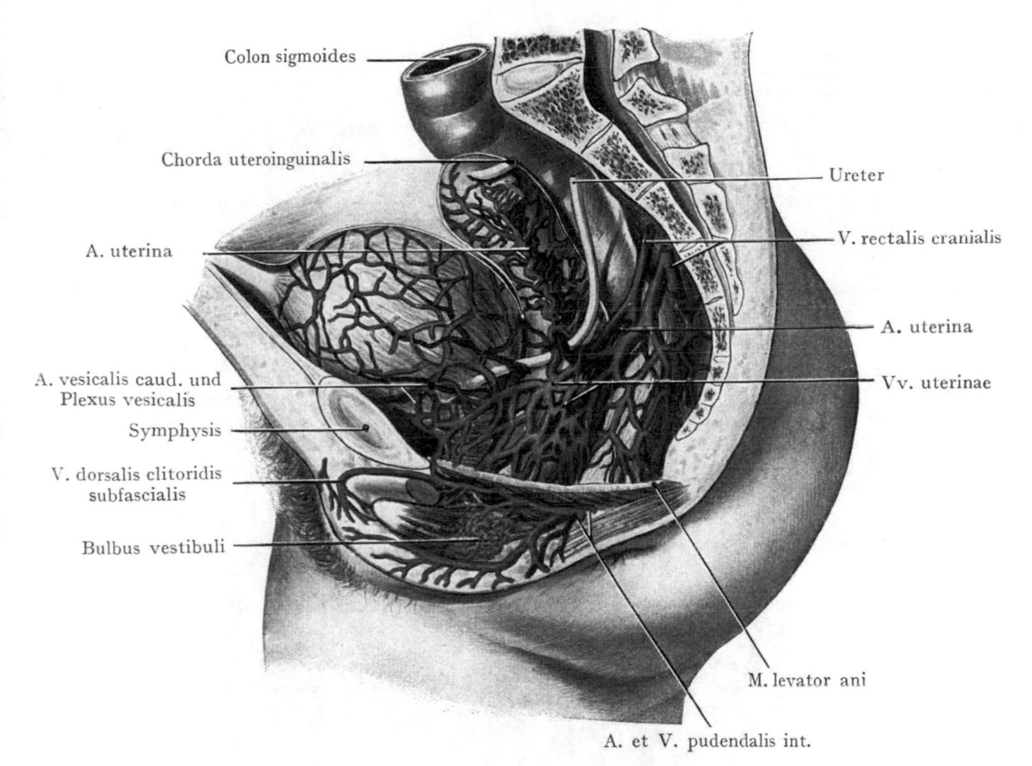

Abb. 486. Venen des weiblichen Beckens von der linken Seite gesehen nach Abtragung der linken Beckenhälfte.

Nach Nuhn, Chirurg.-anat. Tafeln, Mannheim 1846.

zusammen, welche infolge ihrer dichten Zusammenlagerung und der Ausbildung von Balken glatter Muskelfasern als Schwellgewebe bezeichnet wurden. Ihre Anfüllung mit venösem Blute dürfte eine Form- und Lageveränderung des Uterus zur Folge haben. Etwas Derartiges lässt sich bei der künstlichen Injektion der Venen nachweisen; dabei richtet sich das Corpus uteri in der Fortsetzung der Beckenachse im Beckenraume auf; gleichzeitig wird wohl auch die Uterushöhle weiter, indem Uterus und Scheide alsdann einen gleichmässig um die Symphyse abgebogenen Schlauch bilden (Ch. Rouget).

Die Hauptabflusswege des Venengeflechtes der inneren weiblichen Genitalien sind die V. ovarica (besonders aus dem Fundus, den Ovarien und den Tuben sich sammelnd), die Vv. uterinae, die sich etwa in der Höhe des Collum uteri sammeln, und die V. pudendalis int., welche aus dem Plexus vaginalis und dem Bulbus vestibuli Wurzeln erhält (Abb. 486 und 488). Diese Venen stehen im Plexus uterovaginalis in einer ausgedehnten Verbindung, welche von der Öffnung der Scheide in das Vestibulum vaginae bis zum Ovarium hinaufreicht. Abb. 486 stellt die Venen der äusseren weiblichen Geschlechtsteile im Zusammenhang mit ihren Abflüssen in die parietalen und visceralen Venen des weiblichen Beckens dar.

Lymphgefässe und Lymphdrüsen von Uterus, Tuben und Ovarien. Die Lymphgefässe der inneren weiblichen Geschlechtsorgane finden ihren Abfluss nach verschiedenen Richtungen, je nach dem Abschnitte der Organe, den wir

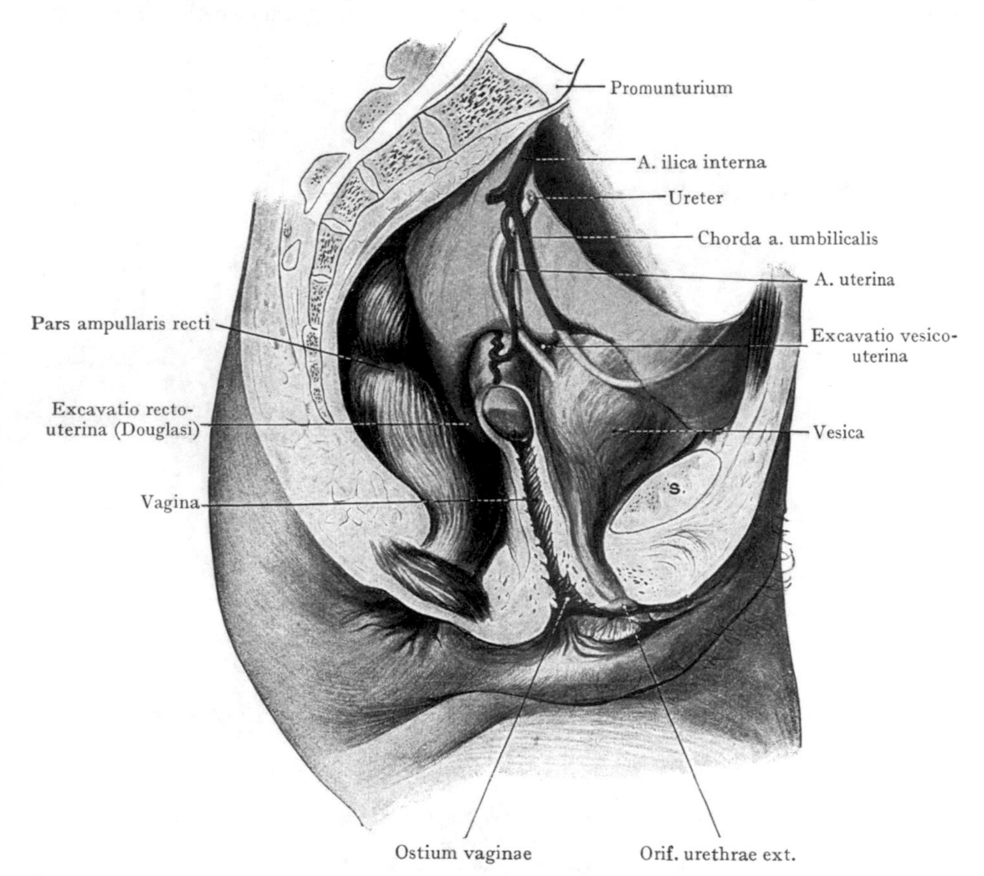

Abb. 487. Weibliche Beckenorgane von rechts; die Scheide ist aufgeschnitten. Verhalten des Peritonaeum zur Harnblase, zur Scheide, zum Uterus und zum Rectum. 17jähriges Mädchen.

untersuchen (Abb. 489). 1. Aus dem Fundus uteri, den Ovarien und den Tuben sammeln sich die Lymphgefässe zu Stämmen, welche mit der A. und V. ovarica nach oben verlaufen, die Vasa ilica ext. kreuzen und zu Lymphonodi lumbales gelangen, welche vor der Aorta und der V. cava caud. etwa in der Höhe der unteren Nierenpole liegen. 2. Lymphgefässe aus dem Fundus und dem Corpus uteri gehen in der Plica lata[1] oder auch der A. uterina angeschlossen, zu Lymphonodi ilici interni[2], welche längs des Stammes der A. ilica interna[3] sowie in dem Teilungswinkel der A. ilica comm. liegen. 3. In der Chorda uteroinguinalis[4] verlaufen einzelne Lymphstämme von dem Tubenwinkel und dem Fundus uteri durch den Canalis inguinalis zu den Ln. subinguinales superficiales. 4. Die Lymphgefässe der Scheide gehen entweder

[1] Lig. latum uteri. [2] Lymphoglandulae hypogastricae. [3] A. hypogastrica.
[4] Lig. teres uteri.

zu den Lymphonodi ilici interni oder zu den Lymphonodi ilici (längs der A. ilica ext.). 5. Von dem untersten Teile der Scheide und ihrer Mündung in das Vestibulum sowie auch von den Labia pudendi gehen die Lymphgefässe zu den Lymphonodi subinguinales superficiales (s. Regio perinealis).

Von den genannten Lymphdrüsen sind die Ln. subinguinales superficiales der direkten Palpation zugänglich, einzelne Beckendrüsen (Lymphonodi ilici interni) der

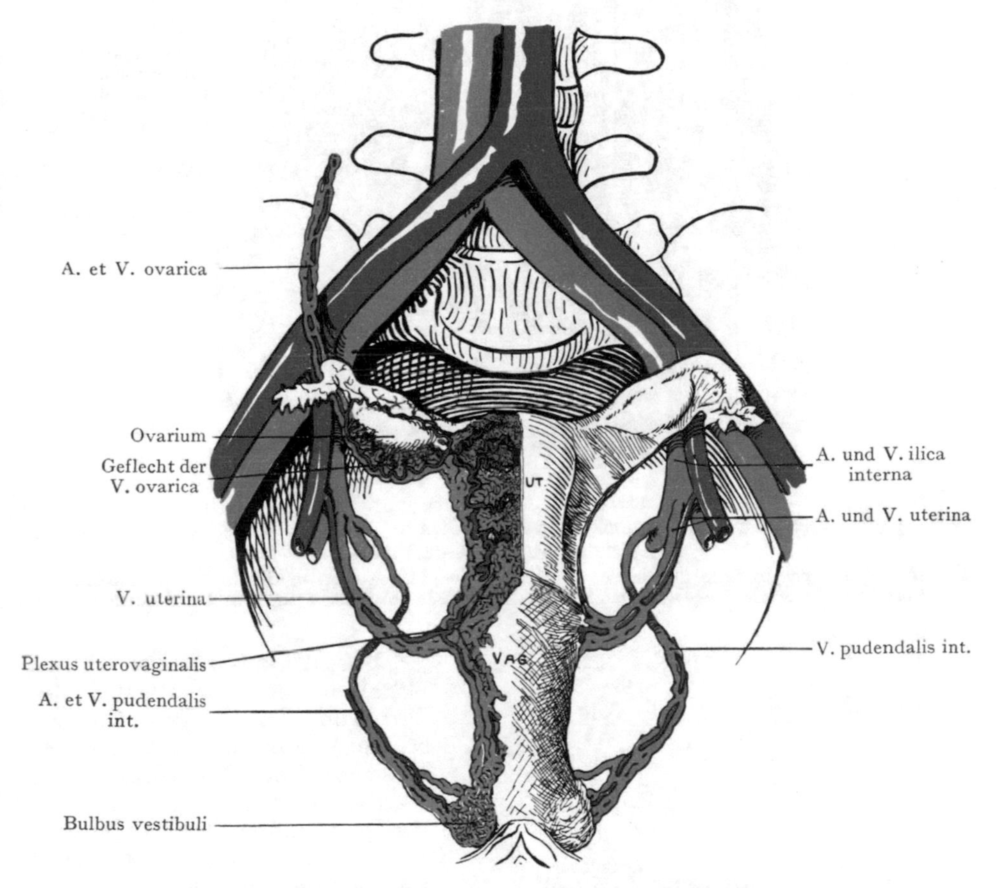

Abb. 488. Blutgefässe von Uterus und Scheide.
Die Venen nach Charles Rouget, Journal de physiol. Vol. 1. 1858.
Halbschematisch.

Palpation vom Rectum oder von der Scheide aus, jedoch nicht in allen Fällen und nicht in den ersten Stadien ihrer Vergrösserung.

Nerven von Uterus und Scheide. Sie kommen aus einem dichten, durch Einlagerung von Bindegewebe zu einer einheitlichen Masse gestalteten nervösen Plexus in der Gegend der Cervix uteri (Plexus uterovaginalis, Abb. 491). Derselbe hängt mit dem Plexus ilicus längs der A. ilica interna zusammen und erhält auch Äste aus dem II., III. und IV. Sacralnerven. Die zum Plexus uterovaginalis gehenden Äste des Plexus ilicus sind in den Plicae rectouterinae eingeschlossen. Von dem Plexus uterovaginalis gehen Äste sowohl zum Corpus uteri als zur Scheide und zur Harnblase.

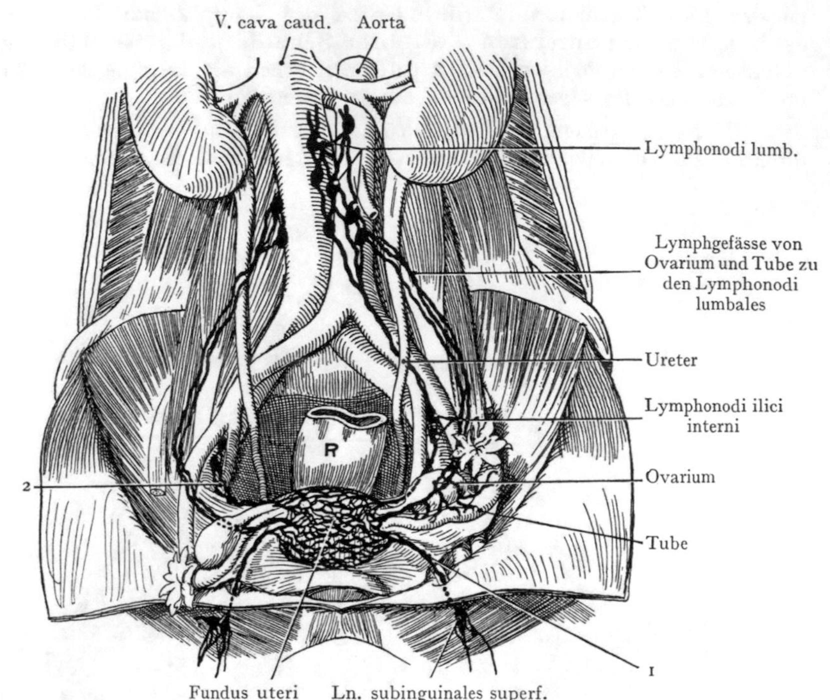

Abb. 489. Lymphgefässe und regionäre Lymphdrüsen von Uterus, Tuben und Ovarien. Nach Poirier, Progrès médical 1889.

1 Abflusswege der Lymphgefässe des Fundus uteri längs der Chorda uteroinguinalis zu Ln. subinguinales superficiales. 2 Abflusswege der Lymphgefässe des Fundus uteri zu Lymphonodi ilici interni.

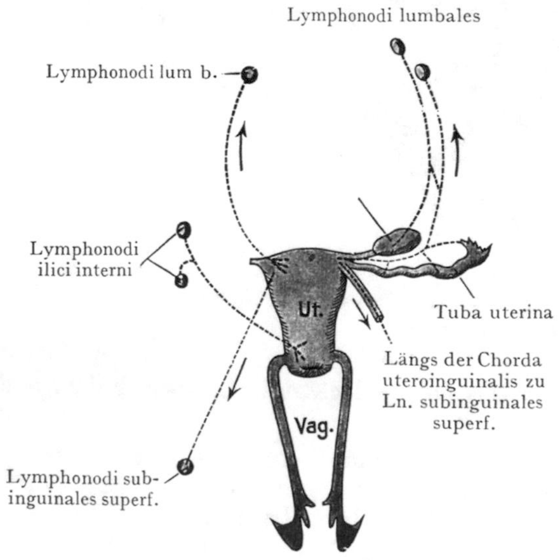

Abb. 490. Schema der Lymphgefässe und der regionären Lymphdrüsen des Uterus, der Ovarien und der Tuben. Nach Poirier, Progrès médical 1889.

Befestigung von Uterus und Scheide. Bei der Fixation des Uterus und der Scheide wirken verschiedene Momente mit. Erstens kommen in Betracht die Beziehungen zwischen dem Peritonaealüberzuge des Uterus und der denselben mit dem Peritonaeum parietale der seitlichen Beckenwand verbindenden Peritonaealduplikaturen, zweitens die Ausbildung besonderer Bindegewebszüge oder Bänder, welche die Cervix uteri oder die Scheide an bestimmte Stellen der Beckenwandung befestigen (Diaphragma urogenitale und auch Bindegewebsstränge, welche mit den Gefässen des Uterus zur seitlichen Wandung des Beckens verlaufen; Parametrium). Drittens ist hier die mittelbare Befestigung anzuführen, welche die Cervix uteri und die Scheide durch ihre Verwachsung vorne mit der hinteren Wand der Harnblase und der Urethra, hinten mit dem vorderen Umfange des Rectum erhalten. Alle diese Momente wirken zusammen, um, wenigstens für die Cervix uteri und die Scheide, die Fixation in einer bestimmten Lage herzustellen.

Eine geringere Rolle spielen dabei alle Peritonaealduplikaturen, insofern sie nicht Massen von strafferem Bindegewebe enthalten. So haben die vom Corpus uteri zur Blase verlaufenden Plicae vesicouterinae bloss die Bedeutung von Reservefalten, desgleichen der grössere Teil der Plicae latae uteri, während die nach hinten ziehenden, als Begrenzung der Excavatio rectouterina sich darstellenden Plicae rectouterinae (Douglasi) Züge von glatter Muskulatur und von straffem Bindegewebe umschliessen, welche vielleicht einer allzustarken Anteflexion des Uteruskörpers entgegenwirken. Straffe und mächtige Bindegewebsmassen ziehen mit der A. uterina in der Basis der Plica lata uteri zur seitlichen Beckenwand, um hier in das lockere subperitonaeale Bindegewebe des Cavum pelvis überzugehen.

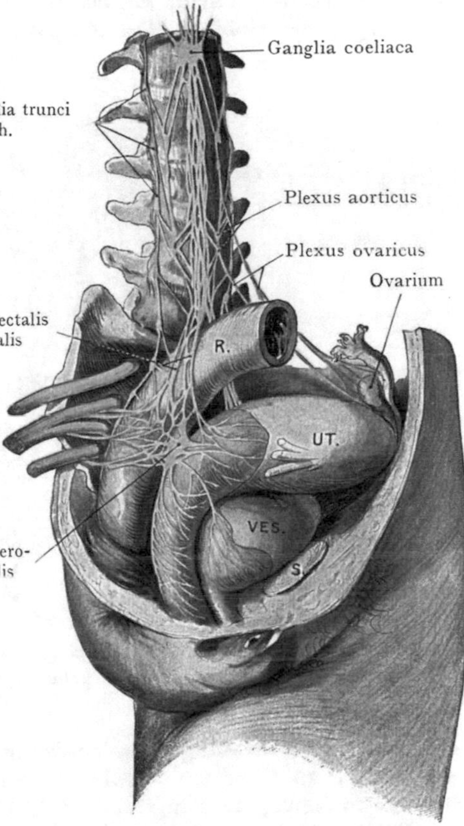

Abb. 491. Nerven des Uterus und der Harnblase. Mit Benützung einer von E. Bumm ergänzten Abbildung von Frankenhaeuser. (Die Nerven des Uterus, Jena 1867.)

Diese Faserzüge, welche in Abb. 492 an der Basis der Plica lata dargestellt sind, haben auch die Bezeichnung Ligg. cardinalia erhalten, weil sie gewissermassen eine Achse bilden, um welche die Bewegungen des Uteruskörpers nach vorne und hinten vor sich gehen, und demnach als ein Befestigungsmittel des Uterus und der Scheide nach beiden Seiten angesehen werden könnten. Die eigentliche Plica lata ist ganz ohne Bedeutung für die Fixation des Uterus, vielmehr ändert dieselbe ihre Lage mit der Verlagerung des Uterus und der Tuben.

Als ein sehr wesentliches Befestigungsmittel für die Scheide haben wir das Diaphragma urogenitale anzusehen, das von der Scheide bei ihrem Austritt aus dem Cavum pelvis durchbrochen wird. Durch dasselbe erfährt die Scheide eine Fixation im Arcus pubis (s. Regio perinealis).

Von dem Winkel, welchen die Tube mit dem Uteruskörper bildet, geht nach vorne, in einer Falte der Plica lata eingeschlossen, die Chorda uteroinguinalis[1] zur seitlichen Beckenwandung (Abb. 492 und 500), kreuzt nach dem Vorbilde des Ductus deferens beim Manne die A. und Vv. epigastricae caud. und durchsetzt den Canalis inguinalis, um in den grossen Labien zu endigen. Ihr Verlauf lässt auf eine gewisse Bedeutung für die Fixation des Uterus in anteflektierter Stellung schliessen, doch dürften die

[1] Lig. teres uteri.

beiden Stränge der Aufrichtung des Uterus im Becken bei Füllung der Harnblase keinen grösseren Widerstand entgegensetzen.

Die Scheide stellt den am meisten in seiner Lage gesicherten Teil des Genitalschlauches dar. Die Cervix uteri und die Scheide sind mit der hinteren Wand der Harnblase bloss durch lockeres Zellgewebe verbunden, welches eine Herausschälung der Cervix bei Totalexstirpation des Uterus gestattet; weiter unten ist dagegen die vordere Wand der Scheide mit der Wandung der Urethra so eng verbunden, dass die Trennung beider Gebilde bloss mit Hilfe des Messers gelingt. Mit anderen Worten,

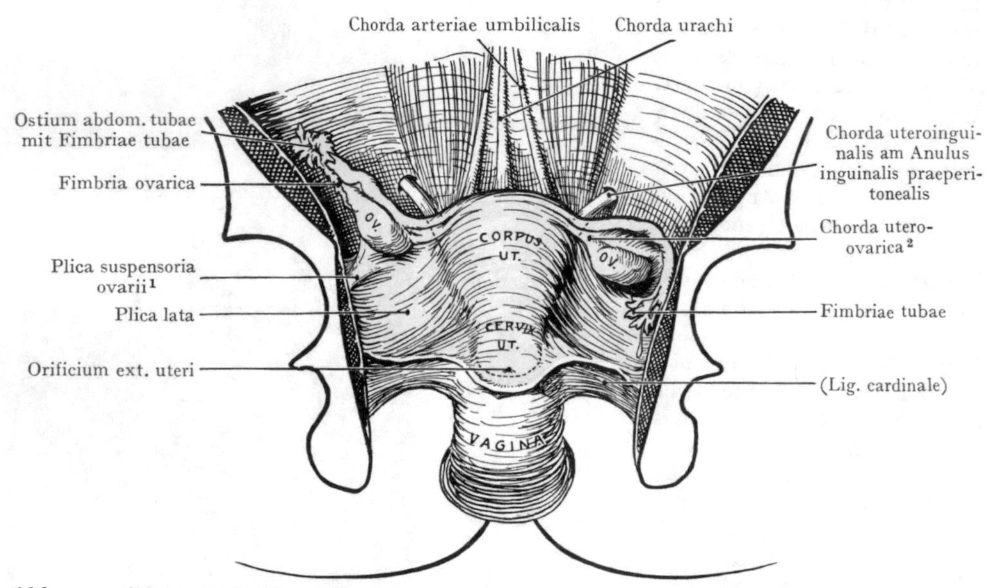

Abb. 492. Schematische Darstellung des Uterus und der Scheide von hinten im Zusammenhang mit der Plica lata (grün) zur Veranschaulichung der Befestigungsweise des Uterus an die Beckenwandung.

es findet eine vollständige Verschmelzung der vorderen Scheidenwand mit der Wand der Urethra zu einer recht derben Gewebsmasse statt, die auch unter dem Namen Septum urethrovaginale angeführt wird. Die Beziehungen zwischen der vorderen Wand des Rectum und der hinteren Wand der Scheide sind weniger enge; es findet eine Verschmelzung beider Wandungen nicht statt, sondern bloss eine Verlötung durch das Septum rectovaginale.

Die Beziehungen zu Harnblase und Urethra wirken insofern auch bei der Fixation der Cervix und der Scheide mit, als der Fundus vesicae durch den Umschlag der Fascia diaphragmatis pelvis interna auf die Harnblase an die hintere Fläche der Symphyse befestigt wird (Ligg. pubovesicalia). Urethra wie Scheide sind durch die Fasern des Diaphragma urogenitale im Angulus pubis fixiert.

Lage und Lageveränderungen des Uterus. Verlagerungen der Scheide, als des am meisten in seiner Lage gesicherten Teiles des Genitalschlauches, kommen wohl hauptsächlich bei Lockerung der Verbindung mit dem Blasengrund einerseits, der vorderen Wand des Rectum andererseits vor. Eine solche Lockerung muss vielleicht als Vorbedingung für die Entstehung der Scheiden- und Uterusprolapse angenommen werden. Verlagerungen des Uteruskörpers sind dagegen physiologisch und erklären sich durch den fast vollständigen Peritonaealüberzug, welchen dieser Teil des Organs erhält.

[1] Lig. suspensorium ovarii. [2] Lig. ovarii proprium.

Keine Lage des Uterus ist als Norm anzusehen, indem jede je nach dem Füllungszustande des Uterus, der Harnblase, des Rectum und der Venen des Plexus uterovaginalis eine Veränderung erfährt. Dazu kommt noch der Einfluss der Körperhaltung; beim Stehen wird der Uteruskörper ceteris paribus die Neigung zeigen, nach vornüber zu sinken; in der Rückenlage dagegen nach hinten, in Seitenlage nach der betreffenden Seite. Alle Lagen des Uterus können innerhalb gewisser Grenzen als normal gelten.

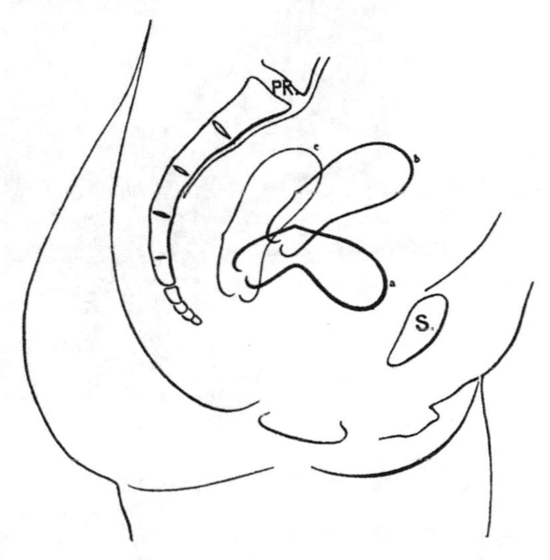

Abb. 493. Lageveränderungen von Uterus und Scheide, je nach dem Füllungszustand der Harnblase und des Rectum.

a bei leerer Harnblase und vollem Rectum (typisch!);
b bei voller Harnblase und vollem Rectum;
c bei voller Harnblase und leerem Rectum.
Nach B. Schultze und Fr. Merkel (Topogr. Anatomie).

Der Fundus und das Corpus uteri sind beweglicher als die Cervix, indem die letztere mit der hinteren Wand der Harnblase verbunden ist. Die Möglichkeiten der Lageveränderung werden in Abb. 493 veranschaulicht; a stellt die Lage des Uterus bei vollem Rectum und leerer Harnblase dar, b bei vollem Rectum und voller Harnblase, c bei voller Harnblase und leerem Rectum. Bei vollem Rectum und voller Harnblase wird der ganze Uterus im Beckenraume gehoben. Häufig tritt eine Abknickung des Uterus an der Grenze zwischen Corpus und Cervix ein, die gewöhnlich nach vorne und nach hinten geht, etwa um die Ligg. cardinalia als Achse. Es ergibt sich aus diesen Befunden die Unterscheidung der Lageveränderungen des ganzen Uterus (Fundus + Corpus + Cervix) von den Lageveränderungen des Fundus + Corpus; im ersteren Falle spricht man, je nach der Richtung der Lageveränderung, von einer Ante-, Retro- und Lateropositio uteri, im zweiten Falle, wenn die Längsachse des Uterus an der Grenze zwischen Corpus und Cervix abgeknickt ist, von einer Anteflexio, Retroflexio und Lateroflexio uteri. Entfernt sich endlich die Achse des Uterus nach irgendeiner Richtung von der Führungslinie des Beckens, so spricht man von einer Versio (Anteversio, Retroversio usw.).

Als abnorm oder als pathologisch kann die Lage des Uterus erst dann bezeichnet werden, wenn die Verlagerung hochgradig ist, oder wenn das Organ infolge von Verwachsungen zwischen seinem Peritonaealüberzuge und dem Peritonaeum parietale des Beckens in einer bestimmten Lage fixiert und der freie Übergang aus einer Lage in eine andere erschwert oder verhindert wird.

Als typische Lage des Uterus (mässige Füllung von Harnblase und Rectum und aufrechte Körperhaltung vorausgesetzt) können wir eine solche bezeichnen, bei welcher der Uterus in der Medianebene eingestellt ist und sowohl eine Anteflexio als eine Anteversio geringeren Grades aufweist. Eine solche Lage ist schon beim Fetus vorhanden und findet sich ganz regelmässig beim neugeborenen Mädchen.

Beziehungen des Uterus und der Scheide zu benachbarten Organen (Syntopie). Gehen wir von der typischen Lage des Uterus aus, so legt sich die vordere Fläche des nach vorne geneigten Fundus und Corpus uteri der Harnblase an, von welcher sie durch die Excavatio vesicouterina getrennt wird. Die vordere Fläche

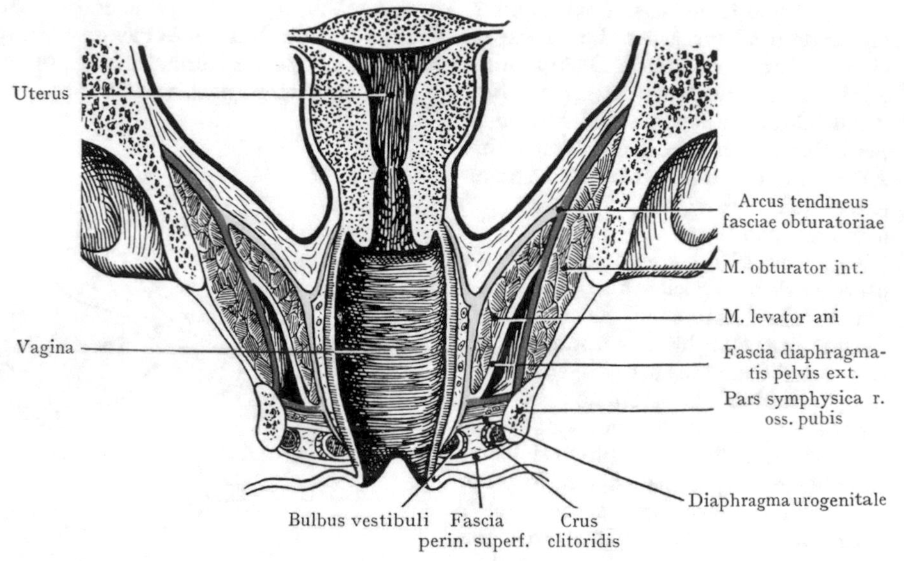

Abb. 494. Frontalschnitt durch das weibliche Becken. Uterus und Scheide in ihren Beziehungen zur Beckenfascie.

Parietaler Teil der Fascia pelvis blau. Fascia diaphragmatis pelvis int. und Fascia intrapelvina grün. Schematisch nach Drappier, Thèse de Paris 1893.

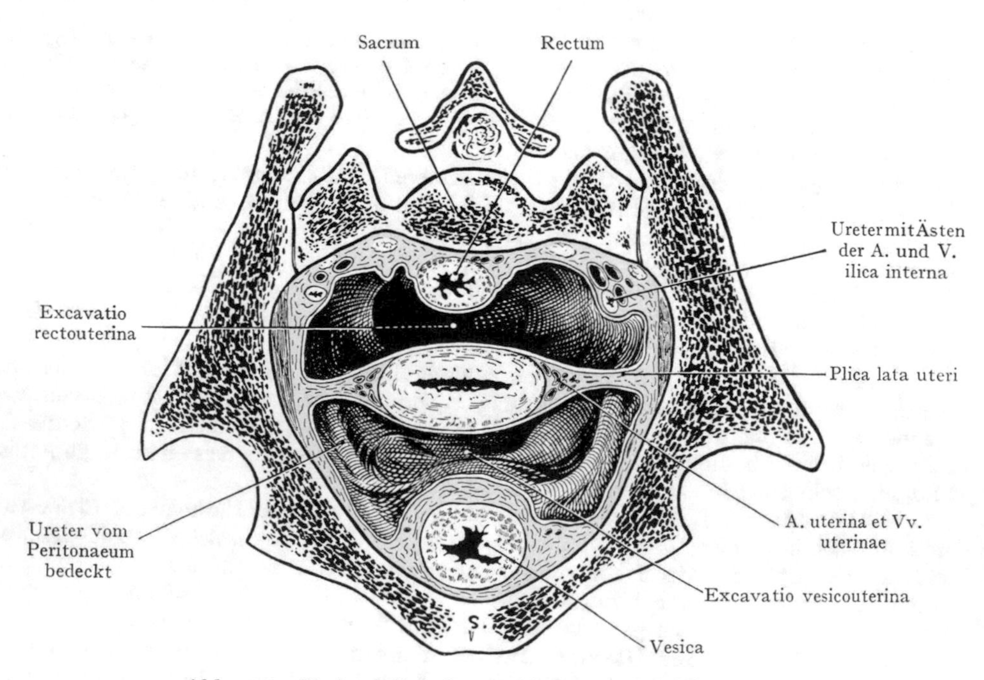

Abb. 495. Horizontalschnitt durch das weibliche Becken.

Beckenbindegewebe grün.

Zum Teil nach Sellheim, Der normale Situs der Organe des weiblichen Beckens. Wiesbaden 1904.

der Cervix ist mit der hinteren Wand der Harnblase bindegewebig vereinigt (Abb. 477). Auf den Fundus uteri legen sich Schlingen des Dünndarms sowie des Colon sigmoides, welche auch mit der hinteren Wand von Fundus, Corpus und Cervix in Berührung treten, indem sie bald die Excavatio rectouterina ausfüllen, bald infolge der Ausdehnung von Rectum und Uterus in die Bauchhöhle zurückgedrängt werden. Bloss der unterste, spaltförmige Abschnitt der Excavatio rectouterina wird nie von Dünndarmschlingen ausgefüllt (Abb. 477).

Seitlich liegen dem Corpus und der Cervix uteri die mächtigen Plexus venosi uterovaginales an, dort, wo die beiden Blätter der Plica lata auseinanderweichen, um das Corpus uteri zu umkleiden (Abb. 488). Ferner ziehen die Ureteren, etwa 2 cm von der Cervix uteri entfernt, schräg nach vorne und medianwärts, um an der lateralen, dann an der vorderen Wand der Scheide vorbei zur Blase zu gelangen (s. unten Ureter im weiblichen Becken und Abb. 504).

Fascien, Bindegewebe und Bindegewebsräume des weiblichen Beckens. Das Cavum pelvis (= Cav. pelv. peritonaeale + Spatium pelv. subperitonaeale) wird durch das Diaphragma pelvis von dem dritten Abschnitt des Beckens (Fossa ischiorectalis seu Regio perinealis) geschieden (Abb. 481). Wie beim Manne besteht der Beckenboden aus einem aponeurotischen (Diaphragma urogenitale) und einem muskulösen Abschnitte Diaphragma pelvis (M. levator ani). Das Diaphragma urogenitale wird nicht bloss von der Urethra, sondern auch von der Scheide durchsetzt, so dass eigentlich von der dreieckigen aponeurotischen Platte, welche beim Manne den Angulus pubis ausfüllt, bloss noch Fasern übrigbleiben, welche die Scheidenwandung und die Urethra im Arcus pubis befestigen.

Die Ursprungslinie des M. levator ani erstreckt sich, wie beim Manne, als eine Verstärkung der parietalen Lamelle der Beckenfascie (Arcus tendineus fasciae obturatoriae) von der hinteren Fläche des Schambeinkörpers bis zur Spina ossis ischii. Die vorne entspringende Partie, welche beim Manne an der Prostata vorbeizieht, streift beim Weibe den seitlichen Umfang der Scheide, mit welcher sie durch Bindegewebe im Zusammenhang steht. Folglich wird die Scheide nicht etwa bei der Kontraktion des M. levator ani gehoben, sondern dem Arcus pubis genähert und eingeschnürt (Krampf des M. levator ani!). Im übrigen sind die Beziehungen des M. levator ani zum Rectum sowie die Insertion am Steissbein dieselben wie beim Manne.

Das Diaphragma urogenitale ist (Abb. 510) bei der beträchtlich grösseren Öffnung des Arcus pubis breiter als beim Manne, aber weniger vollständig, da es sowohl von der Scheide als von der Urethra durchsetzt wird. Auch beim Weibe ist die Membran, oder was davon übrigbleibt, in die Lücke zwischen der vorderen Portion des M. levator ani eingelassen.

Beckenfascien beim Weibe. Die Fascia pelvis im engeren Sinne bildet, genau wie beim Manne, den Fascienüberzug der Muskulatur der seitlichen Beckenwandung (Mm. obturator int. und piriformis; Abb. 494). Sie überkleidet die obere Fläche des Diaphragma pelvis (Fascia diaphragmatis pelvis int.) und schlägt sich von dem Os pubis auf die Harnblase (als Ligg. pubovesicalia), dann als Fascia intrapelvina auf die Scheide und den Uterus, nach hinten auf das Rectum über. Zwischen dem vorderen Umfange des Rectum und der hinteren Wand der Scheide bildet sie das Septum rectovaginale, welches die Wand des Rectum und der Scheide untereinander verbindet.

Die Fascie geht also in die bindegewebige Umhüllung der weiblichen Beckeneingeweide über. Am Blasengrunde und am seitlichen Rande des Uterus und der Scheide umschliesst sie den venösen Plexus uterovaginalis, von welchem in Abb. 488 eine Darstellung gegeben ist, und steht in ausgedehntem Zusammenhang mit dem lockeren subperitonaealen Bindegewebe, welches den Raum des Spatium pelvis subperitonaeale ausfüllt. Diese Bindegewebsmassen werden von den oberhalb des Diaphragma pelvis zu den Beckeneingeweiden gehenden Gefässen und Nerven durchsetzt und geben auch an die Gefässe Scheiden ab, welche mit den letzteren zusammen als mehr oder weniger derbe Stränge zu verfolgen sind (sog. Parangien). Ein solcher Strang liegt an der Basis der Plica lata dem Lig. cardinale zugrunde (Abb. 492) und schliesst die A. uterina und die Vv. uterinae ein, welche von der seitlichen Wandung des Beckens zum Corpus uteri verlaufen. Auf die Rolle dieses Gebildes für die Fixation des Uterus ist schon hingewiesen worden. Die Abb. 495—497 stellen die Topographie des Becken - Bindegewebes beim Weibe dar. Dasselbe hängt mehr oder weniger kontinuierlich in der ganzen Ausdehnung des Spatium pelvis subperitonaeale zusammen, eine Tatsache, welche für die Pathologie der weiblichen Beckenorgane von der allergrössten Wichtigkeit ist, indem entzündliche Prozesse, die z. B. von dem Uterus ausgehen, sich in diesem lockeren Zellgewebe weithin verbreiten können. Der Zusammenhang des Becken-Bindegewebes ist deutlich zu erkennen an dem leicht schematisierten Querschnitt, Abb. 495 (in der Höhe des Corpus uteri durchgeführt). Das Beckenbindegewebe ist hier grün angegeben; der Schnitt trifft die Plica lata, welche das Corpus uteri mit der seitlichen Beckenwand in Verbindung setzt. Das zwischen den Blättern der Plica lata eingeschlossene Bindegewebe geht einerseits in das Bindegewebe über, welches den Plexus venosus uterovaginalis an dem seitlichen Rande des Uterus und der Scheide umhüllt, andererseits in das subperitonaeale Bindegewebe, welches sich an der seitlichen Beckenwand nach hinten zum Rectum, nach vorne zur Harnblase erstreckt. Dass Krankheitsprozesse auf diesem Wege von den Uteruswandungen zum subperi-

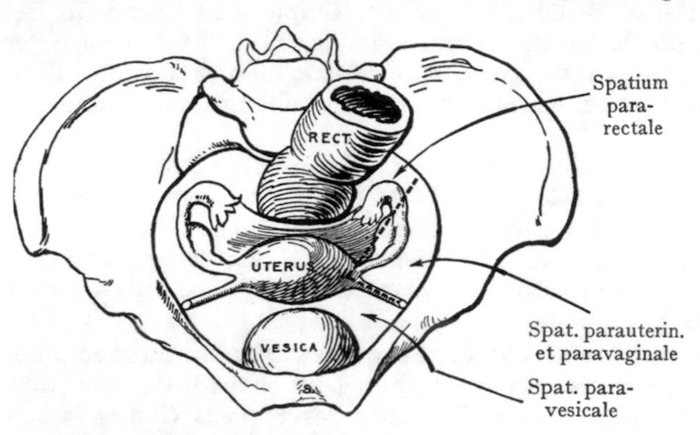

Abb. 496. Bindegewebsräume im weiblichen Becken. Nach v. Rosthorn. Schematisch.

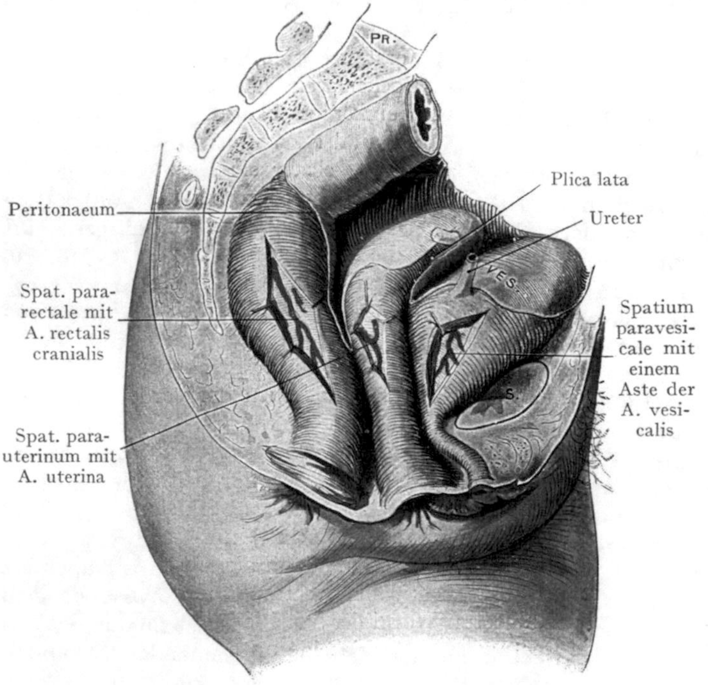

Abb. 497. Bindegewebsräume des Beckens beim Weibe. Schema.

tonaealen Bindegewebe auch der seitlichen Beckenwandung gelangen können, ist einer der wichtigsten Erfahrungssätze der modernen Gynäkologie.

Durch die Injektion von Gelatine oder von gefärbten Flüssigkeiten in die Plica lata oder in die Nähe des Harnblasenfundus und des Rectum ist experimentell versucht worden, festzustellen, nach welchen Richtungen hin Ergüsse von diesen Stellen aus im Beckenbindegewebe ihre Verbreitung nehmen. Dabei hat sich ergeben, dass durch besondere Verdichtungen von Bindegewebe drei grössere Abteilungen (Spatia) des Beckenbindegewebes voneinander getrennt werden, auf welche sich die Ergüsse mehr oder weniger beschränken (Abb. 496 und 497). Eine derartige Scheidewand entspricht dem Verlaufe der Chorda utero-inguinalis[1]: sie grenzt einen vorderen, hauptsächlich auf beiden Seiten des Fundus vesicae ausgebildeten Raum als Paracystium (Spatium paravesicale) von einem Raume ab, der neben dem Uterus und der Scheide liegt, Parametrium (Spatium parauterinum). Das Spatium paravesicale wird lateral von dem M. obturator int. und der Fascia obturatoria unten von der Fascia diaphragmatis pelvis interna, medial von der Wandung der Harnblase begrenzt. Das Spatium parauterinum wird begrenzt: medial von dem seitlichen Umfang des Uterus und der Scheide, lateral von der Fascia obturatoria, vorne von der erwähnten Fascienverdichtung an der Chorda utero-inguinalis[1], hinten von einer Verdichtung der Fascie, welche annähernd dem Verlaufe der Plicae rectouterinae entspricht. Das Bindegewebe des Spatium parauterinum setzt sich nach oben in das Bindegewebe der Plica lata fort. Als dritter Raum ist das Paraproctium (Spatium pararectale) zu unterscheiden, welches das Bindegewebe auf beiden Seiten des Rectum sowie an der vorderen Fläche des Sacrum umfasst.

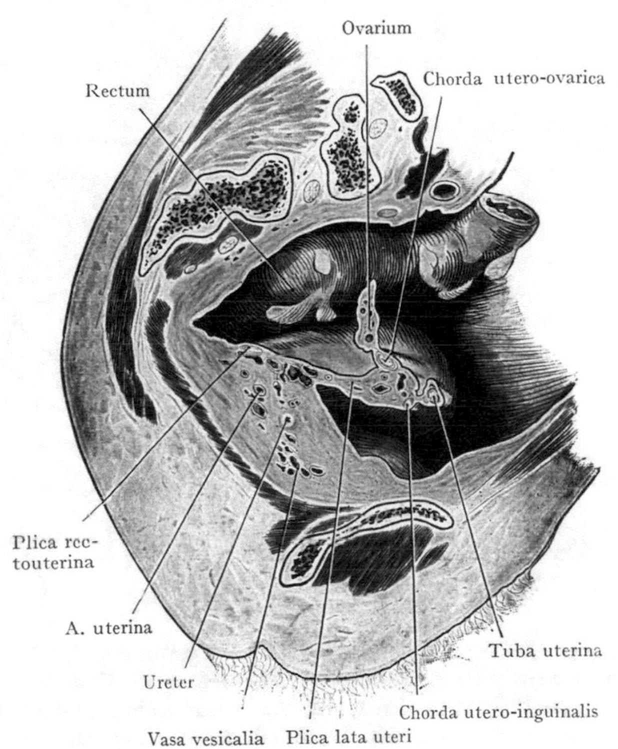

Abb. 498. Seitlicher Sagittalschnitt durch das weibliche Becken. Parametrium mit den Querschnitten der Vasa uterina. Nach Sellheim, Der normale Situs der Organe im weiblichen Becken. Wiesbaden 1904.

Das Verständnis für die Ausbreitung und die Beziehungen des Beckenbindegewebes wird durch die Untersuchung seitlicher Sagittalschnitte gefördert. In Abb. 498 ist ein Schnitt dargestellt, in welchem die Plica lata uteri und die Verdichtung von Bindegewebe zu sehen sind, welche an der Basis der Plica lata das sogenannte parametrane Bindegewebe darstellt. Hier liegen auch die Venen des Plexus uterovaginalis, welche sich zur V. uterina sammeln, und vor denselben der Querschnitt des Ureter. Der Zusammenhang des grün angegebenen Beckenbindegewebes ist von der Blase an bis zum Rectum zu verfolgen.

[1] Lig. teres uteri.

Untersuchung der weiblichen Beckenorgane. Dieselbe wird sich zunächst auf den Zustand von Uterus und Scheide erstrecken. Dass man durch Einführung eines Fingers in das Rectum die hintere Wand der Scheide und die seitlichen Gebilde der hinteren Hälfte des Beckens abtasten kann, ist ohne weiteres klar. Am häufigsten wird jedoch die Untersuchung per vaginam ausgeführt (Abb. 499). Durch Einführung des Zeigefingers in die Scheide, indem gleichzeitig ein Druck auf die Bauchdecken oberhalb der Symphyse ausgeübt wird, gelingt es, Einzelheiten über Grösse und Lage des Uterus festzustellen. So kann der äussere Muttermund abgetastet werden, ferner

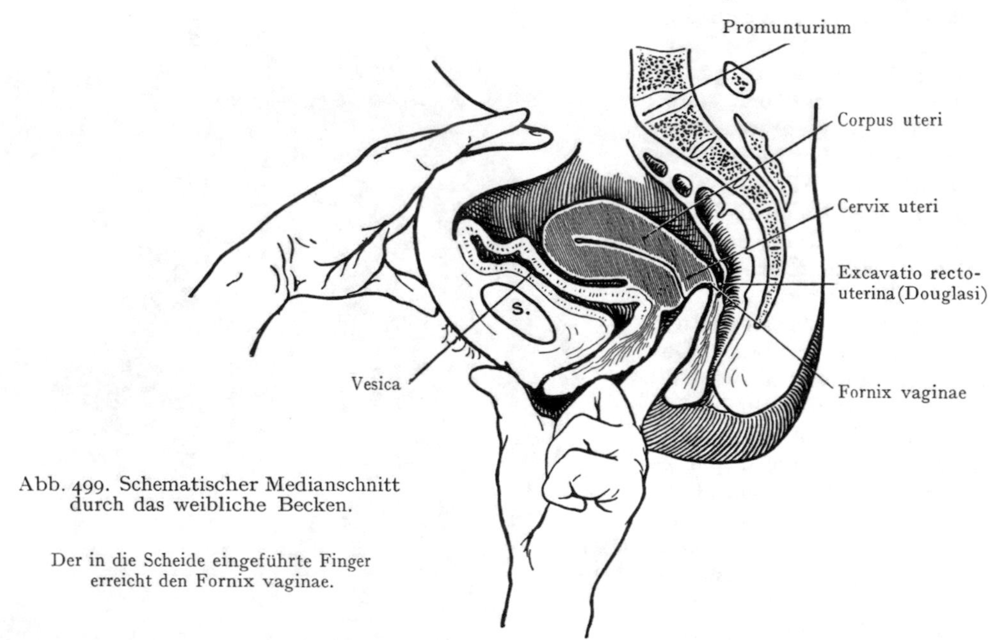

Abb. 499. Schematischer Medianschnitt durch das weibliche Becken.

Der in die Scheide eingeführte Finger erreicht den Fornix vaginae.

kann die Kuppe des eingeführten Zeigefingers das hintere Scheidengewölbe erreichen und sogar pathologische Veränderungen in der Excavatio rectouterina feststellen. Selbstverständlich kann die ganze Wand der Scheide abgetastet werden, so dass, ausser in besonderen Fällen, die Untersuchung per rectum überflüssig erscheint.

Topographie der Tuben und der Ovarien.

Die Tuba uterina (Falloppii) wird von den Peritonaealblättern des oberen, freien Randes der Plica lata umschlossen, so dass ihre Lage und ihre Beziehungen zu benachbarten Organen wesentlich von der Lage des Uterus und von der Einstellung der Plica lata im Beckenraume abhängen.

Wir unterscheiden an der Tube vier Abschnitte: 1. eine Pars interstitialis[1], welche in die Wandung des Uterus eingeschlossen, an dem Ostium uterinum tubae in den Uterus ausmündet; 2. den Isthmus tubae, einen engeren Abschnitt, welcher 3. in einen erweiterten, in mehrfache Windungen gelegten Abschnitt, die Ampulla tubae übergeht; 4. den letzten Abschnitt der Tube stellt das Infundibulum dar, eine trichterförmige Erweiterung mit den Falten der Schleimhaut (Fimbriae tubae), an deren Grund sich das Ostium abdominale tubae befindet. Das Infundibulum setzt sich durch die rinnenförmig ausgehöhlte Fimbria ovarica mit dem Ovarium in Verbindung.

Die Ovarien sind als ovale Gebilde in eine von dem hinteren Blatte der Plica lata abgehende Peritonaealduplikatur (Mesovarium) eingeschlossen. Wir unterscheiden

[1] Pars uterina.

die Ansatzstelle des Mesovarium, wo die Gefässe und Nerven in das Ovarium eintreten als Hilus ovarii, ferner eine Facies medialis und lateralis, eine Extremitas tubalis, gegen die Tubenöffnung gerichtet, und eine Extremitas uterina, gegen den Uterus gerichtet. Von der Extremitas uterina setzt sich die Peritonaealduplikatur des Mesovarium als Plica uteroovarica[1] zu dem durch Corpus uteri und Tube gebildeten Tubenwinkel fort; die Extremitas tubalis wird durch die Fimbria ovarica mit dem Infundibulum tubae in Zusammenhang gesetzt.

Gefässe des Ovarium. In demjenigen Abschnitte der Plica lata, welcher nicht mit der Tube in Zusammenhang steht, sondern mit seinem freien oberen Rande

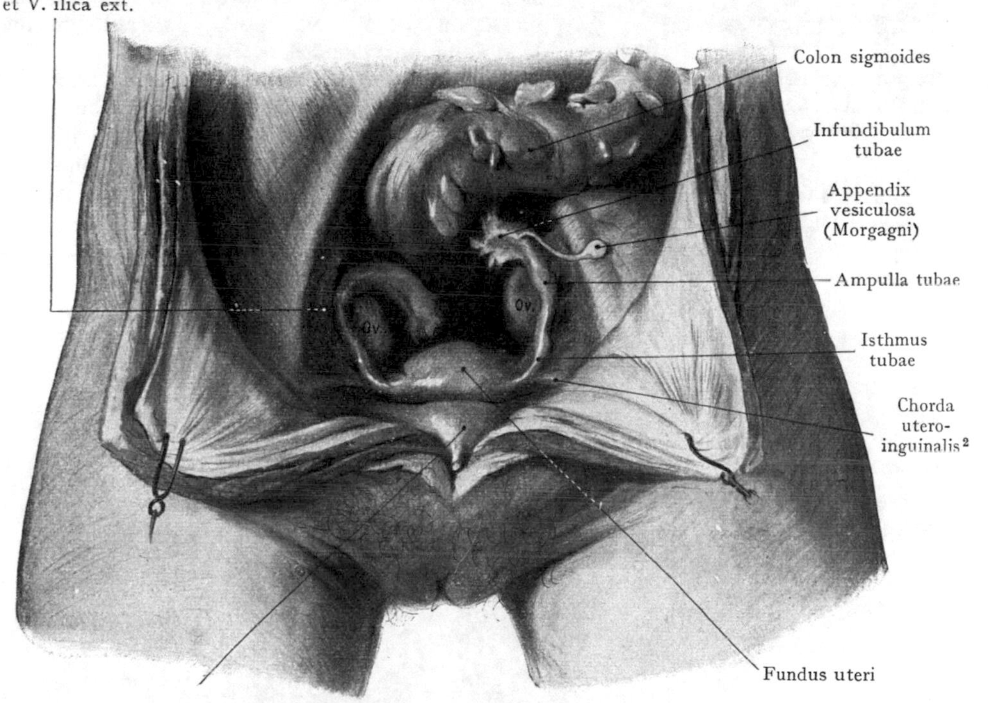

Abb. 500. Lage der seitlichen Beckenorgane, von dem Beckeneingang aus gesehen. 19jähriges Mädchen. — R. Rectum. Ov. Ovarium.

zur seitlichen Beckenwandung verläuft, sind die A. und V. ovarica eingelagert und bilden einen vom Ansatze des Mesovarium der Plica lata zur lateralen Beckenwandung ziehenden Strang (Plica suspensoria ovarii[3]). Die Gefässe liegen also zwischen den Blättern der Plica lata und anastomosieren mit dem Ram. ovaricus der A. uterina sowie mit dem Plexus venosus uterovaginalis (Abb. 488). Die A. ovarica ist ursprünglich bis zum Descensus ovariorum die Hauptarterie für das Ovarium und erhält erst später durch die Anastomosenbildung mit dem Ramus ovaricus der A. uterina einen Kollateralast, welcher der A. ovarica an Grösse fast gleichkommt. Entsprechend dem Orte der ersten Anlage der Keimdrüse entspringt die A. ovarica aus der Aorta abdominalis unterhalb des Abganges der Nierenarterien. Sie verläuft auf dem M. psoas nach unten und kreuzt am Eingang in das kleine Becken den Ureter (gewöhnlich unter Abgabe eines kleinen Astes an denselben), indem sie vor ihn zu liegen kommt; sodann wendet sie sich, im kleinen Becken angelangt, medianwärts und gelangt in der Plica lata, mit der V. ovarica den Strang der Plica suspensoria ovarii[3] bildend, zum Hilus ovarii.

[1] Lig. ovarii proprium. [2] Lig. teres uteri. [3] Lig. suspensorium ovarii.

Hier gibt sie einen Ast zur Ampulla tubae und zum Infundibulum ab (Ram. tubalis) sowie einen Ast zur Anastomose mit dem Ramus ovaricus der A. uterina. Vom Hilus aus dringen die Endäste radiär in das Ovarium ein.

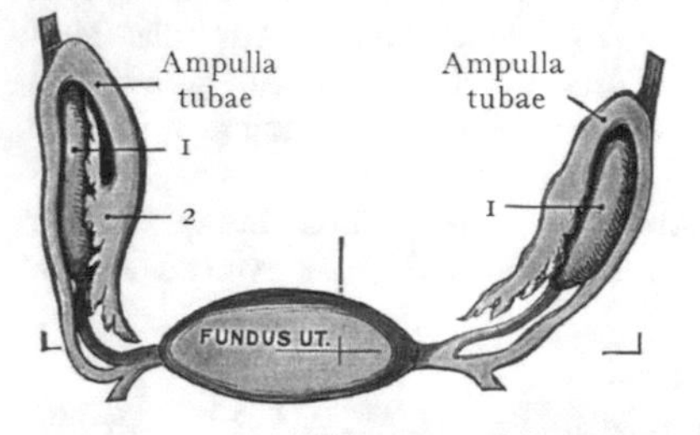

Abb. 501. Lage der Ovarien und der Tuben. Nach His, Arch. f. Anat. u. Entw.-Gesch. 1881. 1 Ovarium. 2 Infundibulum.

Venen. Sie bilden (Abb. 488) am Hilus des Ovarium den Plexus venosus ovaricus, der sich mit dem Plexus venosus uterovaginalis verbindet und seinen Hauptabfluss durch Venen findet, welche die A. ovarica umgeben und sich zur V. ovarica vereinigen, um rechterseits direkt in die V. cava caud., linkerseits in die V. renalis einzumünden.

Mit der A. ovarica verlaufen die Lymphgefässe des Ovarium und der Tube (Abb. 489), welche auf der Höhe der unteren Nierenpole in die Lymphonodi lumbales einmünden.

Lage und Beziehungen der Tuben und der Ovarien. Tuben und Ovarien besitzen infolge ihrer Befestigung an die Peritonaealduplikatur der Plica lata eine grosse Beweglichkeit und werden in ihrer Lage durch alle jene Momente beeinflusst, welche die

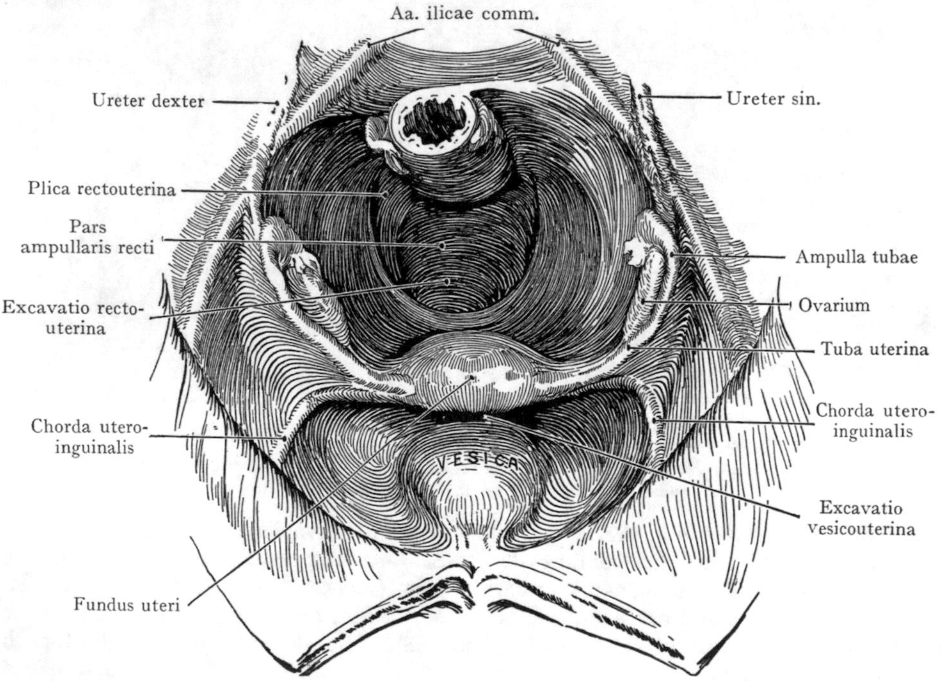

Abb. 502. Ansicht der weiblichen Beckenorgane von oben bei leerer Harnblase und leicht antevertiertem Uterus.
Die Pars ampullaris recti ist mässig gefüllt.

Einstellung der Plica lata in dem Beckenraume bestimmen; dieselbe wechselt also zunächst mit der Lage und Grösse des Uterus. Dazu kommen die Beziehungen der in das kleine Becken herabsteigenden, der Plica lata auf- und anliegenden Dünndarmschlingen. Man hat jedoch trotz des steten Wechsels eine bestimmte Lage als typisch

(Waldeyer) bezeichnet: dabei liegt das Ovarium in einer seichten Vertiefung der seitlichen Beckenwand (Fossa ovarica), welche oben von der A. und V. ilica ext., vorne von dem Ansatze der Plica lata uteri an die seitliche Beckenwand, unten von der A. uterina und der Chorda a. umbilicalis, hinten von der A. und V. ilica interna begrenzt wird. Bei Multiparae senkt sich das Ovarium und liegt dann tiefer am Beckenboden, entsprechend einem Felde (Claudiussche Grube), welche vorne durch den Ureter und die A. uterina, hinten durch das Sacrum begrenzt wird.

Das Ovarium des neugeborenen Kindes liegt im Beckeneingang; bloss die Extremitas uterina reicht bis ins kleine Becken hinunter.

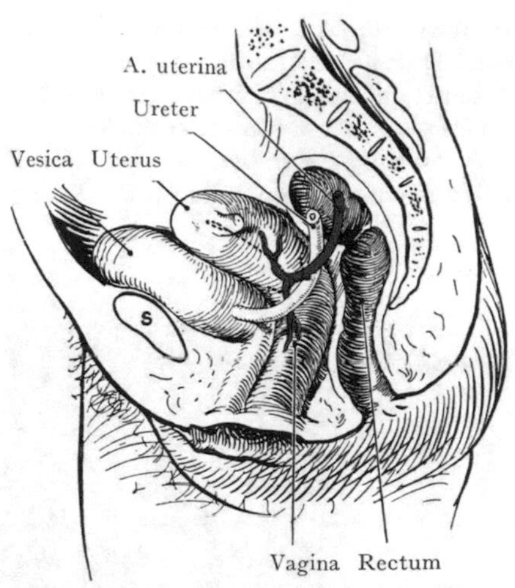

Abb. 503. Beziehungen zwischen Uterus, Ureter und A. uterina. Schematisch.

Die Lage von Ovarien und Tuben ist in dem Situsbilde des Beckeneinganges (Abb. 500, Formolpräparat eines 19jährigen Mädchens) dargestellt. Was die Lage der Tuben anbelangt, so ist sie selbstverständlich ebenfalls einem grossen Wechsel unterworfen, doch lässt sich auch hier eine typische Lage feststellen, die in Abb. 501 schematisch zur Darstellung gebracht ist. Der Isthmus tubae geht horizontal und etwa rechtwinklig vom Fundus uteri ab, indem sich die Ampulla tubae bogenförmig um die freie laterale Fläche des Ovarium legt; an der Extremitas tubalis ovarii liegt eine zweite Biegung, so dass sich der Endabschnitt der Tube mit dem Infundibulum der medialen Fläche des Ovarium anlegt und, dieselbe bedeckend, fast wieder bis an den horizontalen Teil des Isthmus tubae heranreicht. Diese Verhältnisse sind sofort aus der Abbildung ersichtlich; sie finden sich auch in dem Situsbilde, Abb. 500,

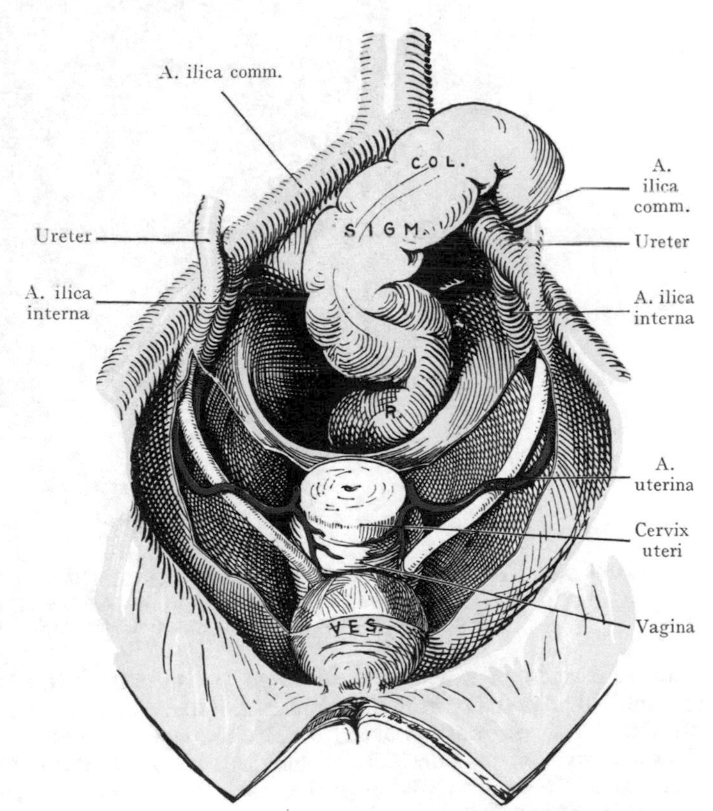

Abb. 504. Lage des Ureter im weiblichen Becken und Beziehungen desselben zur A. uterina, zur A. ilica interna und zur Scheide.

Cervix uteri durchschnitten. Peritonaeum grün. Halbschematisch. Zum Teil nach einer Abbildung von Tandler und Halban.

rechterseits, während linkerseits das Infundibulum sich nicht in direktem Kontakte mit dem Ovarium befindet. Abweichungen von der als typisch bezeichneten Lage sind ausserordentlich häufig, übrigens findet sich selten derselbe Befund auf beiden Seiten. Man kann einen mehr horizontalen Verlauf der Tube antreffen, auch hat das Herabsinken des Ovarium unterhalb der Fossa ovarica eine Tiefstellung des Infundibulum tubae zur Folge. Das letztere ist ja in allen Fällen mittelst der Fimbria ovarica mit dem Ovarium in Verbindung gesetzt

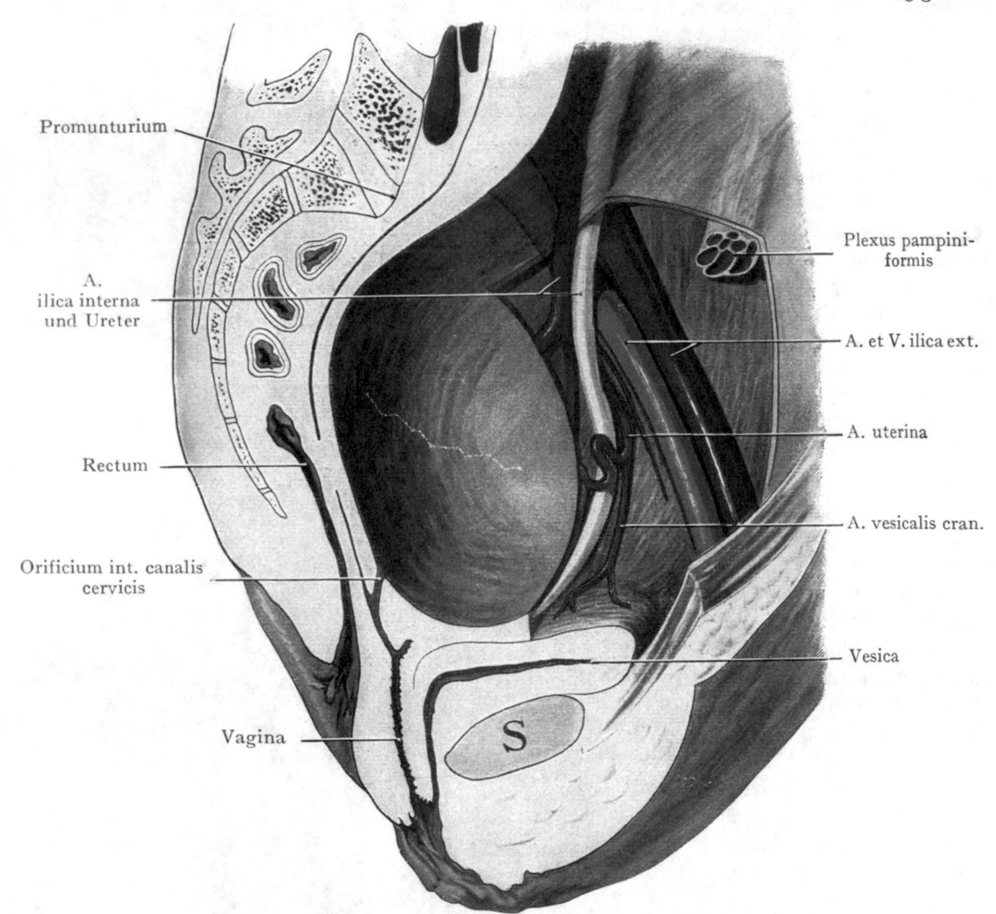

Abb. 505. Ureter und A. uterina in ihrem Lageverhältnis zum schwangeren Uterus. Ein Teil der Uteruswandung ist entfernt worden, um den Verlauf des Ureter zu zeigen. Nach Tandler und Halban. Anatomie des weiblichen Ureter.

und wird dadurch auch in seiner Lage beeinflusst. Bei Tiefstand des Ovarium, des Infundibulum und der Ampulla tubae kommen die beiden letzteren in die Excavatio rectouterina zu liegen und erlangen so Beziehungen zu der A. und V. ilica interna, zu Dünndarmschlingen, zum Colon sigmoides und zur Pars ampullaris recti, welche bei Erkrankungen der Tube (Salpingitis) praktische Bedeutung gewinnen können.

Topographie des Ureter innerhalb des weiblichen Beckens. Der Ureter tritt beim Weibe wie beim Manne etwas distal von der Teilung der A. ilica comm. in das kleine Becken herab, bildet, von dem Peritonaeum parietale bedeckt, die hintere Grenze der Fossa ovarica und liegt weiterhin in dem lockeren, subperitonaealen Bindegewebe des Spatium pelvis subperitonaeale. Der linke Ureter kreuzt bei seinem Verlaufe ins Becken die A. ilica comm. sin., der rechte die A. ilica ext. dextra; beide Ureteren kreuzen die Astfolge der A. ilica interna, welche nach vorne von dem Hauptstamme abgeht, also die A. obturatoria, die wegsame Strecke der Chorda a. umbilicalis, welche die Aa. vesicales abgibt, endlich auch die A. uterina. Auf dem Beckenboden angelangt, treten die Ureteren in das Beckenbindegewebe an der Basis der Plica lata, liegen also hier im Parametrium und konvergieren nach vorne und unten zu ihrer Einmündung in den Fundus vesicae. Sie liegen seitlich von der halben Höhe

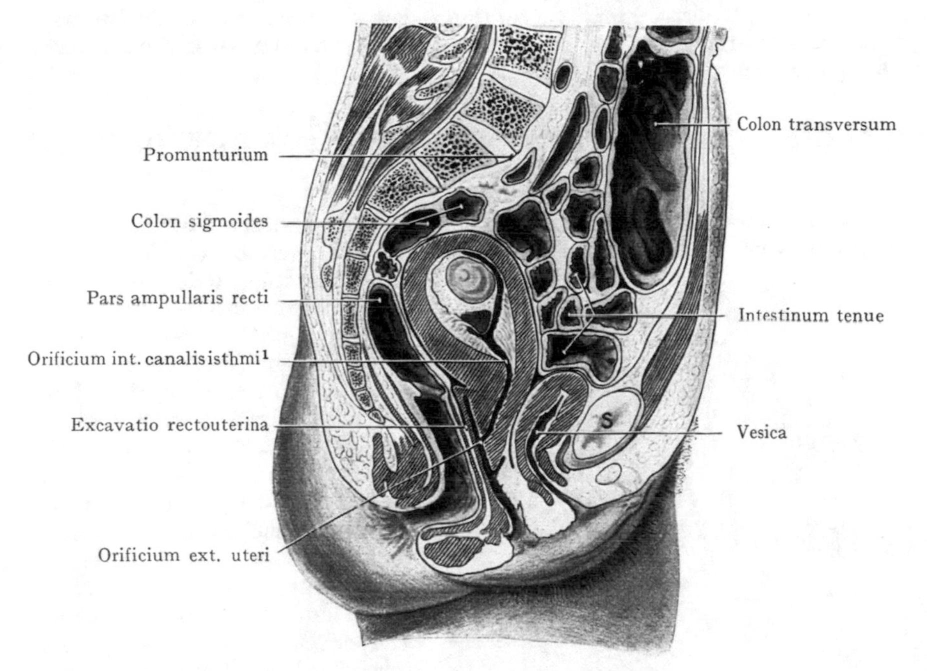

Abb. 506. Medianschnitt durch das Becken einer Gravida im III. Monate. Nach W. Braune, Topograph.-anat. Atlas 1875.

der Cervix uteri, in einer Entfernung von ca. 0,8—2,5 cm, streifen dann die vordere Wand der Scheide unterhalb des Orificium int. canalis cervicis, so dass man eine in den Ureter eingeführte Sonde per vaginam durchfühlen kann. Ausnahmsweise gelingt sogar die Palpation der Ureteren von der Scheide aus (Sänger).

Die letzte Strecke der Ureteren ist umgeben von den Venen des Plexus uterovaginalis, ein Verhalten, welches für die Herausschälung des Ureter bei Operationen am Uterus von Bedeutung ist.

Die Abb. 503 und 504 veranschaulichen die Beziehungen, welche die Ureteren zur Scheide, zur Cervix uteri und zur A. uterina eingehen. Man vergleiche ausserdem Abb. 487. Die Verhältnisse sind nach den obigen Angaben wohl ohne weitere Beschreibung verständlich.

Beachtenswert sind die Beziehungen der Pars pelvina ureteris zum schwangeren Uterus (Abb. 505). Es wird angegeben (Pantaloni), dass am Ende der Schwangerschaft die Pars pelvina des Ureter höher im Becken steht als bei nichtschwangerem Uterus, ferner legt sich der Ureter von der Linea terminalis an bis zu seinem Eintritt in die Harnblase dem äusseren Umfange des unteren, natürlich sehr vergrösserten Uterinsegmentes an. Infolgedessen wird der bei nichtschwangerem Uterus noch beträchtliche

[1] Orificium internum uteri.

(0,8—2,5 cm) Abstand des Ureters von der Cervix uteri verschwinden, ferner werden auch durch die Ausdehnung des Uterus die beiden Ureteren in seitlicher Richtung verschoben, so dass auch im Bereiche des Parametrium die Ureteren weiter voneinander entfernt sind als bei nichtschwangerem Uterus. „Ihre Entfernung entspricht daher dem queren Durchmesser des unteren Uterinsegmentes" (Halban und Tandler).

Die Verhältnisse werden zum Teil durch die Abb. 505 veranschaulicht, welche das untere Uterinsegment sowie die linke Beckenhälfte darstellt. Der Ureter, welcher eine ziemlich beträchtliche Erweiterung zeigt, kreuzt die A. und V. ilica ext. gerade distal von der Teilung der A. ilica comm., verläuft vor dem Stamme der A. ilica interna, schmiegt sich dem lateralen Umfange des unteren Uterinsegmentes an und wird vorne von der A. uterina gekreuzt.

Topographie des schwangeren und des puerperalen Uterus.

Es ist selbstverständlich, dass die Topographie des Uterus während der Schwangerschaft eine ganze Reihe von Änderungen erfahren muss, die auch auf die Topographie der Baucheingeweide überhaupt einen Einfluss ausüben werden. Der Veranschaulichung dieser Verhältnisse dienen Abb. 506 und 507. In Abb. 506 ist ein Medianschnitt durch das Becken einer Gravida im III. Monat dargestellt. Der Uterus liegt noch innerhalb des kleinen Beckens, und zwar retrovertiert, vielleicht weil die Leiche in Rückenlage zum Gefrieren gebracht wurde. Rectum und Harnblase sind leer. Bei aufrechter Körperhaltung würde sich wahrscheinlich der Uterus nach vorne wenden und der oberen Fläche der Harnblase aufliegen. Abb. 507 veranschaulicht die Verhältnisse in der Eröffnungsperiode, also am Ende der Schwangerschaft. Der Uterus ist hier stark ausgedehnt, und zwar sowohl in kranialer als auch in ventraler Richtung. Der Kopf des Kindes liegt im kleinen Becken, die Ebene des Beckeneingangs grenzt sich durch einen ins Innere des Uterus vorspringenden Wulst deutlich ab. Mit Ausnahme des untersten Teiles des Colon sigmoides sind alle Darmschlingen aus dem Raume des kleinen Beckens in die Bauchhöhle hinaufgeschoben, der Uterus legt sich direkt der Wirbelsäule an und reicht nach oben bis zur Pars

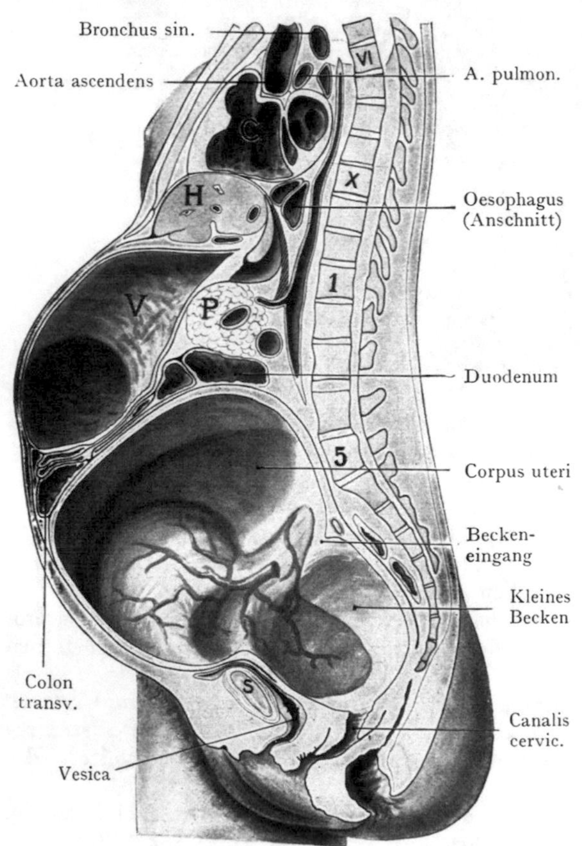

Abb. 507. Medianschnitt durch den Rumpf einer Gravida in der Eröffnungsperiode.
Nach einer Abbildung von Stratz in K. Schröder, Der schwangere und kreissende Uterus. Bonn 1886.
Mit Benützung eines Hisschen Diapositivs.
Tiefer Sitz der Placenta.

caudalis duodeni und zum Pankreas heran. Das Caecum wird mit dem Processus vermiformis nach oben verschoben und liegt der Uteruswandung an (Abb. 345 und die Bemerkungen über die Topographie des Caecum während der Schwangerschaft). Die Dünndarmschlingen nehmen den Raum ein, der auf beiden Seiten des Corpus uteri übrigbleibt. In Abb. 507 stösst der Fundus uteri fast an den Magen; dass der letztere während der Schwangerschaft eine beträchtliche Einbusse an seiner Ausdehnungsfähigkeit erfahren muss, ist selbstverständlich. Der Stand des Zwerchfells scheint normal oder nur um ein geringes höher, nur die Kuppe des Zwerchfells wird konvexer und die obere Lebergrenze kommt etwas höher zu liegen (Gerhardt). Die Bauchhöhle soll sich nicht wesentlich auf Kosten der Brusthöhle ausdehnen, der Thorax soll nach Kuchenmeister während der Schwangerschaft an Breite gewinnen, was er an Länge einbüsst. Die Thoraxbasis zeigt dabei einen vergrösserten Transversaldurchmesser gegenüber einem geringeren Sagittaldurchmesser. Die Lungenkapazität nimmt nicht ab, sondern eher zu.

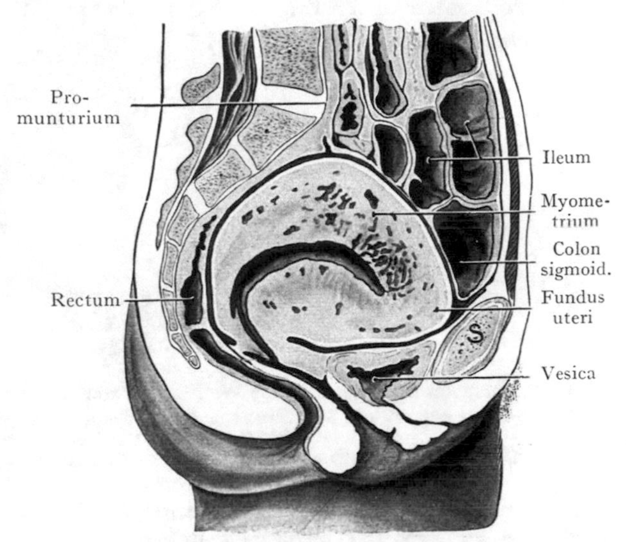

Abb. 508. Medianschnitt durch das Becken einer Wöchnerin am 5. Tage.
Nach E. Schreiber. I.-D. Basel (aus E. Bumm) 1895.
Präparat aus der Basler anatom. Sammlung.

In Abb. 508 von einer am 5. Tage nach der Geburt gestorbenen Wöchnerin befindet sich der Uterus schon unterhalb der Beckeneingangsebene; er nimmt einen grossen Teil des Beckenraumes in Anspruch, so dass die Dünndarmschlingen noch in ihrer Gesamtheit innerhalb der Bauchhöhle angetroffen werden. Der Uterus ist antevertiert und reicht von der vorderen Fläche des Sacrum bis zur Symphyse.

Regio perinealis beim Weibe.

Hier finden sich selbstverständlich, im Anschluss an den Durchtritt der Scheide und die Ausbildung des Vestibulum vaginae manche Abweichungen von den Verhältnissen in der Regio perinealis des Mannes. Davon wird in erster Linie das Trigonum urogenitale betroffen, während die Gebilde des Trigonum rectale sich in derselben Weise darstellen wie beim Manne.

Trigonum urogenitale. Das Trigonum urogenitale wird durch die Verbindung der Fascia abdominis superficialis mit dem Diaphragma urogenitale und den Schenkeln des Arcus pubis zu einer Loge, aus welcher nach vorne die Crura clitoridis austreten (s. die Beschreibung des männlichen Trigonum urogenitale). Die Loge wird durchbrochen von dem Vestibulum vaginae, welches in grosser Ausdehnung die Fasern des Diaphragma urogenitale auseinanderdrängt (Abb. 509). Dasselbe ist infolge der grösseren Weite des Arcus pubis breiter als beim Manne, doch durch den Austritt von Scheide und Urethra so reduziert, dass man es beim Weibe auch als ein

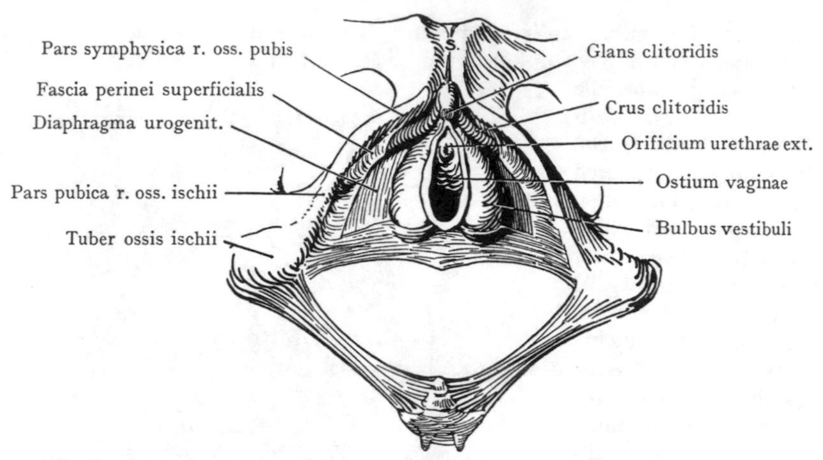

Abb. 509. Trigonum urogenitale des Weibes mit den Bulbi vestibuli und den Crura clitoridis. Die Fascia perinei superficialis ist teilweise entfernt worden, um das Diaphragma urogenitale zu zeigen. (Vgl. Abb. 455 und 456 vom Manne.) (Schematisch.) Nach einer Abbildung von Cunningham, Practical Anatomy 1893.

„Band" beschrieben hat, welches den unteren Teil der Scheide, am Übergang in das Vestibulum an den Beckenausgang befestigt. An der Basis des Diaphragma uro-

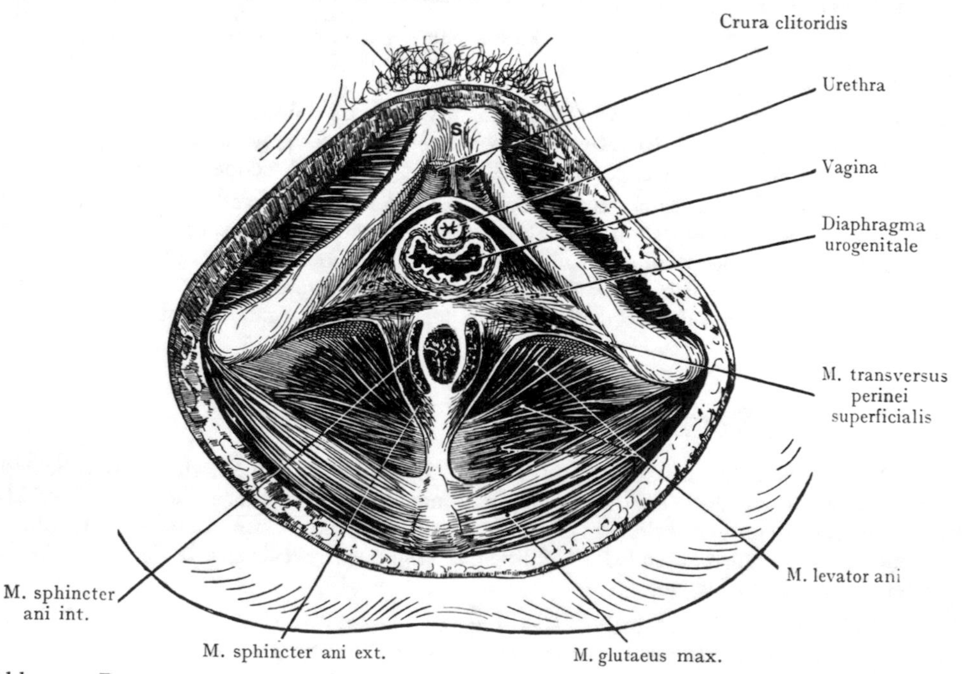

Abb. 510. Darstellung des weiblichen Beckenausganges (von unten gesehen) nach Abtragung der oberflächlichen Schichten durch einen Horizontalschnitt. Nach Sellheim.

genitale nimmt der M. sphincter ani seine Insertion, ebenso der M. transversus perinei superficialis.

Der Inhalt der Loge wird zunächst durch die Crura clitoridis und die beiderseits von der Öffnung des Vestibulum vaginae gelegenen Bulbi vestibuli gebildet. Die Schwellkörper entspringen als Crura clitoridis von den Partes symphysicae r. oss. pubis[1]; sie werden durch die Mm. ischiocavernosi überlagert; den beiden Bulbi vestibuli, welche dem einheitlichen Bulbus corporis cavernosi urethrae des Mannes entsprechen,

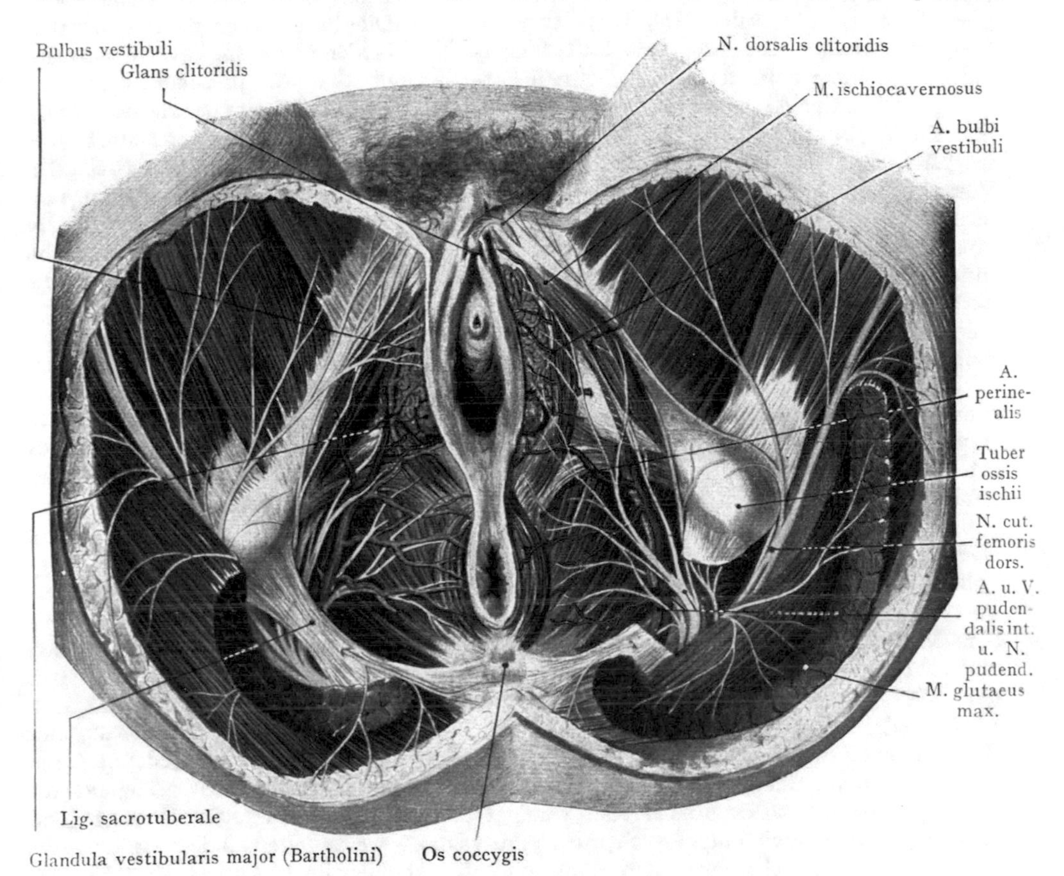

Abb. 511. Regio perinealis beim Weibe.
Nach **Léveille** und **Hirschfeld**.
Linkerseits ist das Lig. sacrotuberale durchtrennt worden; das Crus clitoridis ist lateralwärts abgezogen, um das Diaphragma urogenitale zu zeigen.

lagern sich die platten Mm. bulbocavernosi auf, welche einen muskulösen, die Scheidenöffnung umgebenden Ring herstellen und diese durch ihre Kontraktion zuschnüren können.

Hinter den Bulbi vestibuli, aber oberhalb des Diaphragma urogenitale, liegen die Glandulae vestibulares majores (Bartholini) (Abb. 511), welche mit den Glandulae bulbourethrales (Cowperi) beim Manne zu vergleichen sind. Ihre Ausführungsgänge durchbohren das Diaphragma urogenitale und verlaufen auf beiden Seiten der Scheidenmündung nach vorne, um sich vor dem Hymen oder den Hymenresten in das Vestibulum vaginae zu öffnen. Ihre Lage ist von einiger Wichtigkeit, da sie nicht selten bei

[1] Rami inferiores oss. pubis.

Scheidenerkrankungen in Mitleidenschaft gezogen werden, indem sich in ihnen Abscesse oberhalb des Diaphragma urogenitale bilden.

Nerven und Gefässe des Trigonum urogenitale beim Weibe. Die Anordnung der grossen Gefäss- und Nervenstämme ist im Prinzip dieselbe wie beim Manne, nur zum Teil in schwächerer Ausbildung. Die A. pudendalis int. verläuft aus der Fossa ischiorectalis (Abb. 511), oberhalb des Diaphragma urogenitale in das Trigonum urogenitale und teilt sich hier in ihre beiden Endäste, die A. dorsalis clitoridis, entsprechend der A. dorsalis penis und die A. profunda clitoridis, entsprechend der A. profunda penis. Medianwärts gibt der Stamm der A. pudendalis int. die A. bulbi vestibuli ab, welche das Diaphragma urogenitale durchbohrt, um in den Bulbus vestibuli einzutreten (linkerseits in Abb. 511 dargestellt). Innerhalb der Fossa ischiorectalis entspringt die A. labialis, welche nach vorne verläuft, um sich an die grossen und kleinen Labien zu verzweigen. Dazu kommen von Nerven die oberflächlichen Nn. labiales, gleichfalls aus der Strecke des N. pudendalis, welche innerhalb der Fossa ischiorectalis liegt, ferner als Endast des N. pudendalis der N. dorsalis clitoridis.

Trigonum rectale. Eine grössere Übereinstimmung mit den Verhältnissen beim Manne zeigt sich im Trigonum rectale. Selbstverständlich ist dasselbe beim Weibe breiter, entsprechend dem grösseren Abstande der Tubera ossium ischii. Die Begrenzung und der Inhalt der Fossa ischiorectalis sind bei beiden Geschlechtern identisch (vgl. Abb. 459 mit Abb. 511). Die Stämme des N. pudendalis und der A. und V. pudendalis int. liegen hier bei ihrem Verlaufe um die Spina ossis ischii in der Fossa ischiorectalis und geben hier die A. analis, welche mit den Nn. anales verläuft, zum Anus ab.

Bemerkenswert ist, dass das durch Rectum und Scheidenwand gebildete Septum rectovaginale (s. den Sagittalschnitt Abb. 477) nach unten eine bedeutende Mächtigkeit erlangt, indem noch Fasern des M. sphincter ani externus, der Mm. bulbocavernosi, der Mm. transversi perinei und des Diaphragma urogenitale hinzukommen, welche eine Masse von durchflochtenen Muskel- und Bindegewebsfasern herstellen. Dieselbe erstreckt sich von der vorderen Grenze der Analöffnung bis zum hinteren Umfange der Öffnung des Vestibulum vaginae und bildet den Damm oder das Perineum; ihre Längsausdehnung ist übrigens individuell sehr verschieden. Bei der Erweiterung der Scheidenmündung während des Geburtsaktes wird der Damm stark gedehnt. Bei raschem Eintritt der Spannung kann die Elastizität des Gewebes nicht genügend zur Geltung kommen, so dass mehr oder weniger beträchtliche Einrisse der Dammgegend erfolgen, welche nach oben am Septum rectovaginale weitergehen, indem sie dasselbe entweder ganz durchtrennen und dann eine Kommunikation zwischen Rectum und Scheide herstellen, oder die Scheidenwand von der Wandung des Rectum gleichsam abpräparieren.

Die äusseren Genitalien beim Weibe. Bei stark gebeugten und nach aussen rotierten Oberschenkeln lässt sich im Bereiche des Trigonum urogenitale das Vestibulum vaginae untersuchen, in welchen sich die Scheide und die Urethra öffnen; hinten liegt in der Tiefe der Crena ani der Anus; zwischen der vorderen Grenze des Anus und der hinteren Grenze des Vestibulum vaginae erstreckt sich das Perineum (Abb. 512).

Das Vestibulum vaginae (Sinus urogenitalis) wird lateral durch die Labia minora begrenzt, auf welchen die Schleimhaut des Vestibulum in die äussere Haut übergeht. Nach vorne und oben ziehen sich die Labia minora auf die Clitoris fort, und zwar teils bis zur unteren Fläche derselben als Frenulum clitoridis, teils zur dorsalen Fläche, wo sie das Praeputium clitoridis bilden. Hinter dem Vestibulum gehen die Labia minora in einer kleinen Hautfalte, dem Frenulum labiorum pudendi, ineinander über. Vor demselben liegt eine seichte Vertiefung, die Fossa navicularis.

Die Labia minora werden umzogen von den Labia majora, richtigen Hautfalten, welche dem Scrotum des Mannes entsprechen und hinten schmal beginnend, nach vorne breiter werden, um in die durch Fettgewebe gebildete, vor der Symphyse gelegene Erhöhung des Mons pubis überzugehen. Die äussere Fläche der grossen Labien ist ebenso wie der Mons pubis von Haaren bedeckt, die innere Fläche ist glatt. Die Labia majora werden nach hinten flacher und setzen sich hier kaum von dem Damme ab.

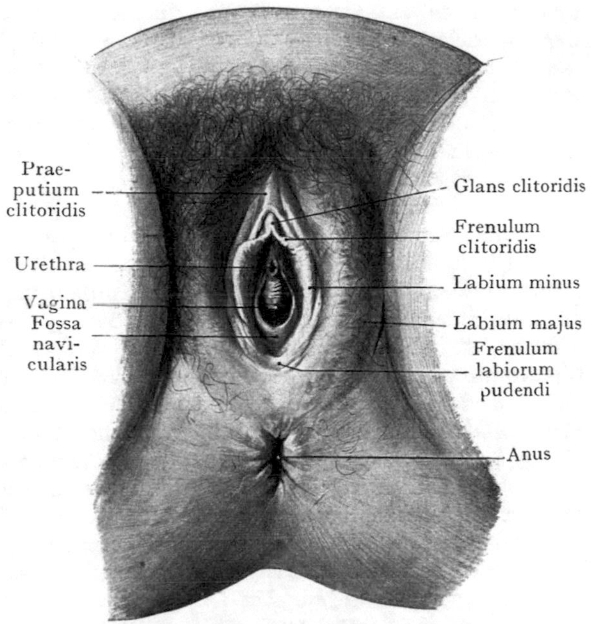

Abb. 512. Regio perinealis des Weibes.

Der Scheidenvorhof oder das Vestibulum vaginae stellt einen seichten Raum dar, dessen Eingang lateral von den Labia minora, vorne von der Clitoris, hinten von dem Frenulum labiorum pudendi begrenzt wird (Abb. 512). In das Vestibulum mündet die Scheide, deren Öffnung durch den Hymen oder durch Hymenreste von dem Vestibulum abgegrenzt wird (Ostium vaginae[1]). Unmittelbar vor der Scheidenöffnung liegt das Orificium urethrae ext. und auf

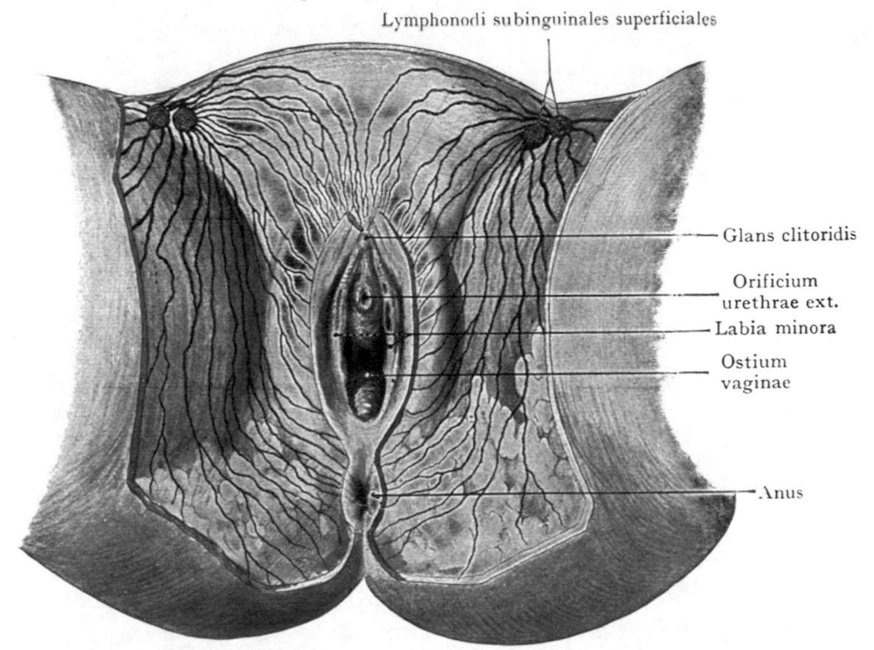

Abb. 513. Lymphgefässe der äusseren weiblichen Genitalien und des Dammes.
Nach Sappey, Anat. physiol. et pathologie des vaisseaux lymphatiques.

[1] Orificium vaginae.

beiden Seiten des Ostium vaginae finden sich die Öffnungen der Ausführungsgänge der Glandulae vestibulares majores (Bartholini). Bei Frauen, die noch nicht geboren haben, ist zwischen dem hinteren Umfange der Scheidenöffnung und dem Frenulum labiorum pudendi die Fossa navicularis besonders deutlich ausgeprägt.

Das Orificium urethrae ext. liegt unmittelbar vor dem Ostium vaginae und 2—3 cm hinter der Glans clitoridis. Die seitlichen Ränder des sagittal gestellten Schlitzes legen sich aneinander.

Die Umrandung des Ostium vaginae ist je nach der Ausbildung des Hymen oder der Hymenreste verschieden gestaltet. Der Hymen geht in der Regel von dem hinteren Umfange der Scheidenöffnung aus und verengt dieselbe in der Weise, dass nur vor dem Hymen eine aus der Scheide in das Vestibulum vaginae führende Öffnung übrigbleibt. In anderen Fällen geht der Hymen von dem ganzen Umfange der äusseren Scheidenöffnung aus (Hymen anularis) oder er zeigt mehrfache Durchbrechungen (Hymen biperforatus, Hymen cribriformis) oder bewirkt endlich eine vollständige Trennung zwischen dem Raum der Scheide und dem Vestibulum (Hymen imperforatus). Nach der Durchbrechung des Hymen können die Reste desselben das Ostium vaginae als kleine Vorsprünge oder gefranste Anhänge umgeben.

Von den oberflächlichen Gebilden der Regio perinealis des Weibes, sowie der äusseren Genitalien, beanspruchen die Lymphgefässe eine besondere Erwähnung. Sie verlaufen, wie diejenigen der Regio perinealis beim Manne, nach vorne zu den Lymphonodi subinguinales superficiales, welche ausserhalb der Fascia lata und unterhalb des Lig. inguinale liegen. Die Lymphgefässe der Clitoris gehen teils wie diejenigen des Penis zu den Lymphonodi subinguinales superficiales, teils kommt längs der Chorda utero-inguinalis durch den Canalis inguinalis eine direkte Verbindung zu den unteren Lymphonodi ilici zustande, mit Umgehung der Lymphonodi subinguinales superficiales und profundi. (Diese Verbindung konnte in Abb. 513 nicht dargestellt werden; man vergleiche Abb. 489).

Literatur.

I. Wandungen des Beckens, Peritonaeum, Beckenbindegewebe.

Drappier, E. A., Contribution à l'étude du plancher pelvien et de la cavité prévesicale. Thèse de Paris 1893.

Schuttoff, M., Abnormer Tiefstand des Bauchfells im Douglasschen Raume und Senkung der Beckeneingeweide beim Manne. Arch. f. Anat. u. Physiol. Anat. Abteil. 1902.

Cunéo, B. und Marcille, M., Topographie des ganglions ileopelviens. Bull. de la Soc. anat. de Paris. Vol. 76.

Dixon, A. F., The peritonaeum of the pelvic cavity. Journ. of Anat. and Physiol. 36. 1902.

Chrobak und Rosthorn, Die Erkrankungen der weiblichen Beckenorgane. Wien 1896. (Subperitonaeales Bindegewebe des weiblichen Beckens.)

Luschka, Die Muskulatur am Boden des weiblichen Beckens. Denkschr. d. K. Akad. d. Wiss. Wien XX. 1862.

Anderson und Makins, The planes of the subperitonaeal and subpleural connective tissue, with their extensions. Journ. of Anat. and Physiol. 25. 1891.

Krusche, Anatomische Untersuchungen über die A. obturatoria. I.-D. Dorpat 1885.

Lenhossek, J., Das venöse Convolut der Beckenhöhle beim Manne. Wien 1871.

Luschka, H., Die Fascia pelvina und ihr Verhalten zur hinteren Beckenwand. Sitz.-Ber. d. K. Akad. d. Wiss. zu Wien. Math.-nat. Kl. XXXV. 1859.

Faraboeuf, Les vaisseaux sanguins des organes génitourinaires, du périnée et du pelvis. Paris 1905.

II. Rectum.

Quénu, Des artères du rectum et de l'anus chez l'homme et la femme. Bull. Soc. anat. de Paris 1893.

Gerota, D., Die Lymphgefässe des Rectum und Anus. Arch. f. Anat. u. Entw.-Gesch. 1895.

Otis, J. W., Anatomische Untersuchungen am menschlichen Rectum und eine neue Methode der Mastdarminspektion. I. Teil. Die Sacculi des Rectum. Leipzig 1887.

Schreiber, Jul., Die Recto-romanoskopie. Berlin 1903.

Mariau, Recherches anatomiques sur la veine porte. Thèse de Lyon 1893.

Duret, H., Note sur la disposition de veines du rectum et de l'anus. Bull. Soc. anat. de Paris 52. 1877.

Merkel, Die Ampulla recti. Bonnet und Merkels Ergebnisse. X. 1900.

Symington, J., The Rectum and Anus. Journ. of Anat. u. Physiol. XXIII. 1889.

Gally, Les Valvules du rectum et leur rôle pathogénique. Thèse de Toulouse 1893.

Johnson, F. P., The Development of the Rectum. Amer. Journ. of Anat. 16. 1914.

III. Harnblase.

Garson, Die Dislokation der Harnblase und des Peritonaeum bei Ausdehnung des Rectum. Arch. f. Anat. u. Entw.-Gesch. 1878.

Takahasi, Beitrag zur Kenntnis der fetalen und kindlichen Harnblase. Arch. f. Anat. u. Entw.-Gesch. 1888.

Gerota, Über die Lymphgefässe und Lymphdrüsen der Nabelgegend und der Harnblase. Anat. Anz. XII. 1896.

Dixon, A. F., The form of the empty bladder. Anat. Anz. XV. 1899.

Fenwick, The venous system of the bladder and its surroundings. Journ. of Anat. and Physiol. XIX. 1885.

Waldeyer, Das Trigonum vesicae. Sitz.-Ber. d. Berl. Akad. d. Wiss. Math.-phys. Kl. 1897.

Gillette, Recherches anatomiques sur les veines de la vessie et sur les plexus veineux intrapelviens. Journ. de l'anat. 1869.

Delbet, Anatomie chirurgicale de la vessie. Thèse de Paris 1895.

IV. Prostata usw.

Bruhns, C., Lymphgefässe und Lymphdrüsen der Prostata beim Menschen. Arch. f. Anat. u. Entw.-Gesch. 1904.
Ziegler, Circulation veineuse de la prostata. Thèse de Bordeaux 1893.
Stahr, H., Bemerkungen über die Verbindungen der Lymphgefässe der Prostata mit denen der Blase. Anat. Anz. XVI. 1899.

V. Hoden, Penis usw.

Cunéo, B., Sur les lymphatiques du testicule. Bull. de la Soc. anat. de Paris 76. 1901.
Bruhns, C., Über die Lymphgefässe der äusseren männlichen Genitalien und die Zuflüsse der Leistendrüsen. Arch. f. Anat. u. Entw.-Gesch. 1890.
Haberer, Über die Venen des menschlichen Hodens. Arch. f. Anat. u. Entw.-Gesch. 1898.
Most, A., Über die Lymphgefässe und Lymphdrüsen des Hodens. Arch. f. Anat. u. Entw.-Gesch. 1899.
Horovitz, M. und Zeissl, M., Beiträge zur Anatomie der Lymphgefässe der männlichen Geschlechtsorgane. Wiener med. Presse. 1897.
Küttner, Über das Peniscarcinom und seine Verbreitung auf dem Lymphwege. Beitr. z. klin. Chir. XXVI.

VI. Uterus, Scheide usw.

Waldeyer, Beiträge zur Kenntnis der Lage der weiblichen Beckenorgane nebst Beschreibung eines frontalen Gefrierschnittes des Uterus gravidus in situ. Bonn 1892.
Schreiber, Beschreibung von Gefrierschnitten durch den Rumpf einer Wöchnerin des fünften Tages. 2 Taf. I.-D. Basel 1895.
Freund, H., Zur Lehre von den Blutgefässen der normalen und kranken Gebärmutter. Jena 1904.
Rouget, Ch., Recherches sur les organes érectiles de la femme etc. Journ. de la physiol. I. 1858.
Poirier, P., Lymphatiques des organes génitaux de la femme. Progrès méd. 1889.
Kownatzki, Die Venen des weiblichen Beckens und ihre praktisch-operative Bedeutung. Wiesbaden 1907.
Sellheim, Hugo, Lig. teres uteri und Alexander-Adamsche Operation. Beitr. z. Geburtsh. u. Gynäk. IV.
Bruhns, C., Über die Lymphgefässe der weiblichen Genitalien nebst einigen Bemerkungen über die Topographie der Leistendrüsen. Arch. f. Anat. u. Entw.-Gesch. 1898.
Peiser, E., Untersuchungen über den Lymphapparat des Uterus usw. I.-D. Breslau 1898.

VII. Ureter.

Solger, B., Zur Kenntnis der spindelförmigen Erweiterungen des menschlichen Harnleiters. Anat. Anz. XII. 1896.
Funke, E., Über den Verlauf der Ureteren. Deutsche med. Wochenschr. 1897.
Perez, Exploration des uretères. Thèse de Paris 1888.
Schwalbe, G., Zur Anatomie der Ureteren. Verh. d. anat. Ges. zu Basel 1896.
Waldeyer, Über die sog. Ureterenscheide. Verh. d. anat. Ges. zu Wien 1892.
Sänger, Über Tastung des Ureters beim Weibe. Arch. f. Gynäkol. 28. 1886.
Tandler und Halban, Der Ureter im weiblichen Becken. Wien 1905.

Rücken.

Wir beschreiben als Rücken die Gegend, welche sich von der Linea nuchalis terminalis[1] bis zum Sacrum erstreckt. Sie entspricht der Wirbelsäule und den angrenzenden Abschnitten der dorsalen Wand von Bauch- und Thoraxraum. Wir rechnen dazu auch die Nackenregion (s. die Besprechung der Einteilung des Halses).

Inspektion und Palpation des Rückens. Abb. 514 stellt die dorsale Ansicht des Rumpfes eines muskulösen Mannes dar. Die Reihe der Processus spinales wird im Bereiche der Nackengegend durch die mächtige Nackenmuskulatur und das Septum nuchae[2] überlagert, tritt jedoch am Übergange der Hals- in die Brustwirbelsäule in dem leicht durchzufühlenden Processus spinalis des VII. Halswirbels (Vertebra prominens) an die Oberfläche. Hier beginnt die bis zum Sacrum sich erstreckende Rückenrinne, welche, je nach der Stärke der Muskulatur, tiefer oder seichter ausfällt. Sie wird durch die langen Rückenmuskeln hergestellt, deren Bäuche zu beiden Seiten der Processus spinales den Wirbelbogen aufliegen und die Processus spinales überragen. Am deutlichsten ist die Rückenrinne im Bereiche der Brustwirbelsäule ausgebildet, während sie weiter unten beträchtlich seichter wird, doch ist sie bei schön geformten Individuen auch hier noch nachzuweisen.

Die Umrisse der oberflächlichen (breiten) Rückenmuskeln sind infolge der mehr oder weniger starken Ausbildung des Fettpolsters nur selten festzustellen. In Abb. 514 ist der untere Rand des M. trapezius zu erkennen, welcher sich ziemlich deutlich von dem M. latissimus dorsi absetzt. Seitlich von der Reihe der Proc. spinales ist, besonders im Bereiche der Lendenwirbelsäule, der Wulst des M. sacrospinalis zu sehen.

Durch Palpation lassen sich feststellen: die Protuberantia occipitalis ext., vom VII. Halswirbel an abwärts die Proc. spinales, unten die hintere Fläche des Sacrum und die Cristae ilicae mit den Spinae ilicae dors. cran.

Allgemeine Bemerkungen über die Topographie des Rückens. Wir unterscheiden, erstens die Topographie des Wirbelkanales und seines Inhaltes, zweitens die Topographie der im Bereiche des Rückens gelegenen Weichteile. Abgesehen von Einzelheiten, die sich am Übergange des Nackens auf das Occiput finden (Regio suboccipitalis, Abb. 526), herrscht eine gewisse Eintönigkeit auf weite Strecken, die besonders auch darin zum Ausdrucke kommt, dass eine Unterscheidung der einzelnen Abschnitte der langen Rückenmuskeln für praktische Zwecke wertlos erscheint und ausserdem die Beziehungen des Wirbelkanales zu seinem Inhalte auf lange Strecken die gleichen bleiben. Ferner sind schon bei der Schilderung der Topographie des Bauches, der Brust und des Beckens die Beziehungen verschiedener Eingeweide zur Wirbelsäule und zum Rücken geschildert worden. (Nieren, untere Grenzen der Pleura und der Lungen, Beziehungen zwischen dem Rectum und dem Sacrum usw.)

Wirbelkanal und Inhalt des Wirbelkanales. Der Wirbelkanal erstreckt sich in der ganzen Ausdehnung der als Rücken abgegrenzten Gegend von dem Occiput, wo er am Foramen occipitale magnum in die Schädelhöhle übergeht, bis zum letzten oder vorletzten Sacralwirbel, auf dessen hinterer Fläche er im Hiatus canalis sacralis ausmündet. Der Kanal erhält seine Begrenzung: vorne durch die hintere Fläche der

[1] Linea nuchae sup. [2] Lig. nuchae.

Wirbelkörper und der Intervertebralscheiben, welche von dem Lig. longitudinale commune dorsale[1] bedeckt werden, hinten durch die Wirbelbogen und die stark elastischen Ligg. interarcualia[2]. Seitlich wird der Kanal zum Teil durch die Wirbelbogen abgeschlossen, zum Teil öffnet er sich in den Foramina intervertebralia.

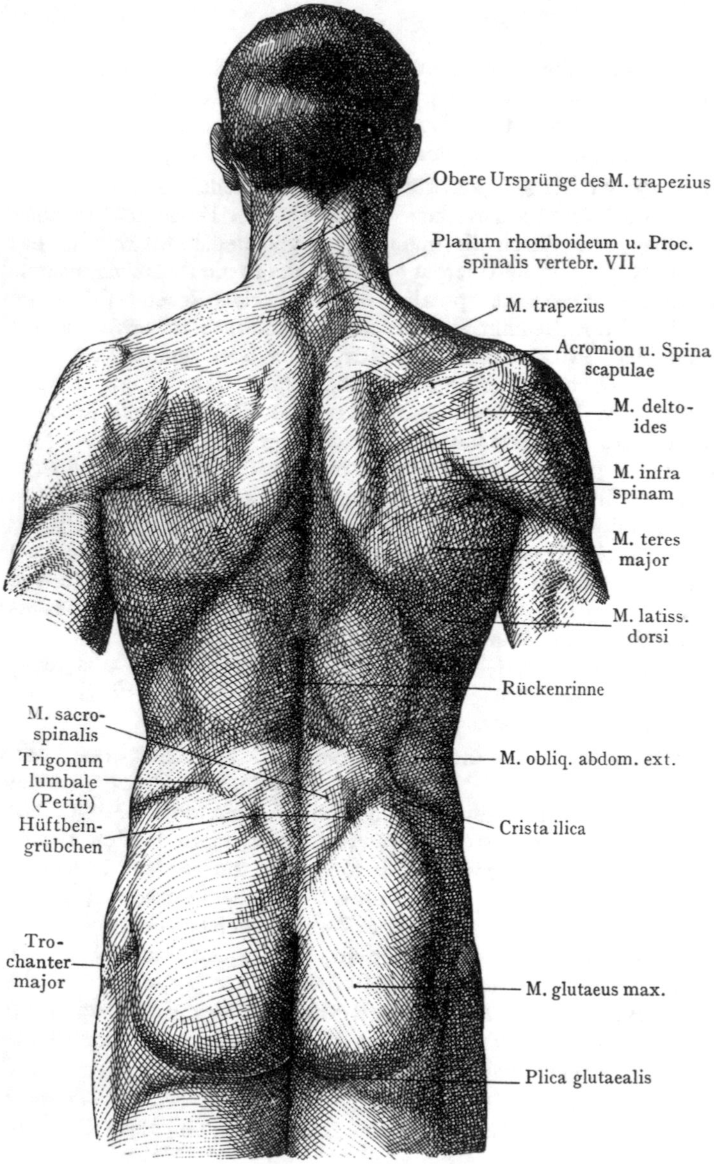

Betrachtet man eine Wirbelsäule von der Seite, so ist leicht ersichtlich, dass sich die aus den Wirbelbogen und den Ligg. interarcualia bestehende hintere Wand je nach dem Abschnitte der Wirbelsäule verschieden verhalten wird. Im Bereiche der Brustwirbelsäule schieben sich die Wirbelbogen und die Processus spinales mehr dachziegelförmig übereinander, während im Bereiche der Hals- und der Lendenwirbel die von den Ligg. interarcualia überbrückten Räume grösser sind, so dass ein Einschnitt oder Einstich hier leicht bis in den Wirbelkanal vordringen kann.

Abb. 514. Rücken eines muskulösen Mannes. Nach Richer, Anatomie artistique. Paris 1890.

Form und Weite des Canalis vertebralis. Sie wechseln nicht unbeträchtlich in den verschiedenen Abschnitten der Wirbelsäule (Abb. 515—517); die Form des Querschnittes wird am Halse als dreieckig, in der Brust als rund und in der Lenden- und Sacralwirbelsäule wieder als dreieckig beschrieben; immer ist der Kanal viel weiter als der Duralsack des Rückenmarks, welchen er umschliesst, und der nicht unbeträchtliche Zwischenraum zwischen beiden (Extraduralraum[3]) wird sowohl durch lockeres Fett- und Bindegewebe als auch durch die Plexus venosi vertebrales interni ausgefüllt.

[1] Lig. longitudinale post. [2] Ligg. flava. [3] Epiduralraum.

Inhalt des Canalis vertebralis. Derselbe wird gebildet durch das Rückenmark mit seinen Hüllen, sowie durch das lockere Fett- und Bindegewebe, welches sich zwischen dem Duralsack und den Wandungen des Canalis vertebralis einlagert und die Plexus venosi vertebrales interni mit den zum Rückenmark gelangenden Rami

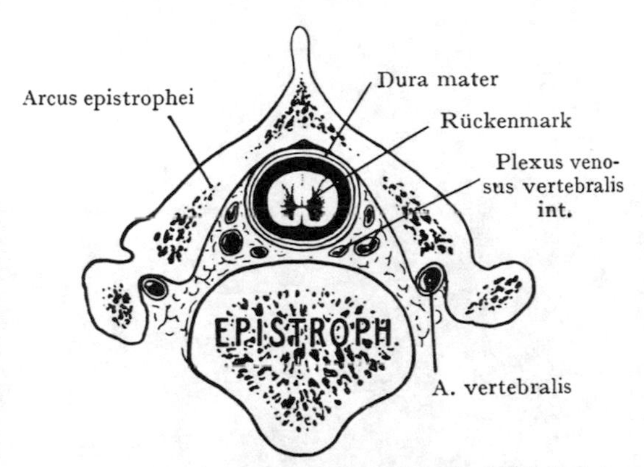

Abb. 515. Horizontalschnitt durch die Wirbelsäule in der Höhe des Körpers und des Proc. spinalis des Epistropheus.

Nach Pirogoff, Anatome topograph. Fasc. I. Taf. 15. Abb. 3.

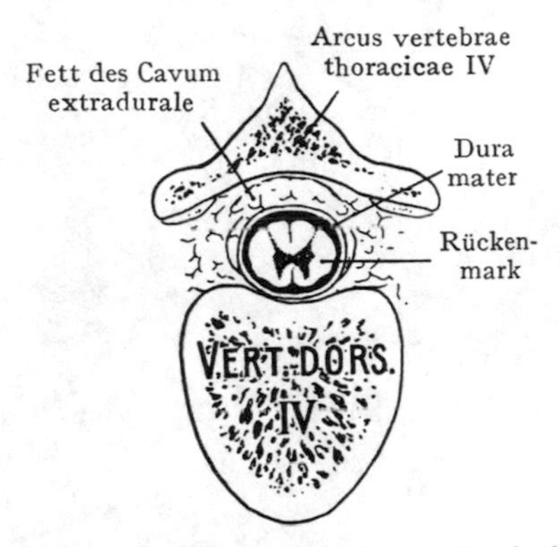

Abb. 516. Horizontalschnitt durch die Wirbelsäule in der Höhe des IV. Brustwirbelkörpers.

Nach Pirogoff, Anatome topograph. Fasc. I. Taf. 15. Abb. 14.

spinales der Arterien umschliesst. Dazu kommen die Spinalganglien und die aus den Foramina intervertebralia austretenden Spinalnerven.

Die von der Dura mater nach aussen abgeschlossenen Hüllen des Rückenmarks werden durch das erwähnte Fett- und Bindegewebe von den Wandungen des Canalis vertebralis getrennt (Abb. 518). Der so abgegrenzte Raum wird als Cavum extradurale[1] bezeichnet; derselbe erstreckt sich von dem Foramen occipitale magnum bis zu dem unteren Ende des Canalis vertebralis im Hiatus canalis sacralis und ist sowohl dorsal als ventral ausgebildet. Bei der Eröffnung des Canalis vertebralis durch Abtragen der Wirbelbogen wird man also nicht ohne weiteres auf den Sack der Dura mater stossen, sondern muss erst durch das Cavum extradurale[1] auf denselben vordringen. Hier verlaufen die Venen, welche den dichten Plexus venosus vertebralis internus bilden (Abb. 520).

Hüllen des Rückenmarks. Die Dura mater teilt sich bei ihrem Austritte aus dem For. occipitale magnum in zwei Blätter, von denen sich das äussere den Wandungen des Wirbelkanales anschliesst und mit dem Perioste und dem Bandapparate desselben ziemlich enge Verbindungen eingeht. Das andere Blatt bildet den Duralsack, welcher sich von dem For. occipitale magnum bis zum II.—III. Sacralwirbel erstreckt. Seitlich hängt derselbe mit den Rändern der Foramina intervertebralia zusammen, indem die Dura sich auf die

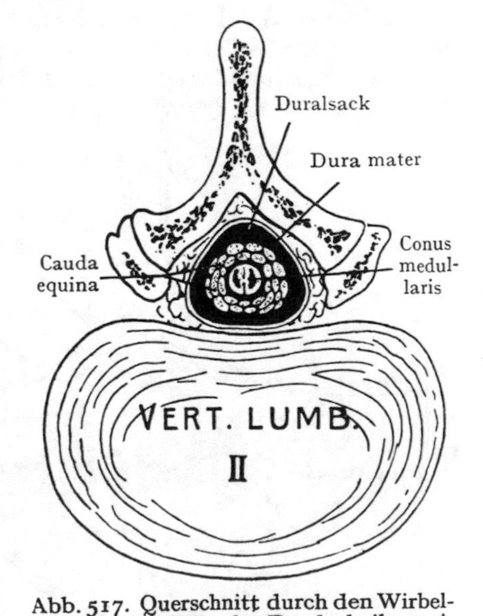

Abb. 517. Querschnitt durch den Wirbelkanal in der Höhe der Bandscheibe zwischen dem I. und II. Lumbalwirbel.

Nach Pirogoff, Anatome topograph. Fasc. I. Taf. 15. Abb. 28.

[1] Cavum epidurale.

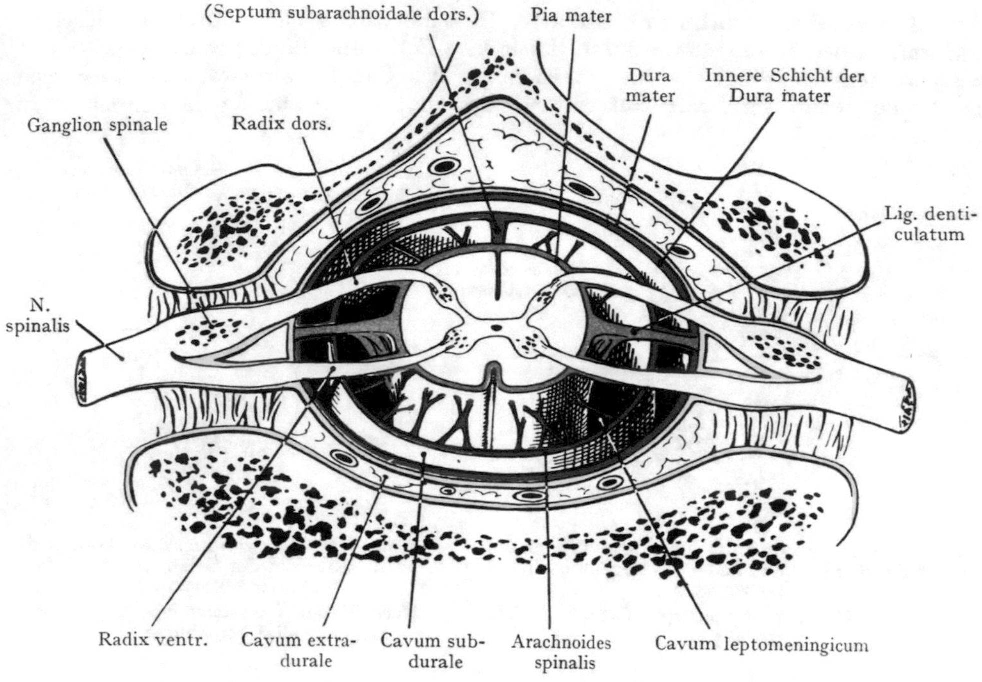

Abb. 518. Hüllen des Rückenmarks in einem schematischen Horizontalschnitte.
Dura mater gelb. Arachnoides rot. Pia mater blau.

austretenden Nerven als Scheide fortsetzt, so dass die letzteren durch Bindegewebszüge an die Ränder der Foramina intervertebralia fixiert werden. Von den beiden Blättern der Dura mater wird das Cavum extradurale[1] begrenzt.

Die Arachnoides spinalis des Rückenmarks stellt eine zarte, durchsichtige Membran dar, welche durch das weite Cavum leptomeningicum[2] von der Pia mater, durch das Cavum subdurale von der Dura mater getrennt wird.

Die Pia mater umgibt unmittelbar das Rückenmark und enthält die Gefässe, welche von der Oberfläche aus oder durch die Fissura mediana ventralis in das Rückenmark eindringen. Sie bildet den Abschluss der Meningen, hängt innig mit der Oberfläche des Rückenmarks zusammen und verbindet sich mittelst zahlreicher Bindegewebsbalken, welche das Cavum leptomeningicum[2] durchziehen, mit der Arachnoides. Besonders stark sind diese Bindegewebsbalken auf beiden Seiten entwickelt, wo sie die zwischen den vorderen und

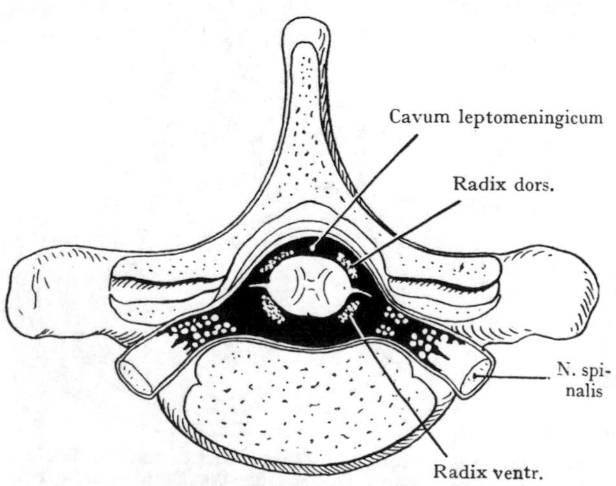

Abb. 519. Beziehungen des Cavum leptomeningicum zu den austretenden Nervenwurzeln.
Nach G. Retzius.

[1] Cavum epidurale. [2] Cavum subarachnoideale.

hinteren Wurzeln bis zur Dura mater reichenden leistenartigen Vorsprünge des Lig. denticulatum bilden (Abb. 518).

Die drei durch die Blätter der Dura mater sowie durch die Arachnoides und die Pia mater abgegrenzten Räume (Cavum extradurale, Cavum subdurale und Cavum leptomeningicum [1]) finden sich in der ganzen Ausdehnung des Duralsackes. Das Cavum leptomeningicum [1], welches mit dem Cavum leptomeningicum [1] des Gehirns im Zusammenhang steht, enthält den Liquor cerebrospinalis. Nach unten erstreckt sich der Duralsack (Abb. 520) bis zum II. oder III. Sacralwirbel, während das Rückenmark im Conus medullaris etwa in der Höhe des II.—III. Lumbalwirbels ein Ende nimmt. Der Abschnitt des Duralsackes, welcher sich vom ersten oder zweiten Lumbalwirbel bis zum zweiten oder dritten Sacralwirbel erstreckt, wird teils von der Cauda equina mit dem Filum terminale des Rückenmarks, teils von dem Cavum leptomeningicum eingenommen. Besonders dem letzteren Umstande ist es zuzuschreiben, dass bei der Lumbalpunktion, welche infolge des horizontalen Abganges der Processus spinales von den Lendenwirbeln ohne Schwierigkeiten auszuführen ist (s. oben), das Rückenmark geschont wird, wenn man etwa zwischen dem II. und III. Lumbalwirbelbogen oder noch weiter unten einsticht.

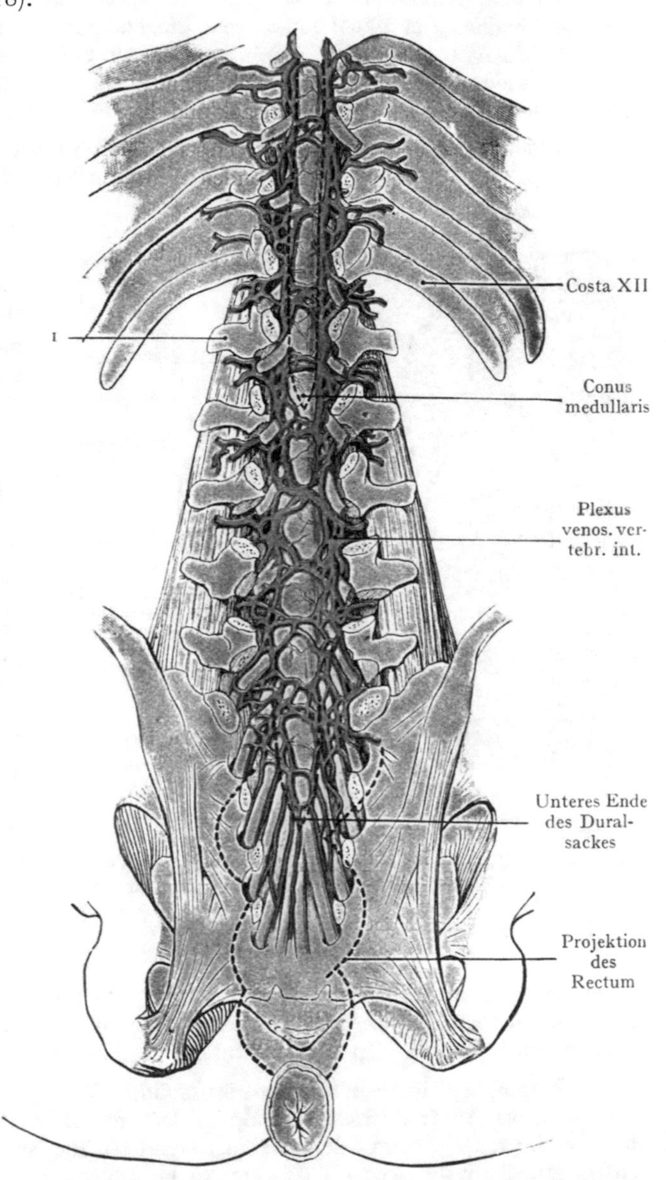

Abb. 520. Wirbelkanal von hinten eröffnet. Ausdehnung des Duralsackes und des Rückenmarks (Conus medullaris) durch punktierte Linien angegeben. Cauda equina und Rectum (punktiert). Der Plexus venosus vertebralis int. ist nach einer Abbildung von Breschet eingezeichnet. 1 Proc. costarius vertebr. lumb. I.

Lage der Nervenwurzeln und der Spinalganglien. Die vorderen und die hinteren Wurzeln eines Spinalnerven durchlaufen das Cavum leptomeningicum (Abb. 518), indem sie gegen ein Foramen intervertebrale konvergieren, um sich

[1] Cavum subarachnoideale.

zum Spinalnerven zu verbinden. Die Strecke der Wurzeln, welche von ihrem Abgang aus dem Rückenmark bis zu ihrer Verbindung miteinander reicht, entspricht selbstverständlich der Trennung in sensible und motorische Fasern; es ist deshalb nur hier möglich, die sensiblen Fasern eines gegebenen Spinalnerven in ihrer Gesamtheit (etwa bei hartnäckiger Neuralgie) zu erreichen und zu durchtrennen, indem man nach Abtragung der Wirbelbogen den Duralsack und das Cavum leptomeningicum eröffnet.

Bloss die 3—4 ersten Spinalnerven setzen sich aus horizontal verlaufenden Wurzeln zusammen. Die Wurzeln der folgenden Nerven verlaufen schräg, und zwar um so schräger, je weiter unten ihre Austrittsstelle aus dem Rückenmark liegt. Die Spinalganglien liegen ausserhalb der Foramina intervertebralia (Abb. 521), also auch ausserhalb des Duralsackes.

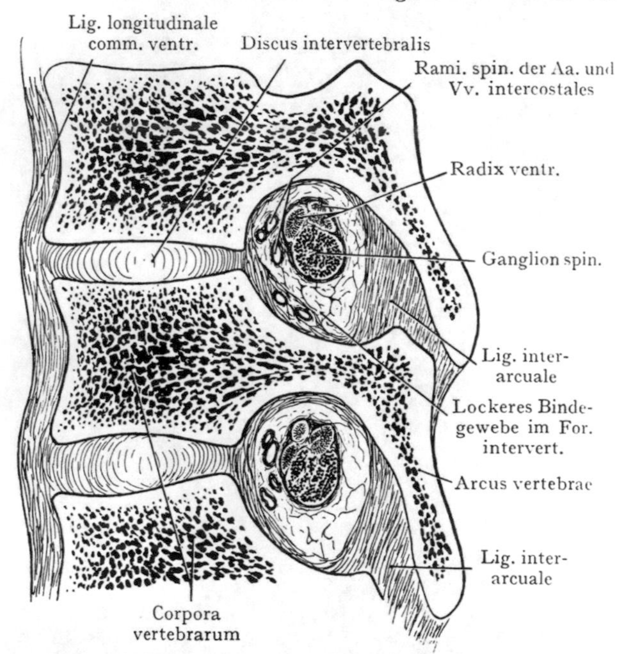

Abb. 521. Seitlicher Sagittalschnitt durch die Wirbelsäule, die Lage der Gebilde in den Foramina intervertebralia zeigend.
Zum Teil nach einem Mikrotomschnitte.

Die Dura mater gibt dort, wo die Wurzeln der Spinalnerven die Arachnoides durchbrechen, eine Hülle an dieselben ab, welche sie mit dem Spinalganglion bis zu der Stelle umscheidet, wo sie sich zur Bildung der Spinalnerven miteinander vereinigen (Abb. 519). Diese Duralhülle befestigt sich an den Rändern der Foramina intervertebralia und bewirkt sowohl eine Fixation der Nerven als auch des Duralsackes. In den Foramina intervertebralia werden die Nervenwurzeln sowie das Ganglion spinale von den Rami spinales der Arterien und der Venen umgeben, die hier zum Rückenmark vordringen, resp. einen Abfluss des venösen Blutes aus dem Plexus vertebralis internus zu den Venen ausserhalb des Wirbelkanales herstellen (Abb. 520 und 521), so im Bereiche der Brustwirbelsäule zu den Vv. intercostales, im Bereiche der Lendenwirbelsäule zu den Vv. lumbales.

Topographia vertebromedullaris. Von praktischem Werte ist die Bestimmung der Austrittsstellen der Spinalnervenwurzeln aus dem Rückenmark, bezogen auf die durch Palpation leicht festzustellenden Proc. spinales der Wirbel. Nach Chipault gilt dafür die Regel, dass man im Hinblick auf den je weiter unten im Rückenmark um so schräger werdenden Verlauf der Spinalwurzeln, im Bereiche der Halswirbelsäule der Nummer eines durchzufühlenden Proc. spinalis die Zahl 1 addiert, so wird z. B. unterhalb des Proc. spinalis des V. Halswirbels der VI. Cervicalnerv austreten; im Bereiche der oberen Partie der Brustwirbelsäule muss man die Zahl 3 addieren; endlich entspricht der Proc. spinalis des XI. Brustwirbels und der Raum zwischen demselben und dem Proc. spinalis des XII. Brustwirbels dem Austritt der drei letzten Lumbalnervenwurzeln, während der Austritt der Sacralnervenwurzeln unmittelbar auf den Proc. spinalis des XII. Brustwirbels folgt.

Horizontalschnitte durch den Rücken. Die Abb. 522—525 stellen Horizontalschnitte durch den Rücken in verschiedener Höhe dar. Abb. 522 zeigt einen

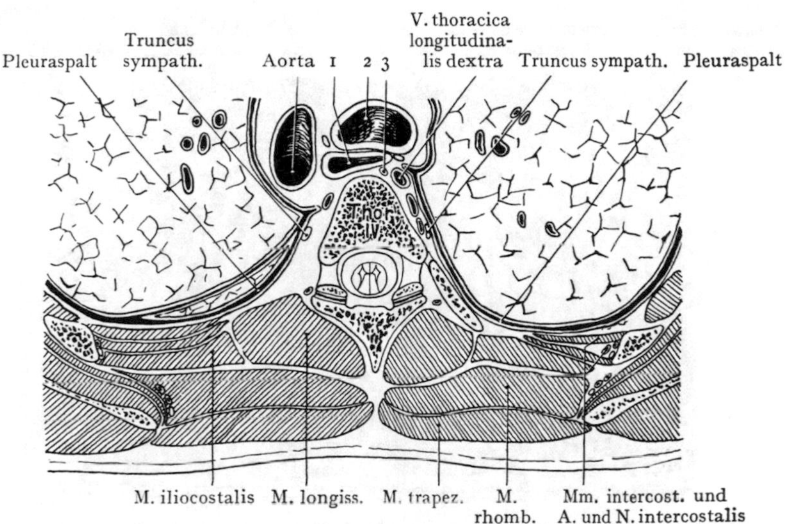

Abb. 522. Horizontalschnitt durch den Rücken in der Höhe des IV. Thorakalwirbels. Nach W. Braune.

1 Oesophagus. 2 Bifurcatio tracheae. 3 Duct. thoracicus.

solchen Schnitt in der Höhe des IV. Brustwirbels. Was die Muskulatur anbelangt, so haben wir oberflächlich den M. trapezius, dann folgt in zweiter Schicht der M. rhomboides

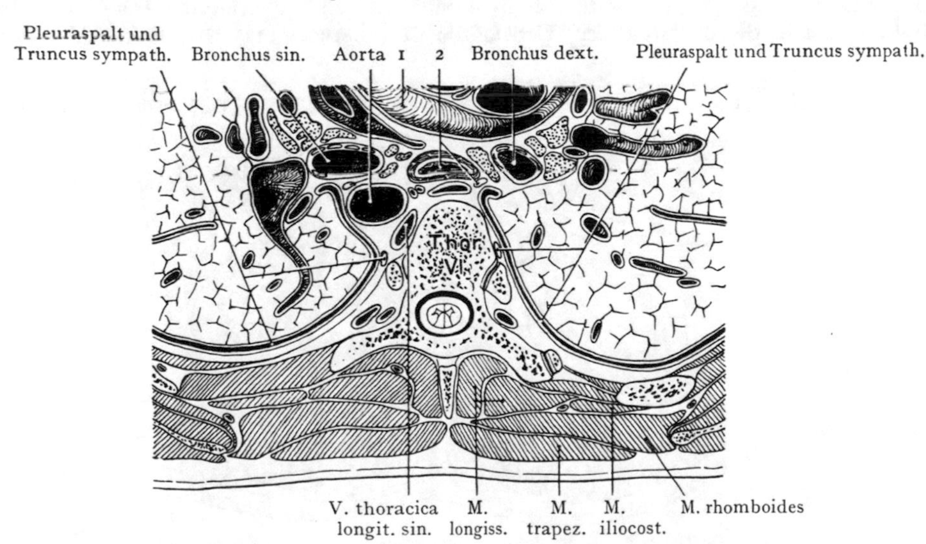

Abb. 523. Horizontalschnitt durch den Rücken in der Höhe des VI. Thorakalwirbels. Nach W. Braune.

1 Ram. dext. a. pulmonalis. 2 Oesophagus und N. vagus dext.

als weitere Schicht treffen wir den M. iliocostalis und longissimus und als tiefste Schicht die Mm. intercostales. An diese tiefste Schicht grenzt die Pleura parietalis, welche weiter medial auf dem seitlichen Umfange des Wirbelkörpers rechterseits den Truncus sympathicus und die V. thoracica longitudinalis dextra[1], linkerseits den Truncus sym-

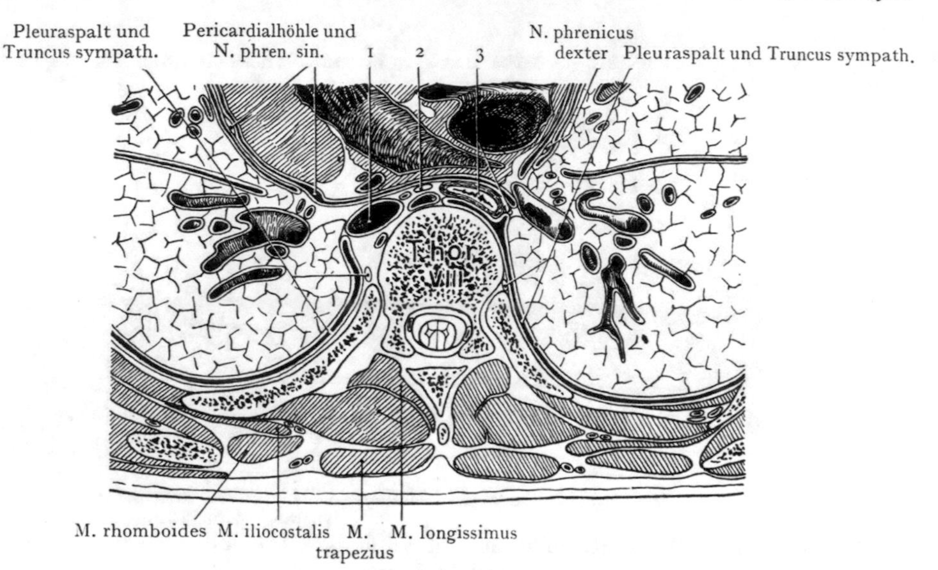

Abb. 524. Horizontalschnitt durch den Rücken in der Höhe des VIII. Thorakalwirbels. Nach W. Braune.
1 Aorta thoracica. 2 N. vagus sin. 3 Oesophagus und N. vagus dext.

pathicus und die V. thoracica longitudinalis sinistra[2] überzieht. Der Arcus aortae nähert sich in dieser Höhe der Wirbelsäule und berührt fast den linken Umfang des

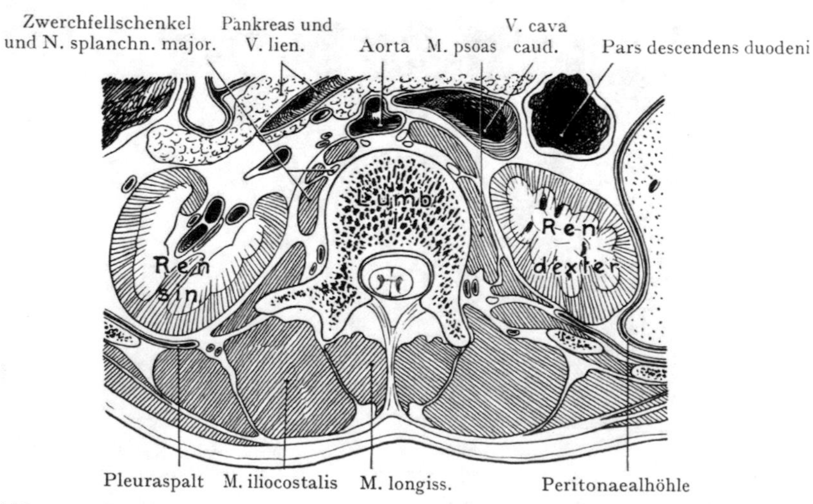

Abb. 525. Horizontalschnitt des Rückens in der Höhe des I. Lumbalwirbels. Nach W. Braune.

Oesophagus, welcher nach vorne von der gerade oberhalb der Bifurkation durchschnittenen Trachea überlagert wird und dorsal der vorderen Fläche des Wirbels anliegt.

[1] V. azygos. [2] V. hemiazygos.

In Abb. 523 (Höhe des VI. Brustwirbels) haben sich die Verhältnisse der Muskelschichten nicht geändert. Die V. thoracica longitudinalis dextra[1] hat sich vor den Wirbel, zwischen diesem und den Oesophagus eingeschoben, auch liegt die Aorta thoracica nicht direkt dem lateralen Umfange des Wirbelkörpers an, sondern wird durch die V. thoracica longitudinalis sinistra[2] von demselben getrennt. Der laterale Umfang der Aorta wird von der Pleura parietalis überzogen, der Pleuraspalt reicht rechterseits fast bis an den N. vagus dexter und den lateralen Umfang des Oesophagus heran.

Abb. 524 stellt einen Schnitt dar, welcher in der Höhe des VIII. Brustwirbels durchgeführt ist. Die Muskelschichten sind im Vergleiche mit Abb. 522 etwas reduziert. Die Aorta thoracica liegt links von der Medianebene dem vorderen Umfange des Wirbelkörpers an; gerade vor dem Wirbelkörper in der Medianebene liegt der Durchschnitt der V. thoracica longitudinalis dextra[1]; es liegt also hier eine Anomalie in der Ausbildung der im Thorax verlaufenden Rumpfvenen vor. Rechts liegt der Querschnitt des Oesophagus; derselbe wird von dem vorderen Umfange des Wirbelkörpers durch eine Ausbuchtung des Pleuraspaltes getrennt, wäre also von hinten ohne Eröffnung der Pleurahöhle in diesem Falle nicht zu erreichen.

Der in Abb. 525 dargestellte Schnitt geht durch den ersten Lumbalwirbel. Die Masse des M. sacrospinalis zerfällt hier schon in die Mm. iliocostalis und longissimus; dem vorderen und seitlichen Umfange des Wirbels liegen die Querschnitte des Zwerchfellschenkels, des M. psoas und weiter lateral des M. quadratus lumborum auf. Der Pleuraspalt ist hier noch vorhanden und reicht bis an den dorsalen Umfang der Niere heran; es handelt sich also um die Zone der Niere, die vom Sinus phrenicocostalis der Pleurahöhle dorsal überlagert wird.

Nackenregion (Regio nuchae).

Man kann die Nackenregion im Anschluss an den Hals beschreiben (s. allgemeine Bemerkungen über den Hals) oder als besondere Unterregion des Rückens. Wir haben das letztere vorgezogen.

Allgemeine Bemerkungen über die Regio nuchae. Die Grenze der Nackenregion gegen den Hals kann durch eine Linie angegeben werden, die wir von dem hinteren Umfange des Proc. mastoides zum Acromion ziehen. Als obere Grenze können wir die Protuberantia occipitalis ext. und die Linea nuchalis terminalis[3] ansehen, als untere Grenze eine Linie, welche von dem Dornfortsatze des VII. Halswirbels zum Acromion gezogen wird. Die Proc. spinales des I.—V. Halswirbels werden von dem Septum nuchae[4] und der Rückenmuskulatur so überlagert, dass sie der Palpation unzugänglich sind.

Oberflächliche Gebilde. Das subkutane Gewebe ist derb und hängt innig mit der oberflächlichen Fascie der Gegend zusammen, besonders in der oberen Partie derselben am Übergange in die Regio suboccipitalis. Nach unten wird es lockerer. Von oberflächlichen Gefässen und Nerven haben wir kleine Hautarterien aus der A. occipitalis und den Ramus ascendens der A. transversa colli (s. Hals und Abb. 191). Die letztere verläuft zwischen den Mm. splenius und levator scapulae und gibt Hautäste ab, welche den M. trapezius durchsetzen. Die V. cervicalis superficialis sammelt sich in dem subkutanen Gewebe des Nackens und verläuft nach unten und vorne, um in die V. jugularis int. auszumünden.

Muskulatur. Die Muskulatur des Nackens wird oberflächlich durch die Fortsetzung der Fascia colli superficialis abgeschlossen (Abb. 151), welche sich am vorderen Rande des M. trapezius in zwei Blätter teilt und diesen Muskel umscheidet

[1] V. azygos. [2] V. hemiazygos. [3] Linea nuchae superior. [4] Lig. nuchae.

Wir können die Nackenmuskulatur in drei Schichten einteilen. Die oberflächliche Schicht wird durch die obere Partie des M. trapezius dargestellt, welche nach unten allmählich breiter wird und von der Linea nuchalis terminalis, dem Septum nuchae und dem Processus spinalis des VII. Halswirbels entspringt. Die zweite Schicht wird gebildet durch die Mm. splenius, levator scapulae, rhomboides major und minor und serratus dorsalis cranialis. Die dritte oder tiefe Schicht besteht aus den langen Rückenmuskeln, die als Mm. longissimi capitis und cervicis, iliocostalis, transversooccipitalis, semispinalis und multifidus von den Muskeln der mittleren Schicht bedeckt werden. In der obersten Partie des Nackens, die unmittelbar nach unten auf die Linea nuchalis terminalis folgt, können wir noch eine vierte

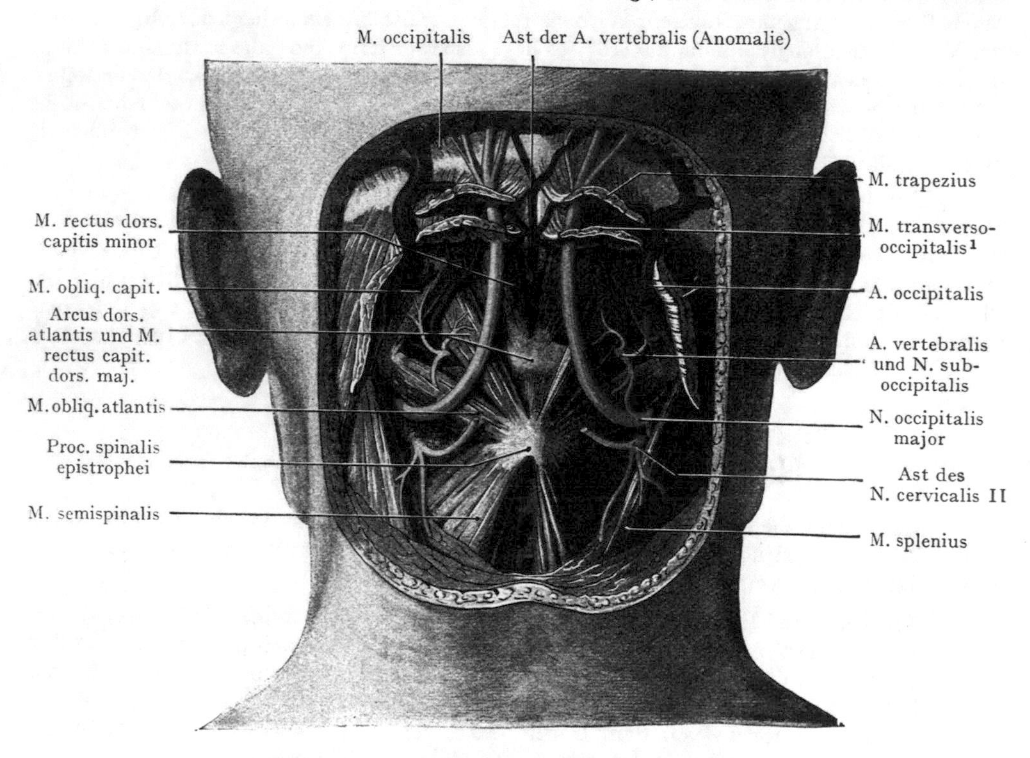

Abb. 526. Topographie der Regio suboccipitalis.

Schicht unterscheiden, welche die kleinen Muskeln zwischen dem Hinterhaupt und den beiden ersten Halswirbeln umfasst (Mm. recti capitis dors. major und minor, rectus capitis lateralis und obliqui capitis [2] und atlantis [3]). Diese Muskeln, welche gegenüber der in der Anordnung der langen Rückenmuskeln herrschenden Eintönigkeit eine gewisse Abwechselung darbieten, erstrecken sich (Abb. 526) von dem Proc. spinalis epistrophei zur hinteren Spange des Proc. costotransversarius atlantis (M. obliquus atlantis [3]), resp. von dem Proc. spinalis epistrophei zum mittleren Drittel der Linea plani nuchalis [4] (M. rectus capitis dors. major), ferner von dem Tuberculum dorsale atlantis zur Linea plani nuchalis (M. rectus capitis dors. minor) und von dem hinteren Höcker des Querfortsatzes des Atlas zur Linea plani nuchalis (M. obliquus capitis). Dazu kommt der M. rectus capitis lat. von dem Querfortsatz des Atlas zum Os occipitale hinter dem Foramen jugulare. In dieser Gegend (Regio suboccipitalis) sind auch grössere Arterien

[1] M. semispinalis capitis. [2] M. obliquus capitis superior.
[3] M. obliquus capitis inferior. [4] Linea nuchae inferior.

und Nerven anzutreffen (A. vertebralis und N. occipitalis major, Abb. 526), welche in praktischer Hinsicht mehr Beachtung verdienen als die übrigen Arterien und Nerven der Regio nuchae.

Skeletgrundlage der Regio nuchae. Dieselbe wird geboten, oben von der Schuppe des Occipitale, unten von den Wirbelbogen und den Proc. spinales der Halswirbel. Die Wirbelbogen stehen durch die Ligg. interarcualia[1] untereinander in Verbindung. Besonders gross ist der Abstand zwischen dem Arcus dors. atlantis und dem hinteren Umfange des Foramen occipitale magnum, welcher bei Beugung des Kopfes nach vorne noch zunimmt; hier kann ein Stich, der direkt von hinten nach vorne eindringt, den Duralsack eröffnen und sogar die Medulla oblongata verletzen, ohne auf Knochen zu stossen.

Gefässe und Nerven der Nackenregion. Die oberflächlichen Gebilde sind bereits erwähnt worden. Die Muskelschichten werden von den Aa. occipitalis, cervicalis profunda, transversa colli und vertebralis versorgt, welche zahlreiche Anastomosen untereinander eingehen. Die A. occipitalis entspringt aus der A. carotis ext. und verläuft, von dem hinteren Bauche des M. biventer.[2] sowie von den Mm. longissimus capitis, splenius capitis und sternocleidomastoideus bedeckt, nach hinten. Lateral von dem M. trapezius wird die Arterie oberflächlich und geht zur Regio occipitalis empor, indem sie sich lateral dem N. occipitalis major anschliesst, welcher den obersten Teil des M. trapezius durchbohrt (Abb. 526). Rami cervicales der Arterie gehen zur Cervicalmuskulatur. Die Arterie kann am lateralen Rande des M. trapezius aufgesucht werden oder daumenbreit hinter dem Proc. mastoides, wo sie von den Mm. sternocleidomastoideus und splenius bedeckt wird; man muss diese Muskeln durchtrennen, um die Arterie zu erreichen. Die A. transversa colli aus der A. subclavia verläuft oberhalb der Clavicula horizontal gegen den Angulus cranialis[3] scapulae, wird von dem M. trapezius bedeckt und teilt sich in einen auf- und absteigenden Ast, von denen der erste sich hauptsächlich an die zweite Schicht der Muskulatur verzweigt (Mm. splenius und levator scapulae). Die A. vertebralis aus der A. subclavia tritt am For. costotransversarium[4] des VI. Halswirbels in den Canalis costotransversarius ein, wo sie bis zum For. occipitale magnum emporläuft, indem sie vor den austretenden Stämmen der Spinalnerven liegt. Beim Austritt aus dem Foramen costotransversarium des Epistropheus biegt der Stamm lateralwärts um, indem er das Foramen costotransversarium des Atlas erreicht. Nachdem die Arterie aus diesem ausgetreten ist, verläuft sie um den hinteren Umfang der Fovea articularis cranialis des Atlas und gelangt dann durch die Membrana atlantooccipitalis dorsalis in den Wirbelkanal, um weiterhin durch das For. occipitale magnum in die Schädelhöhle einzutreten. Während ihres Verlaufes um die Fovea articularis des Atlas wird die Arterie in dem Dreieck angetroffen, das der M. rectus capitis dors. major mit den Mm. obliqui capitis et atlantis[5] bildet, und ist hier Stichverletzungen ausgesetzt (Abb. 526). In der Regel tritt unterhalb der Arterie (in Abb. 526 oberhalb derselben) der N. suboccipitalis aus, welcher die kleinen suboccipitalen Muskeln (Mm. rectus major et minor, obliquus capitis et atlantis[5] und rectus lateralis) versorgt. Die A. vertebralis gibt auf ihrem Wege durch den Canalis costotransversarius eine Anzahl von Ästen zu den tiefen Schichten der Nackenmuskulatur ab.

Die Venen des Nackens gehen zu den Vv. vertebralis, occipitalis und jugularis superficialis dors.[6]. Die Lymphgefässe der Haut des Nackens gehen teilweise nach unten zu den Lymphgefässen der Achselhöhle, teils nach oben zu einigen kleinen Lymphdrüsen (Lymphonodi occipitales), welche auch Lymphgefässe der Kopfschwarte aufnehmen und zwischen der oberen Portion der Mm. trapezius und sternocleidomastoideus auf der Linea nuchalis terminalis liegen. Die Nerven des Nackens kommen aus den Rami dorsales der Cervicalnerven, welche Äste an die Haut abgeben. Der erste Cervicalnerv (N. suboccipitalis) tritt oberhalb des Arcus dors. atlantis aus und verzweigt sich, wie schon erwähnt, bloss an die kleinen Muskeln zwischen Occiput, Atlas und

[1] Ligg. flava. [2] M. digastricus. [3] Angulus medialis scapulae.
[4] For. transversarium. [5] M. obliquus capitis sup. et inf. [6] V. jugularis ext.

Epistropheus. Der Ramus dors. des II. Cervicalnerven (N. occipitalis major) tritt (Abb. 526) zwischen Atlas und Epistropheus aus und schlingt sich um den hinteren Rand des M. obliquus atlantis, um die sämtlichen oberflächlich liegenden Muskeln, auch die oberste Partie des M. trapezius, zu durchbohren und sich mit der A. occipitalis an die Haut der Regio occipitalis bis zum Scheitel hinauf zu verbreiten.

Literatur.

Wagner, R., Die Endigung des Duralsackes im Wirbelkanal des Menschen. Arch. f. Anat. u. Entw. Gesch. 1890.

Chipault, A. M. J., Rapports des apophyses épineuses avec la moëlle, les racines médullaires et les méninges. Thèse de Paris 1894.

Juvara, Topographie de la région lombaire en vue de la ponction du canal rachidien. Semaine méd. 1902.

Chipault, Étude de chirurgie médullaire. Paris 1904.

Obere Extremität.

Allgemeines.

Die oberen Extremitäten stehen mit dem Rumpfe in Verbindung, erstens durch die Knochen des Schultergürtels, zweitens durch die thoracohumeralen und thoracoscapularen Muskeln, welche vom Thorax entspringen, um sich an der Scapula und am Humerus zu inserieren. Die Art der Gelenkverbindung erklärt die freie Beweglichkeit, welche die obere Extremität vor der unteren auszeichnet. Während die Verbindung des Beckengürtels mit der Wirbelsäule in dem Articulus sacroilicus eine Amphiarthrose darstellt, in welcher die Beweglichkeit nur eine geringe ist, kann die Verbindung zwischen dem sternalen Ende der Clavicula und dem Sternum (Articulus sternoclavicularis) als ein Gelenk bezeichnet werden, in welchem beschränkte, aber relativ freie Bewegungen ausführbar sind. In erster Linie kommen dabei diejenigen Bewegungen in Betracht, bei welchen eine Verschiebung der Scapula auf dem Thorax erfolgt. Dieselbe fällt recht beträchtlich aus, indem ein kleiner Ausschlag im Sternoclaviculargelenke durch die Clavicula als Radius eines Bogens auf die Scapula übertragen und dementsprechend vergrössert wird.

Die Beweglichkeit kommt als unterscheidendes Merkmal der oberen Extremität nicht bloss in der Verbindung der Clavicula mit dem Sternum, sondern auch in derjenigen zwischen der Scapula und dem Humerus zum Ausdruck, ferner in den Gelenkeinrichtungen, in welchen die einzelnen Abschnitte der freien Extremität voneinander abgesetzt sind. Durch Kombination dieser Gelenke in bezug auf die Bewegung des Endgliedes der Extremität, der Hand, wird der Funktion derselben als Greiforgan Vorschub geleistet. An der unteren Extremität kommt im Gegensatz zu diesem Verhalten die ursprüngliche Funktion der Gliedmassen als Stützorgane zum Ausdruck, sowohl in der breiten Verbindung des Beckengürtels mit dem Sacrum als in der Gestaltung des Knie- und des Fussgelenkes. Hier erfahren die Gelenkenden der Knochen bei Streckung der Gliedmasse in aufrechter Körperhaltung eine Fixation, entweder durch Bänder (es sei an die Unmöglichkeit erinnert, Rotationsbewegung bei gestrecktem Knie auszuführen) oder durch Einkeilung der Talusrolle zwischen den Malleolen bei rechtwinkliger Stellung des Fusses.

Wir unterscheiden zum Zwecke der topographischen Beschreibung der oberen Extremität einzelne grössere Abschnitte (Schultergegend, Oberarm, Ellbogengegend, Vorderarm und Hand), welche der Gliederung der Extremität entsprechen.

Schultergegend.

Ihre Grundlage wird durch die Knochen des Schultergürtels (Scapula und Clavicula) sowie durch den Kopf und den obersten Teil des Humerusschaftes gebildet. Bestimmend für die Formbildung im Bereiche der Schultergegend ist die Entfaltung derjenigen Muskulatur, welche vom Thorax sowie von der Halswirbelsäule und vom Kopfe zum Schultergürtel und zum ersten Abschnitte der freien Extremität zieht (Mm. pectorales major und minor, serratus lat., subclavius, trapezius, levator scapulae, rhomboidei, latissimus dorsi). Diese Muskeln bedingen nicht bloss die Form der Schultergegend und der oberen Partie der Brust, sondern begrenzen zum Teil auch Räume, die als Unterabteilungen der Schultergegend unterschieden werden (die Achselhöhle, die Fossa supra und infra spinam usw.).

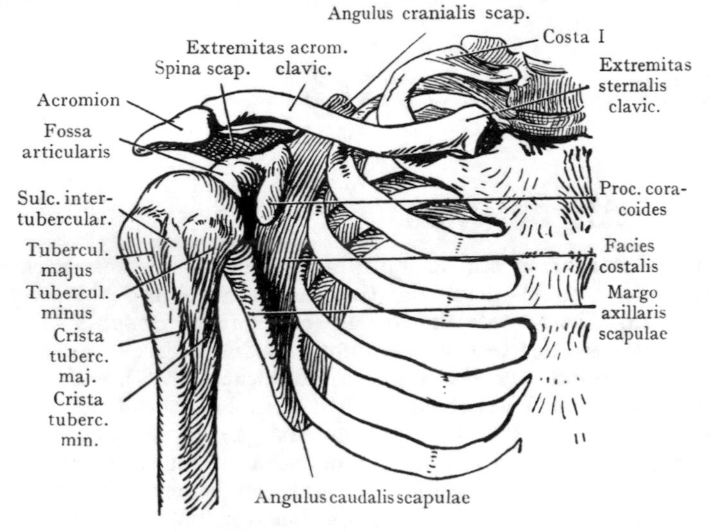

Abb. 527. Schultergürtel von vorne gesehen.

Skelet der Schultergegend. Die Clavicula ist annähernd horizontal eingestellt; ihr laterales Ende ist in dem Articulus acromioclavicularis mit dem Acromion, ihr mediales Ende in dem Articulus sternoclavicularis mit dem Manubrium sterni gelenkig verbunden. Die dreieckige Knochenplatte der Scapula steht nahezu senkrecht zur Clavicula, so dass bei der Abnahme des transversalen Thoraxdurchmessers nach oben ein Raum am Skelet abgegrenzt wird zwischen der Facies costalis scapulae und der Thoraxwandung einerseits, der Clavicula und dem oberen Ende des Humerusschaftes andererseits (Abb. 527). Die Breite desselben nimmt dorsalwärts ab, indem der Margo vertebralis scapulae sich unmittelbar dem Thorax anlegt, der Margo axillaris bloss am Angulus caudalis die knöcherne Thoraxwandung berührt und der Angulus articularis, welcher die Pfanne des Schultergelenkes trägt, vom Thorax absteht.

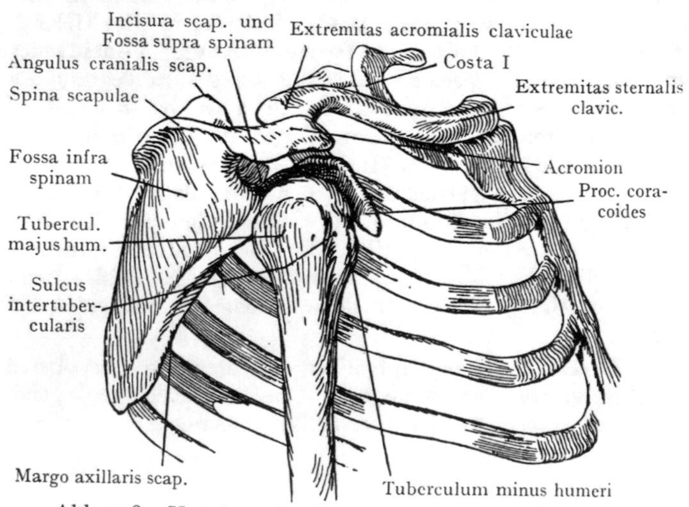

Abb. 528. Knochen des Schultergürtels; laterale Ansicht.

Der so abgegrenzte Raum zwischen dem lateralen Umfange der knöchernen Thoraxwandung und der medialen Fläche der Scapula (Facies costalis) entspricht der Fossa axillaris. Die Facies dorsalis der Scapula erhält durch die Spina scapulae eine Einteilung in die (grössere) Fossa infra spinam und die (kleinere) Fossa supra spinam. Die Spina scapulae, welche an dem dorsal gegen die Wirbelsäule sehenden Margo vertebralis beginnt, erhebt sich über dem Schultergelenke zum Acromion, mit welchem die Clavicula in dem Articulus acromioclavicularis verbunden ist. Über dem oberen Rande der Fossa articularis erhebt sich der Processus coracoides, welcher zuerst medianwärts und nach vorne, dann lateralwärts und nach vorne gerichtet ist. Derselbe steht durch das Lig. coracoacromiale mit dem Acromion und durch das Lig. coracoclaviculare mit dem acromialen Ende der Clavicula in Verbindung, Bänder, welche mit dem Acromion und dem Processus coracoides zusammengenommen ein „Dach" über dem Humeruskopfe und dem Schultergelenke bilden (Abb. 531).

Der Margo cranialis scapulae erstreckt sich von dem Angulus cranialis bis zu dem die Fossa articularis tragenden Angulus articularis und zeigt die Incisura scapulae, welche von dem Lig. transversum scapulae überbrückt wird.

Die Knochen der Schultergegend sind infolge der Überlagerung durch Muskelmassen nur in geringer Ausdehnung der Inspektion oder der Palpation zugänglich. Die Facies dorsalis der Scapula wird von den Mm. supra und infra spinam bedeckt, mit Ausnahme des Kammes der Spina scapulae, welche fast immer durch Palpation nachzuweisen ist, ebenso wie das Acromion. Der Margo vertebralis wird von dem M. trapezius bedeckt, welcher über ihn hinwegzieht zu seiner Insertion an der Spina scapulae, am Acromion und an der Extremitas acromialis claviculae; der Margo vertebralis ist, besonders wenn man Bewegungen nach vorne und nach hinten ausführen lässt, ohne Schwierigkeit abzutasten. Unter denselben Bedingungen ist auch der Angulus caudalis scapulae durch die Palpation nachzuweisen. Bei muskelschwachen und noch dazu fettarmen Individuen kann man bei tiefem Eindrücken medial von dem Humeruskopfe den Processus coracoides nachweisen.

Wir teilen die Schultergegend in vier Unterregionen ein:

1. Vordere Schultergegend (Regio infraclavicularis).
2. Laterale Schultergegend (Regio deltoidea).
3. Hintere Schultergegend (Regio scapularis.
4. Achselhöhle (Regio seu Fossa axillaris).

1—3 werden in ihrem Relief durch die vom Rumpfe zur freien Extremität verlaufende Muskulatur bestimmt, sowie auch durch die Muskulatur, welche von der Scapula entspringt und sich an der freien Extremität inseriert (Mm. supra spinam, infra spinam, deltoides usw.).

Vordere Schultergegend (Regio infraclavicularis).

Die vordere Schultergegend kann abgegrenzt werden oben durch die Clavicula, medial durch eine von der Mitte der Clavicula nach unten gezogene Vertikale. Als Grenzgebiet zwischen der Thoraxwandung und der Extremität konnte ihre Besprechung in beide Kapitel fallen; wir erledigen sie im Zusammenhang mit der Extremität, weil sie teilweise die vordere Wand der Achselhöhle bildet und einen Zugang zu den Gebilden derselben unterhalb der Clavicula darbietet.

Die Schichten, welche wir in der vorderen Schultergegend antreffen, umfassen die Mm. pectorales major und minor mit ihren Fascien, Gefässen und Nerven.

Der untere stumpfe Rand des M. pectoralis maj. bildet den vorderen Rand der Achselgrube.

Inspektion und Palpation. Bei günstigen Verhältnissen kann die Wölbung der Clavicula in ihrer ganzen Ausdehnung von dem Articulus sternoclavicularis bis zum Acromion palpiert werden; bei dünnen Hautdecken ist ihr Verlauf auch durch Inspektion festzustellen (Abb. 150). Unterhalb der Clavicula wird das Relief der Gegend durch die Ausbildung des M. pectoralis major bestimmt; ist die Muskulatur

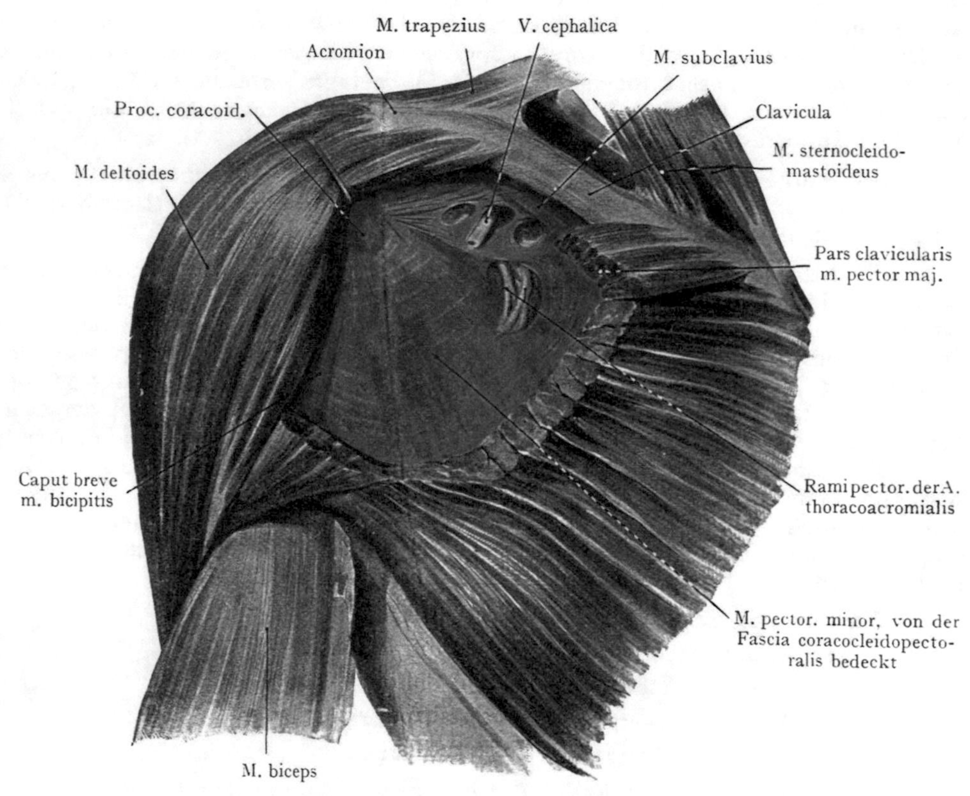

Abb. 529. Fascia coracocleidopectoralis[1] (grün).
Ein Teil des M. pectoralis major ist entfernt worden; der M. deltoides wurde lateralwärts abgezogen.

stark, so erscheint die Gegend gewölbt; ist die Muskulatur schwach, so ist das Relief mehr flach. Nicht selten ist eine kleine Einsenkung oder Grube lateral von der Mitte der Clavicula wahrzunehmen; sie entspricht dem Trigonum deltoideopectorale (Mohrenheimsche Grube) und setzt sich nach unten als Sulcus deltoideopectoralis fort, welcher den M. deltoides von dem M. pectoralis major abgrenzt. Bei starker Entwicklung des Fettpolsters verschwindet diese Grube. In derselben gelingt es manchmal, den Processus coracoides zu fühlen.

Oberflächliche Gebilde. Ausserhalb der Fascie liegen die zur Haut gehenden Endzweige der Nn. supraclaviculares (aus dem Plexus cervicalis), ferner, je nach der Ausbildung des Muskels, noch ein Teil des Platysma. Die Fascia pectoralis superficialis überzieht die äussere Fläche des M. pectoralis major und geht als Fascia deltoidea über den Sulcus deltoideopectoralis hinweg auf den M. deltoides, ferner am vorderen stumpfen Rande des M. pectoralis major in die Fossa axillaris al

[1] Fascia pectoralis profunda seu clavipectoralis seu coracoclavicularis.

Fascia axillaris und auf den Hals als Fascia colli superficialis weiter. Sie verhält sich in dieser Hinsicht genau wie eine Fascia superficialis an anderen Gegenden (z. B. die Fascia abdominis superficialis).

Muskelschichten. Erste Schicht. Nach Entfernung der Fascia pectoralis superficialis wird die vordere Fläche des M. pectoralis major dargestellt. Der laterale Rand des Muskels wird von dem vorderen Rande des M. deltoides durch den Sulcus deltoideopectoralis getrennt, welcher oben an dem dreieckigen, von der Clavicula, dem M. deltoides und dem M. pectoralis major begrenzten Trigonum deltoideopectorale

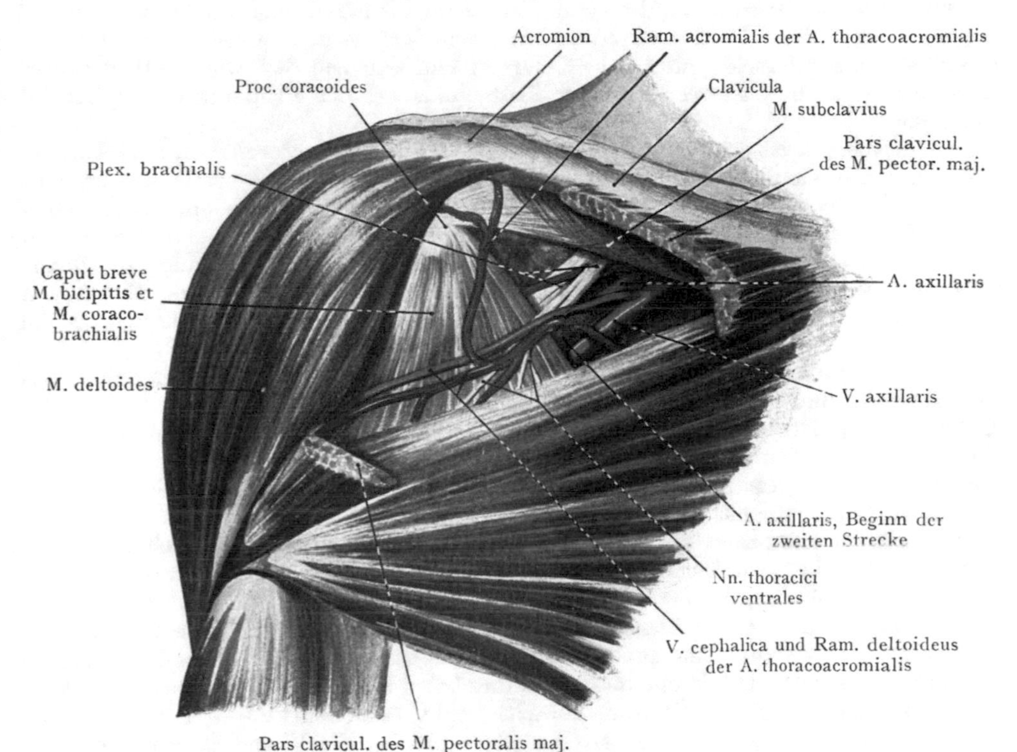

Abb. 530. Lage der grossen Gefässe und Nerven unterhalb der Clavicula nach Entfernung der Pars clavicularis des M. pectoralis major und der Fascia coracocleidopectoralis.

(Mohrenheimsches Dreieck) ein Ende findet. Distalwärts geht der Sulcus deltoideopectoralis am Oberarme in den Sulcus m. bicipitis brachii rad.[1] über, welcher von den Mm. biceps und brachialis gebildet wird. In demselben verläuft die V. cephalica, welche in dem Trigonum deltoideopectorale bogenförmig zur Tiefe umbiegt, um in die V. axillaris einzumünden; sie dient als Leitgebilde bei der Aufsuchung der V. oder der A. axillaris.

In der zweiten Schicht finden wir den M. subclavius, den M. pectoralis minor und ein tiefes Fascienblatt, die Fascia coracocleidopectoralis oder Fascia pectoralis profunda (Abb. 529). Der M. subclavius entspringt von der oberen Fläche der ersten Rippe lateral von dem Rippenknorpel und verläuft schräg lateralwärts zur unteren Fläche der Extremitas acromialis claviculae. Der M. pectoralis minor entspringt mit drei Zacken von der 3.—5. Rippe und inseriert sich am Processus coracoides.

[1] Sulcus bicipitalis lat.

Der M. subclavius wird von einer derben, sehnigen Fascie umscheidet, welche sich mit dem Perioste der Clavicula verbindet und als Fascia coracocleidopectoralis[1] nach unten weiterzieht, indem sie die Lücke zwischen dem unteren Rande des M. subclavius und dem oberen Rande des M. pectoralis minor überbrückt und auf den letztgenannten Muskel übergeht (Abb. 529). Lateralwärts setzt sich die Fascie mit derben, sehnigen Faserzügen an dem Processus coracoides fest; am unteren Rande des M. pectoralis major verbindet sie sich mit der Fascia pectoralis superficialis und der Fascia axillaris. Die obere Partie der Fascie, welche die dreieckige Lücke zwischen dem M. subclavius und dem oberen Rande des M. pectoralis minor ausfüllt, zeigt, besonders lateral, gegen den Proc. coracoides hin, eine geradezu sehnige Beschaffenheit; Öffnungen in der Fascie gestatten hier Nerven und Gefässen den Durchtritt, darunter auch der V. cephalica, welche wir als Leitgebilde bei der Präparation der Gegend benutzen.

In Abb. 530 ist ein grosser Teil der Fascia coracocleidopectoralis[1] entfernt worden, um die tiefen Gebilde, welche von dem Trigonum deltoideopectorale aus erreicht werden können, darzustellen. Es sind dies die A. und V. axillaris unmittelbar nach ihrem Eintritt in die Achselhöhle durch die Lücke zwischen der Clavicula und der ersten Rippe (s. Fossa axillaris); lateral und dorsal auch noch die Stämme des Plexus brachialis, welche in dieser Höhe die A. subclavia noch nicht umgeben. Medial von den Nervenstämmen liegt die A. axillaris und noch weiter nach vorne und medial die V. axillaris.

Durch die Lücken in der Fascia coracocleidopectoralis, unmittelbar unterhalb des M. subclavius und über dem M. pectoralis minor (Abb. 530) gehen eine Anzahl von Gefässen und Nerven, zunächst die im Sulcus deltoideopectoralis oberflächlich liegende V. cephalica (in Abb. 529 nach Entfernung der Pars clavicularis des M. pectoralis major dargestellt), in umgekehrter Richtung verlaufend der R. deltoideus der A. thoracoacromialis.

Letztere entspringt als erster Ast aus der A. axillaris gleich nach dem Eintritte derselben in die Achselhöhle und zerfällt, häufig bevor sie die Fascia coracocleidopectoralis durchbohrt, in ihre Endäste. Von diesen verläuft der Ramus acromialis zum Acromion, um in die Bildung des Rete acromiale einzugehen; Rami pectorales verzweigen sich an die Mm. pectoralis maj. und minor und der Ramus deltoideus verläuft im Sulcus deltoideopectoralis distalwärts zu den Mm. pectoralis maj. und deltoides. Endlich gehen die Nn. thoracici ventr. (aus dem V.—VII. N. cervicalis) hoch oben von dem Plexus brachialis ab, durchbrechen die Fascia coracocleidopectoralis und verzweigen sich an die Mm. pectorales (zwei dieser Nn. sind in Abb. 530 dargestellt).

Lage und Beziehungen der Clavicula. Die Clavicula bildet, wie früher gesagt, eine leicht abzutastende Grenze zwischen dem Halse einerseits, der Brust und der vorderen Schultergegend andererseits. Die vordere Fläche des Knochens liegt direkt unter der Haut, das gleiche gilt von der Verbindung mit dem Sternum in dem Articulus sternoclavicularis und mit dem Acromion in dem Articulus acromioclavicularis. Frakturen der Clavicula sowie Luxationen in beiden Gelenken lassen sich also durch Inspektion und Palpation mit grosser Genauigkeit feststellen.

Die an der Clavicula sich ansetzenden, resp. von ihr entspringenden Muskeln bewirken durch ihre Kontraktion die Dislokation der Knochenenden, welche sich so häufig bei Frakturen findet. Von dem unteren Umfange der Extremitas sternalis entspringt die Pars clavicularis des M. pectoralis major, von der Extremitas acromialis die Pars clavicularis des M. deltoides. An die untere Fläche der Extremitas acromialis claviculae setzt sich der M. subclavius, welcher von der derben, mit dem Perioste des Knochens im Zusammenhang stehenden Fascia coracocleidopectoralis bedeckt und eingeschlossen wird. An den oberen Rand der Clavicula setzt sich lateral der M. trapezius,

[1] Fascia pectoralis profunda seu clavipectoralis.

medial, bis zum Articulus sternoclavicularis entspringt die Pars clavicularis des M sternocleidomastoideus.

Etwas lateral von der Mitte der Clavicula treten unter dem Knochen die Stämme des Plexus brachialis und medial davon die A. und V. subclavia in die Spitze der Achselhöhlenpyramide ein. Die Vene liegt am weitesten medial und geht vor dem M. scalenus ventralis durch die vordere Scalenuslücke, dann folgt die A. subclavia (durch die hintere Scalenuslücke) und lateral von derselben liegen die Stämme des Plexus brachialis. Die Gefässe sind von einer Gefässscheide eingehüllt, dazu kommt noch der Schutz, der ihnen von dem M. subclavius (gleichsam als Polster wirkend) gewährt wird, so dass Verletzungen der Gefässe bei Frakturen der Clavicula selten vorkommen.

Laterale Schultergegend (Regio deltoidea).

Das Relief der Gegend wird bestimmt, erstens durch den M. deltoides, zweitens durch die Knochen des Schultergürtels, und den Kopf des Humerus. Hier kommen besonders in Betracht das Acromion, das acromiale Ende der Clavicula, der Processus coracoides, sowie die straffen Bänder, welche diese Knochenteile untereinander verbinden (Ligg. coracoacromiale und coracoclaviculare), endlich auch noch die Spina scapulae, welche an dem Margo vertebralis scapulae beginnt und sich allmählich zum Acromion erhebt. Von der Spina scapulae, dem Acromion und der Extremitas acromialis claviculae entspringend und an der Tuberositas deltoidea des Humerus sich inserierend, verleiht die dreieckige Platte des M. deltoides der Gegend ihr äusseres Relief.

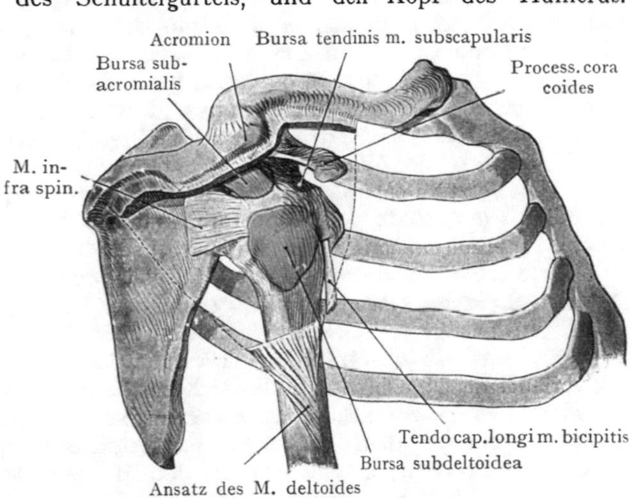

Abb. 531. Schultergelenk von aussen mit Bursa subdeltoidea, subacromialis und tendinis m. subscapularis.

Von **oberflächlichen Gebilden** wäre höchstens der R. cutaneus brachii rad. (aus dem N. axillaris) zu erwähnen, welcher um den hinteren Rand des M. deltoides zur Haut der Gegend verläuft, ferner einzelne Nn. supraclaviculares aus dem Plexus cervicalis.

Als **zweite Schicht** bedeckt der M. deltoides das Schultergelenk, indem er von dem lateralen Umfange der Gelenkkapsel durch lockeres Zellgewebe getrennt wird, welches vorne, unterhalb des Processus coracoides, mit dem lockeren Zellgewebe der Achselhöhle in Zusammenhang steht, hinten längs der A. circumflexa humeri dors. mit dem Bindegewebe, welches diese Gefässe einhüllt, und erst in zweiter Linie mit dem Bindegewebe der Achselhöhle. Nach oben setzt sich das lockere Bindegewebe unter dem M. deltoides längs der Sehne des M. supra spinam in die Fossa supra spinam, nach hinten, im Anschluss an den M. infra spinam, in die Fossa infra spinam fort. Das Spatium subdeltoideum steht demnach mit allen benachbarten Bindegewebsräumen in Zusammenhang, so mit dem Spatium axillare und dem Spatium supra und infra spinam.

Im Spatium subdeltoideum liegen, abgesehen von den Nerven und Gefässen der Gegend (A. circumflexa humeri dors. aus der A. axillaris und der N. axillaris) drei Bursae synoviales, nämlich die Bursa subdeltoidea, die Bursa subacromialis und die Bursa tendinis m. subscapularis (Abb. 531). Von diesen ist die Bursa subdeltoidea die wichtigste und zugleich auch in bezug auf ihre Lage und Grösse die konstanteste. Sie kann sich bis zum Acromion ausdehnen und in diesem Falle mit der Bursa subacromialis in Verbindung stehen. Sie liegt auf dem Tuberculum majus humeri und den am Tuberculum majus sich inserierenden Sehnen der Mm. supra und infra spinam, welche hier mit der Kapsel des Schultergelenkes verschmolzen sind und die Bursa subdeltoidea von der Gelenkhöhle trennen. Zerreissungen der Kapsel können eine dauernde Verbindung zwischen der Bursa und der Höhle des Schultergelenkes zur Folge haben. Die Bursa subacromialis liegt unmittelbar unterhalb des Acromion, auf der Sehne des M. supra spinam, die Bursa tendinis m. subscapularis unterhalb des Processus coracoides; sie steht konstant mit der Höhle des Schultergelenkes in Zusammenhang.

Die **Nerven und Gefässe** der Regio deltoidea kommen aus der Regio axillaris, indem sie die laterale Achsellücke (s. Topographie der Fossa axillaris) zu ihrem Austritt aus der Achselhöhle benützen und in Anlagerung an den hinteren Umfang des Collum chirurgicum humeri in die Regio deltoidea gelangen. Es sind hier zu nennen die A. circumflexa humeri dors. mit ihren Vv. comitantes und der N. axillaris. Von vorne kommt, gleichfalls aus der Fossa axillaris, die A. circumflexa humeri vol., welche sich im Sulcus intertubercularis verzweigt und mit den Endästen der A. circumflexa humeri dors. anastomosiert (s. für die Verbreitung der A. circumflexa hum. dors. und des N. axillaris die Abb. 532).

Die letztere entspringt als Hauptarterie der Gegend aus der dritten Strecke der A. axillaris (unterhalb des M. pectoralis minor), in der Regel gerade oberhalb der zur Crista tuberculi minoris verlaufenden Sehne des M. latissimus dorsi, ausnahmsweise unterhalb dieser Sehne aus der A. brachialis oder aus der A. profunda brachii. Die Arterie geht in der Höhe des Collum chirurgicum humeri bogenförmig um den Humerusschaft und gelangt so in das Spatium subdeltoideum, wo sie annähernd horizontal, etwa 2—3 cm unterhalb des Acromion verläuft und sich an den M. deltoides verzweigt. Mit ihr verläuft der N. axillaris, welcher sich aus dem hinteren Stamme des Plexus brachialis abzweigt und gewöhnlich etwas weiter proximal als die Arterie um den Schaft des Humerus geht (an dem in Abb. 532 dargestellten Präparate wurde ein abweichender Befund angetroffen); er gibt Äste an den M. deltoides sowie an den M. teres minor ab, ferner am hinteren Rande des M. deltoides noch den R. cutaneus brachii rad. zur Haut der Regio deltoidea. Die A. circumflexa humeri volaris entspringt gleichfalls aus der A. axillaris, gegenüber der A. circumflexa humeri dors. und verläuft um den vorderen Umfang des Humerusschaftes, bedeckt von dem M. coracobrachialis und dem kurzen Kopfe des M. biceps, um sich im Sulcus intertubercularis sowie an den Humeruskopf zu verzweigen.

Hintere Schultergegend (Regio scapularis).

Wir verstehen darunter die Gegend, deren Grundlage von der Facies dorsalis scapulae gebildet wird. Betrachten wir den Knochen als Ganzes, so können wir an demselben unterscheiden: eine gegen die Thoraxwandung sehende Facies costalis[1] (an ihrer oberen Partie zu einer Grube stärker ausgehöhlt), eine Facies dorsalis, welche durch die Spina scapulae in die kleinere Fossa supra spinam und die grössere Fossa infra spinam eingeteilt wird. Dazu kommen der Margo cranialis, axillaris und vertebralis, der Angulus articularis (mit der Pfanne für den Gelenkkopf des Humerus), der Angulus cranialis und der Angulus caudalis. An dem Margo cran. liegt die Incisura scapulae, welche von dem Lig. transversum scapulae überbrückt wird.

[1] Fossa subscapularis.

Die beiden an der Facies dorsalis entspringenden Muskeln sind (Mm. supra und infra spinam) von derben aponeurotischen Fascien überzogen, welche sich an die Ränder der Fossa supra und infra spinam ansetzen und, mit dem Knochen zusammen-

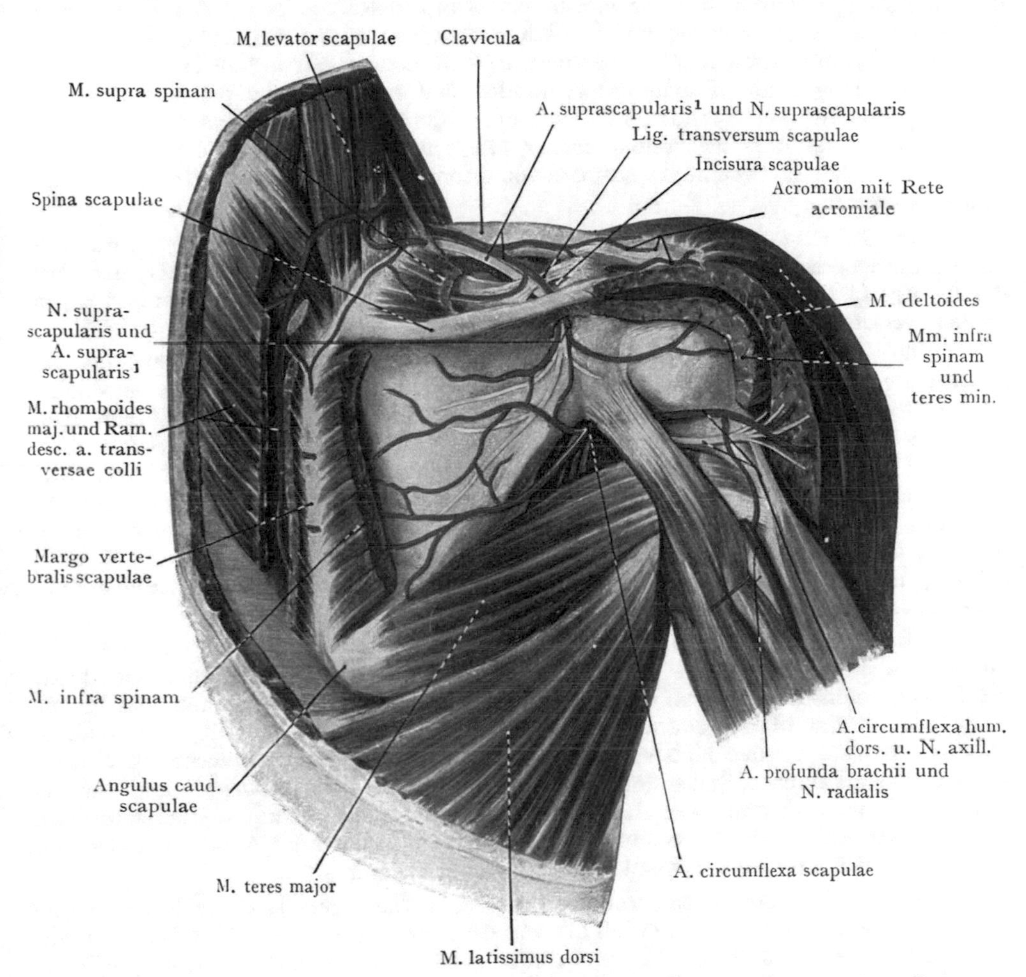

Abb. 532. Hintere Schultergegend nach Entfernung der Mm. supra und infra spinam.

genommen, osteofibröse Räume (oder Logen) herstellen, wie wir sie auch an anderen Stellen antreffen (z. B. die Psoasloge, die Loge der Mm. longi colli und capitis usw.).

Als oberflächliche Schicht überlagert der M. trapezius die Fossa supra spinam, indem er zu seinem Ansatze an der Extremitas acromialis claviculae, dem Acromion und der Spina scapulae verläuft. Unter dem M. trapezius, zwischen der tiefen Fläche des Muskels und der Fascia supra spinam, liegt eine Schicht von lockerem Fett- und Bindegewebe, welches oben in das lockere Bindegewebe der Fossa supraclavicularis major am Hals, vorne in das Bindegewebe der Fossa axillaris übergeht.

Die osteofibrösen Räume der Fossa supra und infra spinam werden von den gleichnamigen Muskeln fast vollständig ausgefüllt. Dieselben gehen gegen das Caput humeri hin in ihre Endsehnen über, welche sich an der oberen (M. supra spinam) und

[1] A. transversa scapulae.

der mittleren Facette des Tuberculum majus ansetzen (M. infra spinam). Die Sehnen beider Muskeln werden von einer gewissen Menge von lockerem Bindegewebe bedeckt, das in das Bindegewebe des Spatium subdeltoideum übergeht; man kann daraus die Vorstellung ableiten, dass die beiden osteofibrösen Räume gegen das Tuberculum majus humeri hin offen stehen und folglich Blutergüsse oder Eiterungen, die in einem der beiden Räume ihren Ausgang nehmen, sich in dieser Richtung ausbreiten werden. Eine Verbindung beider Räume untereinander lässt sich längs der aus dem Spatium supra spinam in das Spatium infra spinam eintretenden A. suprascapularis [1] und dem N. suprascapularis nachweisen, ferner hängt das Bindegewebe des Spatium infra spinam längs der A. circumflexa scapulae (s. unten) mit dem Bindegewebe der Achselhöhle zusammen.

Die **Gefässe und Nerven** der hinteren Schultergegend (Abb. 532) sind: die A. suprascapularis [1], die A. transversa colli und die A. circumflexa scapulae aus der A. subscapularis. Dazu kommt als Nerv, welcher die Mm. infra spinam und supra spinam versorgt, der N. suprascapularis aus dem Plexus brachialis.

Die Aa. suprascapularis [1] und transversa colli entspringen beide aus der A. subclavia vor oder während des Durchtrittes derselben durch die hintere Scalenuslücke. Die A. suprascapularis [1] verläuft parallel mit der Clavicula, in der Regel von dem Knochen bedeckt, lateralwärts gegen den oberen Rand der Scapula und gelangt oberhalb des Lig. transversum in die Fossa supra spinam. Der N. suprascapularis liegt der Incisura scapulae dicht an und wird durch das Lig. transversum von der Arterie getrennt. Die letztere versorgt den M. supra spinam, verläuft, von dem Acromion bedeckt, um die Spina scapulae und verbreitet sich mit ihren Endästen in dem M. infra spinam, indem sie mit der A. circumflexa scapulae und dem Ram. descendens der A. transversa colli anastomosiert.

Die A. transversa colli entspringt von der dritten Strecke der A. subclavia, lateral von der Scalenuslücke oder während des Durchtrittes der A. subclavia durch die Lücke, durchsetzt meistens auf ihrem Verlaufe dorsalwärts die Stämme des Plexus brachialis, welche hier lateral von der A. subclavia liegen, und teilt sich in einen Ramus ascendens zu den hinteren Halsmuskeln und einen Ramus descendens, welcher am Angulus cranialis scapulae unter den M. rhomboides tritt (Abb. 532) und parallel mit dem Margo vertebralis scapulae nach unten verlaufend die breiten Rückenmuskeln versorgt und Äste in die Fossa supra und infra spinam entsendet, welche mit den Aa. suprascapularis [1] und circumflexa scapulae anastomosieren.

Die A. subscapularis entspringt aus der A. axillaris gerade oberhalb der Sehne des M. latissimus dorsi und gibt durch die von dem Caput longum des M. triceps brachii, dem M. teres minor und dem M. teres major gebildete mediale Achsellücke (s. Topographie der Fossa axillaris) die A. circumflexa scapulae dorsalwärts ab, welche in das Spatium infra spinam eindringt und hier mit den Ästen der Aa. transversa colli und suprascapularis [1] anastomosiert. Die Anastomosen der Arterien im Bereiche der hinteren Schultergegend sind für das Zustandekommen eines Kollateralkreislaufs bei Unterbindung der A. axillaris von Bedeutung.

Der N. suprascapularis aus den Nn. cervicales V und VI verläuft mit der A. suprascapularis [1] zur Incisura scapulae und geht unter dem Lig. transversum zur Fossa supra spinam, wo er den M. supra spinam versorgt und dann am Angulus articularis scapulae um die Spina scapulae zum M. infra spinam gelangt.

[1] A. transversa scapulae.

Achselhöhle (Regio axillaris et Fossa axillaris).

Äussere Untersuchung der Gegend. Bei Hebung des Armes über die Schulterhöhe wird eine Einsenkung sichtbar (Abb. 533), die vorne von dem vorderen, stumpfen Rande des M. pectoralis major, hinten von dem M. latissimus

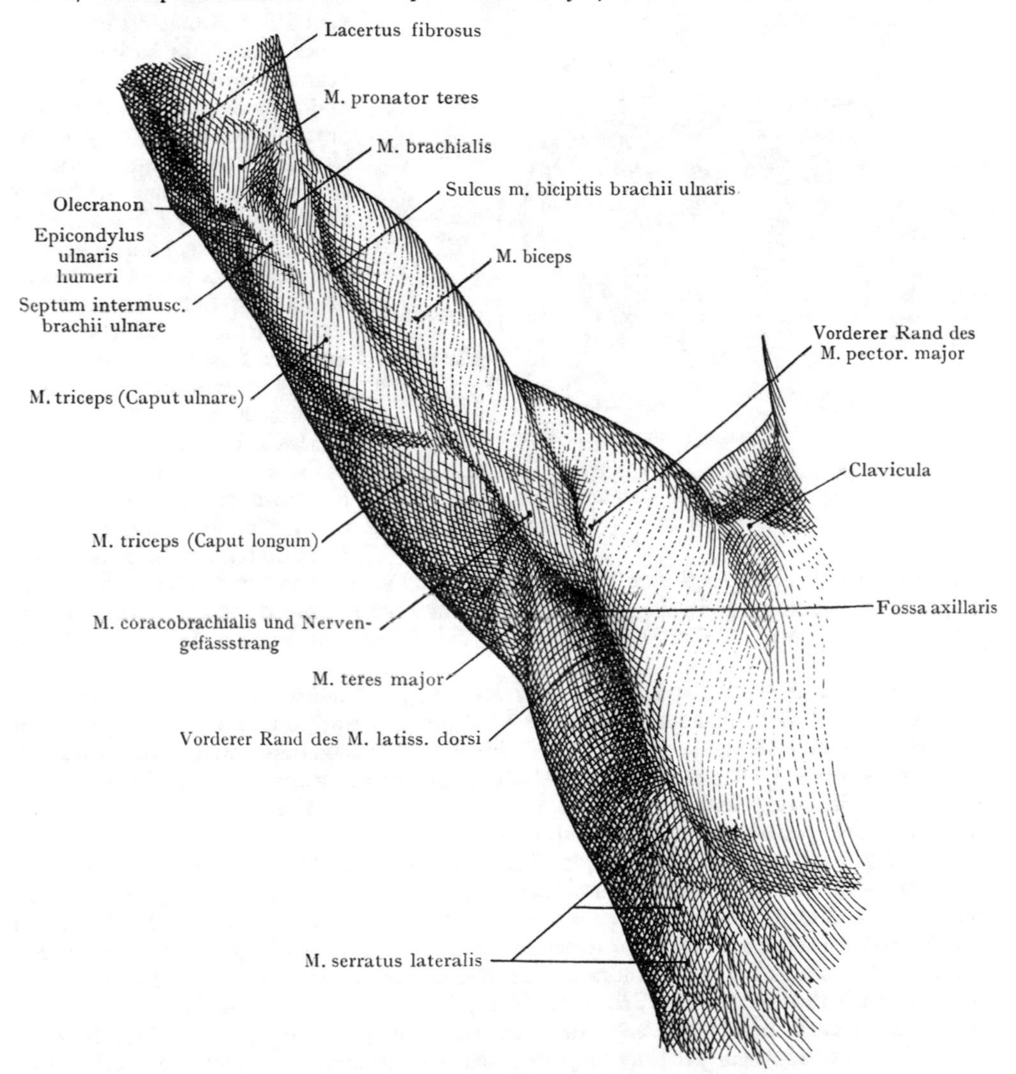

Abb. 533. Fossa axillaris und Beugeseite des Oberarmes.
Nach Richer, Anatomie artistique.

dorsi begrenzt ist. Medianwärts flacht sich dieselbe allmählich gegen die seitliche Thoraxwand, deren oberflächliche Schicht durch den M. serratus lateralis[1] dargestellt wird, ab. Gegen die Beugefläche des Oberarms dagegen geht die Fossa axillaris in eine Furche über, welche am medialen Rande des M. biceps brachii bis zur Fossa cubiti verfolgt werden kann (Sulcus m. bicipitis brachii ulnaris[2]). Am Übergange der Fossa

[1] M. serratus ant. [2] Sulcus bicipitalis medialis.

axillaris in die seitliche Brustwand kann man durch den M. serratus lateralis die Rippen abtasten. Bei Abduktion des Armes ist manchmal eine rundliche Wölbung, die durch das Caput humeri hervorgerufen wird, zu erkennen (Abb. 533); in allen Fällen kann der Gelenkkopf bei tiefem Eindrücken palpiert werden. Zwischen dieser Wölbung und dem vorderen Rande des M. pectoralis major zieht sich ein Wulst, welchem der M. coracobrachialis und der kurze, vom Proc. coracoides entspringende Kopf des M. biceps zugrunde liegen, auf den Oberarm und hilft den Sulcus m. bicipitis brachii uln. lateral begrenzen. Medial von diesem Wulste kommt manchmal noch ein zweiter von der Fossa axillaris auf den Oberarm übergehender Längswulst zur Ansicht; derselbe ist auf den Nervengefässstrang zurückzuführen, welcher aus der Fossa axillaris in den Sulcus m. bicipitis brachii uln. eintritt (A. brachialis, Vv. brachiales mit den Nn. medianus, radialis und ulnaris). Dieser Längswulst lässt sich, auch wenn ein stark ausgebildetes Fettpolster die Inspektion erschwert, doch in seiner Lage zum Humeruskopfe und zum M. coracobrachialis durch die Palpation feststellen. Bei schön entwickelter Muskulatur und dünnem Fettpolster ist nach Erhebung und Abduktion des Armes die Sehne des langen Tricepskopfes zu sehen (Abb. 533).

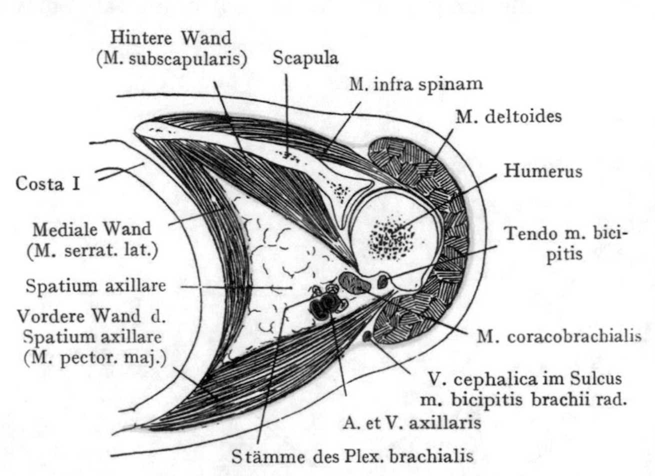

Abb. 534. Schematischer Querschnitt der Achselhöhle zur Darstellung ihrer Wandungen.
Fascien grün.

In dieser Stellung sind die grossen Nerven und Gefässe innerhalb der Achselhöhle sowie auch die Muskeln, welche die Wandungen derselben bilden, in gespanntem Zustande. Behufs Abtastung einzelner Gebilde (Nervengefässstrang, Humeruskopf, Lymphdrüsen usw.) ist die Adduktionsstellung des Armes günstiger; die Muskeln, die Kapsel des Schultergelenkes und ganz besonders auch die Fascia axillaris sind dann entspannt und gestatten die Palpation in grösserer Tiefe.

Abgrenzung der Wandungen der Achselhöhle. Die Achselhöhle stellt einen zwischen der seitlichen Brustwand und dem Oberarm gelegenen Raum dar, welcher von den aus der unteren Halsgegend (Fossa supraclavicularis major) kommenden Gefässen und Nerven durchsetzt wird, bevor dieselben zur freien Extremität gelangen. Der durch Muskeln und Fascien begrenzte Raum steht mit den benachbarten Räumen (der vorderen, der hinteren und der lateralen Schultergegend) in Verbindung; die Gefässe der Achselhöhle bilden auch die Hauptquelle der Blutversorgung für die ganze Schulterregion.

Die Untersuchung der Wandung und der Verbindungen der Fossa axillaris wird, wie die Inspektion, bei abduziertem Arme vorgenommen. Nach Ausräumung des Inhaltes der Achselhöhle an Nerven, Gefässen, Lymphdrüsen, Fett- und Bindegewebe lässt sich der Raum mit einer vierseitigen Pyramide vergleichen, deren Basis unten und lateral liegt und deren Spitze annähernd der Mitte der Clavicula entspricht, wo die A. axillaris aus der Fossa supraclavicularis major in die Achselhöhle eintritt. Der Vergleich mit einer vierseitigen Pyramide ist bloss bei Hebung und Abduktion des Armes aufrechtzuerhalten; bei Adduktion der Extremität nähern sich die laterale und die mediale Wandung und der Raum ist alsdann eher mit einem Spalte zu vergleichen.

Die Wandungen der Pyramide werden von Muskeln und Fascien gebildet. Wir unterscheiden eine vordere, eine hintere, eine laterale und eine mediale Wand.

Die vordere Wand (Abb. 534) wird in grösserer Ausdehnung durch den M. pectoralis major hergestellt, zum Teil auch durch den M. pectoralis minor. Zusammengenommen bilden diese Muskeln eine Schicht, welche von dem vorderen Umfange des Brustkorbes und von der Clavicula zur freien Extremität (Insertion des M. pectoralis maj. an der Crista tuberculi maj.) und zur Scapula (Insertion des M. pectoralis minor am

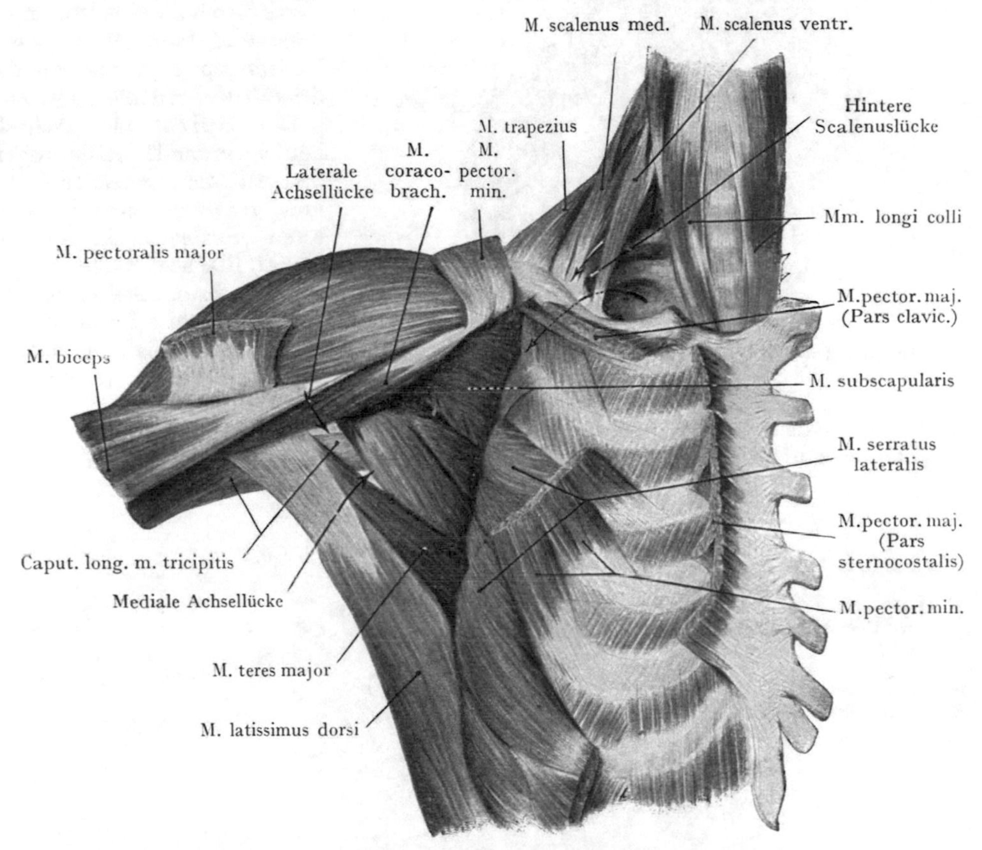

Abb. 535. **Muskulöse Wandungen der Achselhöhle.**
Der M. pectoralis major wurde zum grössten Teile abgetragen; der M. pectoralis minor ist durchgetrennt worden.

Proc. coracoides) zieht. Der Zugang zur Achselhöhle von vorne in dem Trigonum deltoideopectorale ist oben beschrieben worden (Abb. 530). Die Mm. pectorales sind in der Abb. 535 grösstenteils abgetragen worden, um den Einblick in die Fossa axillaris von vorne zu gestatten.

Die mediale Wand wird durch die seitliche von dem M. serratus lateralis überzogene Brustwand gebildet. Dieser Muskel entspringt mit 8—9 Zacken von den 8—9 obersten Rippen und inseriert sich, am lateralen Umfange des Brustkorbes dorsalwärts verlaufend, am Margo vertebralis scapulae.

Die laterale Wand wird durch den Kopf des Humerus und den am Proc. coracoides entspringenden und am Humerus unterhalb der Crista tuberculi minoris sich inserierenden M. coracobrachialis sowie durch den kurzen Kopf des M. biceps gebildet (Abb. 534 und 535).

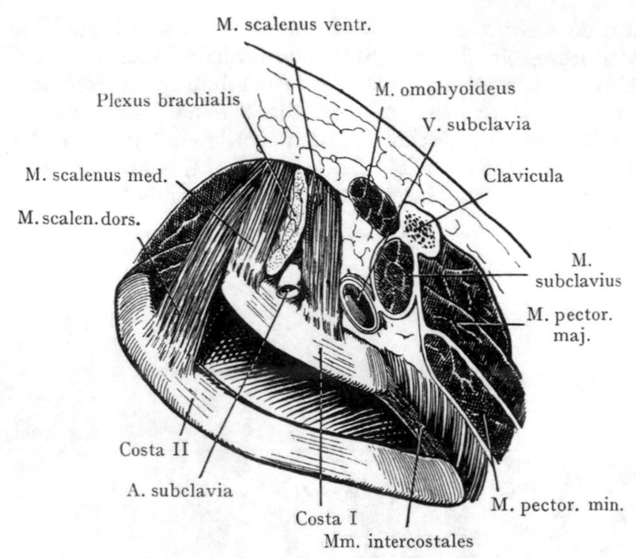

Abb. 536. Topographie der Scalenuslücken rechterseits; laterale Ansicht.

Die **hintere** Wand wird dargestellt durch den an der Facies costalis scapulae entspringenden und am Tuberculum minus humeri sich inserierenden M. subscapularis sowie im Anschluss daran distalwärts durch die Mm. latissimus dorsi und teres major, deren Endsehnen zusammen an die Crista tuberculi minoris gehen.

Die **Spitze** der Achselhöhlenpyramide reicht oben bis zu den lateralen Öffnungen der vorderen und hinteren Scalenuslücke an der oberen Fläche der ersten Rippe, wo die A. subclavia, die V. subclavia und die Stämme des Plexus brachialis in die Achselhöhle eintreten (Abb. 536). Die vordere Scalenuslücke wird durch die Clavicula mit dem M. subclavius, die obere Fläche der ersten Rippe und den an dem Tuberculum m. scaleni sich inserierenden M. scalenus ventr. begrenzt; die hintere

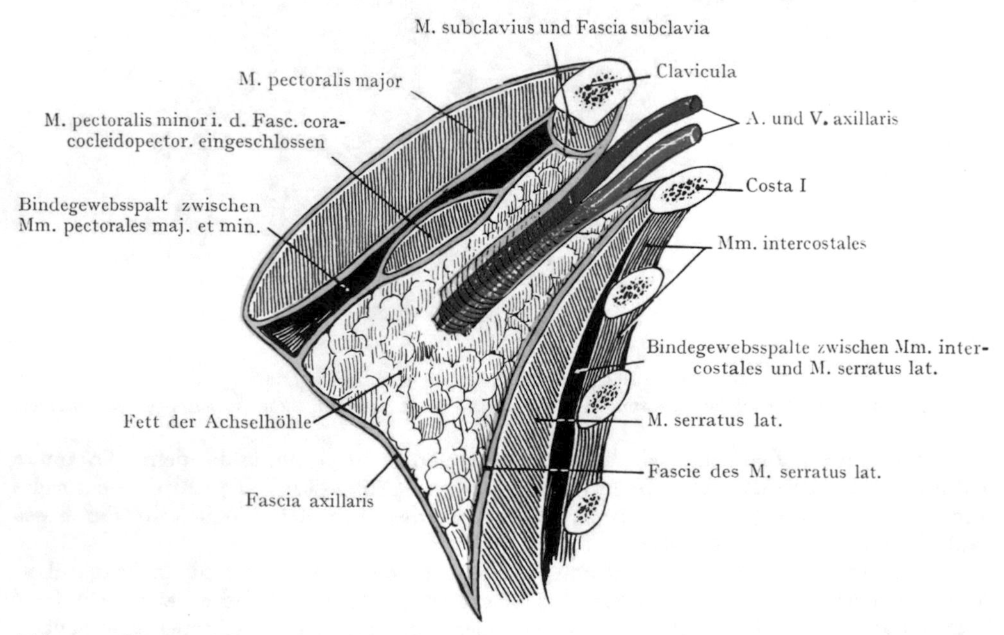

Abb. 537. Schematischer Längsschnitt durch die Achselhöhle zur Veranschaulichung des Verhaltens der Fascien.

Scalenuslücke wird von den M. scalenus ventr. und med. gebildet (s. Hals) und geht am Halse in eine durch den Ursprung beider Muskeln an den vorderen und hinteren

Höckern der Processus costotransversarii hergestellte Rinne über, in welcher die Nn. cervicales V bis VIII nach unten zur lateralen Öffnung der hinteren Scalenuslücke ziehen, um hier den Plexus brachialis zu bilden. Durch die vordere Scalenuslücke (Abb. 536) tritt die V. subclavia in die Achselhöhle, durch die hintere Scalenuslücke die A. subclavia und dorsal an dieselbe angeschlossen die Stämme des Plexus brachialis. Die Wand der V. subclavia schliesst sich unmittelbar der Fascia m. subclavii an (Abb. 537) und ist durch straffe Bindegewebszüge mit derselben verbunden, so dass die Vene bei ihrem Eintritt in die Achselhöhle eine Fixation erhält, welche der Arterie abgeht. Sie wird hier von dem caudalen Bauche des M. omohyoideus überlagert.

Die Basis der Achselhöhlenpyramide sieht bei abduziertem Arme nach unten und lateralwärts und wird durch die Fascia axillaris abgeschlossen, welche sich von den die Begrenzung der Fossa axillaris bildenden Muskeln (unterer Rand des M. pectoralis major, vorderer Rand des M. latissimus dorsi, M. serratus lateralis und M. coracobrachialis) auf die Fossa axillaris weiterzieht. Besonders innig hängt sie mit der Fascia coracocleidopectoralis[1] zusammen und wird von einigen Autoren geradezu als eine Fortsetzung dieser Fascie beschrieben. Der Zusammenhang der Fascien wird durch das Schema Abb. 537 veranschaulicht.

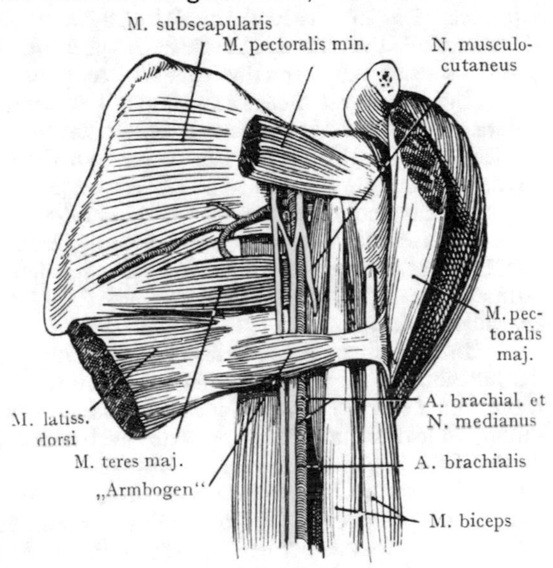

Abb. 538. „Armbogen" und Nervengefässstrang der Achselhöhle.

Die Fascia axillaris zeigt Öffnungen, durch welche Nerven und Arterien aus dem Raume der Achselhöhle zur Haut der Gegend verlaufen, resp. Venen und Lymphgefässe zu den Venen und Lymphgefässen der Achselhöhle gelangen.

Nicht selten finden sich in Verbindung mit der Fascia axillaris zwei Muskelanomalien, welche beim Aufsuchen der Arterie und der Nervenstämme berücksichtigt werden müssen. In dem einen (häufigeren) Falle (Abb. 538) zweigen sich Muskelzüge von der Sehne des M. latissimus dorsi ab und verlaufen über den Nervengefässstrang und die Mm. coracobrachialis und biceps hinweg an den M. pectoralis major, resp. an die Endsehne desselben (Langerscher Armbogen). Seltener gewinnen derartige oberflächlich gelagerte Muskelbündel eine Insertion am Processus coracoides (Langerscher Achselbogen). In beiden Fällen stellen die Muskelbündel wahrscheinlich Reste einer ursprünglich weit verbreiteten Hautmuskulatur dar, von der beim Menschen bloss das Platysma und die mimische Gesichtsmuskulatur eine nennenswerte Ausbildung zeigen (Tobler).

Die Achselhöhlenpyramide kann als ein grosser Bindegewebsraum aufgefasst werden, welcher mit benachbarten Bindegewebsräumen im Zusammenhang steht. Der unmittelbare Anschluss wird vorne durch die Fascia coracocleidopectoralis, medial durch die Fascie des M. serratus lateralis, dorsal durch die Fascien der Mm. latissimus dorsi, teres maj. und subscapularis gegeben (s. die Schemata Abb. 534 und 537). An der Spitze der Pyramide gehen die Fascien zum Teil Verbindungen mit den Hüllen des Nervengefässstranges ein (Abb. 537); längs der A. und V. subclavia hängt der

[1] Fascia pectoralis profunda seu clavipectoralis.

Achselhöhlenbindegewebsraum mit dem mittleren Bindegewebsraume des Halses oberhalb der Clavicula zusammen (Fossa supraclavicularis major).

Gegen die Basis der Pyramide hin lassen sich an ihrer hinteren Wand zwei Lücken nachweisen (laterale und mediale Achsellücke, Abb. 535), welche den Achselhöhlenraum mit dem Spatium subdeltoideum sowie mit dem Spatium infra spinam in Verbindung setzen. Beide Achsellücken liegen am axillaren Rande der Scapula. Die laterale Achsellücke wird lateral durch den Humeruskopf und das Collum chirurgicum humeri, resp. durch die Kapsel des Schultergelenkes begrenzt, medial durch das unterhalb der Fossa articiularis entspringende Caput longum des M. triceps brachii, unten durch die an der Crista tuberculi minoris sich inserierenden Sehnen der Mm. latissimus dorsi und teres major. Sie dient der A. circumflexa humeri dors. und dem N. axillaris zum Durchtritte bei ihrem Verlaufe um den Humerusschaft zur Regio deltoidea. Die mediale Achsellücke wird begrenzt durch das Caput longum des M. triceps, den axillaren Rand der Scapula mit dem M. teres minor und den M. teres major, welcher am Angulus caudalis scapulae entspringt.

Zwei grosse Bindegewebsräume, der eine unter dem M. pectoralis major, der andere unter dem M. serratus lateralis liegen in der nächsten Nähe der Achselhöhle (s. das Schema Abb. 537). Der erstere wird durch den M. pectoralis minor und die Fascia coracocleidopectoralis von der Achselhöhle getrennt; eine Verbindung dieses Raumes mit dem Achselhöhlenraume ist längs der aus dem Sulcus deltoideopectoralis in die Tiefe verlaufenden V. cephalica zu suchen. Der zweite Raum wird durch die tiefe Fläche des M. serratus lateralis sowie durch die seitliche Thoraxwand (Schicht der Mm. intercostales ext. und Rippen) begrenzt; ein direkter Zusammenhang mit dem Raume der Achselhöhle fehlt.

Inhalt der Achselhöhle. Die Achselhöhle enthält zunächst Gefäss- und Nervenstämme (A. und V. axillaris, Stämme des Plexus brachialis), welche auf ihrem Wege von der Fossa supraclavicularis major zur freien Extremität die Gegend durchlaufen, indem sie an der Spitze der Achselhöhlenpyramide in dieselbe eintreten und an der Basis austreten, um zum Oberarm weiterzuziehen. Innerhalb der Achselhöhle geben sie Äste ab, die teilweise zu den Wandungen derselben verlaufen, teilweise in benachbarte Gegenden (Regio deltoidea, Fossa supra und infra spinam) eintreten. Die Stämme des Plexus brachialis, die sich dem Stamme der A. subclavia bei ihrem Durchtritte durch die hintere Scalenuslücke dorsal anlagern, ordnen sich innerhalb der Achselhöhle um; sie geben nebst Ästen zur Wandung des Raumes die 7 Hauptstämme des Plexus zur freien Extremität ab.

Der grosse Nervengefässstrang der Achselhöhle setzt sich zusammen aus der V. axillaris (vorne und medial), der A. axillaris und den Stämmen des Plexus brachialis, welche oben der A. axillaris dorsal anliegen, weiter distalwärts in mehr oder weniger konstanter Weise sich um den Stamm der Arterie zu den aus dem Plexus hervorgehenden 7 Stämmen gruppieren. Der Nervengefässstrang liegt in der oberen Partie der Achselhöhle den beiden obersten Zacken des M. serratus lateralis an (Abb. 539), dann dem M. subscapularis, dort, wo die Fasern desselben gegen den Ansatz an das Tuberculum minus humeri konvergieren, und schliesst sich zuletzt dem medialen Umfange des M. coracobrachialis an, um die untere Grenze der Achselhöhle (unterer Rand der Sehne des M. latissimus dorsi) zu erreichen. Man kann an der Arterie, oder am Nervengefässstrang überhaupt, drei Abschnitte unterscheiden, einen oberen, der über dem oberen Rande des M. pectoralis minor liegt und von der Fascia coracocleidopectoralis bedeckt wird, einen mittleren, der von dem M. pectoralis minor bedeckt wird, und einen unteren Abschnitt, welcher von dem unteren Rande des M. pectoralis minor bis zum Austritt des Stranges aus der Regio axillaris auf den Oberarm reicht. Im obersten Abschnitte liegt die V. axillaris (Abb. 539) medial von der A. axillaris; die Nervenstämme des Plexus brachialis befinden sich lateral von der Arterie. Hinter dem M. pectoralis minor geht die Umordnung der Nervenstämme vor sich; dieselben umgeben die Arterie (s. unten die Besprechung der Nervenstämme); die Vene rückt medianwärts. Das gleiche Verhältnis finden wir noch unterhalb des M. pectoralis minor, doch ist hier die Umordnung der Nervenstämme erfolgt und dieselben beginnen sich zum Teil (Nn. axillaris und musculocutaneus) wieder von der Arterie zu entfernen.

Topographie der A. axillaris. Die A. axillaris reicht von der Stelle, wo die A. subclavia aus der hinteren Scalenuslücke unter der Clavicula in die Spitze der

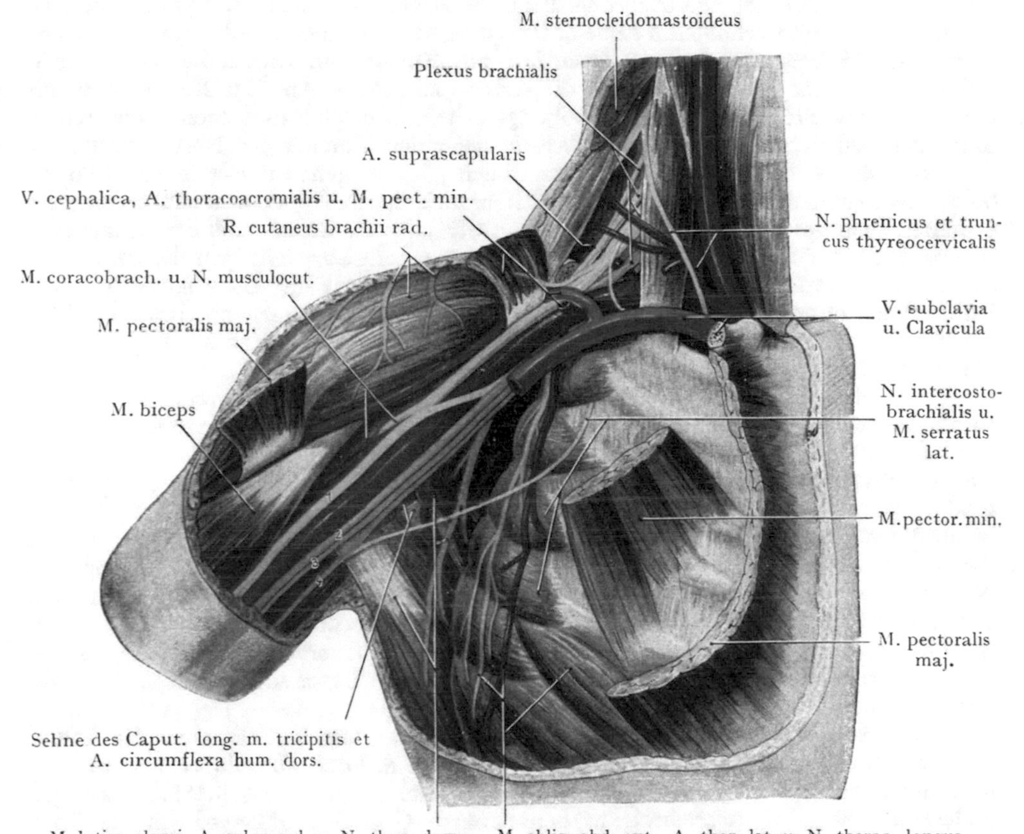

Abb. 539. Topographie der Achselhöhle von vorne nach Abtragung der Mm. pectorales major u. minor. 1 N. medianus. 2 N. ulnaris. 3 N. cut. antibrachii ulnaris. 4 N. cut. brachii ulnaris.

Achselhöhlenpyramide eintritt (sie entspricht ungefähr der Mitte der Clavicula) bis zum unteren Rande der Sehne des M. latissimus dorsi. Hier setzt sie sich als A. brachialis im Sulcus m. bicipitis brachii uln. auf den Oberarm fort.

Erstes Segment der Arterie. Es reicht von der Clavicula bis zum oberen Rande des M. pectoralis minor (Abb. 539). Die Arterie legt sich den obersten Zacken des M. serratus lateralis in der Höhe der II.—III. Rippe an; vorne wird sie von dem M. subclavius und der Fascia coracocleidopectoralis und in oberflächlicher Schicht von dem M. pectoralis major bedeckt. Medial und vor der Arterie liegt die V. axillaris, lateral finden wir die Stämme des Plexus brachialis, welche sich schon in der hinteren Scalenuslücke der Arterie anschlossen. In diesem Segmente gibt die A. axillaris ab: nach vorne die A. thoracoacromialis, welche dicht unterhalb der Clavicula die Fascia coracocleidopectoralis durchbohrt, um in den Ramus acromialis und deltoideus sowie die Rami pectorales zu zerfallen. Nach vorne geht auch die A. thoracica suprema zu den Mm. pectorales ab; häufig entspringt sie aus der A. thoracoacromialis. Aus dem ersten Segmente entspringt ferner auch die A. thoracica lateralis, die auf dem M. serratus lateralis nach unten verläuft, um die seitliche Brustwand und teilweise auch die Brustdrüse mit Ästen zu versorgen.

Das zweite Segment der Arterie wird vorne von dem M. pectoralis minor bedeckt; bei adduziertem Arme liegt die Arterie auf dem M. serratus lateralis, bei abduziertem und erhobenem Arme auf derjenigen Partie des M. subscapularis, welche über den Humeruskopf zu ihrer Insertion am Tuberculum minus humeri verläuft. Die Nervenstämme beginnen sich um die Arterie zu gruppieren. Der Nervus medianus wird von zwei Stämmen gebildet (Abb. 539), welche medial und lateral die Arterie umgreifen und sich zu dem vor der Arterie liegenden Stamme des Nerven vereinigen („Zinken" des N. medianus). Von der medialen „Zinke" gehen der N. ulnaris und die beiden Nn. cutanei brachii und antebrachii ulnaris ab, welche dem medialen und dem vorderen Umfange der Arterie anliegen. Von der lateralen Zinke geht der N. musculocutaneus aus, welcher sofort lateralwärts von der Arterie abweicht, um den M. coracobrachialis zu durchbohren, mit seinen motorischen Fasern die Beugemuskulatur des Vorderarmes zu versorgen und mit sensiblen Fasern als N. cutaneus antebrachii radialis auf den Vorderarm überzugehen. Hinter der Arterie liegt ein Stamm, welcher schon hier in den N. radialis und den N. axillaris zerfällt.

Das dritte Segment der Arterie reicht von dem unteren Rande des M. pectoralis minor bis zum Austritt der Arterie aus der Fossa axillaris am unteren Rande der Sehne des M. latissimus dorsi. Die Arterie liegt hier, umgeben von den sieben zur freien Extremität gehenden Stämmen des Plexus brachialis, dem M. coracobrachialis medial an. Hinter der Arterie finden wir die Nn. radialis und axillaris; der letztere biegt durch die laterale Achsellücke nach hinten zum M. deltoides ab in Begleitung der A. circumflexa humeri dors. Vor und etwas lateral von der Arterie liegt der N. medianus, medial liegen der N. ulnaris und die beiden Nn. cutanei brachii und antebrachii ulnaris. Lateral ist zuerst der N. musculocutaneus der Arterie angeschlossen, doch entfernt er sich bald, um in den M. coracobrachialis einzutreten. Die V. axillaris wird durch den N. ulnaris, dem sie medial anliegt, von der Arterie getrennt.

Abgesehen von dem Lageverhältnis zu den grossen Stämmen des Plexus brachialis wird das dritte Segment der Arterie noch dadurch charakterisiert, dass von ihm die Hauptäste abgehen, welche sich einerseits in der Achselhöhle verzweigen, andererseits aus der Achselhöhle in benachbarte Gegenden gelangen (in die Regio deltoidea und in das Spatium infra spinam). Hier sind zu nennen die Aa. circumflexae humeri vol. und dors., die A. subscapularis und manchmal kleine Äste zu den Lymphdrüsen der Achselhöhle.

Die beiden Aa. circumflexae humeri entspringen oberhalb der Sehne des M. latissimus dorsi; die A. circumflexa vol. geht als schwacher Ast unter dem M. coracobrachialis zum Sulcus intertubercularis, den sie, ebenso wie die Kapsel des Schultergelenkes und das Caput humeri, mit Zweigen versorgt. Die stärkere A. circumflexa humeri dors. verläuft zur lateralen Achsellücke, wo sie in Gesellschaft des N. axillaris um das Collum chirurgicum humeri verläuft, um sich im Spatium subdeltoideum an den M. deltoides zu verzweigen und mit der A. circumflexa scapulae zu anastomosieren. Der N. axillaris gibt um den hinteren Rand des M. deltoides den R. cutaneus brachii radialis zur Haut der Regio deltoidea ab und verteilt sich mit motorischen Zweigen im M. deltoides. Die A. subscapularis entspringt häufig mit der A. circumflexa humeri dors. von einem gemeinsamen Stamme, in der Regel jedoch direkt aus der A. axillaris.

Sie folgt in ihrem Verlaufe dem axillaren Rande der Scapula, versorgt die angrenzende Muskulatur (Mm. latissimus dorsi, teres maj. und subscapularis), gibt durch die mediale Achsellücke die A. circumflexa scapulae in die Fossa infra spinam ab und verläuft weiter als A. thoracodorsalis am Margo axillaris scapulae zur seitlichen Brustwand. Die A. circumflexa scapulae gelangt in den osteofibrösen Raum der Fossa infra spinam und anastomosiert hier mit den Endästen der Aa. transversa colli und suprascapularis [1].

Die A. subscapularis wird von den Nn. subscapulares gekreuzt, welche zu den Mm. latissimus dorsi und teres major verlaufen.

Vena axillaris. Bei ihrem Durchtritte durch die vordere Scalenuslücke liegt sie medial von der Arterie, von welcher sie auf der oberen Fläche der I. Rippe durch den Ansatz des M. scalenus ventr. getrennt wird. In der Achselhöhle liegt sie der A. axillaris zunächst medial an und ist mit der Arterie in eine gemeinsame Gefässscheide eingeschlossen. Im zweiten und dritten Segmente der Arterie wird die Vene durch die Nn. ulnaris und cutaneus antibrachii ulnaris von der Arterie abgedrängt und kommt von da an bei der Aufsuchung der Arterie nicht unmittelbar in Betracht.

Dicht unterhalb der Clavicula mündet die V. cephalica in die V. axillaris; die übrigen Venen, welche sich aus der Achselhöhle sammeln, schliessen sich als Vv. comitantes den entsprechenden Ästen der A. axillaris an, bedürfen also keiner besonderen Beschreibung. Nicht selten findet sich ein längs des lateralen Umfanges der A. axillaris verlaufender kleinerer Venenstamm, der etwa als eine V. comitans der Arterie aufzufassen wäre und in wechselnder Höhe in die V. axillaris einmündet.

„Die V. axillaris kann ohne Bedenken für die Zirkulation unterbunden werden, solange noch durch die V. cephalica und die Anastomosen mit den Schulterblattvenen der Weg für den Abfluss des venösen Blutes freisteht" (Schüller).

Lage der Nervenstämme innerhalb der Achselhöhle. Abgesehen von dem N. intercostobrachialis (hinterer Zweig des Ram. lateralis des II. Intercostalnerven) kommen alle aus den Stämmen, welche den Plexus brachialis bilden (Cervic. V bis VIII + Thorac. I). Die Rami ventrales dieser Spinalnerven vereinigen sich nach ihrem Austritt aus den Foramina intervertebralia (Abb. 539) in der Rinne, welche von den Mm. scalenus ventr. und medius gebildet wird (s. Hals) zu mehreren Strängen, welche an der hinteren Scalenuslücke den lateralen Umfang der A. subclavia erreichen und mit derselben in die Spitze der Achselhöhlenpyramide eintreten. Die Umlagerung der Nervenstämme in bezug auf die Arterie hat die Unterscheidung von drei Fascikeln des Plexus brachialis zur Folge; ein lateraler bildet sich aus dem C. V, VI, VII, Fasciculus radialis, ein medialer aus C. VIII + Th. I, Fasciculus ulnaris, und ein hinterer Stamm aus allen Nerven des Plexus, Fasciculus dorsalis. Aus dem lateralen Stamme geht als Fortsetzung der N. musculocutaneus hervor; aus dem lateralen und dem medialen Strange gehen die beiden Zinken des N. medianus hervor, die sich vor der Arterie zum N. medianus vereinigen; aus dem medialen Stamme die Nn. ulnaris, cutaneus brachii ulnaris und cutaneus antebrachii ulnaris, aus dem hinteren Stamme die Nn. radialis und axillaris.

Von den Stämmen des Plexus zweigen sich innerhalb der Achselhöhle ab: die Nn. thoracici ventr. zu den Mm. pectorales major und minor, die Nn. subscapulares (2—3) zu den Mm. subscapularis, latissimus dorsi und teres major. Die letztgenannten kreuzen häufig die A. subscapularis.

Andere Äste des Plexus brachialis, wie der N. suprascapularis, der N. dorsalis scapulae, der N. subclavius und der N. thoracicus longus entspringen aus dem Geflechte oberhalb der hinteren Scalenuslücke. Der N. suprascapularis (aus C. V oder C. V + VI) schliesst sich dem unteren Bauche des M. omohyoideus an, um den oberen Rand der Scapula an der Incisura scapulae zu erreichen und hier unter dem Lig. transversum in die Fossa supra spinam einzutreten (Abb. 532). Der N. dorsalis scapulae (C. V) durchbohrt den M. scalenus medius und wird sodann vom M. levator scapulae

[1] A. transversa scapulae.

und vom M. rhomboides bedeckt, an welche er sich verzweigt. Der N. thoracicus longus (aus den verschiedensten Nn. cervicales sich zusammensetzend: V und VI, VI + VII oder VI, VII und VIII) durchbohrt den M. scalenus medius und verläuft an der äusseren Fläche des M. serratus lateralis nach unten, indem er an diesen Muskel Äste abgibt.

Von den grösseren Stämmen des Plexus brachialis weichen zwei innerhalb der Achselhöhle von dem durch die Arterie dargestellten Leitgebilde ab. Der N. musculocutaneus geht in der Regel hoch oben zum M. coracobrachialis, den er durchbohrt, um ihn, sowie die beiden anderen Beuger des Oberarms (Mm. biceps und brachialis) zu versorgen. Der N. axillaris geht ziemlich weit oben aus dem hinteren Strange hervor und verläuft auf dem M. subscapularis, der sich zwischen dem Nerven und der Kapsel des Schultergelenkes einschiebt, zur lateralen Achsellücke, durch welche er in Gesellschaft der A. circumflexa humeri dors. zur Regio deltoidea gelangt (Gefährdung des N. axillaris bei Luxationen des Humeruskopfes).

Lymphgefässe und Lymphdrüsen der Achselhöhle (Abb. 202). In den Lymphdrüsen der Achselhöhle sammeln sich die Lymphgefässe, einerseits aus der freien Extremität, andererseits von dem seitlichen Umfang der Brust (auch von der Brustdrüse). Dementsprechend lassen sich die Lymphdrüsen mehr oder weniger deutlich in zwei Stränge unterscheiden; der eine verläuft mit der V. axillaris (Hauptstrang); der andere erhält auch Lymphstämme aus den oberflächlichen Schichten der seitlichen Brustwand, verläuft mit der A. subscapularis am vorderen Rande der Scapula nach oben und verbindet sich mit dem Hauptstrange etwa in der Höhe der lateralen Achsellücke. Von hier an bilden die Lymphgefässe mit den Lymphdrüsen der Achselhöhle eine einheitliche Kette, welche sich der V. axillaris anschliesst, mit derselben durch die vordere Scalenuslücke tritt und in den Truncus subclavius ausmündet. Ausnahmsweise sind kleine Lymphstämme nachgewiesen worden, welche über die Clavicula hinwegziehen, um direkt in untere Cervicallymphdrüsen einzumünden. Ein solcher Befund ist in Abb. 202 dargestellt. Eine weitere für die Praxis wichtige Abweichung von der Norm besteht darin, dass Lymphstämme aus dem oberen Umfange der weiblichen Brustdrüse zu oberen Axillarlymphdrüsen verlaufen, so dass ausnahmsweise bei Carcinom der Mamma eine Metastasierung auf obere Axillarlymphdrüsen stattfinden kann, ohne dass der Lymphdrüsenstrang längs der A. subscapularis in Mitleidenschaft gezogen wird. Die erste Lymphdrüse dieses Stranges liegt der äusseren Fläche der III. Rippe auf.

Der Lymphgefäss-Lymphdrüsenstrang, welcher sich der V. axillaris anschliesst, ist unschwer von der Vene zu trennen. Die Lymphdrüsen, welche sich dem Verlaufe der A. und V. subscapularis anschliessen, umgeben dieselben und werden gekreuzt von den zum M. latissimus dorsi und M. teres major verlaufenden Nn. subscapulares; die Verletzung dieser Nervenstämme hat selbstverständlich eine Lähmung beider Muskeln und eine Einschränkung in der Bewegung des Armes nach hinten zur Folge. Der N. thoracicus longus (zum M. serratus lateralis) wird bloss dann angetroffen, wenn man hoch oben in der Achselhöhle die Lymphdrüsen ausräumt, also auch die oberen Lymphonodi axillares entfernt.

Unterbindung der A. axillaris. Die Verlaufsrichtung der Arterie entspricht einer von der Mitte der Clavicula bis zum Anfang des Sulcus m. bicipitis brachii uln. gezogenen Linie. Bei abduziertem Arme (die Stellung, in welcher die Unterbindung gewöhnlich vorgenommen wird) liegt die Arterie dem Proc. coracoides und unterhalb desselben der durch den M. coracobrachialis und den kurzen Bicepskopf gebildeten lateralen Wandung der Achselhöhlenpyramide an.

Der Schnitt wird vom Sulcus m. bicipitis brachii uln. aus nach oben längs des sichtbaren oder fühlbaren Wulstes des M. coracobrachialis geführt. Nach Durchtrennung der Haut, des subkutanen Fett- und Bindegewebes sowie der Fascia axillaris wird der Nervengefässstrang angetroffen. Lateral (Abb. 539) liegt der N. musculocutaneus der Arterie an; lateral und vorne der N. medianus, medial der N. ulnaris und die Nn. cutanei brachii und antebrachii ulnares, hinten die Nn. radialis und axillaris. Medial liegt die V. axillaris, welche durch die Nn. ulnaris und cutaneus antebrachii ulnaris von der Arterie getrennt wird. Der N. medianus wird bei der Unterbindung der Arterie medial- oder lateralwärts abgezogen.

Bildung eines Kollateralkreislaufs in der Achselhöhle. Für das Zustandekommen desselben sind von Bedeutung (bei Unterbindung der A. axillaris oberhalb des Ursprunges der A. subscapularis und der beiden Aa. circumflexae humeri): 1. Die A. thoracica lateralis, welche mit der A. thoracodorsalis aus der A. subscapularis anastomosiert. 2. Die Verbindungen der A. circumflexa scapulae und der Aa. circumflexa humeri vol. und dors. mit den Aa. suprascapularis und transversa colli in der Fossa supra und infra spinam.

Gefässanomalien in der Achselhöhle. In seltenen Fällen teilt sich die Arterie schon innerhalb der Achselhöhle in die A. radialis und ulnaris; die A. ulnaris wird dann von dem N. medianus überlagert, während die A. radialis oberflächlich zu diesem Nerven liegt. Häufig entspringen die A. subscapularis und die A. circumflexa humeri dors. aus einem gemeinsamen Stamme. Ebenso häufig ist eine Variation der A. circumflexa humeri dors.; sie kann nämlich aus der A. brachialis oder der A. profunda brachii unterhalb der Sehne des M. latissimus dorsi entspringen und verläuft dann hinter dieser Sehne bis zur Höhe des Collum chirurgicum humeri, wo sie die laterale Achsellücke benützt, um die Regio deltoidea zu erreichen.

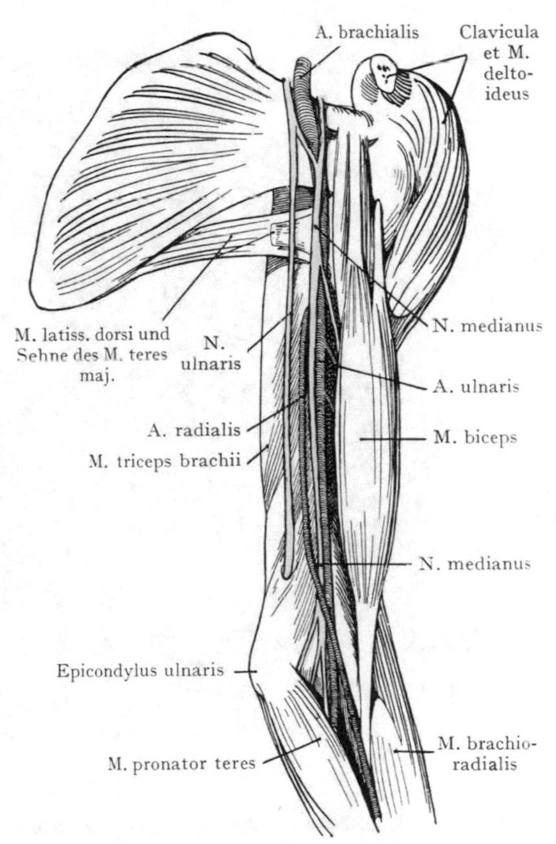

Abb. 540. Hohe Teilung der A. brachialis.

Möglichkeit der Verletzung des Nervengefässstranges der Achselhöhle. Der Nervengefässstrang wird gleich nach seinem Eintritt in die Achselhöhlenpyramide von lockerem Fett- und Bindegewebe umgeben. In der Höhe des Processus coracoides erreicht er den M. coracobrachialis und verläuft, demselben medial angeschlossen, distalwärts auf dem M. subscapularis und der Sehne des M. latissimus dorsi. Zwischen der ersten Rippe und dem Ursprunge des M. coracobrachialis vom Proc. coracoides liegt der Nervengefässstrang ohne bestimmten Anschluss an die Achselhöhlenwandung frei im Fett- und Bindegewebe. Bei Adduktion des Armes wird er entspannt, bei abduziertem Arme dagegen gespannt, indem er sich gewissermassen über den Humeruskopf dehnt; die A. axillaris kann dabei abgeplattet werden. Bei weitergehender Abduktion des Armes kann der Gelenkkopf aus der Fossa articularis austreten und den Nervengefässstrang durch Druck verletzen.

Schuss- und Stichwunden werden, je nach der Stellung des Armes, den Nervengefässstrang treffen oder vermeiden. Bei adduziertem Arme entfernt sich der Nervengefässstrang so weit von der lateralen Wandung der Achselhöhle, dass eine Stich- oder Schussverletzung von vorne nach hinten eindringen kann, ohne den Strang zu verletzen. Dabei wird jedoch eine Kugel das Schultergelenk oder doch den Hals der Scapula durchbohren.

Bei Abduktion des Armes nähert sich der Nervengefässstrang der lateralen Wandung der Achselhöhle und die Wahrscheinlichkeit wächst, dass eine von vorne

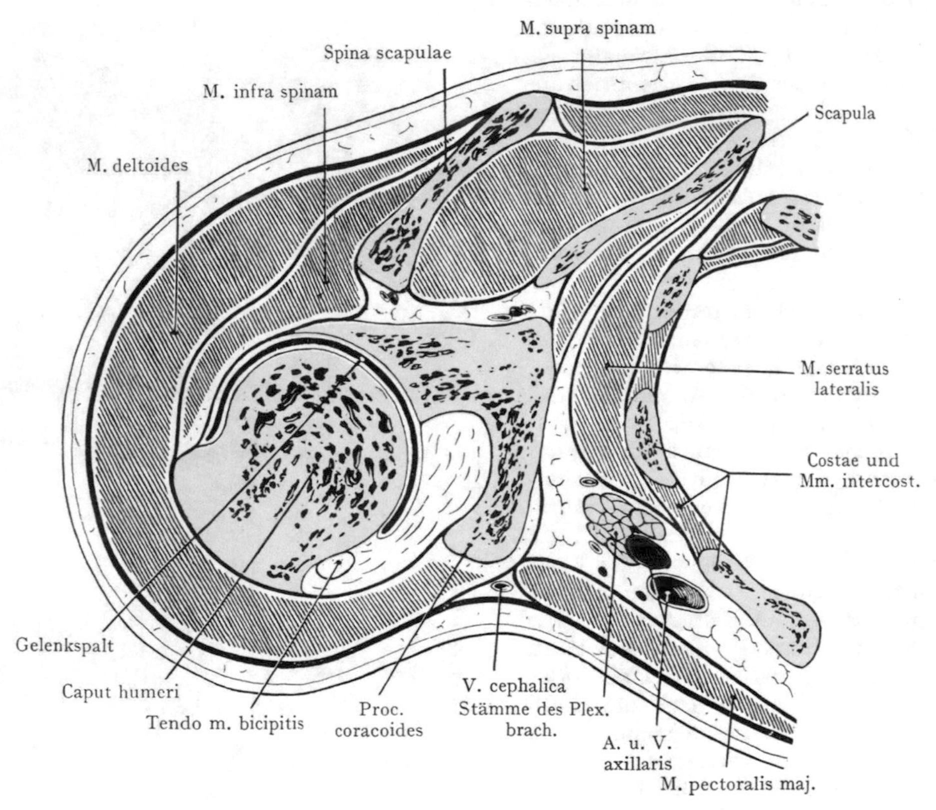

Abb. 541. Horizontalschnitt durch das Schultergelenk in der Höhe des III. Brustwirbels. Nach einem Gefrierschnitte aus der Basler Sammlung.

eindringende Schussverletzung sowohl das Schultergelenk als den Nervengefässstrang treffen wird. Besonders gefährdet erscheint dabei der N. axillaris, welcher mit der A. circumflexa humeri dors. durch die laterale Achsellücke zur Regio deltoidea gelangt. Für die Beurteilung der Läsion kommt also die Stellung der Extremität ganz wesentlich in Betracht (Schüller).

Horizontalschnitte durch die Achselhöhle. Ein Schema der Achselhöhle, in einem Horizontalschnitte wird in Abb. 534 gegeben. Man gewinnt die Vorstellung von den vier Abschnitten der Wandung, von denen die laterale, aus dem M. coracobrachialis und dem kurzen Kopfe des M. biceps bestehende, gegenüber den anderen sehr reduziert erscheint. Der Nervengefässstrang liegt der lateralen und der vorderen Wandung näher an als der hinteren und medialen.

In Abb. 541 und 542 sind zwei Horizontalschnitte abgebildet.

In Abb. 541 (Höhe des III. Brustwirbels) ist das Caput humeri in grosser Ausdehnung getroffen. Die Mm. pectorales maj. und min. bilden die vordere, der M. serratus lat. die mediale Wand; der Abschluss nach hinten wird von dem M. subscapularis hergestellt; lateral ist der Proc. coracoides angeschnitten. Die A. axillaris liegt

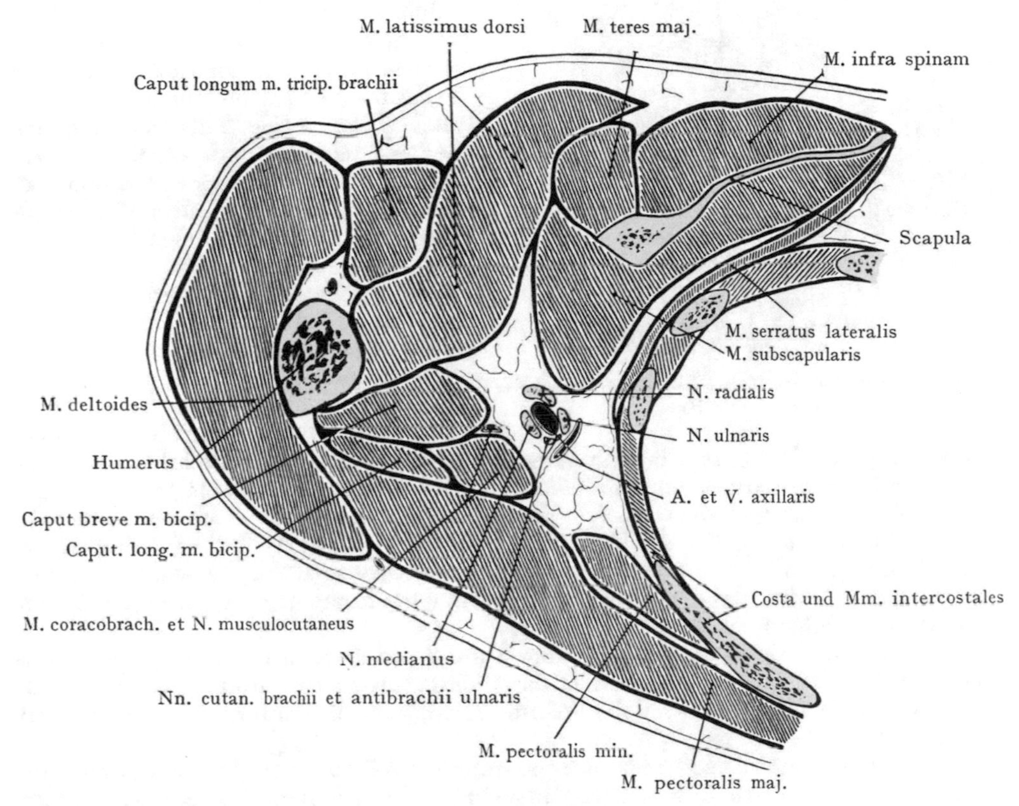

Abb. 542. Horizontalschnitt durch die rechte Schultergegend in der Höhe des VI. Brustwirbels. Nach einem Gefrierschnitte aus der Basler Sammlung.

der ersten Zacke des M. serratus lateralis auf, vor derselben und etwas medianwärts liegt der Querschnitt der Vene, lateral die Stämme des Plexus brachialis. Im Sulcus deltoideopectoralis ist der Querschnitt der V. cephalica zu sehen.

Der in Abb. 542 dargestellte Schnitt trifft den VI. Brustwirbel. Die vordere Wand der Achselhöhle wird von den beiden Mm. pectorales gebildet; die mediale Wand von dem M. serratus lat., die hintere Wand von dem M. subscapularis. In den Winkel, welcher einerseits von dem Querschnitt des M. coracobrachialis und des kurzen Bicepskopfes, andererseits von der Sehne des M. latissimus dorsi gebildet wird, legt sich der Nervengefässstrang. Die Arterie wird von den Nerven des Plexus umgeben, lateral liegt der N. musculocutaneus, vor der Arterie der N. medianus, medial, zwischen der Arterie und der Vene, werden der N. ulnaris und die Nn. cut. brachii und antibrachii ulnaris angetroffen, hinter der Arterie befindet sich der Querschnitt des N. radialis (vgl. Abb. 539).

Topographie des Schultergelenkes. Die Wölbung der Schulter wird teilweise von dem Acromion, teilweise von dem lateralen Umfang des Caput humeri mit dem Tuberculum majus gebildet. Die beiden letzteren Knochenteile werden von dem M. deltoides verdeckt; bei schwach entwickelter Muskulatur gelingt es, die Bewegungen des Humeruskopfes durch tiefes Eindrücken zu verfolgen und das Tuberculum majus etwa fingerbreit unterhalb des Acromion zu palpieren. Bei adduziertem Arme kann man unter günstigen Verhältnissen, jedoch durchaus nicht in allen Fällen, beide Tubercula und den Sulcus intertubercularis durchfühlen, indem man den Finger unterhalb des Acromion anlegt. Das Tuberculum majus liegt direkt lateral, das Tuberculum minus medial und vorne. Von der Achselhöhle aus kann bei abwechselnder Adduktion und Abduktion des Armes der Gelenkkopf und die mediale Partie der Gelenkkapsel abgetastet werden; die letztere wird hier von dem M. subscapularis sowie von dem M. coracobrachialis und dem kurzen Bicepskopf bedeckt. Der Gelenkkopf verursacht bei starker Abduktion und Erhebung des Armes eine Vorwölbung in der Fossa axillaris (Abb. 533).

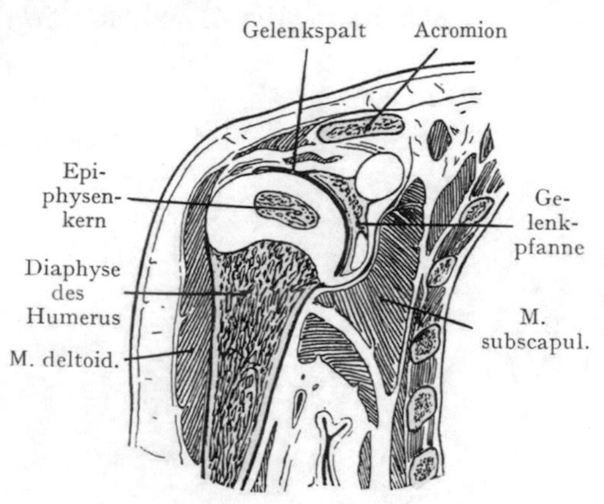

Abb. 543. Frontalschnitt durch das Schultergelenk. 1jähriges Kind.

Das Schultergelenk wird von dem Acromion und dem Processus coracoides überlagert, welche mittelst des Lig. coracoacromiale verbunden sind, so dass gewissermassen ein „Dach", der Fornix humeri oder das Schultergewölbe, über dem Schultergelenk gebildet wird, das eine allzu starke Hebung des Armes hemmt, indem das Collum anatomicum humeri an dasselbe anstösst.

Die weite Gelenkkapsel geht vom Rande der Fossa articularis aus und setzt sich oberhalb der Tubercula humeri an das Collum anatomicum humeri, reicht dagegen medial- und dorsalwärts bis auf das Collum chirurgicum, also unterhalb der Epiphysenlinie herab.

Für die Funktion sowie für die Topographie des Gelenkes sind die am Tuberculum majus und minus sich inserierenden Muskeln von Bedeutung. Die Kapsel gestattet beim herauspräparierten und aus seinen Muskelverbindungen gelösten Gelenke eine Entfernung der Gelenkflächen voneinander bis auf 1—$1^1/_2$ cm. Der Kontakt der Gelenkflächen wird eben, abgesehen vom Luftdruck, wesentlich durch die Muskulatur (Mm. supra spinam, infra spinam und subscapularis) gesichert. Die Endsehnen dieser Muskeln überlagern die Kapsel oben, hinten und medial und sind mit derselben verbunden. Als weitere Verstärkung ist noch das Lig. coracohumerale anzuführen, dessen Fasern von dem Proc. coracoides ausgehen und sich distalwärts in zwei Zipfeln an den Rändern des Sulcus intertubercularis inserieren.

Die Gelenkkapsel wird nicht in gleichmässiger Weise von den Sehnen der Schultermuskeln und dem Lig. coracohumerale verstärkt, indem schwächere Partien der Kapsel mit stärkeren abwechseln. Eine schwächere Stelle findet sich am unteren Rande der Sehne des M. subscapularis, eine zweite unterhalb des Proc. coracoides: beides Stellen, an denen der Humeruskopf bei Luxationen die Kapsel durchbrechen kann.

Die Bursae synoviales[1], welche Beziehungen zur Gelenkkapsel erlangen, sind schon früher aufgezählt worden (Regio deltoidea und Abb. 531). Die Bursae subdeltoidea und subacromialis stehen häufig untereinander in Verbindung und bilden dann bloss Abteilungen einer einzigen grossen Bursa synovialis. Normalerweise fehlt eine Verbindung

[1] Bursae mucosae.

derselben mit der Gelenkhöhle. Die Bursa tendinis m. subscapularis befindet sich unterhalb der Sehne des M. subscapularis und besitzt regelmässig eine Verbindung mit der Gelenkhöhle, die bald spaltförmig erscheint, bald eine weite Öffnung darstellt. Häufig findet sich an der Basis des Proc. coracoides noch eine Bursa synovialis, welche nicht selten mit der Bursa tendinis m. subscapularis in Verbindung steht (Bursa subcoracoidea).

Bei Kindern und jüngeren Individuen ist das Verhältnis zwischen der Epiphyse und der Gelenkkapsel, resp. der Gelenkhöhle zu beachten (Abb. 543). Die Fossa

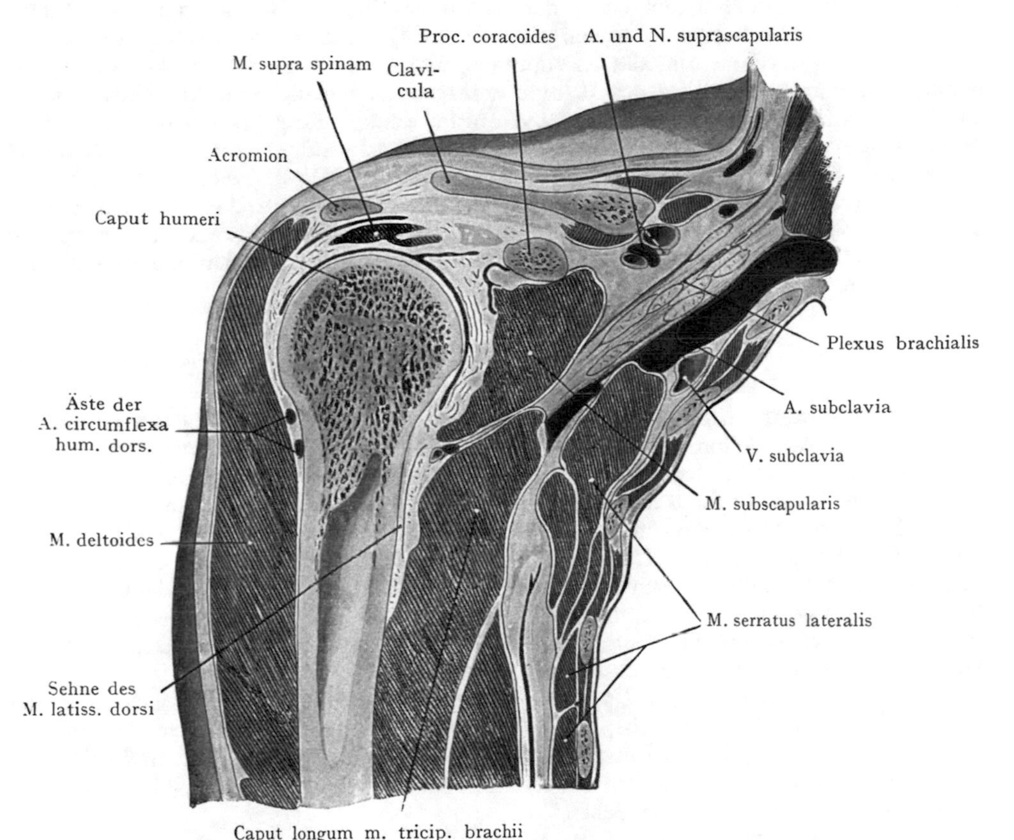

Abb. 544. Frontalschnitt durch die Schultergegend, rechterseits.
Nach W. Braune, Atlas der topogr. Anatomie.

articularis wird noch von dem Epiphysenknorpel, welcher den Processus coracoides von der Scapula trennt, erreicht; derselbe geht in den die Fossa articularis auskleidenden Knorpelbelag über. Ein besonderer kleiner Knochenkern entwickelt sich an der Ursprungsstelle des langen Bicepskopfes, oberhalb der Fossa articularis; bei forcierter Beugung kann derselbe durch die Ursprungssehne des Caput longum m. bicipitis abgerissen werden, wobei die Gelenkhöhle eröffnet wird (Schüller).

Im Humeruskopfe entwickelt sich ein Epiphysenkern sowie je ein Kern in dem Tubercula majus et minus, die im vierten Lebensjahre mit dem Epiphysenkerne verschmelzen. Im 20.—22. Lebensjahre vereinigt sich der Epiphysenkern mit der Diaphyse. An dem lateralen Umfange des Schultergelenkes liegt die Epiphysenlinie (Abb. 543) ausserhalb des Kapselansatzes, medial dagegen liegt sie noch im Bereiche der Gelenkhöhle, indem sich hier die Gelenkkapsel erst am Collum chirurgicum humeri ansetzt. Man kann also von der Regio deltoidea aus direkt auf die Epiphyse des Humeruskopfes vordringen, ohne das Schultergelenk zu eröffnen. Erkrankungen des Epiphysenknorpels können auch auf die Gelenkhöhle übergreifen.

Abb. 544 stellt einen Frontalschnitt durch das Schultergelenk dar. Der Gelenkspalt erstreckt sich medial weiter hinunter als lateral. Das durch das Acromion, den Proc. coracoides und das Lig. coracoacromiale hergestellte „Dach" des Schultergelenkes ist durchgeschnitten. Unter dem medialen Ende der schräg getroffenen Clavicula liegt der M. subclavius; medial davon der Querschnitt der A. suprascapularis, der gleichnamigen Vene und des N. suprascapularis, an welchen sich oben der Querschnitt des unteren Bauches des M. omohyoideus anschliesst. Die A. axillaris ist an ihrem Eintritte in die Achselhöhlenpyramide schräg durchgeschnitten, die Vene etwas weiter distal im Anschluss an die seitliche Brustwand. Lateral von der Arterie liegen die Stämme des Plexus brachialis. Medial schliesst sich dem Schultergelenke der Schrägschnitt des M. subscapularis an, lateral wird das Gelenk von dem M. deltoides überlagert. In der Höhe des Collum chirurgicum finden wir die Sehnen der Mm. latissimus dorsi und teres major und über denselben den Querschnitt der A. circumflexa humeri dors.

Oberarm.

Abgrenzung und Palpation. Die obere Grenze der Oberarmgegend ist durch die bei Abduktion im Schultergelenke leicht nachweisbare hintere Achselfalte (Sehnen der Mm. latissimus dorsi und teres major) angegeben; die untere Grenze wird etwa 3 Finger breit oberhalb der Verbindungslinie der beiden Epicondylen angenommen.

Bei stärkerer Entwicklung des Fettpolsters (Frauen und Kinder) stellt der Arm einen Zylinder dar, dessen Durchmesser distalwärts kaum erheblich abnimmt; bei muskulösen Individuen dagegen mit dünnem Fettpolster ist der Umfang des Oberarmes, an der Grenze gegen die Fossa axillaris gemessen, grösser als an der Grenze gegen die Regio cubiti und entspricht den starken Bäuchen der Mm. biceps und triceps brachii, welche sich gegen ihre Insertionsstellen hin verjüngen.

Als Skeletteil liegt dem Oberarme der Humerusschaft zugrunde, welcher derart von Muskelmassen überlagert ist, dass die Palpation bloss bei muskelschwachen und mageren Individuen gelingt. Entsprechend der Anordnung der Muskeln und dem Verlaufe der Gefässe ist der Knochen am leichtesten durch Längsschnitte, die lateral und medial angelegt werden, zu erreichen.

Relief des Oberarmes. Die hintere oder Extensorenseite des Oberarmes erscheint meist gleichmässig abgerundet und entspricht der Masse des M. triceps brachii. Auf der vorderen oder Flexorenseite geht (Abb. 533) von der Fossa axillaris aus eine seichte Furche auf den Oberarm über (Sulcus m. bicipitis brachii ulnaris[1]), an deren Bildung lateral der M. biceps, medial die Extensorenmuskulatur teilnimmt. Ein entsprechender Sulcus m. bicipitis brachii radialis[2] am lateralen Rande des Bicepswulstes ist nur ausnahmsweise beim Lebenden zu sehen. Besonders deutlich nimmt man den Sulcus m. bicipitis brachii ulnaris bei Hebung und Abduktion des Armes wahr. Beide Sulci m. bicipitis führen distalwärts in die Y-förmige Fossa cubiti (s. Fossa cubiti), wobei die Sulci m. bicipitis die oberen Schenkel des Y darstellen.

Bei mittlerer Beugestellung des Oberarmes und Entspannung der Fascia brachii kann man häufig bis zur Fossa cubiti herab die Pulsationen der A. brachialis fühlen, nicht selten auch den Strang des N. medianus, welcher beim Übergang auf den Oberarm zuerst lateral, dann, an der Grenze gegen die Regio cubiti, medial von der Arterie angetroffen wird.

---

[1] Sulcus bicipitalis medialis. [2] Sulcus bicipitalis lateralis.

Fascie und Fascienräume am Oberarme. Die Haut des Oberarms ist nur locker mit der Fascie verbunden, sie zieht sich auf dem Querschnitte stark zurück und lässt sich leicht von ihrer Unterlage abpräparieren.

Die Fascia brachii (Abb. 545 u. 546) bildet auf der Beugeseite des Oberarmes die Fortsetzung der Fascia axillaris, auf der Streckseite die Fortsetzung der Fascia deltoidea. Sie umhüllt die Streck- und Beugemuskeln des Oberarmes und setzt sich dort, wo Knochenteile oberflächlich liegen, an dieselben fest, so in der Ellbogengegend an die Epicondylen des Humerus und an das Olecranon. Ferner geht sie zwischen der Beuge- und Streckmuskulatur als Septum intermusculare brachii uln. und rad. in die Tiefe zur medialen und zur lateralen Kante des Humerus. Distalwärts lassen sich beide Septa intermuscularia bis zu den Epicondyli humeri verfolgen; proximalwärts reicht das Septum intermusculare rad. bis zur Tuberositas deltoidea, das Septum intermusculare ulnare bis zur Sehne des M. latissimus dorsi. Der Humerusschaft und die Septa intermuscularia bewirken zusammen eine Einteilung des Oberarmes in zwei Muskellogen, eine vordere Beugerloge und eine hintere Streckerloge (Abb. 548).

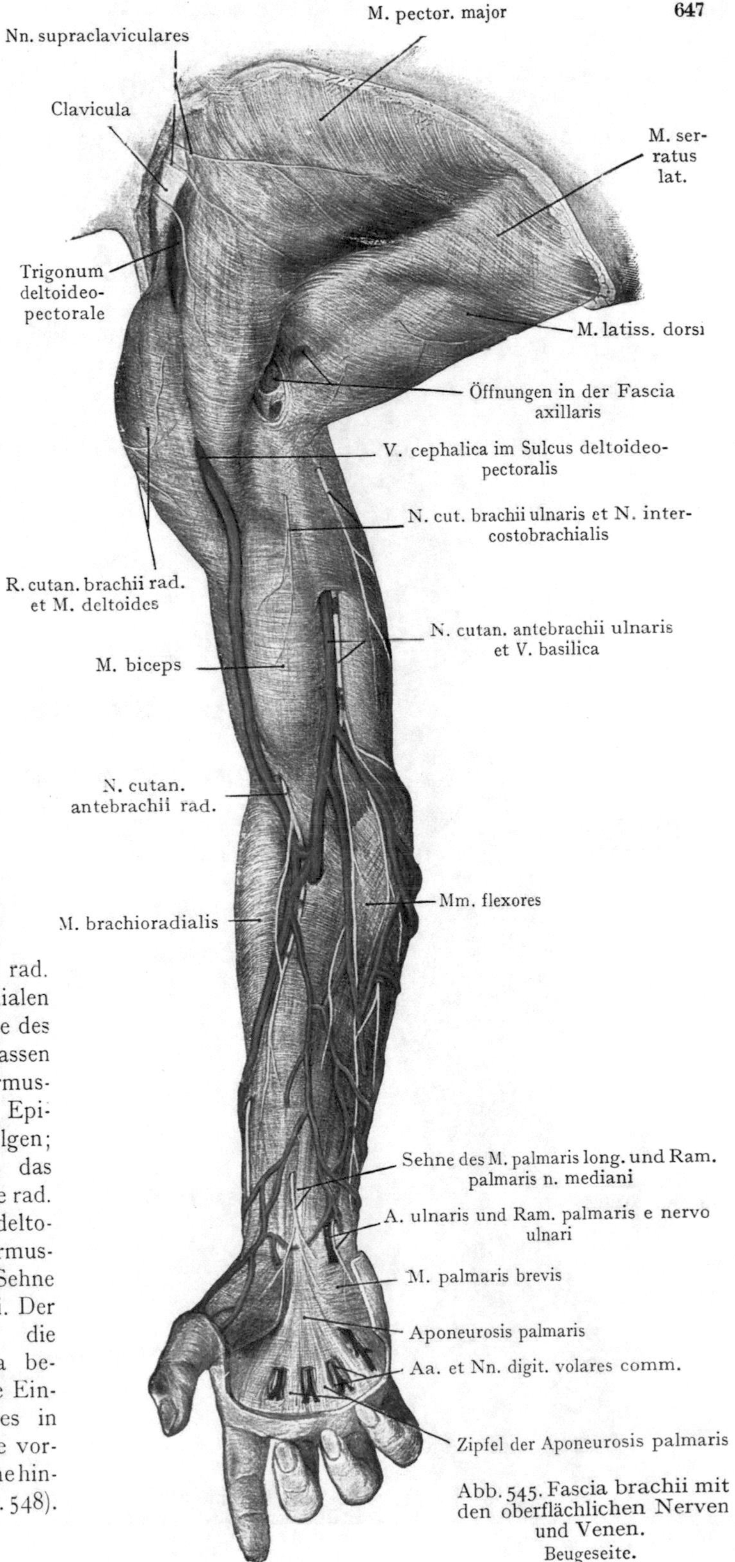

Abb. 545. Fascia brachii mit den oberflächlichen Nerven und Venen. Beugeseite.

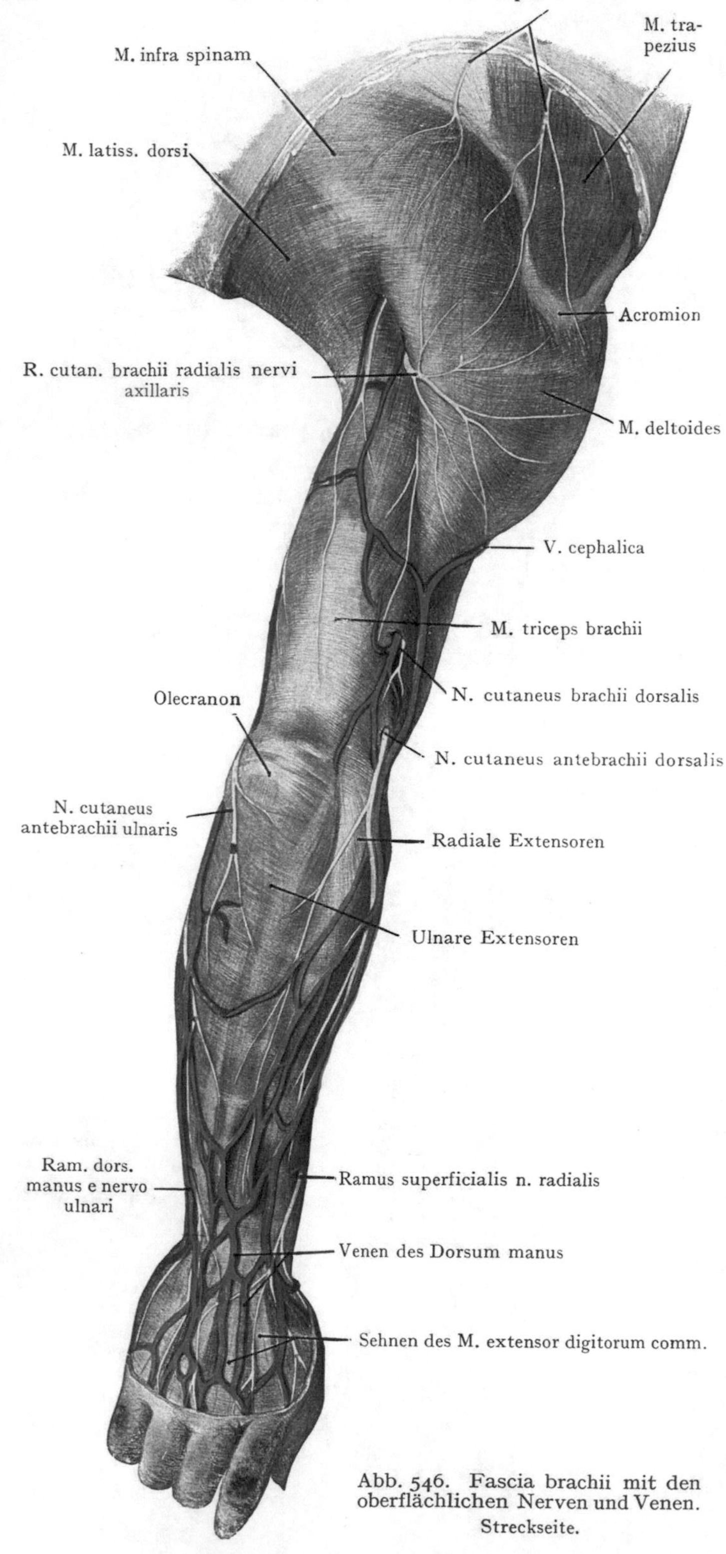

Abb. 546. Fascia brachii mit den oberflächlichen Nerven und Venen. Streckseite.

Die Beugerloge bildet zum Teil die direkte Fortsetzung der Fossa axillaris; als Inhalt finden wir die Beugemuskulatur und die Fortsetzung des Nervengefässstranges der Achselhöhle im Sulcus m. bicipitis brachii ulnaris. Die Beugerloge geht distalwärts direkt in die Fossa cubiti über. Die Streckerloge enthält den M. triceps brachii und die Verzweigungen von Nerven und Gefässen, welche aus der Beugerloge in die Streckerloge eintreten (N. radialis und A. profunda brachii).

Oberflächliche ausserhalb der Fascie verlaufende Gebilde. Von dem Vorderarm ziehen extrafascial zwei grössere Venenstämme auf den Oberarm weiter. Die V. cephalica verläuft am lateralen Rande des M. biceps (im Sulcus m. bicipitis brachii rad.) hinauf, um sich schliesslich im Trigonum deltoideopectorale zur Einmündung in die V. axillaris in die Tiefe zu wenden. Die V. basilica steht als zweiter grösserer Venenstamm an der Ellbogenbeuge, durch die V. mediana cub. mit der V. cephalica in Verbindung; sie verläuft im Sulcus m. bicipitis brachii uln. proximalwärts, um in recht wechselnder Höhe durch die Fascia brachii zu treten und in eine der beiden Vv. brachiales zu münden. Dieselbe Öffnung in der Fascie wird häufig von dem N. cutaneus antebrachii ulnaris benutzt, um in das subkutane Gewebe zu gelangen.

Auf der Beugeseite kommen von Nerven die Nn. cutanei brachii und antebrachii ulnares in Betracht sowie noch Äste des N. intercostobrachialis. Der Stamm des N. cutaneus antebrachii ulnaris verläuft von der Stelle an, wo er oberflächlich wird, medial von der V. basilica zur Regio cubiti, indem er sich noch am Oberarm in zwei grössere Äste teilt, welche die Haut auf der Beugeseite sowie am medialen Umfange des Vorderarmes versorgen.

Auf der Streckseite geht der R. cutaneus brachii rad. aus dem N. axillaris noch auf den Oberarm über, dazu kommen die beiden Nn. cutanei brachii dors. und antebrachii dors. aus dem N. radialis, welche in gerader Linie über dem Epicondylus radialis die Fascie durchbohren. Der untere Ast ist gewöhnlich der stärkere und verläuft auf der Streckseite des Vorderarmes weiter.

Vordere Seite des Oberarmes (Flexorenloge). Die Flexorenloge wird von der Fascia brachii und dem Humerusschafte mit den Septa intermuscularia brachii uln. et rad. begrenzt. Proximalwärts geht der Raum der Flexorenloge in den Bindegewebsraum der Achselhöhle über; distalwärts setzt er sich in den Bindegewebsraum der Fossa cubiti fort (s. später die Besprechung der Bindegewebsräume der Hand und des Vorderarms).

Als Inhalt der Loge finden wir zunächst die Beugemuskulatur, nämlich den M. coracobrachialis, den langen und den kurzen Kopf des M. biceps und den M. brachialis. Der M. coracobrachialis entspringt mit dem kurzen Bicepskopf von dem Processus coracoides und inseriert sich an der Mitte der vorderen Fläche des Humerus. Das Caput longum m. bicipitis entspringt an der Tuberositas supraarticularis, verschmilzt mit dem Caput breve und inseriert sich an dem Tuberculum radii; der M. brachialis entspringt mit zwei, den Ansatz des M. deltoides umgreifenden Zacken von der vorderen Fläche des Humerus bis zur oberen Umschlagslinie der Kapsel des Ellbogengelenkes hinab und inseriert sich an der Tuberositas ulnae.

Durch den medialen Umfang des M. biceps und die vordere Fläche des M. brachialis wird die nach vorne und medianwärts offene Rinne des Sulcus m. bicipitis brachii uln. begrenzt, welche den Hauptweg für die aus der Achselhöhle zum Oberarm gelangenden und teilweise zum Vorderarm weiterziehenden Gebilde darstellt (A. brachialis, N. medianus, Nn. cutanei brachii und antebrachii ulnares). Dem Sulcus m. bicipitis brachii uln. entsprechend liegt am lateralen Umfange des Biceps der Sulcus m. bicipitis brachii rad., in welchem ausserhalb der Fascie die V. cephalica von der Ellbogenbeuge bis zum Trigonum deltoideopectorale verläuft.

Beim Übergange der A. axillaris auf den Oberarm an der unteren Grenze der Fossa axillaris (Sehne des M. latissimus dorsi) bilden die grossen Nervenstränge mit der Arterie und der Vene zusammen zunächst eine Fortsetzung des Nervengefässstranges der Achselhöhle, welcher sich weiterhin in den Sulcus m. bicipitis brachii ulnaris einlagert (Abb. 547). Lateral und vor der A. brachialis liegt hier der N. medianus, hinter der Arterie der N. radialis, medial der N. ulnaris und der N. cutaneus antebrachii ulnaris. Dieses Verhalten ändert sich schon oberhalb der Mitte des Oberarmes; wenn wir auch hier als Leitgebilde die A. brachialis verfolgen, so bleibt von den drei grossen Nervenstämmen bloss der N. medianus der Arterie treu, ändert aber seine Lage insofern, als er gegen die Mitte des Oberarmes hin vor die Arterie tritt, indem er dieselbe kreuzt, so dass er an der distalen Grenze des Oberarmes (2 cm oberhalb der Epicondylenlinie) medial von der Arterie angetroffen wird. Der N. radialis und der N. ulnaris weichen von der Verlaufsrichtung der Arterie ab. Der N. radialis tritt, indem er das Septum intermusculare brachii ulnare durchbohrt, in die

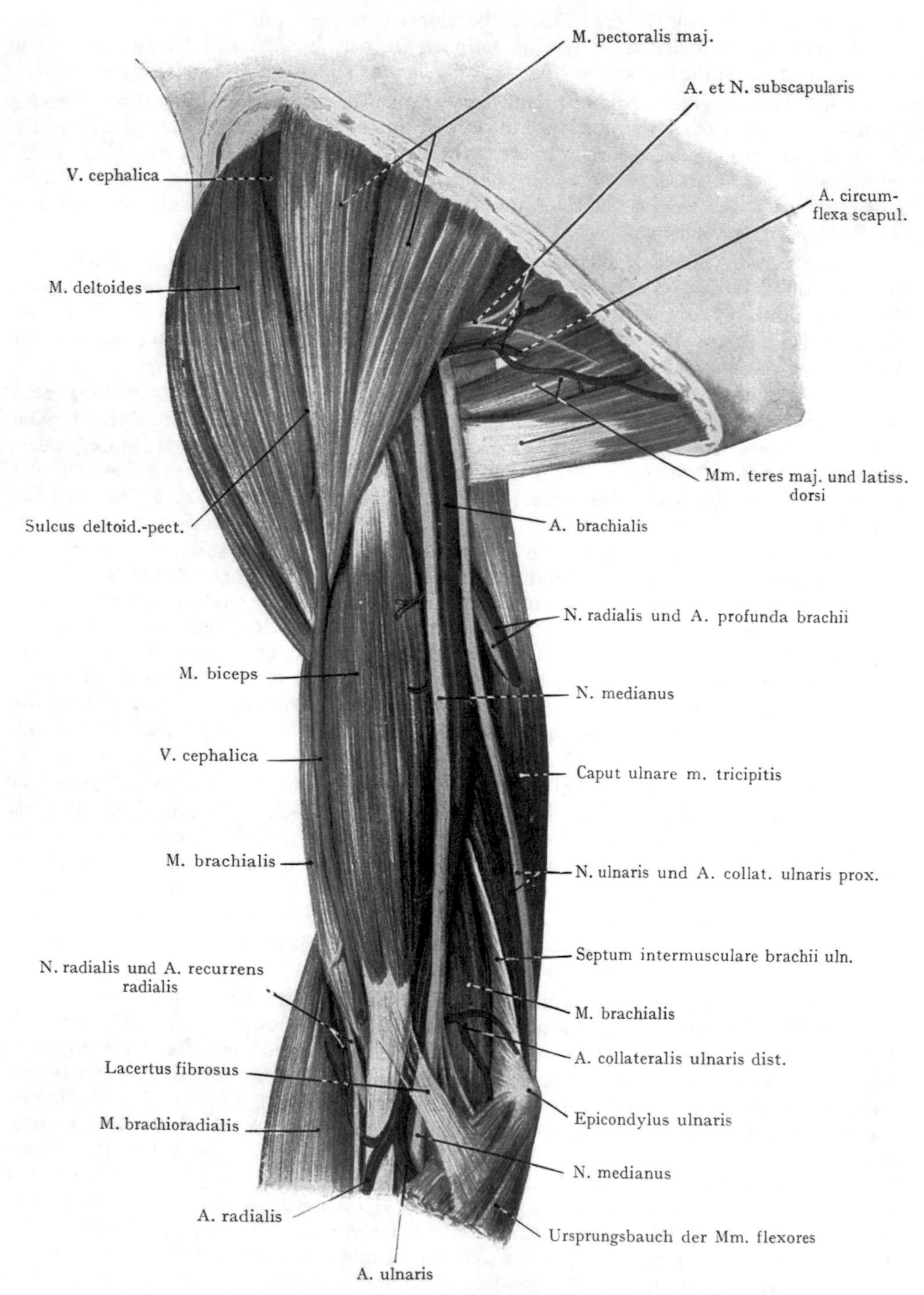

Abb. 547. A. brachialis und tiefe Gebilde der Beugerloge des Oberarmes.

Streckerloge ein und gelangt zwischen dem Caput ulnare und longum des M. triceps in der sog. Tricepstasche zum Sulcus n. radialis humeri, um, dem Knochen unmittelbar angeschlossen, den hinteren Umfang des Humerusschaftes zu umziehen (s. Verlauf des N. radialis und Abb. 549). Der N. ulnaris verlässt die Arterie etwa in der Mitte des Oberarmes, indem er die Richtung gegen den hinteren Umfang des Epicondylus ulnaris einschlägt, das Septum intermusculare brachii uln. durchbohrt und sich in der Ellbogengegend zwischen dem Epicondylus ulnaris und dem Olecranon in den Sulcus n. ulnaris einlagert (Abb. 549). Der Verlauf und die Verzweigung der Hautnerven (Nn. cutaneus brachii und antebrachii ulnares) sind bei der Besprechung der oberflächlichen Gebilde hervorgehoben worden.

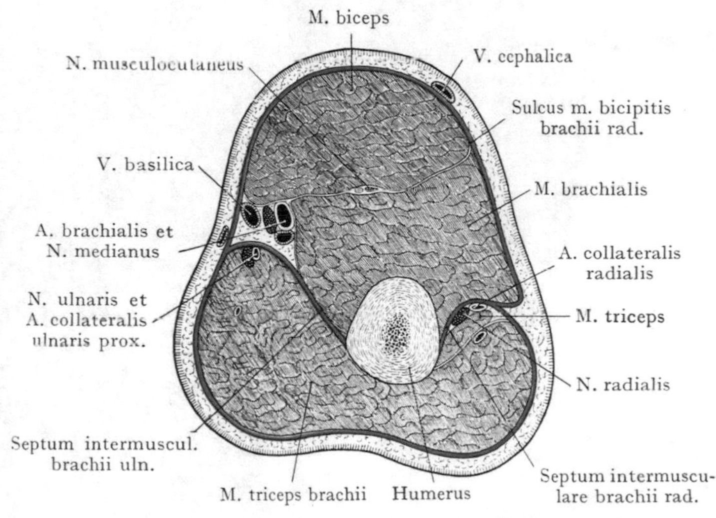

Abb. 548. Querschnitt durch den Oberarm.
Fascie und Septum intermusculare brachii grün.

A. brachialis und ihre Äste mit den Vv. brachiales.

Der Verlauf der Arterie wird durch eine Linie angegeben, welche den medialen Umfang des M. coracobrachialis mit der Mitte der Fossa cubiti verbindet. In der ersten Strecke ihres Verlaufes liegt sie dem M. coracobrachialis medial an, weiterhin verläuft sie im Sulcus m. bicipitis brachii uln.

Der Arterie schliessen sich zwei Vv. comitantes an (Vv. brachiales), welche zahlreiche Verbindungen untereinander eingehen. Diese Gefässe sind von einer gemeinsamen Gefässscheide umgeben, innerhalb welcher auch die tiefen Lymphstämme zur Achselhöhle verlaufen.

Die Äste der A. brachialis gehen einerseits direkt zu den Muskeln (Rami musculares zu den Mm. biceps, coracobrachialis und brachialis), andererseits besitzen sie eine besondere Bedeutung für die Herstellung eines Kollateralkreislaufes bei Unterbindung der A. brachialis oder der A. ulnaris oder radialis in der Fossa cubiti (s. die Besprechung des Kollateralkreislaufes und das Schema Abb. 555). Von solchen Ästen finden wir am Oberarme mindestens drei: die A. collateralis radialis und die Aa. collaterales ulnares proximalis und distalis. Die A. collateralis radialis kommt aus der A. profunda brachii, welche in der Regel gleich unterhalb der Sehne des M. latissimus dorsi aus der ersten Strecke der A. brachialis entspringt und sich dem N. radialis anschliesst, um mit demselben im Sulcus n. radialis um den Humerusschaft zu verlaufen, indem sie Äste an die Strecker abgibt und mit der A. recurrens aus der A. radialis anastomosiert. Von den Aa. collaterales ulnares ist die obere gewöhnlich stärker und begleitet den N. ulnaris in seinem Verlaufe zum hinteren Umfange des Epicondylus ulnaris, wo sie sich mit der A. recurrens ulnaris aus der A. ulnaris verbindet. Die A. collateralis ulnaris dist. ist in erster Linie ein Muskelast zum M. brachialis (Abb. 547) und verbindet sich vor dem Epicondylus ulnaris mit dem Ramus vol. der A. recurrens ulnaris.

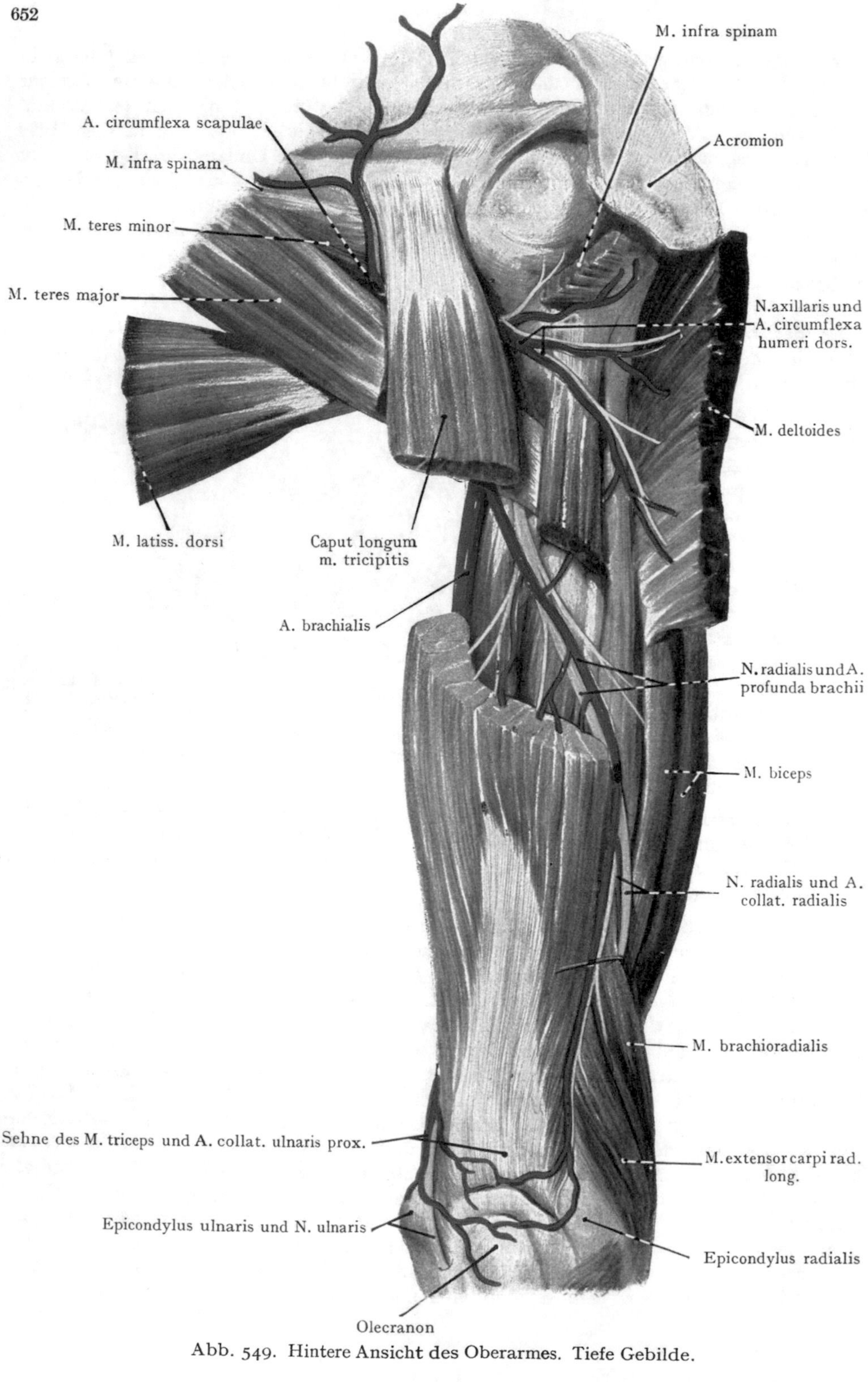

Abb. 549. Hintere Ansicht des Oberarmes. Tiefe Gebilde.

Die Lage der grossen Nervenstämme zur A. brachialis ist oben erwähnt worden; hier sei nochmals auf die Beziehungen zum N. medianus hingewiesen, welche bei der Aufsuchung der Arterie in jeder Höhe berücksichtigt werden müssen.

Anomalien des Stammes der A. brachialis. Die hohe Teilung der A. brachialis in die Aa. ulnaris und radialis kommt relativ häufig vor und verknüpft sich fast ausnahmslos mit bestimmten Änderungen in der Lage des N. medianus zur Arterie.

Die Teilung der Hauptarterie des Armes in eine A. radialis und ulnaris kann in jeder Höhe, von der Achselhöhle angefangen, bis zur Ellbogenbeuge erfolgen. In der Regel verläuft eine der beiden aus der Teilung hervorgegangenen Arterien oberflächlich, d. h. vor, die andere hinter dem N. medianus. Die tiefgelegene Arterie besitzt sodann dieselben Beziehungen zum N. medianus wie die A. brachialis und ist in vielen Fällen stärker als der oberflächliche Stamm, doch schwankt die relative Ausbildung der beiden Stämme ebenso wie die Höhe ihres Ursprunges. Wenn wir von der morphologischen Bedeutung dieser Verhältnisse absehen, so liegt ihre Wichtigkeit für den Praktiker darin, dass er in allen jenen Fällen, wo er bei der Aufsuchung der Arterie einen stärkeren Stamm oberflächlich zum N. medianus antrifft, noch ein zweites, tieferliegendes Gefäss zu erwarten hat. Eine solche Anomalie ist in Abb. 540 zur Darstellung gebracht.

An der distalen Grenze des Oberarmes greift nicht selten der Ursprung des M. pronator teres auf den Humerusschaft über, um sich an einem hakenförmig gebogenen Processus supracondylicus etwa 5—6 cm oberhalb des Epicondylus ulnaris anzusetzen. Diese obere Ursprungsportion des M. pronator teres bedeckt regelmässig den N. medianus, manchmal auch die A. brachialis; der Nerv liegt immer radial von dem Proc. supracondylicus.

Extensorenseite des Oberarmes (Streckmuskelloge). Muskulatur. Wenn wir von dem Ansatze des M. deltoides an der Tuberositas deltoidea absehen, so haben wir als Hauptinhalt der hinteren oder Streckerloge des Oberarmes den M. triceps brachii. Das Caput longum des Triceps entspringt an der Tuberositas infraarticularis und trennt die mediale von der lateralen Achsellücke. Das Caput radiale entspringt am lateralen Umfange des Humerusschaftes distal von der Crista tuberculi majoris humeri sowie von dem Septum intermusculare brachii rad., das Caput ulnare von dem medialen Umfange des Humerusschaftes distal von der Crista tuberculi minoris, von dem distalen Rande des Sulcus n. radialis sowie von dem Septum intermusculare brachii ulnare. Die Endsehne inseriert sich am Olecranon.

In den Bereich des Oberarmes fällt noch der Ursprung des M. brachioradialis und der beiden Mm. extensores carpi radiales von der lateralen Kante des Humerus.

Die Gefässe und Nerven (N. radialis, N. ulnaris und A. profunda brachii) gelangen aus der Beugerloge in die Streckerloge (Abb. 549). Für den N. radialis und die ihn begleitende A. profunda brachii ist der enge Anschluss an den Humerus im Sulcus n. radialis charakteristisch, für den Stamm des N. ulnaris die mehr oberflächliche Lage hinter dem Septum intermusculare brachii ulnare.

Der N. radialis verlässt gleich unterhalb der Sehne des M. latissimus dorsi den hinteren Umfang der A. brachialis, um zwischen dem Caput longum und dem Caput ulnare des M. triceps, in der sog. Tricepstasche, den Schaft des Humerus zu erreichen. Die A. profunda brachii schliesst sich dem Nerven an. Beide Gebilde geben Äste an den M. triceps ab und gelangen im Sulcus n. radialis unmittelbar dem Humerus anliegend und von dem Muskel bedeckt, von dem ulnaren an den radialen Umfang des Humerusschaftes. Etwa 4—5 cm proximal von dem Epicondylus radialis tritt der Nerv mit der Arterie durch das Septum intermusculare brachii radiale, und beide liegen dann weiterhin zwischen dem Ursprungsbauche des M. brachioradialis und dem M. brachialis, wo sie in den Bereich der Ellbogengegend fallen (siehe die Topographie der Fossa cubiti).

Der N. radialis gibt ausser den Ästen zum M. triceps noch die beiden Nn. cutanei brachii dorsalis und antebrachii dorsalis ab, von welchen der letztere die Haut der Streckseite des Vorderarmes versorgt. Derselbe ist in Abb. 549 dargestellt. Der Stamm der A. profunda brachii anastomosiert mit der A. recurrens radialis aus der A. radialis.

Der N. ulnaris liegt am distalen Drittel des Oberarmes in der Streckmuskelloge, unmittelbar dem Septum intermusculare brachii ulnare angeschlossen, in Gesellschaft der A. collateralis ulnaris proximalis, mit welcher der Ramus dors. der A. recurrens ulnaris aus der A. ulnaris anastomosiert.

Aufsuchung der Arterien und Nerven am Oberarme. In der Regel kann man die Pulsationen der A. brachialis in der ganzen Ausdehnung des Sulcus m. bicipitis brachii ulnaris durchfühlen und so die Richtung des Schnittes bei der Aufsuchung der Arterie bestimmen.

In Abb. 596 ist ein Fensterschnitt in der Mitte des Oberarmes dargestellt. Zur Aufsuchung der Arterie wird auf den N. medianus, welchen man oft in der ganzen Ausdehnung des Sulcus m. bicipitis brachii ulnaris bei abduziertem Arme fühlen kann, eingeschnitten, indem man die Haut, das subkutane Fettgewebe und die Fascie durchtrennt. Der N. medianus liegt in der Mitte des Oberarmes vor der A. brachialis, er wird medianwärts abgezogen, sodann ist die Arterie zu sehen mit den beiden Vv. brachiales, von denen die mediale in Abb. 596 die stärkere ist. Der N. ulnaris ist schon in dieser Höhe medianwärts von der Arterie abgewichen, jedoch innerhalb des Fensterschnittes gerade noch sichtbar.

Querschnitt durch den Oberarm (Abb. 548). Der Schnitt ist etwas unterhalb der Mitte des Oberarmes durchgeführt. Die Fascia brachii überzieht sämtliche Muskeln und inseriert sich als Septum intermusculare brachii ulnare und radiale an den seitlichen Kanten des Humerus. In der Beugerloge finden wir den Querschnitt des M. brachialis und des M. biceps, in der Streckerloge den M. triceps, am lateralen Umfange des Humerusquerschnittes, vor dem Septum intermusculare brachii radiale, den Querschnitt des M. brachioradialis.

Oberflächlich zur Fascie liegt, etwa entsprechend dem Sulcus m. bicipitis brachii radialis (hier kaum angedeutet) die V. cephalica, am medialen Umfange des Querschnittes die beiden Äste des N. cutaneus antebrachii ulnaris. Der Sulcus m. bicipitis brachii ulnaris wird in dieser Höhe durch den M. biceps vorne, den M. brachialis lateral, das Septum intermusculare brachii ulnare hinten und die Fascia brachii oberflächlich gebildet. In demselben liegt oberflächlich eine V. brachialis, dann folgt der N. medianus, welcher die Arterie bedeckt und im Anschluss an die letztere eine zweite V. brachialis (V. comitans). Der N. ulnaris liegt hier bereits mit der A. collateralis ulnaris proximalis hinter dem Septum intermusculare brachii ulnare in der Streckerloge; der N. radialis hat den hinteren Umfang des Humerus umzogen und wird mit der A. collateralis radialis in der Furche zwischen dem M. brachialis und dem M. brachioradialis, also vor dem Septum intermusculare brachii radiale, angetroffen.

Regio cubiti (Ellbogengegend).

Die obere Grenze der Regio cubiti wird drei Finger breit proximal von der Epicondylenlinie, die untere Grenze drei Finger breit distal von derselben angenommen. Eine andere Abgrenzung der Gegend geht von der Querfalte auf der Beugeseite der Gegend (Plica cubiti) aus, die obere Grenze der Region wird dann drei Finger breit proximal, die untere Grenze drei Finger breit distal von dieser Falte angegeben.

Palpation und Inspektion der Regio cubiti. Das Relief der Regio cubiti wird bestimmt: erstens durch die im Ellbogengelenk zusammenstossenden Knochenenden (distales Ende des Humerus, proximale Enden von Radius und Ulna), zweitens durch die Muskeln, welche diese Knochen sowie die Gelenkkapsel überlagern. Die Verbreiterung des Armes in der Ellbogengegend, verglichen mit dem Oberarme, ist darauf zurückzuführen, dass erstens der Humerus sich gegen die Verbindungslinie der Epicondylen bedeutend verbreitert, und zweitens die Flexoren des Vorderarmes am medialen, die Extensoren am radialen Epicondylus ihren Ursprung nehmen und so

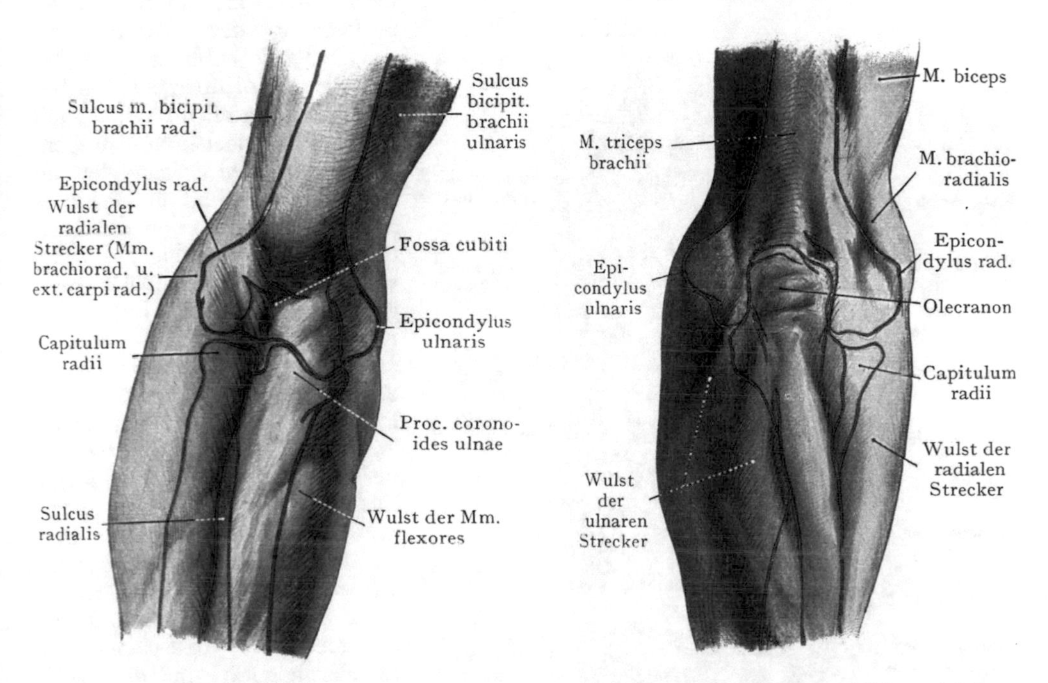

Abb. 550. Beziehungen zwischen den Knochen und der äusseren Form in der Regio cubiti volaris.

Abb. 551. Ansicht der Regio cubiti von hinten. Die Umrisse der Skeletteile sind rot gezeichnet.

zwei Muskelmassen bilden, welche die Verschmächtigung der Beuger am Oberarm gegen ihre Insertion hin mehr als aufwiegen.

Bei der Inspektion (Abb. 550 und 551) finden wir also einen radialen und einen ulnaren in der Höhe der Epicondylen beginnenden Muskelwulst, zu denen sich in der Ansicht von vorne noch als dritter Wulst die distale Partie des M. biceps hinzugesellt. Bei der Abnahme der letzteren vereinigen sich die Sulci m. bicipitis brachii ulnaris und radialis in einer Vertiefung, der Fossa cubiti, an deren Begrenzung der Flexoren- und Extensorenwulst des Vorderarmes teilnehmen. Als Fortsetzung der Fossa cubiti zieht sich an der Flexorenseite des Vorderarmes eine seichte Furche (Sulcus radialis) distalwärts zwischen den Beugern und der lateralen Gruppe der Strecker.

Die Knochen sind auf der Beugerseite der Regio cubiti derart von Muskulatur überlagert, dass es nur bei hochgradiger Abmagerung und Muskelschwund gelingt, das Radiusköpfchen oder den Processus coronoides ulnae von vorne her zu palpieren (Abb. 550). Beim Umgreifen von der Seite her sind jedoch beide Epicondylen zu fühlen sowie, bei abwechselnder Supination und Pronation, das rotierende Köpfchen des Radius.

Bei der Ansicht von hinten bildet das Olecranon (Abb. 551) einen Vorsprung, welcher sich sowohl bei Streckung als bei Beugung palpieren und distalwärts in seinem Übergang auf die hintere Kante der Ulna verfolgen lässt. Auf beiden Seiten der Sehne des M. triceps brachii und des Olecranon lässt sich ein Teil der hinteren Fläche der Epicondyli humeri abtasten, medial bisweilen der N. ulnaris, der hier unmittelbar dem Knochen anliegt.

Regio cubiti volaris. Fascie und oberflächliche Gebilde. Die Fascie bildet im Bereiche der Regio cubiti volaris eine recht derbe, zum Teil aponeurotische Membran, welche als eine kontinuierliche Fortsetzung der Oberarmfascie auf die Regio cubiti und die Regio antibrachii übergeht. Sie befestigt sich an allen oberflächlich gelegenen Knochenvorsprüngen, so an den beiden Epicondylen, an dem Olecranon und an der hinteren Kante der Ulna und erhält andererseits Verstärkungen, welche von diesen Knochenteilen ausgehen, sich mit den Zügen der Fascie verweben und teilweise auch als Ursprungssehnen für die oberflächlichen Schichten der Beuge- und Streckmuskulatur des Vorderarmes dienen. Eine weitere Verstärkung wird in der Regio cubiti volaris durch den Lacertus fibrosus des M. biceps dargestellt, welcher sich von der Bicepssehne loslöst, um, ulnarwärts die A. brachialis und den N. medianus bedeckend, in die Fascia cubiti und die Fascia antibrachii überzugehen.

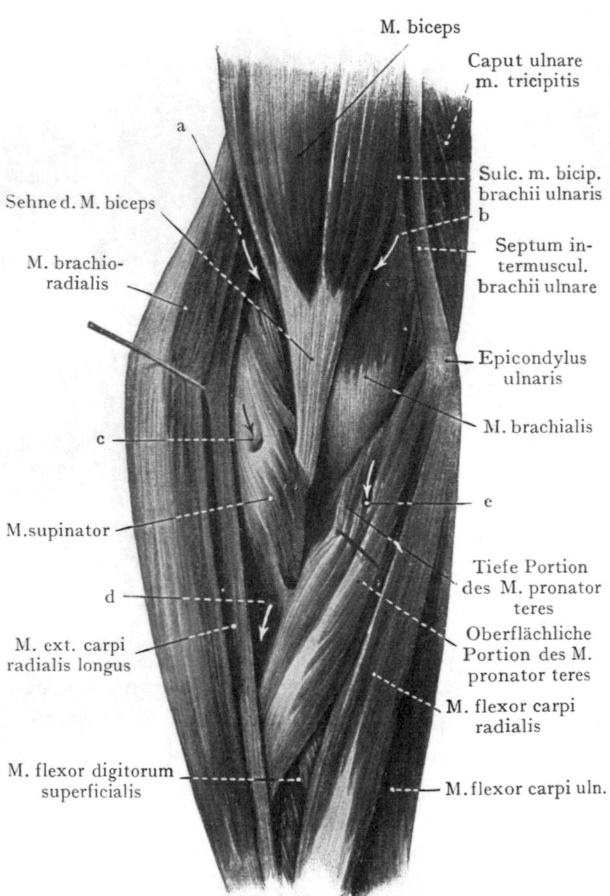

Abb. 552. Muskeln der Regio cubiti, zum Teil auseinandergezogen.

a Sulcus m. bicipitis brachii rad. b Sulcus m. bicipitis brachii ulnaris. c Öffnung im M. supinator zum Durchtritt des Ram. prof. n. radialis. d Sulcus radialis. e Öffnung zwischen den beiden Portionen des M. pronator teres zum Durchtritt des N. medianus.

Von oberflächlichen Gebilden haben wir in der Fossa cubiti die Hautvenen und Nerven (Abb. 545). Die ersteren sind bei dünnen Hautdecken häufig leicht zu erkennen, besonders wenn proximal von der Gegend der Oberarm leicht umschnürt wird. Wir finden in der Mehrzahl der Fälle (Varianten sind häufig) drei grössere Hautvenenstämme, von denen die V. basilica sich am medialen Umfange des Vorderarmes und von der Haut der Vola manus sammelt, die V. cephalica von der Beugefläche des Vorderarmes und dem Dorsum manus und die V. mediana antebrachii von dem vorderen Umfang des Vorderarmes. Die klassische Schilderung (sie trifft bei $^1/_2$—$^2/_3$ der Fälle zu; Treves) lässt aus der V. mediana cubiti zwei Stämme hervorgehen, von denen der ulnare (V. mediana basilica) sich mit der V. basilica verbindet und dabei auf dem Lacertus fibrosus liegt, indem er die A. brachialis bedeckt. Die V. mediana basilica wird zum Aderlass aufgesucht; man muss dabei die unter dem Lacertus fibrosus verlaufende A. brachialis vermeiden, ebenso den N. cutaneus antebrachii ulnaris, welcher manchmal vor der Vene verläuft und den N. cutaneus antebrachii radialis aus dem N. musculocutaneus, welcher lateral von der Bicepssehne und dem Lacertus fibrosus angetroffen wird. Von der Regio cubiti vol. aus verläuft die V. cephalica im Sulcus m. bicipitis brachii rad., die V. basilica im Sulcus m. bicipitis brachii uln. proximalwärts. Die eine oder die andere der oberflächlichen Venen (häufig die V. mediana) verbindet sich mit den subfascialen (tiefen) Venen, welche die Aa. ulnaris und radialis begleiten.

Mit den Venen verlaufen die oberflächlichen Lymphgefässe, die sich medial vom Bicepsbauche in besonders zahlreichen Stämmen zu den Achselhöhlenlymphdrüsen begeben. Ein bis zwei Finger breit oberhalb des Epicondylus ulnaris lassen sich zwei bis drei kleine Lymphdrüsen, die Lymphonodi cubitales superficiales nachweisen, welche vor dem Septum intermusculare brachii ulnare liegen; dieselben können sowohl bei Entzündungen im Bereiche des zweiten und dritten Abschnittes der Extremität als auch bei Allgemeininfektionen des Körpers anschwellen und sind in solchen Fällen zu palpieren.

Nerven: Der N. cutaneus antebrachii ulnaris tritt mit der V. basilica durch die Fascie und versorgt mit seinen beiden Ästen die Haut der Fossa cubiti sowie der vorderen und ulnaren Fläche des Vorderarmes. Dazu kommt der N. cutaneus antebrachii radialis, welcher als Endast des N. musculocutaneus lateral von der Sehne des M. biceps die Fascie durchbohrt und teils zur Haut der Regio cubiti, teils zum lateralen Umfange des Vorderarmes geht.

Muskeln und tiefe Gebilde der Ellbogenbeuge. Nach Wegnahme der Fascie stellen sich die tiefliegenden Gebilde dar. Die Muskeln (Abb. 552) entsprechen in ihrer grossen Masse dem äusseren Relief der Gegend; wir haben im wesentlichen einen vom Oberarm distalwärts ziehenden, aus dem M. biceps und dem M. brachialis bestehenden Wulst, welcher sich zwischen die einerseits am Epicondylus ulnaris, andererseits am Epicondylus radialis und der lateralen Kante des Humerusschaftes entspringenden Bäuche der Beuger und der lateralen Strecker des Vorderarmes einschiebt. Die Sehnen des M. biceps und des M. brachialis gehen in die Tiefe zu ihren Insertionen, der M. biceps an das Tuberculum radii, der M. brachialis an die Tuberositas ulnae. Der laterale Muskelwulst (radiale Strecker) wird zusammengesetzt aus dem M. brachioradialis, dessen Ursprung auf das untere Drittel der lateralen Humeruskante übergeht, und den Mm. extensores carpi radiales longus und brevis, die teils von der radialen Humeruskante, teils von dem Epicondylus radialis entspringen und von dem M. brachioradialis bedeckt, distalwärts verlaufen.

Von dem Epicondylus ulnaris entspringen als oberflächliche Schicht die Mm. pronator teres, flexor carpi radialis, palmaris longus und flexor carpi ulnaris, als tiefe Schicht der M. flexor digitorum superficialis.

Die Begrenzung des Raumes der Fossa cubiti wird in vollem Umfange erst dann sichtbar, wenn man den medialen und den lateralen Muskelwulst voneinander abzieht. Erst auf diese Weise wird es auch möglich, die Gefässe und Nerven, welche innerhalb der Fossa cubiti verlaufen, zur Ansicht zu bringen (Abb. 553). Hier sehen wir die Sehne des M. biceps zum Tuberculum radii, den M. brachialis zur Tuberositas ulnae ziehen. Sie bilden zum Teil den Boden der Fossa cubiti; zu ihnen gesellt sich der M. supinator, welcher von dem oberen Teile der lateralen Kante der Ulna und dem Lig. anulare radii entspringt und sich an der vorderen und medialen Fläche des Radius inseriert. Eine sehnig umrandete Öffnung (c) dient dem um den lateralen Umfang des Radius zur Streckmuskulatur verlaufenden Ramus profundus n. radialis zum Eintritte. Durch die oberflächliche und die tiefe Ursprungsportion des M. pronator teres (Caput humerale und Caput ulnare) wird eine weitere Öffnung begrenzt (e), durch welche der N. medianus zwischen die oberflächliche und die mittlere Schicht der Beugemuskulatur des Vorderarmes gelangt. Die medianwärts abgezogenen Beuger bilden die mediale, die lateralwärts abgezogenen Ursprungsbäuche der lateralen Strecker (M. brachioradialis und die beiden Mm. extensores carpi radiales) die laterale Wandung der Fossa cubiti. Von dem Oberarm führen lateral vom Bicepsbauche der Sulcus m. bicipitis brachii rad. (a), medial vom Bicepsbauche der Sulcus m. bicipitis brachii uln. (b) in die Fossa

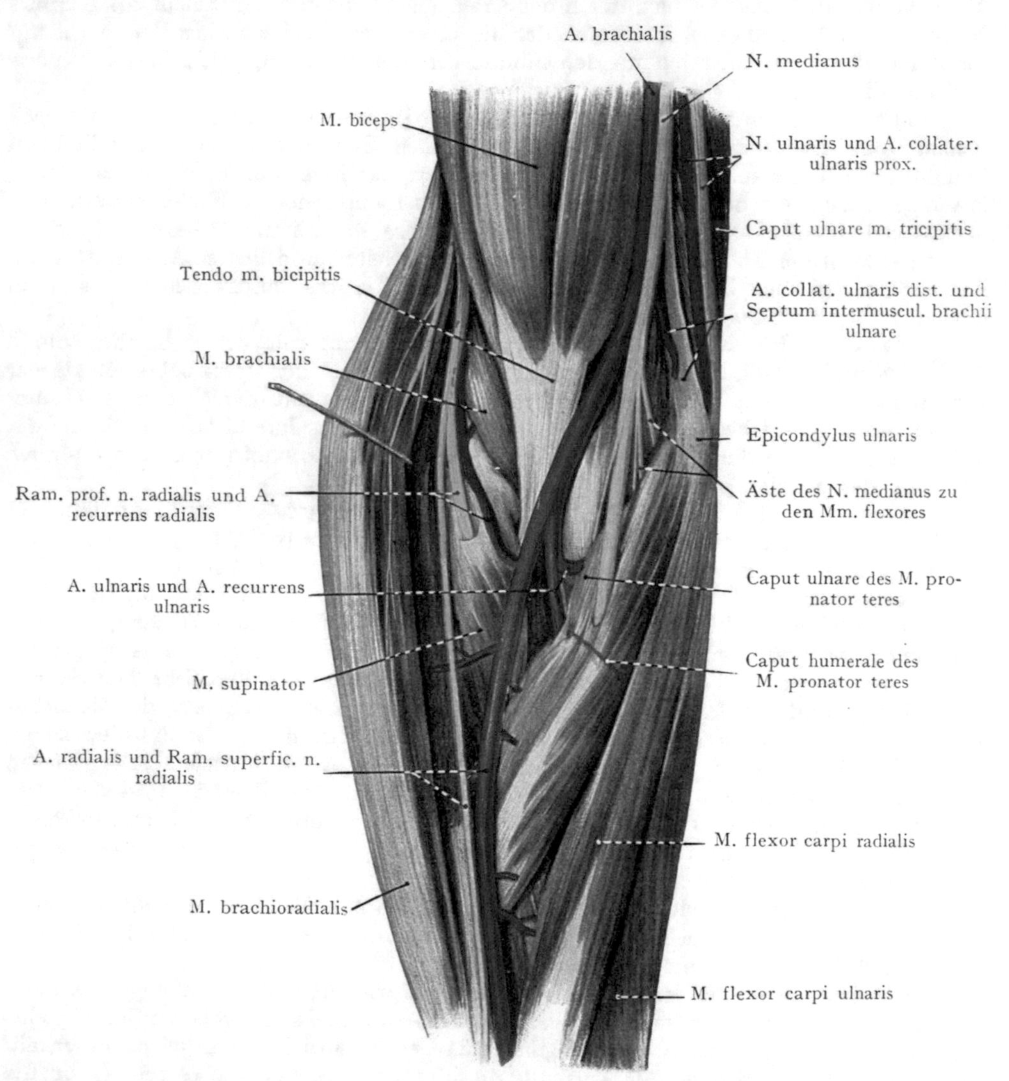

Abb. 553. Topographie der Fossa cubiti.
Der Boden der Fossa cubiti ist durch Abziehen der Beuge- und Streckmuskulatur zur Ansicht gebracht.

cubiti. Auf die Flexorenseite der Regio antebrachii geht, als direkte Fortsetzung der Fossa cubiti, eine Furche, welche radial von dem M. brachioradialis, ulnar von den M. pronator teres begrenzt wird (Sulcus radialis); endlich führt aus der Tiefe der Fossa cubiti unter dem Caput ulnare des M. pronator teres eine Öffnung, die in Abb. 552 nicht bezeichnet ist. Sie dient der A. ulnaris zum Austritt aus der Fossa cubiti (Canalis ulnaris) und geht ulnar- und distalwärts in den durch die Mm. flexor carpi ulnaris und flex. digit. superficialis begrenzten Sulcus ulnaris über, welcher die A. ulnaris und den N. ulnaris bis zur Höhe des Handgelenkes aufnimmt.

Die Fossa cubiti als Bindegewebsform. Man kann die Fossa cubiti als einen grossen Bindegewebsraum auffassen, in welchen man von oben durch den Sulcus m. bicipitis brachii ulnaris gelangt; hier steht das Bindegewebe der Fossa cubiti mit dem lockeren Bindegewebe im Zusammenhang, welches in dem Sulcus m. bicipitis brachii ulnaris die A. brachialis, die Vv. brachiales und den N. medianus umgibt. Oberflächlich wird der Raum von der Fascia cubiti abgeschlossen, distalwärts steht er längs der A. radialis mit dem Sulcus radialis und durch den Canalis ulnaris mit dem Bindegewebe zwischen der mittleren und tiefen Schicht der Vorderarmbeuger im Zusammenhang. Die Ursprungsbäuche der Beuger einerseits, der Mm. brachioradialis und extensores carpi radiales longus und brevis andererseits sind durch die Fascie umscheidet und können als besondere Bindegewebsräume unterschieden werden (Abb. 592).

Gefässe, Nerven und Venen der Fossa cubiti (Abb. 553). Die Gefässe und Nerven der Fossa cubiti kommen teils aus dem Sulcus m. bicipitis brachii ulnaris, so die A. und V. brachialis mit dem N. medianus, teils aus der Streckerloge des Oberarmes, so der N. radialis und die A. collateralis radialis, welche den Spalt zwischen dem M. brachioradialis und dem M. brachialis zum Eintritt in den Bindegewebsraum der Fossa cubiti benutzen.

Von den Gebilden, welche im Nervengefässstrang aus der Fossa axillaris in der Sulcus m. bicipitis brachii ulnaris eintreten, geht bloss die A. brachialis mit ihren Begleitvenen und dem N. medianus aus dem Sulcus m. bicipitis brachii ulnaris in die Regio cubiti volaris weiter (Abb. 547). Dieselben liegen an der proximalen Grenze der Regio cubiti in der Weise, dass wir am weitesten lateral die A. brachialis, sodann eine Begleitvene, dann medial von der letzteren den N. medianus antreffen, welcher schon in der Höhe des Epicondylus ulnaris Äste zu den Beugern abgibt; Arterie, Vene und Nerv werden weiter distal von dem Lacertus fibrosus des M. biceps bedeckt.

Die Arterie teilt sich meist dort, wo der Lacertus fibrosus über sie wegzieht, in die Aa. radialis und ulnaris. Die erstere, welche sowohl in der Fossa cubiti als auch am Vorderarme oberflächlich angetroffen wird, verläuft schräg radialwärts, kreuzt die in die Tiefe zum Tuberculum radii gelangende Bicepssehne und geht in dem von den Mm. pronator teres und brachioradialis gebildeten Sulcus radialis zum Vorderarme weiter. Die A. ulnaris wendet sich ulnarwärts und in die Tiefe, um unter dem Caput ulnare des M. pronator teres (Abb. 553) in den Canalis ulnaris einzutreten und zwischen der mittleren und tiefen Schicht der Beuger schräg ulnar- und distalwärts den Sulcus ulnaris des Vorderarmes zu erreichen, wo sie mit dem N. ulnaris zusammentrifft (Abb. 563).

Die Arterien und ihre Verzweigungen werden von je zwei Vv. comitantes begleitet, welche zahlreiche Verbindungen untereinander besitzen und mit der betreffenden Arterie in einer gemeinsamen Gefässscheide eingeschlossen sind.

Äste der Arterien innerhalb der Fossa cubiti. Neben Muskelästen zum M. brachioradialis und zu den Mm. extensores carpi radiales longus und brevis gibt die A. radialis die A. recurrens radialis ab, welche sich im Spalte zwischen den lateralen Streckern einerseits und dem M. brachialis andererseits, dem N. radialis anschliesst und mit dem Endaste der A. collateralis radialis aus der A. profunda brachii anastomosiert (Abb. 553).

Die A. ulnaris gibt bald nach ihrem Ursprunge die A. interossea communis ab, ferner die A. recurrens ulnaris, welche mit ihrem R. volaris und dorsalis vor und hinter dem Epicondylus ulnaris mit den Endästen der Aa. collaterales ulnares prox. und dist. anastomosiert. Häufig kommen die letztgenannten Arterien aus einem gemeinsamen Stamme. Die A. interossea communis geht erst distal vom Gefässeintritte in den Canalis ulnaris ab, fällt also hier ausser Betracht (Abb. 564). Bloss die A. interossea recurrens, welche in das Rete cubiti eingeht, hat im Bereiche der hinteren Ellbogengegend Bedeutung für das Zustandekommen des Kollateralkreislaufes.

Von **Nerven** finden sich in der Fossa cubiti die Stämme sowie Äste des N. medianus und des N. radialis. Der erstere gelangt medial von der A. brachialis in die Fossa cubiti und gibt schon proximal vom Epicondylus ulnaris Äste zu dem Ursprungsbauche der Beuger ab, während der Stamm schräg lateral- und distalwärts verläuft, um zwischen die oberflächliche und tiefe Schicht der Beuger einzutreten. Der Stamm des N. medianus kreuzt hier die A. ulnaris, zu welcher (Abb. 553) er oberflächlich liegt; er wird nach seinem Eintritt zwischen dem Caput ulnare und dem Caput humerale des M. pronator teres durch das erstere von der A. ulnaris getrennt.

Der Stamm des N. radialis teilt sich schon auf der Höhe der Epicondylenlinie in den Ramus superficialis und profundus und beide Äste verlaufen im Spalte, welcher durch den M. brachioradialis einerseits und den M. brachialis andererseits gebildet wird, zur Fossa cubiti hinab (Abb. 553). Der Ramus superficialis liegt, wie sein Name besagt, mehr oberflächlich und schliesst sich im Sulcus radialis dem radialen Umfange der A. radialis an. Der Ram. profundus n. radialis tritt in die sehnig umrandete Öffnung im M. supinator und verläuft, von diesem Muskel umgeben, schräg um den Radiusschaft zur Streckerloge des Vorderarmes (Möglichkeit der Verletzung des Nerven an dieser Stelle bei Fraktur des oberen Radiusendes!). Die Zweige zum M. brachioradialis und zu den beiden Mm. extensores carpi radiales gehen vor der Teilung des N. radialis von dem Hauptstamme ab.

Regio cubiti dorsalis. Die Fascie und die oberflächlichen Nerven sind schon erwähnt worden (Abb. 546).

Muskeln. Die Sehne des M. triceps setzt sich am oberen Umfange des Olecranon fest. Von dem Epicondylus radialis entspringt der M. anconaeus, welcher sich an der lateralen Kante des Olecranon und der Ulna inseriert. Dazu kommen in dem Gesamtbilde der Gegend (Abb. 554) die vom Epicondylus radialis entspringenden medialen Extensoren sowie oberhalb der Epicondylenlinie die Ursprungsbäuche der lateralen Extensoren (Mm. brachioradialis und extensores carpi radiales longus und brevis). Auf der medialen Seite entspringt der M. flexor carpi ulnaris von dem Epicondylus ulnaris und dem Olecranon; zwischen beiden Ursprüngen dient eine Öffnung zum Durchtritte des N. ulnaris in die Beugermuskelloge und zum Sulcus ulnaris des Vorderarmes. Auf beiden Seiten des Olecranon und der Insertion der Sehne des M. triceps an demselben finden sich bei Streckung im Ellbogengelenke seichte Gruben, in denen die Kapsel des Ellbogengelenkes unmittelbar unter der Fascia liegt und der Palpation direkt zugänglich ist.

Gefässe und Nerven der Regio cubiti dorsalis (Abb. 554). Die Gefässe sind klein und gehen in die Bildung des Rete articulare cubiti ein, indem sie reichlich untereinander anastomosieren, so dass sie bei der Herstellung des Kollateralkreislaufes nach Unterbindung der A. brachialis in Betracht kommen. Die A. collateralis ulnaris proximalis verläuft mit dem N. ulnaris hinter dem Septum intermusculare brachii ulnare, zwischen dem Epicondylus ulnaris und dem Olecranon, medial von der Sehne des M. triceps, indem sie Äste zum Rete articulare cubiti abgibt; alsdann tritt sie mit dem Nerven zwischen die beiden Ursprungsportionen des M. flexor carpi ulnaris und anastomosiert mit dem hinteren Aste der A. recurrens ulnaris. Zweitens haben wir kleine Äste der A. collateralis radialis, welche mit dem N. cutaneus antebrachii dors. (e n. radiali) lateral von der Sehne des M. triceps verlaufen und teils in das Rete articulare cubiti eingehen, teils mit hinteren Ästen der A. recurrens radialis anastomosieren. Zur Bildung des Rete cubiti trägt endlich noch die A. recurrens interossea bei, ein Ast der A. interossea dorsalis, welcher die Extensorenloge verlässt und proximalwärts zum Olecranon verläuft.

Die Lage des N. ulnaris in der Regio cubiti dorsalis (Abb. 554) ist eine recht oberflächliche, hinter dem Septum intermusculare brachii ulnare, medial von der Sehne des M. triceps, dann unmittelbar auf dem hinteren Umfange des Epicondylus ulnaris oder in der Rinne zwischen demselben und dem Olecranon. Der Nerv verläuft in Gesellschaft der A. collateralis ulnaris prox. distalwärts, um zwischen den beiden Ursprungsportionen des M. flexor carpi ulnaris in den Sulcus ulnaris des Vorderarmes zu gelangen. Er liegt in der Höhe des Olecranon direkt unter der Fascie und kann häufig bei mageren Individuen durch die Haut gefühlt und als spulrunder Strang auf dem Knochen verschoben werden; er ist auch leicht mittelst eines am medialen Rande der Tricepssehne und des Olecranon geführten Schnittes aufzufinden.

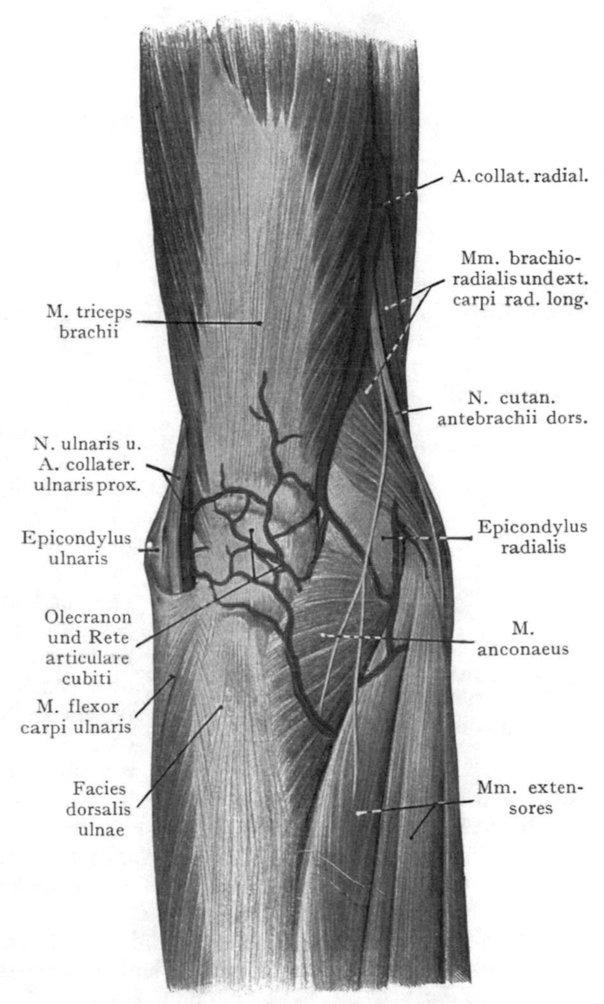

Abb. 554. Regio cubiti dorsalis.

Bildung des Kollateralkreislaufes in der Regio cubiti. Die sekundären Arterienverbindungen im Bereiche der Regio cubiti und des Oberarmes sind recht zahlreiche und können bei der Ausbildung eines Kollateralkreislaufes nach Unterbindung der A. brachialis oder der Aa. ulnaris und radialis von Bedeutung werden. Es kommen in Betracht: einerseits die A. profunda brachii mit ihren Ästen und die beiden Aa. collaterales ulnares (prox. und dist.) aus der A. brachialis, andererseits die A. recurrens ulnaris aus der A. ulnaris, die A. recurrens radialis aus der A. radialis und die A. recurrens interossea aus der A. interossea dorsalis. Die Verbindungen dieser Arterien unter sich sind ohne weitere Beschreibung aus Abb. 555 zu ersehen; ihre Zahl erklärt die leichte Ausbildung eines Kollateralkreislaufes bei Unterbindung oder Unwegsamwerden der A. brachialis, ulnaris oder radialis.

Aufsuchung von Arterien oder Nerven innerhalb der Regio cubiti. Die Aufsuchung des N. ulnaris zwischen dem Epicondylus ulnaris und dem Olecranon durch einen medial von der Sehne des M. triceps geführten Schnitt ist oben erwähnt worden.

A. brachialis (Abb. 596). Der Schnitt wird medial von der Sehne des M. biceps geführt und durchtrennt den Lacertus fibrosus. Auf dem letzteren liegt konstant ein Ast der V. mediana cubiti (V. mediana basilica). Die A. brachialis mit ihren beiden Vv. comitantes liegt unmittelbar unter dem Lacertus fibrosus, medial von der Bicepssehne. Der N. medianus liegt der Arterie medial an, gewöhnlich durch eine V. comitans von ihr getrennt.

Bei der Aufsuchung der A. brachialis in der Fossa cubiti sind gewisse, gar nicht sehr seltene Muskelanomalien im Auge zu behalten. So kann der M. pronator teres einen hohen Ursprung aufweisen (2—4 cm oberhalb des Epicondylus humeri ulnaris) und in diesem Falle wird die Arterie vollständig von dem Muskel überlagert. Wenn sich die A. brachialis, wie es der Norm entspricht, erst in der Fossa cubiti teilt, so wird der Operateur auf der Höhe der Epicondylenlinie im Sulcus m. bicipitis brachii ulnaris keine Arterie antreffen, indem sie hier von dem hohen Ursprungsbauch des M. pronator teres (Caput humerale) überlagert ist; bei hoher Teilung der Arterie wird er im Sulcus m. bicipitis brachii ulnaris eine schwache Arterie (A. radialis) antreffen; der Hauptstamm (A. ulnaris) ist von dem M. pronator teres bedeckt.

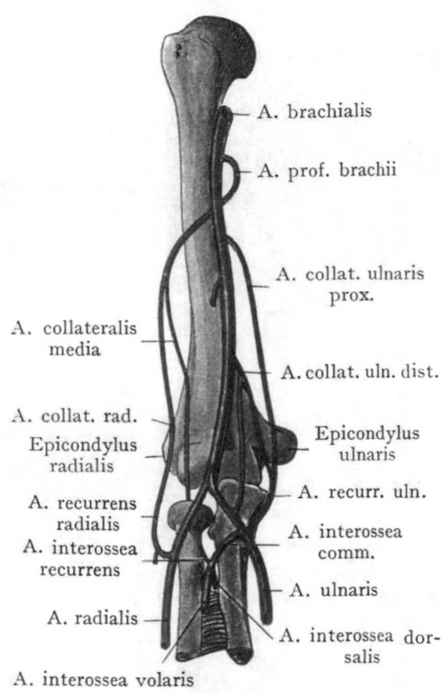

Abb. 555. Verbindungen der Arterien am Oberarme und in der Ellbogengegend. Zum Teil nach Cunningham, Practical Anatomy 1893.

Der N. medianus wird in der Höhe der Epicondylenlinie durch denselben Schnitt wie die Arterie aufgesucht.

N. radialis. Man stellt mittelst Palpation den Wulst des M. brachioradialis und der beiden Mm. extensores carpi radiales lateral von der distalen Strecke des Sulcus m. bicipitis brachii radialis fest und macht einen schräg verlaufenden Schnitt an dem medialen Umfange des Wulstes. Auf der Fascie findet man häufig die V. cephalica und den N. cutaneus antebrachii radialis aus dem N. musculocutaneus. Man dringt in den Spalt ein, der lateral durch den M. brachioradialis, medial durch den M. brachialis gebildet wird und findet hier die beiden aus dem N. radialis hervorgegangenen Äste, den Ram. superficialis und den Ram. profundus mit der A. recurrens radialis.

Topographie des Ellbogengelenkes. Durch die Palpation lassen sich folgende für die Beurteilung der Stellung der Knochenenden im Gelenke wichtige Punkte feststellen: die beiden Epicondylen und das Olecranon, dessen oberes Ende bei Streckung des Vorderarmes in der Epicondylenlinie steht; ferner lässt sich bei nicht zu starken Hautdecken diejenige Partie des Gelenkes untersuchen, welche beiderseits von dem Olecranon liegt (Abb. 551). Endlich ist unterhalb des Epicondylus radialis bei abwechselnder Pronation und Supination das Radiusköpfchen durchzufühlen.

Im Ellbogengelenke stossen Gelenkflächen zusammen, welche am distalen Ende des Humerus in dem Capitulum humeri (lateral) und der eingekerbten Trochlea (medial) geboten werden, mit den proximalen Enden von Radius und Ulna (Capitulum radii und Incisura semilunaris ulnae). Oberhalb der Gelenkflächen des distalen Humerusendes liegt vorne die Fossa coronoidea, hinten die Fossa olecrani. Das obere Ende der Ulna ist vorne zur Artikulation mit der Trochlea als Incisura semilunaris ausgehöhlt, lateral befindet sich die Incisura radialis zur Artikulation mit dem Radiusköpfchen (Articulus radioulnaris prox.). Die distale Grenze der Incisura semilunaris bildet der Proc. coronoides ulnae. Das Radiusköpfchen setzt sich mit seinem ringförmigen überknorpelten Rande scharf von dem Radiusschafte ab; das Köpfchen ist in Anpassung an das Capitulum humeri leicht ausgehöhlt.

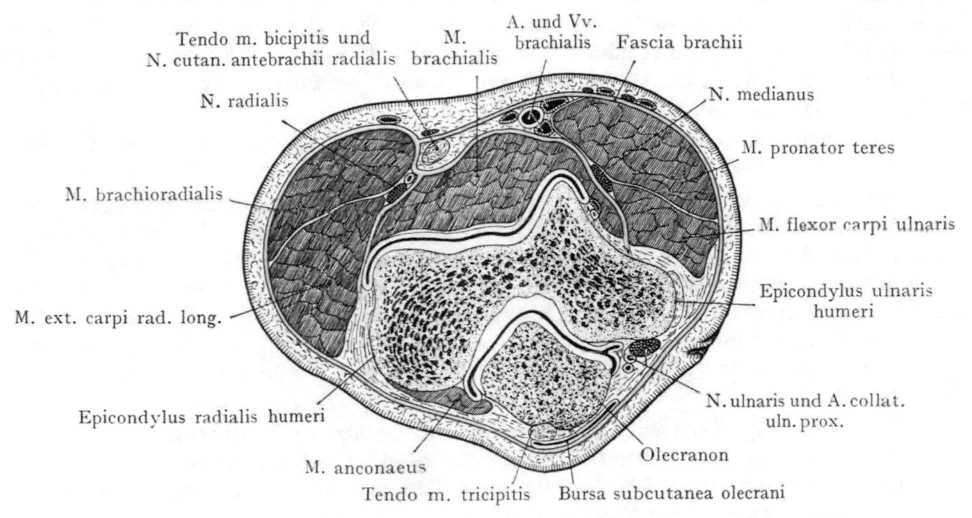

Abb. 556. Querschnitt durch die Ellbogengegend. (Höhe der Epicondylen.) Nach W. Braune, topogr.-anat. Atlas.

Die Kapsel des Gelenkes erhält durch die Ligg. collateralia eine Verstärkung. Das Lig. collaterale radiale geht von dem Epicondylus radialis zum Lig. anulare radii;

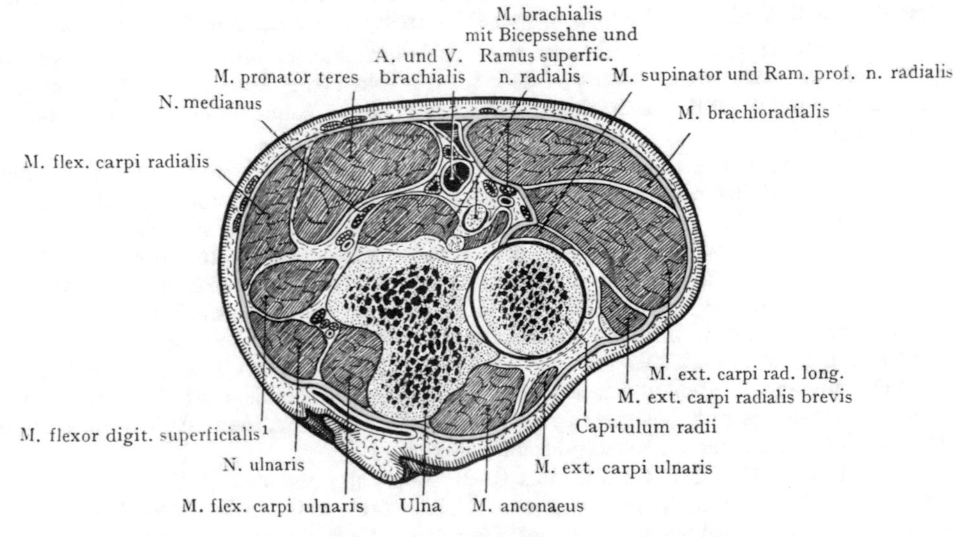

Abb. 557. Querschnitt durch die Ellbogengegend in der Höhe des Capitulum radii. Nach W. Braune, topogr.-anat. Atlas.

das Lig. collaterale ulnare strahlt vom Epicondylus ulnaris fächerförmig an eine Linie aus, die sich von dem Processus coronoides bis zum medialen Rande des Olecranon erstreckt.

[1] M. flexor digitorum sublimis.

Der Ansatz der Kapsel an die im Ellbogengelenke zusammenstossenden Knochen ist in Abb. 556 und 558 zu verfolgen. Am Humerus umzieht die Ansatzlinie die proximale Grenze der Fossa coronoidea und der Fossa olecrani; die beiden Epicondylen liegen ausserhalb der Kapsel. Distalwärts setzt sich die Kapsel an den Rand des Olecranon und der Incisura semilunaris sowie an den Processus coronoides, von welchem die Spitze noch in den Bereich der Gelenkhöhle fällt, sodann an den Hals des Radiusköpfchens distal von dem Lig. anulare radii.

Besonders schwach ist die Kapsel in ihrem hinteren Bereiche, wo sie die Fossa olecrani bedeckt und von der Sehne des M. triceps überlagert wird.

Beziehungen des Gelenkes zu Muskeln, Gefässen und Nerven. Vorne wird die Gelenkkapsel von dem M. brachialis und der Sehne des M. biceps überlagert und verstärkt; lateral finden wir die Mm. brachioradialis und extensores carpi radiales; dorsal, proximal von der Epicondylenlinie, die Sehne des M. triceps; distal von derselben den Ursprungsbauch der dorsalen Extensoren, sowie den vom Epicondylus radialis zur Facies dorsalis ulnae verlaufenden M. anconaeus. Die tieferen Schichten der Muskeln, welche die Gelenkkapsel bedecken, inserieren sich mit einigen Fasern an derselben (Kapselspanner).

Die Eröffnung des Gelenkes geschieht, mit geringster Verletzung von Muskeln, Gefässen und Nerven durch einen Schnitt an der lateralen Seite, zwischen dem M. triceps einerseits und den Ursprungsbäuchen der lateralen Strecke andererseits. Hier werden höchstens kleine Arterien verletzt.

Querschnitte durch die Regio cubiti (Abb. 556—557). Der in Abb. 556 dargestellte Schnitt ist in der Höhe der Epicondylenlinie durchgeführt. Die Knochengrundlage wird durch das verbreiterte distale Humerusende mit den beiden Epicondylen sowie dem Olecranon dargestellt. Die Fascia brachii scheidet die Muskelmassen von dem subkutanen Fett- und Bindegewebe; von oberflächlichen Gebilden liegen auf der Fascie Äste des N. cutaneus antebrachii ulnaris, des N. cutaneus antebrachii radialis und oberflächliche Venen (V. mediana basilica und V. basilica).

Die Muskelmassen, welche von der Fascie umschlossen sind, liegen den Knochenquerschnitten vorne an, während sich hinten bloss die Sehne des M. triceps am Olecranon ansetzt und durch eine spaltförmige Bursa subcutanea von der Haut getrennt wird.

Vorne wird das distale Humerusende und die Kapsel von dem Querschnitte des M. brachialis breit überlagert; die Sehne des M. biceps ist vor dem M. brachialis, unmittelbar von der Fascie bedeckt, zu sehen; lateral liegen die Querschnitte des M. brachioradialis und der Mm. extensores carpi radiales longus und brevis, medial die Querschnitte der vom Epicondylus ulnaris entspringenden Flexoren (Mm. flexor carpi radialis und pronator teres). Die A. brachialis liegt dem M. brachialis auf und ist von der Fascia brachii bedeckt; drei Venenquerschnitte schliessen sich der Arterie an. Zwischen dem M. brachialis und dem M. pronator teres wird der Schrägschnitt des N. medianus angetroffen und zwischen dem M. brachioradialis und dem M. brachialis liegt der N. radialis mit der A. recurrens radialis, ferner, hinter dem Epicondylus ulnaris, der N. ulnaris mit der A. collateralis ulnaris prox.

Abb. 557. Der Schnitt trifft das Radiusköpfchen und den Articulus radioulnaris proximalis. Die beiden Vorderarmknochen sind fast vollständig von Muskelmassen bedeckt; nur der hintere Umfang des Olecranon liegt unmittelbar unter der Fascie (auch hier findet sich eine Bursa synovialis[1]) und der laterale und hintere Umfang des Radiusköpfchens reicht fast bis an die Fascie heran; es ist dies die Stelle, an welcher man bei abwechselnder Pronation und Supination das Radiusköpfchen palpieren kann. Der volare Umfang desselben wird von dem M. supinator bedeckt; dann folgen vorne und radial die Mm. brachioradialis und extensores carpi rad. longus und

[1] Bursa mucosa.

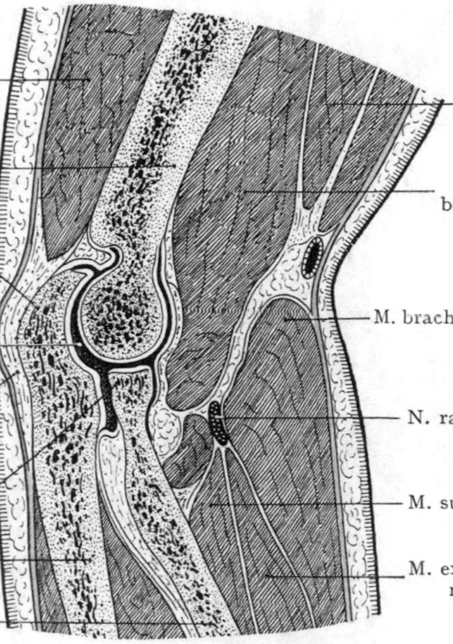

brevis, welche die laterale Begrenzung der Fossa cubiti bilden. Vor dem Radiusköpfchen und der Ulna liegen der M. brachialis und die Sehne des M. biceps, welche den Boden der Fossa cubiti herstellen, ulnar der M. pronator teres, welcher die Fossa cubiti abschliesst und auf denselben folgend, die Querschnitte der drei anderen oberflächlichen Beuger (Mm. flexor carpi radialis, palmaris longus und flexor carpi ulnaris), sowie die vom Epicondylus ulnaris entspringende Portion des M. flexor digitorum superficialis [1]. Hinten und radial sind die Querschnitte der dorsalen Extensoren in Anlagerung an die Ulna zu sehen.

Abb. 558. Längsschnitt durch das rechte Ellbogengelenk. Nach W. Braune, Atlas der topogr. Anatomie.

In der Fossa cubiti liegt die Vene oberflächlich zur Arterie, welche letztere unmittelbar proximal von ihrer Teilungsstelle getroffen ist. Der N. medianus liegt in einiger Entfernung medial von der Arterie zwischen den Mm. pronator teres und brachialis. Von den beiden durch den M. brachioradialis bedeckten Ästen des N. radialis schliesst sich der Ram. profundus dem M. supinator an, in welchem er um den Radiusschaft zur Streckseite des Vorderarmes verläuft. Der N. ulnaris ist hier mit der A. recurrens ulnaris schon in die Beugemuskelloge eingetreten und liegt am medialen Umfange der Ulna.

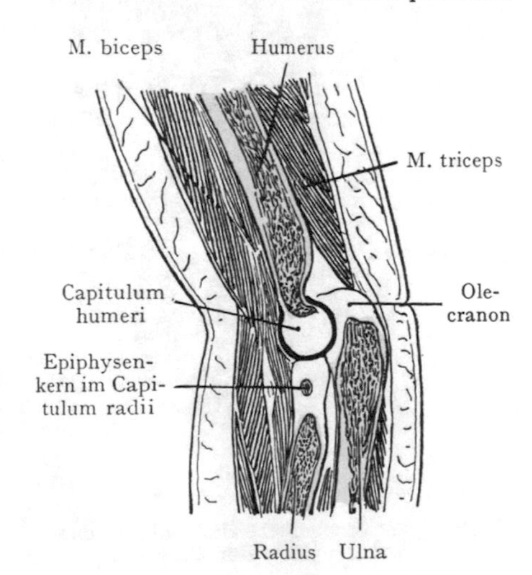

Abb. 559. Längsschnitt durch das Ellbogengelenk. 1jähriges Kind.

Längsschnitt durch die Regio cubiti

(Abb. 558 bei leichter Beugung und Pronation). Radius, Ulna und Humerus sind in der Längsrichtung durchgeschnitten. Man beachte die grösseren Muskelmassen auf der Beugeseite verglichen mit der Streckseite; der M. brachialis bedeckt den Humerus sowie einen grossen Teil der Kapsel; vor ihm liegt der M. biceps; in der unteren Partie des Schnittes sind die Mm. brachioradialis und extensores carpi radiales longus und brevis zu sehen und unmittelbar dem Radius angeschlossen der M. supinator; hinten der M. triceps, mit seiner an der Ulna sich inserierenden Sehne. Von Nerven ist nur der N. radialis getroffen im Spalte zwischen den Mm. brachioradialis und brachialis. Man beachte die oberflächliche Lage des Olecranon und der dorsalen Fläche der Ulna, sowie die Ausdehnung des Gelenkspaltes.

[1] M. flexor digitorum sublimis.

Vorderarm (Regio antebrachii).

Die Regio antebrachii reicht von der unteren Grenze der Regio cubiti (3 Finger breit distal von der Epicondylenlinie) bis zu einer Linie, welche etwa 1 cm proximal von dem Processus styloides radii und ulnae gezogen wird.

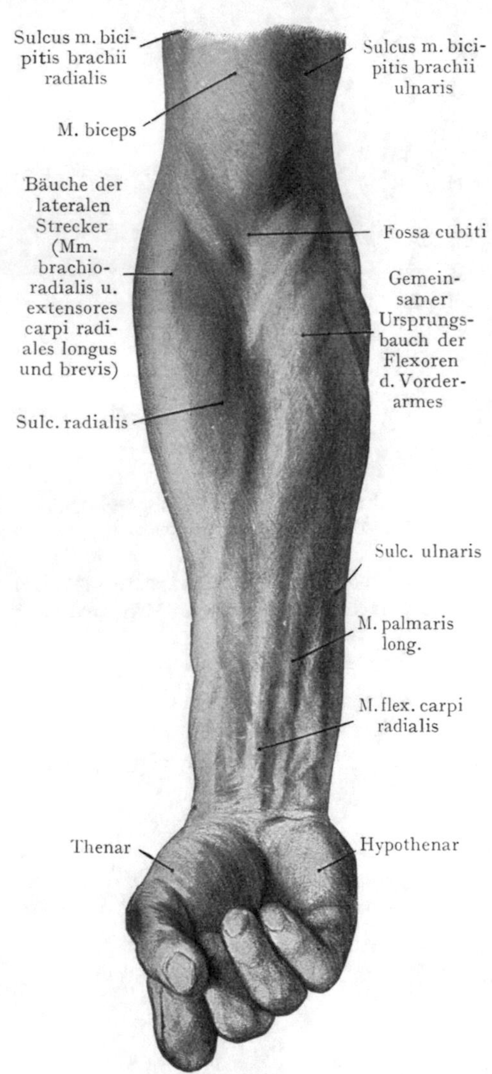

Abb. 560. Beugeseite des Vorderarmes bei Beugung der Finger.

Form des Vorderarmes und äussere Untersuchung. Der Umfang des Vorderarmes ist proximal am grössten, weil hier die Ursprungsbäuche der Flexoren und Extensoren am mächtigsten sind, distalwärts nimmt dagegen die Muskelmasse ab, indem die einzelnen Muskeln in ihre Sehnen übergehen. Man spricht häufig geradezu von einer konischen Form des Vorderarmes.

Bei günstigen Verhältnissen (starker Muskulatur und dünnem Fettpolster) sind auf der Flexorenseite die beiden Muskelwülste zu erkennen, die Flexoren einerseits, die lateralen Strecker (Mm. brachioradialis und extensores carpi radiales longus und brevis) andererseits, welche die Fossa cubiti begrenzen und als Fortsetzung derselben distalwärts den bis zum Processus styloides radii zu verfolgenden Sulcus radialis bilden. Von den Sehnen der Beuger treten in Abb. 560 der M. flexor carpi radialis und der M. palmaris longus bei Beugung im Handgelenke hervor. Weniger deutlich ist ulnar eine zweite Furche nachzuweisen, welche in der distalen Hälfte des Vorderarmes parallel mit der ersten verläuft (Sulcus ulnaris). Durch Palpation lassen sich die Sehnen des M. brachioradialis, des M. flexor carpi radialis und des M. flexor carpi ulnaris, zuweilen auch des M. palmaris longus nachweisen. In der distalen Hälfte des Vorderarmes sind im Sulcus radialis die Pulsationen der A. radialis zu fühlen.

Streckseite des Vorderarmes. Der Margo dorsalis ulnae ist von dem Olecranon bis zum Handgelenk zu palpieren; der M. brachioradialis und die beiden Mm. extensores carpi radiales sind von den übrigen Extensoren durch eine bis zum Proc. styloides radii sich erstreckende Furche getrennt (Abb. 561).

Fascie des Vorderarmes (Abb. 545 und 546). Sie setzt sich direkt aus der Regio cubiti, wo sie von dem Olecranon und den beiden Epicondylen Verstärkungen erhält, auf den Vorderarm fort, dient in ihrer proximalen Partie sowohl der Streck- als der Beugemuskulatur zum Ursprunge und verbindet sich in der ganzen Ausdehnung des Vorderarmes mit der oberflächlich gelegenen dorsalen Kante der Ulna. Distalwärts wird die Fascie durch lockeres Fett- und Bindegewebe von den Sehnen getrennt, während sie proximalwärts den Muskelbäuchen unmittelbar aufliegt, indem sie denselben teilweise zum Ursprung dient.

Die Fascia antebrachii gibt Septen ab, welche sich mit den Knochen verbinden und Logen herstellen, deren Abgrenzung noch durch die Membrana interossea vervollständigt wird. Wir können (Abb. 562) drei grössere Muskellogen unterscheiden: 1. diejenige der Beuger, 2. diejenige der lateralen Strecker (Mm. brachioradialis und extensores carpi radiales longus und brevis) und 3. diejenige der dorsalen Strecker. Die Loge der lateralen Strecker beginnt am Oberarme, diejenige der Beuger und der dorsalen Strecker in der Höhe der Epicondylenlinie. Die Beugerloge wird durch ein parallel mit der Fascia antebrachii verlaufendes Fascienblatt in eine tiefe und eine oberflächliche Abteilung zerlegt; in der letzteren liegen die Mm. pronator teres, flexor carpi radialis, palmaris longus und flexor carpi ulnaris, die A. und der N. ulnaris, radial die A. radialis und der Ram. superficialis n. radialis, dann der M. flexor digit. superficialis[1]. In der tiefen Abteilung

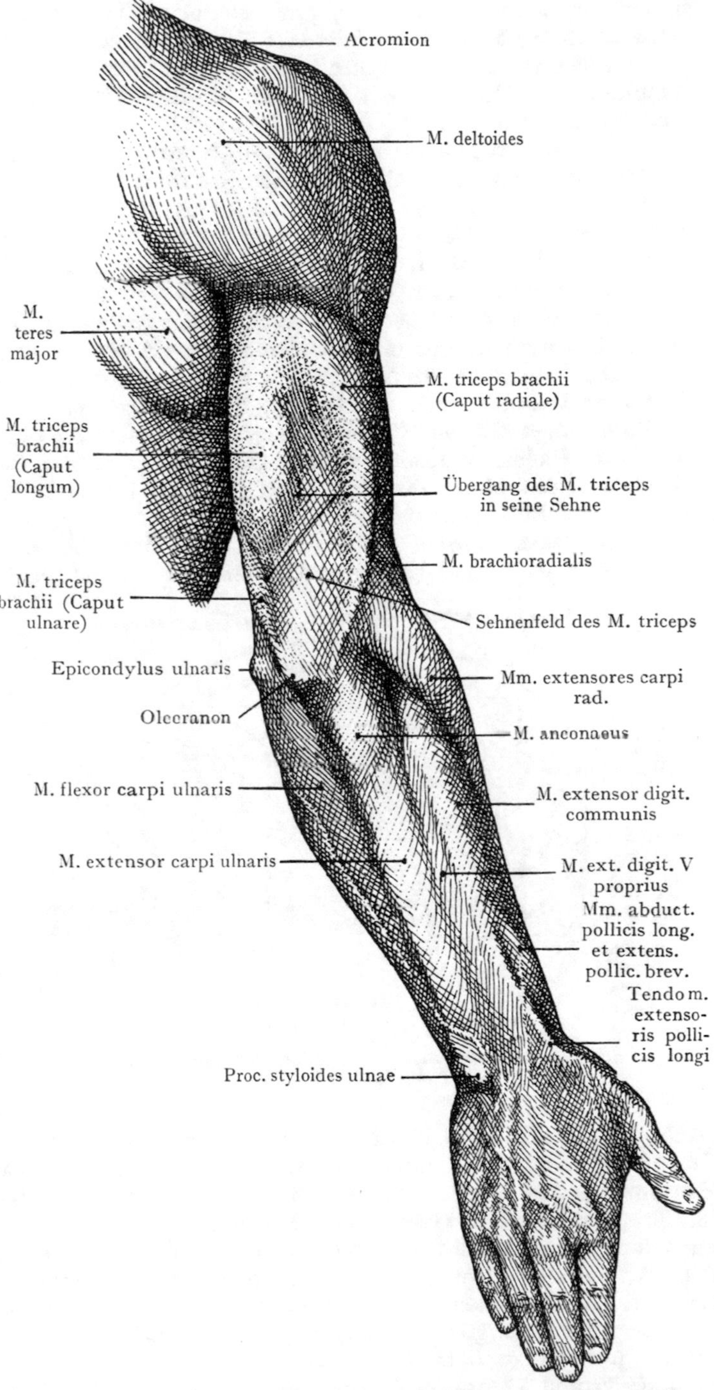

Abb. 561. Obere Extremität. Ansicht von hinten. Supinationsstellung bei leichter Beugung.
Zum Teil nach Richer, Atlas. Pl. 80.

[1] M. flexor digitorum sublimis.

finden wir die Mm. flexor digit. prof., flexor pollicis longus und pronator quadratus, ferner den N. medianus, die A. interossea volaris und den N. interosseus antebrachii volaris.

Alle drei Logen erstrecken sich weiter auf das Dorsum resp. auf die Vola manus (vergleiche die Bemerkungen über die Bindegewebsräume der Hand und ihre Verbindung mit den „Logen" des Vorderarmes).

Regio antebrachii volaris (Beugerseite des Vorderarmes) (Abb. 545). Bei dünner Oberhaut sind die oberflächlichen (extrafascialen) Venen leicht in ihrem Verlaufe zu übersehen. Abgesehen von den ziemlich zahlreichen Varianten haben wir drei grössere Stämme, welche in der Ellbogenbeuge miteinander in Verbindung stehen, die V. basilica, die V. mediana cubiti und die V. cephalica.

Von Nerven haben wir die Äste des N. cutaneus antebrachii radialis aus dem N. musculocutaneus, welcher lateral von der Bicepssehne die Fascie durchbohrt und sich an die Haut des vorderen und lateralen Umfanges des Vorderarmes verzweigt.

Die Beugerloge des Vorderarmes wird durch den Radius und die Ulna mit der Membrana interossea von der dorsalen Streckerloge getrennt. In die vordere Region des Vorderarmes fällt auch noch die Loge der radialen Strecker, welche durch ein in die Tiefe zum Radius gehendes Septum (Abb. 562) von der Beugerloge getrennt wird; zwischen beiden bildet der Sulcus radialis eine bis zum Handgelenk reichende, aus der Fossa cubiti hervorgehende Furche.

Die Beuger werden von der descriptiven Anatomie in drei Schichten, eine oberflächliche, mittlere und tiefe unterschieden. Zur oberflächlichen Schicht gehören vier Muskeln, welche in der Hauptsache aus dem am Epicondylus ulnaris entspringenden gemeinsamen Muskelbauche hervorgehen (Abb. 563). Der M. pronator teres begrenzt ulnarwärts die Fossa cubiti; zwischen seinem Caput humerale und ulnare (das letztere entspringt vom Proc. coronoides ulnae) tritt der N. medianus in die Beugerloge ein; unter dem Caput ulnare (tiefe Portion) gelangt die A. ulnaris in den Canalis ulnaris

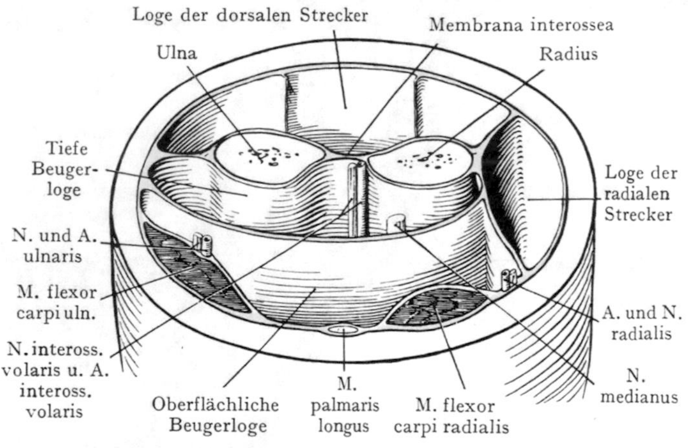

Abb. 562. Fascienlogen des linken Vorderarmes. Halbschematisch.

(Abb. 553). Der Muskel bildet mit dem M. brachioradialis die proximale Strecke des Sulcus radialis; weiter distal schliesst sich der M. flexor carpi radialis als ulnare Begrenzung des Sulcus radialis dem M. pronator teres an. Seine Endsehne ist häufig proximal vom Handgelenke deutlich durchzufühlen oder bei der Inspektion zu erkennen und kann als Leitgebilde bei der Aufsuchung der radial anliegenden A. radialis dienen, wobei man den Schnitt radial von der Sehne führt. Sehr variabel in seiner Ausbildung ist der dritte Muskel der oberflächlichen Schicht, der M. palmaris longus. Er entspringt mit schmalem Bauche von dem Epicondylus ulnaris und bildet bald eine dünne Sehne, welche sich in der Höhe des Handgelenkes verbreitert und in die Aponeurosis palmaris der Hand übergeht. Der Muskel fehlt häufig. Der Flexor carpi ulnaris entspringt von dem Epicondylus ulnaris humeri und dem Olecranon mit zwei Portionen, zwischen denen der N. ulnaris in die Beugerloge tritt, um distalwärts im Sulcus ulnaris zu verlaufen. Der Muskelbauch ist breit und bildet von der Stelle an, wo er von dem gemeinsamen Ursprungsbauche der Flexoren frei wird (Abb. 563), die ulnare Grenze des Sulcus ulnaris, dessen radiale Grenze von den Sehnen und dem Muskelbauche des M. flexor digit. superficialis[1] hergestellt wird.

Die mittlere Schicht der Beuger wird durch den M. flexor digit. superficialis[1] dargestellt, der einerseits von dem Epicondylus ulnaris und dem Processus coronoides ulnae, andererseits von der volaren Fläche des proximalen Radiusendes entspringt und in der Lücke zwischen beiden Portionen eine Öffnung bietet, durch welche die A. ulnaris die Fossa cubiti verlässt, um im Canalis ulnaris ulnarwärts zum Sulcus ulnaris zu gelangen. In der Achse des Vorderarmes verläuft, von dem M. flexor. digit. superficialis[1] bedeckt, der N. medianus.

Als tiefste Schichte haben wir erstens den M. flexor digit. profundus, welcher von den oberen $^2/_3$ der volaren Fläche der Ulna und von der Membrana interossea entspringt, zweitens, zwischen den distalen Enden der Vorderarmknochen auf der Volarseite, den M. pronator quadratus, drittens, der volaren Fläche des Radius aufliegend, den M. flexor pollicis longus.

Auf der radialen Seite liegen der M. brachioradialis und die beiden Mm. extensores carpi radiales longus und brevis. Der M. brachioradialis bildet, zuerst mit seinem Ursprungsbauche, weiter distal mit seiner am Proc. styloides radii sich inserierenden Sehne, die laterale Begrenzung des Sulcus radialis.

Gefässe und Nerven der Volarseite des Vorderarmes. Die Hauptstämme der Gefässe und Nerven des Vorderarmes nehmen einen longitudinalen Verlauf. Wenn wir dieselben von der Regio cubiti aus distalwärts verfolgen, so sehen wir zwei mehr oberflächlich gelegene Arterien (Aa. radialis und ulnaris), begleitet von Nervenstämmen (Ram. superficialis n. radialis und N. ulnaris) im Sulcus radialis und ulnaris bis zur Höhe des Handgelenkes verlaufen. Annähernd in der Achse des Vorderarmes liegt zwischen der mittleren und tiefen Schicht der Beuger der N. medianus, endlich auf der Membrana interossea die A. interossea volaris mit dem im M. pronator quadratus endigenden N. interosseus antebrachii volaris. Diese Anordnung von Gefäss- und Nervenstämmen schreibt die Anlegung von Längsschnitten für die Aufsuchung derselben vor.

Arteria radialis (Abb. 563). Sie liegt in ihrem ganzen Verlaufe oberflächlich; höchstens wird sie bei ihrem Eintritt in den Sulcus radialis durch den M. brachioradialis bedeckt, weiter distal liegt sie oft unmittelbar unter der Fascia antebrachii. In der proximalen Strecke des Sulcus radialis schliesst sich der Ramus superficialis n. radialis der Arterie an, um etwa in der Mitte des Vorderarmes zwischen dem Radius und der Sehne des M. brachioradialis auf die Streckseite zu gelangen und als Hautnerv die radiale Seite des Dorsum manus und die radialen zweieinhalb Finger zu versorgen. Die Arterie gibt während ihres Verlaufes im Sulcus radialis Muskeläste an die Beuger und an die lateralen Strecker ab, sowie unmittelbar über dem Handgelenke den Ram. volaris superficialis (Abb. 563) zur Hohlhand. Die A. radialis wird von zwei Venae radiales begleitet.

Arteria ulnaris und Nervus ulnaris. Die A. ulnaris wird auf der ersten Strecke ihres Verlaufes durch die gemeinsame, vom Epicondylus ulnaris entspringende Masse der Beuger bedeckt, liegt hier zwischen den Mm. flexor digit. superficialis[1] und profundus im Canalis ulnaris und erreicht, schräg ulnar- und distalwärts verlaufend, erst etwa in der Mitte des Vorderarmes den Sulcus ulnaris. Hier trifft sie mit dem N. ulnaris zusammen, der vom hinteren Umfange des Epicondylus ulnaris zwischen die beiden Ursprungsportionen des M. flexor carpi ulnaris tritt, um sich der A. ulnaris ulnar anzulagern und ihr mit seinem Ramus volaris manus bis zur Vola manus treu zu bleiben. Arterie und Nerv werden von dem weit herabreichenden Muskelbauch, dann von der Sehne des M. flexor carpi ulnaris bedeckt, so dass ihre Lage weniger oberflächlich und ihre Aufsuchung schwieriger ist als diejenige der A. radialis.

[1] M. flexor digitorum sublimis.

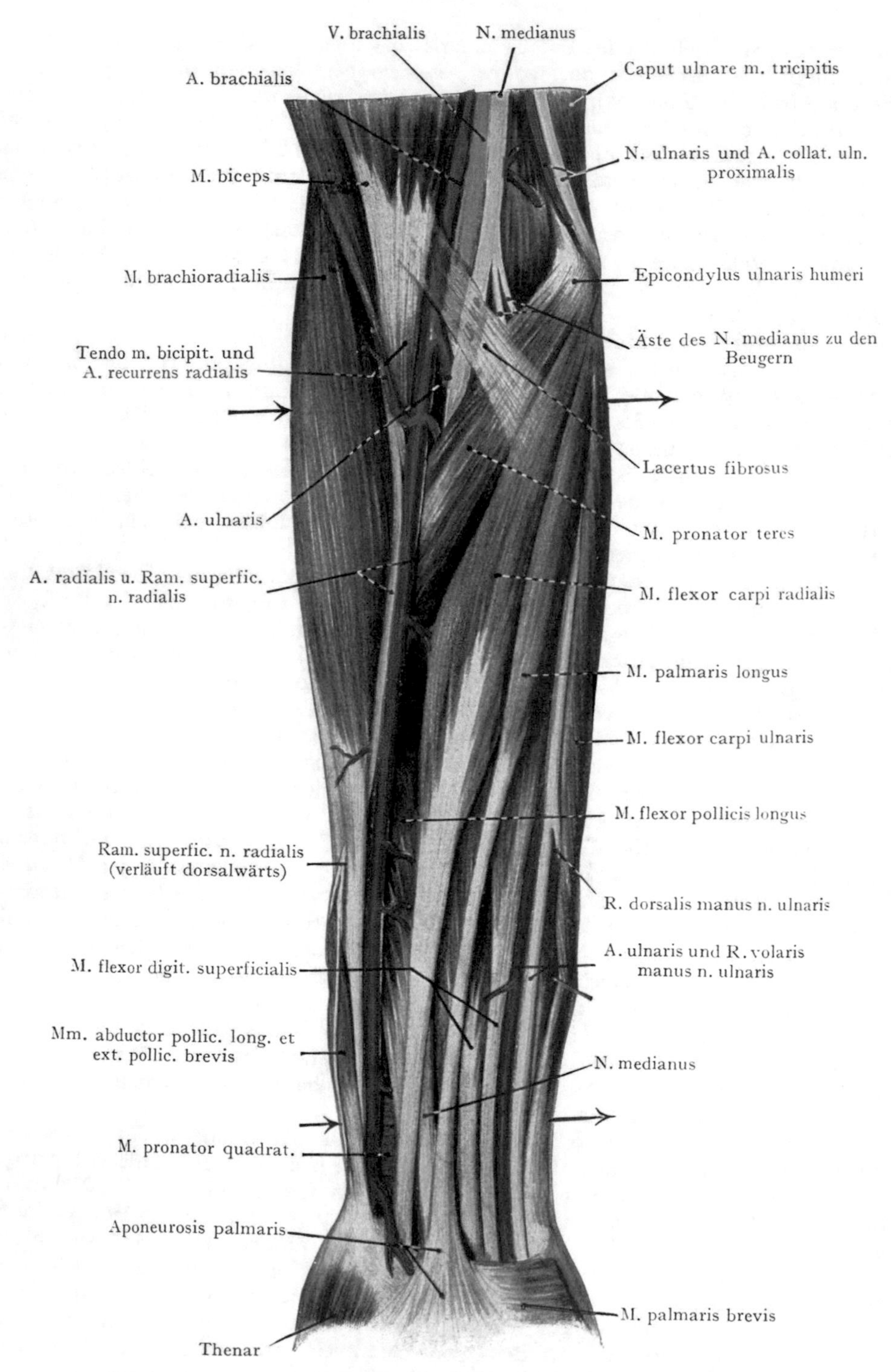

Abb. 563. Gefässe und Nerven der Ellbogenbeuge und des Vorderarmes.

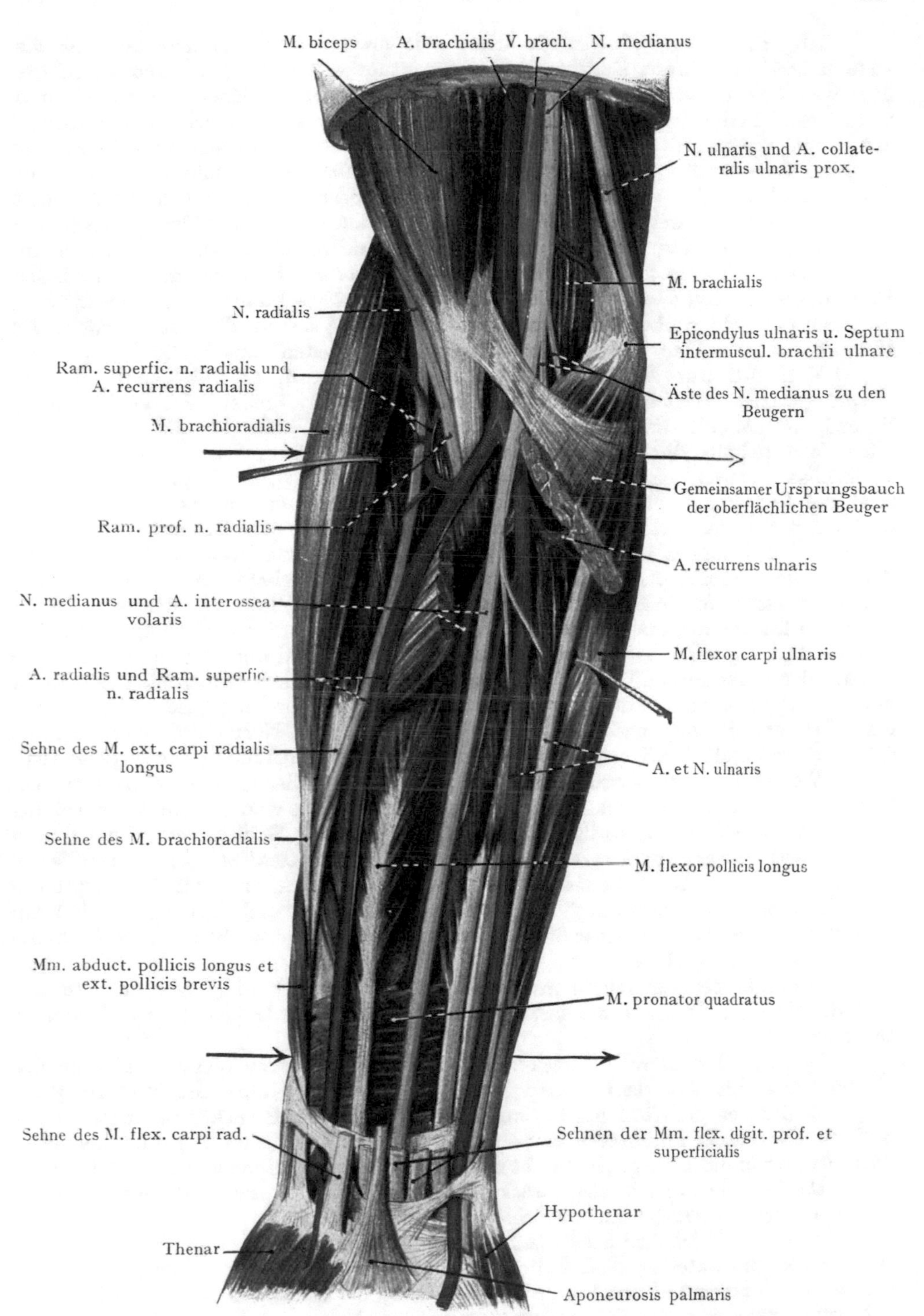

Abb. 564. Topographie der Fossa cubiti und der Beugeseite des Vorderarmes.
Die oberflächliche und die mittlere Schicht der Beuger ist abgetragen und der M. brachioradialis radialwärts abgezogen worden.

Abgesehen von kleineren Muskelarterien sowie den Aa. recurrentes, gibt die Arterie noch vor ihrem Eintritt in die Beugemuskelloge die A. interossea comm. ab, einen kurzen aber starken Stamm, welcher sich in die A. interossea dorsalis und volaris teilt. Erstere tritt unterhalb der Chorda obliqua auf die Streckseite des Vorderarmes und versorgt die dorsalen Strecker; die A. interossea volaris verläuft auf der volaren Fläche der Membrana interossea mit dem N. interosseus antebrachii volaris (aus dem N. medianus) bis zur Höhe des Handgelenkes, indem sie Äste an die tiefe Schicht der Beuger sowie an den M. pronator quadratus abgibt, auch kleine Zweige, welche die Membrana interossea durchbohren und mit der A. interossea dorsalis anastomosieren.

Der N. ulnaris gibt neben Ästen zum M. flexor carpi ulnaris und zur medialen Portion des M. flexor dig. profundus den Ramus dorsalis manus ab, welcher, vom M. flexor carpi ulnaris bedeckt, dorsalwärts verläuft und sich an die mediale Partie des Dorsum manus und an die zweieinhalb ulnaren Fingerseiten verbreitet.

N. medianus: Er verlässt die Fossa cubiti, indem er zwischen die beiden Ursprungsbäuche des M. pronator teres eintritt. Hier kreuzt er, oberflächlicher liegend, die A. ulnaris in ihrem Verlaufe ulnarwärts zum Canalis ulnaris. Der Nerv folgt sodann der Achse des Vorderarmes in Begleitung der recht schwachen A. mediana, eines Astes der A. ulnaris. Schon innerhalb der Regio cubiti gehen Äste des Nerven zur oberflächlichen Schicht der Beuger ab, die Äste zur mittleren und tiefen Schicht erst nach dem Eintritt des Nerven in die Beugerloge. Nur der M. flexor carpi ulnaris und die mediale Portion des M. flexor digit. prof. werden von dem N. ulnaris versorgt. Hoch oben, gleichfalls noch innerhalb der Beugerloge, geht der N. interosseus antebrachii volaris zur volaren Fläche der Membrana interossea. Der N. medianus liegt in der ersten Strecke seines Verlaufes am Vorderarm zwischen den Mm. flexores digit. superficialis[1] und profundus, weiter distal wird der Stamm zwischen den Sehnen der gemeinsamen Beuger oberflächlicher (Abb. 563), liegt jedoch nie direkt unter der Fascia antebrachii. Hier ist er gerade proximal von dem Handgelenke der Gefahr einer Schnittverletzung ausgesetzt. In der Regel kann der Nerv durch einen Schnitt am medialen Rande der Sehne des M. flexor carpi radialis aufgefunden werden (Abb. 563).

Varianten der Vorderarmarterien. Von praktischer Bedeutung kann ein abnormer Verlauf der A. radialis oder (seltener) der A. ulnaris werden. Bei hoher Teilung am Oberarm oder in der Achselhöhle kann die A. radialis oberflächlich verlaufen und wird dann ausserhalb der Fascia antebrachii unter der Haut angetroffen. In seltenen Fällen findet sich dieselbe Anomalie bei normaler Ausbildung der A. radialis; die Hauptbahn wird dann von dem oberflächlich verlaufenden Gefäss dargestellt. Die A. ulnaris kann auch durch einen oberflächlichen Stamm vertreten sein, welcher nicht mit dem N. ulnaris im Sulcus ulnaris verläuft.

Streckseite der Regio antebrachii. Hier kommen die Logen der lateralen und der dorsalen Strecker mit ihrem Inhalte an Muskeln, Gefässen und Nerven in Betracht.

Die Loge der lateralen Strecker reicht bis zum Oberarme hinauf (Ursprung des M. brachioradialis von dem unteren Drittel der äusseren Kante des Humerus); die Loge der dorsalen Strecker beginnt mit dem Ursprung der Strecker am Epicondylus radialis. Die Fascia antebrachii dient den Muskeln teilweise zum Ursprung und lässt Fasciensepten in die Tiefe gehen, welche die einzelnen Muskelbäuche voneinander trennen.

Die Muskeln der lateralen Streckmuskelloge sind schon erwähnt worden. In der dorsalen Loge unterscheiden wir eine oberflächliche und eine tiefe Schicht. Die Muskeln der oberflächlichen Schicht, zu welchen die Mm. extensor carpi ulnaris, extensor digit. comm. und extensor digiti V proprius gehören, entspringen mit dem gemeinsamen Bauche der Extensoren am Epicondylus radialis; die Sehnen dieser Muskeln ziehen mit denjenigen der tiefen Schicht unter dem Ligamentum carpi dorsale zum Dorsum manus und zu den Fingern.

[1] M. flexor digitorum sublimis.

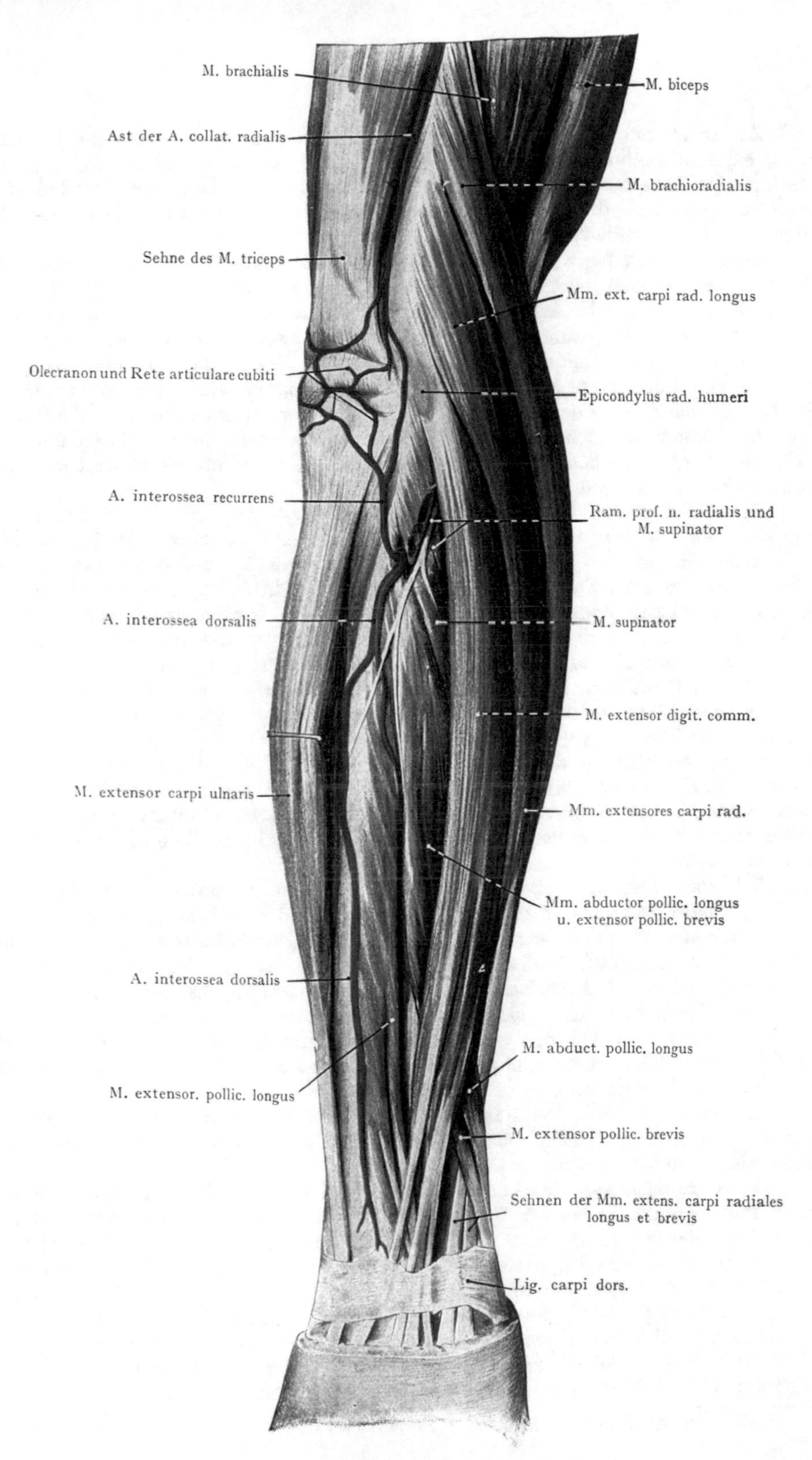

Abb. 565. Topographie der Streckseite des Vorderarmes.

Zur tiefen Schicht gehören die Mm. abductor pollicis longus, extensor pollicis brevis, extensor pollicis longus und extensor indicis proprius. Dieselben entspringen unterhalb des Ansatzes des M. supinator, von dem hinteren Umfange des Radius und der Ulna sowie von der Membrana interossea; ihre Sehnen liegen radial von denjenigen der oberflächlichen Schicht.

Gefässe und Nerven der Streckseite. Die subfascialen Gefässe und Nerven gelangen von der Beugeseite der Regio cubiti und aus der Regio antebrachii volaris in die Streckerloge. Als Arterie treffen wir die A. interossea dorsalis an, welche aus der A. interossea comm. entspringt und von zwei Venae comitantes begleitet, distal von der Chorda obliqua zwischen Radius und Ulna in die Streckmuskelloge eintritt. Sie gibt zum Rete articulare cubiti die A. interossea recurrens ab und erschöpft sich dann in der Abgabe einer Anzahl von Muskelästen an die Strecker (Abb. 565), indem sie sich regelmässig mit dem Rete carpi dorsale (auf der dorsalen Fläche der Carpalknochen) sowie mit dem die Membrana interossea durchbohrenden Endaste der A. interossea volaris verbindet.

Der die dorsalen Strecker versorgende Nerv (Ram. prof. n. radialis) gelangt auf anderem Wege als die Arterie in die Loge. Er tritt am Boden der Fossa cubiti, nachdem er sich in der Furche zwischen dem M. brachioradialis und dem M. brachialis von dem Ram. superficialis getrennt hat (Abb. 553), in den M. supinator und verläuft distal vom Tuberculum radii um den Radiusschaft zur Streckseite des Vorderarmes. Auf diesem Wege gelangt der Nerv in die dorsale Streckmuskelloge, wo er in eine Anzahl von Ästen zur Muskulatur zerfällt; ein Ast schliesst sich als N. interosseus antebrachii dorsalis der dorsalen Fläche der Membrana interossea an.

Querschnitte durch den Vorderarm. Beim Vergleiche der beiden Querschnitte durch das obere und das untere Drittel des Vorderarmes ist der Unterschied in der Ausbildung der Muskulatur sowie in der Lage der grossen Gefäss- und Nervenstämme ein auffälliger. Oben grosse, die Knochen vollständig umgebende Muskelmassen, keine Sehnenquerschnitte; in dem unteren Schnitte geringe Muskelmassen, starke Ausbildung der Sehnen; der mediale Umfang der Ulna liegt oberflächlich unter der Fascie.

Abb. 566. Die vier oberflächlichen Beuger (Mm. pronator teres, flexor carpi radialis, palmaris longus und flexor carpi ulnaris) sind getroffen, dazu der M. flexor digit. superficialis[1] und der den volaren und den medialen Umfang der Ulna bedeckende M. flexor digitorum prof. Radial liegen die Bäuche der radialen Extensorengruppe, nämlich des breiten M. brachioradialis und der Mm. extensores carpi radiales longus und brevis. Die Sehne des M. biceps ist in der Höhe des Tuberculum radii[2] getroffen. Der M. supinator umzieht den volaren, lateralen und dorsalen Umfang des Radius. Von den dorsalen Streckern sind getroffen: die Mm. extensor digit. comm., extensor carpi ulnaris und anconaeus.

Die Fascie umzieht die Muskulatur und gibt Septen in die Tiefe, welche die Muskeln voneinander trennen. Oberflächlich liegen einige Äste des N. cutaneus antebrachii ulnaris nebst subkutanen Venen.

Die A. radialis mit den Venae radiales wird von dem M. brachioradialis überlagert; radial grenzt sie an den Querschnitt des M. pronator teres. Lateral von der Arterie liegt der Ram. superf. n. radialis und daneben zwei Äste der A. recurrens radialis. Die A. ulnaris liegt mit ihren Vv. ulnares ganz in der Tiefe, ulnar davon der N. medianus, beide gerade oberhalb ihres Eintrittes in die Beugemuskelloge. Der N. ulnaris liegt dem Querschnitte des M. flexor carpi ulnaris radial an.

Abb. 567. (Unteres Drittel des Vorderarmes.) Die Muskeln sind hier zum grossen Teil in ihre Sehnen übergegangen. Unmittelbar unter der Fascie liegen auf der Beugeseite die Sehnen der Mm. brachioradialis (ulnar davon die A. radialis),

[1] M. flexor digitorum sublimis. [2] Tuberositas radii.

flexor carpi radialis, palmaris longus und flexor carpi ulnaris. Die letztere ist sehr breit, hängt noch mit Muskelfasern zusammen und bedeckt die A. und den N. ulnaris. Die übrigen Querschnitte vor der Membrana interossea gehören den

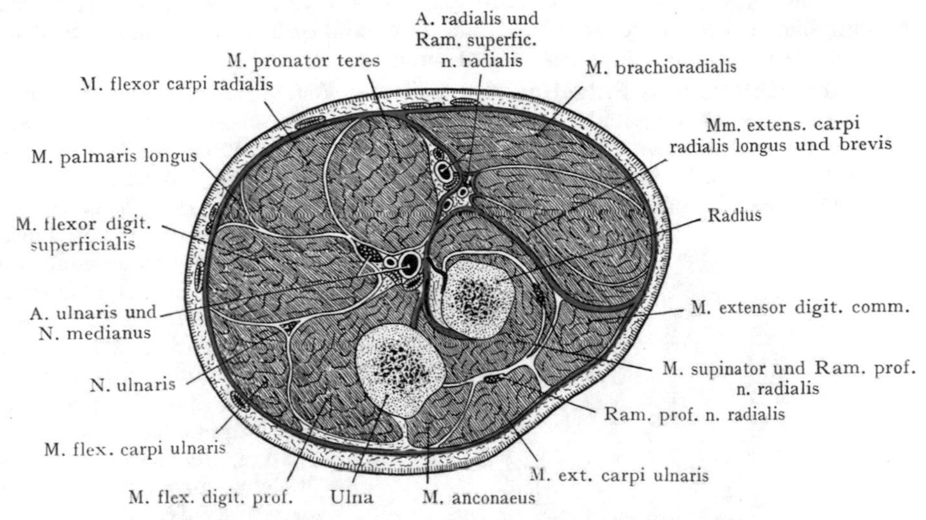

Abb. 566. Querschnitt durch den Vorderarm. Grenze gegen die Regio cubiti (rechts). In der Höhe des proximalen Pfeiles der Abb. 563 und 564.
Nach W. Braune, topogr.-anat. Atlas.

Mm. flexor digitorum superficialis und prof. und dem M. pronator quadratus an. Der N. medianus wird von dem M. flexor digitorum superficialis bedeckt; er wäre an dieser Stelle durch einen ulnar von der Sehne des M. flexor carpi radialis angelegten Schnitt zu

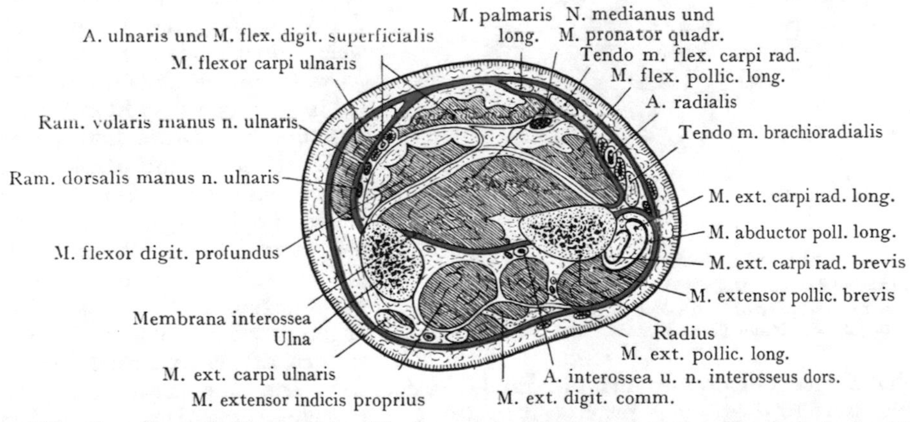

Abb. 567. Querschnitt durch den Vorderarm unmittelbar über dem Handgelenke (rechts). In der Höhe des distalen Pfeiles der Abb. 563 und 564.
Zum Teil nach Braune.

erreichen. Der N. ulnaris hat sich in den Ramus volaris und dorsalis manus geteilt. Die Streckmuskulatur hat, verglichen mit Abb. 566, bedeutend an Umfang verloren; die Mm. extensor dig. comm. und extensor carpi ulnaris sind in ihre Sehnen übergegangen, dagegen sind in dieser Höhe noch die Bäuche der Mm. extensores pollicis brevis und longus und des M. extensor indicis proprius getroffen.

Hand (Regio manus).

Man pflegt die Grenze der Hand gegen den Vorderarm etwa 1 cm über der Verbindungslinie der Processus styloides ulnae und radii anzunehmen; der Articulus radiocarpicus wird demgemäss zur Hand gerechnet.

Inspektion und Palpation der Hand. Von Skeletteilen kann man in der Regel den Processus styloides radii sowohl fühlen als sehen; das untere Ende des Ulna bildet dorsal einen rundlichen Höcker. Bei Feststellung der beiden Processus styloides (radii und ulnae) und abwechselnder Dorsal- und Volarflexion lässt sich die Linie des Radiocarpalgelenkes leicht bestimmen. Auf der Volarseite finden sich etwas distal von dieser Linie zwei quer verlaufende Furchen (Abb. 576), an deren ulnarem Ende das Os pisiforme sowie die Sehne des M. flexor carpi ulnaris zu fühlen sind. Auf der radialen Seite ist manchmal, sowohl durch die Inspektion als durch die Palpation, ein Höcker nachzuweisen, welcher durch das Os naviculare hervorgerufen wird. Von diesen beiden Vorsprüngen aus gelangen wir, den Rändern der Hand folgend, zu zwei Wülsten (Thenar und Hypothenar), denen die Muskulatur des Daumens und des kleinen Fingers zugrunde liegt. Zwischen denselben liegt die Vertiefung des Handtellers, welche durch eine den Thenar ulnarwärts umziehende Hautfurche (Abb. 576) von dem letzteren getrennt wird. Distal finden sich zwei weitere Hautfurchen, von denen eine etwa den Articuli metacarpophalangici entspricht und von dem distalen Teile des Hypothenar schräg radialwärts gegen die Basis des Zeigefingers verläuft. Von den Querfurchen der Haut an der Beugeseite der Finger entsprechen die proximalen nicht etwa den Metacarpophalangealgelenken, sondern liegen gut fingerbreit distal von denselben; die distalen Furchen dagegen entsprechen den Interphalangealgelenken.

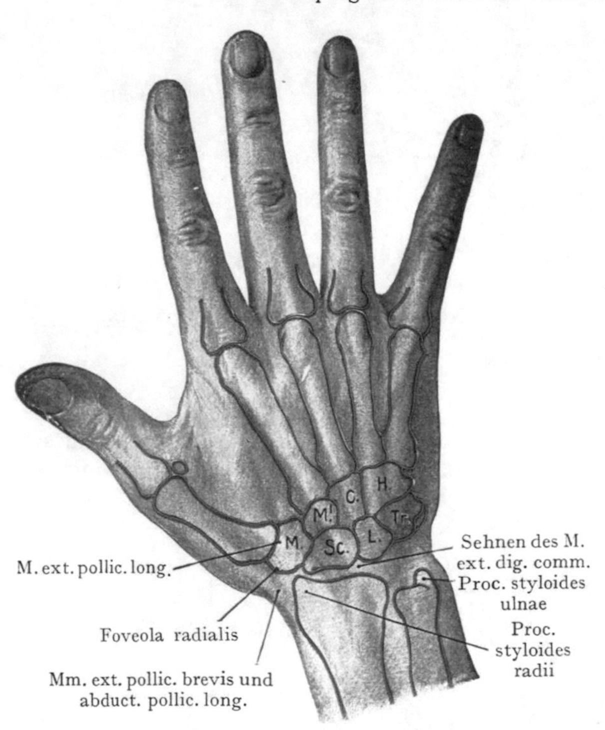

Abb. 568. Dorsum manus.
Die Umrisse der Skeletteile sind rot eingezeichnet worden.
H. Hamatum. C. Capitatum. M¹. Multangulum minus. M. Multangulum majus. Sc. Naviculare. L. Lunatum. Tr. Triquetrum.

Am Dorsum manus lässt sich die dorsale Fläche der Carpalknochen abtasten und bei abwechselnder Beugung und Streckung der Finger treten die Sehnen der Strecker als ein Wulst hervor, von welchem die vier zur Dorsalaponeurose der Finger verlaufenden Sehnen fächerförmig ausgehen. Die dorsale Fläche der Metacarpalknochen ist leicht zu palpieren. Bei Abduktion und Dorsalflexion des Daumens bildet die Sehne des M. extensor pollicis longus (ulnar) mit den Sehnen der Mm. abductor pollicis longus und extensor pollicis brevis (radial) eine Vertiefung, in welcher man bei schwach ausgebildetem Fettpolster die Pulsationen der A. radialis fühlen kann (Foveola radialis, auch Tabatière genannt).

Vola manus (oberflächliche Gebilde). Die Haut ist mit ihrer Unterlage, der sehnigen Aponeurosis palmaris, innig verbunden; sie besitzt folglich nur eine geringe Beweglichkeit und lässt sich nicht, wie am Vorderarme, leicht von ihrer Unterlage abpräparieren.

Aponeurosis palmaris. Die Fascie des Vorderarmes gewinnt bei ihrem Übergange auf die Vola manus Insertionen an den Carpalknochen, von welchen sehnige Verstärkungen distalwärts an die Aponeurosis palmaris ausgehen. Wenn wir ein gut aufgestelltes Handskelet im Zusammenhang mit den unteren Enden der Vorderarmknochen betrachten, so erkennen wir, dass die beiden Reihen der Carpalknochen zusammengenommen eine Rinne darstellen (Carpalrinne), welche radial von dem Tuberculum oss. navicularis und multanguli majoris ulnar von dem Os hamatum und dem Os pisiforme begrenzt wird. Von den Rändern dieser Rinne entspringen die Muskeln des Thenar und des Hypothenar. Der Carpalrinne entspricht auch die Anordnung der Metacarpalknochen, welche eine gegen die Finger allmählich sich abflachende Rinne darstellen (siehe die schematischen Querschnitte der Hand Abb. 570 und 571, wo die in der Anordnung der Skeletteile gegebene dorsale Wölbung und die volare Rinne zu erkennen sind).

Ferner gewinnt die Fascie des Vorderarmes bei ihrem Übergange auf die Vola manus einen Ansatz an den Rändern der Carpalrinne und erhält hier Verstärkungen durch querverlaufende, sehnige, die Carpalrinne zum Canalis carpi ergänzende Faserzüge (Lig. carpi transversum), unter welchen die Sehnen der gemeinsamen Beuger zur Vola manus ziehen. Man kann in der Regel zwei Blätter unterscheiden, erstens ein oberflächliches, welches von der Fascia antebrachii stammt (Lig. carpi volare) und zweitens die querverlaufende sehnige Verstärkung, welche mit der die gemeinsamen Beuger umschliessenden Fascie in Verbindung steht (Lig. carpi transversum). Die letztere überzieht auch die volare Fläche der Carpalknochen und bildet mit dem Ligamentum carpi transversum zusammen einen vollständigen fibrösen Ring, der die Sehnen der Beuger bei ihrem Übertritt auf die Hand gewissermassen zusammenfasst.

Das oberflächliche, die eigentliche Fortsetzung der Fascia antebrachii auf die Vola manus darstellende Blatt, das Lig. carpi volare, erhält eine wesentliche Verstärkung durch die fächerförmige Ausbreitung der Sehne des M. palmaris longus, oder beim Fehlen dieses Muskels durch aponeurotische Fasern, welche im Lig. carpi volare eingeflochten sind und fächerförmig als Aponeurosis palmaris gegen die Basen der Finger ausstrahlen. Auf dem Thenar und dem Hypothenar ist die Fascie als Muskelfascie ausgebildet, indem ihr hier der sehnige Charakter fehlt.

Die dreieckige Fascien- oder Sehnenplatte der Aponeurosis palmaris zeigt auch eingewobene Fascienzüge, das Lig. palmare transversum subcutaneum[1] (Abb. 569), und zwischen den Fingerbasen sind Lücken in der Platte vorhanden, durch welche die Nn. und Aa. digitales volares communes unter die Haut treten und die oberflächlichen Venen mit den tiefen Venenstämmen anastomosieren.

Oberflächliche Gefässe und Nerven der Vola manus. Die oberflächlichen Venen sammeln sich in den Vv. cephalica, basilica und mediana antebrachii, nachdem sie sich zwischen den Zipfeln der Aponeurosis palmaris mit den subaponeurotischen Venen verbunden haben (Abb. 545). Die Haut über dem Thenar wird durch den Ramus palmaris des N. medianus versorgt, welcher in dem vorderen Drittel des Vorderarmes die Fascia antebrachii durchbohrt; die Haut über dem Hypothenar von dem Ramus superficialis des N. ulnaris. Durch die Aponeurosis palmaris gelangen kleine Zweige des N. medianus zur Haut des Handtellers; zwischen den Zipfeln der

[1] Fasciculi transversi aponeurosis palmaris.

Aponeurose werden die Nn. digitales volares comm. oberflächlich und verlaufen mit den entsprechenden Arterien zu der Volarseite der Finger (s. die Topographie der Finger).

Topographie der tiefgelegenen Gebilde in der Vola manus. Die subfasciale Partie der Vola manus wird durch Fasciensepten in Logen oder Fascienräume

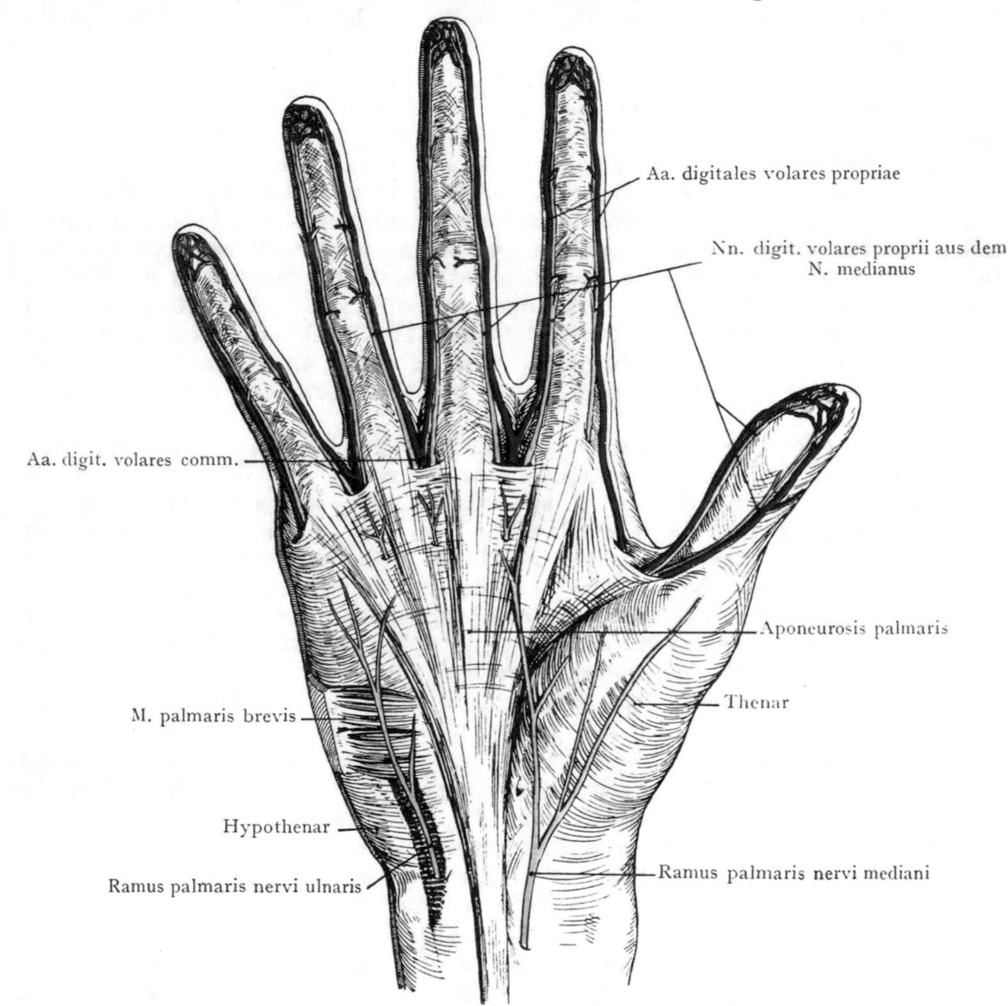

Abb. 569. Vola manus. Aponeurosis palmaris und oberflächliche Gebilde.

zerlegt, deren Ausbildung in der Carpal- und Metacarpalgegend durch Abb. 570 und 571 veranschaulicht wird.

Die Fascia manus umzieht sowohl in der Carpal- wie in der Metacarpalgegend die ganze Hand, indem sie am ulnaren und am radialen Rande des Handskeletes Ansatz gewinnt. In der Carpalgegend werden dadurch zunächst eine Strecker- und eine Beugerloge voneinander abgegrenzt. In der Metacarpalgegend dagegen (Abb. 571) werden die Spatia interossea metacarpi durch die Mm. interossei ausgefüllt, deren Fascien sich dorsal- und volarwärts als Fasciae interosseae dorsales und volares an die Ossa metacarpi ansetzen und dadurch vier Fascienräume abschliessen, welche sich bloss im Bereiche des Metacarpus vorfinden.

In der Carpal- und Metacarpalgegend wird durch senkrecht in die Tiefe gehende, von der Aponeurosis palmaris bis zu den Fasciae interosseae volares reichende Septa eine Einteilung des volaren subfascialen Raumes in einzelne Fascienlogen bewirkt; wir unterscheiden eine mittlere Loge als direkte Fortsetzung der Logen der Mm. flexores digit. superficialis und profundus des Vorderarmes von seitlichen, die Thenar- und die Hypothenarmuskulatur enthaltenden Logen (Spatium volare ulnare und radiale). Die beiden letzteren beschränken sich auf die Carpal- und Metacarpalgegend, während sich die mittlere Loge (Abb. 572) mit den Sehnen der Beuger auf die Volarseite der Finger weiter erstreckt.

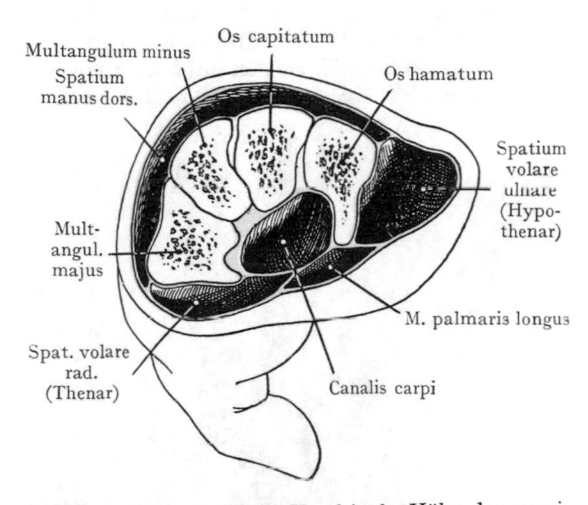

Abb. 570. Querschnitt der Hand in der Höhe der proximalen Reihe der Carpalknochen. Fascienlogen.
Halbschematisch. Nach einer Abb. von Pirogoff, Anatome topograph., Fasc. IV. Taf. 4.

In dem Carpalkanale wird die mittlere Fascienloge durch den Ansatz der Fascie an die Ränder der Rinne (Lig. carpi transversum) sowie durch ihre Fortsetzung in die Tiefe als Auskleidung der volaren Fläche der Carpalknochen begrenzt. Distalwärts ist sie stärker entwickelt und wird gegen die Basen der Finger allmählich breiter, während die beiden seitlichen Logen an Umfang abnehmen.

Die drei volaren Fascienlogen stehen längs der in dieselben ein- und austretenden Gefässe und Nerven untereinander in Verbindung. Es sei jedoch auf die Tatsache hingewiesen, dass Prozesse (z. B. Eiterungen), welche von der mittleren Loge ausgehen, sich längs der Beugersehnen auf die Beugerloge des Vorderarmes ausbreiten können, während ähnliche Prozesse in den seitlichen Logen meist auf die Hand beschränkt bleiben.

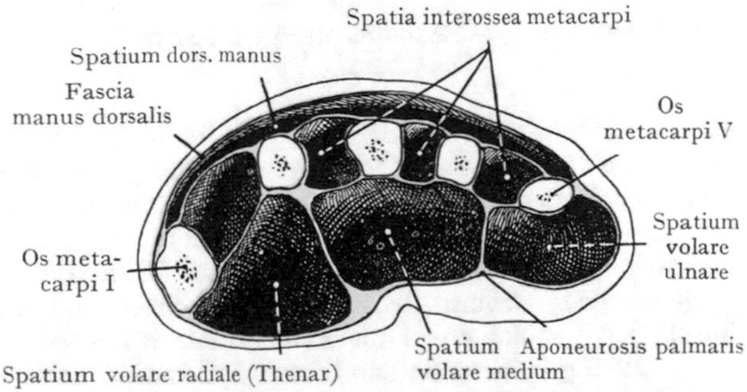

Abb. 571. Querschnitt der Hand. Metacarpalgegend. Fascienlogen.
Mit Benützung einer Abb. von Pirogoff, Anatome, Fasc. IV. Taf. 4.

Muskulatur der Vola manus. Wir können dieselbe einteilen in: 1. Muskeln, welche von der Volarseite des Vorderarmes durch den Canalis carpi in die Vola manus gelangen und 2. Muskeln, die, von dem Handskelete entspringend, zum Metacarpus oder zu den Phalangen gehen (Muskulatur des Thenar, des Hypothenar, die Mm. interossei und lumbricales).

Von der oberflächlichen Schicht der Vorderarmbeuger inserieren sich der M. palmaris longus, der M. flexor carpi radialis und der M. flexor carpi ulnaris an der Hand. Die Sehnen des M. flexor carpi ulnaris und des M. palmaris longus liegen oberflächlich zum Lig. carpi transversum; die erstere inseriert sich am Os pisiforme und mittelst der Ligg. pisohamatum et pisometacarpicum am Os hamatum und an der Basis des

Os metacarpi V; die zweite bildet die dreieckige gegen die Basen der Finger ausstrahlende Aponeurosis palmaris. Die Sehne des M. flexor carpi radialis, welche in der Höhe des Handgelenkes leicht palpiert werden kann, durchläuft den Canalis carpi in der Rinne, welche von dem Os naviculare und dem Os multangulum majus gebildet wird, um sich an der Basis oss. metacarpi II (des Zeigefingers) zu inserieren.

Die Sehnen der Mm. flexores digitorum superficialis und profundus sowie des M. flexor pollicis longus gehen, von ihren Sehnenscheiden umschlossen, unter dem Lig. carpi transversum im Canalis carpi zur Hohlhand und liegen, gegen die Basen der Finger divergierend, in der mittleren Fascienloge, bedeckt von der Aponeurosis palmaris. Es legt sich dabei je eine Sehne des M. flexor digit. superficialis auf eine Sehne des M. flexor digit. profundus. Mit den Sehnen der gemeinsamen Beuger verläuft auch der N. medianus durch den Canalis carpi und teilt sich alsdann in seine Endäste (Abb. 574).

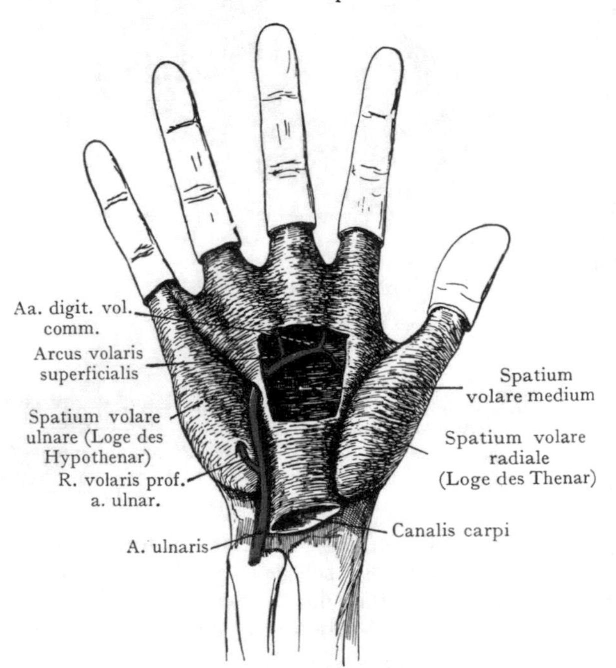

Abb. 572. Fascienräume der Vola manus. Schema.

Sehnenscheiden für die Beuger. Die Sehnenscheiden, welche die Sehnen der Beuger umgeben, bilden gewöhnlich einen ulnaren und einen radialen Sack (Abb. 573). Der erstere schliesst die Sehnen der gemeinsamen Beuger (superficialis und profundus) ein und erstreckt sich distalwärts längs der zum kleinen Finger gehenden Sehne bis zur 2. oder 3. Phalange. In der Regel steht diese ulnare Sehnenscheide nicht in Verbindung mit den an der Volarfläche der Finger liegenden Scheiden der übrigen Beugersehnen. Der radiale Sack umgibt die Sehne des M. flexor pollicis longus und reicht bis zur Insertion der Sehne an der Basis der zweiten Phalange des Daumens. Die beiden Synovialsäcke kommunizieren nicht miteinander, ebensowenig stehen die Synovialsäcke an der Volarseite der II.—IV. Finger mit ihnen im Zusammenhang; diese Tatsache erklärt die leichtere Verbreitung von Entzündungen, welche am kleinen Finger oder am Daumen ihren Ausgang nehmen, indem denselben im ulnaren und im radialen Sehnensack ein Weg durch den Canalis carpi bis zum Vorderarm offen steht.

Häufig kommt zu den beiden Synovialsäcken für die Mm. flexores digitorum und den M. flexor pollicis longus noch ein besonderer Synovialsack für den M. flexor carpi radialis hinzu, welcher sich distalwärts bloss bis zur Insertion dieses Muskels an der Basis des Os metacarpi II erstreckt.

Proximalwärts reichen die volaren Synovialscheiden etwa 1—2 cm oberhalb des Lig. carpi transversum in den Bereich des Vorderarmes hinauf; bei einem entzündlichen Erguss in die Synovialscheide kann sich derselbe sanduhrförmig darstellen, indem das Lig. carpi transversum eine Einschnürung des Sackes bewirkt und eine obere in der Regio antebrachii gelegene, von einer unteren in der Vola manus gelegenen Anschwellung trennt.

Der Stamm des N. medianus liegt bei seinem Verlaufe durch den Canalis carpi in der durch die beiden grossen Synovialsäcke gebildeten Rinne, unmittelbar unter dem Lig. carpi transversum; bei starker Ausdehnung der Synovialsäcke durch Ergüsse in dieselben wird der Nervenstamm einem Drucke ausgesetzt. Der N. ulnaris liegt an der Grenze zwischen Vorderarm und Hand (proximal von der radiocarpalen Gelenklinie) dem oberhalb des Lig. carpi transversum gelegenen Teile des Synovialsackes für die gemeinsamen Beuger ulnar an.

Als Muskeln des mittleren Fascienraumes der Vola manus sind noch die Mm. lumbricales zu nennen, welche von den Sehnen des M. flexor digit. prof. entspringen

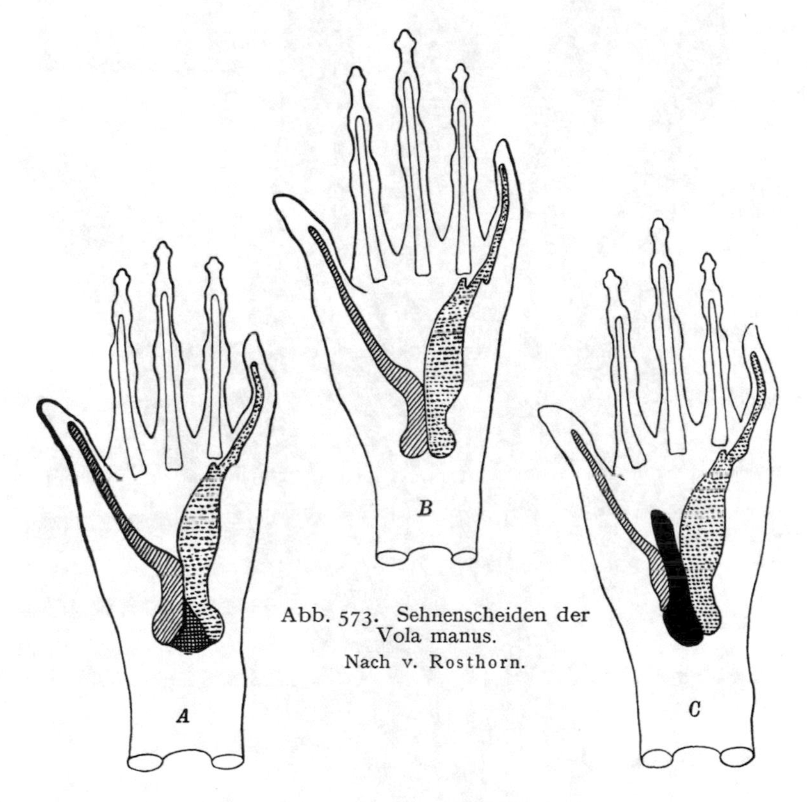

Abb. 573. Sehnenscheiden der Vola manus. Nach v. Rosthorn.

(ausserhalb des Synovialsackes) und in die Radialseite der Dorsalaponeurose der Finger übergehen.

Die Mm. interossei werden durch die Fasciae interosseae dorsales von der Fascienloge des Dorsum manus, durch die Fasciae interosseae volares von der Fascienloge der Vola manus getrennt. Durch den Ansatz der Fasciae interosseae dorsales und volares an den Ossa metacarpi erhalten wir vier die Mm. interossei aufnehmende Fascienlogen, die Spatia interossea metacarpi (Abb. 571).

Die Muskeln der radialen Loge (Thenarloge oder Spatium volare radiale) sind vier, nämlich die Mm. abductor pollicis brevis, flexor pollicis brevis, opponens pollicis und adductor pollicis. Die beiden ersteren entspringen von dem Tuberculum oss. navicularis und dem Lig. carpi transversum und inserieren sich: der M. abductor pollicis brevis am radialen Rande der Basis der Grundphalange des Daumens, der M. flexor pollicis brevis am radialen Sesambeine des Articulus metacarpophalangicus des Daumens. Der M. opponens pollicis geht, von den beiden erwähnten Muskeln überlagert, von dem Os multangulum majus und dem Lig. carpi

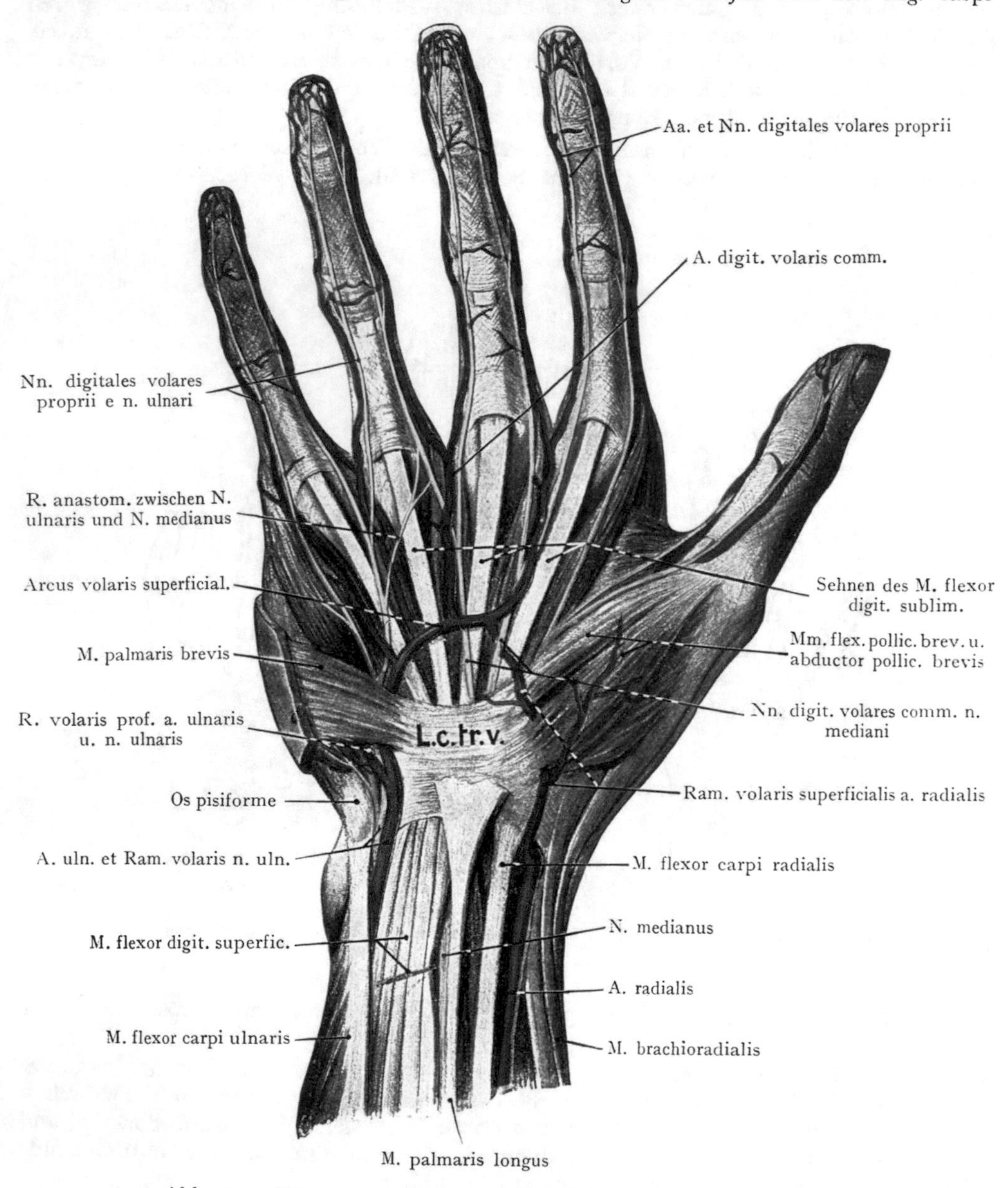

Abb. 574. Vola manus nach Entfernung der Aponeurosis palmaris.
L. c. tr. v. Lig. carpi transversum.

transversum zum radialen Rande des Os metacarpi pollicis. Der M. adductor pollicis entspringt von der ganzen Länge des Os metacarpi III sowie von den Ligamenten, welche die Rinne der Carpalknochen auskleiden; er inseriert sich am ulnaren Sesambeine des Articulus metacarpophalangicus pollicis.

Als Muskeln der ulnaren Loge (Hypothenarloge oder Spatium volare ulnare) findet man die Mm. abductor digiti V, flexor brevis digiti V und opponens digiti V, die vom Os pisiforme, vom Lig. transversum und vom Haken des Os hamatum entspringen. Der M. abductor digiti V inseriert sich an der ulnaren Seite der Basis der Grundphalange, desgleichen der M. flexor digiti quinti brevis, der M. opponens am ulnaren Rand des Os metacarpi V.

Gefässe und Nerven der Vola manus. Die Arterien der Vola manus kommen teils aus der A. ulnaris, teils aus der A. radialis; die Nerven aus dem N. medianus und dem N. ulnaris.

Die Arterien der Hohlhand bilden durch die Anastomose der beiden in Betracht kommenden Hauptstämme (Aa. radialis und ulnaris) zwei in der Vola manus gelegene Gefässbogen, welche als Arcus volares superficialis und profundus unterschieden werden. Sie werden von je zwei Arcus venosi begleitet. Der Arcus superficialis liegt oberflächlich zu den Sehnen der langen Beuger, der Arcus profundus, von den letzteren bedeckt, auf den Basen der Metacarpalknochen sowie auf den Fasciae interosseae volares.

Arcus volaris superficialis. Er wird durch die Verbindung der über dem Lig. carpi transversum zur Hohlhand verlaufenden A. ulnaris mit dem Ramus volaris superficialis a. radialis gebildet, entspricht, auf das Handskelet bezogen, der Mitte der Metacarpalknochen und liegt unmittelbar unter der Aponeurosis palmaris, oberflächlich zu den Sehnen der Fingerbeuger.

Der Hauptstamm der A. ulnaris wird an der Grenze zwischen dem Vorderarm und der Hand im Bereiche des Carpus oberflächlich (Abb. 574) zum Lig. carpi transversum und radial von dem Os pisiforme angetroffen. Der Stamm wird hier von der Fortsetzung der Fascia antebrachii bedeckt, welche als Lig. carpi volare mit dem Lig. carpi transversum und der Aponeurosis palmaris zusammenhängt und sich sowohl am Os pisiforme und am Os hamatum, als radialwärts am Os naviculare festsetzt. Distalwärts von dem Os pisiforme wird die Arterie auch von dem M. palmaris brevis bedeckt, welcher von dem Lig. carpi transversum entspringt und sich an der Haut des Kleinfingerballens inseriert. Der N. ulnaris liegt der Arterie ulnar an. In der Höhe des Os pisiforme geben sowohl die Arterie als der Nerv Äste ab (Ram. volaris profundus der A. ulnaris und Ram. profundus des N. ulnaris), welche zwischen dem M. abductor digiti V und dem M. flexor digiti V brevis in die Tiefe gehen, um sich den Fasciae interosseae volares anzuschliessen und einerseits den Arcus volaris profundus zu bilden, andererseits die Mm. interossei zu versorgen (Abb. 575).

Die Fortsetzung des Stammes der A. ulnaris stellt einen distalwärts konvexen Bogen dar, welcher mit dem Ram. volaris superficialis der A. radialis anastomosiert und so den Arcus volaris superficialis herstellt. Der Ast aus der A. radialis entspringt unmittelbar vor dem an der Grenze zwischen Vorderarm und Hand erfolgenden Übertritt der Arterie auf das Dorsum manus und wendet sich auf der Thenarmuskulatur, manchmal auch von der letzteren streckenweise bedeckt, distalwärts, um an der Bildung des Arcus volaris superficialis teilzunehmen.

Von der Konvexität des Arcus volaris superficialis entspringen 3—4 Aa. digitales volares comm., welche sich zwischen den Zipfeln der Aponeurosis palmaris in je zwei Aa. digitales volares propriae teilen und die volaren Seiten der Finger versorgen mit Ausnahme des Daumens und des radialen Randes des Zeigefingers, deren Aa. digitales volares aus dem Arcus volaris profundus entspringen.

In derselben Schicht mit dem Arcus volaris superficialis liegen die zu den Fingern verlaufenden Äste des N. medianus und des N. ulnaris sowie die Äste zur Thenar- und Hypothenarmuskulatur. Der Stamm des N. medianus liegt im Canalis carpi oberflächlich zu den Sehnen des M. flexor digitorum superficialis, unmittelbar bedeckt von dem Lig. carpi transversum und zerfällt hier erstens in Muskeläste, welche die Thenarmuskulatur mit Ausnahme des M. adductor pollicis innervieren, und zweitens in Hautäste (Nn. digit. volares comm.). Die letzteren werden von dem Arcus superficialis gekreuzt; sie teilen sich zwischen den Zipfeln der Aponeurosis palmaris

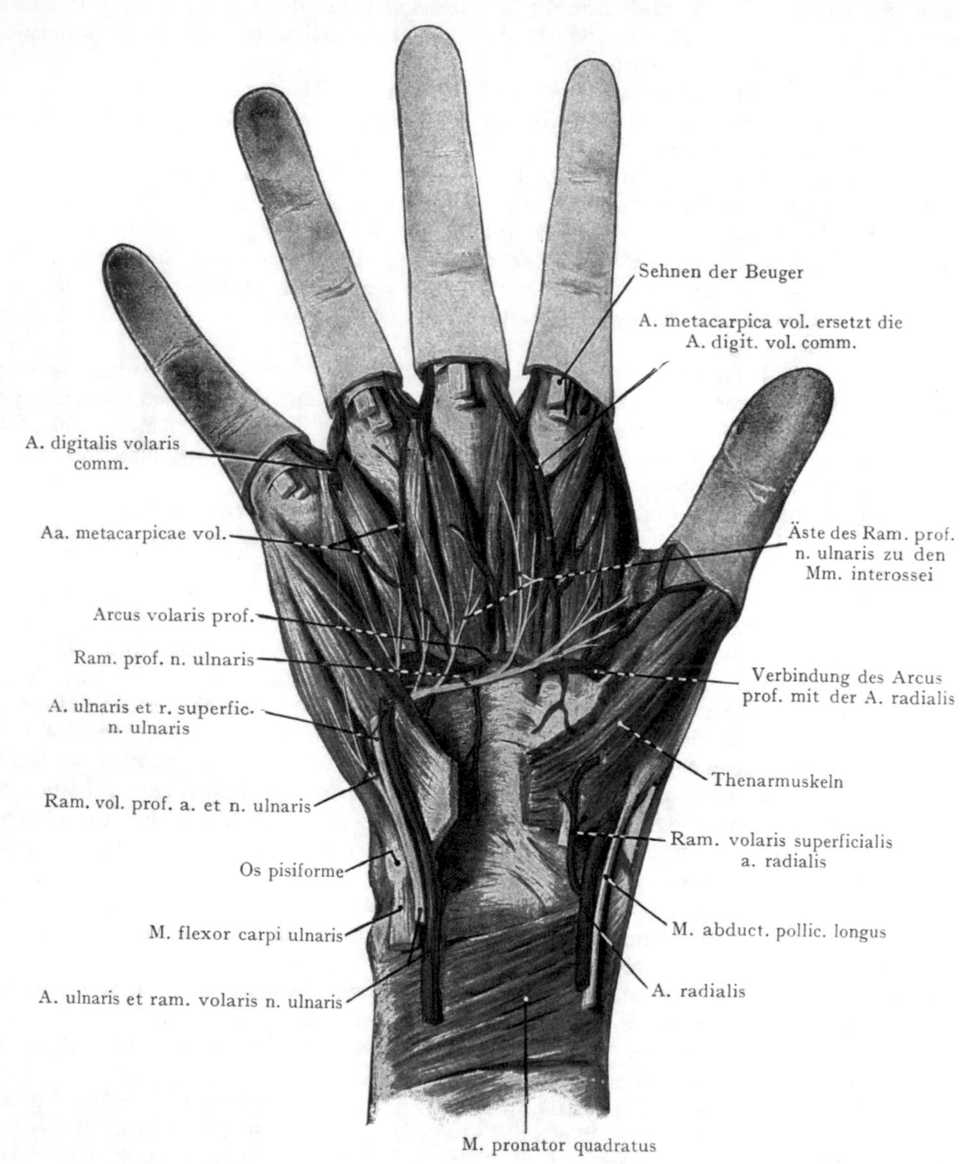

Abb. 575. Vola manus. Tiefe Gefässe und Nerven.

in je zwei Nn. digitales volares proprii und versorgen sieben Fingerseiten, von der radialen Seite des Ringfingers bis zur radialen Seite des Daumens. Der N. ulnaris (Abb. 574 und 575) liegt beim Übertritt auf die Vola manus ulnar von der A. ulnaris, also oberflächlich zum Lig. carpi transversum, wird hier gleichfalls von dem M. palmaris brevis bedeckt und gibt den mit dem Ramus profundus der A. ulnaris zwischen den Hypothenarmuskeln in die Tiefe der Vola manus verlaufenden Ram. profundus n. ulnaris ab, ferner Äste zu den Hypothenarmuskeln. Sodann teilt er sich in zwei Rami digitales volares, welche beide Seiten des kleinen Fingers sowie die Ulnarseite des Ringfingers versorgen.

Die subaponeurotischen Venen der Vola manus verlaufen mit den Arterien als Arcus venosus vol. superficialis und verbinden sich geflechtartig untereinander, sowie auch zwischen den Zipfeln der Aponeurosis palmaris mit den oberflächlichen Venen der Vola manus.

Tiefe Gebilde der Vola manus (Abb. 575). Sie liegen unmittelbar auf den Fasciae interosseae volares, werden also bedeckt von den Sehnen der langen Beuger. Der Arcus volaris prof. wird in der Hauptsache durch die A. radialis gebildet, welche mit dem Ramus volaris profundus der A. ulnaris anastomosiert. Die erstere gelangt, nach Abgabe des Ramus volaris superfic., proximal von der Linie des Radiocarpalgelenkes auf die Dorsalseite der Hand (Abb. 574), indem sie unter den Sehnen der Mm. abductor pollicis longus und extensor pollicis brevis in die Foveola radialis eintritt, sodann im ersten Spatium interosseum metacarpi zwischen den Ossa metacarpi pollicis und indicis wieder in die Hohlhand gelangt und hier auf den Basen der Metacarpalknochen ulnarwärts verläuft, um durch die Anastomose mit dem R. volaris prof. der A. ulnaris den Arcus volaris profundus zu bilden. Derselbe gibt, unmittelbar nach dem Durchtritt der A. radialis in die Vola manus, die A. princeps pollicis zum Daumen und zur radialen Seite des Zeigefingers ab, dann Äste zu den Sehnen und den Sehnenscheiden der Beuger und zu dem tiefen Bandapparate der Carpalrinne. Distalwärts gehen die Aa. metacarpicae volares ab, welche die Mm. interossei versorgen und mit den Aa. digitales comm. kurz vor der Teilung der letzteren in die Aa. digitales volares propriae anastomosieren.

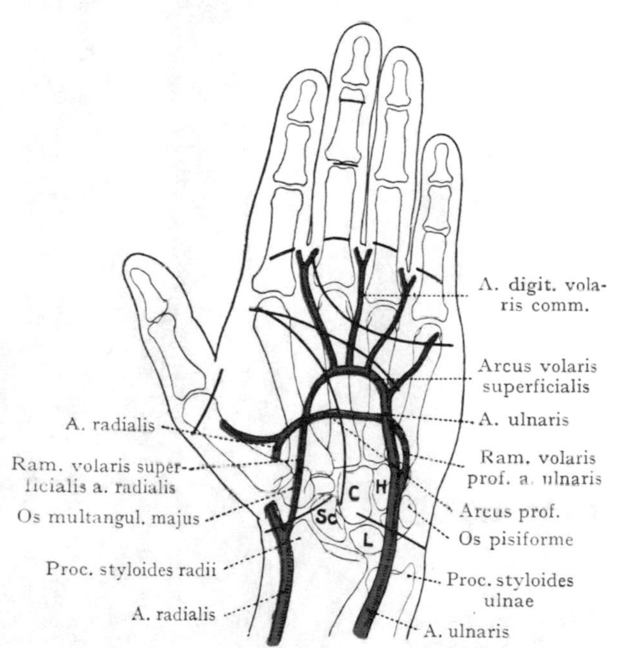

Abb. 576. Vola manus sin. mit den Falten und dem Handskelete, bezogen auf den Arcus profundus und superfic. Nach einer Röntgenaufnahme von Dr. Zuppinger und einer Abbildung von Treves, Surgical anatomy.
C Capitatum. H Hamatum. Sc Naviculare. L Lunatum.

Der Ramus profundus n. ulnaris tritt mit dem Ram. vol. profundus der A. ulnaris in die Tiefe, liegt proximalwärts von dem Arcus profundus und gibt Äste ab, welche distalwärts verlaufend, den Arcus profundus kreuzen und sämtliche Mm. interossei sowie den M. adductor pollicis innervieren.

Die Lage der beiden Arcus volares sowie ihre Beziehungen zu den Hautfurchen der Vola manus und zum Handskelete ergeben sich aus Abb. 576. Der Arcus superficialis entspricht etwa der Mitte, der Arcus profundus den Basen der Metacarpalknochen; der letztere liegt also weiter proximal als der Arcus superficialis. Der Ram. volaris superficialis a. radialis entspringt etwa in der Höhe der Handgelenkfurche, der Ram. vol. profundus a. ulnaris in der Höhe des Os hamatum. Die Beziehungen beider Arcus zu der Thenarfurche und zu der ersten queren Handfurche ergeben sich ohne weitere Beschreibung aus der Abbildung.

Dorsum manus. Die oberflächlichen Gebilde sind schon berücksichtigt worden, ebenso der Befund bei der Inspektion und Palpation (Abb. 568). Die Fascia dorsalis manus

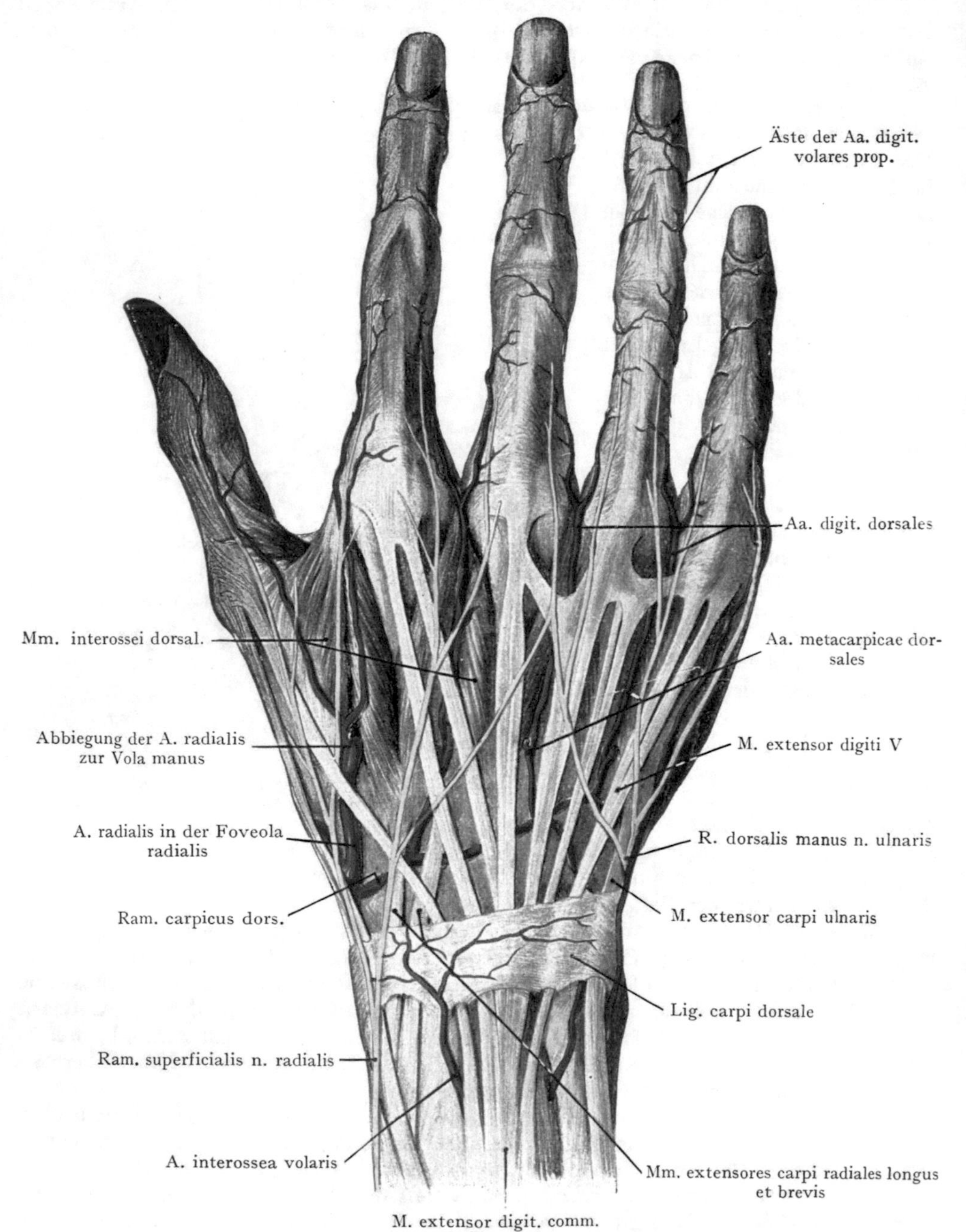

Abb. 577. Dorsum manus nach Entfernung der Fascia dorsalis manus.

ist an der Grenze zwischen Vorderarm und Hand, ferner in der Carpal- und Metacarpalgegend in verschiedener Stärke ausgebildet; besonders derbe aponeurotische Faserzüge verlaufen quer oder schräg von dem medialen Rande der Ulna und der Carpalknochen zum lateralen Rande des Radius und der Carpalknochen und bilden das Lig. carpi dorsale. Im Bereiche der distalen Partie des Carpus sowie in der Metacarpalgegend ist die Fascia dorsalis manus weniger mächtig; sie befestigt sich am ulnaren und am radialen Rande des Handgelenkes und geht distalwärts auf die dorsale Fläche der Finger weiter. Die Fascia dorsalis manus bildet, zusammengenommen mit den Fasciae interosseae dorsales, den Ossa metacarpi und den Ossa carpi eine Loge (Spatium manus dorsale, Abb. 571), welche sich proximalwärts mit der dorsalen Streckerloge des Vorderarmes verbindet. Diese Verbindung wird jedoch nicht, wie der Zusammenhang der mittleren Loge der Vola manus mit der Beugerloge des Vorderarmes, durch eine einzige grosse Öffnung hergestellt, sondern durch sechs Öffnungen (Fächer) unter dem Lig. carpi dorsale, welche den Strecksehnen den Eintritt aus der Streckerloge des Vorderarms in das Spatium dorsale manus gestatten. Diese Öffnungen kommen dadurch zustande, dass das Lig. carpi dorsale Fasciensepten zu den distalen Enden der Vorderarmknochen und zum dorsalen Umfange der proximalen Reihe der Carpalknochen abgibt, durch welche der Raum unter dem Lig. carpi dors. in sechs zum Durchtritt der Streckersehnen bestimmte Öffnungen zerlegt wird.

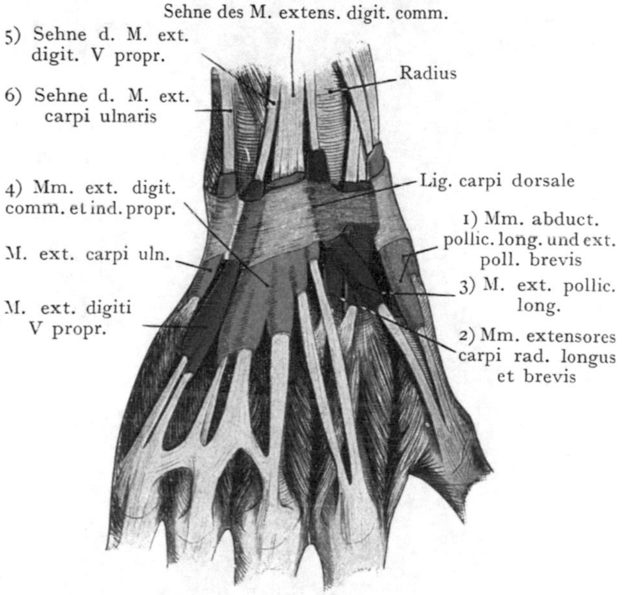

Abb. 578. Sehnenscheiden am Dorsum manus.

Innerhalb des Spatium dorsale manus verlaufen die Sehnen der Strecker an ihre Insertionen und findet die dorsale Verzweigung der A. radialis (Ram. carpicus dorsalis und Aa. metacarpicae dorsales) statt.

Die Sehnen der Strecker gehen, von ihren Scheiden umgeben, durch die sechs „Fächer" unter dem Lig. carpi dorsale. Sie bedecken dabei den dorsalen Umfang der Kapsel des Handgelenkes sowie die distalen Enden der Vorderarmknochen und die proximale Reihe der Carpalknochen. Von der radialen Seite angefangen, gehen (Abb. 578) durch das 1. Fach: die Sehnen der Mm. abductor pollicis longus und extensor pollicis brevis (Insertion: Basis des Os metacarpi I und Basis der Grundphalange des Daumens); durch Fach 2: die Sehnen der Mm. extensores carpi radiales longus und brevis (Insertion: Basis der Ossa metacarpi II und III); durch Fach 3: die Sehne des M. extensor pollicis longus (Insertion: Dorsalaponeurose der Basis der Endphalange des Daumens): durch Fach 4: die Sehnen des M. extensor digit. comm. und des M. extensor indicis proprius (Insertion: Dorsalaponeurose der entsprechenden Finger); durch das 5. Fach: die Sehne des M. extensor digiti quinti proprius (zur Dorsalaponeurose des kleinen Fingers); durch das 6. Fach: die Sehne des M. extensor carpi ulnaris (Insertion: Basis des Os metacarpi V).

Die Synovialscheiden der Sehnen überschreiten die im Lig. carpi dorsale gegebene Verstärkung der Fascia dorsalis manus sowohl in proximaler als in distaler Richtung. In der Regel ist ihre Ausdehnung distalwärts auf das Dorsum manus grösser, indem sie die Basen der Metacarpalknochen erreichen, ja über dieselbe hinausreichen können (so die Sehnenscheide der gemeinsamen Fingerstrecker sowie des M. extensor digiti V proprius). Die dorsalen Sehnenscheiden besitzen übrigens nicht dieselbe Bedeutung für die Fortleitung entzündlicher Prozesse von den Fingern zur Vorderarmgegend wie die Sehnenscheiden der Fingerbeuger, denn sie verbinden sich nicht mit Sehnenscheiden am dorsalen Umfange der Finger. Anschwellungen in den dorsalen Sehnenscheiden sind gewöhnlich auf Blutergüsse zurückzuführen, welche infolge Quetschungen oder durch gewaltsame Anstrengung der betreffenden Sehne entstehen (Schüller).

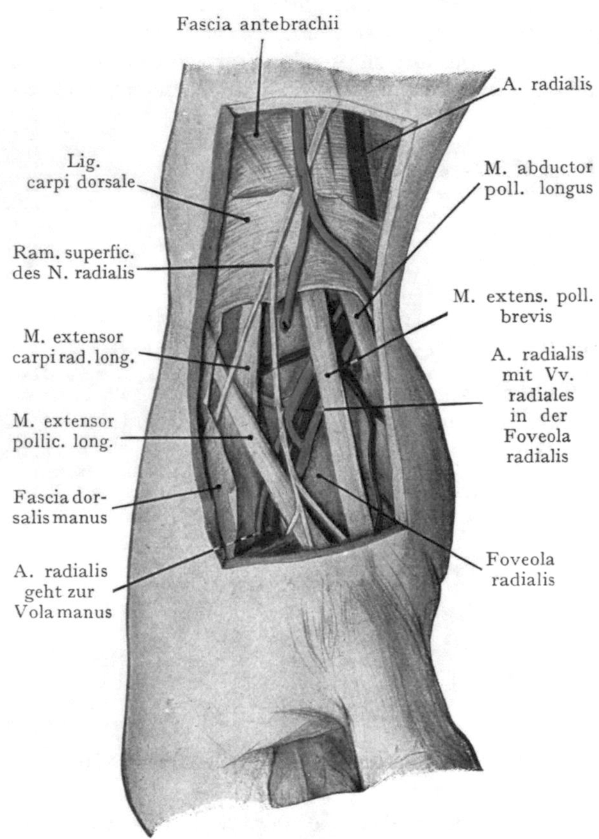

Abb. 579. Topographie der Foveola radialis (sog. „Tabatière") am Dorsum manus.

Die Sehnen der Strecker werden bei ihrem Übertritt auf das Dorsum manus in ähnlicher Weise durch das Lig. carpi dorsale zusammengedrängt, wie die Beugersehnen im Canalis carpi. Distalwärts von dem Lig. carpi dorsale verlaufen die Sehnen, mehr oder weniger abgeplattet, im Spatium manus dorsale zu ihren Insertionen; die Sehnen, welche in die Dorsalaponeurose der Finger übergehen, weisen etwa in der Höhe der Köpfchen der Metacarpalknochen Verbindungen untereinander auf (Juncturae tendinum). Das lockere Bindegewebe zwischen der Fascia dorsalis manus und den Fasciae interosseae dorsales gestattet eine ziemlich starke Verschiebung der Sehnen.

Arterien und Nerven des Dorsum manus. Die oberflächlichen Nerven sind, nach Wegnahme der Fascie, in Abb. 577 dargestellt. Fünf Fingerseiten und annähernd die Hälfte des Dorsum manus werden von dem Ram. superficialis n. radialis versorgt, welcher unter der Sehne des M. brachioradialis auf die Streckseite der Hand tritt; fünf Fingerseiten und die ulnare Hälfte des Dorsum manus werden von dem Ramus dorsalis manus n. ulnaris versorgt.

Die Arterien des Dorsum manus entspringen in der Hauptsache aus der A. radialis, doch können sie mit den Endästen der A. interossea dorsalis und volaris am dorsalen Umfange der Ossa carpi anastomosieren. Der Stamm der A. radialis liegt an der Grenze zwischen dem Vorderarm und der Hand, ulnar von der am Proc. styloides radii sich inserierenden Sehne des M. brachioradialis (Abb. 574). Ulnar von der Arterie liegt die Sehne des M. flexor carpi radialis. Die Arterie wendet sich dorsalwärts, indem sie distal von dem Proc. styloides radii an der Kapsel des Radiocarpalgelenkes vorbeizieht, und wird hier von den Sehnen der Mm. abductor pollicis longus und extensor pollicis brevis bedeckt. Sodann liegt sie unter der Fascia dorsalis manus in einem etwa dreieckigen Felde (Foveola radialis „Tabatière", Abb. 579), welches radial von der Sehne des M. extensor pollicis brevis, ulnar von den Sehnen der Mm. extensor pollicis longus und extensor carpi radialis longus, proximal von dem Lig. carpi dorsale begrenzt wird. Der Boden der Foveola wird von dem dorsalen Umfange der radialen Ossa carpi sowie durch die Basis der Ossa metacarpi I und II gebildet. Die Arterie wird von zwei Venen begleitet und oberflächlich von der Fascia dorsalis manus bedeckt, auf welcher subkutane Venen (V. cephalica) sowie Äste des Ram. superficialis n. radialis zu den Fingern verlaufen.

Der Stamm der Arterie geht unter der Sehne des M. extensor pollicis longus aus der Foveola zum Spatium interosseum metacarpi I und wendet sich hier volarwärts, um in der Vola manus, von dem queren Teile des M. adductor pollicis bedeckt, den Arcus volaris profundus zu bilden. Die A. radialis gibt (Abb. 579) in der Foveola den Ram. carpicus dorsalis ab, welcher, von den Sehnen der Strecker bedeckt, unmittelbar auf der dorsalen Wölbung der Ossa carpi ulnarwärts verläuft und mit dem die Membrana interossea perforierenden Endaste der A. interossea volaris anastomosiert, um das Rete carpi dorsale zu bilden. Aus dem Ram. carpicus dorsalis entspringen vier Aa. metacarpicae dorsales, welche sich nach Abgabe von Ästen an die Mm. interossei in Aa. digitales dorsales für die Dorsalfläche des 1. und 2. Fingergliedes teilen. Die entsprechenden Arterien für den Daumen und für die Radialseite des Zeigefingers entspringen direkt aus der A. radialis unmittelbar vor dem Eintritt derselben in das Spatium interosseum metacarpi I. Die dorsalen Gefässe und Nerven sind schwächer als die volaren und erreichen kaum die dritte Phalange.

Finger.

Inspektion und Palpation. Die Querfurchen an der Volarseite der Finger sind drei an Zahl: die am weitesten proximalwärts gelegene entspricht nicht ganz genau der Mitte der ersten Phalange, in keinem Falle dem Articulicus metacarpophalangicus. Die distale Querlinie der Vola manus entspricht (Abb. 576) den Köpfchen der drei ulnaren Metacarpalknochen, die stärkere Querfurche an der Grenze zwischen dem ersten und zweiten Fingergliede (volar) der Gelenklinie, die dritte distale Querfurche liegt proximal von dem Gelenke zwischen dem zweiten und dritten Fingergliede.

Volare Seite der Finger. Die volaren Fingerseiten zeichnen sich durch den Einschluss der Beugersehnen in Sehnenkanäle aus. Letztere sind, mit Ausnahme desjenigen am Daumen und am kleinen Finger, auf die Finger beschränkt. Die Sehnenscheide des Daumens setzt sich in den radialen Sehnenscheidensack (M. flexor pollicis longus, Abb. 573), diejenige des kleinen Fingers in den ulnaren Sack (der Mm. flexor digitorum superficialis und prof.) fort. Nehmen wir das Verhalten am Mittelfinger (siehe Abb. 573) als Typus an, so reicht die Sehnenscheide proximalwärts bis zu den Köpfchen der Metacarpalknochen, distalwärts bis zur Mitte der Endphalange. Die Sehnenscheiden setzen sich an den Rändern der in transversaler Richtung ausgehöhlten Phalangen fest (siehe auch den Querschnitt, Abb. 582).

Die Sehnenscheiden schliessen die Sehnen der Mm. flexores digitorum superficialis und prof. ein. Die Sehnen des M. flexor digitorum superficialis teilen sich sofort nach dem Eintritt in die Sehnenscheide und bilden zwei zur Basis der zweiten Phalange gehende Zipfel, zwischen welchen die Sehne des M. flexor digitorum prof. verläuft, um sich an der Basis der letzten Phalange zu inserieren. Die Sehnen beider Beuger hängen durch Sehnenbündel mit der Sehnenscheide zusammen (Vincula tendinum).

Arterien und Nerven an der Volarfläche der Finger (Abb. 574). Die aus dem Arcus volaris superficialis entspringenden Aa. digit. volares comm. teilen sich zwischen den Zipfeln der Aponeurosis palmaris in die Aa. digitales volares propriae, welche seitlich bis zur Endphalange verlaufen. Die A. princeps pollicis kommt aus dem Arcus volaris profundus oder aus der A. radialis sofort nach dem Durchtritt der letzteren

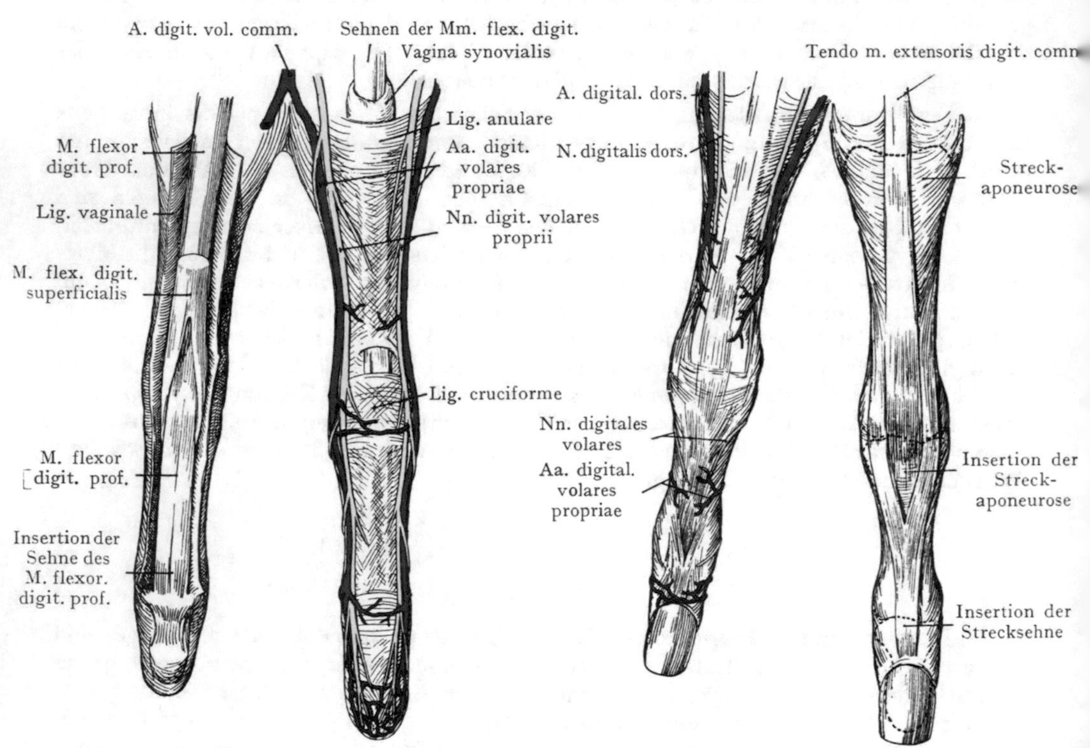

Abb. 580. Volaransicht zweier Finger. An dem linkerseits dargestellten Finger sind die Sehnenscheiden aufgeschnitten worden.

Abb. 581. Dorsalansicht zweier Finger.

in die Vola manus und gibt Aa. digitales volares propriae zum Daumen und zur radialen Seite des Zeigefingers ab. Die Aa. digitales volares propriae anastomosieren besonders reichlich am letzten Fingergliede untereinander und versorgen auch die dorsale Fläche des letzten und auch zum Teil des vorletzten Fingergliedes.

Die Nerven der sieben radialen Fingerseiten kommen aus dem N. medianus, diejenigen der drei ulnaren Fingerseiten aus dem N. ulnaris. Das Gebiet der Nn. digitales volares proprii ist am 2., 3. und 4. Finger ein ausgedehnteres als dasjenige der Nn. digitales dorsales manus, indem sie auch die Haut der Dorsalseite des dritten Fingergliedes und das Nagelbett versorgen. Am Daumen und am kleinen Finger dagegen reichen die dorsalen Nerven bis zur Fingerspitze.

Dorsalseite der Finger. Die Hautfurchen an der Dorsalseite der Finger sind für die Bestimmung der Gelenklinien ohne Bedeutung.

Sehnen der Extensoren und Dorsalaponeurose der Finger. Die dorsale Fläche der ersten Phalange wird mehr als zur Hälfte von einer dreieckigen Aponeurose bedeckt, welche von den Sehnen der Mm. lumbricales, der Mm. interossei dorsales und volares und der langen Strecker gebildet wird. Durch lockeres Bindegewebe von der ersten Phalange getrennt (Abb. 582), inseriert sie sich teils an der Basis der Endphalange (dabei kommen hauptsächlich die von den Mm. lumbricales und den Mm. interossei gelieferten Sehnenfasern in Betracht), teils an der Basis der Mittelphalange (Sehnen des M. extensor digit. comm.).

Nerven und Arterien der Dorsalseite der Finger. Die Arterien kommen als Aa. metacarpicae dorsales aus dem Ram. carpicus sowie aus dem Stamme der A. radialis. Sie teilen sich in Aa. digit. dorsales und erschöpfen sich bereits am zweiten Fingergliede. Das gleiche gilt von den Nerven, welche für je fünf Fingerseiten von dem Ramus dorsalis manus des N. ulnaris und dem Ramus superfic. des N. radialis geliefert werden.

Quer- und Längsschnitte durch den Finger. Abb. 582 stellt einen Querschnitt durch das erste Fingerglied dar. Die Phalange ist dorsal mehr als zur

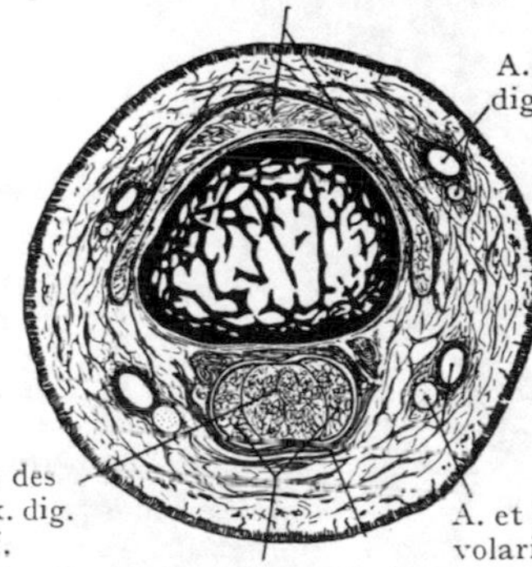

Streckaponeurose u. Sehne des M. ext. dig. comm.
A. und N. digit. dors.
Sehne des M. flex. dig. prof.
A. et N. digit. volaris propr.
Sehne des M. flex. digit. superficialis
Vagina tendinum

Abb. 582. Querschnitt durch einen Finger. Basis der ersten Phalange. Nach einem Mikrotomschnitte.

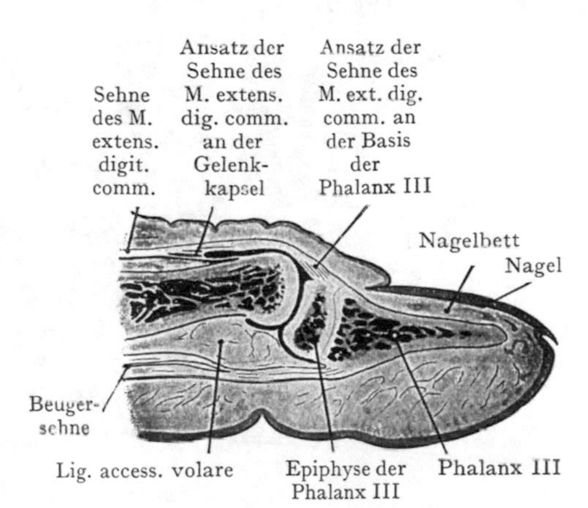

Abb. 583. Längsschnitt durch das Endglied des Zeigefingers. Nach einem Mikrotomschnitte.

Hälfte von der dreieckigen Aponeurose bedeckt, welche durch eine Schicht lockeren Bindegewebes von dem Perioste der Phalange getrennt wird. Volarwärts schliesst sich die Sehnenscheide für die Beugersehnen dem Knochen an; die Sehne des M. flexor digitorum superficialis hat sich in ihre beiden Zipfel geteilt, zwischen welchen die Sehne des M. flexor digitorum prof. hindurchtritt. Seitlich von der Sehnenscheide liegen beiderseits die Querschnitte der Aa. digitales volares propriae mit den Nn. digitales volares proprii; auf beiden Seiten der dorsalen Aponeurose die Aa. und Nn. digitales dorsales.

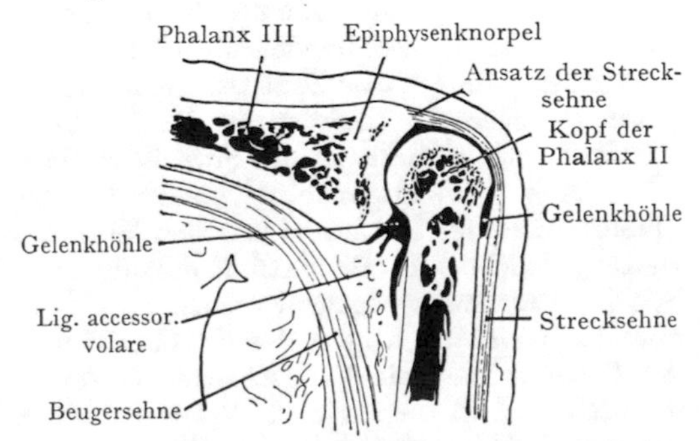

Abb. 584. Längsschnitt durch das zweite Interphalangealgelenk des Zeigefingers. Nach einem Mikrotomschnitte.

Abb. 583 stellt einen Längsschnitt durch die beiden letzten Glieder des Zeigefingers dar mit den Insertionen der Strecksehnen an dem dorsalen Umfange der Basis der Endphalange, der Beugersehnen (M. flexor digitorum prof.) volar an der Basis und teilweise auch an der Diaphyse der Endphalange. Man beachte die Verbindung der Sehnen mit der Gelenkkapsel dorsal- und volarwärts, durch welche eine Einkeilung der letzteren zwischen die Gelenkflächen bei Beugung und Streckung verhindert wird.

Quer- und Längsschnitte durch die Hand (Abb. 585—588).

Abb. 585. Querschnitt durch die Carpalgegend. Die distale Reihe der Carpalknochen bildet einen Bogen, dessen Konkavität volarwärts gerichtet ist. Derselbe wird durch das mit seiner Fortsetzung in die Tiefe grün angegebene Lig. carpi transversum zum Canalis carpi ergänzt. Von der aus der Aponeurosis palmaris ulnar- und radialwärts sich fortsetzenden, schwächeren Fascie werden die Muskeln des Thenar und des

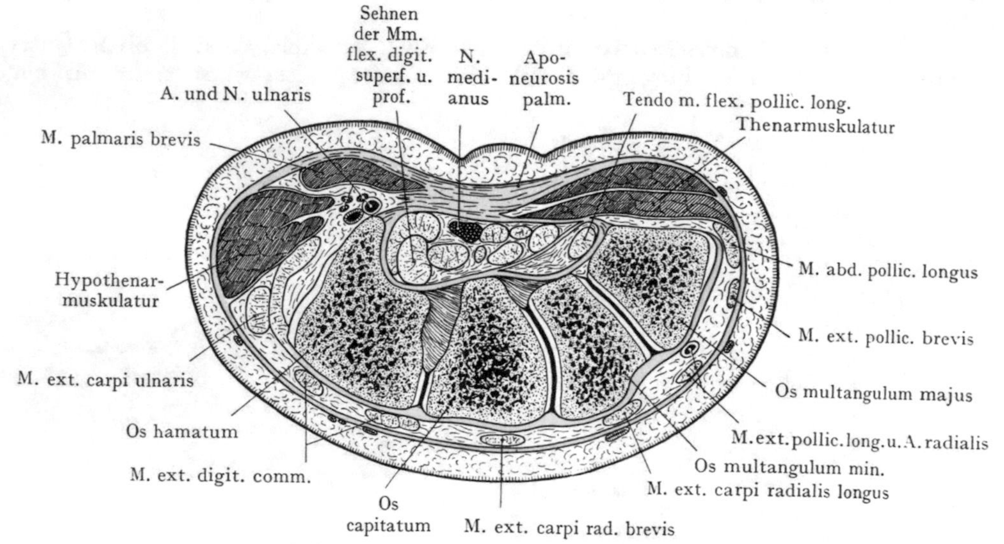

Abb. 585. Querschnitt durch die Hand.
Die distale Reihe der Carpalknochen ist getroffen. — Fascien grün.
Nach einem Mikrotomschnitte.

Hypothenar umhüllt. Radial vom Hypothenar finden sich, von dem M. palmaris brevis bedeckt, die A. und der N. ulnaris. Der Canalis carpi schliesst die Sehnen der Mm. flexores digitorum superficialis und prof. und des M. flexor pollicis longus ein; der N. medianus liegt im Canalis carpi unmittelbar unter dem Lig. carpi transversum. Dorsal grenzt die Fascia dorsalis manus mit den die dorsale Fläche der Ossa carpi bedeckenden Bändern das Spatium dorsale manus ab, in welchem die Sehnen der Strecker sowie zwischen den Sehnen der Mm. extensores pollicis brevis und longus der Querschnitt der A. radialis in der Foveola radialis angetroffen wird.

Abb. 586. Querschnitt durch die Mitte der Metacarpalgegend. Die Querschnitte der Metacarpalknochen können durch eine bogenförmige Linie verbunden werden, welche ihre Konvexität dorsalwärts, ihre Konkavität volarwärts richtet. Die Spatia interossea metacarpi werden dorsal- und volarwärts durch die Fascia interossea dorsalis u. volaris abgeschlossen; oberflächlich liegen auf der Dorsalseite die Sehnen der Strecker und die Querschnitte der Aa. metacarpicae dorsales. Die Fascia dorsalis manus ist nicht bezeichnet. Volar können wir die Thenarmuskulatur (aus dem Mm. flexor pollicis brevis, abductor pollicis brevis und opponens pollicis bestehend) und die Hypothenarmuskulatur (Mm. abductor digiti V., opponens und flexor brevis) unterscheiden; zwischen beiden, von der Aponeurosis palmaris bedeckt, die Sehnen der Mm.

flexores digitorum superficialis und prof. mit den Mm. lumbricales. Unmittelbar unter der Fascie befinden sich auch die Querschnitte der Aa. digitales volares comm. mit den Nn. digitales volares comm. Die Mm. interossei springen stark volarwärts vor und sind im Bereiche des ersten und zweiten Spatium interosseum metacarpi von dem queren

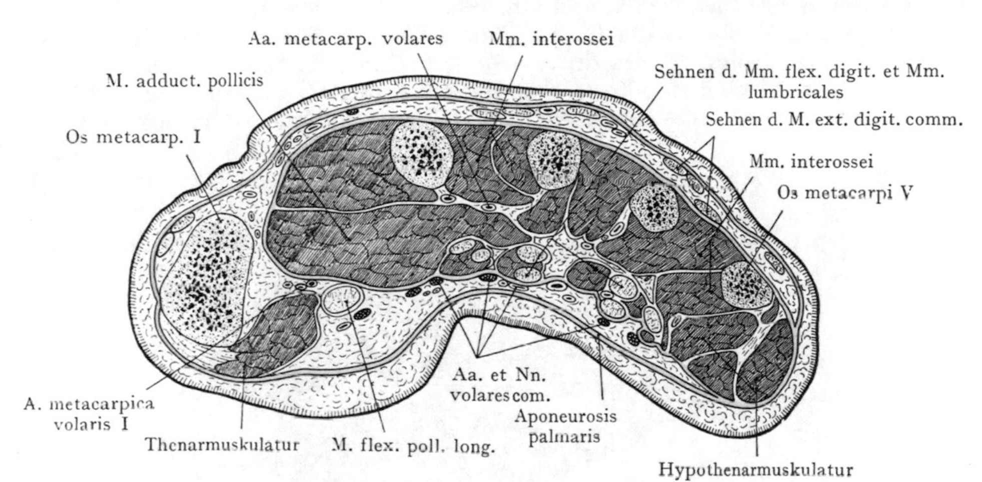

Abb. 586. Querschnitt durch den mittleren Teil der Metacarpalgegend. Nach einem Mikrotomschnitte.

Ursprung des M. adductor pollicis bedeckt; zwischen dem M. adductor pollicis und den Mm. interossei des zweiten Spatium interosseum metacarpi liegen Querschnitte der Aa. metacarpicae volares, welche aus dem Arcus volaris profundus entspringen. Zwischen dem M. adductor und dem M. flexor pollicis brevis liegt die Sehne des M. flexor pollicis longus.

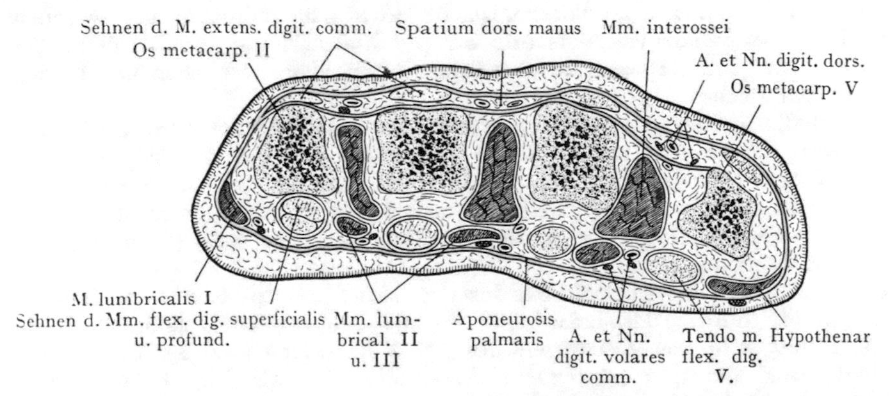

Abb. 587. Querschnitt durch die distale Partie des Metacarpus. Nach einem Mikrotomschnitte.

Abb. 587. Querschnitt durch die distale Partie des Metacarpus. Die Köpfchen der Metacarpalknochen sind getroffen. Die Fascia interossea dorsalis und die Fascia dorsalis manus sind als Begrenzung des Spatium manus dorsale zu sehen; die stark abgeplatteten Sehnen der Strecker liegen den Köpfchen der Metacarpalknochen auf, alternierend mit den Querschnitten der Aa. metacarpicae dorsales und der dorsalen Fingernerven. Die Mm. interossei sind teilweise in ihre Endsehnen übergegangen; sie füllen die Spatia interossea metacarpi nicht mehr vollständig aus. Volar finden wir oberflächlich die Aponeurosis palmaris; die Sehnen der Beuger sind in ihre Scheiden eingeschlossen, die Mm. lumbricales liegen in den Intervallen zwischen den Sehnenkanälen, desgleichen die Aa. und Nn. digitales volares comm.

Längsschnitt durch die Hand (Abb. 588). Der Schnitt trifft den Radius, das Lunatum, das Capitatum, den dritten Metacarpalknochen und die Phalangen des Mittelfingers. Dorsal sind die Strecksehnen bis zur zweiten Phalange zu verfolgen; an der volaren Seite sind die Beugersehnen vor ihren Insertionen durchschnitten.

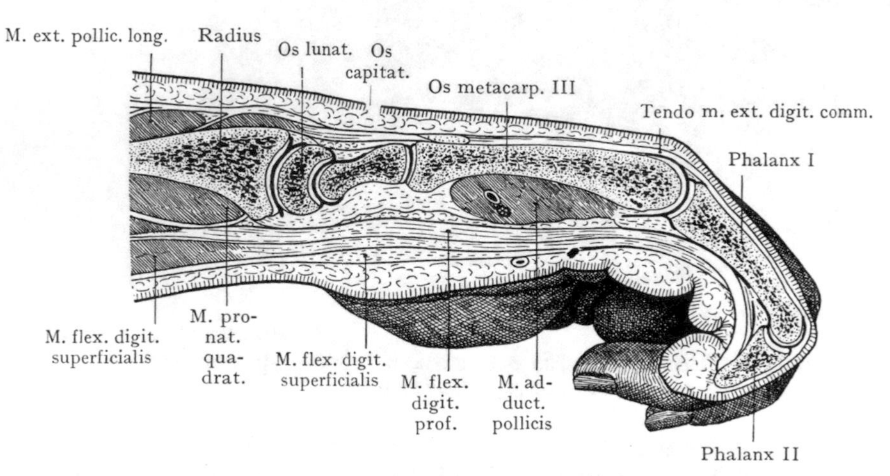

Abb. 588. Längsschnitt durch die Hand (Mittelfinger).
Nach Braune, Atlas der topogr. Anatomie.

Handgelenke und Handskelet. Für die Bewegungen der Hand als Ganzes kommen in Betracht: 1. Das Radiocarpalgelenk (Articulus radiocarpicus) zwischen Radius und Discus articularis einerseits und der proximalen Reihe der Carpalknochen andererseits. 2. Das Intercarpalgelenk (Articulus intercarpicus) zwischen den beiden Reihen der Carpalknochen.

Die im Radiocarpalgelenke zusammenstossenden Gelenkflächen werden gebildet: erstens von dem unteren ausgehöhlten Ende des Radius mit der dreieckigen Faserknorpelplatte (Discus articularis), die sich mit ihrer Basis an der Incisura ulnaris radii, mit ihrer Spitze an dem Processus styloides ulnae befestigt (Pfanne), zweitens von der als Gelenkkopf gewölbten Fläche der proximalen Reihe der Ossa carpi (Os naviculare, Os lunatum und Os triquetrum).

Die Kapsel des Radiocarpalgelenkes inseriert sich dicht am Rande der Gelenkflächen und erhält durch Hilfsbänder eine dorsale und volare Verstärkung. Die volare Verstärkung wird von Faserzügen des tiefen Bandapparates der Carpalrinne geliefert, und zwar von dem proximalen Abschnitte, der als Lig. radiocarpicum volare unterschieden wird; dieses verläuft von dem distalen Ende des Radius und der Ulna zu dem volaren Umfange der proximalen Reihe der Carpalknochen. Auf der Dorsalseite verlaufen die Fasern des Verstärkungsbandes als Lig. radiocarpicum dorsale von dem distalen Ende des Radius zu der proximalen Reihe der Carpalknochen.

Der volare Umfang des Radiocarpalgelenkes wird von den Sehnen der Beuger überlagert, welche die Palpation des Gelenkes von dieser Seite aus verhindern. Dorsal ziehen die weniger dicht zusammengedrängten Streckersehnen in den Fächern des Lig.

carpi dorsale über die Gelenkkapsel hinweg. Ergüsse in das Gelenk werden sich folglich besonders dorsal sowie auf beiden Seiten bemerkbar machen und der Untersuchung zugänglich sein. Auf der Streckseite verläuft die A. radialis fast unmittelbar über die Gelenkkapsel hinweg und tritt in die Foveola radialis ein.

Der Verlauf der radiocarpalen Gelenklinie kann durch die Palpation beider Processus styloides festgestellt werden; sie entspricht einer dieselben verbindenden bogenförmigen Linie, deren Konkavität distalwärts gerichtet ist. Die Mitte des Gelenkspaltes liegt ca. 1 cm proximal von der geraden Verbindungslinie beider Processus styloides.

Intercarpalgelenk. Das Intercarpalgelenk zeigt kompliziertere Verhältnisse als das Radiocarpalgelenk, besonders steht die Gelenkhöhle distalwärts im Zusammenhang mit dem Gelenkspalte zwischen der distalen Reihe der Carpalknochen und den Basen der Ossa metacarpi (Abb. 589). Die Gelenklinie zwischen der proximalen und distalen Reihe der Carpalknochen ist mehr oder weniger S-förmig gebogen. Das Os hamatum und das Os capitatum bilden einen distalen Gelenkkopf, welcher in eine von dem Os naviculare, Os lunatum und Os triquetrum gebildete Pfanne hineinpasst; umgekehrt bietet das Os naviculare einen proximalen Gelenkkopf, welcher mit einer von dem Os multangulum majus und minus gebotenen Pfanne in Berührung tritt.

Die Bandverbindung zwischen den einzelnen Carpalknochen ist auf der volaren

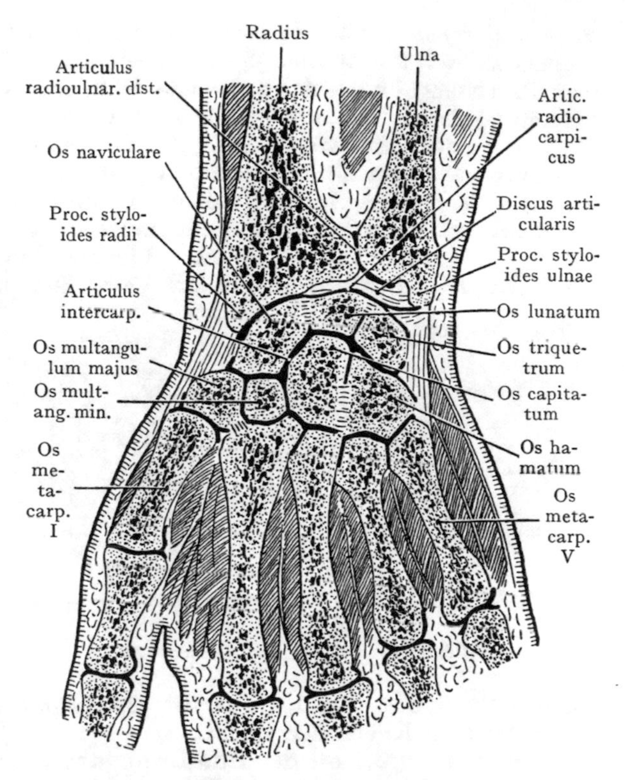

Abb. 589. Flächenschnitt durch die Hand.
Nach Pirogoff, Anatome topogr., Fasc. IV. B. Taf. V. Abb. 6.

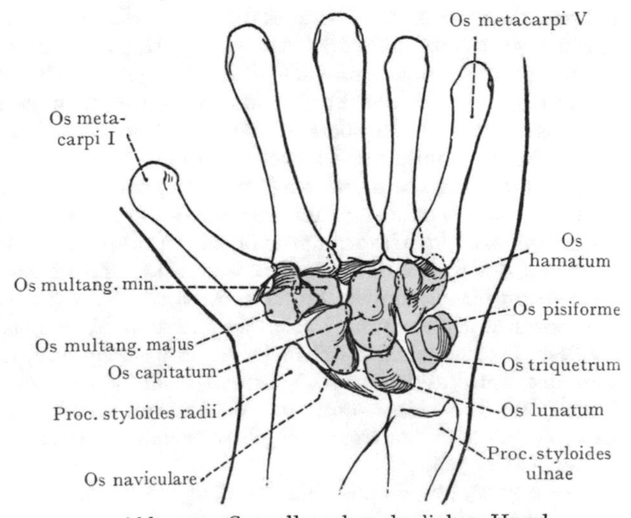

Abb. 590. Carpalknochen der linken Hand.
Nach einer Röntgenaufnahme von Dr. H. Zuppinger in Zürich, kombiniert mit einem Skeletpräparate.

Seite stärker entwickelt. In der Regel ist auch ein Lig. interosseum capitatohamatum vorhanden, welches in Abb. 589 zu sehen ist. Dadurch, dass ein solches zwischen dem Os multangulum majus und minus fehlt, kommt eine Verbindung zwischen dem Intercarpalgelenke und den drei medialen Carpometacarpalgelenken zustande.

Lage der Ossa carpi (Abb. 590). Dieselbe ergibt sich aus der nach einer Röntgenaufnahme und einem Skeletpräparate hergestellten Abbildung (von der Vola manus aus gesehen). Die Knochen befinden sich in der natürlichen Lage, nicht in derjenigen, welche ihnen bei der Herstellung von Skeletpräparaten zugewiesen wird und die den wirklichen Verhältnissen kaum entspricht. Für die Beurteilung der Frakturlinien, welche die Carpalknochen durchsetzen, ist die Feststellung der wirklichen Lage der Knochen von Wert, sind doch häufig die bei Frakturen abgesprengten Knochenteile als überzählige Carpalknochen gedeutet worden.

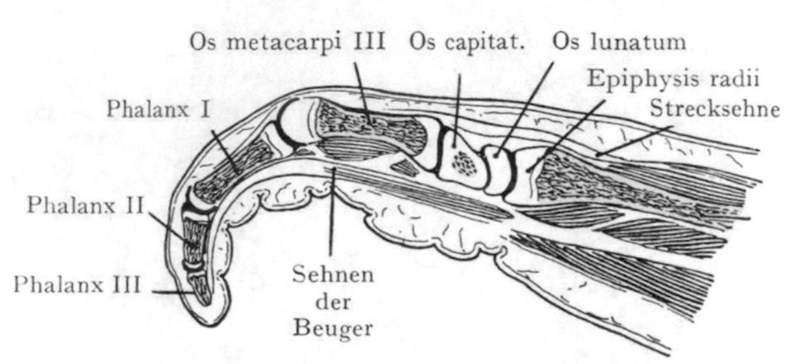

Abb. 591. Längsschnitt durch die Hand (Mittelfinger) eines 1 jährigen Kindes.
Gefrierschnitt aus der Basler Sammlung.

Verhalten der Epiphysen an der Hand. In Abb. 591 ist ein Längsschnitt durch die Hand eines 1 jährigen Kindes dargestellt; derselbe entspricht der Längsachse der Hand, welche durch den Radius, das Os lunatum, das Os capitatum und den Mittelfinger gezogen wird. Man beachte die Diaphysenverknöcherung des Radius, der Knochen des Metacarpus und der Finger, während in dem Os lunatum ein Knochenkern fehlt.

Fascienlogen an der Hand und am Vorderarme. Die Abb. 592 stellt die Fascienräume der Vola manus im Zusammenhang mit denjenigen des Vorderarmes dar. Die Logen der Spatia interossea metacarpi, des Thenar und des Hypothenar beschränken sich auf die Hand und sind gegen den Vorderarm abgeschlossen. Die mittlere Loge der Vola manus dagegen (s. auch den Querschnitt Abb. 570), welche die Sehnen und Sehnenscheiden der Mm. flexores digit. superficialis und profundus sowie den N. medianus enthält, geht proximalwärts in die Beugerloge des Vorderarmes über und reicht, indem sie die oberflächlichen und die tiefen Beuger umschliesst, bis zum Epicondylus ulnaris humeri hinauf. In der Fossa cubiti tritt die A. ulnaris in die Beugerloge ein; in der Carpalgegend liegt sie oberflächlich zum Lig. carpi transversum.

In der Abbildung ist auch die Loge der radialen Strecker dargestellt (sie enthält den M. brachioradialis und die Mm. extensores carpi radiales longus und brevis), welche sich von dem Ansatz der Mm. extensores carpi radiales an der Basis des II. und III. Os metacarpi bis zum Ursprung des M. brachioradialis an der radialen Kante des Humerus, oberhalb des Epicondylus radialis erstreckt. Zu diesen beiden, von der Hand auf den Vorderarm übergehenden Logen kommt noch die (in Abb. 592 nicht dargestellte) Loge der dorsalen Extensoren hinzu, welche den M. extensor. digitorum comm. usw. einschliesst (s. den schematischen Querschnitt Abb. 562) und bis zur Höhe des Olecranon und des Epicondylus radialis humeri reicht. In Abb. 592 sind ausser den erwähnten Logen an der Hand und am Vorderarme auch die Streckerloge und die beiden Beugerlogen am Oberarme angegeben, welche letztere die Mm. biceps und brachialis enthalten (Abb. 548).

Abb. 593 stellt das Bild der Beugerseite des Armes dar, auf welches früher mehrmals bei der Beschreibung verwiesen wurde.

Eine Gesamtübersicht über die **Topographie der Hautnervenbezirke** der oberen Extremität wird in Abb. 594 und 595 gegeben. Die Abb. 594 A—E soll die

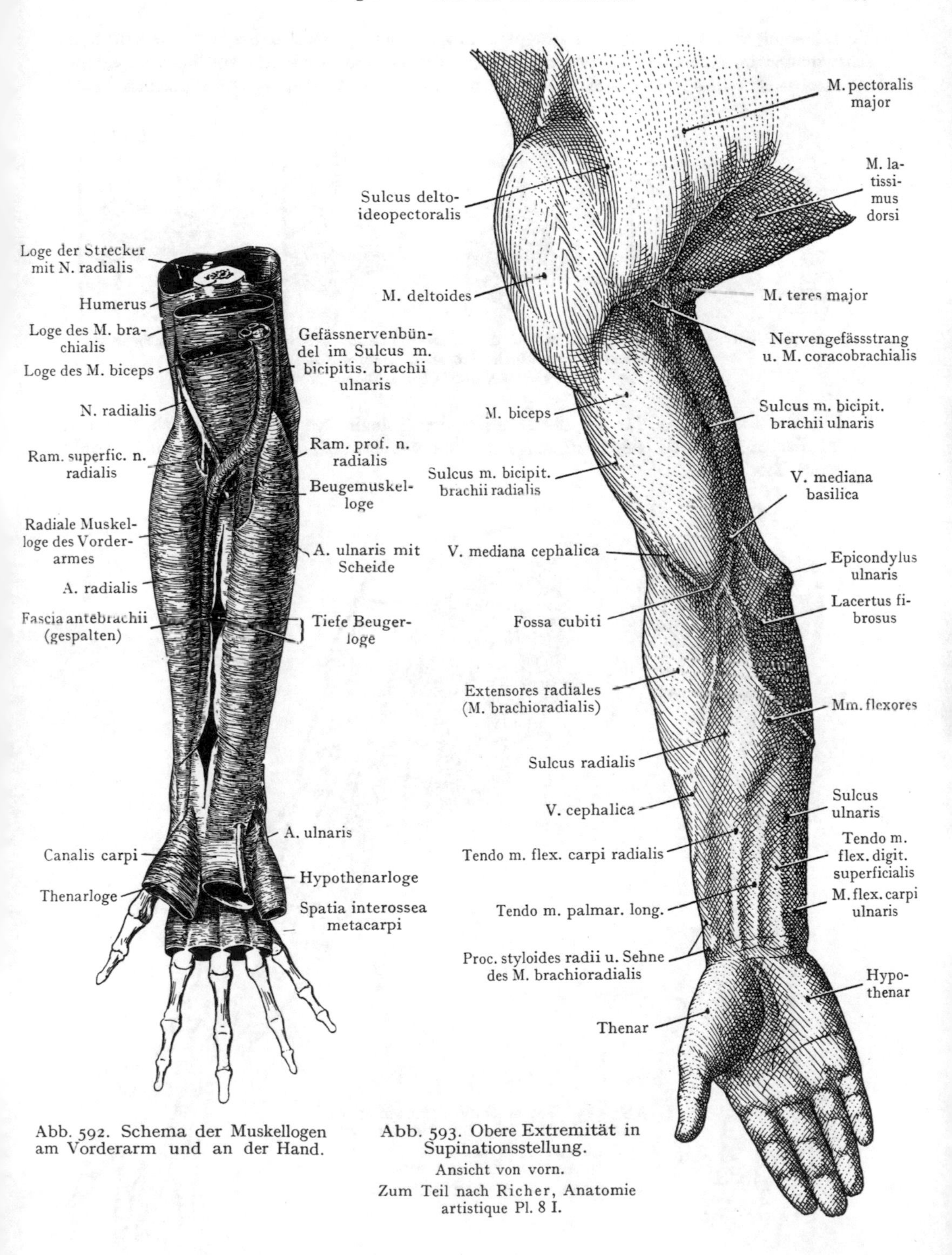

Abb. 592. Schema der Muskellogen am Vorderarm und an der Hand.

Abb. 593. Obere Extremität in Supinationsstellung.
Ansicht von vorn.
Zum Teil nach Richer, Anatomie artistique Pl. 8 I.

Verschiebung der ursprünglich segmental angeordneten Bezirke der Hautnerven beim Auswachsen der Extremität veranschaulichen; die letztere ist als eine seitlich vom Körper auswachsende Masse dargestellt. Die Abb. 595 A und B stellen die einzelnen Haut-

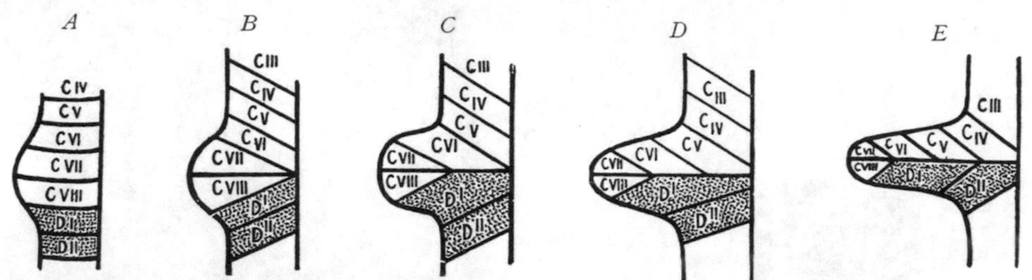

Abb. 594. Verschiebung der Dermatome der oberen Extremität während der Ontogenese. Schema. Nach Bolk, Morphol. Jahrbuch XXVI. C III—VIII Cervicalnerven. D I—II Thorakalnerven.

bezirke der Extremität dar mit der Angabe der Spinalnerven, aus denen sie ihre sensiblen Fasern beziehen (Segmentbezüge). Eine weitere Erläuterung der beiden Bilder ist wohl überflüssig.

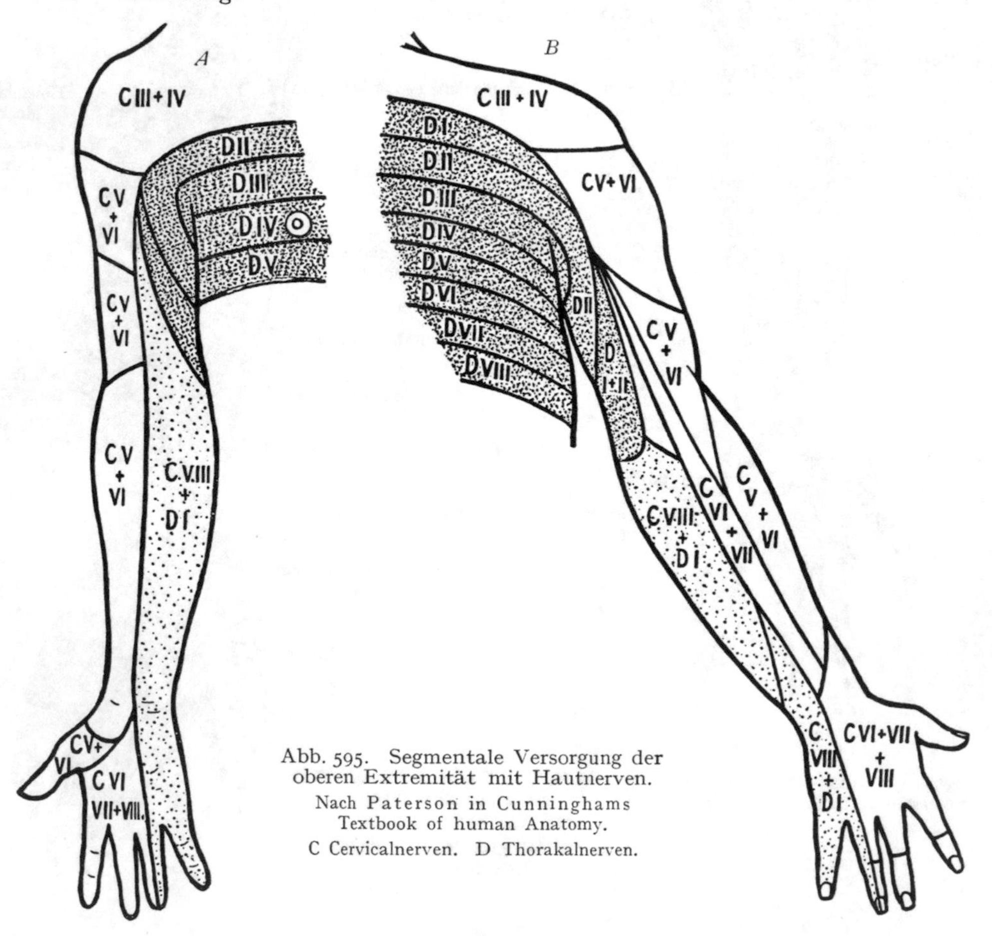

Abb. 595. Segmentale Versorgung der oberen Extremität mit Hautnerven. Nach Paterson in Cunninghams Textbook of human Anatomy. C Cervicalnerven. D Thorakalnerven.

Abb. 596 stellt die **Topographie der typischen Unterbindungsstellen der Arterien** im Bereiche des Oberarmes, des Vorderarmes und der Hand dar. In dem obersten Fensterschnitte ist nach Entfernung der Fascia brachii die A. brachialis im Sulcus m. bicipitis brachii ulnaris freigelegt. Der N. medianus, welcher an dieser Stelle die Arterie vorne bedeckt, ist medianwärts abgezogen worden. Medial von der Arterie liegen die V. brachialis und der N. cutaneus antebrachii ulnaris.

Der zweite Fensterschnitt zeigt die Arterie in der Fossa cubiti. Der N. medianus wird oberhalb der Epicondylenlinie, medial von der Arterie angetroffen. Die letztere wird von zwei Venen begleitet, die durch eine kleine vor der Arterie verlaufende Queranastomose verbunden sind. Der Lacertus fibrosus ist durchtrennt worden.

Im Rahmen von zwei weiteren Fensterschnitten sind die Aa. radialis und ulnaris in der proximalen Hälfte des Vorderarmes dargestellt. Zur Darstellung der A. radialis in der proximalen von den Mm. brachioradialis und pronator teres gebildeten Strecke des Sulcus radialis wurde der M. brachioradialis radialwärts abgezogen. Die Arterie wird von zwei Venen begleitet, und radial schliesst sich der gerade noch sichtbare Ram. superficialis n. radialis an. Der zweite etwas weiter distal angelegte Fensterschnitt zeigt die A. und den N. ulnaris gleich nach ihrem Eintritt in den Sulcus ulnaris; beide Gebilde werden hier von dem M. flexor carpi ulnaris bedeckt, welcher eine Strecke weit abgetragen wurde. Radial ist der M. palmaris longus sichtbar. Der N. ulnaris liegt ulnar von der Arterie.

Zwei weitere Fensterschnitte zeigen die Aa. radialis und ulnaris gerade proximal vom Handgelenke. Die A. radialis liegt oberflächlich

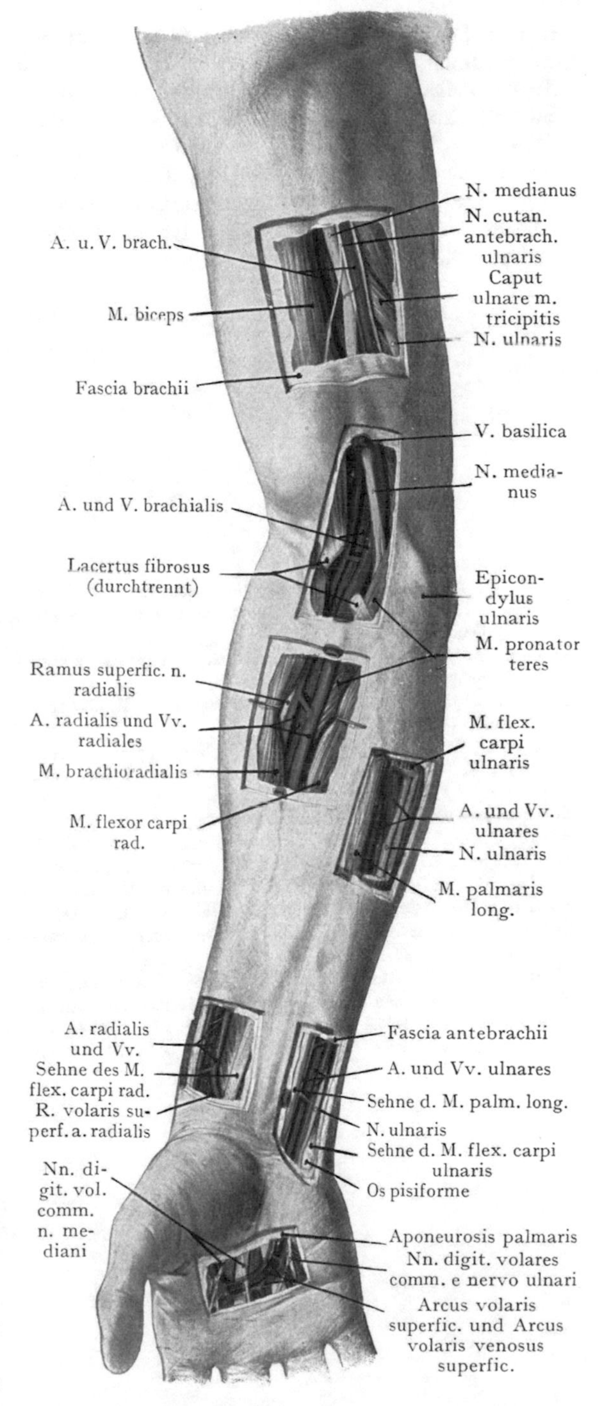

Abb. 596. Fensterschnitte auf der Beugeseite des Armes zur Veranschaulichung der Lage der Gefässe und Nerven an den typischen Unterbindungsstellen.

in dem Sulcus radialis, welcher hier von den Sehnen der Mm. brachioradialis und flexor carpi radialis gebildet wird. Der Ram. superficialis n. radialis ist bereits proximal von dieser Stelle auf den dorsalen Umfang des Vorderarmes getreten. Die A. ulnaris liegt im Sulcus ulnaris, welcher von den Sehnen der Mm. flexor carpi ulnaris und flexor digitorum superficialis begrenzt wird. Ulnar von der Arterie liegt der N. ulnaris; beide Gebilde sind bis zur Höhe des Os pisiforme dargestellt, wo sie auf die Hohlhand übergehen.

Der letzte Fensterschnitt zeigt den Arcus volaris superficialis mit den Nn. digitales volares comm. und den Sehnen des M. flexor digit. superficialis nach Entfernung der Aponeurosis palmaris.

Literatur.

Bolk, L., Rekonstruktion der Segmentierung der Gliedmassenmuskulatur usw. Morph. Jahrb. XXII. 1895.

Bolk, L., Die Segmentdifferenzierung des menschlichen Rumpfes und seiner Extremitäten. I. u. II. Morph. Jahrb. XXV. u. XXVI. 1898.

Brunn, A. v., Das Verhältnis der Gelenkkapseln zu den Epiphysen der Extremitätenknochen. 4 Taf. Leipzig 1881.

Poirier, Notes anatomiques sur l'aponévrose, le ligament suspenseur et les ganglions de l'aisselle. Progrès méd. 1888.

Hitzroth, A composite study of the axillary region in man. John Hopkins Hosp. Bull. XII. 1901.

Küster, E., Die Schonung des N. suprascapularis bei Ausräumung der Achselhöhle. Centralbl. f. Chirurgie 1887.

Grossmann, Fr., Über die axillaren Lymphdrüsen. I.-D. Berlin 1896.

Ruge, G., Beiträge zur Gefässlehre des Menschen. Morph. Jahrb. IX. 1884.

Bardeleben, K. v., Die Hauptvene des Arms, V. capitalis brachii. Jen. Zeitschr. XIV. 1880.

Kadyi, H., Einiges über die V. basilica und die Vv. des Oberarms. Zeitschr. f. Anat. u. Entw.-Gesch. 1877.

Barkow, Die Venen der oberen Extremität. Breslau 1868.

Schwalbe, E., Beiträge zur Kenntnis der Arterienvarietäten des menschlichen Arms. Schwalbes morph. Arbeiten. VIII. 1898.

Zuckerkandl, E., Zur Anatomie und Entwicklungsgeschichte der Arterien des Vorderarms. Anat. Hefte 1894.

Rosthorn, A. v., Die Synovialsäcke und Sehnenscheiden in der Hand. Arch. f. klin. Chir. 34.

Soulié, A., Recherches sur les rapports des plis cutanés avec les interlignes articulaires, les vaisseaux et les gaines synoviales. Journ. de l'anat. et de la physiol. 37. 1901.

Untere Extremität.

Die untere Extremität ist nicht, wie die obere, durch ein die freie Beweglichkeit vermittelndes Zwischenstück mit dem Rumpfe verbunden, vielmehr ist die Gelenkverbindung zwischen dem Achselskelete und dem Beckengürtel (Artic. sacroilicus) eine Amphiarthrose, welche nur eine geringe Verschiebung der Knochen gegeneinander gestattet. Diese Tatsache, welche mit der Funktion der unteren Extremität als Stützorgan, verglichen mit derjenigen der oberen Extremität als Greiforgan, im Zusammenhang steht, bedingt auch Verschiedenheiten in der Ausbildung der am Beckengürtel entspringenden oder sich inserierenden Muskulatur. Die erstere überwiegt, indem der Beckengürtel sowohl für die Bauch- und Rückenmuskulatur als ganz besonders auch für die zur freien Extremität gehende Muskulatur weite Ursprungsflächen darbietet. Dagegen ist eine speziell zur Bewegung des Beckengürtels bestimmte Muskulatur so gut wie nicht vorhanden.

Die Muskeln, Gefässe und Nerven an den die Wandung des kleinen Beckens bildenden Flächen des Beckengürtels sind beim Becken abgehandelt worden; die Muskeln, welche vom Beckengürtel zur freien Extremität gehen, entspringen teilweise von dem lateralen Umfange der äusseren Fläche des Beckenringes (Glutaealmuskulatur), teils von dessen vorderem Umfange und dem Tuber ossis ischii (Mm. adductores, extensores und flexores). Wir können bei der Besprechung der unteren Extremität die Regio glutaea als besondere Region, welche den Übergang von dem Becken zur freien Extremität bildet, von der letzteren trennen. In ähnlicher Weise haben wir eine Schultergegend von der oberen freien Extremität unterschieden. An der freien unteren Extremität lassen sich als besondere Gegenden abgrenzen:

der Oberschenkel (Regiones femoris ventralis und dorsalis),
die Kniegegend (Regiones genus ant. und post.),
der Unterschenkel (Regiones cruris ant. und post.),
die Malleolargegend (Regiones malleolares tibialis und fibularis),
der Fuss (Dorsum pedis und Planta pedis).

Regio glutaea (Gesässgegend).

Grenzen der Regio glutaea. Inspektion und Palpation. Die obere Grenze wird durch die Crista ilica in ihrer ganzen Ausdehnung von der Spina ilica ventralis[1] bis zur Spina ilica dors. cran. gebildet. Die vordere Grenze (gegen die Regio femoris ventralis) wird durch eine von der Spina ilica ventralis[1] senkrecht distalwärts

[1] Spina iliaca ant. sup.

gezogene Linie dargestellt, welche annähernd dem vorderen Rande des M. tensor fasciae latae entspricht. Dieser Muskel gehört auch, wie die Innervation durch den N. glutaeus cranialis angibt, zu den Glutaealmuskeln. Medianwärts grenzt die Region bei abduzierten Oberschenkeln und gespanntem Damme (Abb. 459 und 511) an das Trigonum rectale der Regio perinealis; hier wird also die Grenze durch das Tuber ossis ischii und das Lig. sacrotuberale dargestellt, die teilweise von dem M. glutaeus maximus bedeckt sind. Distal wird die Grenze gegen die Regio femoris dors. durch die Glutaealfalte angegeben, welche annähernd wagerecht und handbreit unterhalb des Trochanter major verläuft. Die Furche entspricht nicht dem unteren Rande des M. glutaeus maximus (Abb. 602 und die Bemerkungen über die Aufsuchung des N. ischiadicus).

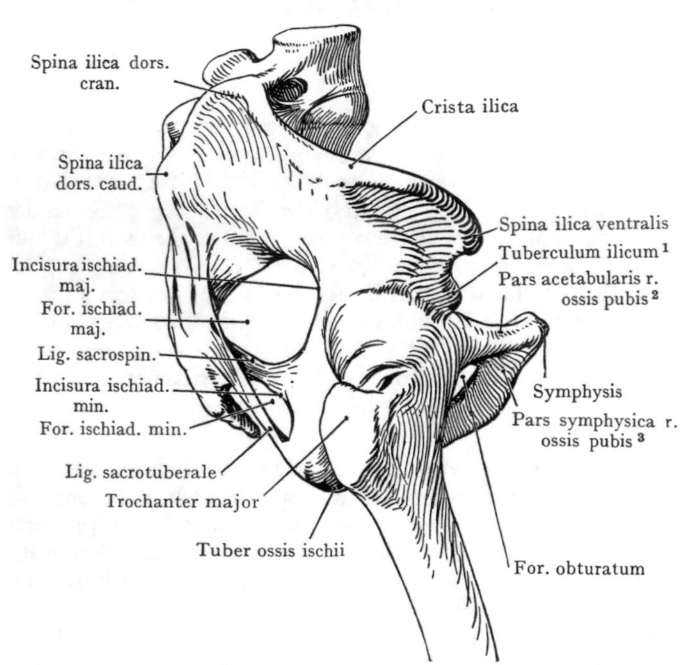

Abb. 597. Weibliches Bänderbecken von der Seite.

Die Wölbung der Gesässgegend ist infolge der Ausbildung des starken Fettpolsters eine mehr gleichmässige. Die in der Crista ilica gegebene obere Grenze lässt sich in ihrer ganzen Ausdehnung palpieren, auch das Tuber ossis ischii, sowohl bei aufrechter Körperhaltung als bei gespreizten Beinen, ferner die hintere Fläche des Steissbeins und des Sacrum. Der Trochanter major liegt oberflächlich; sein lateraler Umfang kann abgetastet werden, dagegen wird seine Spitze von den Muskelansätzen bedeckt.

Knöcherne Grundlage der Regio glutaea. Sie wird gebildet von der äusseren Fläche der Darmbeinschaufel und des Sitzbeins mit der Spina ossis ischii und der Incisura ischiadica major und minor, von der lateralen Partie der hinteren Fläche des Sacrum, den Ligg. sacrotuberale und sacrospinale, dem hinteren Umfange der Kapsel des Hüftgelenkes, dem Halse des Femur und dem Trochanter major (Abb. 597). Diese vom Bänderbecken gebotene Grundlage wird von der in drei Schichten angeordneten Glutaealmuskulatur derart überlagert, dass, abgesehen von der Crista ilica und dem Sacrum, bloss der Trochanter major und das Tuber ossis ischii ohne Durchtrennung der Muskulatur zu erreichen sind.

Bei der Betrachtung des Bänderbeckens von der Seite her stellen die Foramina ischiadica (majus und minus) Lücken in der Beckenwandung dar, welche die Regio glutaea mit dem Lumen des Beckenkanales in Verbindung setzen und Pforten bilden, durch welche aus dem Becken die Nerven und Gefässe der tiefen Schichten der Glutaealgegend in dieselbe eintreten (M. piriformis, Aa. und Vv. glutaeae cran. und caud., Nn. ischiadicus, glutaei cran. und caud., cutaneus femoris dors. durch das Foramen ischiadicum majus; M. obturator int., N. pudendalis und die A. pudendalis int. durch das Foramen

[1] Spina iliaca ant. inf. [2] Ramus superior ossis pubis. [3] Ramus inferior ossis pubis.

ischiadicum minus). Ferner hängt das die Gefässe und Muskeln umscheidende lockere Bindegewebe mit dem lockeren Bindegewebe der seitlichen Wandungen des kleinen Beckens (der Fascia pelvis) zusammen.

Fascie und oberflächliche Schichten der Regio glutaea. Die derbe Haut verbindet sich durch senkrecht aufsteigende und in die Cutis umbiegende Binde-

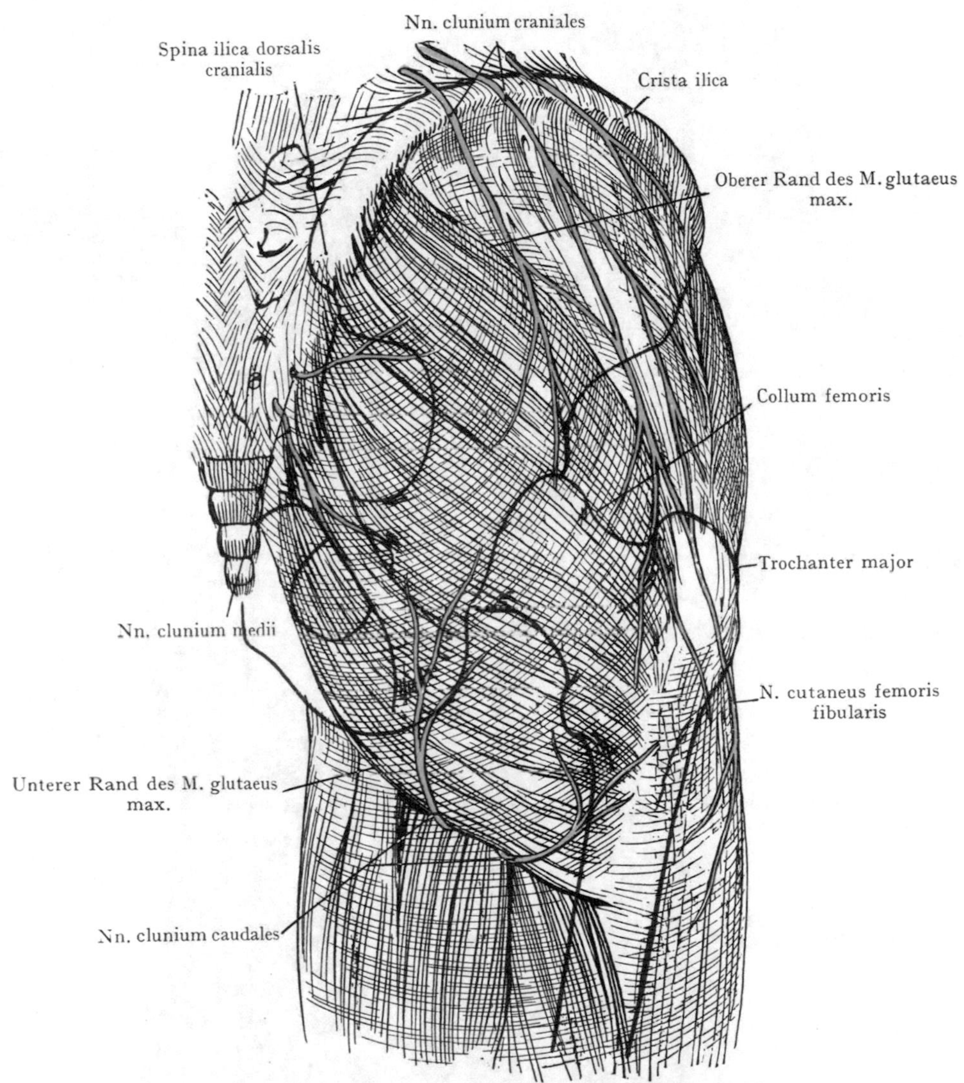

Abb. 598. Regio glutaea. Fascie und oberflächliche Nerven.
Die Umrisse der Knochen rot.

gewebsbalken mit der Fascia glutaea. Sie zeichnet sich durch ihre derbe Beschaffenheit aus.

Die Fascia glutaea setzt sich an den knöchernen Grenzen der Gegend fest, indem sie vorne und distalwärts in die Fascia lata des Oberschenkels übergeht. Sie stellt eine vollständige Scheide für den M. glutaeus maximus her und ist besonders derb über dem M. glutaeus medius ausgebildet, wo ihre von der Crista ilica ausgehenden Züge den Muskelfasern teilweise zum Ursprunge dienen und sich nicht ohne Verletzung des Muskels von letzterem abpräparieren lassen.

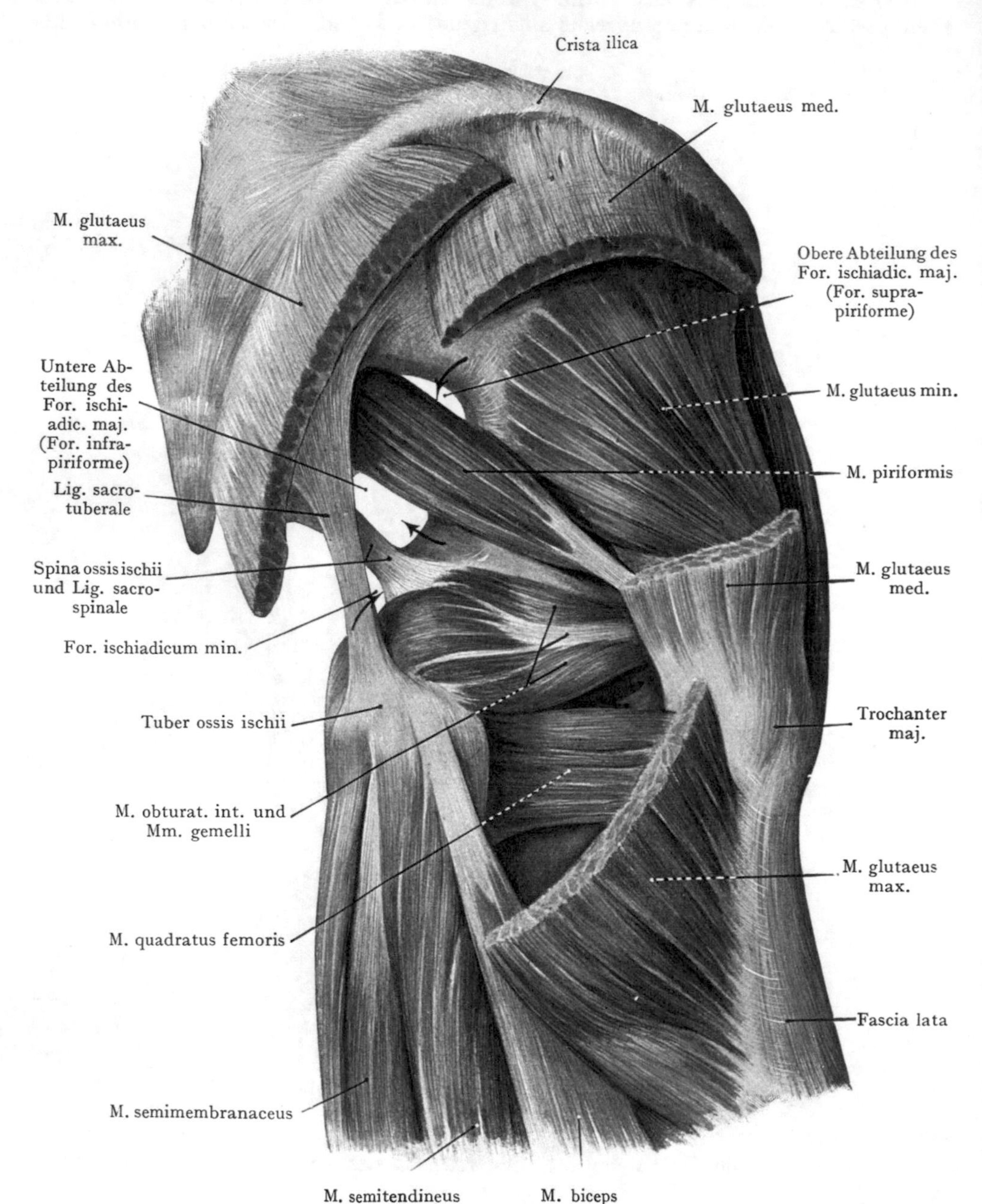

Abb. 599. Muskulatur der Regio glutaea.

Die Mm. glutaeus maximus und medius sind durchtrennt und teilweise entfernt worden.

Von oberflächlichen Nerven haben wir die Nn. clunium craniales (aus den Rami dorsales der Nn. lumbales I—III) und caudales (aus dem N. cutaneus femoris dorsalis), welch letztere um den unteren Rand des M. glutaeus max. nach oben verlaufen. Aus den Rami dorsales der drei oberen Nn. sacrales kommen die Nn. clunium medii, welche den Ursprung des M. glutaeus max. am Sacrum durchbohren, um zur Haut zu gelangen. Die Lymphgefässe gehen zu den Lymphonodi subinguinales superficiales.

Glutaealmuskulatur. Wir unterscheiden drei Schichten (Abb. 599); die oberflächliche wird von dem M. glutaeus maximus, die mittlere von den Mm. glutaeus medius, piriformis, obturator int. mit den Mm. gemelli und dem M. quadratus femoris, die tiefste von den Mm. glutaeus minimus und obturator ext. dargestellt. Die mittlere Schicht besitzt die grösste Ausdehnung.

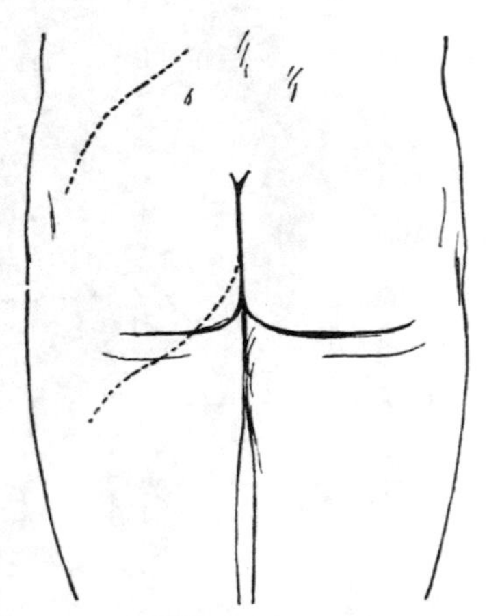

Abb. 600. Glutaealfalte und unterer Rand des M. glutaeus maximus. Ränder des M. glut. max. punktiert. Nach Ch. Richer, Anatomie artistique.

Oberflächliche Schicht. Der M. glutaeus maximus entspringt von dem kleinen Felde der äusseren Fläche des Darmbeins hinter der Linea glutaea dorsalis, von der hinteren Fläche des Sacrum und von dem Lig. sacrotuberale; er inseriert sich an der Tuberositas glutaea femoris und an der Fascia lata. Die Fasern des Muskels verlaufen schief, etwa parallel mit einer Linie, welche von der Spina ilica dors. cran. zum Femurschafte gerade distal vom Trochanter major gezogen wird. Operationsschnitte sind womöglich parallel mit der Faserrichtung des Muskels anzulegen. Der Muskel bedeckt nur den hinteren Teil der Glutaealfalte und grenzt sich am Muskelpräparate von dem M. glutaeus medius durch einen scharfen Absatz ab, dessen Ausfüllung mit Fett die gleichmässige Wölbung der Glutaealgegend herstellt. Die Glutaealfalte entspricht nicht dem unteren Rande des Muskels, sondern wird von demselben gekreuzt (s. die punktierte Linie in Abb. 600).

Mittlere Schicht. Sie besteht (Abb. 599) aus den Mm. glutaeus medius, piriformis und obturator int. mit den beiden Mm. gemelli und dem M. quadratus femoris. Bei stark ausgebildeter Muskulatur ist die Schicht fast kontinuierlich, indem die Muskeln bloss durch lockeres Bindegewebe voneinander getrennt sind.

Zwei Muskeln der mittleren Schicht entspringen von der inneren Fläche der Wandungen des kleinen Beckens, nämlich der M. piriformis von der vorderen Fläche der seitlichen Partie des Sacrum in der Umgebung des II.—III. Foramen sacrale pelvinum und der M. obturator int. von dem Rande des Foramen obturatum sowie von der inneren Fläche der Membrana obturans. Der M. piriformis tritt durch das Foramen ischiadicum majus aus dem Becken, indem er diese Öffnung in eine obere und eine untere Abteilung (Foramen supra- und infrapiriforme) zerlegt (Abb. 599), und inseriert sich an der Spitze des Trochanter major. Der M. obturator int. verläuft durch das Foramen ischiadicum minus, füllt dasselbe fast vollständig aus, vereinigt sich in der Regio glutaea mit den beiden Mm. gemelli (Ursprung des M. gemellus spinalis[1] von der Spina ossis ischii und des M. gemellus tuberalis[2] von dem Tuber ossis ischii) und inseriert sich in der Fossa trochanterica.

Der M. quadratus femoris schliesst sich fast unmittelbar dem M. gemellus tuberalis an. Er geht von dem Tuber ossis ischii zur Crista intertrochanterica, indem er bloss durch einen Spalt von dem M. adductor magnus getrennt wird und bedeckt von hinten die zur Fossa trochanterica ziehende Endsehne des M. obturator externus.

Der M. glutaeus medius ist der grösste Muskel der mittleren Schicht; zu demselben gehört seiner Innervation nach der M. tensor fasciae latae. Der M. glutaeus

[1] M. gemellus superior. [2] M. gemellus inferior.

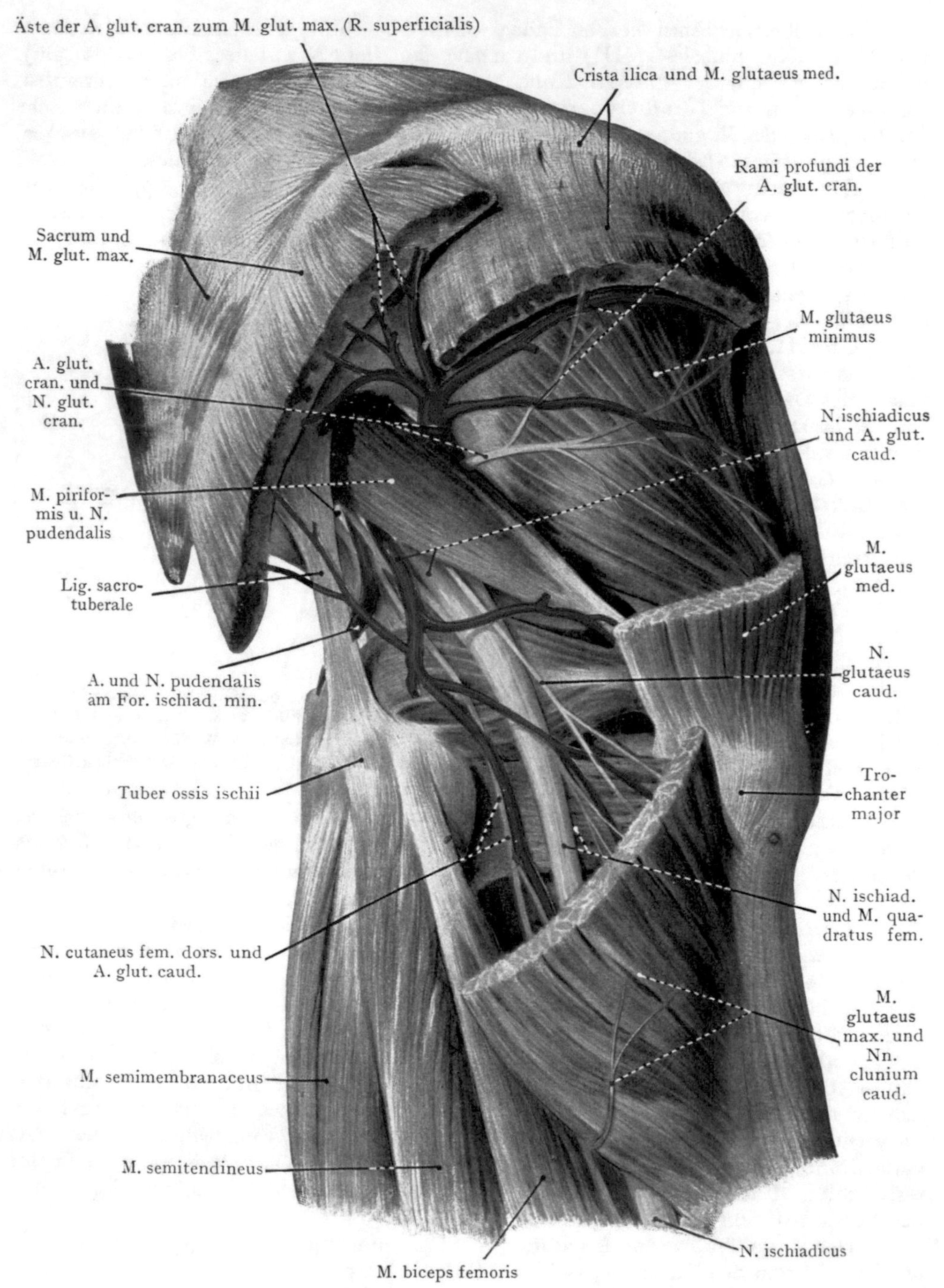

Abb. 601. Topographie der Glutaealgegend rechterseits.

medius entspringt an der äusseren Fläche des Darmbeins in einem Felde, welches durch die Crista ilica und die Lineae glutaeae cranialis und dorsalis abgegrenzt wird, und geht zur lateralen Fläche des Trochanter major. Der M. tensor fasciae latae entspringt von der Spina ilica ventralis und geht in eine sehnige Partie der Fascia lata über, welche sich bis zum Condylus fibularis tibiae verfolgen lässt (Tractus iliotibialis Maissiati).

Tiefste Schicht. Sie wird durch den M. glutaeus minimus dargestellt (Ursprung von der äusseren Fläche des Darmbeins, unterhalb der Linea glutaea cranialis bis zum Rande des Acetabulum; Insertion an der vorderen Fläche des Trochanter major) und den M. obturator ext. (Ursprung von der äusseren Fläche der Membrana obturans und dem Rande des Foramen obturatum; Insertion an der Fossa trochanterica). Der M. glutaeus minimus wird von dem M. glutaeus medius bedeckt, der M. obturator ext. von dem M. glutaeus medius, obturator int. und quadratus femoris.

Tiefe Gefässe und Nerven der Glutaealgegend. Die Schichten der Glutaealgegend werden von Gefässen und Nerven versorgt, welche durch die beiden Abteilungen des For. ischiadicum majus (Foramen supra- und infrapiriforme) das Becken verlassen. Durch das For. suprapiriforme verlaufen die A. glutaea cran. mit den Vv. glutaeae cran. und dem N. glutaeus cran.; durch das For. infrapiriforme die A. glutaea caud. mit den Vv. glutaeae caud., den Nn. glutaeus caudalis, cutaneus femoris dorsalis und ischiadicus. Die A. pudendalis int. gelangt gleichfalls durch das For. infrapiriforme in die Regio glutaea und verläuft um die äussere Fläche der Spina ossis ischii, sodann durch das For. ischiadicum minus wieder in das Becken zurück, ohne Äste an die Schichten der Glutaealmuskulatur abzugeben. Auch der N. ischiadicus durchsetzt die Gegend, indem er durch das For. infrapiriforme zwischen die oberflächliche und mittlere Schicht der Muskulatur gelangt und zur Regio femoris dorsalis verläuft.

Gefässe und Nerven im For. suprapiriforme (obere Abteilung des Foramen ischiadicum majus) (A. glutaea cran. mit den Vv. glutaeae cran. und dem N. glutaeus cran.). Die A. glutaea cran. entspringt aus der A. ilica interna. Der innerhalb des Beckens liegende Abschnitt (Pars intrapelvina) ist bald länger, bald kürzer; die ausserhalb des Beckens gelegene Strecke (Pars extrapelvina) ist sehr kurz ($^1/_2$—1 cm lang), ein Umstand, welcher die Unterbindung des Stammes in der Regio glutaea beträchtlich erschwert. Die Arterie zerfällt in einen Ramus superficialis, welcher in den M. glutaeus maximus eindringt, um dessen vordere und obere Partie zu versorgen, und einen Ramus profundus (in Abb. 601 durch zwei Äste dargestellt), welcher zwischen den Mm. glutaei medius und minimus annähernd horizontal nach vorne verläuft und beide Muskeln versorgt. Mit den Zweigen der Arterie verlaufen je zwei Vv. glutaeae, von denen die eine gewöhnlich etwas stärker ist.

Der N. glutaeus cran. tritt in der Regel etwas weiter unten als die Arterie in die Regio glutaea und verläuft mit dem Ramus profundus der Arterie zwischen den Mm. glutaei medius und minimus lateralwärts, indem er sich an diese Muskeln sowie an den M. tensor fasciae latae verzweigt.

Durch das **For. infrapiriforme (untere Abteilung des Foramen ischiadicum majus)** treten die A. glutaea caud. und der N. glutaeus caud., ferner der N. cutaneus femoris dorsalis und der N. ischiadicus aus dem Becken. Die A. glutaea caud. liegt in der Regel medial von dem N. ischiadicus zwischen letzterem und der A. pudendalis int. Sie gibt eine A. comitans n. ischiadici ab, welche bei der Ausbildung eines Kollateralkreislaufes nach Unterbindung der A. femoralis eine Rolle spielt; die übrigen Äste versorgen die untere Partie des M. glutaeus max., die Mm. obturator int. und ext. sowie den M. quadratus femoris.

Der N. glutaeus caud. versorgt den M. glutaeus maximus.

Die A. pudendalis int. und der N. pudendalis liegen nur eine kurze Strecke weit in der Regio glutaea, nämlich dort, wo sie, medial von der A. glutaea caud. aus dem For. infrapiriforme austretend, um den äusseren Umfang der Spina ossis ischii verlaufen und durch das Foramen ischiadicum minus wieder in das Becken eintreten. Der Verlauf der Stämme innerhalb der Regio glutaea ist somit ein sehr kurzer und beträgt kaum mehr als 1—1½ cm. Der Nerv liegt medial von der Arterie und den Venen.

N. ischiadicus. Der Stamm des Nerven liegt von den durch die untere Abteilung des Foramen ischiadicum majus austretenden Gebilden am weitesten lateral und verläuft zwischen den Mm. obturator int. und quadratus femoris einerseits und dem M. glutaeus maximus andererseits, von dem letzteren bedeckt, distalwärts zum hinteren Umfang des Oberschenkels. Am unteren Rande des M. glutaeus max. liegt der Stamm oberflächlich, direkt von der Fascia lata bedeckt und ist hier der elektrischen Reizung sowie der Aufsuchung durch das Messer des Chirurgen zugänglich; gerade distal von dem Sulcus glutaeus wird er von der am Tuber ossis ischii entspringenden Beugermuskulatur des Oberschenkels (zunächst von dem M. biceps femoris) bedeckt.

Mit dem N. ischiadicus verläuft der N. cutaneus femoris dors., der am unteren Rande des M. glutaeus max. oberflächlich wird und sich als Hautnerv teils an den hinteren Umfang des Oberschenkels bis zur Fossa poplitea, teils mit Ästen (Nn. clunium caud.), welche um den unteren Rand des M. glutaeus max. umbiegen, zur Regio glutaea verzweigt.

Aufsuchung der Nerven und Gefässe der Regio glutaea. Zur Feststellung der Lage der Gefässe und Nerven bei ihrem Austritt aus dem Becken bedient man sich dreier durch die Palpation festzustellender Knochenpunkte, der Spina ilica dors. cran., des Tuber ossis ischii und der Spitze des Trochanter major. Man ziehe eine Linie von der Spina ilica dors. cran. zur Spitze des Trochanter major (Abb. 602), eine zweite Linie von der Spina ilica dors. cran. zum lateralen Umfange des Tuber ossis ischii; die erste Linie berührt die Incisura ischiadica major an der Austrittsstelle der A. glutaea cran., die zweite Linie schneidet die Incisura ischiadica major unterhalb des M. piriformis an der Austrittsstelle der A. glutaea caud.

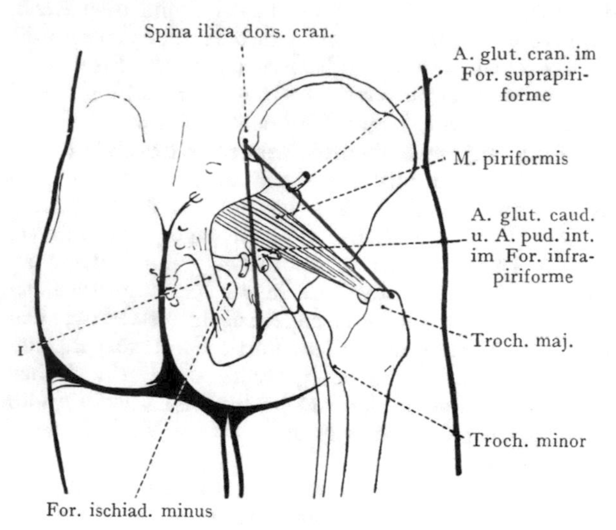

Abb. 602. Aufsuchung der Aa. glut. cran. und caud., der A. pudendalis int. und des N. ischiadicus.
1 Lig. sacrotuberale.

Die Aufsuchung der A. glutaea cran. geschieht mittelst eines Schnittes, welcher den oberen ⅔ der Spina-Trochanterlinie entspricht; der M. glutaeus max. wird durchtrennt, und man erreicht, indem der hintere Rand des M. glutaeus medius nach vorne abgezogen wird, die Lücke oberhalb des M. piriformis (For. suprapiriforme), durch welche die A. glutaea cran. mit dem gleichnamigen Nerven austritt. Die Stelle liegt auf der Grenze des oberen Drittels gegen das mittlere Drittel der Orientierungslinie.

Die A. glutaea caud. tritt etwas unterhalb der Mitte der Spina-Tuber ischiadicum-Linie in die Glutaealgegend ein; hier wird der M. glutaeus max. parallel mit seiner Faserrichtung durchgetrennt, und sofort tritt die A. glutaea caud. zutage, medial davon die A. pudendalis int. mit dem entsprechenden Nerven, ferner, von der Arterie häufig überlagert, sonst lateral von derselben, der N. ischiadicus. Durch die Palpation der Spina ossis ischii in der Tiefe des Schnittes kann man sich sofort orientieren.

Der N. ischiadicus kann am leichtesten (behufs Dehnung usw.) dort aufgesucht werden, wo er unterhalb des M. glutaeus max. unmittelbar von der Fascia lata bedeckt ist. Er entspricht hier der Mitte einer Linie, welche von dem Tuber ossis ischii zur Spitze des Trochanter major gezogen wird. Der am Tuber ossis ischii entspringende M. biceps femoris bildet mit dem unteren Rande des M. glutaeus max. einen distal- und lateralwärts offenen Winkel. Durchtrennt man die Fascia lata parallel mit dem unteren Rande des M. glutaeus max. und zieht man den M. biceps femoris medianwärts ab, so wird man mit Sicherheit auf den N. ischiadicus stossen.

Die Regio glutaea als Bindegewebsraum. Die oberflächliche Fascie, welche für den M. glutaeus max. eine vollständige Scheide abgibt, während sie auf dem M. glutaeus medius eine straffe und sehnige Beschaffenheit aufweist, befestigt sich an den knöchernen Grenzen der Gegend und geht distalwärts als Fascia lata auf den hinteren Umfang des Oberschenkels weiter. Das Bindegewebe, welches sich besonders reichlich zwischen dem M. glutaeus max. und der mittleren Muskelschicht vorfindet, geht nach oben längs der durch das For. supra- und infrapiriforme verlaufenden Gebilde in das Bindegewebe der Fascia pelvina über. Distalwärts hängt dasselbe mit dem lockeren Bindegewebe zusammen, welches sich zwischen den Beugern des Oberschenkels und der Platte des M. adductor magnus ausbreitet. Besonders sind es die beiden Abteilungen des For. ischiadicum majus (For. supra- und infrapiriforme), die für die Ausbreitung von Entzündungen (Abscessen) vom Becken aus auf die Glutaealgegend oder in umgekehrter Richtung von Bedeutung sind. Die For. suprapiriforme und infrapiriforme bilden die Austrittsstellen der überaus seltenen Herniae glutaeae.

Oberschenkel.

Der Oberschenkel wird gegen den Bauch durch die Leistenbeuge abgegrenzt, welche dem Verlaufe des Lig. inguinale entspricht, gegen die Regio glutaea durch den Sulcus glutaeus. Die distale Grenze, gegen die Regio genus, wird 6—8 cm proximal von der Basis patellae angenommen; sie entspricht annähernd der Ausdehnung der Höhle des Kniegelenkes.

Äussere Form des Oberschenkels (Abb. 603—605). Der Oberschenkel wird distal von der Plica glutaea gewöhnlich als konisch beschrieben, indem sich die Gliedmasse gegen den Übergang in die Regio genus stark verjüngt. Der hintere Umfang ist gleichmässig gerundet durch die von dem Tuber ossis ischii entspringende Masse der Beugemuskulatur (Abb. 604), welche sich gegen die Fossa poplitea abflacht, indem die Muskeln in ihre den proximalen Winkel der Kniekehlenraute bildenden Sehnen übergehen. Die Regio femoris ventralis zeigt eine unterhalb des Lig. inguinale beginnende Abflachung, auf welche lateralwärts die durch den M. quadriceps femoris bedingte Rundung des Oberschenkels folgt. Bei schöner Ausbildung der Muskulatur und dünnem Fettpolster (Abb. 603) lässt sich der Umriss des M. sartorius oder doch wenigstens eine Furche erkennen, die seinem lateralen Rande entspricht und von der Spina ilica ventralis schräg über den vorderen Umfang des Oberschenkels bis gegen den Epicondylus tibialis femoris zu verfolgen ist.

Regio femoris ventralis.

Die Regio femoris ventralis wird oben durch die dem Lig. inguinale entsprechende Leistenbeuge von dem Bauche abgegrenzt. Lateral wird sie durch eine senkrecht von der Spina ilica ventralis zum Condylus fibularis tibiae verlaufende Linie, welche dem M. tensor fasciae latae und dem Tractus iliotibialis der Fascia lata (Maissiatscher Streifen) entspricht, von der Regio femoris dorsalis getrennt, medianwärts wird die Grenze angegeben durch eine Linie, welche von der Symphyse senkrecht zum Epicondylus tibialis femoris gezogen wird; sie fällt mit dem hinteren Rande des M. gracilis zusammen.

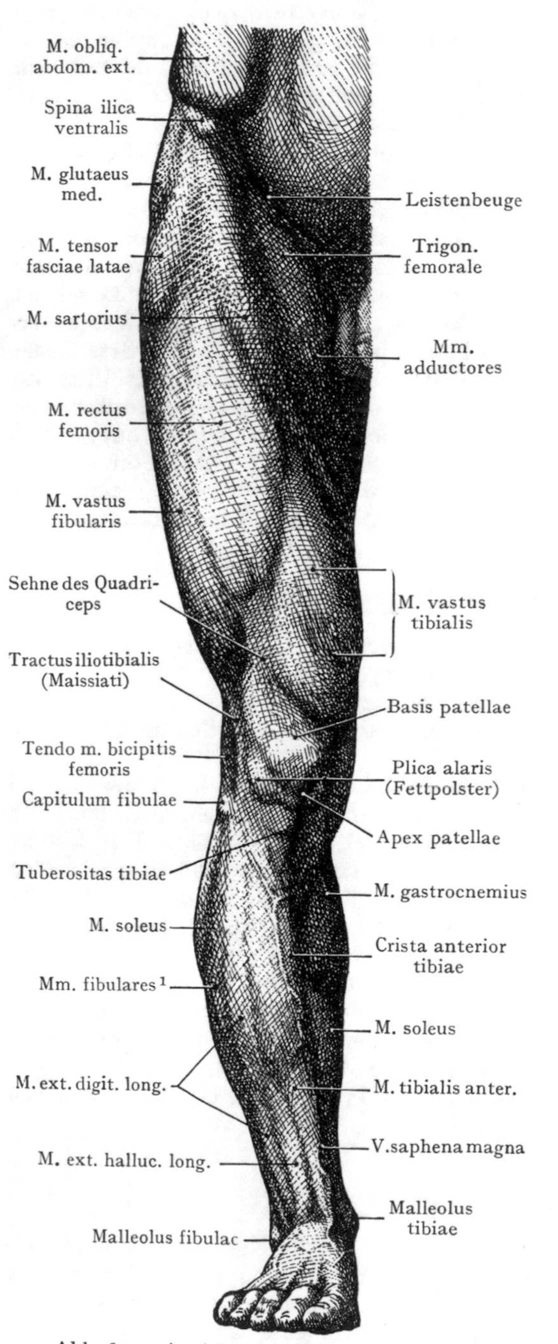

Abb. 603. Ansicht des Beines von vorn. Nach Richer, Anat. artistique.

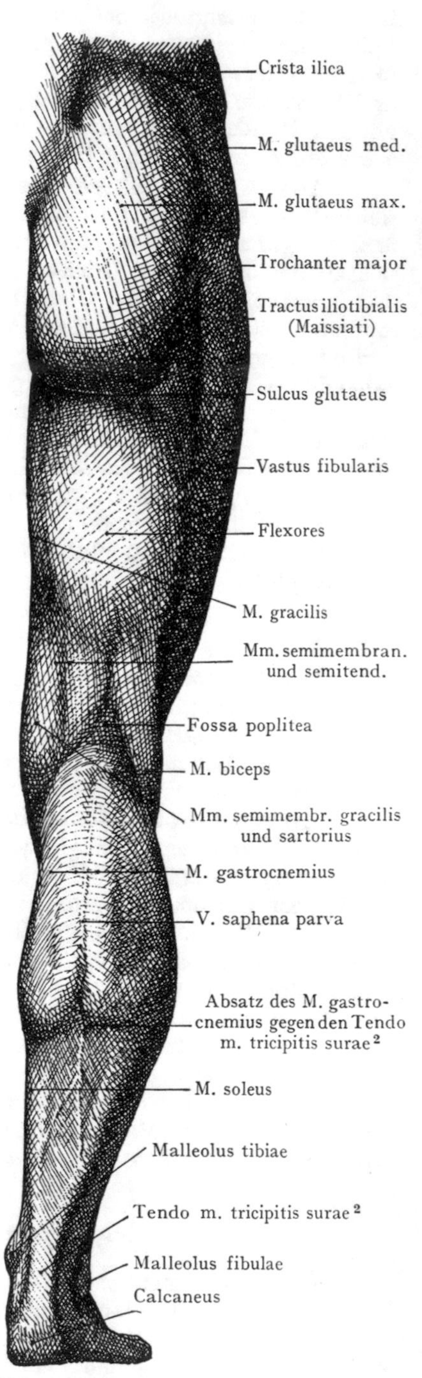

Abb. 604. Ansicht des Beines von hinten. Nach Richer.

[1] Mm. peronaei. [2] Tendo Achillis.

Allgemeine Bemerkungen über die Regio femoris ventralis. Die knöcherne Grundlage der Region wird von dem Hals und dem Schafte des Femur gebildet sowie von denjenigen Teilen des Beckenringes, welche von vorne zur Ansicht kommen, also von den Schambeinen, der Umrandung des Foramen obturatum, der Membrana obturans und dem vorderen Rande des Acetabulum. Die Muskulatur besteht aus den beiden Massen der Extensoren und Adduktoren, welche mit dem Schafte des Femur zusammengenommen (Abb. 608) eine nach vorne offene, am Lig. inguinale breit beginnende Rinne herstellen. Dieselbe wird distalwärts allmählich schmäler und geht durch den Canalis adductorius in die Fossa poplitea über. Oben bildet der M. iliopsoas, welcher in der Lacuna musculorum unter dem Lig. inguinale zu seiner Insertion an dem Trochanter minor hindurchtritt, einen Teil des Bodens der Rinne. Dieselbe wird vorne von der Fascia lata mit dem zwischen ihren beiden Blättern eingescheideten M. sartorius abgeschlossen.

Fascia lata und oberflächliche Gebilde der Regio femoris ventralis. Die Fascia lata besitzt infolge der Ausbildung sehniger Faserzüge eine äusserst derbe Beschaffenheit. Sie überzieht gleichmässig die Muskulatur des Oberschenkels, setzt sich überall dort, wo Knochenteile oberflächlich werden, an denselben fest (so an der Spina ilica ventralis, an der Basis der Patella und an den Condylen der Tibia) und steht auch mit dem Lig. inguinale in Zusammenhang, indem sie nach der klassischen Schilderung „schürzenförmig" von demselben herabhängt. Sie geht kontinuierlich in die Fascia

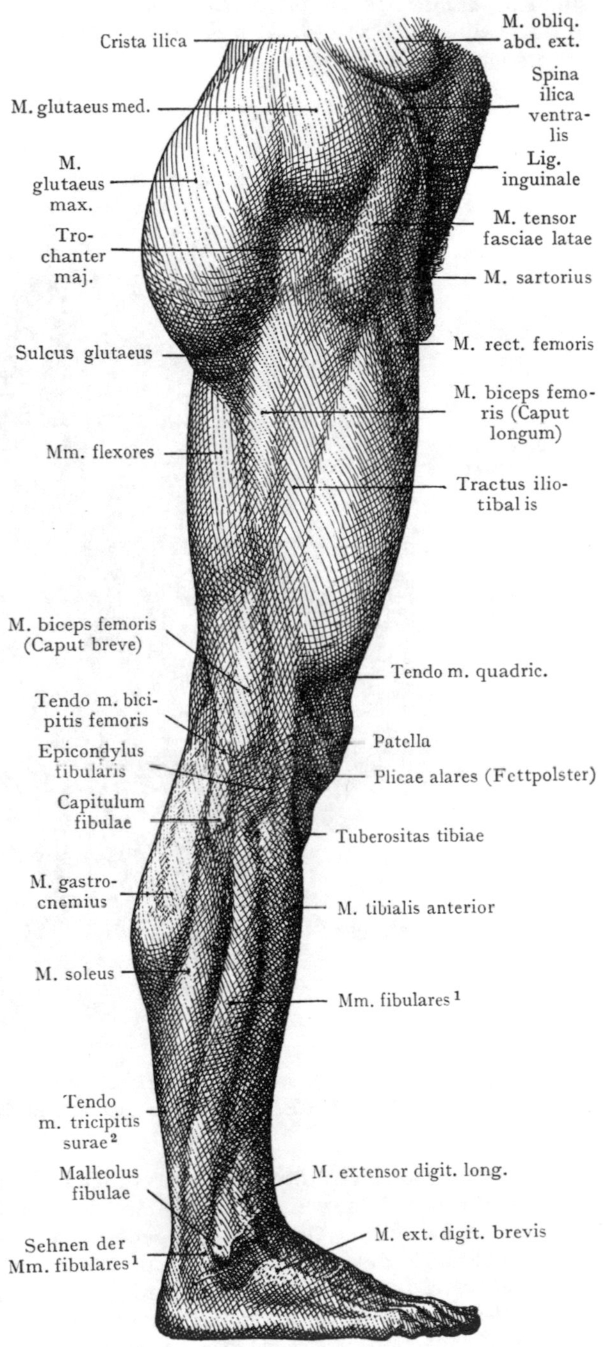

Abb. 605. Ansicht des Beines von der Seite. Nach Richer.

---
[1] Mm. peronaei. [2] Tendo Achillis.

glutaea, distalwärts in die Fascia poplitea und die Fascia cruris über. Von allen Ansatzstellen der Fascia lata an Knochenvorsprüngen gehen sehnige Faserzüge als Verstärkungen in die Fascie über.

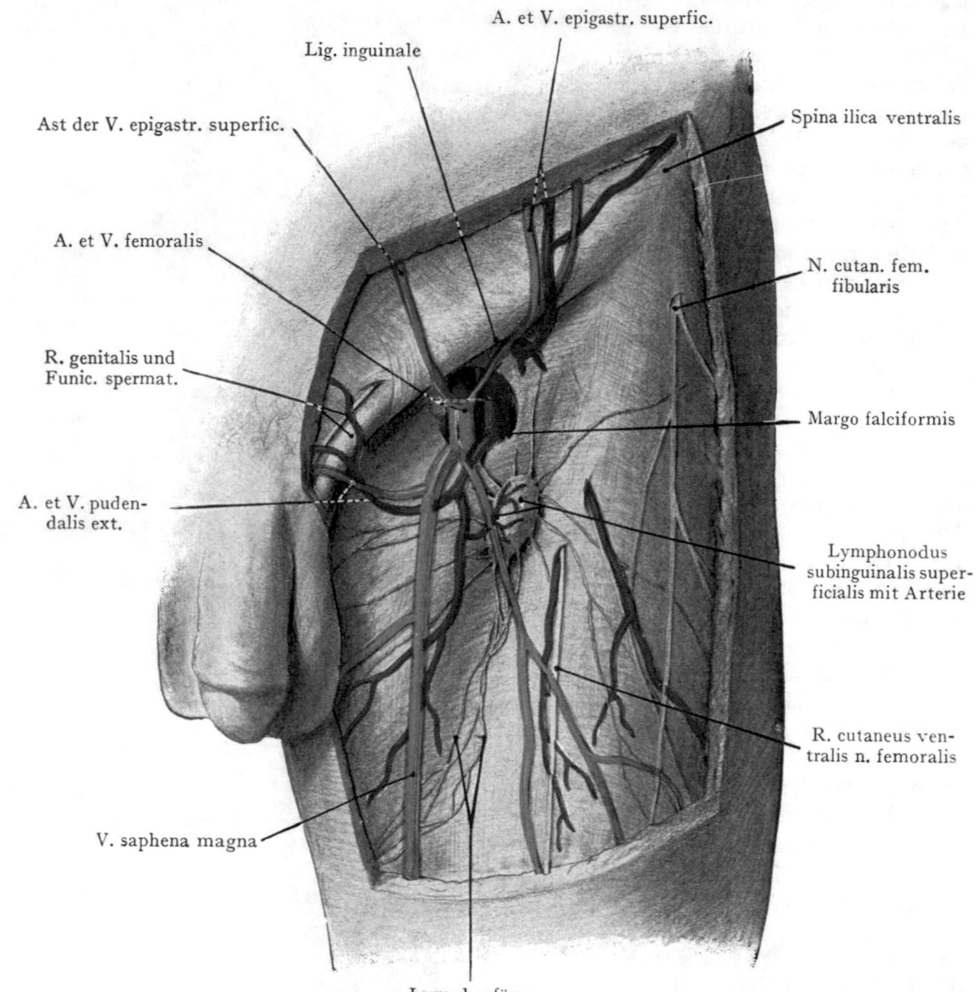

Abb. 606. Vordere Fläche des Oberschenkels mit der Fossa ovalis.

Untersuchen wir diese an der vorderen Fläche des Oberschenkels in ihrem Verlaufe medianwärts von der Linie, welche wir als laterale Grenze der Gegend von der Spina ilica ventralis gezogen haben, so stellt sie zunächst bis zum lateralen Rande des M. sartorius eine einheitliche, recht derbe Membran dar. Hier teilt sie sich in zwei Blätter (Lamina superficialis und profunda fasciae latae), welche den M. sartorius umscheiden und sich an dessen medialem Rande wieder zu einem einfachen Fascienblatte vereinigen. In den distalen zwei Dritteln der vorderen Fläche des Oberschenkels zieht die Fascia lata von dem medialen Rande des M. sartorius als einheitliches Blatt weiter und bewirkt den vorderen Abschluss der erwähnten Muskelrinne. Im Bereiche des oberen Drittels der vorderen Fläche des

Oberschenkels dagegen teilt sich die Fascie in einiger Entfernung von dem medialen Rande des M. sartorius wieder in ein oberflächliches und ein tiefes Blatt, die sich in bezug auf ihren Verlauf und ihre Beziehungen verschieden verhalten. Das tiefe Blatt zieht hinter dem durch die A. und V. femoralis dargestellten Gefässstrange, welcher durch die Lacuna vasorum unter dem Lig. inguinale in die Muskelrinne an der vorderen Fläche des Oberschenkels gelangt; es verbindet sich teilweise mit der Fascie des M. iliopsoas (Fascia ilica), teilweise mit derjenigen des M. pectineus und gewinnt mit der letzteren einen Ansatz an dem Pecten ossis pubis, dort, wo dieser Muskel seinen Ursprung nimmt. Das oberflächliche Blatt befestigt sich proximal am Lig. inguinale und zieht, indem es die grossen Gefässe bedeckt, medianwärts, um auf dem M. pectineus wieder mit dem tiefen Blatte zusammenzutreffen und von hier aus als einfache Fascie auf den hinteren Umfang des Oberschenkels überzugehen.

Man kann das Gesagte zusammenfassen, indem man sagt, dass die A. und V. femoralis von der Stelle an, wo sie durch die Lacuna vasorum unter dem Lig. inguinale in die Regio femoris ventralis eintreten, von den beiden Blättern der Fascia lata genau in derselben Weise eingehüllt sind, wie weiter lateral der M. sartorius. Wenn man den Zusammenhang des oberflächlichen Blattes mit dem Lig. inguinale, des tiefen Blattes mit dem Pecten ossis pubis berücksichtigt, so erhält man einen an der Lacuna vasorum offenen, distalwärts geschlossenen Sack oder Trichter, in welchen von oben die A. und V. femoralis eintreten.

Das oberflächliche Blatt zeigt dort, wo es unmittelbar unterhalb des Lig. inguinale die A. und V. femoralis bedeckt, bemerkenswerte Strukturdifferenzen. Hier wird es in dem ovalen, besonders lateral- und distalwärts durch starke Sehnenfasern (Margo falciformis) scharf abgegrenzten Felde der Fossa ovalis von einer Anzahl kleiner Gefäss- und Nervenäste (auch Lymphgefässe) sowie von dem grössten oberflächlichen Venenstamme der unteren Extremität, der V. saphena magna, durchsetzt (Abb. 606). Diese Gebilde bewirken eine Durchlöcherung der Fascia lata innerhalb der Fossa ovalis (Lamina cribriformis fossae ovalis[1]) sowie eine schwächere Entwicklung der Fascie überhaupt. Präpariert man die Fossa ovalis frei, indem man die kleinen Gefäss- und Nervenäste mit der Lamina cribriformis[1] entfernt, so erhält man eine ovale Öffnung in dem oberflächlichen Blatte der Fascia lata, in welcher die A. und V. femoralis vorliegen, und zwar innerhalb des von den beiden Blättern der Fascia lata gebildeten Fascientrichters. Die Fossa ovalis stellt, auch wenn die Lamina cribriformis[1] erhalten ist, ein Punctum minoris resistentiae in der Lamina superficialis fasciae latae dar, welches den durch die Lacuna vasorum auf die Regio femoris ventralis übergetretenen Schenkelhernien gestattet, nach Ausbuchtung der wenig resistenten Lamina cribriformis[1] direkt unter die Haut zu gelangen (s. die Bildung von Schenkelhernien sowie Abb. 609).

Oberflächliche Gefässe und Nerven. Dieselben zeigen im ganzen einen Längsverlauf und durchbrechen die Fascia lata an verschiedenen Stellen, indem sie sich in den subcutanen Schichten der Regio femoris ventralis verbreiten, auch zum Teil auf die Regio genus ant. und den Unterschenkel übergehen (Lymphgefässe und V. saphena magna).

Besonders im Bereiche der Fossa ovalis oder in der Nähe derselben treten eine Anzahl kleinerer Gefässe durch die Fascia lata an die Oberfläche (Abb. 606). Die Arterien kommen aus der A. femoralis. Eine kleine A. pudendalis ext. verläuft medianwärts zur Haut des Scrotum resp. zu den grossen Labien; nach oben geht zu den oberflächlichen Schichten der Bauchdecken die A. epigastrica superficialis; lateralwärts gegen die Spina ilica ventralis, parallel mit dem Lig. inguinale, die A. circumflexa ilium superficialis. Die oberflächlichen Arterien geben Äste ab zu den oberflächlich liegenden Lymphonodi subinguinales superficiales und profundi, welche auch direkt kleine Rr. inguinales aus der A. femoralis erhalten.

[1] Fascia cribrosa.

Mit den erwähnten Arterien verlaufen gleichnamige Venae comitantes. Die meisten oberflächlichen Venen an der vorderen Fläche des Oberschenkels sammeln sich in der V. saphena magna.

Diese bildet schon an dem medialen Umfange des Unterschenkels einen starken Stamm, welcher in der Regio genus hinter dem Epicondylus tibialis femoris liegt und am medialen Umfange des Oberschenkels schräg gegen die Fossa ovalis emporzieht; hier wendet er sich im Bogen über den Margo falciformis zur Einmündung in die V. femoralis (Abb. 606). Der Verlauf des Stammes unterliegt einer starken Variation; in der Mehrzahl der Fälle verläuft er medial von dem M. sartorius und nimmt oberflächliche Venenstämme von dem medialen und vorderen Umfange des Oberschenkels auf. Häufig setzt er sich erst kurz unterhalb der Fossa ovalis aus zwei grösseren Stämmen zusammen (siehe das Verhalten bei dem in Abb. 606 abgebildeten Präparate). Die Aufsuchung der V. saphena magna behufs Unterbindung (bei Varicen am Unterschenkel) wird am besten gerade unterhalb der Fossa ovalis ausgeführt, weil man hier am sichersten darauf rechnen kann, einen grossen einheitlichen Stamm anzutreffen, welcher auch das venöse Blut aus den oberflächlichen Schichten des Unterschenkels führt.

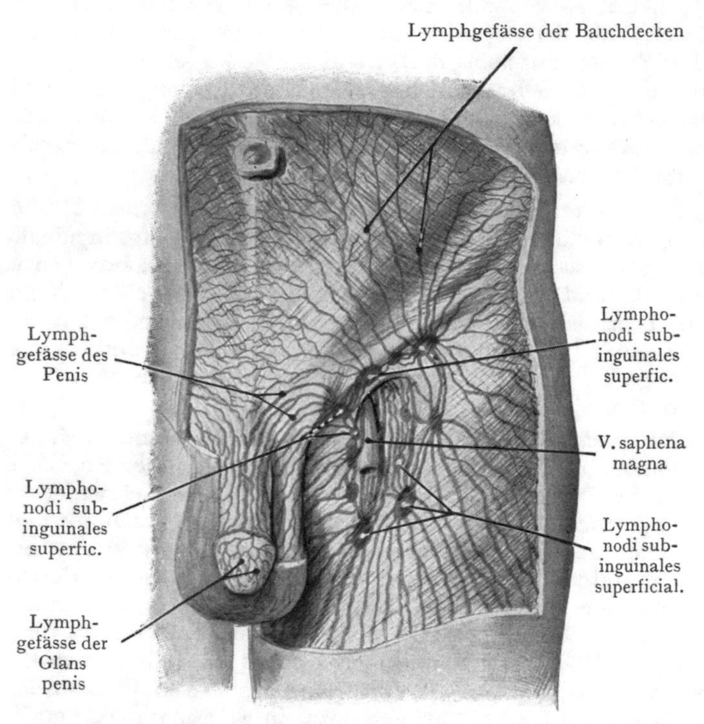

Abb. 607. Lymphonodi subinguinales superficiales mit den in dieselben einmündenden Lymphgefässen.
Nach Sappey, Atlas des vaisseaux lymphatiques.

Oberflächliche Nerven. Sie stammen sämtlich aus dem Plexus lumbalis und treten in verschiedener Höhe durch die Fascia lata zur Haut. (Man vergleiche die Bemerkungen über die segmentale Versorgung der Haut der unteren Extremität.) Der R. femoralis [1] aus dem N. genitofemoralis verläuft mit der A. femoralis durch die Lacuna vasorum und versorgt die Haut unmittelbar unterhalb des Lig. inguinale. Der N. cutaneus femoris fibularis tritt medial von der Spina ilica ventralis zum Oberschenkel und verzweigt sich an die Haut der vorderen und lateralen Fläche. Die Rr. cutanei ventrales sind gewöhnlich in der Zweizahl vorhanden; der eine durchbohrt die Fascia lata höher als der andere und verläuft in der Regel unter einigen Fasern des M. sartorius; sie kommen beide aus dem N. femoralis und verbreiten sich an die Haut der vorderen Fläche des Oberschenkels bis zur Patella herab. Ein kleiner Zweig aus einem R. cutaneus ventralis durchbohrt die Lamina cribriformis und schliesst sich in seinem weiteren Verlaufe der V. saphena magna an. Der Ramus cutaneus n. obturatorii kommt aus dem für den M. gracilis bestimmten Zweig

[1] N. lumboinguinalis.

des N. obturatorius und wird in der halben Höhe des Oberschenkels subkutan, um bis zur Patella herab die Haut am medialen Umfange zu versorgen.

Oberflächliche Lymphgefässe und Lymphdrüsen. Die Lymphgefässe ziehen in grosser Zahl als parallele Längsstämme proximalwärts, um sich mit den unterhalb des Lig. inguinale liegenden Lymphonodi subinguinales superficiales zu verbinden. Besonders dicht sind die Lymphstämme in der Nähe der V. saphena magna zusammengedrängt. Die unterhalb des Lig. inguinale der Fascia lata aufliegenden Lymphdrüsen variieren an Zahl und Grösse; in der Regel sind es 10—15, welche man als horizontaler Tractus der Ln. subinguinales superfic. (parallel mit dem Lig. inguinale angeordnet) und als Tractus verticalis der Lymphonodi subinguinales superficiales (parallel mit dem Verlaufe der V. saphena magna) bezeichnet (Abb. 607). Dieser Unterscheidung entspricht zum Teil auch die Herkunft der in die Lymphdrüsen mündenden Lymphstämme; zu den Lymphonodi des Tractus verticalis gehen die an der vorderen Fläche des Oberschenkels proximalwärts ziehenden Lymphstämme, und in die Lymphonodi des Tractus horizontalis münden die Lymphgefässe der Haut des Bauches unterhalb des Nabels, ferner die oberflächlichen Lymphgefässe des Penis (resp. der Clitoris), des Perineum und des Anus.

Ausser den oberflächlichen Lymphdrüsen kommen auch 3—7 Lymphonodi subinguinales prof. vor, welche subfascial längs der A. femoralis angeordnet sind; mit grosser Regelmässigkeit findet sich eine Drüse in der Lacuna vasorum, medial von der V. femoralis (Rosenmüllersche Drüse), welche eine gewisse Rolle beim Zustandekommen der Herniae femorales spielen soll. Die Vasa efferentia der Lymphonodi subinguinales superficiales und profundi gehen längs der A. und V. femoralis durch die Lacuna vasorum zu den Lymphonodi ilici längs der A. ilica ext.

Muskulatur des Oberschenkels. Sie wird von drei grossen auf dem Querschnitte leicht voneinander zu unterscheidenden Muskelmassen gebildet, von denen die Extensoren vorne und lateral, die Flexoren hinten und die Adduktoren medial liegen (dieselben sind durch Fasciensepten, welche von der Fascia lata ausgehen und am Femurschafte haften, voneinander getrennt und in Fascienräume oder Logen der Adduktoren, der Flexoren und der Extensoren eingeschlossen) (s. die Bemerkungen über die Fascienräume des Oberschenkels und Abb. 622).

Von vorne betrachtet haben wir die beiden Muskelmassen der Extensoren einerseits und der Adduktoren andererseits, welche auseinanderpräpariert die oben geschilderte Muskelrinne an dem vorderen Umfange des Oberschenkels begrenzen (Abb. 608). Die Masse des M. quadriceps geht distalwärts in ihre an der Basis patellae sich inserierende Endsehne über. Lateral bildet der M. tensor fasciae latae mit dem als Insertion und Sehne des Muskels dienenden, an den Condylus fibularis tibiae sich befestigenden Tractus iliotibialis die Grenze gegen die Regio glutaea sowie gegen den hinteren Umfang des Oberschenkels. Unter der lateralen Hälfte des Lig. inguinale tritt der M. iliopsoas durch die Lacuna musculorum, um seine Insertion am Trochanter minor femoris zu finden. Medianwärts inserieren sich die von der Symphyse sowie von den beiden Ästen des Os pubis entspringenden Mm. adductores am Femur. In oberflächlicher Schicht liegen die Mm. pectineus und adductor longus vor, in zweiter Schicht, von den ersteren bedeckt, der M. adductor brevis, als dritte Schicht die mächtige Platte des M. adductor magnus, dessen Insertion an der Crista femoris[1] sich mittelst eines Sehnenbogens bis zum Epicondylus tibialis femoris fortsetzt. Medial grenzt der von der Symphyse entspringende und an dem Margo tibialis tibiae sich ansetzende M. gracilis die Masse der Adduktoren ab.

Schräg über die vordere Fläche des Oberschenkels zieht der für die Orientierung wichtige M. sartorius von der Spina ilica ventralis zum Margo tibialis tibiae.

Lässt man die Muskeln in situ, so begrenzt das Lig. inguinale mit dem M. sartorius und dem medialen Rande des M. adductor longus ein Dreieck, das Trigonum

[1] Linea aspera.

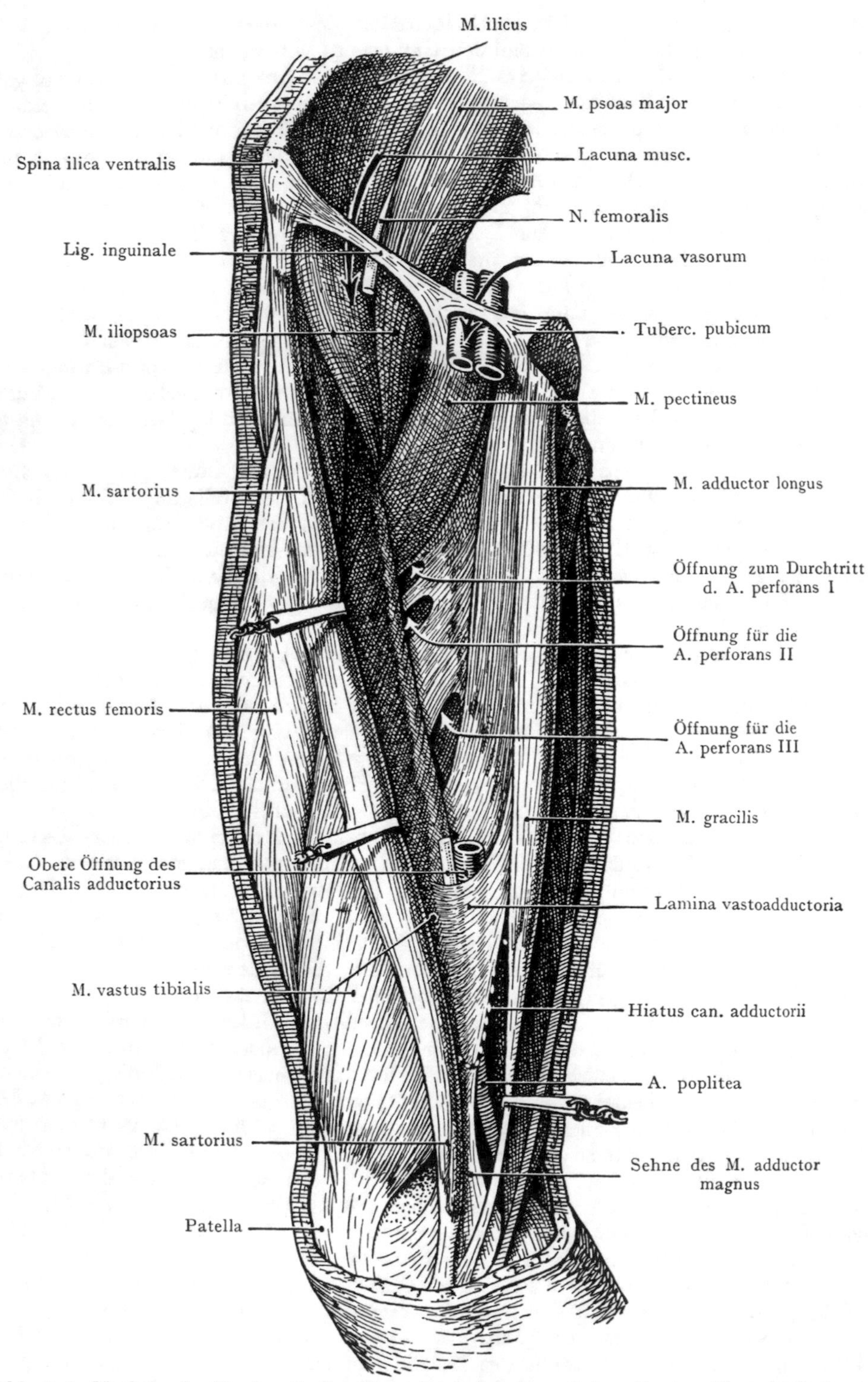

Abb. 608. Muskeln der Vorderseite des Oberschenkels bei auswärts rotiertem Oberschenkel.

femorale Scarpae, dessen Basis im Lig. inguinale gegeben ist und dessen Spitze distal liegt und annähernd dem Eingang in den Canalis adductorius entspricht. Die Spitze des Dreiecks liegt etwa 20 cm distal vom Lig. inguinale.

In demselben ist ein zweites, kleineres Dreieck abzugrenzen, dessen Basis gleichfalls durch das Lig. inguinale dargestellt wird, während die beiden Schenkel erst nach Präparation der Muskulatur zum Vorschein kommen und medial von dem

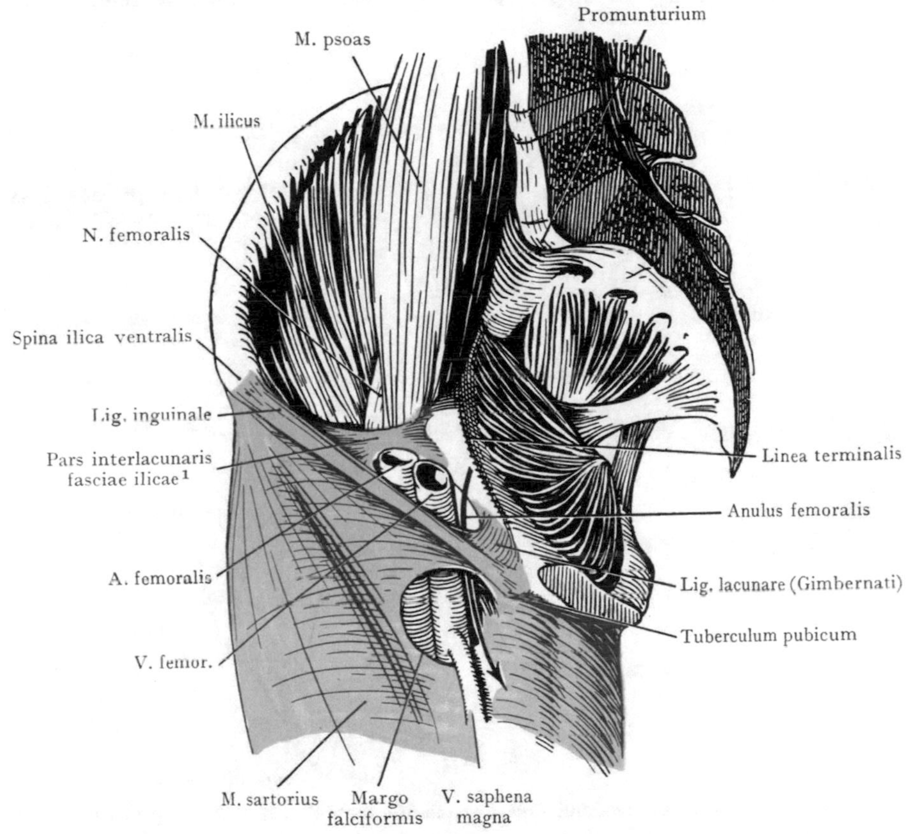

Abb. 609. Fossa ovalis, Lig. inguinale mit der Lacuna musculorum und der Lacuna vasorum. (Halbschematisch.)
Schräg von oben gesehen. — Fascie grün.
Der Pfeil führt in den Canalis femoralis.

M. pectineus, lateral von dem M. iliopsoas gebildet werden (**Fossa iliopectinea**). Die Spitze des Dreiecks liegt am Trochanter minor.

Die Erkenntnis, dass die Muskulatur am vorderen Umfange des Oberschenkels eine Rinne bildet, die breit am Lig. inguinale anfängt und distalwärts allmählich schmäler wird, kann erst gewonnen werden, wenn man nach der Präparation der Extensoren und der Adduktoren die beiden Muskelgruppen auseinanderzieht, wie das bei dem in Abb. 608 dargestellten Präparate geschehen ist. Die so erhaltene Rinne ist also mehr oder weniger ein Kunstprodukt, indem normalerweise die einander zugewandten Flächen des M. vastus tibialis und der Adduktoren durch Bindegewebe verlötet sind.

Die Rinne wird durch die Fascia lata mit dem zwischen ihren Blättern eingeschlossenen M. sartorius nach vorne abgegrenzt; man kann dieselbe als einen

[1] Lig. iliopectineum.

Bindegewebsraum auffassen, welcher nach verschiedenen Richtungen mit benachbarten Räumen im Zusammenhang steht. Von oben gelangt man unterhalb des Lig. inguinale medial durch die Lacuna vasorum, lateral durch die Lacuna musculorum in den obersten Teil des Raumes. Das Bindegewebe und Fett, welches denselben, besonders in seiner oberen Partie, ausfüllt und die Nerven und Gefässe umgibt, setzt sich unter dem M. rectus femoris gegen den lateralen Umfang des Hüftgelenkes fort. Medianwärts dringt es längs der Zweige der A. circumflexa femoris tibialis

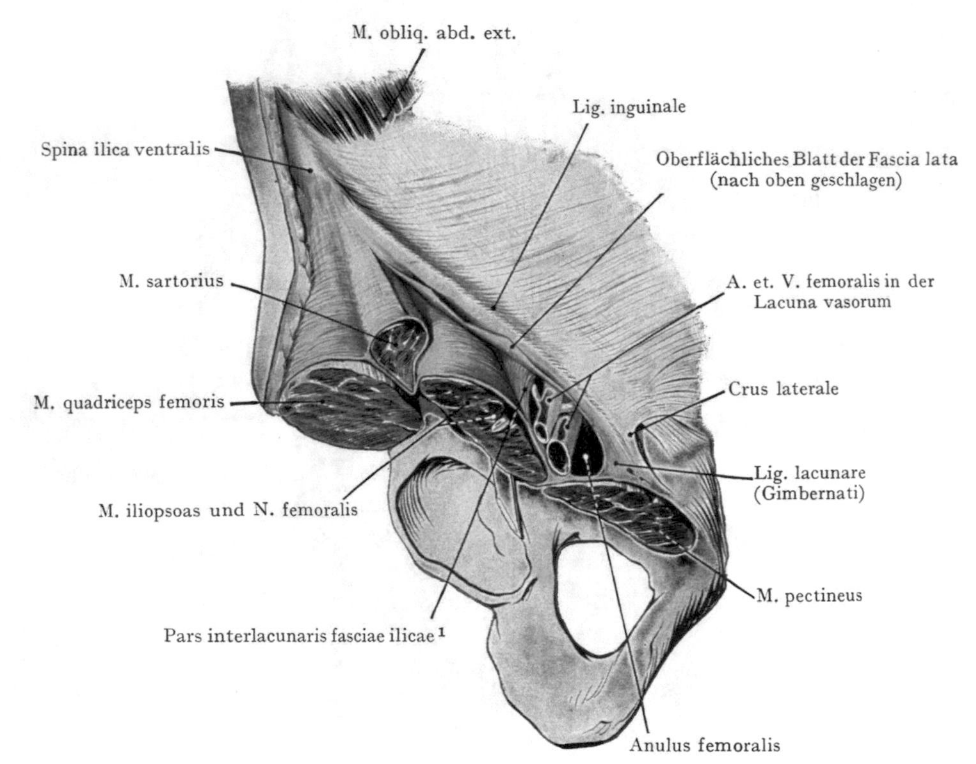

Abb. 610. **Lacuna vasorum und Lacuna musculorum, von unten gesehen.** Oberflächliches Blatt der Fascia lata abgetrennt und etwas nach oben geschlagen.

zwischen den Mm. pectineus und adductor longus ein und hängt mit dem Bindegewebe zusammen, welches die vordere von der mittleren Schicht der Adduktoren trennt und Äste des N. obturatorius und der A. obturatoria umschliesst (Abb. 613). Verbindungen mit der Beugerloge finden sich an 3—4 sehnig umrandeten Öffnungen in der Adduktorenplatte, welche zum Durchtritte der Aa. perforantes aus der A. profunda femoris dienen (Abb. 608). An der Spitze des Trigonum führt eine Öffnung in den Canalis adductorius, durch welche die Hauptstämme der Arterie und Vene (A. und V. femoralis) ihren Weg nach hinten in die Fossa poplitea nehmen. Die Verbindung mit den subkutanen Schichten längs der in der Fossa ovalis austretenden Gefässe (Aa. epigastrica superfic., pudendalis ext., V. saphena magna) ist schon besprochen worden.

Die Öffnungen unterhalb des Lig. inguinale, durch welche einerseits der M. iliopsoas mit dem N. femoralis, andererseits die A. und V. femoralis in die Gegend ein-

[1] Lig. iliopectineum.

treten, sind in Abb. 610 dargestellt. Das Lig. inguinale erstreckt sich als ein Teil der Aponeurose des M. obliquus abd. ext. von der Spina ilica ventralis bis zum Tuberculum pubicum; von dem medialen Ende des Bandes zweigt sich das Lig. lacunare (Gimbernati) als eine dreieckige, horizontal eingestellte sehnige Platte mit lateralwärts konkavem Rande zum Pecten ossis pubis ab.

Die durch das Lig. inguinale, den konkaven Rand des Lig. lacunare, die Pars acetabularis r. ossis pubis[1] und den von der Eminentia iliopectinea zur Spina ilica ventralis[2] aufsteigenden Abschnitt des Os ilium begrenzte Öffnung erfährt eine Teilung in eine mediale kleinere (Lacuna vasorum) und eine laterale grössere Öffnung (Lacuna musculorum), indem von der unteren Fläche des Lig. inguinale sehnige Bündel abgehen, welche sich an der Eminentia iliopectinea inserieren und als Pars interlacunaris fasciae ilicae[3] die Abgrenzung der beiden sekundären Öffnungen unter dem Lig. inguinale herstellen.

Die Lacuna musculorum wird vollständig durch den M. iliopsoas ausgefüllt, dessen Fasern fächerförmig konvergieren, um an den Trochanter minor zu gelangen. Mit demselben verläuft in der Rinne zwischen beiden Portionen des Muskels der N. femoralis distalwärts. Durch die Lacuna vasorum verlaufen lateral die A., medial die V. femoralis. Zwischen dem medialen Umfange der Vene und dem scharfen lateralen Rande des Lig. lacunare bleibt eine Lücke übrig (Abb. 610), die manchmal durch die sog. Rosenmüllersche Lymphdrüse, häufig jedoch bloss durch lockeres Bindegewebe, ausgefüllt wird. Gegen die Bauchhöhle wird diese Stelle (Anulus femoralis) von dem Peritonaeum überlagert; sie spielt bei dem Zustandekommen der Schenkelhernien eine wichtige Rolle (s. unten Herniae femorales).

Das im Anulus femoralis liegende Bindegewebe stammt von der Fascia transversalis und hängt mit derselben sowie mit den Ligg. inguinale und lacunare und der Scheide der A. und V. femoralis zusammen, indem es eine mehr oder weniger einheitliche Membran, das Septum anuli femoralis (Cloqueti), herstellt. Dasselbe bildet bloss einen lockeren Verschluss der erwähnten Lücke, welcher durch Druck von der Bauchhöhle aus bei der Entstehung der Herniae femorales leicht vorgedrängt wird.

Die A. ilica ext. gibt in der Lacuna vasorum oder gerade oberhalb derselben die A. epigastrica caud. und die A. circumflexa ilium prof. ab (Abb. 610), welche zu den Bauchdecken und entlang der Crista ilica verlaufen (s. vordere Bauchwand).

Subfasciale Gefässe und Nerven im Trigonum femorale (Abb. 611). Die A., die V. und der N. femoralis liegen bei ihrem Übertritt in das Trigonum femorale in der Weise zueinander, dass wir am weitesten medial die Vene antreffen, die mit der ihr lateral anliegenden Arterie von einer gemeinsamen Gefässscheide umschlossen ist. Lateral von der Arterie liegt der Stamm des N. femoralis, und zwar bedeckt von der Fascie des M. iliopsoas, welche ihn von der Arterie trennt. In Abb. 611 ist diese Fascie nicht dargestellt. Medial von der Vene liegt, entweder im Anulus femoralis oder gleich unterhalb desselben, die grösste der subfascialen Lymphdrüsen, die sog. Rosenmüllersche Drüse.

A. femoralis. Sie tritt etwas medial von der Mitte des Lig. inguinale in das Trigonum femorale ein und liegt dem Beckenrande medial von der Eminentia iliopectinea auf, wo sie gegen den Knochen komprimiert werden kann. Der Stamm verläuft gegen die an der Spitze des Trigonum femorale befindliche obere Öffnung des Canalis adductorius, durch welchen sie in Gesellschaft der V. femoralis nach hinten in die Fossa poplitea gelangt. Die Richtung des Verlaufes wird durch eine von der Mitte des Lig. inguinale zum Epicondylus tibialis femoris gezogene Linie angegeben.

Die Arterie gibt nach der klassischen Schilderung, abgesehen von den durch die Fascie zu den Lymphdrüsen und zur Haut gelangenden kleineren Ästen (s. oben),

[1] Ramus sup. ossis pubis. [2] Spina iliaca ant. sup. [3] Lig. iliopectineum.

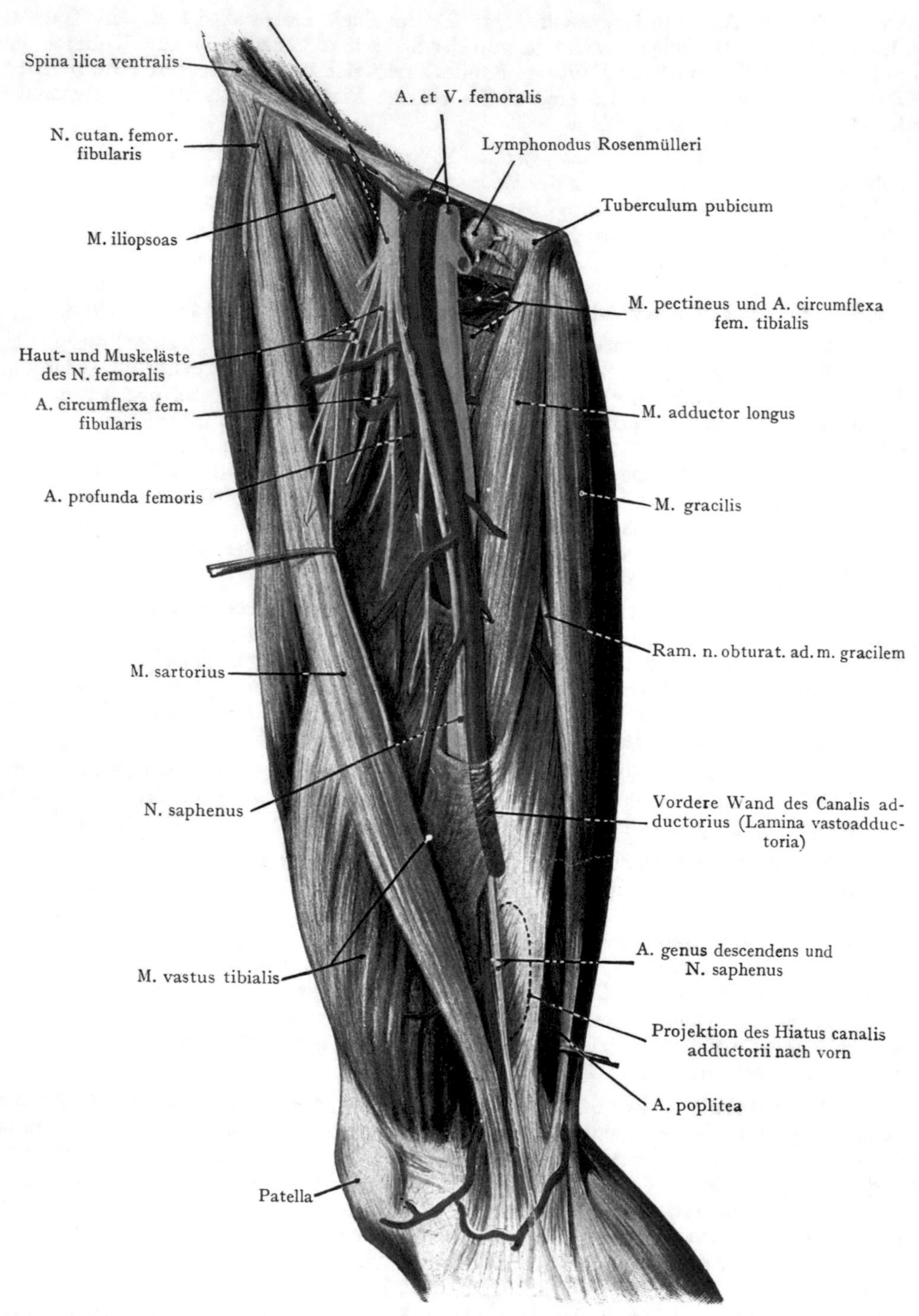

Abb. 611. Tiefe (subfasciale) Gebilde der vorderen Seite des Oberschenkels bei auswärts rotiertem Oberschenkel.

als Hauptast die A. profunda femoris ab, aus welcher in der Mehrzahl der Fälle die sekundären Äste zu der Muskulatur des vorderen und auch des hinteren Umfanges des Oberschenkels entspringen (Aa. circumflexae femoris tibialis et fibularis und die Aa. perforantes).

Die A. profunda femoris entspringt in der Regel 4—6 cm distal vom Lig. inguinale aus dem hinteren, manchmal auch aus dem medialen oder dem lateralen Umfange der A. femoralis. Der Ursprung kann auch unmittelbar unterhalb des Lig. inguinale oder andererseits bis 11 cm distal von demselben stattfinden. Die Möglichkeit einer Ablenkung des Ursprunges auf den lateralen oder medialen Umfang der A. femoralis verdient bei der Unterbindung der A. profunda berücksichtigt zu werden; als Grund der Ablenkung wird von einigen Autoren der Ursprung einer A. circumflexa femoris tibialis oder fibularis von der A. profunda angenommen, welche den Ursprung der letzteren nach der betreffenden Seite abziehen soll.

Häufig entspringen alle subfascialen Äste aus der A. profunda; hier kommen die beiden Aa. circumflexae femoris und die drei durch die Adduktorenplatte nach hinten verlaufenden Aa. perforantes in Betracht.

Die Aa. circumflexae femoris zeigen in ihrem Ursprunge eine beträchtliche Variation. Sie können ein- oder beiderseits aus der A. femoralis entspringen; dann liegt in der Regel der Ursprung der stärkeren A. circumflexa fibularis weiter distal als derjenige der A. circumflexa tibialis. Die A. circumflexa femoris fibularis verläuft, von dem M. rectus femoris bedeckt, lateralwärts und teilt sich in einen Ramus ascendens und einen Ramus descendens. Der erstere geht um den Hals des Femur, gibt Äste an die Kapsel des Hüftgelenkes, verzweigt sich in der mittleren und tiefen Schicht der Glutaealmuskeln und anastomosiert mit der A. glutaea cranialis. Der Ram. descendens wird von dem M. rectus femoris bedeckt, verbreitet sich an den M. quadriceps femoris und geht mit seinen Endästen in das Rete patellae ein.

Die A. circumflexa femoris tibialis gelangt mit ihrem Ramus profundus zwischen den Mm. iliopsoas und pectineus um das Collum femoris nach hinten und verbindet sich mit den Ästen der A. obturatoria, auch mit den Aa. glutaea caudalis und circumflexa femoris fibularis. Sie gibt auch einen Ramus acetabularis zum Hüftgelenk ab.

Einteilung und Verlauf der A. femoralis. Die Richtung des Verlaufes ist oben angegeben worden. Wir unterscheiden an der Arterie von ihrem Eintritt in die Gegend durch die Lacuna vasorum bis zu ihrem Austritt aus dem Canalis adductorius in die Fossa poplitea drei Strecken. Die erste Strecke reicht von der Lacuna vasorum bis zum medialen Rande des M. sartorius. Hier liegt die Arterie oberflächlich und wird bloss von der Fascia lata bedeckt. In der zweiten Strecke wird die Arterie von dem M. sartorius sowie von den beiden den M. sartorius umschliessenden Blättern der Fascia lata bedeckt. Die dritte Strecke liegt im Canalis adductorius, hier wird die Arterie sowohl von dem M. sartorius als von der vorderen Wand des Canalis adductorius bedeckt.

Erste Strecke. Dieselbe hat eine Länge von 8—10 cm und reicht von dem Lig. inguinale bis distal vom Ursprung der A. profunda femoris. Die Arterie ist hier mit der medial angelagerten V. femoralis in eine gemeinsame Gefässscheide eingeschlossen und wird unmittelbar unter der Fascia lata angetroffen; lateral, durch die Fascia iliopsoica von der Arterie getrennt, liegt der Stamm des N. femoralis, welcher kurz unterhalb des Lig. inguinale fächerförmig in seine Äste zur Haut und zur Muskulatur zerfällt. Ein starker Ast (N. saphenus) legt sich schon der ersten Strecke der Arterie lateral an und bleibt derselben bis in den Canalis adductorius treu, wo er die vordere Wand des Kanales durchbohrt und zur Haut der medialen Seite des Unterschenkels gelangt. Aus der ersten Strecke entspringen die A. profunda femoris und beide Aa. circumflexae femoris.

Zweite Strecke. Sie wird von dem M. sartorius bedeckt und reicht distalwärts bis zum Eintritt der Arterie in den Canalis adductorius. Man wird zur Aufsuchung der Arterie in dieser Strecke ihres Verlaufes den medialen Rand des M. sartorius, welcher einer von der Spina ilica ventralis zum Epicondylus tibialis femoris verlaufenden Linie entspricht, feststellen und in der Mitte derselben einschneiden. Der Muskel wird nach Durchtrennung der Haut und der Fascia lata lateralwärts abgezogen, die Gefässscheide gespalten und die Arterie von der medial und hinten anliegenden Vene und dem lateral und vorne anliegenden N. saphenus isoliert (Abb. 612). Die V. femoralis beginnt sich schon in der ersten Strecke der Arterie hinter dieselbe zu schieben; am Eingang in den Canalis adductorius liegt sie gerade hinter der Arterie. Der N. saphenus wird lateral und vor der Arterie angetroffen und gelangt mit derselben in den Canalis adductorius.

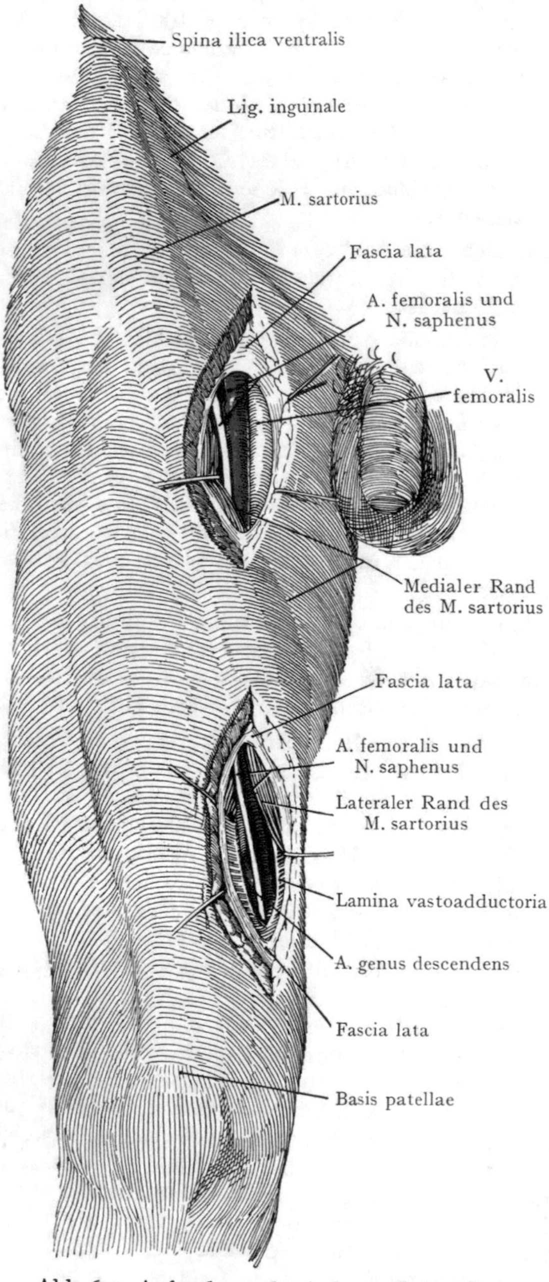

Abb. 612. Aufsuchung der A. femoralis im oberen und unteren Drittel des Oberschenkels.

Dritte Strecke der A. femoralis im Canalis adductorius. Der Canalis adductorius, welcher aus dem subfascialen Bindegewebsraume des Trigonum femorale in die Fossa poplitea führt, zeigt eine mediale, eine laterale und eine vordere Wand.

Die mediale und die laterale Wand entsprechen der untersten Partie der früher erwähnten, durch die Extensoren- und Adduktorenmuskulatur gebildeten Rinne, welche hier begrenzt wird einerseits durch den M. vastus tibialis, andererseits durch die an der Crista femoris[1] sich inserierende Platte des M. adductor magnus. Da sich jedoch diese Insertion nicht bis zum distalen Ende der Crista femoris[1] erstreckt, indem die Muskelplatte handbreit über dem Epicondylus tibialis femoris in einen starken Sehnenbogen übergeht, welcher sich an den Epicondylus ansetzt, so entsteht am distalen Ende der Rinne eine Öffnung in der Adduktorenplatte, die als Adduktorenschlitz bezeichnet wird (Hiatus canalis adductorii). Dieser wird lateral durch den gegen den Epicondylus tibialis ausbiegenden Schaft des Femur, medial

[1] Linea aspera.

durch die Endsehne des M. adductor magnus begrenzt und stellt die distale (untere) Öffnung des Canalis adductorius in die Fossa poplitea dar. Es ergänzt sich nämlich der untere Abschnitt der Muskelrinne, der durch den M. vastus tibialis und die Platte des M. adductor magnus hergestellt wird, zu einem Kanale, indem eine sehnige Verstärkung der Fascie des M. vastus tibialis (Lamina vastoadductoria) die Rinne überspannt und sich mit der Fascie des M. adductor magnus verbindet (Abb. 611 u. 612). Der Canalis adductorius zeigt eine proximale Öffnung, in welche die A. und V. femoralis mit dem N. saphenus eintreten, und eine distale Öffnung, durch welche die Vene und die Arterie in die Fossa poplitea austreten; ferner unterscheiden wir eine laterale Wand (M. vastus tibialis), eine mediale und hintere Wand (M. adductor magnus) und eine vordere Wand, welche letztere durch die Lamina vastoadductoria hergestellt wird. Die Länge des Kanales beträgt 3—6 cm; er wird medial und oberflächlich von dem breiten Bauche des M. sartorius bedeckt.

Im Canalis adductorius liegt die A. femoralis vor der Vene, welche sich schon auf der ersten Strecke ihres Verlaufes dem hinteren Umfange der Arterie zu nähern begonnen hatte. Lateral und etwas vor der Arterie liegt zunächst der N. saphenus (Abb. 611), welcher in Gesellschaft mit der aus der A. femoralis im Canalis adductorius entspringenden A. genus descendens die vordere Wand des Kanales durchbohrt. Diese Arterie geht teils mit Rami musculares zu den Mm. vastus tibialis, sartorius und gracilis, teils mit den Rami articulares zum Rete articulare genus (s. Kollateralkreislauf nach Unterbindung der A. femoralis oder poplitea und Abb. 631); ein weiterer Ast, der Ram. saphenus, schliesst sich dem N. saphenus an, der über dem Condylus tibialis femoris zur medialen Seite des Unterschenkels und des Fusses verläuft.

A. profunda femoris und Aa. perforantes. Die A. profunda femoris gibt die drei Aa. perforantes zu der tiefen Partie des Trigonum femorale ab, welche an der Crista femoris[1] durch die Adduktorenmuskulatur nach hinten zur Beugemuskulatur des Oberschenkels und zu den Mm. adductores verlaufen. Hier anastomosieren sie sowohl untereinander als mit der A. glutaea caudalis, der A. poplitea, der A. obturatoria und den Aa. circumflexae femoris (Abb. 617). Die A. perforans I verläuft zwischen der Insertion des M. pectineus und dem oberen Rande des M. adductor longus nach hinten, die A. perforans II entlang dem unteren Rande des M. adductor brevis, die A. perforans III über oder unter dem Ansatze des M. adductor longus an der Crista femoris[1]. Sie bildet häufig das Ende der A. profunda femoris und gibt konstant eine grosse A. nutritia femoris distalis ab.

V. femoralis. Bei dem Eintritt der Gefässe durch die Lacuna vasorum in das Trigonum femorale ist die V. femoralis mit den umgebenden Gebilden so fest verwachsen, dass sie stets klaffend erhalten wird. Sie liegt in der Lacuna vasorum medial von der Arterie. Weiter distal ändert sich die Lage der Gefässe zueinander, indem die Vene sich dem hinteren Umfang der Arterie nähert und sogar am Übergang in die Fossa poplitea hinter der Arterie und etwas lateral angetroffen wird. Häufig sind neben der V. femoralis noch Vv. comitantes vorhanden, welche nach Art der Extremitätenvenen überhaupt, untereinander in Verbindung stehen. Die von der Arterie abgegebenen Äste werden von je zwei Venen begleitet.

Der **N. femoralis** tritt mit dem M. iliopsoas in der Furche zwischen den beiden Bestandteilen des Muskels durch die Lacuna musculorum in das Trigonum femorale (Abb. 611) und liegt unmittelbar unter der Fascia iliopsoica, etwas weiter distalwärts auch von dem tiefen Blatte der Fascia lata bedeckt. Die Äste des Nerven treten in einer Entfernung von höchstens 3 cm distal vom Lig. inguinale durch die Fascie des M. iliopsoas und verteilen sich fächerförmig an die oberflächlichen und die tiefen Gebilde des Trigonum femorale. Die oberflächlichen Äste sind, mit Ausnahme desjenigen zum M. sartorius, sämtlich sensibel und durchbohren als Rr. cutanei ventrales die Fascia lata, um sich an die Haut zu verzweigen. Die tiefen Äste

[1] Linea aspera.

versorgen die Streckmuskulatur des Oberschenkels (M. quadriceps femoris). Ein kleiner Ast geht medianwärts, hinter der A. und V. femoralis vorbei, zu dem M. pectineus, so dass dieser Muskel sowohl aus dem N. femoralis wie aus dem N. obturatorius Äste erhält. Zu den tiefen Ästen des N. femoralis gehört auch der N. saphenus, welcher häufig eine Strecke weit mit dem Zweig zum M. vastus tibialis verbunden ist, dann

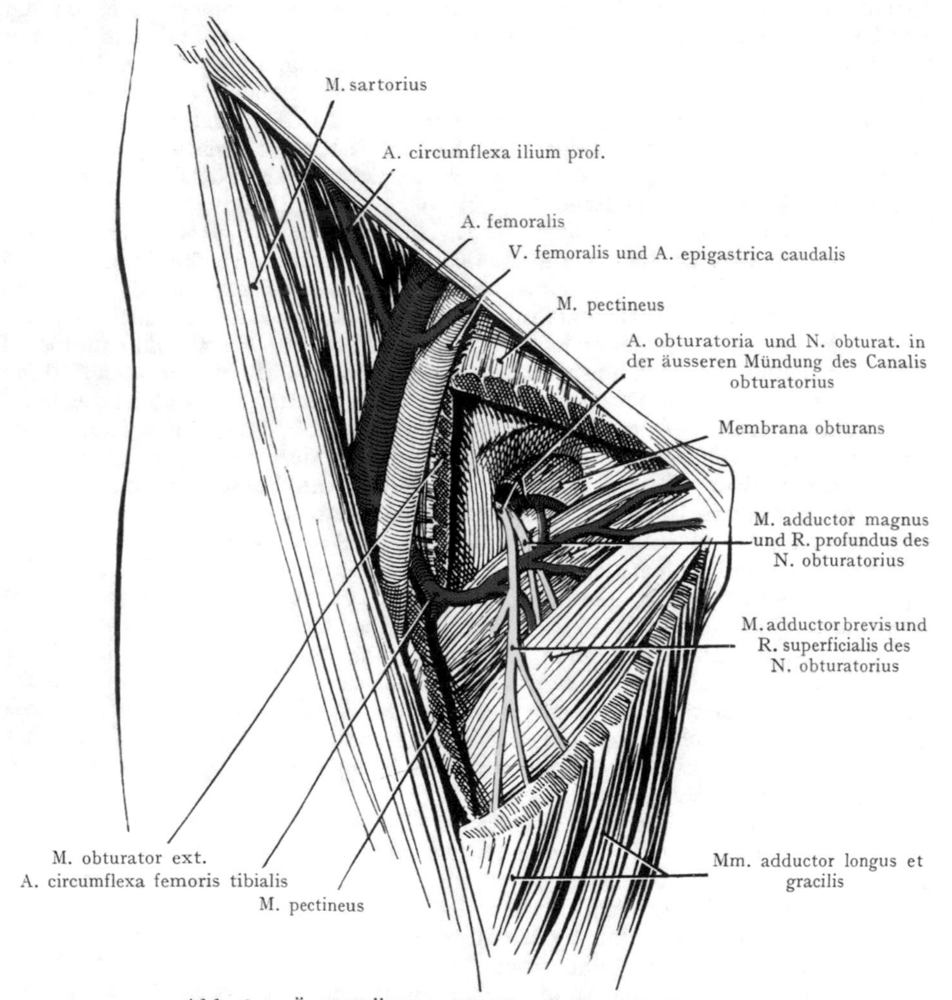

Abb. 613. Äussere Öffnung des Canalis obturatorius.
Der M. pectineus ist teilweise entfernt worden, um die A. obturatoria und den N. obturatorius zur Ansicht zu bringen.

sich lateral der A. femoralis anschliesst und mit letzterer in den Canalis adductorius eintritt, um die vordere Wandung des Kanales (Lamina vastoadductoria) zu durchbohren und hinter der Endsehne des M. sartorius zur Haut zu gelangen. Er versorgt die Haut der tibialen Seite des Unterschenkels und des Dorsum pedis. Die tiefen Äste des N. femoralis kreuzen die A. circumflexa femoris fibularis, resp. ihre Äste.

Adduktorenloge (Membrana obturans und Canalis obturatorius). Die Mm. adductores bilden einen im Querschnitte (Abb. 624) keilförmigen Muskelkomplex, welcher sich medial zwischen der Extensoren- und der Beugemuskulatur des Oberschenkels einschiebt. Die Muskeln werden von den aus der A. profunda femoris entspringenden Aa. perforantes durchbohrt und durch die vordere Beckenwandung, welche im Bereiche des Ursprunges der Adduktoren aus dem Schambeinkörper, der äusseren Umrandung des Foramen obturatum und der Membrana obturans gebildet wird, gelangen die A. und V. obturatoria mit dem N. obturatorius in die Gegend, nachdem sie den Canalis obturatorius durchlaufen haben.

Die Mm. adductores entspringen im Anschluss an den medialen Umfang des Foramen obturatum von dem Schambein und dem Sitzbein; der M. pectineus greift mit seinem vom Pecten ossis pubis ausgehenden Ursprung auf die Pars acetabularis r. ossis pubis über. Die Insertion aller Adduktoren erfolgt an der Crista femoris; diejenige des M. adductor magnus reicht bis zur Grenze zwischen dem mittleren und unteren Drittel der Crista femoris und geht dann in die am Epicondylus tibialis femoris sich inserierende Sehne über, welche die untere Öffnung des aus dem Trigonum femorale in die Fossa poplitea führenden Canalis adductorius begrenzt. Der M. obturator ext. entspringt von der äusseren Fläche der Membrana obturans sowie von den Rändern des Foramen obturatum und verläuft nach hinten, dem Collum femoris angelagert, zu seiner Insertion in der Fossa trochanterica. Der Muskel lässt mit seinem Ursprunge die äussere Mündung des Canalis obturatorius frei.

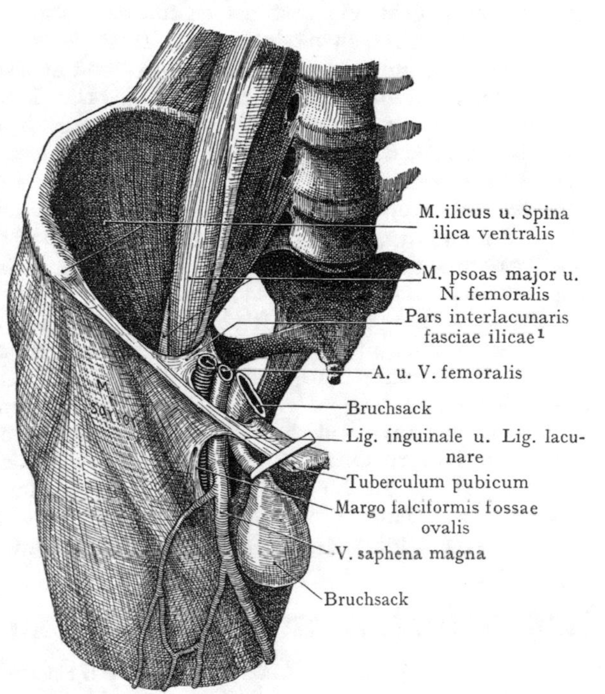

Abb. 614. Lacuna musculorum und Lacuna vasorum unter dem Lig. inguinale.
Eine Femoralhernie ist durch den Canalis femoralis in die Fossa ovalis getreten. (Halbschematisch.)

Das Foramen obturatum wird bis auf die Öffnung des Canalis obturatorius (Abb. 613) durch die Membrana obturans verschlossen, welche die Rolle einer Membrana interossea spielt, indem ihre Fasern äusserst derb und sehnig sind und fast einen Ersatz für Knochen bieten.

Der **Canalis obturatorius** führt aus dem Spatium subperitonaeale des kleinen Beckens schräg distal- und medianwärts in die Loge der Mm. adductores. Er hat eine Länge von 2—3 cm und wird gebildet: erstens durch eine schräg verlaufende Rinne an der unteren Fläche der Pars acetabularis r. ossis pubis (Sulcus obturatorius); zweitens durch den fächerförmigen Ansatz der Membrana obturans an den Rändern des Sulcus obturatorius und drittens erhält die Wandung noch eine Verstärkung durch die der Membrana obturans innen und aussen aufgelagerten Mm. obturator int. und ext.

Die A. und V. obturatoria und der N. obturatorius, welche den Canalis obturatorius durchsetzen, um distalwärts in die Adduktorenloge zu gelangen, sind in lobuläres Fettgewebe eingehüllt, welches nach oben mit dem lockeren subperitonaealen Bindegewebe und der Fascia m. obturatoris interni, nach unten mit dem lockeren Bindegewebe zwischen den Schichten der Mm. adductores im Zusammenhang steht. Schon innerhalb des Canalis obturatorius teilt sich die Arterie in einen Ramus superfic. und prof.;

[1] Lig. iliopectineum.

der letztere gibt den R. acetabularis ab, welcher durch die Incisura acetabuli zum Lig. capitis femoris[1] und in diesem zum Kopfe des Femur gelangt; ferner anastomosiert er mit der A. glutaea caud. und der A. circumflexa femoris tibialis. Der Ramus superficialis verbreitet sich in den Adduktoren und anastomosiert mit den Aa. perforantes und der A. circumflexa femoris tibialis. Die Venen folgen den Arterien. Der N. obturatorius gibt schon im Kanale einen Ast für den M. obturator ext. ab und teilt sich alsdann in einen Ramus superficialis und profundus. Die Zweige des Ramus superficialis verlaufen vor dem M. adductor brevis, versorgen diesen Muskel sowie die Mm. pectineus, adductor longus und gracilis; auch geht ein Ast als R. cutaneus zur Haut an der medialen Seite, von der Mitte des Oberschenkels bis zum Knie herab. Der Ramus profundus geht zum M. adductor magnus, einschliesslich der obersten Partie desselben, welche bisweilen als M. adductor minimus unterschieden wird. Die Innervation des M. pectineus ist eine doppelte, denn er erhält auch vom N. femoralis einen Zweig. Vom N. ischiadicus geht ein Ast auch zu einem Teile des M. adductor magnus, welcher einen sekundär dem Muskel sich anschliessenden Abschnitt der Beugemuskulatur des Oberschenkels darstellt und hauptsächlich die Endsehne des M. adductor magnus liefert (G. Ruge).

Aufsuchung der A. obturatoria und der äusseren Mündung des Canalis obturatorius am Oberschenkel (Abb. 613). Ein Schnitt wird von der Mitte des Lig. inguinale senkrecht nach unten geführt, die Haut, das subkutane Fett- und Bindegewebe und das oberflächliche Blatt der Fascia lata werden gespalten, die V. saphena magna lateralwärts abgezogen. Sodann liegt die A. femoralis und medial von ihr die V. femoralis vor, auf dem mit der Fascia pectinea verschmolzenen tiefen Blatte der Fascia lata. Der M. pectineus wird teilweise von seinem Ursprunge gelöst, alsdann gelangt man auf die den M. obturator ext. überziehende Fascie, kann mit dem Finger die äussere Öffnung des Canalis obturatorius fühlen und nach Abziehen des M. pectineus auf die Membrana obturans sowie auf die Gefässe und den Nerven vordringen. Im Canalis obturatorius liegt der Nerv am weitesten lateral, die Arterie und die Vene schliessen sich demselben medial an.

Bruchpforten und Hernien am vorderen Umfange des Oberschenkels.

Am vorderen Umfange des Oberschenkels können sich im Bereiche der Fossa iliopectinea Hernien bilden, die entweder von der Bauchhöhle ausgehen, indem sie den Canalis femoralis durchsetzen (Herniae femorales), oder, allerdings viel seltener, von der Höhle des kleinen Beckens aus durch den Canalis obturatorius in die Loge der Mm. adductores gelangen (Herniae obturatoriae).

Herniae femorales. Sie benützen zu ihrem Austritt auf den vorderen Umfang des Oberschenkels den Raum, welcher medial von der V. femoralis liegt (Anulus femoralis) und begrenzt wird: oben durch das Lig. inguinale, medial durch den scharfen Rand des Lig. lacunare (Gimbernati), lateral durch die V. femoralis, unten durch das Pecten ossis pubis (Abb. 609). Die Öffnung misst von dem konkaven freien Rande des Lig. lacunare bis zum medialen Umfange der V. femoralis wohl 1 cm; sie wird durch eine mehr oder weniger als Membran ausgebildete Bindegewebsschicht (Septum anuli femoralis) verschlossen, welche von der Fascia transversalis abzuleiten ist. Nicht selten finden wir im Anulus femoralis die sog. Rosenmüllersche Lymphdrüse.

Dem Anulus femoralis liegt gegen die Bauchhöhle hin das Peritonaeum unmittelbar an, distalwärts führt die Öffnung medial von den Vasa femoralia in den Raum oder Spalt, welcher von den beiden Blättern der Fascia lata bei ihrem Verlaufe vor und hinter den Gefässen gebildet wird (s. Fascia lata). Dieser Raum wird distal

[1] Lig. teres femoris.

abgeschlossen, indem sich die beiden Blätter der Fascia lata distal von der Fossa ovalis und medial von dem M. sartorius wieder zu einem einheitlichen Blatte vereinigen. Die Strecke, welche von dem Anulus femoralis bis zur Fossa ovalis reicht, wird als Canalis femoralis bezeichnet.

In dem oberflächlichen Blatte bietet die Fossa ovalis mit ihrer von zahlreichen kleinen Gefässen sowie von der V. saphena magna durchbrochenen Lamina cribriformis fossae ovalis ein Punctum minoris resistentiae, welches einem von oben vordringenden Herniensacke den Austritt durch die Fascie unter die Haut gestattet. Die letztere wird

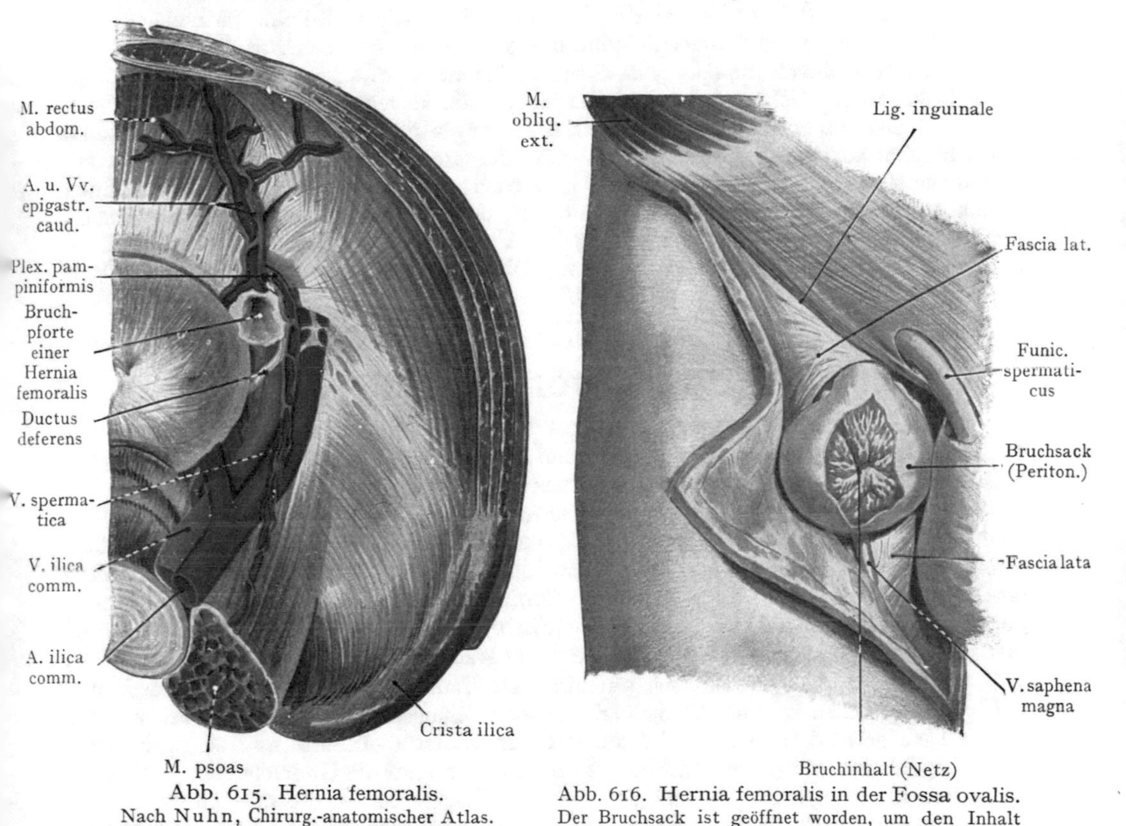

Abb. 615. Hernia femoralis.
Nach Nuhn, Chirurg.-anatomischer Atlas.
Die A. obturatoria entspringt aus der A. epigastrica caudalis.

Abb. 616. Hernia femoralis in der Fossa ovalis.
Der Bruchsack ist geöffnet worden, um den Inhalt (Omentum majus) zu zeigen.
Nach Nuhn, Chirurg.-anatomischer Atlas.

gleichfalls vorgewölbt und der Herniensack wird alsdann dargestellt (von innen nach aussen aufgezählt) von dem Peritonaeum, dem Septum anuli femoralis, den Resten der Lamina cribriformis und der Haut. Der Weg, den eine Hernia femoralis einschlägt, kann leicht verfolgt werden, wenn man von oben her den Finger durch den Anulus femoralis nach unten vorstösst und die Lamina cribriformis fossae ovalis vorwölbt.

In allen Fällen liegt oberhalb der Bruchpforte das Lig. inguinale, lateral von derselben die V. femoralis, medial das Lig. lacunare (Gimbernati). Eine solche Hernie mit Inhalt (grosses Netz) ist in Abb. 616 dargestellt. Eine bei der Operation der Schenkelhernien nicht unwichtige und auch nicht gerade seltene Gefässanomalie wird in Abb. 615 veranschaulicht, nämlich der Ursprung der A. obturatoria aus der A. epigastrica caud. (Abb. 425). Auf ihre Bedeutung bei Operationen am Anulus femoralis weist die alte Bezeichnung Arcus seu corona mortis hin. In solchen Fällen verläuft die

A. obturatoria über dem Anulus femoralis im Bogen medianwärts, um die innere Mündung des Canalis obturatorius zu erreichen. Sie würde dem oberen Umfange der Bruchsackpforte einer Hernia femoralis unmittelbar anliegen. Die Pforte wird sodann nach allen Seiten zu Gefässen in Beziehung stehen; lateral liegen die A. und V. femoralis und die A. epigastrica caudalis, oben und medial die anormal entspringende A. obturatoria; dazu noch unten der vom Anulus inguinalis praeperitonealis[1] zum Rande des kleinen Beckens verlaufende Ductus deferens.

Herniae obturatoriae. Sie kommen weit seltener vor als die Herniae femorales oder inguinales und betreffen in der Mehrzahl der Fälle weibliche Individuen. Das Peritonaeum wird an der inneren Mündung des Canalis obturatorius vorgestülpt und der Bruch tritt durch den Canalis obturatorius nach unten in die Adduktorenloge. Entsprechend der Richtung des Kanales zeigen die Herniae obturatoriae einen schief von oben und lateral medianwärts und nach unten gerichteten Verlauf. Der Kanal kann bloss abwärts auf Kosten der an den Rändern des Sulcus obturatorius sich ansetzenden Membrana obturans erweitert werden; nicht selten übt der Bruch einen Druck auf den N. obturatorius im Kanale aus, der sich durch Schmerzen am medialen Umfange des Oberschenkels (Versorgung der Haut in diesem Bezirke durch den Ram. cutaneus n. obturatorii) bemerkbar macht. Dieses Symptom weist häufig auf das Vorhandensein einer Hernia obturatoria hin.

Regio femoris dorsalis.

Dieselbe wird abgegrenzt: proximal durch die Glutaealfalte, distal durch eine 4 cm oberhalb der Basis patellae gezogene Querlinie; lateral bezeichnet der Tractus iliotibialis, medial der M. gracilis die Grenze gegen die Regio femoris ventralis.

Äussere Form. Die Wölbung wird von den Flexoren hervorgerufen (Mm. biceps, semimembranaceus und semitendineus, Abb. 604), gegen die Fossa poplitea erfolgt eine Abplattung, indem die Flexoren in ihre Endsehnen übergehen, welche lateralwärts (Sehne des M. biceps) zum Capitulum fibulae und medialwärts (Sehnen der Mm. semimembranaceus und semitendineus) zur Tibia auseinanderweichen und den proximalen Winkel der Kniekehlenraute begrenzen.

Fascia lata. Sie ist auch am hinteren Umfange des Oberschenkels derb und wird von bogenförmig oder schräg verlaufenden sehnigen Faserzügen durchsetzt. Von in die Tiefe gehenden Septen wird die Beugemuskulatur umhüllt und zu einer besonderen Loge abgegrenzt (siehe den schematischen Querschnitt des Oberschenkels, Abb. 622). Zwischen den Beugemuskeln und der hinteren Fläche der Adduktorenplatte (M. adductor magnus) liegt lockeres Bindegewebe, das proximalwärts mit dem Bindegewebe zwischen der oberflächlichen und der mittleren Schicht der Glutaealmuskulatur im Zusammenhang steht, distalwärts in das Fett- und Bindegewebe der Fossa poplitea übergeht.

Von oberflächlichen ausserhalb der Fascie liegenden Gebilden sei bloss der N. cutaneus femoris dorsalis erwähnt, welcher an der Glutaealfalte und noch eine Strecke weit distalwärts von derselben u n t e r der Fascie liegt; seine Äste durchbohren die Fascie und versorgen die Haut der Gegend bis zur Fossa poplitea. Eine Hautvene verbindet häufig, über den hinteren und medialen Umfang des Oberschenkels verlaufend, die V. saphena parva (in der Fossa poplitea) mit der V. saphena magna am medialen und vorderen Umfange des Oberschenkels; das Blut der ersteren kann also direkt in die V. saphena magna abgeleitet werden in Fällen, wo die Einmündung der V. saphena parva in die V. poplitea fehlt.

Muskeln. Die drei Beuger, welche am Tuber ossis ischii entspringen, sind von der grossen Muskelplatte des M. adductor magnus zu unterscheiden. In Abb. 617 sind die Bäuche der Muskeln entfernt worden, um den Verlauf des N. ischiadicus

[1] Annulus inguinalis abdominalis.

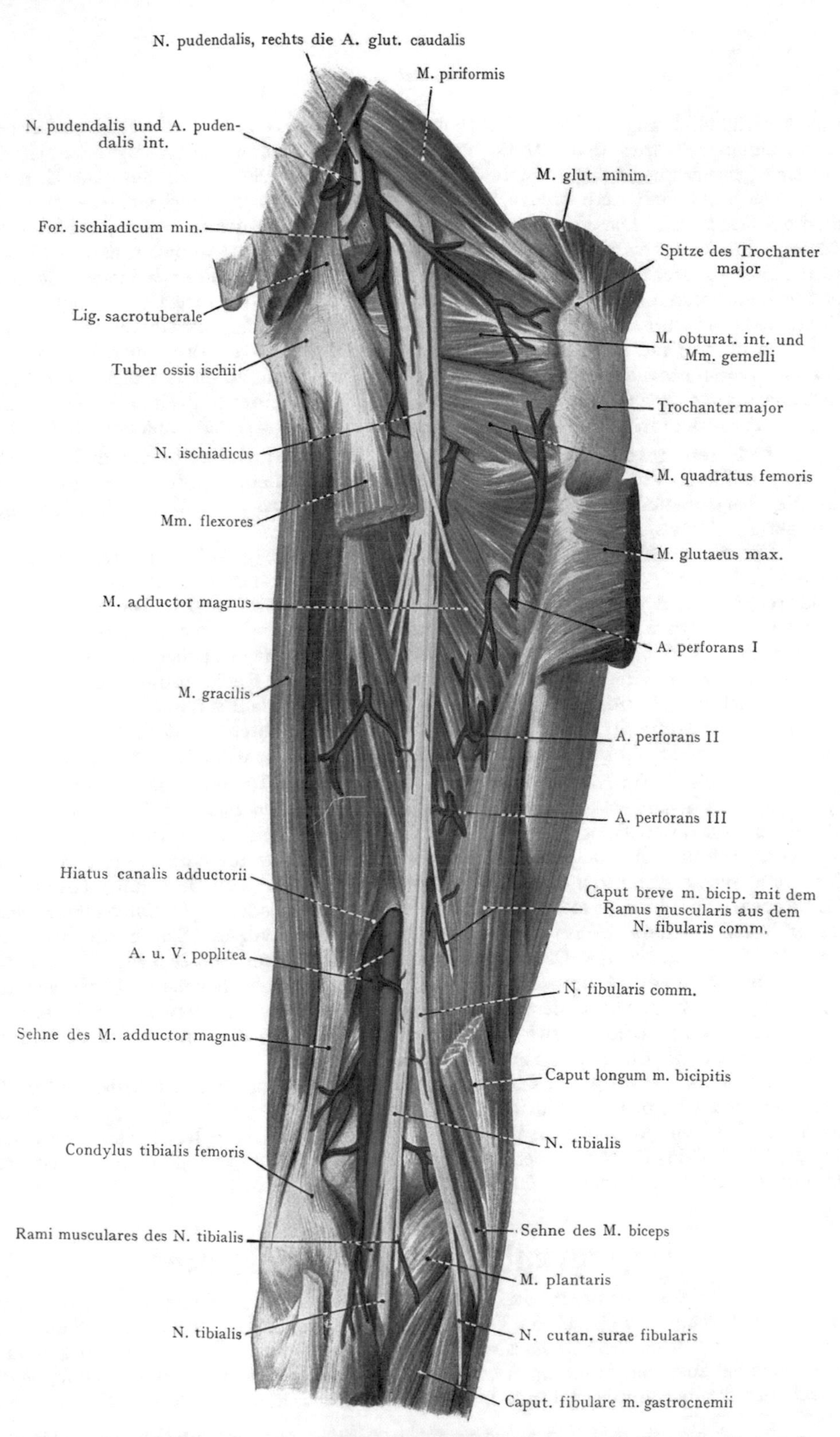

Abb. 617. Topographie des hinteren Umfanges des Oberschenkels und der Fossa poplitea nach Entfernung der Flexoren.

zur Ansicht zu bringen. Der lange Kopf des M. biceps liegt am weitesten lateral; er vereinigt sich mit dem kurzen von der Crista femoris[1] entspringenden Kopfe, um eine gemeinsame, an das Capitulum fibulae gehende Sehne zu bilden. Der M. semitendineus lagert sich dem breiten, durch eine Zwischensehne unterbrochenen M. semimembranaceus auf. Der M. adductor magnus entspringt an der Symphyse sowie an der äusseren Fläche der Pars symphysica r. ossis pubis[2] und der Pars pubica r. ossis ischii[3] bis zum Tuber ossis ischii und schliesst sich mit dem oberen Rande seiner dreieckigen Muskelplatte dem unteren Rande des M. quadratus femoris an; die Insertion erfolgt an der Crista femoris[1] und mittelst einer starken Sehne am Epicondylus tibialis femoris. Die Platte wird nahe bei ihrer Insertion an der Crista femoris[1] von drei für den Durchtritt der Aa. perforantes bestimmten Öffnungen durchbrochen, zu denen als vierte grosse Öffnung die aus dem Canalis adductorius in die Fossa poplitea führende distale Öffnung des Canalis adductorius hinzukommt (Adduktorenschlitz, Hiatus canalis adductorii).

Arterien und Nerven. In Betracht kommen: einerseits die drei Aa. perforantes mit ihren Vv. perforantes, andererseits der N. ischiadicus mit seiner Verzweigung an die Beugermuskeln, ferner Äste der Aa. circumflexae femoris und Verbindungen mit der A. glutaea caudalis.

Die Aa. perforantes aus der A. profunda femoris (gewöhnlich drei; es können auch vier bis fünf vorkommen) gehen durch sehnig umrandete Öffnungen in der Adduktorenplatte und versorgen sowohl die Adduktoren als die Beuger. Die A. perforans I gibt die A. nutricia femoris proximalis, die A. perforans III die A. nutritia femoris distalis ab. Die Arterien verbinden sich untereinander sowie auch distalwärts mit den Arteriae genus aus der A. poplitea, so dass eine von der Regio poplitea bis zur Regio glutaea reichende, für die Ausbildung eines Kollateralkreislaufes nach Unterbindung der A. femoralis in Betracht kommende Anastomosenkette entsteht. Mit dem N. ischiadicus verläuft die aus der A. glutaea caudalis entspringende A. comitans n. ischiadici.

N. ischiadicus. Der N. ischiadicus, oder bei hoher Teilung desselben seine beiden Äste (N. tibialis und N. fibularis comm.[4]), liegen in dem lockeren Fett- und Bindegewebe zwischen den Beugern und der Platte des M. adductor magnus, von den ersteren bedeckt. Am unteren Rande des M. glutaeus max. wird er oft eine kurze Strecke weit (1—2 cm) direkt unter der Fascia lata angetroffen, lateral von dem langen Kopfe des M. biceps femoris; hier ist es leicht, ihn elektrisch zu reizen, oder durch einen chirurgischen Eingriff aufzusuchen. Weiter distal wird er von dem langen Kopfe des M. biceps bedeckt; in der Mitte des Oberschenkels entspricht er dem Spalte zwischen den Mm. biceps und semimembranaceus. Da, wo die Mm. semimembranaceus und semitendineus einerseits, der M. biceps andererseits, auseinanderweichen, um den oberen Winkel der Kniekehlenraute zu bilden, tritt der N. ischiadicus, häufig schon in seine beiden grossen Endäste geteilt, in die Fossa poplitea ein (Abb. 630).

Der Nerv versorgt am Oberschenkel die Beuger und gibt ausserdem einen Ast zur obersten Partie des M. adductor magnus ab. Die Äste zu den Beugern gehen von dem medialen Umfange des Nerven ab (Abb. 617) oder, wenn eine hohe Teilung vorliegt, von dem N. tibialis, der Ast zu dem kurzen Kopfe des M. biceps dagegen von dem lateralen Umfange des Nerven oder bei hoher Teilung von dem N. fibularis[4].

Topographie des Hüftgelenkes.

Es sei daran erinnert, dass wir im Hüftgelenk eine Enarthrose (Nussgelenk) haben, in welcher der Kopf des Femur zu mehr als der Hälfte von der Pfanne mit ihrem Labium articulare[5] umfasst wird. Am tiefsten Punkte der Pfanne liegt, etwa in der Höhe der äusseren Mündung des Canalis obturatorius, die Incisura acetabuli, welche durch das darüber hinweggehende Lig. transversum acetabuli zu einem Loche ergänzt

[1] Linea aspera. [2] Ramus inferior ossis pubis. [3] Ramus inferior ossis ischii. [4] N. peronaeus communis. [5] Labrum glenoidale.

wird. An der Pfanne grenzt sich ein überknorpelter Teil (Facies lunata) von einer gegen die Incisura acetabuli auslaufenden, von Fettgewebe angefüllten Vertiefung (Fossa acetabuli) ab.

Gelenkkapsel. Sie geht ausserhalb des Labium articulare[1] von dem Rande des Acetabulum ab und setzt sich vorne an der Linea intertrochanterica, hinten an dem Collum femoris oberhalb der Fossa trochanterica fest, so dass der ganze vordere Umfang des Schenkelhalses in den Bereich der Gelenkhöhle gezogen wird und einen Synovialüberzug erhält, während dies bloss etwa für die Hälfte des hinteren Umfanges zutrifft. Selbstverständlich liegen beide Trochanteren mit ihren Muskelansätzen ausserhalb der Kapsel, innerhalb derselben jedoch die Epiphysenlinie (Abb. 620) und die ganze Epiphyse mit dem obersten Teile der Diaphyse, so dass Erkrankungen, welche von dem Epiphysenknorpel ausgehen, ohne weiteres auf die Gelenkhöhle übergreifen können.

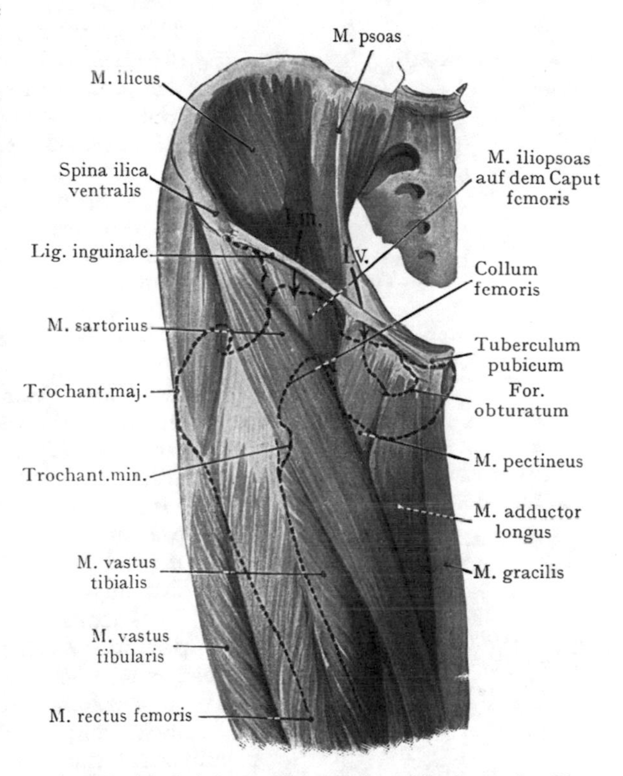

Abb. 618. Muskulatur an dem vorderen Umfange des Oberschenkels in ihrer Beziehung zum Hüftgelenke. L. v. Lacuna vasorum. L. m. Lacuna musculorum.

Bandapparat. Das Lig. capitis femoris[2] geht, teilweise ausserhalb der Incisura acetabuli aber auch von der Fossa acetabuli entspringend, zur Fovea capitis femoris. In zweiter Linie erhält die Gelenkkapsel Verstärkungen durch Bänder, die von den Ossa pubis, ischii und ilium ausgehen und als Ligg. pubocapsulare, ischiocapsulare und iliofemorale bezeichnet werden. Am schwächsten bleibt die hintere Partie der Kapsel; sehr mächtig ist dagegen die vordere und die mediale Partie derselben, welche durch die Ligg. iliofemorale und pubocapsulare eine wesentliche Verstärkung erhält. Die Fasern der Hilfsbänder verflechten sich derart mit der Kapsel, dass sie nur künstlich von der letzteren zu trennen sind. Zu den drei erwähnten Bändern kommen noch die zum Teil davon abgezweigten, ringförmig verlaufenden Fasern der Zona orbicularis.

Das stärkste der drei Hilfsbänder, das Lig. iliofemorale, bildet einen Fächer, welcher von seinem Ursprunge an dem Tuberculum ilicum[3] auf den vorderen und oberen Teil der Gelenkkapsel ausstrahlt. Gewöhnlich lassen sich zwei Teile des mehr oder weniger Y-förmigen Bandes unterscheiden. Die lateralen Fasern inserieren sich an der Linea intertrochanterica sowie an der medialen und vorderen Fläche des Trochanter major und hemmen die Streckung sowie die Adduktion und die Rotation nach aussen. Der mediale Schenkel des Bandes geht senkrecht nach unten und inseriert sich an der Linea intertrochanterica bis zum Trochanter minor. Zwischen den beiden Abschnitten des Bandes ist die Kapsel schwächer.

[1] Labrum glenoidale. [2] Lig. teres femoris. [3] Spina iliaca ant. inf.

Das Lig. pubocapsulare geht von der Eminentia iliopectinea sowie von dem unteren Rande der Pars acetabularis r. ossis pubis[1] zur Gelenkkapsel oberhalb des Trochanter minor (Hemmung für die Abduktion). Zwischen dem medialen Schenkel des Lig. iliofemorale und dem Lig. pubocapsulare ist die Kapsel sehr dünn und ist von der zum Trochanter minor verlaufenden Sehne des M. iliopsoas überlagert. Zwischen der Sehne und der Kapsel liegt die Bursa iliopectinea, welche manchmal mit der Höhle des Hüftgelenkes kommuniziert (besonders häufig nach Poirier bei älteren Individuen), so dass nicht selten Psoasabscesse durch Übergreifen auf die Bursa iliopectinea auch das Hüftgelenk in Mitleidenschaft ziehen.

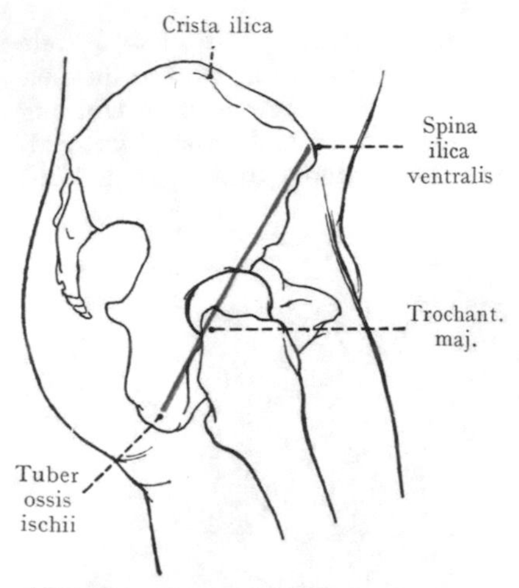

Abb. 619. Roser-Nelatonsche Linie. Nach Bardeleben.

Das Lig. ischiocapsulare bildet eine Verstärkung des hinteren Umfanges der Kapsel; die Fasern des Bandes, welches von dem lateralen Umfange des Tuber ossis ischii entspringt, verlaufen lateral- und proximalwärts und gehen teils in die Kapsel über, teils setzen sie sich in der Fossa trochanterica fest.

Infolge der Ausbildung von Hilfsbändern ist die Mächtigkeit der Kapsel nicht an allen Stellen gleichmässig. Vorne entspricht eine dünnere Stelle der Bursa iliopectinea. Eine zweite schwache Stelle liegt medial zwischen den Ligg. iliofemorale und pubocapsulare; sie entspricht etwa der Incisura acetabuli. Eine dritte schwache Stelle findet sich auf der Höhe der Spina ossis ischii zwischen den Ligg. ischiocapsulare und pubocapsulare. Der Austritt des Femurkopfes aus der Pfanne bei Luxation im Hüftgelenk erfolgt an einer der drei angeführten Stellen.

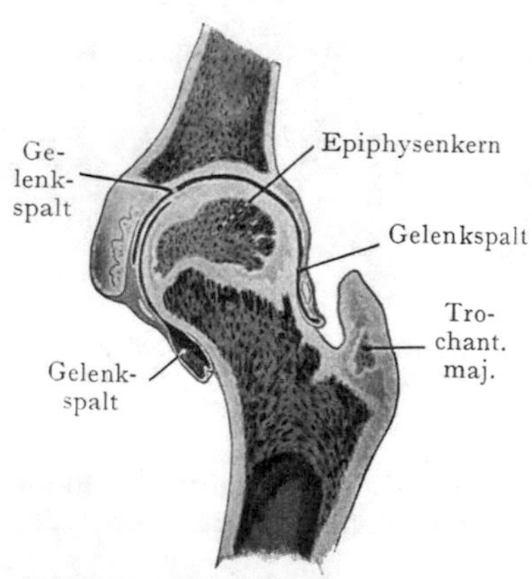

Abb. 620. Frontalschnitt durch das linke Hüftgelenk eines 8jährigen Knaben. Nach v. Brunn.

Untersuchung des Hüftgelenkes mittelst Palpation. Auch bei mässiger Ausbildung des Fettpolsters und der Muskulatur ist das Hüftgelenk nur in sehr beschränkter Ausdehnung der Untersuchung durch Palpation zugänglich. Der Trochanter major liegt mit seinem lateralen Umfange oberflächlich und kann leicht abgetastet werden; der Schenkelhals dagegen, der Trochanter minor sowie der Kopf des Femur und der Pfannenrand sind derart von Weichteilen überlagert, dass sie sich meist der Untersuchung entziehen; nur bei hochgradiger Abmagerung gelingt es bisweilen, den Trochanter minor unterhalb der Mitte des Lig. inguinale durchzufühlen.

Der Hals des Femur bildet mit dem Schafte einen Winkel, der beim Erwachsenen ca. 125° beträgt. Der Schaft setzt sich über der Abgangsstelle in dem Trochanter major fort. Eine durch die Spitze desselben gelegte Horizontalebene schneidet gerade die Mitte des Femurkopfes und ist für die Beurteilung der Lage des Femurkopfes in bezug auf die Gelenkpfanne massgebend. Da die Spitze des Trochanter major von den Mm. glutaei maximus und medius überlagert und deshalb der direkten Bestimmung durch Palpation unzugänglich ist, so bedient man sich zu ihrer Festlegung einer Linie, welche von der Spina

[1] Ramus superior ossis pubis.

ilica ventralis zum Tuber ossis ischii gezogen wird [Roser-Nelatonsche Linie] (Abb. 619). Der höchste Punkt des Trochanter major liegt auf dieser Linie; steht derselbe über oder unter der Linie, so sind anormale Verhältnisse entweder in dem Gelenke (Luxation) oder im Halse des Femur (Fraktur desselben) anzunehmen.

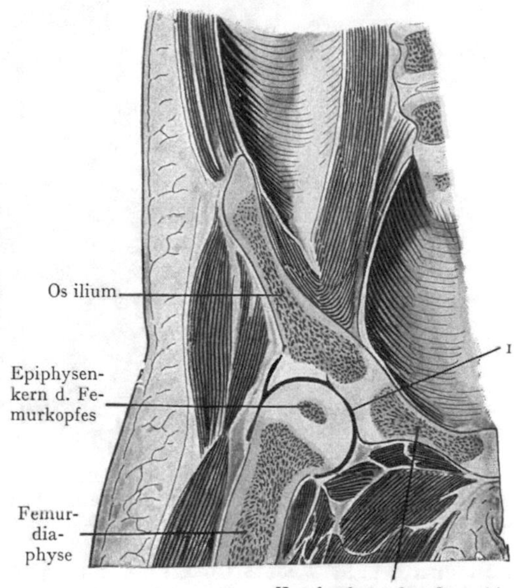

Abb. 621. Frontalschnitt durch das Hüftgelenk eines einjährigen Kindes.
I Gelenkspalt.

Das Hüftgelenk und der Femurhals werden vorne überlagert (Abb. 618) von der Bursa iliopectinea und dem M. iliopsoas, deren Beziehungen zur Kapsel des Gelenkes vorhin erwähnt wurden. Der M. pectineus überlagert den Ursprung des Lig. pubocapsulare an der Pars acetabularis r. ossis pubis[1]. Der Hals des Femur wird von dem am Tuberculum ilicum[2] entspringenden M. rectus femoris, in oberflächlicher Schicht von dem M. sartorius bedeckt. Der hintere und der obere Umfang der Gelenkkapsel werden von dem Mm. piriformis, obturator int. und den beiden Mm. gemelli bedeckt, auf welchen der N. ischiadicus seinen Weg distalwärts nimmt. Der M. obturator ext. legt sich der Kapsel unten und hinten an.

Die Arterien zum Hüftgelenke kommen aus der A. glutaea caudalis, den Aa. circumflexae femoris und der A. obturatoria. Es sind hauptsächlich Äste zur Kapsel, welche von den um den Schenkelhals verlaufenden Aa. circumflexae abgegeben werden, ferner auch Anastomosen mit der A. obturatoria. Ob sie den Femurkopf erreichen, scheint zweifelhaft. Der Ram. acetabularis aus der A. obturatoria verzweigt sich in der Fossa acetabuli und gelangt in dem Lig. capitis femoris[3] zum Caput femoris.

Die Nerven zum vorderen Umfange der Kapsel kommen aus dem N. femoralis und dem N. obturatorius, diejenigen zum hinteren Umfange der Kapsel aus dem N. ischiadicus.

Schnitte durch den Oberschenkel.

Querschnitte. Abb. 622 stellt in schematischer Weise die Fascienräume des Oberschenkels in einem Querschnitte dar. Die Fascia lata und ihre bis auf den Femur gehenden Septen sind grün gehalten. Drei grosse Fascienräume lassen sich abgrenzen, derjenige der Extensoren (vorne und lateral), derjenige der Flexoren (hinten) und derjenige der Adduktoren (medial). Dazu kommt (vorne und medial) die Loge des M. sartorius, welche die distalwärts verlaufenden grossen Gefässstämme (A. und V. femoralis) bedeckt. Der N. ischiadicus liegt, in lockeres Bindegewebe eingehüllt, zwischen der Adduktoren- und Flexorenloge.

In Abb. 623 ist ein Amputationsschnitt durch das obere Drittel des Oberschenkels dargestellt, um den Verlauf der die Muskeln umscheidenden Fascienblätter zur Ansicht zu bringen (Fascie grün). Der in Abb. 624 dargestellte Querschnitt geht durch das obere Drittel des Oberschenkels. Der Querschnitt des Femur wird fast vollständig von dem M. quadriceps femoris umschlossen; vorne und oberflächlich

[1] Ramus superior ossis pubis. [2] Spina iliaca anterior inferior. [3] Lig. teres femoris.

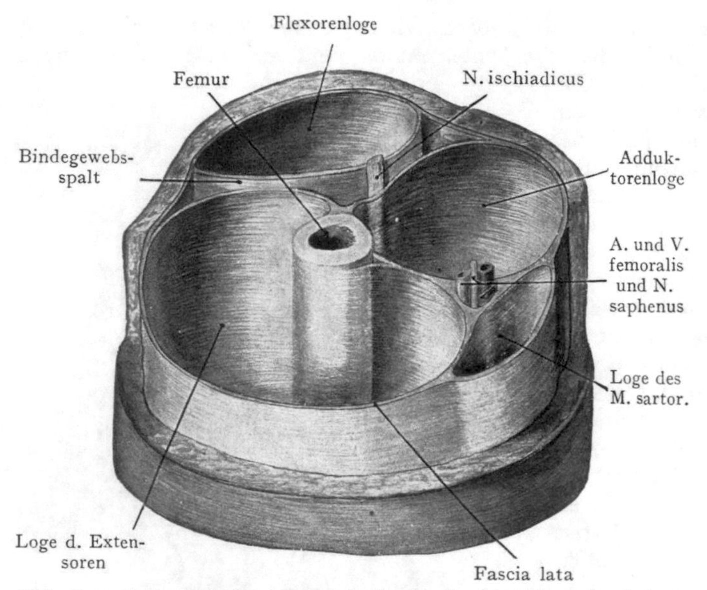

Abb. 622. Schematischer Querschnitt durch den Oberschenkel zur Veranschaulichung der Fascienlogen.

liegt der M. rectus femoris; der M. vastus tibialis und der M. vastus intermedius sind miteinander verschmolzen; lateral und hinten wird der M. vastus fibularis angetroffen. Medial von den Streckern schliesst sich der Keil der Mm. adductores an; von der oberflächlichen Schicht ist der M. adductor longus getroffen, auf welchen hinten der Querschnitt des M. adductor magnus folgt und medial, von der Fascia lata bedeckt, der M. gracilis. Der Querschnitt des M. sartorius schliesst oberflächlich die Lücke zwischen dem Adduktorenkeil und dem M. vastus tibialis ab. Die drei Flexoren liegen dem M. adductor magnus an; es sind in lateraler Richtung aufgezählt: der M. semimembranaceus, der M. semitendineus und der lange Kopf des M. biceps.

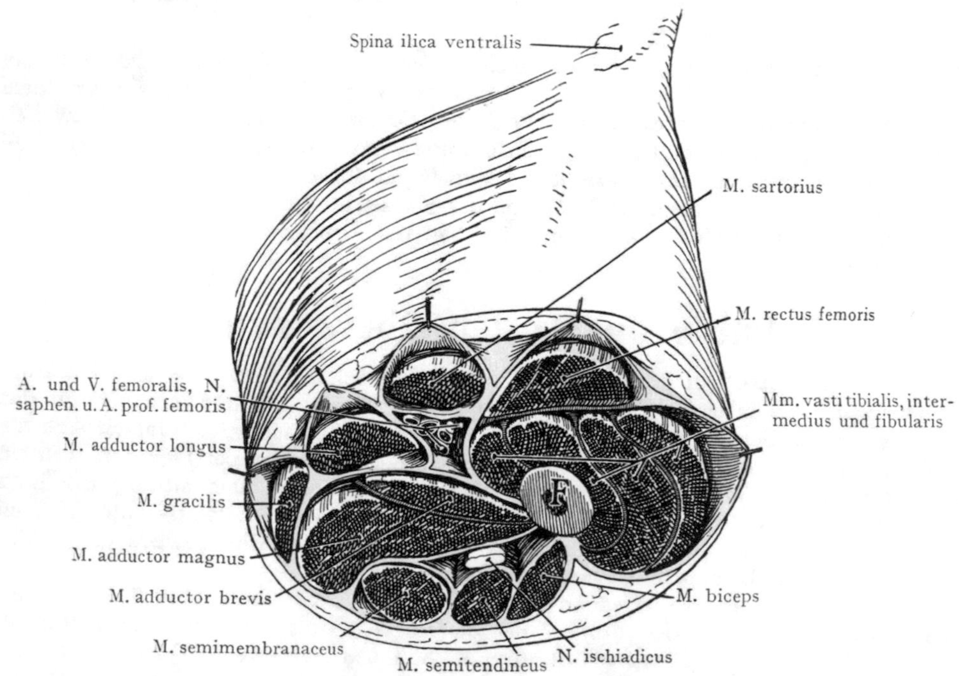

Abb. 623. Querschnitt des Oberschenkels an der Grenze zwischen mittlerem und oberem Drittel. Nach N. Pirogoff. — Fascie grün.

Ausserhalb der Fascia lata ist, abgesehen von zwei quergetroffenen Hautvenen (zur V. saphena magna gehörend), nur der N. cutaneus femoris dorsalis dargestellt.

Die A. femoralis und die A. profunda femoris liegen nebeneinander, ebenso wie die etwas tiefer als die A. femoralis anzutreffende V. femoralis von dem M. sartorius bedeckt. Der A. femoralis legt sich lateral der N. saphenus an. In der Adduktorenloge wird am Querschnitte des Femur eine A. perforans mit Venen angetroffen. Das

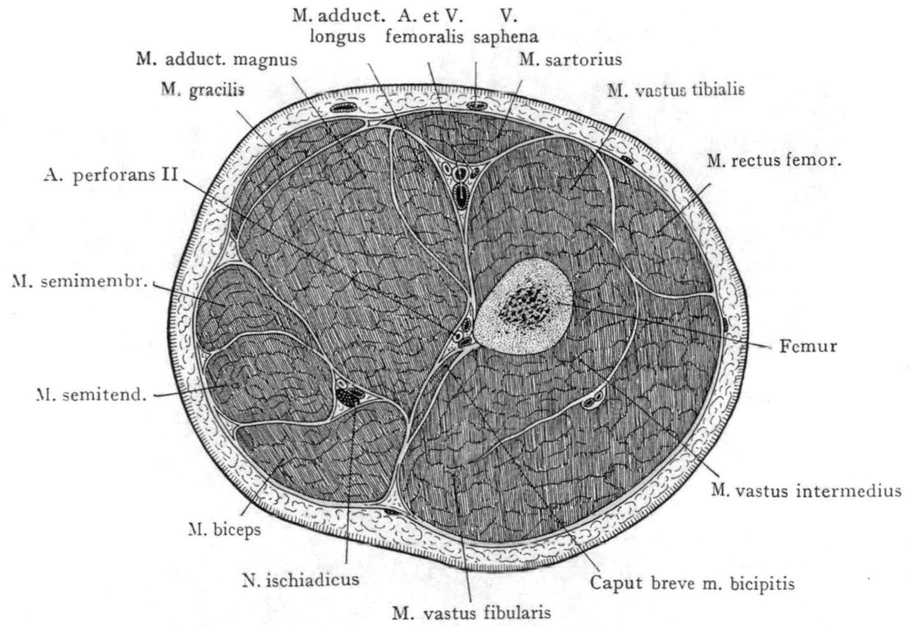

Abb. 624. Schnitt durch den Oberschenkel, oberes Drittel. Nach W. Braune.

Vorgehen bei der Ligatur der A. femoralis oder der A. profunda femoris mittelst eines am medialen Rande des M. sartorius angelegten Schnittes, bei lateralwärts abgezogenem Muskel, ist in dem Querschnitte ersichtlich.

Der Querschnitt des N. ischiadicus liegt mit einer Arterie und Vene zusammen, welche Teile der durch die Aa. und Vv. perforantes gebildeten arteriellen und venösen Längsanastomosen zwischen der A. und den Vv. glutaeae caudales einerseits und der A. und V. poplitea andererseits darstellen. Der Querschnitt des N. ischiadicus wird in dem Dreieck angetroffen, welches der M. adductor magnus mit dem langen Kopfe des M. biceps lateralwärts und dem M. semitendineus medianwärts bildet; der Nerv kann hier aufgesucht werden, indem man zwischen den Mm. biceps und semitendineus eingeht.

Schnitte durch die Regio glutaea und das Hüftgelenk.

Der Horizontalschnitt (Abb. 625) trifft die Wandung des Beckens oberhalb der Symphyse (vorne sind die beiden neben der Symphyse sich inserierenden Mm. recti abdominis durchschnitten), ferner die Mitte des Femurkopfes, das Acetabulum, den Spalt des Hüftgelenkes mit der Kapsel und endlich die Spitze des Trochanter major.

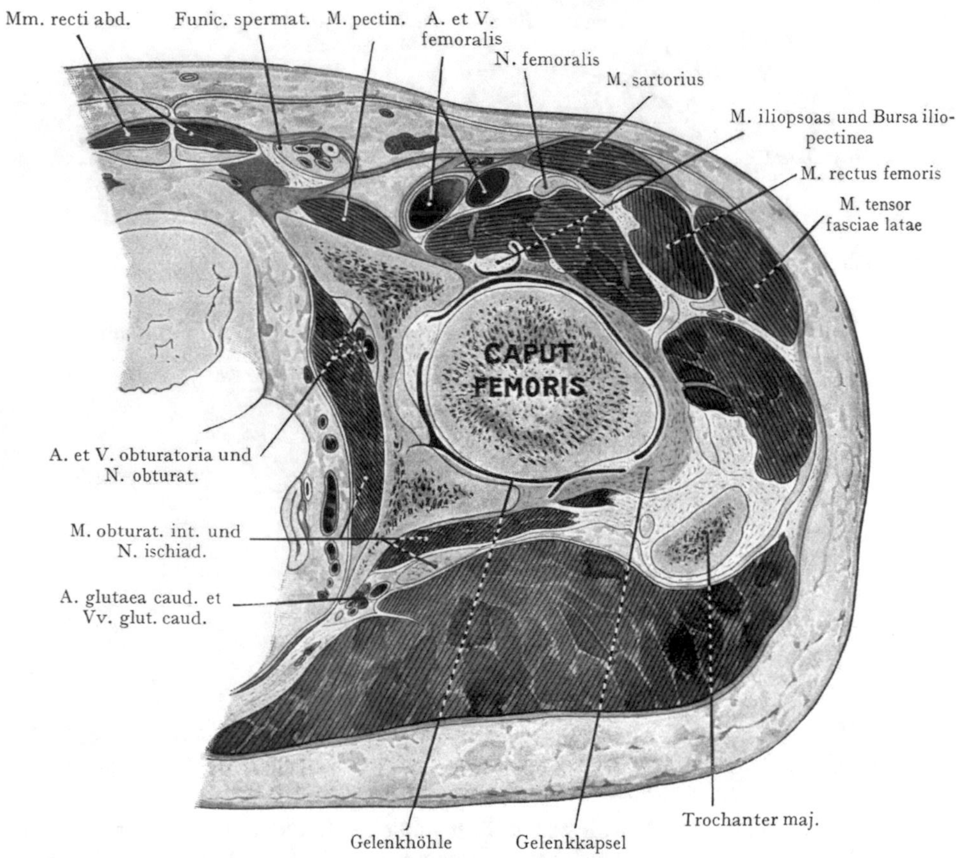

Abb. 625. Horizontalschnitt durch die rechte Beckenhälfte in der Höhe des Caput femoris. Nach Braune.

Von den Schichten der Glutaealmuskulatur haben wir hinten den M. glutaeus maximus und von der mittleren Schicht den M. obturator int.; zwischen beiden Muskeln liegt der N. ischiadicus mit der A. und den Vv. glutaeae caudales. Der M. obturator int. liegt der Gelenkkapsel hinten direkt an. Vorne und lateral sind eine Anzahl von Muskelquerschnitten zu erkennen, erstens der lateral und vorne der Gelenkkapsel und dem Trochanter major anliegende M. glutaeus medius (nicht bezeichnet), dann der M. tensor fasciae latae, der von dem Tuberculum ilicum[1] entspringende M. rectus femoris, der M. sartorius (von der Fascia lata umscheidet) und der M. pectineus gerade unterhalb seines Ursprunges von dem Pecten ossis pubis. Die Kapsel des Hüftgelenkes ist vorne von dem Querschnitte des M. iliopsoas vollständig bedeckt und

[1] Spina iliaca anterior inferior.

zwischen Kapsel und Muskel ist der Spalt der Bursa iliopectinea sichtbar. Der vorderen Fläche des Muskels liegt der Querschnitt des N. femoralis auf, medial die A. und die V. femoralis, alle drei Gebilde bedeckt von dem oberflächlichen Blatte der Fascia lata, während das tiefe Blatt von dem medialen Rande des M. sartorius aus hinter den grossen Gefässstämmen vorbeizieht und mit der Fascie des M. iliopsoas

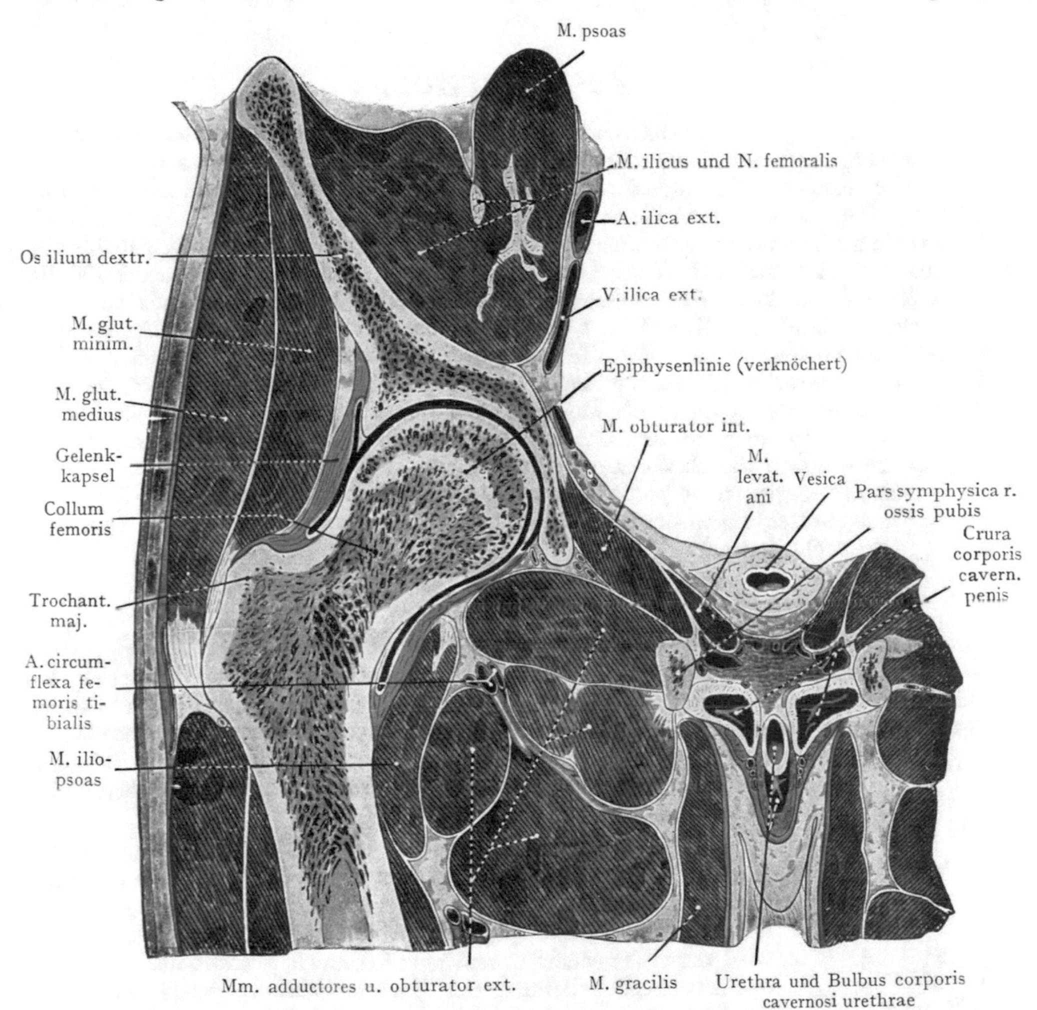

Abb. 626. **Frontalschnitt durch das Hüftgelenk.**
Nach W. Braune.

verschmilzt. Es ist leicht ersichtlich, wie man bei der Exartikulation im Hüftgelenke mittelst des vorderen Bogenschnittes das Messer zwischen dem vorderen Umfange der Kapsel und den grossen Gefässen durchstossen kann, ohne die letzteren zu gefährden.

Der Frontalschnitt (Abb. 626) ist dorsal von der Symphyse durchgeführt; der absteigende Schambeinast ist durchgeschnitten worden, ferner die Incisura acetabuli, der Kopf und der Hals des Femur und der Trochanter major. Die Ausdehnung des Gelenkspaltes am oberen und unteren Umfange des Femurhalses lässt sich erkennen (unten fast bis zur Höhe des Trochanter minor reichend). Lateral wird der Schenkelhals von dem M. glutaeus minimus und in oberflächlicher Schicht von dem M. glutaeus medius überlagert. Medial liegt der Schrägschnitt des M. obturator ext. und des M. iliopsoas der Kapsel an; noch weiter medial kommen die Schrägschnitte der übrigen Adduktoren hinzu, am weitesten medial liegt der M. gracilis (längs getroffen).

Regio genus.

Die Grenze gegen den Oberschenkel wird handbreit proximal von der Basis patellae angenommen, gegen den Unterschenkel gleich distal von der Tuberositas tibiae.

Der Charakter der Gegend wird dadurch gekennzeichnet, dass in ihrem vorderen Umfange (Regio genus ant.) die Streckmuskeln (M. quadriceps femoris) in ihre durch die Patella als Sesambein unterbrochene Sehne übergehen, welche als Lig. patellae zur Tuberositas tibiae verläuft, ferner auch eine von den seitlichen Rändern der Patella ausgehende Verstärkung der vorderen Wand der Kapsel bildet (Retinacula patellae). Die vordere Wand der Kapsel liegt also recht oberflächlich. Grössere Gefässe und Nerven werden hier nicht angetroffen, denn die grossen Stämme verlaufen in der Regio genus posterior (Fossa poplitea). Dort werden die Gelenkenden der Knochen sowie die Gelenkkapsel durch die Muskelmassen der Flexoren vollständig überlagert; während in der Regio genus ant. das Relief durch die Knochen und Sehnen, zum geringsten Teile durch die Muskulatur bedingt wird, ist die letztere für die Ausbildung des Reliefs der Regio genus post. in erster Linie massgebend. Es ist ersichtlich, dass vorzugsweise die Regio genus ant. für die Untersuchung des Gelenkes und der Knochenenden in Betracht kommt.

Regio genus posterior (Fossa poplitea).

Inspektion und Palpation. Bei Streckung im Kniegelenke flacht sich der Wulst der Flexoren gegen die Fossa poplitea ab und geht an deren distaler Grenze in den breiten, hauptsächlich durch den M. gastrocnemius hervorgerufenen Wulst der Beuger des Unterschenkels über. Eine bei leichter Beugung im Kniegelenk entstehende Querfurche entspricht annähernd der Gelenklinie (Abb. 627).

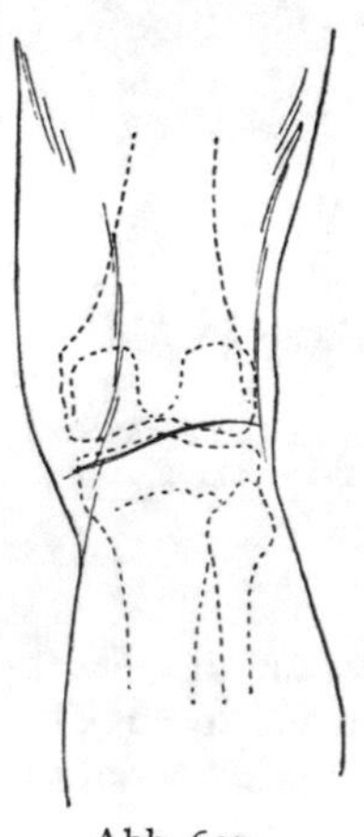

Abb. 627. Regio genus post., Hautfalte und Gelenklinie. Nach Richer, Anatomie artistique.

Bei Beugung im Kniegelenke entsteht eine Vertiefung, welche je nach der Ausbildung des Fettpolsters und dem Grade der Beugung seichter oder tiefer wird. Sie entspricht der am Muskelpräparate darzustellenden Fossa poplitea (Abb. 629); ihre obere Begrenzung wird durch die scharf vorspringenden, auch mittelst der Palpation nachzuweisenden Sehnen der Mm. semimembranaceus und semitendineus medial, des M. biceps femoris lateral gebildet, welche letztere sich bis zu ihrer Insertion am Capitulum fibulae verfolgen lässt. Die beiden Köpfe des M. gastrocnemius treten bloss ganz ausnahmsweise bei dünner Haut und schön entwickelter Muskulatur einzeln hervor. Infolge der straffen Beschaffenheit der Fascia poplitea und der tiefen Lage der A. poplitea sind die Pulsationen der letzteren in der Regel nicht durchzufühlen.

Oberflächliche Gebilde. Die Fascia lata geht als Fascia poplitea auf die Gegend weiter, indem sie sich an den Epicondylen des Femur sowie an dem Köpfchen der Fibula festsetzt und von diesen Knochenpunkten ausgehende schräg- und längsverlaufende sehnige Verstärkungsfasern erhält. Sie zeigt Öffnungen, durch welche oberflächliche Venen, Nerven und Lymphgefässe mit den subfascialen Gebilden in Verbindung treten. Die Endäste des N. cutaneus femoris dorsalis reichen etwa bis zur Gelenklinie. Von dem hinteren Umfange des Unterschenkels zieht die V. saphena parva gegen die Fossa poplitea (Abb. 629), um am Winkel, den die beiden Köpfe des M. gastrocnemius bilden, in die V. poplitea einzumünden. Nicht selten findet man eine medianwärts verlaufende Anastomose zwischen der V. saphena parva und magna, die manchmal das Blut der ersteren proximalwärts direkt in die V. saphena magna ablenkt.

Fossa poplitea. Die Fossa poplitea wird begrenzt: proximal durch die auseinanderweichende Beugemuskulatur des Oberschenkels, distal durch die beiden Köpfe des M. gastrocnemius. Die Grenzen der Grube bilden somit eine Raute; wir unterscheiden an derselben (Abb. 628) einen proximalen Winkel, der medial durch die zum Margo tibialis nach vorn verlaufenden Mm. semimembranaceus und semitendineus, lateral durch den am Capitulum fibulae sich inserierenden M. biceps gebildet wird. Der distale Winkel kommt zustande durch die beiden zur Bildung des gemeinsamen Muskelbauches konvergierenden Köpfe des M. gastrocnemius, welche von dem hinteren Umfang der Condyli femoris entspringen, der fibulare Kopf zusammen mit dem M. plantaris.

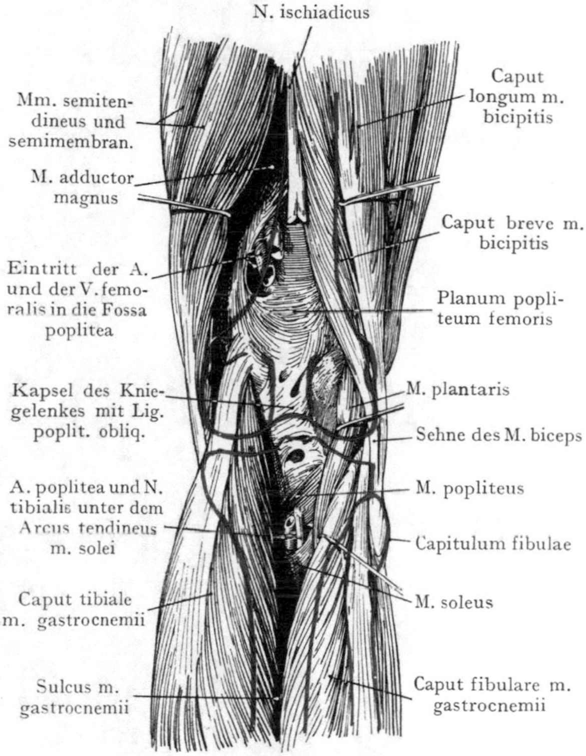

Abb. 628. Begrenzung der Fossa poplitea. Die Ränder der Raute sind auseinander gezogen. Umrisse der Knochen rot.

Der Boden der Fossa poplitea wird gebildet (Abb. 628): 1. von dem Planum popliteum des Femur; 2. von der hinteren Partie der Kapsel des Kniegelenkes, verstärkt durch das Lig. popliteum obliquum, einer Abzweigung der Sehne des M. semimembranaceus, welche schräg von distal und medial proximal und lateralwärts verläuft und mit der Kapsel verbunden ist; 3. von dem M. popliteus (Ursprung von einer Grube auf dem lateren Umfang des Condylus fibularis femoris und von der Kapsel; Insertion am hinteren und medialen Umfange der Tibia, vom Condylus fibularis tibiae bis zur Linea poplitea tibiae).

Nimmt man als Abschluss der Fossa poplitea gegen die Oberfläche die Fascia poplitea hinzu, so erhalten wir einen Raum (Spatium popliteum), in welchen, von Fettgewebe umhüllt, die Gefässe und Nerven sich einlagern. Dieser Raum hängt proximalwärts mit dem Bindegewebsspalt zusammen, welcher die Platte des M. adductor magnus von der Beugemuskulatur trennt, und in welchem der N. ischiadicus resp. dessen Äste, der N. tibialis und der N. fibularis comm.[1] verlaufen. Der Eintritt derselben in die Fossa poplitea entspricht dem proximalen Winkel der Raute. Proximal und mehr medial liegt,

[1] N. peronaeus communis.

etwa 4—5 cm über der Verbindungslinie der Epicondyli femoris, die distale Mündung des Canalis adductorius, der Hiatus canalis adductorii, durch welche die A. und V. femoralis in die Fossa poplitea eintreten. Längs dieser Gefässe besteht also eine Verbindung des Spatium popliteum mit dem Bindegewebsraume des Trigonum femorale. Distalwärts

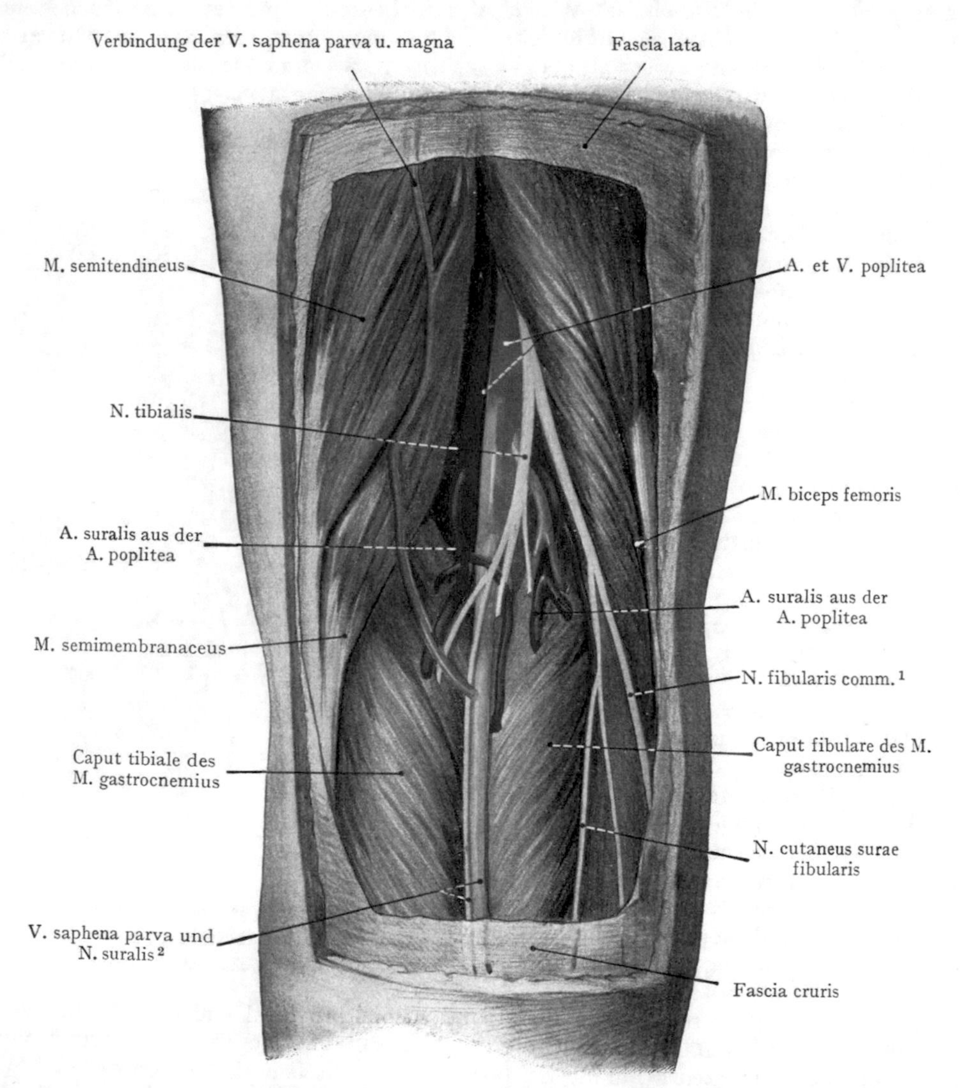

Abb. 629. Topographie der Fossa poplitea.
Die Ränder der Raute sind in situ belassen.

gelangen die A. und V. poplitea mit dem N. tibialis aus der Fossa poplitea zwischen die Muskeln der tiefen Schicht der Unterschenkelbeuger, indem sie auf dem M. popliteus unter einen in der schrägen Ursprungslinie des M. soleus ausgesparten Sehnenbogen (Arcus tendineus m. solei) verlaufen (Abb. 630). Man kann diese Öffnung, welche dem distalen Winkel der Raute entspricht, als eine Verbindung des Spatium popliteum mit der von der Fascia cruris profunda, dem hinteren Umfange der Unterschenkel-

[1] N. peronaeus communis. [2] N. cutaneus surae medialis.

knochen und der Membrana interossea begrenzten Loge der tiefen Unterschenkelbeuger auffassen (Abb. 630).

Inhalt des Spatium popliteum. Das Fett- und Bindegewebe, welches das Spatium popliteum ausfüllt und Venen, Arterien und Nerven einhüllt, steht mit dem Boden der Fossa, also mit dem Perioste des Planum popliteum, dem hinteren Umfange der Gelenkkapsel und der Fascie des M. popliteus in Verbindung, ebenso mit dem Fascienüberzuge der muskulösen Wandung der Fossa.

Gefässe und Nerven. Nach Entfernung der Fascia poplitea und Präparation der Nerven und Gefässe lässt sich das Bild Abb. 629 gewinnen. Die Muskeln sind nicht wie in Abb. 628 auseinandergezogen oder wie in Abb. 630 teilweise abgetragen worden. Vier Hauptgebilde lassen sich darstellen nebst einigen Ästen derselben. Annähernd vom proximalen zum distalen Winkel der Raute verläuft der N. tibialis unmittelbar unter der Fascie; er gibt Äste zu den beiden Köpfen des M. gastrocnemius und den Mm. soleus, plantaris und popliteus ab sowie in der durch die Gastrocnemiusköpfe gebildeten Furche den N. suralis[1] zur Haut des hinteren Umfanges des Unterschenkels. Medial und etwas tiefer als der Nerv liegt die V. poplitea, die A. poplitea von hinten teilweise überdeckend, welche letztere noch tiefer und auch weiter medial angetroffen wird. Arterie und Vene sind in eine gemeinsame Gefässscheide eingehüllt. Lateral von dem N. tibialis verläuft, gleichfalls oberflächlich, der N. fibularis communis[2] im Anschluss an die Sehne des M. biceps gegen den lateralen Umfang des Capitulum fibulae. Der Nerv gibt den N. cutaneus surae fibularis ab.

In der Fossa poplitea trifft man auch einige kleine Lymphdrüsen an (Lymphonodi poplitei), welche teils auf beiden Seiten der A. poplitea zwischen den Köpfen des M. gastrocnemius liegen, teils etwas höher in derselben Lage zur A. poplitea.

Die rautenförmige Begrenzung der Fossa poplitea erscheint im Vergleiche mit einem Präparate, bei welchem die Ränder auseinandergezogen sind, bedeutend reduziert. In der Furche zwischen den beiden Köpfen des M. gastrocnemius, welche vom distalen Winkel der Raute ausgeht, verläuft die V. saphena parva mit dem N. suralis[1].

Der Nervus ischiadicus tritt am proximalen Winkel der Fossa poplitea in diese ein, oft schon in den N. tibialis und N. fibularis communis[2] geteilt. Der Verlauf beider Nerven ist in Abb. 630 in ihrer ganzen Ausdehnung dargestellt. Hier sind die Beuger des Oberschenkels stark auseinandergezogen, die beiden Köpfe des M. gastrocnemius kurz distal von ihrem Ursprunge durchgetrennt; der Ursprung des M. soleus ist erhalten, um den Eintritt der A. poplitea und des N. tibialis unter den Arcus tendineus m. solei zu zeigen. Der N. tibialis setzt in der Kniekehle den Verlauf des N. ischiadicus fort, während der N. fibularis communis[2] mit der Sehne des M. biceps lateralwärts gegen das Capitulum fibulae davon abweicht; er liegt auf seinem ganzen Verlaufe bis distal von dem Capitulum fibulae oberflächlich, der N. tibialis jedoch bloss bis zur Höhe der Gelenklinie, wo er lateral von der V. poplitea angetroffen wird. In der distalen Hälfte der Fossa poplitea gibt der N. tibialis den N. suralis[1] sowie die Äste zu den Mm. gastrocnemius, soleus und popliteus ab; sodann tritt er lateral von der Vene und der Arterie zum Arcus tendineus m. solei, unter welchem er die Fossa poplitea verlässt.

Medial von dem N. tibialis und etwas tiefer liegt die V. poplitea, welche ihrerseits die noch tiefer und noch weiter medial liegende A. poplitea von hinten bedeckt. Arterie und Vene verlaufen, von einer gemeinsamen Gefässscheide umgeben, schief durch die Fossa poplitea, indem ihre Eintrittsstelle an der distalen Öffnung des Canalis adductorius weiter medial liegt als ihre Austrittsstelle unter dem Arcus tendineus m. solei. Die Arterie wird durch eine Fettschicht (1—1½ cm Dicke,

---

[1] N. cutaneus surae medialis. [2] N. peronaeus communis.

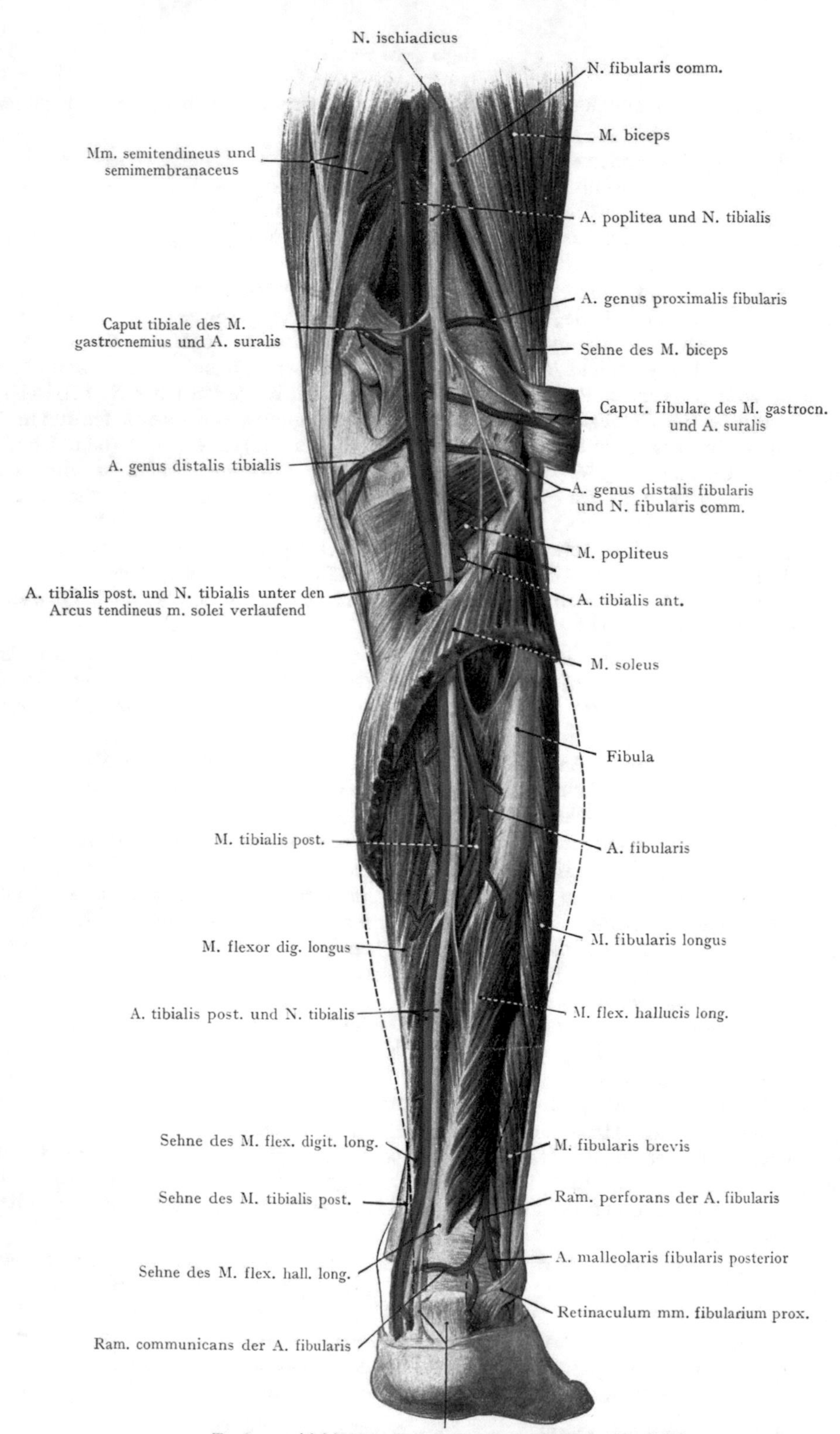

Abb. 630. Tiefe Gebilde des Unterschenkels und der Fossa poplitea nach Entfernung der Mm. gastrocnemius und soleus.

Joessel), von dem Planum popliteum sowie von dem hinteren Umfange der Kniegelenkkapsel getrennt.

Die innerhalb der Fossa poplitea aus der Arterie entspringenden Äste gehen teils zur Muskulatur (Aa. surales), teils zur Kapsel, zum Gelenke und zur Regio genus anterior (Aa. genus). Die ersteren sind an Zahl und Verteilung sehr variabel und häufig als Zweige der Aa. genus ausgebildet. Von den letzteren unterscheiden wir zwei Aa. genus proximales[1], eine A. genus media und zwei Aa. genus distales[2]. Die A. genus proximalis fibularis verläuft unter der Sehne des M. biceps zur Regio genus ant., die A. genus proximalis tibialis geht unter der Sehne des M. adductor magnus gleichfalls nach vorne; beide Arterien entspringen oberhalb der Gelenklinie und gehen in die Bildung des Rete articulare genus ein (Abb. 631). Die A. genus media geht in der Höhe der Gelenklinie direkt nach vorne, dringt durch die hintere Wand der Kapsel in das Innere des Gelenkes und versorgt besonders die Ligg. decussata[3] sowie deren Synovialüberzug.

Die Aa. genus distales entspringen distal von der Gelenklinie aus derjenigen Strecke der A. poplitea, welche dem M. popliteus aufliegt, und verlaufen, von den Gastrocnemiusköpfen bedeckt, zur Regio genus ant., indem sie in die Bildung des Rete articulare genus und des Rete patellae übergehen.

Aus der distalen Strecke der A. poplitea, unmittelbar vor ihrem Durchtritt unter dem Arcus tendineus m. solei entspringen die Aa. surales, welche die beiden Gastrocnemiusköpfe, den M. plantaris und den M. soleus versorgen.

Mit der A. und V. poplitea verlaufen tiefe Lymphgefässe, in welche 2—3 tiefe Lymphdrüsen eingeschaltet sind.

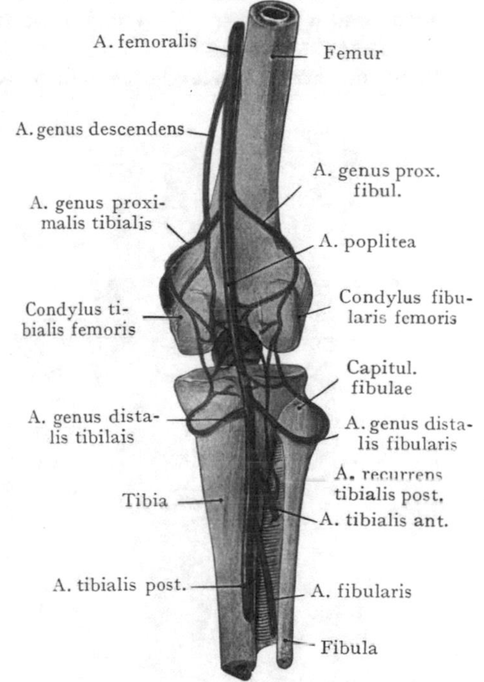

Abb. 631. Schema des Kollateralkreislaufes der Regio genus.

Kollateralkreislauf der Regio genus. Durch die Verbindung der Aa. genus kommt die Ausgleichung der Blutzufuhr am Unterschenkel bei Unterbindung der A. poplitea zustande (Abb. 631). An diesem Kollateralkreislauf beteiligen sich: 1. die A. genus descendens[4], die innerhalb des Canalis adductorius aus der A. femoralis entspringend die vordere Wand des Kanals durchsetzt und von oben her in das Rete articulare genus eintritt; 2. die Aa. genus proximales et distales, 3. die A. recurrens tibialis aus der A. tibialis anterior, die von vorne und unten her in das Rete articulare genus und das Rete patellae eingeht; dazu kommen noch die Anastomosen der einzelnen Muskeläste untereinander. Es sind demnach die Bedingungen für das Zustandekommen des Kollateralkreislaufes am Knie die denkbar günstigsten.

Aufsuchung der Gefäss- und Nervenstämme in der Fossa poplitea. Die A. poplitea und der N. tibialis werden in einer Linie aufgesucht, welche die Mitte der Verbindung beider Condylen senkrecht schneidet. Nach Spaltung der Fascie kommt die V. saphena parva zur Ansicht, welche auf die medial von dem N. tibialis gelegene V. poplitea führt. Der Nerv liegt oberflächlich zur Vene; die Arterie wieder tiefer

[1] Aa. articularis genu superiores. [2] Aa. articulares genu inferiores. [3] Lig. cruciata.
[4] A. genu suprema.

und medial von der Vene, mit der letzteren in eine gemeinsame Scheide eingeschlossen.

Der N. fibularis communis[1] ist durch einen schräg am medialen Rande der Bicepssehne bis zum Capitulum fibulae geführten Schnitt unmittelbar unter der Fascie aufzusuchen, auch distal vom Capitulum fibulae vor seinem Eintritte in die Loge der Mm. fibulares[2] (Abb. 630).

Regio genus anterior.

Das Relief wird durch die in dem Articulus genus gegeneinander abgesetzten Knochenenden (Femur, Tibia und Patella) bestimmt.

Inspektion und Palpation. Von Knochenteilen lassen sich folgende feststellen: die Basis sowie die seitlichen Ränder der Patella; der Apex patellae wird von dem Lig. patellae bedeckt. Die Tuberositas tibiae ist leicht zu palpieren, indem sie bei dünnem Fettpolster als deutlicher Vorsprung den Anfang der in der ganzen Länge des Unterschenkels oberflächlichen Crista ant. tibiae bildet. Seitlich von der Patella sind die Condylen des Femur durchzufühlen, weiter distal der vordere Umfang des proximalen Endes der Tibia mit der Tuberositas tibiae, ferner das Capitulum fibulae. Bei Streckung im Kniegelenke lässt sich das vom Apex patellae zur Tuberositas tibiae gehende Lig. patellae palpieren und auf der Höhe des Apex patellae bilden bei schwach entwickelten Hautdecken die Plicae alares beiderseits von dem Lig. patellae Wülste, die oft schon bei der blossen Inspektion zu erkennen sind.

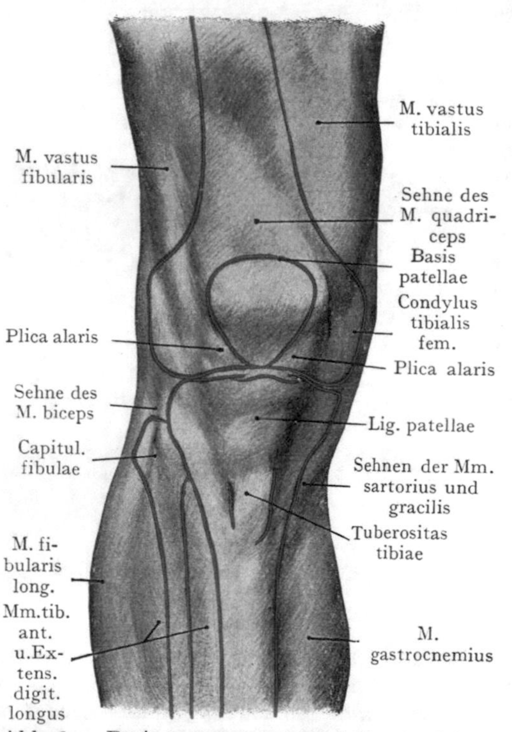

Abb. 632. Regio genus von vorn bei gestrecktem Knie.
Die Umrisse der Skeletteile sind rot eingezeichnet.

Fascie und oberflächliche Gebilde. Die Fascie bildet eine Fortsetzung der Fascia lata, welche sich an den Epicondyli femoris und vorne an den Condyli tibiae befestigt sowie auch am Capitulum fibulae und an der Tuberositas tibiae, während sie nur locker mit der vorderen Fläche der Patella und dem vorderen Umfang der Kapsel des Kniegelenkes verbunden ist.

Muskulatur. Sie wird hauptsächlich durch den M. quadriceps femoris sowie durch den Ansatz der Sehne dieses Muskels an der Basis patellae und über dieselbe hinaus an der Tuberositas tibiae dargestellt. Dazu kommen die breiten Sehnen der Mm. sartorius, gracilis, semimembranaceus und semitendineus, welche zur Tibia gehen.

Die breite, aus den vier Teilen des M. quadriceps hervorgehende Sehne gelangt teils an die Basis, teils, von den Mm. vastus tibialis und fibularis sich zusammenschiebend, an die Ränder der Patella. Der mittlere Teil der Sehne geht über die vordere Fläche der Patella hinweg zum Apex patellae und durch neue, von dem Apex ausgehende Faserzüge verstärkt, zur Tuberositas tibiae (Lig. patellae). Von den Rändern

[1] N. peronaeus communis. [2] Mm. peronaei.

der Patella gehen Faserzüge (in Abb. 633 auf der medialen Seite besonders deutlich zu sehen) zu den Condyli tibiae (sie werden als Retinaculum patellae tibiale und fibulare bezeichnet), indem sie mit der Fascie zusammengenommen eine wesentliche Verstärkung für die vordere Wand der Gelenkkapsel bilden. Tiefe Fasern des M.

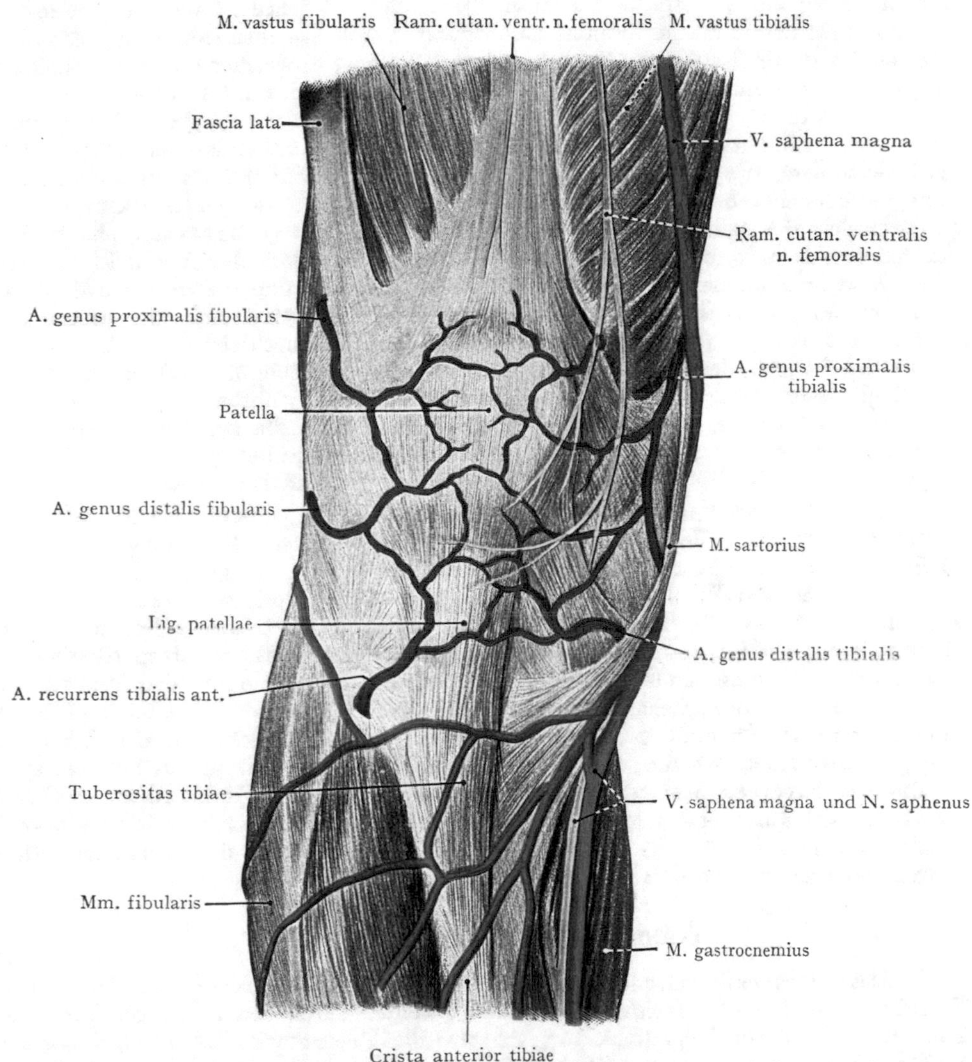

Abb. 633. Topographie der Regio genus anterior.

quadriceps femoris bilden einen selbständigen Muskel, den M. articularis genus, der als Kapselspanner wirkt.

Von den vier zur Tibia gehenden Muskeln inserieren sich drei (Mm. sartorius, gracilis, semitendineus) an der medialen Fläche der Tibia bis zur Crista ant. tibiae. Die Sehne des vierten, M. semimembranaceus, teilt sich in drei Zipfel, von denen der eine am Rand des Condylus tibialis vorbeizieht, um sich an der Tibia zu inserieren. Ein zweiter Faszikel (der grösste) heftet sich distal vom

Condylus tibialis an den Knochen, während der dritte sich distal vom Condylus tibialis abzweigt und als Lig. popliteum obliquum den hinteren Umfang der Kniegelenkkapsel verstärkt und bis zur medialen Fläche des Condylus fibularis femoris verläuft.

Gefässe und Nerven der Regio genus anterior (Abb. 633). Von Hautnerven werden die Endäste der Rr. cutanei ventrales aus dem N. femoralis angetroffen und unter der Sehne des M. sartorius kommt kurz vor dessen Insertion neben der Crista anterior tibiae der Stamm des N. saphenus zum Vorschein, welcher mit der V. saphena magna zum medialen Umfange des Unterschenkels und des Fusses verläuft.

Die Arterien der Gegend entspringen mit Ausnahme der A. genus descendens[1], welche aus der A. femoralis im Canalis adductorius kommt, sämtlich aus der A. poplitea; es sind kleine Äste, die im Rete articulare genus und im Rete patellae zahlreiche Anastomosen untereinander eingehen. Abgesehen von der A. genus descendens[1] kommen hier in Betracht: die beiden Aa. genus proximales[2], die A. genus media, die beiden Aa. genus distales[3], die A. recurrens tibialis post., welche von der A. tibialis ant. vor ihrem Durchtritt durch die Membrana interossea entspringt und, bedeckt von M. popliteus, zum Rete articulare genus hinaufverläuft. Endlich wäre noch zu erwähnen die A. recurrens tibialis ant., welche letztere sofort nach dem Durchtritt der A. tibialis ant. in die Streckerloge des Unterschenkels aus dieser Arterie entspringend proximalwärts zur Regio genus ant. verläuft. Sämtliche Arterien liegen subfascial und bilden das Rete articulare genus, welches besonders dicht auf der Patella angetroffen wird (Rete patellae). Die Arterien versorgen die Kapsel des Kniegelenkes und die Sehnen der Gegend, mit oberflächlichen Ästen das subkutane Fett- und Bindegewebe.

Bursae synoviales. Bei der Beschreibung der Regio genus ant. dürfen die Bursae synoviales nicht unerwähnt bleiben, welche teils zu den Sehnen in Beziehung stehen, teils in ihrer Bildung von anderen mechanischen Verhältnissen abhängen.

Vor der Patella kommen Bursae praepatellares vor, von denen wir eine subkutane, also ausserhalb der Fascie liegende (Bursa praepatellaris subcutanea), von einer zwischen der Fascie und der Quadricepssehne liegenden Bursa praepatellaris subfascialis unterscheiden; endlich kommt auch zwischen der Sehne und dem Perioste der Patella eine Bursa praepatellaris subaponeurotica vor. Die Bursae praepatellares können untereinander in Verbindung stehen, kommunizieren jedoch nicht mit der Höhle des Kniegelenkes. Ebensowenig besteht eine solche Verbindung mit anderen Bursae synoviales, die unter den Sehnen der an der medialen Fläche der Tibia und an der Crista ant. tibiae sich ansetzenden Mm. gracilis, sartorius usw. liegen, oder mit Bursae synoviales, welche auf dem Lig. patellae und zwischen diesem und der Tibia angetroffen werden (Bursae infrapatellares subcutanea und profunda).

Topographie des Kniegelenkes.

Das Kniegelenk zeichnet sich aus: erstens durch die grosse Ausdehnung der Gelenkhöhle und damit auch der Synovialis, zweitens durch den mächtigen intraartikulären Bandapparat (Ligg. decussata[4]), drittens durch eine starke Entfaltung des accessorischen Bandapparates (Lig. popliteum obliquum, Lig. collaterale tibiale und fibulare), zu welchem als weiteres Verstärkungsmittel das Lig. patellae und die seitlichen Ausbreitungen der Quadricepssehne (Retinaculum patellae tibiale und fibulare) hinzukommen.

Praktisch wichtig ist die oberflächliche Lage der vorderen Kapselwand und der Patella im Vergleiche mit dem von Muskeln, Fett und Gefässen bedeckten hinteren Umfange der Kapsel; ferner die leichte Erreichbarkeit der Gelenkkapsel von der lateralen und der medialen Seite aus, Verhältnisse von massgebender Bedeutung sowohl für die Untersuchung des Gelenkes als auch für das operative Vorgehen bei der Eröffnung der Gelenkhöhle.

---

[1] A. genu suprema. [2] Aa. genu superiores. [3] Aa. genu inferiores.
[4] Ligg. cruciata.

Die Kapsel des Kniegelenkes ist weit, folglich ist auch die von der Synovialis ausgekleidete Gelenkhöhle sehr geräumig. Der sagittale Längsschnitt gibt über diesen Punkt am besten Aufschluss (Abb. 634). Oberhalb der Basis patellae buchtet sich die Gelenkkapsel, von der Sehne des M. quadriceps bedeckt, in einer sehr variablen Ausdehnung proximalwärts aus. Ihre Ausdehnung ist grösser, wenn sie mit der grossen Bursa suprapatellaris in Verbindung tritt. In Abb. 634 ist eine solche Verbindung dargestellt; in der Gesamtansicht der Kniegelenkkapsel von der Seite (Abb. 635) ist eine äusserliche Trennung der Bursa suprapatellaris von der eigentlichen Gelenkhöhle angedeutet. Die obere Ausbuchtung der Gelenkhöhle, welche als Recessus superior bezeichnet werden kann, wird vorn von der Sehne des M. quadriceps und dem M. articularis genus, welcher sich an der Kapsel befestigt, bedeckt; hinten ist sie durch eine Fettschicht von dem Femur getrennt. Die Kapsel heftet sich an den Rand der überknorpelten Flächen des Femur und der Patella, seitlich geht sie zu den Condylen des Femur, an welchen sie sich etwa 1 cm oberhalb der Knorpelgrenze ansetzt; hinten folgt sie den Condylen an der Knorpelgrenze und setzt sich dicht unterhalb derselben an der Tibia fest. Eine beträchtliche Verdickung der Kapsel wird unterhalb der Patella von den Fettmassen der Plicae alares hervorgerufen.

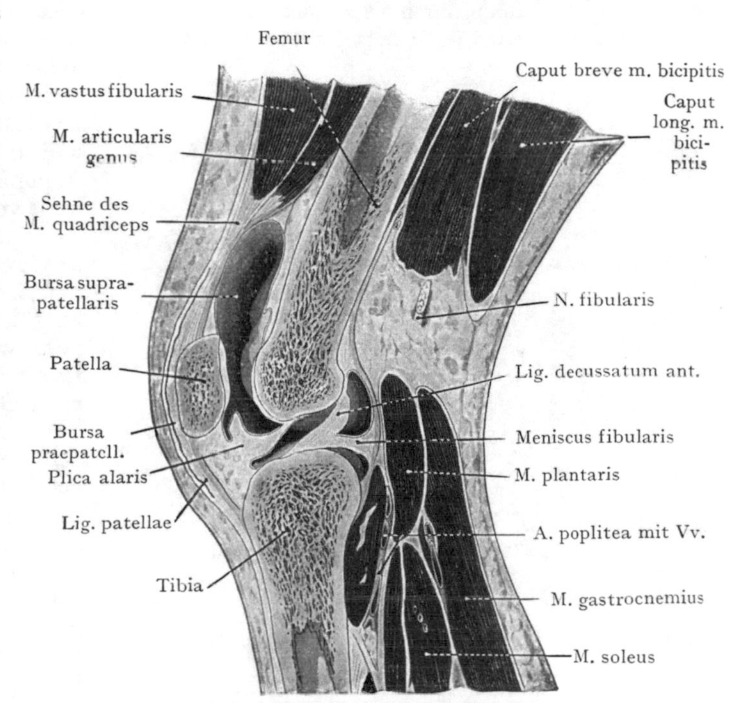

Abb. 634. Längsschnitt durch das Knie.
(Injektion der Gelenkhöhle mit Wasser.)
Nach W. Braune, Atlas der topograph. Anatomie.

Für die Verstärkung der Kapsel kommen in Betracht: vorne die Sehne des M. quadriceps und das Lig. patellae, dazu die Ausbreitungen der Quadricepssehne, welche von den Rändern der Patella zu den Condyli tibiae gehen und sich mit der Kapsel sowie auch mit der Fascie verbinden (Retinaculum patellae tibiale und fibulare); seitlich die Ligg. collateralia tibiale und fibulare, das letztere spulrund, ohne Verbindung mit der Kapsel, das erstere von dem Epicondylus tibialis femoris ausgehend und fächerförmig zu seiner Insertion am medialen und hinteren Rande der Tibia verlaufend. Infolge der fächerförmigen Ausbreitung dieses Bandes sind Teile desselben bei jeder Stellung des Knies gespannt, während das Lig. collaterale fibulare bei der Beugung vollständig erschlafft, daher verläuft auch die Achse für die Rotationsbewegungen bei Beugung im Kniegelenk senkrecht durch den Condylus tibialis. Hinten wird die Kapsel durch das Lig. popliteum obliquum verstärkt, das als eine Abzweigung der Sehne des M. semimembranaceus von der Höhe des Condylus tibialis tibiae schräg proximal-

und lateralwärts gegen den Epicondylus femoris fibularis verläuft und innig mit der Kapsel verbunden ist. Mittelst derselben wirkt der M. semimembranaceus auch als Spanner der hinteren Kapselwand.

Der hintere Umfang des Kniegelenkes wird von den am proximalen Winkel der Raute der Fossa poplitea auseinanderweichenden Beugermuskeln des Oberschenkels bedeckt, welche jedoch durch die Fettschicht der Fossa poplitea von der Kapsel getrennt sind. Die Kapsel wird auch teilweise von dem M. popliteus überlagert, der am Epicondylus fibularis femoris entspringt, sowie von den beiden Köpfen des M. gastrocnemius und dem M. plantaris. Die A. poplitea wird durch Fettgewebe von der Kapsel getrennt.

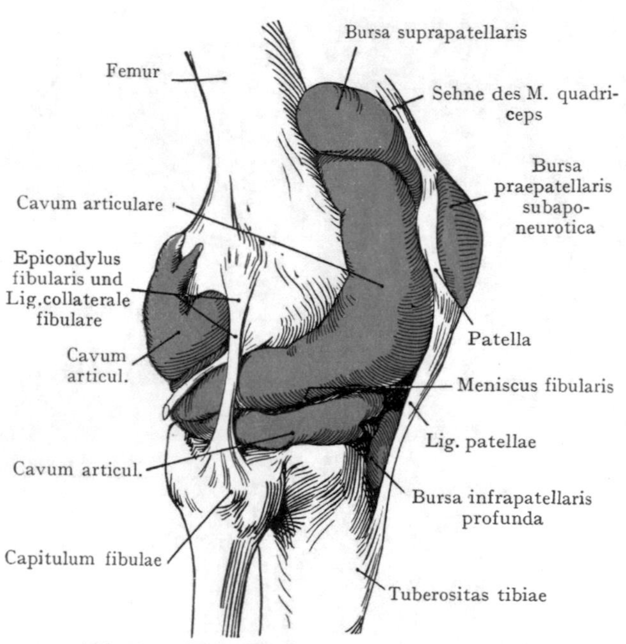

Abb. 635. Kniegelenk von der lateralen Seite.
Die Gelenkhöhle (Wandung blau) wurde mit Talg injiziert.

Kapazität der Höhle des Kniegelenkes. Sie wechselt bei verschiedener Stellung des Gelenkes. Ein Maximum wird bei einem geringen Grade der Beugung erreicht (10^0 nach Braune), ein Minimum bei hochgradiger Beugung, dem gegenüber die Kapazität des Gelenkes bei hochgradiger Streckung immerhin noch als eine beträchtliche erscheint.

Bei halber Beugestellung tritt eine Erschlaffung sowohl der Seitenbänder als auch des hinteren Teiles der Kapsel ein. Dass diese Stellung im Schlafe gewählt wird und auch bei kleinen Kindern gewöhnlich vorkommt, hat seinen Grund sowohl in der allgemeinen Erschlaffung des Bandapparates und der Kapsel als auch in den günstigen Verhältnissen, welche für die venöse Zirkulation in der Regio genus geschaffen werden und vielleicht zur Folge haben, dass die Beugestellung des Gelenkes unwillkürlich im Schlafe hergestellt wird.

Lage der Patella. Die Patella liegt mit ihrer lateralen, breiteren Facette in der Streckstellung des Gelenkes der Facies patellaris des Condylus fibularis femoris eng an, während sie durch einen breiten Spalt von dem Condylus tibialis femoris getrennt ist (s. auch den Querschnitt, Abb. 638). Diese Verschiebung der Patella lateralwärts wird durch die schiefe Einstellung des Femurschaftes bedingt, indem der an der Patella sich inserierende M. quadriceps bei seiner Kontraktion das Bestreben zeigt, die Patella lateralwärts zu ziehen. Dem wirken die von den Rändern der Patella zum Rande der Condylen der Tibia und zu den Epicondyli femoris verlaufenden Abzweigungen der Quadricepssehne (Retinaculum patellae fibulare und tibiale) entgegen, deren Bedeutung für die Fixation der Patella daraus hervorgeht, dass bei Patellarbrüchen die Bruchflächen in Kontakt bleiben, solange diese seitlichen Patellarbänder unversehrt erhalten sind. So erklärt es sich, wie Sternbrüche der Patella so gut heilen; hier wird eben die Patella allein getroffen, während bei Querbrüchen auch die Bänder zerrissen werden, so dass der Streckmuskel ungehindert seine dislozierende Wirkung auf das obere Bruchstück ausüben kann (Braune).

Epiphysenlinien und Gelenkhöhle. Die Epiphysenlinie der Tibia liegt vollständig ausserhalb der Gelenkkapsel (Abb. 637). Was die Epiphysenlinie des unteren Femurendes anbelangt, so reicht die Gelenkhöhle, besonders dann, wenn sie mit der Bursa suprapatellaris in Verbindung tritt, über die Epiphysenlinie hinauf, doch wird die Kapsel durch eine so starke Fettschicht vom Knochen getrennt, dass Prozesse, die von der Epiphyse ihren Ausgang nehmen, nicht ohne weiteres die Gelenkhöhle in Mitleidenschaft ziehen. Das gleiche gilt für den hinteren Umfang der Kapsel, welche sich distal von der Epiphysenlinie ansetzt.

Querschnitt durch die Regio genus (Abb. 638). Der Schnitt geht durch die Mitte der Patella und der Femurcondylen.

In der vorderen Partie des Schnittes fehlt Muskulatur überhaupt. Die Patella ist vorne bedeckt von Fasern der Quadricepssehne, die in das Lig. patellae übergehen;

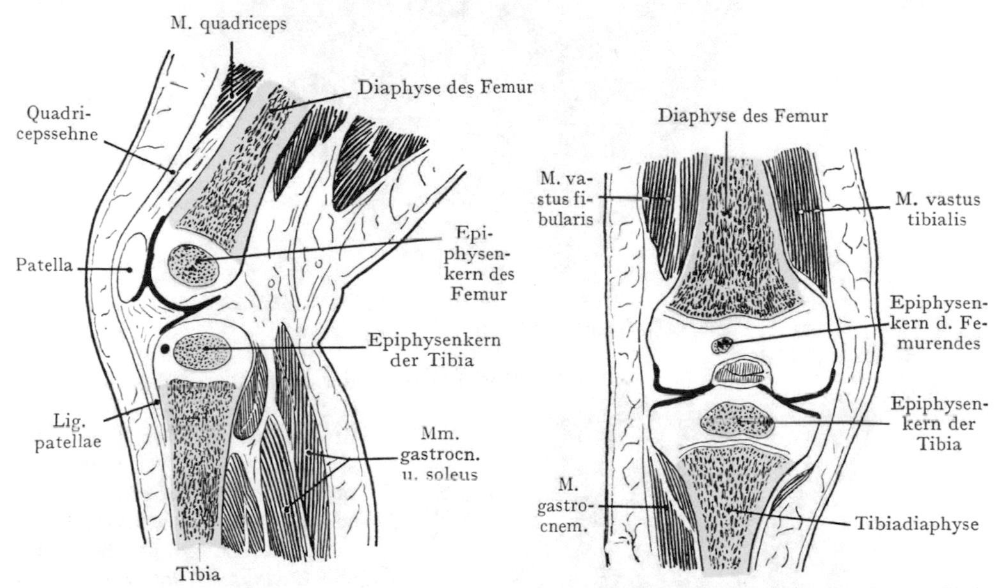

Abb. 636. Längsschnitt durch das Kniegelenk eines einjährigen Kindes.
Gefrierschnitt aus der Basler Sammlung.

Abb. 637. Frontalschnitt durch das Kniegelenk eines einjährigen Kindes.
Gefrierschnitt aus der Basler Sammlung.

die oberflächliche Bursa praepatellaris subfascialis ist deutlich zu sehen. Die Patella liegt der Facies patellaris des Condylus fibularis femoris an, während sie von der Facies patellaris des Condylus tibialis weit absteht und durch die in das Innere der Gelenkhöhle vorspringenden Plicae alares von derselben getrennt wird. Der seitliche Ansatz der Kapsel an den Condylen des Femur und ihre Verstärkung durch die Ligg. collateralia sind zu verfolgen.

In der hinteren Hälfte des Schnittes sind eine Anzahl von Muskelbäuchen getroffen: lateral der M. biceps femoris, auf welchen der laterale Kopf des M. gastrocnemius folgt; in der Rinne zwischen beiden Muskeln liegt, von der Fascia poplitea bedeckt, der Querschnitt des N. fibularis comm. Medial folgt der Bindegewebsraum der Fossa poplitea, begrenzt von dem tibialen Gastrocnemiuskopfe und oberflächlich von dem M. semimembranaceus. In dem Raume der Fossa poplitea liegt der N. tibialis am oberflächlichsten und am weitesten lateral, dann folgt die V. poplitea und am tiefsten die A. poplitea. Unmittelbar an der Gelenkkapsel liegt der Querschnitt

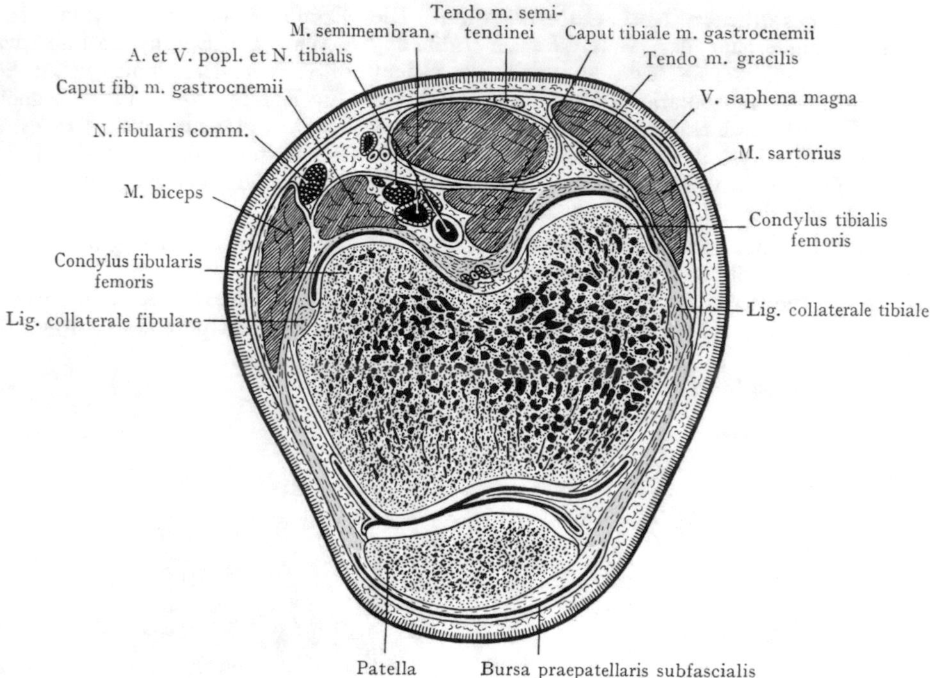

Abb. 638. Querschnitt durch die Regio genus.

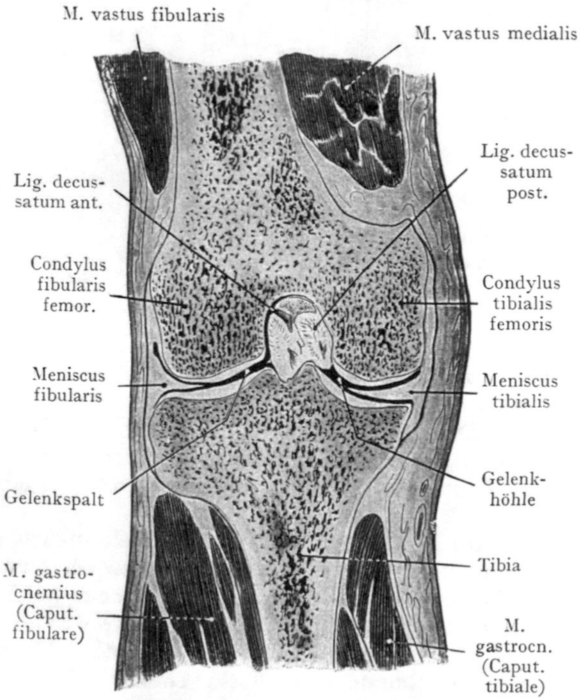

Abb. 639. Frontalschnitt durch das gestreckte Knie. Gefrierschnitt aus der Basler Sammlung.

der A. genus media und oberflächlich zum M. semimembranaceus die Sehne des M. semitendineus. Am weitesten medial finden wir den Schrägschnitt des M. sartorius, welcher die Sehne des M. gracilis und den N. saphenus überlagert, ferner treffen wir oberflächlich zum M. sartorius und ausserhalb der Fascie die V. saphena magna.

Sagittalschnitt durch die Regio genus (Abb. 634). Hier ist die Gelenkhöhle mit Wasser gefüllt und dann zum Gefrieren gebracht worden; infolgedessen hat sich die Patella nicht unbeträchtlich von der Facies patellaris femoris abgehoben. Die Bursa suprapatellaris ist stark ausgebildet und steht in ausgiebiger Kommunikation mit der Gelenkhöhle. Die vordere Wand der Kapsel wird proximal von der Patella durch die Sehne des M. quadriceps, unterhalb der Patella durch das Lig. patellae verstärkt. Unterhalb der Patella springen die Fettmassen der Plicae alares mit der Plica synovialis patellaris stark in das Innere der Gelenkhöhle vor. Ferner liegen im Schnitte: das Lig. decussatum anterius und der Meniscus fibularis.

Das Femur wird hinten bedeckt durch den M. biceps, die Gelenkkapsel und zum Teil durch den M. plantaris, an welchen sich weiter distal der M. popliteus anschliesst; beide Muskeln werden von den Mm. gastrocnemius und soleus überlagert. Im Fette der Fossa poplitea, proximal von der Gelenklinie, ist bloss der N. fibularis communis[1] angeschnitten; die A. und V. poplitea sind erst in ihrer distalen, dem M. popliteus aufliegenden Strecke getroffen.

In Abb. 639 ist ein **Frontalschnitt** durch die Kniegegend dargestellt. Man beachte die schräge Einstellung des Femurschaftes, die Ausdehnung der Gelenkkapsel, die Menisci und ihre Verbindung mit der Kapsel, ferner den Ansatz der Kapsel an die Condylen des Femur und ihre Verstärkung durch die Ligg. collateralia.

Unterschenkel (Regio cruris).

Die Grenze gegen die Regio genus entspricht einer Horizontalebene, welche gerade distal von der Tuberositas tibiae durchgelegt wird, gegen den Fuss einer Ebene etwas proximal von den Malleolen.

Äussere Form. Inspektion und Palpation. An dem vorderen Umfange des Unterschenkels lässt sich die Crista anterior tibiae von der Tuberositas an distalwärts bis dort, wo sie sich oberhalb der Malleolen abflacht, palpieren. Sie liegt unmittelbar unter der Fascia cruris (Abb. 603); bei mageren Individuen ist sie auch bei blosser Inspektion zu erkennen. Auch die mediale Fläche der auf dem Querschnitte dreikantigen Tibia liegt in ihrer ganzen Ausdehnung subfascial und ist der Palpation zugänglich. Das Capitulum fibulae kann abgetastet werden, der laterale Umfang des Knochens ist dagegen von den Mm. fibulares[2], der mediale Umfang von der Streckmuskulatur des Unterschenkels bedeckt. Am hinteren Umfange des Unterschenkels wird die starke Wölbung der unmittelbar auf die Regio genus post. folgenden Partie durch die Mm. gastrocnemius und soleus bewirkt, welche distalwärts in die am Tuber calcanei sich inserierende Achillessehne übergeht. Auf beiden Seiten der letzteren sind leichte Vertiefungen nachzuweisen und hinter dem Malleolus fibulae sind die Sehnen der Mm. fibulares durchzufühlen.

Allgemeines zur Charakteristik der Topographie des Unterschenkels. Den Weichteilen des Unterschenkels liegen, wie denjenigen des Vorderarmes, zwei durch eine Membrana interossea verbundene Knochen zugrunde. Die Muskulatur entspringt teils vom Femur (Mm. gastrocnemius und plantaris), teils von der oberen Partie der beiden Unterschenkelknochen sowie von der Membrana interossea (M. soleus, tiefe Beuger, Strecker). Der Querschnitt der proximalen Partie des Unterschenkels ist mächtiger als derjenige der distalen Partie, weil die Muskelbäuche distalwärts in ihre Sehnen übergehen und dadurch eine gegen die Regio malleolaris hin zunehmende Verschmächtigung herbeiführen. Demgemäss kann man auch die Form des Unterschenkels als eine konische beschreiben.

Fascia cruris. Die Fascie, welche wir in der Regio genus post. antreffen, zieht, nachdem sie von den verschiedenen an die Oberfläche tretenden Knochenteilen (Patella, Condyli femoris, Tuberositas tibiae) sehnige Fasern aufgenommen hat, auf den Unterschenkel weiter. Sie überzieht als Fascia cruris die Muskulatur sowie die mediale Fläche der Tibia (Abb. 641) und teilt durch Septen (Septum intermusculare cruris anterius und posterius), welche bis zu den Knochen, und zwar in deren ganzer Ausdehnung gelangen, den Unterschenkel in drei grössere Muskellogen ein. Einmal verbindet sich die

[1] N. peronaeus communis. [2] Mm. peronaei.

Fascie enger mit der Crista anterior tibiae sowie mit der medialen Fläche dieses Knochens, sodann gehen die Septen zur hinteren und zur vorderen Kante der Fibula und schliesslich kommen noch die beiden Unterschenkelknochen und die Membrana interossea für die Abgrenzung der Muskellogen in Betracht. Von diesen unterscheiden wir drei Logen: die vordere (Loge der Strecker), die laterale (Loge der Mm. fibulares) und die hintere (Loge der Beuger). Die letztere zerfällt sekundär in zwei Logen, indem eine besonders distalwärts recht straffe Fascie die Schicht der tiefen Beuger überdeckt und von der Schicht der Mm. gastrocnemius und soleus trennt.

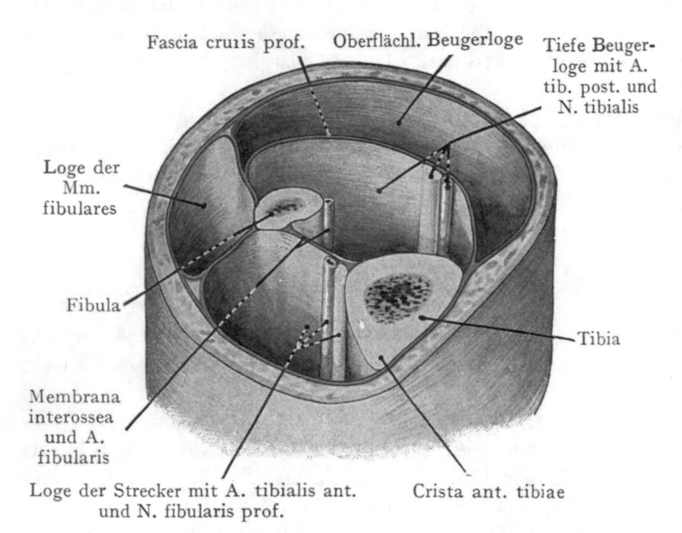

Abb. 640. Schematischer Querschnitt durch den Unterschenkel zur Veranschaulichung der Muskellogen.

Regio cruris posterior. Oberflächliche Gebilde (Abb. 641). Hier haben wir die V. saphena parva sowie die aus dem N. tibialis und dem N. fibularis comm.[1] kommenden Hautnerven. Die V. saphena parva sammelt sich lateral am Dorsum pedis und auch von der Haut der hinteren Seite des Unterschenkels und verbindet sich mit subfascialen Venen und medianwärts am Oberschenkel mit der V. saphena magna. Sie tritt durch die Fascia cruris, um sich in die Rinne zwischen den beiden Gastrocnemiusköpfen einzulagern (mit dem N. suralis) und am distalen Winkel der Fossa poplitea in die V. poplitea einzumünden. Von Hautnerven findet man 1. den N. suralis[2] aus dem N. tibialis, welcher zwischen den beiden Gastrocnemiusköpfen distalwärts verlaufend erst in der Mitte des Unterschenkels subkutan wird; 2. den N. cutaneus surae fibularis, welcher gleichfalls bis zur Mitte des Unterschenkels verläuft, um sich dann mittels der R. communicans fibularis mit dem hinter dem Malleolus fibularis an den lateralen Fussrand verlaufenden N. suralis zu vereinigen.

Die **Beugemuskulatur des Unterschenkels** bildet zwei Schichten, eine oberflächliche, aus den Mm. gastrocnemius und soleus zusammengesetzte, und eine tiefe, welche die Mm. tibialis post., flexor digit. longus und flexor hallucis longus umfasst. Beide Schichten werden durch die Fascia cruris profunda voneinander getrennt (Abb. 640), so dass die grosse Beugerloge eine sekundäre Zerlegung in eine oberflächliche und eine tiefe Loge erfährt. In der letzteren verlaufen die Gefässe und Nerven, welche die Richtung der A. und V. poplitea am Unterschenkel fortsetzen, während die A. tibialis ant. zwichen der Tibia und Fibula und über der Membrana interossea nach vorne in die Streckerloge gelangt.

Oberflächliche Loge. Sie enthält die Mm. gastrocnemius, plantaris und soleus.

Der M. gastrocnemius (Ursprung mit zwei Köpfen von der hinteren oberen Fläche der Condyli femoris, der fibulare Kopf zusammen mit dem M. plantaris) bedingt wesentlich das Relief der proximalen Partie der Regio cruris post. Der Bauch des Muskels fällt schroff zu dem mit dem M. soleus gemeinsamen, an dem Tuber calcanei sich inserierenden Tendo m. tricipitis surae (Achillis) ab.

[1] N. peronaeus communis. [2] N. cutaneus surae medialis.

M. soleus. Ursprung (siehe Abb. 642) von dem Capitulum fibulae und dem hinteren Umfange des proximalen Drittels der Fibula, von dem Sehnenbogen (Arcus tendineus m. solei), welcher sich von der Fibula zur Linea poplitea tibiae erstreckt, ferner von der letzteren sowie von der hinteren Fläche der Tibia. Der Muskelbauch erstreckt sich weiter distalwärts als derjenige des M. gastrocnemius, so dass er bloss in seiner proximalen Partie von dem letzteren bedeckt wird.

Tiefe Loge: Ihr Inhalt wird von drei Muskeln gebildet, denn wir rechnen den M. popliteus noch zur Regio genus, indem wir ihn als einen Teil des Bodens der Fossa poplitea ansehen. Die drei Muskeln der tiefen Loge sind: der M. tibialis posterior, der M. flexor digitorum longus und der M. flexor hallucis longus. Sie entspringen von der hinteren Fläche der Tibia, der Fibula und der Membrana interossea.

Der Ursprung des M. tibialis post. wird von zwei Zacken dargestellt, zwischen denen die A. tibialis anterior aus der tiefen Beugerloge in die Streckerloge des Unterschenkels tritt. Der Muskel entspringt von der Membrana interossea und der hinteren Fläche der Tibia und der Fibula.

Der M. flexor digit. longus liegt dem M. tibialis post. medial an und entspringt von der hinteren Fläche der Tibia distal von der Insertion des M. popliteus.

Der M. flexor hallucis longus entspringt von den drei Muskeln der tiefen Schicht am weitesten distal, und zwar von der hinteren Fläche der distalen Hälfte der Fibula und von der Membrana interossea. Der breite Bauch des Muskels bedeckt hinten die Fibula und teilweise auch den M. tibialis post.

Die Sehnen der drei tiefen Beuger gelangen hinter dem Malleolus tibiae zur Planta pedis. Nach aussen werden die Sehnen von einer von dem Malleolus tibiae zum Calcaneus gehenden Verstärkung der Fascia cruris bedeckt (Lig. laciniatum; s. Regio retromalleolaris und Abb. 649), welche mit der medialen Fläche des Calcaneus zusammen eine manchmal als Canalis malleolaris bezeichnete Öffnung herstellt. Kurz bevor die Sehnen der drei tiefen Beuger denselben erreichen, wird die Sehne des M. tibialis post. von derjenigen des M. flexor digit. longus gekreuzt, so dass im Canalis malleolaris die Sehne des M. tibialis post. am weitesten vorne liegt; dann folgt die Sehne des M. flexor digit. longus und am weitesten hinten der M. flexor hallucis longus.

An den proximalen zwei Dritteln des Unterschenkels werden die tiefen Beugermuskeln von dem M. gastrocnemius und dem M. soleus vollständig überlagert; erst vom Übergang der letzteren in den Tendo m. tricipitis surae[1] an sind die Muskeln der tiefen Schicht und kurz vor ihrem Eintritte in den Canalis malleolaris ihre Sehnen bloss durch die Fascie von der subkutanen Fettschicht getrennt.

Die Fascia cruris profunda überzieht die tiefen Beuger, von ihrem Ursprung an distalwärts bis zu ihrem Eintritt in den Canalis malleolaris. Sie befestigt sich an der Tibia sowie an der lateralen Kante der Fibula, und hilft einen Bindegewebsraum abgrenzen, welcher proximalwärts unter dem Arcus tendineus m. solei mit der Fossa poplitea in Verbindung steht, distalwärts durch den Canalis malleolaris mit dem tiefen Raume der Planta pedis (Abb. 649).

Besonders im distalen Drittel des Unterschenkels ist die Fascia profunda recht derb und zeigt eingewobene sehnige Faserzüge. Beiderseits vom Tendo m. tricipitis surae[1] geht sie eine Verbindung mit der Fascia cruris superficialis ein, welche letztere den M. gastrocnemius und die erwähnte Sehne überzieht. Zwischen beiden Fascienblättern, ferner zwischen dem Tendo m. tricipitis surae[1] und der Fascia cruris profunda wird eine Schicht von lobulärem Fettgewebe angetroffen, welche bei der Aufsuchung der A. tibialis post. medial von der Sehne durchgetrennt wird.

Gefässe und Nerven der Beugerlogen des Unterschenkels. Dieselben bilden die Fortsetzung der in der Fossa poplitea gelagerten Stämme; sie geben noch innerhalb der Fossa poplitea, bevor sie unter dem Arcus tendineus m. solei in die tiefe Loge des Unterschenkels eintreten, Äste ab, welche in die oberflächliche Beugerloge

[1] Tendo calcaneus Achillis.

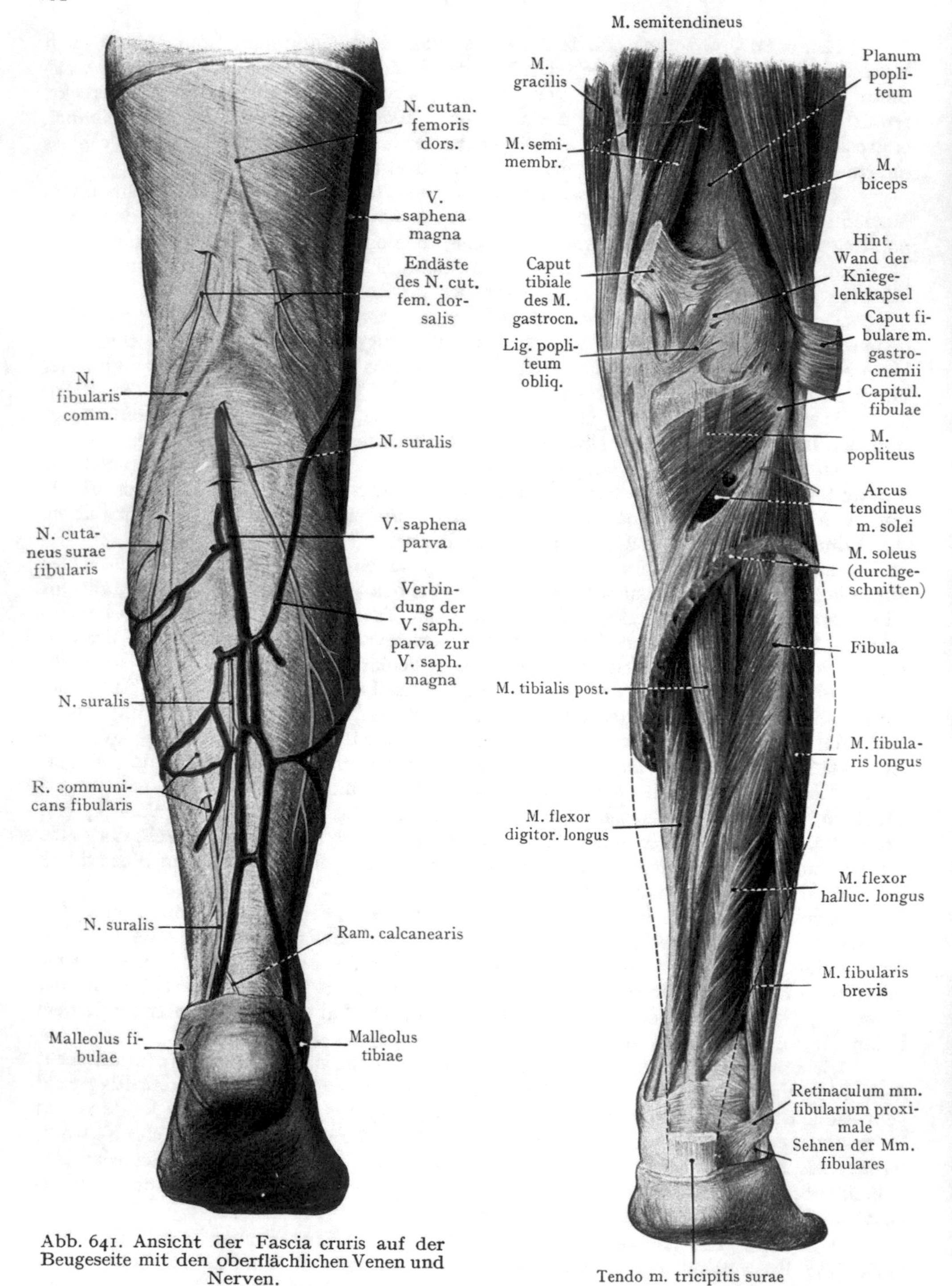

Abb. 641. Ansicht der Fascia cruris auf der Beugeseite mit den oberflächlichen Venen und Nerven.

Abb. 642. Tiefe Beugemuskulatur des Unterschenkels nach Abtrennung des M. gastrocnemius und des M. soleus.

des Unterschenkels eindringen und die Mm. soleus, plantaris und gastrocnemius versorgen (Aa. surales und Rami musculares des N. tibialis). Diese Äste bleiben auf die oberflächliche Beugerloge beschränkt, gehen also nicht auf die distale Hälfte des Unterschenkels weiter.

Die A. poplitea teilt sich gewöhnlich am unteren Rande des M. popliteus, also gerade proximal vom Arcus tendineus, in die Aa. tibialis ant. und post. Die A. tibialis ant. geht am distalen Rande des M. popliteus, oberhalb der Membrana interossea, nach vorne zur Streckmuskelloge des Unterschenkels, während die A. tibialis post. in der tiefen Beugerloge die Richtung der A. poplitea distalwärts fortsetzt. In ihrer Begleitung verlaufen zwei Vv. tibiales posteriores sowie der N. tibialis, letzterer lateral und auch etwas oberflächlicher als die in eine gemeinsame Gefässscheide eingeschlossenen Gefässe.

Die A. tibialis post. ist in der Regel etwas stärker als die A. tibialis ant.; sie verläuft, von der Fascia cruris profunda bedeckt, in einer Richtung, welche einer von der Mitte der Verbindungslinie der Epicondyli femoris bis zur Mitte zwischen dem Tendo m. tricipitis surae und dem Malleolus tibiae gezogenen Linie entspricht. Auf der ersten Strecke ihres Verlaufes (in der proximalen Hälfte des Unterschenkels) wird sie von der Fascia cruris profunda und den Mm. soleus und gastrocnemius überlagert; in der distalen Hälfte des Unterschenkels liegt die Arterie oberflächlicher, indem sie bloss von den beiden Blättern der Fascia cruris nebst der dazwischen eingeschlossenen Fettschicht bedeckt ist (medial von der Achillessehne, Abb. 630). Sie liegt zunächst auf dem M. tibialis post., dann in der Rinne, welche durch die Mm. flexor digit. longus und flexor hall. longus gebildet wird und am Übergange in die Regio malleolaris tibialis zwischen den Sehnen des M. flexor digit. longus vorne und des M. flexor hall. longus hinten. Der N. tibialis liegt der Arterie auf ihrem ganzen Verlaufe lateral an.

Die A. tibialis post. gibt neben verschiedenen Ästen zur Muskulatur sowie der A. nutritia tibiae als Hauptast die A. fibularis ab, welche gleich nach dem Eintritt der Arterie in die Muskelloge entspringt, lateralwärts zur Fibula geht und, von dem breiten Bauche des M. flexor hallucis longus bedeckt und der Fibula angeschlossen gegen den Malleolus fibulae verläuft. Erst kurz oberhalb der Linie des oberen Sprunggelenkes kommt die Arterie (Abb. 630) wieder zum Vorschein; sie liegt hier hinter den beiden Mm. fibulares und wird, lateral von dem Tendo m. tricipitis surae, von beiden Blättern der Fascia cruris bedeckt. Hier verbindet sie sich mit der A. tibialis post. durch eine querverlaufende Anastomose (Ramus communicans), gibt ausserdem eine A. malleolaris fibularis posterior ab und geht dann als Ram. perforans a. fibularis durch die Membrana interossea in die Streckerloge, um hier mit der A. dorsalis pedis zu anastomosieren.

Die Beziehungen des N. tibialis sind schon angegeben worden. Er liegt beim Eintritt der Arterie in die tiefe Beugerloge hinter dem Gefässstamm und lateral von demselben und kreuzt die A. tibialis ant. und die A. fibularis dicht an ihrem Ursprunge. Die Äste zu den tiefen Beugern gehen gleich distal vom Arcus tendineus m. solei ab. Oberhalb der Regio malleolaris tibialis entspringen die zur Haut der Ferse verlaufenden Rami calcaneares tibiales.

Aufsuchung der A. tibialis post. und der A. fibularis. In der proximalen Hälfte des Unterschenkels werden die Arterien durch die Muskeln der oberflächlichen Beugerloge überlagert; in der distalen Hälfte, wo diese Muskeln in den Tendo m. tricipitis surae übergehen, sind sie dagegen relativ leicht zu erreichen. Die Unterbindung der A. tibialis post. in der proximalen Hälfte des Unterschenkels wird durch einen längs des medialen Randes der Tibia geführten Schnitt vorgenommen; der mediale Gastrocnemiuskopf wird nach Spaltung der Fascia cruris superficialis lateralwärts

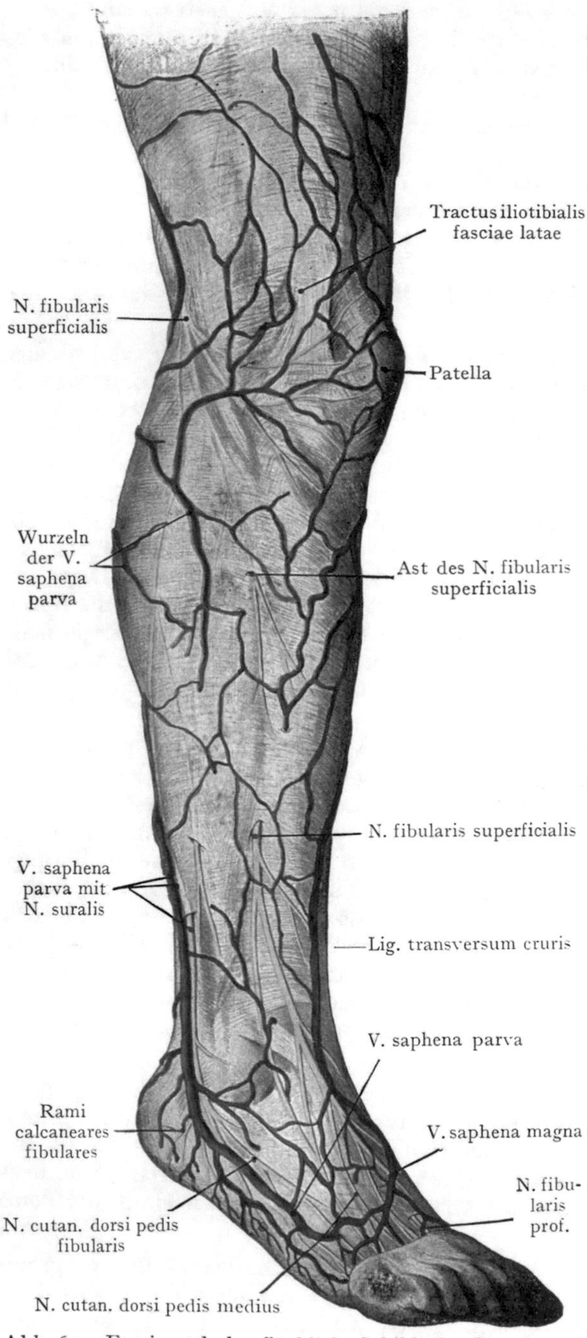

Abb. 643. Fascie und oberflächliche Gebilde der Streckseite des Unterschenkels und des Dorsum pedis.

abgezogen, der Ursprung des M. soleus von der Tibia abgetrennt sowie die Fascia cruris profunda gespalten. Indem man den M. soleus gleichfalls lateralwärts abzieht, kann man die A. tibialis auf dem M. tibialis post. erreichen (Abb. 630).

In der distalen Hälfte des Unterschenkels wird die A. tibialis post. durch einen parallel mit dem medialen Rande des Soleusbauches resp. des Tendo m. tricipitis surae geführten Schnitt aufgesucht. Nach Durchtrennung der Haut und des subkutanen Fett- und Bindegewebes wird die Fascia cruris profunda gespalten (Abb. 630). Die Arterie liegt gerade oberhalb des Malleolus tibiae in der Rinne, welche von den Sehnen des M. flexor hall. longus (hinten) und des M. flexor digit. longus (vorn) gebildet wird.

Die A. fibularis wird durch einen Schnitt aufgesucht, welcher hinter der Loge der Mm. fibulares auf den fibularen Ursprung des M. soleus vordringt und denselben von der Fibula ablöst. Der M. soleus wird medianwärts abgezogen und die Arterie kann dann auf dem M. tibialis post. gefunden werden, bevor sie von dem M. flexor hallucis longus überlagert wird. Um die A. fibularis weiter distal unter dem M. flexor hallucis longus aufzusuchen, muss man den Ursprung des letzteren von der Fibula ablösen und den Muskel medianwärts abziehen (Abb. 630).

Regio cruris ant. Fascie und oberflächliche Gebilde. In ihrer proximalen Partie dient die Fascie den Extensorenmuskeln und den Mm. fibulares teilweise zum Ursprung; in dem distalen Drittel sind oberhalb der Malleolargegend ringförmig verlaufende, an der Tibia wie an der Fibula sich befestigende Faserzüge besonders stark entwickelt (Lig. transversum cruris).

Von oberflächlichen Gebilden (Abb. 643) haben wir, abgesehen von den Venen, welche sich medianwärts in der V. saphena magna, lateralwärts in der V. saphena parva sammeln, noch Hautnerven, welche in verschiedener Höhe die Fascie durchbohren, erstens Äste aus dem N. saphenus, welcher am medialen Umfange des Unterschenkels zum Fusse verläuft, sodann den N. fibularis superficialis[1], welcher am distalen Drittel des Unterschenkels oberflächlich wird, indem er aus der Loge der Mm. fibulares distalwärts auf das Dorsum pedis übergeht.

Muskellogen (Abb. 640). Die Fascie bildet mit den Knochen und der Membrana interossea eine vordere (Streckerloge) und eine laterale Loge (der Mm. fibulares). Die letztere, in welche aus der Fossa poplitea der N. fibularis comm. eintritt, geht distalwärts mit den Sehnen der Mm. fibulares[2] hinter dem Malleolus fibulae zur Planta pedis. In die Streckerloge tritt hoch oben, oberhalb der Membrana interossea, die A. tibialis ant. ein; die Loge geht distalwärts unter dem Lig. cruciforme[3] auf das Dorsum pedis weiter.

Muskulatur. In der Loge der Streckmuskulatur liegen die Mm. tibialis ant., extensor hallucis longus und extensor digitorum longus. Der M. tibialis ant. liegt mit seinem Ursprunge vom Condylus fibularis tibiae sowie von der lateralen Fläche der Tibia am weitesten medial (Insertion am Os cuneiforme I und an der Basis des Os metatarsi I). Lateral von dem M. tibialis ant. entspringt der M. extensor digitorum longus von dem Condylus fibularis tibiae, von der vorderen Kante der Fibula und von der Membrana interossea (Insertion: Dorsalaponeurose der 2.—5. Zehe).

Der M. extensor hallucis longus wird von den beiden ersterwähnten Muskeln, zwischen denen sein Ursprungsbauch liegt, überdeckt; er entspringt hauptsächlich von der Fibula, z. T. auch von der Membrana interossea (Insertion an der Endphalange der grossen Zehe).

In der lateralen Loge (der Mm. fibulares[2]) bedecken die Mm. fibularis longus und brevis den lateralen Umfang der Fibula. Der M. fibularis longus[4] entspringt mit zwei Portionen, der oberen von dem Condylus fibularis tibiae und dem Capitulum fibulae, der unteren von der lateralen Fläche der Fibula unterhalb des Capitulum. Zwischen beiden Portionen verläuft der N. fibularis superficialis[1] (Abb. 644). Der M. fibularis brevis entspringt von der lateralen Fläche der Fibula distal von dem Ursprunge des M. fibularis longus, von welchem er bedeckt wird, und geht zur Tuberositas ossis metatarsi V.

Gefässe und Nerven innerhalb der Streckerlogen. Hier kommen in Betracht: von Gefässen die A. tibialis ant., welche aus der A. poplitea entspringt und am unteren Rande des M. popliteus aber oberhalb der Membrana interossea nach vorne gelangt; von Nerven der N. fibularis communis, welcher (Abb. 644 und 645) unterhalb des Capitulum fibulae in die Loge der Mm. fibulares eintritt und sowohl die Muskulatur beider Streckerlogen als auch die Haut des Unterschenkels an der vorderen Seite mit seinen Ästen (Nn. fibularis profundus und superficialis) versorgt.

Die A. tibialis ant. liegt in den proximalen zwei Dritteln ihres Verlaufes der vorderen Fläche der Membrana interossea unmittelbar an und ist an dieselbe befestigt durch sehnige Faserzüge, welche über die gemeinsame, die Arterie und die Venen einschliessende Gefässscheide hinwegziehen. Die Gefässe liegen lateral von dem Bauche des M. tibialis ant. zwischen diesem Muskel und dem M. extensor hallucis longus (Abb. 644). Weiter distal liegt die Arterie auf dem vorderen Umfange der stark abgeplatteten Tibia, zwischen den Sehnen des M. tibialis ant. und des M. extensor hallucis longus. In dieser Lage geht sie unter dem Lig. transversum cruris auf das Dorsum pedis weiter. In der Höhe des Malleolus tibiae verläuft sie unter der Sehne des M. extensor hallucis longus, um von da als A. dorsalis pedis zwischen ihr und der zur zweiten Zehe verlaufenden Sehne des M. extensor digitorum longus zu liegen (s. Dorsum pedis).

[1] N. peronaeus superficialis. [2] Mm. peronaei. [3] Lig. cruciatum pedis.
[4] M. peronaeus longus.

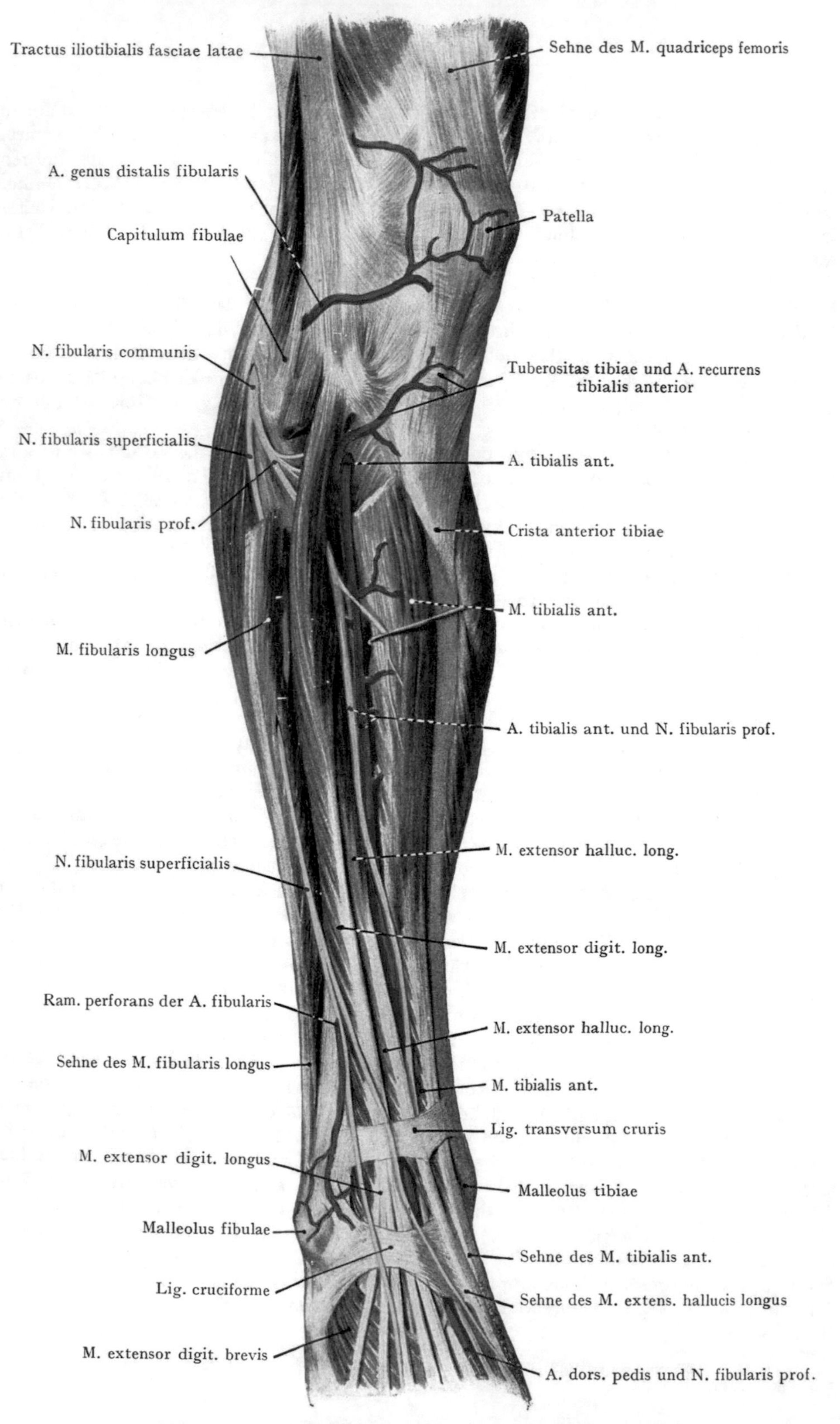

Abb. 644. Tiefe Gebilde der Streckseite des Unterschenkels.

Die Arterie gibt gleich nach ihrem Durchtritte in die Streckerloge die A. recurrens tibialis anterior proximalwärts zum Rete patellae ab, sodann Äste zu den Muskeln der Streckerloge und Äste, welche in die laterale Loge eindringen und die Mm. fibulares versorgen. Kurz oberhalb der Malleolen entspringen die Aa. malleolares tibialis und fibularis anterior.

Die Vv. tibiales ant. der A. tibialis ant. bilden zahlreiche Anastomosen untereinander, so dass die Arterie stellenweise schwer frei zu legen ist (Abb. 645).

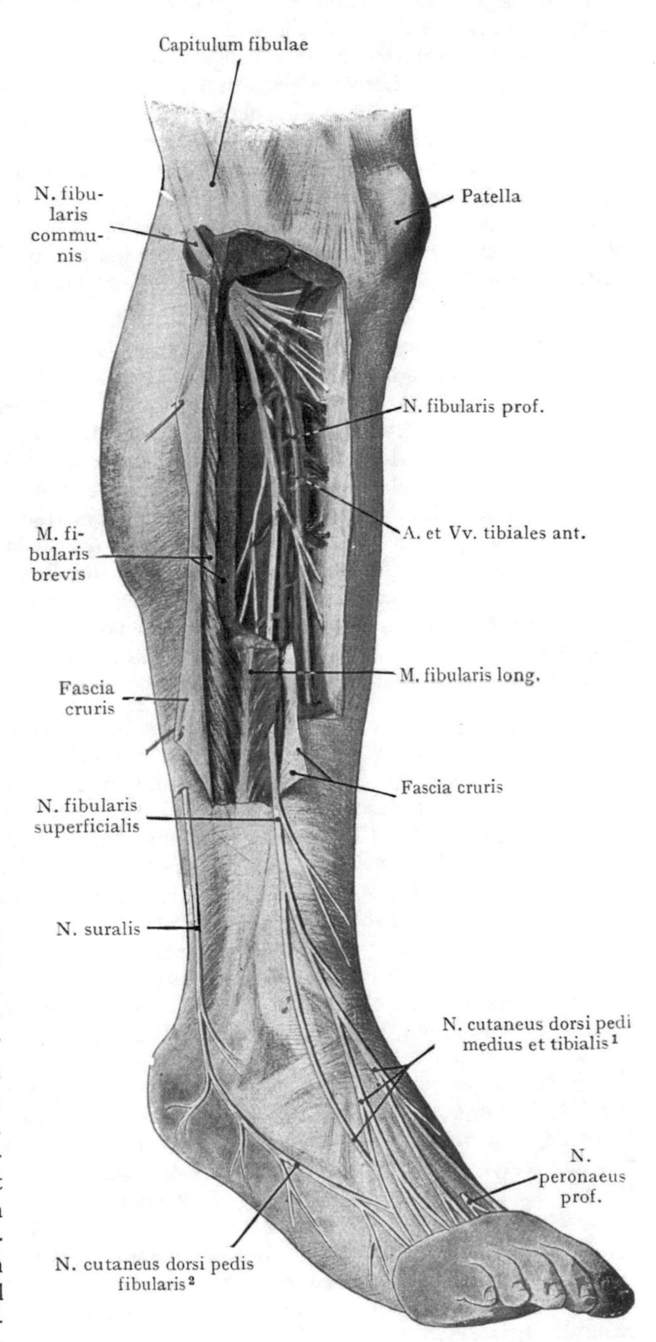

Abb. 645. Topographie der Streckerloge des Unterschenkels.

Der N. fibularis comm. verläuft in der Rinne zwischen der Sehne des M. biceps femoris und dem lateralen Kopfe des M. gastrocnemius (Abb. 629) distalwärts zur lateralen Fläche der Fibula unterhalb des Capitulum und tritt hier in die Lücke zwischen den beiden Ursprungsportionen des M. fibularis longus, um sich sofort in den N. fibularis superficialis und profundus zu teilen. Der erstere gibt Äste an die Mm. fibulares ab und bleibt bei seinem weiteren Verlaufe der lateralen Loge bis zu ihrem distalen Drittel treu, wo er die Fascia cruris durchbohrt, um zur Haut des Unterschenkels und zum Dorsum pedis zu verlaufen. Der N. fibularis profundus dagegen (Abb. 644) tritt hoch oben aus der Loge der Mm. fibularis in diejenige der Mm. extensores ein, indem er dabei das Septum intermusculare ant. und den M. extensor digit. longus durchbohrt, um sich lateral der Gefässscheide, welche die A. und die Vv. tibiales ant. umschliesst, anzulegen. Weiter distal kreuzt er die Arterie und liegt am distalen Drittel des Unterschenkels, dort, wo sie unter dem Lig. transversum cruris und dem Lig. cruciforme[3] zum Fussrücken tritt, medial von der Arterie (Abb. 651).

[1] N. cutaneus dorsalis pedis intermedius und medialis. [2] N. cutaneus dorsalis pedis lateralis. [3] Lig. cruciatum.

Querschnitte durch den Unterschenkel. Abb. 646. Querschnitt durch die Mitte des Unterschenkels. Die Querschnitte der Tibia und der Fibula werden durch die Membrana interossea verbunden. Die Fibula ist auf dieser Höhe vollständig von Muskelmassen umgeben, indem vorne die Extensoren, lateral die Mm. fibulares, medial und hinten die tiefe Schicht der Beuger liegen. Dagegen werden die vordere Kante sowie die mediale Fläche der Tibia unmittelbar unter der Fascia cruris angetroffen. Letztere zieht von der Crista anterior tibiae aus, wo sie eine feste Insertion gewinnt, zunächst über die Strecker, gibt sodann zwei Septen ab (Septum intermusculare ant. und post.), welche bis auf die Fibula vordringen und die Loge der Mm. fibulares sowohl von derjenigen der Extensoren als nach hinten von der Beugerloge abgrenzen. Weiterhin geht die Fascie oberflächlich über die Mm. soleus und gastrocnemius hinweg und kehrt, zuletzt die mediale Fläche des Knochens überziehend, an die Crista anterior tibiae zurück. In der Beugerloge des Unterschenkels geht die Fascia cruris profunda von der lateralen Kante der Tibia zur Fibula und trennt die drei tiefen Beuger von dem M. soleus.

Die Extensorenloge wird in der Höhe des Schnittes von den Mm. tibialis ant., extensor hallucis longus und extensor digit. longus ausgefüllt. Zwischen dem M. tibialis ant. und dem M. extensor hallucis longus liegen auf der Membrana interossea die A. tibialis ant. und der N. fibularis prof. In der lateralen Loge finden wir die Mm. fibularis longus und brevis und im Anschluss an das vordere der beiden zur Fibula gehenden Septen (Septum intermusculare ant.) den N. fibularis superficialis. In der oberflächlichen Beugerloge liegt der M. gastrocnemius und in mächtiger Ausdehnung der M. soleus. In der tiefen Beugerloge liegt in der Mitte zwischen dem M. flexor hallucis longus (lateral) und dem M. flexor digit. longus (medial) der M. tibialis posterior; auf den beiden letzteren die A. tibialis post. mit den Vv. tibiales post. und lateral der N. tibialis. Der Querschnitt der A. fibularis wird in engem Anschlusse an die Fibula von dem M. flexor hall. longus bedeckt. Man beziehe die Angaben über die Aufsuchung und Unterbindung der Gefässe auf das Querschnittsbild.

Abb. 647: Querschnitt des Unterschenkels gerade oberhalb der Malleolen. Es sei zunächst auf die Fortsetzung der vier Fascienräume des Unterschenkels hingewiesen. Die Muskeln, welche in ihnen liegen, sind in dieser Höhe zum grössten Teil in ihre Sehnen übergegangen. Die Querschnitte der Tibia und Fibula sind bedeutend grösser, die Tibia vorne etwas abgeflacht. Die Fascia cruris lässt sich in ihrer ganzen Ausdehnung verfolgen und begrenzt mit der Tibia und der Fibula zusammengenommen, vorne die Extensorenloge, in welcher die Sehne des M. tibialis ant. (medial) und lateral die teilweise in ihre Sehnen übergegangenen Mm. extensor hallucis longus und extensor digit. longus angetroffen werden. Zwischen den beiden letzteren liegt unmittelbar auf der Tibia die A. dorsalis pedis mit dem N. fibularis profundus. Die laterale Loge schliesst sich direkt nach hinten der Fibula an; der M. fibularis longus ist in seine Sehne übergegangen, dagegen ist der Muskelbauch des M. fibularis brevis angeschnitten. In der oberflächlichen Abteilung der Beugerloge liegt bloss der Tendo m. tricipitis surae nebst einer grösseren Menge von Fettgewebe, welches zwischen der Fascia cruris superficialis und profunda eingeschlossen ist. In der tiefen Beugerloge liegt am weitesten medial die Sehne des M. tibialis post., dann folgt die Sehne des M. flexor digit. longus und am weitesten lateral die Sehne und das Muskelfleisch des M. flexor hallucis longus. Zwischen dem letzteren und der Sehne des M. flexor digit. longus liegt die A. tibialis post. mit ihren Vv. tibiales post. und dem N. tibialis. Diese Gebilde sind also, wenn man gerade oberhalb der Regio malleolaris tibialis auf sie eingeht, sowohl von dem oberflächlichen als auch von dem tiefen Blatte der Fascia cruris bedeckt; beide Blätter sind hier durch eine Fettschicht voneinander getrennt.

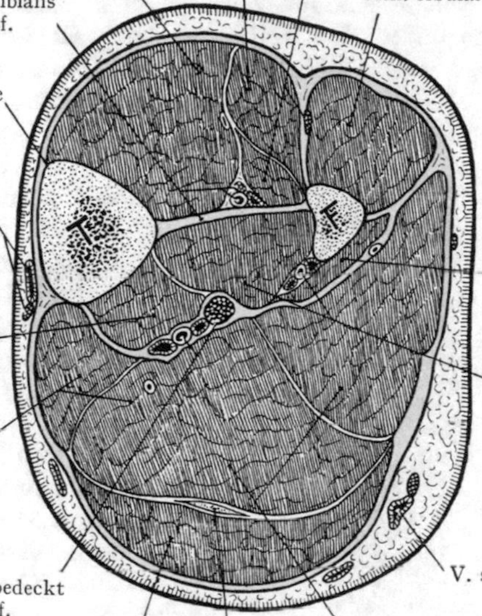

M. extens. digit. long.
M. tibialis ant.
M. ext. halluc. long. et N. fibularis superfic.
Membr. interossea mit A. tibialis ant. et N. fibularis prof.
Mm. fibulares
Crista anterior tibiae
V. saphena magna et N. saphenus
T
F
M. flex. halluc. long.
M. flex. digit. longus
M. tibialis post. et A. fibularis
M. soleus
N. tibialis u. A. tibialis post., bedeckt von der Fascia cruris prof.
V. saphena parva
M. gastrocnemius
Tendo m. plantaris
M. soleus

Abb. 646. Querschnitt durch die Mitte des linken Unterschenkels. Nach Braune. Fascien grün.

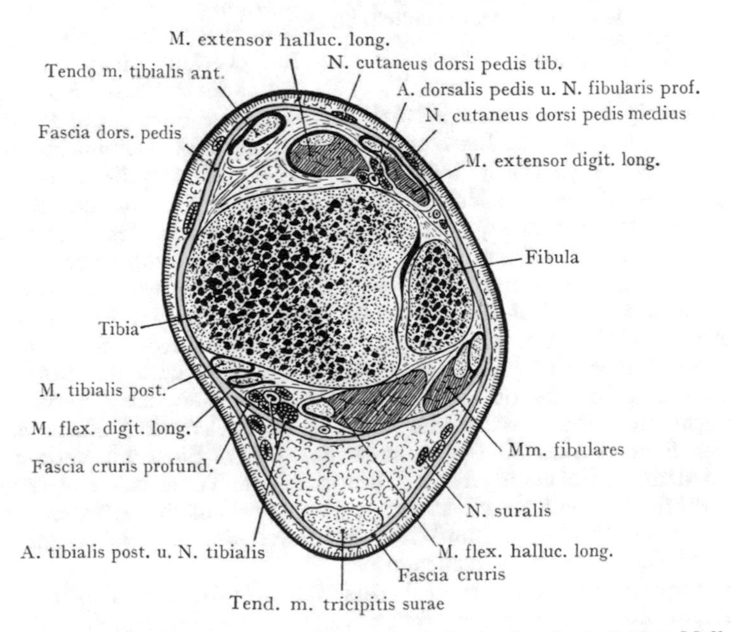

Abb. 647. Querschnitt durch den Unterschenkel gerade oberhalb der Malleolen. Nach W. Braune.

Zur besonderen Veranschaulichung der Fascienräume unmittelbar über der Malleolargegend dient Abb. 648. Sie stellt die Fascienräume auf einem Schrägschnitte nach Entfernung der Sehnen (mit Ausnahme des Tendo m. tricipitis surae) dar. In der oberflächlichen Beugerloge finden sich keine grösseren Gefässe oder Nerven, ebensowenig in der lateralen Loge, welche sich dem hinteren Umfange der Fibula anschliesst. In der tiefen Beugerloge sind die A. tibialis post. mit dem N. tibialis dargestellt, in der Streckerloge die A. tibialis ant. mit ihren Vv. tibiales ant. und dem N. fibularis profundus.

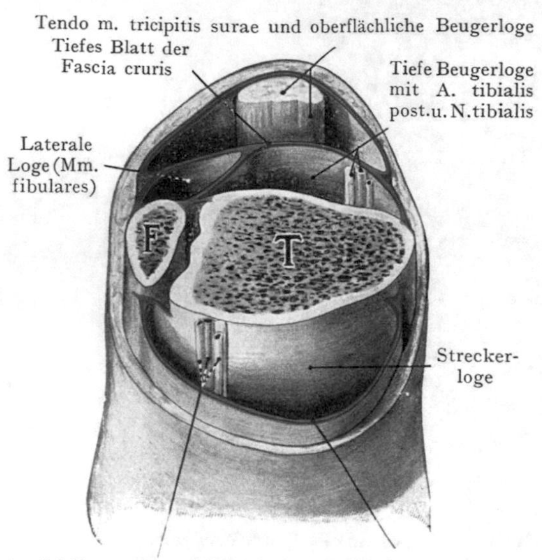

Abb. 648. Querschnitt durch den Unterschenkel gerade oberhalb der Malleolen zur Veranschaulichung der Fascienräume.
T Tibia, F Fibula.

Topographie der Regio retromalleolaris tibialis. Die Regio retromalleolaris tibialis stellt den Übergang von der tiefen Beugerloge des Unterschenkels zur Planta pedis dar und entspricht am Skelet einer Furche, welche einerseits vom Malleolus tibiae, andererseits vom medialen Umfange des Calcaneus gebildet wird. Diese Furche wird zu einem osteofibrösen Kanale abgeschlossen (Canalis malleolaris) durch das Lig. laciniatum, einer sehnigen Verstärkung der Fascie, welche von dem Malleolus tibiae zur medialen Fläche des Calcaneus zieht. In dem Canalis malleolaris verlaufen die Sehnen der tiefen Beuger, ferner die A. tibialis post. mit den Vv. tibiales post. und dem N. tibialis (Abb. 649). Unmittelbar oberhalb des Malleolus wird die Sehne des M. flexor digit. longus (welche in der Regio cruris am weitesten medial lag) von der Sehne des M. tibialis post. gekreuzt; in Abb. 649 ist die Kreuzung oberhalb des Lig. laciniatum zu sehen. In der Regio retromalleolaris tibialis liegt die Sehne des M. tibialis post. am weitesten vorne, unmittelbar hinter dem Malleolus, dann folgt die Sehne des M. flexor digit. longus. Am weitesten hinten liegt, in einer Rinne unterhalb des Sustentaculum tali, die Sehne des M. flexor hallucis longus. Alle drei Sehnen sind von Sehnenscheiden umgeben (Abb. 658), von denen diejenige für die Sehne des M. tibialis post. am weitesten proximalwärts reicht. Die A. tibialis post. liegt in der Furche, welche vorne von der Sehne des M. flexor digit. longus und hinten von der Sehne des M. flexor hallucis longus gebildet wird (Abb. 649); mit ihr verlaufen zwei Vv. tibiales post. und hinten schliesst sich der N. tibialis den Gefässen an. Von der Arterie wie von den Nerven zweigen sich Rami calcaneares tibiales ab, welche zur Haut des medialen Umfanges der Ferse verlaufen. Die Sehnen der beiden Flexoren verlaufen mit den Gefässen und dem N. tibialis überbrückt durch die am Tuber calcanei entspringenden Teile des M. abductor hallucis zur Planta pedis; gewöhnlich teilen sich Arterie und Nerv schon vorher in die Aa. und Nn. plantares tibiales und fibulares; seltener erfolgt die Teilung im Canalis malleolaris.

Aufsuchung der Arterie und des Nerven in der Regio retromalleolaris tibialis. Es wird ein bogenförmiger Schnitt etwa fingerbreit hinter dem leicht durchfühlbaren Malleolus tibiae angelegt, die Haut mit dem subkutanen Bindegewebe gespalten, sodann das Lig. laciniatum. Man findet das Leitgebilde, die Sehne des

M. flexor digitorum longus und unmittelbar hinter derselben die Gefässe und den N. tibialis (am weitesten hinten liegend). Die Sehne des M. flexor hallucis longus schliesst sich ihrerseits nach hinten den Gefässen an.

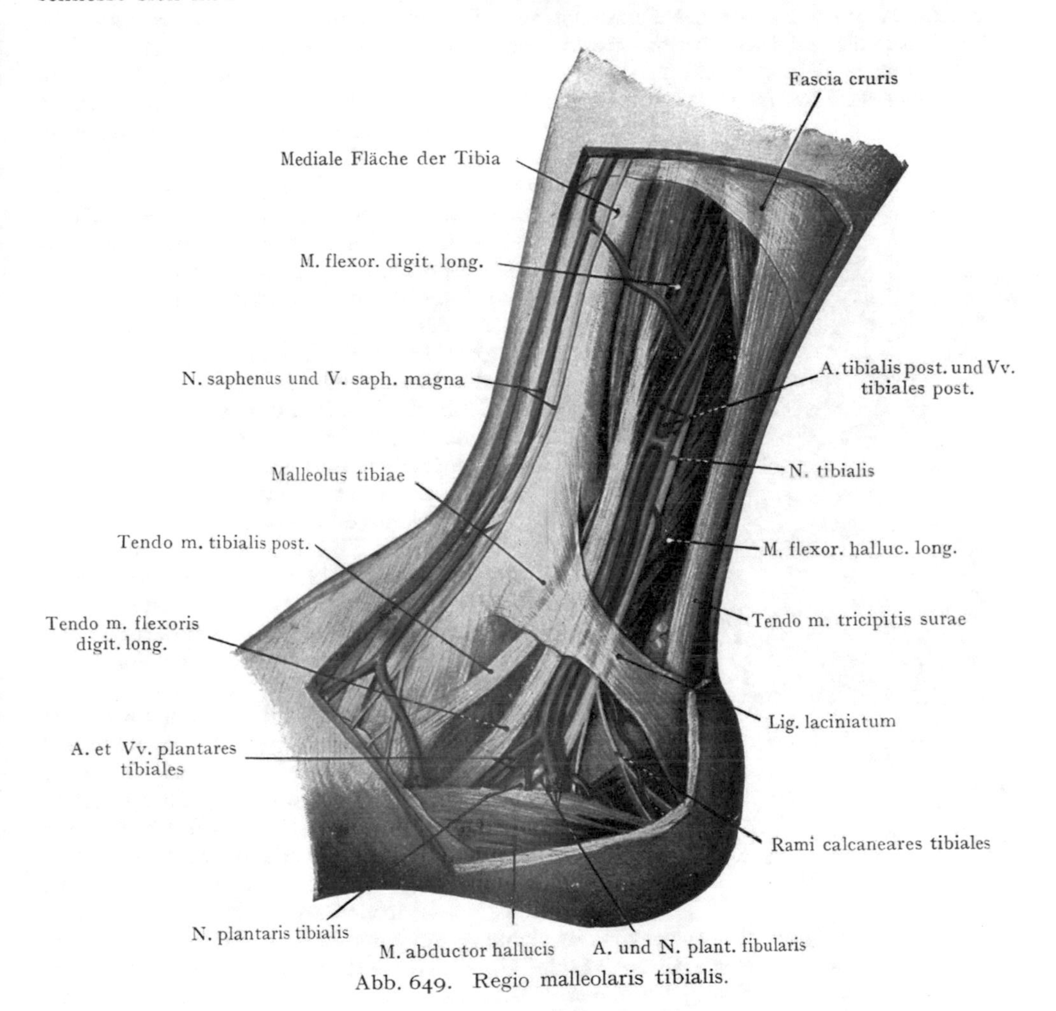

Abb. 649. Regio malleolaris tibialis.

Topographie des Fusses.

Die Abgrenzung des Fusses gegen den Unterschenkel wird am zweckmässigsten gerade oberhalb des Malleolus tibiae angenommen; die mediale Malleolargegend gehört eigentlich zum Fusse oder bildet, richtiger gesagt, den Übergang von der tiefen Beugerloge des Unterschenkels zur Planta pedis.

Inspektion und Palpation des Fusses. Die Anordnung der Skeletelemente bedingt eine Wölbung des Fusses sowohl in der Längs- als in der Querrichtung. Die Wölbung in der Längsrichtung (Abb. 662) erklärt die Tatsache, dass die Stützpunkte des Fussskeletes durch das Tuber calcanei und die Köpfchen der Metatarsalknochen gebildet werden. Die Wölbung in transversaler Richtung beginnt am Tarsus, geht auf den Metatarsus weiter und flacht sich an den Phalangen allmählich ab.

Die Konkavität des Gewölbes ist plantarwärts, die Konvexität dorsalwärts gerichtet. Plantarwärts ist das Fusskelet von Weichteilen überlagert; lateral liegt die Muskulatur der Kleinzehenseite, medial diejenige der Grosszehenseite, und zwischen beiden finden sich Muskeln und Sehnen, welche zum kleinen Teile aus der tiefen Beugerloge des Unterschenkels zur Planta pedis gelangen (Sehnen der Mm. flexor digit. longus und flexor hall. longus), teilweise vom Calcaneus entspringen (M. flexor digit. brevis und M. quadratus plantae). Die Muskulatur der Planta pedis wird von der derben, sehnigen, vom Tuber calcanei bis zu den Basen der Phalangen sich erstreckenden Aponeurosis plantaris überzogen, sowie von einer infolge der Anordnung der Bindegewebsbalken recht derben Schicht von Fettgewebe, auf welche die gleichfalls derbe Cutis folgt. Demnach wird das Relief der Planta pedis in der Regel keine Anhaltspunkte für die Bestimmung etwa der Gelenklinien oder des Verlaufes der Gefässe darbieten. An den Seitenrändern und an dem dorsalen Umfange des Fusses dagegen lagern sich bloss die Sehnen der Streckmuskeln sowie der dünne Bauch des von der oberen Fläche des Calcaneus distal vom Eingange in den Sinus tarsi entspringenden M. extensor digit. brevis dem Fussskelete auf, so dass es hier nicht selten gelingt, bei starker Plantarflexion den Kopf des Talus als dorsalen Vorsprung zu palpieren.

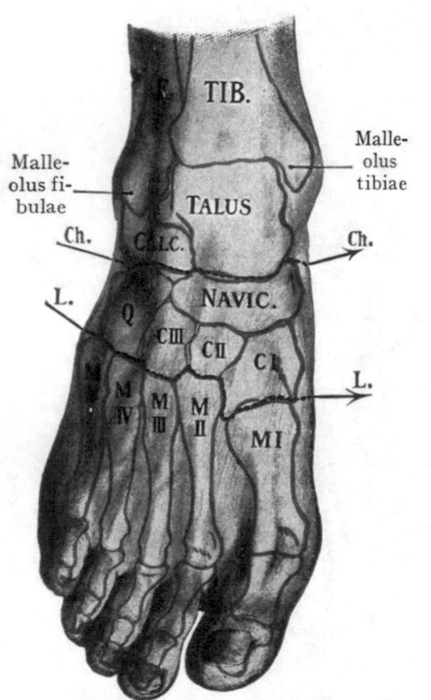

Abb. 650. Dorsum pedis. Lisfrancsche und Chopartsche Gelenklinien. F. Fibula. Tib. Tibia. Q. Os cuboides. CI—III Cuneiforme I—III, MI—V Os metatarsi I—V.

Bei Untersuchung des lateralen und medialen Fussrandes lassen sich wichtige Anhaltspunkte zur Bestimmung von Gelenklinien gewinnen, in denen Amputationen vorgenommen werden (Abb. 650). Lässt man, von dem Malleolus tibiae ausgehend, den Finger am medialen Fussrande distalwärts gleiten, so fühlt man 2—3 cm distal vom Malleolus die Tuberositas ossis navicularis. Proximal von derselben liegt der Spalt des Talonaviculargelenkes, welcher mit dem Articulus calcaneocuboideus zusammen die sog. Chopartsche Gelenklinie (Linea articularis intertarsea) darstellt. Etwa zwei Finger breit distal von der Tuberositas ossis navicularis ist manchmal (bei mageren Individuen) der Gelenkspalt zwischen dem Os cuneiforme I und dem Os metatarsi I zu fühlen. Am lateralen Fussrande geht man von dem deutlich fühlbaren Malleolus fibulae aus, der tiefer liegt als der Malleolus tibiae, und kommt zunächst auf den starken Vorsprung, der Tuberositas ossis metatarsi V; proximal von derselben beginnt die Lisfrancsche Gelenklinie (Linea articularis tarsometatarsea), welche die distalen Tarsalknochen (Ossa cuneiformia und Os cuboides) von den Basen der Metatarsalknochen trennt.

Die Angabe für die Aufsuchung der beiden Gelenklinien lautet demnach: Das Lisfrancsche Gelenk entspricht einer Linie, welche auf der lateralen Fussseite proximal von der Tuberositas ossis metatarsi V beginnt und quer über die Wölbung des Fusses zu einem Punkte des medialen Fussrandes verläuft, welcher etwa zwei Finger breit distalwärts von der Tuberositas ossis navicularis liegt. Die Chopartsche Gelenklinie beginnt am medialen Fussrande proximal von der Tuberositas ossis navicularis und endet am lateralen Fussrande etwa daumenbreit proximal von der Tuberositas ossis metatarsi V.

Bei mageren Individuen lassen sich die Sehnen der Strecker (Mm. tibialis ant., extensor digit. longus und extensor hallucis longus) abtasten. Zwischen den Sehnen des M. extensor digit. longus (lateral) und der Sehne des M. tibialis ant. (medial) liegt der vordere Umfang der Kapsel des Talocruralgelenkes oberflächlich, so dass dieselbe bei entzündlichen Prozessen mit Erguss in die Gelenkhöhle vorgewölbt wird und hier manchmal abzutasten ist. Die Sehnen der Mm. fibulares können hinter dem Malleolus fibulae palpiert werden.

Gegenden am Fusse: Wir unterscheiden am Fusse wie an der Hand eine Streck- und eine Beugeseite (Dorsum pedis und Planta pedis). Das Dorsum pedis bildet eine direkte Fortsetzung der Streckerloge des Unterschenkels, während von den Logen, welche durch die Fasciensepten an der Planta pedis abgegrenzt werden (Abb. 655), bloss die mittlere und tiefe als eine direkte Fortsetzung der in der Regio retromalleolaris tibialis auf die Planta pedis übergehenden tiefen Beugerloge des Unterschenkels anzusehen ist.

Dorsum pedis.

Die Grenze gegen den Unterschenkel wird durch eine gerade oberhalb der Malleolen gezogene Linie angegeben, die Grenzen gegen die Planta pedis entsprechen dem medialen und dem lateralen Fussrande.

Fascia dorsalis pedis. Sie bildet eine auf das Dorsum pedis übergehende Fortsetzung der Fascia cruris, welche sich an oberflächlich liegenden Knochenteilen ansetzt, so an den Malleolen und auch zum Teil an den Rändern des Fussskeletes; sie geht distalwärts auf die dorsale Fläche der Zehen über. Mit der die Spatia interossea metatarsi dorsalwärts abschliessenden Fascie (Fascia interossea pedis dorsalis, Abb. 655) grenzt die Fascia dorsalis pedis eine von den Malleolen bis zu der Basis der Grundphalangen reichende Loge (Spatium dorsale pedis) ab, welche die Sehnen der Mm. extensores digitorum und hallucis long., die A. dorsalis pedis mit dem N. fibularis prof. und auch den M. extensor digitorum brevis einschliesst.

Die Fascia dorsalis pedis weist zwei sehnige Verstärkungen auf, von denen die obere mit bogenförmigen Fasern von der Crista anterior tibiae zur Fibula gerade oberhalb der Malleolen zieht (Lig. transversum cruris) und eigentlich noch in den Bereich des Unterschenkels fällt. Die zweite Verstärkung (Lig. cruciforme) geht oberhalb des Sinus tarsi vom Calcaneus ab und verläuft Y- oder V-förmig teils zum Malleolus tibiae, teils zur Tuberositas ossis navicularis. Durch die Ligg. transversum cruris und cruciforme[1] werden die Sehnen der Strecker in der Höhe der Malleolen, sowie gerade oberhalb derselben, gegen das Skelet des Unterschenkels und des Tarsus festgehalten.

Oberflächliche Gebilde des Dorsum pedis. Abgesehen von den dichtgedrängten Lymphgefässen haben wir extrafasciale Venen und Nerven. Die Venen bilden ein Netz, welches sowohl mit den oberflächlichen Venen der Planta pedis als mit den subfascialen Venen des Dorsum im Zusammenhang steht. Lateralwärts geht aus dem Venennetze die V. saphena parva hinter dem Malleolus fibulae hervor, medianwärts die V. saphena magna, welche vor dem Malleolus tibiae zum Unterschenkel hinaufzieht.

Die Haut des Dorsum pedis wird von den Nn. fibularis superficialis, fibularis profundus, suralis und saphenus versorgt (Abb. 645).

Der N. fibularis superficialis, welcher am distalen Drittel des Unterschenkels aus der Loge der Mm. fibulares austretend die Fascia cruris durchbohrt, verläuft in zwei Äste (Nn. cutanei dorsi pedis tibialis und medius[2]) geteilt, zum Fussrücken, dann in der Regel zu allen Zehenseiten mit Ausnahme der lateralen Seite der kleinen Zehe

[1] Lig. cruciatum. [2] N. dorsalis pedis medialis und intermedius.

(N. suralis) und der einander zugewandten Seiten der grossen und der zweiten Zehe, welche von dem mit der A. dorsalis pedis verlaufenden N. fibularis profundus versorgt werden. Der N. saphenus geht mit der V. saphena magna zum medialen Fussrande.

Muskeln des Dorsum pedis. Wir finden in der dorsalen Loge des Fusses erstens die Sehnen der drei langen Strecker (Mm. tibialis ant., extensor hallucis longus

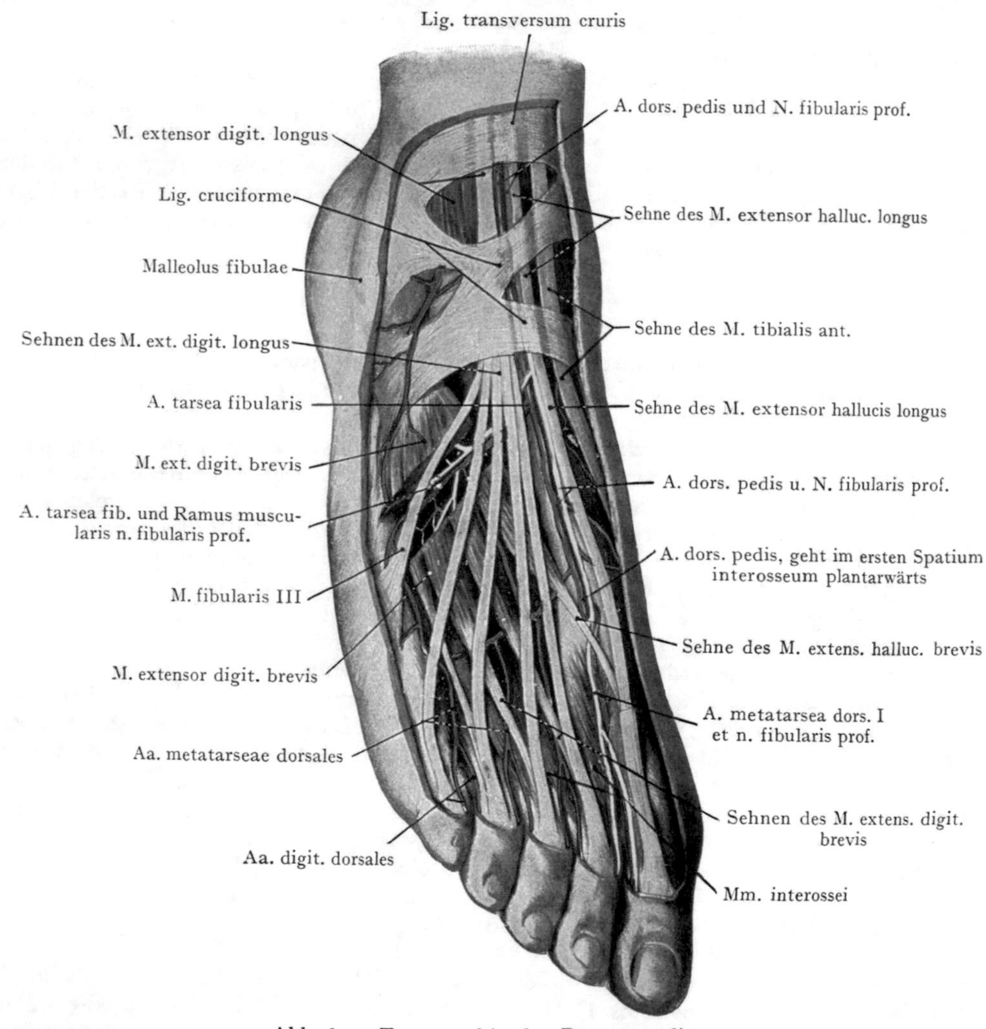

Abb. 651. Topographie des Dorsum pedis.

und extensor digit. longus), zweitens den Muskelbauch und die Sehnen der Mm. extensor digitorum brevis und extensor hallucis brevis.

Die Sehnen der langen Strecker werden dort, wo sie über der Linie des Talocruralgelenkes hinweg verlaufen, durch das Lig. cruciforme zusammengedrängt; distalwärts gehen sie fächerförmig gegen ihre Insertionen auseinander. Die Sehne des M. tibialis ant. weicht medianwärts ab, um sich am oberen und medialen Umfange des Os cuneiforme I sowie an der Basis ossis metatarsi I anzusetzen; sie geht, von ihrer Sehnenscheide umgeben, durch ein eigenes Fach unter dem Lig. cruciforme. Dann folgt lateral, gleichfalls in einem eigenen Fache, die Sehne des M. extensor hallucis longus, welche auf dem I. Metacarpalknochen zur Dorsalseite der grossen Zehe verläuft, endlich, noch weiter lateral, die schon beim Durchtritt unter dem Lig. cruciforme getrennten Sehnen des M. extensor digitorum longus und des M. fibularis tertius. Dieselben verlaufen divergierend zur 2.—5. Zehe und zur Tuberositas ossis metatarsi V (M. fibularis tertius).

In zweiter Schicht liegt, von den Sehnen des M. extensor digit. longus bedeckt, der M. extensor digitorum brevis. Er wird von einer besonderen Muskelfascie abgeschlossen, welche in das die A. dorsalis pedis mit dem N. fibularis prof. umhüllende Bindegewebe übergeht, ein Verhalten, welches zu der Anschauung geführt hat, als ob diese Gefässe noch von einem besonderen Fascienblatte überzogen würden.

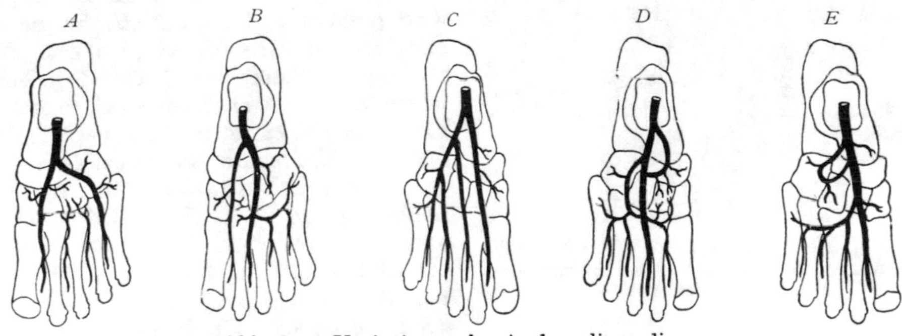

Abb. 652. Variationen der A. dorsalis pedis.
Nach H. v. Meyer, Arch. f. Anat. und Entw.-Gesch. 1881.

Von tiefliegenden (subfascialen) Gefässen und Nerven haben wir: 1. die A. dorsalis pedis mit ihren Verzweigungen und ihren Vv. comitantes; 2. den Stamm des N. fibularis profundus mit seinem Aste zum M. extensor digit. brevis.

Die A. dorsalis pedis liegt bei ihrem Übergange auf das Dorsum pedis lateral von der Sehne des M. extensor hallucis longus (Abb. 651) und begleitet dieselbe bis zum ersten Spatium interosseum metatarsi, durch welches sie als A. metatarsea perforans zur Planta pedis abbiegt, um mit der A. plantaris fibularis (Arcus plantaris) zu anastomosieren.

Von Ästen der A. dorsalis pedis sind folgende zu nennen: gerade oberhalb oder noch unter dem Lig. cruciforme entspringen die beiden Aa. malleolares tibialis et fibularis anterior. Dann folgen distal vom Lig. cruciforme die Aa. tarseae fibularis und tibialis; die erstere ist ein starker Ast, welcher proximal von der Chopartschen Gelenklinie entspringend, von den Sehnen des langen und dem Muskelbauch des kurzen Streckers überlagert wird und mit dem zum M. extensor digit. brevis gehenden Aste des N. fibularis prof. lateralwärts verläuft. Sie gibt Äste ab, welche gegen die Basen der Metatarsalknochen verlaufen und hier durch eine bogenförmige Queranastomose (A. arcuata) untereinander verbunden sind. Diese gibt die Aa. metatarseae dorsales ab, welche untereinander sowie mit der A. dorsalis pedis in Verbindung stehen und auf der Fascia interossea dorsalis distalwärts verlaufen, um in der Höhe der Köpfchen der Ossa metatarsi in je zwei Aa. dorsales für die einander zugewandten Seiten von je zwei Zehen zu zerfallen. Die direkte Fortsetzung der A. dorsalis pedis bildet die A. metatarsea perforans.

Varietäten der A. dorsalis pedis. Sie sind häufig und lassen sich darauf zurückführen, dass Nebenäste oder Anastomosen mit anderen Arterien das Übergewicht erlangen und den Hauptstamm ersetzen können. Die Bahnen, welche dabei zustande kommen, sind in Abb. 652 veranschaulicht; A stellt eine sehr starke A. tarsea fibularis dar, welche im fünften Spatium interosseum metatarsi mit der A. plantaris fibularis anastomosiert. In B bildet die A. tarsea fibularis den Hauptstamm und verläuft zum zweiten Spatium interosseum, wo sie sich plantarwärts wendet; aus derselben geht eine A. metatarsea ab sowie eine A. arcuata, welche die übrigen Aa. metatarseae liefert; C, D, E stellen seltenere Anomalien dar.

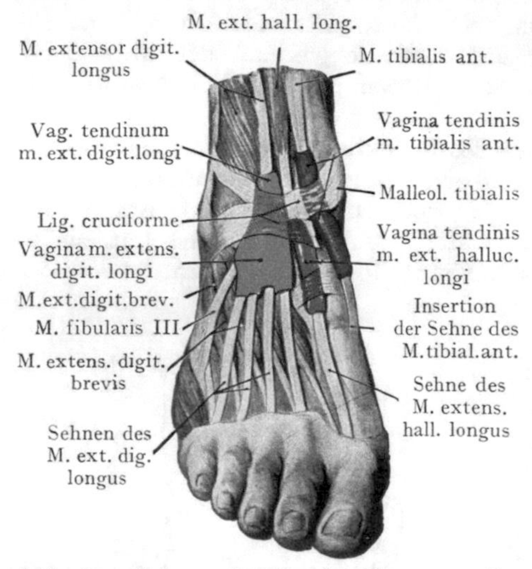

Abb. 653. Sehnenscheiden des Dorsum pedis. Nach den Angaben von Hartmann in Schwalbes morphol. Arbeiten V. 1896.

Die A. dorsalis pedis wird durch einen parallel mit dem lateralen Rande der Sehne des M. extensor hallucis longus geführten Schnitt aufgesucht. Die Fascia dorsalis pedis wird gespalten, alsdann liegen Arterie und Nerv auf dem Knochen vor, von einer Fortsetzung der Fascie des M. ext. digit. brevis bedeckt. Oberflächlich zur Fascie findet man häufig den N. cutaneus dorsi pedis tibialis[1] aus dem N. fibularis superficialis.

Sehnenscheiden am Dorsum pedis (Abb. 653 und 654). Es sind drei Sehnenscheiden vorhanden: 1. für die Sehne des M. tibialis ant., 2. für die Sehne des M. extensor hallucis longus, 3. für die Sehne des M. extensor digit. longus. Die Sehnenscheiden beginnen entweder unter dem Lig. cruciforme (so diejenige für den M. extensor hallucis longus) oder etwas proximal von demselben. Die Scheide des M. tibialis

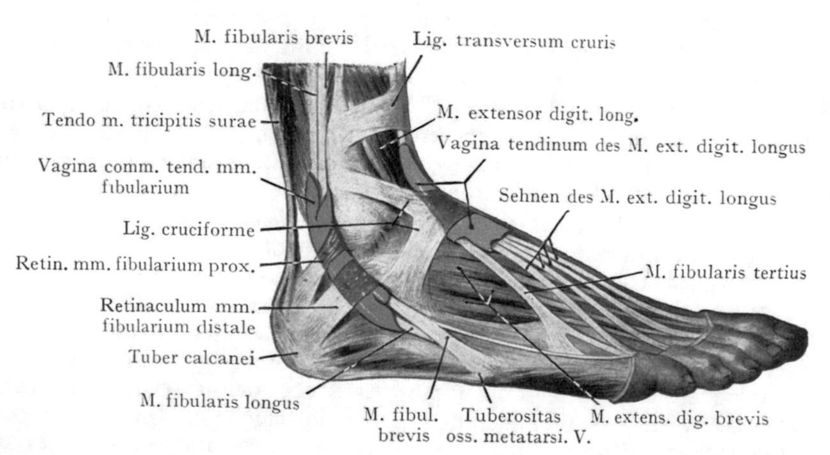

Abb. 654. Sehnenscheiden am Dorsum pedis.
Nach den Angaben von Hartmann (Schwalbes morphol. Arbeiten V).

ant. reicht distalwärts etwa bis zum Cuneiforme I, diejenige des M. extensor hallucis longus bis zur Basis ossis metatarsi I. Die grosse gemeinsame Scheide für die Sehnen des M. extensor digit. longus beginnt oberhalb des Lig. cruciforme und reicht bis zur Chopartschen Gelenklinie.

[1] N. dorsalis pedis medialis.

Planta pedis.

Aponeurose, Fascienlogen und oberflächliche Gebilde der Planta pedis.

Das subkutane Fett- und Bindegewebe sowie die Aponeurosis plantaris sind infolge der mechanischen Inanspruchnahme des Fusses (Stützfunktion) sehr stark ausgebildet. Das Fettgewebe zeigt, besonders auf der Ferse und den Zehenballen, einen lobulären Charakter (Abb. 659) und wird von mächtigen, von der Aponeurosis plantaris zur Cutis aufsteigenden Bindegewebsbalken durchsetzt. Die Schicht subkutanen Fettgewebes in der Planta pedis ist also nicht bloss sehr mächtig, sondern auch sehr derb.

Die Aponeurosis plantaris bietet mit ihren starken sehnigen Faserzügen den Muskeln der Planta sowohl einen Schutz als auch teilweise einen Ursprung. Sie geht von dem Tuber calcanei aus, verbreitert sich distalwärts und erstreckt sich mit fünf Zipfeln auf die plantare Seite der Zehen. Die mittlere Partie der Aponeurosis, welche

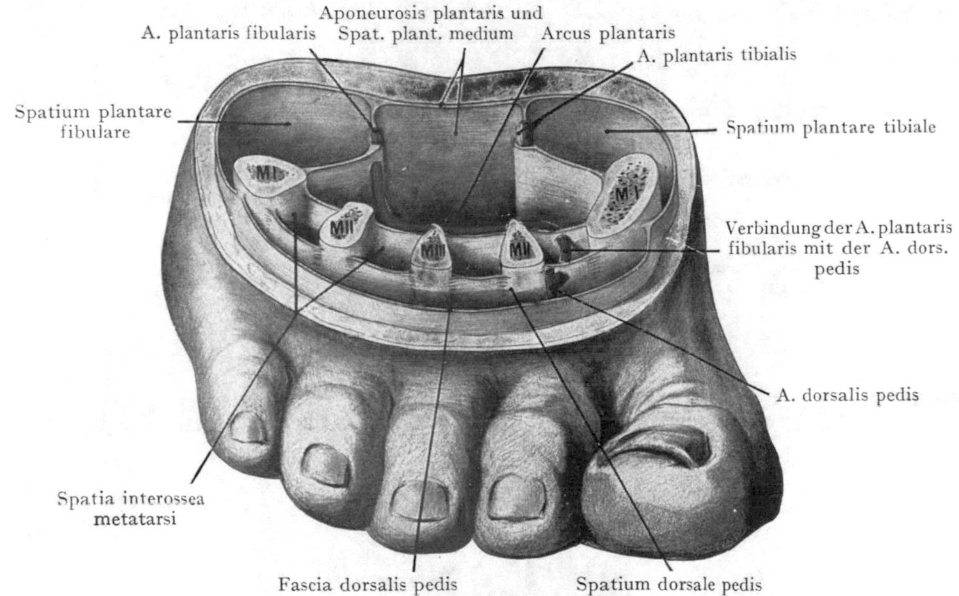

Abb. 655. Schematische Darstellung der Bindegewebsräume in der Metatarsalgegend.

den M. flexor digit. brevis bedeckt, ist die mächtigste; von ihr gehen quer und schräg verlaufende Faserzüge (Abb. 656) über die Sulci plantares hinweg zu dem Fascienüberzuge der Muskeln der Klein- und Grosszehenseite. Zwischen den Zipfeln der Aponeurose liegen Massen von lobulärem Fettgewebe, welche die oberflächlichen Gefässe und Nerven bei ihrem Austritt aus der Tiefe umgeben.

Die Aponeurosis plantaris teilt die Planta pedis durch Septen, welche an den Sulci plantares tibialis und fibularis in die Tiefe gehen, in drei grosse Fascienräume oder Logen (Abb. 655), eine mittlere, eine laterale und eine mediale. Wir können demnach an dem Fusse (etwa in der Metatarsalgegend) unterscheiden: 1. eine dorsale Loge (Fortsetzung der Loge der Strecker am Unterschenkel, s. Dorsum pedis); 2. Logen der Mm. interossei (Spatia interossea metatarsi), welche durch die Fasciae interosseae dorsales und plantares abgeschlossen sind; 3. eine mediale plantare Loge, welche die Muskeln der Grosszehenseite enthält; 4. eine laterale plantare Loge mit den Muskeln der

Kleinzehenseite und 5. eine mittlere plantare Loge, welche die Fortsetzung des Canalis malleolaris darstellt und die Sehnen der langen Beuger sowie den M. flexor digit. brevis und den M. quadratus plantae enthält.

Die **Muskeln der Planta pedis** lassen sich in eine mittlere, eine mediale und eine laterale Masse unterscheiden. Sie grenzen eine mediale und eine laterale seichte

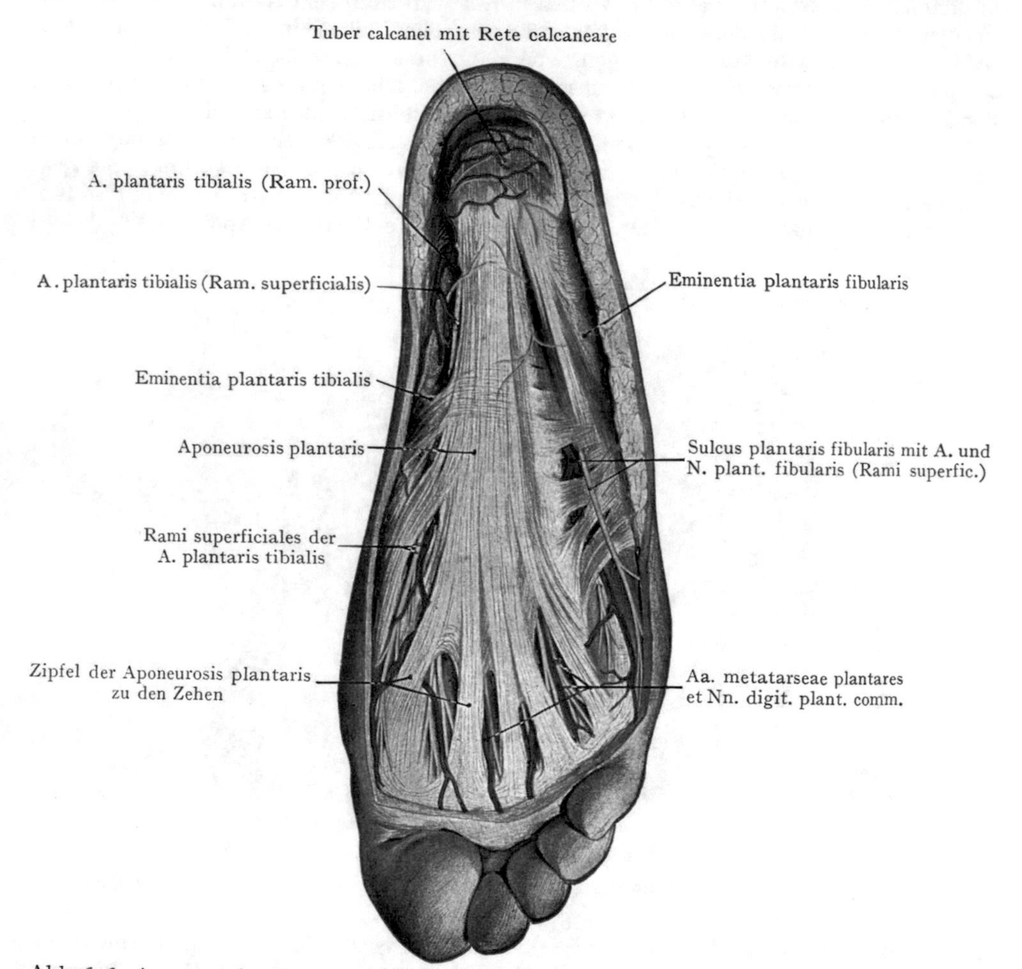

Abb. 656. Aponeurosis plantaris und Sulcus plantaris tibialis und fibularis mit den oberflächlichen Arterien und Nerven der Planta pedis.

Furche ab (Sulcus plantaris tibialis und fibularis), welche sich vom Calcaneus bis zu den Köpfchen der Metatarsalknochen erstrecken.

Die mittlere Muskelmasse, welche den Hauptinhalt der mittleren Loge darstellt, wird gebildet durch den M. flexor digit. brevis, den M. quadratus plantae und die Sehnen des M. flexor digit. longus mit den Mm. lumbricales; dazu kommt noch der M. adductor hallucis.

Der M. flexor digit. brevis entspringt (Abb. 657) vom Tuberculum tibiale tuberis calcanei sowie von der Aponeurosis plantaris; die vier Sehnen, welche aus dem Muskelbauche hervorgehen, schliessen sich den Sehnen des M. flexor digitorum longus an, um an der ersten Phalange durchbohrt zu werden und sich an der Basis der zweiten Phalange zu befestigen. Die gemeinsame Sehne des M. flexor digit. longus erhält, bevor sie in ihre vier Endsehnen zerfällt, als Caput accessorium den M. quadratus plantae, welcher von der unteren Fläche des Calcaneus entspringt und an die gemeinsame Sehne des langen Beugers geht. Die Mm. lumbricales entspringen von den Teilsehnen des M. flexor digit. longus und gehen zur Dorsalaponeurose der 2.—5. Grundphalange.

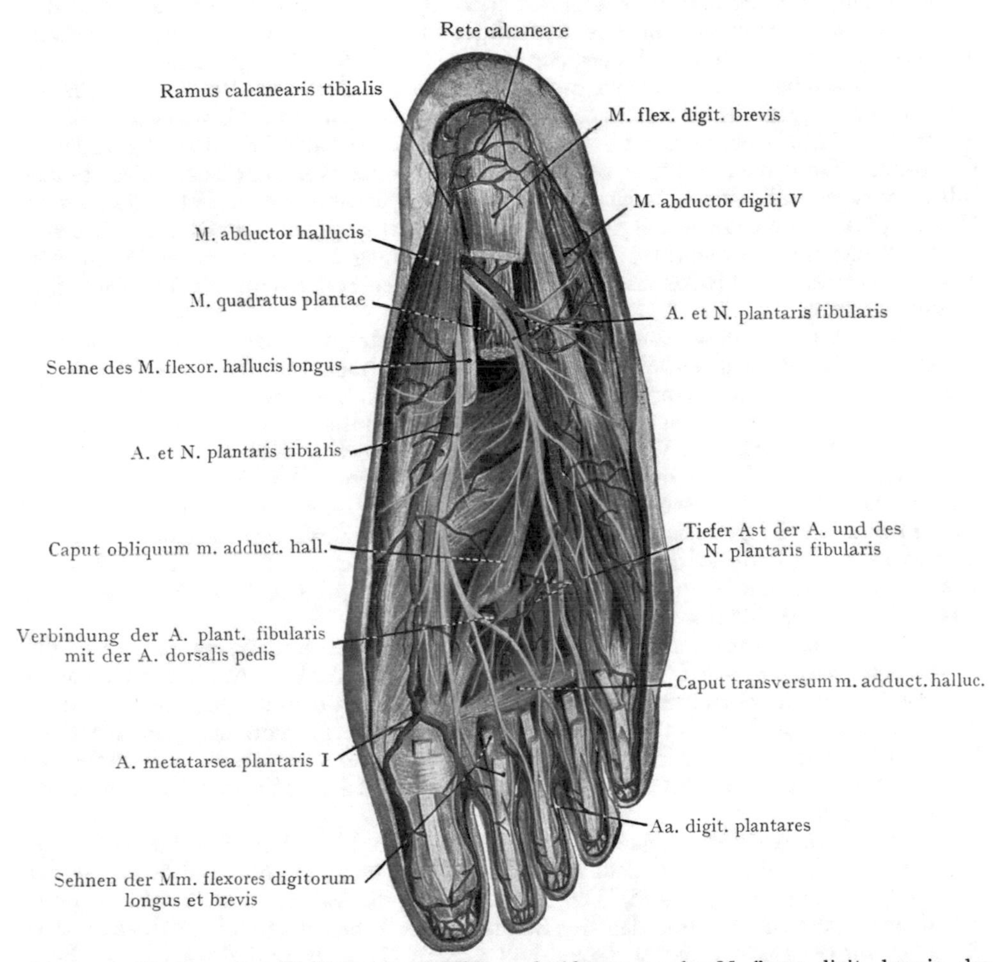

Abb. 657. **Planta pedis. Tiefliegende Gebilde nach Abtragung des M. flexor digit. brevis, des M. quadratus plantae und der Sehnen des M. flexor digit. longus.**

In der Tiefe der Loge, unmittelbar auf der Fascia interossea plantaris, liegen die beiden Köpfe des M. adductor hallucis (Caput obliquum von der Basis der 2.—4. Ossa metatarsi, von dem Os cuneiforme III, sowie von dem tiefen Bandapparat des Tarsus entspringend; das Caput transversum von der Kapsel der 3., 4. und 5. Metatarsophalangealgelenke); die beiden Köpfe gehen zusammen an das laterale Sesambein des Articulus metatarsophalangicus I.

In den Bereich der mittleren Loge fällt auch die Sehne des M. fibularis longus, welche, in ihrer Sehnenscheide eingeschlossen, von dem lateralen Rande des Fusses im

Sulcus tendinis m. fibularis longi des Os cuboides schräg median- und distalwärts zu ihrer Insertion am Os cuneiforme I und an der Basis ossis metatarsi I verläuft.

Die mediale Loge (Grosszehenloge) wird von dem M. flexor hallucis brevis, dem M. abductor hallucis und der Sehne des M. flexor hallucis longus eingenommen. Der erstere entspringt von dem Os cuneiforme I sowie von dem tiefen Bandapparat der Planta und inseriert sich mit zwei Sehnen am medialen und am lateralen Sesambeine des Articulus metatarsophalangicus I. Dem M. flexor hall. brevis liegt die Sehne des M. flexor hall. longus auf (in Abb. 657 abgeschnitten dargestellt), welche innerhalb der Regio malleolaris tibialis hinter der Sehne des M. flexor digit. longus liegt, dieselbe am Übergange auf die Planta pedis kreuzt und in der medialen Loge der Planta bis zur Basis der Endphalange der grossen Zehe verläuft. Der M. abductor hallucis bildet mit seinem starken Bauche einen wesentlichen Teil der Wölbung des medialen Fussrandes (Eminentia plantaris tibialis) und entspringt von dem Tuberculum tibiale tuberis calcanei, von dem Lig. laciniatum und der Aponeurosis plantaris, indem dieser letzte Ursprungsbauch die Gefässe und Nerven bei ihrem Übergange aus dem Canalis malleolaris in die Planta pedis überbrückt; ein weiterer Ursprung kommt von der Tuberositas ossis navicularis. Der Muskel inseriert sich am medialen Sesambeine des Articulus metatarsophalangicus.

Muskeln der lateralen Loge. Der M. abductor digiti quinti erstreckt sich in der ganzen Ausdehnung des lateralen Fussrandes und trägt wesentlich zur Bildung der Fusswölbung bei. Sein Ursprung geht von der unteren und lateralen Fläche des Calcaneus sowie von der Aponeurosis plantaris aus; seine Insertion findet zum Teil an der Tuberositas ossis metatarsi V statt, zum Teil nimmt er von dort einen accessorischen Ursprung auf und geht zur Basalphalange der kleinen Zehe. Der M. flexor digiti V entspringt von dem tiefen Bandapparat der Planta pedis, sowie von dem Lig. plantare longum und der Basis ossis metatarsi V und geht zur Basis der Grundphalange der kleinen Zehe. Er bedeckt den M. opponens digiti V, welcher mit ihm entspringt, aber sich an der lateralen Kante des Os metatarsi V befestigt. Die Muskeln der lateralen Loge bilden die Eminentia plantaris fibularis.

Die Mm. interossei liegen zwischen den Metatarsalknochen, füllen die Spatia interossea metatarsi vollständig aus und werden plantarwärts durch die Fascia interossea plantaris, dorsalwärts durch die Fascia interossea dorsalis abgeschlossen (siehe das Fascienschema Abb. 655). Sowohl von der dorsalen als von der plantaren Seite her dringen Gefässe in die Logen der Mm. interossei ein; die erste wird durchzogen von der bogenförmigen Verbindung, welche die A. dorsalis pedis mit der A. plantaris fibularis eingeht.

Sehnenscheiden in der Planta pedis (Abb. 658). Von den langen Beugermuskeln besitzt keiner einen Sehnenkanal, welcher in grösserer Ausdehnung in der Planta pedis angetroffen wird. Die Scheide für die Sehne des M. tibialis post. reicht nicht ganz bis zur Insertion der Sehne an der Tuberositas ossis navicularis. Die Scheiden für die Sehnen des M. flexor hall. longus einerseits und des M. flexor digit. longus andererseits reichen distalwärts kaum über die Kreuzungsstelle dieser Sehnen in der Planta pedis hinaus. Nur ausnahmsweise besteht eine Verbindung zwischen beiden Sehnenscheiden. Die Scheiden für die Beugersehnen an der Plantarseite der Zehen erstrecken sich proximalwärts gewöhnlich bis zur Höhe der Teilung der Aponeurosis plantaris in ihre einzelnen Zipfel; eine Verbindung der Sehnenscheiden der Mm. flexor hallucis longus und flexor digit. longus mit den Sehnenscheiden der Zehen kommt überhaupt nicht vor.

Eine gemeinsame Scheide für die Sehnen der Mm. fibulares beginnt oberhalb des Malleolus fibulae und teilt sich distalwärts in zwei Zipfel (Abb. 654), von denen einer den M. fibularis brevis aufnimmt und ein zweiter längerer die Sehne des M. fibularis longus bis in den Sulcus tendinis m. fibularis longi des Os cuboides begleitet. Darauf folgt eine besondere, von der ersteren getrennte Sehnenscheide, welche bis zur Insertion der Sehne des M. fibularis longus am Os cuneiforme I reicht.

Die Sehnen sind mit der Wandung ihrer Scheide in grösserer oder geringerer Ausdehnung verbunden durch ein Mesotenon, und zwar an denjenigen Stellen der Sehne und der Scheide, welche der geringsten Reibung ausgesetzt sind. Bei den langen Streckern des Fusses ist dies der tiefe, gegen den Knochen sehende, bei den Beugern der oberflächliche, gegen die Haut sehende Umfang der Sehnen.

Von Schleimbeuteln ist bloss die Bursa tendinis m. tricipitis surae zwischen dem Tendo m. tricipitis surae und dem Calcaneus konstant. Häufig findet sich eine Bursa zwischen der Sehne des M. tibialis ant. und dem Os cuneiforme I; subkutane Schleimbeutel können auf beiden Malleolen vorkommen, auch an Stellen der Planta pedis, die stärkerem Druck ausgesetzt sind.

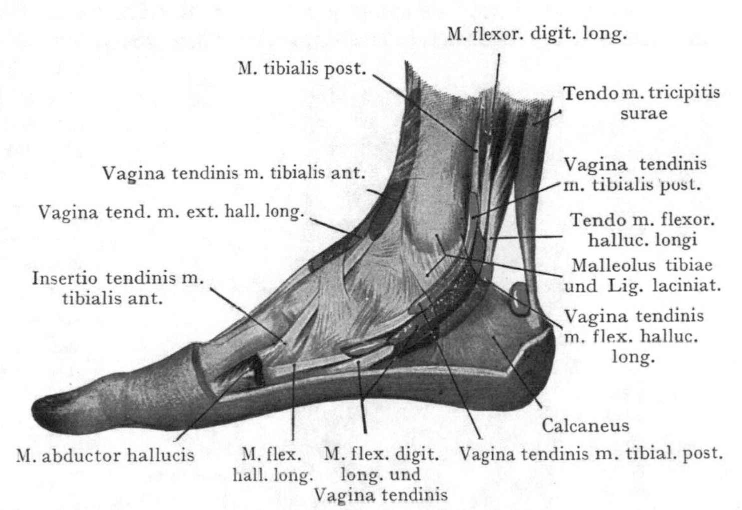

Abb. 658. Schnenscheiden des Fusses (Medialansicht). Nach Hartmann in Schwalbes morphol. Arbeiten. V. 1896.

Gefässe und Nerven der Planta pedis. Aus dem Canalis malleolaris treten die Aa. plantares tibialis und fibularis mit den entsprechenden Nn. plantares tibialis und fibularis in die mittlere Loge der Planta pedis ein. Die Gefäss- und Nervenstämme verlaufen mit den Sehnen der langen Beuger unter derjenigen Partie des M. abductor hallucis, welche am Calcaneus entspringt; sie sind in Abb. 657 nach ihrem Eintritt in die Planta pedis dargestellt.

Von den beiden Aa. plantares, in welche die A. tibialis post. in der Regio retromalleolaris tibialis zerfällt, ist die A. plantaris tibialis die schwächere. Sie setzt den Verlauf der A. tibialis post. in distaler Richtung fort, versorgt die Muskeln der Grosszehenseite sowie teilweise auch die mittlere Muskulatur (M. flexor digit. brevis) und die Haut des medialen Drittels der Planta mit oberflächlichen Ästen. Der Stamm verläuft mit dem lateral anliegenden N. plantaris tibialis zwischen dem M. flexor digit. brevis und dem M. abductor hallucis im Sulcus plantaris tibialis und gibt einen Ramus superficialis zur Haut sowie Äste zur Muskulatur der Grosszehenseite. In der Höhe des Metatarsale der grossen Zehe verbindet sich die Arterie mit dem Arcus profundus der A. plantaris fibularis und bildet die A. metatarsea plantaris I, welche beide Seiten der grossen Zehe sowie die mediale Seite der nächstfolgenden Zehe versorgt.

Die A. plantaris fibularis verläuft bei ihrem Eintritt in die Planta pedis bogenförmig lateralwärts zwischen dem M. flexor digit. brevis und dem M. quadratus plantae, biegt dann, entsprechend dem Sulcus plantaris fibularis, in die Längsrichtung des Fusses um und verläuft zwischen den Muskeln der Kleinzehenseite einerseits und dem M. quadratus plantae andererseits bis zur Lisfrancschen Gelenklinie (Linea articularis tarsometatarsea). Hier tritt sie wieder in die mittlere Loge ein und gelangt, allmählich tiefer tretend, bis auf die Fascia interossea plantaris, indem sie im Bogen gegen das proximale Ende des Spatium interosseum metatarsi I zieht (Arcus plantaris). Sie wird zum Teil von dem schrägen Kopfe des M. adductor hallucis bedeckt und verbindet sich im Spatium interosseum metatarsi I mit dem zur Planta pedis umbiegenden Stamme der A. dorsalis pedis.

Die A. plantaris fibularis gibt nebst Ästen zur Muskulatur der Kleinzehenseite sowie zur Muskulatur der mittleren Loge (Abb. 657) ein oder zwei Aa. metatarseae plantares ab, welche zur vierten und fünften Zehe gehen, dann vom Arcus plantaris entspringende Aa. metatarseae plantares zu den folgenden Zehen, sowie Äste zu den Mm. interossei und zum M. adductor hallucis; oberflächlich zum Arcus plantaris liegen die Sehnen der Mm. flexores digitorum longus und brevis.

Mit den Arterien verlaufen je zwei Vv. comitantes, welche zahlreiche, die Arterien zum Teil geflechtartig umgebende Verbindungen untereinander eingehen, auch mit den oderflächlichen Venen der Planta sowie durch die Spatia interossea metatarsi hindurch mit den Venen des Dorsum pedis im Zusammenhang stehen.

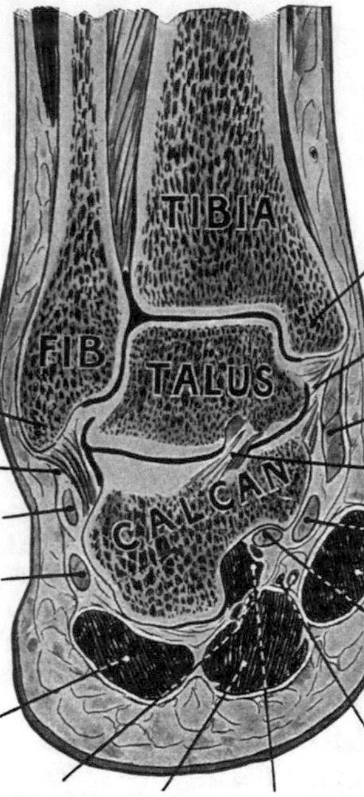

Nerven. In der Regel liegt die Teilungsstelle des N. tibialis etwas höher als diejenige der Arterie. Die Äste, Nn. plantares tibialis und fibularis, verlaufen mit den entsprechenden Arterien (Abb. 657), indem sie tiefer liegen als die Arterien.

Der N. plantaris tibialis innerviert die Muskeln der Grosszehenseite und den M. flex. digit. brevis, gibt oberflächliche Äste zur Haut der medialen Seite des Fusses ab sowie Nn. digitales plantares comm., welche die Haut von sieben Zehenseiten versorgen und lateral bloss drei Zehenseiten zur Versorgung durch den N. plantaris fibularis übrig lassen. Der letztere schliesst sich dem Verlaufe der A. plantaris fibularis an, gibt Äste zum M. quadratus plantae sowie zu den Muskeln der Kleinzehenseite ab, ferner oberflächliche Hautäste, welche zur Haut von drei Zehenseiten gehen, und Äste, welche mit dem Arcus plantaris in die Tiefe verlaufen und die zwei fibularen Mm. lumbricales, die Mm. interossei (dorsales und plantares) und den M. adductor hallucis versorgen.

Abb. 659. Frontalschnitt durch das Talocruralgelenk. Gefrierschnitt aus der Basler Sammlung.

Besprechung von Frontalschnitten durch den Fuss (Abb. 659—661). In Abb. 659 geht der Schnitt, etwas schräg geführt, durch beide Malleolen. Tibia und Fibula sind in grösserer Ausdehnung getroffen; zwischen den Malleolen, von denen der Malleolus fibulae weiter hinunterreicht als der Malleolus tibiae, liegt die Talusrolle, unter der Talusrolle der Calcaneus. Der Spalt des Articulus talocruralis zieht sich lateral weiter hinunter als medial und wird lateral durch den Längsschnitt des Lig. fibulocalcaneare, medial durch das Lig. deltoides abgegrenzt. Der Gelenkspalt des Articulus talocalcanearis wird durch das Lig. talocalcaneare interosseum in zwei Hälften geteilt. Lateral von dem Calcaneus und dem Lig. fibulocalcaneare liegen die Quer- resp. Schrägschnitte der Sehnen der beiden Mm. fibulares,

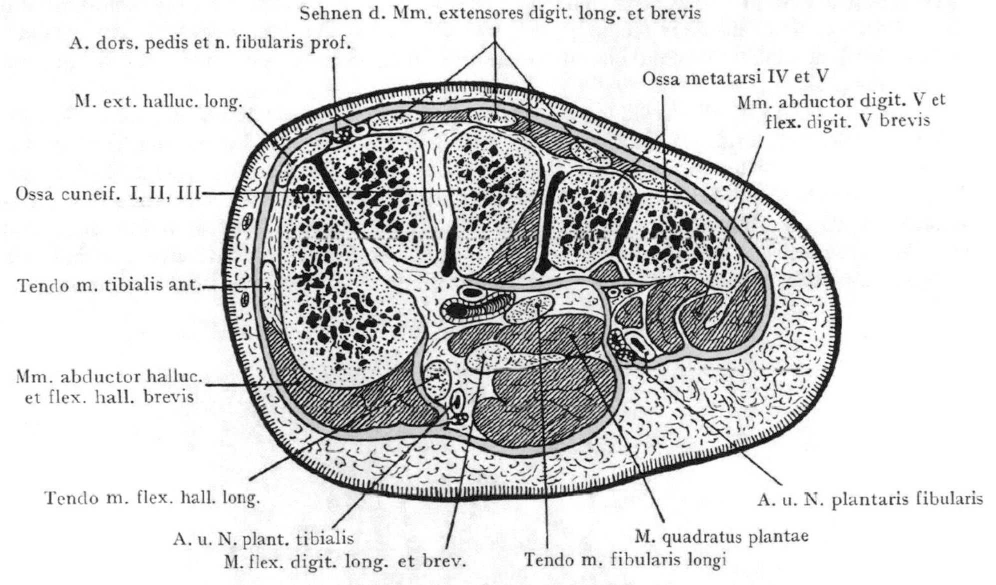

Abb. 660. Querschnitt durch den distalen Teil der Tarsalgegend. Nach einem Mikrotomschnitte.

welche durch das Retinaculum mm. fibularium distale an den Calcaneus befestigt sind. Drei grössere Muskelmassen umgeben mit ihren Querschnitten den unteren

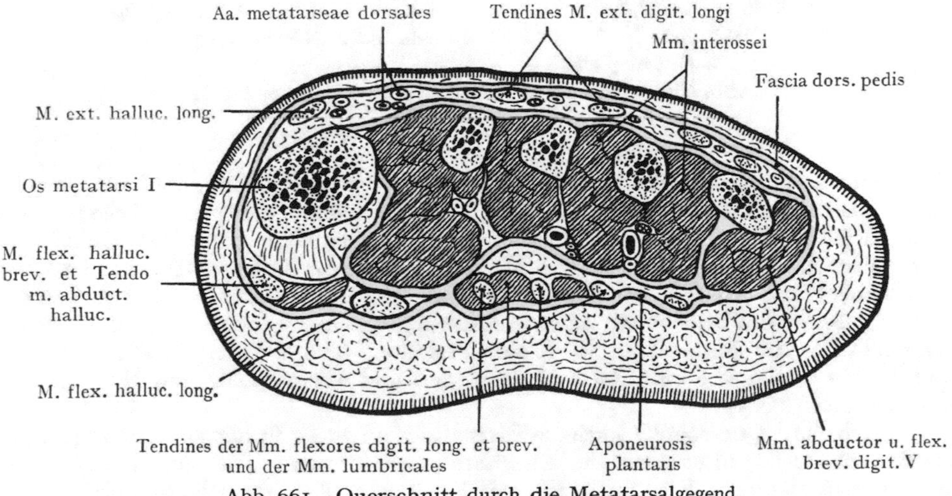

Abb. 661. Querschnitt durch die Metatarsalgegend. Nach einem Mikrotomschnitte.

und den medialen Umfang des Calcaneus; es sind dies: lateral die Muskeln der Kleinzehenseite, medial diejenigen der Grosszehenseite; zwischen beiden der vom Calcaneus entspringende M. flexor digit. brevis. Unmittelbar am Calcaneus liegt der Querschnitt des M. quadratus plantae, zwischen letzterem und dem M. flexor digit. brevis die A. plantaris fibularis mit dem N. plantaris fibularis, medial von dem Querschnitte des M. quadratus plantae, ebenfalls dem Calcaneus angeschlossen, die Sehne des M. flex. hallucis longus, noch weiter medial die Sehne des M. flexor digit. longus und medial von dem Lig. deltoides, schräg durchgeschnitten, die Sehne des M. tibialis post.

Abb. 660 stellt die Wölbung des Fusses in transversaler Richtung dar; alle drei Ossa cuneiformia sind im Schnitt getroffen, ferner auch die Basen der Ossa metatarsi IV und V. Man beachte die Stellung der Os cuneiforme I (die Schneide des Keils ist dorsal-, die Basis plantarwärts gerichtet). Am dorsalen Umfange des Fussskelets liegen die Sehnen des M. extensor digitorum longus nebst dem Muskelbauche des M. extensor digitorum brevis. Lateral von der Sehne des M. extensor hallucis longus liegt der Querschnitt der A. dorsalis pedis mit dem N. fibularis profundus.

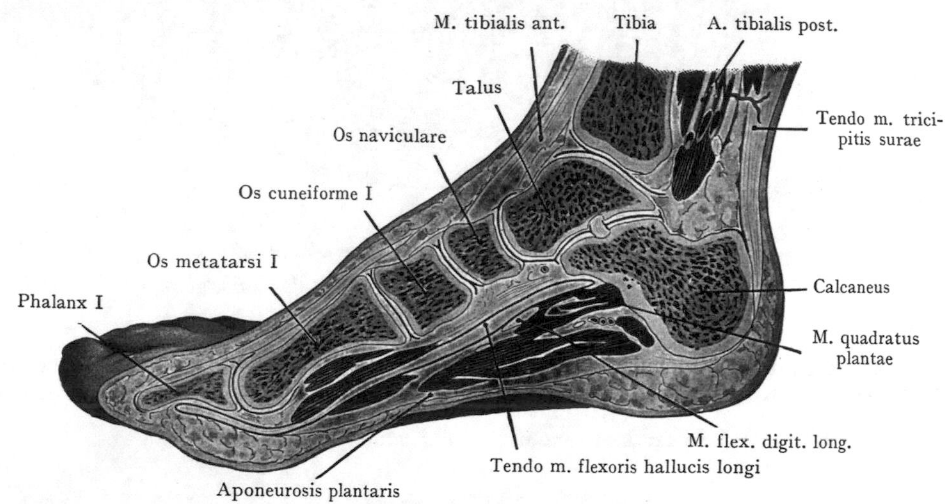

Abb. 662. Längsschnitt durch den Fuss (grosse Zehe). Nach W. Braune.

Die Sehne des M. tibialis ant. schliesst sich dem Os cuneiforme I an. Auf der plantaren Seite wird an der Basis des Os cuneiforme I die Muskulatur der grossen Zehe mit dem Querschnitt der Sehne des M. flexor hall. longus angetroffen; dann folgt die mittlere Muskulatur mit dem Querschnitt des M. flexor digit. brevis oberflächlich; in zweiter Schicht die Sehne des M. flexor digit. longus mit dem M. quadratus plantae; ganz in der Tiefe die Sehne des M. fibularis longus. Lateral liegt, dem fünften Metatarsalknochen angeschlossen, die Muskulatur der Kleinzehenseite. In den Sulci plantares fibularis und tibialis liegen die entsprechenden Arterien und Nerven (Aa. und Nn. plantares fibularis und tibialis).

Abb. 661. Querschnitt durch die Mitte des Metatarsus. In der dorsalen Loge liegen die Sehnen der Extensoren mit den Aa. metatarseae dorsales. Die Mm. interossei sind besonders in plantarer Richtung stark entwickelt; zwischen denselben finden wir die Querschnitte der Aa. und Vv. metatarseae plantares. In oberflächlicher Schicht liegen in der Planta die Sehnen der langen Beuger der Zehen und die Mm. lumbricales.

Längsschnitt durch den Fuss (Abb. 662). Derselbe geht durch die Tibia, den Talus, den Calcaneus, das Os naviculare, das Os cuneiforme I und die grosse Zehe. Die Wölbung des Fusses in longitudinaler Richtung (von dem Tuber calcanei bis zu den Köpfen der Metatarsalknochen) sieht plantarwärts; sie wird von Weichteilen vollständig ausgefüllt und oberflächlich gegen die Haut der Planta pedis durch die Aponeurosis plantaris abgeschlossen. In grösserer Ausdehnung ist die Sehne des M. flexor hall. longus der Länge nach getroffen, ferner die Muskeln der Grosszehenseite; schräg die Mm. flexor digit. brevis, quadratus plantae und die Sehne des M. flexor digit. longus.

Topographie der Zehen. Die Zehen bieten eigentlich ähnliche topographische Verhältnisse dar wie die Finger, bloss „en miniature". Auf der dorsalen Fläche finden wir eine dünnere, mittelst lockeren Bindegewebes mit den Strecksehnen in Verbindung stehende Haut, auf der Beugeseite eine derbere Haut, welche besonders am letzten Gliede der Zehen als Zehenpolster sehr stark entwickelt und mit der unteren Fläche der III. Phalange durch straffe Bindegewebszüge innig verbunden ist. Der Ursprung und die Verteilung der Arterien und Nerven zu den Zehen, ebenso das Verhalten der Sehnenscheiden usw. ist schon oben geschildert worden.

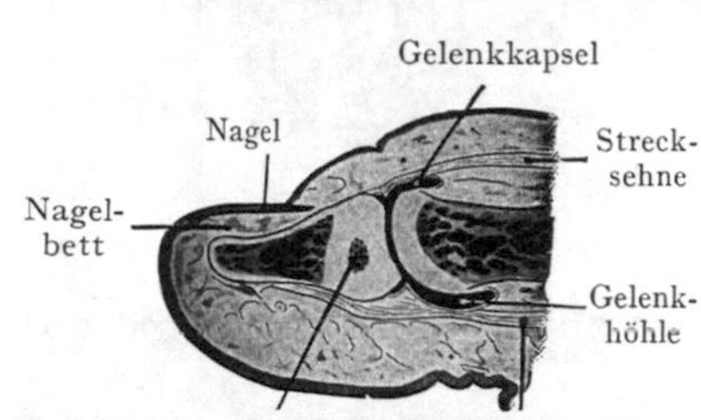

Abb. 663. Längsschnitt durch die grosse Zehe eines $2^3/_4$jährigen Kindes. Nach einem Mikrotomschnitte.

Fussgelenke. In Abb. 664—666 sind drei Bilder zusammengestellt, welche sich auf die Ausbildung der Epiphysenverknöcherung und auf ihr Verhältnis zu der Höhle des oberen Sprunggelenkes beziehen. In Abb. 664 ist ein Längsschnitt durch den Fuss eines 1jährigen Kindes dargestellt mit gelb angegebenen Knochenkernen. Die Wölbung des Fussskeletes in der Längsrichtung ist ebenso wie in Abb. 662 zu erkennen; von Knochenkernen ist die Diaphyse und in geringerer Ausdehnung der Epiphysenkern der Tibia zu sehen, dann folgen je ein Knochenkern im Talus und Calcaneus, im Os metatarsi I und in den beiden Phalangen der grossen Zehe. Im Os cuneiforme I und im Os naviculare fehlen Knochenkerne.

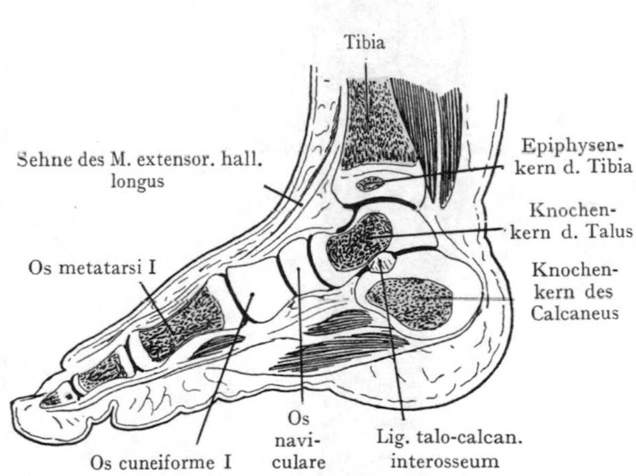

Abb. 664. Längsschnitt durch den Fuss (grosse Zehe) eines 1jährigen Kindes.

Abb. 665 stellt den Frontalschnitt durch das obere und das untere Sprunggelenk eines 1jähr. Kindes dar; auch hier beachte man die geringe Entwicklung des Epiphysenkernes im unteren Ende der Tibia und der Fibula gegenüber dem massigen Knorpel, welcher den grössten Teil beider Malleolen herstellt.

Auf Abb. 666 ist die Epiphysenlinie blau angegeben. Bei dem 21jährigen Individuum fallen beide Epiphysenlinien noch in den Bereich der Gelenkhöhle, liegen jedoch in verschiedener Höhe, die Epiphysenlinie der Tibia bedeutend höher als diejenige der Fibula.

Abb. 667 stellt die Hautinnervation der unteren Extremität dar mit Angabe der Bezirke, welche von den einzelnen, den Plexus lumbosacralis und pudendalis zusammensetzenden Spinalnerven versorgt werden. Sie entspricht der Abb. 595 von der oberen Extremität.

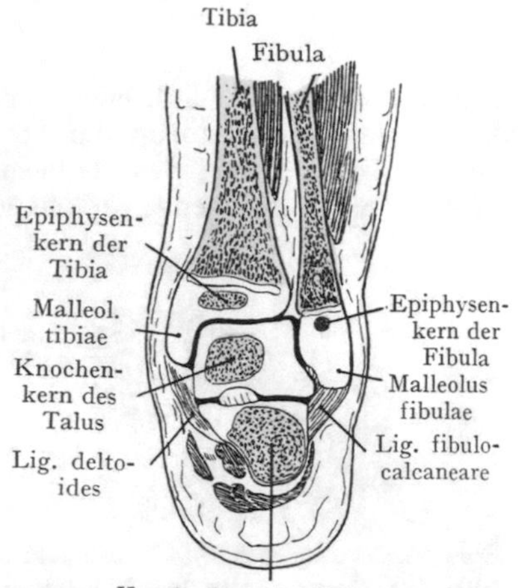

Abb. 665. Frontalschnitt durch das obere Sprunggelenk eines 1jährigen Kindes.

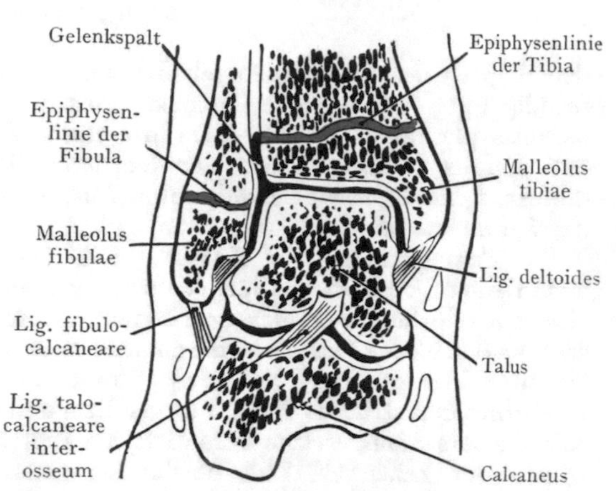

Abb. 666. Frontalschnitt durch das obere Sprunggelenk eines 21jährigen Mannes.

Epiphysenknorpel blau. Nach einem Mikrotomschnitte.

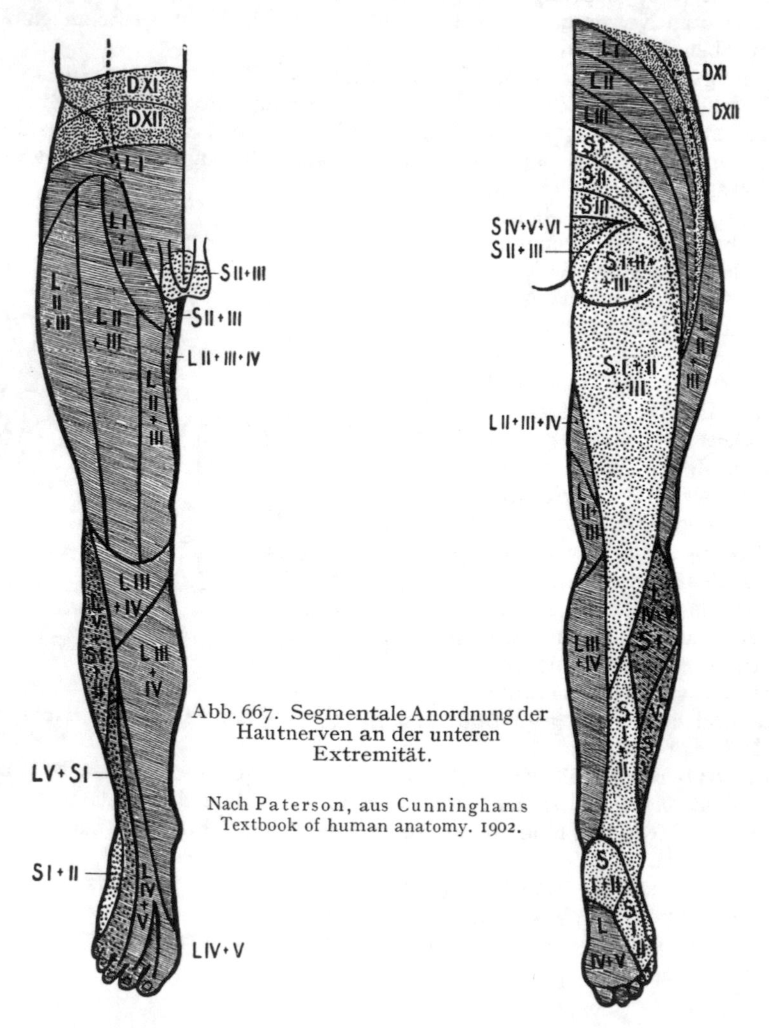

Abb. 667. Segmentale Anordnung der Hautnerven an der unteren Extremität.

Nach Paterson, aus Cunninghams Textbook of human anatomy. 1902.

Literatur.

Braune, W., Die Oberschenkelvene. Leipzig 1871.
Klotz, K., Untersuchungen über die V. saphena magna beim Menschen, besonders hinsichtlich ihrer Klappenverhältnisse. Arch. f. Anat. u. Entw.-Gesch. 1887.
Braune, W., Die Venen des Fusses. 1889.
Müller, P., Die venöse Zirkulation der unteren Extremität und ihre Bedeutung für die Chirurgie der Schenkelvene. Arch. f. Anat. u. Entw.-Gesch. 1897.
Hartmann, Die Sehnenscheiden der Synovialsäcke des Fusses. Schwalbes morph. Arbeiten. V. 1896.

Anhang.

Verzweigung der Hautnerven.

In einem Nachtrage stelle ich eine Anzahl von Bildern zusammen, welche die Verteilung der Hautnerven in Gesamtansichten des ganzen Körpers und in Einzeldarstellungen veranschaulichen sollen (Abb. 668—677). Derselben ist in neuerer Zeit von seiten des Chirurgen (Lokalanästhesie) und des Neurologen (Segmentinnervation) eine erhöhte Aufmerksamkeit zugewandt worden.

Die Abb. 668 und 669 stellen eine dorsale und ventrale Ansicht des Körpers dar, in welcher auf der einen Seite die Verzweigung der Spinalnerven, auf der anderen Seite die Segmente der Haut dargestellt sind, in welchen sich Nervenfasern aus derselben Höhe des Rückenmarks verzweigen. Es ist aus den Bildern leicht ersichtlich, dass am Rumpfe die Hautnerven einen zunächst horizontalen, dann, je weiter distal, um so schrägeren Verlauf nehmen, bis die unteren Thorakalnerven mit fast senkrecht verlaufenden Rami cutanei dorsales auf die Gesässgegend übergehen. Dazu stimmt auch die Tatsache, dass die den einzelnen Rückenmarkssegmenten entsprechenden Hautbezirke in der oberen Partie der Brust fast horizontal verlaufen, dagegen, je weiter unten am Bauche, um so mehr schräg ventralwärts abfallen. An der oberen und unteren Extremität verlaufen die Grenzen zwischen den einzelnen Segmentbezirken in der Längsrichtung oder doch stark schräg. Was die obere Extremität anbelangt, so finden wir bei horizontal gehaltenem Arme und nach vorn gewandtem Handteller die Segmente von der radialen gegen die ulnare Seite der Extremität aufeinanderfolgen. An der unteren Extremität verlaufen die Grenzlinien mehr schräg über die vordere und hintere Fläche hinweg; im allgemeinen entsprechen die vorderen Segmente höher oben gelegenen (lumbalen) Rückenmarkssegmenten, die hinteren dagegen teils lumbalen, teils sakralen Segmenten.

Der Verlauf der einzelnen Nerven ergibt sich so klar aus diesen Gesamtbildern sowie auch aus den Einzeldarstellungen, dass eine ins einzelne gehende Schilderung wohl unterbleiben darf. Es sei nur darauf hingewiesen, dass die Grenzen zwischen den einzelnen Nervengebieten durchaus nicht die Schärfe aufweisen, die sie in den Abbildungen besitzen, indem, ganz abgesehen von Anomalien, bei denen ein Nervengebiet sich auf Kosten eines benachbarten ausdehnen kann, die Endäste der Nerven sich vielfach kreuzen, so dass manche Gebiete eine doppelte, ja eine dreifache Hautinnervation erhalten können.

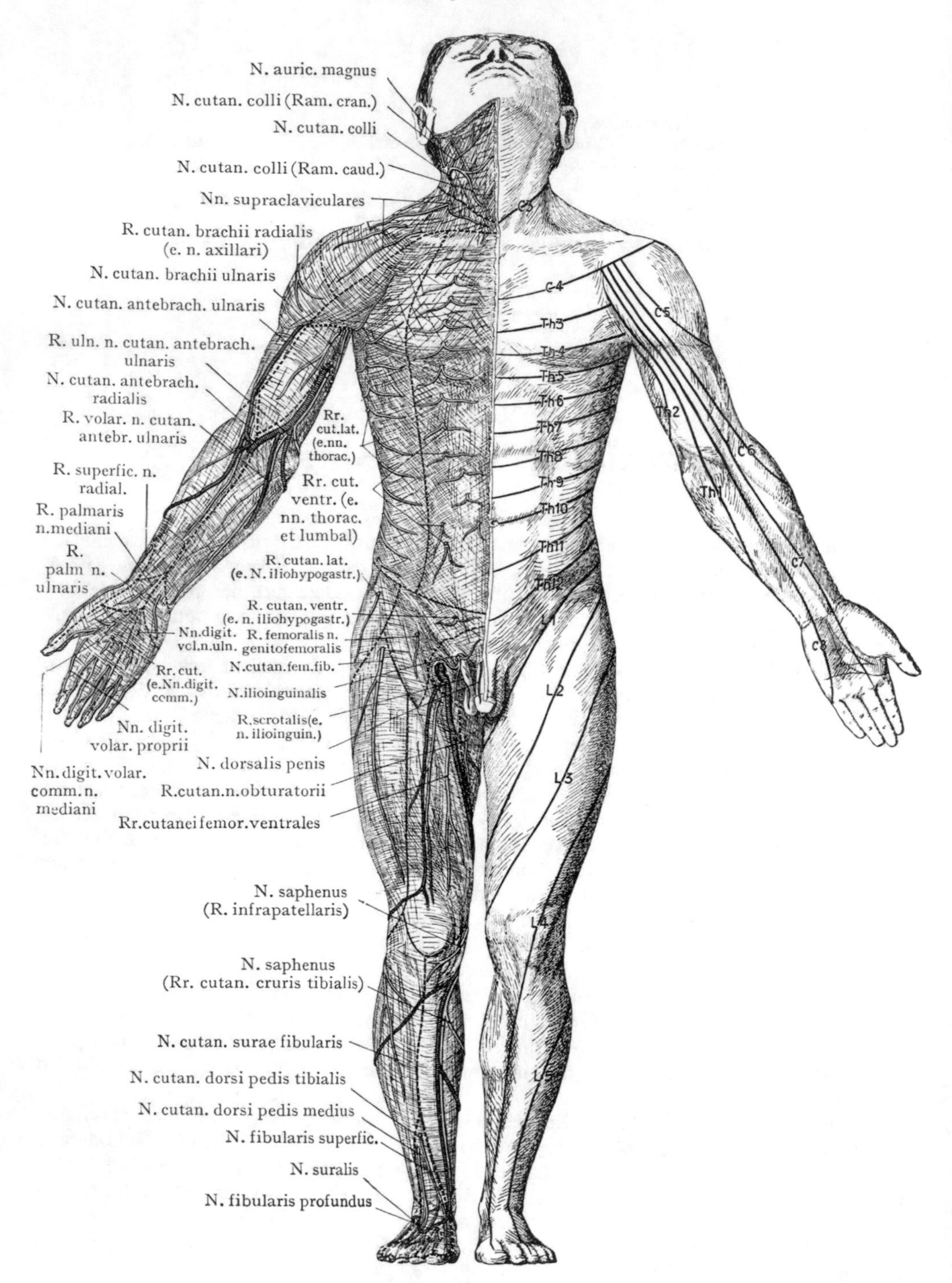

Abb. 668. Gesamtansicht der Hautinnervation von vorne. Links Hautnervengebiete, rechts Segmentinnervation.

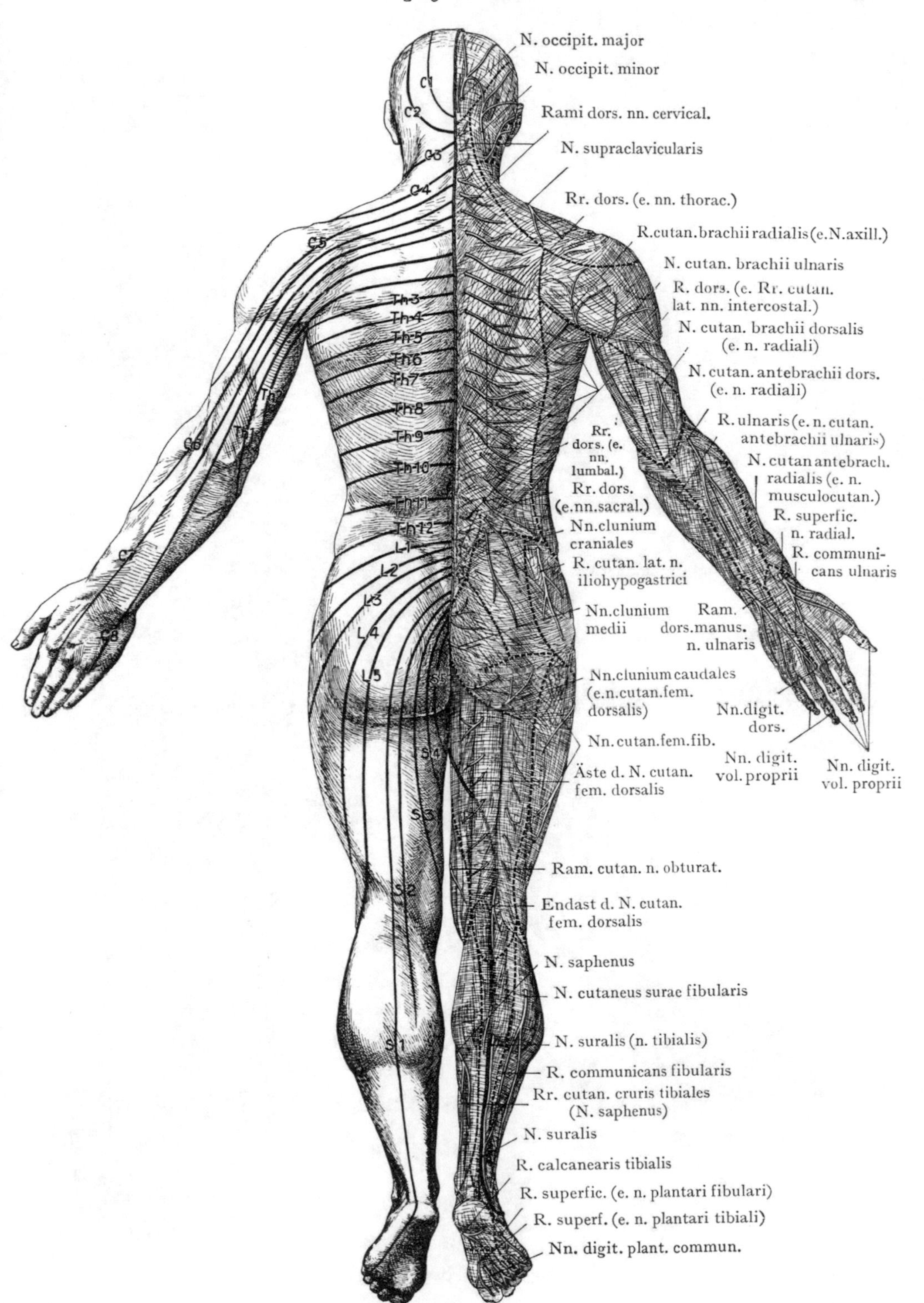

Abb. 669. Gesamtansicht der Hautinnervation von hinten. Rechts Hautnervengebiete, links Segmentinnervation.

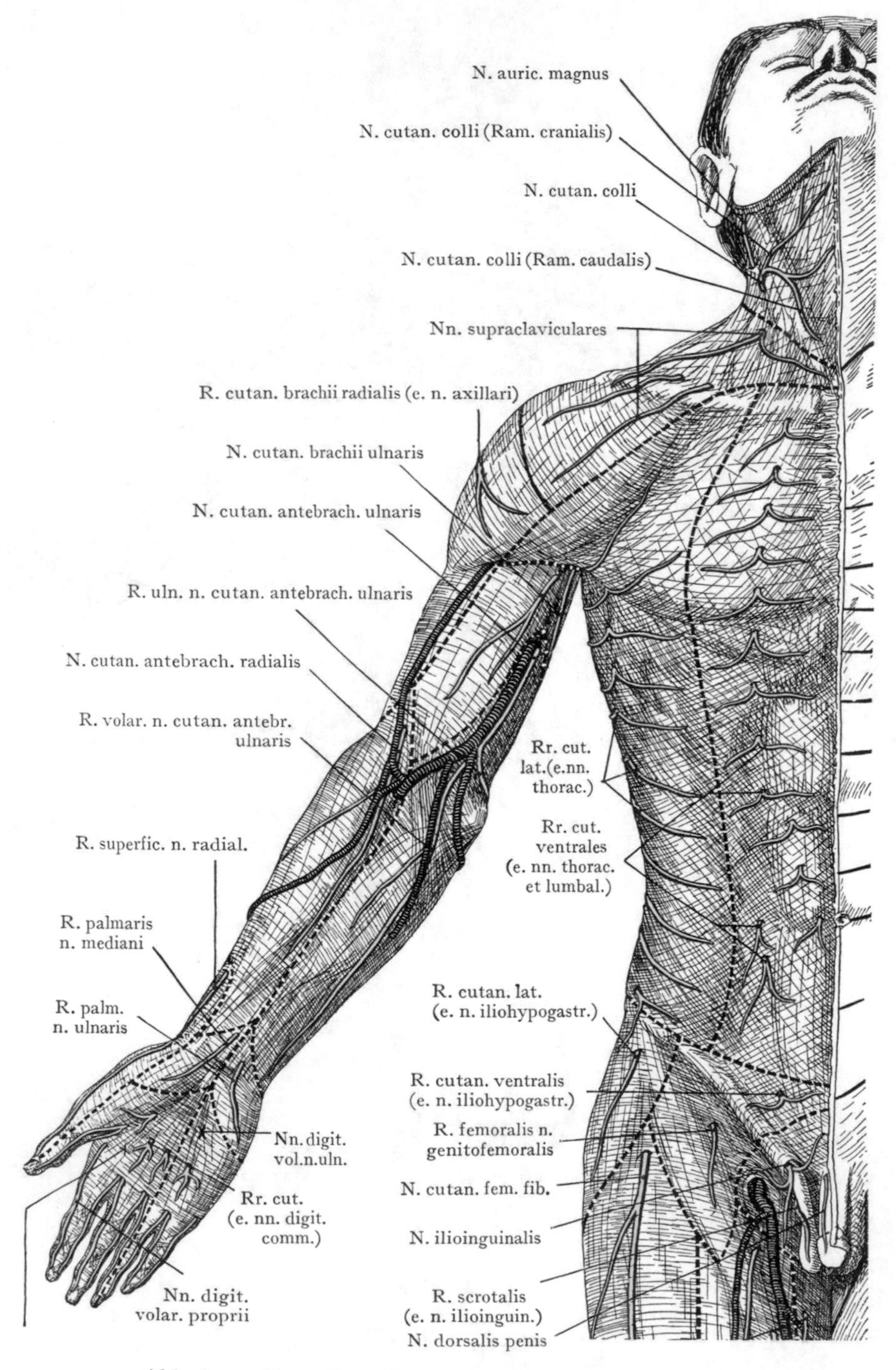

Abb. 670. Obere Extremität von vorne. Hautnervengebiete.

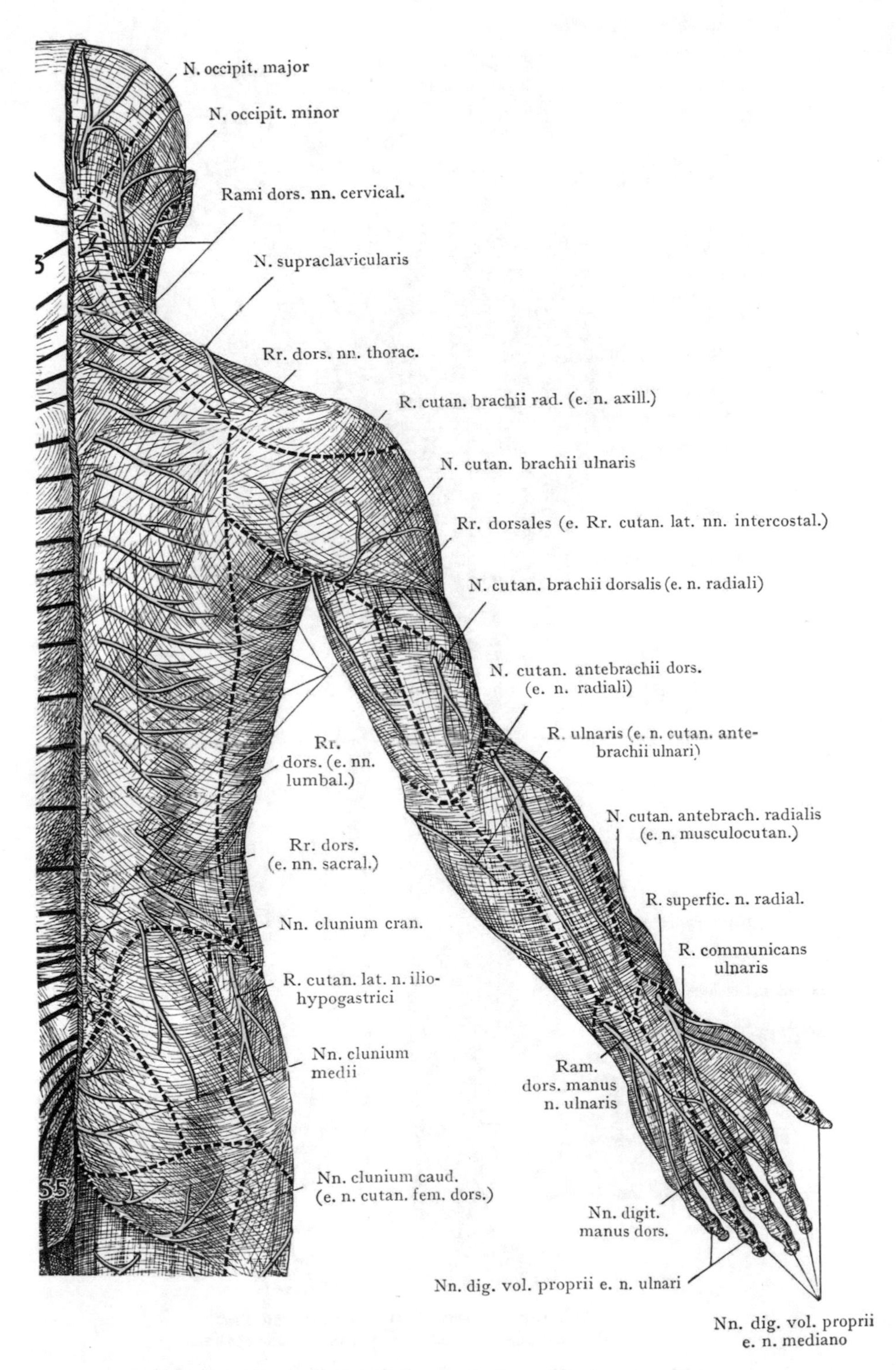

Abb. 671. Obere Extremität von hinten. Hautnervengebiete.

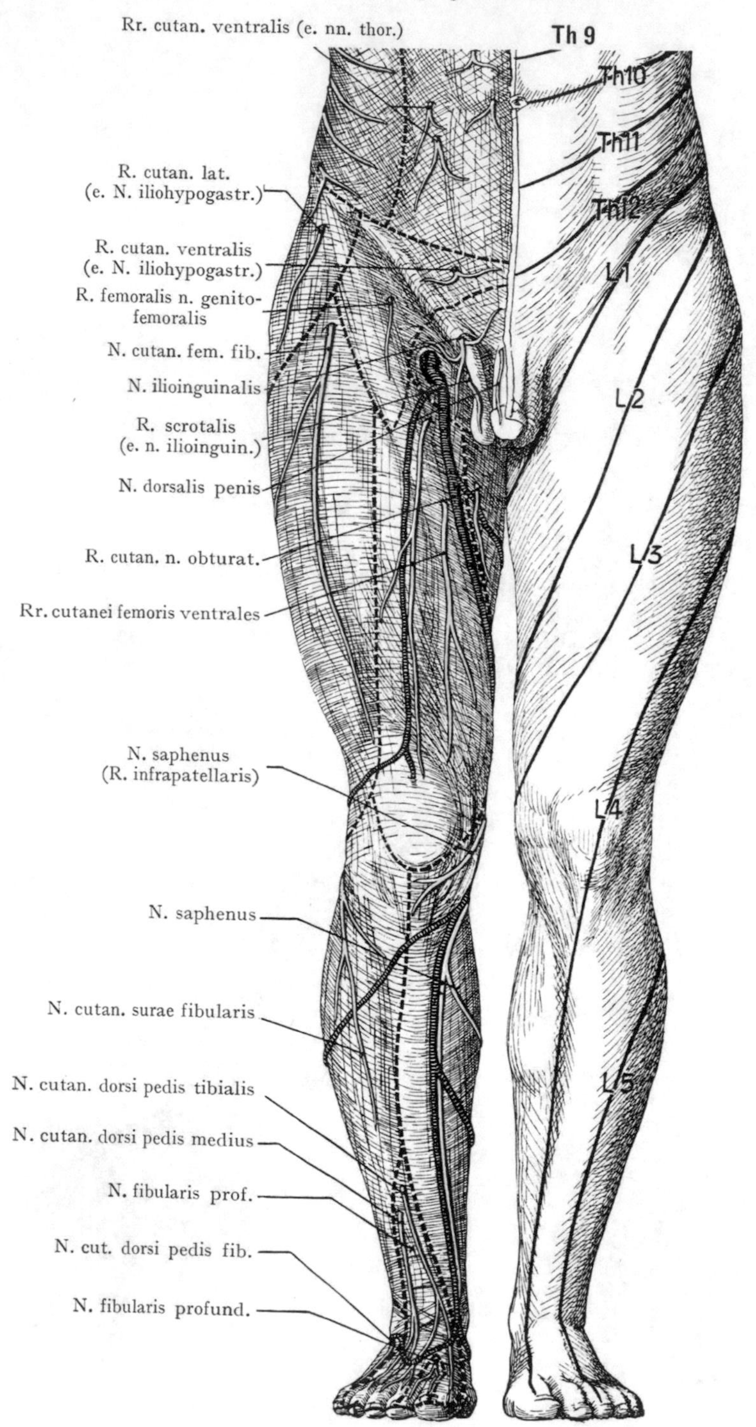

Abb. 672. Untere Extremitäten von vorne.
Hautnervengebiete links Segmentinnervation rechts.

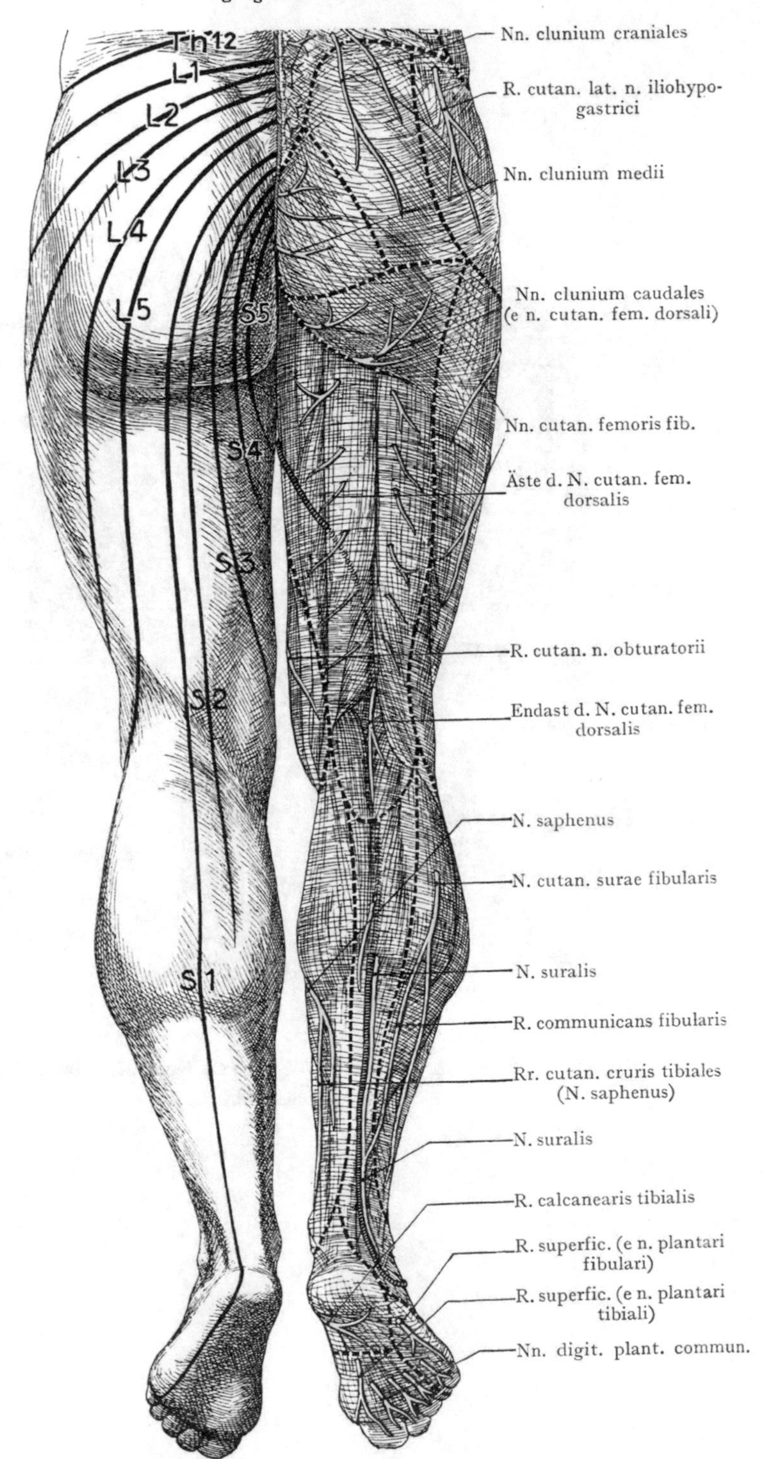

Abb. 673. Untere Extremitäten von hinten.
Hautnervengebiete rechts, Segmentinnervation links.

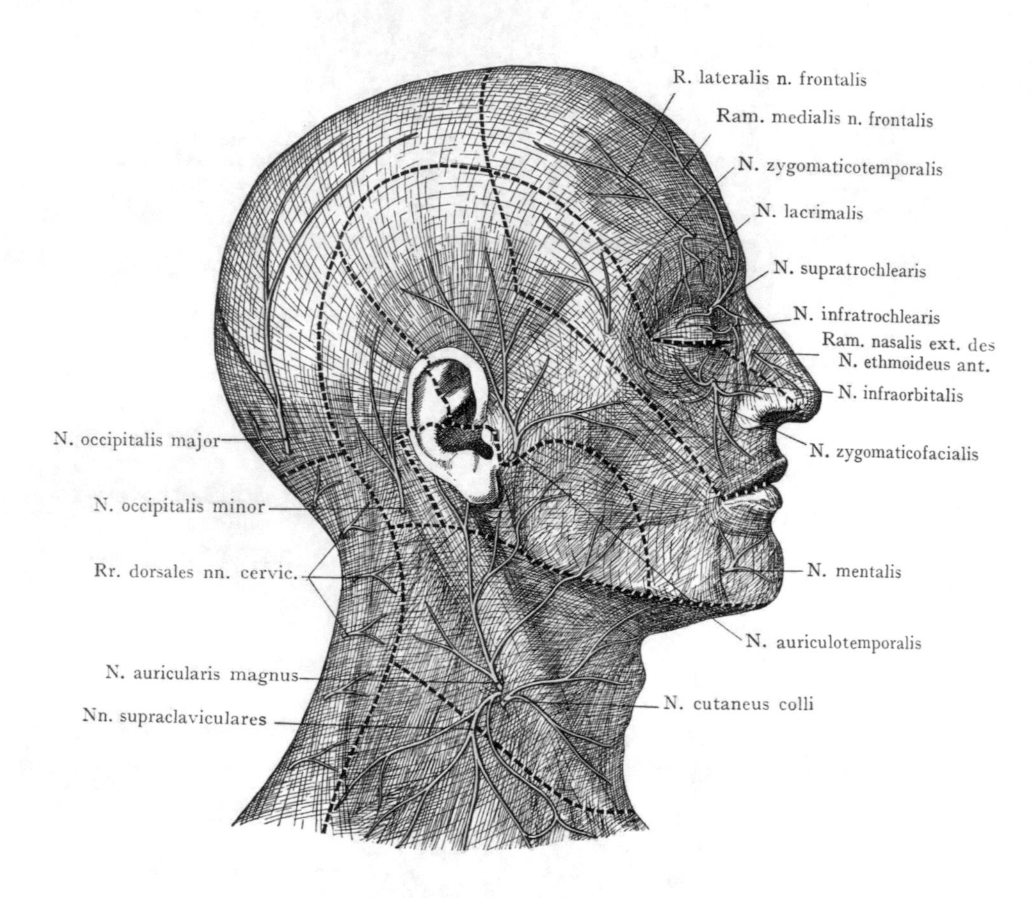

Abb. 674. **Hautinnervation von Kopf und Hals.**
Seitenansicht.

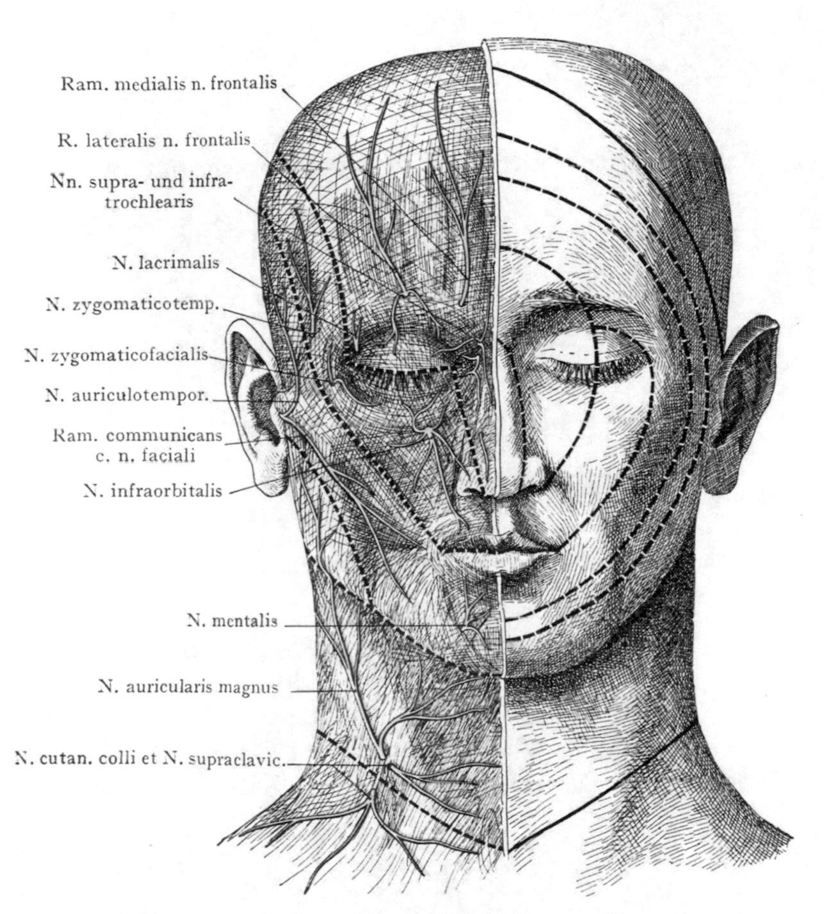

Abb. 675. Hautinnervation von Kopf und Hals.
Ansicht von vorne.

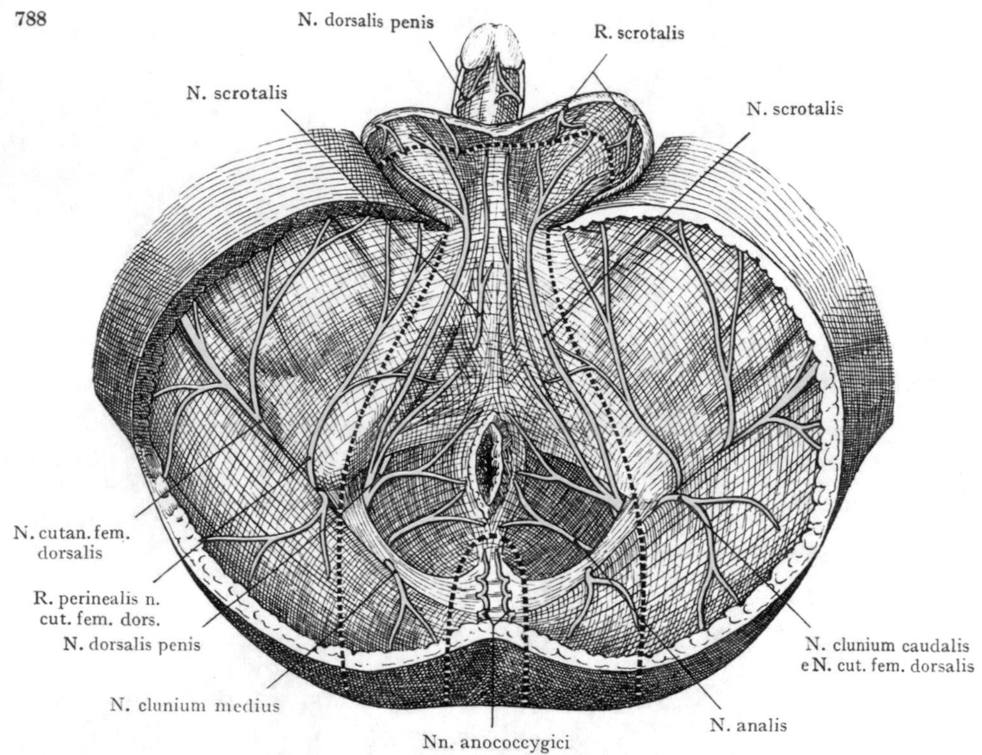

Abb. 676. Hautnerven des männlichen Dammes.

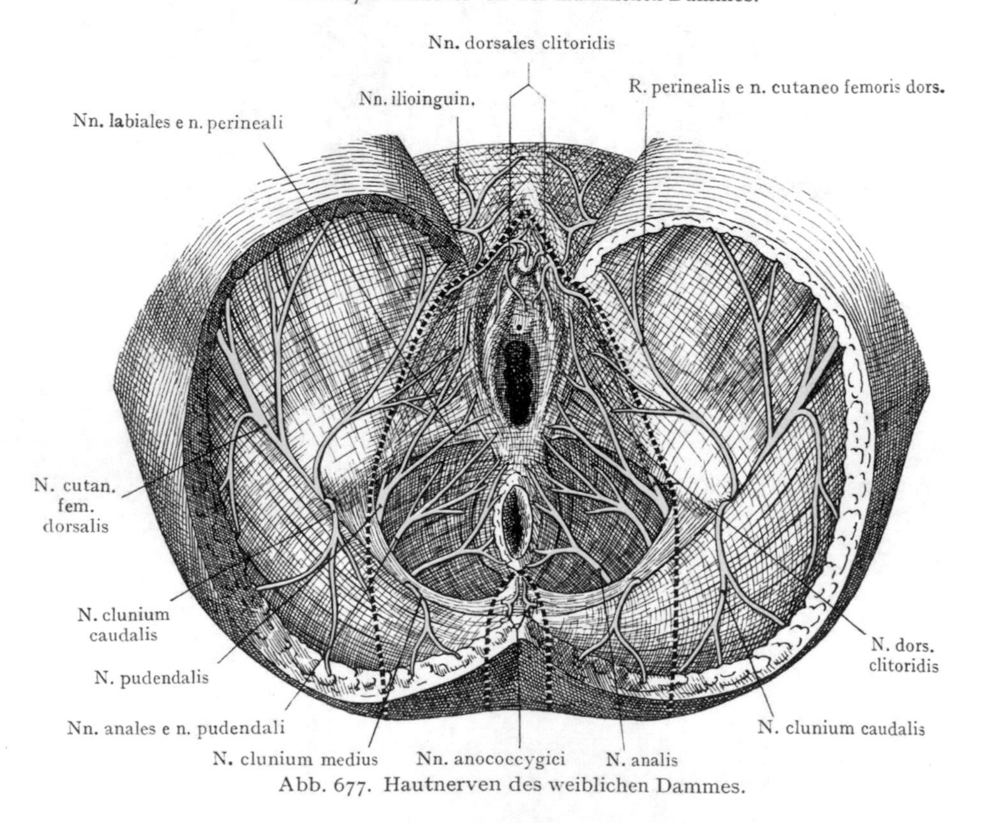

Abb. 677. Hautnerven des weiblichen Dammes.

Sachverzeichnis.

Die alten Namen sind bei starken Änderungen *kursiv* gedruckt den neuen Namen gegenübergestellt. Seitenzahlen nur bei den neuen Namen.

D.

E.

M.

O.

P.

R.

S.

T.

U.

V.

W.

Z.